化学ハンドブック

新装版

鈴木周一　向山光昭　編集

朝倉書店

序

　化学とその周辺の領域は，世界的に発展を続ける自然科学と科学技術の中にあって，広範囲でかつ深遠なものとなってきた．エネルギー・資源問題，環境汚染，新素材の開発，バイオテクノロジーなど，現代の科学および科学技術が取り組むべき中心課題の多くは化学に依存する所が大きいことは今更論をまたない．

　この『化学ハンドブック』は，このような学術的および社会的趨勢に応じて企画されたものである．本書は大学学部程度の化学の知識をもととして，これを補い，発展させて，化学の基礎知識および実社会で必要な応用化学の最先端情報まで，下記の観点から編集・刊行することとした．

・総論的概念で解説し，必要に応じて各論も含める．
・基礎から先端的内容まで記述する．
・各項目は独立して理解できるようにする．
・内容の記述は図・表・式を用いて分かりやすくする．

　本書が化学の研究者，教育に携わる方はもとより，化学を学ぶ学生および企業・研究所などの化学技術者に役立てば幸いである．

　最後に，本書の刊行が出版社の不手際により当初予定した時期より大変遅延したことに対し深くお詫び申し上げるとともに，各章で多数の原稿のとりまとめをした編集委員，分担執筆者の多大のご努力に対して厚く御礼を申し上げる．

　1993年11月

執 筆 者 (執筆順)

濵口 宏夫　神奈川科学技術アカデミー研究室長	齋藤 一弥　東京都立大学理学部化学科
志田 忠正　京都大学理学部教授	高田 康民　東京大学物性研究所助教授
栃原 浩　　北海道大学触媒化学研究センター助教授	木下 實　　東京大学物性研究所教授
太田 俊明　東京大学大学院理学系研究科教授	古澤 邦夫　筑波大学化学系助教授
大野 公一　東京大学教養学部教授	武井 尚　　東京工業大学大学院総合理工学研究科助教授
菅 宏　　　近畿大学理工学総合研究所教授	岡崎 廉治　東京大学大学院理学系研究科教授
岩澤 康裕　東京大学大学院理学系研究科教授	鈴木 啓介　慶応義塾大学理工学部助教授
梶本 興亜　京都大学理学部教授	奈良坂 紘一　東京大学大学院理学系研究科教授
加藤 重樹　京都大学理学部教授	中村 栄一　東京工業大学理学部助教授
小谷野 猪之助　姫路工業大学理学部教授	山口 雅彦　東北大学理学部助教授
吉原 経太郎　分子科学研究所教授	原口 紘炁　名古屋大学工学部教授
鷲田 伸明　国立環境研究所大気圏環境部長	廣瀬 昭夫　名古屋大学工学部応用化学科
簱野 嘉彦　東京工業大学理学部教授	竹内 豊英　岐阜大学工学部助教授
伊藤 道也　金沢大学薬学部教授	浅井 勝一　名古屋大学高温エネルギー変換研究センター
江川 千佳司　宇都宮大学教養部助教授	平出 正孝　名古屋大学工学部助教授
渡辺 敏行　東京農工大学工学部物質生物工学科	藤原 祺多夫　広島大学総合科学部教授
宮田 清蔵　東京農工大学工学部教授	内田 哲男　名古屋工業大学助教授
池本 勲　　東京都立大学理学部教授	平野 眞一　名古屋大学工学部教授

執筆者

菊田　浩一　名古屋大学工学部応用化学科	梶山　千里　九州大学工学部教授
後藤　正志　岐阜薬科大学教授	岡畑　恵雄　東京工業大学生命理工学部教授
柘植　　新　名古屋大学工学部教授	大谷　杉郎　東海大学開発工学部教授
大谷　　肇　名古屋大学工学部応用化学科	西村　　淳　群馬大学工学部教授
松田　准一　大阪大学理学部助教授	山田　頼信　シチズン時計㈱技術研究所室長
野津　憲治　東京大学理学部助教授	印藤　元一　高砂香料工業㈱顧問
片田　元己　東京都立大学理学部教授	辻井　　薫　花王㈱基礎科学研究所所長
遠藤　和豊　昭和薬科大学薬学部助教授	石墨紀久夫　住友製薬㈱研究開発推進部長
安部　文敏　理化学研究所主任研究員	鴨下　克三　住友化学工業㈱宝塚総合研究所
海老原　充　東京都立大学理学部助教授	田畑　憲一　東レ㈱樹脂研究所
松本　和子　早稲田大学理工学部教授	天野　敏彦　武庫川女子大学家政学部教授
石原　浩二　早稲田大学理工学部助教授	原田　都弘　㈱リンレイ生産本部長
田之倉　優　東京大学理学部講師	松村　　晃　日本ペイント㈱課長
猪飼　　篤　東京工業大学生命理工学部教授	大澤　純二　新王子製紙㈱東京商品研究所
横山　茂之　東京大学理学部教授	大澤善次郎　群馬大学工学部教授
坂本　健作　東京工業大学生命理工学部生体機構学科	黒田　真一　群馬大学工学部材料工学科
春木　　満　蛋白工学研究所㈱	住田　雅夫　東京工業大学工学部助教授
井上　祥平　東京大学工学部教授	永田　伸夫　日本ゼオン㈱開発研究所物性研究室長
讃井　浩平　上智大学理工学部教授	高橋　　彰　三重大学名誉教授
小林　四郎　東北大学工学部教授	筒井　哲夫　九州大学大学院総合理工学研究科助教授
茶谷　陽三　東京農工大学名誉教授	岡本　正義　㈱東芝総合研究所化学材料研究所所長
西　　敏夫　東京大学工学部教授	古川　猛夫　東京理科大学理学部教授
野田　一郎　名古屋大学工学部教授	山邊　時雄　京都大学工学部教授

執筆者

大野 弘幸	東京農工大学工学部助教授
市川 明宏	東ソー・アクゾ㈱課長
福圧 清成	埼玉大学名誉教授
板垣 孝治	三菱化成㈱樹脂事業本部長付
山辺 正顕	旭硝子㈱中央研究所基盤研究所所長
清水 剛夫	京都大学工学部教授
吉川 正和	京都工芸繊維大学繊維学部助教授
小林 博也	㈱日本触媒中央研究所主任研究員
原田 明	大阪大学理学部高分子学科
野中 敬正	熊本大学工学部教授
榛圧 善行	日本合成ゴム㈱電子材料事業部主査
横山 正明	大阪大学工学部教授
広瀬 純夫	三井東圧化学㈱総合研究所主席研究員
野平 博之	埼玉大学工学部教授
松平 長久	凸版印刷㈱証券システム研究所主任研究員
高田 十志和	東京工業大学資源化学研究所助教授
栗村 芳實	茨城大学理学部教授
三木 定雄	京都工芸繊維大学工芸学部助教授
金藤 敬一	九州工業大学情報工学部教授
木村 良晴	京都工芸繊維大学繊維学部教授
中西 洋一郎	大阪工業技術研究所研究室長
高橋 清久	名古屋工業大学教授
濱田 泰以	京都工芸繊維大学繊維学部助教授
前川 善一郎	京都工芸繊維大学繊維学部教授
辻 栄治	大阪府立産業技術総合研究所主任研究員
花立 有功	大阪府立産業技術総合研究所主任研究員
林 壽郎	京都大学生体医療工学研究センター助教授
玄 丞烋	京都大学生体医療工学研究センター講師
岸田 晶夫	鹿児島大学工学部応用化学工学科
渡部 智	京都桂病院呼吸器センター部長
小林 尚俊	スリーエム薬品㈱研究開発部
琴浦 良彦	京都大学医学部講師
都賀谷 紀宏	京都大学生体医療工学研究センター
田畑 泰彦	京都大学生体医療工学研究センター
益田 秀樹	東京都立大学工学部助教授
藤嶋 昭	東京大学工学部教授
雨宮 隆	物質工学工業技術研究所化学システム部
伊藤 公紀	横浜国立大学環境科学研究センター助教授
井上 晴夫	東京都立大学工学部教授
辰巳 敬	東京大学工学部助教授
柳田 博明	東京大学工学部教授
尾崎 義治	成蹊大学工学部教授
金丸 文一	大阪大学産業科学研究所教授
桑原 誠	九州工業大学工学部教授
上垣外 修己	㈱豊田中央研究所所長
相澤 益男	東京工業大学生命理工学部教授

執 筆 者

功刀　　滋	京都工芸繊維大学繊維学部教授
伊藤　伸哉	福井大学工学部助教授
青野　力三	東京工業大学生命理工学部助教授
永井　和夫	東京工業大学生命理工学部教授
大倉　一郎	東京工業大学生命理工学部教授
碇山　義人	東京工業大学生命理工学部助教授
海野　　肇	東京工業大学生命理工学部教授

目　　次

Ⅰ. 物　理　化　学（編集担当：岩澤康裕）

1. **分 子 の 構 造** ……………………………………………………（濵口宏夫）…2
   1.1 分子の幾何学的構造と電子構造 …………………………………………2
   1.2 分子構造の決定 …………………………………………………………2
   1.3 水素分子のポテンシャル関数 ……………………………………………3
   1.4 CO 分子の電気双極子モーメント関数 …………………………………4
   1.5 水素分子の分極率異方性 …………………………………………………4
   1.6 お わ り に ………………………………………………………………5
2. **励起分子の構造とイダナミックス** ……………………………（濵口宏夫）…5
   2.1 励起分子の生成と緩和 …………………………………………………5
   2.2 超音速自由ジェット中の S_1 トランス-スチルベンと光異性化反応 ……6
   2.3 ベンゾフェノン類の T_1 状態の分子構造と水素引抜反応活性 …………7
   2.4 お わ り に ………………………………………………………………8
3. **ラジカルイオン** ……………………………………………………（志田忠正）…9
   3.1 気　　相 …………………………………………………………………9
   3.2 凝　縮　相 ………………………………………………………………9
   3.3 分 子 構 造 ………………………………………………………………10
   3.4 反応・物性 ………………………………………………………………10
4. **固体表面の構造** ……………………………………………………（栃原　浩）…11
   4.1 表面の周期構造 …………………………………………………………11
   4.2 表面構造の表示法 ………………………………………………………11
   4.3 逆　格　子 ………………………………………………………………12
   4.4 低速電子回折 ……………………………………………………………13
   4.5 その他の構造決定法 ……………………………………………………13
   4.6 金属の清浄表面の構造 …………………………………………………13
   4.7 半導体の表面構造 ………………………………………………………14
5. **レーザーと放射光** …………………………………………………（太田俊明）…15
   5.1 レ ー ザ ー ………………………………………………………………15
   5.2 放　射　光 ………………………………………………………………18

6. 量子論······················(大野公一)···23
6.1 波動方程式···23
6.2 変分法···24
6.3 SCF法···24
6.4 電子相関···25
6.5 ポテンシャルエネルギー曲面···26
7. 化学熱力学···················(菅　宏)···27
8. 反応速度論···················(岩澤康裕)···30
8.1 反応速度と速度式···31
8.2 定常状態法···31
8.3 律速段階···32
8.4 衝突理論···32
8.5 遷移状態理論···33
8.6 液相反応···34
8.7 速度論的同位体効果···34
9. 素過程化学···················(梶本興亜)···35
9.1 素過程···35
9.2 分子間エネルギー移動···35
9.3 素反応過程···36
9.4 光解離反応···38
9.5 孤立励起分子の状態間遷移···38
10. 反応動力学···················(加藤重樹)···39
10.1 ポテンシャルエネルギー曲面···39
10.2 反応断面積···40
10.3 反応速度···41
11. 分子線（分子ビーム）·············(小谷野猪之助)···41
11.1 分子線の特性···41
11.2 分子線の種類とつくり方···42
11.3 分子線の検出法···44
11.4 どのような研究に有効か―代表的装置と研究例―···44
12. 光化学·····················(吉原経太郎・鷲田伸明)···48
12.1 光とエネルギー···48
12.2 光の吸収断面積と振動子強度···48
12.3 光化学素過程···49
12.4 エネルギー移動と増感···50
12.5 レーザー多光子吸収···51

目　　次

- **13. 放射線化学と放射線化学反応**……………………………（籏野嘉彦）…52
  - 13.1 放射線化学……………………………………………………………52
  - 13.2 放射線化学反応………………………………………………………52
  - 13.3 放射線と放射線源……………………………………………………53
  - 13.4 放射線化学の実験法…………………………………………………54
- **14. 凝縮系の高速反応**……………………………………………（伊藤道也）…57
  - 14.1 時間領域と測定法……………………………………………………57
  - 14.2 ストップトフロー法…………………………………………………57
  - 14.3 閃光(光)分解法………………………………………………………57
  - 14.4 ナノ秒分光法…………………………………………………………58
  - 14.5 ピコ秒フェムト秒分光………………………………………………59
  - 14.6 その他の高速分光による測定法……………………………………60
- **15. 表面反応・触媒反応**…………………………………………（江川千佳司）…61
- **16. 結晶の光学特性**………………………………………（渡辺敏行・宮田清蔵）…63
  - 16.1 屈　　折………………………………………………………………63
  - 16.2 旋　光　性……………………………………………………………64
  - 16.3 受　動　素　子………………………………………………………65
  - 16.4 電気光学効果，光弾性効果，磁気光学効果………………………67
  - 16.5 能　動　素　子………………………………………………………68
  - 16.6 非線形光学効果………………………………………………………69
- **17. 導　電　性**………………………………………………（池本　勲・齋藤一弥）…71
  - 17.1 オームの法則…………………………………………………………71
  - 17.2 担体と輸率……………………………………………………………71
  - 17.3 電子伝導体……………………………………………………………72
  - 17.4 イオン伝導体…………………………………………………………73
- **18. 超　伝　導　理　論**…………………………………………（高田康民）…73
- **19. 磁　　　　性**…………………………………………………（木下　實）…76
  - 19.1 物質の磁性……………………………………………………………76
  - 19.2 磁化および磁化率……………………………………………………77
- **20. コ　ロ　イ　ド**………………………………………………（古澤邦夫）…79
  - 20.1 コロイドの定義，分類およびその特性……………………………79
  - 20.2 電気二重層の性質……………………………………………………80
  - 20.3 DLVO理論と分散・凝集……………………………………………82
  - 20.4 高分子の吸着と分散・凝集作用……………………………………85
  - 20.5 濃厚コロイド系………………………………………………………86

II. 有機化学(編集担当：奈良坂紘一)

1. **有機化合物の種類** ……………………………………………(武井　尚)…90
   - 1.1 有機化合物の定義と分類 ……………………………………90
   - 1.2 有機化合物の命名法 …………………………………………90
   - 1.3 有機化合物の種類 ……………………………………………94
2. **有機化合物の結合，構造，立体化学** ………………………(岡崎廉治)…105
   - 2.1 分子における結合 ……………………………………………105
   - 2.2 混成軌道(共有結合の方向性) ………………………………107
   - 2.3 結合および分子の極性 ………………………………………108
   - 2.4 多重結合 ………………………………………………………109
   - 2.5 立体配座 ………………………………………………………110
   - 2.6 立体配座と立体異性 …………………………………………112
3. **分光学** ……………………………………………………………(鈴木啓介)…116
   - 3.1 核磁気共鳴スペクトル(NMR) ………………………………116
   - 3.2 質量分析スペクトル(MS) ……………………………………118
   - 3.3 赤外線吸収(IR)スペクトル …………………………………119
   - 3.4 電子スペクトル ………………………………………………119
   - 3.5 旋光分散(ORD)，円二色性(CD)スペクトル ………………119
   - 3.6 X線結晶構造解析 ……………………………………………119
4. **有機化合物の反応 I** ……………………………………………(奈良坂紘一)…120
   - 4.1 共有結合の開裂と反応中間体 ………………………………120
   - 4.2 電気陰性度 ……………………………………………………122
   - 4.3 酸および塩基 …………………………………………………122
   - 4.4 硬および軟酸・塩基 …………………………………………123
   - 4.5 反応速度論とエネルギー ……………………………………124
   - 4.6 反応速度論 ……………………………………………………125
   - 4.7 反応速度に対する溶媒効果 …………………………………125
   - 4.8 速度論と熱力学 ………………………………………………125
   - 4.9 有機反応の分類 ………………………………………………126
5. **有機化合物の反応 II** ……………………………………………(中村栄一・山口雅彦)…127
   - 5.1 有機反応 ………………………………………………………127
   - 5.2 求核置換反応 …………………………………………………127
   - 5.3 炭素-炭素多重結合への付加 ………………………………131
   - 5.4 脱離反応 ………………………………………………………132
   - 5.5 カルボニル基への付加 ………………………………………134

5.6　芳香族での置換反応‥‥‥‥‥‥‥‥‥‥‥‥‥‥‥‥‥‥‥‥‥‥‥‥135
　　5.7　酸化および還元反応‥‥‥‥‥‥‥‥‥‥‥‥‥‥‥‥‥‥‥‥‥‥‥‥136
　　5.8　転位反応‥‥‥‥‥‥‥‥‥‥‥‥‥‥‥‥‥‥‥‥‥‥‥‥‥‥‥‥‥139
　　5.9　ペリ環状反応とウッドワード-ホフマン則‥‥‥‥‥‥‥‥‥‥‥‥‥‥140
　　5.10　光反応，電解反応‥‥‥‥‥‥‥‥‥‥‥‥‥‥‥‥‥‥‥‥‥‥‥‥142
　　5.11　有機金属化合物，有機ヘテロ原子化合物‥‥‥‥‥‥‥‥‥‥‥‥‥‥143
6.　天然有機化合物‥‥‥‥‥‥‥‥‥‥‥‥‥‥‥‥‥‥‥‥‥‥（鈴木啓介）‥148
　　6.1　1次代謝産物と2次代謝産物‥‥‥‥‥‥‥‥‥‥‥‥‥‥‥‥‥‥‥‥149
　　6.2　生合成からみた天然有機化合物‥‥‥‥‥‥‥‥‥‥‥‥‥‥‥‥‥‥149
　　6.3　生理活性からみた天然有機化合物‥‥‥‥‥‥‥‥‥‥‥‥‥‥‥‥‥150
　　6.4　天然有機化合物の化学的全合成‥‥‥‥‥‥‥‥‥‥‥‥‥‥‥‥‥‥151

Ⅲ．分析化学(編集担当：原口紘㐂)

1.　重量分析‥‥‥‥‥‥‥‥‥‥‥‥‥‥‥‥‥‥‥‥‥（原口紘㐂・廣瀬昭夫）‥156
　　1.1　重量分析法の分類‥‥‥‥‥‥‥‥‥‥‥‥‥‥‥‥‥‥‥‥‥‥‥‥156
　　1.2　沈殿重量法‥‥‥‥‥‥‥‥‥‥‥‥‥‥‥‥‥‥‥‥‥‥‥‥‥‥‥156
　　1.3　基本操作‥‥‥‥‥‥‥‥‥‥‥‥‥‥‥‥‥‥‥‥‥‥‥‥‥‥‥‥157
2.　容量分析‥‥‥‥‥‥‥‥‥‥‥‥‥‥‥‥‥‥‥‥‥（竹内豊英・浅井勝一）‥158
　　2.1　はじめに‥‥‥‥‥‥‥‥‥‥‥‥‥‥‥‥‥‥‥‥‥‥‥‥‥‥‥‥158
　　2.2　酸塩基滴定‥‥‥‥‥‥‥‥‥‥‥‥‥‥‥‥‥‥‥‥‥‥‥‥‥‥‥158
　　2.3　沈殿滴定‥‥‥‥‥‥‥‥‥‥‥‥‥‥‥‥‥‥‥‥‥‥‥‥‥‥‥‥159
　　2.4　酸化還元滴定‥‥‥‥‥‥‥‥‥‥‥‥‥‥‥‥‥‥‥‥‥‥‥‥‥‥159
　　2.5　キレート滴定(錯滴定)‥‥‥‥‥‥‥‥‥‥‥‥‥‥‥‥‥‥‥‥‥‥160
3.　溶媒抽出‥‥‥‥‥‥‥‥‥‥‥‥‥‥‥‥‥‥‥‥‥‥‥‥‥‥（平出正孝）‥160
　　3.1　抽出原理‥‥‥‥‥‥‥‥‥‥‥‥‥‥‥‥‥‥‥‥‥‥‥‥‥‥‥‥160
　　3.2　キレート試薬‥‥‥‥‥‥‥‥‥‥‥‥‥‥‥‥‥‥‥‥‥‥‥‥‥‥161
　　3.3　マスキング剤‥‥‥‥‥‥‥‥‥‥‥‥‥‥‥‥‥‥‥‥‥‥‥‥‥‥161
　　3.4　抽出技術‥‥‥‥‥‥‥‥‥‥‥‥‥‥‥‥‥‥‥‥‥‥‥‥‥‥‥‥162
4.　分光分析‥‥‥‥‥‥‥‥‥‥‥‥‥‥‥‥‥‥‥‥‥‥‥‥‥（藤原祺多夫）‥162
　　4.1　紫外・可視吸光光度法‥‥‥‥‥‥‥‥‥‥‥‥‥‥‥‥‥‥‥‥‥‥162
　　4.2　けい光分析‥‥‥‥‥‥‥‥‥‥‥‥‥‥‥‥‥‥‥‥‥‥‥‥‥‥‥165
　　4.3　りん光分析‥‥‥‥‥‥‥‥‥‥‥‥‥‥‥‥‥‥‥‥‥‥‥‥‥‥‥167
5.　原子スペクトル分析‥‥‥‥‥‥‥‥‥‥‥‥‥‥‥‥‥‥‥‥‥（内田哲男）‥167
　　5.1　発光分光分析‥‥‥‥‥‥‥‥‥‥‥‥‥‥‥‥‥‥‥‥‥‥‥‥‥‥167
　　5.2　原子吸光分析‥‥‥‥‥‥‥‥‥‥‥‥‥‥‥‥‥‥‥‥‥‥‥‥‥‥168
　　5.3　原子けい光分析‥‥‥‥‥‥‥‥‥‥‥‥‥‥‥‥‥‥‥‥‥‥‥‥‥169

6. X 線 分 析 …………………………………………………………170
- 6.1 X線回折分析 ………………………………………(平野眞一)…170
- 6.2 けい光X線分析 ……………………………………(菊田浩一)…171

7. クロマトグラフィー ………………………………(竹内豊英)…174
- 7.1 はじめに …………………………………………………………174
- 7.2 クロマトグラフィーの分類 ……………………………………174
- 7.3 理論段数と理論段高 ……………………………………………175
- 7.4 ガスクロマトグラフィー(GC) …………………………………175
- 7.5 液体クロマトグラフィー(LC) …………………………………176
- 7.6 薄層クロマトグラフィー(TLC) ………………………………177
- 7.7 ペーパークロマトグラフィー(PC) ……………………………177

8. 電 気 分 析 ……………………………………………(後藤正志)…178
- 8.1 ポーラログラフィー ……………………………………………178
- 8.2 電 解 分 析 ………………………………………………………179
- 8.3 電位差滴定 ………………………………………………………180
- 8.4 電導度滴定 ………………………………………………………180

9. 質 量 分 析 ……………………………………(柘植 新・大谷 肇)…181
- 9.1 質 量 分 析 ………………………………………………………181
- 9.2 質量スペクトル …………………………………………………182
- 9.3 GC/MS ……………………………………………………………183
- 9.4 LC/MS ……………………………………………………………183

10. 熱 分 析 ………………………………………(柘植 新・大谷 肇)…183
- 10.1 熱重量測定(TG) ………………………………………………184
- 10.2 示差熱分析(DTA) ……………………………………………184
- 10.3 温度滴定 ………………………………………………………184

11. 放射化学分析 ………………………………(原口紘炁・廣瀬昭夫)…184
- 11.1 放射化分析 ……………………………………………………184
- 11.2 同位体希釈分析法 ……………………………………………185
- 11.3 放 射 分 析 ……………………………………………………186

IV. 地 球 化 学 (編集担当：野津憲治)

1. 宇宙の中の地球 ……………………………………(松田准一)…188
- 1.1 元素の宇宙存在度 ………………………………………………188
- 1.2 元素の起源 ………………………………………………………188
- 1.3 太陽系の形成 ……………………………………………………189
- 1.4 地球の年齢 ………………………………………………………190

1.5　地球，月，惑星の化学組成……………………………………………190
2. 地球の構造と化学組成………………………………………（松田准一）…192
　　2.1　地球の層構造………………………………………………………192
　　2.2　固体地球（コア，マントル，地殻）………………………………192
　　2.3　水圏（海洋，陸水）…………………………………………………192
　　2.4　気　　　圏…………………………………………………………193
　　2.5　生　物　圏…………………………………………………………194
3. 元素の分配と同位体比変動…………………………………（野津憲治）…194
　　3.1　分　配　係　数……………………………………………………194
　　3.2　結晶構造と元素の分配……………………………………………195
　　3.3　天然における同位体比の変動……………………………………195
　　3.4　年　代　測　定……………………………………………………196
　　3.5　同位体温度計………………………………………………………197
4. 地球進化の化学像……………………………………………（松田准一）…197
　　4.1　層構造の形成………………………………………………………197
　　4.2　大気・海洋の形成と進化…………………………………………197
　　4.3　化学進化と生命の起源……………………………………………198
　　4.4　地殻・マントルの進化……………………………………………198
　　4.5　古環境の復元………………………………………………………199
5. 固体地球における諸過程……………………………………（野津憲治）…200
　　5.1　プレートテクトニクス……………………………………………200
　　5.2　火　成　作　用……………………………………………………200
　　5.3　地震と火山噴火……………………………………………………202
　　5.4　変　成　作　用……………………………………………………202
　　5.5　地　下　資　源……………………………………………………202
6. 地球表層での物質移動，物質循環…………………………（野津憲治）…203
　　6.1　風　化　作　用……………………………………………………203
　　6.2　堆　積　作　用……………………………………………………203
　　6.3　海洋における物質循環……………………………………………204
　　6.4　気圏における物質循環……………………………………………204
　　6.5　人間活動と地球化学バランス……………………………………205

V．放　射　化　学（編集担当：片田元己）

1. 放射能・放射線と放射性核種………………………………（片田元己）…208
　　1.1　放射能・放射線の発見と歴史……………………………………208
　　1.2　天然放射性核種……………………………………………………208

- 1.3 人工放射性核種 ……………………………………………………209
- 1.4 放射能，放射線の単位 ……………………………………………209

2. 原子核と壊変現象 ……………………………………………（片田元己）…210
- 2.1 原子核 ………………………………………………………………210
- 2.2 壊変の法則 …………………………………………………………210
- 2.3 壊変の方式 …………………………………………………………210
- 2.4 放射平衡 ……………………………………………………………211

3. 放射線と物質の相互作用 ………………………………………（片田元己）…212
- 3.1 電子と物質の相互作用（β線，内部転換電子，加速電子など）……212
- 3.2 重荷電粒子と物質との相互作用（α線, 加速された陽子, 重陽子, 重イオンなど）…212
- 3.3 光子と物質との相互作用（γ線，X線）……………………………213
- 3.4 中性子と物質の相互作用（高速中性子，熱中性子）………………213

4. 放射線の検出と測定 ……………………………………………（遠藤和豊）…213
- 4.1 電離箱 ………………………………………………………………214
- 4.2 計数管 ………………………………………………………………214
- 4.3 シンチレーション検出器 …………………………………………215
- 4.4 半導体検出器 ………………………………………………………215
- 4.5 飛跡検出器 …………………………………………………………216
- 4.6 化学線量計 …………………………………………………………216
- 4.7 測定値の取扱い ……………………………………………………216

5. 原子核反応と放射性同位元素製造 ……………………………（安部文敏）…217
- 5.1 原子核反応 …………………………………………………………217
- 5.2 核分裂と核融合 ……………………………………………………217
- 5.3 原子炉 ………………………………………………………………218
- 5.4 加速器 ………………………………………………………………218
- 5.5 超重元素の製造 ……………………………………………………219

6. 原子核現象と化学状態 …………………………………………（安部文敏）…219
- 6.1 半減期と化学状態 …………………………………………………219
- 6.2 メスバウアー分光法 ………………………………………………219
- 6.3 摂動角相関 …………………………………………………………220
- 6.4 ポジトロニウム化学 ………………………………………（遠藤和豊）…221
- 6.5 中間子化学 …………………………………………………………221
- 6.6 ホットアトム化学 …………………………………………………222

7. 放射化学における分析法 ………………………………………（海老原充）…223
- 7.1 放射化分析法 ………………………………………………………223
- 7.2 放射分析法 …………………………………………………………224
- 7.3 同位体希釈分析法 …………………………………………………225

7.4　同位体交換法··226
　　7.5　荷電粒子励起X線法··226
8. 放射性同位元素の利用··（海老原充）···227
　　8.1　宇宙・地球化学における利用····································227
　　8.2　考古学における利用··229
　　8.3　工学における利用··229
　　8.4　医学における利用··231
　　8.5　農・生物学における利用···231

Ⅵ. 無機化学・錯体化学（編集担当：松本和子）

1. 各元素の物理化学的性質と構造·······································（松本和子）···234
　　1.1　原子半径，イオン半径，ファンデルワールス半径············234
　　1.2　電気陰性度···234
　　1.3　イオン結晶···236
　　1.4　金属結晶···236
2. 水 素 化 物···（松本和子）···237
　　2.1　典型元素の水素化物··237
　　2.2　遷移元素の水素化物··237
3. 金 属 酸 化 物···（石原浩二）···241
　　3.1　アルカリ，アルカリ土類金属の酸化物·······················241
　　3.2　典型元素の酸化物··241
　　3.3　遷移金属酸化物··241
　　3.4　混合金属酸化物··241
　　3.5　オ キ ソ 酸···241
4. ハロゲンおよびハロゲン化物···（松本和子）···242
　　4.1　ハロゲン単体···242
　　4.2　ハロゲン化物···242
　　4.3　アルカリ金属，アルカリ土類金属のフッ化物···············244
　　4.4　ⅦB族元素のハロゲン化物·····································244
　　4.5　ハロゲン間化合物··244
　　4.6　希ガス元素のフッ化物··245
5. その他の無機化合物··（松本和子）···245
　　5.1　カルコゲン化物··245
　　5.2　窒 化 物···246
　　5.3　炭 化 物···246

6. 金属錯体の配位化学 ……………………………………（石原浩二）…246
- 6.1 配位子の種類 ……………………………………………246
- 6.2 配位数と配位構造 ………………………………………247
- 6.3 配位化合物の異性現象 …………………………………247

7. 配位子場理論 ………………………………………………（松本和子）…248
- 7.1 結晶場理論 ………………………………………………248
- 7.2 配位子場理論 ……………………………………………252

8. 錯形成反応 …………………………………………………（石原浩二）…252
- 8.1 水交換反応と錯形成反応 ………………………………252
- 8.2 錯形成平衡 ………………………………………………253
- 8.3 反応速度と平衡 …………………………………………253
- 8.4 錯体の安定度 ……………………………………………253
- 8.5 HSAB ……………………………………………………254
- 8.6 条件生成定数 ……………………………………………254

9. 金属錯体の反応機構 ………………………………………（石原浩二）…255
- 9.1 錯形成反応機構 …………………………………………255
- 9.2 配位子置換反応の機構 …………………………………255
- 9.3 活性化体積と溶媒交換反応機構 ………………………256
- 9.4 電子移動反応の機構 ……………………………………256

10. 多核錯体と金属クラスター錯体 …………………………（松本和子）…257
- 10.1 多核錯体と混合原子価錯体 …………………………257
- 10.2 金属クラスター錯体 …………………………………258

11. 生物無機化学 ………………………………………………（松本和子）…260

Ⅶ. 生物化学（編集担当：荒田洋治）

1. 生体分子の構造化学的・物理的データ ……………………（田之倉優）…264
- 1.1 構成成分の化学的・物理的データ ……………………264
- 1.2 生体高分子の成立ち ……………………………………270
- 1.3 研究法 ……………………………………………………276

2. タンパク質 …………………………………………………（猪飼篤）…327
- 2.1 タンパク質の大きさと形 ………………………………327
- 2.2 核酸 ………………………………………………………339
- 2.3 糖質 ………………………………………………………343
- 2.4 脂質 ………………………………………………………344

3. 生合成 …………………………………（横山茂之・坂本健作・春木満）…356
- 3.1 DNAの生合成 …………………………………………356

3.2 RNAの生合成 ……………………………………………………………………360
  3.3 タンパク質の生合成 ………………………………………………………………368

VIII. 高分子化学（編集担当：井上祥平）

1. 総　　　論 ……………………………………………………（井上祥平）…380
2. 合　成・反　応 …………………………………………………………………381
  2.1 縮合重合 ……………………………………………………（讃井浩平）…381
  2.2 付加重合 ……………………………………………………（小林四郎）…388
  2.3 開環重合 ……………………………………………………………………396
  2.4 高分子の反応 ………………………………………………（讃井浩平）…400
3. 構　　　造 ………………………………………………………………………404
  3.1 分子鎖の構造 ………………………………………………（茶谷陽三）…404
  3.2 固体の構造 …………………………………………………………………407
  3.3 複合系の構造 ………………………………………………（西　敏夫）…412
4. 物　　　性 ………………………………………………………………………416
  4.1 溶液の性質 …………………………………………………（野田一郎）…416
  4.2 固体の力学的性質 …………………………………………（梶山千里）…421
  4.3 固体の電気的性質 …………………………………………………………428
  4.4 表面，界面の性質 …………………………………………………………433
5. 機　　　能 ………………………………………………………………………438
  5.1 化学的機能 …………………………………………………（岡畑恵雄）…438
  5.2 分離機能 ……………………………………………………………………442
  5.3 光電子機能―導電性高分子 ………………………………（宮田清蔵）…446

IX. 有機工業化学（編集担当：西村　淳）

1. 有機工業化学総論 ……………………………………………（大谷杉郎）…452
  1.1 歴史的動向 …………………………………………………………………452
  1.2 合成有機物への4経路 ……………………………………………………452
  1.3 技術的な特徴 ………………………………………………………………453
  1.4 資源・環境問題 ……………………………………………………………453
  1.5 産業の規模 …………………………………………………………………453
2. 原料有機工業化学 ……………………………………………（西村　淳）…453
  2.1 有機合成化学工業への原料供給 …………………………………………454
  2.2 大量生産される原料相互の関連 …………………………………………459

目次

- 3. 色素，染料，顔料 ……………………………………（山田頼信）…463
  - 3.1 色素，染料，顔料とは ……………………………………463
  - 3.2 色　　素 ……………………………………………………464
  - 3.3 染　　料 ……………………………………………………465
  - 3.4 顔　　料 ……………………………………………………466
- 4. 香　　料 ……………………………………………（印藤元一）…467
  - 4.1 匂いの概念 …………………………………………………467
  - 4.2 有香物質の物理化学的性質 ………………………………468
  - 4.3 匂いの強度と匂いに影響する要因 ………………………468
  - 4.4 香料の種類 …………………………………………………469
  - 4.5 合成香料(単体香料) ………………………………………469
  - 4.6 調合香料および食品香料 …………………………………470
- 5. 界面活性剤 …………………………………………（辻井　薫）…471
  - 5.1 界面活性剤とは ……………………………………………471
  - 5.2 界面活性剤の種類 …………………………………………472
  - 5.3 吸着とその関連現象 ………………………………………475
  - 5.4 会合とその関連現象 ………………………………………475
- 6. 医　　薬 ……………………………………………（石墨紀久夫）…478
  - 6.1 薬　と　は …………………………………………………478
  - 6.2 薬　の　歴　史 ……………………………………………478
  - 6.3 医薬品の名称 ………………………………………………478
  - 6.4 医薬品の分類と化学構造 …………………………………478
  - 6.5 医薬品工業 …………………………………………………479
  - 6.6 新薬の開発 …………………………………………………484
- 7. 農　　薬 ……………………………………………（鴨下克三）…488
  - 7.1 農薬とは ……………………………………………………488
  - 7.2 農薬の研究開発 ……………………………………………490
  - 7.3 殺　虫　剤 …………………………………………………490
  - 7.4 殺　菌　剤 …………………………………………………494
  - 7.5 除　草　剤 …………………………………………………495
  - 7.6 植物生長調節剤(PGR) ……………………………………497
  - 7.7 農　薬　工　業 ……………………………………………498
- 8. プラスチック ………………………………………（田畑憲一）…499
  - 8.1 はじめに ……………………………………………………499
  - 8.2 熱硬化性樹脂 ………………………………………………500
  - 8.3 汎用熱可塑性樹脂 …………………………………………502
  - 8.4 エンジニアリングプラスチック …………………………504

8.5	プラスチック複合材料	509
8.6	ポリマーアロイ	509
8.7	リアクティブプロセッシング	511

9. 繊　　　維……………………………………………（天野敏彦）…512
　9.1　はじめに……………………………………………………………512
　9.2　繊維構造と形成過程………………………………………………512
　9.3　繊維各論……………………………………………………………513
　9.4　高機能性繊維………………………………………………………514

10. ゴ　　　ム………………………………………………（原田都弘）…518
　10.1　ゴムとは……………………………………………………………518
　10.2　ゴムの歴史…………………………………………………………518
　10.3　原料ゴムの種類と特徴……………………………………………519
　10.4　製　造　法…………………………………………………………519
　10.5　加工法と性質・用途………………………………………………520
　10.6　最近の話題…………………………………………………………521

11. 塗　　　料………………………………………………（松村　晃）…523
　11.1　はじめに……………………………………………………………523
　11.2　塗料の特徴…………………………………………………………524
　11.3　塗料の構成と性質…………………………………………………524
　11.4　塗料の分類と用途…………………………………………………525
　11.5　最近のトピックス─機能性塗料─………………………………527

12. パルプおよび紙…………………………………………（大澤純二）…528
　12.1　はじめに……………………………………………………………528
　12.2　パルプ紙の生産と消費……………………………………………528
　12.3　パルプの製造法……………………………………………………528
　12.4　紙・板紙の製造法…………………………………………………530
　12.5　紙　の　性　質……………………………………………………530
　12.6　パルプ・紙の技術動向……………………………………………530

X. 機能性有機材料（編集担当：山本隆一）

1. 熱・機械機能性材料………………………………………………………532
　1.1　耐熱性高分子……………………………（大澤善次郎・黒田真一）…532
　1.2　高強度エンジニアリングプラスチック………………（住田雅夫）…537
　1.3　形状記憶ポリマー………………………………………（永田伸夫）…540
　1.4　接　着　剤………………………………………………（高橋　彰）…542

2. 光機能材料 ……545
- 2.1 有機2次非線形光学材料 ……（宮田清蔵）…545
- 2.2 有機発光・けい光材料 ……（筒井哲夫）…549

3. 電子機能材料 ……552
- 3.1 絶縁材料 ……（岡本正義）…552
- 3.2 圧電焦電材料 ……（古川猛夫）…556
- 3.3 導電性高分子 ……（山邊時雄）…560
- 3.4 イオン伝導性高分子 ……（大野弘幸）…565
- 3.5 有機金属気相成長用原料 ……（市川明宏）…569
- 3.6 累積膜(LB膜) ……（福田清成）…571

4. 分離機能材料 ……575
- 4.1 イオン交換樹脂 ……（板垣孝治）…575
- 4.2 イオン交換膜 ……（山辺正顕）…578
- 4.3 分離膜 ……（清水剛夫・吉川正和）…580
- 4.4 吸水保持材 ……（小林博也）…584
- 4.5 包接材料 ……（原田 明）…588
- 4.6 金属抽出材料 ……（野中敬正）…591

5. 記録・表示材料 ……594
- 5.1 半導体レジスト ……（榛田善行）…594
- 5.2 有機光導電材料 ……（横山正明）…597
- 5.3 光メモリー材料 ……（広瀬純夫）…603
- 5.4 液晶 ……（野平博之）…606
- 5.5 エレクトロクロミック材料 ……（松平長久）…609

6. 触媒機能材料 ……613
- 6.1 酸化還元機能 ……（高田十志和）…613
- 6.2 固定化触媒 ……（栗村芳實）…616

7. エネルギー変換機能材料 ……619
- 7.1 エネルギー貯蔵分子材料 ……（三木定雄）…619
- 7.2 バッテリー機能材料 ……（金藤敬一）…621

XI. 有機・無機（複合）材料の合成・物性（編集担当：木村良晴）

1. 有機・無機変換反応による材料合成 ……（木村良晴）…626
- 1.1 有機・炭素変換 ……626
- 1.2 有機セラミックス（ガラスを含む）変換 ……632
- 1.3 有機・金属変換 ……637

- **2. 有機・無機複合材料** ……………………………………………………………637
  - 2.1 有機基複合材料の分類と性質 ……………………（中西洋一郎・木村良晴）…637
  - 2.2 粒子分散系 …………………………………………………（高橋清久）…643
  - 2.3 繊維強化系 ………………………………………（濱田泰以・前川善一郎）…653
- **3. 有機・金属複合材料** ………………………………………（辻 栄治・花立有功）…663
  - 3.1 はじめに …………………………………………………………………663
  - 3.2 有機・金属複合材料の製造法 ……………………………………………663
  - 3.3 複合化による機能特性 ……………………………………………………668
  - 3.4 用途 ………………………………………………………………………674
- **4. 異種材料界面と材料物性** …………………………………………（中西洋一郎）…674
  - 4.1 複合材料の範囲 …………………………………………………………674
  - 4.2 界面の組合せ ……………………………………………………………674
  - 4.3 界面の構造モデル ………………………………………………………675
  - 4.4 界面における化学結合とその効果 ………………………………………675
  - 4.5 界面の性質とその評価法 …………………………………………………677
  - 4.6 界面の材料物性への影響 …………………………………………………678
  - 4.7 界面研究の今後 …………………………………………………………678

XII. 医療用高分子材料(編集担当：林 壽郎)

- **1. 医療用材料の基本的性質** …………………………………………（林 壽郎）…682
  - 1.1 生体安全性 ………………………………………………………………682
  - 1.2 生体適合性 ………………………………………………………………682
  - 1.3 生体機能性 ………………………………………………………………684
  - 1.4 安全性に関する国内の法規・基準 ………………………………………685
- **2. 汎用医療用高分子材料** ……………………………………………（林 壽郎）…686
  - 2.1 病院用衛生材料 …………………………………………………………686
  - 2.2 ディスポーザブル製品 …………………………………………………687
- **3. 外科手術用高分子材料** ……………………………………………（玄 丞烋）…688
  - 3.1 縫合糸 ……………………………………………………………………688
  - 3.2 止血材 ……………………………………………………………………691
  - 3.3 接着剤 ……………………………………………………………………692
- **4. 血液浄化用高分子材料** ……………………………………………（岸田晶夫）…694
  - 4.1 人工腎臓 …………………………………………………………………694
  - 4.2 プラズマフェレシス ……………………………………………………696
  - 4.3 補助人工肝臓 ……………………………………………………………696
  - 4.4 人工肺 ……………………………………………………………………697

4.5　人工血液 ·· 698
5.　軟組織修復用高分子材料 ··(渡部　智)···699
　　5.1　人工皮膚・創傷被覆材 ··· 699
　　5.2　人工血管 ·· 699
　　5.3　人工心臓・人工弁 ··· 700
　　5.4　人工気管 ·· 701
　　5.5　人工食道 ·· 701
　　5.6　人工乳房 ·· 701
　　5.7　顎顔面補綴材 ··· 702
　　5.8　人工靱帯 ·· 702
　　5.9　人工筋肉 ·· 702
6.　眼科用高分子材料 ···(小林尚俊)···703
　　6.1　コンタクトレンズ(CL) ··· 703
　　6.2　眼内レンズ(IOL) ··· 704
　　6.3　人工角膜 ·· 705
　　6.4　人工硝子体 ··· 706
　　6.5　網膜剝離用バックリング材 ·· 706
7.　整形外科用高分子材料 ··(琴浦良彦)···706
　　7.1　人工関節の臼蓋部 ··· 707
　　7.2　骨セメント ··· 708
　　7.3　人工靱帯 ·· 708
　　7.4　手の外科領域における高分子材料の応用 ·· 709
　　7.5　ま　と　め ··· 710
8.　歯科用高分子材料 ··(都賀谷紀宏)···710
　　8.1　印象材 ··· 710
　　8.2　義歯用材料 ··· 711
　　8.3　歯冠用レジン(歯冠用硬質レジン) ··· 712
　　8.4　成形修復(充塡)用レジン ··· 712
9.　診断・医薬用高分子材料 ··(田畑泰彦)···713
　　9.1　診断用ラテックス ··· 713
　　9.2　バイオセンサー ··· 714
　　9.3　高分子医薬 ··· 715
　　9.4　薬物送達制御用材料 ··· 716
　　9.5　治療用固定化酵素 ··· 717
10.　医療用機能性高分子材料 ···(木村良晴)···718
　　10.1　生体分解吸収性材料 ·· 718
　　10.2　ハイブリッド人工臓器 ·· 723

XIII. 工業物理化学(編集担当：藤嶋　昭)

1. **界面工業化学** ……………………………………………………………………726
   - 1.1　界面活性 …………………………………………………（益田秀樹）…726
   - 1.2　マイクロカプセル ………………………………………………………727
   - 1.3　接　着 ……………………………………………………………………728
   - 1.4　光触媒反応と超微粒子 …………………………………（藤嶋　昭）…730
   - 1.5　超薄膜(LB膜) ……………………………………………（雨宮　隆）…731
2. **電気化学** ……………………………………………………………………736
   - 2.1　新しい電池 ………………………………………………（益田秀樹）…736
   - 2.2　電気分解とその応用 ……………………………………………………738
   - 2.3　表面処理と機能発現 ……………………………………………………739
   - 2.4　導電性膜 …………………………………………………………………741
   - 2.5　修飾電極 …………………………………………………………………743
   - 2.6　半導体電極 ………………………………………………（藤嶋　昭）…745
   - 2.7　分光電気化学 ……………………………………………（益田秀樹）…746
   - 2.8　エレクトロオーガニックケミストリー …………………（藤嶋　昭）…748
   - 2.9　固体電解質とその応用 …………………………………（雨宮　隆）…749
3. **プラズマ・放電化学** …………………………………………（伊藤公紀）…752
   - 3.1　プラズマと放電 …………………………………………………………752
   - 3.2　放電化学とオゾン ………………………………………………………753
   - 3.3　プラズマCVD …………………………………………………………754
   - 3.4　そのほかの応用 …………………………………………………………755
4. **応用光化学** …………………………………………………………………756
   - 4.1　励起状態 …………………………………………………（井上晴夫）…756
   - 4.2　写真化学 …………………………………………………（藤嶋　昭）…757
   - 4.3　電子写真(ゼロックス) …………………………………（雨宮　隆）…759
   - 4.4　けい光現象とその応用 …………………………………（井上晴夫）…761
   - 4.5　光機能材料 ………………………………………………………………763
   - 4.6　フォトンファクトリー …………………………………………………765
   - 4.7　化学発光 …………………………………………………………………766
5. **情報変換化学** ………………………………………………………………768
   - 5.1　液晶とその応用 …………………………………………（伊藤公紀）…768
   - 5.2　レーザー …………………………………………………………………769
   - 5.3　オプティカルファイバー(光ファイバー)とオプティカルウェーブガイド
     　　(光導波路) ………………………………………………………………770

5.4　光リソグラフィー(フォトレジスト)……………………………(井上晴夫)…771
　　5.5　エレクトロクロミズムと表示………………………………………………772
　　5.6　フォトクロミズム……………………………………………………………773
　　5.7　化学センサー…………………………………………………………………774
6.　応用化学熱力学……………………………………………………(伊藤公紀)…777
　　6.1　結晶成長………………………………………………………………………777
　　6.2　分離と精製……………………………………………………………………778
　　6.3　ゾーンメルティング…………………………………………………………778
　　6.4　逆浸透…………………………………………………………………………779
　　6.5　イオン交換と電気透析………………………………………………………779
7.　触媒化学……………………………………………………………(辰巳　敬)…780
　　7.1　触媒とは………………………………………………………………………780
　　7.2　触媒物性………………………………………………………………………782
　　7.3　石油化学プロセス用触媒……………………………………………………783
　　7.4　環境浄化触媒…………………………………………………………………785
　　7.5　C_1化学………………………………………………………………………786
　　7.6　ゼオライト……………………………………………………………………787
　　7.7　超微粒子触媒…………………………………………………………………789
8.　エネルギー化学…………………………………………………………………………790
　　8.1　エネルギー資源………………………………………………(辰巳　敬)…790
　　8.2　エネルギーの変換……………………………………………………………791
　　8.3　太陽エネルギーの変換………………………………………(藤嶋　昭)…792
　　8.4　地球環境と炭酸ガスの固定…………………………………(辰巳　敬)…795

XIV.　材料化学(編集担当：柳田博明)

1.　無機材料設計………………………………………………………(柳田博明)…800
　　1.1　無機材料設計における基本概念……………………………………………800
　　1.2　結晶化学的構造からの材料設計……………………………………………801
　　1.3　界面設計………………………………………………………………………804
2.　無機材料合成………………………………………………………(尾崎義治)…806
　　2.1　粉体合成………………………………………………………………………807
　　2.2　バルク成形……………………………………………………………………833
　　2.3　繊維形状の成形法……………………………………………………………849
　　2.4　膜形状の成形法………………………………………………………………852
　　2.5　ゾル-ゲル法……………………………………………………………………867
　　2.6　焼成……………………………………………………………………………878

3. 無機材料構造 ……………………………………（金丸文一）…884
- 3.1 結晶学の基礎……………………………………884
- 3.2 結晶構造を支配する因子…………………………886
- 3.3 化学組成と代表的な結晶構造……………………890
- 3.4 無機化合物の構造化学……………………………893
- 3.5 構造の不完全性……………………………………900
- 3.6 セラミックスの微細構造…………………………902
- 3.7 結晶構造解析………………………………………903
- 3.8 微構造解析…………………………………………906

4. 無機材料物性 ……………………………………………911
- 4.1 材料物性基礎 ……………………………（桑原　誠）…911
- 4.2 結晶の対称性と物性………………………………911
- 4.3 誘電的特性…………………………………………911
- 4.4 圧電・焦電特性……………………………………917
- 4.5 磁気的特性…………………………………………921
- 4.6 半導性………………………………………………924
- 4.7 超伝導性……………………………………………930
- 4.8 機械的特性…………………………………（上垣外修己）…933
- 4.9 熱的性質……………………………………………940
- 4.10 機械部品設計………………………………………942

XV. 応用生物化学（編集担当：相澤益男）

1. 総論 ……………………………………………（相澤益男）…950

2. 酵素工学 ………………………………（功刀　滋・伊藤伸哉）…950
- 2.1 酵素生産……………………………………………950
- 2.2 固定化酵素…………………………………………953
- 2.3 酵素を利用した合成プロセス……………………958
- 2.4 酵素利用技術………………………………………962

3. 遺伝子工学・タンパク質工学 ……………………（青野力三）…964
- 3.1 遺伝子操作技術……………………………………964
- 3.2 遺伝子工学による物質の生産……………………971
- 3.3 タンパク質工学……………………………………972

4. 細胞工学 ……………………………………………（永井和夫）…972
- 4.1 細胞工学の背景……………………………………972
- 4.2 細胞操作……………………………………………973
- 4.3 細胞工学の実際……………………………………976

- 5. バイオミメティクス……………………………………（大倉一郎）…984
  - 5.1 生体膜モデル………………………………………………………984
  - 5.2 酵素モデル…………………………………………………………987
- 6. バイオエレクトロニクス………………………………（碇山義人）…994
  - 6.1 バイオ素子…………………………………………………………994
  - 6.2 バイオセンサー……………………………………………………995
  - 6.3 生物エネルギー変換………………………………………………999
  - 6.4 生体機能の電気制御………………………………………………1001
- 7. 生物化学工学……………………………………………（海野 肇）…1004
  - 7.1 バイオプロセス……………………………………………………1004
  - 7.2 バイオリアクター…………………………………………………1006
  - 7.3 ダウンストリームプロセッシング………………………………1008
  - 7.4 バイオプロセスの計測・制御……………………………………1009

索 引………………………………………………………………………1013

I. 物 理 化 学

1. 分子の構造

1.1 分子の幾何学的構造と電子構造

一般に「分子の構造」というと，原子間のいわゆる結合距離や結合角などのパラメータがすぐに思い浮かべられる．これらは分子の幾何学的構造を表すものである．一方，分子を原子核と電子から成る多体系としてとらえると，分子中の電子の存在状態についての情報もまた「分子の構造」の一構成要素である．これを幾何学的構造と区別して電子構造と呼ぶことが多い．分子の電子構造を表すパラメータとしては，電気多重極子モーメント，磁気多重極子モーメント，分極率，超分極率などがある．これらのうち，電気双極子モーメントと分極率は，分子集合体としての物質の光学的誘電的性質の決定要因であり[1]，また会合，溶媒効果などの分子間相互作用，高分子の高次構造などをも支配する最も重要なパラメータである[2]．双極子モーメントは分子中の分子の分布を表すのに対し，分極率は分子中の電子の動きやすさを表す．前者を分子の静的電子構造パラメータとすれば，後者は動的電子構造パラメータである．

1.2 分子構造の決定
1.2.1 幾何学的構造の決定[3]

分子の幾何学的構造を決定するための実験法は回折法と分光法に大別される．

回折法には電子回折法，X線回折法，中性子回折法がある．いずれの方法でも，分子中の原子から散乱されてくる波動の干渉による回折像を観測，解析し，原子間の距離についての情報を得る（より厳密には電子線とX線は原子中の電子によって散乱され，中性子線は原子核によって散乱される）．

電子回折法には気体電子回折法と固体電子回折法とがあるが，分子構造の決定に用いられるのは前者である．通常，エネルギー40keV，ド・ブロイ波長6 pm 程度の電子線を気体試料に照射する．電子線と分子中の電子とは強く相互作用するので，単一の分子からの回折効果を観測することができ，結果として分子中の種々の原子対に対しての原子間距離についての情報が得られる．気体電子回折法は比較的簡単な分子の構造を精密に決めるのに適している．固体電子回折法は固体表面での原子配列の決定などに用いられる．

X線回折法は，単結晶中の分子の構造決定にきわめて有力である．電磁波であるX線の電子との相互作用は，電子線と電子との相互作用に比べてずっと弱く，したがってX線が大きな回折効果を示すには結晶中に存在するような周期構造が必要である．通常，波長0.1 nm 程度のいわゆる硬X線が用いられる．現在では分子量10万にものぼるタンパク質分子の構造がX線回折法によって決定されている．

中性子回折法は，X線回折法で精密に決定しにくい軽原子（電子の個数が少ない原子）を含む分子の構造決定に威力を発揮する．これは中性子線が電子ではなく原子核と相互作用するからである．通常，原子炉から得られる熱中性子を線源として用いるが，そのド・ブロイ波長はほぼ0.1 nm のオーダーである．

分光法では，マイクロ波吸収，遠赤外線吸収などによって観測される回転スペクトル，赤外線吸収によって観測される振動・回転スペクトル，可視・紫外線吸収によって観測される電子・振動・回転スペクトル，ラマン散乱によって観測される回転および振動・回転スペクトルの解析から分子の回転定数を求める．回転スペクトルからは振動および電子基底状態の回転定数が求まり，振動・回転スペクトルからは振動励起状態，電子・振動・回転スペクトルからは電子・振動励起状態での回転定数に対する情報が得られる．

分光法によって決定される回転定数の数はたかだか3個であり，これらのみで分子の幾何学的構造が完全に決まるのは，2原子分子など構造パラメータ数が3個以下の簡単な分

子に限られる．それ以外の分子では，独立な構造情報の数を増すために，同位体置換種を用いたり，電子の回折データを併用するなどの工夫がなされる．

分子量で100程度以下の比較的小さな基本的分子については，回折法，分光法，あるいは両者の併用によって決定された幾何学的構造パラメータがデータ集として集録されている[4]．これらは分子のポテンシャルエネルギー曲面のエネルギー最小位置，すなわち原子の平衡位置を決めるものである．一方，2原子分子などのきわめて簡単な分子では，分光学的データをさらに精密に解析することにより，ポテンシャルエネルギー曲面(2原子分子の場合には曲線)自身を決定することもできる．

1.2.2 電子構造の決定

分子の幾何学的構造は主として分子スペクトルの横軸(振動数)に反映されるが，その電子構造は主として縦軸(強度)に反映されている．これは電磁波である光と分子の相互作用が常に電子を仲介にして行われていて，その相互作用の大きさが分子中の電子の存在状態に強く依存するからである．

比較的小さな分子量の気体分子の電気双極子モーメントは，マイクロ波吸収スペクトルの強度の解析により精密に決定することができる．分子量の大きな分子では，無極性溶媒に溶かした希薄溶液の誘電率の温度変化や濃度変化から双極子モーメントを求めることができるが，マイクロ波吸収法ほど精度は高くない．基本的分子の電気双極子モーメントのデータはすでに集録されている[4]．分子の電気双極子モーメントを，分子中の各結合の結合双極子モーメントのベクトル和として近似的に表すことができる．この近似により，電気双極子モーメントから幾何学的構造を推定したり，その逆を行うことができる．2原子分子や3原子分子では，振動および振動・回転赤外線吸収強度から，電気双極子モーメントの原子間距離に関する微係数を求めることができる[5]．

気体分子の分極率は，屈折率やレイリー散乱の偏光解消度から求められる．液体分子の場合にはさらにカー効果なども併用される．分極率に関するデータも基本的分子についてはすでに集積されている[4]．赤外線吸収強度から電気双極子モーメントの微係数が求まるのと同様に，振動および振動・回転ラマン散乱強度からは，分極率の原子間距離に関する微係数についての情報が得られる[6]．

1.2.3 分子構造の理論的予測

近年の計算機の高速化，大容量化によって，量子化学計算から分子の構造を理論的に予測することが現実的となってきた．軽原子のみからなる分子では，非経験的(ab initio)量子化学計算により，実験的に決定されている幾何学的構造パラメータを精度よく再現することができる．しかし，このような場合でも，電気双極子モーメントや分極率，およびその微係数についてはよい一致が見られないことが多い．量子化学計算により電子構造まで含めた分子の構造を正しく予測できるようになるには，まだしばらくの時間を要するであろう．

1.3 水素分子のポテンシャル関数

分子のポテンシャル曲面が精密に決定されている例として，最も基本的な分子である水素分子を取り上げる．図1.1は分光学的に決定された水素分子のポテンシャル関数 $V(r)$ を無次元座標 $\xi=(r-r_e)/r_e$ で表したものである[7]．

$$V(\xi)=a_0\xi^2(1+a_1\xi+a_2\xi^2+a_3\xi^3+\cdots) \quad (1.1)$$

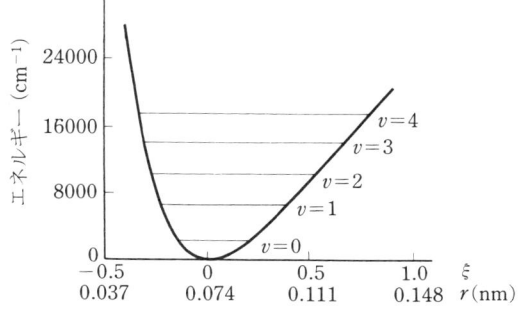

図1.1 水素分子のポテンシャル関数[7]
$V(\xi)=79685.6\xi^2(1-1.601\xi+1.857\xi^2-2.144\xi^3+2.69\xi^4-2.55\xi^5+1.06\xi^6)$

I. 物理化学

表 1.1 水素分子の分光学的データ[a]と計算値[b]

	H₂		D₂	
振動遷移波数 (cm⁻¹)	実験値	計算値	実験値	計算値
$v=1 \leftarrow v=0$	4161.14	4161.19	2993.60	2993.19
$v=2 \leftarrow v=0$	8087.11	8087.38	5868.46	5867.09
$v=3 \leftarrow v=0$	11782.35	11782.72	8625.71	8624.99
$v=4 \leftarrow v=0$	15250.36	15250.57	11267.80	11267.44
回転定数 (cm⁻¹)				
B_0	59.3392	59.3512	29.9084	29.9267
B_1	56.3685	56.3588	28.8485	28.8591
B_2	53.4754	53.4623	27.8226	27.8111
遠心力歪定数 (cm⁻¹)				
D_0	0.0460	0.0453	0.0114	0.0115
D_1	0.0437	0.0436	0.0109	0.0112
D_2	0.0428	0.0418	0.0109	0.0109

[a] 文献 7) を参照.
[b] 図 1.1 に示したポテンシャル曲線を用い，振動・回転ハミルトニアンの直接対角化によって求めた値.

ここで r は水素原子間の距離, r_e は平衡原子間距離 (0.074 nm), $a_0, a_1, a_2, \cdots$ は Dunham の非調和定数である.

実測値として用いられたデータは H₂ と D₂ についてそれぞれ 10 個ずつ計 20 個である (表1.1). これらはラマン散乱と赤外線発光スペクトルから得られたものである. 水素原子間の結合は非調和性がきわめて大きく, すべての実測値を満足に再現するには ξ^8 の項まで考慮することが必要であることがわかる.

1.4 CO 分子の電気双極子モーメント関数

分子の電子構造パラメータが原子間距離の関数として求まっている典型例として, CO 分子の電気双極子モーメント関数を図 1.2 に

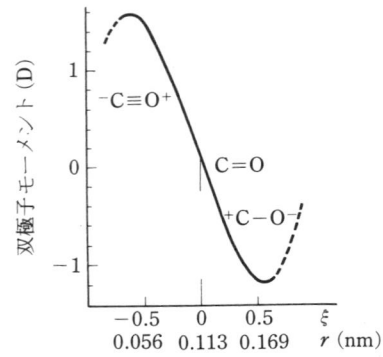

図 1.2 CO 分子の電気双極子モーメント関数[8]
$\mu(\xi) = 0.1234 - 3.465\xi + 0.2429\xi^2 + 3.137\xi^3$

示す[8]. この関数は合計 4 つの独立なパラメータを含んでいるが, これらを決めるために用いられた分光学的データは, 3 つの振動赤外線吸収強度, 永久双極子モーメント, 6 つの振動・回転赤外線吸収強度の Herman-Wallis 因子[5]の合計 10 個である. 平衡位置 r_e での電気双極子モーメントは 0.1243 D と小さな値で, 炭素原子がわずかに負電荷を帯びている. 平衡位置から原子間距離が小さくなる方向に変位すると, 電気双極子モーメントは急激に増大し, 逆方向の変位に対しては急激に減少する. CO 分子の電子構造には $^-C\equiv O^+$, $C=O$, $^+C-O^-$ の 3 つの共鳴構造が寄与していると考えられる. 図 1.2 に示す電気双極子モーメント関数は, これら 3 つの共鳴構造の寄与の割合が, 原子間距離に強く依存して変化することを示している.

1.5 水素分子の分極率異方性

分極率が原子間距極の関数として実験的に決められている分子の例はない. 水素分子でさえ分極率異方性 $\gamma = \alpha_\parallel - \alpha_\perp$ ($\alpha_\parallel$ と $\alpha_\perp$ はそれぞれ結合軸方向およびそれに垂直方向の分極率) の原子間距離に対する微係数が 2 次まで求められているにすぎない (表 1.2)[9]. これらの値は振動・回転ラマン強度の解析から得られたものであり, 光学的振動数領域にお

表 1.2　水素分子の分極率異方性[a]

	実験値	計算値
$\gamma_1/\gamma_0{}^a$	2.53 ± 0.13	2.62
$\gamma_2/\gamma_0{}^a$	3.97 ± 1.33	3.96

[a] $\gamma(\xi)=\gamma_0+\gamma_1\xi+\frac{1}{2}\gamma_2\xi^2+\cdots$

ける値であるが，静電場に対しての計算値とよく一致している．分子の分極率に関する研究は，その実際面での重要性にもかかわらず，実験的にも理論的にもほとんど手つかずの状態にある．

1.6 おわりに

「分子の構造」を広義にとらえると，まだまだ解明されなければならない点が数多く残されていることに気づく．化学の本質である分子の動的側面が，主としてこの未解明の部分によって支配されていることを最後に指摘しておく．

〔濱口　宏夫〕

文　献

1) たとえば，J.H. Van Vleck: "The Theory of Electric and Magnetic Susceptibilities", Oxford Univ. Press (1931).
2) たとえば，A.D. Buckingham: "Intermolecular Interactions: From Diatomics to Biopolymers", B. Pullman ed., John Wiley (1978).
3) たとえば，大木道則，斉藤喜彦，長倉三郎編："分子構造の決定"，岩波講座 現代化学 13，岩波書店 (1980).
4) たとえば，日本化学会編："化学便覧 基礎編"，丸善 (1984).
5) R. Herman and R.F. Wallis: *J. Chem. Phys.*, **23**, 637 (1955).
6) T.C. James and W. Klemperer: *J. Chem. Phys.*, **31**, 130 (1959).
7) H. Hamaguchi, I. Suzuki and A.D. Buckingham: *Mol. Phys.*, **43**, 963 (1981).
8) I. Suzuki: *Bull. Chem. Soc. Japan*, **45**, 2429 (1972).
9) H. Hamaguchi, W.J. Jones and A.D. Buckingham: *Mol. Phys.*, **43**, 1311 (1981).

2. 励起分子の構造とダイナミックス

2.1 励起分子の生成と緩和

分子に光や熱などの形で外部からエネルギーを与えると，さまざまな「励起分子」が生成する．励起分子は種々の物理的，化学的過程を経て安定な基底態状に戻る．この脱励起の過程は，励起エネルギーを光子として放出する輻射過程（けい光，りん光）と，光子の放出を伴わない無輻射過程（振動緩和，内部転換，項間交差などの物理過程や異性化，反応などの化学過程）とに大別される．図2.1にこのような励起，脱励起の過程を模式化して示す．

励起分子についての化学的興味の中心は，励起エネルギーが分子内にどのようにして蓄えられ，それがどのようにして反応を誘起したり，あるいは緩和してゆくかを知ることにある．もし励起エネルギーを特定の運動のモードに集中できれば，その状態に特有の化学反応を選択的に進行させることが可能になる．一方，もし励起分子の緩和がきわめて速やかに進行し，励起エネルギーが分子の多くの運動のモードに素早く分配されてしまえば，このような化学反応の選択性は失われてしまう．化学合成の究極の目標である「欲しいものだけ」をつくる立場からすれば，反応の選択性を支配する因子を探求することは最重要の課題である．優秀な有機合成化学者が無意識のうちに行っている合成反応経路の選択は，実は励起分子とその励起エネルギーを巧みにコントロールしていることにほかならない．

近年のパルスレーザーの技術革新と，高速分光測定技術の進歩により，励起分子の挙動を分光学的に追跡することが可能となった．フェムト秒（10^{-15} s），ピコ秒（10^{-12} s），ナノ秒（10^{-9} s），マイクロ秒（10^{-6} s）の時間幅を持つレーザーパルスを用いて，可視・紫外線

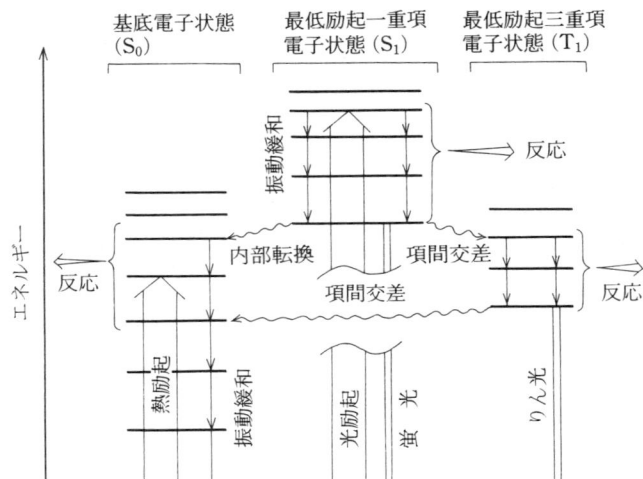

図 2.1 典型的な有機分子の励起-脱励起過程

スペクトル（吸収，発光），赤外線吸収スペクトル，ラマン散乱スペクトルなどの時間分解測定が行えるようになり，励起分子の生成や消滅の過程を時々刻々記録する手法が確立されつつある．これらの時間分解分光法のうち，最近特に注目されているのが時間分解振動分光法である．周知のように，振動スペクトルは分子の構造に関する豊富な情報を含んでいる．したがって，励起分子の振動スペクトルを時間分解して観測することができれば，その構造の変化を時間の関数として追跡することが可能になる．またおのおのの振動準位に特徴的な反応や緩和過程を調べることも可能になる．以下に，時間分解振動分光法により調べられた 2 つの基本的励起分子，S_1 トランス-スチルベンと T_1 ベンゾフェノンの構造とダイナミックスについて述べる．

2.2 超音速自由ジェット中の S_1 トランス-スチルベンと光異性化反応

トランス-スチルベン分子を光によって最低励起一重項状態（S_1）に励起すると，そこで二重結合まわりの内部回転が起こり，結果として基底電子状態（S_0）のトランスおよびシス-スチルベンの等量混合物が得られる[1]．このトランス-シス光異性化反応の機構は，図 2.2 に示すようなポテンシャル曲面によって説明されている[2]．スチルベンの S_1 状態は，内部回転角が 0° のトランス型の近傍で

は ^1B_u 状態からの寄与が支配的であるが，90° の "perpendicular" 型では ^1A_g 状態の寄与が大きくなる．その結果，S_1 状態のポテンシャル曲面は，内部回転角 0° に付近に浅い極小を，90° の近傍に深い極小をもつ形となる．光によって S_1 状態に励起されたトランス-スチルベン分子は，熱的に低いポテンシャル障壁（あとに示すように約 1100 cm^{-1}）を越えて perpendicular 型に異性化し，その形を保ったまま S_0 状態に内部転換する．S_0 状態の perpendicular 型はポテンシャル曲面の極大点に位置するので，分子はここから等しい確率でトランス型とシス型へ振動緩和す

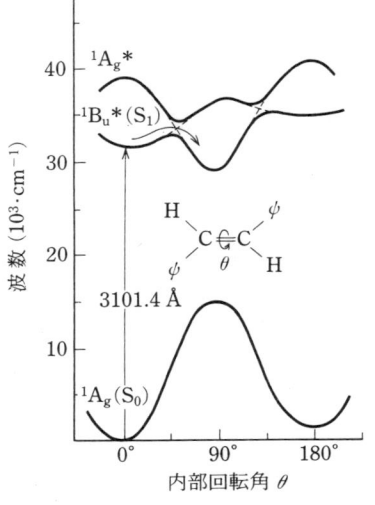

図 2.2 スチルベンの C=C 内部回転ポテンシャルの模式図[2]

る．このような光異性化の過程で，S_1状態はまさに反応の起こる現場であり，したがって，S_1トランス-スチルベンは反応の鍵を握る励起分子の典型例であるといえる．

図2.3は超音速自由ジェット中のトランススチルベンのけい光励起スペクトルである[3]．

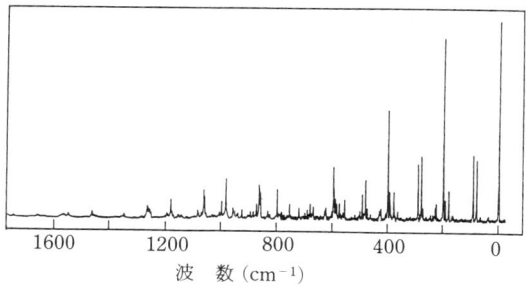

図 2.3 超音速自由ジェット中のトランス-スチルベンのけい光励起スペクトル[3]
$S_1 \leftarrow S_0$吸収の0-0遷移を原点として遷移波数をプロットしてある．

$S_1 \leftarrow S_0$吸収のO-O遷移を原点にとって遷移波数をプロットすると，S_1状態の振動スペクトルが，きわめて高い波数分解能で得られる．このスペクトルに現れる多数の振動バンドの1本1本が，同位体標識化合物の示す波数シフトの解析により帰属されている[3]．異性化過程に直接的に関与するC=C二重結合の振動波数は1551 cm^{-1}であり，S_0状態での値1639 cm^{-1}に比べて約90 cm^{-1}低波数シフトしている．これはS_1状態でC=C結合の結合定数が低下していることを示している．しかし，1566 cm^{-1}という波数値は，この結合が容易に内部回転するような単結合ではなく，画然とした二重結合性を保持している証拠となる．

けい光励起スペクトルに現れる各振動バンドにピコ秒パルスレーザーの波数を同調させ，柱間光子計数法で検出すると，100ピコ秒程度の時間分解能でS_1トランス-スチルベンの振動準位の寿命を測定することができる．図2.4に，このようにして観測した寿命の逆数(準位の減衰速度)を振動波数に対してプロットしたグラフを示す[2]．ある準位の減衰定数kは，輻射過程(この例ではけい光)による項k_rと，無輻射過程(後に述べるように

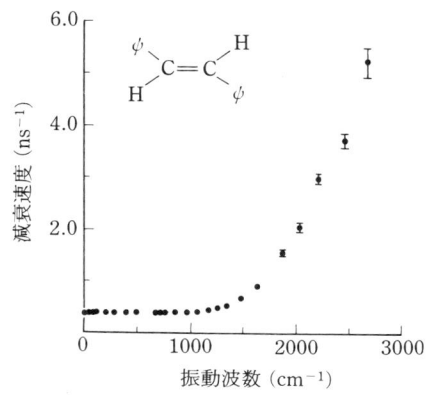

図 2.4 S_1トランス-スチルベンの単一振動準位の減衰速度(けい光寿命の逆数)[2]

この例では異性和)による項k_{nr}の和として表される．図2.4のグラフは，S_1トランス-スチルベンの振動準位の減衰定数kが，振動波数1100 cm^{-1}付近から立ち上がり，より高い波数領域で急激に増大することを示している．一般にk_rの値は振動準位に大きくは依存せず，ほぼ一定の値をとる．したがって，S_1トランス-スチルベンでは，1100 cm^{-1}付近から急に立ち上がるような無輻射過程が存在し，その速度k_{nr}が振動波数とともに急激に増大すると解釈できる．このような振動波数にきわめて敏感な無輻射過程として最も可能性が高いのは異性化であり，そのポテンシャル障壁が約1100 cm^{-1}であるとすると実験結果をすべて満足に説明することができる．すなわち，図2.2の模式図に従った異性化機構を強力に支持する実験結果が得られた．

2.3 ベンゾフェノン類のT_1状態の分子構造と水素引抜反応活性

ベンゾフェノンの励起三重項状態は，水素引抜反応に高い活性を示す励起分子としてよく知られている[4]．最近，時間分解ラマン分光法によりこの励起分子の振動スペクトルが観測され，実際に水素引抜反応を起こす溶液中での分子構造についての知見が得られた[5]．

図2.5にベンゾフェノンのS_0状態とT_1状態のラマンスペクトルを比較して示した．水素引抜反応に直接関与するカルボニル基の振

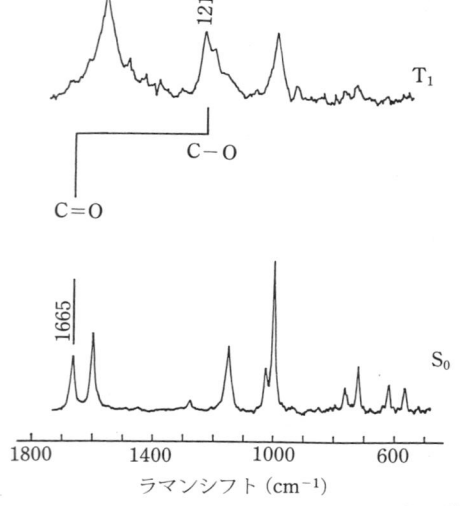

図 2.5 ベンゾフェノンの T_1 状態（上側）と S_0 状態（下側）のラマンスペクトルの比較[5]

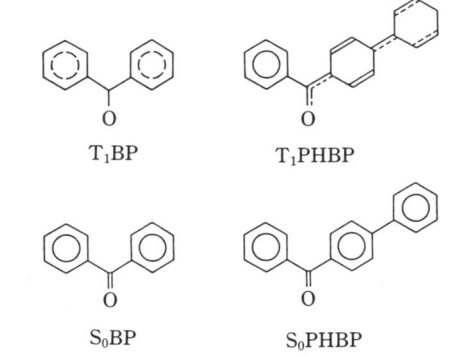

図 2.6 ベンゾフェノン（BP）と 4-フェニルベンゾフェノン（PHBP）の S_0 状態と T_1 状態の構造の模式図[6]
T_1BP のベンゼン環の結合次数が S_0 状態に比べてやや低下していること，T_1PHBP のベンゼン環は S_0 状態と同じ構造をとることも，時間分解ラマン分光により明らかにされている．

動バンドは，^{18}O 標識化合物を合成し，その同位体シフトを解析することによって同定できた．それによると，S_0 状態のカルボニル伸縮振動波数が C＝O 二重結合を示す 1665 cm^{-1} であるのに対し，T_1 状態では 1210 cm^{-1} と単結合伸縮振動の値になっている．ベンゾフェノンの T_1 状態は $n\pi^*$ 型であり，π^* 軌道に励起された電子がほぼカルボニル基に局在し，その結合次数を下げる一方，O 原子の n 軌道に残された不対電子がラジカル的構造をとって高い反応活性を示すと考えられていた．時間分解ラマン分光の結果は，T_1 ベンゾフェノンのカルボニル基が，実際に C－Ȯ で示されるような構造をとっていることを示す決定的証拠となった．

同様の実験から，類似分子でありながらベンゾフェノンの 1/10 程度の水素引抜活性しかもたない 4-フェニルベンゾフェノンでは，T_1 状態のカルボニル伸縮振動波数が約 1500 cm^{-1} で二重結合領域に止まっていることがわかった[6]．この分子の T_1 状態は $\pi\pi^*$ 型であり，電子励起がビフェニル部分を含めて非局在化するために，ベンゾフェノンの場合のようなカルボニル基の極端な構造変化が起きないものと考えられる（図 2.6）．

結局，ベンゾフェノン類の T_1 状態での水素引抜反応活性は，電子励起がどの程度カルボニル基に局在しているかによって決まると考えてよい．励起がほぼ完全にカルボニル基に局在している T_1 ベンゾフェノンの活性はきわめて高く，一方励起が非局在している 4-フェニルベンゾフェノンでは活性が低下する．時間分解ラマン分光法によって，このような反応性と電子構造の関係が，きわめて具体的な形で検証されたのである．

2.4 おわりに

時間分解振動分光法を中心とした分光学的手法によって，今後さまざまな励起分子の構造とダイナミックスが明らかにされてゆくであろう．この過程で化学に対して分光学が果たすであろう役割は，これまでよりもさらに重要なものとなるに違いない．

〔濱口　宏夫〕

文　献

1) J. Saltiel, J. d'Agostino, E.D. Megarity, L. Metts, K.R. Neuberger, M. Wrighton and O.C. Zafiriou: *Org. Photochem.*, **3**, 1 (1973).
2) J.A. Syage, W.R. Lambert, P.M. Felker and A.H. Zewail: *J. Chem. Phys.*, **81**, 4685 (1984); **81**, 4706 (1984).
3) T. Urano, H. Hamaguchi, M. Tasumi, K. Yamanouchi, S. Tsuchiya and T.L. Gustafson: *J. Chem. Phys.*, **91**, 3884 (19

4) J.C. Scaiano, *J. Photochem.*, **2**, 81 (1973/74).
5) T. Tahara, H. Hamaguchi and M. Tasumi: *J. Phys. Chem.*, **91**, 5875 (1987); *Chem. Phys. Lett.*, **152**, 135 (1988).
6) T. Tahara, H. Hamaguchi and M. Tasumi: *J. Phys. Chem.*, **94**, 170 (1990).

3. ラジカルイオン

3.1 気相

電気的に中性で単分子的には安定な分子に電子が1個付加または脱離して,スピン多重度が2となったものをそれぞれラジカルアニオン,ラジカルカチオンと呼び,両者を総称してラジカルイオンと呼ぶ.真空中でもとの中性分子の電子基底状態の全エネルギーを $E(M)$ と書くと,分子構造を固定したままで電子が付加した場合の1分子当たりの全エネルギー $E_v(M^{-\cdot})$ と $E(M)$ の差 $\Delta E_v = E_v(M^{-\cdot}) - E(M)$ を垂直的電子親和エネルギーと定義する.また,ラジカルアニオンの電子基底状態での最安定分子構造における全エネルギー $E_a(M^{-\cdot})$ と $E(M)$ との差 ΔE_a を断熱的電子親和エネルギーと定義する. ΔE_v, ΔE_a が負ならラジカルアニオンは単分子的に安定であるが,正なら不安定で,各分子に固有の寿命で(3.1)式のように電子を放出(自動イオン化という)するか,(3.2)式のように解離(解離性電子付加という)する.

$$e^-(\varepsilon) + M \rightarrow (M^{-\cdot})^* \rightarrow M_{VR} + e^-(\varepsilon') \quad (3.1)$$

$$e^- + AB \rightarrow (AB^{-\cdot}) \rightarrow A^{\cdot} + B^- \quad (3.2)$$

ただし, ε, ε' は電子 e^- の運動エネルギー, M_{VR} は振動回転励起された分子を表す.

ラジカルカチオンについても垂直的および断熱的電離に対して $\Delta E_{v,a} = E_{v,a}(M^{+\cdot}) - E(M)$ を定義し,それぞれ垂直的・断熱的イオン化エネルギーと呼ぶ.

電子親和エネルギーを実験的に求めるには $\Delta E < 0$ の場合は波長可変光で光電子脱離 $M^{-\cdot} + h\nu \rightarrow M + e^-$ を起こしてそのしきい値から ΔE_v を求める方法[1],また $\Delta E > 0$ の場合はあらかじめエネルギー ε を揃えた電子を分子 M に衝突させ,電子エネルギーの損失量((3.1)式の $\varepsilon - \varepsilon'$)の測定から ΔE_v を見積もる電子透過分光法が直接的な方法である[2].

イオン化エネルギーを実験的に求めるには波長可変光で分子を光イオン化, $M + h\nu \rightarrow M^{+\cdot} + e^- (\varepsilon = 0)$ する方法,およびエネルギー $h\nu$ が既知の光子で光イオン化したときに放出される電子の運動エネルギー ε を測定して $h\nu - \varepsilon$ から ΔE を求める光電子分光法が直接的な方法である[3].光イオン化法で $h\nu$ と記した光子は必ずしも1光子に限ることはなく,2光子($2h\nu_1$ または $h\nu_1 + h\nu_2$)などの多光子過程を用い,その1つを波長可変レーザー光にするとレーザーの分解能に応じた精度でイオン化エネルギーを求めることができる[4].

ラジカルイオンに限らず気相中のイオン種に関する分光学・動力学などの研究はレーザーの進歩とともに急速に進展しつつある[1〜6].

3.2 凝縮相

液体中でラジカルイオンを生成するには適当な酸化・還元剤を用いた化学反応,電極反応,光・放射線照射法などがある[7].たとえば電子親和エネルギーの大きい(ΔE が負で大)分子を非水溶媒中でアルカリ金属と接触させるとアルカリ原子のイオン化エネルギーが比較的低いことによって $Na + M \rightarrow Na^+ + M^{-\cdot}$ のような反応でラジカルアニオンが生成するし,イオン化エネルギーの低い分子を酸化能の高いルイス酸のような試薬,たとえば $SbCl_5$ と接触させたり,光励起するとラジカルカチオンが生成する.

溶液中での $M^{\pm\cdot}$ の安定性は気相のように明快には論じにくい. $M^{\pm\cdot}$ は誘電体としての溶媒を電気的に分極することによって,また相手イオンとのクーロン相互作用することによって安定化する一方,拡散によって次のような2次的化学反応をひき起こして変化することが多い.

$$M^{\pm\cdot} + M^{\pm\cdot} \rightarrow M^{2\pm} + M \quad \text{(不均化反応)} \quad (3.3)$$

$M^{\pm\cdot} + M \rightarrow M_2^{\pm\cdot}$ （二量化反応） (3.4)

$M^{-\cdot} + O_2 \rightarrow M + O_2^{-\cdot}, \cdots$ (3.5)

$M^{-\cdot} + H_2O \rightarrow MH\cdot + OH^-, \cdots$ (3.6)

上式で $M^{2\pm}$ はジカチオン，ジアニオンと呼ばれる反磁性イオンで，$M_2^{\pm\cdot}$ はダイマーカチオン，ダイマーアニオンと呼ばれる常磁性イオンである．また(3.5),(3.6)式はラジカルイオンが一般的に反応性に富むため，溶存空気や水分とも反応してしまうことを示す．溶媒の誘電分極は多くの非水溶媒でイオン1個あたり1～2eVに達するので，たとえば気相での電子親和エネルギーが約 +1.15 eV で単分子的には不安定なベンゼンのラジカルアニオンでも適当な溶媒中では準安定に存在することが ESR スペクトルなどから検証できる．また気相では，(3.2)式で示したような解離性電子付加反応を起こす分子 AB でも粘度の高い媒質中では，「かご効果」によって $A\cdot$ と B^- が相互作用をもった錯体として検出される場合がある[7]．

3.3 分 子 構 造

非解離性のラジカルイオンの構造はもとの中性分子の構造と極端に異なることは少ない．これはもとの分子の最高被占分子軌道(HOMO)や最低空軌道(LUMO)に電子が1個だけ出入りしても全体のエネルギーへの影響は一般には大きくないからである．しかし分子構造の対称性が高く，HOMO・LUMOが電子軌道的に縮退している非直線型分子ではイオン化によってヤーン-テラー(Jahn-Teller)ひずみを受けて対称性が低下する．軌道縮退のない分子でもそのラジカルイオンの電子基底状態が電子励起状態との間で振電相互作用をもつときには擬ヤーン-テラーひずみ（2次的ヤーン-テラー効果ともいう）によって明瞭に変形することが少なくない[8]．前者の一例として中性では D_{3d} のエタンが，ラジカルカチオンでは C_{2h} に変形すること[9]，後者の一例として中性では D_{2h} のエチレンがラジカルカチオンではねじれ構造をもつことがあげられる[10]．

電離によってもとの分子の結合の一部が解離する例としてはエチレンオキシドの3員環やジシクロペンタジエンの4員環のような，もともとひずみのかかった C—C 結合の開裂を上げることができる．また，もとの分子の垂直的イオン化にひきつづいて，たとえばマクラファティ(McLafferty)転位のような分子内原子移動を起こすものもある．このような広義の異性化を実験的に検証するにはタンデム型質量分析器が用いられる．たとえば，エチレングリコールのラジカルカチオンは分子内で原子移動を起こし，さらにアルデヒド分子と $CH_4O^{+\cdot}$ に分解する[11]．ここで生ずる $CH_4O^{+\cdot}$ に He などの原子を衝突させると衝突活性化分解(collisionally activated dissociation)が起こってフラグメントイオンの質量スペクトル(CAD スペクトルと呼ぶ)が得られる．上の CAD スペクトルをメタノール(CH_4O)の CAD スペクトルと比較するとスペクトルのパターンが全く異なっており，エチレングリコール由来の CH_4O^+ はメタノール由来の $CH_4O^{+\cdot}$ と異なった構造をもつことがわかる．前者は $\cdot CH_2OCH_2^+$ の構造をもち，後者の $CH_3OH^{+\cdot}$ よりも約 30 kJ·mol^{-1} 安定であることが実験的に示されており[11]，分子軌道理論による計算でもこの結論を支持する[12]．なお，上の $\cdot CH_2OCH_2^+$ のようなイオンはラジカル中心と正電荷中心とが一定距離離れていることを意味する distonic ion という語が提唱されている[13]．

3.4 反応・物性

ラジカルイオンが熱化学反応の中間体として重要であることはよく知られている[14]．光合成反応の素過程のように光で誘起される電荷分離反応は，電荷分離の状態が十分に長くつづき，その間に後続の反応が起これば，たとえば水の分解で H_2 と O_2 ガスを取り出すといった光・化学エネルギー変換が可能になるので，広い角度から研究が進められている[14]．このような光誘起反応のいろいろな過程でラジカルイオンの果たす役割を明らかにするこ

とは重要である.

物性の観点からは，ラジカルイオン塩は有機導電体のなかの主要な一群をなしている[15]．標準的な系としてテトラチオフルバレン(TTF)とテトラシアノキノジメタン(TCNQ)の2成分からなる結晶ではTCNQ分子1個当たり平均約0.6個の電子がTTFから移動しており，常温で約400 $\Omega^{-1}\cdot cm^{-1}$ の導電性を示す．現在，ラジカルイオン塩が関係する多数の系について高温超伝導体の実現をめざした研究が展開されている．〔志田　忠正〕

文　献

1) M.I. Bowers, ed.: "Gas Phase Ion Chemistry," Vol. 1 (1979); Vol. 2 (1979); Vol. 3 (1984), Academic Press, New York.
2) K.D. Jordan and P.D. Burrow: "Resonances in Electron-Molecule Scattering; van der Waals Complexes and Reactive Chemical Dynamics", D.G. Truhler, ed., ACS Symposium Series 263, American Chemical Society (1984).
3) K. Kimura, S. Katsumata, Y. Achiba, T. Yamazaki and S. Iwata: "Handbook of He I Photoelectron Spectra of Fundamental Organic molecules", Japan Scientific Societies Press, Tokyo (1981).
4) T. Lucatorto and J.E. Parks: "Resonance Ionization Spectroscopy", Institute of Physics Conference Series 94, American Institute of Physics (1988).
M. Ito and M. Fujii: "Advances in Multiphoton Processes and Spectroscopy", Vol. 4, Ch. 1., S.H. Lin, ed., World Scientific, Singapore (1988).
5) "Molecular Ions; Spectroscopy, Structure, and Chemistry", T.A. Miller and V.E. Bondybey, eds., North-Holland, Amsterdam (1983).
6) "Ion and Cluster Ion Spectroscopy and Structure", J.P. Maier, ed., Elsevier, Amsterdam (1989).
7) T. Shida: "Electronic Absorption Spectra of Radical Ions", Elsevier, Amsterdam (1988).
T. Shida: *Annu. Rev. Phys. Chem.*, **42**, 55 (1991).
8) I.B. Bersuker: "The Jahn-Teller Effect and Vibronic Interactions in Modern Chemistry", Plenum, New York (1983); G. Herzberg: "Molecular Spectra and Molecular Structure. III. Electronic Spectra and Electronic Structure of Polyatomic Molecules", Van Nostrand, Princeton, New Jersey (1967).
9) K. Toriyama, K. Nunome and M. Iwasaki: *J. Chem. Phys.*, **77**, 5891 (1982).
10) H. Köppel, W. Domcke, L.S. Cederbaum and W. Von Riessen: *J. Chem. Phys.*, **69**, 4252 (1978).
11) J.L. Holmes and F.P. Lossing: *J. Amer. Chem. Soc.*, **104**, 2931 (1982).
12) W.J. Bouma, R.H. Nobes and L. Radom: *J. Amer. Chem. Soc.*, **104**, 2929 (1982).
13) B.F. Yates, W.J. Bouma and L. Radom: *J. Amer. Chem. Soc.*, **106**, 5805 (1984).
14) 季刊化学総説 No. 2 "有機電子移動プロセス" 日本化学会編，学会出版センター (1988).
15) 斎藤軍治，山地邦彦：化学総説 No. 42 "伝導性低次元物質の化学", p.59-90, 田中昭二ほか編，日本化学会 (1983).

4. 固体表面の構造

4.1　表面の周期構造

ここでは，結晶の表面について述べる．3次元の周期構造，すなわち結晶では14個のブラヴェ格子があるのに対して，表面のような2次元周期構造では図4.1に示すように5種類のブラヴェ格子がある．図4.1に示されているように，表面科学の分野では便宜的に，単位格子ベクトルは $a_1 \leq a_2$ および $\gamma \geq 90°$ に選ぶ．ただし，$\gamma - 90°$ は最小になるようにする．

4.2　表面構造の表示法

結晶表面の構造は，結晶内部の原子の位置とは異なることが多い．また，清浄表面の上に，異種の原子，分子が吸着して新たな2次元周期構造をつくる．したがって，結晶内部の原子と同じ位置を表面の原子が占める構造（理想構造）を基準にすることが便利である．

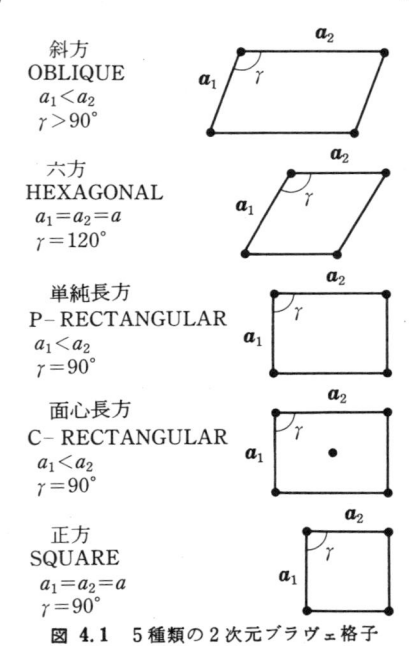

斜方
OBLIQUE
$a_1 < a_2$
$\gamma > 90°$

六方
HEXAGONAL
$a_1 = a_2 = a$
$\gamma = 120°$

単純長方
P-RECTANGULAR
$a_1 < a_2$
$\gamma = 90°$

面心長方
C-RECTANGULAR
$a_1 < a_2$
$\gamma = 90°$

正方
SQUARE
$a_1 = a_2 = a$
$\gamma = 90°$

図 4.1 5種類の2次元ブラヴェ格子

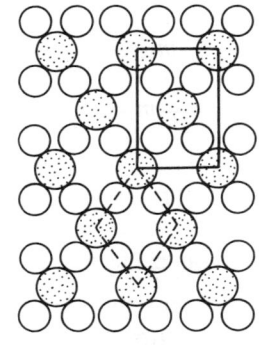

図 4.2 単純長方格子(白丸)の上の異種原子の吸着構造 破線は基本格子，実線は非基本格子であるc(2×2).

いま，一般的に表面の基本格子ベクトルを b_1, b_2 とすると，上述の理想構造の基本格子ベクトル a_1, a_2 を用いて(4.1)式のように表せる．

$$\begin{pmatrix} b_1 \\ b_2 \end{pmatrix} = \begin{pmatrix} m_{11} & m_{12} \\ m_{21} & m_{22} \end{pmatrix} \begin{pmatrix} a_1 \\ a_2 \end{pmatrix} = M \begin{pmatrix} a_1 \\ a_2 \end{pmatrix} \quad (4.1)$$

この行列 M を用いて表面の周期構造を表すことができる．この表示法を行列表示といい，長周期構造に対して使用されている．理想構造と表面構造の基本格子ベクトルの夾角 γ が同じときには，(4.2)式のような表示を使うことが一般的である．

$$\left(\frac{b_1}{a_1} \times \frac{b_2}{a_2} \right) R\alpha \quad (4.2)$$

ここで，R は回転を意味し，α は a_1 と b_1 を重ねるための回転角である．$\alpha = 0°$ のとき R $0°$ を省略する．この表示法をウッド表示という．そのほかに，基本格子を使わない表示法がある．図4.2にその例を示す．単純長方格子の上に異種原子が吸着しており，

$$M = \begin{pmatrix} 1 & -1 \\ 1 & 1 \end{pmatrix}$$

である．この場合，この吸着構造はウッド表示では表すことができない．というのは，2つの周期構造の単位格子ベクトルの夾角が異なるからである．そこで，吸着構造の単位格子として，便宜的に面心長方格子を図4.2のように選び，c(2×2)と表示する．ここで，c は面心(centered)の意味であり，$a_1 = a_2$ のときの面心吸着構造はウッド表示では $(\sqrt{2} \times \sqrt{2})R45°$ と表される．ウッド表示の2×2はp(2×2)と書かれることが多い．p は基本(primitive)を意味する．

4.3 逆格子

2次元の逆格子の単位ベクトル a_1^*, a_2^* は実格子の単位ベクトルから(4.3)式のように定義される．

$$a_i \cdot a_j^* = \delta_{ij} \quad (i, j = 1, 2) \quad (4.3)$$

ここで，$\delta_{ij} = 0 (i \neq j)$，$\delta_{ij} = 1 (i = j)$ である．実際的には，$a_1^* \perp a_2$, $a_2^* \perp a_1$ と覚えておくのがよい．(4.3)式より，(4.4), (4.5)式が導かれる．

$$a_1^* = \frac{1}{a_1 \sin \gamma} \quad (4.4)$$

$$a_2^* = \frac{1}{a_2 \sin \gamma^*} = \frac{1}{a_2 \sin \gamma} \quad (4.5)$$

ここで，γ, γ^* は，それぞれ a_1 と a_2, a_1^* と a_2^* のなす角である．§4.2 で述べたように実際の表面の周期構造は(4.1)式のように理想表面を参照構造として表示される．表面構造の逆格子は(4.6)式のように参照構造の逆格子を用いて表される．

$$\begin{pmatrix} b_1^* \\ b_2^* \end{pmatrix} = \begin{pmatrix} m_{11}^* & m_{12}^* \\ m_{21}^* & m_{22}^* \end{pmatrix} \begin{pmatrix} a_1^* \\ a_2^* \end{pmatrix} = M^* \begin{pmatrix} a_1^* \\ a_2^* \end{pmatrix} \quad (4.6)$$

M^* は M の転置逆行列であるので，(4.7)式の関係がある．

$$m_{11}=\frac{1}{\det M^*}m_{22}^*, \quad m_{12}=-\frac{1}{\det M^*}m_{21}^*$$
$$m_{21}=-\frac{1}{\det M^*}m_{12}^*, \quad m_{22}=\frac{1}{\det M^*}m_{11}^*$$
$$(4.7)$$

ここで，$\det M^*$ は M^* の行列式である．

4.4 低速電子回折

実際の実験においては，低速電子回折(low energy electron diffraction: LEED)によって，表面の周期構造を調べるのが一般的である．X線回折のスポットが結晶の逆格子点に相当するように，LEEDで観察されるスポットは表面構造の逆格子点である．得られた逆格子から，(4.7)式を用いて表面構造の単位格子が求められる．しかし，LEEDスポットの周期構造からわかるのは，表面構造の2次元周期だけである．たとえば，図4.2において下地表面の上に吸着している原子の周期構造はLEED像からすぐにわかるが，図4.2のように穴の位置に吸着しているのか，あるいは下地原子の真上についているのかはわからない．このような吸着位置や結合距離は，スポット強度を多重散乱を取り入れた動力学的計算結果(文献1)，2)，3))と比較することにより求められる．すでに100個以上の構造が清浄表面および吸着表面について決められている．これらのリストは文献3)，4)にくわしい．

4.5 その他の構造決定法

LEEDによる構造決定が一般的であるが，そのほかにイオン散乱分光法，X線回折法，走査トンネル顕微鏡などが用いられている．特に，走査トンネル顕微鏡(scanning tunneling microscopy: STM)は，表面を直接観察していると思われており，表面の1個1個の原子が識別されている．LEEDなどでは表面構造をまず仮定して計算を行い，実験と比べて仮定した構造でよいかを検討する．複雑な構造の場合，STMによってまず構造がわかるので，その構造をもとに結合距離などをLEEDによって決定するのがよい．

4.6 金属の清浄表面の構造

金属単結晶の表面のLEED像は1×1を示すことが多い．すなわち，表面の原子の周期構造は結晶内部の原子の周期構造と同じであることを意味している．しかし，それはあくまで2次元の周期構造が同じというだけであって，表面第1層と第2層の間の面間距離 d_{12} が結晶内部と同じであることは保証していない．事実，LEEDの強度解析によれば，fccの(1 1 0)面などでは，d_{12} が短くなっていることがわかっている．このように，d_{12} が結晶内部の値と異なることを表面の緩和(relaxation)という．デコボコした表面ほど縮みが大きくなっている．たとえば，bccであるFeの場合，稠密面の(1 1 0)では緩和はないのに対して，(1 1 1)では15%，(2 1 0)面では22%も結晶内部に比べて縮んでいる．金属単結晶の表面の周期構造が1×1を示さないものが4種類知られていて，表4.1にま

表4.1 4種類の金属再構成表面

	再構成表面	超周期 ウッド表示	超周期 行列表示	構造
1	Ir(0 0 1) Pt(0 0 1) Au(0 0 1)	1×5 5×20 c(26×68)	Pt$\begin{pmatrix} 14 & 1 \\ -1 & 5 \end{pmatrix}$	稠密層モデル
2	Ir(1 1 0) Pt(1 1 0) Au(1 1 0)	1×2 1×2 1×2		消失原子列モデル
3	Au(1 1 1)	(23×$\sqrt{3}$) rect.*	$\begin{pmatrix} 23 & 0 \\ 1 & 2 \end{pmatrix}$	ミスフィット転位モデル
4	W(0 0 1) Mo(0 0 1)	c(2×2) c(2×2) IC**		ジグザグ鎖モデル

* 長方形の (rectangular) 単位網目を意味
** 不整合 (incommensurate) のこと

とめられている．このように表面の原子が，結晶内部での位置から動いて新たに周期構造を形成することを再構成(reconstruction)と呼ぶ．表4.1の1から3まではIr, Pt, Auにおいて観察されているので何か共通の原因があるように思えるがまだよくわかっていない．柔らかい金属なので，表面において原子が動くことが考えられる．表4.1には表面の周期構造がウッド表示で示されている．

Pt(0 0 1)の場合は行列表示も示されている．(0 0 1)面の構造は稠密層モデルが受け入れられている．稠密層モデルというのは，(0 0 1)面の最上層の原子が動いて(1 1 1)面のような六方稠密構造をつくるというものである．図4.3にその模式図をIr(0 0 1) 1×5

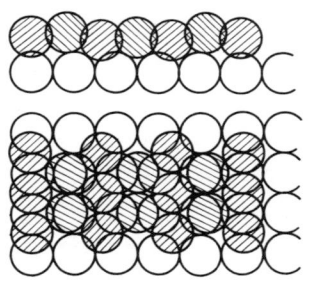

図4.3 Ir(0 0 1) 1×5表面の稠密層モデル
上が横から，下が上からみた図．ハッチした円が表面第1層の原子，白丸が第2層の原子．

について示す．(1 1 0)面では，Ir, Pt, Auともに1×2を示す．この構造は，消失原子列モデルがよいことが，LEED, STMからわかった．稠密列が，1列おきに消失しており，図4.4に構造の模式図がある．なお，いまま

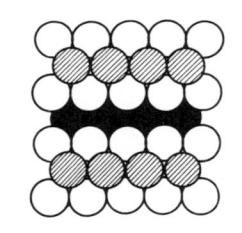

図4.4 Pt(1 1 0) 1×2表面の消失原子列モデル
ハッチした円が第1層，白丸が第2，第4層，黒丸が第3，第5層の原子．上が横から，下が上から見た図．

でに特に述べなかったが，清浄表面をつくるためには最終的には試料を加熱することが必要である．表面の結晶性をよくするためである．したがって，その加熱のために表面の原子は動いて，稠密層をつくったり，消失原子列をつくったりするのである．(1 1 1)面はAuのみでしか見出されていない．その構造は複雑なのでここでは触れないが，電子顕微鏡の解析やSTMにより，ミスフィット転移モデルが支持されている．WとMoの(0 0 1)面に見られる低温でのc(2×2)構造はIr, Pt, Auとは異なる原因によると思われている．表面構造は図4.5に示されているようにジグ

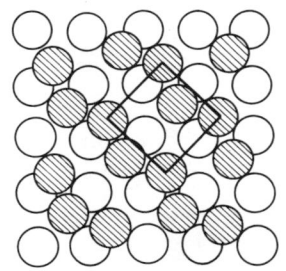

図4.5 W(0 0 1) c(2×2) 表面のジグザグ鎖モデル
ハッチした円が第1層，白丸が第2層の原子．実線がc(2×2)の単位格子．上から見た図．

ザク鎖構造をとることが，LEEDから決められた．この再構成は，1×1構造の電子状態が不安定で，対称性を低くした方がエネルギー的に得をすることがわかっている．

4.7 半導体の表面構造

Si, Ge, GaAsなどの共有結合性半導体の表面においては，切れた結合の数を少なくするように表面の原子が再配列する．したがって，ほとんどの表面において再構成が観察されている．ここでは，Si(1 1 1) 7×7 構造について述べる．7×7 という長周期構造はLE

◎：吸着原子
○：第1層原子
∘：第2層原子
⊙：二量体原子
・：第3層原子
・：第4層原子

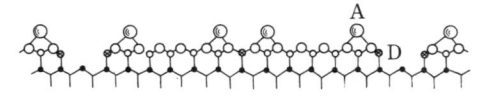

図4.6 Si(1 1 1) 7×7表面のDASモデル
(a) 上から，(b) 矢印の方向の断面図

EDによっては解明されなかった．というのは，7×7にあまりにも逆格子点の数が多く計算時間の制約があったからである．この構造解決の第一歩はBinnigとRohrerによるSTMの発明と彼らによる7×7構造のSTM像の観察であった．その後，イオン散乱や透過電子回折法などの知見をもとに高柳らが提出したDASモデルへと収束していった．現在では，DASモデルを否定する実験は1つもない．図4.6にDASモデル，図4.7にSTM

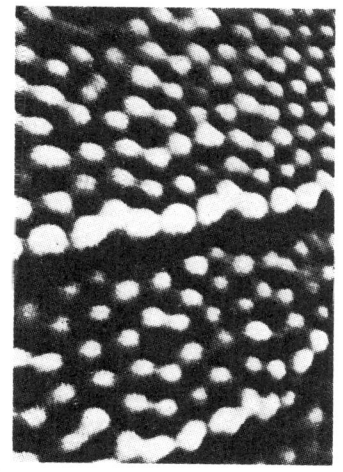

図 4.7 Si(1 1 1) 7×7 表面の STM 像

像を示す．STM像で白い球状のものが，DASモデルで吸着原子(adatom)と呼ばれるSi原子である．STMでは原理的に，表面最上層にある原子をよく観察することができるので，DASモデルで重要な構成要素であるダイマーはSTMでは観測されていない．吸着原子とダイマーで7×7基本格子の半分をつくることはできる．しかし，あとの半分は切れた結合の数が非常に多く，そのままでは不安定である．前者の半分と同じにすることがSTM像から要求される．そのためには両者は鏡面対称でなければならない．したがって，表面第1層と第2層が結合の向きを180°回転しなければならない．これが積層欠陥(stacking fault)である．DASモデルの名前のなかには取り入れられていないが，重要な構成要素として点欠陥(vacancy)がある．7×7の格子点に相当する位置にあり，図4.6，図4.7においてもよく目立つ．すなわち，第1層で1個と第2層の原子3個，計4個の原子がそこでは消失している．いったんこの点欠陥が形成されるとそのまわりの原子も不安定になり，〈1-10〉方位などの3方向にある第1層の原子が消失し，そのライン上にダイマーが形成されと考えられる．実は，4.7図のSTM像は，真ん中に2原子層のステップが走っている．そのステップにそって7×7の基本格子が並んでいることは，7×7の形成過程が上記のようなものであることを示唆している．　　　　　　　　　　　〔栃原　浩〕

参 考 文 献

1) J. B. Pendry: "Low-Energy Electron Diffraction", Academic Press (1974).
2) M.A. Van Hove and S.Y. Tong: "Surface Crystallography by LEED", Springer (1979).
3) M.A. Van Hove, W.H. Weinberg and C.M. Chan: "Low-Energy Electron Diffraction", Springer (1986).
4) H. Ohtani, C.T, Kao, M.A. Van Hove and G.A. Somorjai: Progress in Surface Science 23, p.155 (1987).
5) 塚田　捷：“表面物理入門”，東京大学出版会 (1989).

5. レーザーと放射光

5.1 レーザー

5.1.1 レーザー発展の歴史

レーザーの基礎は1916年のEinsteinの誘導放出の概念に始まる．実際にレーザーが実現されたのは1954年のTownesらによるNH₃のマイクロ波領域のレーザー(メーザー)である．彼らはアンモニア分子の反転運動の上準位にあるものを不均一電場でより分けてマイクロ波共振器で発振させた．1960年になって，Maimanが赤色光のルビーレーザーを開発し，CW(連続発振)の気体レーザー，半導体レーザー，波長可変の色素(液体)レー

ザーなどが60年代に次から次へと開発された．これに伴って，非線形光学の理論，2光子吸収，レーザーラマン分光などの新しい実験法が発展してきた．1970年代に入ってからは，より高いエネルギーのレーザーとしてエキシマーレーザーが開発され，70年代後半からは自由電子レーザー，X線レーザーの開発など，高出力化，波長可変，短波長化へと開発が進んでいる．

5.1.2 レーザー放射の基礎理論

レーザーの発想はEinsteinの誘導放出の理論の発展と考えることができる．いま，図5.1に示したように，エネルギーE_1, E_2($E_2 > E_1$)の2つの準位からなる系を考えよう．このエネルギー差を$h\nu$とすると，上準位(2)からは自然に$h\nu$の光を放出する．この確率Aは次式で与えられる．

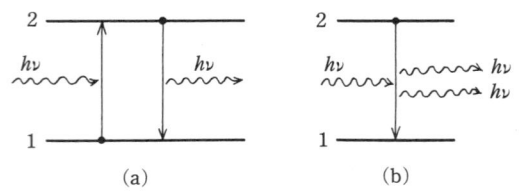

$$A = 64\pi^4\nu^3/(3hc^3) \cdot |M_{21}|^2 \quad (5.1)$$

ここで，hはプランク(Planck)定数，M_{21}は状態2から1への遷移行列要素である．

この系に同じエネルギー$h\nu$の光を入射すると，誘導吸収と誘導放出が起こる．それぞれの確率，B_{12}, B_{21}は等しく，次式で与えられる．

$$B_{21} = B_{12} = 8\pi^3/(3h^2) \cdot |M_{21}|^2 \quad (5.2)$$

平衡状態にある系の数をそれぞれN_1, N_2とすると，

$$N_2[B_{21}\rho(\nu) + A] = N_1 B_{12}\rho(\nu) \quad (5.3)$$

ここで，$\rho(\nu)$は振動数νの光の密度である．平衡状態では，ボルツマン(Boltzmann)分布則から(5.4)式が成り立つ．

$$N_2/N_1 = \exp(-h\nu/kT) \quad (5.4)$$

$N_1 > N_2$であるから，外からの光の入射によって誘導放出よりも誘導吸収の方が多く起こる．これが一般的な光吸収の現象である．

ところが，もし，$N_2 > N_1$なる状態（反転分布）を何らかの方法で一時的にでもつくりだすことができれば，(5.3)式の平衡状態は崩れて誘導放出の方が多く起こるであろう．すなわち，外から入射された光が増幅されて放出されることになる(図5.1(b))．

2準位系では，最初にNH$_3$で行ったように上準位だけ四重極電場でより分けることでもしない限り，反転分布は得られない．これに対して，図5.2(a)に示したような3準位の系では，最初に基底状態(0)から複数の励起状態(3)にたたき上げ，もしこの状態から速い無輻射遷移で励起状態(2)に落ちるならば，$N_0 > N_3$ではあるものの，$N_2 > N_0$なる反転分布をつくりだすことができる．また，図5.2(b)の4準位系で，励起状態(1)から基底状態(0)，または下の準位へ速い緩和が起こればN_1を十分小さくできて，$N_2 > N_1$なる反転分布を生じさせることができるであろう．

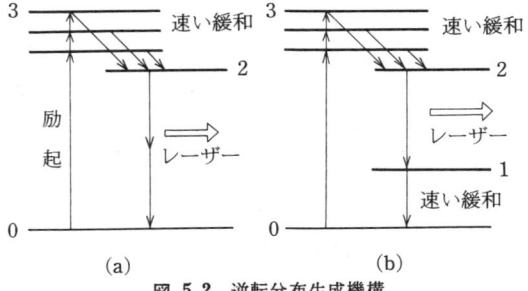

図 5.2 反転分布生成機構
(a) 3準位系，(b) 4準位系

このように反転分布での誘導放出によって増幅された光に共振器正でのフィードバックをかける．共振器内で光が1往復したとき，前より強度が増していれば，往復を繰り返すうちに十分強くなって発振に至る．このためには共振器の損失を上回る誘導放出の出力にしなければならない．この発振開始のための反転分布のしきい値は次式で与えられる．

$$(N_2 - N_1)_{th} = 2\pi/(Bh Q_c) \quad (5.5)$$

ここで，Q_cは共振器のQ値と呼ばれる量で，（共振器に貯えられるエネルギー）×$2\pi\nu$/（単位時間に失われるエネルギー）を意味する．一方，自然放出のスペクトル線のQ値は，

$$Q_M = \nu/\Delta\nu = 2\pi\nu/A \quad (5.6)$$

(5.1), (5.2)式で，A, Bの関係を利用すると，

$$(N_2-N_1)_{th}=8\pi\nu^2/c^3\cdot(Q_M/Q_C) \quad (5.7)$$

したがって，共振器の Q_C 値が大きく，スペクトル線の波長が長くその Q_M 値が小さいほどレーザー作用を起こさせるための最小励起入力が少なくてすむ．

5.1.3 レーザーの基本構成

レーザーの構成は図5.3に示したように，

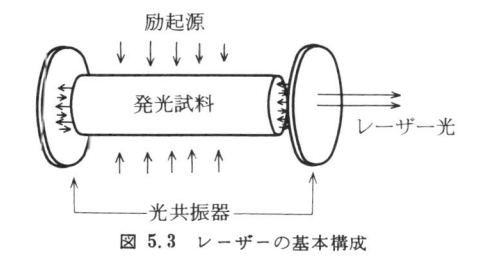

図 5.3 レーザーの基本構成

(1)発光試料，(2)励起源，(3)光共振器の3つからなる．

（1） 発光試料としての条件は前述の3準位，または4準位の適当なエネルギー準位が存在すること，けい光の量子効率が高いこと，ポンピング効率を上げるための幅広い吸収帯をもっていること，そして，熱的，化学的に安定で，光学的に均一であること，などがあげられる．

（2） 励起源としては光励起と放電励起がある．光励起は主として固体のように上に幅広い吸収帯をもつ場合に有効であり，パルスレーザーの場合，Xeフラッシュランプが，CWレーザーではW-I$_2$ランプ，高圧Hgランプが用いられる．また，色素レーザーの励起光源として N$_2$ レーザー，Ar$^+$ レーザーが用いられている．一方，放電励起は主として原子分子を励起する気体レーザーで用いられる．放電によって媒体原子分子の電子とイオンが分離するが，電子温度は非常に高くなって衝突によって励起状態をつくる．これからのエネルギー移動によって発光する原子・分子の励起状態をつくる．

（3） 光共振器は，低いしきい値で発振させるためできるだけ高いQ値のものが望ましい．共振器の Q_C 値は一般に次式で表される．

$$1/Q_C=1/Q_T+1/Q_D+1/Q_S \quad (5.8)$$

ここで，Q_T は反射鏡の反射の損失，およびレーザーをとり出すために片方の鏡に数％の透過率をもたせるための損失，Q_D は反射鏡，レーザー媒質の口径が有限なための回折効果による損失，Q_S はレーザー媒質内の散乱や吸収による損失である．

5.1.4 レーザーの性質

（1）単色性：　光共振器の共振周波数には多数のモードが存在していて，特別の注意を払わなければ数100MHzほど離れた多くの発振線が観測される．単一のモードの発振をとり出すにはエタロンやプリズムを共振器内に入れたり，1つの反射鏡の代わりに回折格子を用いて特定の発振線だけを反射させる．

1本の発振線は2つのエネルギー準位間の遷移であるから原理的に高い単色性をもっている．この幅を広げる要因としては，自然放出が混じることによる周波数変動，気体レーザーの場合にはドップラー効果，固体レーザーの場合は結晶の不均一性，電磁場の不均一性が効いてくる．

（2）指向性：　光の指向性は空間的なコヒーレンス（電磁波の位相がそろった状態）と密接な関係にある．コヒーレントな光の場合，広がりの角度は次式で与えられる．

$$\Delta\theta=2.44\lambda/D \quad (5.9)$$

ここで λ は光の波長，D は開口部の直径である．しかし，実際には完全なコヒーレンシィは得られず，発散角は気体レーザーで 10^{-3}～10^{-4} rad，固体レーザーで 10^{-3} rad，半導体レーザーで 10^{-1} rad 程度である．

（3）パルス性：　一般に，励起源をパルス的にすればパルス発振が得られ，連続励起すればCW発振が得られるが，特徴あるパルスをつくるためのいろいろな工夫もされている．1つは巨大パルスを得るためのQスイッチ法であり，共振器の一方を高速回転（数百回転/秒）させるもの，共振器内に電気光学素子（カー(Kerr)セル）または，磁気光学素子（ファラデー(Faraday)セル）を挿入して，電場，磁場のシャッターをかけるものなどがある．一方，超短パルスの発生にはモード同期法が用いられる．共振器内に光変調器を挿入し，

それによる位相の損失を隣り合うモード間の位相差に等しくすると，相互のモード間の干渉効果が生じる．それにより，非常に短いパルス（ピコ秒以下）を発生することができる．

5.1.5 各種レーザー

代表的な固体レーザーを表5.1に，気体レーザーを表5.2に，また，図5.4に代表的な

(1) シアニン系色素 $0.7\sim1.2\,\mu m$
Y, Y′ = O, S, Se, NH 等

(2) オキサジン系色素 $0.60\sim0.78\,\mu m$
Y = O, NR$_2$

(3) キサンテン系色素 $0.54\sim0.68\,\mu m$
Y = H, C$_6$H$_4\cdot$CO$_2$H
R = H, CH$_3$, C$_2$H$_5$

(4) クマリン系色素 $0.42\sim0.57\,\mu m$
R = H, CH$_3$, C$_2$H$_5$

図 5.4 色素レーザーの利用波長領域

液体レーザーの色素とそのカバーする波長領域を示した．これらに加えて，半導体のバンド間の遷移を利用した半導体レーザーがある．主としてIII族の Ga, Al, In と V族の As, P を適当な組成で組み合わせたIII-V族化合物半導体が用いられる．おもに光通信の手段として用いられるが，最近のこの分野の進歩はめざましく，数Wの出力のものもできるようになった．

表 5.1 代表的な固体レーザー

イオン	媒体	レーザー光波長(μm)
Cr^{3+}	Al_2O_3	0.6943, 0.704
Ni^{2+}	MgF_2	1.02
Nd^{3+}	YAG, ガラス	1.06, 0.92
Ho^{3+}	YAG	2.046
U^{3+}	CaF_2, BaF_2	2.613, 2.7
Ti^{2+}	サファイア	0.68～1.00(CW)

表 5.2 代表的な気体レーザー

レーザー媒質	レーザー波長(μm)	特徴
N_2O	10～11	分子の振動回転スペクトル
CO_2	9～12	〃
He-Ne	0.633, 1.15, 3.39	中性原子スペクトル
Kr^+	0.649～0.799	イオンスペクトル
Ar^+	0.476, 0.488, 0.5145	〃
Cu	0.51, 0.578	金属蒸気スペクトル
$He\text{-}Cd^+$	0.325, 0.422	〃
N_2	0.337	分子の電子スペクトル
H_2	0.158～0.162	〃
$XeCl^*$	0.308	エキシマーの電子スペクトル
KrF^*	0.249	〃
ArF^*	0.193	〃

5.2 放射光

5.2.1 放射光発展の歴史

第二次世界大戦前後から，素粒子物理学の分野では物質の究極の粒子を探るため，高速の粒子（陽子や電子）をターゲットに衝突させたり，粒子同士を衝突させて破壊し，その構成粒子を調べることが行われ始めた．この実験に必要な加速器の代表的なものが，電子を磁石を使ってぐるぐる回しながら加速するシンクロトロンであり，一定のエネルギーで電子を回すストレージリングである．ところが，磁場で曲げる電子の速度が大きいほど強力な電磁波を放出し，そのことが電子加速の障害となることがわかった．この強力な電磁波は電子シンクロトロンではじめて観測されたことから「シンクロトロン放射(synchrotron radiation)」，または簡単に「放射光」と呼ばれている．放射光は可視から X 線領域にまでわたる幅広いエネルギー領域をカバーし，従来のこの領域の光源に比べて桁違いに強力なものである．1965年ころより物性研究者が高エネルギー実験用に建設された加速器を用いて実験を始め，放射光が物性研究用の光源として有望であることを実証した．そして，1975年ころより放射光利用を目的とした電子加速器が世界各地で建設されるようになった．わが国でも，つくば市の高エネルギー物理学研究所に1978年から5か年計画で放射光実験施設の建設が行われ，1982年より

全国共同利用施設として活発に利用されている．さらに最近では，簡単に光の出る経済的な小型加速器の開発や，電子ビームを絞って指向性を高めた質の高い強力放射光施設の建設も行われている．レーザーが実験室規模で手軽に利用できるのに対し，放射光加速器は広い土地と巨大な設備費，運転経費を要する巨大科学である．

5.2.2 加速器の基本構成と放射光発生の原理

放射光発生用の加速器は一定のエネルギーで電子をぐるぐる回す電子ストレージリングが望ましい．これは図5.5に示したように，

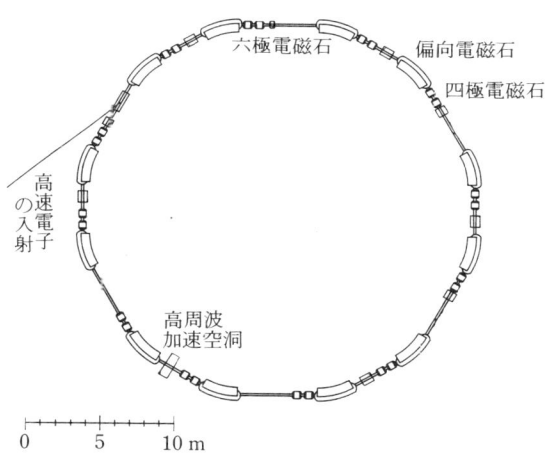

図 5.5 電子ストレージリングの基本構成

電子を曲げるための偏向電磁石，電子を収束させるための4極，6極電磁石，放射光の発生によって失われたエネルギーを補給するための高周波加速空洞などからなる．

放射光は高速の電子を磁場で曲げるとき，接線方向に発生する電磁波である．一般に，電子が加速度を受けるとそれを引きとめるように電磁波が発生する．古典電磁気学では電磁放射と呼ばれていて，テレビやラジオのアンテナと同じ原理である．電子を磁場で曲げると円軌道を描くため，円の中心に向いた加速度を受けて電磁波を放出する．この電磁波は光速に近い速さで回る電子から発生するとき，きわめて強力でユニークな性質をもった光，放射光になる．

5.2.3 放射光の性質

a．高い指向性　電磁放射の理論によると，加速度 dv/dt を受けて回る電子から単位立体角当たりに放出される電磁波の出力 dp は，円軌道の中心と電磁波の伝播する方向との角度を θ とするとき次式で与えられる．

$$dp = e^2 (dv/dt)^2 / (4\pi c^3) \sin^2\theta d\Omega \quad (5.10)$$

したがって，発生する電磁波は図5.6(a)のように軌道中心の方向に節をもったドーナツ状の放射をする．ところが，電子の速度 v が光速度 c に近くなると，相対論的な考えが必要になる．放出する電磁波を実験室系でみると，図5.6(b)に示したように接線方向に

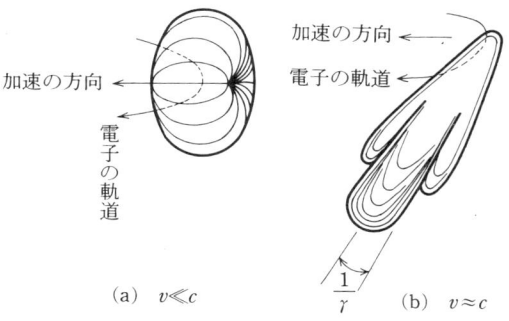

図 5.6 電磁波の放出角度分布

異常に伸びてきて，後方に放射した電磁波も前方にせり出した形になる．ここで，相対論の基本パラメータ γ を導入する．

$$\gamma = 1/\sqrt{1-(v/c)^2} = E/mc^2 = 1957 \cdot E[\text{GeV}] \quad (5.11)$$

E, m は電子のエネルギーと静止質量である．

図5.6(b)に示したように，接線方向に対する節の方向のなす角度は $1/\gamma$ となるので，電子のエネルギーが大きいほど指向性は高くなる．たとえば，$E=1.5\,\text{GeV}$ のとき，$\gamma \approx 3000$ であり，発散角は $0.3\,\text{mrad}$ となる．

b．エネルギー連続性とその分布　1個の電子が曲率半径 ρ の円軌道を描いて運動するとき，放出される電磁波は前述した指向性のため，軌道の接点から $-\rho/\gamma \sim +\rho/\gamma$ の地点を通過するときしか観測されない．しかも，電子が光速に近いスピードで走ると，ドップラー効果によって電子波のパルス幅が $2\rho/(v\gamma)$ から $\rho/(c\gamma^3)$ にまで縮まる．電子の周

回周波数を $\omega_0(=v/\rho\approx c/\rho)$ とすると，パルス幅 Δt は $1/(\omega_0\gamma^3)$ となる．これをフーリエ変換して周波数分析すると，基本周波数 ω_0 に対して $\omega_0\gamma^3$ にピークをもつ高調波成分が支配的な多線スペクトルになる．しかし，実際にはいろいろな運動方向とエネルギーをもった複数の電子が集団運動しているので，多線スペクトルはならされてなだらかな連続分布になる．

この電磁波の出力の目安として，全エネルギーの平均値を与える臨界エネルギー ε_c が用いられ，次式ように表される．

$$\varepsilon_c = 3hc\gamma^3/2\rho = 2.22 \cdot E[\text{GeV}]/\rho[\text{m}] \text{ (keV)} \quad (5.12)$$

典型的な値として，$E=1.5$ GeV，$\rho=3$ m のとき，臨界エネルギーは 1.1 keV であり，エネルギーを供給するマイクロ波のエネルギー 10^{-6} eV のおよそ 9 桁大きい電磁波を発生していることになる．1個の電子から単位時間に放出される電磁波のエネルギー分布は(5.12)式を用いて次式で与えられる．

$$P(\varepsilon) = \frac{3^{5/2}}{16\pi^2} \cdot \frac{e^2 c\gamma^7}{\rho^3} \cdot G_3(\varepsilon_c/\varepsilon) \quad (5.13)$$

ここで，$G_n(y)$ はユニバーサル関数と呼ばれ，変形ベッセル関数 $K_{3/5}(\eta)$ を用いて次式のように表される．

$$G_n(y) = y^n \cdot \int_y^\infty K_{3/5}(\eta) d\eta \quad (5.14)$$

実用的なフォトン数の波長分布は次式で与えられる．

$$\begin{aligned}N(\gamma) &= 0.2998 \cdot I[\text{mA}]\theta[\text{mrad}]\gamma^4/\rho[\text{m}] \cdot \\ &\quad G_2(y) \text{光子}/(\text{A}\cdot\text{秒}) \\ &= 1.318\times10^{12} \cdot I[\text{mA}]\theta[\text{mrad}] \\ &\quad E^3[\text{GeV}]B[\text{T}]G_2(y) \text{光子}/(\text{A}\cdot\text{秒}) \end{aligned} \quad (5.15)$$

ここで，θ は軌道に水平な面のとり出し角度である．また，磁場 B[T（テスラ）] と曲率半径 ρ[m] の関係(5.16)式を用いた．

$$\rho[\text{m}] = 3.336 \cdot E[\text{GeV}]/B[\text{T}] \quad (5.16)$$

放射光のスペクトル分布は図5.7に示したようにそのピーク位置は E の2乗と B に比例して短波長側にシフトする．

c. 偏光性と角度分布 発生する電磁波の電気ベクトルの向きは，電子の加速度の方向である．電子軌道面上では電子の円運動によって加速度の向きが符号を変えるだけであるから，完全な直線偏光になる．ところが，軌道面より上か下にずれると楕円偏光になる．これは加速度の斜め投影の軌跡が楕円軌道になるためで，上か下で電子の回転方向によって左回りか右回りになる．

シュウィンガー（Schwinger）の理論によれば，単一のエネルギーの電子から放出される電磁波の波長分布は軌道面からの角度 ψ によって水平偏光成分と垂直偏光成分に分けら

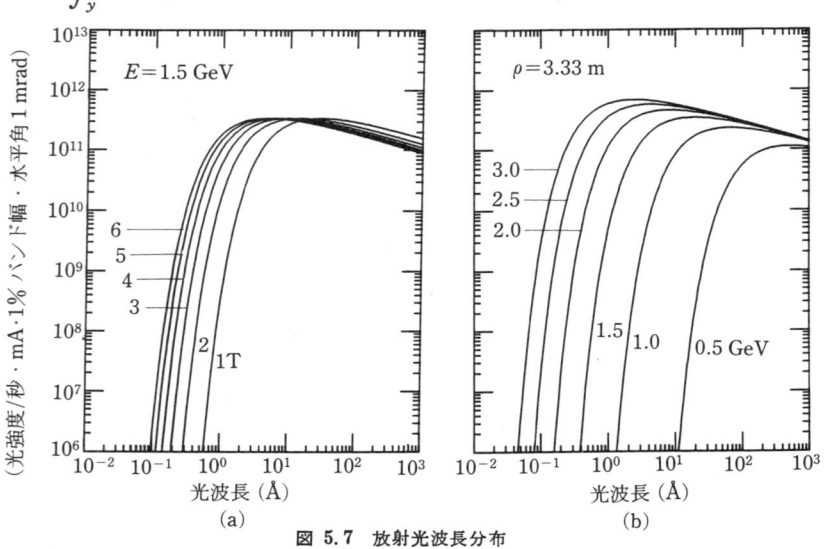

図 5.7 放射光波長分布
(a) 磁場依存性，(b) 電子エネルギー依存性

れ，それぞれ次のように表される．

$$F_{//}(\varepsilon,\psi)=\zeta^2\cdot K_{2/3}{}^2[\zeta^{3/2}/2y] \quad (5.17)$$
$$F_{\perp}(\varepsilon,\psi)=\zeta\cdot(\gamma\psi)^2 K_{1/3}{}^2[\zeta^{3/2}/2y] \quad (5.18)$$

ここで，$\zeta=1+(\gamma\psi)^2$, $y=\varepsilon_c/\varepsilon$ であり，$K_{1/3}(\xi)$, $K_{2/3}(\xi)$ は第1種，第2種変形ベッセル関数である．(5.18)式から明らかなように軌道面($\psi=0$)では $F_{\perp}=0$ となる．上式はエネルギーによって角度分布，偏光性が異なることを示していて，図5.8に示したように，エ

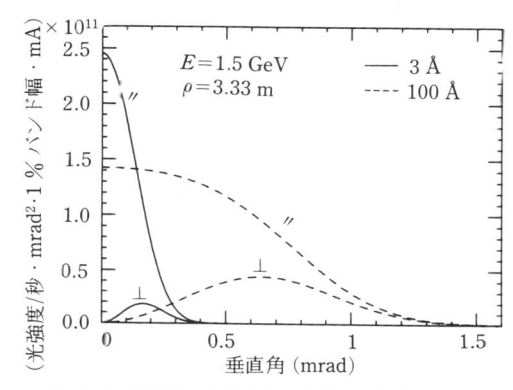

図 5.8 放射光の偏光成分の軌道面外角依存性

ネルギーが高い光は高い指向性と直線偏光性をもっているが，エネルギーが小さくなると放射光といえどもかなりの広がりをもち，かつ，垂直偏光成分の寄与も大きくなる．

d. パルス性 放射光を発生する電子ストレージリングでは，放射光の放出によるエネルギー損失を補給するために高周波加速空洞をリングのなかに挿入し，電子の軌道方向に沿って加速電場をかける．電子が正の電場では加速され，負の電場になると減速されることになるから，ちょうど位相の合った電子だけが加速されていき，何回もリングを回っていく間に，塊(バンチ)状になる．電子が磁石で曲げられるときだけ放射光を発生するから，パルス的な発光になる．パルス幅，パルス間隔はストレージリングの加速エネルギー，周長，加速空洞の周波数，運転モードによって異なるが，パルス幅は 0.1～0.5 nsec, パルス間隔は 3～1000 nsec になる．これはモード同期して発振させたレーザーと同程度のものになる．

5.2.4 挿入デバイス

電子は偏向磁石と偏向磁石の間は直進するが，この直線部分に磁石の組合せを設置した新しい放射光源が開発されている．

a. 超伝導ウィグラー (5.15)式で示したように，電子を強い磁場で曲げるほど，放射光の強度は増し，また，高いエネルギー領域にまで及ぶ．通常の電磁石では最大磁場は磁極(鉄)の透磁率によって決まり，4～5cm のギャップでは 1～1.2 T(テスラ)が限界となる．より高い磁場をかけるために極性を変えた3組の超伝導磁石直線部に挿入し，電子を部分的に強く蛇行させて，高いエネルギーの放射光を発生させる．このような装置は(超伝導)ウィグラー，または，波長シフターと呼ばれている．

b. 多極ウィグラー 強力な磁場で1回だけ曲げる代わりに，弱い磁場で何回も曲げて，その曲げられた箇所からの放射光を重ね合わせれば，偏向磁石からの放射光よりも数倍強くなる．

このような考えで永久磁石を用いた磁極をたくさん組み合わせたものが開発され，多極ウィグラーと呼ばれている．最近，Nd と Fe の合金で強力な永久磁石が開発されていて，2～3cm のギャップで 1～1.2 T の磁場をつくることが可能になった．永久磁石は電力もかからず，原理的には維持不要なので経済的で，有効な放射光発生装置になる．

c. アンジュレーター 上記多極ウィグラーは強い磁場をかけるためにできるだけギャップを狭くしたが，逆に，ギャップを大きくしていくと，磁場は小さくなり，電子の曲げられる度合が小さくなって，その軌道はひずみの少ない正弦波状となる．そして，上流で発生する $1/\gamma$ の発散角をもったコーン状の放射光のなかに下流で発生する放射光が入るようになると，これが相互に干渉する．この干渉効果によってこれまでのような連続スペクトルではなく，疑似的な単色光になる．得られる単色光の波長 λ_n は次式で与えられる．

$$\lambda_n=\lambda_w/(2n\gamma^2)[1+\gamma^2\theta^2+K^2/2] \quad (5.19)$$

| | 電子の軌道 | 電場の時間変化 | 放射光スペクトル |

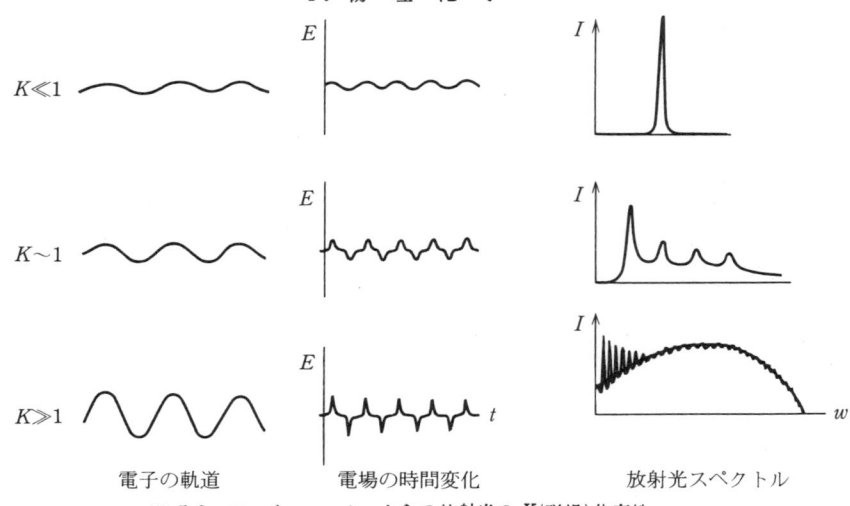

図 5.9 アンジュレーターからの放射光の K(磁場)依存性

ここで，n は次数，λ_w は磁極の周期長，θ は軌道面からの傾斜角度，K は放射の性格を決める無次元パラメータであり，次式で与えられる．

$$K=eB_0\lambda_w/2\pi mc^2=93.4\cdot B_0[\text{T}]\lambda[\text{m}] \qquad (5.20)$$

周期長 λ_w を簡単に変えることはできないが，磁場の強さ B_0 はギャップを変えることよって簡単に変えられ，これによって K の値が変わり，単色光の波長がシフトすることになる．(5.19)式からわかるように単色光の位置は磁場の周期長 λ のほぼ $1/2\gamma^2$ だけ短くなる．これは，正弦波状に蛇行する電子からの電磁波がドップラー効果によって押し縮まり，そのフーリエ変換であるピークの周波数がそれだけ高くなるからである．また，(5.19)式は磁場強度が大きくなるとピーク位置が長波長側にシフトしていくことを示している．一見逆のように思われるが，磁場が強くなると電子の軌道が大きく曲げられ，それだけ直進方向の速度が遅くなるため，ドップラー効果による縮まり方が弱くなるためである．磁場を強くすると正弦波からのズレも大きくなり，そのフーリエ変換によって得られる周波数にも高調波が支配的になり，最終的には多極ウィグラーへと変わっていく．この様子を図5.9に示した．このアンジュレーターの周期的磁場の繰返し数を N_p とすると，奇数次 n の放射のピーク幅は次式で与えられる．

$$\Delta\lambda/\lambda=1/nN_p \qquad (5.21)$$

また，1次の放射ピーク強度は $K=1$ 付近で最大となり，従来の偏向磁石からの強度の $N_p\sim N_p^2$ 倍となる．アンジュレーターからの放射は水平，垂直両方向に絞られていて，その角度広がりは K が小さく，N_p が大きいほど小さくなり，高い指向性をもつようになる．したがって，N_p が大きくなればそれだけ強力で，単色性も増加し，指向性も高くなることになる．N_p の大きさはストレージリングの直線部の長さ，周期長に依存するが，50～100 の値がとられている．したがって，従来の放射光源に比べて2桁～3桁大きいピーク強度，1～2％のバンド幅になる．磁場を電子軌道面に垂直にかけ，電子を水平に蛇行させると，電子の曲げられる方向に放射光は偏光するので，偏向磁石の場合と同様に軌道面に直線偏向している．しかし，磁場の向きによって，任意に放射光の偏向特性を変えることも可能である．水平，垂直磁場の組合せによって円偏光，または楕円偏光の強力な疑似単色光の発生装置も開発されている．

5.2.5 新しいレーザーの開発

a. 自由電子レーザー　アンジュレーターの両端に光共振器をとりつけて，レーザー発振をさせるものが自由電子レーザーであ

る．これはアンジュレーターからの電磁波と磁場による電子の振動を位相整合させて電磁波を増幅させるものであり，1975年ごろからStanford大学で線型加速器を用いて始められた．現在では可視領域でのレーザー発振が観測されているが，あまり応用研究はされていない．真空紫外領域へ拡張する試みもあるが，光共振器として用いる反射率の高いミラーができないことが大きな制約となっている．

b. レーザープラズマX線　$10^{12}\sim10^{15}$ W/cm²の大強度パルスレーザーを集光してターゲットに当てると，瞬間的に電子が原子核から引き離されてプラズマ状態になる．この状態で電子がイオンと相互作用する過程でエネルギーを失い，X線を発生する．その変換効率は軟X線領域で10％以上にもなり強力なX線源として注目されている．レーザーの小型化，大強度化が進むことによって比較的手軽に使えるようになり，X線リソグラフィやX線顕微鏡の光源として利用されている．

c. X線レーザー　レーザーを短波長にまで広げることはこれまで多くの努力が払われたが，エネルギー差の大きい準位間で反転分布をつくることはむずかしいこと，前述したように共振器として高い反射率のミラーができないことなど本質的な問題を抱えている．しかし，1985年に米国のリバモア研究所でSeの波長206.209Åのレーザー発振が観測されてから，真空紫外領域のレーザー開発は精力的に進められるようになった．

〔太田　俊明〕

文　献

1) 日本物理学会編："量子エレクトロニクス"，朝倉書店(1965)．
2) 片山幹郎："レーザー化学(1),(2)"，裳華房(1985)．
3) 日本物理学会編："シンクロトロン放射"，培風館(1986)．
4) 高良和武監修："シンクロトロン放射利用技術"，サイエンスフォーラム(1989)．

6. 量　子　論

6.1 波　動　方　程　式

6.1.1 シュレーディンガー方程式

系の状態は一般に状態ベクトルΨで表される．非相対論の場合，これはスカラー量になり，波動関数と呼ばれる．波動関数Ψは次のシュレーディンガー(Schrödinger)方程式に従う．

$$i\hbar(d/dt)\Psi=H\Psi \quad (6.1)$$

ここで$\hbar$はプランク(Planck)定数hを2πで割った量$(h/2\pi)$である．Hはハミルトニアン(Hamiltonian)と呼ばれる演算子であり，n個の電子とN個の核からなる系については次式で与えられる．

$$H=\sum_{i=1}^{n}\{-(\hbar^2/2m)\nabla_i^2-(Z_A/r_{iA})\}+\sum_{i>j}(1/r_{ij})$$
$$+\sum_{A=1}^{N}\{-(\hbar^2/2M_A)\nabla_A^2\}+\sum_{A>B}(Z_AZ_B/r_{AB}) \quad (6.2)$$

ここで，mは電子の質量，M_AおよびZ_Aは核Aの質量と電荷を表す．∇_i^2および∇_A^2はそれぞれ電子iおよび核Aの位置座標に関する微分を含む演算子であり，以下の式で与えられる．

$$\nabla_i^2=\frac{\partial^2}{\partial x_i^2}+\frac{\partial^2}{\partial y_i^2}+\frac{\partial^2}{\partial z_i^2},$$
$$\nabla_A^2=\frac{\partial^2}{\partial X_A^2}+\frac{\partial^2}{\partial Y_A^2}+\frac{\partial^2}{\partial Z_A^2} \quad (6.3)$$

式(6.2)のこれらの演算子を含む項は，それぞれ電子および核の運動エネルギーを表す．r_{iA}, r_{ij}, r_{AB}は，それぞれ，電子iと核A，電子iと電子j，核Aと核Bの距離を表し，(6.2)式のこれらを含む項は，それぞれの間のクーロン相互作用の位置エネルギーを表す．

$H=E$(一定)とおける定常状態の場合には，これを用いて(6.1)式を積分し，$\Psi=\phi\exp(-i\hbar Et)$と書くと，定常状態の波動関数$\phi$に関する次の波動方程式が得られる．

$$H\phi=E\phi \quad (6.4)$$

これを定常状態のシュレーディンガー方程式

という．ここで断熱近似に従うと，各核の位置座標は固定され，H から (6.2) 式の第 3 項は省略される．この近似の下では，(6.4) 式のエネルギー固有値 E は核の座標をパラメータとして含み，核の運動を定める位置エネルギーとみなされて，断熱ポテンシャルと呼ばれる．多原子系の断熱ポテンシャルはポテンシャル曲面とも呼ばれ，分子構造や化学反応のさまざまな問題と関連する(§6.5 参照)．

6.1.2 ディラック方程式

重い原子を含む系など，相対論の効果を直接に考慮する必要がある場合には，系の状態を記述するための波動方程式としてディラック(Dirac)方程式を用いる．ディラック方程式も形式的には (6.1) 式のように書ける．ただし，Ψ は 4 成分をもつベクトル量になり，H は 4×4 の行列で表される．ディラック方程式の H は，(6.2) 式において各電子の運動エネルギーを表す項の代わりに次の演算子 D_i を用いたものに相当する．

$$D_i = -i\hbar \alpha_i \nabla_i + c^2(\beta_i^2 - 1) \qquad (6.5)$$

ここで α および β はディラック行列と呼ばれるもので，1 は単位行列を表す．

6.2 変分法

6.2.1 変分原理

$H\psi = E\psi$ を満たす最小のエネルギー固有値を E_0 とすると，任意の関数 φ について，次式の右辺の値は E_0 を下まわらない．

$$E_0 \leqq \int \varphi^* H \varphi d\tau \Big/ \int \varphi^* \varphi d\tau \qquad (6.6)$$

これを変分原理という．ここで右辺の積分は座標変数の全変域について行う．種々の試行関数 φ を用いて右辺の値を最小にしようとする努力の究極的な結果として，最小固有値とそれに属する波動関数が求められる．

6.2.2 リッツの変分法

試行関数 φ を有限個の関数 $\phi_1 \sim \phi_n$ の線型結合 $\varphi = c_1\phi_1 + \cdots + c_n\phi_n$ に限定して変分原理を適用し，その範囲で最良の近似解を求める方法をリッツ(Ritz)の変分法という．これは $H_{ij} = \int \phi_i^* H \phi_j d\tau$ を要素とする行列の固有値問題に帰着する．この方法によると，固有値の集合 $(\varepsilon_1, \cdots, \varepsilon_n)$ と固有ベクトル $(\varphi_1, \cdots, \varphi_n)$ から，基底状態のみならず，励起状態のエネルギーと波動関数の近似解も得られる．この方法の応用には後出の CI 法のほか，有限要素法があり，後者は波動方程式の数値解法として利用される[1]．

6.2.3 密度関数法

変分法のパラメータとして電子密度 ρ を採用すると，以下の定理が導かれる．

(1) n 電子系の縮退のない基底状態は電子密度 ρ の一意的な関数である．

(2) 電子密度を表す試行関数 ρ' を変数とする変分原理，$E_0 \leqq E(\rho')$ が存在する．

以上を，ホーヘンバーグ-コーン(Hohenberg-Korn)の定理という．この定理に基づく方法は密度関数法と呼ばれる[2],[3]．後出のハートリー-フォック(Hartree-Fock)法の近似として近年用いられるスレイター(Slater)の X_α 法[4]もこの定理に基礎づけられる．

6.3 SCF 法

6.3.1 ハートリー-フォックの SCF 法

n 電子系の波動関数を一電子関数 $\varphi_1 \sim \varphi_n$ からなるスレイター行列式で表し，変分原理を適用して $\varphi_1 \sim \varphi_n$ を定める方法をハートリー-フォック(HF)法という．ここで φ_i は空間座標の関数(軌道関数)とスピン座標の関数(スピン関数)の積で与えられ，スピン軌道と呼ばれる．各スピン軌道 φ (添字省略)は次式に従う．

$$F\varphi = \varepsilon \varphi \qquad (6.7)$$

ここで F はフォック(Fock)演算子であり，ε は φ の軌道エネルギーである．F には求めるべき関数 $\varphi_1 \sim \varphi_n$ が含まれる．そのため，実際に (6.7) 式を解くときには，まず近似解 φ^0 を仮定して F の第 1 近似 F' を定め，$F'\varphi' = \varepsilon'\varphi'$ の解 $\{\varphi', \varepsilon'\}$ を求める．次に φ' を用いて F の第 2 近似 F'' を定め，以下，同様の操作を，F を定めるための φ と解としての φ とが事実上一致してつじつまがあうまで繰り返

す．このような解法を自己無撞着場の方法(SCF法)という．

6.3.2 ローターンのSCF法

軌道関数 φ を基底関数 $\chi_1 \sim \chi_p$ の線型結合 $\phi = \sum_{j=1}^{p} c_j \chi_j$ で表し，これを用いて構成されるスレイター行列式に変分原理を適用すると，(6.7)式と形式的に類似した次の方程式が得られる．

$$F\phi = \varepsilon\phi \qquad (6.8)$$

これを解くことにより，線型結合の係数 c_j と軌道エネルギー ε が求められる．実際の解法は(6.7)式と同様にSCF法による．(6.8)式によって ε と ϕ を求める方法はRoothaanによって閉殻系に適用され，ローターン(Roothaan)のSCF法と呼ばれる．不対電子をもつ開殻系に対する同様の方法には，スピンの異なる電子を同一の軌道に収容するR(ristricted)HF法と，このような制限をつけずに別々の軌道に収容するU(unristricted)HF法とがある[5]．

6.3.3 SCF-MO法

分子の軌道関数(分子軌道)とその軌道エネルギーを求める方法を分子軌道(MO)法という．上述のSCF法を用いるMO法はSCF-MO法と呼ばれる．多原子系を扱う場合，ハートリー-フォックのSCF法が適用されることはまれで，ほとんどの場合，ローターンのSCF法が用いられる．ab initio(非経験的)MO法[6]では，ローターンのSCF法に従って忠実に計算を実行する．計算の一部を経験に依存する評価によって簡略化する方法は，半経験的MO法[7]と呼ばれる．

6.3.4 相対論的SCF法

ハートリー-フォック法をディラック方程式の解法に拡張した方法はディラック-ハートリー-フォック法と呼ばれ，相対論の効果を直接考慮するSCF法の基礎となる．その際，HF法の1電子関数に当たるものはスピノルで置き換えられる．さらに，基底関数の代わりに基底スピノルを用いると，ローターンの方法の相対論的拡張がなされる．相対論的SCF法は，貴金属原子などの重い原子を含む系にまで応用され始めている[8]．

6.4 電 子 相 関

6.4.1 配置間相互作用(CI)法

ハートリー-フォック法では記述できない多電子系の振舞を電子相関という．これを考慮するために以下の種々の方法が利用される．

CI法では，定常状態の波動関数 φ を，種々の電子配置を表す行列式関数 Φ_j の線型結合 $\varphi = \sum_j C_j \Phi_j$ を用いて求める．φ に対応するエネルギー E と線型結合の係数 C_j を定める問題は，リッツの変分法によって解かれる．可能な電子配置をすべて考慮する計算(full-CI)は，10個の電子しかない系でも 10^8 個もの配置を要する大規模なものとなる．実用上は，参照配置としてHF法の基底電子配置を採用し，それから1電子または2電子を励起したすべての配置を考慮するCI(SD-CI)法がよく用いられる[9]．

6.4.2 ミュラー-プレセットの摂動法

基底状態のエネルギーの真の値 E_0 とHF法による値 E_{HF} との差，$E_c = E_0 - E_{HF}$ を電子相関エネルギーという．変分原理により，E_c は一般に負である．本来のハミルトニアン H とHF法の基底電子配置を固有関数とするハミルトニアン H_0 との差，$H' = H - H_0$ を摂動と考えて，レイリー-シュレーディンガーの摂動法を適用すると，E_c は摂動エネルギーとして求められる．この方法をミュラー-プレセット(Møller-Plesset)の摂動法という．E_c が摂動の何次まで考慮されるかに従い，2次摂動までをMP2，さらに，3次，4次の摂動までを，それぞれ，MP3，MP4などと区別して表す．この方法は電子相関エネルギーの簡便な評価法として利用される[9]．

6.4.3 多配置SCF法

CI法の係数 C_j とSCF-MO法の係数 c_j の両方を，変分原理に従って同時に最適化する方法を多配置SCF(MC-SCF)法という．考慮する電子配置の範囲により，種々の水準の

ものがある．価電子が関係する電子配置のみをすべて考慮するCAS-SCF法は，小さい分子の高精度の計算に利用される．

6.5 ポテンシャルエネルギー曲面

6.5.1 構造・反応とポテンシャルエネルギー曲面

分子の構造や反応はポテンシャルエネルギー曲面の性質と結びつけられる．たとえば，極小点から分子の平衡構造が定まり，鞍点から反応系の遷移状態の構造が求められる．また，それぞれの状態のエネルギー差から反応熱や活性化エネルギーなどが求められる．さらに，極小点付近の曲面の2次微分から，基準振動が決められ，曲面の谷に沿う道すじから反応経路が導かれる[9]．

6.5.2 エネルギー勾配法

ポテンシャルエネルギー曲面の平衡構造を定めることを構造最適化という．そのためにポテンシャルエネルギー曲面の各点を逐一すべて計算してもよいが，能率が悪い．エネルギー勾配法によると，基底関数の解析的表現を利用して容易に1次微分や2次微分が求められ，能率よく構造最適化が行われる[9]．近年，この方法の開発が進み，CI法やMC-SCF法への拡張もなされて，*ab initio* MO 法による量子化学計算の実用範囲が飛躍的に広げられた[10]．

6.5.3 ヘルマン-ファインマンの定理

任意のパラメータαにつき，$H(\alpha)\psi(\alpha)=E(\alpha)\psi(\alpha)$が成り立つとき，$\partial E/\partial\alpha=\int\psi^*(\partial H/\partial\alpha)\psi d\tau$が成り立つ．これをヘルマン-ファインマン(Hellmann-Feynman)の定理という[11]．αとして断熱近似の核座標をとり，ポテンシャルエネルギー曲面にこの定理を適用すると，ビリアル定理と静電定理が導かれる．前者は，2原子分子の場合，核間距離Rの変化に対して運動エネルギーの期待値$\langle T\rangle$と位置エネルギーの期待値$\langle V\rangle$が次式を満たすことをいう．

$$2\langle T\rangle+\langle V\rangle+R(dE/dR)=0 \quad (6.9)$$

平衡点では$\langle V\rangle=-2\langle T\rangle$となり，古典力学のビリアル定理と一致する．この定理は平衡構造の計算精度の判定に利用される．後者の静電定理は，核に働く力の物理的意味と化学結合の起源に関係する．具体的には，原子番号Z_Aの核Aに働く力F_Aは空間の各点rに依存する電子密度ρを含む次式で表される．

$$F_A=\int(Z_A r/r_A{}^3)\rho(r)dr-\sum_{B\neq A}(Z_A Z_B R_{AB}/R_{AB}) \quad (6.10)$$

ここで第1項は核Aからr_Aの距離にある電子密度によって核Aが受ける静電引力の合力を表し，第2項は他の核から受ける静電斥力の総和を表す．すなわち，電子の運動に伴って各核に及ぼされる力は，電子密度による古典的静電力とみなしてさしつかえない．したがって，2原子分子を例にとると，空間の各点は，そこに置かれた負電荷によって核間に引力を生じるか斥力を与えるかにより，結合領域と反結合領域とに区分される．この区分を表す図をベルリンダイヤグラムという[12]．図6.1に等核2原子分子の例を示す．

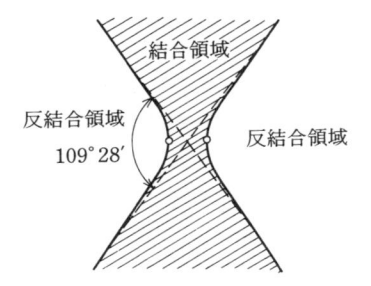

図 6.1 等核2原子分子のBerlinダイヤグラム（。。は原子核の位置を表す）

〔大野 公一〕

文 献

1) M. Defranceschi, and J. Delhalle, ed.: "Numerical Determination of the Electronic Structure of Atoms, Diatomic and Polyatomic Molecules", Kluwer Academic, London (1989).
2) R.G. Parr: *Ann. Rev. Phys. Chem.*, **34**, 631 (1983).
3) J. Maruani, ed.: "Molecules in Physics, Chemistry and Biology", vol.3, Part 1, Kluwer Academic, London (1989).

4) J.C. Slater, 管野 曉, 足立裕彦, 塚田 捷 訳:"スレーター分子軌道計算", p.131, 東京大学出版会 (1982).
5) 藤永 茂:"分子軌道法", p.127, 岩波書店 (1980).
6) W.J. Hehre, L. Radom, P.v.R. Schleyer and J.A. Pople: "Ab initio Molecular Orbital Theory", John Wiley, New York (1986).
7) J.N. Murrell and A.J. Harget: "Semi-empirical Self-consistent-field Molecular-orbital Theory of Molecules", John Wiley, New York (1972).
8) J. Maruani, ed.: "Molecules in Physics, Chemistry, and Biology", vol.2, Part2, Kluwer Academic, London (1989).
9) 米沢貞次郎, 永田親義, 加藤博史, 今村 詮, 諸熊奎治:"三訂量子化学入門(下)", 第7章, 化学同人 (1983).
10) 青野茂行, 中島 威, 西本吉助, 細矢治夫編: "量子化学最前線(化学増刊106)", 化学同人 (1985).
11) 福井謙一:"量子化学", p.242, 朝倉書店 (1968).
12) 大野公一:"量子物理化学", p.121, 東京大学出版会 (1989).

7. 化学熱力学

化学熱力学は，エネルギー変換に関する科学ともいうべき熱力学体系を，化学的諸現象に適用し，物質の状態変化や化学変化をエネルギーとエントロピーの側面から理解しようとする学問分野である．熱の本性は多くの科学者を悩ませたが，Jouleの画期的実験などから熱もエネルギーの一形態（温度差があるときに移動するエネルギー）であることが，しだいに認識されていった．また，外部からエネルギーの補給なしに動きつづける永久機関を製作する夢がことごとく失敗したことから，熱を含めてエネルギー保存則の確立へと発展した．

これらの議論から，物質にはすべて内部エネルギー U，エンタルピー H と呼ばれる状態関数が存在することが帰結された．U, H ともに温度 T によって変化するが，それはなじみ深い定圧熱容量 C_p，定容熱容量 C_v と次の関係で結ばれる．

$$C_p = \lim_{\Delta T \to 0}(q/\Delta T)_p = (\partial H/\partial T)_p \quad (7.1)$$
$$C_v = \lim_{\Delta T \to 0}(q/\Delta T)_v = (\partial U/\partial T)_v \quad (7.2)$$

多くの場合，比較的実験の容易な C_p の測定によって，エンタルピー差が次のように決定される．

$$H_T - {}_0H = \int_0^T C_p dT \quad (7.3)$$

C_v が必要なときには，次の熱力学関係式

$$C_p - C_v = \alpha^2 VT/\kappa_T \quad (7.4)$$

によって C_p から変換される．α は熱膨脹率，V は体積，κ_T は等温圧縮率である．

図7.1は，断熱型熱量計によって測定された

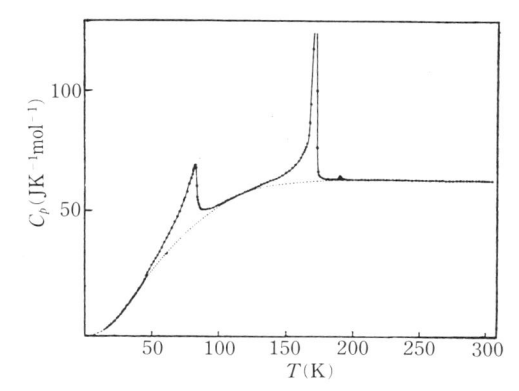

図 7.1 KCN結晶の熱容量曲線

KCN結晶の C_p 曲線である．83Kと168Kに C_p の大きな異常が観測され，相転移の存在を物語っている．測定開始温度13K以下の低温部分は，熱容量に対するデバイ (Debye) 式やアインシュタイン (Einstein) 式を使って0Kに補外でき，これから $H_T - H_0$ を算出しうる．相転移に基づく過剰部分は転移エンタルピーと呼ばれる．棒状のCN⁻イオンは最低温相で反強誘電的の秩序配向をとり，中間相ではCとNに関する頭尾再配向運動を，岩塩型の高温相では8つの体対角線方向を無秩序に再配向している．これは後述の転移エントロピーと微視的状態数(乱れ)の増加の関係の考察とも矛盾しない．

かつて，化学反応の駆動力は反応熱にあると考えられた時期があり，膨大な反応エンタ

ルピーの測定データが集積された．たとえば 1気圧，25°Cでのメタンの燃焼反応の熱化学方程式

$$CH_4(気) + 2O_2(気) = CO_2(気) + 2H_2O(気)$$
$$\Delta_c H° = 890.3 \text{ kJ} \qquad (7.5)$$

は，C(黒鉛)とH_2(気)の燃焼反応の方程式と組み合わせて

$$C(黒鉛) + 2H_2(気) = CH_4(気)$$
$$\Delta H° = -74.5 \text{ kJ} \qquad (7.6)$$

すなわち，1気圧下で最安定の構成元素からメタン1モルを生成する反応のΔH, 標準生成エンタルピー$\Delta_f H°_{298.15}$の形で簡潔に整理することが可能になる（ヘス(Hess)の法則）．これらのデータ集を使うと，任意の反応のエンタルピー変化$\Delta_r H°$が

$$\Delta_r H° = \sum_i \nu_i \cdot \Delta_f H_i° \qquad (7.7)$$

で求められる．ν_iはその反応の化学量論係数で，生成系には＋，原系には－の記号が約束される．また，反応エンタルピーの温度変化は，原系と生成系の$C_p°$を用いてキルヒホッフ(Kirchhoff)の式により与えられる．

$$d(\Delta_r H°)/dT = \sum_i \nu_i \cdot C_{p,i}° \qquad (7.8)$$

一原子気体の標準生成エンタルピーを(7.6)式と組み合わせると，メタン分子を構成原子に分解する際の原子化エンタルピー$\Delta_{at}H°$が決定できる．

$$CH_4(気) \rightarrow C(気) + 4H(気)$$
$$\Delta H° = 1661.7 \text{ kJ} \qquad (7.9)$$

これからC—H結合の平均エンタルピーが求められ，化学結合の強度を数値化することができる．これら諸量間の関係を図7.2に模式的に示した．

有機化合物については，平均結合エンタルピーはきわめてよい転用性を示す．メタンのC—H結合エンタルピーは，よい近似でエタンの対応する値として転用しうる．これに対して，無機化合物では転用性がほとんど認められず，結合の多様性を物語るとともに系統化の困難性を示す．有機化合物でベンゼンのようなπ電子系，シクロプロパンのような高ひずみ化合物になると，その$\Delta_{at}H°$が標準的結合エンタルピーの加成性から著しくずれることがあり，安定化エネルギーやひずみエネルギーとして数値化できる．ただし，どのような基準構造を採用したかに依存するので，その記述が大切である．

不活性と考えられてきたKrやXeの気体も，強力酸化剤の作用で化合物をつくる．XeF_6, $XeOF_4$などの化合物中での結合エンタルピーも同様な方法で決定され，決して弱くはない結合であることが認識された．また，NaClのようなイオン結晶では，その$\Delta_f H°$の値にNaのイオン化エネルギーなどの実験値を組み合わせ，ボルン－ハーバー(Born-Haber)サイクルと呼ばれる方法できわめて正確な格子エネルギーが決定された．

熱を仕事に変える熱機関，その逆のヒートポンプの働きは，次の変換式で表現できよう．

$$熱エネルギー \rightleftarrows 力学エネルギー \qquad (7.10)$$

その変換効率の非対称性を主張するのが第2法則であり，この非対称性も熱の本性に由来する．ここで導入されたエントロピーSもUやHと同様に状態関数であるが，変化の方向を指定する重要な量である．また，第3法則によって，0KでのエントロピーS_0が0になることが確立されたので，絶対値が実験的に決定できる貴重な熱力学関数となる．

$$S_T - S_0 = \int_0^T C_p d\ln T = S_T \quad (S_0 \equiv 0) \qquad (7.11)$$

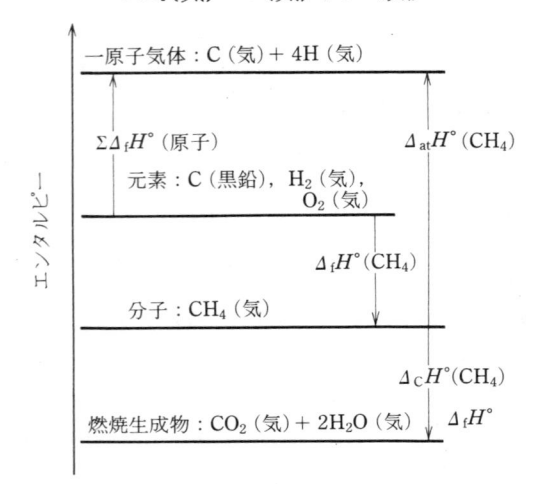

図 7.2 標準生成エンタルピー $\Delta_f H°$，原子化エンタルピー $\Delta_{at}H°$，燃焼エンタルピー $\Delta_c H°$ の関係を示すエンタルピー準位図

これからも明らかなように，C_pの測定は熱力学諸関数を結ぶ重要な横糸の役割を果たしている．

相転移，融解，蒸発などを経て結晶から気体に移る過程でのエントロピー変化の総和は，1気圧下の気体の$S°$の絶対値を与えることになる．

$$S_T°(気) = \left(\int_0^{T^*} C_p° d\ln T\right)_{補外} + \int_{T^*}^{T_{trs}} C_p° d\ln T + \frac{\Delta_{trs}H°}{T_{trs}} + \cdots \quad (7.12)$$

右辺第3項は，転移(融解，蒸発)エントロピーと呼ばれる．$S_T°$に理想気体補正を施した量は，熱的エントロピー($S_{calor}°$)と呼ばれる．

表7.1は1気圧，298.15Kにおける純物質

表 7.1 純物質の熱力学諸関数(1気圧，298.15K)

物質	$C_p°$	$(H_T° - H_0°)/T$	$S°$	$\Delta_f H°$
Ag(結)	25.5	19.05	42.6	0
C(黒鉛)	8.52₇	3.61	5.74	0
C(ダイヤ)	6.15₉	1.84	2.38	1.90
H₂O(液)	75.15	44.6	69.9	−285.83
CO₂(気)	37.11	—	213.6	−393.51
ベンゼン(液)	171.5	101.0	173.8	49.0
ベンゼン(気)	81.6	—	269.2	82.9

の熱力学諸関数であり，単位は左3つが$J\cdot K^{-1}\cdot mol^{-1}$，残りが$kJ\cdot mol^{-1}$である．これらのデータから，標準生成ギブズエネルギー$\Delta_f G°$を算出しうる．また，次式により純物質のギブズエネルギー$G°$が求められる．

$$\begin{aligned}
&-(G_T° - H_0°)/T \\
&= -(H_T° - H_0° - TS°)/T \\
&= S° - (H_T° - H_0°)/T \quad (7.13)
\end{aligned}$$

ギブズエネルギーGは化学平衡を支配するだけでなく，物質の相平衡を考察する上で重要な量である．黒鉛とダイヤモンドのG曲線は，1気圧下ではどの温度でも$G_{黒} < G_{ダ}$であることが1950年代に，当時100gの試料を用いたエントロピー測定より明らかにされた．高圧にすると$(\partial G/\partial p)_T = V$の関係から，体積の大きな黒鉛が急激に$G$の増加をもたらして大小関係が逆転する．米国GE社では10万気圧，3000Kで人工ダイヤの合成にはじめて成功した．

分子性液体，またはその蒸気を急冷すると非晶質固体が得られる．これは結晶に比べて準安定かつ非平衡状態であり，昇温するとある温度域で緩和して平衡構造に移ろうとする．最終的には結晶化して安定な結晶相に移る．これらの現象は非可逆的に起こるもので，エントロピー生成を伴う過程である．後述の残余エントロピーとも関連して，これら非晶質固体の熱力学的研究はその特性評価に欠かせない．準安定相の熱力学的安定度は，G値の差によって数値化できる．

熱力学では，一見何の関連もない量が厳密な等号関係で結ばれることがよくあるが，クラウジウス–クラペイロン(Clausius–Clapeyron)式はその代表格であろう．

$$(\partial p/\partial T)_{eq} = (\Delta S/\Delta V) \quad (7.14)$$

上述の化学熱力学と密接な関係を保って，後から発展してきたのが統計熱力学であり，ミクロの世界の知識から熱力学諸量が導かれる．理想気体では，分子の並進・回転・振動などの運動自由度はたがいに独立して扱いうるので，各運動を量子力学的に解き，固有値ε_iとその状態の縮重度g_iの知識からボルツマン(Boltzmann)統計を用いて分配関数Ωを求める．熱力学関数はすべてΩより誘導される．

$$\Omega = \sum_i g_i \exp(-\varepsilon_i/kT) \quad (7.15)$$

たとえば理想気体の高温近似で，非直線状多原子分子の$C_p°$は次の式で与えられる．

$$C_p°/J\cdot K^{-1}\cdot mol^{-1} = 20.786 + 12.472 +$$
$$8.3144 \sum_i \frac{u_i^2 (\exp u_i)}{[(\exp u_i) - 1]^2} \quad (7.16)$$

右辺各項は並進，回転，振動からの各寄与で，$u_i = 1.4387\omega_i/T$，ω_iは基準振動の角振動数である．とくにエントロピーSは，ボルツマン関係式(7.17)式と呼ばれる簡潔な形で系の微視的状態の数Wと結びつけられ，系の乱れ方と直接に関連づけられることが明らかとなった．

$$S = k \ln W \quad (7.17)$$

統計熱力学的に求められたSは分子内振動，慣性モーメントなど，分光学的情報だけ

表 7.2 分光学エントロピー $S_{spec}°$ と熱的エントロピー $S_{calor}°$ の比較

物質	T/K	$S'°_{spec}$ J·K^{-1}·mol^{-1}	$S°_{calor}$ J·K^{-1}·mol^{-1}	$S_0°$ J·K^{-1}·mol^{-1}
Ar	87.29	129.2	129.1	0±0.5
N_2	77.34	152.4	152.8	0±0.5
O_2	90.19	170.2	170.3	0±0.5
CH_4	111.67	153.2	152.8	0±0.5
C_6H_6	298.15	267.9	267.2	0±0.5
CO	81.66	160.3	155.6	4.7±0.5
H_2O	298.15	188.7	185.3	3.4±0.5

で理想気体のエントロピー(これを分光学的エントロピー S_{spec} と呼ぶ)を算出しうるので，全く独立に求められた S_{calor} との直接比較によって第3法則 $S_0\equiv0$ を実験的に検証する重要な手段を与えた(表7.2参照)．数多くの物質に対して両者は実験誤差範囲内で一致し，このことは $S_0=0$ を支持する．同時に，実験の困難な高温気体に対する熱力学量の算出に統計力学的手法の妥当性を裏付ける．表の比較で示されるように S_{calor} の精度・確度の高さが，定量的学問としての科学における化学熱力学的研究の地位を高めたものといえよう．なお，熱力学諸関数を指定する標準状態圧力が，従来の1気圧から 10^5 Pa 変更されたことを付記したい．

CO, H_2O に対しては第3法則が成立せず，有限の S_0 (残余エントロピー)を取り残す．液体を急冷して得られるガラスに対してはすべて $S_0\neq0$ で，これらは共通して非平衡凍結を意味するガラス転移現象を示す．第3法則の成立は，内部平衡にある結晶という前提が置かれている．CO や H_2O も結晶ではあるが，冷却過程で分子配向が無秩序のまま凍結して，内部非平衡になることを示している．

S_0(CO) は $R\ln 2$ ($=5.8$ J·K^{-1}·mol^{-1}) の値に近く，C と O の頭尾の配向の乱れが仮想的転移点に冷却される以前に，大きなポテンシャル障壁のために凍結するためと考えられる．氷も水素結合形成の条件下で水分子の再配向に由来するエントロピー $S=R\ln(3/2)$ $=3.4$ J·K^{-1}·mol^{-1} が，同じ理由で凍結するためと考えられる．実際，このような凍結を

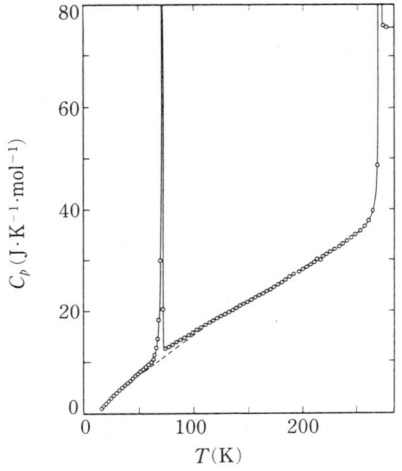

図 7.3 KOH を 2×10^{-4} モル分率ドープした氷の熱容量曲線

示唆する現象は，氷で100 K 付近に観測される．極微量の特殊な不純物を氷に添加すると，水分子の再配向運動は著しく促進され，72 K に1次相転移を示して秩序状態になる(図7.3参照)．第3法則は，すべての側面について内部平衡にあることを要求するゆえんである．o-H_2 や p-H_2 のように核スピンが問題となる系では，オルト・パラ転換に必要な触媒の存在下で実験するのでなければ，第3法則に従わないのが通例である．

〔菅　宏〕

8. 反応速度論

反応速度論(reaction rate theory)は1つの状態から別の状態に遷移するプロセスを取り扱う．化学反応の速度は一般に温度の上昇とともに増大し，反応の速度定数 k (rate constant) と温度 T との間にはアレニウス(Arrhenius)式((8.1)式)が成り立つ．

$$k=Ae^{-E_a/RT} \quad (8.1)$$

A は温度によらない項で前指数因子(pre-exponential factor)，E_a は活性化エネルギー(activation energy)と呼ばれる．A や E_a は衝突理論や遷移状態理論など理論的に導かれる速度式との対応が可能であり，アレニウ

8.1 反応速度と速度式

アンモニア合成反応((8.2)式)において,
$$N_2+3H_2=2NH_3 \tag{8.2}$$
窒素,水素,アンモニアの反応開始時のモル数を n_N^0, n_H^0 および n_A^0 とし,反応時間 t におけるモル数を n_N, n_H および n_A とすると,(8.3)式で表される ξ を反応進行度と呼ぶ.
$$\xi=-(n_N-n_N^0)=-(n_H-n_H^0)/3$$
$$=(n_A-n_A^0)/2 \tag{8.3}$$
このとき,(8.2)式の反応速度 $\dot\xi$ (mol・s^{-1}) は (8.4)式により定義される.
$$\dot\xi=d\xi/dt=-dn_N/dt=-dn_H/3dt$$
$$=dn_A/2dt \tag{8.4}$$
したがって,単位体積当たりの速度 v (mol・l^{-1}・s^{-1}) は反応系の体積を V として一般的に(8.5)式で表される.
$$v=V^{-1}d\xi/dt=(V\nu_i)^{-1}dn_i/dt \tag{8.5}$$
ν_i は反応式(8.2)の化学量論係数であり,$\nu_N=-1, \nu_H=-3, \nu_A=2$ である.反応中 V が変化しない場合には v は各成分濃度 $[c_i]$(あるいは分圧 $p_i=(n_i/V)RT$)の時間変化量((8.6)式)により表される.
$$v=\nu_i^{-1}d(n_i/V)/dt=\nu_i^{-1}d[c_i]/dt \tag{8.6}$$
反応速の定義からわかるように (8.2)式を $(1/2)N_2+(3/2)H_2=NH_3$ と表示したとすると,ν_i はそれぞれ $-1/2, -3/2$ および 1 となり,結局,反応速度の値が変わることに注意する必要がある.しかし,各成分濃度の変化量 $d[c_i]/dt$ はもちろん反応式の表示にはよらないわけで,NH_3 の生成速度 v_{NH_3} は $v_{NH_3}=d[NH_3]/dt$ である.

反応速度は簡便には(8.7)式により表される.
$$v=k[A]^a[B]^b[C]^c\cdots \tag{8.7}$$
$a, b, c, \cdots$ は化学種 $A, B, C, \cdots$ の反応次数(partial order of reaction)であり,$n=a+b+c+\cdots$ を反応の(全)反応次数(overall order of reaction)といい,またこの反応を n 次反応という.複数の素反応(→素過程化学)から成る複合反応では,反応次数は反応機構とは全く関連がなく実験によって決められる値である.

8.2 定常状態法

$$A \xrightarrow{k_1} B \xrightarrow{k_2} C \tag{8.8}$$

(8.8)式の遂次反応中,$A \to B$ と $B \to C$ の速度が等しいとみなせるときは,反応中間体Bの濃度 $[B]$ は,事実上一定に保たれる.そのような状態を反応が定常状態にあるといい,近似的に $d[B]/dt=0$ が成り立つ.一般に反応性の高い中間体に対し $d[c_i]/dt=0$ とする速度論的取り扱いを定常状態の近似(steady-state approximation),あるいはその取扱い方法を定常状態法(method of steady state)という.

$$H_2+Br_2=2HBr \tag{8.9}$$

反応(8.9)の速度は実験的に,$v=d[HBr]/2dt=k[H_2][Br_2]^{1/2}/(1+k'[HBr]/[Br_2])$ で示される.いま,反応(8.9)が次の反応機構で進行すると考える.

$$Br_2 \underset{k_{-10}}{\overset{k_{10}}{\rightleftharpoons}} 2Br \tag{8.10}$$

$$Br+H_2 \underset{k_{-11}}{\overset{k_{11}}{\rightleftharpoons}} H+HBr \tag{8.11}$$

$$H+Br_2 \xrightarrow{k_{12}} Br+HBr \tag{8.12}$$

定常状態では $d[H]/dt=0, d[Br]/dt=0$ とみなせるから,$[H]=k_{11}(k_{10}/k_{-10})^{1/2}[H_2][Br_2]^{1/2}/(k_{12}[Br_2]+k_{-11}[HBr])$ が得られ,反応速度は(8.13)式で与えられ,実験式と完全に一致する.

$$v=\frac{1}{2}\frac{d[HBr]}{dt}$$
$$=\frac{k_{11}(k_{10}/k_{-10})^{1/2}[H_2][Br_2]^{1/2}}{1+(k_{-11}/k_{12})[HBr]/[Br_2]} \tag{8.13}$$

この場合,定常反応中の Br 原子の濃度 $[Br]$ は (8.10)式が平衡にあるときの濃度 $[Br]_e$ と等しく,反応中(8.10)式は平衡にあることがわかる.一方,H 原子の濃度 $[H]$ は,存在する H_2 と平衡にあるとしたときの $[H]_e$ に比べ8桁も大きい.それは,H 原子が,$H_2 \rightleftharpoons 2H$,によって生成するのではなく,

[H] が $1/2Br_2+H_2 \rightleftharpoons H+HBr$ によって決まるからである.

8.3 律速段階

反応(8.9)が進行中,(8.10)式は平衡にあるので,反応(8.10)の自由エネルギー変化は $\Delta G_{10}=0$ である.(8.11)式の素反応に伴う ΔG_{11} はおよそ $-5 kJ \cdot mol^{-1}$ であって,反応(8.9)の自由エネルギー変化は $-106 kJ \cdot mol^{-1}$ であるから,素反応(8.12)に伴う ΔG_{12} は $-101 kJ \cdot mol^{-1}$ と求められる.結局,全反応の自由エネルギー変化はほとんど素反応(8.12)に集約されていることになる.定常反応速度 v は(8.14)式で与えられ,反応に伴う自由エネルギー変化(ΔG)と正逆反応速度の比(v_-/v_+)との間には $\Delta G=RT \ln v_-/v_+$ の関係があるので,(8.15)式が得られる.

$$v=v_{10}-v_{-10}=(v_{11}-v_{-11})/2$$
$$=(v_{12}-v_{-12})/2 \qquad (8.14)$$
$$=v_{10}(1-e^{\Delta G_{10}/RT})=v_{11}(1-e^{\Delta G_{11}/RT})/2$$
$$=v_{12}(1-e^{\Delta G_{12}/RT})/2 \qquad (8.15)$$

$\Delta G_{10} > \Delta G_{11} \gg \Delta G_{12}$($\Delta G$ は負)であるから,$v_{10} > v_{11} \gg v_{12}$ となる.このように,一般にいくつかの素反応より成る複合反応において,ある素反応の速度が他の素反応の速度よりはるかに小さいとき,その反応ステップを律速段階(rate-determining step)と呼ぶ.この場合,律速段階の速度($d[HBr]/2dt=k_{12}[H][Br_2]$)が全反応(8.9)の速度となる.また,律速段階以外の素反応($\Delta G_i \fallingdotseq 0$)は,反応が進行中,平衡にある(部分平衡).

8.4 衝突理論

衝突理論(collision theory)は反応速度理論のうちで歴史的に最も古いものである.3次元で運動している気体粒子が速度 $u \sim u+du$ にある割合 $F(u)du$ はマックスウェル-ボルツマン(Maxwell-Boltzmann)の速度分布関数(式(8.16))によって与えられる.

$$F(u)du=4\pi\left(\frac{m}{2\pi kT}\right)^{3/2} u^2 \exp\left(-\frac{mu^2}{2kT}\right)du \qquad (8.16)$$

2つの粒子が衝突する場合,反応に寄与するのは相対運動エネルギーであるので重心の運動エネルギーを除くと(8.17)式となる.

$$F(u_r)du_r$$
$$=4\pi\left(\frac{\mu}{2\pi kT}\right)^{3/2} u_r^2 \exp\left(-\frac{\mu u_r^2}{2kT}\right)du_r \qquad (8.17)$$

μ は換算質量,u_r は相対速度である.2つの粒子(A, B)間の反応速度(v)は,反応が起こるのに必要なエネルギーのしきい値(E_0)以上の並進エネルギー(E)で単位時間当たりに衝突する粒子の数と考えられるので,(8.18)式によって与えられる.

$$v=n_A n_B \int_0^\infty \sigma_r u_r F(u_r) du_r \qquad (8.18)$$

n_A と n_B は単位体積中に含まれる A および B の個数で,σ_r は(8.19),(8.20)式で表される衝突断面積である.

$$\sigma_r=0 \qquad E<E_0 \qquad (8.19)$$
$$\sigma_r=\pi d_{AB}^2(1-E_0/E) \qquad E \geq E_0 \qquad (8.20)$$

(8.20)式の $1-E_0/E$ は,反応には相対運動の並進エネルギーの中心軸方向の成分のみが有効であることに由来する項である.積分して,反応速度は,

$$v=n_A n_B \pi d_{AB}^2 \left(\frac{8kT}{\pi\mu}\right)^{1/2} \exp\left(-\frac{E_0}{RT}\right) \qquad (8.21)$$

となる.A と B が同一のものなら二重に数えることを避けるため $1/2$ を乗じる必要がある.$Z_{AB}=\pi d_{AB}^2(8kT/\pi\mu)^{1/2}$ は $E_0=0$ の場合の速度定数であり,単位濃度の反応分子同士が単位体積,単位時間当たりに衝突する数であって,衝突頻度(collision frequency)と呼ばれる.したがって,アレニウス式における活性化エネルギー E_a は(8.22)式により,また,前指数因子 A は(8.23)式により示される.

$$E_a=E_0+\frac{1}{2}RT \qquad (8.22)$$

$$A=e^{1/2}d_{AB}^2\left(\frac{8\pi k}{\mu}\right)^{1/2} T^{1/2} \qquad (8.23)$$

このような単純衝突理論(simple collision theory)(8.21)式と実測との一致は必ずしも

よくなく，補正因子 p を用いて速度定数 k は (8.24) 式により表される．

$$k = pZ_{AB}\exp(-E_0/RT) \quad (8.24)$$

8.5 遷移状態理論

反応のポテンシャルエネルギー曲面（→反応動力学）において，反応物（A+B）から生成物（C+D）に至る反応座標（reaction coordinate）はエネルギーの極大を示す（図 8.1）．

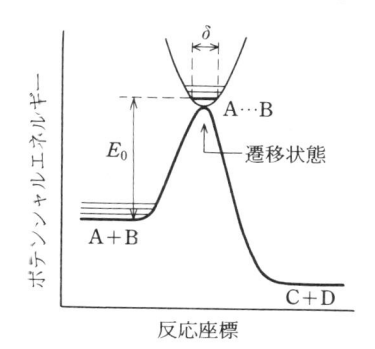

図 8.1 E_0 は零点エネルギー差であり，0 K での活性化エネルギーに相当する．A⋯B は活性錯合体．

ポテンシャルエネルギー極大部付近の1つの状態を遷移状態（transition state）と呼び，その状態にある分子種（A⋯B）を活性錯合体（activated complex）という．遷移状態理論（transition-state theory）（絶対反応速度論ともいう）では活性錯合体と反応物とが熱力学的平衡関係にあると考える．このとき，反応速度 v は単位体積中，単位時間当たり，遷移状態を反応原系から生成系の方へ通りすぎていく活性錯合体の数である．したがって，1個の活性錯合体（$X_{\ddagger}$）が遷移状態を通りすぎるのに要する時間を τ とすると v は (8.25) 式で示される．

$$v = [X_{\ddagger}]/\tau = K_{\ddagger}[A][B]/\tau \quad (8.25)$$

$K_{\ddagger}$ は反応物（A+B）と $X_{\ddagger}$ との平衡定数である．分子運動論から1次元における粒子の平均速度 $\bar{u}$ は (8.26) 式で与えられるから，反応座標にそった遷移状態の微小の長さを δ（図 8.1）とすると，通過時間 τ は (8.27) 式で表される．

$$\bar{u} = (kT/2\pi m_{\ddagger})^{1/2} \quad (8.26)$$
$$\tau = \delta(2\pi m_{\ddagger}/kT)^{1/2} \quad (8.27)$$

平衡定数 $K_{\ddagger}$ は分配関数 Q と零点エネルギー差 E_0（図 8.1）を用いて，$K_{\ddagger} = (Q_{\ddagger}/Q_A Q_B)\exp(-E_0/RT)$ と表され，また，$Q_{\ddagger}$ のなかで反応座標にそった1次元 δ の並進の分配関数 q_t は，$q_t = \delta(2\pi m_{\ddagger}kT)^{1/2}/h$ であるから，$K_{\ddagger}$ は (8.28) 式により示される．

$$K_{\ddagger} = \frac{(2\pi m_{\ddagger}kT)^{1/2}}{h}\delta\frac{Q_{\ddagger}^{*}}{Q_A Q_B}\exp\left(-\frac{E_0}{RT}\right) \quad (8.28)$$

$Q_{\ddagger}^{*}$ は $Q_{\ddagger}$ から q_t を除いたものである．したがって，速度定数 k は，(8.29) 式で示される．

$$k = K_{\ddagger}/\tau = \frac{kT}{h}\frac{Q_{\ddagger}^{*}}{Q_A Q_B}\exp\left(-\frac{E_0}{RT}\right)$$
$$= \frac{kT}{h}K_{\ddagger}^{*} \quad (8.29)$$

$K_{\ddagger}^{*}$ は $K_{\ddagger}$ から反応座標にそった活性錯合体の1次元運動の分配関数 q_t を除いた平衡定数であり，kT/h は振動数の次元をもち，およそ $10^{13}\,\mathrm{s^{-1}}$ である．

以上の議論では遷移状態を通過した活性錯合体はすべて生成物を与えるものとしたが，ポテンシャルエネルギー曲面の形によっては，1度生成系に移ってもまた反応原系側に戻ってきてしまう場合が生じる．したがって，遷移状態を通過した活性錯合体がそのまま生成物を与える確率を透過係数 κ（transmission coefficient）で示し，速度定数 k は (8.30) 式により表される．

$$k = \kappa\frac{kT}{h}K_{\ddagger}^{*} \quad (8.30)$$

実際には，活性錯合体 $X_{\ddagger}$ を通らない場合（トンネル効果）や平衡からのズレも κ に含めて議論される．通常は $\kappa = 1$ と近似される．(8.29) 式において E_0 は 0 K での活性化エネルギーに相当し，このときアレニウス式の前指数因子 A は，$A = \kappa(kT/h)(Q_{\ddagger}^{*}/Q_A Q_B)$ となる．また，(8.29) 式を活性化自由エネルギー $\Delta^{\ddagger}G$，活性化エンタルピー $\Delta^{\ddagger}H$，活性化エントロピー $\Delta^{\ddagger}S$ を用いて表すと，(8.31) 式となる．

$$k = \kappa\frac{kT}{h}\exp\left(-\frac{\Delta^{\ddagger}G}{RT}\right)$$

$$= \kappa \frac{kT}{h} \exp\left(\frac{\Delta^{\neq}S}{R}\right) \exp\left(-\frac{\Delta^{\neq}H}{RT}\right) \quad (8.31)$$

反応物と活性錯合体との間の体積変化 $\Delta^{\neq}V$ が無視できる液相反応や固相反応あるいは気相単分子反応では，k は(8.32)式で示されるので，A は(8.33)式となる．

$$k = e\kappa \frac{kT}{h} \exp\left(\frac{\Delta^{\neq}S}{R}\right) \exp\left(-\frac{E_a}{RT}\right) \quad (8.32)$$

$$A = e\kappa \frac{kT}{h} \exp\left(\frac{\Delta^{\neq}S}{R}\right) \quad (8.33)$$

一般的には $p\Delta^{\neq}V = \Delta^{\neq}nRT$ であるので(8.34)式で表される．

$$A = \exp(1-\Delta^{\neq}n) \kappa \frac{kT}{h} \exp\left(\frac{\Delta^{\neq}S}{R}\right) \quad (8.34)$$

8.6 液相反応

液相反応では一般に反応物の濃度が高いので，濃度 c_i の代わりに，それに活量係数 γ_i (activity coefficient)を乗じた活量 a_i ($a_i = \gamma_i c_i$)(activity)を用いる必要があり，したがって，速度定数 k は (8.35)式により表される．

$$k = \kappa \frac{kT}{h} K^{\neq} \frac{\gamma_A \gamma_B}{\gamma_{\neq}} \quad (8.35)$$

$\gamma_i = 1$(無限希釈)のときの速度定数((8.30)式))を k_0 とすると(8.36)式(ブレンステッド-ビエラム(Brønsted-Bjerrum)の式)となる．

$$k = k_0 \frac{\gamma_A \gamma_B}{\gamma_{\neq}} \quad (8.36)$$

γ_i は基準状態($\gamma_i=1$)から実際の状態に移るために必要な自由エネルギー変化 $\Delta G_i'$ と，$\Delta G_i' = kT \ln \gamma_i$ の関係がある．$\Delta G' = \sum \nu_i \Delta G_i'$ とおくと，速度定数 k は k_0 を基準として(8.37)式により示される．

$$\ln(k/k_0) = -\Delta G'/kT \quad (8.37)$$

こうして活量係数は自由エネルギー変化を通して速度定数を変えている．液相反応ではさまざまな非理想性に基づく $\Delta G'$ が存在する．

8.6.1 イオン間の反応

Z_A と Z_B の電荷をもつイオン間の反応では，遷移状態におけるイオン間の静電相互作用に基づく自由エネルギー分だけ速度定数が変わり，(8.38)式で表される．

$$\ln(k/k_0) = -Z_A Z_B e^2/kT\varepsilon r_{\neq} \quad (8.38)$$

ε は溶媒の誘電率(dielectric constant)，$r_{\neq}$ は活性錯合体のイオン半径である．

8.6.2 強電解質溶液での反応

共存するイオンのイオン強度 $I(=(1/2)\sum_i c_i Z_i^2)$ があまり大きくないときには，γ_i は I とデバイ-ヒュッケル(Debye-Hückel)の極限式((8.39)式)により関連づけられる．

$$\ln \gamma_i = -\frac{Z_i^2 e^2 B}{2kT\varepsilon} I^{1/2} \quad (8.39)$$

ρ_0 を溶液の密度とすると，$B = (8\pi N_A e^2 \rho_0/1000kT\varepsilon)^{1/2}$ であり，$B^{-1/2}$ は長さの次元をもちデバイ半径と呼ばれ，その距離のところでイオン雰囲気の電荷密度が最大となる．速度定数 k は (8.40)式で示される．

$$\ln(k/k_0) = \frac{Z_A Z_B e^2 B}{kT\varepsilon} I^{1/2} \quad (8.40)$$

イオン間反応に対する I のこの効果を第1中性塩効果と呼ぶ．第1中性塩効果に対して，弱酸の解離度が I の影響を受けて，その結果，反応速度が変化する効果を第2中性塩効果という．

8.6.3 極性分子間反応

極性分子間の反応では双極子-双極子相互作用が重要となり，速度定数は式(8.41)で示される．

$$\ln(k/k_0) = \frac{1}{kT} \frac{\varepsilon-1}{2\varepsilon+1} \left(\frac{\mu_{\neq}^2}{r_{\neq}^3} - \frac{\mu_A^2}{r_A^3} - \frac{\mu_B^2}{r_B^3}\right) \quad (8.41)$$

$\mu_{\neq}$, μ_A, μ_B は活性錯合体，反応物AおよびBの双極子モーメントである．

8.7 速度論的同位体効果

遷移状態の構造や反応機構に関する情報を得る方法として同位体効果の測定がある．

$$A_{(1)} + B \rightleftharpoons X_{(1)}^{\neq} \rightarrow 生成物 \quad (8.42)$$

$$A_{(2)} + B \rightleftharpoons X_{(2)}^{\neq} \rightarrow 生成物 \quad (8.43)$$

$A_{(2)}$ を，$A_{(1)}$ の1つのH原子をD原子で置換した化学種とすると，反応(8.42)と (8.43)

の速度定数の比(同位体効果)は(8.44)式で表される.

$$\frac{k_{(2)}}{k_{(1)}} = \frac{Q_{(2)}{}^{\neq}Q_{A(1)}}{Q_{(1)}{}^{\neq}Q_{A(2)}}$$

$$= \left(\frac{\sigma_{(1)}{}^{\neq}\sigma_{(2)}}{\sigma_{(2)}{}^{\neq}\sigma_{(1)}}\right)\left(\frac{m_{(2)}{}^{\neq}m_{(1)}}{m_{(1)}{}^{\neq}m_{(2)}}\right)^{3/2} \times$$

$$\left(\frac{I_{A(2)}{}^{\neq}I_{B(2)}{}^{\neq}I_{C(2)}{}^{\neq}}{I_{A(1)}{}^{\neq}I_{B(1)}{}^{\neq}I_{C(1)}{}^{\neq}}\right)^{1/2} \times$$

$$\left(\frac{I_{A(1)}I_{B(1)}I_{C(1)}}{I_{A(2)}I_{B(2)}I_{C(2)}}\right)^{1/2} \times$$

$$\prod_i^{3n^{\neq}-7} \frac{1-e^{-u_{i(1)}{}^{\neq}}}{1-e^{-u_{i(2)}{}^{\neq}}} \times$$

$$\prod_i^{3n-6} \frac{1-e^{-u_{i(2)}}}{1-e^{-u_{i(1)}}} \times$$

$$\exp\left[-\frac{1}{2}\left\{\sum_i^{3n^{\neq}-7}(u_{i(2)}{}^{\neq}-u_{i(1)}{}^{\neq})\right.\right.$$
$$\left.\left.-\sum_i^{3n-6}(u_{i(2)}-u_{i(1)})\right\}\right] \quad (8.44)$$

I_A, I_B, I_C は慣性モーメント, σ は対称数(等核2原子分子は2, それ以外は1), $u_i = h\nu_i/kT$, ν_i は基準振動数, $n^{\neq}$ および n は活性錯合体および反応物の原子数である. HをDに置き換えても反応物Aの質量や慣性モーメントにはあまり影響がなく, また, $u_i \gg 1$ のとき$(1-e^{-u_i} \fallingdotseq 1)$, (8.44)式の右辺は $\exp\left[-\frac{1}{2}\right.$ $\left.\{\sum(u_{i(2)}{}^{\neq}-u_{i(1)}{}^{\neq})-\sum(u_{i(2)}-u_{i(1)})\}\right]$ のみとなるので, 水素の同位体効果では零点エネルギーのみが寄与することがわかる. たとえば, 単分子反応(→素過程化学)において活性錯合体の C—H(C—D)結合が解離した構造をとる場合, その結合の零点エネルギーだけ反応物の方が多いので(8.45)式が得られる.

$$\frac{k_{(2)}}{k_{(1)}} = \exp\left\{\frac{1}{2}(u_{k(2)}-u_{k(1)})\right\} \quad (8.45)$$

〔岩澤　康裕〕

文　　献

1) 笛野高之:"化学反応論", 朝倉書店(1975).
2) J.W. Moore and R.G. Pearson: "Kinetics and Mechanism" 3rd Edition, John Wiley (1981).
3) K.J. Leidler: "Chemical Reaction Kinetics", 3rd Edition, Harper & Row(1987).

9. 素過程化学

9.1 素　過　程

素過程(elementary process)とは, 安定状態にある原子・分子などが衝突や光吸収の結果として(安定な中間状態を経ることなく)他の安定状態に移行する過程をいう. 素過程が次々と起こることによって複合過程が形成される. 素過程の具体例としては, 2分子衝突に際して化学結合の組替えが起こる「素反応過程」, 一方の分子のもつエネルギーが他方の分子に流れる「エネルギー移動」などがある.

素過程を研究する場合には, 始状態と終状態をきちんと同定し, その変化の原動力となっているものを解明することが大切である. 素過程と考えられているものも, 実験精度が向上して, 分子の微細なエネルギー状態が観測されるようになると, 多くの状態間遷移の平均値をみていることが判明してくる場合が多い.

9.2 分子間エネルギー移動

分子の並進・回転・振動・電子状態など

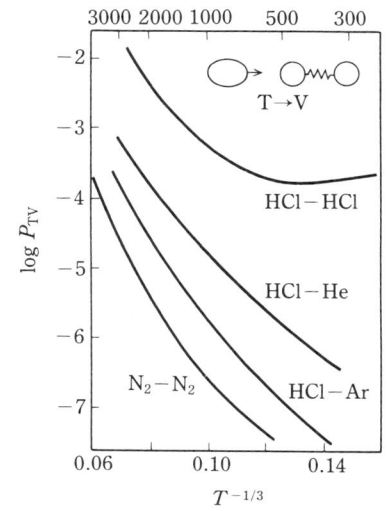

図 9.1　並進-振動エネルギー移動確率の温度依存性

が，衝突する相手分子との間のエネルギーの授受によって変化する過程をいう．代表例を以下に2つ述べる．

9.2.1 並進-振動エネルギー移動

2分子衝突の並進運動のエネルギーが分子の振動エネルギーに移行する過程であって，

$$He+HCl(v=0) \to He+HCl(v=1)$$

の例では，常温での確率は1回衝突当たり10^{-7}程度である．図9.1にみるように，この確率p_{TV}は温度が高い（高速衝突である）ほど大きくなる．一般に，双極子モーメントをもつ分子では確率が大きく，分子間引力がさらに強い場合にはHCl-HClの例にみるように低速衝突においてもエネルギー移動確率が大きくなることが知られている．

9.2.2 振動-振動エネルギー移動

分子衝突によって，一方の分子の振動エネルギーが他方の分子に移る過程をいう．$N_2(v=1)+CO_2(00^00) \to N_2(v=0)+CO_2(00^01)$はその代表例であって，$10^{-3}$以上の確率で起こり，炭酸ガスレーザーの効率よい発振のために不可欠の働きをしている．すなわち，炭酸ガスレーザーでは，放電によってまずN_2を$v=1$の状態に励起し，これを上記のエネルギー移動を利用して炭酸ガスの反対称伸縮振動(00^01)に移して，その振動準位から(10^00)や(02^20)準位へのレーザー発振を起こさせている．

エネルギー移動が効率よく起こるための条件は，与える側の振動エネルギーと受け取る側の振動エネルギーの大きさができるだけ近いことである（共鳴条件）．エネルギーの不揃いの部分は並進や回転エネルギーとして移るしかないが，これらの過程は前述のように確率が非常に小さいからである．図9.2には，種々の衝突分子の組合せについて，エネルギー移動確率p_{VV}を，2分子間の振動エネルギーの差に対してプロットしてある．エネルギー差ΔEが大きくなるにつれ急速に確率が落ちることがわかる．上述のN_2-$CO_2(00^01)$の組合せはエネルギー差が17 cm^{-1}しかないため，高い確率で起こる．

9.3 素反応過程

2分子衝突によって起こる最小単位の化学反応をいう．素反応が始状態（反応物）から終状態（生成物）へと反応経路にそって移行する途中の，最も自由エネルギーの大きい状態を遷移状態という．素反応は以下のように分類される．

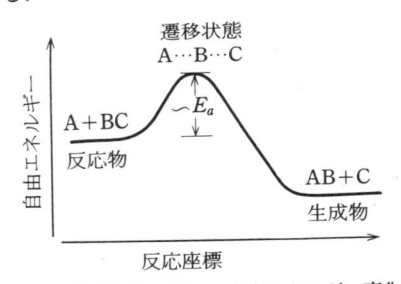

図 9.3 反応座標に沿った自由エネルギー変化

9.3.1 単分子反応

分子が衝突によって内部エネルギーを得，自発的に分解したり異性化したりする反応を単分子反応(unimolecular reaction)という．衝突によるエネルギー移動（活性化過程）が必要なので本来は2分子過程である．しかし，分子の密度が高く衝突が頻繁に起こる場合には，高エネルギー状態の分子が定常的に分布し，失われても瞬時に補給されるので，あたかも活性化衝突の必要がないかのようにみえる．図9.4にシクロプロパン→プロピレン異性化反応速度定数の圧力依存性を示す．圧力が高くなると一定値k_∞に漸近してみかけ上

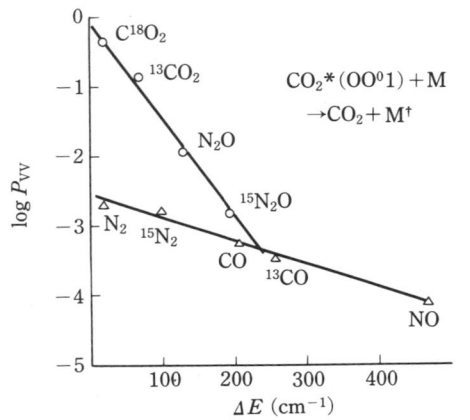

図 9.2 振動-振動エネルギー移動確率における共鳴効果

9. 素過程化学

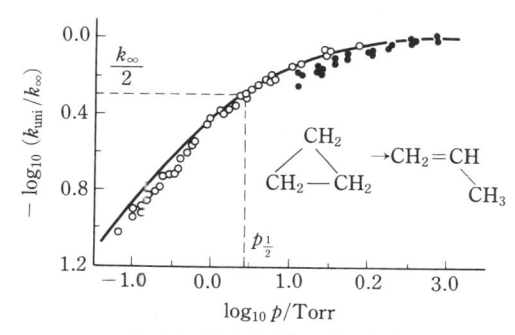

図 9.4 単分子反応の漸下曲線

1次反応となり，低圧では速度定数が圧力の1次に比例することがわかる．速度定数が $k_\infty/2$ になる圧力 $p_{1/2}$ を漸下圧と呼ぶ．このような様相は次のような機構(リンデマン(Lindeman)機構)を考えると理解できる．

$$A+M \underset{k_2}{\overset{k_1}{\rightleftarrows}} A^\dagger+M \quad (\text{活性化と失活})$$

$$A^\dagger \overset{k_3}{\to} B \quad (\text{異性化反応})$$

ここでMは衝突によってエネルギーを授受する役割をもつ分子であり第3体分子と呼ばれる．$A^\dagger$ は異性化を起こすのに必要なエネルギーを獲得した分子を指す．$A^\dagger$ に定常状態を仮定すると

$$\frac{d[B]}{dt} = \frac{k_3 k_1 [M]}{k_2 [M] + k_3}[A] = k_\text{uni}[A]$$

と表され，$[M]\to\infty$ で $k_\text{uni}\to k_1 k_3/k_2$，$[M]\to 0$ では $k_\text{uni}\to k_1 [M]$ となって図9.4を再現する．

統計論的反応速度論を用いて厳密に単分子反応を扱ったものとしてライス-ラムスパーガー-カッセル-マーカス(Rice-Ramsperger-Kassel-Marcus: RRKM)理論が有名である．

9.3.2 2分子反応

分子・ラジカル・イオンなどの2体衝突により起こる素反応は2分子反応(bimolecular reaction)と呼ばれ，分子線・レーザー分光などを用いた研究が最も進んでいる．温度 $T(\text{K})$ のときの反応速度定数 k はマクロには，前指数因子 A と活性化エネルギー E_a を用いてアレニウス(Arrhenins)式により

$$k = A\exp(-E_\text{a}/RT) \quad (R \text{ は気体定数})$$

と表されるが，これは種々のエネルギー状態にある分子の個々の反応速度定数の平均値である．これに対し，一定の振動・回転・並進エネルギーをもった反応分子が，どのようなエネルギー状態の反応生成物を与えるかを知ろうとする研究が1970～1980年代に勢力的に行われた．これを"state-to-state"反応速度研究という．このような研究を通じて，反応のポテンシャルエネルギー曲面と，その上での反応動力学がかなり解明できた．

図9.5には発熱反応

$$F+H_2 \to HF(v, J)+H$$
$$(\Delta H_\text{R} = -134.5\,\text{kJ/mol})$$

の分子線による散乱実験の結果を示す．Fと

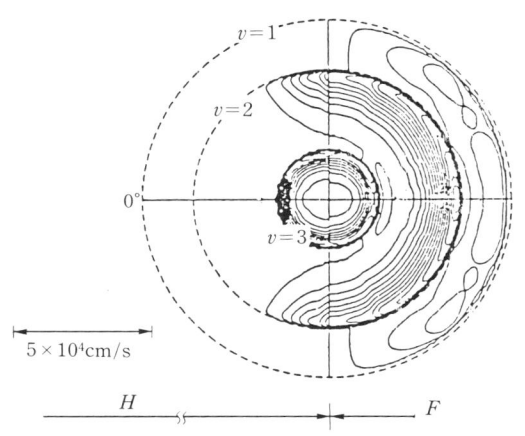

図 9.5 分子線散乱実験による生成物の並進エネルギー分布
(D.M. Neumark, A.M. Wodtke, G.N. Robinson, C.C. Hayden and Y.T. Lee: *J. Chem. Phys.*, **82**, 3045, 1985)

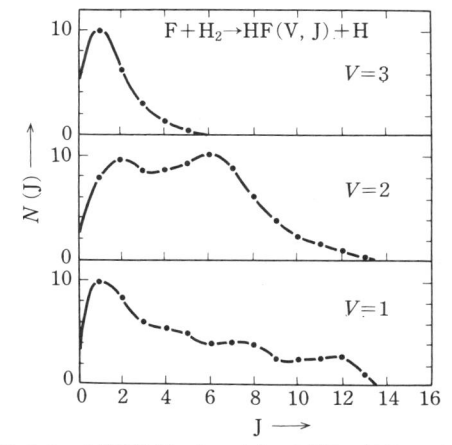

図 9.6 赤外発光法によって求めたHFの振動・回転状態分布
(D.S. Perry and J.C. Polanyi: *Chem. Phys.*, **12**, 419, 1976)

H_2 が対向して衝突した場合に生成物の HF が飛び出す方向とその速度が，原点からの方向と距離で示されている．この場合，ほとんどの生成物分子が F 原子の進行方向の後方に飛び出している．またその速度の分布から（エネルギー保存則を用いて），生成する HF が $v=2$ をピークとする振動励起状態にあることが推定される．図 9.6 は赤外発光から求めた生成物 HF の振動回転分布である．やはり $v=2$ が多いが，回転エネルギーの分布がそれぞれの振動準位でかなり異なっている．

9.3.3 3 分子反応

ラジカルの再結合反応では，2 つのラジカルが衝突しただけでは安定分子は生成せず，過剰エネルギーをもつために直ちに分解してしまう．すなわち，もう 1 分子が衝突して過剰エネルギーを奪ってやることが大切である．このように，3 つの分子の衝突によってはじめて起こる反応を 3 分子反応(termolecular reaction)と呼ぶ．実際には

$$X+X+M \rightarrow X_2+M$$

のような直接の 3 体衝突の例はほとんどなく，

$$X+M \rightleftharpoons XM$$
$$XM+X \rightarrow X_2+M$$

のような機構が主であると考えられる．

9.4 光解離反応

光吸収によってエネルギーを得て自発的に分解する過程をいう．分解生成物のエネルギー状態は，照射する光のエネルギーに依存する．偏光を用いて一定方向を向いた分子のみを解離させ，生成物の飛行方向や回転軸の方向をレーザー分光で調べることによって，解離過程のくわしい様相がわかるようになってきた．たとえば過酸化水素の解離

$$HO-OH + h\nu \rightarrow 2OH(v, J)$$

では，図 9.7(a)のように，生成する OH が O-O 結合を軸として車輪のように回転しながら分離する．また亜硝酸の分解

$$HO-NO + h\nu \rightarrow OH + NO$$

では，OH, NO は図 9.7(b)のように分子平面内で回転しながら分かれていく．

9.5 孤立励起分子の状態間遷移

孤立分子が光吸収や分子間エネルギー移動の結果として，大きいエネルギーをもった振電状態に上がると，そこから他の振電状態への遷移が自発的に起こる．

9.5.1 電子状態間遷移

光吸収の結果生じた一重項電子状態から三重項の電子状態に遷移する過程（項間交差）や，別な一重項電子状態へ移る過程（内部転換）などがある．前者はスピン-軌道相互作用，後者は振電相互作用がその原動力となる（→励起分子の構造とダイナミックス）．

9.5.2 分子内振動エネルギー移動

分子の種々の振動モードのうちの 1 つを高く振動励起してやると，このモードに注入されたエネルギーはしだいに他の振動モードに拡散していく．これは分子振動の非調和性やコリオリ力による振動モード間の結合が原動力となって起こる．一般に，分子の振動モード（特に低振動数をもつモード）の数が多いほど，与えた振動エネルギーが大きいほどエネ

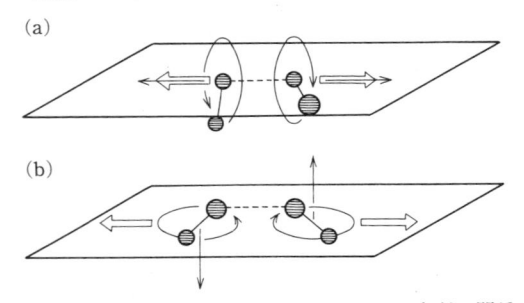

図 9.7 光解離における生成物の飛行方向と回転軸の関係

表 9.1 分子内振動エネルギー緩和時間

分子	振動エネルギー(cm^{-1})	緩和時間
⌬-CH₂CH₃	932	10 ns
⌬-CH₂CH₃	930	<1 ns
F-⌬-F	2191	10 ps
⌬	3090	1 ps
	14072	50 fs

ルギー移動の速度は大きい．表9.1にいくつかの分子でのエネルギー移動に要する時間を示した．

化学反応が起こるためには特定の分子内結合の切断が必要であるので，分子のもつ振動エネルギーが各振動モードにどのように分配されているかが大きな問題となる．通常は，全振動モードに統計的にエネルギーが分配されると仮定して反応論を展開するが，そのためには上述の分子内エネルギー移動の時間が十分に短いことが必要である．

〔梶本　興亜〕

文　献

1) R.D. Levine and R.B. Bernstein: "Molecular Reaction Dynamics and Chemical Reactivity", Oxford Univ. Press, Oxford (1987).
2) 土屋荘次編：“レーザー化学”，学会出版センター (1984).
3) 梶本興亜，土屋荘次：化学, **414**, 521 (1982).
4) R.D. Levine and R.B. Bernstein, 井上鋒朋訳：“分子衝突と化学反応”，学会出版センター (1974).
5) M.N.R Ashfold and L.E. Baggott: "Molecular Photodissociation Dynamics", Royal Society, London (1988).

10. 反応動力学

化学反応素過程は，分子間の衝突とそれに引きつづく化学結合の組換えの過程とみることができる．この過程は，理論的には，反応する分子系の電子の運動を表すシュレーディンガー(schrödinger)方程式を解くことにより得られる断熱ポテンシャル面上での，原子核の力学的な運動としてとらえることができる．断熱ポテンシャル面はこのように原子核の運動に対する位置エネルギーの役割りを果たすが，異なる断熱ポテンシャル間の遷移（乗り移り）が起こる場合もある．

反応動力学では化学反応を系の動的過程としてみてみたとき，それをミクロなレベルから理解することを目的としている．たとえば，原子 A が 2 原子分子 BC と衝突して分子 AB と原子 C ができる反応 A+BC→AB+C は，衝突前に分子 BC は 1 つの振動，回転の量子状態 (n, j) にあり，衝突により量子状態 (n', j') をもつ分子 AB が生成される過程としてとらえられる．反応動力学ではこのような化学反応に伴う状態間の遷移を引き起こす原因を追求し，その情報に基づき，化学反応の機構について議論する．

10.1　ポテンシャルエネルギー曲面

反応動力学では，反応のポテンシャルエネルギー曲面についての情報は不可欠である．いま，A+BC の反応について考えると，系のなかの電子の運動を表すハミルトニアンは，電子の運動エネルギー，電子間のクーロン反発エネルギーおよび電子と 3 個の原子核間のクーロン引力項から成っている．前の 2 つについては，電子の座標を用いて表すことができるが，最後のものは電子と原子核の座標を含む．したがって，この電子ハミルトニアンは系の原子核の座標の関数，すなわち，3 個の原子核間の距離，R_{AB}, R_{BC}, R_{CA} の関数として定義することができる．この電子ハミルトニアンに電子の運動には関係のない原子核間の反発エネルギー加えたもの $H_{el}(r; R_{AB}, R_{BC}, R_{CA})$；$r$ は電子の座標，に対するシュレーディンガー方程式

$$H_{el}(r; R)\Psi(r; R) = W(R)\Psi(r, R)$$

の固有値 $W(R)$；$R=(R_{AB}, R_{BC}, R_{CA})$，は断熱ポテンシャルと呼ばれ，原子核の運動に対する位置エネルギーとなる．このように，電子と原子核の運動を分離させて取り扱う方法は断熱近似と呼ばれ，電子の質量が原子核のそれに比べて非常に小さいため，多くの場合，よく成り立っている．

図 10.1 に反応 A+BC の共線的な原子核配置，すなわち，原子 A, B, C が一直線上に並んでいる配置での断熱ポテンシャル面の模式図を示した．図の右下は反応物 A+BC に当

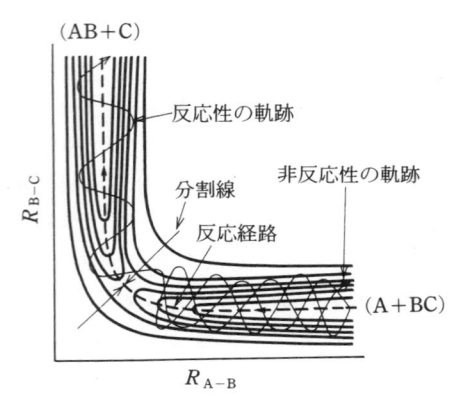

図 10.1 共線的配置におけるポテンシャル面

たり，左上は生成物 AB+C に対応する．多くの反応の場合，ポテンシャルエネルギー曲面には鞍点が存在する．鞍点は反応物から生成物の方向に引いた反応経路にそってはエネルギーの極大点に対応し，鞍点から反応物や生成物の方向へ進むとエネルギーは低下する．しかし，鞍点は反応経路以外の方向については極小点となっている．鞍点はしばしば遷移状態とも呼ばれる．

鞍点を通り反応経路に垂直に交わる線は，ポテンシャルエネルギー曲面を反応物と生成物の領域に分けるもので，分割線と呼ばれる．ポテンシャルエネルギー曲面が原子核の配置を表す3個以上の変数の関数であるとき，これは一般に超面となり分割面といわれる．化学反応は，図 10.1 によると右下の反応物から出発し，左上の生成物に至る軌跡として表現される．当然，反応物から出発しても途中で向きを変え，再び反応物に戻ってくる軌跡も存在し，衝突前に鞍点を越えるのに十分なエネルギーを反応物がもっていてもすべての軌跡が生成物に到達するとは限らない．反応が起こったことに対応するのは分割面（線）を奇数回横切る軌跡である．

10.2 反応断面積

化学反応における分子衝突は，本来，量子力学によって正しく記述される．しかし，原子核の質量が大きいため古典力学に基づく描像を用いても現実の過程をかなりよく表現することができる．

分子間の衝突を考えるとき，衝突断面積は重要な概念である．衝突断面積 a は，衝突する2つの分子を直径 d_A と d_B の球と考えたとき，

$$a = \pi\left(\frac{d_A + d_B}{2}\right)^2$$

で与えられる．化学反応の場合も反応断面積は反応動力学における最も基本的な概念であり

$$a_R = \int_0^\infty 2\pi b P(b)\, ab$$

で表される．図 10.2 に反応 A+BC の模式図

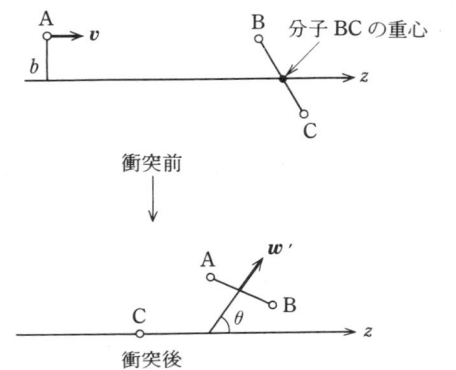

図 10.2 反応 A+BC の模式図

Z軸はAとBCの相対運動の初期ベクトルの方向．観測者は衝突前には分子BC，衝突後は原子Cの上にいて反応をみたとする．

を示したが，b は衝突パラメータと呼ばれ，AとBCの間に力が働かないときのAとBCの重心の間の最近接距離に対応する．反応確率 $P(b)$ はオパシチ関数ともいわれ，衝突パラメータ b でAとBCが衝衝した際の反応が起こる確率である．

化学反応は，先に述べたように反応物と生成物の量子状態の遷移として考えることができる．いま，反応

$$A + BC(n, j) \rightarrow AB(n', j') + C$$

を考えると，この量子状態間の遷移に対するオパシチ関数，すなわち，遷移確率 $P_{n', j' \leftarrow n, j}(b)$ を求めれば対応する状態から状態への反応断面積を求めることができる．

交差分子線などによる化学反応の実験では，衝突パラメータ b を自由に変えることはできない．しかし，入射された反応物の方向に対して生成物が散乱される方向の角度分布

を測定することができ，微分反応断面積 $d\sigma/d\theta$ に対応させることができる．このとき，散乱角はAとBCの相対運動の速度ベクトル $\boldsymbol{v}$ と生成物ABとCの相対運動ベクトル $\boldsymbol{v}'$ を用いて

$$\cos\theta = (\boldsymbol{v}\cdot\boldsymbol{v}')/|\boldsymbol{v}||\boldsymbol{v}'|$$

で与えられる．微分反応断面積を求めれば反応機構について重要な情報を得ることができる．たとえば，θ が小さいところの微分反応断面積が大きければ，生成物は前方に散乱されたことになり，衝突パラメータ b が大きなところで反応が起こっていると考えられる．他方，θ が π に近い後方散乱の場合，小さな衝突パラメータで反応が起こっている．また，θ に対して等方的な場合には寿命の長い反応中間体ができていると考えることができる．

10.3 反応速度

反応断面積から反応速度 $k(T)$ を求めることができる．たとえば，反応物BCの振動・回転量子数が (n,j) で，AとBCの重心間の相対運動エネルギーが E_{rel} のときの反応断面積を $\sigma_R(E_{\mathrm{rel}};n,j)$ とすると反応速度は

$$k^{n,j}(T) = \left(\frac{8k_\mathrm{B}T}{\pi\mu_{\mathrm{A,BC}}}\right)^{1/2}\int_0^\infty \sigma_R(E_{\mathrm{rel}};n,j)E_{\mathrm{rel}}$$
$$\times\exp(-E_{\mathrm{rel}}/k_\mathrm{B}T)dE_{\mathrm{rel}}/(k_\mathrm{B}T)^2$$

で与えられる．ここで，T は温度，k_B はボルツマン定数である．分子BCの振動，回転の状態についてボルツマン分布をとると熱反応の速度定数を求めることができる．

遷移状態理論は反応速度定数を考える際の中心的な位置を占め，気相のみならず液相の反応に対しても広く用いられてきた．反応動力学の理論によると，遷移状態理論は反応の力学的運動に2つの大きな仮定を導入することにより成り立っていることがわかっている．化学反応は図10.1によると反応を出発した軌跡が分割面を横切って生成物に達することであるが，遷移状態理論では，①反応を起こす軌跡が分割面を通過する際，面上に一様に分布する．②一度分割面を通過した軌跡は再び分割面を通って反応物に戻ることはな

く，必ず反応が起こると考える．前者は，統計分布の仮定と呼ばれ，分割面上ではあらゆる量子状態が等確率で実現されることを意味している．後者の仮定は古典トラジェクトリー計算などでは必ずしも成り立たず，分割面を複数回通過する軌跡があることが知られている．したがって，遷移状態理論による反応速度定数は実際のものより常に大きな値を与え，その上限値となっている．近年，分割面を通過する軌跡の数を極小にするため分割面の位置を変える変分的遷移状態理論がよく用いられるようになった．この場合，分割面は一般にはポテンシャル面の鞍点を含まなくなる．

〔加藤 重樹〕

文　献

1) "Atom–Molecule Collision Theory: A Guide for the Experimentalist", R.B. Bernstein ed., Plenum (1979).
2) R.D. Levine and R.B. Bernstein: "Molecular Reaction Dynamics and Chemical Reactivity", Oxford Univ. Press (1987).

11. 分子線(分子ビーム)

11.1 分子線の特性

分子線は細い線状となって真空中を一方向に進む原子，分子，クラスターなど(以下ではまとめて分子と呼ぶ)の流れである．天然には存在せず，いろいろな目的のために実験室で人為的につくられる．このようなものをわざわざつくりだすのは，分子線が原子，分子，固体表面などの微視的研究にとってかけがえのない特性をもっているからである．その特性には分子線の種類とつくり方によって異なるものも，すべての分子線に共通なものもある．その両者をとりまぜて列挙すると次のようである．

(1) 分子を十分長い時間，他の分子との相互作用のない"孤立状態"におくことができ

(2) 並進速度の揃った分子集団(熱分布より,ずっと幅の狭い速度分布をもつ分子集団)をつくることができる.

(3) 器壁などに凝縮することなく並進温度および内部温度(振動,回転)の冷えた"極低温の分子"をつくることができる.

(4) 並進エネルギーをかなり広い範囲にわたって変化させることができる.

(5) いろいろなサイズの分子会合体(クラスター)を気相につくることができる.

以上において,(3)～(5)は超音速ノズル分子線[1](後述)によってはじめて得られる特性である.(4)における"かなり広い範囲"は,超音速ノズル分子線において重い分子を軽い分子に希釈した気体をビーム源に用いる"シード法"や軽い分子を重い分子に希釈した気体を用いる"逆シード法"によって実現される.

11.2 分子線の種類とつくり方
11.2.1 高エネルギー分子線と低エネルギー分子線

分子線はそれを構成する粒子の進行速度 v の大きさによって高エネルギー分子線と低エネルギー分子線に大別される.低エネルギー分子線は v がふつうの温度における熱運動の平均速さ(エネルギーにして数10分の1eV程度)から20eVぐらいまでのものを指し,高エネルギー分子線はそれ以上の v のものを指す.最近では,プラズマ物理やタンデム加速器への粒子注入の目的で数100keVから1MeVの分子線もつくられているが,ふつうには数keV程度を高エネルギー分子線の上限と考えてよい.これらのエネルギー領域のうちで化学的観点から興味があるのは熱エネルギーから10eVぐらいまでの領域である.それは,ほとんどの分子の結合エネルギー,ほとんどの化学反応の活性化エネルギーがこの領域にあるからである.以下ではこのエネルギー領域の分子線に話を限って述べる.

11.2.2 もれ出し分子線と超音速ノズル分子線

典型的な低エネルギー分子線は,図11.1に模式的に示すように閉容器中の気体または蒸気を小孔(オリフィス)から真空中に噴出させてつくる.この方法でつくられる分子線は,閉容器中における気体の平均自由行路と小孔の径の大小関係からもれ出し分子線(effusive beam)と超音速分子線(supersonic nozzle beam)に大別される.前者は容器中の圧力が十分に低く(たとえば数100mTorr),平均自由行路が小孔の径よりも長い場合に得られる.このとき気体分子はたがいに衝突することなく小孔を通過し,通過後もほとんど衝突せずに真空中を直進する.このような分子の流れをさらにいくつかのスリット,または小孔(コリメーター)を通過させると進行方向の揃った細い分子線が得られる(図11.1参

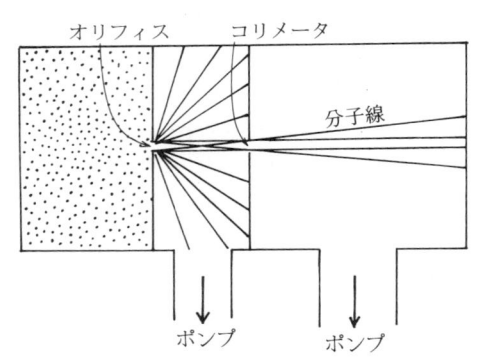

図 11.1 分子線生成の模式図

照).この分子線中の分子の速度分布は閉容器内気体の温度におけるマクスウェル分布に速度の重みをかけた分布を,また内部状態の分布は同温度におけるボルツマン分布をしており,熱ビーム(thermal beam)とも呼ばれる.このような分子線から速度の揃った分子線を得るには,速度選別器を用いる.この分子線の諸性質は気体分子運動論(kinetic theory of gases)から正確に予測される.

一方,超音速分子線は小孔の径よりずっと短い平均自由行路をもつ高圧(通常50Torr以上)の気体を噴出させることによって得られる.この場合,分子は多数回衝突を繰り返し

11. 分子線(分子ビーム)

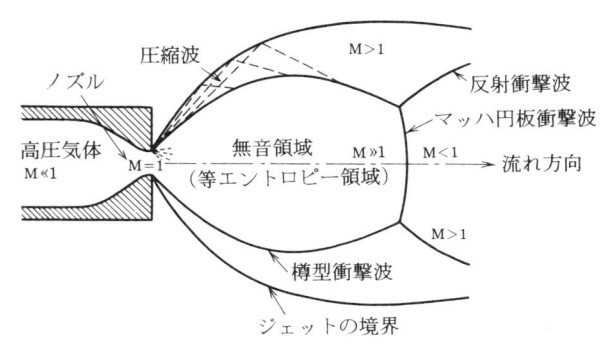

図 11.2 収束型ノズルでの連続的断熱膨張で生ずる超音速自由噴流の構造
Mは流れのマッハ数を表す.

ながら小孔を通過し，断熱膨張によって，熱ビームより速度分布の幅が狭く内部状態温度も低い超音速自由噴射(supersonic free jet)になる．小孔としては，多くの場合図11.2に示すような収束型ノズルが用いられ，そこで起こる膨張はロケットのノズルにおける膨張と同じであることからノズル分子線とも呼ばれる．この自由噴流の前方(図11.2の無音領域)にスキマーと呼ばれる第2の小孔(ふつうは肉薄の円錐の先に孔をあけたもの)をおいて流れの中央部分だけを取り出し，さらにコリメーターを通過させると良質の超音速分子線が得られる．この分子線の諸特性は気体力学(gas dynamics)から導出される．

超音速分子線は，前述の特性(3)〜(5)に加えて，強度が非常に強いものが得られるなどの利点があるため，その出現以来急速に発達し，最近ではほとんどの分野でもれ出し分子線に取って代わってしまった．しかし両ビームはそれぞれ異なった特長をもっているので，実験の目的に合わせて使い分けることが重要である．

11.2.3 連続分子線とパルス分子線

上の方法で得られる分子線では，空間のある位置に分子の流れは連続的にやってくる．このような分子線は連続分子線(continuous または steady state molecular beam)と呼ばれる．これに対し，分子の流れが間欠的にやってくる分子線もつくることができ，それはパルス分子線[2](pulsed molecular beam)と呼ばれる．この分子線は空間的にも当然不連続な流れであり，パルスの空間的サイズ(流れ方向の長さ)Δxと時間的幅(持続時間)Δtとの間には

$$\Delta x = v \cdot \Delta t$$

の関係がある．vは流れ方向の分子の速度である．いろいろな測定においてパルス分子線が連続分子線と異なった特性を発揮するのはこのΔxがふつうの実験装置(たとえば真空槽)の大きさに比べて十分小さい場合である．そのようなΔxを与える短いΔtのものをパルス分子線と定義することができる．

パルス分子線の最大の特徴は強い強度が得られることと，試料気体の真空槽への放出量が少ないことである．後者は，連続分子線の場合に比べてずっと小規模の排気系で済ませることができることを意味し，逆に同じ容量の排気系を用いれば背圧をずっと低く保つことができることを意味する．これはさらに，ビーム源の圧力やノズルの径を大きくすることができることを意味し，より高い冷却効果，より高いマッハ数が得られることにつながる．レーザーパルスを用いる実験の場合には，それに同期させてパルス分子線を発生させることができ，きわめて効率のいい測定が可能になる．

パルス分子線を発生させるには，ビーム源(ノズル)自体をパルス的に動作させる．いったん連続分子線を発生させてからそれを"チョップ"する方法もあるが，その方法では上に述べたパルス分子線の特長はほとんど生かされない．

11.3 分子線の検出法[1,3~7]

電気的に中性な分子線の検出には歴史的に非常に多くの方法が提案され，試みられてきたが，比較的普遍的なものとして現在多用されているのは，① 電子衝撃イオン化質量分析法，② レーザーを用いる光学的方法，③ 低温ボロメーターなどを用いる熱的方法，の3つである．イオン化電圧の低いアルカリ原子，ハロゲン化アルカリなどが仕事関数の大きい金属の表面で非常に効率よくイオン化されることを利用した表面イオン化法は歴史的に大きな役割を果たしてきたが，適用できる対象がきわめて限られている．リュードベリ状態などの高励起状態にある分子の検出には電界イオン化法も多く用いられる．

上記の3つの方法のうち，①が最も汎用性に富み，分子種を区別した定量的検出が可能である点でもすぐれている．しかし，感度が非常によいためイオン化領域の残留ガスを極力抑える必要があり，差動排気系が大がかりになる．また，パターン係数の知られていない分子種（フリーラジカルなど）の同定には細心の注意を必要とする．②はレーザー誘起けい光，レーザー多光子イオン化などを利用するものであり，ある場合には分子種ばかりでなくその内部状態も区別した検出ができるという特徴をもっている．しかし汎用性の点で万能ではない．③は，半導体または超電導体のボロメーターの表面で単位時間に放出される全エネルギーを測定するものである．全エネルギーは，分子線中の分子の振動，回転，並進の各エネルギーと吸着エネルギーとからなる．これらの和と分子線の流束（数密度と分子の平均速度の積）との積が実際に測定されるものである．したがって，未知の分子種の同定などにはあまり適さず，応用分野も限られてくる．

ここでは，紙数の都合でこれらの検出法のこれ以上の詳細については述べない．実際に使おうとする人は上に引用した各文献を参照されたい．

11.4 どのような研究に有効か
——代表的装置と研究例——

本節では分子線を用いた研究の例を1,2挙げ，分子線を用いた実験の概要をつかんでもらうとともに，§11.1に述べた分子線の諸特性がどのような問題の解明にどのように活用されるかを示す．

11.4.1 2つの分子線の交差による化学反応の微視的機構の研究

化学反応はいかにして起こるかの解明をめざす化学反応動力学においては，衝突エネルギーや衝突方向のはっきりした条件下で2つの分子を反応させ，生成物の散乱方向（角度分布）とエネルギー分布をくわしく調べることが必要になる．そのような実験はエネルギーの揃った2つの分子線を交差させる方法ではじめて可能になる．この目的のための装置の一例[8]を図11.3に示す．原理は非常に単純

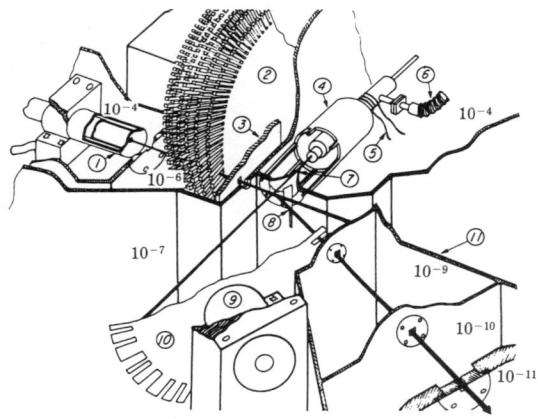

図 11.3 交差分子線装置の例[8]．
$F+H_2 \rightarrow FH+H$ の反応の研究用に設計されたもの．1：F原子ビーム用もれ出しビーム源，2：速度選別器，3：液体窒素トラップ，4：H_2ビーム用温度可変超音速ノズルビーム源，5：ヒーター，6：液体窒素供給口，7：スキマー，8：チョッパー，9：同期モーター，10：チョッパー，11：超高真空検出器室（質量分析計）．
10の指数で表した数字は 各部分の圧力(Torr)を表す．

で，2つの分子線を高真空中で交差（ふつうはたがいに直角に）させ，それらと同一平面内に散乱される反応生成物を方位角 θ の関数として測定する（生成物は相対速度軸のまわりに軸対称に散乱されるので平面内だけの測定で全体像を知ることができる）．原理は簡単でも実際には個々の目的に合った分子線源

11. 分子線(分子ビーム)

の製作(開発),アラインメント,検出等々に多くのノウハウを必要とする高度な実験であり,装置も一般に高価なものになる.図11.3の装置は反応

$$F + H_2 \rightarrow FH + H$$

の研究用に特に設計されたもので,FビームにはもれⅡ出し分子線源を,H_2ビームには温度可変の超音速ノズル分子線源を用いている.Fビームはオリフィスからもれ出した後,速度選別器を通して速度を揃えている.検出器は電子衝撃型の質量分析計であり,その電子衝撃部の真空度は反応領域との間に設けた3段の差動排気系によって10^{-11}Torrに保たれている.この検出器全体が2つの分子線の交差点のまわりに回転する構造になっている.生成物のエネルギー分布は,検出器部の前面に取り付けられたチョッパーを利用して飛行時間法で測定される.

この装置により得られた生成物の角度分布および速度分布の一例[8]をそれぞれ図11.4お

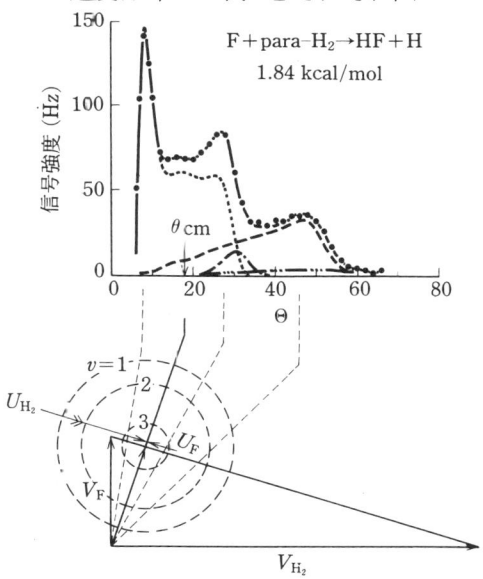

図11.4 図11.3の装置で得られた$F+H_2 \rightarrow FH+H$の反応の生成物FHの角度分布(実験室系)[8]
H_2としてパラ水素を用い衝突エネルギーを1.84kcal/molにした場合のもの.黒丸が測定値,実線が計算による全生成物の分布.点線などは$v=1\sim3$の各準位についての計算値.

よび図11.5に示す.これらの結果を解析すると,図11.6に示すような重心系における速度分布の等高線図[8](contour diagram)が

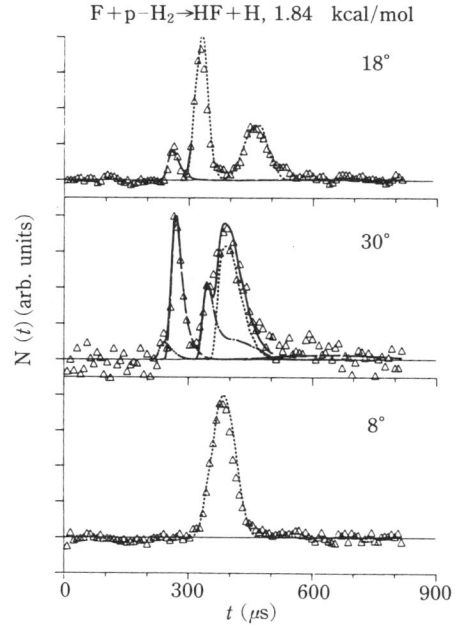

図11.5 $F+H_2 \rightarrow FH+H$の反応の生成物FHの飛行時間スペクトル[8]
図11.4と同じ条件.△が実測点.実線が計算による全生成物の分布.点線などは$v=1\sim3$の各準位についての計算値.

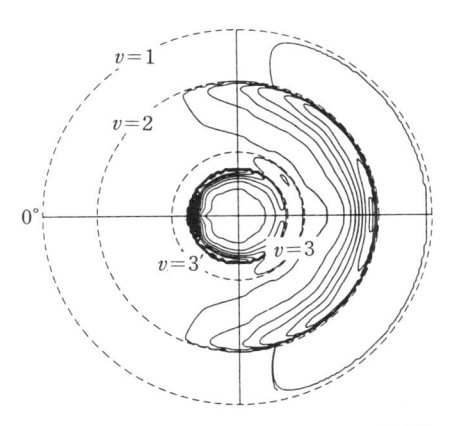

図11.6 図11.4, 11.5の結果から得られた生成物FHの重心系における等高線図[8]

得られる.図から明らかなように,振動量子数が1および2の生成物$FH(v=1)$,$FH(v=2)$は主として後方($\theta=180°$)に散乱され,θが小さくなるに従って強度がゆるやかに減少していくのに対し,$v=3$の生成物は前方に極端に強く散乱されることがこの実験から明らかにされた.これは,反応の途中に中間状

態 H—H—F が共鳴的にでき，この状態が HF(v=3)+H に選択的に崩壊するために起こる現象と解釈され，動的共鳴の存在を実験的に証明したものとされている．

このように，分子線交差法は化学反応の微視的機構について他の方法では得られない種々の情報をもたらす．これまでこの方法で明らかにされた代表的反応機構には，①跳ね返り機構(例：上記の反応の v=1 および 2 の場合．F ビームから見て後方散乱)，②はぎ取り機構(例：K+I$_2$→KI+I．K ビームからみて前方散乱)，③錯合体機構(例：F+C$_2$H$_4$→C$_2$H$_3$F+H．前後方向に対称的散乱)などがあり，それぞれ特有の等高線図を与える[9]．②および③の場合の等高線図を 11.7 に示す．

11.4.2 不均一電場磁場を用いた内部状態の選択

化学反応，非弾性散乱などの動力学的実験においては，上述した衝突エネルギー，衝突角などの外的条件ばかりでなく，衝突分子の内部状態も選択して反応を調べる必要がしばしば生ずる．このような場合の状態選択法としてレーザー励起法が一般的に用いられることはよく知られている[6),7),10)~12)]．分子線法では，これに加えて，不均一電場または不均一磁場による極性分子の回転状態およびスピン-軌道状態の選択が可能である[1),11)]．さらに，状態選択した分子の向きを揃えることもできる．これらの方法は，極性分子のシュタルク効果またはゼーマン効果の大きさが全角運動量 J およびその電場(磁場)方向の成分 M_J に大きく依存することを利用するものであり，不均一場としては J, M_J による分散能とビームの収束能をあわせもった多極子場(多くの場合 4 極子場または 6 極子場)が用いられる．このとき，よくコリメートされた分子線が有用になる．このような装置とそれを用いて得られた結果の一例をそれぞれ図 11.8 および図 11.9 に示す[11),13)]．図 11.9 の結果は，外見的に非常に類似した 2 つの反応

$$K+CsF \to KF+Cs-0.08\ eV$$
$$K+RbF \to KF+Rb+0.06\ eV$$

の間で反応断面積の回転エネルギー依存性が

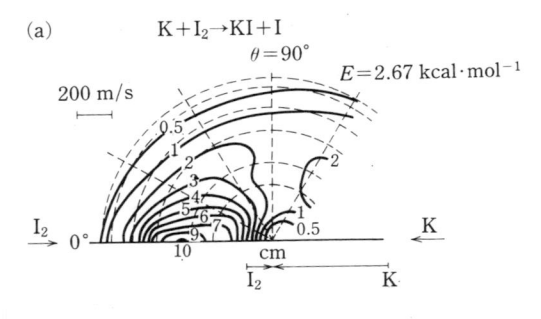

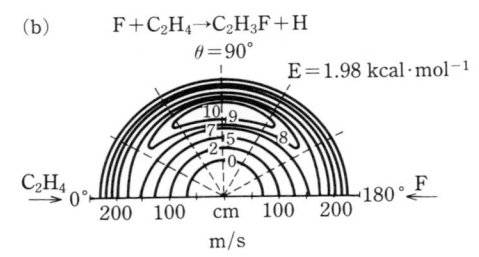

図 11.7 はぎとり機構(a)，および錯合体機構(b)の場合の反応生成物の速度および角速度分布を表す等高線図[9]

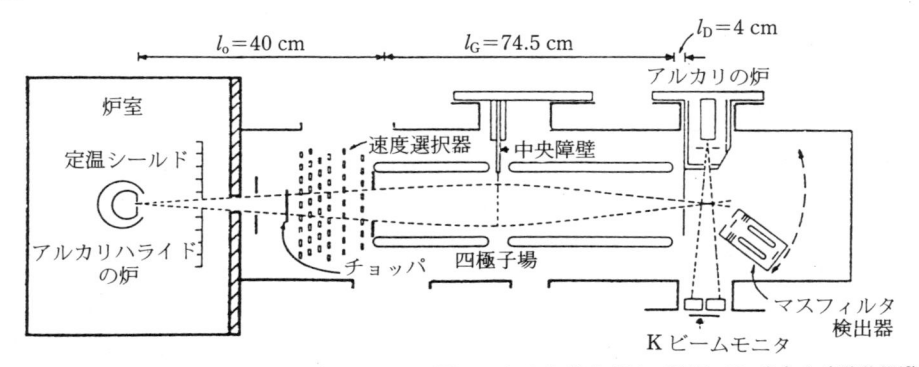

図 11.8 K+CsF(J)→KF+Cs, K+RbF(J)→KF+Rb の回転準位(J)依存性の研究に用いられた実験装置[13] 4極子電場選択器を有する交差ビーム装置である．

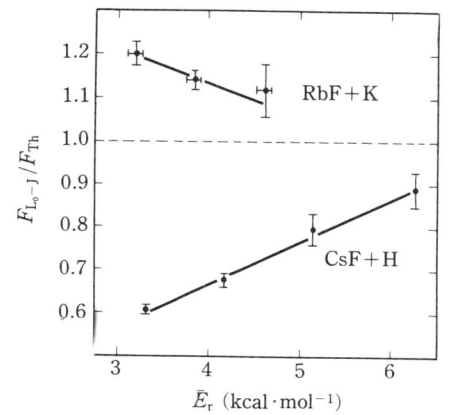

図 11.9 K+RbF(J)→KF+Rb, K+CsF(J)→KF+Cs の反応の回転準位(J)依存性[13]
たて軸の F_{L_0-J} は J=0 以外の低い J の状態を濃縮したビームの反応確率,F_{Th} は熱ビームの反応確率を表す.

全く異なることを示すものとして,たいへん興味深い.回転エネルギーが反応断面積に及ぼす影響は,並進エネルギーの場合と同程度に大きいことがこの実験の結果示された.

11.4.3 低温自由分子の分光学

§11.4.1 に述べた超音速ノズル分子線の特徴①〜③は分光学にとってもたいへん貴重である.分子の分光学にとって理想的な試料は,はっきりわかった単一の量子状態(通常は許容の最低エネルギー状態)にあり,幅の狭い並進エネルギー分布をもち,かつ分子間相互作用が無視できる低密度の分子集団である.ノズル膨張で冷却された超音速自由噴流または分子線はまさにこのような試料を提供する.特に,多原子分子で室温では振動・回転線が密集していて分離されないような場合の高分解能分光に威力を発揮する.一例として NO_2 分子のけい光励起スペクトル(ほぼ吸収スペクトルと同じ)を室温の気体の場合と2通りのノズルビームの場合で比較したものを図11.10に示す[14].ビーム法によって試料の温度が下ると共にスペクトルがシャープになっていく様子がよくわかる.

〔小谷野猪之助〕

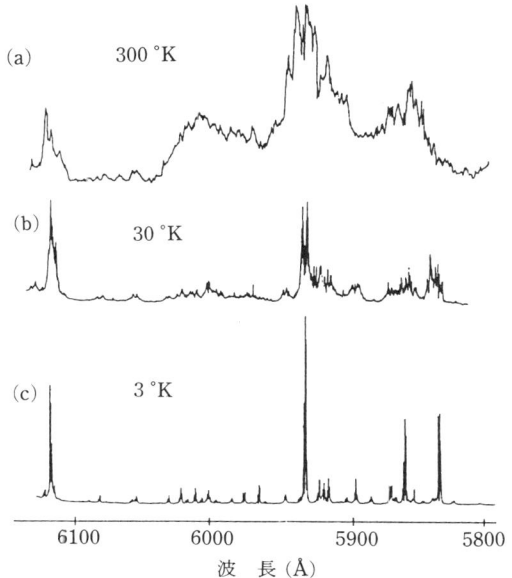

図 11.10 超音速ノズル膨脹で冷却した分子と室温における気体中の分子のけい光励起スペクトルの比較 (NO_2の場合) [14]
(a) 300 K, 0.04 Torr の気体, (b) 純 NO_2 から発生させた超音速ビーム. (c) Ar 中に 5% の NO_2 をシードした超音速ビーム.

文 献

1) 楠 勲:"新実験化学講座17 物質の構造と物性",朽津耕三編, p.213, 丸善(1978).
2) 三上直彦:応用物理, **49**, 802(1980).
3) "Atomic and Molecular Beam Methods Vol **1**", G. Scoles ed., Oxford Univ. Press, New York(1988).
4) N.F. Ramsey: "Molecular Beams", p.374, Oxford Univ. Press, New York(1956).
5) D.R. Herschbach: "Advances in Chemical Physics Vol. X. Molecular Beams", J. Ross ed., p.319, Interscience Publishers, New York (1966).
6) R.N. Zare and R.B. Bernstein: *Phys. Today*, 1980年11月号, 43(1980).
7) Y.T. Lee and Y.R. Shen: *Phys. Today*, 1980年11月号, 52(1980).
8) Y.T. Lee: 文献3), p.553.
9) 正畠宏祐:日本物理学会誌, **36**, 105(1981);化学の領域, **37**, 940(1983).
10) 小谷野猪之助,堀口浩幸:"化学総説26 レーザーと化学反応",日本化学会編, p.113, 学会出版センター(1980).
11) 小谷野猪之助:分光研究, **31**, 341(1983).
12) 梶木興亜,土屋荘次:化学, **37**, 414(1982).
13) S. Stolte, A.E. Proctor and R.B. Bernstein: *J. Chem. Phys.*, **62**, 2506(1975); S. Stolte, A.E. Proctor, W.M. Pope and R.B. Bernstein: *ibid.*, **66**, 3468(1977).
14) R.E. Smalley, B.L. Ramakrishna, D.

H. Levy and L. Wharton: *J. Chem. Phys.*, **61**, 4363(1974).

12. 光 化 学

光化学は光との相互作用によってひき起こされる分子の物理-化学的な変化を扱う化学である．分子が光を吸収し，励起状態に移り，そのエネルギーを分配するまでの物理過程と，それにつづく化学反応過程が対象となる．その方法は分子科学の基礎的問題の解明に用いられるだけでなく，写真化学，電気化学，有機化学，光CVD，光生物学などとも密接に関連し，また成層圏，対流圏の大気化学も光化学の領域である．

12.1 光とエネルギー

電磁波は波長(λ)によりγ線から電波まで種々の名称で呼ばれている(図12.1)．このうち400～750 nmの可視光と，これより短波長の紫外光が光化学でよく用いられる光である．プランクの定数($h=6.625\times10^{-34}$Js)と光の振動数($\nu=c/\lambda$)を用いると，光のエネルギーは$E=h\nu$ジュールで表される．光のエネルギーはJ/mol, cal/mol, cm^{-1}/molecule, eV/moleculeなどで表示される．単位の変換表を表12.1に示す．

12.2 光の吸収断面積と振動子強度

厚さl(cm)の物質に強度I_0の単色光が入射し，一部が吸収されて透過光の強度がIになるとすると，ランベルト-ベール(Lambert-Beer)の式が成り立つ．

$$I=I_0 e^{-abl} \qquad (12.1)$$

または

$$I=I_0 10^{-abl} \qquad (12.2)$$

ここでaは吸収係数，bは濃度または気体の圧力であるが，bがどのような濃度または圧力単位で与えられるかによって，aの表示も変化する．たとえばbが圧力(Torrまたはatm)で与えられれば，aは吸光係数k(Torr^{-1}・cm^{-1}またはatm^{-1}・cm^{-1})となり，この場合kは温度に依存し，温度表示が必要となる．bをmol・dm^{-3}で与え，(12.2)式を用いると，aはモル吸収係数ε(dm^3・mol^{-1}・cm^{-1}またはM^{-1}・cm^{-1})になり，bがmolecule・cm^{-3}で与えられれば，aは吸収断面積σ(cm^2・molecule^{-1})となる．εとσは温度によらない値であり，εはおもに液体に，σはおもに気体に対して用いられる．気体ではMb(メガバーン)という単位をみることがあるが，1 Mb=$10^{18}\sigma$のことである．k, ε, σの間の換算表を表12.2に示す．

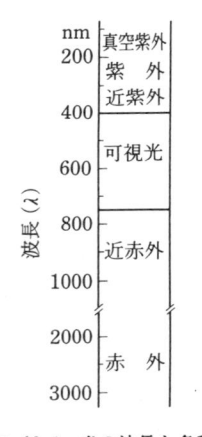

図 12.1 光の波長と名称

表 12.1 エネルギー換算表(AをBに変換するとき掛ける値が各行に書かれている)

A \ B	J/mol	cal/mol	cm^{-1}/molecule	eV/molecule
1 J/mol=	1	2.390057×10^{-1}	8.35940×10^{-2}	1.036409×10^{-5}
1 cal/mol=	4.18400	1	3.49757×10^{-1}	4.33634×10^{-5}
1 cm^{-1}/molecule=	11.96258	2.85912	1	1.239812×10^{-4}
1 eV/molecule=	96487.0	23060.9	8065.73	1

表 12.2 k, ε, σ の換算表

A で表示される吸光係数(k)，モル吸光係数(ε)，吸収断面積(σ)を B に変換するための変換定数，$B = A \times C$

A	(底)	B	(底)	C
k(atm, 298 K)$^{-1} \cdot$cm^{-1}	e	σ(cm$^2 \cdot$molecule^{-1})	e	4.06×10^{-20}
k(atm, 298 K)$^{-1} \cdot$cm^{-1}	e	k(atm, 273 K)$^{-1} \cdot$cm^{-1}	e	1.09
k(atm, 298 K)$^{-1} \cdot$cm^{-1}	e	ε(dm$^3 \cdot$mol$^{-1} \cdot$cm^{-1})	10	10.6
k(atm, 298 K)$^{-1} \cdot$cm^{-1}	10	σ	e	9.35×10^{-20}
k(atm, 298 K)$^{-1} \cdot$cm^{-1}	10	k(atm, 273 K)$^{-1} \cdot$cm^{-1}	e	2.51
k(atm, 298 K)$^{-1} \cdot$cm^{-1}	10	ε	10	24.4
k(mm Hg, 298 K)$^{-1} \cdot$cm^{-1}	10	σ	e	7.11×10^{-17}
k(mm Hg, 298 K)$^{-1} \cdot$cm^{-1}	10	k(atm, 273 K)$^{-1} \cdot$cm^{-1}	e	1.91×10^3
k(mm Hg, 298 K)$^{-1} \cdot$cm^{-1}	10	ε	10	1.86×10^4
k(atm, 273 K)$^{-1} \cdot$cm^{-1}	e	σ	e	3.72×10^{-20}
k(atm, 273 K)$^{-1} \cdot$cm^{-1}	e	ε	10	9.73
k(atm, 273 K)$^{-1} \cdot$cm^{-1}	10	σ	e	8.57×10^{-20}
k(atm, 273 K)$^{-1} \cdot$cm^{-1}	10	k(atm, 273 K)$^{-1} \cdot$cm^{-1}	e	2.303
k(atm, 273 K)$^{-1} \cdot$cm^{-1}	10	ε	10	22.4
ε(dm$^3 \cdot$mol$^{-1} \cdot$cm^{-1})	10	σ	e	3.82×10^{-21}
ε(dm$^3 \cdot$mol$^{-1} \cdot$cm^{-1})	10	k(atm, 273 K)$^{-1} \cdot$cm^{-1}	e	0.103
σ(cm$^2 \cdot$molecule^{-1})	e	k(atm, 273 K)$^{-1} \cdot$cm^{-1}	e	2.69×10^{19}
σ(cm$^2 \cdot$molecule^{-1})	e	ε	10	2.6×10^{20}

分子の吸収能は吸収係数のピーク値 ε_{max} で評価してもよいが，現実の吸収帯はいろいろな幅をもつため，振動子強度(吸収帯の積分強度，f)で表すのがより正確である．

$$f = 4.32 \times 10^9 \int \varepsilon(\tilde{\nu}) d\tilde{\nu}$$

ここで $\varepsilon(\tilde{\nu})$ は波数 $\tilde{\nu}$(cm^{-1}) の関数としてのモル吸光係数で，積分は注目している吸収帯について行う．多くの場合 f は 1 より小さい．

12.3 光化学素過程

光化学素過程は光を吸収し，(電子)励起状態に遷移した分子の物理・化学過程である．

12.3.1 気相の簡単な分子の素過程

気相の 2 原子分子(AB)のような簡単な分子が光を吸収した場合の例を図 12.2 に示す．基底状態(X)にある分子，AB は光を吸収して励起状態(Y, Z)に遷移する．その際フランク・コンドン原理に従って，核間距離を変えない垂直遷移の確率が最も大きい．Y 状態に励起された AB 分子は図 12.2 の場合，振動準位(v'')が 3 より大なら A*+B に直接解離し，$v'' = 0 \sim 2$ の場合は発光して X 状態にもどるか，Z 状態に移って A+B に前期解離する．また光を吸収して Z 状態に直接遷移した分子は A+B に直接解離する．図 12.2 の挿入図にあるように直接解離の吸収帯は連続であり，発光する場合は振動構造が現れる．

$$\begin{aligned}
\text{AB}&(X) + h\nu \\
&\to \text{AB}^*(Y, v'' \geqq 3) \to \text{A}^* + \text{B} \\
&\to \text{AB}^*(Y, v'' = 0 \sim 2) \to \text{AB}(X) + h\nu' \\
&\quad\quad\quad\quad \longmapsto \text{AB}^*(Z) \to \text{A} + \text{B} \\
&\to \text{AB}^*(Z) \to \text{A} + \text{B}
\end{aligned}$$

12.3.2 複雑な分子や溶液中の素過程

複雑な多原子分子では状態の数や振動モードの数も多くなり素過程は複雑になる．また

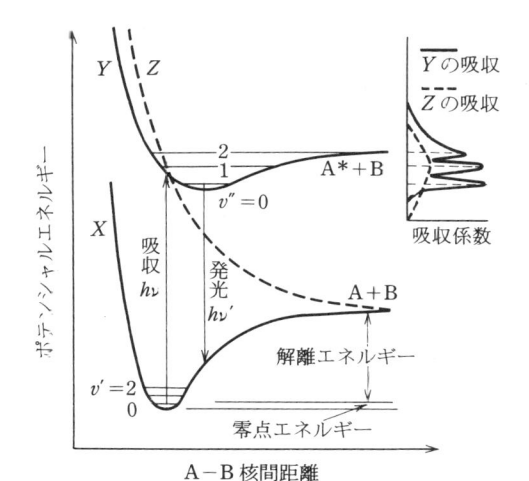

図 12.2 2 原子分子(AB)の光化学過程

液相では媒体との衝突による無輻射遷移過程が著しく増す．基底状態の電子スピン多重度が一重項(S_0)である分子の励起一重項 S_1, S_2 と，三重項である T_1, T_2 の間での素過程を簡略化したポテンシャル曲線（図 12.3，および表 12.3）で示した．

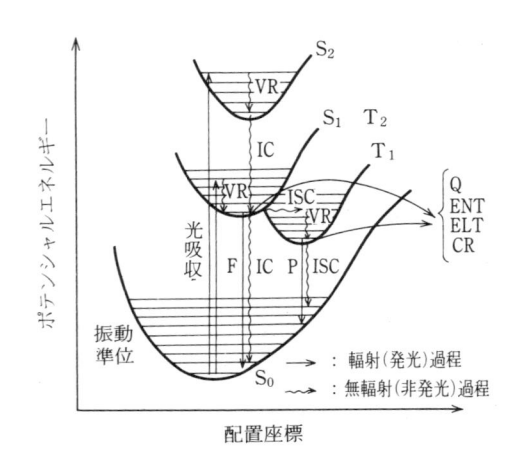

図 12.3　分子のポテンシャル曲線と素過程（表 12.3）

表 12.3　光化学素過程の分類

a. 物理的素過程（光励起種の化学変化なし）
- VR: 振動・回転緩和（媒体との衝突による振動・回転エネルギーの放出）
- IC: 内部転換（同じスピン多重度間の無輻射遷移）
- ISC: 系間交差（異なるスピン多重度間の無輻射遷移）
- F: けい光（同じスピン多重度間の発光遷移）
- P: りん光（異なるスピン多重度間の発光遷移）
- Q: 消光（他の化学種による励起状態の失活）
- ENT: エネルギー移動（消光の一種．ある分子の失活に伴う他の化学種の励起）

b. 化学的素過程（光励起種の化学変化あり）
- ELT: 電子移動（他分子に電子を移動させる反応）
- CR: 化学反応（解離，異性化，脱離，置換，他の化学種との反応）

大きな分子が溶液や固体中にある場合には簡単な分子が気相孤立状態にある場合とその素過程が大きく異なっている．前者では分子の固有振動準位が多いうえに，分子間の低振動モードも重なって，きわめて密度の高いエネルギー準位が存在する．このため励起エネルギーは効率よく，これらのモードを通じて無輻射的に大多数の周囲の振動や回転準位（熱浴）に伝えられる．したがって発光は（限られた例外を除いて）最低一重項状態（または三重項状態）の低振動準位から起こる（カーシャ(Kasha)則）．光化学反応も多くの場合，励起エネルギーは最低の励起電子状態の低振動状態へいったん緩和し，そこからあらためて熱反応の活性化過程として進行する．例外的に，結合原子間の反結合性軌道に直接励起された際の，非活性化過程としての直接光解離が観測されることもある．また低温マトリックス中の光化学反応で，分子のまわりの特別な環境（場所ごとに異なる微細な溶媒-溶質相互作用の違いを利用した選択的光化学反応を誘起することもできる（光化学ホールバーニング）．

凝縮系の光化学反応の例を表 12.4 に示す．

12.3.3　量子収率

光化学素過程はいろいろな過程から成立するため，ある光化学過程が起こった回数と系に吸収された光子の数の比をその反応の量子収率 ϕ といい，次式で定義する．

$$\phi = \frac{\text{ある光化学過程が起こった回数}}{\text{系に吸収された光子数}}$$

1 個の光子により同じ過程が複数で起こる場合や系に連鎖反応が起る場合を除き，ϕ は 1 より小さい．

12.4　エネルギー移動と増感

励起分子 D^* と分子 A との相互作用によって，励起エネルギーが A に移動する過程を分子間エネルギー移動といい，D を増感剤と呼ぶ．

$$D^* + A \rightarrow D + A^*$$

D を励起するのに光を用いる場合，光増感または光増感反応と呼ぶ．D^* としては気相の場合，長寿命の準安定励起分子または原子，Hg, Cd, や希ガス(Ar, Kr, Xe)の ^3P, ^1P 状態などがよく用いられる．液相や固相の場合，D と A との間の距離が短いので，D^* は短寿命でも十分効率的な増感作用が起こり，

12. 光化学

表 12.4 凝縮系の光化学反応の例

分子	溶媒	波長(nm)	生成物	量子収量(温度)	備考
I_2	CCl_4	532	$2I\cdot$	0.17 (室温)	解離
H_2CO	H_2O	184.9	H_2, CO	0.4 (20°C)	〃
CH_3I	C_6H_6	313	I_2	≈ 1.0 (25°C)	〃
トランス-スチルベン	シクロヘキサン	313	シス-スチルベン	0.5 (25°C)	異性化
Cl^-	H_2O	184.9	Cl^-, e^-(aq.)	0.98 (室温)	電子移動
桂皮酸 (Ph-CH=CH-CO₂H)	純固相	X線	β-トルキシル酸	0.74 (室温)	固相反応
ジフェニルジアゾメタン (Ph₂C=N₂)		290〜320	ジフェニルカルベン	— (−196°C)	低温マトリックス中の解離
ポルフィリン	n-オクタン	可視部 狭帯域 発振レーザー	ポルフィリン	— (1.5K)	光化学ホールバーニング 穴の幅 9MHz

芳香族化合物や色素などの一重項励起状態または三重項励起状態が用いられる．分子間相互作用の本質は一重項状態の場合，遷移双極子-双極子相互作用（フェルスター (Förster) 機構）で，長距離(≤ 100Å)のエネルギー移動が可能であり，一方，三重項状態の場合は交換相互作用（デクスター (Dexter) 機構）で，短距離(≤ 20Å)のエネルギー移動となる．

12.5 レーザー多光子吸収

分子が第1の光子と相互作用している間にさらに第2の光子と相互作用し，また第3の光子と相互作用し，単一の過程で何個もの光子を吸収して起こる遷移を多光子吸収と呼び，レーザー光のように光子の密度の大きい光によって起こる非線型光学現象である．簡単のため2光子吸収を例にとると，その遷移確率 W は，

$$W_{m0} = \frac{2\pi}{\hbar} \left| \sum_n \frac{H'_{mn} \cdot H'_{n0}}{E_0 - E_n} \right|^2 \rho^{11}_{m0}$$

となる．0は基底状態，m は励起状態，n は中間状態を表し，光子が1個消失して分子は n で指定される状態に励起される．ρ^{11}_{m0} は2光子吸収の終状態の状態密度であり，同じ光で起こる1光子吸収の終状態密度の2乗になる．このため2光子吸収の確率は入射光強度の2乗に比例する．中間状態が入射光と共鳴する実状態である（共鳴2光子吸収）とき，$E_0 - E_n$ はゼロに近づき W は大きくなる．共鳴2光子吸収では中間状態の寿命は 10^{-5}〜10^{-9} 秒であり，中間状態に緩和過程が存在しうるため必ずしもコヒーレント過程とはならない．非共鳴2光子吸収では中間状態の寿命は 10^{-14}〜10^{-15} 秒でコヒーレント過程である（図 12.4）．多光子吸収はレーザー同位体分

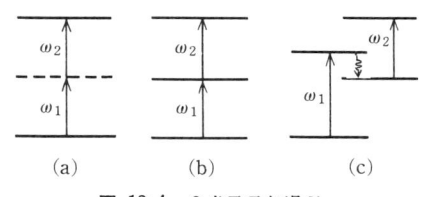

図 12.4 2光子吸収過程
(a) は状態を借りてくる非共鳴（コヒーレント）過程，(b)，(c) は実状態を経る共鳴（コヒーレントでない）過程．実線は実状態を表し，波線は無輻射遷移．

離，1光子では励起できない励起状態の光化学，中間状態の分光などに使われている．

〔吉原経太郎・鷲田伸明〕

13. 放射線化学と放射線化学反応

13.1 放射線化学

　放射線化学とは，高エネルギーの放射線が物質に及ぼす効果を調べる化学をいう．放射線と物質との相互作用による物質の初期イオン化・励起の過程と，それに引きつづいて起こる電子，正・負イオン，励起原子・分子，フリーラジカルの反応過程とこれらの反応活性種そのものの物質中での状態を明らかにすることを主要な研究対象とする．

　放射線化学の研究内容は次のように大別される．①放射線化学反応の反応機構の解明，②放射線化学の方法と知識を利用した新しい化学，③放射線化学と物理学の接点へのアプローチ，④放射線化学と生物学の接点へのアプローチ，⑤放射線化学と工学の接点へのアプローチ．

13.2 放射線化学反応

　いままで主要な研究対象とされてきたガンマ線または電子線による水または水溶液の系，シクロヘキサンなどの液相炭化水素の系，さらにアルコール，四塩化炭素などの系の放射線分解については相対的にかなり詳細な反応機構が明らかにされている．これらの場合に比べて，重荷電粒子の場合には，研究の現状は全く不十分で，その反応機構の詳細にわたる解明は今後に待つところが多い．

　放射線作用の最も初期の過程は，光子，電子，重荷電粒子などの放射線粒子のエネルギーが物質との相互作用に基づいて最初に物質の方へ移行する部分であり，これは放射線研究の最も本質的なものの一つである．放射線粒子のエネルギーはもちろんのこととして，物質側へ移行するエネルギーの値もともに物質をイオン化するに要するエネルギーに比べてきわめて大きいために，最初の相互作用で生じた電子は物質をさらにイオン化するに十分なエネルギーをもっている．このような過程がさらに逐次的に継続して起こって電子は

表 13.1　放射線化学反応における主要な反応素過程

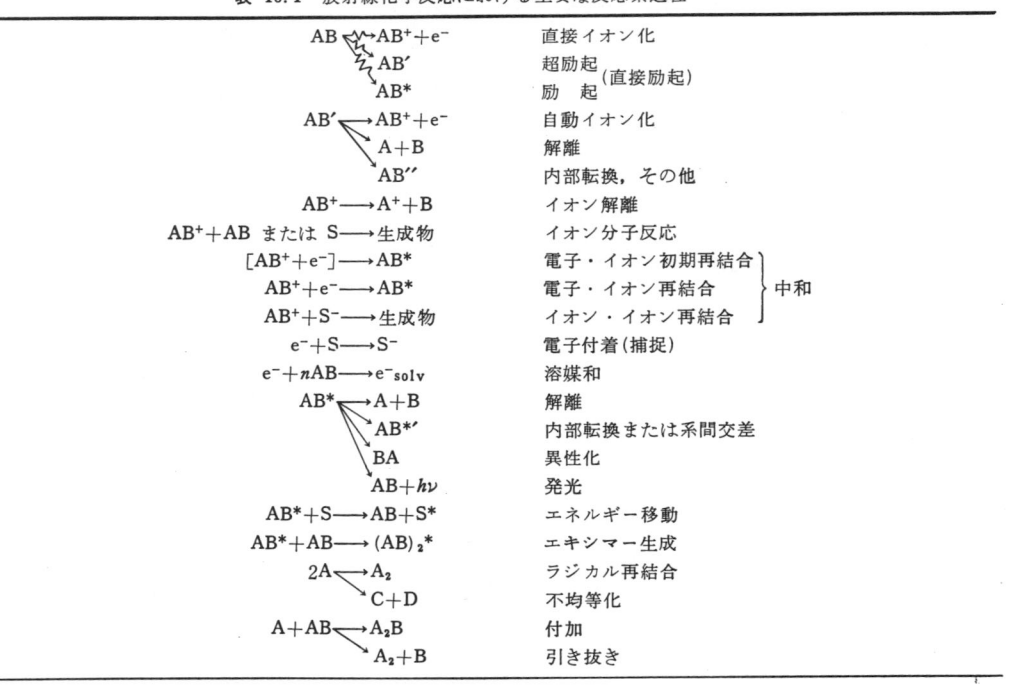

反応	名称
$AB \rightsquigarrow AB^+ + e^-$	直接イオン化
$ AB'$	超励起 (直接励起)
$ AB^*$	励起
$AB' \rightarrow AB^+ + e^-$	自動イオン化
$ A + B$	解離
$ AB''$	内部転換，その他
$AB^+ \rightarrow A^+ + B$	イオン解離
$AB^+ + AB$ または $S \rightarrow$ 生成物	イオン分子反応
$[AB^+ + e^-] \rightarrow AB^*$	電子・イオン初期再結合
$AB^+ + e^- \rightarrow AB^*$	電子・イオン再結合 〉中和
$AB^+ + S^- \rightarrow$ 生成物	イオン・イオン再結合
$e^- + S \rightarrow S^-$	電子付着(捕捉)
$e^- + nAB \rightarrow e^-_{solv}$	溶媒和
$AB^* \rightarrow A + B$	解離
$ AB^{*\prime}$	内部転換または系間交差
$ BA$	異性化
$ AB + h\nu$	発光
$AB^* + S \rightarrow AB + S^*$	エネルギー移動
$AB^* + AB \rightarrow (AB)_2^*$	エキシマー生成
$2A \rightarrow A_2$	ラジカル再結合
$ C + D$	不均等化
$A + AB \rightarrow A_2B$	付加
$ A_2 + B$	引き抜き

エネルギーを失い，それにつれて物質のイオン化・励起が行われる．一言でいえば，入射放射線粒子と物質との相互作用で生じた広いエネルギー領域にある電子の物質との相互作用による電子エネルギー損失過程と，それに伴う原子・分子のイオン化・励起が放射線作用の物理的初期過程の本質である．これに引きつづいて起こる，いわば放射線作用の物理化学的過程および化学的過程は，電子，正・負イオン，励起原子・分子，フリーラジカルの関与する反応素過程から成り，その主要なものを一般的に分子ABについて表すと表13.1のようになる．放射線化学における生成物などの収量は，対象物質によって吸収される放射線エネルギー100 eV当たり生成される分子などの個数で表され，この値をG値と呼ぶ．収量についてこの表示を用いると，放射線分解の生成物のG値は多くの場合1の桁となり，連鎖反応を伴う場合には，G値がたとえば$10^3 \sim 10^4$ときわめて大きい値を示すことがある．G値は，最終安定生成物の収量を表すだけでなく，上に述べたいろいろな反応活性種の生成収量またはこれらの関与する反応素過程そのものを表す場合にも用いられる．放射線作用の最も大きな特徴は最初に述べたように，物質のイオン化を伴うことにあるが，このイオン化のG値は$100/W$で表され，多くの分子についてほぼ4である．ここで，Wはイオン対1個を生成するに要する放射線エネルギーの平均値である．

13.3 放射線と放射線源

放射線化学が対象としている「放射線」とは，「原子・分子をイオン化するのに十分なエネルギーをもった粒子線などである」と定義される．ここで，「イオン化するのに十分なエネルギー」のもつ意味はたいへん深く，最近の物理化学または化学物理の進歩によって明らかにされつつある課題である．このエネルギーは，原子・分子の第1イオン化ポテンシャル(I_p)より大きくなければならないことは確かであるが，I_pより大きいエネルギーであれば「十分」であるかというと，原子の場合は十分であるが，分子の場合は必ずしもそうではない．分子の場合は，分子がI_pの2〜3倍以上のエネルギーを獲得してはじめてイオン化の確率が100％に近くなる．多くの原子・分子について，一部の例外を除いてI_pの値は10 eVほどのものが多いことから，「イオン化に十分なエネルギー」とは，「少なくとも20〜30 eV以上のエネルギー」ということができる．また，放射線は次のように分類される．

(1) 光子（γ線，X線，真空紫外光，放射光）
(2) 電子（β線，加速電子線）
(3) 重荷電粒子（α線，H$^+$，D$^+$，重イオン）
(4) その他の粒子（中性子，μ粒子，e$^+$）

( )内にはそれぞれに所属する主要な粒子線を挙げた．これらのうち，アンダーラインを引いたものは，相対的に古くから研究対象とされている放射線で，狭義の放射線ということができる．それ以外のものは，最近，放射線化学の研究対象として急速な進展のみられるもので，新しい放射線または粒子線と呼ぶことができる．新しい放射線に共通する点は，いずれも粒子加速器によってつくり出されるもので，それぞれが従来のものにない新しい特性をもっているとともに，その特性（波長，エネルギー，パルス性など）を広く制御できる点が大きな特徴である．(1)〜(4)の各放射線について，放射線化学の観点からその特徴の概要を次に述べる．まず，いずれも放射性同位体から得られるα, β, γ線について述べることにする．

α粒子はその質量が電子に比して約7000倍できわめて大きいために，物質中を直進する特徴がある．α粒子のエネルギーは核種によって決まり，一定で，物質中での到達距離もそろっている．この特性は後述するβ線の場合と大きく異なる．また，物質中で単位透過距離当たり失うエネルギー (LET) が他の粒子線に比べて大きく，したがって，物質中でのイオン化・励起が他の場合より局在して起こる．α線源としては，歴史的には^{226}Ra, ^{222}Rn

がよく知られているが，最近は^{210}Poと^{241}Amが用いられることがある．これらはいずれも数MeVのα粒子を放出し，その飛程は1気圧の気体中で数cm，水などの液体中で数十μmである．このような特性は，その到達距離がそろっていることもあわせて，巧みに利用されている．高圧質量分析計による常圧下でのイオン分子反応，イオンクラスタリングの研究や，飛行時間法または計数法による気体・液体中での電子およびイオンのスウォーム実験などである．

β線は上のα線の場合と異なり，特定の放射性核種からのβ壊変による場合であっても，そのエネルギーに広い分布をもつ点が特徴である．物質中を通過する様子もα線と異なり，ランダムでジグザグな飛跡となる．放射線化学では，加速器から得られる電子線がよく用いられるのに対して，β線源の使用はまれである．かつて，^{3}Hが気体の内部線源として用いられたことはあるが，最近は，^{35}S，^{32}Pなどとともにトレーサーとしての利用の方が多い．一方，最近では^{3}Hは核融合研究との関連からその研究の重要性が注目されている．β線による物質中でのイオン化・励起はα線の場合ほど局在化しない．しかし，γ線，硬X線に比べると局所的に放射線作用を引き起こすことができるので，加速器によらない手軽でコンパクトな高エネルギー電子の発生源として用いられる場合がある．

γ線と物質との初期相互作用は，α線，β線の場合と著しく異なり，物質中の透過性もきわめて大きい．その挙動は通常の光吸収についてのランベルト-ベール則と同様の式に従う．γ線の全吸収断面積はコンプトン効果，光電効果，電子対生成の各断面積の和で表される．また，物質中での透過性を示す尺度として半価層を用いる．γ線源として最も広く用いられるものは^{60}Coである．それだけでなく，同位体を線源とした近年の放射線化学研究のほとんど大部分が^{60}Coによっているといっても過言ではない．^{60}Coからは1.17MeVと1.33MeVの2種のγ線が得られる．半価層は水，コンクリート，鉛についてそれぞれ，ほぼ10，5，1cmで，その物質の密度にほぼ反比例していることがわかる．^{60}Co以外のγ線源として，^{137}Csが用いられることもある．

X線はX線管，中性子は原子炉から得られ，これらがかつては主要な線源となっていたが，近年はこれらに加えて加速器からの加速電子線または加速イオンビームを用いて，これらと標的物質との相互作用に基づいてX線，中性子線を得る場合が多い．

従来，放射線化学研究に用いられてきた線源は，その大部分が上に述べた^{60}Coγ線と加速電子線であり，現在もその傾向はつづいている．加速電子線は，バンデグラーフ型加速器または線形加速器を用いて得られ，主としてパルスラジオリシス法の実験に用いられる．これらに比べて大強度のものとしてフェベトロンなどの大電流加速器が用いられることもある．しかし，特に近年，新しい線源として放射線化学の研究分野で急速な進展がみられるものがある．それらは，電子または陽電子の蓄積リング（線形加速器またはシンクロトロンを入射器とする）を用いたシンクロトロン放射光と重イオン加速器（バンデグラーフ型加速器，線形加速器，またはサイクロトロン）を用いた種々の加速イオンビームである．前者は，遠赤外光から硬X線に至るすべての波長領域をカバーする，多くの新しい特性をもった「光」であり，後者は，重荷電粒子線として従来はほとんどH$^+$，D$^+$のみに限られていたものが，一挙に周期表上の多くの元素を対象とした種々の多価イオンがイオン源から選別されて加速されたものである．いずれも今後の放射線化学，そしてもっと広く理学・工学のいろいろな分野の新しい展開をになう重要な線源として期待されている．

13.4 放射線化学の実験法

放射線化学の実験方法は，いろいろな機器を用いて反応活性種の振舞を直接観測する物理的方法と，反応中の諸条件（温度，圧，濃

度，電場など)を変えてその最終生成物に及ぼす効果を総括的に考察して反応活性種の振舞を解明していく化学的方法とに大別される．前者について代表的なものは種々の分光学的手段と組み合わされた剛性溶媒法およびパルスラジオリシス法と質量分析法の応用などがある．後者は生成物分析法とも呼ばれ，種々の条件下での捕捉剤の上手な活用が重要である．

13.4.1 捕捉剤の活用

放射線作用の機構を解析する際には，いろいろな種類の反応活性種の寄与する可能性を考慮しなければならない．そこで，ある活性種に着目して，それとの反応性が選択的に大きい物質，すなわち捕捉剤を反応系に添加し，生成物に及ぼす影響を調べることによって，ある生成物についてどのような反応活性種が前駆体として重要な役割をしているかが明らかにされる．これは上に述べた化学的方法のみでなく，物理的方法においても有効に用いられている．捕捉される活性種によって，ラジカル捕捉剤，電子捕捉剤，プロトン捕捉剤またはイオン捕捉剤などに分けられる．

a. ラジカル捕捉剤　熱分解，光分解などの研究から得られた結果に基づいて，ラジカルに対して反応性の大きい，I_2, O_2, オレフィン，DPPH，MMA，NO，$FeCl_3$, H_2S, p-ベンゾキノンなどが経験的に選ばれて用いられたことがある．しかし，これらのうちほとんど大部分は同時に電子親和性が大きいか，あるいは対象物質よりイオン化エネルギーが小さいので，ラジカル捕捉のみでなく，電子捕捉や電荷捕捉を行う可能性が大きい．したがって，もしいま着目している最終生成物が電子・正イオン再結合過程を経て生成するとするならば，ラジカルを捕捉しているつもりが，実は電子も正イオンも捕捉してしまうことになり，捕捉剤使用の目的を誤ってしまう．したがって，上に述べたような放射線化学以外の分野でラジカル捕捉剤として用いられている化合物を用いて得られたデータを解析する際には細心の注意が必要である．このような観点から現在最も正確な方法とされているものは，放射性 $^{131}I_2$ を用いる方法と，同じく放射性の $^{14}C_2H_4$ あるいは $^{14}CH_3I$ を用いる方法である．

b. 電子捕捉剤　電子捕捉剤として必要な条件は，まず電子親和性が大きく，さらに低エネルギー電子の捕捉反応速度定数が大きいことであるが，その反面，他の活性種，特にラジカルに対して，反応性が小さいことが望ましい．電子捕捉剤を用いることによって，捕捉された電子の G 値と捕捉剤濃度との関係が明らかになるが，その結果，① 各生成物の生成機構について，中和過程と非中和（直接励起）過程の寄与する程度を知ることができる，② 全イオン化の G 値を推算できる，③ 電子と正イオンの間の距離分布ならびに電子の寿命分布などを推定することができる，④ その媒体中での電子捕捉過程そのものについての知見が得られる，⑤ 媒体中での電子輸送現象を解く手がかりが得られる，⑥ 負イオンの反応性，構造についての知見が得られる．

電子捕捉剤として使用されるおもな化合物は，ハロゲン化アルキル（CH_3Br, CH_3Cl など），N_2O, SF_6, CO_2, COS, 塩化ベンジル，臭化ベンゼン，CCl_4, パーフロロカーボン（cyclo-C_6F_{12} など），ビフェニル，ナフタレンおよびその他の芳香族化合物などである．これらのうち，SF_6 および CO_2 を除く最初の5つは，それぞれ，電子捕捉の結果 CH_3, N_2, CO, $C_6H_5CH_2$, C_6H_5 を生成し，芳香族炭化水素はその負イオンを生じるので，それらを適当な方法で検出定量することによって，電子捕捉過程の G 値を知ることができる．

c. 正イオン捕捉剤　正イオン捕捉剤は電子捕捉剤と相補的に使われて全イオン化の G 値の推算などについて重要な知見を与えるが，それのみでなく，生成物 G 値に対する両捕捉剤の濃度依存性の差から正イオンと電子の動的挙動の差を考察したり，正イオンの種類と G 値の決定などにも用いられる．おもしろい用い方としては，電子捕捉剤を共存さ

せて，電子を負イオンに変えて中和反応を妨げ，その間に正イオン捕捉剤で正イオンを有効にとらえようとする試みがある．正イオン捕捉剤はイオン分子反応の型によって分類される．① プロトン移行を利用するもの，② 電荷移行を利用するもの，③ その他を利用するもの（H_2，H，H_2^-，H^- 移行，錯合体形成など）に分けられる．① の例としては，ND_3，C_2H_5OD，② の例としては，イオン化エネルギーの低い芳香族化合物など，①と②にまたがる例として CH_3NH_2，③ としては，H_2 移行を行う cyclo-C_3H_6 がある．

13.4.2 パルスラジオリシス法

パルスラジオリシスは，線形加速器，バンデグラーフ型加速器などから得られたパルス放射線の作用によって物質中に生成された短寿命活性種をその活性種のもっている特性のどれかに着目して過渡的に直接観測する実験法の総称である．その特性としては，光吸収スペクトル，発光スペクトル，ESR スペクトル，電気伝導度などがおもなものである．

パルスラジオリシス法によって行われている研究のうち主要なものを挙げると，光吸収スペクトル測定に基づく水溶液系における水和電子，OH，HO_2 ラジカルなどの反応，アルコールなどの極性液体中における溶媒和電子などの反応の研究，光吸収スペクトル測定が困難な炭化水素ラジカルなどの反応に広く適用されている ESR 測定の研究，炭化水素などの非極性媒体を中心に行われている電気伝導度測定に基づいた電子移動度，電子付着過程，電子・イオン再結合過程などの研究がある．これらの研究のうちその大部分は液相系に関するものである．気相におけるパルスラジオリシス法による研究もフェベトロンなどの大電流加速器を用いて活発に行われ，発光・吸収スペクトル，マイクロ波電気伝導度などの測定に基づいて，電子付着過程，励起希ガス原子脱励起過程，エキシマー生成過程，原子またはフリーラジカルの反応過程のように，気相における反応素過程の研究が行われ，パルスラジオリシス法の特徴が十分生かされている．

13.4.3 剛性溶媒法

放射線照射によって生じた反応活性種は，たとえば常温の液体中ではラジカル，イオン，電子，励起分子のいずれもがごく短い時間のうちに反応し消滅してしまう．これらを観測するためには，これら活性種の寿命に比べて十分短い時間分解能をもった測定系，すなわちパルスラジオリシス法を適用しなければならない．これに対して剛性溶媒法は反応活性種が生成し消滅している媒体を低温にし凍結して，いわば剛性溶媒をつくって，反応活性種の寿命を十分長くして通常の観測手段でゆっくりと観測する方法である．このように反応活性種を媒体中にとらえて静的に観測した後に，これを徐々に動かしてその動的挙動を調べることもできる．この方法は，熱ブリーチ，光ブリーチの2つに大別される．前者においては，媒体の温度（77K，4K の場合が多い）を徐々に上げて，上に述べたパルスラジオリシス法と同様の各種スペクトルを測定する．後者においては，動き出す活性種の光吸収スペクトルを参考にして適当な波長の光を選び，これを低温媒体に照射して活性種を光励起して反応させたり，媒体中の捕捉座から活性種を解放して，やはり前者と同様の検出法を適用して観測する．　〔籏野　嘉彦〕

文　献

1) 志田正二，佐藤　伸："現代物理化学講座12 光化学と放射線化学"，東京化学同人(1966)．
2) 志田正二編："分子科学講座12 放射線と原子・分子"，共立出版(1966)．
3) A. Henglein, W. Schnabel, J. Wendenburg，相馬純吉，柏原久二，片山明石，吉田宏，林晃一郎訳："基礎放射線化学"，化学同人(1972)．
4) 今村　昌，田畑米穂，籏野嘉彦，東村武信，佐藤　伸，林晃一郎："新実験化学講座16 反応と速度"，安盛岩雄編，p.525，丸善(1978)．
5) 田畑米穂："原子力工学シリーズ7 放射線化学"，東大出版会(1978)．
6) 籏野嘉彦："化学総説23 同位体の化学"，p.154，学会出版センター(1979)．

7) J.H. Baxendale and F. Busi, ed.: "The Study of Fast Processes and Transient Species by Electron Pulse Radiolysis", D. Reidel (1982).
8) Farhataziz and M.A.J. Rodgers, ed.: "Radiation Chemistry", VCH publishers (1987).
9) T. Shida: "Electronic Absorption Spectra of Radical Ions", Physical Sciences Data 34, Elsevier (1988).
10) Y. Hatano: *Radiat. Phys. Chem.*, **34**, 675 (1989).
11) Y. Tabata, Y. Ito and S. Tagawa ed.: "Handbook of Radiation Chemistry", CRC Press (1990).
12) Y. Tabata ed.: "Pulse Radiolysis", CRC Press (1990).
13) 日本放射線化学会（事務局，日本原子力研究所高崎研究所）:"放射線化学"，年2回発行．

14. 凝縮系の高速反応

14.1 時間領域と測定法

高速反応と呼ばれる反応の時間範囲は，その測定技術の進歩とともに大きく変化してきた．図14.1はその時間領域と反応の測定方法を大まかに示したものである．すなわち，通常の凝縮系での化学反応の速度は，ストップトフロー法により1ミリ秒の時間領域まで測定することができる．それ以上の高速度の反応は，主として分子の励起状態における反応に限られ，ナノ秒(10^{-9} s)，ピコ秒(10^{-12} s)あるいはフェムト秒(10^{-15} s)の時間領域まで，その反応の速度や機構が研究されるようになった．しかし，フェムト秒のような極限的超高速反応は，主として分子の振動にかかわる反応や，電子移動あるいはプロトンや水素原子移動のような反応などにかぎられる．

14.2 ストップトフロー法

これは，それぞれ2つのシリンダーに入っているA, B 2液をジェット流として急速に混合し反応を起こさせ，反応の速度を測定する方法である．すなわち，ジェット流を反応槽または測定セルに導き，可視・紫外吸収スペクトルを測定する．ここでA, B 2液が定常的に流れている状態から急激に流れを止めたり，あるいは流したりして反応を解析するため，一般にストップトフローと呼ばれている．この方法ではおおよそ1ミリ秒程度の時間領域で起こる反応を追跡することができ，かなり以前より溶液反応の研究に利用されてきたが，今日でも生化学の研究などに使用されている．

14.3 閃光（光）分解法

1950年代から光化学反応の中間体としてのラジカルの反応の速度と機構の研究や，電子励起三重項状態の分光学的研究に広く用いられてきた方法である．これは，2つの閃光放電管（フラッシュランプ）を励起用（反応用）と吸収スペクトル用とに用い，その2つの光源の間に遅延回路を入れ放電の時間を調節する．これにより，放電により生成した反応中間体（三重項状態を含む）の吸収スペクトルをミリ秒からマイクロ秒の時間領域で測定する

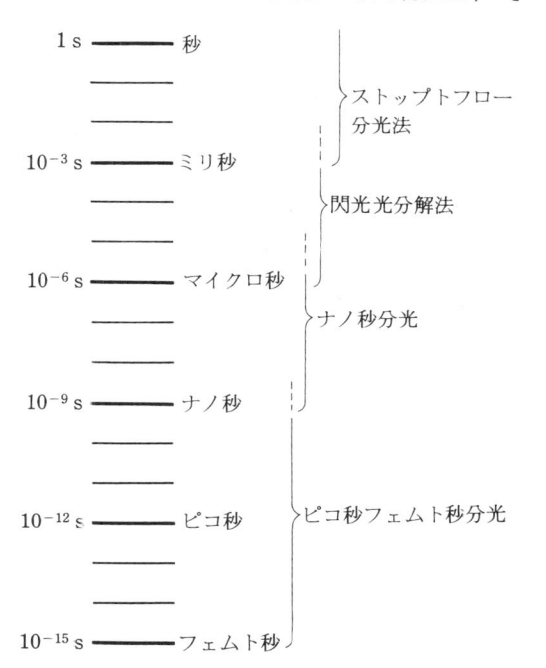

図 14.1

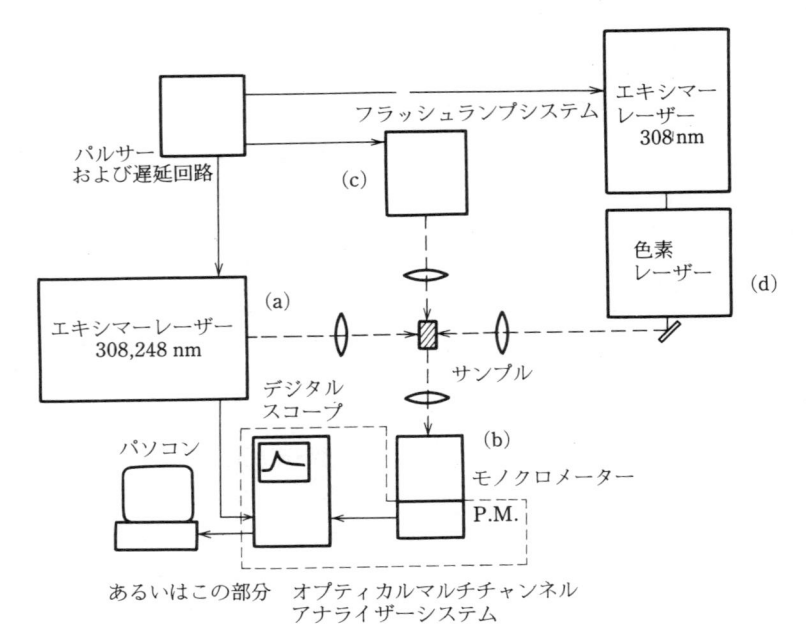

図 14.2 ナノ秒時間分解けい光，過渡吸収，2段階励起けい光および2段階励起過渡吸収測定システム
けい光はa,b，過渡吸収はa,b,c，2段階励起けい光はa,b,dを使用し，その過渡吸収はさらにcを使用する．

ものである．この方法は，レーザーの発達と導入により次のレーザー閃光分解法(laser flash photolysis)に取って代わられた．これは，励起光源として放電管の代わりにパルスレーザーが使用されるのみで原理的には放電管による方法が踏襲されている．

14.4 ナノ秒分光法

閃光分解法の放電管のパルス幅が数マイクロ秒であるとすれば，マイクロ秒より速い反応を追跡することはできない．しかし，パルス幅が3～20ナノ秒程度のパルスレーザーを励起光源とした場合には，マイクロ秒からナノ秒に至る高速反応や電子励起状態の生成と減衰過程を測定することができる．

14.4.1 ナノ秒時間分解けい光法

けい光性の分子の励起状態が反応にかかわる場合や，反応の成績体がけい光性である場合には，その反応の速度や機構はナノ秒レーザーパルス照射による時間分解けい光スペクトルの解析により明らかになる．図14.2は，測定法のブロックダイヤグラムで，(a)は励起用パルス光源，(b)はけい光の測定系である．パルス光源としては従来からナノ秒フラッシュランプとパルスレーザーが用いられてきたが，ナノ秒およびピコ秒パルスレーザーの進歩によりレーザーを用いることが多くなっている．またナノ秒パルスレーザーとしてのエキシマーレーザーは，使用する希ガスによりそれぞれの波長を選択することができる．すなわち308 nm (XeCl)が最も一般的であるが，193(ArF)，248(KrF)，337(N_2)，351 nm (XeF)の波長が用いられる．また，ネオジウムYAGレーザーの1064 nmの第3，第4高調波(354および266 nm)を励起光とすることが多い．また，エキシマーレーザーの308 nm励起の色素レーザーや，YAGレーザー励起(532 nm)色素レーザーでは可視から紫外までパルス幅2～10 ns，繰り返し1～100 Hz(～200 Hz程度のものもある)のパルスを発生させることができる(ピコ秒パルスレーザーは後述)．

パルス光励起によるけい光の出現と減衰(rise and decay)をナノ秒の時間領域で測定するため高帯域(高速度)デジタルオシロスコープやデジタイザーが用いられる．データはパーソナルコンピュータに転送し，データ解析を行う．励起光として繰返しの速いパルサ

14. 凝縮系の高速反応

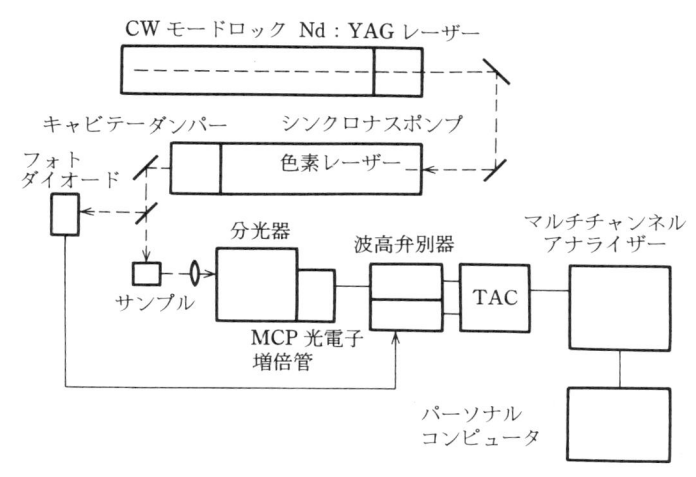

図 14.3 ピコ秒時間分解けい光測定システムの一例

ーを用いる場合には,「ピコ秒分光」の項で述べる単一光子計数法により測定する．時間分解けい光スペクトルは各波長における減衰曲線より求めるほか，感度の高いマルチチャンネルアナライザー(optical multichannel analyser: OMA)によれば容易に各遅延時間におけるけい光スペクトルが得られる．

14.4.2 過渡吸収スペクトル法

閃光分解法における励起光源をパルスレーザーとし，レーザー励起後における不安定分子種の吸収スペクトルを，通常，過渡吸収スペクトル(transient absorption spectra)という．すなわち，(c)のフラッシュランプ(パルス幅数10ミリ秒から数10マイクロ秒)を試料に照射し，試料の一定の波長の透過光の強度をI_0とする．このとき，レーザー(a)光の照射により生成した分子の励起状態(一重項および三重項状態)や不安定分子種(ラジカル，イオンあるいは光異性体など)による吸収により透過光がIとなったとすれば，$\log(I_0/I)$が吸光度として測定される．この吸収スペクトルの出現と減衰の解析により不安定分子種の高速反応の速度(ミリ秒からマイクロ秒あるいはナノ秒)と機構を明らかにすることができる．

14.4.3 レーザー2段階励起けい光と吸収

レーザー励起により生成した不安定分子種がけい光性である場合には，その不安定分子種の吸収スペクトル(過渡吸収スペクトル)を，(d)のように第2のレーザー(普通には色素レーザー)で励起すると，そのけい光スペクトルが得られる．これが2段階励起けい光である．ここで第1と第2のレーザーの間の遅延時間と励起波長を選ぶと複数個の不安定分子種を選択的に検出することが可能である．また，遅延時間に対する2段階励起けい光の強度変化から不安定分子種の基底状態の出現と減衰の速度と機構を知ることができる．

さらに第2のレーザー励起による過度吸収(2段階励起過度吸収)を測定すると，不安定分子種の励起状態の反応を追跡することができる．

14.5 ピコ秒フェムト秒分光

ナノ秒分光の励起光源のかわりにピコ秒レーザーを使用し，超高速度の応答時間をもつ測定装置を使用すると，ピコ秒時間分解けい光や過渡吸収により，ピコ秒やフェムト秒の反応の解析が可能である．

14.5.1 ピコ秒フェムト秒時間分解けい光

ピコ秒パルス光を得るには，おおよそ2つの方法がある．すなわち，モードロックネオジム(Mode locked Nd)YAGレーザーのパルス列からポッケルセルによりピコ秒パルス(1064 nm，パルス幅10〜30 ps)を取り出し，その第3あるいは第4高調波を用いる方

法と，アルゴンイオンレーザーやCWモードロックNdYAGレーザーの第2高調波で色素レーザーを励起し，その色素レーザー光（繰返し76 MHz，パルス幅数ps）をキャビティーダンパーにより1パルス当たりのエネルギーを増加させる方法とがある．しかし通常のピコ秒分光では後者が主流となっている．なお，最近はもう一組のYAGレーザーと色素レーザーを用いてパルス増幅を行う再生増幅装置が用いられている．また，ごく最近では，色素レーザーのかわりにチタン，サファイヤレーザーや非線形結晶を用いたパラメトリック発振のレーザーが用いられつつある．

ピコ秒時間分解けい光は前者の繰返しの小さい（～10Hz）レーザー励起の場合には，ストリークカメラにより測定を行うが，後者の高繰返し励起の場合には単一光子計数法（single photon counting）により行う．しかも，ピコ秒分光では光応答時間の速いマイクロチャンネルプレートを使用した光電子増倍管を用いる必要があるほか，ナノ秒測定より超高速度の電子回路を用いる．ピコ秒フェムト秒測定の時間分解能は，現在のところ測定系の時間分解能に依存している．

14.5.2 ピコ秒フェムト秒時間分解吸収スペクトル

ピコ秒パルス励起による反応の経過を吸収スペクトルにより追跡するためには，モニター用連続波長光源を必要とする．そのため，Nd YAGレーザーの基本波（1064 nm）を石英セルに入ったD_2OやCCl_4などに照射しピコ秒連続光を得る．試料に対する励起光パルスとモニター用光源との遅延時間は光路長の変化により調節する．ピコ秒時間分解吸収スペクトルは，前述のストリークカメラやオプティカルマルチチャンネルアナライザーなど種々のシステムが用いられている．

14.5.3 ピコ秒フェムト秒パンプ・プローブ分光法

これは，分子の振動緩和や電子移動あるいは溶媒分子の再配向などピコ秒フェムト秒で起こると考えられるような超高速現象（反応）を追跡するために開発された方法である．すなわち，第1のピコ秒（フェムト秒）パルスで励起し，生成した励起状態を第2のパルスで励起し多光子イオン化によるイオンを検出する．ここで第1のパンプ光と第2のプローブパルス光との遅延時間を変えることによるイオンの信号強度の変化より，第1のパルスにより生成した励起状態の反応速度を知ることができる．前述の光測定では，光電子増倍管（MCP）やストリークカメラ，あるいはマルチチャンネルフォトダイオードアレー（MCPD）の時間分解能に制約されるが，このパンプ・プローブ分光では光路長を変えるための超微動装置を用いることにより，分解能をフェムト秒まで上げることができる．なお光路長の差は0.3mmで1ピコ秒に対応する．

14.6 その他の高速分光による測定法

時間分解共鳴ラマン，時間分解赤外分光あるいは時間分解電子スピン共鳴などは，いずれもパルスレーザー励起後における励起状態やそれから起こる不安定反応成績体の分子構造を検出するものである．しかし，他の項で述べた高速分光法と同じように高速反応の速度と機構の研究に用いられている．これらの時間分解能は，主としてマイクロ秒からナノ秒であるが方法によってはピコ秒の時間分解能をもつものもある． 〔伊藤　道也〕

文　献

1) 日本化学会編："化学総説24 ナノ秒ピコ秒の化学"，学会出版センター(1979)．
2) 日本化学会編："化学総説26 レーザーと化学"，日本化学会出版センター(1980)．
3) D.V. O'Conner, D. Phillips, 平山　鋭, 原　清明訳："ナノ秒・ピコ秒の螢光測定と解析法，時間相関単一光子計算法"，学会出版センター(1988)．

15. 表面反応・触媒反応

触媒反応は均一系触媒反応と不均一系触媒反応に分けられる．固体触媒表面で起こる不均一系触媒反応は表面反応を含み，① 反応物の表面への吸着，② 表面における組換え反応，③ 生成物の表面からの脱離，の3つのステップから成る．図15.1からわかるように，それぞれのステップにおいて触媒を用いない均一系反応とは異なる状態(反応中間体)が形成される結果，活性化エネルギーの低い反応経路が実現されて速度が大きくなる．特に表面反応に特徴的な②のステップで存在する表面吸着種には，分子状や原子状などさまざまなものがあるが，最近では電子分光法などの表面分析手段によって吸着サイト(1個の表面原子の上への吸着とか2個の表面原子に橋架けした吸着など)や表面での配向，表面吸着量まで吸着状態について調べることができる．また，このような化学吸着種ばかりでなくファン・デル・ワールス(van der Waals)力による物理吸着種や，それに近い表面を自由に拡散する化学吸着種の前駆体の存在も知られている．一般に反応下における表面状態は複雑であるが，表面反応の取扱いにはラングミュア(Langmuir)の吸着等温式がよく用いられる．この理論では，吸着サイトは均一で1個の分子あるいは原子のみ吸着できるという仮定に基づいている．気相の圧力をP，θを表面被覆率(吸着している分子，あるいは原子が表面の吸着サイトを覆っている割合)とすると，吸着速度は$k_a \cdot P(1-\theta)$，脱離速度は$k_d \theta$となる(k_aとk_dは速度定数)．平衡ではこれらの速度が等しくなり，$\theta = bP/(1+bP)$となる．bは速度定数の比k_a/k_dで吸着係数といい，吸着熱(q：正にとる)と$b \propto \exp(q/RT)$の関係にある．2つ以上の吸着サイトを必要としたり，混合(共)吸着が起こる場合には，θはさらに複雑な表式となる．また，吸着サイトが均一でない表面には他の吸着等温式が適用される(表15.1)．

表面反応の速度式は均一反応のように簡単ではなく，気相成分の圧力の次数が分数や負の値を示すことが多い．これは反応物，反応中間体および生成物の表面被覆率が上記の圧力依存性を示すためであるが，速度式からどの素過程が律速度段階になるかを一義的に決めることはできないので，表面に吸着した反応中間体の挙動を表面分光法などの手段を用いて調べることが必要である．表面反応の機構には，表面吸着種同士で反応が進行するラングミュア—ヒンシェルウッド(Langmuir-Hinshelwood: L-H)機構と，表面吸着種に気相成分が直接関与するイーレィー—リディール(Eley-Rideal: E-R)機構の2つがある．一酸化炭素を酸素によって二酸化炭素にする酸化反応は，表面反応として最もよく研究さ

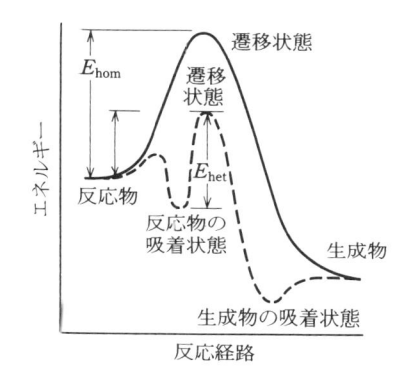

図 15.1 均一系反応(実線)と不均一系反応(点線)に対するポテンシャルエネルギー変化

表 15.1 おもな吸着等温式

名 称	式	θと吸着熱との関係	
ラングミュア	$\theta = bP/(1+bP)$	$q = $一定	
フロインドリッヒ	$\theta = kP^{1/n} \ (n>1)$	$q = -q_m \ln \theta$	(q_m：定数)
チョムキン	$\theta = (RT/\beta q_0) \ln AP$	$q = q_0(1-\beta\theta)$	(q_0：初期吸着熱)

れたものの1つであるが，速度式から反応機構を決めるのは容易ではなく長年結論が出ていなかった．表面分光法からPtやPd表面では酸素は原子状に，COは分子状に吸着することと，COで飽和吸着させた表面に酸素を導入しても反応しないことが示されたものの，酸化反応がL-H機構のCO(a)+O(a)→CO_2で起こるのか，それともE-R機構のCO+O(a)→CO_2で進行するのかを決める問題が残った．反応機構を決定したのはPt単結晶の(111)面でCOの分子線を用いた研究である．すなわち，酸素原子を吸着させた表面にCOの変調ビームを衝突させて生成してくるCO_2との位相差を反応条件下で測定して求めたCOの表面滞在時間が6×10^{-4}秒であることから，L-H機構に従って反応が進行することが明らかとなった．

触媒反応においては，活性(反応速度)と選択性がよく比較される．反応速度は表面サイト当たり単位時間当たりの生成物の数(turn-over number)で定義されるが，実際には吸着測定などから求められる表面に露出した原子数をすべて表面サイトとして数えることもあり，反応に有効な反応サイト(後述)当たりの値とは異なるので注意を要する．選択性は全生成物に占める注目する主生成物の割合(収率)で表す．選択性が用いる触媒によって大きく変わる例としてはギ酸の分解反応がある．ギ酸の分解反応には2つの反応経路があり，アルミナ表面では脱水反応($HCOOH \rightarrow H_2O+CO$)が，酸化亜鉛表面では脱水素反応($HCOOH \rightarrow H_2+CO_2$)が選択的に起こる．触媒表面で同時に進行する並列反応のなかで，ある特定の反応経路を促進(promotion)したりあるいは阻害(poisoning)することで選択性を向上させることがよく行われる．このほかにも反応サイトの研究によって明らかにされた活性・選択性を左右する要素を以下に述べる．

効率上から触媒はよく表面積の大きい担体に分散担持して使用されるが，触媒の粒子径を小さくしていくと2〜3nmを境として，低ミラー指数面に存在する原子に比べて稜や角に位置する(配位数の少ない)原子の割合が急激に増大するという表面構造の変化に対応して，活性や選択性が変わることがある．そこで表15.2のように，表面反応を表面構造によって反応速度が変化するもの(structure sensitive)と表面構造には依存しないもの(structure insensitive)の2つに分類することができる．

最近では，表面構造を規定できる単結晶表面構造と反応速度との関連を調べる研究が進むにつれ，反応に有効な表面構造が原子・分子レベルで明らかにされている．たとえば，工業的に重要な炭化水素の転換反応(シクロヘキサンの脱水素反応や水素化分解反応な

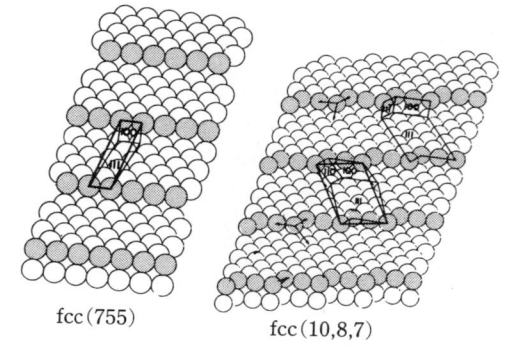

fcc(755)　　　　　fcc(10,8,7)

図15.2　fcc構造の(7 5 5)ステップ面と(10,8,7)キンク面の表面構造

表15.2　表面反応の分類

反応の種類	反応式	分類
平衡化反応	$H_2+D_2\rightarrow 2HD$	
水素化反応	$C_2H_4+H_2\rightarrow C_2H_6$	structure
水素化反応	$cyclo\text{-}C_3H_6+H_2\rightarrow C_3H_8$	insensitive な反応
水素化反応／脱水素反応	$C_6H_6+3H_2\rightleftarrows C_6H_{12}$	
水素化分解反応	$C_2H_6+H_2\rightarrow 2CH_4$	structure
アンモニア合成／分解反応	$N_2+3H_2\rightleftarrows 2NH_3$	sensitive な反応

ど)をPt単結晶表面で調べた研究では，図15.2にあるような配位数の小さい原子からなるステップやキンク構造が，低指数面であるテラス面によって一定の間隔で隔てられて存在する表面を用いることによって，C-H結合やC-C結合の切断に対してこれらの構造が有効な反応サイトになることが示された．配位数の異なる原子によって活性が変化することはFeの単結晶表面においてもみられる．Feの低指数面である(111)，(110)，(100)面にはそれぞれ配位数が7，6，4である表面原子が存在する．アンモニア合成反応の律速段階になる窒素分子の解離吸着をこれらの表面で調べると，配位数7のサイトを有する(111)面で，表面に傾いた分子状吸着窒素種が解離吸着に移行することが見出されるとともに，解離吸着速度が最も速くなることがわかった．アンモニア合成反応においても同様に(111)面での速度が最も大きくなっている．しかし，表面構造の違い(配位数の異なるサイトの存在)とともに表面電子状態も変わるので，両者を分けて考えることは正しくない．たとえば，Pt単結晶の(100)面では，表面第一層が(111)面のような安定構造に緩和するのに伴いフェルミ準位の表面電子状態密度が減少する結果，酸素や水素の解離吸着速度が2桁近く減少している．この緩和した表面にCOが吸着すると，再びもとの準安定構造に戻るので，Pt(100)面でのCOの酸化反応では，表面吸着CO量によって表面構造が相転移するのに伴って酸素の吸着速度が変化し，CO_2生成速度が増大・減少を繰り返す振動現象が観測されている．また，反応サイトについては異種原子で置き換えて調べることも有効なので，不活性なIB族元素と活性な遷移金属との合金表面の研究が多くされている．この場合，異種原子で置き換えることによって生じる幾何学的なアンサンブル(ensemble)効果と，異なる元素間で働く電子的な相互作用によるリガンド(ligand)効果がみられる．Cu-Ni合金表面におけるシクロヘキサンの脱水素反応とエタンの水素化分解反応の2つの反応を比べると，水素化分解反応速度はCuの表面組成が50%で1桁以上も小さくなるのに対して，脱水素反応速度はむしろCuの合金組成とともに増加している．これは，表15.2の分類から特別な表面構造が必要である水素化分解反応ではアンサンブル効果が大きいのに対して，脱水素反応では生成物であるベンゼンとNi原子との吸着エネルギーがリガンド効果で弱くなり，吸着阻害が軽減されるためである．〔江川千佳司〕

文　献

1) 触媒学会編："触媒講座1(基礎編1)　触媒と反応速度"，講談社(1985)．
2) 触媒学会編："触媒講座2(基礎編2)　固体物性と触媒作用"，講談社(1985)．

16. 結晶の光学特性

16.1 屈　折

結晶の光学特性として最もよく知られているのは屈折という現象である．ガラスなどの非晶性物質の屈折率は等方性であるが，結晶においては異方性が存在する．これは結晶の周期性，配向性に由来するものである．結晶の屈折率 n_L はローレンツ-ローレンツ(Lorentz-Lorentz)式(16.1式)によって分子1個当たりの結晶中での平均線形分極率と関係づけられている[1]．

$$\alpha_{LL} = \frac{3}{4\pi N} * \frac{n_L^2 - 1}{n_L^2 + 2} \quad (16.1)$$

ここで添字Lは結晶の誘電主軸，Nは単位体積当たりの分子数を指す．またα_{LL}と線形分子分極率 α_{ij} の関係は配向ガスモデルにより次式のように与えられる[2]．

$$\alpha_{IJ} = \frac{1}{N_g} \sum_{i,j} \sum_{s=1}^{N_g} \cos\theta_{Ii} * \cos\theta_{Jj}) \alpha_{ij} \quad (16.2)$$

ここで添字 I，Jは結晶誘電主軸を表し，i，jは分子軸を表している．またθ_{Ii}はI軸とi軸のなす角度，N_gは結晶格子中での等価な

位置に存在する分子数を示している．(16.1)，(16.2)式より分子配向と屈折率の異方性の関係が理解できる．光の偏光方向と進行方向の違いによる屈折率の異方性は屈折率楕円体により，数学的に表すことができる[3]（(16.3)式）．

$$\frac{x^2}{n_x^2}+\frac{y^2}{n_y^2}+\frac{z^2}{n_z^2}=1 \quad (16.3)$$

1軸性結晶の屈折率楕円体の中心Oを通るような等位相波面に対応する平面を書いてみる（図16.1）[3]．この平面と楕円体の交線でつくられる楕円の長軸，短軸の方向，OA，OBがその伝播方向をsとするような光波の電界ベクトルの振動方向を示し，かつそれぞれの軸の長さがそれぞれの偏光に対する屈折率に比例している．

上記のような異方性の誘電率テンソルのある媒質のなかを光の平面波が伝幡するとき，光は2つの平面波に分かれて進行する．ここでOA方向に偏光した光を異常光，OB方向に偏光した光を正常光と呼ぶ．この平面波は進行方向は同じであるが，電気ベクトルおよびその振動方向，さらには位相速度が異なる．したがって，この2つの平面波に対する媒質の屈折率が異なることになる．この差を複屈折という．図16.1のような屈折率楕円体においては複屈折を示さない光の伝幡方向zが存在する．このような軸方向を光軸という．図16.1のように光軸が1本の物質を1軸性の結晶，光軸が2本存在する物質を2軸性結晶という．

複屈折のある物質中で，波数ベクトルが同じでたがいに直交する電場の振動成分をもつ平面波が存在する場合，2つの電気ベクトルの振動の振幅と位相が異なると，合成ベクトルは楕円移動する．このような光を楕円偏光という（図16.2）[4]．また電場の振動ベクトルの振幅が同じで，位相が$\pi/4$ずれているときは円偏光となる．

16.2 旋 光 性

結晶の旋光性（光学活性）とは直線偏光が結晶を通過するとき，その偏光面が回転する現象をいう．この光学活性は結晶内を進行する右回りと左回りの円偏波光の速度差より生じる旋光複屈折に起因する．単位厚さの結晶に直線偏光を入射したとき，結晶を通過し終わったときの偏光面の回転角を旋光能という．

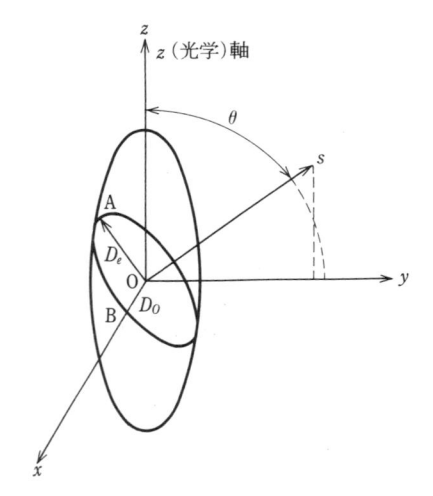

図 16.1 1軸性結晶の屈折率楕円体

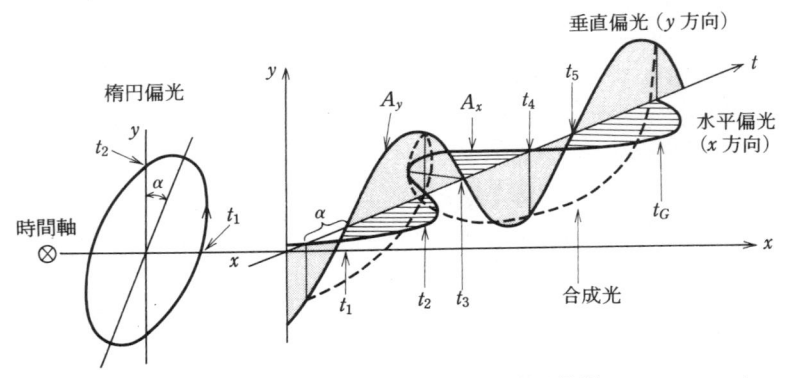

図 16.2 位相差のある直光偏光の合成（楕円偏光）

旋光性が発現するためには結晶に対称心がなく，かつ分子の対称性に回反軸を含まない．いいかえれば回転軸しか含まないことが必要十分条件となる．この条件を満たす点群を以下に列挙する[5),6)]．

三斜晶系　1
単斜晶系　2, m
斜方晶系　222, mm2
正方晶系　4, $\bar{4}$, 422, $\bar{4}$2m
三方晶系　3, 32
六方晶系　6, 622
立方晶系　23, 432

旋光性がある物質としてよく知られているものとしては水晶，無機強誘電体としてはリン酸二水素カリウム(KDP)，$LiH_3(SeO_3)_2$, $Ca_2(Sr(C_2H_5CO_2))_6$, $NaNO_2$, $NH_4H_3(SeO_3)_2$, $5PbO-3GeO_2$ がある．

1軸性の結晶において光学活性が存在すると，どのように光が伝幡するか考えてみよう．たとえば光学活性のない正の1軸性結晶の法線速度曲面は図 16.3(a)のようになる．しかし結晶に光学活性があると旋光による位相差が生じるので，正常光と異常光の法線速度曲面が広がるようになる．その結果，光が光軸方向に伝幡しても2つの平面波の速度は異なり，波面は一致しない現象が観察できる（図 16.3(b)）[7)] また光学活性のない結晶を直交ニコル下に置き，偏光板の電気ベクトルの振動方向と結晶の誘電主軸を一致させると，結晶を出た光が検光子を通過できない消光位と呼ばれる状態が現れるが，光学活性のある物質は消光位においてもわずかに光が通過する．以上述べたように光学活性のある結晶の偏光状態は結晶が旋光性を示さないときに生じる偏光状態と，旋光複屈折による偏光面の回転が重畳したものとなる．

16.3　受動素子

受動素子とは入力する光以外の入力エネルギーをもたない素子であって基本的に次の4つに分類される[8),9)]．

a. 偏光子，b. 移相子，c. 検出子，d. 複像子．

以下，それぞれの素子について簡単に解説する．

a. 偏光子　この素子は出射光の偏光状態を確定するためのものであり，偏光板がその代表であり，通常は直線偏光子を指す．偏光子の特性は消光率によって表される．偏光子の材質としては最も安価なものとして延伸したポリビニルアルコールにヨウ素をドープした2色性ポラライザーがある．もっと消光率が高い偏光子としては複屈折ポラライザーがある．2色性でない直線複屈折結晶では，光軸以外の方向に対して，入射光は2つの直交する直線偏光に分解され異なる屈折率で通過する．この2つの平面波の一方をカットしてしまえば偏光ポラライザーになる．一方の光を取り出す方法としては，①光線進行方向の異なる複像プリズムをつくる，②結晶を斜めにカットして，その後，接着材などにて張り合わせ全反射プリズムをつくる，の2種類の方法がある．

よく使われているポラライザーとしては

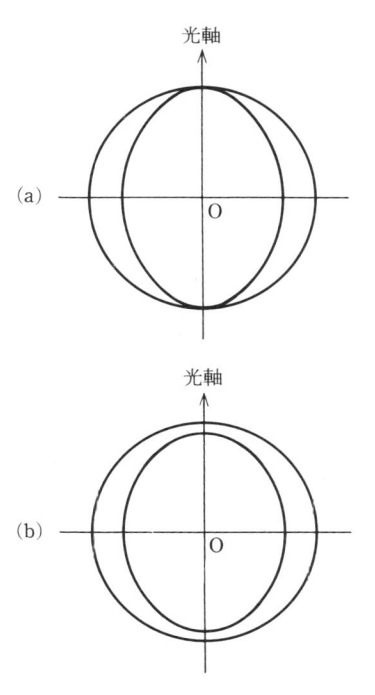

図 16.3　1軸性結晶の法線速度曲面
(a) 光学活性のない結晶，(b) 光学活性のある結晶

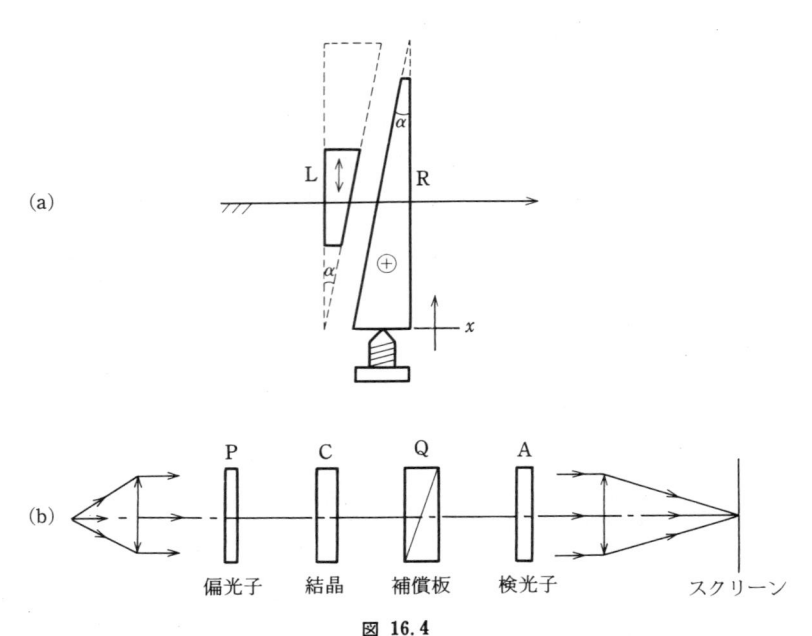

図 16.4
(a) バビネ型コンペンセーターの構造, (b) セナルモン型コンペンセーターの光学系

グラン・テイラー偏光プリズム，グラン・トムソン偏光プリズムなどがある．またこのほかにもブルースター角を利用した反射型ポラライザーや誘電体薄膜を利用したポラライザーなどもある．

b. 移相子 直交2偏光間に一定，あるいは可変の位相差を与える素子で，波長板，コンペンセーターがそれに相当する．1/4波長板としては雲母，水晶などが有名である．これらはいずれも 1/4 波長分の位相差が与えられるように結晶の厚みを研磨によって厳密に制御されているものである．これに対してコンペンセーター（バビネ型）は旋光性の異なる2枚の水晶をくさび型に研磨し，1枚の平行板になるようにそれらを配置したものである（図 16.4(a)）[10]．位相差はくさびをマイクロメータで移動することによって決定される．また偏光顕微鏡と対でよく使われるものとしてセナルモンのコンペンセーターがある．これは図 16.4(b)[11] のように検光子をその面内で回転させることにより位相を $-\pi$ から $+\pi$ まで変えることのできるものである．

c. 検出子 ある特定の偏光状態を抽出し，その存在の有無を検出する素子であり，偏光度測定や偏光成分間の強度差測定ができる．

d. 複像子 複像子は偏光方向がたがいに直交している光線を垂直に入射したときでも，屈折時に方向の異なる光線となることを利用して，2つの偏光がそれぞれの位置の偏位した像をつくるようにすることができるものを指す．代表的なものとしてはウォラトンプリズム（図 16.5）[12] があり偏光干渉計などに用いられている．

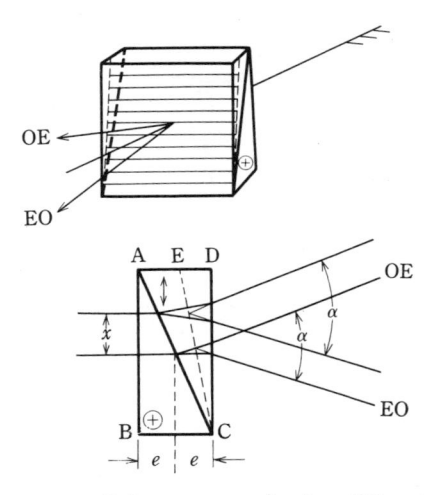

図 16.5 ウォラトンプリズムの構造

16. 結晶の光学特性

表 16.1 電気光学効果を示すおもな物質と r 定数

材料	点群	電気光学定数 (pm/V)	屈折率 (代表的値)
KDP (KH_2PO_4)	42m	$r_{41}=8.6$	$n_0=1.51$
		$r_{63}=10.6$	$n_e=1.47$
KD_2PO_4	42m	$r_{63}=23.6$	$n_0=1.51$
			$n_e=1.47$
Quartz	32	$r_{41}=0.2$	$n_0=1.54$
		$r_{63}=0.93$	$n_e=1.55$
ZnS	43m	$r_{41}=2.0$	$n_0=2.37$
GaAs (900〜1080nm)	43m	$r_{41}=1.2$	$n=3.6$
$LiNbO_3$	3m	$r_{33}=30.8$	$n_1=n_2=2.2716$
			$n_3=2.1874$
			(700nm)
$BaTiO_3$	4mm	$r_{33}=23$	$n_0=2.437$
		$r_{42}=820$	$n_e=2.365$
MNA (2-methyl-4-nitroaniline)	m	$r_{11}=67$	$n_1=2.0$
m-NA (m-nitroaniline)	mm2	$r_{33}=16.7$	$n_1=1.805$
		$r_{13}=7.4$	$n_2=1.715$
			$n_3=1.675$
POM (3-methyl-4-nitropyridine-1-oxide)	222	$r_{41}=3.6$	$n_1=1.712$
		$r_{52}=5.1$	$n_2=1.919$
		$r_{63}=2.6$	$n_3=1.638$
Urea	42m	$r_{63}=0.83$	$n_1=n_2=1.48$
			$n_3=1.59$
MNMA (2-methyl-4-nitro-N-methylaniline)	2mm	$r_{31}=8$	$n_1=2$
		$r_{33}=7.5$	$n_3=1.55$

16.4 電気光学効果,光弾性効果,磁気光学効果

16.4.1 電気光学効果

外部より印加された電界により結晶の屈折率が変わる現象を電気光学効果という.(16.4)式に示されるように,この現象には印加電界に比例して屈折率変化が生じるポッケルス効果と印加電界の2乗に比例して屈折率変化の生じるカー効果がある.これらの効果を利用することにより,外部電場による光強度変調,位相変調,光偏向が可能となる[13].

$$\Delta(1/n_{ij}^2) = \sum_{k=1}^{3} r_{ijk}E_k + \frac{1}{2}\sum_{k=1}^{3}\sum_{e=1}^{3} Q_{ijkl}E_kE_l + \cdots \quad (16.4)$$

ここで n は屈折率, E は印加電界, r はポッケルス定数, Q はカー定数である.カー効果はどんな物質にも観察できるが,ポッケルス効果が生じるためには結晶中に反像対称心が存在してはならない. r 定数は3階のテンソルであり結晶固有の対称操作により,どのテンソルが0か,そうでないかを知ることができる.電気光学効果を示すおもな物質と r 定数を表 16.1 に示す.電界の存在下における屈折率楕円体は次式によって与えられる.

$$\left(\frac{1}{n_x^2}+r_{1k}E_k\right)x^2+\left(\frac{1}{n_y^2}+r_{2k}E_k\right)y^2$$
$$+\left(\frac{1}{n_z^2}+r_{3k}E_k\right)z^2$$
$$+2yzr_{4k}E_k+2zxr_{5k}E_k+2xyr_{6k}E_k=0 \quad (16.5)$$

ここで $E_k(k=1,2,3)$ は印加電界の成分である.また 1,2,3 は誘電主軸 x, y, z に対応している.ただしポッケルス効果による屈折変化を(16.6)式のように定義する.楕円体の式が r_{41} のような交差項を含むときは電界を印加することにより屈折率楕円体の主軸が回転する場合がある.

$$\Delta\left(\frac{1}{n^2}\right)_i = \sum_{j=1}^{3} r_{ij}E_j \quad (16.6)$$

電気光学効果によって生じるレタデーションを利用することにより,光の偏向面を回転さ

せることができる．たとえばKDPのz軸方向に電界を印加した場合，屈折率楕円体のx, y軸が45°回転する．このとき電界を印加する前の主軸であるx方向に電場が振動している光を入射すると，その光波は電場を印加したときの屈折率楕円体の主軸x', y'方向に偏光した2つの成分に分解できる．出射面におけるこの2つの光波の位相差をレタデーションYと呼ぶ．Yが$\pi/2$になる電圧を半波長電圧といい，この値が小さい素子ほど，低電圧での光強度，あるいは位相変調が可能となる．

16.4.2 光弾性効果

物質に電界あるいは応力を加えることにより変形した弾性体が光学的異方性を示すようになり，複屈折が生じるようになる現象を指す．物質に電界を印加したときに生じるひずみは圧電効果と電歪効果によるものであり，前者は印加電圧に比例した応答，後者は印加電圧の2乗に比例した応答を示す．電界に対するこれらの応答はポッケルス効果と比べて周波数帯域が狭く，リン酸二水素カリウム(KDP)の場合で10^5Hz程度である[14]．

16.4.3 磁気光学効果

磁気光学効果は磁界により物質の光学的な性質が変化する現象でありファラデー効果，磁気誘電効果，コットン-ムートン(Cotton-Mouton)効果に分類できる．ファラデー効果とは，磁界中におかれた透明なガラスや液体を通過する光の偏光面が角度ρだけ回転する現象を指す．このとき以下の関係式が成り立つ．

$$\rho = RHL \cos\theta \quad (16.7)$$

ここでHは磁界の強さ，Lは光路長，θは光線と磁界のなす角，Rはヴェルデ(veredet)定数と呼ばれ，ファラデー効果の大きさを示す係数である．

磁気誘電効果，コットン-ムートン効果はニトロベンゼンのような芳香族化合物に光を照射し，光の進行方向に対して垂直に磁界を加えると，偏光面の回転は起こらず，ごくわずかな複屈折が観察される現象である．ファラデー効果は磁界の強さに比例するのに対して，コットン-ムートン効果は磁界の2乗に比例している．

16.5 能動素子

電界などの外部からの力によって光学特性を変化させ，制御できるものを能動素子と呼ぶ．

16.5.1 光変調素子

a. 光強度変調 光変調素子を用いると電界による光強度変調，位相変調が可能である．KDPを用いた典型的な光強度変調器の装置図を図16.6に示す[14]．この装置の出射光強度は

$$I = 2A^2 * \sin^2(Y/2) \quad (16.8)$$

で表される．ここでAは入射光電界の振幅，Yはレタデーションである．電界を印加してYを変化させることにより光強度変調が

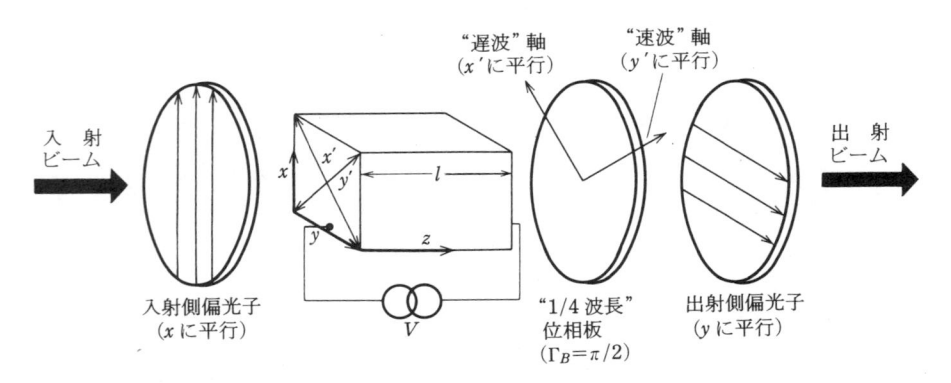

図16.6 KDPを用いた典型的な光強度変調器

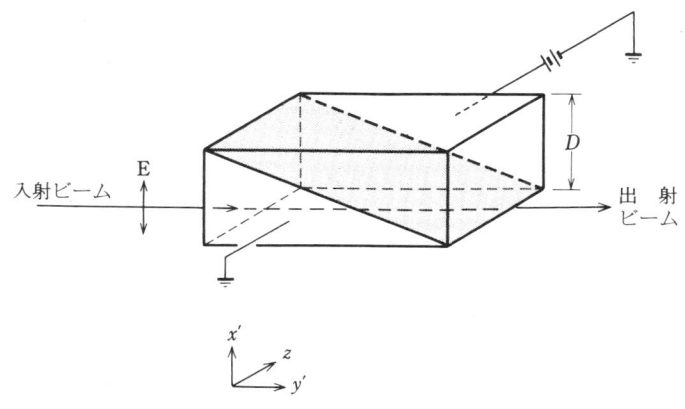

図 16.7 KDP を用いた光ビーム偏向器

可能となる．あらかじめ $Y=\pi/2$ になる電圧をバイアスしておくと光透過率は 50% になる．変調はこのバイアス動作点を中心に行われる．

b. 光位相変調　光位相変調器では入射光電場の振動方向は電場を印加した際の屈折率楕円体の主軸方向を向いている．このときは電界印加による偏光面の回転は起こらず，ただその位相のみが変化する．KDP の z 軸方向に電界を印加し，その方向に光を伝搬させたとき，光波が受ける位相変調は次式で表せる．

$$\delta = \pi n_0^3 r_{63} E_m L / \lambda \quad (16.9)$$

ここで δ は位相変調指数と呼ばれている．また λ は入射光の波長，E_m は印加電界，r_{63} は電気光学定数，n_0 は結晶の屈折率を表している．この素子を干渉計に組み込むことにより，光強度変調も可能になる．

16.5.2 光ビーム偏向素子

a. 電気光学効果によるビーム偏向　電気光学効果を利用して光ビーム偏向素子を作製することができる．一例として KDP を用いた光ビーム偏向器(図 16.7)[15]について述べる．この素子は x', y', z' 方向に沿った稜をもつ KDP プリズム 2 個で構成されている．プリズムは結晶の z 軸がたがいに逆向きになるように張り合わせている．ただし x', y' の方向は同じである．電界は z 方向に印加され，光は y' 方向に伝搬し，偏光方向は x' 方向とする．上側のプリズムと下側のプリズムでは印加電界の符号が反対であるから，入射光ビーム波面の上側と下側では光がみる屈折率が異なり，走行時間に差が生じる．その結果としてビームの伝搬方向の偏向が生じる．偏向角 θ は次式により表せる．

$$\theta = L/D * n_0^3 r_{63} E_z \quad (16.10)$$

ここで L は結晶長，D は結晶の厚み，n_0 は結晶の屈折率，r_{63} は電気光学定数，E_z は印加電界である．上式から明らかなように偏向角 θ は印加電圧によって制御できる．

b. 音響光学効果によるビーム偏向　音波によって光の回折が生じることを音響光学効果という．この光の回折はブラッグの回折条件((16.11)式)を満足した場合に生じる．

$$2\lambda_s * \sin\theta = \lambda/n \quad (16.11)$$

ここで λ_s は音波波長，λ は入射光の波長，θ は音波に対する光ビームの入射角，n は屈折率である．光ビームを音波で偏向させるためにはブラッグの回折条件を満足する動作状態付近で音波周波数を変化させればよい．このときの偏向角 $\Delta\theta$ は以下の式で与えられる．

$$\Delta\theta = \Delta K_s / K = (\lambda/n V_s) * \Delta v_s \quad (16.12)$$

ここで v_s は音速である．上式から明らかなように音波周波数変化 Δv_s を制御することにより光ビーム偏向が可能となる．

16.6 非線形光学効果

光電場 E によって物質中に誘起される分極 P は(16.13)式で表される[16]．

表 16.2 非線形光学過程

入射光の角周波数	出射光の角周波数	非線形感受率	光学過程
2次の非線形光学過程			
ω	2ω	$\chi_{ijk}^{(2)}(-2\omega;\omega,\omega)$	光第2高調波発生
ω_1,ω_2	$\omega_1\pm\omega_2$	$\chi_{ijk}^{(2)}(-\omega_1\pm\omega_2;\omega_1,\omega_2)$	和・差周波発生
ω	0	$\chi_{ijk}^{(2)}(0;\omega,-\omega)$	光整流
ω	ω	$\chi_{ijk}^{(2)}(-\omega;0,\omega)$	線形電気光学効果(ポッケルス効果)
ω_2,ω_3	$\omega_3-\omega_2$	$\chi_{ijk}^{(2)}(-\omega_3+\omega_2;\omega_3,\omega_2)$ ($\omega_3=\omega_1+\omega_2$)	パラメトリック効果
3次の非線形光学過程			
ω	3ω	$\chi_{ijkl}^{(3)}(-3\omega;\omega,\omega,\omega)$	光第3高調波発生
ω	2ω	$\chi_{ijkl}^{(3)}(-2\omega;0,\omega,\omega)$	電場誘起光第二高調波発生(EFISH)
ω_4	$\omega_1,\omega_2,\omega_3$	$\chi_{ijkl}^{(3)}(-\omega_4;\omega_1,\omega_2,\omega_3)$	4光波和周波混合
ω	ω	$\chi_{ijkl}^{(3)}(-\omega;\omega,0,0)$	2次電気光学効果(DCカー効果)
ω	ω	$\chi_{ijkl}^{(3)}(-\omega;\omega,\omega,-\omega)$	光誘起複屈折,自己集束,自己束縛
ω	ω	$\chi_{ijkl}^{(3)}(\omega;\omega_p,-\omega_p,\omega)$	光カー効果
ω_1	ω_2	$\chi_{ijkl}^{(3)}(-\omega_2;\omega_1,-\omega_1,\omega_2)$	ラマン散乱,ブリルアン散乱

$$P=\chi^{(1)}E+\chi^{(2)}E*E+\chi^{(3)}E*E*E+\cdots \quad (16.13)$$

ここで $\chi^{(1)}$ は線形感受率,$\chi^{(2)}$,$\chi^{(3)}$ はそれぞれ2次,3次の非線形感受率である.$\chi^{(2)}$,$\chi^{(3)}$ の係数は非常に小さいので通常の光源から放射される光に対しては分極 P は入射光電場に比例した応答を示す.しかし,レーザーのようなコヒーレント性のよい光源を用いると2次,3次の分極が無視できなくなり,さまざまな新しい現象「非線形光学効果」が観察できるようになる.

種々の非線形光学過程を表16.2に示す.光第2高調波発生は入射光の波長を半分にする現象であり,半導体レーザーの可視光化が可能となることから近年,非常に注目されている.パラメトリック効果は $\omega_1,\omega_2,\omega_3$ の3種の光波が同時に存在するとき,2次の非線形分極により和や差の周波数の分極が生じる現象である.特に光の増幅作用や発振作用がみられる場合,これをパラメトリック増幅,発振という.

3次の非線形光学効果では入射光の波長を1/3にする光第3高調波発生,入射光の強度に比例して屈折率が変化する光カー効果や光が自動的に集束する自己集束,光束が回折により広がらない自己束縛がある.

また入射光が十分強いと格子振動と散乱光と入射光が結合して一種のパラメトリック発振を行いコヒーレントな散乱光が発生する誘導ラマン散乱と誘導ブルリアン散乱が観測できる.

〔渡辺敏行・宮田清蔵〕

参考文献

1) M. Born and E. Wolf: "Principles of Optics", p.96, Pergamon, Oxford (1975).
2) J.L. Oudar and J. Zyss: *Phys. Rev. A*, **26**, 2076 (1982).
3) A. Yariv and P. Yeh: "Optical Waves in Crystals", p.77, Interscience, New York (1984).
4) 高木 相:"オプトエレクトロニクスの基礎", p.65, 啓学出版 (1984).
5) 応用物理学会光学懇談会編:"結晶光学", p.85, 森北出版 (1975).
6) 工藤恵栄:"分光の基礎と方法", p.312, オーム社 (1985).
7) 5) と同じ,p.91.
8) 5) と同じ,p.164.
9) 6) と同じ,p.275.
10) 5) と同じ,p.184.
11) 6) と同じ,p.335.
12) 5) と同じ,p.200.
13) AMNON YARIV, 多田邦雄,神谷武志訳:"光エレクトロニクスの基礎", p.319, 丸善 (1988).
14) 3) と同じ,p.266.
15) 11) と同じ,p.330.
16) 固体物理(非線形光学材料特集号), アグネ技術センター, **24**, (1980).

17. 導電性

17.1 オームの法則

　一般に，電場の作用の下で電荷が移動して電流が現れる現象を電気伝導といい，そのような性質を(電気)伝導性，または導電性と呼ぶ．定常電流を考えれば，電場があまり大きくない範囲では電流は電場に比例する．すなわち巨視的物体については，電流(I)と2点間の電位差(電圧，V)の間には比例定数をR^{-1}として，$I=V\cdot R^{-1}$という関係がある．これをオーム(Ohm)の法則と呼び，Rを(電気)抵抗という．一様な太さの導線では，Rは長さ(l)に比例し導線の断面積(S)に反比例して，$R=l\cdot(S\cdot\sigma)^{-1}$と書くことができる．このとき$\sigma$は物質定数であり，電気伝導度と呼ばれる．また$\rho=\sigma^{-1}$は比抵抗，あるいは抵抗率と呼ばれる．局所的にはオームの法則を導体中の各点について$i=\sigma E$と書くことができる．ここでiは電流密度，Eは電場である．異方性物質では，σがテンソルとなり電流の方向と電場の方向は一致しない．σは種々の物質定数の中で物質による大きさの違いが極端に大きいものの1つである(図17.1)．

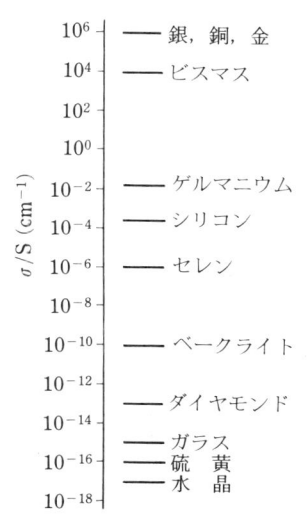

図 17.1 種々の物質の室温電気伝導度

　特に，ある種の金属では電気伝導度が無限大となる超伝導状態(→§18)が現れる．電気伝導度は物質の物理的および化学的不純物にきわめて敏感であり，その絶対値の測定はかなりむずかしい．

　電場が大きくなると，電流と電位差の比例関係が破れ非線形伝導が現れる．機構は物質によりさまざまであるが，非線形伝導は実用上重要なものが多い．

　非定常的な電気伝導を考える場合には，電気伝導度の周波数(ω)依存性を考えなければならない．この場合，電場と電流の位相のずれが起こり得るので電気伝導度は複素数となる．交流(複素)電気伝導度$\sigma(\omega)$と複素誘電率$\varepsilon(\omega)$の間には次の関係がある．

$$\sigma(\omega)=i\cdot\omega\cdot\varepsilon(\omega)$$

17.2 担体と輸率

　電気伝導を担う粒子(担体)としては電子とイオンを考えることができる．また，これらがない状態をあたかも反対符号の電荷をもった粒子のように考えて，担体とすることもある．通常の固体では担体が電子(および正孔)の場合が多いが，固体電解質と呼ばれる一連の化合物では固体中のイオンの移動により電荷が運ばれる．電子またはその抜けた状態である正孔を担体とする伝導体を電子伝導体，担体がイオンである伝導体をイオン伝導体あるいは電解質と呼ぶ．電子とイオンの両者が電気伝導に寄与している場合，その伝導体を混合伝導体と呼ぶ．

　σは一般に$\sigma=\sum n_i\cdot p_i\cdot\mu_i$と表すことができる．ここで$n_i$はその担体の濃度，$p_i$は電荷，$\mu_i$は移動度と呼ばれる量である．$p_i$は一定であるから，$n_i$や$\mu_i$の変化が電気伝導度の変化を支配している．$n_i\cdot p_i\cdot\mu_i\cdot\sigma^{-1}$は担体の輸率と呼ばれる．

　図17.1の上側にある銀，銅などは金属，下側にあるガラスや硫黄などは絶縁体である．これに対し，中間に位置するシリコンやゲルマニウムは半導体と呼ばれる．ビスマスなどいくつかの物質は半金属と呼ばれ，金属

と半導体の中間の伝導度をもつ．イオンによる伝導性を示す固体電解質の伝導度はおよそ半導体と同程度である．

17.3 電子伝導体

金属，半導体，絶縁体という分類はもともとみかけの伝導性によったものであるが，その伝導機構は本質的に異なる．

17.3.1 金属と半金属

金属では図17.2に示すように部分的に電子で満たされたバンドがある．この電子が存在する最高のエネルギーは電子の化学ポテンシャルであり，フェルミ準位と呼ばれる．フェルミ準位(付近)にある電子は無限に小さなエネルギーで移動することができるので大きな伝導度を示すことになる．電気伝導度の大きさはこのような電子(自由電子)の数と移動度で決まっているが，ナトリウムなどの簡単な金属では自由電子の移動度は，結晶格子の熱振動による電子の散乱で支配されており，高温になるほど小さくなる．このため金属の伝導度は温度の減少とともに増大する．移動度を担体の速度の緩和時間で表す近似の下では，高温で伝導度は(絶対)温度Tに反比例し，低温で温度の5乗に反比例する．両者をつなぐ経験式として

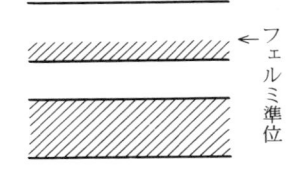

$$\rho = B \cdot T^5 \cdot \int_0^{\theta_D/T} \frac{x^5}{(1-e^{-x})(e^x-1)} dx$$

が知られている．ここでBは物質固有の定数，θ_Dはデバイ(Debye)温度である．この式は，グリュナイゼン(Grüneisen)公式と呼ばれる．不純物が存在する場合や合金では，低温で不純物による電子の散乱が重要となり，温度に依存しない抵抗(残留抵抗)が現れる．不純物が磁気スピンをもつ場合には抵抗極小が現れ，低温で抵抗が対数関数的に発散する近藤効果が現れる．

金属と同様に自由電子をもつが，その密度が普通の金属に比べてはるかに小さいものは半金属と呼ばれる．これらにおいては，自由電子の密度は普通の金属の1万分の1程度しかない．磁気的性質などに特徴的な振舞いがみられる．

17.3.2 絶縁体と半導体

図17.3のように，あるバンドまでは電子で完全に満たされており，それ以上のバンドが完全に空の場合には，電子が移動するにはE_gだけのエネルギーが必要である．このためこのような物質では熱的に励起された電子あるいは正孔が担体となる．この完全に満たされたバンドを価電子帯，すぐ上の空のバンドを伝導帯，両者の間の電子の存在が許されない領域を禁止帯，またはバンドギャップという．E_gが大きい場合には励起される担体は実質的に存在せず，絶縁体となる．

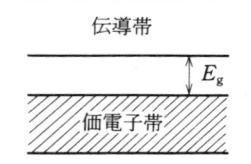

これに対し，E_gが数eV($1\,\mathrm{eV} = 1.60218 \cdot 10^{-19}\,\mathrm{J}$)程度の場合には，室温程度の温度でかなりの数の担体が励起される．これが(真性)半導体である．担体が熱励起によって生じるのでその数はボルツマン分布で与えられる．移動度の温度変化がそれほど大きくないので半導体の伝導度は温度にほぼ指数関数的に依存し，

$$\sigma \propto \exp(-E_a \cdot (k_B \cdot T)^{-1})$$

と表せる場合が多い．ここでk_Bはボルツマン定数である．$\ln(\sigma)$または$\ln(\rho)$をT^{-1}に対してプロットするアレニウス(Arrhenius)プロットから活性化エネルギーE_aが求められるが，E_aとバンドギャップE_gの間には$E_a = E_g \cdot 2^{-1}$という関係がある．

真性半導体とは別に，絶縁体に少量の不純

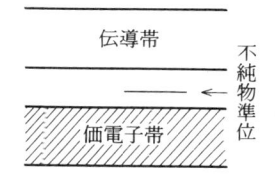

図 17.4 外因性半導体のエネルギーバンドの模式図

物を加えることによっても半導体を得ることができる(図17.4). こうして得られる半導体を外因性半導体と呼ぶ. 外因性半導体では禁止帯中に不純物準位と呼ばれるエネルギー準位が生じ, この準位を介して半導体となる. その伝導度はやはり温度に対してほぼ指数関数的に依存するが, アレニウスプロットから得られる活性化エネルギーは, ドナーまたはアクセプターのイオン化エネルギーの2分の1である. 外因性半導体でも温度が十分高いと真性半導体として振舞うようになる. すなわち, ある半導体が真性半導体として振舞うか外因性半導体として振舞うかは, 問題とする温度領域により異なる.

17.4 イオン伝導体

イオン伝導では物質そのものの移動(電気分解)を伴う. 結晶格子中の空孔や間隙型の格子欠陥が重要な役割を果たし, イオンのホッピングで伝導機構が理解される. 電気伝導度の温度依存性は指数関数的であるが, アレニウスプロットから得られる活性化エネルギーは, イオンが移動に際して越えるエネルギー障壁の高さの平均値である.

〔池本　勲・齋藤一弥〕

18. 超伝導理論

超伝導は, ゼロの電気抵抗, 弱い磁場が超伝導体から排除されるマイスナー効果, 超伝導部分に取り囲まれた磁束の量子化, 2つの超伝導体の間に絶縁体を狭んだSIS接合でのジョセフソン効果などの現象が2次の相転移温度 T_c 以下で起こることで特徴づけられる. 超伝導理論は, 図18.1に示すような明確な階層性をもって, このような現象を説明する.

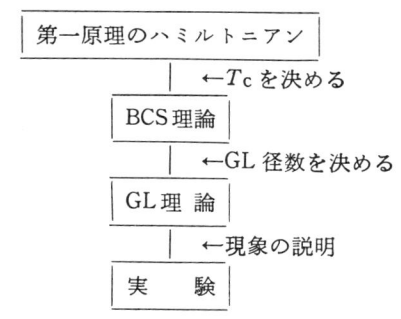

図 18.1 超伝導理論の階層性

ギンツブルグ-ランダウ(GL)理論は現象論であり, T_c の近傍で自由エネルギー F を秩序パラメータである巨視的な波動関数 Ψ で展開して, その表式をもとにしてすべての超伝導現象を説明する. GL理論での F は(18.1)式

$$F-F_n = \int d\boldsymbol{r} \left\{ -a|\Psi|^2 + \frac{b}{2}|\Psi|^4 + \frac{\hbar^2}{2m^*}\left|\frac{\partial \Psi}{\partial \boldsymbol{r}} - \frac{ie^*}{\hbar c}\boldsymbol{A}\Psi\right|^2 + \frac{1}{8\pi}(\mathrm{rot}\,\boldsymbol{A})^2 \right\} \quad (18.1)$$

で与えられる. ここで, F_n は正常状態の自由エネルギー, $\boldsymbol{A}$ はベクトル・ポテンシャル, a, b, m^*, e^* は現象論的に決めるべき量である. なお, a は $T_c - T$ に比例する. この右辺第3項は, Ψ が $\boldsymbol{A}$ とともに変化すること, すなわち, 超伝導転移に伴って破れる対称性はゲージ変換のそれであることを示しており, これが超伝導現象説明の鍵である. さて, GLの F を最小にする条件から超伝導電流の式(18.2)

$$\boldsymbol{J} = \frac{\hbar e^*}{2m^*i}\left(\Psi^*\frac{\partial \Psi}{\partial \boldsymbol{r}} - \frac{\partial \Psi^*}{\partial \boldsymbol{r}}\Psi\right) - \frac{e^{*2}}{m^*c}|\Psi|^2\boldsymbol{A} \quad (18.2)$$

とともに Ψ や $\boldsymbol{A}$ を決める2つの方程式が得られる. これらの方程式には特徴的な長さが含まれている. Ψ の空間変化の代表的な長さは, コヒーレンス長 $\xi = \hbar/\sqrt{2m^*a}$ で, $\boldsymbol{A}$ の方は, 磁束侵入長 $\lambda = c\sqrt{m^*a/4\pi e^{*2}b}$ で与え

られる（c は光速度）．特にマイスナー効果は，この距離 λ を越えて弱い磁場が超伝導体中に侵入しないことで説明される．さて，これら2つの比 $\kappa=\lambda/\xi$ によって，超伝導体の磁場に対する応答の仕方が異なる．不純物の少ない単一元素からなる超伝導体では，κ は通常1に比べてずっと小さく，第1種超伝導体と呼ばれる．このとき，磁場は超伝導体に入りにくく，GL の F の表式の第1項と第2項とによるエネルギーの得 $-a^2/2b$ が第4項の磁場のエネルギーと等しくなるまでは，マイスナー効果がみられ，それ以上の磁場では，正常状態になる．この境の磁場 H_c は $\sqrt{4\pi a^2/b}$ で与えられ，熱力学的臨界磁場と呼ばれる．一方，電子の平均自由行程の短い合金などの大多数の超伝導体では κ が $1/\sqrt{2}$ より大きくなり，第2種超伝導体と呼ばれる．このとき，下部臨界磁場 H_{c1} と呼ばれる磁場の強さまでは完全マイスナー効果がみられるが，それ以上の磁場では，超伝導体中に磁束が侵入し，その磁束が格子を組みながらしだいに密度を増し，上部臨界磁場 H_{c2} を境として正常状態になる．この H_{c2} は，磁場中でも Ψ がゼロでない解がある臨界値を求める条件から決められ，$H_{c2}=\sqrt{2}\kappa H_c$ である．

このように，GL 理論は空間的な非一様性を直感的に取り扱ううえでたいへん便利なものであるが，T が T_c 近傍でないときや，Ψ の起源に対する微視的な意味づけのためには，何らかのモデル・ハミルトニアンから出発した理論が必要で，BCS 理論（1957 年の Bardeen, Cooper, Schrieffer の理論）がそれである．

BCS 理論の根底には，Ψ はマクロな数の電子が同じ状態に凝縮してできた波動関数であるという考えがある．フェルミ粒子である電子がパウリ排他律を満たしながら凝縮するには，まず電子2個ずつの対を多数つくり，それらすべての対を，同じ全運動量の状態に凝縮させればよい．この対形成に対して，Cooper は次のような重要な発見をした．すなわち，バンド理論で考えられている正常金属の状態は，フェルミ面付近の電子間に引力が働くとき，それがいかに弱くても不安定になり，2つの電子の束縛状態（クーパー対）が現れる．BCS は，時間反転で結びつく状態間でクーパー対が多数形成されていることをあらわに示す新しい多電子系に対する変分関数 Ψ_{BCS} を導入し，電子間に弱い引力が働くとき，Ψ_{BCS} が正常状態を表すスレーター行列式の状態よりも低いエネルギーを与えることを示した．

BCS 理論では，同位体効果の発見（T_c が格子をつくる原子の重さの平方根に逆比例すること）に刺激され，この電子間の引力の原因を電子-格子相互作用に求めた．すなわち，電子間には，直接のクーロン斥力のほかに電子-格子相互作用で格子系の分極を介した引力も働く．この格子ひずみに伴う引力の特徴的な時間は，$\hbar/\Theta_D$（Θ_D は，フォノンの代表的なエネルギーであるデバイエネルギー）で，これはクーロン力のそれ $\hbar/\varepsilon_F$（ε_F はフェルミエネルギー）よりもずっと長いことが重要である．このため，対の電子の一方が，格子ひずみを起こさせた後ずっと遠くまで飛び去り，すでに直接のクーロン斥力が十分弱くなるほどもう一方の電子との距離が開いた後も，後に残った格子ひずみをもう一方の電子が感じて，電子間に実効的な引力が働く．BCS 理論では，この実効的な引力をある定数 $-V$ に置き換え，それがフェルミ面の上下 $\pm\Theta_D$ の幅にはいる電子間に働くと考えて，(18.3)式に示す BCS のモデル・ハミルトニアン H_{BCS} を構成した．

$$H_{BCS}=\sum_k \xi_k C_{k\sigma}^+ C_{k\sigma}$$
$$-V\sum_{kk'}C_{k'\uparrow}^+ C_{-k'\downarrow}^+ C_{-k\downarrow} C_{k\uparrow}$$

(18.3)

ここで ξ_k はフェルミ面から測った波数 k，スピン σ の電子のエネルギーで，$C_{k\sigma}^+$, $C_{k\sigma}$ はその電子に対する生成，消滅演算子である．この H_{BCS} の基底状態に対する変分関数が Ψ_{BCS} で，(18.4)式により与えられる．

$$\Psi_{BCS}=\prod_k (u_k+v_k C_{k\uparrow}^+ C_{-k\downarrow}^+)\Psi_{vacuum}$$

(18.4)

ただし，Ψ_{vacuum}は電子が全く存在しない真空状態の波動関数であり，u_kやv_kは変分原理から決める．この取扱いは一種の平均場近似であり，これは容易に有限温度に拡張される．そして，超伝導体での励起エネルギーにはエネルギーギャップ$\Delta(T)$が現れることを導いた．特に，$\Delta(T)/\Delta(0)$は，T/T_cだけの関数で，温度の増加とともに減少し，ちょうどT_cでゼロになり，2次の相転移であることを示すほか，$\Delta(0)/k_BT_c=1.76$という定数が得られる．また，エネルギーギャップの存在が比熱，超音波吸収係数，核磁気緩和時間などの物理量の測定にどう反映するかも計算され，その計算の正しさは実験的に確かめられている．さらに，全く微視的な計算で，電子対の存在が，直接，無限大の電気伝導度やマイスナー効果に結びつくことを示した．また，後に，BCS理論からGL理論が微視的計算で得られることが示され，m^*やe^*は電子の質量や電荷の2倍であることの他，aやbのパラメータも微視的計算により与えられた．

このBCS理論は，種々，一般化，精密化された[1]．なかでも，エリアシュバーグ(Eliashberg)理論が図18.1との関連で注目される．そこでは，強い電子-格子相互作用があっても正しい方程式が得られるようにBCS理論が拡張され，BCS理論にただ1つ含まれる現象論的パラメータであるT_cの第1原理のハミルトニアンからの計算方法が示された．McMillanは，このエリアシュバーグ方程式を数値的に解いて，T_cに対する近似式(18.5)を得た．

$$T_c=\frac{\Theta_D}{1.45}\exp\left[-\frac{1.04(1+\lambda)}{\lambda-\mu^*(1+0.62\lambda)}\right] \quad (18.5)$$

ここで，λは無次元化された電子-格子相互作用定数であり，μ^*は電子間クーロン斥力を評価する定数で，普通の超伝導体では，0.1程度の数と考えられている．このT_cの公式は，λが2を越える強結合状態では正しくないことが，AllenとDynesにより指摘されたが，普通の超伝導体の場合，このT_cの公式は，基本的に正しいとされている．そして，バンド計算のような第1原理からの計算でλを評価し，T_cを予言する試みが多くなされている．ただし，この方法では，得られるT_cには30K程度の上限値がある．この上限値を越えたT_cを得るには，エリアシュバーグ理論では顧みられなかったμ^*の部分を考え直す必要がある．すなわち，なぜ，普通の超伝導体では，クーロン斥力の効果がそれほど小さいのか，また，より電子相関の強い系では，μ^*はどうなるのか，それが負になることはないのかなどである．実際，低電子密度系では，第1原理のハミルトニアンに現れる電子間相互作用がたとえ斥力だけであってもT_cの高い超伝導が起こることを示す理論がある[2]．いずれにせよ，T_cが100Kを越える銅酸化物超伝導体では，その詳細は未だ不明ながら，このような電子間クーロン相互作用が主役であると考えられ，これはT_cに対する同位体効果があまりみられないことからも支持されている．また，これらの銅酸化物超伝導体に対しては，BCS模型に代わるモデル・ハミルトニアンがいろいろ提案されており，従来は磁性の研究にもっぱら使われてきたハバード模型や，それの強相関領域での展開形から得られた$t-J$模型，また，銅原子上のd-電子と酸素原子上のp-電子をあらわに考えてモデル化した$d-p$模型などが検討されており，新しい超伝導の概念が確立されるのではないかと期待されている[3]．

〔高田　康民〕

文　献

1) BCS理論のレベル以下の超伝導一般については，たとえば，
中嶋貞雄：“超伝導入門”，培風館(1971)．
2) Y. Takada: *Phys. Rev.*, B**37**, 155(1988); *ibid.*, B**39**, 11575 (1989).
3) *"Novel Superconductivity"*, S.A. Wolf and V.Z. Kresin ed., Plenum, New York(1987).

19. 磁　　　性

19.1　物質の磁性

すべての物質は磁場のなかでその物質に固有の感受性を示す．これをその物質の磁性という．磁性は原子核のスピン角運動量および電子の軌道角運動量とスピン角運動量に付随する磁気モーメントに基づく（原子核に基づく磁性は非常に小さいので，ここでは問題にしない）．したがって，磁性の研究から原子，分子，固体などの電子状態に関する情報を得ることができる．

閉殻構造の原子・イオンや分子では，各電子殻や分子軌道は満たされているので，軌道およびスピンの角運動量はそれぞれ打ち消し，磁場によって誘起されるモーメントによる反磁性を示す．比較的エネルギーの低い励起状態のある分子では，温度に依存しない常磁性が寄与していることもある．分子の反磁性に関しては，近似的に構成原子による加成性が成り立つ．

不完全殻をもつ原子やイオン，開殻構造の分子（遊離基）は，磁気モーメントがあるため常磁性を示す．このような原子やイオンの磁気モーメントは，その不完全殻の軌道角運動量とスピン角運動量の合成によって決まる．全軌道角運動量を $L\hbar$，全スピン角運動量を $S\hbar$ とすると，磁気モーメント μ は次式で与えられる．

$$\mu = \mu_B(L+2S) \tag{19.1}$$

ここで，$\mu_B = 9.274\times10^{-24}\,\mathrm{J\cdot T^{-1}}$ はボーア磁子である．

このような磁性をもつ原子が他の原子や配位子と結合した場合には，周囲から受ける静電場のために，孤立原子のときに縮重していた不完全殻の軌道が分裂を起こし，対称性の低下とともに軌道角運動量が消失するようになる（ランタノイドやアクチノイドのように不完全殻が内殻にある場合には，L の消失は起こりにくい）．遊離基では，多くの場合対称性が低いのでやはり L は消失し，主としてスピンによる常磁性になる．これらの原子，分子でも満たされた内殻の電子による反磁性の寄与は常に存在する．

次に，常磁性を示す原子や分子が固体になった場合を考える．この場合にはいろいろな可能性があるが，磁性の原因になる不対電子が，その原子や分子に比較的局在している場合と固体中を動き回る場合とに大きく分けることができる．後者では伝導電子になるわけで，あまり温度に依存しないパウリの常磁性を与え，伝導帯に関する情報が得られる．これに対して，局在電子の場合には周囲の環境および周囲との相互作用の大小や様式によってさまざまな磁性を示す．

まず，これらの原子や分子が周囲と強い磁気的な相互作用をもたない場合には，その磁気モーメントの向きを規制するものがなく，磁化率 χ がキュリー則に従う常磁性となる．

$$\chi = C/T \tag{19.2}$$

一方，比較的強い相互作用がある場合には，反強磁性やフェロ磁性，フェリ磁性など，図 19.1 に模式的に示すように磁気モーメント

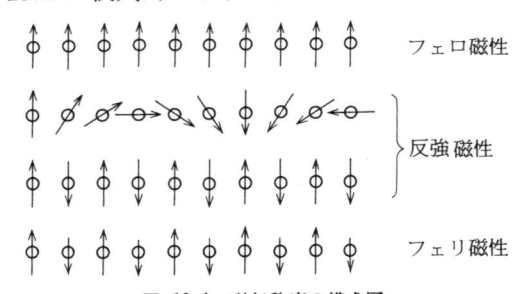

図 19.1　磁気秩序の模式図
○は原子，分子などを表し，矢印は磁気モーメントの向きを表す．

の並び方に秩序が生じる．磁気モーメントがある周期をもって並び，結晶全体として打ち消し合っているときが反強磁性であり，たがいに同じ向きに並び全体として大きな磁気モーメントをもつ場合がフェロ磁性である．磁気モーメントの大きさが異なるものが反強磁性的に並ぶと結晶全体としては有限のモーメントが残り，フェリ磁性となる．図 19.1 に

あげたのは代表的な磁気構造で，このほかにも種々の磁気構造が知られている．

これら磁気的な秩序構造をもった物質の温度を上げていくと，磁気モーメントは無秩序に配向するようになり，多くの場合にキューリーワイス則に従う常磁性を示すようになる．

$$\chi = C/(T-\theta) \quad (19.3)$$

フェロ磁性，反強磁性から常磁性へ転移する温度をそれぞれキュリー温度 T_C，ネール温度 T_N と呼ぶ．これらは分子場近似のもとではワイス定数 θ の絶対値に等しい．

19.2 磁化および磁化率
19.2.1 磁化率の定義と単位

物質を磁場 H のなかに置くと物質には磁化 M が生じる．物質中の磁束密度 B は SI 単位系では，次式で与えられる．

$$B = \mu_0(H+M) \quad (19.4)$$

$\mu_0 = 4\pi \times 10^{-7} \mathrm{H \cdot m^{-1}}$ は真空の透磁率である．$B = \mu H$ を代入して H で両辺を割ると

$$\mu = \mu_0(1+\kappa) \quad (19.5)$$

が得られる．μ はこの物質の単位体積当たりの透磁率，κ は単位体積当たりの磁化率で，

$$\kappa = M/H = \mu/\mu_0 - 1 \quad (19.6)$$

と定義される無次元の量である．通常測定されるのは単位質量当たりの磁化率 χ_m で

$$\chi_m = \kappa/d \quad (19.7)$$

である．ただし d は物質の密度である．これに分子量を乗じて 1 mol あたりの磁化率 χ_M を用いることも多い．したがって，χ_m，χ_M は SI 単位系では $\mathrm{cm^3 \cdot g^{-1}}$，$\mathrm{cm^3 \cdot mol^{-1}}$ で表されることが多い．しかし，従来のデータは $\mathrm{emu \cdot g^{-1}}$，$\mathrm{emu \cdot mol^{-1}}$ で表されていた．換算は次のようになる．

表 19.1
(1) イオンのモル磁化率*

陽イオン (10^{-6} emu・mol^{-1})		陰イオン (10^{-6} emu・mol^{-1})	
Li$^+$	-1.0	F$^-$	-9.1
Na$^+$	-6.8	Cl$^-$	-23.4
K$^+$	-14.9	Br$^-$	-34.6
Rb$^+$	-22.5	I$^-$	-50.6
Cs$^+$	-35.0	CN$^-$	-13.0
NH$_4^+$	-13.3	CNS$^-$	-31.0
Mg^{2+}	-5.0	ClO$_4^-$	-32.0
Ca^{2+}	-10.4	OH$^-$	-12.0
Zn^{2+}	-15.0	O^{2-}	-7.0
Hg^{2+}	-40.0	SO$_4^{2-}$	-40.1

* $\mathrm{cm^3 \cdot mol^{-1}}$ に直すには 4π 倍する．

(2) パスカルの原子磁化率 χ_A*

	χ_A (10^{-6} emu・mol^{-1})		χ_A (10^{-6} emu・mol^{-1})
H	-2.93	F	-6.3
C	-6.00	Cl	-20.1
N	-5.57	Br	-30.6
N (環)	-4.61	I	-44.6
N (モノアミド)	-1.54	S	-15.0
N (ジアミド)	-2.11	Se	-23
O (アルコール，エーテル)	-4.61	P	-10
O (カルボニル)	$+1.73$	As	-21
O$_2$ (カルボキシル)	-7.93	Si	-13
		B	-7

* $\mathrm{cm^3 \cdot mol^{-1}}$ に直すには 4π 倍する．

(3) パスカルの構造補正 λ_B*

λ_B (10^{-6} emu・mol^{-1})		λ_B (10^{-6} emu・mol^{-1})	
C=C	$+5.5$	ピペリジン	$+3.0$
C≡C	$+0.8$	イミダゾール	$+8.0$
C=C−C=C	$+10.6$	C−Cl	$+3.1$
C=C−C	$+4.5$	CCl$_2$	$+1.44$
ベンゼン	-1.4	CHCl$_2$	$+6.43$
シクロヘキサン	$+3.0$	CBr	$+4.1$
シクロブタン	$+7.2$	Cl	$+4.1$
N=N	$+1.85$	$\alpha, \gamma, \delta, \varepsilon$ 位の第3級 C	-1.29
−C≡N	$+0.8$	$\alpha, \gamma, \delta, \varepsilon$ 位の第4級 C	-1.54
C=N−	$+8.15$	1つの芳香環の C	-0.24
C=N−N=C	$+10.2$	2つの芳香環にまたがる C	-3.10
N=O	$+1.7$	3つの芳香環にまたがる C	-4.0

* $\mathrm{cm^3 \cdot mol^{-1}}$ に直すには 4π 倍する．

$$\chi_m{}^{SI}(cm^3 \cdot g^{-1}) = 4\pi\chi_m(emu \cdot g^{-1}) \quad (19.8a)$$
$$\chi_M{}^{SI}(cm^3 \cdot mol^{-1}) = 4\pi\chi_M(emu \cdot mol^{-1})$$
$$(19.8b)$$

19.2.2 反磁性磁化率

反磁性磁化率の理論式は求められているが，通常は経験的なパスカルの加成則によって計算される．パスカル則は，物質の反磁性磁化率 χ_d を，構成原子当たりに割り振られた値 χ_A と構造上の補正値 λ_B の和として求めるものである．

$$\chi_d = \sum \chi_A + \sum \lambda_B \quad (19.9)$$

表 19.1 に χ_A，λ_B の値を掲げておく．

19.2.3 常磁性磁化率

原子にしても分子にしても電子間の静電力が強い場合には，まず上記のようにスピン角運動量，軌道角運動量が合成され，それぞれ量子数 S, L が決まり，外部磁場のまわりに才差運動をする．しかし，L と S は運動の恒量ではなく，スピン軌道相互作用 (λLS) によって結合(LS結合)し，全角運動量 $J\hbar$ が運動の恒量になる．

$$\boldsymbol{J} = \boldsymbol{L} + \boldsymbol{S} \quad (19.10)$$
$$J = |L-S|, \cdots, L+S \quad (19.11)$$

基底状態の J の値は，$|L-S|$ または $L+S$ であるが，これはスピン軌道相互作用の λ の符号によって決まり，その J に対して $2J+1$ の副準位が存在する．なお，J と $J-1$ の状態間のエネルギー差は次式で与えられる．

$$E_J - E_{J-1} = \lambda J \quad (19.12)$$

さて，磁気モーメント $\boldsymbol{\mu}$ は (19.1) 式で与えられるので，$\boldsymbol{J}$ のまわりを回転する成分を含んでいる．そこで，$\boldsymbol{\mu}$ を $\boldsymbol{J}$ 方向の成分 $\boldsymbol{\mu}_J$ とそれに直交し変動する成分 $\boldsymbol{\mu}'$ とに分けて考えると，次のようになる．

$$\boldsymbol{\mu}_J = -g\mu_B \boldsymbol{J} \quad (19.13)$$
$$\boldsymbol{\mu}' = -\mu_B((1-g)\boldsymbol{J}+\boldsymbol{S}) = -\mu_B \boldsymbol{J}' \quad (19.14)$$

ここで g はランデの g 因子である．

$$g = (3/2) + (S(S+1) - L(L+1))/2J(J+1)$$
$$(19.15)$$

$\boldsymbol{\mu}_J$ と外部磁場 H_0 との相互作用は

$$V = -\boldsymbol{\mu}_J \boldsymbol{B}_0 = g\mu_B M \mu_0 H_0 \quad (19.16)$$
$$M = -J, -J+1, \cdots, J \quad (19.17)$$

となる．この $2J+1$ 個の準位に対してボルツマン分布を考えて，1 mol 当たりの磁化 $\boldsymbol{M}$ を求めると次のようになる．

$$\boldsymbol{M} = N_A g \mu_B J B_J (Jg\mu_B \mu_0 H_0 / kT) \quad (19.18)$$

ここで，N_A はアボガドロ定数，$B_J(x)$ はブリルアン(Brillouin)関数で

$$B_J(x) = \frac{2J+1}{2J}\coth\left(\frac{2J+1}{2J}x\right) - \frac{1}{2J}\coth\left(\frac{1}{2J}x\right) \quad (19.19)$$

のように定義される．x が 1 に比べて十分小さい低磁場，高温では，

$$B_J(x) = ((J+1)/J)x \quad (19.20)$$

となるので，これを (19.18) 式に代入し，両辺を H_0 で割ると磁化率の式が求められる．

$$\chi_M = \frac{N_A g^2 \mu_B{}^2 \mu_0 J(J+1)}{3kT} \quad (19.21)$$

これが J で指定される状態に対する常磁性磁化率の式で，(19.2) 式のキュリー則である．(19.11) 式の異なる J の状態が接近しているときは，さらに統計平均をとる必要がある．

$$\chi_M = \frac{N_A \sum_J (2J+1) e^{-E_J/kT} \left[\frac{g_J{}^2 \mu_B{}^2 \mu_0 J(J+1)}{3kT}\right]}{\sum_J (2J+1) e^{-E_J/kT}}$$
$$(19.22)$$

(19.14) 式の μ' からはいわゆる高振動数項，つまり温度に依存しない常磁性磁化率が得られる．

19.2.4 磁気相互作用

おもな磁気相互作用は双極子相互作用と交換相互作用であるが，後者にはいろいろな機構のものが知られている．大きく直接交換，間接交換に分けられる．後者は要するに配置間相互作用であるが，その作用形態によってさらに超交換，二重交換，RKKYなどに分類される．物質の磁性は，これら相互作用の働き方や大きさによってさまざまな様相を示す．すでに述べたように，高温領域の磁化率は多くの場合キュリー則からずれてキュリーーワイス則になる．したがって，ワイス定数は相互作用の有無，符号，大きさなどについて大まかな知見を与えてくれる．

ワイス定数に相当する温度以下では，その相互作用が熱エネルギーに打ち勝って，すでに述べたような磁気秩序が形成される可能性がある．相互作用の空間的な次元性が低い場合には，短距離の秩序が形成され，さらに低温で3方向の相互作用が効いてくると長距離の秩序が生じる．秩序形成には，この他にスピン空間における次元性やスピンの大きさも関係してくる．また，電子が固体内で遍歴性をもつ場合などさまざまな状況によって異なった磁性を示す．こうした問題が，実験，理論の両面から研究されている．実験面においては古典的な磁化，磁化率の測定や熱測定の他に電子スピン共鳴，核磁気共鳴，メスバウアー分光，中性子回折などが用いられる．

〔木下 實〕

20. コロイド

20.1 コロイドの定義，分類およびその特性
20.1.1 コロイドの定義と分類

微粒子がある媒質中に分散している系を分散系という．分散している粒子の大きさ（粒子の直径または一辺の長さ）が約 $1\,\mu m\,(10^{-6}\,m)$ から $1\,nm\,(10^{-9}\,m)$ の範囲にある場合をとくにコロイト分散系(colloidal dispersion)または単にコロイド(colloid)という．

コロイド分散系は微粒子の構造からみて，次のように3つに大別することができる．

(1) 分子コロイド： 微粒子が高分子であるものをいう．高分子溶液ともいう．高分子そのものがコロイドの大きさをもつからである．分子コロイドは高分子が溶解して熱力学的に安定な系となっている．現在は高分子化学の領域に属している．

(2) ミセルコロイド： 界面活性剤溶液はある濃度以上では，溶質の界面活性剤の分子またはイオンが数 10 個会合してミセル(micell)と呼ばれる安定な会合体をつくる．ミセルの大きさはコロイドの領域に入るので，ミセルを含む溶液はコロイドでミセルコロイド，または会合コロイドと呼ばれる．

ミセルをつくる最低濃度を臨界ミセル濃度 (critical micellar concentration)，略して cmc という．すなわち，界面活性剤溶液は，cmc 以上ではコロイドであるが，cmc 以下では真の溶液である．ミセルコロイドも熱力学的に安定な系である．

(3) 分散コロイド： 微小な気相・液相・固相が，ある媒質中に分散した系をいう．ここでの微粒子は1つの相であるが，分子コロイドやミセルコロイドにおける微粒子は明確な相とはいえない．分散コロイドは粒子コロイドともいわれる．微粒子の方を分散相または分散質，媒質の方を分散媒という．この系では，微粒子と媒質間には2つの相の境界としての界面(interface)が存在する．一般に界面にはその生成に由来する過剰（相内部に対して）の自由エネルギーが存在するため，分散コロイドは熱力学的に不安定な系である．

分散コロイドでは，分散質，分散媒がそれぞれ，気相・液相・固相のいずれかをとり得るので，いろいろな組合せが可能である．表 20.1 にそれらの分類が示されている．

表 20.1 のサスペンションのうち，微粒子がきわめて小さく，直径が光の波長の約 1/20 以下になると，みかけ上透明または半透明になり，長時間にわたって安定な状態をとるようになる．こういう系を特にゾルといい，ゾルの粒子濃度が大きくなって流動性を失っているものをゲルという．

コロイドの分類の仕方にはほかにもいろいろある．たとえば，微粒子が媒質に対して親和性の強いものを親液コロイド(lyophilic colloid)，親水コロイド(hydrophilic colloid)，親和性の乏しいものを疎液コロイド(lyophobic colloid)，疎水コロイド(hydrophobic colloid)という．しかし，親液(水)，疎液(水)は定性的な見方であり，その境界は明確ではない．おおまかにいえば，分子コロイド，ミセルコロイドは前者に属し，分散コロイドの

I. 物理化学

表 20.1 分散コロイドの分類と実例[1]

分散媒	分散質	名称	実例
気相	気相	(コロイドにならない)	
気相	液相	エアロゾル	霧, スプレー製品
気相	固相		煙, ほこり
液相	気相	泡沫系	洗剤の泡, 泡消火器
液相	液相	エマルション	バター, マヨネーズ, ミルク
液相	固相	サスペンション, ゾル	煉歯磨, 汚水, 塗料
固相	気相	固体コロイド	発泡プラスチック, ビスケット
固相	液相		オパール
固相	固相		着色プラスチック製品, 色ガラス

多くは後者に属する.

20.1.2 コロイド分散系の特性

コロイド分散系は微粒子の大きさという点からみると, 結晶や大きな液滴などの粗大粒子と, 分子(高分子を除く)・原子・イオンなどとの中間にあるが, ただ中間に位するというだけでなく, 粗大粒子や分子・原子のいずれとも異なる特性をもっている. それらいくつかの特性をあげる.

分散粒子が小さいことに基づく特性：

(1) ブラウン運動をする.
(2) ふつうの濾紙は通るが, 半透膜は通過しない.
(3) 光の散乱能が大きく, ふつう濁っている.
(4) 粒子の大きさや形状によって物性(たとえば, 色・濁り度など)が変化する.

分散粒子と媒質の界面による特性：

(5) 微粒子全体として界面の面積が大きく界面物性(界面張力・吸着・界面電荷など)が分散系の物性に大きな影響を与える.
(6) 系の安定性が添加物など外界の影響を受けやすい.

界面や表面に存在する分子はバルク相中の分子とエネルギー的に異なった状態で存在する. 一般の熱力学で表面層分子の影響を無視しているのはバルク相中の分子数に比べてその割合が著しく少ないためである. しかし, コロイド系では表面層分子の影響を無視することができず(図 20.1 参照), したがって, 表面層分子の性質による, 吸着, 界面張力および界面電荷などの, いわゆる表面(界面)物性によって系全体の性質が大きく支配される.

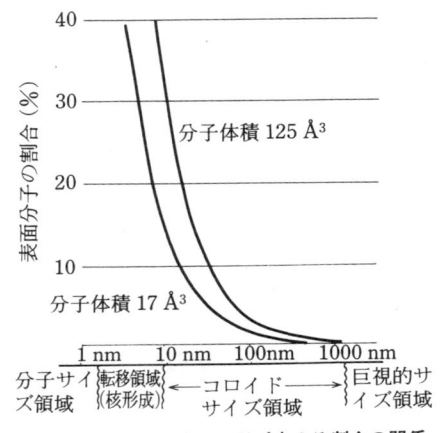

図 20.1 粒子径と表面分子が占める割合の関係

20.2 電気二重層の性質

20.2.1 電気二重層

水溶液と接する固体(または液体, 気体)の界面は, 特別の場合を除き電荷を帯びている. そしてこの電荷による電場は, 溶液側から反対符号のイオン(対イオン)を引き寄せ表面近傍にイオン雰囲気(電気二重層)を形成する(図 20.2). 固体の表面における電位を表面電位(ψ_0)といい, この対イオンの広がりの程度はデバイ(Debye)パラメータ(κ)で表され, κ^{-1}を電気二重層の厚さと呼ぶ.

液中に界面活性なイオン, たとえばイオン性界面活性剤が存在すると, これが固体表面に特異吸着して表面電位を大きく変化させる. 最近接距離まで表面に接近した活性対イオンの中心の面(固体表面の外側の第一層で, 対イオンが接近しうる限界の面)を, シュテル

20. コロイド

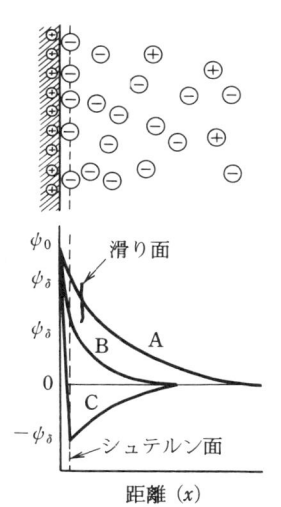

図 20.2 電気二重層と電気分布の模式図(表面が正に帯電している場合)

する．AgI や $BaSO_4$ など多くのイオン性結晶の場合，媒質中に含まれる電位決定イオンの吸着によって帯電し，電位の大きさ(ψ_0)は電位決定イオンの濃度(C)によって決定される．電位決定イオンは一般に固体を構成しているイオンで，たとえばヨウ化銀に対してはAg^+と，I^-が電位決定イオンである．

20.2.2 酸化物表面

SiO_2 や TiO_2 のような多くの酸化物表面は，水に接すると水和を起こして，必ず OH 基をもっている．このような系では，媒質中のpH 値によって表面電位が変化する．たとえば SiO_2 を例にとると，次のように表される．

$$H^+ + \equiv SiOH + OH^-$$
$$\updownarrow \qquad\qquad \updownarrow$$
$$\equiv SiOH_2^+ + OH^- \qquad \equiv SiO^- + H_2O + H^+$$

ン(Stern)面あるいは外部ヘルムホルツ(He-lmholtz)面という．シュテルン面と固体表面間の吸着層をシュテルン層(Stern layer)と呼び，シュテルン面での電位をシュテルン電位(φ_δ)という．

固体表面の帯電の機構は，固体の種類や溶液中に含まれるイオン組成などによって変化

酸化物表面は，ある pH でみかけ上，電荷がゼロになる等電位点(isoelectric point: IEP)が存在する．

表 20.2 にいろいろな酸化物表面の水溶液中(25°C)における等電位点(または等電点)を示す．

表 20.2　各種酸化物表面の等電位点(または等電点)[2]

物質名	pH^0	測定法	物質名	pH^0	測定法
α-Al_2O_3	9.1〜9.2	sp	$Mg(OH)_2$	12.4	eo
γ-Al_2O_3	7.4〜8.6	〃	$Mn(OH)_2$	12.0	mep
α-AlOOH(ベーマイト)	{7.7 / 9.4}	〃 / mep	HgO	7.3	〃
			NiO	10.3	〃
γ-AlOOH(ジアスポア)	5.5〜7.5	〃	$Ni(OH)_2$	11.1	〃
α-$Al(OH)_3$(ギブサイト)	5.0〜5.2	〃	PuO_2	9.0	〃
γ-$Al(OH)_3$(バイヤライト)	9.3	〃	SiO_2(石英)	1.8〜2.5	〃
BeO	10.2	eo		2.2〜2.8	sp
CdO	10.4	mep	SiO_2(ゾル)	1〜1.5	mep
$Cd(OH)_2$	>10.5	〃	ThO_2	9.0〜9.3	mep
$Co(OH)_2$	11.4	〃	SnO_2	6.6〜7.3	〃
$Cu(OH)_2$(水和物)	7.7	〃	TiO_2(合成ルチル)	6.7	sp
CuO	9.5	〃	TiO_2(天然ルチル)	5.5	〃
Cr_2O_3(水和物)	6.5〜7.4	〃	TiO_2(天然ルチル)	4.8	mep
$Fe(OH)_2$	12.0	eo	TiO_2(合成アナターゼ)	6.0	〃
Fe_3O_4	6.5		WO_3(水和物)	0.5	〃
α-Fe_2O_3(赤鉄鉱)	8.3	mep	V_3O_8	4	sp
γ-Fe_2O_3	6.7〜8.0	〃	Y_2O_3	9.3	mep
α-FeOOH(ゲータイト)	6.1〜6.7	sp	ZnO(水和物)	9.3	〃
γ-FeOOH(レピドクロサイト)	7.4	mep	ZrO_2(水和物)	4	eo
$Pb(OH)_2$	9.8	〃	La_2O_3	10.5	mep
MgO	12.4	sp			

sp: 流動電位法, eo: 電気浸透法, mep: 電気泳動法

20.2.3 動電現象・ゼータ電位

シュテルン面での電位(ψ_δ)を実験的に求めるのにいわゆる動電現象(electrokinetic phenomena)が用いられる。電気泳動(electrophoresis)はその一例で、コロイド分散系に電場を加えたとき帯電粒子が動く現象である。これは固液界面で接線方向に電場がかかり、そのためにこの方向に界面で固体と液体の相対的すべり運動が起こる。そこで粒子の速度 u を測定すれば、次式によって界面ですべりの起こる面での電位(ゼータ電位, zeta potential)ζ を求めることができる。すなわち電場の強さを X とすると次式となる。

$$u = \frac{\varepsilon\zeta}{\eta}fX \qquad (20.1)$$

ここで η は媒質の粘度であり、粒子半径を a とすると、$\kappa a \gg 1$ のとき $f=(1/4)\pi$、$\kappa a \ll 1$ のとき $f=(1/6)\pi$ とする[3]。

厳密にいうと ζ と ψ_δ とは等しくないが、普通は $\psi_\delta = \zeta$ を用いてシュテルン層構造を論じることが多い。

動電現象にはこのほか電気浸透(electroosmosis)、あるいは流動電位(streaming potential)や沈降電位(sedimentation potential)のように界面の接線方向に相対運動を行わせ、この方向に電位差を発生させる現象もある。

図 20.3 は電気浸透法で求めたガラス-水溶液界面の ζ-$\log c_e$ 曲線である[4]。Al^{3+}、Th^{4+}、crystal violet カチオンなどの吸着によって、ガラス表面の電荷の反転が起こることがわかる(曲線 C, D, E)。高濃度ですべての曲線が、$|\zeta| \to 0$ に収束しているのは二重層の圧縮によるものである。

20.3 DLVO 理論と分散・凝集

微粒子間に作用する力として、普遍的に存在するロンドン-ファンデルワールス引力と粒子間の静電反発力を考えて、粒子間相互作用ポテンシャル曲線を描き、その型から系の分散、凝集を論じているのが、1940年代後半、Derjaguin-Landau(ソ連)と Verwey-Overbeek(オランダ)の両グループが独自に完成させた DLVO 理論である[5]。コロイド分散系の研究はこの DLVO 理論の出現で始まったといっても過言ではなく、いまなおこの理論が分散系研究の基礎になっていることは変わっていない。

20.3.1 静電反発力

対向した2つの荷電粒子が接近すると、まず、それらの電気二重層の重なりが生ずる。この際の自由エネルギー変化量の計算は、2つの異なった方法で導かれている。1つは2粒子間に作用する電気力と浸透圧力の和として求める方法であり、第2は相互作用のない状態と相互作用状態間の電気二重層の静電ポテンシャルエネルギー差を計算する方法で、最終的に全く等しい次式が導かれる。

$$V_R = \frac{48.2\sqrt{C}}{Z}\gamma^2\exp(-2\kappa d)\,[\text{erg/cm}^2] \qquad (20.2)$$

ここで

$$\gamma = \frac{\exp(Ze\psi_\delta/2kT)-1}{\exp(Ze\psi_\delta/2kT)+1},$$

$$\kappa = \left(\frac{8\pi Z^2 e^2 CN}{1000\varepsilon kT}\right)^{1/2}$$

V_R は平板間の単位面積当たりに作用するポテンシャルで、対イオン濃度(c)は mol/l ($T=298$ K)で表されている。Z は対イオンの原子価、ε は誘電率、k はボルツマン定数、e は電子電荷、N はアボガドロ数をそれぞれ表す。図 20.4 に電解質濃度を変えた場合の

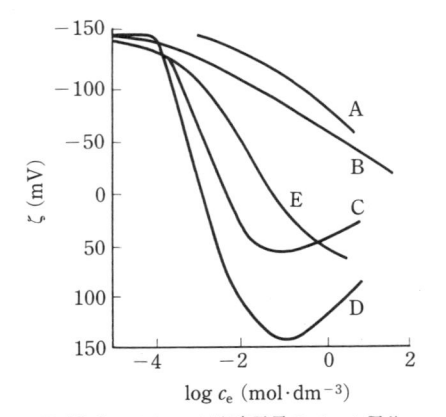

図 20.3 ガラス-水溶液電界のゼータ電位
A : KCL, B : Ca(NO$_3$)$_2$, C : AL(NO$_3$)$_3$, D : Th(NO$_3$)$_4$, E : crystal violet

V_R-d(粒子間距離)曲線を示した．図からわかるように，電解質濃度を増すと電気二重層が圧縮され，遠距離での反発作用(V_R)が消失する．

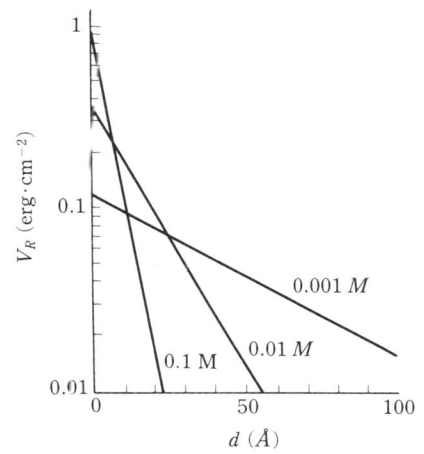

図 20.4 電解質濃度を変えた場合の V_R-d 曲線 ($z=1$, $\psi_0=30$mV の場合)

20.3.2 ロンドン‐ファンデルワールス引力

多数の原子の集団であるコロイド粒子間のファンデルワールス引力は原子間のロンドン引力を加え合わせて求められ，たとえば板状粒子の場合次式で近似される．

$$V_A = -\frac{A}{48\pi d^2} \quad (20.3)$$

ここで A はハマカー(Hamaker)定数と呼ばれる物体間の引力定数である．一方，Lifshitz[5]は分散媒と分散質の物性値を含む一般式で分散力を表し，物性値を含む関数形で値を表示する巨視的分散理論を展開している．また，Tabor[7]および Israelachvili[8]らは巨視的物体間相互作用力の直接測定より A 値を求める実験法を，また Fowkes らは表面張力の値から A 値を求める解析法を確立した．これらの方法で求められたいろいろな物質のハマカー定数が Visser ら[9),10)]の総説に収録されている．

20.3.3 全相互作用力と臨界凝集濃度

DLVO 理論によると，粒子間の全相互作用ポテンシャルは(20.2)と(20.3)式の和 ($V_t=V_A+V_R$) で求められる．図 20.5 にその

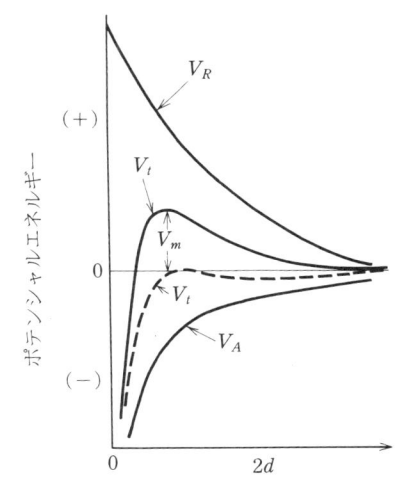

図 20.5 典型的な粒子間相互作用ポテンシャル曲線
実線：安定系，破線：臨界凝集状態

一例を示す．粒子の表面電位(ψ_0)が大きく，電解質濃度(C)が低く，V_R が優勢になると，V_t にポテンシャルバリヤー(V_m)が存在する．V_m が粒子の熱運動エネルギー(kT)よりも大きいと，粒子は凝集できない．C を高くすると遠距離側の V_R が小さくなるので，V_m が消失し，粒子は凝集する．粒子の凝集が起こり始める C を，臨界凝集濃度(C_{cfc})，または凝析価と呼ぶが，これは $V_m=0$ の点（図 20.4 の破線）に相当すると考え，この条件を(20.2)，(20.3)式に適用すると，C_{cfc} は次式で表される．

$$C_{cfc} = 8 \times 10^{-25} \frac{r^4}{A^2 Z^6} \quad (20.4)$$

r を一定と考える(ψ_0 が高いとき)と，C_{cfc} は対イオンの原子価(Z)の 6 乗に逆比例することがわかる．事実このことは，多くのコロイド分散系でシュルツ‐ハーディ(Schultze-Hardy)則として確かめられている．

20.3.4 ポテンシャル曲線

$V_t = V_R + V_A$ でコロイド粒子間の相互作用が表される．V_t と粒子間距離の関係を図示したものをポテンシャル曲線と呼ぶ．

ポテンシャル曲線の形は，種々の条件で支配される．たとえば，図 20.6 はハマカー定数 A および電解質濃度 C を一定にして，表面電位 ψ_0 を変えた場合の V_t 曲線の様子を，球状粒子に対するポテンシャル式を用いて描

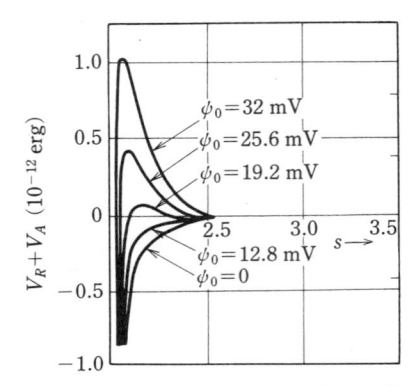

図 20.6 2つの球状粒子間の $V_t(=V_R+V_A)$ 曲線の ψ_0 による変化
($a=10^{-5}$cm, $T=298°$K, $A=10^{-12}$erg, KCl : 10^{-3} mol·l^{-1}) $S=R/a$ (R：球の中心間距離)

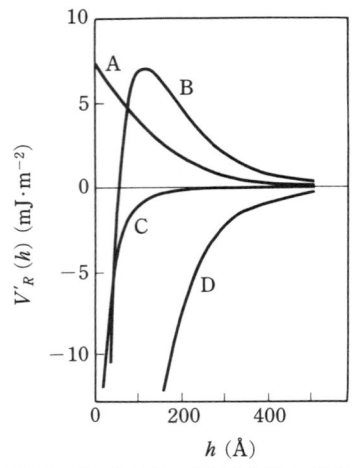

図 20.7 非対称電気二重層(平面)の相互作用
A : $\psi_1=\psi_2=10$ mV ; B : $\psi_1=10$, $\psi_2=30$ mV ; C : $\psi_1=0$, $\psi_2=10$ mV ; D : $\psi_1=10$, $\psi_2=-30$ mV

いたものである。ψ_0 の絶体値が小さいうちは，V_t の形は ψ_0 の値によって著しく影響されるが，$\psi_0=150$ mV 以上の高い表面電位になると，しだいに影響しなくなる．

20.3.5 ヘテロ凝集[11]〜[13]

異種の粒子，あるいは同種の粒子でも電位や粒子半径が違う場合の凝集をヘテロ凝集と呼び，実在の分散系，あるいは洗浄や細胞の合一など多くの問題で重要である．ヘテロ系の場合も，いままで述べた DLVO 理論の拡張としてそれらの相互作用を論ずることができる．まず，表面の電位が ψ_1 と ψ_2 の2枚の平板間の静電ポテンシャルエネルギーは ψ_1 と ψ_2 が小さくてデバイ-ヒュッケル(Debye-Hückel)近似が成立する場合，次式で与えられる．

$$V_R' = \frac{\varepsilon\kappa}{8\pi}[(\psi_1^2+\psi_2^2)(1-\coth\kappa h) + 2\psi_1\cdot\psi_2 \cosech \kappa h] \quad (20.5)$$

図20.7 は，0.001 mol($Z=1$) での種々の ψ_1 と ψ_2 における $V_R'(h)$ 曲線である．曲線 A は $\psi_1=\psi_2$ の場合で，すでに述べたように常に反発力である．また曲線CやDは，一方の表面の電位が零($\psi_1=0$)，または ψ_1 と ψ_2 が反対符号の場合であり，常に引力が働く．ところが，ψ_1 と ψ_2 が同じ符号であってもその大きさが違うときには $V_R'(h)$ 曲線に極大がみられる(曲線 B)．

半径が a_1 と a_2，また表面の電位が ψ_1 と ψ_2 の2つの球状粒子間の静電ポテンシャルエネルギー $V_R''(H)$ は次式で与えられる．

$$V_R''(H) = \frac{a_1 a_2}{2(a_1+a_2)}\cdot\frac{\varepsilon(\varphi_1+\varphi_2)}{2} \left[\frac{2\varphi_1\cdot\varphi_2}{\varphi_1^2+\varphi_2^2}\ln\frac{1+e^{-\kappa H}}{1-e^{-\kappa H}} + \ln(1-e^{-2\kappa H})\right] \quad (20.6)$$

ここで H は両球面間の最短距離である．また，大きさが異なる異種粒子間のファンデルワールス引力のポテンシャルエネルギー $V_A(H)$ は次式で与られる．

$$V_A(H) = -\frac{a_1 a_2}{a_1+a_2}\cdot\frac{A}{6H} \quad (20.7)$$

ヘテロ凝集に対しても，先に述べた V_R' や V_R'' と V_A の和で全ポテンシャル(V_t)曲線が描かれ，$V_t=0$, $dV/dh=0$ という条件から，系の臨界凝集濃度(C_{cfc})を求めることができる．簡単な場合として(20.5)式で $2\kappa h\gg 1$, $1>\psi_1/\psi_2>e^{-2\kappa h}$ と仮定すると臨界凝集の条件は次式のようになる．

$$\psi_1\cdot\psi_2 = \frac{\kappa A}{3.2\varepsilon} \quad (20.8)$$

あるいは

$$C_{cfc} = \frac{B'(\psi_1\cdot\psi_2)^2}{Z^2} \quad (20.9)$$

ここで B' は A を含む定数である．すなわち，ヘテロ系の臨界凝集濃度(C_{cfc})は両粒子の表面電位の積($\psi_1\cdot\psi_2$)によって支配される．

20.4 高分子の吸着と分散・凝集作用

天然あるいは，合成高分子はほとんどのコロイド粒子に吸着して厚い吸着層を形成するので，コロイド系の安定性に大きな影響を与える．この場合，高分子の添加量によって効果が異なり，添加量がある大きさ以上になるとコロイド系の安定化を促進する立体安定化作用（または保護効果）を与え，また添加量が少ない場合は分散性を損う架橋作用（または増感効果）を示す．

20.4.1 高分子吸着の特性

高分子の吸着性は，おもに次の3つのファクターで左右される．すなわち，高分子の分子量，担体の種類および溶媒の性質である．

吸着高分子鎖は，一般に図20.8に示すように界面に直接付着したセグメント部分（トレイン(train)層）と，溶液中に広がった部分（ループ(loop)層，テール(tail)層）から成る．

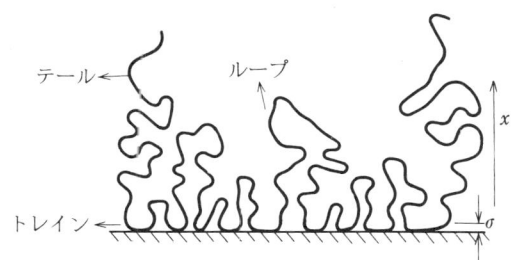

図 20.8 高分子吸着層の構造

分散系の安定性にはトレイン層とループ層の割合やループ層やテール層の長さが重要な影響を及ぼすことになるので，ここでも上記3つのファクターが吸着層の構造にどのように影響するかが問題になる．高分子の分子量(M)と飽和吸着量(A_s)の間には，次の関係が成立する．

$$A_s = K_1 M^\alpha \tag{20.10}$$

αは分子量依存のパラメータで，① $\alpha=0$の場合は，吸着分子の全セグメントが界面に吸着しており，A_sは分子量に関係なく一定となる．② $\alpha=1$の場合は分子は末端で吸着して表面に林立し，吸着分子数は一定であるが，A_sはMに正比例する．③ 実際の系では，$0<\alpha<0.5$の値をとり，この場合は①と②の中間の吸着層構造をとる．また，(20.10)式のK_1は溶媒の性質に依存し，貧溶媒になるほど大きな値をとってA_sの増加に寄与する．

吸着担体の種類は，高分子吸着の推進力(driving force)を変える点で重要である．

20.4.2 立体安定化

立体安定化の作用機構の研究は比較的遅れており，むしろ応用面が先行しているが，古くは，Fischer[14]やOttewill[15]らの論文にみられるように，立体安定化効果は粒子表面に吸着した高分子セグメント濃度や吸着層の厚さに依存するという考えが支配的であった．最近では，安定化剤のアンカー部の構造や，吸着層テール部の役割が強調されている[16]．たとえば，安定化剤としては両親媒性高分子がすぐれており，比較的不溶性のアンカー部が溶液中に広がったテール部を粒子表面に固定している構造が理想的と考えられている．一方，ホモポリマーの場合，立体効果は媒質の性質に敏感で，貧溶媒中では吸着量は高まるが吸着層間の浸透圧効果や体積制限効果は減衰してしまう．また，良溶媒中では吸着量が減少することが大きな難点である[17]．

高分子吸着層で立体的に安定化された分散系の凝集は，溶液中に広がった吸着層の溶解性の低下で引き起こされる．たとえば，系の温度，圧力，体積を変えたり，貧溶媒を添加すると系は急激に凝集する[18],[19]．それらの臨界点は，それぞれ臨界凝集温度(cft)，臨界凝集圧力(cfp)，臨界凝集体積(cfv)と呼ばれる．このうち，特にcftと高分子溶液のθ点（θ温度）の関係が広範に研究されている[20],[21]．

20.4.3 架橋作用

高分子の添加量が極端に少ない範囲で観察される高分子の凝集作用は，先の貧溶媒中で観察される立体効果の凝集とは異なる作用機構に基づくものである．吸着した高分子の先端が別の粒子表面に吸着し，粒子間に高分子の架橋が形成され，これによってコロイド系が凝集していくもので，この過程を架橋作用(bridging effect)と呼ぶ．架橋プロセスは吸

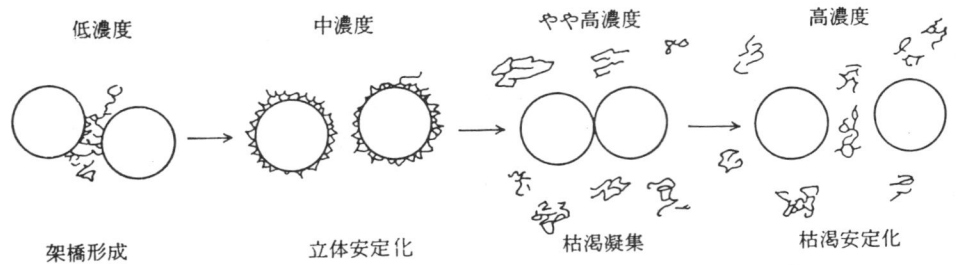

図 20.9 コロイドの分散・凝集に対する高分子の効果を示す模式図

着分子のループの先端が別のコロイド表面に吸着する際の引力エネルギーと，ループが吸着して2本の橋に変化する際のエントロピー損失に基づく反発エネルギーの和で表されるので，表面に長いループをつくって架橋を容易にしたり，吸着層で覆われたコロイド粒子と裸の粒子を半々に混ぜて架橋効果を高めると効率よく凝集させることができる[22],[23]．また，架橋作用が現れる領域では，吸着高分子の表面被覆率は小さいので，その表面には裸の場合に近い電気二重層が形成されている．もし電気二重層の厚さが吸着層のそれより厚ければ，架橋は形成されない．このような場合は，系に電解質を加えるとはじめて架橋が形成される[24]．

20.4.4 枯渇効果

コロイド粒子の表面に吸着しない高分子が存在すると，いままで述べた効果と異なる機構で分散・凝集に関与する現象が注目されている．これは粒子が接近すると，溶存高分子が間隙から排除され，高分子の枯渇領域が存在するための効果で，枯渇効果(depletion effect)と呼ばれる[25]．この効果が系を凝集させる場合を枯渇凝集(depletion floculation)，逆に系の安定化に寄与する場合を枯渇安定化(depletion stabilization)と呼ぶ．いまのところ，この効果の研究は，たがいに不活性な高分子と分散系で行われているが，それは，もし高分子が吸着すると，吸着層の立体効果と，枯渇効果が複雑に干渉し，2つの効果を解析することが不可能になるためである．枯渇効果の詳細は，いまのところまだ不明であるが溶存高分子の限られた濃度範囲でのみ現れ，その濃度は一般に立体効果に比べてはるかに高いことが知られている[26]．

図 20.9 に，ポリマー効果のすべての機構が図式的に描かれている[18]．

20.5 濃厚コロイド系

分散している粒子濃度が濃厚になると希薄な状態からは予想できない特異な性質が現れる．

20.5.1 構造形成

粒子直径が 2000～8000 Å の単分散ラテックスを濃縮してゆくと，ある粒子体積分率(φ)よりラテックス表面に美しい虹彩が観察される．これはラテックス粒子が規則的に配列し，その表面で可視光のブラッグ(Bragg)反射が起こるためである．コロイド系の発色は粒子形が単分散の場合に限られ，濃厚系になると個々の粒子の形態や均一性が系全体の性質に大きく影響する．Luck らの分光学的研究[27]によると，ラテックスの結晶は面心立方構造(fcc)で，容器の壁に fcc の(１１１)面が平行に配列している(図20.10)．Hiltner や Krieger ら[28]は構造形成の原因として粒子のまわりに形成される電気二重層間の排除体

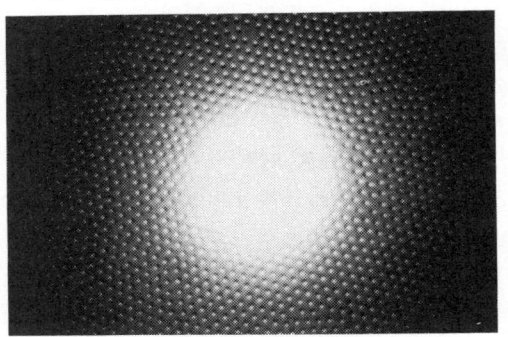

図 20.10 ラテックス粒子の結晶
小点が1つ1つの粒子を示す．

積効果をあげている．すなわち，限られた体積中に厚い電気二重層をもつラテックス粒子を封じ込めると，粒子相互の遮蔽静電力の押し合いで一番安定な結晶状態が形成される．

20.5.2 相分離現象

直径 2000 Å 程度のポリスチレンラテックスをイオン交換樹脂で脱塩後，何本かの試験管に採取し，KCl 濃度を変えて（$0.1 \sim 55 \times 10^{-5}$ mol/dm^3 の範囲）静置すると，図 20.11 に示すような現象が観察される[29),30)]．KCl 濃度が低い間は容器全体が発色しているが，KCl 濃度を高くしていくと乳白色の非結晶部分が共存してくる．

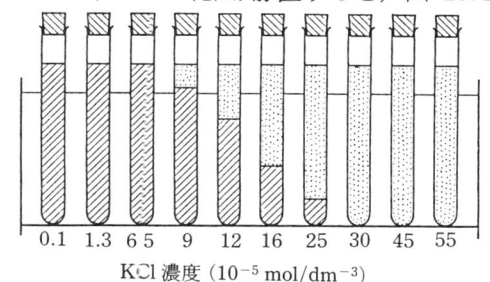

この実験をラテックスの体積分率を変えた系で行うと図 20.12 に示す相図が作成できる．

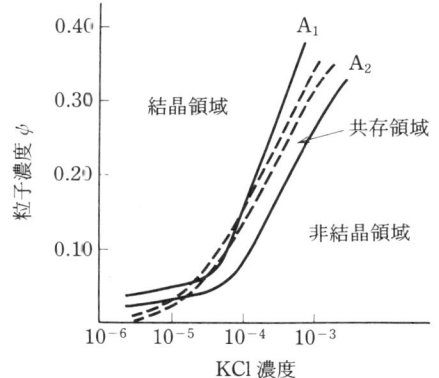

図 20.11 KCl 濃度とラテックスの相分離現象
▨：結晶相，░：非結晶相

図 20.12 ラテックス系の結晶と非結晶の相図
実線：実測値，破線：理論値

20.5.3 カークウッド-アルダー転移

カークウッド-アルダー（Kirkwood-Alder）転移は[31),32)] Kirkwood の仮説に基づいて Alder が行った電子計算機のシミュレーション実験から予想された現象である．従来，相転移は粒子間の斥力と引力の釣り合いで起こる現象として取り扱われていたが，この現象を"粒子のパッキング状態の変化"としてとらえると，剛体球の場合，球の数がある値以上になると，系の性質が急激に変化して，球の局在した領域（結晶領域）が発生してくる．合成ラテックスにみられる相分離現象がこのカークウッド-アルダー転移に基づくものであることの根拠として，蓮ら[33)] は次の事実をあげている．

まず，Alder の計算結果で予想される非結晶領域―共存領域―結晶領域の体積分率がラテックス系で観察される相図（図 20.12）をよく説明することである．さらに，アルダー理論によると，両相の共存領域には $P_cV_0/N_kT=8.6$（V_0 は最密充填の体積）で与えられる圧力 P_c が存在し，粒子を有限体積中に閉じ込めていることになるが，この点についてもほぼこの条件を満足する圧の存在が確認された．

カークウッド-アルダー転移はわれわれの既成概念とまだ反するところがあり，理論的にもその存在が完全に証明されたわけではない．しかし，実際のラテックス系でこの転移の条件に合致した相分離現象が見出されたことが確実であれば，その存在の重要な証拠となろう．カークウッド-アルダー転移の現象は濃厚コロイド系の共通の効果として，系のレオロジー的性質などに大きく影響すると考えられる．　　　　　　　　　〔古澤　邦夫〕

文　　献

1) 北原文雄，古沢邦夫："分散・乳化系の化学"，p.2，工学図書出版 (1979)．
2) C.A. Parks: *Chem. Rev.*, **65**, 177 (1965)．
3) 北原文雄，渡辺　昌編："界面電気現象"，共立出版 (1972)．
4) A.J. Rutgers, M. De Smet: *Trans Faraday Soc.*, **41**, 758 (1945)．
5) E.J. Verwey, J. Th. G. Overbeek: "Theory of Stability of Lyophobic Colloids", Elsevier, Amsterdam (1948)．
6) E.M. Lifshitz: *Soviet Physics*, **2**, 73 (1950)．

7) D. Tabor: "Solids, Liquids and Gases", Cambridge Univ. Press, Cambridge (1879).
8) J.N. Israelachvili: *J. Chem. Soc. Faraday Trans.*, 1, **74**, 975 (1978).
9) J. Visser: *Adv. Colloid Interface Sci.*, **3**, 331 (1972).
10) J. Lyklema: *Adv. Colloid Interface Sci.*, **2**, 65 (1968).
11) B.V. Derjaguin: *Discuss. Farday Soc.*, **18**, 85 (1954).
12) R. Hogg, T.W. Healy, D.W. Fuerstenau: *Trans. Faraday Soc.*, **62**, 1638 (1966).
13) S. Usui: "Heterocoagulation in Progress in Surface and Membrane Science", Vol. 5, eds. J.F. Danielli et al., p.223, Academic Press, New York (1972).
14) E.W. Fischer: *Kolloid Z.*, **160**, 120 (1958).
15) R.H. Ottewill, et al.: *Kolloid Z.u.Z. Polym.*, **227**, 103 (1968).
16) J.M.M.M. Scheutjens, et al.: *J. Phys. Chem.*, **83**, 1619 (1979), **84**, 178 (1980).
17) 北原文雄, 古沢邦夫 ": 分散・乳化系の化学", p.183, 工学図書 (1979).
18) D.H. Napper: "Polymer Stabilization of Colloidal Dispersion", Academic Press, London (1979).
19) Th.F. Tadros: "The Effect of Polymers on Dispersion Properties", Academic Press, London (1982).
20) D.H. Napper: *Trans. Farday Soc.*, **64**, 1701 (1968); *J. Colloid Sci.*, **29**, 168 (1969); *J. Colloid Interface Sci.*, **58**, 390 (1977).
21) R. Evans: *J. Polym. Sci.*, **B-10**, 449 (1972); *J. Colloid Interface Sci.*, **52**, 260 (1975).
22) G.J. Fleer, et al.: *J. Colloid Interface Sci.*, **46**, 1 (1974).
23) K. Furusawa, et al.: *J. Colloid Interface Sci.*, **73**, 21 (1980).
24) G.J. Fleer: "Thesis, Agricultural Univ.", Wageningen, The Netherlands (1971).
25) J. Clarke, et al.: *J. Chem. Soc. Faraday Trans.*, 1., **77**, 1831 (1981).
26) A.P. Gast, et al.: *J. Colloid Interface Sci.*, **96**, 255 (1983).
27) W. Luck, I.M. Klier, H. Wesslau: *Ber. Bunsenges. Phys. Chem.*, **67**, 75, 84 (1963).
28) P.A. Hiltner, I.M. Krieger: *J. Phys. Chem.*, **73**, 2386 (1969).
29) S. Hachisu, Y. Kobayashi and A. Kose: *J. Colloid Interface Sci.*, **42**, 342 (1973).
30) K. Furusawa, et al.: *Bull. Chem. Soc. Japan*, **55**, 2336 (1982).
31) B.J. Alder and T.E. Wainwright: *Phys. Rev.*, **127**, 359 (1962); B.J. Alder, H.G. Hoover and D.A. Young: *J. Chem. Phys.*, **49**, 3688 (1968).
32) 戸田盛和, 松田博嗣, 樋渡保秋, 和達三樹: "液体の構造と性質", p.74, 岩波書店 (1976).
33) S. Hachisu, et al.: *Adv. Colloid Interface Sci.*, **16**, 233 (1982).

II. 有機化学

1. 有機化合物の種類

1.1 有機化合物の定義と分類

物質は古くは生物体のもつ神秘的な生命力(vital force)によってつくられる有機化合物とそれ以外の物質である無機化合物とに分類されていた．しかし，1828年にWöhlerは無機化合物であるシアン酸アンモニウムの水溶液を蒸発させると，有機化合物である尿素が生じることを発見した．この発見によって有機化合物の生成には必ずしも生命力を必要としないことがわかり，有機化合物の概念を変えさせるきっかけとなった．そののち，現代の「有機化合物とは炭素の化合物である」という概念が確立された．炭素化合物といってもすべての炭素を含む化合物を指すのではなく，一酸化炭素，二酸化炭素，炭酸およびその塩類などは無機化合物として扱われる．また，四塩化炭素，ホスゲンなどいくつかの化合物は有機化合物としても無機化合物としても取り扱われることがあり，その境界は明確でない．したがって，有機化合物という概念はかなり便宜的なものといえる．

有機化合物の種類は多く，その分類法も多いが，まず化合物の骨格に着目し分類するのが一般的である．すなわち，その化合物の骨格が環構造をもつかいなかで2分し，さらに不飽和度を考慮して図1.1のように分類する．環状の化合物でその環を構成する元素として炭素原子以外に窒素，酸素，硫黄などのヘテロ原子が含まれる化合物は複素環式化合物(heterocyclic compound)であり，有機化合物の基本骨格の1つである．一方，化合物の性質をおもに考えると，有機化合物は脂肪族化合物(aliphatic compound)と芳香族化合物(aromatic compound)の2つに大別できる．また，その化合物を特徴づける官能基(functional group)によって，たとえば，脂肪族炭化水素，芳香族炭化水素，アルコール，フェノール，ケトン，アミンなどと分類することができる．化合物の性質，反応などに重点をおく場合はこの分類の方が目的に適した分類となる．

1.2 有機化合物の命名法
1.2.1 IUPAC命名法

IUPAC有機化学命名法(国際純正応用化学連合有機化学命名法[1]：International Union of Pure and Applied Chemistry, Nomenclature of Organic Chemistry)は原則的には組織名(体系的名称：systematic name)を優先的に使用する方向を示しているが，広く使われている慣用名(非組織名：trivial name)および半組織名(半慣用名：semi-systematic name)の使用を認めている．Aの部：炭化水素，Bの部：複素環系，Cの部：炭素，水素，酸素，窒素，ハロゲン，硫黄，セレン，テルルのどれかを含む特性基(特性原子団)，Dの部，Eの部，…とつづく．官能基をもつ複雑な化合物の命名はA，Bの部で扱われる母体化合物の名称とCの部以下で扱われている特性基の命名法とを組み合わせ命名される．特性基の命名法には下記に示す組

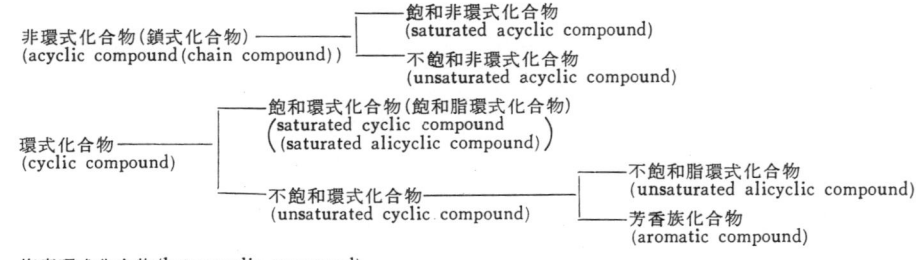

```
非環式化合物(鎖式化合物)  ┬── 飽和非環式化合物
(acyclic compound(chain compound))  │    (saturated acyclic compound)
                                    └── 不飽和非環式化合物
                                         (unsaturated acyclic compound)

環式化合物 ┬── 飽和環式化合物(飽和脂環式化合物)
(cyclic compound) │   (saturated cyclic compound)
                  │   (saturated alicyclic compound)
                  └── 不飽和環式化合物 ┬── 不飽和脂環式化合物
                       (unsaturated cyclic compound) │   (unsaturated alicyclic compound)
                                                     └── 芳香族化合物
                                                          (aromatic compound)

複素環式化合物(heterocyclic compound)
```

図 1.1 有機化合物の骨格による分類

1. 有機化合物の種類

表 1.1 置換命名法で用いられる主要基の接尾語と接頭語

化合物の種類	式[b]	接頭語	接尾語
1. 陽イオン		-onio〔オニオ〕 -onia〔オニア〕	-onium〔オニウム〕
2. カルボン酸	—COOH	carboxy〔カルボキシ〕	-carboxylic acid〔カルボン酸〕
	—(C)OOH	—	-oic acid〔酸〕
チオカルボン酸	—CSOH	thiocarboxy〔チオカルボキシ〕	-carbothioic acid〔カルボチオ酸〕
	—(C)SOH	—	-thioic acid〔チオ酸〕
ジチオカルボン酸	—CSSH	dithiocarboxy〔ジチオカルボキシ〕	-carbodithioic acid〔カルボジチオ酸〕
	—(C)SSH	—	-dithioic acid〔ジチオ酸〕
スルホン酸	—SO$_3$H	sulfo〔スルホ〕	-sulfonic acid〔スルホン酸〕
スルフィン酸	—SO$_2$H	sulfino〔スルフィノ〕	-sulfinic acid〔スルフィン酸〕
スルフェン酸	—SOH	sufeno〔スルフェノ〕	-sulfenic acid〔スルフェン酸〕
カルボン酸塩	—COOM	—	metal—carboxylate〔カルボン酸金属〕
	—(C)OOM	—	metal—oate〔—酸金属〕
3. 酸無水物	$-\mathrm{CO}\atop-\mathrm{CO}$>O	—	-oic anhydride または -ic anhydride〔—酸無水物〕
エステル	—COOR	R-oxycarbonyl〔R オキシカルボニル〕	R—carboxylate〔カルボン酸 R[d]〕
	—(C)OOR	—	R—oate〔—酸 R[d]〕
酸ハロゲン化物	—COX	haloformyl〔ハロホルミル〕	-carbonyl halide〔ハロゲン化—カルボニル[d]〕
	—(C)OX	—	-oyl halide〔ハロゲン化—オイル[d]〕
アミド	—CONH$_2$	carbamoyl〔カルバモイル〕	-carboxamide〔カルボキサミド〕
	—(C)ONH$_2$	—	-amide〔アミド〕
ヒドラジド	—CO—NHNH$_2$	hydrazinocarbonyl〔ヒドラジノカルボニル〕	-carbohydrazide〔カルボヒドラジド〕
	—(C)O—NHNH$_2$	—	-ohydrazide〔オヒドラジド〕
イミド	$-\mathrm{CO}\atop-\mathrm{CO}$>NH	—	-carboximide〔カルボキシミド〕, -imide〔イミド〕
アミジン	—C$\leqslant ^{\mathrm{NH}}_{\mathrm{NH}_2}$	amidino〔アミジノ〕	-carboxamidine〔カルボキサミジン〕
	—(C)$\leqslant ^{\mathrm{NH}}_{\mathrm{NH}_2}$	—	-amidine〔アミジン〕
4. ニトリル	—C≡N	cyano〔シアノ〕	-carbonitrile〔カルボニトリル〕
	—(C)≡N	nitrilo〔ニトリロ〕	-nitrile〔ニトリル〕
イソシアン化物	—NC	isocyano〔イソシアノ〕	—
シアン酸エステル	—OCN	cyanato〔シアナト〕	—
イソシアン酸エステル	—NCO	isocyanato〔イソシアナト〕	—
チオシアン酸エステル	—SCN	thiocyanato〔チオシアナト〕	—
イソチオシアン酸エステル	—NCS	isothiocyanato〔イソチオシアナト〕	—
5. アルデヒド	—CHO	formyl〔ホルミル〕	-carbaldehyde〔カルバルデヒド〕
	—(C)HO	oxo〔オキソ〕[c]	-al〔アール〕
チオアルデヒド	—CHS	thioformyl〔チオホルミル〕	-carbothialdehyde〔カルボチアルデヒド〕
	—(C)HS	thioxo〔チオキソ〕[c]	-thial〔チアール〕
6. ケトン	>(C)=O	oxo〔オキソ〕	-one〔オン〕
チオケトン	>(C)=S	thioxo〔チオキソ〕	-thione〔チオン〕
7. アルコール	—OH	hydroxy〔ヒドロキシ〕	-ol〔オール〕
フェノール	—OH	hydroxy〔ヒドロキシ〕	-ol〔オール〕
チオール	—SH	mercapto〔メルカプト〕	-thiol〔チオール〕
8. ヒドロペルオキシド	—OOH	hydroperoxy〔ヒドロペルオキシ〕	—
9. アミン	—NH$_2$	amino〔アミノ〕	-amine〔アミン〕
イミン	=NH	imino〔イミノ〕	-imine〔イミン〕
ヒドラジン	—NHNH$_2$	hydrazino〔ヒドラジノ〕	-hydrazine〔ヒドラジン〕
10. エーテル	—OR	R-oxy〔R オキシ〕	—
スルフィド	—SR	R-thio〔R チオ〕	—
11. 過酸化物	—OO—R	R-dioxy〔R ジオキシ〕	—

a) 式中で括弧に入れた炭素原子は母体化合物名に含まれ，接尾語や接頭語で表される特性基に含まれない．
b) =O および =S に対する接頭語．　　c) 翻訳しないで字訳する場合がある．

織的命名法がある.

置換命名法(置換式命名法): 水素原子を他の原子か原子団で置き換えたことを示す命名法で，優先的に用いるように指示されている命名法である．置き換えた原子または原子団を置換基(substituent)と呼ぶ．置換基のうち，直接の炭素－炭素結合でなく母体に組み入れられている原子または原子団(ハロゲン，$-OH$，$-NH_2$，$=O$ など)および $>C=O$，$-COOH$，$-CN$ などの原子団を特性基(characteristic group)と呼ぶ．置換基の名称は接頭語あるいは接尾語として母体化合物の名称につけ加える．接尾語として呼称し得る特性基のうちの1つを主基(principal group)に選び，接尾語とし，そのほかの置換基はすべて接頭語として表す．表1.1には接頭語および接尾語として呼称しうる代表的な特性基を示したが，分子中に主基となりうる特性基が2つ以上あるときは，この表の上位にあるものを主基として選ぶ．接尾語にはなり得ず接頭語としてのみ呼称される特性基を表1.2に示した．

基官能命名法: 基名と官能基の種類の名称を組み合わせる命名法．たとえばエチルア

表 1.2 接頭語としてのみ呼称される特性基

特性基	接 頭 語
$-Br$	bromo〔ブロモ〕
$-Cl$	chloro〔クロロ〕
$-ClO$	chlorosyl〔クロロシル〕
$-ClO_2$	chloryl〔クロリル〕
$-ClO_3$	perchloryl〔ペルクロリル〕
$-F$	fluoro〔フルオロ〕
$-I$	iodo〔ヨード〕
$-IO$	iodosyl〔ヨードシル〕
$-IO_2$	iodyl〔ヨージル〕
$-I(OH)_2$	dihydroxyiodo〔ジヒドロキシヨード〕
$-IX_2$	dihalogenoiodo〔ジハロゲノヨード〕, diacetoxyiodo〔ジアセトキシヨード〕など
$=N_2$	diazo〔ジアゾ〕
$-N_3$	azido〔アジド〕
$-NO$	nitroso〔ニトロソ〕
$-NO_2$	nitro〔ニトロ〕
$=N(O)OH$	*aci*-nitro〔*aci*-ニトロ〕
$-OR$	R-oxy〔R オキシ〕
$-SR$	R-thio〔R チオ〕

ルコール，塩化メチルなど．基官能命名法で用いることのできる官能種類名を表1.3に示した．

そのほか，付加命名法(付加式命名法)，減去命名法(除去式命名法)，接合命名法(接続式命名法)，代置命名法(類型的命名法；いわゆるア命名法)などの命名法がある．

表 1.3 基官能命名法で用いられる官能種類名(この順で優先的に官能種類名として呼称する)

基	官 能 種 類 名[b]
酸誘導体の X RCO-X, RSO_2-X など	X の名称：fluoride〔フッ化〕, chloride〔塩化〕, bromide〔臭化〕, iodide〔ヨウ化〕, cyanide〔シアン化〕, azide〔アジ化〕などの順；つぎにこれら酸誘導体の O の代りに S のある類似体
$-CN$, $-NC$	cyanide〔シアン化〕, isocyanide〔イソシアン化〕
$-OCN$, $-NCO$	cyanate〔シアン酸〕, isocyanate〔イソシアン酸〕
$-SCN$, $-NCS$	thiocyanate〔チオシアン酸〕, isothiocyanate〔イソチオシアン酸〕
$>C=O$	ketone〔ケトン〕；つぎに S, Se 類似体
$-OH$	alcohol〔アルコール*〕；つぎに S, Se 類似体
$-OOH$	hydroperoxide〔ヒドロペルオキシド〕
$>O$	ether〔エーテル*〕または oxide〔オキシド[c]〕
$>S$, $>SO$, $>SO_2$	sulfide〔スルフィド[c]〕, sulfoxide〔スルホキシド〕, sulfone〔スルホン〕
$>Se$, $>SeO$	selenide〔セレニド[c]〕, selenoxide〔セレノキシド〕
$-F$, $-Cl$, $-Br$, $-I$	fluoride〔フッ化〕, chloride〔塩化〕, bromide〔臭化〕, iodide〔ヨウ化〕
$-N_3$	azide〔アジ化〕

a) 酸，酸無水物，エステル，アミド，アルデヒド，アミンなどの官能種類名は置換命名法の接尾語と同じである．
b) 基名が長い場合，日本語名では，官能種類名を翻訳して前につけないで，原語のまま字訳する．複雑な化合物名ではつなぎ符号を入れる．
c) 日本語名では，——オキシド，——スルフィド，——セレニドの代りに，酸化——, 硫化——, セレン化——としてもよい．
* 字訳の通則の例外．

上記のように組織的命名法も1種類ではなく，少ないとはいえ慣用名（非組織名）の使用も認められているので，1つの化合物に対して複数の名称が可能となっている．

1.2.2 日本語命名法

IUPAC命名法で命名された化合物名を日本語で表記するための原則が日本化学会により定められている[2]．表記法には，(1) 日本語に翻訳する，(2) 原語（英語）を一定の規則に従いそのままカナ書き（字訳という）する，(3) 翻訳と字訳を併用する，という3つの方法がある．翻訳は主としてIUPAC命名法でその使用が認められている慣用名のうち，対応する日本語名が古くからあるものについて用いられる．たとえば，酢酸，酒石酸，安息香酸などのカルボン酸名に多い．字訳はほとんどの化合物に適用される．この場合英語の綴り字を字訳規準表によって機械的にカナ書きに直すので，実際の英語の発音と著しく異なることも多い．なお，字訳すべき文字は記号，翻訳すべき部分，語尾のeを除き，原語のすべてのアルファベット文字である．原語の記号，たとえば cis, trans, (E), (Z), o, m, p, D, L, (R), などはすべてそのまま使う．

化合物名が原語で2語以上にわたり，つづ

表 1.4 化合物名の字訳規準表

（子音字）	字訳 A. 子音字とそれに続く母音字との組合わせ					字訳 B. 子音字		備考
	（母音字）					同じ子音字が次に来るとき	他の子音字が次に来るときまたは語尾単語末	
	a	i, y	u	e	o			
								子音字と組合わせられていない母音字
b	バ	ビ	ブ	ベ	ボ	促	ブ	
c	カ	シ	ク	セ	コ	促	ク*	* ch＝k；ch, k, qu の前の c は促音；sc は別項
d	ダ	ジ	ズ	デ	ド	促	ド	
f	ファ	フィ	フ	フェ	ホ	*	フグ	* ff＝f；pf＝p
g	ガ	ギ	グ	ゲ	ゴ	促	グ	gh＝g
h	ハ	ヒ	フ	ヘ	ホ	—	長	sh, th は別項；ch＝k；gh＝g；ph＝f；rh, rrh＝r
j	ジャ	ジ	ジュ	ジェ	ジョ	—	ジュ	
k	カ	キ	ク	ケ	コ	促	ク	
l	ラ	リ	ル	レ	ロ	*	ル	* ll＝l
m	マ	ミ	ム	メ	モ	ン	ム*	* b, f, p, pf, ph の前の m はン
n	ナ	ニ	ヌ	ネ	ノ	ン	ン	
p	パ	ピ	プ	ペ	ポ	促	プ*	* pf＝p, ph＝f
qu	クア	キ	—	クエ	クオ	—	—	
r	ラ	リ	ル	レ	ロ	*	ル*	* rr, rh, rrh＝r
s	サ	シ	ス	セ	ソ	促	ス*	* sc, sh は別項
sc	スカ	シ	スク	セ	セコ	—	スク	
sh	シャ	シ	シュ	シェ	ショ	—	シュ	
t	タ	チ	ツ	テ	ト	促	ト*	* th は別項
th	タ	チ	ツ	テ	ト	—	ト	
v	バ	ビ	ブ	ベ	ボ	—	ブ	
w	ワ	ウィ	ウ	ウェ	ウォ	—	ウ	
x	キサ	キシ	キス	キセ	キソ	—	キス	
y	ヤ	イ	ユ	イエ	ヨ	—	*	* この場合は母音字
z	ザ	ジ	ズ	ゼ	ゾ	促	ズ	

注：「促」は促音化（例：saccharin サッカリン），「長」は長音化（例：prehnitene プレーニテン）

けて字訳すると難解，あるいはほかの化合物と混同するような場合には，原語の語間に相当する部分につなぎ符号＝を入れてもよい．

字訳するにはアルファベットを子音字と母音字に分ける．子音字はアルファベットのうち a, e, i, o, u を除いた21字であり，母音字とは a, e, i, o, u, y（直後に母音字がこないとき，または母音がくるが音節末尾のとき）である．子音字1個とそれにつづく母音字1個を組み合わせ，表1.4の字訳規準表A欄により字訳する．また，母音字を伴わない子音字は規準表B欄により字訳する．元素名の iodine に関連のある io は「ヨー」と字訳する．なお，母音字 y は i, ae は e, oe は e, ou は u, eu は oi と同様に字訳する．

下記の語尾は例外とし，下に示すように字訳する．

al:（ア）ール，ase:（ア）ーゼ，ate:（ア）ート，ol, ole, oll は（オ）ール，ose:（オ）ース，ot:（オ）ート，it, ite, yt は（イ）ットとする．たとえば butanal はブタナールとし anisole はアニソールとする．

なお，字訳規準表に従い字訳するのは学術用語として使われる化合物名に限定されている．化学工業製品や医薬品などの商品名，あるいは鉱物名，酵素名などにはこの規準表に準拠しない慣用名が普及しているものも多数あるが，これらの慣用名を直ちに改変するのではない．また，学術用語であっても字訳規準表の例外となる字訳名が定着しているものは，例外として認められている．たとえば alcohol はアルコール（規準表によればアルコホール），ether はエーテル（規準表によればエテル）という例外の名称を保存し，使用する．

この節では，命名法の大略を解説したにすぎず，複雑な化合物の命名に当たってはよりくわしい成書[1,2]を参照されたい．

1.3 有機化合物の種類
1.3.1 脂肪族炭化水素

非環式炭化水素（鎖状の炭化水素）と環構造をもつ炭化水素のうち芳香族炭化水素を除く化合物を指す．このうち炭素－炭素間の結合がすべて1重結合であり環構造をもたない炭化水素はアルカン（alkane）と総称され，一般式 C_nH_{2n+2} で表される．また，パラフィン（paraffin）とも呼ばれるが，この名称は反応性に乏しいというラテン語に由来する．直鎖状のアルカンを慣用的に n- アルカンと呼ぶこともあるが，IUPAC名では n- をつけない．C_1 から C_4 までの直鎖アルカンには慣用名に起因する名称が用いられているが，C_5 以上の炭化水素は炭素数を示すギリシャ語（一部ラテン語）の数詞を語幹とし，接尾語 -ane をつけて命名する．表1.5に飽和直鎖炭化

表 1.5 飽和直鎖炭化水素（C_nH_{2n+2}）の名称

n	名称	n	名称
1	methane〔メタン〕	13	tridecane〔トリデカン〕
2	ethane〔エタン〕	14	tetradecane〔テトラデカン〕
3	propane〔プロパン〕	15	pentadecane〔ペンタデカン〕
4	butane〔ブタン〕	16	hexadecane〔ヘキサデカン〕
5	pentane〔ペンタン〕	17	heptadecane〔ヘプタデカン〕
6	hexane〔ヘキサン〕	18	octadecane〔オクタデカン〕
7	heptane〔ヘプタン〕	19	nonadecane〔ノナデカン〕
8	octane〔オクタン〕	20	icosane〔イコサン〕
9	nonane〔ノナン〕	21	henicosane〔ヘンイコサン〕
10	decane〔デカン〕	22	docosane〔ドコサン〕
11	undecane〔ウンデカン〕	30	triacontane〔トリアコンタン〕
12	dodecane〔ドデカン〕	40	tetracontane〔テトラコンタン〕

素(アルカン)の名称を示した.

アルカンから末端の水素原子1個を除いた原子団をアルキル(alkyl)基と呼び, アルカンの接尾語 -ane を -yl に変えて表す. 末端から水素原子2個あるいは3個を除いた原子団, すなわち, 2価および3価の残基は語尾を -ylidene または -ylidyne に変えて示す. ただし, CH_2 はメチレン(methylene)とする. 直鎖アルカンの両末端から水素原子を1個ずつ除いてつくられる2価の置換基名はエチレン(ethylene), トリメチレン(trimethylene), テトラメチレン(tetramethylene), … となる.

炭素数4個以上の飽和炭化水素には枝分れした異性体が存在するが, その数は C_4 で2種, C_5 で3種, C_6 で5種, C_7 で9種であるが C_8 では18種, C_9 で35種, C_{10} では75種と飛躍的にその数はふえる. 枝分れした化合物の名称は分子内の最も長い鎖を主鎖とする炭化水素の誘導体として命名する. 側鎖の位置番号が小さくなる向きに主鎖の端から炭素原子に1, 2, 3, ‥ と位置番号をつける. 2つ以上の側鎖(置換基)があるときは, 同じではない最初の位置番号が小さくなる向きを選び位置番号をつける. 同じ置換基が複数存在するときはモノ, ジ, トリ, …などの倍数を表す接頭語を用いる. また, 2種以上の置換基があるときは置換基はアルファベット順に並べる. ただし, この場合数を表す接頭語は除いて考える.

慣用名であるイソブタン, イソペンタン, ネオペンタン, イソヘキサンは IUPAC 名として保存されている. 側鎖をもつアルキル基を基名として呼ぶときは遊離原子価のある炭素原子の位置番号を1とし, そこから出発して最長鎖となる直鎖アルキル基の名称に側鎖を接頭語として位置番号とともに加えて命名する. イソプロピル(1-メチルエチル), イソブチル(2-メチルプロピル), t-ブチル(1,1-ジメチルエチル), s-ブチル(1-メチルプロピル)などは使用の認められている基名の慣用名(括弧内は組織名)である.

メタンは天然ガスの主成分であり, またアルカン類は石油の主成分の1つである. アルカンは一般の有機溶媒にはよく溶けるが水には溶けにくい. 炭素数が4個以下の直鎖アルカンは常温常圧で気体であるが炭素数5個から17までは液体, 18以上で固体となる.

単環の飽和炭化水素は同数の炭素原子をもつ直鎖炭化水素名に接頭語シクロ(cyclo-)をつけてつくる. 分子内に2つの環があり, その2環が2個以上の原子を共有している脂環式炭化水素は全炭素原子数と同じ直鎖炭化水素に接頭語のビシクロ(bicyclo-)をつけて命名し, 2個の橋頭炭素原子を結ぶ3本の鎖に含まれる炭素原子の数を大きいものから順に角括弧に入れて示す. 位置番号は橋頭炭素を1とする. 3環, 4環をもつ化合物はそれぞれ接頭語トリシクロ(tricyclo-), テトラシクロ(tetracyclo-)を用いて命名する.

2個の脂環が1個の炭素原子を共有しているスピロ炭化水素は接頭語スピロ(spiro-)をつけて命名し, スピロ原子と連結している各環の環員数を小さいものから順に角括弧に入れて示す. 位置番号は小さい方の環のスピロ原子の隣の炭素原子が1となる.

これらの環状炭化水素のうち, 3員環, 4員環を含む化合物はそのひずみのために開環反応を起こしやすいが, そのほかの化合物は非環式炭化水素と化学的性質が似ており, 反応性に乏しい.

1.3.2 脂肪族不飽和炭化水素

炭素-炭素二重結合, あるいは三重結合をもつ炭化水素で芳香族炭化水素を除く化合物を脂肪族不飽和炭化水素という. 二重結合や三重結合をもつ炭化水素は対応する飽和炭化水素の接尾語 -ane を二重結合を意味する接尾語の -ene, -adiene, -atriene などに, あるいは三重結合を意味する接尾語の -yne, -adiyne, -atriyne などに, また, 両者をともにもつときは接尾語 -enyne, -enedyne などに変えて命名する. 不飽和結合の位置は不飽和結合の始まる炭素原子の位置番号で表す. 位置番号は不飽和結合が最小の番号で表

されるように選ぶ．枝分れした非環式炭化水素では不飽和結合を最多数含む直鎖炭化水素の誘導体として命名する．なお，エチレン，アセチレンという慣用名は IUPAC 名として保存されているがプロピレン，ブチレンは採用されていない．また，アリル，ビニルなどの基名も保存されている．

非環式炭化水素で二重結合を1つもつ化合物は一般式 C_nH_{2n} で表され，アルカンの接尾語 -ane を接尾語 -ene に変えたアルケン(alkene)という一般名で呼ばれる．また，オレフィン(olefin)ともいわれる．二重結合を軸とした自由回転は束縛されているため，1,2-ジ置換オレフィンでは置換基が同じ側にあるものと反対側にあるものとが安定に存在し，その性質も若干異なる．前者をシス(cis)異性体あるいは(Z)異性体と呼び，後者をトランス($trans$)異性体あるいは(E)異性体と呼ぶ．これらの関係は cis-trans 異性(二重結合ジアステレオ異性)と呼ぶ．3置換および4置換オレフィンでも二重結合の1つの炭素原子についた置換基がともに異なるときは二重結合ジアステレオ異性が存在する．

C_2 および C_3 のアルケンはエチレン(組織名はエテン)，プロペンと呼ばれ，ともに高分子化学工業におけるモノマーとして，また種々の化学薬品の原料として重要である．また，エチレンは植物ホルモンの1つであり，果実の成熟促進，細胞伸長阻害などの作用を示す．C_4 のアルケンには1-ブテン，cis-および$trans$-2-ブテン，2-メチルプロペンの4種の異性体が存在する．炭素数がふえれば異性体の数は飛躍的に多くなる．一般にアルケンの沸点，融点，比重などの物理的性質は対応するアルカンと似ており大差はない．また，水に溶けにくく，有機溶媒によく溶けるという性質も似ているが，アルカンが反応性に乏しいのに対し，アルケンは求電子試薬と容易に反応し付加化合物を与える点が異なる．また，アリル位のラジカル反応性も高い．

二重結合を2つ以上もつ炭化水素はその二重結合の相対的位置によって性質の異なる3つの型に分類できる．

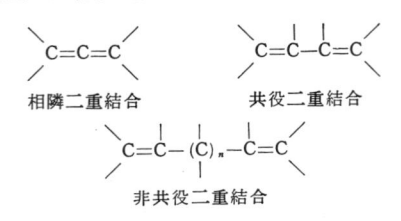

$$\begin{array}{cc} \diagdown\!\!\!\diagup C=C=C\diagdown\!\!\!\diagup & \diagdown\!\!\!\diagup C=C-C=C\diagdown\!\!\!\diagup \\ \text{相隣二重結合} & \text{共役二重結合} \end{array}$$

$$\diagdown\!\!\!\diagup C=C-(C)_n-C=C\diagdown\!\!\!\diagup$$
非共役二重結合

相隣二重結合をもつ 1,2-プロパジエン(慣用名アレン(allene))の中央の炭素原子は sp 混成軌道をとるので相隣る3つの炭素原子は直線上に並び，両端の CH_2 のつくる平面はたがいに直交する．相隣二重結合をもつ化合物はあまり安定でなく，三重結合をもつアセチレン系炭化水素に異性化しやすい．天然より相隣二重結合をもつ化合物も単離されているが，その種類は多くない．

二重結合と二重結合とが一重結合によりつながっている場合はこれを共役二重結合という．共役二重結合では2つの二重結合が相互作用するため中央の一重結合も若干の二重結合性をもつ．それゆえ孤立した二重結合とは異なり，求電子試薬，たとえば，臭素との付加反応ではジエンの両末端，すなわち，1,4位への付加が主反応となる．また，ジエンの両末端が反応点となるディールス－アルダー(Diels-Alder)反応は共役ジエンの典型的な反応である．共役ポリエン構造はビタミンA，β-カロチンなどに含まれ，天然にもかなり存在しており生体内で重要な働きをしている．

非共役二重結合の場合は一般に2つの二重結合間に大きな相互作用がなく，独立した二重結合と考えてよい．

三重結合を1つもつ非環式炭化水素は一般式 C_nH_{2n-2} で表され，アルカンの接尾語 -ane を三重結合を表す接尾語 -yne に変えたアルキン(alkyne)という一般名で呼ばれる．その最も簡単な化合物はアセチレン(acetylene：組織名はエチン)であり，すべての原子が1直線上に並ぶ．アセチレンはおもに石油系炭化水素のクラッキングにより製造される．種々の化合物の合成原料として用いられるほ

1. 有機化合物の種類

か，燃焼熱が大きいので金属の溶接や切断などにも使用される．アセチレンのC—H結合はアルケンやアルカンのC—H結合と異なりその水素原子は容易に金属で置換される．金属で置換された化合物は金属アセチリド(acetylide)と呼ばれる．ナトリウムやリチウムのアセチリドは水により分解しアセチレンを発生するが，銀や銅などの重金属アセチリドは水に対して安定であり，不溶であるが熱や衝撃によって爆発する．

1.3.3 芳香族化合物

ベンゼンのように，平面かあるいは平面に近い環状の共役多重結合をもつ化合物で $4n+2$ 個のπ電子(ヒュッケル(Hückel)則)をもつ1連の化合物を芳香族化合物と総称する．これらπ電子は相互作用をしており，芳香族化合物の相隣る炭素-炭素間の結合は1.5重結合的性格をもっている．

脂肪属化合物のアルカンに相当する芳香族化合物の一般名にはアレーン(arene：アレン(allene)との混同を避けるための字訳の基準の例外)を使い，その基名にアリール(aryl：アリル(allyl)と区別するための字訳の例外)を使う．芳香族化合物の最大の特徴は求電子試薬と反応して置換化合物を与えることであり，脂肪族不飽和化合物の反応では付加化合物が得られるのと著しく異なる．したがって，芳香族化合物ではハロゲン化，ニトロ化，ニトロソ化，ジアゾカップリング，スルホン化，フリーデル-クラフツ(Friedel-Crafts)反応(アルキル化およびアシル化)などと呼ばれる求電子置換反応により種々の置換基の導入が可能である．また，それら置換基の官能基変換，たとえば，ニトロ基のアミノ基への還元，アルキル基のカルボキシル基への酸化などにより種々の誘導体を合成することができる．

ベンゼンは芳香族化合物を代表する化合物であり，化学合成原料として重要である．また，溶媒としても使われたが，毒性も強く発癌性もあることがわかって溶媒や溶剤として使用されることはほとんどなくなった．ベンゼンのモノメチル置換体であるトルエン，ジメチル置換体であるキシレンはともに種々の化学合成原料としてきわめて重要である．キシレンには3種の位置異性体が存在する．ベンゼンとエチレンあるいはプロペンとのフリーデル-クラフツ反応により製造されるエチルベンゼン，イソプロピルベンゼン(クメン)はそれぞれポリマー原料として重要なスチレン，フェノールなどの原料となる．

芳香族炭化水素の資源は昔は石炭であり，その乾溜により得ていたが，現在ではおもに石油から製造される．

単環の化合物以外にもナフタレンを初めとする種々の縮合多環系芳香族化合物も知られている．そのうちの代表的な化合物を下記に示した．

1.3.4 複素環式化合物

環状の炭化水素の骨格炭素原子を窒素，酸素，硫黄などのヘテロ原子に置き換えた構造をもつ化合物を複素環式化合物という．IU-

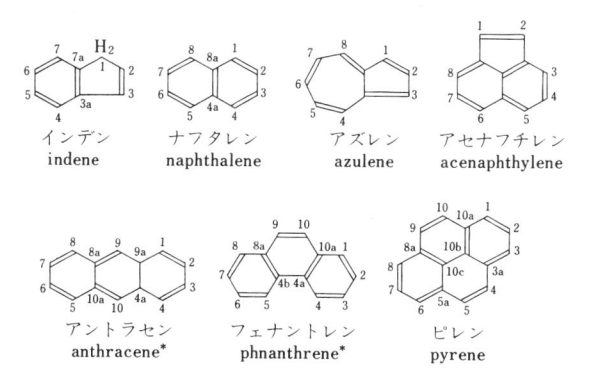

図1.2 代表的な縮合多環式芳香族化合物(*は組織的位置番号のつけ方の例外)

表 1.6 複素環のヘテロ原子の種類を示す接頭語

元素	原子価	接頭語	元素	原子価	接頭語
O	II	oxa〔オキサ〕	Bi	III	bisma〔ビスマ〕
S	II	thia〔チア〕	Si	IV	sila〔シラ〕
Se	II	selena〔セレナ〕	Ge	IV	germa〔ゲルマ〕
Te	II	tellura〔テルラ〕	Sn	IV	stanna〔スタンナ〕
N	III	aza〔アザ〕	Pb	IV	plumba〔プルンバ〕
P	III	phospha〔ホスファ〕[a]	B	III	bora〔ボラ〕
As	III	arsa〔アルサ〕[a]	Hg	II	mercura〔メルクラ〕
Sb	III	stiba〔スチバ〕[a]			

a) 語幹 -ine, -in の直前では phospha は phosphor〔ホスホル〕に, arsa は arsen〔アルセン〕に, stiba は antimon〔アンチモン〕に換える. また phosphorin, arsenin に対応する飽和6員環は phosphorinane〔ホスホリナン〕, arsenane〔アルセナン〕と命名する.

表 1.7 複素環の環の大きさと水素化の状態を表す語幹

(1) 窒素を含む環

環の員数	最多二重結合	二重結合1個	飽和
3		-irine〔イリン〕	-iridine〔イリジン〕
4	-ete〔エト〕	-etine〔エチン〕	-etidine〔エチジン〕
5	-ole〔オール〕	-oline〔オリン〕	-olidine〔オリジン〕
6	-ine〔イン〕[c]	(a)	(b)
7	-epine〔エピン〕	(a)	(b)
8	-ocine〔オシン〕	(a)	(b)
9	-onice〔オニン〕	(a)	(b)
10	-ecine〔エシン〕	(a)	(b)

(2) 窒素を含まない環

環の員数	最多二重結合	二重結合1個	飽和
3		-irene〔イレン〕	-irane〔イラン〕
4	-ete〔エト〕	-etene〔エテン〕	-etane〔エタン〕
5	-ole〔オール〕	-olene〔オレン〕	-olane〔オラン〕
6	-in〔イン〕[c]	(a)	-ane〔アン〕[d]
7	-epin〔エピン〕	(a)	-epane〔エパン〕
8	-ocin〔オシン〕	(a)	-ocane〔オカン〕
9	-onin〔オニン〕	(a)	-onane〔オナン〕
10	-ecin〔エシン〕	(a)	-ecane〔エカン〕

(a) 最多二重結合をもつ化合物の名称に, dihydro, tetrahydro などをつけて命名する.
(b) 相当する不飽和化合物の名称に perhydro〔ペルヒドロ〕をつけて命名する.
(c) P, As, Sb については表 1.6 の注をみよ.
(d) Si, Ge, Sn, Pb には適用できない. この場合には(b)と同様にして命名する.

IUPAC 命名法では3員環から10員環までの1個またはそれ以上のヘテロ原子を含む単環化合物はヘテロ原子の種類を示す表 1.6 の対応する接頭語と表 1.7 の語幹を組み合わせて命名する. 接頭語と語幹とを組み合わせるとき, 語幹が母音で始まるので接頭語の語尾のaは除かれる. たとえば, 酸素1個を含む3員環は(oxa+irane)でオキシラン(oxirane)となり, 窒素と酸素を含む場合は(oxa+aza+iridine)でオキサジリジン(oxaziridine)となる.

水素のつく位置により異性体が存在するときは水素のつく位置を, たとえば2H-アゼピンのように表示する.

同じヘテロ原子が2個以上あるときはdi-, tri-などを表 1.6 の接頭語の前に, また2種以上のヘテロ原子があるときは"ア"接頭語を並べるがその順番は表 1.6 で前にあるものから並べる. 位置番号はヘテロ原子が2個以上あるときは表 1.6 で一番前にあるヘテロ原子を1にし, あとは全ヘテロ原子になる小さい位置番号がつくようにする.

複素環系には慣用名がつくものが多い. また, ヘテロ原子の種類, 環の大きさを表す接頭語をもつ半組織名も多い. IUPAC 名で認められている代表的な化合物を次に示すが, これらの化合物は天然物とか, 医薬品などの構成成分として重要なものが多い.

フラン, チオフェン, ピロールなどは6π電子系芳香族化合物であり, 求電子試薬に対し置換反応を行う. また, これらの化合物ではベンゼンよりも電子密度が高いので反応性

1. 有機化合物の種類

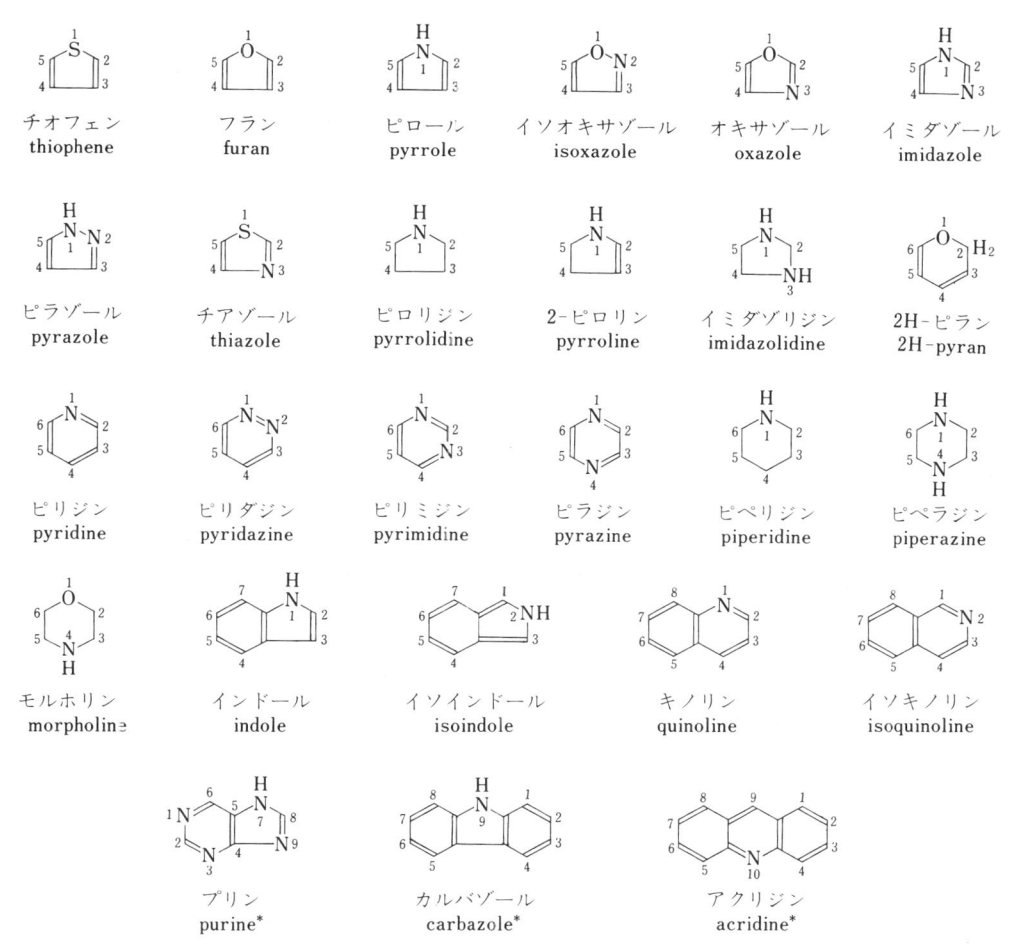

チオフェン thiophene	フラン furan	ピロール pyrrole	イソオキサゾール isoxazole	オキサゾール oxazole	イミダゾール imidazole
ピラゾール pyrazole	チアゾール thiazole	ピロリジン pyrrolidine	2-ピロリン pyrroline	イミダゾリジン imidazolidine	2H-ピラン 2H-pyran
ピリジン pyridine	ピリダジン pyridazine	ピリミジン pyrimidine	ピラジン pyrazine	ピペリジン piperidine	ピペラジン piperazine
モルホリン morpholine	インドール indole	イソインドール isoindole	キノリン quinoline	イソキノリン isoquinoline	
プリン purine*	カルバゾール carbazole*	アクリジン acridine*			

図 1.3 慣用名で呼ばれる代表的な複素環式化合物(* は組織的位置番号のつけ方の例外)

も大きく，その置換を受ける位置はおもに2位である．一方，フランはジエンとしての性質も示し，比較的反応性の大きいジエノフィルと反応してディールス‐アルダー付加物を与える．フランおよびチオフェンの2位の水素はプロトンとして離れやすくブチルリチウムのような強塩基を作用させるとリチオ化される．

ピリジンは弱塩基性（pK_a=5.23）を示す芳香族アミンであり，多くの有機物をよく溶かすのでアルコールやアミンのアシル化の溶媒として用いられる．ピリジンの求電子反応はおもに3位で起こるが，その反応性はベンゼンよりはるかに小さい．しかし，ピリジンを過酸で酸化すると得られるピリジン N-オキ

シドは，求電子試薬に対しピリジンよりも高い反応性を示し，2または4位に置換が起こる．

ピリジン誘導体および，そのベンゼン縮合体であるキノリンやイソキノリン誘導体は天然のアルカロイド中に多くみられ，重要な化合物も多い．イミダゾールやインドールはそれぞれ必須アミノ酸のヒスチジン，トリプトファンの構成成分であり，ピリミジンおよびプリンは核酸塩基として重要である．

1.3.5 有機ハロゲン化合物

IUPAC 命名法では有機ハロゲン化合物は置換命名法および基官能命名法により命名できる．たとえば，アルカンの水素原子1つをハロゲンで置換した化合物は置換命名法では

ハロアルカンであり，基官能命名法ではハロゲン化アルキルとなる．なお，基官能命名法のフルオリド，クロリド，ブロミド，ヨージドなどは比較的単純な化合物の場合フッ化，塩化，臭化，ヨウ化などと翻訳してもよい．

ハロゲン化アルキルのハロゲン原子は求核試薬により置換され，種々の化合物に変換でき，またグリニャール試薬などの有機金属試薬の出発物質ともなるので，有機合成化学における中間体としてきわめて重要である．ハロゲン化アルキルの炭素-ハロゲン結合は共有結合であり，イオン結合しているハロゲン化金属と異なる．したがって，ハロゲン化アルキルは有機溶媒に溶けやすく水に溶けにくいなどその性質はアルカンに近く，反応溶媒などにも利用される．しかし，アルカンと比べ，その比重は大きい．比重を大きくする効果は F<Cl<Br<I であり，低級のポリハロアルカン，さらにモノハロアルカンであっても臭化物やヨウ化物では比重は1より大きい．有機ハロゲン化合物は一般に難燃性であり，ポリハロアルカンでは不燃性となる．それゆえある種の化合物は消火剤にも利用される．また，フロンと総称されるクロロフルオロメタンあるいはエタン類は化学的に安定であり熱力学的性質にすぐれているので冷蔵庫などの冷媒，エアゾール噴射剤，発泡剤，そのほか洗浄剤としても用いられている．しかし，フロンが成層圏に蓄積してオゾン層を破壊し，紫外線を地上により到達しやすくさせるため皮膚癌の発生を増加させる可能性が強いとの理由で，その製造および使用が規制されることになったが，将来は全廃されるものと予測される．一方，天然有機化合物，すなわち生物がつくる化合物中にはハロゲン化合物は比較的少ない．したがって，炭素-ハロゲン結合を分解できる機能をもつ生物は非常に少ないので化学的に安定な有機ハロゲン化合物が環境に排出されると，その分解は遅く蓄積されやすい．また，クロロホルムや四塩化炭素のように比較的汎用される化合物にもかなりの毒性があり，また，モノマーとして重要な塩化ビニルなどは発癌性も確認されている．

1.3.6 アルコールとフェノール

水酸基(OH 基)が sp^3 混成の炭素原子に結合している化合物を一般にアルコールと呼ぶ．アルコール類は水酸基の結合する炭素原子の枝分れの仕方により第1級アルコール(RCH_2OH)，第2級アルコール(R_2CHOH)，および第3級アルコール(R_3COH)に分類できる．水酸基が sp^2 混成の炭素原子に結合しているときは，それが芳香族化合物の骨格炭素であれば一般にはフェノール類と呼び，その水酸基をフェノール性水酸基と呼ぶ．また，その炭素原子がアルケン類の二重結合炭素であれば，一般にエノール(enol；ene+ol に由来する)と呼ばれるが，これはアルデヒド，ケトンなどのカルボニル化合物の互変異性体(tautomer)である．

IUPAC 命名法ではアルコール類は置換命名法および基官能命名法で命名できる．置換命名法における接尾語は -ol であり，炭化水素の語尾の -e を -ol に変えて命名する．日本語に字訳するときは，（オ）ールとなる．接頭語はヒドロキシ(hydroxy-)である．基官能命名法は基名＋アルコールの形式をとる．エチルアルコール，イソプロピルアルコール，t-ブチルアルコールなどが基官能命名法に基づく名称である．

アルコール類はほぼ中性の化合物であり，メタノールの pK_a は約 16，他の第1級および第2級アルコール類はおよそ 17〜18，第3級アルコールではおよそ 19 であり，水酸化ナトリウムではアルコラートにならない．しかし，金属ナトリウムと反応し，対応するアルコラートを生成する．水酸基をもつ化合物は一般に水に溶けやすく，炭素数が3個以下のアルコールは水とどんな割合でも混じり合う．しかし，炭素数が多くなるにつれ溶解度は減少する．最も簡単なアルコールであるメタノールは一酸化炭素と水素から合成され，ホルマリンや脂肪酸のメチルエステルなど各種化学製品の合成原料あるいは燃料として使

用される．エタノールは発酵法およびエチレンの水和により合成され，飲料，合成原料，溶剤，燃料として利用されている．ほかの低級アルコール類も各種合成原料，溶剤などとして用いられる．エチレングリコール，グリセリンなどの多価アルコールは水と自由に混じり，また，分子間の水素結合のため沸点も高い．これらの化合物も合成原料として重要である．

一方，フェノールはアルコール類と異なり，弱酸性を示す．その pK_a 値は約10であり，水酸化ナトリウムで対応するアニオンのフェノラート(phenolate)となるが，炭酸やカルボン酸よりは酸性は弱い．しかし，2,4,6-トリニトロフェノール（ピクリン酸）の pK_a 値は0.4であり，酢酸より，酸性が強い．フェノールは6-ナイロンや樹脂の原料として，また各種化学合成原料として使用される．

糖類を初めとし水酸基をもつ天然有機化合物はきわめて多い．また，エステルの形で，みいだされるものも多い．

1.3.7 エーテル

アルコールやフェノール類の水酸基をアルキル基やフェニル基などの炭素骨格に置き換えた化合物をエーテルと呼ぶ．RおよびR′基がアルキル基であるR—O—R′は置換命名法では片側のアルキル基を主鎖とし他方は酸素原子と組み合わせた置換基のアルキルオキシ基(alkyloxy-；C_4以下では短縮したメトキシ，ブトキシなどのアルコキシ(alkoxy-)を使う)として命名するので，アルキルオキシ（またはアルコキシ）アルカンとなる．基官能命名法はアルキルアルキルエーテルである．RとR′基が同じときはジアルキルエーテルと呼ぶ．単にエーテルというときはジエチルエーテルを指す．

環状のエーテル類は複素環式化合物であり，一部の化合物を除き複素環式化合物の命名法により呼称されることが多い．その性質は鎖状のエーテル類と若干異なるものもある．たとえば，3員環のオキシランはそのひずみのため反応性が高い．オキシランはエチレンオキシド（酸化エチレン）とも呼ばれ，メチルオキシラン（プロピレンオキシド）とともに工業的に大量生産され，ポリマー，界面活性剤原料などとして使用されている．

エチレングリコール誘導体のうち大環状ポリエーテルをクラウンエーテルと総称している．この名称はその分子の形に由来し，18-クラウン-6(18-crown-6)などと略記されるが，最初の数字は環員数を表し，最後の数字は酸素原子の数を表す．これらクラウン化合物は中心に金属イオンを取り込み，安定な錯体を生成するという特徴をもつ．取り込むイオンと環の大きさには密接な関連がある．クリプタンドと呼ばれる化合物も同様な性質を示す．代表的なクラウン類を図1.4に示した．

1.3.8 アルデヒドおよびケトン

アルデヒドとはH(C＝O)基に水素または炭素原子と結合している1群の化合物を指し，C＝O基（カルボニル基）の2価の残基がともに炭素原子に結合している化合物をケトンという．鎖状のアルデヒドはIUPACの置換命名法では＝O基に対して接頭語はオキソ(oxo-)を用い命名し，接尾語は母体炭化水素の語尾の -e を -al に変え命名する．日本語に字訳するときは，(ア)ールとなる．アルデヒドのカルボニル炭素の位置番号は常に1となるので必要のない限り省略する．H(C＝

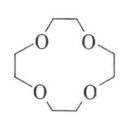

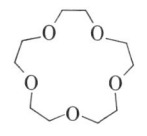

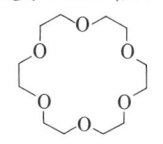

	12-クラウン-4	15-クラウン-5	18-クラウン-6
内孔の直径(Å)	1.2〜1.5	1.7〜2.2	2.6〜3.2
イオンの直径(Å)	Li$^+$ 1.20	Na$^+$ 1.90	K$^+$ 2.66

図 1.4 代表的なクラウンエーテル

O)基が環骨格に直結しているときのH(C=O)基を表す接頭語はホルミル(formyl)であり，接尾語はカルバルデヒド(carbaldehyde)で母体化合物名に直接つなげ命名する．また，アルデヒドは対応するカルボン酸の慣用名の語尾の -ic acid または -oic acid を -aldehyde に変えて命名することもできる．この場合，カルボン酸に対応する翻訳名があっても日本語になおすときは翻訳名を使わず字訳する．たとえば，シンナムアルデヒド(cinnamaldehyde)は桂皮アルデヒドとしない．ケトンは IUPAC 命名法では接頭語はオキソ(oxo-)を用い命名し，主基となるとき(接尾語)は母体炭化水素の語尾の -e を -one に変え命名する．アルデヒドは基官能命名法で命名してはならないが，ケトンは基官能命名法を利用できる．この場合，2つの置換基名はエチルメチルケトンのようにアルファベット順に並べる．

アルデヒドはケトンと異なって一般にカルボン酸に酸化されやすい．そこでフェーリング(Fehling)試薬，トレン(Tollen)試薬(銀鏡試験)など種々の温和な酸化試薬でその存在を確認できる．アルデヒドは還元すれば第1級アルコールに，ケトンは第2級アルコールになる．最も簡単なアルデヒドであるホルムアルデヒドは不安定で付加重合しやすく，その鎖状の重合体をパラホルムアルデヒドという．環状の三量体はトリオキサンであり，これらを熱分解すると単量体のホルムアルデヒドを発生できる．ホルムアルデヒドの水溶液をホルマリンと呼ぶが，水溶液中ではホルムアルデヒドはほとんど水和物の形で存在している．アセトアルデヒドの環状三量体はパラアルデヒドと呼ばれる．一般にカルボニル化合物は反応性に富み，合成中間体として重要である．また，低分子量のケトン類は溶剤としても用いられる．

1.3.9 カルボン酸およびその誘導体

COOH 基をカルボキシル(carboxyl)基と呼び，カルボキシル基をもつ分子をカルボン酸という．脂肪族モノカルボン酸類は，脂肪の加水分解(けん化)により得られるので脂肪酸とも呼ばれる．カルボン酸には脂肪酸など古くから知られている身近で重要な化合物が多く，IUPAC 命名法でも多くの慣用名の使用が認められている．鎖状カルボン酸の IUPAC 命名法による組織名はカルボキシル基の炭素原子も含めた炭素数の炭化水素の語尾 -e を -oic acid に変えて命名する．ジカルボン酸のときは炭化水素名に直接 -dioic acid をつけて命名する．日本語にするときは字訳と翻訳の混合形式を使い，語尾の -oic acid を酸と訳す．すなわち，alkanoic acid はアルカン酸に，alkanedioic acid はアルカン二酸とする．位置番号はカルボキシル炭素が1となる．カルボキシル基が環状の母体化合物に直結しているときのカルボキシル基を表す接頭語はカルボキシ(carboxy)であり，主基となる場合(接尾語)は母体化合物名に -carboxylic acid を直接つけて命名し，日本語では，…カルボン酸と訳す．

カルボン酸は酸性物質であり，脂肪酸の pK_a 値はおよそ 4〜5 である．炭酸よりも強酸であり，炭酸水素ナトリウムで中和できる．塩の名称は語尾の -ic acid を -ate に変える．これを日本語になおすときには2通りの方法が使われる．1つは翻訳と字訳の混合形式を使うときで，母体の酸の名称をそのまま使う．ほかは字訳する場合で，(ア)ートとする．すなわち，sodium alkanoate は第1の方法ではアルカン酸ナトリウムとなり，第2の方法ではナトリウムアルカノアートとなる．

カルボキシル基は水素結合により分子会合できるので，その沸点は分子量から予想される値より高い．また，一般にカルボン酸は水素結合により二量体を形成することが多い．

カルボキシル基以外の官能基を合わせもつカルボン酸には乳酸などのヒドロキシ酸，ピルビン酸などのオキソカルボン酸，あるいはアミノ酸など重要な化合物が多い．

カルボン酸から水酸基を除いた残基(R—C=O基)を一般的にアシル(acyl)基と呼ぶ．そ

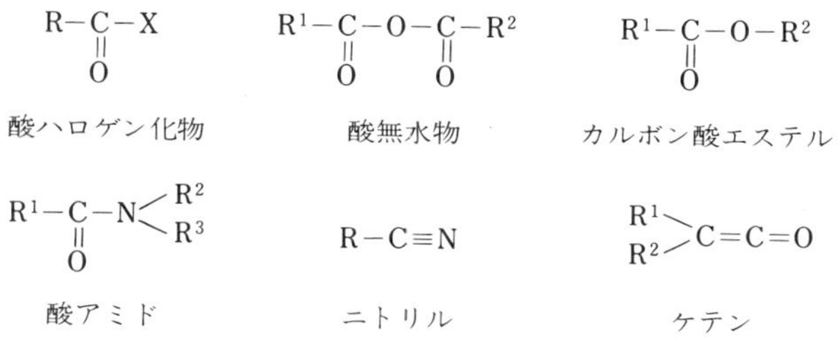

1. 有機化合物の種類

$$R-\underset{\underset{O}{\|}}{C}-X \qquad R^1-\underset{\underset{O}{\|}}{C}-O-\underset{\underset{O}{\|}}{C}-R^2 \qquad R^1-\underset{\underset{O}{\|}}{C}-O-R^2$$

　酸ハロゲン化物　　　　　酸無水物　　　　　　カルボン酸エステル

$$R^1-\underset{\underset{O}{\|}}{C}-N{<}_{R^3}^{R^2} \qquad R-C\equiv N \qquad {R^1 \atop R^2}{>}C=C=O$$

　　酸アミド　　　　　　　ニトリル　　　　　　　　ケテン

図 1.5　種々のカルボン酸誘導体

の基名は -oic acid をもつ酸，および慣用名で呼ばれるすべてのカルボン酸の語尾を -oyl に変えてつくる．ただし，慣用名で呼ばれる飽和鎖状モノカルボン酸とジカルボン酸のうちの C_5 以下のものに限って語尾を -yl に変えた基名(formyl, acetyl, propionyl, butyryl, oxalyl, malonyl など)を使う．基名を日本語にするときは，対応するカルボン酸名が翻訳できる慣用名の場合でもすべて字訳する．-carboxylic acid で表されるカルボン酸はこれを -carbonyl に変えてアシル基名とする．

　アシル基にハロゲン，酸素，窒素などのヘテロ原子が結合した化合物は酸ハロゲン化物，酸無水物，エステルあるいはアミドなどと呼ばれ，カルボン酸の水酸基と活性水素をもつ化合物とが脱水縮合した化合物に相当するカルボン酸誘導体であり，重要な化合物も多い．ニトリルやケテンなどはアシル基をもたないがこれらもカルボン酸誘導体である．

　カルボン酸誘導体は化学合成の中間体としてだけでなく，エステル，アミドなどは溶媒，溶剤としても利用されている．

　カルボン酸のハロゲン化物はおもに基官能命名法，すなわち，アシル基名＋ハロゲン化物名で命名される．カルボン酸ハロゲン化物はカルボン酸と塩化チオニルや五塩化リンなどのハロゲン化剤を作用させると得られる反応性に富む化合物であり，アルコールやアミンなどのアシル化剤として使用される．

　カルボン酸無水物は2分子のカルボン酸から1分子の水が取り除かれた構造をしている．モノカルボン酸の対称型無水物およびポリカルボン酸の分子内無水物は酸の名称の acid を anhydride に置き換え命名する．日本語では anhydride は酸無水物と訳す．すなわち，alkanoic anhydride はアルカン酸無水物となる．ただし，日本語名の無水酢酸，無水コハク酸，無水マレイン酸，無水フタル酸は既定用語としてそのまま使う．混合酸無水物は2つの酸の名称から acid を除いた部分をアルファベット順に並べ，独立語 anhydride をつけ加え命名する．

　酸無水物も活性なアシル化剤であり，アルコールやアミンをアシル化する．

　カルボン酸の水酸基とアルコールまたはフェノールとが脱水縮合した化合物をエステルという．ヒドロキシカルボン酸の分子内エステルを特にラクトンという．エステルの英語名は塩の命名の場合と同様にカルボン酸の語尾の -ic acid を -ate に変え，アルコール部分の基名の後に並べて書く．日本語名は直すときにはそのまま字訳してもよい．たとえば，alkyl alkanoate はアルキルアルカノアート．しかし，簡単な構造のエステル類では先に酸名，次にアルコール部分の基名を記す慣用の日本語名を利用する方が一般的であり，その場合はアルカン酸アルキルとなる．この倒置型の日本語名を使うとまぎらわしい場合には，最後に"エステル"を付記し，たとえば，アルカン酸アルキルエステルとしてもよい．なお，ROOC-基の接頭語はアルキルオキシ(またはアルコキシ)カルボニルである．

　1価のアルコールと低級のモノカルボン酸とのエステルは花や果実などの芳香成分として，高級脂肪酸のエステルは天然のろう(wax)として知られている．また，動植物の油脂はグリセリンと脂肪酸のエステルである．このように天然にはエステル結合をもつ

ものが多い.

RCONH₂の構造をもつ化合物は対応するカルボン酸名の語尾 -(o)ic acid を -amide に，-carboxylic acid の場合は -carboxamide に変えて命名する．単純な第1級および第2級アミンのアシル体は N-置換および N,N-ジ置換アミドとして命名するが，アミン部分の方がカルボン酸部分より複雑であるかまたは環状塩基の場合はアミンのアシル体として命名する．RCONH- 基の置換基名にはアシルアミノ (acylamino) または対応するアミドの名称の語尾を -o に変えた，たとえば，アセトアミド (acetamido-) を使う．N-フェニル置換アミドに対して接尾語アニリド (-anilide) が保存されており，フェニル基の置換位置番号はプライムをつけて区別される．ジカルボン酸の環状のジアミドをイミドといい，語尾 -imide で表す．環状の分子内アミド結合をもつ化合物をラクタムと呼ぶ．α-アミノ酸のカルボキシル基とアミノ基が脱水縮合してできるアミノ結合をペプチド結合と呼ぶ．多くの α-アミノ酸がペプチド結合を形成して重合した高分子量のポリペプチドがタンパク質であり，生体高分子の1つとして重要である．重合度がそれほど大きくないオリゴペプチドもホルモンなど生体内で重要な働きをしているものが多い．

R—CN の構造をもつ化合物はニトリルであり，加水分解すれば，アミドを経てカルボン酸となる．組織名のカルボン酸は語尾 -oic acid を -nitrile に，また -carboxylic acid の場合は -carbonitrile に変えて命名する．慣用名のカルボン酸は -(o)ic acid を -onitrile に変える．ニトリルは基官能命名法でも基名＋シアニド (cyanide) として命名できる．また，日本語では簡単な化合物の場合シアン化＋基名としてもよい．

$CH_2=C=O$ をケテンという．酢酸，アセトンなどの熱分解で生成する気体で活性水素のアセチル化剤となる．水素原子をほかの原子団などで置換した化合物は基官能命名法で基名＋ケテン (ketene) で命名できる．

1.3.10 アミンおよびイミン

アンモニアの水素原子をアルキル基などの有機基で置換した化合物をアミンという．アミン類は置換基の数により，第1級アミン (RNH_2)，第2級アミン (R_2NH) および第3級アミン (R_3N) に分類することができる．第3級アミンにさらにアルキル基のついた化合物を第4級アンモニウム塩 (R_4N^+) という．第1級アミン (RNH_2) は基名 R の名称に接尾語 -amine をつけてつくる．または母体化合物 RH の名称に接尾換 -amine をつけてつくってもよい．同じ基をもつ第2級および第3級アミンは基名に di- または tri- をつけ接尾語 -amine を用いて命名する．非対称の第2級および第3級アミンは第1級アミンの N-置換体として，たとえば，N-エチル-N-メチルブチルアミンのように命名する．

アミンは非共有電子対をもち，プロトンを受け取ることができるので塩基性を示す．窒素原子上に置換するアルキル基の数が増せば非共有電子対の電子密度が高くなるので，水素結合をつくらない誘電率の小さな溶媒中では塩基性は第3級＞第2級＞第1級アミンの順となる．しかし，水などの水素結合をつくる溶媒中では溶媒和および立体障害などの影響で一般には第2級アミンの塩基性が最も強い．アリール基にアミノ基が直結した芳香族アミン類はアミノ基と芳香環との間に共鳴があるためアルキルアミンに比べ，その塩基性は弱い．また，第4級アンモニウム塩は非共有電子対がなく塩基性を示さない．炭素数が2個以下のアミン類はアンモニア臭に似た悪臭をもつ常温で気体の化合物であり，ほかの低級のアミン類も悪臭をもつ物質が多い．また，アミン類は生命現象とも関係深く，アミノ酸，アルカロイド，あるいは抗生物質など非常にたくさんの誘導体が天然よりみいだされている．

$>C=N-$ 結合をもつ化合物をイミンといい，対応する $>CH_2$ 基の母体化合物名に接尾語 -imine をつけて命名する．または，2価の残基名に接尾語 -amine をつけて，たと

えば，N-benzylidenemethylamine のように命名してもよい．対応するアミンと比べれば弱いが，イミン類は塩基性を示すのでイミンをシッフ塩基(Schiff base)と呼ぶこともある．

〔武 井 尚〕

文　　献

1) 平山健三，平山和雄訳著："有機化学・生化学命名法 上・下 改訂第2版"，南江堂(1988, 1989)．
2) 日本化学会標準化専門委員会化合物命名小委員会："化合物命名法 補訂3版"，日本化学会(1991)．

2. 有機化合物の結合，構造，立体化学

2.1　分子における結合

物質の安定性に寄与する種々の結合には，結合エネルギーの大きさにより，強い相互作用による結合と弱い相互作用による結合がある．前者はイオン結合や共有結合であり，数10 kcal・mol⁻¹ ないし 100 kcal・mol⁻¹ を上回る結合エネルギーをもち，原子の直接的な1次的相互作用(原子間力)に基づく．これに対し後者は，電子軌道の共有を含まない2次的な相互作用(分子間力)に基づく数 kcal・mol⁻¹ の結合エネルギーをもち，水素結合や疎水性相互作用などの各種分子間相互作用が含まれる．

2.1.1　イオン結合と共有結合

アルカリ金属の原子はイオン化ポテンシャルが小さく，ハロゲン元素の原子は電子親和力が大きく，両者から成る化合物，たとえば，NaCl や KBr などでは，結合にあずかる原子が陽イオンと陰イオンになり，それらの静電的な相互作月により結合を形成している．これがイオン結合である．

これに対し，周期律表の中央にある元素，特に炭素は，電子の授受によりイオン結合を形成する性質に乏しく，代わりに電子対を共有することにより安定化する結合，すなわち共有結合を形成しやすい．C, H, N, O, ハロゲンなどの元素を含むほとんどの有機化合物はこの共有結合により成り立っている．

2.1.2　ルイスの構造式と共鳴

原子核と内殻電子を化学記号で表し，原子価電子を点で表す分子の電子構造の表記法によるのが，本来のルイス(Lewis)の構造式(図2.1(a))である．これは分子の構成原子における8偶子則や相対的な電子密度の理解には有用であるが，一般には非結合電子対を省略し結合電子対のみを線で示したもの(図2.1(b))がルイスの構造式として用いられている．

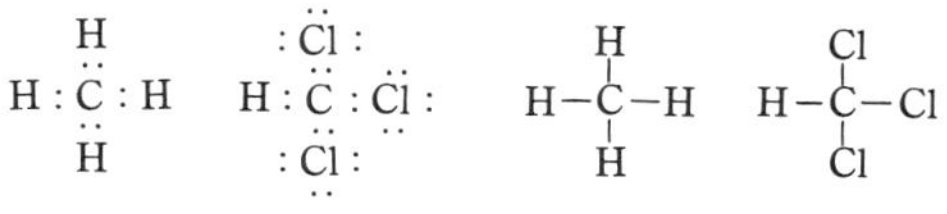

$$
\begin{array}{cc}
\text{H} & :\ddot{\text{C}}\text{l}: \\
\text{H}:\overset{..}{\text{C}}:\text{H} \quad \text{H}:\overset{..}{\text{C}}:\ddot{\text{C}}\text{l}: \\
\text{H} & :\ddot{\text{C}}\text{l}:
\end{array}
\qquad
\begin{array}{cc}
\text{H} & \text{Cl} \\
\text{H}-\text{C}-\text{H} \quad \text{H}-\text{C}-\text{Cl} \\
\text{H} & \text{Cl}
\end{array}
$$

(a)　　　　　　　　　(b)

図 2.1　メタン(CH₄)およびクロロホルム(CHCl₃)のルイス構造式

多くの化合物では，2つまたはそれ以上の適当なルイスの構造式が書ける．たとえば，ギ酸イオンは図2.2に示す2つの等価な構造 (a) と (b) で表される．

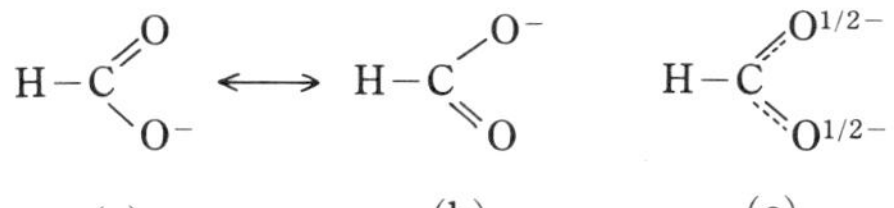

$$
\text{H}-\text{C}\begin{array}{c}\diagup\text{O}\\ \diagdown\text{O}^-\end{array} \longleftrightarrow \text{H}-\text{C}\begin{array}{c}\diagup\text{O}^-\\ \diagdown\text{O}\end{array} \qquad \text{H}-\text{C}\begin{array}{c}\diagup\text{O}^{1/2-}\\ \diagdown\text{O}^{1/2-}\end{array}
$$

(a)　　　　　　(b)　　　　　(c)

図 2.2

これらは共鳴構造(resonance structure)と呼ばれ，原子価結合法的にいい換えれば極限構造式に相当する．実際の分子の真の構造は両者の組合せ，すなわちそれに寄与し得るすべての極限構造の間の共鳴(記号として↔を用いる)として理解される．ギ酸アニオンにおける真の電子配置の表記は (c) 式である．共鳴という概念は，平衡(記号では⇄で表す)とは全く異なるものであり，極限構造式の分子が平衡で存在するのではなく，実在の分子は唯一種の共鳴混成体として存在するというものである．

ベンゼンは，最もしばしば引用される共鳴現象の例の1つであり，図2.3に示す多くの

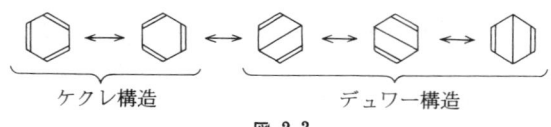

ケクレ構造　　　　　　　デュワー構造

図 2.3

極限構造式を書くことができる．ほかにも多くの構造が書けるが，すべての可能性のなかで電荷のないもののみが大きな寄与をもち，特に2つのケクレ構造（シクロヘキサトリエン型）が混成に主要な寄与をしている．理論的には3つのデュワー構造も小さな寄与を及ぼす．実在のベンゼンの分子はこれらの共鳴混成体であり，電子密度が6個の炭素上に均等に分布した構造をしており，図2.4のエネルギー図の真中のベンゼンに書いた表記法が広く用いられている．

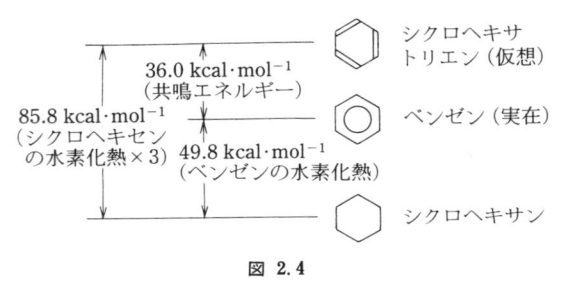

また，実在のベンゼンはいずれの仮想的な構造（共鳴構造）と比較しても安定であり，その安定化エネルギーを一般に共鳴エネルギー（次項で述べる分子軌道法的取扱いではこれを非局在化エネルギーと呼ぶ）という．

図2.4では，シクロヘキセンの水素化熱 $28.6\,\text{kcal}\cdot\text{mol}^{-1}$ を用いて，シクロヘキサトリエン（ケクレ構造）の水素化熱を算出し，実在のベンゼンの水素化熱 $49.8\,\text{kcal}\cdot\text{mol}^{-1}$ と比較することで，ケクレ構造の方が $85.8-49.8=36.0\,\text{kcal}\cdot\text{mol}^{-1}$ だけ安定となることを示している．

2.1.3　分子軌道法

共有結合の理論的取扱い方の1つに分子軌道法がある．これは，分子内の電子が分子全体に広がる分子軌道を考えるものであり，分子軌道を表す波動関数は，原子軌道の線型結合（linear combination of atomic orbital）で表される（これを LCAO 近似と呼ぶ）．

原子軌道の和からは原子間の重なり合った部分に高い電子密度をもつ結合性軌道が生じるのに対し，原子軌道の差からは反結合性分子軌道が生じる．結合性軌道は原子軌道よりも低エネルギーであり，反結合性軌道は高エネルギーであるため，結合状態にある分子を論ずる場合，結合性軌道はより重要である．

原子軌道が s, p, … などに分類されるよう

(a)　分子軌道の型　　　　　　　(b)　軌道のエネルギー

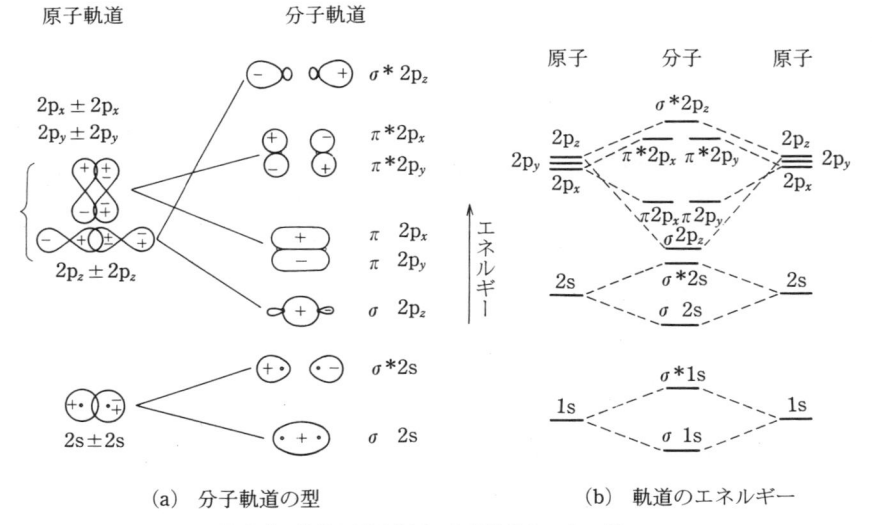

図 2.5　等核2原子分子の分子軌道とエネルギー

に分子軌道でも $\sigma, \pi, \cdots$ などに分類される. σ 軌道は通常単結合の分子軌道にみられ, π 軌道は二重結合などの2次的な結合にみられるものである. σ 軌道は, 核を結ぶ軸方向で重なり合って生じる結合性分子軌道であり, 軸対称性をもっているが, π 軌道は側面で重なり合って生じる結合性軌道である. また, 反結合性軌道は, それぞれ σ^*, π^* のように表記される. σ 軌道, π 軌道に属する電子をそれぞれ σ 電子, π 電子と呼び, これらの電子により形成される結合を σ 結合, π 結合という.

等核2原子分子について, s 軌道または p 軌道同士で生じる分子軌道とエネルギー準位図を図 2.5 に示す.

2.2 混成軌道（共有結合の方向性）

2.2.1 sp³ 混成軌道

炭素原子の基底状態の電子配置は, 内殻の $(1s)^2$ を考慮外にすると, $(2s)^2(2p_x)^1(2p_y)^1$ である. この状態ではCは2価であるが, 炭素の2価化合物は非常に不安定であり, 安定な化合物では CH_4 や CCl_4 にみられるように4価であり, しかも4個の結合は等価である. この事実は, 2s 軌道の電子1個が 2p 軌道に励起され, 1個の s 軌道と 3 個の p 軌道の混成により4個の sp³ 混成軌道がつくられるとして説明される（図 2.6）. この4個の sp³ 混成軌道はエネルギー的に等しく, 正四面体の中心から4つの頂点に向かう方向性をもち, たがいに 109°28′ の角度をなす. CH_4 分子では, Cの4個の不対電子が sp³ 混成軌道に入り, H の s 軌道の不対電子と対をなして正四面体分子を形成する.

sp³ 混成軌道は炭素だけに限ったものではなく, 窒素や酸素についても考えられる.

すなわち, N の基底状態では, 結合にあずからない電子対（非共有電子対）は s 軌道を占め3つのたがいに 90° の角をなす 2p 軌道を使って結合をつくることになるが, 実際の NH_3 分子では HNH の角度は 107° になっている. このことは sp³ 混成軌道を考えたうえで, 結合電子対同士の反発よりも非共有電子対と結合電子対との反発の方が上回り 107° で安定になっていることを示す. いい換えれば, sp³ と p の間にあるが sp³ に近い軌道を使うことになる.

2.2.2 sp² 混成軌道

1個の s 軌道と 2 個の p 軌道を用いると, 3個の等価な sp² 混成軌道が得られる. これは同一平面上にあり, たがいに 120° の角をなしている. 残りの $2p_z$ 軌道は sp² 混成軌道のある平面に垂直である. このような炭素原子が2個結合したのがエチレン $CH_2=CH_2$ である.

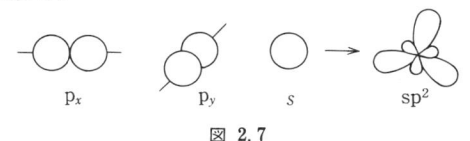

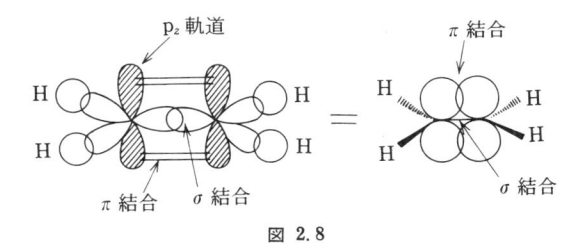

図 2.7

図 2.8

図 2.8 からわかるように C=C 結合の1つは p_z 軌道の重なりにより生じる π 結合であり, もう1つは sp² 軌道の重なりにより形成される σ 結合である.

2.2.3 sp 混成軌道

s 軌道1個と p 軌道1個からつくられる2個の等価な sp 混成軌道は, たがいに 180° の角をなしている. 残りの混成に関与しない2個の p 軌道は, 2個の sp 軌道のなす直線に対

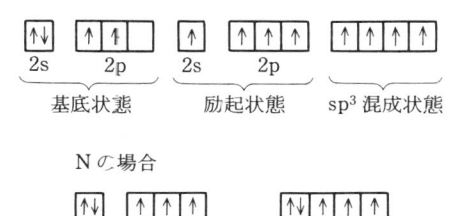

図 2.6

図 2.9

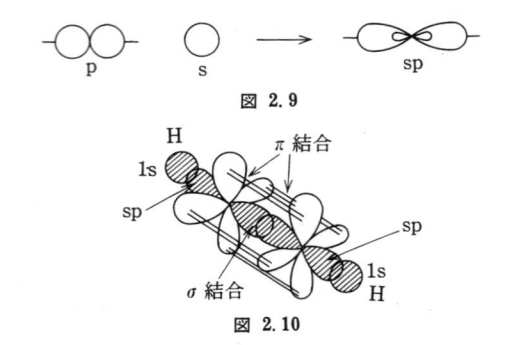

図 2.10

し直角で相互に直角に交差し合いπ結合形成に関与している.

このような炭素原子が2個結合したのがアセチレン HC≡CH である.

2.2.4 混成軌道と結合の性質

s電子の方がp電子よりも原子核により近く束縛されて存在し,イオン化ポテンシャルも大きい.このため混成軌道の違いにより,sp^3,sp^2,sp と s 性の比率が増大するほどその炭素原子の電気陰性度の値も大きくなる(電気陰性度:C_{sp^3};2.51,C_{sp^2};2.59,C_{sp};2.75).

実際,アルキンの C_{sp}—H 結合,アルケンの C_{sp^2}—H 結合,アルカンの C_{sp^3}—H 結合の極性に差があることが認められており,メタンよりもアセチレンの方が酸性が強い事実も混成状態の差によって理解できる.また,s性の比率が大きいほど混成軌道は球状に近づき,核により近く存在するため,結合距離は短く,結合エネルギーは増大する.

表 2.1 混成状態の違いによる C—H 結合距離とエネルギー

混成軌道	s性(%)	結合距離(Å)	結合エネルギー(kcal·mol^{-1})
sp^3	25	1.094	97
sp^2	33	1.086	101
sp	50	1.057	109

さらに混成軌道は,純粋の原子軌道と異なり原子核が対称中心とならない点に注目すべきである.このため電子の重心が核の正電荷の位置と一致せず,一種の双極子を生じ,結合の極性や水素結合の一因となる.

2.3 結合および分子の極性

共有結合では,2個の原子が電子を共有しその核が共通の電子雲で保持されているが,ほとんどの場合(2個の原子が異なる場合や,同種の原子であっても異なる原子団のものと結合するような場合),2つの核は同等に電子を共有せず,電子雲の密度には差がある.このため結合の一端が比較的負に,他方が比較的正に分極し,極性のある結合が形成される.分子全体についても,正電荷と負電荷の重心が一致しない場合には分子は極性となる.このような分子の極性に関する定量的表現として,双極子モーメントがある.正負の電荷の大きさを e [esu],その間の距離を d [Å] とすれば,双極子モーメント μ [D(デバイ;10^{-18} esu·cm)] は,$\mu = e \times d$ で与えられる.

H_2,N_2,Cl_2 のように同種の原子からなる分子は電子を均等に共有しているため,$\mu=0$ である.一方,HCl 分子は,共有結合からできているものの,$\mu=1.03$ D であり,$H^{\delta+}$—$Cl^{\delta-}$ で示されるような構造をもつ.双極子モーメントの値からイオン性の寄与は17%と推定されている.

多原子分子の場合は,各結合のモーメントのベクトル和を考えれば分子全体の双極子モーメントが得られる.よって,CCl_4 のように対称な四面体配置をとる分子では,各結合は極性であってもたがいに打ち消し合って $\mu=0$ となる場合もある.

また,双極子モーメントは,異性体の区別(異性体については後述)に有用な知見を与える場合がある.たとえば,1,2-ジクロロエチレンでは,トランス体では $\mu=0$ であるのに対し,シス体では $\mu=1.85$ D と大きな値を示す.

トランス-1,2-
ジクロロエチレン
($\mu=0$)

シス-1,2-
ジクロロエチレン
($\mu=1.85$ D)

図 2.11

2.4 多重結合
2.4.1 二重結合

炭素原子や窒素原子は二重結合あるいは三重結合を形成する。これらの結合は単結合とは異なる性格の結合を含んでいる。たとえば、エチレンの炭素-炭素結合エネルギーは145 kcal·mol^{-1}で、単結合であるエタンの炭素-炭素結合エネルギー 88 kcal·mol^{-1}の2倍より小さいし、エチレンは臭素の付加反応を起こすなどエタンにはみられない化学反応性を示す。これらの事実は、前述した混成軌道の概念に基づくσおよびπ結合を考えることで理解できる。

π結合はσ結合に比較して軌道の重なりの程度が小さく結合は弱い。また、π結合はp軌道同士が平行の位置で最大の重なりになるため回転により結合が不利になる。このためσ結合のみから形成される単結合は回転が容易であるが、二重結合になると自由回転は困難となる。π結合を切断するには紫外線の照射や高温にすることが必要であり、常温においては二重結合を含む化合物には異性体が存在する（後述）。

アゾ基 —N＝N— やカルボニル基 ＞C＝O も同様にsp^{2}混成軌道の概念で説明される。ただしNの場合は非共有電子対が1対、Oでは2対存在する。カルボニル基の場合は、Oの方がCよりも電気陰性度が大きいため、σ結合およびπ結合のいずれの電子もOの方に片寄っている。

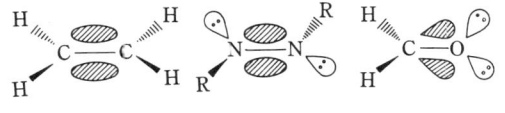

図 2.12

2.4.2 三重結合

三重結合は、CやNのsp混成軌道の概念（前述）で説明される。すなわち、2つのsp軌道は、できるだけ離れた位置をとるべく直線状となり、残りのp軌道はたがいに直交しsp混成軌道とも直交している。アルキンの場合は、2個のC原子のsp混成軌道の重なりにより1個のσ結合を形成し、2個のC原子のp_y軌道どうしおよびp_z軌道同士の重なりによって2個のπ結合を形成するのである。

アセトニトリルなどでみられる —C≡N の三重結合も同様にC—N間に1個のσ結合と2個のπ結合が形成される。

2.4.3 共役と芳香族性

1,3-ブタジエンのように二重結合と単結合が1つおきに交互に存在する化合物、いわゆる共役二重結合を有する化合物は、物理的、化学的性質に特色がある。これらの特徴はπ電子の動きやすさで説明される。すなわち、2つの原子間にだけπ電子が局在化した分子軌道（→§2.1.3）を考えるのではなく、分子全体に電子が広がった形の非局在化した分子軌道を考えることにより説明される。

1,3-ブタジエンの化学反応性は、エチレンから考えられる孤立した二重結合に対する反応性と異なり、1,4位で結合形成を起こし新たに2,3位間に二重結合が生成する反応が多い。1,3-ブタジエンの分子ではすべての原子は同一平面上にあり、しかもすべての炭素原子はsp^{2}混成となっている。各炭素原子の残りの1個のp軌道は分子面に垂直でたがいに平行となる。

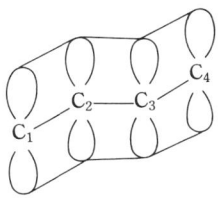

図 2.13

図2.13からわかるように、C_1—C_2およびC_3—C_4間にこれらのp軌道の重なりによりπ結合が形成されているが、さらにC_2—C_3上のp軌道同士も重なり合うこと、つまりブタジエンの4つのp軌道はたがいに重なり合うことがわかる。この状態では、π電子は特定の隣接炭素原子核間に局在化されることなく、広いπ軌道内に非局在化されるため、局在化軌道のものと比較して安定となる。この安定化のエネルギーが非局在化エネルギー

β-カロチン
図 2.14

(delocalization energy)である.

また，共役二重結合の数が増加するにつれて，分子の電子遷移に基づく吸収スペクトルの吸収波長が長波長側へ移行していくのも特徴の1つである．この $\pi \to \pi^*$ 遷移の吸収は可視部にまでも伸び，β-カロチンのように11個の共役二重結合を有する場合は 450 nm に吸収が観測され，橙色を呈する．

また，ベンゼンを母体骨格とする化合物は，脂肪族系の不飽和化合物にはみられない特別の性質をもっているが，とりわけ安定性の上でほかの系列の化合物と区別される．このような安定性については，前述の共鳴安定化の例(→§2.1.2)としても触れたが，分子軌道法を適用して考察すると，必ずしもベンゼンのみに特有なものではなく，$4n+2$ 個(n は整数)の π 電子を含む共役系の環状分子(またはイオン)にみられ，芳香族安定化と呼ばれる(Hückel 則)．この中でベンゼンは $n=1$ の場合にすぎず，シクロプロペニルカチオンのような $n=0$ の場合も含め，次に示すような種々の例がある．

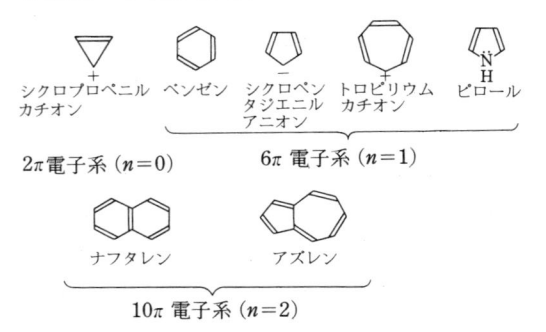

シクロプロペニル　ベンゼン　シクロペンタジエニル　トロピリウム　ピロール
カチオン　　　　　　　　　アニオン　　　　カチオン

2π電子系($n=0$)　　6π 電子系($n=1$)

ナフタレン　アズレン

10π 電子系($n=2$)

図 2.15

なお，ピロールのようにヘテロ原子を含む複素環式化合物も，非共有電子対が π 電子の役割をもち，芳香族性を示す．

これらの分子では，sp^2 混成軌道の残りの p 軌道の電子が重なり合って環全体に非局在化し，$4n+2$ 個の電子を含む軌道を構成している．4π 電子系のシクロブタジエンや 8π 電子系のシクロオクタテトラエンにはこのような安定化はない．

2.5 立 体 配 座

有機化合物のなかで最も単純なものは CH_4 分子であり，その構造についてはすでに述べたが，これがエタン CH_3CH_3 分子になると，CH_4 では考慮外であった構造上の問題が新たに加わってくる．すなわち，単結合のまわりに分子を回転させることにより生ずるいろいろな原子の3次元的な配列様式(これを立体配座(conformation)という)の問題である．各立体配座の間には速い平衡があるので通常ではこのうちの1種類だけを取り出すことはできない．これに対し，分離できるくらい安定な原子の空間的配列に関しては，立体配置(configuration)という語が用いられる．立体配置については，次節に述べる立体異性体などでその例をみることができる．

2.5.1 非環式化合物の立体配座

エタン H_3C-CH_3 は $C-C\sigma$ 結合を軸として回転することができるので，その水素原子は無数の空間配置をとることができ，その数だけ異なる配座に基づく異性体が存在する．このような分子の表示法としてニューマン(Newman)投影式がある．書き方は，2つの

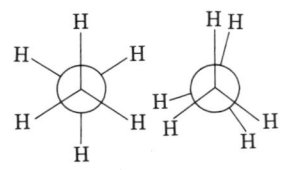

ねじれ型(I)　重なり型(II)

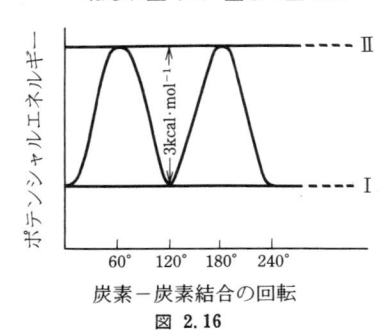

炭素-炭素結合の回転
図 2.16

2. 有機化合物の結合, 構造, 立体化学

炭素原子を結ぶ直線上の片側から分子を炭素-炭素結合軸に垂直な平面上に投影し, 2つの重なっている炭素原子を円で, 視点に近い方の炭素原子の3つの結合を円の中心からの3本の線で, 遠い方の結合を円周から書いた3本の線で表すものである. エタンの2つの極端な立体配座として図2.16に示すねじれ型 (staggered form; I)と重なり型(eclipsed form; II)が考えられる.

Iでは6個の水素原子がたがいにできるだけ離れているので, 水素原子間の反発エネルギーは最小であり最も安定な配座である. これに対しIIでは水素原子の反発が最大となり, エタンのなかでは最も不安定な立体配座となる. 図2.16に示したように, IとIIの間のエネルギー差は約 3 kcal·mol^{-1} である. この値は室温において分子のもつ熱エネルギー RT(約 0.6 kcal·mol^{-1})より大きいため, σ結合のまわりの回転は完全に自由とはいえないが, 0.6 kcal·mol^{-1} という値はあくまで平均のエネルギーであり, 実際にはいろいろなエネルギーをもった分子が分布しているのであるから回転可能となっている. 安定な回転異性体が単離できる程度にまでσ結合のまわりの自由回転が抑制されるためには 3 kcal·mol^{-1} よりずっと大きい 20〜30 kcal·mol^{-1} 程度のエネルギー障壁を必要とする.

n-ブタンの場合には, 図2.17に示すように水素原子間だけでなく, HとCH$_3$, さらに CH$_3$ と CH$_3$ 同士の重なりが問題になり, 異なる立体配座間のエネルギー差が大きくなる.

上に示した2つのねじれ型のうちメチル基の相対的位置関係が 180° のものをトランス型(あるいはアンチ型), 60° のものをゴーシュ(gauche)型と呼ぶ. また2つの重なり型のうちメチル基同士が重なるものをシス型と呼ぶ. C—C 単結合のまわりで, 2つのメチル基の相対位置(θ° で表す)を変えたときに生ずる立体配座異性体のエネルギー変化は図2.18に示す通りである. これからトランス型が最も安定であり, ほかの異性体間の安定性の差が置換基の重なりと反発の大きさを反映していることがよくわかる.

エネルギー障壁がこれらよりずっと大きい複雑な分子構造をもつものでは, 室温で立体配座による異性体が分離できる場合がある. また, 室温では分離できないものでも十分低温にすれば, 立体配座異性体をスペクトル的に区別できる場合がある. このような異性体のことを回転異性体といい, そのエネルギー障壁を回転障壁と呼ぶこともある.

2.5.2 環式化合物の立体配座

環式化合物の例としてシクロヘキサン環の立体配座を考えてみると, 代表的な2つの立

図 2.17

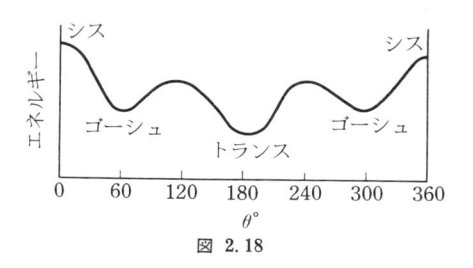

図 2.18

図 2.19

体配座として舟型(boat form)と椅子型(chair form)がある．椅子型配座において，図の上下方向に出ている結合はすべて平行でありアキシャル(axial)結合と呼ばれ，左右に出ている結合はエクァトリアル(equatorial)結合と呼ばれ，それぞれa(ax)またはe(eq)で表される．

図2.19より明らかなように，水素原子がねじれ型をとるため，椅子型の方が舟型よりも安定で，両者のエネルギー障壁は11 kcal·mol^{-1}である．よって室温では大部分が椅子型配座をとっているが，両者の間にはすみやかな相互変換が可能で一方だけを分離することはできない．さらに，椅子型配座そのものも，その形には固定されておらず，C—C単結合のまわりの回転により環が反転することが知られている．この反転によりa-結合がe-結合に，e-結合がa-結合に変わる．

1,2-2置換シクロヘキサンでは，置換する結合がa-結合とe-結合であればシス型，ともにa-結合またはe-結合であればトランス型という．

図2.20

(A)，(B)はXの間の関係が同じであり，エネルギー含量が同じである．しかし，Xがa-結合にあると，その置換している炭素原子から3番目の炭素原子上のa-H((A)のⒽ)との立体反発のためエネルギー的に不安定になるので，a-置換基が多いほどその配座は不安定になる(これを1,3-ジアキシャル相互作用という)．このため各立体配座の安定性は(C)＞(A)＝(B)＞(D)となる．1,3-および1,4-2置換シクロヘキサンにおけるシス型，トランス型の安定性についても同様に考えることができる．

2.6 立体配座と立体異性

2.6.1 異性の種類

異性体とは，同一の分子式を有しながら構造の異なる化合物のことをいい，構成原子相互の結合関係の異なる構造異性体(constitutional isomer)と，原子相互の結合関係は同じであるが空間での配向が異なる立体異性体(stereoisomer)とに分類される．

構造異性のなかには，炭素骨格の違いに基づく骨格異性(たとえばアルカン類の枝分れによる異性など)，置換基の位置の異なる位置異性(たとえばベンゼン誘導体におけるo, m, p異性など)，さらに分子式は同一でありながら官能基までも異なるような官能基異性(たとえばジメチルエーテル(CH_3OCH_3)とエタノール(CH_3CH_2OH)の場合など)の関係などがあるが，これについては各化合物群の各論の項にまかせることとし，ここでは立体異性について述べる．

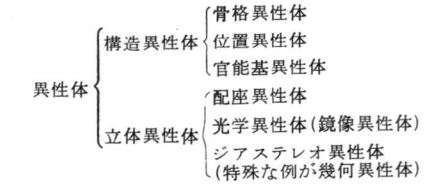

異性体 ┤ 構造異性体 ┤ 骨格異性体 / 位置異性体 / 官能基異性体
　　　　└ 立体異性体 ┤ 配座異性体 / 光学異性体(鏡像異性体) / ジアステレオ異性体 / (特殊な例が幾何異性体)

2.6.2 光学異性と不斉炭素

メタンの炭素原子に4種の異なる基a, b, c, dが結合したとすると，a, b, c, dの結合する順序により，図2.21に示す2つの異なる，たがいに鏡像の関係にある構造が書ける．

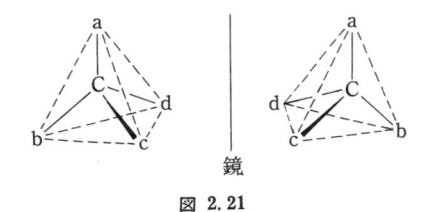

図2.21

このように，すべて異なる4つの基が結合した飽和炭素原子を不斉炭素(asymmetric carbon)という．不斉炭素を有する化合物の構造を平面上に書く場合の表現法として，フィッシャー(Fischer)投影法がある．上下方向にある基が紙面の下側に，左右方向の基が

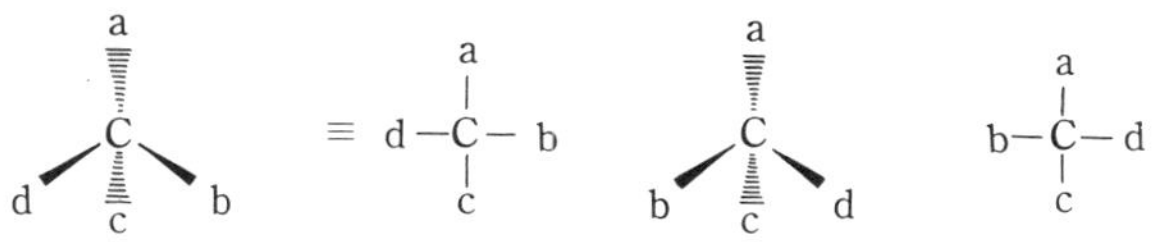

2. 有機化合物の結合，構造，立体化学

紙面の上側にくるように四面体を置き，そのまま紙面に投影する（図 2.22）．

右手と左手の関係のように，分子自身とその鏡像を重ねることができない異性体を鏡像異性体（enantiomer；単に鏡像体と呼ぶこともある）という．鏡像異性体の特徴は，ニコルプリズムを通して生ずる面偏光の偏光面を回転させる方向が異なることで，その回転角を旋光度（optical rotation）といい，このような旋光性を示すことを光学活性であるという．

鏡像異性体は，旋光性以外の物理的性質は全く同じであり，おのおのの純粋なものの旋光度は大きさが等しくその符号が反対であるため，光学異性体とも呼ばれる．偏光面を時計回りに回転させるものの旋光度を正にとり，右旋性とし，d または $(+)$ で表す．その逆の負のものを左旋性とし，l または $(-)$ で表す．乳酸の例を示すと図 2.23 のようになる．

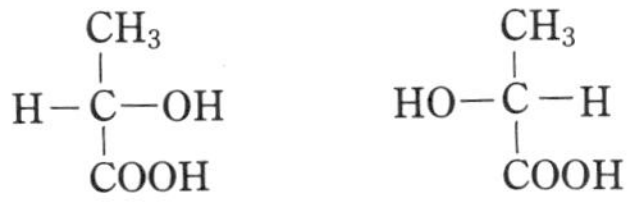

図 2.23

鏡像異性体の等量混合物をラセミ体（または dl 体）といい，その旋光度は 0 で光学**不活**性である．記号は $(\pm)$ または dl で表す．1 つの鏡像異性体をラセミ体にすることをラセミ化といい，ラセミ体をそれぞれの鏡像異性体に分離することを光学分割（optical resolution）という．

2.6.3 絶対配置の表示法

a. R, S 表示　不斉中心の絶対配置を表す方法は，カーン-インゴールド-プレローグ（Cahn-Ingold-Prelog）則に基づく R, S 表示法である．この方法では，ある炭素原子上に結合した置換基 a, b, c, d のおたがいの順序を表示し，最も順位の低い置換基 d の反対側からこの炭素原子の四面体の配列をながめた場合，残りの 3 つの基の順序 a→b→c が時計回りのものの符号を R（ラテン語で *rectus*, つまり右の意）とし，反時計回りのものを S（ラテン語で *sinister*, つまり左の意）とする．

ここで置換基の優先順位は a が第 1 位で b, c, d の順に下がるものとする．順位は不斉炭素に直結している原子の原子番号の大きいものが優先し，それが同じ原子の場合はさらにそこに直結した原子あるいは原子群の和から決定する．すなわち —COOH と —CHO の相対的な優先順位は —COOH の方が上となる．具体例として 2-ブロモブタンの場合を考えると，図 2.24 に示す絶対配置をもつものは，H が原子番号が小さく，Br が最も大きい．また CH_3 と C_2H_5 では，次の結合をみると，それぞれ H, H, H および C, H, H であるので，C_2H_5 の方が大きいことになる．そこで，図 2.24 の矢印の方向から分子をながめて，Br, C_2H_5, CH_3 の順にまわすと右回りであるので，この化合物は R の絶対配置をもつことになる．

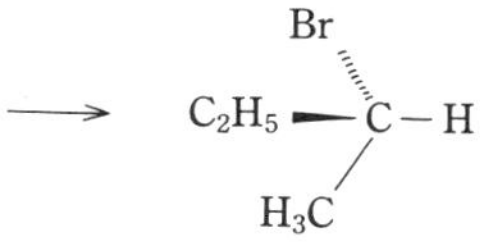

図 2.24

b. D, L 表示　炭水化物やアミノ酸の分野で現在でもよく用いられるもう 1 つの絶対配置の表示法に，D, L 表示法がある．これは，$(+)$-グリセルアルデヒドから誘導される系列の化合物に D を，$(-)$-グリセルアルデヒドに関連づけられる系列のものに L をつけて表すという方法である．この表示法は，1891 年に E. Fischer により任意に帰属された構造に基づくものであるが，1951 年

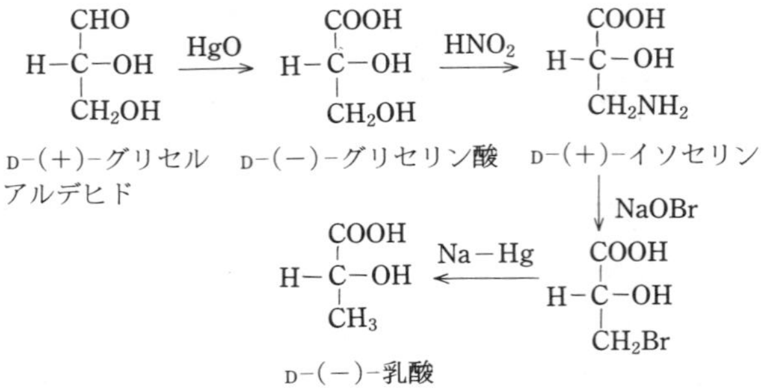

$$\underset{\text{D-(+)-グリセル}}{\underset{\text{アルデヒド}}{\overset{\text{CHO}}{\underset{\text{CH}_2\text{OH}}{\text{H}-\text{C}-\text{OH}}}}} \xrightarrow{\text{HgO}} \underset{\text{D-(-)-グリセリン酸}}{\overset{\text{COOH}}{\underset{\text{CH}_2\text{OH}}{\text{H}-\text{C}-\text{OH}}}} \xrightarrow{\text{HNO}_2} \underset{\text{D-(+)-イソセリン}}{\overset{\text{COOH}}{\underset{\text{CH}_2\text{NH}_2}{\text{H}-\text{C}-\text{OH}}}}$$

$$\underset{\text{D-(-)-乳酸}}{\overset{\text{COOH}}{\underset{\text{CH}_3}{\text{H}-\text{C}-\text{OH}}}} \xleftarrow{\text{Na-Hg}} \overset{\text{COOH}}{\underset{\text{CH}_2\text{Br}}{\text{H}-\text{C}-\text{OH}}} \xleftarrow{\text{NaOBr}}$$

図 2.25

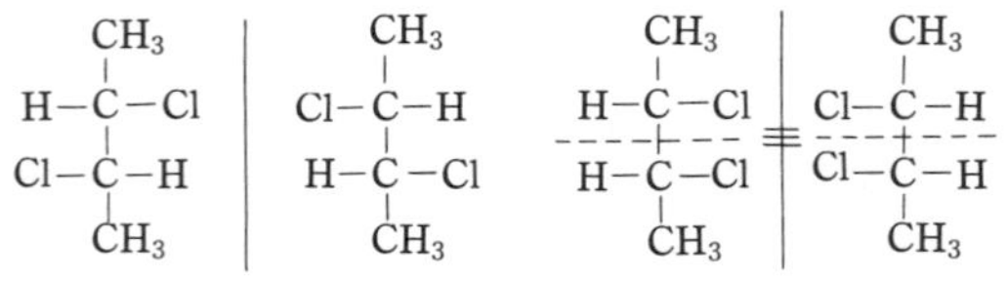

図 2.26

にX線構造解析によりそれが正しいことが証明されている．旋光度表示の＋および－の記号は回転の方向を示すのに使われており，DおよびLの文字はその化合物の絶対配置を示すものであり，両者の間には必ずしも関係はなく，D(－)およびL(＋)形の光学異性体の組合せが多数知られている．

図 2.25 の例に示すように，不斉炭素原子についたどの結合も開裂させずに，D-(＋)-グリセルアルデヒドから(－)-乳酸が誘導されるので，(－)-乳酸はD体となる．

2.6.4 ジアステレオ異性

不斉炭素の数が増すと立体異性体の数は急速に増大する．特別な対称性のない鎖状化合物では，不斉炭素が n 個あれば 2^n 個の立体異性体が考えられるが，分子に対称性があるとその数は減少する．

2,3-ジクロロブタンを例にとると，そのフィッシャー投影式は図2.26に示す I から IV の4種が書ける．この化合物は不斉炭素を2個有しているが，実際には立体異性体は3種である．これは分子の対称性のため(III)と(IV)が同じ構造となるためである．また，(I)と(II)は鏡像異性体の関係にありそれぞれ光学活性であるが，(III)(または(IV))は分子内に対称面をもつため，上半分が R なら下半分が S となるので，たがいに旋光性を打ち消し合って全体として光学不活性となる．このような化合物をメソ体と呼ぶ．(I)と(III)のように鏡像異性体ではない立体異性体の関係にあることをジアステレオ異性といい，その異性体をジアステレオマー(diastereomer)と呼ぶ．これは不斉炭素が2個以上含まれる系にみられ，ジアステレオマーにおいては，少なくとも1つの不斉炭素が同一配置であり少なくともほかの1つの不斉炭素がたがいに異なる配置をとる．

不斉炭素が2個の場合の構造表示法に，エリトロ(erythro)，トレオ(threo)表示法がある．図2.27に示すようにAXYC－CBXZでフィッシャー投影式を書いた場合に，同一基(X)が同じ側にくるのがエリトロ体で，反対側にくるのがトレオ体である．

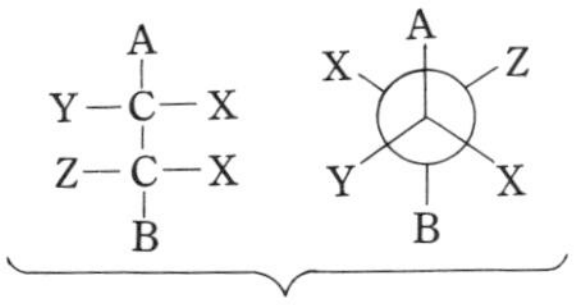

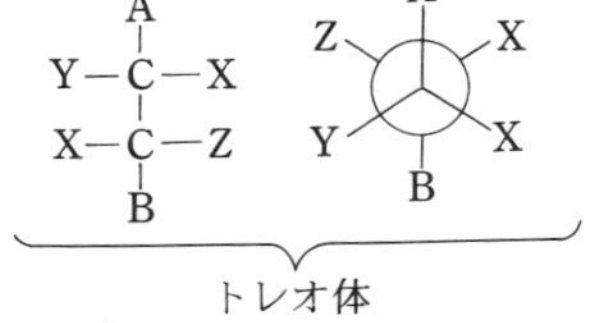

図 2.27

不斉炭素が2個以上の立体異性体において1つの不斉炭素の立体配置のみが異なるものをエピマー(epimer)といい，エピマーに変換することをエピマー化(epimerization)という．すべてのエピマーはジアステレオマーで

2.6.5 cis-trans 異性（幾何異性）

σ結合だけからなる単結合のまわりの回転に基づく種々の配座異性体が存在し，通常ではこれらはたがいに分離できないことはすでに述べたが，二重結合ではπ結合も関与しており，回転すればp軌道の重なりが減少し不安定になるので構造が固定される．そのほか，単結合であっても環構造を有するために回転不能となり固定されているものがある．このように二重結合や環構造に基づく回転障害のために存在可能な特殊なジアステレオマーを cis-trans 異性体（幾何異性体）という．

二重結合についてみると，置換基が同じ側にある立体配置をシス(cis)，反対側にあるものをトランス(trans)という．この名称は二重結合炭素に比較的単純な置換基がついている場合には問題ないが，複雑な基を有する 3,4 置換体の場合には，一義的には化合物を特定できずまぎらわしいことがあるので，最近では，§2.6.3 で述べた置換基の優先順位に基づいた E, Z 表示法が推奨されている．この表示法では，二重結合を構成する原子の片方に結合している 2 つの原子(団)のうちで優先順位の高いものと，もう 1 つの二重結合構成原子に結合している 2 つの原子(団)のうちで順位の高いものを選び，両者が二重結合をはさみ同じ側にあるものを Z（ドイツ語で zusammen は一緒の意），反対側にあるものを E（ドイツ語で entgegen は反対の意）と呼ぶ．この呼び方は炭素-炭素二重結合に限らず，窒素-窒素，窒素-炭素二重結合などにも用いられる．オキシムやイミンでは，シン(syn)体，アンチ(anti)体の名称が使われていたこともあるが，現在では使用されていない．

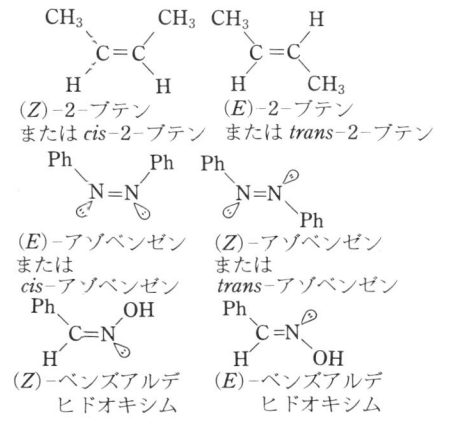

また，シクロアルカン類のように，環に対して置換基の相対的配置が異なっている場合にも，シス，トランスの語を用い両者を区別する．

図 2.29

2.6.6 分 子 不 斉

不斉炭素原子が含まれていなくても分子に対称要素がないために光学活性となる化合物があり，この現象を分子不斉(molecular asymmetry)という．

例としては，アレン誘導体などの偶数個の二重結合を有するクムレン類（累積二重結合化合物），置換スピロ化合物，自由回転を妨げるほどかさ高い置換基を有するビフェニル誘導体などがあげられる（図 2.30）．

図 2.30

アレン誘導体やスピロ化合物では，その立体配置を考えればわかるように，CXY 基はたがいに直交した平面上にあるので対称要素をもたず，その鏡像体と重ね合わせることができない．ビフェニル誘導体の場合は，オルト位の置換基の大きさが条件になるが，それが十分にかさ高ければ両方のベンゼン環はたがいにねじれた配置をとるためやはり光学活性となる．

さらに，光学活性となりうる分子の特殊な

例として，分子全体の非対称性に基づくらせん状分子不斉がある．典型的な例としてヘキサヘリセンがあげられる．これはビフェニル誘導体の軸不斉の特別な場合とも考えられ，両端のベンゼン環の重なりをさけるため分子

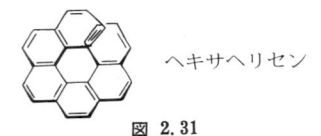

ヘキサヘリセン
図 2.31

全体が平面構造をとり得ず，全体としてらせん状になる．このため分子の対称性が失われ，光学活性となる．実際ヘキサヘリセンは光学分割されており，極端に高い旋光性を示すことが知られている． 〔岡崎 廉治〕

3. 分 光 学

有機化合物の構造解析に分光的手法が主流を占めるようになってからすでに久しいが，最近ではハード，ソフトウエア両面の進歩により，さらに迅速化，ルーチン化が進んでいる．本章では，使用頻度が高く，また特に進歩が著しいNMR，MSを中心に記し，他の手法については参考資料をあげるに留める[1]．

3.1 核磁気共鳴スペクトル (NMR)[2]

NMRは有機化合物の構造決定のうえで，最も重要な位置にある．特に，パルス－フーリエ変換(FT)分光器の普及，データ処理の迅速化などにより，その応用範囲が著しく拡大している．また 超伝導マグネットによる強磁場を利用し，超微量サンプルを非破壊的に構造解析できる点で，きわめて有力である．

3.1.1 ^{1}H-NMR

a．デカップリング 同じ炭素や隣接した炭素に結合した非等価な ^{1}H 核は，たがいにスピン結合(カップリング)して，多重線となる．多重度とスピン結合定数(J値)から，^{1}H 核の位置関係に関する情報が得られる．特定の ^{1}H 核を照射しながら測定を行うデカップリングでは，その核とスピン結合した ^{1}H 核の多重度が減少し，特に有効な情報が得られる．

b．NOEスペクトル H_a と H_b とが，空間的にたがいに近い場合に，H_a を弱く照射しながらNMRを測定すると，H_b のシグナル強度の増大がみられる．この現象は核オーバーハウザー効果(NOE)と呼ばれ，化合物の空間的配置を推定する手がかりが得られる．

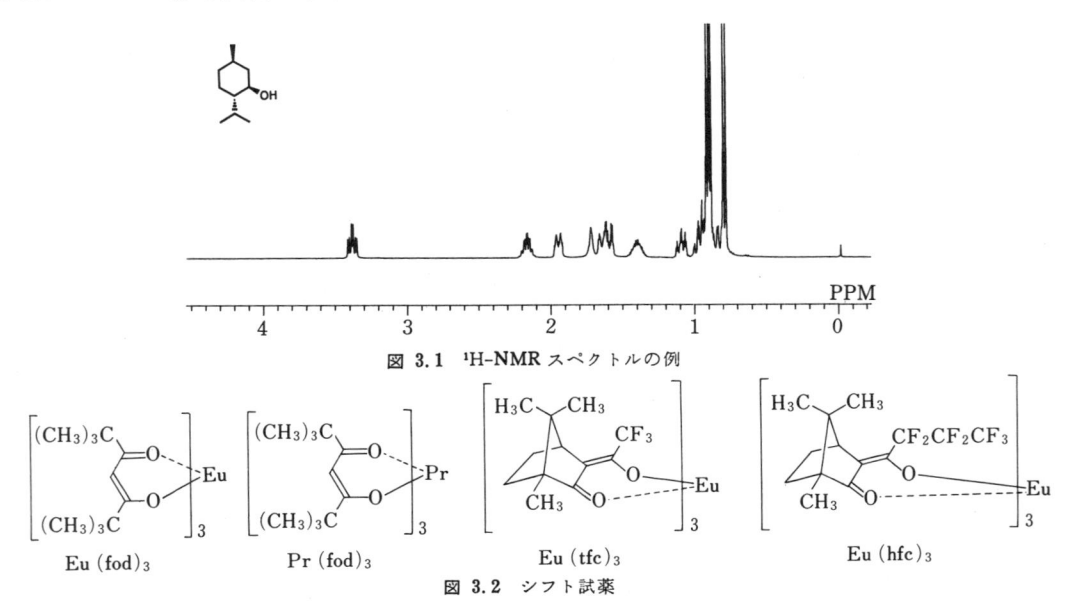

図 3.1 ^{1}H-NMRスペクトルの例

図 3.2 シフト試薬

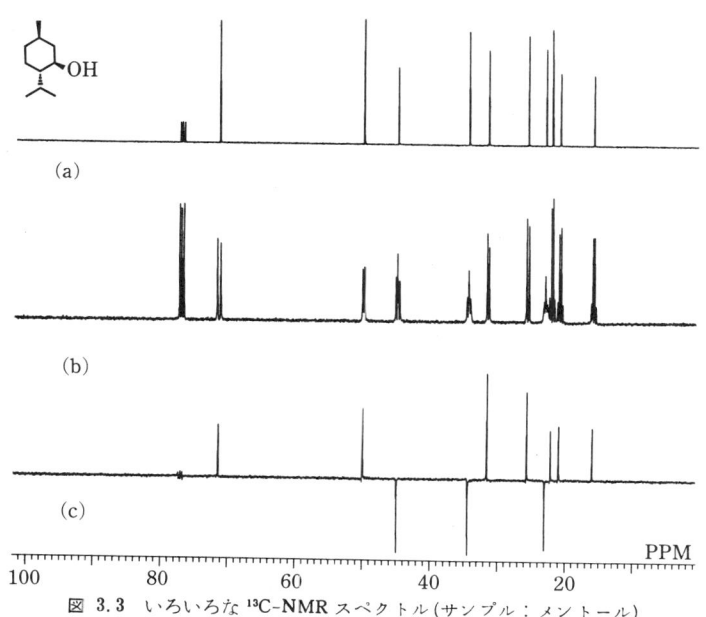

図 3.3 いろいろな ^{13}C-NMR スペクトル(サンプル:メントール)
(a) 完全デカップリング, (b) オフレゾナンス, (c) DEPT

c. シフト試薬　ランタノイド(Eu や Pr)の常磁性錯体を添加して NMR の測定を行うと,化学シフトに変化が生じる.この変化は,ルイス塩基性官能基(たとえば,OH や C=O など)と錯体との配位に基づくので,各 ^{1}H 核の官能基からの距離に応じてシフトの変化率が異なり,シグナルの重なりの解消に役立つほか,構造に関する情報も得られる.このような試薬として,Eu(fod)$_3$ や Pr(fod)$_3$ がある.最近では,光学活性シフト試薬,Eu(tfc)$_3$ や Eu(hfc)$_3$ などの入手も容易になり,各種化合物の光学純度の検定によく用いられる.

3.1.2　^{13}C-NMR

炭素の天然同位体は,大部分が NMR 不活性な ^{12}C(核スピン $I=0$)から成り,1% 程度存在する ^{13}C($I=1/2$)が炭素の NMR の測定対象である.したがって,検出感度が低く,多量のサンプルを要する難点があったが,先述の超伝導マグネットの登場でこの問題はかなり緩和されており,炭素骨格に関する情報を得る有力な手段となっている.

a. 完全デカップリングスペクトル　^{1}H の全領域を照射しながら ^{13}C スペクトルの測定を行う手法で,H—C 間のカップリングが消去され,すべての炭素シグナルがシングレット(一重線)として観測される.シグナルの重なりが少なく,構成炭素の化学シフトの情報が得られる反面,それらの相互関係の情報は得られない.なお,^{19}F 核や ^{31}P 核などは,非照射であり,これらを含む場合には ^{19}F—^{13}C,^{31}P—^{13}C のカップリングが観測される.

b. オフレゾナンス法(OFR)　^{1}H とのスピン結合を完全にはデカップルしない ^{13}C 測定法で,各炭素に直接結合した ^{1}H とのスピン結合が測定される.多重度の解析により,メチル,メチレン,メチン,4 級炭素を区別できるので,スペクトル帰属に有力であるが,測定感度が低く,また複雑な化合物では多重線が重複により解析困難となる場合も多い.なお,C—H のスピン結合定数(J 値)に関しての情報は得られない.

c. INEPT 法,DEPT 法　OFR 法の欠点を克服すべく開発された特殊なパルス系列を用いる ^{13}C 測定法.メチル,メチレン,メチン,4 級炭素の区別をシングレットピークの消滅や反転という形で表現するため,OFR 法で問題であったスペクトルの重なりの問題がなく,測定感度もすぐれている.

3.1.3 2次元NMR

2次元NMRは，従来の測定法で得られる情報を2つの周波数軸に分離することで，その情報をより効率的に得ることを基本としている．1次元NMRでは困難であった情報を取り出すことが可能になる場合がある．

a. J-分解NMRスペクトル 化学シフトと結合定数を2座標軸とする2次元NMR．^{1}H-J分解法では，化学シフトと分裂パターンを2軸に分離するため，1次元では重なっていた多重線の解析も可能となる．^{13}C-J分解法では，^{13}Cの化学シフトとJ_{C-H}を2軸に取り，測定を行う．

b. シフト相関(COSY)NMR 2軸に化学シフトを取る2次元NMR．^{1}H化学シフトを両軸とした^{1}H—^{1}H-COSYは1次元のデカップリングに相当し，結合する^{1}H核同士の相互関係を知ることが可能である．^{13}Cと^{1}Hの化学シフトを両軸とする^{13}C—^{1}H-COSYではC—H間のスピン結合の関係が明らかになる．

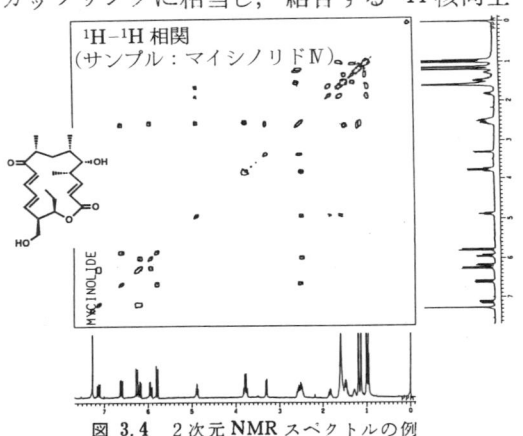

3.2 質量分析スペクトル(MS)[3]

マススペクトルは，最近，イオン化法やイオン分析法にさまざまな工夫が加えられ，広範な有機化合物の分析手段として有力である．

3.2.1 イオン化法

a. EI(電子衝撃)法 最も普通に用いられる方法で，高真空下，加熱により気化した試料を電子線の衝撃でイオン化させる．フラグメント化が起こりやすく，分子イオンピーク(M^+)が観測されない場合も多い．

b. CI(化学イオン化) 電子衝撃により反応ガス(CH_4, NH_3など)から生成したイオン(CH_5^+, NH_4^+など)を試料分子に衝突させてイオン化を行う．EI法でM^+-ピークの出にくい場合に用いられ，おもにプロトン化ピーク(MH)$^+$が観測される．

c. SIMS(2次イオンMS)法，FAB(高速原子衝撃)法 ターゲット上のマトリックス(グリセリンなど)に保持した試料に1次イオン流(Ar^+, Xe^+など)を衝突させイオン化を行うSIMS法，同様に高速中性原子流(Ar, Xeなど)を用いるFAB法は，新しいイオン化法として注目される．特に，難揮発性や熱

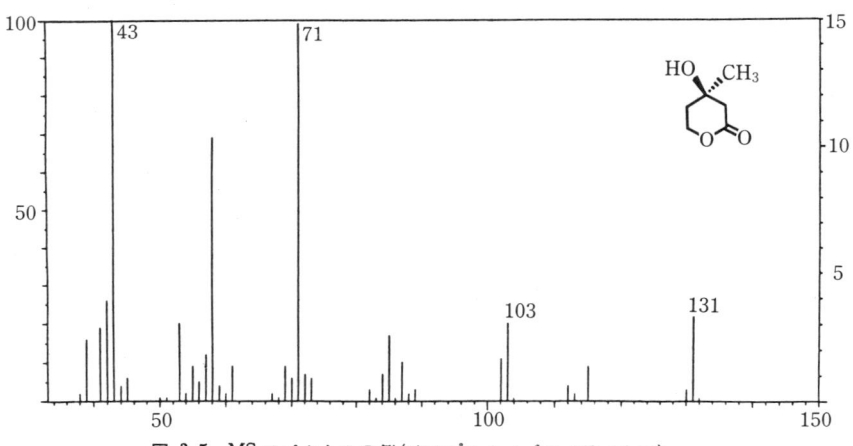

図 3.4 2次元NMRスペクトルの例

図 3.5 MSスペクトルの例(サンプル：メバロノラクトン)

的に不安定な化合物を扱ううえですぐれ，生体関連化合物などへの適用の面で今後もさらに発展が望まれる．

3.2.2 イオンの分離

a. 単収束 MS 各種イオン化法で得た試料由来のイオンを磁場に通し偏向したのち，質量(m)と電荷(z)の比(m/z)の順に分離する．m/zが1質量単位まで識別できる．

b. 二重収束 MS 試料イオンをまず電場で収束後，磁場で収束することにより 1/1000 質量単位の精度で測定を行える．高分解能 MS，ハイマス，ミリマスなどとも呼ばれる．

c. 基準物質 高分解能 MS の各ピークの正確な質量数は，分解パターンが既知の基準物質(マーカー)のピーク位置を基準に算定する．マーカーとしては，パーフルオロケロセン(PFK)がよく用いられる．

3.2.3 分離装置との連結

a. GC-MS ガスクロマトグラフィー(GC)に MS を結合した装置で，混合物の分離と各成分の分析とを連続して行える．高分離能(キャピラリー GC など)と高感度(MS)という，各装置の特長を生かし，従来不可能であった複雑な混合成分の微量分析が可能となり，実用化されている．最近では，同様に，高速液体クロマトグラフィーとの連結による LC-MS や，薄層クロマトグラフィーとの連結による TLC-MS などもある．

b. MS-MS MS 装置を 2 台連結させて用いる測定法で，タンデム-MS とも呼ばれる．最初の MS 装置(MS 1)で分離した各フラグメントについて，第 2 の MS(MS 2)で質量の同定を行う．ある化合物に特徴的なピークを MS 1 で選別し，そのピークを MS 2 でさらにフラグメント化し，そのパターンを標準と比較検討して，混合物中の極微量の試料の同定が行える点で注目されている．

3.3 赤外線吸収(IR)スペクトル

有機化学において，IR の利用の歴史は古く，化合物の同定に日常的に利用されている．最近では FT-IR 装置がしだいに普及しつつあり，少ないサンプル量で高感度の分析が可能になっている．

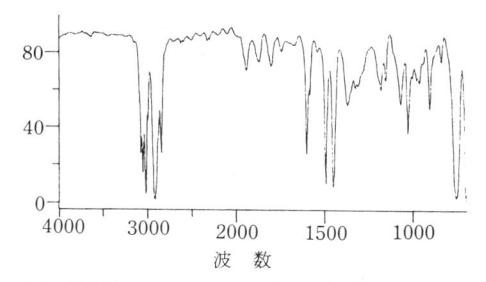

図 3.6 FT-IR スペクトルの例(サンプル：ポリスチレン)

3.4 電子スペクトル

紫外，可視領域の吸収スペクトルも古くから有機構造解析に用いられてきた．C=C, C=O などの多重結合を含む化合物や芳香族化合物の同定や定量分析に用いられる．

3.5 旋光分散(ORD)，円二色性(CD)スペクトル

光学活性化合物は，その物質を通過する直線偏光の偏光面を回転させる性質，すなわち旋光性を示す．旋光度の波長依存性が旋光分散(ORD)スペクトルである．また，光学活性化合物は右回り，左回り円偏光に対する吸収強度の差を示すが，その波長依存性が円二色性(CD)スペクトルである．

a. コットン(Cotton)効果 紫外領域において，ORD では異常分散型の曲線が，CD では吸収型曲線が観測される．これをコットン効果と呼び，その正負の符号はその光学活性化合物の絶対配置と関連づけられ，オクタント則などの経験則が知られている．

b. 励起子キラリティー法 ある種の光学活性化合物の絶対配置を非経験的に決定する方法として，注目されている．1,2-ジオールに対するジベンゾアート則は天然有機物の絶対構造決定に応用されている[4]．

3.6 X 線結晶構造解析

適切な結晶が得られる場合には，構造に対

する最も直接的，かつ明解な結論を与える．特に，最近の装置的，ソフトウェア的な進歩により，従来のように専門家に測定依頼するのではなく，有機化学者自身による測定例もふえ，しだいにルーチン的な利用が可能になりつつある． 〔鈴木　啓介〕

参考文献

1) 一般的なもの
   日本化学会編："新実験化学講座 13，有機構造 [I, II]"，丸善(1977)．
   日本化学会編："実験化学ハンドブック"，丸善(1984)．
   R.M. Silversteinら著，荒木　峻ら訳："有機化合物のスペクトルによる同定法——MS, IR, NMR, UVの併用"，東京化学同人 (1983)．
   泉　美治ら編："機器分析のてびき 1, 2"，化学同人 (1986)．
2) NMR
   R.J. Abraham, P. Loftus著，竹内敬人訳："^{1}H および ^{13}C NMR 概説"，化学同人 (1979)．
   中西香爾編："チャートでみる超電導 FT-NMR"，講談社 (1986)．
   A. Rahman著，通　元夫，廣田　洋訳："最新 NMR——基礎理論から2次元NMRまで"，シュプリンガー・フェアラーク東京 (1988)．
3) MS
   土屋正彦ら編："現代化学増刊 15 質量分析法の新展開"，東京化学同人 (1988)．
4) 励起子キラリティー法
   原田宣之，中西香爾："円二色性スペクトル——有機立体化学への応用"，東京化学同人 (1982)．

4. 有機化合物の反応 I

4.1　共有結合の開裂と反応中間体[1]

有機化合物の結合は通常共有結合であり，したがって有機化合物の反応では，共有結合の開裂や生成が起こる．結合電子対が原子または原子団に片寄って開裂する様式をヘテロリシスとよび，陽イオン，陰イオンを生成する．陽イオン，陰イオンのうち，電荷が炭素上にあるものをカルボカチオン，カルボアニオンという．

$$X-Y \xrightarrow{\text{ヘテロリシス}} X^+ + Y^- \quad (4.1)$$

カチオン種は電子不足の化学種であり，求電子的な性質をもち，求電子試薬 (electrophile) と呼ばれる．ほとんどのカルボカチオンは，平面3配位の形をしている．カルボカチオンはすぐれた脱離基をもつ化合物の活性化（ルイス (Lewis) 酸の作用，熱分解など），多重結合へのプロトン化によって生成する．

$$(CH_3)_3CF \xrightarrow{SbF_5} (CH_3)_3C^+ + SbF_6^-$$

δ 1.30 ppm　　　δ 4.35 ppm

$$CH_2=C\begin{smallmatrix}CH_3\\CH_3\end{smallmatrix} + H_2SO_4 \rightleftarrows (CH_3)_3C^+ + HSO_4^- \quad (4.2)$$

アニオン種は，電子の不足した原子，原子団を攻撃し，求核試薬 (nucleophile) と呼ばれる．飽和炭素原子のカルボアニオンでは，電子は sp^3 混成軌道の1つのローブを占め，正四面体の構造をしている．カルボアニオンはハロゲン化アルキルの金属による還元（グリニャール (Grignard) 試薬，レフォルマツキー (Reformatsky) 試薬，アルキルリチウムなどの生成），活性水素をもつ化合物からの強塩基による水素引き抜き，ハロゲン-金属交換反応などによって生成できる．とくに求核

$$R-Br + Mg \longrightarrow R-MgBr$$
$$\text{グリニャール試薬}$$

$$RCH_2-\overset{O}{\underset{\|}{C}}-R' + LiN(Pr^i)_2 \longrightarrow R-CH=\overset{OLi}{\underset{|}{C}}-R' + HN(Pr^i)_2$$

$$\underset{OR}{\overset{I}{\diagup}}\!\!\diagdown\!\!C_5H_{11} + 2t\text{-BuLi}$$

$$\longrightarrow \underset{OR}{\overset{Li}{\diagup}}\!\!\diagdown\!\!C_5H_{11} + \underset{Me}{\overset{Me}{\diagdown}}\!\!=\!\!\diagup + BuH + LiI$$

$$R-C\equiv C-H + LiN(Pr^i)_2 \longrightarrow R-C\equiv C-Li + HN(Pr^i)_2 \quad (4.3)$$

$$X-Y \xrightarrow{\text{ホモリシス}} X\cdot + \cdot Y \quad (4.4)$$

性が低く，強い塩基であるリチウムジイソプロピルアミドのようなリチウムアミドを用いれば，比較的酸性の乏しいC—H結合の水素を引き抜き，容易にカルボアニオンを生成させることができる（(4.3)式）.

また電子対が，生じる2つの化学種に1個ずつ分配される開裂様式をホモリシスと呼び，遊離基（フリーラジカルまたはラジカル）を生じる（(4.4)式）.

遊離基は対をなしていない電子をもち，このような電子を不対電子と呼ぶ．ラジカルは平面構造または正四面体（ただし速やかに反転する）構造をもつ．アゾ化合物の熱分解，光化学的な共有結合の開裂，または中性分子とラジカルとの反応などによって生成させる[2]．

$$R-N=N-R \xrightarrow{\Delta} 2R\cdot + N_2$$
$$C_6H_5-I \xrightarrow{h\nu} C_6H_5\cdot + I\cdot$$
$$Br\cdot + BrCH_2CH=CH_2$$
$$\longrightarrow BrCH_2CHBrCH_2\cdot$$
$$+ BrCH_2\dot{C}HCH_2Br \quad (4.5)$$

強い電子供与性基と吸引性基が同時に置換すると，一般にラジカルは安定化される（カプトデイティブ(capto-dative)効果）[3]．ラジカルは反応性に富み，ラジカル同士のカップリング反応，水素引き抜き，あるいは多重結合への付加反応などを容易に起こす．この際連鎖反応を起こすこともラジカル反応の特徴である（(4.6)式）.

さらに，電荷のない2価の炭素原子をもつ不安定な中間体も知られており，カルベンと呼ばれている．通常ジアゾアルカンの熱分解によって生成するカルベンの，結合に関与していない2個の電子は，それぞれの軌道に電子が存在する三重項状態のカルベンとなる．これに対してクロロホルムに強塩基を作用させ生成するジクロルメチレンでは，1つの軌道に2個の電子が対をつくる一重項状態が安定である．カルベンは二重結合と反応し，

$$R\cdot + R\cdot \longrightarrow R-R$$
$$Cl\cdot + C_6H_5CH_3 \longrightarrow C_6H_5CH_2\cdot + HCl$$

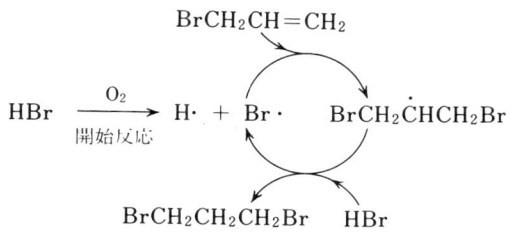

$$HBr \xrightarrow[\text{開始反応}]{O_2} H\cdot + Br\cdot \quad \begin{array}{c} BrCH_2CH=CH_2 \\ \circlearrowright \\ BrCH_2\dot{C}HCH_2Br \end{array}$$
$$BrCH_2CH_2CH_2Br \quad HBr$$

ラジカル連鎖反応

(4.6)

シクロプロパンを与える．この場合一重項カルベンは立体特異的に付加し，三重項カルベンでは付加が段階的に起こり，特異性はみられない．カルベンは，さらに炭素–水素結合への挿入，二量化反応，転位反応などを起こす（(4.7)式）.

(4.7)

ジアゾ化合物の金属化合物による分解，シモンズ–スミス(Simmons-Smith)反応などを用いても，オレフィンからシクロプロパンを与えるが（(4.8)式），中間に純粋なカルベンは生成しておらず，これらの反応の中間体はカルベノイドと呼ばれる．

(4.8)

カルボカチオン，カルボアニオン，ラジカル，カルベンは一般に不安定で反応性に富み，これらは有機反応の重要な中間体である．

4.2 電気陰性度

共有結合で結合している相手の原子，原子団が異なっている場合，結合電子対の偏りを生じる．この偏りは，主としておのおのの原子が電子を引き付ける能力（電気陰性度；electronegativity）の違いによる．Paulingによる各原子の電気陰性度を表4.1に示す．電気陰性度の差の大きい原子間の結合ほど，結合の分極は大きく，イオン結合性を帯びる．イオン反応において，結合の分極は反応性，また結合のアニオン・カチオンへの開裂方向に重要な役割を果たす．

表 4.1 代表的元素の電気陰性度

H 2.1						
Li 1.0	Be 1.5	B 2.0	C 2.5	N 3.1	O 3.6	F 4.1
Na 1.0	Mg 1.2	Al 1.5	Si 1.7	P 2.1	S 2.4	Cl 2.8
K 0.9	Zn 1.7					Br 2.7
						I 2.2

4.3 酸および塩基

有機化学で用いられる酸・塩基の定義には，BrønstedおよびLewisの定義がある．

Brønstedの定義によれば，酸はプロトン供与体であり，塩基はプロトン受容体である．しかしプロトン以外にも，塩基の非共有電子対を受け入れるものがある．これらにも酸・塩基の概念を適用するため，Lewisは，酸は電子対を受け取るものであり，塩基は電子対を与えるものであると定義した．Lewisの定義では，ルイス酸は求電子試薬で，ルイス塩基は求核試薬とみなされる．

たいていの有機化合物は，水溶液中では酸性を示さない．しかし，非水溶媒中で十分に強い塩基を作用させると，有機化合物からプロトンを引き抜くことが可能である．有機化合物はその構造によって，さまざまな酸性度を示す．酸・塩基の強さと構造には，一般に次のような相関がある．

4.3.1 置換基の電子的効果（I 効果）

隣接する極性結合または極性基の影響によって，結合が分極することは，誘起効果（inductive effect）として知られている．電気陰性度の大きな原子あるいはそれを含む置換基は，電子吸引的な誘起効果を示す．負の電荷をもつ置換基，アルキル基は電子供与性を示す．より電気陰性度の大きな置換基をもつものほど，酸性が強くなる．

CH_3COOH ($pK_a=4.76$)
　$<Cl_2CHCOOH$ ($pK_a=1.29$)
CH_4 ($pK_a=48$)$<CHCl_3$ ($pK_a=24$)

4.3.2 共鳴効果（R 効果）

共鳴理論は，「共役系において，電子対は2個以上の核を結合するために働くこともある」ということに基づく．このような電子は非局在化しており，共鳴構造のどれよりも非局在化したもの（共鳴混成体）はエネルギー的に有利である．したがって有機化合物からプロトンが解離したのちの共役塩基（アニオン）の共鳴安定化が大きいほど，酸として強くなる．たとえば，カルボン酸の酸性が，アルコールと比較して強いのは，主として共鳴効果によるものである．

4.3.3 軌道の効果

C—H混成軌道のs性が大きいほど，酸として強い．たとえば，アセチレンの水素はエチレンの水素に比較して酸性が大きい．

4.3.4 立体障害

3級アミンよりも，2級アミンのほうが塩基性が大きい．I効果を考えると逆の性質が予想されるが，これは共役酸（プロトン化されたアミン）における立体障害の差による．3級アミンでは，2級アミンと比べてプロトン化によって立体障害が大きく増大するため，弱い塩基性を示す．

$Me_2NH_2^+$ ($pK_a=10.7$),
Me_3NH^+ ($pK_a=9.81$)

化合物の酸性度を表す尺度としては，酸解離平衡定数が用いられる．解離平衡定数 K_a が大きいほど酸の解離が大きい．水中では次式で解離平衡定数が表される．

$$HA+H_2O \xrightleftharpoons{K_a} A^-+H_3O^+$$

4. 有機化合物の反応 I

$$K'_a = \frac{[A^-][H_3O^+]}{[HA][H_2O]}$$

水の濃度は一定とみなされるので，このときの平衡定数 K_a は，次のように定義される．

$$K_a = \frac{[A^-][H_3O^+]}{[HA]}$$

通常酸性度を表すのには次のように定義された pK_a ($pK_a = -\log K_a$) が用いられ，pK_a の値が小さいほどよいプロトン供与体，すなわち強い酸となる．次におもな化合物の pK_a を示す．なおプロトンが脱離し生成するアニオンは，共役塩基と呼ばれる．酸性が弱い化合物ほど，その共役塩基の塩基性は強い．

4.4 硬および軟酸・塩基[4]

ルイス酸，ルイス塩基は硬酸・塩基 (hard acids and bases) と軟酸・塩基 (soft acids and bases) に分類できる．硬塩基（硬求核剤）には低エネルギー準位の HOMO があり，通常負電荷をもつ．これに対して軟塩基（軟求核剤）には高エネルギー準位の HOMO があり，必ずしも負電荷をもたない．また硬酸（硬求電子試薬）には高エネルギー準位の LUMO があり，通常正電荷をもつ．軟酸（軟求電子試薬）には低エネルギー準位の LUMO があり，必ずしも正電荷をもたない．

したがって硬試薬間の反応はクーロン引力のため速く，イオン性の結合をつくる．また軟試薬間の反応は HOMO と LUMO の軌道間の相互作用が大きいため反応が速く，共有結合的な結合をつくる．たとえば，硬塩基である水酸化物イオンはプロトンのような硬酸と反応する方が，臭素のような軟求電子試薬と反応するよりも速い．しかし，軟らかい求核試薬であるエチレンはプロトンよりも臭素

表 4.2 有機化合物の酸性度

酸	pK_a	共役塩基
C₆H₁₂ (シクロヘキサン)	52	C₆H₁₁⁻
CH_4	49	CH_3^-
$CH_2=CH_2$	44	$CH_2=CH^-$
ベンゼン	43	フェニル⁻
$C_6H_5CH_3$	41	$C_6H_5CH_2^-$
NH_3	36	NH_2^-
$C_2H_5NH_2$	35	$C_2H_5NH^-$
$CH_2=CH-CH_3$	35	$CH_2=CH-CH_2^-$
$C_6H_5NH_2$	27	$C_6H_5NH^-$
$HC\equiv CH$	25	$HC\equiv C^-$
CH_3COCH_3	20	$CH_3COCH_2^-$
$(CH_3)_3COH$	18	$(CH_3)_3CO^-$
C_2H_5OH	16	$C_2H_5O^-$
H_2O	15.7	HO^-
$(RO_2C)_2CH_2$	13.5	$(RO_2C)_2CH^-$
$CH_3COCH_2CO_2R$	11	$CH_3CO\bar{C}HCO_2R$
C_2H_5SH	10.6	$C_2H_5S^-$
$R_nNH_{4-n}^+$	~10	R_nNH_{3-n}
CH_3NO_2	10.2	$^-CH_2NO_2$
C_6H_5OH	10.0	$C_6H_5O^-$
グルタルイミド	9.6	グルタルイミドアニオン
HCN	9.1	CN^-
$CH_3COCH_2COCH_3$	8.8	$CH_3CO\bar{C}HCOCH_3$
H_2CO_3	6.4	HCO_3^-
CH_3COOH	4.8	CH_3COO^-
$C_6H_5CO_2H$	4.2	$C_6H_5CO_2^-$
HCO_2H	3.7	HCO_2^-
$CH_2(NO_2)_2$	3.6	$^-CH(NO_2)_2$
$ClCH_2CO_2H$	2.9	$ClCH_2CO_2^-$
CF_3CO_2H	0.2	$CF_3CO_2^-$
H_2SO_4	-5.2	HSO_4^-
HCl	-7.0	Cl^-
$HF\cdot SbF_5$	~-25	SbF_6^-

表 4.3 酸・塩基（求電子試薬・求核試薬）の硬さと軟らかさ

塩基（求核試薬）	酸（求電子試薬）
硬い	硬い
OH^-, F^-, H_2O	H^+, Li^+, Na^+, K^+
RCO_2^-, PO_4^{3-}, SO_4^{2-}	Mg^{2+}, Ca^{2+}, Al^{3+}, Ce^{3+}
Cl^-, ClO_4^-, NO_3^-	Si^{4+}, Ti^{4+}, Sn^{4+}
ROH, RO^-, R_2O	BF_3, $B(OR)_3$, $AlCl_3$, AlR_3
RNH_2, N_2H_4	$ROPO_2^+$, RSO_2^+
	RCO^+, CO^+
中間	中間
$PhNH_2$, N_3^-, Br^-	Fe^{2+}, Co^{2+}, Ni^{2+}, Cu^{2+}, Zn^{2+}
NO_2^-, N_2	Sn^{2+}, BR_3, SO_2, NO^+, R_3C^+
軟らかい	軟らかい
R_2S, RSH, RS^-	Cu^+, Ag^+, Hg^+, Pd^{2+}, Pt^{2+}, Hg^{2+}
I^-, SCN^-, $S_2O_3^-$	RS^+, RSe^+, RTe^+
R_3P, CN^-, RNC	I^+, Br^+, HO^+, RO^+
CO, C_2H_4, H^-, R^-	I_2, Br_2

と速く反応する．

$$HO^- \quad Br-Br \text{ より}$$
硬　　軟

$$HO^- \quad H\overset{+}{O}H_2 \text{ の方が速い}$$
硬　　硬

$$CH_2=CH_2 \quad H\overset{+}{O}H_2 \text{ より}$$
軟　　硬

$$CH_2=CH_2 \quad Br-Br \text{ の方が速い}$$
軟　　軟

(4.9)

エノラートアニオンのような両性求核試薬ではHOMOの軌道で炭素上の係数が大きく，したがってヨウ化メチルのような軟求電子試剤は炭素を，またプロトン，塩化トリメチルシランのような硬酸は酸素を攻撃する（(4.10)式）．

$$\underset{CH_3}{\overset{R^2}{\underset{R^1-C=O}{|}}} \xleftarrow{CH_3I} \underset{O^-}{\overset{R^2}{\underset{R^1-C=}{|}}} \xrightarrow{Me_3SiCl} \underset{OSiMe_3}{\overset{R^2}{\underset{R^1-C=}{|}}}$$

(4.10)

4.5 反応速度論とエネルギー

有機化合物の反応を速やかに進行させるためには，通常活性化エネルギーが必要である．反応に対してエネルギーと構造との関係を表すものが，エネルギー断面図である．反応経路上のエネルギーの最高点における各原子の配置を表したものが遷移状態で，遷移状態は単離することも検出することもできない仮想的な反応体の配置である．たとえば，塩化メチルの加水分解反応(S_N2反応)は，図4.1のエネルギー断面図で示される．

図4.1のエネルギー断面図から，遷移状態に到達するためには，エネルギーが必要であることがわかる．反応基質の平均自由エネルギーと遷移状態のエネルギー差は，活性化自由エネルギー($\Delta G^\ddagger$)と呼ばれる．化学反応の速度を支配するものは活性化エネルギーである．遷移状態理論では，しばしば熱力学関数

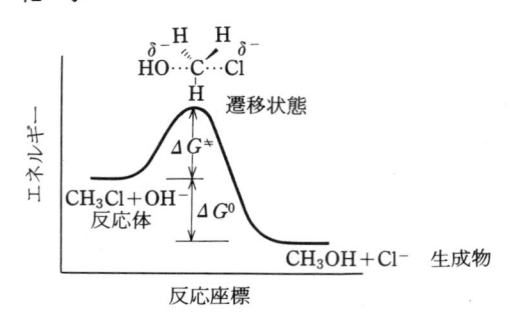

図 4.1 クロロメタンの加水分解のエネルギー断面図

を用いて表される．

$$\Delta G^\ddagger = \Delta H^\ddagger - T\Delta S^\ddagger$$

各活性化パラメータ，$\Delta G^\ddagger$，$\Delta H^\ddagger$，$\Delta S^\ddagger$ は，それぞれ活性化自由エネルギー，活性化エンタルピー，活性化エントロピーと呼ばれる．ある反応の反応速度定数 k' と温度の関係から，アレニウス(Arrhenius)の式に基づき，アレニウスの活性化エネルギー E_a が求められる．

$$k' = Ae^{-\Delta E_a/RT}$$

2分子反応では $E_a = \Delta H^\ddagger + 2RT$
(1分子反応では $E_a = \Delta H^\ddagger + RT$)

$$k' = e^2 \left(\frac{kT}{h}\right) e^{(\Delta S^\ddagger/R)} e^{(-E_a/RT)}$$

以上の関係から，各活性化パラメータを求めることができる．

活性化エンタルピー $\Delta H^\ddagger$ を決定する要因は反応体と遷移状態との結合エネルギー，共鳴エネルギーなどの差である．したがって遷移状態で結合の解離を伴うような反応では，$\Delta H^\ddagger$ は大きな値を示す．また2分子反応よりも1分子反応の方が，一般に $\Delta H^\ddagger$ は大きい．

活性化エントロピー $\Delta S^\ddagger$ は，反応体と遷移状態の自由度の変化を示す．2分子間反応では，一般に遷移状態で並進と回転の自由度が失われ，$\Delta S^\ddagger$ は負となる．また環化反応は，類似の2分子反応よりもよりエントロピー的に有利である．

一方，塩化 t-ブチルの加水分解反応(S_N1反応)のエネルギー断面図では，遷移状態を表す2つの極大値とその間に極小値がある．この極小値に対応するのが不安定中間体であ

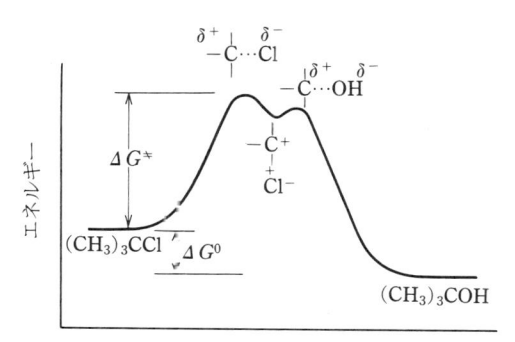

り，ここではカルボカチオンがそれに相当する（図4.2）．

図 4.2 t-ブチルクロリドの加水分解のエネルギー断面図

有機反応は，このように複数の遷移状態をもつ後者の多段階反応と，単一の遷移状態をもつ一段階反応に大別される．多段階反応においては，反応の中間に反応性に富んだ中間体を生じ，反応の速度は最高のエネルギー障壁を越える段階（律速段階という）によって決定される．

4.6 反応速度論

反応速度と反応物質間の濃度との関係の研究が反応速度論（kinetics）であり，反応機構を論ずるうえで欠かせない手段である．
速度は反応基質（A,B,…）の濃度と，比例定数である速度定数 k によって関係づけられる．

$$\text{速度} = k[\text{A}][\text{B}]\cdots$$

速度が1つの反応基質の濃度の1乗に比例する反応を1次反応と呼び，2つの反応体の濃度あるいは1つの反応体の濃度の2乗に比例するのが2次反応である．一般に，1次反応では分子が1つだけで遷移状態に進み，2次反応の遷移状態では2個の分子が関与する（2個の分子間で結合が生じる）と考えられる．

反応基質が直接生成物に移行するのではなく，中間にイオンや遊離基のような中間体が生じ，何段階かの反応（多段階反応）が起こる場合がある．このような反応では，各反応段階を素反応と呼ぶ．素反応のうち最も高いエネルギー準位にある遷移状態を経る素反応（最も遅い反応段階）を律速段階といい，反応速度式はこの段階の速度を表す．

4.7 反応速度に対する溶媒効果

有機反応は一般に溶媒中で行われる．反応速度は反応体と遷移状態との自由エネルギー差によって決まるため，双方に相互作用をもつ溶媒は，反応速度に大きな影響を与える．この相互作用は溶媒和と呼ばれ，一般に極性溶媒ほど反応種への静電的相互作用が強く，反応速度への影響が大きい．原系よりも遷移状態において，より大きな電荷密度を生じる反応では，溶媒の極性が大きくなるほど反応速度は大きくなる．逆に遷移状態の電荷密度が減少する場合には極性の大きな溶媒中で反応は抑制される．当然，電荷密度が変化しない場合には，溶媒の極性は反応速度にはほとんど影響しない．

4.8 速度論と熱力学

速度論は，単に律速段階の遷移状態への反応の進み具合を定義するだけである．多くの反応では，しばしば2つ以上の生成物が生成する．これらの反応では，反応の初期に優先的に生じる生成物が必ずしも最も安定な生成

表 4.4 置換反応に対する溶媒効果

反応型式	反応原系	遷移状態	電荷状態の変化	極性溶媒の反応速度への影響
S_N1	R—X	$R^{\delta+}\cdots X^{\delta-}$	増加	大いに加速
S_N1	R—X$^+$	$R^{\delta+}\cdots X^{\delta+}$	分散	わずかに減速
S_N2	Y+R—X	$Y^{\delta+}\cdots R\cdots X^{\delta-}$	増加	大いに加速
S_N2	Y$^-$+R—X	$Y^{\delta-}\cdots R\cdots X^{\delta-}$	分散	わずかに減速
S_N2	Y+R—X$^+$	$Y^{\delta+}\cdots R\cdots X^{\delta+}$	分散	わずかに減速
S_N2	Y$^-$+R—X$^+$	$Y^{\delta-}\cdots R\cdots X^{\delta+}$	減少	大いに減速

物とはいえない．このような速度論的に制御された反応(kinetically controlled reaction)の生成物を，速度論的生成物(kinetic product)という．しかし，何らかの反応条件下で長く反応させると，種々の生成物間に平衡をもたらすことができる場合がある．これは，平衡によって制御された反応(equilibrium controlled reaction)であり，最終的には最も安定な生成物が優先的に生じる．この関係を次のエネルギー相関図(図4.3)に示す．速度論的には小さな遷移状態エネルギー($\Delta G_B^{\neq}$)をもつBが生成するが，さらに，大きな反応エネルギーを与え，反応剤を平衡条件におけば，生成物Bは徐々に消費され，より安定なCが主生成物となる．

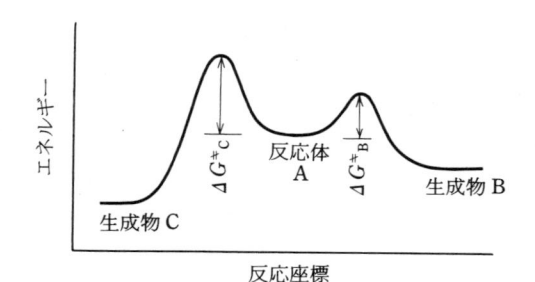

図 4.3

たとえば，フランとマレイン酸イミドのディールス-アルダー反応では，室温では速度論的な生成物であるエンド付加体が生成するが，90°Cでは逆ディールス-アルダー反応が起こり，平衡反応となり，熱力学的に安定なエキソ付加体が得られる．

(4.11)

4.9 有機反応の分類

有機反応はさまざまな形式で分類される（個々の例については次項参考のこと）．反応の機構を考えると，次のように分類することができる．

(1) イオン反応
・求電子反応(求電子試剤の攻撃により反応が起こる)
・求核反応(求核試剤の攻撃により反応が進行する)
(2) 遊離基反応(ラジカルを中間に生じる反応)
(3) 熱で起こる周辺環状反応(反応の過程でイオンも遊離基も生成せず，協奏的に反応が進む)
(4) 光化学反応

さらに次のような反応の形式による分類も行われている．

(1) 置換(substitution)反応
(2) 付加(addition)反応
(3) 脱離(elimination)反応
(4) 転位(rearrangement)反応

また反応が分子内で起こるか，分子間で進行するかを示す場合もある．

(1) 分子内反応(intramolecular reaction)
(2) 分子間反応(intermolecular reaction)

多くの反応は上記の種々のタイプの反応が組み合わさった機構で進行するため，反応はしばしばS_N1，$E2$などの略記号で表現される．S_N1反応は，求核試薬(nucleophile)による置換反応(substitution)で遷移状態が1

分子的(1次)の反応であることを示す．また E2反応は2分子的な脱離反応の意味である．

〔奈良坂紘一〕

文　献

1) 有機反応の一般的な参考書
   ・岩村　秀，野依良治，中井　武，北川　勲編："大学院有機化学(上・中・下)"，講談社サイエンティフィック (1988)．
   ・井本　稔編："講座有機反応機構(全14巻)"，東京化学同人．
   ・丸山和博編："有機化学講座(全10巻)"，丸善．
2) J.K. Kochi: "Free Radicals, Vol.1", John Wiley, New York (1968)．
3) H.G. Viehe, R. Merenyi, L. Stella, Z. Janousek: *Angew. Chem. Int., Ed. Engl.*, **18**, 917 (1979)．
   H.G. Viehe, Z. Janousek, R. Merenyi: *Acc. Chem. Res.*, **18**, 148 (1985)．
4) R.G. Pearson: "Hard and Soft Acids and Bases", Dowden Hutchinson & Ross, Inc. (1973)．
   T.-L. Ho: "Hard and Soft Acids and Bases Principle in Organic Chemistry", Academic Press, New York (1977)．
   I. Fleming, 竹内敬人，友田修司訳："フロンティア軌道法入門"，福井謙一監修，講談社サイエンティフィック (1978)．

5. 有機化合物の反応 II

5.1 有機反応

有機反応は多くの無機反応と異なりかなり高い活性化エネルギーをもち，室温付近では比較的ゆっくり反応することが多い．これは有機反応がしばしば共有結合の開裂と生成を伴うためである[1),2)]．

結合の開裂様式は大きく分けてラジカルを生じるホモリシス((5.1)式)と，イオンを生じるヘテロリシス((5.2)式)に分けられ，こうして生じた反応活性種がたがいに，またはほかの中性分子と反応することによって新しい化合物が生成する．

$$A-B \longrightarrow A\cdot + B\cdot \quad (5.1)$$
$$A-B \longrightarrow A^- + B^+ \quad (5.2)$$

ヘテロリシスで生じた陽電荷をもつ活性種を一般に求電子試薬と呼ぶ．また負電荷をもつ活性種のうちでプロトンと反応するものを(ブレンステッドの)塩基と呼び，それ以外の陽性の炭素原子などと反応するものを求核試薬(または求核反応剤)と呼ぶ[3)]．負に荷電した活性種が塩基として作用するか求核試薬として作用するかは反応条件や試薬と基質の組合せによる影響を強く受ける．また対イオンの金属の種類の影響もきわめて大きい．ホモリシスで生じるラジカル活性種も置換基が電子求引基の場合は求電子的性格をもち，逆に電子供与基のときは求核的性格をもつようになる．

5.2 求核置換反応

置換反応とは化合物 B−C が A と反応し，A と B が置き換わる反応((5.3)式)である．この際，A と B が類似した置換基である場合を置換反応と呼ぶ．すなわち (5.4)，(5.5)式は置換反応であるが炭素−炭素結合が切れて炭素−酸素結合が生じる (5.6)式の場合は置換反応に含めない．置換反応のなかで炭素原子上の置換基が求核試薬によって置換される求核置換反応(S_N反応)と呼び，逆に求電子的に置換されるものを求電子置換反応(S_E反応)と呼ぶ．

$$A + B-C \longrightarrow A-C + B \quad (5.3)$$
$$CH_3I + OH^- \longrightarrow CH_3OH + I^- \quad (5.4)$$
$$CH_4 + Cl_2 \longrightarrow CH_{4-n}Cl_n + nHCl \quad (5.5)$$

$$\diagup\!\!\!\diagdown + CH_3COOH \longrightarrow \diagup\!\!\!\diagdown\text{OCOCH}_3 \quad (5.6)$$

飽和炭素原子上での求核置換反応は有機反応のなかで最も基礎的な反応であり[5)]，置換される炭素上の立体化学に関連した反応機構の詳細に注目すると，大きく S_N1 と S_N2 反応に分類される．

一方，S_E 反応でも反応点の立体化学以外にも注意を要する点がある．1つは両性(アンビデント)の求核試薬の反応性である[6)]．ハ

ロゲンイオン,水酸イオンなどではその求核的反応点は1つであるが,図5.1に示したような例では2種の生成物が生じうる.これら2つの反応経路は求核試薬の硬・軟(ハード・ソフト)と求電子試薬の硬・軟との相性によって制御されている[7].

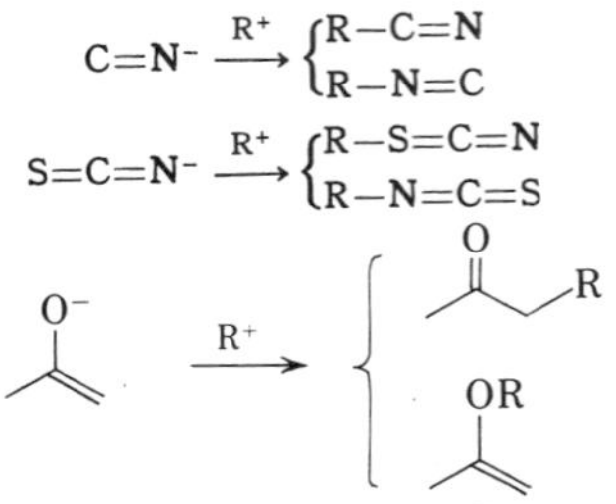

$$C=N^- \xrightarrow{R^+} \begin{cases} R-C=N \\ R-N=C \end{cases}$$

$$S=C=N^- \xrightarrow{R^+} \begin{cases} R-S=C=N \\ R-N=C=S \end{cases}$$

図 5.1 両性の求核試薬

またアリル型の有機金属試薬[8]のように2つの求核的な反応点をもつ有機金属化合物の反応ではその金属−炭素間の結合の開裂の仕方でS_E2, S_E2'の選択性の問題が存在する.すなわちアリル金属と求電子試薬の反応では金属に結合した炭素上で反応するS_E2型と,アリル系の反対側で反応するS_E2'の反応生成物が生じる場合がある((5.7)式)[9].この問題は出発物質のアリル金属自体の位置異性体

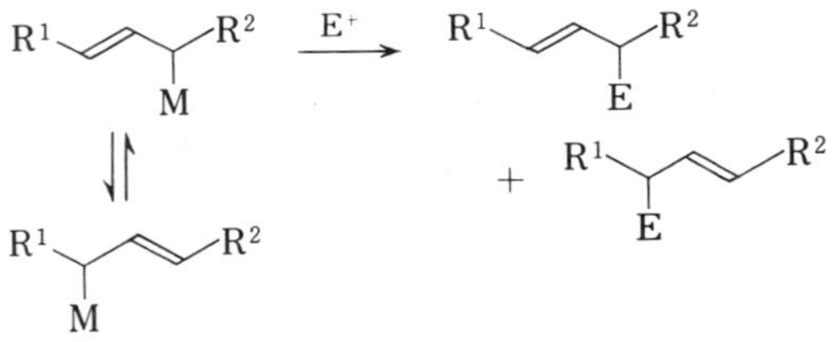

(5.7)

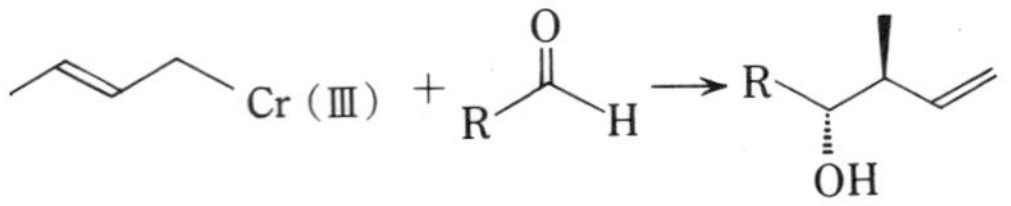

の平衡があることが多いために一般に複雑である.しかし金属と求電子試薬をうまく選ぶと(5.8)式のような位置および立体選択的な反応を実現することができる.

(5.8)

5.2.1 S_N2 反応

反応の遷移状態において基質と求核試薬の1分子ずつがともに関与し協奏的に進行する反応(2分子的求核置換反応)のことをいい,それぞれの化合物に対し1次,あわせて2次の反応である(図5.2).遷移状態Bにおいて求核試薬と脱離基が炭素原子を中心にたがいに反対に位置し,その結果中心炭素の立体化学が反転する(ワルデン反転)[5].

S_N2反応の大きな特徴は図5.2に示したように反応途中に中間体が生じずに1段階で進行することである.遷移状態が込み合っているため立体障害の影響を受けやすく,1級炭素上の置換は速いが3級炭素上ではしばしばS_N1, E2, E1反応などが優先する.この反応の基質としてはハロゲン化物,スルホン酸エステルなどのほか,オキシランなども用いることができる.反応機構の詳細は異なるが求核試薬として有機銅試薬[10]を初めとする有機金属試薬を用いることもできる((5.9)式).

S_N2反応は飽和炭素原子上の反応に限られ,これまでハロゲン化ビニル,アリールな

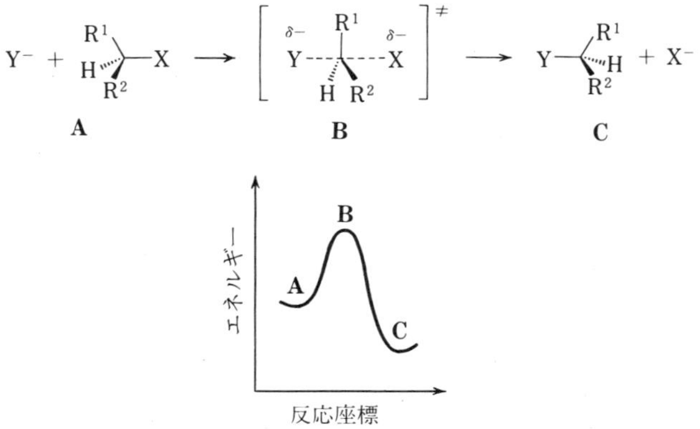

図 5.2 S_N2反応

どのsp²炭素上での置換反応を行う方法は知られていなかったが，最近遷移金属を用いることでこれが比較的容易に行えるようになってきた．すなわちパラジウムのホスフィン錯体を触媒に用いることで(5.10)式に示したような反応をもとのハロゲン化物の立体化学を保って行うことができる[11]．

$$\text{(5.9)}$$

$$\text{(5.10)}$$

$R^3 = $ アルキル，アリール，RS 等
$X = Br, I, OSO_2CF_3$

5.2.2 S_N2' 反 応

協奏的な2分子求核置換反応が，脱離基のある炭素とは別の場所で起きる反応である．アリルハロゲン化物の置換反応の例((5.11)式)が典型的である．この場合S_N2反応が進行するかS_N2'反応が進行するかは，脱離基(X)，求核試薬(Nu^-)の種類，反応条件，また置換される炭素上の立体障害によって大きく左右される[12]．ここでX^-の脱離が速いとアリルカチオンが生じ，あとで述べるS_N1'反応となる．生成物の分析だけからでは反応機構を特定することはできない．

$$\text{(5.11)}$$

S_N2 生成物　　　　S_N2' 生成物

一般にアミンなどの中性の求核試薬のS_N2'反応では試薬がアリル系の面に対して同じ側から(syn)入ってくることが多い((5.12)式)[12]．しかし，求核試薬として有機銅試薬を用いた(5.13)式の反応では逆にanti側から反応する．ここで一般にはS_N2とS_N2'生成物が混合物となる[12]．銅試薬として$RCu \cdot BF_3$などを用いるとS_N2, anti生成物を選択的に得ることができる((5.13)式)[13]．

$$\text{(5.12)}$$

$$\text{(5.13)}$$

また遷移金属触媒としてパラジウムを用いて反応を行うと脱離基に対して求核試薬が同じ側から(syn)攻撃した生成物が得られる((5.14)式)．これは中間に生じるπ-アリル錯体がanti選択的に，またこれと求核試薬の反応が同様にantiで進行したために反転が2度起き，結果的にsyn立体選択性となったものである[14]．

ステロイドD環部

$$\text{(5.14)}$$

5.2.3 S_N1 反 応

脱離基の脱離が律速段階となり，中間にカルボカチオンを経る求核置換反応である[15]．このためこの反応の速度は基質について1次，求核試薬については0次となる(単分子的求核置換)．中間にカチオンが生じるため求核試薬Y^-の攻撃はカチオンのどちら側からも起こりうるために，S_N2反応のような立体特異性はみられない．中間に生じるカチオンが安定なほど反応が速いため，共役や超共

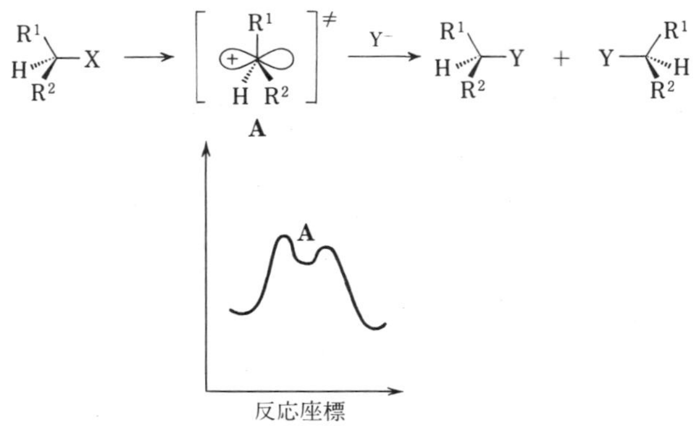

図 5.3 S_N1 反応

役で安定化されたカチオン,すなわち3級,アリル,ベンジルカチオンなどを生じる基質の反応が速く,2級,1級の順に遅くなる.S_N1 反応では図 5.3 に示したように中間体が存在する点で S_N2 反応とは異なることがわかる.

S_N2' 反応に対応する単分子的求核置換反応としてアリルカチオンを中間に生じるような反応がある.ここで脱離基 X のついていた炭素とは別の場所に求核試薬が攻撃をするような反応を S_N1' 反応と呼ぶ((5.15)式).

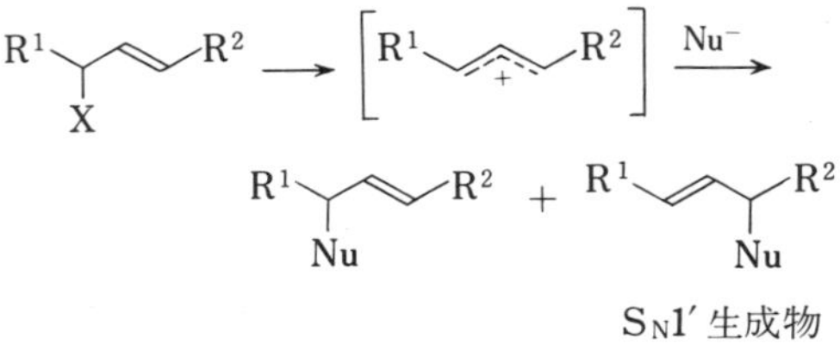

(5.15)

求核置換反応のなかで反応に用いる溶媒が求核試薬となる場合を加溶媒分解(ソルボリシス)と呼ぶ.この場合,基質より過剰に存在する溶媒に関する次数はみかけ上 0 次になる.溶媒が水ならば加水分解,酢酸ならばアセトリシスなどと呼ぶ.

5.2.4 S_Ni, S_Ni' 反応

脱離基の脱離と同時に,脱離した分子のほかの部分の求核攻撃が起きる(転位)反応である((5.16)式).中間にカチオンを生じる点で S_N1 反応に似ているが,つづく求核攻撃が分子内で速やかに起きるために立体保持で反応が進行する.S_N2',S_N1' 反応同様に脱離基の脱離した場所から離れた場所に求核攻撃が起きるものを S_Ni' 反応と呼んで区別する((5.17)式).また S_Ni,S_Ni' 反応が協奏的に進行する場合には普通シグマトロピー転位(→§5.9.3)に分類して議論することが多い.

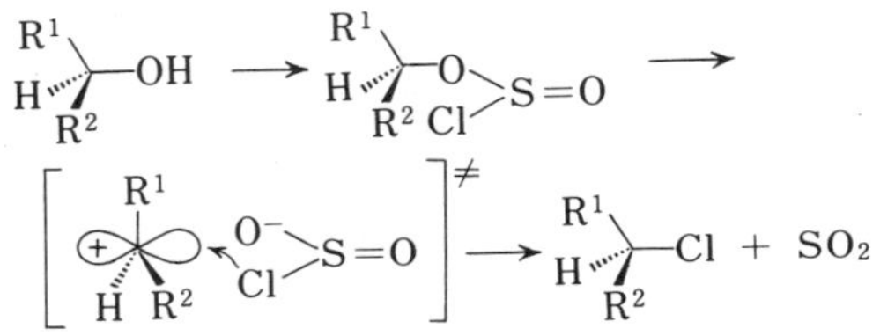

(5.16)

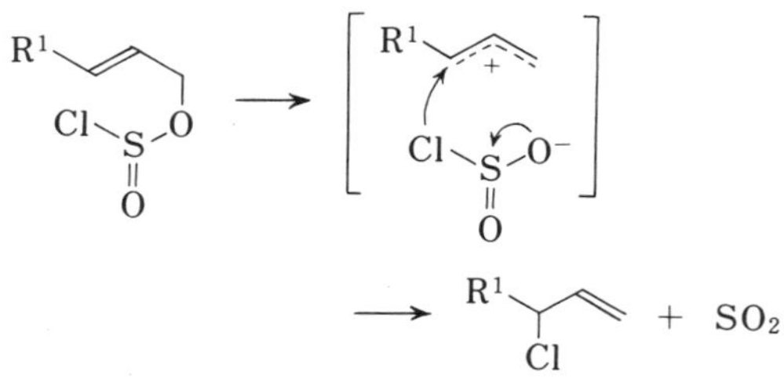

(5.17)

5.2.5 隣接基関与

最初に生じた反応点に対し近傍の官能基の n, π, σ 電子などが相互作用をし反応経路に影響を与える現象である[15),16)]. 隣接基関与のよくみられるのはカチオンを含む反応系である.非常に幅広い反応形式が存在するが,たとえば 2 位にエステル基をもつ糖類の 1 位での置換反応では多くの場合エステルの酸素の関与が起こりグリコシル結合の生成は 2 位エステル基の逆から起きる((5.18)式)[17)]. 隣接

(5.18)

(5.19)

基関与が反応の律速段階で起きるときは反応全体の加速がみられる(anchimeric assistance). その著名な例がフェニル基の関与(フェノニウムイオン)である((5.19)式)[15),18)].

5.3 炭素-炭素多重結合への付加
5.3.1 求核付加反応

炭素-炭素多重結合への付加反応のうち,求核試薬のπ軌道への攻撃が求電子試薬の攻撃よりも先に起こるものを求核付加反応と呼ぶ[18)]. 一般に求核試薬が非常に反応性の高いカルバニオンである場合か, 受け手となる多重結合が電子求引基で活性化されている場合のみにみられる反応である. 第1の形式は(5.20)式のアルキルリチウムのオレフィンへの付加反応に代表されるが, このような反応はここに示した分子内反応の場合以外は制御が困難である[19)].

第2の反応様式は共役付加と呼ばれる, より一般的な反応である((5.21)式). 炭素-炭素多重結合がカルボニル基のような電子吸引基と共役することにより, オレフィンのπ*(LUMO)のエネルギーが低下し共役系の両端(1,4位)に求核試薬と求電子試薬が付加(1,4-付加)するものである. ここではまず1,4-付加がおき, 次に一般に2位にプロトン化が起きるために全体としてはオレフィンに対する1,2-付加が起きたことになる. この反応

では中間体Aの生成が可逆的であることも多い. 最近, 有機金属化合物を用いた多重結合への付加反応が数多く知られるようになってきた. たとえば, 有機銅試薬のアルキン類やひずんだオレフィン類への付加は特に活性化基の存在を必要とせず, かつ完全に立体選択的に cis 付加体を与える((5.22)式)[20)]. 有機銅試薬は共役付加反応にもきわめて有効で特に BF_3 や Me_3SiCl の存在下で速やかに進行し, 高い選択性を示す((5.23)式)[13)].

(5.20)

(5.21)

(5.22)

$$\underset{\substack{\text{R} \\ \text{OR}^2}}{\text{OR}^1} \underset{\text{H}}{\overset{\text{O}}{\diagdown}} \xrightarrow{\text{Me}_2\text{CuLi}/\text{Me}_3\text{SiCl}} \underset{\substack{\text{R} \\ \text{OR}^2}}{\text{OR}^1} \underset{\text{H}}{\overset{\text{OSiMe}_3}{\diagdown}}$$

(5.23)

5.3.2 求電子付加

求電子試薬 E—Y のπ軌道への攻撃が求核試薬の攻撃よりも先に起きる付加反応であり，中間にカルボカチオン（**B**）の生成を伴う反応である（(5.24)式）[18]．このような反応は求電子試薬とπ軌道の間にπ錯体（**A**）という電荷移動型の錯体を形成していると考えられることが多い．**A** とカチオン（**B**）を実際の反応で区別することはむずかしいが，求核性に乏しい超強酸溶媒中のような特殊な条件下ではカチオンが実際に生成することが確かめられている[21]．求電子反応剤 E^+ としては H^+，Br^+，RS^+ などのほか Hg^{2+}，Pd^{2+} などの金属カチオンなども含まれる．

$$\underset{}{\diagup\!\!\!\diagdown} + \text{E—Y} \longrightarrow$$

$$\underset{\text{A}}{\overset{\text{E}}{\underset{\text{Y}}{\diagup\!\!\!\diagdown}}} \text{ or } \underset{\text{B}}{\overset{\text{E}}{\underset{\text{Y}^-}{\diagup\!\!\!\diagdown^+}}} \longrightarrow \underset{}{\overset{\text{E}}{\underset{\text{Y}}{\diagup\!\!\!\diagdown}}}$$

(5.24)

このような付加反応では多くの場合中間に生じたカチオン種 **B** の2つの異性体のうちでより安定な異性体を経て付加反応が進行する．このように E—Y の付加反応で，電子的に陽性な E がよりアルキル置換基の少ない方の炭素に付加することによって，より安定な多置換のカチオンを経て反応が進行することをマルコヴニコフ（Markovnikov）則という．

求電子的付加反応は一般に trans 付加で進行する．たとえば，臭素のシクロヘキセンへの付加では 1,2-trans ジブロモシクロヘキサンが生成するが（(5.25)式），これは中間に生じたブロモニウムイオン **C** に対して Br^- の攻撃が反対側（trans 側）から起きたためである．またこのとき，まず椅子型の trans-diaxial のシクロヘキサン **D** を与えるように＊印の炭素に axial 方向から攻撃が起きる[1]．

$$\text{Br—Br} \longrightarrow \left[\underset{\text{Br}^+}{\overset{\text{Br}^-}{\diagup\!\!\!\diagdown}} \right] \longrightarrow$$

C

$$\underset{\text{Br}}{\overset{\text{Br}}{\diagup\!\!\!\diagdown}} \longrightarrow \underset{\text{Br}}{\overset{\text{Br}}{\diagup\!\!\!\diagdown}}$$

D　　　　　　**E**

(5.25)

オレフィンのアリル位にケイ素やスズ置換基を導入することでオレフィンのπ軌道とケイ素（またはスズ）-炭素のσ結合間にσ-π共役が生じ，これによってオレフィンの活性化が起きる[22]．アリルトリメチルシランやアリルトリブチルスズなどを $TiCl_4$，BF_3，$Me_3SiOSO_2CF_3$ などのルイス酸の存在下にカルボニル化合物と反応させるとケイ素やスズの脱離を伴って付加生成物が収率よく得られる（(5.26)式）[9]．

$$\text{Me}_3\text{Si}\diagup\!\!\!\diagdown + \text{RCHO} \xrightarrow{\text{TiCl}_4}$$

$$\left[\underset{\text{R}}{\overset{\text{Me}_3\text{Si}}{\diagup\!\!\!\diagdown}} \overset{\text{TiCl}_4^-}{\underset{}{\diagdown\text{O}^+}} \right] \longrightarrow \underset{\text{OH}}{\overset{\text{R}}{\diagup\!\!\!\diagdown}}$$

(5.26)

5.4 脱離反応

5.4.1 α脱離, β脱離

基質から2つの基が脱離する反応を脱離反応という[23],[24]．そのなかで同じ原子上の2つの基が脱離し，カルベン[25]，ニトレン[26]のような活性種を生じるものをα脱離という．たとえば (5.27) 式のようにいったん生じたアニオンが分解していくものと，(5.28) 式のように同時に2つの基が脱離するものがある．また (5.29) 式のような金属に配位して

安定化されたカルベン類似の化合物をカルベノイドと呼ぶ.

$$CHCl_3 \xrightarrow{NaOH} {}^-CCl_3 \xrightarrow{-Cl^-} :CCl_2$$
カルベン
(5.27)

$$R-N=N=N \xrightarrow{-N_2} R-N:$$
ニトレン
(5.28)

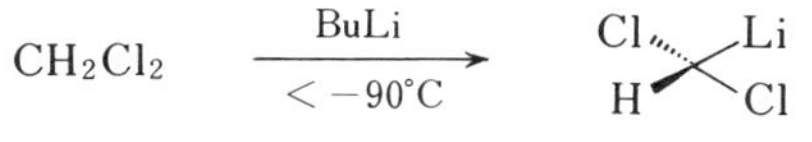

$$CH_2Cl_2 \xrightarrow[<-90℃]{BuLi} \begin{array}{c} Cl \quad Li \\ H \quad Cl \end{array}$$
カルベノイド
(5.29)

β脱離とはたがいに隣り合った原子から2つの基が脱離する反応であり,その結果としてπ結合が生成する.一般に片方の脱離基が電子対をもって脱離するためこれをヌクレオフュージ (nucleofuge) と呼び,電子対をもたずに脱離する方をエレクトロフュージ (electrofuge) と呼ぶ.(5.30)式に示したように2級ハロゲン化物の反応でアルケンが生じる場合,より置換基の多い生成物を与えるものをザイツェフ (Saytzeff) 型の脱離と呼ぶ ((5.30)式).一方,水酸化第4アンモニウムの分解 (ホフマン (Hoffman) 分解) では生成物はほとんどより置換基の少ない生成物を与える.このようにより置換基の少ないアルケンを与えるような脱離反応をホフマン型の脱離という ((5.31)式).

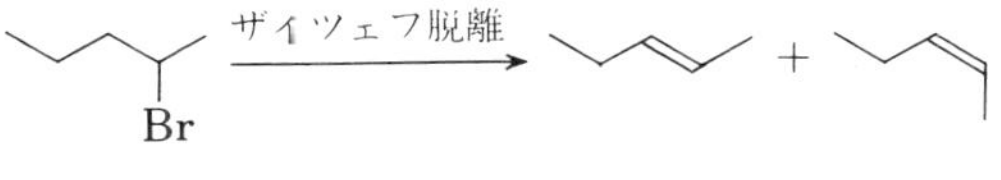

(5.30)

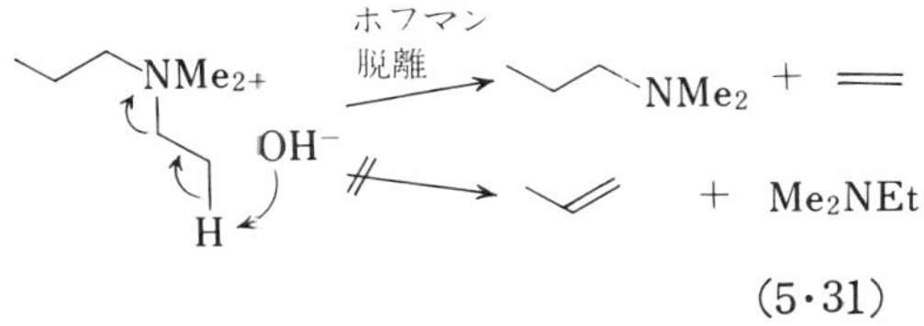

(5.31)

5.4.2 トランス脱離とシス脱離

β脱離反応では2つの脱離基の相対的な立体配置によって2つの反応形式に分けられる.脱離で生じてくるπ平面に対して脱離基同士がおのおの反対側に位置するものをトランス脱離といい,同じ側のものをシス脱離という.塩化物A(図5.4)を例にとるH^aとClのトランス脱離では $trans$-オレフィンが生成し,H^aとClのシス脱離では cis-オレフィンが生じる.一般に2つの脱離基X,Yについて分子軌道的に最も有利な$θ=180°$のトランス脱離が起きやすく,これが困難なときのみに$θ=0°$のシス脱離が起きることが多い.$θ$が180または0°以外のときは脱離はきわめて起きづらい.

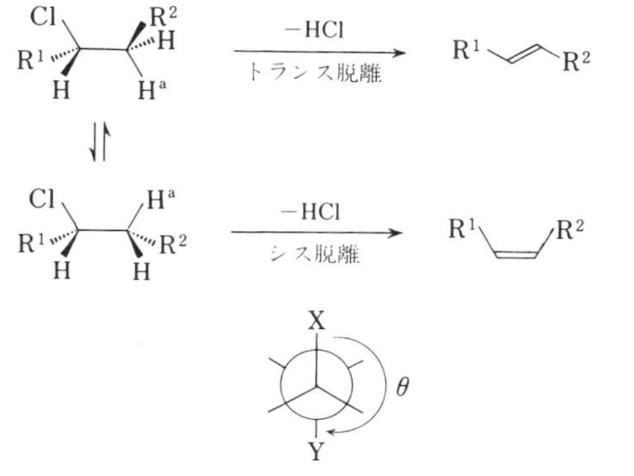

図 5.4 シス脱離とトランス脱離

5.4.3 E2, E1, E1$_{cb}$

協奏的な脱離反応で反応速度が基質と塩基におのおの1次である反応をE2反応という.この反応はAのような遷移状態を経る ((5.32)式) トランス脱離で進行することが多く,反応は立体特異的であり,また塩基によるプロトン引き抜きが立体障害の少ない方から起きやすいためにホフマン型の選択性を示すことが多い.またこの反応は反応条件,塩基の種類などによってS_N2反応と競争することが多い.たとえばアルコキシドのような硬い塩基ではE2反応が起きやすく,チオラートのよ

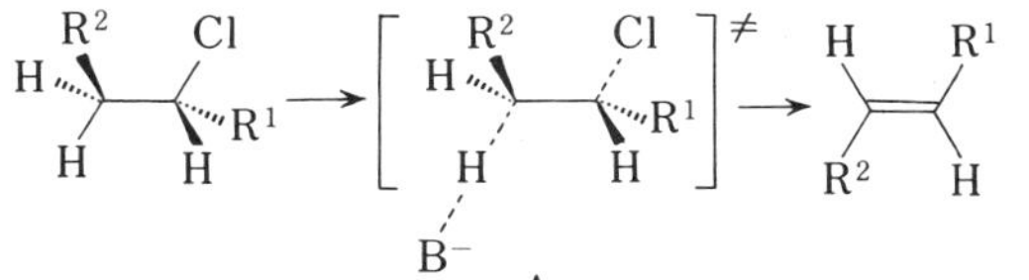

(5.32)

うな柔らかい塩基では置換反応生成物を与える[7]．

電子対をもって脱離する（nucleofuge）の脱離が律速段階となってカルボカチオンを生じ，ついでπ結合の生じるようなβ脱離反応をE1反応と呼ぶ（(5.33)式）．中間でカチオンを生じることから，反応の立体化学は出発物質のそれとは関係なく cis, trans の混合物となることが多い．

$$(5.33)$$

E1とは逆に電子対をもたずに脱離する基（electrofuge，一般にはプロトン）が先に脱離し，中間にカルバニオンを形成する脱離反応をE1cb反応と呼ぶ．この反応は先に脱離する基の付け根にカルバニオンを安定化する基が必須である．カルバニオンはその立体化

$$(5.34)$$

学を保持しないので出発物質の立体化学は生成物の立体化学には反映されない．(5.35)式に示した酢酸エステルの熱分解反応のように協奏的なシス脱離反応も知られている．

$$(5.35)$$

5.5 カルボニル基への付加
5.5.1 求核付加と求電子付加

カルボニル基への付加反応は塩基性，酸性条件のいずれの条件下でも進行する重要な反応である（(5.36)式）[2]．カルボニル基の炭素-酸素2重結合は強く分極しており，その最低被占軌道のエネルギーレベルも低いので種々の求核試薬が付加する．しかし，求核試薬がカルバニオンや水素イオンほどは活性でないアルコキシドなどの場合には付加反応は平衡であり，かつ平衡はカルボニル化合物の側に片寄っている．

$$(5.36)$$

酸性条件下の反応では電荷密度の高い酸素原子がプロトン化（またはルイス酸による配位）を受け求電子性を増し，ここに対して求核試薬が攻撃する（(5.37)式）．塩基性条件下でのエステルの加水分解はカルボニル基への求核反応の典型例である（(5.38)式）．ここでは最初の2段階の反応は可逆的であるが最後のカルボキシラートの生成の段階が不可逆である[2]．

$$(5.37)$$

$$(5.38)$$

5.5.2 アルドール反応

カルボニル基への付加反応のなかで近年特に注目を集めているのがアルドール反応（(5.39)式）である[27]．従来アルドール反応は塩基性平衡条件下で行われてきたために付加体がさらに脱水してα，β不飽和カルボニル化合物として得られるのが普通であったが，最近では付加体BやCを脱水させることなく合成することが可能となった．さらにエノラ

―トAの立体化学の制御，不斉配位子などによって，BやCの一方を選択的かつ光学活性体として得ることもできるようになっており，従来困難とされてきた非環状構造をもつ炭素鎖上での立体化学の制御の方法論として重要度を増している[28),29)]．

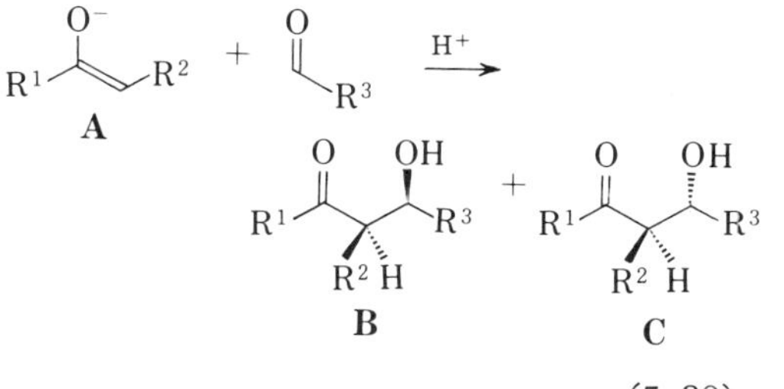

(5.39)

5.5.3 クラム則

カルボニル基自体には不斉要素が存在しないが，ここに付加反応が起きることによって新しい不斉中心が生じる．このときカルボニル基に隣接して（α位）不斉中心があると，この影響によって，付加で新しく生じる不斉中心の立体化学に影響が生じる（不斉誘起）．この不斉誘起の法則性をクラム則と呼ぶ（図5.5)[1)]．

α位に3つの置換基L（大），M（中），S（小）をもつ不斉中心が存在するカルボニル基にカルバニオンなどを付加させると主生成物としてCのジアステレオマーが優先して生じる．少量生じるDとの比はグリニャール試薬，エノラートでは2：1から5：1程度であるが，最近報告されている種々の有機金属化合物の反応例では，これよりはるかに高い比を示す場合も多い．このような選択性の生じる理由はクラムにより提唱されたAに示したようなモデルで長らく説明されてきたが，その後理論計算などでも支持されるフェルキン－アン（Felkin-Anh）モデル（B）で説明されるようになっている．このモデルでは立体障害の大きいL（または電子吸引基のハロゲンなど）の逆側の面を求核試薬が攻撃し，このとき求核試薬（Nu^-）が炭素-酸素2重結合の$π^*$を攻撃するためにO―C―Nuのなす角$θ$が約100°のところから接近するとされている．このためRとNuとにはさまれた位置は立体的に込み合い，ここに最小の置換基（S）がきた遷移状態Bが有利となりCが生成するとされている．カルボニル基への付加反応の選択性については最近さらに新しい解釈も発表されており[30)]，まだ決着がついたとはいえない．

5.6 芳香族での置換反応
5.6.1 求電子置換反応

芳香族化合物とBr^+，NO_2^+などの求電子試薬との置換反応は芳香族π電子系への付加反応のあと，付加した炭素上の脱離基（主として水素）が脱離し再び芳香化が起きるという反応経路を通る[31)]．反応機構は(5.40)式に示したようにシクロヘキサジエニルカチオンAを中間に含み，ここからプロトンが脱離することにより置換生成物を与える．この反応

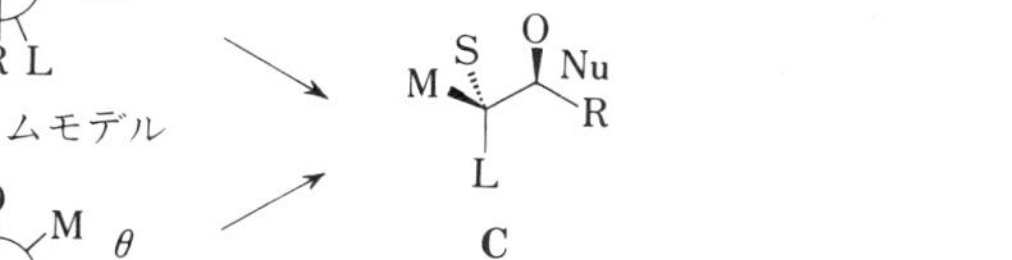

(5.40)

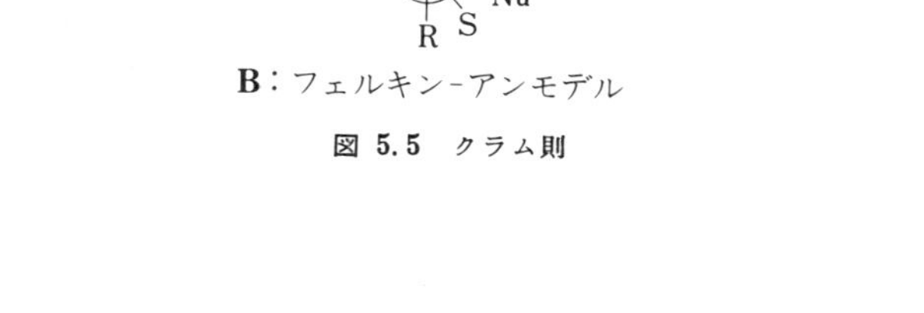

図 5.5 クラム則

一般には平衡反応であり，生成物として炭素-炭素結合が生じるとき(フリーデル-クラフツ(Friedel-Crafts)反応など)には不可逆的に進行する．

ルイス酸($AlCl_3$)と，酸ハロゲン化物やハロゲン化アルキルなどから生じるカルボカチオン種と芳香族化合物の反応をフリーデル-クラフツ反応と呼ぶ[32]．ハロゲン化アルキルの反応では(5.40)式におけるEが電子供与基となるために生成物の方が出発物質より活性となり，反応を制御するのが困難であるが，アシル化反応では(5.40)式のEが電子吸引基となるために生成物が不活性化され1段階目のアシル化生成物の段階で反応はきれいに停止する．

芳香族上の置換基で求電子置換反応がそのオルト位，パラ位に起きるものをオルトおよびパラ配向性の置換基と呼ぶ．これは求電子試薬の攻撃で生じたカチオンを共鳴安定化する作用のある置換基群であり，アルコキシ，アミノ，アルキルなど芳香環を活性化する電子供与基，または不活性化作用をもつ置換基の内でも孤立電子対を有するハロゲンなどがこの範疇に入る．

置換が主としてその置換基のメタ位に起きるものをメタ配向性置換基と呼び，一般にニトロ基，エステル基などの電子吸引基がそれである．このメタ選択性は求電子試薬の攻撃で生じたカチオン種や，これらの置換基で不安定化されないように反応が起こるためである．メタ配向性の置換基は芳香環を不活性化する置換基群でもある．

5.6.2 芳香族における求核置換反応

ベンゼン環は一般には求核攻撃を受けづらいが，環上にニトロ基のような強い電子吸引基が存在すると求核攻撃を受けるようになる((5.41)式)．求核試薬としてはアミンなどのヘテロ原子のほか，グリニャール試薬も用いることができる[33]．

さらに最近の有機金属化学の発展により芳香環上のハロゲン原子やフェノール性の水酸基(いったんトリフロロメタンスルホナートに変換する)も直接求核置換できるようになった((5.42)式)[8),11)]．すなわち有機マグネシウム，スズ，亜鉛化合物などを求核試薬として用い，Pd/ホスフィン触媒の存在下で反応させることでヘテロ原子や種々の炭素置換基を芳香環上に直接導入することができる．

一方，応用は限られるがハロゲン化芳香環に強塩基を作用させることにより中間にベンザインを経る置換反応も知られている((5.43)式)[31),34)]．この場合中間に生じたベンザインへの求核試薬の付加は出発物質のハロゲンの置換位置とは無関係に起きる．

(5.41)

$X = Br, I, OSO_2CF_3$
$R = $ アルキル，アリール，ビニル，PP_2 など
$M = Mg, Zz$ など

(5.42)

(5.43)

5.7 酸化および還元反応

有機化合物の種々の官能基は，炭素原子の酸化度を考えると図5.6の4つのグループに分類できる．ここで，ある官能基から右のグループへの変換は酸化であり，左への変換は還元となる[35),36)]．

5.7.1 C—H 結合の酸化

一般に，活性化されていない C—H 結合の酸化は困難であるが，カルボニルや二重結合の α 位炭素の酸化は容易に進行する．ケトンのハロゲン化は求核的なエノール (酸性条件) あるいはエノラート (塩基性条件) を経由して起こるのに対し ((5.44)式)，アリル位やベンジル位の NBS (N-ブロモコハク酸イミド) による臭素化は共鳴安定化されたラジカルが中間体である ((5.45)式)．

$$CH_3COCH_3 \xrightarrow{H^+, Br_2} \begin{bmatrix} \text{enol} \\ CH_3C=CH_2 \\ OH \end{bmatrix}$$
$$\longrightarrow CH_3COCH_2Br \quad (5.44)$$

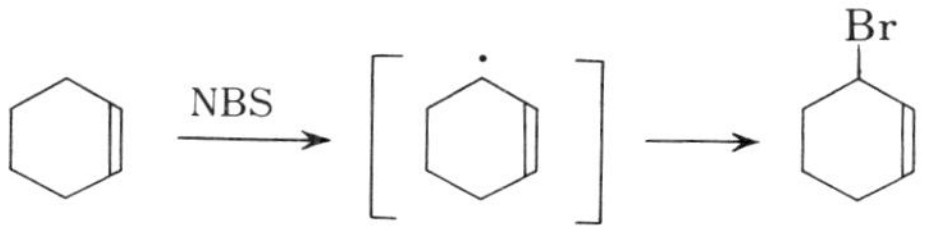

(シクロヘキセン + NBS → ラジカル中間体 → 3-ブロモシクロヘキセン) (5.45)

5.7.2 アルコールの酸化

1級アルコールを酸化するとアルデヒドを経由してカルボン酸を与えるが，用いる方法によってはアルデヒドで反応を止めることができる．クロム酸はエタノールを酢酸まで酸化するが ((5.46)式)，PCC (塩化クロム酸ピリジニウム) を用いるとアルデヒドを与える ((5.47)式)．また，2級アルコールは酸化するとケトンを生成するのに対し ((5.48)式)，3級アルコールは酸化されにくい．

$$CH_3CH_2OH \xrightarrow{H_2Cr_2O_7} [CH_3CH=O]$$
$$\longrightarrow CH_3COOH \quad (5.46)$$

$$CH_3CH_2CH_2OH \xrightarrow{PCC} CH_3CH_2CHO \quad (5.47)$$

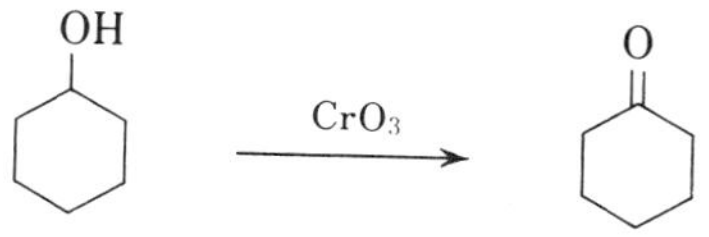

(シクロヘキサノール $\xrightarrow{CrO_3}$ シクロヘキサノン) (5.48)

5.7.3 アルデヒド，ケトンの酸化

アルデヒドは空気中でも徐々に酸化されカルボン酸になる．トレンス (Tollens) 試薬 $Ag(NH_3)_2^+$ は，アルデヒドを作用させるとカルボン酸とともに，銀を析出するので，アルデヒドの検出に用いられる ((5.49)式)．ケトンの酸化は C—C 結合の開裂を伴う．シクロヘキサノンを過マンガン酸カリウムで強く酸化するとアジピン酸を生成し ((5.50)式)，過酸で処理するとラクトンを与える (バイヤー-ヴィリガー (Baeyer-Villiger) 酸化，(5.51)式)．

$$CH_3CHO \xrightarrow{Ag(NH_3)_2^+} CH_3COOH + Ag \quad (5.49)$$

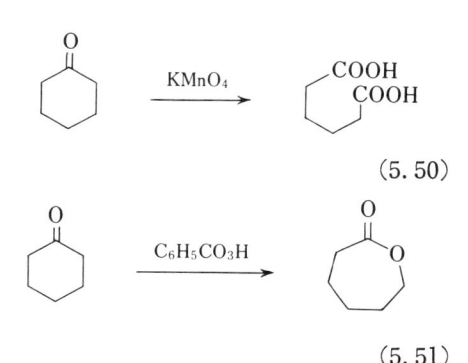

(シクロヘキサノン $\xrightarrow{KMnO_4}$ アジピン酸 (HOOC-(CH$_2$)$_4$-COOH)) (5.50)

(シクロヘキサノン $\xrightarrow{C_6H_5CO_3H}$ ε-カプロラクトン) (5.51)

5.7.4 炭素-炭素不飽和結合の酸化

二重結合の酸化には C—C 結合を開裂しない反応と開裂する反応がある．オレフィンを過酸と反応させるとエポキシドが生成し ((5.52)式)，OsO_4 では 1,2-ジオールを与える ((5.53)式)．いずれも *syn*-付加反応である．

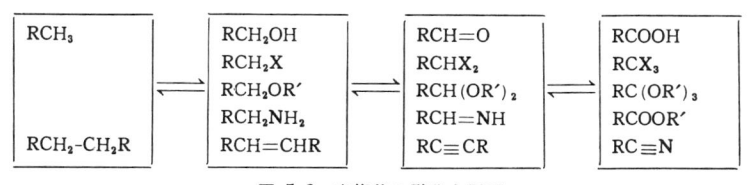

RCH$_3$	RCH$_2$OH RCH$_2$X RCH$_2$OR′ RCH$_2$NH$_2$	RCH=O RCHX$_2$ RCH(OR′)$_2$ RCH=NH	RCOOH RCX$_3$ RC(OR′)$_3$ RCOOR′
RCH$_2$-CH$_2$R	RCH=CHR	RC≡CR	RC≡N

図 5.6 官能基の酸化と還元

これに対し，オゾンを反応させて生成したオゾニドを亜鉛で処理すると二重結合が開裂し，アルデヒドが得られる((5.54)式).

$$C_6H_5CH=CH_2 \xrightarrow{C_6H_5CO_3H} C_6H_5CH-CH_2 \atop \diagdown O \diagup \quad (5.52)$$

$$\text{(シクロペンテン-1,2-ジメチル)} \xrightarrow{OsO_4} \text{(cis-ジオール)} \quad (5.53)$$

$$\text{(シクロヘキセン)} \xrightarrow{O_3} [\text{オゾニド}] \xrightarrow{Zn, H_2O} \text{OHC-(CH_2)_4-CHO} \quad (5.54)$$

5.7.5 炭素-炭素不飽和結合の還元

炭素-炭素二重結合や三重結合には Ni, Pd, Pt, Rh などの遷移金属触媒存在下，水素が付加し，対応するアルカンを与える((5.55)式). リンドラー(Lindlar)触媒(Pd-Pb(OAc)$_2$)のように活性の低い触媒を用いるとアセチレンから cis-オレフィンが選択的に得られる((5.56)式). バーチ(Birch)還元(Na-NH$_3$)はアセチレンを trans-オレフィンに変換したり，ベンゼン環をシクロヘキサジエンに還元するのに利用される((5.56), (5.57)式).

$$CH_3CH=CH_2 \xrightarrow{H_2, Ni} CH_3CH_2CH_3 \quad (5.55)$$

$$C_2H_5C \equiv CC_2H_5 \begin{matrix} \xrightarrow{H_2, \text{リンドラー触媒}} & \text{cis-3-ヘキセン} \\ \xrightarrow{Na, NH_3} & \text{trans-3-ヘキセン} \end{matrix} \quad (5.56)$$

$$\text{(アニソール)} \xrightarrow{Na, NH_3, EtOH} \text{(1-メトキシ-1,4-シクロヘキサジエン)} \quad (5.57)$$

5.7.6 アルコール誘導体の還元

アルコールそれ自体は比較的還元されにくいが，対応するハロゲン，スルホン酸エステル誘導体は容易に還元される．ハロゲン化物は，n-Bu$_3$SnH や LiAlH$_4$ によってアルカンに誘導されるが((5.58)式)，前者はヒドリド H$^-$ による求核的攻撃で，後者はラジカル反応である．ベンジルエーテルは，還元条件下(H$_2$, Pd/C や Li/NH$_3$ など)で C—O 結合の開裂が起こりトルエンとなるので，アルコールの保護基に用いられる((5.59)式).

$$\text{(ノルカラン-Cl,Br)} \xrightarrow{(n-C_4H_9)_3SnH} \text{(ノルカラン-Cl,H)} \quad (5.58)$$

$$C_6H_5CH_2OCH_2CH_2OC_2H_5 \xrightarrow{H_2, \text{Raney Ni}} HOCH_2CH_2OC_2H_5 + C_6H_5CH_3 \quad (5.59)$$

5.7.7 アルデヒド，ケトンの還元

アルデヒド，ケトンは金属水素化物や接触還元でアルコールを与え，クレメンセン(Clemmensen)法(Zn-Hg, HCl)やウォルフ-キッシュナー(Wolff-Kishner)法(NH$_2$NH$_2$, OH$^-$)ではメチレンまで還元される((5.60)式). また，1電子還元で生じるケチルは二量化して 1,2-ジオールやオレフィンを生成する((5.61)式).

$$\text{シクロペンタノン} \begin{matrix} \xrightarrow{LiAlH_4} & \text{シクロペンタノール} \\ \xrightarrow{NH_2NH_2, OH^-} & \text{シクロペンタン} \end{matrix} \quad (5.60)$$

$$CH_3COCH_3 \xrightarrow{Mg-Hg} \begin{bmatrix} CH_3\dot{C}CH_3 \\ | \\ O^- \end{bmatrix} \longrightarrow \begin{matrix} H_3C & CH_3 \\ | & | \\ CH_3-C-C-CH_3 \\ | & | \\ HO & OH \end{matrix} \quad (5.61)$$

5.7.8 カルボン酸誘導体の還元

カルボン酸誘導体の還元では，アルデヒドを与える反応とアルコールを生成する反応がある．エステルは LiAlH$_4$ を作用させるとア

ルコールに変換される((5.62)式)．ジボラン B_2H_6 はエステルよりもカルボン酸を速やかに還元する性質をもつ((5.63)式)．カルボン酸誘導体からアルデヒドを得るためには，酸塩化物を接触水素化(ローゼンムント(Rosenmunt)還元)したり((5.64)式)，エステルを低温で水素化ジイソブチルアルミニウム(DIBAL)で処理する方法を用いる((5.65)式)．(5.66)式に示すようにエステルもアルデヒドと同様にラジカルアニオンを経由し還元的二量化を起こす(アシロイン(Acyloin)縮合)．

$$CH_3(CH_2)_{14}COOC_2H_5 \xrightarrow{LiAlH_4} CH_3(CH_2)_{14}CH_2OH \quad (5.62)$$

$$H_5C_2OOC(CH_2)_4COOH \xrightarrow{B_2H_6} H_5C_2OOC(CH_2)_4CH_2OH \quad (5.63)$$

(5.64)

$$(CH_3)_2CHCOOC_2H_5 \xrightarrow{iBu_2AlH} (CH_3)_2CHCHO \quad (5.65)$$

$$n\text{-}C_3H_7COOC_2H_5 \xrightarrow{Na} \left[\begin{array}{c} n\text{-}C_3H_7\dot{C}OC_2H_5 \\ | \\ O^- \end{array} \right]$$
$$\longrightarrow n\text{-}C_3H_7\underset{\underset{OH}{|}}{\overset{\overset{O}{\|}}{C}}-CHC_3H_7\text{-}n \quad (5.66)$$

5.8 転位反応

多くの転位反応はアルキル基が隣接したカチオン，カルベン，ニトレンなどの電子不足中心へ移動することで説明される((5.67)式)．

(5.67)

5.8.1 カルボカチオンの転位反応[2],[37]

ネオペンチルアルコールをHClで処理すると，一度生成した1級カルボカチオンはメチル基の転位によってより安定な3級カチオンとなり，対応する塩化物を与える(ワグナー-メールワイン(Wagner-Meerwein)転位)((5.68)式)．カルボカチオンの生成法としては，アミンにHNO_2を反応させる方法もある((5.69)式)．1,2-ジオールからケトンへのピナコール(Pinacole)転位では酸素原子により安定化されたカルボカチオンが生じる方向へ反応が進む((5.70)式)．

(5.68)

(5.69)

(5.70)

5.8.2 カルベンの転位反応

酸塩化物とジアゾメタンから得られるジアゾケトンは，Ag_2O存在下N_2を放出してカルベンを生成し，アルキル基の転位を誘発する(ウォルフ(Wolff)転位)．ここで生じたケテンに水が付加しカルボン酸を与えるので，もとのカルボン酸からみると炭素鎖が1つ延

びたカルボン酸を合成したことになる（アルントーアイシュテルト（Arndt-Eistert）合成，(5.71)式）[38]．

$$（5.71）$$

5.8.3 窒素原子への転位反応

$C=N^+$ やニトレンの電子不足窒素原子上への転位が知られている．ベックマン（Beckmann）転位ではオキシムの脱水と同時に水酸基と $trans$ の位置にあるアルキル基の転位が協奏的に起こる（(5.72)式）[39]．オキシムはケトンから合成されるので，この反応はカルボニルの α 位にNHを挿入させてアミドを合成したことになる．1級アミドから炭素数の1つ少ないアミンを与えるホフマン（Hofmann）転位では，アルキル基のニトレンへの転位でイソシアナートが中間体として生じ，水の付加と脱炭素により生成物を与えている（(5.73)式）[40]．

$$（5.72）$$

$$（5.73）$$

5.8.4 アニオン的転位反応

上述の電子不足中心への転位反応は一般に酸性または中性条件で起こるが，塩基性条件下で進行する転位反応もある．スチーブンス（Stevens）転位はヘテロ原子とケトンによって安定化されたカルバニオン上へのアルキル基の転位反応である（(5.74)式）[41]．α-ハロシクロヘキサノンから環の縮少を起こすファボルスキー（Favorskii）転位ではまずエノラートの分子内アルキル化でシクロプロパノンが生成し，次いでアルコキシドによる開環によってシクロペンタンカルボン酸エステルを与える（(5.75)式）[42]．

$$（5.74）$$

$$（5.75）$$

5.9 ペリ環状反応とウッドワード-ホフマン則

熱的あるいは光化学的に活性化され，環状遷移状態を経由し協奏的に進む一群の反応があり，ペリ環状反応と呼ばれる．ここでは，イオンあるいはラジカル的中間体を経ずに反応が進むとされ，WoodwardとHoffmannによって軌道対称性の保存という観点から整理された[43]．

5.9.1 電子環状反応

cis-3,4-ジメチルシクロブテンは加熱すると $cis,trans$-2,4-ヘキサジエンを与え，$trans$-体は $trans,trans$-ジエンを生成する．一方，光照射下では $trans,trans$-2,4-ヘキサジエンは cis-3,4-ジメチルシクロブテンに変換される（図5.7）．ウッドワード-ホフマン（Woodward-Hoffman）則によれば，シクロブ

図 5.7 電子環状反応

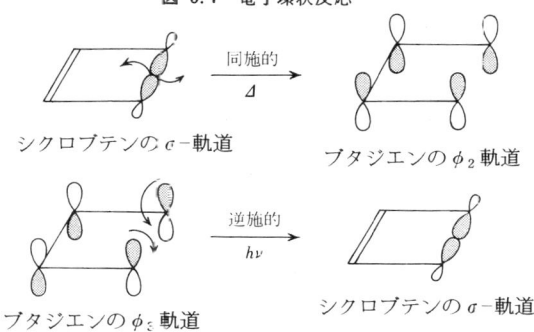

図 5.8 同旋的と逆旋的

テンの開裂は，熱的には同旋的(conrotatory)，光化学的には逆旋的(disrotatory)に進行するためと説明される(図 5.8)．

5.9.2 環状付加反応

共役ジエンは置換アルケン(dienophile)と反応しシクロヘキセンを与える(ディールス-アルダー反応)[44),45)]．一般に，アルケンには電子吸引性基で活性化されたものが用いられ，立体特異的に syn-付加を起こす．また，シクロペンタジエンとマレイン酸無水物の反応で示されるように，π電子の重なりがなるべく大きい方向($endo$-方向)で付加する((5.76)式)．軌道対称性を考慮すると，熱的[4+2]環状付加反応であるディールス-アルダ

(5.76)

ー反応は対称許容(symmetry-allowed)であるので容易に進行する．一方，熱的[2+2]付加は対称禁制(symmetry-forbidden)であり起こりにくいが，光化学的[2+2]環状付加反応は励起状態を経て反応するので対称許容となり，対応するシクロブタンを与える((5.77)式)．以上は $supra$ 型反応の例であるが，$antara$ 型反応が可能である場合には熱的[2+2]付加反応も起こることがある(図 5.9)．

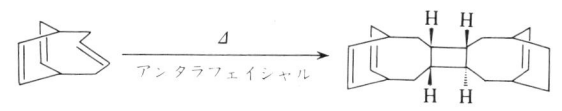

$$H_2C=CH_2 + H_2C=CH_2 \xrightarrow{h\nu} \begin{matrix} H_2C-CH_2 \\ | \quad | \\ H_2C-CH_2 \end{matrix}$$

(5.77)

図 5.9 $supra$ 型反応と $antara$ 型反応

5.9.3 シグマトロピー反応

π電子系によって隔てられた結合が初めに結合していた点から $i-1$ 原子と $j-1$ 原子はなれた新しい位置に移動する反応を $[i,j]$ シグマトロピー反応という．クライゼン(Claisen)転位やコープ(Cope)転位は[3,3]シグマトロピー反応の例である((5.78), (5.79)式)[46)]．

(5.78)

(5.79)

$$\begin{array}{c}\text{C}_6\text{H}_5\\\text{C}_6\text{H}_5\end{array}\!\!\!\text{C}=\text{O} \xrightarrow{h\nu} \begin{array}{c}\text{C}_6\text{H}_5\\\text{C}_6\text{H}_5\end{array}\!\!\!\text{C}=\text{O}^{*1} \xrightarrow{\text{系間交差}} \begin{array}{c}\text{C}_6\text{H}_5\\\text{C}_6\text{H}_5\end{array}\!\!\!\text{C}=\text{O}^{*3} + \begin{array}{c}\text{CH}_3\\\text{CH}_3\end{array}\!\!\!\text{HC}-\text{OH}$$
$$\text{(singlet)} \qquad \text{(triplet)}$$

$$\longrightarrow \begin{array}{c}\text{C}_6\text{H}_5\\\text{C}_6\text{H}_5\end{array}\!\!\!\text{C}-\text{OH} + \begin{array}{c}\text{CH}_3\\\text{CH}_3\end{array}\!\!\!\dot{\text{C}}-\text{OH} \longrightarrow \begin{array}{cc}\text{C}_6\text{H}_5 & \text{C}_6\text{H}_5\\ \text{C}_6\text{H}_5-\overset{|}{\underset{\text{HO}}{\text{C}}}-\overset{|}{\underset{\text{OH}}{\text{C}}}-\text{C}_6\text{H}_5\end{array} + \begin{array}{c}\text{CH}_3\\\text{CH}_3\end{array}\!\!\!\text{C}=\text{O}$$

$$(5.80)$$

5.10 光反応,電解反応

有機物質に光や電気などの物理的な刺激を与えると,特有の挙動を示す.紫外光,可視光を吸収すると分子は基底状態(一重項 S_0)から一重項励起状態 S_1, S_2 へと活性化される.内部変換(IC, S_2 から S_1 への変換),系間交差(ISC, S_1 から三重項状態 T_1 への変換),発光などによって励起エネルギーを放出して基底状態に戻る間に化学的変化を起こす(図5.10)[47].また,電気化学反応では,電極表面で電子の授受,すなわち酸化還元反応が起こる[48),49].

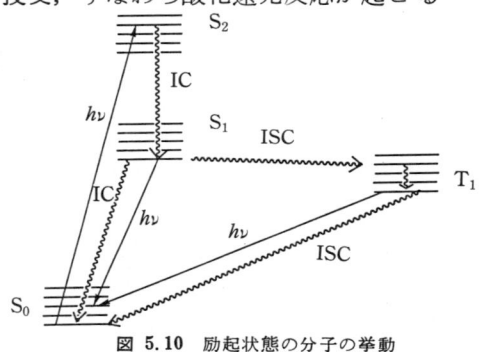

図 5.10 励起状態の分子の挙動

5.10.1 カルボニル化合物の光反応

ケトン,アルデヒドの最低励起状態は酸素原子の n 軌道の電子が反結合性の π^* 軌道へ励起された状態であり,この状態の酸素原子は水素引き抜きを起こしやすい.ベンゾフェノンをイソプロピルアルコール中で光照射すると励起三重項状態から水素引き抜きが起こり,ピナコールとアセトンが生成する((5.80)式).γ 位に水素を有するケトンでは,分子内で水素を引き抜き(Norrish Type II 開裂),生成したビラジカルは C—C 結合の開裂などを起こす((5.81)式).

また,ケトンは CO—C 結合の開裂を起こし,ラジカルを生成することもある(Norrish Type I 開裂).環状ケトンの場合には,ケテン,不飽和アルデヒドなどを与える((5.82)式).

$$(5.81)$$

$$(5.82)$$

5.10.2 光酸化反応

基底状態(三重項状態)の酸素は増感剤存在下で一重項状態に励起され,オレフィンや共役ジエンとエン反応,ディールス-アルダー反応をする((5.83)式).

$$\begin{array}{c}\text{H}_3\text{C}\\\text{H}_3\text{C}\end{array}\!\!\!\text{C}=\text{C}\!\!\!\begin{array}{c}\text{CH}_3\\\text{CH}_3\end{array} + {}^1\text{O}_2 \xrightarrow[\text{C}_6\text{H}_5\text{COC}_6\text{H}_5]{h\nu} \begin{array}{c}\text{H}_3\text{C}\\\text{H}_3\text{C}\end{array}\!\!\!\text{C}=\text{C}\!\!\!\begin{array}{c}\text{CH}_2\\ -\overset{|}{\underset{\text{OOH}}{\text{C}}}-\text{CH}_3\end{array}$$

$$(5.83)$$

5.10.3 C—H 官能基化反応

光反応を利用して,活性化されていない炭化水素を官能基化させることができる.亜硝酸エステルを光分解して生成させたアルコキシラジカルは,6員環遷移状態を経由して分子内水素引き抜きを起こし,さらに NO ラジカルと反応してオキシムを与える((5.84)式).

5. 有機化合物の反応 II

(構造式) → (構造式) (5.84)

5.10.4 コルベ(Kolbe)電解

カルボン酸塩を陽極で電解酸化して生成したカルボキシラジカルは，容易に脱炭酸し二量化する．これは長鎖の炭化水素を合成するのに用いられる((5.85)式)．

5.10.5 還元的二量化反応（アクリロニトリルの二量化）

アクリロニトリルを陰極で電極還元すると，二量化し 6,6-ナイロンの原料であるアジポニトリルが生成する((5.86)式)．1電子還元によって生じたラジカルアニオンがもう1分子のオレフィンと反応して，生成物へと導かれている．

5.11 有機金属化合物，有機ヘテロ原子化合物

炭素原子は金属やヘテロ原子（硫黄，リンなど）が結合することによって，性質が変化し多様な反応性を示す[8),50),51),52)]．

5.11.1 有機典型金属化合物の反応

一般に電気陰性度の差のために典型金属-炭素結合では，炭素原子はカルボアニオン性を示す．

a. 有機リチウム化合物，グリニャール試薬 有機リチウム化合物や有機マグネシウム化合物（グリニャール試薬）はハロゲン化物と Li, Mg 金属との交換反応，また，比較的酸性度の高い水素原子の場合には水素-金属交換によって生成させる．反応性の高い物質で，種々の無機有機化合物と反応する(図 5.11)．水や酸素，二酸化炭素に作用し，アルカン，アルコール，カルボン酸を与える．ケトン，エステルなどのカルボニルには C—C 結合を生成させながら付加しアルコールを与える．また，ハロゲン化アルキルでは置換反応を起こす[50)]．

b. 有機ホウ素，アルミニウム化合物 炭素-炭素不飽和結合への金属水素化物の付加（ヒドロボレーション，ヒドロアルミネーション）は，第13属有機金属化合物の特徴的な反応の1つである．オレフィンのヒドロボレーションでは，一般にホウ素原子はより立体障害の小さい炭素に結合し，立体化学的には *cis*-付加を起こす．生成した有機ホウ素化合物は，過酸化水素で酸化するとアルコー

$$CH_3O_2C(CH_2)_4COONa \xrightarrow[-e]{\text{アノード}} CH_3O_2C(CH_2)_4COO^{\cdot} \xrightarrow{-CO_2} CH_3O_2C(CH_2)_4^{\cdot}$$
$$\longrightarrow CH_3O_2C(CH_2)_4-(CH_2)_4COOCH_3 \quad (5.85)$$

$$CH_2=CHCN \xrightarrow[+e]{\text{カソード}} \bar{C}H_2-\dot{C}HCN + CH_2=CHCN \longrightarrow NCCH_2CH_2CH_2CH_2CN \quad (5.86)$$

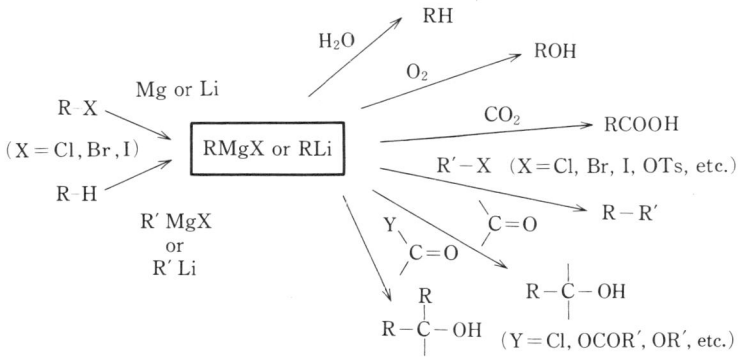

図 5.11 有機リチウム化合物，グリニャール試薬の生成と反応

ルに変換される((5.87)式). これは, もとのオレフィンからみると, 水の付加反応に相当するが, 酸触媒反応と異なり, 見かけ上アンチーマルコフニコフ(*anti*-Markovnikov)型付加である. また, C—B結合へのCOの挿入によって炭素鎖の伸長もできる((5.88)式)[53].

$$n\text{-}C_3H_7CH=CH_2 \xrightarrow{(BH_3)_2} (n\text{-}C_3H_7CH_2CH_2)_3B$$
$$\xrightarrow{H_2O_2,\ OH^-} n\text{-}C_3H_7CH_2CH_2OH \quad (5.87)$$

(5.88) 式図

トリアルキルアルミニウムはTiCl$_4$との組合せでチーグラー–ナッタ(Ziegler-Natta)触媒として用いられるが, それ自身合成試薬としても使われる. R$_2$Al—CNの不飽和ケトンへの1,4-付加であるヒドロシアノ化(hydrocyanation)はその一例である((5.89)式)[54].

(5.89) 式図

c. 有機ケイ素, スズ化合物 第14属の有機金属化合物は比較的安定で一般には反応性に乏しいが, ルイス酸, 遷移金属触媒, あるいはラジカル開始剤存在下で活性化される. たとえば, TiCl$_4$はシリルエノールエーテルとアセタールとのアルドール反応を促進する((5.90)式)[27),55]. アルキルスズはPd(0)触媒存在下, 酸塩化物と反応してケトンを与え((5.91)式), 光照射下ではラジカル反応によりフェニルスルフィドなどの置換反応を起こす((5.92)式).

d. 有機亜鉛, カドミウム化合物 有機亜鉛, カドミウム化合物は有機リチウムやマ

$$C_6H_5CH(OCH_3)_2 + CH_2=CHCH_3$$
$$\hspace{2cm} OSi(CH_3)_3$$
$$\xrightarrow{TiCl_4} C_6H_5CHCH_2CCH_3$$
$$\hspace{2cm} |\hspace{1.2cm}\|$$
$$\hspace{2cm} OCH_3\ \ O \quad (5.90)$$

$$C_6H_5COCl + (CH_3)_3SnCH=CH_2$$
$$\xrightarrow{Pd(0)} C_6H_5COCH=CH_2 \quad (5.91)$$

(5.92) 式図

グネシウム化合物とよく似た性質をもつが, これらに比べ反応性が低いのでより選択的な合成が可能である. 亜鉛存在下でのアルデヒド, ケトンへのα-ハロエステルの付加反応(リフォルマツキー(Reformatsky)反応)では中間に有機亜鉛化合物が生成しているとされる((5.93)式)[56]. 反応性の高い有機金属化合物を酸塩化物に作用させると, ケトンを経由してアルコールが生成するが, 有機カドミウム化合物を用いるとケトンで反応は停止する((5.94)式).

$$CH_3COCH_3 + BrCH_2COOEt \xrightarrow{Zn}$$
$$[BrZnCH_2COOEt] \rightarrow (CH_3)_2CCH_2COOEt$$
$$\hspace{4cm} |$$
$$\hspace{4cm} OH \quad (5.93)$$

$$\bigcirc\!\!-COCl + Ph_2Cd \longrightarrow \bigcirc\!\!-COPh \quad (5.94)$$

これらのほかにも, 有機銅化合物[10),57]などは特有の反応性を示す.

5.11.2 有機遷移金属化合物の反応

有機遷移金属化合物の反応は多彩であるが, 一般には以下の素反応の組合せと考えら

5. 有機化合物の反応 II

れる[58),59),60)]。

a. 配位子(リガンド)の置換反応 遷移金属化合物の多くの反応，特に触媒反応では基質の配位と生成物の解離が次々に起こる．このリガンドの置換反応には解離型機構と会合型機構がある．解離型機構では反応は2段階で進行し，1段目のリガンドの解離による不飽和な錯体の生成が律速である((5.95)式)．一方，会合型機構では新しいリガンドが，もとから配位していたリガンドを追い出しながら，2分子置換反応が進行する((5.96)式)．

$$ML_n \rightleftharpoons ML_{n-1} + L$$
$$ML_{n-1} + L' \longrightarrow ML_{n-1}L' \tag{5.95}$$

$$L' + M-L \longrightarrow [L'\cdots M\cdots L] \longrightarrow L'-M + L \tag{5.96}$$

b. 酸化的付加 低原子価の遷移金属錯体 L_nM に化合物 $X-Y$ が反応し $X-L_nM-Y$ が生成するとき，これを酸化的付加反応という．金属 M の酸化数は2だけ増加し((5.97),(5.98)式)，$X-Y$ としては H_2，ハロゲン化アルキル，オレフィン，アセチレンなどが用いられる．こうして生成した M—C や M—H 結合を有する錯体は反応性に富みさらに次の反応へと進む．

$$\begin{array}{c}Ph_3P\text{------}CO\\Cl\text{------}PPh_3\end{array}Ir + CH_3I \longrightarrow \begin{array}{c}CH_3\\Ph_3P\text{------}CO\\Cl\text{------}PPh_3\\I\end{array}Ir \tag{5.97}$$

$$\diagdown\hspace{-0.5em}\diagup^{OCOCH_3} + Pd(PR_3)_2 \xrightarrow{L} \diagdown\hspace{-0.5em}\diagup\begin{array}{c}OCOCH_3\\-Pd\\PR_3\end{array} \tag{5.98}$$

c. 還元的脱離 酸化的付加の逆反応 $X-L_nM-Y \rightarrow L_nM + X-Y$ で，これにより新しい結合 $X-Y$ が生成する((5.99)式)．特に X, Y がアルキル基の場合，C—C 結合生成反応となる．

$$(bipy)Ni(C_2H_5)_2 \xrightarrow{L} (bipy)LNi + C_2H_5-C_2H_5 \tag{5.99}$$

d. 挿入反応と脱離反応 挿入反応は M—C や M—H 結合間にオレフィンや C=O が割り込む反応である((5.100),(5.101)式)．特に，オレフィンの挿入は，水素化，重合，ヒドロホルミル化における重要な素反応である．β-脱離反応はこの逆反応である((5.101)式)．α-脱離反応も知られており，カルベン錯体が生成する((5.102)式)．

$$CH_3Mn(CO)_5 + PPh_3 \xrightarrow{\text{insertion}} CH_3-\overset{O}{\underset{\|}{C}}-Mn(CO)_4PPh_3 \tag{5.100}$$

シス-$HRh(CH_2=CH_2)(PiPr_3)_2$
$$\underset{\beta\text{-elimination}}{\overset{\text{insertion}}{\rightleftarrows}} H-CH_2CH_2Rh(PiPr_3)_2 \tag{5.101}$$

$$\begin{array}{c}Cp\\Cp\end{array}\hspace{-0.3em}Mo^+\hspace{-0.3em}\begin{array}{c}CH_3\\PR_3\end{array} \xrightarrow{-PR_3} \begin{array}{c}Cp\\Cp\end{array}\hspace{-0.3em}Mo^+\hspace{-0.3em}-CH_3 \xrightarrow{\alpha\text{-elimination}}$$
$$\begin{array}{c}Cp\\Cp\end{array}\hspace{-0.3em}Mo^+\hspace{-0.3em}\begin{array}{c}CH_2\\H\end{array} \longrightarrow \begin{array}{c}Cp\\Cp\end{array}\hspace{-0.3em}Mo^+\hspace{-0.3em}\begin{array}{c}CH_2PR_3\\H\end{array} \tag{5.102}$$

e. 配位子の反応 オレフィン，アレーン，CO などは遷移金属が配位すると遊離のときとは異なる反応性を示す．ヘキスト-ワッカー(Hoechist-Wacker)法はエチレンをアセトアルデヒドに変換する工業的に重要な反応であり，ここでは，Pd(II) に配位したエチレンに OH^- イオン(または水)が攻撃し β-ヒドロキシエチル錯体が生成し，β-水素脱離を含む過程を経てアルデヒドが生産される((5.103)式)．酢酸アリルへの酸化的付加によって生成した π-アリルパラジウム錯体には種々の求核剤が攻撃して，アリル化反応を起こす((5.104)式)[61)]．$Cr(CO)_3$ が配位したベンゼン誘導体では，求核置換反応が起こりやすくなる((5.105)式)．また，$W(CO)_6$ の配位 CO と有機リチウム化合物との反応ではアシル錯体が生成する((5.106)式)．

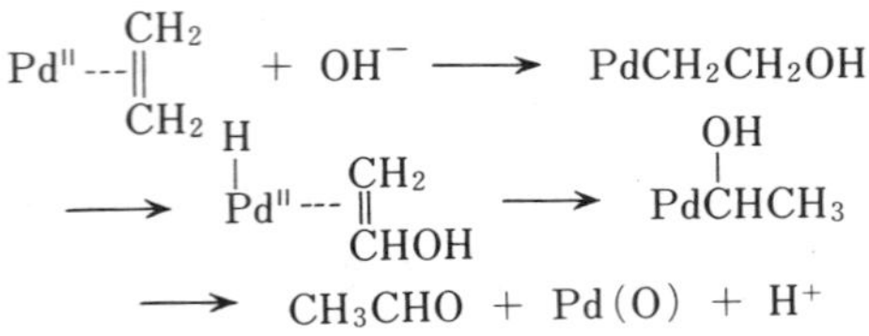

$$Pd^{II} \cdots \begin{Vmatrix} CH_2 \\ CH_2 \end{Vmatrix} + OH^- \longrightarrow PdCH_2CH_2OH$$

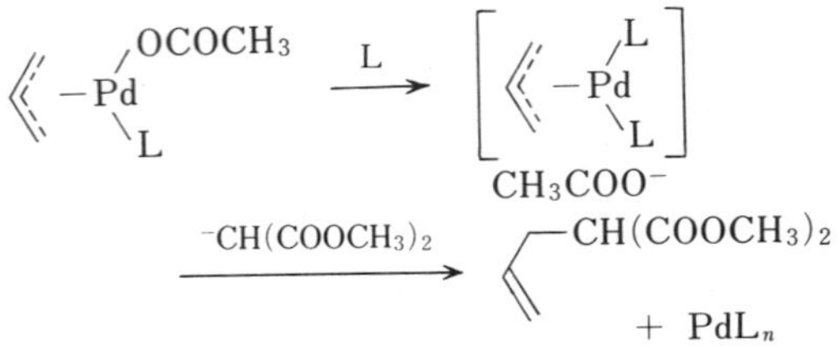

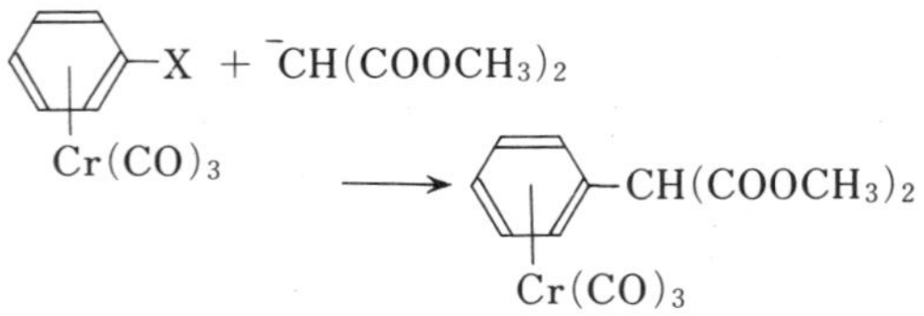

$$\longrightarrow Pd^{II} \cdots \begin{Vmatrix} H \\ CH_2 \\ CHOH \end{Vmatrix} \longrightarrow PdCHCH_3 \overset{OH}{|}$$

$$\longrightarrow CH_3CHO + Pd(0) + H^+ \quad (5.103)$$

$$\underset{L}{\overset{OCOCH_3}{\langle\!\langle} \text{-Pd}} \xrightarrow{L} \left[\underset{L}{\overset{L}{\langle\!\langle} \text{-Pd}} \right]$$
$$\xrightarrow{-CH(COOCH_3)_2} \overset{CH_3COO^-}{\langle\!\langle} \text{-CH(COOCH_3)_2} + PdL_n \quad (5.104)$$

<芳香環>-X + $^-CH(COOCH_3)_2$ with $Cr(CO)_3$ → <芳香環>-CH(COOCH_3)_2 with $Cr(CO)_3$ (5.105)

$$W(CO)_6 + CH_3Li \longrightarrow [W(CO)_5COCH_3]^- Li^+$$
$$\longrightarrow (CO)_5W\!\!=\!\!C\!\!\begin{pmatrix} OCH_3 \\ CH_3 \end{pmatrix} \quad (5.106)$$

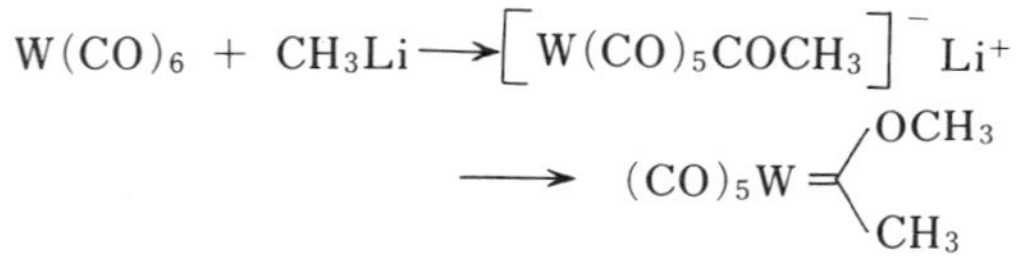

5.11.3 有機リン化合物の反応[62]

有機リン化合物はリン原子の酸化状態に応じて種々の形態をとる(図5.12).

ヴィッティッヒ(Wittig)反応は炭素-炭素二重結合を生成する重要な方法である[63]. ホスフィンとハロゲン化アルキルより得られるホスホニウム塩に塩基を作用させるとイリドが生成し,これはアルデヒド,ケトンと反応してオレフィンを与える((5.107)式). また,光延(Mitsunobu)反応のようにリン原子の酸化を利用した反応も知られている. $(C_6H_5)_3P$ とアゾジカルボキシラートを組み合わせて用いるとアルコールを活性化しカルボン酸よりエステルが合成できる((5.108)式)[64]. ここでは,アルコールの立体配置は反転する.

$$(C_6H_5)_3P + CH_3Br \longrightarrow (C_6H_5)_3P^+\!-\!CH_3\,Br^-$$
$$\xrightarrow{C_6H_5Li} \underset{\text{イリド}}{(C_6H_5)_3P\!=\!CH_2} \xrightarrow{(C_6H_5)_2C\!=\!O}$$
$$(C_6H_5)_2C\!=\!CH_2 + (C_6H_5)_3P\!=\!O \quad (5.107)$$

$$C_6H_5COOH + (S)\text{-}C_6H_{13}CHOHCH_3$$
$$\xrightarrow{P(C_6H_5)_3 - C_2H_5O_2CN=NCO_2C_2H_5}$$
$$(R)\text{-}C_6H_{13}CH(OCOC_6H_5)CH_3 \quad (5.108)$$

5.11.4 有機硫黄化合物の反応[62],[65]

有機硫黄化合物も硫黄原子の酸化状態に応じて種々の構造の化合物が存在し,酸化還元反応によりたがいに変換できる(図5.13).

硫黄原子はこれに結合した炭素上のカルバニオンを安定化する. リンの場合と同様にイリドを生成できるが,カルボニルとの反応ではオキシランを与える((5.109)式). 1,3-ジチアンより生成したアニオンは種々の親電子

R_3P	$R_3P\!=\!O$	$R_2\overset{O}{\overset{\|}{P}}OH$	$R\overset{O}{\overset{\|}{P}}(OH)_2$
phosphines	phosphine oxides	phosphinic acids	phosphonic acids

図 5.12 有機リン化合物

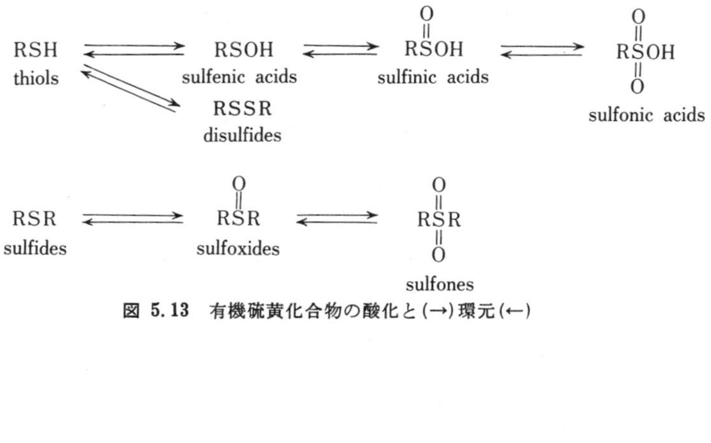

RSH (thiols) ⇌ RSOH (sulfenic acids) ⇌ $R\overset{O}{\overset{\|}{S}}OH$ (sulfinic acids) ⇌ $R\overset{O}{\underset{\|}{\overset{\|}{S}}}OH$ (sulfonic acids)
RSH ⇌ RSSR (disulfides)

RSR (sulfides) ⇌ $R\overset{O}{\overset{\|}{S}}R$ (sulfoxides) ⇌ $R\overset{O}{\underset{\|}{\overset{\|}{S}}}R$ (sulfones)

図 5.13 有機硫黄化合物の酸化と(→)還元(←)

試剤と反応する．生成物のC−S結合を加水分解するとケトン誘導体が得られるので，ジチアンは合成的にアシルアニオンと等価と考えられる（(5.110)式）．

$$\text{シクロヘキサノン} =O + (C_6H_5)_3S=CHCH_3 \longrightarrow \text{（生成物）}$$

(5.109)

$$\begin{array}{c}\text{ジチアン}-CH(CH_3)_2 \xrightarrow{n\text{BuLi}} \text{ジチアン-Li-CH(CH}_3)_2 \\ \updownarrow \\ \boxed{O=\bar{C}-CH(CH_3)_2} \\ \xrightarrow{ICH(CH_3)_2} \text{ジチアン-C(CH}_3)_2\text{-CH(CH}_3)_2 \longrightarrow O=\text{C(CH(CH}_3)_2)_2 \end{array}$$

(5.110)

一般にカルボニル炭素はカチオン的な性質をもっているので，これは形式上電価を逆転させたことになる（ウムポールング（umpolung）という）[6)]．〔中村栄一・山口雅彦〕

文献

1) 岩村　秀，野依良治，中井　武，北川　勲編："大学院有機化学（上・中・下）"，講談社サイエンティフィク（1988）．
2) Peter Sykes, 久保田尚志訳："有機反応機構第5版"，東京化学同人（1984）．
3) 岡本善之："酸と塩基"，井本　稔編，講座有機反応機構1，東京化学同人（1967）．
4) B. Giess: "Radicals in Organic Synthesis: Formation of Carbon-Carbon Bonds", Pergamon Press, Oxford (1986).
5) 岡本邦男："求核置換反応—SN反応—"，井本　稔編，講座有機反応機構4，東京化学同人（1969）．
6) 市川克彦："親電子置換反応"，井本　稔編，講座有機反応構機3，東京化学同人（1968）．
7) T.-L. Ho: "Hard and Soft Acids and Bases Principle in Organic Chemistry", Academic Press, New York (1977).
8) 山本嘉則，成田吉徳："有機金属化学"，丸山和博編，有機化学講座6，丸善（1983）．
9) 細見　彰：*Acc. Chem. Res.*, **21**, 200-206 (1988).
    桜井英樹：化学増刊，**108**, 97-105 (1986).
10) Gary H. Posner: "An introduction to Synthesis Using Organocopper Reagents", John Wiley, New York (1980).
11) E. Negishi: *Acc. Chem. Res.*, **15**, 340-348 (1982).
12) Ronald M. Magid: *Tetrahedron*, **36**, 1901-1930 (1980).
13) 山本嘉則：有機合成化学協会誌，**44**, 829-845 (1986).
14) Barry M. Trost: *Acc. Chem. Res.*, **13**, 385-393 (1980).
15) 守谷一郎："加溶媒置換反応"，井本　稔編，講座有機反応機構2，東京化学同人（1966）．
16) B. Capon and S.P. McManus: "Neighboring Group Participation, Vol. 1", Plenum, New York (1976).
17) A.F. Bochkov, A.F and G.E. Zaikov: "Chemistry of the O-Glycosidic Bond: Formation and Cleavage", Pergamon, Oxford (1979).
18) 井本　稔，戸倉仁一郎："付加反応"，井本　稔編，講座有機反応機構5，東京化学同人（1967）．
19) B.J. Wakefield: "Chemistry of Organolithium Compounds", Pergamon, Oxford (1974).
20) A. Alexakis, A. Commercon, C. Coulentianos and J.-F. Normant: *Pure Appl. Chem.*, **55**, 1759-1766 (1983).
21) G.A. Olah: *Top. Curr. Chem.*, **80**, 19-88 (1979).
21) R. Gleiter: *Pure Appl. Chem.*, **59**, 1585-1594 (1987).
23) 大饗　茂："脱離反応"，井本　稔編，講座有機反応機構6，東京化学同人（1965）．
24) W.H. Saunders, Jr. and A.F. Cockerill: "Mechanisms of Elimination Reactions", Wiley-Interscience, New York (1973).
25) M.S. Platz, ed.: *Tetrahedron*, **41** (8), (1985).
26) E.F.V. Scriven, Editor: "Azides and Nitrenes: Reactivity and Utility", Academic Press, Orlando (1984).
27) T. Mukaiyama: *Organic Reactions*, **28**, 203 (1982).
28) 伊藤幸成，正宗　悟，William Choy: 有機合成化学協会誌，**41**, 117-133 (1983).
29) 佐藤恒夫，安孫子淳，正宗　悟：有機合成化学協会誌，**41**, 309-325 (1986).
30) A.S. Cieplak, B.D. Tait and C.R. Johnson: *J. Am. Soc.*, **111**, 8447-8462 (19

31) 谷田 博：“芳香環とその反応”，井本 稔編，講座有機反応機構 7，東京化学同人 (1966).
32) R.M. Roberts and A.A. Khalaf: "Friedel-Crafts Alkylation Chemistry: A Century of Ciscovery", Marcel Dekker, New York (1984).
33) J. Miller: "Aromatic Nucleophilic Substitution Reaction Mechanisms in Organic Chemistry", Elsevier, New York (1968).
34) R.H. Levin: "Arynes [as reactive intermediates]", John Wiley, New York (1981).
35) 日本化学会編：“酸化と還元（新実験化学講座 15, 16)”，丸善 (1976).
36) H.O. House，後藤俊夫，江口昇二訳：“最新有機合成反応”，第 1 章 − 第 8 章，廣川書店 (1972).
37) 井本 稔：“有機電子論解説”，第12章，東京化学同人 (1980).
38) W.E. Bachmann and W.S. Struve: *Organic Reactions*, **1**, 38 (1942).
39) R.E. Gawley: *Organic Reactions*, **35**, 1 (1987).
40) E.S. Wallis and J.F. Lane: *Organic Reactions*, **3**, 267 (1946).
41) S.H. Pine: *Organic Reactions*, **18**, 403 (1970).
42) A.S. Kende: *Organic Reactions*, **11**, 261 (1960).
43) R.B. Woodward, R. Hoffmann, 伊東 椒, 遠藤勝也訳：“軌道対称性の保存”，廣川書店 (1970).
44) M.C. Kloetzel: *Organic Reactions*, **4**, 1 (1948).
H.L. Holmes: *ibid*, **4**, 60 (1948).
L.W. Butz and A.W. Rytina: *ibid*, **5**, 136 (1949).
45) E. Ciganek: *Organic Reactions*, **32**, 1 (1984).
46) S.J. Rhoads and N.R. Raulins: *Organic Reactions*, **22**, 1 (1975).
47) 徳丸克己：“有機光化学反応論”，東京化学同人 (1973).
48) 長 哲郎, 庄野達哉, 本多健一編："Electroorganic Chemistry", 化学同人 (1980).
49) 鳥居 滋：“有機電解合成”，講談社サイエンティフィック (1981).
50) 大塚斉之助，辻 二郎，野崎 一，野依良治，向山光昭編：“金属の特性を活かした新しい有機合成反応”，南江堂 (1977).
51) 野崎 一，向山光昭，山本 尚編：“有機合成の新反応剤”，化学同人 (1982).
52) 野崎 一，山本 尚，辻 二郎，野依良治編："オルガノメタリックス"，化学同人 (1985).
53) A. Pelter, K. Smith and H.C. Brown: "Borane Reagents", Academic Press (1988).
54) W. Nagata and M. Yoshioka: *Organic Reactions*, **25**, 255 (1977).
55) E.W. Colvin: "Silicon Reagents in Organic Synthesis", Academic Press (1988).
56) M.W. Rathke: *Organic Reactions*, **22**, 423 (1975).
57) G.H. Posner: *Organic Reactions*, **19**, 1 (1972); **22**, 253 (1975).
58) 大塚斉之助，中村 晃，山崎博史編：“錯体触媒化学の進歩”，化学同人 (1986).
59) A.J. Pearson: "Metallo-organic Chemistry", John Wiley (1985).
60) E. Negishi: "Organometallics in Organic Synthesis", John Wiley (1980).
61) R.F. Heck: "Palladium Reagents in Organic Syntheses", Academic Press (1985).
62) 稲本直樹，園田 昇，大石 武，友田修司編：“ヘテロ元素の有機化学”，化学同人 (1988).
63) A. Maercker: *Organic Reactions*, **14**, 270 (1965).
64) O. Mitsunobu: *Synthesis*, 1 (1981).
65) 大饗 茂：“有機硫黄化学”，化学同人 (1982).
66) B.T. Groebel and D. Seebach: *Synthesis*, 357 (1977).

6. 天然有機化合物

　有機化合物の人工的なデザイン・合成が可能となった昨今でも，天然が人知を越える新しい構造・機能をもつ有機化合物の宝庫であることに変わりはない．最近では，分離分析技術の進歩により，超微量，不安定な化合物でも迅速に構造決定されるようになり，ますます多彩な有機化合物が私達の前に登場してきている．本章では，天然有機化合物を，いくつかの観点から分類し，概観する[1].

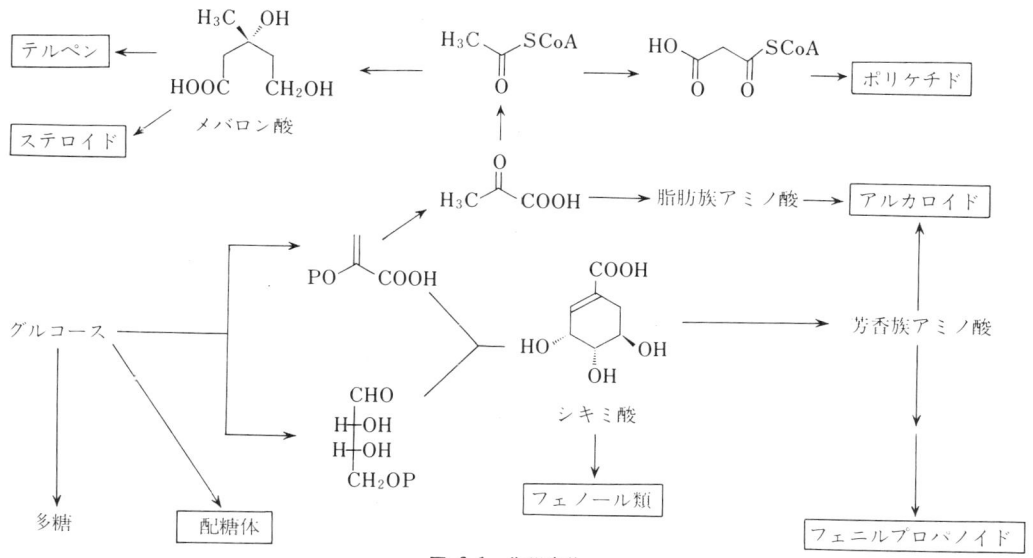

図 6.1 代謝産物

6.1 1次代謝産物と2次代謝産物

天然有機化合物には，糖，アミノ酸，脂肪のような基本的な分子からタンパク質，核酸，脂質のような生体高分子に至るまで，生命の維持に本質的にかかわる物質群がある．これらを1次代謝産物と呼び，生物種によらず共通部分が多い．これに対し，それらの化合物から導かれ，その生体にとっての役割が必ずしも明らかでない物質群を2次代謝産物と呼び，生物種により大いに異なる（図6.1）．両者に明確な区別はなく，あくまで便宜的なものであるが，前者はおもに生化学の研究対象であり，本書でもⅦ編で扱われている．

6.2 生合成からみた天然有機化合物[2]

2次代謝産物をその生合成から分類すると次のようになる．

6.2.1 シキミ酸経路

シキミ酸は，各種芳香族化合物の生合成の出発物質である．図6.2に示す経路でシキミ酸からフェニルアラニン，チロシンが生合成され，フェニルプロパノイド（C_6C_3化合物）となり，リグニンやリグナンへと変換される．一方，トリプトファンもシキミ酸由来であり，これからはさまざまなアルカロイドが生合成される（→§6.2.4）．

図 6.2 シキミ酸経路

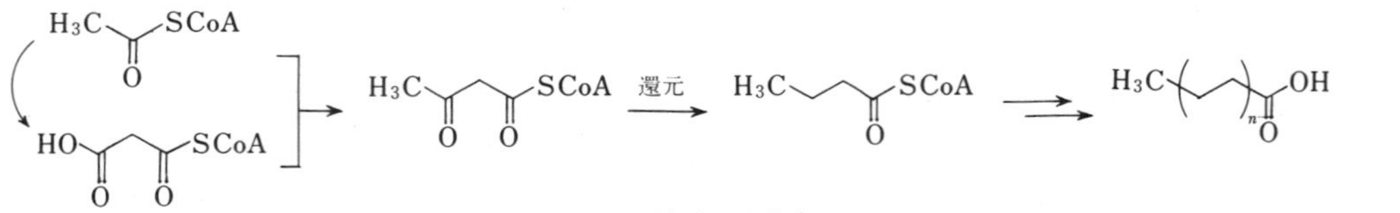

図 6.3 脂肪酸の生合成

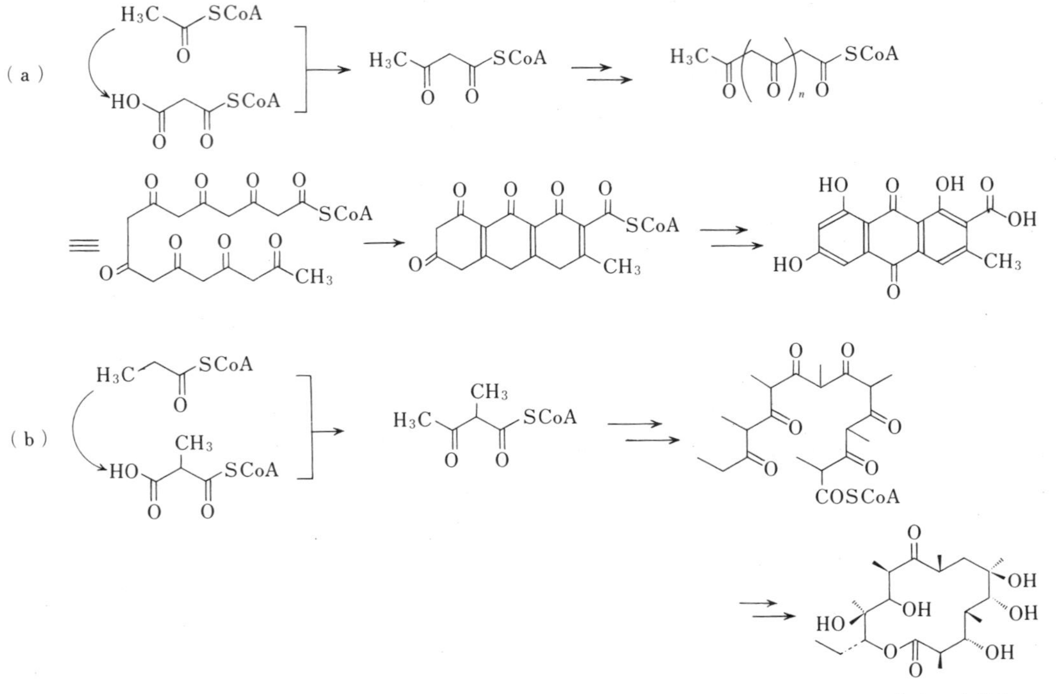

(a)

(b)

図 6.4 ポリケチド　　　エリスロノリド

6.2.2 ポリケチド

1次代謝産物としての脂肪酸の生合成(図6.3)に対して,生物は多様な2次代謝による脂肪酸関連化合物を生産する.生成物は,図6.4(a)や図6.4(b)に示すように鎖状のものから芳香族に至るまで多種多様であり,アントラサイクリン類や,プロスタグランジン類など生理活性の観点から重要なものも多い.

6.2.3 メバロン酸経路

医薬・香料として古くから人間生活になじみ深いテルペン類,ステロイド類は図6.5のようにアセチルCoAに由来するメバロン酸を経由して生合成される.

6.2.4 アルカロイド

植物由来の含チッ素化合物は,アルカロイドとして,薬物や毒として古来より人間生活に深いかかわりをもってきた.チッ素部分はアミノ酸由来の場合が多い.代表的なアルカロイドを図6.6に示す.

6.3 生理活性からみた天然有機化合物[3]

6.3.1 抗生物質

微生物の代謝産物のなかには,ほかの微生物の機能を阻害する物質があり,いわゆる抗生物質として実用されているものも多い.図6.7におもな抗生物質の例を示す.

6.3.2 ホルモン類

動物ホルモン: 高等動物のホルモンは,図6.8に示したフェノール系,ステロイド系,ペプチド系に大別される.また,局所的に生産され,強力な作用を示す物質をオータコイドと呼び,ヒスタミンや,ある種のペプチド(アンジオテンシンなど)がこれに当た

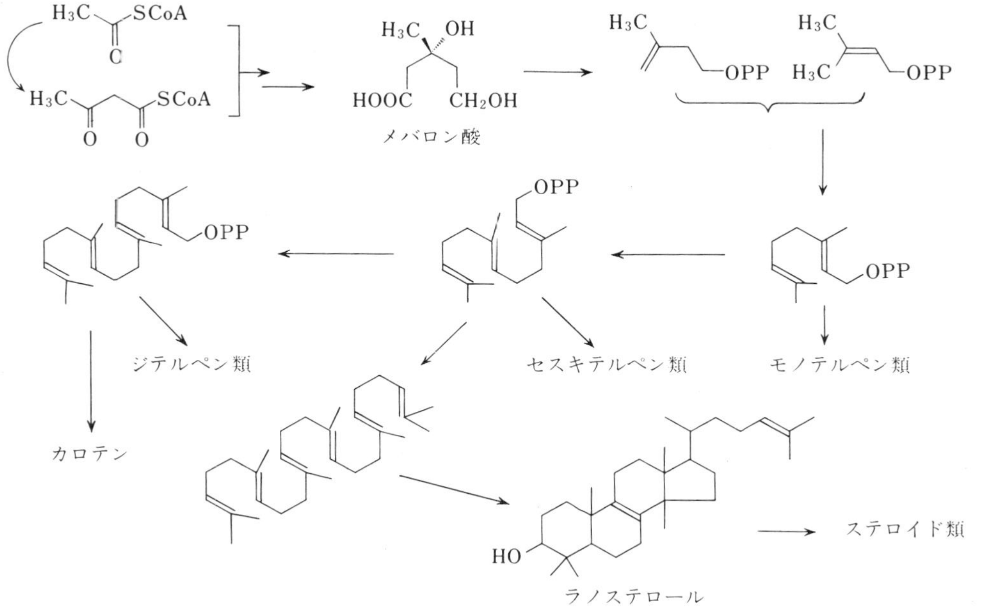

図 6.5 テルペンの生合成

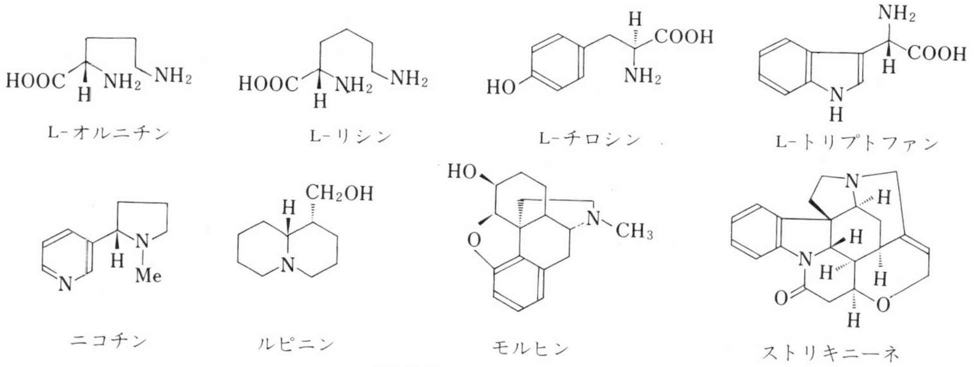

図 6.6 アルカロイド

る．特に，アラキドン酸から生合成されるプロスタグランジン類やトロンボキサン類は，極微量で強力かつ多様な生理活性を示すため注目されている（図6.9）．このほか，昆虫ホルモンもよく研究されており，例としてエクダイソンや幼若ホルモンなどがあげられる（図6.10）．

フェロモン： 動物体内で生産され，体外分泌により，同種のほかの個体に何らかの行動をとらせる物質をフェロモンと呼ぶ．性フェロモンの例としてボンビコール（カイコ）やペリプラノンB（ゴキブリ）がある（図6.11）．

植物ホルモン： 従来植物ホルモンとしては図6.12の5種が知られてきた．最近，ブラシノライド類が第6の植物ホルモンとして認められつつある．

6.4 天然有機化合物の化学的全合成

天然有機化合物の化学合成の目的は，古くはその化合物の最終的な構造確認にあった．機器分析の発達した今日では，構造確認の意義はやや薄れつつあるが，依然その化合物周辺の分野の理解を深め，また合成化学の発展を強く促すものとしてきわめてそのインパクトは大きい．好例として，最近達成されたパリトキシンの全合成がある．この化合物は，これまで単離された天然有機化合物の**なか**で，繰返し構造をもたない最も分子量の大き

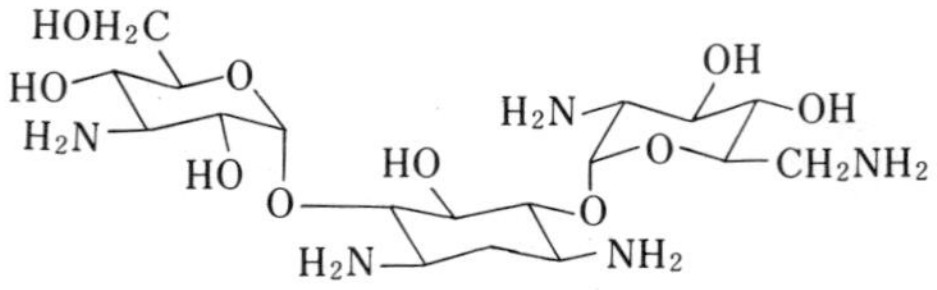

アミノグリコシド系抗生物質
（カナマイシンB）

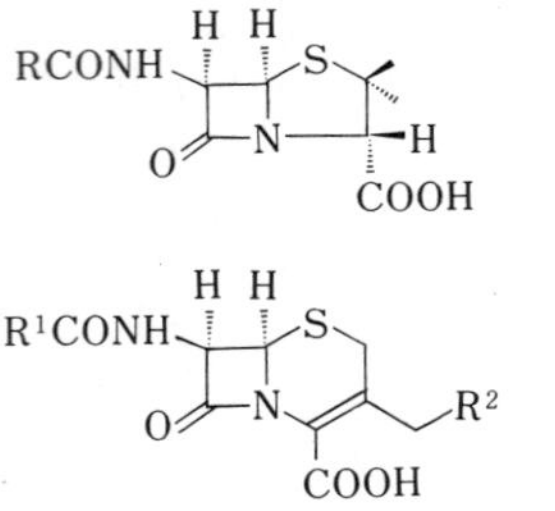

β-ラクタム系抗生物質
（ペニシリン，セファロスポリン）

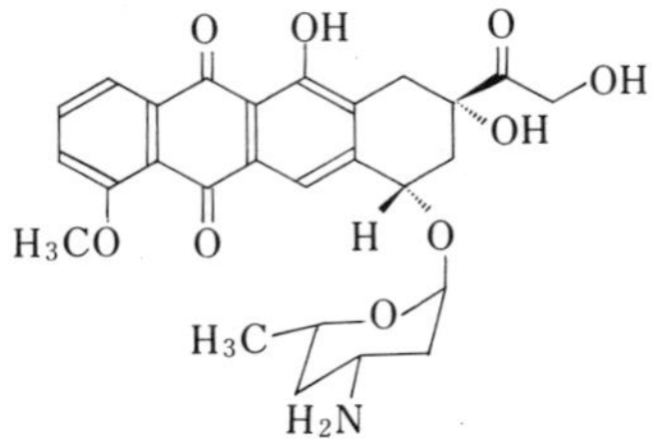

アントラサイクリン系抗生物質
（アドリアマイシン）

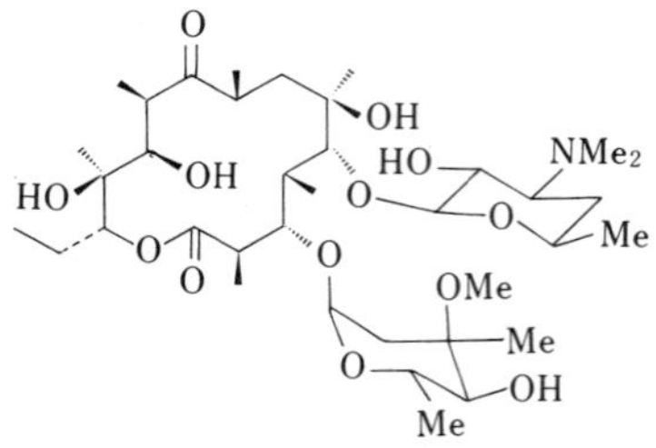

マクロリド系抗生物質
（エリスロマイシンA）

図 6.7 いろいろな抗生物質

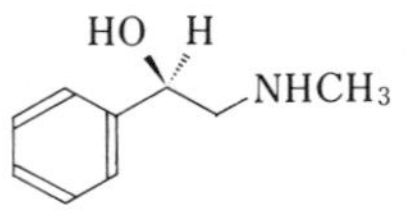

アドレナリン

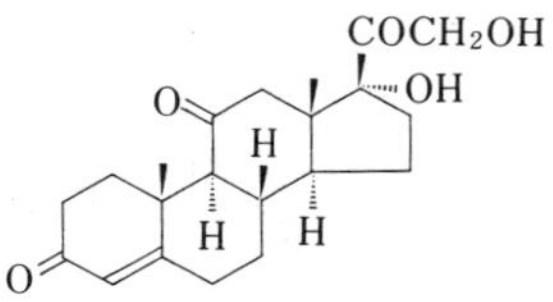

コルチゾン

H–Cys·Tyr·Ile·Gln·Asn·Cys·Pro·Leu·Gly–NH_2

オキシトシン

図 6.8 動物ホルモンの例

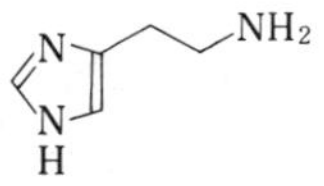

ヒスタミン

H–Asp·Arg-Val-Tyr-Val-His-Pro-Phe·His-Leu-OH

アンジオテンシンI

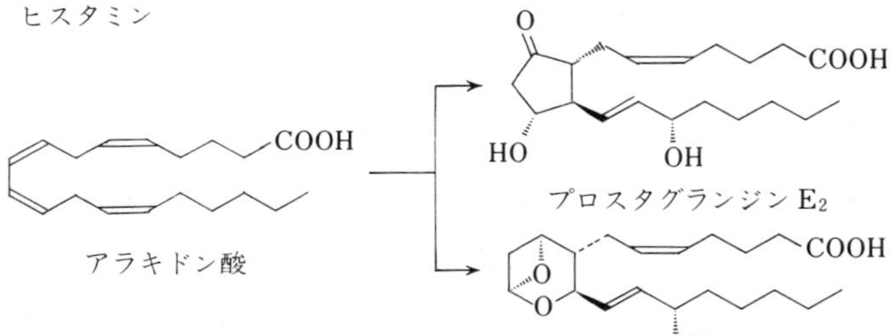

アラキドン酸

プロスタグランジンE_2

トロンボキサンA_2

図 6.9 オータコイド

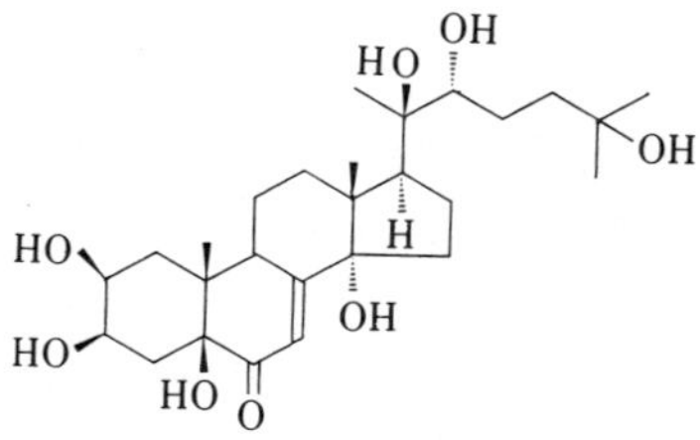

エクダイソン

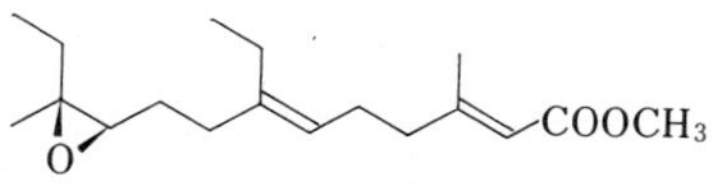

幼若ホルモン

図 6.10 昆虫ホルモンの例

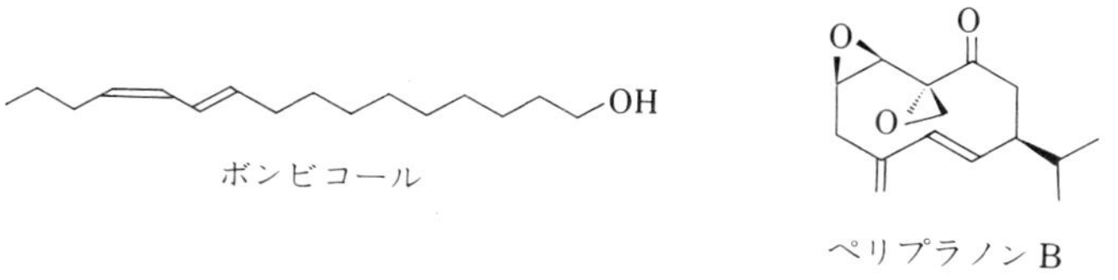

6. 天然有機化合物

ボンビコール

ペリプラノン B

図 6.11 昆虫フェロモンの例

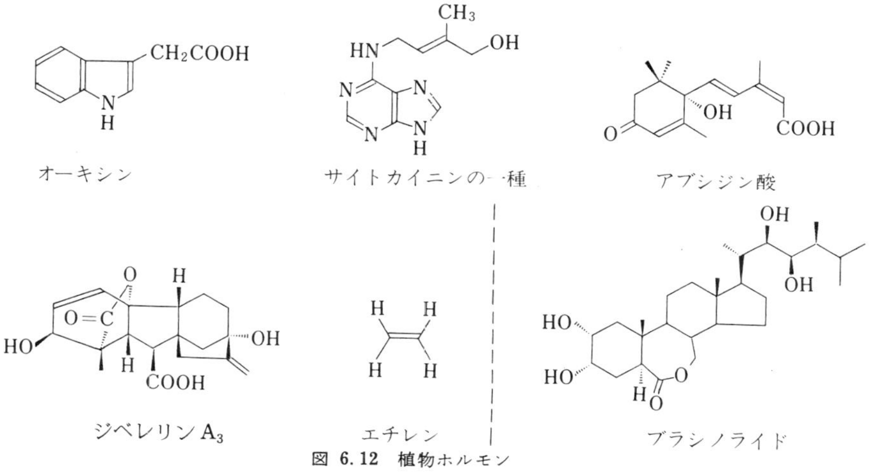

オーキシン

サイトカイニンの一種

アブシジン酸

ジベレリン A₃

エチレン

ブラシノライド

図 6.12 植物ホルモン

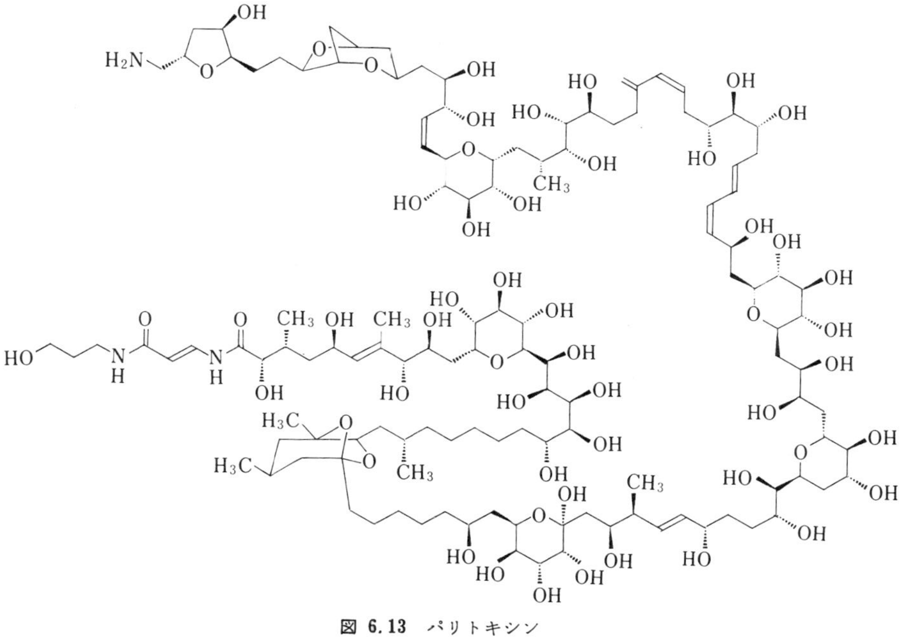

図 6.13 パリトキシン

い化合物であり，強い毒性，抗腫瘍性を有することから注目されている[4]．

〔鈴木　啓介〕

引用文献

1) 平田義正編："天然物有機化学"，岩波書店 (1981)．

K. Nakanishi, T. Goto, S. Ito, S. Natori and S. Nozoe: "Natural Products Chemistry", Vol.1 (1974), Vol.2 (1975), Vol.3 (1983), Kodansha.

J.M. Tedder, A. Nechvatal, A.W. Murray and J. Carduff, 井上博之ら訳："天然物化学"，廣川書店 (1976)．

後藤俊夫："天然物化学"，丸善 (1984)．

大石 武:"天然物化学", 朝倉書店 (1987).
2) K.G.B. Torsell, 野副重男, 三川 潮訳:"天然物化学——生合成反応の機構", 講談社サイエンティフィク (1984).
大岳 望:"生合成の化学", 日本化学会編, 大日本図書 (1986).
3) 高橋信孝, 丸茂晋吾, 大岳 望:"生理活性天然物化学 第2版", 東京大学出版会 (1981).
柴田承二編:"生物活性天然物質", 医歯薬出版 (1979).
4) Y. Kishi, et al., *J. Am. Chem. Soc.*, **111**, 7530 (1989).
5) 後藤俊夫編著:"動的天然物化学", 講談社サイエンティフィク (1983).
磯部 稔, 上野民夫, 海老塚豊, 楠本正一編:"天然物化学の新しい展開——その考え方と進め方", 化学増刊 114, 化学同人 (1988).

Ⅲ. 分 析 化 学

1. 重量分析

重量分析法は，化学分析法のなかで最も古くから用いられており，機器分析のさかんな今日においても，重要な基礎分析技術となっている．そして，化学はかりを用いた精密な測定は，有効数字が多く得られ，結果の信頼性が高いのが特長であり，そのため標準試料や標準溶液は一般に重量法により調製されている．

1.1 重量分析法の分類

重量分析法は，表1.1に示したように，4種類に分類される．

沈殿重量法は，重量分析法のなかで最も広く行われている方法であり，§1.2に別記する．

電解重量法は，白金電極上に目的元素を電解還元・析出させ，その重量の増加分から目的元素量を求める方法である．

減量重量法（揮発法）は，ケイ酸塩岩石中のケイ素の分析に利用されている．岩石試料を白金るつぼ中でフッ化水素酸処理し，四フッ化ケイ素として揮散させ，その減量分からケイ素量を求める方法である．

増量重量法（吸収法）は，試料をガス化し，適当な吸収剤に吸収させ，その重量増から分析値を求める方法である．たとえば，有機物中の炭素の分析に利用されている．

1.2 沈殿重量法

試料溶液に適当な沈殿剤を加えて沈殿を生成させ，ろ紙やガラスろ過器でろ取し，乾燥または強熱ののち重量測定するという手順を繰り返して恒量値を求め，その秤量形の化学組成から目的の元素や成分量を算出する方法である．

沈殿には，無機質沈殿と有機質沈殿があり，その種類はたいへん多い．したがって，実際の分析に利用する場合には，沈殿の生成条件や溶解性，共存元素の影響などについ

表1.1 重量分析法の分類とその例

分類と化学反応例	秤量形	関連基本定数* K_{sp}, E, b.p., MW
1. 沈殿重量法		
1.1 無機質沈殿		
$Ba^{2+}+SO_4^{2-} \rightarrow BaSO_4\downarrow$	$BaSO_4$	$K_{sp}=1.08\times 10^{-10}$ (25°C)
$Fe^{3+}+3OH^- \rightarrow Fe(OH)_3\downarrow$	Fe_2O_3	$K_{sp}=1.1\times 10^{-38}$ (18°C)
1.2 有機質沈殿		
$Ni^{2+}+2H_3C-C=N-OH+2NH_3$ (ジメチルグリオキシムNi錯体) $+2NH_4^+$	沈殿形と同じ	$K_{sp}=2.2\times 10^{-24}$ (25°C)
2. 電解重量法		
$Cu^{2+}+2e^- \rightarrow Cu\downarrow$	Cu	$E=0.340V$ (25°C)
3. 減量重量法（揮発法）		
$Si^{4+}+4F^- \rightarrow SiF_4\uparrow$	—	b.p.(SiF_4)=−86°C
4. 増量重量法（吸収法）		
$2NaOH+CO_2 \rightarrow Na_2CO_3+H_2O$ 吸収剤　　　　吸収管内	$Na_2CO_3+H_2O$	$\Delta MW=44$ (CO_2分)

* K_{sp}：溶解度積，E：酸化還元電位，b.p.：沸点，MW：分子量

て文献[4],[5]を参考に，適切な選択をする必要がある．

ある沈殿反応が定量分析に利用できるかどうかは，おもにその沈殿の溶解度で決まる．たとえば，次式の溶解度積が10^{-8}〜10^{-10}程度以下であれば利用可能であり，おおよその目安となる．ここで[ ]はモル濃度(M, mol/l)を示す．

$n\mathrm{A}^{m+}$(目的イオン)$+m\mathrm{B}^{n-}$(沈殿剤イオン)
$\to \mathrm{A}_n\mathrm{B}_m$(沈殿)のとき，

K_{sp}(溶解度積)$=[\mathrm{A}]^n[\mathrm{B}]^m$
$\qquad =$一定(温度一定)　　(1.1)

なお，水溶液中での溶解度積が十分に小さくないときでも，無機質沈殿の場合には，有機溶媒を添加することで溶解度を減少させる方法もある．

そのほか，生成する沈殿の化学組成が一定していること，共沈が少なく洗浄も容易で純粋なものを得やすいこと，吸湿性でないなど秤量形が安定していること，なども大切な要件である．また，沈殿の化学形は，分子量の大きなものほど秤量しやすく，誤差も小さくなるので好ましい．

一般に，無機質沈殿は，ろ紙上にろ取したのちるつぼに入れて強熱し，恒量にして秤量する．また，有機質沈殿は，ガラスろ過器にろ取し，温度100〜200°C程度の乾燥器内で乾燥させて秤量する．

1.3 基本操作

a. 沈殿の生成　(1.1)式からわかるように，沈殿を生成させた溶液中では目的イオンAと沈殿剤イオンBの濃度の積が一定であるので，沈殿しないで溶液中に残るAの量をできるだけ少なくするには，Bをやや過剰に加えるのがよい．ただし，大過剰の添加は，沈殿の不純化や錯形成による再溶解が起こる可能性もあり一般に好ましくない．

沈殿は，粒子が大きくてろ過しやすく，共沈などの少ない，純粋なものをつくる必要がある．それには妨害イオンの前除去やマスキング剤の使用，沈殿剤の濃度や添加速度(一般に，希薄な溶液を攪拌しながらゆっくり添加するのがよい)，溶液の温度，pH，結晶の加熱熟成およびろ過・洗浄，などの実験条件を適正にする必要がある．また，沈殿の純度を高めるのに再沈殿を行うのもよい．

良好な沈殿を生成させる特別な方法として，均一沈殿法がある．たとえば，水酸化アルミニウムの沈殿を生成するのに，アンモニア水を加える代わりに尿素を添加し，その溶液を加熱し，尿素を加水分解してアンモニアを発生させ（$(\mathrm{NH}_2)_2\mathrm{CO}+\mathrm{H}_2\mathrm{O}\to 2\mathrm{NH}_3+\mathrm{CO}_2$），そのアンモニアと水の反応による水酸化物イオンの発生（$\mathrm{NH}_3+\mathrm{H}_2\mathrm{O}\rightleftharpoons \mathrm{NH}_4^++\mathrm{OH}^-$）を溶液全体からゆっくり均一に行うようにして沈殿を生成させる方法がその一例である．

b. 沈殿のろ過・洗浄　ろ紙やガラスろ過器は，目の細かさによりいろいろな規格のものがある．定量分析用には，目の細かいNo.5Cのろ紙やG4のガラスろ過器が使用されることが多いが，粗大なゼラチン状沈殿のろ過には目の粗いNo.5AやG3のものが用いられる．

沈殿の洗浄には，通常，イオン交換水かその温水を用いるが，沈殿剤と同種のイオンを含む溶液を用いることもある．(1.1)式から明らかなように，共通イオンBの存在が目的イオンAの濃度を下げること，すなわち沈殿の溶解を防ぐことになるからである(共通イオン効果)．ただし，その目的に用いられる試薬は，たとえば，硫化水素や塩化アンモニウムのように，加熱や強熱により容易に除去されるものでなくてはならない．

c. 沈殿の強熱・恒量　るつぼに入れた沈殿の強熱には，電気炉，またはガスバーナーの酸化炎を用いる．そして，デシケータ内で室温に戻したのち，秤量する．

るつぼには，磁製，白金製，その他(石英製，ニッケル製，アルミナ製，ほか)各種あり，目的に応じて使い分ける必要がある．磁製るつぼは安価であるが，アルカリ溶融やフッ化水素酸処理には使用できず，また恒量までに時間がかかる．白金るつぼは高価ではあ

るが，上記処理にも使用でき，恒量も得やすい．しかし，王水は使用できない．

d. 沈殿の秤量 通常の化学はかりは，最大200 g を 0.1 mg の精度で測定できる．より精密な値が必要な場合には，半微量または微量化学はかりを用いる．その場合，それぞれ0.01 mg（最大100 g）または0.001 mg（最大20 g）の精度で測定できる．

なお，重量分析法に関して，実験上の基礎的事柄は成書 1), 2)，実験操作法は教育用ビデオ 3)，各元素についての重量法の種類は成書 4), 5)，理論や基本定数は成書 6)，などがそれぞれ参考になる．

〔原口紘炁・廣瀬昭夫〕

参考文献

1) 日本分析化学会編："分析化学実験ハンドブック"，丸善(1987).
2) 武内次夫編："大学実習・工業分析化学(上)"，学術図書(1981).
3) 中村忠晴，藤貫 正監修："教育用ビデオカセット分析化学シリーズ 4. 重量分析法"，日本分析化学会(1989).
4) 日本化学会編："新実験化学講座 9 分析化学〔Ⅰ〕"，丸善(1976).
5) 日本分析化学会編："分析化学便覧 改訂3版"，丸善(1981).
6) A.J. Bard 著，松田好晴，小倉興太郎共訳："溶液内イオン平衡"，化学同人(1989).

2. 容量分析

2.1 はじめに

容量分析法とは作用成分の濃度がわかった溶液（標準溶液）を調製し，これを試料溶液中に加え（滴定），目的成分の全部と反応するのに必要な標準溶液の体積から，目的成分の濃度を求める方法である[1]．標準溶液は純度のわかった標準試薬から調製し，その濃度を決める操作を標定という．容量分析は標準溶液と目的成分との反応によって，(1)酸塩基滴定，(2)沈殿滴定，(3)酸化還元滴定，および(4)キレート滴定に分類される．

滴定においては一般に，メスフラスコ，ピペット，ビュレットが用いられ，これらの基本操作については文献 2) を参照されたい．

2.2 酸塩基滴定

目的成分として酸または塩基を含む試料溶液を，塩基または酸の標準溶液で滴定して分析する方法を総称して酸塩基滴定（または中和滴定）という．

酸塩基滴定は，使用する酸と塩基の組合せによって強酸-強塩基と，一方が弱酸（または弱塩基）の場合とに分類して考えることができる．このような滴定における終点判定は，当量点でのpH 変化を検知することによって行う．当量点でのpH 変化が最も明瞭になるのは強酸-強塩基滴定である．終点判定には指示薬による方法が広く用いられている．酸塩基滴定の指示薬としてはメチルオレンジ（pH 変色域3.1～4.4）やフェノールフタレイン（8.3～10.0）が一般に利用されるが，このほかにも，pH 変色域1.2～2.8のチモールブルーから11.5～14.0の1,3,5-トリニトロベンゼンまで数多くの指示薬が現在でも使用されている．適当な2種の指示薬を混合して用いると，溶液中の特定のpH において鋭敏な変色を示す．これは通常の指示薬によっては変色点が不明瞭な場合に有効である．たとえばブロモクレゾールグリーンとメチルレッドの混合指示薬の変色点のpH は5.0である．

0.1 M 塩酸または酢酸(CH_3COOH) 50 ml を水酸化ナトリウム(NaOH)で滴定するとき，

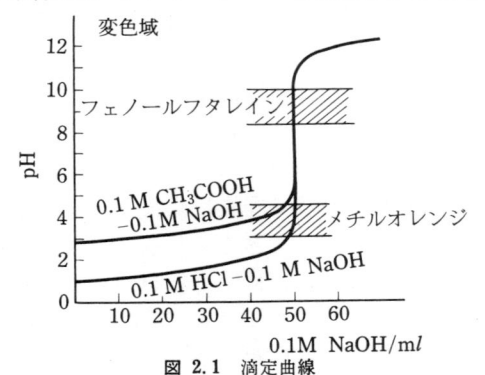

図 2.1 滴定曲線

溶液のpHを縦軸に，加えた水酸化ナトリウムの体積を横軸にしてグラフで示すと図2.1のようになる．このようなグラフを滴定曲線という．図2.1から明らかなように0.1 M塩酸-水酸化ナトリウムの滴定では指示薬としてメチルオレンジを用いてもフェノールフタレインを用いても実質的には同じであるが，0.1 M酢酸-0.1 M水酸化ナトリウムの場合はフェノールフタレインを使用しなければならない．酸塩基の種類，濃度を考慮して，適正な指示薬が選択されなければならない．

2.3 沈殿滴定

沈殿滴定は目的成分と標準溶液との反応によって，溶解度の小さい沈殿が生成する反応系を利用する滴定法である．沈殿滴定では沈殿の生成速度が速いこと，定量的に沈殿が生成すること，沈殿の溶解度積が小さいことが必要である．ここでは塩化物イオン(Cl^-)を銀イオン(Ag^+)で滴定する場合を例にして説明する．沈殿の溶解度積K_{sp}は(2.1)式で表される．

$$K_{sp}=[Ag^+][Cl^-] \quad (2.1)$$

溶解度積は温度によって変化し，塩化銀の25°Cにおける溶解度積は$1.8×10^{-10}$である．滴定中の銀イオンの濃度および当量点における銀イオンの濃度はそれぞれ(2.2)，(2.3)式で与えられる．

$$[Ag^+]=K_{sp}/[Cl^-] \quad (2.2)$$
$$[Ag^+]=\sqrt{K_{sp}} \quad (2.3)$$

(2.2)，(2.3)式からわかるように当量点付近で銀イオンの濃度が大きく変化する．一般に溶解度が小さいほど当量点での濃度変化が大きい．

濃度変化はイオン電極を用いて検知することもできるが，より簡便な指示薬を用いることが多い．塩化物イオンを硝酸銀溶液で滴定する場合，指示薬としてクロム酸カリウムを用いるモール法，フルオレッセインを吸着指示薬として用いるファイヤンス法，およびチオシアン酸カリウムによる逆滴定を利用するホルハード法がよく知られている．

2.4 酸化還元滴定

試料溶液中の目的成分と標準溶液との間の酸化還元反応において，当量点付近で溶液の電位が大きく変化することを利用して滴定を行うのが酸化還元滴定である．一般に，2種の酸化還元系の標準電位の差が大きいほど当量点付近での変化が大きい．

高酸化状態にあるもののモル濃度を[Ox]で，低酸化状態のもののそれを[Red]で表

表 2.1 標準酸化還元電位の例

反応	$E°$ (V)
$H_2O_2+2H^++2e^-=2H_2O$	1.77
$MnO_4^-+4H^++3e^-=MnO_2+2H_2O$	1.695
$Ce^{4+}+e^-=Ce^{3+}$	1.61
$MnO_4^-+8H^++5e^-=Mn^{2+}+4H_2O$	1.51
$Cr_2O_7^{2-}+14H^++6e^-=2Cr^{3+}+7H_2O$	1.33
$MnO_2+4H^++2e^-=Mn^{2+}+2H_2O$	1.23
$2IO_3^-+12H^++10e^-=I_2+6H_2O$	1.20
$H_2O_2+2e^-=2OH^-$	0.88
$Cu^{2+}+I^-+e^-=CuI$	0.86
$Fe^{3+}+e^-=Fe^{2+}$	0.771
$O_2+2H^++2e^-=H_2O_2$	0.682
$I_2(aq)+2e^-=2I^-$	0.6197
$H_3AsO_4+2H^++2e^-=HAsO_2+2H_2O$	0.559
$I_3^-+2e^-=3I^-$	0.5355
$Sn^{4+}+2e^-=Sn^{2+}$	0.154
$S_4O_6^{2-}+2e^-=2S_2O_3^{2-}$	0.08
$2H^++2e^-=H_2$	0.000*
$Zn^{2+}+2e^-=Zn$	-0.763
$2H_2O+2e^-=H_2+2OH^-$	-0.828

* 標準水素電極の電位と0Vとする．

表 2.2 酸化還元滴定指示薬

	還元型の色	酸化型の色	標準電位(V)
バリアミンブルーB	無色	赤紫	+0.68
ジフェニールアミン	無色	紫	+0.76(1 M 硫酸中)
ジフェニールベンジジン	無色	紫	+0.76(1 M 硫酸中)
ジフェニールアミンスルホン酸Ba塩	無色	赤紫	+0.84
フェロイン	赤	淡青	+1.06

すと
$$Ox+ne \rightleftharpoons Red \quad (2.4)$$
の反応における電位(E)は次のネルンストの式で与えられる．
$$E=E^0+(RT/nF)\ln[Ox]/[Red] \quad (2.5)$$
ここで E^0 は(2.4)式における標準酸化還元電位である．表2.1に標準酸化還元電位の例を示す．電位の変化は電位差滴定によって計測することができるが，電位によって変色する適当な指示薬(酸化還元滴定指示薬)を用いて，肉眼で酸化還元反応の終点を判定することもできる．代表的な指示薬を表2.2に示した[3]．

過マンガン酸カリウム溶液のように強く着色したものは，終点の判定にそれ自身の色の変化を利用することもできる．

2.5 キレート滴定(錯滴定)

金属イオンと安定な金属錯体を生成する配位子を反応させると，当量点付近で金属イオンの濃度が大きく変化する．金属イオンの濃度変化を感じる指示薬や判定法があれば滴定が可能である．配位子としてEDTA(エチレンジアミン四酢酸)がよく用いられる．安定度定数が 10^9 以上あれば金属指示薬やイオン電極を用いて終点を判定することができる．

金属指示薬としてエリオクロムブラックT(EBT)を例にとって説明する．EBTはマグネシウムなどのイオンと赤色の錯体を生成する．マグネシウムイオンをEBTの存在下でEDTAで滴定すると当量点付近で赤色から青色(錯体を形成していないEBTの色)へ変化する．この場合，マグネシウムEBT錯体はマグネシウムEDTA錯体よりも不安定であることを利用している．

錯体の安定度定数はpHによって異なるのでpHが変わると滴定曲線の形も変化する．pHによるみかけの安定度の差，マスキング剤の利用などによって目的金属イオンを選択的に定量することができる．

〔竹内豊英・浅井勝一〕

文 献

1) G.D. Christian: "Analytical Chemistry", 4th Ed., John Wiley, New York(1986); 土屋正彦，戸田昭三，原口紘炁監訳: "クリスチャン分析化学 I．基礎", 丸善(1989).
2) 飯田芳男: ぶんせき, **140** (1975).
3) 日本分析化学会編: "分析化学実験ハンドブック", 405(1987).

3. 溶 媒 抽 出

3.1 抽 出 原 理

溶媒抽出(solvent extraction)は，たがいに混ざり合わない2つの溶媒間に溶質が分配される現象を利用した分離法である．この方法により，たとえば水溶液中の目的物質を，クロロホルムやベンゼンなどに選択的に移すことができる．なお，固体試料を溶媒に接触させて目的物質を抽出する固-液抽出と区別して，液-液抽出と呼ぶ場合もある．

水相と有機相における溶質の分配は，実用的には分配比 D (distribution ratio)で表される．また，溶質を水相(V_w ml)から有機相(V_o ml)に抽出したときの回収率，すなわち抽出百分率 E (%)は，D と図3.1のような関係にある．

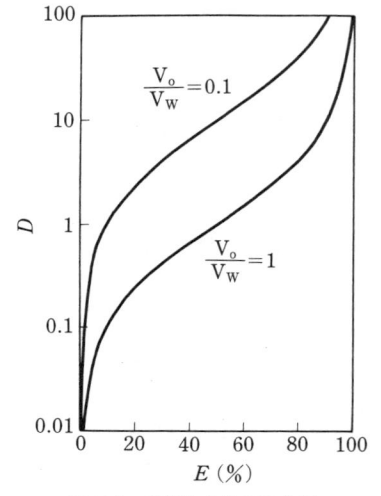

図 3.1 分配比と抽出百分率

3. 溶媒抽出

表 3.1 キレート抽出の例

キレート試薬		抽出されるおもな元素
ジチゾン (1,5-ジフェニル-3-チオカルバゾン)	(N, S 配位)	Ag, Au, Bi, Cd, Co, Cu, Fe, Ga, Hg, In, Mn, Ni, Pb, Pd, Po, Pt, Sn, Te, Tl, Zn
オキシン (8-ヒドロキシキノリン, 8-キノリノール)	(O, N 配位)	Ag, Al, Be, Bi, Ca, Cd, Co, Cr, Cu, Fe, Ga, Hg, In, Mg, Mn, Mo, Ni, Pb, Pd, Sn, Th, Ti, U, Zn, Zr
ジエチルジチオカルバミン酸ナトリウム (DDTC)	(S, S 配位)	Ag, Au, Bi, Cd, Co, Cr, Cu, Fe, Ga, Hg, In, Mn, Ni, Pb, Pd, Sn, Ti, Tl, U, Zn
テノイルトリフルオロアセトン (TTA)	(O, O 配位)	Al, Be, Bi, Cd, Co, Cr, Cu, Fe, In, Mn, Ni, Pb, Pt, Sn, Sr, Th, Tl, U, W, Zr

$$D = \frac{\text{有機相中の溶質の全濃度}}{\text{水相中の溶質の全濃度}}$$

$$E(\%) = \frac{100D}{D + V_w/V_0}$$

普通，2相を数分間振り混ぜるだけで抽出平衡に達する．抽出速度に著しい差がある場合には，振り混ぜ時間を調節して選択性を高めることができる．

抽出率が小さい系も，協同効果(synergism)を利用すれば実用的な分離法となりうる．この場合，2種類の試薬を同時に用いて抽出したときの D が，各試薬を単独で用いた場合の D の和よりかなり大きくなる．オキシンとブチルアミンによる Mg の抽出，TTA とリン酸トリブチルによる Eu(Ⅲ) の抽出などがその例である．

3.2 キレート試薬

水溶液中の金属イオンは，適当なキレート試薬を添加して電荷を中和し，かつ配位水を置換すると，有機相に容易に抽出されるようになる．D は pH の関数になる場合が多く，抽出率50%の pH を半抽出 pH ($pH_{1/2}$) という．表 3.1 に，代表的なキレート試薬および抽出される元素を示す．

3.3 マスキング剤

同じキレート試薬が2種類の金属イオンと反応し，かつ $pH_{1/2}$ に大きな差がない場合でも，マスキング剤を用いれば選択的抽出が可能である．すなわち，抽出に先立ち一方の金属イオンのみを，安定な水溶性錯体にしておく．EDTA，シアン化物，チオシアン酸塩，クエン酸塩，酒石酸塩，チオ硫酸塩など多数のマスキング剤[1]が，単独にあるいは併用し

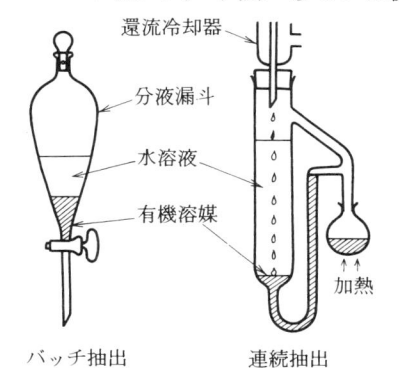

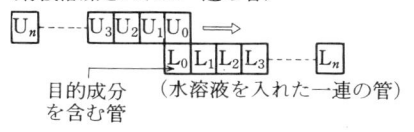

図 3.2 代表的な抽出操作

3.4 抽出技術

図3.2に示すように，バッチ抽出では分液漏斗に水相と有機相を入れて振り混ぜ，静置後2相を分離する．Dが小さい場合には，連続抽出が有効である．不連続向流分配抽出 (discontinuous countercurrent distribution extraction)は同じくらいのDをもつ成分の相互分離に有用である．まずL_0とU_0を振り混ぜた後，2相を分離する．次に有機溶媒の一連の抽出管を矢印方向に1つずらせて振り混ぜ，分離する．この移し換えの操作を多数繰り返すことにより，各種成分の良好な分離が達成できる．

なお抽出後，有機相を適当な水溶液と振り混ぜて溶媒相洗浄を行えば，分離係数は向上する．また，有機相に抽出した物質を，水溶液に再びもどす操作が必要な場合がある．これをストリッピング(stripping)といい，有機相を適当な水溶液と振り混ぜて逆抽出(back-extraction)する方法と，有機溶媒を蒸発除去し，残留物を水溶液とする方法がある．

溶媒抽出の機構の詳細や応用については，いくつかのすぐれた成書[2]～[5]を参考にされたい．

〔平出　正孝〕

文　献

1) D.D. Pelin，黒田六郎，小熊幸一共訳：“化学反応のマスキングとデマスキング”，講談社 (1971)．
2) A. Mizuike: "Enrichment Techniques for Inorganic Trace Analysis", Springer, Berlin (1983).
3) 田中元治：“溶媒抽出の化学”，共立出版 (1977)．
4) 赤岩英夫：“抽出分離分析法”，講談社(1972)．
5) Yu. A. Zolotov著，田中元治，中須賀徳行，小島功，舟橋重信共訳：“キレート化合物の抽出”，培風館(1972)．

4. 分光分析

4.1 紫外・可視吸光光度法

溶液の吸収に基づく吸光光度法はきわめて一般的な方法として，さまざまな試料に対し実際に用いられている．特に，一定の波長で測定する比色法は古くから行われている分析

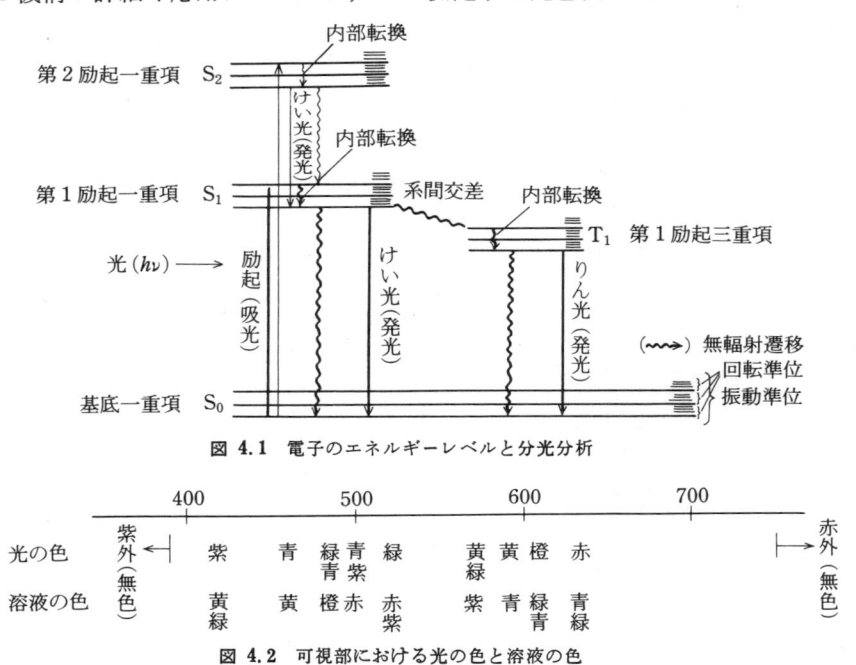

図4.1　電子のエネルギーレベルと分光分析

図4.2　可視部における光の色と溶液の色

4. 分 光 分 析

法である．図4.1は分子の吸収・けい光・りん光における電子の遷移の状態を示した．今日これらの現象はすべて分光分析に活用されているが，200〜800 nmの波長の光の吸収を測定する紫外可視吸光光度法は，機器分析のなかで最も基礎的なものでもある．図4.2は可視部の波長とその色，およびその波長の光を吸収する溶液の色の関係を示した．溶液の色は吸収波長の光の色の補色となる．

溶液の吸収はランベルト-ベール(Lambert-Beer)の法則に従う．

$$吸光度(A) = -\log(I/I_0) = \varepsilon l c$$

ここで，I_0は光源の強度，Iは溶液を通過したときの光の強度であるが，通常の測定ではI_0は溶媒(ブランク)を透過したときの光の強度をとる．通常溶液の吸収は吸光度(A)で表すが，透過率：$T = (I/I_0) \times 100(\%)$で示すこともある．$\varepsilon$は試料の吸光係数，$l$は溶液中の光路長，$c$は試料の濃度である．$c$をモル濃度で表すとき$\varepsilon$は$(\mathrm{mol \cdot dm^{-3}})^{-1} \cdot \mathrm{cm}^{-1}$を次元としモル吸光係数と呼ばれ，吸光光度法の感度を示す目安となる．またランベルト-ベールの法則においては，共存する物質の吸光度は加成的であり，したがって溶媒や共存物の吸収のできるだけ小さい波長で測定を行わなくてはならない．

物質Wの吸収スペクトルを一定の波長範囲で測定するとき，pH，酸化還元電位，共存物の量などの変化によってスペクトルの形が変化する場合，特定の波長での吸収強度は変わらないことがある．この点を等吸収点(isosbestic point)と呼び，等吸収点が存在すると，特定の変化に対して物質Wが平衡状態を保って変化することを証明している．また，この波長を使って物質Wを定量することもある．

吸光光度法は通常，無機物の定量に用いられる場合が多い．測定に際しては，対象となる物質が特異的に測定波長で吸収をもつようにしなければならない．すなわち，① 測定対象自体に色があるか，② 吸収をもつ物質に化学変化させるか，③ 吸収をもつ物質(色素)と結合させるか，④ 吸収が時間的に変化する反応に対して，触媒作用を測定するか，などの方法がとられるのが一般的である．②または③が普通であり，したがってεが大きく，かつできる限り対象物質のみが吸収をもつものをみいださなくてはならない．しかしほとんどの吸光光度法では，同様の吸収を与える物質が存在し測定を妨害するので，注意しなければならない．さらに，こうした発色操作に必ずブランク(測定物質の濃度0の溶液)の発色が伴うので，これをできるだけ制御する必要がある．

εの大きな発色試薬の開発，および測定元素に対する発色反応の選択性の向上は，吸光光度法における重要な主題である．金属イオンに対して，②や③においては錯形成反応が用いられる．o-ヒドロキシアゾ化合物，ヒドラゾン類，ポルフィン化合物はよく用いられる．こうしたキレートとの金属錯体はεが10^5に及ぶものがあり，吸光光度法を高感度な分析法としている．ただし山本の計算によれば，モル吸光係数10^5は発色試薬として限界であると指摘されている[1]．一方，選択性を高めるために大環状化合物を使用する場合もある．すなわち，クラウンエーテル，チアクラウンエーテル，アザクラウンエーテル，クリプタンドはその環の大きさにより特定のアルカリ，アルカリ土類金属イオンと高選択的に錯形成する反応を利用する．また，ほかの金属イオンに対する反応性もしだいに明らかにされている．こうしたクラウンエーテル類を吸光光度法に用いる場合，発色団を導入したクラウンエーテルを用いるか，色素とのイオン対溶媒抽出を行う．

イオン会合性試薬を用いると高感度な吸光光度法を行うことができる．この一つは界面活性剤の併用である．Triton-Xほかさまざまな界面活性剤が用いられているが，この作用については，呈色の鋭敏化，色素と金属イオンの反応の促進などがあげられる．また，界面活性剤と乳化剤を併用して混成ミセルの形成が利用される．一方，陽イオン性もしく

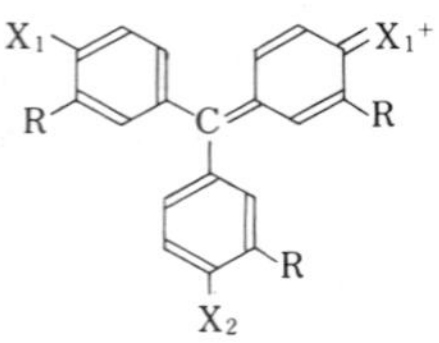

III. 分析化学

	X_1	X_2	R	
(1)	$-NH_2$	$-NH_2$	$-H$	パラローザニリン (PR$^+$)
(2)	$-NH_2$	$-NH_2$	$-CH_3$	ニューフクシン (NF$^+$)
(3)	$-N(CH_3)_2$	$-N(CH_3)_2$	$-H$	クリスタルバイオレット (CV$^+$)
(4)	$-N(CH_3)_2$	$-N(CH_3)(C_2H_5)$	$-H$	ホフマンズバイオレット (HV$^+$)
(5)	$-N(C_2H_5)_2$	$-N(C_2H_5)_2$	$-H$	エチルバイオレット (EV$^+$)
(6)	$-N(CH_3)_2$	$-H$	$-H$	マラカイトグリーン (MG$^+$)
(7)	$-N(C_2H_5)_2$	$-H$	$-H$	ブリリアントグリーン (BG$^+$)

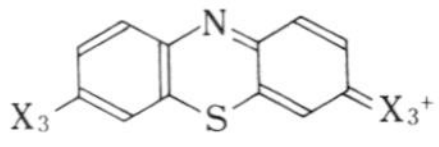

(8) $X_3 = -N(CH_3)_2$　メチレンブルー (MB$^+$)

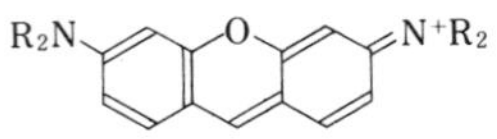

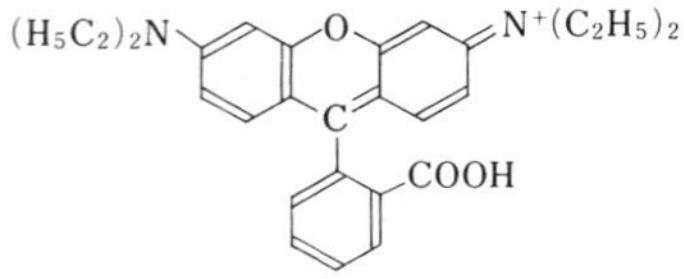

(9) ローダミン B (Rhod B$^+$)
(10) ゼフィラミン (Zeph$^+$) 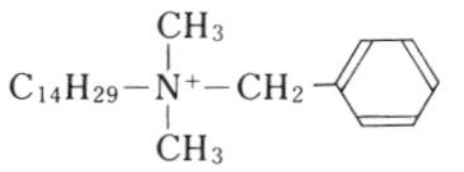
(11) テトラブチルアンモニウム (TBA$^+$) 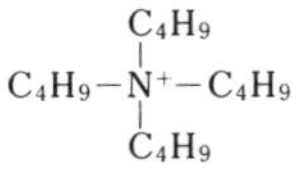

(12) $R=CH_3$　ピロニン G
(13) $R=C_2H_5$　ピロニン B

(14) トリ-n-オクチルアミン

陽イオン

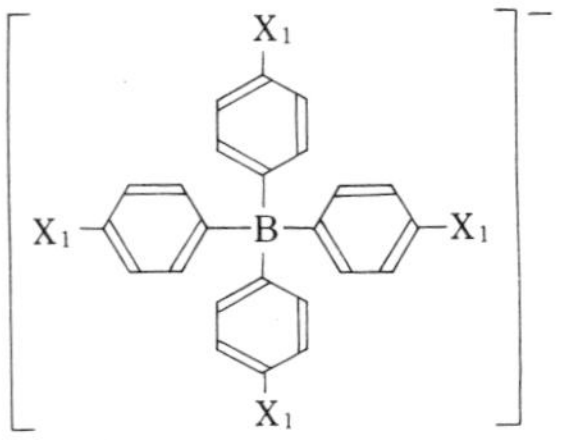

	X_1	
(15)	H	テトラフェニルホウ酸イオン (TPB$^-$)
(16)	F	テトラキス(4-フルオロフェニル)ホウ酸イオン (F-TPB$^-$)

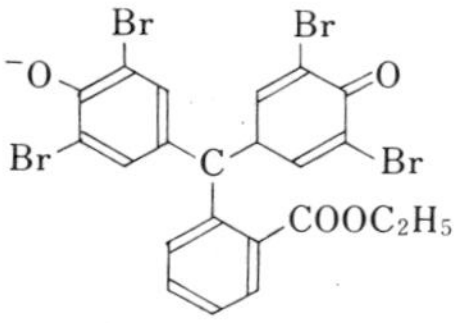

(17) テトラブロモフェノールフタレインエチルエステル (TBPE$^-$) 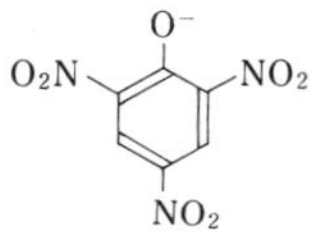
(18) ピクリン酸イオン (PCA$^-$)

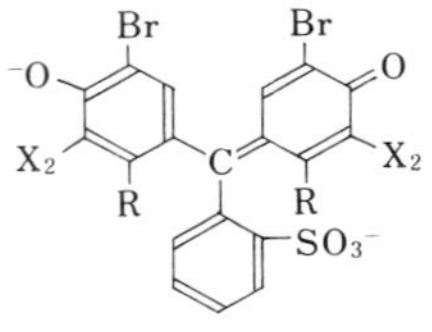

	X_2	R	
(19)	Br	H	ブロモフェノールブルー (BPB^{2-})
(20)	Br	CH_3	ブロモクレゾールグリーン (BCG^{2-})
(21)	Cl	H	ブロモクロロフェノールブルー (BCPB^{2-})

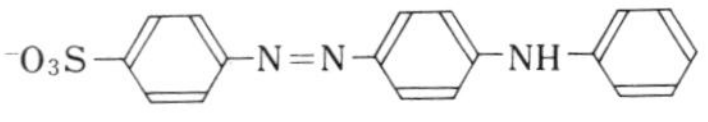

(22) トロペオリン-OO (T-OO$^-$)

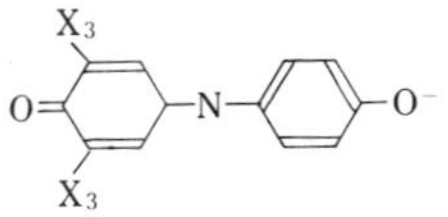

	X_3	
(23)	Cl	2,6-ジクロロフェノールインドフェノール (DCIP$^-$)
(24)	Br	2,6-ジブロモフェノールインドフェノール (DBIP$^-$)

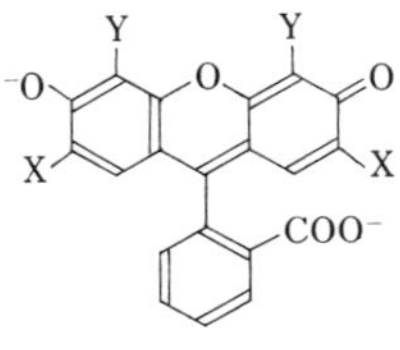

(25) $X=NO_2$, $Y=Br$　エオシン I ブルー
(26) $X=Br$, $Y=Br$　エオシンイエロー
(27) $X=I$, $Y=I$　エリトロシン

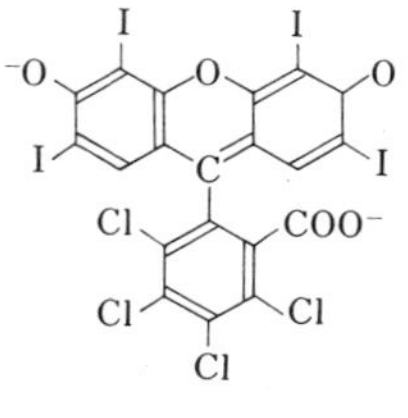

(28) ローズベンガル

陰イオン

図 4.3　イオン会合性試薬

は陰イオン性色素と無機イオンのイオン対（イオン会合体）形成反応は，この溶媒抽出と組み合わせて吸光光度法によく利用されている．イオン対の形成については，金属イオンの場合，色素分子に比較して小さい場合が多く，o-フェナントロリンやCN^-と錯体を形成させたあとイオン対をつくることが普通である．また，こうしたイオン対に対する抽出溶媒の選択は重要であり，遊離した色素は抽出されずにイオン対のみが抽出されなくてはならない．ニトロベンゼンやクロロホルムなどがよく用いられている．イオン会合性試薬の例を図4.3に示す[2]．

④の方法も，①，②，③の方法と同じくけい光法にも用いられている．多くの方法は有機物（色素）の過酸化水素などによる酸化反応への触媒作用を測定する．この方法は接触分析法と呼ばれ，金属元素のみならず，さまざまな無機物へ応用されている．

こうした吸光光度分析は，直接光源の光の吸収を測定するものであるが，多波長同時測定，波長変化に対する吸収スペクトルの微分変化の測定など高精度化した方法がとられることもある．またレーザー光を用いる熱レンズ法や光音響法は吸収された光エネルギーが熱に変換される過程を利用するもので，溶液や固体の超微量成分の検出に用いられることがある．

4.2 けい光分析

けい光法は図4.1の過程において，光により励起された電子の発光に基づく分析法である．吸光光度法が主として無機イオンの定量に用いられるのに対し，けい光分析は有機物，特に生体試料への応用が多い．また，本来けい光をもたない物質にけい光を与えるため，けい光体のラベル化という方法がとられる．

けい光分析を行うに先立ち，けい光スペクトルを測定しなければならないが，励起光の波長変化に対する発光の強度変化（励起スペクトル）とけい光の波長変化（発光スペクトル）を調べる．また光のエネルギーのうちけい光として測定される割合を，けい光の量子収率と呼ぶ．量子収率は温度が低くなると増加する．さらに励起状態の寿命もけい光の遷移によって異なり，けい光寿命の測定は分子のさまざまな情報を与える．また実際の分析に際して共存物質によりけい光強度が弱められる消光，さらにけい光体自身による自己吸収などの現象が生じることがある．したがって検量線は初めは直線的に増加するが，試料が多くなると逆にけい光が低下する傾向を示す．

通常けい光光度計は光源用（励起用）とけい光用の2つの分光器からなり，また強いけい光を得るため水銀やキセノン，重水素などの放電管が光源として用いられる．また時間分解けい光法や高分解けい光法などには，さまざまなレーザーおよびこれによって励起された色素レーザーなどが用いられている．液体試料用セルは吸光光度法の場合と異なり，励起光も紫外部であることが多いため，透明の石英直方体である．なお硫酸キニーネ，フルオレセインナトリウム，ローダミンBなどはけい光の標準物質として装置の条件設定に用いられる．けい光分析を実際に行うに当たって，光源光の散乱や溶媒のラマン散乱には注意しなければならない．

金属イオンのけい光分析については，吸光光度法で示した①～④の方法はそのままけい光分析にも当てはまる．ただし②については，配位子がけい光性であっても，重金属効果による消光を受けてけい光が消滅する場合もあるので注意しなければならない．キレートを含む金属イオンに対するけい光試剤の例を図4.4にあげた[3],[4]．

生体成分分析として，トリプトファンやレチノール，クロロフイルなど測定対象自体がけい光をもつものが多く，定量に利用されている．さらにけい光イムノアッセイの標識としてEu(Ⅲ)イオンのさまざまな錯体が用いられている．キレート錯体中のEu(Ⅲ)は配位子の励起エネルギーの転移で励起されるた

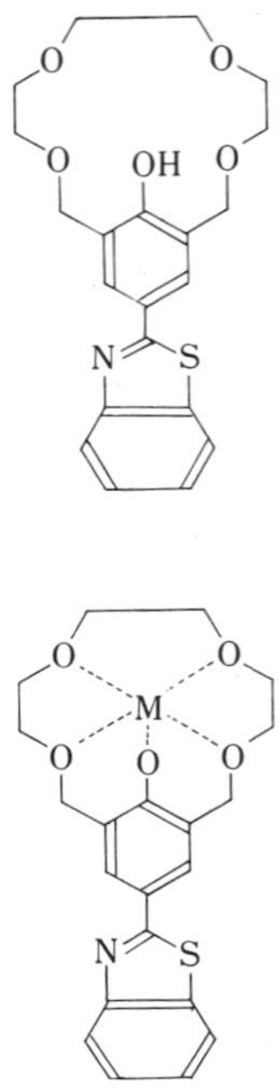

図 4.4 金属イオン分析用けい光試薬

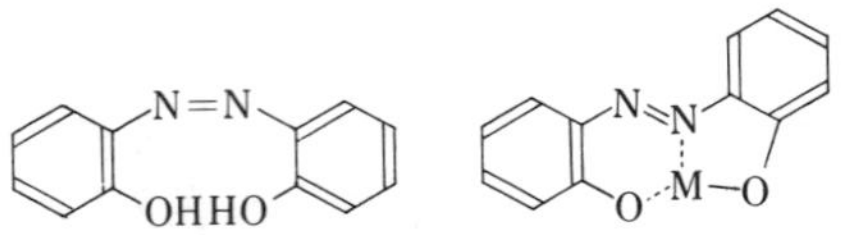

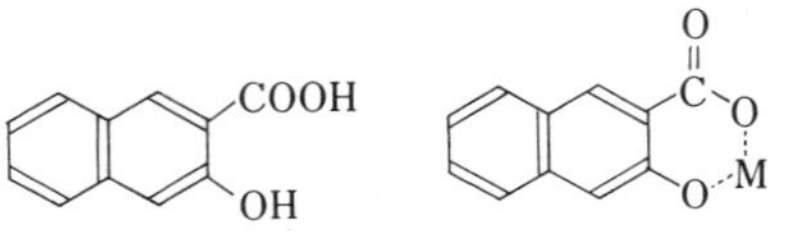

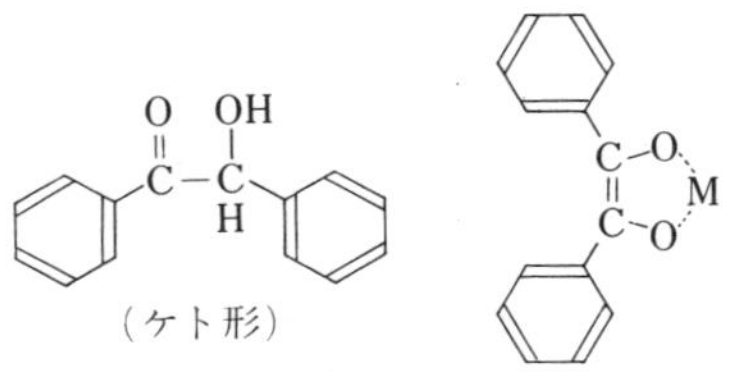

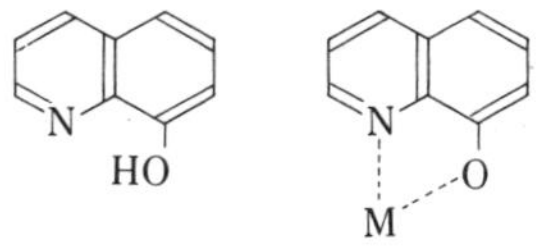

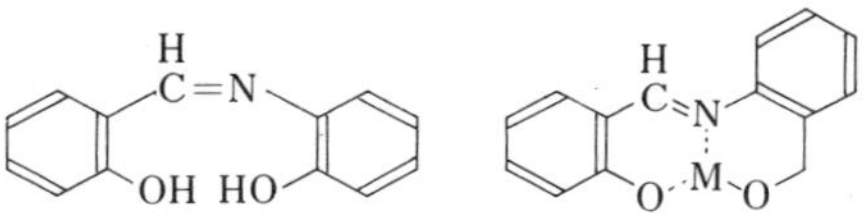

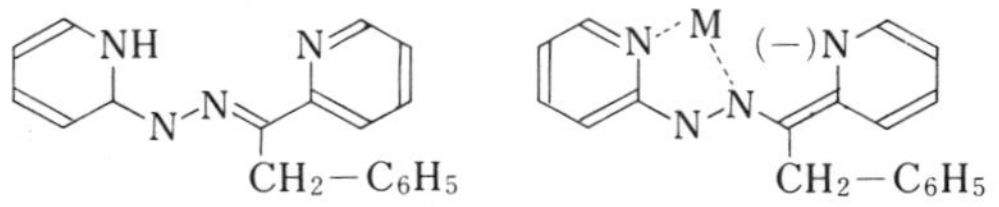

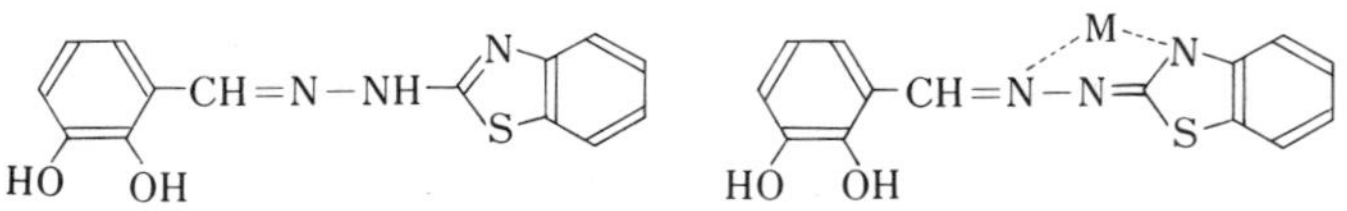

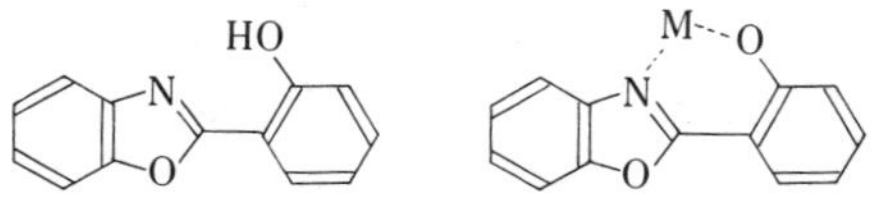

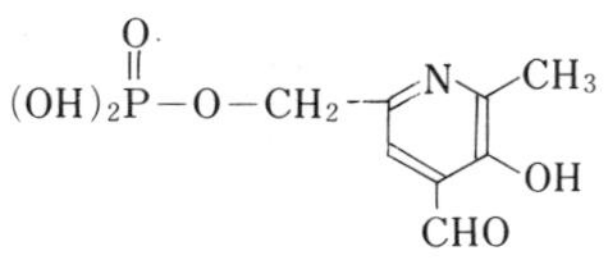

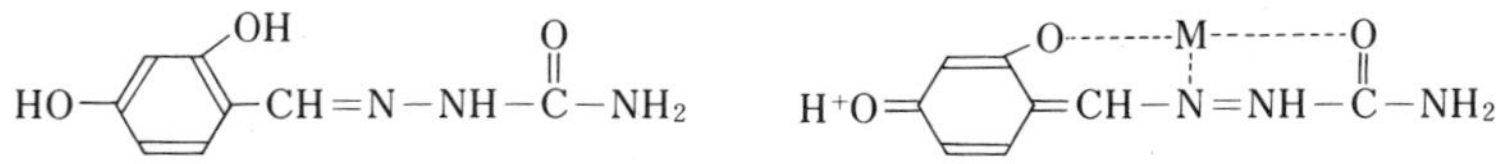

め，配位子の状態変化に対し鋭敏であり，時間分解けい光法との併用により，ホルモンを初めさまざまな試料へ応用されている．またアシルニトリルなどを反応活性基として用い，けい光体を標識した化合物の高速液体クロマトグラフィーは，生体成分分析法としてきわめて重要である．

近年レーザー光の単色性を利用した高分解能けい光法が利用されている．これはアルカン類の結晶（シュポルスキー（Shpol'skii）効果）や超音速ジェットなどの位相のそろった低温度の媒体中で，分子の振動や回転レベルを分離した状態でけい光を測定するもので，環境試料中の多環芳香族を分離・定量するのに応用されている．

4.3 りん光分析

りん光は系間交差により生じた励起三重項状態から一重項基底状態へ遷移するときに生じる発光であり，けい光の遷移速度が 10^{-6}〜10^{-9} s と速いのに対し，禁制遷移であるので 10^{-4}〜10 s と遅いのが特徴である．りん光は通常液体窒素温度で冷却して測定するが，セルロースフィルタやろ紙の表面に試料を付着させて室温で測定する方法もある．また試料溶液に界面活性剤を加えてミセルをつくることによりりん光を増感し，室温で測定するりん光法もある．特に室温のりん光法は生体成分の高感度・高選択的分析法として注目され，けい光法と相補うかたちで用いられている．

〔藤原祺多夫〕

文　献

1) 山本勝巳：ぶんせき，p.2-8（1987）．
2) 酒井忠雄，本水昌二：ぶんせき，p.15-25（1989）．
3) W.R. Seitz: "Optical Methods of Analysis", P.J. Elving and I.M. Kolthoff, ed. Treatise on Analytical Chemistry vol.7, John Wiley, New York (1981).
4) 森重清利，西川泰治：ぶんせき，p.865-870（1986）．

5. 原子スペクトル分析

励起状態（高エネルギー準位）の原子，またはイオンが低エネルギー準位に遷移するときに元素特有のスペクトル線を放射し，特に基底状態に戻るときの発光線を共鳴線（resonance line）という．

原子スペクトル分析法は発光，吸光およびけい光法に大別され（図5.1），試料中の存在形態に関係なくすべて元素として検出する．

1) 発光分析法（AES）
   atomic emission spectrometry

   原子セル ― 分光器 ― 検出器

2) 原子吸光法（AAS）
   atomic absorption spectrometry

   共鳴線光源 ― 原子セル ― 分光器 ― 検出器

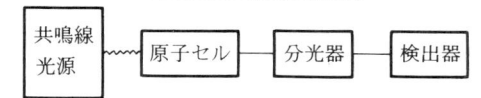

3) 原子けい光法（AFS）
   atomic fluorescence spectrometry

   原子セル ― 分光器 ― 検出器
   │
   励起光源

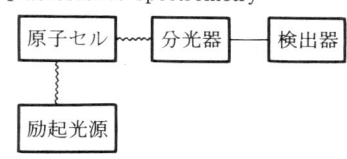

図 5.1　原子スペクトル法概念図
基底状態または励起状態の原子を生成する高温媒体部が原子セルであり，検出器は測定した信号の読み出し，記録部を含む．

5.1 発光分光分析

励起状態原子が放射する元素特有のスペクトル線の波長から定性分析を，その発光強度から定量分析を行う．

炎光分析：　本法は原子セルとして化学炎を用い，歴史的には最も古い．溶液試料は霧状にして炎のなかに導入する．励起源の空気－アセチレン炎は約2500 K と比較的低いので，目的元素を基底状態原子を経て励起するには十分でなく共存元素の影響（化学干渉）を受けやすいが，発光線の数が少なく分光器を

干渉フィルタで代用できる．現在でも臨床および土壌分析ではアルカリやアルカリ土類元素の定量に利用される．より高温(2800 K)の一酸化二窒素－アセチレン炎を用いると化学干渉は減少し，多くの元素を測定できるが，イオン化干渉に注意しなければならない．専用の装置は少ないが，原子吸光分光光度計の炎光モードで測定でき，感度は原子吸光法と同程度である．

電極励起法： 従来，発光分光分析と呼ばれる直流アーク($\sim$5000 K)や交流スパーク放電($\sim$10000 K)を原子セルとする方法は現在でも鉄鋼，非鉄金属分野で広く使用されている．粉末試料は炭素電極の少孔に詰め，金属試料はそれ自体を電極とする．感度は高く，多くの金属元素を 1 ppm 程度まで検出できるが，定量精度はよくなく，正確さも測定条件と試料マトリックスによる変動を受けるので，実試料の定量にはさまざまな標準試料をあらかじめ用意する．光電子増倍管を検出器とし，多元素同時測定のできる波長固定(測定元素固定)の装置が多く，分光干渉を避けるため高分解能の分光器が必要である．直流アーク放電と写真測光との組合せは，ほとんどの金属と一部の非金属元素の同時定性分析が微少量試料でも前処理なしでできる唯一の方法である．

ICP 発光法： 高周波誘導結合アルゴンプラズマ(ICP)を励起源とする高感度の ICP 法が近年急速に普及している．溶媒を測定対象とし，炎光分析と同機に試料溶液を霧状にして，周囲よりやや低温のプラズマ中心部に送り込むので自己吸収がなく，検量線は高濃度まで直線である．励起源の温度が約 8000 K とかなり高いので，一部の非金属元素を除くすべての元素を ppb レベルで測定でき，定量精度も約 1 ％であり，化学干渉もイオン化干渉もほとんどない．微量成分から主成分まで分析でき，汎用性が高い．

溶液は毎分 1～2 ml で噴霧され，その約 2 ％のみが原子セルであるプラズマに送られる．黒鉛炉や金属フィラメント上に 5～100 μl の微少量溶液をとり，電気的に加熱蒸発気化させプラズマに導入すると感度は向上する．水素化物をつくる元素はそれに変え，プラズマに送ると導入効率がよくなるため感度向上となる．ある種の有機溶媒は直接導入ができる．

ICP 法で一番問題となる分光干渉を避けるため，高分解能の分光器と高次の発光線の利用が望ましい．多元素同時測定にはパッシェン－ルンゲ型の波長固定ポリクロメーターが使われ，ツェルニー－ターナー型モノクロメーターは波長を自由に選択できるので任意の元素あるいは波長の高速掃引による多元素の逐次(シーケンシャル)分析に用いられる．またどちらにも使えるエッシェル型分光器は小型である．ほとんどの装置はバックグラウンド補正機構を備え，検出器は光電子増倍管が一般的である．分析線の選択には章末参考書を参照されたい．

5.2 原子吸光分析

空気－アセチレン炎に代表される化学炎は安定な原子セルであるが，温度が約 2500 K なのでこのなかでは励起状態より基底状態の中性原子の方がはるかに多い．この基底状態原子は励起状態とのエネルギー差に相当するその元素特有の波長の光(共鳴線)を吸収する．原子吸光法はこの共鳴線(光源)の吸光度を測定するので，光源－原子セル－検出器は直線上の光学系に配置される．原子セル中の吸収線の半値幅はドップラーおよび圧力広がりにより 0.002～0.006 nm である．定量的に吸光度を簡単に測定するためにはこの半値幅より狭い線スペクトル光源が必要であり，ふつう中空陰極ランプが用いられる．したがって，近接スペクトル線から目的元素の共鳴線を分離できればよいのでそれほど高分解能の分光器は必要としない．測定元素別の中空陰極ランプを用意しなければならないが，この光源の使用により高感度の原子吸光測定が可能となり，本法は迅速，簡便な微量分析法として実用化された．

予混合型空気-アセチレンバーナーを用い溶液を測定対象とするフレーム原子吸光法はほぼ完成された方法であり，多くの金属元素をppm〜ppbレベルで定量でき，定量精度も約1％である．検量線の直線濃度域は2桁程度であるが，低コストのため最も広く使われている．原子セルがICP法より低温であるから化学干渉は起こりやすいが，分光干渉は分子バンドによるバックグラウンド以外は顕著でない．溶液の噴霧量は毎分2〜5 mlでありこの約10％が原子セルに到達する．約100 μlの溶液を断続的に噴霧する"一滴法"は簡便迅速であり，連続噴霧法と感度，精度が同じであるから，特に微少量試料には最適である．水素化物を作成する元素ではその原子化により飛躍的に感度が向上する．空気-アセチレン炎で耐火性化合物をつくりやすい元素には一酸化二窒素-アセチレン炎を用いるが，操作性が悪く，イオン化干渉が生ずることがある．

アルゴン中で電気的に加熱する黒鉛炉，または金属フィラメントを原子セルとする高温加熱原子化法はフレーム法より約2桁高感度であり，溶液も5〜50 μlと少量ですみ，固体試料の直接分析も可能であるが，精度はやや劣り，測定に長時間を要し，操作が複雑である．特に，バックグラウンドと化学干渉は最大の問題である．干渉抑制法の開発，高度なバックグラウンド補正法の導入および試料注入の自動化によりある程度まで解決されている．

5.3 原子けい光分析

基底状態原子は共鳴線を吸収して励起状態になるが，すぐに光としてエネルギーを放出してもとの状態に戻る．この2次光の波長はほとんどの場合共鳴線と同じである（共鳴けい光）．原子けい光法はこの2次光の発光強度を測定する．第1段階の光吸収と第2段階の発光の2つの過程でほかの共存元素との分離が行われるので，きわめて元素選択性が高く，低分解能の分光器または干渉フィルターを使用できる．励起光源の散乱光を検出器に導かないように励起源は原子セル-検出器の光学系に対して直角または鋭角に配置される．高出力の励起光源が不可欠であり，線スペクトル源のパルス点灯中空陰極ランプ，無電極放電管および金属蒸気放電管が一般に用いられる．やや高分解能の分光器を必要とするが，連続スペクトルのキセノンアーク放電管では多元素同時測定が可能となる．原子セルには原子吸光法と同じ化学炎が広く使われる．原子けい光法は基底状態原子を対象とするので原子吸光法と同様な化学干渉が起こり，それに加えて共存物質による光の散乱と消光に起因する干渉がある．市販装置は少なく，実試料の分析例も多くない．

溶液を測定対象とする原子スペクトル分析法では分光干渉，化学干渉，イオン化干渉に加え，溶液の噴霧に際し粘性や界面張力の違いによる物理干渉がある． 〔内田 哲男〕

文 献

1) 大道寺英弘, 中原武利編："原子スペクトル", 学会出版センター(1389).
2) 不破敬一郎ら編："最新原子吸光分析—原理と応用(Ⅰ, Ⅱ, Ⅲ)", 廣川書店(1980, 1989).
3) 村山精一, 高橋 務編："固体試料分析のためのプラズマ発光法", 学会出版センター(1982).
4) 原口紘炁："ICP発光分析の基礎と応用", 講談社サイエンティフィック(1986).
5) 高橋 務, 大道寺英弘編："ファーネス原子吸光分析", 学会出版センター(1984).
6) 日本分析化学会編："ICP発光分析法", 共立出版(1988).
7) M.L. Parson, A. Forster and D. Anderson: "An Atlas of Spectral Interferences in ICP Spectroscopy", Prenum, New York (1980).
8) F.M. Phelps, ed.: "MIT Wavelength Tables. Vol.2", MIT Press, Cambridge (1982).
9) P.W.J.M. Boumans: "Line Coincidence Tables for Inductively Coupled Plasma Atomic Emission Spectrometry. 2nd ed.", Pergamon, Oxford (1984).
10) R.K. Winge, V.A. Fassel, V.J. Peterson and M.A. Floyd: "Inductively Cou-

pled Plasma-Atomic Emission Spectroscopy—An Atlas of Spectral Information", Elsevier, Amsterdam (1985).

6. X 線 分 析

6.1 X 線回折分析
6.1.1 はじめに

物質の諸性質を理解するためには，特徴づける原子レベルでの構造と，種々の条件下における物質の変化と状態を解明することが不可欠である．このような物質の微細構造を解析する最も普遍的な方法は，X線回折法による構造解析である．

W.C. Röntgen のX線発見以来，物質研究の分野でのX線回折現象の利用における進歩はめざましい．X線源としては，管電流が1Aを越す超強力X線発生装置から，シンクロトロン放射光を利用したものまで可能となっている．また，超高感度検出器によるX線回折強度の迅速，かつ精密な測定とすぐれたソフトウェアとの組合せによる構造決定の精密化および表示など，X線回折法は大きく飛躍している．

種々の状態分析法のなかで，X線解析法は非破壊的であり，かつ構造分析に有効であるためによく使われている．図6.1に，X線回折法による分析法を示す．試料の状態によって，多結晶（粉末）法，単結晶法，および非晶質法に分類される．また，X線の検出法により，フィルムを用いたX線カメラを主体とした写真法と，ホトンカウンタならびにディフラクトメータを組み合わせた計数法によるものに分けられる．ディフラクトメータは，種々の付属装置を併用することによって広範に応用されている．

X線回折法は，その感度の鈍さのために，表面分析・微小部局部分析にはあまり用いられてこなかったが，X線源，光学系，検出系の改良によって，固体の評価研究の分野での利用が広がりつつある．また，電子材料として不可欠な薄膜の状態分析に使われる機会も多くなっている．

ここでは，おもに一般に用いられるX線回折法について述べる．

6.1.2 一般のX線回折法

a. 定性分析 これは，おもに物質を同定するためのX線回折データの検索である．未知試料の回折線図形の回折角からブラッグの回折条件 ($2d_{hkl} \sin \theta_{hkl} = n\lambda$, θ_{hkl}：ブラッ

試料の状態	計測因子	評価
結晶性試料 / 多結晶体（粉末）	ディフラクトメータ（回折計）による定性分析，定量分析	
	(1) 回折角および強度の測定	物質の同定，粉末法による結晶構造解析，薄膜の状態分析
	(2) 回折角の測定	格子定数測定，固溶体などの組成，応力状態
	(3) 回折強度の測定	混合物試料の定量分析
	(4) 回折プロファイル測定	結晶化度，結晶粒径，格子歪
	集合組織に関する測定	
	(1) 回折角および強度の測定	集合組織・繊維組織・薄膜組織・長周期構造
	(2) 回折角の測定	
結晶性試料 / 単結晶	結晶構造に関する測定	
	(1) 回折角および強度の測定	結晶構造解析，薄膜の状態分析
	(2) 回折角の測定	結晶方位の決定，物質の同定
	結晶欠陥に関する測定	
	(1) 回折角の測定	不純物濃度，格子歪の決定，切断面検査
	(2) 回折強度の測定	格子欠陥の種類と状態
	(3) 回折プロファイル測定	結晶構造解析，格子歪
非晶質試料 / 固体 液体	構造に関する測定	
	(1) 回折角および強度の測定（動径分布測定）	局部構造・状態の決定

図 6.1 X線回折法による試料の分析・評価

グ回折角)により面間隔 d_{hkl} を求め，既知の標準パターン(JCPDS カード)と比較して，一致する物質を探し出す．未知試料が単一物質である場合は比較的やさしいが，混合物の場合は，検出される回折線の数が多く複雑になるため，解析にはきわめて熟練を要する．最近は，約 50000 のパターンのファイルからの検索が可能なソフトウェアが開発されている．

b. 定量分析 X線回折線図形のピークの高さが，固体を構成している結晶相の量の比に関係することから，目的の物質の量を推定する方法である．しかし，この測定は，物質の量比によって平均の質量吸収係数が変化するために，吸収や粒子の配向による補正をどのようにするかが大事であり，実験条件を統一して，各成分の量と回折強度からなる校正曲線を求める必要がある．標準法としては，既知の物質を未知物質中に混入させて分析する内部標準法と既知の物質を未知物質のなかに混入しないで，同一測定条件で別に測定する外部標準法がある．外部標準法の場合には，標準物質が測定試料中に混入しないので，分析法としては好ましいが，誤差が入りやすいために，内部標準法がよく採用されている．

固溶体では，化学組成と格子定数の間には一定の関係があるので，格子定数を精密に求めることによって，各成分組成を決めることができる．　　　　　　　　　〔平野　眞一〕

参　考　文　献

1) 桜井敏雄：“数理科学選書 2 X線結晶解析”，裳華房(1976)．
2) 中西典彦ら：“無機ファイン材料の化学”，三共出版(1988)．
3) B.D. Cullity, 松村源太郎訳：“カリティ新版 X線回折要論”，アグネ(1980)．

6.2 けい光 X 線分析
6.2.1 けい光 X 線分析の原理と特徴

けい光X線(特性X線)は，図 6.2 に示すように，外部から，γ 線，X線，電子線，イオンなどが，原子に入射した場合に発生するX

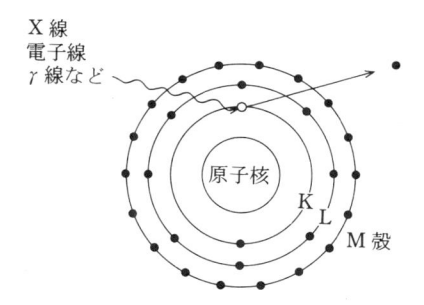

図 6.2　外部からの元素の励起

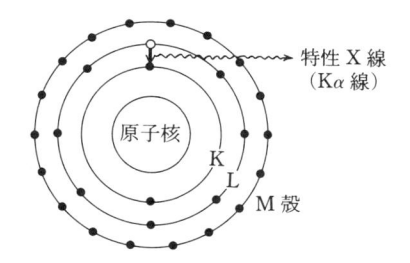

図 6.3　特性 X 線の発生

線である．たとえば，K殻から電子がはじき出され，この空いた軌道にL殻から電子が入ると，このエネルギー差に相当する $K\alpha$ 線と呼ばれる特性X線が発生する(図 6.3)．こうして発生するX線は，各原子(元素)に固有なものであり，X線のエネルギー(波長，振動数)と強度とを測定することによって，原子の定性，定量分析を行うことができる．けい光X線分析では，励起源として，一般に Cr, Ag, Au, Mo, W, Rh などを対陰極とするX線管球を利用する．走査型電子顕微鏡と結合した，X線マイクロアナライザー(EPMA)は，励起源が電子線であること以外，原理的には，けい光X線分析と全く同じである．

このけい光X線分析の特徴としては，次の点があげられる．

(1) 短時間で，非破壊的に試料中の存在元素を調べることが可能である．

(2) 測定可能な元素は，$^6B \sim ^{92}U$ と広い．

(3) この測定法は，金属，セラミックス，鉱物などの固体，粉体だけでなく，液体試料にも利用できる．

一方，次のような問題点もある．

(1) 各元素に対して，満足な測定を行うためには，励起X線管球，測定雰囲気，分光結晶

などの選択が必要である．

(2)定量分析には，あらかじめ検量線を求めておく必要であり，マトリックス効果の影響を十分考慮しなければならない．

しかし，これらの点についても，装置の自動化，データ処理ソフトの充実などにより，改善が施されるようになった．

6.2.2 けい光X線分析装置

けい光X線分析装置には，分光法の異なる2種類の手法があり，それぞれ，エネルギー分散型けい光X線分析(energy dispersive X-ray spectroscopy: EDSあるいはEDX)および，波長分散型けい光X線分析(wavelength dispersive X-ray spectroscopy: WDSあるいはWDX)と呼ばれている．

エネルギー分散型の場合には，図6.4のように，測定試料に連続X線を入射することによって発生するX線を，直接，Si(Li)半導体などの検出器で測定する．この信号を増幅器を通して増幅したのち，波高分析器を用いることによって，各エネルギーのX線強度として測定する．これに対して，波長分散型の場合には，図6.5に示すように，分光結晶，スリット(コリメータ)を利用して，より厳密にブラッグの回折条件を満足するX線を選択し，測定を行う．

このため，エネルギー分散型の場合には，短時間で多元素の同時測定が可能であり，かつ，分光結晶を用いないためにエネルギー効率が高く，X線管球としても，低出力のもので十分である．すなわち，試料の損傷も低く抑えることができる．また，最近までエネルギー分散型用の検出器には表面に数μmのBeコーティングをしていたために軽元素の分析には適さないとされてきたが，近年新しいウィンドレス(windowless)タイプの検出器が開発されて，Bまで検出元素範囲が広がりつつある．

一方，波長分散型においては，エネルギー効率は低いものの，分解能の点については，エネルギー分散型よりもすぐれている．また，EDXにおいてしばしば問題となるエスケープピークについても，この手法では，波高分析器の設定により容易に解決できる．これらの特徴を有するWDSでは，特に測定対象元素に応じた適切な分光結晶，スリットを

図 6.4 EDS装置

表 6.1 分光結晶，分光素子

結晶名	化学式	$2d$(Å)	反射面	測定可能軽元素
フッ化リチウム	LiF	2.848 4.0237	(220) (200)	$_{24}$Cr $_{19}$K
石英	SiO_2	2.750 6.686	($20\bar{2}3$) ($10\bar{1}1$)	$_{23}$V $_{15}$P
ゲルマニウム	Ge	6.5327	(111)	$_{15}$P
グラファイト	C	6.708	(0002)	$_{15}$P
インジウムアンチモン	InSb	7.48	(111)	$_{14}$Si
EDDT	$C_6H_{14}N_2O_6$	8.803	(020)	$_{13}$Al
PET	$C(CH_2OH)_4$	8.76	(002)	$_{13}$Al
リン酸二水素アンモニウム ADP	$NH_4H_2PO_4$	10.648	(101)	$_{12}$Mg
セッコウ	$CaSO_4 \cdot 2H_2O$	15.12	(020)	$_{11}$Na
フタル酸ルビジウム RAP	$RbHC_8H_4O_4$	26.12	(001)	$_9$F
フタル酸タリウム TAP	$TlHC_8H_4O_4$	25.7626	(001)	$_8$O
人工多層膜		任意		$_5$B

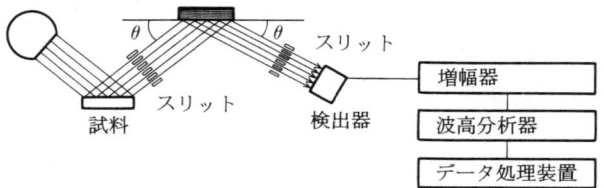

$n\lambda = 2d\sin\theta$

図 6.5 WDS装置

6. X 線 分 析

選択することが重要なポイントとなる，現在までに用いられた分光結晶を表6.1に示す.

これらの結晶の選択に際しては，

(1) 目的元素から放出される特性X線を分光するために，適切な格子面間隔(あるいは層間隔)を有していること.
(2) 反射強度が十分大きいこと.
(3) 表面の安定性が高いこと.
(4) 熱膨張係数が小さいこと.

などの条件が要求される.

たとえば，ゴニオメーターの回転角と各結晶の面間隔との関係から，ブラッグの回折条件を用いることによって，目的とするX線を分光できるかどうかを判断することができる.

特に，最近では軽元素に対応する超軟X線(長波長，低エネルギー)を測定するために，単結晶だけでなく，さまざまな人工多層膜分光素子(layered structure analyser: LSA)が利用されるようになってきた，アモルファス炭素とアモルファスタングステンを交互に $2d=42$ Å となるように積層した場合には，図6.6に示すように，相対強度が数倍にも向

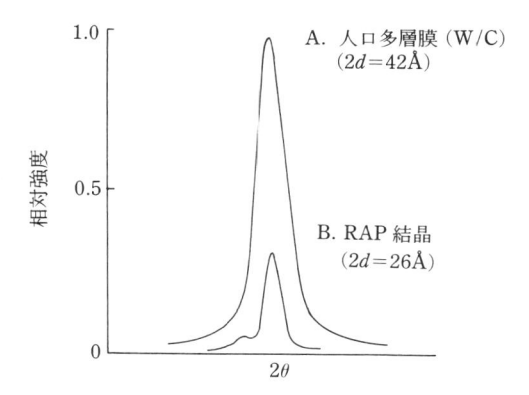

図 6.6 人工多層膜および RAP 結晶による AlKα 線の分光

上している. この人工多層膜分光素子を用いれば，%オーダー以下の検出も可能となる. さらにこの素子は，大気中においても比較的安定で，取り扱いが容易であるという利点も合わせもっている. 今後，多層膜の完全性を高めることにより，波長分解能がさらに向上するものと考えられる.

6.2.3 定 性 分 析

定性分析には，けい光X線が最も広く用いられており，EDSの場合には，特性X線のエネルギーに対する強度変化を，またWDXの場合には，各特性X線に相当する回折角 2θ に対しての強度変化を測定する. これらのデータを，すでに求められている各元素の特性X線の値と比較することによって，存在元素を確認することができる. 分解能が低い測定システムにおいては，2種類以上の特性X線が分離できない場合があるため，それぞれの元素について，複数の特性X線について調査し，同定することが必要である.

6.2.4 定 量 分 析

定量分析においては，原子吸光法などと同様に，検量線法，標準添加法，内部標準法などが用いられる.

検量線法は，目的元素の濃度を変化させた試料をあらかじめ調製し，これをもとに，濃度とX線強度の関係を示す検量線を作製する. この検量線をもとにして，実試料について測定されるX線強度から，これに対応する元素濃度を求める.

標準添加法は，実試料に測定元素を既知量ずつ添加することにより，X線強度の変化を測定するものである. この濃度強度のグラフより，外挿法によって実試料中の初期元素濃度を決定することができる.

内部標準法は，実試料に，目的元素以外の既知の他種元素を，一定濃度添加することにより，内部標準とする. 目的元素と添加元素からのX線強度を測定し，強度比をプロットして，目的元素の濃度を求める方法である.

けい光X線分析においては，試料は塊状固体，粉体，液体のいずれもが測定可能であるが，試料中の元素の状態により，表面処理，粉砕，融解，濃縮などの前処理が必要である. さらに，測定中の雰囲気の影響が大きいことも知られており，注意が必要である.

けい光X線分析は，非破壊分析法である反面，マトリックスからの影響(マトリックス効果)が大きいことを考慮しなければならな

い．すなわち，試料中に目的元素を励起させることのできる特性X線を発生する元素や，目的元素から放出されたX線を吸収してしまう元素が存在する場合には，これら共存元素の影響は大きくなる．特に，固体試料の定量分析においては，これらの現象は複雑なものとなりやすい．

6.2.5 状態分析

原子の結合状態の変化を，けい光X線から評価する報告が，すでに多く出されている．内殻電子の遷移に基づくけい光X線も，結合に関与している外殻電子の状態が変化するとその影響を受けるため，化学シフトが観察される．WDSにおいて，2結晶分光法を用いた厳密な測定をすることによって，原子の結合状態や電荷状態についての情報が得られる．　　　　　　　　　〔菊田　浩一〕

7. クロマトグラフィー

7.1 はじめに

ロシアの植物学者Tswettがクロマトグラフィーを創始してほぼ1世紀が経過した．その間，カラム技術やエレクトロニクスをはじめとする周辺技術の革新もあって，クロマトグラフィーは現在では最もすぐれた分離分析法の1つとなった[1]〜[4]．その利用目的は大きく分けて「分析」と「分取」の2つに集約することができる．目的に応じてさまざまな形態の分離分析システムが開発され利用されてきている．本章ではガスクロマトグラフィー(GC)，液体クロマトグラフィー(LC)，薄層クロマトグラフィー(TLC)，ペーパークロマトグラフィー(PC)について概要を述べる．

7.2 クロマトグラフィーの分類

クロマトグラフィーは移動相・固定相の物理的状態，分離の場の形状，分離モードなどによって分類される．

移動相の物理的状態によって，GC，SFC

表 7.1 移動相組成の性質の比較

物性	単位	クロマトグラフィー		
		GC	SFC	LC
密度	$g \cdot cm^{-3}$	10^{-3}	$0.3 \sim 0.8$	1
粘度	$g \cdot cm^{-1} \cdot s^{-1}$	10^{-4}	$10^{-4} \sim 10^{-3}$	10^{-2}
拡散係数	$cm^2 \cdot s^{-1}$	10^{-1}	$10^{-3} \sim 10^{-4}$	10^{-5}

(超臨界流体クロマトグラフィー)，LCに分類される．表7.1にそれぞれの移動相の特徴を比較した．GCでは揮発性の高い試料を対象とし，LCで移動相に溶解する試料を対象とする．超臨界流体は液体に近い密度を有する気体で，種々の化合物を溶解する能力をもっているため，SFCはGCで取り扱えないような難揮発性化合物も対象試料とすることができる．また，超臨界流体中の溶質の拡散速度が液体中よりも2桁程度速いので，SFCはLCよりも迅速分離が可能となる．同じ溶質がどのクロマトグラフィーでも分析できる場合はGCが最もすぐれた分離性能を与える．GCでは10^3以下，SFCでは10^4以下，LCでは10^6程度までの分子量の試料を分析対象とすることができる．

また，クロマトグラフィーは分離の場の形状によってカラムクロマトグラフィー，TLC，PCに分類される．

分離モードによって，分配クロマトグラフィー，吸着クロマトグラフィー，イオン交換クロマトグラフィー，サイズ排除クロマトグラフィー，イオン対クロマトグラフィー，アフィニティークロマトグラフィー，配位子交換クロマトグラフィーなどに分類される．

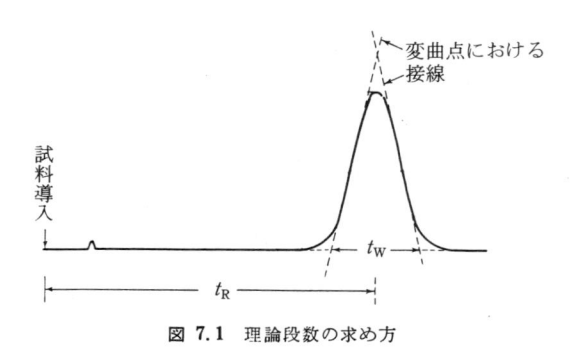

図 7.1 理論段数の求め方

7.3 理論段数と理論段高

クロマトグラフィーはカラム性能の指標として理論段数(N)と理論段高(H)がよく用いられる．Nは大きいほど，Hは小さいほどカラム性能が高い．図7.1に示したようなクロマトグラムが得られたとすると，NとHはそれぞれ(7.1)，(7.2)式で与えられる．

$$N = 16(t_R/t_W)^2 \quad (7.1)$$
$$H = L/N \quad (7.2)$$

ここでLはカラム長である．Hは(7.3)式に示すように van Deemter によって3つの項の寄与(渦流拡散，分子拡散，物質移動抵抗)の和として表されている．

$$H = A + B/u + Cu \quad (7.3)$$

ここでA, B, Cは操作条件によって決まる定数で，uは移動相の線流速である．ある流速でHは最小値をとる．

7.4 ガスクロマトグラフィー(GC)

7.4.1 装置の概要

GCは気体を移動相とするカラムクロマトグラフィーで，固定相が固体か液体かで，気固吸着法，気液分配法に区別される．装置はガスボンベ，試料注入部，分離カラム，恒温槽，検出部からなる．移動相はキャリヤーガスと呼ばれ，通常ヘリウム，窒素，ときには水素，アルゴンなどが用いられる．高圧ボンベから減圧弁，流量調節弁を通って試料注入部に導かれる．分離カラムには充塡カラム，または(中空)キャピラリーカラムが用いられる．試料は通常，シリコンセプタムを通して導入される．試料がすばやく気化するように最高沸点成分の沸点の20〜30°C高めに試料注入部の温度をセットする．試料が難揮発性の場合，誘導体化によって試料の揮発性を高めることがある．キャピラリーカラムを用いる場合はスプリット注入法を用いることが多い．

7.4.2 分離カラム

充塡カラムのクロマト管には内径2〜4mm，長さ1〜5m程度のガラス管またはステンレス管がよく用いられる．充塡剤としては，シリカゲル，活性炭，活性アルミナなどの無機系吸着剤，スチレン－ジビニルベンゼン共重合体をはじめとするポーラスポリマーが使用される．ケイソウ土やテフロンビーズが担体として使用され，さまざまな固定液相が市販されている．液相はMcReynolds' Constant[5]を参考にして選択することができる．

キャピラリーカラムは充塡カラムより透過性がよいため，単位時間，単位圧力損失当たりに達成される理論段数が充塡カラムより大きい．とくにフューズドシリカキャピラリーカラムは不活性で，柔軟性があり取扱いが容易なため，充塡カラムに代わって使用されるようになってきた．内径(0.2〜0.5)mm，長さ数10mの種々の固定相を固定化したフューズドシリカキャピラリーカラムが入手できる．通常はポリイミド樹脂を被覆したキャピラリーカラムが使用されるが，高温(〜450°C)GC用に金属アルミニウムを被覆したものも利用できる．膜厚はカラム効率，試料負荷量に影響を及ぼすので目的に応じて注意して選択しなければならない．

7.4.3 検出器

GC用に数多くの検出器が開発されている．なかでも熱伝導度検出器(TCD)，水素炎イオン化検出器(FID)，電子捕獲型検出器(ECD)，炎光光度検出器(FPD)がよく用いられる．最近のガスクロマトグラフには，1台に複数の検出器が搭載できるものもあり，検出器をシリーズに連結できるものもある．

TCDは汎用的な検出器であるが検出感度が低い．FIDはほとんどの有機化合物に対し高感度であり，定量範囲がきわめて広い(10^7程度)．ECDはハロゲン化合物，ニトロ化合物などの親電子化合物に対し選択的に応答し，きわめて感度が高い．FPDはリン化合物，硫黄化合物に対し選択的で高感度であるなどの特徴がある．

GCにおいて，溶出成分はその保持時間によって定性することが多いが，保持時間だけで定性するのは困難な場合もある．GCの定性能力を高めるためフーリエ変換赤外分光光

度計(FT-IR)や質量分析計(MS)を検出器に用いることもできる．とくに後者は高感度で構造に関する豊かな情報を提供する．キャピラリーカラムの場合には特別なインターフェースなしに質量分析計と直結できる．

7.4.4 カラム温度

カラム温度が上昇すると一般に分析時間が短縮されるが，分離能は低下する．したがって，十分な分離能を維持しながら分析時間をできるだけ短くするようにカラム温度を選ぶ．各成分の沸点が広範囲に及ぶときは，試料注入後，カラム温度をある一定の速度で上昇させる昇温 GC が有効である．

7.5 液体クロマトグラフィー(LC)

7.5.1 はじめに

LC は移動相に溶解する試料を分析対象とすることができる．LC は GC と比較して移動相の選択に自由度があるため，さまざまな分離モードが開発されている．固定相・移動相および試料間の相互作用によって吸着，分配，イオン交換，サイズ排除，イオン対，配位子交換クロマトグラフィーなどに分類される．条件によってはこれらの複数の分離モードが関与する．LC は一般にカラム LC を指し，分析用の LC は高速液体クロマトグラフィー(HPLC)と呼ばれる．

7.5.2 装置の概要

液体クロマトグラフは移動相送液ポンプ，試料注入部，分離カラム，カラムオーブンおよび検出器からなる．

a. 移動相送液ポンプ LC 用ポンプは高圧(〜500気圧)に耐え，脈流を発生することなく一定流量で送液できることが必要とされる．分析を目的とするときは内径 4.6 mm の充塡カラムが一般に使用され，流量はだいたい 1 ml/min である．試料成分の性質が広範囲にわたるときは，分析時間を短縮するために溶媒勾配溶離法がとられる．このような溶媒勾配溶離機能を有するポンプも市販されている．移動相は使用前にろ過し，よく脱気

図 7.2 分離モードの選択

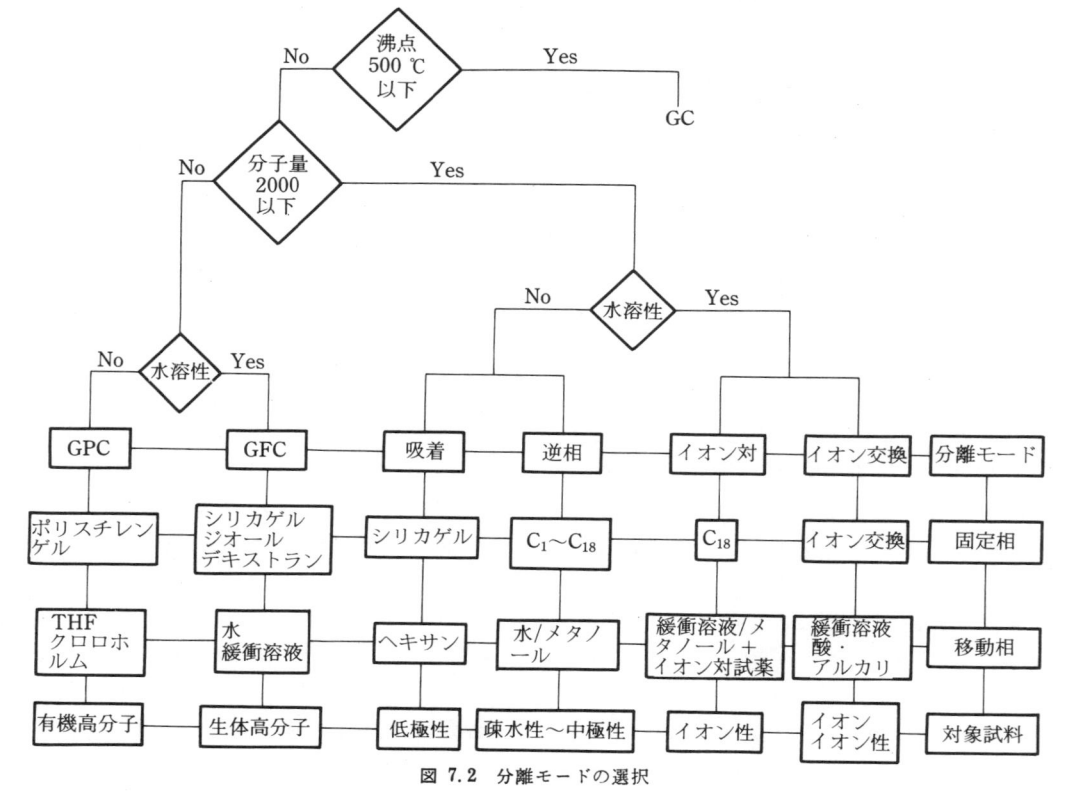

したものを用いる．

b. 試料注入部 スイッチングバルブやオートサンプラーが試料の導入のために使用される．内径4.6 mmの充塡カラムの場合，10～100 μlの試料が注入される．

c. 分離カラム LCでは分析用として内径4.6 mmの充塡カラムを用いることが多いが，これは現在のハードの技術の制約によるところが大きい．ある目的物質を高純度に分離・精製するためにはLC用のカラムのスケールアップが必要で，内径が1 mにも及ぶカラムが市販されている．一方で，高感度マス検出などを達成するためにカラム内径を小さくする動きもあり，小さいものでは内径0.3 mmの充塡カラムが市販されている．

分析用に使用される充塡剤はシリカ系とポリマー系の充塡剤に大別される．分析用には3～10 μmの粒子径のものがよく使用される．

d. カラムオーブン LCにおいてはしばしばカラム温度の制御はおろそかにされがちであるが，カラム温度の制御は分析精度の改善につながるので重要である．

e. 検出器 紫外・可視吸収検出器，けい光検出器，示差屈折計がよく使用される．示差屈折計は汎用的検出器であるが感度が低く，検出感度は1 μg程度である．それに対し，紫外・可視吸収検出器およびけい光検出器は選択的検出器で感度が高く，それぞれ1 ng，1 pg程度の検出感度が達成される．適当な検出法がないとき試料成分は誘導体化される．

7.5.3 分離モードの選択

LCの分離モードは試料の分子量，水溶性，極性，イオン性によって選択することができる．図7.2に分離モードの選択の目安を示す．

7.6 薄層クロマトグラフィー（TLC）

7.6.1 TLCの特徴

TLCではガラス板，プラスチック板などの上に固定相を塗布したプレートが使用される．TLCは大がかりな装置を必要とせず，高分解能であるため，広い領域で利用され，特に有機合成，天然物化学では日常使用されている．移動相は通常毛管現象により固定相の間をしみ込みながら上昇し，試料成分を展開分離する．GC，LCが溶出クロマトグラフィーであるのに対し，TLCでは試料は添加された点から溶媒フロントの間に分離される．

試料はドライヤーで乾燥させて少量ずつ数回に分けてつけ，スポットはできるだけ小さくする．試料成分の定性はR_f値（≡試料成分の移動距離／試料添加点から溶媒フロントまでの距離）によって行う．一方，定量にはスポットの大きさを比較する方法，デンシトメーターを使う方法，薄層板から抽出してほかの機器分析法を利用する方法などがある．デンシトメーターを用いるとクロマトグラムを得ることができる．展開槽は長方形箱型のものが一般に用いられる．溶媒の飽和状態を保つためにろ紙を壁面に張りつけたり，つるしたりするとよい．TLCでは同時に複数の試料を添加することができる．この点はカラムクロマトグラフィーよりすぐれている．

7.6.2 TLCの高性能化

HPLCで使用されているような粒径5～10 μmの粒度の揃ったシリカゲルやオクタデシルシリカを塗布したプレートを用い，TLCの高性能化，機器化が試みられている[6]．それは高性能TLC（HPTLC）と呼ばれている．HPTLCでは分析時間が短縮され，分離されるスポットも小さいため高感度検出が可能である．プレコートプレートが市販されている．

7.7 ペーパークロマトグラフィー（PC）

PCは分離精度は劣るが，簡便に行える利点があるので現在でも広く用いられている．PCは担体がろ紙で，繊維に吸着された水などの極性物質が固定相となる分配型のクロマトグラフィーである．親水性物質の分離に適しており，展開，定性，定量はTLCと同様の操作で行える．ろ紙は裁断された市販品

（東洋濾紙）を用いることができる．種類によって厚さ，吸水速度などが異なり，用途によって使い分ける．展開槽は試験管状またはシリンダー状のものが多く使用され，上昇展開または下降展開が行われる．〔竹内　豊英〕

文　　献

1) R.J. Gritter, J.M. Bobbitt, A.E. Schwarting, 原　昭二訳："入門クロマトグラフィー　第2版"，東京化学同人(1988).
2) 正田芳郎, 小島次雄共編："高分解能ガスクロマトグラフィー"，化学同人(1983).
3) 荒木　峻："ガスクロマトグラフィー　第3版"，東京化学同人(1981).
4) 波多野博行, 花井俊彦共著："実験高速液体クロマトグラフィー"，化学同人(1988).
5) W.O. McReynolds: *J. Chromatogr. Sci.*, **8**, 685 (1970).
6) 大森竹塩："バイオメディカルクロマトグラフィー　第2集"，原　昭二・中嶋暉躬・廣部雅昭編，化学の領域増刊133号，27，南江堂(1981).

8. 電気分析

8.1 ポーラログラフィー

一般に電流-電圧曲線の性質を調べ，これを利用する分析法をボルタンメトリーといい，そのうち水銀滴下電極を用いる電解法をポーラログラフィーと呼ぶ．ポーラログラフィーはHeyrovskyと志方によって創始された分析法であり，その装置（ポーラログラフ）の概略を図8.1に示す．通常作用電極，対極および参照電極の3つの電極を試料溶液中に挿入し，溶液を撹拌しないで作用電極の電位を参照電極に対して一定の速度で走査し，その際に作用電極と対極の間に流れる電流を作用電極の電位に対して記録する．この電流-電位曲線をポーラログラムと呼ぶ．作用電極としては水銀滴下電極，すなわち水銀だめと毛細管を連結し，水銀だめの高さを調節することによって毛細管から3〜5秒に1回落下するようにした微小水銀滴を用いる．対極には水銀池や白金線，参照電極には飽和カロメル電極や銀-塩化銀電極などが用いられる．たとえばCd^{2+}を分析したい場合には，Cd^{2+}の約100倍量以上の支持電解質(KCl)および少量の極大抑制剤（ゼラチン）を加えて試料溶液を調製する．試料溶液を電解セルに採取して窒素ガスを通気し溶液中の酸素を除く．溶液静止後，ポテンシオスタットにより電位規制を行い，作用電極の電位を負側に走査すると図8.2のような直流ポーラログラムが得られ

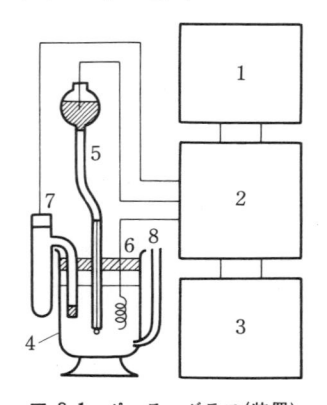

図8.1　ポーラログラフ（装置）
1：電位走査装置，2：ポテンシオスタット，3：X-Yレコーダー，4：電解セル，5：作用電極（滴下水銀電極），6：対極，7：参照電極，8：除酸素用窒素送入口

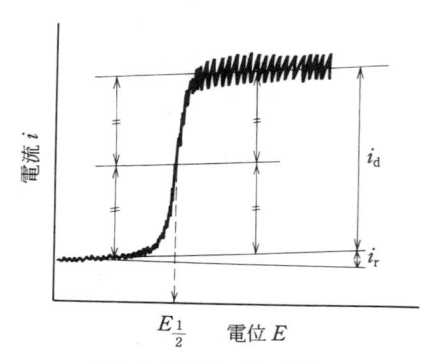

図8.2　直流ポーラログラム

る．Cd^{2+}の電解がある電位から急に始まり，電流は加電圧とともに直線的に増加し，やがて定常状態に達する．この定常電流を限界電流と呼ぶ．電解電流が急に流れ始めるまでの電流を残余電流i_rといい，限界電流からi_rを差し引いたものが拡散電流i_dである．残余電流は水銀滴-溶液界面の電気2重層を充電する電流と溶液中の不純物の電解電流の和

である．拡散電流の 1/2 に相当する電位を半波電位 $E_{1/2}$ と呼ぶ．

一般に溶液中の物質の移動のしかたには泳動，対流，拡散の3種類の過程がある．ポーラログラフィーでは支持電解質の添加により試料の泳動を抑え，溶液を静止させることで対流を抑えているので，拡散が物質移動を支配することになる．作用電極電位が十分負になると Cd^{2+} の電極表面での電子授受速度が速くなるため，電解電流は溶液中の復極剤（試料）の電極表面への拡散速度によって律速され，加電圧をさらに負にしても一定値となる．このように電極反応速度が速い場合，すなわち電極反応が可逆な場合にはネルンスト式が適用でき，直流ポーラログラムの電流 i と電位 E との間には

$$E = E_{1/2} - \frac{0.059}{n} \log \frac{i}{i_d - i}$$

の関係が成立する．ここで n は電極反応の電子数である．この $E_{1/2}$ は溶液中の物質に固有な値であるので，この値から定性分析ができる．また，水銀滴下電極を用いた場合に観察される平均拡散電流 $i_d (\mu A)$ はイルコビッチ式により

$$i_d = 607\, nm^{2/3} t^{1/6} D^{1/2} C$$

と表される．ここで m は水銀流出速度(mg/s)，t は水銀滴下時間(s)，D は試料の拡散係数(cm^2/s)，C は試料濃度($mmol/l$)である．このように i_d は試料濃度に比例するので定量分析できる．

以上述べた作用電極に，直流電圧だけを印加する直流ポーラログラフィーでは検出限界は約 $2\times 10^{-6}\,mol/l$ である．この検出限界を向上させるため，直流電圧に微小な正弦波，矩形波およびパルス電圧を重畳して交流成分のみを検出してポーラログラムを得る方法が開発されている．これらの方法をそれぞれ交流，矩形波および微分パルスポーラログラフィーと呼び，これらのポーラログラムは直流ポーラログラムを1次微分した形，すなわちピーク状を示し分解能がすぐれている．パルスポーラグラフィーでは電気二重層の充電電流が十分小さくなった時間での電流を測定することにより，$1\times 10^{-8}\,mol/l$ の検出限界が達成されている．

8.2 電解分析

電解分析とは試料溶液中に入れた白金などの電極間に直流電圧を印加し，溶液を攪拌しながら定量成分だけを電極上に電解析出させ，その質量を測定することにより定量分析する方法である．電解の操作法には電流をほぼ一定にして行う定電流電解法と，電極電位を一定にして行う定電位電解法の2種類がある．前者の装置例を図 8.3 に示す．陰極に白

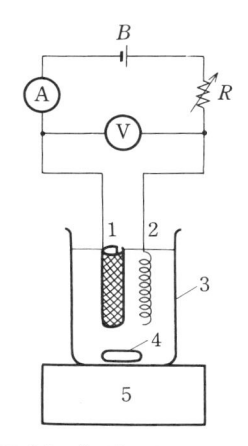

図 8.3　定電流電解分析装置
A：電流計，V：電圧計，B：直流電源，R：可変抵抗器，1：陰極（白金網），2：陽極（白金線），3：電解セル，4：回転子，5：マグネチックスターラー

金網，陽極に白金線が用いられる．電解の始まる最小電圧は分解電圧と呼ばれるが，実際に電解をつづけるために必要な加電圧 E_{app} は E_a，E_c をそれぞれ陽極および陰極における可逆電極電位，w_a，w_c を両極における過電圧，R を溶液抵抗，i を電流とすれば

$$E_{app} = (E_a + w_a) - (E_c - w_c) + iR$$

となる．定電流電解法では，電解が進むにつれて陰極電位はネルンスト式に従って負側に移行するので水素発生電位よりかなり陽の還元電位をもった単一イオン（たとえば Cu^{2+}）の定量に適している．水素イオンより負の還元電位をもつ金属イオン（たとえば Ni^{2+}）ではアルカリ性とし水素発生電位を負側に移行さ

せることによって電解析出させることができる．定電位電解法では陰極，陽極のほかに第3の電極（参照電極）を用い，ポテンシオスタットにより陰極電位を一定値に保って電解を行う．この方法は還元電位の近い金属イオン（たとえば Ag^+ と Cu^{2+}）が共存する場合に用いられる．陰極の設定電位を選ぶことによって両者を分離析出させることができる．白金の代わりに水銀を陰極に用いる電解法を水銀陰極電解分析という．水銀電極は水素過電圧が約1Vと大きいため，全元素の約1/3のイオンを完全または部分的に析出させることができ，各イオンの相互分離に利用される．

8.3 電位差滴定

中和滴定，酸化還元滴定，沈殿滴定，キレート滴定などの滴定法において，被滴定液（試料溶液）中に指示電極と参照電極を挿入してその電位差を測定し，滴定の進行に伴う電位変化から終点を求め，目的成分を定量する方法を電位差滴定という．電位差滴定のための装置を図8.4に示す．滴定試薬をビュレットから一定量滴加するごとにマグネチックスターラーでよく撹拌して十分反応させてから電位差を測定する．滴定試薬滴加量を横軸に，電位差を縦軸にプロットするとネルンスト式に従ったS字型の滴定曲線が得られる．このS字型滴定曲線の変曲点を求め終点とする．滴定曲線は当量点付近で急激な変化を示すことから，微小滴加量に対する電位変化量の比を滴加量に対してプロットするとピーク状の1次微分滴定曲線が得られ，極大点から正確に終点を求めることができる．指示電極としては中和滴定ではガラス電極，酸化還元滴定では白金のような不活性電極，沈殿滴定では銀のような沈殿反応に関与する活性電極，キレート滴定では種々のイオン電極が用いられる．参照電極としては飽和カロメル電極または銀-塩化銀電極が一般に用いられるが，ハロゲンイオンの定量の場合には銀-硫酸銀電極が用いられる．

8.4 電導度滴定

電解質溶液に面積 $A(cm^2)$ の白金板電極2枚を $d(cm)$ の距離で平行に向かい合わせたとき，電極間の溶液抵抗を $R(\Omega)$ とすれば，電導度 K は次式で表わされる．

$$K = \frac{1}{R} = \kappa \frac{A}{d}$$

ここで，κ は導電率と呼ばれ，$A=1\,cm^2$，$d=1\,cm$ のときの K である．K の単位は S（シーメンス，mho（℧）と同じ），κ のそれは S/cm で表わされる．また導電率に電解質1g当量を含む溶液の体積（ml 数）を乗じた値を当量電導度 Λ と呼ぶ．Λ はその電解質から生じる陽陰各イオンの固有の当量電導度の和となる．

電導度滴定は試料溶液を滴定試薬で滴定す

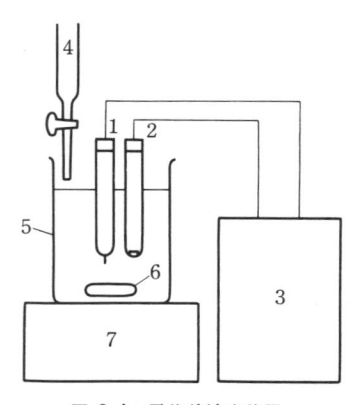

図8.4 電位差滴定装置
1：指示電極，2：参照電極，3：電位差計，4：ビュレット，5：試料セル，6：回転子，7：マグネチックスターラー

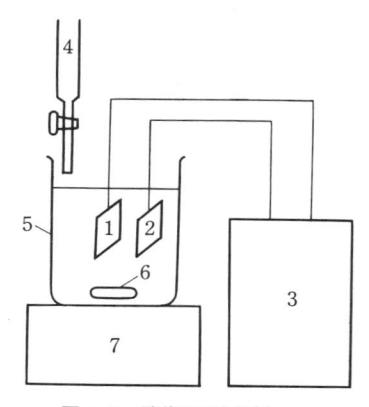

図8.5 電導度測定装置
1, 2：白金板電極，3：電導度計，4：ビュレット，5：試料セル，6：回転子，7：マグネチックスターラー

る際，滴定の進行に伴う電導度の変化から終点を求める．滴定装置の概略を図8.5に示す．電源は直流による電解を防ぐため約1000 Hzの交流電源を用い，電極は分極作用を少なくするため白金黒付白金を用いる．ホイーストンブリッジの一枝を溶液中の2個の白金電極に結線し，両電極間の電導度を測定して滴定試薬滴加量に対して記録する．滴定反応の結果，難解離性，難溶性化合物が生成する場合には，滴定の進行とともに電導度はほぼ直線的に変化し，当量点前後では滴定曲線の傾斜が変るのでその交点から終点を求めることができる．たとえば，塩酸を水酸化ナトリウム溶液で滴定する場合には当量点までは

$$H^+ + Cl^- + Na^+ + OH^- \longrightarrow Na^+ + Cl^- + H_2O$$

の反応に従って当量電導度の高い H^+ が減少し，当量電導度の低い H_2O，Na^+ が増加するため被滴定液の伝導度は減少する．当量点を過ぎると Na^+ の他に当量電導度の大きい OH^- が過剰に加えられるため再び被滴定液の電導度は増加する． 〔後藤 正志〕

参 考 文 献

1) 品川睦明著："ポーラログラフ分析法 改訂版"，共立出版(1965)．
2) 鈴木繁喬，吉森孝良著："電気分析法"，共立出版(1987)．
3) 田中誠之，飯田芳男著："機器分析 改訂版"，裳華房(1989)．

9. 質 量 分 析

9.1 質 量 分 析

原子または分子をイオン化して，高真空中で加速し，電場や磁場のなかを通過させて，各イオン種の質量による場との相互作用の違いを利用して，分離・検出し，得られる質量スペクトルから，原子量の精密測定や同位体比の決定あるいは，化合物の分子量，分子式および化学構造などに関する知見を得る分析手法を質量分析(mass spectrometry: MS)と呼ぶ．質量スペクトルの測定を行う質量分析計(mass spectrometer)は通常，(a)試料元素あるいは化合物のイオン化を達成するイオン源，(b)生成したイオン種を磁場や電場あるいはそれらの組み合わされた場の作用で，質量/電荷(m/z)の大きさに従って分離する分離管および，(c)分離されたイオン種を検出して電気信号を取り出す検出部より構成されている．

図9.1に典型的な磁場型質量分析計の原理図を示した．ここでは，気化された試料(M)がまず $10^{-5} \sim 10^{-6}$ Torr の高真空で作動しているフィラメントからの熱電子を用いる電子衝撃イオン化源(EI)に導入され，イオン化される．

$$M + e \longrightarrow M^+ + 2e \qquad (9.1)$$

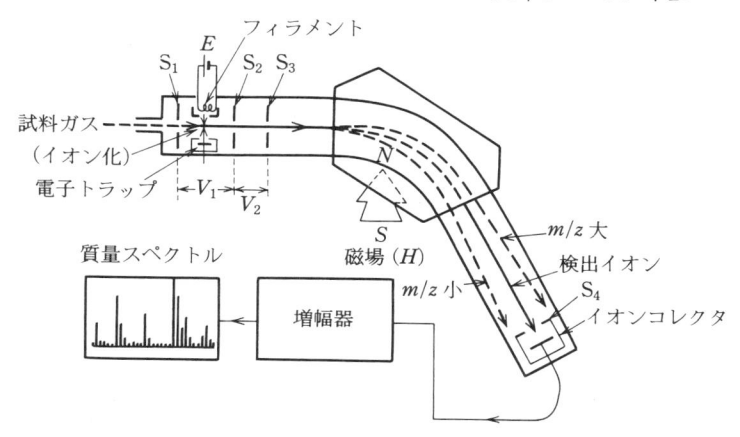

図 9.1 磁場型質量分析計の原理図

ここで生成したイオン種のなかには，過剰なエネルギーのために，さらに小さなフラグメントイオンへと開裂するものがある．

このようにして生成したイオン種は，次に正に帯電したリペラー電極(S_1)に反発して，S_1 よりは負に帯電しているスリット S_2 に向かって引き寄せられる．このスリット(S_2)を通過したイオンは，次の加速スリットS_3との間に印加された数 kV の加速電圧(V_2)で加速されて，10^{-6}～10^{-3} Torr の高真空に保たれた分離管(磁場 H)のなかに突入し，m/z の大きさによって異なった軌道を通って分離され，スリット S_4 を通過した特定のイオンがイオンコレクターに到達し，そこで生成したイオン電流は増幅されて，質量スペクトルとして記録される．このとき検出されるイオン種の質量(m/z)と磁場(H)，加速電圧(V≒V_2)および磁場中での当該イオンの軌道半径(r)の間には次式が成立する．

$$m/z = H^2 r^2 / 2V \tag{9.2}$$

質量スペクトルの測定には，スリット S_4 の位置に写真乾板を設置して，スペクトル全域を同時測定する方法もとりうるが，通常は，(9.2)式の H または V を連続的に変化させて，スリット S_4 を通過する刻々のイオン種を検出して質量スペクトルを測定する方法が用いられる．H を変化させる場合が磁場掃引法，そして V を変化させる場合が加速電圧掃引法と呼ばれている．

a. イオン源 無機化合物のイオン化には，スパークやグローなどの放電や表面電離あるいは加速イオンなどが用いられる．また最近では発光分光の励起源でもある誘導結合プラズマ(ICP)なども活用されている．一方有機化合物のイオン化には通常は電子衝撃(EI)や化学イオン化(CI)が使用されるが，難揮発性化学種の場合には，加速したイオンまたは中性原子衝撃(SIMS または FAB)，電界脱離(FD)，大気圧イオン化(API)など各種の比較的ソフトなイオン化法が目的に応じて用いられる．

b. 分離管 イオン種の m/z による分離には，(1)図 9.1 に例示したような磁場のみを用いる単収束型のほか，(2)電場と磁場の両方を用いる高分解能二重収束型，(3) 4本のポール状平行電極に特異な電場をかけてイオン種を分離する四重極型および，(4)静電場中でのイオン種の m/z の差による飛行時間の違いを利用する飛行時間型(time-of-flight: TOF)などが用いられている．

c. イオン検出 分離されたイオン種の検出には，写真乾板を初め，ファラデーカップ，電子増倍管あるいは，チャンネルプレートなどが用いられる．

9.2 質量スペクトル

図 9.2 にプロピル-ブチルケトン($C_8H_{16}O$, MW=128)の電子衝撃イオン化(70 eV)を用いて測定した質量スペクトルを示した．スペクトル上の各イオンのなかで，もとの分子(M)が電子1個を失って生成したM^+($m/z=$128)を分子イオンピーク(または親イオンピーク)と呼ぶ．また M^+ よりも小さいイオンはすべて原則的には M^+ が開裂して生成し

$$\begin{array}{c} \quad\quad\quad\quad\quad\quad \alpha \\ \quad\quad\quad\quad 43 \leftarrow | \rightarrow 85 \\ \quad\quad\quad\quad\quad\quad \alpha' \\ CH_3-CH_2-CH_2-C-CH_2-CH_2-CH_2-CH_3 \\ \quad\quad\quad\quad\quad\quad || \\ \quad\quad\quad\quad\quad\quad O \\ \quad\quad\quad\quad 71 \leftarrow | \rightarrow 57 \end{array}$$

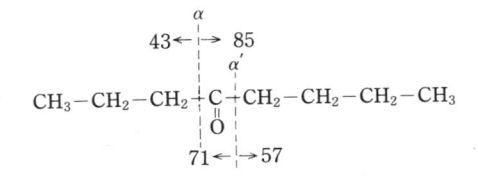

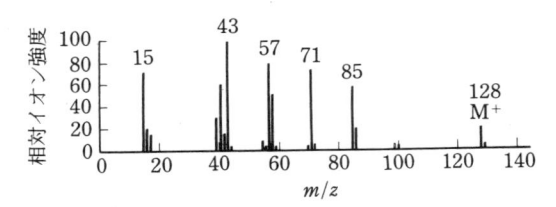

図 9.2 プロピル-ブチルケトンの質量スペクトル

たフラグメントイオンであり，もとの分子の部分構造に関する情報を与える．たとえば，$m/z=$43, 57, 71 および 85 のイオンは，それぞれ図中に示した分子式の α および α' での開裂によって生成した部分構造を反映したフラグメントイオンである．また，すべてのイオンピークのうちで最大強度のものをベースピークと呼び，通常そのピーク強度を 100 と

してほかのピーク強度を規格化してスペクトル表示がなされる．

a．同位体ピーク　有機化合物を構成する C，H，N，O などの元素は，それぞれ一定割合の質量の異なる同位体を含んでいるために，観測されるイオン種にはいずれも構成される元素の同位体に基づく衛星ピークが付随して観測される．図 9.2 の分子ピーク(M^+) について $m/z=128$ よりも質量数の大きい $m/z=129$ に観測されている微小ピークが同位体ピークである．自然界の各元素の同位体比は一定であるので，もし，M^+ に付随する $(M+1)^+$ や $(M+2)^+$ などの同位体ピークの強度比が正確に測定できれば，それらの値から分子式を推定することができる．

b．正確な質量の決定　高分解能二重収束装置を用いると，各イオンピークの質量は小数点以下 3 桁（ミリマス）あるいはそれ以下まで正確に求めることができる．ここで，^{12}C (12.0000) を基準としたときに ^1H，^{14}N，^{16}O などの各原子核の質量が，異なる質量欠損のために整数値から少しずつずれていることを利用して，ミリマス程度まで正確に測定した質量から，当該イオンの構成元素比（分子式）を推定することができる．

9.3　GC/MS

質量分析は，純粋な化合物の分子量や構造に関するすぐれた情報を与えてくれるが，複数の化合物の混合系について得られる 1 つの質量スペクトルから，個々の成分の情報を解析することは著しく困難である．そこで，比較的揮発性に富んだ化合物の分離に威力を発揮する GC（7章参照）を用いて，混合系の各成分を分離し，GC の分離カラムからの溶出成分をオンラインで質量分析計のイオン源に導いて，各構成成分の質量スペクトルを測定したり，イオン強度によるクロマトグラムを測定するために開発されたのが GC/MS である．

充填分離カラムを用いる GC では，比較的多量（10～60 ml/min）のキャリヤーガスが用いられるので，GC/MS のインターフェースにはジェットセパレーターに代表される濃縮器が用いられるが，近年開発された溶融シリカキャピラリーカラムなどでは，通常 1 ml/min 程度のキャリヤーガス流速が用いられるために，保温した分離カラム末端をそのまま EI や CI などのイオン源に連結することも可能になってきており，今日では GC/MS はある程度の揮発性を有する複雑な混合系試料の各成分の分離・同定の最もすぐれた手法の 1 つとして広く用いられている．

9.4　LC/MS

GC と並ぶクロマトグラフィーの双璧でもある LC は，GC では対象とすることが困難な難揮発性あるいは不揮発性化学種の混合系の分離にすぐれた威力を発揮している（7章参照）．こうしたことから，LC/MS は前項の GC/MS の限界を越えた揮発性の乏しい化学種を取り扱う広範な分野から，その完成が渇望されてきた．近年，移動ベルト法，サーモスプレー法，真空噴霧法，大気圧イオン化法，フリット溶出-FAB 法など各種のインターフェースが開発され，LC/MS の実用化は大きく前進した．　〔柘植　新・大谷　肇〕

参考文献

1) 日本化学会編："実験化学講座（続）14　質量スペクトル"，丸善（1966）．
2) 日本化学会編："新実験化学講座 6　基礎技術 8 章　質量スペクトル"，丸善（1977）．
3) 土屋正彦，大橋　守，上野民夫編："現代化学増刊15　質量分析法の新展開"，東京化学同人（1988）．

10.　熱　分　析

試料物質の温度を系外から一定のプログラムに従って，加熱または冷却して変化させていく過程における，重量変化，体積変化，エンタルピー変化などを追跡して，試料物質の

熱的諸特性を調べる，熱重量測定（thermogravimetry：TG）や示差熱分析（differential thermal analysis：DTA）などに代表される一連の分析法を熱分析という．これらのほかに，滴定反応の過程で発生する反応熱を手掛かりにして，滴定の終点を決める温度滴定（thermometric titration）なども熱分析の範疇に入る．

10.1 熱重量測定（TG）

TGAの測定には，精密天秤の試料ホルダーが温度プログラムできる加熱炉のなかに組み込まれ，その試料ホルダー上に設置した試料物質の重量変化が検出・記録できるようになっている熱天秤（thermobalance）が用いられる．この方法では，横軸が温度の時間変化で，縦軸が試料の重量変化の絶対値または相対値（％）で表されるサーモグラムが測定される．このサーモグラムから，試料物質の熱安定性や分解反応の過程などが解析される．また目的によっては，熱天秤の雰囲気を窒素やアルゴンなどの不活性ガスにしたり，あるいは空気や酸素などの酸化性ガスに変えたり，ときには減圧にして，サーモグラムを測定することがなされる．一方，TGとガスクロマトグラフィー（→§7.3）や質量分析（→§9.1）など化学種を分離あるいは同定する手法と直結したシステムにより，TGで得られるサーモグラム上の刻々の重量減がどのような化学種の発生と対応しているかを調べることにより，熱分解過程を詳細に検討することも可能になってきている．

10.2 示差熱分析（DTA）

DTAでは，試料物質とアルミナ粉末または石英粉末などの熱的対照物質のそれぞれを，熱電対などの温度センサーを内蔵した同形の試料ホルダーに入れ，系外から両試料ホルダーを同時に一定速度で加熱していく過程で起こる，試料物質のガラス転移，結晶系の転移，軟化，融解あるいは分解などに伴う発熱または吸熱現象に基づく，両試料ホルダーの温度差を，両熱電対の起電力の差として検出することによりサーモグラムの測定がなされる．最近の測定装置では同一試料についてTGとDTAのサーモグラムが同時測定できるものもあり，これらのサーモグラムから，試料物質の転移，融解，分解などの熱的諸特性の解析が総合的になされる．一方，DTAで得られるサーモグラムからは，試料物質中で起こっている発熱あるいは吸熱現象に伴う熱量変化を正確に測定することは困難であるが，示差走査熱量分析（differential scanning calorimetry：DSC）では，かなり正確な熱量測定ができるように測定装置が改良されており，DSCはDTAの欠点を補うすぐれた手法として頻用されている．

10.3 温度滴定

滴定反応の進行に伴って発生する反応熱による滴定溶液の温度変化を，ジュワびんなどを利用した断熱滴定セル中に設置したサーミスターなどの温度センサーで測定して，滴定の終点を決定する方法が温度滴定と呼ばれている．この方法は，通常の指示薬を用いた終点決定が困難な，弱酸-弱塩基の中和滴定を初めとする諸滴定法に活用されている．

〔柘植　新・大谷　肇〕

参 考 文 献

1) 神戸博太郎，小澤丈夫編："新版熱分析"，講談社（1992）．
2) 日本化学会編："熱・圧力（第4版実験化学講座4）"，丸善（1992）．

11. 放射化学分析

11.1 放射化分析

非放射性の試料に原子炉の熱中性子や加速器からの速中性子，陽子，γ線などを照射して放射性に変換し，その放射能の測定から元素の同定や定量を行う方法である．固体試料中の多数の微量元素を，非破壊のまま，同時

または逐次分析できるという特長がある．また，化学操作を加える場合でも，微量分析で誤差のもととなりやすい試薬，容器，環境からの汚染が，放射能測定に基づく本法では影響しないという長所もある．精度がやや低いのが短所である．

放射化用の照射粒子には，原子炉の熱中性子が最もよく利用される．中性子は電荷をもたず透過性が高いので，試料の大きさや形状によらずに内部まで均一に放射化しやすいこと，また原子炉の熱中性子は線束密度が高く，そこで生ずる (n, γ) 反応（例：$^{59}Co+^1n \to {}^{60}Co+\gamma$，通常，$^{59}Co(n, \gamma)^{60}Co$ と記す）の放射化断面積も一般に大きいので高感度分析が期待できること，などの理由のためである．

生成した放射線のうち β 線は GM 計数管で，γ 線は NaI(Tl) シンチレーションカウンターまたは Ge(Li) 半導体検出器で測定し，そのエネルギーや半減期から元素の同定を，強度から定量をすることができる．

最近では，エネルギー分解能が高く，多数の核種を同時に測定できる，Ge(Li) 半導体検出器が広く利用されている．

熱中性子放射化 Ge(Li) ガンマ線スペクトル分析法を例に，生成放射能強度，計数に伴う統計誤差，照射・冷却・計数時間の設定法，など放射化分析に関連する基礎事項について簡潔にふれておく．まず，生成放射能強度 A_0(dps：1秒間当りの壊変数) は次式で与えられる．W は目的元素重量，M は原子量，θ は目的核種の存在比，f は熱中性子線束密度，σ は放射化断面積，S は飽和係数，T は目的核種の半減期，t は照射時間である．

$$A_0 = \frac{6.02 \times 10^{23} \cdot W \cdot \theta}{M} f \cdot \sigma \cdot S$$

ただし，$S = 1 - \exp\left(-\frac{0.693}{T}t\right)$

飽和係数は半減期と照射時間より表 11.1 のようになる．

表 11.1 照射時間と飽和係数の関係

t/T	0.5	1	2	3	4
S	0.29	0.50	0.75	0.875	0.937

t は数分～数日が一般的であり，短寿命核種の場合には $t/T \simeq 3$ が上限の目安とされる．

つぎに，実際に得られる積算カウント数 A (counts) であるが，それは次式で示される．

$$A = A_0 \exp\left(-\frac{0.693}{T}D\right) B \cdot E \cdot C$$

D は冷却時間，B は目的ガンマ線の分枝比，E は測定器の計測効率，C は計数時間である．

いくつかの核種を同時測定したガンマ線スペクトル中のある光電ピークに関して，その正味のピーク面積を A_S(counts)，バックグラウンド面積を A_N とすると，計数に伴う相対統計誤差 σ_{A_S}/A_S(％) は次のようになる．

$$\frac{\sigma_{A_S}}{A_S} \simeq \frac{\sqrt{A_S + A_N}}{A_S} \times 100$$

高感度分析を行うには，できるだけ，目的元素の単位重量当りの A_S が大きく，しかもその σ_{A_S}/A_S が小さくなるような実験条件を選ぶ必要がある．それには，単に A_S を大きくするだけでなく，共存元素からのバックグラウンド計数 A_N を小さくするよう，照射時間や冷却時間を適切に設定することが肝要となる．例えば，目的核種が長寿命であれば，長時間照射後，長時間冷却して短寿命妨害核種の減衰を待って測定する．逆に短寿命の場合には，その逆傾向の措置がとられる．計数時間は一般に長いほど A_S が大きくなり好ましいが，分析所要時間を考慮する必要がある．

なお，目的元素量 W を計算により求めるのは，可能ではあるが煩雑であり，標準試料を同時に照射する比較法が一般的である．

11.2 同位体希釈分析法

同位体希釈分析法には，直接希釈法，逆希釈法，二重希釈法がある．ここでは，もっとも基本的な直接希釈法について説明する．

非放射性の試料（目的元素含量：W_x(g)）に比放射能（放射能強度／放射性元素重量：S_1）のわかったトレーサーを W_1(g) 添加し，必要によりトレーサーと試料中の元素の化学

形を同一にする化学処理を加えたのち目的元素を単離する．単離された元素の比放射能 (S_2) を測定し，次式から W_x を求める．

$$S_1 W_1 = S_2 (W_x + W_1)$$

本法は，分離が必ずしも定量的である必要はない．したがって，構造や性質の類似した化合物の混合物で，定量的相互分離が困難な試料に対する有力な分析法であり，分離操作も，迅速化と不純物の混入を防ぐ目的から，沈殿剤の添加量を目的元素の一部を沈殿させる量に限定する不足当量法[1] が利用できる．

11.3 放射分析

放射分析には，放射分析法および放射滴定法の2つがある．いずれも，沈殿生成は行うが重量測定することなく放射能の測定のみから定量することができるので，重量分析に伴う煩雑な恒量操作を必要とせず，迅速な分析ができる特徴がある．また，本法は，秤量形に問題があるとか共沈を起こしやすいような沈殿，あるいは沈殿が微量の場合にも利用できるという長所がある．

放射分析法は，非放射性の試料溶液に放射性沈殿剤の過剰量を加え，ろ液の一部または遠心分離後の上澄み液，あるいは沈殿自体の放射能を測定して，分析値を求める方法である．前者を間接法，後者を直接法と称する．

放射滴定法は，非放射性の試料溶液に放射性の沈殿剤溶液を少しずつ添加して沈殿を生成させ，そのつど試料溶液を少量ずつ採取して放射能を測定し（操作上便利な，専用装置も考案されている[1]），沈殿剤添加量と放射能強度の関係から当量点を求める方法である（図 11.1(a) 参照）．放射性の試料溶液に非放射性の沈殿剤溶液を添加する逆の場合や，両者とも放射性であるような場合には，それぞれ (b)，(c) のようになる．

なお，放射化学分析法の分析例など詳細は文献 1) が参考になる．

〔原口紘炁・廣瀬昭夫〕

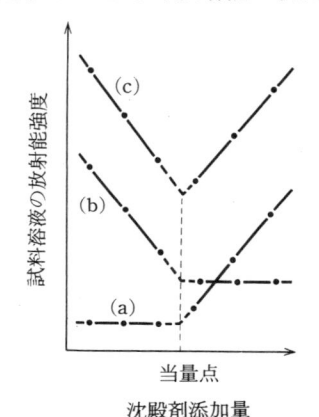

図 11.1 放射滴定曲線

参 考 文 献

1) 日本アイソトープ協会編："改訂3版アイソトープ便覧"，丸善 (1984)．

IV. 地 球 化 学

1. 宇宙のなかの地球

1.1 元素の宇宙存在度

太陽系に存在する物質中の元素の存在度を決定し，地球全体の元素組成と比較することは，地球の起源を考える上でたいへん重要であり，地球化学にとって大切な課題の1つである．元素の宇宙存在度(cosmic abundance)は，太陽系の物質の元素組成であり，これを決定しようとする試みは，古くからなされてきた．Anders と Grevesse[1] とによる最新の値を表 1.1 に示す．

元素の宇宙存在度は，太陽大気（彩層）の分光観測と炭素質コンドライトタイプ1（C1コンドライト）の化学分析データを中心に集大成したものである．C1コンドライトは揮発性元素以外の元素の存在度が太陽大気のそれとたいへんよく一致することから，太陽系成立当時の始源的な物質であると考えられている．C,N,O など主要な元素を天文学的データ，大部分の微量元素はC1コンドライトの化学分析値，Kr, Xe など高揮発性の希ガス元素については理論的な推定も行い，統一的な編集が行われている．

図 1.1 は，元素の宇宙存在度と原子番号 Z の関係を表したものである．H が一番多く，次いで He が多く存在する．この2元素で全元素存在度の原子数にして 99.9% になる．Li, Be, B は，異常に少ないが，それより原子番号の大きい元素では，Z 偶数の元素が両隣の Z 奇数の元素よりも多いという傾向を保ちながら，全体としてゆっくりと減少していく．また，Fe のところに1つの山があるが，これは，Fe が，原子核の単位核子当たりの結合エネルギーが最大であり，安定であるからと考えられる．

1.2 元素の起源

宇宙はビッグバンから始まり，温度の高い初期の段階で水素やヘリウムなどがつくられたとされている．銀河中でこれらのガスが収縮し星が生まれ，水素より重い元素が星内の原子核反応により生成された．B_2FH 理論 (Burbidge, Burbidge, Fowler and Hoyle)[2] によれば，元素の存在度を説明するための多

表 1.1 元素の宇宙存在度[1]

元素	存在度*	元素	存在度*
1H	2.79×10^{10}	44Ru	1.86
2He	2.72×10^{9}	45Rh	0.344
3Li	57.1	46Pd	1.39
4Be	0.73	47Ag	0.486
5B	21.2	48Cd	1.61
6C	1.01×10^{7}	49In	0.184
7N	3.13×10^{6}	50Sn	3.82
8O	2.38×10^{7}	51Sb	0.309
9F	843	52Te	4.81
10Ne	3.44×10^{6}	53I	0.90
11Na	5.74×10^{4}	54Xe	4.7
12Mg	1.074×10^{6}	55Cs	0.372
13Al	8.49×10^{4}	56Ba	4.49
14Si	1.00×10^{6}	57La	0.4460
15P	1.04×10^{4}	58Ce	1.136
16S	5.15×10^{5}	59Pr	0.1669
17Cl	5240	60Nd	0.8279
18Ar	1.01×10^{5}	62Sm	0.2582
19K	3770	63Eu	0.0973
20Ca	6.11×10^{4}	64Gd	0.3300
21Sc	34.2	65Tb	0.0603
22Ti	2400	66Dy	0.3942
23V	293	67Ho	0.0889
24Cr	1.35×10^{4}	68Er	0.2508
25Mn	9550	69Tm	0.0378
26Fe	9.00×10^{5}	70Yb	0.2479
27Co	2250	71Lu	0.0367
28Ni	4.93×10^{4}	72Hf	0.154
29Cu	522	73Ta	0.0207
30Zn	1260	74W	0.133
31Ga	37.8	75Re	0.0517
32Ge	119	76Os	0.675
33As	6.56	77Ir	0.661
34Se	62.1	78Pt	1.34
35Br	11.8	79Au	0.187
36Kr	45	80Hg	0.34
37Rb	7.09	81Tl	0.184
38Sr	23.5	82Pb	3.15
39Y	4.64	83Bi	0.144
40Zr	11.4	90Th	0.0335
41Nb	0.698	92U	0.0090
42Mo	2.55		

* $Si = 100 \times 10^{6}$ に対する原子数比

1. 宇宙のなかの地球

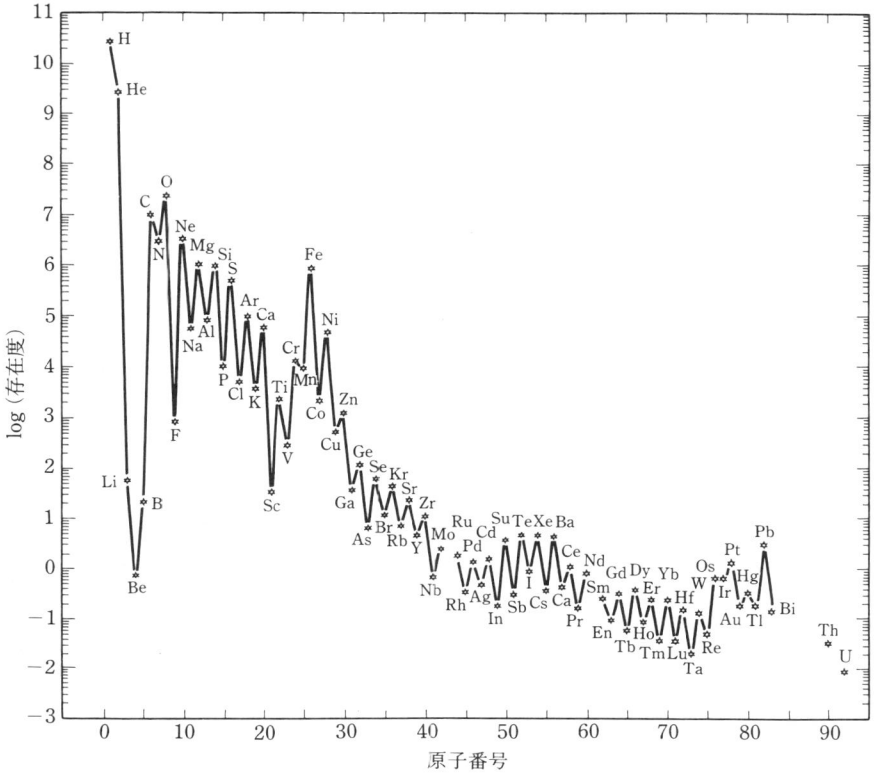

図 1.1 元素の原子番号と宇宙存在度 (Si=10⁶) の関係

様な核反応がある.

水素が主成分の生まれたばかりの星が重力収縮し星内部の温度が上昇すると，H同士の衝突により 4H→He 反応 (p-p chain) が起こり He が生成される．この反応熱により中心温度が上がると，C, N, O を媒介とする 4H→He の反応 (C, N, O cycle) が起こる．中心温度がさらに上昇すると He の衝突反応が始まり ^{12}C, ^{16}O, ^{20}Ne などが生成される (He 燃焼)．中心温度が $10^{10}K$ になると，すべての反応は平衡状態となる (e 過程)．原子核として安定な ^{56}Fe が合成されると，エネルギーの吸収が進み星は収縮し大爆発が起こる (超新星)．このとき大量に発生する高速中性子が，核に打ち込まれ，不安定核種が短時間のうちに生成される．その後，β 壊変が起こり，重い元素が生成される (r 過程)．一方，高速陽子が打ち込まれる反応 (p 過程) も同時に進行する．また，これ以外に β 壊変と中性子捕獲が平衡してゆっくり進む反応 (s 過程) など

が考えられている．Li, Be, B などは以上の反応では生成されないが，より重い元素の宇宙線による核破砕反応によるものとされている (x 過程)[3].

1.3 太陽系の形成

銀河系内の星間ガス中に高密度領域ができ，それが収縮を始め原始太陽系ができた．隕石中には，酸素や希ガスなどの同位体組成に異常が発見されることから，この星間ガスの収縮には，近傍にあった超新星の爆発が原因したと考えられている．また太陽は重い元素を含んでいることから，第 2 あるいは第 3 世代の星であることがわかる．これらの重い元素は太陽系形成以前の超新星や赤色巨星でつくられたものであり，原始太陽系星雲内で完全に攪拌されなかったとの指摘もある．

原始太陽系星雲ガスの温度が下がるにつれどのような固相が凝縮してくるかは，熱力学的に計算されている (図 1.2)．これによれ

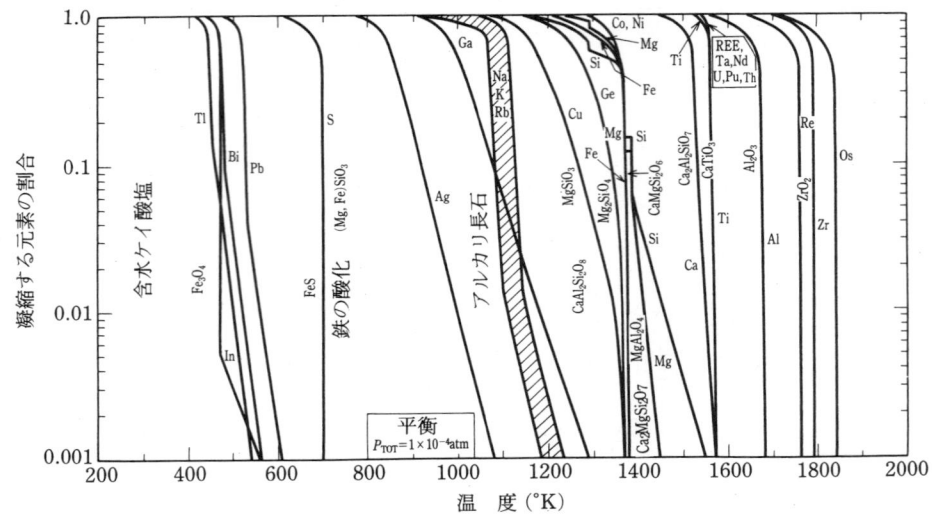

図 1.2　原始太陽系星雲内における元素凝縮の様子 (Grossman and Larimer[4] より)

ば，まず 1850 K から難揮発性の微量元素 Os, Zr, Re が析出し，Al, Ca, Ti などはケイ酸塩や酸化物として凝縮してくる．Fe, Mg, Si など太陽系惑星物質の主要元素も 1400 K 以下になって Fe-Ni 合金やカンラン石，輝石などを形成して凝縮してくる．700 K 以下になると硫黄が金属鉄と存在して FeS が形成され，400 K では磁鉄鉱が形成され，Mg, Fe のケイ酸塩は水蒸気と反応して含水ケイ酸塩が凝縮する[4]．

理論計算によれば，このようにして形成された固体粒子は太陽系の赤道面へ沈積し，固体層をつくるが，重力的不安定から分裂し，微惑星ができる．これらが合体成長して 10^{21} から 10^{25} g の原始惑星ができあがる．原始惑星は微惑星を捕獲してさらに成長し，その後，木星型惑星の重力的な摂動か太陽風により濃い原始太陽系星雲のガスが散逸される．さらに太陽系内で長年摂動による軌道の調整が行われ，現在の太陽系ができあがる[5]．

1.4 地球の年齢

地球の年齢は約 46 億年と考えられている．これは，Pb-Pb 法において，海洋堆積物の Pb 同位体が鉄隕石を始源鉛とする 45.5 億年のアイソクロンに乗ることが報告されていることによる．また Rb-Sr 法や Nd-Sm 法により多くの隕石や月の岩石について約 46 億年の年代が得られている．地球が，隕石，月と同じ太陽系を構成し，同じ時期に形成されたと考えれば，地球の年代も約 46 億年と考えてよいであろう．しかし，地球の年齢として，地球の試料だけを使って 46 億年の年代を得ているわけではない．

現在，地球上で得られている最も古い岩石はグリーンランドの西海岸に産出する変成岩で約 36〜38 億年の年代が得られている．このことは，地殻の形成が，地球形成後約 10 億年経過して行われたか，より古い岩石はあったとしても地球上の火山活動のため破壊されたためと考えられる．また，将来もっと古い岩石がみつかる可能性もある．実際，鉱物に関していえば，西オーストラリアの堆積岩中のジルコンについて，約 42 億年の年代が最近報告されている[6]．

1.5 地球，月，惑星の化学組成

全地球の化学組成を決定することは直接的には不可能であるが，地球内部の密度構造と物質の高温高圧下での物性研究から，さまざまな試みがなされている．Mason[7] は，地球の質量の 32.4% をもつ核は 27.1% のニッケル鉄と 5.3% のトロイライトであり，マントルと地殻を合わせた組成は平均コンドライト

の酸素化合物の平均組成に等しいとの仮定の上で，全地球の元素組成を推定した．GanapathyとAnders[8]は元素を同じような揮発性をもつ5つのグループに分け，それぞれから指標となる元素を選び，Feは密度，Uは熱流量から推定するなどして，地球と月の元素組成を推定した（表1.2）．全地球に対する

表1.2 地球, 月, 惑星の化学組成(%)

元素	Mason[7] 地球	Ganapathy & Anders[8] 地球	月	Morgan & Anders[11] 金星	水星
Fe	34.63	35.87	9.00	31.17	64.47
Ni	2.39	2.04	0.51	1.77	3.66
Co	0.13	0.09	0.02	0.08	0.17
S	1.93	1.84	0.39	1.62	0.24
O	29.53	28.50	41.42	30.90	14.44
Si	15.20	14.34	18.62	15.82	7.05
Mg	12.70	13.21	17.37	14.54	6.50
Ca	1.13	1.93	6.37	1.61	1.18
Al	1.09	1.77	5.83	1.48	1.08
Na	0.57	0.16	0.09	0.14	0.02
Cr	0.26	0.48	0.12	0.41	0.72
Mn	0.22	0.06	0.03	0.05	0.02
P	0.10	0.22	0.55	0.19	0.04
K	0.07	0.02	0.01	0.02	—
Ti	0.05	0.10	0.34	0.09	0.60
	100.00	100.63	100.17	99.89	99.65

元素組成の結果はたいへんよく一致しており，地球の約90%はFe, O, Si, Mgから成っていることがわかる．また，表に掲げた15元素でほぼ100%を占め，他の元素は0.1%以下である．地球に対して，月はFe, Niなどの金属元素と揮発元素に乏しく，初期凝縮物であるAl, Ca, Tiなどの難揮発性元素に富んでいる．アポロ計画により地球にもち帰られた月の岩石試料の化学分析から月の表層物質の違いが明らかになった．海の玄武岩はFeとTiを多く含み，その主要な鉱物は鉄に富む輝石とチタン鉄鉱である．一方，FeとTiに乏しくAlに富む高地の岩石の主要な鉱物は斜長石である．このため月の高地は白くみえる[9]．

火星の表層物質は惑星探査によるけい光X線分析から，Fe, Siが約2/3で，地球物質と比べSが多く，Kが少ないというような結果が得られている[10]．惑星は均質でないため全体の化学組成を決定することはむずかしい．地球型惑星と木星型惑星では，密度に大きな差であり，前者では地球と同様，難揮発性元素が主要成分になっており，後者では水素やヘリウムが主成分である．地球型惑星である金星，水星の化学成分の推定値を地球・月との比較のため表1.2に掲げる[11]．推定方法はGanapathyとAndersが地球・月に試みたのと同様な方法である．金星の化学成分は地球とよく似ているが，水星ではFe, Niが多く，Na, Kなどの揮発元素が少ない．

〔松田 准一〕

引 用 文 献

1) E. Anders and N. Grevesse: "Abundances of the elements: Meteoritic and solar", *Geochim. Cosmochim. Acta*, **53**, 197-214 (1989).
2) E.M. Burbidge, G.R. Burbidge, W.A. Fowler and F. Hoyle: "Synthesis of the elements in stars", *Rev. Mod. Phys.*, **29**, 547-650 (1957).
3) R.R.J. Tayler, 中沢 清, 池内 了訳: "元素の起源", p.186, 共立出版(1980).
4) L. Grossman and J.W. Larimer: "Early chemical history of the solar system", *Rev. Geophys. Space Phys.*, **12**, 71-101 (1974).
5) 小沼直樹, 水谷 仁編: "岩波講座地球科学13 太陽系における地球", p.304, 岩波書店(1978).
6) 小嶋 稔: "地球史入門", p.174, 岩波書店(1987).
7) B. Mason, 松井義人, 一国雅巳訳: "一般地球化学", p.402, 岩波書店(1970).
8) R. Ganapathy and E. Anders: "Bulk composition of the moon and earth, estimated from meteorites", *Geochim. Cosmochim. Acta, Suppl.*, **5**, 1181-1206 (1974).
9) 久城育夫・武田 弘・水谷 仁編: "月の科学", 岩波書店(1984).
10) J.K. Beatty, B. O'Leary and A. Chaikin, 伊藤謙哉, 櫻井邦朋監訳: "新・太陽系", p.241, 倍風館(1983).
11) J.W. Morgan and E. Anders: "Chemical composition of Earth, Venus and Mercury", *Proc. Natl. Acad. Sci. USA*, **77**, 6973-6977 (1980).

参考文献

1) 小嶋 稔・斎藤常正編："岩波講座地球科学6 地球年代学"，p.255，岩波書店 (1978)．
2) 小沼直樹："新装 宇宙化学"，p.247，サイエンスハウス (1987)．
3) 松尾禎士監修："地球化学"，p.266，講談社 (1989)．

2. 地球の構造と化学組成

2.1 地球の層構造

　地震波の解析から固体地球は中心部のコア，そのまわりのマントル，最上層部の地殻の3層構造からなることがわかっている．さらに，コアは固体の内核とその外側の液体の外核に区分される (図2.1)．地球質量の99%

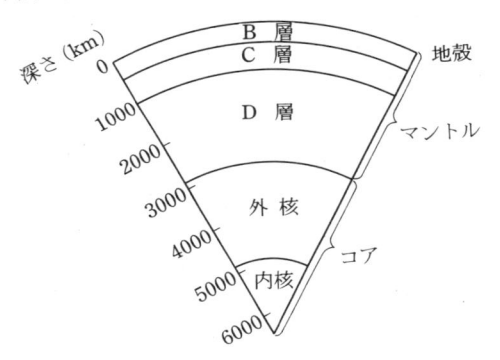

図 2.1 地球の層構造

以上はコアとマントルが占めており，地球全体の化学組成は実質的にはこの部分の組成で決まっている．全地球の構成は，この固体地球以外に水圏，気圏，生物圏を加えたものである．水圏は，川，湖と海からなる水の不連続な殻であり，気圏は地球を取り巻く大気の層である．生物圏は，水圏，気圏，固体地球に分布する有機物の全体である．気圏，水圏，生物圏は，地球質量の0.03%以下なので地球の化学組成を考える上では十分無視できるものであるが，地球をほかの惑星から特徴づける上でたいへん重要なものとなっている．

2.2 固体地球 (コア，マントル，地殻)

　コアは鉄が主成分であるが，コアの密度は純粋な金属鉄よりも約8%低い．コアには遊離したSiが含まれ，これが密度欠損の原因であると考えられたが，Masonはマントルとコアが化学平衡である限り遊離したSiの入った鉄のコアはFeOを含むマントルと両立しないと批判，SがFeSとしてコアに含まれているとした[1]．軽い元素としてはOであるという提案や，最近では鉄中に高圧下でHが入るという指摘まであり，コアの密度欠損の原因となる軽元素が何かということについては確立していない．

　マントルは地球体積の約83%を占め，コアと地球の質量を分け合っている．地震波速度の解析，地表で採取されるマントルの捕獲岩，宇宙存在度の比較から推定されるマントルの構成物は，カンラン石や輝石のケイ酸塩鉱物や金属の酸化物である．マントルは，地震波速度の急増するC層 (遷移層) を境としてB層 (上部マントル) とD層 (下部マントル) に分かれる．高温高圧下での室内実験によれば，カンラン石や輝石の相転移がこれらマントルの層区分をつくっていると考えられている[2]．

　固体地球の最外殻である地殻は，厚さ (海洋地域で約7km，大陸地域で約30km) や地震波速度に地域性があるが，マントルとは地震波速度の明確な差がある．地殻の平均組成は直接的な岩石試料の分析値を用いて求めることができる．地球全体の化学組成と比較すると地殻にはFe，Mgが少なく，Si，Al，K，Naが多い．また，大陸地殻下部および海洋地殻に対して，大陸地殻上部が，特にSi，Kに富んでいる[3]．

2.3 水圏 (海洋，陸水)

　地球表面の水の総体が水圏である．その大部分は海洋であり，水圏の質量の約97%を占めている．小部分は湖，河川水と地下水などである．地球表面の約2/3は海水で覆われており，太陽系の惑星のなかで地球だけが液

2. 地球の構造と化学組成

体の水を大量にもっている．この特殊性は，太陽からの距離と，地球の質量に関係していることは明らかである．海水の主要な化学成分を表2.1に示す[3]．溶存している塩類の絶

表 2.1 海水中の主要化学成分の平均濃度[3]

元素	濃度 (mg/kg)
Cl	19833
Br	69
S	926
CO_2	6
B	4.5
Mg	1325
Ca	423
Sr	8
K	413
Na	11033

対濃度は，赤道付近の海域と両極付近の海水では蒸発量の違いから差があるが，濃度の相対比は一定であることが知られている．このことから，1つのイオンを定量すれば，そのほかの溶存成分が求められることになる．海水の電気伝導度から塩素濃度や塩濃度が測定されている[4]．

多くの陸水の源は降水であり，一部は河川水，一部は地下に浸透して地下水となる．したがって，陸水の化学組成は，地理的な流水条件と流域の地質に大きく影響されることになる．また，人類による産業活動などによる影響もある．

2.4 気　　　圏

気圏は地球大気の殻であり，図2.2にその

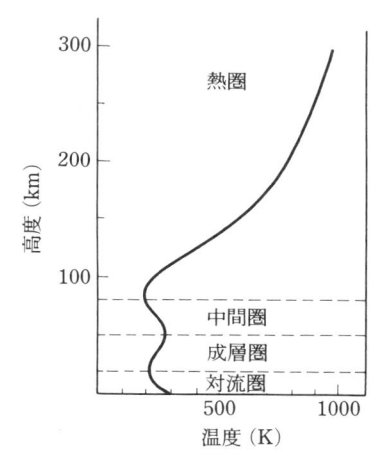

図 2.2 気圏の構成と気温変化

構成を示す．地球表面から，対流圏，成層圏，中間圏，熱圏（電離圏）に分けられる．大気の質量の約90％は，対流圏にある．対流圏は対流によりよくかき混ぜられ，大気の化学組成は均一である．地球大気は大部分が，O_2，N_2，Arより成るが，微量成分は生物にとってたいへん重要な役割を果たしている．二酸化炭素は植物の光合成の材料物質である．また，O_3の大部分は成層圏内のオゾン層にあり，紫外線吸収の役割を果たし，地球生物を護っている．

近年，惑星探査により，ほかの惑星の大気の組成がくわしく知られるようになってきた．地球型惑星の大気の化学組成の相互比較を表2.2に示す[5]．水星の大気はほとんどが太陽風からもたらされたもので，H, Heが主成分になっている．火星，金星の大気はCO_2

表 2.2 惑星大気の化学成分[5]

惑星名	表面での大気圧 (気圧)	主成分 (モル比)	微量成分 (モル比)
水　星	10^{-15}	He(=0.98) H(=0.02)	
金　星	90	CO_2(0.96) N_2(0.035)	H_2O(=100), SO_2(150), Ar(70) CO(40), Ne(5), HCl(0.4), HF(0.01)
地　球	1	N_2(0.77) O_2(0.21) H_2O(0.01) Ar(0.0093)	CO_2(330), Ne(18), He(5.2), Kr(1.1) Xe(0.087), CH_4(1.5), H_2(0.5), N_2O(0.3) CO(0.12), NH_3(0.01), NO_2(0.001) SO_2(0.0002), H_2S(0.0002), O_3(0.4)
火　星	0.007	CO_2(0.95) N_2(0.027) Ar(0.016)	O_2(1300), CO(700), H_2O(300) Ne(2.5), Kr(0.3), Xe(0.08), O_3(0.1)

が主成分である．このことは地球大気も形成時は CO_2 が主成分であったとする論拠になっている．実際，石灰岩として閉じ込められている地球の CO_2 の総量は金星のそれと匹敵する．

2.5 生 物 圏

生物圏は，動物，植物など生物体の総称を意味する以外に，生物の活動する地球上部の部分を意味する場合にも用いられる．後者の意味では，固体地球上部，水圏，気圏下部の区域を含むことになる．

生物体は，主成分である水を除けば，一群の複雑な有機化合物からできあがっており，炭水化物，タンパク質，脂肪，核酸などが構成物である．生物体の化学組成は，多様にわたっているが，C，N，O，H といった元素で大部分が占められる．生物圏の占める質量はほかの地球化学圏に比べればごくわずかであるが，生物体はその化学活動が大きいことから，それによる地球化学的効果はたいへん重要である．大気中の酸素の蓄積は光化学合成植物の出現によるものだし，炭酸塩岩やシリカの海洋での大規模な蓄積は海洋の生物体によるものである．生物体の選択的代謝による化学濃縮の例も数多くある[1]．

〔松田 准一〕

引 用 文 献

1) B. Mason, 松井義人, 一国雅巳訳：“一般地球化学”, p.402, 岩波書店 (1970).
2) 杉村 新, 中村保夫, 井田喜明編：“図説地球化学”, p.266, 岩波書店 (1988).
3) 松尾禎士監修：“地球化学”, p.266, 講談社 (1989).
4) 北野 康：“水と地球の歴史”, p.222, 日本放送出版協会 (1980).
5) J.K. Beatty, B. O'Leary and A. Chaikin, 伊藤謙哉, 櫻井邦朋監訳：“新・太陽系”, p.241, 培風館 (1983).

参 考 文 献

1) 島津康男：“地球内部物理学”, p.394, 裳華房 (1969).
2) 秋本俊一, 水谷 仁編：“岩波講座地球科学 2 地球の物質科学 I”, p.303, 岩波書店 (1978).
3) 小沼直樹, 水谷 仁編：“岩波講座地球科学 13 太陽系における地球”, p.304, 岩波書店 (1978).
4) G.V. ヴォイトケヴィッチ, V.V. ザクルートキン, 岸本文男訳：“地球化学原論”, p.393, 現代工学社 (1983).
5) 半谷高久編著：“地球化学入門”, p.211, 丸善 (1988).

3. 元素の分配と同位体比変動

3.1 分 配 係 数

地球は，形成以来の数多くの分別過程を経て，現在の姿に進化した．地球物質の化学組成の多様性は，過去の分別過程の積み重ねの結果であり，それらを解析することにより地球の進化や形成時の組成などを推定することができる．

地球で起きるいろいろな現象において，元素がどのような挙動をするかは，分配係数 (partition coefficient) の考え方で整理される．固相-液相間の分配の例としては，ケイ酸塩溶融体であるマグマからの結晶晶出に伴う元素の分配，天然の水溶液から鉱物が生じる際の元素の分配などがあげられる．たとえば，水溶液と炭酸カルシウム間の Sr の分配は，Sr が $CaCO_3$ の Ca と置換するので，

$$(Sr^{2+})_L + (Ca^{2+})_S = (Ca^{2+})_L + (Sr^{2+})_S$$

と表され，この反応の平衡定数 K は，

$$K = \left(\frac{Sr^{2+}}{Ca^{2+}}\right)_S \bigg/ \left(\frac{Sr^{2+}}{Ca^{2+}}\right)_L$$

と表される．ここで，L と S は，液相，固相を表している．この式の括弧内は，固相と液相における Sr と Ca の濃度比になる．厳密には濃度比でなく活動度の比を用いなければならないが，Sr の濃度が低いときには濃度比でよく，このように算出した定数 K を分配係数と呼ぶことが多い．分配係数は，温度や圧力などに依存しているので，鉱物が晶出する液体の性質，環境条件，分配の起きる過程を推定できる．固相-固相間の分配として，共

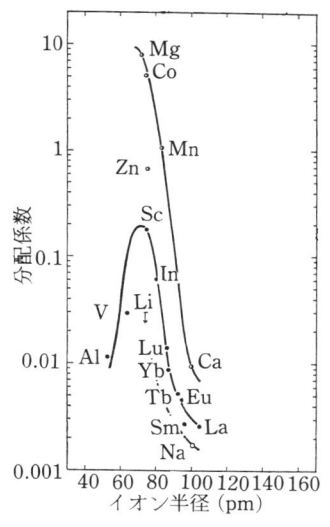

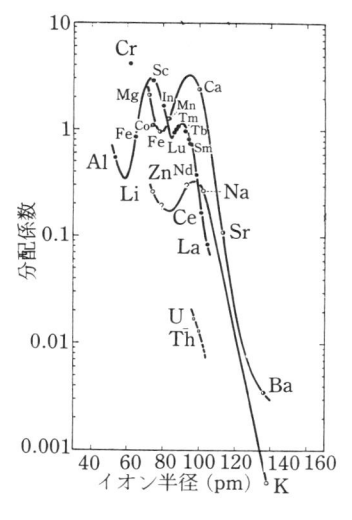

図 3.1 カンラン石(左図)とオージャイト(右図)の PC-IR 図(文献 2)による)

存する鉱物間での交換平衡による元素の分配があげられる．ざくろ石-単斜輝石間の Fe-Mg の分配など多くの系で，地質温度計として用いられ，マグマの固化温度，変成作用の温度などが推定されている[1]．

3.2 結晶構造と元素の分配

分別過程における各元素の挙動の法則性から，分配係数を支配する原理をとらえることができる．マグマと晶出した鉱物結晶間の元素分配は，「結晶構造支配則」に従っている[2]．すなわち，鉱物の結晶構造中に存在する陽イオンサイトの大きさに近いイオン半径をもつ元素ほど結晶中に濃縮しやすく，元素のイオン半径が陽イオンサイトの大きさから離れるに従って結晶中に入りにくくなる．

図 3.1 に，カンラン石($[Fe, Mg]_2SiO_4$)とオージャイト($[Ca, Fe, Mg]SiO_3$，単斜輝石の一種)について，いろいろな元素の鉱物-マグマ間分配係数を 6 配位イオン半径に対してプロットして示す．この図では，各元素の分配係数は，固相にあたる斑晶鉱物中の濃度と共存する液相であるマグマが急冷固化した石基中の濃度との比で定義されている．このダイヤグラムは，PC(partition coefficient)-IR(ionic radius)図と呼ばれるが，提案者の名前を冠して "Onuma diagram" と呼ばれることも多い．

カンラン石では，イオン半径 70 pm あたりに 3 価イオンの分配係数のピークが現れる．2 価イオンについては，Mg より小さいイオンに対して曲線が引けないが，3 価の場合と調和的である．カンラン石は M1，M2 の 2 種類の非等価な陽イオンサイトをもっているが，その大きさにはほとんど差がなく，このピークは両サイトの存在に対応している．一方，オージャイトのような Ca に富む輝石では，M1 サイトと M2 サイトの大きさの差が大きく，それぞれに対応して 2 つのピークが分離して現れる．もっと複雑な構造をもつ鉱物についても，各陽イオンサイトに対応した分配係数のピークが現れ，そのサイトの大きさにあったイオン半径の元素が固相に入りやすい[2]．ただし，Ni，Co，Fe，Cr など配位子場効果をみせる遷移金属イオンや Zn のように異常な配位数をとりやすいイオンについては，結晶構造支配則だけでは説明できない場合がある．

3.3 天然における同位体比の変動

大部分の元素は複数個の安定同位体をもっており，それらの存在比は，あらゆる地球試料，月試料，隕石できわめて一定で，原始太陽系星雲から惑星ができるときに，同位体比

が均質化する過程を経たことを示唆している．ただし，次に述べる3つの場合は，天然において同位体比の変動が知られている．

(1)天然に存在する長寿命放射性核種の壊変生成核種を含む元素では，生成核種の蓄積量の違いにより，同位体比に変動が生じる．その例としては，^{87}Rbの壊変の影響が現れるSr同位体比を初め，Pb, Ar, Nd などの同位体比があげられる．この種の同位体比変動は年代測定(→§3.4)に利用されるばかりでなく，地球化学トレーサーとして地球における物質の移動や循環の研究(→§5.2)に利用されている．

(2)H, C, N, O, Sなど気相の化学種をもつ軽い元素では，天然で起きる同位体分別効果が同位体比に変化をもたらす．この種の変動は，蒸発や拡散，化学反応において，同じ元素でも異なった質量の同位体の挙動がわずかに異なることに起因しており，地球化学トレーサーや同位体温度計(→§3.5)に利用されている．

(3)隕石のなかでも炭素質コンドライトと呼ばれるグループのあるものは，いくつかの元素で地球上の値と異なる同位体比をもつ場合がある．同位体比異常は，O, Ne, Mg, Kr, Xeほか数元素で報告されており[3]，原始太陽系星雲が局所的に同位体的に不均質であったことが明らかになった．その原因として，太陽系外物質の混入が唱えられているが，不明の点も多い．

3.4 年代測定

放射性核種の壊変定数は，その核種をとりまく物理的，化学的条件によらず一定であるので，その壊変関係を用いて年代測定ができる．表3.1に年代測定に用いられるおもな核種を示す[4]．このうち^{14}C法は，その半減期からして数万年より若い試料の年代測定に適しており，考古学的試料に広く用いられている．K-Ar法やRb-Sr法などは，岩石の固化年代，変成年代などに適用されており，地球や隕石の年代を決めたり，地球上で起きた

表3.1 年代測定に用いられる放射性核種(文献 4)による)

親核種	壊変方式*	半減期(年)	安定娘核種
^{14}C	β^-	5.73×10^3	^{14}N
^{40}K	E.C., β^-	1.25×10^9	^{40}Ar, ^{40}Ca
^{87}Rb	β^-	4.88×10^{10}	^{87}Sr
^{138}La	β^-, E.C.	3.2×10^{11}	^{138}Ce, ^{138}Ba
^{147}Sm	α	1.06×10^{11}	^{143}Nd
^{176}Lu	β^-	3.57×10^{10}	^{176}Hf
^{187}Re	β^-	4.3×10^{10}	^{187}Os
^{232}Th	$6\alpha+4\beta^-$	1.40×10^{10}	^{208}Pb
^{235}U	$7\alpha+4\beta^-$	7.04×10^8	^{207}Pb
^{238}U	$8\alpha+6\beta^-$	4.47×10^9	^{206}Pb

* α：α壊変，β^-：β^-壊変，E.C.：電子捕獲壊変

ろいろなできごとの年代測定に用いられている．以下に代表的な方法の概略を述べる．

(1) K-Ar法：　岩石がマグマの固化により生成したり，強い加熱変成を受けたとき，それまでに存在していたArは失われるので，その後蓄積した^{40}Ar量は，

$$^{40}\text{Ar}=\frac{\lambda_{EC}}{\lambda}{}^{40}\text{K}(e^{\lambda t}-1)$$

と表される．^{40}Kは，β^-壊変(89%)とEC壊変(11%)により^{40}Caと^{40}Arになるが，λおよびλ_{EC}はそれぞれ全壊変定数，EC壊変の壊変定数である．この式から，年代tは，

$$t=\frac{1}{\lambda}\ln\left[\frac{^{40}\text{Ar}}{^{40}\text{K}}\left(\frac{\lambda}{\lambda_{EC}}\right)+1\right]$$

と導かれ，試料中のKと^{40}Arの含有量を定量することにより，年代が求まる．

(2) Rb-Sr法：　SrはArのように気体元素ではないので，岩石固化時に，すでに存在していた娘核種^{87}Srは失われない．したがって，現在の^{87}Sr量は，

$$\left(\frac{^{87}\text{Sr}}{^{86}\text{Sr}}\right)_p=\left(\frac{^{87}\text{Sr}}{^{86}\text{Sr}}\right)_o+\left(\frac{^{87}\text{Rb}}{^{86}\text{Sr}}\right)_p(e^{\lambda t}-1)$$

と示されるように，固化時に存在していた成分とその後^{87}Rbから壊変生成した成分との和になる．ここで，o, pは固化時，現在を示し，λは^{87}Rbの壊変定数である．なお，この式では，両辺を放射性起源でない安定同位体^{86}Srで割って，同位体比の形で表現してある．この式は，同一の初生同位体比をもって固化した複数成分(たとえば岩石中の造岩鉱物)の^{87}Sr/^{86}Sr比と^{87}Rb/^{86}Sr比とを2次元にプロ

ットすると，勾配($e^{\lambda t}-1$)の直線が得られることを示している．勾配から年代が計算されるので，この直線のことはアイソクロン(isochron，等年代線)と呼ばれる．

　(3) ^{14}C法： ^{14}Cは，上層大気で^{14}Nと2次宇宙線との核反応で生成し，大気中のCO_2ほぼ一定濃度で含まれ，生物体にもほぼ同じに濃度で取り込まれる．生物が死ぬと新たな^{14}Cの供給はなくなり，^{14}Cの壊変定数をλとして，

$$^{14}C = (^{14}C)_0 e^{-\lambda t}$$

に従って減少するので，その濃度から年代が求まる．

3.5 同位体温度計

同位体交換平衡の成り立っている系では，その平衡定数が温度に依存しているので，同位体比変動から温度をみつもることができる．1947年，H.C. Ureyは，海水と海水から沈積したカルサイト($CaCO_3$)との間の酸素同位体交換平衡を用いて古代海水温度が推定できることを指摘した[5]．また，造岩鉱物間の酸素同位体交換平衡定数の温度依存性は，地質温度計として固化温度の推定に用いられている[6]．
〔野津憲治〕

引用文献

1) 坂野昇平："岩波講座地球科学4 地球の物質科学Ⅲ 岩石・鉱物の地球化学"，松井義人，坂野昇平編，p.156-162，岩波書店(1985).
2) 松井義人：同上，p.287-296.
3) 田中 剛：地球化学，**19**, 85-93(1985).
4) 松尾禎士監修："地球化学"，p.147-157，講談社サイエンティフィク(1989).
5) G. Faure: "Principles of Isotope Geology", p.323-349, John Wiley(1977).
6) 小沼直樹："宇宙化学・地球化学に魅せられて"，p.109-131，サイエンスハウス(1987).

参考文献

1) P. Henderson: "Inorganic Geochemistry", p.353, Pergamon(1982).
2) 小嶋 稔，斎藤常正編："岩波講座地球科学6 地球年代学"，p.255，岩波書店(1978).

3) 野津憲治："化学総説 NO.29，核現象と分析化学"，p.225-239，学会出版センター(1980).

4. 地球進化の化学像

4.1 層構造の形成

36〜38億年前の古い変成岩のなかにも地球磁場の存在を示す証拠がある．ダイナモ理論によれば，地球磁場は地球の流体核によって生じているので，このことは，そのころすでにコアが存在していたことを示唆している．また42億年のジルコンの存在(→§1.4)は，この時期少なくとも地球の一部はすでに固結していたことを示すものである．このように固体地球の層構造は，地球の形成後かなり早い時期に起こったと思われる．原始太陽系星雲内で，まず鉄を主成分とする微粒子が凝縮し，それらは直ちに集積して地球のコアをつくる．その後，ケイ酸塩の微粒子が凝縮集積してコアのまわりにマントルをつくったと考えるのが，"不均質地球集積モデル"である．しかしながら，力学的な太陽系形成のモデルによれば，地球やほかの惑星は，均質な組成の微惑星が集積して形成されたと考えられている．この"均質集積モデル"によれば，ほぼ均質な地球から，数億年の内に地球は溶融状態になり，ケイ酸塩から鉄が分離し，それが，重力により沈降して，コアを形成したと考えざるを得ない．その際の熱源には，集積エネルギー，厚い1次大気の保温効果，放射性元素の壊変エネルギー，コア形成の際の重力エネルギーなどがあげられる．いずれにしても，地球の集積がある程度進んだ状態で，ケイ酸塩が溶融をはじめ，重い液相の鉄が内側のケイ酸塩の相と重力的不安定から入れ替わるということが考えられている[1]．

4.2 大気・海洋の形成と進化

地球大気の希ガスの存在量が，宇宙存在度(→§1.1)に比べて10^{-6}から10^{-10}倍で極端

に欠乏していることから，地球形成時の原始太陽系星雲組成の1次大気は散逸してしまい，現在の大気は地球を構成している物質からの2次大気であることがわかる．水，二酸化炭素，窒素といった揮発性物質もある程度希ガスと同様な挙動をしたと考えられるので，このことは海水の材料も地球内部からの2次的なものであることを意味している．火山ガスや噴気ガス，温泉水が，地質時代を通じて連続的に脱ガスされてきて，現在の大気や海洋が形成されたとするのが"連続脱ガスモデル"である．しかし，36～38億年のグリーンランドの変成岩の母岩は堆積岩であり，このことは38億年前にすでに海洋が存在していたことを示唆している．また，大気中のAr同位体の研究や消滅核種^{129}Iから生じる娘核種^{129}Xeが地球内部に存在するとの観測事実から，現在では，大気と海洋の大部分は少なくとも約40億年より前に形成されたと考えられている．この地球初期における大規模な脱ガスは，地球内部におけるコアの形成に伴ったものと考えられるが，微惑星の集積時に原始地球の表面における微惑星の衝突脱ガスにより起こったとするモデルも提唱されている[1]．

初期の地球大気は，CH_4，NH_3を含む還元型の大気であったと考えられていた時期があったが，現在ではCO_2，N_2，H_2Oを主成分とする酸化型の大気であったと考えられている．温度が下がり，水蒸気が水となって海洋が形成されると，大気中のHClが溶け込み希塩酸の海水ができたと想像される．海水はやがて海底の岩石と反応し中和される．この海水にCO_2が溶け込み，大気はN_2が主成分になる．酸素は光合成をする緑色植物の出現によるもので，この酸素はまずFe^{2+}，S^{2-}の酸化に使われた．約30億年前の縞状鉄鉱床の存在がその証拠としてあげられる．そして大気中の酸素の蓄積は約18億年前ぐらいから始まった[2]．

4.3 化学進化と生命の起源

地球の表面で，簡単な分子から生命の形成にいたる複雑な有機分子ができる過程を化学進化という．CH_4，NH_3，H_2O，H_2の混合気体中での火花放電ではアミノ酸の合成に成功しているが，このような還元型大気の存在は現在では否定的である．一方，CO，CO_2，N_2といった酸化型の大気中ではアミノ酸の合成はむずかしいとされている．原始海水状の金属塩を多量に含む水溶液中では触媒重合反応が有効に働くということから，高濃度の水溜りのような原始海洋や活性の高い粘土鉱物の表面で化学進化が起こったという指摘がある．また，有機化合物を多量に含む炭素質隕石の落下により，局所的に有機物濃度の高いところができ，生命が発生したとの指摘もある[2]．

C同位体比組成の研究から36～38億年の年代をもつグリーンランドの変成岩は有機起源のものを含むとの報告があるが，まだ確証されるには至っていない．約30億年前の南アフリカOnverwacht層群のチャートでは明らかに有機物の存在が確認されている．これは径1～4μm，表面が平滑な有機物の球体で，現世の地層にある藻類とよく似ている．生物体であることの確実な証拠は，細胞分裂の途中の状態を示すものがあるということである．核酸で囲まれた核をもち，有糸分裂や減数分裂を行う真核生物は，約9億年前のオーストラリアのBitter Springs層から報告されている[3]．

火星は地球型生命の存在する可能性が最も大きい惑星である．バイキング計画により生命探査が行われたが，2個所の着陸地点のいずれからも熱分解ガスクロマトグラフ，質量分析計などで有機物の存在は確認できなかった[4]．

4.4 地殻・マントルの進化

Pb, Sr, Nd, 希ガスなどの元素の同位体比を用いた最近の研究はマントル・地殻系の進化について重要な情報を与えている．図4.1

4. 地球進化の化学像

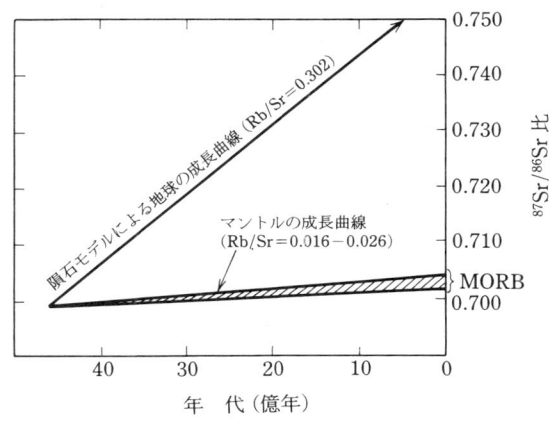

図 4.1 $^{87}Sr/^{86}Sr$ 比の年代変化

は $^{87}Sr/^{86}Sr$ 比の年代変化を表したもので，成長曲線と呼ばれる．もし地球が隕石と同じような $^{87}Sr/^{86}Sr$ 比 (0.699) を最初もっており，さらに宇宙存在度 (→ §1.1) と同じ Rb/Sr 比 (0.302) で地球が進化してきたとしよう．もしそうなら，現在の地球の $^{87}Sr/^{86}Sr$ 比は約 0.756 になる．MORB は大洋中央海嶺玄武岩 (mid-oceanic ridge basalt) の略称で上部マントル起源と考えられている．化学組成が非常に一様で噴出率も卓越しているが，MORB の $^{87}Sr/^{86}Sr$ 比は 0.702〜0.704 しかない．このことは上部マントルで Rb/Sr 比が非常に減少していることを意味している．いま，マントルから部分溶融によりマグマができ，それが噴出して地殻として分化するプロセスを考えると，液相であるマグマ中では Rb/Sr 比が増加し，固相のマントルでは Rb/Sr 比は減少する．このことは，マグマをしぼりだしたマントルは時間の経過とともに地球の平均よりも低い Rb/Sr 比，すなわち低い $^{87}Sr/^{86}Sr$ 比をもつという結果を生む．図 4.1 は，上部マントルがまさにこのような地殻をしぼりだした残りのマントルであることを示唆している．$^{143}Nd/^{144}Nd$ 比については，^{143}Nd が ^{147}Sm から壊変によりつくられる．マグマの分化プロセスでは，液相中でわずかに Sm/Nd が減少し固相中で Sm/Nd 比が増加する．その結果，上部マントルでは，隕石からの類推よりもわずかに高い $^{143}Nd/^{144}Nd$ 比が観測されることになる．上部マントルがこのように

地殻の形成に伴う化学組成上の分化を受けていることは希ガスのデータからも確証されている[1),2)]．

4.5 古環境の復元

$^{18}O/^{16}O$ 法による同位体温度計 (→ §3.5) を用いて，地球の過去の海水の温度変化を推定することが可能である．深海底掘削により得られた深海底堆積物中の有孔虫の殻の ^{18}O の変化から，第四紀の温度変化については数千年から数万年の間隔で詳細に知られている．さらに大まかな時間間隔ではあるものの古生代までの海水温度の変化もわかっている．

貝の化石や炭素塩岩を用いて，古代海水中の $^{87}Sr/^{86}Sr$ 比の変化も得られている．この変化曲線は，最近数億年の海進の変化やイオウの同位体比と相関があることが指摘されている (図 4.2)[5)]．海水中の Sr 同位体比の変化

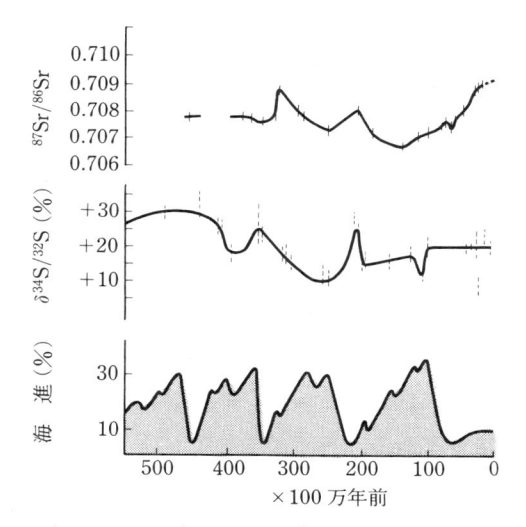

図 4.2 海水中の Sr 同位体比，S 同位体比と海進の変化 (Hart[5)] より)

は大陸地殻からの流入量や海洋底拡大に伴う海嶺での海水と岩石の熱水相互作用によるものと考えられる．この説に従えば，海水中の Sr や S 同位体比の変化は過去の海洋底拡大速度の変化を与えることにもなる．

〔松田 准一〕

引用文献

1) 小嶋 稔：“地球史入門”, p.174, 岩波書店(1987).
2) 松尾禎士監修：“地球化学”, p.266, 講談社(1989).
3) 勘米良亀齢, 水谷伸治朗, 鎮西清高：“岩波講座地球科学5 地球表層の物質と環境”, p.318, 岩波書店(1979).
4) J.K. Beatty, B.O' Leary and A. Chaikin, 伊藤謙哉, 櫻井邦朋監訳：“新・太陽系”, p.241, 培風館(1983).
5) R.A. Hart: "Geochemical and geophysical implications of the reaction between seawater and the oceanic crust", Nature, **243**, 76-78 (1973).

参考文献

1) 小沼直樹, 水谷 仁編：“岩波講座地球科学13 太陽系における地球”, p.304, 岩波書店(1978).
2) G. Faure: "Principles of isotope geology", p.589, John Wiley (1986).
3) 北野 康著：“地球環境の化学”, p.237, 裳華房(1984).

5. 固体地球における諸過程

5.1 プレートテクトニクス

現在の地球で起きているいろいろな現象は, プレートテクトニクス(plate tectonics)で統一的に説明される. 地球表層部の地震波速度分布から, 特に海洋地域では, 深さ70〜250 km あたりに速度が数％遅くなる低速度層が知られている. このいわば柔らかい層をアセノスフェア(asthenosphere)と呼び, 最表層の硬い部分をリソスフェア(lithosphere)と呼んでいる. 地球全体は, 1枚のリソスフェアにおおわれているのではなく, 10ないし20個程度のプレート(plate, 剛板)と呼ばれるブロックに分割されておおわれており, それぞれが年間1〜10 cm の水平運動をしている. プレートは剛体として振舞い, 変形しないので, 顕著な地学現象はプレート境界で起きる. 海洋プレートと大陸プレートの境界では, 海洋プレートの沈み込みにより, 海溝, 島弧や陸弧, 縁海が生まれ, 巨大地震が起き, 火山活動も活発である. 大陸プレート同士の衝突境界では, 地殻が厚く盛り上がり, 造山帯を形成する. 海洋プレートがたがいに離れる境界では, アセノスフェアから絶えずマグマが上昇し新しい海洋底が生まれ, 海嶺を形成する. プレートテクトニクスの模式図を図5.1に示す[1].

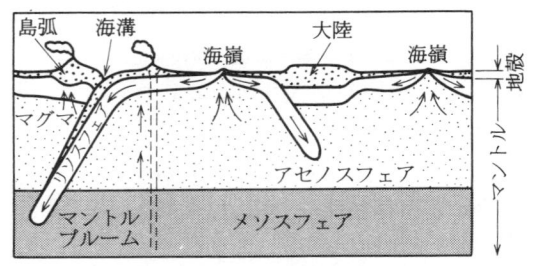

図 5.1 プレートテクトニクスの模式図(文献1)による)

5.2 火成作用

火成作用は, 上部マントルか下部地殻において, 部分溶融が起き, マグマが発生することから始まる. 発生したマグマは集積して上昇し, マグマ溜りのなかで分別結晶作用を受け, 地表や海洋底へ噴出して急冷固化するか, 地下でそのまま徐冷固化する. 火成岩の多様性は, 源物質の違いや部分溶融の程度の違いに基づく初生マグマの化学組成の多様性, 分別結晶作用の進行に伴うマグマの化学組成の変化, マグマの上昇途中やマグマ溜りでまわりの物質を取り込む同化作用などに起因している. 代表的な火成岩の化学組成を表5.1に示す. 火成岩は, 構成鉱物の組合せやその量比, 岩石の組織をもとに分類されており[2], 鉱物には特定の化学組成範囲があるので, それぞれの火成岩は特定の化学組成範囲をもっている. 岩石組織をもとに細粒岩, 中粒岩, 粗粒岩と分けるが, 細粒岩は火山岩とか噴出岩, 粗粒岩は深成岩と呼ばれることも多い. 玄武岩, 安山岩, 流紋岩は代表的な細粒岩で, ガブロ, 閃緑岩, カコウ岩はそれぞれ組成的に対応する粗粒岩である.

5. 固体地球における諸過程

表 5.1 主要な火成岩の平均化学組成(%)(文献 2)による)

	玄武岩	安山岩	流紋岩	ガブロ	閃緑岩	カコウ岩
SiO_2	49.06	59.59	72.80	48.24	58.90	70.18
TiO_2	1.36	0.77	0.33	0.97	0.76	0.39
Al_2O_3	15.70	17.31	13.49	17.88	16.47	14.47
Fe_2O_3	5.38	3.33	1.45	3.16	2.89	1.57
FeO	6.37	3.13	0.88	5.95	4.04	1.78
MnO	0.31	0.18	0.08	0.13	0.12	0.12
MgO	6.17	2.75	0.38	7.51	3.57	0.88
CaO	8.95	5.80	1.20	10.99	6.14	1.99
Na_2O	3.11	3.58	3.38	2.55	3.46	3.48
K_2O	1.52	2.04	4.46	0.89	2.10	4.11
H_2O	1.62	1.26	1.47	1.45	1.27	0.84
P_2O_5	0.45	0.26	0.08	0.28	0.27	0.19

マグマの分別結晶作用による分化は，大筋では SiO_2 が増加する玄武岩質マグマ→安山岩質マグマ→流紋岩質マグマの道筋をたどる．その際，マグマの化学組成がどのように変化するかは，晶出する鉱物のマグマとの間の元素分配の特徴(→§3.2)を反映している．図5.2に玄武岩質マグマの一種であるソレアイト系列マグマの化学組成が，分別結晶作用の進行とともに変化する様子を示す[3]．初期に晶出除去されるカンラン石や単斜輝石にはCr, Ni, Sc などが入りやすいので，これらの元素のマグマ中の濃度は分化の最初から減りつづける．Ti, V は磁鉄鉱の晶出で，P はリン灰石の晶出で除かれる．途中で晶出するいろいろな鉱物に対する分配係数が1以下の元素は，インコンパチブル(incompatible)元素と呼ばれ，マグマの分化とともにマグマ中に濃縮していく．

現在地球上でみられる火成活動はプレート境界に集中しており，プレートが生産される海嶺軸，プレートが沈み込む島弧・陸弧で起きている．このほか，プレートの内部の火成活動が海山・火山島で起きており，プレートを突き抜けてマグマが上昇する．異なった場の火成岩は，それぞれ特徴的な化学組成や同位体組成をもっている．図5.3に，海嶺，火

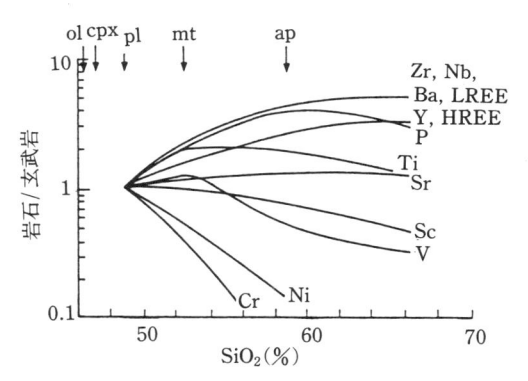

図 5.2 ソレアイト系列マグマの結晶分化作用に伴うマグマの化学組成変化(文献 3)による)
ol, cpx, pl, mt, ap はカンラン石，単斜輝石，斜長石，磁鉄鉱，リン灰石の晶出時期を示している．LREE, HREE は軽希土類元素，重希土類元素．

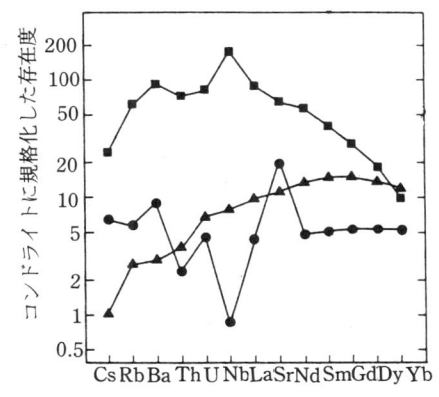

図 5.3 地球上の代表的な火山岩の化学組成(文献3)による)
▲：中央海嶺ソレアイト系列玄武岩，■：火山島アルカリ系列玄武岩，●：島弧ソレアイト系列玄武岩．

山島，島弧の玄武岩の化学組成を示す[3]．火山島の玄武岩は，海嶺の玄武岩に比べてインコンパチブル元素が著しく濃縮している．島弧玄武岩の特徴は，海嶺の玄武岩に比べ，インコンパチブル元素のなかでも Sr, Rb, Ba のようなイオン半径が大きく液相濃縮の LIL (large ion lithophile)元素に富み，Nb のよ

うなイオン価が大きく液相濃縮のHFS(high field strength)元素に欠乏している．これら3つのマグマ源のSr-Nd同位体組成を図5.4に示す．これらの同位体比は，現在の地球構成部分ごとに異なった値をもっており(→§3.3)，火山岩の同位体比は，火成作用で重要な部分融解作用や分別結晶作用に際して変化せず，マグマが生成してから地表に噴出するまでほかの物質との混合がなければ，マグマ源の値を示すので，その同位体比からマグマの源物質を特定することができる．図5.4では，海嶺と火山島の火山岩は明瞭に区分けさされ，両者はマントルの異なった部分を起源と

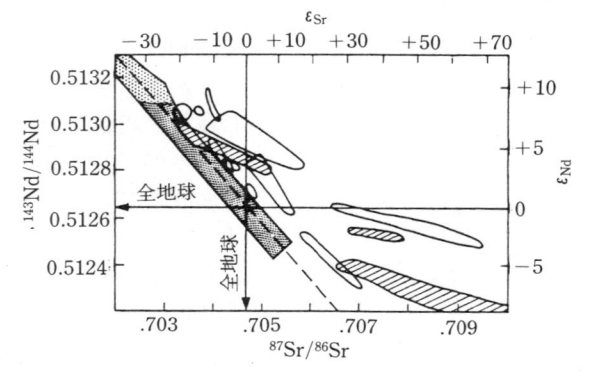

図5.4 火山岩のSr-Nd同位体組成(文献3)による)
▨:中央海嶺玄武岩，▧:火山島の火山岩，□:世界各地の島弧および陸弧の火山岩，▨:アゾレス(左)およびイタリア中部(右2ヵ所)の火山岩

していることを示している．このことは，図5.3で示した元素組成からも支持され，海嶺の火山岩は，インコンパチブル元素に乏しい上部マントルを起源とし，火山島の火山岩はインコンパチブル元素に富んだ下部マントルを起源とすると考えられている．島弧や陸弧の火山岩の同位体組成や元素組成から，これらのマグマには沈み込む海洋プレートに由来する成分の寄与が現れている．

5.3 地震と火山噴火

プレート運動などに起因する応力が地殻にかかると，まず変形が起きるが，早晩耐えきれなくなり破壊を起こす．この現象が地震であり，破壊面を断層と呼んでいる．地殻応力の蓄積が地下にマグマの存在する火山体で起きると，マグマの上昇を促し，火山噴火につながることもある．

応力の加わった地殻内部で起きる化学的変化を連続的に測定することにより，地震や火山噴火の前兆現象をとらえることができる．地震に先だって地下水中のRn濃度が変化したり，火山噴火に先だって火山ガスの化学組成が変化することが報告されている[4),5)]．

5.4 変成作用

岩石が地殻内部で，生成条件とは異なる温度，圧力下に置かれると，再結晶により原岩と異なる鉱物組織，鉱物組成の岩石に変化する．このような過程を変成作用と呼んでいる．比較的広域にわたって温度，圧力が上昇して起きる広域変成作用では，結晶片岩，千枚岩，片麻岩などの変成岩が生じる．また，マグマの貫入により周囲の岩石の温度が局所的に上がり再結晶化が起きる接触変成作用では，ホルンフェルスなどを生じる．

変成岩の化学組成は極度に多様であり，あらゆる火成岩，堆積岩の組成に対応した変成岩が存在する．ある鉱物が安定に存在できる温度，圧力範囲は限定されているので，変成岩の鉱物組合せから，変成作用が起きた温度，圧力範囲を推定することができる．変成作用において加熱を受けて水やCO_2が散逸すると，流体相を通して岩石からの元素の出入りがある．このような過程を交代作用と呼ぶ．

5.5 地下資源

地殻内部には，特定の元素や化合物が著しく濃縮している場所があり，経済的価値があるものを鉱床と呼んでいる．金属鉱床は，元素濃縮に関与した現象をもとに，火成鉱床，熱水鉱床，堆積性鉱床，残留鉱床などに分類されている．火成鉱床の例としては，マグマの結晶分化過程の初期に晶出する鉱物から形成されるCrやTiの鉱床，マグマ不混和現象が起き，硫化物溶融体が分離して形成するNi,Cuや白金族元素の鉱床があげられる．マグマから分離した熱水やマグマによって暖

められた地下水が岩石-水相互作用をうけてできる熱水には金属元素が富んでおり、それらが沈殿して熱水鉱床ができる。近年、中央海嶺などから高塩濃度の熱水や硫化物微粉末が噴出していることが発見されており、海底熱水系も鉱床生成に寄与している。また、堆積性鉱床としては、世界各地の先カンブリア界に分布している縞状鉄鉱床、残留鉱床としてはボーキサイトのAl鉱床やラテライト中のFe, Ni鉱床がある。

石炭、石油、天然ガスは、有機鉱床とも呼ばれる。石炭の源物質は陸上植物で、沼地などに埋没したのち、石炭化作用と呼ばれる低温の変成作用を受けて生成する。一方、石油や天然ガスは、ケロジェンと呼ばれる堆積物中の生物起源の有機物の熱分解によるとされる有機起源説が広く受け入れられているが、地球深部に存在する炭素を起源と考える無機起源説も否定されてはいない。

〔野津 憲治〕

引用文献

1) 松尾禎士監修:"地球化学", p.50-57, 講談社サイエンティフィク(1989).
2) 都城秋穂,久城育夫:"岩石学Ⅱ 岩石の性質と分類", p.171, 共立出版(1975).
3) 松尾禎士監修:"地球化学", p.57-74, 講談社サイエンティフィク(1989).
4) 脇田 宏:"地震予知の方法", 浅田 敏編, p.146-166, 東京大学出版会(1978).
5) 平林順一:火山, **30**(特別号), 327-338 (1986).

参考文献

1) 上田誠也:"プレート・テクトニクス", p.268, 岩波書店(1989).
2) 中村一明:"火山とプレートテクトニクス", p.323, 東京大学出版会(1989).
3) 横山 泉,荒牧重雄,中村一明編:"岩波講座 地球科学7 火山", p294., 岩波書店(1979).
4) B. Mason, 松井義人, 一国雅巳訳:"一般地球化学", p.402, 岩波書店(1970).
5) 巽 好幸:火山, **30**(特別号), 153-172 (1986).
6) 兼岡一郎:火山, **30**(特別号), 189-207 (1986).
7) 野津憲治:地球化学, **19**, 71, 84 (1985).
8) 飯山敏道:"鉱床学概論", p.196, 東京大学出版会(1989).

6. 地球表層での物質移動,物質循環

6.1 風化作用

岩石が地表にさらされると破壊、分解されて、最終的には土壌になる。この過程を風化作用と呼ぶが、温度変化や水の凍結、水、氷河、風による運搬などの際に細かく破壊される物理的風化と、水やCO_2との反応で安定な鉱物に変化する化学的風化とがある。たとえば、斜長石の一種であるアルバイトは、次の反応で粘土鉱物のカオリナイトと水溶性成分に変化する。

$$2NaAlSi_3O_8 + 2CO_2 + 11H_2O \rightarrow$$
$$Al_2Si_2O_5(OH)_4 + 2Na^+ + 2HCO_3^-$$
$$+ 4H_4SiO_4$$

風化作用に対する抵抗性は鉱物ごとに異なり、カンラン石が非常に風化されやすいのに対して、石英(SiO_2)は最後まで風化されない。風化作用に際して、原岩中の各元素は風化残留物に残るものと溶存種として河川水に溶けるものとに分かれる。風化残留物は未反応の岩石粒子、風化に対して抵抗力のある鉱物粒子と新たに生成した微粒の粘土鉱物や酸化物あるいはその水和物で、Si, Al, Fe(Ⅲ), Tiなどからできている。一方、Ca, Mg, Na, Kなどは陽イオンとして河川水に溶出する。このようにして世界中の河川から海洋へ運ばれる粒子状物質は年間$1.5 \sim 2.0 \times 10^{13}$ kg、溶存塩類は約1.5×10^{12} kgと見積られている。

6.2 堆積作用

海洋へ運ばれた風化残留物はそのまま堆積し、溶存成分も化学反応や蒸発などで沈殿が析出し堆積する。このような堆積物が積み重

なると続成作用を受け，固結，硬化して堆積岩となる．

風化残留物が運ばれて新しい場所で生成した堆積岩は砕屑堆積岩と呼ばれ，粒度により，礫岩や角礫岩，砂岩，泥岩（層状組織をもつときは頁岩）とに分類される．砂岩は風化に対する抵抗力が最も大きい石英を多く含むのに対して，頁岩は粘土鉱物を主体としている．

堆積が起こる場所で新しく生じた物質からなる堆積岩は化学的生物的堆積岩と呼ばれ，石灰岩やドロマイトなど炭素塩堆積岩，チャートなどシリカ質堆積岩があげられる．

堆積岩は，地球史のなかで特定の時期に特定の種類が出現したり，消滅したりしており，堆積環境の推定から，海洋や大気の進化を調べることができる[1]．

6.3 海洋における物質循環

海洋への物質供給は，河川や風を通して岩石の風化生成物が運搬されることによるが，近年，海嶺からも供給があることが知られてきた．一方，海洋からの物質除去は粘土鉱物や Fe，Mn などの酸化物，水酸化物，分解しにくい有機物として粒子が沈降し，堆積物が生成することによる．

海洋中の特定成分の全量を N，流入量，流出量をそれぞれ J_{in}，J_{out} とすると，N の時間変化は，

$$\frac{dN}{dt} = J_{in} - J_{out}$$

で表される．J_{in} と J_{out} とが等しいとき，N は一定となり定常状態と呼ぶ．平均滞留時間は，定常状態のとき，

$$\tau = \frac{N}{J_{in}}$$

で定義され，海洋中に特定成分が入ってから出るまでの平均的な時間を示している．

図6.1に海水中の化学成分の平均滞留時間を示す[2]．主成分元素（→表2.1）はすべて 10^6 年以上と長いが，多くの微量金属成分はかなり短い．主成分元素の平均滞留時間が長く，よく混合していることは，主成分濃度比が世界中一定に保たれていることと符合している（→§2.3）．主成分組成が，ここ数億年大きく変化した証拠がないことは，海洋において化学成分の流入と除去とがつりあった定常状態がつづいていることを示している．

海水中では，多くの金属陽イオンが凝集した粒子にとらえられて除去されるため，平均滞留時間の長い成分は何らかの安定な形で溶存している．主成分組成はイオン対をつくっており，たとえば，SO_4^{2-} イオンのかなりの部分が $MgSO_4^0$ や $NaSO_4^-$ のイオン対として溶存している．一方，微量金属元素が安定に存在する場合は，酸素酸陰イオンや錯体を形成しており，Mo は MoO_4^{2-}，U は $UO_2(CO_3)_3^{4-}$ として溶存している．

6.4 気圏における物質循環

大気構成各成分の濃度と平均滞留時間を表

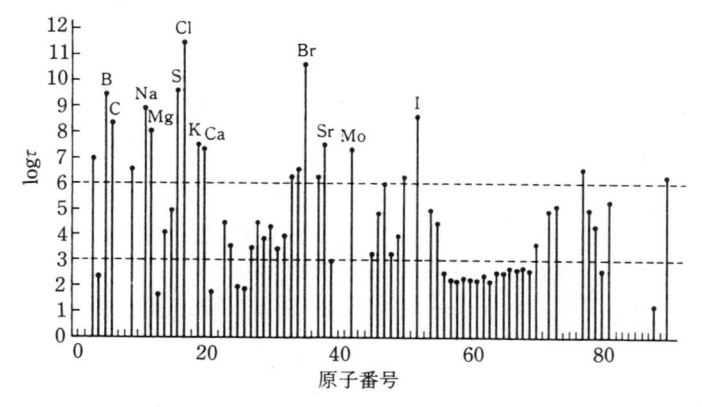

図 6.1 海水中の化学成分の平均滞留時間（τ，年）（文献1）による）

6. 地球表層での物質移動，物質循環

表 6.1 大気中の化学成分の濃度と平均滞留時間（文献 3) による)

成分	濃度(ppm, 体積)	平均滞留時間(τ)
変動の少ないもの		
N_2	7.8084×10^5	$\sim 10^6$ y
O_2	2.0946×10^5	5×10^3 y
Ar	9.34×10^4	—
Ne	1.818×10	—
He	5.24	10^7 y
Kr	1.14	—
Xe	8.7×10^{-2}	—
変動のあるもの		
CO_2	$\sim 3.30 \times 10^2$	5～6 y
CH_4	1.3～1.6	4～7 y
H_2	$\sim 5 \times 10^{-1}$	6～8 y
N_2O	$2.5 \sim 3.5 \times 10^{-1}$	~ 25 y
O_3	$1 \sim 5 \times 10^{-2}$	~ 2 y
変動の大きいもの		
H_2O	$0.004 \sim 4 \times 10^4$	9 day
CO	$0.5 \sim 2.5 \times 10^{-1}$	0.2～0.5 y
NO_2	0.2～10*	～5 day
NH_3	0.1～10*	2～30 day
SO_2	0.1～10*	2～5 day
H_2S	<0.01～1*	<0.5 day
有機炭素	5～50*	～2 day

* 単位は $\mu g \cdot m^{-3}$ (STP)

6.1 に示す[3]．N_2 や O_2 など主成分組成や希ガス元素は，滞留時間も長く濃度変動も少ないのに対して，反応性が大きく，雲や雨に溶けやすい微量成分は滞留時間が短く，濃度変動も大きい．

大気中にはエーロゾルと呼ばれるコロイド粒子が分散した状態で存在している．エーロゾルには海塩粒子，土壌粒子，火山起源粒子，工業起源粒子などが含まれ，存在量は少ないが，平均滞留時間が短いので物質移動に大きく寄与する．

6.5 人間活動と地球化学バランス

地球の歴史をふりかえれば，光合成植物の出現による大気組成の変化など生物活動が地球環境を著しく変えた例も多い．人類が出現してから 200 万年の間，地球環境を変化させることはなかったが，ここ 100 年の人間活動は，非常に短時間で地球環境に大きな変化をもたらしている．

図 6.2 に大気中の二酸化炭素濃度の変化を

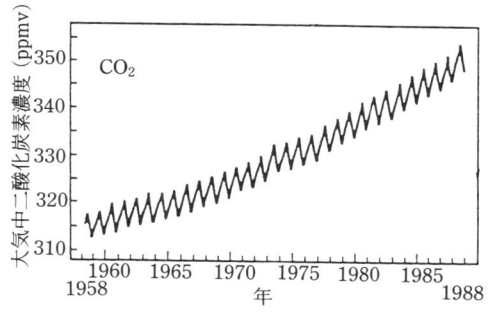

図 6.2 大気中の CO_2 濃度の経年変化（文献 4) による）
ハワイ島マウナロア観測所の観測

示す[4]．19 世紀末には 290 ppm くらいであった CO_2 濃度は，最近では年間約 2 ppm ずつ増加し，1980 年代末には 350 ppm を越えんとしている．大気中の CO_2 は地球からの輻射を吸収し，大気温度をコントロールする機能をもっており，CO_2 濃度の上昇は温室効果を促進し，気温の上昇をもたらす．モデル計算によれば，CO_2 濃度が 600 ppm になると平均地表気温が $2.0 \pm 0.5°C$ 上昇する[5]．大気中の CO_2 濃度の上昇の原因は化石燃料の燃焼の急激な増加にあり，放出された CO_2 の半分が海洋に吸収されずに大気に残ることが示されている．また，一分子あたりの温室効果への寄与が CO_2 のより大きい CH_4，N_2O，ハロカーボン類の大気中の濃度も人間活動が原因で増加しつづけている[4]．CF_2Cl_2，$CFCl_3$ などのフロンを初めとするハロカーボン類の増加は，温室効果のみならず，成層圏オゾン層の破壊をもたらし，そのため地表に達する紫外線が増加し，人類の生存環境を脅かす．

人間活動と地球環境とのかかわりは，農業生産，地下資源利用，工業生産，エネルギー獲得などで顕著に現れており，環境を悪化させない調和のとれたかかわり方を模索していかなければならない．　　　　〔野津 憲治〕

引 用 文 献

1) 北野 康："化学総説 No. 30, 物質の進化", p.95-107, 学会出版センター(1980).
2) 松尾禎士監修："地球化学", p.117-128, 講談社サイエンティフィク(1989).
3) 松尾禎士監修：同上，p.240.
4) 巻出義紘：現代化学，1989 年 11 月号，p.49-54.

参 考 文 献

5) 朝倉 正："21世紀の地球環境(NHKブックス 525)"，高橋浩一郎，岡本和人編著，p.45-60，日本放送出版協会(1987).
6) 西村雅吉編："海洋化学—化学で海を解く"，p.286，産業図書(1983).
7) B. Mason, 松井義人，一国雅巳訳："一般地球化学"，p.402，岩波書店(1979).
8) 北野 康："地球環境の化学"，p.237，裳華房(1984).
9) 半谷高久："地球化学入門"，p.211，丸善(1987).

V. 放射化学

1. 放射能・放射線と放射性核種

1.1 放射能・放射線の発見と歴史

1896年，A.H. Becquerelは前年のX線の発見(W.C. Röntgen)に刺激されて，硫酸ウラニルカリウムが発するけい光線のなかにX線が含まれているかどうか調べているとき，偶然，けい光が出ていなくても黒い紙に包まれた写真乾板が感光されることを発見した．これはウランから放出される放射線によるもので，M. Curieにより「放射能(radioactivity)」と名づけられた．その後，トリウム化合物においても同様な現象が認められた(M. CurieとG.C. Schmidt, 1898)．さらに，Curie夫妻(P. CurieとM. Curie, 1898)はウラン鉱のピッチブレンドからウラン以外の放射能をもつ新元素(天然放射性元素)ラジウム，ポロニウムを発見した．放射能とはこのように放射線を放出する性質，現象をいうが，その大きさを表す場合にも使われる．Becquerelによる放射能の発見は，E. Rutherfordによるウランからの放射線がα線およびβ線の複合であることの確認(1899)，α線の散乱実験に基づく原子核モデルの提案(1911)，原子核の人工変換，$^{14}N(\alpha, p)^{17}O$(1919)へとつながり，現代物理学・化学の基本概念の発展を促した．

α線がヘリウムの原子核であること(E. RutherfordとT. Royds, 1909)，β線が電子であること(A.H. Becquerel, 1900)およびγ線が電磁波であること(P. Villard, 1906)などは1910年頃までに明らかにされたが，中性子については1932年のJ. Chadwickによる発見まで待たねばならなかった．その後，中性子を用いての核反応の研究がE. Fermiらによりさかんに行われ，今日の原子力利用の起点となった中性子によるウランの核分裂がO. HahnとF. Strassmannにより発見された(1938)(→§5.2)．それを利用した初めての原子炉が1942年にFermiらにより建設されたが，日本では1957年に建設された東海村のJRR-1が最初の原子炉である(→§5.3)．

放射能，放射線を利用したトレーサー実験も，1910年代にG. HevesyやF. Panethらによって始められ，現在でも化学や生物学の分野を中心にさかんに利用されている(→§8.5)．

1.2 天然放射性核種

天然に存在している放射性核種は，3つのグループに大別される．(1)ウラン(^{235}U, ^{238}U)，トリウム(^{232}Th)のように長寿命の放射性核種を親とする放射壊変系列に属するもの，(2)壊変系列を構成しない長寿命核種，および，(3)宇宙線などにより生成される放射性核種．

1.2.1 放射壊変系列に属する核種

^{235}U(半減期7.04×10^8 y)，^{238}U(4.47×10^9 y)，^{232}Th(1.41×10^{10} y)の核種は地球の生成時にすでに存在したもので，いずれも長寿命のために，現在でもなお生き残っている．これらはそれぞれアクチニウム系列，ウラン系列，トリウム系列と呼ばれる壊変系列をつくり，次々にαあるいはβ壊変して天然放射性核種を生成し，最後には安定な鉛の同位体になる．これら3系列の壊変によって生成される放射性核種の質量数Aはそれぞれ$A=4n+3$，$4n+2$および$4n$(nは整数)で表されるが，$A=4n+1$に相当する系列は天然にはほとんど存在していない．これはネプツニウム系列と呼ばれ，人工的につくられる^{237}Np(2.14×10^6 y)を親核種とし，^{209}Biを最終的な安定核種とする系列である．

1.2.2 壊変系列を構成しない核種

壊変生成物はいずれも安定で，半減期は長く10^{15}年に及ぶものもあり，代表的核種としては^{40}Kが知られている(表1.1)．

1.2.3 宇宙線などで生成する核種

天然に起こる原子核反応の結果，生成される核種は主として宇宙線によるものである

1. 放射能・放射線と放射性核種

表1.1 系列を構成しないおもな天然放射性核種

核種	同位体存在比(%)	半減期(y)	壊変方式
^{40}K	0.0117	1.28×10^9	β^-(89%), EC(11%)
^{87}Rb	27.835	4.8×10^{10}	β^-
^{113}Cd	12.22	9×10^{15}	β^-
^{115}In	95.7	4.4×10^{14}	β^-
^{123}Te	0.908	1.3×10^{13}	EC
^{138}La	0.09	1.3×10^{11}	β^-(33.3%), EC(66.7%)
^{144}Nd	23.80	2.4×10^{15}	α
^{147}Sm	15.0	1.06×10^{11}	α
^{148}Sm	11.30	7×10^{15}	α
^{152}Gd	0.20	1.1×10^{14}	α
^{176}Lu	2.59	3.6×10^{10}	β^-
^{174}Hf	0.162	2.0×10^{15}	α
^{187}Re	62.60	5×10^{10}	β^-
^{190}Pt	0.0127	6×10^{11}	α

E. Browne and R.B. Firestone: "Table of Radioactive Isotopes", V.S. Shirley ed., John Wiley, New York (1986)による.

が,放射性鉱物中で起こる核反応によっても生成される.宇宙線は大気上層部で窒素,酸素,アルゴンなどの原子核に衝突し,これらの原子核を大きく破壊(破砕反応)して,^{3}H, ^{10}Be, ^{14}C, ^{22}Na, ^{31}Si, ^{32}P, ^{35}S, ^{36}Cl などの核種を生成する.また,^{14}C や ^{3}H, ^{36}Cl は破砕反応によって生じた中性子との核反応によっても生成される.このような宇宙線によって生成した天然の放射性核種を最初に発見したのは,W.F. Libbyら(1946)で,^{14}N(n, p)^{14}C の反応で生成する ^{14}C が,炭素ガスとなって地球上の生物体に一様に分布していることを実証し,^{14}C による年代測定法を開発した(→§8.2.1).

1.3 人工放射性核種

人工放射性核種とは,加速器や原子炉を利用して人工的に製造される放射性核種をいい,その数は2000種以上もある.最初の人工放射性核種の製造は ^{30}P で,^{210}Po からの α 線を ^{27}Al に照射することによって行われた(I. Curie と F. Joliot-Curie, 1934).その後,E.G. Segre と C. Perrier は未発見元素であったテクネチウムを,モリブデンの板にサイクロトロンで得た重陽子を照射することによって ^{95m}Tc および ^{97m}Tc として得た(1937).また,1945年にはウランまでで唯一の未発見元素であったプロメチウムが ^{235}U の核分裂生成物から ^{147}Pm および ^{149}Pm として分離された(J.A. Marinsky, L.E. Geledenin, C.D. Coryell).一方,ウラン(原子番号92)より原子番号の大きい元素は超ウラン元素と呼ばれ,すべて人工的に製造されている.超ウラン元素の最初の発見は1940年に E. McMillan と P.H. Abelson によってなされた ^{239}Np(原子番号93)で,それ以後つぎつぎに新しい元素がつくられている.

このように人工放射性核種の製造は新元素の合成や原子核構造の基礎的研究のために行われるが,日常的には主としてトレーサー実験や工業用,医療用の線源製造のために行われている(→§5.4, 5.5).

1.4 放射能,放射線の単位

放射能や放射線に関する諸単位を表1.2に示す.　　　　　　　　　〔片田　元己〕

表1.2 放射能や放射線に関する諸単位

物理量	名称	記号	定義および内容
放射能	ベクレル	Bq	1秒間に1個の壊変.単位の次元は s^{-1},1 Bq=2.7×10^{-11} Ci
エネルギー	電子ボルト	eV	電子が真空中1ボルトの電圧で加速されて得る運動エネルギー 1 eV=1.6022×10^{-19} J
断面積	バーン	b	核反応の起こる確率,1×10^{-28} m^2
吸収線量	グレイ	Gy	1 kg あたり1ジュールのエネルギーの吸収があるときの線量,J・kg^{-1} 物質の種類や密度に依存,1 Gy=100 rad
照射線量	クーロン毎キログラム	C・kg^{-1}	空気1 kg 中に1クーロンのイオンをつくる γ(X)線の量,1 C・kg^{-1}=3876 R
線量当量	シーベルト	Sv	吸収線量×線質係数×修正係数,線質係数=放射線の種類とエネルギーによる生物学的影響の違いを考慮(β, γ に対して1,α 線には20),修正係数=照射条件の違いを考慮(現在のところ1),1 Sv=100 rem

2. 原子核と壊変現象

2.1 原 子 核

　原子の質量の大部分を占め，正の電荷をもつ陽子と電荷をもたない中性子から構成される．陽子と中性子は，核力と呼ばれる短距離でのみ働く強い力で結合されており，原子核の形を球状で近似するとその半径rは$r=r_0 A^{1/3}$（A＝質量数；$r_0=1.2\sim1.4\times10^{-15}$ m）で表される．このような原子核の構造は，1911年にE. Rutherfordにより初めて推定されたが，現在では液滴模型と殻模型の2つが考えられ，相補的に用いられている．^{235}Uが2つの原子核に核分裂する現象は，液滴が2つに分かれると考えると理解しやすいが，陽子数や中性子数が2, 8, 20, 28, 56, 82, 126など特定の数値（魔法数と呼ばれている）のところで結合エネルギーにピークが現れ，安定核が生成することは液滴模型では説明がつかず，一定の規則に従って準位を充填していくと考える殻模型によりうまく説明される．この考え方はM.G. MayerやJ.H.D. Jensenらのグループにより独立に提案された(1948)．

2.2 壊変の法則

　不安定な原子核は過剰なエネルギーを放出して安定な状態へと移行する．この過程は確率的なもので，放射壊変と呼ばれ，放射性核種の原子数に比例して起こる．
　ある時点での放射性核種の数をNとすると，単位時間当たりの壊変数（放射能の強さ）は$-dN/dt=\lambda N$で表される．λは壊変定数と呼ばれ，核種に固有な値である．$t=0$のときの原子数をN_0とすると，$N=N_0 e^{-\lambda t}$となる．原子数が半分になるまでの時間Tを半減期といい，$T=(\ln 2)/\lambda$で表される．

2.3 壊変の方式

　原子核が壊変する場合，α壊変，β壊変，γ壊変の3種に分けられる（図2.1）．

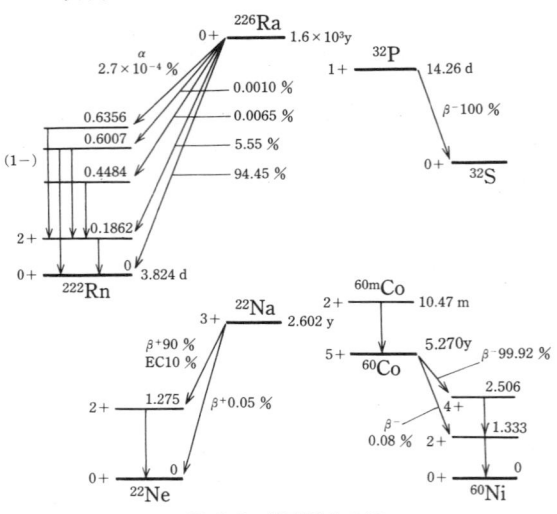

図 2.1　壊変図式の例

図式の中には，壊変の種類，壊変の分岐比，エネルギーの数値，エネルギー準位，スピン，パリティー，半減期などが記されている．縦方向はエネルギー準位を表し，横方向は各核種が原子番号の順に配置されている．したがって原子番号が増えるような壊変（β^-壊変）では，左から右下へ向かった矢印が書かれる．

2.3.1 α 壊 変

　ウランやトリウムのような数多くの陽子と中性子からできている重い原子核からは，陽子2個と中性子2個が一緒（ヘリウムの原子核，α線）になって高速で飛び出すことがある（トンネル効果による）．これをα壊変といい，原子番号は2減少し，質量数は4減少する．放出されるα線のエネルギーは$4\sim9$ MeVで，核種に固有の大きさをもつ．

2.3.2 β^-壊変，β^+壊変，EC壊変

　原子核内の1個の中性子が陽子に変化して高速の電子（β^-線）と反ニュートリノが飛び出すβ^-壊変［$n\to p+e^-+\bar{\nu}$］，陽子が中性子に変化して高速の陽電子（β^+線）とニュートリノが飛び出すβ^+壊変［$p\to n+e^++\nu$］および陽子が軌道電子を核内に取り込み中性子に変化する軌道電子捕獲壊変(electron capture decay, EC壊変)［$p+e^-\to n+\nu$］の3種類の壊変方式がある．β^-壊変は中性子過剰の放射性核種で起こり，β^+壊変は中性子不足の放射性核種で起こる．EC壊変はいずれの場合にも起こる．質量数は変化しないが，原子番号が1増加する（β^-壊変）か，減少する（β^+壊変，

EC壊変).

放出される β^- 線や β^+ 線のエネルギーは運動量をニュートリノや反ニュートリノと分割するため連続スペクトルとなり，その形は釣鐘状である（図2.2）．したがって β 線のエ

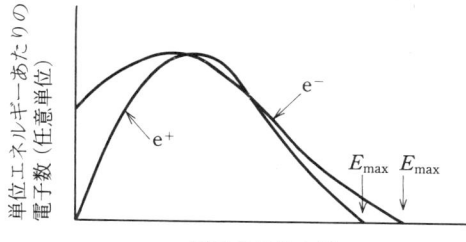

図2.2 β 壊変で放出される電子（e^-, e^+）のエネルギースペクトルの概形

ネルギーとは最大エネルギーをいう．

2.3.3 γ 壊 変

壊変が起こったあとの原子核は，不安定な励起状態にある場合が多く，通常はきわめて短い時間（$10^{-9} \sim 10^{-18}$ 秒）内に過剰エネルギーを γ 線として放出して安定化する（原子番号，質量数ともに変化せず）．γ 線のエネルギーは放出前後の核の準位のエネルギー差に等しく，したがって線スペクトルになる．励起状態にある原子核が γ 線を放出する代わりに，過剰エネルギーを軌道電子に与えて，軌道電子が放出されることがある．これを内部転換といい，放出される電子を内部転換電子という．

励起状態がかなり長い（10^{-8} 秒〜数年）原子核は，核異性体と呼ばれ，^{60m}Co や ^{119m}Sn などのように，質量数のあとにmをつけて表す．核異性体も固有の半減期をもち，γ 線を放出して安定状態に落ち着く．この現象を核異性体転移（isomeric transition: IT）という．この場合にも，γ 線が放出される代わりに軌道電子が放出される（内部転換）ことがある．

2.4 放 射 平 衡

放射壊変で生じた核種（娘核種）も放射性であるとき，娘核種の半減期 T_1 がもとの核種（親核種）の半減期 T_2 よりも短いと，時間とともに娘の原子数はみかけ上親核種の半減期

で減衰するようになる．これを放射平衡といい，T_1 と T_2 の大きさの関係により，過渡平衡と永続平衡に分けられる．

親核種と娘核種の初めの原子数をそれぞれ N_1^0, N_2^0，時刻 t での原子数をそれぞれ N_1, N_2，壊変定数をそれぞれ λ_1, λ_2 とすると，

$$\frac{dN_2}{dt} = \lambda_1 N_1 - \lambda_2 N_2$$
$$= \lambda_1 N_1^0 e^{-\lambda_1 t} - \lambda_2 N_2$$

これから

$$N_2 = \frac{\lambda_1}{\lambda_2 - \lambda_1} N_1^0 (e^{-\lambda_1 t} - e^{-\lambda_2 t}) + N_2^0 e^{-\lambda_2 t}$$

2.4.1 過 渡 平 衡

親核種の半減期が娘核種の半減期よりも長い場合，すなわち $\lambda_1 < \lambda_2$ の場合には，時刻 t が十分大きくなると，$e^{-\lambda_2 t} \ll e^{-\lambda_1 t}$ となり，上式の第2項は無視でき，

$$N_2 = \frac{\lambda_1}{\lambda_2 - \lambda_1} N_1^0 e^{-\lambda_1 t} = \frac{\lambda_1}{\lambda_2 - \lambda_1} N_1$$

となる．このとき娘核種はみかけ上親核種と同じ半減期で壊変することになる．これを過渡平衡という．この様子を図2.3に示す．

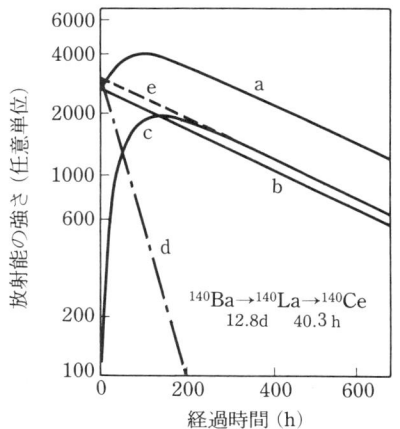

図2.3 過渡平衡
a：全体の放射能（b+c），b：親核種のみによる放射能（T_1=12.8 d），c：親核種中に生成する娘核種の放射能，d：新たに分離された娘核種の放射能（T_2=40.2 h），e：親と娘核種のフラクション中の娘核種の放射能（c+d）

2.4.2 永 続 平 衡

親核種の半減期が娘核種の半減期よりもはるかに長い（すなわち $\lambda_1 \ll \lambda_2$）場合には，十分時間が経過すると，

$$N_2 = \frac{\lambda_1}{\lambda_2} N_1$$

となり，原子数は半減期に比例する．この平衡では親の減衰が無視でき，長く持続するので永続平衡といわれる．この様子を図2.4に示す．

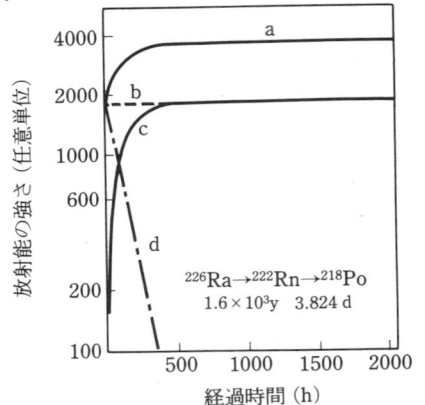

図 2.4 永続平衡
a：全体の放射能(b+c)，b：親核種のみによる放射能(T_1=1.6×10^3 y)，c：親核種中に生成する娘核種の放射能，d：新たに分離された娘核種の放射能(T_2=3.824 d)

なお，親核種の半減期が娘核種の半減期よりも短い場合には，放射平衡は成立しない．

〔片田 元己〕

3. 放射線と物質の相互作用

放射線にはα線，β線，γ線のほかに中性子線，陽子線，電子線，X線，宇宙線などが含まれ，物質中で散乱，電離作用，励起作用などの相互作用を起こしてエネルギーを失う．放射線の種類による相互作用は次のように分けられる．

3.1 電子と物質の相互作用(β線，内部転換電子，加速電子など)

高速の電子が物質を通過するとき，物質中の軌道電子と静電相互作用により，電子を原子からはじきだしたり(電離)，あるいは外側の軌道に励起させること(励起)によりエネルギーを失う．電子が物質中の単位距離を通過するときに電離や励起によって失う平均のエネルギー(衝突阻止能)は，ほぼ電子の速度の2乗に比例し，物質の単位体積中に含まれる軌道電子の数に比例する．直接電離は20〜30%で，大部分は飛び出した軌道電子による2次的な電離である．また，高速電子が原子核の近傍を通過するとき，核の電荷のため方向が曲げられるが(弾性散乱)，そのときある確率で減速され，それに相当するだけのエネルギーが電磁波として放出される．これを制動放射といい，電子が単位距離進む間に受ける制動放射による損失は，電子のエネルギーに比例し，原子番号の2乗に比例する．さらに陽電子では，特にその進路の最終段階で物質中の陰電子と結合して消滅し，0.51MeVの2個のγ線が正反対方向に放出される．

3.2 重荷電粒子と物質との相互作用 (α線，加速された陽子，重陽子，重イオンなど)

物質中での挙動は本質的には電子と同じであるが，電子に比べてきわめて重い(一番軽い陽子でも電子の約1800倍もある)ため，みかけ上の振舞いはかなり異なる．同じエネルギーの電子に比べて比電離(単位距離当たりの電離回数)が著しく大きく，放射線中で最大である．比電離の大きさをα線源から距離に対してプロットすると，ブラッグ曲線と呼ばれる特徴のある曲線が得られる(図3.1)．

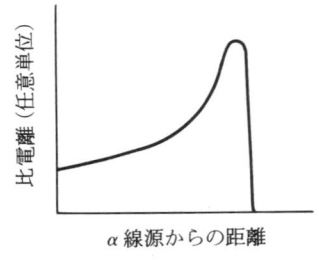

図 3.1 α線のブラッグ曲線

また，質量が大きいため，相手との衝突によりにあまり進行方向を変えず(原子核と衝突すると散乱されるがその確率はきわめて小さい)，ほとんど直進する．α線は空気中では数cmの飛程(ある物質中を放射線が進行する最大距離)で，最後は中性のヘリウム原子となって静止する．

3.3 光子と物質との相互作用（γ線，X線）

光子と物質との相互作用は，光子のエネルギーや物質の原子番号などにより異なり光電効果，コンプトン散乱および電子対生成の3種に分けられる．

光電効果は，原子核に束縛された軌道電子による光子の吸収であり，その起こる確率はエネルギーの小さい光子ほど大きく，同じエネルギーでは原子番号の5乗に比例する．

コンプトン散乱は電子による光子の散乱で，物質中の電子密度に比例して起こる．散乱に対してエネルギーおよび運動量は保存され，次式が成立する．

$$E_r' = \frac{E_r}{1+1.96E_r(1+\cos\theta)}$$

ここで E_r, E_r' は光子および散乱光子のエネルギー，θ は散乱角である（図3.2）．電子は

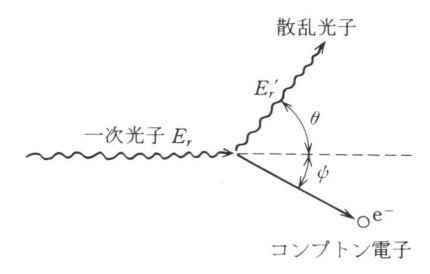

図 3.2 コンプトン散乱

光子のエネルギーの一部を受け取って反跳し，反跳電子（コンプトン電子）と呼ばれる．

電子対生成は1.022 MeV（電子の静止質量に相当するエネルギー）以上の光子が原子核近傍の強い電界中で消滅し，陰陽の電子対を生成する現象で，物質の原子番号の2乗に比例し，光子のエネルギーが大きいほど起こりやすくなる．

3.4 中性子と物質の相互作用（高速中性子，熱中性子）

核反応で放出された直後のMeV程度の運動エネルギーをもった中性子を，高速中性子という．中性子のエネルギーが原子核の第1励起準位を越えると，中性子のエネルギーは核の反跳のほか励起にも消費され，衝突は非弾性的となる．中性子のエネルギーが比較的低くなると（〜0.1 MeV以下），原子核は励起されることなく弾性衝突が起こる．さらに物質中で散乱を繰り返し，しだいにエネルギーを失いその場所における熱運動のエネルギーにまで減速された中性子を熱中性子という．常温における熱中性子の運動エネルギーの平均値はほぼ0.025 eVで，^{59}Co$(n,\gamma)^{60}$Coで表されるような捕獲反応が中心となる（→§7.1）．また，熱中性子は，原子核との相互作用（核散乱，磁気散乱）を利用して，水素原子の位置を決めたり，磁性物質の磁気構造を決定するためにも利用されている（中性子回折）．

〔片田 元己〕

参 考 文 献（1〜3章）

1) 日本化学会編："新実験化学講座7 基礎技術6，核・放射線[Ⅰ]，[Ⅱ]"，丸善(1975)．
2) 日本化学会編："化学総説23 同位体の化学"，学会出版センター(1979)．
3) 日本化学会編："化学総説29 核現象と分析化学"，学会出版センター(1980)．
4) 村上悠紀雄，佐野博敏，鈴木康雄，中原弘道："基礎放射化学"，丸善(1981)．
5) 日本アイソトープ協会編："ラジオアイソトープ 基礎から取扱まで 改訂2版"，丸善(1990)．
6) 富永 健，佐野博敏："放射化学概論"，東京大学出版会(1985)．
7) 日本アイソトープ協会編："アイソトープ便覧 第3版"，丸善(1984)．
8) 日本アイソトープ協会編："新ラジオアイソトープ 講義と実習"，丸善(1989)．
9) 日本アイソトープ協会編："アイソトープ手帳 改訂8版"，丸善(1991)．

4. 放射線の検出と測定

放射線はわれわれの五感によって直接的には知ることはできないので，放射線が物質に当たったときの変化，すなわち物質との相互作用を通じて行う．放射線と物質との相互作用のどの部分に着目するかによって，いくつかの検出方法がある．そのおもなものには，

(a)放射線による物質のイオン化作用, (b)励起に伴うけい光作用, (c)電離, 励起に伴って2次的に起こる化学反応や写真作用, (d)物質の損傷を利用するものなどがある. ここでは, 現在よく用いられている放射線検出器の原理とその特徴を述べる.

4.1 電　離　箱

気体に放射線が照射されると, 陽イオンと電子の対ができる. これを電極に集めて電気的信号に変えることにより放射線を検出する装置を電離箱という. 図4.1の外部回路に高抵抗 R を接続すれば, それを流れる電流が短時間のうちに変化して一個のパルス信号を与える(パルス電離箱). 陽子, α 粒子, 核分裂片など荷電粒子が気体中でつくるイオン化電子および親イオンの運動によって生じる電気信号が, イオン量に比例した電圧パルスとして得られる. パルス計数により荷電粒子の強度を, パルスの高さ, 形状から粒子のエネルギーや種類の情報が得られる. 外部回路の時定数を十分長くしておけば電離電流は一定の直流を与える(直流電離箱). 電離箱に放射線を入射させながら印加電圧をゼロから増加させていくと印加電圧が低いときにはイオン対は再結合し電気信号は得られない. しかし, 電圧を増加するとしだいに放射線による電離電流は増加し, やがては一定値(飽和電流)に達する. 飽和電流の大きさは気体の種類, 圧力, 放射線の種類に依存する(図4.2).

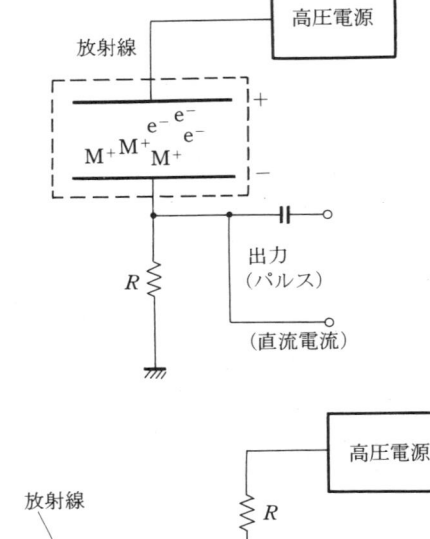

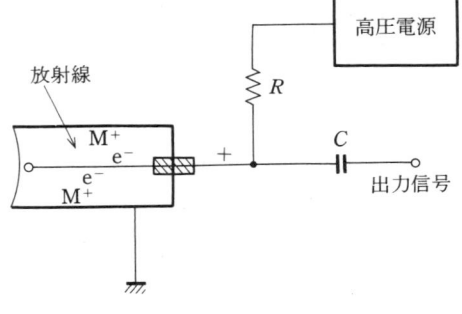

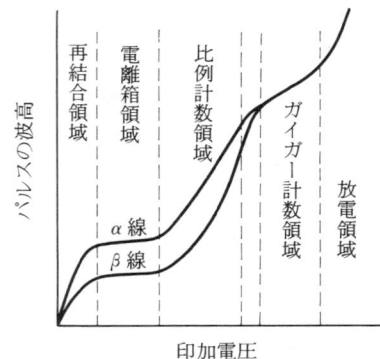

図 4.1 電離箱(上)とGM計数管(下)の概念図

図 4.2 ガスカウンターにおける印加電圧とパルス波高の関係

4.2 計　数　管

電場をかけた気体中に放射線が入射すると, 気体中に生じた電子とイオンは加速され, ほかの分子を2次的にイオン化させ(ガス増幅), 電子の移動に伴う電気信号が取り出される. 電離箱より高い印加電圧で作動させる比例計数管と, さらに高いところで動作するGM計数管に分けられる. 目的に応じて各種の形状が工夫されているが, 通常の比例計数管は金属円筒を陰極として中心には直径0.025 mm程度のタングステン, またはステンレス鋼線を置いて陽極とする. 充填ガスはヘリウム, アルゴン, メタン, プロパン, キセノンあるいは有機多原子分子をクエンチングガスとして含むものなど多様である. 入射粒子の種類の弁別およびエネルギーを測定できる.

分解時間は比較的短く, 10^4 cps程度の計数は可能である. フロー型計数管を比例計数領域で用いれば絶対測定が可能である. 印加電

圧を高くすると放射線のエネルギーに依存しない一定の大きな信号が得られる．この電圧領域はガイガー計数領域(GM計数領域)と呼ばれ，おもにβ線やγ線の測定に用いられる．

4.3 シンチレーション検出器

物質に放射線が当たると物質のイオン化とともに電子励起が起こる．励起状態からより低い状態に移る際に，そのエネルギーの一部はけい光として放出される．この光をシンチレーションといい，発光体をシンチレータという．シンチレーションを用いた検出器の特長は発光の減衰時間が10^{-9}～10^{-6}秒と短く，応答時間が速いので高計数率の計数や時間情報の測定に適している．NaI(Tl)，CsI(Tl)，BaF$_2$などの無機シンチレータは一般に原子番号Zが大きいのでγ線やX線の測定に用いられ，ZnS(Ag)粉末はα線測定に適している．エネルギー分解能は劣るがX線やγ線に対する検出効率のすぐれたBGO(Bi$_4$Ge$_3$O$_{12}$)の単結晶が用いられることもある．有機シンチレータとしては有機結晶，プラスチック，および液体に分類される．液体シンチレータは発光体であるPPO(2,5-ジフェニルオキサゾール)，波長シフターのPOPOP(1,4-ビス-2(5-フェニル-オキサゾリル)ベンゼン)をトルエンやキシレンに溶かしたものでα線やβ線に対して100%に近い効率で測定でき，高計数率にも使用できる．有機化合物は水素原子を多く含むので，反跳陽子を利用した中性子の検出にも適している．いずれの場合もシンチレータからのけい光は光電子増倍管により光電子に変換され，10^5～10^8倍に増幅され，電気信号として取り出される(図4.3)．

4.4 半導体検出器

放射線と半導体との相互作用により半導体の充満体にある電子が伝導体に励起され，電子・正孔対が生成する．電場をかけてこの電荷を集め電気信号を取り出すのが原理である．半導体中で一対の電子・正孔対をつくるのに要するエネルギーはSi(3.76 eV)，Ge(2.98 eV)，GaAs(4.2 eV)と気体検出器やほかの固体検出器に比べ小さいのでエネルギー分解能のよいこと，また密度が大きいので検出効率も大きい．放射線で生成した電子・正孔対を効率よく集めるためには電荷担体のきわめて少ない部分(空乏層)を形成させ，両端に電圧(逆バイアス電圧)をかけ強い電場をつくる必要がある．空乏層のつくり方によりp-n接合型，表面障壁型，高純度型などに分けられる(図4.4)．

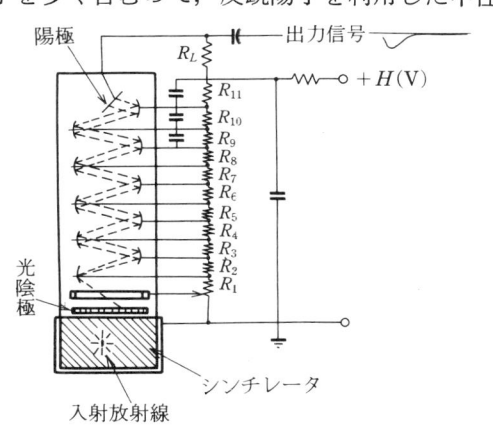

図4.3 シンチレータと光電子増倍管

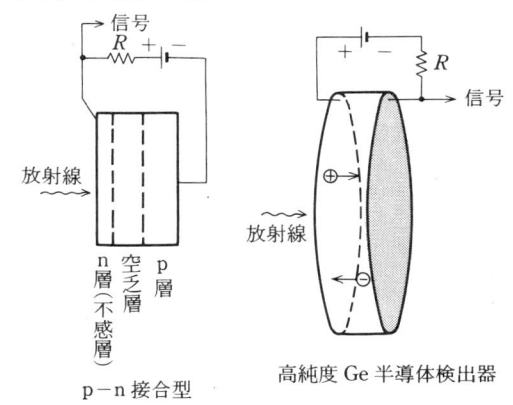

図4.4 p-n接合型と高純度Ge半導体検出器の概念図

a. p-n接合型 n型半導体にp型(Ga，Inなど)の不純物を拡散してp-n接合をつくり，逆バイアス電圧をかけて接合部分に空乏層をつくる．この形式では，厚い空乏層をつくることができないので低エネルギーβ線，飛程の短いα線や陽子などの測定に用いられる．しかし，表面の不感層によるエネルギー損失を完全になくすことはできない．

b. 表面障壁型 n型SiのにAuやAlを50 μg/cm²程度に蒸着して空気中に放置するとSi表面層に酸化物膜が形成され，この部分が空乏層(50～500 μm)となる．入射面でのエネルギー損失を小さくできるので，α粒子や荷電粒子の検出に有効である．

c. 高純度Ge型 不純物濃度がきわめて少ない(10^{10}個/cm³以下)Geの単結晶で，低温では電気抵抗がきわめて大きく，数kVのバイアス電圧をかけ長い空乏層をつくることができγ線の検出によい．Siは3～5 mm位の厚さで30 keV以下のX線やγ線，あるいは高エネルギー電子の測定に適している．また，n型やp型高純度Ge半導体表面に加速器を用いてPイオンやBイオンをイオン注入し逆バイアス電圧をかけて空乏層を形成する．表面電極をきわめて薄くすることができることと，イオン注入後の熱処理の温度が低くてすむので動作が安定している．このため，低エネルギーX線領域から数MeVのγ線の検出に用いられている．

4.5 飛跡検出器

荷電粒子がガラス，雲母，ポリカーボネートなど絶縁体に入射すると，その経路に沿って放射線損傷を受ける．これを無機物質の場合にはフッ化水素，有機物質の場合には水酸化ナトリウム溶液などに浸しておくと，飛跡に沿った部分はほかの部分に比べて速やかに侵食(エッチング)される．これを顕微鏡で数100倍程度に拡大すると観測可能となる．飛跡を数えることにより放射線(荷電粒子)を測定する検出器を飛跡検出器という．飛跡に沿った部分と放射線損傷を受けてない部分のエッチングの速さの割合は飛跡検出器の材質と荷電粒子の種類に依存する．

4.6 化学線量計

放射線の照射により物質が吸収した線量を測定するために化学線量計が用いられる．放射線照射で生成または消滅する化学種のG値のよく知られている反応系が用いられる．できるだけ広い範囲の線量と線量率にわたって生成物が一定であることが望ましい．よく用いられている線量計にはフリッケの鉄線量計があり，その組成は硫酸鉄(II)の硫酸酸性の水溶液(1×10^{-3} mol·dm⁻³)である．反応機構から⁶⁰Coのγ線照射に対してFe^{3+}の生成するG値は空気がある場合$G(Fe^{3+})=G(OH)+2G(H_2O)+3G(H)=15.6$であり，溶存空気がない場合は$G(Fe^{3+})=G(OH)+2G(H_2O_2)+3G(H)=8.18$である．放射線化学反応はLET(線エネルギー付与)に依存しているので低いエネルギーのX線やγ線，あるいは電子線，荷電粒子では異なってくる．硫酸セリウム(IV)水溶液($0.1 \sim 50 \times 10^{-3}$ mol·dm⁻³)の空気飽和硫酸水溶液(0.4 mol·dm⁻³)も用いられる．この場合は，放射線により還元が起こり$G(Ce^{3+})=G(H)-G(OH)+2G(H_2O_2)=2.34$である．そのほか，気体化学線量計としてエチレンで生成する水素$G(H_2)=1.3$を定量する方法や亜酸化窒素(N_2O)を照射して生成する窒素$G(N_2)=10.0$を定量する方法がある．

4.7 測定値の取扱い

原子核の壊変に基づく放射能はランダムな現象であるため，測定された計数値の平均値$\overline{m}$は統計的な真の平均値Mに対し分散を示す．この分散はポアソン分布であり，測定値の平均値$\overline{m}$からの偏差の2乗平均σ^2は$\overline{m}$が大きい場合には近似的にMに等しい．このため，t時間の計数値mに対し$\pm\sqrt{m}$の標準偏差を伴う．単位時間当たりの計数値m/tを計数率といい，$\pm\sqrt{m}/t$の誤差がつく．また，放射線の測定値には宇宙線に基づく計数値がバックグランドとして含まれるため，試料の真の計数率を求めるには測定値からバックグランド計数値を差し引く必要がある．したがって，t_a時間の計数値がm_aで，t_b時間のバックグランド計数値がm_bである場合，正味の計数率は

$$(m_a/t_a - m_b/t_b) \pm (m_a/t_a^2 + m_b/t_b^2)^{1/2}$$

となる．また，かけ算，割り算の場合には測定値を$N_1 \pm \sigma_1$，$N_2 \pm \sigma_2$とすれば，

$$N_1 \times N_2 \pm N_1 \times N_2((\sigma_1/N_1)^2+(\sigma_2/N_2)^2)^{1/2}$$
$$N_1/N_2 \pm N_1/N_2((\sigma_1/N_1)^2+(\sigma_2/N_2)^2)^{1/2}$$
となる. 〔遠藤 和豊〕

参 考 文 献

1) 河田 燕:"放射線測定技術",東大出版会(1984).
2) 村上悠紀雄,佐野博敏,鈴木康雄,中原弘道:"基礎放射化学",丸善(1981).
3) 日本アイソトープ協会編:"アイソトープ便覧改訂3版",丸善(1984).

5. 原子核反応と放射性同位元素製造

5.1 原子核反応

原子核と素粒子,またはほかの原子核との反応を原子核反応あるいは単に核反応という.核反応には中性子との中性子反応,陽子やα粒子などとの軽粒子反応,原子番号のより大きい原子核との重イオン反応,高エネルギー光子との光核反応などがある.代表例を表5.1に示す.表中でX(a,b)Yは,原子核Xに粒子aが入射して反応が起き,粒子bが放出されて原子核Yが生成することを示す.このほか,弾性散乱,クーロン励起などがあり,次項の誘導核分裂と核融合も核反応である.

自然界でも,太陽や星のなかで,また地球でも宇宙線などにより核反応が起きている.一方,原子炉や加速器を利用して人工的に核反応を起こさせることができ,基礎的研究や放射性同位体の製造に利用されている.

核反応にもエネルギーを放出する発熱反応とエネルギーを必要とする吸熱反応がある.後者の場合,必要とするエネルギーは入射粒子のエネルギーとしてもち込まれる.また,中性子のように無電荷の粒子は熱エネルギーしかもたない状態でも原子核と反応することができるが,陽子のように正の電荷をもつ粒子では原子核との間に働くクーロン力に打ち勝つだけのエネルギーが必要となる.入射粒子に高いエネルギーを与えて核反応を起こさせるためには粒子加速器が利用される(→§5.4).

表 5.1 核反応の例

^{59}Co(n, γ)^{60}Co
^{14}N(n, p)^{14}C
^{14}N(p, α)^{11}C
^{14}N(α, p)^{17}O
^{209}Bi(^{58}Fe, n)^{266}109
^{27}Al(γ, 2pn)^{24}Na

γ, n, p, α, 109 はそれぞれガンマ線,中性子,陽子,α粒子,109番元素を示す.

5.2 核分裂と核融合

核分裂は重い原子核がほぼ同程度の質量の2個の原子核に分裂する現象で,これに伴い大きなエネルギー,中性子,まれには第3の原子核が放出される.この現象は1938年にHahnとStrassmannにより,ウランに中性子を照射する際にバリウムの放射性同位体が生成することからみいだされた.この場合,核分裂を起こすのは^{235}Uで,熱中性子により2個の原子核すなわち核分裂片(核分裂生成物)と平均約2.5個の中性子,さらに約200MeVのエネルギーが放出される.このエネルギーの大部分は核分裂片の運動エネルギーになる.2個の核分裂片の質量には偏りがあり,質量数に対して生成数をプロットすると,約95と140にピークがあり中央が著しくへこんだ曲線となる.このような分裂の様式を非対称核分裂という.放出されるエネルギーがきわめて大きく,また同時に放出される中性子によりほかの^{235}Uがつぎつぎに核分裂を起こす連鎖反応が可能なため,膨大なエネルギーを得ることができる.これは不幸なことに最初軍事的に原子爆弾として利用され,のち核分裂を制御された状態で進行させてエネルギーを取り出す原子炉に利用されるようになった.

熱中性子で核分裂を起こす核種には^{235}Uのほかに^{239}Puなどがあり,高速中性子,加速した陽子などを用いれば,さらに多くの核種が核分裂を起こす.一般に,高エネルギー

の入射粒子では質量の近い核分裂片への対称核分裂が優勢になる．

特に質量の大きい核では入射粒子を必要としない自発核分裂が起きる．この現象は核壊変の一種で，超ウラン元素では主要な壊変様式の1つである．たとえば，^{254}Cfでは自発核分裂が壊変の99%以上を占める．

核分裂の結果，核分裂生成物として多種の放射性同位体が生成するが，陽子数に対する中性子数の比が大きい重い核から生成するため，一般に中性子が過剰でベータ壊変を繰り返して安定な核に変わっていく．そのため，放射性同位体として使いやすい核種は必ずしも多くない．

軽い原子核同士が反応して安定な核が生成し，かなりのエネルギーが放出される反応を核融合という．表5.2に代表的な例を示す．水素爆弾は原子爆弾で核融合をひき起こさせるものである．原子炉のように核融合を制御してエネルギー源としようとするのが核融合炉で，高温のプラズマを必要とし，完成にはまだかなりの時間が必要とされている．近年，電解中のパラジウム電極などで常温で核融合が起きるという報告があり話題を呼んだ．

表5.2 核融合の例

D(d, n)^{3}He	$Q=3.27$MeV
D(d, p)T	$Q=4.03$
T(d, n)^{4}He	$Q=17.6$

Q：放出されるエネルギー

5.3 原子炉

中性子による^{235}Uや^{239}Puの核分裂では約2.5〜3個の中性子が放出されるから，この中性子を使って連鎖的に核分裂を起こさせることができる．1つの核分裂で放出される中性子のうち，平均1個が新たな核分裂を起こす状態を臨界という．連鎖反応を起こす中性子の数を制御して，核分裂を持続的に起こさせるのが原子炉で，エネルギーを取り出して発電したり，中性子を利用して放射性同位体を製造するのに用いられている．

核分裂の断面積は高速中性子より熱中性子に対してはるかに大きく，通常の原子炉（熱中性子炉）では連鎖反応を持続させるために^{235}Uや^{239}Puを含む核燃料を軽水（通常の水），重水，グラファイトなどの減速材で取り囲む．一方，連鎖反応の行き過ぎを抑えるためには，中性子吸収断面積の大きいホウ素などを含む制御棒が用いられる．

高速中性子による核分裂を利用する高速炉では，核分裂の断面積が小さいため，濃縮^{235}Uや^{239}Puが用いられる．また，中性子の損失を防ぐため，核燃料の置かれる炉心の周囲にベリリウム，グラファイトなどの反射材が置かれる．反射材として^{238}Uを用いれば，一部の中性子が吸収されて，^{239}U，^{239}Npを経て核燃料として利用できる^{239}Puが生成する．この型の原子炉を転換炉という．特に，^{239}Puを燃料として消費した以上の^{239}Puが得られるものを増殖炉という．

原子炉内には高いフルエンスの中性子が存在するので，炉心の周囲に設けた実験孔に種々の元素を入れて，放射性同位元素を製造することができる．1つの原子炉に多数の実験孔を設けることができるので，同時に多種の放射性同位元素を製造することも可能である．利用される代表的な核反応は原子核が中性子を吸収してガンマ線を放出する中性子捕獲反応で，(n, γ)反応とも呼ばれる．一般に反応断面積が大きく，大量の放射性同位元素を製造できるが，核反応により元素の転換が起きないので，無担体の放射性同位元素は得られない．ごく一部の元素については，(n, γ)反応にひきつづいてベータ壊変が起きるか，(n, p)反応が起きて無担体の放射性同位元素が得られる．

5.4 加速器

電子，陽子・α粒子などの軽粒子，重イオンを電磁的に加速して高いエネルギーを付与する装置を加速器という．形態から大きく線形加速器と円形加速器に分けられる．

線形加速器としては，静電加速方式のコックロフト－ウォルトン加速器とバンデグラー

フ加速器が代表的なもので，電子や軽粒子の加速に用いられる．到達エネルギーは比較的低く，イオンをまず陰イオンとして加速し，ついで陽イオンに変換してさらに加速するタンデム型のバンデグラーフ加速器でも 20 MeV 程度である．

円形加速器では加速平面に垂直に加えられた磁場により，加速される粒子はらせん運動あるいは円運動を行い，電場による加速を繰り返し受けるため，高いエネルギーが得られる．最も基本的な形は Lorentz によって初めてつくられたサイクロトロンで，加速される粒子は中心に近いイオン源からスタートして，ディーと呼ばれる 2 つの D 型の中空の電極の間で繰り返し加速される．エネルギーを得るに従い軌道半径が大きくなるため，らせん運動をして最後は外に取り出される．このサイクロトロンの改良型に AVF サイクロトロンがあり，核物理用の大型のもののほかに，操作の容易な小型のものが市販され，病院などで医療用放射性同位元素の製造に広く利用されている．また，分割した電磁石と高周波共振器を円周状に並べたリングサイクロトロンは重イオンを高いエネルギーまで加速できるもので，日本でも理化学研究所などに完成している．

シンクロトロンは円形の軌道に沿って粒子を加速するもので，世界各国で競って大型のものが建設あるいは計画されている．日本では筑波の高エネルギー研のトリスタンが最大である．そのほか，電子または陽電子の軌道が磁場で曲げられるとき発生するシンクロトロン軌道放射光（SOR または SR）を利用することを目的とするものもある．

加速器による放射性同位元素の製造は，一度に 1 つのターゲットしか照射できない，入射粒子によって大量の熱がもち込まれるためターゲットの冷却が必要であるなど，原子炉による製造より困難な点が多いが，ほとんどの場合ターゲットとは元素の異なるものが生成するため，化学分離によって利用価値の高い無担体の放射性同位体を得ることができる．

5.5 超重元素の製造

天然に存在しない超ウラン元素の人工的生成は原子番号が大きくなるに従いますます困難になり，現在報告されている最も原子番号の大きい 109 番元素ではわずか 2 個の原子が観測されているにすぎない．一方，理論によれば，原子番号 114，中性子数 184 が陽子・中性子それぞれの閉殻構造に対応するマジック数となり，原子番号 114，質量数 298 の核はいわゆるダブルマジック核としてかなりの安定度が期待できることが示唆されている．したがって，この付近に比較的安定な核種が，これまで知られている核種から飛び離れた島として存在し得ると考えられている．このきわめて興味深い超重元素を検出する試みは，一方では超ウラン元素と重イオンの反応などによる人工的合成，他方では自然界の試料中での探索と，多数行われているが，未だ成功していない．

〔安部　文敏〕

6. 原子核現象と化学状態

6.1 半減期と化学状態

原子核の半減期は基本的には核そのものの特性で，一般には周囲の物理的・化学的状態の影響は受けない．しかし，核外電子が関与する壊変，すなわち EC 壊変や内部転換電子の放出による核異性体転移の場合には，ごくわずかではあるが原子核の属する原子の化学状態による半減期の変化が実験的に観測される．EC 壊変する ^{7}Be の例がよく知られており，金属状態とフッ化物で半減期が 0.1% 以下ではあるが異なると報告されている．

6.2 メスバウアー分光法

固体中の原子核によるガンマ線の共鳴的放出・吸収をメスバウアー効果と呼ぶ．単独の原子核の場合，ガンマ線の反作用として起き

る原子核の反跳により失われるエネルギーがガンマ線の自然幅よりはるかに大きいため,観測がきわめて困難と考えられていたが,固体中では,ある比率(無反跳分率)で固体全体が反跳をひき受けるため,共鳴的放出・吸収が起きることが1958年にR.L. Mössbauerにより示された.原子核のエネルギー準位は周囲の状態によりごくわずかシフトしたり,分裂したりするが,これをメスバウアー効果により検出して有用な情報を得ることができる.ただし,試料は固体に限られる.

メスバウアー効果が実際に観測できる核種は百数十keV以下の励起準位をもつものに限られ,化学的に多用される代表的核種を表6.1に示す.特に,^{57}Fe, ^{119}Snは測定が容易で広く用いられている.

測定は線源から放出される共鳴ガンマ線を吸収体に透過させ,比例計数管などで検出する.この際,線源または吸収体を運動(通常は等加速度運動)させ,ドップラー効果によりガンマ線のエネルギーをごくわずか変化させる.ガンマ線の計数を相対速度(通常はmm/s単位)に対してプロットすれば図6.1

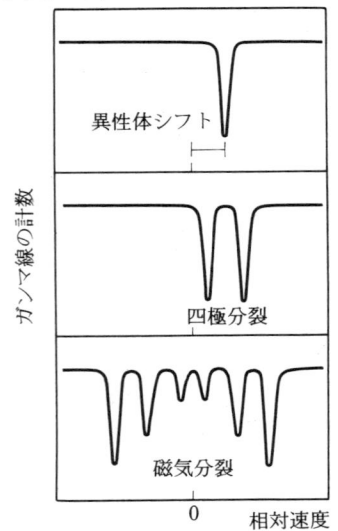

図6.1 メスバウアースペクトル(^{57}Feの場合)

のようなメスバウアースペクトルが得られる.通常は標準的線源を用い,試料を吸収体として測定するが,線源核種を試料に導入し,標準吸収体に対して測定を行う場合もあ

る(発光メスバウアー分光).

メスバウアースペクトルから得られるおもなパラメータは異性体シフト,四極分裂,磁気分裂,無反跳分率である.異性体シフトは核の位置におけるs電子密度に比例して変化する量で,原子価・配位子の種類などについてよい情報を与える.四極分裂は核の位置の電場勾配に比例し,核の周囲の電子・配位子の対称性を反映する.磁気分裂からは核の位置の磁場がわかる.いずれの場合も分裂によって現れる線の数は,核の基底状態と励起状態のスピンと遷移の多重度で決まる.無反跳分率は吸収の大きさや線幅から求められ,格子振動や分子運動について有用な情報を与える.

表 6.1 代表的メスバウアー核種

核種	E_γ	I_g	I_e	線源核種
^{57}Fe	14.4keV	1/2	3/2	^{57}Co
^{119}Sn	23.9	1/2	3/2	^{119m}Sn
^{121}Sb	37.2	5/2	7/2	^{121m}Sn
^{125}Te	35.5	1/2	3/2	^{125}I
^{129}I	27.8	7/2	5/2	^{129m}Te
^{151}Eu	21.5	5/2	7/2	^{151}Sm

E_γ:共鳴ガンマ線のエネルギー,I_g:基底状態のスピン,I_e:励起状態のスピン

6.3 摂動角相関

原子核から2本のガンマ線がカスケードとして放出される場合,一般に最初のガンマ線γ_1に対して2本目のガンマ線γ_2は異方性をもつ.すなわち,γ_1の方向を軸とすると,γ_2の放出される確率は,その軸の方向に大きくなるか,あるいはその軸に対して90度方向に大きくなる.この異方性は原子核の性質であるが,γ_1を放出したあとの中間状態にある原子核が自分のもつ電子や周囲の原子・イオンによる磁場や電場勾配を感じれば,原子核はこれに対して才差運動を行い,γ_2の異方性もこれとともに回転する.γ_1の検出時間を時間のゼロ点として,γ_1を測定するカウンターに対して90度,180度をなす位置に置いたカウンターによりγ_2の時間スペクトルを測定すれば,中間状態の減衰曲線に才差運動による異方性の回転のパターンがのったものが得られる(図6.2).このデータの解析により

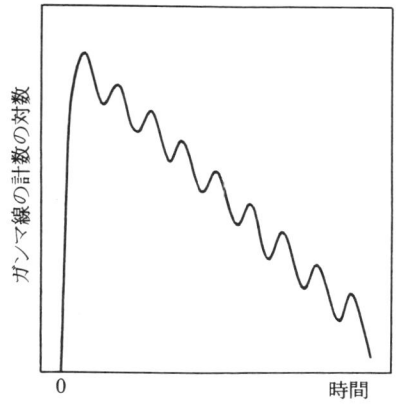

図 6.2 ガンマ線摂動角相関の時間スペクトル
(¹¹¹Cd の中間状態が測定平面に垂直な磁場のみを受けている場合, 180度の位置のカウンターで得られる時間スペクトル)

原子核の位置での磁場・電場勾配が得られる. 最も代表的な核種は ^{111}In を線源核種とする ^{111}Cd で, 171 keV と 245 keV のガンマ線のカスケードが測定に用いられる. 中間状態の寿命は 85 ns で, 核の周囲の化学状態を知るのに適している. そのほか, 測定の容易な核種には ^{181}Ta があり ^{181}Hf が線源核種として用いられる. ガンマ線摂動角相関はメスバウアー分光と比較すると, 液体・気体にも適用される, 高温でも測定が容易であるなどの長所があるが, 一方放射性核種を試料に導入しなければならない(メスバウアー発光分光法に相当), 異性体シフトが得られないなどの短所もある. ガンマ線摂動角相関のほかにベータ線などについての摂動角相関も可能であるが, 化学への応用例はまだほとんどない.

〔安部　文敏〕

6.4 ポジトロニウム化学

陽電子(ポジトロン)は, 電子と同じ静止質量をもち正の電荷をもつ粒子である. この陽電子と電子が合体すると, 運動量保存則およびエネルギー保存則から消滅直前の両者の質量($2mc^2 = 1.02$ MeV)に相当する光子(電磁波)に変わる. また, 一部は消滅直前のきわめて短い時間ではあるが電子と陽電子の過渡的な結合状態が形成される. この結合状態は水素原子の陽子を陽電子で置き換えたものに相当し, ポジトロニウム(Ps)と呼ばれる. Ps の換算質量は電子の質量の 1/2 なので, 水素原子との類似からボーア半径は 1.06 Å, 第一イオン化エネルギーは 6.80 eV となる. 陽電子と電子はスピン角運動量をもちその配向から, たがいに平行な場合(オルトポジトロニウム, o-Ps)と(パラポジトロニウム, p-Ps)の組合せが起こり得る. 自由空間での o-Ps と p-Ps の寿命は 140 ns, 0.125 ns と短いが, o-Ps の寿命は精度よく測定される. 各種の媒質中での Ps の反応が検討されており, そのおもなものにはピックオフ反応, 酸化反応, スピン交換反応, 付加物の生成があげられる. Ps の生成機構は媒質と Ps の結合エネルギーを考慮したオーレ(Oré)モデルと媒質の放射線化学的な性質に関連したスパー反応モデルが提案されている. 生成した Ps の寿命に関しては媒質の空孔や Ps の拡散, 媒質の磁気的性質や酸化還元電位などの情報が得られる(図6.3).

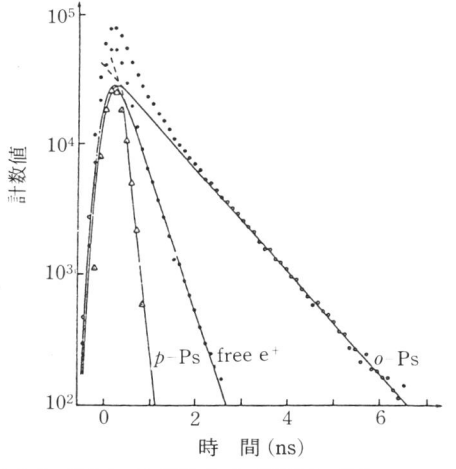

図 6.3 重水(−21.7°C)中での陽電子の寿命スペクトル

6.5 中間子化学

高エネルギーの陽子, α 粒子, 光子などでベリリウム, 炭素などを衝撃すると π 中間子 $\pi^{\pm,0}$ が発生する. π^0, $\pi^\pm$ 中間子の静止質量, 平均寿命はそれぞれ 0.150, 0.145 amu; 2.6 $\times 10^{-6}$, 8.4×10^{-11} 秒で

$$\pi^+ \to \mu^+ + \nu_\mu, \quad \pi^- \to \mu^- + \bar{\nu}_\mu, \quad \pi_0 \to 2\gamma$$

のように壊変し，生成したμ中間子（ミューオン）は 0.113 amu で 2.2×10⁻⁶ 秒の寿命をもち，次のように壊変する．

$$\mu^+ \to e^+ + \bar{\nu}_\mu + \nu_e, \quad \mu^- \to e^- + \nu_\mu + \bar{\nu}_e$$

ミューオンは 1/2 のスピンをもつので結晶格子間隙でイオンのつくる磁気的な情報を得ることができる．絶縁媒質中に μ^+ が注入されると 10^{-9} から 10^{-6} 秒の間にミュオニウム (μ^+e^-, Mu) が生成する．この Mu は水素原子の陽子を μ^+ で置き換えたもので軽い水素原子（Hの質量の 1/9）と考えられる．Mu は媒質中では自由 Mu，Mu を含む遊離基，あるいは反磁性の環境のいずれかの状態に置かれる．電子と平行スピンの o-Mu と各種の化合物の反応が研究されている（図 6.4）．

負の電荷をもつミューオン（μ^-，電子の質量の 207 倍）が水素原子にとらえられるとボーア半径は 2.8×10^{-13} m となり，核にきわめて近くなる．μ^- の原子に対する捕獲には2つの過程がある．その1つは原子軌道や分子軌道による捕獲と，それに伴う緩和過程であり電子構造や分子構造に依存する．μ^- 捕獲に伴う緩和過程で放出されるX線はエネルギーが高く感度よく検出される．第2の過程は核による捕獲である．軽い元素の核による捕獲は顕著ではないが，原子番号Zの大きい原子では核の捕獲が著しく，μ^- の寿命は自発壊変の寿命（$2\ \mu\text{s}$）より短くなる．μ^- がとらえられると核内の電荷分布や分極率など核の性質に強く影響される．

6.6 ホットアトム化学

化合物中にある特定の原子が核壊変や核反応を起こすとその際放出されるエネルギーは大きく，化学結合を切断したり，多荷電状態の出現など核外電子状態や化学状態に影響を与える．ヨウ化エチルを中性子照射し，水を加えて振り混ぜたあと，水相を分離すると ^{128}I の放射能が水相に検出されることが 1934 年 Szilard と Chalmers によりみいだされた．これは，$^{127}\text{I}(n,\gamma)^{128}\text{I}$ の核反応で生成する ^{128}I が即発 γ 線により反跳され化学結合を切断して陰イオンの $^{128}\text{I}^-$ となって水相に抽出され

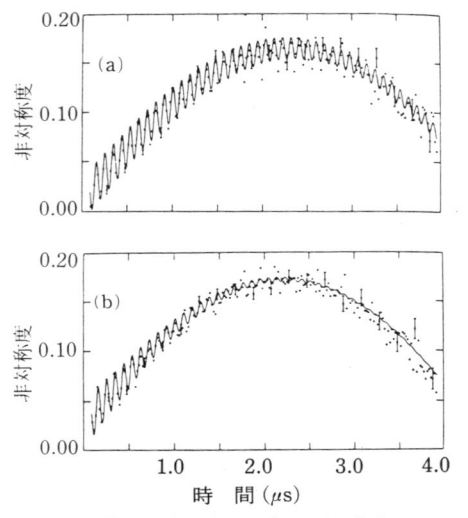

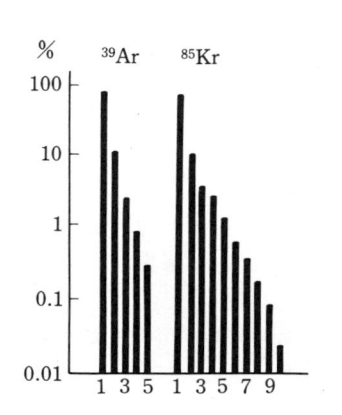

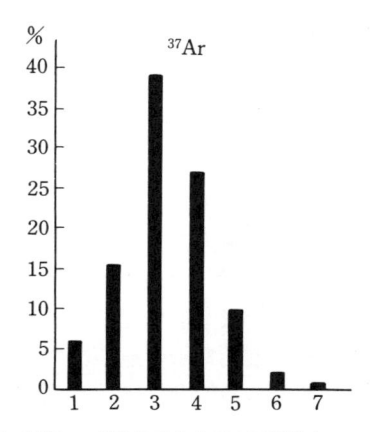

図 6.4 ～295 K での (a) 純水，(b) 10^{-4} mol·dm⁻³ フェノール水溶液中における 7.6 G でのミュオニウム歳差シグナル．大きな歳差シグナルは μ^+ の歳差シグナル．

図 6.5 ^{39}Ar と ^{85}Kr の β^- 壊変および ^{37}Ar の EC 壊変生成物の電荷分布

たものと説明される．このように原子核反応により生成する放射性核種の化学形がもとの化学形と異なることを利用して，高比放射能のトレーサーの製造や標識化合物を合成することができる．核壊変で生成する原子の多荷電状態としては，^{85}Kr の β^- 壊変により生成する ^{85}Rb が電荷スペクトロメーターにより測定されている（図6.5）．原子番号 Z の原子が β^- 壊変により生成する原子の核電荷は $Z+1$ に増加するが，このとき核電荷の急激な変化により核外電子の再配列は断熱的にはできずに，電子励起や電子の shake-off が起こり多荷電状態が出現する．核壊変による多荷電状態は電子捕獲（EC）壊変や核異性体転移（IT）でも観測されている（→§2.3.2,.§2.33）．^{37}Ar の EC 壊変で生成する ^{37}Cl の電荷スペクトルを図6.5に示す．EC 壊変や IT 壊変では K, L 殻などの内部転換が起こり，ひきつづき起こるオージェ過程により多荷電状態が観測される． 〔遠藤　和豊〕

参 考 文 献

1) 村上悠紀雄，佐野博敏，鈴木康雄，中原弘道：“基礎放射化学”，丸善(1981)．
2) 谷川庄一郎：数理科学，**320**，68(1990)．
3) 伊藤泰男，鍛治東海，田畑米穂，吉原賢二：“素粒子の化学”，学会出版センター(1986)．
4) D.C. Walker, 富永　健訳：“中間子化学入門”，紀伊国屋書店(1986)．
5) 富永　健，佐野博敏：“放射化学概論”，東大出版会(1984)．
6) 塩川孝信，海老原寛：“基礎核化学”，講談社サイエンティフィク(1987)．

7. 放射化学における分析法

7.1 放射化分析法[1]

　安定な原子核を不安定な原子核に変換することを放射化する（activate）という．放射化されて生じた不安定核種（放射性核種）は放射壊変をし，再び安定核種に変わる．放射性核種の半減期や壊変に伴って放出される放射能のエネルギーは核種に固有であり，それらを測定することによって核種を同定することができる．また放射線の強さを求めることにより核種の量を決めることができる．このように放射化することによって生じた不安定核種の放出する放射線を測定して，初めの安定原子核からなる元素を分析する方法を放射化分析（activation analysis）という．安定核種を放射化するには，中性子，荷電粒子，光子（γ 線）などが用いられる．ここでは放射化分析法のなかで最もよく利用される，原子炉中性子を用いた中性子放射化分析法（NAA）について述べる．

　中性子はそれ自身電荷をもたないことから，原子核に容易に近づくことができる．なかでも 0.025 eV 程度の運動エネルギーをもつ熱中性子は原子核に捕獲される確率が高く，多くの原子核と核反応を起こしやすい．中性子を捕獲した原子核はほぼ同時に捕獲 γ 線（即発 γ 線）を放出する．この一連の反応は

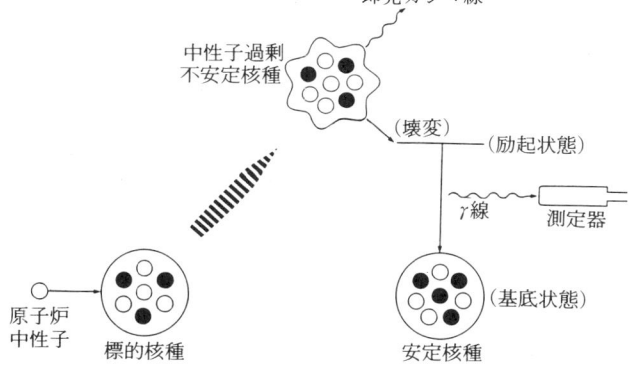

図 7.1　中性子放射化分析の概念図

n, γ 反応と呼ばれ，放射化分析で最もよく利用される核反応である．分析に当たってはこの即発γ線を測定するよりも，中性子を捕獲して生じた不安定核種が安定核種に壊変する際に放出する放射線を測定することの方が多い．中性子放射化分析の概念図を図7.1に示す．

試料を原子炉中で中性子照射した際，n, γ反応によって生成する放射能は次式によって計算される．

$$D = f\sigma mN\theta\{1-\exp(-\lambda T_i)\}$$

ここでfは中性子束密度($cm^{-2} \cdot s^{-1}$)，σは中性子放射化断面積(cm^2)，mは定量目的元素のモル数，Nはアヴォガドロ数，θは定量目的元素中における標的核種の同位体存在度，λは生成核種の壊変定数，T_iは照射時間をそれぞれ表す．上式中の$\{1-\exp(-\lambda T_i)\}$を飽和係数と呼ぶ．半減期$t_{1/2}$を単位とした照射時間と飽和係数の関係を図7.2に示す．この図から明らかなように，照射時間は生成核種の半減期の2倍程度にするのが効率的である．

分析をするに当たって実際に測定される放射能強度は，上式のDにさらに3つの係数をかけた次式で表される．

$$C = f\sigma mN\theta\{1-\exp(-\lambda T_i)\}be\exp(-\lambda T_c)$$

ここでbはγ線の放出率，eはγ線の計数効率，$\exp(-\lambda T_c)$は冷却による減衰率(T_c：冷却時間)を表す．中性子束fの原子炉で時間T_i照射し，時間T_c冷却後γ線スペクトロメトリによりC値を求めれば，m以外は定数であるからm，すなわち定量目的元素の量を求め得る．こうして定量する方法を絶対法という．

しかし実際には上式のすべての係数を厳密に求めることはむずかしく，ほとんどの場合比較法（相対法）を用いる．比較法では未知試料と同時に濃度既知の標準試料を同一条件下で照射する．冷却時間の差を補正したあとの放射能強度は，初めに存在した元素量に比例することから，容易に未知試料中の元素量を求めることができる．

NAAは中性子照射後，定量目的元素を放射化学的に精製してからγ線スペクトロメトリを行う放射化学的中性子放射化分析(RNAA)と，化学操作をいっさい行わずただちにγ線スペクトロメトリを行う機器中性子放射化分析(INAA)の2つに手法上分類される．分析機器の性能の向上に伴い，最近ではINAAが放射化分析の主流となっている．

7.2 放射分析法

一般に非放射性の元素に，これと定量的に反応して沈殿を形成する放射性試薬を加え，生じた沈殿の放射能強度と両者の化学量論的関係から目的元素の量を求める方法を放射分析(radiometric analysis)法と呼ぶ．たとえば定量目的元素Aに放射性同位元素で標識した試薬B*を反応させ，沈殿AB*が生じる次の反応を考える．

$$A + B^* \rightarrow AB^* \downarrow$$

この反応を利用してAの量を求めるには2つの方法がある．1つは直接法と呼ばれる方法で，B*の量をAに比べて過剰に加え，生じた沈殿AB*をろ別洗浄してその放射能強度を測定してAの量を求める方法である．これに対して，一定量のB*を加え，生じた沈殿AB*をろ別したのち，ろ液中に残存するB*を求め，両者の差，すなわち沈殿生成に利用されたB*の量からAを求めることもできる．この方法を間接法と呼ぶ．

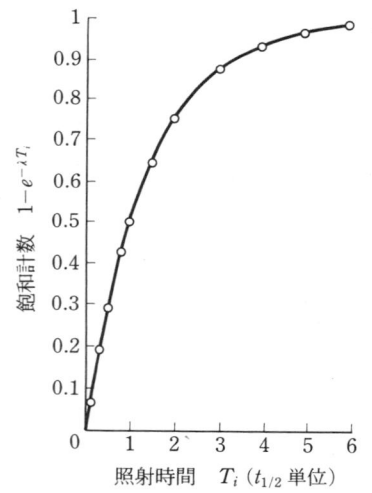

図7.2 飽和係数と照射時間の関係

この方法の特徴は，沈殿生成の際当量関係が成立していさえすれば，一般的な重量分析のように沈殿形が秤量に適した化学形（秤量形）である必要がなく，したがって簡単な操作で迅速な分析ができる点にある．分析精度もよく，微量元素の定量にも利用される．

7.3 同位体希釈分析法

2成分以上からなる混合物中の特定成分の量を求めるには，何らかの方法でその成分を純粋に，かつ定量的にほかの成分から分離する必要がある．しかし，目的成分の定量的な分離はむずかしいがその一部分についてだけでも純粋な分離が可能な場合には，ここで述べる同位体希釈法が定量法として適用できる．同位体希釈分析 (isotope dilution analysis) には安定同位体を利用する方法と放射性同位体を利用する方法がある．原理的には同じであるがここでは項目上，放射性同位元素を利用する方法について述べる．この方法は操作上，直接希釈法と逆希釈法に分けられる．

7.3.1 直接希釈法

直接希釈法は非放射性の定量目的成分を，その放射性標識化合物を加えることにより定量する方法である．定量目的成分を $x(g)$ 含む未知試料に，目的成分と同一の化学形をとり，放射性同位元素で標識した化合物（比放射能: S_0）を $a(g)$ 加え，均一に混合する．そののち，適当な方法で目的成分の一部を純粋に分離し，その比放射能 S を求める．標識化合物を加えたあとの全放射能は加えた標識化合物の全放射能と等しいので次式が成立する．

$$S(x+a)=S_0 a$$
$$x=a(S_0/S-1)$$

$S_0 \gg S$ ($x \gg a$) の場合，$x=a(S_0/S)$ と近似される．

7.3.2 逆希釈法

定量目的成分が放射性の場合，その比放射能が求められれば逆希釈法を利用して定量できる．原理は直接希釈法と同一である．放射性の定量目的成分を $x(g)$ 含む未知試料（比放射能: S_0）に，目的成分と同一化学種の非放射性成分を $a(g)$ 加え混合する．そののち，適当な方法で目的成分の一部を純粋に分離し，その比放射能 S を求める．非放射性の目的成分を加える前後で全放射能は等しいことから次式が導かれる．

$$S_0 x=S(x+a)$$
$$x=Sa/(S_0-S)$$
$$=a/(S_0/S-1)$$

7.3.3 二重希釈法

前項の逆希釈法を適用するためには，定量目的成分の比放射能 S_0 が既知でなければならない．実際には S_0 が既知でない場合が多いが，この場合でもここで述べる二重希釈法を用いれば目的成分の定量が可能になる．放射性の定量目的成分を $x(g)$ 含む未知試料を 2 つ用意し，両者に目的成分と同一化学種の非放射性成分をそれぞれ a, $b(g)$（ただし $a \neq b$）加え，混合する．そののち，適当な方法で目的成分の一部を純粋に分離し，比放射能 S_a, S_b をそれぞれ求める．前項と同様の考えから次式が導かれる．

$$S_0 x=S_a(x+a)$$
$$S_0 x=S_b(x+b)$$
$$x=(S_b b-S_a a)/(S_a-S_b)$$

7.3.4 不足当量希釈法[2]

§7.3.1 で述べた直接法を適用して定量目的成分の量 $x(g)$ を算出するためには，加えた標識化合物と分離後の目的成分の比放射能，S_0 と S を知る必要があり，そのためにはそれぞれの放射能と成分の量を求めなければならない．この場合，標識化合物の量 $a(g)$ と分離後の目的成分の量 $b(g)$ のいずれよりも少ない量 $m(g)$ と定量的に反応する試薬を用いて，それぞれの反応生成物の放射能 A_a, A_b を測定できれば，比放射能 S_a, S_b は A_a/m, A_b/m であるから，§7.3.1 で得られた式に代入して

$$x=a(A_a/A_b-1)$$

となる．したがって $a>m$, $b>m$ であれば m の値がわからなくてもよく，放射能の測定だけで目的成分の量を求めることができる．この方法を不足当量希釈法という．

7.4 同位体交換法

Xを含む異なる化学種AXとBXを混合すると次の同位体交換反応が生じ，それ以外の化学反応は起こらないものとする（ただし，ここでX*はXの放射性核種（同位体）を表す）．

$$AX + BX^* = AX^* + BX$$

この反応を利用して非放射性，あるいは放射性化学種を定量する方法を同位体交換（isotope exchange）法と呼ぶ．同位体交換法にも同位体希釈法同様，直接交換法，逆交換法，二重交換法などがある．これらの方法は，いずれも2つの化学種間で同位体交換平衡が速やかに成立することが前提となるが，同位体交換反応の遅い系に対して適用できる方法も考案されている．

7.4.1 直接交換法

未知試料中の非放射性化学種AXを放射性化学種BX*を用いて定量する方法を直接法という．未知量$x(g)$のAXに既知量$a(g)$の放射性化学種BX*（放射能：A_a）を加え，上記の同位体交換反応を行わせる．交換平衡が成立したあと両者（AX+AX*とBX+BX*）を分離し，(BX+BX*)部の放射能A_bを測定する．このとき次式が成立する．

$$A_a/(x+a) = A_b/a$$
$$x = (A_a/A_b - 1)a$$

非放射性化学種の分析に直接交換法を適用する場合，共通する元素の放射性標識化合物を調製する必要がある．

7.4.2 逆 交 換 法

未知試料自身が放射性の場合には逆交換法を適用する．未知量$x(g)$の放射性化学種AX*（放射能：A_a）に既知量$a(g)$の非放射性化学種BXを加え，同位体交換反応を行わせる．交換平衡が成立したのち両者を分離し，(AX+AX*)部の放射能A_bを測定する．このとき次式が成立する．

$$A_a/(x+a) = A_b/x$$
$$x = A_b a/(A_a - A_b)$$
$$= a/(A_a/A_b - 1)$$

未知試料が非放射性化学種からなる場合でも，試料の重量に対して無視できる程度の放射性トレーサーを加えて試料を放射性にすれば，上述の逆交換法を用いて分析することが可能である．こうすることにより直接法で必要とされた放射性標識化合物の調製が不要となり，操作が簡略化できる．

7.4.3 二 重 交 換 法

試料に放射性の定量目的化学種以外にも放射性化学種が存在する場合，二重交換法を用いる．放射性の定量目的化学種AX*を$x(g)$含む未知試料（放射能：A_1）を2つ用意し，両者に非放射性化学種BXをa，$b(g)$（ただし$a \neq b$）加え，同位体交換反応を行わせる．交換平衡が成立したのちそれぞれで(BX+BX*)部を分離し，その放射能A_a，A_bを測定する．このとき次式が成立する．

$$A_1/(x+a) = A_a/a$$
$$A_1/(x+b) = A_b/b$$

したがって次式が導かれる．

$$x = (A_a - A_b)/(A_b/b - A_a/a)$$
$$A_1 = (a-b)/(a/A_a - b/A_b)$$

7.5 荷電粒子励起X線法[3]

加速器で加速した陽子やα粒子などの荷電粒子を分析試料に照射すると，試料中の原子を励起あるいはイオン化し，効率的にX線を発生させることができる．このとき発生するX線は特性X線で，この特性X線を測定して元素分析する方法を荷電粒子励起X線分析（particle-induced X-ray emission analysis：PIXE）法という．荷電粒子の加速には，従来より既存のサイクロトロンやバンデグラフ加速器が用いられてきたが，最近では専用の小型加速器が開発され，利用されている．加速された粒子はコリメータや磁石によってビーム径が絞られ，分析試料である標的物質に達する．分析試料より発生した特性X線はSi(Li)半導体検出器で測定する．このSi(Li)検出器は特性X線の測定において検出効率が高く，かつエネルギー分解能がきわめてよい．同検出器の開発および普及がPIXE法を進歩，発展させる大きな要因の1つとなった．

PIXE法では試料に応じて測定試料の作製

に十分注意する．金属試料などのように真空蒸着法を用いて薄いself-supportの標的を作製できる場合はよいが，溶液や生体試料などの分析ではバッキング材を用いる必要がある．バッキング材としては高純度炭素やマイラーなど不純物が少なく，かつ熱伝導性のよいものを用いる．また岩石のように標的試料が絶縁体の場合，荷電粒子照射中に電荷が蓄積する．そのため試料表面に炭素を蒸着するなどの処置をし，試料に電導性を与える必要がある．

PIXE法は，分析法として次のような特徴をもつ．

(1) 原子番号の小さい元素を除いたほぼすべての元素に対して高い分析感度をもつ．通常の実験条件で原子番号12以上の元素に対して$10^{-9} \sim 10^{-12}$ gの量で測定可能であり，試料量として1 μg程度で十分分析ができる．X線けい光分析においては通常10～100 mg程度の試料量が必要であることを考えると特筆すべき特徴であろう．

(2) 迅速分析が可能である．通常1試料当たりの分析所要時間は0.5～1分程度であり，短時間に多数の試料の分析ができる．

(3) 多元素同時分析が非破壊で行える．

(4) 微少部分の局所分析が可能である．ビーム径を0.1～1 mm程度に絞るのは比較的容易で，さらに10～1 μmの空間分解を得ることも可能である．この場合検出感度も高くなり，10^{-18} gの桁の微量元素を分析することができる．

このような特徴を考慮すると，同法は分析に供しうる量が限られる宇宙物質や考古学的試料などの場合，特に威力を発揮する分析法であるといえよう．　　　　〔海老原　充〕

引 用 文 献

1) 日下　譲："共立全書199 放射化分析"，共立出版(1973)．
   戸村健児：ぶんせき，**1988**, 218．
2) 鈴木信男，工藤　烈：分析化学，**21**, 532(1972)．
3) 橋本芳一，大歳恒彦："放射化分析法・PIXE分析法"，共立出版(1986)．

8.　放射性同位元素の利用

8.1　宇宙・地球化学における利用

宇宙・地球化学の分野における放射性同位元素の利用の代表的な例として，放射壊変現象を利用した年代測定があげられる．年代測定法が確立されるに及んでそれまでの相対年代でなく，絶対年代を求めることが可能になった．そして比較的最近(たとえば10万年前)の地質学的事象から45.6億年前の太陽系の形成まで，広い年代範囲にわたって時間軸に目盛を刻むことが可能となった．測定対象が隕石などの地球外物質に限定されるが，宇宙線照射年代や落下年代も放射性同位元素による年代測定の応用例としてあげられる．そのほか，トリチウムやラドンを用いて物質の地球化学的循環を解明しようとする試みもなされている．

8.1.1　年　代　測　定[1]

ある時間tにおける放射性核種の数をN，壊変定数をλとすると，次式が成立する．
$$N = N_0 \exp(-\lambda t)$$
ここで，N_0は時刻$t=0$における放射性核種の数である．壊変の結果生成した安定核種の数をMとし，$t=0$のときこの娘核種は存在していなかったと仮定すると，
$$M = N_0 - N$$
$$= N\{\exp(\lambda t) - 1\}$$
となる．これをtについて解くと，次式が得られる．
$$t = (1/\lambda) \ln(M/N + 1)$$
したがってM/N，すなわち現在存在する放射性核種とその壊変生成物である娘核種の比を求めれば，上式に基づいて時間tが求まる．

求められる年代の幅は利用する放射性核種の壊変定数，すなわち半減期の大きさによる．表8.1に年代測定に利用される代表的な

放射性核種についてまとめて示す．以下において表中の^{87}Rbを用いた年代測定法について簡単に述べる．

表 8.1 年代測定に用いられるおもな放射性核種

親核種	娘核種	半減期(年)	壊変様式
^{235}U	^{207}Pb	7.04×10^8	$7\alpha+4\beta^-$
^{40}K	^{40}Ar, ^{40}Ca	1.25×10^9	EC, β^+, β^-
^{238}U	^{206}Pb	4.47×10^9	$8\alpha+6\beta^-$
^{232}Th	^{208}Th	1.40×10^{10}	$6\alpha+4\beta^-$
^{87}Rb	^{87}Sr	4.89×10^{10}	β^-
^{147}Sm	^{143}Nd	1.06×10^{11}	α
^{138}La	^{138}Ba, ^{138}Ce	1.06×10^{11}	EC, β^-

天然に存在するルビジウムは^{87}Rb(同位体存在度27.85%)と^{88}Rb(同72.15%)の2つの同位体からなる．このうち^{87}Rbは放射性核種で半減期489億年で^{87}Srにβ^-壊変する．天然のストロンチウムは^{84}Sr(0.56%)，^{86}Sr(9.86%)，^{87}Sr(7.00%)，^{88}Sr(82.58%)の4つの安定同位体からなる．したがって^{87}Rbの壊変によって生成した^{87}Srは初めから存在していた^{87}Srに付加することになり，上で述べた方法でただちに年代を求めることはできない．そこで次に述べるようなアイソクロン法と呼ばれる方法を用いる．^{87}Rb，^{87}Srに関しては次の式が成立する(ここで添字0，およびtは時刻$t=0$，および時間t経過後の量をそれぞれ表す)．

$$(^{87}\text{Rb})_0=(^{87}\text{Rb})_t\exp(\lambda t)$$
$$(^{87}\text{Rb})_0-(^{87}\text{Rb})_t=(^{87}\text{Sr})_t-(^{87}\text{Sr})_0$$

両式より，

$$(^{87}\text{Sr})_t=(^{87}\text{Rb})_t\{\exp(\lambda t)-1\}+(^{87}\text{Sr})_0$$

両辺を放射壊変に関係しない^{86}Srで割ると，

$$\frac{(^{87}\text{Sr})_t}{(^{86}\text{Sr})}=\frac{(^{87}\text{Rb})_t}{(^{86}\text{Sr})}\{\exp(\lambda t)-1\}+\frac{(^{87}\text{Sr})_0}{(^{86}\text{Sr})}$$

同一年代を与えると思われる複数の試料について$(^{87}\text{Sr})_t/(^{86}\text{Sr})$比と$(^{87}\text{Rb})_t/(^{86}\text{Sr})$比を測定し，それぞれ縦軸と横軸にプロットすると直線が得られる．この直線を等時線(アイソクロン)と呼び，その勾配から年代tを求めることができる．

8.1.2 宇宙線照射年代と落下年代[2]

宇宙線照射年代は，隕石母天体が衝突によってメーターサイズの大きさになってから地上に落下するまでの年代である．隕石内部で核反応を起こす宇宙線はGeVの桁の高エネルギー陽子が主体である．時間tだけ宇宙線の照射を受け，その結果生成した放射性核種の数をN_rとすると，次式が成立する．

$$dN_r/dt=P_r-\lambda N_r$$
$$N_r=(P_r/\lambda)\{1-\exp(-\lambda t)\}$$

ここでP_rは照射により生成する放射性核種の生成速度，λはその壊変定数である．半減期に比べて照射時間が十分長い場合，すなわち$\lambda t\gg 1$の場合，

$$N_r=P_r/\lambda$$

となる．一方，宇宙線照射を受けて安定核種が生じる場合，その生成速度と生成量をそれぞれP_s，N_sとすると，次式が成立する．

$$N_s=P_s t$$

質量数が近接した2つの核種間では$P_s=P_r$が成立すると仮定すれば，

$$t=N_s/(\lambda N_r)$$

となり，宇宙線照射年代tを求めることができる．

落下年代は隕石が地上に落下してから回収されるまでの年代で，南極隕石についてかなり詳細に研究されている．宇宙線の照射によって生成し，放射平衡に達した放射性核種の量をN_0とし，その現在量をN_t，壊変定数をλとすると$N_t=N_0\exp(-\lambda t)$より，

$$t=(1/\lambda)\ln(N_0/N_t)$$

となり，N_0とN_tの値から落下年代tを求めることができる．宇宙線照射年代，および落下年代の決定に用いられる代表的な放射性核種を表8.2にまとめて示す．

表 8.2 宇宙線照射年代と落下年代測定に用いられる放射性核種

親核種	娘核種	半減期(年)	壊変様式
宇宙線照射年代			
^{36}Cl	^{36}Ar, ^{36}S	3.0×10^5	β^-, β^+, EC
^{26}Al	^{26}Mg	7.2×10^5	β^+, EC
^{10}Be	^{10}B	1.6×10^6	β^-
^{53}Mn	^{53}Cr	3.7×10^6	EC
落下年代*			
^{14}C	^{14}N	5.73×10^3	β^-
^{81}Kr	^{81}Br	2.1×10^5	EC

* このほかに^{10}B，^{26}Al，^{36}Cl，^{53}Mnも利用される．

8.2 考古学における利用

考古学における放射性同位元素の利用の代表的な例は前節同様，年代測定である．ただし，この場合用いられる核種はほぼ ^{14}C に限定される．そのほか放射性同位元素の壊変結果に基づく考古学試料の産地推定の研究もこの範疇に入るであろう．

8.2.1 ^{14}C 年代[3]

放射性核種 ^{14}C は地球上層大気中で主として $^{14}N(n, p)$ 反応によって生成される．大気中の二酸化炭素の $^{14}C/^{12}C$ 比は過去にさかのぼってもほぼ一定の値であったと考えられるので，かつて光合成を行っていた生物の遺物中の炭素同位体比からその生物の生存していた年代を計算することができる．試料中の炭素の ^{14}C の比放射能を A，同じ方法で測定した標準試料の ^{14}C の比放射能を A_0 とすると，測定試料の年代 t は次式で求められる．

$$t = (1/\lambda)\ln(A_0/A)$$

ここで λ は ^{14}C の壊変定数である． ^{14}C の半減期は 5730 ± 40 年の値が広く知られているが，上式を用いて ^{14}C 年代を計算する際には，同年代法の創始者である Libby の測定した値 5570 ± 30 年を用いることが国際学会で定められ，踏襲されている．

$^{14}C/^{12}C$ 比は今世紀に入り，化石燃料の使用と核実験の実施によりかなりの変動が加えられた．まず化石燃料の利用により ^{14}C を含まない，いわゆる dead carbon が大気中に放出され，1950 年には ^{14}C 濃度が約 3% 薄められた．次いで 1954 年以降の度重なる核実験により多量の ^{14}C が大気中に放出され，1962 年には ^{14}C 濃度は核実験開始前の 2 倍となった．したがって正しい ^{14}C 年代を求めるためには，これらの要素の加わってない試料を標準に用いる必要がある．なお ^{14}C 年代は 1950 年を起点として計算される．

^{14}C 濃度の測定は β 線計測による方法が従来より行われてきた． β 線の計測は気体比例計数管で測定する方法と，シンチレーション計数法の 2 つの方法が行われており，ともに有機物の燃焼によって得られた気体試料（前者では二酸化炭素やアセチレン，後者ではベンゼンなど）を測定用に用いる．最近では加速器質量分析法での分析が可能となり，感度が飛躍的に向上したことから，従来の放射能測定法に比べ，はるかに少量の試料で年代値を求めることが可能となった．

8.2.2 鉛同位体による産地推定[4]

放射性核種を直接測定する代わりにその壊変生成物を測定し，古代遺物の産地を推定することができる．ここで注目する放射性核種は ^{238}U, ^{235}U, ^{232}Th であり，壊変生成物はすべて鉛で，それぞれ ^{206}Pb, ^{207}Pb, ^{208}Pb である． §8.1 で述べたように，これらの壊変系列を利用して年代測定を行うことができるが，その際は ^{204}Pb を分母として各同位体の比を求める．考古化学の分野では ^{206}Pb を分母とし， $^{208}Pb/^{206}Pb$, $^{207}Pb/^{206}Pb$ 比をそれぞれ縦軸，横軸とするグラフ上にデータをプロットする．鉛を産する鉱床ごとにウランやトリウムの含有量が異なり，したがって鉛の同位体比も異なることから，グラフ上で異なる場所にプロットされる．こうして銅鐸や銅鉾など鉛を含有する青銅器遺物の産地を推定することが可能となる．

8.3 工学における利用

8.3.1 ラジオグラフィー[5]

放射線は物質中を透過するが，その際物質によって透過率が異なる．この性質を利用して非破壊的に物質内部の構造を調べる手段をラジオグラフィーという．透過放射線は一般に写真フィルムに像として記録されるが，フィルムの材質，放射線の走査技術，コンピュータによる画像処理技術などのめざましい進歩に伴い，ラジオグラフィーは近年，非破壊検査法としてますます重要な位置を占めてきた．利用する放射線としては γ 線，X 線が多い．

γ 線ラジオグラフィーは X 線を利用する方法に比べて電源を必要とせず移動が容易なため，どこでも非破壊検査ができるという特徴がある． γ 線ラジオグラフィーに利用される

放射性核種としては^{60}Co, ^{137}Cs, ^{170}Tm, ^{192}Irなどがある．検査対象物に応じてこれらの核種を選択して用い，鉄に換算して数mmから100mm程度の厚みをもつ検査体の内部構造を調べることができる．

最近では中性子を利用するラジオグラフィーも実用化されている．熱中性子は，質量減衰係数と原子番号との関係において明瞭な規則性を示さず，水素，リチウム，ホウ素，カドミウムなどの元素で際立って大きな減衰係数をとる．こうした性質を利用して，中性子ラジオグラフィーは検査対象物（たとえば重金属）中の水素含有化合物の検出に利用される．中性子源としては研究用小型原子炉が多く利用されているが，そのほかD-T中性子発生装置，小型サイクロトロン，あるいは^{252}Cf，^{241}Am-Beなどの中性子源から得られる高速中性子を減速して用いる．

8.3.2 放射線の吸収・散乱を利用した機器

放射線の特徴の1つである吸収や散乱現象を利用した機器は各方面において広く実用に供されている．厚さ計はその代表的な機器の1つである．放射線を利用した厚さ計は原理上，透過型（吸収型）と散乱型（反射型）に分けられる．放射線としてはβ線やγ線が用いられる．

入射放射線の強度をI_0，厚さx(cm)の物質中を透過したときの強度をIとすると，

$$I = I_0 \exp(-\mu x)$$

となる．ここでμは線減衰係数(cm^{-1})である．I_0，およびIを求めれば，この式より厚さxが得られる．ポリエチレンシートや紙の厚さを求める場合には低エネルギーβ線を放出する^{14}C，^{85}Kr，^{147}Pmなどの核種を，銅板や圧延板などの場合には高エネルギーβ線を放出する^{90}Sr，^{106}Ru-^{106}Rhなどの核種を用いる．

一方，散乱型の厚さ計の例としてはコンプトン散乱によるγ線を利用した厚さ計があげられる．この場合γ線源として^{60}Co，^{137}Csがよく利用されるが，低エネルギーγ線源としては^{241}Amも用いられる．めっきの厚さなどを測定する場合にはβ線の後方散乱が利用される．制動放射線を利用する場合もある．

物質の厚さは密度ρ(g/cm^3)を用いてρx(g/cm^2)で表されることが多く，これに応じてμの代わりに質量減衰係数μ_m($=\mu/\rho$, cm^2/g)が用いられる．この関係を利用してI_0/I比から密度を求めることができる．密度計には透過型と散乱型の2方式がある．密度計の変形としてボイド計，含泥率計，タバコ量目計などがある．

放射線の吸収・散乱を利用した機器としてはこのほかに水分計，レベル計，硫黄計などがあげられる．

8.3.3 放射線の電離作用を利用した機器

電子捕獲型（ECタイプ）ガスクロマトグラフは放射線の電離作用を利用した代表的な機器の1つである．これはβ線放出核種によりイオン化されたキャリヤーガス(N$_2$)中に親電子化合物が存在すると，この化合物が電離した電子を捕獲するためイオン電流が減少するという原理を利用したものである．β線放出核種として^{63}Niを用いたものが多い．ハロゲン化物やニトロ化物などの親電子化合物に対する検出感度は非常に高く（～10^{-15}g），環境中の微量ハロゲン化合物の分析に広く利用されている．

煙感知器も煙による電離電流の減少を利用した機器であり，線源として^{241}Am, ^{226}Raなどのα放射体が用いられている．

8.3.4 けい光線を利用した機器

X線管球で発生させるX線の代わりに放射性核種の放出するγ線（またはX線）を利用して原子の軌道電子を励起し，発生する特製X線を測定して定性・定量分析を行うことができる．エネルギー分散型のけい光X線装置ではSi(Li)の半導体検出器を用いたものが多く，軽元素を除いたすべての元素のKα線のピークを分離・測定できる．線源には^{55}Fe，^{241}Am，^{57}Coなど，高エネルギーのγ線やβ線を放出しない核種を用いる．X線管球を線源とする装置に比べ一般に線源強度が小さく，研究室に設置する汎用分析装置としてよりもオンライン機器，野外移動型分析機器に

適している．

8.4 医学における利用[6]

医学分野における放射性同位元素の利用は診断と治療に大別できる．治療においては，放射性同位元素で標識した化合物を特定の部位に集め，放出される放射線を利用して行う．一方，放射性同位元素をトレーサーとして利用して，たとえば生体物質の体内分布や代謝速度の測定などを行い，病気のより正しい診断を行うこともある．この場合放射能は放射性化合物を投与して体外に代謝されてから測定するか，血液や尿などの試料を採取して測定する．

診断に用いられる放射性核種は多種多様である．歴史的には天然の放射性核種 ^{214}Bi や，加速器で製造した人工放射性核種 ^{32}P, ^{24}Na, ^{56}Fe などが利用されたが，高価であまり普及しなかった．しかし原子炉を利用して安価に放射性核種が生産できるようになると，医学への利用が急速に進んだ．被曝線量をおさえることができ，無担体で比放射能の高い製品をつくることができることから，最近では原子炉で生産される β^- 壊変核種よりもサイクロトロンで製造される β^+, EC 壊変核種がより多く用いられるようになってきた．医学利用専用のサイクロトロンもめずらしくなくなりつつある（→§5.3, §5.4）.

放射性同位元素を用いて生体内の化学種を定量する場合，前述の希釈法が一般に広く用いられる．しかし分析の対象となる化学種が抗原となりうる物質の場合，ラジオイムノアッセイ（radioimmunoassay: RIA）という特殊な分析法が適用される．RIA は抗原抗体反応の特異性と放射性同位元素の高い検出感度を組み合わせた分析法である．放射性同位元素で標識した一定量の抗原と試料中の抗原を，一定量の抗体と競合的に反応・結合させ，抗体と結合した標識抗原量を測定して試料中の抗原量を求める．特異性が高く，感度の高い分析法であることから，通常の方法では定量しにくい微量の生体物質の分析に利用される．たとえば，この方法により血青中のほとんどすべての微量成分の分析が可能である．

8.5 農・生物学における利用[7],[8]

農・生物学の分野においても放射性同位元素は多岐広範囲にわたって利用されており，特に動・生物体において物質の代謝に関連する研究には欠かせない存在となっている．このような放射性同位元素の利用法は大きくインヴィトロ（in vitro）法とインヴィヴォ（in vivo）法に分けられる．前者のインヴィトロ法は採取した組織や細胞などに放射性同位元素を加え，試験管レベルで行う実験である．使用する放射性同位体の量は少なくてすむために取扱いが楽で，最近ではライフサイエンスの研究に広く利用されている．前述の RIA 法もインヴィトロ法の1つであるといえよう．

一方，インヴィヴォ法は放射性同位体を生物体へ直接投与して物質の吸収や代謝を調べる方法で，インヴィトロ法同様，広く利用されている．用いられる核種の種類は多いが，^{3}H, ^{14}C が大部分を占める．生物体への投与量は体内被曝という観点からはできるだけ少なくする必要があるが，放射能測定時の効率やほかの実験条件を考慮して決める．

〔海老原　充〕

引用文献

1) 野津憲治："岩波講座地球化学6 地球年代学"，小嶋　稔，斎藤常正編，岩波書店 (1978).
2) 高岡宣雄："南極の科学6 南極隕石"，国立極地研究所編，古今書院 (1987).
3) 木越邦彦："年代測定法", p.222, 紀伊國屋書店 (1965).
4) 馬淵久夫："考古学のための化学10章"，馬淵久夫，富永　健編，東京大学出版会 (1981).
5) 日本非破壊検査協会編："非破壊検査便覧", p.162, 日刊工業新聞社 (1978).
6) 鎮目和夫，熊原雄一："新版ラジオイムノアッセイ"，朝倉書店 (1977).
7) 内藤　博："農学・生物学におけるアイソトープ実験法"，麻生幸雄，石塚皓造，熊沢喜久雄，内藤　博編，養賢堂 (1982).
8) 江上信雄，吉田精一編："実験生物学講座3 アイソトープ実験法"，丸善 (1982).

VI. 無機化学・錯体化学

1. 各元素の物理化学的性質と構造

1.1 原子半径，イオン半径，ファンデルワールス半径

原子が単体中で共有結合をして存在するとき，その原子核間距離から求められる原子の半径を原子半径(atomic radius)という．水素原子の原子半径は H_2 分子の原子核間距離(＝結合距離)の1/2である．

一方，イオン半径(ionic radius)は，それぞれのイオンが結晶中において6配位をとって存在するとして実測または計算された値である．各元素の原子半径とイオン半径を表1.3に示した．

液相や固相で分子同士がたがいに接近する場合，電子雲の重なりにより生じる反発力があるので，これ以上近づけない一定の距離がある．2分子が近づいて静止する距離は，この反発力とある種の引力が等しくなるところに決まる．この引力は永久双極子同士，永久双極子-誘起双極子，誘起双極子同士の引力などによるもので，まとめてファンデルワールス力 (van der Waals force) という．結晶中での隣接分子間の距離などをもとにして，各原子のファンデルワールス半径が決められている．表1.1に非金属元素の原子のファンデルワールス半径(van der Waals radius)をまとめた[2]．

表 1.1 非金属元素の原子のファンデルワールス半径 [Å] [2]

H	1.1-1.3					He	1.40
N	1.5	O	1.40	F	1.35	Ne	1.54
P	1.9	S	1.85	Cl	1.80	Ar	1.92
As	2.0	Se	2.00	Br	1.95	Kr	1.98
Sb	2.2	Te	2.20	I	2.15	Xe	2.18

メチル基の半径，2.0Å
芳香環の厚さの半分，1.85Å

1.2 電気陰性度

電気陰性度(electronegativity)とは，分子内の原子が結合電子をひきつける度合を相対値で示したものである．当然ハロゲン，特にフッ素の電気陰性度は大きく，アルカリ金属の電気陰性度は小さい．電気陰性度は相対値であり，これを決めるいくつかの式が提唱されている．Pauling はフッ素の電気陰性度 χ を4.00と定め，ほかの元素の χ は

$$\chi_A - \chi_B = 0.102 \Delta^{1/2}$$

となるようにA元素とB元素間の電気陰性度の差を決めていった．ここで，Δ は，A—A結合とB—B結合の結合エネルギーの幾何平均と実測のA—B結合エネルギーの差である．その後 Allred と Rochow は，さらに進んだより多くの元素に適用できる方法を考えた．彼らの方法により算出された電気陰性度の値を表1.2に示した[3]．

表 1.2 元素の電気陰性度

H 2.1																
Li 1.0	Be 1.5											B 2.0	C 2.5	N 3.1	O 3.5	F 4.1
Na 1.0	Mg 1.3											Al 1.5	Si 1.8	P 2.1	S 2.4	Cl 2.9
K 0.9	Ca 1.1	Sc 1.2	Ti 1.3	V 1.5	Cr 1.6	Mn 1.6	Fe 1.7	Co 1.7	Ni 1.8	Cu 1.8	Zn 1.7	Ga 1.8	Ge 2.0	As 2.2	Se 2.5	Br 2.8
Rb 0.9	Sr 1.0	Y 1.1	Zr 1.2	Nb 1.3	Mo 1.3	Tc 1.4	Ru 1.4	Rh 1.5	Pd 1.4	Ag 1.4	Cd 1.5	In 1.5	Sn 1.7	Sb 1.8	Te 2.0	I 2.2
Cs 0.9	Ba 0.9	La 1.1	Hf 1.2	Ta 1.4	W 1.4	Re 1.5	Os 1.5	Ir 1.6	Pt 1.5	Au 1.4	Hg 1.5	Tl 1.5	Pb 1.6	Bi 1.7	Po 1.8	At 2.0
Fr 0.9	Ra 0.9	Ac 1.0														

ランタノイド：1.0-1.2
アクチノイド：1.0-1.2

1. 各元素の物理化学的性質と構造

表 1.3 原子およびイオン半径[1]

原子またはイオン	半径(nm)	原子またはイオン	半径(nm)	原子またはイオン	半径(nm)	原子またはイオン	半径(nm)
Ac^{3+}	0.112	Er^0	0.158	Na^0	0.154	Se^0	0.117
Ag^0	0.134	Er^{3+}	0.089	Na^+	0.102	Se^{2-}	0.198
Ag^+	0.115	Eu^0	0.185	Nb^0	0.134	Se^{4+}	0.050
Ag^{2+}	0.094	Eu^{3+}	0.095	Nb^{3+}	0.072	Se^{6+}	0.042
Al^0	0.130	F^0	0.071	Nb^{5+}	0.064	Si^0	0.118
Al^{3+}	0.0535	F^-	0.133	Nd^0	0.164	Si^{4+}	0.040
Am^{3+}	0.098	Fe^0	0.117	Nd^{3+}	0.098	Sm^0	0.162
As^0	0.122	Fe^{2+}	0.078	Ni^0	0.115	Sm^{3+}	0.096
As^{3+}	0.058	Fe^{3+}	0.0645	Ni^{2+}	0.069	Sn^0	0.140
As^{5+}	0.046	Ga^0	~0.12	Np^{3+}	0.101	Sn^{2+}	0.093
Au^0	0.134	Ga^{3+}	0.062	O^0	0.073	Sn^{4+}	0.069
Au^+	0.137	Gd^0	0.162	O^{2-}	0.140	Sr^0	0.191
Au^{3+}	0.085	Gd^{3+}	0.094	Os^0	0.126	Sr^{2+}	0.118
B^0	0.090	Ge^0	0.122	Os^{4+}	0.063	Ta^0	0.134
B^{3+}	0.027	Ge^{2+}	0.073	P^0	0.110	Ta^{5+}	0.064
Ba^0	0.198	Ge^{4+}	0.053	P^{3+}	0.044	Tb^0	0.161
Ba^{2+}	0.135	H^0	0.037	P^{5+}	0.038	Tb^{3+}	0.092
Be^0	0.125	H^-	0.144	Pa^{3+}	0.104	Tc^0	0.127
Be^{2+}	0.045	Hf^0	0.144	Pb^0	0.154	Tc^{7+}	0.056
Bi^0	~0.15	Hf^{4+}	0.071	Pb^{2+}	0.119	Te^0	0.135
Bi^{3+}	0.103	Hg^0	0.144	Pb^{4+}	0.078	Te^{2-}	0.221
Bi^{5+}	0.076	Hg^{2+}	0.102	Pd^0	0.128	Te^{4+}	0.097
Bk^{3+}	0.096	Ho^0	0.158	Pd^{2+}	0.086	Te^{5+}	0.056
Br^0	0.114	Ho^{3+}	0.090	Pd^{4+}	0.062	Th^0	0.165
Br^-	0.196	I^0	0.133	Pm^0	0.163	Th^{4+}	0.094
Br^{5+}	0.031	I^-	0.220	Pm^{3+}	0.097	Ti^0	0.132
C^0	0.077	I^{5+}	0.095	Po^0	0.153	Ti^{3+}	0.067
C^{4+}	0.016	I^{7+}	0.053	Pr^0	0.164	Ti^{4+}	0.061
Ca^0	0.174	In^0	0.150	Pr^{3+}	0.099	Tl^0	0.155
Ca^{2+}	0.100	In^{3+}	0.080	Pt^0	0.130	Tl^+	0.150
Cd^0	0.141	Ir^0	0.127	Pt^{2+}	0.080	Tl^{3+}	0.089
Cd^{2+}	0.095	Ir^{4+}	0.062	Pt^{4+}	0.062	Tm^0	0.158
Ce^0	0.165	K^0	0.196	Pu^{3+}	0.100	Tm^{3+}	0.088
Ce^{3+}	0.101	K^+	0.138	Pu^{4+}	0.086	U^0	0.142
Ce^{4+}	0.087	La^0	0.169	Ra^{2+}	0.126	U^{4+}	0.089
Cf^{3+}	0.095	La^{3+}	0.103	Rb^0	0.216	U^{6+}	0.073
Cl^0	0.099	Li^0	0.134	Rb^+	0.152	V^0	0.122
Cl^-	0.181	Li^+	0.076	Re^0	0.128	V^{2+}	0.079
Cl^{7+}	0.027	Lu^0	0.156	Re^{4+}	0.063	V^{3+}	0.064
Cm^{3+}	0.097	Lu^{3+}	0.086	Re^{7+}	0.053	V^{4+}	0.058
Co^0	0.116	Mg^0	0.145	Rh^0	0.125	V^{5+}	0.054
Co^{2+}	0.065	Mg^{2+}	0.072	Rh^{3+}	0.067	W^0	0.130
Co^{3+}	0.0545	Mn^0	0.117	Ru^0	0.125	W^{4+}	0.066
Cr^0	0.118	Mn^{2+}	0.083	Ru^{3+}	0.068	W^{6+}	0.060
Cr^{3+}	0.0615	Mn^{3+}	0.065	S^0	0.102	Xe^0	~0.13
Cr^{5+}	0.044	Mn^{4+}	0.053	S^{2-}	0.184	Y^0	0.162
Cs^0	0.235	Mn^{7+}	0.046	S^{4+}	0.037	Y^{3+}	0.090
Cs^+	0.167	Mo^0	0.130	S^{6+}	0.012	Yb^0	0.170
Cu^0	0.117	Mo^{4+}	0.065	Sb^0	0.143	Yb^{3+}	0.087
Cu^+	0.077	Mo^{6+}	0.059	Sb^{3+}	0.076	Zn^0	0.125
Cu^{2+}	0.073	N^0	0.075	Sb^{5+}	0.060	Zn^{2+}	0.074
Dy^0	0.160	N^{3+}	0.016	Sc^0	0.144	Zr^0	0.145
Dy^{3+}	0.091	N^{5+}	0.013	Sc^{3+}	0.074	Zr^{4+}	0.072

1) この表の原子半径は，原子が単体中で共有単結合をして存在するとき，あるいは存在するとしたときの原子核間距離から与えられた値で，各種原子の相対的な大きさと互いに矛盾しないように割り振られたものである．

したがって，この表の値は，金属結晶中の結合距離から金属原子に与えられた金属結合半径とか，貴ガス原子に与えられたvan der Waals半径とは異なっている．このように，与えられた原子半径がどのようにして求められたものであるかによって，値に差異が生じることに注意しなければならない．

一方，イオン半径は，それぞれのイオンが結晶中において6配位をとって存在するとして計算された値である．

1.3 イオン結晶

イオン性無機化合物の代表的な結晶（ionic crystal）構造を図1.1に示した．塩化ナトリウム型ではNa^+，Cl^-はいずれも配位数6であり，半径比は0.56である．塩化セシウムは0.93の半径比をもち，配位数はCs^+，Cl^-いずれも8である．硫化亜鉛（ZnS）にはセン亜鉛鉱（zinc-blende）型とウルツ鉱（wurtzite）型の2種類があり，半径比は0.40で配位数は4である．フッ化カルシウムはホタル石（fluorite）といわれ，正負両イオンの電荷の比が1：2であるのでCa^{2+}の配位数は8，F^-の配位数は4である．酸化リチウムLi_2Oは逆ホタル石型構造といわれ，ホタル石型の正負イオンが逆になった型である．

1.4 金属結晶

金属結晶（metallic crystal）は同一半径の原子が最密充塡（closest packing）した構造をしている．最密充塡とは，ある空間に同じ大きさの球を最も密に充塡することで，六方最密充塡（hexagonal closest packing）と立方最密充塡（cubic closest packing）がある．

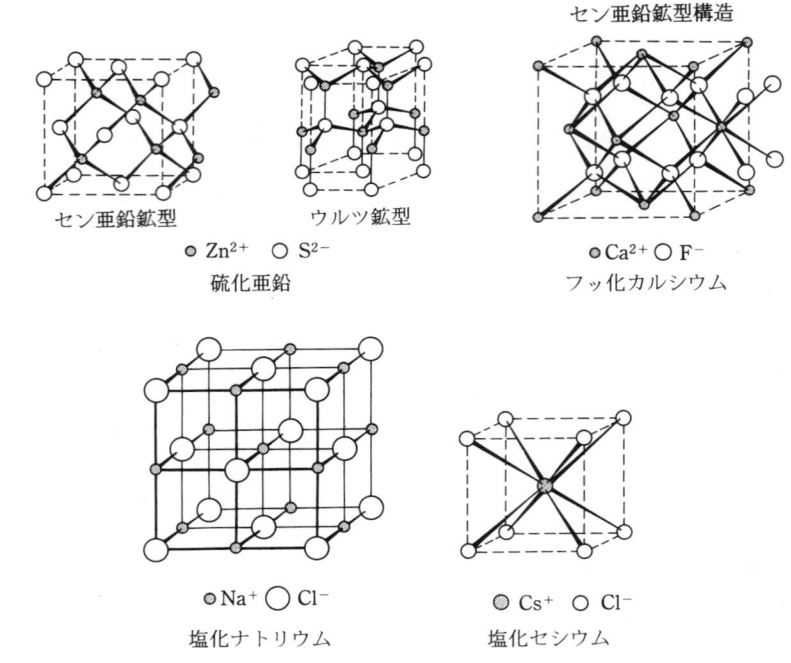

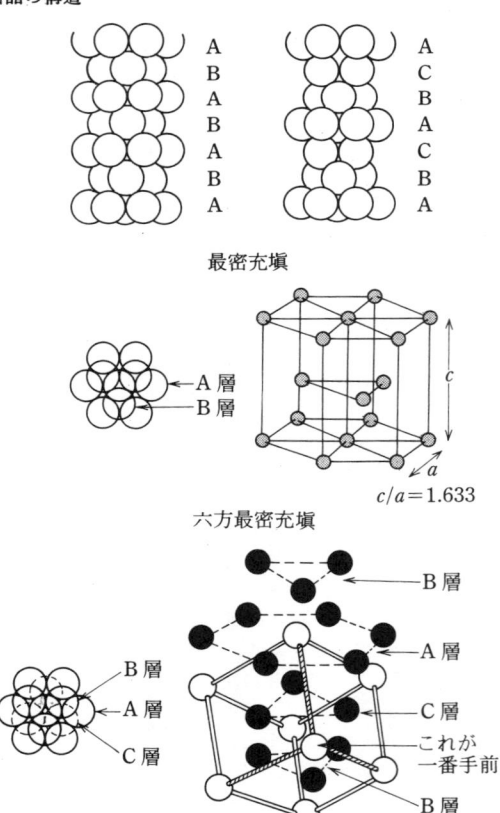

図 1.1　イオン結晶の構造

図 1.2　最密充塡構造

図1.2に示すように，ある球のまわりに6個の球を接するように並べ（これをA層とする），次に球と球の間のくぼみの上に別の球を置いてB層とする．B層の上に先ほどのA層とちょうど重なるように再びA層を置くというように，ABABAB…という繰返しが六方最密充塡である．A，B層の上にB層と60°ずれたC層がきて，ABCABC…の繰返しとなるのが立方最密充塡である．金属結晶はほとんど上記のいずれかの構造であるが，そのほかに体心立方格子(body-centered cubic lattice)をとるものがある．〔松本 和子〕

文献

1) 乾 利成，中原昭次，山内 脩，吉川要三郎："化学―物質の構造，性質および反応―"，p.178，化学同人(1985).
2) F.A. Cotton, G. Wilkinson, 中原勝儼訳："基礎無機化学(コットン・ウィルキンソン)"，p.87，培風館(1979).
3) 同上書，p.51.

2. 水 素 化 物[1),2)]

2.1 典型元素の水素化物

陽性の強い元素であるアルカリ金属やアルカリ土類金属の水素化物(hydride)はイオン性化合物である．しばしば塩型水素化物と呼ばれ，金属陽イオンと水素化物イオンH^-から成るイオン結晶である．LiH，CaH_2などはその例であり，それぞれの金属を水素気流中で300〜700°Cに熱すると得られる．いずれも融解物は電気伝導性を示し，電気分解すると水素が陽極に発生する．H^-はイオン半径1.5Åのイオンで，非共有電子2個をもつので配位子となる．H^-を配位子とする錯体をヒドリド錯体という．$[AlH_4]^-$，$[BH_4]^-$，$[Mn(H)(CO)_5]$などがその例であり，いずれも還元剤として働く．これらの水素化物およびヒドリド錯体は水および空気に対してきわめて反応性が強く，強力な還元剤あるいは水素化剤(hydrogenation reagent)である．

アルカリ金属の水素化物は二酸化炭素やハロゲンと反応し，湿った空気中では発火する．水とは非常に激しく反応する．一般に水素より電気陰性度の高い元素はアルカリ金属と結合している水素を置換し，次の型の反応をする．水との反応もこの一例である．

$$MH + EX \longrightarrow MX + EH$$
MH：アルカリ金属水素化物

アルカリ土類元素やそのほか多くの典型元素の水素化物は，$LiAlH_4$や$NaBH_4$などのヒドリド錯体を反応させて合成される．また次のような加水分解反応でも合成できる．

$$2Li_3N + 3H_2O \longrightarrow 6LiOH + 2NH_3$$
$$Al_4C_3 + 12H_2O \longrightarrow 4Al(OH)_3 + 3CH_4$$
$$Ca_3P_2 + 6H_2O \longrightarrow Ca(OH)_2 + 2PH_3$$
$$PI_3 + 3H_2O \longrightarrow H_3PO_3 + 3HI$$
$$Na_4Sn + 4H_2O \longrightarrow 4NaOH + SnH_4$$

ホウ素の水素化物にはB_2H_6，B_4H_{10}，B_5H_9，B_5H_{11}，B_6H_{10}，$B_{10}H_{14}$など多数の化合物が知られ，特異な分野となっている．これらは架橋配位子としての水素を含み，電子不足化合物(electron defficient compound)といわれている．

表2.1から表2.7に典型元素の代表的水素化物の性質をまとめた．

2.2 遷移元素の水素化物

遷移金属と水素は高温で直接反応して2元水素化物を与える．遷移金属の水素化物は典型元素の場合と異なり，大部分が非化学量論化合物(honstoichiometric compound)である[3)]．すなわち，$TiH_{1.75}$，$NbH_{0.86}$，$CrH_{1.7}$，$LaH_{2.87}$，$YbH_{2.55}$などの組成式で表される化合物で，最密充塡の金属結晶構造をしている金属原子間を部分的に水素原子が占めている．2元水素化物にはもちろんLaH_3，TiH_2，NbH，FeH_2，CoH_2，CuHなどのように，化学量論化合物(stoichiometric compound)も存在する．2元系ではなく，ヒドリド錯体となっている化合物も表2.8のように知られている．〔松本 和子〕

表 2.1 アルカリ金属の水素化物の性質

化学式	LiH	NaH	KH	RbH	CsH
構造	(NaCl)	(NaCl)	(NaCl)	(NaCl)	(NaCl)
色	白色	白色	白色	白色	白色
生成熱(kcal/当量)	−21.61	−13.8	−14.5	−12	−19.9
融点(°C)	680 27 mmH$_2$	(700〜800° d)	d	(d>200)	—
解離圧	(d 450°, 1 atm, 850°)	1 atm, 425°	—	33.8 mm, 320°	36 mm, 320°
密度(g/ml)	0.8	1.40	1.43	2.59	3.42
E-H 距離(結晶)(Å)	2.04	2.44	2.85	3.02	3.19
H 半径(通常の M$^+$ 半径を用いて求めた見かけ上の値)	1.26	1.46	1.52	1.53	1.54
E-H 距離(気体)	1.60	1.89	2.22	2.37	2.49
E-H(結晶)/E-H(気体)	1.27	1.29	1.28	1.27	1.28

d：分解

表 2.2 アルカリ土類金属の水素化物の性質

化学式	BeH$_2$	MgH$_2$	CaH$_2$	SrH$_2$	BaH$_2$
色	白色	白色	白色	白色	白色
生成熱(kcal/当量)	—	—	−23.3	−21.2	−20.5
構造	架橋	架橋	イオン性	イオン性	イオン性
融点(°C)	(d<125)	(d<300)	(>1000)	—	1200
解離圧	—	—	0.1 mm, 600°, 1 atm, 1000°	—	0.24 mm 600°
密度(g/ml)	—	—	1.90	3.27	4.15
H の見かけ上の半径(結晶)	—	—	1.45	—	—

d：分解

表 2.3 ⅢB 属元素の水素化物の性質

化学式	B$_2$H$_6$	AlH$_2$	Ga$_2$H$_4$	InH$_3$	InH	TlH$_3$	TlH
色	無色	白色	無色	白色	白色	白色	褐色
構造	架橋型二導体	架橋型重合体	架橋型二重体	架橋型重合体	重合体	重合体	重合体
生成熱(kcal/当量)	1.25	—	—	—	—	—	—
融点(°C)	−164.9	(d)	−21.4	—	—	—	—
融触熱(kcal/mole)	1.06	—	—	—	—	—	—
分解温度	おそい, 25°	100°	130°	遅い, 25°; 80°	340	0	270
沸点(°C)	−92.53	—	139	—	—	—	—
蒸発熱(kcal/mole)	3.41	—	—	—	—	—	—
密度(g/ml)	(0.438 沸点において)	—	—	—	—	—	—

d：分解

2. 水素化物

表 2.4 IVB属元素の水素化物の性質

化学式	CH$_4$	SiH$_4$	GeH$_4$	SnH$_4$	PbH$_4$
色	無色	無色	無色	無色	無色
構造	正四面体	正四面体	正四面体	正四面体	(正四面体)
生成熱(kcal/当量)	−4.47	−3.7	—	—	—
分解(°C)	(800)	(450)	(285)	25°遅い 145°非常に速い	0
融点(°C)	−182.48	−184.7	−165.90	−150	—
融解熱(kcal/mole)	2.25	0.159	0.200	—	—
沸点(°C)	−161.49	−111.4	−88.36	−51.8	(−13)
蒸発熱(kcal/mole)	1.955	2.9	3.361	4.4	—
密度(g/ml)	0.415(−164°)	0.68(−185°)	1.523(−142°)	—	—

表 2.5 VB属元素の水素化物の性質

化学式	NH$_3$	PH$_3$	AsH$_3$	SbH$_3$	BiH$_3$
構造	三角錐	三角錐	三角錐	三角錐	三角錐
生成熱(kcal/当量)	−3.68	0.74	13.7または6?	11.4	—
分解(°C)	—	—	—	25, おそい	25, おそい
融点(°C)	−77.74	−133.75	−116.3	−88	—
融解熱(kcal/mole)	1.351	0.270	0.56	—	—
沸点(°C)	−33.40	−87.72	−62.5	−17	22
蒸発熱(kcal/mole)	5.581	3.490	4.18	—	—
密度(g/ml)	0.817(−79°)	0.746(−90°)	—	2.204(沸点)	—

表 2.6 VIB属元素の水素化物の性質

化学式	H$_2$O	H$_2$S	H$_2$Se	H$_2$Te
色	無色	無色	無色	無色
構造：結合角	104.5	92.5	90	90
生成熱(kcal/当量)	−28.9	−2.4	10.3	18.5
分解(°C)	—	—	(160)	0, おそい
融点(°C)	0.00	−85.53	−65.73	−51
融解熱(kcal/mole)	1.4363	0.5682	0.601	—
沸点(°C)	100.00	−60.31	−41.3	−2.3
蒸発熱(kcal/mole)	9.717	4.463	4.62	5.55
電離定数 K$_1$	1.3×10^{16}	0.87×10^7	1.9×10^4	2.3×10^3
沸点における密度(g/ml)	0.958	0.993	2.004	2.650
沸点における表面張力(ダイン/cm)	58.9	28.7	28.9	30.0
臨界温度	366	100.4	137	—

表 2.7 ハロゲン元素の水素化物の性質

化学式	HF	HCl	HBr	HI
色	無色	無色	無色	無色
生成熱(kcal/当量)	−64.2	−22.06	−8.66	6.20
結合の長さ(Å)	0.917	1.275	1.410	1.600
分解(%) 300°	—	3×10^{-7}	0.003	19
1000°	—	0.014	0.5	33
融 点(°C)	−83.07	−114.19	−86.86	−50.79
融解熱(kcal/mole)	1.094	0.4760	0.5751	0.6863
沸 点(°C)	19.9	−85.03	−66.72	−35.35
蒸発熱(kcal/mole)	1.85	3.86	4.210	4.724
沸点における密度(g/ml)	0.991	1.187	2.160	2.799
臨界温度(°C)	230.2, 188	51.3	91.0	150.5
溶解熱, 20°(kcal/mole)	−12.4	−17.4	−20.5	−19.6
0.1 N, 180°における見かけ上の解離度	10	92.6	93.5	95

表 2.8 いくつかの遷移金属ヒドリド錯体の性質

化学式	物理的性質	δ_H	化学的性質
$HCo(CO)_4$	黄色液体 融点 −26°	0.12	融点以上で分解してH_2と$Co_2(CO)_8$を生ずる． 強酸性
$H_2Fe(CO)_4$	黄色液体 融点 −70°	0.11	pK 4.4 分解 −10°→ H_2 + $H_2Fe_2(CO)_8$ (赤色)
$HMn(CO)_5$	無色液体 融点 −25°	0.14	25°で安定；弱酸性；pK 7.1
$H_2Fe_2(CO)_8$	赤 色		
$H_2Fe_2(CO)_{11}$	暗赤色液体		
$[HCo(CH_5)]^{4-}$	溶液中にのみ存在		
$(C_6H_5)_3PReH_3$			
$HRe(CO)_5$			
$HRe(\pi\text{-}C_5H_5)_2$	黄色固体 融点 161°	−0.01	200°まで安定；塩基性 (H^+を付加)
$H_2W(\pi\text{-}C_5H_5)_2$		−0.01	塩基性(H^+を付加)
$HW(CO)_3(\pi\text{-}C_5H_5)$	黄色固体 融点 69°		
$HPtCl(PEt_3)_2$	無色固体 融点 82°		

文 献

1) F.A. Cotton, G. Wilkinson, 中原勝儼訳："コットン・ウィルキンソン 無機化学 上", p. 179, 培風館(1972).

2) R.T. Thunderson, 藤原鎮男訳："サンダーソン 無機化学 下", p.407, 廣川書店(1970).

3) 同上書, p.440.

3. 金属酸化物

酸素はほとんどすべての元素と結合して酸化物を生成する．酸化物の性質は相手の元素の性質によって変わり，電気陽性な元素とはイオン結合酸化物を生成し，電気陰性な元素とは共有結合酸化物を生成する．

3.1 アルカリ，アルカリ土類金属の酸化物

これらの酸化物は，ベリリウムの酸化物 (BeO) を除いてすべて塩基性酸化物である．アルカリ土類金属の酸化物はおもに MO 型であるが，ストロンチウムやバリウムは MO_2 型の過酸化物も生成する．アルカリ金属では，通常の M_2O 型の酸化物以外に，過酸化物 M_2O_2 や超酸化物 MO_2 も生成する．アルカリ金属を空気中で燃やしたときに得られるのは，リチウムでは Li_2O，ナトリウムでは過酸化物 Na_2O_2，ほかはすべて超酸化物である．アルカリ金属のつくる酸化物とその色を表 3.1 に示す．

表 3.1 アルカリ金属の酸化物

	Li	Na	K	Rb	Cs
M_2O	無色	無色	微黄	淡黄	橙赤
M_2O_2	無色	無色	無色	黄	淡黄
MO_2	—	黄	黄橙	暗褐	黄橙

3.2 典型元素の酸化物

アルカリ金属やアルカリ土類金属以外の典型元素の金属および半金属は，塩基性もしくは両性酸化物を生成する．一方，非金属元素は酸性酸化物または中性酸化物（CO, H_2O, N_2O など）を生成する．これらの酸性酸化物の多くは安定であるが，ハロゲンの酸化物のように不安定なものもある．フッ素を除くこれらの非金属の酸化物は，すべて水溶液中で安定なオキソ酸を生成する．

3.3 遷移金属酸化物

これらの酸化物のほとんどは，水に溶けない塩基性酸化物であるが，高酸化数の酸化物のなかには酸性のものもある．たとえば，V_2O_5, CrO_3, Mn_2O_7, OsO_4 など．また，遷移元素の酸化物は不定比化合物であるものが多い．

3.4 混合金属酸化物

2 種類以上の金属から成る酸化物は多数あるが，それらの構造は数種類に整理される．混合金属酸化物の代表的なものを表 3.2 に示

表 3.2 代表的金属複酸化物

	組成	構造	例
スピネル型	$M^{II}M^{III}_2O_4$	立方最密	$CdFe_2O_4$, $FeCr_2O_4$, $MgAl_2O_4$
イルメナイト型	$M^{II}M^{IV}O_3$	六方最密	$FeTiO_3$, $CoTiO_3$, $MgMnO_3$
ペロブスカイト型	$M^{II}M^{IV}O_3$	単純立方格子	$CaTiO_3$, $SrTiO_3$, $BaSnO_3$

す．これらの酸化物のうちで，$\gamma\text{-}Fe_2O_3$, $BaFeO_{19}$, $MnFeO_4$ などは，フェライトと呼ばれる酸化物磁性体で，電磁石の芯や永久磁石の材料として用いられているほか，磁気テープの磁性材料としても多く用いられている．また，不定比の混合原子価酸化物には，高温で超伝導性を示すものがみいだされている．たとえば，$YBa_2Cu_3O_x$ 中の Cu は 2 価と 3 価で，$x \approx 7$ のとき超伝導性を示す．

3.5 オキソ酸

オキソ酸やオキソ酸イオンは，孤立電子対も含めて考えると，平面三角形，四面体型，八面体型のうちのいずれかの形をとる．オキソ酸は一般に H_mXO_n と表され，水と非金属元素の酸化物との反応ばかりでなく，高い酸化状態にある遷移金属酸化物との反応によっても生じる．元素によっては，X の酸化数の異なる何種類かの一連のオキソ酸を生ずる場合もある．また，それらのうちには水溶液中でしか存在しないものもある．オキソ酸イオンのうち n 配位のもの，つまり XO_n^{n-} で表されるイオンは縮合酸をつくる傾向が強い．

表 3.3 ハロゲンのオキソ酸

ハロゲンの酸化数	名称	Cl	Br	I
1	次亜ハロゲン酸	Cl(OH)	Br(OH)	I(OH)
3	亜ハロゲン酸	ClO(OH)	—	—
5	ハロゲン酸	$ClO_2(OH)$	$BrO_2(OH)$	$IO_2(OH)$
7	過ハロゲン酸	$ClO_3(OH)$	$BrO_3(OH)$	$IO_3(OH)$
				$IO(OH)_5$*

* オルト過ヨウ素酸

表 3.4 典型元素の最高酸化数の酸素酸

構造	族 ⅢB	ⅣB	ⅤB	ⅥB	ⅦB
平面三角形	$B(OH)_3$	$CO(OH)_2$	$NO_2(OH)$		
四面体	$B(OH)_4^-$	$Si(OH)_4$	$PO(OH)_3$	$SO_2(OH)_2$	$ClO_3(OH)$
	$Al(OH)_4^-$	$Ge(OH)_4$	$AsO_2(OH)_3$	$SeO_2(OH)_2$	$BrO_3(OH)$
八面体	$Al(OH)_6^{3-}$	$Sn(OH)_6^{2-}$	$Sb(OH)_6^-$	$Te(OH)_6$	$IO_3(OH)$
		$Pb(OH)_6^{2-}$			$IO(OH)_5$

たとえば BO_3^{3-}, SiO_4^{4-} や Mo^{VI}, W^{VI} の 6 配位酸などはポリ酸を生成する. 表 3.3 にハロゲンのつくるオキソ酸を, 表 3.4 に典型元素のつくるオキソ酸のうち最高酸化数のものを示す. 〔石原 浩二〕

4. ハロゲンおよびハロゲン化物[1),2)]

4.1 ハロゲン単体

ハロゲン (halogen) 単体の性質を表 4.1 にまとめた. ハロゲン単体はいずれも酸化剤として作用するが, F_2 が最も酸化力が強く Cl_2, Br_2, I_2 の順に弱くなる. F_2 はきわめて強い酸化剤で, 水と激しく反応して O_2, H_2O_2, O_3, OF_2 などを生成する. Cl_2 と H_2O の反応では O_2 発生反応は遅く, 次のように不均化を伴う加水分解反応が起こる.

$$2Cl_2 + 2H_2O \longrightarrow O_2 + 4HCl$$
$$Cl_2 + H_2O \longrightarrow ClOH + Cl^- + H^+$$
$$Cl_2 + 2OH^- \longrightarrow ClO^- + Cl^- + H_2O$$

また熱アルカリ性溶液では次のような加水分解反応が起こる.

$$3Cl_2 + 6OH^- \longrightarrow ClO_3^- + 5Cl^- + 3H_2O$$

Br_2 はわずかに加水分解を受けるが I_2 はほとんど受けない.

4.2 ハロゲン化物

2 元系ハロゲン化物 (halide) には, 簡単な分子性化合物や錯体, あるいは無限鎖構造の化合物など多様な構造と性質のものがある. 無水 2 元系ハロゲン化物の合成法は大別すると次のようになる.

(1) 単体とハロゲンとの直接反応. ハロゲン分子は反応性に富むため, 金属やリン, 硫黄などと直接反応してハロゲン化物を与える.

(2) 水和ハロゲン化物の脱水反応. 金属, 酸化物, 炭素塩などをハロゲン化水素酸に溶か

表 4.1 ハロゲン単体の性質

分子式	融点 (°C)	沸点 (°C)	気体の色	結合エネルギー (kcal·mol^{-1})	$E°(X_2 + 2e \rightleftharpoons 2X^-)$ (25°C) (V)
F_2	−218	−188	淡黄色	37.7	+2.87 ($F_2↑/F^-$)
Cl_2	−100.98	−34.07	緑黄色	58.2	+1.36 ($Cl_2↑/Cl^-$)
Br_2	−7.2	58.8	赤褐色	46.1	+1.08 (Br_2/Br^-)
I_2	113.7	184.5	紫色	36.1	+0.54 ($I_2↓/I^-$)

4. ハロゲンおよびハロゲン化物

し濃縮すると，ハロゲン化物の水和物が得られる．これらは真空中での加熱，塩化チオニルとの加熱反応，2,2-ジメトキシプロパンとの反応などにより無水のハロゲン化物とすることができる．

$$CrCl_3 \cdot 6H_2O + 6SOCl_2 \xrightarrow{\Delta} CrCl_3 + 12HCl + 6SO_2$$
$$MX_n \cdot mH_2O + CH_3C(OCH_3)_2CH_3 \longrightarrow$$
$$MX_n + m(CH_3)_2CO + 2mCH_3OH$$

(3) ほかのハロゲン化合物と酸化物の反応．ClF_3，BrF_3，CCl_4，$CCl_3CClCCl_2$，NH_4Cl，$SOCl_2$，SO_2Cl_2 などの化合物を用いて，次のような反応でハロゲン化物が得られる．

$$NiO + ClF_3 \longrightarrow NiF_2$$
$$UO_3 + CCl_2=CCl-CCl=CCl_2 \xrightarrow{還流} UCl_4$$
$$Pr_2O_3 + 6NH_4Cl(s) \xrightarrow{300°C} 3PrCl_3 + 3H_2O + 6NH_3$$
$$Sc_2O_3 + CCl_4 \xrightarrow{600°C} ScCl_3$$

非金属元素のハロゲン化物は分子性化合物で融点が低く（PBr_3：$-40.5°C$，$SiCl_4$：$-68°C$），金属性の典型元素のハロゲン化物はイオン結合性で融点が高い（NaCl：808°C，$BaCl_2$：962°C，AgCl：455°C）．遷移金属のハロゲン化物では，金属の酸化数の低い場合はイオン結合性であるが，酸化数が高くなるとポリマー性から分子性へと移行する．WF_6 や PtF_6 などは 6 配位八面体状の構造であるが，$NbCl_5$ は 2 個の八面体が稜を共有した複核錯体，$AlCl_3$ は 2 個の四面体が稜を共有した構造である（図 4.1）．

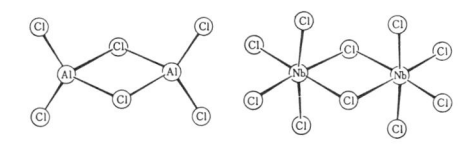

図 4.1 $AlCl_3$ と $NbCl_5$ の構造

表 4.2 アルカリ金属のフッ化物の性質

化学式	LiF	NaF	KF	RbF	CsF
色	白色	白色	白色	白色	白色
生成熱(kcal/当量)	-146.3	-136.0	-134.46	-131.28	-126.9
ΔH_a(kcal/当量)	203	181	175	170	164
融点(°C)	845	995	856	775	682
融解熱(kcal/mole)	2.4	7.8	6.8	4.13	2.45
沸点(°C)	1681	1704	1502	1408	—
気化熱(kcal/mole)	51.0	50	41.3	39.51	—
密度(g/ml)	2.295	2.79	2.48	2.88	3.586
結晶中の結合間隔(Å)	2.01	2.31	2.67	2.82	3.01

表 4.3 アルカリ土類金属のフッ化物の性質

化学式	BeF_2	MgF_2	CaF_2	SrF_2	BaF_2
色	白色	白色	白色	白色	白色
生成熱(kcal/当量)	-113.5	-134	-145.2	-145.2	-143.5
ΔH_a(kcal/当量)	171	170	185	183	183
融点(°C)	—	1263	1418	1400	1320
融解熱(kcal/mole)	—	13.9	7.1	4.3	3.0
沸点(°C)	—	2227	2500	2460	2260
気化熱(kcal/mole)	—	65	—	—	83
密度(g/ml)	—	2.97	—	—	4.83
結晶構造	クリストバライト	ルチル	螢石	螢石	螢石
配位	4:2	6:3	8:4	8:4	8:4

表 4.4 ⅥB族元素のフッ化物の性質

化学式	O_2F_2	S_2F_2	OF_2	SF_2	SF_4	SeF_4	TeF_4	SF_6	SeF_6	TeF_6
色	赤色	無色	—	無色	—	—	—	無色	無色	無色
生成熱 (kcal/当量)	—	—	2.25(G)	—	—	—	—	−44(G)	−41(G)	−53(G)
ΔH_a (kcal/当量)	—	—	44	—	82	—	—	78	72	79
融点(℃)	−163.5	−120.5	—	—	−121	−13.2	129.6	−50.7(P)	−34.6(P)	−37.7(P)
融解熱 (kcal/mole)	—	—	—	—	—	—	—	1.20	1.70	2.1
沸点(℃)	d>−90	−38	−144.9	−35	−40.4	93	—	−63.7(s)	−46.6(s)	−38.6(s)
気化熱 (kcal/mole)	—	—	2.65	—	5.20, 6.32	11.24	8.17	5.46(s)	6.27(s)	6.47(s)
密度(g/ml)	—	—	—	—	1.92(L)	2.77(L)	—	1.88(L) 2.51(S)	3.27(S)	3.76(S)
気体における結合の長さ	—	—	—	—	—	—	—	1.58	1.70	1.84

d:分解,s:昇華

4.3 アルカリ金属,アルカリ土類金属のフッ化物

アルカリ金属のフッ化物はすべてNaCl型の結晶構造をしている.すべて高融点,高沸点であり,水に対する溶解度は原子番号が大きいほど大である.その性質を表4.2にまとめた.

アルカリ土類金属のフッ化物はBeF_2を除いて水に溶けにくい.BeF_2は不活性気体中で$(NH_4)_2BeF_4$を加熱するか,あるいは水和物をフッ化水素気流中で脱水することにより無水物として得られる.BeF_2は容易にフッ素イオンを配位してBeF_3^-,BeF_4^{2-}を生成する.アルカリ土類金属のフッ化物の性質を表4.3にまとめた.

4.4 ⅥB族元素のハロゲン化物

OF_2,O_2F_2は酸素のフッ化物である.二フッ化酸素OF_2は2%水酸化ナトリウム水溶液にフッ素を通して70%の収率で得られる.純水を代わりに用いると微量しかOF_2が得られないし,濃厚水酸化ナトリウム水溶液ではOF_2はすべて分解してしまう.OF_2の2本のO—F結合のなす角は103°である.OF_2は無色で有毒な気体である.−144.8℃で凝縮して黄褐色の液体となる.この液体は既知のあらゆる化合物中で最低の融点(−223.8℃)を示す.OF_2は加熱すると成分元素の単体に分解する.水との反応は著しく発熱的であるが,ただ水と接触させただけでは水と反応せず,アルカリが存在する場合に著しく反応する.

O_2F_2は−18.5℃に冷却したフッ素と酸素の混合物中で放電すると生成する.褐色の気体で凝縮すると赤色の液体となる.−163.5℃でオレンジ色の固体となる.−100℃以上でフッ素と酸素に分解する.

その他のⅥB属元素を含めてフッ化物の性質を表4.4に示した.

ハロゲンを中心原子とする酸化ハロゲンはフッ素では存在せず,塩素と臭素でXO_2型化合物がある.ClO_2は沸点11℃の黄緑色気体で∠OClOは118.5°である.常磁性で爆発性がある.このほかに,Cl_2O_3,Cl_2O_6,Cl_2O_7,ClO_3,I_2O_5,IO_3,I_2O_4,I_4O_9,I_2O_7などが知られているが不安定で爆発性のものが多い.

4.5 ハロゲン間化合物

$X(X')_n$ ($n=1, 3, 5, 7$)の組成で表される2元系ハロゲン間化合物(interhalogen compound)が多数存在する.$n=1$ではClF,BrF,$BrCl$,ICl,IBrなどである.$n=3$ではClF_3,BrF_3,ICl_3などでICl_3は結晶中では平面状

の二量体 I_2Cl_6 を形成している．ClF_3 と BrF_3 はT字形である．これは非共有電子対まで考慮すると三方両錐形に相当する．$n=5$ では BrF_5 と IF_5 があり，いずれも非共有電子対まで考えれば八面体形である．IF_7 は気体では五方両錐7配位構造と考えられている．

4.6 希ガス元素のフッ化物

キセノンとフッ素の高圧下の加熱反応で XeF_2，XeF_4，XeF_6 が合成される．また，Kr についても同様に，KrF_2，KrF_4 などが合成されている．錯フッ化物も多数知られ，$Xe(PtF_6)_2$，$Xe(RuF_6)_2$，$XeRhF_6$，$XeSiF_6$，$XePF_6$，$XeSbF_6$ などがある．XeF_2 は直線分子，XeF_4 は平面正方形，XeF_6 は八面体型分子である．これらは水とは次のような反応をする．

$$2XeF_2 + 2H_2O \xrightarrow{OH^-} 2Xe + O_2 + 4HF$$
$$XeF_4 + H_2O \longrightarrow Xe + Xe(OH)_6$$
$$XeF_6 + H_2O \longrightarrow Xe(OH)_6$$

（この生成物は不確実）

〔松本 和子〕

文献

1) F.A. Cotton, G. Wilkinson, 中原勝儼訳："コットン・ウィルキンソン 無機化学 上"，p. 521，培風館(1972)．

2) R.T. Thunderson, 藤原鎮男訳："サンダーソン無機化学 下"，p.471，廣川書店(1970)．

5. その他の無機化合物

5.1 カルコゲン化物

硫黄はd軌道を最外殻にもっているので酸素と異なりd軌道を用いて結合を形成することができる．そのため SCl_4 や SF_6 のように類似の酸素化合物が存在しない場合もある．一般にこれらのd軌道は，硫黄よりも電気陰性度の大きい元素の硫化物中で結合形成に用いられる．このような場合，硫黄は相手の原子に電子を引かれるので正電荷を帯びるようになり，より電子吸引性が増す．

一方，酸化物と硫化物を比較すると，電気陰性度の低い金属性元素を相手とする化合物中では，酸化物の方がより高い酸化状態をとる傾向がある．たとえば Ru と Os は四酸化物をつくるが硫黄とは二硫化物をつくるのみである．

アルカリ金属およびBeを除くアルカリ土類金属の硫化物は，いずれも水溶性で水溶液中には S^{2-} と SH^- が存在する．アルカリおよびアルカリ土類以外の金属硫化物はほとんどが水に難溶である．表5.1に金属硫化物の

表 5.1 金属硫化物の色と溶解度積

化学式		色	pK_{sp}(室温)	化学式	色	pK_{sp}(室温)
Ag_2S		黒	50.3	CuS	黒	35.1
Cu_2S		黒	48.6	ZnS α	無色	25.1
Tl_2S		黒	20.2	β	無色	22.8
SnS		褐黒色	26.9	CdS	橙黄色	27.3
PbS		黒	27.9	HgS	黒	51.8
MnS	α	緑	12.6	Sb_2S_3	橙赤色	92.8
	β, γ	淡赤色	9.6	Bi_2S_3	暗褐色	97.0
FeS		灰黒色	17.3	Fe_2S_3	黒	88.0
CoS	α	黒	21.3	In_2S_3	黄	73.2
	β	灰色	28.2	La_2S_3	黄	12.7
NiS	α	黒	22.0	SnS_2	黄金色	70.0
	β	黒	27.5			
	γ	黒	29.2			

色と溶解度積(solubility product) K_{sp} をまとめた．Ti, V, Cr, Fe, Co, Ni の硫化物は不定比化合物となりやすい．

アルカリ金属の硫化物は還元剤として作用し，空気によって S, SO_3^{2-}, SO_4^{2-}, $S_2O_3^{2-}$ などに酸化される．アルカリ金属のセレン化物，テルル化物 M_2Se, M_2Te も空気によって酸化されるものが多い．Cs_2S, Cs_2Se, Cs_2Te などは 30～150°C のセシウム蒸気中でほぼ 2％のセシウムを吸収する．Cs_2Te はオリーブ緑色となり電気伝導体となる．ルビジウムの化合物はこのような性質を示さない．

5.2 窒化物

典型元素の窒化物(nitride)においては，形式的に窒素は−3 の酸化状態である．したがって，ケイ素，ゲルマニウム，スズは M_3N_4 型の窒化物をつくるが，遷移金属の窒化物は予想もできない組成のものが多い．これらは，おそらく正確には非化学量論化合物であろうと思われる．チタン，ジルコニウム，ハフニウムは MN 型の窒化物をつくる．

リチウム金属は常温でも徐々に窒素と反応する．高温ではこの反応はすみやかに進行し Li_3N が生成する．Li_3N は空気中で加熱するとすみやかに酸化される．また，容易に加水分解して LiOH と NH_3 となる．ベリリウムは 900°C 以上で N_2 と反応して Be_3N_2 を生成する．Be_3N_2 は 220°C 以上の高温では単体に分解する．金属マグネシウムは約 300°C で N_2 を吸収し Mg_3N_2 になる．Mg_3N_2 は高温でも相当安定であるが，容易に加水分解される．また容易に燃えて N_2 を放出し MgO になる．ホウ素は N_2 と混ぜて点火すると BN となる．ハロゲン化アンモニウムを MBH_4（M はアルカリ金属）と加熱することにより得られるボラゼン(borazene, $B_3N_3H_3$：ボラゾール，borazole ともいう)はベンゼンに類似した環状六角形化合物で，ベンゼンの炭素の位置にホウ素と窒素が交互に存在する．

V, Nb, Ta の窒化物 MN はいずれも金属性の侵入型化合物で，化学的には反応性が低い．空気中で強熱すれば酸化物になる．クロムには CrN, Cr_2N, Cr_3N などが存在するがあまりはっきりした金属性は示さない．そのほか，遷移金属窒化物として Mn_3N_2, MnN_2, Fe_2N, Fe_4N などが知られているが，Ru, Os, Co, Rh, Ir, などははっきりとした組成の窒化物をつくらない．

5.3 炭化物

炭素は高温で多くの金属と反応して金属炭化物をつくる．典型元素の炭化物(carbide)は塩型で，たとえば Be_2C は逆ホタル石型構造で Be^{2+} と C^{4-} から成ると考えられる．加水分解によりメタンを生ずる．CaC_2 などは C_2^{2-}（アセチリドイオン）を含み，加水分解によりアセチレンを生ずる．一方，遷移金属の炭化物は侵入型で，窒化物などと同様に金属原子のつくる格子のすきまに C が入る非化学量論化合物が多い．〔松本 和子〕

6. 金属錯体の配位化学

6.1 配位子の種類

配位子は，多くの場合孤立電子対を有するイオンまたは分子である．配位原子となり得る原子は，ハロゲンや O, N, S, P などに限られているが，これらの原子を含む化合物はすべて配位子となり得るので，配位子の数は無数であるといえる．また，配位子はルイス塩基とみなすことができ，ルイスの塩基性を有するものはすべて配位子となり得る．したがって，孤立電子対を有するものばかりでなく，π結合を有するエチレンやシクロペンタジエニルなども配位子となる．

OH^-, Cl^-, CN^-, NH_3, CO, H_2O, NO^+ やピリジンなどのように，配位原子を 1 個しかもたない配位子は単座配位子と呼ばれる．これに対し，配位原子を 2 個，3 個，…もつものは，それぞれ 2 座配位子，3 座配位子，…と呼ばれ，これらは多座配位子と総称され

る．多座配位子は金属イオンに配位すると5員環もしくは6員環のキレート環をもつ錯体を生成するので，キレート配位子とも呼ばれる．多座配位子としては，ポリアミン，アミノ酸，アミノポリカルボン酸類など数多く知られているが，そのうちで，重要なものにエチレンジアミン四酢酸（EDTA）がある．EDTAはアルカリ金属以外の多くの金属イオンと非常に安定な錯体を生成することが知られており，キレート滴定に用いられる．アルカリ金属と安定な錯体を生成する配位子としては，大環状の配位子であるクラウンエーテルやクリプタンドが知られている．そのほかの環状多座配位子としては，ポルフィリンやそれと類似のフタロシアニンがある．ポルフィリンは，ヘムやクロロフィルの骨格となっている．また，フタロシアニン錯体は，顔料として多量に用いられている．

6.2 配位数と配位構造

同じ配位数をもった遷移金属錯体は，よく似た磁気的性質や電子スペクトルを示すので，配位数によって配位化合物を分類すると便利である．

6.2.1 配位数 2

Cu(I)，Ag(I)，Au(I)やHg(II)イオンは直線状の2配位錯体を形成する．

6.2.2 配位数 3

3配位錯体の例は少ない．HgI_3^-は平面型イオンであり，$SnCl_3^-$は三角錐型イオンである．

6.2.3 配位数 4

最もよくみられる配位数の1つで，四面体型と正方形型がある．四面体型の例は非常に多く，多くの元素がこの型の錯体を形成する．たとえば，BF_4^-，$AlCl_4^-$，$FeCl_4^-$，MnO_4^-など．正方形型錯体は，Ni(II)，Pd(II)，Pt(II)，Au(III)イオンなどのd^8イオンのみにみられる．

6.2.4 配位数 5

あまり普通にみられない配位数であり，三方両錐型と正方錐型がある．$CuCl_5^{3-}$や$SnCl_5^-$は三方両錐型であり，アセチルアセトンが配位した$VO(acac)_2$は正方錐型である．また，$Ni(CN)_5^{3-}$は，結晶中では両方の構造で存在している．

6.2.5 配位数 6

ほとんどすべての遷移金属陽イオンが6配位八面体型錯体をつくる．Cu(II)や高スピン型Cr(II)，Mn(III)イオンや低スピン型のCo(II)，Ni(III)イオンの錯体では，上下軸方向の結合が伸びた，ひずんだ八面体型構造をしており，正方形型4配位錯体とみなされることもある．

6.2.6 配位数 7, 8, 9

ZrF_7^{3-}は五方両錐型7配位構造をとる．8配位錯体としては，酢酸ウラニルイオン$UO_2(CH_3COO)_3^-$が知られており，これは六方両錐型である．また，多くのランタニド元素のアクアイオンは，面心三方柱型9配位構造をとることが知られている．

6.3 配位化合物の異性現象

配位化合物の異性現象にはさまざまなものがあるが，おもなものを次に示す．

6.3.1 幾何異性

2種類以上の配位子をもつ錯体において，配位子の相対的な位置に関する異性現象である．次のようなものがある．

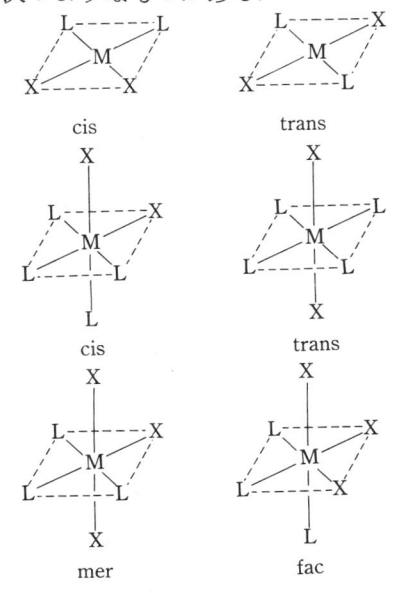

6.3.2 光学異性

次の図のように鏡像関係にある異性体を光学異性体と呼ぶ．一対の光学異性体は，逆符号で絶対値の等しい旋光性および円偏光二色性を示す．ラセミ体から$\varDelta$体と$\varLambda$を分離することを光学分割という．

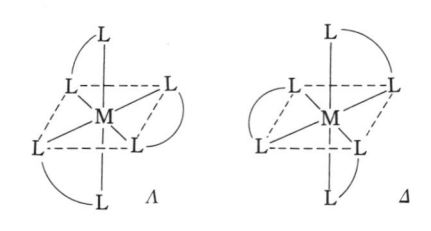

6.3.3 ジアステレオ異性

2種類以上の光学異性が共存すると，一部は完全に重なり合うが，他の部分はたがいに鏡像関係にある異性体が存在する．これをジアステレオ異性体（ジアステレオマー）という．たとえばL-アラニンが配位した$\varDelta$-[Co(L-ala)$_3$]と$\varLambda$-[Co(L-ala)$_3$]がそうである．

6.3.4 そのほかの異性現象

配位化合物全体としての組成は同じであるが，含まれる錯体の組成が異なることに基づく異性現象に，水和異性，イオン化異性，配位異性などがある．これらの例としては，それぞれ，[Cr(H$_2$O)$_6$]Cl$_3$と[CrCl(H$_2$O)$_5$]Cl$_2$・H$_2$O，[CoBr(NH$_3$)$_5$]SO$_4$と[Co(SO$_4$)(NH$_3$)$_5$]Br，[Co(NH$_3$)$_6$][Cr(CN)$_6$]と[Cr(NH$_3$)$_6$][Co(CN)$_6$]がある．また，含まれる結合が異なることによる異性現象に，連結異性や配位子異性がある．連結異性は，たとえば，チオシアン酸イオンSCN$^-$がNで配位しているかSで配位しているかに基づく異性であり，配位子異性は，プロピレンジアミンとトリメチレンジアミンのように配位子が配位前から異性体であるような場合である．

〔石原　浩二〕

7. 配位子場理論 [1), 2), 3)]

7.1 結晶場理論

結晶場理論(crystal field theory)は，遷移金属のように部分的に満たされたd殻またはf殻をもつ元素の化合物に関して，その電子状態に基づく性質（磁気的性質，紫外可視スペクトル，ESRスペクトルなど）を理解するために用いられる理論である．この理論は，中心金属イオンの軌道のエネルギーが周囲の原子あるいは配位子の存在によりどのように影響されるかということを，簡単な静電的モデルにより考える方法である．以後の解説はd軌道に限ることにする．f軌道への影響は一般にかなり小さいので，d軌道より配位子による化学的性質の変化は小さい．

図7.1には中心の遷移金属イオンM^{m+}に

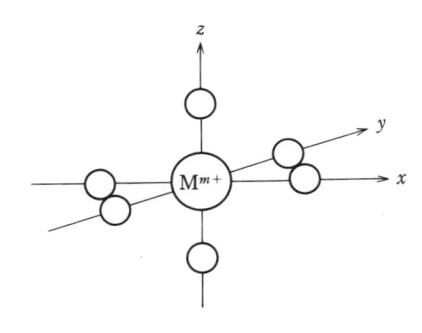

図7.1 6個の負電荷が中心のM^{m+}のまわりに正八面体状に配位している状態

6個の負電荷をもつ配位イオンが八面体状(octahedral)に配位している様子を示している．このようにx, y, z軸を定めると，配位子のない自由イオンの状態では五重に縮重していたd軌道は一部縮重が解けて図7.2のように正八面体配位の状態では三重縮重のt_{2g}軌道と二重縮重のe_g軌道に分裂する．これはM^{m+}のもつ5個のd軌道のうち，まともに配位子の方に向いて電子雲が存在するd_{z^2}と$d_{x^2-y^2}$が，配位子の方向を避けて配位子同士の中間に向いて電子雲の存在する$d_{xy}, d_{yz},$

7. 配位子場理論

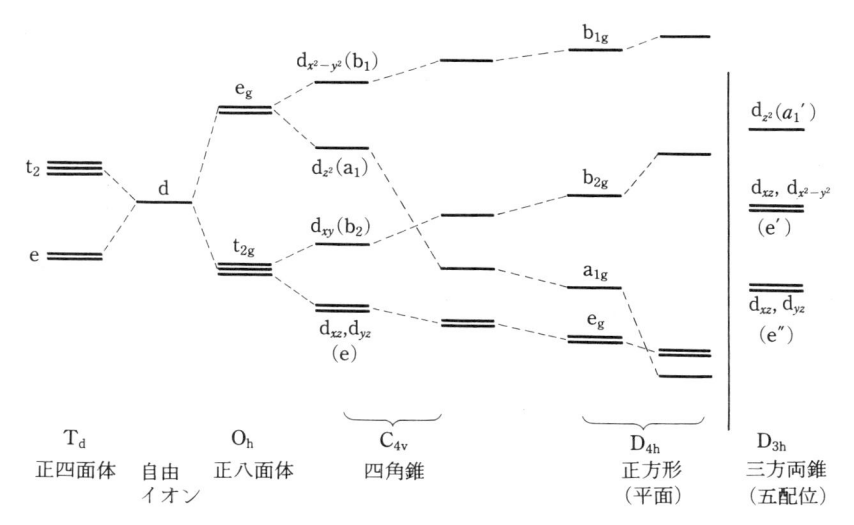

図 7.2 各配位状態での d 軌道の分裂様式

d_{xz} に比べて配位子との静電的反発が大きく，軌道のエネルギーが不安定化するためである．つまり，正八面体状配位では，よりエネルギー的に不安定化した $e_g(=d_{z^2}, d_{x^2-y^2})$ と安定化した $t_{2g}(=d_{xy}, d_{yz}, d_{xz})$ に分裂する．同様な考え方は正四面体(tetrahedral)配位やそのほかの配位形式のときにも当てはめられる．正四面体では，正八面体とはちょうど分裂パターンが逆になる．つまり，d_{xy}, d_{yz}, d_{xz} は配位子の方向をまともに向くため不安定化し，d_{z^2} と $d_{x^2-y^2}$ は安定化する．またこの 2 組の分裂幅のエネルギーは八面体型のときより一般に小さく，配位子が全く同一なら（同一の配位子と金属の組合せで八面体型と四面体型の両者が存在することは実際にはないが），四面体での分裂幅は八面体の場合の 4/9 になると理論的に計算されている．そのほかの配位様式の分裂パターンも図 7.2 には示した．図 7.2 の正八面体の場合，t_{2g} 軌道は自由イオンの d 軌道のレベルより $-4D_q$ ($D_q = (1/6)(ze^2\overline{r_2^4}/a^5)$，ここで ze は配位子の電荷，$\overline{r_2^4}$ は d 電子の平均 4 乗半径，a は中心金属から配位子までの距離である) 低いエネルギーをもち，e_g は $6D_q$ 高いレベルにある．つまり正八面体の結晶場において d 軌道は $10D_q$ のエネルギー幅で 2 組のエネルギーレベルに分裂する．

第 1 遷移金属イオンが種々の配位子により正八面体状に配位されたとき，実際の $10D_q$ の値は配位子により異なる．金属錯体の電子スペクトルは $10D_q$ の大小に応じて吸収極大の位置が決まるが，同一の中心金属イオンでも吸収極大の位置は配位子によって異なる．$10D_q$ の大きなものから小さなものへ，配位子を並べたものを分光化学系列(spectrochemical series)といい，中心金属の種類によらず次のような順になる．

$CN^- > CH_3^- > NO_2^- >$ diars $>$ bpy $\sim$ phen $>$

低スピン（対スピン）

高スピン（自由スピン）

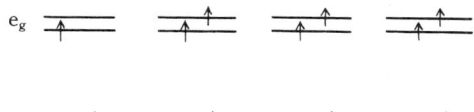

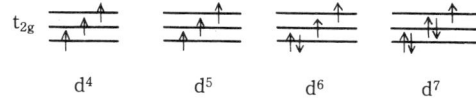

図 7.3 $d^n (n=4, 5, 6, 7)$ における高スピンと低スピン

表 7.1 正八面体状 6 配位(O_h), 四面体状 4 配位(T_d), 平面四角形状(D_{4h}) 錯体の CFSE

d^x	金属イオン	O_h 自由スピン型	O_h 対スピン型	T_d *a	D_{4h} *b
d^1	Ti^{3+}	$4(t_{2g})$		2.67	5.14
d^2	Ti^{2+}, V^{3+}	$8(t_{2g}^2)$		5.34	10.28
d^3	V^{2+}, Cr^{3+}	$12(t_{2g}^3)$		3.56	14.56
d^4	Cr^{2+}, Mn^{3+}	$6(t_{2g}^3 e_g)$	$16(t_{2g}^4)$	1.78	19.70
d^5	Mn^{2+}, Fe^{3+}	$0(t_{2g}^3 e_g^2)$	$20(t_{2g}^5)$	0	24.84
d^6	Fe^{2+}, Co^{3+}	$4(t_{2g}^4 e_g^2)$	$24(t_{2g}^6)$	2.67	29.12
d^7	Co^{2+}, Ni^{3+}	$8(t_{2g}^5 e_g^2)$	$18(t_{2g}^6 e_g)$	5.34	26.84
d^8	Ni^{2+}	$12(t_{2g}^6 e_g^2)$		3.56	24.56
d^9	Cu^{2+}	$6(t_{2g}^6 e_g^3)$		1.78	12.28

単位は Dq.
*a 自由スピン型 *b 対スピン型

$NH_2OH > en \sim SO_3^{2-} > NH_3 \sim py > NCS^- \sim H^- > ox \sim H_2O > ONO^- \sim OSO_3^{2-} > OH^- \sim CO_3^{2-} \sim RCO_2^- > urea > F^- > (EtO)_2PS_2^- > N_3^- > Cl^- \sim SCN^- > Br^- > I^-$

d^4, d^5, d^6, d^7 のイオンでは八面体型錯体において図 7.3 に示すように 2 通りの電子配置が可能である. $10D_q$ の大きな配位子では t_{2g} と e_g の分裂幅が大きいので低スピン(対スピン)となりやすく, $10D_q$ の小さい配位子では高スピン(自由スピン)をとりやすい. これら 2 つのスピン状態は吸収スペクトルや磁性などにそれぞれ特有の性質を示す. 高スピン, 低スピンは 3d 遷移元素にのみ存在する. 4d, 5d では同一の配位子でも $10D_q$ が大きく, 低スピン状態のみ存在する.

このように結晶場理論は簡単な静電的モデルで不対電子の数などを予測するのに便利であるが, 実際の吸収スペクトルを説明するには次項のような配位子場理論(ligand field theory)を用いなければ不十分である.

6 配位正八面体錯体において, 5 個の d 軌道の重心を基準にすると, t_{2g} は $4D_q$ だけエネルギーが低く, e_g は $6D_q$ だけ高いように軌道は分裂する. したがって, t_{2g} に電子が 1 個入ると $4D_q$, 2 個入ると $8D_q$ だけその金属イオンは自由イオンに比べてエネルギー的に安定化したことになる. このエネルギーは結晶場安定化エネルギー(crystal field stabilization energy: CFSE)といわれる. 表 7.1 に各イオンについての CFSE をまとめた. このような CFSE の考え方は, 次のような水和エンタルピーの計算値により妥当であることが証明されている.

2 価の $3d^x$ イオンの水和エンタルピー(次式)はボルン-ハーバーのサイクル(Born-Haber cyclic process)から求められる.

$$M^{2+}(g) + 6H_2O(g) \longrightarrow [M(H_2O)_6]^{2+}(g)$$

CFSE が全く関与しないならば, $3d^0$ から $3d^{10}$ イオンまで水和エンタルピー(=水の配位エンタルピー)はなめらかに変化すると予想される. 実際は図 7.4 のように, なめらかな増加(点線)に各イオンの CFSE を加えたものが観測される.

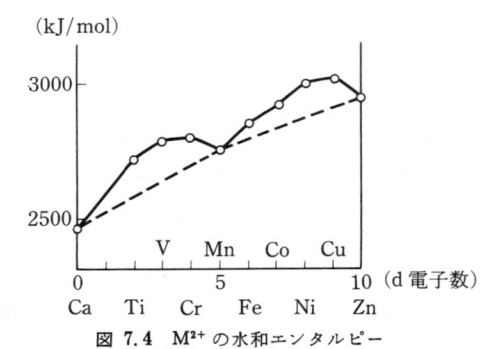

図 7.4 M^{2+} の水和エンタルピー
$M^{2+}(g) + 6H_2O(g) \rightarrow [M(H_2O)_6]^{2+}(g)$

7. 配位子場理論

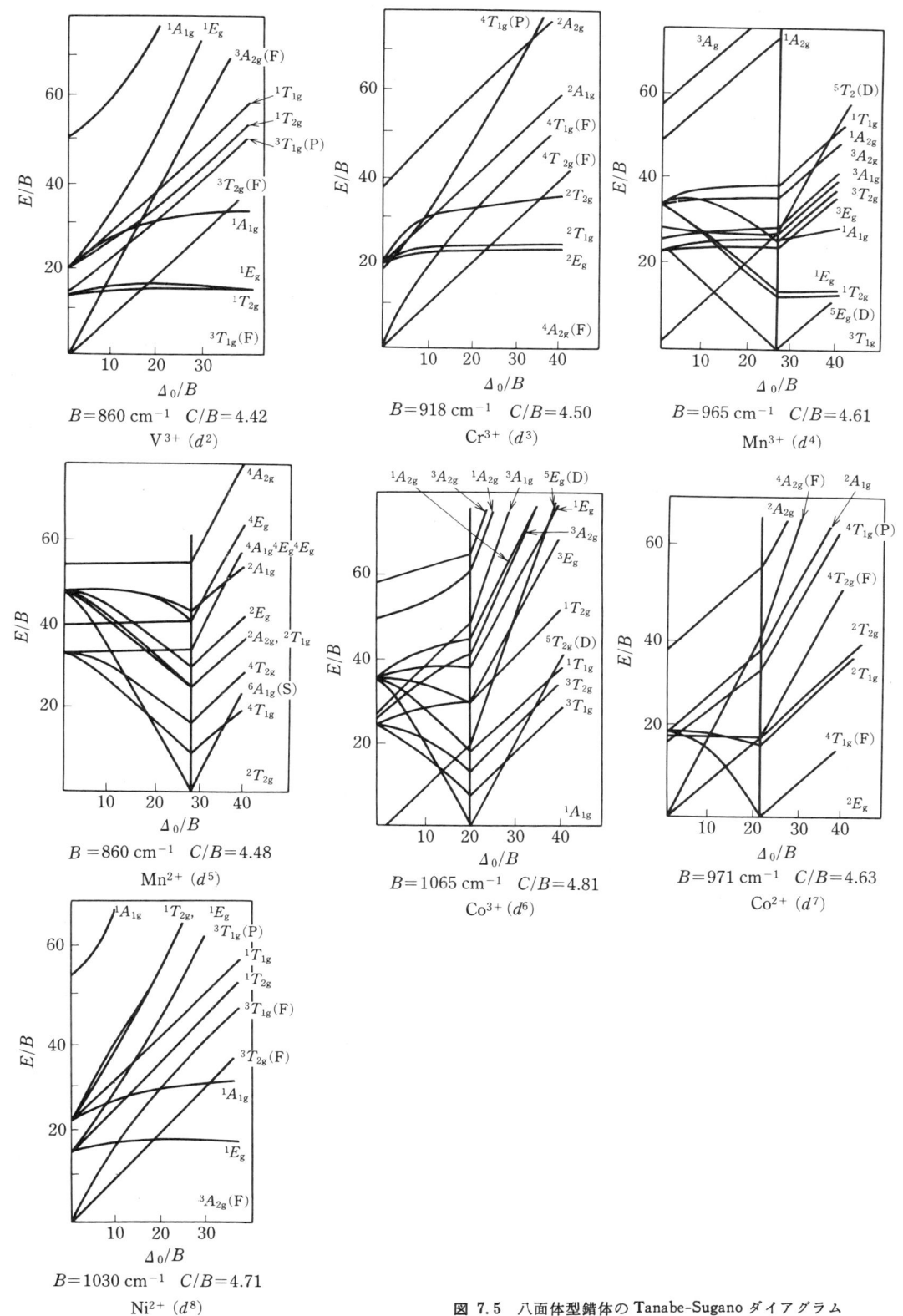

$B=860\ \mathrm{cm}^{-1}$ $C/B=4.42$
$\mathrm{V}^{3+}\ (d^2)$

$B=918\ \mathrm{cm}^{-1}$ $C/B=4.50$
$\mathrm{Cr}^{3+}\ (d^3)$

$B=965\ \mathrm{cm}^{-1}$ $C/B=4.61$
$\mathrm{Mn}^{3+}\ (d^4)$

$B=860\ \mathrm{cm}^{-1}$ $C/B=4.48$
$\mathrm{Mn}^{2+}\ (d^5)$

$B=1065\ \mathrm{cm}^{-1}$ $C/B=4.81$
$\mathrm{Co}^{3+}\ (d^6)$

$B=971\ \mathrm{cm}^{-1}$ $C/B=4.63$
$\mathrm{Co}^{2+}\ (d^7)$

$B=1030\ \mathrm{cm}^{-1}$ $C/B=4.71$
$\mathrm{Ni}^{2+}\ (d^8)$

図 7.5 八面体型錯体の Tanabe-Sugano ダイアグラム

7.2 配位子場理論

結晶場理論では実際の遷移金属で重要な d 電子間の静電的反発などの相互作用を考慮していない．遷移金属錯体の電子スペクトル（＝紫外・可視スペクトル）を説明するには，このような多電子原子のエネルギー状態を理解する必要がある．電子間反発をも考慮して八面体錯体中で原子のエネルギー状態（項といい，A_{1g}, E_g, T_{2g} などの記号で表す）がどのようになるかを計算したのが田辺-菅野図表（Tanabe-Sugano diagram）である（図7.5）．図中 Δ_0 は $10D_q$ で，B，C は電子間反発に基づくパラメータであり各イオンにより異なる．この図で横軸は配位子場の強さ Δ_0 を B を単位として表し，縦軸はエネルギーをやはり B を単位として表している．基底状態は常に横軸と一致させている．つまりこのダイアグラムを用いれば，任意の Δ_0 の大きさの錯体における電子状態がわかるので，電子スペクトルに対応させることができる．また磁化率の説明にも用いられる．これらの方法については成書を参考にされたい[3]．

〔松本　和子〕

文　　献

1) F.A. Cotton, G. Wilkinson, 中原勝儼訳："コットン・ウィルキンソン無機化学下"，p. 597, 培風館(1973).
2) D.Sutton, 伊藤　翼，広田文彦訳："遷移金属錯体の電子スペクトル"，培風館(1971).
3) 山田祥一郎："配位化合物の構造"，化学同人(1980).

8. 錯形成反応

8.1 水交換反応と錯形成反応

金属イオンは水溶液中では，水分子が配位したアクア錯体として存在する．この錯体は，金属イオンと静電的に相互作用をしている水分子の層によって取り囲まれている．アクア錯体中の水分子は，その錯体中に固定されているわけではなく，絶えず外側の金属イオンに配位していない水分子と交換している．この反応は水交換反応と呼ばれる（(8.1)式）．

$$M(H_2O)_n{}^{m+} + nH_2O^* \rightleftharpoons M(H_2O^*)_n{}^{m+} + nH_2O \quad (8.1)$$

水交換の速度は陽イオンの種類によって大きく異なり，速いものではアルカリ金属イオンの 10^9 秒から遅いものではクロム（Ⅲ）イオンやルテニウム（Ⅲ）イオンの 10^{-6} 秒に近いものまで広い範囲に及ぶ（図8.1）．もし，金属イオンの水溶液中にほかの配位子が共存す

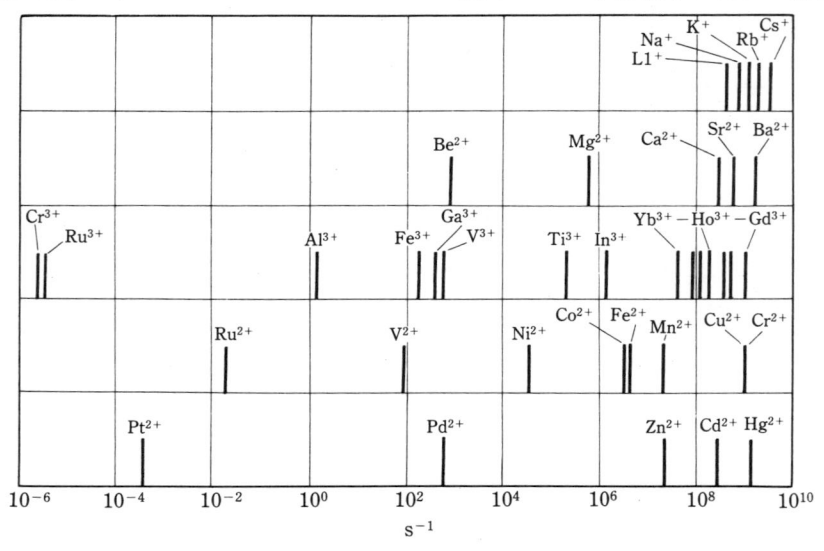

図 8.1　金属陽イオンの水交換速度定数

ると，金属イオンに対して水分子とその配位子との競合反応が起こる．この競合反応は広義の配位子置換反応であり，錯形成反応と呼ばれる．

8.2 錯形成平衡

金属イオン M の配位水が配位子 L によって置換されて錯体 ML を生成する平衡は(8.2)式のように書かれる(簡単のため電荷は省略する)．その平衡定数は(8.3)式で定義され，錯体 ML の生成定数(formation constant)または安定度定数(stability constant)といわれる．

$$M + L \rightleftharpoons ML \tag{8.2}$$

$$K_{ML} = \frac{[ML]}{[M][L]} \tag{8.3}$$

錯体 ML はさらに配位子 L と結合して，ML_2，ML_3，…，ML_p のような高次の錯体を生成する場合がある．

$$ML + L \rightleftharpoons ML_2, \quad K_{ML_2} = \frac{[ML_2]}{[ML][L]}$$
$$\vdots \qquad\qquad \vdots$$
$$ML_{p-1} + L \rightleftharpoons ML_p, \quad K_{ML_p} = \frac{[ML_p]}{[ML_{p-1}][L]}$$

また，金属イオン M と p 個の配位子 L とが反応して ML_p が生成する平衡は $M + pL \rightleftharpoons ML_p$ であり，この平衡定数は β_{ML_p} と書かれ，

$$\beta_{ML_p} = K_{ML} \cdot K_{ML_2} \cdot \cdots \cdot K_{ML_p} = \frac{[ML_p]}{[M][L]^p}$$

である．β_{ML_p} は錯体 ML_p の全生成定数と呼ばれ，K_{ML}，K_{ML_2}，…などは逐次生成定数と呼ばれる．

8.3 反応速度と平衡

(8.1)式で表される平衡系の正味の速度は，錯体生成反応と錯体の解離反応の速度の差である．この反応が素反応であれば，生成と解離の経路は同一である．反応が平衡状態に達したときは，正逆両反応の速度は等しくなり，正味の速度は0になる．すなわち，正逆両反応の速度定数をそれぞれ k_f，k_d とすれば，$k_f[M][L] = k_d[ML]$，したがって，

$$\frac{k_f}{k_d} = \frac{[ML]}{[M][L]} = K$$

となり，平衡定数は速度定数の比に等しい．これは，微視的可逆性の原理といわれる．反応速度の大小は，遷移状態と反応原系とのエネルギー差，すなわち活性化エネルギーの大小に関係している．活性化エネルギーが小さく，反応物を混合している間に反応が完結するような場合，その錯体は置換活性(labile)であるといわれ，活性化エネルギーがより大きく，それらよりも反応が遅い場合，置換不活性(inert)であるといわれる．一方，錯体の安定度(stability)は，生成系と反応原系とのエネルギー差によるものである．したがって，一般に反応速度と生成定数の大小との間には相関関係はないが，類似の反応系に関しては，熱力学的に不安定な錯体は速く反応するし，安定な錯体は反応速度が遅いということはしばしばみいだされる．

8.4 錯体の安定度

錯形成反応は，ルイスの酸塩基反応とみなすことができる．すなわち，ルイス酸である金属イオンとルイス塩基である配位子とが反応して金属錯体が生成する．したがって，金属イオンのルイス酸としての酸性が強いほど，また，配位子のルイス塩基としての塩基性が強いほど安定な錯体が生成すると考えられる．たとえば，同一の配位子に対しては，金属イオンのイオン価が大きいほど，また，イオン価の等しい金属イオンに対しては，イオン半径が小さいほど生成定数が大きくなる傾向がある．2価の第1遷移金属イオンの場合には，Mn^{2+} から Cu^{2+} に至るまで，生成定数の大きさは多くの配位子について，$Mn^{2+} < Fe^{2+} < Co^{2+} < Ni^{2+} < Cu^{2+} > Zn^{2+}$ という順序であることがみいだされている．この関係はアーヴィング-ウィリアムズ(H. Irving-R. J.P. Williams)系列といわれる．この順序は配位子場安定化効果やイオン半径の減少による静電的効果などを考えることにより説明される．一方，配位子に関しては，配位子はル

イス塩基であるばかりでなく，ブレンステット塩基でもあるので，その共役酸の pK_a が大きいほど配位子とプロトンとの結合は強く，配位子と金属イオンとの結合も強いはずである．実際，類似の配位子について pK_a と $\log K_{ML}$ の間に直線関係がみいだされている．多座配位子との錯体の場合には，単座配位子との錯体よりも，また，キレート環をより多くもつ錯体の方が少ない錯体よりも安定な錯体を生成する．このようにキレート環を生成することにより，生成定数が大きくなる効果をキレート効果という．この効果は，系のエントロピー増加の効果によって説明されている．キレート環は通常5員環もしくは6員環であるが，立体的なひずみの違いのために，5員環キレートを形成する錯体の方が安定である．

8.5 HSAB

錯体の生成定数の大きさから中心金属イオンを大別すると，小さくて電気陰性度の大きい（分極しにくい）配位原子を含む配位子と安定な錯体を形成するグループ(a)と，大きくて電気陰性度の小さい（分極しやすい）配位原子を有する配位子と安定な錯体をつくるグループ(b)に分けられる．

(a) $\begin{cases} N \gg P > As > Sb \\ O \gg S > Se > Te \\ F > Cl > Br > I \end{cases}$

(b) $\begin{cases} N \ll P > As > Sb \\ O \ll S \sim Se \sim Te \\ F < Cl < Br < I \end{cases}$

グループ(a)の金属イオンは硬い酸と呼ばれ，グループ(b)の金属イオンは軟らかい酸と呼ばれる．硬い塩基は硬い酸と安定な錯体を生成し，軟らかい塩基は軟らかい酸と安定な錯体を生成する．これは R.G. Pearson の HSAB (hard and soft acids and bases) の原理といわれ，多くの反応を定性的に予測するのに役立つ．たとえば，硬い塩基であるフッ化物イオンは硬い酸であるカルシウムイオンとは安定な錯体を生成するが，軟らかい酸である銀(I)イオンとは安定な錯体をつくらない．また，軟らかい塩基であるヨウ化物イオンは，カルシウムイオンとはほとんど反応しないが，銀(I)イオンとは反応して沈殿を生ずる．

表 8.1 ルイス酸の分類

硬い酸	H^+, Li^+, Na^+, K^+, Be^{2+}, Mg^{2+}, Ca^{2+}, Sr^{2+}, Mn^{2+}, Al^{3+}, Ga^{3+}, In^{3+}, Cr^{3+}, Fe^{3+}, VO^{2+}, BF_3, $ROPO_2^+$, CO_2 など
軟らかい酸	Cu^+, Ag^+, Au^+, Hg^+, Pd^{2+}, Cd^{2+}, Pt^{2+}, Hg^{2+}, BH_3, I^+, Br^+, RO^+, I_2, Br_2 など
中間に属するもの	Fe^{2+}, Co^{2+}, Ni^{2+}, Cu^{2+}, Zn^{2+}, Pb^{2+}, Sn^{2+}, Sb^{3+}, Bi^{3+}, SO_2, NO^+, Ru^{2+}, R_3C^+ など

8.6 条件生成定数

配位子はルイス塩基であると同時にブレンステット塩基でもある．したがって，錯形成反応は，配位子に対する金属イオンとプロトンとの競合反応である．そのため，錯形成反応は媒体の酸性度によって著しく影響を受ける．また，金属イオンに関しても加水分解を防ぐための酸の添加や補助錯化剤，あるいは pH を保持するための緩衝剤の添加によって影響される．例として，2価金属イオンの3座配位子との錯形成平衡が，溶液の pH や共存する配位子 A によってどのように影響を受けるのかを考えてみる．

$$M^{2+} + L^{3-} \rightleftharpoons ML^- \tag{8.4}$$

金属イオンと結合していない配位子の総濃度 $[L']$ は，

$$[L'] = [L^{3-}] + [HL^{2-}] + [H_2L^-] + [H_3L]$$
$$= [L^{3-}]\left(1 + \sum_{i=1}^{i} \beta_i [H^+]^i\right) = [L^{3-}]\alpha_{L(H)} \tag{8.5}$$

また，配位子と結合していない金属イオンの総濃度 $[M']$ は，

$$[M'] = [M^{2+}] + [MA^{2+}] + [MA_2^{2+}] + \cdots$$
$$= [M^{2+}]\left(1 + \sum_{n=1}^{n} \beta_n [A]^n\right) = [M^{2+}]\alpha_{M(A)} \tag{8.6}$$

β_i は L のプロトン付加定数であり，β_n は共存する配位子 A との錯体 MA_n の全生成定数である．$\alpha_{L(H)}$ と $\alpha_{M(A)}$ は，それぞれ水素イオン濃度および A の濃度に依存する L および M の副反応係数である．したがって，

$$M' + L' \rightleftharpoons ML^- \tag{8.7}$$

の平衡定数を副反応係数を用いて書き換えると，

$$K_{M'L'} = \frac{[ML^-]}{[M'][L']} = \frac{K_{ML}}{\alpha_{M(A)}\alpha_{L(H)}} \quad (8.8)$$

$K_{M'L'}$ は，平衡定数 K_{ML} が一定となる諸条件に加えて，媒体のpHとAの濃度が決まれば一定値となる．そこで，その条件での生成定数という意味で，$K_{M'L'}$ は条件生成定数(conditional formation constant)といわれる．
ここで，金属イオンと配位子の総濃度をそれぞれ C_M，C_L とすれば，

$$C_M = [M'] + [ML^-] \quad (8.9)$$
$$C_L = [L'] + [ML^-] \quad (8.10)$$

であるので，(8.8)，(8.9)，(8.10)式より $[M']$，$[L']$，$[ML^-]$ を求めることができる．また，(8.8)式を(8.11)式のように変形して，$K_{M'L'}[L'] > 1$ であれば，MとLの錯体の方が共存配位子との錯体よりも多く生成し，逆に $K_{M'L'}[L'] < 1$ であれば，共存配位子との錯体の方が多く生成することがわかる．

$$\frac{[ML^-]}{[M']} = K_{M'L'}[L'] \quad (8.11)$$

〔石原　浩二〕

9. 金属錯体の反応機構

9.1 錯形成反応機構

第1遷移系列の2価金属イオンなどのような正八面体型6配位金属イオン $M(S)_6$ の錯形成反応は次のように進行する．

$$M(S)_6 + L \underset{}{\overset{K_{os}}{\rightleftharpoons}} M(S)_6 \cdots L \overset{k^*}{\longrightarrow} M(S)_5 L + S$$
$$\text{I} \qquad\qquad \text{II} \qquad\qquad \text{III} \quad (9.1)$$

I⇌IIの平衡は，溶媒和金属イオンが溶媒分子Sを介して配位子Lと会合している外圏型錯体(outer-sphere complex)の生成平衡である．この過程は拡散律速で，非常に速い過程である．IIからIIIへの反応は，外圏型錯体から内圏型錯体(inner-sphere complex)が生成する反応であり，通常この過程が律速である．したがって，測定される2次の反応速度定数 k_f (mol^{-1}·dm^3·s^{-1})は，$k_f = K_{os}k^*$ となる．M. Eigen らは水溶液中で錯形成反応を超音波吸収法を用いて研究し，外圏型錯体中の $M(H_2O)_6$ から水分子が解離する過程が律速であることを示した．この機構はアイゲン機構あるいは解離的交替機構(Id 機構)と呼ばれる．このほかに錯形成反応には，金属イオンと配位子との結合形成が律速となる会合的交替機構(Ia 機構)で進行する反応もある．

9.2 配位子置換反応の機構

溶媒交換反応(8.1)式や錯形成反応(9.1)式は，配位子置換反応の特別な場合であると考えることができる．配位子置換反応の機構はラングフォード−グレイ(Langford−Gray)の分類に基づいて，次のように分類される．

9.2.1 解離(dissociative: D)機構

$$L_n MX \underset{+X}{\overset{-X}{\rightleftharpoons}} L_n M \underset{-Y}{\overset{+Y}{\rightleftharpoons}} L_n MY$$

金属錯体 $L_n MX$ から配位子Xが離れ配位数が減少した中間体 $L_n M$ ができ，2段階に反応が進行するような機構を解離機構という．$S_N 1$ 反応に対応する．

9.2.2 会合(associative: A)機構

$$L_n MX \underset{-Y}{\overset{+Y}{\rightleftharpoons}} L_n MXY \underset{+X}{\overset{-X}{\rightleftharpoons}} L_n MY$$

金属錯体 $L_n MX$ に配位子Yが付加し，配位数が増加した中間体 $L_n MXY$ ができ，2段階に反応が進行するような機構を会合機構という．

9.2.3 交替(interchange: I)機構

$$L_n MX + Y \rightleftharpoons L_n MY + X$$

金属錯体 $L_n MX$ から配位子Xが離れると同時に配位子Yが入ってくる反応で中間体はなく，一段階に置換反応が進行するような機構を交替機構という．$S_N 2$ 反応に対応する．交替機構は，配位子Xの解離が配位子Yの進入に先行する解離的交替(dissociative interchange: Id)機構と，Yの進入がXの解離に先行する会合的交替(associative interchange: Ia)機構に細分される．

置換反応の速度が進入配位子(entering li-

VI. 無機化学・錯体化学

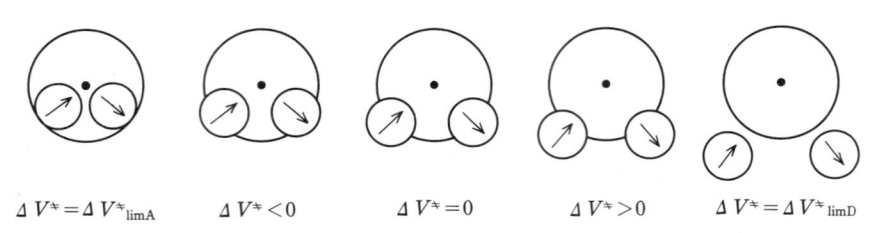

図 9.1　活性化体積と反応機構

$\Delta V^{\ddagger} = \Delta V^{\ddagger}_{\text{limA}}$　　$\Delta V^{\ddagger} < 0$　　$\Delta V^{\ddagger} = 0$　　$\Delta V^{\ddagger} > 0$　　$\Delta V^{\ddagger} = \Delta V^{\ddagger}_{\text{limD}}$

gand) Y の性質に依存していれば，解離する配位子(leaving ligand) X と中心金属 M との結合の開裂に優先して M-Y 結合が形成されており，この反応は A 機構または Ia 機構で進行すると考えられる．それに対し，置換反応速度が配位子 Y の性質に影響されなければ，反応は D 機構もしくは Id 機構で進行すると考えられる．

9.3 活性化体積と溶媒交換反応機構

反応機構は速度論的研究に基づいて考察されるが，機構を考えるのに有力なパラメータとして，活性化体積がある．活性化体積 $\Delta V^{\ddagger}$ は遷移状態の部分モル体積と反応原系の部分モル体積の差であり，速度定数 k の圧力依存性から得られる((9.2)式)．

$$\left(\frac{\partial \ln k}{\partial P}\right)_T = \frac{-\Delta V^{\ddagger}}{RT} \quad (9.2)$$

ここで，R は気体定数，T は絶対温度である．$\Delta V^{\ddagger} < 0$ のときは，加圧により反応は速くなり，$\Delta V^{\ddagger} > 0$ のときは，加圧により遅くなる．また，$\Delta V^{\ddagger} = 0$ であれば，加圧による反応速度の変化はない．A.E. Merbach らは，溶媒交換反応のように同種の配位子が交換する対称反応では，最も単純に $\Delta V^{\ddagger}$ と反応機構とを関係づけることができると考え，高圧 NMR 法により溶媒交換反応の活性化体積を測定した．そして，図 9.1 のように反応機構と結びつけた．

D 機構で溶媒交換反応が進行すれば，溶媒和錯体から溶媒 1 分子が解離するので，部分モル体積は増加するので $\Delta V^{\ddagger} > 0$ となる．これに対し，A 機構で反応が起これば，溶媒 1 分子が金属イオンの内配位圏に取り込まれるので，$\Delta V^{\ddagger} < 0$ となる．また，I 機構であれば，解離する溶媒と進入する溶媒が同程度配位圏中に存在するので，$\Delta V^{\ddagger} \simeq 0$ となる．Id および Ia 機構であれば，絶対値は D や A 機構の場合ほど大きくはないが，それぞれ $\Delta V^{\ddagger} > 0$，$\Delta V^{\ddagger} < 0$ が期待される．しかし，厳密には配位数の変化に伴う錯体の部分モル体積の変化も考慮しなければならない．

9.4 電子移動反応の機構

金属錯体の関与する酸化還元反応のうち，酸化体と還元体の間で直接起こる電子移動反応は，電子の通り路により，内圏反応機構と外圏反応機構に分類される．2つの中心金属イオンが架橋配位子によって結ばれた架橋中間体が生成し，その架橋配位子を通って電子が移動する反応機構が内圏型といわれ，中心金属イオンに配位している配位子が入れ替わることなく，内圏が保持されたままで電子移動が起こる機構が外圏型といわれる．配位子置換反応や加溶媒分解反応などよりも電子移動の方が速い場合，あるいは酸化体と還元体のどちらの錯体も置換不活性な場合に外圏型で反応が起こりやすい．　〔石原　浩二〕

参 考 文 献

1) A.E. Merbach: *Pure Appl. Chem.*, **59**, 161(1987).
2) Y. Ducommun and A.E. Merbach: "Inorganic High Pressure Chemistry Kinetics and Mechanisms", R. van Eldik ed., p.69, Elsevier, New York(1986).
3) 田中元治："酸と塩基 改訂版", 裳華房(1987).
4) 田中元治, 中川元吉編："定量分析の化学", 朝倉書店(1987).
5) 大瀧仁志, 田中元治, 舟橋重信："溶液反応の化学", 学会出版センター(1977).
6) 斎藤一夫："新しい錯体の化学", 大日本図書(1988).

10. 多核錯体と金属クラスター錯体[1),2)]

10.1 多核錯体と混合原子価錯体

一分子中に複数個の金属を含む錯体を多核錯体(multinuclear complex)という。同一種の金属から成る多核錯体で，その金属を異なる酸化状態で含むものを混合原子価錯体(mixed valence complex)という。

多核錯体の例は多数あるが，代表例をいくつか図10.1に示した。[$M_3O(RCOO)_6L_6$]$^+$では，M=Ru, Feなどにおいて3個のMが，(M^{3+}, M^{3+}, M^{3+}), (M^{2+}, M^{3+}, M^{3+}), (M^{2+}, M^{2+}, M^{3+})などの状態の混合原子価錯体が単離されている。[$Rh_2(O_2CR)_4$]においても(Rh^{2+}, Rh^{3+})の混合原子価状態が存在する。一方，[$Pt(Ⅲ)_2(NH_3)_4(C_5H_4NO)_2(NO_3)_2$]$^{2+}$($C_5H_4NO$は脱プロトンしたα-ピリドン)では($Pt^{3+}, Pt^{2+}$)に還元するとただちに($Pt^{2+}, Pt^{2+}$)への還元が起こり，実際上($Pt^{3+}, Pt^{2+}$)の混合原子価状態は存在しない。つまり，この錯体では(Pt^{3+}, Pt^{3+})から(Pt^{2+}, Pt^{2+})への1段階2電子還元が起こる。このような1段階多電子反応を示す錯体はほかに数例しか知られていない。

RobinとDayは混合原子価錯体を次のような3種に分類した。クラスⅠに分類される

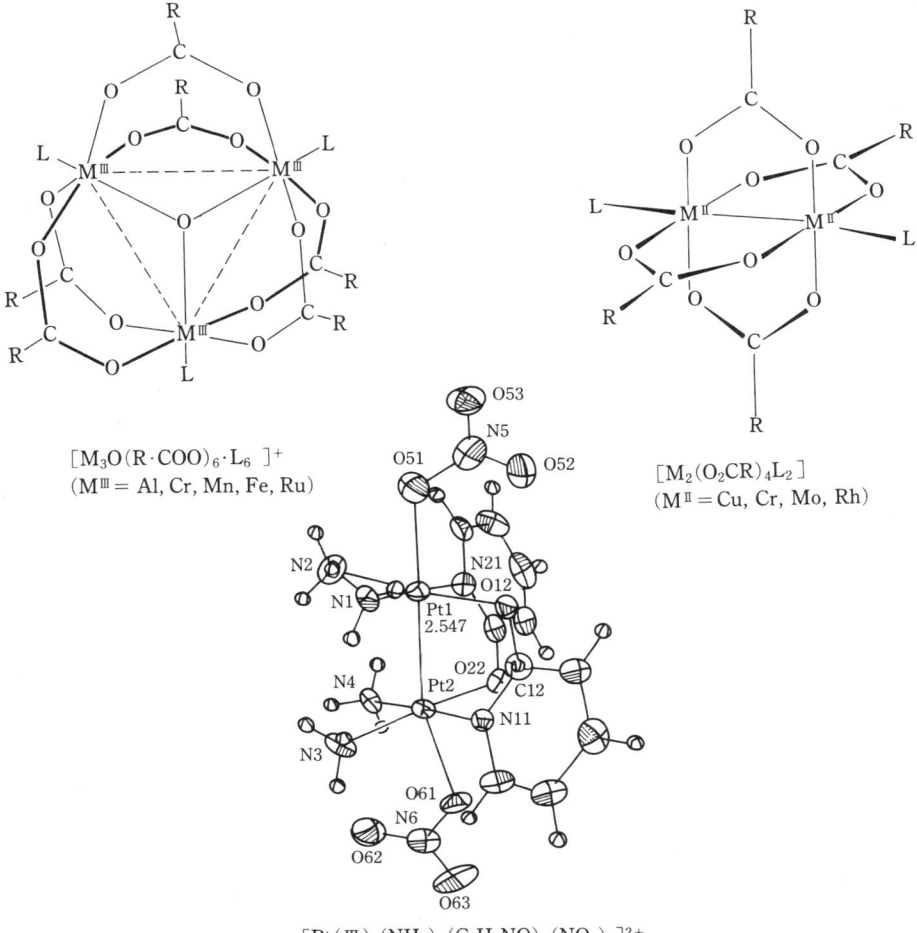

[$M_3O(R\cdot COO)_6\cdot L_6$]$^+$
($M^{Ⅲ}$ = Al, Cr, Mn, Fe, Ru)

[$M_2(O_2CR)_4L_2$]
($M^{Ⅱ}$ = Cu, Cr, Mo, Rh)

[$Pt(Ⅲ)_2(NH_3)_4(C_5H_4NO)_2(NO_3)_2$]$^{2+}$

図10.1 多核錯体の例

化合物では異なった酸化状態の金属イオン間に相互作用がなく，化合物の性質（電子スペクトル，磁性など）は構成金属イオンの単なる和と考えることができる．一方，クラスⅢの化合物では金属イオンはすべて同一の状態にあって区別できない．つまり，異なった酸化状態の同一金属イオンが錯体中に存在しており，その間の電子の非局在化(delocarization)の程度が大きいため時間平均で金属イオンはすべて同一の状態となる．この種の錯体では金属イオンはすべて同一の状態となる．この種の錯体では金属イオン間の相互作用のため単独の構成錯体の電子スペクトルとは異なった特有の混合原子価遷移（電子の一方の金属から他方への移動による遷移）が新しく現れ，磁性にも特有な性質が現れる．この型はO^{2-}，S^{2-}，ハロゲンなどを架橋配位子とする錯体に多い．クラスⅡの混合原子価錯体では異なった酸化状態の金属を区別することができるが，これらの間に相互作用が存在し，電子スペクトルや磁性は独立した構成金属のものとは異なっている．プルシアンブルーはこのクラスⅡの化合物であり，$Fe^{Ⅱ}$と$Fe^{Ⅲ}$がCN^-を介して存在し，その間に電荷移動遷移(charge transfer transition)が起こるため濃青色となる．

酢酸銅水和物 $Cu_2(MeCOO)_4·2H_2O$（図9.1）のCu—Cu距離は短く(2.64Å)，Cu^{2+}間に相互作用が存在する．この相互作用はCu^{2+}の$d_{x^2-y^2}$軌道の重なりによる$δ$結合が主であると考えられるが，架橋配位子を介する超交換相互作用(super exchange interaction)の寄与も否定できない．この錯体の$χ$（磁化率）-T曲線は図10.2に示すように室温付近に極大を示す．2個のCu^{2+}の不対電子が弱く対を形成した一重項基底状態でそのほんの数$kJ·mol^{-1}$上に三重項がある．この三重項状態には常温でもかなりの電子分布があり常磁性となる．つまり全温度領域でみるとこの錯体は反強磁性である．一方，$Cr_2(MeCOO)_4·2H_2O$も同一の構造であるが，Cr—Crの距離は2.36ÅとCu—Cu結合より強く，反磁性

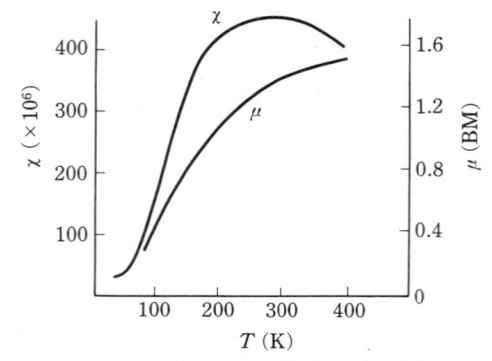

図 10.2 $Cu_2(Me·COO)_4·2H_2O$ の磁化率と磁気モーメントの温度変化

である．

10.2 金属クラスター錯体

クラスター(cluster)とはもともと気相中の数個～数十個の金属原子より成る分子やイオンを意味していたが，現在では対象が拡大し，多核錯体のうちで金属-金属結合(metal-metal bond)をもつもの，あるいは小さな架橋配位子を介して金属間相互作用の大きいもの，このような錯体を金属クラスター錯体(metal cluster complex)というようになった．今日では多数のクラスター錯体が合成されているが，その代表的なものの構造を図10.3にまとめた．クラスター錯体の多くは混合原子価錯体であり，金属間相互作用が強いので配位環境の等しい金属すべてが等価で中間の平均的酸化状態を示す．またその多くは構造を保持したまま多段階でその金属が一電子ずつ酸化還元を受ける．たとえば$M_6X_{12}^{3+}$については$M_6X_{12}^{2+}$や$M_6X_{12}^{4+}$が単離されている．また$[Fe_4S_4(SR)_4]^{n-}$もこれまでに$n=1, 2, 3, 4$のものが報告されている．　〔松本　和子〕

文　献

1) 日本化学会編："珍しい原子価状態—異常原子価から超伝導まで—"，学会出版センター(1988).
2) 大塚斉之助，山崎博史編：金属クラスターの化学"，学会出版センター(1986).

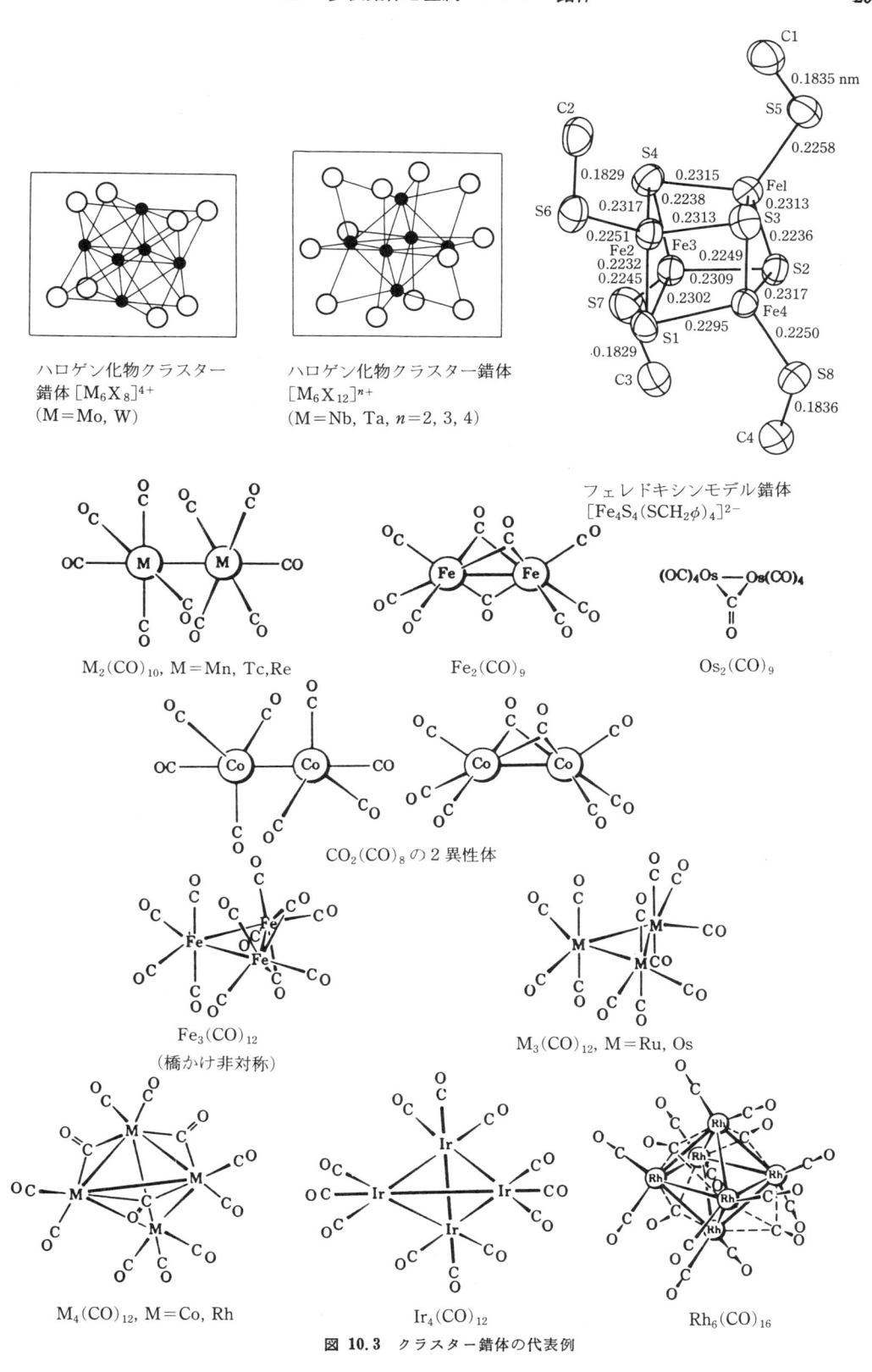

10. 多核錯体と金属クラスター錯体

ハロゲン化物クラスター錯体 $[M_6X_8]^{4+}$ (M=Mo, W)

ハロゲン化物クラスター錯体 $[M_6X_{12}]^{n+}$ (M=Nb, Ta, n=2, 3, 4)

フェレドキシンモデル錯体 $[Fe_4S_4(SCH_2\phi)_4]^{2-}$

$M_2(CO)_{10}$, M=Mn, Tc, Re

$Fe_2(CO)_9$

$Os_2(CO)_9$

$Co_2(CO)_8$ の2異性体

$Fe_3(CO)_{12}$ (橋かけ非対称)

$M_3(CO)_{12}$, M=Ru, Os

$M_4(CO)_{12}$, M=Co, Rh

$Ir_4(CO)_{12}$

$Rh_6(CO)_{16}$

図 10.3 クラスター錯体の代表例

11. 生物無機化学[1),2),3),4)]

生体中の生命現象を支える化学反応には金属イオンが関与している場合が多い．金属イオンは単にタンパク質や核酸に配位してその3次構造を規定する構造保持作用をしている場合もあるし，補酵素や金属酵素として機能しているものも多い．金属酵素として作用する場合には，その活性部位に特定の金属イオンが存在し，触媒作用に関与する．これらの活性部位はしばしば通常の合成金属錯体にはみられない分光学的特性（電子スペクトル，磁性）と反応性を示すので，多くのモデル錯体が合成され比較検討されている．表11.1，11.2，11.3にはおもな金属タンパク質の存在

表 11.1 代表的金属酵素

金属酵素	所在	分子量	1分子あたりの金属数	触媒機能
カルボキシペプチダーゼA	ウシのすい臓	34500	1Zn	C末端のペプチド結合の加水分解
アミノペプチダーゼ	ウシの水晶体	324000	12Zn	N末端のペプチド結合の加水分解
サーモライシン	*Bacillus thermoproteolyticus*	37500	1Zn	ペプチド鎖内部のペプチド結合の加水分解
アルカリホスファターゼ	大腸菌	80000	2Zn	リン酸エステルの加水分解
炭酸脱水素B	ヒトの赤血球	26600	1Zn	$CO_2 + H_2O \rightleftharpoons HCO_3^- + H^+$
アルコール脱水素酵素C	ウマの肝臓	32600	1Zn	アルコールのアルデヒドへの可逆的酸化
アルドラーゼ	酵母	80000	2Zn	可逆的なアルドール縮合
DNAポリメラーゼ	大腸菌	109000	2Zn	低重合度のヌクレオチド類の高分子化
ヘキソキナーゼ			Mg	ヘキソース+ATP→ヘキソース-6-リン酸+ADP
リパーゼ			Ca	中性脂肪の脂肪酸とグリセリンへの加水分解
アルギナーゼ			Mn	L-ArgのL-Ornと尿素への加水分解
ピルビン酸カルボキシラーゼ			Mn	ピルビン酸+CO_2+ATP→オキサル酢酸+ADP+Pi
スーパーオキシドジスムターゼ	大腸菌	39500	1.4Mn	$2O_2^- + 2H^+ \longrightarrow H_2O_2 + O_2$
酸性ホスファターゼ	サツマイモ	110000	1Mn	リン酸エステルの加水分解
カタラーゼ			Fe	$2H_2O_2 \longrightarrow 2H_2O + O_2$
ペルオキシダーゼ			Fe	$H_2O_2 + SH_2 \longrightarrow 2H_2O + S$ (SH_2は基質)
アルデヒドオキシダーゼ			Fe	$RCHO + O_2 + H_2O \longrightarrow RCOOH + H_2O_2$
コハク酸デヒドロゲナーゼ		100000	2Fe	コハク酸のフマール酸への脱水素反応
スーパーオキシドジスムターゼ	大腸菌	38700	1Fe	$2O_2^- + 2H^+ \longrightarrow H_2O_2 + O_2$
チトクローム P-450			Fe	$RH + O_2 + 2H^+ + 2e^- \longrightarrow ROH + H_2O$
リボヌクレオチドレダクターゼ			Co	DNAの生合成
グルタミン酸ムターゼ			Co	グルタミン酸の官能基を転移させβ-メチルアスパラギン酸にする
チロシナーゼ			Cu	L-TyrとO_2からメラニン生成
スーパーオキシドジスムターゼ	哺乳動物の組織	32000	2Cu+2Zn	$2O_2^- + 2H^+ \rightarrow H_2O_2 + O_2$
ラッカーゼ	漆	110000	4Cu	ジアミン，ジフェノールなどの酸化
アスコルビン酸オキシダーゼ		140000	8Cu	アスコルビン酸の酸化
ガラクトースオキシダーゼ		68000	1Cu	ガラクトースの酸化
ドーパミン β-ヒドロキシラーゼ		290000	4〜8Cu	ノルアドレナリンの合成
ウリカーゼ		120000	1Cu	尿酸の酸化
ジアミンオキシダーゼ		190000	2Cu	アミンの酸化
キサンチンオキシダーゼ	牛乳	283000	2Mo	ヒポキサンチンのキサンチン，尿酸への酸化
硝酸レダクターゼ			Mo	硝酸塩の亜硝酸塩への還元
ニトロゲナーゼ	Azotobacter	200000	〜2Mo．〜8Fe	N_2のアンモニアへの還元
ウレアーゼ	jackbean	96600	2Ni	尿素の加水分解
ヒドロゲナーゼ	光合成細菌	60000	Ni+4Fe+4S	$2H^+ + 2e^- \rightleftharpoons H_2$

11. 生物無機化学

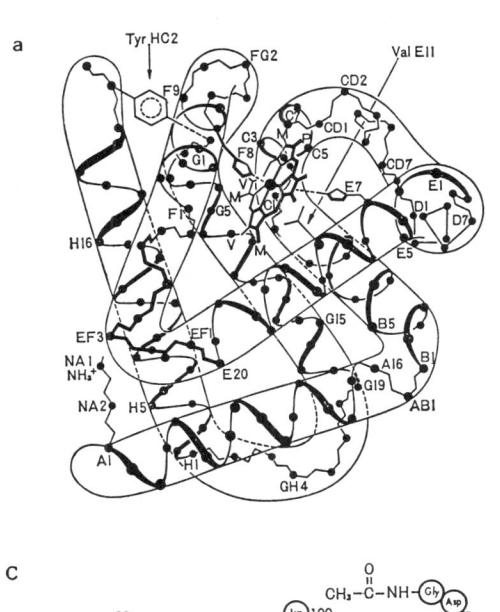

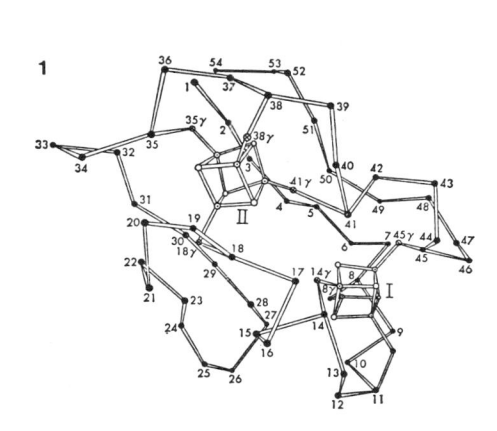

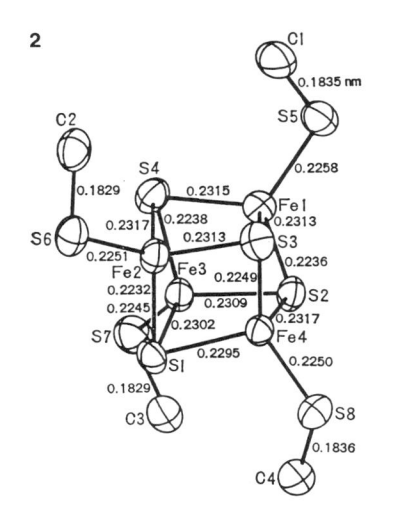

Ⅵ. 無機化学・錯体化学

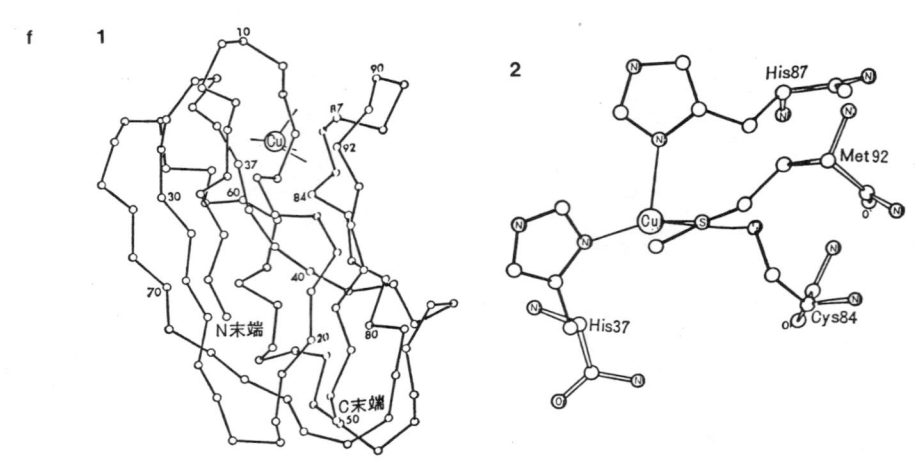

図 11.1 金属タンパク質と活性部位合成モデル錯体の構造
(a) ヘモグロビンの β-サブユニットの構造, (b) ヘムの構造
(c) ウマの心筋からの酸化型チトクロームCにおけるヘム核の充塡様式. チロシン48とトリプトファン59からの矢印はヘムのプロピオン酸基との水素結合を示す
(d) 鉄-硫黄タンパク質の活性部位構造の模式図
  ① Fe(S-Cys)$_4$型, ② Fe$_2$S$_2$(S-Cys)$_4$型, ③ Fe$_4$S$_4$(S-Cys)$_4$型
(e) 8Feフェレドキシンとモデル錯体 [Fe$_4$S$_4$(SCH$_2$Ph)$_4$]$^{2-}$ の構造
  ① *Peptococcus aerogenes* からの8Feフェレドキシン, ② [Fe$_4$S$_4$(SCH$_2$Ph)$_4$]$^{2-}$
(f) プラストシアニンの構造
  ① ポリペプチド鎖とCuの位置(○印はα炭素の位置を示す), ② Cuの配位構造

表 11.2 酸素運搬機能をもつ金属タンパク質

金属タンパク質	機能	金属:O$_2$	配位子	分子量	所在
ヘモグロビン	運搬	Fe:O$_2$	ポルフィリン	65000	脊椎動物の赤血球など
ミオグロビン	貯蔵	Fe:O$_2$	ポルフィリン	17000	筋肉
ヘモシアニン	運搬	2Cu:O$_2$	タンパク質の側鎖	$10^5 \sim 10^7$	甲殻類, 軟体動物の血液
ヘムエリトリン	運搬	2Fe:O$_2$	タンパク質の側鎖	108000	ホシムシなど海産無脊椎動物の血球または血漿

表 11.3 電子伝達剤として機能する金属タンパク質

金属タンパク質	分子量	金属	所在	機能
チトクロームC	12500	1Fe	ミトコンドリア	呼吸鎖, 光合成などの電子伝達
ルブレドキシン	6000	1Fe	嫌気性細菌	脂肪酸や炭化水素の水酸化反応での電子伝達
フェレドキシン	12000	2Fe+2S	ホウレンソウ	光合成の電子伝達
	8000	4Fe+4S	桿菌	電子伝達
	6000	8Fe+8S	嫌気性細菌	ニトロゲナーゼや光合成の電子伝達
チトクロームCオキシダーゼ	200000	2Cu		酸化的リン酸化における電子伝達
プラストシアニン	10500	1Cu		光合成における電子伝達
セルロプラスミン	134000	8Cu		銅の運搬, 鉄酸化酵素
アズリン	14000	1Cu		電子伝達

形態と機能をまとめた. また, 図11.1はこれまでにX線構造解析された金属タンパク質や活性部位の合成モデル錯体の構造をまとめたものである. 〔松本 和子〕

文 献

1) 中原昭次, 山内 脩:"入門無機化学", 化学同人(1979).
2) R.W. Hey, 太田次郎, 竹内敬人訳:"生体無機化学", オーム社(1986).
3) 日本化学会編:"錯体化学からみた生体系とそのモデル", 学会出版センター(1978).
4) 喜谷喜徳, 田中 久, 中原昭次編:"金属イオンの生物活性―生物無機化学の新しい流れ―", 化学同人(1982).

VII. 生 物 化 学

1. 生体分子の構造化学的・物理的データ

1.1 構成成分の化学的・物理的データ

生体高分子としては，タンパク質，核酸，それに多糖があげられる．それらの構成単位はそれぞれ，アミノ酸，ヌクレオチド，単糖であり，構成単位が脱水縮合することによって生体高分子がつくられる．また，生体分子としては重合ではなく疎水結合による会合によって生体膜を形成する脂質がある．脂質には中性脂肪やリン脂質などのほかに，プロスタグランジンやステロール類が含まれる．そのほか，ビタミン，生体アミン，ポルフィリン，抗生物質，アルカロイドなどの生理活性天然物などが，生体を形成している．ここでは，アミノ酸，核酸構成成分，単糖類，脂質，ビタミンと補酵素，について，それらの化学的・物理的データをまとめた[1]~[7]．

1.1.1 アミノ酸

分子内にアミノ基—NH_2とカルボキシル基—COOHの，両方をもつ化合物を総称してアミノ酸と呼ぶ．ただし，プロリンのようなイミノ酸も通常含める．アミノ基とカルボキシル基とが同一の炭素に結合しているものをαアミノ酸という．表1.1にタンパク質を構成する20種類のアミノ酸の構造をまとめた．グリシン以外のアミノ酸は不斉炭素をもち，光学異性体が存在する．生体に含まれるものはほとんどがL型のαアミノ酸で，ふつうこれを単にアミノ酸と呼ぶ．タンパク質中にはこのほかにも，ヒドロキシプロリン，メチルヒスチジン，メチルリシンなどの，20種類のアミノ酸の誘導体が含まれることがある．また，シスチンはシステインが酸化されてジスルフィド(S-S)結合を形成したものである．

アミノ酸の分類法としては，表1.1に示したもののほかに，分子中に含まれるアミノ基とカルボキシル基の数によって，モノアミノモノカルボン酸(中性アミノ酸)，モノアミノジカルボン酸(酸性アミノ酸)，ジアミノモノカルボン酸(塩基性アミノ酸)のように分類する方法もある．

アミノ酸の1文字略号と3文字略号の対応を表1.2に，物理的および化学的性質を付表

表 1.1 タンパク質構成アミノ酸の種類と構造

一般式: $H_2N-\underset{R}{CH}-COOH$

アミノ酸	略号 3文字	略号 1文字	側鎖(—R)の構造
a) 脂肪族アミノ酸			
グリシン	Gly	G	—H
アラニン	Ala	A	$-CH_3$
バリン	Val	V	$-CH(CH_3)_2$
ロイシン	Leu	L	$-CH_2CH(CH_3)_2$
イソロイシン	Ile	I	$-CH(CH_3)C_2H_5$
b) ヒドロキシアミノ酸			
セリン	Ser	S	$-CH_2OH$
トレオニン	Thr	T	$-CH(OH)CH_3$
c) 含硫アミノ酸			
システイン	Cys	C	$-CH_2SH$
メチオニン	Met	M	$-(CH_2)_2SCH_3$
d) 酸性アミノ酸およびアミド			
アスパラギン酸	Asp	D	$-CH_2COOH$
アスパラギン	Asn	N	$-CH_2CONH_2$
グルタミン酸	Glu	E	$-(CH_2)_2COOH$
グルタミン	Gln	Q	$-(CH_2)_2CONH_2$
e) 塩基性アミノ酸			
リシン(リジン)	Lys	K	$-(CH_2)_4NH_2$
アルギニン	Arg	R	$-(CH_2)_3NHC(NH)NH_2$
ヒスチジン	His	H	$-CH_2$-(イミダゾール環)
f) 芳香族アミノ酸			
フェニルアラニン	Phe	F	$-CH_2$-(フェニル)
チロシン	Tyr	Y	$-CH_2$-C_6H_4-OH
トリプトファン	Trp	W	$-CH_2$-(インドール環)
g) イミノ酸			
プロリン	Pro	P	(ピロリジン-COOH)

1. 生体分子の構造化学的・物理的データ

表1.2 アミノ酸の1文字略号

1文字	3文字	1文字	3文字
A	Ala	N	Asn
B	Asx	P	Pro
	(Asp または Asn)	Q	Gln
C	Cys	R	Arg
D	Asp	S	Ser
E	Glu	T	Thr
F	Phe	V	Val
G	Gly	W	Trp
H	His	X	未同定または
I	Ile		未確認アミノ酸
K	Lys	Y	Tyr
L	Leu	Z	Glx
M	Met		(Glu または Gln)

表1.3 アミノ酸の紫外吸収

アミノ酸	pH	吸収極大波長 (nm)	モル吸光係数 (l/cm·mol)
キヌレニン[a]	7	230	18900
		257	7500
		360	4500
シスチン	0.1M NaOH	249	340
チロシン[b]	0.1M HCl	223	8200
		274.5	1340
	0.1M NaOH	240	11050
		293.5	2330
フェニルアラニン[c]	7.1	247.5	111
		252	154
		257.5	195
		263.5	152
トリプトファン[c]	0.1M HCl	218	33500
		278	5550
		287.5	4550

[a] pH2~12でスペクトルの変化はほとんどない. [b] スペクトルの変化は,OH基の解離による. [c] スペクトルのpH依存性はきわめて小さい.

に対する旋光度である. 表1.3には,アミノ酸の紫外吸収をまとめた[2),4),8]. これから,タンパク質の280nm付近の紫外線の吸収はほとんど,トリプトファンとチロシンによることがわかる. フェニルアラニンの吸収がタンパク質の吸収スペクトルに有為に寄与するのは,トリプトファンがなく,チロシン残基の数がフェニルアラニンに比べてかなり少ない場合だけである. その場合には,フェニルアラニンに特有な複数のピークをもつ吸収帯が255nm付近に観測される.

付表1.2と付表1.3(p.288)とには,遊離の,ならびにランダムコイル構造をとっているタンパク質中に存在する,アミノ酸の^{1}H-NMR化学シフトをまとめて示した[1),9)~11]. アミノ基とカルボキシル基にとなりあうα位の炭素に結合した水素核の化学シフトは,アミノ基とカルボキシル基が遊離の状態で存在するか,ペプチド結合を形成しているかによって大きく影響を受けるのに対して,それ以外のプロトンの化学シフトはそれほど変わらない. 付表1.4(p.289)および表1.4には,同様に^{13}C-NMRの化学シフトについてまとめた[1),9),10),12].

表にまとめたもの以外の分光学的性質としては,けい光,および赤外吸収とラマン散乱がある. 20種類のアミノ酸のうち,けい光が観測されるのは,280nm付近の紫外線を吸収するトリプトファン(けい光極大波長348nm),チロシン(けい光極大波長304nm),およびフェニルアラニン(けい光極大波長282nm)である. フェニルアラニンは吸光係

1.1(p.287)に示した[1),2]. $[\alpha]_D$は,ナトリウムのD線(波長589.0nmおよび589.6nm)

表1.4 ペプチド鎖中のアミノ酸残基の^{13}C-NMR化学シフト[a]

アミノ酸	C=O	αC	βC	γC
N末端アミノ酸	5.4±1.0	1.3±0.4 (0.7±0.2)	-0.2±0.5	0.4±0.5
C末端アミノ酸	-3.5±1.0	-1.0±0.5 (-2.0±0.2)	-1.2±0.6	-0.4±0.3
末端にないアミノ酸	1.5±1.0	0.6±0.4 (-1.1±0.1)	0.0±0.5	0.0±0.1

[a] 遊離アミノ酸が,ペプチド鎖を形成したときの化学シフトの変化を,ppm単位で示す. プロリンは特異的な化学シフトを示すので,この表の値を求めるのには除いた. また,グリシンのαCの化学シフトは,その他のアミノ酸とは異なるので,括弧内に記載した.

数，量子収率ともに低いので，トリプトファンとチロシンの少なくともいずれか一方を含むタンパク質では，フェニルアラニンはタンパク質の自然けい光にほとんど寄与していないとみてよい．また同様に，通常のタンパク質ではトリプトファンを含まない場合を除き，チロシン残基のけい光は小さく，トリプトファン残基のけい光のみが強く現れる[1]．

アミノ酸の赤外吸収やラマン散乱スペクトルには，アミノ基やカルボキシル基の振動によるバンド（NH_3^+ に対しては，3000～2500 cm^{-1}，1600 cm^{-1}，1500 cm^{-1}；COO^- に対しては，1600 cm^{-1}，1400 cm^{-1}，800～600 cm^{-1}）が観測される[1]．タンパク質では，主鎖のアミノ基やカルボキシル基はペプチド結合を形成しており，ペプチド結合の振動に由来するアミド吸収帯のバンド（アミドI，～1650 cm^{-1}；アミドII，～1550 cm^{-1}；アミドIII，～1250 cm^{-1}；アミドV，～650 cm^{-1}）が観測される．アミド吸収帯の波数は，タンパク質の2次構造を反映する．

1.1.2 核　　　酸

核酸の構成単位はヌクレオチドと呼ばれ，塩基，糖，リン酸からなっている（図1.1および1.2）．ヌクレオチドは，環状フラノシド型の糖（RNAでは$β$-D-リボース，DNAでは$2'$-デオキシ-$β$-D-リボース）の$5'$位がリン酸化され，4種類の塩基のうちの1つと$C_{1'}$位で$β$-グリコシド結合（$C_{1'}$—N結合）し

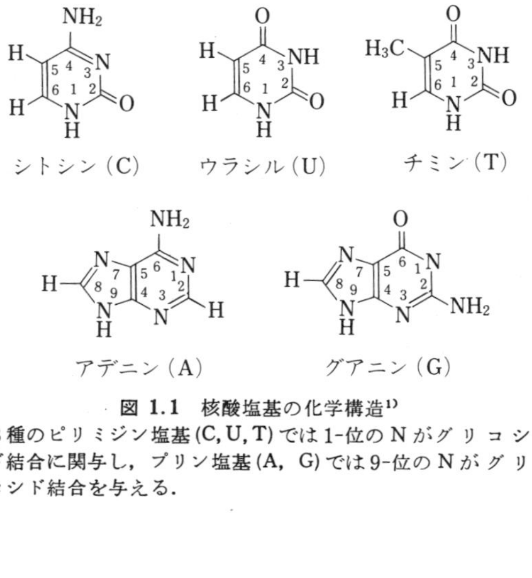

図1.1　核酸塩基の化学構造[1]
3種のピリミジン塩基（C, U, T）では1-位のNがグリコシド結合に関与し，プリン塩基（A, G）では9-位のNがグリコシド結合を与える．

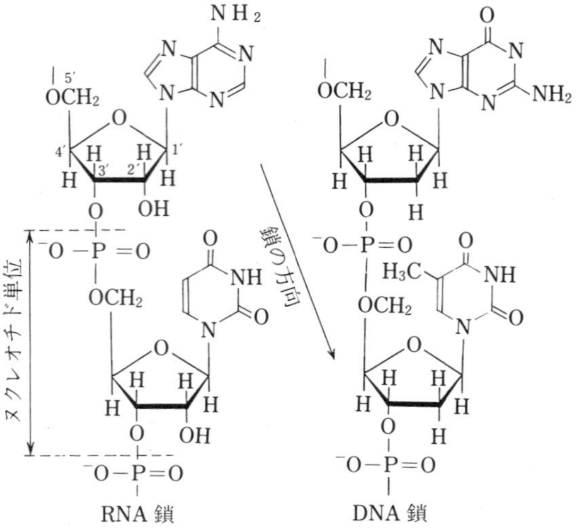

図1.2　RNAとDNAの化学構造[19]
RNA鎖およびDNA鎖を構成する糖はそれぞれ，$β$-D-リボース，$2'$-デオキシ-$β$-D-リボースである．RNA鎖にはアデニンとウラシル，DNA鎖にはグアニンとチミンが塩基として描かれているが，いずれも anti のコンホメーションで描かれている．グリコシド結合（$C_{1'}$—N結合）まわりに，糖に対して塩基が逆の配置にあるものを syn のコンホメーションという．

たものである（図1.1および1.2）．塩基には，プリン塩基のアデニンとグアニン，ピリミジン塩基のウラシルとシトシンがある．ウラシルはRNAのみにあり，DNAには機能的に等価なチミンが含まれる．

塩基と糖が結合した化合物は，ヌクレオシドといわれる．アデノシン，グアノシン，シチジン，ウリジン，チミジンといった基本的なヌクレオシド以外にも，数多くの修飾ヌクレオシドがある[1～3),5]．

付表1.5（p.290）に，核酸構成成分の化学的，物理的性質をまとめた[1～3),5),13]．これらの化合物の融点は一般に高く，融点で分解を伴うものが多くみられる．また，リン酸だけでなく，塩基部分にも解離基がある．付表1.6（p.293）に，紫外吸収のデータを示す[1),2]．これから核酸構成成分の紫外吸収は通常，塩基によることがわかる．したがって塩基が同一の場合，塩基とヌクレオシドでは紫外吸収に多少の差異がみられるが，ヌクレオシドとヌクレオチドとではほとんど差がない．

核酸の場合にも，基準となる^1H-NMRのパラメータが，オリゴヌクレオチドから集め

表 1.5 一本鎖と二本鎖の RNA と DNA ^{1}H−NMR スペクトルにおけるおよその化学シフトの範囲[a]

プロトン	化学シフト δ (ppm)
DNA 中の 2′H, 2″H	1.8〜3.0
DNA 中の 4′H, 5′H, 5″H	3.7〜4.5
DNA 中の 3′H	4.4〜5.2
RNA 中の 2′H, 3′H, 4′H, 5′H, 5″H	3.7〜5.2
1′H	5.3〜6.3
チミン (T) の CH_3	1.2〜1.6
シトシン (C) とウラシル (U) の 5H	5.3〜6.0
シトシン (C) とチミン (T) とウラシル (U) の 6H	7.1〜7.6
アデニン (A) とグアニン (G) の 8H, アデニン (A) の 2H	7.3〜8.4
アデニン (A) とシトシン (C) とグアニン (G) の NH_2*	6.6〜9.0
グアニン (G) とチミン (T) とウラシル (U) の環 NH*	10〜15

a) 化学シフトがかなり広い範囲にわたるのは,化学シフトに対する配列効果による.
易動性プロトン (*を付したもの,H_2O 中のみで観測される) の場合には,水素結合によっても,分布が広がっている.

られている (表 1.5). しかし核酸については,つねに一般的に使える"ランダムコイル"の NMR パラメータといったものを,DNA や RNA 中のモノヌクレオチド単位に対して定義することは全く不可能である. なぜなら,NMR の化学シフトは,低分子量のモデル化合物の測定では分子間相互作用によって強く影響されうるし,一定の高次構造をとっていないポリヌクレオチドにおいてさえも,配列に依存するからである. したがって,表 1.5 には核酸の ^{1}H-NMR 化学シフトのおよその値を示した[10].

1.1.3 単 糖 類

糖質は,炭水化物または含水炭素ともいう. 糖質の構成単位は単糖と呼ばれる. 単糖は,鎖式多価アルコールのアルデヒドまたはケトンに相当し,前者をアルドース,後者をケトースとよぶ. 一般式 $C_nH_{2n}O_n$ で,$n=3, 4, 5, 6, 7, 8, 9$ であるものを,それぞれトリオース,テトロース,ペントース,ヘキソース,ヘプトース,オクトース,ノノースとよぶ. 天然に存在するものは,ペントースとヘキソースが多い. $n=3$ のトリオース (三炭糖) には,アルドースのグリセルアルデヒドと,その異性体でケトースのジヒドロキシアセトンがある. グリセルアルデヒドには不斉炭素があり,そのために旋光性を異にする D-型と L-型の 2 種類の立体異性体が存在する. 単糖類は,グリセルアルデヒドの立体配置を基準に D-系列と L-系列が区別されるが,生物学的に重要な糖のほとんどは D-型である. 鎖状の構造のほかに,ピラノース型 (六員環構造) やフラノース型 (五員環構造) のような環状構造で存在する.

付表 1.7 (p. 294) に,単糖類の化学的,物理的性質をまとめて示した[1),2),8),22]. 単糖は,一般に中性,結晶性の物質で,水に溶けやすく,アルコールには溶けにくい. エーテルにはほとんど溶けない. 多少の甘味をもち,また苦みを有するものもある. 結晶状で得られる単糖は,安定な環状の構造をとり,C_1 における H と OH 基の配置により,α と β の 2 種類の異性体が知られている. 水溶液中でも,これらの互変異性体が主であるが,ほかに鎖状の構造や異なる員数の環状構造もいくらか存在し,平衡混合物となる. このため単糖の結晶を溶解すると,旋光度が経時的に変化する,いわゆる変旋光を示す.

単糖は,アルコール性水酸基のほかに,アルデヒド基またはケトン基を有するので,これらの官能基による反応が起こる. アルコール性水酸基による反応では,各種の酸と糖エステルを生成する. たとえば,リン酸エステルや酢酸エステルなどが知られている. また,アルデヒドやケトンとしての性質があるため,単糖は強い還元性をもち,アンモニア性硝酸銀溶液,フェーリング液,フェリシアン化カリウムなど還元し,濃厚溶液はシッフ試

薬を着色する．アルドースを穏やかに酸化すれば，アルデヒド基だけが酸化されてアルドン酸となる．

1.1.4 脂　　質

一般に，水に溶けにくく有機溶媒に溶けやすい物質を総称して，脂質という．脂質はエネルギー源として用いられる一方，細胞膜，ミトコンドリア膜などの生体膜の主成分として重要である．脂質を大別すると，次の3つに分類される．① 単純脂質—中性脂質，ろう，ステロールやビタミンA，Dのエステル，② 複合脂質—リン脂質，糖脂質，および硫黄を含む糖脂質であるスルホリピド（硫脂質）など，③ 上の2つの誘導物質．

(1) 脂肪酸—鎖式モノカルボン酸を総称して，脂肪酸と呼ぶ．天然のものは一般に直鎖状で，炭素数が14から24の偶数個のものが多い．炭化水素鎖には，飽和のものと，1個またはそれ以上の数の不飽和結合をもつものがある．脂肪酸や脂質の性質は，炭化水素鎖の長さや，不飽和度に基づく．不飽和度の大きなもの，また鎖の短いものほど融点が低い．炭素数11以上の脂肪酸は，高級脂肪酸とも呼ばれる．

(2) プロスタグランジン—C_{20}の不飽和脂肪酸であるイコサトリエン酸，アラキドン酸，イコサペンタエン酸から動物組織で合成される，プロスタン酸の誘導体である一群の生理活性化合物を総称して，プロスタグランジン(PG)と呼ぶ．生理活性は非常に多岐にわたり，プロスタグランジンの種類や組成によって異なる作用を示す．たとえば，PGE_2（付表 1.9）は，血圧を降下させるとともに，血小板の凝集を抑制し，腸の収縮，気管支の弛緩をひき起こす．

(3) 中性脂質（中性脂肪）—グリセロールと脂肪酸のモノ，ジ，トリエステルであり，それぞれモノアシルグリセロール，ジアシルグリセロール，トリアシルグリセロールと呼ぶ．アシルグリセロールは，それらの混合物を指す．植物のおもな中性脂質は，オレイン酸，リノール酸，リノレン酸のような不飽和脂肪酸を多く含むトリアシルグリセロールで，常温で液体のことが多い．一方，動物のおもな中性脂質は，ステアリン酸，パルミチン酸のような飽和脂肪酸を多く含むトリアシルグリセロールで，常温で固体のことが多い．常温で固体の中性脂質は脂肪(fat)と呼ばれ，常温で液体のものを油(oil)と呼ぶ．

(4) ろう—高級脂肪酸と高級1価アルコールとからなる固形エステルをろうと呼ぶ．脂肪に似て，水に不溶，アルコール，クロロホルムなどに溶ける．脂肪に比べて安定な化合物で，加水分解が困難であり，空気中で変質せず，また細菌などにも侵されない．

(5) テルペノイド（テルペン）—炭素数5のイソペンタン（イソプレン）が重合した構造をもつ化合物を総称していう．そのなかには，天然ゴム，メントール，ジベレリンなどが，含まれる．テルペノイドのうち，シクロペンタノヒドロフェナントレン環($C_{17}H_{28}$)をもつ化合物を総称して，ステロイドと呼ぶ．ステロイドのアルコールをステロール（ステリン）という．ステロールは，脂肪に溶けるので動植物油中に含まれる．安定な中性化合物で結晶しやすい．

(6) リン脂質—ホスホリピドあるいはホスファチドともいい，複合脂質のうち，リン酸エステルおよびC—P結合をもつ一群の化合物を総称していう．リン脂質は2つに大別される．① グリセロリン脂質．アルコールとしてグリセリンをもち，ホスファチジン酸（ジアシル-L-3-グリセロリン酸）の誘導体である．ホスファチジルコリン（レシチン），ホスファチジルエタノールアミン，ホスファチジルセリンなどがある．② スフィンゴリン脂質．アルコールとしてスフィンゴシン（付表 1.8(p. 308)）またはその誘導体をもつスフィンゴミエリンなどがこれに属する．生物界に広く分布し，いずれも細胞膜やミトコンドリア膜などを構成し，代謝過程にも重要な働きをしている．リン脂質のもつ2モルの脂肪酸のうち1モル（通常グリセリンの2位）を欠いたものをリゾホスホリピドという．水に可溶で，

1. 生体分子の構造化学的・物理的データ

表 1.6 ビタミンと補酵素の紫外吸収

化合物名	溶媒[a] pH	吸収極大波長 (nm)	モル吸光係数 ($l/cm\cdot mol$)	化合物名	溶媒 pH	吸収極大波長 (nm)	モル吸光係数 ($l/cm\cdot mol$)
L-アスコルビン酸	中性	265	7000		13	254	21100
	酸性	245	7500			363	6600
エルゴカルシフェロール	エタノール(ヘキセン)	265	19400	ピリドキサミン	0.1 M HCl	293	8500
					7.0	255	4600
エルゴステロール	エタノール	262	7700			325	7700
		271	11400		0.1 M NaOH	245	5900
		282	11900			308	7300
		293.5	6900	ピリドキサミン 5'-リン酸	0.1 M HCl	293	9000
コレカルシフェロール	エタノール(ヘキセン)	265	18200		7.0	253	4700
シアノコバラミン	2〜10	278	16300			325	8300
		305	9700		0.1 M NaOH	245	6700
		322	7900			308	8000
		361	28100	ピリドキサール	0.1 M HCl	288	8600
		518	7400		7.0	318	8200
チアミン	2.3	243	10600			390	200
	6.0	267	9000		0.1 M NaOH	300	5800
	7.4	235	10200			393	1700
		265	6000	ピリドキサール 5'-リン酸	0.1 M HCl	295	6700
チアミン二リン酸	1〜3	247	13000		7.0	330	2500
	8	233	10800			388	4900
		267	7800		0.1 M NaOH	305	1100
5,6,7,8-テトラヒドロ葉酸	1	271	21400			388	6550
		292	19100	プテロイン酸	7.0	280	27800
	7	298	25000			350	7180
	13	298	25700		0.1 M NaOH	255	26300
α-トコフェロール	エタノール	292	3260			275	23400
β-トコフェロール	エタノール	296	3720			365	8900
γ-トコフェロール	エタノール	298	3810	フラビンアデニンジヌクレオチド	7	263	38000
δ-トコフェロール	エタノール	298	3510			375	9300
ニコチンアミド	0.1 M HCl	261	4700			450	11300
	11	262	2800	フラビンモノヌクレオチド	7	266	31800
ニコチンアミドアデニンジヌクレオチド(NAD)	7	260	18000			373	10400
		230	8000			445	12500
ニコチンアミドアデニンジヌクレオチドリン酸(NADP)	7	260	18000	メナキノン	エタノール	242	17930
		231	8100			248	18940
ニコチンアミドモノヌクレオチド(NMN)	7.0	266	4600			260	17280
		249	3600			269	17440
ニコチン酸	0.1 M HCl	261	4700			325	3080
	11	262	2800	ユビキノン-6	エタノール	275	14900
補酵素 A	2.5〜11.0	259.5	16800	ユビキノン-7	エタノール	275	14800
フィロキノン	石油エーテル	242	17850	ユビキノン-8	エタノール	275	14900
		248	18880	ユビキノン-9	エタノール	275	14700
		260	17260	ユビキノン-10	エタノール	275	14600
		269	17440	リポ酸	メタノール	333	150
		325	3065	リボフラビン	7	266	32500
L-*erythro*-ビオプテリン	1	247	11100			373	10600
		320	7900			445	12500
	5	275	13700	レチナール(全 *trans*)	エタノール	381	43500
		346	6300	レチノイン酸(全 *trans*)	エタノール	350	45400
				レチノール(全 *trans*)	エタノール	325	52480

a) 水溶液では，溶液の pH.

強力な界面活性による溶血作用，細胞毒性を示すが，正常膜成分としても微量存在する．

(7) 糖脂質—グリコリピドともいい，糖と脂質を構成成分とする化合物を総称している．分子内に親水性部分と疎水性部分をもつ脂質2分子膜の構成成分として細胞膜などを形成する．脂質部分の種類により，① スフィンゴ糖脂質，② グリセロ糖脂質，③ その他の糖脂質に分けられる．スフィンゴ糖脂質は，細胞膜表面に存在して，細胞の識別や分化，増殖，がん化などに関与している．糖部分に中性糖だけを含むセレブロシドのほかに，アミノ糖を含むグロボシド，シアル酸を含むガングリオシド，硫酸エステルを含むスルファチドなどがある．

付表1.9 (p.314) にプロスタグランジンの性質を[1),2),23),24)]，付表1.10 (p.315) にステロイドの性質を[1),2)]，付表1.8 (p.305) にそれ以外の脂質と長鎖脂肪酸の性質を示す[1)～3),25)]．

1.1.5 ビタミンと補酵素

付表1.11 (p.319) にビタミンと補酵素の一般的性質を，表1.6に紫外吸収をまとめて示す[1),2)]．

ビタミンは，動物の正常な発育と栄養を保つうえに微量でよいが，欠くことのできない特殊な有機物を総称していう．ホルモンもビタミンと同様，微量で有効な物質であるが，ホルモンは正常の動物では必要量を生合成することができる．これに対してビタミンは，生体内で合成されないか合成されても不十分なため，外から栄養物として摂取しないと欠乏症状を起こす．多くのビタミンは，各種の補酵素，補欠分子族の主要構成成分として，いろいろな生体反応で重要な役割を果たしている．

このようなビタミンの定義から，ビタミン類の化学的，物理的性質は，個々のビタミンによって異なるが，溶解性から，脂溶性ビタミンと水溶性ビタミンに大別される．

1.2 生体高分子の成立ち

生体高分子には，タンパク質，核酸，糖質があり，また重合によるのではないが，脂質も会合体を形成する．これらの分子の構造の成り立ちについて述べる．

1.2.1 ペプチドとタンパク質

2つ以上のアミノ酸が，アミノ基とカルボキシル基との間で脱水縮合してできる化合物を総称してペプチドという．形成される結合をペプチド結合（—CO—NH—）と呼ぶ．ペプチド結合を含む

$$\begin{matrix} O & C_\alpha \\ \diagdown C-N \diagup \\ C_\alpha & H \end{matrix} \quad は, \quad \begin{matrix} ^-O & C_\alpha \\ \diagdown C=^+N \diagup \\ C_\alpha & H \end{matrix}$$

型の構造による共鳴の寄与と立体障害により，常に平面となる．さらにプロリンがペプチド結合のNをしめる位置にくるときを除くと，COとNHとはC—N軸に対して，必ず反対の位置（$trans$）を占める．プロリンは環状のイミノ酸であるために，プロリンがペプチド結合のNを占めるときには，C—N軸に対してCOとNC$_\delta$が反対側に位置する（$trans$）場合と，同じ側にくる（cis）場合の両方をとりうる．

ペプチドのうち，約10個以下のアミノ酸からなる比較的小さいものをオリゴペプチド，それより大きいものをポリペプチドと総称する．厳密な規則はないが，ポリペプチドのうち分子量1万以上のものをタンパク質という．また1種あるいは2種のαアミノ酸を一気に縮重合させてできる，ホモポリマーまたはコポリマーを，とくにポリアミノ酸とよぶ．

1.2.2 タンパク質の1次構造と高次構造

タンパク質の構造は，一般に1次構造から4次構造まで4段階に分類される．アミノ酸の配列とジスルフィド結合の位置を合わせて，1次構造と呼ぶ．すなわち，タンパク質のすべての共有結合に関する記述が，1次構造である．

2次構造は，タンパク質中のある領域がとるアミノ酸残基の空間的配置をいう．2次

1. 生体分子の構造化学的・物理的データ

3_{10}-ヘリックス　　　α-ヘリックス　　　π-ヘリックス

平行βシート構造　　　逆平行βシート構造

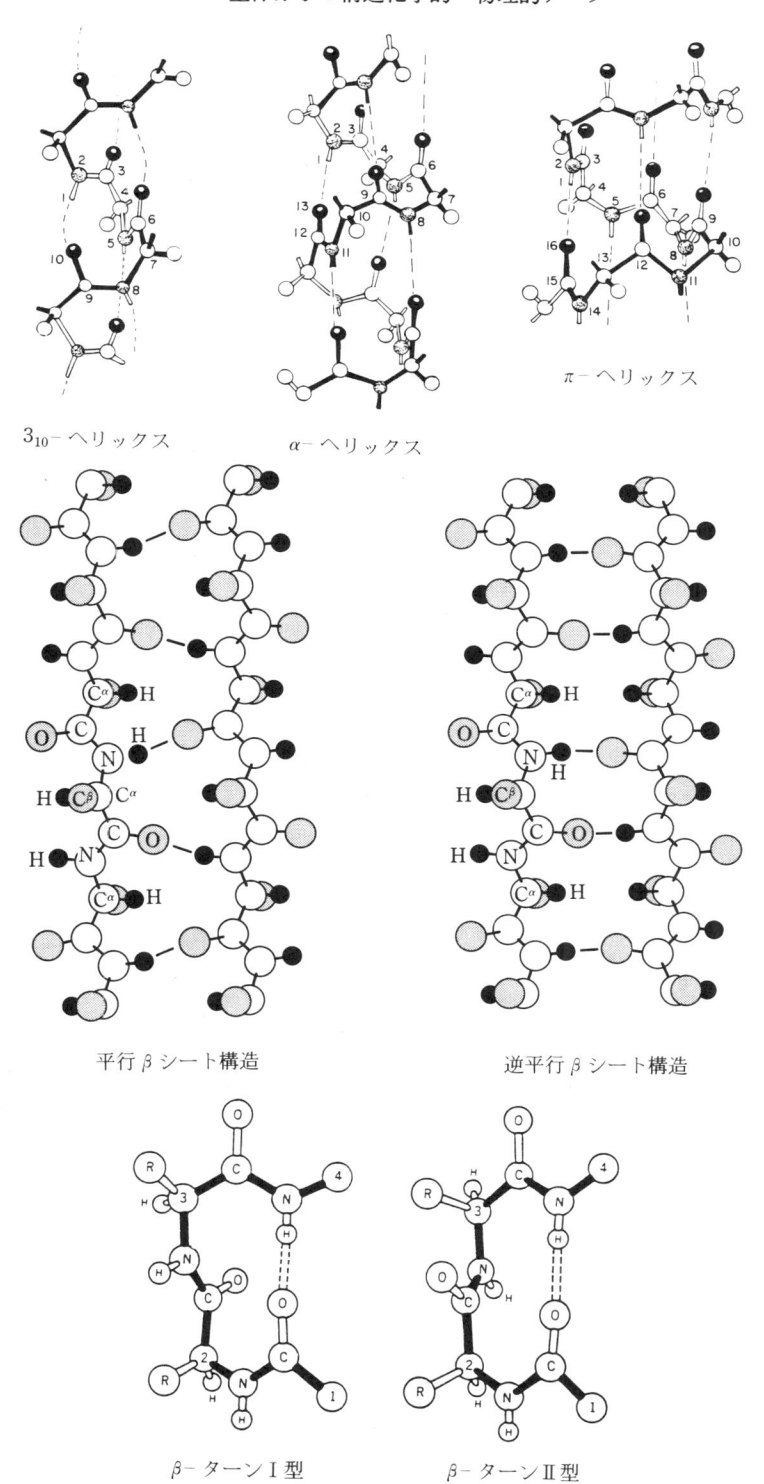

β-ターンI型　　　β-ターンII型

図 1.3 ポリペプチドの2次構造[1),14),15)]
代表的なポリペプチドの2次構造として，右巻き 3_{10} ヘリックス，右巻き α ヘリックス(3.16_{13} ヘリックス)，右巻き π ヘリックス(4.4_{16} ヘリックス)，平行 β シート構造，逆平行 β シート構造，β ターン(β ベンド) I 型，β ターン II 型を示した．ポリペプチドの2次構造としては，そのほかに 2_7 りぼん，コラーゲンヘリックスなどがある．

構造には，αヘリックス（αらせん），βシート，コラーゲンヘリックスなどのような構造や，2つの領域をつなぐ部分にみられるβターン（βベンド）のような，規則的な構造がある．それ以外の構造は不規則構造というが，タンパク質中では，全くでたらめな構造をとっているというのではなく，ヘリックスのような規則的な繰り返し構造をもたないだけで，一定の折れまがりをもっていることが多い．規則的な2次構造を図1.3に示す[1),14)～16)]．ヘリックスを表すのには，αヘリックスやπヘリックスという名称のほかに，1ターン当たりの残基数に，水素結合で閉じている環を形成する原子の数を添字として書く方法もある．この方法では，αヘリックスは 3.6_{13} ヘリックス，πヘリックスは 4.4_{16} ヘリックスということになる．2次構造の種類やそれぞれの含有量は，円二色性や旋光分散，赤外吸収から求められる．

3次構造は，2次構造をとった1本のポリペプチド鎖が折りたたまれて生じる3次元的な立体構造をいう（図1.4）．3次構造の安定化には疎水性側鎖が水との接触を避けて，たがいに集まろうとする凝集力（疎水結合），主鎖と側鎖あるいは側鎖間での水素結合などのほか，解離して電荷をもつ解離基間に静電引力により形成されるイオン結合，ジスルフィド結合などが重要である．

3次構造をとった複数のポリペプチド鎖が非共有結合でさらに会合した分子について，ポリペプチド鎖の相対的な立体配置を，4次構造と呼ぶ．各ポリペプチド鎖をプロトマーまたはサブユニットと呼び，会合体をオリゴマーという．たとえばヘモグロビンの場合，1つの分子はαサブユニット2個とβサブユニット2個からなるが，サブユニット構造という場合には，$\alpha_2\beta_2$のようにオリゴマーを形成するサブユニットの種類と数を表すのに対して，4次構造はサブユニットの空間配置を表す（図1.5）．4次構造を形成する力としては，疎水結合が最も大きいと考えられるが，そのほかに水素結合，イオン結合が関与する．

最近のタンパク質のコンホメーション，機能，進化に関する研究から，さらにいくつかの構造形成の段階が示されている．その1つは超2次構造と呼ばれるものである．たとえば，βストランド（βシート構造を形成するような立体構造をとる1本のペプチド鎖）と別のβストランドがαヘリックスをはさんだ構造は，多くのタンパク質で見出されている（このモチーフは，βαβユニットと呼ばれる）．超2次構造は，2次構造と3次構造の中間と見なすことができる．

また，ポリペプチド鎖のなかには，いくつかのコンパクトな領域に分かれていて，それが機能の単位にもなっているものがある．この構造単位をドメインと呼ぶ．1つのドメイ

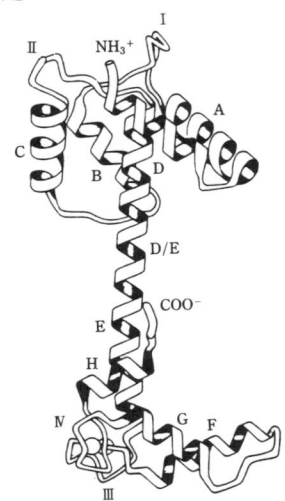

図1.4 骨格筋トロポニンCの立体構造[17)]
N末端側のドメインとC末端側のドメインが，中央の長いαヘリックスで結ばれた形をしている．

図1.5 タンパク質の4次構造の例（ヘモグロビン）[14)]

ンは，構造的，機能的にタンパク質の基本構成単位で，100 から 400 アミノ酸残基からなる．たとえば，デヒドロゲナーゼでは，補酵素を結合するドメインと基質が結合するドメインに分かれていて，酵素反応は両ドメインの接触部分で行われる．また，カルシウム受容タンパク質であるトロポニンCやカルモデュリンでは，N端側とC端側の2つのドメインに分かれていて，それらがαヘリックスでつながった構造をもっている(図1.4)[17]．タンパク質はしばしばドメインごとに，エキソンと呼ばれる遺伝子のひとまとまりの部分に，分かれてコードされている．

1.2.3 繊維状タンパク質と球状タンパク質

絹フィブロイン，コラーゲン，ケラチン，フィブリノゲンなどのように，繊維をつくるタンパク質を繊維状タンパク質という．ペプチドの2次構造としては必ずしも一様ではないが，コラーゲンヘリックス，αヘリックス，逆平行βシート構造などをもつものが多い．一般に水に不溶のものが多い．

これに対して，分子の形が球状に近いタンパク質を，球状タンパク質という．球状とはいっても完全な球形ではなく，楕円であったり，分子表面に凹凸があったりして，複雑な形をとっている．一般的に球状タンパク質では，分子の内部には非極性の側鎖をもつアミノ酸が配置し，表面には極性の側鎖をもつアミノ酸が配置するように，3次構造をとっている．

1.2.4 核酸の構造

タンパク質の場合と同じように，DNAやRNAにおいても，ヌクレオチド配列を1次構造と呼び，DNAのらせん構造やtRNAのクローバーリーフ構造を2次構造と呼ぶ．DNAやRNAは，構成単位であるヌクレオチドが糖(リボース，デオキシリボース)の3′および5′の位置で，リン酸エステル結合により重合したかたちの高分子である．核酸の2次構造は，塩基平面内の水素結合による塩基対の形成，およびファンデルワールス力による

塩基のスタッキングによって形成され，安定化される．塩基平面内の水素結合により形成される塩基対には，ワトソン-クリック(Watson-Crick)の塩基対(アデニン-チミン(ウラシル)対，およびグアニン-シトシン対)と Wobble 塩基対，Hoogsteen 型塩基対などがある．ワトソン-クリックの塩基対を図1.6に示す．

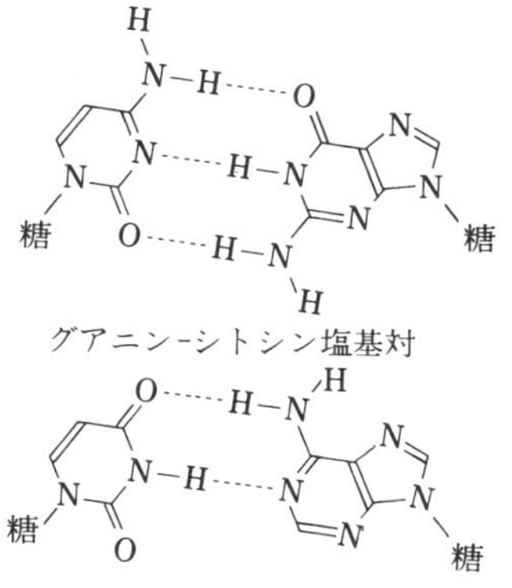

図 1.6 ワトソン-クリック塩基対[1],[18]
破線は水素結合を示す．

真核生物の染色体においては，DNAはヒストンと複合体を形成してヌクレオソームと呼ばれる構造をとっている．

1.2.5 DNA の 2 次構造

図1.7に，二本鎖DNAのらせん構造を示す[18]．おもな構造上の特徴について述べると，以下のようになる[19],[20]．

a. B型DNA構造　右巻らせんで，A型，B型，Z型DNA構造のうちで，らせんのピッチ(33.2 Å)，ヘリックスの太さ(直径23.7 Å)ともに，A型とZ型の中間である．らせん1巻きには10.0対のヌクレオチドが含まれる．溶液中での二本鎖DNAのらせん構造はB型構造であると考えられ，左巻のZ型DNA構造が見出されるまで，生体内でのDNAの構造はすべてB型とされてきた．したがって，B型DNA構造はDNAらせん構造の基本型であるといえる．塩基対平面は，ほとんどらせん軸に対して垂直(らせん軸に垂直な面からの塩基対の傾斜角は1°)である．また，糖のパッカリングは $C_2\text{-}endo$ 型

A型DNA　　　　　　B型DNA　　　　　　Z型DNA

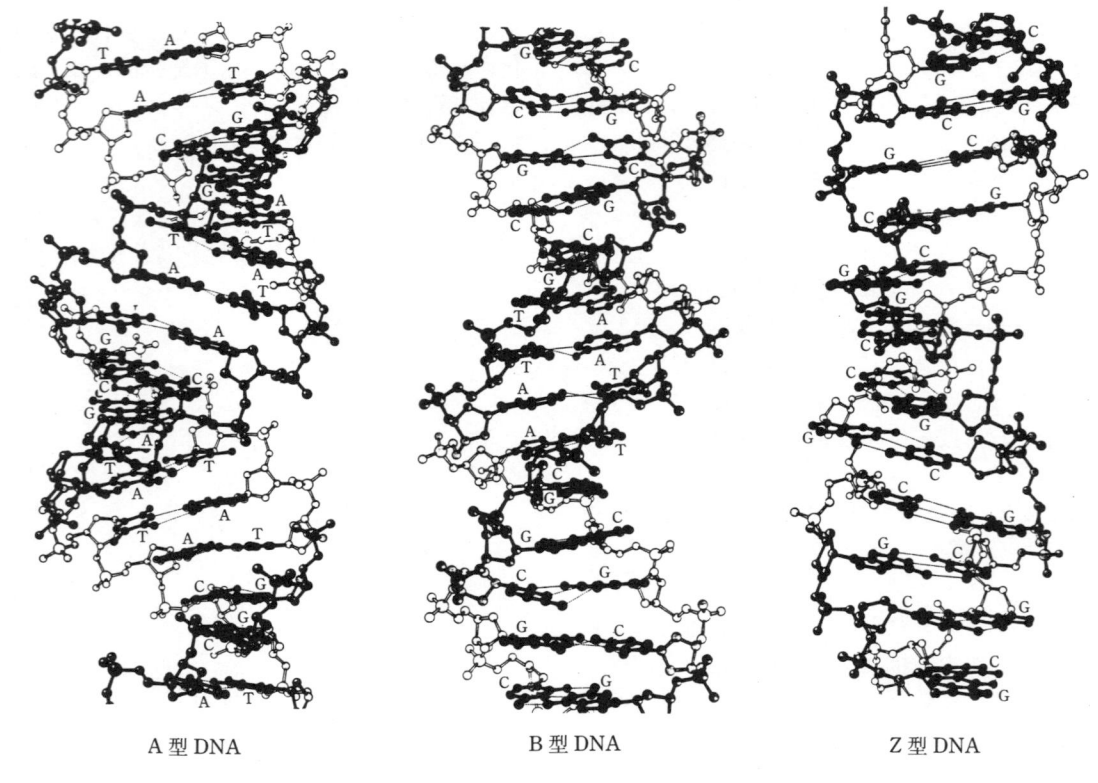

図 1.7　二本鎖DNAのらせん構造モデル[18),19)]

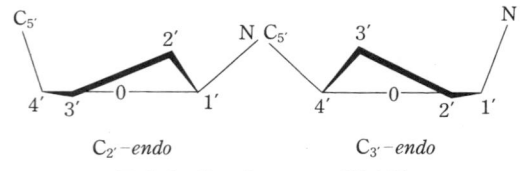

図 1.8　糖のパッカリング様式[19)]

糖の5員環を形成する5つの原子は，エネルギー的に同一平面上には存在しえない．図は，$C_{1'}-O-C_{4'}$のなす平面を紙面に垂直にして描いてある．

(図1.8)であり，グリコシド結合まわりのコンホメーションは *anti* (図1.2)となっている．

b. A型DNA構造　　右巻らせんで，A型，B型，Z型DNA構造のうちで，らせんのピッチ(24.6Å)は最も短く，ヘリックスの太さ(直径25.5Å)は最も太い．らせん1巻きに含まれるヌクレオチド対の数は10.7である．塩基対面の傾きは最も大きく（らせん軸に垂直な面からの塩基対の傾斜は19°），糖のパッカリングは $C_{3'}-endo$ である．グリコシド結合まわりのコンホメーションは *anti* である．

c. Z型DNA構造　　左巻らせんで，A型，B型，Z型DNA構造のうちで，らせんのピッチ(45.6Å)は最も長く，ヘリックスの太さ(直径18.4Å)は最も細く，延びたかたちをしている．プリン-ピリミジンのダイマー配列が構造単位になっている．1巻きのらせんには12ヌクレオチド対が含まれる．らせん軸に垂直な面からの塩基対の傾斜角は9°で，A型とB型の中間である．糖のパッカリングは，プリンヌクレオシドでは $C_{3'}-endo$ であり，ピリミジンヌクレオシドでは $C_{2'}-endo$ である．グリコシド結合まわりのコンホメーションは，プリンヌクレオシドでは *syn* であるのに対して，ピリミジンヌクレオシドでは *anti* である．図からもわかるように，B型DNA構造でははっきり見える主溝(major groove)と副溝(minor groove)が，Z型DNAでは全体に鎖が伸びたかたちになっているために，わずかに副溝が見られるにすぎない．

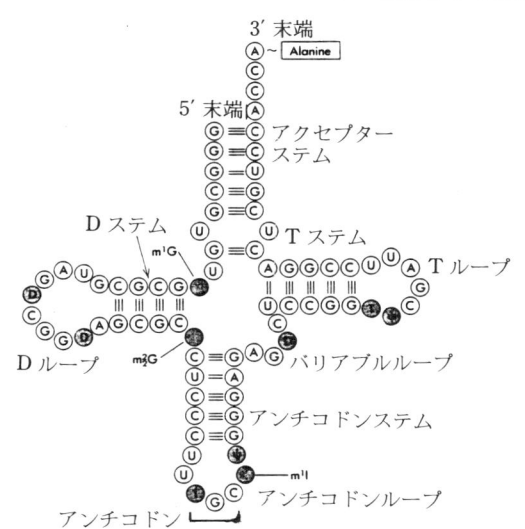

図 1.9 酵母アラニンtRNA (tRNA^{Ala})のクローバーリーフ形の2次構造モデル[18]

1.2.6 tRNA高次構造

tRNAの2次構造モデルを図1.9に示す.これまでにヌクレオチド配列が決定されたtRNAは,4個の標準的なヌクレオチドだけではなく,約10%の微量ヌクレオチドを含むが,いずれも図に示したようなクローバーリーフ形の2次構造に配列できる.

X線結晶構造解析により解明されたtRNAの3次構造を図1.10に示す.これまでに決

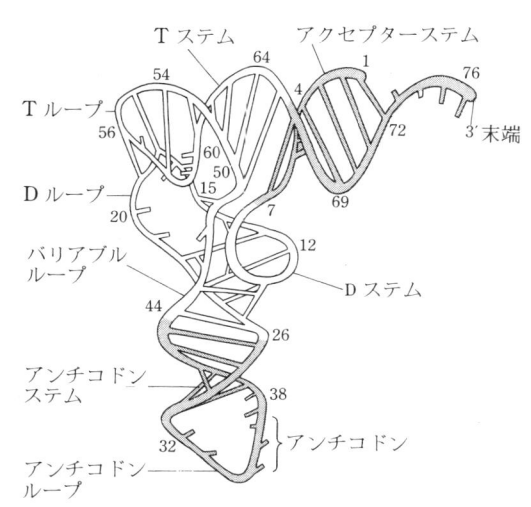

図 1.10 酵母フェニルアラニンtRNA (tRNA^{Phe})分子のX線結晶構造解析により得られた立体構造[18]

定されたtRNAの結晶構造から,tRNAは,それぞれ長さが約70Åで厚さが20Åの腕をもつL形構造をとっていることが示されて いる.20Åという厚さはA型RNA二重らせんの直径に当たる.

1.2.7 オリゴ糖と多糖

糖質は,あらゆる生物において,以下のような種々の働きをしている.

① エネルギーの保存物質,エネルギー源,代謝中間体として働く.② リボースとデオキシリボースは,DNAやRNAの構成成分になる.③ 植物やバクテリアの細胞壁を構成したり,甲殻類や昆虫の殻を構成する.④ いろいろなタンパク質や脂質に結合したかたちで存在する.

単糖が,水酸基の脱水縮合によってグリコシド結合を形成して重合した化合物のうち,十糖程度までのものをオリゴ糖(少糖類)といい,それ以上の重合度のものを多糖と呼ぶ.オリゴ糖には,二糖,三糖,四糖などがあり,元来二糖以上六糖までを意味したが,現在では十糖程度までを含めてオリゴ糖と呼ぶことが多い.

単糖にはたくさんの水酸基があるので,オリゴ糖や多糖を生成するとき,いろいろな位置の水酸基の間で結合することが可能である.したがって,化合物ごとに結合様式を特定する必要がある.たとえば,ラクトースの場合は,D-ガラクトースとD-グルコースが$\beta1\rightarrow4$結合しているといい,D-Gal($\beta1\rightarrow4$)D-Glcなどと表記する.また,生体内での糖の貯蔵形態であるデンプンとグリコーゲンは,数多くのグルコースがグリコシド結合で重合した多糖である.植物の貯蔵多糖であるデンプンは,α-アミロースとアミロペクチンの混合物で,そのうちα-アミロースは,100～300個のグルコースが$\alpha1\rightarrow4$結合してできている.アミロペクチンは,グルコースの$\alpha1\rightarrow4$結合連鎖が$\alpha1\rightarrow6$結合で枝分かれしたものである.約12個のグルコースごとに枝分かれがあり,分子量は数百万に達する.動物組織の貯蔵多糖であるグリコーゲンは,化学的にはデンプンと非常によく似ている.$\alpha1\rightarrow4$のグリコシド結合を主鎖とし,アミロペクチンと同じように$\alpha1\rightarrow6$結合で枝分かれして

いるが，グルコース約10個ごとに枝分かれ
があり，アミロペクチンの場合より枝分かれ
が多い．グリコーゲンの分子量は，デンプン
よりやや小さい．

1.2.8 生体膜の構造

生体膜には，細胞と外界との境界をなす細胞膜（形質膜）のほかに，ミトコンドリアや葉緑体，リソソーム，小胞体，ゴルジ装置，核など，細胞内構造物やオルガネラを囲む膜がある．どのような生体膜も基本的には脂質2分子膜からなり，膜の内部および外表面には膜タンパク質と呼ばれる種々の機能をもつタンパク質が埋めこまれ，あるいはゆるく結合して存在する（図1.11）．脂質としては，リ

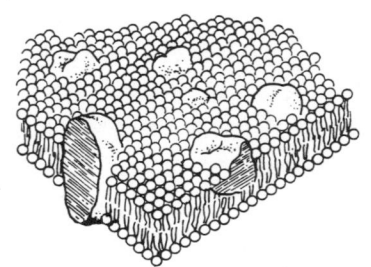

図 1.11 生体膜モデル[1]

ン脂質が多く，膜の種類によってリン脂質の種類も異なる．これにコレステロール，少量のアシルグリセロール，細胞膜では糖脂質などが加わる．また膜タンパク質には糖タンパク質が含まれる．脂質2分子膜は動的な構造をもっており，この構造は，S.J. Singer と G.L. Nicolson が脂質膜の熱力学的考察に基づいて提唱した流動モザイクモデル（fluid mosaic model）によって説明される．

1.3 研 究 法

生体分子の化学的，および物理的性質については，種々の方法で調べられてきた[26〜40]．生体分子の性質を調べる物理的方法としては，電子顕微鏡，X線解析，旋光分散（ORD）や核磁気共鳴（NMR）などの分光法，超遠心，質量分析，光散乱，熱測定，ストップトフローなどのジャンプ法，ポテンシャルエネルギー計算などがある．また，化学的方法としては，イオン交換クロマトグラフィーなどのカラムクロマトグラフィー，HPLC, 薄層クロマトグラフィー，ガスクロマトグラフィー，ろ紙クロマトグラフィー，電気泳動法，化学修飾，免疫化学的方法などがある．これらの方法は，それぞれの原理に基づく固有の物性情報を与えるが，いくつかの方法から生体分子に関する同一の性質を得ることもできる．たとえば分子量は，超遠心，質量分析，光散乱，ゲルろ過法，電気泳動法などを用いて調べることができる．また分子の形状については，回転楕円体を仮定したときの軸比は超遠心や光散乱から求められるし，電子顕微鏡を用いれば直接生体高分子の形を見ることができる．また，X線結晶構造解析やNMRを用いれば，分子の形を原子のレベルで知ることができる．以下に，それぞれの方法とその特徴について述べる．

1.3.1 電子顕微鏡

生体分子の全体的な形を知る最も直接的な方法は，電子顕微鏡による観察である．電子顕微鏡は，光学顕微鏡の光線の代わりに電子線を用い，光学レンズの代わりに電子レンズを用いて，像を拡大し結像させる．電子顕微鏡には，試料を透過した電子線を電子レンズを用いて結像する透過型電子顕微鏡，集束電子線を試料表面上に走査して各走査点から放出される電子により像をつくる走査型電子顕微鏡（SEM）などがある．走査型電子顕微鏡では結像系に電子レンズを用いないので，分解能は入射電子線束の太さできまる．熱陰極からの電子線を電子レンズで集束する方式では，ビームの太さを数 μm 程度以下にはできない．この型の走査型電子顕微鏡は，光学顕微鏡よりは倍率を大きくでき，焦点深度が深く，操作が簡単なので，小さい生物や器官の立体的観察に用いることができる．また，非常に細い冷陰極から高電圧で引き出す電子線を使うと，レンズで絞ったビームの太さを 0.5 nm 程度にできるので，生体高分子の観察に用いることができる．一方，先端を鋭く尖らせた針を試料表面にきわめて近づけると，試料表面と針との間にトンネル電流が流れ，距離が

0.1 nm 程度変化しても電流は大きく変化する．したがって，トンネル電流を一定に保ちながら針を走査すれば，針の先端は表面の凹凸にしたがって動くので，その動きを読み取れば分子表面の高分解能3次元構造が得られる．これを，走査型トンネル顕微鏡(STM)という．走査型トンネル顕微鏡には，真空中でなくても空気中でも水中でも使用が可能であるという特徴がある．

現在，生体分子の構造を調べるのに使われているのは，ほとんどが透過型電子顕微鏡である．透過型電子顕微鏡の理論的な分解能は，0.1 nm 程度であるが，生物試料では，電子線による試料の破壊，コンタミネーション，コントラスト不足などのため，分解能は通常2 nm 程度である．また，ネガティブ染色やシャドゥイングした場合は染色剤や蒸着金属の粒子が1 nm 程度あるので，これより細かいところを見ることはできない．電子顕微鏡像は，試料の3次元像の平面への投影であるが，電子線に対する試料の傾きを変えた複数の写真を用いることにより，また試料が規則的な繰り返し構造をもっている場合にはそのことを用いて，試料の3次元像を再構成することができる．

1.3.2 X線結晶構造解析とX線小角散乱

生体分子のX線解析には，溶液状態での構造研究法であるX線小角散乱と，結晶中の生体分子の構造を高分解能で解析することができるX線結晶構造解析とがある．

生体高分子の溶液にX線を照射すると，散乱角が3～4°までのところに散乱像が観測される．この散乱像を解析することによって分子の構造を調べるのが小角散乱法である．X線小角散乱で得られるデータは散乱角のみを変数とする1次元データであり，したがって小角散乱のデータから得られるのは1次元の構造情報である．このような特徴をもつX線小角散乱では，原子レベルで構造を決定することはできないが，分子の大きさや外形などを決定することはできる．さらに，最近では放射光の利用などにより時間分割測定が可能

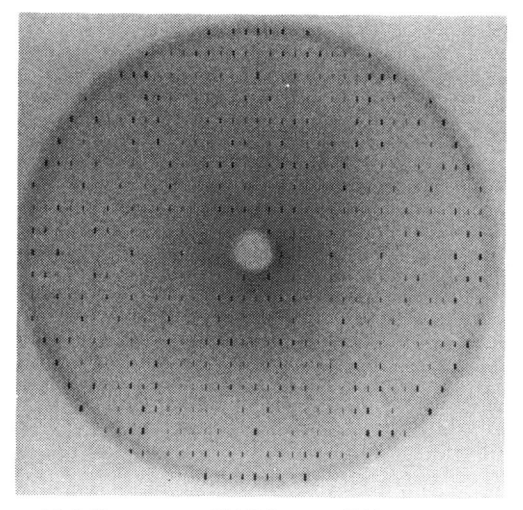

図 1.12 タンパク質単結晶によるX線回折像の例[41] 黒コウジカビ酸性プロテアーゼAのプリセッション写真，点の間隔が単位格子の辺の長さの逆数に比例する．

になっており，X線結晶構造解析による精密な構造を利用して，反応による構造変化を解析できるようになっている．

X線結晶構造解析は，生体分子の立体構造を決定する最も有力な手段である．分子量が数十万の分子についても，原子の位置のレベルの分解能で3次元構造を決定することができる．最近，核磁気共鳴法(NMR)から得られる原子間距離情報をもとに，分子の立体構造を決定する方法が開発されているが，この方法が適用できるのは分子量数万以下の分子についてだけである．一方，NMRでは溶液中の分子の構造を直接的に調べられるのに対して，X線結晶構造解析には結晶化という問題がある．したがって，2つの方法を相補的に用い，あるいは併用することが，構造研究を進めるうえで効果的である．

X線結晶構造解析では回折像を測定する(図1.12)．測定手段としては，従来，X線フィルムと計数管方式があったが，最近では高感度の2次元検出器であるイメージングプレートも利用されている．またそれと合わせて，放射光も利用できるようになり，短時間のうちにデータ収集ができるようになった．X線結晶構造解析では回折像を測定するため，位相の情報が失われる．分子量3000程度まで

の分子では，位相を求めるために直接法を用いることができるが，高分子ではこの方法を用いることはできない．したがって，生体高分子では位相問題の解決法として，重原子同型置換法を用いるか，あるいは3次元構造が類似している分子の3次元構造が知られている場合には分子置換法を用いる．

1.3.3 分　光　法

分光分析法は，測定に用いる電磁波（光）の波長により多種類にわたり，測定の迅速さ，簡易さ，感度の鋭敏さのために，日常的に使われる測定法である．分光測定には，① 紫外可視吸収，② けい光およびりん光，③ 円二色性（CD）および旋光分散（ORD），④ 振動分光（赤外吸収とラマン散乱），⑤ 電子スピン共鳴（ESR），⑥ 核磁気共鳴（NMR）などがある，吸収測定においては，ある物質の吸光度はその物質の濃度に比例する（Lambert-Beerの法則）．したがって，吸光係数がわかっていれば，吸光度から物質の濃度を求めることが可能である．ORD と CD，NMR と ESR については，別の項で述べる．

a. 紫外可視吸収スペクトル　紫外および可視光の吸収は，電子準位の遷移による．したがって，紫外可視吸収スペクトルは電子スペクトルとも呼ばれる．1.1節で述べたように，生体分子のなかには，共役二重結合をもっているものがある．それらは光を吸収するので，紫外可視吸収スペクトルは，生体分子の濃度測定，あるいは同定によく用いられる．感度が高いので，差スペクトルを測定したり，経時変化を測定するのに適している．図 1.13 に，アミノ酸の吸収スペクトルを示した（表 1.3 参照）．

b. けい光　いずれも，ルミネセンスの一種で減衰時間の短いものをけい光といい，減衰時間の長いものをりん光と呼ぶ．より厳密には有機化合物の場合，スピン多重度が同じ状態間の遷移による発光をけい光といい，通常は 10^{-9}〜10^{-3} 秒の寿命である．けい光法の特徴としては，次のような点があげられる．測定は容易であり，感度は高く，通常 pmol 程度の試料で測定できる．けい光強度，けい光スペクトル，けい光偏光度は，種々の要因を敏感に反映して変化し，生体高分子の高次構造やゆらぎについても情報を与えうる．しかし，いろいろの要因によってけい光は変化するので，測定結果の一意的解釈は必ずしも容易でない．そこで，主として2種類の使い方がされる．第一は，構造などの変化の指標として用いるものである．生体分子の何らかの変化に伴って，けい光が変化することがわかれば，けい光変化を指標として，変化の速度定数や温度依存性，pH 依存性などを，少量の試料で精度よく決定できる．第二は，けい光変化の要因をなるべく1つに絞れるように，試料や測定条件を検討したうえで，分子レベルの解釈をしようとするものである．けい光偏光解消法による生体高分子の大きさやフレキシビリティ（柔軟性）の測定，けい光エネルギー移動法による分子間ないし分子内距離の測定，けい光消光を利用した溶媒への露出度の見積りなどである．いずれの方法を用いるにしても，けい光色素が必要になる．タンパク質の場合，トリプトファンなどの内在性色素を利用する場合もあるが，一般的に種々のけい光色素のなかから適当な色素を選んで分子に導入して測定を行う．

c. 赤外吸収とラマン散乱　赤外吸収とラマン散乱は，生体分子の各原子が平衡位置

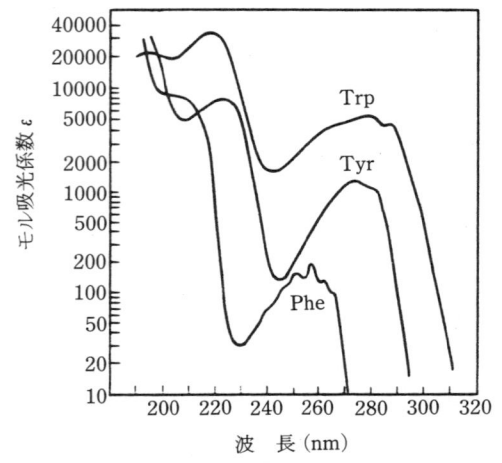

図 1.13　芳香族アミノ酸の紫外吸収スペクトル[1]　pH は中性，縦軸が対数目盛りであることに注意．

で微小振動しているときの振動数を観測する手法である．振動数は，振動のバネ定数の強い方が高く，振動の実効質量が軽い方が高い．バネの強さは電子状態によって決まり，実効質量は原子の質量とその立体配置および振動モードによって決まる．したがって，振動数は生体分子の高次構造を反映する．たとえば，タンパク質のペプチド結合の振動に由来する $1650\ cm^{-1}$ 付近のアミドIバンドは，タンパク質の2次構造を反映する．分子が紫外可視光（あるいは赤外光）を吸収する波長でラマン散乱を測定すると，散乱強度がきわめて強い共鳴ラマン散乱が観測され，測定波長の光を吸収する発色団についての情報が選択的に得られる．

1.3.4 旋光分散(ORD)と円二色性(CD)

偏光が光学活性な分子と相互作用することにより生ずる現象に，CDとORDがあり，両者はたがいに変換可能である．分子による直線偏光の偏光面の回転の程度を表す旋光度は，生体分子の基本的な物理定数として測定されてきた．

タンパク質の場合，ペプチド結合による吸収が $240\ nm$ より短波長の遠紫外部にあり，ペプチド結合の状態によって吸収が異なる．したがって，この波長領域で観測されるCD, ORDスペクトルは，タンパク質の主鎖の2次構造によって異なる．とくにCDは，異なった2次構造を区別するという面で感度がよいことから，タンパク質の2次構造の研究に頻繁に用いられる．CDによる2次構造研究の特徴は，その容易さと低濃度のタンパク質溶液で測定が可能なことにある．CD測定は分子全体の平均的な性質を見るため，その精度はX線結晶構造解析法やNMR法には及ばないが，その特徴からタンパク質の2次構造研究法としては第一選択肢であるし，高次構造一般の研究にも用いられる．図1.14にタンパク質の2次構造のCDスペクトルを示す．

1.3.5 核磁気共鳴(NMR)と電子スピン共鳴(ESR)

NMRは核スピンによる磁気共鳴であり，ESRは電子スピンによる磁気共鳴である．生体分子には電子スピンを有するものは稀なので，ESRを測定する場合には，電子スピンをもつ化合物でスピンラベルする必要があり，スピンラベルをプローブとして生体分子の構造変化などを観測する．一方，核スピンを有する核は，^1H, ^{13}C, ^{15}N, ^{31}P などであり，これらは生体分子に普通に含まれる元素であるので，とくに化学修飾したりすることなく測定できる．ただ，^1H, ^{31}P などは天然存在比の高い同位体なのでそのままで測定できるが，^{13}C, ^{15}N などは天然存在比が低い核種であるので，これらの同位体比を高くした試料用いる方がよい．また，^{13}C, ^{15}N の天然存在比が低いことを利用して，特定の構成成分についてのみこれらの核種の同位体比を高くした生体高分子を作成して，NMRシグナルの帰属を行ったり，構造変化などのプローブとすることができる．

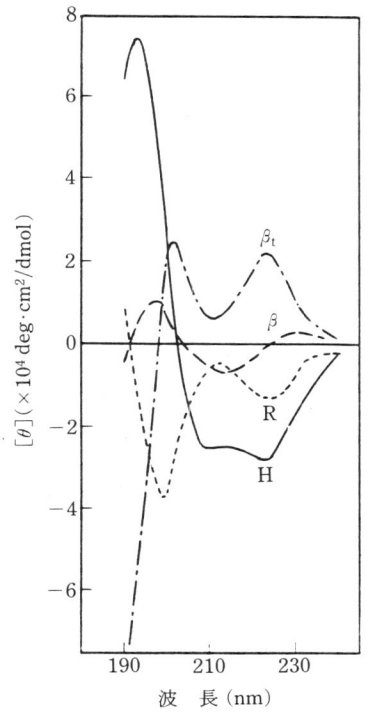

図1.14 タンパク質の，αヘリックス(H)，βシート構造(β)，βターン($β_t$)，不規則構造(R)のCDスペクトル[42]

各スペクトルは，X線結晶構造解析から2次構造が既知であるタンパク質のCDスペクトルに基づいて計算された．

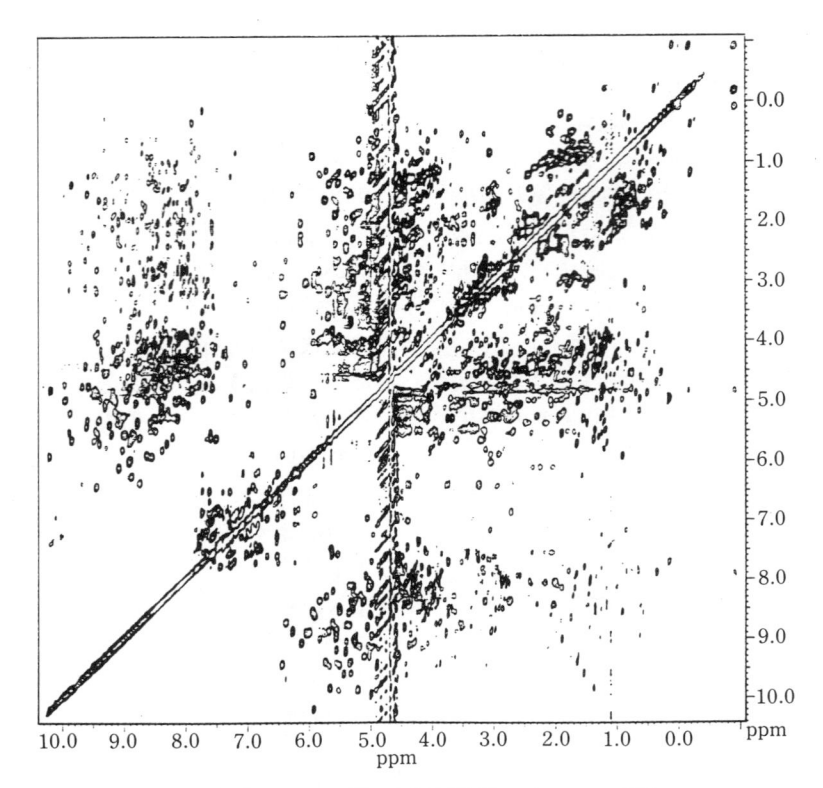

図 1.15 タンパク質の 2 次元 NMR スペクトルの例[43]
黒コウジカビ酸性プロテアーゼ A の軽水中の HOHAHA(TOCSY) スペクトル.

NMR シグナルは，生体分子の 3 次元構造や核スピンのまわりのミクロ環境に非常に敏感なので，これらの鋭敏なプローブとして用いることができる．NMR ではシグナルの線幅に比べて，スペクトルの広がり（化学シフト）が十分に大きいので，分子量が相当大きい分子でも各スピンのシグナルが区別できる可能性が高い．したがって，通常の 1 次元スペクトルの測定と解析によっても，他の分光測定法よりも豊富な情報を得ることができる．さらに最近は，2 次元 NMR スペクトルや 3 次元 NMR スペクトルを測定することによって NMR から原子間距離の情報を求め，それによって溶液中の生体高分子の立体構造を決定することもできる．そのためには，COSY や HOHAHA(TOCSY) と呼ばれる化学結合についての情報を与えるスペクトルと，NOESY とよばれる空間距離の情報を与えるスペクトルを利用する（図 1.15）．NOE は，核オーバーハウザー効果といわれ，スピン間距離の 6 乗に逆比例する．

1.3.6 超 遠 心

超遠心は，生体分子の分子量測定の絶対法の 1 つで，長い間標準的な分子量決定法として用いられてきた．分子量の絶対測定法には，沈降平衡法をはじめ，質量分析法，光散乱法，X 線小角散乱法などがあり，これらの方法を用いると，分子量既知の標準試料の分子量と比較することなく，未知試料の分子量を求めることができる．これに対して，SDS-ポリアクリルアミド電気泳動やゲルろ過などでは，分子量既知の標準試料に対する測定値と比較して，未知試料の分子量を推定する．

分析用超遠心機を用いる沈降平衡法は，生体高分子の分子量を決定する最も信頼性が高く容易な方法であり，試料量が少なくても精度のよい分子量が得られること，試料中のタンパク質の絶対濃度を知る必要がないことなどの長所がある．超遠心は，分子量決定のほか，生体分子の形や，会合状態，相互作用定

1.3.7 質量分析

中性高速原子あるいは高エネルギー粒子を，タンパク質などの生体高分子に衝突させることによってイオン化し，生じたイオンの質量（生体高分子の質量）を質量分析計で測定することができる．質量分析法の特徴は，正確な分子量を決定できるということである．また，イオン化の方法を選ぶことにより，タンパク質などの1次構造を決定することもできる．

1.3.8 光散乱法

散乱法は，何の散乱を測定するかによって，光散乱法，X線小角散乱法，中性子小角散乱法に分けられる．光散乱法のうち，低角レーザー光散乱法は，光源としてのレーザーの使用と，光学技術，純水製造技術，コンピュータの進歩などにより，比較的容易な分子量測定法となってきている．高性能ゲルろ過（HPLC）との組合せなどにより，不純物を含む試料に対しても，分子量を決定できる．また，この方法は短時間で測定ができるので，生体高分子の会合などの経時変化を追跡することも可能である．

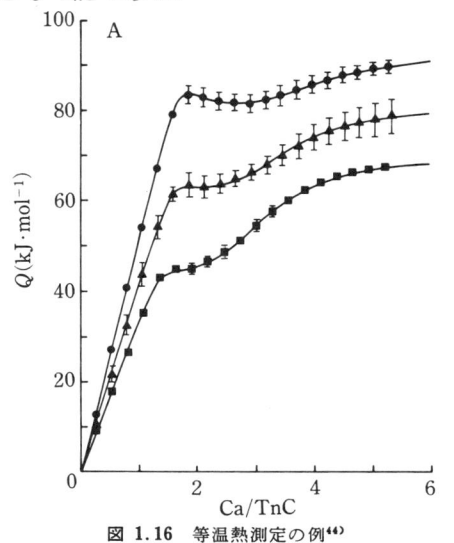

図 1.16 等温熱測定の例[44]
トロポニンCのカルシウム結合に伴うエンタルピー変化の測定を，熱滴定曲線として表したもの（●：25°C，▲：15°C，■：5°C）．横軸はカルシウムのトロポニンCに対するモル比，縦軸は発熱量．熱滴定曲線はいずれも3相に分かれ，第2相が吸熱，第1相と第3相は発熱であることがわかる．

1.3.9 熱測定

生体高分子の変性の熱力学量は，生体高分子の全体像を理解するうえでの重要なパラメータであり，変性の熱力学量を知ることは高次構造の安定性を評価することである．熱力学量は，分光学的手法などで追跡した変性曲線から求めることができるが，それらの変性曲線の解析にはいくつかの仮定を必要とする．一方，熱測定を用いれば，構造の転移に伴う熱力学量を直接実測することができる．

熱測定には，等温熱測定と走査熱測定とがある．等温熱測定は，ある温度における反応に伴う熱量の出入りを検出する（図1.16）．つまり，その反応が発熱反応であるか，吸熱反応であるかを知ることができ，反応に伴う熱量変化を定量するものである．また，種々の温度における熱量変化から，タンパク質などの生体高分子の反応に伴う高次構造の変化について，他の方法からは得られない情報を得ることができる．一方，走査熱測定は，試料の温度を一定速度で上昇，または下降させ，熱の出入りを測定する（図1.17）．つまり，

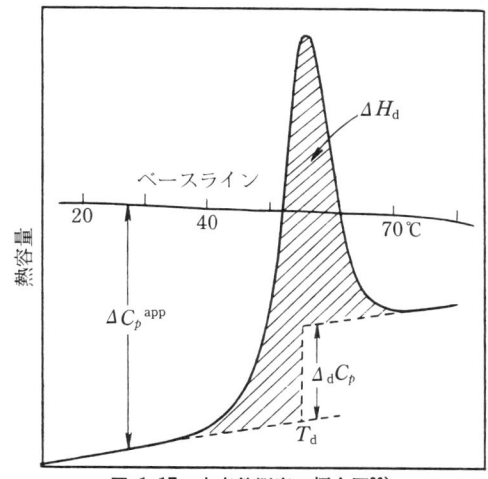

図 1.17 走査熱測定の概念図[26]
これから，未変性状態と変性状態のおのおのの熱容量（比熱，C_p），変性温度（T_d），T_d での変性のエンタルピー変化（ΔH_d）が得られる．ΔC_p^{app} は未変性状態での見かけの C_p，$\Delta_d C_p$ は T_d での未変性状態と変性状態の C_p の差である．

各温度での熱容量（比熱）の測定を行う．走査熱測定により，生体高分子の構造の熱転移に伴う過剰熱容量の測定が可能で，熱転移の熱

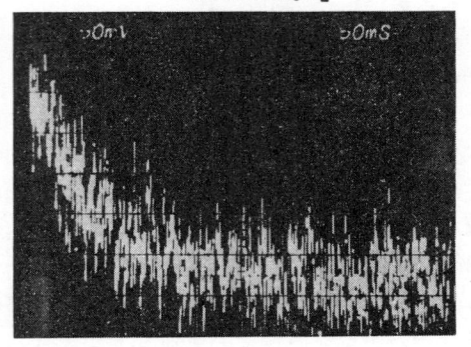

図 1.18 パルブアルブミンのカルシウム結合についてのストップトフロー測定[45]
ここでは,遊離のカルシウムイオン濃度を,カルシウム指示薬と2波長分光計で測定している.

力学量を得て,タンパク質などの構造の安定性について知ることができる.

1.3.10 ストップトフロー法

ストップトフロー法は,温度ジャンプ法などとともに,高速反応を観測するための手段として用いられる.ストップトフロー法は,約1msから数十秒で起こる反応の解析に用いられ,それより速い反応については温度ジャンプ法などを用いる.ストップトフロー法では,2種類の溶液を混合器で効率よく混合し,溶液の流れを停止した後,観測用セルの中で進行する反応を経時的に追跡する(図1.18).混合後の反応は,生体高分子に内在する発色団,補酵素,化学修飾などで導入した発色団などからの情報を利用し,吸光度,けい光で追跡する場合が多いが,旋光性,円二色性,光散乱,熱測定,伝導度,pH,NMR,ESRなどの方法を利用することもできる.

1.3.11 ポテンシャルエネルギー計算

分子の立体構造がわかっていると,その情報を用いてポテンシャルエネルギーを計算することができる.それによって,分子が最も安定になるように立体構造を精密化することができる.また,結晶構造がもとになっているときには,分子の柔軟性についての全体像を知ることができる.低分子では,1次構造の情報だけからポテンシャルエネルギー計算によって,立体構造を求めることも可能である.コンピュータの発展に伴って,より大量のデータをより高速に取り扱えるようになるにつれ,生体高分子についても高い精度で扱えるようになり,生体分子の立体構造解析において,より重要な手法となってきている.

1.3.12 クロマトグラフィー

クロマトグラフィーは,生物化学では電気泳動法とともに広範に用いられる分離分析法である.とくに,分離精製法としては最も効率がよく,ごく一般に用いられる.クロマトグラフィーは,2相間分配に基づく分離法で,固定相と移動相の組合せによって構成される.1相を固定し,他相をこれに接して移動させ,各成分の吸着性や分配係数の差異に基づく移動速度の差を利用して,分離する技術を総称して,クロマトグラフィーと呼ぶ.クロマトグラフィーは,移動相が液体か気体かによって,液体クロマトグラフィーとガスクロマトグラフィーに分けられ,固定相の形状によって,カラムクロマトグラフィー,薄層クロマトグラフィー,ろ紙クロマトグラフィーに分類される.また,溶質が固定相に保持される分子機構によって,イオン交換クロマトグラフィー,ゲルろ過(分子ふるいクロマトグラフィー),疎水性クロマトグラフィー,吸着クロマトグラフィー,逆相クロマトグラフィー,アフィニティクロマトグラフィーに分けられる.最近では,理論段数が高く,高速で分離が可能な,高速液体クロマトグラフィー(高性能液体クロマトグラフィー,HPLC)が,広く用いられている.

a. ろ紙クロマトグラフィー 固定相にろ紙を用い,試料溶液をろ紙上の溶媒で展開して,分離する.簡便で有用な分離分析法として,糖や脂質などの分画,分析に用いられてきた.

b. 薄層クロマトグラフィー(TLC) シリカゲル,アルミナ,セルロースなどの粉末吸着剤を,焼セッコウなどと練り合わせてガラス板などに固着させた,薄層を固定相とするクロマトグラフィーを,薄層クロマトグラフィーという.一般に展開時間が短く,分離

能率がよいので,脂質や糖質,核酸などの分析にしばしば使われる.

c. ガスクロマトグラフィー 一般に分析時間が短く,分離効率が高く,感度も高いので,それ自体気化しやすいか,気化しやすい誘導体が調製できる場合には,有効な分析法である.糖質や脂質などの分析に用いられる.検出手段としては,水素炎イオン化検出器などがあるが,他の分析機器を用いる場合もある.ガスクロマトグラフィーによって分画された各成分を,質量分析計に直接導入して質量分析できる,ガスクロマトグラフィー質量分析計(GC-MS)も用いられる.

1.3.13 カラムクロマトグラフィー

カラムにつめた不溶固定相を用いるカラムクロマトグラフィーは,生物化学において最も広く使われる分離分析法であり,試料が固定相に保持される分子機構によって以下のように分類される.実際のクロマトグラフィーでは,単純に1つの機構が働くことはむしろまれで,多かれ少なかれこれらが入り混じっている.

a. イオン交換クロマトグラフィー イオン交換クロマトグラフィーでは,荷電基をもつ充塡剤(イオン交換体)が,溶質分子がもつ反対符号の荷電基と静電的に相互作用し,溶質分子を保持する.一般に分離能が高い.イオン交換体は,荷電基と基材(マトリックス)で特徴づけられる.基材は,生体高分子の場合にはセルロースのように,大きい分子が入り込める親水性の網目構造をもち,非特異的な不可逆吸着がなるべく少なく,高流速が得られるものが用いられる.荷電基に吸着される電荷の符号によって,陽イオン交換クロマトグラフィーと陰イオン交換クロマトグラフィーに分けられる.

b. ゲルろ過 ゲルろ過は,溶質分子の大きさの違いを利用して分離するクロマトグラフィーで,ゲル浸透クロマトグラフィー(GPC),または分子ふるいクロマトグラフィー,サイズ排除クロマトグラフィーとも呼ばれる.ゲルろ過の利点として,固定相への吸着過程がないため,試料が変性する危険が小さく回収率が高いこと,pHやイオン強度にあまり影響されず,条件設定に融通が効くことがあげられる.限られた液量範囲内で分離を行うので,分離能が低いという欠点があるが,ゲルろ過は分子の大きさに基づく分離法という点で,生体分子精製法としてはユニークであり,他の原理に基づく精製法と組み合わせることにより大きな効力を発揮する.非常に多種類のゲルが市販されている.

c. 疎水性クロマトグラフィー ゲルに結合したリガンドと生体高分子との間の疎水的相互作用に基づく分離法である.疎水性クロマトグラフィーでは,移動相(展開溶媒)は親水性であり,固定相(ゲル)の表面には比較的弱い疎水性のリガンドをもっているゲルを用いる.疎水性クロマトグラフィー用充塡剤としては,アルキル基を有するものとフェニル基を有するものに分類される.

d. 逆相クロマトグラフィー 疎水性クロマトグラフィーに用いる充塡剤に比べて,より疎水性の強い充塡剤を用いると,吸着した分子は水の移動相では溶出しない.そこで,展開液中の有機溶媒の濃度を上げていくことにより,試料分子と充塡剤との疎水性相互作用に基づく結合を弱くして溶出する.これが,逆相クロマトグラフィーである.HPLCでよく用いられる.

e. 吸着クロマトグラフィー 固定相に吸着剤として働くシリカゲル,アルミナなどを用いるクロマトグラフィーをいう.これらは,脂質やその他の低分子有機化合物を分離するのに用いる.またタンパク質においては,ヒドロキシアパタイトを吸着剤として用いる.他のクロマトグラフィーとは分子の識別機構が異なるので,他の方法では分離できない微細な構造差をもつ分子間の分離が,ヒドロキシアパタイトクロマトグラフィーで可能なことがある.

f. 等電点クロマトグラフィー イオン交換用リガンドをもっている充塡剤は,タンパク質などの生体分子の分子表面に存在する

電荷と静電相互作用する．したがって，展開緩衝液のpHを変えていくと，等電点付近では試料分子の総電荷が0となり，イオン交換体との静電相互作用がなくなり，カラムから溶出される．これが，等電点クロマトグラフィーである．等電点クロマトグラフィーに使用する充塡剤としては，できるだけ広い解離基を結合しているか，あるいは複数の解離基をもつ広いpH域のイオン交換体を使用するのがよく，等電点クロマトグラフィー専用のイオン交換体も市販されている．

g. アフィニティクロマトグラフィー

生体を構成する物質は，他の生体物質との相互認識を介して生理機能を発現する．生体分子がもつこのような特異的相互作用を用いて，生体分子の分離精製を行うのがアフィニティクロマトグラフィーである．したがって，生体分子の大きさや荷電状態などの，物理化学的性質に基づく分離法であるゲルろ過やイオン交換クロマトグラフィーとは，原理を異にする．特異的相互作用をする生体物質には，たとえば，酵素と阻害剤，レクチンと糖質，抗原と抗体などがあり，一方をリガンドとして粒子状の親水性ゲルに共有結合でつないで固定化し，それをアフィニティクロマトグラフィー用担体として用いれば，その対になっている生体物質のみを特異的に吸着させることができる．溶出は，特異的相互作用を解消するような適当な条件を適用して行う．

1.3.14 高速液体クロマトグラフィー(HPLC)

ほぼ均一なきわめて微細な球形粒子を固定相に用いた液体クロマトグラフィーを，高速液体クロマトグラフィー(HPLC)という．理論段数が高く，大きい流速のもとですぐれた分離能が得られる．利用する分離法，カラム，充塡剤などの発展に伴い，HPLCは，逆相，イオン交換，ゲルろ過など，著しく多様化している．

1.3.15 電気泳動法

荷電粒子を電場内におくと，粒子がその荷電の種類に応じて移動する現象を，電気泳動という．この現象を利用して，分離分析する方法が電気泳動法で，種々の方法が考案され，広く使われている．電気泳動法は，支持体の種類によって，ポリアクリルアミドゲル電気泳動，セルロースアセテート膜電気泳動，寒天ゲル電気泳動，無担体電気泳動(水を支持体とする)などに分類される．また，泳動の駆動力を調節して分離する方法には，電位勾配を制御する等速電気泳動法と，荷電量を制御する等電点電気泳動法がある．ポリアクリルアミド電気泳動法には，密度勾配ゲルを用いる方法や，タンパク質-SDS複合体をSDSを含むゲル内で泳動させ，分子の大きさに基づいて分離するSDS電気泳動法，一方向に電気泳動を行ったのち，これと直角方向の電気泳動を行う2次元電気泳動法などがある．

1.3.16 化学修飾

生体高分子に化学試薬を作用させ，特定の官能基を選択的に修飾することを，化学修飾という．タンパク質の化学修飾においては，多くの場合，化学試薬が反応するのは分子表面である．酵素の拮抗的阻害物質などに化学反応性基を導入した形にデザインされた試薬は，その酵素の活性部位に対して特異的な親和性を示すので，この部位に存在する官能基を選択的に化学修飾(アフィニティラベル)するのに有用である．一方，比較的選択性の低い化学試薬を用いると，タンパク質分子の内部と表面を区別することができ，これを応用すると，他の分子との相互作用部位を決定することが可能である．けい光標識や，スピンラベルなども，化学修飾の応用である．

1.3.17 免疫化学的方法

抗原抗体反応を利用すると，タンパク質などの生体物質の同定，分離を高い感度で選択的に行うことができる．抗体を用いると，生体物質の構造と機能に関する知見が得られ，また細胞レベルにおける分布を知ることができる．また，不溶性の樹脂に抗体を結合した固定化抗体を用いると，アフィニティクロマ

トグラフィーにより，抗原の生体物質を効率よく分離精製することができる．

〔田之倉 優〕

文 献

1) 日本生化学会編："生化学データブック I"，東京化学同人(1979).
2) R.M.C. Dawson, D.C. Elliott, W.H. Elliott and K.M. Jones: "Data for Biochemical Research", Clarendon Press, Oxford (1986).
3) 日本化学会編："化学便覧 基礎編 改訂3版"，丸善(1984).
4) G.D. Fasman ed.: "Handbook of Biochemistry and Molecular Biology 3rd ed. Proteins", 3 vols., CRC Press, Cleveland(1976).
5) G.D. Fasman ed.: "Handbook of Biochemistry and Molecular Biology 3rd ed. Nucleic Acids", 2 vols., CRC Press, Cleveland(1975, 1976).
6) G.D. Fasman ed.: "Handbook of Biochemistry and Molecular Biology 3rd ed. Lipids, Carbohydrates, Steroids", CRC Press, Cleveland(1975).
7) G.D. Fasman ed.: "Handbook of Biochemistry and Molecular Biology 3rd ed. Physical and Chemical Data", 2 vols., CRC Press, Cleveland(1976).
8) D.B. Wetlaufer: "Ultraviolet Spectra of Proteins and Amino Acids", *Advances in Protein Chemistry*, **17**, 303-390(1962).
9) K. Wüthrich: "NMR in Biological Research: Peptides and Proteins", North Holland, Amsterdam(1976).
〔邦訳〕 荒田洋治，甲斐荘正恒訳："生体物質のNMR―ペプチド・タンパク質を中心に―"，東京化学同人(1979).
10) K. Wüthrich: "NMR of Proteins and Nucleic Acids", John Wiley, New York(1986).
〔邦訳〕 京極好正，小林祐次訳："タンパク質と核酸のNMR―二次元NMRによる構造解析―"，東京化学同人(1991).
11) G.C.K. Roberts and O. Jardetzky: "Nuclear Magnetic Resonance Spectroscopy of Amino Acids, Peptides, and Proteins", *Advances in Protein Chemistry*, **24**, 447-545(1970).
12) M. Christl and J.D. Roberts: "Nuclear Magnetic Resonance Spectroscopy. Carbon-13 Chemical Shifts of Small Peptides as a Function of pH", *Journal of American Chemical Society*, **94**, 4565-4753 (1972).
13) 今堀和友，山川民夫監修："生化学辞典(第2版)"，東京化学同人(1990).
14) R.E. Dickerson and I. Geis: "The Structure and Action of Proteins", Harper & Row, New York(1969).
〔邦訳〕 山崎 誠ほか訳："タンパク質の構造と作用"，共立出版(1975).
15) T.L. Blundell and L.N. Johnson: "Protein Crystallography", Academic Press, London(1976).
16) 太田次郎ほか編："生物学ハンドブック"，朝倉書店(1987).
17) O. Herzberg and M.N.G. James: "Structure of the Calcium Regulatory Muscle Protein Troponin-C at 2.8Å Resolution", *Nature*(London), **313**, 653-659(1985).
18) J.D. Watson, N.H. Hopkins, J.W. Roberts, J.A. Steitz and A.M. Weiner: "Molecular Biology of the Gene. Fourth Edition", 2 vols., Benjamin/Cummings, Menlo Park, CA(1987).
〔邦訳〕 松原謙一，中村桂子，三浦謹一郎監訳："ワトソン遺伝子の分子生物学，第4版"，トッパン(1988).
19) W. Saenger: "Principles of Nucleic Acid Structure", Springer, New York(1984).
〔邦訳〕 W. ゼンガー著，西村善文訳："核酸構造"，上下2冊，シュプリンガー・フェアラーク東京(1987).
20) 日本化学会編："核酸の化学と分子生物学―遺伝子工学の化学的基礎"，化学総説 No.46，学会出版センター(1985).
21) A. Rich, A. Nordheim and A.H.-J. Wang: "The Chemistry and Biology of Left-handed Z-DNA", *Annual Review of Biochemistry*, **53**, 791-846(1984).
22) 久保亮五，長倉三郎，井口洋夫，江沢 洋編："理化学辞典，第4版"，岩波書店(1987).
23) W.E.M. Lands and W.L. Smith, eds.: "Prostaglandins and Arachidonate Metabolites", *Methods in Enzymology*, vol. 86(1982).
24) J.B. Lee, ed.: "Prostaglandins", Elsevier, New York(1982).
25) 化学大辞典編集委員会編："化学大辞典"，共立

出版(1960〜63).
26) 日本生化学会編：“新生化学実験講座”，全20巻，東京化学同人(1989〜).
27) 日本生化学会編：“続生化学実験講座”，全8巻，東京化学同人(1985〜87).
28) 日本生化学会編：“生化学実験講座”，全16巻，東京化学同人(1975〜77).
29) 日本化学会編：“第4版実験化学講座”，全30冊，丸善(1990〜).
30) “生化学実験法シリーズ”，東京化学同人(1974〜).
31) 瓜谷郁三，駒野徹，志村憲助，中村道徳，船津勝編：“生物化学実験法シリーズ”，学会出版センター(1971〜).
32) 渡辺格，島内武彦，京極好正編：“生物物理化学実験入門”，全2冊，培風館(1979).
33) G.M. バーロー著，野田春彦訳：“生命科学のための物理化学(第2版)”，東京化学同人(1983).
34) C. Cantor and P. Schimmel: "Biophysical Chemistry", 3 vols., Freeman(1980).
35) 野田春彦著：“生物物理化学”，東京化学同人(1990).
36) E.A. ドーズ著，中馬一郎，岩坪源洋，山野俊雄，久保秀雄訳：“生物物理化学—基礎と演習—”，全2冊，共立出版(1960).
37) J.T. エドサル，H. グットフロイント著，高橋克忠，深田はるみ訳：“生化熱力学の基礎”，啓学出版(1984).
38) T.L. Blundell and L.N. Johnson: "Protein Crystallography", Academic Press, London(1976).
39) 広海啓太郎著：“酵素反応解析の実際”，講談社サイエンティフィク(1978).
40) R.B. マーチン著，野田春彦訳：“生物物理化学”，東京化学同人(1965).
41) 田之倉優，松崎日出海，岩田想，中川敦史，浜谷徹，滝沢登志雄，高橋健治：未発表データ.
42) C.T. Chang, C.-S.C. Wu and J.T. Yang: "Circular Dichroic Analysis of Protein Conformation: Inclusion of the β-turns", *Analytical Biochemistry*, **91**, 13-31(1978).
43) 小島正樹，田之倉優，宮野博，鈴木栄一郎，浜谷徹，滝沢登志雄，高橋健治：未発表データ.
44) M. Imaizumi and M. Tanokura: "Heat Capacity and Entropy Changes of Troponin C from Bullfrog Skeletal Muscle Induced by Calcium Binding", *European Journal of Biochemistry*, **192**, 275-281(1990).
45) Y. Ogawa and M. Tanokura: "Kinetic Studies of Calcium Binding to Pravalbumins from Bullfrog Skeltal Muscle", *Journal of Biochemistry*, **99**, 81-89(1986).

1. 生体分子の構造化学的・物理的データ

付表 1.1 アミノ酸の化学的・物理的性質[a]

アミノ酸	略号 3文字	略号 1文字	分子式	分子量	融点[b] (°C)	$[\alpha]_D$[c] (度)	溶解度[d]	解離定数 pK_1	pK_2	pK_3
γ-アミノ酪酸 (GABA)	—	—	$C_4H_9NO_2$	103.1	203d	—	易溶	4.03	10.56	
アスパラギン	Asn	N	$C_4H_8N_2O_3$	132.1	236d	−5.6	2.99[e]	2.02	8.80	
アスパラギン酸	Asp	D	$C_4H_7NO_4$	133.1	270	+5.0	0.5	1.88	3.65	9.60 (NH_3^+)
アラニン	Ala	A	$C_3H_7NO_2$	89.1	236d	+1.8	16.65	2.34	9.69	
β-アラニン	—	—	$C_3H_7NO_2$	89.1	207d		54.5	3.55	10.24	
アルギニン	Arg	R	$C_6H_{14}N_4O_2$	174.2	238d	+12.5	15^{21}	2.17	9.04	12.48 (guan)
イソロイシン	Ile	I	$C_6H_{13}NO_2$	131.2	285d	+12.4^1	4.1	2.36	9.68	
オルニチン	—	—	$C_5H_{12}N_2O_2$	132.2	226	+12.1	易溶	1.71	8.69	10.76 (δ-NH_3^+)
キヌレニン	—	—	$C_{10}H_{12}N_2O_3$	208.2	191d	−30.5^1	難溶			
グリシン	Gly	G	$C_2H_5NO_2$	75.1	292d	—	25	2.34	9.60	
グルタミン	Gln	Q	$C_5H_{10}N_2O_3$	146.2	185d	+6.3	4.25	2.17	9.13	
グルタミン酸	Glu	E	$C_5H_9NO_4$	147.1	248d	+12.0	0.86	2.19	4.25	9.67 (NH_3^+)
クレアチン	—	—	$C_4H_9N_3O_2$	131.1	303d		1.35^{18}	2.63	14.3[f]	
シスチン	—	—	$C_6H_{12}N_2O_4S_2$	240.3	260d	−232^{1,*}	0.011	1.00	1.65	7.48 (NH_3^+)
システイン	Cys	C	$C_3H_7NO_2S$	121.2	240d	−16.5	易溶	1.96	8.18	10.28 (SH)
システイン酸	—	—	$C_3H_7NO_5S$	169.2	260d	+8.7^{7,4}	易溶	1.3	1.9	8.70 (NH_3^+)
セリン	Ser	S	$C_3H_7NO_3$	105.1	228d	−7.5	25^{20}	2.21	9.15	
チロシン	Tyr	Y	$C_9H_{11}NO_3$	181.2	343d	−10.0*	0.045	2.20	9.11	10.07 (OH)
トリプトファン	Trp	W	$C_{11}H_{12}N_2O_2$	204.2	289d	−33.7	1.14	2.38	9.39	
トレオニン	Thr	T	$C_4H_9NO_3$	119.1	225[g]	−28.5	可溶	2.71	9.62	
ノルバリン	—	—	$C_5H_{11}NO_2$	117.1	305d	+7.0	10.7^{15}	2.32	9.81	
ノルロイシン	—	—	$C_6H_{13}NO_2$	131.2	301d	+4.7	1.5	2.34	9.83	
バリン	Val	V	$C_5H_{11}NO_2$	117.1	315d	+5.6	8.85	2.32	9.62	
ヒスチジン	His	H	$C_6H_9N_3O_2$	155.2	287d	−38.5	4.16	1.82	6.00	9.17 (NH_3^+)
ヒドロキシプロリン	Hyp	—	$C_5H_9NO_3$	131.1	27d	−76.0	36.1	1.92	9.73	
ヒドロキシリシン	Hyl	—	$C_6H_{14}N_2O_3$	162.2	222d[h]	+9.2	可溶	2.13	8.62	9.67 (ε-NH_3^+)
ピロリドンカルボン酸 (ピログルタミン酸)	—	—	$C_5H_7NO_3$	129.1	162	−11.3[i]	可溶	3.32		
フェニルアラニン	Phe	F	$C_9H_{11}NO_2$	165.2	283d	−34.5	2.96	1.83	9.13	
プロリン	Pro	P	$C_5H_9NO_2$	115.1	221d	−86.2	162.3	1.99	10.60	
ホモシステイン	—	—	$C_4H_9NO_2S$	135.2	264d		可溶	2.22	8.87	10.86 (SH)
ホモセリン	—	—	$C_4H_9NO_3$	119.1	203d	−8.8	110^{30}	2.71	9.62	
メチオニン	Met	M	$C_5H_{11}NO_2S$	149.2	281d	−10.0	5.6^{30}	2.28	9.21	
メチオニンスルホン	—	—	$C_5H_{11}NO_4S$	181.2	257d	+13.5^{2,1}	可溶			
1-メチルヒスチジン	—	—	$C_7H_{11}N_3O_2$	169.2	248	−25.8[j]	20	1.96	6.48	8.85 (NH_3^+)
3-メチルヒスチジン	—	—	$C_7H_{11}N_3O_2$	169.2		−26.5[k]	可溶	1.92	6.56	8.73 (NH_3^+)
リシン	Lys	K	$C_6H_{14}N_2O_2$	146.2	224d	+13.5	易溶	2.18	8.95	10.53 (ε-NH_3^+)
ロイシン	Leu	L	$C_6H_{13}NO_2$	131.2	293d	−11.0	2.43	2.36	9.60	

a) 光学活性アミノ酸については，L体の値．$[\alpha]_D$，溶解度，解離定数については，特に記載がなければ25°Cの値． b) dは，融点で分解することを示す． c) 肩付の数字は，測定に用いた溶液の濃度(g/100 ml)を表す． *は，5M HCl溶液の値であることを示す．それ以外は2g/100 mlの水溶液で測定． d) 数字は，溶媒100 mlに溶解する溶質のg数．肩付の数字は測定温度(°C)． e) 1水和物． f) 12°Cの値． g) 分解点． h) 1塩酸塩． i) 20°C． j) 3.9g/100 ml, 18°C． k) 2.1g/100 ml, 26°C．

付表 1.2　アミノ酸の ^{1}H-NMR 化学シフト[a]

アミノ酸	αCH	βCH	その他
アスパラギン	4.00	2.92, 2.87	
アスパラギン酸	4.09	3.01, 3.00	
アラニン	4.11	1.47	
アルギニン	3.21	1.63	γCH$_2$ 1.63　δCH$_2$ 3.21
イソロイシン	3.65	1.95	γCH$_2$ 1.29　γCH$_3$ 1.00　δCH$_3$ 0.94
グリシン	3.55		
グルタミン	3.77	2.14	γCH$_2$ 2.45
グルタミン酸	3.81	2.15	γCH$_2$ 2.55
システイン	3.98	3.08, 3.05	
セリン	3.84	3.95	
チロシン	3.93	3.17, 3.05	δ_1CH, δ_2CH 7.19　ε_1CH, ε_2CH 6.90
トリプトファン	4.05	3.45, 3.31	δ_1CH 7.31　ε_3CH 7.72　ζ_3CH, η_2CH 7.28　ζ_2CH 7.52
トレオニン	3.58	4.25	γCH$_3$ 1.32
バリン	3.59	2.27	γCH$_3$ 1.33, 0.98
ヒスチジン	3.98	3.19, 3.14	ε_1CH 7.75　δ_2CH 7.05
フェニルアラニン	3.98	3.26, 3.13	ringCH 7.37
プロリン	4.11	2.31, 2.11	γCH$_2$ 2.00　δCH$_2$ 3.40, 3.33
メチオニン	3.85	2.15	γCH$_2$ 2.97　εCH$_3$ 2.13
リシン	3.46	1.69	γCH$_2$ 1.43　δCH$_2$ 1.69　εCH$_2$ 2.99
ロイシン	3.72	1.70	γCH 1.70　δCH$_3$ 0.96, 0.94

a) 重水溶液, 双性イオン (pH 中性) の値. 化学シフトは DSS (4,4-ジメチル-4-シラペンタン-1-スルホン酸ナトリウム) を内部基準として ppm 単位で表してある.

付表 1.3　ランダムコイル状態のペプチド鎖中のアミノ酸残基の ^{1}H-NMR 化学シフト[a]

アミノ酸	NH	αCH	βCH	その他
アスパラギン	8.75	4.75	2.83, 2.75	γNH$_2$ 7.59, 6.91
アスパラギン酸	8.41	4.76	2.84, 2.75	
アラニン	8.25	4.35	1.39	
アルギニン	8.27	4.38	1.89, 1.79	γCH$_2$ 1.70　δCH$_2$ 3.32　NH 7.17, 6.62
イソロイシン	8.19	4.23	1.90	γCH$_2$ 1.48, 1.19　γCH$_3$ 0.95　δCH$_3$ 0.89
グリシン	8.39	3.97		
グルタミン	8.41	4.37	2.13, 2.01	γCH$_2$ 2.38　δNH$_2$ 7.59, 6.87
グルタミン酸	8.37	4.29	2.09, 1.97	γCH$_2$ 2.31, 2.28
システイン	8.31	4.69	3.28, 2.96	
セリン	8.38	4.50	3.88	
チロシン	8.18	4.60	3.13, 2.92	δ_1CH, δ_2CH 7.15　ε_1CH, ε_2CH 6.86
トリプトファン	8.09	4.70	3.32, 3.19	δ_1CH 7.24　ε_3CH 7.65　ζ_3CH 7.17　η_2CH 7.24　ζ_2CH 7.50　ε_1NH 10.22
トレオニン	8.24	4.35	4.22	γCH$_3$ 1.23
バリン	8.44	4.18	2.13	γCH$_3$ 0.97, 0.94
ヒスチジン	8.41	4.63	3.26, 3.20	ε_1CH 8.12　δ_2CH 7.14
フェニルアラニン	8.23	4.66	3.22, 2.99	δ_1CH, δ_2CH 7.30　ε_1CH, ε_2CH 7.39　ζCH 7.34
プロリン[b]		4.44	2.28, 2.02	γCH$_2$ 2.03　δCH$_2$ 3.68, 3.65
メチオニン	8.42	4.52	2.15, 2.01	γCH$_2$ 2.64　εCH$_3$ 2.13
リシン	8.41	4.36	1.85, 1.76	γCH$_2$ 1.45　δCH$_2$ 1.70　εCH$_2$ 3.02　εNH$_3^+$ 7.52
ロイシン	8.42	4.38	1.65	γCH 1.64　δCH$_3$ 0.94, 0.90

a) pH7.0, 35℃ におけるテトラペプチド GGXA の水溶液についての値. 化学シフトは DSS (4,4-ジメチル-4-シラペンタン-1-スルホン酸ナトリウム) を内部基準として ppm 単位で表してある.　b) ペプチド結合がトランス型の値.

1. 生体分子の構造化学的・物理的データ

付表 1.4 アミノ酸の ^{13}C-NMR 化学シフト[a]

アミノ酸	C=O	αC	βC	γC	その他
アスパラギン	174.2	52.6	36.5	174.5	
アスパラギン酸	175.0	52.7	37.1	178.3	
アラニン	176.3	51.1	16.8		
アルギニン	174.7	54.6	28.0	24.4	δC 41.0 ζC 157.0
イソロイシン	174.7	60.4	36.6	25.2, 15.4	δC 11.8
グリシン	173.0	42.0			
グルタミン	179.5	55.2	28.3	33.0	δC 175.5
グルタミン酸	175.1	55.2	27.6	34.0	δC 181.8
システイン	174.2	57.3	26.0		
セリン	172.6	56.9	60.8		
チロシン	174.5	56.8	37.0	128.0	δ_1C, δ_2C 130.0 ε_1C, ε_2C 117.0 ζC 156.0
トリプトファン	175.2	56.1	27.4	108.4	δ_1C, ζ_3C 126.0, 122.9[b] ε_3C, η_2C 120.3, 119.3[b] ζ_2C 112.8 ε_2C 137.3 δ_2C 127.5
トレオニン	173.5	61.0	66.6	20.0	
バリン	174.8	61.1	29.7	18.6, 17.4	
ヒスチジン	174.4	55.3	28.5	131.0	ε_1C 136.7 δ_2C 117.7
フェニルアラニン	174.5	56.8	37.0	136.2	δ_1C, δ_2C 130.3 ε_1C, ε_2C 130.3 ζC 128.6
プロリン	174.1	61.1	29.2	23.9	δC 46.0
メチオニン	174.8	54.7	30.5	29.6	εC 14.7
リシン	174.9	54.8	30.2	21.9	δC 26.7 εC 39.5
ロイシン	176.1	54.2	40.5	24.9	δC 22.7, 21.6

[a] 重水溶液(pH 中性), 25°C. 化学シフトは TMS を外部基準として ppm 単位で表してある. [b] 帰属がなされていない.

付表 1.5 核酸構成成分(塩基, ヌクレオシド, ヌクレオチド)の化学的・物理的性質

化合物名(略号)	分子式	分子量	融点[a] (°C)	$[\alpha]_D$ (溶媒)	溶解度[b] (溶媒)	pK_a 塩基	pK_a リン酸
アデニン (Ade)	$C_5H_5N_5$	135.1	362d		0.09 (H_2O) 難溶 (EtOH)	<1.0 4.15 9.8	
アデノシン (A, Ado)	$C_{10}H_{13}N_5O_4$	267.2	235	−61 (H_2O)	可溶 (H_2O)	3.59 12.5	
アデノシン 2′-リン酸 (Ado-2′-P, 2′-AMP)	$C_{10}H_{14}N_5O_7P$	347.2				3.8	6.2
アデノシン 3′-リン酸 (Ap, Ado-3′-P, 3′-AMP)	$C_{10}H_{14}N_5O_7P$	347.2	195d	−45.4 (0.5M Na_2HPO_4)		3.66	5.9
アデノシン 5′-リン酸 (pA, Ado-5′-P, 5′-AMP, AMP)	$C_{10}H_{14}N_5O_7P$	347.2	192d	−46.3 (H_2O)	可溶 (熱水)	3.84	6.2〜6.4
アデノシン 5′-二リン酸 (ppA, Ado-5′-P_2, 5′-ADP, ADP)	$C_{10}H_{15}N_5O_{10}P_2$	427.2				3.9	6.1〜6.7
アデノシン 5′-三リン酸 (pppA, Ado-5′-P_3, 5′-ATP, ATP)	$C_{10}H_{16}N_5O_{13}P_3$	507.2				4.1	6.0〜7.0
イノシン (I, Ino)	$C_{10}H_{12}N_4O_5$	268.2			1.6^{20} (H_2O)	1.2 8.9 12.5	
イノシン 5′-リン酸 (pI, Ino-5′-P, 5′-IMP, IMP)	$C_{10}H_{13}N_4O_8P$	348.2			可溶 (H_2O, ギ酸)	8.9	1.5 6.0
イノシン 5′-二リン酸 (ppI, Ino-5′-P_2, 5′-IDP, IDP)	$C_{10}H_{14}N_4O_{11}P_2$	428.2					
イノシン 5′-三リン酸 (pppI, Ino-5′-P_3, 5′-ITP, ITP)	$C_{10}H_{15}N_4O_{14}P_3$	508.2					
ウラシル (Ura)	$C_4H_4N_2O_2$	112.1	237		0.36 (H_2O)	9.5 >13.0	
ウリジン (U, Urd)	$C_9H_{12}N_2O_6$	244.2	165	+9.6 (H_2O)	可溶 (H_2O)	9.2 12.5	
ウリジン 3′-リン酸 (Up, Urd-3′-P, 3′-UMP)	$C_9H_{13}N_2O_9P$	324.2	192	+22.3 (H_2O)		9.23	1.0 5.9
ウリジン 5′-リン酸 (pU, Urd-5′-P, 5′-UMP, UMP)	$C_9H_{13}N_2O_9P$	324.2		+3.4 (10% HCl)		9.43	6.4
ウリジン 5′-三リン酸 (pppU, Urd-5′-P_3, 5′-UTP, UTP)	$C_9H_{15}N_2O_{15}P_3$	484.2				9.6	6.6
グアニン (Gua)	$C_5H_5N_5O$	151.1	>360		易溶 (酸, アルカリ)	3.2 9.6 12.4	
グアノシン (G, Guo)	$C_{10}H_{13}N_5O_5$	283.2	>235d	−72 (0.1N NaOH)	0.08^{18} (H_2O)	2.14 9.03	
グアノシン 2′-リン酸 (Guo-2′-P, 2′-GMP)	$C_{10}H_{14}N_5O_8P$	363.2			可溶 (H_2O)		
グアノシン 3′-リン酸 (Gp, Guo-3′-P, 3′-GMP)	$C_{10}H_{14}N_5O_8P$	363.2	177d (二水和物)	−57 (2% NaOH)	可溶 (H_2O)	2.15 9.32	5.9
グアノシン 5′-リン酸 (pG, Guo-5′-P,	$C_{10}H_{14}N_5O_8P$	363.2	195d	−		2.34 9.46	6.1

1. 生体分子の構造化学的・物理的データ

名称	分子式	分子量	mp	$[\alpha]_D$	溶解度	pK_a	
5′-GMP, GMP)							
グアノシン 5′-二リン酸 (ppG, Guo-5′-P_2, 5′-GDP, GDP)	$C_{10}H_{15}N_5O_{11}P_2$	443.2				2.9 9.6	6.3
グアノシン 5′-三リン酸 (pppG, Guo-5′-P_3, 5′-GTP, GTP)	$C_{10}H_{16}N_5O_{14}P_3$	523.2				3.3 9.3	6.5
シトシン (Cyt)	$C_4H_5N_3O$	111.1	322d		0.77 (H_2O) 不溶 (Et_2O)	4.6	12.2
シチジン (C, Cyd)	$C_9H_{13}N_3O_5$	243.2	224d	+34.2 (硫酸塩)		4.2 12.5	
シチジン 2′-リン酸 (Cyd-2′-P, 2′-CMP)	$C_9H_{14}N_3O_8P$	323.2				4.4	6.2
シチジン 3′-リン酸 (Cp, Cyd-3′-P, 3′-CMP)	$C_9H_{14}N_3O_8P$	323.2	233d	+49.4 (H_2O)		4.24	6.0
シチジン 5′-リン酸 (pC, Cyd-5′-P, 5′-CMP, CMP)	$C_9H_{14}N_3O_8P$	323.2	233d	+27.1 (H_2O)		4.33	6.3
シチジン 5′-二リン酸 (ppC, Cyd-5′-P_2, 5′-CDP, CDP)	$C_9H_{15}N_3O_{11}P_2$	403.2				4.6	6.4
シチジン 5′-三リン酸 (pppC, Cyd-5′-P_3, 5′-CTP, CTP)	$C_9H_{16}N_3O_{14}P_3$	483.2				4.8	6.6
チミン (Thy)	$C_5H_6N_2O_2$	126.1	340		0.4 (H_2O) 不溶 (Et_2O)	9.9 >13.0	
チミジン (dT, dThd)	$C_{10}H_{14}N_2O_5$	242.2	183	+32.8 (1N NaOH)	可溶 (H_2O)	9.8 >13	
チミジン 3′-リン酸 (dTp, dThd-3′-P, 3′-dTMP, 3′-TMP)	$C_{10}H_{15}N_2O_9P$	322.2		+7.3 (H_2O)		9.94	
チミジン 5′-リン酸 (pdT, dThd-5′-P, 5′-dTMP, dTMP)	$C_{10}H_{15}N_2O_8P$	322.2		−4.4 (H_2O)		10.0	∼1.6 6.5
チミジン 5′-三リン酸 (pppdT, dThd-5′-P_3, 5′-dTTP, dTTP)	$C_{10}H_{17}N_2O_{14}P_3$	482.2					
デオキシアデノシン (dA, dAdo)	$C_{10}H_{13}N_5O_3$	251.2	188d	−26 (H_2O)	可溶 (H_2O)	3.8	
デオキシアデノシン 3′-リン酸 (dAp, dAdo-3′-P, 3′-dAMP)	$C_{10}H_{14}N_5O_6P$	331.2				3.79	
デオキシアデノシン 5′-リン酸 (pdA, dAdo-5′-P, 5′-dAMP, dAMP)	$C_{10}H_{14}N_5O_6P$	331.2	142	−38 (H_2O)		3.91	6.4
デオキシアデノシン 5′-三リン酸 (pppdA, dAdo-5′-P_3, 5′-dATP, dATP)	$C_{10}H_{16}N_5O_{12}P_3$	491.2				4.8	6.8
デオキシグアノシン (G, Guo)	$C_{10}H_{13}N_5O_4$	267.2	250	−30.2 (H_2O)	可溶 (H_2O)	2.38 9.33	
デオキシグアノシン 3′-リン酸 (dGp, dGuo-3′-P, 5′-dGMP)	$C_{10}H_{14}N_5O_7P$	347.2				2.36	
デオキシグアノシン 5′-リン酸 (pdG, dGuo-5′-P,	$C_{10}H_{14}N_5O_7P$	347.2				2.64 9.7	6.4

5′-dGMP, dGMP)						
デオキシグアノシン 5′-三リン酸 (pppdG, dGuo-5′-P_3, 5′-dGTP, dGTP)	$C_{10}H_{16}N_5O_{13}P_3$	507.2			3.5 9.7	6.5
デオキシシチジン (dC, dCyd)	$C_9H_{13}N_3O_4$	227.2	200	+82.4 (1N NaOH)	4.3	
デオキシシチジン 3′-リン酸 (dCp, dCyd-3′-P, 3′-dCMP)	$C_9H_{14}N_3O_7P$	307.2	196d	+57 (H_2O)	4.35	
デオキシシチジン 5′-リン酸 (pdC, dCyd-5′-P, 5′-dCMP, dCMP)	$C_9H_{14}N_3O_7P$	307.2	183d	+35 (H_2O)	4.33 13.2	6.6
デオキシシチジン 5′-三リン酸 (pppdC, dCyd-5′-P_3, 5′-dCTP, dCTP)	$C_9H_{16}N_3O_{13}P_3$	467.2				

a) dは，融点で分解することを示す． b) 数字は，溶媒 100 ml に溶解する溶質の g 数．肩付の数字は測定温度(°C)．特に記述されていない場合は 25°C.

1. 生体分子の構造化学的・物理的データ

付表 1.6 核酸構成成分(塩基, ヌクレオシド, ヌクレオチド)の紫外吸収[a]

化合物名	酸性スペクトル			中性スペクトル			アルカリ性スペクトル		
	pH	λ_{max}	ε_{max} ($\times 10^{-3}$)	pH	λ_{max}	ε_{max} ($\times 10^{-3}$)	pH	λ_{max}	ε_{max} ($\times 10^{-3}$)
アデニン	1	262.5	13.2	7	260.5	13.4	12	269	12.3
アデノシン	1	257	14.6	6	260	14.9	11	259	15.4
アデノシン 2′-リン酸	2	257	15.0	7	259	15.4	12	259	15.4
アデノシン 3′-リン酸	1	257	15.1	7	259	15.4	13	259	15.4
アデノシン 5′-リン酸	2	257	15.0	7	259	15.4	11	259	15.4
アデノシン 5′-二リン酸	2	257	15.0	7	259	15.4	11	259	15.4
アデノシン 5′-三リン酸	2	257	14.7	7	259	15.4	11	259	15.4
イノシン	3	248	12.2	6	248.5	12.3	11	253	13.1
イノシン 5′-リン酸	0.1	251	10.9	6	248.5	12.2	12	253	12.9
イノシン 5′-二リン酸				6	248.5	12.2			
ウラシル	4	259.5	8.2	7	259.5	8.2	12	284	6.2
ウリジン	1	262	10.1	7	262	10.1	12	262	7.5
ウリジン 3′-リン酸	1	262	10.0	7	262	10.0	13	261	7.8
ウリジン 5′-リン酸	2	262	10.0	7	262	10.0	11	261	7.8
ウリジン 5′-三リン酸	2	262	10.0	7	262	10.0	11	261	8.1
グアニン	1	248	11.4	7	246	10.7	11	274	8.0
		276	7.35		276	8.15			
グアノシン	0.7	256	12.3	6	253	13.6	11.3	256〜66	11.3
グアノシン 2′-リン酸	1	257	12.2	7	252	13.4			
グアノシン 3′-リン酸	1	257	12.2	7	252	13.4	10.8	257	11.3
グアノシン 5′-リン酸	1	256	12.2	7	252	13.7	11	258	11.6
グアノシン 5′-二リン酸	1	256	12.3	7	253	13.7	11	258	11.7
グアノシン 5′-三リン酸	1	256	12.4	7	253	13.7	11	257	11.9
シトシン	1	276	10.0	7	267	6.1	14	282	7.9
シチジン	1	280	13.4	7	229.5	8.3	13	273	9.2
					271	9.1			
シチジン 2′-リン酸	2	278	12.7	7	272	8.6	12	272	8.6
シチジン 3′-リン酸	2	279	13.0	7	270	9.0	12	272	8.9
シチジン 5′-リン酸	2	280	13.2	7	271	9.1	11	271	9.1
シチジン 5′-二リン酸	2	280	12.8	7	271	9.1	11	271	9.1
シチジン 5′-三リン酸	2	280	12.8	7	271	9.0	11	271	9.0
チミン	4	264.5	7.9	7	264.5	7.9	12	291	5.4
チミジン	1	267	9.65	7	267	9.7	12	267	7.4
チミジン 3′-リン酸				7	267	9.5			
チミジン 5′-リン酸	2	267	9.6	7	267	9.6	12	267	7.8
チミジン 5′-三リン酸	2	267	9.6	7	267	9.6			
デオキシアデノシン	2	258	14.5	7	260	15.2	13	261	14.9
デオキシアデノシン 3′-リン酸				7	259	15.0			
デオキシアデノシン 5′-リン酸	2	258	15.0	7	259	15.2			
デオキシアデノシン 5′-三リン酸	2	258	14.8	7	259	15.4	12	260	15.4
デオキシグアノシン	1	255	12.1	H₂O	253	13.0	12	260	9.2
デオキシグアノシン 3′-リン酸				7	253	13.7			
デオキシグアノシン 5′-リン酸	1	255	11.8	7	253	13.7	12	262	11.5
デオキシグアノシン 5′-三リン酸	1	255	12.3	7	252	13.7	12	262	11.7
デオキシシチジン	1	280	13.2	7	271	9.0	11	271	9.0
デオキシシチジン 3′-リン酸	2	280	13.1						
デオキシシチジン 5′-リン酸	2	280	13.5	7	271	9.3	12	271	9.0
デオキシシチジン 5′-三リン酸	2	280	13.1	7	272	9.1			

[a] λ_{max} は, 吸収極大波長(nm), ε_{max} は, 吸収極大波長におけるモル吸光係数($l/cm \cdot mol$)を示す.

付表 1.7 単糖類の化学的・物理的性質

化合物名	構造式	分子式 分子量 pK_a	融点[a] (°C)	$[\alpha]_D$[b] (溶媒)	溶解度[c] (溶媒)
2-アセタミド-2-デオキシ-D-ガラクトース→*N*-アセチル-D-ガラクトサミン 2-アセタミド-2-デオキシ-D-グルコース→*N*-アセチル-D-グルコサミン					
N-アセチルガラクトサミン (*N*-アセチルコンドロサミン, 2-アセタミド-2-デオキシ-D-ガ ラクトース)	CH₂OH H·OH HO O H OH H NH·COCH₃ H H	$C_8H_{15}NO_6$ 221.2	α型 172～3	α型 +115→+86 (H_2O)	可溶 (H_2O)
N-アセチル-D-グルコサミン (2-アセタミド-2-デオキシ-D- グルコース)	CH₂OH H·OH O H HO OH H NH·COCH₃ H H	$C_8H_{15}NO_6$ 221.2	α型 205 β型 182～3.5	α型 +75→+41 (H_2O) β型 −22→+41.3 (H_2O)	可溶 (H_2O)
N-アセチルコンドロサミン→*N*-アセチル-D-ガラクトサミン					
N-アセチルノイラミン酸	H OH COOH O H H OH H CH₃·CO·HN H₂C H OH H	$C_{11}H_{19}NO_9$ 309.2 pK_a 2.60	185～7d	−32 (H_2O)	可溶 (H_2O, MeOH) 酸溶 (EtOH) 不溶 (Et_2O)
アドニトール→リビトール 2-アミノ-2-デオキシ-D-ガラクトース→D-ガラクトサミン 2-アミノ-2-デオキシ-D-グルコース→D-グルコサミン					

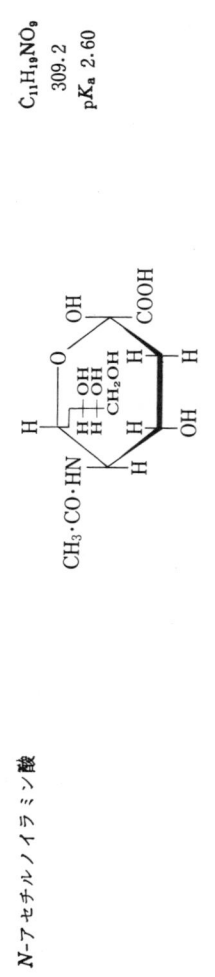

1. 生体分子の構造化学的・物理的データ

化合物名	構造	分子式 / 分子量	融点 (°C)	旋光度	溶解性
D-アラビトール (D-リキシトール)	CH₂OH—HO-H—H-OH—H-OH—CH₂OH	$C_5H_{12}O_5$ 152.1	103	$+7.82^{20}$ (ホウ砂)	易溶 (H_2O) 可溶 (90% EtOH)
D-アラビノース	(ピラノース環構造)	$C_5H_{10}O_5$ 150.1	159〜60	$-175 \to -104.5$ (H_2O)	可溶 (H_2O) 不溶 (Et_2O)
L-アラビノース (ペクチノース)	(β型ピラノース環構造)	$C_5H_{10}O_5$ 150.1	α型 158 β型 160	β型 $+190.6 \to +104.5$ (H_2O)	可溶 (H_2O) 不溶 (Et_2O)
L-イズロン酸	(ウロン酸ピラノース環構造)	$C_6H_{10}O_7$ 194.1	131〜2	$+37 \to +33$ (H_2O)	可溶 (H_2O, MeOH)

D-イソラムノース→6-デオキシ-D-グルコース
D-イソロデオオース→6-デオキシ-D-グルコース

名称	構造	分子式・分子量	融点(°C)	旋光度	溶解度
D-エリトロース	CHO H—OH H—OH CH₂OH	$C_4H_8O_4$ 120.1	111	$-15.9 \to -23.1$ (H_2O)	可溶(H_2O, MeOH, EtOH)
果糖→D-フルクトース					
ガラクチトール (ズシリトール)	CH₂OH H—OH HO—H HO—H H—OH CH₂OH	$C_6H_{14}O_6$ 182.2	188～9	0	3.0^{14} (H_2O) 難溶(EtOH, Et_2O)
D-ガラクツロン酸	α型 (環状構造式)	$C_6H_{10}O_7$ 194.1	α型 159-60d β型 160d	α型 $+107.0 \to +51.9^{20}$ (H_2O) β型 $+31.1 \to +56.7^{20}$ (H_2O)	可溶(H_2O, 熱エタノール) 不溶(Et_2O)
D-ガラクトサミン (コンドロサミン, 2-アミノ- 2-デオキシ-D-ガラクトース)	(β) (環状構造式)	$C_6H_{13}NO_5$ 179.2 pK_a 7.70	α型 HCl塩 185 β型 HCl塩 187	α型 $+121 \to +95^{20}$ (HCl) α型 $+44.5 \to +95^{20}$ (HCl)	可溶(H_2O)

1. 生体分子の構造化学的・物理的データ

名称	構造	分子式・分子量	融点	旋光度	溶解性
D-ガラクトース (セレブロース, 脳糖) α型	(構造式)	$C_6H_{12}O_6$ 180.2	α型 168 β型 167	α型 +150.7→+80.2[20] β型 +52.8→+80.2[20] (H_2O)	68[25] (H_2O) 難溶 (MeOH) 5.45[25] (ピリジン)
D-ガラクトメチロース→D-フコース L-ガラクトメチロース→L-フコース					
D-キシルロース (D-threo-ペンツロース, D-キシロケトース)	(構造式)	$C_5H_{10}O_5$ 150.1	シロップ	−33.2[18] (H_2O)	可溶 (H_2O, EtOH)
L-キシルロース (L-threo-ペンツロース, L-キシロケトース)	(構造式)	$C_5H_{10}O_5$ 150.1	シロップ	+33.1[20] (H_2O)	可溶 (H_2O, EtOH)
D-キシロケトース→D-キシルロース L-キシロケトース→L-キシルロース					
D-キシロース (木糖) α型	(構造式)	$C_5H_{10}O_5$ 150.1	α型 145	α型 +93.6→+18.8[20] (H_2O)	可溶 (H_2O) 不溶 (Et_2O)

名称	構造	分子式・分子量	融点 (°C)	旋光度	溶解性
キトサミン→D-グルコサミン					
D-キノボース→6-デオキシ-D-グルコース					
D-グルクロン酸	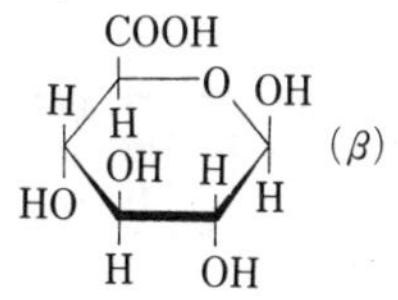 COOH, H, OH, HO, H, H, OH, O, OH (β), H, OH	$C_6H_{10}O_7$ 194.1 pK_a3.18	β型 165d	+11.7→+36.3 (H_2O)	可溶 (H_2O, EtOH)
D-グルコサミン (キトサミン, 2-アミノ-2-デオキシ-D-グルコース)	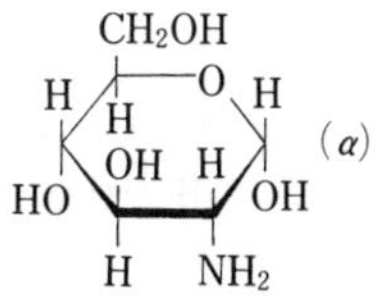 CH_2OH, H, OH, HO, H, H, NH_2, O, OH (α), H, OH	$C_6H_{13}NO_5$ 179.2 pK_a7.75	α型 88 HCl塩 (分解点) 190〜210 β型 120	α型 +100→+47.5^{20} (H_2O) β型 +14→+47.5^{20} (H_2O)	易溶 (H_2O) 可溶 (熱メタノール) 微溶 (EtOH) 不溶 (Et_2O)
D-グルコース (ブドウ糖, 血糖)	CH_2OH, H, OH, HO, H, H, OH, O, OH (α), H, OH	$C_6H_{12}O_6$ 180.2	α型 146 α型水和物 83 β型 148〜50	α型 +112.2→+52.7^{20} (H_2O) B型 +18.7→+52.7^{20} (H_2O)	易溶 (H_2O) 微溶 (EtOH) 不溶 (Et_2O)
D-グルコメチロース→6-デオキシ-D-グルコース					
D-グルコン酸	COOH, H-OH, HO-H, H-OH, H-OH, CH_2OH	$C_6H_{12}O_7$ 196.2 pK_a3.76	132	-6.7→+12^{20} (H_2O)	可溶 (H_2O) 微溶 (EtOH)

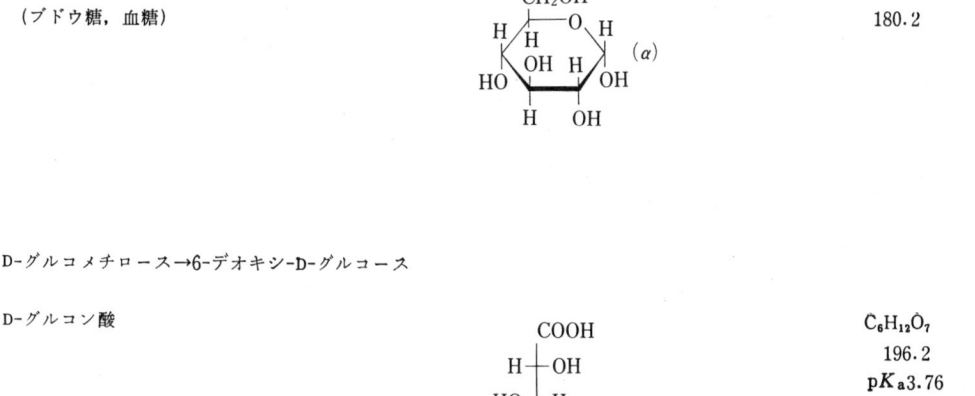

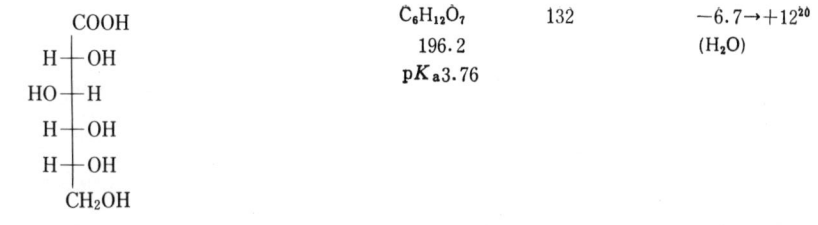

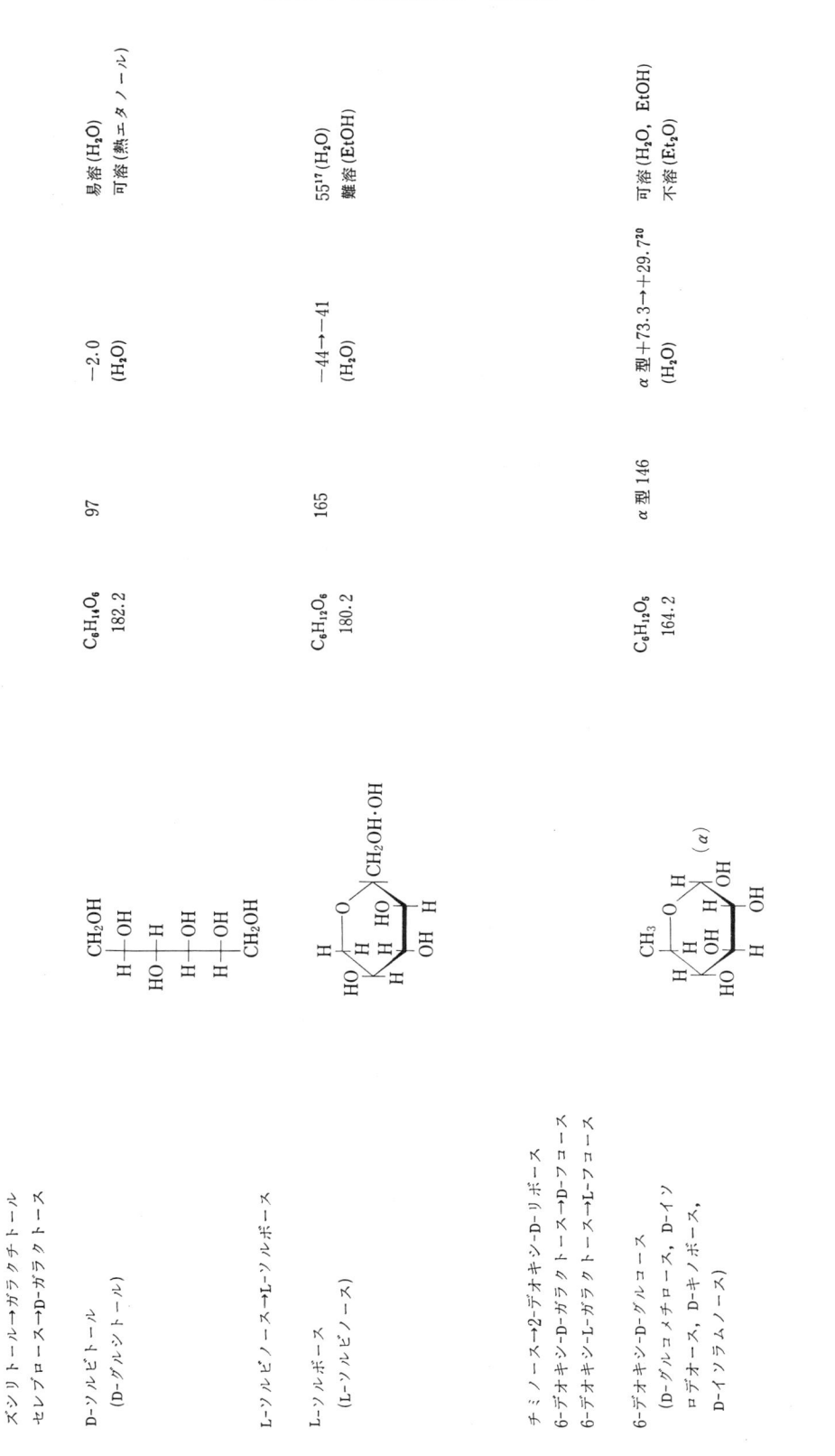

1. 生体分子の構造化学的・物理的データ

D-グルシトール→D-ソルビトール 血糖→D-グルコース コンドロサミン→D-ガラクトサミン ズンリトール→ガラクチトール セレブロース→D-ガラクトース				
D-ソルビトール (D-グルシトール)	CH₂OH H—OH HO—H H—OH H—OH CH₂OH	$C_6H_{14}O_6$ 182.2	97	−2.0 (H_2O)	易溶 (H_2O) 可溶 (熱エタノール)
L-ソルビノース→L-ソルボース				
L-ソルボース (L-ソルビノース)	(構造式)	$C_6H_{12}O_6$ 180.2	165	−44→−41 (H_2O)	55^{17} (H_2O) 難溶 (EtOH)
チミノース→2-デオキシ-D-リボース 6-デオキシ-D-ガラクトース→D-フコース 6-デオキシ-L-ガラクトース→L-フコース 6-デオキシ-D-グルコース (D-グルコメチロース, D-イソロデオース, D-キノボース, D-イソラムノース)				
6-デオキシ-L-マンノース→L-ラムノース	(構造式) (α)	$C_6H_{12}O_5$ 164.2	α型 146	α型 +73.3→+29.7²⁰ (H_2O)	可溶 (H_2O, EtOH) 不溶 (Et_2O)
2-デオキシ-D-*erythro*-ペントース→2-デオキシ-D-リボース 6-デオキシ-L-マンノース→L-ラムノース				

名称	構造	分子式・分子量	融点(°C)	比旋光度	溶解性
2-デオキシ-D-リボース (2-デオキシ-D-*erythro*-ペントース，チミノース)	α型 / β型 構造式	$C_5H_{10}O_4$ 134.1	α型 78〜82 / β型 96〜8	α型 −56[25] (H_2O) / β型 −91→−58 (H_2O)	可溶 (H_2O) 微溶 (EtOH)
D-トレオース	CHO–HO–H–H–OH–CH_2OH	$C_4H_8O_4$ 120.1	126〜32	−12.9[27] (H_2O)	易溶 (H_2O) 可溶 (MeOH) 微溶 (EtOH)
脳糖 → D-ガラクトース					
D-フコース (D-ガラクトメチロース，D-ロデオース，6-デオキシ-D-ガラクトース)	構造式	$C_6H_{12}O_5$ 164.2	α型 145	α型 +153→+76[20] (H_2O)	可溶 (H_2O) 微溶 (EtOH) 不溶 (Et_2O)

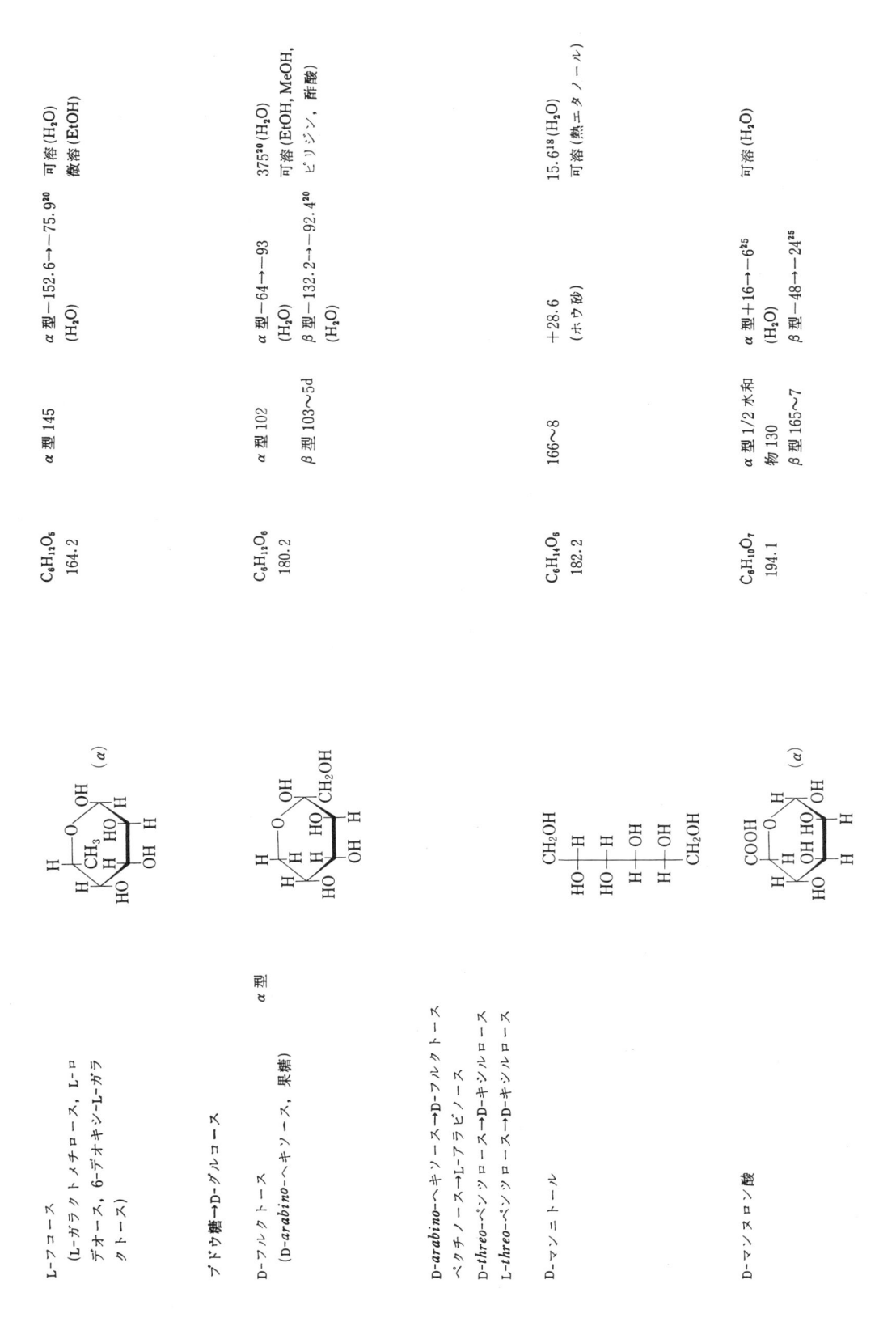

名称	構造	分子式・分子量	融点	旋光度	溶解度
L-フコース (L-ガラクトメチローズ, L-ロデノース, 6-デオキシ-L-ガラクトース)	(α)	$C_6H_{12}O_5$ 164.2	α型 145	α型 $-152.6 \to -75.9^{20}$ (H_2O)	可溶 (H_2O) 微溶 (EtOH)
ブドウ糖→D-グルコース α型					
D-フルクトース (D-*arabino*-ヘキシュロース, 果糖)		$C_6H_{12}O_6$ 180.2	α型 102 β型 103〜5d	α型 $-64 \to -93$ (H_2O) β型 $-132.2 \to -92.4^{20}$ (H_2O)	375^{20} (H_2O) 可溶 (EtOH, MeOH, ピリジン, 酢酸)
D-*arabino*-ヘキシュロース→D-フルクトース					
ベクチノース→L-アラビノース					
D-*threo*-ペンツロース→D-キシルロース					
L-*threo*-ペンツロース→D-キシルロース					
D-マンニトール	CH$_2$OH–HOCH–HOCH–HCOH–HCOH–CH$_2$OH	$C_6H_{14}O_6$ 182.2	166〜8	$+28.6$ (ホウ砂)	15.6^{18} (H_2O) 可溶 (熱エタノール)
D-マンヌロン酸	(α)	$C_6H_{10}O_7$ 194.1	α型 1/2水和物 130 β型 165〜7	α型 $+16 \to +6^{25}$ (H_2O) β型 $-48 \to +24^{25}$	可溶 (H_2O)

VII. 生物化学

化合物	構造	分子式 分子量	融点	旋光度	溶解性
D-マンノサミン		$C_6H_{13}NO_5$ 179.2 pK_a 7.28	HCl 塩 178〜80	-4.6^{20} (5%HCl)	可溶 (H_2O, MeOH)
D-マンノース		$C_6H_{12}O_6$ 180.2	α型 133 β型 132	α型 +29.3→+14.2^{20} (H_2O) β型 −17.0→+14.2^{20}	248^{17} (H_2O) 難溶 (EtOH)
L-マンノメチロース→L-ラムノース					
ムラミン酸	R= $CH(CO_2^-)CH_3$	$C_9H_{17}NO_7$ 251.2	152〜154d	+155→+110^{20} (H_2O)	可溶 (H_2O, MeOH) 難溶 (EtOH)
メチル-D-ガラクトピラノシド	α型	$C_7H_{14}O_6$ 194.2	α型一水和物 111〜2 β型 178〜80	α型 +196 (H_2O) β型 +0.6 (H_2O)	可溶 (H_2O, MeOH)

名称	構造	分子式・分子量	mp	$[\alpha]$	溶解性
メチル-D-グルコピラノシド α型		$C_7H_{14}O_6$ 194.2	α型 168 β型 110	α型 $+158^{20}$ (H_2O) β型 -31 (H_2O)	可溶 (H_2O, MeOH, 熱エタノール)
木糖→D-キシロース					
L-ラムノース (L-マンノメチロース, キシン-L-マンノンス) α型		$C_6H_{12}O_5$ 164.2	α型一水和物 94 β型 123~6	α型 $-8.6 \to +8.2^{20}$ (H_2O) β型 $+38.4 \to +8.9^{20}$ (H_2O)	57^{18} (H_2O) 可溶 (EtOH, MeOH) 不溶 (Et_2O, ベンゼン) 不溶 (Et_2O)
D-リキシトール→D-アラビトール					
リビトール (アドニトール)		$C_5H_{12}O_5$ 152.1	102	0	可溶 (H_2O, EtOH) 不溶 (Et_2O)
D-リブロース		$C_5H_{10}O_5$ 150.1	シロップ	-16.3^{21} (H_2O)	可溶 (H_2O)

D-リボース		$C_5H_{10}O_4$ 150.1	86〜87	$-23.1 \to -23.7^1$ (H_2O)	可溶 (H_2O) 難溶 (EtOH)

β型

D-ロデオアロース→D-フコース
L-ロデオアロース→L-フコース

a) D-ロデオアロース→D-フコース、L-ロデオアロース→L-フコース。b) 数字は、溶媒 100 ml に溶解する溶質の g 数. 肩付の数字は測定温度(℃). →は、変旋光を示す. c) 肩付の数字は、測定温度(℃). d) は、融点で分解することを示す.

付表 1.8 脂質および長鎖脂肪酸の化学的・物理的性質

化合物名（慣用名）[略号]	構造式[a]	分子式 分子量	融点 ($°C$)	$[\alpha]_D$[b] （溶媒）	溶解度[c] （溶媒）
1-アシル-sn-グリセロ-(3)-ホスホコリン→リゾレシチン (β) N-アシル-erythro-スフィンゴシン-1-ホスホコリン→スフィンゴミエリン アゼライン酸→ノナン二酸 アラキドン酸→5,8,11,14-イコサテトラエン酸 アラキジン酸→イコサン酸					
5,8,11,14-イコサテトラエン酸 （アラキドン酸） [Δ_4Ach]	$CH_3(CH_2)_4(CH=CHCH_2)_4(CH_2)_2COOH$	$C_{20}H_{32}O_2$ 304.5	-49.5		不溶 (H_2O) 可溶（エーテル）
イコサン酸（アラキン酸，エイコサン酸）[Ach]	$CH_3(CH_2)_{18}COOH$	$C_{20}H_{40}O_2$ 312.5	75.4		0.45^{20} (EtOH) 可溶（クロロホルム，ベンゼン，エーテル） 遊離脂質：可溶 (MeOH, EtOH, クロロホルム, H_2O) Na塩：可溶 (H_2O) 不溶 (MeOH, アセトン, エーテル)
イノシトールトリホスホリン酸ホスホグリセリド（トリホスホイノシチド，ホスホイノシチド3,4-ビスホスフェート，1,2-ジアシル-sn-グリセロ-(3)-ホスホ (1)-L-myo-イノシトール 3,4-ビス (リン酸), 1,2-ジアシル-sn-グリセロ-(3)-ホスホ (1)-3,4-ビス (ホスホ)-L-myo-イノシトール, 1-(3-sn-ホスファチジル)-L-myo-イノシトール 3,4-ビス (リン酸))	![structure] $H_2C \cdot O \cdot CO \cdot R_1$ $R_2 \cdot CO \cdot O \cdot \overset{|}{C} \cdot H$ $H_2C \cdot O \cdot \overset{O}{\underset{OH}{P}} \cdot O$ — (inositol ring with OP_3H_2, OH, OP_3H_2, HO)	548.2 $+R_1+R_2$			
イノシトールホスホグリセリド（ホスホイノシチド，ホスファチジルイノシトール，1,2-ジアシル-sn-グリセロ-(3)-ホスホ (1)-L-myo-イノシトール, 1-(3-sn-ホスファチジル)-L-myo-イノシトール) [PI, PtdIns]	$CH_2 \cdot O \cdot CO \cdot R_1$ $R_2 \cdot CO \cdot O \cdot \overset{|}{C} \cdot H$ $CH_2 \cdot O \cdot \overset{O}{\underset{}{P}} \cdot O$ — (inositol ring with OH, OH, OH, H, HO, OH)	388.2 $+R_1+R_2$			可溶 (H_2O, ベンゼン, クロロホルム) 微溶 (MeOH, エーテル) 不溶 (MeOH, アセトン)

名称	構造	分子式・分子量	mp (°C)	溶解性
イノシトールモノリン酸ホスホグリセリド(ジホスホイノシチド, ホスファチジルイノシトール4-リン酸, 1,2-ジアシル-sn-グリセロ-(3)-ホスホ(1)-L-myo-イノシトール4-リン酸)	$H_2C \cdot O \cdot CO \cdot R_1$ $R_2 \cdot CO \cdot O-C-H$ $H_2C \cdot O \cdot P(=O)(OH)-O$-(イノシトール環 OH, OPO_3H_2)	468.2 $+R_1+R_2$		遊離脂肪：可溶(MeOH, EtOH, クロロホルム), Na塩：可溶(H_2O), 不溶(MeOH, アセトン, エーテル)
エイコサン酸→イコサン酸				
エタノールアミンホスホグリセリド→L-α-ホスファチジルエタノールアミン				
エライジン酸→trans-9-オクタデセン酸				
エルカ酸→13-ドコセン酸				
α-エレオステアリン酸→cis-9, trans-11, trans-13-オクタデカトリエン酸				
cis-9, cis-12-オクタデカジエン酸(α-リノール酸) [Lin]	$CH_3(CH_2)_4(CH=CHCH_2)_2(CH_2)_6COOH$	$C_{18}H_{30}O_2$ 280.4	$-9 \sim -8$	不溶(H_2O) ∞(EtOH, エーテル, ベンゼン)
cis-9, trans-11, trans-13-オクタデカトリエン酸(α-エレオステアリン酸) [eSte]	$CH_3(CH_2)_3(CH=CH)_3(CH_2)_7COOH$	$C_{18}H_{30}O_2$ 278.4	$48 \sim 9$	不溶(H_2O) 可溶(EtOH, エーテル, CS_2)
cis-9, cis-12, cis-15-オクタデカトリエン酸(α-リノレン酸) [αLnn]	$CH_3(CH_2CH=CH)_3(CH_2)_7COOH$	$C_{18}H_{30}O_2$ 278.4	$-17 \sim -16$	不溶(H_2O) 可溶(EtOH, エーテル, クロロホルム)
オクタデカナール(ステアリルアルデヒド)	$CH_3(CH_2)_{16}CHO$	$C_{18}H_{36}O$ 268.5	63.5(38) d)	不溶(H_2O) 可溶(EtOH, アセトン, エーテル)
オクタデカン酸(ステアリン酸) [Ste]	$CH_3(CH_2)_{16}COOH$	$C_{18}H_{36}O_2$ 284.4	69.6	不溶(H_2O) 可溶(エーテル) 2.5^{20}(ベンゼン) 6.0^{20}(クロロホルム) 0.12^{20}(氷酢酸)
cis-9-オクタデセン-1-オール(オレオイルアルコール)	$CH_3(CH_2)_7CH=CH(CH_2)_7CH_2OH$	$C_{18}H_{36}O$ 268.5	2	不溶(H_2O) 可溶(EtOH, クロロホルム, エーテル)
9-オクタデセン酸(cis: オレイン酸 [Ole], trans: エライジン酸)	$CH_3(CH_2)_7CH=CH(CH_2)_7COOH$	$C_{18}H_{34}O_2$ 282.5	cis, $12 \sim 16$ trans, 44.5	不溶(H_2O) 可溶(EtOH, クロロホルム, アセトン, ベンゼン, エーテル, MeOH)

1. 生体分子の構造化学的・物理的データ

名称	構造	分子式・分子量	融点など	旋光度	溶解性
11-オクタデセン酸(ワクセン酸) [Vac]	$CH_3(CH_2)_5CH=CH(CH_2)_9COOH$	$C_{18}H_{34}O_2$ 282.4	cis, 6.8; trans, 42.5		不溶(H_2O); 可溶(クロロホルム, アセトン, エーテル)
オクタン酸(カプリル酸) [Ocp]	$CH_3(CH_2)_6COOH$	$C_8H_{16}O_2$ 144.2	16.7 沸点 237.5		$0.068^{20}(H_2O)$; ∞(ベンゼン, クロロホルム, CCl_4, MeOH)
オレイン酸→cis-9-オクタデセン酸					
オレオイルアルコール→cis-9-オクタデセン-1-オール					
カプタン酸→オクタン酸					
カプリン酸→デカン酸					
カルジオリピン(ホスファチジルグリセロールホスファチジルグリセロール, ビス(1,2-ジアシル-sn-グリセロ-3-ホスホ)-1',3'-sn-グリセロール) [CL]	$\begin{array}{c} CH_2OCOR \\ RCO_2-C-H \quad O \quad HO-C-H \quad O \quad H-C-OCOR \\ CH_2O-P-OCH_2 \quad CH_2-OCOR \\ O^- \end{array}$	508.3 $+R_1+R_2+R_3+R_4$		$+5.8^{25}$ (EtOH)	不溶(H_2O); 可溶(エーテル, アセトン, クロロホルム, EtOH)
グリセロールホスファチジルグリセロール→ホスファチジルグリセロール					
1,2-ジアシル-sn-グリセロ-(3)-ホスホ-(1)-L-myo-イノシトール→イノシトールホスホグリセリド					
1,2-ジアシル-sn-グリセロ-(3)-ホスホ-(1)-L-myo-イノシトール 3,4-ビスリン酸→イノシトールトリリン酸ホスホグリセリド					
1,2-ジアシル-sn-グリセロ-(3)-ホスホ-(1)-L-myo-イノシトール 4-リン酸→イノシトールモノリン酸ホスホグリセリド					
1,2-ジアシル-sn-グリセロ-(3)-ホスホエタノールアミン→ホスファチジルエタノールアミン					
1,2-ジアシル-sn-グリセロ-(3)-ホスホコリン→L-α-ホスファチジルコリン					
1,2-ジアシル-sn-グリセロ-(3)-ホスホ-L-セリン→ホスファチジルセリン					
1,2-ジアシル-sn-グリセロ-(3)-ホスホ-(1)-3,4-ビス(ホスホ)-L-myo-イノシトール→トリリン酸ホスホグリセリド					
1,2-ジアシル-sn-グリセロ-(3)-リン酸→ホスファチジン酸					
ジアシルグリセロール(ジグリセリド)	1,2 $\begin{array}{c} CH_2OCOR_1 \\ (\alpha\beta) CHOCOR_2 \\ CH_2OH \end{array}$ 1,3 $\begin{array}{c} CH_2OCOR_1 \\ (\alpha\alpha') CHOH \\ CH_2OCOR_2 \end{array}$	$146.1+R_1+R_2$ ジミリスチン 512.8 ジパルミチン 568.9 ジステアリン 625.0 ジオレイン 621.0	1,2-ジミリスチン 58.9; 1,2-ジパルミチン 68.9; 1,3-ジパルミチン 69.5; 1,2-ジステアリン 76.7; 1,3-ジステアリン 79	-3.3 ($CHCl_3$); -2.9 ($CHCl_3$); -2.8 ($CHCl_3$)	不溶(H_2O); 微溶(EtOH, 氷酢酸); 可溶(エーテル, クロロホルム, CCl_4); 脂肪酸残基(R_1, R_2)が不飽和の時には一般に有機溶媒に、より易溶

名称	構造	分子量	mp (°C)	[α]D	溶解性
ジグリセリド→ジアシルグリセロール					
ジチジルホスホグリセリド→CDP-ジグリセリド					
CDP-ジグリセリド (シチジンルホスホグリセリド)	H₂C·O·CO·R₁ R₂·CO·O—C—H OH H₂C·O·P·O·P·O·CH₂ (シチジン環)	531.3+R₁+R₂	ジパルミトイル (ジアンモニウム塩) 171~2		遊離酸：可溶 (クロロホルム) K塩：透明懸濁液 (H₂O)
D-erythro-1,3-ジヒドキシ-2-アミノ-trans-4-オクタデセン→スフィンゴシン					
ジホスファチジルグリセロール→カルジオリピン					
ジホスホイノシチド→イノシトールモノリン酸ホスホグリセリド					
スクアレン (スピナセン)	(CH₃)₂C=[CHCH₂CH₂C(CH₃)=]₅C(CH₃)CH₃	C₃₀H₅₀ 410.7	<−20		可溶 (エーテル, クロロホルム) 難溶 (氷酢酸, EtOH)
スピナゼン酸→オクタデカン酸 スピナセン→スクアレン 4-スフィンゲニン→スフィンゴシン					
スフィンゴシン (4-スフィンゲニン, D-erythro-1,3-ジヒドロキシ-2-アミノ-trans-4-オクタデセン) [Sph]	CH₃(CH₂)₁₂CH=CHCH(OH)CH(NH₂)CH₂OH	299.5	82.5~83	+3²⁵ (ピリジン)	不溶 (H₂O) 可溶 (クロロホルム, アセトン, EtOH, MeOH)
スフィンゴミエリン (セラミドホスホコリン, N-アシル-erythro-スフィンゲニン-1-ホスホコリン) [Sph]	R·CO·NH— CH₃·(CH₂)₁₂·CH=CH·CH(OH)·CH·CH₂ (CH₃)₃N⁺·(CH₂)₂·O·P·O OH⁻ OH	509.6+R	196~8	+6~7 (CHCl₃/MeOH)	不溶 (エーテル, H₂O, アセトン) 可溶 (クロロホルム, ベンゼン, 熱エタノール)
セタノール→ヘキサデカノール					

1. 生体分子の構造化学的・物理的データ

セファリン→L-α-ホスファチジルエタノールアミン
セファリン→ホスファチジルセリン
セラコレイン酸→15-テトラコセン酸
セラミド→1-ホスホコリン→スフィンゴミエリン
セリルアルコール→ヘキサコサノール
セリンホスホグリセリド→ホスファチジルセリン
ソーマリン酸→9-ヘキサデセン酸

名称	構造	分子式・分子量	融点 (°C)	溶解度
デカン酸 (カプリン酸) [Dec, Dco]	$CH_3(CH_2)_8COOH$	$C_{10}H_{20}O_2$ 172.3	31.6 沸点286〜70	$0.015^{20}(H_2O)$, 398^{20}(ベンゼン), 326^{20}(クロロホルム), 510^{20}(MeOH)
テトラコサン酸 (リグノセリン酸) [Lig]	$CH_3(CH_2)_{22}COOH$	$C_{24}H_{48}O_2$ 368.6	84.2	可溶(エーテル、EtOH、ベンゼン、アセトン、CS_2)
15-テトラコセン酸 (ネルボン酸、セラコレイン酸) [Ner]	$CH_3(CH_2)_7CH=CH(CH_2)_{13}COOH$	$C_{24}H_{46}O_2$ 366.6	*cis*, 39; *trans*, 61	可溶(EtOH, クロロホルム, アセトン), $0.002^{20}(H_2O)$, 29.2^{20}(ベンゼン), 15.9^{20}(アセトン), 23.9^{20}(EtOH), 10.2^{20}(水酢酸)
テトラデカン酸 (ミリスチン酸) [Myr]	$CH_3(CH_2)_{12}COOH$	$C_{14}H_{28}O_2$ 228.4	52〜53	
3,7,11,15-テトラメチルヘキサデカン酸 (フィタン酸)	$(CH_3)_2CH[(CH_2)_3CH(CH_3)]_3CH_2COOH$	$C_{20}H_{40}O_2$ 312.5	−65	不溶(H_2O), 易溶(エーテル、クロロホルム、EtOH)
ドコサン酸 (ベヘン酸) [Beh]	$CH_3(CH_2)_{20}COOH$	$C_{22}H_{44}O_2$ 340.6	81	難溶(H_2O, EtOH), 微溶(エーテル), 可溶(クロロホルム)
13-ドコセン酸 (エルカ酸)	$CH_3(CH_2)_7CH=CH(CH_2)_{11}COOH$	$C_{22}H_{42}O_2$ 338.6	*cis*, 33.5; *trans*, 60	*cis* 可溶(EtOH, エーテル), *trans* 微溶(H_2O, EtOH), 可溶(エーテル)
ドデカン酸 (ラウリン酸) [Lau]	$CH_3(CH_2)_{10}COOH$	$C_{12}H_{24}O_2$ 200.3	44.2	$0.0055^{20}(H_2O)$, 93.6^{20}(ベンゼン), 83^{20}(クロロホルム), 105^{20}(EtOH)

Ⅶ. 生物化学

名称	構造	分子式・分子量	融点・その他	溶解性
トリアシルグリセロール(トリグリセリド)	CH₂OCOR₁ | CHOCOR₂ | CH₂OCOR₃	$174.1+R_1+R_2+R_3$	トリミリスチン 723.1 トリパルミチン 807.3 トリラウリン 639.0 トリオレイン 885.4	トリミリスチン $\alpha 32$, $\beta' 44$, $\beta 55.5$ トリオレイン $\alpha -32$, $\beta' -13$, $\beta 3.8(5.5)$ トリパルミチン $\alpha 44$, $\beta' 55.5$, $\beta 65.5$	不溶(H_2O) 微溶(EtOH, MeOH) 可溶(エーテル, クロロホルム, CCl_4) 脂肪酸残基(R_1, R_2, R_3)が不飽和の時には一般に,より易溶有機溶媒に

トリグリセリド→トリアシルグリセロール
トリホスホイノシチド→インシトールトリリン酸ホスホグリセリド
ネルボン酸→15-テトラコセン酸

名称	構造	分子式・分子量	融点・沸点	溶解性
ノナン酸(ペラルゴン酸)[Nno]	$CH_3(CH_2)_7COOH$	$C_9H_{18}O_2$ 158.2	12～12.5 沸点254	0.026^{20}(H_2O) ∞(ベンゼン, ヘキサン, アセトン, MeOH)
ノナン二酸(アゼライン酸)	$HOOC(CH_2)_7COOH$	$C_9H_{16}O_4$ 188.2	107	0.21^{22}(H_2O) 易溶(EtOH) 可溶(エーテル)

パルミチルアルコール→ヘキサデカノール
パルミチンアルデヒド→ヘキサデカナール
パルミチン酸→ヘキサデカン酸
パルミトレイン酸→9-ヘキサデセン酸
ビス-(1,2-ジアシル-sn-グリセロ-3-ホスホ)-1′,3′-sn-グリセロール→カルジオリピン

名称	構造	分子式・分子量	融点	溶解性
2-ヒドロキシオクタデカン酸 (2-ヒドロキシステアリン酸, α-ヒドロキシステアリン酸)	OH $\|$ $CH_3(CH_2)_{15}CHCOOH$	$C_{18}H_{36}O_3$ 300.4	91	不溶(H_2O) 可溶(エーテル, EtOH)
10-ヒドロキシオクタデカン酸 (10-ヒドロキシステアリン酸)	OH $\|$ $CH_3(CH_2)_7CH(CH_2)_8COOH$	$C_{18}H_{36}O_3$ 300.4	81～82	易溶(熱ベンゼン)
d-12-ヒドロキシ-cis-9-オクタデセン酸(リシノール酸)	OH $\|$ $(CH_3)(CH_2)_5CHCH_2CH=CH(CH_2)_7COOH$	$C_{18}H_{34}O_3$ 298.5	5.5	$+6.4^{22}$ (アセトン) 不溶(H_2O) 可溶(エーテル, EtOH)

2-ヒドロキシステアリン酸→2-ヒドロキシオクタデカン酸
10-ヒドロキシステアリン酸→10-ヒドロキシオクタデカン酸
α-ヒドロキシステアリン酸→2-ヒドロキシオクタデカン酸
フィタン酸→3,7,11,15-テトラメチルヘキサデカン酸

1. 生体分子の構造化学的・物理的データ

名称	構造	分子式・分子量	融点 (℃)	溶解性
ヘキサコサノール(セリルアルコール)	CH$_3$(CH$_2$)$_{24}$CH$_2$OH	C$_{26}$H$_{54}$O 382.7	79〜80	不溶(H$_2$O) 可溶(EtOH, エーテル)
ヘキサデカナール(パルミチンアルデヒド)	CH$_3$(CH$_2$)$_{14}$CHO	C$_{16}$H$_{32}$O 240.4	34	不溶(H$_2$O) 可溶(EtOH, アセトン, エーテル)
ヘキサデカノール(パルミチルアルコール, セタノール)	CH$_3$(CH$_2$)$_{15}$CH$_2$OH	C$_{16}$H$_{34}$O 242.5	49.3	可溶(EtOH, エーテル, MeOH, ベンゼン)
ヘキサデカン酸(パルミチン酸)[Pam]	CH$_3$(CH$_2$)$_{14}$COOH	C$_{16}$H$_{30}$O$_2$ 256.4	63.1	不溶(H$_2$O) 可溶(エーテル) 7.3^{20}(ベンゼン) 15.1^{20}(クロロホルム) 2.1^{20}(氷酢酸)
9-ヘキサデセン酸(パルミトレイン酸, ゾーマリン酸)	CH$_3$(CH$_2$)$_5$CH=CH(CH$_2$)$_7$COOH	C$_{16}$H$_{30}$O$_2$ 254.4	cis, −0.5〜0.5	可溶(クロロホルム, エーテル, ベンゼン)
ヘプタデカン酸(マルガリン酸)	CH$_3$(CH$_2$)$_{15}$COOH	C$_{17}$H$_{34}$O$_2$ 270.4	61.3	易溶(エーテル) 0.00042^{20}(H$_2$O) 9.23^{20}(ベンゼン) 2.5^{20}(MeOH)
ペンタデカン酸	CH$_3$(CH$_2$)$_{13}$COOH	C$_{15}$H$_{30}$O$_2$ 242.4	52.3	0.0012^{20}(H$_2$O) 36.2^{20}(ベンゼン) 16.4^{20}(MeOH) 8.8^{20}(氷酢酸)
ベヘン酸→ドコサン酸				
ペラルゴン酸→ノナン酸				
ベンタデカン酸				
ホスファチジルイノシトール→L-myo-イノシトールホスホグリセリド 1-(3-sn-ホスファチジル)-L-myo-イノシトール→ホスファチジルイノシトール 1-(3-sn-ホスファチジル)-L-myo-イノシトール 3,4-ビス(リン酸)→イノシトールトリリン酸ホスホグリセリド ホスファチジルイノシトール 4-リン酸→イノシトールモノリン酸ホスホグリセリド				
L-α-ホスファチジルエタノールアミン(セファリン), 1,2-ジアシル-sn-グリセロ-(3)-ホスホエタノールアミン, (3-sn-ホスファチジル)エタノールアミン, エタノールアミンホスホグリセリド [PE, PtdEtn, acyl$_2$GroPEtn]	H$_2$C−O−CO−R$_1$ R$_2$·CO·O−C−H O H$_2$C−O−P−O−CH$_2$CH$_2$−NH$_2$ OH	269.2 +R$_1$+R$_2$	ジミリストイル-3-sn, 175〜7 ジパルミトイル-3-sn, 172.5〜5 ジステアロイル-3-sn, 173〜5	ジミリストイル-3-sn, +6.0^{26}(クロロホルム) ジパルミトイル-3-sn, +6.4^{26}(クロロホルム) ジステアロイル-3-sn, +6.0^{24}(CHCl$_3$:氷酢酸 9:1) 不溶(アセトン) 可溶(EtOH, MeOH, クロロホルム, ピリジン, ベンゼン)

ホスファチジルグリセロール (1,2-ジアシル-*sn*-グリセロ-(3)-ホスホ-*sn*-グリセロール，3-(3-*sn*-ホスファチジル)-*sn*-グリセロール，グリセロールホスホグリセリド) [PG，PtdGro]	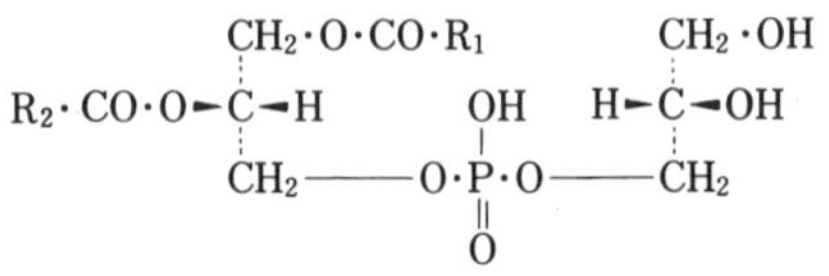	300.1 +R_1+R_2	ジステアロイル 3-*sn*，66.5～67.0	ジステアロイル -3-*sn*，+2.0[22] (クロロホルム) ジオレオイル -3-*sn*，+2.0[21] (クロロホルム)	乳化 (H_2O) 可溶(EtOH，MeOH，クロロホルム，アセトン，ベンゼン，エーテル)
ホスファチジルグリセロールホスホグリセリド→カルジオリピン					
L-α-ホスファチジルコリン (ホスホコリン，1,2-ジアシル-*sn*-グリセロ-(3)-ホスホコリン，(3-*sn*-ホスファチジル)コリン，L-α-レシチン，コリンホスホグリセリド) [PC，PtdCho，$acyl_2$GroPCho]	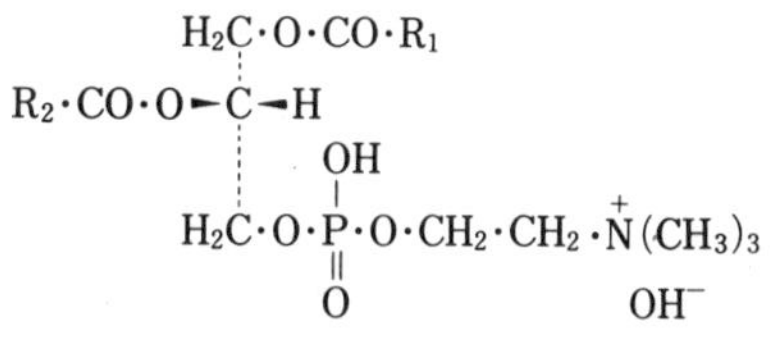	329.3 +R_1+R_2	ジミリストイル 236～7 ジパルミトイル 235～6 ジステアロイル 230～2	ジミリストイル -3-*sn*，+7.0[24] (EtOH/$CHCl_3$) ジパルミトイル -3-*sn*，+7.0[25] (クロロホルム) ジステアロイル -3-*sn*，+6.1 (MeOH/$CHCl_3$)	不溶(アセトン) 可溶(EtOH，エーテル，CS_2，クロロホルム，CCl_4，ベンゼン) R_1，R_2がともに飽和脂肪酸：不溶(エーテル) 微溶(アセトン) 可溶(EtOH，氷酢酸，クロロホルム)
ホスファチジルセリン (1,2-ジアシル-*sn*-グリセロ-(3)-ホスホ-L-セリン，(3-*sn*-ホスファチジル)-L-セリン，セファリン，セリンホスホグリセリド) [PS，PtdSer，$acyl_2$GroPSer]	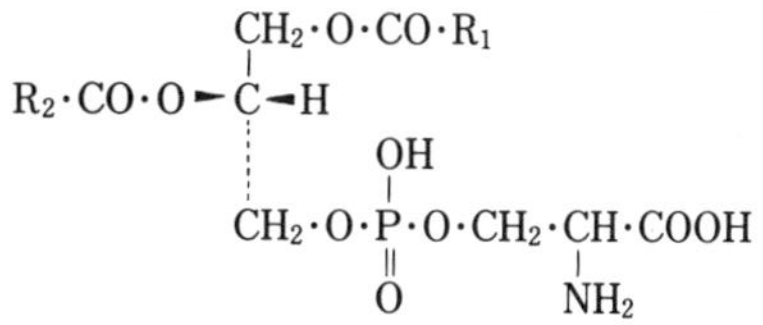	313.2 +R_1+R_2	ジステアロイル-3-*sn*，159～61		Na，K塩：乳化(H_2O) 不溶(EtOH，MeOH，アセトン) 可溶(クロロホルム，エーテル)
ホスファチジン酸 (L-α-ホスファチジン酸，1,2-ジアシル-*sn*-グリセロ-(3)-リン酸)	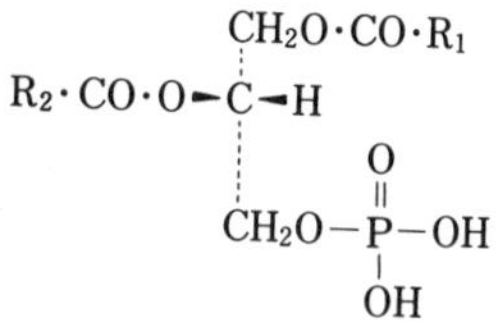	226.1+R_1+R_2 ジミリストイル 592.5 ジパルミトイル 648.6 ジステアロイル 704.6		ジミリストイル -3-*sn*，+4.4[20] (クロロホルム) ジパルミトイル -3-*sn*，+4.0[26] (クロロホルム) ジステアロイル -3-*sn*，+3.8[26] (クロロホルム)	不溶 (H_2O) 可溶(アセトン，エーテル，クロロホルム)
ホスホイノシチド→イノシトールホスホグリセリド					
ホスホイノシチド3,4-ビス-リン酸→イノシトールトリリン酸ホスホグリセリド					

1. 生体分子の構造化学的・物理的データ

名称	構造	分子式・分子量	融点 (°C)	比旋光度	溶解性
ホスホコリン→L-α-ホスファチジルコリン					
マルガリン酸→ヘプタデカン酸					
ミリスチン酸→テトラデカン酸					
9,10-メチレンヘキサデカン酸	$CH_3(CH_2)_5CH-CH(CH_2)_7COOH$ 　　　　　　　＼／ 　　　　　　　CH_2	$C_{17}H_{32}O_2$ 268.4			不溶(H_2O) 可溶(脂肪溶媒)
モノアシルグリセロール(モノグリセリド)	CH_2OCOR　　CH_2OH $CHOH$　　　　$CHOCOR$ CH_2OH　　　CH_2OH 1-monoglyceride　2-monoglyceride 　(α)　　　　　　　(β)	119.1+R モノオレイン 356.5 モノパルミチン 302.3 モノパルミチン 330.4 モノステアリン 358.5	1-モノオレイン 35 1-モノパルミチン71～2 2-モノパルミチン68.5 1-モノステアリン76～7 2-モノステアリン74.4	-4.4 (ピリジン) -3.58 (ピリジン)	不溶(H_2O, 懸濁) 酸溶(EtOH, MeOH) 可溶(エーテル, クロロホルム, CCl_4) 脂肪酸残基(R)が不飽和の時には一般に有機溶媒に, より易溶
モノグリセリド→モノアシルグリセロール					
ラウリン酸→ドデカン酸					
リグノセリン酸→テトラコサン酸					
リシノール酸→d-12-ヒドロキシ-cis-9-オクタデセン酸					
リゾホスファチジルコリン→リゾレシチン(β)					
リゾレシチン(β)(リゾホスファチジルコリン, 1-アシル-sn-グリセロー(3)-ホスホコリン)	$CH_2 \cdot O \cdot CO \cdot R$ $HO-C-H$　OH 　　　　　｜ $CH_2 \cdot O \cdot P \cdot O \cdot CH_2 \cdot CH_2 \cdot \overset{+}{N}(CH_3)_3$ 　　　　$\parallel$ 　　　　O　　　　　　　OH^-	モノステアロイル541.7 モノパルミトイル513.7	モノステアロイル257.5～8.5 モノパルミトイル195～6	モノステアロイル-2.2²⁵ モノパルミトイル-2.87²⁵ (MeOH/CHCl₃)	乳化(H_2O) 不溶(エーテル) 難溶(アセトン) 可溶(EtOH, クロロホルム, ピリジン)

α-リノール酸→cis-9, cis-12-オクタデカジエン酸
α-リノレン酸→cis-9, cis-12, cis-15-オクタデカトリエン酸
L-α-レシチン→コリンホスホグリセリド→L-α-ホスファチジルコリン
ロシノール酸→10-ヒドロキシオクタデカン酸
ワクセン酸→11-オクタデセン酸

a) R, R₁, R₂, R₃ は, 脂肪酸残基を表す. b) 肩付の数字は測定温度(°C). 数字は, 溶媒100 mlに溶解する溶質のg数. 肩付の数字は, 測定温度(°C). d) 急速に重合するので, 融点の精度は低い.

付表 1.9 プロスタグランジンの化学的・物理的性質

化合物名（慣用名）	構造式	分子式 分子量	融点 (°C)	$[\alpha]_D^{a)}$ (溶媒)	溶解度 (溶媒)
15α-ヒドロキシ-9-ケトプロスタ-10,13-trans-ジエン酸 (PGA$_1$)		C$_{20}$H$_{32}$O$_4$ 336.5	42～4		難溶(H$_2$O) 可溶(クロロホルム, MeOH, EtOH, エチルアセテート) 一般にプロスタグランジンは, 酸性またはアルカリ水溶液中では不安定である.
15α-ヒドロキシ-9-ケトプロスタ-5-cis, 10,13-trans-トリエン酸 (PGA$_2$)		C$_{20}$H$_{30}$O$_4$ 334.5			
11α,15α-ジヒドロキシ-9-ケトプロスト-13-trans-エン酸 (PGE$_1$)		C$_{20}$H$_{34}$O$_5$ 354.5	115～17	$-61.6^{b)}$ (テトラヒドロフラン)	
11α,15α-ジヒドロキシ-9-ケトプロスタ-5-cis, 13-trans-ジエン酸 (PGE$_2$)		C$_{20}$H$_{32}$O$_5$ 352.5	68～9	-61^{26} (テトラヒドロフラン)	
9α,11α,15α-トリヒドロキシプロスト-13-trans-エン酸 (PGF$_{1\alpha}$)		C$_{20}$H$_{36}$O$_5$ 356.5	102～3		
9α,11α,15α-トリヒドロキシプロスタ-5-cis, 13-trans-ジエン酸 (PGF$_{2\alpha}$)		C$_{20}$H$_{34}$O$_5$ 354.5	25～35	$+23.5^{25}$ (テトラヒドロフラン)	

a) 肩付の数字は測定温度(°C). b) 578 nm での測定.

付表 1.10 ステロイドの化学的・物理的性質

化合物名 (慣用名)	構造式	分子式 分子量	融点 (°C)	$[\alpha]_D$ [a] (溶媒)	溶解度 [b] (溶媒)
アルドステロン		$C_{21}H_{28}O_5$ 360.4	無水物 164 一水和物 108〜12	$+152.2^{23}$ (アセトン)	可溶(アセトン, クロロホルム)
アンドロステロン		$C_{19}H_{30}O_2$ 290.4	183.5	$+94.6^{20}$ (エタノール)	不溶(H_2O) 可溶(有機溶媒)
アンドロステンジオン		$C_{19}H_{26}O_2$ 286.4	170〜4	$+191^{30}$ (エタノール)	可溶(EtOH, クロロホルム, ベンゼン)
エストラジオール-17α		$C_{18}H_{24}O_2$ 272.4	水和物 220〜3		不溶(H_2O) 易溶(EtOH) 可溶(アセトンなどの有機溶媒)

名称	構造	分子式 分子量	融点	比旋光度	溶解性
エストラジオール-17β	(構造式)	$C_{18}H_{24}O_2$ 272.4	173〜9	$+76〜+83^{25}$ (ジオキサン)	不溶(H_2O) 可溶(EtOH, アセトン, アルカリ水溶液)
エストリオール	(構造式)	$C_{18}H_{24}O_3$ 288.4	282	$+58^{25}$ (ジオキサン)	難溶(H_2O) 可溶(EtOH, クロロホルム, エーテル, ピリジン, アルカリ水溶液)
エストロン	(構造式)	$C_{18}H_{22}O_2$ 270.4	255〜62	$+158〜+168^{25}$ (ジオキサン)	不溶(H_2O) 4.0(EtOH) 2.0(アセトン) 1.0(クロロホルム) 可溶(アルカリ水溶液)
コレスタノール→ジヒドロコレステロール					
コレステロール	(構造式)	$C_{27}H_{46}O$ 386.6	148.5	-31.1^{15} (Et_2O)	難溶(H_2O, EtOH) 可溶(エーテル, クロロホルム, ベンゼン, ピリジン, 熱エタノール)

1. 生体分子の構造化学的・物理的データ

名称	分子式・分子量	融点 (°C)	[α]	溶解性
シトステロール (α₁-, β-) (β-: 22-ジヒドロスチグマステロール, Δ^5-スチグマステン-3β-オール)	α₁, $C_{29}H_{48}O$ 412.7; β, $C_{29}H_{50}O$ 414.7	α₁, 164~6; β, 136~8	α₁, -1.7^{28} ($CHCl_3$); β, -37.8^{25}	α₁, 可溶(クロロホルム, エーテル); β, 可溶(クロロホルム)
ジヒドロコレステロール (コレスタノール)	$C_{27}H_{48}O$ 388.6	142~3	$+27.4^{20}$ ($CHCl_3$)	可溶(クロロホルム, エーテル)
22-ジヒドロスチグマステロール → β-シトステロール				
ジヒドロテストステロン	$C_{19}H_{30}O_2$ 290.4	180~1	$+32.4^{20}$ (エタノール)	不溶(H_2O), 可溶(EtOH, エーテルなどの有機溶媒, 植物油)

Δ^5-スチグマステン-3β-オール→β-シトステロール

名称	構造	分子式・分子量	融点 (°C)	$[\alpha]_D$	溶解性
デオキシコルチコステロン		$C_{21}H_{30}O_3$ 330.4	141～2	$+178^{22}$ (アセトン)	難溶(H_2O) 可溶(アセトン, エーテル, EtOH)
テストステロン		$C_{19}H_{28}O_2$ 288.4	155	$+109^{24}$ (エタノール)	1.3×10^{-4} mol・l^{-1}(H_2O) 可溶(EtOH, エーテル などの有機溶媒, 植物油)
デヒドロエピアンドロステロン		$C_{19}H_{28}O_2$ 288.4	148(針状晶) 152(板状晶)	$+10.9^{18}$ (エタノール)	可溶(EtOH, エーテル, ベンゼン) 微溶(クロロホルム) 難溶(CCl_4)

a) 肩付の数字は測定温度(°C). b) 数字は, 溶媒 100 ml に溶解する溶質の g 数.

付表 1.11 ビタミンと補酵素の化学的・物理的性質

化合物名（別名）	構造式	分子式 分子量	融点(°C)[a] pK_a	$[\alpha]_D$[b] (溶媒)	溶解度[c] (溶媒)
L-アスコルビン酸 (ビタミンC)	(構造式)	$C_6H_8O_6$ 176.1	192d pK_a 4.04, 11.34	$+23^{20}$ (H_2O)	33.3(H_2O), 2(EtOH) 不溶(エーテル, クロロホルム, ベンゼン)
エルゴカルシフェロール (ビタミン D_2)	(構造式)	$C_{28}H_{44}O$ 396.7	121	$+106^{20}$ (エタノール)	不溶(H_2O) 28^{26}(EtOH) 25^{26}(アセトン) 可溶(エーテル, クロロホルム)
エルゴステロール (プロビタミン D_2)	(構造式)	$C_{28}H_{44}O$ 396.7	168	-135^{20} (クロロホルム)	不溶(H_2O) 微溶(EtOH, MeOH, エーテル) 可溶(熱クロロホルム, ベンゼン)

NAD→ニコチンアデニンジヌクレオチド
NADP→ニコチンアデニンジヌクレオチドリン酸
NMN→ニコチンモノヌクレオチド
FAD→フラビンアデニンジヌクレオチド
FMN→フラビンモノヌクレオチド
MK-6→メナキノン
MK-7→メナキノン

Q_n→ユビキノン-n
CoA→補酵素A
CoQ_n→ユビキノン-n

名称	構造式	分子式・分子量	mp・pKa	[α]	溶解性
コレカルシフェロール (ビタミン D_3)	(構造式)	$C_{27}H_{44}O$ 384.7	84～5	+51.9 (クロロホルム)	不溶(H_2O), 可溶(エーテル, クロロホルム, アセトン, EtOH)
シアノコバラミン (ビタミン B_{12})	*1	$C_{63}H_{88}N_{14}O_{14}PCo$ 1355.4	>300	$-110^{20.d}$ (H_2O)	1.2(H_2O), 可溶(アルコール類, 脂肪酸, フェノール), 不溶(エーテル, アセトン, クロロホルム, ピリジン)
1,2-ジチオラン-3-吉草酸→リポ酸					
チアミン塩酸塩 (ビタミン B_1)	(構造式)	$C_{12}H_{18}Cl_2N_4OS$ 337.3	247～8d pKa 4.8, 9.2		100(H_2O), 0.35(EtOH), 可溶(MeOH), 不溶(エーテル, ベンゼン, クロロホルム)
チアミンニリン酸	(構造式)	$C_{12}H_{19}ClN_4O_7P_2S$ 460.8	一水和物 240～4d pKa 5.0		可溶(H_2O)
TPN→ニコチンアデニンジヌクレオチドリン酸					
5,6,7,8-テトラヒドロプテロイルグルタミン酸(テトラヒドロ葉酸)	(構造式)	$C_{19}H_{23}N_7O_6$ 445.4	pKa 3.5(COOH), 4.8(COOH), 4.8(N^5), 10.5(N^3)	$+14.9^{27}$ (0.1M NaOH)	可溶(H_2O, 酢酸), 不溶(エーテル)

1. 生体分子の構造化学的・物理的データ

名称	分子式・分子量	融点・pKa他	旋光度	溶解性
テトラヒドロ葉酸→5,6,7,8-テトラヒドロプテロイルグルタミン酸				
トコフェロール(ビタミンE) α-, 5,7,8-トリメチルトコフェロール β-, 5,8-ジメチルトコフェロール γ-, 7,8-ジメチルトコフェロール δ-, 8-メチルトコフェロール	α-, $C_{29}H_{50}O_2$ 430.7 β-, $C_{28}H_{48}O_2$ 416.7 γ-, $C_{28}H_{48}O_2$ 416.7 δ-, $C_{27}H_{46}O_2$ 402.7	α-, 2.5〜3.5 γ〜, −3〜−2		不溶(H_2O) 可溶(アセトン, クロロホルム, EtOH)
ニコチンアミド	$C_6H_6N_2O$ 122.1	128〜31 pK_a 3.4		100(H_2O) 66(EtOH) 可溶(アセトン, クロロホルム) 微溶(ベンゼン, エーテル)
ニコチンアミドアデニンジヌクレオチド(NAD, 補酵素Ⅰ)	$C_{21}H_{27}N_7O_{14}P_2$ 663.4	pK_a 3.9	−34.8²³ (H_2O)	易溶(H_2O) 不溶(エーテル)
ニコチンアミドアデニンジヌクレオチドリン酸(NADP, TPN, 補酵素Ⅱ) *2	$C_{21}H_{28}N_7O_{17}P_3$ 743.4	pK_a 3.9, 6.1	−38.3 (H_2O)	可溶(H_2O) 難溶(EtOH) 不溶(エーテル)
ニコチンアミドモノヌクレオチド(NMN)	$C_{11}H_{15}N_2O_8P$ 334.2			可溶(H_2O) 不溶(アセトン)
ニコチン酸(ナイアシン, アンチペラグラ)	$C_6H_5NO_2$ 123.1	236〜7 pK_a 4.76		1.7²⁰(H_2O) 可溶(EtOH, アルカリ) 微溶(ベンゼン, エーテル)

Ⅶ. 生物化学

名称	構造	分子式・分子量	物性	旋光度	溶解性
D-パントテン酸	HOCH$_2$-C(CH$_3$)(CH$_3$)-CH(OH)-C(=O)-NH·CH$_2$·CH$_2$·COOH	C$_9$H$_{17}$NO$_5$ 219.2	pK_a 4.4	+37.5^{25} (H$_2$O)	易溶(H$_2$O, EtOH, 酢酸) 可溶(アセトン, エーテル) 不溶(ベンゼン, クロロホルム)
ビオチン(ビタミン H)	(構造式) H$_2$C-CH-(CH$_2$)$_4$·COOH 環にHN-C(=O)-NH, HC-CH, S	C$_{10}$H$_{16}$N$_2$O$_3$S 244.3	232〜3	+92^{22} (0.1M NaOH)	0.02^{25}(H$_2$O) 0.08^{25}(95% EtOH) 不溶(有機溶媒) Na塩:易溶(H$_2$O)
L-erythro-ビオプテリン	(構造式) プテリジン環に-C(H)(OH)-C(H)(OH)-CH$_3$, O=, H$_2$N-	C$_9$H$_{11}$N$_5$O$_3$ 237.2	分解点 250〜80 pK_a 2.43, 7.7	−62^{25} (0.1M HCl)	0.07^{20}(H$_2$O) 難溶(エーテル, EtOH) 可溶(酸, アルカリ)

ビタミン A$_1$ → レチノール
ビタミン A$_1$ アルデヒド → レチナール
ビタミン A$_1$ 酸 → レチノイン酸
ビタミン B$_1$ → チアミン塩酸塩
ビタミン B$_2$ → リボフラビン
ビタミン B$_6$ → ピリドキサミン 5'-リン酸
ビタミン B$_{12}$ → シアノコバラミン
ビタミン B$_c$ → プテロイルグルタミン酸
ビタミン C → L-アスコルビン酸
ビタミン D$_2$ → エルゴカルシフェロール
ビタミン E → トコフェロール
ビタミン H → ビオチン
ビタミン K$_1$ → フィロキノン
ビタミン K$_2$ → メナキノン
ビタミン M → プテロイルグルタミン酸

1. 生体分子の構造化学的・物理的データ

名称	構造	分子式・分子量	融点・pKa	旋光度	溶解度
ピリドキサミン二塩酸塩 (PM)	CH$_2$NH$_2$, CH$_2$OH, HO, H$_3$C-N ·2HCl	C$_8$H$_{12}$N$_2$O$_2$·2HCl 241.1	226〜7d pK$_a$ 3.54(フェノール) 8.21(ピリジニウム) 10.63(アミノ)		50(H$_2$O) 0.65(95% EtOH)
ピリドキサミン5'-リン酸 (PMP)	CH$_2$NH$_2$, CH$_2$O·P(=O)(OH)OH, HO, H$_3$C-N	C$_8$H$_{13}$N$_2$O$_5$P 248.2	二水和物 pK$_a$ <2.5(PO$_4$) 3.69(フェノール) 5.76(PO$_4$) 8.61(ピリジニウム) 10.92(アミノ)		可溶(H$_2$O)
ピリドキサール塩酸塩 (PL)	CHO, CH$_2$OH, HO, H$_3$C-N ·HCl	C$_8$H$_9$NO$_3$·HCl 203.6	165d pK$_a$ 4.23(フェノール) 8.70(ピリジニウム) 13.0		50(H$_2$O) 1.7(95% EtOH)
ピリドキサール5'-リン酸 (PLP)	CHO, CH$_2$O·P(=O)(OH)OH, HO, H$_3$C-N	C$_8$H$_{10}$NO$_6$P 247.1	一水和物 pK$_a$ <2.5(PO$_4$) 4.14(フェノール) 6.20(PO$_4$) 8.69(ピリジニウム)		可溶(H$_2$O) 微溶(MeOH) 難溶(EtOH) 不溶(クロロホルム, アセトン, ベンゼン)
フィロキノン (ビタミンK$_1$)	(ナフトキノン構造, 側鎖フィチル基)	C$_{31}$H$_{46}$O$_2$ 450.7	−20		可溶(EtOH, アセトン, ベンゼン, エーテル) 不溶(H$_2$O)
プテロイルグルタミン酸 (葉酸, ビタミンB$_c$, ビタミンM)	COOH-CH-NH·CO-C$_6$H$_4$-NH-CH$_2$-プテリジン環(H$_2$N, OH)	C$_{19}$H$_{19}$N$_7$O$_6$ 441.4	分解点 250 pK$_a$ 4.65, 6.75, 9.00	+23^{25} (0.1M NaOH)	0.05^{100}(H$_2$O) 可溶(アルカリ) 不溶(H$_2$O, pH<5) 微溶(水酢酸, MeOH) 難溶(EtOH)

名称	構造	分子式・分子量	物性	溶解性
プテロイン酸	(構造式)	$C_{14}H_{12}N_6O_3$ 312.3		敏溶(NaOH水溶液, Na_2CO_3水溶液, $NaHCO_3$水溶液) 不溶(希酸)
フラビンアデニンジヌクレオチド (FAD)	*3	$C_{27}H_{33}N_9O_{15}P_2$ 785.6		易溶(H_2O) 可溶(ピリジン, フェノール) 不溶(EtOH, エーテル, アセトン, クロロホルム)
フラビンモノヌクレオチド (FMN)	(構造式)	$C_{17}H_{21}N_4O_9P$ 456.3		可溶(H_2O, 氷酢酸, ピリジン, フェノール) 難溶(EtOH) 不溶(エーテル, アセトン, クロロホルム)
プロビタミンD_2→エルゴステロール 補酵素Ⅰ→ニコチンアデニンジヌクレオチド 補酵素Ⅱ→ニコチンアデニンジヌクレオチドリン酸				
補酵素A (CoA)	*4	$C_{21}H_{36}N_7O_{16}P_3S$ 767.6	pK_a 4.0(アデニンNH_3^+) 6.4(リン酸) 9.6(SH)	可溶(H_2O) 不溶(EtOH, アセトン, エーテル)
補酵素Q_n→ユビキノン-n				
メナキノン n=6: メナキノン-6 (MK-6, ビタミンK_2(30)) n=7: メナキノン-7 (MK-7, ビタミンK_2(35))	(構造式)	MK-6, $C_{41}H_{56}O_2$ 580.9 MK-7, $C_{46}H_{64}O_2$ 649.0	MK-6, 50 MK-7, 54	敏溶(EtOH) 可溶(アセトン, ベンゼン, エーテル, ヘキサン) 不溶(H_2O)

名称	構造	分子式・分子量	融点(°C)等	旋光度	溶解度
ユビキノン-n (Q-n, CoQ_n, 補酵素 Q_n)	(構造式)	Q-6, $C_{39}H_{58}O_4$ 590.9 Q-7, $C_{44}H_{66}O_4$ 659.0 Q-8, $C_{49}H_{74}O_4$ 727.1 Q-9, $C_{54}H_{82}O_4$ 795.2 Q-10, $C_{59}H_{90}O_4$ 863.3	Q-6, 19~20 Q-7, 31~2 Q-8, 37~8 Q-9, 44~5 Q-10, 49		可溶(EtOH, ヘキサン, エーテル, 石油エーテル, シクロヘキサン) 不溶(H_2O)
葉酸→プテロイルグルタミン酸					
リポ酸 (1,2-ジチオラン-3-吉草酸)	(構造式)	$C_8H_{14}O_2S_2$ 206.3	47.5 pK_a 4.76	$+104^{25}$ (ベンゼン)	不溶(H_2O), 易溶(EtOH, MeOH, ベンゼン)
リボフラビン (ビタミン B_2)	(構造式)	$C_{17}H_{20}N_4O_6$ 376.4	280d pK_a 9.69	-117^{71} (0.1M NaOH)	$0.01^{25}(H_2O)$ 0.0045(EtOH) 易溶(希アルカリ, 濃塩酸) 可溶(氷酢酸, フェノール) 不溶(エーテル, クロロホルム, アセトン)
レチナール (ビタミン A_1 アルデヒド)	*5	$C_{20}H_{28}O_2$ 284.4	61~4		可溶(MeOH, EtOH, エーテル, クロロホルム, シクロヘキサン) 不溶(H_2O)
レチノイン酸 (ビタミン A_1 酸)	*6	$C_{20}H_{28}O_2$ 300.4	179~80		可溶(MeOH, EtOH, エーテル, クロロホルム, シクロヘキサン) 不溶(H_2O)
レチノール (ビタミン A_1)	*7	$C_{20}H_{30}O$ 286.4	64		可溶(MeOH, EtOH, エーテル, クロロホルム, シクロヘキサン) 不溶(H_2O)

a) d は、融点で分解することを示す. b) 肩付の数字は測定温度(°C). c) 数字は、溶媒 100 ml に溶解する溶質の g 数. 肩付の数字は、測定温度(°C). d) 643.8 nm での測定.

Ⅶ. 生物化学

2. タンパク質

2.1 タンパク質の大きさと形
2.1.1 ポリペプチド

タンパク質はポリペプチドが3次元的な立体構造をとり，さらに多くの場合そのいくつかが会合して機能構造を形成している．このように，ポリペプチドだけからなるタンパク質を単純タンパク質と呼ぶのに対し，共有結合，非共有結合でポリペプチドに糖や核酸，脂質が結合しているものを複合タンパク質と称することになっている．タパク質を形成するのは20種類のL-α-アミノン酸であり，その数と並び方の違いにより文字通り千差万別の立体構造と機能をもつ．タンパク質を構成するポリペプチドは，小さいもので分子量数千のものから，大きいものではおよそ2百万と推定されるものまでが現在知られており，その種類は数万〜数十万種と推定されている．

2.1.2 サブユニット

ポリペプチドのアミノ酸配列を1次構造という．アミノ酸配列は基本的にはDNA上の塩基配列によって決められるが，生合成後のアミノ酸残基側鎖の修飾反応も頻繁に行われるので，タンパク質の1次構造の多様性は20種のアミノ酸以上になる．ポリペプチドは生合成直後に立体構造形成反応を自動的に経て2次構造，3次構造をつくる．2次構造は主としてαヘリックスとβシート構造で，ペプチド結合のC=OとNHグループの間にできる水素結合を基本としたらせん構造である．αヘリックスは3.6残基でらせんが1回転し，βシートでは2残基で1回転する．2次構造にはそのほかに，いくつかの種類のらせん構造やポリペプチドの主鎖の折れ曲がり部分を形成するターン構造あるいは**不規則構造**がある．付表2.1 (p. 347) におもな2次構造をまとめる．

3次構造は，アミノ酸残基側鎖間の，非共有結合的な相互作用によって形成される，タンパク質に特有な立体構造であり，ポリペプチド主鎖の3次元的な折れたたまれ方と，20種類のアミノ酸残基のそれぞれ異なる幾何学的形態をした側鎖が，相互にほとんど隙間なく詰め合わされたコンパクトな形態を指す．3次構造は全体として丸い場合と細長い場合が多く，非常に平たいタンパク質分子は例がない．丸い場合は，構成アミノ酸残基を，分子表面にあって溶媒である水に接しているものと，分子内に埋没して溶媒に接することのないものとに大まかに分けることができる．付表2.2 (p. 348) にアミノ酸の構造式，物理化学的性質の違いなどをまとめる．これらのアミノ酸の側鎖の性質の違いが，タンパク質の立体構造を特徴づけているはずであるが，現在のところタンパク質の1次構造上のアミノ酸の特異的な配列から立体構造を予測したり，機能を予測したりすることはきわめてむずかしい．

3次構造をとったポリペプチドは，それ以上の構造形成を必要とせず，そのままで生理機能を発現することができる（図2.1）．そ

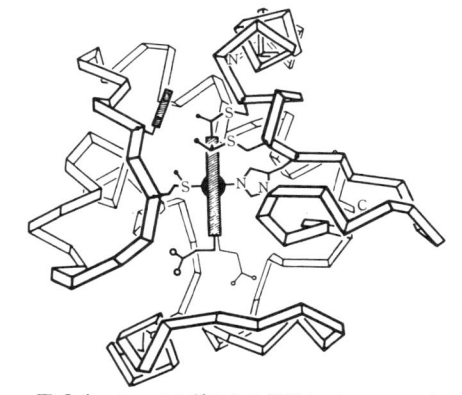

図 2.1 タンパク質の3次構造（シトクロム c）
ヘム基を側面から見ている．鉄原子（大きな黒丸）には，メチオニン残基の硫黄原子とヒスチジン残基の窒素原子が配位している．

ようなタンパク質は消化酵素など細胞外に出るタンパク質に例が多い．多くのタンパク質は，3次構造をもつポリペプチドがさらにいくつか集まって4次構造と呼ばれる会合体構造を形成してはじめて生理機能を発現する．

最も簡単な4次構造は同一のポリペプチドが2本集まってつくる二量体である．二量体がさらに2個集まると四量体（図1.5参照）になる．自然界には二量体，四量体のタンパク質が最も多い．三量体，六量体，八量体，あるいはそれ以上の多量体も例は少なくなるが存在する．**構成ポリペプチドの種類が異なる4次構造**も多く報告されている．付表2.3 (p. 351)に4次構造をとるタンパク質の例とその数をあげる．4次構造をとるタンパク質を構成するポリペプチドを，サブユニット（亜粒子）と称する．

2.1.3 架橋構造

タンパク質を構成するサブユニット内，またはサブユニット間にはシステイン残基の—SH基の間で酸化反応によって—S-S—という形でジスルフィド架橋がかかっている例が多い．構成ポリペプチドの分子量を測定する必要のあるときは，鎖間にある架橋を2-メルカプトエタノール，またはジチオスレイトールなどによって還元して—SH HS—の形にするか，さらに酸化して—SO_3H HO_3S—（システイン酸）の形にして架橋を切ってから測定する．このほかの架橋構造としては，コラーゲンで見られるリシン残基間に生ずるデヒドロリシノノルロイシン，デスモシン，システインとグルタミンの間に生ずるチオエステルなどの架橋が知られている．

2.1.4 立体構造の決定法

タンパク質の立体構造は結晶解析法で解かれたものが数百に達しており，Protein Data Bank として原子座標が登録されている．解析方法はここでは述べないが，基本的な方法としては，重原子同型置換法を用いて位相問題を解いている．タンパク質の結晶内での立体構造は多くの場合溶液中での構造をよく保っていることが知られている．結晶内でも酵素活性が測定される例もあり，結晶が重量で50％かそれ以上の水分を含むことが多いのが原因と考えられる．図2.1に代表的なタンパク質の結晶解析から得られた立体構造を示した．

2.1.5 溶液論的方法

結晶構造が判明しないタンパク質については，次善の策として，表2.1のようなパラメータを用いてその形に関する情報を得ることが

表 2.1 タンパク質の形の推定の根拠となる物理パラメータ

沈降係数(s)
超遠心機を用いて，地球の重力加速度の数十万倍までの遠心加速度をタンパク質溶液に作用させて，溶質分子の沈降速度を測定する．沈降速度を遠心加速度で除した単位加速度当たりの沈降速度を沈降係数といい，その 10^{-13} 秒の単位を Svedberg 単位と呼び大文字のSで表す．沈降係数の値から次の式を使って摩擦係数 f を求めることができる．また，拡散係数と沈降係数から分子量 M を計算することもできる．

$$s = \frac{M(1-\bar{v}\rho)}{N_A f}$$

$$M(1-\bar{v}\rho) = \frac{sRT}{D}$$

（ρ は溶液の密度，$\bar{v}$ は溶質の偏比容）

拡散係数(D)
拡散係数は $D = RT/N_A f$ の関係で，やはり摩擦係数を与える．

回転半径(R_g)
回転半径は光やX線のような電磁波の散乱実験から求められるもので，分子の質量の重心のまわりの分布を反映して広がりの大きい分子ほど回転半径が大きい．

$$R_g^2 = \frac{\sum_i r_i^2 m_i}{\sum_i m_i}$$

と定義されている．r_i は質点 m_i の重心からの距離．

固有粘度($[\eta]$)
固有粘度はやはり分子の広がりの程度を示す目安となるが，回転半径が分子全体の膨潤度を示すのに対して，単位質量当たりの膨潤度と考えた方がよい．

2. タンパク質

表 2.2 分子量の測定方法

沈降平衡法
遠心力場で遠心力, 浮力, 拡散力がつりあった状態での溶質分布が回転中心からの距離 r に対して

$$c(r) = c(r_m) \times \exp\left[\frac{M(1-\bar{v}\rho)w^2}{2RT}(r^2 - r_m^2)\right]$$

となることを利用して分子量 M を求める方法である (r_m は界面の距離). 小量の試料で正確な分子量を与えるよい方法である.

電磁波の散乱法
高分子溶液による可視光や X 線の散乱強度の解析から $0°$ 方向の散乱光強度 $I(0)$ を求めると, 入射光強度 I_0 に対する比が分子量と重量濃度 c に比例することを利用して M を求める.

$$\frac{I(0)}{I_0} = \frac{4\pi^2 n^2 \left(\frac{\partial n}{\partial c}\right)^2 Mc}{N\lambda^4 r^2}$$

(n: 屈折率(溶媒), N: アボガドロ数, λ: 入射光波長, r: 散乱体から観測点までの距離)

ゲルろ過法
多糖類, シリカゲルなどでつくった多孔質のゲル粒子をカラムに詰めて高分子溶液を流すと分子のかさの大きいものから先に溶出される. その溶出時間, または溶出に要する溶媒の体積を分子の分子量, またはストークス半径と関係づけた検量線をつくり, 未知試料の溶出時間からその分子量などを推定することができる経験的な方法である. 同じような経験的な方法としてゲル電気泳動法があり, 生化学分野でよく用いられている.

できる. これらの方法は結晶解析のように原子座標を与えるものではないが, タンパク質分子の全体の形に関して近似的な情報を与えるので有用である. 方法は種々あるが, 溶液中の分子の形を巨視的な測定法に反映するのは, 流体力学的なパラメータである, 並進と回転の摩擦係数, 固有粘度に加えて散乱実験が与える回転半径などである. 分子の形に関する情報は, 分子量がわかっていることが前提となるので表 2.2 に溶液中での分子量の測定方法をあげ, それぞれの特徴を記す.

2.1.6 摩擦係数と分子の形

流体力学では摩擦係数を次のように定義している. 連続流体中を速度 v で動く物体が流体から受ける抵抗力 F は, v に比例するとして,

$$F = fv$$

と書ける. このときの比例定数 f を摩擦係数と呼び, 粘性係数が η の流体中を半径 R の球が動いている場合は,

$$f = 6\pi\eta R$$

というストークスの法則が成り立つ (レイノルズ数が小さいとき). 形が球形ではない場合, f は粒子の形と大きさに依存するが, 分子量が M, 偏比容が $\bar{v}$ の分子と同じ体積をもつ球の摩擦係数を f_0 とすると,

$$f_0 = 6\pi\eta \left(\frac{3M\bar{v}}{4\pi N_A}\right)^{1/3}$$

と算出できるので, 実測の f の値を計算値の f_0 で割った f/f_0 を摩擦比と呼び, この値がどの程度 1 より大きいかで, 問題の分子がどの程度球形から外れた形をしているか判定する.

f の実測値は沈降係数 (s) または拡散係数 (D) の測定から次の式を使って求める.

$$f = \frac{M(1-\bar{v}\rho)}{sN}$$

$$f = \frac{kT}{D} = \frac{RT}{N_A D}$$

代表的なタンパク質の沈降係数, 拡散係数, 分子量, 摩擦比を付表 2.4, 2.5 (p. 352, 353) にあげる.

2.1.7 4次構造をもつタンパク質の例

a. 免疫グロブリン 免疫グロブリンには IgA, IgG, IgD, IgE, IgM の 5 種類がある. 基本構造は, 軽鎖(light chain) 2 本と重鎖(heavy chain) 2 本の計 4 本のポリペプチドが, ジスルフィド結合によって結合した 4 次構造をもっている. 生体による免疫獲得反応の初期には IgM が出現するが, のちに IgG によってとって代わられる. IgM は軽鎖 2 本, 重鎖 2 本の基本単位が 5 個と, J 鎖と呼ばれるものが集まって 1 つの分子を形成して

Ⅶ. 生物化学

表 2.3 免疫グロブリンの種類

項目	IgM	IgD	IgG	IgE	IgA
重鎖名称	μ	δ	γ	ε	α
血中濃度(mg/ml)	1	0.03	12	0.0003	2
Half-life in serum (days)	5	3	25	2	6
会合数*	5	1	1	1	1, 2, or 3
特長	免疫初期に発現.補体活性化.マクロファージ活性化	主として細胞膜にある	補体活性化.胎盤を越えて胎児の血中へ入る.マクロファージ,顆粒球に結合	マスト細胞を刺激してヒスタミン放出	分泌型で粘膜などにある

* 軽鎖2, 重鎖2からなる基本構造がいくつ会合しているかを示す.

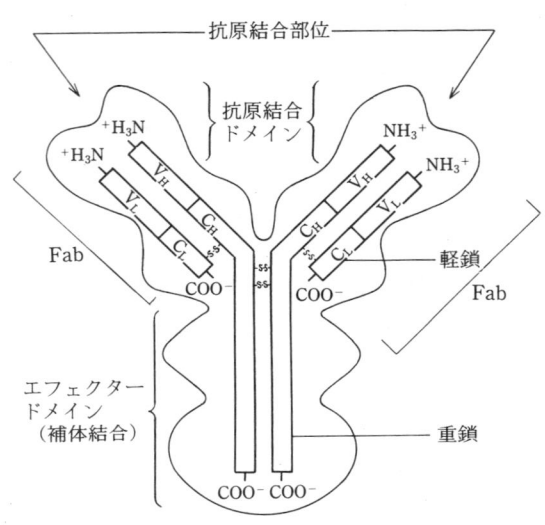

図 2.2 免疫グロブリン分子の基本構造
V_H: 重鎖可変部 (heavy chain, variable region)
C_H: 重鎖不変部 (heavy chain, constant region)
V_L: 軽鎖可変部 (light chain, variable region)
C_L: 軽鎖不変部 (light chain, constant region)

いる巨大タンパク質である.IgE の血中濃度は低いがアレルギーの原因となる免疫抗体ということで今後の活発な研究が期待される.IgA は粘膜に浸出される分泌性抗体であり,粘膜を介して生体に侵入してくる細菌やその分泌物から生体を防御すると考えられている.IgD についてはその機能は明確に理解されていない.各疫グロブリンのポリペプチド組成,血中濃度などを表2.3にあげる.またその基本的な構造を図2.2にあげる.抗原結合部位は,Fabと呼ばれる軽鎖と重鎖の結合部分の先端にある.重鎖の別な半分は Fc 領域と呼ばれ糖鎖を結合しており,補体結合反応を行う.免疫グロブリンは脊椎動物にのみ見られるタンパク質であり,原始的な脊椎動物である軟骨魚類においては,IgM のみが産出される.図2.3に示すように,免疫グロブリンには多くの同族タンパク質が発見されている.

免疫グロブリンの3次構造は β 構造を主体とした独特の "immunoglobulin fold"(図2.4)と呼ばれるものであるが,その内部に形成されるジスルフィド架橋の生成はタンパク質の生合成と並行して進行する(図2.5).

b. α_2-マクログロブリン α_2-マクログロブリンは血清中に大量にあるプロテアーゼインヒビターである.分子量は約72万であり,4本の同一のポリペプチドからなり,そのうち2本ずつがジスルフィド結合によってつながっている.非常に多くの種類のプロテアーゼを,独特のトラップ機構によってとらえることにより,免疫系より古い生体防御反応の一翼を担っている.その形は独特のものであり,その立体構造のなかに準安定的なチオエステル結合をもつ.プロテアーゼによる bait region sequence の切断を引金にして構造変化を起こし,チオエステル結合の開裂に進む.チオエステル結合は α_2-マクログロブリンの同族体である補体C3,C4因子にも受け継がれており,この場合もプロテアーゼの作用でアナフィラトキシンが遊離すると同時にチオエステル結合の開裂が起こり,その瞬間に生体膜上の水酸基に共有結合で結びつく(図2.7).

c. スペクトリン スペクトリンは繊維状タンパク質の例である.この分子は細胞膜

2. タンパク質

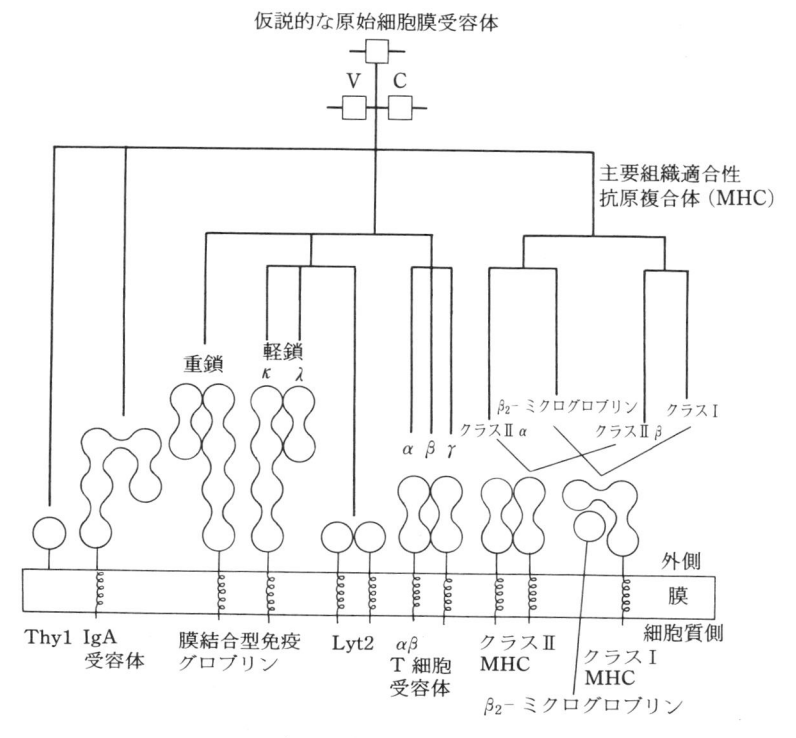

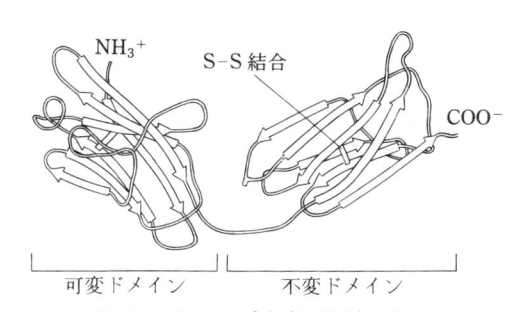

図 2.3 免疫グロブリンの家族タンパク質群

図 2.4 Immunoglobulin Fold の略図
⇒はβシートを示す．この図はFab部分にある軽鎖で左側が可変部，右が不変部である．

の裏打ち構造と呼ばれるネットワークを形成して，脂質二重膜を基本とする細胞膜に，弾性と機械的強度を与えている構造の主要な部品である．細胞内では，ドーム型の建物の内部を支える骨組みそっくりな三角形を敷き詰めたような構造をとっている．特殊な方法で構成単位に分解すると，中心をなすタンパク質から，紐状のスペクトリンの二量体が6本伸びた，くもひとで型の部品を得ることができる(図 2.8)．スペクトリンはこのように，二量体として存在する繊維状タンパク質

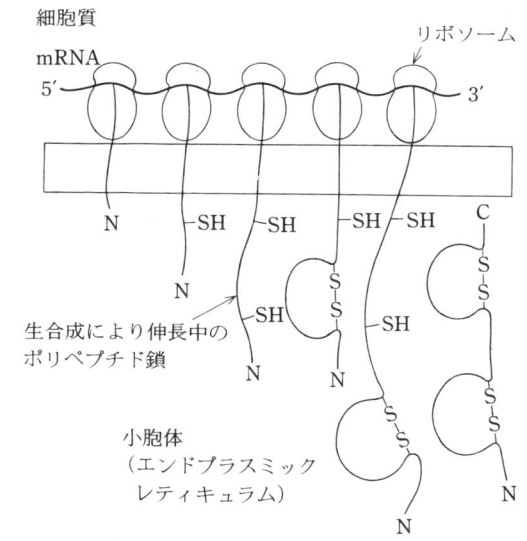

図 2.5 免疫グロブリン軽鎖の場合に見る分子内のS-S結合の生成時期

である．

d. タバコモザイクウイルス ウイルスはタンパク質と核酸の複合体であり，球状のものと棒状ないしは繊維状のものがよく知られている．棒状のウイルスとしてはタバコモ

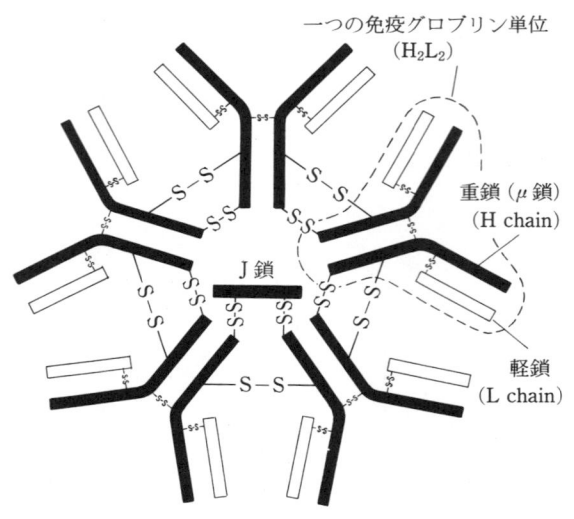

図 2.6 IgM の分子構造模式図
H_2L_2 の基本単位が 5 個, J 鎖を中心に S-S 結合で結ばれている. 古いタイプの免疫グロブリンである.

ザイクウイルスが最もよく研究されている. 6400 残基の塩基をもつ一重鎖の RNA を遺伝子として, そのまわりを 2130 個のコートタンパク質がらせん状に取り巻いている. コートタンパク質は 158 のアミノ酸配列からなる 1 種類のタンパク質である. ウイルスの全長は 300 nm, 太さ 18 nm である. 1 つのコートタンパク質は RNA の 3 個の塩基と相互作用しており (図 2.9), RNA もタンパク質の内側でらせん構造をとっている. タンパク質だけでもらせん構造を作ることができるが, 実際のウイルスの形成は RNA とコートタンパク質が図 2.10 のように協調しながら進む.

e. 球状ウイルス　　球状ウイルスの多くは正二十面体の形をしている. 正二十面体をつくるためには表面を埋める素材に五角形と

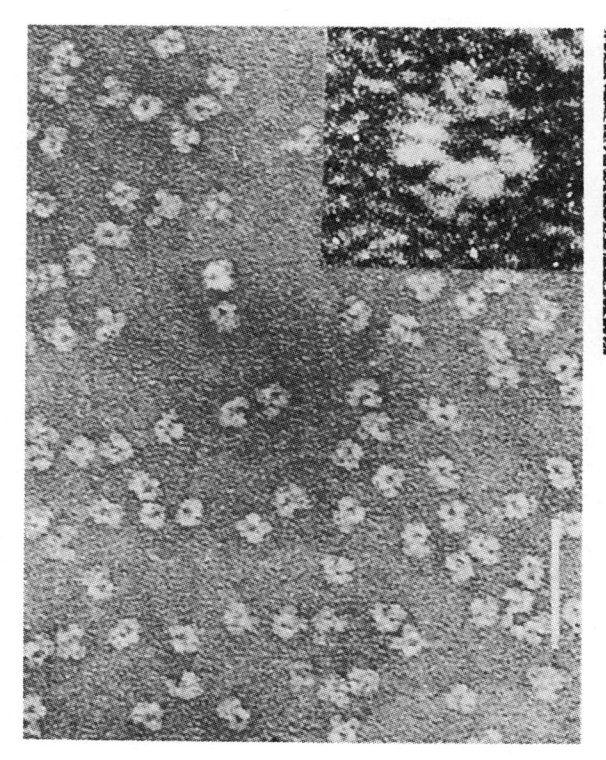

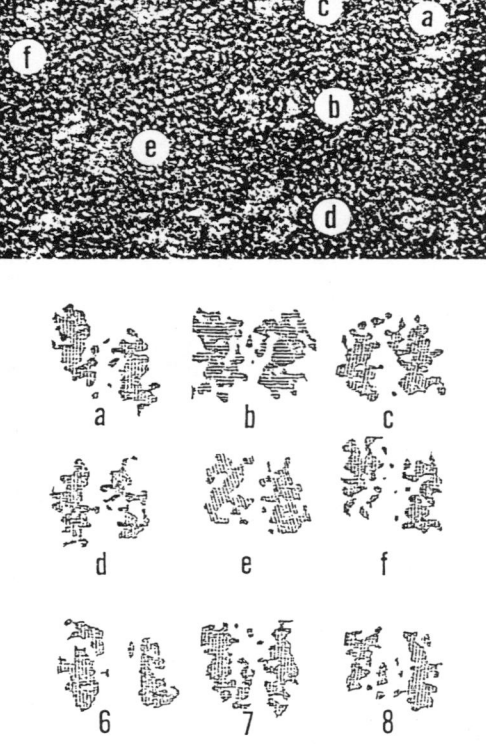

図 2.7 $\alpha_2 M$

2. タンパク質

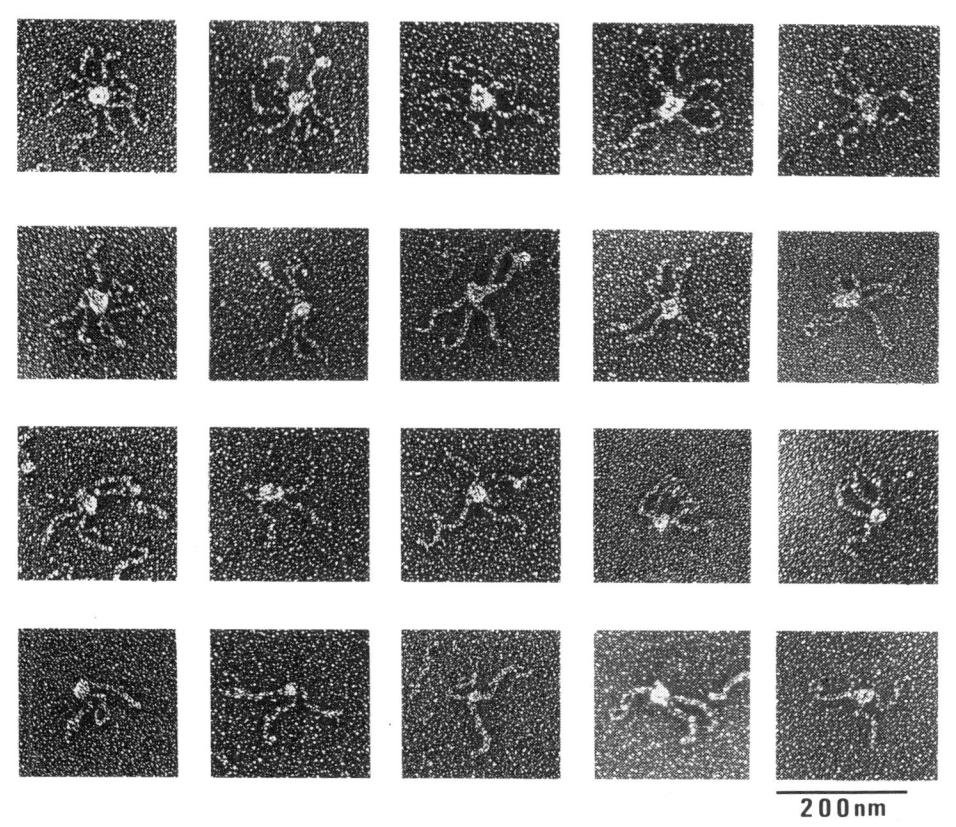

図 2.8 スペクトリン複合体

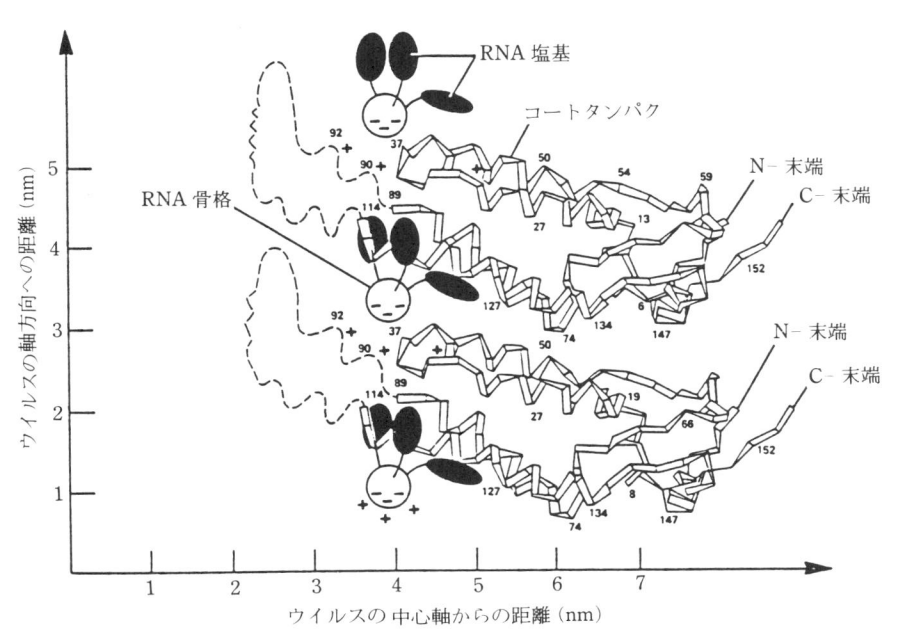

図 2.9 タバコモザイクウイルスのコートタンパクとRNAの結合部

334   Ⅶ. 生 物 化 学

図 2.10 タバコモザイクウイルスの伸長モデル

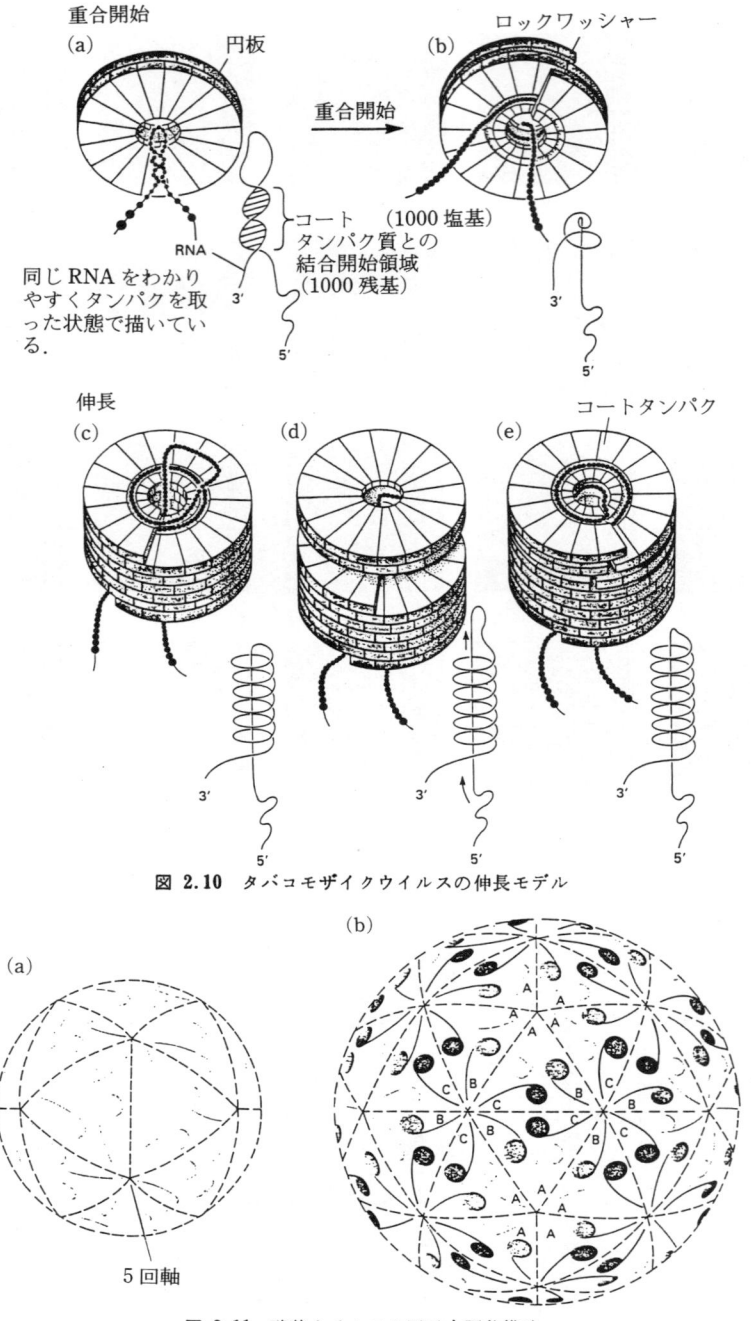

図 2.11 球状ウイルスの正二十面体構造
(a) サブユニット数60個の場合で1つ1つのサブユニットは完全に等価の位置にある.
(b) サブユニット数180個の場合で各サブユニットは3種の少しずつ異なる位置にある.

六角形の対称構造が同時に必要なので，コートタンパク質は疑似的に等価な3種類の位置を占める．その様子を tomato bushy stunt virus(TBSV)について示したのが図2.11(b)である．バクテリオファージ P22 においては，このような構造はスキャフォールド(scaffolding protein)と呼ばれるタンパク質とコートタンパク質の協同作業で構成される．完成したあとで scaffolding protein による内側からの支え構造は取り払われ，遺伝子である

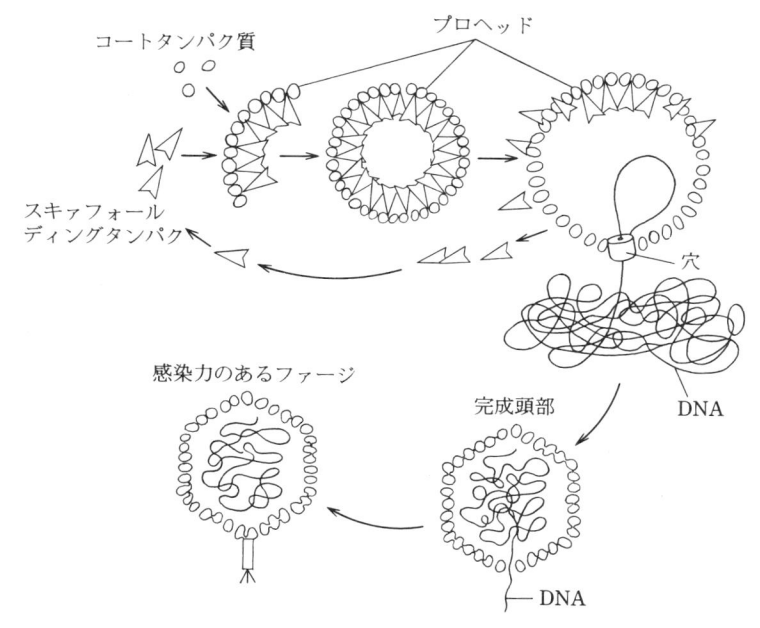

図 2.12 バクテリオファージ P22 の頭部構成にかかわる Scaffolding protein (▲) の役割 丸い小粒子が頭部をつくる.

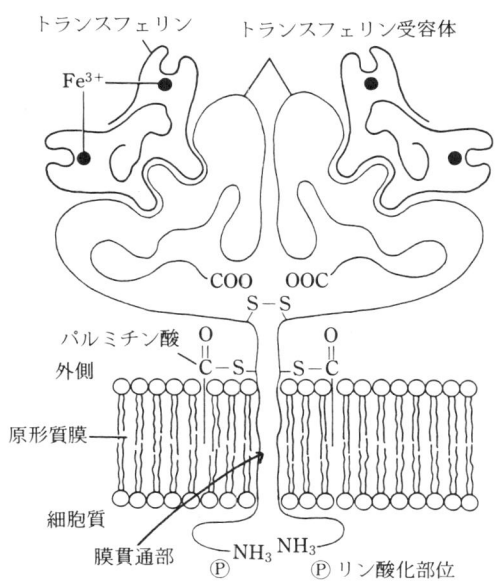

図 2.13 トランスフェリンの受容体の模式図 膜結合部はパルミチン酸により補強されている.

DNA が球殻内に入ってきてタンパク質による外郭構造を安定化する(図 2.12). このとき, 球状構造は正二十面体構造に変わる.

f. 膜タンパク質 生体膜の主成分はリン脂質であり, 二重膜と呼ばれるシート構造をつくっているが, 多くの生体膜は機能単位としてタンパク質をもつ. 膜に結合しているタンパク質は 2 種類あり, 静電力で膜の表面に結合しているものは, 溶媒のイオン強度を変化させる処理などで膜から離して溶出することができる. 先にあげたスペクトリンがそのよい例である. このようなタンパク質は peripheral proteins と呼ばれる. 一方, 膜の二重膜構造を界面活性剤で破壊しないと溶出できないタンパク質は, intrinsic membrane proteins といい, 真の膜タンパク質である. その多くは, 受容体と呼ばれる情報伝達タンパク質であり, 二重膜の外側にリガンドを結合する部位(ドメイン)をもち, 内側には情報を処理して細胞の応答をひき起こす酵素活性部位がある. 2つのドメインの間は脂質二重膜を貫通する疎水的なドメインでつながっている. この部分は α ヘリックス構造をとりやすいアミノ酸配列をもつ. 図 2.13, 2.14 にトランスフェリン受容体および低密度リポタンパク質の受容体の模式図をあげる.

脊椎動物の視覚を司るロドプシン, および好塩細菌のもつバクテリオロドプシンは光受容タンパク質としてよく知られている. これらのタンパク質は, 二重膜中に埋め込まれている部分が多く, タンパク質全体の構造がヘ

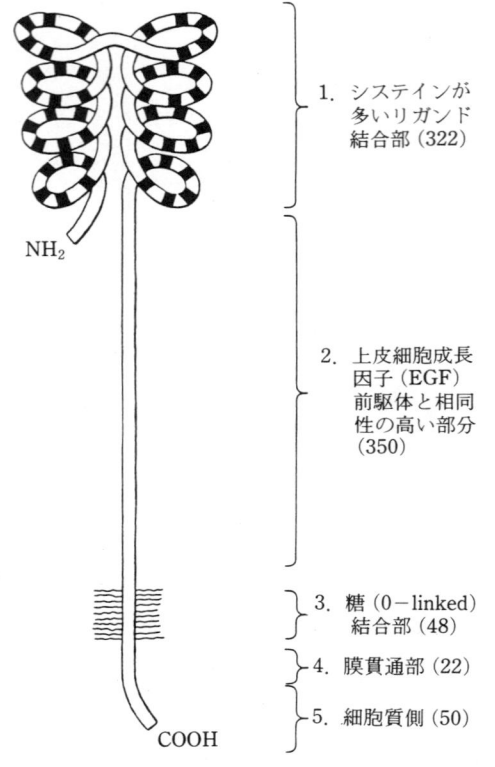

図 2.14 低密度リポタンパク質(LDL)受容体の模式図
( )内はアミノ酸数.

1. システインが多いリガンド結合部 (322)
2. 上皮細胞成長因子 (EGF) 前駆体と相同性の高い部分 (350)
3. 糖 (O-linked) 結合部 (48)
4. 膜貫通部 (22)
5. 細胞質側 (50)

リックス構造をとり7回ほど二重膜を繰り返し貫通している．ロドプシンの場合は，光受容部位 (11-シスレチナール) がタンパク質の膜内に埋まった部分にある．他の多くの膜タンパク質は機能部位を膜外のドメインにもつものが多く，疎水性の側鎖からなる膜結合部位は単なる碇（アンカー）としてそのタンパク質を膜構造近辺にとどめておくために用いられている．その極端な例は，膜結合部位がタンパク質ではなくタンパク質に共有結合した脂肪酸であるパルミチン酸といえる（図 2.13）．

g. 複合タンパク質

i) 糖タンパク質: タンパク質に糖が結合した糖タンパク質の例は多い．糖含量が10%以下の場合は単純タンパク質との物性の違いは少ない．糖含量が多くなると，電気泳動，ゲルろ過クロマトグラフィーなどで分子量を推定しようとしても，異常な挙動を示すようになり注意を要する．タンパク質が糖を含むかどうかは，電気泳動のバンドをシフ試薬で染色し，ピンク色の発色があるかどうかで判断する．糖含量の定量にはアンスロン試薬による発色法でグルコース換算量で出すか，糖の種類を判定するガスクロマトグラフィーを定量的に行う．アミノ糖はアミノ酸分析時の溶出パターン中に現れるので存在が確認できる．

糖タンパク質の多くは，細胞外に分泌されるタンパク質であるが，細胞内タンパク質にも見られる．生合成されたタンパク質に糖が付加されていく機序は複雑である．そのおよその経路を図2.15にまとめる．糖タンパク質の糖鎖は，① セリン，スレオニン残基の

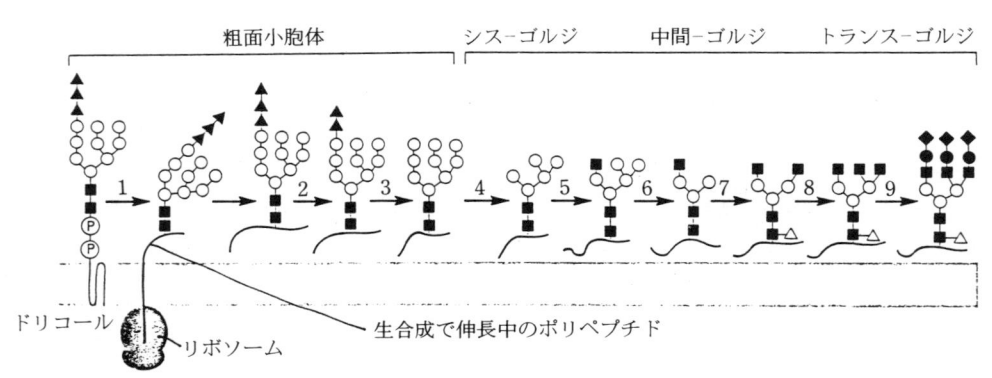

粗面小胞体　シス-ゴルジ　中間-ゴルジ　トランス-ゴルジ

ドリコール
リボソーム
生合成で伸長中のポリペプチド

■ N-アセチルグルコサミン　○ マンノース　▲ グルコース　● ガラクトース　△ フコース　◆ シアル酸

図 2.15　タンパク質に糖が結合されていく様子
ドリコールに結合しているオリゴ糖類がリボソームから伸長してくるポリペプチドに移され，そのあとさまざまな修飾を受ける．

2. タンパク質

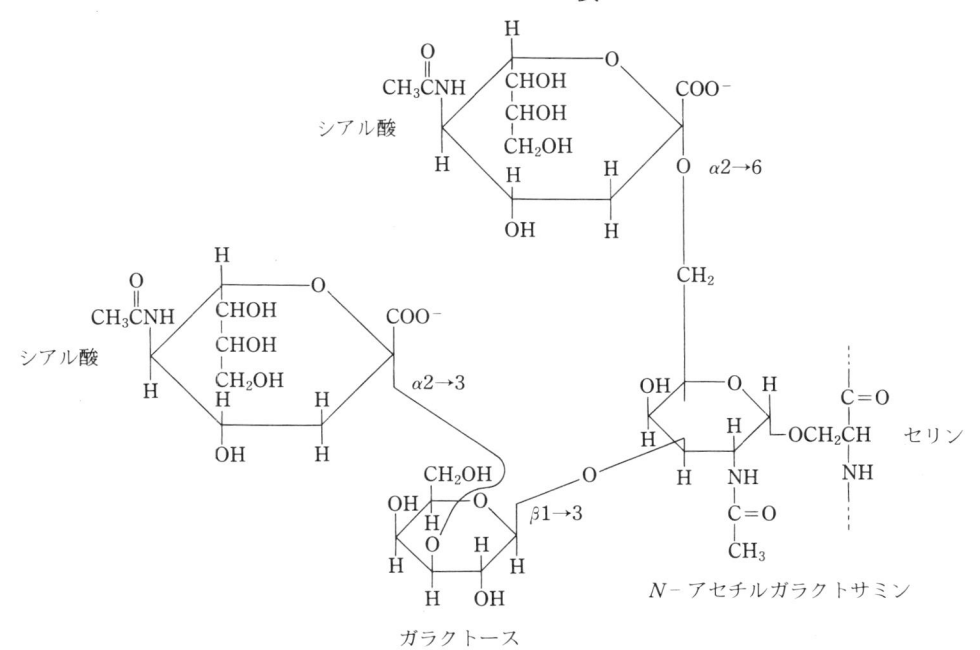

図 2.16 セリン，スレオニンの o-結合型糖鎖
赤血球膜のグリコフォリンや，低密度リポタンパク受容体に見られる．

Glc＝グルコース
M＝マンノース
GlcNAc＝N-アセチルグルコサミン

図 2.17 N-結合型糖鎖の前駆体として合成されるドリコールピロリン酸結合のオリゴ糖鎖

水酸基，および② アスパラギンのアミド基にグリコシドおよび N-グリコシド結合しているもの，③ ヒドロキシリシンの水酸基に D-ガラクトースが o-グリコシド結合したものの3種に大別される．セリン，スレオニン残基に結合する糖は N-アセチル-D-ガラクトサミンであり，これに D-ガラクトサミン，およびシアル酸が結合した短いものが多く（図2.16），その結合反応は UDP-ガラクトースのような活性化された基質と特異的な酵素の働きによ

る．その例はヒト赤血球膜糖タンパク質（グリコフォリン）などがある．N-結合型の方はもう少し長い糖鎖構造をもち，その前駆体が，まずドリコールという疎水性の高い長鎖アルコールに結合した形で生体膜状で合成され（図2.17），これが生合成されたタンパク質に移行される（図2.15）．この例は卵白アルブミン，血清糖タンパク質，チログロブリンなどがある．このタイプの糖タンパク質（図2.18）には「ハイ（高）マンノース型」，「複合

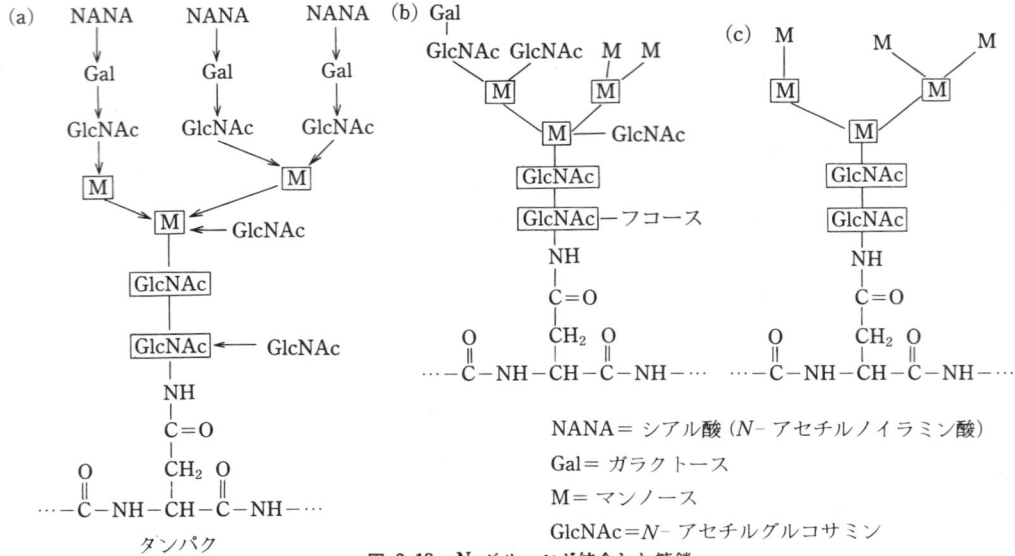

図 2.18 *N*-グリコシド結合した糖鎖
(a) 複合型(Complex), (b) 混成型, (c) 高マンノース型.

NANA＝シアル酸（*N*-アセチルノイラミン酸）
Gal＝ガラクトース
M＝マンノース
GlcNAc＝*N*-アセチルグルコサミン

型」,「混合型」の3種がある．細胞内での糖鎖の付加は，ゴルジ体と呼ばれる小器官を中心にして行われる．

糖含量が80％以上もあるプロテオグリカンは糖部分がグリコサミノグリカンという2糖のくり返し構造を主としている．例としてヒアルロン酸，コンドロイチン，ヘパリンなどがある．プロテオグリカンはふつう糖タンパク質とは別に分類する．ムチンと呼ばれる粘質糖タンパク質は皮膚，胃，腸の粘膜や卵白に含まれている．

ii) **リポタンパク質**：リポタンパク質と呼ばれるタンパク質は2種類あり，1つは動物の血液中に存在するタンパク質と脂質の非共有結合による複合体をさし，もう1つは細菌の細胞膜に存在するタンパク質と脂質の共有結合による複合体である．まず，前者はヒト血液中のものを代表として付表2.6 (p.354)にまとめる．リポタンパク質のうち，キロミクロンは食物から腸で吸収された脂質を肝臓に運ぶための運搬体である．脂質は水に不溶性のトリアシルグリセロール（トリグリセリド）を中心とするので，これが血管内に沈澱しないようにするために脂肪球の表面を親水性のタンパク質とリン脂質で覆っている．このタンパク質は，裏側が脂質に親和性のある疎水的な性質をもつ特殊な構造をとる．VLDL，LDL，HDLについてはそこに含まれるアポタンパク質の種類を表にまとめてある．リポタンパク質で注意したいのは，大量の脂質が結合しているので比重が小さく，なかには生理食塩水の密度より軽いものもあって，遠心分離を行うと沈降せずに浮上してくるものもあることである．そのため各分画を沈降係数で特徴づける代わりに特定の塩溶液中での浮上係数の形を用いることがある．浮上係数の定義は溶媒の密度が水以外の値に定義されている点を除けば沈降係数の定義と同じである．

iii) **核タンパク質**：核酸と結合したタンパク質を核タンパク質と呼ぶ．ヒストン，プロタミンが代表的な核タンパク質である．リン酸基による高い負の電荷密度をもつ核酸，特にDNAと非共有結合で複合体をつくるのでリシン，アルギニンなどの塩基性のアミノ酸を多く含むことが特徴である．DNAは核タンパク質と結合することにより電荷が中和され，きわめて効率よくコンパクトにまとめられ染色体を形成する．クロモソームはDNAとほぼ同量のヒストン，すなわちH1，H2A，H2B，H3，H4に加えて，これとまたほぼ同量の非ヒストンタンパク質が結合してできているもので，その構造は核酸の項で説明する．

2.2 核　　　酸
2.2.1 核酸構造の概論

核酸はDNAとRNAとに分けられる．DNAは遺伝子として染色体を構成する役割をもち，多くは二重鎖構造をとる．ウイルスの一部に一重鎖DNAを遺伝子とするものがある．DNAを構成するアデニン，チミン，グアニン，シトシンの4種の塩基のワトソン－クリック型二重鎖構造中での水素結合形成モードを含めた構造を図2.19にあげる．DNAは二重鎖をつくった状態でA型，B型，Z型が最も一般的に論ぜられている．その構造は図1.7(p.274)に示されている．B型はワトソン－クリックの提案したモデルに最も近い．水溶液中での二重鎖の構造についてはB型に近いが，微細な点で変異があるとされている．Z型は塩基配列がGとCを多く含む特殊な部分で見られる左巻らせん構造で，染色体の特殊な機能と関係がある可能性が示唆され研究が行われている．

DNAはその構成塩基比に依存して，その密度や構造転移温度が変わる．このことを利用すると，密度や転移温度の測定からDNAの(G+C)含量を推定することができる．その検定グラフが図3.20，3.21に示されている．

2.2.2 ヌクレオソーム

DNAの構造として最も大切な，染色体の基本構造について概説する．染色体は先に述べたように，DNAに対してヒストンと非ヒストンタンパク質がDNAの約2倍量結合してできている．電子顕微鏡的にはいろいろな状態の染色体が観察されているが，よく調べられているのは塩基対にして約140のDNAを単位とするヌクレオソームと呼ばれる構造

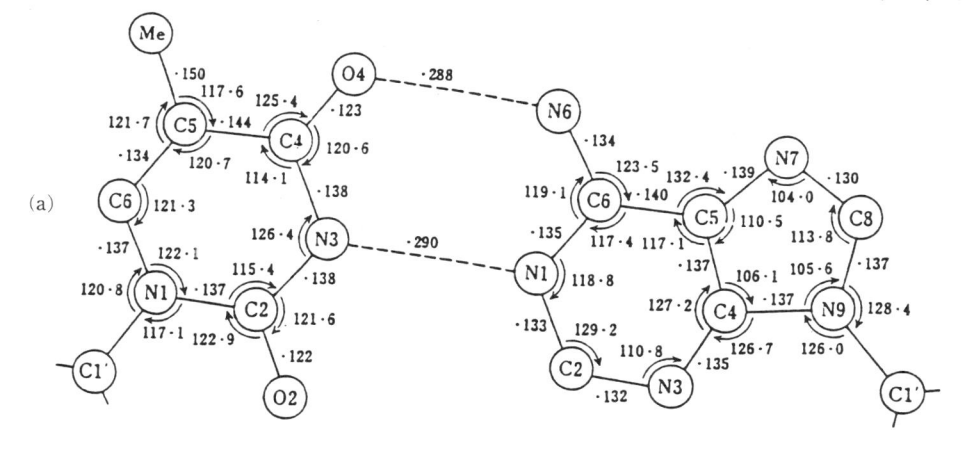

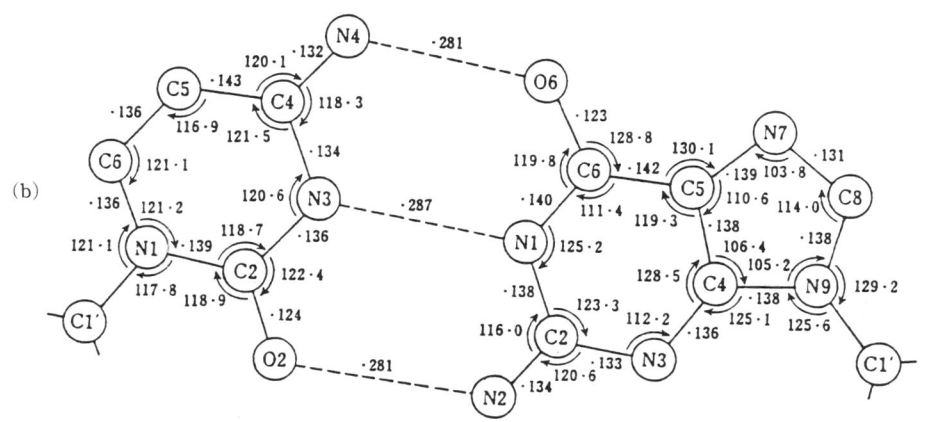

図 2.19　ワトソン－クリック型塩基対の基本構造

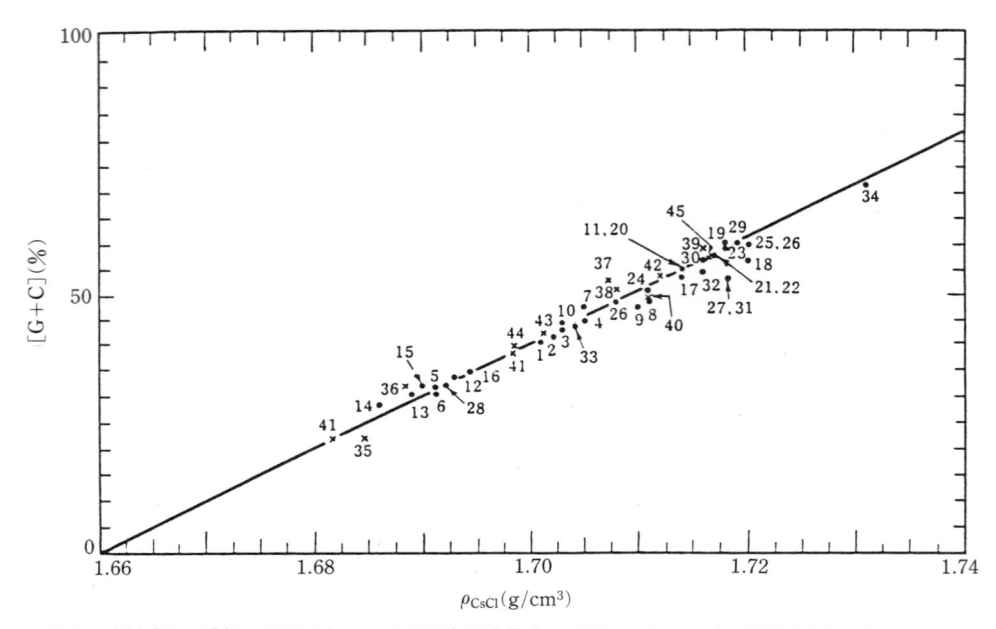

図中の実線 [G+C]%＝1020.6(ρ_{CsCl}−1.6606) は J.DeLey：*J.Bacteriol.*, **101**, 738 (1970) による
各点は種々の DNA で測定された値で，ρ_{CsCl} は *E.coli* K12 DNA の 1.710 g/cm³ を基準とする

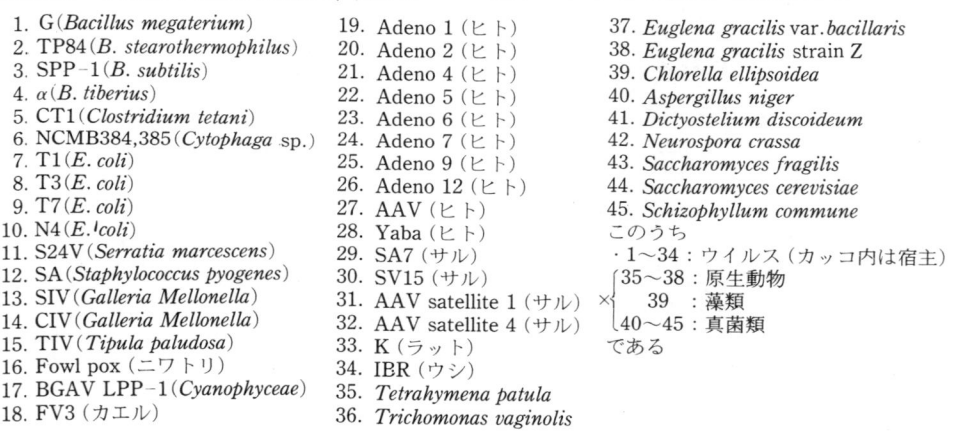

1. G (*Bacillus megaterium*)
2. TP84 (*B. stearothermophilus*)
3. SPP-1 (*B. subtilis*)
4. α (*B. tiberius*)
5. CT1 (*Clostridium tetani*)
6. NCMB384, 385 (*Cytophaga* sp.)
7. T1 (*E. coli*)
8. T3 (*E. coli*)
9. T7 (*E. coli*)
10. N4 (*E. coli*)
11. S24V (*Serratia marcescens*)
12. SA (*Staphylococcus pyogenes*)
13. SIV (*Galleria Mellonella*)
14. CIV (*Galleria Mellonella*)
15. TIV (*Tipula paludosa*)
16. Fowl pox (ニワトリ)
17. BGAV LPP-1 (*Cyanophyceae*)
18. FV3 (カエル)
19. Adeno 1 (ヒト)
20. Adeno 2 (ヒト)
21. Adeno 4 (ヒト)
22. Adeno 5 (ヒト)
23. Adeno 6 (ヒト)
24. Adeno 7 (ヒト)
25. Adeno 9 (ヒト)
26. Adeno 12 (ヒト)
27. AAV (ヒト)
28. Yaba (ヒト)
29. SA7 (サル)
30. SV15 (サル)
31. AAV satellite 1 (サル)
32. AAV satellite 4 (サル)
33. K (ラット)
34. IBR (ウシ)
35. *Tetrahymena patula*
36. *Trichomonas vaginolis*
37. *Euglena gracilis* var. *bacillaris*
38. *Euglena gracilis* strain Z
39. *Chlorella ellipsoidea*
40. *Aspergillus niger*
41. *Dictyostelium discoideum*
42. *Neurospora crassa*
43. *Saccharomyces fragilis*
44. *Saccharomyces cerevisiae*
45. *Schizophyllum commune*

このうち
・1〜34：ウイルス（カッコ内は宿主）
・35〜38：原生動物
・39：藻類
・40〜45：真菌類
である

図 2.20 天然 DNA の塩化セシウム中での密度 ρ_{CsCl} と [G+C]% の関係

で，この単位は，H2A，H2B，H3，H4 の 4 種類のヒストンを 2 分子ずつ計 8 分子含む．ヒストンが図 2.22 に示すようなコア構造をつくり，DNA がそのまわりを 2 周に少し足りないくらい取り巻いている．このような基本構造は，低イオン強度溶液で処理した染色体をヌクレアーゼで消化すると得られる．染色体はこのようなヌクレオソームが数珠つなぎになっているものであり，"beads-on-a-string" 構造と呼ばれている．ヒストン H1 は，数珠状につながったヌクレオソームの外側を巻いている DNA に，図 2.23 のように結合している．この構造はさらに 1 周期に 6 個のヌクレオソームを含むらせん構造をとり，コンパクトにまとまった "ソレノイド" と呼ばれている新しい構造の基本となる（図 2.24）．ヒストンはこのように染色体の最も基本的なレベルで DNA と相互作用して，多くの染色体について共通な構造を形成している．この相互作用は DNA の塩基配列には依存しないものであり，DNA とヒストンの間の静電相互作用が主役となっている．それゆえヒスト

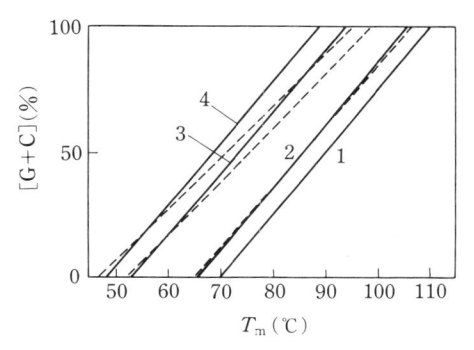

図 2.21 DNA の融解温度と [G+C] 含量の関係図
1：[Na⁺]=195 mM, 2：[Na⁺]=100 mM, 3：[Na⁺]=19.5 mM, 4：[Na⁺]=10 mM

$$T_m=81.5+0.41([G+C]\%)+16.6\log[Na^+]$$
または，$[G+C]\%=2.44(T_m-81.5-16.6\log[Na^+])$
点線は，

$$T_m=\frac{([G+C]\%)-260.34}{\tan(70.077-3.32\log[Na^+])}+175.95$$

の式による．

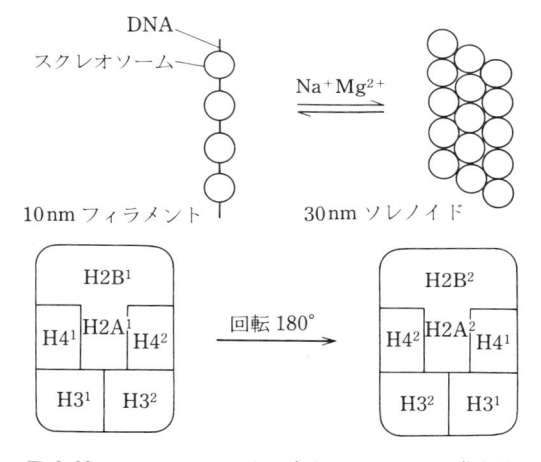

図 2.22 ヌクレオソームをつくるヒストン八量体(下)とヌクレソームがつらなった beads-on-a-string 構造(上)
さらに太くまとまったソレノイド．

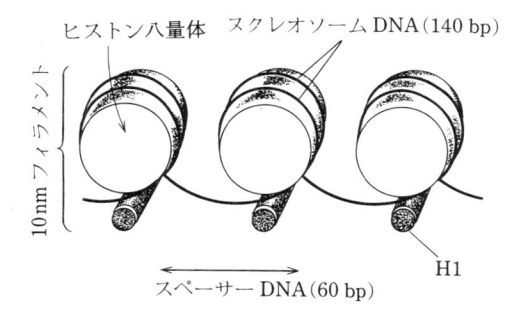

図 2.23 ヌクレオソーム DNA の巻き方とヒストン H1 の位置

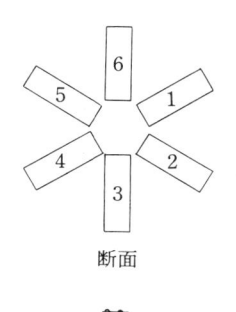

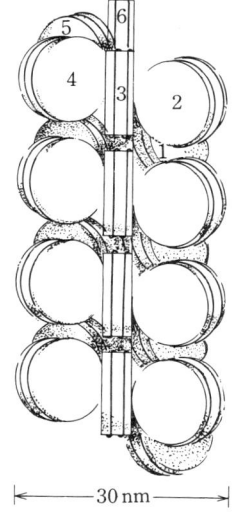

図 2.24 ヌクレオソームが一列に並んだ beads-on-a-string が6回らせんをつくるソレノイド構造

ンの1次構造は生物間でよく保存されており，特にヒストン H3 においては135個のアミノ酸配列のうちウシとウニで1文字しか違わないのは有名である．

　RNA は大別してリボソーム RNA, 転移 RNA, メッセンジャー RNA, 遺伝子 RNA に分けられる．RNA を遺伝子とするのはウイルスの一部のものである．RNA は基本的にはアデニン，シトシン，グアニン，ウラシルの4種の塩基をもつヌクレオチドからなり，通常一重鎖構造をとっている．分子内で塩基配列に相補性が見られる場合は，部分的に分子内二重鎖構造をとる．その構造は比較的保存されており，たとえばリボソームの 16 S RNA は図 2.25 に示すような分子内水素結合をつくることができ，その大まかな形は広い生物種間でよく保存されている．

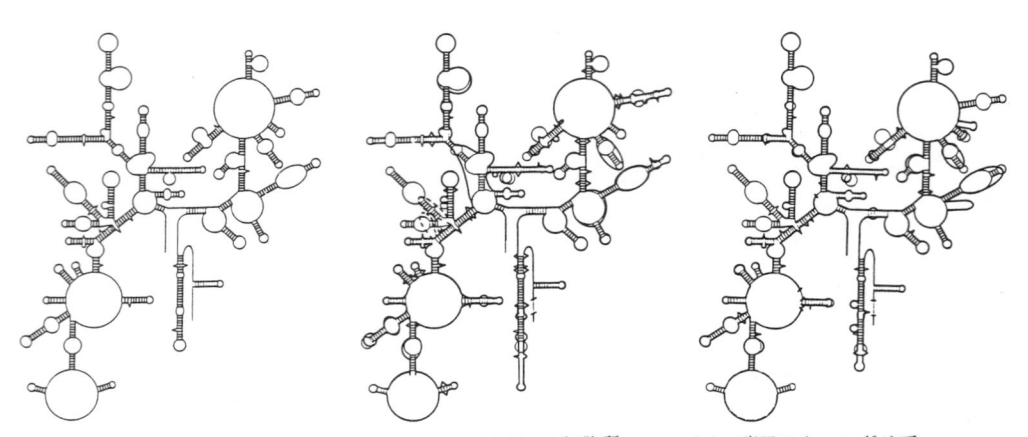

(a) 大腸菌 16S rRNA：1542 ヌクレオチド
(b) アフリカツメガエル細胞質 18S rRNA：1825 ヌクレオチド
(c) 酵母ミトコンドリア 15S rRNA：1640 ヌクレオチド

図 2.25　リボソーム 16S RNA の 2 次構造モデル

細菌，脊椎動物，ミトコンドリアなどリボソームの抽出源は違っても，16S RNA の 2 次構造は類似していると考えられている．

(a) 大腸菌 16S rRNA 1542 ヌクレオチド
(b) アフリカツメガエル細胞質 18S rRNA：1825 ヌクレオチド
(c) 酵母ミトコンドリア 15S rRNA：1640 ヌクレオチド

2.2.3　リボソーム

リボソームは約 40% のタンパク質と 60% の RNA からなる複合体である．原核細胞では 70S の沈降係数をもつ分子量約 270 万の粒子である．これは 50S と 30S のサブユニットからなり，50S 粒子は 23S と 5S の RNA と 34 種のタンパク質からなる．30S 粒子は 16S RNA と 21 種のタンパク質から構成されている．真核生物のリボソームは 80S の沈降係数をもち，分子量は 450 万，60S と 40S のサブユニットからなる．60S サブユニットは 28S RNA，5.8S RNA，5S RNA と約 40 種のタンパク質を含み，40S サブユニットは 18S RNA と約 30 種のタンパク質からなる．原核生物の 30S と 50S のサブユニットの RNA とタンパク質はそれぞれ別々に精製したのち，再び混ぜ合わすことにより，もとの 30S 粒子を再生することができる．図 2.26 は 30S サブユニットの再構成に際して 21 種類のタンパク質が，そのような順番と相互作用を通じて会合していくかを示す再構成図である．リボソーム RNA のなかでも 5S RNA はその多くのものが塩基配列が決定されており，生物の系統樹作製の研究に用いら

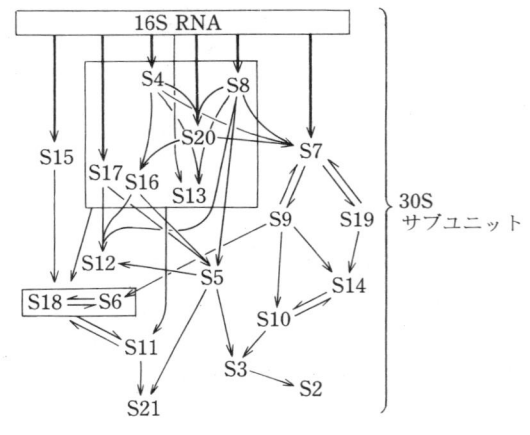

図 2.26　*E. Coli* の 16S RNA を中心とした 30S リボソーム亜粒子の再構成図
S1〜S21 は構成タンパク質成分を示す．太い矢印は直接 RNA とタンパクとの結合があるものを示す．

れてきている．

2.2.4　転移 RNA

転移 RNA は遺伝コドンの種類に応じて存在し，さらに生物によって，またミトコンドリアや葉緑体においては細胞質で使用されている転移 RNA と異なるものも存在する．転移 RNA の特徴は分子量およそ 25000 程度と小さいことと，分子内で塩基間に水素結合が多く形成されており，クローバーリーフ構造

と呼ばれる独特の2次構造をとっていること，基本的な4種の塩基がかなりの程度特殊なものに入れ替わったり，修飾されて変化していることなどがある．転移RNAのいくつかはその結晶構造が決定されており，全体の形はどの転移RNAの場合もよく似たものと考えられている．

2.2.5 伝令（メッセンジャー）RNA

伝令（メッセンジャー）RNAはDNAを鋳型としてRNAポリメラーゼを主体とする転写機構によって合成されるRNAで，転写直後は翻訳領域であるエキソンと非翻訳領域であるイントロンの両方の部分を持っている前駆体として存在する．その後，スプライシングやエディティングなどの機構をへてメッセンジャーRNA（mRNA）として完成され，核膜孔を通って細胞質に出ていく．原核生物ではオペロン単位で合成されたRNAがそのままmRNAとして使われる．詳しくは3.2.4（p.366）を参照されたい．

2.3 糖　　質

生体に含まれる糖には
(1) 遊離の糖
(2) 糖のポリマー（多糖類）
(3) タンパク質に結合した糖（糖タンパク質）
(4) 脂質と結合した糖（糖脂質）
(5) ヌクレオチドや核酸に含まれる糖（リボース，デオキシリボース）

など，その存在状態が複雑であり，かつその生理活性も多岐にわたる．まず，図2.27に生体にみられるおもな単糖，二糖類，多糖類の構造を示す．単糖類は炭素原子の数と不斉炭素原子のまわりの立体配置によって，図2.27のような系統的な接頭語をつけて呼ばれる．慣用名で呼ばれる糖も多いが（例としてフラクトース，リブロースなど），立体配置に特に注意をする場合は正式な名称を呼ぶとよい．

また還元性を発揮する官能基として，アルデヒド基をもつものをアルドース，ケト基をもつものをケトースと呼ぶこと，α, βアノマーの違いなどについては前章を参照されたい．

多糖類には表2.4にあげたようなものがあり，生体ではエネルギーの貯蔵庫としてのグルコース，でんぷん（アミロース，アミロペクチン），生体内での機能とは別に昔から食品（マンナン，ガラクタン），ゲル化剤などに用いられている例が多い．キチンはいわゆるバイオマスとしての利用や，新しい機能性素材としての研究がさかんであり，近い将来大いに利用が進むことが期待されている．キチンは N-アセチルグルコサミンの β-1,4 結合多量体であり，甲殻類の外骨格を原料として希酸で炭酸カルシウム分を抜き，アルカリでタンパク質を除いてから水洗いすると粗標品が得られる．利用の例としては，重症の火傷の治療に使える人工皮膚があげられる．

表 2.4 アミノ糖を含む多糖類

ポリマー	モノマー	結合	原料
キチン	N-acetyl-D-glucosamine	β-(1—4)	無脊椎動物の外骨格
ヒアルロン酸	D-glucuronic acid and	β-(1—3)	関節液
	N-acetyl-D-glucosamine	β-(1—4)	
硫酸塩Aコンドロイチンまたは4-硫酸塩コンドロイチン	D-glucuronic acid and	β-(1—3)	軟骨
	N-acetyl-D-galactosamine-4-sulfate	β-(1—3)	
硫酸塩Bコンドロイチンまたはデルマタン硫酸	L-iduronic acid and	β-(1—3)	軟骨
	N-acetyl-D-galactosamine-4-sulfate	β-(1—4)	
ヘパリン	D-glucuronic acid, 2-O-sulfate, and	α-(1—4)	組織
	N-acetyl-D-glucosamine N, 6-O-sulfate		

(a)

```
3C   glycero
     D   L
4C   erythro    threo       ←OH基
     D   L    D   L
5C   ribo    arabino    xylo    lyxo
     D  L    D   L      D  L    D  L
6C   allo   altro   gluco   manno   gulo   ido   galacto   talo
     D L    D  L    D  L    D  L    D L    D L   D   L     D  L
```

(b)

グルコサミン　　ガラクトサミン　　N-アセチルノイラミン酸（シアル酸）　　ムラミン酸

(c)

ラクトース（乳糖）

スクロース（ショ糖）

2.4 脂　　　質

脂質は水に溶けにくい生体成分として定義されているので化学構造的には多様である．大きく分けて，

(1) 脂肪酸
(2) トリアシルグリセロール，ジアシルグリセロール
(3) リン脂質，リゾリン脂質
(4) 糖脂質
(5) コレステロール，コレステロールエステル
(6) プロスタグランディン
(7) ワクス
(8) テルペン，カロチノイド，

などがある．

2. タンパク質

(d)

グリコーゲン, アミロペクチン高培率図

グリコーゲン (枝が多い) 低培率図

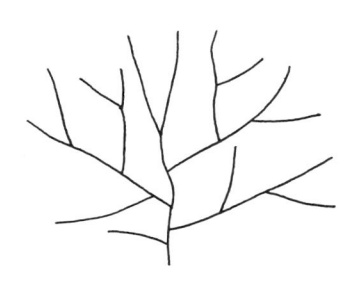

アミロペクチン (枝が多い) 低培率図

(e)

セルロース

アミロース

図 2.27
(a) 糖の立体異性体の配列.
(b) アミノ糖, (c) 二糖類の例,
(d), (e) 多糖類の例

　ここでは分子集合として生体構造を形成するものとして, リン脂質の二重膜, リポソームについて説明する. タンパク質との複合体をつくるリポタンパク質についてはタンパク質の項で説明してある.
　リン脂質は親水性の頭部と疎水性の足からなっているので水溶液中では一般的にミセル様構造をとることが期待され, グリセロールに脂肪酸が1分子のみエステル結合したリゾ体では, 確かに頭部が大きく足が細いので球状のミセルをつくる. しかし, 脂肪酸が2つ結合したリゾ体でないリン脂質になると親水性の頭部と疎水性の脚部の大きさが同じくらいになるため球状構造はとらずに, 平面膜状になる. この膜は無限に延びるより大きな袋となることにより, 疎水性脚部の溶媒水への

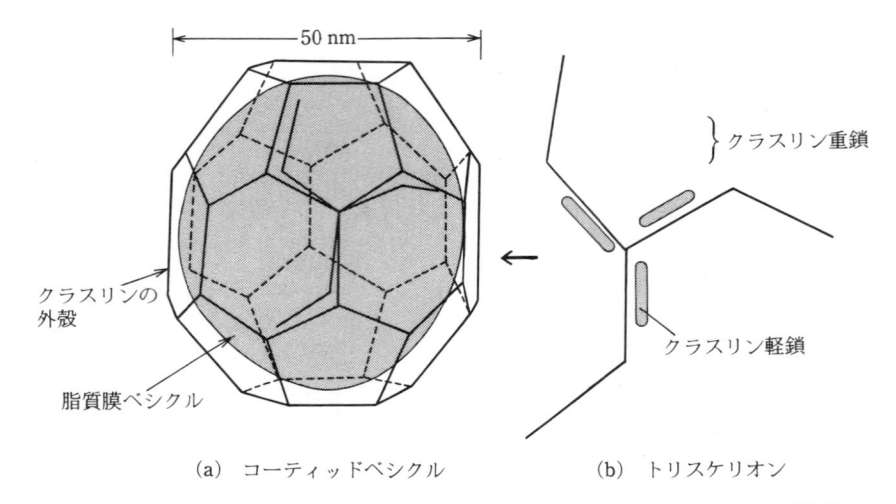

(a) コーティッドベシクル　　(b) トリスケリオン

図 2.28　コーティッドピットを形成するクラスリン分子とコーティッドピットの骨格図

露出を防ぐ．これが細胞膜の基本的な姿である．

　脂質膜は構成脂質の成分によって，その柔らかさがさまざまである．一般に，飽和で直鎖状の脂肪酸が結合したリン脂質の割合が多い膜ほど熱した場合の「融点または相転移温度」が高い．またリン脂質の頭部の違いでは，フォスファチジルエタノールアミンの割合の多い膜はフォスファチジルコリンの多い膜より融点が高い．付表2.7 (p.355)に種々のリン脂質から構成された二重膜の融点を記す．融点とは二重膜水溶液の温度を上げていったときに，スピンラベル，けい光ラベルなどの吸収曲線や音波吸収に異常点の現れる温度である．この温度で二重膜は相転移を起こしている．

　相転移温度は，リン脂質膜中にコレステロールなどの割合が増えると上昇する．このように構成成分によって二重膜の転移温度，ひいては，生体の生活温度における膜の柔らかさ，すなわち「流動性」が変化する現象は生物によって巧みに使い分けられている．たとえば同じ微生物を温度を変えて培養すると，生育温度で細胞膜がちょうどよい流動性を保つように，膜を構成するリン脂質の脂肪酸組成が変化する．また，同じ動物でも冷たい外気に触れる部分と，体内で暖かい環境にある部分の生体膜の脂質組成は同様の理由で異なることが知られている．

　生体膜の流動性は，その機能にとってきわめて重要であることが示されている．その1つの例は，受容体によるエンドサイトーシスと呼ばれる外来物質の取り込みである．このとき受容体はリガンドとなる外来物質を結合すると二重膜上を移動して集まり，coated pits という受容体の局在部を形成する．coated pits は細胞内部からはクラスリンというタンパク質によって支えられ，袋状構造として細胞質側へちぎれ，細胞内へ入っていく（図 2.28）．この例以外にも細胞膜の流動性の重要性を示す事実は多い．

〔猪　飼　　篤〕

2. タンパク質

付表 2.1 タンパク質の2次構造の分類

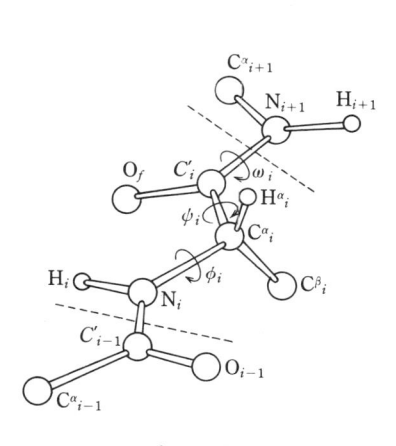

ポリペプチド主鎖の回転角
N末端側を固定しておいて，C末端側を矢印の方向に回転させたときを＋にとる．

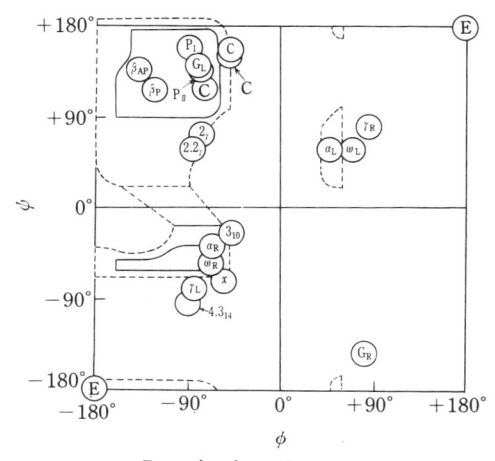

Ramachandran プロット
記号は表中に示した．実線の内側は側鎖の C_β が接触しない領域，破線内は C_β が少し接触するが許される領域，一点鎖線は許されるかもしれない領域．

ϕ と ψ の定義，L-アミノ酸からなるポリペプチド鎖の基本構造

規則構造	(Ramachandranプロットの記号)	ϕ (度)	ψ (度)	ω (度)	らせんのピッチ (Å)	1ピッチ当たりの残基数
完全に伸びた鎖	(E)	+180	+180	+180	7.3	2.00
右まき α-らせん (3.6₁₃-らせん)	(α_R)	−57	−47	+180	5.4	3.62
左まき α-らせん (3.6₁₃-らせん)	(α_L)	+57	+47	+180	5.4	3.62
2₇-リボン	(2₇)	+75	−70	+180	5.6	2.00
2.2₇-らせん	(2.2₇)	+78	−59	+180	6.0	2.17
3₁₀-らせん	(3₁₀)	−49	−26	+180	6.0	3.0
左まき ω-らせん (4₁₃-らせん)	(ω_L)	+64	+55	−175	5.3	4.00
4.3₁₄-らせん	(4.3₁₄)	−88	−92	+180	5.2	4.34
π-らせん (4.4₁₆-らせん)	(π)	−57	−70	+180	5.1	4.40
右まき γ-らせん (5.1₁₇-らせん)	(γ_R)	+82	+78	+180	5.0	5.14
左まき γ-らせん (5.1₁₇-らせん)	(γ_L)	−82	−78	+180	5.0	5.14
平行 β 構造	(β_P)	−119	+113	+180	6.5	2.0
逆平行 β 構造	(β_{AP})	−139	+135	−178	7.0	2.0
右まきポリグリシン II	(G_R)	+80	−150	+180	9.3	3.0
左まきポリグリシン II	(G_L)	−80	+150	+180	9.3	3.0
右まきポリ-L-プロリン I	(P_I)	−83	+158	0	5.9	3.33
左まきポリ-L-プロリン II	(P_{II})	−78	+149	+180	9.3	3.00
コラーゲン	(C)	−51, −76, −45	+153, +127, +148	+180	9.5	3.3

（生化学データブック，東京化学同人より）

付表 2.2 アミノ酸の構造，1文字記号と物性

1) タンパク質構成アミノ酸の構造と略号

A. 脂肪族アミノ酸
(1) モノアミノカルボン酸

$$\begin{array}{c} COOH \\ H_2N-C-H \\ | \\ H \end{array} \quad {}^{1}C, {}^{2}C\alpha$$

グリシン
Glycine   Gly
Glycine   G

$$\begin{array}{c} COOH \\ H_2N-C-H \\ | \\ CH_3 \end{array} \quad {}^{1}C, {}^{2}C\alpha, {}^{3}C\beta$$

アラニン
Alanine   Ala
Alanine   A

$$\begin{array}{c} COOH \\ H_2N-C-H \\ | \\ CH \\ / \ \backslash \\ CH_3 \ CH_3 \end{array} \quad {}^{1}C, {}^{2}C\alpha, {}^{3}C\beta, {}^{4}C\gamma 1, C\gamma 2$$

バリン
Valine   Val
Valine   V

$$\begin{array}{c} COOH \\ H_2N-C-H \\ | \\ CH_2 \\ | \\ CH \\ / \ \backslash \\ CH_3 \ CH_3 \end{array} \quad {}^{1}C, {}^{2}C\alpha, {}^{3}C\beta, {}^{4}C\gamma, {}^{5}C\delta 1, C\delta 2$$

ロイシン
Leucine   Leu
Leucine   L

(2) ヒドロキシモノアミノモノカルボン酸

$$\begin{array}{c} COOH \\ H_2N-C-H \\ | \\ CH_3-C-H \\ | \\ CH_2 \\ | \\ CH_3 \end{array} \quad {}^{1}C, {}^{2}C\alpha, C\gamma 2-{}^{3}C\beta, {}^{4}C\gamma 1, {}^{5}C\delta 1$$

イソロイシン
Isoleucine   Ile
Isoleucine   I

$$\begin{array}{c} COOH \\ H_2N-C-H \\ | \\ CH_2 \\ | \\ OH \end{array} \quad {}^{1}C, {}^{2}C\alpha, {}^{3}C\beta, O\gamma$$

$$\begin{array}{c} COOH \\ H_2N-C-H \\ | \\ H-C-OH \\ | \\ CH_3 \end{array} \quad {}^{1}C, {}^{2}C\alpha, {}^{3}C\beta-O\gamma 1, {}^{4}O\gamma 2$$

セリン   トレオニン
Serine   Ser   Threonine   Thr
Serine   S   Threonine   T

(3) モノアミノジカルボン酸およびアミド

$$\begin{array}{c} COOH \\ H_2N-C-H \\ | \\ CH_2 \\ | \\ C \\ / \ \backslash \\ O \ OH \end{array} \quad {}^{1}C, {}^{2}C\alpha, {}^{3}C\beta, {}^{4}C\gamma, O\delta 1, O\delta 2$$

$$\begin{array}{c} COOH \\ H_2N-C-H \\ | \\ CH_2 \\ | \\ CH_2 \\ | \\ C \\ / \ \backslash \\ O \ OH \end{array} \quad {}^{1}C, {}^{2}C\alpha, {}^{3}C\beta, {}^{4}C\gamma, {}^{5}C\delta, O\epsilon 1, O\epsilon 2$$

アスパラギン酸   グルタミン酸
Aspartic acid   Asp   Glutamic acid   Glu
AsparDic acid   D   アルファベットで   E
                       Dのつぎ

$$\begin{array}{c} COOH \\ H_2N-C-H \\ | \\ CH_2 \\ | \\ C \\ / \ \backslash \\ O \ NH_2 \end{array} \quad {}^{1}C, {}^{2}C\alpha, {}^{3}C\beta, {}^{4}C\gamma, O\delta 1, N\delta 2$$

$$\begin{array}{c} COOH \\ H_2N-C-H \\ | \\ CH_2 \\ | \\ CH_2 \\ | \\ C \\ / \ \backslash \\ O \ NH_2 \end{array} \quad {}^{1}C, {}^{2}C\alpha, {}^{3}C\beta, {}^{4}C\gamma, {}^{5}C\delta, O\epsilon 1, N\epsilon 2$$

アスパラギン   グルタミン
Asparagine   Asn   Glutamine   Gln
AsparagiNe   N   未使用の   Q
                       アルファベット

(4) ジアミノモノカルボン酸

$$\begin{array}{c} COOH \\ H_2N-C-H \\ | \\ CH_2 \\ | \\ CH_2 \\ | \\ CH_2 \\ | \\ CH_2 \\ | \\ NH_2 \end{array} \quad {}^{1}C, {}^{2}C\alpha, {}^{3}C\beta, {}^{4}C\gamma, {}^{5}C\delta, {}^{6}C\epsilon, N\zeta$$

$$\begin{array}{c} COOH \\ H_2N-C-H \\ | \\ CH_2 \\ | \\ CH_2 \\ | \\ HO-C-H \\ | \\ CH_2 \\ | \\ NH_2 \end{array} \quad {}^{1}C, {}^{2}C\alpha, {}^{3}C\beta, {}^{4}C\gamma, O-{}^{5}C\delta, {}^{6}C\epsilon, N\zeta$$

リシン δ-ヒドロキシリシン
Lysine   Lys   Hydroxylysine   Hyl
アルファベッ   K
トでLの前

2. タンパク質

アルギニン
Arginine　Arg
ARginine　R

B. 芳香族アミノ酸

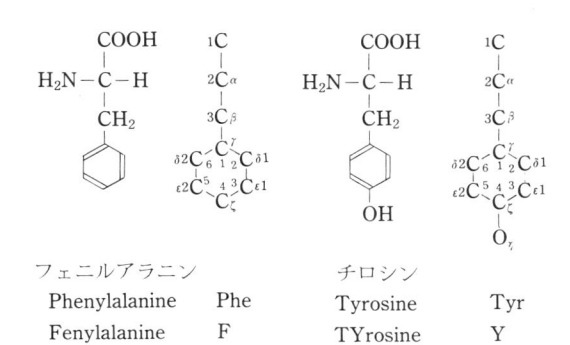

フェニルアラニン
Phenylalanine　Phe
Fenylalanine　F

チロシン
Tyrosine　Tyr
TYrosine　Y

(5) 硫黄含有アミノ酸

システイン
Cysteine　Cys
Cysteine　C

C. 複素環式アミノ酸

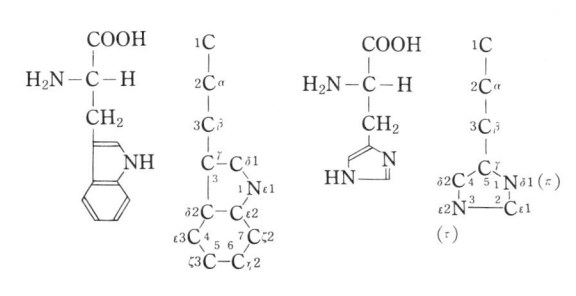

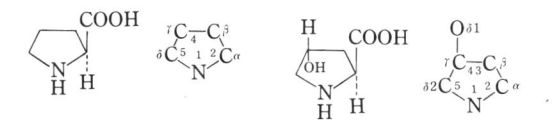

トリプトファン
Tryptophan　Trp
環がかさ高いので　W

ヒスチジン
Histidine　His
Histidine　H

シスチン
Cystine　Cys Cys
Cystine　C C

プロリン
Proline　Pro
Proline　P

4-ヒドロキシプロリン
Hydroxyproline　Hyp

メチオニン
Methionine　Met
Methionine　M

付表 2.2 (つづき)
2) タンパク質構成アミノ酸定数表

アミノ酸	略号 3文字	1文字	分子式	分子量	残基量	窒素含量(%)	分解点(°C)	$[\alpha]_D$ (度) 5N HCl	$[\alpha]_D$ (度) H$_2$O	$[\alpha]_D$ (度) NaOH	pK$_1$	pK$_2$	pK$_3$	等電点 pI
アスパラギン	Asn	N	C$_4$H$_6$N$_2$O$_3$	132.12	114.10	21.20	236	+34.3[a]	−5.6	−7.6(1N)	2.02	8.80		5.41
アスパラギン酸	Asp	D	C$_4$H$_7$NO$_4$	133.10	115.09	10.52	270	+26.2	+5.0	−1.7(3N)	1.88	3.65	9.60(NH$_3^+$)	2.77
アラニン	Ala	A	C$_3$H$_7$NO$_2$	89.10	71.08	15.72	236	+14.6	+2.7	+3.0(3N)	2.34	9.69		6.00
アルギニン	Arg	R	C$_6$H$_{14}$N$_4$O$_2$	174.21	156.19	32.16	238	+27.6	+12.5	+11.8(0.5N)	2.17	9.04	12.48(guan)	10.76
イソロイシン	Ile	I	C$_6$H$_{13}$NO$_2$	131.17	113.16	10.68	284	+40.5	+12.7	+11.1(0.33N)	2.36	9.68		6.02
グリシン	Gly	G	C$_2$H$_5$NO$_2$	75.07	57.05	18.66	290	—	—	—	2.34	9.60		5.97
グルタミン	Gln	Q	C$_5$H$_{10}$N$_2$O$_3$	146.15	128.13	19.17	185	+39.2[b]	+6.6	—	2.17	9.13		5.65
グルタミン酸	Glu	E	C$_5$H$_9$NO$_4$	147.13	129.11	9.52	249	+32.2	+12.0	+10.9(1N)	2.19	4.25	9.67(NH$_3^+$)	3.22
シスチン	Cys-Cys		C$_6$H$_{12}$N$_2$O$_4$S$_2$	240.30	222.29	11.66	261	−222.5	—	−69.9(1N)	1.00	1.65	7.48(NH$_3^+$) 9.02(NH$_3^+$)	4.60
システイン	Cys	C	C$_3$H$_7$NO$_2$S	121.16	103.14	11.56	178[c]	+6.5	−16.5	—	1.96	8.18	10.28(SH)	5.07
セリン	Ser	S	C$_3$H$_7$NO$_3$	105.09	87.08	13.27	228	+15.1	−7.5	—	2.21	9.15		5.68
チロシン	Tyr	Y	C$_9$H$_{11}$NO$_3$	181.19	163.17	7.73	344	−11.8	—	−13.2(3N)	2.20	9.11	10.07(OH)	5.66
トリプトファン	Trp	W	C$_{11}$H$_{12}$N$_2$O$_2$	204.21	186.20	13.72	282	+2.8	−33.7	+6.2(0.5N)	2.38	9.39		5.89
トレオニン	Thr	T	C$_4$H$_9$NO$_3$	119.12	101.10	11.76	253	−15.0	−28.5	—	2.71	9.62		6.16
バリン	Val	V	C$_5$H$_{11}$NO$_2$	117.15	99.13	11.96	315	+28.8	+6.4	—	2.32	9.62		5.96
ヒスチジン	His	H	C$_6$H$_9$N$_3$O$_2$	155.16	137.14	27.08	277	+12.4	−38.5	−10.9(0.5N)	1.82	6.00	9.17(NH$_3^+$)	7.59
ヒドロキシプロリン	Hyp	—	C$_5$H$_9$NO$_3$	131.13	113.11	10.68	270	−50.5	−76.0	−70.6(0.5N)	1.92	9.73		5.83
ヒドロキシリシン	Hyl	—	C$_6$H$_{14}$N$_2$O$_3$	162.19	144.17	17.27	222[c]	+17.8	+9.2	—	2.13	8.62	9.67(ε-NH$_3^+$)	8.64
フェニルアラニン	Phe	F	C$_9$H$_{11}$NO$_2$	165.19	147.17	8.48	284	−4.5	−34.5	—	1.83	9.13		5.48
プロリン	Pro	P	C$_5$H$_9$NO$_2$	115.13	97.11	12.17	222	−60.4	−86.2	−93.0(0.6N)	1.99	10.60		6.30
メチオニン	Met	M	C$_5$H$_{11}$NO$_2$S	149.21	131.20	9.39	283	+24.1	−10.0	—	2.28	9.21		5.74
リシン	Lys	K	C$_6$H$_{14}$N$_2$O$_2$	146.19	128.17	19.16	224	+26.0	+14.6	—	2.18	8.95	10.53(ε-NH$_3^+$)	9.74
ロイシン	Leu	L	C$_6$H$_{13}$NO$_2$	131.17	113.16	10.68	337	+16.0	−11.0	+7.6(3N)	2.36	9.60		5.98

a) 3N HCl 中　b) 1N HCl 中　c) 一塩酸塩

3) アミノ酸の溶解度 (水100 g に溶ける g 数)

アミノ酸	温度 0°C	25°C	50°C	75°C	100°C
アスパラギン・H$_2$O	0.85	3.00	9.12	24.1	55.21
アスパラギン酸	0.21	0.50	1.20	2.88	6.89
DL-アスパラギン酸	0.26	0.78	2.00	4.46	8.59
アラニン	12.73	16.51	21.79	28.51	37.30
DL-アラニン	12.11	16.72	23.09	31.89	44.04
β-アラニン		55.50			

アミノ酸	温度 0°C	25°C	50°C	75°C	100°C
アルギニン	8.3				
イソロイシン	3.79	4.12	4.86	6.08	8.22
DL-イソロイシン	1.83	2.23	3.03	4.61	7.80
allo-イソロイシン		2.93(20°C)			
DL-allo-イソロイシン		5.35			
グリシン	14.18	24.99	39.10	54.39	67.17

2. タンパク質

付表 2.3　4次構造をとるタンパク質

タンパク質	抽出源	分子量	サブユニット数	サブユニットの分子量
神経成長因子	マウス	26,518	2	13,259
黄体形ホルモン	ヒツジ	27,322	1	12,500
			1	14,830
キモトリプシン阻害剤	ポテト	39,000	4	9,800
スーパーオキシドジスムターゼ	大腸菌	39,500	2	21,600
ヘムエリスリン	Phascolosoma	40,600	3	12,700
ガラクトキナーゼ	ヒト	53,000	2	27,000
ヘモグロビン	哺乳類	64,500	2	16,000
			2	16,000
Tu・Ts 複合体	大腸菌	65,000	1	41,500
			1	28,500
リンゴ酸脱水素酵素	ラット	66,300	2	37,500
アビジン	ニワトリ	68,300	4	18,000
トロポニン	ウサギ	80,000	1	37,000
			1	24,000
			1	20,000
アリカリホスファターゼ	大腸菌	86,000	2	43,000
プロカルボキシペプチダーゼA	ウシ	88,000	1	40,000
			2	23,000
セリン tRNA 合成酵素	大腸菌	100,000	2	50,000
ヌクレオチドジホスフォキナーゼ	酵母	102,000	6	17,000
チュブリン	ブタ	110,000	1	56,000
			1	53,000
乳酸脱水素酵素	ブタ	140,000	4	35,000
トリプトファン合成酵素	大腸菌	148,000	2	45,000
			2	28,700
lac リプレッサー	〃	160,000	4	40,000
メチオニン tRNA 合成酵素	〃	170,000	2	85,000
Qβ-レプリカーゼ	〃	205,000	1	70,000
			1	65,000
			1	45,000
			1	35,000
アリルアミダーゼ	ヒト	223,500	6	38,100
ロイシンアミノペプチダーゼ	ブタ	255,000	4	63,500
イソクエン酸脱水素酵素	酵母	300,000	8	39,000
アスパラギン酸トランスカルバモイラーゼ	大腸菌	310,000	6	33,000
			6	17,000
ニトロゲナーゼ	Clostridium	330,000	2	59,500
			4	27,500
			2	50,700
エノラーゼ	T. aquaticus	355,000	8	44,000
グルタミン合成酵素	Neurospora	360,000	4	90,000
RNA ポリメラーゼコアタンパク	大腸菌	400,000	2	39,000
			1	155,000
			1	165,000
アポフェリチン	ウマ	443,000	24	18,500
グルタミン合成酵素	大腸菌	592,000	12	48,500
オボマクログロブリン	ニワトリ	650,000	2	325,000
イソクエン酸脱水素酵素	ウシ	670,000	16	41,000
ヘモグロビン	Arenicola	2,850,000	48	54,000
ピルビン酸脱水素酵素複合体	大腸菌	5,000,000	24	91,000
			24	65,000
			24	56,000

(D.W. Darnall and I.M. Klotz: *Arch. Biochem. Biophys.* **166**, 651, 1975 より).

付表 2.4 タンパク質の物理化学定数の例

タンパク質	固有粘度 $[\eta]$ (cm³/g)	拡散係数 $[D_{20}\times10^7]$ (cm₂/sec)	沈降係数 $[S_{20}\times10^{13}]$ (sec)	摩擦係数 $(f/f_0)_D$	$(f/f_0)_S$
1. リボヌクレアーゼ	3.3	11.7±0.5	1.85	1.19	1.29
1A. シトクロム C		13.0	1.83	1.09	1.12
2. リゾチーム	2.7	11.1±0.5	1.91	1.22	1.22
3. ミオグロビン	3.1	10.4±0.8	1.91±0.1	1.21	1.18
4. β-ラクトグロブリン	3.4		1.90		1.20
5. キモトリプシノーゲン	2.5	9.5	2.54	1.20	1.19
6. スロンビン	3.8	8.76	3.76	1.17	1.17
6A. カルボキシペプチダーゼ		8.68	3.07	1.15	1.27
7. β-ラクトグロブリン，二量体		7.82	3.04	1.23	1.19
8. α₁-糖タンパク質	6.9	5.27	3.11	1.79	1.78
9. オボアルブミン	4.3	7.4±0.4	3.7±0.15	1.21	1.14
10. フェチュイン，ウシ	6.0, 7.8	5.4±0.3	3.2±0.3	1.65	1.62
11. オートプロトロンビン II	4.2	7.45	4.33	1.19	1.23
12. プロトロンビン	4.1	6.24	5.22	1.29	1.30
13. ウシ血清アルブミン	3.9±0.2	6.1±0.2	4.35±0.1	1.31	1.33
14. ヘモグロビン	3.6	6.5±0.5	4.3±0.2	1.22	1.28
15. ウマ血清アルブミン	4.9	6.2±0.2	4.5±0.1	1.25	1.24
17. ヒト血清アルブミン	4.2	6.1	4.5±0.2	1.29	1.34
18. トロポミオシン	34	2.2	2.6	3.48	2.65
19. コンアルブミン	8.4	5.3	4.6	1.41	1.38
20. トランスフェリン	4.0	6.0±0.1	4.9, 6.2	1.23	1.26
21. メタメリスリン	3.6		7.61		1.06
22. 乳酸デヒドロゲナーゼ	3.9	5.0±0.5	7.8±0.5	1.25	1.15
23. プラスミノーゲン	8	2.92	4.28	2.14	2.49
24. アルドラーゼ	4	4.7	7.6	1.28	1.17
25. α-グロブリン，ヒト	6	3.9±0.1	7.1±0.5	1.55	1.53
26. α-グロブリン，ウマ	6.5	4.05	7.4±0.3	1.49	1.29
27. α-グロブリン，ウシ	5.9	4.1	7.30	1.43	1.53
28. ミオシン，イス	50		6.96		1.91
29. カタラーゼ	3.9	4.1	11.3	1.25	1.26
30. アスパラギン酸トランスカルバミラーゼ	4.5			1.35	
31. フィブリノーゲン，ヒト	24.5	1.98	7.63	2.35	2.34
31A. フィブリノーゲン，ウシ	25	2.02	8.3±0.4	2.35	2.28
32. コラーゲン	1250		3.38	5.97	
34. ミオシン, cod	180	1.10	6.43	3.65	3.63
35. チログロブリン	4.7	2.63	21.7	1.42	1.29
36. α₂-マクログロブリン	6.8	2.41	22.2	1.44	1.42
37. ヘモシアニン	5.6		66.3		1.25
38.	3.4	1.15	132	1.27	1.27
39. タバコモザイクウイルス	37	0.44±0.04	192	2.19	2.10

(Kuntz, I.D. and Kauzmann, W.: *Adv. Prof. Chem.*, **28**, 239-345, 1974)

2. タンパク質

付表 2.5 タンパク質の回転運動のパラメータ

タンパク質	相関時間 (nsec)			回転拡散係数 ($\times 10^{-6} \text{sec}^{-1}$)				測定方法[a]
	τ_a	τ_b	τ_h	θ_a	θ_b	θ_h	θ_0	
1. リボヌクレアーゼ	7.3				22.8		43.5	EB
2. リゾチーム	50				3.3		41.6	EB
						16.7	—	PLS
			27.5		18.2		—	FDP
			25		20.0		—	FDP
			22		(22.7)		—	NMR
3. ミオグロビン			30±1			16.7±0.5	32.7	DR, FDP
			35			14.3		DR
4. β-ラクトグロブリン, 単量体			31			16.1	29.2	FDP
5. キモトリプシノーゲン	35				4.8		25.6	EB
7. β-ラクトグロブリン, 二量体			67			7.5	14.5	FDP
	150	51	65	16.3	3.3	7.7		DR
	350	76	103	3.2	0.48	1.6		EB
9. オバルブミン	180	47	62	18.5	2.8	7.1	12.3	DR
			83			6.0		FDP
	26				6.4			EB
	18				9.3			EB
13. ウシ血清アルブミン	230	110	133	6.9	2.2	3.8	8.4	DR+EB[b]
	200	98	118	7.7	2.5	4.2		DR
			125±5			4.0		FDP
14. ヘモグロビン	84				6.0		8.1	DR
	130				3.9			DR
	61						8.2	FDP
15. ウマ血清アルブミン	360	75	102	11.9	1.4	4.4	8.0	DR
16. ヒトメルカプトアルブミン	220	79	101	10.4	2.3	4.2	(8.2)[c]	DR
20. トランスフェリン						3.0	6.9	DR, NMRD
22. 乳酸デヒドロゲナーゼ			219			2.3	4.0	FDP
27. γ-グロブリン, ウシ	160				1.06		3.37	EB
	200				0.83			EB
	220				0.76			EB, FB
31. フィブリノーゲン					0.039		1.68	EB
35. チログロブリン			1500			0.33	0.87	FDP
39. TMV					0.00035		0.0144	PLS, EB, FB

a) PLS: polarized light scattering (偏光散乱), DR: dielectric relaxation (誘電緩和), FDP: fluorescence depolarization (けい光偏光解消), EB: electric birefringence (電気複屈折), NMR: nuclear megnetic resonance (核磁気共鳴).
b) 4°C で外挿.
c) ヒト血清アルブミン

付表 2.6

1) 血漿リポタンパクの組成と濃度

	カイロミクロン	VLDL	LDL	HDL	VHDL
組 成（重量比，％）					
脂　質	98	91	79	50	38
リン脂質	7	18	22	24	28
遊離コレステロール	2	7	8	2	3
コレステリルエステル	5	12	37	20	0.3
トリグリセリド	84	54	11	4	5
タンパク質	2	9	21	50	62
アポタンパク組成比（％）					
A-Ⅰ	7	＋	－	67	57
A-Ⅱ	4	＋	－	22	29
B	23	37	98	＋	－
C-Ⅰ	15	3	＋	1〜3	－
C-Ⅱ	15	7	＋	1〜3	－
C-Ⅲ	36	40	＋	3〜5	－
D	－	＋	－	＋	14
E	－	13	＋	＋	
濃　度（mg/100ml 血漿）					
正常男子		173*	437	263	48**
正常女子		69*	371	320	ND
イヌ		17*	30	561	ND
ラット		42*	18	128	ND
モルモット		28*	83	15	ND

*　＜$d=1.006$ g/ml で浮上する分画（カイロミクロンと VLDL）についての値．
**　男子および女子の平均値．

2) ブタのリポタンパク組成（重量％）

比重の範囲 (g/ml)	1.063〜1.21	1.09〜1.21	1.063〜1.12	1.063〜1.12	1.12〜1.21
コレステリルエステル	26.0	14.1	22.9	27.4	19.0
遊離コレステロール	3.9	2.6	3.4	4.1	2.2
トリグリセリド	2.0	n.d.	2.0	3.8	2.9
リン脂質	22.4	27.4	38.3	37.3	33.3
タンパク質	45.8	54.8	33.4	27.4	42.6

3) rhesus ザル（*M. mulatta*）のリポタンパク分画の組成（重量％）

比重範囲 (g/ml)	1.019〜1.050	1.019〜1.050	1.024〜1.045	1.019〜1.063	LDL-Ⅰ 1.027	LDL-Ⅱ 1.036	LDL-Ⅲ 1.050	ヒト 1.024〜1.045
コレステリルエステル	36.0	35.7	33.3	32.8	37.5	37.3	34.6	38.9
遊離コレステロール	14.0	11.0	12.2	7.8	8.1	7.8	7.4	8.8
トリグリセリド	2.5	4.8	6.3	9.4	8.6	7.6	7.1	6.3
リン脂質	23.6	25.2	23.1	23.1	26.1	25.3	25.3	22.8
タンパク質	24.0	23.2	25.1	22.9	18.5	20.8	24.0	23.2

（原　一郎，植田伸夫，赤沼安夫編：血漿リポタンパク質，講談社，1983 より）

2. タンパク質

付表 2.7 二重膜の融点

1. 相転移温度 T_t(°C) 2. エンタルピー変化 ΔH_t(kJ·mol^{-1}) 3. 条件 pH=7.0, イオン強度=0.1

ヘッドグループ 脂肪酸鎖	PC T_t	PC ΔH_t	PG- T_t	PG- ΔH_t	PE T_t	PE ΔH_t	PS- T_t	PS- ΔH_t	PA- T_t	PA- ΔH_t	Cardiolipin T_t
1, 2-Diacyl-											
1, 2-DC$_{12}$	−1	18	−2		(30.5)	15.5	13	13	32	14	25
1, 2-DC$_{13}$	13.5										
1, 2-DC$_{14}$	23	26	24	28.5	(49.5)	24	36	29	50	23	40
1, 2-DC$_{15}$	34	32									
1, 2-DC$_{16}$	41.5	36.5	41.5	37	(64)	33	52	37	68	33	58
1, 2-DC$_{17}$	48	40									
1, 2-DC$_{18}$	55	46	54.5	44	74	44	68	46	73.5		
1, 2-DC$_{19}$	61										
1, 2-DC$_{20}$	65.5	55	65		82.5	52.5					
1, 2-DC$_{22}$	74	62.5									
1, 2-Dialklyl-											
1, 2-DD					35	16	19	14			
1, 2-DT	27	(30)	28		55.5	24	41	29	55		
1, 2-DH	44	(34)	46		68.5	33	56	35	72		
1, 2-DO	55.5	(40)			77	39					
1, 3-Diacyl-											
1, 3-DC$_{14}$	19	25.5									
1, 3-DC$_{16}$	37	39									
1-Acyl, 2-acyl-											
1-P, 2-M	27	27									
1-M, 2-P	35.5	31									
1-S, 2-P	44										
1-P, 2-S	47.5										
1-M, 2-S	42	34.5									
1-S, 2-M	34	25									
Sphingomyelin											
N-16-sph	41.5	28									
N-18-sph	53	(75)									
N-24-sph	49	64									

PC=phosphatidylcholine; PG=phosphatidylglycerol; PE=phosphatidylethanolamine; PS=phosphatidylserine; PA=phosphatidic acid; DC$_{12}$=DL=dilauroyl; DC$_{14}$=DM=dimyristoyl; DC$_{16}$=DP=dipalmitoyl; DC$_{18}$=DS=distearoyl; DC$_{20}$=DA=diarachinoyl; DC$_{22}$=DB=dibehenoyl; DC$_{13}$=ditridecanoyl; DC$_{15}$=dipentadecanoyl; DC$_{17}$=diheptadecanoyl; DC$_{19}$=dinonadecanoyl; DD=didodecyl; DT=ditetradecyl; DH=dihexadecyl; DO=dioctadeyl; M=myristoyl; P=palmitoyl; S=steroyl. Quoted numbers give means of reliable values, rounded to within 0.5 unit; temperatures of transition from metastable gel phases are given in parentheses.

(G. Cevc and D. Marsh: Phospholipid Bilayers, pp. 242-243, A Wiley-Interscience Pub. より)

3. 生合成

3.1 DNAの生合成
3.1.1 DNAの生合成

DNAの生合成は，4種類のデオキシリボヌクレオシド5′-三リン酸の脱ピロリン酸重合を，鋳型となるDNA鎖に沿って進める反応である（図3.1）．新たに合成されたDNA鎖は鋳型DNA鎖と相補的な塩基配列をもつ．また，RNA鎖が鋳型になることもある．DNA合成の特徴はおもに次の4点である．
① 鋳型上に，相補的なDNA鎖を合成する．
② 既存鎖の伸長反応であり，モノヌクレオチドから出発するような反応は起こらない．
③ 既存鎖の3′末端のヌクレオチドの3′-水酸基に，5′-ヌクレオチドが付加していくために，常に5′→3′方向の伸長反応である．④ 前駆体は常に4種類のデオキシリボヌクレオシド5′-三リン酸である．

DNAの生合成は，DNAの複製，DNAの修復，逆転写などの場面で行われる．それぞれに異なる酵素群がDNAの合成に働いているが，反応自体の基本的な性質は変わらない．

3.1.2 DNAの複製
a. 染色体の複製 　DNAは，ほとんどの場合に，遺伝物質として生物界に存在して

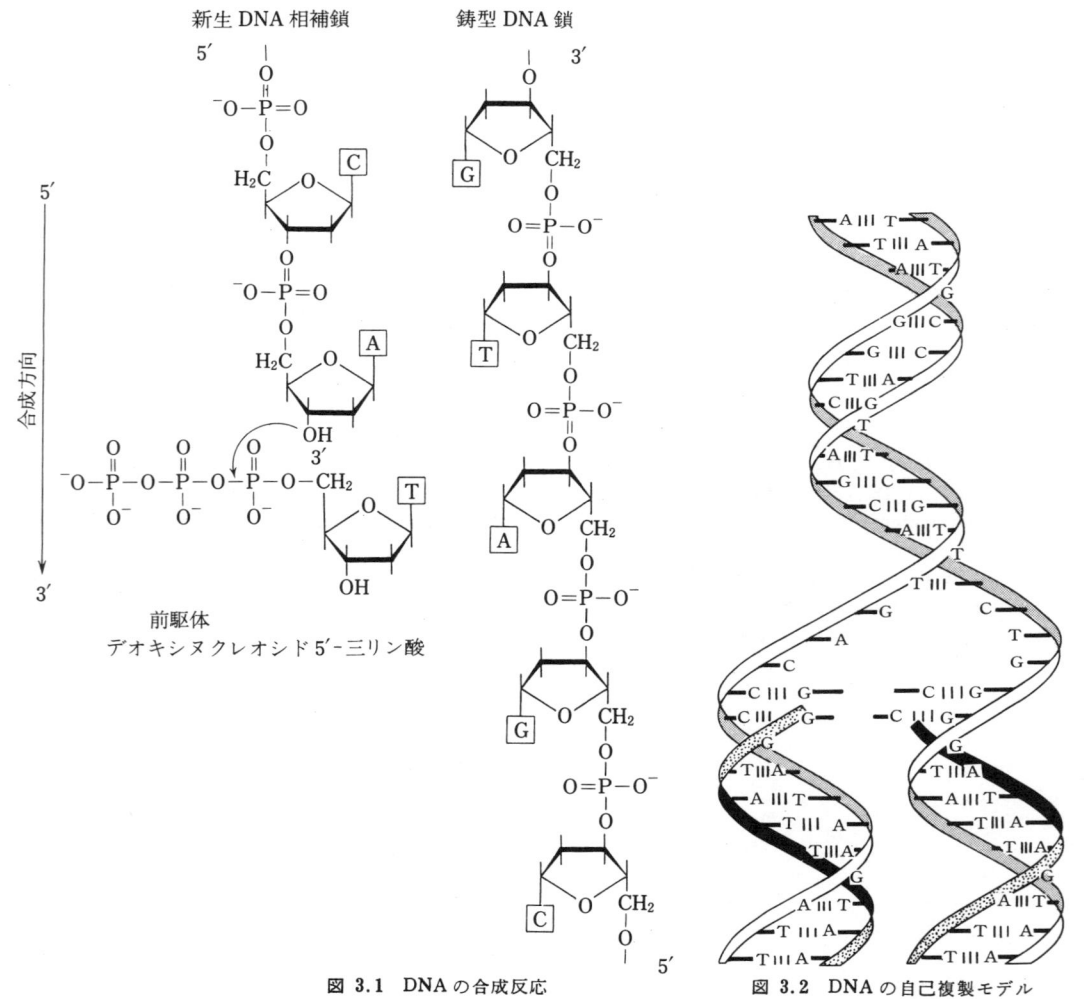

図3.1 DNAの合成反応

図3.2 DNAの自己複製モデル

いる.そこで,DNAの生合成は,染色体DNAの複製という形で最もさかんに行われることになる.DNAの自己複製モデル(図3.2)は,DNAの二重らせん構造の提唱と同時に,ワトソンとクリックによって示された(1953年).このモデルは,DNAが遺伝物質として,親の形質を子に伝達できることを示唆している.DNAの複製は,DNAの合成以外にも種々の反応を伴うため,そのメカニズムはたいへんに複雑であるが,大腸菌で最も研究が進んでおり,基本的なメカニズムはすでに明らかになっている.

b. 二本鎖DNA複製のメカニズム 染色体DNAの多くは,二本鎖の形で存在している(大腸菌では環状の二本鎖DNAである).このため,まず二本鎖が一本鎖に解離し,それぞれの一本鎖を鋳型にDNA合成が進行することになる(図3.3).DNAの合成に先立ち,鋳型上にRNA鎖が合成され,このRNA鎖の3′末端に付加する形でDNAの合成が開始する(プライミング).このようなRNA鎖をプライマー(primer)と呼ぶ.プライマーRNAの長さは,10ヌクレオチド前後のことが多い.

解離した2本の一本鎖DNAは,たがいに反対の方向性もっているので,それぞれを鋳型としたDNA鎖の合成の進みかたは異なっている.一方のDNA鎖(リーディング鎖,leading strand)では,二本鎖の解離が進む方向とDNA合成の進行する方向が一致している.ところが,もう一方のDNA鎖(ラギング鎖,lagging strand)では,二本鎖の解離が進む方向と反対に合成が進行するので,プライミングを何度も繰り返しながら不連続に合成が進む.このため,DNA合成の過程では,5′末端にプライマーRNAを結合した一本鎖DNAの短い断片が生じる.このDNA断片の存在は,岡崎令治らによって実証され,岡崎フラグメントと呼ばれている.岡崎フラグメントの長さは,原核生物で1000〜2000ヌクレオチド,真核生物で100〜200ヌクレオチド程度である.最終的に,RNA鎖は除去されて,DNAに置き換わった後に岡崎フラグメントどうしが連結し,連続したDNA鎖ができる.

c. DNAポリメラーゼ DNA合成を行う酵素は,DNAポリメラーゼと呼ばれる.大腸菌のDNA複製ではDNAポリメラーゼ

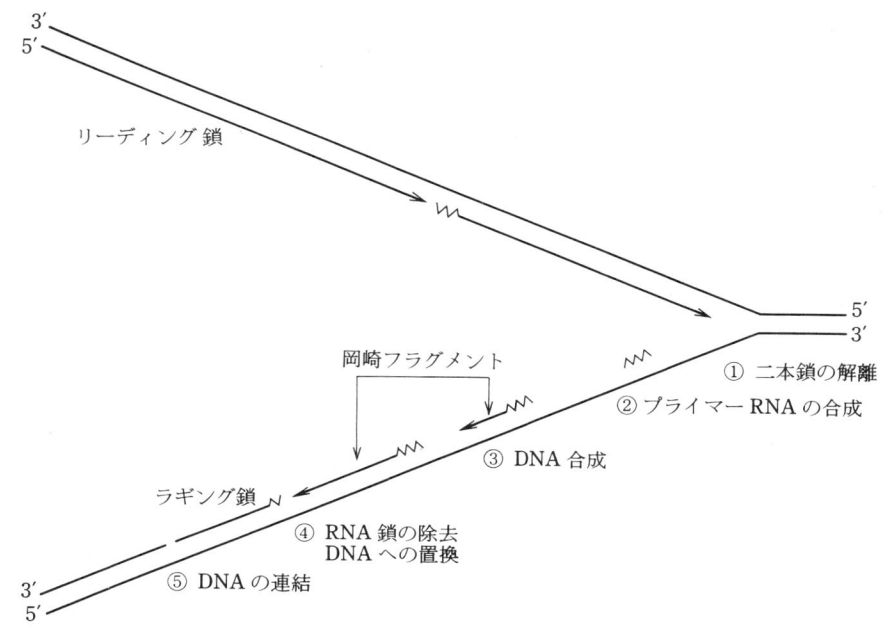

図 3.3 DNA複製のメカニズム

Ⅲ が DNA 合成を行っている．この酵素は，いくつかのタンパク質の複合体であり，3′→5′ 方向に，加水分解によって DNA 鎖を分解していく活性をももっている．これは，誤ったヌクレオチドを付加してしまったときに，ただちにこのヌクレオチドを除去するためである．DNA ポリメラーゼのもつ，このような校正機能によって，高度に忠実な DNA 相補鎖の合成が可能になっている．DNA ポリメラーゼは，リーディング鎖とラギング鎖の合成を同時に行っていて，非対称な二量体を形成していると考えられている．さらに，DNA 二本鎖の解離に働くヘリケース，RNA 鎖の合成を行うプライマーゼなどが DNA ポリメラーゼに加わって巨大な複合体を形成して機能している．この巨大複合体は，レプリゾームと呼ばれている．

d．一本鎖 DNA の複製　　大腸菌（宿主）

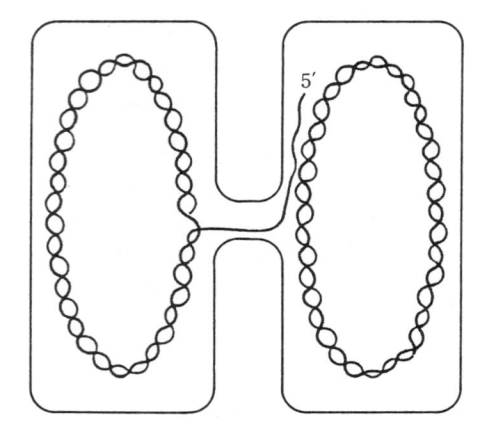

図 3.5　大腸菌の接合
ローリング・サークル型複製によって，雄性大腸菌から雌性大腸菌へ一本鎖 DNA が移行する．

図 3.4　φX174 ファージの ローリング・サークル型 DNA 複製
φX174 ファージは宿主（大腸菌）内で相補鎖を合成して二本鎖 DNA を合成する（Ⅰ）．一方の DNA 鎖に切れ目が入り，3′ 末端と 5′ 末端を生じる（Ⅱ）．3′ 末端から DNA 合成が開始し，既存の DNA 鎖を置換していく形で合成が進む（Ⅲ）．押し出された一本鎖 DNA を鋳型に相補鎖が形成されれば，Ⅰ と同じ二本鎖 DNA ができる（Ⅳ）．相補鎖が形成されない場合には，もとのファージ一本鎖 DNA ができる．

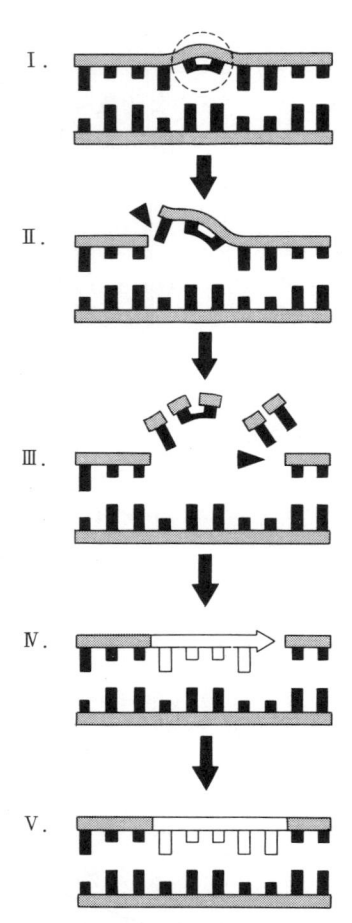

図 3.6　DNA 修復のメカニズム
紫外線などの照射によって，一方の DNA 鎖が損傷を受ける（Ⅰ）．損傷を受けた部分が除去される（Ⅱ, Ⅲ）．除去された跡（ギャップ）は，DNA ポリメラーゼ I の働きにより新しく DNA で埋められる（Ⅳ, Ⅴ）．

3. 生 合 成

```
Ⅰ.        tRNA
レトロウイルス  5′―3′⚘5′―――――――――――――――――――――― 3′
一本鎖 RNA
                    ↓
Ⅱ.      ⚘
       5′←――――――――
                 ―――――――――――――――――――――― 3′
                    ↓
Ⅲ.      ⚘
       ←――――――――
                                         ―― 3′
                    ↓
Ⅳ.                                   ⚘
                                  ←―――
                              ⌒3′         ⌒
                             (              )
                              ⌒_____⌒
```

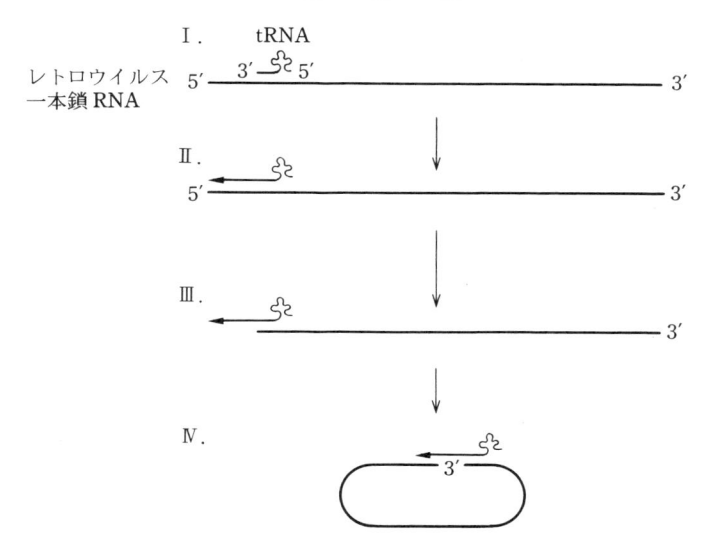

図 3.7 レトロウイルスの逆転写による DNA 合成
 レトロウイルスの一本鎖 RNA 鎖に, tRNA の 3′ 末端付近が, 相補的な塩基対を形成 (アニール) して結合している (Ⅰ). tRNA の 3′ 末端から DNA 合成が開始する (Ⅱ). RNA 鎖の, DNA 鎖とアニールしている部分がヌクレアーゼの働きによって分解, 除去される (Ⅲ). この結果露出した DNA 鎖は, RNA 鎖の 3′ 末端付近の相補的な塩基配列とアニールする. こうして, tRNA の 3′ 末端から始まった DNA 合成は, ウイルスの RNA 鎖全体に及ぶことになる (Ⅳ).

に感染するファージのなかには, その遺伝物質が環状の一本鎖 DNA のものが存在する. このようなファージは, 宿主内で相補鎖の合成を行って二本鎖になる. その後, 新しく合成した DNA 鎖のみを鋳型として, もとのファージ DNA の合成が進行し, ファージ DNA の再生産, 増幅が行われうる. このタイプのものでは, ϕX174 ファージのローリング・サークル型複製 (図 3.4) が知られている. また, これと同じタイプの DNA 複製が, 大腸菌の接合 (mating) の際にも行われる (図 3.5).

3.1.3 DNA 修 復

 染色体 DNA が, 紫外線や, アルキル化剤などにさらされたとき, その一部分が損傷を受けることがある. 損傷を受け, 鋳型としての機能を果たせなくなった箇所は除去され, 新たに DNA が合成される. この DNA 合成は, 除去されなかった既存鎖の末端から開始して, 二本鎖のうち, 損傷を受けなかったもう一方の DNA 鎖を鋳型として行われる. このときに DNA 合成を行うのは, 大腸菌では, DNA ポリメラーゼ Ⅰ であり, DNA 複製に働く酵素とは異なっている (図 3.6).

3.1.4 逆 転 写

a. レトロウイルスの逆転写 RNA 鎖を鋳型とした DNA 鎖の合成 (逆転写) も生物界では見つかっている. 逆転写と呼ぶのは, DNA 鎖を鋳型とした RNA の合成を転写と呼ぶからである. 逆転写は, 最初に動物細胞 (宿主) に感染する腫瘍ウイルス (レトロウイルス) で見出された. 腫瘍ウイルスの遺伝物質は一本鎖の RNA であり, 動物細胞内に入った後, 逆転写によって相補的な DNA 鎖の合成を行う. このときにプライマーとなるのは, 腫瘍ウイルス RNA の一部分と相補的な配列をもつ tRNA (宿主由来) であり, この tRNA の 3′ 末端に付加する形で DNA の合成が開始する. 相補的な DNA 鎖が合成されると, RNA 鎖は分解, 除去されるとともに, 新生 DNA 鎖を鋳型とした DNA 合成が進み, 二本鎖 DNA が完成する (図 3.7). この二本鎖 DNA は, 宿主の染色体に組み込まれて, 腫瘍ウイルス RNA を再生産するときの鋳型となる. 逆転写は, RNA 依存の DNA 合成であるので, 通常の DNA ポリメラーゼとは異なる逆転写酵素 (reverse transcriptase) の働きによって行われる. このような逆転写

は，真核生物でいくつもの例が見つかっている．

b. 原核生物における逆転写　近年になり，原核生物でも逆転写が存在することが見出された．最初，粘液細菌（myxobacteria）で，RNA鎖とDNA鎖が$2'-5'$ホスホジエステル結合でつながった分子が発見されたが，その後，この分子のDNA鎖部分は逆転写酵素の働きによって，RNA鎖を鋳型として合成されることが明らかになった．特徴的なのは，RNA鎖の途中のグアノシン残基の$2'$-水酸基に付加する形でDNA合成が開始することである（図3.8）．このような逆転写は他の細菌（大腸菌など）でも見出されており，逆転写は生物界において，DNA合成の普遍的な一様式であることが明らかになってきている．

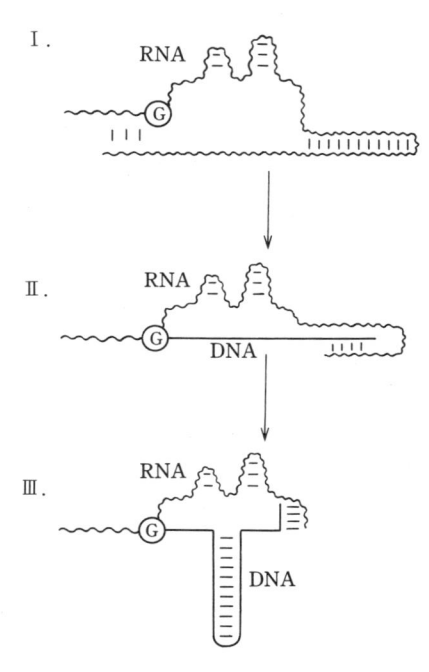

図 3.8　粘液細菌に見られるDNA合成
鋳型となるRNA鎖は，相補的な塩基配列が塩基対を形成することで，分子内で部分的に二本鎖を形成し，特徴的な2次構造を形づくっている（I）．RNA鎖の途中のグアノシン残基の$2'$-水酸基に付加する形でDNA合成が開始する．DNA合成が進行するにしたがって，鋳型となったRNA鎖は分解，除去されていく（II）．最終的には，残ったRNA鎖と新生DNA鎖が，グアノシン残基を介して共有結合し，また，それぞれの末端付近で塩基対を形成して，DNA-RNA分子を形成する．

3.1.5　テロメアでのDNA複製

真核生物の染色体は，大腸菌とは異なり直鎖状の二本鎖DNAであり，その末端部分をテロメアと呼ぶ．直鎖状二本鎖DNAの複製では，その末端で，ラギング鎖が鋳型DNAより短くなることは避けがたい．なぜなら，DNA複製において，プライマーRNAが除去された跡をDNAで埋めるためには，その$5'$上流に岡崎フラグメントが存在する必要があるが，染色体の末端では，そのようにはならないからである（図3.3参照）．テロメアは数塩基の長さの配列を何回も繰り返すような構造をもっていることがわかっており，ラギング鎖が短くなっても，意味のある塩基配列が失われないようになっている（表3.1）．ま

表 3.1　テロメアにおける繰り返し配列

塩基配列（$5'\to3'$）	生物
T_2G_4	テトラヒメナ（繊毛虫の一種）
T_2AG_3	トリパノソーマ（鞭毛虫の一種）
$(TG)_{1-3}TG_{2-3}$	出芽酵母
$T_{1-2}ACA_{0-1}C_{0-1}G_{1-6}$	分裂酵母
AG_{1-8}	タマホコリカビ

た，このような繰り返し配列をもつオリゴデオキシヌクレオチドに，同様の繰り返し配列を付加する酵素が見出されている．この酵素は，鋳型のDNA鎖なしに，オリゴヌクレオチドの$3'$末端にヌクレオチドを1つずつ付加していく機能をもっている．この酵素の働きにより，ラギング鎖の鋳型DNAが延長されることで，ラギング鎖はさらに$5'$上流から合成することが可能となり，プライマーRNAの除去された跡を埋めることができると考えられている．

3.2　RNAの生合成

3.2.1　RNAの生合成

RNAは，おもにメッセンジャーRNA（mRNA），リボソームRNA（rRNA），転移RNA（tRNA）として生体内に存在している．他にも，タンパク質と複合体を形成して働く低分子RNAが知られているが，これらはすべて遺伝子であるDNAを鋳型として合成さ

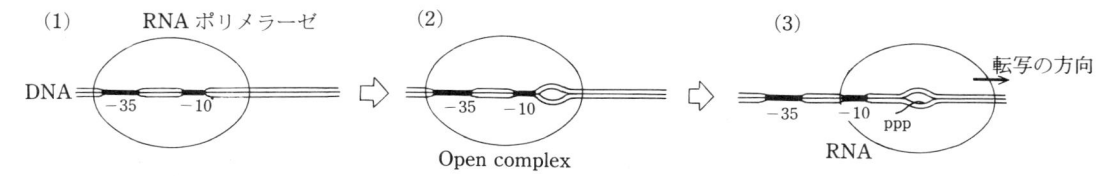

図 3.9 大腸菌の転写の開始
RNA ポリメラーゼは -10, -35 配列を認識して(1)，DNA 二重鎖を開裂させて open complex を形成する(2)．一方の DNA 鎖を鋳型に RNA 合成を開始する．5′末端のヌクレオチドは pppN (N は G，A のことが多い) である(3)．

れる．また，RNA を遺伝物質とするウイルスが知られているが，このようなウイルスのなかには，RNA 鎖を鋳型として RNA を合成するものも見つかっている．DNA 鎖を鋳型として合成された RNA 鎖は，転写後修飾や，プロセッシング (processing)，スプライシング (splicing) などの加工を受けて，実際に機能しうる成熟した分子になる．

3.2.2 転　　　写

a．転　写　DNA 鎖を鋳型とした RNA 合成は，転写 (transcription) と呼ばれる．これは，4 種類のリボヌクレオシド 5′-三リン酸の脱ピロリン酸重合を，鋳型となる DNA に沿って進める反応である．DNA 二重鎖の一方の鎖のみが鋳型となって RNA が合成される．新たに合成された RNA 鎖は，鋳型 DNA 鎖と相補的な塩基配列をもつ．この反応の特徴は，次の 4 点である．① 既存の鋳型上に，相補的な RNA 鎖を合成する．アデニンにはウラシルが対合する．② モノヌクレオチドから出発する伸長反応であり，ほとんどの場合にプリンヌクレオチドから出発する．③ 3′-水酸基に，5′-ヌクレオチドが付加していくために，常に 5′→3′ 方向の伸長反応である．2′-水酸基に付加することはない．④ 前駆体は常に 4 種類のリボヌクレオシド 5′-三リン酸である．

b．原核生物における転写

i) 大腸菌 RNA ポリメラーゼ： DNA 鎖上でのリボヌクレオシド三リン酸の重合反応は，RNA ポリメラーゼ (RNA polymerase) と呼ばれる酵素によって触媒される．大腸菌の RNA ポリメラーゼは，α (分子量 37 kDa)，β (151 kDa)，β' (155 kDa)，σ (70 kDa)，ω (11 kDa) の 5 種類のサブユニットから構成されている．$\beta\beta'\alpha_2\omega$ で構成されるコア酵素 (core enzyme) が，リボヌクレオシド三リン酸の重合反応を触媒する (活性中心は β サブユニットにあると考えられている)．転写の開始には σ 因子 (sigma factor) が必要とされる．コア酵素に σ 因子が結合したものをホロ酵素 (holoenzyme) と呼ぶ．

ii) 転写の開始： 転写の開始位置の近くには，プロモーター (promoter) と呼ばれる塩基配列が存在する．このプロモーターによって，転写の方向，開始位置，DNA 二重鎖のいずれの鎖を鋳型とするかが決められている (図 3.9)．大腸菌では，転写開始位置の 10 塩基前後，35 塩基前後上流にそれぞれ数塩基対のプロモーター配列が知られており，-35 配列，-10 配列と呼ばれる (表 3.2)．-10 配列は，発見者の名前をとってプリブノウ配列 (Pribnow box) とも呼ぶ．ホロ酵素はプロモーター配列を認識すると，約 10 塩基対に

表 3.2　大腸菌，ファージのプロモーター配列

	－35 配列	－10 配列	－35 配列と －10 配列の間隔
共通配列	TTGACA	TATAAT	16～21 塩基対
trp 遺伝子	TTGACA	TTAACT	16 塩基対
チロシン tRNA 遺伝子	TTTACA	TATGAT	17 塩基対
lac I 遺伝子	GCGCAA	CATGAT	17 塩基対
λファージ P_L プロモーター	TTGACA	GATACT	17 塩基対

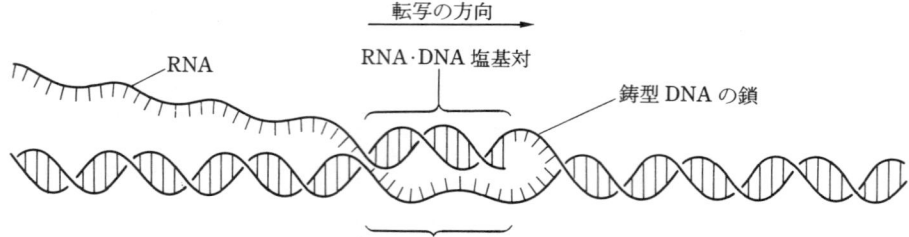

図3.10 転写の進行
DNA二重鎖は10.5塩基対で1回転するので，DNA-RNAハイブリッドは1回転程度のらせんを形成し，DNA二重鎖は2回転弱にわたって解離していることになる．

わたってDNA二重鎖を解離させ，一方のDNA鎖を鋳型としてRNA合成を開始する．解離したDNA二重鎖とRNAポリメラーゼとの複合体は，open complexと呼ばれている．

iii) **転写の進行**： RNA合成が開始すると，σ因子はRNAポリメラーゼから遊離し，コア酵素がRNA鎖の伸長を行う．転写の進行につれて，RNAポリメラーゼの前方のDNA鎖は巻戻され，後方ではDNAが再び二重鎖を形成し，新生RNA鎖は押し出される．転写進行中のDNA二重鎖の解離は，約17塩基対にわたっており，新生RNA鎖とDNA鎖との塩基対は約12塩基対にわたっている（図3.10）．

4) **転写終結**： 転写の終結にはターミネーター（terminator）と呼ばれる塩基配列が必要である．ターミネーターには，終結因子（ρ因子, rho factor, 分子量46 kDa）依存性のものと，非依存性のものが存在する．ρ因子非依存性ターミネーターには，回文配列（パリンドローム，palindrome）が存在し，それにつづいて数個のTが連続した配列が見出される．mRNAはこの領域で，G・C塩基対の多い安定なステム・ループ構造を形成し，これにつづくUのクラスター部分でDNA鎖から脱落し転写が終結する（図3.11）．ρ因子依存性ターミネーターには，安定なステム・ループ構造もUのクラスターも存在せず，明らかな共通配列をもっていない．ρ因子は六量体を形成してRNA鎖と結合し，ATPを消費して転写終結を行うらしい．いずれの転写終結にもRNAポリメラーゼが寄与していると考えられている．

c. **真核生物の転写**

i) **真核生物のRNAポリメラーゼ**： 真核生物のRNAポリメラーゼにはI～IIIの3種類が存在し，それぞれ異なる遺伝子群の転

```
            ←―― パリンドローム ――→
A.  5'-CCCAGCCCGCCTAATGAGCGGGCTTTTTTTTGAACAAAA-3'
    3'-GGGTCGGGCGGATTACTCGCCCGAAAAAAAACTTGTTTT-5'

B.  5'-CCCAGCCCGCCUAAUGAGCGGGCUUUUUUUU-OH 3'

            A
          A   U
          U   A
          C   G
C.        C - G
          G - C
          C - G
          C - G
          C - G
          G - C
    5'-CCCA - UUUUUUUU-OH
```

図3.11 ρ因子非依存性ターミネーターの構造
A：DNAの塩基配列，B：対応するRNA転写物，C：RNA転写物のつくる2次構造

3. 生 合 成

―Ⓔ―⫽―□制御配列□―CCAAT―TATAAA―□構造遺伝子□---

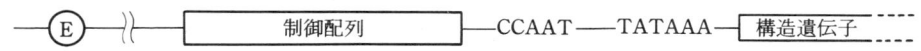

図 3.12 タンパク質の遺伝子上流の構造(真核生物)
転写開始点の上流には TATAAA 配列(TATA box)，CCAAT 配列が存在する．さらにその上流にも転写量に影響を与える塩基配列が存在している．Ｅで示したのはエンハンサーである．エンハンサーは次のような特徴をもつ．(1) 数百塩基対にわたることがあり，繰り返し配列を含むこともある．(2) 転写開始位置から数千塩基対離れていても転写を活性化することができる．(3) 存在する場所は遺伝子の上流でも下流でもよい．(4) 遺伝子の組織特異的な発現に関与している．

写に働く．RNA ポリメラーゼⅠは rRNA 遺伝子，RNA ポリメラーゼⅡはタンパク質の構造遺伝子，RNA ポリメラーゼⅢは tRNA や 5S RNA 遺伝子の転写を行う．

ii) **RNA ポリメラーゼⅠ**： 5S RNA を除く rRNA(28S, 18S, 5.8S RNA)は，約 14000 ヌクレオチドのひとつづきの前駆体 RNA(45S RNA)として転写され，ヌクレアーゼによる切断などを含む，種々のプロセッシングを経て，成熟したそれぞれの rRNA になる．RNA ポリメラーゼⅠは，この 45S RNA の転写のみを行う．転写開始に必要な配列は，転写開始点上流約 10 塩基対から開始点下流 45 塩基対までの広い範囲にわたっている．生物種を越えて共通な配列はほとんど見られない．

iii) **RNA ポリメラーゼⅡ**： mRNA や，核内低分子 RNA(small nuclear RNA, snRNA)の転写は，RNA ポリメラーゼⅡが行う．転写開始点の 25 塩基対上流には TATA box と呼ばれる共通配列が存在し，これが RNA ポリメラーゼⅡによる転写に必須なプロモーター配列である．さらに 50 塩基対上流に存在する CCAAT という配列が必要とされる場合もある．また，エンハンサー(enhancer)と呼ばれる配列が近くに存在すると転写量が飛躍的に増大する(図 3.12)．

iv) **RNA ポリメラーゼⅢ**： rRNA の 1 つである 5S RNA や，tRNA の遺伝子は，RNA ポリメラーゼⅢによって転写される．プロモーターが遺伝子内部(転写開始点より下流)に存在する点で，他の RNA ポリメ

tRNA の 2 次構造

tRNA 遺伝子

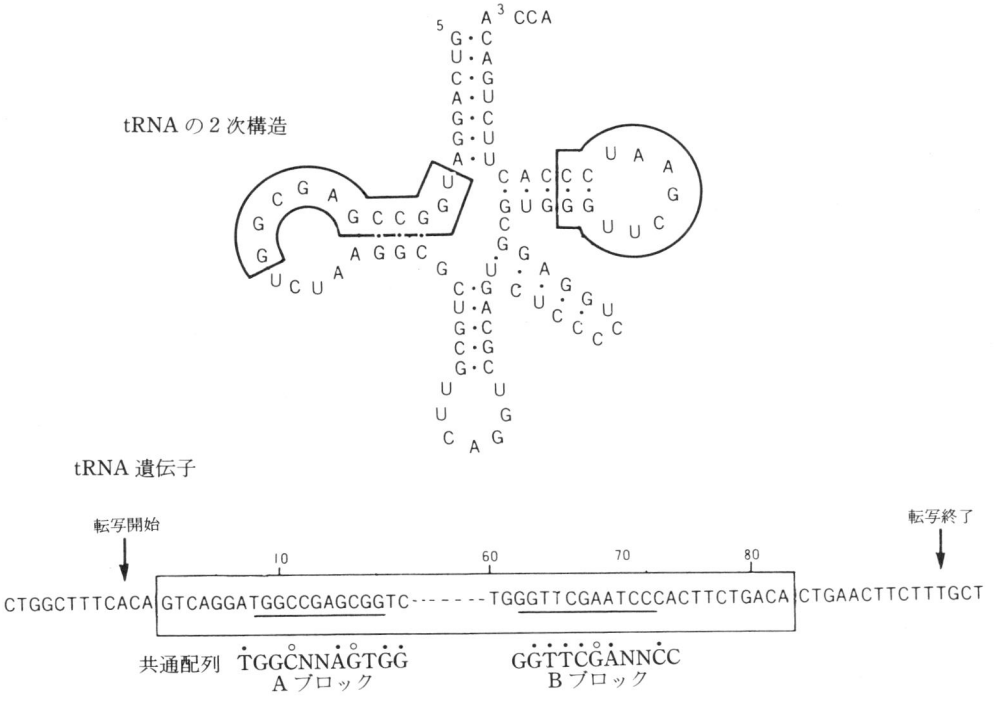

```
          転写開始                                                               転写終了
            ↓           10              60        70        80                    ↓
   CTGGCTTTCACA GTCAGGATGGCCGAGCGGTC------TGGGTTCGAATCCCACTTCTGACA CTGAACTTCTTTGCT
                         ‾‾‾‾‾‾‾‾‾‾‾‾‾‾        ‾‾‾‾‾‾‾‾‾‾‾‾‾‾
   共通配列        TGGCNNAGTGG              GGTTCGANNCC
                   Aブロック                  Bブロック
```

図 3.13 真核生物 tRNA 遺伝子の構造
A，B ブロックの共通配列の中で，●のついたヌクレオシドはほとんどの tRNA 分子で共通している．○はプリン塩基であるかピリミジン塩基であるかが決まっている個所．

ラーゼと異なる．120塩基対程度である5S RNA遺伝子の転写開始点の下流50～84塩基対の領域は，内在性調節領域(internal control region)と呼ばれ，転写開始に必要である．tRNA遺伝子内にはAおよびBブロックと呼ばれるプロモーター領域が存在して，それぞれtRNAのDループ，TψCループの共通配列と重なっている(図3.13)．RNAポリメラーゼ以外にも転写開始に必要なタンパク質が同定されており，5S RNA遺伝子の転写にはTFⅢA，B，Cの3つの転写因子(TF, transcriptional factor)が必要であり，tRNA遺伝子にはTFⅢB，Cの2つが必要である．

d. 大腸菌における転写制御

i) **遺伝子の発現**：遺伝子の発現の第一段階は，DNAの塩基配列の転写である．特に，原核生物のmRNAは，加工や修飾を受けることなくただちにタンパク質合成に用いられるため，遺伝子の発現における転写制御の役割は大きい．転写の制御は，おもに開始段階で行われており，プロモーターの周辺領域の塩基配列と，その配列に特異的に結合する調節タンパク質が関与している．

ii) **プロモーターの強度**：表3.2に示したように，大腸菌のプロモーターの塩基配列は，個々の遺伝子で少しずつ異なっている．－35配列と－10配列の間隔も16～21塩基対の範囲で違いが見られる．このようなプロモーター領域の違いは，RNAポリメラーゼとの結合強度，open complex形成速度の違いとなって現れることが明らかにされ，このようなプロモーター強度の違いによって，個々の遺伝子の転写量が決められている．open complexの形成は，DNA鎖が負の超らせんを形成していることを利用して行われている．このため，DNAの超らせん構造も，プロモーター強度に影響を与える重要な要素である．

iii) **負の制御**：大腸菌のβ-ガラクトシダーゼ遺伝子の発現は，ラクトースによって誘導される．ラクトースが存在しないときには，Lacリプレッサー(repressor)がプロモーターのすぐ下流に存在するオペレーター(operator)と呼ばれる部分に結合し，RNAポリメラーゼがプロモーターに結合することを妨げている．ラクトースが存在すると，細胞内に少量存在するβ-ガラクトシダーゼによってアロラクトースに変化する．アロラクトースがLacリプレッサーに結合すると，リプレッサーはオペレーターから離れて転写が行われるようになる．このように，リプレッサーによって転写が止められるという負の転写制御は，最もよく知られたタイプの制御である．アロラクトースのように，リプレッサーを不活化する物質は，インデューサー(inducer)と呼ばれる．

iv) **正の制御**：大腸菌内のグルコース濃度が低いときにも，ラクトース遺伝子の発現が誘導される．これは，サイクリックAMP (cAMP)と結合することで活性化されるCAP (catabolite gene activator protein)が存在するためである．グルコース濃度が低くなると，細胞内のcAMP濃度が上昇し，cAMPと結合したCAPは，ラクトース遺伝子のプロモーターの少し上流に結合する．そして，RNAポリメラーゼのプロモーターへの結合を強めて，転写量を増大させる．このように，CAPは正の制御因子であり，グルコース濃度に応じて遺伝子の発現を調節している．

3.2.3 リボソームRNAとtRNAの転写後修飾と加工

a. プロセッシング　リボソームRNAとtRNAは，両端に余分な配列をもつRNAとして転写される．原核生物では，リボソームRNAとtRNA，またはtRNAどうしがひとつづきの前駆体として転写されることが多い(図3.14)．途中の余分な配列(スペーサー，spacer)や両端の余分な配列は，ヌクレアーゼによって取り除かれる．この過程は，プロセッシング(processing)と呼ばれている．tRNAの5′末端は，ヌクレアーゼP(RNase P)と呼ばれるエンドヌクレアーゼによって認識されて，正確な位置で切断される．3′末端はエキソヌクレアーゼの働きで

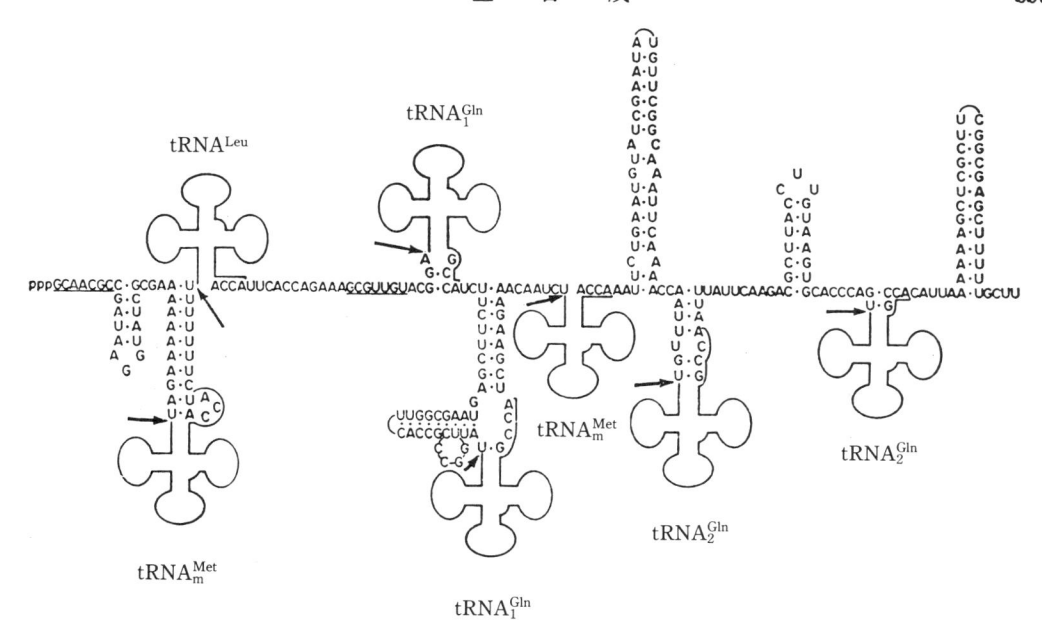

図 3.14 大腸菌 tRNA 遺伝子クラスター
矢印で示した個所は，RNase P によって切断される部位である．

余分な配列が削られる．真核生物やある種の原核生物の tRNA 遺伝子には，3′末端の CCA 配列がコードされていないため，3′末端の余分な配列が削られた後，tRNA ヌクレオチジルトランスフェラーゼ(tRNA nucleotidyl transferase)によって付加される．大腸菌にもこの酵素は存在するが必須ではなく，ヌクレアーゼによってこの配列が削られてしまったときの修復に働くと考えられている．tRNA の 5′末端の形成に働く RNase P は，RNA とタンパク質の複合体であり，原核生物においては RNA 部分のみで酵素活性をもつリボザイム(ribozyme)であることが示されている．

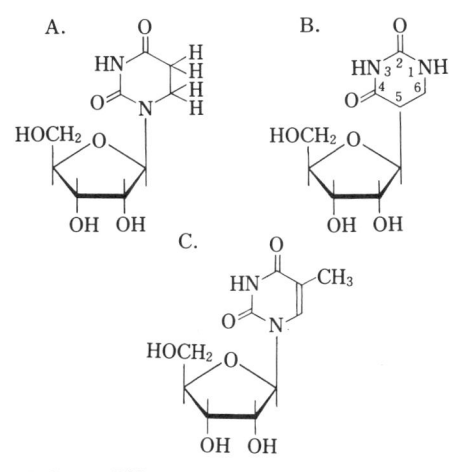

b. 転写後修飾 tRNA は最も豊富に修飾ヌクレオシドを含む RNA である．リボチミジン(T，＝5-メチルウリジン，5-methyluridine)，シュウドウリジン(Ψ, pseudouridine)，ジヒドロウリジン(D, dihydrouridine)はほとんどの種類の tRNA に存在する修飾ウリジンである(図 3.15)．さらに多様で複雑な構造の修飾ヌクレオシドは，tRNA のアンチコドン 1 字目に見出され，tRNA のコドン認識の制御に関与している．これらの修飾ヌクレオシドはすべて転写後に，特異的な

図 3.15 tRNA に共通して存在する修飾ウリジン
A：ジヒドロウリジン(D)，B：シュウドウリジン(Ψ)，C：リボチミジン(T)

酵素の働きによって形成される．リボソーム RNA にも Ψ が見つかっている．

c. rRNA と tRNA のスプライシング
真核生物の rRNA, tRNA 遺伝子は内部に余分な配列(イントロン，intron)をもつことがある．この配列は除去され，実際に RNA の配列を決めている領域どうしがつなぎ合わされる．この過程をスプライシング(splicing)と呼ぶ．さらに 5′，3′末端のプロセッシング

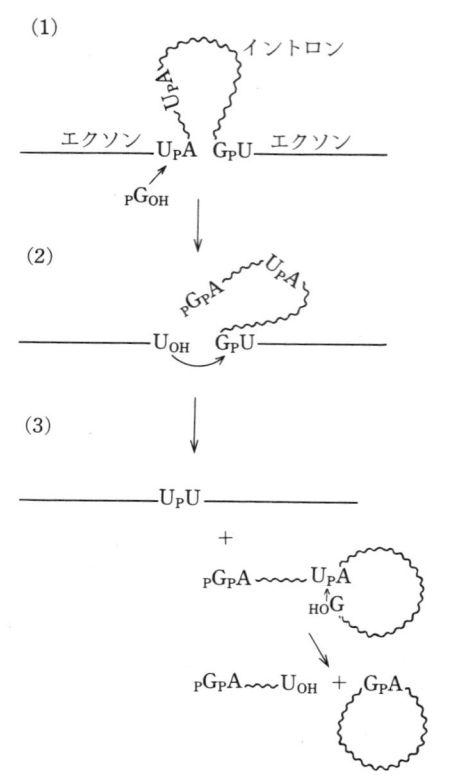

図 3.16 テトラヒメナの rRNA イントロンのセルフスプライシング

このセルフスプライシングはリン酸ジエステル結合の交換反応であり，Mg^{2+}, NH_4^+, グアノシンの存在下で反応が進む．(1) グアノシンの 3′ 水酸基がイントロンの 5′ 末端のリン酸ジエステル結合を攻撃し，イントロンの 5′ 末端に結合し，RNA 鎖は切断される．(2) エクソン (rRNA のコード領域) の 3′ 末端の水酸基が，イントロンの 3′ 末端のリン酸ジエステル結合を切断して，エクソンどうしの結合が起こる．(3) イントロン内部の 3′ 末端のグアノシンの 3′ 水酸基は，イントロン内部のリン酸ジエステル結合を攻撃して結合し，環化したイントロンと十数ヌクレオチドの断片を生じて反応を終える．

も行われて成熟した RNA 分子になる．原生動物のテトラヒメナ (*Tetrahymena thermophila*) の rRNA に存在する 400 ヌクレオチドのイントロンは，酵素に触媒されることなく，ひとりでに切り出される (セルフスプライシング, self-splicing) (図 3.16)．イントロンは，古細菌 (archbacteria) の rRNA や tRNA 遺伝子にも見つかっている．

3.2.4 mRNA の転写後修飾とスプライシング

a. mRNA の転写後修飾

i) キャップ構造： 真核生物の mRNA のほとんどは，5′ 末端にキャップ構造をもつ．これは，7-メチルグアノシンが 3 つのリン酸基を介して，mRNA の 5′ 末端のヌクレオチドに，5′-5′ 結合でつながったものである．動物では，5′ 末端のヌクレオチドや，その隣のヌクレオチドの 2′ 位の水酸基までメチル化を受ける (図 3.17)．このようなキャップ構造は，リボソームとの結合や，mRNA 分子自身の安定化に役立っているらしい．mRNA と同じく RNA ポリメラーゼ II によって転写される種々の核内低分子 RNA も，5′ 末端にキャップ構造をもつ．

ii) ポリ A 構造： 真核生物の mRNA は，3′ 末端に 150〜200 個の A が並んでいる．このポリ A 構造は mRNA の転写後に付加される．mRNA の転写物は，3′ 末端付近に AAUAAA という配列をもち，この配列の 20 ヌクレオチド下流でエンドヌクレアーゼによって切断され，新しく生じた 3′ 末端にポリ A が付加される．真核生物の mRNA は，原核生物に比べて寿命が長いが，このポリ A 構造が，mRNA の安定化に関与しているらしい．

b. スプライシング

真核生物においては，mRNA は核内で転写された後，タンパク質合成の場である細胞質へ出ていく．タンパク質合成に参加している mRNA は，核内で転写されたときよりもかなり短い．これは，mRNA が核内に存在するときには，タンパク質のアミノ酸配列をコードしていない塩基配列 (イントロン) をもっているためである．このような mRNA は，異質核 RNA (heterogenous nuclear RNA) と呼ばれる．タンパク質をコードしている塩基配列は，エクソン (exon) と呼ばれている．真核生物のタンパク質の遺伝子は，エクソンが，イントロンによって分断された構造をもち，エクソンもイントロンもそのまま転写される．mRNA が細胞質中に出ていくときに，イントロンは取り除かれ，エクソンどうしが連結される (スプライシング) (図 3.18)．イントロンの 5′ 末端は必ず GU であり，3′ 末端は

3. 生 合 成

図 3.17 真核生物の mRNA のキャップ構造
＊：メチル化されていることがある．＊＊：生物種によりメチル化されているものとされていないものがある．

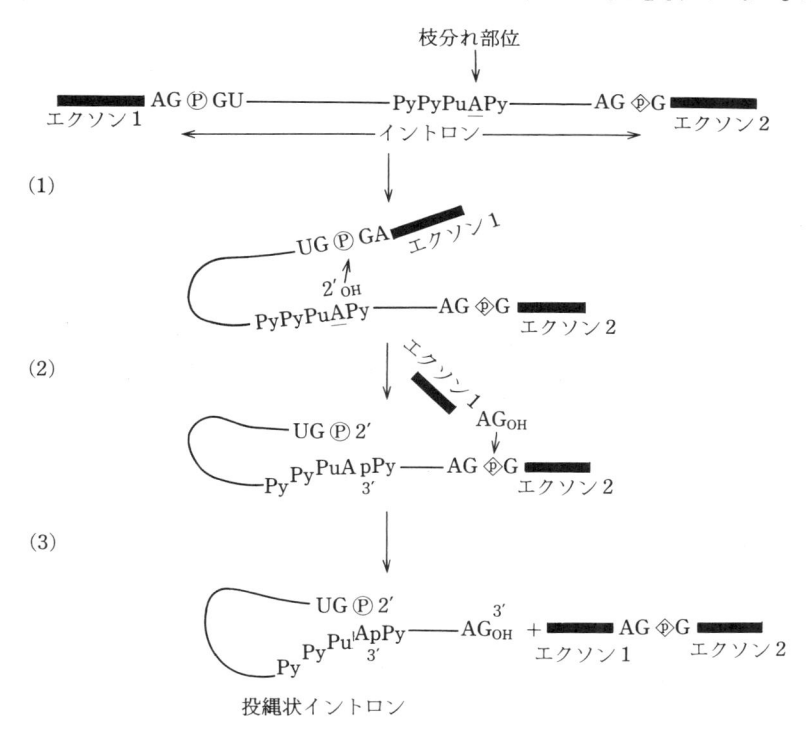

図 3.18 mRNA 前駆体のスプライシング
(1) 最初にイントロンの 5′ 末端のリン酸ジエステル結合が切れる．イントロンの 5′ 末端に残ったリン酸基が，イントロン内部のアデノシンの 2′ 水酸基を攻撃して，2′-5′ リン酸ジエステル結合を形成する．(2) こうしてイントロンは投げ縄状構造 (lariat) を形成する．エクソン 3′ 末端のグアノシンの 3′ 水酸基は，イントロン 3′ 末端のリン酸ジエステル結合を攻撃して切断し，エクソン同士つながる．(3) 投げ縄状のイントロンと，連結されたエクソンを生じて反応が終了する．このスプライシングは，核内低分子 RNA とタンパク質の複合体である数種の snRNP (small nuclear ribonucleoprotein) によって触媒される．

```
...uAuAuGuuuuGuuGuuuAuuAuGuGAuuAuGGuuuuGuuuuuA
      T
   uuGGUAuuuuuuAGAuuuAuuuAAuuuGuuGAuAAAuACAuuu

   AUUUGuuUGuuAGuGGuuuAuuuGuuAAuuuuuuGuuuuGuGU
                                 2T
   UUUUGGuuuAGGuuuuuuuGuuGUUGuuGuuuuGuAuuAuGAuu
                4T
   GAGuuGuuGuuuGGuuuuuuGuuuuuGuGAAACCAGuuAUGAG
   2T                                        4T
   AGUUUGCAuuGuuAuuuAuuACAuuAAGuuG GGUGuuuuuGGu
                                     2T
   uCuAuuuuAuuuuuAuuGGAuuuAuUACAuuuuAUGCAuGuuuu

   uuuAGGuGuuuuGuuGuuGuuuAuuuGuuuuAuGCGuuuGuuuA

   AuuuuuuGuGuAuGGAuACACGuuuuGuuuuuuuGuAuuGuGuu

   uGuuuAuAuuGACAuuuuuGuuGAUUUAGuuuGAuuuuuuuuAuu

   GCGAuuuGuuuAuuuuuGAuGuuuuuAuGuGuuAuGu  uuuGuGu
                                                 T
   GuGuAAuuuuAuuGGuGuuuuuUUUAGUUGuuGAuuAGuuA...
```

図 3.19 CO III 遺伝子の mRNA の編集
小文字の u；転写後挿入されたと考えられるウリジン．
矢印上の T；削除された考えられるウリジンの位置を矢印で，個数を T の前の数字で示す．

AG である．

3.2.5 RNA の編集

原鞭毛虫類のトリパノゾーマのミトコンドリアで，チトクローム c オキシダーゼのサブユニット遺伝子（CO III）の mRNA には，転写後に多数のウリジンが挿入され，数個のウリジンが削られていることが見出された（図 3.19）．このような，転写後の RNA の編集（editing）は，他の生物でも見つかっている．哺乳類のアポリポタンパク質の mRNA では，1 個の C が U に変わっており，その結果新たに終止コドンが現れることが示されている．

3.2.6 その他の RNA 合成

DNA 複製にはプライマー RNA の合成が必要である．この RNA 合成は，RNA ポリメラーゼではなく，プライマーゼ（primase）によって行われる．プライマー RNA は，DNA 合成が進むと分解される．RNA ポリメラーゼによる，DNA 複製起点付近での RNA 合成が，複製開始に必要とされることがある．大腸菌の Col E1 プラスミドでは，そのメカニズムがすでに明らかにされている．

3.3 タンパク質の生合成

3.3.1 遺伝情報の翻訳

タンパク質の生合成は，RNA とタンパク質の巨大な複合体であるリボソーム（ribosome）上で行われる．タンパク質のアミノ酸配列は，遺伝物質である DNA の塩基配列によって決められていて，DNA の塩基配列が，転写によってメッセンジャー RNA（mRNA）に写し取られた後，mRNA がリボソーム上に移行してタンパク質合成が開始される．タンパク質生合成の過程は，リボソーム上で，mRNA の塩基配列（遺伝暗号）がアミノ酸配列に翻訳される過程である．

3.3.2 遺伝暗号（genetic code）

タンパク質のアミノ酸配列は，mRNA の塩基配列によって決められ，アミノ酸 1 つは

3. 生合成

表 3.3 コドン表

第2字目

第1字目	U	C	A	G	第3字目
U	UUU Phe(F) UUC Phe(F) UUA Leu(L) UUG Leu(L)	UCU UCC Ser(S) UCA UCG	UAU Tyr(Y) UAC Tyr(Y) UAA 終止¹ UAG 終止¹	UGU Cys(C) UGC Cys(C) UGA 終止² UGG Trp(W)	U C A G
C	CUU CUC Leu(L) CUA CUG³	CCU CCC Pro(P) CCA CCG	CAU His(H) CAC His(H) CAA Gln(Q) CAG Gln(Q)	CGU CGC Arg(R) CGA CGG	U C A G
A	AUU AUC Ile(I) AUA AUG Met(M)	ACU ACC Thr(T) ACA ACG	AAU Asn(N) AAC Asn(N) AAA Lys(K) AAG Lys(K)	AGU Ser(S) AGC Ser(S) AGA Arg(R) AGG Arg(R)	U C A G
G	GUU GUC Val(V) GUA GUG	GCU GCC Ala(A) GCA GCG	GAU Asp(D) GAC Asp(D) GAA Glu(E) GAG Glu(E)	GGU GGC Gly(G) GGA GGG	U C A G

1：原生動物の繊毛虫類では Gln
2：マイコプラズマでは Trp
3：カンディダ酵母では Ser

表 3.4 ミトコンドリアにみられる変則暗号

生物種	UGA (終止)	AUA (Ile)	AAA (Lys)	AGA/G (Arg)	CUN (Leu)	CGG (Arg)
脊椎動物	Trp	Met	＋	終止	＋	＋
棘皮動物	Trp	＋	Asn	Ser	＋	＋
節足動物	Trp	Met	＋	Ser/?	＋	＋
線形動物	Trp	Met	－	Ser	＋	＋
扁形動物	Trp	Met	Asn?	Ser	＋	＋
原生動物	Trp	＋	＋	＋	＋	＋
高等植物	＋	＋	＋	＋	＋	Trp*
クラミドモナス	?	＋	＋	＋	＋	?
真菌類	Trp	＋	＋	＋	＋	＋
酵母						
S. cerevisiae	Trp	Met	＋	＋	Thr	＋
T. glabrata	Trp	Met	＋	＋	Thr	?
S. pombe	Trp	＋	＋	＋	＋	＋

＋：普遍暗号．？：未同定または遺伝子中に見いだされていない暗号．－：不確定な暗号．＊：RNA の編集による．

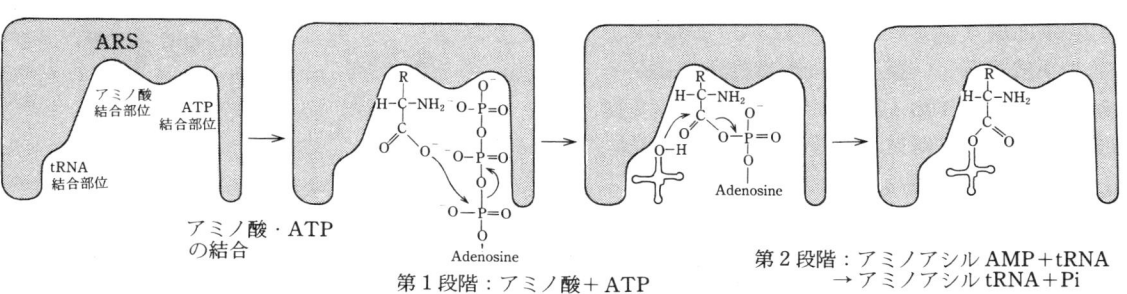

第1段階：アミノ酸＋ATP → アミノアシル AMP＋PPi

第2段階：アミノアシル AMP＋tRNA → アミノアシル tRNA＋Pi

図 3.20 アミノアシル tRNA の生成

塩基3個(コドン)に対応する．塩基3個の並び方には64通りがある．この64種のコドンが20種のアミノ酸とどのように対応しているかは実験的に決められ，コドン表にまとめられている(表3.3)．コドン表はほとんどの生物で共通であるが，ミトコンドリアなどの細胞内器官や，テトラヒメナなどの一部の生物においては，部分的に異なることが知られている(表3.3，3.4)．実際にmRNA上のコドンに対応するアミノ酸をリボソームまで運ぶ働きをするのは転移RNA(tRNA)である．tRNAはコドンの塩基配列に相補的なアンチコドンと呼ばれる塩基配列をもち，コドンに対応するアミノ酸を結合する．そして，コドンとアンチコドンが塩基対を形成することによりtRNAはリボソーム上でmRNAに結合し，コドンに対応するアミノ酸が順次タンパク質に取り込まれていく．

3.3.3 アミノアシルtRNAの生成

20種類のアミノ酸は，それぞれ特異的なtRNAに結合して，アミノアシルtRNAを生成する．このようなtRNAのアミノアシル化は，それぞれのアミノ酸に特異的なアミノアシルtRNA合成酵素(ARS)によって行われる2段階からなる反応である(図3.20)．まず第1段階の反応で，アミノ酸がATPと反応することで活性化され，高エネルギー中間体のアミノアシルAMPが生成する．第2段階の反応では，アミノアシル基がAMPからtRNAの3′末端のアデノシンに転移されてアミノシルtRNAが生成する．いったんtRNAに結合したアミノ酸は，そのままタンパク質に取り込まれてしまうので，tRNAとアミノ酸が正しい組み合わせで結合することが必要である．第1段階の反応では10^{-2}程度の確率で誤りが生じうるが，2段階目の反応において，間違ったアミノ酸を結合したアミノアシルAMPは加水分解を受ける．このようなARSの校正(proofreading)機能により，実際には，誤ったアミノ酸がtRNAに結合する確率は10^{-4}程度にまで抑えられている．

3.3.4 翻訳の開始過程

a. 原核生物の翻訳開始過程　mRNA上の遺伝情報は，塩基3個が1個アミノ酸に対応する三文字暗号(コドントリプレット)によって表されている．塩基3個の区切り方(読み枠)は3通りあるが，実際にタンパク質のコードされている読み枠は翻訳開始シグナルによって厳密に識別されている．原核生物の場合，mRNAの読み枠の上流にリボソーム結合領域が存在する．この領域には，16S rRNAの3′末端付近の5′-CACCUCCUU-3′という配列に相補的なシャイン-ダルガルノ配列(SD配列)と呼ばれる配列が存在しており，mRNAのリボソームへの結合に重要な働きをしていると考えられている．翻訳は，SD配列の7塩基ほど下流にある開始コドン(AUG)に，ホルミルメチオニンを結合した開始tRNA(fMet-tRNA$_f^{Met}$)が結合することにより始まる．メチオニンtRNAには2種類あり，そのうちの開始過程にのみ使用されるtRNA$_f^{Met}$は特殊な構造をしており(図3.21)，アミノアシル化された後，特異的な酵素によ

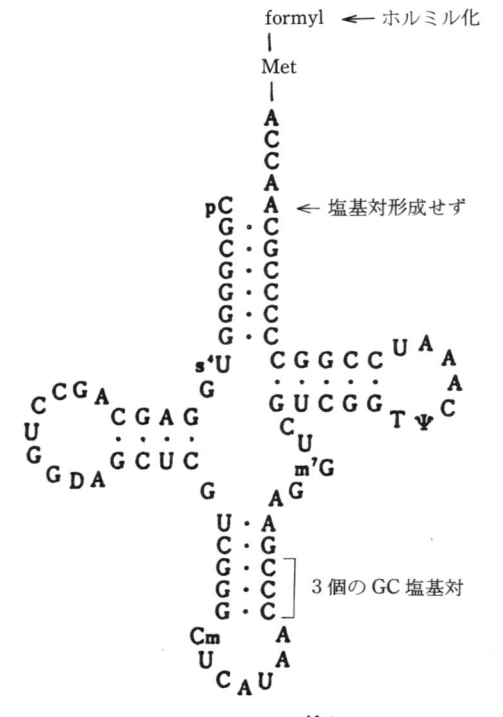

図3.21 ホルミルメチオニルtRNA$_f^{Met}$の構造とその特徴

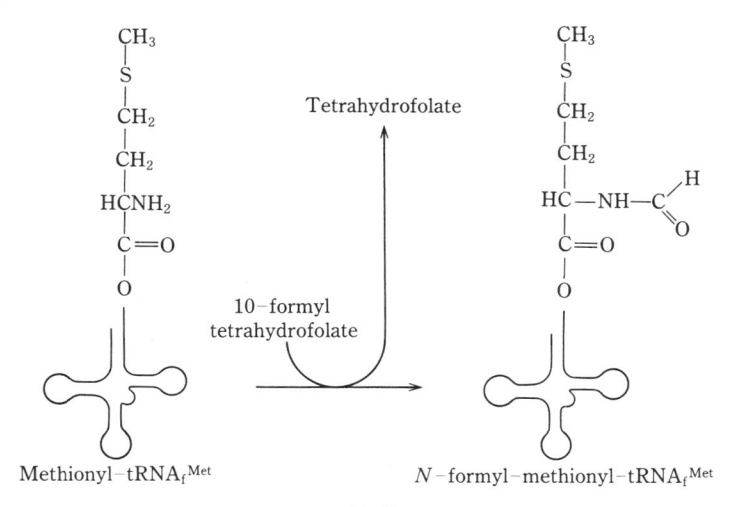

図 3.22 メチオニル tRNA$_f^{Met}$ のホルミル化反応

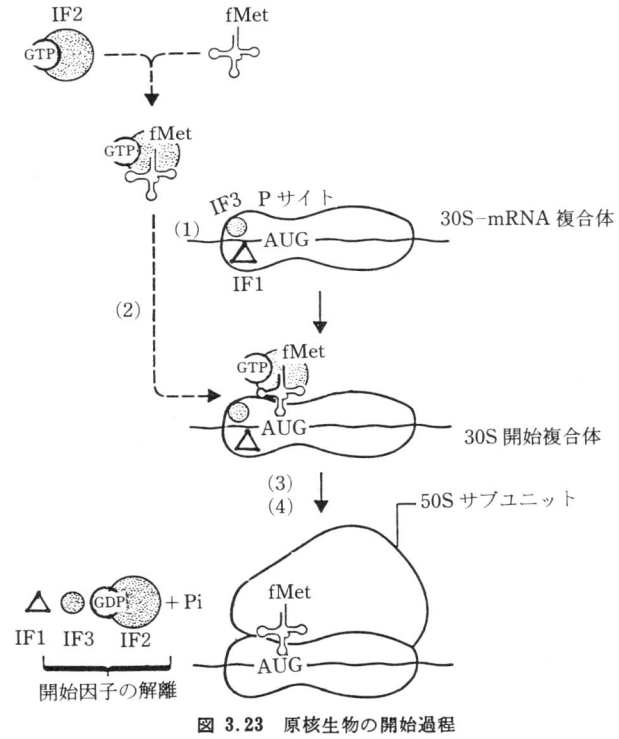

図 3.23 原核生物の開始過程

りメチオニンのアミノ基がホルミル化される(図 3.22). ホルミル化は, 開始因子(IF, initiation factor)との結合に必要である. また, tRNA$_f^{Met}$ は 5′ 端が塩基対を形成していないため, 延長因子(elongation factor: EF)とは結合できず, 延長過程には使われない. アンチコドンステムの 3 個の GC 塩基対は, リボソームの P サイト (peptidyl-tRNA site) への結合に必要である.

図 3.23 に原核生物の開始過程を示す.

(1) 30 S サブユニット-mRNA 複合体が形成される. IF-3 はリボソーム 30 S のサブユニットに結合し 30 S と 50 S のサブユニット間の会合を阻害する. IF-3 は, tRNA$_f^{Met}$ のアンチコドンと開始コドンとの塩基対の形成や, mRNA の 30 S サブユニットへの結合

にも必要である．IF-1 も 30 S サブユニットに結合しているが機能は不明である．

(2) fMet-tRNA$_f^{Met}$ が IF-2・GTP と三重複合体を形成し，30 S サブユニット-mRNA 複合体の P サイトに結合して 30 S 開始複合体となる．

(3) 30 S 開始複合体から IF-1 と IF-3 が解離し 50 S サブユニットと結合して，70 S 開始複合体を形成する．

(4) IF-2 に結合していた GTP がリボソームの働きによって加水分解されて GDP となり，IF-2 が 70 S 開始複合体から解離する．

b. 真核生物の翻訳開始過程　真核生物の mRNA には，原核生物のようなリボソーム結合部位は存在しない．真核生物の mRNA はモノシストロニックであり，5′ 末端にキャップ構造をもつ．リボソームはこのキャップ構造に結合し，mRNA 上を 3′ の方向に移動し，最初の開始コドンを認識して翻訳を開始する．原核生物同様，メチオニン tRNA は 2 種類あり，一方の tRNA$_i^{Met}$ が開始過程に使用されるが，結合したメチオニンはホルミル化を受けない．真核生物の場合には 64 番目の塩基の修飾の有無によって開始と延長の tRNA の識別が行われている（図 3.24）．図 3.25 に真核生物の開始過程を示す．

(1) 40 S サブユニットに eIF-3 と eIF-4C が結合し，60 S サブユニットに eIF-6 が結合して，80 S リボソームが 40 S と 60 S サブユニットに解離する．

(2) Met-tRNA$_i^{Met}$ が eIF-2・GTP と複合体を形成し，40 S サブユニットに結合する．

(3) eIF-4A，eIF-4E，および 220 kDa のタンパク質からなる eIF-4F が，mRNA のキャップ構造に結合する．eIF-4A は，eIF-4B とともに ATP の加水分解と共役して mRNA の 2 次構造をほどく．eIF-4E はキャップ構造を認識している．

(4) 40 S サブユニットが mRNA-開始因子複合体のキャップ部分に結合し，5′→3′ の方向へ mRNA 上を移動する．最初の AUG が認識され，Met-tRNA$_i^{Met}$ が AUG に結合する．

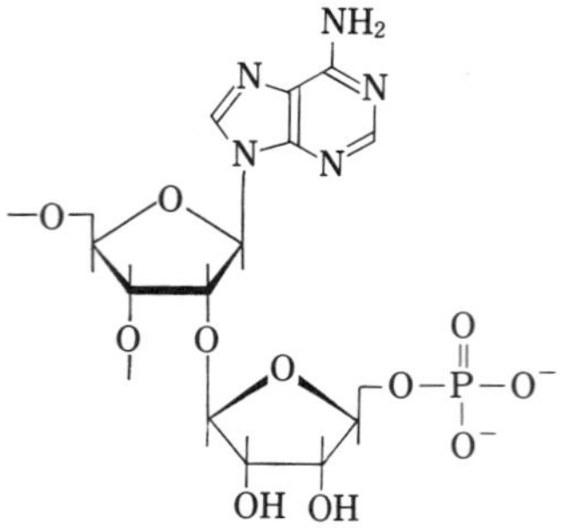

(5) eIF-5 により 40 S と 60 S サブユニットが会合し，40 S サブユニットに結合している GTP の加水分解を伴い開始因子がリボソームから解離する．

3.3.5 延長過程

a. ポリペプチド鎖延長サイクル　開始過程が完了した時，fMet-tRNA が P サイトに結合した状態であり，次のアミノアシル tRNA は A サイト（aminoacyl-tRNA site）へ結合する．次に，ホルミルメチオニンが A サイトのアミノアシル tRNA に転移しペプチド結合が形成され，ペプチジル tRNA となる．次に，ペプチジル tRNA は A サイトから P サイトへ移動し，A サイトには，次のアミノアシル tRNA が結合し，以下このサイクルを繰り返す．この過程において，コドンとコドンに対応するアンチコドンとの正しい

図 3.24　酵母の tRNA$_i^{Met}$ の 64 残基目の修飾ヌクレオチド

表 3.5　アンチコドン 1 字目に存在するヌクレオシドとその塩基認識能

アンチコドン 1 字目のヌクレオシド	認識されるコドン 3 番目のヌクレオシド
C, ac^{4}U, m^{5}C	G
Cm	G, A
G, Gm, Q, manQ, galQ	U, C
I	U, C, A
cmo^{5}U, mo^{5}U	A, G, U
mnm^{5}s^{2}U, mcm^{5}s^{2}U, cmnm^{5}s^{2}U,	A, G
mcm^{5}U, cmnm^{5}U, cmnm^{5}Um, mnm^{5}U	（または A だけ）
L	A

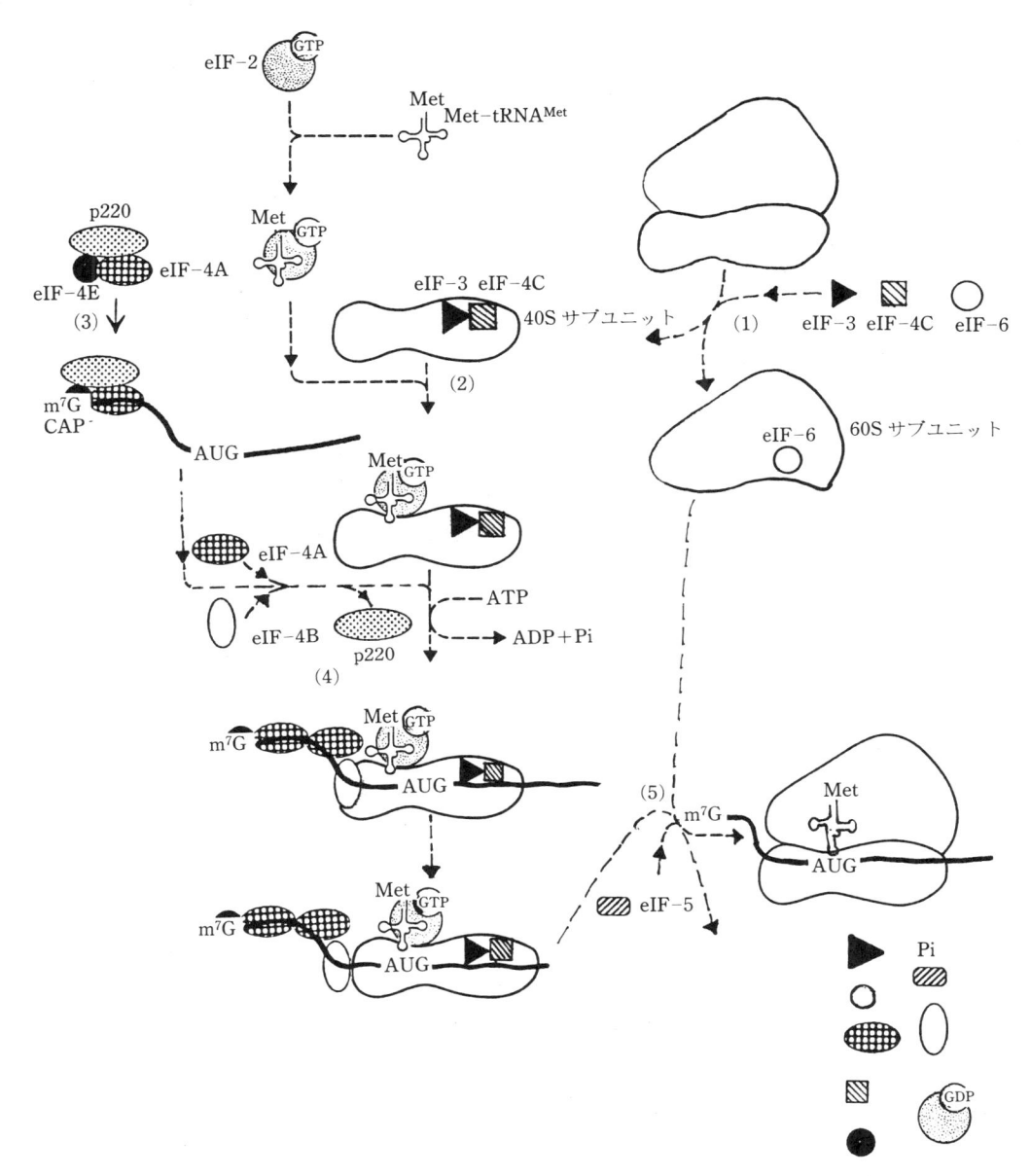

図 3.25 真核生物の開始過程

対合が行われる．アミノ酸を指定している 61 種のコドンに対して，大腸菌では 45 種の tRNA が知られており，1 種類の tRNA が複数種のコドンを認識していることが多い．tRNA のアンチコドン 1 字目には，図 3.26 に示すような修飾ヌクレオシドが存在しており，tRNA のコドン認識を制御している（表 3.5）．ある種の修飾ヌクレオシドは，ワトソン-クリック型塩基対以外の塩基対を形成することにより，tRNA が 3 文字目の異なる複数のコドンを認識することを可能にしている（図 3.27）．別のタイプの修飾ヌクレオシドは，tRNA のアンチコドン 1 字目とコドン 3 字目との間のワトソン-クリック型塩基対を安定化することで，tRNA が間違ったコドンを認識することを防いでいる（図 3.27）．

b．アミノアシル tRNA の A サイトへの結合　原核生物では延長因子 Tu (EF-Tu),

VII. 生物化学

3. 生合成

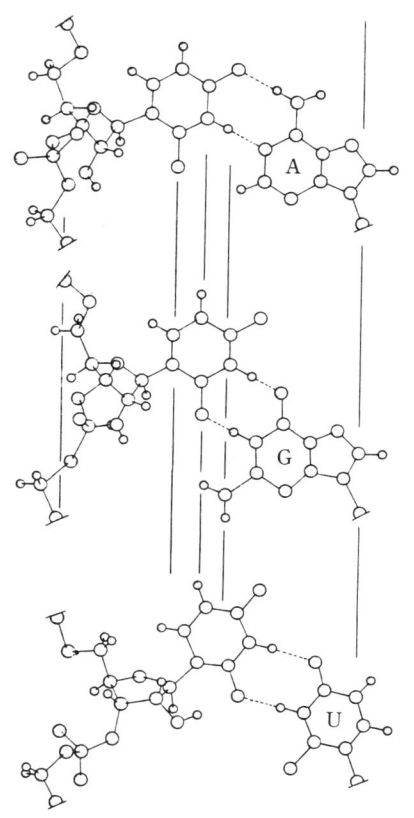

図 3.27 アンチコドン1字目の**修飾**ウリジン(左側)による,コドン3字目の A, G, U (右側)の認識
xm^5s^2U タイプの**修飾**ウリジンでは A とのワトソン-クリック型塩基対が安定化され,xmo^5U タイプの**修飾**ウリジンでは G, U との間にもワトソン-クリック型以外の塩基対を形成することができる.

真核生物では eEF-1α が,アミノアシル tRNA を A サイトに結合する.これらはグアニンヌクレオチド結合タンパク質であり,GTP 型のみ効率よくアミノアシル tRNA と三重複合体を形成し,A サイトへ結合することができる.GDP 型から GTP 型への変換は,それぞれ EF-Ts, eEF-1β が,結合している GDP/GTP の交換速度を速めることにより触媒している.三重複合体が A サイトへ結合した後,リボソームの作用により,EF-Tu の内在性 GTP アーゼ活性が上昇し,

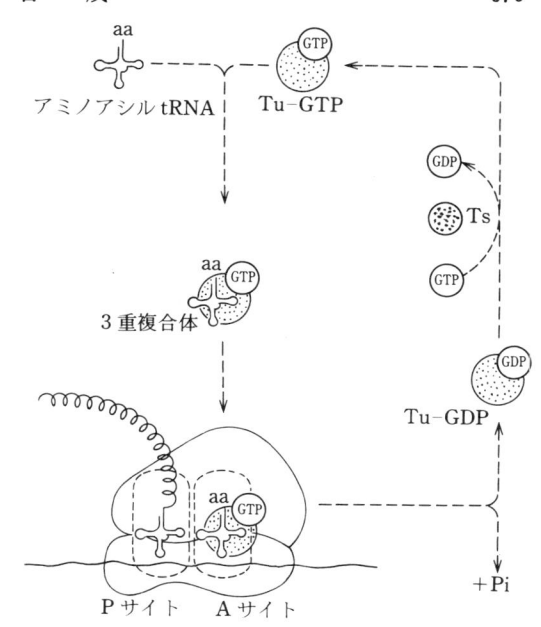

図 3.28 アミノアシル tRNA の A サイトへの結合

結合している GTP が加水分解され GDP となる.それに伴い,アミノアシル tRNA は正しく A サイトに結合し,EF-Tu・GDP はリボソームから遊離する(図 3.28).抗生物質キロマイシンは,EF-Tu・GDP のリボソームからの解離を阻害することによってタンパク質合成を停止させる.このようなタンパク質合成の阻害剤は,タンパク質合成の各段階に特異的なものが知られており(表 3.6),各段階のメカニズムの解明に役立っている.
A サイトにおいてコドンに対応しないアンチコドンをもつ tRNA が結合する確率は 10^{-4} 程度である.コドンとアンチコドンのと対合が誤っているとき,アミノアシル tRNA はすみやかに A サイトから遊離する(kinetic proofreading).また,EF-Tu・GDP がリボソームから解離するまでの間にも,コドン-アンチコドンの対合が正しいかどうかチェックされる.これらの過程により,コドン-アンチコドン対形成の厳密さが達成され

図 3.26 アンチコドン1字目に存在する代表的な**修飾**ヌクレオシドの構造(左頁)
①:N^4-アセチルシチジン(ac^4C), ②:5-メチルシチジン(m^5C), ③:$2'$-O-メチルグアノシン(Gm), ④:Q ヌクレオシド(Q), キューオシン(queuosine), ⑤:イノシン(I), ⑥:5-カルボキシメトキシウリジン(cmo^5U), ⑦:5-メトキシウリジン(mo^5U), ⑧:5-(メチルアミノメチル)-2-チオウリジン(mnm^5s^2U), ⑨:5-(メトキシカルボニルメチル)ウリジン(mcm^5U), ⑩:5-(カルボキシメチルアミノメチル)-2-チオウリジン($cmnm^5s^2U$), ⑪:5-(メトキシカルボニルメチル)-2-チオウリジン(mcm^5s^2U), ⑫:5-(カルボキシメチルアミノメチル)ウリジン($cmnm^5U$), ⑬:5-(カルボキシメチルアミノメチル)-$2'$-O-メチルウリジン, ⑭:5-(メチルアミノメチル)ウリジン(mnm^5U), ⑮:ライシジン(L)

表 3.6　タンパク質合成系の阻害剤

段階	阻害剤	作用する対象	作用機構または耐性変異の種類
開始	カスガマイシン	細菌	16S rRNA のメチル化の欠損
	ストレプトマイシン	細菌	30S リボソームタンパク質 S12 の変異
延長	キロマイシン	細菌	EF-Tu・GDP がリボソームから解離できない
	ピューロマイシン	細菌	ペプチジル tRNA からペプチド鎖を受け取る
	テトラサイクリン	細菌	アミノアシル tRNA の A サイトへの結合を阻害する
ペプチド鎖転移	エリスロマイシン	細菌	23S rRNA の修飾
		ミトコンドリア	23S rRNA の配列の変異
	クロラムフェニコール	細菌	50S リボソームタンパク質の変異
		ミトコンドリア	23S rRNA の配列の変異
	シクロヘキシミド	真核生物の細胞質	60S リボソームのペプチジルトランスフェラーゼを阻害
トランスロケーション	フシジン酸	細菌	EF-G・GDP がリボソームから解離できない
	チオストレプトン	細菌	GTP アーゼ活性を阻害

ていると考えられている．また，アミノアシル tRNA には CCA 末端のアデノシンの 2′位にアミノ酸が結合した 2′異性体と，3′位に結合した 3′異性体が存在するが，EF-Tu は次の段階であるペプチド鎖転移反応の基質となる 3′異性体のみをリボソームに供給する役割ももっている．

c. ペプチド鎖の転移反応　アミノアシル tRNA が A サイトへ結合した後，P サイトのペプチジル tRNA のペプチド鎖が，A サイトのアミノアシル tRNA に転移する（図 3.29）．この反応は，リボソームのペプチジルトランスフェラーゼが触媒する．EF-Tu・GDP がリボソームから解離した後，アミノアシル tRNA の CCA 末端がペプチジルトランスフェラーゼ中心において，23S rRNA と相互作用すると考えられている．抗生物質エリスロマイシンやクロラムフェニコールはペプチジルトランスフェラーゼの作用を阻害するが，23S rRNA の変異によって抵抗性となることから，23S rRNA はペプチジルトランスフェラーゼの作用において重要な役割を果たしているものと思われる．抗生物質ピューロマイシンは，アミノアシル tRNA のアミノアシル基と CCA 末端のアデノシンのアナログであり，ペプチド鎖がピューロマイシンに転移されてリボソームから遊離してしまうために，タンパク質合成を阻害する．

d. トランスロケーション　ペプチド鎖転位反応の後，A サイトにはペプチド鎖が 1 残基伸びたペプチジル tRNA が結合し，A サイトにはアミノ酸を結合していない tRNA（uncharged tRNA）が結合している．原核生物では EF-G，真核生物では eEF-2 が，

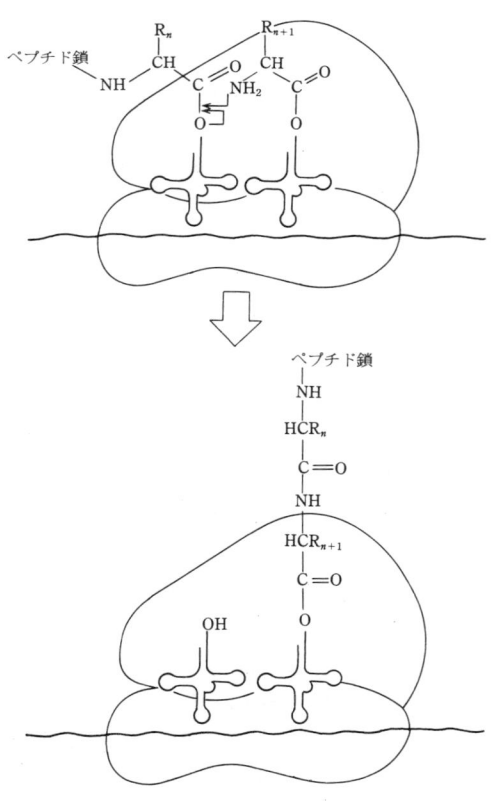

図 3.29　ペプチド鎖転移反応

3. 生合成

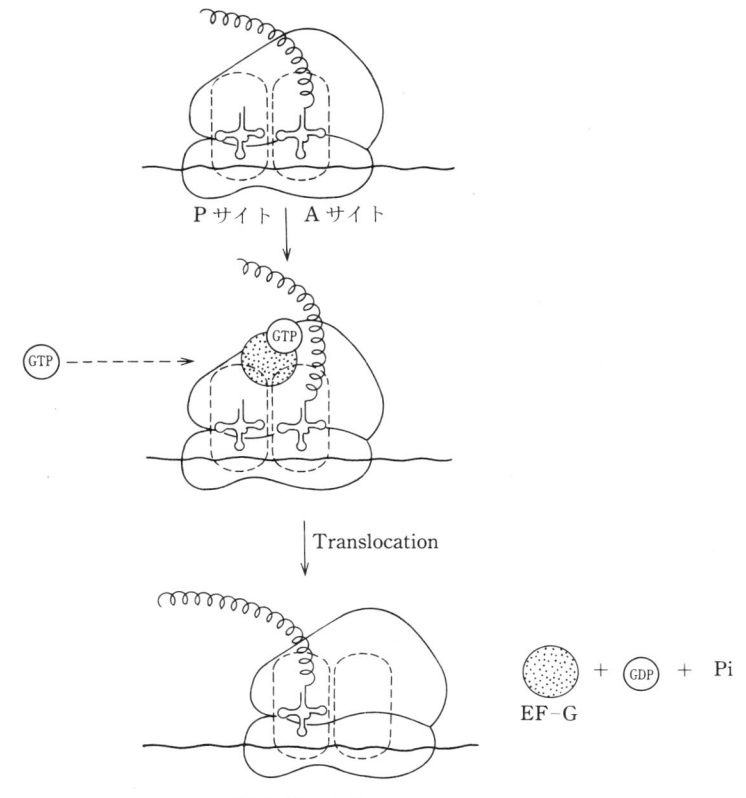

図 3.30 トランスロケーション

mRNA上におけるリボソームの位置を3塩基進め，その結果，ペプチジルtRNAはAサイトからPサイトへ移行する（トランスロケーション, translocation）．これと同時に，Pサイトに結合していたuncharged tRNAはリボソームから遊離する（図3.30）．EF-G, eEF-2はグアニンヌクレオチド結合タンパク質であり，GTP型のみリボソームに結合できる．トランスロケーションに共役してリボソームの作用により，GTPは加水分解してGDPとなる．その結果，空席となったAサイトには次のアミノアシルtRNAが結合し以上のサイクルを繰り返す．

3.3.6 終結過程

UAG, UAA, UGA の3個のコドンは対応するtRNAをもたず，mRNA上にこれらのコドンが現れると，ペプチド鎖延長サイクルは停止する．これら3個のコドンは，終止コドンと呼ばれている．ペプチド鎖解離因子（releasing factor: RF）がAサイトにおいて，これらのコドンに結合し，ペプチド鎖をtRNAから遊離してペプチド鎖の合成が完了する．原核生物は2種類のRFをもち，RF-1はUAG, UAAを認識し，RF-2はUGA, UAAを認識する．真核生物のRFは1種類で3個とも認識するが，終止コドンとその次の塩基の4塩基を認識している．真核生物のRFはGTPを結合していて，リボソームからの解離にGTPの加水分解が必要である．ペプチド鎖の遊離後，リボソームから最後のtRNAとmRNAが解離し，終結過程が完了する． 〔横山茂之・坂本健作・春木 満〕

VIII. 高分子化学

1. 総論

　高分子化学は，高分子物質，すなわち分子量の大きい巨大分子から成る物質を対象とする化学の分野である．一般に分子量が1万以上になると，相当する化学構造の分子量の小さい化合物とは異なる性質を示す．巨大分子が実際に存在することは，1930年代になってはじめて確かめられた．それ以降，高分子化学は高分子材料の利用の拡大とも関連して著しく発展し，化学の大きい分野の1つを形づくるに至っている．

　高分子化合物には大別すると天然高分子と合成高分子があり，セルロースとポリエチレンはそれぞれの代表例である．この例のように，高分子化合物の多くは同一の，または類似の構造単位が鎖状に多数結合した化学構造をもっており，その構造単位に相当する低分子化合物すなわち単量体（モノマー）からできた重合体（ポリマー）とみなせる．

　高分子化学の分野は，さらに構造，物性，合成，反応・機能の各分野に分けられ，現在ではそれぞれがかなり専門化している．

　構造の分野では，高分子化合物をつくっている化学結合の様式すなわち1次構造，分子の空間的な形態すなわち2次構造（コンホメーション），および分子の集合体である固体の結晶構造あるいは非晶構造が対象となる．巨大な鎖状分子の特徴の1つは多様なコンホメーションをとりうることであり，化学構造によっては個性的なものも少なくないが，それらが溶液中，あるいは固体状態でどのように実現しているかが興味の中心である．

　固体状態の物性としては，熱的性質，力学的性質および電気的性質がおもな対象である．融点以外に2次転移点（ガラス転移点）が存在すること，弾性と可塑性とを合わせもつ粘弾性挙動が顕著に現れることは，固体の構造を直接に反映する現象として中心的問題になってきた．これらの熱的性質，力学的性質の特徴は高分子物質が多様な材料として広範に利用されることの基礎となっている．電気的性質としては，有機物質として当然予想され，利用されてきた絶縁性のほか，最近では導電性高分子に関心が集まっている．

　高分子の溶液，特に希薄溶液の性質は，ある物質が高分子であることの証明，すなわち分子量の測定と関連して，中心的問題となってきた．関心は濃厚溶液，融液，液晶，ゲルなどへと移ってきている．

　高分子化合物の生成反応について重要な問題は，単量体から生成する高分子の分子量，すなわち繰返し構造単位の数（重合度）がどのような要因によって決まるかである．構造単位が立体異性をもつ場合には，高分子は一般に立体化学的にきわめて多様であって，その制御と解析が興味深い．2種あるいはそれ以上の単量体の混合物の反応，すなわち共重合反応において，生成する共重合体（コポリマー）の構造単位の配列順序の制御と解析も重要な問題である．

　高分子化合物の化学反応は，おもに既存の天然あるいは合成高分子の性質の改良・修飾を目的とし，また高分子材料の分解を防ぐという実用的見地と結びついて，検討されてきた．高分子化合物の反応を積極的に利用する用途の代表にイオン交換樹脂と感光性樹脂があるが，これらを含めていわゆる機能性高分子の研究が高分子化学の重要な1つの主題となっている．高分子化合物のもつ官能基の反応性は，近接するほかの官能基の協同作用や高分子鎖のつくる周囲とは異なる環境の影響を受けて，低分子化合物の同じ官能基の反応性とは異なる性質を示すことがあり，酵素タンパク質のような生体高分子の挙動とも関連して興味がもたれている．

　はじめに述べたように，高分子物質の材料としての応用は非常に広い範囲にわたっている．本書では「Ⅸ．有機工業化学」のなかのプラスチック，繊維，ゴム以外の項目をはじめ，「Ⅹ．機能性有機材料」のなかのかなり

の項目が高分子材料を扱っており，また XII は編の題目そのものに「高分子材料」が入っている．本編は高分子物質の構造，物性，合成，反応などの一般的な特徴を解説したものであるが，それは個別の材料の設計の指導原理でもあることはいうまでもない．

〔井上 祥平〕

2. 合 成・反 応

2.1 縮 合 重 合

高分子の合成反応を分類すると表2.1のように2つに大別される（表 2.1）．

1つは，モノマーの有する官能基が順次反応していき，高分子量体となってもその両末端に残る官能基の反応性は本質的にはモノマーのときと変わらない逐次重合反応である．これには反応に際し，水やアルコールのような低分子の脱離を伴う重縮合反応と，脱離成分のない重付加，あるいは付加と縮合を繰り返す付加縮合などがある．

他の1つは，分子間での新しい結合の生成と新しい活性点の生成が同時に起こる場合で，一般に連鎖重合反応と呼び，重合の活性点はポリマー末端にのみ存在する．これには，付加重合，異性化重合，開環重合などが含まれ，その活性種の種類によってラジカル，カチオン，アニオン重合などに分類できる．

表 2.1 高分子合成反応の分類

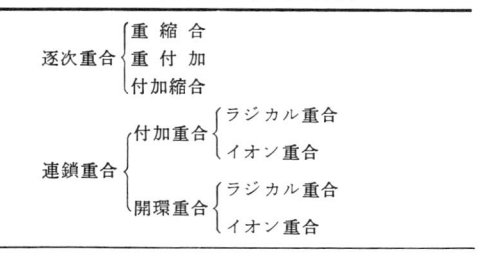

逐次重合	重 縮 合
	重 付 加
	付加縮合
連鎖重合	付加重合	ラジカル重合
		イオン重合
	開環重合	ラジカル重合
		イオン重合

このように，逐次重合と連鎖重合とでは，重合活性点が異なり，生成ポリマーの重合度の経時変化に大きな相違がある（図 2.1）．

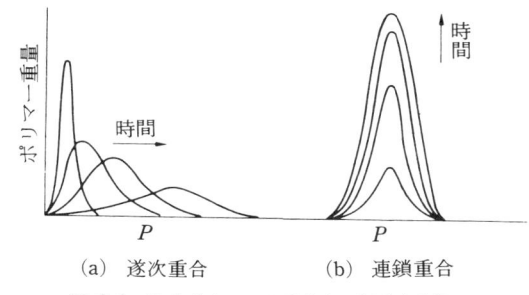

(a) 逐次重合 　 (b) 連鎖重合

図 2.1 生成ポリマーの重合度の経時変化[1]

本節では，前者に属する縮合重合の一般的特徴と反応別の具体例について述べる．

2.1.1 縮合重合の特徴

縮合重合は一般にポリアミド，ポリエステルなどを合成する重縮合とフェノール樹脂などの熱硬化性樹脂を合成する付加縮合とに大別される．そして，ラジカルイオン機構により重合が連鎖的に進む場合もあるが，一般には逐次的に重合する．逐次反応の特徴については前述したように，すべてのモノマーがいっせいに重合反応に関与し，生成したオリゴマーの両末端の官能基同士がさらに反応して，しだいに高重合体となる．したがって図2.1で示したように，生成高分子の分子量は時間とともに増加することになる．Flory は両末端にある官能基の反応性は重合度に関係なく一定で，環状化合物ができないと仮定して逐次反応による高分子生成反応を統計論的に取り扱い，この理論は実験とよく一致することが認められている．

ここで2つの官能基を A と B で表すと，次式のような2官能性モノマーが，たがいに逐次重合してポリマーを生成するものとする．

$$A-A + B-B \underset{k_{-1}}{\overset{k_1}{\rightleftarrows}} \text{\{} A'-A' \cdot B'-B' \text{\}} + 2X$$

ここで，はじめの官能基 A, B の数をそれぞれ N_A, N_B とし，$N_A = N_B = N_0$ という条件で反応させ，t 時間後に残っている官能基 A, B の数を N_t とすると，反応度 p は $p = (N_0 - N_t)/N_0$ となる．この逐次反応における数平均重合度 $\bar{P}_n$ は次式で表される．

$$\bar{P}_n = \frac{1}{1-p}$$

一般に，高分子材料として実用に供するには $\bar{P}_n$ が100以上の必要があるので，反応度 p は0.99 すなわち99%以上の官能基が反応しなければならない．したがって，高分子量のポリマーを得るには，モノマーの純度や反応条件などが重要となる．

また，官能基A,Bから1つのA'B'結合が生成する反応は平衡反応であり，その平衡定数を $K=k_1/k_{-1}$ とすると，両官能基の初濃度が $[A]_0=[B]_0$ で，逆反応が無視できる場合，あるいは重縮合で生成する脱離成分Xが系外にほとんど除去される場合には，$\bar{P}_n$ の時間変化は $\bar{P}_n=[A]_0 k_1 t+1$ で表される．すなわち，生成ポリマーの分子量は一般に時間とともに直線的に増加する．一方，生成したXが反応系に含まれる場合，$\bar{P}_n$ の時間変化は次式で表される．

$$\bar{P}_n=1+\sqrt{K}\frac{1-\exp(-2k_1[A]_0 t/\sqrt{K})}{1+\exp(-2k_1[A]_0 t/\sqrt{K})}$$

図2.2からわかるように，脱離成分Xを除去しない場合には，$\bar{P}_n$ は時間とともに飽和する．したがって平衡時 $(t\to\infty)$ には，$\bar{P}_n$ (平衡時) $=1+\sqrt{K}$ となる．すなわち，ポリアミドの生成反応のように250°C付近で，$K=300\sim400$ の場合には加熱するだけで高重合度のポリマーが得られるが，ポリエステル生成反応のように $K\leqq1$ の場合は脱離するXを完全に系外に除去しなければ高重合体は得られない．このように重縮合反応では，化学平衡の問題が高分子の生成に重要である．次に，$[A]_0<[B]_0$ の場合，すなわち，$N_A<N_B$ とすれば，t 時間後に官能基Aの反応度が p_A になったときの末端基の総数は，$[N_A(1-p_A)]+[N_A(1-p_A)+N_B-N_A]$ となる．そこで $\bar{P}_n$ は次式で与えられる．

$$\bar{P}_n=\frac{最初に存在した分子の総数}{t\text{時間後の分子の総数}}$$
$$=\frac{N_A+N_B}{2N_A(1-p_A)+N_B-N_A}$$

ここで，$N_A/N_B=r$ とすると，

$$\bar{P}_n=\frac{1+r}{2r(1-p_A)+1-r}$$

いま，少ない方の官能基Aが完全に反応したとすると，$p_A=1$ であるから $\bar{P}_n$ は

$$\bar{P}_n=\frac{1+r}{1-r}$$

となる．

たとえば，官能基BをAより1%過剰に加えた重合系では $r=0.99$ となり，Aを完全に反応させると生成ポリマーの $\bar{P}_n$ は199となり，これ以上の高重合体は得られない．したがって，高重合体を得るには，モノマーの純度と両官能基の量を厳密に等しくする必要がある．逆に，どちらかの官能基を過剰にするか，1官能性の化合物を少量加えることにより，平衡時のポリマーの分子量を調節することができる．これらを重合度調節剤という．

一方，いかに結合生成の収率が定量的であっても環状化合物が生成したのでは高重合体は得られない．この場合，環状構造と鎖状構造との間の化学平衡も考えなければならない．

特に，オキシ酸やアミノ酸では，繰返し単位の構造で5～6員環となる場合には平衡が環側に偏っているため，通常の加熱法では線状高分子が得られない．

2.1.2 重縮合反応

a. 重縮合の方法 重縮合の方法について簡単にその特徴を述べる．

i) 溶融重縮合： モノマーおよびポリマーの融点以上の温度で加熱し，融解状態で重合する方法で，工業的に重要である．この方法は熱的に安定で融点が比較的低い脂肪族系ポリマーの合成に用いられ，高重合体を得るには平衡反応を生成系に移行させるため，脱

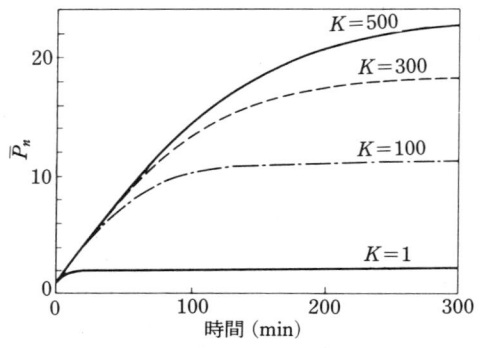

図 2.2 数平均重合度 $(\bar{P}_n)$ の経時変化[1]

離成分を除く必要がある.

ii) 溶液重縮合: モノマーを溶媒に溶かして重合させる方法で，実験室でよく用いられる.

(1) 加熱溶液重縮合: 一般に高沸点溶媒中，常圧窒素下で加熱して重縮合する方法であるが，ポリリン酸中では，ポリリン酸は溶媒としてだけではなく，ホスホリル化によりカルボン酸を活性化する．この方法は耐熱性高分子の合成に有用で，縮合剤(または活性化剤)を用いると，反応性の低いモノマーから直接高分子量のポリマーが得られる．

(2) 低温溶液重縮合: 酸クロリドや活性エステルなどの反応性の高いモノマーを非プロトン性極性溶媒に溶かし，温和な条件下で重縮合する方法である．この重合法は規則性共重合体や耐熱性高分子，全芳香族高分子の合成に有効である．

iii) 固相重縮合: ナイロン塩，ω-アミノ酸あるいはα-アミノ酸 N-カルボン酸無水物(NCA)を結晶状態のままモノマーおよびポリマーの融点より20〜30°C低い温度で加熱する方法である．特に，モノマーの結晶状態や副生する脱離成分の拡散速度によって縮合速度が支配されるので，その拡散を効率よくしたり，あらかじめプレポリマーを合成し，これを高真空下で再び固相重合するといった工夫が必要である．

iv) 界面重縮合: 古くから知られているショッテン-バウマン(Schotten-Baumann)反応を高分子合成に応用したもので，ジカルボン酸クロリドを水と混ざらない有機溶媒に溶解し，ジアミンやジオールと副生する塩化水素の中和剤(脱酸剤または酸受容剤ともいう)を水に溶解して両者を混合後，静置あるいは高速でかきまぜることによりその界面で重合する方法である．一般に，水相中のモノマーが有機相中に拡散する段階が反応の律速となる．両モノマーのモル比は溶液重縮合の場合ほど厳密でなくても，脱酸剤や濃度，溶媒，撹拌速度の選択などによって，ポリマーの収率，重合度は大きく影響される．また，活性の低いモノマーの場合には，適当な相間移動触媒を用いることによって容易に高重合体が得られる．

b. 重縮合反応の形式 縮合重合を反応形式別に分類し，それぞれの具体例を次にあげる．重縮合のなかで最も一般的なものは，カルボン酸(またはその誘導体)とアミン，アルコールなどの間の求核置換反応であるが，高分子量の縮合系ポリマーを得るにはカルボン酸誘導体と求核試薬の反応性によって，最適な重縮合条件が選ばれなければならない．近年，高強度・高弾性率を有するものとして，アラミドのような芳香族系高分子は新しい耐熱性プラスチックや高性能繊維として重要視されている．そこで，従来の求核置換重合のほかに，フリーデル-クラフツ型の芳香族求電子置換重合やシリル化求核剤を1成分とする重縮合，遷移金属触媒を用いる重縮合，ラジカルイオン機構による重縮合についても簡単に紹介する．

i) 求核置換反応と求電子置換反応による重縮合反応:

(1) $H_2N-R-NH_2 + HOOC-R'-COOH$
$\rightleftharpoons \text{\textasciitilde}[NH-R-NHCO-R'-CO]\text{\textasciitilde} + 2H_2O$

R, R'が脂肪族の場合は，そのナイロン塩を溶融重縮合法で重合する．ナイロン66の製造法として重要である．芳香族の場合には，縮合剤(たとえば，亜リン酸トリフェニル-ピリジン系)を用い溶液重縮合法で行う．ジカルボン酸の活性中間体を経て，温和な条件下で高重合体を得る直接重縮合もある．

(2)
$HOCH_2CH_2O\text{\textasciitilde}[OC-\bigcirc-COOCH_2CH_2O]_x\text{\textasciitilde}H \underset{}{\overset{触媒}{\rightleftharpoons}}$
$\text{\textasciitilde}[OC-\bigcirc-COOCH_2CH_2O]_n\text{\textasciitilde} + HOCH_2CH_2OH$

($x = 1\sim4$)

通常270°C以上に加熱し，生成するエチレングリコールの留去を円滑に行うため，高真空下で撹拌しながら重合する．アミド化に比べ，反応速度が遅いため，触媒としては，金属塩，金属酸化物が使われる．エチレングリコールの代わりに1,4-ブタンジオールを用

いるとポリブチレンテレフタレート(PBT)という代表的なエンジニアリングプラスチックが得られる.

(3)
$$H-X-(CH_2)_n-COOH \rightleftharpoons \{X-(CH_2)_n-CO\} + H_2O$$
$$(X=NH, O) \quad \begin{bmatrix} X-CO \\ (CH_2)_n \end{bmatrix}$$

ω-アミノ酸(X=NH)やω-オキシ酸(X=O)の重縮合主生成物(表2.2)は環鎖間の化学平衡に依存するため,$n=5$以上では鎖構造側に平衡が片寄り,溶融重縮合法でポリマーが得られる.

(4)
$$\underset{H_2N}{HX}\!\!>\!\!Ar\!\!<\!\!\underset{NH_2}{XH} + HOOC-Ar'-COOH \longrightarrow$$
$$\{\underset{}{X}\!\!>\!\!Ar\!\!<\!\!\underset{}{X}\!\!\!\!\!\!\!-Ar'\} + 4H_2O$$
(X=NH, O, S)

表2.2 $HX(CH_2)_nCOOH$ の重縮合反応による生成物[2]

X=NH	n	X=O
環状ダイマー(ジケトピペラジン)	1	環状ダイマー(グリコリド)
脱アンモニア分解(アクリル酸)	2	脱水分解(アクリル酸)
α-ピロリドン	3	γ-ブチロラクトン
α-ピペリドン	4	δ-バレロラクトンと少量のポリエステル
ポリアミドと少量のε-カプロラクタム	5	ε-カプロラクトンとポリエステル
ポリアミド	>5	ポリエステル

ポリリン酸中で,4官能性芳香族モノマーと芳香族ジカルボン酸とを溶液重縮合すると,代表的な耐熱性高分子であるポリベンゾイミダゾール(X=NH)やポリベンゾオキサゾール(X=O),ポリベンゾチアゾール(X=S)が得られる.ジカルボン酸に活性の高いジフェニルエステル誘導体を用い,プレポリマーを固相重合すると高分子量体が得られる.

(5)
$$MO-Ar-OM+X-Ar'-X \longrightarrow$$
$$\{O-Ar-O-Ar'\} + 2MX$$
$$MO-Ar-X \longrightarrow \{O-Ar\} + MX$$
(M=Na, K; X=F, Cl)

実用的な耐熱性プラスチックとして重要な芳香族ポリエーテル類は,一般に芳香族求核置換反応により合成できる.すなわち,ビスフェノールのアルカリ金属塩と電子吸引性基によって活性化された芳香族ジハライドとを極性溶媒中で加熱重縮合することによって得るか,あらかじめアルカリ塩を調製することなく,直接,モノマーを K_2CO_3 のような脱酸剤の存在下で重合することにより,高分子量体が得られる.

(6)
$$Cl-Ar-Cl+Na_2S \longrightarrow \{Ar-S\} + 2NaCl$$

芳香族ジクロリドと硫化ナトリウムとの芳香族求核置換重合により,耐熱性プラスチックであるポリフェニレンスルフィド(PPS)が得られる.PPSは結晶性高分子であり,酸素存在下で加熱すると鎖延長と架橋が起こり,熱硬化性の耐熱性エンジニアリングプラスチックとなる.

(7)
$$H-Ar-H+Cl-Y-Ar'-Y-Cl \longrightarrow$$
$$\{Ar-Y-Ar'-Y\} + 2HCl$$
(Y=CO, SO_2)

ジフェニルエーテルのような電子に富む芳香族化合物と,芳香族ジカルボン酸クロリドとのルイス酸触媒下でのフリーデル-クラフツアシル化反応(芳香族求電子置換反応)により,芳香族ポリエーテルケトンや芳香族ポリエーテルスルホンが得られる.

代表的な溶融成形耐熱性樹脂としてのポリエーテルスルホンやポリエーテルケトンの合成法と熱的性質を表2.3に示す.

(8)
$$NaO-Ar-ONa+ClOC-Ar'-COCl \longrightarrow$$
$$\{OAr-OCO-Ar'-CO\} + 2NaCl$$
$$AcO-Ar-OAc+HOOC-Ar'-COOH \longrightarrow$$
$$\{O-Ar-OCO-Ar'-CO\} + 2AcOH$$

中程度の耐熱性を示す非晶性ポリアリレートは,ビスフェノールのアルカリ水溶液と芳香族ジカルボン酸クロリドからの相間移動触媒を用いる界面重縮合法によって合成される.

一方,剛直鎖構造を含むポリアリレートはおもに,ビスフェノールジアセテートと芳香族ジカルボン酸,あるいは芳香族アセトキシカルボン酸から溶融重縮合によって得られて

2. 合成・反応

表 2.3 芳香族ポリエーテル類の合成法と熱的性質[3]

高分子	重合法	T_m (°C)	T_g (°C)
‒[⌬‒SO₂‒⌬‒O‒⌬‒⌬‒O]ₙ‒	a		230
‒[⌬‒SO₂‒⌬‒⌬‒O]ₙ‒	a, b		260
‒[⌬‒SO₂‒⌬‒O]ₙ‒	a, b		225
‒[⌬‒CO‒⌬‒O‒⌬‒O]ₙ‒	a	416	167
‒[⌬‒CO‒⌬‒O]ₙ‒	a, b	367	154
‒[O‒⌬‒CO‒⌬‒CO]ₙ‒	b	338	156
‒[⌬‒S]ₙ‒	a	280	92
‒[⌬‒SO₂‒⌬‒S]ₙ‒	a		215
‒[⌬‒CO‒⌬‒S]ₙ‒	a	335	145

a：芳香族求核置換反応, b：芳香族求電子置換反応, T_m：融点, T_g：ガラス転移点

いる．加工性を改善した溶融液晶性ポリアレートは不溶不融性の p-ヒドロキシ安息香酸からのポリアレート鎖中への柔軟鎖や剛直な折れ曲がり構造の導入，置換基の導入あるいは共重合によって合成されている．

(9)
$$H_2N-R-NH_2+ClOC-R'-COCl \xrightarrow{脱酸剤} -[NH-R-NHCO-R'-CO]-+2HCl$$

一般に，R, R′ が脂肪族の場合には界面重縮合法，芳香族の場合には低温溶液重縮合法を用いる．たとえば，テレフタル酸クロリドと p-フェニレンジアミンからの "Kevlar" に代表されるアラミドの合成では通常，ヘキサメチルホスホルトリアミド(HMPA)—N-メチルピロリドン(NMP)混合溶媒またはNMP—LiCl系が用いられ，改良界面重縮合法によって合成されている(a法)．そのほか，アラミドの合成法としては無水酢酸存在下での重縮合(b法)や，芳香族ジイソシアナートと芳香族ジカルボン酸を溶融重縮合させる方法(c法)も開発された．これらの方法によって，耐熱性樹脂や耐熱，難燃性繊維が得られている．

表 2.4 にアラミドの合成法と熱的性質を示す．

(10)
$$H_2N-R-NH_2+XOC-R'-COX \longrightarrow -[NH-R-NHCO-R'-CO]-+2HX$$

低温溶液重縮合法により，活性カルボン酸誘導体を極性溶媒または非プロトン性極性溶媒中，温和な条件下で重合するとポリアミドが得られる．R と X，R′ を変えることによってモノマーの反応性を制御することができ，一般に活性化重縮合反応と呼ばれている．たとえば，脱離基 X が脱離後酸性度の高い HX となるとか分子内塩基触媒作用を有するなどの場合，高活性モノマーとなる．

(11)
$$Me_3SiX-Ar-XSiMe_3+ClOC-Ar'-COCl \longrightarrow -[X-Ar-XCO-Ar'-CO]-+2Me_3SiCl$$
$$(X=O, NH)$$

o-トリメチルシリル化ビスフェノール(X=O)，あるいは N-トリメチルシリル化芳香

表 2.4 アラミドの合成法と熱的性質[3]

高分子	重合法	T_g (°C)
$\mathrm{\{NH\text{-}C_6H_4\text{-}NHCO\text{-}C_6H_4\text{-}CO\}_n}$	a	372 (分解)
$\mathrm{\{NH\text{-}C_6H_4\text{-}NHCO\text{-}C_6H_4\text{-}CO\}_n}$	a	500 (分解)
$\mathrm{\{N(CH_3)\text{-}C_6H_4\text{-}NHCO\text{-}C_6H_4\text{-}CO\}_n}$	c	
$\mathrm{\{(NH\text{-}C_6H_4\text{-}CH_2\text{-}C_6H_4\text{-}NHCO\text{-}C_6H_4\text{-}CO)_x(NH\text{-}C_6H_4\text{-}CO)_y\}_n}$	b	235
$\mathrm{\{NH\text{-}C_6H_4\text{-}O\text{-}C_6H_4\text{-}C(CH_3)_2\text{-}C_6H_4\text{-}O\text{-}C_6H_4\text{-}NHCO\text{-}C_6H_4\text{-}CO\}_n}$	a	230

族ジアミン(X=NH)のようにシリル化求核剤を用いると,温和な条件下で芳香族ジカルボン酸ジクロリドと重縮合し,高分子量のポリアリレートあるいはアラミド類が生成する.特に,N-シリル化芳香族ジアミンは蒸留により高純度化が容易であり,種々の重合溶媒の選択が可能で中性条件下で重縮合が進行し,副生する $\mathrm{Me_3SiCl}$ はシリル化剤として循環再使用できる利点がある.

ii) 遷移金属触媒存在下での重縮合反応: 最近,縮合系高分子の合成においても炭素-炭素結合を Ni や Pd などの遷移金属触媒を用いる反応により生成することが可能になってきた.次にこれらの代表例をあげる.

(1)
$$\mathrm{Br\text{-}C_6H_4\text{-}Br} \xrightarrow{\mathrm{Mg}} [\mathrm{Br\text{-}C_6H_4\text{-}MgBr}]$$
$$\xrightarrow{\text{Ni触媒}} \mathrm{\{C_6H_4\}} + \mathrm{MgBr_2}$$

p-ジブロモベンゼンのグリニャール試薬を Ni 触媒存在下で C-C カップリングさせ,ポリ-p-フェニレン(PPP)を合成した最初の例である.また,Pd 触媒存在下での芳香族ジブロミドと芳香族ジアセチレンからのポリアリーレンアセチレンの合成例もある.

(2)
$$\mathrm{H_2N\text{-}Ar\text{-}NH_2 + Br\text{-}Ar'\text{-}Br + 2CO} \xrightarrow{\text{Pd触媒}}$$
$$\mathrm{\{NH\text{-}Ar\text{-}NHCO\text{-}Ar'\text{-}CO\} + 2HBr}$$

Pd を触媒とし,芳香族ジブロミドとジアミンと CO ガスを常圧下で重縮合反応させると容易に高分子量のアラミドが得られる.ジアミンの代わりにビスフェノールを用いるとポリアリレートが得られる.

(3)
$$\mathrm{H_2N\text{-}R\text{-}NH_2 + N\equiv C\text{-}R'\text{-}C\equiv N + 2H_2O}$$
$$\xrightarrow{\text{Ru触媒}} \mathrm{\{NH\text{-}R\text{-}NHCO\text{-}R'\text{-}CO\} + 2NH_3}$$

炭素-炭素結合の生成ではないが,ジアミンとジニトリルと水から Ru 触媒存在下での重縮合によりナイロンの合成もできる.

iii) ラジカルイオン機構による重縮合反応: ベンゼンの酸化カチオン重合によるポリ-p-フェニレン(PPP)の合成,2,6-キシレノールの酸化カップリング重合によるポリフェニレンオキシド(PPO)の合成は,典型的な重縮合反応で見られる $\bar{P}_n = 1/(1-p)$ の関係式に従わず,重合初期で中程度の分子量にまで成長したオリゴマーを生成する.このため「反応性中間体を経る重縮合」と呼ばれ,「1電子移動」を含む機構により説明される.

$$\mathrm{C_6H_6} \xrightarrow[-\mathrm{HCl},\,-\mathrm{CuCl}]{\mathrm{AlCl_3 + CuCl_2}} \mathrm{\{C_6H_4\}}$$

1 電子移動で中間にラジカルイオンを経るラジカル求核置換反応で重合が起こる.ショル(Scholl)反応は,ルイス酸触媒より 2 つの芳香族炭化水素間から脱水素しながら芳香

族-芳香族結合を生成する．ナフタレン核をもつエーテル類の重合を行い，高分子量の芳香族ポリエーテル類を合成する新しい方法が確立された．

$$\text{(Naphthyl)}-O-Ar-O-\text{(Naphthyl)} \xrightarrow[-HCl,\ -FeCl_2]{FeCl_3}$$

$$+ \text{(Naphthyl)}-O-Ar-O-\text{(Naphthyl)} +$$

2.1.3 重付加反応

一般に，2官能性化合物同士の付加反応により新しい結合が生じ，これを繰り返してポリマーが生成する反応を重付加反応という．付加するモノマーはアミノ基や水酸基などの活性水素をもち，付加を受けるモノマーとしては，イソシアナートのような累積二重結合や電子吸引性基により活性化された炭素-炭素二重結合，多重結合をもつものが用いられる．重付加は重縮合と同様に逐次反応で進むが，可逆反応ではないところが重縮合と異なる点である．代表的な重付加としては次のようなポリ尿素やポリウレタンの合成反応がある．

$$O=C=N-R-N=C=O + H_2N-R'-NH_2 \longrightarrow$$
$$+CONH-R-NHCONH-R'-NH+$$
$$O=C=N-R-N=C=O + HO-R'-OH \longrightarrow$$
$$+CONH-R-NHCOO-R'-O+$$

R: $-(CH_2)_6-$, 〔ベンゼン-CH_2-ベンゼン〕
　　(HDI)　　　　　　　　(MDI)

〔CH_3付きベンゼン + CH_3付きベンゼン〕
(TDI)

ここでジオール成分としては，ポリエステルジオールやエチレンオキシド，プロピレンオキシドをエチレングリコールで開環重合して得られるポリエーテルジオール類が用いられる．また，ポリウレタンの両末端にあるイソシアナート基は少量の水（発泡剤）を加えると二酸化炭素を発生するとともに，その際生成したアミンがさらに末端イソシアナート基と反応して高分子鎖の延長が起こり，最終的にポリウレタンフォーム（発泡体）となる．ポリウレタンは弾性糸，合成皮革，塗料，接着剤など多方面に使用され，最近ではRIM（反応射出成形）法の開発により，成形材料としても重要である．

一方，モノイソシアナート $R-N=C=O$ ($R=-C_6H_5, -C_2H_5$) は $-40°C$ でジメチルホルムアミド（DMF）溶媒中塩基性触媒を用いると重付加が起こり，ナイロン1となる．

$$R-N=C=O \xrightarrow[DMF]{Na} +NCO+\atop R$$

そのほかの代表的重付加，水素移動型重付加，開環重付加，電子移動型重付加の例を次に示す．

$$O=C=C=C=O + H_2N-R-NH_2 \longrightarrow$$
$$+COCH_2CONH-R-NH+$$
$$H_2C=CH-CO-R-CO-CH=CH_2 + HS-R'-SH$$
$$\xrightarrow{t-BuOK}$$
$$+CH_2CH_2-CO-R-CO-CH_2CH_2-S-R'-S+$$
$$CH_2=CHCONH_2 \xrightarrow{\text{塩基触媒}} +CH_2CH_2CONH+$$
　　　　　　　　　　　　　　　　　ナイロン3
　　　　　　　　　　　　　　　　（水素移動重合）

$$\begin{array}{c}O=C-\quad\quad-C=O\\ \|\quad\quad\quad\quad\|\\ R^1-CH-X\quad X-CH-R^1\end{array}\!\!\!\!C-R^2-C + H_2N-R^3-NH_2 \longrightarrow$$
$$X = N, CH$$

$$+CO-CH-X-CO-R^2-COX-CH-CONH-R^3-NH+\atop R^1\quad H\quad\quad\quad\quad\quad H\quad R^1$$

〔ベンゼン-CH=CH-ピラジン-CH=CH-ベンゼン〕

$$\xrightarrow{h\nu} \left[\begin{array}{c}\text{ピラジン}\\ \text{環状構造}\end{array}\right]$$

2.1.4 付加縮合反応

フェノールとホルムアルデヒドとの反応に

代表されるような，付加と縮合反応との繰返しで起こる逐次反応を付加縮合反応と呼ぶ．

付加反応：

縮合反応：

この付加縮合は酸塩基触媒存在下で起こるが，特に付加は酸でも塩基でも触媒されるが，縮合は酸触媒によってのみ進行する．このため，酸性溶液からはメチロール基がほとんど存在しない低分子量のノボラック樹脂が，塩基性溶液からはメチロール基の多い低分子量のレゾール樹脂が生成する．このレゾール樹脂を加熱すると脱水架橋が進行し，3次元ポリマーとなる．一方，ノボラックはメチロール基が少ないため，ヘキサメチレンテトラミンを加えて加熱硬化させる．メラミン樹脂，尿素樹脂はそれぞれメラミンまたは尿素とホルムアルデヒドとの付加縮合反応によってつくられる．一般に，加熱によって3次元化が起こり，不溶・不融に変化する高分子を熱硬化性樹脂と呼び，普通のビニル系樹脂のように加熱すると軟化して容易に変形する高分子を熱可塑性樹脂と呼んでいる．

一方，4官能性化合物であるピロメリット酸無水物とジアミンあるいはテトラミンなどとの付加縮合反応では，複素環を有する耐熱性高分子を合成することができる．

たとえば，ピロメリット酸無水物と芳香族ジアミンからすぐれた耐熱性をもつポリイミドが合成されている．

この第1段階の開環重付加反応は高活性のモノマーのため，室温で容易に起こり，有機溶媒に可溶なポリアミド酸が得られる．これをフィルムなどに成形し，高温加熱によって第2段階の環化を行うと，不溶不融の耐熱性にすぐれたポリイミドが得られる．

〔讃井　浩平〕

文　献

1) 中浜精一，野瀬卓平，秋山三郎，讃井浩平，辻田義治，土井正男，堀江一之著："エッセンシャル高分子科学"，p.25，講談社サイエンティフィク(1988)．
2) 讃井浩平，東　千秋："入門高分子材料設計"，高分子学会編，65(1981)．
3) 今井淑夫：機能材料，3月号，14(1989)．
4) 今井淑夫：高分子，**37**，892(1988)．
5) 柿本雅明：高分子，**38**，1022(1989)．
6) 垣内　弘：新基礎高分子化学，昭晃堂(1982)．
7) 井上祥平，宮田清蔵："高分子材料の化学(応用化学シリーズ4)"，丸善(1982)．
8) 土田英俊："高分子の科学"，p.181，培風館(1975)．
9) 高分子学会編："高分子科学の基礎"，東京化学同人(1978)．
10) 瓜生敏之，堀江一之，白石振作："ポリマー材料"，東京大学出版会(1984)．

2.2　付　加　重　合

2.2.1　付加重合の概要

1920年代 Staudinger はスチレンや酢酸ビニルのラジカル重合を研究し，「共有共合で連なった高分子量物質」という高分子(ポリマー)の概念を確立した．彼はこの業績により1953年ノーベル化学賞を受賞している．彼の研究した高分子合成反応は有機反応形式

2. 合成・反応

から分類すると付加重合(addition polymerization)であり，1930年代 Carothers が縮合反応を用いてポリアミド，ポリエステルを合成した縮合重合(condensation polymerization, →§2.1)と区別される．

重合反応を速度からみて連鎖重合(chain polymerization)と逐次重合(step polymerization)に分類することがある．これに従えば，おおむね付加重合および開環重合(→§2.3)は連鎖重合に，縮合重合は逐次重合に入れられる．

付加重合の一般素反応は，
(1) 開始反応(initiation)
(2) 生長反応(propagation)
(3) 停止反応(termination)
(4) 連鎖移動反応(chain-transfer reaction)

の4つで与えられる．最も重要な素反応は生長反応で，モノマーをM，重合度nのポリマーをM_n，そのラジカルやイオンをM_n^*とすると，一般式は次のような2分子反応で表される．通常のビニルモノマーで炭素-炭素二重結合が開裂して重合する場合，20数 kcal/mol の発熱反応である．

$$M_n^* + M \longrightarrow M_{n+1}^*$$

ここに，M_n^*は生長しているポリマーで連鎖てい伝体(chain carrier)と呼ばれ，その性質によりラジカル重合，アニオン重合，カチオン重合および遷移金属触媒重合の4様式に大別される．表2.5に付加重合する代表的なモノマーと，モノマーが重合可能な様式を示

表 2.5 付加重合するモノマーの代表例[*]

一置換エチレン (ビニルモノマー)	$CH_2=CH_2$[1,4]
	$CH_2=CHCH_3$[4]
	$CH_2=CHC_2H_5$[4]
	$CH_2=CHC_6H_5$[1,2,3,4]
	$CH_2=CHCO_2CH_3$[1,2]
	$CH_2=CHCO_2H$[1,2]
	$CH_2=CHCONH_2$[1,2]
	$CH_2=CHCN$[1,2]
	$CH_2=CHCl$[1]
	$CH_2=CHOCOCH_3$[1]
	$CH_2=CH-N$(ピロリドン環)[1,3]
	$CH_2=CHOCH_3$[3]
	$CH_2=CHOi-C_4H_9$[3]
1,1-二置換エチレン (ビニリデンモノマー)	$CH_2=C(CH_3)(CH_3)$[3,4]
	$CH_2=C(CH_3)(CO_2CH_3)$[1,2]
	$CH_2=C(CN)(CO_2CH_3)$[1,2]
ジエン類	$CH_2=CH-CH=CH_2$[1,2,4]
	$CH_2=C(CH_3)-CH=CH_2$[1,2,4]
アセチレン類	$CH\equiv CH$[4]
	$CH\equiv CC_6H_5$[4]
	$CH_3C\equiv CSi(CH_3)_3$[4]

[*] 可能な重合様式 1．ラジカル重合，2．アニオン重合，3．カチオン重合，4．遷移金属触媒重合

す．

付加重合と縮合重合は本質的に異なる特徴を示し，モノマーの反応度と生成ポリマーの重合度との関係はその違いを端的に表している(図2.3)．付加重合(A)は停止反応がある場合(通常生長反応は速い)，付加重合(B)は停止反応がない場合(通常生長反応は遅い)であり，縮合重合Cでは反応初期にはモノマーが消失しても重合度は上がらないが反応進行につれてポリマー同士の反応が主となり終わりになって急激に増大する．

2.2.2 ラジカル重合

ラジカル重合は熱，光あるいは放射線照射によってひき起こされるが，通常これらの作用でラジカルを生成しやすい物質を開始剤として加えて行われる．過酸化物，アゾ化合物

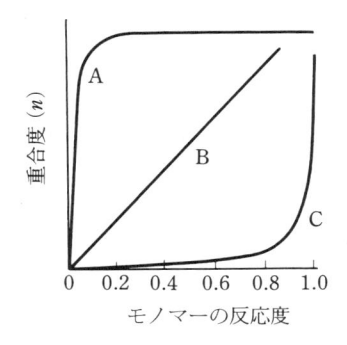

図 2.3 モノマーの反応度と生成ポリマーの重合度との関係概念図
A：付加重合(A)，B：付加重合(B)，C：縮合重合

やフェントン試薬と呼ばれている過酸化水素/塩化第一鉄のレドックス系などが代表的開始剤である．次のような分解反応でラジカルを発生する．

過酸化ベンゾイル(BPO)

$$C_6H_5CO-OOCC_6H_5 \xrightarrow{\Delta} 2C_6H_5CO\cdot (\to C_6H_5\cdot + CO_2)$$

アゾビスイソブチロニトリル(AIBN)

$$(CH_3)_2C-N=N-C(CH_3)_2 \xrightarrow{\Delta} 2(CH_3)_2C\cdot + N_2$$
$$||\phantom{(CH_3)_2\xrightarrow{\Delta}2(CH_3)_2}|$$
$$CNCN\phantom{(CH_3)_2\xrightarrow{\Delta}2(CH_3)_2}CN$$

フェントン試薬

$$HO-OH + Fe^{2+} \to HO\cdot + OH^- + Fe^{3+}$$

表2.5に例示されるように多くのビニルモノマー，ビニリデンモノマーがラジカル重合するが，最近，1,2-二置換モノマーもラジカル重合で高分子量ポリマーが得られるようになった．

$$RO_2CCH=CHCO_2R \to -(CH-CH)_n-$$
$$CO_2R\ CO_2R$$

ラジカル重合の素反応は次の4種類である．

開始 $I \xrightarrow{k_d} 2R\cdot$

$R\cdot + M \xrightarrow{k_i} RM_1\cdot$

生長 $M_n\cdot + M \xrightarrow{k_p} M_{n+1}\cdot$

停止 $M_m\cdot + M_n\cdot \xrightarrow{k_t} M_{m+n}$ （再結合）

$M_m\cdot + M_n\cdot \xrightarrow{k_t} M_m + M_n$ （不均化）

連鎖移動 $M_n\cdot + Z \xrightarrow{k_{tr}} M_n + Z\cdot$

重合速度 R_p，つまりモノマー消失速度は

$$R_p = \frac{-d[M]}{dt} = k_p[M\cdot][M]$$

ここに，$[M\cdot]$ はモノマーから由来するラジカルの全濃度を表す．開始剤の分解で生じた $R\cdot$ はある割合（開始剤効率 f）だけ $RM_1\cdot$ を与え，ラジカルの生成速度と消失速度は等しいとする定常状態の仮定を入れると，$2k_d f[I] = k_t[M\cdot]^2$ つまり $[M\cdot] = (2k_d f/k_t)^{1/2}[I]^{1/2}$ となり，これを上式に代入すると次式が得られる．

$$R_p = \left(\frac{2kf}{k_t}\right)^{1/2} k_p[I]^{1/2}[M]$$

重合速度が開始剤濃度の1/2次に比例することは広く認められており，「ラジカル重合の1/2乗則」として知られている．また，この関係が成立することがラジカル重合機構の立証に用いられることもある．

2.2.3 ラジカル共重合とモノマーの反応性

モノマー M_1 と M_2 をラジカル共重合する場合を考えると，次の4つの生長素反応がある．

$$M_1\cdot + M_1 \xrightarrow{k_{11}} M_1\cdot$$
$$M_1\cdot + M_2 \xrightarrow{k_{12}} M_2\cdot$$
$$M_2\cdot + M_1 \xrightarrow{k_{21}} M_1\cdot$$
$$M_2\cdot + M_2 \xrightarrow{k_{22}} M_2\cdot$$

これら素反応から，M_1 および M_2 モノマーの消失速度は

$$-d[M_1]/dt = k_{11}[M_1\cdot][M_1] + k_{21}[M_2\cdot][M_1]$$
$$-d[M_2]/dt = k_{12}[M_1\cdot][M_2] + k_{22}[M_2\cdot][M_2]$$

で与えられる．重合中 $M_1\cdot$ と $M_2\cdot$ の濃度は変わらないという定常状態の仮定 $k_{12}[M_1\cdot][M_2] = k_{21}[M_2\cdot][M_1]$ を用いて整理すると次式が導かれる．

$$\frac{d[M_1]}{d[M_2]} = \frac{[M_1]}{[M_2]}\left(\frac{r_1[M_1]+[M_2]}{[M_1]+r_2[M_2]}\right)$$

ここに，$r_1 = k_{11}/k_{12}$，$r_2 = k_{22}/k_{21}$

これはモノマー仕込み組成と生成共重合体組成の関係を表し，共重合組成式と呼ばれる．また，r_1 および r_2 は M_1 および M_2 モノマーのモノマー反応性比(monomer reactivity ratio)と呼ばれ，両モノマーの共重合反応性の目安となる定数である．r_1 および r_2 値は仕込みモノマー組成を変化させて得られる初期生成共重合体の組成分析から決定することができ，r_1 と r_2 値が既知のモノマーの組合せにおいては，仕込みモノマー組成から初期生成共重合体の組成を予測することができ

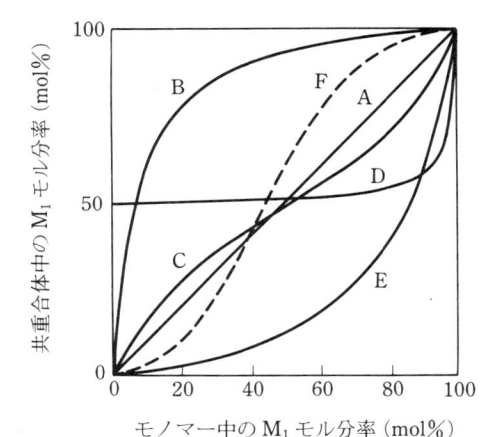

図 2.4 モノマー M_1 と M_2 の共重合組成曲線
A: $r_1=r_2=1$, B: $r_1=15$, $r_2=0.1$, C: $r_1=0.4$, $r_2=0.5$, D: $r_1=0.04$, $r_2=0$, E: $r_1=0.1$, $r_2=10$, F: $r_1=15$, $r_2=10$

る.

種々の r_1 および r_2 値の共重合組成曲線を図 2.4 に示す. A ($r_1=r_2=1$) では仕込みモノマーの組成と全く同じ組成の共重合体が得られ, このような場合を理想共重合という. B〜E のような場合は実際によく見られる曲線である. $r_1 \times r_2 = 0$ に近いほど交互性が高い. F ($r_1>1$, $r_2>1$) の場合はラジカル共重合では例がない. r_1 と r_2 の決定方法として, 曲線合致法, 交点法, ファインマン・ロス (Fineman-Ross) 法, メイヨー・ルイス (Mayo-Lewis) の積分法, ケレン・チュードス (Kelen-Tüdös) 法がある.

Alfrey と Price は生長反応の定量化を試み, Q, e スキームを提案した (1947年). 生長反応速度は立体効果を無視すると, 共鳴効果 (Q) と極性効果 (e) によって表され, 次の生長反応

$$M_1\cdot + M_2 \xrightarrow{k_{12}} M_2\cdot$$

の速度定数 k_{12} が次式で表されると仮定した.

$$k_{12} = P_1 Q_2 \exp(-e_1, e_2)$$

P_1 は $M_1\cdot$ の一般反応性, Q_2 は M_2 の共鳴安定化の項, e_1 および e_2 は $M_1\cdot$ および M_2 の極性効果を表す. この式を r_1 および r_2 に代入すると

$$r_1 = \frac{k_{11}}{k_{12}} = \frac{Q_1}{Q_2} \exp\{-e_1(e_1-e_2)\}$$

$$r_2 = \frac{k_{22}}{k_{21}} = \frac{Q_2}{Q_1} \exp\{-e_2(e_2-e_1)\}$$

基準モノマーとして, スチレンの $Q=1.0$, $e=-0.8$ とおき, モノマーおよびラジカルの e 値が等しいと仮定すると, 種々のモノマーの共重合から Q, e 値を決定することができる (表 2.6).

Q 値が 0.2 以上のものとそれ以下のものに大別することができ, それぞれ共役モノマーおよび非共役モノマーと呼ばれる. Q 値の大きい共役モノマーは, 非共役モノマーよりラジカルに対してより高反応性である. 一方, 共役モノマーから生長するラジカルは, より共鳴安定化しているためにモノマーに対して低反応性である. したがって, 生長素反応速度定数は非共役モノマーのラジカルに対する共役モノマーの付加の場合, 最も大きい. その逆も成り立つ.

表 2.6 代表的なビニルモノマーの Q, e 値

モノマー	Q	e
イソブチルビニルエーテル	0.023	-1.77
N-ビニルカルバゾール	0.41	-1.40
α-メチルスチレン	0.98	-1.27
イソプレン	3.33	-1.22
ブタジエン	2.39	-1.05
イソブテン	0.033	-0.96
スチレン	1.0	-0.8
プロピレン	0.002	-0.78
酢酸ビニル	0.026	-0.22
エチレン	0.015	-0.20
塩化ビニル	0.044	0.20
塩化ビニリデン	0.22	0.36
メタクリル酸メチル	0.74	0.40
アクリル酸メチル	0.42	0.60
メチルビニルケトン	0.69	0.68
アクリロニトリル	0.60	1.20
アクリルアミド	1.18	1.30
無水マレイン酸	0.23	2.25

e 値はモノマー二重結合の電子密度を反映し, 置換基が電子供与性ならば負, 電子吸引性ならば正である. この e 値はハメットの置換基定数 σ 値と相関関係がある. しかし, 置換基がフェニル基 ($\sigma=-0.01$) であるスチレンの e 値 -0.8 とされている点に注意すべきである.

2.2.4 イオン重合

ラジカル重合のモノマー,および生長ラジカルの反応性は Q 値によって大きく支配されるのに対し,イオン重合におけるモノマーおよび生長イオン種の反応性は主として e 値によって支配される.したがって Q 値が近いためよくラジカル共重合するモノマー同士の組合せでも,e 値が異なるとイオン生長種の性質が大きく異なるため共重合は困難である.

アニオン重合およびカチオン重合のラジカル重合に対する特徴は,次のビニルモノマー重合の一般式に示されるように,生長末端にそれぞれ対カチオンおよび対アニオンをもつことである.

$$\sim\!\!\sim\!\!CH_2\bar{C}HB^+ + CH_2=CH \longrightarrow \sim\!\!\sim\!\!CH_2CH-CH_2\bar{C}HB^+$$
（X基が各炭素に付く）

$$\sim\!\!\sim\!\!CH_2\bar{C}HA^- + CH_2=CH \longrightarrow \sim\!\!\sim\!\!CH_2CH-CH_2\bar{C}HA^-$$

フリーイオン生長種に対する構造は,それぞれ平面構造および四面体構造で示される.

　　カルボカチオン(sp^2)　　カルボアニオン(sp^3)

イオン重合するモノマーの例は表 2.5 に示されているが,ほかにもカルボニル化合物($>$C$=$O),ニトロソ化合物($-$N$=$O),ニトリル化合物($-$C$\equiv$N)のような多重結合の重合が知られている.

a. アニオン重合　開始剤の活性とモノマーの反応性の関係を表 2.7 に示す.開始剤の能力は a$>$b$>$c$>$d の順に強く,モノマーは A$<$B$<$C$<$D の順に,つまり置換基の電子吸引性が強いほどモノマーはアニオン重合しやすくなる.実線で結んである組合せが重合をひき起こすことができる.

アニオン重合の生長種は比較的安定なため,動力学的研究が詳細に検討された.次のように 3 種類が平衡で存在する.

$$\sim\!\!\sim\!\!CH_2\bar{C}HB^+ \rightleftharpoons \sim\!\!\sim\!\!CH_2\bar{C}H\cdots\cdots B^+ \rightleftharpoons \sim\!\!\sim\!\!CH_2\bar{C}H\ \ B^+$$
　　イオン対　　　　溶媒和イオン対　　　　フリーイオン

フリーイオンと溶媒和イオン対の反応性は非常に大きく,イオン対のそれは小さい.たとえばスチレンの場合,フリーイオンの生長反応速度定数 k_p はイオン対のそれの約400倍大きい.これら 3 種類の割合および反応性はモノマーの種類,対カチオンの性質,溶媒,温度などに依存する.

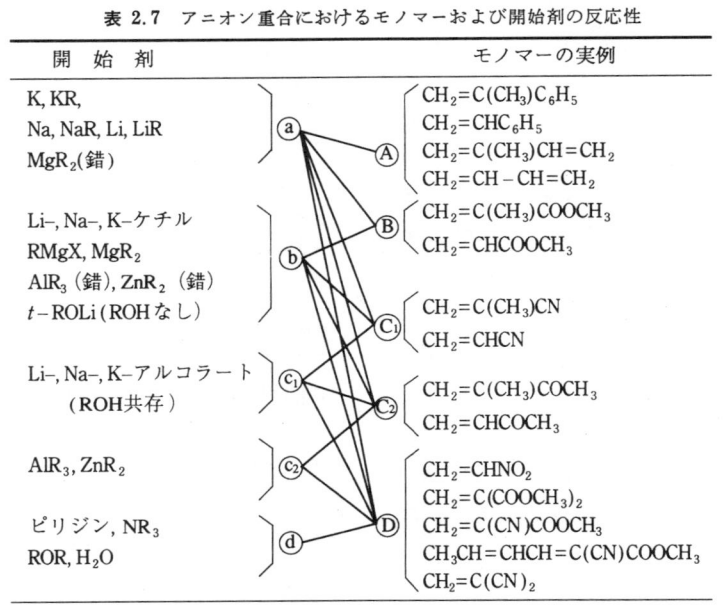

表 2.7　アニオン重合におけるモノマーおよび開始剤の反応性

開始剤		モノマーの実例
K, KR, Na, NaR, Li, LiR MgR$_2$(錯)	ⓐ — Ⓐ	$CH_2=C(CH_3)C_6H_5$ $CH_2=CHC_6H_5$ $CH_2=C(CH_3)CH=CH_2$ $CH_2=CH-CH=CH_2$
Li–, Na–, K–ケチル RMgX, MgR$_2$ AlR$_3$(錯), ZnR$_2$(錯) t–ROLi(ROHなし)	ⓑ — Ⓑ Ⓒ$_1$	$CH_2=C(CH_3)COOCH_3$ $CH_2=CHCOOCH_3$ $CH_2=C(CH_3)CN$ $CH_2=CHCN$
Li–, Na–, K–アルコラート （ROH共存）	ⓒ$_1$ — Ⓒ$_2$	$CH_2=C(CH_3)COCH_3$ $CH_2=CHCOCH_3$
AlR$_3$, ZnR$_2$	ⓒ$_2$	
ピリジン, NR$_3$ ROR, H$_2$O	ⓓ — Ⓓ	$CH_2=CHNO_2$ $CH_2=C(COOCH_3)_2$ $CH_2=C(CN)COOCH_3$ $CH_3CH=CHCH=C(CN)COOCH_3$ $CH_2=C(CN)_2$

b. カチオン重合　アニオン重合とは対照的に，カチオン重合するモノマーは強い電子供与性置換をもつもの，つまり e 値が負に大きい方が反応性が大きい．開始剤はプロトン酸(H_2SO_4，$HClO_4$，CF_3SO_3H，HBF_4 など)，ルイス酸(BF_3，$TiCl_4$，$SnCl_4$，PF_5，$AlCl_3$ など)，カルボカチオン($Ph_3C^+ClO_4^-$ など)や I_2 などが有効である．

ビニルモノマーのカチオン生長末瑞は不安定なため，構造に関してわからないことが多い．生長末瑞が対アニオンと共有結合しているという擬(pseudo)カチオン説が発瑞となって重合機構に関する研究が進み，モノマー，開始剤，添加剤，溶媒など重合条件を選ぶことにより準リビング(quasi living)重合を経てリビング重合の発展へとつながった(→§2.2.6)．

2.2.5 遷移金属触媒重合

a. チーグラー–ナッタ重合　重合に高圧(約2000気圧)を要したエチレンを，$TiCl_4$–Et_3Al 触媒が常圧で重合させ高分子量ポリエチレンを与えることを1953年 Ziegler が発見した．つづいて Natta は $TiCl_3$—Et_3Al 触媒がプロピレンの重合をひき起こすことを見出し，立体規則性重合の概念へ発展させた．両者はこれらの功績により1963年ノーベル化学賞を受賞した．現在広義に遷移金属–有機金属組合せ触媒系のことをチーグラー–ナッタ触媒ということがある．この触媒の発見により，これまで重合させるのが困難であった α-オレフィンの重合や共重合が可能になり 1960年代，石油化学工業隆盛の大きな牽引力となった．α-オレフィンとジエン類，あるいは極性ビニルモノマーと α-オレフィン，ジエン類との共重合も可能になった．表2.8に重合の代表例を示す．

ぼう大な研究の結果，真の活性中心は遷移金属にあると考えられており，2つの説がある．エチレンを例にすると，生長末瑞の Ti-炭素結合の間へ Ti に配位したモノマーが挿入していく機構(1)，そして Ti-カルベン(carbene)中間体が含まれ，それにモノマーが配位し，4員環中間体のチタナシクロブタン(titanacyclobutane)の生成と水素移動を経て進行する機構(2)である．後者は次のメタセシス重合を含めて遷位金属触媒重合をカルベン中間体機構で統一的に説明しようとする説であるが，広く受け入れられているわけではない．

$$\text{(2.1)}$$

$$\text{(2.2)}$$

表 2.8　チーグラー・ナッタ触媒による立体規則性重合

チーグラー・ナッタ触媒	モノマー	立体規則性
Et_3Al-$TiCl_3$	プロピレン	イソタクチック
Et_2AlCl-VCl_4	プロピレン	シンジオタクチック
Et_3Al-$TiCl_3$	スチレン	イソタクチック
$(AlMeO)_n$-$Ti(OBu)_4$	スチレン	シンジオタクチック
Et_3Al-TiI_4	ブタジエン	シス-1,4[a]
Et_2AlCl-$VOCl_3$	ブタジエン	トランス-1,4[b]
Et_3Al-$Ti(OBu^t)_4$	ブタジエン	1.2[c]
Et_3Al-$TiCl_4$	イソプレン	シス-1,4[d]
Et_3Al-VCl_4	イソプレン	トランス-1,4[e]
Et_3Al-$V(acac)_3$	イソプレン	3,4[f]

b. メタセシス重合　次式のようなオレフィンの交換反応(メタセシス, metathesis)に，$MoCl_5$ や WCl_6 のような遷移金属化合物が有効である．

$$R_1CH=CHR_1 + R_2CH=CHR_2 \xrightleftharpoons{Mo,W} 2R_1CH=CHR_2$$

置換アセチレンの重合には Mo, W, Ta, Nb などの化合物が高活性を示す．これをメタセシス重合

$$R_1C\equiv CR_2 \longrightarrow \text{\textpm}(R_1C-CR_2\text{\textpm})_n$$

と呼び，カルベン-メタラシクロブテン(metallacyclobutene)中間体経由で進むと考えられている．

2.2.6 構 造 制 御

a. 立体規則性の制御 ビニルモノマーがすべて頭-尾結合したポリマーでは，繰返し単位中のα炭素は不斉炭素となる．

$$-CH_2-\overset{*}{C}H-CH_2-\overset{*}{C}H-CH_2-\overset{*}{C}H-$$
$$\quad\quad\;\; X \quad\quad\;\; X \quad\quad\;\; X$$

主鎖に沿ってすべて同じ立体配置(dddd…または1111…)をもつイソタクチック(isotactic)ポリマーと，交互に逆の立体配置(d1d1…)をもつシンジオタクチック(syndiotactic)ポリマーがある．これらを立体規則性(stereoregular)あるいは立体特異性(stereospecific)ポリマーと呼び，配列が不規則なものをアタクチック(atactic)ポリマーという．

隣り合う2つの繰り返し単位(diad, ダイアド)は dd, ll, および dl で，おのおのメソ(m)，ラセモ(r)という．次に，連続する3つの繰返し単位(triad, トリアド)では ddd, lll と dld, ldl, および ldd, ddl, dll, lld の3グループに分けられそれぞれイソタクチック(I)，シンジオタクチック(S)，ヘテロタクチック(H)トリアドという．いま，メソダイアドの確率をσとすると，ラセモダイアドのそれは$1-\sigma$であり，トリアドの各分率は次のように表される($I+S+H=1$).

$$I=\sigma^2$$
$$S=(1-\sigma)^2$$
$$H=2\sigma(1-\sigma)$$

実際ポリメタクリル酸メチルではNMRの解析から m, r および I, S, H の割合が容易に決定される．

メタクリル酸トリチルのようなかさ高い置換基をもつモノマーを，キラルな開始剤で重合させると大きな旋光性をもつポリマーが得られる．これはコンホメーション制御されたイソタクチックポリマー鎖の一方巻きらせん構造に基づくものである．

立体規則性ポリマーを与えるためには，図2.5に示されるように二重結合の開鎖の仕方がそろっていることが必要である．また，α, β 2置換モノマーを用いると，エリスロかスレオのジアステレオマーの構造で判定でき，オレフィンはシス開鎖で重合することが判明している．

b. 共重合における制御 A, B 2つのモノマーを共重合するとき得られる共重合体の構造は次の5種類である．

ランダム共重合体
$$\cdots ABBAABAAABBAB\cdots$$

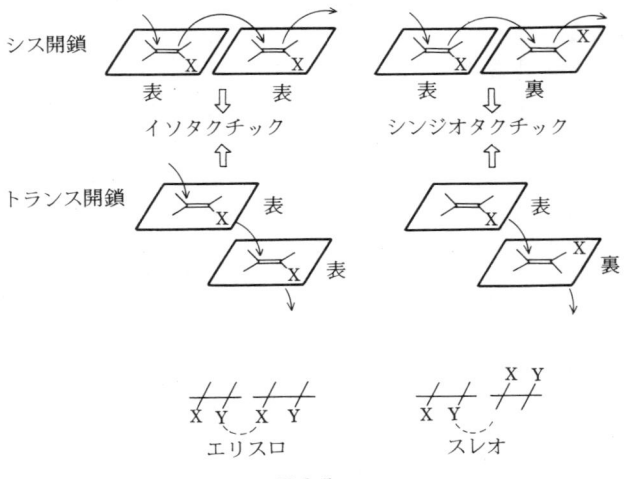

図 2.5

```
交互共重合体          …ABABABAB…
周期共重合体          …ABBABBABB…,
                    ABBBABBB…
ブロック共重合体
                  …AAAAAABBBBBBBAAA…
グラフト共重合体
                  …AAAAAAAAAAAA…
                    |         |
                    BBBBB…    BBBB…
```

共重合におけるシーケンスの制御は重要な問題で，これまで交互(alternating)共重合では多くの例があり，周期(periodic)共重合では数例がある．たとえば，オレフィンとジオレフィンのバナジウム触媒による交互共重合ではバナジウムの配位数を考慮した交互配位機構により説明されている．

c. リビング重合による制御　1956年 Szwarc は，生長末端が生きているリビング (living) 重合の概念をスチレンのアニオン重合によって確立した．重合のようすは図 2.3 B のようになり，非常に分子量分布の狭いポリマーが得られる．以来多くのリビング重合が見出され，乳化重合のミセル内におけるスチレンのラジカル重合やジチオカルバマート基を用いるラジカル重合，バナジウムを用いたチーグラー–ナッタ触媒によるプロピレンの重合，メタセシス触媒によるアセチレン類の重合，HI/I$_2$ や EtAlCl$_2$/エステル触媒によるビニルエーテルのカチオン重合など，ほぼすべての重合様式によるリビング重合が出そろった．スチレン，プロピレンおよびビニルエーテルのリビングポリマー構造を次に例示する．

1983年に報告された，メタクリル酸エステルの官能基移動重合(group-transfer polymerization)の生長末端は，安定な形としてはシリルエノールエーテル型であり，モノマーが生長するごとにシリル基がカチオン種として移動するので，開始剤から由来するシリル基がいつも生長末端に存在している．

生長末端が生きているという特徴を利用し，A モノマーのリビング生長末端から B モノマーの重合をひき起こさせることにより，AB 型あるいは ABA 型，さらにはマルチブロック共重合体を合成することができる．また，リビング生長種と種々の求核試薬，あるいは求電子試薬を反応させることにより，末端に反応性基が導入されたテレケリックポリマー (telechelic polymer) **2** やマクロモノマー (macromonomer) **3** が合成される．

文　献

1) 中浜精一，野瀬卓平，秋山三郎，讃井浩平，辻田義治，土井正男，堀江一之："高分子科学"，講談社サイエンティフィック(1988)．
2) 古川淳二："高分子合成"，化学同人(1986)．
3) 大津隆行："改訂高分子合成の化学"，化学同人 (1979)．
4) "高分子科学の基礎"，高分子学会編，東京化学同人(1978)．
5) 鶴田禎二："新訂高分子合成反応"，日刊工業新聞社(1978)．

2.3 開環重合
2.3.1 開環重合性モノマー

開環重合(ring-opening polymerization)は,官能基Xをもつ環状モノマーが開環して線状ポリマーを与える一般式(2.3)で与えられる.Xをポリマー中に規則正しく導入するすぐれた方法である.Xとして―O―(環状エーテル),―S―(環状スルフィド),―OCH$_2$O―(環状ホルマール),―NR―(環状イミン),―NHCO―(ラクタム),―CO$_2$―(ラクトン),―CH=CH―(環状オレフィン),―OSiR$_2$―(シロキサン),―PR$_2$=N―(ホスファゼン)などがある.

$$X\text{―}C_m \longrightarrow +XC_m+_n \quad (2.3)$$

このほかに,(2.4)式で表される開環異性化重合がある.Y→Zの例としては,―N=CRO―(環状イミノエーテル)→>NC(O)R(ポリN-アシルアルキレンイミン),―O―PR―O―(環状ホスホナイト)→―RP(O)O―(ポリホスホナイト)などがあげられる.

$$Y\text{―}C_m \longrightarrow +ZC_m+_n \quad (2.4)$$

もう1つは(2.5)式の開環脱離重合である.CO_2やSO_2などの小分子Wの脱離を伴う.ポリペプチド合成に使われる,α-アミノ酸NCAの脱炭酸重合はその一例である.

$$\begin{matrix}V\\W\end{matrix}\text{―}C_m \xrightarrow{-W} +VC_m+_n \quad (2.5)$$

開環重合能は,シクロアルカンと開環した直鎖アルカンの熱力学エネルギー差から類推することができる(図 2.6).開環に伴う自由エネルギー ΔG から,ひずみの大きい無置換シクロアルカンでは3,4員環の開環重合は20 kcal/mol以上の発熱反応でビニルモノマーのそれに近いが,6員環では $\Delta G>0$ となり,開環重合性がなくなる.なお,実際のヘテロ原子を含むモノマーで図2.6の議論が当てはまらない場合がある.

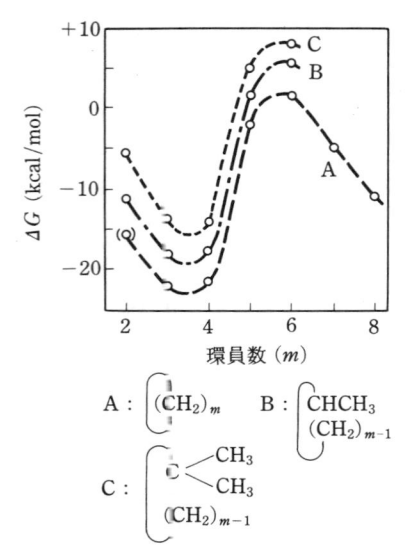

図 2.6 シクロアルカンの開環重合における仮想自由エネルギー(ΔG)の環員数(m)依存性

A: $(CH_2)_m$ B: $\begin{matrix}CHCH_3\\(CH_2)_{m-1}\end{matrix}$
C: C(CH$_3$)(CH$_3$)(CH$_2$)$_{m-1}$

表2.9に単環状モノマーの開環重合性を示す.

表 2.9 単環状化合物の開環重合性

環状化合物	環員数					
	3	4	5	6	7	8 9以上
エーテル	+	+	+	−	+	
ホルマール			+	−	+	+ +
イミン	+	+	−	−	+	
スルフィド	+	+	−	−		
ジスルフィド			+	+	+	+ +
ラクタム		+	+	−	+	+ +
ラクトン		+	−	+	+	+ +
カーボネート				−	+	+
酸無水物				−	+	+ +
ウレタン				−	+	+
尿素				+	−	+
サルトン		+	+	−		
シロキサン				+		+
ホスファゼン				+		
オレフィン		+	+	−	+	+ +

現在,ポリマー生産のため工業的に使用されているモノマー例を次にあげる.単環状モノマー以外にも双環状モノマーやスピロ環状モノマーの開環重合が知られている.

2.3.2 開環重合の特徴

開環重合は原理的には平衡重合で，一般式(2.3)で ΔG が負で小さいとき，実際上ある重合率でモノマーとポリマーの平衡に達する．平衡モノマー濃度 $[M]_e$，1 mol/l 溶液の重合のエンタルピー $\Delta H°$，エントロピー $\Delta S°$ とすると次式の関係がある．

$$\ln[M]_e = \frac{\Delta H°}{RT} - \frac{\Delta S°}{R}$$

$\ln[M]_e$ と $1/T$ のプロットから $\Delta H°$ と $\Delta S°$ が求まり，また重合の全く起こらなくなる温度(天井温度)を決定できる．

生長末端に環⇄鎖平衡がある．たとえば，超強酸エステル開始剤による THF のカチオン開環重合では環状イオン⇄鎖状エステルの平衡が，2-オキサゾリンの場合にも同様の平衡が確立されている．

生長末端の back-biting により環状オリゴマーが生成することが一般的に認められる．たとえば，エチレンオキシドのカチオン重合では 1,4-ジオキサンやクラウンエーテルが生成する．

$$(x=2,3,4,5,\cdots)$$

環状オリゴマーの生成量は次のヤコブソン-ストックメイヤー(Jacobson-Stockmayer)式に従う．

$$\log k_x = \alpha - (5/2)\log x$$

ここに k_x は環状 x 量体を生成するときの分子環化平衡定数である．

重合反応速度は 3,4 員環モノマーの場合一般に速く，モノマーの反応度と生成ポリマー分子量の関係は，図 2.3 A のような挙動を示すが，5 員環以上のモノマーではリビング的に B のような挙動を示すことが多い．

2.3.3 開環重合反応様式

a. アニオン開環重合 アルカリ金属開始剤を用いる例を次に示す．

ラクタムのアニオン重合では，活性化されたモノマーアニオンが生長末端アシル化ラクタムに付加していく(活性化モノマー機構)．

プロピレンオキシド(PO)重合開始剤として FeCl$_3$-PO (Pruitt ら)，Et$_2$Zn-H$_2$O，Et$_2$Zn-ROH(古川ら)，R$_3$Al-H$_2$O-アセチルアセトン(Vandenberg)などが見出され，高重合度のポリ PO が得られる．これらは配位アニオン重合機構で進む．Et$_2$Zn-H$_2$O 系はエチレンオキシド(EO)から分子量数百万のポリ EO を与える．

アルミニウムポルフィン錯体がエポキシドやラクトンの開環重合に有効なことが発見され，「リビング(living)重合」の概念をさらに進展させた原理的に停止反応の存在しない「イモータル(immortal)重合」の概念が出された(井上ら)．

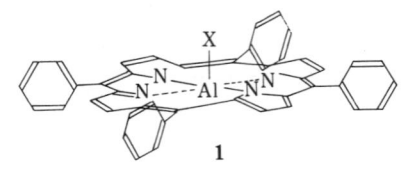

錯体 1 を開始剤とする EO の重合では生長種は 2 であり，アニオンリビング重合ならば，たとえば HCl を加えると死ぬはずであるが，2 の場合ポリマー 3 の生成とともに開始剤 1 が再生するので死なない（イモータル）．また，EO の重合系に ROH を加えると 2 からの連鎖移動が起こり，3 と 4 が生成するが，4 も 2 と同様な生長種である．

この ROH と 2 または 4 との交換反応は生長反応より速いので，最初から 1 と ROH を共存させるとそれらを合わせた数の，分子量のそろったポリ EO 分子が得られることになり，リビング重合法ではできなかったことが可能となった．

b. カチオン開環重合　環状エーテル類の重合生長反応は次式で与えられ，4，5 および 7 員環状モノマーについて重合反応性が調べられた（表 2.10）．環ひずみ（ΔG）の大きい 4 員環の k_p がとりわけ大きい．

k_p が 5 員環と 7 員環で ΔG と逆になっているのは遷移状態における立体因子のためだろう．$[M]_e$ は ΔG の順になっている．

エチレンイミンの開環重合では分岐状ポリエチレンイミンが得られる．

表 2.10　環状エーテル類の重合反応性[a]

	◇O	○O	⬡O
$10^3 \times k_p$ (l/mol·sec)[b]	140	4.1	0.015
ΔG (kcal/mol)	-21.5	-2	-4.9
$[M]_e$ (mol/l) 0°C	0	1.7	0.06

a) BF_3 開始剤，b) CH_2Cl_2 中，0°C．

一方，2-オキサゾリンの開環異性化重合で生成するポリ(N-アシルエチレンイミン)の加水分解により線状ポリエチレンイミンが合成される．

カチオン開環縮合触媒として，プロトン酸，ルイス酸，オニウム塩，強酸のエステル，ハロゲン化アルキルなどが使われるが，ある種のスルホニウム塩やヨードニウム塩は光照射によりプロトンを発生し，エポキシドなどの開環重合をひき起こす．光レジストや光硬化剤として有用である．

c. 遷移金属触媒開環重合　環ひずみの大きいシクロブテンやノルボルネンのような環状オレフィンは，チーグラー触媒で開環重合する．

シクロペンテン，シクロオクタテトラエンさらには環状アセチレンのシクロオクチンなどの開環重合がメタセシス触媒により可能となった（Glubbs, Schrock ら）．

W, Mo, Ta, Ti などによるノルボルネンの開環重合では，カルベン（carbene）-メタラシクロブタン（metallacyclobutane）経由機構が確立された．

2. 合成・反応

M=W の場合，生長種のカルベンは安定で NMR で直接観測される．M=Ta, Ti の場合はメタラシクロブタン種が安定で，やはり NMR で確認された．合成単離したチタナシクロブタン種を開始剤とするノルボルネンの重合はリビングになり，そのリビング種からブロック共重合体が得られている．

d. ラジカル開環重合　ラジカル開環重合は生成ラジカルの β-開裂を伴って進行し，開環異性化ポリマーを与える．2, 3 の例を示す．

これらのモノマーをビニルモノマーとラジカル共重合させると，主鎖中にエステル基やケトン基を導入できる．またスピロ型モノマーは重合前後で体積収縮が起こらない．

上のシクロプロパン環に見られるように，環ひずみの大きい炭素-炭素 σ 結合が開裂する開環重合がある．ラジカルによる開環のほか，アニオン開始剤でも重合する．

$(X = CN, CO_2CH_3, COCH_3)$

e. 開環共重合　付加重合と異なり，開環重合ではモノマーによって生長種の性質が著しく異なるのでランダム共重合は困難である．むしろ，モノマーの反応性の違いを活かした交互共重合の例が多い．次は双性イオン中間体を経る交互共重合の例である．

それぞれ次のような双性イオンが含まれる．

次例のように，1:1:1 あるいは 1:2 の周期共重合 (periodic ter- or co-polymerization) が実現された．

$$\begin{bmatrix}O\\O\end{bmatrix}P-Ph + CH_2=CH + CO_2 \longrightarrow$$
$$CO_2CH_3$$

$$-\!\!\!+\!CH_2CH_2-O-\!\!\underset{\underset{Ph}{|}}{\overset{\overset{O}{\|}}{P}}\!-CH_2-\underset{\underset{CO_2CH_3}{|}}{CH}-CO_2\!+\!\!\!-_n$$

[オキサゾリン + 2 無水コハク酸] →

$$-\!\!\!+\!CH_2CH_2-\underset{\underset{CHO}{|}}{N}-\underset{\underset{O}{\|}}{N}-\overset{\overset{O}{\|}}{C}-CH_2CH_2-CO_2\!+\!\!\!-_n$$

エポキシドと炭酸ガスの交互共重合でポリカーボネートを合成する方法は魅力的である.

$$\underset{O}{\overset{R}{\triangle}} + CO_2 \xrightarrow[\text{Al-ポルフィリン触媒}]{\text{Zn 触媒, または}}$$

$$-\!\!\!+\!CH_2\underset{\underset{R}{|}}{CH}-O-\overset{\overset{O}{\|}}{C}-O\!+\!\!\!-_n$$

〔小林 四郎〕

文 献

1) 井上祥平:化学と工業, **30**, 268 (1986);
   相田卓三, 井上祥平:高分子, **35**, 1014 (1986).
2) 小林四郎:高分子, **35**, 1022 (1986).
3) 遠藤 剛:高分子, **35**, 272 (1986).
4) 古川淳二:高分子合成, 化学同人(1986).
5) S. Kobayashi and T. Saegusa: "Alternating Copolymers", J.M.G. Cowie ed., p.189, Plenum Press,, New York (1985).
6) "Ring-Opening Polymerization", K.J. Ivin and T. Saegusa ed., Elsevier Applied Science Publishers, London and New York (1984).
7) 小林四郎:"高分子材料設計", 高分子学会編, p.119, 共立出版 (1981).

2.4 高分子の反応

高分子の反応は高分子に特定の反応を行い, 化学修飾することである. 化学的には, 低分子の一般的な有機反応と類似するが, 高分子であるための特異性もある. 高分子の反応に影響する因子としては, 重合度や官能基の種類とその分布, 密度, 隣接基, 立体構造, 高次構造, 結晶化度などであり, 低分子の基質が高分子鎖内に取り込まれる基質濃縮効果, 高分子の反応場としての効果などが認められる. 生体内で特異的な反応をする酵素反応なども, 高分子であるために特異性を示すといえる. 高分子の反応を分類すると表 2.11 のようになる.

表 2.11 高分子反応の分類

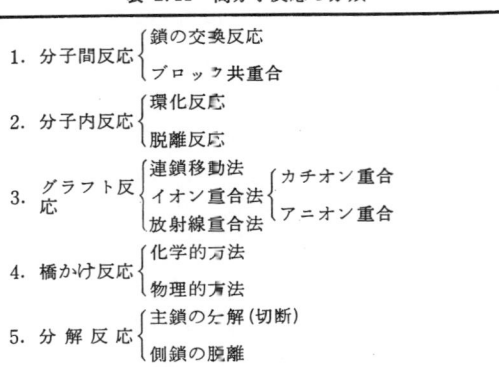

1. 分子間反応	鎖の交換反応 / ブロック共重合
2. 分子内反応	環化反応 / 脱離反応
3. グラフト反応	連鎖移動法 / イオン重合法 {カチオン重合 / アニオン重合} / 放射線重合法
4. 橋かけ反応	化学的方法 / 物理的方法
5. 分解反応	主鎖の分解(切断) / 側鎖の脱離

高分子の反応における長所としては, 官能基の導入率を変えやすい, 生成物を高分子量体のまま容易に得られることがあげられる. 一方, 多くの反応基が同一の高分子内に存在するため, 未反応部の残存や副反応を避けにくい, 副生成物の除去がむずかしい, 高分子の溶解性によって反応溶媒が限られる. 構造解析が困難などの短所がある. 高分子の反応は, 不均一または膨潤した状態でも起こるが, 反応率が低かったり, 局部的であったりする. しかし, 高分子固体表面の改質には高分子の不均一系反応が積極的に利用され, 必要とする官能基を表面にのみ導入することができる.

2.4.1 分子間反応

高分子と, おもに低分子を分子間で反応させ, 高分子鎖に官能基を導入する. 化学反応は置換(求核, 求電子), 付加, 脱離, 転位反応などに分類できるが, このうちいくつかの反応が同時に起こる場合も多い. ポリスチレンへの分子間反応は汎用であり, さまざまな機能団や活性基を導入できる (図 2.7). このほかにも, 縮合系高分子であるナイロンや芳

2. 合成・反応

[I]

(PS) → X (para置換)

試薬	生成物 X
HNO_3	NO_2
H_2SO_4	SO_3H
$HOSO_2Cl$	SO_2Cl
$Cl_2/FeCl_3$	Cl
$I_2/P_2O_5, H_2SO_4$	I
PCl_3	PCl_2
CH_3-C$_6$H$_4$-SO_3CHMe_2/BF_3	$CHMe_2$
$RCOCl/AlCl_3$	COR
$ClCH_2OCH_3/ZnCl_2$	CH_2Cl

[II] (PS-CH$_2$Cl) → CH$_2$Y

試薬	生成物 Y
KI	I
R_3N	$N^{\oplus}R_3Cl^{\ominus}$
KCN	CN
$RCOONa$	$OCOR$
NaH/Me_2SO	CH_2SOMe
$AlBr_3$	$Al^{\oplus}Br_3Cl^{\ominus}$
PCl_3	$PO(OH)_2$
NH_3/CH_2Cl_2	NH_2
$LiPAr_2$	PAr_2

[III]

PS $\xrightarrow{H_2/Ni}$ -(CH$_2$CH(C$_6$H$_{11}$))-

PS $\xrightarrow{NaNH_2}$ -(CH$_2$-C(Na)(Ph))-

PS $\xrightarrow{\text{N-ブロモスクシンイミド}}$ -(CH$_2$-CBr(Ph))-

図 2.7 ポリスチレン (PS) 誘導体の合成

香族ポリアミドのN-アルキル化とかセルロースのアセチル化などによる改質や可溶化など多数の例がある．高分子側鎖を反応させる場合には，それ自身の反応性はもちろん，隣接基の影響が大きい．すなわち，隣接する官能基との副反応だけでなく，静電気，双極子の効果や立体障害，溶媒分子の吸着，反発なども関係する．また，反応の進行とともにコンホメーションや溶解状態が変わる．用いる低分子試薬が多官能性の場合には橋かけ反応が起こるため，反応条件を選ぶ必要がある．主鎖の分解や側鎖の脱離反応にも注意を要する．

2.4.2 分子内反応

高分子では連鎖に隣接して官能基が存在するため，反応に影響するだけでなく，たがいに関与し，分子内で反応する（環化，脱離反応）．分子内反応は，反応基の空間配置に大きく影響される．ポリアクリロニトリルの熱分解による炭素繊維の生成（はしご型高分子）や，ポリビニルアルコールのホルマール化反応，ポリ塩化ビニルの脱塩酸反応などの例が

ポリアクリロニトリルの分子内反応

(CN基を持つポリマー) $\xrightarrow{\Delta \text{ or } R_2NH}$ (環化構造 C=N-C=N-)

$\xrightarrow{\Delta}$ (縮合多環芳香族構造)

ポリビニルアルコールのホルマール化

(-CH(OH)-CH$_2$-CH(OH)-CH$_2$-CH(OH)-) $\xrightarrow{HCHO}$ (1,3-ジオキサン環構造)

ポリ塩化ビニルの脱塩酸反応

(-CHCl-CH$_2$-CHCl-CH$_2$-CHCl-) $\xrightarrow{-HCl}$ (共役ポリエン)

図 2.8 分子内反応（環化，脱離）

よく知られている（図2.8）．またラングミュアーブロジェット法により得られたポリアミック酸誘導体超薄膜を分子内環化させ，配向した耐熱性ポリイミド膜の合成などもある（図2.9）．一般に分子内反応においてはところどころに未反応性基が残されるため，反応率が100％に達しない．

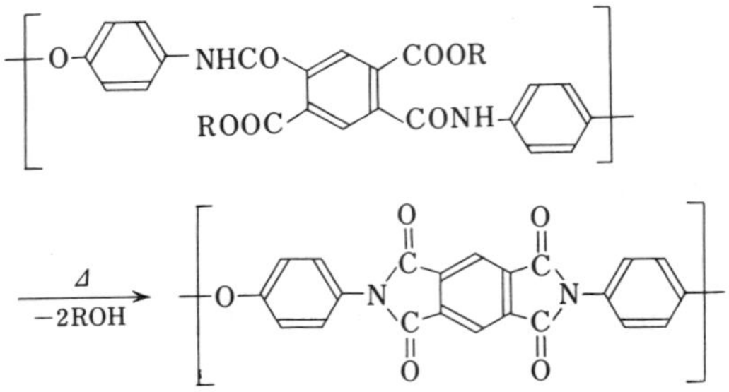

図 2.9 分子内反応によるポリイミドの合成

2.4.3 グラフト反応

グラフト重合体とは，くし型のように分岐のある高分子のことである．グラフト反応は主鎖（幹高分子）に活性基を付与し，末端に反応性基をもつ高分子を接ぎ木する方法と，主鎖上に単量体を重合する方法がある（図2.10）．一定の長さの重合体を結合させたり，高分子連鎖の特定位置に分岐を生じさせたりすることもできる．グラフト重合体は構造単位の長い異種の連鎖が化学結合によって結びつけられているため，それぞれの成分が凝集や相分離している場合が多い．ランダム共重合体が単相構造であるのに対し，グラフト重合体は多相構造を示す．また，グラフト重合体はブレンドポリマーと異なり，連鎖が化学結合で結ばれているため，枝の数，連鎖長，グラフト率により凝集状態が大きく変化する．ミクロ相分離に基づくドメイン形成や相溶性の悪い高分子の乳化作用などの特異性が見られる．この高分子の反応は乳化剤，接着剤，医用高分子，耐衝撃性樹脂などに応用されている．グラフト重合体の代表的な合成法としては，連鎖移動法，イオン重合法，放射線重合法があげられる．

a. 連鎖移動法　ラジカル開始剤を用い，幹高分子上にラジカルを形成しグラフトする方法である．幹高分子－単量体系に幅広く適用できるが，グラフト鎖の数や分子量分布を制御することがむずかしい．重合機構と反応例を図2.10に示す．

図2.10の式(5)が連鎖移動反応であり，高分子への連鎖移動定数が反応性の目安として用いられる．

b. イオン重合法　イオン系のグラフト重合は重合条件が厳しく汎用性に欠ける．しかし，低温で重合速度が比較的大きく，グラフト鎖の分子量分布の制御や立体規則性グラフト鎖の導入にすぐれている場合が多い．カチオン重合とアニオン重合に分類できる．

i) カチオン重合：有機アルミニウム化合物（$RR'AlCl$ など）を触媒として用い，幹のハロゲン化高分子を共触媒とし，幹上の活性点に単量体をグラフトする．ハロゲン化高分子としてはポリ塩化ビニル，クロロプレンゴムなど，単量体としてスチレン，イソプレンなどが代表例としてあげられる．スチレンを単量体モノマーとしたときの反応機構を図2.11に示す．

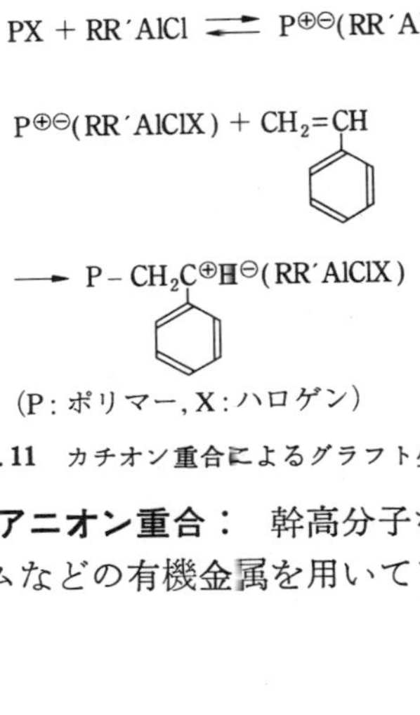

$$PX + RR'AlCl \rightleftarrows P^{\oplus\ominus}(RR'AlClX)$$

$$P^{\oplus\ominus}(RR'AlClX) + CH_2=CH(C_6H_5)$$

$$\rightarrow P-CH_2C^{\oplus}H^{\ominus}(RR'AlClX)(C_6H_5)$$

(P：ポリマー，X：ハロゲン)

図 2.11 カチオン重合によるグラフト生成反応

$R-R \rightarrow 2R\cdot$	(1) ラジカルの生成
$R\cdot + M \rightarrow RM\cdot$	(2) 重合の開始
$R\cdot + PH \rightarrow RH + P\cdot$	(3) 幹高分子ラジカルの生成
$RM\cdot + M \rightarrow P_1\cdot$	(4) 単独重合の成長反応
$P_1\cdot + PH \rightarrow P_1H + P\cdot$	(5) 連鎖移動反応
$P\cdot + nM \rightarrow PM_n\cdot$	(6) グラフト成長反応
$P\cdot + P\cdot \rightarrow P-P$	
$P_1\cdot + P_1\cdot \rightarrow P_1-P_1$	(7) 停止反応
$P\cdot + P_1\cdot \rightarrow P-P_1$	

図 2.10 連鎖移動法の重合機構

ii) アニオン重合：幹高分子をアルキルリチウムなどの有機金属を用いてアニオン化

し，そこに単量体をグラフトする．枝の数の制御が容易で，広い適応性をもつが，幹高分子の切断など副反応が起こりやすいほか，活性点が失活しやすいため，重合条件を整える必要がある(→§2.2)．

c. 放射線重合法 γ線などの放射線を利用して重合を行う．幹高分子と単量体を共存させて放射線を照射する場合(同時照射法)は簡便であるが，単独重合が起こりやすい．そこで，先に幹高分子のみに放射線を照射し，単量体を接触させる方法(空気中前照射法，真空中前照射法)もある．放射線重合法の最も大きな特徴は，固相系の重合にも利用でき，不均一系重合に用いられることであろう．また，適応する幹高分子の種類が多く，反応が照射温度に依存しないなどの特徴もあげられる．しかし，グラフト鎖長の制御や幹高分子へのグラフト鎖の規則的導入がむずかしいという欠点もある．

2.4.4 橋かけ(架橋)反応

高分子鎖同士，あるいは橋かけ剤を存在させて，高分子連鎖間に橋かけ反応を行うと，高分子は3次元網目構造となり，ゲル化し，不溶化する．高分子連鎖の分子量，橋かけ結合点の数，分布により，生成する高分子の構造，物性が大きく変わる．また，使用する溶媒に対する高分子の溶解性が，生成する橋かけ高分子の構造に大きく影響する．橋かけ反応には，熱，光，放射線，触媒を利用するほか，橋かけ剤として不飽和炭化水素鎖への加硫や過酸化物，ビスエポキシドに代表される多官能性化合物が用いられる(図 2.12)．この橋かけ剤は高分子中の反応性基により選択される．金属への配位結合による橋かけも容易で，分子内あるいは分子間のキレートが形成される．また化学結合だけでなく，ポリビニルアルコールの濃厚溶液を用いた高分子鎖どうしのからみ合いによる橋かけも見られる．この橋かけ反応は，塗料や接着剤，感光性樹脂などに幅広く応用されている．

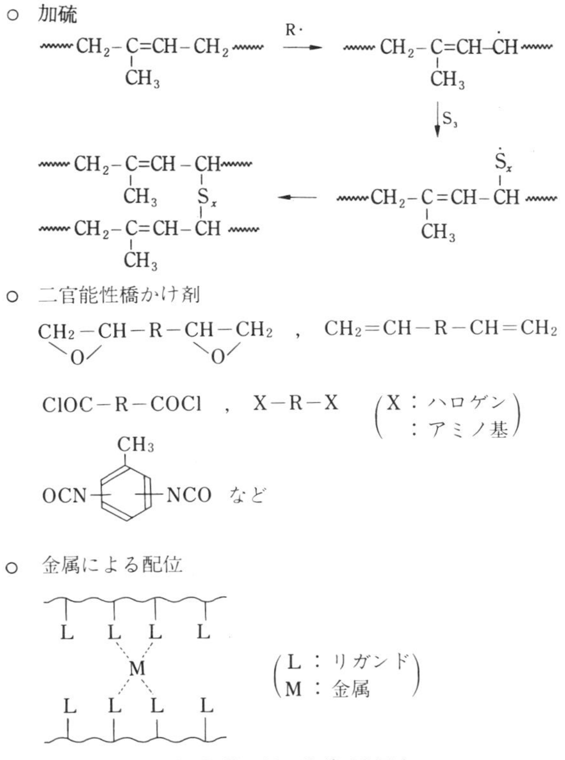

2.4.5 分解反応

高分子の分解は熱，光，放射線，微生物を利用するほか，機械的，化学的にも行うことができる．分子鎖が切断され，結果として分子量低下，物性変化が起こる．天然高分子などは微生物により分解されるよい例といえよう．そのほかにも高分子鎖のある特定な結合に対し，その吸収付近に相当する光を照射すると結合が開裂したり，低分子化合物を利用したり，分解反応の例は非常に幅広い．たとえば，主鎖の末端から規則的に単量体が脱離していくポリ-α-メチルスチレンに代表される解重合と呼ばれるものから，あらかじめ分解を考えて分子設計してある高分子(崩壊性高分子)まで多岐にわたっている．崩壊性高分子の場合には必要な時間の使用に耐えたあとに分解がなされることが必要であり，使用環境を十分に考慮し，分子設計する必要がある．高分子の分解反応は，廃棄物への適用や医農薬担体に応用されている．

〔讃井 浩平〕

○ 加硫

～CH$_2$-C=CH-CH$_2$～ $\xrightarrow{R\cdot}$ ～CH$_2$-C=CH-ĊH～
   | |
   CH$_3$ CH$_3$

↓ S$_x$

～CH$_2$-C=CH-CH～   ～CH$_2$-Ċ=CH-CH～
   | | |
   CH$_3$ S$_x$ ←   CH$_3$
   | |
～CH$_2$-C=CH-CH～
   |
   CH$_3$

○ 二官能性橋かけ剤

CH$_2$-CH-R-CH-CH$_2$, CH$_2$=CH-R-CH=CH$_2$
 \\O/   \\O/

ClOC-R-COCl , X-R-X   (X：ハロゲン：アミノ基)

OCN-[C$_6$H$_3$(CH$_3$)]-NCO など

○ 金属による配位

（L：リガンド M：金属）

図 2.12 橋かけ(架橋)反応

参 考 文 献

1) 高分子学会編:"入門高分子材料設計", 共立出版(1981).
2) 高分子学会編:"高分子の分子設計", 培風館(1972).
3) 高分子学会編:"高分子の化学 高分子工学講座1", 地人書館(1968).
4) 土田英俊:"高分子の科学", p.150, 培風館(1975).
5) 中浜精一, 野瀬卓平, 秋山三郎, 讃井浩平, 辻田義治, 土井正男, 堀江一之:"エッセンシャル高分子科学", 講談社サイエンティフィク(1988).
6) 大津隆行:"共重合体の合成と物性", 化学 増刊 27, 黒田敏彦, 永沢 満, 山下雄也編, p.221, 化学同人 (1968).
7) 大河原信:"高分子の化学反応", 講座重合反応論10(上), 三枝武夫, 大津隆行, 東村敏延編, 化学同人(1972).
8) 高分子学会編:"高分子科学の基礎", 東京化学同人(1978).

3. 構　　　造

　高分子においては化学構造が同じでも立体規則性(→§3.1.1), 立体構造, 結晶構造, 微細構造(統晶度を含む)などの種々の次元での構造の違いによって物理・化学的性質に差を生じたり, ときには全く異質なものにし, そのことが限られた種類の高分子から無数の性質の異なった素材を生むことを可能にする. もちろん, どの物性がどの次元での構造により決定的に支配されるかということはある. たとえばポリプロピレンやポリスチレンでは, アイソタクチックかシンジオタクチックかという立体規則性の違いによって, 融点に歴然とした差がある. ポリフッ化ビニリデン系ポリマーでは極性構造の結晶を生成した場合にのみ圧電性が発現する. ポリエチレンでは微細構造を制御することにより超強力高弾性繊維の誕生を可能にした. このように物性・機能は種々の次元での構造に依存している.

3.1 分子鎖の構造

　分子鎖の構造を表現する際に用いる立体配置(configuration)と立体配座(conformation)は次のように定義される.

3.1.1 立 体 配 置

　立体配置とは結合軸まわりの回転(内部回転)によって相互に移り変わりえない, すなわち重合の際に決まってしまう結合様式である. ビニル系ポリマーの場合,

$$CH_2=CHR \longrightarrow$$

$$-CH_2-\underset{R}{\overset{H}{C^*}}-CH_2-\underset{R}{\overset{H}{C^*}}-CH_2-\underset{H}{\overset{R}{C^*}}-$$

鎖の成長に伴って単位構造でとにできる(擬)不斉炭素(C*)の立体配置の違いによる立体異性構造がある. 特に立体配置に規則性のあるポリマーはNattaにより次のように命名された. 図3.1のように主鎖を平面ジグザグ状

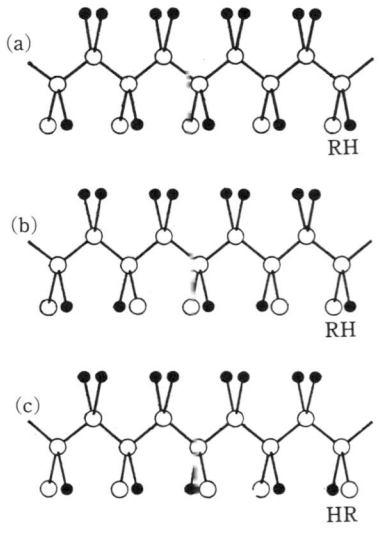

図 3.1
(a) アイソタクチック構造, b) シンジオタクチック構造, (c) アタクチック構造

にひき伸ばしたと仮定したとき, (a)のように, C*について同じセンスで結合する場合はアイソタクチック(isotactic; iso=same,

3. 構造

図 3.2 トランスおよびゴーシュ型

tactic=ordered)，(b)のように交互に逆のセンスで結合する場合はシンジオタクチック(syndiotactic; syndio=every two, in pairs)の立体規則性高分子と呼ぶ．(c)のようにアイソタクチック結合とシンジオタクチック結合がランダムにつづく場合はアタクチック(atactic; a=non)高分子と呼ぶ．上記の3種のポリマーはそれぞれ it-, st-, at- ポリマーと略記する．

現実には 100% 完全な立体規則性ポリマーは存在しない．そこで結合様式をたがいに隣りあった二量体単位におけるメソ(m)型とラセミ(r)型配置を基準にして表すことにする．it- ポリマーは mmmm…，st- ポリマーは rrrr…，at- ポリマーは mrmrr…，のようである．このことにより立体規則性をもつ連鎖の長さや，分子全体の立体規則性度を定量的に表現することができる．

3.1.2 立体配座

単結合($C-C$, $C-O$ など)で結ばれた高分子鎖はそれぞれの単結合軸まわりの内部回転の自由度をもつので，各原子は無数の相対的空間配列をとりうる．このような空間的構造を立体配座(コンホメーション)と呼ぶ．立体配座を定量的に表現するには結合長，結合角(近似的に固定できる)と内部回転角(internal rotation angle, torsional angle)を用いるのが便利である．図 3.2 は $C_1-C_2-C_3-C_4$ 連鎖(n-ブタンを考えればよい)で，C_1 を手前にして C_2-C_3 結合軸方向から眺めた図である(Newman 投影図)．C_1 と C_4 が重なって見える状態を内部回転角 $0°$ とし，C_4 が C_1 より時計方向に何度回転したかで内部回転角を表す．C_1 と C_4 が最も遠ざかった状態は内部回転角が $180°$ である．特に内部回転角が

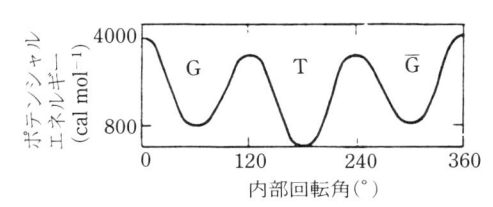

図 3.3 n-ブタンの中央の$C-C$単結合のまわりの内部回転角とポテンシャルエネルギーの関係

$0°$，$60°$，$120°$，$180°$ の状態をそれぞれシス(cis, C と略記)，ゴーシュ($gauche$, G)，スキュー($skew$, S)，トランス($trans$, T)と呼ぶ．内部回転角が $300°$ は反時計方向に $60°$ であるから $-60°$，マイナスゴーシュ($\bar{G}$)と表現する．図 3.3 は n-ブタンの分子内ポテンシャルエネルギーの C_2-C_3 軸まわりの内部回転角に対する変化を示したもので，T, G, $\bar{G}$ の3つの状態にエネルギー極小がある．高分子主鎖の各結合も基本的に T, G, $\bar{G}$ の3つの状態が安定であると考えて，T, G, $\bar{G}$ のみの組合せで，しかも何らかの繰返し構造をもつものの例を示したのが図 3.4 である．図中の数値は構造の繰返し距離で，通常繊維周期(fiber period)とか恒等周期(identity period)などと呼ばれる．この値は結晶の単位格子の軸長の1つに当たる重要な量である．ここに示したすべての主鎖の構造は，いくつかのポリマーの結晶中で存在することが確かめられている．

溶液，融体，非晶では図 3.4 に示したような繰返しをもつ長い規則的な構造は存在しないが，各結合が T, G, $\bar{G}$ の3つの状態のいずれかをとると考えて統計的に分子の広がり，平均2乗末端間距離を求めることができる．また結晶から融体への転移，すなわち融解に際するエントロピー変化を評価することができる．

Ⅷ. 高分子化学

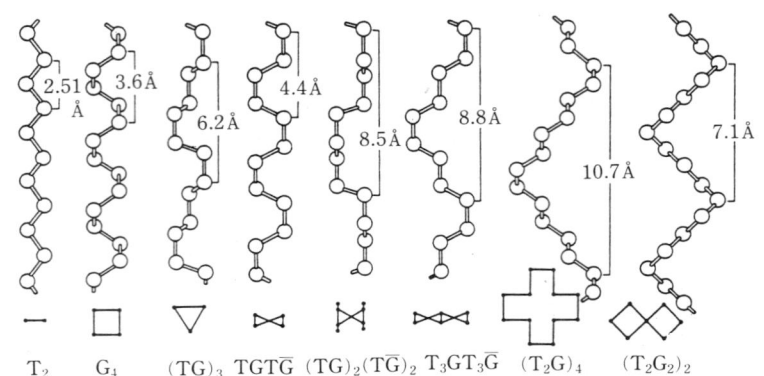

図 3.4　C–C 結合からなる鎖の種々の立体配座と恒等周期(繊維周期)

T_2　　G_4　　$(TG)_3$　　$TGT\overline{G}$　　$(TG)_2(T\overline{G})_2$　　$T_3GT_3\overline{G}$　　$(T_2G)_4$　　$(T_2G_2)_2$

側鎖をもつ実際のポリマーは，回転の自由度をもつ主鎖および側鎖の結合軸についての内部回転ポテンシャルエネルギーに加えて，非結合原子間の反発力およびファンデルワールス引力に基づくポテンシャルエネルギー（通常，レナード-ジョーンズ(Lennard-Jones)の 6-12 型ポテンシャルが用いられる），および静電的相互作用によるポテンシャルエネルギー，あるいは水素結合によるポテンシャルエネルギーの総和が極小になる構造をとるであろう．分子内ポテンシャルエネルギーを計算で求める手法は低分子の場合と同じである．長いポリマー鎖ではエネルギー極小を与える構造は無数にある．しかし結晶内の周期性をもつ構造の場合は，1つあるいは数個の有限のコンホメーションに限られる．この際，結合長，結合角を固定すれば自由度は各結合軸まわりの内部回転のみになる．さらに構造が何らかの対称をもてば自由度はさらに少なくなる．たとえば it-ポリマーではすべてのモノマー単位が同じセンスで結合しているから，それらは同じ環境に置かれるであろう．すなわちすべてのモノマー単位は同価(equivalent)である．またポリエチレンテレフタレートではベンゼン環の中心と —CH_2—CH_2— 結合の中点に対称心があるから，化学構造単位の半分ずつがたがいに同価である．このようにコンホメーションを規定するのに必要な最小の構造単位を非対称単位(asymmetric unit)という．

高分子によく見られる構造のタイプは次のようなものである．

(1) 平面ジグザグ構造：　分子鎖を最もひき伸ばした状態．実際，結晶中でこの構造をとるポリマーは多い．ナイロン 6 の α 型，ポリエチレン，ポリ塩化ビニルなど．

(2) らせん構造：　p 個の非対称単位が q 回転して恒等周期をつくるらせんを p/q で表すことにする．18 個のアミノ酸残基が5回転で恒等周期をつくる α-ヘリックスは 18/5. it-ポリプロピレン(図 3.5(a))は 3/1 らせん

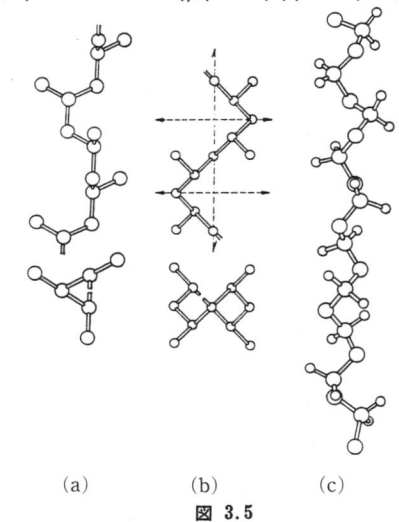

図 3.5
(a) it-ポリプロピレン(3/1 らせん)
(b) st-ポリプロピレン(2/1 らせん)
(c) ポリオキシメチレン(9/5 らせん)

で，非対称単位は1モノマー単位であり，モノマー単位中の主鎖の2つの C–C 結合はそれぞれ T と G のコンホメーションをとる．したがって it-ポリプロピレンの構造は $(TG)_3$ と表せる．

3. 構造

(3) 映進面をもつ構造: 非対称単位が鏡面操作と並進操作の組合せでつづく構造．したがって，非対称単位2個で恒等周期を形成する．st-ポリ塩化ビニルや，*trans*-1,4-ポリイソプレンのα型(図3.6)などがある．

図 3.6 *trans*-1,4-ポリイソプレンのα型の映進型構造

(4) 対称心のみをもつ構造: ポリエチレンテレフタレート，*trans*-1,4-ポリ2,3-ジクロロブタジエン(図3.7)など．

図 3.7 *trans*-1,4-ポリ2,3-ジクロロブタジエンの対称心をもつ構造

図 3.8 ポリエチレンサクシネートの分子鎖軸に垂直な2回転をもつ構造

(5) 分子鎖軸に垂直な2回軸をもつ構造: たとえば，図3.8のポリエチレンサクシネートは分子鎖軸に垂直な2回軸をもち，非対称単位は化学構造単位の半分である．

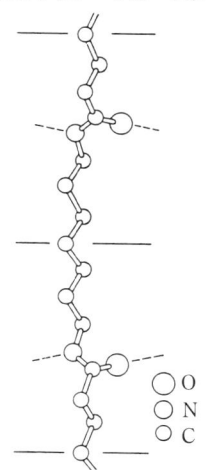

図 3.9 ナイロン77の分子鎖に垂直な鏡面対称をもつ構造

(6) 分子鎖に垂直な鏡面をもつ構造: 図3.9のナイロン77．

(7) 重らせん構造: 特殊な場合として，2本の分子鎖が撚り合った構造．図3.10はit-ポリメタクリル酸メチルの重らせん構造．

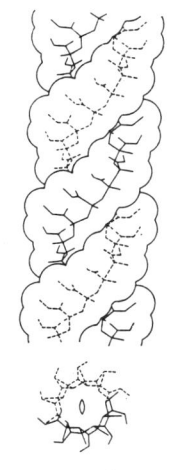

図 3.10 it-ポリメタクリル酸メチルの重らせん構造
1本の分子鎖は10/1らせん

3.2 固体の構造
3.2.1 非晶の構造

ほとんどのアタクチックポリマーは不規則な立体配置のために非晶である．また結晶性

ポリマーでも融解後急冷することにより非晶状態をうることができる．非晶の構造を表現するには，等方的液体と同様に原子対の距離に関する分布を表す動径分布関数(radial distribution function)を求め，それを解析するのが普遍的方法である．しかし水銀のような単原子液体と異なり，長い鎖状分子の場合は分子内の原子対と分子間の原子対を分離するのが容易でない．分子鎖の局所的構造を仮定することにより分子内原子対を計算上求めることによって，分子内と分子間の原子対を分離することも行われるが，現段階ではまだ明確な知見は得がたい．

3.2.2 微細構造，結晶度

アタクチックポリマーを除けば，ほとんどのポリマーは結晶化するが，分子量分布，立体規則性の不完全性，頭と頭結合，分岐のような異種結合の混在など固有の性格に加えて長い分子鎖の絡み合いのような速度論的因子によっても結晶化が阻害されるために，試料全体が結晶化することはない．そのため結晶性高分子は複雑な微細構造をもつ．たとえ希薄溶液から析出した"高分子単結晶"でも，ラメラ状結晶の表面での分子鎖の折れ曲り部分は不規則な構造になっている．図 3.11 は，n-アルカン結晶と一軸延伸ポリエチレンの構造の模式図である．高分子試料の物性は微細構造に大きく左右されるので，加工に際する微細構造の制御は大きな課題である．したがって微細構造のキャラクタリゼーションが重要であるが，通常よく行われるのは微細構造は結晶相と非晶相からなるという二相モデルを用い，試料に対する結晶相の重量分率(結晶度)を評価するという方法である．結晶度 x は結晶の密度(d_c)，非晶の密度(d_a)，試料の密度(d)とすれば，比容の加成性から

$$\frac{1}{d} = \frac{x}{d_c} + \frac{1-x}{d_a}$$

より求まる．よりいっそう詳細なキャラクタリゼーション，たとえば結晶サイズ，結晶の乱れの考察や，二相モデルの妥当性の検討の必要なこともありうる．

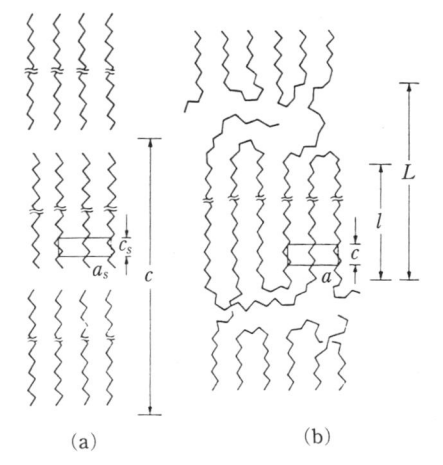

3.2.3 結晶構造，多形現象

結晶性高分子においては試料の作成条件(溶液結晶化か融解結晶化か，冷却速度，結晶化温度)，延伸，熱処理などの後処理条件により微細構造が変化する以外に，異なった構造の結晶相を生成するものもかなりの数にのぼる．いわゆる多形現象である．さらに試料の測定時の条件(温度，圧力，電場，化学的雰囲気)により結晶転移することもある．

高分子の結晶多形は，分子鎖のコンホメーションは同じであるが，分子鎖の配列が異なるために起こる場合と，コンホメーションそのものが変化することにより起こる場合がある．以下に種々の条件下での転移を分類する．

a. 温度による可逆転移　ポリテトラフルオロエチレンは，常圧下 19°C と 30°C において可逆転移を示す．図 3.12 のように，19°C 以下では CF_2 を非対称単位として 13/6 らせん，19°C でらせんの巻きが少しゆるくなった 15/7 らせんに変わるとともに分子軸まわりの回転的振動が増幅される．30°C 以上では分子のコンホメーションにも乱れが発生する．トランス-1,4-ポリブタジエン，種々のポリオルガノホスファゼンも転移を示す．ポリフッ化ビニリデンの極性構造をもつ

図 3.11
(a) n-アルカン斜方晶の分子配列
(b) 一軸配向ポリエチレンの構造の模式図
(a)の a_s, c_s で表される単位格子と(b)の a, c で表される単位格子は同じ構造をもつ．

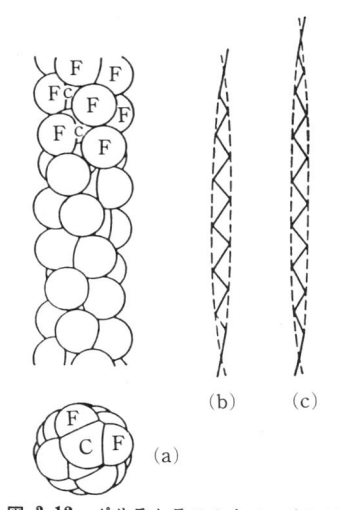

3. 構造

図 3.12 ポリテトラフルオロエチレン
(a) 19°C 以下の 13/6 らせん，(b) 13/6 らせんの模式図，
(c) 19°C 以上の 15/7 らせんの模式図．

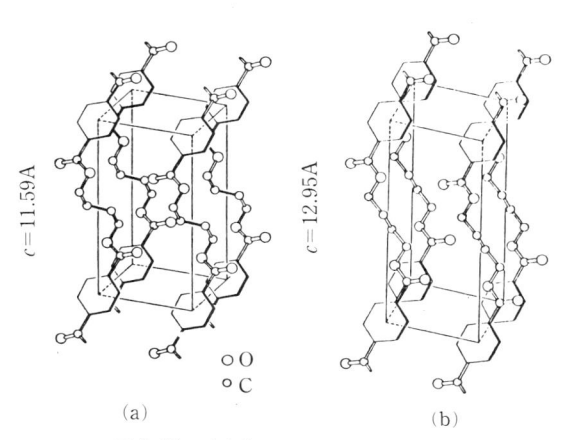

図 3.13 ポリテトラメチレンテレフタレート
(a) α型(弛緩型)，(b) β型(緊張型)

I 型結晶は融点近傍で強誘電性の 1 次相転移を示し，非極性結晶になる．

b. 応力下の可逆転移　芳香族系ポリエステルの 1 つであるポリテトラメチレンテレフタレートは，延伸と弛緩により α 型↔β 型の可逆転移をする．延伸緊張状態でのみ存在する β 型は，弛緩状態での α 型より約 1.4 Å 長い恒等周期をもつ(図 3.13)．延伸・弛緩によりメチレン鎖部分が伸縮することによる．低応力下では α, β 両相が共存し，中間的に伸びた結晶相は存在しない．

c. 昇温に伴う非可逆転移　熱処理(昇温)により非可逆転移する例として，st-ポリプロピレンがある．急冷延伸により生成した平面ジグザグ構造は熱処理でらせん構造に転移する(図 3.14)．ポリエチレンも塑性変形で形成された単斜晶は熱処理で斜方晶になる．これらの非可逆転移は本来，不安定な相が何らかの手段で形成されるが，安定相への転移速度が遅いために存在しているために起こる．

d. 応力による非可逆転移　延伸により非可逆転移するものは多い．ポリフッ化ビニリデン II 型($TGT\bar{G}$) から I 型(TT) へ，ナイロン 6 の γ 型から α 型(伸び切り構造)へなどがある．

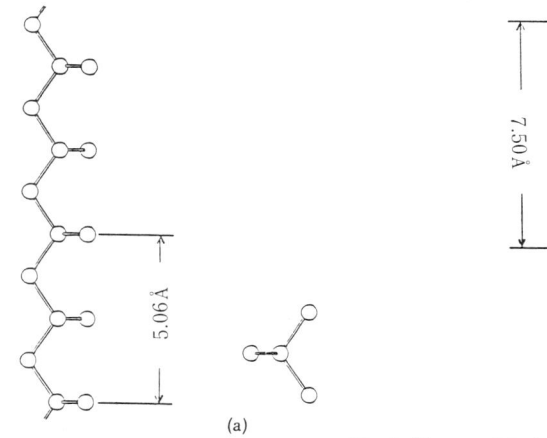

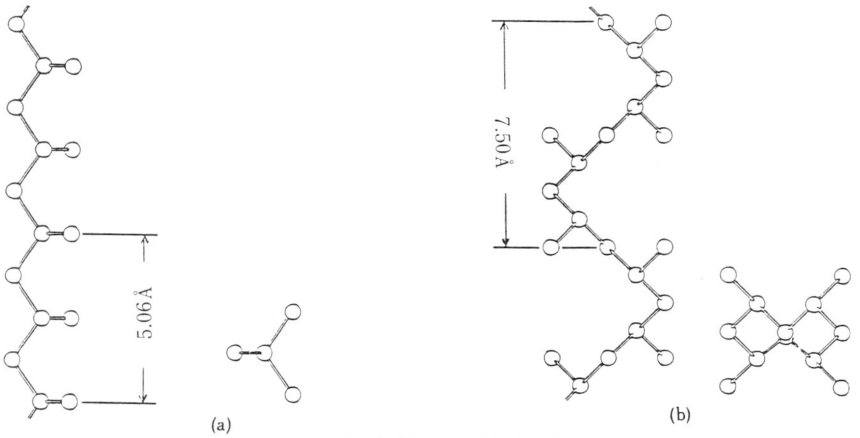

図 3.14 st-ポリプロピレン
(a) 平面ジグザグ型，(b) 2/1 らせん型

e. 電界下での非可逆転移

ポリフッ化ビニリデンは，前述の温度あるいは応力に伴う転移に加えて，高温でII型に高電圧をかける（分極処理）と，新しくII$_p$型と呼ばれる構造が出現する（図3.15）．II$_p$結晶中でもII型同様に分子鎖は$TGT\bar{G}$のコンホメーションをとるが，分子鎖の双極子が同一方向を向くために極性結晶になると考えられている．さらに高電圧をかけるとI型にまで転移する．

f. その他の転移

試料がおかれた雰囲気によって転移するものとして，ポリエチレンイミンの吸湿による相転移がある．絶乾状態では2本の分子鎖が，N—H…Nの水素結合で結ばれた二重らせん構造をとる（図3.16(a)）．大気中に放置すると水分を結晶水として取り込む．温度，湿度により0.5水化物$(-CH_2CH_2NH-\cdot 0.5H_2O)_n$から1.5水化物，2水化物まで転移する（図3.16(b)）．変った例としてはst-ポリスチレンを融解急冷した非晶試料はベンゼン，トルエン，ジクロロベンゼンなどの多種の有機溶媒蒸気に曝すと，それらの有機物との結晶性分子間化合物を形成する（図3.17）．それらを他の有機溶媒蒸気に曝すとそれとの分子間化合物に変化する．st-ポリプロピレンの場合は，融解急冷後に延伸すると分子鎖が，平面ジグザグ構造の不安定相が得られるが，熱処理により$(TTGG)_2$のらせん構造の安定相に転移する．しかし不安定相をベンゼン，トルエンなどの有機溶媒蒸気にさらすと，$T_6G_2T_2G_2$の繰り返す構造をもった相が現れる．この相も熱処理により安定相に転移する．この場合はst-ポリスチレンの場合と異なって，有機溶媒との分

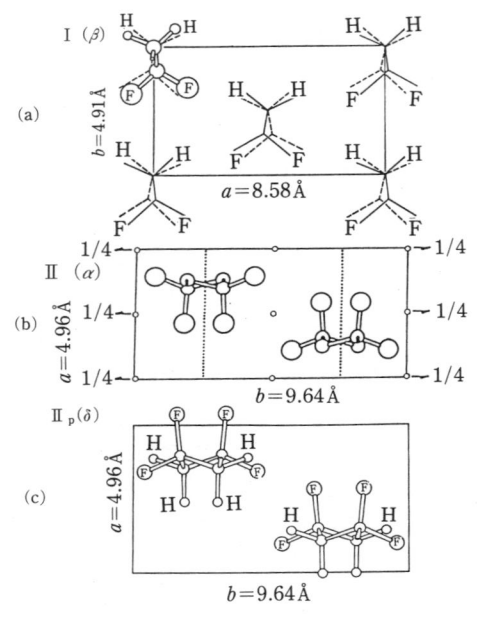

図3.15 ポリフッ化ビニリデンの結晶構造
(a) I型（極性結晶），(b) II型（非極性結晶），(c) II$_p$型（極性結晶）

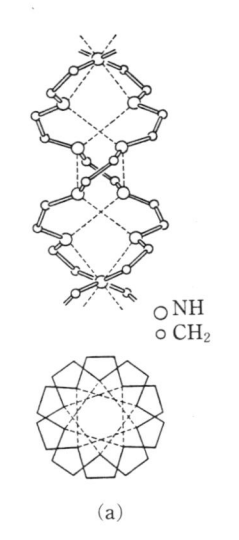

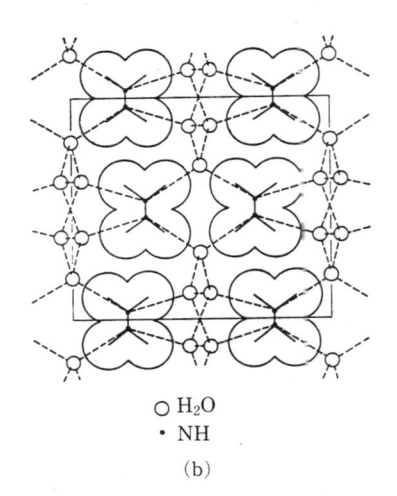

図3.16 ポリエチレンイミン
(a) 無水物中の重らせん（1本の分子鎖は5/1らせん），(b) 1.5水化物の結晶構造（破線は水素結合）

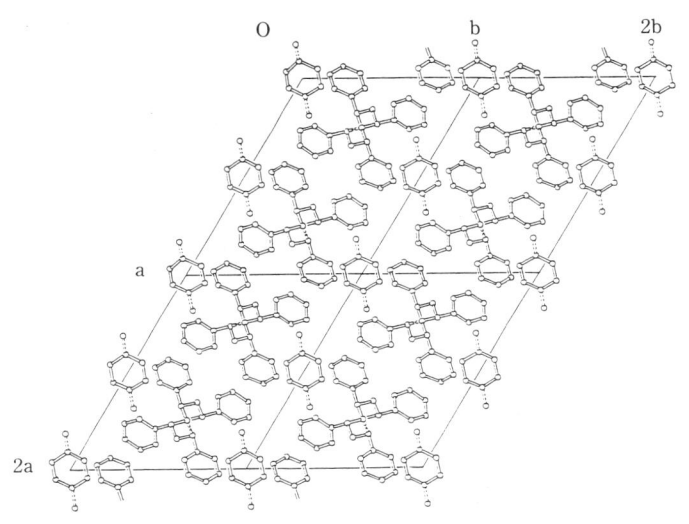

図 3.17 st-ポリスチレン-トルエン分子間化合物
4個の単位格子を示す(トルエンのメチル基はp-位に1/2の確率で存在する).

子間化合物を形成したのではなく，溶媒は不安定相と安定相の間に中間的な分子構造をもった相を出現させる働きをしたことになる.

TTTTTTTTTTTTTTTTTTTTTT	不安定相
TTTTTGGTTGGTTTTTGGTTGG	中間相
TTGGTTGGTTGGTTGGTTGGTTGG	安定相

3.2.4 高分子-低分子系分子間化合物の構造

高分子(ホスト)-低分子(ゲスト)系で相溶性がある場合，たとえもとのポリマーが結晶性であっても非晶になるものがある．しかし結晶性分子間化合物を形成するものも数多く見出され，これらの場合はホスト-ゲストの

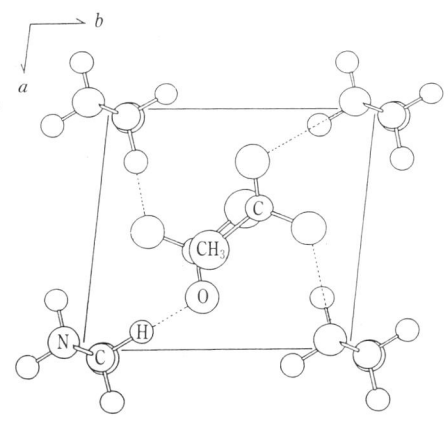

図 3.18 ポリエチレンイミン-酢酸分子間化合物
破線は水素結合.

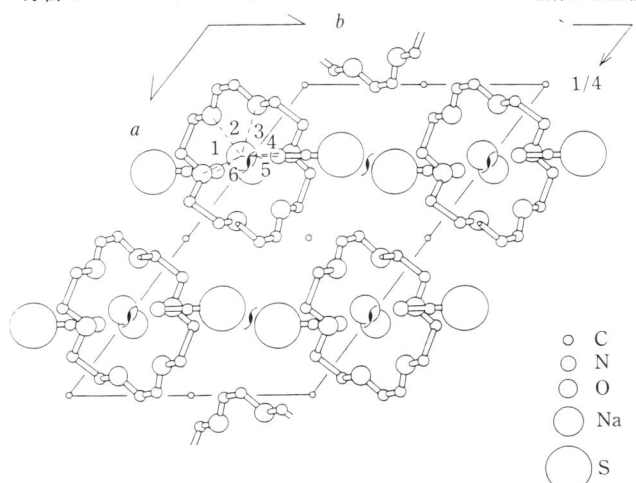

○ C
◯ N
◯ O
◯ Na
◯ S

図 3.19 ポリエチレンオキシド-チオシアン酸ナトリウム分子間化合物

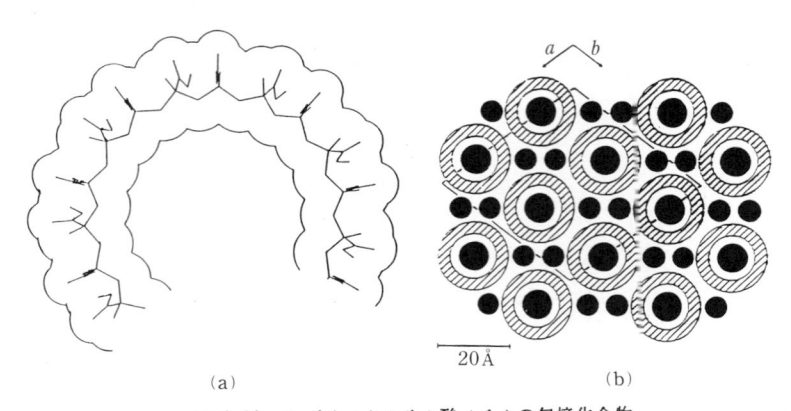

図 3.20 st-ポリメタクリル酸メチルの包接化合物
(a) ポリマーの分子構造
(b) 斜線で示した環がポリマー，黒丸はゲストの存在位置を示す．

相互作用を明確にできる．

ポリエチレンイミンは図3.16(b)に示した水和物以外に，塩酸，ギ酸，酢酸などと分子間化合物を形成する．その要因はホスト-ゲスト間の水素結合である．図3.18はポリエチレンイミン-酢酸分子間化合物の構造を示し，モル比(モノマー：酢酸)が1：1の化学量論的化合物である．

ポリエチレンオキシドとヨウ化ナトリウム，チオシアン酸ナトリウムなどのアルカリ金属塩との分子間化合物は配位結合によって形成される．図3.19のチオシアン酸ナトリウムの場合は，Na^+イオンに対しSCN^-イオンのNが2個とポリマーのOが4個の計6配位構造をとる．

図3.17で示した，st-ポリスチレンとベンゼン，トルエンなどとの分子間化合物も化学量論的モル比をもつが，ホスト-ゲスト間の相互作用はファンデルワールス力である．

st-ポリメタクリル酸メチルは種々の有機溶媒との分子間化合物を形成することにより，はじめて結晶化するという特徴をもつ．このポリマーは図3.20のように大きな側鎖のために非常に大きな半径のゆっくり巻いたらせん構造をとり，そのトンネル内および分子間の空隙に有機分子を収容して非化学量論的な包接化合物を形成する．ゲストが脱着すると，大きな空洞をもったポリマーのみの構造は不安定なために，規則的な分子形態が保たれずに非晶になる． 〔茶谷 陽三〕

文　献

1) 田所宏行："高分子の構造"，化学同人(1976)．
2) 高分子学会編："高分子実験学 16，17 高分子の固体構造Ⅰ，Ⅱ"．共立出版(1984)．
3) 高分子学会編："入門高分子特性解析"，共立出版 (1984)．

3.3　複合系の構造
3.3.1　はじめに

高分子複合系の構造は，図3.21[1]に示すようにnmオーダーから巨視的なオーダーにまで広がっており，しかもその構造が高分子の物性と密接に関連している．そのため，個別の複合系についてのみでも膨大な研究がなされている．ここでは，高分子複合系の基本と考えられる，ポリマーアロイを中心にしてその構造，構造形成の機構などについて述べる．それ以外の高分子系複合材料や単一高分子でも，結晶性高分子のように結晶相と非晶相の複合系と考えられる系などについては，適当な文献その他を参照されたい[2]．

「異種の高分子鎖同士がミクロに共存した高分子多成分系≡ポリマーアロイ」は，典型的な高分子複合系である．このなかには，ブロック・グラフト共重合体のように1本の分子鎖のなかに異種の分子鎖が複合された系から始まって，異種の高分子鎖を物理的に混合したポリマーブレンド，さらに混合に当たっ

3. 構 造

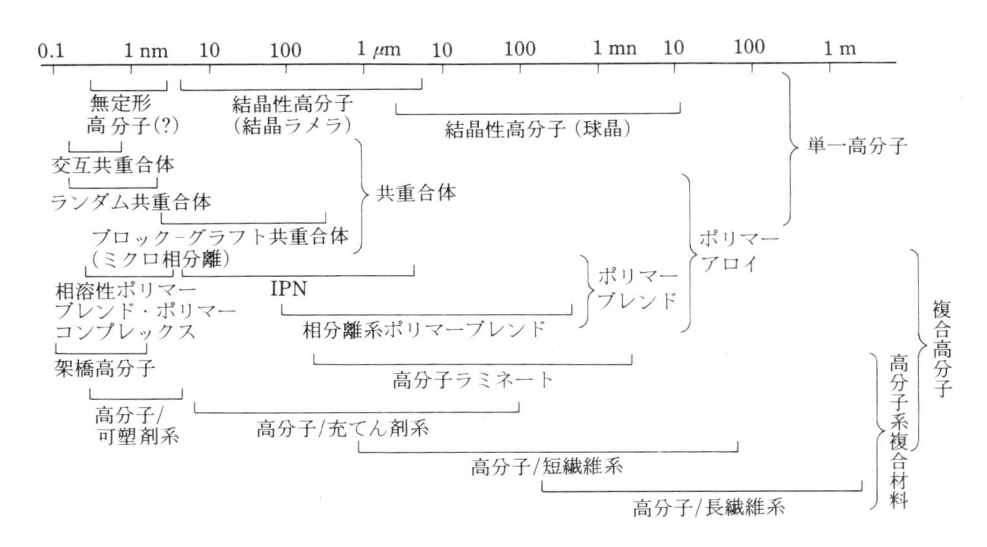

図 3.21 広義の高分子複合系の構造に関連する大きさ[1]

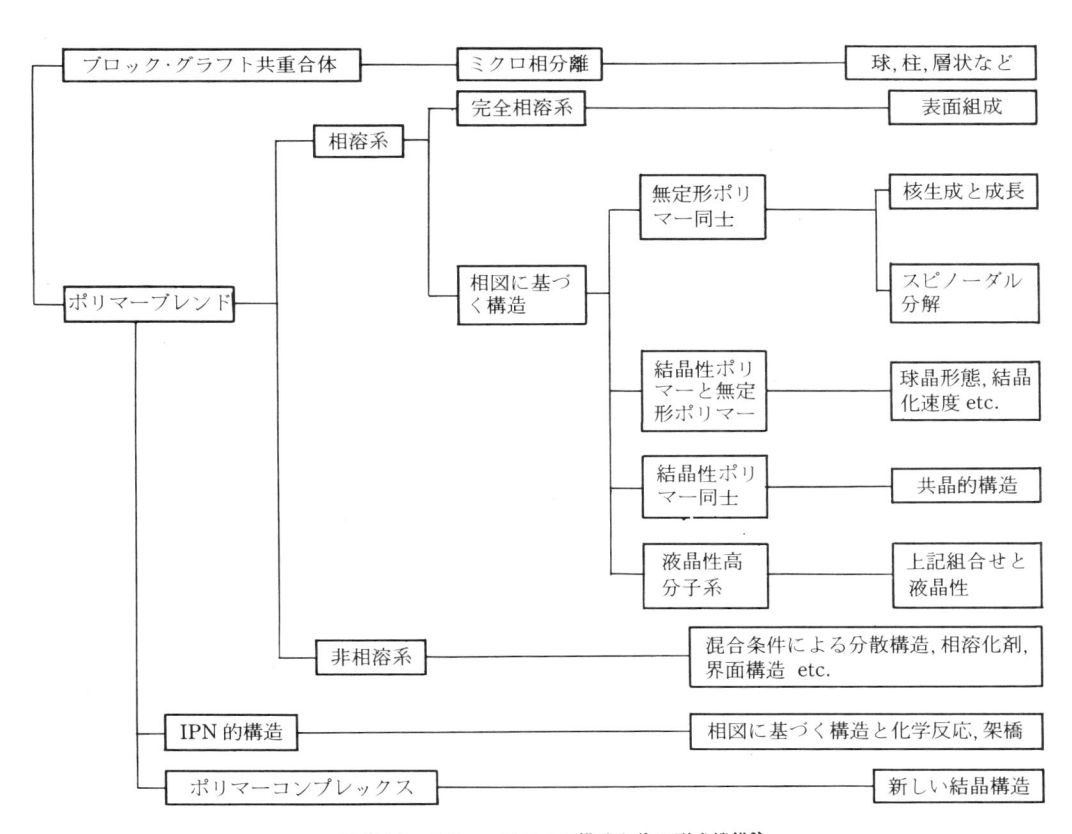

図 3.22 ポリマーアロイの構造とその形成機構[3]

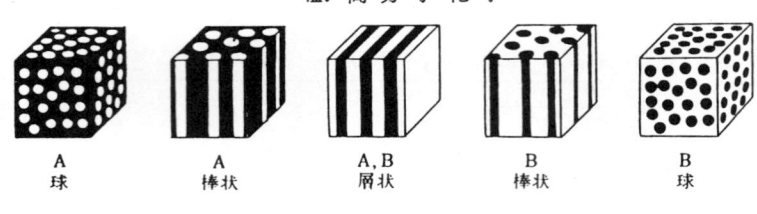

図 3.23 ブロック共重合体のミクロ相分離の模式図[4]

て化学反応が関連した IPN(interpenetrating polymer network)，異種ポリマー間に強い相互作用が存在するポリマーコンプレックスなどが含まれる．これらの複合系は，さまざまな構造をとるが，その構造形成機構を熱力学的に整理すると，図 3.22[3]のように分類できる．ここでは，そのうちの代表例について述べる．

3.3.2 ブロック・グラフト共重合体の構造

ブロック共重合体やグラフト共重合体は，分子鎖の幹や枝が異種の高分子鎖になった系である．一般に，高分子鎖同士の混合のエントロピーはその重合度に逆比例して小さくなるので，異種分子鎖間に引力的な相互作用がないと，同種の分子鎖同士が凝集して相分離しようとする．しかし，この場合異種の分子鎖同士は共有結合で連結しているので，分子鎖オーダーの微細な相分離をすることになる．これをミクロ相分離と呼び，その相分離の大きさは数十 nm のオーダーである．また，相分離の形態には規則性のある場合が多く，AB ブロック共重合体で A ブロックの体積分率が増加していくと，図 3.23[4]のように A 相は球状，棒状，層状と変化する．これは，おもに AB 間の界面を与えられた体積分率で最小にしようとするためである．また，適当に熱処理を行うと，球状相や棒状相が規則的に分散し，一種の巨大格子(macrolattice)構造をとることもある．代表例としては，スチレン-ブタジエン(SB)ブロック共重合体などが知られている．この場合，スチレン相とブタジエン相の間には界面が存在するが，その厚さ a_i は 2nm 前後[5]と見積もられている．理論的には，a_i は両ポリマー間の相互作用パラメータ χ_{12} を使って，

$$a_i \sim \frac{1}{\sqrt{\chi_{12}}} \quad (3.1)$$

のオーダー[6]であり，ミクロ相分離した相の大きさ D は，ブロックを形成している分子鎖の分子量を M としたとき，

$$D \sim M^\alpha \quad (3.2)$$

で α は $1/2 \sim 1/3$[7]とされている．

3.3.3 ポリマーブレンドの構造

ポリマーブレンドは，大きく相溶性の系と相分離系に分類できる．相溶系では，異種の高分子鎖同士がたがいの分子鎖が溶媒と見なせる状態で混合していると考えられ，構造といったものは無視してよいであろう．相分離系は，図 3.22 のようにさまざまな構造をとり得るが，それらは図 3.24[8]のように相図を考えると理解しやすい．図 3.24 のポリスチレン(PS)，ポリビニルメチルエーテル(PVME)の系は，低温側で相溶し，高温側で相

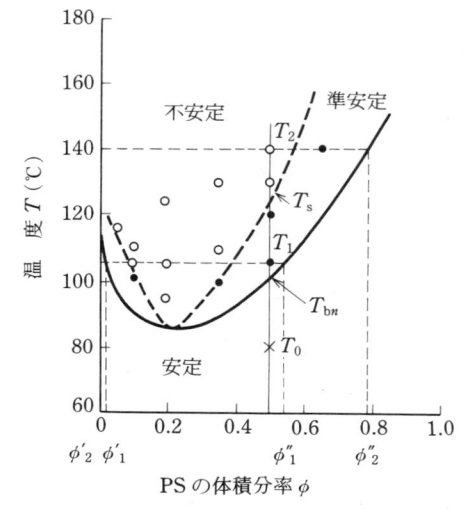

図 3.24 ポリスチレン(PS)/ポリビニルメチルエーテル(PVME)ブレンド系の LCST 型相図と相分離機構[8]

3. 構造

分離する下限臨界共溶温度 (lower critical solution temperature: : LCST) 型の相図[9]をもっている. したがって, たとえば $\phi=0.5$ のブレンドは, T_0 では相溶系であるが, 系のバイノーダル温度 T_{bn} より高温側では相分離する. このとき, T_1 のように系のスピノーダル温度 T_s より低温のときは, 相分離の機構は, 核生成と成長 (nucleation and growth: NG) となる. T_2 のように T_s より高温では, スピノーダル分解 (spinodal decomposition: SD) による相分離を起こす. 系の温度を T_0 から T_1, または T_2 ヘジャンプさせた直後の系の混合自由エネルギー ΔG_{mix} の様子は, 図 3.25[8]のようになっている. このと

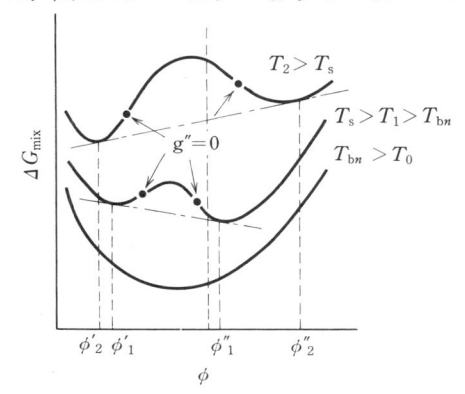

図 3.25 各温度にした瞬間の ΔG_{mix} の模式図[8]

き, 系は最終的には ΔG_{mix} の共通接線で表される組成の相分離系になる. すなわち, T_1 のときは, ϕ_1'', ϕ_1' の 2 相に分離し, ϕ_1'' の組成をもった相と, ϕ_1' の組成をもった相の割合は, 均一系の組成を ϕ とすると, $(\phi-\phi_1')$:$(\phi_1''-\phi)$ である. したがって, ϕ_1' の組成の相が島相を形成し, ϕ_1'' の組成の相が海相を形成する. このとき, ΔG_{mix} は, 2次微分が正になっているので, 最終組成に分離するためには, 相分離の核が生成する必要がある.

一方, T_2 のときは, 図 3.25 のように ΔG_{mix} の ϕ に関する 2 次微分が負になるので, 系は組成のゆらぎに関して不安定で相分離は自発的に進行する. SDに関しては, 定量的な取扱いが可能[10]で, その相分離構造をシミュレーションした例を図 3.26[11]に示す. この特徴は, 各相がたがいに入り込み合った相

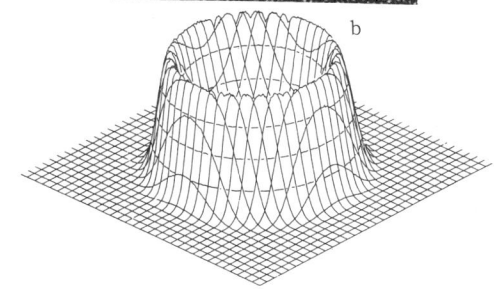

図 3.26 スピノーダル分解のシミュレーション (a) とその 2 次元フーリエ変換のパワースペクトル (b)[11]

分離構造をとることである. また, 図 3.26 (a) の構造を 2 次元フーリエ変換しそのパワースペクトルを求めると, (b) のようにある一定の波数にピークをもったリングが現れる. これは, 相分離に際して, ある特定の波長の濃度ゆらぎが増幅されやすいことを示している. 一般的には, その波長 λ_{max} は, 系の高分子の分子量 $\bar{M}_w$ と

$$\lambda_{max} \sim \bar{M}_w{}^{\gamma} \cdot |T_2-T_s|^{\delta} \quad (3.3)$$

の関係[9,12]にある. ここで $\gamma \sim 1/2$, $\delta \sim -1/2$ である.

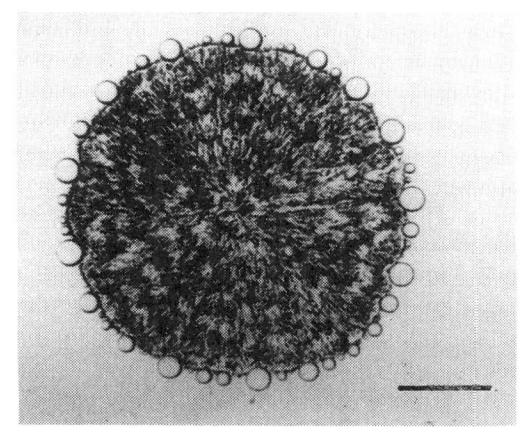

図 3.27 ポリ ε-カプロラクトン (PCL)/ポリスチレン (PS) =7/3 から成長しつつある PCL の球晶と PS リッチ相[3]
$T_c=50°C$, 黒線は $100\mu m$

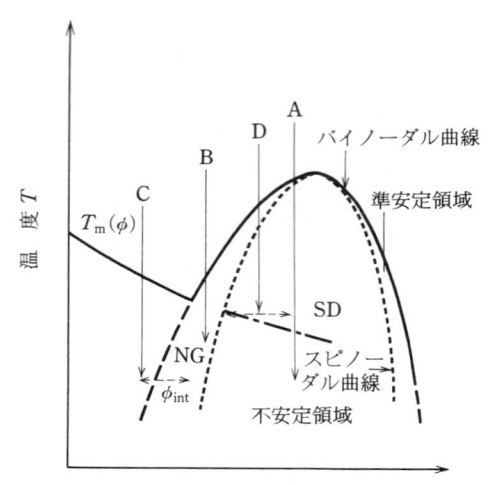

図 3.28 ポリε-カプロラクトン(PCL)/ポリスチレン(PS)系の相図と相分離条件[13]

相図に基づく構造は，他にも無数に考えられるが，結晶性高分子と無定形高分子のブレンド系では，図 3.27[13] のようにおもしろい構造が現れることがある．これは，結晶性のポリεカプロラクトン(PCL)と PS のブレンド系で，中央の大きな相は PCL の球晶，その周辺の球は PS リッチ相，その外側は PCL と PS が分子オーダーで相溶した相である．この系は，図 3.28[13] のような上限臨界共溶温度(UCST)型の相図と，PCL の融点降下が共存しており，C のような冷却条件によって相分離が起きたためである．一般のポリマーブレンド系で相図が観察される例はあまり多くないが，複合系の構造を考える際にはここで述べたことは重要な概念である．

3.3.4 その他の高分子複合系の構造

高分子複合系では，その表面や界面に興味深い構造が形成される．たとえば，相溶系の表面組成と内部組成が異なる表面偏析[14]，高分子と他物質との界面の構造[15]などがある．これらは工学的にも重要な問題であるが，ここでは省略する．
〔西　敏夫〕

文　献

1) 大蔵明光，福田博，香川豊，西敏夫：“複合材料”，東京大学出版会(1984)．
2) 高分子学会編：“高分子ミクロ写真集”，培風館(1986)．
3) 西　敏夫：*World Techno Trend.*, **2**, 14 (1988)．
4) G.E. Molau: "Block Polymers", S.L. Aggawal ed., Plenum (1970)．
5) H. Tanaka and T. Nishi: *J. Chem. Phys.*, **82**, 4326 (1985)．
6) E. Helfand and A.M. Sapse: *J. Chem. Phys.*, **62**, 1327 (1975)．
7) T. Hashimoto, N. Nakamura, M. Shibayama, A. Izumi and H. Kawai: *J. Macromol. Sci., Phys.*, **B17**, 389 (1980)．
8) 西　敏夫：化学の領域，**37**, 770 (1983)．
9) T. Nishi, T.T. Wang and T.K. Kwei: *Macromolecules*, **8**, 227 (1975)．
10) J.W. Cahn: *J. Chem. Phys.*, **42**, 93 (1965)．
11) H. Tanaka, T. Hayashi and T. Nishi: *J. Appl. Phys.*, **59**, 3627 (1986)．
12) K. Binder: *J. Chem. Phys.*, **79**, 6387 (1983)．
13) H. Tanaka and T. Nishi: *Phys. Rev. Lett.*, **55**, 1102 (1985)．
14) R. Chujo, T. Nishi, Y. Sumi, T. Adachi, H. Naito, H. Frentzel: *J. Polym. Sci., Polym. Lett.*, **21**, 487 (1983)．
15) 西　敏夫：高分子，**35**, 382 (1986)．

4. 物　　　性

4.1 溶液の性質

4.1.1 はじめに

高分子溶液の研究は，これまで高分子が孤立した希薄溶液と十分に重なり合った濃厚溶液に限られ，しかもおのおの別々になされてきたが，近年，その中間に準希薄溶液が存在することがわかり，高分子溶液を希薄から濃厚溶液まで通して議論するようになってきた[1]．そこで高分子溶液を取り扱う際に必要な Θ 状態と排除体積効果について簡単に触れたあと，各濃度領域ごとにその性質を述べよう．

4.1.2 Θ 状態と排除体積効果

分子は有限の体積をもつため，分子同士は一定距離以内には近づけない．たとえば図

4.1に示すように，半径 a の剛体球同士は球の中心から半径 $2a$ の球内にはたがいに近づけない．この近づけない体積 $8(4\pi/3)a^3$ をこの剛体球の排除体積という．分子間に斥力があるとさらに排除体積効果は大きくなる．高分子溶液の場合は高分子の構成要素間に溶媒を介して排除体積効果が働く．すなわち，高分子をよく溶かす溶媒(良溶媒)では高分子と溶媒との親和力がより大きいため，高分子はたがいに避けあい，排除体積効果が大きいが，よく溶かさない溶媒(貧溶媒)では高分子はより接近しやすくなる．気体の場合，排除体積効果があると理想気体の状態方程式からはずれるが，ある温度では分子間の引力とつり合って理想気体の挙動をする．この温度をボイル(Boyle)温度という．高分子溶液においても，ある温度で排除体積効果と引力がつり合う状態になる．この状態(溶液)を Θ 状態(溶液)，その温度をフローリー(Flory)温度または Θ 温度という[2]．図4.1に示すように，

高分子は構成要素が数多く結合した巨大分子であるため，高分子間ばかりでなく，分子内の相互作用も問題となる．高分子の大きさ，たとえば光散乱測定により求められる平均自乗回転半径 $\langle s^2 \rangle$ の分子量(M)依存性は一般に(4.1)式で与えられる．

$$\langle s^2 \rangle \propto M^{2\nu} \qquad (4.1)$$

Θ 状態では立体障害などの近隣要素間の相互作用を除いて，分子内排除体積効果が消えるので，屈曲性高分子はガウス鎖(ランダムコイル)すなわち，$\nu=1/2$ なる．また，排除体積効果による高分子の広がりの変化は，Θ 状態の回転半径 $\langle s^2 \rangle_0^{1/2}$ との比，すなわち膨張係数 $\alpha = (\langle s^2 \rangle / \langle s^2 \rangle_0)^{1/2}$ で表される．一方，分子間排除体積効果は浸透圧 Π に反映する．希薄溶液の Π は濃度 c のビリアル展開式(4.2)で表せる．

$$\Pi/cRT = 1/M + A_2 c + \qquad (4.2)$$

Θ 状態では第2ビリアル係数 $A_2=0$ となるので，ファント・ホッフ(van't Hoff)の式に従う．したがって，Θ 状態を高分子の理想状態と考え，それを基準にして高分子希薄溶液が議論される．

4.1.3　各濃度領域における溶液の性質

前述のように高分子は構成要素が数多くつながった巨大分子であるため，溶液の性質を記述する濃度因子として通常の濃度 $c(\text{g/cm}^3)$ ばかりでなく，高分子コイルの重なり度合も

$8(4\pi/3)a^3$　　分子内　　分子間
剛体球　　　　　高分子鎖

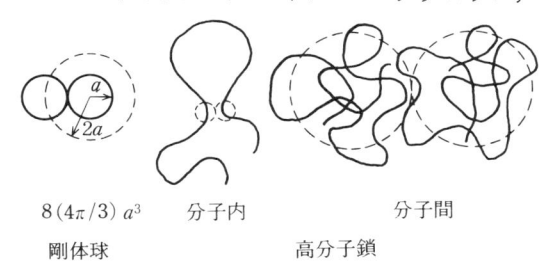

図 4.1　排除体積効果

| 希薄溶液 $c<1, c/c^*<1$ | c^* | 準希薄溶液 $c<1, c/c^*>1$ | c^{**} | 濃厚溶液 $c \sim 1, c/c^*>1$ |

$\langle s^2 \rangle^{1/2}$

$$c^* = \frac{3M}{4\pi \langle s^2 \rangle^{3/2} N_A}$$

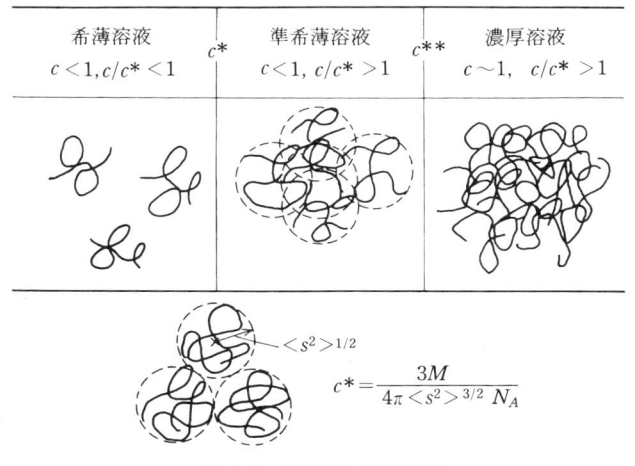

図 4.2　良溶媒系の濃度領域

考慮する必要がある．図4.2のように高分子コイルがたがいに接し始める濃度を(4.3)式で定義すれば，重なり度合は c/c^* で与えられる．

$$c^* = 3M/(4\pi \langle s^2 \rangle^{3/2} N_A) \propto M^{(1-3\nu)} \quad (4.3)$$

ここで最後の関係は $\langle s^2 \rangle$ に(4.1)式を入れると得られる．この2つの濃度因子，c と c/c^* を用いると図4.2に示すように，良溶媒系の高分子溶液は3領域，すなわち，① 希薄溶液($c<1$, $c/c^*<1$)，② 準希薄溶液($c<1$, $c/c^*>1$)，および，③ 濃厚溶液($c\sim 1$, $c/c^*>1$)に分けられる．そこで濃度領域の性質について比較的よく研究されている良溶媒系を中心に述べよう[3]．

a. 希薄溶液 この領域では高分子がほぼ孤立しているため，排除体積効果が働き，$\alpha>1$, $A_2>0$ である．Flory 以来の多くの研究によれば[2]，高分子の排除体積効果は，絶対温度を T とすると $(1-\Theta/T)M^{1/2}$ に比例し，それが大きくなると α は

$$\alpha^5 \propto (1-\Theta/T)M^{1/2} \quad (4.4)$$

となる，すなわち(4.1)式で $\nu=3/5$ となる．α の厳密な導出には種々議論があるが，(4.4)式は2つの構成要素間の衝突確率に比例する分子内排除体積効果と，鎖の膨張によるエントロピー力とのつり合から得られる．

分子間と分子内の要素間の排除体積効果は同一と考えられるので，A_2 は一般に

$$A_2 = 4\pi^{3/2} \Psi \langle s^2 \rangle^{3/2}/M^2 \quad (4.5)$$

と表せる．ここで Ψ は侵入関数と呼ばれ，高分子コイルがたがいに侵入する度合を示し，Θ 状態で0で，排除体積効果とともに増大し，その極限ではほぼ一定となる．したがってこの極限では $A_2 \propto \langle s^2 \rangle^{3/2}/M^2 \propto M^{3\nu-2} \propto M^{-0.2}$ となり，高分子はたがいに侵入できず，高分子鎖の A_2 は剛体球のそれと同様に振舞うことを意味している．なお，最後の関係は $\nu=3/5$ として得られる．希薄溶液の Π は(4.2)式で表せるから，これに(4.3)と(4.5)式を入れると，還元浸透圧 $\Pi M/cRT$ の形で次のように表せる．

$$\Pi M/cRT = 1 + 3\pi^{1/2} \Psi (c/c^*) + \quad (4.6)$$

良溶媒中では Ψ はほぼ一定なので，上式から $\Pi M/cRT$ は c/c^* のみの展開形で表せる．

高分子溶液の大きな特徴の1つはその粘度が高いことである．無限希釈度における溶液粘度 η° に対する高分子1個当たりの寄与，すなわち固有粘度 $[\eta]$ は次式で定義される．

$$[\eta] = \lim_{c \to 0} (\eta^\circ - \eta_s)/(\eta_s c) \quad (4.7)$$

ここで η_s は溶媒粘度である．高分子の要素間の流体力学的相互作用が強いため，高分子コイルは溶媒の流れを通さないいわゆる非素抜け球として取り扱えるから，粘度増分が体積分率に比例するアインシュタインの剛体球の粘度式を用いると，高分子の $[\eta]$ は次のフローリー-フォックスの式で表せる[2]．

$$[\eta] = \Phi' \langle s^2 \rangle^{3/2}/M \propto M^{3\nu-1} \quad (4.8)$$

ここで Φ' は厳密にいえば排除体積効果によるが，近似的にはほぼ一定としてよい．(4.1)式を入れると最後の関係が得られるから，M のべき数は Θ 状態の 0.5 から 0.8 の間をとる．希薄溶液では η° も c の展開形で表せるから，その還元形は

$$\eta^\circ_R = (\eta^\circ - \eta_s)/(\eta_s c [\eta])$$
$$= 1 + k'[\eta]c + = 1 + k(c/c^*) + \quad (4.9)$$

となる．Φ' はほぼ一定であるので(4.6)式と同様に c/c^* のみの展開形で表せる．

b. 準希薄溶液 この領域では濃度が低いが，重なりが大きいため，重なり度合が重要な濃度因子となるから(4.6)式を参考にして $\Pi M/cRT$ が次のように c/c^* のべき乗で表せると考えられる[1]．

$$\Pi M/cRT \propto (c/c^*)^x \quad (4.10a)$$

この領域では十分に重なり合っているので Π は M に無関係となるから，c^* に(4.1)式を用いると，$x = 1/(3\nu-1)$ とならなければならない．したがって Π は次式で与えられる．

$$\Pi \propto c^{3\nu/(3\nu-1)} \propto c^{9/4} \propto c^{2+1/4} \quad (4.10b)$$

この式は，2体間の衝突確率が良溶媒中では排除体積効果のため，c^2 より $c^{1/4}(<1)$ だけ減少することを示している．図4.3に良溶媒であるトルエン中の種々の分子量のポリ(α-メチルスチレン)の濃度約20%以下のデータを

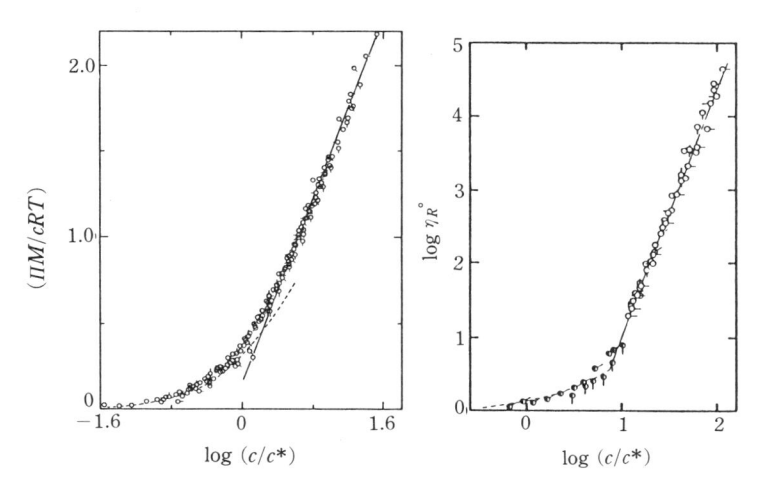

図 4.3 希薄および準希薄溶液における $\Pi M/cRT$ (左) と η_R° (右) の c/c^* 依存性
破線および実線はそれぞれ(4.6)と(4.9)式および(4.10)と(4.12)式を示す.

$\Pi M/cRT$ 対 c/c^* でプロットしてある[3]. この図から明らかなように希薄から準希薄溶液では $\Pi M/cRT$ が c/c^* のみの関数で, それぞれ(4.6)と(4.10)式により表せることがわかる.

この領域では,ほかの鎖により排除体積効果が遮蔽されるので,高分子はガウス鎖となり,(4.11)式に示すように,その回転半径 $\langle s^2 \rangle_c^{1/2}$ は濃度とともに減少する. これら予測は中性子小角散乱測定の結果とほぼ一致している[1].

$$\langle s^2 \rangle_c / \langle s^2 \rangle \propto (c/c^*)^{(1-2\nu)/(3\nu-1)} \quad (4.11\text{a})$$
$$\langle s^2 \rangle_c \propto Mc^{(1-2\nu)/(3\nu-1)} \propto Mc^{-1/4} \quad (4.11\text{b})$$

η_R° についても c/c^* のべき乗で書けると考え, η° の分子量依存性については絡み領域の実験式 $\eta^\circ \propto M^{3.4}$ を用いると,粘度は(4.12)式で与えられる[1],[3].

$$\eta_R^\circ \propto ([\eta]c)^{(4.4-3\nu)/(3\nu-1)}$$
$$\propto (c/c^*)^{(4.4-3\nu)/(3\nu-1)} \quad (4.12\text{a})$$
$$\eta^\circ \propto M^{3.4}c^{3.4/(3\nu-1)} \propto M^{3.4}c^{4.25} \quad (4.12\text{b})$$

なお, η° の分子量依存性は,絡みにより高分子鎖の運動が鎖に沿った管中を蛇のように這う運動(reptation)により起こるとする管模型(tube model)によりほぼ理解されている[4]. 図4.3に濃度約20%以下の良溶媒中のポリスチレンの η_R° が c/c^* に対しプロットしてある[3]. これより希薄と準希薄溶液では Π と同様に c/c^* のみの関数で,それぞれ(4.9)と(4.12)式により表せることがわかる.

c. 濃厚溶液 濃度がさらに高くなると排除体積効果が消え,高次のあるいは局所的な相互作用の寄与が大きくなり, $\Pi M/cRT$ や η_R° が c/c^* のみの関数ではなくなる. この臨界濃度 c^{**} は分子量によらず, Π, η° ともに約20%である[3]. c^{**} 以上, すなわち濃厚溶液では Π は格子模型によるフローリー-ハギンス(Flory-Huggins)の式[1]に従う. 一方, η° の分子量依存性は準希薄溶液から変わらないが,濃度依存性は摩擦係数の濃度依存性が顕著になるため,より大きくなる.

これらの結果に基づいて,良溶媒系における Π (熱力学的性質)と η° の濃度領域を M 対 c で示したのが図4.4である[3]. 両者はほぼ類似しているが,希薄と濃厚溶液との臨界濃度は η° では Π と異なり,絡みを生じる必要があるため $Mc=$ 一定となる. また,実際の c^* は,(4.3)式の計算値より Π では2倍ほど η° では10倍ほど高い.

以上は良溶媒の極限の場合であるが,前述のように排除体積効果は温度などで変化する. (4.4)式を用いて得た $\langle s^2 \rangle$ を(4.3)式に代入すれば,温度を考慮した c^* は[1],[5]

$$c^* \propto \tau^{-3/5} M^{-4/5} \quad (4.13)$$

となる. ここで $\tau = 1 - \Theta/T$ である. したがっ

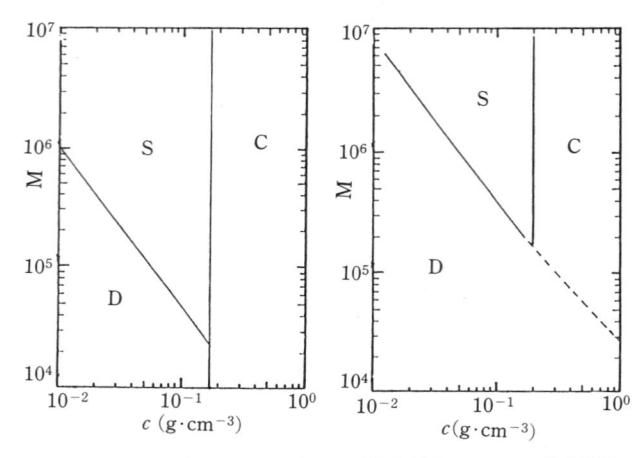

図 4.4 良溶媒系の浸透圧(左)および粘度(右)についての濃度領域
D,S および C はそれぞれ希薄,準希薄および濃厚溶液を示す.

て温度依存性を考慮した良溶媒系の準希薄溶液の Π と $\langle s^2\rangle_c$ は,(4.13)式をそれぞれ(4.10)と(4.11)式に代入すれば得られる.一方,(4.3)式で $\nu=1/2$ とすれば Θ 溶媒系の希薄溶液との臨界濃度 $c_\Theta{}^*\propto M^{-1/2}$ となり,その準希薄溶液の Π,$\langle s^2\rangle_c$ および η^p はそれぞれ(4.10),(4.11)式および(4.12)式で $\nu=1/2$ とすれば得られる.また,これらと温度依存性を考慮した良溶媒系の式とを比べれば,良溶媒系から Θ 溶媒系の準希薄溶液に移行する臨界濃度 $c_s{}^{**}$ は(4.14)式で与えられる.

$$c_s{}^{**}\propto \tau \qquad (4.14)$$

これらの結果に基づいて温度を考慮した濃度領域が図 4.5 に示してある[5].なお,Θ 点以下の相分離する領域を相分離曲線で示してある.なお,c^* と $c_s{}^{**}$ の間に別の領域も考えられている.

以上のような濃度領域はほかの現象,たとえば拡散にも適用される.なお,弾性を表す定常状態コンプライアンスでは,粘度と異なり準希薄領域を導入する必要はなく,希薄と絡み領域に分ければよい[3].いずれにしても高分子溶液の性質を検討する際には,領域に分けて議論することが重要である.

〔野田 一郎〕

文 献

1) P.G. de ジャン,久保亮五,高野 宏監訳:"高分子の物理学—スケーリングを中心にして—",吉岡書店(1984).
2) P.J. Flory,岡,金丸訳:"高分子化学 下",丸善(1956).
3) I. Noda: "Molecular Conformation and Dynamics of Macromolecules in Condensed Systems", M. Nagasawa ed., p.85, Elsevier(1988).
4) M. Doi and S. F. Edwards: "The Theory of Polymer Dynamics", Oxford Science Pub.(1986).
5) M. Daoud and G. Jannink: *J. Physique*, **37**, 973(1976).

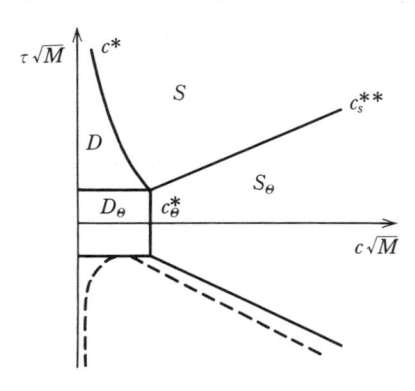

図 4.5 温度依存性を考慮した濃度領域
D と S および D_Θ と S_Θ はそれぞれ良溶媒系および Θ 溶媒系の希薄と準希薄溶液を示す.また,破線は相分離曲線を示す.

4.2 固体の力学的性質
4.2.1 粘弾性力学モデル

高分子固体はフックの法則に従う弾性的特性と，ニュートンの法則に従う粘性的特性をあわせもっているため，粘弾性体といわれる．高分子物体に瞬間的に変形を与えると，分子鎖セグメントの移動速度より早く変形するため，原子の結合距離や結合角が変化して弾性的エネルギーとして内部に蓄積され応力が発生する．この内部応力は，時間とともに分子鎖セグメントの内部流動により内部エネルギーを減少させる．この内部応力が減少する現象を応力緩和という．応力緩和は弾性体を表すスプリング（弾性率E）と粘性を示すダッシュポット（粘性係数η）の直列結合（マクスウェルモデル）でモデル化できる．時間0での応力σ_0，緩和時間$\tau(=\eta/E)$とすると，応力は時間とともに(4.15)式のように変化する．

$$\sigma = \sigma_0 e^{-t/\tau} \qquad (4.15)$$

τは$\sigma=\sigma_0/e\simeq 0.37\sigma_0$となる時間であり，温度の上昇に伴って分子鎖セグメントの熱運動が活発となり内部流動が速くなるから，τは小さくなる．次に，瞬間的に物体に応力をかけると，その応力に応じて分子鎖やセグメントは内部流動を起こして変形する．この現象をクリープといい，スプリングとダッシュポットの並列結合（フォークトモデル）でモデル化できる．瞬間的に物体にかける応力をσ_0，時間無限大での平衡変形ひずみ量をε_∞，遅延時間を$\tau(=\eta/E)$とすると，時間tにおけるクリープ量は(4.16)式で表される．

$$\varepsilon = \frac{\sigma_0}{E}(1-e^{-t/\tau}) = \varepsilon_\infty(1-e^{-t/\tau}) \qquad (4.16)$$

遅延時間τは$\varepsilon=\varepsilon_\infty(1-1/e)\simeq 0.67\varepsilon_\infty$となる時間に対応し，高温になるほど分子鎖熱運動が活発となり，内部流動が大きくなるためτは小さくなる．

実際の高分子粘弾性体を表す力学モデルとしては，マクスウェルとフォークトモデルを組み合わせた多要素モデルが必要となる．また，高分子材料は1組のスプリングとダッシュポットの組合せで決まる単一の緩和時間あるいは遅延時間で特徴づけられるのではなく，多くの緩和時間あるいは遅延時間分布を示す緩和スペクトルあるいは遅延スペクトルで表される多要素モデルで特徴づけられる．

4.2.2 緩和スペクトル，遅延スペクトル

高分子物質の粘弾的挙動を，スプリング（弾性率E）とダッシュポット（粘性率η）の力学モデルで説明するためには，一般化マクスウェルモデルあるいは一般化フォークトモデルを使う必要がある．一般化マクスウェル要素による応力$\sigma(t)$と弾性率$E(t)$は

$$\sigma(t) = \sum_i \sigma_i(t) = \varepsilon_0 E_e + \varepsilon_0 \sum_i E_i e^{-t/\tau_i} \qquad (4.17)$$

$$E(t) = \frac{\sigma(t)}{\varepsilon_0} = E_e + \sum_i E_i e^{-t/\tau_i} \qquad (4.18)$$

で表される．ここでE_eは一要素中で粘性率が無限大の場合の弾性率であり，時間$t=\infty$における平衡弾性率に等しい．

高分子の粘弾性特性は，緩和時間の分布で表現できる．すなわち，τと$\tau+d\tau$の間にある緩和要素の分率に依存する．それゆえ，(4.18)式で緩和時間が連続的に分布していると仮定すると，

$$E(t) = E_e + \int_0^\infty E(\tau) e^{-t/\tau} d\tau \qquad (4.19)$$

または

$$E(t) = E_e + \int_{-\infty}^\infty H(\ln \tau) e^{-t/\tau} d\ln \tau \qquad (4.20)$$

と，積分の形で書き直すことができる．$E(\tau)$はτと$\tau+d\tau$の間，あるいは$H(\ln \tau)$は$\ln \tau$と$\ln \tau + d\ln \tau$との間で弾性率に寄与する緩和要素の密度であり，緩和スペクトルと呼ばれている．

緩和時間の分布をもつ高分子物質の応力緩和実験の場合，変形速度に対応した時間より短い緩和時間をもつ要素だけが変形し，長い緩和時間をもつ要素は変形に関与しない．しかし，長時間変形させておくと長い緩和時間をもつ要素が分子間の相互すべりなどを起こし，応力緩和挙動として観測されることになる．緩和スペクトル$H(\tau)$と遅延スペクトル

$L(\tau)$は, 緩和時間あるいは遅延時間の分布を表し, おのおの, 弾性率とコンプライアンスの次元を有している. これら粘弾性スペクトルは, 応力緩和やクリープの静的実験, あるいは動的実験から近似的に求めることができる. これらの粘弾性スペクトルを知ることの重要性は, 両スペクトル間での近似的な相互変換が可能であり, 粘弾性体のいかなる測定条件下でも, 粘弾性挙動を予測することが可能となるためである.

緩和スペクトル $H(\tau)$ の求め方についてくわしく述べる. 遅延スペクトルは同じ数学的取扱いで導くことが可能であるため, ここでは述べない. 動的引張り弾性率 $E'(\omega)$ と損失弾性率 $E''(\omega)$ は, 現象論的解析より緩和スペクトル $H(\ln\tau)$ を使って表現できる(ω は角速度). 緩和スペクトルの第0次近似表示は, $E''(\omega)$ の核関数 $\omega\tau/(1+\omega^2\tau^2)$ で $\omega=1/\tau$ で極大値をとり, これをデルタ関数で近似して(4.21)式より求まる.

$$H_0(\tau)=\frac{2}{\pi}E''(\omega)\Big|_{\tau=\frac{1}{\omega}} \quad (4.21)$$

第1次近似では $E'(\omega)$ の核関数 $\omega^2\tau^2/(1+\omega^2\tau^2)$ の値を $0<\tau<1/\omega$ の範囲では 0, また $1/\omega<\tau<\infty$ の範囲では 1 という段階関数で置き換えると次式より求まる.

$$E'(\omega)=E_e+\int_{-\ln\omega}^{\infty}H(\ln\tau)d\ln\tau \quad (4.22)$$

ここで, E_e は平衡弾性率である. (4.22)式より $H(\tau)$ の第1次近似は

$$H_1(\tau)=\frac{dE'(\omega)}{d\ln\omega}\Big|_{\tau=\frac{1}{\omega}} \quad (4.23)$$

となり, $H(\tau)$ は E' 対 $\ln\omega$ の $\tau=1/\omega$ における勾配として求められる.

緩和スペクトル $H(\tau)$, あるいは $H(\ln\tau)$ が求まると各粘弾性関数は次の関係式で表される.

$$E(t)=E_e+\int_{-\infty}^{\infty}H(\ln\tau)e^{-t/\tau}d\ln\tau$$

$$E'(\omega)=E_e+\int_{-\infty}^{\infty}\left[\frac{H(\ln\tau)\omega^2\tau^2}{1+\omega^2\tau^2}\right]d\ln\tau$$

$$E''(\omega)=\int_{-\infty}^{\infty}\left[\frac{H(\ln\tau)\omega\tau}{1+\omega^2\tau^2}\right]d\ln\tau$$

$$\eta'(\omega)=\int_{-\infty}^{\infty}\left[\frac{H(\ln\tau)}{1+\omega^2\tau^2}\right]d\ln\tau \quad (4.24)$$

4.2.3 ボルツマンの線形重ね合せ原理

時間 0 で応力 σ_0 を瞬間的にかけたときのクリープコンプライアンス $J(t)$ と, ひずみ量 $\varepsilon(t)$ との関係は,

$$\varepsilon(t)=\sigma_0 J(t) \quad (4.25)$$

となる. また, 時間 u_1 で応力 σ_1 をかけると (4.25)式は(4.26)式のようになる.

$$\varepsilon(t)=\sigma_1 J(t-u_1) \quad (4.26)$$

そこで σ_0 と σ_1 をおのおの, $t=0$ と $t=u$ で独立に試料にかけた応力とすると, 線形性の要請により時間 t におけるひずみ量 $\varepsilon(t)$ は, 応力がおのおの独自に負加されたときに生じるひずみの単なる和となる.

$$\varepsilon(t)=\sigma_0 J(t)+\sigma_1 J(t-u_1) \quad (4.27)$$

そこで $t=u_i$ で応力 σ_i が独立に n 回負加されたとすると全ひずみ量は

$$\varepsilon(t)=\sum_{i=1}^{n}\sigma_i J(t-u_i) \quad (4.28)$$

となる. ここで連続的に応力を印加する場合を考えると

$$\varepsilon(t)=\int_{-\infty}^{t}\frac{\partial\sigma(u)}{\partial u}J(t-u)du \quad (4.29)$$

と書ける. さらに(4.29)式は

$$\varepsilon(t)=J(t-u)\sigma(u)$$
$$-\int_{-\infty}^{t}\sigma(u)\frac{\partial J(t-u)}{\partial u}du \quad (4.30)$$

となりボルツマンの基礎方程式が得られる. $\sigma(-\infty)$ を 0 と仮定し, さらに $t-u=v$ とおくと(4.30)式は

$$\varepsilon(t)=J(0)\sigma(t)$$
$$+\int_{0}^{\infty}\sigma(t-v)\frac{\partial J(v)}{\partial v}dv \quad (4.31)$$

となる. (4.31)式は, 時刻 t でのひずみ量がそのときの応力 $\sigma(t)$ によるひずみ量 $J(0)\sigma(t)$ と過去の影響によるひずみ量との和であることを示しており, 線形粘弾性に対する基礎方程式となる. それゆえ, (4.31)式の $J(t)$ に適当な式を代入すると種々の粘弾性式が求まる. たとえば $J(t)=J_r+t/\eta$ を代入すると,

フォークトモデルの式が求まる．ここで J_r は $t=0$ における瞬間的なコンプライアンスである．

4.2.4 動的粘弾性挙動

応力緩和やクリープ実験などの力学的な静的実験では，タイムスケールの長い応答に対する知見を得ることができる．他方，短いタイムスケールをもつ粘弾性要素の応答を観測するためには，高分子物体に周波数の異なる周期的刺激（ひずみあるいは応力）を与えて動的な粘弾性特性を調べる必要がある．高分子固体に正弦的応力の刺激を加えると，弾性と粘性の寄与の大きさに依存して，応答である正弦的ひずみは δ だけ遅れる．高分子固体が完全弾性体であれば $\delta=0°$ であり，完全粘性体であれば $\delta=90°$ となる．図4.6は刺激である応力 σ と，その応答であるひずみ ε との関係を示したものである．高分子の粘弾的挙動を表すのに複素動的弾性率 E^*，動的貯蔵弾性率 E'，動的損失弾性率 E'' および動的損失正接 $\tan\delta$ の値が使われる．線型粘弾性体の σ と ε の関係は両者の位相差を δ，周期的刺激の角速度を ω とすると

$$\sigma = \sigma_0 \exp(i\omega t) \quad (4.32)$$
$$\varepsilon = \varepsilon_0 \exp[i(\omega t - \delta)]$$

と書ける．(4.32)式より複素動的弾性率 E^* は

$$E^*(\omega) = \frac{\sigma}{\varepsilon} = \frac{\sigma_0 \exp(i\omega t)}{\varepsilon_0 \exp[i(\omega t - \delta)]} = \frac{\sigma_0}{\varepsilon_0} \exp(i\delta)$$
$$= \frac{\sigma_0}{\varepsilon_0}\cos\delta + i\frac{\sigma_0}{\varepsilon_0}\sin\delta = E'(\omega) + iE''(\omega)$$
(4.33)

となる．動的粘弾特性をマクスウェルモデルで考えると

$$E^*(\omega) = \frac{\omega^2\tau^2}{1+\omega^2\tau^2}E + i\frac{\omega\tau}{1+\omega^2\tau^2}E$$
$$= E'(\omega) + iE''(\omega) \quad (4.34)$$
$$\tan\delta = E'(\omega)/E''(\omega) \quad (4.35)$$

$\omega\tau \ll 1$ の低周波数域では，ひずみに対してダッシュポット（粘性項）が追随することができるので力の項 E' は小さく，エネルギー損失も小さい．また，$\omega\tau \gg 1$ の高周波数域では，ダッシュポットがひずみに対して全く追随できないので，スプリングだけが変形に対して有効となるため弾性率は純粋なスプリングの弾性率値に近づくとともに粘性によるエネルギー損失も小さくなる．それゆえ，$\omega\tau=1$ で E'' は極大値を示し，E' は急激に変化し，動的弾性率の異常分散が観測される．

4.2.5 力学分散

誘電率，力学緩和関数，屈折率などの物質定数は周波数に関して定数ではない．物質定数が周波数に依存して変化する現象を分散という．動的粘弾性挙動の項で力学モデルを使って力学分散を解説する．低周波数域より周波数を増加すると動的貯蔵弾性率 $E'(\omega)$ は徐々に増加し，正常分散を示す．緩和時間を τ とすると，$\omega=1/\tau$ を中心とする狭い周波数領域で $E'(\omega)$ は急激に増加し異常分散を示し，さらに周波数を増加すると正常分散に戻る．$\omega=1/\tau$ では動的損失弾性率 $E''(\omega)$ は極大を示す．分散現象のうち，特に $1/(1+i\omega\tau)$ 型のものをデバイ分散という．分子運動という観点からすると周波数の増加は温度の低下と対応しており，温度の上昇とともに $E'(T)$ は徐々に低下し，緩和温度域で $E'(T)$ は急激に低下するとともに $E''(T)$ は極大となる力学的温度分散を示す．

周波数－温度平面上に力学的損失量の等高線図を描くと緩和現象の全体を把握でき，こ

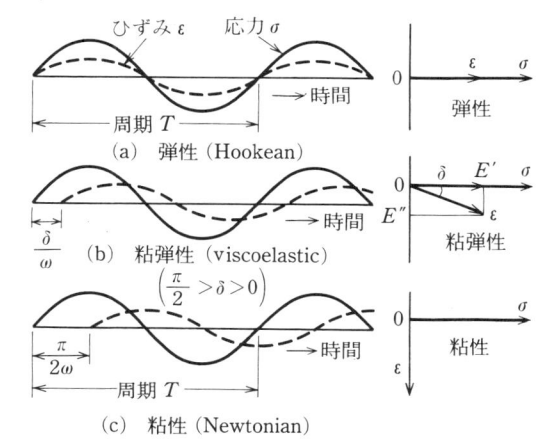

図 4.6 弾性体，粘弾性体および粘性体の正弦的応力刺激に対するひずみ変化と応力のひずみのベクトル表示

の等高線図は分散地図と呼ばれている．しかし，種々の測定条件下で力学的損失量の絶対値を求めることは困難な場合が多く，分散地図として損失極大の点の軌跡，すなわち，アレニウスプロットと呼ばれる損失極大の絶対温度の逆数対周波数の自然対数値のプロットで表すことが多い．アレニウスプロットの勾配より活性化エネルギー値を評価できる．

4.2.6 時間‐温度換算則

Ledermanが温度間隔を密にしたクリープ測定より曲線の類似性を最初に認め，各温度のコンプライアンスを時間軸に沿って移動させることによって重ね合わせることができることを見出した．無定形高分子に対する時間‐温度換算則の適用原理を説明する．第i番目の緩和要素に次の(1)～(3)の仮定を設ける．

(1) i番目の要素の弾性率E_iが特定温度の関数となる．ゴム弾性であれば，T_0を基準温度とすると(4.36)式の関係が得られる．

$$E_i(T) \propto T \quad (4.36)$$
$$\frac{E_i(T)}{E_i(T_0)} = \frac{T}{T_0}$$

(2) 温度変化に伴う体積変化を考慮し，単位体積中の要素の増減を弾性率の密度依存性に対応させると(4.37)式の関係が得られる．

$$E_i(T) \propto \rho \quad (4.37)$$
$$\frac{E_i(T)}{E_i(T_0)} = \frac{\rho}{\rho_0}$$

それゆえ，ゴム弾性の場合には

$$\frac{E_i(T)}{E_i(T_0)} = \frac{\rho T}{\rho_0 T_0} \quad (4.38)$$

(3) i番目の要素の緩和時間が基準温度のそれに対してa_T倍される．

$$\frac{\tau_i(T)}{\tau_i(T_0)} = a_T \quad (4.39)$$

そこで，任意の温度Tにおける粘弾性関数を緩和弾性率で表すと

$$E_T(t) = \sum_i E_i(T) \exp(-t/\tau_i(T))$$
$$= \frac{T\rho}{T_0\rho_0} \sum_i E_i(T_0) \exp(-t/a_T \tau_i(T_0))$$
$$= \frac{T\rho}{T_0\rho_0} E_{T_0}(t/a_T) \quad (4.40)$$

動的弾性率では

$$E_T'(\omega) = \frac{T\rho}{T_0\rho_0} E_{T_0}'(\omega a_T)$$
$$E_T''(\omega) = \frac{T\rho}{E_0\rho_0} E_{T_0}''(\omega a_T)$$
$$(4.41)$$

となる，(4.40),(4.41)式は温度と密度で補正すれば，基準温度の粘弾性関数を時間あるいは周波数軸に沿ってa_Tだけ移動させれば重ね合せできることを示している．図4.7は，ポリイソブチレンの緩和弾性率の各測定温度での観測時間依存性である．ここで25°Cを基準温度T_0として，$E(t)$を$T\rho/T_0\rho_0$で除し，対数時間軸に沿って各曲線が滑らかに重なり合うまで移動させ，時間‐温度の重ね

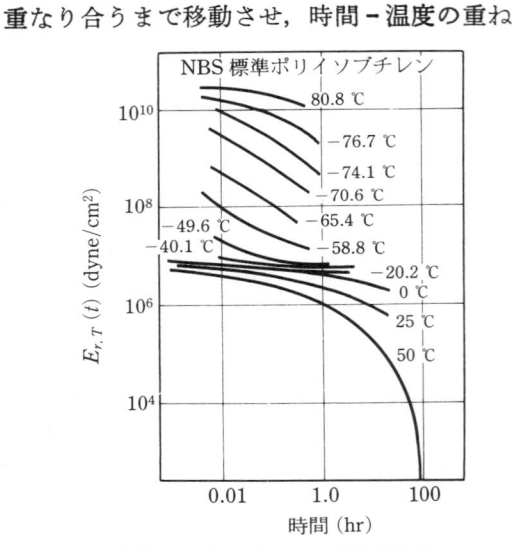

図 4.7 ポリイソブチレンの緩和弾性率

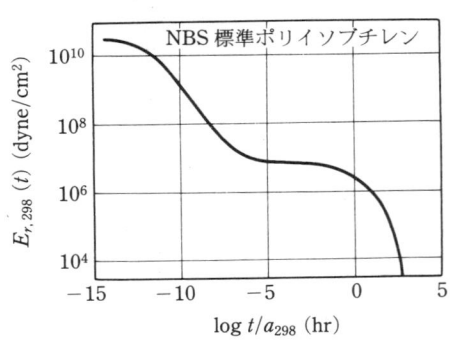

図 4.8 ポリイソブチレンの合成曲線

4. 物性

合せを行う.このときの対数時間軸の移動量がシフトファクター a_T である.図4.8はその合成曲線である.高分子の粘弾性挙動に対して時間－温度換算則を適用する理由は,通常1つの静的,あるいは動的測定でカバーできる周波数範囲は約2～3桁にすぎないが,合成曲線を作成することにより粘弾性挙動を広い時間あるいは周波数範囲で知ることができるため,測定時間あるいは周波数範囲を10桁程度まで広げることができる.さらに,時間－温度重ね合せ操作によって得られるシフトファクター a_T の温度依存性より,$\Delta H^* = 2.303\, d\log a_T/d(1/T)$ の関係を使って活性化エネルギー ΔH^* を計算することができる.

4.2.7 力学的緩和現象と分子運動

高分子固体の構造は,分子鎖自体の化学構造ないしは分子構造である1次構造と,それが凝集して構成される高次構造の2次構造とに大別される.高分子の力学緩和現象には,分子鎖の局所的コンフォメーション変化に伴う E' の低下（分散）ないしは E'' の極大（吸収）が極低温域に観測される.これが分子の1次構造効果であり,分子鎖の熱運動の規模と緩和時間の増加に伴い,しだいに高温側に向い2次構造効果が支配的に現れる.高分子固体の動的粘弾性測定の結果,見出される緩和機構を表4.1にまとめてある.

脂肪族ナイロンやポリウレタンの粘弾性測定より,主鎖の局所緩和は骨格主鎖内に4つ以上のメチレン基が存在する場合に顕著に観測される.また,結晶相内の結晶欠陥などの格子不整領域では分子鎖の拡散運動は不可能であるが,分子軸のまわりのねじれ運動や分子軸方向の局所的運動は可能であり,結晶緩和として観測される.主分散は無定形領域に存在する分子鎖のミクロブラウン運動に起因するものである.主分散に関与するセグメント運動単位の大きさは必ずしも明確ではないが,ナイロン66の電子線照射により形成される架橋の密度と主分散の緩和強度との関係から,セグメント運動には15個のアミドグループが必要であるという報告がある.主分散の緩和強度は非晶領域分率とともに低下する.

4.2.8 力学的結晶緩和

図4.9は種々の等温結晶化条件で調製し

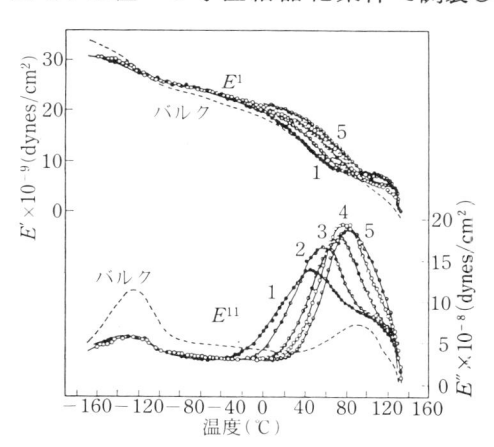

図4.9 結晶厚の異なる等温結晶化したポリエチレン単結晶マットの E' および E'' の温度依存性 (110 Hz)

表4.1 力学的緩和機構の分類

緩和の名称	温度域	緩和機構	活性化エネルギー kJ/mol
結晶緩和 (α_c, α_2)	$(0.8～0.9)\times T_m$	結晶相内の分子鎖の熱振動により非調和項が増加し,結晶が粘弾性的となる.	170～340
結晶粒界 ($\alpha_{gb}, \alpha_c', \alpha_1$)	$T_{\alpha c}$ 近傍	モザイク晶界面,転位網あるいはラメラ表面における結晶粒界のすべり.	80～170
主分散 (α, α_a)	T_g 近傍	非晶領域の分子鎖のミクロブラウン運動	170～850
副分散 (β) $\begin{cases}(\beta_a,, \beta_c)\\(\beta_{sc})\end{cases}$	T_g 以下 T_g 以下	結晶および非晶域における主鎖の局所的捩れ運動 側鎖全体の熱運動	40～80 40～120
立体異性緩和	T_g 以下	シクロヘキサンの異性体転移.	40～80
メチル基緩和 (γ, δ)	$T \ll T_g$	メチル基の回転緩和	～20

た単結晶厚の異なるポリエチレン単結晶マットの110 Hzにおける動的貯蔵弾性率E'と動的損失弾性率E''の温度依存性である．0～120℃の温度域に観測される結晶緩和（$α_c$緩和）には，少なくとも2つの緩和現象が重なっていることは明らかである．as-grown 単結晶の場合には，E''極大値と極大温度は単結晶厚とともに増加し，$α_c$緩和が結晶相内の分子鎖熱運動性に直接関与していることを示している．また，ポリエチレン分子鎖間に対応する結晶格子のa軸の熱膨張係数は，$α_c$緩和温度域の低温および高温域で顕著に異なり，$α_c$緩和温度より高温側で結晶相内の分子鎖熱運動が活発になることを示唆している．格子振動の非調和性の尺度であるグリュナイゼン（Grüneisen）定数は，音速の圧力依存性と圧縮率より評価できる．ポリエチレン単結晶マットのグリュナイゼン定数は50℃から顕著に増加し，a軸の熱膨張係数の折れまがりの温度域と対応している．これらの事実は$α_c$緩和温度域で，ポリエチレンの結晶相が弾性的から粘弾性的となり，$α_c$緩和が結晶格子振動の非調和性に関与した粘弾性結晶緩和であることを示している．経験的に，結晶緩和温度$T_{α_c}$と融点T_mとは$T_{α_c}/T_m=$ ～0.85となり，結晶緩和の活性化エネルギーは170～340 KJ/mol 程度である．

結晶緩和温度域ではラメラ晶が粘弾性的になるため，$α_c$緩和温度域の延伸により分子鎖に適度な応力がかかった状態でラメラ晶から分子鎖がひき出される．それゆえ，延伸物の配向性もよく，延伸時に結晶欠陥の導入も少なく，結晶緩和温度が高分子鎖の配向に最も適した内部摩擦を与えるため，結晶延伸による試料の弾性率は高く，疲労強度も強い．

4.2.9 高強度，高弾性率高分子材料

高分子の主鎖は一般にC, N, S などの原子の共有結合からなる．A—B結合の場合，AとB原子の原子間距離rの関数として相互作用エネルギー$U(r)$を評価することができれば，2原子間の力Fは$F=dU(r)/dr$より求まる．$dF/dr=d^2U(r)/dr^2=0$を満たすrでr_{max}を定義すると，A—B結合の切断に必要な力，$F_{max}=[dU(r)/dr]_{r_{max}}$を計算することができる．共有結合によって結ばれている2原子間の相互作用エネルギー$U(r)$は，モース関数によって記述することができる．

$$U(r)=U_0[\exp\{-2a(r-r_0)\}-2\exp\{-a(r-r_0)\}] \quad (4.42)$$

U_0は結合エネルギーで，2原子を無限にひき離したときのポテンシャルエネルギーとA B原子の平衡距離r_0におけるポテンシャルエネルギーとの差に対応する．aはr_0における(4.42)式の曲率に関係するパラメータである．ここで，

$$F_{max}=\frac{U_0 a}{2} \quad (4.43)$$

$$\left(\frac{d^2U}{dr^2}\right)_{r=r_0}=2a^2U_0 \quad (4.44)$$

が成立する．(4.44)式は A—B 結合を伸張するときの力の定数に等しく，分光学的データからaを評価することができる．ここで，高分子主鎖中に最も多く存在するC—C結合の破断強度を評価してみる．C—C結合の伸縮振動の力の定数は5.2 N·cm^{-1}であり，C—Cの結合エネルギーは$U_0=347$ kJ·mol^{-1}であるから(4.44)式より$a=2.12×10^8$ cm^{-1}となる．aとU_0を(4.43)式に代入すると，C—C結合を破断する力として$F_{max}=3.69$ MJ·mol^{-1}·nm^{-1}が得られる．ポリエチレンのC—C結合の破断応力$σ_b$を計算するためには，C—C結合連鎖の断面積が必要となる．ポリエチレン主鎖の断面積0.182 nm^{2}を用いると，破断が主鎖切断に起因する場合には$σ_b=33.7$ GPa となる．主鎖中にC—N結合があるときには約30 GPaとなる．また，ポリエチレン繊維の破断が主鎖間の滑りで起こる場合には$σ_b=3.7$ GPa である．

次に，ポリエチレン鎖の理論弾性率を評価してみる．結晶相中のポリエチレン主鎖は，主鎖の最も伸び切った平面ジグザグコンフォメーションをとるため，引張り理論弾性率は屈曲性高分子のうち最高値となる．Treloarは分子鎖の変形が分子内の変化のみで生ずる

ものと仮定して，分子軸方向の引張り弾性率，$E_{c\parallel}$ を計算している．C—C 結合長を l，C—C—C 結合角を α，分子軸に沿った伸張方向と C—C 結合のなす角を θ とする（$\theta=(\pi-\alpha)/2$）．n 結合からなる分子鎖の分子軸方向に，F なる力をかけたときの分子軸方向の全変形量 ΔL は，

$$\Delta L = \Delta(nl\cos\theta)$$
$$= n\left(\frac{F}{k_l}\cos^2\theta + \frac{Fl^2}{4k_\alpha}\sin^2\theta\right) \quad (4.45)$$

ただし，k_l と k_α はおのおの C—C 結合の伸張と変角に対する力の定数である．k_l と k_α の単位を一致させるため，k_α を曲げの力の定数 k_p に変換すると $k_\alpha = k_p l^2$ となる．分子鎖の断面積を A とすると弾性率 $E_{c\parallel}$ は

$$E_{c\parallel} = \frac{l\cos\theta}{A}\left(\frac{\cos^2\theta}{k_l} + \frac{\sin^2\theta}{4k_p}\right)^{-1} \quad (4.46)$$

ポリエチレン鎖の場合，$E_{c\parallel}=180\sim316$ GPa が報告されている．ナイロン 66 の場合 $E_{c\parallel}=197$ GPa である．

理論値に近い力学物性を高分子材料に発揮させるためには，高分子鎖の共有結合力を直接応用することが必要である．その実現のため，屈曲性高分子に対しては加工法の改良などの物理的手法と，剛直性高分子に対しては主鎖の化学組成変化などの化学的手法の検討がなされてきた．物理的手法による高強度，高弾性率高分子試料の作製法としては希薄溶液からの配向結晶化法，キャピラリー・ブロッケージ(capillary blockage)法，超延伸法，固体押出し法，ダイス延伸法，ゲル紡糸法などが報告されている．また，高強度，高弾性率高分子を得るための化学的手法として高分子量全芳香族ポリアミドの合成例がある．

4.2.10 高分子材料の疲労破壊

材料の疲労現象を記述する最も一般的な方法は，疲労破壊までのサイクル数 N_f の対数を応力またはひずみ量に対してプロットする方法であり，ウェーラー(Wöhler)曲線またはS-N曲線と呼ばれている．しかしS-N曲線からは，疲労破壊機構や非破壊疲労実験で疲労寿命を予測することは不可能である．

試験片に一定振幅の正弦的変位を与え，疲労中の応力と変位を同時に検出し，動的ひずみ振幅，周囲温度および周波数を変数として，高分子材料の疲労過程中の粘弾性関数を連続的に記録すると疲労破損の様式を正確に把握できる．図4.10は典型的な脆性破損(a)と熱破損(延性破損)(b)をする高分子材料の動的貯蔵弾性率 E'，損失正接 $\tan\delta$ および試料表面温度 T_s の疲労時間依存性を示したものである．脆性破損は低ひずみ振幅，低周囲温度，試料からの高い放熱効果の場合に実現される．典型的な脆性破損の場合には，試

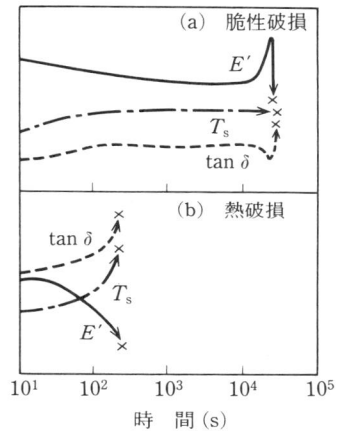

図 4.10 動的貯蔵弾性率 E'，損失正接 $\tan\delta$ と試料温度 T_s の疲労時間依存性

料温度 T_s はわずかに上昇し，定常温度で繰返し変形を受けたあと，クラックが急速に伝播して破壊に至り，破損直前で E' が極大となり，$\tan\delta$ が極小となる．疲労破断直前の E' の極大と $\tan\delta$ の極小は，材料のクラック近傍で高分子鎖が局所的に延伸され，材料がより弾性的となり，破断に至ることを示唆している．他方，熱破損(延性破損)は高ひずみ振幅，高い周囲温度あるいは低い放熱効果の媒体中における疲労試験で顕著に現れ，疲労寿命は脆性破損の場合と比較して著しく短い．熱破損の場合，可塑化ポリ塩化ビニルのようなガラス状高分子の場合，試料温度は単調にガラス転移温度まで到達し，そのため E' は試験開始直後から単調に減少し，$\tan\delta$ は増加しつづけ破壊に至る．

疲労過程における非線形粘弾性関数を連続的に把握することにより，疲労破損に至るまでの有効エネルギー損失量の総和が高分子材料特有な値に近づいたときに疲労破壊が起こるという，疲労破壊の規準式を確立することができる．脆性破損の場合には，疲労破壊の規準式を使って短時間，非破壊の疲労実験より疲労寿命を予測することが可能となる．

4.2.11 高圧力下の構造，物性

高分子の分子間力は分子鎖方向の共有結合力と比較して著しく弱いため，力学的異方性が顕著となる．それゆえ，分子間に関与する物性値は圧力によって容易に影響を受ける．ポリエチレンやポリテトラフルオロエチレンは，高圧下で分子間相互作用や干渉性が著しく増加するため高分子鎖の熱運動は低下し，融解直前において常圧下では観測されなかった液晶状態の高圧相が観測される．ポリエチレンを常圧下で溶融結晶化すると，ラメラ表面で分子鎖が折りたたまれた球晶が生成し，また高圧下で溶融結晶化すると伸び切り鎖結晶が生成することはよく知られている．CH_2伸縮振動領域のラマンスペクトルが$(CH_2)_n$鎖の分子間，分子内規則性を敏感に反映することを利用すれば，ポリエチレンの高圧六方晶の分子形態が検討できる．骨格振動に関するラマンスペクトルバンドの波数は，固相(斜方晶)→高圧相(六方晶)で著しく変化し，高圧相→溶融相ではほとんど変化しない．また固相→高圧相転移に際し，骨格振動に関する波数の変化は顕著であるが，CH_2基内部の局所モードに関するラマンスペクトルバンドの波数は変化しない．この事実は高圧相(六方晶)の分子形態がゴーシュ結合の出現により，骨格内で分子軸方向の長距離秩序を失うことを示唆している．また，ディラトメーターによるポリエチレン高圧相の静的圧縮率や超音波測定から評価された剛性率は，同じ圧力下の溶融体のそれとほぼ等しい．これらの結果より，高圧六方晶内のポリエチレン分子鎖の凝集状態あるいは分子形態は，溶融体と非常に類似していることが明らかとなった．

4.3 固体の電気的性質
4.3.1 誘電緩和

すべての物質は電子やイオンの集合体である．外部電場により荷電粒子が巨視的な移動をし，電流を生じる性質を導電性といい，微視的な変位なため巨視的な電流を生じない性質を誘電性という．誘電性を示す物質は絶縁物であり誘電体と呼ばれる．誘電性を刺激-応答現象の立場からみると，物質に電界Eを加えることにより分極Pを生じることに対応する．高分子に電場を印加したとき，電子分極はほとんど瞬間的に起きるが，配向分極は高分子鎖の主鎖や側鎖のコンフォメーション変化を伴うので誘電率εは時間の関数となる．高分子の極性基の電場に対する応答から，高分子鎖の熱運動性を評価しようとするのが誘電緩和測定である．それゆえ，誘電緩和測定による物性評価は，一般に有極性高分子に対してのみ有効な方法である．力学的刺激には力と変形という2種類の方法があるが，誘電緩和に対する刺激は電場のみである．しかし線型の刺激-応答性という観点に立てば，力学緩和も誘電緩和も表4.2のような対応をすれば誘電系と力学系の変換は可能である．

$\phi(\tau)$なる緩和時間分布をもつ誘電緩和現象において用いられる周波数応答，複素誘電率ε^*，誘電率ε'，誘電損失率ε''と時間無限大(角速度$\omega=0$に対応)における平衡誘電率ε_0と$\omega=\infty$でのεの値をε_∞とすると

$$\begin{aligned}\varepsilon^* &= \varepsilon_\infty + (\varepsilon_0 - \varepsilon_\infty)\int_0^\infty \frac{\phi(\tau)}{1+i\omega\tau}d\tau \\ &= \varepsilon' - i\varepsilon''\end{aligned} \quad (4.47)$$

で表される．ε_∞は瞬間的に応答可能な双極子の応答に対応している．ε'はωの増加とともにε_0からε_∞まで減少し，力学系におけるコンプライアンスJすなわち，応力に対する変形のしやすさに対応している．ε''の極大点の周波数f_mの対数と，極大点の絶対温度の逆数のプロット(アレニウスプロット)の

4. 物　　性

表 4.2　力学系と誘電系の対応

力　学　系		誘　電　系	
力	F	電　流	I
変　位	X	電位差	V
応　力	$\sigma=F/A$	電流密度	i
ひずみ	$\gamma=X/l$	電界強度	F
粘性係数	$\eta=Fl/PXA$	誘電率	ε
弾性率	$m=Fl/AX$	導電率	κ
バ　ネ	～～～	抵　抗	R
ダッシュポット	─□─	静電容量	C
マクスウェル素子	～～□─	RC の直列回路	─W─┤├─
フォークト素子	～～□～	RC の並列回路	─W─┤├─

ただし $P=i\omega$, $A=$断面積, $l=$長さである.

勾配より見かけの活性化エネルギーが評価できる．また，誘電緩和強度，$\varepsilon_0-\varepsilon_\infty$ はコール-コール (Cole-Cole) プロットか，あるいは ε'' 対 ω の関係より (4.48) 式を使って求めることができる．

$$\varepsilon_0-\varepsilon_\infty=\frac{2}{\pi}\int_{-\infty}^{\infty}\varepsilon''d\ln\omega \quad (4.48)$$

双極子の配向分極の起こらない無極性高分子や，極低温あるいは超高周波数域の有極性高分子の ε' はおもに電子分極からの寄与である．双極子配向による誘電緩和現象としては結晶場中の欠陥，格子不整による双極子の熱変位．主鎖セグメントのミクロブラウン運動，主鎖の局所的ねじれ運動あるいは側鎖の運動などがある．高分子鎖のミクロブラウン運動である主分散に対する緩和強度 $\Delta\varepsilon$ は，N を単位体積当たりの双極子の数，μ を双極子モーメントとすると (4.49) 式のように書ける．

$$\Delta\varepsilon=\frac{4\pi}{3}\frac{2\varepsilon_0}{2\varepsilon_0+\varepsilon_\infty}\left(\frac{\varepsilon_\infty+2}{3}\right)^2\frac{N\mu^2}{kT} \quad (4.49)$$

また，局所的分子鎖のねじれ緩和に対する $\Delta\varepsilon$ は，f を分子鎖のねじれの力の定数とすると

$$\Delta\varepsilon=\frac{4\pi}{3}\frac{2\varepsilon_0}{2\varepsilon_0+\varepsilon_\infty}\left(\frac{\varepsilon_\infty+2}{3}\right)^2\frac{N\mu^2}{f} \quad (4.50)$$

で表すことができる．

4.3.2　分極現象

物質の誘電状態を巨視的に表す量は，単位体積当たりの電気双極子能率，すなわち電気分極 P であり，単位体積中の双極子の数を N，平均の双極子モーメントを $\bar{\mu}$ とすると P は

$$P=N\bar{\mu} \quad (4.51)$$

で表される．電気変位 D，外部電場 E，電気分極 P おける誘電率 ε との関係は (4.52) 式のようになる．

$$D=E+4\pi P=\varepsilon E \quad (4.52)$$

電気分極 P は電子分極 P_e，原子分極 P_a および配向分極 P_0 からなる．電子分極は，電界により電子の分布が変化するためであり，共鳴周波数は $10^{15}\sim10^{16}$ Hz で紫外域にある．この周波数域で電子分極は共鳴的な分散，吸収を示し，光学分極と呼ばれている．原子核のまわりの電子のうち外側の軌道にある電子ほど，電子分極の寄与が大きく，それゆえ，分極率は分子の体積に比例する．原子分極は電荷をもつイオンが，ほかのイオンに対して相対的に変位することによって生じるもので，$10^{11}\sim10^{14}$ Hz の赤外域に共鳴周波数をもつので赤外分極とも呼ばれている．さらに，配向分極とは，高分子鎖の主鎖や側鎖は双極子をもったものが多く，電界が印加されると双極子が配向して分極する現象をいい．$10^{-4}\sim10^9$ Hz の周波数域で緩和型の分散，吸収を

示す.

高分子の繰返し単位が固有の双極子モーメント μ_0 をもつとき, 電場を印加しない限り μ_0 の向きはランダムで, 全体としては分極をもたない. 電界 E を印加すると, 電場方向に平均として双極子モーメント $\langle\mu\rangle$ が生じる. θ を E と μ_0 のなす角, φ を双極子に作用する外力によるポテンシャルとすると μ の統計的平均値 $\langle\mu\rangle$ は

$$\langle\mu\rangle = \frac{\int_0^\pi \mu_0 \sin\theta \cos\theta \, e^{-\varphi/kT} d\theta}{\int_0^\pi \sin\theta \, e^{-\varphi/kT} d\theta} \quad (4.53)$$

で与えられる.

高分子鎖の場合には分子鎖の熱振動のため μ_0 の値がゆらいでおり, (4.53)式より配向分極による分極率 α_orient は μ_0 のゆらぎ $\varDelta\mu$ の2乗平均との間に(4.54)式の関係となる.

$$\alpha_\mathrm{orient} = \frac{\langle\varDelta\mu^2\rangle}{3kT} \quad (4.54)$$

また, 側鎖に双極子があるとき, あるいは主鎖の場合でも双極子が全く自由配向できる場合には双極子間の相互作用は全く無視でき,

$$\langle\varDelta\mu^2\rangle = N\mu^2 \quad (4.55)$$

となる. ただし, N は単位体積当たりの双極子の数である. もし $g-1$ 個の双極子が同時に一緒に配向するという近距離相関性があるとき, g は近距離相互作用による補正項に対応し, α_orient は

$$\alpha_\mathrm{orient} = \frac{Ng\mu_0^2}{3kT} \quad (4.56)$$

のように書ける.

4.3.3 誘電緩和強度と緩和時間の分布

誘電緩和強度, $\varepsilon_0 - \varepsilon_\infty$ と緩和時間 τ の分布の程度は, 種々の周波数における誘電率 ε' と誘電損失率 ε'' の組合せ, $(\varepsilon', \varepsilon'')$ の ε' 値を横軸, ε'' 値を縦軸にプロットすることにより求めることができる. 緩和時間分布を考慮した ε^* の実験的表示法としては次の(4.57)~(4.59)式がある.

(Cole-Cole)

$$\varepsilon^* = \varepsilon_\infty + \frac{\varepsilon_0 - \varepsilon_\infty}{1 + (i\omega\tau)^\beta} \quad (4.57)$$

(Davidson-Cole)

$$\varepsilon^* = \varepsilon_\infty + \frac{\varepsilon_0 - \varepsilon_\infty}{(1 + i\omega\tau)^\alpha} \quad (4.58)$$

(Havriliak-Negami)

$$\varepsilon^* = \varepsilon_\infty + \frac{\varepsilon_0 - \varepsilon_\infty}{[1 + (i\omega\tau)^\beta]^\alpha} \quad (4.59)$$

パラメータ α, β は緩和時間の分布の程度を示しており, $\alpha=1, \beta=1$ のときは単一緩和であり, $\alpha, \beta<1$ のとき多緩和的となる. 図4.11に示すように, Cole-Cole プロットは円弧となり, Havriliak-Negami プロットはレムニスケートになる. 横軸の ε' 軸と縦軸の ε'' のプロットを円弧, あるいはレムニスケートで表したときの ε' 横軸との交点が ε_0 と ε_∞ となり, その温度における緩和強度, $\varepsilon_0 - \varepsilon_\infty$ が評価できる. また, Cole-Cole プロットの場合, 円弧の中心と ε_0 および ε_∞ 点を結んだ直線によってできる角度が $\beta\pi$ に対応し, β 値より緩和時間の分布を推測することができる. $\beta=1$ のとき単一緩和である.

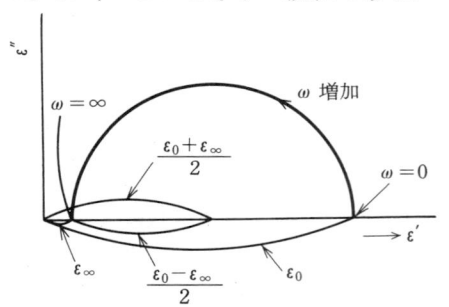

図 4.11 単一緩和の場合の Cole-Cole プロット

4.3.4 圧電性, 焦電性

結晶はその対称性により32種類の晶族に分けられ, そのうち20種類の晶族に属する結晶は対称の中心を欠き圧電性を示す. 圧電性とは, 結晶に機械的応力を加えるとき結晶の表面に正負の電荷が現れる現象であり, それゆえ, 開放された電極では電位差が生ずるし, 電極を短絡すると短絡電流が流れる. 圧電性を示す20種類の晶族に属する結晶は, 自発分極をもち焦電性を示し, 結晶の温度を変えると結晶の表面に正負の電荷が現れる. 焦電性結晶のもつ自発分極のうち外部電場によってその方向を変えることができる性質を

強誘電性という．

ひずみ ε あるいは応力 σ に対する短絡電極上の電荷の変化を δQ とすると，電極の面積が A であれば，圧電応力定数 e は

$$e = \frac{\delta Q}{A\varepsilon} \quad (4.60)$$

圧電ひずみ定数 d は

$$d = \frac{\delta Q}{A\sigma} \quad (4.61)$$

と書ける．e/d は電場をかけていないときの弾性率 E との間に(4.62)式の関係がある．

$$\frac{e}{d} = \frac{\sigma}{\varepsilon} = E \quad (4.62)$$

高分子の場合には，大きな単結晶体はつくれなくても多結晶体の配向物をつくると，セルロース，ポリペプチド，木材，コラーゲン，ポリフッ化ビニリデンなどは圧電性を示す．1本の分子鎖はもちろんのこと，単位格子としても双極子モーメントをもち自発分極を示す β 型ポリフッ化ビニリデン(β-PVDF)の延伸物に，結晶内分子鎖の再配列の可能な結晶緩和温度以上で，直流電圧でポーリングし，冷却すると試料全体として自発分極が固定され，強誘電体となり圧電性を示す．さらに，高分子中に安定剤，残留触媒，不純物イオンなどの実電荷が含まれる場合にもフィルム表面に電荷分離を起こし，β-PVDF の分極電荷と同様に圧電性を示すようになる．

4.3.5 強誘電性

強誘電性物体では自発分極は外部電場によって方向が変わり，それゆえ，外部からの強い反対方向の電場によって自発分極は逆転し，分極反転を起こす．自発分極の方向が外部電場によって変わるという条件は，外部電場 E と電気変位 D との間に図 4.12 に示すような履歴曲線を示す関係となることに対応している．それゆえ，物体が強誘電性であるかどうかは E-D 曲線に履歴が観測されるかどうかで実験的に確かめることができる．

高分子の強誘電体としては β 型ポリフッ化ビニリデン結晶(β-PVDF)がある．β-PVDF の双極子が配列する原因は双極子が主鎖に化

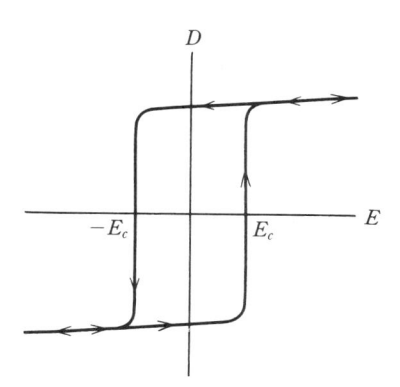

図 4.12 強誘電体の履歴曲線

学結合で連結され，かつ隣接鎖との間のファンデルワールス力によるためである．β-PVDF における分極反転は高分子主鎖の軸のまわりの回転であり，高分子鎖のねじれた部分であるキンクが分子鎖に沿って伝播するという形式で生じる．高分子強誘電体は温度上昇に伴い双極子相互作用が弱くなり，ある温度で自発分極が消失して常誘電体となる．高分子強誘電体は，超音波トランスデューサーとして臓器器官の診断(超音波診断)，工業用超音波探傷のチェックや超音波顕微鏡，あるいは光メモリーに使用されている．

4.3.6 電気伝導

物質に電場 E をかけたとき定常電流密度 J が発生したとすると，

$$J = \sigma E = \frac{1}{\rho}E \quad (4.63)$$

が成立し，σ は導電率，ρ が抵抗となる．σ が $10^4 \text{S}\cdot\text{cm}^{-1}$ 以上の物質を良導体，中間の値をもつ物質を半導体，σ が $10^{-5} \text{S}\cdot\text{cm}^{-1}$ 以下を絶縁体と呼ぶ．高分子の電気伝導は物質中をキャリヤーが一方向に動くことによって起こる．キャリヤーとしては正負のイオン(イオン伝導)と，電子あるいは正孔(電子伝導)によるものとがある．キャリヤーの熱運動による移動を無視した真の電気伝導に寄与するドリフト速度 u が E に比例すると

$$u = mE \quad (4.64)$$

が成立し，m をキャリヤーの移動度という．キャリヤーの数密度を N，電荷を e とすると，m と σ の関係は，

$$\sigma = Nem \quad (4.65)$$

で表される. N, e は温度や圧力によって変化し, さらに E にも依存する場合があり, 電気伝導が非オーム的となる.

高分子の場合には無定形領域中のイオンの拡散によってイオン伝導が支配されるから, 結晶化度や圧力の増大によりイオン伝導による導電率は減少する. 絶縁体高分子物質の高温, あるいは低電界中での伝導は主としてイオン伝導である. 電子伝導の場合の移動度は電子の格子による散乱過程に依存するため $T^n(-2<n<-1)$ の温度依存性を示す. 高分子結晶の場合, 結晶化度や圧力の増加とともに分子鎖間の電子雲の重なりが増すため, 伝導電子の移動度は増加する. 高電界下での非オーム性伝導や半導体高分子の伝導性は電子伝導の寄与が大きい.

直鎖状共役系高分子の代表であるポリアセチレンの化学的ドーピングにより, 電気伝導度が $\sim 10^3$ S·cm^{-1} となり金属的導電性を示す. また, ポリ(p-フェニレン), ポリ(p-フェニレンビニレン)やポリキノンも化学的ドーピングによって電気伝導度が $\sim 10^2$ S·cm^{-1} の高い導電性を示す. ピロールやチオフェンなどの複素環式化合物の電解酸化重合によって, 電気化学的にドープされた電解重合高分子も 10^{-2} S·cm^{-1} オーダーの高い電気伝導率を示す.

4.3.7 絶縁破壊

高分子に直流電圧を印加すると, イオンあるいは電子の運動によって電流が流れる. 電圧を増していくとある電圧値で電流はきわめて大きい値となり, 電流-電圧関係が非可逆的に変化する現象を絶縁破壊という. 高分子の絶縁破壊には電子破壊, 熱破壊および電気力学的破壊があり, 低温よりこの順序で起こる. 電子破壊とは, 絶縁体中の伝導電子が電界によって加速されエネルギーを増す. 電子が格子に衝突して与えるエネルギーより電界によって加速された電子のエネルギーが大きい場合には, 電子エネルギーは増加しつづけ, これが分子のイオン化電圧より大きくなったときイオン化により電子はネズミ算的に増大し, 電子なだれが起こる. この現象を電子破壊という. 熱破壊は絶縁体中の電流によるジュール熱が十分に外に発散されず, 物質の温度が上昇し, 電子が熱的に励起されて相対密度が増し, このためさらにジュール熱が増大するという繰返しによって生じる破壊をいう. 電子破壊と熱破壊は絶縁体中に電流が流れていることが必要である. しかし, 通常の高分子では電極間のクーロン引力により物質が圧縮され, 引力が強まり, ついに両電極が接触することによって絶縁破壊が起こる. これを電気力学的破壊という.

4.3.8 光導電材料

特に光を照射すると電子, 正孔のキャリヤーを生じ伝導性が増加する現象を光導電性といい, 電子写真用感光体材料として実用化されている. 光電流は加えた電場 E, 照射光の波長と強さ I に依存する. 光電流 i は I が大きくないときは $i \propto I$ であるが, I が増加すると生成キャリヤー数が増し, 再結合するため $i \propto \sqrt{I}$ となる. I がさらに大きくなるとキャリヤーは空間電荷をつくり, i はキャリヤーの運動に制限され i は I に依存しなくなる. 光電流は, 不純物順位や表面順位などの外因的機構と, 価電子帯から伝導帯への直接励起の内因的機構で生じる. 材料による光の吸収が大きい場合にはキャリヤーの生成は試料表面で起こるので, パルス的に光を照射したとき試料中をドリフトするキャリヤーが対向電極に到達すると電流パルスは終る. この時間を t とするとキャリヤーの移動度 μ は

$$\mu = \frac{l^2}{Vt} \quad (4.66)$$

で与えられる. ここで l は試料の厚さ, V は電圧である. ポリ(N-ビニルカルバゾール)と 2,4,7-トリニトロフルオレノンの 1:1 電荷移動錯体は, 複写機用およびレーザープリンター用感光体として有機光導電体のなかで最初に実用化されたものである.

4.4 表面,界面の性質
4.4.1 高分子表面のキャラクタリゼーション

高分子表面は超音波洗浄で容易に清浄でき,また清浄表面は金属と比較して非常に汚れにくい.高分子表面の形態観察には光学顕微鏡,走査型顕微鏡および透過型顕微鏡が用いられる.表面元素分析には,X線マイクロアナライザー(EPMA)や,1分子層オーダーの分析が可能なX線光電子分光法(XPS)やオージェ電子分光法(AES)がある.高分子表面の化学構造を制御するための状態分析にはXPSや,フーリエ変換赤外分光法(FT-IR)による全反射吸収分光法(ATR)があり,FT-IR,ATRの差スペクトルを使用することにより化学組成の深さ分析が可能となる.固体表面にイオンビームを照射すると,大部分のイオンは表面層に入り込んで固体内の原子と衝突してエネルギー損失を受けるとともに運動方向が変わり,イオンは固体に留まる.また,固体を構成する原子もイオンと衝突し,衝突によって得られた原子の運動エネルギーが格子エネルギーを越すと原子は格子点をはじき出される.これを繰り返して,表面近傍に達すると,固体表面から放出される.これがスパッタリングと呼ばれる現象であり,そのうち10%程度は2次イオンになる.この2次イオン質量分析はSIMSと呼ばれ,表面近傍の元素分析が可能となり,XPSやAESと比較して水素イオンを含むすべての元素分析が可能である.

4.4.2 動的接触角測定

一般的な接触角の測定法は,液滴,あるいは気泡を用いるものである.これらの測定法は液滴(気泡)と高分子表面が形成する接触角を直接カセトメーターなどで観察して計測し,表面自由エネルギーを評価するものであり,静的な方法である.図4.13のように液滴を傾斜板の上にのせると液滴は低い方に向かって滑り出そうとするが,このときの液滴の低い側の接触角を前進接触角といい,高い側の接触角を後退接触角という.このような

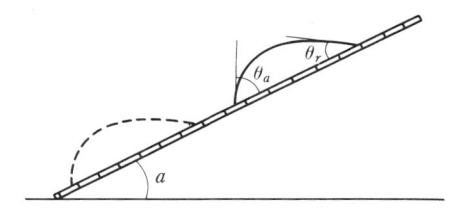

図 4.13 傾斜板上の前進接触角 θ_a と後退接触角 θ_r の模式図

平板上の液滴の接触角を総称して,動的接触角という.JohnsonとDettreはウィルヘルミ(Wilhelmy)の平板法を用いてこれら動的接触角を測定し,前進接触角と後退接触角の差である動的接触角のヒステリシスについてさまざまな考察を加えている.図4.14において,Fは平板にかかる張力,mgは平板の重力,γ_Lは水の表面張力,Pは平板の周囲の長さ,F_bは浮力をそれぞれ示している.平板を水中に浸漬するときのFの浸漬深さ依

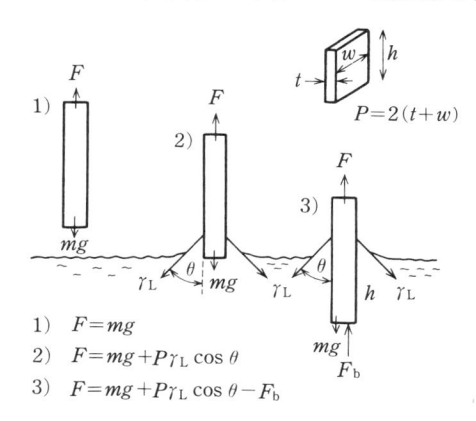

1) $F = mg$
2) $F = mg + P\gamma_L \cos\theta$
3) $F = mg + P\gamma_L \cos\theta - F_b$

$P = 2(t+w)$

図 4.14 動的接触角測定の原理

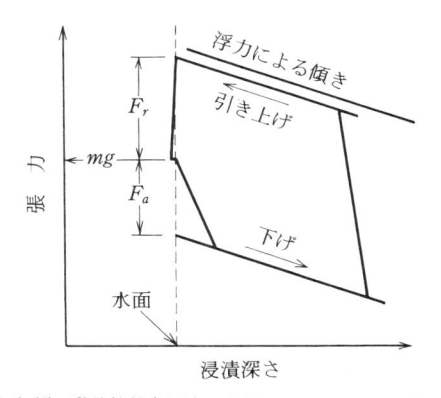

図 4.15 動的接触角測定によるウィルフェルミ平板の浸漬深さと力との関係

存性より，浸漬深さゼロに補外したときの張力から前進接触角を，同様に，平板をひき上げるときの張力から後退接触角を算出することができる．図4.15はFの変化をレコーダー上で追跡したときの，典型的な動的接触角ヒステリシスループのモデル図である．

動的接触角測定法の利点は，液滴法などに比べ非常に大きな面積を測定することになるので測定誤差が少なくなり，また，張力を直接測定するので，気泡の形を近似式を用いて表現するといった測定法自身の誤差も考えなくてよいことである．さらに，表面状態の化学的あるいは物理的変化のしやすい高分子材料の場合には，表面状態およびその変化を短時間のうちに評価することができる．

4.4.3 高分子表面のダイナミックス

多相系高分子は，表面自由エネルギーの異なる複数の成分から構成されているため周囲環境との界面ではその界面自由エネルギーを最小にするように化学組成を変化させる．それゆえ，各セグメントのミクロブラウン運動が許される場合には，材料表面と構成成分の化学組成は環境変化に応じて変化するため，高機能性材料の表面凝集構造設計には材料構成分子のダイナミックス解析が重要となる．

特に，分子オーダーの厚みの表面をもつ材料の場合には，その機能性は分子の配向性と表面凝集状態に著しく依存することとなる．図4.16にスチレン(St)/メトキシポリエチレングリコールメタクリレート(MPEGM)ジブロック共重合体(ポリエチレングリコール鎖の重合度 $n=4$)，および St/ヒドロキシポリエチレングリコールメタクリレート(HPEGM)ジブロック共重合体($n=4.7$)の動的接触角ヒステリシスループを示す．図中の数字，1,2は，試料を浸漬するサイクルを示す．浸漬時の接触角ヒステリシスループを浸漬深さゼロに補外して前進接触角が，ひき上げ時の補外点から後退接触角が計算される．St/MPEGM 系の2サイクル目の浸漬時のループは，1サイクル目のループと同じ張力には戻らない．試料を水中に浸漬する前にはメトキシ基が試料表面を覆っており，さらに，接触角の測定温度(293 K)は MPEGM のガラス転移温度よりも十分高いため，水中では MPEGM セグメントは水和によりさらに表面に広がるため試料が水中からひき上げられても表面状態はすぐには浸漬前の状態に戻れず，接触角ヒステリシスループに大きな浸漬サイクル依存性が現れる．他方，St/HPEGM系ではヒステリシスループの浸漬サイクル依存性はほとんど観測されない．St/HPEGM ジブロック共重合体では，浸漬前には St 成分が表面に濃縮されており，また，測定温度がポリスチレン(PSt)のガラス転移温度以下であるため St セグメントは凍結されている．それゆえ，水中では HPEGM セグメントの分子運動が束縛されているため表面での分子鎖の再配列や化学組成変化に伴う再編成は局所的となる．図4.17に示すように，St/MPEGM系ブロック共重合体の場合には，MPEGM分子鎖は空気中では空気面にメトキシ基を向けて試料表面で濃縮されている．水中に浸漬されると MPEGM セグメントの側鎖は水和して水中に大きく広がるため，試料を水中より空気相へひき上げてもすぐにもとの状態に戻ることができない．St/HPEGM 系の場合

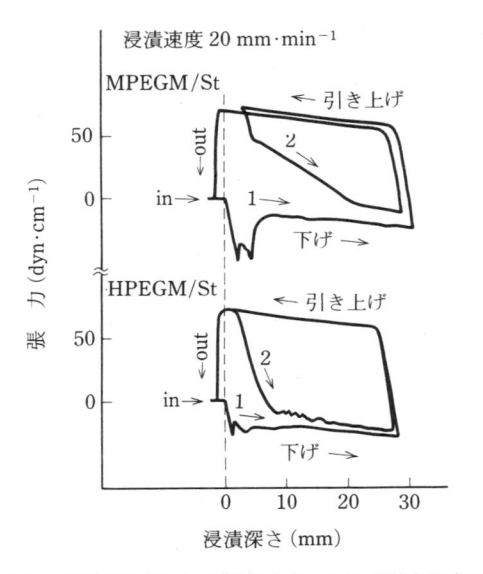

図 4.16 MPEGM/St と HPEGM/St の動的接触角測定例
1と2は浸漬回数

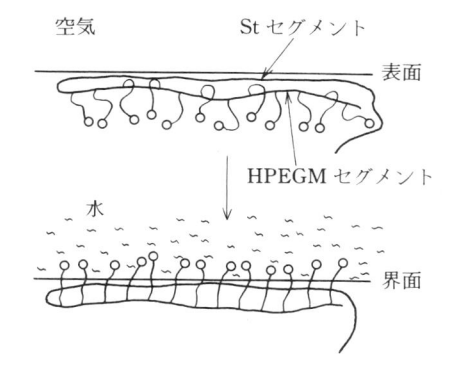

図 4.17 St/MPEGM および St/HPEGM ジブロック共重合体の表面分子鎖の水-空気環境変化における状態変化のモデル図

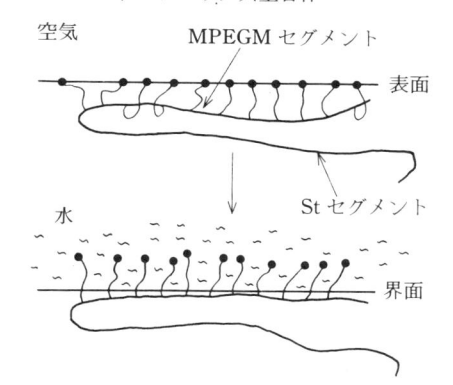

には，空気中では St セグメントが表面に広がっており，HPEGM の末端ヒドロキシ基はその親水性のためなるべくバルク中に配向凝集しようとする．それゆえ，HPEGM を水中に浸漬しても St セグメントの分子鎖熱運動は抑制され，側鎖の大きな再編成は行われない．この試料を，空気中にひき上げると比較的短時間のうちに表面が St セグメントで覆われることとなる．

4.4.4 高分子複合系の表面化学組成

図 4.18 のフッ素系脂質($2C_8FC_3-deC_2N^+$)のポリビニルアルコール(PVA)水溶液を超音波照射により調製し，溶媒蒸発法により膜厚 20～60 μm の透明なフィルムを作製した．複合薄膜の膜面に平行にX線を入射したときのEV回折像より，小角側によく配向した高次のX線散乱点が観測され，それらの両間隔の逆数の比が1:2:3であることから，フッ素系脂質が複合薄膜中で膜面に平行な2分子層ラメラ構造を形成していることが明らかである．83wt.% のフッ素系脂質を含む複合薄膜を，液体窒素中で破断した破断面の走査型電子顕微鏡写真には，膜面に平行な縞模様が観察され，複合膜中で膜面に平行なフッ素系2分子膜の層構造が発達していることは明らかである．

19wt.% のフッ素系脂質を含む複合薄膜の製膜時の空気面側の C_{1s} のX線光電子分光スペクトル(XPS)を 240 K で観測すると，分析深さを小さくするほど，フルオロカーボン部分(CF_2 と CF_3)に対応するピーク強度が増大し，XPS解析よりフッ素系脂質の末端である CF_3 が空気面側に向けて複合膜の極表面層において濃縮されていることは明らかである．図 4.19 に示すオーバーレイヤーモデルを用いて C_{1s} の XPS 強度の光電子放出角依存性より表面組成を評価できる．ここで，Fは配向したフッ素系脂質の2分子膜層を，PはPVA層を示す．N_F をF層におけるフルオロカーボンの濃度，N_B をF層におけるフルオロカーボン以外の炭素原子濃度，N_P をPVA層における全炭素原子濃度とすると，各C原子からの C_{1s} の XPS 強度は次式で表される．

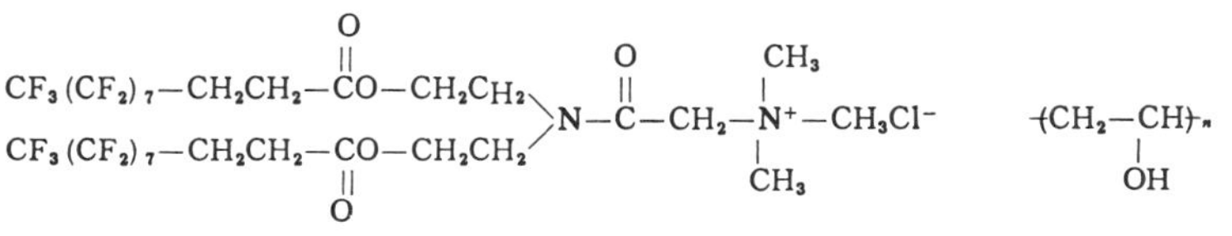

$2C_8FC_3-deC_2N^+$
$T_C = 351$ K

図 4.18 PVA/$2C_8FC_3-deC_2N^+$ 複合膜の素材の化学式

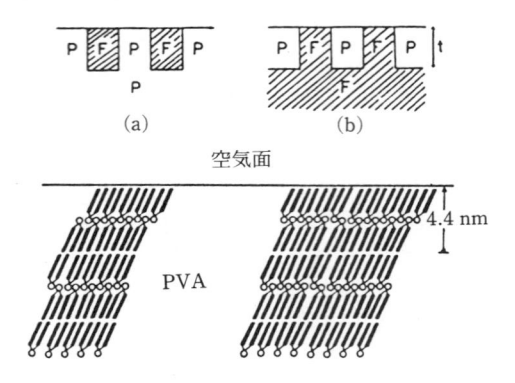

図 4.19 高分子/フッ素系2分子膜複合系のオーバーレイヤーモデル

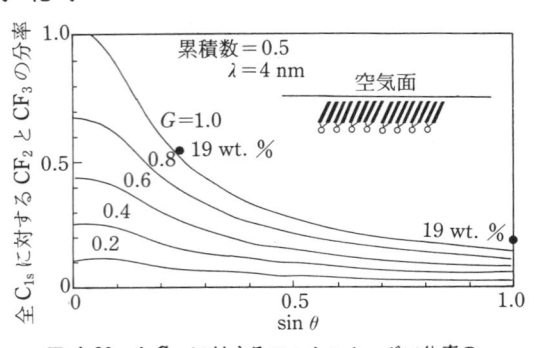

図 4.20 全 C_{1S} に対するフルオロカーボン分率の $\sin \theta$ 依存性
黒丸はフルオロカーボン19重量分率の実測値．G はフッ素系脂質による複合膜表面の被覆率

$$I_F = \lambda N_F G[1-\exp(-t/\lambda \sin \theta)]$$
$$I_B = \lambda N_B G[1-\exp(-t/\lambda \sin \theta)] \quad (4.67)$$
$$I_P = \lambda N_P[1-G+G\exp(-t/\lambda \sin \theta)]$$

ここで θ は光電子の放出角，t はオーバーレイヤーの厚みであり広角X線回折より評価した2分子ラメラ厚と同じ 4.3 nm とした．また G は複合膜表面でF層による被覆率，λ はラングミュアーブロジェット (LB) 型膜中での C_{1S} 光電子の平均自由行程を示し，LB 膜中での実測値 4.0 nm を用いた．したがって表面層におけるフルオロカーボン分率，X_C は次式で表される．

$$X_C = I_F/(I_F + I_B + I_P) \quad (4.68)$$

図 4.20 はフッ素系脂質による複合膜の表面層の被覆率を種々変化させた場合の，全 C_{1S} に対する $CF_2 + CF_3$ 分率の光電子の放出角依存性の計算結果である．図 4.20 の結果と実測値の比較より，著しく低い表面自由エネルギーをもつフッ素系脂質が，非常に低い分量分率でも複合膜表面へ濃縮を起こしていることを示唆している．$PVA/2C_8{}^FC_3-deC_2N^+$ (83/17) 複合系の場合には，表面は単分子層のフルオロカーボン分子で全部被覆されていることが明らかとなった．

4.4.5 表面化学組成の固定化

両性親媒物質の累積膜やキャスト膜のようなラングミュアーブロジェット (LB) 型薄膜の表面の化学組成は，空気中，水中などまわりの環境に依存して変化する．超薄膜表面の機能性を検討する場合，表面化学組成の環境依存性を制御することは重要な課題である．重合性親水基，または疎水基をもつ2種類の重合性両性物質を使用し，界面自由エネルギーの大きい環境下で表面の化学組成の固定化を行う．図 4.21 に親水基に重合基を有する両性物質 ($2C_{16}$-Glu-$C_{11}N^+$Ac) と疎水基に重合基を有する両性物質 ($MC_{11}C_{12}NS$) の化学構造を示す．図 4.22 に示すように，親水基に重合基を有する両性物質を水系リポソーム

図 4.21 親水性重合脂質 ($2C_{16}$-L-Glu-$C_{11}N^+$Ac) と疎水性重合脂質 ($MC_{11}C_{12}NS$) の化学式

4. 物　性

$2C_{16}$-L-Glu-C_{11}N$^+$AC

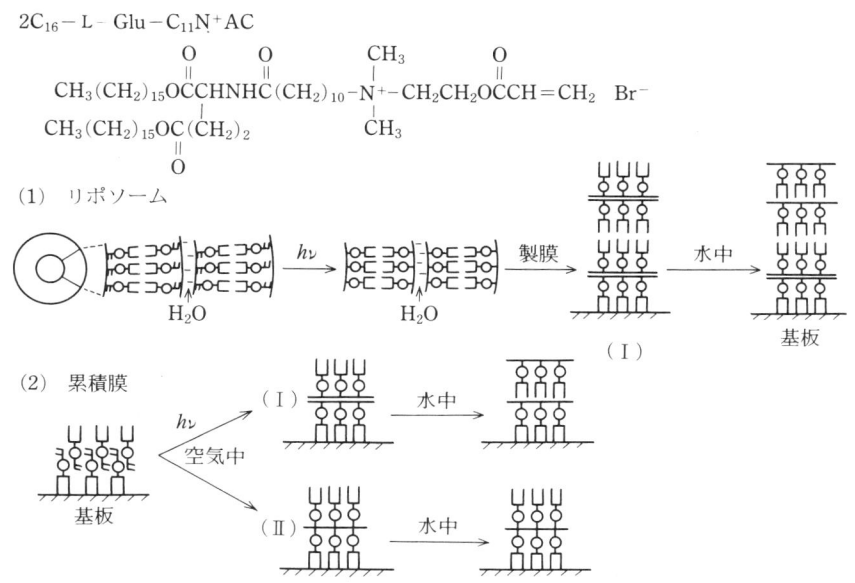

$$CH_3(CH_2)_{15}O\overset{O}{\overset{\|}{C}}CHNHC(CH_2)_{10}-\overset{CH_3}{\underset{CH_3}{\overset{|}{\underset{|}{N^+}}}}-CH_2CH_2O\overset{O}{\overset{\|}{C}}CH=CH_2 \quad Br^-$$
$$CH_3(CH_2)_{15}O\overset{|}{\underset{O}{\overset{\|}{C}}}(CH_2)_2$$

(1) リポソーム

(2) 累積膜

図 4.22　親水性重合脂質のリポソーム(1)と累積膜(2)の重合モデル

状態で重合すると，2分子膜の親水基間に水が存在するため単分子ラメラ内の重合(Ⅰ)のみ起こるが，LB累積膜系で重合すると，(Ⅰ)型と単分子ラメラ極性基間で重合した(Ⅱ)型が形成される．一方，図4.23に示すように，疎水基に重合基をもつ両性物質は，水系リポソーム状態で重合した場合も，単分子ラメラ内重合(Ⅲ)型と単分子ラメラの疎水基間で重合する(Ⅳ)型が考えられる．以上のようにして調製したLB型薄膜中の両性物質分子の凝集状態を，小角および広角X線測定より検討し，さらにLB型薄膜の表面自由エネルギー値を接触角法より評価した．親水基に重合基をもつ両性物質($2C_{16}$-Glu-C_{11}N$^+$Ac)

$MC_{11}C_{12}NS$

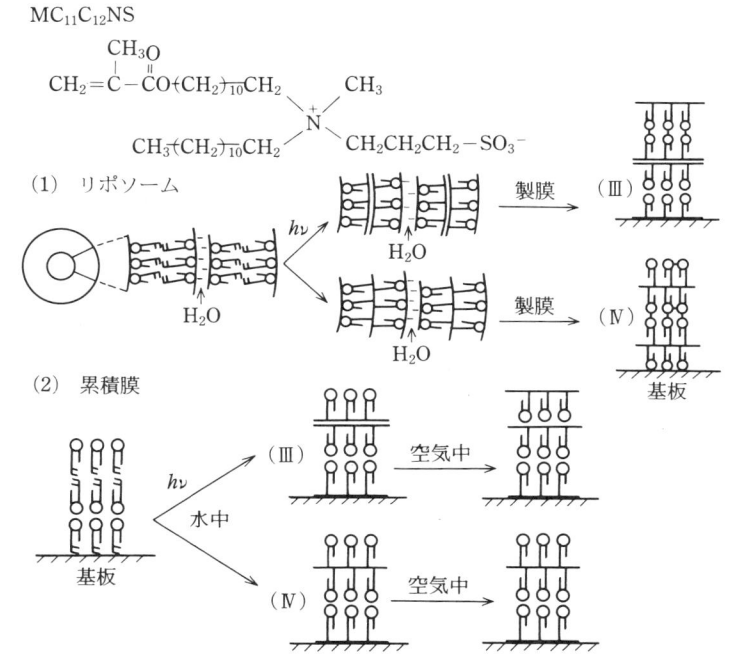

$$CH_2=\overset{CH_3}{\overset{|}{C}}-\overset{O}{\overset{\|}{C}}O(CH_2)_{10}CH_2 \quad \underset{CH_3(CH_2)_{10}CH_2}{\overset{CH_3}{\overset{|}{N^+}}}-CH_2CH_2CH_2-SO_3^-$$

(1) リポソーム

(2) 累積膜

図 4.23　疎水性重合脂質のリポソーム(1)と累積膜(2)の重合モデル図

の LB 累積膜を重合した場合，ラメラ層内重合型（I）成分が存在するためラメラ層間重合（II）型成分の効果が十分でなく，安定な疎水性表面を得にくい．他方，疎水基に重合基をもつ両性物質（$MC_{11}C_{12}NS$）を水中リポソーム系で重合したキャスト膜の場合には，ラメラ層間重合（IV）型が起こるため，環境依存性のない安定な親水性表面が得られた．

〔梶山　千里〕

5. 機　　　能

5.1 化学的機能

高分子化合物の機能としては，モノマーが連なって鎖状になっていること，さらにはポリマー鎖がからまり合って繊維になったりフィルムに成形されたりすることから生じる機能などが考えられる．高分子鎖になることによって生じる機能としては，① 隣接する官能基の協同効果，② 高分子化することによる官能基の安定性の向上，取扱いやすさの向上，③ 共重合する相手を変えることにより官能基のミクロ環境などが容易に変えられる，などが考えられる．高分子化合物が配向したり，からまり合ったりして繊維になったり，フィルムに成形されたりしたときの材料としての機能については他章で述べられているので，ここでは化学的機能に限定して話を進める．

5.1.1 触媒機能をもつ高分子

図 5.1 に側鎖に官能基をもつ高分子試薬の一例を示した．(a)の四級アンモニウム塩や(e)のクラウンエーテルをもつ高分子は $HCrO_3^-$ や BH_4^- を対アニオンとしてもち，有機化合物の酸化剤や還元剤として働く．油水界面では相間移動触媒としても重要である．(e)のクラウンエーテル型化合物では環サイズの大きさにより取り込む金属イオンの種類に選択性が発現される．配位子として酸素原子以外にNやSをもつアザクラウンやチアクラウン化合物では重金属イオンを取り込むことができる．(b)のビオローゲン基を側鎖にもつ高分子は酸化還元作用をもつ．ほかにもフェロセン基，フラビン化合物などがレドックスサイトとして使われる．(c)のフェニルリチウム基を有する高分子はトリフェニルリン化合物とともにウィッティヒ（Wittig）反応やオレフィンの水添触媒として働く．(f)の Ru 金属錯体を側鎖にもつ高分子は，オレフィンの水添触媒として市販されている．(g)のイミダゾール基が配位したポルフィリン側鎖をもつ高分子には O_2 が安定に吸脱着することから人工赤血球のモデルとして，あるいは酸素富化膜として期待されている．(h)のジピリジル Ru 錯体は，メチルビオローゲンとともに光による水の分解で H_2 を発生する触媒として有効である．

図 5.1 の(i)(j)に示すような，イミダゾール基，ヒドロキサム酸基などの求核剤を側鎖にもつ高分子は，α-キモトリプシンなどのセリンプロテアーゼ（タンパク加水分解酵素）のモデルとして研究されたが，酵素ほどの活性が実現できなかったこともあって現在ではほとんど研究されていない．までは酵素分子や菌体そのものを高分子化合物に固定化したり，包接したものが人工酵素などとして実用化されている．最近は，酵素（たとえばリパーゼ脂肪加水分解酵素）の表面にポリエチレングリコールなどの両親媒性高分子をグラフト重合したもの（図 5.2(a)）や，酵素表面を脂質単分子膜で被覆した酵素（図 5.2(b)）が調製されている．これらの酵素は有機溶媒中にも均一に溶解し，加水分解の逆反応のエステル合成の触媒として働く．

5.1.2 刺激応答性高分子

外部刺激に応答してポリマーのコンフォメーションや溶解性が変化し，ある種の機能を発現する高分子の例を図 5.3 にまとめた．

(a)のアゾベンゼン基を側鎖にもつポリアスパラギン酸エステルなどのポリペプチドは，光照射の on, off に応答してペプチド鎖のヘリックス構造が右巻きから左巻きに可逆

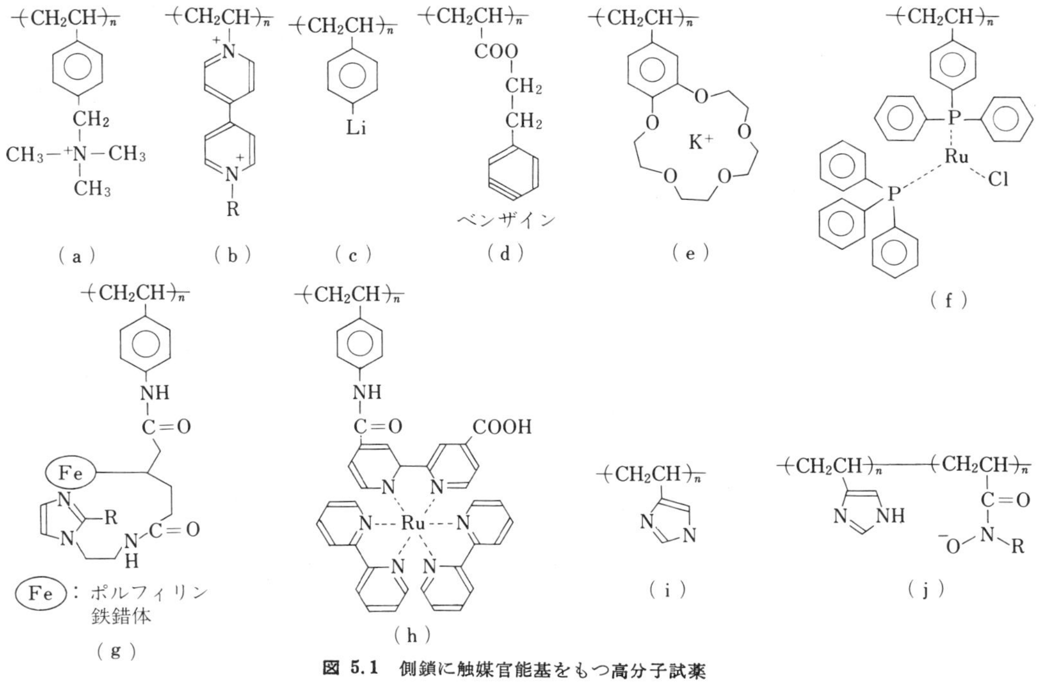

5. 機　　　能

(a) (b) (c) (d) ベンザイン (e) (f)

(g) Fe：ポルフィリン鉄錯体

(h) (i) (j)

図 5.1 側鎖に触媒官能基をもつ高分子試薬

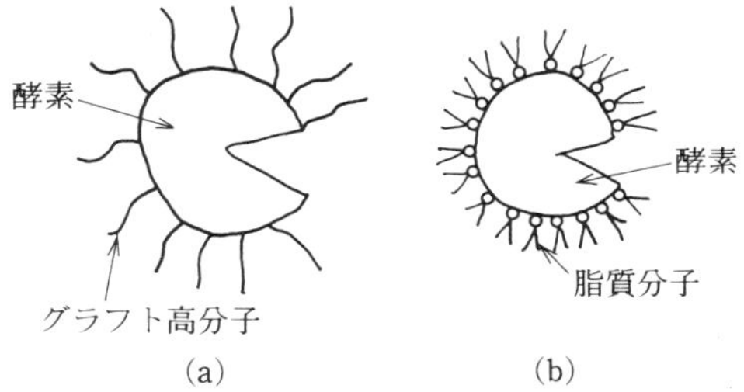

(a) 酵素／グラフト高分子　(b) 酵素／脂質分子

図 5.2 化学修飾酵素

(a) (b) (c) $R = -CH_2CH_2CH_3$　$C_P = 22°C$　$-CH(CH_3)_2$　$C_P = 35°C$

(d) (e)

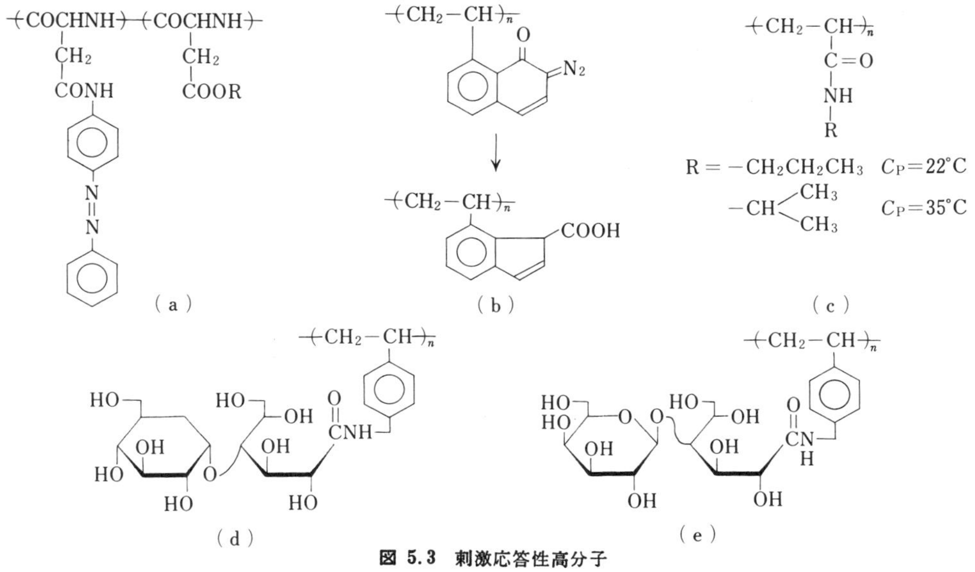

図 5.3 刺激応答性高分子

的に変化する．これはアゾベンゼンが光照射によりトランス構造から屈曲して極性の高いシス構造に変化するためである．ポリスチレンやポリアクリル酸の側鎖にアゾベンゼンなどの光異性化基を導入したものは光の on, off より溶媒への溶解性が変化することが知られている．光異性化基としては，アゾベンゼンのほかにスピロピラン，アントラセン，カルコン，トリフェニルメタンなどがよく用いられる．光応答性高分子は光照射により溶解性が変化したり，材料として伸縮したりするので光メモリーや人工筋肉などのモデルとしての実用化が期待されている．

(b)のキノンジアジド構造を含む高分子は，光照射によって非可逆的にカルボン酸構造に変化する．もとのポリマーは有機溶媒に可溶であるが，光照射したあとのポリマーはアルカリ水溶液に可溶となる．このような性質を利用して，光分解型の感光性樹脂として利用される．(c)のポリ(N-アルキルアクリルアミド)は低温では水溶液に均一に溶けるが，高温になると水との水素結合が切れて分子内水素結合が多くなり，その結果，水中で会合して沈殿を生じる．たとえばアルキル基(R)が n-プロピル，イソプロピル基のときには 22°C，35°C におのおののポリマーは曇点(C_P)をもつ．このような性質を利用すると外部環境の温度変化に応答する機能材料が設計できる．たとえば，多孔質フィルムやマイクロカプセル，あるいは高分子ゲルの表面にポリ(N-イソプロピルアクリルアミド)をグラフト重合すると，膜透過性や薬物の徐放性が 35°C 以上で可逆的に低下することが確かめられている．このポリマーゲルのなかに酵素を包接すると酵素の反応性を温度でコントロールすることができる．

コンカナバリンAというレクチンタンパクは，グルコース基を認識できるサイトを分子内に4個所もっている．この結合サイトにはガラクトースは認識されない．この性質を利用すると，グルコース基を側鎖にもつポリスチレン(d)の水溶液中にコンカナバリンAを添加するとポリマーが沈殿するが，ガラクトース基をもつポリマー(e)では濁度の変化は認められない．グルコースとガラクトースのわずか1個の OH 基の立体化学の違いが分子認識されていることになる．

5.1.3 高分子液晶

分子中にジフェニルアゾメチン，ビフェニル基などのメソーゲン(剛直部分)を含む分子は液晶状態を形成し，電場や熱によりその配向状態が可逆的に変化することから表示素子として実用化されている．図 5.4(a)に示すような低分子液晶化合物では液晶状態では粘性が低く，ガラス基板などにはさむことにより初めて材料や素子として利用できる．分子間が共有結合で結ばれていないので熱，電場などの外部刺激にすばやく応答できるので表示素子などに使われている．

一方，材料としての安定性，扱いやすさを考えると，高分子化することの有利性が出てくる．これまで，主鎖にメソーゲンを含み柔軟な屈曲鎖(spacer group)との繰返し構造をもつ主鎖型高分子液晶(b)と側鎖にメソーゲンを含む側鎖型高分子液晶の2種が合成されている．高分子化することにより，フィルム化できる，液晶状態の安定性が増すなどの長所が

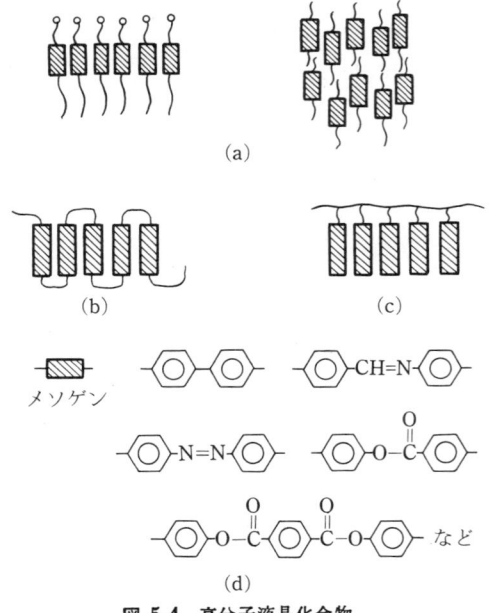

図 5.4 高分子液晶化合物

得られたが，反面，応答性が低下する欠点も現れた．現在では，高分子液晶は安定性が高く長時間液晶状態を保持できる特性を生かして，記憶素子としての展開が計られている．ほかに，低分子液晶の応答性と高分子の材料性の両者の特徴をもつ系として，ポリカーボネート，ポリ塩化ビニルなどの高分子フィルムに低分子液晶をドメインとして埋め込む，複合型液晶フィルムなども開発されている．

ポリ(γ-ベンジルグルタメート)などのポリアミノ酸は溶媒中でリオトロピック液晶を形成することは知られていたが，最近，ポリアミノ酸の長鎖アルキルエステルはサーモトロピック液晶としての性質を示すことが明らかとなった(d)．

5.1.4 ミクロ相分離高分子

おたがいに相溶性の低い高分子鎖から成るAB，あるいはABA型のブロック高分子は溶液中で，あるいはキャストしたフィルム中でミクロ相分離構造をとる．たとえば(ポリスチレン)－(ポリイソプレン)－(ポリスチレン)のABA型ブロックコポリマーは図5.5に示すようなミクロドメイン構造を形成する．ドメインの形や大きさはポリマー構造や分子量により変化する．ミクロ相分離した高分子フィルムには異なる性質をもつ相が共存するのでおもしろい性質が発現される．たとえば，ミクロ相分離した高分子材料にはタンパクや血小板が吸着しにくいことを利用して抗血栓性の高い人工血管などに利用されつつある．またドメイン部分だけに溶解性の高いガスの透過膜などにも使われている．

5.1.5 分解性高分子

合成高分子化合物の特徴の1つは化学的にも安定で長もちすることである．最近はこれが裏目に出て，プラスチック公害などが社会問題化されている．タンパクやセルロースなどの生体高分子はバクテリアなどによって分解劣化され，地球上の生態系のなかに組み込まれて循環再利用されている．生分解性の高い高分子が機能性高分子の1つとして注目されている．

ポリビニルアルコールは親水性高分子として重要であるが，最近，このポリマーを分解する菌がみつけられた．この菌は *Pseudom-*

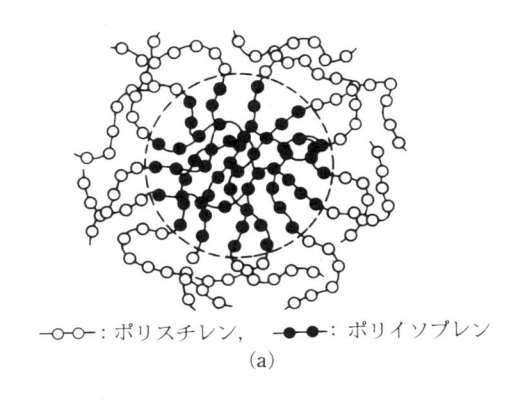

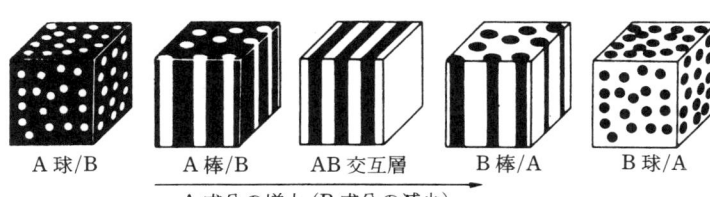

―○―：ポリスチレン， ―●―：ポリイソプレン

(a)

A球/B　A棒/B　AB交互層　B棒/A　B球/A

A成分の増大 (B成分の減少)

(b)

図 5.5 ミクロ相分離構造を示す高分子化合物

onas と呼ばれるグラム陰性の短桿菌で，pH 7.2 の水溶液中で分子量 10 万のポリビニルアルコールを 96 時間で 90% 以上分解することができる．ナイロンやポリアミド化合物を分解する菌もみつけられている．しかし，一般にビニルポリマーはバクテリアによってほとんど分解されない．

最近，ある種の菌をイソ酪酸を多く含む培地で培養するとポリエステルを産生することが明らかになり，大量生産も可能になってきている．これらの菌体がつくる高分子は，生分解性が高いことが期待されている．

5.2 分　離　機　能

物質をうまく分離して精製する操作は，化学では一番基本的な操作である．物質が液体の場合には沸点の差を利用して蒸留によって分ける．固体の場合には溶解度の差を利用して再結晶で分離する．蒸留や再結晶という操作は加熱したり，冷却したりするので多くの熱エネルギーを消費する．生体の細胞膜では ATP の分解エネルギーなどを使って常温常圧できわめて選択的に物質の輸送やエネルギー変換を行っている．生体での高効率，高選択的な輸送・分離をお手本にして，高分子ゲルや樹脂を用いたクロマト分離や，高分子膜を用いた輸送分離が最近活発に研究されている．

5.2.1　クロマト分離用樹脂

高分子化合物の分離用材料としての最初の利用例はイオン交換樹脂であろう．スチレンとジビニルベンゼンの共重合架橋樹脂の表面や内部にカチオン性基（4 級アンモニウム塩）や SO_3^- 基などのアニオン性基を導入したものはおのおのの水溶液中のアニオン，カチオン交換樹脂として海水の淡水化などに実用化されている．イオン交換樹脂では高分子は単なる担体として働いている．最近は高分子樹脂の多孔性を積極的に用いた方法が主流になっている．たとえば，セルロース誘導体やポリ（メチルメタクリレート）などの樹脂は高速液体クロマトグラフィー（HPLC）の充塡剤として利用されている．多孔性樹脂の孔径を精密にコントロールした樹脂は孔径による分割を行うゲルパーミエーションクロマトグラフィー（GPC）に利用されている．

光学異性体は化学的，物理的性質がほとんど変わらないため，通常の蒸留，再結晶などでは分離することが困難である．光学分割の方法としては，吸着剤を用いた吸脱着の繰返しによる，クロマトグラフィーが有効である．光学異性体の不斉認識を行うためには，高分子吸着剤中に高分子鎖がつくり出すキラルな場を導入したり，光学活性基を導入する必要がある．

側鎖にトリフェニルメチル基のようなかさ高い基をもつ高分子は図 5.6 に示すように，ランダムな立体配置がとれなくなりヘリックス構造をとるようになる．ポリマーをシリカゲル上にコーティングしてキラル固定相に用いることにより，さまざまな光学異性体を分割できる．セルロースなどの天然高分子はモノマー内に不斉炭素を多くもっているのでキラル固定相として適している．この場合も側鎖にかさ高い基を導入した方が光学分割効率が上がる．

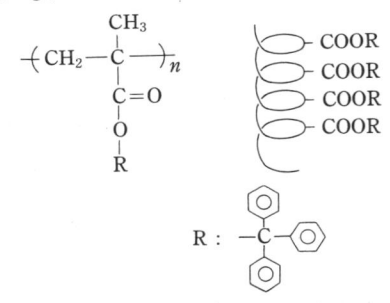

図 5.6　ヘリックス構造をとる合成高分子

ヘリックス構造をとるポリマーとしてはポリ（α-アミノ酸）がよく知られている．図 5.7 に示すように，スチレン/クロロメチルスチレン/ジビニルベンゼンの懸濁重合により多孔質ゲルをつくり，多孔質中のクロルメチル基をアミノ基に変えて α-アミノ酸 NCA の重合を行うと，ポリ（α-アミノ酸）のヘリックス構造をもつ樹脂が得られる．この樹脂を充塡剤に用いて HPLC 分析を行うと，D, L

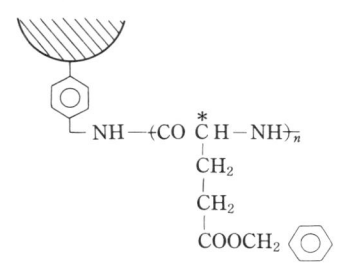

図 5.7 ポリ(アミノ酸)グラフト樹脂

マンデル酸や D, L アミノ酸の光学分割が行える.

5.2.2 高分子膜による分離

a. 多孔質膜 高分子膜を分離膜として利用する最も基本的な考えは，緻密な多孔質膜をつくり，その孔径により物質の透過をコントロールする方法である．たとえば，ポリスルホンの多孔質支持層上に 30 nm 厚にエチレンジアミンとイソフタル酸クロリドから成るポリアミド層(孔径約 1～5 nm)をキャストした膜は逆浸透膜として利用される．膜をはさんだ片側から圧をかけると，グルコース，無機塩などが浸透圧に逆らって他方に輸送される．タンパク質の除去，果汁の回収などに利用されている．

アルコール・水，あるいはベンゼン・シクロヘキサンのように沸点差が小さく共沸混合物を生成する混合液体の分離には，パーベーパレーション(浸透気化)法が用いられる．パーベーパレーション膜としては多孔質高分子支持膜の上に緻密な活性層を有する複合膜が使用される．水-エタノール混合液より水を選択的に透過させるアルコール濃縮膜としては，スルホン化ポリ(エチレン-エチルアクリレート)膜，酢酸セルロース膜，ポリビニルアルコール膜などが利用されている．水-ジオキサンの混合物の分離にはポリテトラフルオロエチレンの微多孔膜に N-ビニルピロリドンをグラフト重合した膜が使用されている．

膜に対する気体の透過機構は，気体分子の膜への溶解と，膜内の拡散で表される．二酸化炭素，亜硫酸ガスやアンモニアなどのように分子間力が強く凝縮性の気体は膜への溶解度が大きい．また気体分子の膜内での拡散速度は高分子膜を形成する分子鎖の動きに依存する．アルキルシラン基を主鎖や側鎖にもつ高分子はシラン基の自由容積(空孔)が大きいために気体分離膜として利用されている．

高分子鎖の自由容積や膜の微細な空孔を物質が透過する膜では，外部刺激により空孔の大きさが変化すれば透過制御ができる．たとえば，カルボン酸基を側鎖に含む高分子(図 5.8 の(a))からつくったキャストフィルムはアルカリ性水溶液につけるとカルボキシレートアニオンの水和のために膜が一部膨潤して，イオンや溶質の透過速度が大きくなる．酸性の水に戻せば透過速度は小さくなる．(b)のアゾベンゼン基を含む膜では光照射によるアゾベンゼンの $trans \leftrightarrow cis$ 異性化により膜の膨潤度が変化し，溶質の透過速度も可逆的に変化する．ただ，これらの膜では外部刺激により膜全体が膨潤するので透過性が変化するまでには数時間を要する．

ポリスチレンとメタクリル酸ブチルのコポリマーの側鎖に，ポリアミノ酸をグラフトしたポリマー(c)では，膜中にポリアミノ酸部分がドメインとして存在したフィルムができる．このフィルムでは酸性水溶液中ではポリアミノ酸はヘリックス構造をとったドメインを形成しているが，アルカリ水溶液中では側鎖カルボキシレートアニオンの反発によりポリアミノ酸はランダムコイル状になり，ドメインの構造が乱れるので膜透過性が上昇することが見つけられている．この膜では，バルブとして働く部分がドメイン化されているので応答も少し速くなる．

荷電をもつゲル膜に直流電圧を印加すると，静電効果によりゲルは収縮する．このことを利用して(d)に示す SO_3^- 基をもつゲル膜に電圧を印加すると膜が収縮して，その結果空孔が大きくなり透過性が増大する膜がつくられている．この場合も電圧の印加により膜全体が膨潤・収縮するので応答には時間を要する．

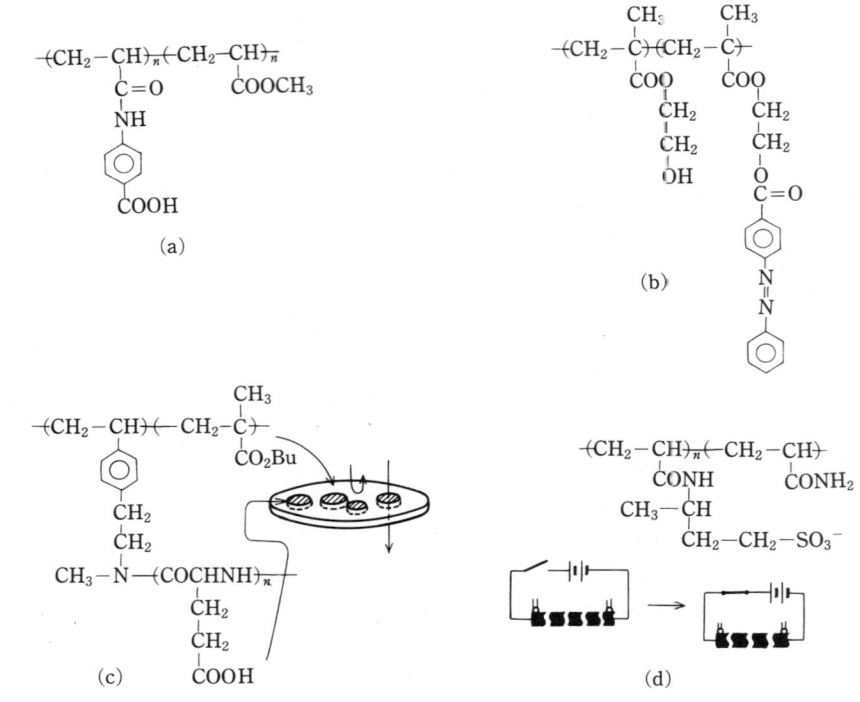

図 5.8　外部刺激により膜の膨潤度が変化して透過性が変わる高分子膜

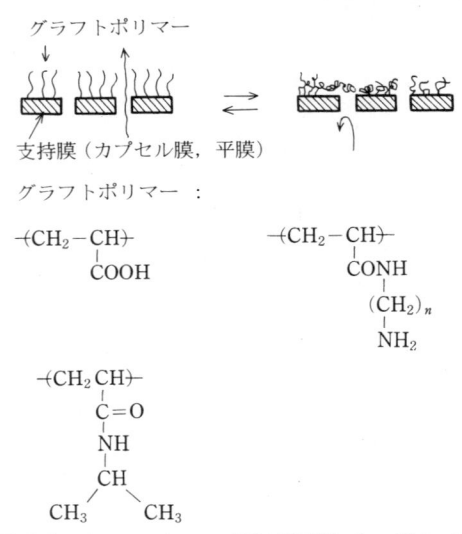

図 5.9　グラフトポリマー鎖を透過制御バルブとしてもつ多孔質高分子膜

一方，図 5.9 に示すように多孔質支持膜の表面にポリマー鎖をグラフトした膜をつくり，外部刺激に応答してポリマー鎖のコンフォメーションが変われば迅速に膜透過性を変化できる．支持膜としてはカプセル膜や多孔質フィルムが使われる．解離基をもつポリマー鎖をグラフトすれば水溶液の pH によりポリマー鎖のコンフォメーションが変わり可逆的に透過性が変化する．N-アルキルアクリルアミド系のポリマーをグラフトすれば温度によるポリマー鎖のコンフォメーション変化が利用できる．

b．キャリア輸送をする高分子膜　高分子膜中の自由容積や空孔サイズを変化させる膜では透過する物質に対して選択性をもたすことは困難である．溶質に対する選択性をもたせるためには高分子膜中にキャリア分子を導入する方法が考えられている．

図 5.10 に示すように，ラクトン環を側鎖にもつ高分子のキャストフィルムをつくり，両側に NCl と NaOH の水溶液を入れると，H^+ と Na^+ イオンの交換輸送が実現できる．これは，ラクトン環がアルカリ側で開環してカルボキシラートアニオンになり対イオンとして Na^+ を取り込み，酸側で酸触媒により閉環して Na^+ を放出することで説明できる．Na^+ イオンのカウンターフローとして H^+ が輸送される．すなわち，膜の両側の pH 勾配

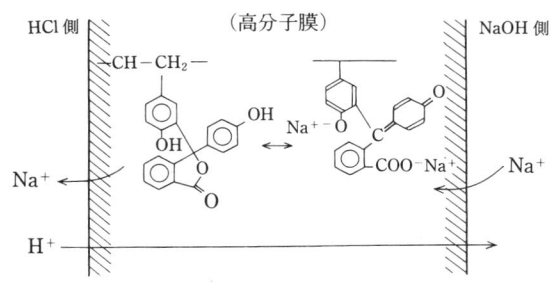

図 5.10 高分子膜中のラクトン環の開閉を利用したナトリウムイオンの輸送

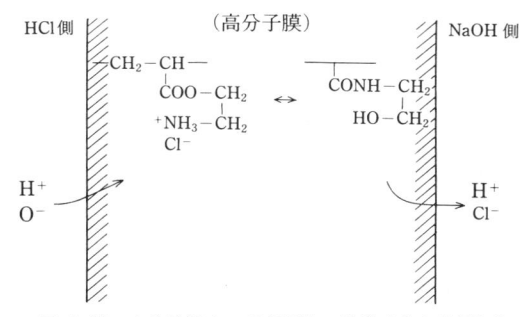

図 5.11 高分子膜中の互変異性の構造変化を利用した塩素イオンの輸送

をエネルギーとして Na^+ の濃縮輸送が可能となる．ほかにも，イソブチレン-無水マレイン酸共重合体膜，一部スルホン化ポリスチレン膜などのアニオン基をもつ膜でも金属イオンの輸送ができる．キトサン膜，ポリビニルピリジン膜などのアミノ基を側鎖に有する高分子膜では pH 勾配をエネルギーとして対アニオン (Cl^-, ClO_4^- など) の輸送ができる．

図 5.11 に示すよう β-アミノエチルオキシカルボニル基をもつ高分子膜を用いると，互変異性の構造変化を利用して pH 勾配による Cl^- の輸送ができる．この高分子膜では酸側では β-位アミノ基はプロトン化して Cl^- を対アニオンとして取り込む．アルカリ側ではフリーのアミノ基になり，これがエステル基を求核攻撃して中性の β-ヒドロキシエチル構造となり Cl^- を放出する．

このような酸解離を利用した高分子膜では極性型になったときに膜が膨潤してしまわないように適当な疎水性コモノマーを選ぶことが膜設計の上で大切である．

c. 高分子複合膜 高分子化合物をキャストして得られる高分子膜では，分子の動きや機能化には制限がある．そこで機能を有する第2成分を高分子マトリックス中に固定化した複合膜が考えられている．

高分子マトリックス中に低分子液晶化合物を3次元連続相として分散させた高分子/液晶複合膜は膜中の液晶化合物の相転移(結晶-液晶)を利用して膜輸送を制御できる．また液晶相の流動性を利用してキャリア分子を可溶化することもできる．図 5.12 に示すよう

高分子マトリックス

ポリカーボネート，ポリ塩化ビニル

低分子液晶相

EBBA

結晶相 $\xrightarrow{31°C}$ ネマティック相 $\xrightarrow{52°C}$ 均一相

キャリア分子

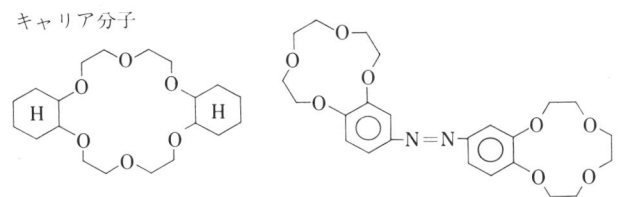

図 5.12 高分子/液晶/キャリヤー分子から成る複合膜

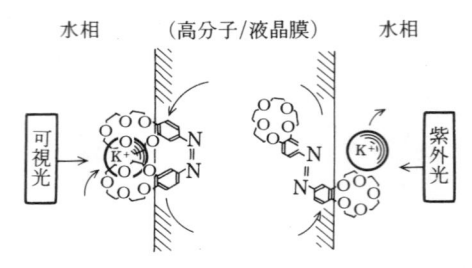

図 5.13 高分子/液晶/アゾベンゼン型クラウンエーテル系における光駆動カリウムイオン選択輸送

に，ポリカーボネートのマトリックス中に低分子液晶相として EBBA，金属イオンのキャリヤーとしてクラウンエーテル化合物を導入すると連続相である液晶相の相転移によりキャリア分子の動きを制御できるので on-off の透過制御が可能である．キャリア分子としてアゾベンゼンを含むクラウンエーテルを導入すると図5.13に示すような紫外-可視光の断続的な光照射による金属イオンの輸送が実現できる．

生体膜は「必要なものを，必要なときに，必要なだけ」輸送することができるので分離膜のお手本といえる．細胞膜での選択輸送を担当しているのはおもに膜タンパクであるが，人工的には脂質膜を用いても類似のことが実現可能である．脂質分子単独では安定な自立する膜にはならないので工夫が必要である．

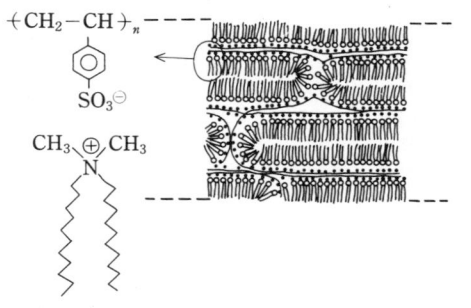

図 5.14 ポリイオンコンプレックス型脂質2分子膜固定のフィルムの模式図

る．図5.14に示すようなジアルキルアンモニウム塩とポリ(スチレンスルホン酸)のポリイオンコンプレックス型の脂質膜は有機溶媒からキャストでき，得られた膜の断面は図に示すように脂質二分子膜のラメラ相から成っている．この膜では脂質分子の頭部がイオン性相互作用で高分子マトリックスと結びついているので脂質分子は抜けることがなく，高分子鎖も分子の配向を妨げない．また膜重量の80%以上が脂質分子であるので，脂質膜の特徴（たとえば結晶-液晶相転移）が明確に出る．

脂質固定化膜は脂質の結晶-液晶相転移温度付近で膜透過性が大きく変化する．また，図5.15に示すように膜の上下あるいは左右

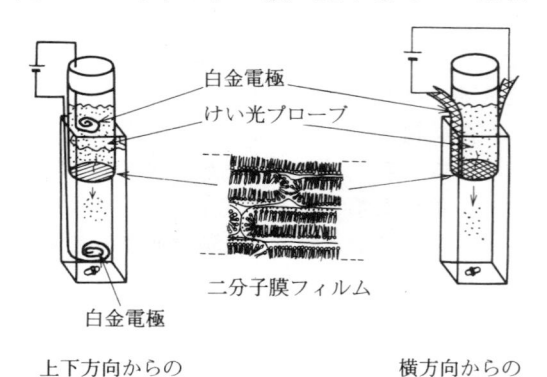

図 5.15 2分子膜固定のフィルムを用いた電場による透過制御

から直流電場を印加することにより，on-off で透過性可が可逆的に変化する．脂質分子中に酸化還元基を導入し，白金メッシュ上にキャストして白金に電流を印加して酸化還元反応させることによっても膜透過性は可逆的に変化する．　　　　　　　　〔岡畑 惠雄〕

5.3 光電子機能──導電性高分子
5.3.1 はじめに

高分子は電気機器のあらゆる場所に使われており，いまやなくてはならない材料である．たとえばCDプレイヤーを見てみよう．ディスク，ケース，歯車，コードの被覆材などに高分子材料が使われている．さらに内部を開くとICが並んでいるが，その基板や固定している材料は高分子である．しかし使用されている状態をよく考えてみると，軽さ，柔軟性，容易な加工性，さらには安価であるといった面を利用していることが多く，レーザーやLSIに代表される光や電子機能は半

導体や金属にたよっている現状である．

しかし，最近は有機材料科学の発展が著しく，各種の機能を有する材料の分子設計が，コンピューターを用いてできるようになった．また，合成化学の手法も進歩して，設計された分子構造を有する物質を合成できるようになった．たとえば高分子に大きい双極子能率，高い電子密度，長い共役鎖などをもつ原子団を自由に導入できる．このような高分子は交流電場に応じて振動したり，電気を流したり，または電場によって色が変化する電気機能性新材料となる．

これらの新高分子材料は，次世代を支える中核材料としての役割を果たすと期待されている．本節ではこのなかでも伝導性のある高分子材料について解説する．

5.3.2 導電性の発現原理

金属の導電性は，原子核に拘束されない自由電子に由来している．一方，有機物質は共有結合でできているので電子は自由に動けず，導電性はないと考えられていた．しかし，ベンゼン中のπ電子は特定の炭素間にとどまっていないで，各炭素間に平均的に存在している．この状態を非局在というが，簡単に表現すると，π電子はベンゼン分子中の炭素原子間を自由に動き回っている．すなわちベンゼン分子内は導電性はあるが，電子は分子から分子へとわたれないので絶縁体である．

それではベンゼン環を切って平面状にひき伸ばし，次におたがいに繋ぎあわせた高分子を合成すると導電性を付与できるのではないだろうか．アセチレンから重合されるポリアセチレンは，当初はベンゼンのように完全に共役しており，高い導電性が発現すると思われていた．しかしπ電子は完全には非局在化しておらず，電導度は半導体領域に入るものの絶縁体に近い低い値である．

1977年に筑波大学の白川教授とPennsylvania大学のMacdiamid教授らは共同して，ポリアセチレンにヨウ素や五フッ化ヒ素のような電子受容体を数％混合（ドープ）すると導電性が10^9〜10^{12}倍も大きくなり，金属的導電性を示すことを発見した．その後，ナトリウムやアンモニアなどの電子供与体をドープしても高い導電性材料になることが明らかになった．またドープ量を適当に調整すると，電導度を制御できることもわかった．

なぜドープすると高い導電性が発現するのであろうか．ヨウ素や五フッ化ヒ素は電子受容体であると前に述べたが，ポリアセチレンから電子を取ると陰イオンになる．一方，ポリアセチレンは相手に電子をわたしたのだから，正孔（陽イオン）が生じる．電場を印加すると隣のπ電子が正孔に移動してくる．その結果，正孔が移ったことになる．このようにして電気が流れるのである．この場合，正孔が電気を運ぶ担体（キャリヤー）となるのでp型半導体と呼ばれる．

ここで電導度σについて少し考察してみよう．電気がよく流れるためには，電気を運ぶ担体の数nが多い方がよいであろうし，また担体の動く速さ，すなわち移動度μが大であることが必要である．これを式で書くと，

$$\sigma = ne\mu \quad (5.1)$$

となる．ここでeは担体の電気量である．nは材料のイオン化ポテンシャルと密接な関係がある．すなわち，ドーパントの添加によって正孔や電子が生じることは，イオン化されることと同じだからである．イオン化ポテンシャルが低いほど担体が容易に生成する．一方，移動度は分子の規則性や結晶性と関係する．化学構造が規則正しくてよい結晶をつくっていると，担体は欠陥などで散乱されずに速く移動できる．このような考えに従って多くの導電性高分子が合成されている．表5.1に代表的な導電性高分子の構造と，ドープしたときの電導度を示す．これらの高分子の二重結合のつながり方をみると，みなトランスまたはシスポリアセチレンと同様な構造である．導電性発現にポリアセチレン的構造がいかに重要であるかがわかると思う．分子の枝別れをできるだけ少なくして分子量を大きくし，配向させたポリアセチレンの電導度は，

表 5.1 主な導電性高分子の特徴

物質名	化学構造	ドーパント	電導度 (S/cm)
ポリアセチレン		ヨウ素 (I_2)	4×10^5
ポリピロール		四フッ化ホウ素イオン (BF_4^-)	1000
ポリチオフェン		過塩素酸イオン (ClO_4^-)	100
ポリ(1,6-ヘプタジイン)		ヨウ素 (I_2)	0.1
ポリパラフェニレン		五フッ化素 (AsF_5)	500
ポリパラフェニレンビニレン		五フッ化ヒ素	2800
銅	Cu	なし	10^6

銅のそれ (6×10^5 s/cm) より少し低いぐらいまで向上する．ポリアセチレンの密度は約 1.2～1.3 なので，銅の値 8.96 と比較して約 1/7 である．したがって，同じ重さでは断面積を大きくできるので，重さ当たりの電導度はポリアセチレンの方がすぐれている．一方，共役二重結合は導電性発現には必要であるが，このような構造では分子鎖の回転性が悪くなって，高分子の利点である加工性がなくなる．実際，ポリアセチレンその他の導電性高分子は，いったん合成してしまうともう成形することはできない．それゆえ加工性のよい前駆体を合成し，フィルムや繊維などに加工した後に熱処理などを行って部分分解し，ポリアセチレンを得る方法が考案されている．また，チオフェンの β 位に C 4 以上のメチレン基を導入したり，(―O―CH₂CH₂―) 基を導入して溶解性を向上させる試みもある．

5.3.3 導電性ポリマーブレンド

ポリアセチレン，ポリピロールなどはモノマーが比較的高価である．低価格化および加工性の付与の観点から，汎用高分子との混合すなわちポリマーブレンドの試みが最近指向されるようになった．この場合，汎用高分子のなかに導電性高分子が連続的につながった導電性ネットワークを作製しなければならない．そのためには最低 40% くらいの導電性高分子を混合する必要がある．

筆者らは汎用性高分子のポリ酢酸ビニル (PVAc)，ポリスチレン (PS)，ポリメタクリル酸メチル (PMMA) などの溶液に，酸化剤の塩化第 2 鉄およびピロールなどの酸化重合により導電性高分子となるモノマーを加えて，重合を行なった．この場合系の酸化ポテンシャルを制御して，溶液中ではピロールが重合しないようにする．この溶液をガラスなどにコーティングすると溶媒が蒸発し，酸化ポテンシャルが大きくなる．すなわち，蒸発にともなってピロールが重合するシステムを考案した．ピロールは，モノマーのときは上記のような汎用高分子の溶媒にもなるのでよく混合する．重合が進むにつれて相溶性が変化し，非相溶となる．このとき，いわゆるスピノダル分解が発現すると，導電性ネットワークが生成する．図 5.16(a) にこのようにして作製した試料の電導度と組成の関係を示す．わずか 3～5% のポリピロールの添加で導電性が著しく向上していることが明らかである．一方図 5.16(b) は酸化剤の濃度を濃くして溶液中で重合し，これをガラス板上にコーティングしたフィルムの電導度である．この場合ポリピロールは球状に分散するので，導電性ネットワークが形成されるには 40% 以上のポリピロールを混入しなければならない．図 5.17 に溶媒蒸発重合と溶液重合したときの，ポリピロール/PVAc 系の顕微鏡写真を示す．蒸発重合した試料では黒いポリピロールのネットワークが形成しているが，溶液重合ではこれが球状に分散していることが

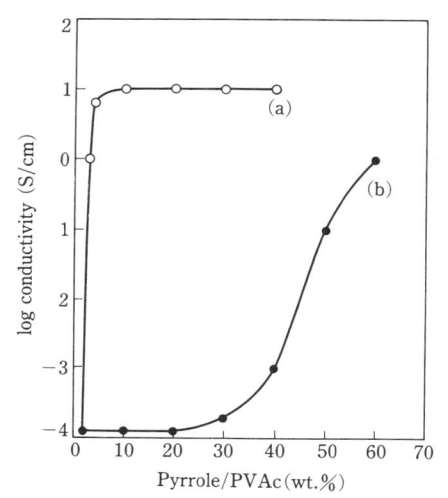

図 5.16 ポリピロール/ポリ酢酸ビニルの組成と導電性との関係
(a) スピノーダル分解が起こる溶媒蒸発法によってピロールの重合を行った場合
(b) 溶液中でピロールの重合を行った場合

わかる．このように，導電性はポリマーブレンドの高次構造によって著しく変化する．溶媒蒸発重合法は，どのような絶縁体の上にもコーティングすることにより表面を導電化することが可能である．また，経時安定性もよいのでクリーンルームの制電性床，壁材など種々の方面で応用が考えられている．

5.3.4 導電性高分子の応用

軽くて丈夫な導電性高分子ができたらどのようなことが可能となるであろうか．これを電線に用いれば電柱や送電線の鉄塔を細くでき，資材が軽減される．また航空機に用いれば，従来使われている銅線より大幅に軽量化ができるので，その代わりにより多くの乗客を受け入れられるし，または軽くなっただけジェット燃料の消費が少なくなる．

最近注目されている応用に，エレクトロクロミック効果がある．これは材料に電圧を印加して，その色を変化させる現象で，色スイッチや薄型カラー表示などに期待されている．この有力材料の1つにポリアニリン(PAN)がある．白金などの貴金属を電極として薄い硫酸溶液に浸し，ポリアニリンに正負の電圧を交互に印加する．負電圧にすると，0.1秒以内に濃い緑から透明な黄色へ変化する．次にまた正極にすると，もとの濃い緑へと戻る．電圧を印可して高分子を重合することを電解重合という．アニリンのほかにはピロール，チオフェンなどがよく研究されており，さまざまな色に変化する．色変化の速度と耐久性を向上できれば，エレクトロクロミック効果を利用した薄型カラーテレビが出現すると思われる．

導電性高分子の最も期待される応用はバッテリーである．アルカリ金属Liをドープしたポリアセチレンを負極に，過塩素酸をドープしたポリアセチレンを正極にした電池は，電圧3.5V，エネルギー密度424 W・h/kgが発現する．この値は自動車バッテリーとして使用している鉛電池の約1.7倍(2V)の電圧と2.5倍のエネルギー密度である．このよう

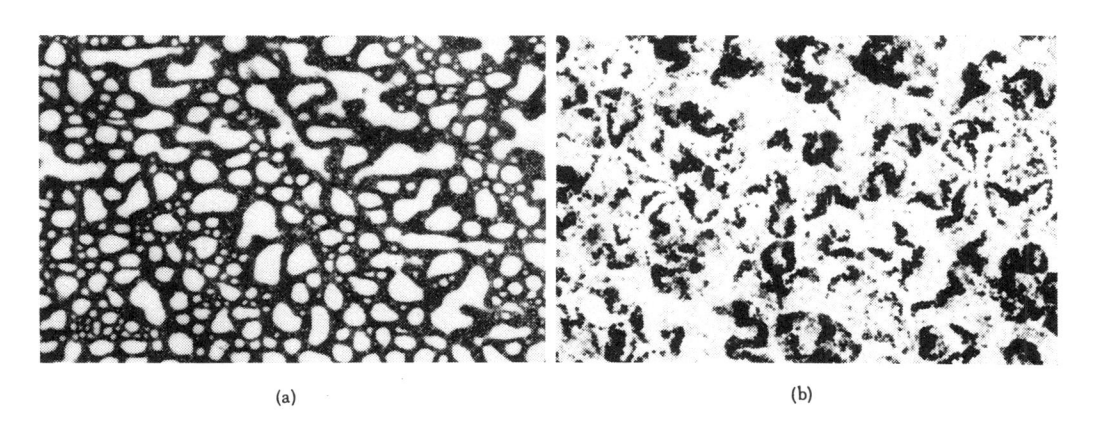

図 5.17 相分離状態の顕微鏡写真(a)と(b)は図5.16の(a)と(b)に相当する．

に軽くて出力が大きいので，自動車の天井やドアの間にバッテリーを入れれば経済的な電気自動車を作製できる．エンジン騒音のない快適な自動車になる．またガソリンスタンドに行かずに，ガレージの電気配線から充電できる．石油の消費が大幅に減り，石油ショックのような経済的混乱はもうなくなるであろう．現在ボタン製バッテリーとしてすでに発売されており，カメラ，時計などの電源に使われている．

もう1つの広い応用が期待されるのは，導電性に透明性を付与した材料である．通常，金，銀，銅などの金属は独特な色を有している．これは金属中に存在する自由電子が光と相互作用してある特定な波長の光を反射するからである．これをプラズマ反射という．高分子でも，共役連鎖を長くしてπ電子が動けるようにすると金属光沢が生じる．たとえば，ポリアセチレンは金属と全く同様に見える．反射する光の波長は担体の数nと関係があり，その数が少ないと長波長側に移る．それゆえ，この波長域を赤外域にすれば可視光領域では透明になる．(5.1)式から明らかなように，nが小さいと電導度が低下する．しかしμを大きくすれば電導度の低下は妨げられる．

このような考えのもとに合成された材料に，気相重合したポリピロールがある．これは，90%以上の光透過率と高い電導度を有している．ポリピロールは従来，電解重合によって合成されていた．この方法では，ピロール溶液中に含まれているドーパントが電気的相互作用によって重合したポリピロール中に容易に入り込んで，ピロールブラックを生成する．そのうえ反応系が複雑で構造中に分枝や橋かけが生じ，移動度が大きくならない．それゆえ透明にはならなかったのである．このように，重合の方法によっても性質は大きく変化する．この点が化学の最も興味深いところであるって，また腕のふるいどころでもある．

透明導電膜は液晶表示材料，タッチパネル，赤外反射膜などとして多くの場所に使用されると考えられる．筆者らは，高分子圧電材料と組合せて透明スピーカーを作製した．また，金属や無機半導体と接触させて障壁を形成し，整流効果を示すダイオードや太陽電池なども試作されている．n型シリコン上にp型ポリアセチレンを接合した太陽電池は6％の効率を示す．

5.3.5 おわりに

高分子材料の発展は著しく，いままで述べたように従来の絶縁性を利用したpassive材料から，電気機能性のactive材料と高度化がはかられつつある．特に導電性材料はオプトエレクトロニクス時代を迎えて，無機や金属材料では達成できない高度な機能材料として大いに期待されている．〔宮田　清蔵〕

IX. 有機工業化学

1. 有機工業化学総論

1.1 歴史的動向

　食糧，エネルギー源を除いた有機物の工業製品を有機工業化学の範囲と考えれば，色料，香料，界面活性剤，医・農薬，プラスチックス，繊維，ゴム，塗料，パルプ・紙などがその主要な内容となる．

　人類は，紀元前からすでに，動植物の油脂，タンパク，芳香油，セルロースなどの天然物を利用する技術をもち，18世紀末までは，その基礎技術に改良を加えた天然物有機工業化学が展開された．19世紀に入り，近代化学が誕生し，その世紀の終わるころまでに，その骨格ができあがった．有機物についての基礎認識もこの世紀を通じて成長した．同じ時期に，有機工業化学も天然物を化学的に処理することをおもな内容とするようになり，後半からは，合成有機工業化学が誕生した．パルプや香料など，今日でも天然物が主流をなすものもあるが，そのほかは20世紀に入ってしだいに合成有機物が主流となった．特に，1960年以降の宇宙・航空あるいは電子工業の発展につれて，これまでの合成有機物や天然物にはみられない機能をもつ有機物への要求が強まった．このため，機能性有機物と総称される一群の合成有機化合物が登場するようになり，ここで開発された技術は，徐々にこれまでの一般的な製品にも波及効果をあらわしつつある．

1.2 合成有機物への4経路

　有機合成への関心は，1828年の尿素合成に始まる．このころには照明用ガスの製造や製鉄用コークスの製造で副生するコールタールから各種の芳香族化合物が単離され，染料合成の主たる原料となった．この芳香族原料は，1950年の石油化学の時代になって，ナフサ分解工業からも得られるようになり，現状では石炭・石油の2つの供給源をもっている．

　1892年に石灰石と炭素からのCaC_2の工業的生産が始められ，1894年から本格的な生産が行われた．これによってアセチレンの供給が確保され，第一次世界大戦(1914年)を機に，アセチレンから合成酢酸，アセトン，塩化ビニルなどを経て，合成ゴム，アセテート繊維，ビニロン，ポリ塩化ビニルなどが工業化された．ここに，アセチレンを出発点とする合成有機工業化学が成立した．

　1950年ころから，これまでの石炭を中心とする時代から石油を中心とする時代に移行した．このころから，ナフサ分解によるエチレンやプロピレンの生産が工業化され，年を追って生産量も増加した．それに従って，アセチレンを原料とする体系はしだいにエチレンを出発点とする石油系の合成有機工業化学の体系に移行した．

　もう1つの合成有機工業の体系は，いわゆるC_1化学である．C_1とは，炭素1個を含む物質の総称であるが，中心は，COとH_2の混合ガス，CH_4，CH_3OHである．アセチレンが石炭から，エチレンが石油からつくられるのに対し，C_1化学の原料はかなり多様である．それは，19世紀から始まった石炭のガス化のほかに，重質油，天然ガス，オイルシール，植物，廃棄物などからも得られるからである．合成ガスと呼ばれるCOとH_2との混合ガスからエチレン，オレフィンや各種のアルコール，芳香族化合物を経て既存の有機合成化学につながる体系は，出発原料の多さという特徴はあるが，現時点での経済性は一般に石油化学の系列に劣る．

　結局，合成有機工業化学の体系は，天然油脂，パルプなど天然物のほかに，芳香族，アセチレン，エチレン，C_1化合物の4つの入口があり，そのいずれがそのときの主要な方法になるかは，さまざまな情況の総合によって決まる．また，これらを出発原料別にみれば，石油・天然ガス，石炭，動植物で，現時点での主流は石油・天然ガスになっている．

1.3 技術的な特徴

無機工業化学などと比較した場合の有機工業化学のもつ大きな技術的特徴はつぎの3点である.

(1) 多数の中間物によって成立していること: 有機工業化学の製品は,一般に多数の合成段階を経て最終製品に至る.この途中の径路に当たる化合物が中間物で,その選定によって合成の成否や経済性が左右される.また,この特徴が,染料,香料,医・農薬などに共通の基盤を提供することになっている.

(2) 多数の触媒の利用: 有機工業化学の成否の鍵を握るものとして,多くの場合不可欠なものが,触媒の利用である.しかも使用される触媒は,金属,金属化合物,有機物,有機金属化合物,酵素などきわめて多種類である.

(3) 生物工学の利用: 醱酵工業にみられるような生物工学の利用が,有機工業化学の1つの有力な生産手段として使われる.ホルモン,抗生物質,アミノ酸のように,主として生物工学技術で生産されているものや,メタノール,アセトンのように普通の合成技術と競合しているものもある.今後はさらに重視されそうな傾向にある.

1.4 資源・環境問題

有機工業化学にとって,順調な発展をとげるために考えておくべき前提条件として次の3点がある.

(1) 資源の問題: 森林,石炭,石油などを出発原料とするだけに,これら資源の供給と,環境破壊の問題が常に存在する.

(2) 環境汚染の問題: 使用量の増大につれて廃棄物の処理問題が社会的関心を呼んでいる.特に低分子量有機物による湖水,河川水,地下水の汚染,プラスチックスの使い捨てによる海洋汚染,構造材料としての複合材料の処理問題などである.

(3) 有害性の問題: 新しく開発される物質の有害性に常に留意する必要がある.この点に関し,「既存化学物質名簿」および「安全化学物質および特定化学物質」と照合し,それ以外の新規化学物質の製品化に際しては,「化学物質の審議および製造などの規制に関する法律(略称「化審法」)」および「労働安全衛生法」に基づく申請を必要とする.

1.5 産業の規模

表1.1に,有機工業化学関係の産業規模を示した. 〔大谷 杉郎〕

表 1.1 化学工業製品の生産額*と構成比(1987年度)

産業分野	製造品出荷額 (億円)	構成比 (%)
無機工業化学製品 (ソーダ,肥料その他)	16150	7.0
医薬品	41736	18.2
農薬	4318	1.9
プラスチックス	29310	12.8
合成染料・中間物	14020	6.1
繊維	8668	3.8
界面活性剤 (セッケン,洗剤)	8273	3.6
塗料・インキ	11049	4.8
香料	999	0.4
合成ゴム	4184	1.8
脂肪族系中間物 (含溶剤)	8577	3.7
写真感光剤	7846	3.4
接着剤	2000	0.9
その他の有機工業化学製品	37093	16.2
パルプ・紙**	35077	15.28
合計	229300	99.8

* 基礎とした数値は「昭和62年工業統計速報」(昭和63年12月発行)による.
** パルプ・紙は,工業統計速報では「化学工業」とは別枠として取り扱っている.

2. 原料有機工業化学

プラスチックス,その関連の可塑剤,塩ビ安定剤,酸化防止剤,紫外線吸収剤,滑剤,合成ゴム,有機ゴム薬品,化学繊維,染料,顔料,香料,食品添加剤,油脂,油剤,界面活性剤,塗料,インキ,接着剤,医薬,臨床検査薬,農薬,火薬,そのほか有機薬品の原材料となる有機化合物の供給源,製造法,生産量

などの概略をまとめたものが本章である[1].

2.1 有機合成化学工業への原料供給

有機合成化学工業(高分子合成化学工業などを含む)の原料(出発原料)の大部分は, 石油・天然ガス, 石炭, 農産物(動植物などの天然物)の3つを供給源としている. そのうち現在では石油が最も重要な原料である. わが国には石油化学工業基地(エチレンセンター)として, 鹿島, 五井, 市原, 姉崎・袖ケ浦, 千葉, 川崎(2基地), 四日市, 泉北・堺, 水島(2基地), 新居浜, 徳山・南陽, 大分の14基地(1989年現在休止中のものを除く)があり, 原料供給の中心となっている.

1987年前後のデータをもとにして, アメリカにおける化成品(有機薬品あるいは石油を原料とした場合, 石油化学工業基礎製品, 2次製品と呼ばれるもの)を生産量の多いものから順に表2.1に示した[2,3]. 主要な用途も添えた. これは細部に相違はあるものの先進国の代表例と考えられる. また, 今後生産量に増減はあるものの, 以下に示すような例を除いて, 全体としてそれほど大きな構造変化はないと予想される. ちなみに1988年のエチレンの生産高は, アメリカ1659万トン(1987～1988年の成長率4.5%). 日本 505.7万トン(1987～1988年の成長率 10.3%), ヨーロッパ 1459.5万トンであった[4].

現在, 冷媒, 溶剤として用いられているクロロフルオロカーボン(CFC's, フロン), 1,1,1-トリクロロエタンなどは, オゾン層の破壊, 地下水の汚染とかかわっているため, 環境保全の意味から今後, 代替品が開発され, これらの生産量は減少するものと思われる[5]. 一方, 1970年代半ばまでアンチノック剤として多量に製造されていた四アルキル鉛は, 環境問題からそのガソリンへの添加量が厳しく規制され, 生産量はこの20年で激減した. 代わってアンチノック性のあるメチル-t-ブチルエーテル(MTBE)が開発され, 現在このものの生産量はエチレンの10分の1にまで達している[2].

表2.1の上位3製品で全体重量の約30%, 7製品で約50%, 17製品で75%を占めている点, 注目に値する. また, 一般に順位が下がるほど(反応段数が上がることを意味する場合が多い)価格は上昇する. たとえば, 1989年春のエチレンの価格はkg当たり91.2円であり, 73位のエピクロルヒドリンは570円である.

2.1.1 石油化学工業[6,7,8]

石油または天然ガスを原料として, 化学製品を製造する工業を石油化学工業と呼ぶ. その製品はペトロケミカルズと呼ばれる. 石油化学工業基礎製品(エチレン, プロピレンなど), 石油化学工業2次製品(エタノール, テレフタル酸など), 石油化学工業最終製品(樹脂, ゴムなど)の分類が最近の石油化学工業の活躍を見事に表現している. 大正末期から昭和初期にスタートした石油化学工業が現在の隆盛をもたらした第1の要因は, 石油が液体であるため大量生産の原料としてすぐれていたことにある.

天然ガスには, 石油系ガスと非石油系ガスとがある. 石油系ガスはメタン以外にエタン, プロパン, ブタン, ペンタン, ヘキサンを含んでおり, 一方, 非石油系ガスはメタンが主成分で, ほかに炭酸ガス, 窒素を含んでいる.

油井から汲み出されたままの石油を原油という. 原油は炭化水素を主成分として, 微量の硫黄, 窒素, 酸素, 金属などを含む天然物である. 原油には, パラフィン系炭化水素を多く含有するパラフィン基原油と, ナフテン系炭化水素を多く含有するナフテン基原油と, この中間に位置する中間基原油の3種類がある.

原油の元素組成は, 一般に次の範囲にある. 炭素: 83～87%, 水素: 11～14%, 硫黄: 5%以下, 窒素: 0.4%以下, 酸素: 0.5%以下, 金属: 0.5%以下. 硫黄以下の微量元素は, 精製時に大気汚染の原因となったり, 装置の腐蝕, 製品の不安定化, 色相への影響, 精製触媒の被毒などの原因となる厄介な存在であり, 石油精製会社では, これらを

2. 原料有機工業化学

表 2.1 重要な化成品

順位	化成品名	生産比 (重量%)[1]	用途[2]
1	エチレン	15.0	ポリエチレン,重要な石油化学工業基礎製品(→§2.2.1)
2	プロピレン	7.95	ポリプロピレン,重要な石油化学工業基礎製品(→§2.2.2)
3	尿素	6.38	肥料
4	二塩化エチレン	5.92	塩ビモノマー(→§2.2.1)
5	ベンゼン	5.01	合成原料,溶剤,重要な石油化学工業基礎製品(→§2.2.4)
6	エチルベンゼン	4.04	スチレン(→§2.2.1, 2.2.4)
7	テレフタル酸	3.48	ポリエステル繊維,可塑剤
8	塩化ビニル	3.53	ポリ塩化ビニル(→§2.2.1)
9	スチレン	3.47	ポリスチレン(→§2.2.1, 2.2.4)
10	メタノール	3.13	ホルマリン,溶剤(→§2.2.5)
11	ホルムアルデヒド	2.61	合成樹脂(→§2.2.5)
12	トルエン	2.89	合成原料,溶剤,重要な石油化学工業基礎製品(→§2.2.4)
13	キシレン	2.45	合成原料,重要な石油化学工業基礎製品(→§2.2.4)
14	p-キシレン	2.21	テレフタル酸,重要な石油化学工業基礎製品(→§2.2.4)
15	エチレンオキシド	2.41	ノニオン界面活性剤(→§2.2.1)
16	エチレングリコール	1.94	ポリエステル繊維,不凍液
17	クメン	1.78	フェノール(→§2.2.2)
18	メチル-t-ブチルエーテル	1.45	ガソリン添加剤
19	フェノール	1.39	フェノール樹脂,ナイロン,エポキシ樹脂
20	酢酸	1.39	酢酸エステル(→§2.2.1)
21	ブタジエン	1.29	ポリブタジエン,重要な石油化学工業基礎製品(→§2.2.3)
22	プロピレンオキシド	1.12	ポリエステル樹脂(→§2.2.2)
23	アクリロニトリル	1.09	ポリアクリロニトリル(→§2.2.2)
24	酢酸ビニル	1.08	塗料,接着剤,共重合樹脂
25	シクロヘキサン	0.97	シクロヘキサノン(→§2.2.4)
26	アセトン	0.89	溶媒(→§2.2.2)
27	無水酢酸	0.70	アセテート
28	アジピン酸	0.67	ナイロン繊維,樹脂(→§2.2.2.)
29	エタノール	0.60	酒,溶剤
30	直鎖α-オレフィン[3]	0.57	低密度ポリエチレン,重要な石油化学工業基礎製品(→§2.2.6)
31	イソプロピルアルコール	0.56	医薬,溶剤
32	ブチルアルデヒド	0.55	合成樹脂,可塑剤(→§2.2.3)
33	ε-カプロラクタム	0.50	ナイロン繊維,樹脂
34	クロロフルオロカーボン[3]	0.45	冷媒(→§2.2.6)
35	アセトンシアンヒドリン	0.43	メタクリル酸メチル(→§2.2.2)
36	ニトロベンゼン	0.39	アニリン(→§2.2.4)
37	ヘキサメチレンジアミン[4]	0.39	ナイロン6,6(→§2.2.2)
38	メタクリル酸メチル	0.37	ポリメタクリル酸メチル(→§2.2.2, 2.2.6)
39	無水フタル酸	0.37	ポリエステル樹脂,可塑剤
40	アニリン	0.36	ウレタン原料,ゴム薬品
41	ビスフェノール A	0.35	ポリカーボネート
42	アクリル酸	0.34	ポリアクリル酸(→§2.2.2)
43	シクロヘキサノール	0.34	有機溶剤
44	イソブチレン	0.33	重要な石油化学工業基礎製品(→§2.2.3)
45	n-ブチルアルコール	0.31	塗料溶剤,可塑剤
46	n-パラフィン[3]	0.29	重要な石油化学工業基礎製品(→§2.2.6)
47	o-キシレン	0.29	無水フタル酸(→§2.2.4)
48	t-ブチルアルコール	0.28	溶剤
49	アセトアルデヒド	0.28	酢酸(→§2.2.1)
50	四塩化炭素	0.28	溶剤
51	トルエンジイソシアナート (TDI)	0.27	ポリウレタン
52	ペルクロロエチレン	0.26	溶剤,ドライクリーニング用

53	1,1,1-トリクロロエタン	0.26	溶剤，金属の精密洗浄用
54	直鎖アルキルベンゼン*3	0.24	合成洗剤用原料
55	メチルエチルケトン	0.23	溶剤，石油脂蠟剤
56	2-エチルヘキサノール	0.23	可塑剤，合成潤滑剤
57	エタノールアミン*3	0.23	界面活性剤，ガス吸収剤
58	ジエチレングリコール	0.22	ポリエステル，ポリウレタン
59	プロピレングリコール	0.21	合成樹脂，可塑剤，不凍液
60	クロロホルム	0.21	溶媒，医薬
61	塩化メチレン	0.21	溶媒，洗浄剤，剝離剤
62	ヘキサン*3	0.21	潤滑，食用油脂抽出剤，溶剤
63	塩化メチル	0.20	シリコーン，農薬
64	メチレンジフェニルジイソシアナート (MDI)	0.19	ポリウレタン
65	アクリル酸ブチル	0.18	アリクル樹脂，繊維，塗料
66	アルキルアミン*3	0.17	農薬，界面活性剤
67	グリセリン*5	0.16	医薬，化粧品，食品添加剤
68	ナフタレン*6	0.15	合成原料，殺虫剤
69	1,4-ブタンジオール	0.15	ポリエステル
70	ノネン	0.15	非イオン界面活性剤
71	ドデセン	0.15	アニオン界面活性剤
72	無水マレイン酸	0.15	ポリエステル樹脂，潤滑油添加剤
73	エピクロルヒドリン	0.15	アルキド樹脂塗料，化粧品
74	1-ブテン	0.15	メチルエチルケトン (→§2.2.3)
75	アセチレン	0.14	1,4-ブタンジオール (→§2.2.1)
76	二硫化炭素	0.14	ビスコース人絹，セロファン (→§2.2.5)
77	アクリル酸エチル	0.13	プラスチックス (→§2.2.2)
78	ソルビトール*7	0.13	ビタミンC

* 1 アメリカで生産された78種の化成品全量に対する百分率．
* 2 中間体はその記載場所を( )内に示した．
* 3 同族体として合計の生産量．
* 4 明らかにアジポニトリルを経て合成されているが，アジポニトリル自身は実数が甲確でないのでこのリストに挙げていない．
* 5 油脂の加水分解(セッケン工業)で生産される部分が60%．
* 6 60%は石炭乾留工業製品．
* 7 ブドウ糖から製造．

除去するために多数のプロセスを組み合わせている．環境保全の立場から硫黄酸化物の排出規制が厳しく行われ，軽質油やガスの脱硫技術は確立されている．重油あるいは残油の脱硫法には多数の技術的・経済的な困難さが付随したが，接触水素化脱硫法の技術が完成している．

原油と各種燃料油，潤滑油，ワックス，アスファルトなどの石油製品をまとめて，広義には，石油と総称する[6]．石油精製法はその需要の変遷に合わせて，蒸留法に，熱分解法 (クラッキング)，接触改質法(リフォーミング)が組み合わされるようになり，最近ではガソリン収率(得率)を100%まで高め得る水素化分解法(ハイドロクラッキング)の利用が主流となっている．一般的な石油精製工程の例を図2.1に示した[9]．この図に示された製品を石油製品と呼ぶ．ガソリンの改質は，炭化水素の構造を変えて低オクタン価のガソリンを高オクタン価のガソリンに転換することであり，脱水素反応，酸触媒による異性化反応，水素化分解反応などが用いられる．わが国ではMTBEなどのアンチノック剤を添加せずにこの方法で製造されたガソリンを使用する方向が主流である．

原油から石油化学工業基礎製品となる工程も図2.1に示した．有機合成化学工業製品の原料となる化合物については，以下，個別に

図 2.1 石油精製工程の一例

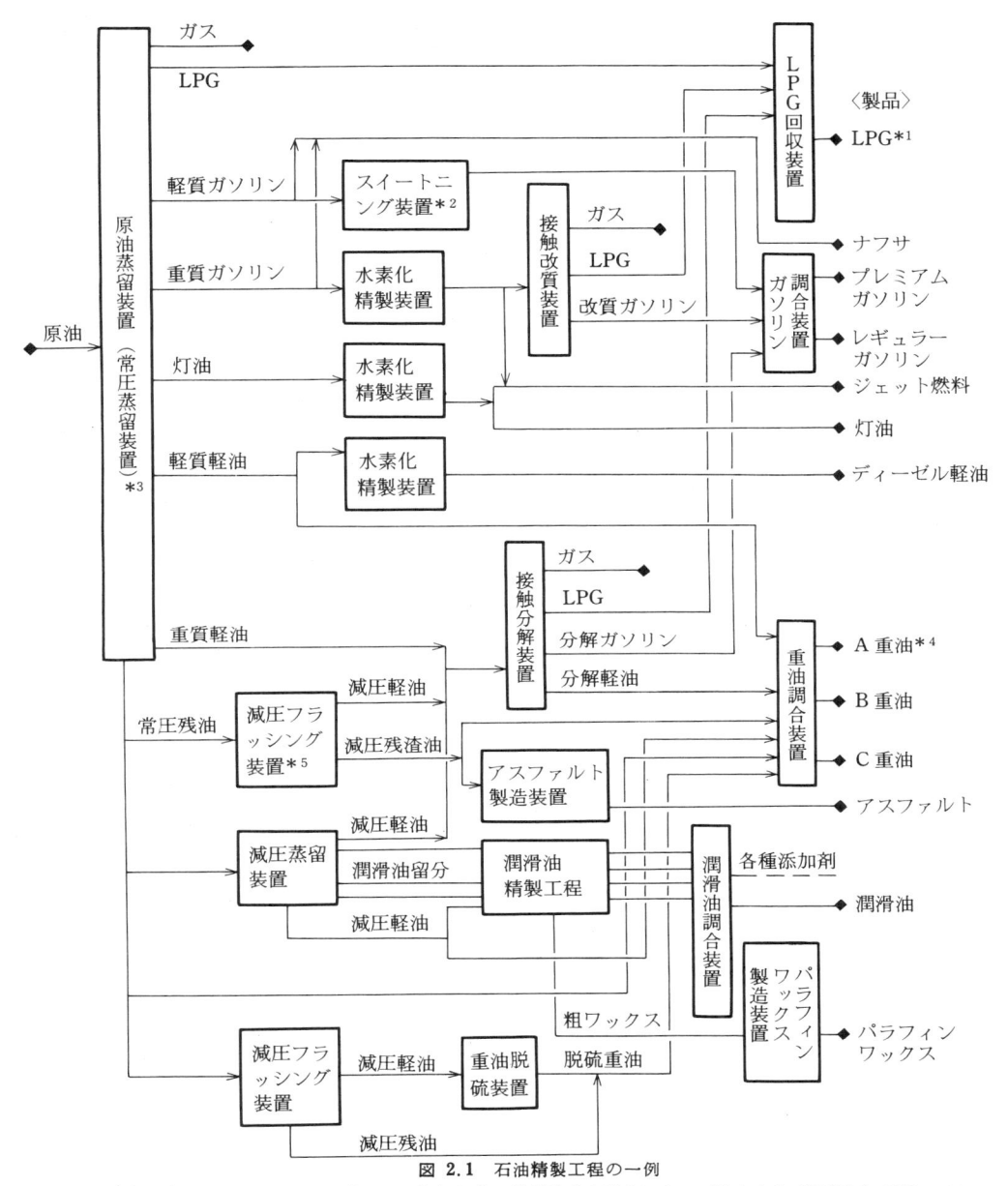

*1 液化石油ガス，*2 メルカプタン，硫化水素，遊離硫黄を酸化によって除去する工程(脱臭工程)，*3 トッピング，*4 A,B,Cの順に粘度が高くなる，*5 減圧下フラッシング(沸騰させる方法の一種)による分離装置．

述べる．

石油化学工業製品として，カーボンブラックとアンモニア(水蒸気改質法，メタンと水蒸気との接触反応による水素の製造など)，青酸，ホスゲン(CO と塩素から合成)も重要である．

有限な資源である石油(究極可採埋蔵量2兆 bbl)を炭素資源，あるいはエネルギー源として永遠に使用できるわけはなく，徐々に石炭(究極可採埋蔵量9.9兆 t)やオイルサンド(究極可採埋蔵量1兆6千億bbl)，オイルシェール(究極可採埋蔵量5兆5千億bbl)へ，その中心を再び移していかなければならないことは衆目の一致するところである．

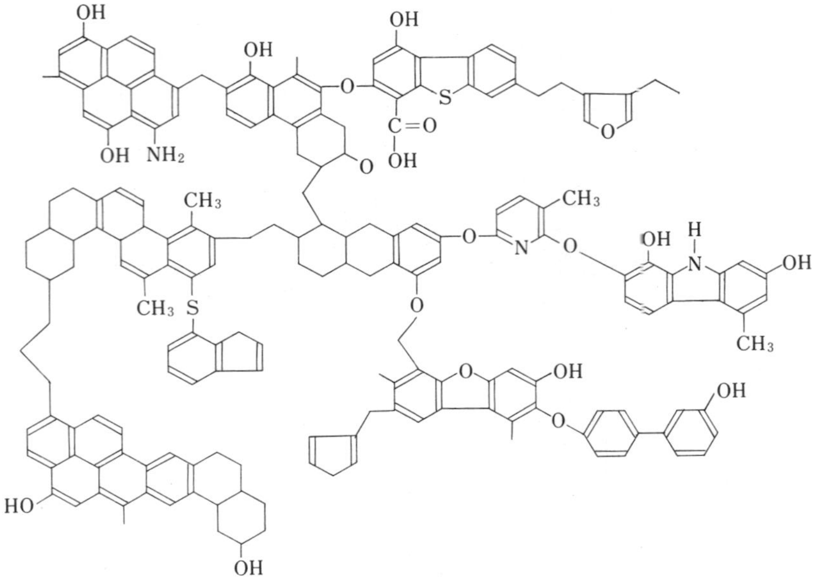

図 2.2 石炭構造モデル

2.1.2 石炭化学工業[9)]

石炭は，主成分として炭素，水素および酸素を含有する褐色から黒色の固体である．植物の堆積体から脱水反応，脱炭酸反応，脱メタン反応さらに熱分解，重縮合反応などにより泥炭，亜炭から褐炭を経由して瀝青炭，無煙炭へと変化したと考えられている．石炭の構造モデルを図2.2に示した[6)]．

石炭はその埋蔵量からみると，最も重要な潜在能力を有する原料である．確認可採炭量を石油換算量(3653億t)で比較すると，石油と天然ガスの合計確認埋蔵量(935億t＋925億t)に対して2倍もあることになる[10)]．

石炭は世界的に広い地域に分散して存在し，古くからエネルギー源あるいは化学製品の原料として利用されてきた．また，わが国の貴重な国産の資源でもある．さらに，主要産炭国が環太平洋地域に分布しているので輸入しやすいという地理的な利点も大きい．1973年の石油危機を契機として，石炭が「石油の依存度を軽減できる重要な原料およびエネルギー源」という基本認識から，わが国を初めとして，アメリカ，西ドイツなど世界的規模で石炭の有効利用技術の開発が積極的に推進されるようになった[10)]．

石炭の成分を完全かつ有効に利用し，石炭から価値の高い化学原料や化学製品を製造する産業として，石炭化学工業がある．石炭を原料とする誘導製品全体をコールケミカルズと呼ぶ．石炭化学工業製品は，一部石油化学工業製品と競合するものもあるが，現在の低原油価格がつづく限り，おおむね鉄鋼業界の副製品であり，石油化学工業製品に対して従属的立場にある．このような状況のため石炭の液化(フィッシャートロプシュ(Fischer-Tropsch)反応の利用，溶剤処理)など[10)]の企業は一部(南アフリカなど)を除いて稼動するには至っていない．

2.1.3 生物資源の利用―木材(バイオマス)化学工業，油脂工業，発酵工業，その他[11)]

工業的に利用される有機資源は，歴史的にみて生物資源から石炭へ，そして現在の石油・天然ガスへと変化してきた．しかし現在も多くの原料が経済的理由，あるいはそれ以外の種々の要因から生物資源に依存している．採算面から，大量生産して上記の2工業と競合することは現在のところ困難である．ただパルプ工業のように紙類の生産に付随して，

化成品が製造される場合や調味料のように食品などに使用する場合には採算が取れることがある.

木材(バイオマス)化学工業(→12章)の基盤は, 太陽エネルギー(無尽蔵エネルギー)による木材資源にある. 石炭・石油などの化石資源と異なり, 適当な期間を経て再生される循環性資源である. 限度はあるが豊富であり, また生産過程が当然のことながらきわめて好ましい. ウッドケミカルズには, リグニン, セルロース, およびヘミセルロースの3主要成分とそのほかの抽出成分がある. 木材や農産業廃棄物などのバイオマスの骨格成分であるセルロース, ヘミセルロースからは発酵によりエタノールが, また後者の加熱下酸加水分解でフルフラールが生産されている. リグニンは, 木質化した植物細胞壁内ないしは細胞間層に存在し, フェニルプロパン単位が結合した複雑な構造の物質である. 化学パルプ製造廃液, 特に蒸解廃液中のリグニンが利用可能である. このものに水素添加分解, 加熱下アルカリ加水分解によってフェノール類が, 空気酸化によってバニリン(世界生産量の約半分は本法により製造)が, 硫黄や硫化ソーダと高温で加熱することによってジメチルスルホキシドが製造可能であるが, その生産量は現在のところ原油が安価なため一部を除いてきわめて少ない. 抽出物からは, 医薬, 殺虫剤, 農薬, 香料, 染料, 樹脂, 脂肪酸, ショ糖などの甘味剤, なめし剤(タンニン)が得られる.

油脂工業, 発酵工業ともに食品製造が主である. エタノール(上述), ブタノール, 高級アルコール類, 高級脂肪酸類は, 穀類, 糖蜜の発酵, 動植物油脂(長鎖脂肪酸のグリセリド)のけん化あるいは電子移動還元(Na+ROH), 接触還元など天然物を直接原料として生産される.

2.2 大量生産される原料相互の関連[12〜15]

§2.1で, 生産量の多い重要な有機化合物をリストアップした. ここでは, これら有機合成化学中間体と基幹原料間のつながり, 石油化学工業最終製品への流れを示す(図2.3).

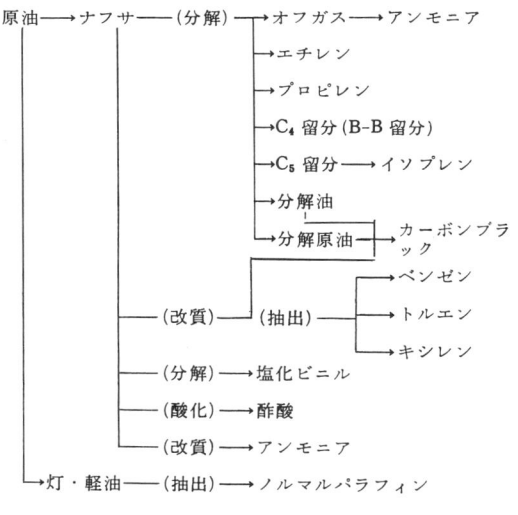

図 2.3 石油化学系統図

2.2.1 エチレン

基幹原料のなかでも最も重要なもので生産量も多い. 石油精製で得られる製品の1つであるナフサ(米国ではエタンなど)を分解して製造される. 用途のなかでポリエチレンの製造に使用される量が最も多い. 1970年以前にアセチレンを原料に生産されていたアセトアルデヒド, 酢酸ビニルなどはヘキストーワッカー(Hoechst-Wacker)法(1959年)などの新たな触媒系の発見で, ほとんどがエチレンからの直接合成に取って代わられた(図2.4).

2.2.2 プロピレン

エチレンと同様ナフサの分解で得られ, 重要な基礎製品として大量に生産されている. 将来的には, 分解するナフサの高沸点炭化水素分が増えて, 生成するオレフィン中のプロピレンの割合が上がると考えられるので, このものの成長率はエチレンよりも高いと見込まれている.

ヒドロホルミル化反応(オキソ合成法)は, オレフィン, 一酸化炭素および水素から増炭されたアルデヒド, さらに水素添加を組み合わせてアルコールの合成法として工業的に非

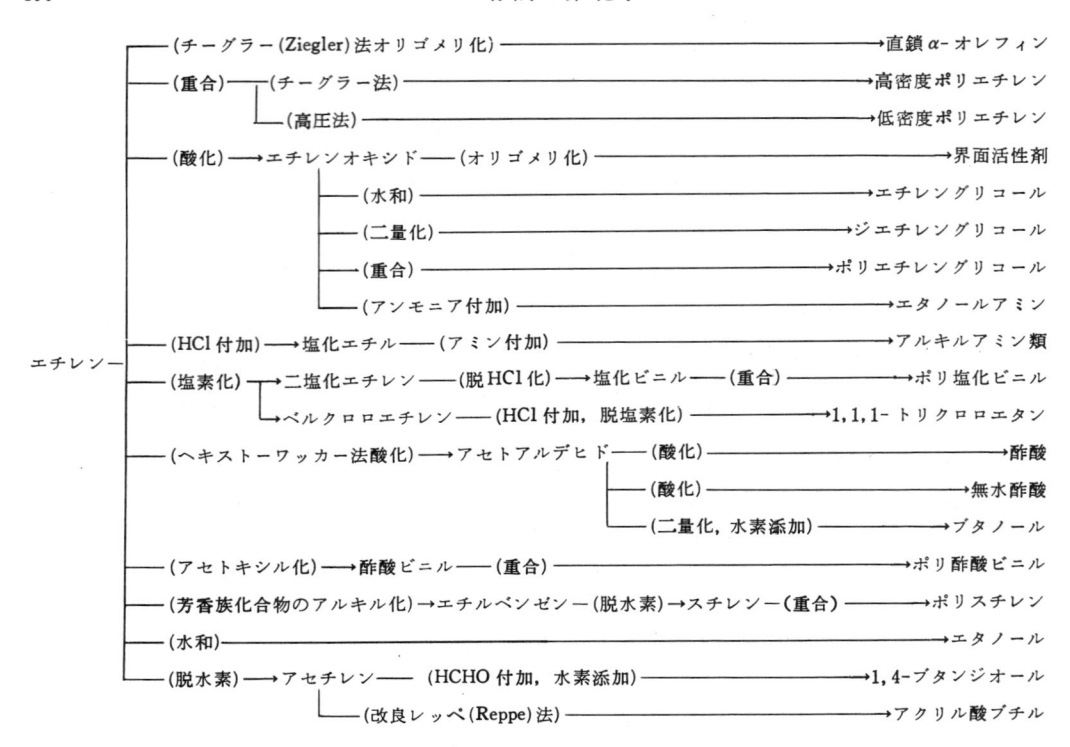

```
エチレン─┬─(チーグラー(Ziegler)法オリゴメリ化)─────────────→直鎖α-オレフィン
         ├─(重合)─┬─(チーグラー法)──────────────────→高密度ポリエチレン
         │       └─(高圧法)────────────────────→低密度ポリエチレン
         ├─(酸化)→エチレンオキシド─┬─(オリゴメリ化)───────→界面活性剤
         │                        ├─(水和)──────────────→エチレングリコール
         │                        ├─(二量化)────────────→ジエチレングリコール
         │                        ├─(重合)──────────────→ポリエチレングリコール
         │                        └─(アンモニア付加)─────→エタノールアミン
         ├─(HCl付加)→塩化エチル─(アミン付加)────────────→アルキルアミン類
         ├─(塩素化)─┬─二塩化エチレン─(脱HCl化)→塩化ビニル─(重合)→ポリ塩化ビニル
         │         └─ペルクロロエチレン──(HCl付加，脱塩素化)──→1,1,1-トリクロロエタン
         ├─(ヘキストーワッカー法酸化)→アセトアルデヒド─┬─(酸化)────→酢酸
         │                                           ├─(酸化)────→無水酢酸
         │                                           └─(二量化,水素添加)→ブタノール
         ├─(アセトキシル化)→酢酸ビニル──(重合)──────────→ポリ酢酸ビニル
         ├─(芳香族化合物のアルキル化)→エチルベンゼン→(脱水素)→スチレン→(重合)→ポリスチレン
         ├─(水和)──────────────────────────────→エタノール
         └─(脱水素)→アセチレン─┬─(HCHO付加，水素添加)─────→1,4-ブタンジオール
                              └─(改良レッペ(Reppe)法)────→アクリル酸ブチル
```

図 2.4 エチレンを原料とする主要な誘導品

常に重要な反応である．この方法($Fe(CO)_5$/N-ブチルピロリジン触媒)によってプロピレンからブタノールが生産されている(図 2.5)[15]．

アンモ酸化(アンモニアによる活性メチル基の接触酸化反応，ソヒオ(Sohio)プロセスが有名)によって，プロピレンからモリブデン酸ビスマス触媒を用いてアクリロニトリルが製造されている[15]．

2.2.3 C₄留分(B-B留分)

エチレン，プロピレンと同様ナフサの分解で得られ，C_4留分として分留されたあと，ブタジエンを抽出蒸留(沸点が近接しているためC_4留分中の相互の分留は困難であるが，ジメチルホルムアミドのような溶媒を加えるとブタジエンの揮発性が低下し容易に分留できる)，イソブテンを酸によって抽出，イソブタンを蒸留分離，そして残るブテン，ブタンは再度抽出蒸留(フルフラールなど)によって分離される．

ブタジエンの生産量が多く，またその大部分は合成ゴムの製造に用いられる(図2.6)．

2.2.4 ベンゼン，トルエン，キシレン

ガソリン改質装置(プラットホーマー)から得られる改質油，またはオレフィンガスを得る目的で行われるナフサ分解の際に副成する分解油から抽出される(図2.3)．第3の方法として，その重要性は低下(世界的には10%以下)したが，石炭のコークス化の際に生成する石炭タール，コークス炉水，およびコークス炉ガスからも芳香族化合物が得られている．芳香族化合物の分離には，① 共沸蒸留，② 抽出蒸留，③ 液-液抽出，④ 凍結結晶化(m/p-キシレンの分離精製)，⑤ 固体上への吸着(m/p-キシレンの分離精製)などの方法が用いられ，ますます高まる単一成分の純度に対する要求に答えている(図2.7)．

2.2.5 メタン

天然ガス，製油所から得られるメタンを原料として図2.8に示す化学工業製品が得られる．

2. 原料有機工業化学

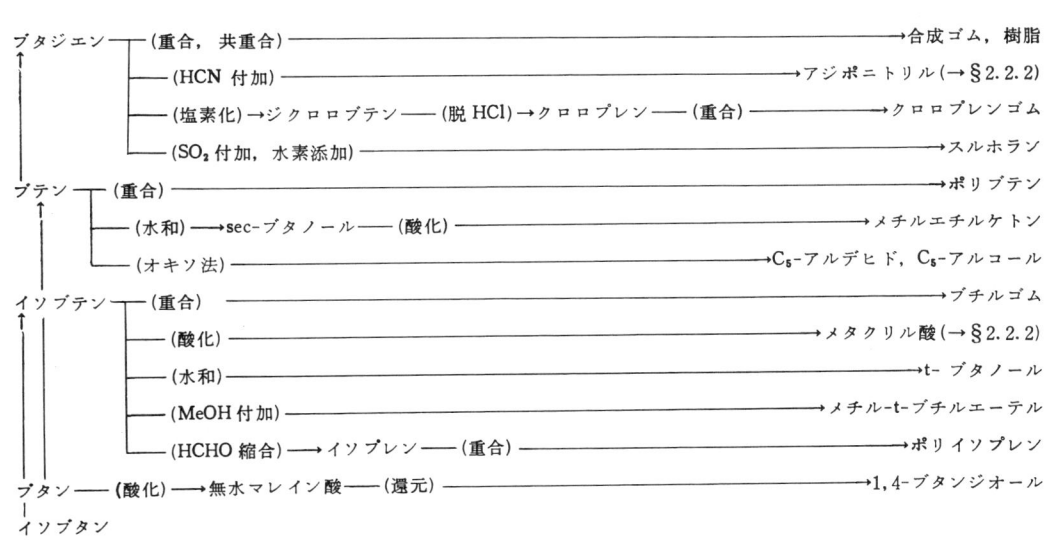

プロピレン
―(重合)――――――――――――――――――――→ポリプロピレン
―(酸化)→プロピレンオキシド―(オリゴメリ化)――――→界面活性剤
                           ―(水和)―――――――――→プロピレンオキシド
                           ―(重合)―――――――――→ポリプロピレングリコール
―(水和)―――――――――――――――――――――→イソプロパノール
―(酸化)→アセトン―(青酸付加)→アセトンシアンヒドリン
                           ―(酸触媒ニトリル分解)―→メタクリル酸メチル
        ―(フェノールへの酸触媒縮合)―――――――→ビスフェノールA
―(ベンゼンのアルキル化)→クメン―(自動酸化,酸分解)→フェノール/アセトン
                                                    ↓
                                                 (アルキル化)
                                                    ↓
                                                 ノニルフェノール
―(酸化)→アクロレイン―(還元)→アリルアルコール―(H₂O₂付加)→グリセリン
           ―(MeSH付加,その他)――――――――→メチオニン
        →アクリル酸―(エステル化)―――――――→アクリル酸エステル
―(塩素化)→塩化アリル―(HOClの付加,脱HCl)―→エピクロロヒドリン
           ―(アンモニア付加)―――――――――→アリルアミン
―(アンモ酸化)→アクリロニトリル
              →青酸
              ―(重合)―――――――――――→ポリアクリロニトリル
              ―(電解二量化)→アジポニトリル(水素添加)→ヘキサメチレンジアミン
                              ―(加水分解)――――→アジピン酸
―(ヒドロホルミル化)→ブチルアルデヒド―(還元)――→ブタノール
     オキソ法   ―(アルドール縮合,水素添加)→2-エチルヘキサノール

図 2.5 プロピレンを原料とする主要石油化学工業製品

ブタジエン
―(重合,共重合)―――――――――――――――→合成ゴム,樹脂
―(HCN付加)――――――――――――――――→アジポニトリル(→§2.2.2)
―(塩素化)→ジクロロブテン―(脱HCl)→クロロプレン―(重合)→クロロプレンゴム
―(SO₂付加,水素添加)――――――――――――→スルホラン

ブテン
―(重合)―――――――――――――――――――→ポリブテン
―(水和)→sec-ブタノール―(酸化)―――――――→メチルエチルケトン
―(オキソ法)――――――――――――――――→C₅-アルデヒド,C₅-アルコール

イソブテン
―(重合)―――――――――――――――――――→ブチルゴム
―(酸化)―――――――――――――――――――→メタクリル酸(→§2.2.2)
―(水和)―――――――――――――――――――→t-ブタノール
―(MeOH付加)―――――――――――――――→メチル-t-ブチルエーテル
―(HCHO縮合)→イソプレン―(重合)―――――→ポリイソプレン

ブタン
イソブタン
―(酸化)→無水マレイン酸―(還元)―――――――→1,4-ブタンジオール

図 2.6 C₄留分を原料とするおもな石油化学工業製品

IX. 有機工業化学

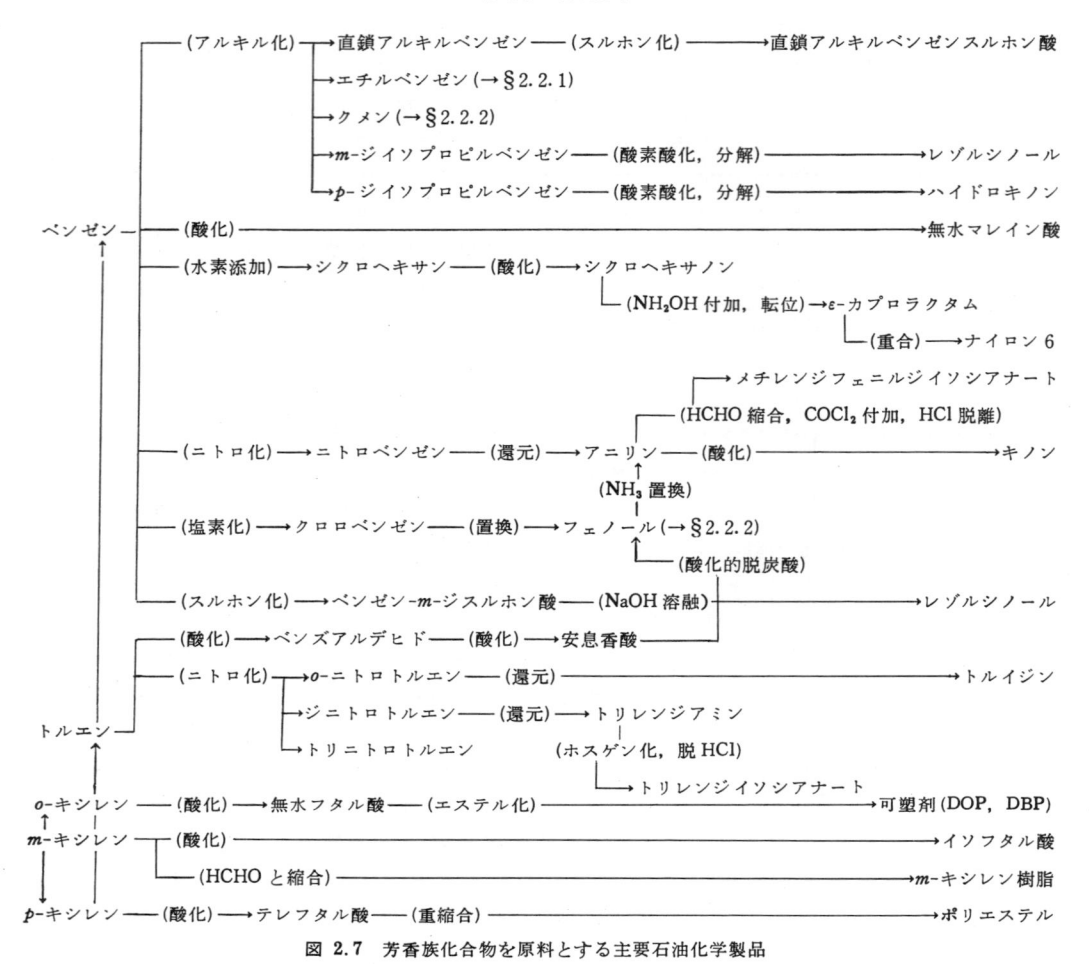

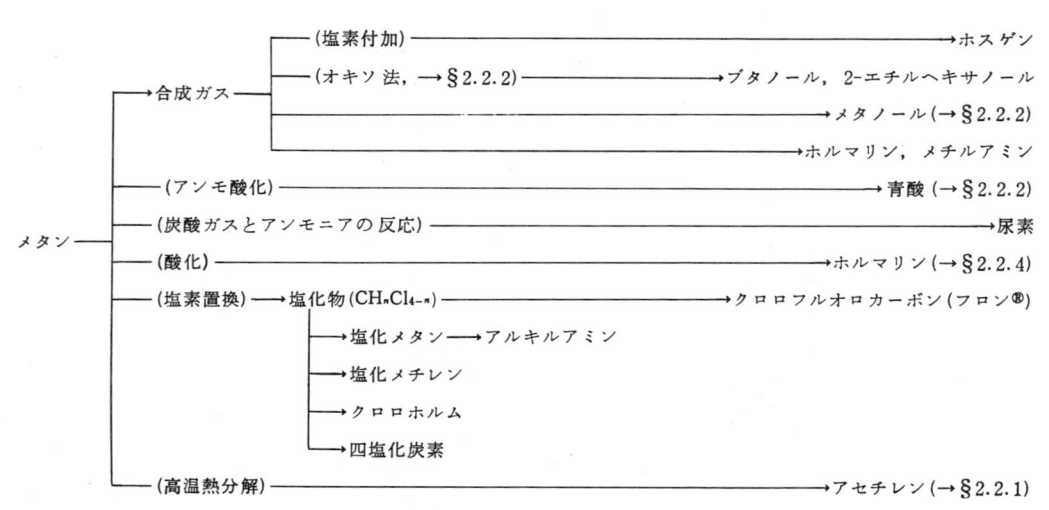

```
ベンゼン ─┬─(アルキル化)─┬→直鎖アルキルベンゼン──(スルホン化)────→直鎖アルキルベンゼンスルホン酸
          │              ├→エチルベンゼン(→§2.2.1)
          │              ├→クメン(→§2.2.2)
          │              ├→m-ジイソプロピルベンゼン──(酸素酸化,分解)────→レゾルシノール
          │              └→p-ジイソプロピルベンゼン──(酸素酸化,分解)────→ハイドロキノン
          ├─(酸化)─────────────────────────────────→無水マレイン酸
          ├─(水素添加)─→シクロヘキサン──(酸化)─→シクロヘキサノン
          │                                      └(NH₂OH付加,転位)→ε-カプロラクタム
          │                                                      └(重合)─→ナイロン6
          │                                     ┌→メチレンジフェニルジイソシアナート
          │                                     │(HCHO縮合,COCl₂付加,HCl脱離)
          ├─(ニトロ化)─→ニトロベンゼン──(還元)─→アニリン──(酸化)────→キノン
          │                                    │(NH₃置換)
          ├─(塩素化)─→クロロベンゼン──(置換)─→フェノール(→§2.2.2)
          │                                    │(酸化的脱炭酸)
          ├─(スルホン化)─→ベンゼン-m-ジスルホン酸──(NaOH溶融)────→レゾルシノール
          └─(酸化)─→ベンズアルデヒド──(酸化)─→安息香酸

トルエン ─┬─(ニトロ化)─┬→o-ニトロトルエン──(還元)──────→トルイジン
          │            ├→ジニトロトルエン──(還元)─→トリレンジアミン
          │            └→トリニトロトルエン    (ホスゲン化,脱HCl)
          │                                     └→トリレンジイソシアナート

o-キシレン──(酸化)─→無水フタル酸──(エステル化)────→可塑剤(DOP, DBP)
m-キシレン─┬─(酸化)─────────────────────→イソフタル酸
           └─(HCHOと縮合)────────────────→m-キシレン樹脂
p-キシレン──(酸化)─→テレフタル酸──(重縮合)────→ポリエステル
```

図 2.7 芳香族化合物を原料とする主要石油化学製品

```
メタン ─┬─合成ガス ─┬─(塩素付加)──────────────→ホスゲン
        │          ├─(オキソ法,→§2.2.2)─→ブタノール,2-エチルヘキサノール
        │          ├─────────────────→メタノール(→§2.2.2)
        │          └─────────────────→ホルマリン,メチルアミン
        ├─(アンモ酸化)──────────────→青酸(→§2.2.2)
        ├─(炭酸ガスとアンモニアの反応)────→尿素
        ├─(酸化)─────────────────→ホルマリン(→§2.2.4)
        ├─(塩素置換)─→塩化物(CHₙCl₄₋ₙ)─→クロロフルオロカーボン(フロン®)
        │            ├→塩化メタン→アルキルアミン
        │            ├→塩化メチレン
        │            ├→クロロホルム
        │            └→四塩化炭素
        └─(高温熱分解)──────────────→アセチレン(→§2.2.1)
```

図 2.8 メタンの誘導体

2.2.6 ナフタレン，直鎖パラフィン，α-オレフィン，その他

ナフタレンは石炭の乾留で得られるコールタールから分離されるものと，メチルナフタレンを多く含む石油留分の改質によるものとがほぼ拮抗している．酸化によって無水フタル酸へおもに変換される．

C_{10}-C_{14} の直鎖パラフィンは灯・軽油からゼオライトによって分離（分子ふるい法）され，おもに直鎖アルキルベンゼンを経て洗剤に用いられる．α-オレフィンとしては C_6-C_{18} の生産量が多い．このものはエチレンのチーグラー(Ziegler)触媒によるテロメリ化と直鎖パラフィンのクラッキング・脱水素で製造される．エチレンとの共重合で低密度ポリエチレンの製造，高級アルコール（洗剤への応用）の製造，潤滑油などに使われる．

カーボンブラックと硫黄の反応で二硫化炭素が製造されている．　〔西村　淳〕

文　献

1) 化学工業日報社編："7981 の化学商品"，化学工業日報社(1981)．
2) P.J. Chenier, D.S. Artibee: *J. Chem. Educ.*, **65**, 244, 433(1988)．
3) *Chem. & Eng. News*, April 10, p.11 (1989)．
4) a) *Chem. & Eng. News*, June 19, p.41 (1989)．
   b) P.L. Layman: *ibid.*, August 14, p.7 (1989)．
5) a) 大喜多敏一：現代化学，8月号，58 (1989)．これを第1回目として，以下，関口理郎，忠鉢繁，小川利紘，池田重雄，石川延男による6回シリーズ．
   b) P.S. Zurer: *Chem. & Eng. News*, March 6, p.29(1989)．
   c) 山口和弘：化学と工業，**42**, 1600(1989)．
6) 日本石油編："石油便覧"，石油春秋社(1977)．
7) 石油学会編："新石油事典"，朝倉書店(1982)．
8) 日本石油編："石油便覧"，石油春秋社(1982)．
9) 燃料協会編："石炭利用技術用語辞典"，燃料協会(1984)．
10) a) 山田英司：エネルギー・資源，**9**, 323 (1988)．
    b) J. Haggin: *Chem. & Eng. News*, August 14, p.25(1989)．
11) 井上祥平，佐藤 惺，松田治和編："有機資源の化学"，化学同人(1981)．
12) 三井石油化学研究グループ："石油化学工業"，朝倉書店(1956)．
13) 安東新午，雨宮登三，川瀬義和編："石油化学工業ハンドブック"，朝倉書店(1962)．
14) 浅原照三，井本 稔，崎川範行，武藤義一編："合成原料の新展開"，共立出版(1964)．
15) K. Weissermel, H.-J. Arpe, 向山光昭監訳："工業有機化学―主要原料と中間体―"，東京化学同人(1976)．

3. 色素，染料，顔料

3.1 色素，染料，顔料とは

色素とは，可視波長領域(350～750 nm)に吸収を有する有機，あるいは無機化合物である．有機系色素のうち繊維あるいはプラスチックなどの基質に対して，水やほかの媒体を通して染めつけることのできる物質が染料である．反対に，水やほかの媒体に対して溶解性のない物質が有機系顔料である．無機系色素からなる物質は，一般に水やほかの媒体に対する溶解性がないので，無機系顔料である場合が多い．

無機系顔料は数十種類であるが，有機系顔料は約200種類，染料に至っては2000種類以上生産され，日常生活にいろいろな形で使用されている．これらの染顔料の約6000種類の構造，あるいは特性はカラーインデックス(colour index: CI)に記載されておりCI番号で分類されている．これは英国染料染色学会の編集による染料便覧であり，第3版は増補全7巻から成っている(1975年)．日本国内では有機合成化学協会編による染料便覧がありCI番号も併記されている(1970年)[1]．

近年，有機系色素が染顔料以外の目的に用いられ，「機能性色素」と呼ばれて注目を浴びている．すなわち，単にある物質を着色してその色調をみるのではなく，可視光を吸収する性質を利用して，ある特別な「機能」をひき出そうとするものである[2]．

これらについては別項に譲ることとして，ここでは従来の染顔料を中心に記述する．

3.2 色素[2),3),4)]

3.2.1 色素の発色機構

有機系色素の発色機構に関してはいろいろな説が提唱されているが，1876年にO.N. Wittによって提唱された発色団と助色団から成る説を用いて説明されることが多い．

有機系色素が発色するためには発色団は必須グループであり，次に示すようなπ電子結合を有するものである．

$$—CH=CH—, \quad —CH=N—,$$
$$—N=N—, \quad C=O, \quad C=S,$$
$$—N=O, \quad —N=O$$
$$\qquad\qquad\qquad \downarrow$$
$$\qquad\qquad\qquad O$$

助色団としては，次に示すような非共有電子対（ローンペアー）を有するグループで吸収波長に大きな影響を与える．

$$—NH_2, \quad —NHR, \quad —OH, \quad —OR$$

このように発色団と助色団から成る原子団の電子が$\pi \to \pi^*$，および$n \to \pi^*$遷移することによって初めて発色する．このうち発色団が何らかの原因，たとえば光酸化分解などで失われた場合には消色すなわち色彩がなくなるという現象が起こる．また，助色団がなくなった場合には色調が変化するという現象が起こる．

無機系色素の発色機構に関しては，鉄，クロム，モリブデンなどの遷移金属の存在が重要であり，それらの外殻d軌道の電子の遷移が発色に大きく寄与している．

3.2.2 色の表示[5)]

すべての色は色相，明度，彩度の色感覚の3属性によって表示できる．これらを立体的な3次元空間で組み合わせたものを色立体という（図3.1）．白，あるいは黒は無彩色で無彩軸上にあり，明度の大きいものほど白方向へ，逆に明度の小さいものほど黒方向へ位置する．色の吸収光と補色（余色）の関係は色相環（カラーサークル）によって表すことができる（図3.2）．色相環で対角に存在する色は補色，あるいは余色の関係にあるという．たとえば，青色と黄色は補色の関係にあり，青色の波長の光を吸収するので黄色を示す色素となり，逆に黄色の波長の光を吸収するので青色を示す色素となる．これら両者の色を混合すると，すべての光が吸収されて黒色という無彩色状態になる．このほかよく使われる色の表示法としては，人間の眼に対する3刺激値X, Y, Zから求められる色度座標x, yを直交軸に用いて表わされるCIE（国際照明委員会）色度図がある（図3.3）．すべての色の色度はこの曲線で囲まれた図のなかに位置する．A, B, C, D_{65}は標準光で，D_{65}が昼光の標準である．

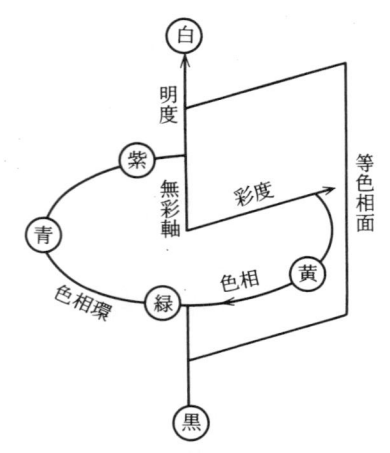

図3.1 3属性による色立体

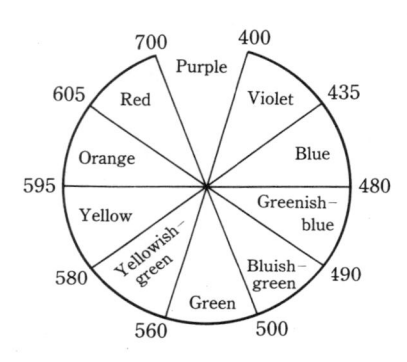

図3.2 色相環（カラーサークル）
数字は波長の単位（nm）

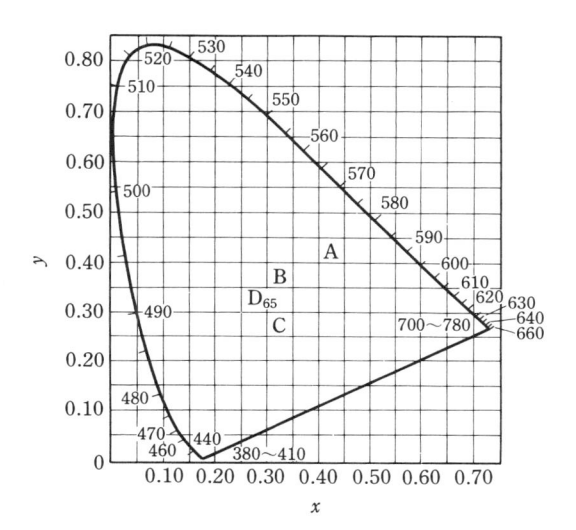

図 3.3 XYZ表色系による色度図(xy-色度図)
波長目盛りの入った曲線は，スペクトル軌跡であって，スペクトル軌跡の両端を結ぶ直線は純紫軌跡である．点 A, B, C および D_{65} は標準の光，A, B, C および D_{65} の色度座標を表す (JIS Z 8722)．

3.3 染料[1),2),3),4),6),7)]

3.3.1 染料の分類と構造

染料はその染色性によって分類することができる．以下，主要な染料について述べる．

(1) **酸性染料**： 最も種類が多く，染浴が酸性から中性領域で染色することのできるものである．絹，羊毛などのペプチド結合を有するタンパク質から成る繊維，またはアミド結合を有するナイロンなどの合成繊維を染色するときに用いられる水溶性アニオン染料がこれに属する．化学構造的にはアゾ系，アントラキノン系，キサンテン系，トリフェニルメタン系などに分類され，これらの基本骨格にスルフォン酸基またはカルボキシル基が結合している．これらの酸性基がペプチド基，あるいはアミド基とイオン結合することによって染色が行われる．

(2) **媒染染料**： 分子中に，金属イオンと錯塩を形成することのできる原子団を有する酸性染料である．原子団としては，水酸基などの弱い酸性基を有するものが多い．ポリアミド系繊維，またはセルロース系繊維の染色に用いられる．ただ，金属塩で処理する必要があるため，最近ではほとんど用いられていない．化学構造的にはアントラキノン系が最も多い．媒染剤はクロム，ニッケル，鉄，アルミニウムなどの金属塩である．

(3) **塩基性染料**： 分子中に置換アミノ基などの塩基性基を有し，それが四級化されたアンモニウム構造を有するカチオン系染料である．タンパク質から成る繊維，あるいはナイロンなどの合成繊維の染色に用いられる．非常に鮮明な色調を有する染料であるが，耐光性が弱いため，パルプ，皮革，雑貨物などに使用が限定されている．化学構造的にはジアリールメタン系，トリアリールメタン系，キサンテン系，チアジン系などに分類でき，これらの基本骨格にアンモニウム基が導入されている．

(4) **直接染料**： 媒染剤を用いることなく直接染色できるアニオン系染料である．セルロース繊維などの染色に用いられる．ベンジジン骨格，スチルベン骨格，J酸骨格(2-アミノ-5-ナフトール-7-スルホン酸)などの直線的棒状構造を有し，アミノ基などの水素結合が可能な基を多く有する染料である．

(5) **硫化染料**： 分子中にポリスルフィド結合を有することが特徴で，硫化ナトリウムによって還元されて水溶性になったロイコ体が染着する．セルロース繊維などの染色に用いられ，染着後，空気酸化されて不溶性の色素となる．

(6) **建染染料(バット染料)**： キノン構造を有し水に対して不溶性で，その還元体が水に可溶性となる染料である．可溶な状態でセルロース系繊維に吸着し，空気などで酸化されて不溶性の色素となる．化学構造的には，アントラキノン系あるいはインジゴ系などに分類できる．

(7) **分散染料**： 水に難溶性の非イオン系染料である．分散剤を用いて水中に分散させた状態で染色が行われる．トリアセテート，ポリエステル，ポリアミド，アクリルなどの疎水的な合成繊維の染色に多く用いられる．化学構造的にはアゾ系，アントラキノン系が

(8) 反応染料： 繊維と共有結合を形成することのできる反応基を分子内に有する酸性染料の一種である．羊毛やセルロースなどの染色に用いられる．アゾ系，アントラキノン系，フタロシアニン系などの酸性染料に，反応基としてジクロロトリアジン基，ビニルスルフォン基などが導入された化学構造をもっている．これらの反応基が繊維中の水酸基，アミノ基などと共有結合を形成することによって染色が行われる．このため染色堅牢度がすぐれている．

(9) けい光増白剤： 紫外領域の波長を有する光を吸収して，可視領域にけい光を発する染料である．セルロース繊維や合成繊維に用いられる．けい光を発する部分（スチルベン骨格）にスルフォン酸基を導入したアニオン型や非イオン型がある．

(10) ナフトール染料（アゾイック染料）：これは，上記の染料とは若干異なっており，染料で染色するのではなく下づけ剤と顕色剤の2種類の物質を用いて発色させる染色方法がとられる．下づけ剤としてのナフトール系化合物を木綿などの繊維上へ事前に吸着させておき，その後ジアゾニウム塩を用いてアゾカップリングをさせて発色させる．

3.3.2 染料の用途

染料は繊維などの染色におもに用いられてきたが，最近では可視光を吸収する特性を利用して広い分野で利用されるようになった．機能性色素，機能性染料の分野については別項に譲ることにして繊維への染色以外の主要な用途について述べる．

(1) 食品用： CIには食品用として50種類以上の染料が記載されているが，日本国内では16種類の染料の使用が許可されている．いずれも酸性染料の構造をもっている．

(2) けい光増白用： 紫外光を吸収してけい光を発する染料で，セルロース繊維，紙，パルプなどの増白に利用されている．また家庭用洗剤などに配合されている．

(3) なめし皮用： 酸性染料，直接染料，媒染染料などの多くの染料がなめし皮を染色するのに用いられている．

3.3.3 染料の耐久性

染料の溶解性がよいということは，単分散状態になるからであり，繊維などの被染色体上でも単分散に近い状態にある．単分散状態の染料は，熱あるいは光に対して不安定であり，空気中の酸素や水分によって容易に劣化することがある．染料の発色団が分解すると，無彩色状態に，また助色団が分解すると染色直後とは異なった色彩になることがある．このような染料の劣化を防ぐための安定剤として酸化防止剤や紫外線吸収剤が用いられる．酸化防止剤は染料と酸素との劣化反応を抑制する．紫外線吸収剤は，染料を励起して活性化させる紫外線を吸収する．これらの安定剤は被染色体のなかに混入されるか，または被染色体の上に塗布される．

3.4 顔　　　　料[1),2),3),6),8)]

3.4.1 無機系顔料の分類と構造

色彩から主要な顔料を分類すると以下のようになる．

(1) 白色：炭酸カルシウム，硫酸バリウム，酸化亜鉛（亜鉛華），酸化チタン，リトポン

(2) 黄色：クロムイエロー，カドミウムイエロー，ニッケルチタンイエロー

(3) 赤色：ベンガラ（酸化鉄赤），カドミウムレッド，モリブデンレッド

(4) 青色：紺青，群青（ウルトラマリン），コバルト青，エメラルドグリーン

3.4.2 無機系顔料の用途

無機系顔料は，充填材あるいは体質材として用いる場合と着色材として用いる場合がある．充填材としては，増量材あるいは強度を増加させる目的のために用いられる．一方，着色材としての用途はガラスや陶磁器にみられる．一般に，無機系顔料は耐熱性に非常にすぐれており，高温加熱を必要とするものにも使える．500°C以上の耐熱性を有する顔料もある．

このほかの用途としては，絵の具，クレヨン，塗料，印刷インキ，X線用造影材などがある．

3.4.3 有機系顔料の分類と構造

構造から主要な有機系顔料について分類する．

(1) 染め付けレーキ：酸性染料や塩基性染料の溶液に最適な無機塩を加えてレーキ化する．すぐれた色調と着色力を有しているのが特徴であるが，耐熱性，耐水性，耐光性に劣る．

(2) けい光顔料：有機系けい光染料を合成樹脂に分散させ，硬化させたのち粉砕して得られる．用いた合成樹脂によって顔料の耐光性に差が出る．

(3) 溶性アゾ系顔料：分子構造中にアゾ基だけでなく，スルフォン酸基やカルボキシル基などをもつ水溶性化合物であるが，金属塩の型をとって，不溶性となった顔料である．耐溶剤性にすぐれているが，耐水性，耐酸性，耐アルカリ性が低い．黄色から赤色の色調のものが多い．

(4) 不溶性アゾ系顔料：これは可溶性顔料と異なって，分子構造中に水溶性基のないのが特徴である．耐水性，耐酸性，耐アルカリ性などはよいが，耐溶剤性に劣る．耐溶剤性を改善した不溶性アゾ系顔料が開発され，耐溶剤性の向上だけでなく耐熱性，耐光性も大幅に改良されているものが多い．黄色から赤色の色調のものが多い．

(5) フタロシアニン系顔料：フタロシアニン構造を有し，耐熱性，耐光性，耐溶剤性，耐水性にきわめてすぐれた顔料である．色調としては青色から緑色で非常に鮮明で，着色力もすぐれた顔料である．

(6) 縮合多環系顔料：明確な定義はないが，上記以外の顔料で耐光性，耐熱性，耐溶剤性にすぐれた多環式化学構造を有する高級顔料である．化学構造が多岐にわたることから黄色，赤色，緑色の色調を有する．

3.4.4 有機系顔料の用途

有機系顔料は，耐光性，耐熱性，耐溶剤性，耐水性などの耐久性にすぐれている．これは顔料分子が会合しているためとされている．さらに，耐久性に加えて鮮明な色調と大きな着色力を有しているため，塗料，印刷インキ，合成樹脂への添加，クレヨンや絵の具などの文房具，化粧品などに用いられている．

〔山田 頼信〕

文　献

1) 有機合成化学協会編："染料便覧"，丸善(1970)．
2) 大河原信，黒木宣彦，北尾悌次郎編："機能性色素の化学"，シーエムシー(1981)．
3) 大河原信，北尾悌次郎，平嶋恒亮，松岡賢編："色素ハンドブック"，講談社サイエンティフィク(1986)．
4) 有機合成化学協会編："カラーケミカル事典"，シーエムシー(1988)．
5) 日本色彩学会編："色彩科学ハンドブック"，東京大学出版会(1985)．
6) 日本化学会編："化学便覧 応用化学編 II 材料編"，丸善(1986)．
7) 黒木宣彦："染色理論化学"，槇書店(1966)．
8) 色材協会，顔料技術研究会，日本顔料技術協会編："第28回顔料入門講座テキスト"，色材協会顔料技術研究会，日本顔料技術協会(1986)．

4. 香　　料

4.1 匂いの概念

匂いは，われわれの生活に身近なものであり，化学物質によってひき起こされる化学感覚である．その機構はまだ完全に解明されていないが，まず匂い分子が空気の流れとともに鼻腔内に入り感覚受容細胞である嗅細胞を刺激する．それによりインパルスが発生し，電気信号は嗅神経を通って脳の一部である嗅球に入り，梨状葉や扁桃核というところを経て脳の高位の中枢に送りこまれ，そこで匂いの感覚が生ずるといわれている．

さらに，匂いの場合，感度は悪いが補助的な神経として鼻腔内に分布している三叉神経，咽頭部に分布する舌咽神経，喉頭部に分布する迷走神経も匂い物質によって，やはり

刺激を受けるから，匂いの感覚はこれら神経の興奮によって生ずる複雑な感覚の総合である．

このように，嗅覚を刺激する物質を"におい"といい，そのなかでも快感を与えるにおいを"匂い"，"香り"と呼んでおり，不快なにおいを"臭"と呼んでいる．匂いを有する有香物質のうち，われわれの日常生活に役立つものを香料と呼んでいる．香料というと快い匂いの物質と考えられるが，不快臭を有する物質でも，ある目的をもって使用される場合は，香料の範疇に入れている．

ある種の有香物質を口に入れた場合，嗅覚と味覚を同時に刺激して特別な風味を感ずることがあるが，このような有香物質はフレーバーと呼ばれ食品用香料として用いられる．

匂いを有する物質は約40万といわれ，香料として実用に供せられているものは約2000種である．

4.2 有香物質の物理化学的性質

においを感ずるためには，におい分子が鼻の受容細胞に到達し，そこで相互作用を起こすことが必要であり，そのため有香物質には特定の物理化学的性質が要求される．

a. 分子量が300以下であること 物質を形成する分子が常温である程度の蒸気圧をもたなければ鼻に到達しない．分子が揮発性をもつためには分子量に制限がでてくる．有香物質の分子量は26～300といわれている．

b. 水溶性と油溶性 匂い分子が鼻に到達したのち，鼻の粘膜を被っている水層を通り抜け，神経細胞の脂質層に入りこむためには，水溶性と油溶性の両方の性質が必要となる．そのため有香分子には水溶性となるための水酸基や酸基のような置換基と油溶性となるための炭素鎖が必要である．

c. 官能基と不飽和結合 有香物質の化学構造を調べてみると昔は発香団などと呼ばれた官能基，すなわち水酸基，カルボニル基，酸基，エステル基，ラクトン，チオアルコール，エーテル，ニトロ基，アミド基，ニトリルなどや，二重結合，三重結合などの不飽和結合が分子内にあることがわかっている．

d. 有香物質（香料）の蒸気圧 香料は常温である程度の蒸気圧が必要であるが，一般的にはかなり小さい．代表的香料の蒸気圧を表4.1に示した．

表 4.1 25°Cにおける蒸気圧（単位：0.001 mmHg）

物質名	蒸気圧	物質名	蒸気圧
アセトフェノン	360	リナロール	165
アニスアルデヒド	32	酢酸リナロール	100
酢酸ベンジル	120	カルボン	95
シトラール	60	メントール	54
シトロネロール	15	フェニルエチルアルコール	54
酢酸エチル	60000	バニリン	0.17
オイゲノール	14	しょう脳	202
ヘリオトロピン	4	水	22380

4.3 匂いの強度と匂いに影響する要因

a. 匂いの強度と"いき値" 光の明るさと音の強さについては多くの研究がなされているが，匂いの強度についての研究はほとんどない．匂いの強さについて物理的に測定できる量は，センサー技術が発達すれば別の話であるが，従来はいき値だけであった．しかし，いき値は匂いの強さと直接関係ないという意見もある．

匂いの強さを研究する上で，嗅覚神経が感知する心理的反応と固有の匂いの強度とは区別されなければならないといわれている．前者は感覚の強さであり，後者は刺激の強さである．感覚の強さは刺激の強さの対数に比例し，刺激の強さは気相におけるモル分率に比例するが，匂いの場合，心理的反応も含めて測定は困難である．

一般に，"いき値"は測定可能なので匂いの強さを表現する1つの方法ではある．いき値とは試料の一定量を希釈して感知できる最小量をいうが，匂いの場合それを感知できる最低濃度（刺激いき値）と何であるかを判別できる最低濃度（弁別いき値）がある．しかし，

個人差もあり発表されている数値にはかなり差があるようである．表4.2に代表的香料のいき値を示した．

表 4.2 におい物質(香料)の相対強度といき値 (Appell, 1969)

物質名	相対強度	刺激いき値 (ppm)	弁別いき値 (ppm)
ジアセチール	10	1	0.01
イソ酪酸エチル	9	2.5	0.0025
酢酸イソアミル	6	40	0.4
シネオール	8	25	1
フルフラール	8	25	1
p-クレジルメチルエーテル	9	2.5	0.025
エチルアミルケトン	7	16	0.16
安息香酸メチル	8	25	1
シトロネラール	7	16	0.16
安息香酸エチル	6	40	0.4
酢酸スチラリル	7	16	0.16
メチルアセトフェノン	7	16	0.16
メチルヘプチンカーボネート	9	2.5	0.025
酢酸 p-クレジル	9	2.5	0.025
サフロール	7	16	0.16
シンナミックアルデヒド	7	16	0.16
オイゲノール	6	16	0.06
アンスラニル酸メチル	6	16	0.06
ノナラクトン	9	2.5	0.025
アルデヒド C-16	9	2.5	0.025
ウンデカラクトン	8	6.3	0.06
シトラール	5	100	1
α-ヨノン	4	16	0.06
クマリン	4	50	0.3
バニリン	4	100	1

いき値は水溶液で測定

b. 濃度および不純物による影響 単体香料の場合，濃度によって香調が変わる例が知られており，不純物によっても変わってくる．香料の場合，100％純粋なものは得られにくいので，起原および製造方法によって異なる不純物が含有され，それが匂いの強さおよび香調に影響を与える．

4.4 香料の種類

香料は，原料および製法により天然香料と合成香料に大別される．天然香料には動物性と植物性があり，動物性香料はじゃ香など数種にすぎない．天然香料のほとんどすべては植物性であり，植物の枝葉，花など各部から水蒸気蒸留あるいは抽出法で得られる植物精油やオレオレジンなどが主たるものである．レモン油，オレンジ油，ローズ油などがその例である．約150種の天然香料が用いられているが，いずれも複雑な混合物であり，匂いとして一応調和はとれている．

合成香料は単体香料とも呼ばれ，天然産植物精油から主成分を単離，精製したものと，石油化学製品，テレビン油などの安価な工業原料から化学反応によって合成されたものの2種類がある．その数は5000種にのぼるが，大量に製造使用されているものは320種ほどである．

天然香料および合成香料を単独で用いても満足な匂いが得られないので，実際にはこれらを配合した調合香料として使用されている．

天然香料および合成香料は素材であり，調合香料が香料としては完成品といえる．

調合香料は用途によって香粧品用香料と食品香料に大別される．普通調合香料といえば香粧品用を指す．食品香料の場合は，口に入ったときの風味が重要である．

4.5 合成香料（単体香料）

合成香料の原料としては，昔は植物精油がおもで分別蒸留，冷凍分離および化学的処理など比較的簡単な化学操作で分離精製した，いわゆる単離香料が大部分を占めていた．

最近はテレビン油および石油化学製品が主原料となり，最新の合理的な各種有機化学反応を用いた合成香料が主体となってきた．

合成香料の分類については，その化学構造あるいは発香基という観点から一般的には炭化水素，アルコール，アルデヒド，ケトン，酸，エステル，ラクトン，フェノールなどに分類される．

主原料の1つであるテレビン油からは，その主要成分であるα-ピネンおよびβ-ピネンを用い図4.1のような合成香料が製造される．

石油化学製品で原料として多量に用いられているものはアセチレン，アセトン，イソプ

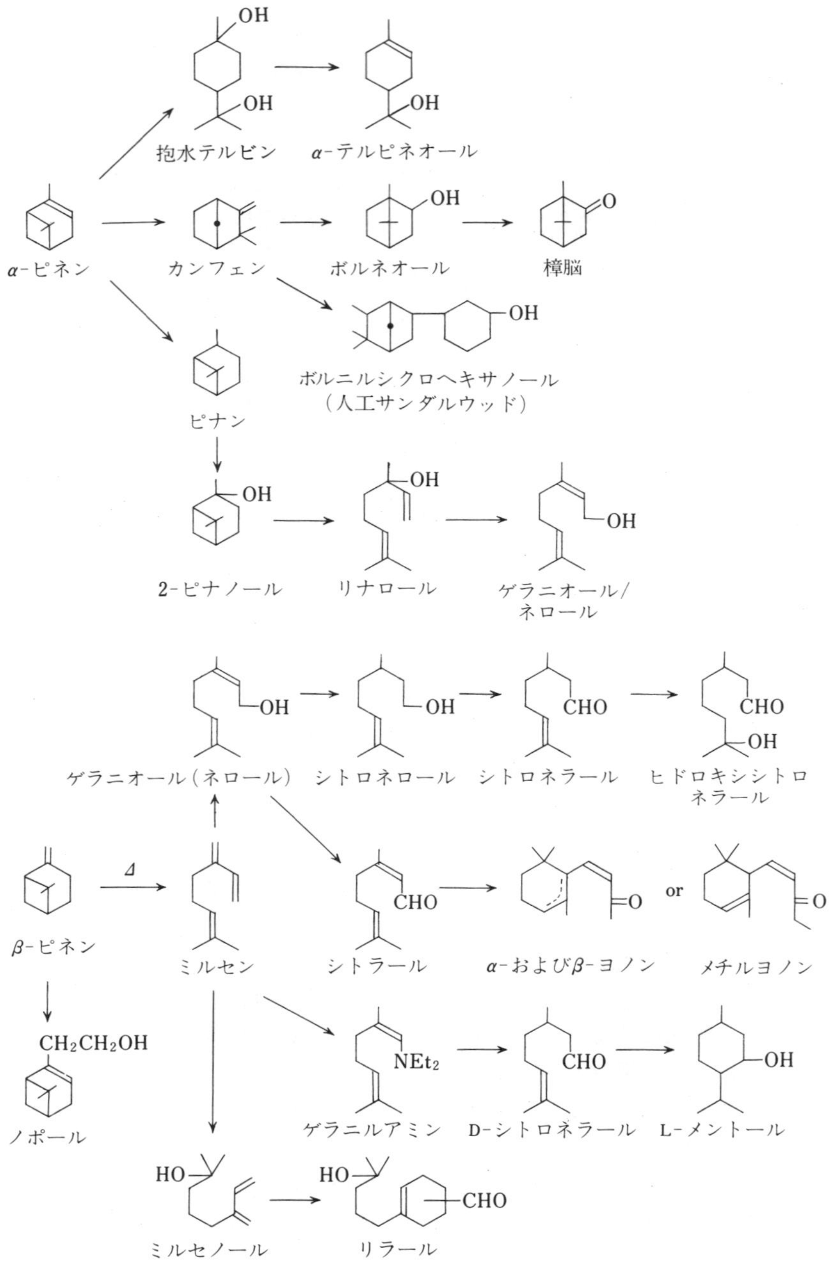

図 4.1 ピネンより導かれる合成香料

レン，スチレン，カテコールなどである（図 4.2）．

4.6 調合香料および食品香料

調合香料は香粧品用と食品香料に大別されるが，香粧品用香料はフレグランスとも呼ばれる．調合香料は少なくとも数種，高級なものは数十種の天然および合成香料の配合されたものである．配合は想像的，幻想的な匂いをつくりだす芸術的仕事であり，最近はよりモダンな，よりエレガントな傾向に向かっており，さらに心理生理的効用を加味した調合香料もつくられている．

食品香料はフレーバーとも呼ばれ，食品の

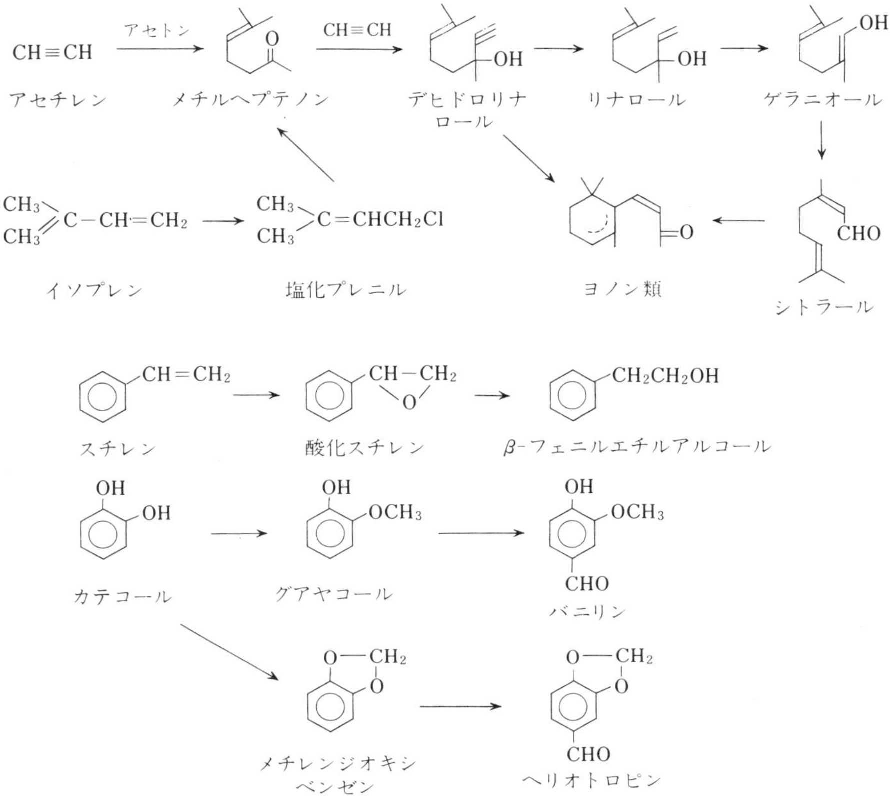

図 4.2 主なる合成香料の製法

嗜好性を向上させるために添加される香味物質と定義される．食品香料の場合，鼻からの匂いのみでなく，口中に入った場合，口腔から鼻にぬける匂いを含み，さらに食品固有の味，舌ざわりなどとの相関において認識される本質的な特徴がある．

食品香料を形態から分類するとエッセンス（水溶性香料），油性香料，乳化香料，粉末香料に分けられ，タイプによる分類としては，シトラス系，フルーツ系，ビンズ系，ミント系，スパイス系，ナッツ系，ミルク系，ミート系，水産物系などに分けられる．

〔印藤　元一〕

参 考 文 献

1) 高木貞敬，渋谷達明："匂いの科学"，朝倉書店 (1989).
2) S.F. Takagi: "Human Olfaction", Univ. of Tokyo Press (1989).
3) 日本香料協会編："香りの百科"，朝倉書店 (1989).
4) 印藤元一："香料の実際知識"，東洋経済新報社 (1985).
5) 藤巻正生ら："香料の事典"，朝倉書店 (1980).

5. 界 面 活 性 剤

5.1 界面活性剤とは[1),2)]

界面活性剤[1)〜4)]は英語で surface active agent (surfactant) と呼ばれるように，物質の界面（表面）に働きかけ，界面の性質を変化させることによって種々の機能を発揮する化合物である．物質の界面は日常生活，産業活動のあらゆる場面に存在し，そのために界面活性剤の働く場は無数にある．なかでも日常生活に最も関係深い水との界面において特にその力を発揮するが，その理由は界面活性剤分子の有する特徴的な構造に由来する．

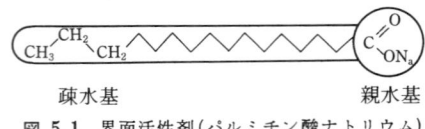

図 5.1 界面活性剤(パルミチン酸ナトリウム)分子の構造

図5.1に代表的な界面活性剤の一種であるパルミチン酸ナトリウム(セッケンの1成分)の分子構造を示す．長い炭化水素鎖は水になじまないので疎水基(または親油基)と呼ばれ，カルボン酸塩の部分は水によくなじむので親水基と呼ばれる．このように，界面活性剤は1つの分子のなかに水になじむ部分となじまない部分をあわせもった二重性格的な化合物である．このような化合物を水に溶かすと，疎水基はできるだけ水から逃げよう(水との接触を避けよう)とする．界面活性剤溶液の示す特異な物性は，すべてこの性質に由来する．たとえば，水の表面では疎水基は空気の方へ逃げようとするし，もし水中に油や固体が存在すればそれらの方へ疎水基を向けて水との接触を避けようとするであろう．このために，界面活性剤は疎水基をもたない通常の物質に比べて著しく強い吸着能力を示す．この吸着能力が界面活性剤の示す表面(界面)張力低下，起泡・消泡，濡れ，乳化，分散などの各種の性質の原因である．

さて，水溶液表面や水中にある物質の表面への吸着が飽和に達し，もはや疎水基の逃げ場がなくなったあと，さらに界面活性剤濃度が増加した場合どんな現象が起こるであろうか？　疎水基は自ら寄り集まって水を避ける以外に方法がないであろう．このようにして界面活性剤分子は疎水基を内側に親水基を外側(水側)に向けて集合する．水と疎水基の分断を効率よく行うためには2分子や3分子が集まっただけでは不十分であり，最低数十分子集合する必要がある．この数十分子から数百分子(ときにはそれ以上)の界面活性剤の集合体をミセル(micelle)と呼ぶ．また，ミセルができ始める界面活性剤濃度は臨界ミセル濃度(critical micelle concentration)と呼ばれ，通常 cmc(シーエムシー)と略称される．

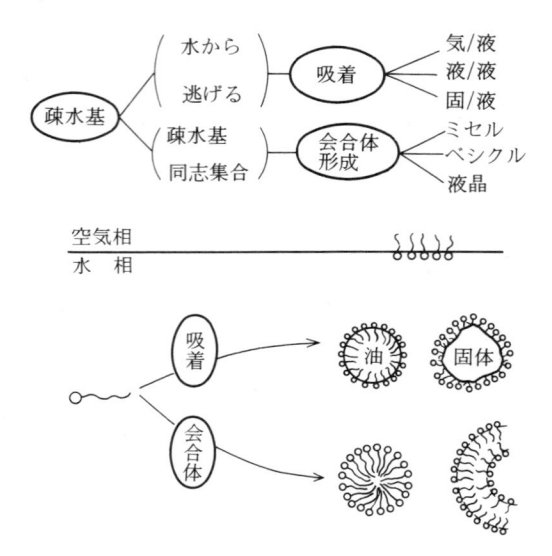

図 5.2 界面活性剤の基本的性質(吸着と会合)

ベシクルやリポソームもミセルの一種と考えられるが，これについては後述する．以上述べてきた界面活性剤の基本的性質について模式的に図5.2に示した．

5.2 界面活性剤の種類[3),4)]

最も一般的な，界面活性剤の分類法は親水基のイオン性によるものである．界面活性能を示す疎水基をもつイオンが陰イオン(陽イオン)のものを，陰イオン(陽イオン)界面活性剤と呼ぶ．同様に，親水基がイオンに解離しないものやpHによってイオン性を変化させるようなものは，おのおの非イオンおよび両性界面活性剤と呼ばれる．以下，この分類に従って，代表的界面活性剤について説明する．

5.2.1 陰イオン界面活性剤

衣料用洗剤，シャンプーなどの洗浄剤を初めとして，現在最も広くかつ多量に使われているのが陰イオン(アニオン)界面活性剤である．洗浄力，起泡力などにすぐれ，安価なものの多いことがその理由である．おもな陰イオン界面活性剤を以下に記す．

a．セッケン(RCOONa)　古くエジプト時代から使われていたといわれる最も代表的な陰イオン界面活性剤．牛脂，ヤシ油，パーム

油などの油脂を加水分解して得られる脂肪酸を中和して製造する．現在は身体洗浄用の固型セッケンとしての使用が大部分を占める．硬水中で Ca 塩や Mg 塩をつくり，水に不溶となって界面活性能を失う（耐硬水性に劣る）ことが欠点である．

b. アルキルベンゼンスルホン酸塩（ABS, LAS：R—⟨◯⟩—O SO_3M) 衣料用，食器用，工業用を問わず，洗浄剤用の界面活性剤として最も一般的である．アルキルベンゼンを SO_3 ガスや発煙硫酸でスルホン化し，中和して得られる．現在では，生分解性のよい直鎖アルキルベンゼンを原料とする LAS(linear alkylbenzene sulfonate) がほとんどを占めている．なお，アルキル鎖中におけるベンゼンの付く位置は全くランダムである．

c. アルキル硫酸塩（AS：$ROSO_3M$) おもにシャンプー用基剤や毛糸洗い用洗剤として用いられる．高級アルコールを SO_3 ガスやクロルスルホン酸で硫酸化し，中和して得られる．

d. アルキルポリオキシエチレン硫酸塩（ES：$RO(CH_2CH_2O)_nSO_3M$) きわめて耐硬水性にすぐれているのが，本界面活性剤の特徴である．そのため衣料用，食器用，シャンプー用などの重要な成分として広く利用されている．アルキルポリオキシエチレンエーテルを硫酸化して製造する．ES という略称は ether sulfate の頭文字である．

e. モノアルキルリン酸塩（MAP：$RO-PO_3H \cdot M$) 洗顔料，全身洗浄料用の界面活性剤として近年注目されている．皮膚への刺激がたいへん低く，またセッケンと異なり中性で使用できるのが特徴である．高級アルコールをオキシ塩化リンもしくは五酸化リンでリン酸エステル化してつくる．耐硬水性が悪く，Ca 酸をつくりやすいが，逆にそれがすすぎ終わったあとのサッパリした感触につながっている．

f. その他 アルファオレフィンスルホン酸塩（AOS）は比較的耐硬水性のよい界面活性剤として洗浄剤の一成分として使用されている．N-アシルタウレート（$RCON(R')CH_2CH_2SO_3M$）やイセチオン酸塩（$RCOOCH_2CH_2SO_3M$）は，皮膚刺激の低い界面活性剤としてシャンプーや身体洗浄剤に用いらるれことがある．

5.2.2 陽イオン界面活性剤

界面活性剤の吸着は，疎水基が水から逃げようとして起こる，いわば受身の吸着であることはすでに述べた．しかし，陽イオン（カチオン）界面活性剤の場合，この界面活性剤としての特徴的な吸着のほかに親水基を吸着剤の方に向けた吸着がしばしば起こる．それは，多くの物体の表面が水中で負に帯電することによる．陽イオン界面活性剤の応用には，この吸着を利用したものがたいへん多い．陽イオン界面活性剤として現在知られているものは，長鎖アルキルアミンおよびその誘導体がほとんどであるが，その合成ルートは次の通りである．

$$\left.\begin{array}{l} \cdot RCOOH \xrightarrow{NH_3} RCN \xrightarrow{H_2} RCH_2NH_2 \\ \cdot ROH \longrightarrow RCl \xrightarrow{HN(CH_3)_2} RN\begin{matrix}CH_3\\CH_3\end{matrix} \\ \cdot ROH \xrightarrow[\text{媒触}]{HN(CH_3)_2} RN\begin{matrix}CH_3\\CH_3\end{matrix} \end{array}\right\} \xrightarrow{ClCH_3} RN^+(CH_3)_3Cl^-$$

a. 4級アンモニウム塩 モノ長鎖アルキルトリメチルアンモニウム塩およびジ長鎖アルキルジメチルアンモニウム塩の2種類が広く利用されている．モノアルキル4級塩は，主としてヘアーリンス剤に，ジアルキル4級塩は衣類の柔軟剤に使用されることが多い．これら4級アンモニウム塩は，ともに毛髪や繊維の表面に親水基を向けて吸着し，毛髪同士，繊維同士の接触を防ぐことによって潤滑効果を現すものと考えられている．ジオクタデシルジメチルアンモニウム塩は，合成の界面活性剤で初めて生体膜類似のベシクル構造がみいだされたことで有名である．

モノアルキルジメチルベンジルアンモニウム塩（ベンザルコニウム塩）は，殺菌剤として使われる．この場合も水中で負に帯電した菌体表面に，陽イオン界面活性剤が吸着することによって殺菌効果を出すものといわれてい

る．4級アンモニウム塩のことを逆性セッケンと呼ぶことがあるが，それはセッケンと界面活性イオンの符号が逆であることによる．

b. アルキルアンモニウム塩 脂肪アミンを塩酸や酢酸で中和して水溶性にしたもので，防錆剤や浮遊選鉱剤として用いられる．親水基を金属や鉄鉱石に向けて吸着することにより，水との接触を断ったり（防錆剤），表面を疎水化して泡に付着するように鉱石の性質を変える（浮遊選鉱剤）作用が界面活性剤の役割である．アスファルト用乳化剤としても脂肪アミンが用いられる．

5.2.3 非イオン界面活性剤

イオンに解離しない非イオン性の親水基としては，ポリオキシエチレン基，糖（ソルビタン，グルコース，ショ糖），水酸基などがあり，それぞれ特徴ある界面活性剤として多くの分野で利用されている．

a. ポリオキシエチレン型非イオン界面活性剤 ポリオキシエチレンアルキルエーテル($RO(CH_2CH_2O)_nH$)，アルキルフェニルエーテル($R-\bigcirc-O(CH_2CH_2O)_nH$)，脂肪酸エステル($RCOO(CH_2CH_2O)_nH$)はおのおの高級アルコール，アルキルフェノール，脂肪酸にエチレンオキシドを付加することによって得られる．エチレンオキシドの付加モル数を変化させることにより，親水性の程度を調節できるのが本界面活性剤の特徴である．この型の界面活性剤が，特に乳化剤として広く利用される理由はこの性質による．なぜなら，乳化に際し水と油の界面に効率的に界面活性剤を吸着させるためには，水にも油にも溶け過ぎないように親水性と親油性のバランス(hydrophile-lipophile balance：HLB)を合わせることが重要だからである．

b. 糖型非イオン界面活性剤 この型の界面活性剤としてはスパンとトゥィーンという商品名(ICI, America社)で呼ばれるものが有名である．スパンはソルビタンの脂肪酸エステル，トゥィーンはそれにエチレンオキシドを付加したものである．スパンとトゥィーンを混合することによってHLBを調節し，乳化を安定化する技術が開発されて以来，最も代表的な乳化剤として広く用いられている．米国においては上記2種ともに，日本においてはスパンのみが食品添加物として許可されている．ショ糖脂肪酸エステルも食品添加物であり，特に食品用乳化剤として使用されている．

最近，高級アルコールとグルコースの縮合によって得られるアルキルグルコシドが低刺激性の界面活性剤として実用に供され，台所用洗剤に用いられている．この界面活性剤は比較的安価であるので今後幅広い応用が期待される．

c. 水酸基型非イオン界面活性剤 脂肪酸のジエタノールアミド($RCON(CH_2OH)_2$)はASやESの洗浄力および起泡力の増強剤として，特にシャンプーによく用いられる．脂肪酸のモノグリセリド($RCOOCH_2-CH(OH)-CH_2(OH)$)は食品用界面活性剤として特徴がある．この化合物と構造のよく似たアルキルグリセリルエーテル($ROCH_2-CH(OH)-CH_2(OH)$)は特殊な乳化物を与える界面活性剤として興味がもたれる．

5.2.4 両性界面活性剤[5]

本界面活性剤は，陰イオン界面活性剤の洗浄力や起泡力を高めるための補助界面活性剤として使用されることが多い．それは，陰イオン界面活性剤と分子間化合物を形成することによる相乗効果を利用した結果である．ほかにも種々の特異な物性を示し，学問的にもおもしろい化合物である．

a. ベタイン型両性界面活性剤 カルボキシベタイン型($R-\overset{+}{N}(CH_3)_2-CH_2COO^-$)およびスルホベタイン型($R-\overset{+}{N}(CH_3)_2-CH_2CH_2CH_2SO_3^-$ または $R-\overset{+}{N}(CH_3)_2-CH_2-CH(OH)-CH_2SO_3^-$)があり，ともにシャンプーや身体洗浄剤，ときには台所用洗剤の補助界面活性剤として使用される．カルボキシベタイン型は酸性側で陽イオン，中性よりアルカリ側で双イオン界面活性剤(zwitterionic surfactant)として振舞うが，スルホベタイン型はpHによらず双イオン型である．

b. アミンオキシド型両性界面活性剤

本界面活性剤もベタイン型と同様の目的で使用される．pHの変化により次の平衡が成り立ち，陽イオン－非イオン界面活性剤として振舞う．

$$R-\overset{+}{N}(CH_3)_2-OH \underset{+H^+}{\overset{-H^+}{\rightleftharpoons}} R-N(CH_3)_2-O.$$

アルキルジメチルアミンを過酸化水素で酸化して得られる．

c. アミドアミノ酸型両性界面活性剤

両性界面活性剤のなかで，主剤として用いられる数少ないものの1つである．低刺激性で起泡性にすぐれているのでシャンプー基剤などに使用されている．イミダゾリンを開環する次のような反応で合成される．

$$R-C\begin{matrix}N\\ \\N\end{matrix}\underset{CH_2CH_2OH}{} \xrightarrow[H_2O]{ClCH_2COONa} RCONHCH_2CH_2N\begin{matrix}CH_2CH_2OH\\CH_2COONa\end{matrix}$$

5.3 吸着とその関連現象[6),7)]

通常の吸着，たとえば気体の固体上への吸着や溶液中におけるポリマーの固体上への吸着の場合には，気体やポリマーと吸着剤との間に何らかの相互作用(引力)が働いている．ところが界面活性剤の水溶液表面への吸着に際し，界面活性剤の疎水基と空気との間に引力が働いているわけではない．これは，疎水基が水との接触を避けようとするために起こる界面活性剤に固有の機構による吸着であることはすでに述べた(→§5.1)．しかし，界面活性剤も化学物質の一種である以上，通常の機構による吸着も当然起こる．界面活性剤の親水基と吸着剤の間に引力が働けば，親水基を吸着剤の方へ向けた吸着が起こるであろう．上述の陽イオン界面活性剤の吸着(→§5.2.2)はこの一例である．界面活性剤が非常に広範な分野で使われるのは，とりもなおさず，この2種の機構による吸着現象が示す機能の反映といえる．表5.1に，各種界面に吸着したときに界面活性剤が示す機能とその応用をまとめておいた．

5.4 会合とその関連現象

会合は，吸着とともに界面活性剤の示す最も特徴的なもう1つの現象である．近年，界面活性剤のこの会合現象は，ほかの学問分野との境界(いわゆる学際)領域において特に研究の発展が著しい[8)]．生物学との接点においては，2分子膜の示す種々の生体膜類似機能の研究がバイオミメーティクス(biomimetics)と呼ばれる新しい研究領域を開きつつあるし，物理学との接点においてはLB膜の利用を中心とした分子エレクトロニクスの研究がさかんである．また，高分子化学との境界では組織化重合(organized polymerization)と呼ばれる新しい重合手法を開拓しつつある．これらは，いずれも界面科学を"分子を並べる技術"，つまり界面活性分子の有する自己組織能を利用するという観点からのアプローチである[8)]．この自己組織能，換言すれ

表 5.1 界面活性剤の吸着現象とその機能および応用例

界面の種類	機能	応用例
気/液界面	・表面張力低下(濡れ)	農薬展着剤，防曇剤(ビニールハウス，ガラスなど)
	・起泡と消泡	シャンプー，洗剤，ショートニング，工業用消泡剤
液/液界面	・界面張力低下(濡れ)	泡消火剤
	・乳化[7)]	化粧品(クリーム，ローション)，マーガリン，農薬，乳化および懸濁重合，台所用洗剤，シャンプー
	・濡れ	洗剤，撥水・撥油，浮遊選鉱，防錆剤，農薬展着剤，防曇剤，繊維の染色
固/液界面	・分散[7)]	インキ，塗料，磁性流体，洗剤，セメント分散剤
	・潤滑	金属圧延油，ヘアーリンス剤
固/気界面	・潤滑	衣類の柔軟剤，ヘアーリンス剤
	・帯電防止	プラスチックや衣類の帯電防止剤

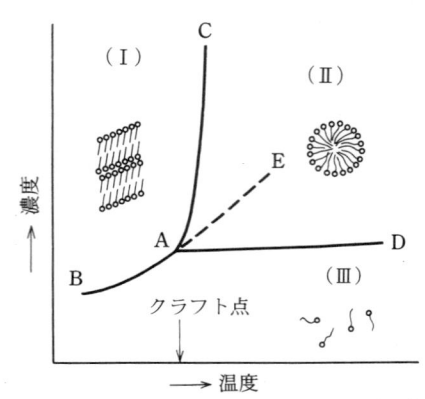

図 5.3 クラフト点近傍の界面活性剤水溶液の相図

ば会合現象の最も基礎になるのはミセル形成であり，2分子膜，ベシクル，リポソームなどはミセルの変形であるとみなせる．そこで本節では，まずミセルの本質から解説を始める．

5.4.1 ミセルとクラフト点[9]

界面活性剤の水への溶解度を温度を変えて測定すると，ある温度から急激に溶解度の大きくなる現象がある．この温度のことを発見者の名に因んでクラフト点(Krafft point)と呼んでいる．図5.3に界面活性剤の概念的な相図を示す．曲線BACが溶解度曲線で，クラフト点で急激に立ち上がる．クラフト点より低い温度で，溶解度を越えて投入された界面活性剤は水和した結晶として析出する．図5.3中(I)で示したのがその領域である．領域(I)においては結晶と平衡にある溶液相の界面活性剤は単分子として存在し，ミセルは形成されない．クラフト点以上の温度で界面活性剤濃度を増していくと，今度は結晶ではなくミセルが現れる．このミセルができ始める濃度(cmc)が曲線ADで，通常1wt％以下である．以上の説明から，曲線BADより低濃度側(領域III)はモノマー溶液相，領域(II)はミセル溶液相であることがわかるであろう．さて，cmc以上の濃度において，溶液を(I)の領域から(II)の領域へ温度を上げていったとき，曲線ACを境に界面活性剤は結晶からミセルへ転移することになる．これを通常の物質の相図と比較すると，ミセルは溶解度(つまりcmc)を越えて投入された界面活

性剤が液滴として相分離したものであると解釈できる(ミセルの相分離モデル)．通常の物質が水中で相分離すると白濁するが，ミセルはたいへん微小(直径5～10 nm 程度)なため透明にみえ，したがってみかけの溶解度曲線がBACのようになると考えるわけである．またこの解釈によれば，クラフト点は界面活性剤水和結晶の融点であることになる．

5.4.2 2分子膜・ベシクル・リポソーム[10]

前節で，ミセルは微小な液滴であると述べた．"液滴"などと書くとその形状はすべて球形であるかのような印象を与えるかもしれない．しかし，液滴というのは熱力学的に液体状態に相当するという意味であって，その形状については全く別の問題である．実際，界面活性剤の種類によっては棒状や板状のミセルをつくるが，その板状ミセルがいわゆる2分子膜である(図5.4)．したがって，ミセルと2分子膜は熱力学的には同じものであり，違いはその形だけである．また，2分子膜の系におけるクラフト点に相当する温度はゲル-液晶転移点(T_c)と呼ばれる．

界面活性剤の種類によって球状のミセルになったり，2分子膜(板状ミセル)になったりするのはなぜであろうか？ この問いに定量的に答える説明は未だ与えられているとはいえないが，大筋においてはかなり本質的な点をとらえていると思われる理論がある[11]．その理論によれば，ミセルの形を決める最も重

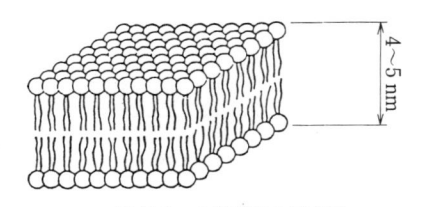

図 5.4 2分子膜の模式図

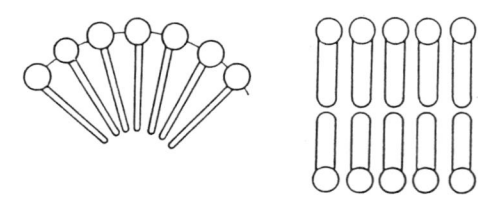

図 5.5 炭化水素鎖のパッキングとミセルの形

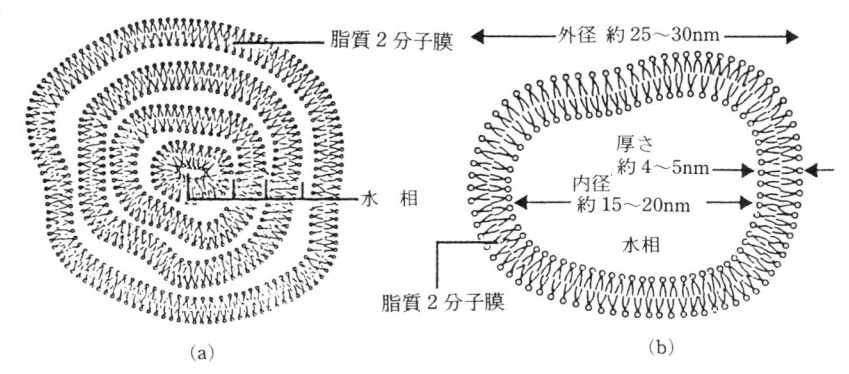

図5.6 リポソーム（ベシクル）の模式図
(a) 多重層リポソーム, (b) 一枚膜リポソーム

要な因子はミセル中の炭化水素鎖のパッキングである．この説を定性的に説明すると図5.5のようになる．親水基の大きさに比べて，相対的に疎水基の小さい界面活性剤をできるだけ隙間のできないようにパッキングすると，どうしても図5.5の左図のように親水基側に凸の構造となり，その結果球状のミセルができる．一方，疎水基が親水基と同程度の大きさを有する界面活性剤の場合には，右図のようにどちらにも曲がらず平面的に並ぶであろう．2本の炭化水素鎖を有するレシチンやジアルキル4級アンモニウム塩（→§5.2.2）はこの場合に相当し，2分子膜になる．

厚さ4〜5 nmの超薄膜である2分子膜が，ボール状に閉じて中空（といっても水は入っているが）の小胞体となったものがリポソーム（liposome），もしくはベシクル（vesicle）と呼ばれる構造体である．リポソームとベシクルという2種類の用語については，ベシクルの方がより一般的な言葉で，単に小胞を意味する．リポソームは特にリン脂質のつくるベシクルに対する呼称であると考えてよい．リポソーム（ベシクル）には図5.6のような2種類があり，いずれもドラッグキャリヤー（drug-carrier），生体膜モデルなどとして広く研究されている[10]．　　　〔辻井　薫〕

文　献

1) 篠田耕三：“溶液と溶解度”, 12〜13章, 丸善 (1974).
2) C. Tanford, 妹尾 学, 豊島喜則訳：“疎水性効果—ミセルと生体膜の形成”, 共立出版 (1984).
3) M.J. Rosen: "Surfactants and Interfacial Phenomena", John Wiley, New York (1978).
4) 小田良平, 寺村一広：“界面活性剤の合成と其応用”, 槇書店(1957).
5) 辻井　薫：油化学, **28**, 578 (1980).
6) 桜井俊男：“応用界面化学”, 朝倉書店(1967).
7) 北原文雄, 古沢邦夫：“分散, 乳化系の化学”, 工学図書(1979).
8) 辻井　薫：表面科学, **10**, 651(1989).
9) K. Shinoda: "Colloidal Surfactants", Chapter 1, Academic Press, New York (1963);
 辻井　薫：油化学, **31**, 981(1982);
 辻井　薫, 熱測定, **10**, 57(1983).
10) 井上圭三：生化学, **49**, 1012(1977);
 砂本順三：化学(増刊98号), 141(1983);
 砂本順三：ファルマシア, **21**, 1229(1985);
 村上幸人, 砂本順三：“酵素・生体膜モデルの化学”, 南江堂(1981);
 国武豊喜, 岡畑恵雄：化学の領域, **34**, 480 (1980).
11) 文献 2), 第6章;
 J.N. Israelachvili, D.J. Mitchell, B.W. Ninham: *J. Chem. Soc.*, Faraday Trans. 2, **72**, 1525(1976);
 J.N. Israelachvili, D.J. Mitchell, B.W. Ninham: *Biochim. Biophys. Acta*, **470**, 185(1977);
 D.J. Mitchell, B.W. Ninham: *J. Chem. Soc.*, Faraday Trans. 2, **77**, 601(1981).

6. 医　　　薬

6.1　薬　と　は

医薬品は薬事法で，① 日本薬局方に収められているもの，② 人または動物の疾病の診断，治療または予防に使用されることが目的とされているものであって，器具器械でないものと定義されている．わが国で日常使われている医薬品は，病院などで医師の処方箋によってのみ調製される医療用医薬品と，街の薬店で販売している不特定多数の人を対象とした一般用医薬品(over-the-counter(OTC) drug)の2種類に大別される．両者を比較すると，品目数では前者が約17000，後者が約15000であるが，生産額ではほぼ85：15の割合になっている．医薬品は商品として市販されているが，ほかの商品と異なり，人の生命や健康に直接関連する性格を有しているので，有効性，安全性が十分に確認されたのちに初めて認可される．したがって，薬は開発に長い年月と多額の経費を要し，きわめて付加価値の高い商品である．また調剤，販売など薬の取扱いは，薬剤師などの資格を有する者が薬局のような定められた施設でのみ行うことが許されているという専門性，特殊性がある．

6.2　薬　の　歴　史

古代から中国，インドなど世界各地で何らかの薬理活性を示す薬用植物などの天然物が伝承的に用いられてきた．このような生薬のなかから単一の有効成分，いわゆる現代医薬品が生まれてきた．ドイツの薬剤師 Sertürner が1804年にケシから麻酔成分のモルヒネを純粋な結晶として単離することに成功したのを初めとして，キナ皮よりキニーネ，タバコよりニコチンなど次々に単品の活性成分が分離された．1885年には，日本人として初めて長井長義が麻黄の有効成分エフェドリンを単離している．

石炭を原料とする合成化学工業の発展とともに合成化合物が医薬品として使用されるようになり，解熱鎮痛剤のアンチピリン(1884)，フェナセチン(1887)，アセチルサリチル酸(1898)やサルファー剤プロントジル(1935)などの化学療法剤が続々と登場した．また Fleming によるペニシリンの発見(1929)および Florey, Chain による実用化の成功(1941)により，微生物の培養液から抗生物質などの医薬品を得る道も開けた．さらに，最近では組換え DNA 技術などの遺伝子工学が医薬品工業にも応用されるようになり，生体内生理活性物質であるインシュリンや成長ホルモンも容易に得られるようになった．

6.3　医薬品の名称

医薬品には，物質からみると同一のものでも，名称上では略号も含めて多くの名前がついている．

(1) 化学名：医薬品の多くは化合物であるから，化学名によって表示することができる．化学名は，化学構造を表現するうえで最も正確であるが，臨床の場で用いるのには長く複雑といえる．

(2) 一般名：通常，化学名を基礎として，薬効や性状を表すように工夫するが，簡明な表現が要求されるため英語で4,5シラブルの名称を使用することが多い．世界保健機構(World Health Organization：WHO)は，一般名称の国際的基準を定め，加盟各国の協力のもとに国際一般名を命名するための調整を行っている．

(3) 商品名：命名上の規則性はなく，成分の化学名，一般名や病名，薬理作用さらには地名，人名などに基づいて適宜命名されている．

6.4　医薬品の分類と化学構造

薬はその使用目的，作用する器官，薬効，薬理作用，剤形あるいは化学構造などによって分類される．

使用目的別では，予防薬（ワクチンなど），治療薬，診断薬などに分類され，治療薬はさらに病原菌に直接作用して感染症を治癒させる抗生物質などの原因療法剤と，症状を軽減させることを目的とした下熱剤や降圧剤などの対症療法剤に分けることができる．

作用する器官別では，中枢神経系用，循環器官用薬などに，薬効別では鎮痛剤，抗腫瘍剤などに分類される．また交感神経β受容体遮断作用を有する薬物をβブロッカー（β遮断剤）と称するように，薬の作用機作により分類することも行われる．

ここでは，おもに作用器官と薬効を組み合わせて分類する方法により，どのような医薬品がどのような疾患に用いられているかを表6.1にまとめた．現在使用されている膨大な数の医薬品のなかからごく一部の基本的な薬物に限定せざるを得ないので，WHOが発展途上国援助に当たり選んだ必要最低限の必須医薬品（エッセンシャルドラッグ）リストを参考に選定した．また，合成医薬品に限定して構造式を記載した．

医薬品を化学構造により系統的に分類することは困難であるが，1つの薬効分類のなかにある薬物を，基本骨格の特徴で分類することはよく行われる．たとえば，抗精神病剤の代表的な3剤（表6.1の1.）のクロルプロマジンはフェノチアジン系，ハロペリドールはブチロフェノン系，スルピリドはベンズアミド系化合物と分類される．しかし，基本骨格が同じであれば，必ずしも同じ薬効を示すとは限らず，クロルプロマジンと同じフェノチアジン骨格を有するプロメタジン（表6.1の6.）は，制吐作用を有する抗ヒスタミン剤である．これは，部分構造も薬理作用を変えるほど重要な場合があることを示す例といえる．

6.5 医薬品工業

6.5.1 医薬品工業の現状

わが国の医薬品産業は，1961年の国民皆医療保険制度の導入を契機に飛躍的に生産額を伸ばし，米国に次いで世界第2位を占めている．最近は医療費抑制政策による薬価の連続引下げなどの影響で伸びは鈍化しているものの，1992年には6兆円の大台にのった．

研究開発面では，戦後しばらく外国技術導入の時代がつづいたが，1976年の物質特許制度導入を1つの転機とし，大手製薬企業の多くが研究員，設備の両面で研究開発力を整備，拡充するなど新薬創製に力を注ぐようになった．現在わが国は，新薬の開発数で世界のトップを争い，質の面でもしだいに向上してきているので，今後は世界に通用する革新的な新薬が次々に出てくることが期待される．

6.5.2 医薬品産業の使命と経済的側面

一般に製造業では生産性の向上を図り，安価な製品を供給することが求められるが，医薬品産業の使命は，生産性の向上よりは，より効力にすぐれ，安全性の高い医薬品を開発することにある．すぐれた医薬品の開発は，高血圧，糖尿病などをコントロールすることにより多数の患者が通常の社会生活を営むことを可能とし，また以前は外科手術が必要であるような胃潰瘍を薬のみで治癒に導き，入院を不要にするなど，病苦や経済的負担を軽減するのに大いに役立っている．このように医薬品は，安価にすることよりも品質を高めることの方が，人命を救い，病苦を軽減する点で，より強く人々の利益に合致するのである．

一方，医薬品といえども製造の経済性は常に考えねばならない．通常，使用されている医薬品には医療保険の薬価基準で規制された薬価がある．薬価は薬の化学構造の複雑さや製造の難易とは関係なく，同じ薬効をもった在来品との比較で算定されることが多いので，製造コストの経済性が厳しく問われることがある反面，あまり気にする必要がない場合もある．

新薬の開発には巨額の費用がかかるので，需要の少ない稀少疾患治療薬の研究開発は，製薬企業にとって経済性の面で行いにくいことになる．このような育て親のいない稀少疾

表 6.1 代表的な医薬品

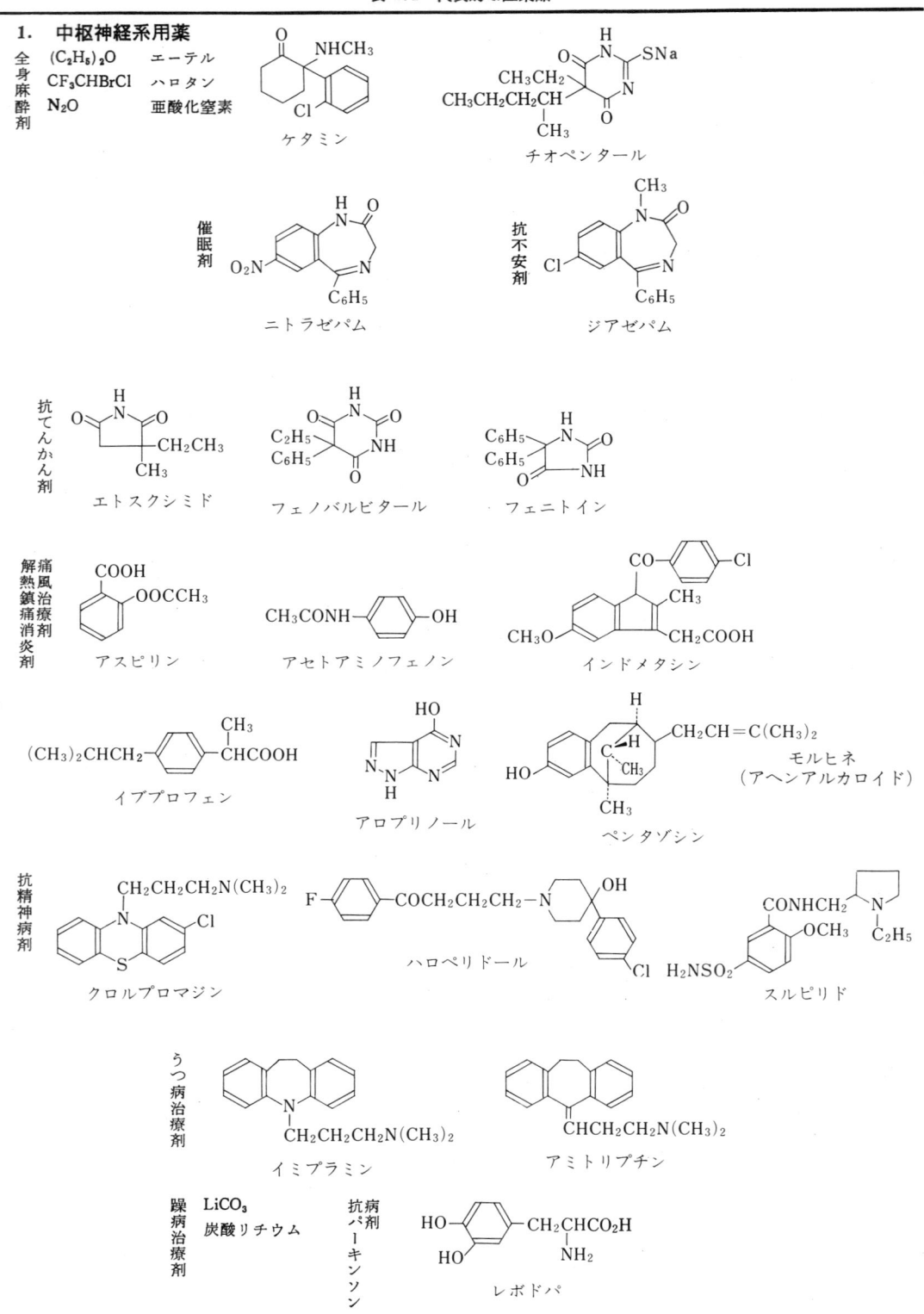

1. 中枢神経系用薬

全身麻酔剤
- $(C_2H_5)_2O$ エーテル
- $CF_3CHBrCl$ ハロタン
- N_2O 亜酸化窒素
- ケタミン
- チオペンタール

催眠剤 ニトラゼパム

抗不安剤 ジアゼパム

抗てんかん剤 エトスクシミド, フェノバルビタール, フェニトイン

解熱鎮痛消炎剤・痛風治療剤 アスピリン, アセトアミノフェノン, インドメタシン, イブプロフェン, アロプリノール, ペンタゾシン, モルヒネ(アヘンアルカロイド)

抗精神病剤 クロルプロマジン, ハロペリドール, スルピリド

うつ病治療剤 イミプラミン, アミトリプチン

躁病治療剤 $LiCO_3$ 炭酸リチウム

抗パーキンソン病剤 レボドパ

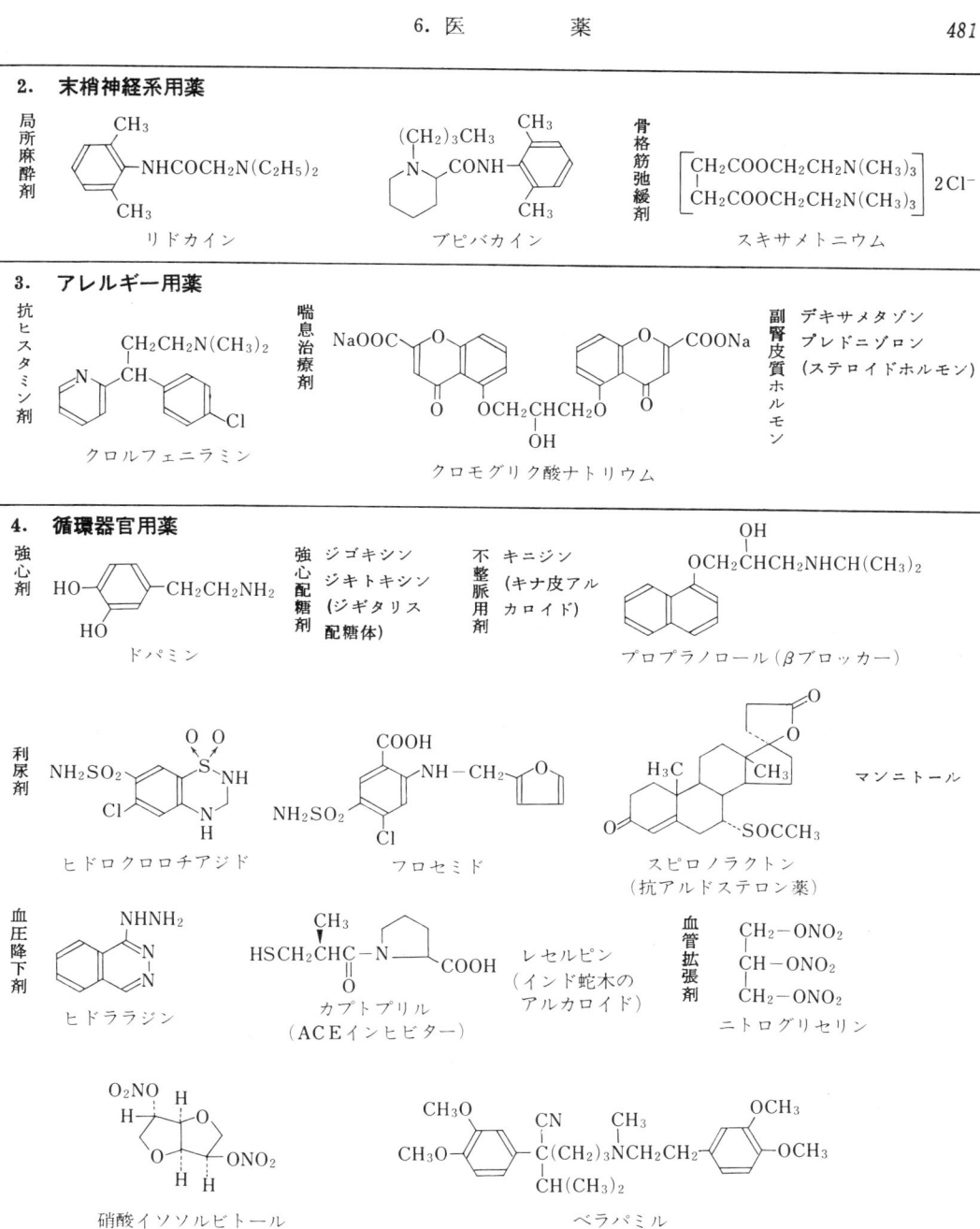

6. 医薬

2. 末梢神経系用薬

局所麻酔剤

リドカイン

ブピバカイン

骨格筋弛緩剤

スキサメトニウム

3. アレルギー用薬

抗ヒスタミン剤

クロルフェニラミン

喘息治療剤

クロモグリク酸ナトリウム

副腎皮質ホルモン

デキサメタゾン
プレドニゾロン
(ステロイドホルモン)

4. 循環器官用薬

強心剤

ドパミン

強心配糖剤

ジゴキシン
ジギトキシン
(ジギタリス配糖体)

不整脈用剤

キニジン
(キナ皮アルカロイド)

プロプラノロール (β ブロッカー)

利尿剤

ヒドロクロロチアジド

フロセミド

スピロノラクトン
(抗アルドステロン薬)

マンニトール

血圧降下剤

ヒドララジン

カプトプリル
(ACE インヒビター)

レセルピン
(インド蛇木のアルカロイド)

血管拡張剤

ニトログリセリン

硝酸イソソルビトール

ベラパミル

ジルチアゼム

ニフェジピン

5. 呼吸器官用薬

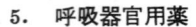

鎮咳去痰剤 / 喘息治療剤

エフェドリン: HOCHCHNHCH₃ (with CH₃ on CH, phenyl group)

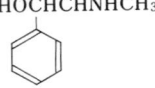

サルブタモール: HO-, CH₂OH-置換ベンゼン環-CHOHCH₂NHC(CH₃)₃

コデイン (アヘンアルカロイド)

6. 消化器官用薬

消化性潰瘍治療剤:
シメチジン: CH₃NHCNHCH₂CH₂SCH₂- (NCN), イミダゾール環 (H₃C-, H)

制吐剤:
メトクロプラミド: CONHCH₂CH₂N(C₂H₅)₂, OCH₃, Cl, NH₂ 置換ベンゼン

プロメタジン (抗ヒスタミン剤): フェノチアジン骨格, N-CH₂CHN(CH₃)₂ (CH₃)

下剤　センナ｛マメ科植物の葉の生薬｝

7. ホルモン剤

脳下垂体ホルモン剤
　ヒト成長ホルモン
　（アミノ酸数 191 のタンパク）
男性ホルモン剤
　テストステロン
　（C_{19} ステロイド）

甲状腺・副甲状腺ホルモン剤
　レボチロキシンナトリウム
女性ホルモン剤
　エチニルエストラジオール
　（卵胞ホルモン, ステロイド誘導体）
　ノルエチステロン
　（黄体ホルモン, ステロイド誘導体）

副腎皮質ホルモン剤
　ヒドロコルチゾン（C_{21} 天然ステロイド）
　プレドニゾロン，デキサメタゾン
　（ステロイド誘導体）
膵臓ホルモン剤
　インスリン
　（アミノ酸数 51 のポリペプチド）

8. ビタミン剤

レチノール（ビタミン A）　　チアミン（ビタミン B_1）　　リボフラビン（ビタミン B_2）　　ニコチン酸アミド
ピリドキシン（ビタミン B_6）　アスコルビン酸（ビタミン C）　エルゴカルシフェロール（ビタミン D_2）　トコフェロール（ビタミン E）

9. 抗悪性腫瘍薬

アルキル化剤:
シクロホスファミド: 環状リン化合物, N(CH₂CH₂Cl)₂, P=O
プロカルバジン: CH₃NHNHCH₂-C₆H₄-CONHCH(CH₃)₂

代謝抵抗剤:
6-メルカプトプリン
5-フルオロウラシル (F)

メトトレキセート（葉酸類似体）
抗生物質: ドキソルビシン（アドリアマイシン），ブレオマイシン
植物性アルカロイド: ビンクリスチン，ビンブラスチン，エトポシド（ポドフィロトキシンから半合成）

10. 抗感染症薬

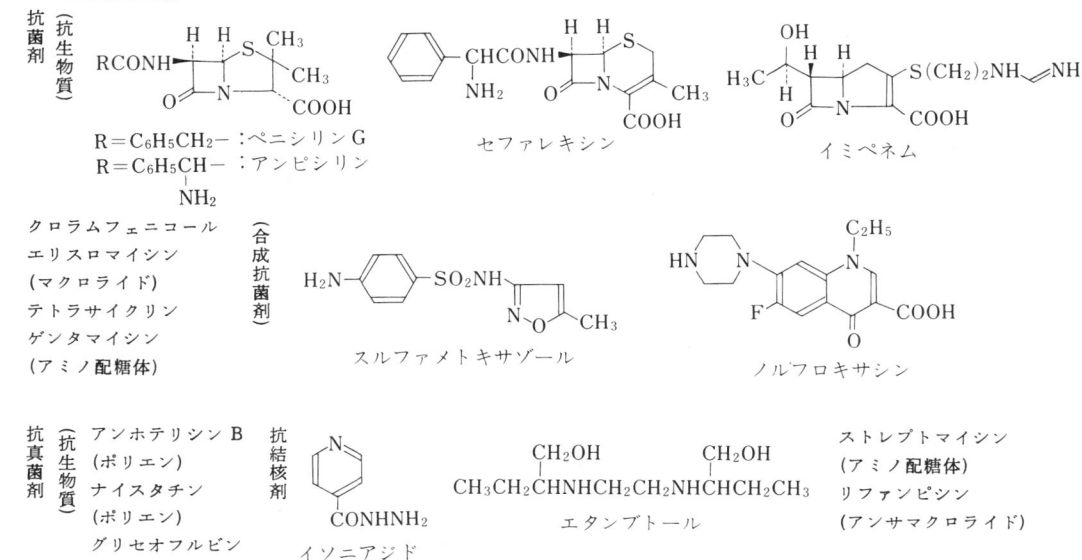

抗菌剤（抗生物質）: ペニシリンG ($R=C_6H_5CH_2-$), アンピシリン ($R=C_6H_5CH(NH_2)-$), セファレキシン, イミペネム

クロラムフェニコール, エリスロマイシン（マクロライド）, テトラサイクリン, ゲンタマイシン（アミノ配糖体）

合成抗菌剤: スルファメトキサゾール, ノルフロキサシン

抗真菌剤（抗生物質）: アンホテリシンB（ポリエン）, ナイスタチン（ポリエン）, グリセオフルビン

抗結核剤: イソニアジド, エタンブトール, ストレプトマイシン（アミノ配糖体）, リファンピシン（アンサマクロライド）

患治療薬はオーファンドラッグ（orphan drug）と呼ばれ，人道的見地からその開発を促進，助成するため，国が種々の特典を与え，援助をする施策がとられている．

6.5.3 医薬品工業の特徴

医薬品の化学，製造面の特徴には以下に列記するようなものがある．

（1） 医薬品には非常に多くの種類があり，その構造は複素環，テルペン，糖，アミノ酸，タンパク質など多種多様である．

（2） 医薬品の製造には化学合成法に加えて，植物や動物の組織からの抽出，発酵法，さらには遺伝子工学と種々の方法が用いられる．

（3） 医薬品の年間生産量は，生体内生理活性物質のようなきわめて強い活性を有する医薬品のグラム単位から，汎用医薬品のトン単位まで広範囲であるが，比較的小規模な生産が多いこと，製品のライフサイクルが短いこと，かつ多品種の供給に融通性をもって対応する必要があることのため，バッチプロセスが用いられることが多い．きわめて小量の場合は実験室装置で製造されることもある．

（4） 構造が複雑な医薬品は，製造工程数も多く，合成法やルートも種々の可能性が存在することが多い．また，その合成には低温，無水などの難度の高い反応条件や，高価な試薬の利用など精密な合成化学的手段が駆使され，工場生産においても基本的に研究室実験のスケールアップで対応されることも多い．

（5） 光学異性体が存在する合成医薬品は，ラセミ体で供給されているものも多い．しかし最近，高速液体クロマトグラフィー（HPLC）などの分離手段が急速に進歩し光学異性体の分離が容易になり，個々の異性体の薬理学的プロフィルが明らかにされるようになってきた．目的とする薬効は一方の異性体に片

寄り，副作用は両異性体とも示すとか，薬効のない異性体のみが示すことになれば，人に投与する医薬品としては当然光学活性体が望ましいことになる．今後，不斉中心のある化合物の開発に際しては，可能な限り光学活性体を製品とするのが世界的趨勢になってくると思われる．

6.6 新薬の開発
6.6.1 新薬の開発プロセス
新薬の開発には長期間の安全性試験が要求され，有効性，有用性の十分な確認が必要であるので，10年以上の歳月と約100億円の費用がかかるといわれている．図6.1に新薬の開発される過程を典型的な実例で示し，そのなかで薬物の設計，合成法などの化学研究はどのように行われるかを概説する．

a. 新薬創製の方策―ドラッグデザイン

医療のニーズ，市場，既存医薬品の状況などの基礎調査に基づいて開発する新薬の目標が設定されると，種々の検体のなかから目標とする薬効を検索するスクリーニングが実施される．一般に1次のスクリーニングは，多数の化合物を迅速に確実に評価できるインビ

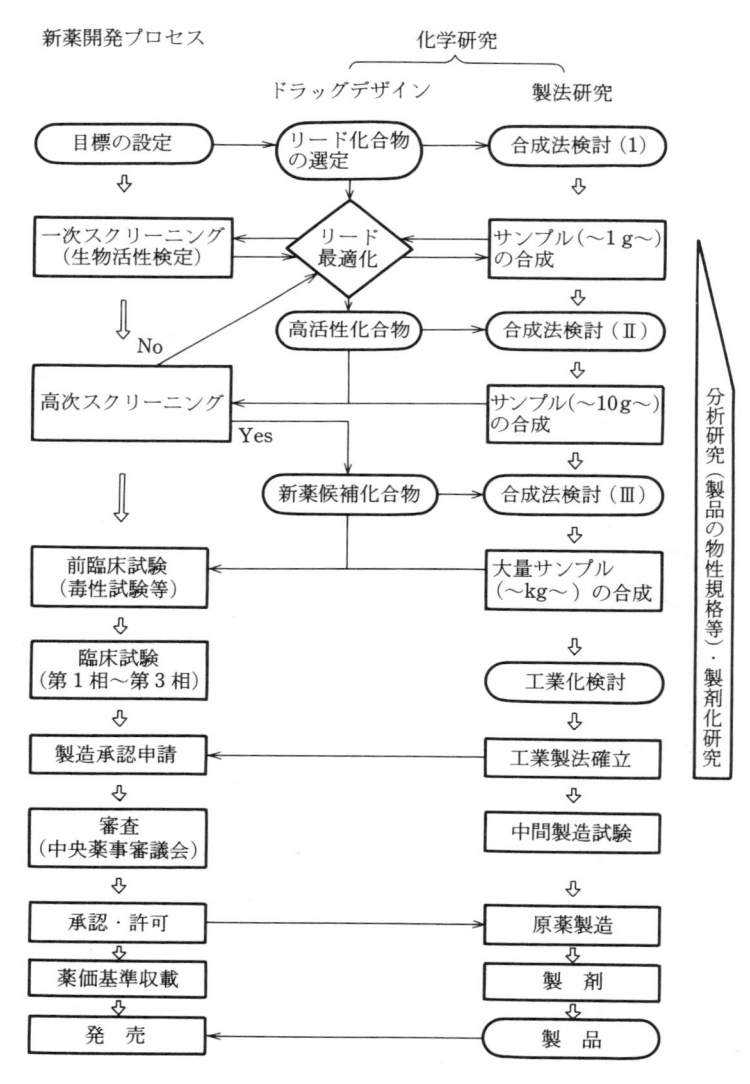

図 6.1 新薬開発と化学研究プロセス

トロ(*in vitro*)系などの検定法が用いられ，その系で活性化合物がみいだされると病態モデル動物などを用いて評価する高次のスクリーニングにかけられる．

薬を目指して多数の化合物が合成されるが，日本製薬工業協会の調査によると，平均して約4000個の化合物から，スクリーニングの結果，新薬として見込みがあると，判定・開発が進められるのは3～4個，さらに最終的に薬として認可されるのは1個である．この低い確率を少しでも高め，効率よく，合理的にすぐれた生理活性プロフィルを有する薬物に到達するために，ドラッグデザインが行われる．ドラッグデザインには構造修飾の出発物質となるリード化合物が必要で，つぎの4つに求めることが多い．

(1) 生薬の活性成分のような天然生理活性物質．

(2) 目的とする生理活性を示す既存の薬剤．

(3) 不特定の化合物を検定するランダムスクリーニングによりみいだされた活性化合物．

(4) 生体機能調節に拮抗する薬物を開発する際の，その生体内調節物質および類似の構造．たとえば消化性潰瘍治療剤，H_2ブロッカー，シメチジンは，潰瘍の原因となるヒスタミンとその特異的なH_2受容体との結合を阻害することにより薬効を示すが，そのドラッグデザインはヒスタミンの構造を出発点としている(図6.2)．拮抗作用を示すためには受容体に対する親和性が必要であることを考え，親和性が最も高い調節物質に近似の構造をリードとしているのである．

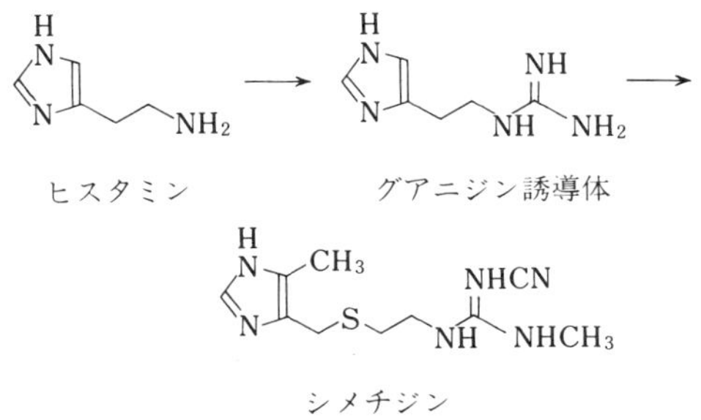

リード化合物が選定されると，その構造のなかで生物活性発現に必要不可欠な基本骨格をみいだし，つづいてほかの部分構造を変換するなど種々構造修飾をして，よりすぐれた特性を有する化合物に誘導することになる．その過程をリード最適化(lead optimization)といい，化学構造の変換により生理活性はどのように変化するか，いわゆる構造－活性相関を追及することにより進められる．従来からの経験的な手法に加えて，定量的構造活性相関(QSAR)，すなわち生体分子との相互作用において重要な因子となる薬物分子の分配係数や立体配位，大きさ，電荷の分布などの物理化学的パラメータと生物活性との相関を解析し利用する手法が，Hansch，藤田によって開発され，広く用いられている．

薬物を標的部位まで活性な状態で到達させ，効果的に薬効発現を図ることを目的としてドラッグデザインする手段に，プロドラッグ化がある．プロドラッグは母薬分子の薬理学的に不活性な形で，生体関門を通過したあと，生体内で酵素やpH変化などによって母薬へ変換され薬効を発揮する医薬品として定義され，薬物輸送，吸収の改善，選択性の向上などを目的としてドラッグデザインされる．たとえばパーキンソン病治療薬L-ドパは，脳内移行性を考慮して創製されたプロドラッグといえる．パーキンソン病患者の脳内では，神経伝達物質ドパミンが著しく減少していることが判明し，これが振戦，筋強直などの症状の原因であることが解明されると，ドパミンを投与して補給することが治療法として考えられた．しかし，ドパミンは脳内への生体関門である血液脳関門を通過しないので，その生体内前駆物質で血液脳関門を容易に通過し，脳内において脱炭酸酵素によって脱炭酸されドパミンとなるL-ドパがパーキンソン病の特効薬として使用されるようになったのである(図6.3)．

b. 医薬品の審査，製造承認　高次評価によって絞り込まれた新薬候補化合物は，前

図6.2　シメチジン

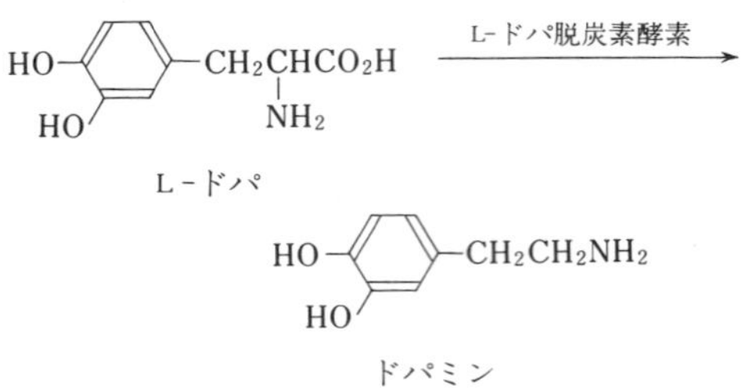

$$\text{HO-C}_6\text{H}_3(\text{OH})\text{-CH}_2\text{CHCO}_2\text{H} \xrightarrow{\text{L-ドパ脱炭素酵素}}$$

L-ドパ

ドパミン

図 6.3　L-ドパ

臨床試験で可能な限りの有効性と安全性などの試験を実施したのち，臨床試験に進められる．臨床試験は，少数の健常人で安全性を試験する第1相，限定した患者で投与量，使い方や，どのように効くかなどを試験する第2相，多数の患者で新薬としての価値があるか計画的に試験を行う第3相の3段階に分かれていて，段階的に実施される．これらの試験の結果，医薬品としての有効性，有用性が立証されると薬事法の規定に従い，製造承認申請を厚生大巨宛に行う．新医薬品承認の可否は，中央薬事審議会に諮問され，詳細な審査が行われる．ここでの審査を通過すると，厚生省から許可承認が与えられ，ここに初めて新薬として一般臨床の場に登場することになる．

6.6.2　医薬品の製造法研究

医薬品の製造法研究の目標は，最終的には経済性のある工業的製法を確立することであるが，そこに至るまでは開発ステージにより製造法研究の課題は変化する．開発の進展に応じて合成法の検討を各段階で加える様子を模式的にす示と図6.1のようになる．これは一例であって，必ずしも各段階ごとに合成法が異なるわけではないが，製造法研究は全開発過程にわたって継続的に行われる．

新薬研究の第1段階では，リード化合物の部分構造を種々変換してリード最適化を図ることが目的であるので，その合成法はリード化合物の基本骨格よりスクリーニング用の各種誘導体に誘導するのに適した方法が採用され，必ずしも個々の化合物に最適の合成法ではない．この段階では一般にサンプル量は少量でよく，迅速に多数の化合物を合成することが優先される．

開発のステージが進み，化合物が絞られるとともに，供給するサンプル量はしだいに増加するようになり，パイロットプラント規模の反応容器が使用される．このような大量製造も，基本的に研究室実験のスケールアップで対応することが多い．工業生産を目指した合理的な製造法への切替えも常に考慮されるが，新薬誕生までの長い開発過程のなかの数々のハードルを考えると，あまり早い段階で製法確立のみを先行させることは問題がある．いずれにせよ，開発を遅滞させることのない，円滑なサンプル供給をつづけるなかで，開発の進展状況をにらみながら，経済性のある工業的製造法を確立することが求められる．

6.6.3　製　　　剤

医薬品を人体に投与する際に，主薬の薬効が効果的に発揮され，かつ服用しやすいようにした投薬形態が製剤である．主薬の物理化学的性質と生物学的性質を考え，また生体に適用されたときの吸収，分布，排泄などの動態を配慮して投与経路，剤形を定める．

a. 製剤の種類　投与経路には経口，注射，外用などがあり，剤形の種類としては，散剤，丸剤，錠剤，カプセル剤，水剤，乳剤，注射剤，座剤，軟膏剤などが代表的なものである．ほとんどの製剤には，製剤補助剤が賦形，崩壊，安定化，保存，コーチング，矯味，甘味などの目的で使用されている．

b. ドラッグデリバリー（薬物送達）システム　薬物を目的の患部まで有効に到達させ，効果的に薬効発現を図る方法がドラッグデリバリーシステム(drug delivery system: DDS)である．そのアプローチの1つが既述のプロドラッグ(→§6.6.1)で，原化合物の化学構造の変更を伴うが，もう1つの手段として，原薬をそのまま製剤学的に修飾することにより行うものがある．

DDSは機能上，① 放出制御(controlled release)型と，② 標的指向(targeting)型に分類される．前者の，剤形からの薬物の放出

を調節する製剤は，薬物を徐放化して作用時間を延長させるものとして，以前より徐放性製剤や持続性製剤の名で呼ばれてきた．現在では薬物の生体内挙動を定量的に取り扱えるようになり，かつ製剤素材や制御理論などに関する周辺科学の進展もあって，生体内で半減期の短い生理活性物質などにDDSが適用されるようになった．すなわち，生体適合性でかつ生体内で容易に分解するポリマーなどの基剤を担体とすることにより，生理活性タンパクを持続的にコントロールリリースする製剤が実用化されている．たとえば，前立腺癌治療薬の黄体ホルモン放出ホルモン誘導体，leuprolide acetateをポリ乳酸とグリコール酸の共重合物でマイクロカプセル（小球体）化した注射剤は，1か月の持続化が達成され臨床に供されている．

標的指向型製剤は，制癌剤の分野で特に有効である．腫瘍細胞を抗原としたモノクローナル抗体を結合した微粒子運搬体に制癌剤を保持させることにより，抗原－抗体反応を利用して特異的かつ選択的に制癌剤を腫瘍細胞に集中させる方法，いわゆるミサイル療法の開発も検討されている．

6.6.4 新薬の開発と各種基準，規則

a. 薬事法 医薬品は，人の生命，健康に直接関連する商品であることから，わが国初め各国政府は，その製造，販売，取り扱いなどに対して種々の法律を定めている．わが国で，その基本となるのが薬事法である．保健衛生の見地から必要な規制を行い，医薬品などの品質，有効性および安全性を確保することを目的として1959年に公布され，1979年および1993年に大幅改正されている．

b. 日本薬局方 薬事法第41条の規定により，医薬品の品質の適正を図るため，繁用される医薬品，重要な医薬などの規格を定めたものである．現在の第12改正薬局方（1991）には1221品目が収載され，それらいわゆる局方品の外観，物理的，化学的性状，試験法，製造法，用途，貯蔵法などが記載されている．

c. 医薬品の安全性試験に関する基準（good laboratory practice：GLP） 前臨床試験のなかで，最も重要である安全性試験データの信頼性を確保するための基準であり，わが国では1983年より実施されている．試験実施に関する責任体制の確立，試験実施手順の標準化，試験記録管理や監査の制度化などの事項が基準として規定されている．試験に用いる新薬候補化合物などの検体の品質も，各ロットごとの力価，純度などの試験前測定がGLPによって規制されている．

d. 医薬品の臨床試験に関する基準（good clinical practice：GCP） 新薬の臨床試験が倫理的な配慮のもとに，科学的に適正に実施されるようにするため，臨床試験に携わる医療機関，研究者，企業などの順守すべき基本的事項を定めたもので，わが国では1990年10月より実施されている．

e. 医薬品の製造管理および品質管理基準（good manufacturing practice：GMP） 医薬品の品質の確保のために，製造段階において実施することを定めている基準．WHOが1969年に国際的な医薬品の流通という観点から，GMP基準およびそれに基づく国際間の品質保証制度を実施するよう勧告したのを受けて，各国でGMPが制定されるようになった．わが国で1980年に法制化されたGMPは，製剤化された製品としての医薬品に対して適用するもので，原料の受入れから製品の出荷までの各製造工程において医薬品の品質を確保，保証するために，構造設備，管理組織および作業管理の面から基準を定めている．一方，製剤前の医薬品原料（原薬）についても同様なGMPの必要性が認識され，1990年より原薬（バルク）GMPとして実施されている． 〔石墨紀久夫〕

文　　献

1) 粕谷　豊，中島栄一，平井俊樹，長友紀介，吉田甚吉ほか："薬が世に出るまで　改訂3版"，ファルマシアレビュー編集委員会編，p.1, 59, 75, 93, 日本薬学会（1983）．
2) 市川正孝，石黒正恒，高舘　明，中川満夫，市

丸保孝：“新医薬品化学”，市川正孝編，p.1，南山堂(1988).
3) 金子太郎：“薬学概論”，p.1，廣川書店(1984).
4) 桜井 寛，小清水敏昌，西谷篤彦：“医薬品発見・命名小事典”，p.1，薬事新報社(1988).
5) Second report of the WHO Expert Committee: "The use of essential drugs", p.14, World Health Organization, Geneva(1985).
6) "医療薬—日本医薬品集 1989"，日本医薬情報センター編(1989).
7) 岡 良和：“創薬をめざす化学—メディシナルケミストリー”，ファルマシアレビュー編集委員会編，p.123，日本薬学会(1982).
8) "日本製薬工業協会ガイド 1988"，日本製薬工業協会広報委員会編(1989).
9) "DATA BOOK 1989"，日本製薬工業協会広報委員会編(1991).
10) 藤田稔夫：“構造活性相関とドラッグデザイン”，藤田稔夫編，p.1，化学同人(1986).
11) 橋田 充，中村純三ほか：“ドラッグデリバリーシステム”，瀬崎 仁編，p.1, 47, 137, 168，南江堂(1986).
12) 村西昌三，木村聰城郎，谷内 昭ほか："特集 Drug Delivery System"，日本臨牀，**47**(6), p.15, 70, 183，日本臨牀社(1989).

7. 農薬

7.1 農薬とは

現在，世界人口の約半数は十分な食糧を得ていない状態にあり，今後増大する人口に対して食糧問題はいっそう深刻となることが予想される．一方，総食糧生産可能量の約30%は病虫害，雑草害によって失われているといわれている．この損失を最小限とし農業生産性を向上させるための最も有効な方法として，農薬の使用がある．

農薬とは，農作物を病虫害や雑草から守る薬剤の総称であり，殺虫剤，殺菌剤，除草剤に加えて殺線虫剤，殺ダニ剤，植物生長調節剤，殺鼠剤を含めて考えられる．さらに広義には，ハエ，カ，ゴキブリ，ノミ，イエダニなどの衛生害虫の防除薬剤も農薬として扱われる．

7.1.1 農薬の歴史

作物保護を目的とした薬剤の使用はすでに紀元前1000年ころに，硫黄が作物の病害を防ぐのに用いられていた．わが国では，寛文10(1670)年，ウンカの駆除に鯨油が用いられ，欧州では1690年タバコが害虫駆除に用いられた記録がある．1800年代に入って，石灰硫黄合剤，石油，石油乳剤，乳剤，ボルドー液，除虫菊製剤が作物の病虫害防除に実用化されてきた．

1930年代になって有機合成薬剤が台頭した．1934年にジチオカーバメート類が殺菌剤として，1938年にDDTが，1942年にγ-BHCが，殺虫剤として開発された．1941年に2,4-D除草剤が開発されている．さらに，有機リン殺虫剤のパラチオンが1944年にSchraderらによって発見され，その後は新農薬の創製研究がいっそうさかんになり，今日のような多数の有機合成農薬の実用化をみるに至っている．

一方，農薬は環境にばらまかれるために人畜に対する安全性，農作物への残留毒性，土壌，地下水などへの環境汚染に対する見直しがなされ，わが国では，DDT，BHC，パラチオンなど農薬として重視された化合物が1971年には使用禁止になった．農薬の安全性，環境汚染を重視して，安全性の高い農薬の研究開発が進められてきているが，同時に農薬のみに頼らない作物保護として，天敵や微生物を用いた生物農薬や，生物の生態系を重視して農薬を使用する総合防除などの方法が試みられている．

7.1.2 農薬の分類

農薬は使用目的，構造，剤型，使用形態によって次のように分類される．

a. 使用目的または作用による分類

① 殺虫剤(insecticide)：有害昆虫を防除する目的で用いられる薬剤である．昆虫への侵入経路によって接触剤，食毒剤，くん蒸・植物浸透性殺虫剤などに分けられる．新しい殺虫剤としては誘引剤，忌避剤，昆虫ホルモン剤，化学不妊剤，生物農薬などがある．

② 殺ダニ剤(acaricide, miticide)：植物につくダニ類，家畜につくダニ類の防除を目的に使用される薬剤である．

③ 殺線虫剤(nematocide)：植物寄生性線虫の防除剤．

④ 殺鼠剤(rodenticide)：農作物，山林の幼木を加害するネズミの防除に用いられる薬剤である．

⑤ 殺菌剤(fungicide)：植物病原菌類を防除する目的で用いられる薬剤である．作用時期によって予防剤，治療剤，また使用面からは土壌処理剤，茎葉処理剤，種子処理剤に分けられる．

⑥ 除草剤(herbicide)：雑草を防除する目的で用いられる薬剤である．使用目的によって作物選択性除草剤，非選択性除草剤，処理方法によって土壌処理剤，茎葉処理剤に分類される．

⑦ 植物生長調節剤(plant growth regulator)：植物の生理機能の増進または抑制に用いられる薬剤．

⑧ 補助剤(adjuvant)：農薬を施用するための製剤の素材として乳化剤，溶剤，増量剤，担体，展着剤などがある．

⑨ 共力剤(synergist)：有効成分の効力増強作用を有する薬剤である．

b. 剤型または使用形態による分類 農薬の製剤としての使用形態には種々のものがある．固型剤(粉末)，液剤(乳剤，油剤，マイクロカプセル剤など)が主要な剤型で，そのほかにくん煙剤，エアゾール剤，塗布剤，毒餌剤などがある．

7.1.3 農薬の活性

農薬の具備すべき要件として，極力少量で目的とする病害虫，雑草を防除し，標的外の作物，家畜などの有用生物，人に対して可能な限り低毒性である選択毒性(selective toxicity)が要求される．

農薬は，生体内に取り込まれ代謝分解(解毒あるいは活性化)を受け，極微量の活性体が作用点に達し生体成分と反応して活性を発現する．この農薬の作用機構は対象の生体，薬剤の種類によってさまざまであり，たとえば核酸合成，タンパク質生合成，エネルギー代謝阻害など全生物にとって普遍的なもの，キチン生合成阻害，神経刺激伝達阻害，アミノ酸生合成阻害，光合成阻害など菌，昆虫，動物，植物に固有のものがある．

農薬の活性の示し方は農薬の種類によって異なる．殺虫剤の場合には，昆虫の50%を死亡させる中央致死量(median lethal dose: LD_{50})あるいは中央致死濃度(median lethal concentration: LC_{50})で表す場合が多い．

殺菌剤の場合，菌糸の生育阻止をみる試験官内試験(*in vitro* test)では最低生育阻止濃度(minimum inhibitory concentration)が用いられ，実際の植物体を用いた薬剤効果(*in vivo* test)は一定効果を示す薬剤濃度，たとえばLC_{90}, LC_{80}値，あるいは一定薬量で示される防除効果パーセント(%)が用いられる．

除草剤の活性表示はさらに複雑である．実用性を判定する評価方法としては対象雑草防除に対する薬剤濃度，g/ha，g/aなどがとられることが多い．

7.1.4 農薬の安全性

農業生産性向上の手段，環境快適化，ベクター防除の手段としての農薬も，人や有用生物・環境において安全に使用できることが最大の条件となる．農薬の安全性評価方法を次に示す．

a. 急性毒性(acute toxicity) 農薬の，ほ乳動物に対する毒性評価はハツカネズミ(mouse)，シロネズミ(rat)，モルモット(guinea pig)，ウサギなどの小動物を用い，一定量を経口的，経皮的に投与，静脈注射，複腔内注射で現れる毒性を判定し，LD_{50}値(mg/kg)で表すことが多い．農薬の急性毒性はその強度によって，特定毒物，毒物，劇物，普通物に分類される．

b. 慢性毒性(chronic toxicity) DDTやBHCのように，急性毒性は低くとも人体に摂取されると分解排泄されにくく，脂肪組織に蓄積される農薬を長期間摂取した場合の

慢性毒性の危険性を防ぐために，農薬登録には，慢性毒性試験が義務づけられている．ラットやマウスでは2年，イヌでは寿命の1/10程度の期間，農薬を投与してその影響を観察する．さらに，慢性毒性と関連して発癌性(carcinogenicity)や催奇性(teratogenicity)が重視されている．

c. 魚毒 水田や畑に散布された農薬は直接あるいは間接的に河川，湖水，池，海洋に流入し，水棲生物，特に魚類への影響を及ぼす可能性がある．

魚毒の表現法として水棲生物が50%生存し得る薬剤の濃度(median tolerance limit: TLm)で表す．TLmによって，A, B, C, D類と分類される．

d. 農薬の残留 環境に投与された農薬は，一部は作物に付着・吸収され農作物中に残留する．また，一部は土壌中に残留し河川，湖水，海洋へ流入しプランクトン，魚などを経た食物連鎖による残留農薬の濃縮の危険性が生ずる．このような残留農薬の危険性を回避することを目的に，農薬残留を規制する法律がつくられている．

① 1日当たり摂取許容量(acceptable daily intake for man：ADI)：人間が，生涯連続摂取しても障害が起こらない1日当たりの薬量をいう．マウスなど小動物を用いて決定された薬量の1/200以下をもってADI(mg/kg)とする．

② 残留基準(tolerance)：ADI・生鮮食料品中における許容限界・農薬の実態調査をもとに決定された数値であり，FAO(国連食糧農業機関)，WHO(世界保健機関)，各国政府によって決められている．

7.2 農薬の研究開発

新規農薬の開発研究には，活性化合物の創製のための有機化学，物理化学，分析化学，植物生理学，植物病理学，昆虫生態学，生化学などが，また薬剤の安全性の評価のための毒物学，獣医学，環境科学が，さらに薬剤の製造，製剤化のための化学工学，材料学，触媒化学，安全工学，製剤学など幅広い学問が総合的に関与している．

農薬の市場としては，世界の主要作物であるトウモロコシ，ダイズ，稲，麦，ワタ，テンサイや，ブドウやリンゴなどの果樹の病害虫，雑草防除が大きい．また，カ，ハエ，ベクター防除を対象とした防疫薬分野や，作物の増収，品種改良などを目的とした植物生長調節剤にも市場が存在する．

農薬は，経済性に加えて人畜，環境に対する高い安全性が要求されてきており，新規農薬の開発は年々むずかしくなっている．生理活性化合物をみつけるためのスクリーニング研究から，新規農薬を生む確率は1/20000以下といわれている．さらに農薬として販売するためには，各国でその国の法律に基づき，農薬として登録されなければならない．このため，化合物の発見から登録されるまでに，現在では膨大な研究開発費と7〜10年の年月が必要とされている．

新規活性化合物が発見されて農薬として開発，販売されるまでの過程を表7.1に示す．

7.3 殺虫剤

代表的な殺虫剤，殺ダニ剤について，以下に概説する．

7.3.1 有機塩素剤

有機塩素剤には，DDT，BHC，アルドリンなどがある．いずれの化合物も広い殺虫スペクトル，低い急性毒性，長い残効性，安価であることから，すぐれた薬剤として農業用，防疫用分野で広範に使用されてきた．し

表 7.1 農薬の研究・開発過程

年数	研究／開発 -1 0 1 2 3 4 5 6 7	登録・販売 8 9 10 11
スクリーニング	合成・スクリーニング	
薬効・薬害試験	ポット試験／小規模圃場試験／大規模圃場試験（公式委託試験、その他）	
毒性試験	急性毒性試験／突然変異性／亜急性・慢性毒性試験／催奇形性・繁殖性試験	
代謝試験	代謝試験（動物・植物、土壌）	
残留試験	作物・土壌残留試験	
環境試験	魚毒性／有用動物に対する影響	
製造研究	分析（原体・製造）／プロセス研究：パイロット／製剤研究	工場建設
特許	特許出願	
登録		申請・登録／販売

かしこれらの薬剤は，環境，作物，生体などで分解されにくく，食糧汚染，環境汚染をひき起こすことがわかり，使用上の規制を受け，わが国では1971年にDDT，BHCの使用が禁止された．

7.3.2 有機リン剤

現在使用されている代表的化合物には，DDVP，フェニトロチオン，ダイアジノン，クロロピリホス，マラチオン，アセフェートなどがある．

有機リン剤の6種の基本構造，ホスフェート，ホスホチオナート，ホスホチオラート，ホスホチオールチオナート，ホスホールアミレート，ホスホナートのうち安定で極性の低いホスホチオナート，あるいはホスホチオールチオナートが殺虫剤（フェニトロチオン，マラチオンなど）として用いられる．有機リン剤はエステル構造をもつことから加水分解を受けやすく，環境中では比較的速やかに分解して残留性は少ない．

$$(CH_3O)_2\overset{S}{\overset{\|}{P}}-O-\underset{NO_2}{\overset{CH_3}{\bigcirc}}$$

フェニトロチオン

$$(CH_3O)_2\overset{S}{\overset{\|}{P}}-S-\underset{CH_2COOC_2H_5}{\overset{}{C}HCOOC_2H_5}$$

マラチオン

7.3.3 カーバメート剤

カーバメート殺虫剤には，天然物アルカロイドのフィソスティグミンから誘導されたフェニルN-メチルカーバメート類以外にも，昆虫忌避剤の研究でみいだされたイソランのようなヘテロ環カーバメートや，メソミルのようなオキシム構造を有するN-メチルカー

バメートがある．一般に，カーバメート殺虫剤の殺虫活性は種特異性が高い．

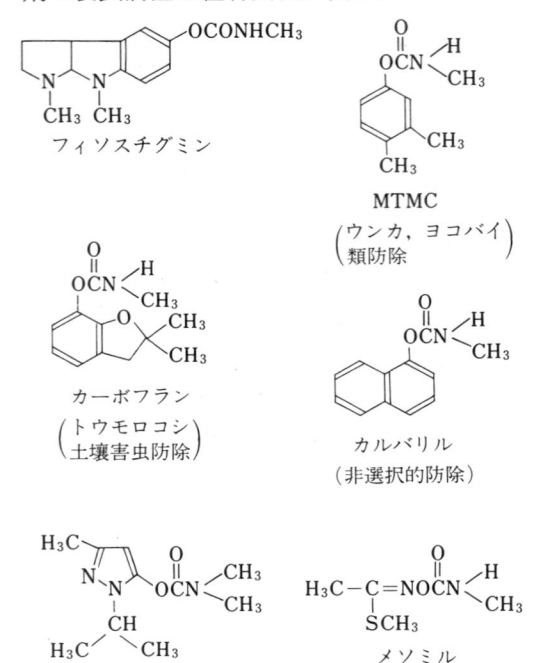

フィソスチグミン

MTMC
(ウンカ，ヨコバイ類防除)

カーボフラン
(トウモロコシ土壌害虫防除)

カルバリル
(非選択的防除)

イソラン

メソミル
(鱗羽目害虫防除)

7.3.4 ピレスロイド剤

a. 天然ピレトリン シロバナムショケギク(chrysanthemum cinerariaforium)は，現在主としてケニヤ，タンザニアで栽培されている．その殺虫成分である天然ピレトリンはピレトリン I, II，シネリン I, II，ジスモリン I, II からなる．人畜に対する毒性が低く，速効性であり，ノックダウンという急激な麻痺効果をもつすぐれた天然殺虫剤である．

R_1 : CH_3, R_2 : $CH=CH_2$	→ ピレトリン I
R_1 : CH_3, R_2 : CH_3	→ シネリン I
R_1 : CH_3, R_2 : CH_2CH_3	→ ジヤスモリン I
R_1 : $COOCH_3$, R_2 : $CH=CH_2$	→ ピレトリン II
R_1 : $COOCH_3$, R_2 : CH_3	→ シネリン II
R_1 : $COOCH_3$, R_2 : CH_2CH_3	→ ジヤスモリン II

b. 合成ピレスロイド この天然ピレトリンをリード(→§6.6.1)として，多数の合成ピレスロイドが開発されてきた．最初に工業化に成功したのはアレスリンであり，ひきつづいてフェノスリン，サイパーメスリン，デカメスリンなどと，天然ピレトリンの特徴であるシクロプロパン環をもたないフェンバレレート(約20倍活性)，エステル構造をもたないエトプロキシフェンなど，すぐれた殺虫活性を有する化合物が開発実用化されている．

アレスリン

フェノスリン

サイパーメスリン(農業用)

フェンバレレート(農業用)

テトラメスリン

パーメスリン

デカメスリン(農業用)

エトプロキシフェン(農業用)

ピレスロイドの殺虫効力を増強するために，共力剤としてピペロニルブトキサイドが用いられる．1/10 の混合比で，殺虫活性はアレスリン単独の 10 倍以上が期待できる．

ピペロニルブトキサイド

7.3.5 天然物由来の殺虫剤

ピレトリン以外に天然殺虫剤としては，タバコの殺虫成分であるニコチノイド，マメ科植物の Derris elliplica の根から分離された殺虫成分ロテノイド，Streptomyces の生産する抗生物質アベルメクチン，ミルベマイシン，海洋動物イソメに含まれる毒物質ネライストキシン，鱗翅目昆虫の病原菌 Bacillus thuringensis の結晶性タンパク毒素；BT トキシンなどが知られている．

7.3.6 昆虫生育制御剤

昆虫の幼虫脱皮や変態に影響し，生育阻害をひき起こす昆虫生育制御剤(insect growth regurator：IGR)として，幼若ホルモン(juvenile hormone：JH)活性物質，抗 JH 活性物質，キチン合成阻害剤，脱皮阻害剤などがあり，新しい型の殺虫剤として注目されている．

a. 幼若ホルモン様活性物質 昆虫の変態抑制，卵巣成熟促進作用，休眠，フェロモン生合成など昆虫の生理作用に大きく関与している天然 JH を農薬として利用する試みは，化合物が不安定であるために失敗に終わった．Zoecon 社は JH の同族体として安定性を改善した，メソプレンを合成し，ハエカの駆除剤として実用化した．ピリプロキシフェンはメソプレンよりも高活性で，かつ安定性も向上し広殺虫スペクトルを有する．

b. キチン合成阻害剤 ベンゾイルウレア構造を有するジフルベンズロンは昆虫の表皮構成成分であるキチンの生合成を阻害することによって殺虫活性を示す．遅効的に作用し，幼虫に処理すると正常な幼虫脱皮，蛹化あるいは羽化ができずに死に至る．近年，高活性化合物が防疫用，農業用殺虫剤として開発されている．

ジフルベンズロン

c. 脱皮阻害剤 ブプロフェジンは，thiadiazine 骨格を有する殺虫剤でキチン合成阻害剤とは異なる幼虫脱皮阻害を示す．

ブプロフェジン
（半翅目昆虫防除）

7.3.7 殺ダニ剤

殺ダニ剤として実用化されている化合物には，ジアリルカルビノール系，有機硫黄系，有機リン系化合物など，非常に多岐にわたる構造があげられる．

農作物に害を与えるダニ類は，年発生回数が 10 世代に及ぶために，薬剤を連続使用した場合，抵抗性の発現が問題となる．交差抵抗性のない薬剤の輪用，天敵の活用によって抵抗性の回避が試みられている．

7.4 殺菌剤

殺菌剤として用いされている代表的な化合物について概説する．

7.4.1 ジチオカーバメート剤

ジネブ，マネブ，チーラムなどジチオカーバメート基を有する殺菌剤で，農薬としては古い化合物に属する．予防剤として使用され

種々の病原菌に対して抗菌作用を有し，果樹，そ菜病害防除に広く用いられている．

ジネブ　マネブ　チーラム

7.4.2 ベンズイミダゾール剤

カルベンダジムで代表されるベンズイミダゾール系殺菌剤は，強い殺菌作用と広い殺菌スペクトル，植物への浸透移行性を有しすぐれた殺菌剤である．果樹，そ菜，花卉，穀類などの分野で広く使用されている．しかし近年抵抗性が生じ，問題視されている．

カルベンダジム

7.4.3 アゾール剤

この系統の化合物にはトリアゾール基を有するトリアジメホンやプロピコナゾール，イミダゾール基を有するトリフルミゾールやプロクロラズなどの化合物が含まれる．広スペクトル殺菌剤で浸透移行性を有する．

トリアジメホン

プロクロラズ

プロピコナゾール

トリフルミゾール

7.4.4 イ ミ ド 剤

キャプタン，ダイホルタンは広スペクトル殺菌剤でそ菜，果樹分野で使用されている．
環状イミド構造をもつプロシミドン，イプロジオン，ビンクロゾリンは浸透移行性が高い．

キャプタン　プロシミドン
　　　　　（灰色カビ病，菌核病防除）

7.4.5 有機リン剤

有機リン骨格を有する殺菌剤には，イプロベンホス，エディフェンホス，トリクロホスメチルなどがある．

イプロベンホス　エディフェンホス
（稲イモチ病防除）　（稲イモチ病防除）

トリクコホスメチル
（土壌病害菌防除）

7.4.6 ハロゲン化合物

脂肪族系ハロゲン化合物として，臭化メチルやクロルピクリン(トリクロロニトロメタン)がある．土壌殺菌剤として広く用いられており，燻蒸剤として施用される．殺菌効果以外に殺線虫剤，土壌殺虫剤としての効果も期待できるが，土壌の生物フロラを大きくこわす危険性がある．

芳香族ハロゲン化合物には，ダゴニール，PCNB，ラブサイドがある．

ダゴニール　ラブサイド
（非選択性殺菌剤）　（イモチ病殺菌剤）

7.4.7 その他の殺菌剤

殺菌剤として実用化されている化合物の構造は多岐にわたっている．これまでに示した殺菌剤以外の化合物の例も多いが省略する．

このほかに，有機金属化合物が古くから殺菌剤として使用されている．なかでも硫酸銅と消石灰との混合液；ボルドー液が果樹病害防除に広く用いられている．

7.5 除草剤

代表的な除草剤について以下に概説する．

7.5.1 フェノキシ酢酸・芳香族カルボン酸剤

2,4-D，MCP に代表されるフェノキシ酢酸系除草剤は，典型的な植物ホルモン型除草剤である．

ジクロホップメチル，キノホップエチル，フルアジホップブチル，キザロホップなどの化合物は，非ホルモン型で，イネ科植物に活性を示し，広葉植物には選択性を有する．ダイズやワタなどの広葉作物のイネ科雑草防除に，茎葉処理剤として使用される．

2,4-D

MCP

ジクロホップメチル

フルアジホップブチル

ダイカンバ，アミベンなどの安息香酸誘導体は，オーキシン型除草剤である．

アミベン

7.5.2 酸アミド剤

この系統には，構造的に広範囲の化合物が含まれる．多くの化合物は吸収移行型で選択性を有し，畑用，水田用除草剤として実用化されている．アリドクロール，アラクロール，ブタクロール，ブロモブチドなどが代表的な化合物である．そのなかでもアラクロールはトウモロコシ用，ダイズ用の土壌処理剤として広く使用されている重要な除草剤である．

アリドクロール

アラクロール

ブロモブチド

7.5.3 カーバメート剤

チオールカーバメート構造を有するベンチオカーブは水田用除草剤として使用されている．フェンメヂファムはテンサイに選択性を有し，広葉雑草の防除剤として使用されている．

ベンチオカーブ

フェンメヂファム

7.5.4 ウレア剤

古い歴史を有する化合物群で，除草剤として最初の報告は，1951年 DuPont によるモニュロンに関するものである．以来，DCMU，リニュロン，フルオメチュロン，イソプロチュロンなどのすぐれた除草剤が数多く開発さ

モニュロン

DCMU

フルオメチュロン

メタベンズチアズロン

れた．浸透移行性，広スペクトル，強い除草活性を有する．フルオメチュロンはワタに選択性を有し，広葉雑草防除剤として使用されている．イソプロチュロン，メタベンズチアズロンは麦類の選択性除草剤として用いられている．

7.5.5 トリアジン剤

1,3,5-トリアジン構造を有するシマジン，アトラジン，シメトリンなどの化合物は，光合成阻害型の広スペクトル除草剤である．シマジン，アトラジンはトウモロコシにすぐれた選択性を有する．しかし，近年，土壌残留，地下水汚染が問題視されている．

1,4,5-トリアジン構造を有する除草剤にはメトリブジン，メタミトロンがある．メトリブジンはダイズに選択性を有し，発芽前土壌処理にて強い活性を示す．メタミトロンはテンサイ選択性にすぐれる．

アトラジン　　メトリブジン

7.5.6 ジフェニルエーテル剤

この系統の化合物は，1964年 Rhom & Haas 社によってみいだされたニトロフェンが最初であるが，CNP，クロメトキシニルはわが国で水稲用除草剤として開発された．アシフルオルフェンはダイズに対して選択性を有し，茎葉処理剤として使用される．

クロメトキシニル

7.5.7 ジニトロアニリン剤

N, N'-ジアルキル-2,6-ジニトロアニリン構造を有する除草剤で，トリフルラリン，ジニトラミン，ニトラリンなどがある．そのなかでトリフルラリンは単子葉植物であるカヤツリグサ科，イネ科，ツユクサ科雑草に強い効果を示し，ワタ，ダイズの除草剤として重要である．薬剤処理方法は土壌混層処理である．

トリフルラリン

7.5.8 有機リン剤

1971年，Monsantoより N-(ホスホノメチル)グリシン(グリホゼート)の除草活性が報告された．浸透移行性が大きく下方移行するために，宿根性の多年生雑草にも有効な画期的除草剤として注目された．非選択性茎葉処理で不耕起栽培，非農耕地，果樹下草用除草剤として重要である．

$$HOOCCH_2NHCH_2\overset{O}{P}(OH)_2$$
(グリホゼート)

7.5.9 ビピリジニウム系薬剤

この系統の化合物は，2,2'- および 4,4'-ビピリジニル誘導体であるパラコートとダイコートに代表される．1950年代後半にICIによって開発された．茎葉処理にて接触的・非選択的な殺草作用を示す．土壌中では吸着不活性化する．きわめて速効的な活性であり，非農耕地・不耕起栽培・果樹下草用除草剤として使用されている．

パラコート　　ダイコート

7.5.10 シクロヘキセノン剤

アロキシジム，セトキシジムはいずれも日

アロキシジム-ソジウム

セトキシジム

本曹達により開発された除草剤であり，広葉植物には活性が弱くイネ科植物に活性を有するという特徴をもつ．

7.5.11 スルホニルウレア剤

DuPontにより開発されたこの新型除草剤(1977)は，きわめて低薬量で活性を有することから，画期的な除草剤として世界的に注目を浴びることになった．たとえば，ムギ類に選択性を有するクロルスルフロンは，4〜20 g/haで除草効果を示す(従来の薬剤は数100 g〜数 kg/ha)．種々の作物に選択性を有する化合物がみいだされており，一大化合物群になりつつある．

その代表的化合物を以下に示す．

クロルスルフロン（ムギ用除草剤）

スルフォメチュロンメチル
（非農耕地用除草剤）

ベンスルフロンメチル
（稲用除草剤）

クロリムロンエチル
（大豆用除草剤）

ネオフェンスルフロンメチル
（麦用除草剤）

プリミスルフロンメチル
（トウモロコシ用除草剤）

7.5.12 イミダゾリノン剤

ACCによってみいだされた新しいタイプの除草剤で，効力，選択性ともにすぐれているところから注目されている．

イマザメタベンズメチル（4または5位）　イマザキン

イマザピル　イマゼザピル

イミダゾリノンはコムギに選択性をもち，同じイネ科雑草のカラスムギ防除効果が高い．イマザキンはダイズ用除草剤としてpre, post処理のいずれにおいても広スペクトル除草活性を有している．イマゼサピルはさらに高活性である．イマザピルは非選択性で非農耕地用除草剤である．

7.6 植物生長調節剤(PGR)

代表的なPGRについて以下に概説する．植物ホルモンのオーキシンにはIAA(インドール酢酸)とその多数の同族体が含まれる．IAAは幼植物細胞の伸長促進効果を示す．

インドール酢酸（IAA）

イネ馬鹿苗病菌(*Gibberella fujikuroi*)によって生産されるジベレリンは，植物ホルモンとして植物細胞の伸長作用と花芽形成作用に関与している基本骨格として，ent-Gibberellane骨格をもち，38種の同族体が明らかにされている．最も実用化されているPGR

ent-Gibberellane　　GA_1

であり，単為結果作用を利用した種なしブドウの生産に用いられている．わが国では発酵法による生産が行われている．

サイトカイニンは6-アミノプリン骨格を有する化合物で，細胞の拡大，組織の老化抑制作用を示す．ほかに，レタス，タバコの発芽促進，ブドウの休眠芽誘導，リンゴの単為結実促進作用を有する．6-N-ベンジルアミノプリンは合成サイカイニンとして実用化されている．

エチレンは果実の成熟の促進，細胞の伸長阻害，拡大生長の促進，葉の脱離作用に関与する．エチレンの農業面での利用は，ガス体であるために施用がむずかしいことからエチレン発生剤が実用化されている．エテホンは植物体中でエチレンを発生する．

$$ClCH_2CH_2\overset{O}{\overset{\|}{P}}(OH)_2 \xrightarrow{OH^-} CH_2=CH_2 + HCl + H_3PO_4$$
エテホン　　　　　　　　エチレン

そのほかの合成PGRのなかで使用量の多い薬剤としては，アメリカのワタ栽培における落葉剤，エンドタール，ヨーロッパのムギ栽培における倒伏防止剤，クロメコートクロライド，タバコの腋芽抑制剤，マレイン酸ヒドラジドなどがある．

エンドタール　　　クロルメコートクロライド

マイレン酸ヒドラジド　　ウニコナゾール

イナベンフィド

わが国では生長抑制効果を利用したイネ倒伏防止剤として，ウニコナゾール，イナベンフィドが実用化されている．

7.7 農薬工業
7.7.1 農薬市場

世界の農薬市場は，1992年度は使用者レベルで252億ドルであった．その内訳をみると，除草剤が114.4億ドルと全市場の45.4%，次が殺虫剤の74.0億ドルで29.4%，殺菌剤49.0億ドルで19.4%の順である．市場推移を振り返ると，'60年代，'70年代は急速に成長したが，'80年代にはいると農薬市場は安定成長となり，今後は年0.8%の安定型の成長が予想される．1997年における末端市場は，262.0億ドルが見込まれる（表7.2）．

表7.2 世界の農薬販売高推移

年次	1960	1970	1980	1992	1997(予想)
販売高(億ドル)	8.5	27	116	252.0	262.0
販売高年間成長率(%)		12.3	15.7	8.1	0.8

地域別市場比率('92年)は西欧27%，米国29%，日本14%，日本を除くアジア10%である．西欧，米国，日本などの先進諸国で約7割の市場を占有している．〔鴨下　克三〕

引用文献

1) 山下恭介，水谷純也，藤田捻夫，丸茂晋吾，江藤守総，高橋信孝：“農薬の科学”，文永堂(1979)
2) 山本　出，深見順一：“農薬―デザインと開発指針”，ソフトサイエンス社(1979)．
3) 江藤守総：“農薬の生有機化学と分子設計”，ソフトサイエンス社(1985)．
4) K.H. Buchel: "Chemistry of Pesticides", John Wiley (1983).
5) 宮本純之編：“新しい農薬の科学”，廣川書店(1993)．
6) 永江祐治，小坂璋吾，山田富夫，橋本　章，石川尚雄：“90年代の農薬工業”，シーエムシー(1983)．
7) 安田　康，中田　旺，永江祐治ほか：“新農薬の開発と市場展望”，シーエムシー(1987)．
8) “農薬原体”，シーエムシー(1987)．
9) “新・農薬原体製造マニュアル1”，シーエムシー(1989)．
10) “新・農薬原体製造マニュアル2”，シーエムシー(1989)．
11) “新・農薬原体製造マニュアル3”，シーエムシー(1989)．
12) "Agrochemical Product Groups", Wood MacKenzie(1993).
13) "Agrochemical Overview 1992", Wood MacKenzie(1993).

8. プラスチック

8.1 はじめに

プラスチックの分類を図8.1に示す.熱硬化性樹脂は,加熱によりポリマー主鎖間に架橋反応が生じ,3次元網目構造を形成する.したがって,硬化したポリマーを軟化させることはできない.これに対して,熱可塑性樹脂は溶融と固化を繰返すことができる.熱可塑性樹脂については,用途,物性,生産量,価格などの観点から,さらに細分化される(図8.1).また,実用上はポリマー単独でなく,ポリマーと無機物質,ポリマーとポリマーを組合せて用いることが多く,これらをそれぞれプラスチック複合材料(§8.5),ポリマーアロイ(§8.6)として取りあげた.また,プラスチック工業においては,安定剤,可塑剤,離型剤(滑剤),難燃剤,着色剤,発泡剤などがポリマーに配合され用いられる[1]が,これらについては割愛した.

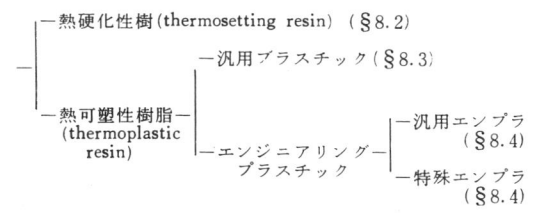

```
          ┌─熱硬化性樹(thermosetting resin) (§8.2)
          │                  ┌─汎用プラスチック(§8.3)
          │                  │
          └─熱可塑性樹脂─┤                  ┌─汎用エンプラ(§8.4)
             (thermoplastic    └─エンジニアリング─┤
              resin)             プラスチック       └─特殊エンプラ(§8.4)
```

図 8.1 プラスチックの分類
( )内は対応する本文の項目

エンジニアリングプラスチック(エンプラ)という名称はもともとデュポン社が用いたキャッチフレーズで,金属代替材料としてのポリアセタール(1956年開発)を,"金属への挑戦者"[2]として,このように表現したものである.当時プラスチックは包装や雑貨類の用途が中心であり,工業分野で金属代替が可能なプラスチックが開発されるに至り,その用途は大きく広がった.これ以降,耐熱性と機械的特性に優れたプラスチックの総称として用いている.より具体的定義として[3]"自動車部品や機械部品,電気・電子部品のような工業用途に使用されるプラスチックであり,500 kgf/cm^2(49 MPa)以上の引張強度,20000 kgf/cm^2(2 GPa)以上の曲げ弾性率,100°C以上の耐熱性を有するものをエンプラとする"がある.また,特殊(スーパー)エンプラについては,"耐熱性がさらに高く,150°C以上の高温でも長期間使用できるエンプラを特殊エンプラとする"とされている.

一方,結晶性の観点からは,熱可塑性樹脂を結晶性樹脂と非晶性樹脂に分類できる.一般に,結晶性樹脂は流動性に優れるが寸法安定性が悪く,非晶性樹脂は流動性に劣るが寸法安定性がよい.非晶性樹脂は,明確な融点を持たず,成形加工温度における粘度が一般に高い.結晶性樹脂では融点を越えると粘度が大きく低下するので,成形加工性がよい.しかし,冷却・固化の過程で結晶化が生じ,比容積が大きく低下して,寸法精度が悪くなる.また,融点以下の温度におけるアニーリングにより,後結晶化して変形を生じることがある.

現在の工業的製造プロセスについて表8.1に示す.連続化,大型化,省エネルギー化といった改良だけでなく,新規なプロセスの検討もなされている.PEやPPの気相重合プロセスはその一例である.最近,さらに高活性,高選択性のカミンスキー(Kaminsky)触媒の研究開発が精力的に進められている[23].

表 8.1 工業的製造プロセス

塊状重合プロセス	LDPE, PS, PMMA, ABS
懸濁重合プロセス	PVC, PS, PMMA, AS
乳化重合プロセス	ABS
溶液重合プロセス	HDPE, PP, PC, PAR
溶融重合プロセス	PBT, PET, PC, ナイロン

プラスチック材料を活用する上で重要な物性を表8.2に示す.

3次元成形加工法は,その材料が熱硬化性であるか熱可塑性であるかによって大きく異なっている.熱硬化性樹脂の加工法としては,圧縮成形,トランスファー成形,積層成形,注型成形,射出成形などがある.熱可塑性樹脂の加工法としては,射出成形(発泡成形,

表 8.2 プラスチックの物性

成形性	シリンダ温度，金型温度，成形下限圧，成形サイクル，離型性，バリ，ヒケ，成形収縮率，ウエルドライン，滞留安定性
物理的性質	比重，透明度，色調，光沢，表面平滑性，硬度(ロックウェル，ビッカース，ブリネル，ショア，デュロメータ)，気体透過性，溶融粘度(せん断速度依存性)
機械的性質	引張強度・弾性率，曲げ強度・弾性率，せん断強度・弾性率，破断・降伏伸び，衝撃強度(落錘，アイゾット，シャルピー)，機械加工性，ポアソン比，引裂強度，クリープ，コンプライアンス，応力緩和，応力一歪曲線，貯蔵・損失弾性率，損失正接，摩擦係数，比摩耗量，限界pv値
熱的性質	ガラス転移温度，融点，融解エンタルピー，荷重たわみ温度，ビカット軟化点，連続使用温度，熱分解温度，線膨張係数，熱膨張率，比熱，熱伝導率，昇温・降温結晶化温度，1/2結晶化時間
電気的性質	絶縁破壊電圧，絶縁抵抗，体積・表面抵抗率，誘電率，誘電正接，耐アーク性，耐トラッキング性，耐コロナ性，(永久)制電性
化学的性質	吸水率，耐酸・耐アルカリ性，耐溶剤性，難燃性，限界酸素指数，接着性
耐久性	耐光性，耐熱性，耐薬品性，耐候性，耐疲労性，耐摩擦・摩耗性

反応射出成形を含む)，押出し成形，ブロー成形，真空成形，圧空成形などがある．

1987年に初めて1000万トンの大台を突破したわが国のプラスチック材料の生産量は，1990年には，前年比の伸び率5.7%，1263万トンに達した．その内訳は，熱硬化性樹脂が約16%，熱可塑性樹脂が約84%を占める．とりわけ，五大汎用樹脂 (PVC, PP, LDPE, PS, HDPE) が総生産量の約64%，五大エンプラ (PET, ナイロン, POM, PC, 変性PPO, PBT) および PET, ABS の7種類の合計が総生産量の約12%を占め，確実な伸びを示している．好調な電気・電子，自動車分野でますます需要が大きくなると考えられるが，同時に各樹脂ともいっそうの高性能化，差別化が求められるであろう．また，(スーパー)エンプラ分野の新規材料開発競争も加速されると予想されている．

8.2 熱硬化性樹脂

代表的な熱硬化性樹脂の特長と用途を表8.3に示した．これらについて以下に概説する．フェノール樹脂は，発明者の名前にちなんで"ベークライト"とも呼ばれる．フェノール類とホルムアルデヒドを塩基性触媒または酸性触媒の存在下に反応させ製造する．前者では主として付加反応が，後者では主として縮合反応が進行する．それぞれレゾール，ノボラックと呼ばれる．レゾールは，あらか

表 8.3 代表的な熱硬化性樹脂の特長と用途

名称	特長	用途 電気・電子	用途 機械自動車	用途 その他
フェノール樹脂	耐熱性，寸法安定性，成形性よい．	ブレーカー部品，スイッチ部品	キャブレータボディー，ベアリング	
アミノ樹脂	耐アーク性，耐トラッキング性よい．表面硬度大．	電源スイッチ，コンセント		接着剤，ボタン，食器類
不飽和ポリエステル樹脂	透明性．機械特性，耐熱性よい．常温硬化可．常圧成形可．	高圧絶縁材，バッテリーケース	塗料，FRP：ユニットバス，洗面台，ヨット，釣竿，ゴルフスキー用品	
エポキシ樹脂	成形収縮率小．耐熱性，電気特性，耐薬品性よい．	IC封止材，がいし，コネクタ	FRP：タンク，パイプ	塗料，接着剤
シリコーン樹脂	耐熱性，耐候性，電気特性，撥水性，離型性よい．	絶縁ワニス，電線用エナメル		ハードコート剤
ポリイミド樹脂	耐熱性，寸法安定性，摺動性よい．機械的強度高い．	高密度多層配線板	複写機の分離爪，タイミングギヤ	航空機分野，原子力分野など
ジアリルフタレート樹脂	高温高湿下の機械特性，電気特性の劣化少ない．	コネクタ，ポテンショメーター	イグニッションコイル，ピストン	塗料，食器類，化粧板

じめ過剰に加えたホルムアルデヒドが，フェノールの2,4,6位に次々と付加して生成するポリメチロールフェノール混合物，およびこの混合物とフェノールの縮合物を指す．ノボラックは硬化剤としてヘキサメチレンテトラミン（ヘキサミン）などを配合する必要があるが，レゾールはそれ自身を加熱・加圧するとフェノール樹脂硬化体となる．

レゾール：

$$\underset{n=1\sim 3}{\text{HO-C}_6\text{H}_4\text{-(CH}_2\text{OH)}_n} \text{ および}$$

$$\underset{n=0\sim 2}{(\text{HOCH}_2)_n\text{-C}_6\text{H}_3(\text{OH})\text{-CH}_2\text{-C}_6\text{H}_3(\text{OH})\text{-(CH}_2\text{OH)}_n}$$

ノボラック：

$$\underset{n<10, m<0.5}{\text{HO-C}_6\text{H}_4\text{-CH}_2\text{-[C}_6\text{H}_3(\text{OH})\text{-CH}_2\text{]}_n\text{-C}_6\text{H}_3(\text{OH})\text{-(CH}_2\text{OH)}_m}$$

アミノ樹脂はメラミン，尿素などアミノ基を有する化合物とホルムアルデヒドとの付加縮合物をいう．尿素（ユリア）樹脂では80％以上が，メラミン樹脂では60％程度が接着剤用途であり，主として，ベニヤ合板接着用に用いられる．また，メラミン樹脂は，表面硬度が高く，耐水性にすぐれ，着色可能であることから食器として用いられる．

メラミン（構造式：トリアジン環にNH_2基3個）

不飽和ポリエステル樹脂は，不飽和結合を含む多塩基酸と多価アルコールから成る不飽和ポリエステル・ベースポリマーを重合性ビニルモノマーに溶解し，ラジカル重合により硬化させるものである．したがってその組合せや共重合比によってさまざまな性質の発現が可能である．代表的なものは不飽和二塩基酸（例：無水マレイン酸），飽和二塩基酸（例：無水フタル酸），グリコール（例：プロピレングリコール），架橋剤および溶剤（例：スチレン）から成る．常温硬化可能であり，低粘度のため，強化材を含浸混合しやすく，かつ多量に配合が可能である．ガラス繊維などで強化した繊維強化樹脂（FRP）用のマトリックスレジン用途が80％を占める．浴槽，水槽，浄化槽などはシート状に伸ばして巻き取り熟成して作るシートモールディングコンパウンド（SMC）法で製造される．生産性が高く，寸法精度が優れている．また，ガラス短繊維や無機充填材を混練して製造するバルクモールディングコンパウンド（BMC）法は，SMC法よりもさらに寸法精度が高く，低収縮性である．SMC法やBMC法のほかにもいくつかのFRP製造法がある[4]．

$$\underset{}{O=CCH=CHC=O} + \underset{}{\text{無水フタル酸}} + \underset{}{HO-CH(CH_3)CH_2-OH} \xrightarrow{-H_2O}$$

$$[-OCCH=CHCOCHCH_2O-(\text{フタル酸残基})-COCHCH_2O-]_n$$
(CH₃基付き)

エポキシ樹脂は，1分子中にエポキシ基を少なくとも2個以上有する化合物の総称で，硬化剤（アミン，多価カルボン酸またはその無水物）との反応で3次元架橋した網目構造体になる．エピクロルヒドリンとビスフェノールAから得られるエポキシ樹脂が代表的で，接着性，耐水・耐薬品性がよい．硬化反応は縮合物を出さない完全縮合型で，常温硬化も可能である．したがって，操作性にすぐれ硬化収縮率も小さい．電気・機械特性がよ

$$CH_2\text{（エポキシ）}CHCH_2Cl + HO-C_6H_4-C(CH_3)_2-C_6H_4-OH$$

$$\xrightarrow[60\sim 120°C]{NaOH}$$

$$CH_2\text{（エポキシ）}CHCH_2-[O-C_6H_4-C(CH_3)_2-C_6H_4-OCH_2CH(OH)]_n$$

$$-O-C_6H_4-C(CH_3)_2-C_6H_4-OCH_2CH\text{（エポキシ）}$$

($n=0\sim 20$)

く，バランスがとれている．約50%が塗料分野，電気・電子分野が約30%を占める．近年，IC封止用途の伸びが際立っている．

シリコーン樹脂は，シロキサン結合（—Si—O—Si—）を有する有機ケイ素重合体（シリコーン）をいう．ジクロルシラン（R_2SiCl_2；$R=CH_3$ または C_6H_5）の加水分解，ひきつづく脱水縮合により得られる．

$$Cl-Si(R)_2-Cl+2H_2O \longrightarrow HO-Si(R)_2-OH+2HCl\uparrow$$
$$nHO-Si(R)_2-OH \longrightarrow HO\text{-}[Si(R)_2O]_n\text{-}+(n-1)H_2O$$

反応の際に，末端停止剤としてモノクロルシラン（R_3SiCl），架橋剤としてトリクロルシラン（$RSiCl_3$）を併用すると多彩な物性のポリマーが製造できる．電気・電子分野が主用途である．

ポリイミド樹脂は，主鎖にイミド結合をもつ耐熱性樹脂の総称で，大別すると縮合型と付加型がある．縮合型は，芳香族ジアミンテトラカルボン酸二無水物を，非プロトン性極性溶媒中で反応させてポリアミド酸を合成し，これを加熱することにより脱水閉環させて溶媒不溶のポリイミド硬化体とする．反応式で一例を示す．

付加型はビスマレイミド系，ナジック酸変性，アセチレン末端などのポリイミドが上市されている．一例として，ポリアミノビスマレイミドの反応式をあげる．

縮合型のものは主としてフィルムへの用途をもち，付加型はワニスからの積層成形品あるいはモールド成形品となる．開拓段階ではあるが，電気・電子，航空・宇宙，原子力の産業分野で用途開発が進んでいる．

そのほかの熱硬化性樹脂としてジアリルフタレート樹脂がある．ジアリルフタレートはフタル酸とアリルアルコールのエステルである．

有機過酸化物を添加して加熱・加圧すると硬化体が得られる．部分重合体の形でプレポリマーとして上市されている．主として成形材料，化粧板の用途に用いられる．

8.3 汎用熱可塑性樹脂

代表的な汎用熱可塑性樹脂の特長とその用途を表8.4にまとめて示した．これらについて以下に概説する．ポリエチレン（PE）は，エチレンを繰返し単位とする．

$$CH_2=CH_2 \longrightarrow [CH_2CH_2]_n$$

表 8.4 代表的な汎用熱可塑性樹脂の特長と用途

名称	特長	用途		
		電気・電子	機械自動車	その他
PE	耐寒性，耐水・耐薬品性，電気特性よい．	電線被覆		フィルム，バケツ，ロープ
PVC	透明性，耐熱性，耐酸塩基性よい．高周波溶着できる	電線被覆，絶縁テープ		パイプ，シャンプー容器，レザー
PS	電気特性，耐酸塩基性よい．HIPSは耐衝撃性よい	高周波回路部品	テープラシンプケース	透明な台所用品，発泡スチロール
PP	剛性高．耐水，耐薬品性，電気特性よい．印刷接着難		バンパ，電気機器のハウジング	洗面器，アタッシュケース
ABS	機械特性のバランス，耐酸塩基性よい．メッキ可能．	ボビン，カセット	フロントパネル，ハウジング	化粧品容器，アタッシュケース

分子量(分布)，分岐構造や共重合体の存在などの1次構造により物性が大きく変化する．製造法は高圧法，中・低圧法と加圧条件で分類される．前者からは，分岐が多く結晶化度の低い低密度PE(LDPE)，後者からは，分岐が少なく結晶性の高い高密度PE(HDPE)が得られる．また，中・低圧法でエチレンに少量のα-オレフィンを共重合させると短鎖分岐構造の線状LDPE(LLDPE)が生成する．側鎖をもたせ低密度にする方法で，高圧法LDPEの長鎖分岐構造と対照的である．LDPEは透明，HDPE不透明であるが，強度が大きい．ともにフィルム用途が40〜50%である．

ポリ塩化ビニル(PVC)は，塩化ビニルの重合体で，塩素原子は主鎖の軸に対して立体配置が不規則(アタクチック)で，結晶性は高密度PEやPPに比べると低い．塩化ビニルはラジカル重合しやすく，光や放射線により重合するが，工業的には主として懸濁重合法による．水中でモノマーを機械的かきまぜにより分散させ重合する．重合開始剤として有機過酸化物が用いられ，分散粒子の安定化のため懸濁剤(ポリビニルアルコールの保護コロイド)を併用する．

$$CH_2=CH\text{−}Cl \longrightarrow \text{−}[CH_2CH\text{−}Cl]_n\text{−}$$

PVCは可塑剤(ジオクチルフタレート)の配合量により，硬質・軟質に大別される．軟質タイプは可塑剤の移行化が問題で，可塑剤を含まない共重合タイプのPVC(酢酸ビニルなどの共重合体，ウレタン共重合体など)が開発されている．

ポリスチレン(PS)はスチロール樹脂とも呼ばれ，無定形の無色透明樹脂である．スチレンの繰返し単位が大部分頭尾結合しているが，分岐構造も比較的多い．平均分子量は5万から25万程度である．

$$CH=CH_2\text{−}(C_6H_5) \longrightarrow \text{−}[CH\text{−}CH_2]_n\text{−}(C_6H_5)$$

スチレンモノマーに少量の添加剤，開始剤を加え重合する塊状重合法によりほとんどが製造されている．重合時の発熱のコントロールがむずかしいが，この方法が電気特性，透明性の点ですぐれている．また，連続塊状重合法は懸濁重合法に比べてコスト的にも有利である．

PSマトリックス相のなかに島状にゴム粒子を分散させ海島構造をもたせると，耐衝撃性が改良できる(ハイインパクトPS：HIPS)が乳白色で不透明になる．

ポリプロピレン(PP)は，1953年 Natta 教授により初めて合成された．物性上，結晶性であるアイソタクチックが望ましいが，一般的には非晶性であるアタクチックポリマーが副生するので，溶媒による抽出精製工程が必要である．このため，従来溶媒スラリー重合法がおもに用いられていた．近年，高活性・高規則性触媒の開発[5]により，触媒残渣除去も含めて後処理工程の不必要な液化プロピレン法や気相法が開発された．今後は気相法が主流となると予想される．

$$CH_2=CH\text{−}CH_3 \longrightarrow \text{−}[CH_2\text{−}CH\text{−}CH_3]_n\text{−}$$

重合触媒としては，三塩化チタン型(いわゆるソルヴェイ(Solvay)触媒を含む)と塩化マグネシウム担持型 Ti 触媒に大別できる．

日本の全需要量の50%が射出成形分野，20%がフィルム分野である．重合時にゴム成分であるエチレン・プロピレン共重合体をブレンドしたPPブロック共重合体は，本来の剛性をそれほど損なわずに衝撃強度を向上できるため，自動車のバンパーなどに用いられる．

ABS樹脂は，アクリロニトリル(AN)，ブタジエン(BD)，スチレン(ST)の3成分から成る．通常，ANとSTから成る共重合体マトリックス(AS樹脂)のなかに，AN，STをグラフト共重合することにより安定化させたポリブタジエンゴムを均一分散させた構造をとっている．

$$\text{AN : CH}_2=\text{CH(CN)}$$
$$\text{ST : CH}_2=\text{CH}-\text{C}_6\text{H}_5$$

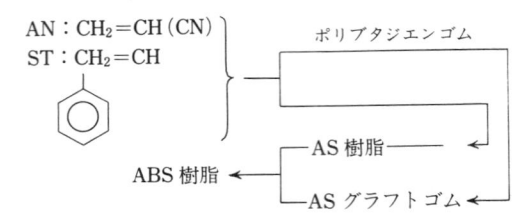

→ ポリブタジエンゴム
→ AS 樹脂
→ AS グラフトゴム
→ ABS 樹脂

AS 樹脂の代表的製造法は懸濁重合法であり，要求特性に応じ共重合を行い変性する．たとえば，メチルメタクリレートにより透明性が，また α-メチルスチレンなどにより耐熱性が付与される．一方，グラフトゴムの製造は BD を重合して得られるポリブタジエンラテックスに対する乳化グラフト重合が一般的である．この方法は乳化力の強い陰イオン活性剤を用い，過酸化物・還元剤から成るレドックス系開始剤の存在下，水系でゴムにモノマーをラジカル型グラフト反応する方法である．不透明であるが，AS の剛性と HIPS の耐衝撃性を有するバランスのとれた樹脂である．

そのほかのポリオレフインは，生産量および価格の点で汎用樹脂とはいいがたいが，その特長を生かした用途展開が図られているものがある．

ポリ(1-ブテン)は，PE や PP に比べて高分子量のポリマーを製造できるので，耐ストレスクラック性や耐熱クリープ性がすぐれている．耐熱クリープ性を生かして温水パイプ用途に用いられている．

$$\underset{\underset{\text{CH}_2\text{-CH}_3}{|}}{\text{CH}=\text{CH}_2} \longrightarrow \underset{\underset{\text{CH}_2\text{-CH}_3}{|}}{[\text{CHCH}_2]_n}$$

ポリ(4-メチル-1-ペンテン)は，結晶性ポリマーでありながら，結晶部と非晶部の屈折率差が小さく透明性にすぐれている．融点が高く，耐熱性が良好である．家電・医療分野に用いられている．

$$\underset{\underset{\text{CH}_2\text{-CH(CH}_3)_2}{|}}{\text{CH}=\text{CH}_2} \longrightarrow \underset{\underset{\text{CH}_2\text{-CH(CH}_3)_2}{|}}{[\text{CH-CH}_2]_n}$$

ポリメタクリル酸メチル(PMMA)は，メタクリル樹脂(あるいは広い意味でアクリル樹脂)と呼ばれている．有機過酸化物を開始剤として，メタクリル酸メチルをラジカル重合して得られる．工業的には懸濁重合法や塊状重合法が用いられる．無色透明性と耐候性で群を抜いている．光学，照明分野に用いられる．

$$\underset{\underset{\text{CO}_2\text{CH}_3}{|}}{\text{CH}_2=\text{C(CH}_3)} \longrightarrow \underset{\underset{\text{CO}_2\text{CH}_3}{|}}{[\text{CH}_2-\text{C(CH}_3)]_n}$$

8.4 エンジニアリングプラスチック

代表的なエンジニアリングプラスチックの特長と用途を表 8.5 に示した．これらについて以下に概説する．ポリアミド(ナイロン)は，アミド基を有する高分子であり，その構造の差により，ナイロン 6, 66, 610, 11, 12 と区別される．数字部分はアミド基間の炭素数であり，脂肪族ポリアミドの命名に用いられる．

ナイロン 6 は環状ラクタムの開環重合により製造される．水の存在下，ε-カプロラクタムを約 260°C で常圧重合して得る(数平均分子量約 150)．この反応では，加水分解して重縮合反応を起こすよりも，ラクタムがポリマー末端に直接付加する重付加反応が支配的である．

$$\underset{\text{ε-カプロラクタム}}{\overset{\text{O H}}{\overset{\| \ |}{\text{C-N-(CH}_2)_5}}} + n\text{H}_2\text{O}$$

$$\rightleftharpoons \text{H}_2\text{N(CH}_2)_5\text{COOH} \quad (\text{加水分解})$$
$$\text{ε-アミノカプロン酸}$$

$$n\text{H}_2\text{N(CH}_2)_5\text{COOH}$$
$$\rightleftharpoons [\text{NH(CH}_2)_5\overset{\text{O}}{\overset{\|}{\text{C}}}]_n + n\text{H}_2\text{O} \quad (\text{重縮合})$$

$$\text{H}[\text{NH(CH}_2)_5\overset{\text{O}}{\overset{\|}{\text{C}}}]_n\text{OH} + \overset{\text{O H}}{\overset{\| \ |}{\text{C-N-(CH}_2)_5}}$$
$$\rightleftharpoons \text{H}[\text{NH(CH}_2)_5\overset{\text{O}}{\overset{\|}{\text{C}}}]_{n+1}\text{OH} \quad (\text{重付加})$$

ナイロン 66 はアジピン酸とヘキサメチレンジアミンの等モル塩(AH 塩)水溶液を加圧下に初期縮合後，常圧約 280°C で重縮合して得られる(数平均分子量約 100)．

アミド基の性質がナイロンの特性を支配している．融点や機械物性はアミド基の濃度に

表 8.5　代表的な汎用エンプラの特長と用途

名称	特長	用途 電気・電子	用途 機械自動車	用途 その他
ナイロン ○	強靱で耐衝撃性よい．耐摩擦・摩耗性，耐油，耐薬品性よい．吸水性大．難燃性．	コネクタ，コイルボビン，発電機スタータ，電線被覆	ラジエータータンク，ファン，シリンダーヘッドカバー	包装用フィルム，モノフィラメント（漁網，ガット）
POM ○	耐疲労性，耐クリープ性，耐摩擦・摩耗性よい．難燃化むずかしい．成形収縮率大．	家電(洗濯機など)・OA機器（パソコンなど）の各種部品	歯車．ポンプ羽根，ワイパーギヤ，アウターハンドル	ファスナー，カーテンランナー，アルミサッシの戸車
PC ◇	耐衝撃性，耐熱性，低温特性よい．透明で耐候性よい．応力亀裂を起こしやすい．	コンパクトディスク，光ディスク，VTRシャーシ	双眼鏡・カメラボディ，ストロボ部品，ランプレンズ類	人工腎臓ケース類，目薬容器，ほ乳びん，信号灯カバー
変性PPO ◇	機械特性のバランスよい．耐水性，電気特性よい．難燃性．有機溶剤に侵される．	コネクタ，スイッチ，タイマー，リレー，コイルボビン	家電・OA機器のハウジング，ホイールキャップ	
PBT ○	成形性，耐老化性，電気特性よい．易難燃化．耐熱水性・耐アルカリ性不良．	コネクタ，プラグ，ソケット，コンデンサ，端子盤	バンパ，ディストリビュータキャップ，フュエルポンプ	
ガラス繊維強化PET ○	剛性大．耐熱性よい．クリープ，疲労小．電気特性よい．耐熱水性・耐アルカリ性不良．	電子レンジのグリル，スイッチケース，トランスボビン	インシュレータ，照明器具のランプシェード	非強化：フィルム（テープベース），ブローボトル

○＝結晶性樹脂　　◇＝非晶性樹脂

依存する．融点はナイロン66では約260°C, ナイロン12では約180°Cである．アミド基間の炭素数が増えると柔軟性が高くなり強度は低下する．アミド基は分子間で水素結合（>C=O…HN<）を形成し結晶性も高いので柔らかい割には耐熱性と強度にすぐれている．アミド基は極性が強く，ガソリン，オイルなどの炭化水素系溶剤に対しすぐれた耐性がある．また，親水性のアミド基に起因して吸水すると寸法変化が大きく，かつ機械的強度が低下するが，柔軟性，耐衝撃性は増加する．

また，高耐熱材料への要求が高まり，高融点ナイロンが最近開発された．ヘキサメチレンテレフタルアミド（6T）とヘキサメチレンイソフタルアミド（6I）からなる6T/6I共重合体，また66/6T共重合体，ナイロン46などである．66/6T共重合体は66を主成分としているが，66成分と6T成分のアイソモルフィズム（同形置換）によりナイロン66よりも高融点を示す[6]．ナイロン46の一成分であるジアミノブタンを除けばいずれも汎用

原料であるにもかかわらずこれら高融点ナイロンが工業化されていなかった理由は重合の難しさにあった．アミド結合は320°C付近で熱分解を起こすため溶融重合では製造できない．そこで，溶融重合は低融点のプレポリマー段階でとどめ，固相重合や押出機中でのリアクティブプロセッシングにより高重合度化するプロセスを併用して製造される．

ナイロン46の特長は，高融点と高結晶性（結晶化速度，到達結晶化度が共に高い）にある．その半面，分子鎖中のアミド基濃度が高いため，吸湿・吸水性が大きい．一方，66/6Tや6T/6Iは低吸水性で，吸水による寸法変化と剛性の低下が小さい．

ポリアセタール(POM)としてはホモポリマーとコポリマーが上市されている．前者はホルムアルデヒド単独重合体，後者はトリオキサンとエチレンオキサイドなどの環状エーテルの共重合体で，オキシエチレン単位は数%である．

ホモポリマー：$n\text{HCHO} \longrightarrow \text{\{CH}_2\text{O\}}_n$

コポリマー: $\frac{m}{3}$CH₂―CH₂ + nCH₂―CH₂ ⟶

$-\text{[CH}_2\text{O]}_m-\text{[CH}_2\text{CH}_2\text{O]}_n-$

いずれの場合も，ポリマー末端がジッパー的に解重合して熱分解が進むので，末端封鎖

$-\text{OCH}_2\text{OCH}_2\text{OH} \rightarrow -\text{OCH}_2\text{OH} + \text{HCHO}\uparrow$

が重要である．末端の OH 基をアセチル化したり（ホモポリマー），不安定部分（―CH₂OH）を熱分解させて安定なヒドロキシエチル末端とする（コポリマー）などの熱安定化処理を行う．結晶化度はホモポリマーで 75～85% と結晶性が高い．したがって，強度，弾性率が高く，また柔軟な非晶部分でエネルギー吸収するので衝撃強度も高い．コポリマーの方が柔らかく熱安定性にすぐれている．分子中に酸素原子を多く含んでいるので，難燃性の付与は至難である．滑り特性，摩耗特性が要求される駆動部分の用途が多い．

ポリカーボネート（PC）は，炭酸とジオキシ化合物の重縮合により得られるポリエステルである．ジオキシ化合物にビスフェノールAを用いた場合が代表例である．

工業的製造法には，次の2種類がある．

ホスゲン法（脱塩重縮合反応）：ビスフェノールAとホスゲンを溶媒中で反応させる．生成する塩化水素は，ピリジンまたはアルカリ水溶液でトラップして系外に除去する．

HO―⟨⟩―C(CH₃)₂―⟨⟩―OH + nCOCl₂ ⟶

ビスフェノールA　　　　　　　ホスゲン

H―[O―⟨⟩―C(CH₃)₂―⟨⟩―O―CO―]ₙ + 2nHCl↑

エステル交換法（溶融重合法）：ビスフェノールAとジフェニルカーボネートを高温減圧下に溶融させ，脱フェノール反応により得られる．

nHO―⟨⟩―C(CH₃)₂―⟨⟩―OH + n⟨⟩―OCO―⟨⟩

$\xrightarrow[30\text{ mmHg}]{230\,°\text{C}} \xrightarrow[<1\text{ mmHg}]{290\,°\text{C}}$

H―[O―⟨⟩―C(CH₃)₂―⟨⟩―OC(=O)―]ₙ + 2n⟨⟩―OH

―C(CH₃)₂― の大きな屈曲に基づく非晶性ポリマーである．エステル結合を有しているため水分存在下で加熱成形すると加水分解する．ある一定のレベルを越えるとクラックが発生し破壊にいたる（ストレスクラック性）．

変性ポリフェニレンオキサイド（変性 PPO）は，次式で表される重縮合物である．$R_1 = R_2 = \text{CH}_3$, $R_3 = R_4 = \text{H}$ の場合，耐熱性や電気特性の点ですぐれた性能を有しているが，成形性に劣る．そこで実用上は，ポリスチレンとブレンドさせたり，スチレンをグラフトさせて，変性（ポリマーアロイ）を行う．

$\left[\begin{array}{c} R_3\quad R_1 \\ \text{⟨⟩―O} \\ R_4\quad R_2 \end{array} \right]_n$

工業的には，酸化カップリング法で製造されている．この反応では，金属塩（Cu, Mn, Co などの塩）―アミン系触媒[7]がフェノキシラジカルを生成させ，つづいて炭素―酸素カップリング反応が進行する．

n⟨OH, CH₃, OH⟩ + $\frac{n}{2}$O₂ $\xrightarrow{\text{cat.}}$ [⟨CH₃, O, CH₃⟩]ₙ + nH₂O

誘電率・誘電正接小，絶縁性良好であり電気特性がよい．この理由は，非晶性で T_g が高く，通常使用温度範囲では分子運動が少ないこと，主鎖中に大きな極性基をもたず双極子分極が生じないことがあげられる．またエンプラのなかで比重が最も小さく，PC, PBT などエステル結合を有するポリマーに比べ耐熱水性にすぐれている．

飽和ポリエステルとしては，テレフタル酸と脂肪族ジオールの縮合したポリテレフタレートが代表的である．ポリブチレンテレフタレート（PBT，融点 225°C），ポリエチレンテ

レフタレート(PET, 融点 255°C), ポリシクロヘキシレンジメチレンテレフタレート(PCT, 融点 290°C)などが企業化されている. PCT の出発原料である 1,4-シクロヘキサンジメタノールにはシス体とトランス体があり, この異性体比によってポリマーの融点をコントロールできる[8].

PBT は, 溶融重合によって製造される. 酸成分としてテレフタル酸を用いる場合とテレフタル酸誘導体を用いる場合に大別される. 1段目の BHT 製造は常圧下で, 2段目の重縮合は 1 Torr 以下の高真空下で行われる. また, 溶融重合後さらに固相重合すると, いっそう高重合度のものができる.

DMT 法 (エステル交換法)

$$CH_3O_2C-\bigcirc-CO_2CH_3 + HO(CH_2)_4OH \xrightarrow{-CH_3OH}$$
ジメチルテレフタレート　ブタンジオール (BG)

直接重合法 (エステル化法)

$$HO_2C-\bigcirc-CO_2H + HO(CH_2)_4OH \xrightarrow{-H_2O}$$

$$\longrightarrow HO(CH_2)_4O_2C-\bigcirc-CO_2(CH_2)_4OH$$
ビスヒドロキシブチルテレフタレート (BHT)

$$\xrightarrow[-BG]{270°C} +OC-\bigcirc-CO_2(CH_2)_4O+_n$$

PET は, 反応温度, 最適触媒が異なることを除けば基本的に PBT と同様の方法で得られる. PET では DMT 法から直接重合法への切換えが相当進んでいる. PET は, 構造単位中のメチレン基が2個と少ないので, PBT に比べて高分子鎖が堅く, 耐熱性や剛性にすぐれる反面, 結晶化速度が遅く靭性に劣る. 従って, PET は繊維, フィルム, ボトルなどの用途が多い. 射出成形用途にはガラス繊維強化 PET が用いられる. これには, 成形性 (結晶核剤や可塑剤の添加による結晶化促進) や耐衝撃性 (ゴム成分などの添加) の改良が加えられている[9]. PBT は結晶化速度が大きく非強化, 強化グレードともに成形性が良好である. 自動車などの電装部品としては, ナイロンは吸水性が大きく不適切で, PBT

表 8.6 代表的な特殊エンプラの特長と用途

名称	特　　　長	用途		
		電気・電子	機械自動車	その他
PSF ◇	耐熱性, 耐熱水性, 誘電特性, 寸法精度よい.	IC キャリヤー, プリント回路基盤	複写機部品, オートフューズ	コーヒーメーカー, 義歯
PES ◇	耐熱性, 耐クリープ性, 透明性, 耐スチーム性よい.	コイルボビン, ケース類	エンジンギヤ, スラストワッシャー	熱水分野 (温度センサーセルなど)
PPS ○	耐熱・耐薬品性, 機械的強度, 寸法安定性よい. 難燃性.	IC 封止材, 電子レンジ内部部品	ケミカルポンプ, キャブレータ部品	塗料
PAR ◇	透明性, 耐熱性, 耐衝撃性, 耐候性よい. 難燃性.	スイッチ, リレー, ボビン接点板	室内灯レンズ, タコグラフ枠	目薬容器, 義歯
PAI ◇	耐熱性, 耐摩擦摩耗性, 耐衝撃性, 耐応力亀裂性よい	コネクタ, コイルボビン	ベアリング, ギヤ, 複写機分離爪	接着剤
PEEK ○	耐熱性, 耐熱水性, 耐放射線性よい. 荷重たわみ温度高	電線被覆, 絶縁材料	ピストンカート, 複写機部品	コンポジット, 熱水分野
PEI ◇	耐熱性, 機械特性, 電気特性, 耐候性, 透明性よい.	コイルボビン, コネクタ	キャブレータ部品, ポンプ部品	フィルム, コンポジット
LCP ○	高剛性高強度. 成形性よい. 線膨張率小. 異方性有り	スピーカーコーン, IC 封止材	CD ピックアップ, 光カプラー	定規, 充填物, 耐熱食器
フッ素樹脂	耐薬品性, 電気特性よい. 難燃性. 非粘着性.	絶縁テープ, 面状発熱体, 電線	各種軸受け, ピストンリング	離型コーティング, チューブ

○=結晶性樹脂　　◇=非晶性樹脂

表 8.7 特殊エンプラの代表的な化学構造

名称	化学構造
ポリスルホン (PSF)	―[O―C₆H₄―C(CH₃)₂―C₆H₄―O―C₆H₄―SO₂―C₆H₄―]ₙ
ポリエーテルスルホン (PES)	―[C₆H₄―SO₂―C₆H₄―O―]ₙ
ポリフェニレンスルフィド (PPS)	―[C₆H₄―S―]ₙ
ポリアリレート (PAR)	―[O―C₆H₄―C(CH₃)₂―C₆H₄―O―CO―C₆H₄―CO―]ₘ―[O―C₆H₄―C(CH₃)₂―C₆H₄―O―CO―C₆H₄―CO―]ₙ
ポリアミドイミド (PAI)	(芳香族アミドイミド構造)
ポリエーテルエーテルケトン (PEEK)	―[O―C₆H₄―O―C₆H₄―CO―C₆H₄―]ₙ
ポリエーテルイミド (PEI)	(芳香族エーテルイミド構造)
液晶ポリマー (LCP)	(I型) / (II型) / (III型)

（表中の化学構造は原図参照）

が用いられることが多い．ポリエステルは全般に水分存在下に溶融したり，熱水，アルカリ，強酸に対しては，エステル結合が加水分解を受けるので加工時に注意を要する．とりわけ，PBT は縮合系ポリマーの中でもナイロンなどに比べて耐加水分解性が劣るため，PET などと同様，末端に残存するカルボキシル基の制御に注意が払われている．

代表的な特殊エンプラ（スーパーエンプラ）[10]の特長と用途，化学構造をそれぞれ表 8.6, 8.7 に示した．汎用エンプラと特殊エンプラの最も明確な物性上の差異は耐熱性であり，連続使用温度がおよそ 150°C 以上のものが特殊エンプラである．そのほか，強度，剛性，耐薬品性，耐環境劣化性，難燃性，寸法安定性などの特性においても一般に特殊エンプラの方がすぐれている．このなかで，液晶性ポリマー（LCP）は最も新しいエンプラである．主鎖に剛直な構造単位を有し，溶融成形によって分子が流動方向に配向してガラス繊維強化複合材料に匹敵する高強度・高弾性率を発現する．そのため自己補強型プラスチック[11]と呼ばれることもある．また，伸びきり鎖構造に起因して，高分子鎖のからみあいが少なく，流動性が優れている．上市された LCP は，いずれもパラヒドロキシ安息香酸を主成分（60〜80モル％程度）としたポリエステルであるが，共重合成分の選択の仕方により

耐熱性（荷重たわみ温度）が大きく変化するので，耐熱性の高い方から，Ⅰ型，Ⅱ型，Ⅲ型と分類されている[12]．

8.5 プラスチック複合材料

実際のプラスチックは，単体ではなく，強化材，充塡材（フィラー）を配合して用いることが多い．すなわち，プラスチック複合材料は，プラスチックをマトリックスとし，フィラーと組み合わせてプラスチック単体では不十分であった物性を補うことを目的とした材料である．マトリックスの改善・向上（強度・弾性率，耐熱性，寸法安定性，耐摩擦摩耗性，耐久性，耐環境性，耐燃焼性など）だけでなく，マトリックスがもっていなかった特殊な性質（導電性，磁性，圧電性，熱伝導性，耐放射線性など）の付与が可能となる[13]．また，この機能性向上以外に，炭酸カルシウムのように低コスト化を目的としたフィラーもある．代表的なフィラーとその形状を表8.8に示す．

表 8.8 代表的なフィラーの種類と形状

繊　維　状	ガラス繊維，炭素繊維，アラミド繊維，ウォラストナイト，硫酸カルシウム
板　　　状	マイカ，カオリン，ガラスフレーク，グラファイト
粒　　　状	炭酸カルシウム，シリカ，ガラスビーズ，タルク，酸化チタン，カーボンブラック，ウォラストナイト，バルン（ガラス，シラス，セラミック）
ウィスカー	チタン酸カリウム，チタン酸バリウム，アルミナボレート，炭化ケイ素，窒化ケイ素

性能向上の一例として，エンプラにガラス短繊維（GF）を30～40%配合したときの補強効果を図8.2に示す．エンプラにGFを配合すると耐熱性および機械的強度の両面で補強される．特に，耐熱性の面では結晶性エンプラの方が非晶性エンプラよりも大きな補強効果が得られることがわかる．強化材の表面に結晶が選択的に配向した層（トランスクリスタル）が形成されることが補強の原因といわれている[14]．無機材料を主体とする強化材とプラスチックを複合化してバランスのとれた物性を実現するためには，フィラーとプラスチックの界面における親和性の確保が重要である．フィラー表面にケイ素化合物などを塗布して（表面処理）用いられることが多い．

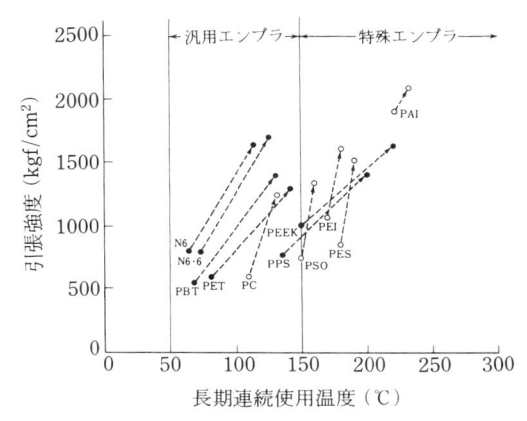

図 8.2 ガラス短繊維の補強効果（引張強度と長期連続使用温度）[10]

一方，まだ研究の歴史は浅いが，モレキュラーコンポジット（ナノコンポジット）は今後の発展が期待される．ナイロン6と層状粘土鉱物であるモンモリロナイトのハイブリッド中では，モンモリロナイトの単位結晶層が厚さ10Åで微分散していること，モンモリロナイトの数%の導入によりナイロン6に比べて強度や弾性率が大きく向上することが確認されている[15]．

8.6 ポリマーアロイ

異なるポリマー同士をブレンドしたときの相状態に関する研究は著しく進展しつつある．この中で，2種以上のポリマーをブレンドすることによりそれぞれ単一のポリマーが有する長所を兼ね備えた相乗的効果を発現するポリマーブレンドを，金属材料における合金（アロイ）になぞらえて，ポリマーアロイという．学術的なポリマーアロイの分類[16]では，ブロック共重合体，グラフト共重合体，相互貫通ポリマー網目構造体（IPN）もポリマーアロイとして扱われるが，工業的にはこれらを分けて考えるのが一般的である[17]．

ポリマーアロイの目的代表例を表8.9に，エンプラを用いるポリマーアロイの組合せとその生産量を表8.10にまとめた．結晶性樹

表 8.9 ポリマーアロイの目的代表例[16]

A. 物性		
	A-1 高性能化	耐衝撃性, タフネス, 高強度, 高弾性率, 寸法安定性, 耐熱性 (T_g, DTUL), 難燃性, 耐薬品性
	A-2 機能性付与	制電性, ガス透過性, 潤滑性, 接着性, メッキ性, 透明性, 柔軟性（可塑化）, 生体適合性
B. 成形加工性改善		溶融粘度, 流動性, 成形温度, 結晶性（固化速度）, ヒートサグ, 離型性, ウェルド強度
C. 経済性改善		

工業化されたポリマーアロイの具体例を表8.11 にまとめた．強靭性，耐熱性，成形性という主要な 3 要素がポリマーアロイの設計上重要である．

ポリマーアロイは，ポリマー間の相互作用の強さによって，完全相溶系，界面親和性相分離系（半相溶系），非相溶相分離系に分類できる．

完全相溶系では，T_g，比重，力学的分散温度などの諸性質がブレンド組成に対して加成性を示し，従って両成分の中間的な特性を発現する．PPO と PS のブレンドは完全相溶系の例である．実用的には，耐衝撃性を高めるために HIPS が用いられる．

界面親和性相分離系は，最も複合特性の発現に有効であり，その高次構造を制御することによって相乗効果が得られる．非相溶なポリマー同士をミクロ分散状態に安定に保ちつつ，各成分ポリマーの特徴を発揮させること

脂と非晶性樹脂のそれぞれの欠点を補うという意味から両者の組合せが多い．両者をブレンドした場合，どちらがマトリックスでどちらがドメインかは，組成，溶融粘度，分子間凝集力さらには相溶化剤の存在により変化する．耐溶剤性，流動性を改良する場合，結晶性樹脂をマトリックスに非晶性樹脂をドメインにするのが好ましく，耐熱性や耐衝撃性を改良する場合にはこの逆がよい．

表 8.10 エンプラを用いるポリマーアロイの組合せとその生産量[19]

エンプラ 他成分	ナイロン	POM	PC	PPO	PBT	PET	PPS	PSF	PAR
ポリオレフィン		○	○		○	△	○		
変性ポリオレフィン	◎	○			○	○			
ABS	△		◎	○	△			○	
PS 系樹脂			◎	●	○				
TPU		○							
ナイロン		○		○	△	□			○
PC	(△)								
PBT	□		○	△		○			
PET	□		○		○			○	○
PPO	◎				△		△		
PAR	○								
LCP	□		□					□	
PTFE	△		△	△	△	△			

●市場規模大（数万 t/y 以上）　◎かなりの市場規模（数千 t/y）　○本格上市品　△市場開発中　□研究中

表 8.11 工業化されたポリマーアロイ例とその構成成分の役割

ポリマーアロイ	強靭性（ゴム成分）	耐熱性	成形性（流動性）	アロイ化の主目的
PPO//HIPS	ポリブタジエン	PPO	PS	PPO の成形性, 耐衝撃性改良
PPO//ナイロン	ジエン系ゴム	PPO	ナイロン	ナイロンの耐熱性向上
PPO//PBT	オレフィン系ゴム	PPO	PBT	PBT の耐熱性向上
PC//PBT	アクリルゴム	PC	PBT	PC の耐薬品性改良
PC//ABS	ポリブタジエン	PC	AS	PC の流動性, 低温耐衝撃性改良
ナイロン//ABS	ポリブタジエン	ナイロン	AS	ナイロンの成形性, 耐衝撃性, コストの改善

が大切で，その手法として化学的変性技術，いわゆる相溶化技術が重要である．相溶化剤（コンパティビライザー[20]）により異種ポリマー同士の親和性，反応性，相溶性をコントロールできる．

ナイロン66とPPOの親和性は非常に低く，単に両成分をブレンドしても粗大な相分離を起こすのみで，実用に耐える材料にはならない．上市されたナイロン66とPPOのブレンドは，PPOのT_g付近まで剛性を維持し，ナイロンの耐熱性向上を可能にした．その形態は，ナイロンをマトリックス連続相とし，PPOが一次分散相を形成し，さらに衝撃付与成分であるゴムがPPO中に2次分散するという相分離構造を呈している[21]．これは，相溶化剤を加え，混練条件をコントロールすることにより，きわめて微細な分散構造を安定化させることができたためである．

8.7 リアクティブプロセッシング

プラスチックの合成技術上，最近著しく進歩してきた製造方法にリアクティブプロセッシングがある．二軸押出機に代表される混練装置中で，数分から数十分という短時間に化学反応させ，ポリマーを重合・改質する手法である．①無溶媒・短時間の反応で連続生産でき，設備費が比較的少ないので，生産効率が高い，②スクリューアレンジ（混練と搬送の制御），L/D，回転数により，混練の強さや反応時間の制御が容易，③添加剤，強化材などの中途添加が容易で，ペレタイズや成形加工まで一元化できる，④モノマーからポリマーまで幅広い粘度に対応できる，⑤内容量に比べ表面積が大きいため伝熱がよく，温度分布が小さい，などが特徴である．

PEIの製造は重合反応への適用例である[22]．PEIの工業的価値はモノマーの活性化コストおよび製造プロセスコストが安価なことにある．すなわち，フタルイミドのニトロ化が容易に進行する，第2段のフタル酸の置換反応で生成する副生物が出発原料のフタルイミドである，この一連の重合反応を押出機中で行える，ことが挙げられる．

リアクティブプロセッシングによる改質の例としては，酸変性ポリオレフィン，高衝撃ナイロンなどの各種ポリマーアロイの製造，動的架橋によるオレフィン系エラストマーの製造がある．　　　〔田畑　憲一〕

文　献

1) 石橋鉄治："Plastics Age Encyclopedia〈進歩編〉"，プラスチックエージ，p.175 (1992).
2) 林　寿雄：プラスチックス，**27**(4), 5 (1976).
3) 松島哲也：日経メカニカル，1986年6月2日号.
4) "プラスチック読本"，大阪工業研究所編，p.234，プラスチックエージ (1980).
5) 木岡　護，柏　典夫：高分子，**41**(1), 30 (1992).
6) 清造剛，神吉司：繊維学会誌，29, T-538 (1973).
7) 田中千秋："先端技術を支える新高分子素材と触媒に関する動向調査"，p.60，触媒工業協会 (1988).
8) 綱島研二："飽和ポリエステル樹脂ハンドブック"，湯木和男編，p.878，日刊工業新聞社 (1989).
9) 片岡俊郎ほか："エンジニアリングプラスチック"，p.54，共立出版 (1987).
10) 綾　俊彦："材料テクノロジー12　構造材料〔Ⅱ〕非金属系"，堂山昌男，山本良一編，p.5，東京大学出版会 (1985).
11) "エンジニアリングプラスチック"，平井利昌監修，p.245，プラスチックエージ (1984).
　　井上俊英："飽和ポリエステル樹脂ハンドブック"，湯木和男編，p.530，日刊工業新聞社 (1989).
12) 飯村一賀，浅田忠裕，安部明広："液晶高分子"，p.212，シグマ出版 (1988).
13) 相馬　勲：高分子，**39**(10), 730 (1990).
14) L.E. Nielsen, 小野木重治訳："高分子と複合材料の力学的性質"，p.117，化学同人 (1976).
15) 小島由継：*Polm. Prep. Jpn.*, **39**, 2430 (1990).
16) "ポリマーアロイ―基礎と応用―"，高分子学会編，p.1 (1981).
17) 中條　澄：プラスチックスエージ，**35**(3), 146 (1989).
18) 田中千秋：高分子，**38**(9), 890 (1989).
19) 安田武夫：高分子，**39**(2), 90 (1990).
20) 井上　隆，市原祥次："ポリマーアロイ"，p.39，共立出版 (1988).
21) "先端高分子材料シリーズ3　高性能ポロマーアロイ"，高分子学会編，p.215，丸善 (1991).

千葉一正: *Polm. Prep. Jpn.*, **36**, 3443 (1987).
22) "先端高分子材料シリーズ2 高性能芳香族系高分子材料", 高分子学会編, p.158, 丸善 (1990).
L.R. Schmidt, E.M. Lovgren, P.G. Meissner: *Intern. Polymer Processing*, **4**, 270 (1989).
23) 曽我和雄, 寺野 稔: 高分子, **41**(6), 390 (1992).

9. 繊　　維

9.1 はじめに

繊維は衣料材料のほか，インテリアや産業資材の分野でも重要な材料である．航空宇宙，医療分野などでは多くの機能性繊維材料が開発され先端技術との関係を深めている．衣料分野でもファッション性や着用性などの要求から特殊繊維が数多く生み出されてきた[1]．産業資材用途も日々拡大しており，用途別では衣料分野より大きくなっている（産業用 39％，衣料用 30％，その他 31％ (1990)[2]）．繊維工業は繊維の製造，加工，紡績，織布，編製，染色，縫製からデザインに至る幅広い分野を覆っている[3,4]．特に，合成繊維の原料までを含めると化学工業のすべての分野に関連している．

材料としての繊維の特徴には，その1次元的な構造，形態からくる屈曲，柔軟性に加えて高い機械物性があげられる．現在では高分子に限らず金属からセラミックスまであらゆる素材が繊維化され実用化されている．しかし，繊維材料の主体は有機高分子を素材としており，そのほかの繊維は特殊な分野に限られる．繊維工業の重要課題は高機能性繊維の開発，極限性能の追求，生産のすべての段階の高速化，物理的，化学的加工技術の革新などである．この章では主として有機繊維の製造，構造と実用物性を概観する．

9.2 繊維構造と形成過程

一般に繊維の構造を考える場合に，表9.1のような構造の階層を考えなければならない．

表 9.1 繊維の構造

＊モノマー，共重合組成	
＊分子鎖のミクロ構造	末端基，連鎖分布，立体規則性
＊分子量，分子量分布	
＊凝集状態	結晶，非晶，結晶化度
	結晶の完全性，結晶の大きさ，配向
	分子のコンフォメーション（折りたたみ，伸びきり鎖）
＊形態	ラメラ，スキン・コア，ボイド，フィブリル
	表面，断面，界面
＊高次の構造	構成（太さ，本数，撚り数，…）形状（捲縮，…），集合様式
＊添加物，安定剤	組成，添加量，大きさ，形状，分散（分布），…

素材の1次構造は材料の基本性能を決めている．繊維の構造ではさらに高分子鎖の繊維軸方向への配列と結晶-非晶構造が支配因子として重要である．繊維の断面，長さ方向の形態，表面の形状などの高次構造も物性との関係で無視できない[5]．したがって，素材を繊維状に成形する紡糸は繊維製造の基本プロセスである．

紡糸はポリマーを溶融または溶解して液状にし，細孔（紡口）から押し出して巻き取る工程である．紡糸は溶融状態から紡糸する溶融紡糸と溶液からの溶液紡糸に分けられる．溶液紡糸には溶媒を蒸発させる乾式紡糸と液体中で凝固させ乾燥する湿式紡糸がある．溶融紡糸ではプロセス中で物質の出入りはなく，熱の放出のみで構造が形成される．乾式の場合は熱のほかに溶媒の拡散や蒸発があり，湿式はさらに複雑で凝固液を加えた3成分（以上）系となる．溶融，乾式の場合は糸条は気体中を走行するが，湿式の場合は液体中も走行するので取扱いはいっそう複雑である．溶融紡糸では紡口を出たポリマー溶融体は巻取張力によって引き伸ばされながら冷却され固化する．この過程でポリマー分子は配向し結晶化する．これらの挙動はおおむね図9.1のような相互に作用する因子に支配されて決まる．紡糸には一度，低配向，低結晶化度の状

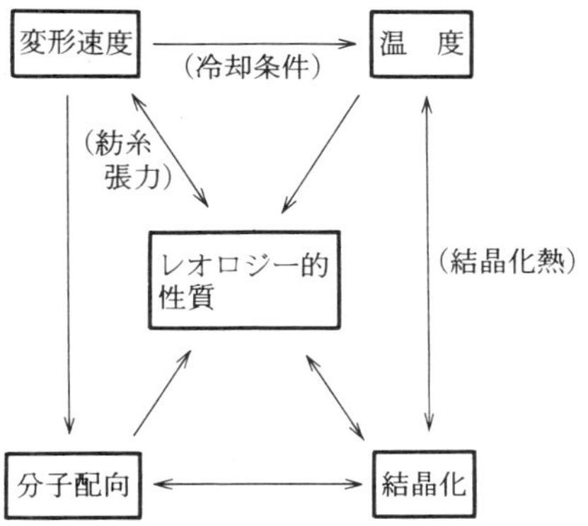

9. 繊　　維

図 9.1　紡糸に関係する因子間の関係
矢印の方向に影響を及ぼす

表 9.2　主要繊維の強伸度特性

	弾性率 GPa	強度 g/d	伸度 %
綿	9.5〜13.0	3.0〜4.9	3〜7
絹	6.5〜12.0	3.0〜4.0	15〜25
羊毛	1.3〜3.0	1.0〜1.7	1.3〜3.0
ビスコースレーヨン	8.5〜22	1.7〜5.2	7〜24
キュプラ	8〜10	1.8〜3.4	10〜27
ナイロン 6	2.8〜5.1	4.5〜9.5	16〜45
ナイロン 66	3.0〜6.0	5.0〜9.5	15〜38
エステル	11〜20	4.3〜9.0	7〜32
アクリル	2.6〜9.0	2.5〜5.0	12〜50
ケブラー	150	21〜25	4

d(デニール)：繊維の太さの表示法で繊維 9000 m のグラム数 g/d は比強度，比弾性率に対応する．

態で巻き取ってから延伸・熱処理を行い繊維構造を完成させる従来法のほかに，延伸・熱処理を連続したプロセスのなかで段階的に行う方法，延伸工程を省き紡糸過程で直接繊維構造を完成させる紡糸法などがある．いずれの場合も設計通りの構造をつくるには，プロセスの冷却条件や紡糸張力などの精密な制御が欠かせない．ナイロン，エステルなどは溶融紡糸されており多くの技術革新がなされてきた．技術動向として特に重要なのは紡糸の超高速化である．エステルでは紡速 8000 m/分以上の直接紡糸が可能である[6]．湿式紡糸では糸条は液体中を走行するため大きな抵抗を受ける．さらに凝固・再生の際の物質移動と化学反応の制御，液体中からの糸条の取り出しなどの技術的課題が加わる．この分野でも技術革新はめざましく，再生繊維の紡速 1000 m/分紡糸も夢ではない．

紡糸工程は高分子科学の立場からは高分子の分子配向下での結晶化，相分離過程であり，化学工学的にはエネルギー，物質の移動の過程である．高分子独自の現象もあり，学問的にも非常に重要な問題である．

9.3　繊維各論

ここでは主要な繊維の特徴に簡単に触れるにとどめる．繊維の性能は多面的に評価されなければならないが，機械特性は 1 つの目安として重要である．主要な繊維の強伸度特性を表 9.2 に示す．

9.3.1　天然繊維

天然繊維は，合成繊維開発の大きな目標でありモデルであった[7]．現在では合成繊維と天然繊維はたがいに補完し共存の時代に入っている．

木綿は，わたの種子から得られたセルロース繊維である．親水性で分子鎖は硬い．繊維自体に撚りがあり層状構造で中空である．絹と羊毛はともに多数のアミノ酸残基よりなるタンパク繊維である．絹は羊毛より分子鎖の配向がよく水素結合により分子間のパッキングが密なため，すぐれた引張特性を示す．羊毛は組成や太さの異なるミクロフィブリルの集合体からなる多層の複合繊維であり，繊維表面には特有のスケールがある．

木綿にはすぐれた吸水，吸湿性があり湿潤時の強度の方が乾燥時より大きい．絹のもつ感触，光沢は実用性を越えた人間のあこがれであった．羊毛は強度こそ小さいが保温性や湿潤時の特性のよさは衣料用繊維として群を抜いている．天然繊維はいずれも生化学的なプロセスによって構築され，水分制御の機構が繊維形成段階で組み込まれている．天然繊維の複雑な 1 次構造，繊維の形態と物性の関連について多くのことが解明されており合成繊維の開発に反映されてきた．

9.3.2　再生繊維

セルロースは溶媒に不溶である．化学的に変性して溶媒可溶とし，紡糸後に再生してセルロース繊維とする．パルプを原料とするビ

スコースレーヨンとコットンリンターを原料とする銅アンモニウムレーヨン（キュプラ）はこのような方法で紡糸されている．再生繊維はコスト高や環境問題などのため，先進工業国では生産量が急速に減少してきた．しかし，合成繊維にはない吸水性や風合い，鮮明な発色性は捨てがたく衣料繊維として高い評価を維持している．ビスコースレーヨンは凝固浴中で急速に凝固してスキン・コア構造が発生し，紡糸工程ではほとんど伸張されない．キュプラは流水下で緩慢に凝固しながら大きく伸張されるため細くて配向性のよい繊維となる．再生繊維は通常しわを防ぐための樹脂加工がされることが多い．アセテートはセルロース分子中の水酸基をアセチル化して有機溶媒に可溶とし乾式紡糸した繊維である．アセテート繊維ではセルロース分子が化学的に変性されており構造的には半合成繊維といえる．

9.3.3 合成繊維

ポリアミド繊維の主体はナイロン66とナイロン6である（→7章）．両者の分子構造，物性は類似しているが，ナイロン66の方が融点，軟化点が高く結晶化速度が大きい．ポリアミド繊維は引張強度が大きく，耐疲労性にすぐれておりタイヤコードや漁網など産業資材分野で利用されている．アミド結合が存在するため吸湿性があり染色性はよいが，着色したり湿潤時の寸法安定性に劣る．ほかのポリアミドも繊維化されているが量的には多くない．全芳香族ポリアミド繊維の耐熱性，機械物性は画期的である．

ポリエステル繊維は衣料から産業資材に至る広い分野で利用されており，現在では最も応用性のある繊維である．ポリエステル繊維の主流はテレフタル酸とエチレングリコールを縮重合したポリエチレンテレフタレート繊維（PET）であり，生産量は全化学繊維生産量の53％（1991）を占めている．ポリエステル繊維は疎水性であり，乾燥時の引張強度はナイロンと大差ないが，湿潤時にはナイロンが若干低下するのに比べ変化しない．引張弾性率が絹や木綿と同じレベルであること，セット性のよいことなどはナイロンに比べて利点である．洗濯によっても形が崩れない，いわゆる Wash & Ware，または Easy Care が可能になり衣料用途で重用される理由の1つとなっている．PETの疎水性は一方では染色性の悪さとなっており，高温染色など多くの工夫がなされてきた．

紡糸速度が増大すると分子鎖の流動による配向のため結晶化速度が大きくなる．同時に冷却速度も増加するが，両者が適当にバランスする領域では紡糸中に繊維構造が完成する．PETではこの条件を満たすことができ超高速紡糸が可能である．超高速紡糸は生産性の向上のほかに，得られた繊維は収縮や染色性などの物性面で従来法による繊維とは大きく異なっている．

アクリロニトリル，またはその共重合体の繊維であるアクリル繊維はポリアミド，ポリエステルと並ぶ三大合成繊維の1つである．生産量も化学繊維全体の27％（1991）を占めており大部分が短繊維である．合成繊維のなかで物性的に羊毛に近く，紡績糸としてほかの繊維と混紡して用いられることが多い．用途は前二者と比較して衣料分野に大幅にシフトしている．捲縮性にすぐれており，かさ高な感じを得やすい．有機溶媒または無機溶媒を用いて乾式，または湿式紡糸で製造されている．微量ではあるが長繊維も製造されている．アクリル長繊維は衣料分野で利用されているほか，炭素繊維のプリカーサとしてきわめて重要な素材である．

9.4 高機能性繊維[8),9),10)]

衣料から産業用途にいたる広い分野で繊維の高性能化や多様な機能性が強く求められている．最近では，匂いや特殊な色合，風合など感性的な機能性も重要な要素となっている．繊維を機能化，高性能化する方法には2つの大きな流れがある．1つは合成や化学修飾によって素材分子の1次構造に機能性を付与する方法である．もう1つは素材分子の1

次構造は変えず分子の集合の状態や繊維の形態などの高次構造を制御する方法である．特に，後者の進歩はめざましく様々の高性能，高機能性繊維が開発されている．

9.4.1 弾性繊維

ポリウレタン弾性繊維はゴムのような伸張回復性をもつ．これらの繊維のガラス転移点（T_g）は室温以下であり，そのため分子運動性が高く緩和した部分と，凝集度が高く実質的に架橋点となる部分の2相が明確に相分離した構造となっている．分子鎖はセグメントブロックコポリマーであり，ハードセグメントとソフトセグメントで構成されている．ソフトセグメントは分子量2000程度の脂肪族ポリエーテル，またはポリエステルが芳香族ジイソシアネートで設計された大きさになるよう連結されている．ソフトセグメントの大きさで最大伸張倍率が決まる．ハードセグメントの組成はジアミンまたはジオールと芳香族ジイソシアネートであり，芳香環の相互凝集力や水素結合によって長距離秩序の高い相を構成し架橋点となる．分子鎖中にウレタン結合のほか，ウレア，エーテル，エステル結合などがあり，構成成分比，セグメントの大きさや分布などが繊維の特性に密接に関係するので精密な分子設計と合成が必要となる．ポリウレタン弾性繊維は溶融紡糸もあるが極性溶媒を用いた乾式紡糸がなされている．紫外線やNO_xガスなどで分解や変色するので安定剤の利用技術が実用性能を支配する重要な要素技術となっている．

9.4.2 高強度，高弾性率繊維[11]

高強度，高弾性率繊維はポリマーの特性を最も効率的に活用した材料である．航空宇宙分野を初め，あらゆる分野で高い機械物性をもつ軽量の構造材料が強く要望されている．大きな強度，弾性率を発現するためには分子鎖を構成する結合が強固であり，個々の分子鎖の占有断面積が小さい上，コンフォメーションが直線に近いことなどが条件となる．繊維ではポリマー分子鎖が繊維軸方向に引き伸ばされ配列していなければならない．そのためには分子鎖自体が剛直なポリマーを合成し繊維化するか，屈曲性の分子鎖でも延伸によって完全に引き伸ばすかの2つの方法が考えられる．全芳香族ポリアミドは前者，ポリエチレンのゲル紡糸は後者の代表例である．テレフタル酸と芳香族ジアミンのパラ重合体である全芳香族アミド繊維（ケブラー）はDu Pontによって工業化された．このポリマーは分子鎖軸まわりの回転以外にほとんど自由度がなく，剛直であり濃硫酸溶液はリオトロピック液晶となる．この溶液を紡口から空気中に押し出してから凝固浴に入れる，いわゆるエアギャップ紡糸によって繊維化に成功した．この繊維は圧縮変形に弱い欠点はあるが，これまでの繊維の常識を破る画期的な材料となっている（表9.2）．メタ結合のアラミド繊維は耐熱繊維として利用されている．ともに先端繊維材料として貴重である．

液晶ポリエステルは剛直成分の間に適当な屈曲成分を入れて液融可能とし，サーモトロピック液晶状態で溶融紡糸して繊維とする．分子鎖の剛直性を抑えているため弾性率は低下するが，エステル結合であるため吸湿性はない．水素結合がないため分子間力はアラミド繊維より劣る．このほか，US Air Forceで開発されたヘテロ環含有芳香族ポリマー（ポリパラフェニレンベンズビスチアゾール（PBT），オキサゾール（PBO）など）が注目される．ポリマーはポリリン酸，メタンスルホン酸に溶解し湿式紡糸が可能である．繊維の引張強度は4 GPa，弾性率は330〜480 GPaと報告されている．引張物性に関する限り有機繊維の極限性能が実現された感があり，複合材料の強化繊維として炭素繊維に匹敵する．屈曲性ポリマーとの溶液混合による分子複合体は新しい考えの強化高分子材料であり注目される．

分子鎖が屈曲性であっても完全に延伸ができれば大きな引張強度，弾性率が期待できる．超高分子量のポリエチレンの希薄溶液を紡糸してゲル化させ，これを数十倍に超延伸して目標を達成することができた．このよう

にしてつくられた繊維をゲル紡糸繊維と呼ぶ．これは溶液中の分子鎖のからみを適度に制御しゲル化によって分子の動きを抑え，延伸するという基本原理に基づいている．完全に伸張されたポリエチレン分子鎖は最も理想的な構造であり，理論弾性率も 300 GPa に達するとされている．ゲル紡糸・延伸によって理論値に近い弾性率が得られた．曲げ変形ではケブラー以上のすぐれた特性を示す．ゲル紡糸延伸法は原理的にはどのようなポリマーにも適用できるはずであるが，ポリエチレンのほかは 2, 3 の例があるにすぎない．

9.4.3 中空繊維

中空繊維はすべての紡糸法で製造が可能である．中空繊維として最も注目されるものは人工腎臓など医療用中空繊維であろう．各種の中空繊維が人工透析や血液ろ過用などに開発されている．再生セルロース（キュプラ）の中空繊維は孔径などの幅広い制御が容易で，ウイルスろ過用の大孔径（10～50 nm）も製造が可能になっている．合成高分子でもそれぞれ素材の特徴を活かした医療用中空繊維が開発されている．医療材料の生体適合性は重要な特性であり，繊維の素材や形態などにいっそうの改良が期待されている．

中空繊維は表面積を大きくでき，フィルターとしてはすぐれた形態である．ガス分離，純水の製造，油水分離，廃液処理など工業的な用途も多く，ポリオレフィンやアクリルなどいろいろな素材の中空繊維が使われている．

9.4.4 複合繊維と極細繊維

複合繊維は化学的，物理的に異なる 2 つ（または多く）の成分からなり，それぞれの成分が分離せず 1 つの繊維を形成している．繊維内部での要素繊維の配列は多くの可能性があるが，基本となるのは図 9.2 に示すような張合せ型，鞘芯型および不連続フィブリル型の 3 種となる．複合化によって個々の成分の特性の補完や強化，両者の物性の差を利用した自己捲縮などが可能となる．また，複合繊維は極細繊維製造の中間体でもある．2 成分を繊維断面内に海島状に分布させた複合繊維

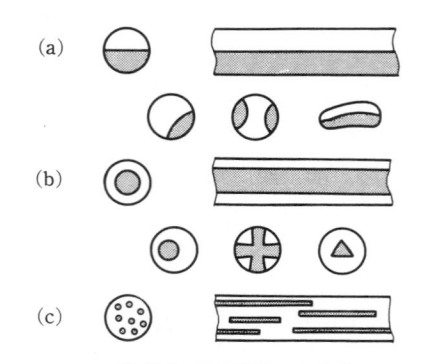

図 9.2 複合繊維のタイプ
(a) 張合せ型，(b) 鞘芯型，(c) 不連続フィブリル型
それぞれの型には多くの変形がある．

を紡糸したのち，海成分を除去する方法，成分界面で物理的にはく離，分割して極細繊維とするなどの方法が実用化されている．

光学繊維は芯部の屈折率が鞘部より大きい物質で構成された典型的な鞘芯型複合繊維である．石英やプラスチック系の光学繊維が光通信の伝送路に利用されている．光学繊維では素材の設計はもちろん，純度，形状の精度，均一性の保持などきびしい要求を満たさねばならない．通常の複合繊維紡糸法のほかに，鞘部をコーティングする方法も試みられている．

単糸の太さが通常の 1/10 以下（1～0.1 μm）の繊維は極細繊維といわれている．先の複合紡糸を利用する方法のほかに直接紡糸法でも製造されており，技術的にはさらに細い繊維も紡糸可能である．繊維を極細にすることによって新しい風合いや機能が発現し，スウェード調人工皮革や繊維間のミクロなすき間を利用したワイピンググロスが開発されている．極細繊維は量的な極限が機能の質的な転換をもたらした例として貴重である．

9.4.5 無機繊維[12]

無機物の繊維やウィスカーは断熱材などで実用化されてきた．各種のセラミックス繊維の開発や複合材料技術の進歩に伴って，無機繊維は極限環境下で用いられる先端材料として脚光を浴びている．ガラス繊維は安価で断熱や絶縁布，複合材料の強化材として広く利用されてきた．強度は 3.8～4.8 GPa と高い

が，弾性率は，75〜85 GPa と無機繊維のなかでは小さい．光通信用の光学繊維は高純度石英系ガラスを主成分としている．無機繊維にはガラスのほか，炭化ケイ素，アルミナ，ジルコニアなどの繊維があり，機械的，熱的極限性能を追求する繊維として注目される．繊維化に当たってはさまざまな方法が開発されているが，溶融紡糸法，素材元素を含む前駆体を焼成する方法，気相析出法（芯材への析出と気相成長）などが一般的である．

金属繊維でもスチール繊維などは一般化した材料となっており，アモルファス金属も繊維化され注目されている．繊維は材料の利用形態としては非常に応用性が高い．繊維化によって，より広い応用が可能となるため繊維化技術は新材料開発の重要な要素技術である．

炭素繊維は高強度（25〜45 GPa），高弾性率（190〜250 GPa）繊維として高性能複合材料には不可欠の素材である．現在ではアクリル繊維をプリカーサとして焼成している．焼成は150〜250°C での前酸化処理，高温での炭素化と段階的に行われる．高弾性率（440〜700 GPa）を得るためには，さらに高温で黒鉛化処理がなされる．焼成の方法や条件が重要なのはいうまでもないが，プリカーサの分子構造や高次構造も炭素繊維の性能を大きく左右する．プリカーサの共重合成分や紡糸法など多くの研究がなされてきた．マトリックス樹脂との接着性を向上させるための繊維表面の改質技術の開発も，ほかの強化繊維の場合同様大きな課題である．

9.4.6 不織布

繊維を2次元構造材料として用いる場合には織布や編物とする．不織布は編織工程を省いて仕上げられた布である．製造法には構成繊維を紙抄きと同じ原理で絡ませる湿式法と，乾式で布状にし接着や機械的手段で絡ませる方法がある．いろいろな繊維の不織布が製造されており，用いる繊維が短繊維か長繊維かで分類する場合もある．当初，不織布は織布の代替物として発展してきた．フィルタや包装材，農業，土木分野の大型布帛，使い捨て用品分野などがそのおもな用途である．気体や液体の適度な透過性，組織の緻密さなど単なる代替品でなく不織布自体の特性を活かした製品も多くなっている．医療衛生材料，クリーンルーム用のフィルターや作業衣などはその例である．製造面でも風合い，緻密さの制御や素材の複合化などの技術開発が活発である．

繊維工業は素材を繊維化し極限性能を追求すると同時に，素材に機能性を付与することを大きな課題として発展してきた．その結果，あらゆる分野に利用される繊維の開発に成功している．この傾向は今後もいっそう強化されるだろう．繊維工業は単なる成形だけでなく，分子科学に基礎をおいた機能の発現を制御する工業として発展することが期待される．　　　　　　　　　　〔天野　敏彦〕

文　献

1) "繊維新素材新製品データ集"，日本繊維機械学会繊維データ集編集委員会編，日本繊維機械学会(1988)．
2) 統計資料は，"繊維ハンドブック 1993"，日本化学繊維協会編集，日本化学繊維協会資料頒布会(1992)による．
3) 石川欣造，温品謙二訳："化学繊維 I"，H. Mark, S.M. Esernia 編，丸善(1970)，松崎 啓，温品謙二訳："化学繊維 II"，H. Mark, S.M. Esernia 編，丸善(1971)，温品謙二，松崎 啓訳："化学繊維 III"，H. Mark, S.M. Esernia 編，丸善(1971)．
4) "繊維便覧 加工編 第2版"，繊維学会編，丸善(1982)．
5) "図説 繊維の形態"，繊維学会編，朝倉書店(1982)．
6) "High Speed Fiber Spinning Science and Engineering Aspect", A. Ziabicki, H. Kawai, ed., John Wiley, New York (1985).
7) 大口正勝ほか："天然に学ぶ 形態と機能"，特集，繊維と工業，**44**，80-109(1988)．
8) "新機能繊維活用ハンドブック"，新機能繊維活用ハンドブック編集委員会編，工業調査会(1988)．
9) 功刀利夫ほか："繊維の極限 性能・機能をさぐる"，特集，繊維と工業，**44**，326-355(1988)．
10) 宮坂啓象，大塚保治："機能性繊維"，共立出

11) 功刀利夫，太田利彦，矢吹和之："高強度・高弾性率繊維"，共立出版(1989).
12) 速水諒三ほか："無機繊維材料"，特集，繊維と工業，**44**，232-259(1988).

10. ゴ ム

10.1 ゴ ム と は

ゴムは，昔は護謨と記されたが，これは単に，gum(英)または Gummi(独)の音を当てたにすぎない．gum は語源的には，植物の樹皮から分泌される乳状液のことをいう．ゴムを代表する単語に rubber(英)および Kautschuk(独)，caoutchouc(仏)があるが，前者は，鉛筆で書いた字をゴムでこする(rub)と字が消える消しゴムの用途に源を発し，後者はゴムの原産地アマゾン流域の土着語 "caa(木)"，"o-chu(涙を出す)" からきているという．

ゴムを大別すると，生ゴム(または原料ゴム)と加硫ゴム(またはゴム製品，弾性体(elastomer))に分けられ，一般的には弾性を有する材料全体をいう．さらに厳密には，使用条件下で $10^7 \sim 10^8$ dyne/cm² のヤング率を有すること，あるいは，20〜27°Cで原寸の2倍に1分間伸長後，外力を除いたとき，1分以内に原寸の1.5倍以下に戻ること(ASTM)，あるいは，硫黄またはセレンなどで架橋できて，18〜29°Cで原寸の3倍に伸長しても切れず，かつ原寸の2倍に伸ばしたあと，外力を除いて5分以内に原寸の1.5倍以内に戻ること(関税定率法)といった定義もあるが，近年後述のように新材料が開発され，必ずしもこれらの定義に該当しなくてもゴム材料として使用されているものもある．

10.2 ゴ ム の 歴 史
10.2.1 天然ゴムの歴史

C. Columbus がハイチ島で1493年原住民がもてあそんでいたゴム球に目をとめ，ヨーロッパに紹介したのがゴムの歴史の最初とされているが，6世紀のアステカ文明の壁画のなかにゴムの道具を神に棒げる図があるとのことで，原住民の間では相当古くから知られていたと想像される．その後，フランスの科学者 C.M. de la Condamine がアマゾン流域を探検し，ゴム試料数個をパリの学士院に送った(1736)．イギリスでは，J. Priestley が消しゴムとしての効能を発見してロンドンで発売し(1770)，rubber の語源となった．その後，ゴム引布の気球(1783)，ゴムバンド(1820ころ)，レインコート(1823)など各種の用途が発見されるのに加えて，アメリカの C. Goodyear による加硫の発見(1883)，イギリスの H.A. Wickham によるエボナイトの発明(1843)などでゴムの需要が増大してきた．1887年にイギリスの J.B. Dunlop が空気入りゴムタイヤを発明し，アメリカでT型フォードに装着されるにおよび，ゴムの需要が大幅に増大した．

この需要に応えるため，イギリスの H.A Wickham がアマゾンよりロンドンの植物園へゴムを産出する植物 *Hevea Brasiliensis* の種子を運び出し，人工栽培を試みた(1876)．これが現在東南アジアで栽培されているゴムの源である．東南アジアで最初にゴムが産出されたのは1900年であったとのことである．

日本には M.C. Perry がゴムを伝え(1854)，ゴム製品の製造は1886年，エボナイトの製造が1894年に開始された．タイヤの生産開始は1930年のことであった．

10.2.2 合成ゴムの歴史

天然ゴムの産地は，中南米，東南アジアに偏在しており，自国内に産地を保有しないドイツでは，代替物によるゴム原料の自給を考え研究を行っていた．天然ゴムがイソプレン単位をもつ炭化水素であることは，すでに1826年にイギリスの M. Faraday が発見しており，これを参考にして，第1次世界大戦の終結した1920年ころからドイツでメチルゴムの生産が開始されたものの，性質がよくなかったという．その後，1933〜1934年に

はブタジエンを主成分として，スチレンやアクリロニトリルを共重合させた合成ゴム，BUNA-S, BUNA-N が開発された．Butadiene を Na で重合したことから BUNA の名が冠せられたが，これは，第2次世界大戦中，アメリカ政府が国をあげて開発した Government Rubber である GR-S, GR-N につながるもので，現在ではスチレン-ブタジエンゴム(SBR)，アクリロニトリル-ブタジエンゴム(NBR)として知られている．BUNA に先立つ1931年にはアメリカの W. H. Carothers らが，F.J.A. Nieuland の研究成果を発展させてクロロプレンゴムの生産を開始している．天然ゴム代替から出発した合成ゴムの研究は，耐油性ゴム NBR にみられるように，天然ゴムにない性質あるいは秀れた性質を有するゴム原料の創出へも発展し，ブチルゴム(1940)，エチレン-プロピレンゴム(1955)など各種の合成ゴムが次々と開発された．また，天然ゴムと全く同じ構造を有する合成ゴムもチーグラー-ナッタ(Zieglar-Natta)触媒の出現により，製造可能となり，1954年にはシス-ポリイソプレンゴムが発明された．

日本でも，第2次世界大戦直前より合成ゴムの研究が行われ，1932年には少量ではあるがクロロプレンタイプの合成ゴムが生産された．大規模な合成ゴムの生産は1959年アメリカより技術を導入して開始された．

最近では，一歩進めて新概念の合成ゴムの開発が行われているが，これについては，§10.6 に記載することとしたい．

10.3 原料ゴムの種類と特徴

天然ゴムについてまず述べる．製造法は後述(→§10.4.1)するが，スモークドシート(ribbed smoked sheet : RSS)とペールクレープ(pale crepe)の2種に大別される．色相外観が大きく異なり，後者はちりめん状白色であるが，前者は褐色である．中味そのものは大差なく，産地や処理法により若干成分に差があるものの，非ゴム成分6〜7%を含んでいる．代表的な分析値は以下の通りである．水分0.50%，アセトン抽出分2.88%，タンパク質2.82%，灰分0.35%，ゴム炭化水素93.5%．アセトン抽出分には，脂肪酸類，ステロールおよびそのエステル類が含まれ，前者は加硫する際の反応促進剤的作用，後者は老化防止剤的作用をすることが知られている．原料天然ゴムの代表的な性質を表10.1にまとめた．

表 10.1 原料天然ゴムの代表的な性質[1]

項　目	単位	
ミクロ構造(イソプレン単位)	%	シス-1,4：97
平均分子量 $\bar{M}_n$	g/mol	68万〜84万
$\bar{M}_w$	g/mol	180万〜210万
比重		約 0.93
		0.906〜0.916 (精製NR)
ガラス転移温度 T_g	℃	−69〜−74
融点 T_m	℃	14〜28
比熱(25℃)	cal/g・℃	0.45
熱伝導率	cal/cm・sec・℃	3.2×10^{-4}
融解熱	cal/g	16.4
屈折率(25℃)	n_D	1.519
燃焼熱	cal/g	10700〜10800
誘電率($60 \sim 10^6$Hz)		2.35〜2.38 (精製NR)
力率(1kHz)		0.0014〜0.0029
		0.0008〜0.0026 (精製NR)

合成ゴムの代表例，およびその特徴を表10.2にまとめた．性質の詳細は文献[1),2),3)]を参照されたい．

10.4 製造法

10.4.1 天然ゴム

ゴムまたはゴム類似物を産出する植物は220種以上あるといわれているが，これらのほとんどは，南北緯度30°以内，特に20°以内の高温多湿地に成育する．このなかの最も代表的なものが，パラゴムノキと称される *Hevea Brasiliensis* である．この木の幹にタッピングと称する切削を行いラテックスを分泌させる．集められたラテックスは30〜40%濃度のゴム分を含むが，15〜18%ゴム分になるよう水で希釈したあと，ゴム分に対し0.5〜0.6%の酢酸または0.2〜0.3%のギ酸

を加えて凝固させ，水洗いしてシート状にし，薫煙室につるし乾燥したものがスモークドシートである．これは褐色の原料ゴムである．明色のものは，ラテックス中の酵素がゴムの変色の原因になるので酸性亜硫酸ソーダをゴム分に対し0.5％添加したあと凝固し，乾燥させて得ることができる．これが前述したペールクレープである．

10.4.2 合成ゴム

表10.2に示したように各種の合成ゴムがあるが，基本的には不飽和化合物を単独重合または共重合して合成される付加重合形式をとるものが多い．しかし，ケイ素ゴムのように縮合重合形式をとるものや，ウレタンゴムのように重付加形式をとるものもある．重合反応時の媒体が有機溶媒である**溶液重合形式**（たとえばブタジエンゴム）[4]，あるいはエマルジョン水溶液である**乳化重合形式**（たとえばスチレン－ブタジエンゴム）[4]など，反応媒体による分類など各種の形式もある．個々の合成ゴムの製造法の詳細は文献[2],[3]を参照されたい．

10.5　加工法と性質・用途

原料ゴムそのものは，溶剤に溶解したり膨潤する．加熱により流動するため，実用上問

表10.2　各種合成ゴムの特徴と用途

一般名	ASTM略号	主構造	重合方法	特徴	用途
スチレン－ブタジエンゴム	SBR	$-(CH_2CH=CH-CH_2)_n-(CH_2-CH)_m-$ (フェニル基)	乳化重合および溶液重合	加工性，諸物性のバランスがとれ，合成ゴムのなかでは最も多量に生産されている．	一般用合成ゴムとしてタイヤ，ベルト，各種工業用品，はきもの，引布，スポーツ用品，玩具などのゴム製品全般に広く使用される．
ブタジエンゴム	BR	$-(CH_2-CH=CH-CH_2)_n-$	溶液重合および乳化重合	動的特性（高弾性，低発熱性），耐摩耗性，耐寒性にすぐれた一般用合成ゴムである．	
イソプレンゴム	IR	$-(CH_2-\underset{CH_3}{C}=CH-CH_2)_n-$	溶液重合	天然ゴム（NR）とほとんど同じ分子構造をもつ一般用合成ゴムであり，性能的にもNRとよく似ているが，素練りが不要などNRにはない特徴ももつ．	
アクリロニトリル－ブタジエンゴム	NBR	$-(CH_2-CH=CH-CH_2)_n-(CH_2-\underset{CN}{CH})_m-$	乳化重合	耐油性にすぐれた特殊合成ゴムである．特に結合アクリロニトリル量が多いほど耐油性が向上するが，反面，耐寒性は低下する．	パッキング，オイルシールなどの耐油性が要求される工業用品，ライニングなどに使用される．
エチレン－プロピレンジエンゴム	EPDM	$-(\underset{CH_3}{CH}-CH_2)_n-(CH_2-CH_2)_m-(ジエン)_x-$	溶液重合	耐熱性，耐候性，電気特性にきわめてすぐれた特殊合成ゴムである．EPDMは第3成分としてエチリデンノルボルネン，シクロペンタジエンなどを用い，加硫をしやすくしている．	ルーフィング，電線，電らん，窓枠，ベルトホースなど，耐熱性，耐候性が要求される用途に使用される．
エチレン－プロピレンゴム	EPM	$-(\underset{CH_3}{CH}-CH_2)_n-(CH_2-CH_2)_m-$			
ブチルゴム	IIR	$-(\underset{\underset{CH_3}{\mid}}{\overset{CH_3}{\mid}}{C}-CH_2)_n-(CH_2-\underset{CH_3}{C}=CH-CH_2)_m-$	溶液重合	耐気体透過性，電気特性，耐熱性，耐候性などにすぐれた特殊合成ゴム．一般用合成ゴムに比べてやや加硫がしにくい．反発弾性はきわめて小さい．	タイヤチューブ，電線，電らん，防振ゴム，ルーフィング，ベルト，ライニングなどに使用される．
クロロプレンゴム	CR	$-(CH_2-\underset{Cl}{C}=CH-CH_2)_n-$	乳化重合	難燃性，接着性にすぐれ，また耐候性も比較的良好な特殊合成ゴムである．	電線，電らん，接着剤，工業用品，土木建築部品などに使用される．

ここに記載した以外の現在市販されている合成ゴムとしては，アクリルゴム（ACM，ANM），ハイパロン（CSM），ケイ素ゴム（Q），フッ素ゴム（FKM），多硫化ゴム（T），ウレタンゴム（U）などの特殊合成ゴムがある．

題がある．これは線状ゴム分子がせん断力または溶媒により相互に流動することにほかならない．これを防止し，実用に耐えうる製品を得るには，分子間を化学結合で連結する架橋反応を起こさせればよい．架橋反応は，硫黄を用いることが多いので"加硫"ともいわれるが，過酸化物やセレンを用いることもある．加硫反応で生成する架橋構造の例を図10.1に示す．

図 10.1 架橋構造の例

加工プロセスの概念図を図10.2に示す．天然ゴムは分子量が大きいので，まずロールにかけて素練りして，せん断力をかけて高分子量の分子を切断し，柔らかくし，可塑性の高い原料ゴムとする．これに各種の配合剤を加え混練する．混練には，ロールのほかに大規模工場ではバンバリーミキサーなどが用いられる．配合処方および配合剤の分散が均一かどうかが製品の物性を左右する重要な因子である．配合ゴムは，カレンダーロールや押出機を用いてシート状あるいはチューブ状そのほか希望の形に成形する．必要ならモールドに入れ加圧成形する．その後，加熱してゴム製品とする．実際には，さらに複雑な方式や工程をとる場合もあり，製品によっては，熱を加えず冷加硫することもある．

配合処方の一例を表10.3[1]に示した．これは単なる例にすぎないが，製品の種類や用途に応じて，ゴムの種類や配合を選択する必要があることが理解できよう．

ゴム製品としては，消しゴム，ゴルフボール，衛生サックのように小さなものから，ベルト，ゴムロール，防振ゴム，スポンジゴム，ゴム引布といった工業用品，タイヤ，チューブといった大きなものまで広範多岐にわたり，特殊なケースとしてエボナイトといったものまである．それぞれの用途に応じ必要な物性を確保するため，上述のように配合の選定[5]が重要である．2,3の製品の引張り強さと伸びの要求値を表10.4に例示した．ここに示した以外の物性値についても，用途に応じ要求値があることはいうまでもない．

10.6 最近の話題

従来のゴム工業は，大型のゴム用機械で多大のエネルギーを用い，多くの人手を使用したエネルギー多消費・労働集約型の工業であった．エネルギー，人件費のコストアップに伴い，省エネルギー，省力化，さらには省資源の必要性が切実となり，新しいゴム材料の探索がつづけられ，そのなかから誕生したのが，熱可塑性ゴム[3),6),7)]，液状ゴム[6)]，粉末ゴム[6)]である．

熱可塑性ゴムは，ゴム状の分子端すべてに，凝集可能な凍結相，結晶相あるいは解離・会合可能な水素結合相，イオン結合相を有する材料である．このような構造を有する熱可塑性ゴムは，従来の加硫ゴムのように不可逆な3次元網目構造を導入しなくても，室

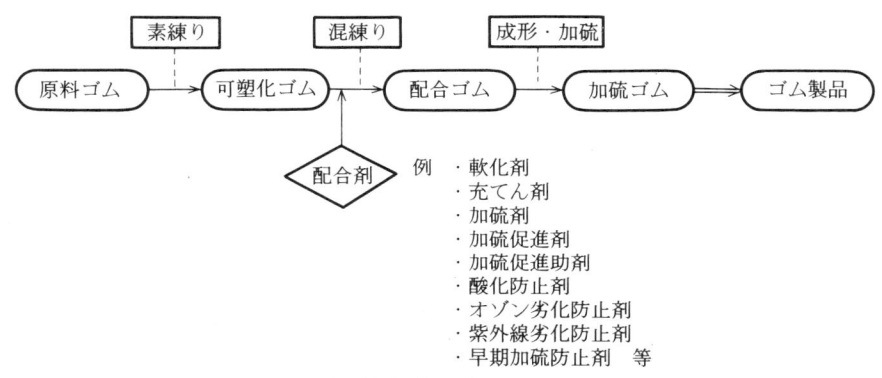

図 10.2 加工プロセス

配合剤 例
・軟化剤
・充てん剤
・加硫剤
・加硫促進剤
・加硫促進助剤
・酸化防止剤
・オゾン劣化防止剤
・紫外線劣化防止剤
・早期加硫防止剤　等

表 10.3 配合処方例[1]

種別		製品	自動車タイヤトレッド (例1)	自動車タイヤトレッド (例2)	ホース (水用)	ホース (油用)	靴底 (白色)	靴底 (透明)
ゴム種		NR	100.0	—	100.0	—	—	—
		BR	—	70.0	—	—	—	—
		SBR	—	30.0	—	—	100.0	100.0
		NBR	—	—	—	100.0	—	—
補強剤・充填剤		カーボンブラック HAF	50.0	50.0	—	—	—	—
		〃 SRF	—	—	—	100.0	—	—
		炭酸カルシウム	—	—	120.0	—	—	—
		炭酸マグネシウム	—	—	—	—	—	30.0
		ハードクレー	—	—	—	—	90.0	—
		チタン白	—	—	—	—	20.0	0.3
		老化防止剤 D	1.0	1.0	1.0	1.0	—	—
		〃 (非汚染性)	—	—	—	—	—	1.0
可塑剤・軟化剤		芳香族油	3.0	5.0	—	—	—	—
		スピンドル油	—	—	—	—	—	3.0
		パインタール	—	—	2.0	—	—	—
		ジエチレングリコール	—	—	—	—	2.0	2.5
		ジブチルフタレート	—	—	—	3.0	—	—
加硫剤		硫黄	2.5	1.8	2.7	1.5	2.0	2.3
加硫促進助剤		亜鉛華	5.0	3.0	5.0	5.0	5.0	—
		〃 (透明)	—	—	—	—	—	5.0
		ステアリン酸	3.0	2.0	1.0	1.0	1.0	0.5
加硫促進剤		促進剤 DM	0.7	—	1.0	1.5	—	—
		〃 CZ	—	1.0	—	—	0.8	—
		〃 M	—	—	—	—	—	2.0
		〃 TS	—	—	—	—	0.4	—
		〃 TT	—	—	—	—	—	1.1
		加硫温度×時間	148°C×30分	155°C×30分	148°C×30分	160°C×30分	155°C×30分	155°C×30分

温では分子端が凍結あるいは結晶化して網目構造をとり，加熱すれば，凍結相あるいは結晶相が融解あるいは解離して分子が自由に流動する可逆的な網目を原料ゴム自体が保有している．したがって，効率のよい射出成形などで製品をつくることができる．詳細は省略するが，スチレン系，ポリエステル系，ポリオレフィン系，ポリウレタン系，ポリアミド系，ポリ塩化ビニル系など多種のものが開発されている．

液状ゴムは，その名称の通り，液状で注形によりゴム状物質を得るための原料である．天然ゴムを熱分解させて液状物とし，接着剤としたのが最初といわれているが，その後ウレタンゴム，最近では，両末端官能性（テレケリック）ポリブタジエンやシリコーンゴムなどが開発されている．

粉末ゴムは，ゴム加工プロセスの自動化，連続化を行う際の隘路となるゴム原料の輸送，計量の問題を解消するために考案された．すべてのゴム原料が粉末化できるわけではないが，一部実用化されているものもある．

以上は，ゴムの形態を加工上有利となるよう改良した試みであるが，ゴム自体の性能を高度化する試みや付加価値を上げ高機能化し，ゴムの用途を拡大させようとする試みもある．

表 10.4 タイヤトレッドゴム，チューブ，ホース類の引張り強さと伸びの要求値

ゴム製品		用途	引張り強さ kg/cm²	伸び %	JIS
タイヤトレッドゴム		自動車用	120以上	300以上	D 4230
		農耕・機械用	120 〃	300 〃	B 9205
		自動二輪車用	120 〃	300 〃	K 6366
		自転車用	70 〃	280 〃	K 6302
		( )内は車輪サイズ大のもの	(80) 〃	(450) 〃	〃
チューブ	天然ゴムベース	自動車用	150以上	500以上	D 4231
		自動二輪車用	120 〃	500 〃	K 6367
		自転車用	100 〃	450 〃	K 6304
	ブチルベース	自動車用	85以上	450以上	D 4231
		自動二輪車用	85 〃	450 〃	K 6367
		自転車用	75 〃	450 〃	K 6304
ホース		鉄道車輌空気ブレーキ	140以上	400以上	E 4305
		( )は外面ゴム	(120) 〃	(350) 〃	〃
		自動車液圧ブレーキ	80 〃	300 〃	D 2602
		水用	35 〃	120 〃	K 6331
		空気用	55 〃	200 〃	K 6332
		酸素用	65 〃	250 〃	K 6333
		アセチレン用	50 〃	180 〃	K 6334
		スチーム用	80 〃	350 〃	K 6335
		薬品用	100 〃	400 〃	K 6342

前者の例として，石油危機に端を発し，自動車の省燃費性向上，安全性向上の必要性が高まり，これらのニーズに合致するタイヤ用原料ゴムの開発が望まれた．しかし，省燃費性向上は，転がり摩擦抵抗を低下させる要がある反面，安全性向上はブレーキ特性向上，換言すれば，路面との摩擦抵抗を大きくする要があり，この二律背反のジレンマを解決した材料が要求される．このような課題を解決した新材料も登場しつつある[8]．

後者の例としては，感光性ゴム，導電性ゴム，医療用ゴムなどがあげられる(→X, XII編)．

〔原田 都弘〕

参考文献

1) 山下晋三，小松公栄監修，ゴム・エラストマー研究会編："ゴムエラストマー活用ノート"，工業調査会(1985)．
2) 神原 周，川崎京一，北島孫一，古谷正之編集："合成ゴムハンドブック"，朝倉書店(1960)．
3) 日本ゴム協会編："ゴム工業便覧〈新版〉"，日本ゴム協会(1973)．
4) 化学工学協会編："化学プロセス集成"，p.851, p.681，東京化学同人(1970)．
5) たとえば，河岡 豊："ゴム配合データハンドブック"，日刊工業新聞社(1987)．
6) 山下晋三，小松公栄："エラストマー"，高分子素材 One Point シリーズ No.19，共立出版(1989)．
7) (a) Benjamin M. Walker 編: "Handbook of Thermoplastic Elastomers", Van Nostrand (1979).
(b) N.R. Legge: "Thermoplastic Elastomers—Three Decades of Progress", *Rubber Chem. Technol.*, **62**(3), 529-547 (1989).
8) たとえば，大嶋 昇，堤 文雄，榊原満彦: International Rubber Conference, 京都 (1985), 16A04. 予稿集 p.178-183.

11. 塗料

11.1 はじめに

エジプトのミイラが漆で塗られていたり．古墳から出土した石の矢尻や器に漆が塗られていたりする例は，洋の東西を問わず多くみられ，これらが塗料の始まりといえよう．現在の塗料の概念に近いものは，18世紀からといわれている．

塗料工業は、高分子科学の発展による合成樹脂工業の発展に支えられ、めざましい進歩をとげた。従来、塗料は金属、木材、コンクリート、モルタルが被塗物であったが、近年プラスチック製品へ展開され、さらに機能性材料として電子材料・情報材料分野への応用展開がなされ、"総合科学"の集約技術となっている[1]。

11.2 塗料の特徴

一般に、「塗料とは物体の表面に流動状態で塗り広げると薄層を形成したのち、時間の経過や加熱そのほかのエネルギーの供給によって、その面に固着・固化して、物体の保護と美感を与える連続皮膜となるもの」と定義されている[2]。

このような流体(ゾル、塗料)から固体(ゲル、塗膜)への移行を利用した高分子工業としては、塗料のほかにも接着剤・プラスチックスなどがある。それら相互の相違点を図11.1に示した。

塗膜は通常数 μm～数 10μm の露出した表面層で、美装と各種の機能を果たすことを要求されており、機能性商品である。また、塗料は、それに使用される原料の種類がきわめて多く、使用される分野が広範囲であるために、製品の種類が多く、生産においては多品種少量生産とならざるをえない。これが塗料工業の特徴であり、同時に欠点となっている。

11.3 塗料の構成と性質

塗料は、一般にオリゴマーまたは高分子溶液に顔料を分散させ、必要に応じて添加剤を加えたものであるが、顔料を含まない場合は、透明塗料(クリヤー、ワニス)と呼ばれる。塗料の構成要素を表11.1に示す[3]。

塗料の性能の限界は、その塗膜要素に支配される。塗膜形成副要素は、通常添加剤と呼ばれるが、最適添加量があるため、過多の添加は塗膜の性質に悪影響を及ぼす。

塗料は表11.2に示すように、各種の要素で分類されるが、JISでは後述のように塗料の主原料構成による分類を採用している。

塗料・塗膜に要求される諸性質は、非常に感覚的な心理的性質(色、光沢など)から、物理的(硬さ、たわみ性など)・化学的(耐薬品性、耐溶剤性など)・電気的(静電気、絶縁性など)・界面物理化学的(顔料分散、付着など)性質などにわたり、きわめて広範囲である。塗料に一般的に望ましいとされる性質をまとめると次のようになる。

(1) 塗りやすい。
(2) 速乾性または低温硬化性である。
(3) 少ない塗装回数で、目的性能を発揮する塗膜を形成する。
(4) 素地に付着し、強じんな塗膜となる。

図 11.1 塗料、接着剤、プラスチックスの相違
(■はポリマーを示す。)

表 11.1 塗料の構成

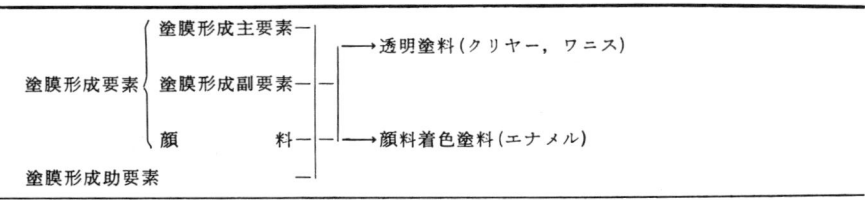

塗膜形成要素	塗膜形成主要素	→ 透明塗料(クリヤー、ワニス)
	塗膜形成副要素	
	顔料	→ 顔料着色塗料(エナメル)
塗膜形成助要素		

(1) 塗膜形成主要素は塗膜の主体となる成分で、多くの場合、有機高分子物質である。
(2) 塗膜形成副要素は塗膜の形成を助け、性能を向上させる目的で加える物質をいう。可塑剤・乾燥剤・硬化剤・分散剤・皮張り防止剤・増粘剤・平担化剤・たれ防止剤・防かび剤・紫外線吸収剤などがある。
(3) 顔料は塗膜を着色し不透明性を与え、塗膜の機械的な性質を補強するために用いる。
(4) 塗膜形成助要素は溶剤や希釈剤などの揮発成分をいう。

11. 塗料

表 11.2 塗料の分類

塗膜主要素別分類	用途別分類	塗装法別分類	乾燥法別分類
油ペイント	建築塗料	はけ用塗料	自然乾燥塗料
油エナメル	石材塗料	吹き付け用塗料	1液形塗料
フェノールまたはマレイン酸樹脂塗料	船舶および船底塗料	ロール用塗料	2液形塗料
アルキド樹脂塗料	車輛塗料	フローコーター用塗料	多液形塗料
アミノアルキド樹脂塗料	木材塗料	浸せき用塗料	焼付け塗料
尿素樹脂塗料	機具塗料	静電用塗料	
酒精塗料	標識塗料	電着用塗料	
ラッカー	電気絶縁塗料	粉末流動塗料	
ビニル樹脂塗料	導電または半導電塗料	など	
アクリル樹脂塗料	耐薬品性塗料		
エポキシ樹脂塗料	防食塗料		
ポリウレタン樹脂塗料	耐熱塗料		
(エマルション塗料)	防火塗料		
(水溶性樹脂塗料)	示温塗料		
など	発光塗料		
	殺虫塗料		
	など		

(5) 塗膜は光沢がよく, 鮮明で保色性がよい.
(6) 耐久性, 耐候性にすぐれ, 汚れにくい.
(7) 耐水性, 耐薬品性がよい.

11.4 塗料の分類と用途

11.4.1 油性塗料

乾性油を主成分とした塗料を総称して油性塗料という. すなわち, 油ペイント, 油エナメル, 油性系フェノールまたはマレイン酸樹脂塗料, 油変性アルキド樹脂, エポキシ樹脂脂肪酸エステルなどで, 塗膜形成機構は, いずれもその変性脂肪酸の二重結合部における自動酸化重合による高分子化である.

この塗料は, 塗装が容易で, 1回で厚塗りが可能で, 鋼材表面に対するぬれがよいため, 付着性とたわみ性, 耐候性がよい. 鋼材・木材などの構造物の屋内外塗装に用いる.

11.4.2 アルキド樹脂塗料

多塩基酸(主として無水フタル酸)と多価アルコール(グリセリンなど)のエステルを基体として, これを脂肪酸や油などで変性した合成樹脂を塗膜主要素とする常温乾燥塗料をいう. この塗料は, ほかの多くの塗料用樹脂や繊維素誘導体などと相容性がよく, 美感や肉持ち感といった塗膜の感覚上の性能にすぐれ, 乾燥性, 防食性や強度においてバランスのよい性能をもっている.

この塗料は, 金属・木材を問わず, あらゆる分野に多量に使用されている. 主要用途としては, 船舶用, 建築物用, 車輛外板用, 大型電気機器, 機械工具類などの下地・上塗り・補修用に用いられる.

11.4.3 アミノアルキド樹脂塗料

アルキド樹脂(主として短油性)とアミノ樹

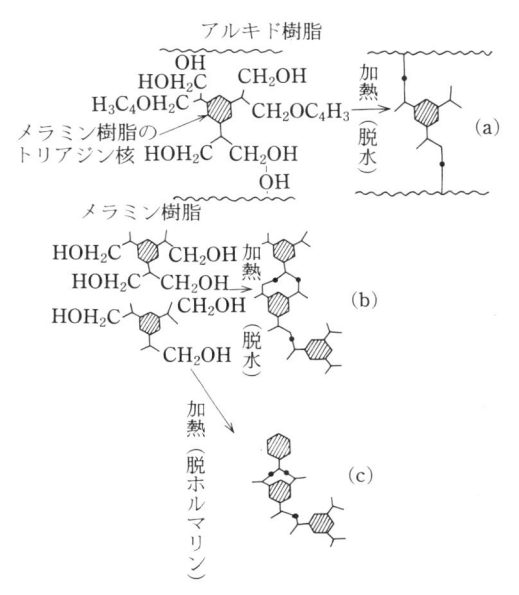

図 11.2 アミノアルキド樹脂塗料の硬化機構

図 11.3 エポキシ樹脂の変性法

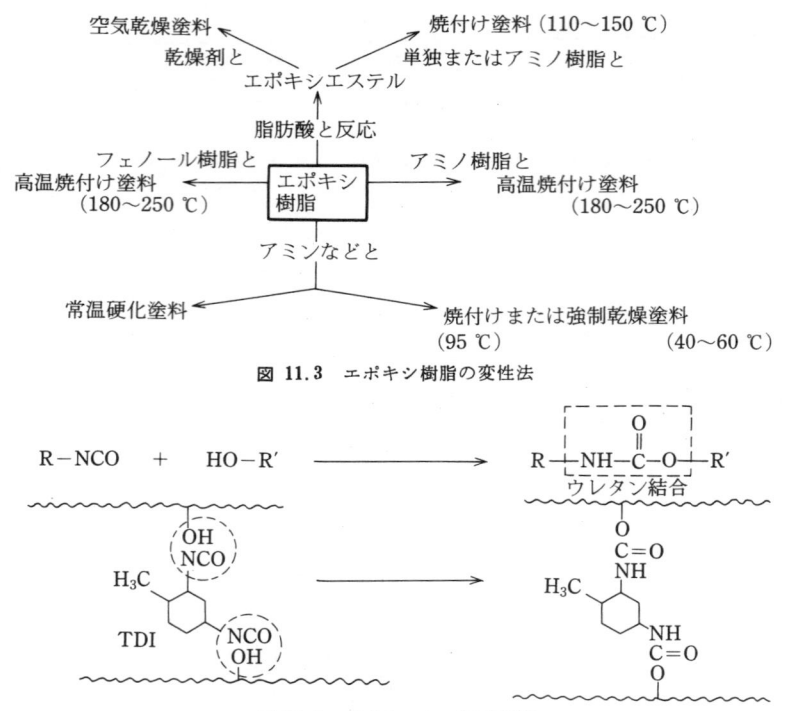

図 11.4 ポリウレタン形成機構

脂の混合物を塗膜形成主要素とする焼付け塗料で，塗料の焼付け過程で，アルキド樹脂のOH基とアミノ樹脂のCH₂OH基間にエーテル結合を生じて硬化する(図11.2)[4]．この塗料は，塗膜の橋かけ密度が高く，硬く耐薬品性が強い．

低温・短時間の焼付けが可能で，光沢がよく，耐摩耗性，電気的性能が良好で，建材，自動車，電気機材，金属家具などに用いる．

11.4.4 不飽和ポリエステル樹脂塗料[5]

不飽和二塩基酸(無水マレイン酸，フマル酸など)と，2価のアルコール類(エチレングリコール，プロピレングリコールなど)を縮合したプレポリマー($\bar{M}_n$=800〜2000)に二重結合当量よりやや多いスチレンのような反応性モノマーに溶解したものをいう．塗装直前に触媒，硬化促進剤を添加され，ポリマー中の二重結合と反応性モノマーが橋かけして不溶不融となる．この塗料は，無溶剤塗料のため，1回の塗装で厚塗りが可能で，耐薬品性，研磨耗性がよい．これらより用途として木材塗装およびパテとして利用される．

11.4.5 エポキシ樹脂塗料[6]

エポキシ樹脂は末端に反応性に富むエポキシ基とOH基をもつので，いろいろな変性法が可能である．図11.3に変性法を示す．付着性・耐薬品性(特に耐アルカリ性)にすぐれ，下地塗料，耐薬品性塗料として広く用いられる．

11.4.6 ポリウレタン樹脂塗料[7]

これはウレタン結合(—OCONH—)を塗膜中に形成する塗料の総称である．塗膜形成機構は図11.4となる．構造より，付着性，耐薬品性，耐摩耗性にすぐれ木工塗装，床塗装などに木材用として広く使用される．

11.4.7 熱硬化性アクリル樹脂塗料[7]

これらは，アクリルおよびメタクリル酸エステル，スチレン，パラメチルスチレンなどの共重合鎖の骨格に，各種の活性官能基を側鎖にもつ構造のもので，側鎖の官能基が加熱または触媒により3次元網目構造をとる．この塗料は耐候性がきわめてよく，光沢，保色性，耐薬品性がすぐれ，主として金属用トップコートすなわち自動車，家庭用電機類，カ

表 11.3 機能性塗料(機能分類は通産省産業構造研究会に準ずる)

機 能 分 類	塗 料 用 途 例
(機械的機能) 高強度，高剛性など，荷重(外)力に対する材料力学的性質	表面硬化(ハードコート)，潤滑，ノンスリップ，高弾性，破瓶防止，自己治癒性(セルフヒーリング)，制振(防音)，ひずみ検出，発泡・膨脹性塗料
(熱的機能) 熱に対して特別に作用する性質	耐熱，断熱，熱伝導，示温・熱変色，発熱，耐低温，防火性，感熱記録，赤外線放射塗料
(電気・磁気的機能) 電気や磁気に対して特別に作用する性質	絶縁，導電，透明導電，帯電防止，電波吸収，電磁シールド，電界緩和，プリント回路・IC，電子黒書，磁性塗料
(光学的機能) 光に対して特別な反応をする性質	発光，けい光，蓄光，再帰反射(道路標示)，光選択吸収，液晶表示，遮光・防眩，光電導(静電プリント)，光弾性，レーザー光用塗料
(生態機能) 組織適合性など，生体との親和性を示す性質	海中防汚(溶出型，非溶出型，自己研磨型)，防カビ，防虫・防腐，養藻(水産栄養)，ソフト感覚(スエード調，本革調)，鳩防止塗料
(化学的機能) 化学物質に対して安定な性質，触媒性など，化学反応に特別に関与する性質	重防食(ガラスフレークコーティング)，耐薬品(耐酸，耐アルカリ，耐沸騰水)，高耐候性(フッ素系)，水素脆性防止，コンクリート中性化防止，自己浄化(セルフクリーニング)，放射線(物質)防染
(表面エネルギー的機能) 表面への吸着性，接着性，粘着性に対して特別な作用をする性質	非粘着，ストリッパブル，着氷・着雪防止，高撥水，防曇性，結露防止，張紙防止，プラスチックメッキ用塗料
(分離機能) 混合気体や液体から必要な成分を分離する性質	ガスバリヤー，脱臭，透湿・防水塗料

ラートタンなどに用いられる．

11.4.8 水溶性樹脂およびエマルジョン塗料[8]

前者はプレポリマーに親水性基を多く導入し分子状に水に溶解しており，後者は粒子状に水に分散している塗料である．これらは溶剤系に比して無公害型であり，工場で塗装する工業塗料である．これらは自動車，電気機器，機械部品などの下地塗料として浸せき，またはスプレー塗装される．ロール塗装でカラートタンに使われ，また，電着用樹脂塗装で自動車，サッシ，電気機器に用いられる．

11.5 最近のトピックス —機能性塗料[9]

塗料自身，美観と保護の機能性を有する機能性塗料であるが，さらに近年はコーティング界面制御技術として知られたいくつかの展開がある．一例を表 11.3 に示す．

プリント基板製造のフォトレジスト材料としてドライフィルムが知られているが，近年の高密度・微細回路化の要求に対して液状の電着レジストが開発されている[10]．これは自動車ボディーの下塗り塗装として開発された電着塗装方法をフォトレジスト塗布に利用するものである．このプロセスは，次世代のプリント回路基板の製造にとって強力な武器となると予想されている．

マイクロジェルとは，内部3次元架橋したポリマー超微粒子のことで，これを塗料に配合し，塗料の流動特性，顔料分散や膜特性などの改質が行われている[11]．〔松村　晃〕

文　献

1) 為広重雄，植木憲二：“改訂塗料と塗装”，大日本図書(1975)．
   佐藤弘三：“概説塗料物性工学”，理工出版社(1973)．
   植木憲二：“塗料物性入門”，理工出版社(1972)．
   北岡協三：“塗料用合成樹脂入門”，高分子刊行会(1975)．
2) 塩田良一：“色材工学ハンドブック”，p.251，朝倉書店(1967)．
3) 塩田良一：“色材工学ハンドブック”，p.254，朝倉書店(1967)．
4) 佐藤謙二：色材協会誌，**44**，410(1971)．

5) 滝山栄一:"ポリエステル樹脂",日刊工業新聞社(1971).
6) 垣内 弘編:"エポキシ樹脂の製造と応用",高分子化学刊行会(1963).
7) 植木憲二:色材, **36**, 306(1963).
8) D.H. Solomon: "The Chemistry of Organic Film Formers," John Wiley (1987).
9) 鳥羽山満:"機能性塗料,こんなペンキもある",工業調査会(1984).
10) 西島寛治:実装技術, **3**, 29(1987).
11) K. Ishii et al.: "XIX, FATIPEC KONGRESS", Vol. Ⅳ, p.187 (1988).

12. パルプおよび紙

12.1 はじめに

紙は中国歴史における四大発明(羅針盤,火薬,印刷,製紙)の一つであり,西暦105年蔡倫が発明したといわれている.製紙技術は日本に伝来し洗練された和紙を生み,また一方では欧州に伝わり,産業革命を経て大量生産可能な洋紙技術となった.以下に,紙生産の中心である洋紙について述べる.

12.2 パルプ紙の生産と消費

紙の主要原料であるパルプは「植物体からとりだしたセルロースを主成分とする繊維集合体」であり,また,紙は「植物繊維を水に分散させたあと,水をこして2次元に展開し乾燥したもの」であると定義される.

図12.1にわが国の紙パルプ産業の需要と供給の関係(1990年)を示す.パルプのほとんどは再生産可能な天然資源である木材から製造され,印刷,コピー,コンピュータ用紙や包装,ダンボール箱,ティッシュペーパーなど非常に多様な紙製品として使用されている.また,紙が回収されることにより木材繊維はリサイクルされるという特徴をもつ.現在,製紙用原料の約50%は古紙パルプであり,紙パルプ産業の省資源,省エネルギーに大きく貢献している.

12.3 パルプの製造法

12.3.1 木材の組織と化学成分

木材は,構造の摸式図を図12.2に示すように,細長い紡錘形をした中空の繊維をおもな構成細胞としている.樹種により寸法は異なるが,針葉樹材の繊維(仮道管)では直径

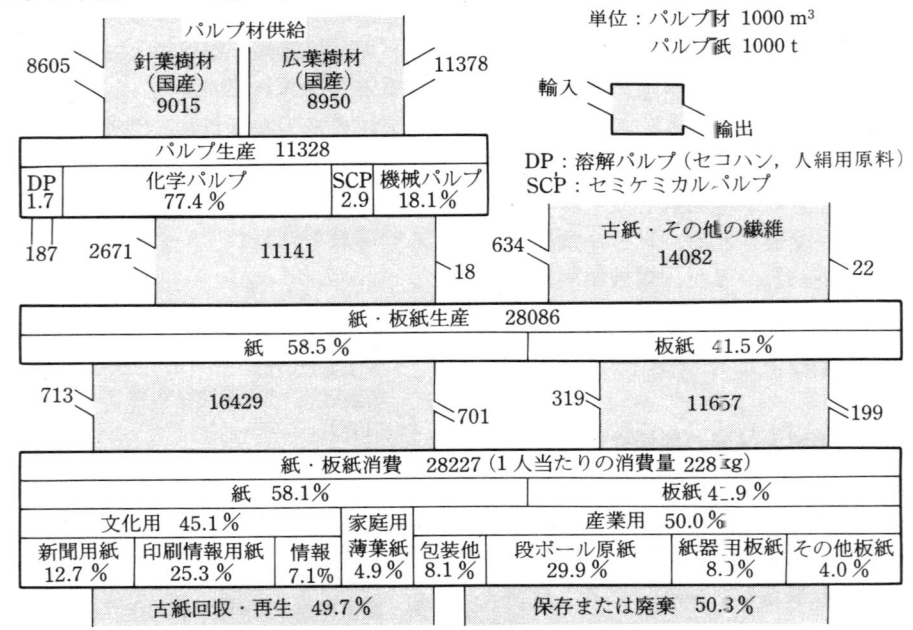

図12.1 わが国の紙・パルプ産業の需要・供給フロー(1990年)
「紙・パルプ」1991年特集号,製紙連合会資料に加筆修正した.

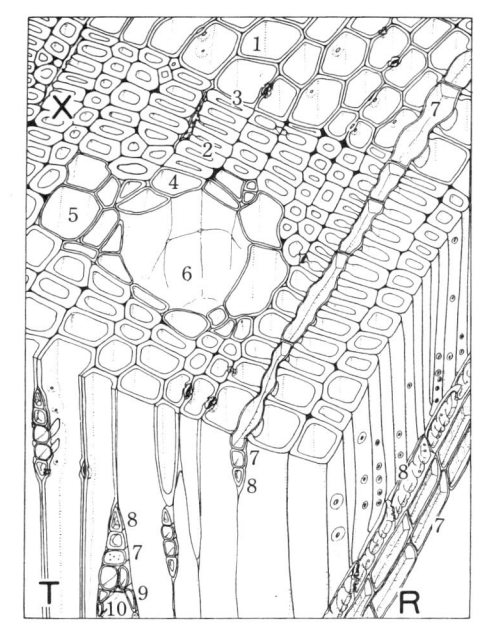

図 12.2 アカマツ材の細胞構成模式図(佐伯　浩, 1982)
X：横断面, T：接線断面, R：放射断面
1：早材仮道管, 2：晩材仮道管, 3：年輪境界, 4：エピセリウム細胞(軸方向樹脂道), 5：軸方向柔細胞, 6：軸方向樹脂道, 7：放射柔細胞, 8：放射仮道管, 9：エピセリウム細胞(水平樹脂道), 10：水平樹脂道

40～50 μm, 繊維壁厚さ 3 μm, 長さ 3～4 mm, 広葉樹材の繊維(木繊維)では直径 20 μm, 繊維壁厚さ 3 μm, 長さ 1 mm くらいである. それぞれの繊維は細胞間層によって結合している.

木材の化学的主成分は, $(C_6H_{10}O_5)_n$ の繰返し単位をもつ鎖状高分子のセルロース, 非セルロース系多糖類である各種ヘミセルロース, フェニルプロパン(C_6-C_3)系の構成単位が複雑に縮合したリグニンの 3 つであり, それぞれ木材の約 50％, 20～30％ および 20～30％ を占めている. 繊維壁は結晶性の高いセルロースが骨格を形成し, その周辺にヘミセルロースが分布している. 繊維壁内の小さい空隙はリグニンが充填している. また, 繊維と繊維を結合している細胞間層の主成分はリグニンであり, ヘミセルロースも含まれる.

12.3.2 木材パルプ

木材組織から繊維を取り出すパルプ化法は, ① 化学的パルプ化法, ② セミケミカルパルプ化法, ③ 機械的パルプ化法の 3 つに分けられる.

a. 化学的パルプ化法　ほとんどのリグニンと多くのヘミルセルロースを化学的に取り除くことで繊維と繊維を離解させる方法である. 主としてクラフトパルプ化法が用いられており, 木材チップを水酸化ナトリウムと硫化ナトリウムの混液で, 最高温度 170°C 前後で 2～5 時間蒸解する方法で, パルプの収率は 40～50％ 位である. 図 12.3 に製造工程を示すように, 蒸解廃液からの薬品と熱エネルギーの回収法が確立されており, 環境汚染の少ない大量生産に適した完成度の高いパルプ化法である. ほとんどすべての木材に適用でき, パルプの品質も良好であるため, あらゆる紙の原料として用いられている.

b. 機械的パルプ化法　繊維同士を結合している細胞間層を水と熱で軟化して機械的に繊維を剥ぎ取る方法であり, ストーングラインダーやリファイナーが用いられる. おもに繊維長の長い針葉樹材が用いられ, パルプの収率は 90％ 以上と高い. 繊維の損傷が大

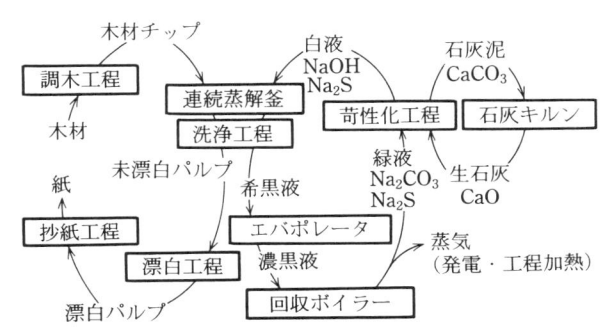

図 12.3 クラフトパルプ製造工程の原料・薬液のフロー

きいため強度的性質は低いが，印刷適性などにすぐれており，新聞用紙の主要原料である．

c. セミケミカルパルプ化法　上記2つの方法の中間で，温和な化学処理でリグニンとヘミセルロースを一部除去して木材を軟化したあと，機械的に繊維を分離する方法である．段ボール原紙などに使用される．

12.3.3 古紙パルプ

新聞紙，段ボールなどの回収古紙には，古紙再生工程に入れてはならないさまざまな不純物が混じっているため，多くの場合まず人手によって選別される．次いで，水中で離解され，繊維以外のポリエチレン，粘着テープなどの異物を除去したあと，アルカリと界面活性剤で印刷インキを繊維から剝ぎ取る脱インキ工程を経て木材繊維が再生される．板紙の主要原料であり，新聞用紙などにも多く用いられている．

12.3.4 パルプの漂白

パルプは残留するリグニンなどによって着色しているため，一般に漂白して用いられる．リグニン含有率の高い高収率パルプには，過酸化水素，亜二チオン酸塩を使用するリグニン保存漂白が行われる．また化学パルプの場合には，酸素，塩素，次亜塩素酸ナトリウム，二酸化塩素などを使用する脱リグニン多段漂白が行われる．

12.4 紙・板紙の製造法

強さ，水に対する抵抗性，印刷適性など，紙の用途に応じた品質を与えるため，パルプを機械的処理（こう解）し，各種の薬品や白色顔料（填料）を添加したのち，抄紙機の抄き網でろ過し，脱水・乾燥されて紙ができる．高級印刷用紙では紙にさらに顔料を塗布して表面を平滑にし，印刷適性を向上させている．

紙に特殊な機能を付与するために，さまざまな2次加工が行われる．加工紙の例として，複写伝票用のノーカーボン紙，ファクシミリなどに使われる感熱記録紙，磁気乗車券や高速道路通行券などの磁気記録紙などがあげられる．

12.5 紙の性質

紙は木材繊維が2次元に展開されたネットワーク構造に填料そのほかが複合化した多孔性材料であり，また，紙の縦横，厚さ方向でその構成成分の分布や繊維の配向が異なる不均質・異方性の材料である．印刷材料として使用されるときは光学的性質や表面特性が，包装材料としてはさらに力学特性が重要視されるなど，用途により要求される品質は異なる．

紙は，一般の高分子材料と同様に粘弾性的力学特性をもっている．また木材繊維は吸湿性が高く，空気中の湿度変化や，印刷・コピー機などでの加熱により紙の水分量は敏感に変化し，紙の力学特性が大きく変化する．さらに，水分の増減に伴って繊維が膨潤・収縮し紙の寸法が変化するため，紙層構造の不均一性などが原因となって，紙を使用するときに紙のカールなどのトラブルを起こす．

12.6 パルプ・紙の技術動向

紙は情報の記録・伝達のメディアとして発展してきた．コンピュータの発達によりペーパーレスの時代がくるといわれていたが，現在コンピュータの機能を十分発揮させるためのいわゆる情報用紙の需要が伸びており，新しい製品も開発されている．

かつて，木箱が段ボール箱に，ガラスびんが紙パックにとって変わったように，紙は時代の要請にマッチした新しい機能をもつ工業材料として，今後とも成長していくものとみられる．　　　　　　　　　　〔大澤　純二〕

参　考　書

1) "紙パルプ技術便覧 1982"，紙パルプ技術協会 (1982).
2) 門屋　卓，角　祐一郎，吉野　勇："新・紙の科学"，中外産業調査会(1989).
3) G.A. Smook，倉田泰造訳："図解製紙百科"，中外産業調査会(1985).
4) 浅岡　宏："紙・パルプ"，日本経済新聞社(1989).

＃ X．機能性有機材料

1. 熱・機械機能性材料

1.1 耐熱性高分子[1〜3]

耐熱性高分子は現在，電子・電気産業での需要が最も大きく，絶縁フィルム，ワイヤエナメル，プリント配線基盤用積層品など各種の形で使用されている．また繊維産業では，耐熱，難燃性の高強度繊維として注目されてきている．

高分子の耐熱性には，耐熱軟化性と耐熱劣化性の2つの意味が含まれている[4]．耐熱軟化性は，高分子が結晶性であれば融点 T_m，非晶性なら T_g，応力下の変形のしやすさなら熱変形温度 HDT がその尺度となる．融点 T_m におけるエンタルピー変化を ΔH_m，エントロピー変化を ΔS_m とすると次式の関係がある．

$$T_m = \Delta H_m / \Delta S_m$$

したがって，T_m を高くするためには極性基の導入などにより分子間力を高めて ΔH_m を大きくすること，および分子構造中の自由回転結合を少なくして剛直性を上げるとともに対称性を高めて ΔS_m を小さくすることが有効である（表 1.1）．また分子間で架橋すれば融点はなくなる．T_g は T_m にほぼ比例し（$T_g = (2/3〜3/4) T_m$），構造との関連は T_m の場合におよそ一致する．

一方，耐熱劣化性（耐久性）を向上するためには，高分子に含まれる結合が安定，つまり結合エネルギー D が大きいことが望ましい．熱重量分析でみた場合のポリマーの熱分解開始温度は，D が 5 kcal/mol 大きいと 30〜40 °C 高温になる[6]．表 1.2 に結合エネルギーの

表 1.1 芳香族アミドオリゴマーの T_m, ΔH_m, ΔS_m[5]

オリゴマー	T_m(°C)	ΔH_m (kcal・mol^{-1})	ΔS_m (cal・mol^{-1}・K^{-1})
m-m-m	333	13.6	22.4
m-p-m	392	13.7	20.6
p-m-p	415	12.9	18.7
p-p-p	478	12.6	16.8

表 1.2 各種結合の解離エネルギー (kcal・mol^{-1})[6]

CH_3-H	101
C_2H_5-H	98
C_6H_5-H	104
CH_3-CH_3	83
$C_6H_5-CH_3$	91
$C_6H_5-C_6H_5$	103
CF_3-F	123
CF_3-CF_3	97

例を示す．水素をフッ素に置換することによる D の増大，芳香族の C—C，C—H 結合の D が大きいことが明らかである．芳香環はまた，分子の剛直性を高めることにも寄与する．したがって，耐熱性高分子の多くは芳香族系および含フッ素系の化合物となっている．

1.1.1 芳香・複素環高分子[7]

ベンゼン環をパラ位で連結したポリ-p-フェニレン（PPP）は，最も理想的な耐熱性高分子である．しかし，成形性が悪いため実用には向かず，代わってベンゼン環を種々の官能基でつなぐ一連の芳香族系高分子が開発された．表 1.3 におもな例を示す．官能基の熱安定性の順序は熱分解開始温度で見た場合，大まかには次のようになる[8]．

なし $>CO>O>CONH, COO>CH_2$
$>C(CH_3)_2>SO_2>CH_2CH_2$

これらの高分子は連続使用温度が 150〜200°C の中程度の耐熱性をもつエンジニアリングプラスチックの一群を形成している[9]．

ポリ-p-キシリレン（PPX）は薄膜として利用される．ポリフェニレンスルフィド（PPS）は第6の汎用エンプラといわれ，一種の熱硬化性樹脂としての性質ももつ．ポリフェニレンオキシド（PPO）はポリスチレンとのブレンドの形で定着している．ポリスルホン（PSF），ポリエーテルスルホン（PESF）およびポリアリレート（PAR）は非晶性高分子であり，T_g よりも約 50°C 程度低い温度が連続使用温度となっている．これに対してポリエーテルケトン（PEEK）は結晶性で，T_g より高い温度で連続使用が可能である．

p-ヒドロキシ安息香酸のポリエステル

1. 熱・機械機能性材料

表 1.3 おもな芳香・複素環高分子の構造と性質

名称	構造	略号	T_m(℃)	T_g(℃)	連続使用温度(℃)
ポリ-p-キシリレン	-[C₆H₄-CH₂CH₂]ₙ-	PPX	420	80	—
ポリフェニレンサルファイド	-[C₆H₄-S]ₙ-	PPS	280	92	200
ポリフェニレンオキサイド	-[C₆H₂(CH₃)₂-O]ₙ-	PPO	—	210	150
ポリスルホン	-[O-C₆H₄-C(CH₃)₂-C₆H₄-O-C₆H₄-SO₂-C₆H₄]ₙ-	PSF	—	190	150
ポリエーテルスルホン	-[O-C₆H₄-SO₂-C₆H₄]ₙ-	PESF	—	225	180
ポリエーテルエーテルケトン	-[O-C₆H₄-O-C₆H₄-CO-C₆H₄]ₙ-	PEEK	335	144	220
ポリアリレート	-[O-C₆H₄-C(CH₃)₂-C₆H₄-O-CO-C₆H₄-CO]ₙ-	PAR	—	190	150
全芳香族ポリエステル	-[O-C₆H₄-CO]ₙ-	PHB	≧600	—	280
	-[O-C₆H₄-CO]ₓ[O-C₆H₄-C₆H₄-O-CO-C₆H₄-CO]ᵧ-	1	≃400	—	≃230
	-[O-C₆H₄-CO]ₓ[O-C₆H₄-O-CO-C₆H₄-CO]ᵧ-	2	≃320	—	
アラミド	-[NH-C₆H₄-NH-CO-C₆H₄-CO]ₙ-	3	375	—	220
	-[NH-C₆H₄-NH-CO-C₆H₄-CO]ₙ-	4	550	—	
ポリイミド	(ピロメリットイミド-ジフェニルエーテル構造)	PI 5	—	420	260
ポリアミドイミド	(アミドイミド-CH₂-構造)	PAI	—	288	220
ポリベンズイミダゾール	(ビスベンズイミダゾール-フェニル構造)	PBI	—	430	
ポリベンゾチアゾール	(ビスベンゾチアゾール構造)	PBT	—	495	
ポリフェニルキノキサリン	(ビスキノキサリン-フェニルエーテル構造)	PPQ	—	306	
ポリパラバン酸	(パラバン酸-CH₂-構造)	PPA	—	290	180

(PHB)は不溶性であり,高温圧縮成形により高耐熱性の成形品が得られる.最近,PHBの成形加工性を改善したポリアリレート共重合体(たとえば1や2→表1.3)が上市されるようになった.これらの共重合体は溶融液晶性を示し,融点以下での射出成形が可能な第2世代エンプラとして関心を集めている[10].アラミド(全芳香族ポリアミド)3と4は結晶性で繊維に適しており,3は難燃耐熱繊維として,4は高強度・高弾性率繊維として利用されている[11].

複素環系高分子ではポリベンズイミダゾール(PBI)とポリフェニルキノキサリン(PPQ)を除いて,ポリベンゾチアゾール(PBT),ポリベンゾオキサゾール(PBO)などは不溶不融であり,溶媒可溶前駆体ポリマーの段階で成

表 1.4 熱可塑性/可溶性ポリイミドの構造と性質

高分子	略号	T_m(°C)	T_g(°C)	連続使用温度(°C)
	6	—	350	225
	7	—	215	170
	8	—	264	—
	9	—	273	—
	10	—	285	235
	11	—	320	—
	12	—	285	—

形したあとに熱環化するという方法がとられる．なかでもポリイミド(PI)は耐熱性高分子の代表的存在であり，縮合反応によって得られる線状ポリイミドと付加硬化型ポリイミドに大別される．Du Pont 社では1961年以来，**5** をフィルム，成形品，絶縁塗料，接着剤などの形態で商品化しており，いずれも 250°C における実用寿命が約10年，300°C で約1か月という高耐熱性を示す．**5** は不溶不融性であるため，ポリアミド酸の段階で成形加工されるが，実用的には高度の耐熱性を多少犠牲にしても加工性を改善することが重要である．溶融成形性ポリイミドとして **6, 7, 8, 9**，有機溶媒可溶性のポリイミドとして **10, 11, 12** などが開発されている（表 1.4）．また，ポリアミドイミド(PAI)も可溶性である．

一方，付加型のポリイミドは従来のエポキシ樹脂を上回る耐熱性をもつ熱硬化樹脂として重要になっている．溶融しやすいプレポリマーを成形し，ついでガス発生のない付加反応で硬化させるため，従来のポリイミドの成形の煩雑さを解消するとともに，ボイド生成の危険性を低減でき，複合材料のマトリックスとして使用が可能である．また，鎖状ポリイミドに可塑剤としてブレンドして成形したのちにセミIPN化することも検討されている[12]．硬化時の末端付加反応基で大別すると，アセチレン基を有するもの(**13**など)，マレイミドを有するもの(**14** など)およびノルボルネンを有するもの(**15** など)の3つに分かれる．また，プレポリマーを用いずモノマーから直接イミド化する現場重合法がみいだされ，**16** などが実用化されている．

ポリイミド以外ではシアネートやイソシアネートの熱三量化を利用した樹脂がある．前者はトリアジン環を(1.1)式，後者はイソシアヌレート環を生成する(1.2)式．これらにエポキシやマレイミドを加えた樹脂が開発さ

(1) $NCO-Ar-OCN \xrightarrow{\Delta}$ ~ArO-triazine-OAr~

$$(1.1)$$

(2) $OCN-Ar-NCO \xrightarrow{\Delta}$ ~Ar-isocyanurate-Ar~

$$(1.2)$$

表 1.5　フッ素樹脂の構造と性質

名　　称	略号	構　造	T_m(°C)	連続使用温度(°C)
ポリテトラフルオロエチレン	PTFE	$-(CF_2CF_2)_n-$	327	260
ポリクロロトリフルオロエチレン	PCTFE	$-(CF_2CFCl)_n-$	210〜212	120
ポリフッ化ビニリデン	PVDF	$-(CH_2CF_2)_n-$	160〜185	120
ポリフッ化ビニル	PVF	$-(CH_2CHF)_n-$	(200)	(100)
テトラフルオロエチレン-ヘキサフルオロプロピレン共重合体	FEP	$-(CF_2CF_2)_m-(CF_2CF(CF_3))_n-$	253〜282	200
テトラフルオロエチレン-エチレン共重合体	ETFE	$-(CF_2CF_2)_m-(CH_2CH_2)_n-$	260〜270	150
テトラフルオロエチレン-パーフルオロアルキルビニルエーテル共重合体	PFA	$-(CF_2CF_2)_m-(CF_2CF(OR_f))_n-$	302〜310	260
エチレン-クロロトリフルオロエチレン共重合体	ECTFE	$-(CF_2CFCl)_m-(CH_2CH_2)_n-$	(240)	(150)
テトラフルオロエチレン-ヘキサフルオロプロピレン-パーフルオロアルキルビニルエーテル共重合体	EPE	$-(CF_2CF_2)_l-(CF_2CF(CF_3))_m-(CF_2CF(OR_f))_n-$	290〜300	260

R_f：パーフルオロアルキル基

れている．芳香族ジイソシアナートと青酸から合成されるポリパラバン酸(PPA)も耐熱性にすぐれている．

1.1.2　含フッ素高分子[13]

フッ素樹脂は1934年ドイツでのPCTFE, 1938年アメリカでのPTEFの発明に始まり，耐熱性樹脂としては古い歴史を有しており，現在では表1.5に示すように9種類が実用化されている．これらは耐熱性のほか，それぞれの構造状の特徴に応じて非粘着性・低摩擦性などの特異な性質が付加されている．このうち，パーフルオロポリマーといわれるPTFE, PFA, FEPの耐熱性がすぐれている．また，フッ化ビニリデンと六フッ化プロピレンの共重合体，さらに四フッ化エチレンとの3元共重合体は，ジアミンやパーオキシドで架橋することにより耐熱ゴムとなる．より高い耐熱性をもつゴムとして，全くC—H結合を含まないパーフルオロメチルビニルエーテルとテトラフルオロエチレンの共重合体がある．

また，$-(CF_3CH_2O)(CF_2H(CF_2)_3CH_2O)P=N-$の構造をもつポリフォスファゼンは耐熱性と耐酸化分解性・耐薬品性が著しく高く，今後，バイオメディカル・電子材料への応用が期待される．シリコーンもフッ素やカルボランとの組合せが検討されている．

1.1.3　今後の動向

現在市販されている高分子のうち，代表的なものについて耐熱性と価格の関係を見てみ

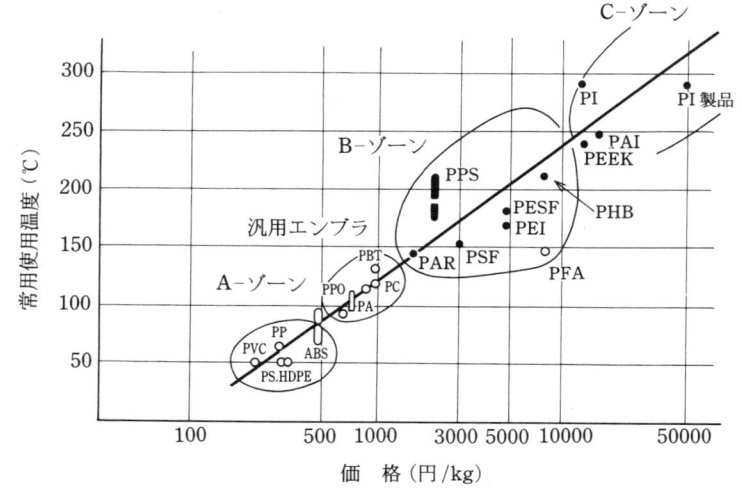

図 1.1　各種高分子の耐熱性と価格の比較[4]

ると図1.1のように直線関係になる[14]。しかし、PPSは耐熱温度に比して価格がやや低く、今後使用量の増大が予想される。ほかの耐熱性高分子も低コスト化と市場拡大のために、易成形性の追求やアロイ化が進むであろう。一方、高機能化をめざして、感光性、接着性、導電性などを合わせもつ耐熱性高分子の開発が展開されると思われる。

〔大澤善次郎・黒田真一〕

参 考 書

1) 三田 達監修："最新耐熱性高分子"，総合技術センター(1987)．
2) 佐藤文彦，鈴木康弘："耐熱・絶縁材料"，共立出版(1987)．
3) J.P. Critchley, J.J. Knight and W.W. Wright: "Heat-Resistant Polymers", Plenum Press, New York(1983)．

引 用 文 献

4) 三田 達：機能材料, **1**, 1(1981)．
5) 小島敬和，一瀬浩一，中村俊範，保坂義信：高分子論文集, **35**, 629(1978)．
6) 三田 達："高分子の熱分解と耐熱性"，神戸博太郎編, p.217, 培風館(1974)．
7) 今井淑夫：日本金属学会会報, **25**, 772(1986)．
8) C. Arnold: *J. Polym. Sci. Macromol. Rev.*, **14**, 265(1979)．
9) 片岡俊郎ほか："エンジニアリングプラスチック"，共立出版(1987)．
10) 小出直之，坂本国輔："液晶ポリマー"，共立出版(1988)．
11) 功刀利夫，太田利彦，矢吹和之："高強度，高弾性率繊維"，共立出版(1988)．
12) P.M. Hargenrother: *Polym. J.*, **19**, 73 (1987)．
13) 里川孝臣，米谷 穣，山田 彰，小泉 舜："フッ素樹脂"，日刊工業新聞社(1981)．
14) 倉田正也："プラスチック材料技術読本"，日刊工業新聞社(1988)．

1.2 高強度エンジニアリングプラスチック

1.2.1 はじめに

エンジニアリングプラスチック(EP)[1),2)]という言葉がはじめて使用されたのは、1958年にアメリカのDu Pont社がポリアセタール樹脂(POM)を、"金属に挑戦するプラスチック"と題して発表したときである。以後、約30年間の発展はめざましく、数多くのEPが開発され、また、それらの性質を向上させる技術が開発された。特に、プラスチックの最大の弱点である耐熱性が改善されたEPが次々に開発され、さらにスーパーEPにより耐熱性は格段に向上している。

1.2.2 EPの分類

図1.2にEPの分類を示す。EPは、市場規模、価格、耐熱性、機械的性質の差により汎用EPとスーパーEPに大きく分類される。また、樹脂の物性に大きな影響を及ぼす結晶性の差により、結晶性樹脂、非晶性樹脂に分類される。EPは主として熱可塑性樹脂であるが、フェノール樹脂やエポキシ樹脂などの熱硬化性樹脂もEPと呼ばれることがある。

汎用EPのうち、ポリアミド(PA)、ポリアセタール(POM)、ポリカーボネート(PC)、変性ポリフェニレンオキシド(変性PPO)、ポリブチレンテレフタレート(PBT)の5種類の樹脂は、比較的定価(1000円/kg前後)で、1988年の日本での生産量で見ても5〜15万トンと市場規模が大きいことから、5大EPと称されている。

1.2.3 EPの特性

EPにおもに要求される特性としては、以下のものがあげられる。

(1) 機械的性質(強度，弾性率，靭性，耐衝撃性)
(2) 耐熱性
(3) 耐候性，耐薬品性
(4) 電気特性
(5) 難燃性，不燃性
(6) 形成性，寸法精度

EP、特にスーパーEPは耐熱性と機械的特性において特異的にすぐれた性能をもつ反面、物性のバランスが悪いものも多い。このような欠点を補い、また特定の性能をさらに向上させる技術として複合化およびアロイ化(ポリマーアロイ)があげられる。

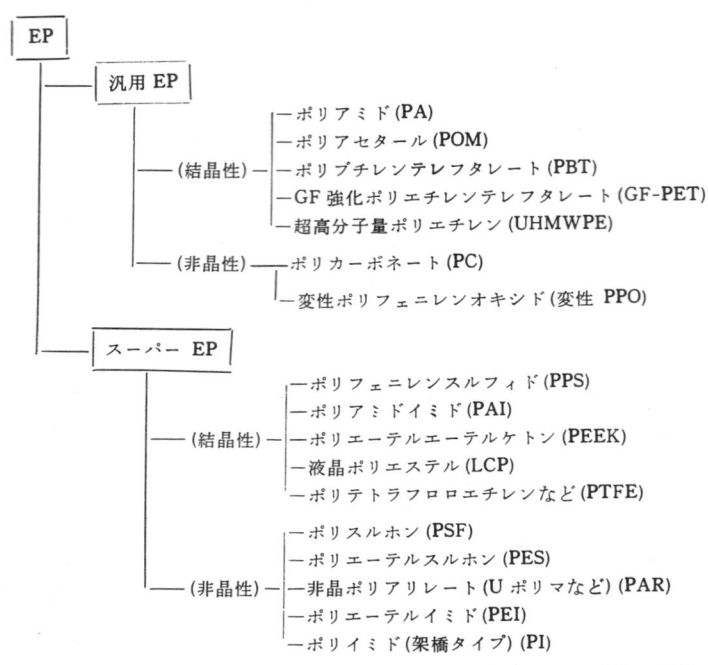

```
EP ─┬─ 汎用 EP ─┬─ (結晶性) ─┬─ ポリアミド (PA)
    │           │           ├─ ポリアセタール (POM)
    │           │           ├─ ポリブチレンテレフタレート (PBT)
    │           │           ├─ GF 強化ポリエチレンテレフタレート (GF-PET)
    │           │           └─ 超高分子量ポリエチレン (UHMWPE)
    │           └─ (非晶性) ─┬─ ポリカーボネート (PC)
    │                       └─ 変性ポリフェニレンオキシド (変性 PPO)
    └─ スーパー EP ─┬─ (結晶性) ─┬─ ポリフェニレンスルフィド (PPS)
                   │            ├─ ポリアミドイミド (PAI)
                   │            ├─ ポリエーテルエーテルケトン (PEEK)
                   │            ├─ 液晶ポリエステル (LCP)
                   │            └─ ポリテトラフロロエチレンなど (PTFE)
                   └─ (非晶性) ─┬─ ポリスルホン (PSF)
                                ├─ ポリエーテルスルホン (PES)
                                ├─ 非晶ポリアリレート (U ポリマなど) (PAR)
                                ├─ ポリエーテルイミド (PEI)
                                └─ ポリイミド (架橋タイプ) (PI)
```

図 1.2 エンジニアリングプラスチック (EP) の分類

複合化は，おもに強度，剛性，耐熱性の改良を目的とするもので，樹脂にガラス繊維，炭素繊維，無機フィラーなどを充填させる手法である．複合化のポイントは，マトリックス樹脂に充填するフィラーの種類，大きさ，形状，表面状態，マトリックスとの親和性，マトリックス中での分散状態などである．これらを選択，制御することにより高性能な材料を効率よく得ることができる．

ポリマーアロイとは，2 種類以上のポリマーを組み合わせて単一ポリマーで得られない特性をもつポリマーを得る手法である．ポリマーアロイでは異種高分子間の相溶性，相分離のスケール，形態などが重要である．

EP は，特にそのすぐれた機械的性質，耐熱性のため，近年，構造用材料の分野に用いられてきている．

1.2.4 EP の機械的特性の解析

構造用材料には高強度，高弾性とともに高い靭性および耐衝撃性が要求される．靭性とは，材料に形成された亀裂からの破壊の開始，あるいは亀裂の進展に対する抵抗力であり，その発現はその材料の構造特性のほかに外的な破壊条件，あるいは破壊過程と直接関係している．したがって，破壊機構の解明を中心に靭性の発現に関する研究が現在もさかんに行われている．

これらの研究は，そのアプローチの面から分けると，破壊力学，材料力学に基づいた破壊力学的考察と分子鎖の構造に基づいた分子論的考察がある．

a. 破壊力学的考察 破壊力学的なアプローチとしては，応力とひずみの関係から破壊の現象を解明しようとする現象論的手法や破壊力学を基礎としたものがある．破壊力学の手法は，亀裂あるいは切り欠きを有する材料の破壊と強度の解析に有効な方法である．

石川，成沢は，クレイズ形成応力および剪断降伏応力に着目し，高分子材料の塑性の研究を行っている[3),4)]．クレイズの発生原因は，断面の収縮が拘束された平面ひずみ下で生じる体積の膨張を伴う塑性変形であり，クレイズ形成応力はその限界応力である．一方，剪断降伏応力は，体積の変化なしに塑性変形を起こすのに必要な応力を示している．クレイズ形成応力が切り欠きによる応力集中に対し

相対的に大きければ，材料は破壊を起こさず，大きな塑性の発現が期待される．たとえば，切り欠きの先端で塑性変形が優先して起こる場合には，クレイズ形成応力が材料の全面降伏を起こすときの塑性領域の先端での応力より大きければ，塑性拘束のために生じる応力集中による破壊は起こらず，クレイズ形成までに拡大する塑性領域の大きさが増加するため大きな靱性が発現する．したがって，クレイズ形成応力（σ_{cr}）と剪断降伏応力（τ）の比（σ_{cr}/τ）を大きくすることが材料の靱性を高くすることになる．また，これら2つの特性値 σ_{cr}，τ を種々の条件下で広範囲にわたり調べることが破壊現象を解明する上で重要である．

b. 分子論的考察 分子論的なアプローチはおもにクレイズに着目し，分子構造と破壊および靱性との関係を調べるものである．

高分子材料の脆性破壊は，クレイズのような局所的な非弾性的な塑性変形を伴うのが一般的である．クレイズは単なるクラックとは異なり，配向した分子鎖が亀裂にまたがっていると考えられており，また，破壊に至るまでにクレイズ形成に費やされるエネルギーが破壊靱性に寄与すると考えられる．したがって，高分子材料の破壊現象の解明においては，亀裂にまたがる分子鎖に注目する必要がある．また，分子鎖が絡まり合っているような非晶性高分子では，その分子鎖の挙動が絡み合い網目構造により大きく影響を受けると考えられる．このため，近年，非晶性高分子の破壊について絡み合い網目構造およびそれを構成する分子鎖の性質を考慮した研究が行われている．

Kramer と Donald は，絡み合い網目構造の変化がクレイズの構造に影響を及ぼすという報告をしている[5),6)]．彼らはクレイズフィブリルの最大伸長比 λ_{max} を

$$\lambda_{max} = Le/d$$

としている．ここで，Le は絡み合い点間の分子鎖の全長であり，d は絡み合い網目のメッシュサイズである．この λ_{max} が大きいほど，より幅の広いクレイズが形成でき，これに要するエネルギーが増加するので，破壊靱性は大きくなると考えられる[7)]．

Wu は，分子鎖の広がりと絡み合いの関係について調べ，$N_v = (1/\beta)C_\infty$ という関係式を導いている[8)]．ここで，C_∞ は特性比（characteristic ratio）で，分子鎖の広がり度合いを表すパラメータであり，分子鎖が広がっているほど C_∞ は大きくなる．N_v は絡み合い点間の結合単位の数であり，絡み合い密度に反比例する量である．また，α, β は定数で，$\alpha=2$，$\beta=1/3$ という値が数多くのポリマで確かめられている．これによると，分子鎖が広がるほど絡み合い点の数は減少する傾向にあることがわかる．

Prevorsek と De Bona は，ポリカーボネート（PC），ポリエステルカーボネート（PEC）を中心に，系統的に分子構造の異なるポリマーを用いて，絡み合い密度に及ぼす分子構造の影響を調べている[9)]．彼らは絡み合い密度に対する要因の1つとして，相互侵入（interpenetration）をあげており，分子鎖の剛直性が増すと相互侵入の度合いが大きくなり絡み合い密度は増加し，また，側鎖が大きいほど相互侵入は起こりにくくなり絡み合い密度は減少すると報告している．

Evans は，非晶性高分子の破壊過程における分子鎖の挙動について研究し，破壊のタイムスケールに依存した破壊プロセスを提案しており，また，それらのプロセスにおける破壊エネルギーを評価している[10)]．

〔住田 雅夫〕

引 用 文 献

1) 後藤秀夫："エンジニアリングプラスチックス，改訂第3版"，化学工業日報社（1989）．
2) 片岡俊郎ほか："エンジニアリングプラスチック"，高分子学会編，共立出版（1987）．
3) 石川 優，成沢郁夫：日本材料強度学会誌，**17**，85（1983）．
4) 成沢郁夫："高分子材料強度学"，横堀武夫監修，オーム社（1982）．
5) A.M. Donald and E.J. Kramer: *J. Mater. Sci.*, **16**, 2967（1981）．
6) A.M. Donald and E.J. Kramer: *J. Ma-*

ter. Sci., **16**, 2977(1981).
7) 横溝勝行, 岡部伸宏, 浅井茂雄, 住田雅夫, 宮坂啓象: 高分子学会予稿集, **38**, 10, 3497 (1989).
8) S. Wu: *J. Polym. Sci. PartB. Polym. Phys.*, **27**, 723(1989).
9) D.C. Prevorsek and B.T. De Bona: *J. Macromol. Sci. Phys.*, **B25**(4), 515(1986).
10) K.E. Evans; *J. Polym. Sci. Part B. Polym. Phys.*, **25**, 353(1987).

1.3 形状記憶ポリマー
1.3.1 はじめに

形状記憶材料としては,形状記憶合金が古くから知られている.1964年にNi-Ti(ニッケル-チタン:ニチノール)合金が形状記憶効果を示すことが発表されてから,世間の関心を集め,実用化の試みが行われた.その後,続々と形状記憶合金が見出されており,現在までに10数種のものが報告されている[1].

ゴム,プラスチックスなどの高分子材料が,「ある種の形状記憶効果」を示すことは古くから知られている.高分子材料の示す「ある種の形状記憶効果」は,高分子材料が「鎖の集合体」から構成されていることに起因する本質的な現象である.

この高分子材料の示すある種の形状記憶効果は,「緩和現象」として知られている[2].この緩和現象は物性研究者の関心を集め,クリープ,応力緩和,線型粘弾性などの力学的特性を観測する手段をはじめ[3],誘電緩和[4],核磁気緩和[5]など種々の観測手段により,1940年代の後半から現在まで多くの研究が行われ報告されている.このなかでも,高分子材料の力学的特性の示すある種の形状記憶効果を工業的にうまく利用した例として,熱収縮チューブやシュリンクパッケージが知られている[6].

最近になり,この高分子材料の示すある種の形状記憶効果を積極的に設計・利用して,形状記憶樹脂として用いようという動きが活発になってきた.これは,形状記憶合金と比較して,プラスチックス材料の弾性率・硬さ・風合い・着色性・成形性・形状記憶温度(または回復温度)・コストなどが適切に選択できるためと考えられる.本項では,高分子材料の示す形状記憶特性がどのような機構によって発現しているのかを見て,最近の形状記憶樹脂の開発状況などを概括する.

1.3.2 形状記憶ポリマー:現象と定義

形状記憶樹脂,あるいは形状記憶ポリマーなどと世間でいわれている高分子材料は,そのどのような特性に着目されているのか?ここでは,形状記憶ポリマーの示す現象と定義を明らかにしておく.

a. 1次賦形 高分子材料は,主として粉末状あるいはペレット状で供給されている.加工段階で,この材料は種々の加工機械により,加熱溶融され金型その他に注入・賦形されたのち,冷却工程を経て,希望の形に成形される(この所望の形状に成形することを「1次賦形」と定義しておく).卵パック,アイスクリームカップの一部などのプラスチック包装容器は,最初にシート状に溶融成形された材料から,真空成形・圧空成形などの方法で溶融成形時の温度(T_1)よりも低い温度(T_2)で成形されるが,一般にこのシート(1次成形品)から所望の形状(2次成形品)に成形するプロセスを2次成形と称している.本項では,あとの説明の容易さと混乱をさけるため,使う立場から見て所望の形に成形するプロセスを1次賦形と定義しておく.アイスクリームカップを例にとると,1次賦形とは,その成型法の如何を問わず(射出成形,真空成形など),最終的に所望の形状をうる成形法をいう.

b. 2次賦形 1次賦形されたもの(1次賦形の温度 T_P)を,適当な2次賦形温度($T_S < T_P$)で任意の第2の形状に変形し,応力を加えたままで常温(T_0)まで冷却すると新しい形状が固定される(2次賦形の固定).このように,1次賦形されたものを,第2の任意の形状に賦形することを2次賦形と定義する.

c. 形状記憶現象とは 形状記憶樹脂で1次賦形として,カップの形状に成形したも

のの場合を例にとって説明する.「カップを樹脂の種類により異なる適当な2次賦形温度 T_S において,外部から適当な応力を加えると,任意の形状に変形でき,応力をかけたまま使用温度 T_0 まで冷却すると,その新たな2次賦形された形状が固定される.

2次賦形されたものを,再度適当な形状回復温度 $T_R(T_P>T_R\geqq T_S>T_0)$ に加熱してやると,この材料は1次賦形されたときの形状を記憶しており,再度カップの形状に回復する」.

このように,任意の形状に2次賦形されたものが,適当な条件のもとで,1次賦形の形状に回復する現象を形状記憶現象と定義する.

ここで,現段階における形状記憶ポリマーの定義をしておこう.

d. 形状記憶ポリマーの定義　形状記憶ポリマーとは以下に述べる2つの別個な内部機構をその目的に合わせて設計したポリマーのことをいう.

「射出成形・押出成形などの溶融成形法または真空成形法などの方法で第1の形状を付与(1次賦形)されたものが,その1次賦形の形状を,使用温度(T_0)において固定する第1の内部機構を保有しており,ついで適当な2次賦形温度 T_S で第2の形状を付与(2次賦形)されたとき,その形状を固定する別の種類の内部機構を保有しており,さらに適当な条件下(形状回復温度 T_R において応力フリーの状態,または材料の回復応力以下の外部応力を負荷した状態で所定時間経過後)で,最初の1次賦形の形状に回復できる高分子材料のことをいう」.

このとき,上に定義した各種温度の上下関係は

$$[T_P>T_R\geqq T_S>T_0]$$

となる.

1.1.3　形状記憶ポリマーの形状記憶機構

形状記憶ポリマーは,1次賦形および2次賦形を固定する異なる2種類の内部機構を保有している.内部機構(緩和機構)としては,5種類のものが考えられる.

(1) からみ合い:分子鎖間の無数の絡み合いによりすべりをなくし固定する.

(2) 架橋:橋かけにより高分子鎖間のすべりをなくし固定する.

(3) 結晶の形成:結晶中に高分子鎖を取り込み融点以下で固定する.

(4) 相構造の形成:A-B-A型ブロックコポリマーのように,相構造の形成による擬似架橋で固定する.

(5) ガラス転移点:主鎖の動きを凍結して固定する.

この5種類の内部機構を適宜組み合わせて導入することにより,形状記憶ポリマーが設計されている.

表 1.6　市販形状記憶ポリマーの形状記憶機構

		日本ゼオン	三菱重工	クラレ	旭化成
公開特許番号(一例)		特開昭59-53528	特開昭61-293214	特開昭62-192440	特開昭63-179955
主要な構成		ポリノルボルネン Mw>300万	リニア・ポリウレタン	トランスポリイソプレン 架橋	A-B-A/C　A:PS B:t-PB C:t-PBR
形状記憶の機構	① からみ合い	○			
	② 架橋			○	
	③ 結晶の形成		○	□	□
	④ 相構造の形成				○
	⑤ ガラス転移点	□	□		

○:は1次賦形の固定方法を示す,　□:は2次賦形の固定方法を示す

表 1.7　形状記憶ポリマーの実用化が期待される用途例

1. 医療
　　ギプス，歯列矯正材，血管閉鎖
2. 玩具，文具，教材，景品
　　着せ替え人形ボディ，ラジコンカー，怪獣
3. 自動車部品
4. 家電，事務機，通信機器
5. 医療
　　婦人下着，ワイシャツ襟芯
6. 建築，工作材料
　　パイプの接合材，パイプの内・外のラミネート材，締めつけピン
7. 包装材料
8. 日用雑貨
　　携帯用容器，ベビーバス，カツラ用毛髪

1.3.4　各種形状記憶ポリマー

形状記憶ポリマーに関する特許・文献からその形状記憶のための内部機構を推定したものを表 1.6 に示す[7]～[13]. 表 1.6 に示された例以外にも，特許や，過去の知見からまだブランクになっているところで新規ポリマーの開発の可能性が考えられる．

そのほかに，特許調査から見たポリマー例・用途別などについては文献 12), 13)にくわしい．

a．応用例　形状記憶ポリマーの具体的応用例は，玩具類を除くと，産業用途にはほとんど実用化されていないのが現状である．特許などで提案されている用途例を表 1.7 に示しておく．実用化を推進する課題として，各種用途ごとに要求される「当たり前の品質」としての特性を満足したうえで，付加機能として「形状記憶性を付与」したポリマーの開発が必要である．ここで当たり前の品質とは，たとえばパイプの継手を例にとると，継手として必ず保有していなければならない品質のことを示し，パイプの継手として必要な機械的特性，内容物により侵されない化学的性質および耐久性などの品質をいう．

〔永田　伸夫〕

参 考 文 献

1) 清水謙一, 入江正浩, 唯木次男："記憶と材料" 共立出版(1986).
2) 高分子学会編："緩和現象の科学"，共立出版(1982).
3) たとえば，J.D. Ferry: "Viscoelastic Properties of Polymers 3rd edition", John Wiley(1980).
4) 岡　小天，中田　修："固体誘電体論"，10 章，岩波書店(1960).
5) 高分子学会編："高分子実験学第18巻 高分子の核磁気共鳴"，第 2 章，共立出版(1975).
6) 日本包装技術協会編："新・包装技術便覧 1"，Ⅲ.5，日本生産性本部(1971).
7) Nikkei New Materials, 1988. 11. 28., および 1989. 2. 20. 号.
8) 杉本克己：プラスチックエージ，No. 6, 165 (1989).
9) 石井正雄：プラスチックエージ，No. 6, 158 (1989).
10) 林　俊一：プラスチックエージ，No. 6, 169 (1989).
11) 唐牛正夫，平田明良：プラスチックエージ，No. 6, 173(1989).
12) ダイヤモンド経営開発情報 R&D トピックス 890949，"形状記憶高分子"(1989).
13) 入江正浩監修："形状記憶ポリマーの開発と応用"，シーエムシー(1989).

1.4　接　着　剤

接着とは，同種または異種の 2 つの（固体）表面が化学的な，あるいは物理的な力，あるいはその両者によって一体化された状態をいう．接着剤は，接着によって 2 個以上の材料を一体化することのできる物質である．

よい接着剤であるためには，
(1) 接着時によく流動し（液体状態），
(2) 被着剤表面をよくぬらし，
(3) 硬化（固体状態）して，自身は強い凝集力をもつとともに，接着面で強い分子間力をもつことが要求される．液状であることは，被着剤表面の凹凸のすみずみまで接着剤が浸透することを，ぬれの条件(2)を満たすことによって保証する．固体表面で液滴が接触角 θ で平衡に達すると，図 1.3 に示すよう

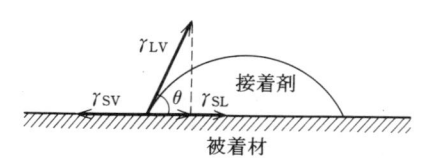

図 1.3　被着材表面の接着によるぬれ

1. 熱・機械機能性材料

にヤング(Young)の式が成り立つ.

$$\gamma_{SV} = \gamma_{LS} + \gamma_{LV} \cos\theta \quad (1.3)$$

γ_{SV}, γ_{LV} は液体の蒸気で飽和した固体と液体の表面張力(dyn/cm または N/m), γ_{SL} は固液の界面張力である. γ_{SV} は測定できないので, 固体表面に対して $\theta=0$ となる液体の表面張力値を臨界表面張力 γ_c とすると, (1)式を $\gamma_{SV}-\gamma_{SL}=\gamma_{LV}\cos\theta$ と書きかえると左辺は接着張力となるから $\theta=0$ となる高分子固体の臨界表面張力 γ_c 以下の γ_{LV} をもつ液体は固体表面をよくぬらす(表 1.8).

表 1.8 高分子の臨界表面張力

固体高分子	γ_c (dyn/cm, 20°C)
$-(CF_2CF_2)-_n$	18.5
$-(CF_2CHF)-_n$	22
$-(CH_2CF_2)-_n$	25
$-(CH_2CHF)-_n$	28
$-(CH_2CH(CH_3))-_n$	29
$-(CH_2CH_2)-_n$	31
$-(CF_2CFCl)-_n$	31
$-(CH_2CH(C_6H_5))-_n$	33
$-(CH_2CH(OH))-_n$	37
$-(CH_2C(CH_3)(CO_2CH_3))-_n$	39
$-(CH_2CHCl)-_n$	39
$-(CH_2CCl_2)-_n$	40
$-(O_2C-C_6H_4-CO_2CH_2CH_2)-_n$	43

一般に, 高分子の γ は分散力成分と極性力成分の寄与からなるとされている. したがって, 無極性物質を接着するときには無極性の接着剤を, 有極性物質を接着するときには有極性接着剤を用いる.

1.4.1 接着機構

接着に関する分子論的機構については, まだわからないことが多いが, たとえばゴムや無極性プラスチックスをゴム系接着剤で接着するとき溶剤揮発または熱融解によってなされるが, 図1.4に示すような高分子の相互拡散による機構が提案されている(拡散理論). この場合, 被着剤高分子と接着剤高分子の溶解性パラメータ δ_S

$$\delta_S = \left(\frac{\Delta H_V - RT}{V}\right)^{1/2} \quad (1.4)$$

(ここで ΔH_V はモル蒸発熱, R: ガス定数,

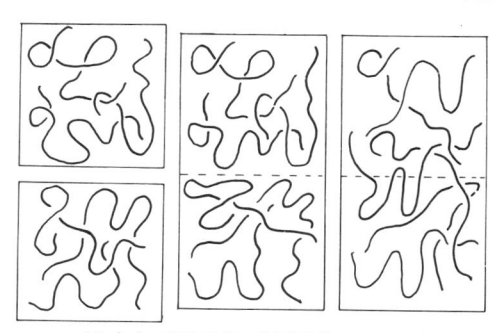

図 1.4 高分子鎖の相互拡散による接着

表 1.9 ポリマーの溶解性パラメータ δ_S

ポリマー	δ_S	結晶性	室温モジュラス
ポリテトラフルオロエチレン	6.2	高	中
ポリジメチルシロキサン	7.3	低〜中	中
ブチルゴム	7.7	低	低
ポリエチレン	7.9	高	中
天然ゴム	7.9〜8.3	低	低
ブタジエン-スチレン	8.1〜8.5	低	低
ポリイソブチレンゴム	8.0	低	低
ポリスチレン	8.6〜9.7	低	高
ポリサルファイドゴム	9.0〜9.4	低	低
クロロプレンゴム	9.2	低〜高	低
ブタジエン-ニトリル	9.4〜9.5	低	低
ポリ酢酸ビニル	9.4	低	低〜中
ポリメタクリル酸メチル	9.0〜9.5	低	高
ポリ塩化ビニル	9.5〜9.7	中	中〜高
アミノ樹脂	9.6〜10.1	低	高
エポキシ	9.7〜10.9	低	中〜高
エチルセルロース	10.3	低	中〜高
ポリ塩化ビニル-酢酸ビニル	10.4	低〜中	中
ポリテレフタル酸グリコール	10.7	高	高
酢酸セルロース	10.9	中	中〜高
ニトロセルロース	10.6〜11.5	低〜中	中
フェノール樹脂	11.5	低	高
ポリ塩化ビニリデン	12.2	高	中〜高
ナイロン	12.7〜13.6	高	中〜高
ポリアクリロニトリル	15.4	高	中〜高

T: 絶対温度)が近いほど接着力が強い. 表1.9にポリマーの δ_S を示す.

金属, ガラス, セラミックスのような無機物は有極性物質である. 有機物でも皮革, 繊維, 木材などは有極性物質である. これらの接着にはエポキシ樹脂のように多数の極性基をもつ接着剤を使用するが, その接着機構は図1.5に示すように, たとえば金属表面に生成した酸化物または水酸化物とエポキシ樹脂中の極性基との多数の水素結合の生成と, 接着層内の架橋構造の形成による強い接着力の

X. 機能性有機材料

表 1.11 代表的接着剤の分子構造

種類	分子構造
ポリ酢酸ビニル系	$-[CH_2-CH]_n-$ 側鎖 $O-C(=O)-CH_3$
ポリクロロプレン系	$-[CH_2-CCl=CH-CH_2]_n-$
スチレン-ブタジエンゴム系	$-[CH_2-CH=CH-CH_2-CH(C_6H_5)-CH_2]_n-$
ニトリルゴム系	$-[CH_2-CH=CH-CH_2-CH(CN)]_n-$
2-シアノアクリル酸エステル系（瞬間接着剤）	$CH_2=C(CN)(COOR)$ $\xrightarrow{水分}$ ポリマー $-[CH_2-C(CN)(COOR)]_n-$ （Rとして、メチル基、エチル基、プロピル基、ブチル基）
尿素樹脂系	$2NH_2CONH_2 + HCHO \xrightarrow{酸} NH_2CONH \cdot CH_2 \cdot NHCONH_2$ $2NH_2CONHCH_2OH \xrightarrow{酸} NH_2CONH \cdot CH_2 \cdot O \cdot CH_2 \cdot NHCONH_2$
フェノール樹脂系	フェノール $+ CH_2O$ $\xrightarrow{アルカリ触媒}$ レゾール（HOH_2C-C_6H_2(OH)(CH_2OH)-CH_2OH） $\xrightarrow{}$ ノボラック（HOH_2C-C_6H_3(OH)-CH_2-C_6H_3(OH)-CH_2OH） $\xrightarrow{酸触媒}$ C_6H_4(OH)-CH_2-C_6H_4(OH)-CH_2-C_6H_4(OH) ヘキサメチレンテトラミンなどによる硬化
エポキシ樹脂系	エポキシ樹脂：$CH_2-CH \cdot CH_2-[O-C_6H_4-C(CH_3)_2-C_6H_4-O-CH_2-CH(OH)-CH_2]_n-$ $-O-C_6H_4-C(CH_3)_2-C_6H_4-O-CH_2-CH-CH_2-O-$ ＋ ジアミン系硬化剤など
ポリウレタン系	トリレンジイソシアネート $+ HO \cdot R \cdot OH$ → OCN-C_6H_3(CH_3)-NH・CO・O・R・O・OC-NH-C_6H_3(CH_3)-NCO （吸湿硬化） $-[O \cdot R \cdot O \cdot OC \cdot NH-C_6H_3(CH_3)-NH \cdot CO \cdot O \cdot R \cdot O \cdot CO \cdot NH-C_6H_3(CH_3)-NH \cdot CO]_n-$
ポリイミド系	テトラカルボン酸無水物 $+ H_2N-R-NH_2$ （ジアミン） → ポリイミド $-[R-N(CO)_2C_6H_2(CO)_2N]-$

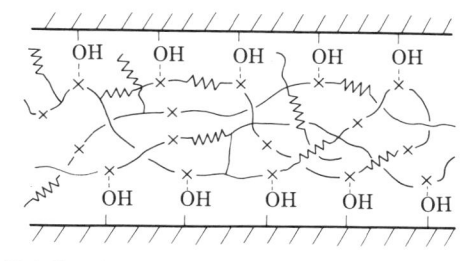

図 1.5 金属表面とエポキシ樹脂接着層の間の水素結合
X：極性基，—：エポキシ，〜：硬化剤

発現によると考えられている(吸着理論).

1.4.2 接着剤の分類と構造

接着剤はその固化または硬化方法によって表 1.10 のように分類される.

表 1.10 硬化方法による接着剤の分類

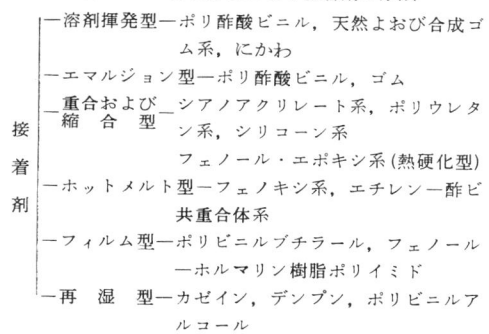

```
          ┌─溶剤揮発型─ポリ酢酸ビニル，天然および合成ゴ
          │            ム系，にかわ
          ├─エマルジョン型─ポリ酢酸ビニル，ゴム
          ├─重合および─シアノアクリレート系，ポリウレタ
          │  縮 合 型   ン系，シリコーン系
接              フェノール・エポキシ系(熱硬化型)
着        ├─ホットメルト型─フェノキシ系，エチレン—酢ビ
剤                        共重合体系
          ├─フィルム型─ポリビニルブチラール，フェノール
          │            ─ホルマリン樹脂ポリイミド
          └─再 湿 型─カゼイン，デンプン，ポリビニルア
                        ルコール
```

すなわち溶剤揮発型，エマルジョン型では有機溶媒または水の蒸発により固化し，重合または縮合型では低分子モノマーの重縮合により固化する．ホットメルト型では熱で融解して使用し，冷却により固化する．フィルム型では圧着により接着する．再湿型は溶剤型と同様に考えればよい．表 1.11 に代表的接着剤の分子構造を示す.

接着強度は界面における分子間力の強さのみならず，接着剤層の粘弾性的性質に大きく依存することが知られている.

一般に，接着剤硬化物がフェノール樹脂やエポキシ樹脂のように 3 次元橋かけ構造をもつ硬いポリマーは，弾性率が大きくせん断接着強さは大きくなるが剥離強さは低下する．これに対し，ビニル系高分子やニトリル系ゴムのように，可撓性ポリマーは剥離強さが大きくせん断強さは小さい．自動車，航空宇宙用の構造接着ではせん断と剥離のいずれも強いことが要求される．したがってエポキシ，フェノリックのような硬い熱硬化型ポリマーとポリビニルブチラール，共重合ナイロン，ポリクロロプレン，ニトリルゴムなどの可撓性ポリマーとの複合接着剤が構造接着剤として用いられる.

また耐熱性接着剤としてポリイミド型やポリベンツイミダゾール型の高分子が実用化されている.

〔高橋 彰〕

文　　献

1) A.J. Kinloch:"Adhesion and Adhesives Science and Technology", Chapman and Hall (1987).
2) 小野昌孝編:"接着と接着剤", 日本規格協会 (1989).
3) 木村 馨・砂川 誠ほか:"高機能接着剤・粘着剤", 高分子新素材 One Point-18, 共立出版(1989).
4) 山口章三郎監修:"接着・粘着の事典", 朝倉書店(1986).
5) 井本立也:"接着のはなし", 日刊工業新聞社(1983).
6) 井本 稔:"わかりやすい接着の基礎理論", 高分子刊行会(1985).
7) S. Wu:"Polymer Interface and Adhesion", Marcel Dekker Inc., New York (1982).
8) 前田勝啓:"高機能を生む接着剤えらび", 技術評論社(1983).

2. 光機能材料

2.1 有機 2 次非線形光学材料

2.1.1 は じ め に

最近松下電器および DuPont 社から相次いで半導体レーザーの青色化 SHG 素子が発表された．前者は $LiNbO_3$ (LN) 単結晶の屈折率を制御して作製したチェレンコフタイプによる位相整合，後者は KTP に周期構造を付与したもので，両者とも 100 mW で 1〜2% の変換効率を得ている．DuPont 社では新し

い水熱合成法により，素子の大幅なコストダウンが可能であるとしており，いよいよブルーレーザーの時代が始まったかの感激がある．

一方，有機材料は理論的に2次の非線形光学定数が高いことが示されて以来，精力的に研究が行われるようになった．事実，研究室段階ではLNよりはるかに大きな定数が観察されているが，実際にKTPのように変換効率の大きな素子としての発表はまだない．分子の有している特性を極限にまで引き出して実用にも耐える材料にするためには，分子の配列制御，光透過性および，材料としての安定性の向上などをはかることが必要である．

本稿ではこれらの問題について，主として筆者らが行っている2次材料の結果について述べる．

2.1.2 分子における非線形性

材料が2次の非線形性を発現するためには分子も2次の非線形性を示さなければならない．分子1個の2次の非線形性の尺度をβとすると2準位モデルにより，基底状態と励起状態のエネルギー差ΔE，ダイポールモーメントの差$\Delta\mu$，および振動子強度μ_{ge}によって次式のように記述される．

$$\beta \propto \frac{\mu_{ge}^2 \cdot \Delta\mu_{eg}}{\Delta E^2}$$

上式を用い，計算機により各種の分子に対してβが求められている．一般的には共役系の両端にドナー(D)およびアクセプター(A)性の原子団を導入するとβ値が大きくなることが知られており，この原理に基づいて多くの分子が設計されている．従来はジアゾベンゼン系，スチルベン系，アゾメチン系などの直線状分子の探索が多くなされてきた．しかし筆者らは後に述べるような理由からラムダ(Λ)型分子に注目している．それらの分子のβをMOPAC，AM1法で計算した値を表2.1に表す．

2.1.3 非中心対称性分子集合体の制御

2次の非線形光学効果は材料の凝集構造が非中心対称構造でなければ発現しない．すなわち分子設計とともに分子の集合状態も制御しなければならない．βを大きくするためには先に述べたようにπ電子系にAおよびD基を導入することが効果的である．しかし通常双極子モーメント(μ)が大きくなり，その結果μを打ち消し合うような中心対称性分子集合体を取りやすくなる．非中心対称構造を与える分子設計としてはいくつか提案されている．たとえば中心対称性結晶構造では立体障害が起こるように分子中に適当な分子団を導入する方法，不斉炭素であるキラリティーの導入など多くが考えられている．一方，親水性・疎水性を分子中に同時に含む分子は水面上で単分子膜を形成する．この単分子膜を基板上に累積するときに，非中心対称構造を付与するLB膜法がある．また高分子の側鎖にβの大きな分子を導入するか，または高分子中に低分子を混合し，その後電界で分子配向して非中心対称構造を付与する方法，さらにはホスト分子とゲスト分子を混合するだけで非中心対称構造が発現する方法などがある．それらを表2.2に示す．

表2.1　Λ型分子の2次の超分子分極率

SAMPLE	β Components ($\times 10^{-30}$esu)	
	xxx	xyy
(ADA)	−0.28	−7.85
(DDCV)	−2.85	−20.30
(DNCBz)	−0.66	7.40
(OANN)	0.37	11.86
(MANN)	0.03	11.87
(p-NMDA)	−0.02	11.35
(DABNP)	−9.40	−47.36
(ANST)	−46.27	1.91

2. 光機能材料

表 2.2 非中心対称構造の設計法

分子設計	物質例
・分子設計	
1. 立体障害置換基の導入	MNA
2. 双極子モーメントの制御	POM, MNBA
3. キラリティーの導入	MAP, MBA-NP, NPP
4. 水素結合の導入	NPP, UREA, DAN
5. 有機塩	Merocyanine: CH_3SO_4
6. Λ形分子	Methanediamine derivatives
・LB膜法	
1. 単分子膜	Azobenzene, merocyanine
2. 交互累積膜（ヘテロY型）	ODAB: Arachidic acid
3. X(orZ)型累積膜	DPNA(Z-type)
4. 面内配向累積膜	DCANP
・ホスト-ゲスト法	
1. 電界・磁界による配向制御	
無定形高分子：色素系	PMMA(PS)：DANS
液晶性高分子：色素系	Thermotropic LC：DANS
強誘電性高分子：色素系	P(VDF/TrFE)：Azo dyes
側鎖修飾型高分子	Functionalized PS
2. 自発的非中心対称構造	
極性高分子：色素系	PCL：p-NA
共融点混合物	
包接化合物系	β-cyclodextrin：p-NA

ここでは表 2.1 中の Λ 型分子，ホストゲスト法に関して述べる．

a. ラムダ型分子　パラニトロアニリン (p-NA)(HN—◯—NO_2) は大きな β 値を有するが中心対称性結晶となるので $\chi^{(2)}$ は 0 となり 2 次の非線形光学効果は発現しない．2 個の PNA を CH_2 で結合した物質パラニトロメタンジアミン (p-NMDA) は構造式を示すと次のようになる．

O_2H—◯—$NHCH_2HN$—◯—NO_2

この物質は一見すると対称性の分子構造を示しているために，結晶構造も中心対称構造を有すると思われ，いままで研究対象となっていなかった．筆者らは 2 つの CN 間の分子内回転を半経験的分子軌道プログラム MOPAC, AM1 法で解析したところ図 2.1 のような Λ 型コンフォメーションがエネルギー的に最も安定であることを明らかにした．またこのような Λ 型分子は結晶中で Λ が重なり合った構造の非中心対称構造結晶を形成しやすいことを見出した．

メタンジアミン系分子の合成はきわめて容易である．たとえば p-NA とホルムアルデヒドを常温においてメタノール中で 2：1 の割合で混合するだけで目的とする物質を得ることができる．

このようにして得られたメタンジアミン誘導体 8 種のうち 7 種が SHG 活性であった．その結果を表 2.3 に示す．これはきわめて高い確率で非中心対称構造を構築できたと考えられる．6 番の物質は SHG 活性と不活性の 2 種の結晶構造が得られた．この物質の溶液から溶媒を早く蒸発させて結晶を析出させるとSHG 活性となる．一方ゆっくり蒸発させると不活性結晶が生成する．8 の結晶では水素結合が形成されている．したがって，この効果

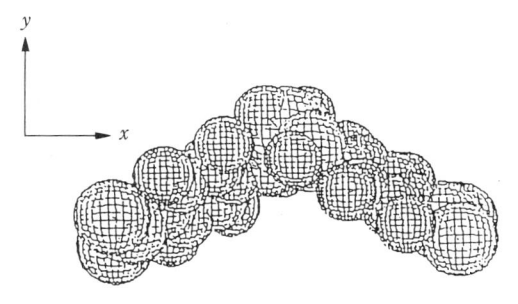

図 2.1 p-NMDA 分子の最も安定なコンフォメーション

表 2.3 アニリンおよびメタンジアミン誘導体のSHG強度(粉末法)

	Aniline derivative	T_m (°C)	Cut off λ(nm)*	SHG (×urea)	Methanediamine derivative	T_m (°C)	Cut off λ(nm)*	SHG (×urea)
1	O_2N-⟨⟩-NH_2	147	470	0	(O_2N-⟨⟩-NH)$_2$$CH_2$	240	460	80
2	O_2N-⟨⟩(CH_3)-NH_2	131	480	60〜150	(O_2N-⟨⟩(CH_3)-NH)$_2$$CH_2$	260	450	6.3
3	O_2N-⟨⟩-NH-CH_3	106	490	0	(O_2N-⟨⟩-N)$_2$$CH_2$	242	470	6
4	O_2N-⟨⟩(OCH_3)-NH_2	140	490	0	(O_2N-⟨⟩(OCH_3)-NH)$_2$$CH_2$	254	480	2.5
5	O_2N-⟨⟩(CH_3)-NH_2	118	510	0	(O_2N⟨⟩(CH_3)-NH)$_2$$CH_2$	241	480	3
6	CH_3O-CO-⟨⟩-NH_2	114	330	0	(CH_3O-CO-⟨⟩-NH)$_2$$CH_2$	215	330	{30 / 0}
7	C_2H_5O-CO-⟨⟩-NH_2	90	330	8	(C_2H_5O-CO-⟨⟩-NH)$_2$$CH_2$	195	330	25
8	⟨⟩(NO_2)-NH_2	71	500	0	(⟨⟩(NO_2)-NH)$_2$$CH_2$	195	490	0

* Measured in 10^{-5} mol/l EtOH solution.

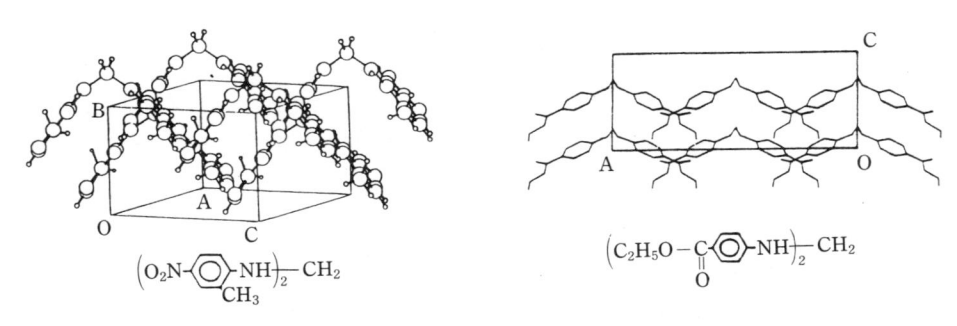

図 2.2 SHG活性なΛ型分子の結晶構造

により中心対称構造が形成されたと考えられる．また出発物質よりメタンジアミン系物質の方が融点が100°C以上も上昇し，しかもその吸収波長は短い方に移動している．これらの結果は材料的によい方向となっているといえよう．図2.2に表2.3(5)のMNPMDA，(7)のECPMDAの結晶構造を示す．それぞれのメタンジアミン分子のコンフォメーションは隣接分子との相互作用のため若干のずれはあるものの，MO計算で予測した構造に非常に近いΛ型である．Λ型分子を含む結晶の大きな利点は位相整合が可能なオフダイアゴナルdテンソルが大きいことである．p-NMDAでは$d_{31}=19.0$，MNPMDA $d_{21}=11.5$，ECPMDA $d_{31}=20.7$ pm/V であった．ECPMDAは吸収端が330 nmと短く，半導体レーザーのSHG光によるブルーレーザーに有利である．

b．ホスト-ゲスト系 高分子をホスト，βの大きな分子をゲストとし，これに外部電界を与え，ゲストを配向させることにより非中心対称性を付与するホストゲスト系は米国を中心として精力的に研究されている．また高分子に側鎖としてβの大きな分子を導入して電界にてその側鎖を配向制御する方法も盛んである．前者の最近のトピックスは慶応大学佐々木らによるチェレンコフ放射型のSHG素子である．これらの系においての大きな問題点は電界除去後に起こるSHG活性の低下である．これはガラス転移点温度以下における緩和現象による配向分子のランダム化であ

る.

これを防ぐ方法として，①分子間架橋，②ガラス転移温度近傍におけるエージングなどが行われている．ここでは新しい方法として高分子と Λ 型分子の混合による安定化について述べる．従来のゲスト分子は，スチルベン，ジアゾベンゼン，アゾメチン系などの直線状分子であった．

この系の d_{IJK} は次式のように表される．

$$d_{IJK} = N f_I^{2\omega} f_J^{\omega} f_K^{\omega} \langle \beta_{IJK} \rangle \qquad (2.1)$$

ここで N は単位体積中のゲスト分子数，f は角周波数 2ω および ω における局所場因子である．

$\langle \beta_{IJK} \rangle$ は電界によって発現するゲスト分子の配向度と関連しており，次式のように示される．

$$\langle \beta_{IJK} \rangle = \int d\phi \int \sin\theta d\theta \int d\psi b_{Ii} a_{Jj} a_{Kk} * \beta_{ijk} * G(\theta) \qquad (2.2)$$

ここで分子座標と実験座標とのローテーションマトリックスである a_{Jj} はオイラー角，ϕ，θ および ψ で示される．b_{Ii} は a_{Jj} の逆マトリックスである．$G(\theta)$ は分布関数である．従来の直線状分子では β_{xxx} しかないが，Λ 型分子では β_{xyy} も存在し，これが電場方向成分の見かけの超分子分極率 β_{333} に寄与する．したがって，

$$\beta_{333} = L_3(p) * \beta_{xxx} + 1.5 \{L_1(p) - L_3(p)\} \beta_{xyy} \qquad (2.3)$$

ここで $L_1(p)$ と $L_3(p)$ は1次および3次のランジュバン関数であり，p は次式のようになる．

$$p = \frac{\varepsilon(n^2+2)*\mu}{n^2+2\varepsilon} \times \frac{E_p}{KT} \qquad (2.4)$$

ここで ε は誘電率，μ は双極子モーメント，n は屈折率である．

図2.3に表2.1に示される Λ 型分子の DABNP および表2.1の最後に示される直線状分子の ANST をポリマー中に混合して電界を加えたときの β_{333} および β_{311} を示す．

DABNP の β_{333} は $4 \mathrm{MV/cm}$ で飽和するが，ANST ではまだ飽和していない．実際に電界

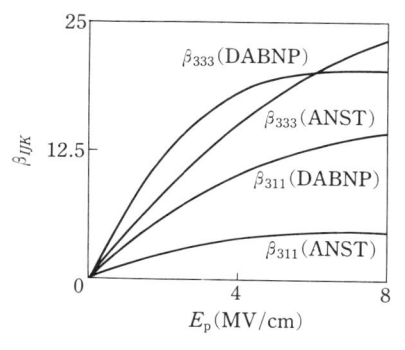

図 2.3 DABNP と ANST 分子の β_{333} と β_{311} の分極処理電圧依存性

がかけられるのは $5 \mathrm{MV/cm}$ くらいまでである．電界を切ると分子の緩和によって ANST の場合 β_{333} は減少するが，DABNP では飽和しているので，たとえ分子が緩和しても β_{333} は低下しない．したがって，緩和に対してきわめて強い複合系ということができる．

〔宮田　清蔵〕

2.2 有機発光・けい光材料
2.2.1 ルミネッセンス

π 電子共役系をもつ有機化合物に光，化学反応エネルギー，電気エネルギーなどの励起エネルギーを吸収させると，励起手段に依存しない同一の励起状態をつくり出せる．このようにして形成された励起状態から基底状態への電子遷移に基づく光の放出をルミネッセンス(luminescence)あるいは冷光と呼ぶ．発光が最低励起一重項状態からのとき，けい光 (fluorescence)，最低励起三重項状態からの場合，りん光(phosphorescence)と呼ばれる．励起一重項状態の寿命は通常 $10^{-9} \sim 10^{-7}$ 秒と短いので，励起エネルギーの供給が止まるとけい光は $10^{-9} \sim 10^{-7}$ 秒以内に消失する．それに対し，りん光の寿命は $10^{-4} \sim 10^2$ 秒と長いので，励起エネルギーの供給停止後も残光がみられる．有機化合物のりん光の発光効率は室温付近ではきわめて低いので，発光材料として利用されるほとんどの有機材料はけい光，すなわち最低一重項状態からの発光を利用するものである．

励起状態をつくり出すエネルギーの供給の仕方はさまざまあり，それに応じて有機発光材料の利用分野も多様である．最も一般的な励起エネルギー供給源は光の吸収であり，フォトルミネッセンス(photoluminescence)あるいは光発光と呼ぶ．光発光を単にけい光，りん光と呼ぶ場合もしばしばあるが，発光材料の機能を正確に把握するためには光発光とけい光，りん光とを区別した用語を使う必要がある．高速電子線を励起エネルギー源とする場合をカソードルミネッセンス(cathodoluminescence)，放射性物質に由来するエネルギーを励起源とする場合をラジオルミネッセンス(radioluminescence)，化学反応のエネルギーを励起源とする場合をケミルミネッセンス(chemiluminescence)，電気化学反応を用いた場合をエレクトロケミルミネッセンス(electrochemiluminescence)と呼ぶ．固体中での電子と正孔の再結合のエネルギーを励起エネルギー源とする発光をエレクトロルミネッセンス(electroluminescence)と呼ぶ．

最低励起一重項状態からの発光の量子収率は形成された励起状態の数と実際に放出された光量子(photon)の数の比で与えられる．通常，フォトルミネッセンスの実験から吸収した光量子の数と，発光した光量子の数の比として発光の量子収率を決定できる．発光量子収率を支配するのは，一重項励起状態からの光放射過程の速度定数と非光放射過程の速度定数の相対比である．非光放射過程には，無放射内部転換過程，三重項状態への系間交差過程，近接他分子へのエネルギー移動過程などがある．発光の量子収率は分子1個がもつ固有の性質ではなく，励起状態にある分子がどのような分子環境に置かれているかに依存した性質である．希薄溶液中のフォトルミネッセンスから求めた発光量子収率は，必ずしもさまざまな使用形態の発光材料の発光性能を代表するわけではない．

2.2.2 発光性有機化合物の分子構造

有機化合物が発光性(けい光性)であるための基本的条件は，分子がπ電子共役系をもっていることである．一般に分子中のπ電子共役の広がりが大きいほど，また直線状分子より縮合多環系の分子の方が発光(けい光)の量子収率が大きい傾向があるが，一方π電子共役系の発達は発光(けい光)波長を長波長側へと移動させる．

けい光強度を支配するもう1つの重要な因子は助けい光団と呼ばれる置換基である．π電子共役系に，それ自体は可視領域に吸収がない電子求引基や電子供与基を付けるとけい光の量子収率が大きく向上する場合がある．$-OH$, $-CH_3$, $-NH_2$, $-N(CH_3)_2$などの電子供与基の付加は発光強度を増大させる．また，$-COOH$, $-CN$などの電子求引基も発光強度増大の効果をもつ．しかし，$-NO_2$, $-NO$などのように逆にけい光を消失させる作用をする置換基もある．電子供与基や電子求引基の付加はけい光波長の長波長移動を伴う．

有機化合物のけい光の量子収率とけい光波長とを分子構造から予測する一般則はないといって過言ではない．また，単一分子として(希薄溶液状態で)高いけい光量子収率を示す化合物が，必ずしも固体状態で強いけい光性を示すとは限らず，また逆に流動性の溶液中では強いけい光をもたない化合物が結晶状態では強いけい光をもつ場合もある．

集合体を形成すると単一分子からのけい光とは異なり，長波長側に幅の広いエキサイマーけい光を示すようになる化合物がある．また，発光特性は微量の不純物による消光作用に非常に敏感である．

次に発光(けい光)性の有機化合物を例をあげながら分類する．

a) 多環芳香族炭化水素： アントラセン，ペリレンなどの縮合多環芳香族，ターフェニル，トランス-スチルベンのようにフェニル基が直接あるいは炭素-炭素二重結合，三重結合を介して連結したものなど多くの多環芳香族化合物が単一分子として，また結晶状態でも強いけい光性を示す．またこれらの化合物に助けい光団をつけるとさらに変化に富むけい光性化合物が得られる．

2. 光機能材料

ペリレン　　　　ターフェニル

トランス-スチルベン　　テトラフェニルブタジエン

b) 5員環, 6員環のヘテロ環化合物: 窒素, 酸素, 硫黄原子を含むヘテロ環化合物には強いけい光性の化合物が数多くある. 5員環では, ピロール, オキサゾール, チアゾール, ピラゾリン, オキサジアゾールなど, 6員環では, ピリジン, キノリン, ピラジン, キノキザリンなどをもつ化合物に強いけい光性がみられる. フルオレッセイン類も古くから知られたけい光性化合物である.

2,5-ジフェニルオキサゾール　　フルオレッセイン

c) カルボニル基をもつ化合物: クマリン誘導体はけい光の量子収率が大きな化合物として知られている.

ナフタレン酸無水物やナフタルイミド類など, ナフタレン酸誘導体には多様なけい光性化合物が含まれる.

7-ヒドロキシクマリン　4′-メトキシナフトリレンベンツイミダゾール

2つ以上のけい光団を共役結合, あるいはメチレン鎖などの非共役結合で結んだ化合物は通常強いけい光性を示し, しかも単に2つのけい光団の特性の重ね合わせではない挙動を示す.

d) 有機分子の配位基をもつ金属錯体: ポルフィリンの金属錯体やキノリノール類の金属錯体などはけい光性の化合物として知られている.

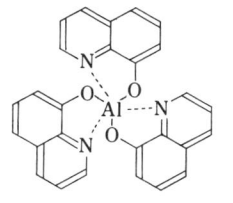

8-キノリノールアルミニウム錯体

2.2.3 フォトルミネッセンスを利用する材料

フォトルミネッセンスは波長変換機能材料, すなわち広い波長分布をもつ光を吸収し, 吸収した光より長波長のスペクトル幅の狭い光に変換して放出する材料, に利用される. けい光顔料・染料などはプラスチック, 繊維, 塗料, インクなどを鮮やかに発色させるため用いられる. 昼光や各種照明光を励起光に用いる典型的な波長変換材料の利用例である. 繊維, 紙などの黄ばみを消す役目をするけい光増白剤には紫外光を吸収し, 青色のけい光を放つけい光性化合物が利用される.

色素レーザーには各種のけい光色素の溶液が用いられる. 紫外光から近赤外光までのレーザー発振のため, けい光のピーク波長が異なるけい光色素が用意されている. オキサジアゾール誘導体, クマリン色素類, ローダミン色素類, ポリメチン色素類などがある.

けい光はごく微量の物質からでも感度よく検出, 定量が可能であるので, けい光性の有機化合物は超高感度の分析手法に多用される. 単にけい光分子を添加して, 系中での濃度を検出するものから, 物質の特定の部位にけい光性置換基を化学結合でラベルして調べるものまで多くの手法が開発されている. 特に生物化学的分析法として重要な手法である.

放射線(おもにβ線)の検出に, ラジオルミネッセンスを利用した有機シンチレーターが用いられる. ターフェニル, オキサゾール誘導体などの青色けい光色素が利用される.

2.2.4 エレクトロルミネッセンス材料

発光性有機化合物の薄膜の両面に電極を取

り付け, 電極から電子と正孔を注入する. 注入された電子と正孔が薄膜中で再結合し, そのエネルギーを利用してけい光分子は一重項励起状態に励起される. この励起状態からの発光をエレクトロルミネッセンスと呼ぶ. 発光色はけい光分子のけい光波長に依存しているので, 用いる色素の選択により青色から赤色までの任意の発光表示色が可能となる. 図2.4のように, 発光色素の薄膜を有機化合物

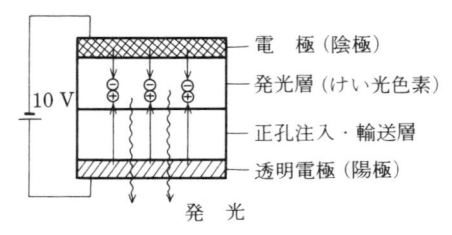

図 2.4 薄膜積層型エレクトロルミネッセンス素子

の電子, 正孔注入・輸送薄膜層と組み合わせた形の積層型薄膜素子において, 特に高輝度の発光が得られる. 素子は直流10 V以下で駆動でき, 表示の応答速度はマイクロ秒程度と高速である. 大面積のフラットパネル型ディスプレイに応用できる. 用いる発光色素は発光色, 固体状態での発光量子収率, 薄膜形成能, 耐久性などを考慮して選択される.

〔筒井 哲夫〕

3. 電子機能材料

3.1 絶縁材料

物質の電気伝導度 σ はキャリヤーの電荷 e, キャリヤーの移動度 μ, キャリヤー密度 n を用いて,

$$\sigma = e \mu n$$

と表され, 通常, $S \cdot cm^{-1}$(ジーメンス・毎センチメートル, あるいは $\Omega^{-1} \cdot cm^{-1}$)の単位が使用される. σ の逆数を体積抵抗率 ρ といい, その大きさによって物質を絶縁体($>10^9$), 半導体($10^9 \sim 10^2$), 導体(金属)($<10^2$)に分類する.

絶縁体に静電界を加えると誘電分極を生ずるので, この観点からみるときこれを誘電体ともいう.

絶縁体に直流電圧を印加すると, 図3.1の

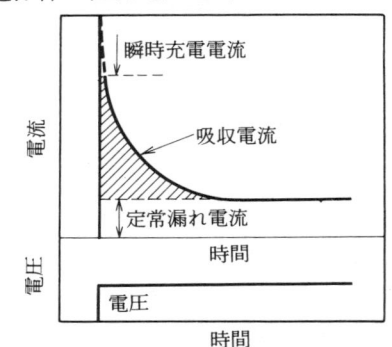

図 3.1 電流-時間特性

図 3.2 代表的な高分子の体積抵抗率($\Omega \cdot cm$)

		10^5	10^{10}	10^{15}	10^{20}
熱可塑性	ポリエチレン				$10^{16} \sim 10^{19}$
	ポリスチレン				$10^{16} \sim 10^{19}$
	ポリ塩化ビニル		$10^{11} \sim 10^{13}$, 軟質	$10^{14} \sim 10^{16}$ 硬質	
	ポリメチルメタクリレート				$10^{14} \sim 10^{19}$
	ポリ四フッ化エチレン				$10^{15} \sim 10^{19}$
	ポリカーボネート			$10^{15} \sim 10^{16}$	
	ポリエチレンテレフタレート				10^{19}
	ポリイミド			$10^{16} \sim$	
熱硬化性	フェノール樹脂	$10^{11} \sim 10^{13}$			
	エポキシ樹脂		$10^{12} \sim 10^{17}$		
	シリコーン樹脂		10^{15}		

3. 電子機能材料

ように電子分極，原子分極に基づく瞬間充電電流と配向分極，界面分極による吸収電流，すなわち誘電分極に基づく電流が流れ，定常電流に落着く．この定常電流が，絶縁体の電気絶縁性に支配される．絶縁体に印加する電圧が，ある値を越えると定常電流が急増し，絶縁体は電気絶縁性を失う．これが絶縁破壊である．

有機材料，特に高分子材料は一般にすぐれた絶縁材料である．ρの最も大きい材料は，ポリエチレン(PE)，ポリ四フッ化エチレン(PTFE，テフロン)，ポリエチレンテレフタレート(PET)，エポキシ樹脂などで，10^{15}～$10^{19}\Omega\cdot cm$程度である．そのほか，代表的な高分子材料のρ値を図3.2に示す．

絶縁材料の絶縁特性はρ以外に絶縁破壊強さ，誘電率，$\tan\delta$およびアーク抵抗で評価される．

絶縁破壊強さは絶縁材料がどのくらいの電圧に耐えるかということであり，機器の究極的な寿命を支配する重要な因子である．絶縁破壊の温度特性は，図3.3に示すように，破壊が電子の挙動による低温領域と伝導電流によるジュール熱や誘電損失による発熱などの熱的破壊，あるいは電気ひずみにより機械的平衡が維持できなくなる電気・機械的破壊に基づく高温領域の2つに分けられる．ポリ塩化ビニルは最高50 kV/mm，PE, PTFE，ポリイミド(PI)，エポキシ樹脂などは20～35 kV/mmのすぐれた耐電圧性をもつ．

高周波回路では，絶縁特性はインピーダンスZとよばれ，電源周波数f，誘電率εとすると，$Z=1/2\pi f\varepsilon$で表される．すなわち，高周波絶縁特性としてはεが小さいことが望ましい．εの最も小さいのはPTFEで2.0，PIは3.5，エポキシ樹脂は4～4.5で樹脂の種類による変化が少ない．

$\tan\delta$は高周波回路の熱損失を示す値で，この値は小さいほうがよい．最も小さいのはPTFEで0.0002以下，PIは0.004，エポキシ樹脂は0.002～0.01で樹脂の種類により数100倍の大きな変化をし，高周波絶縁体として高分子材料は劣っている．

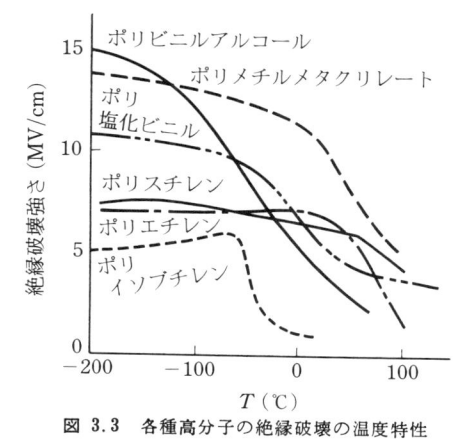

図 3.3 各種高分子の絶縁破壊の温度特性

3.1.1 エポキシ樹脂

電子・電気機器用絶縁材料のうち，エポキシ樹脂は半導体封止材料として広く使用されている．

封止材料は基本成分としての基材樹脂(15～20%)，硬化剤(10%)，硬化促進剤と界面制御成分としてのカップリング剤，離型剤および難燃化成分としてのBr, Sb 化合物およびシリカ粉などの無機充填剤(70%)からなる複合材料である．

基材樹脂としては耐熱性，耐湿性，電気特性，接着性にすぐれたクレゾールノボラック型エポキシ樹脂が用いられている．

半導体の長期信頼性を左右する封止材料に要求される特性は，ICのアルミ配線を腐食させないための耐湿性，Siチップやリードフレーム界面との接着性や電気絶縁性，耐熱性などのほか，メガビットクラスのメモリICやASICなどの高集積，大型ICを封止するためには樹脂やアルミ配線，PSGのクラックを発生させないための低応力性，α線によるソフトエラー防止のための低α線性および高密度実装を可能とするハンダ耐熱性が要求される(表3.1参照)．

温度Tで生じる熱応力σは，K：定数，E：樹脂の弾性率，T_g：ガラス転移温度，α：熱膨張係数として，

$$\sigma=K\cdot E\cdot\Delta\alpha(T_g-T)$$

で表される．したがって応力を下げるために，

クレゾールノボラックエポキシ樹脂の製造法

表 3.1 半導体の高集積化，高密度実装化と問題点

	技術動向	問題点	対策 封止材料	対策 ポリイミド
高集積化	配線の微細化・多層化	Al 配線の腐食，スライド 段差の発生	耐湿性向上 低応力化	層間絶縁膜 パッシベーション膜
	チップの大形化	パッシベーション (PSG) クラック 樹脂クラック	低応力化	バッファコート膜
	セル面積の縮小化	ソフトエラー耐性の低下	低 α 線化	α 線遮蔽膜
高密度実装化	表面実装	パッシベーションクラック 樹脂のクラック	低応力化 低吸湿化 高温高強度化	バッファコート膜
	多層基板	段差の発生	低応力化	層間絶縁膜

ゴム成分の添加や長鎖エポキシの導入による弾性率の低下や充塡剤の種類や量の制御により熱膨張係数を下げることが行われている．

ソフトエラー対策としては，U, Th などの放射性同位元素不純物の少ない充塡剤を使うか，α 線を遮蔽するためチップコートするなどの方法がとられている．

ハンダ熱 (215～260°C) での強度をもたせるためには，クレゾールノボラックエポキシ樹脂硬化物の T_g (160～180°C) をさらに高くする必要がある．架橋密度を高くしたエポキシや耐熱性のすぐれるポリイミド樹脂が有効である．

3.1.2 ポリイミド樹脂

昭和 41 年に，Du Pont が「カプトン」の商標ではじめて製品化した．現存樹脂のなかでは耐熱性 (T_g=420°C) はトップクラスであるが，半面，成型には非常に高度な技術が必要なため，成型材料としてよりもフィルムとしての用途が広がっている．−269°C から 400°C までの広い範囲での使用に耐えられ，しかも熱収縮率が低いので寸法安定性が高く，機械的強度，電気絶縁性，耐薬品性などにすぐれている．

カプトン

3. 電子機能材料

表 3.2 感光性ポリイミドの特性

分子構造	露光量 (mJ/cm²)	解像度 (μm)	熱分解温度 (°C)	ガラス転移温度 (°C)	誘電率 (—)
(構造式1：ポリアミド酸＋感光剤アジド)	33〜72	3〜5	460	—	3.0
(構造式2：ポリアミド酸のアンモニウム塩)	117〜	0.2〜40	500	285	3.2
(構造式3：メタクリルエステル型)	100	5〜10	500	355	3.2〜3.3
(構造式4：ビスマレイミド型、CH₂=CHOCNH置換)	200〜1000	2.5〜30	395	230	3.2〜3.5
(構造式5：ビスマレイミド、メシチル基置換)	350〜400	0.1〜10	—	309	—
(構造式6：R* = −CH₂C(CH₂OCH₂CH=CH₂)₃)	260	2〜5	(500)	305〜350	3.3

これらの特徴を活かし，航空機電線や新幹線の車両モーターの絶縁材料として使用されてきた．さらにハンダ耐熱性と寸法安定性，可**撓**性を活かしてフレキシブルプリント配線板(FPC)やTAB(テープ・オートメテッド・ボンディング)用フィルムならびにバッファコート膜，層間絶縁膜，α線遮蔽膜などICにも広く利用されている(表3.1参照)．

層間絶縁膜としてPIを使う場合，PI膜上に無機膜が成形されるが，両者の間には大きな熱膨張係数の差があり，通常のPIでは無機膜にクラックが発生する．熱膨張係数がAl，Cu，Si，GaAsなどにマッチングできる低膨張性PIも開発されている．

液晶配向膜はそのほとんどがPI薄膜である．ITO透明電極やTFT基板にPIの前駆体ポリアミド酸(PA)を塗布し，300〜350°Cに加熱してイミド化反応を起こさせ，PIに

表 3.3 絶縁材料関連のデータベース

No.	名称	開発者	内容	形態
1	熱物性データベース	日本科学技術情報センタ(JICST)	有機低分子化合物 5000 種類について,30種類の熱物性データを収録	オンライン
2	Numerical Data Base on Dielectric Materials	Purdue 大学 (CINDAS)	360種類の液体絶縁材料について 118 種類の特性データを収録	オンライン
3	耐放射線性・機器材料データベース	大阪ニュークリアサイエンス協会	有機材料,光ファイバ,半導体の耐放射線性データを収録	オンライン
4	高分子データシステム(CAPDAS)	高分子素材センタ	筑波大学高分子データ,ハンドブック,カタログデータを収録	CDROM

転換させる.液晶表示のカラー化のためカラーフィルタ(CF)が使用されるが,CF の耐熱性の点から PA の焼成温度は高すぎる.膜形成の温度は 180°C 以下が好ましい.低温焼成形の PI の一例として脂肪族テトラカルボン酸二無水物を用いた可溶性 PI がある.

可溶性 PI の一例

従来の熱硬化型の PI では,スルーホールなどの形成には,フォトレジストをマスクにしてエッチングによって行う必要がある.PI に感光性を付与することによりレジストとエッチング工程を省略することができる.表 3.2 に代表的な感光性 PI の特性を示す.

PI の高い耐熱性と機械的強度に着目し,超薄膜絶縁膜として利用する新しい電子デバイスの検討もさかんである.Au/100Å-PI 膜/Al/けい光体からなる表示素子,Al/SiO$_2$/PI-LB 膜/Au からなる厚さ 100 Å 以下の超薄膜コンデンサーなどである.

PI の超薄膜化技術開発もさかんである.ポリアミド酸を LB 法により基板上に移しとり,化学処理によりイミド化し,1 層当たり 4 Å の PI 膜が形成できる.また,無水ピロメリット酸とジアミノジフェニルエーテルを同時に真空蒸着させ 0.2 μm の PI 膜をつくる乾式法も提案されている.

3.1.3 今後の課題

高速回路では,基板や IC 絶縁膜も信号伝送に重要な役割を果たす.比誘電率の平方根に比例して信号の伝送遅延時間が長くなるので,誘電率の低い材料が必要である.

高密度実装による発熱も大きな問題である.基板や封止樹脂の熱伝導性向上が不可欠である.

Al$_2$O$_3$,AlN などのセラミック並の熱伝導性とテフロン程度の比誘電率をもった材料が当面の目標である.

なお絶縁材料のデータベースサービスを表3.3 に示した. 〔岡本 正義〕

文献

1) 平井平八郎編:"現代 電気・電子材料",オーム社(1983).
2) 桜井雄二郎著:"プラスチック材料読本",工業調査会(1983).

3.2 圧電焦電材料

3.2.1 はじめに

ある種の物質に力を加えると電気分極を生じ,逆に電圧を加えると変形が起きることがある.これを圧電性(piezoelectricity)[1]といい,前者を正効果,後者を逆効果と呼ぶ.また温度変化によって電気分極が変化する場合,これを焦電性(pyroelectricity)という.圧電性・焦電性を示す物質は,電気エネルギーと機械・熱エネルギーの相互変換を行うトランスデューサ材料として利用される.

物理変数として,電界 E,電気変位 D と応力 X,ひずみ x を選ぶと,圧電率は,

$$d_{ij}=(\partial D_i/\partial X_j)_E=(\partial x_j/\partial E_i)_X \quad (3.1)$$

で定義される.ここで $i=1,\cdots,3$,$j=1,\cdots,6$

である．圧電率は本来3階テンソル量であるが，上式のように，力学変数を6元ベクトル化し，3行6列のマトリックスで表現される．温度 T, エントロピー S を使うと，焦電率は，
$$p_i = (\partial D_i/\partial T)_E = (\partial S/\partial E_i)_T \quad (3.2)$$
で定義される．p はベクトル量である．

圧電率・焦電率ともに，向きのある電気的量(E, D)と，向きのない力学的あるいは熱的量(X, T など)を結ぶ定数であるので，物質自身がある種の向きをもっていないと，これらの性質は現れない．結晶については，圧・焦電性の有無はそれが属する点群によって予測することができる．32の結晶点群のうち，20の点群に圧電性，10の点群に焦電性[1]がある．

圧電材料として，水晶，ロッシェル塩，PZTセラミックス，焦電材料として硫酸グリシン，チタン酸鉛などの低分子結晶が昔から知られている．高分子を中心とした有機材料にも同様の性質をもつものがあり，これらは軽量・柔軟・広面積性といった特徴を生かして，種々のセンサーやアクチュエータ[2]に利用されている．

3.2.2 高分子圧電焦電材料の分類

高分子は一般に結晶域と非晶域からなる複合系であり，それらが不規則に集合したフィルムは，そのままでは分子の構造に関係なく圧電性や焦電性を示さない．圧電・焦電性高分子は，異方性を与える処理方法により，2つのクラスに分類[3],[4]される．

第1のクラスは，ポーリングと呼ばれる電界処理に関係している．極性高分子にポーリング処理を加えて永久双極子を配向させると，対称性は $C_{\infty v}(\infty mm)$ となり，圧電・焦電マトリックスは

$$d_{ij} = \begin{pmatrix} 0 & 0 & 0 & 0 & d_{15} & 0 \\ 0 & 0 & 0 & d_{15} & 0 & 0 \\ d_{31} & d_{31} & d_{33} & 0 & 0 & 0 \end{pmatrix} \quad (3.3)$$

$$p_i = \begin{pmatrix} 0 \\ 0 \\ p_3 \end{pmatrix} \quad (3.4)$$

となる．ここで座標軸は，図3.4(a) に示すようにポーリング方向に z 軸，フィルム面内に x, y 軸をとる．フィルムがあらかじめ延伸されている場合には，延伸方向を x 軸にとる．(3.3)式の圧電率には3つの独立な成分があるが，延伸フィルムをポーリングした場合，対称性は C_{2v} となり，$d_{31} \neq d_{32}$, $d_{15} \neq d_{24}$ であるので，独立成分は5個となる．

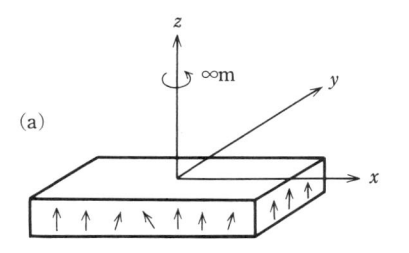

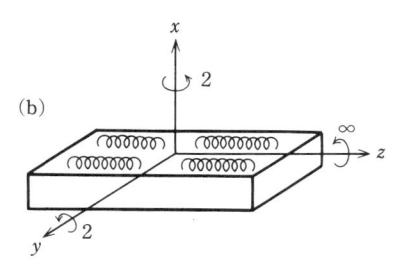

図3.4 ポーリングフィルム(a)と，延伸フィルム(b) の対称性と座標系

第2のクラスは，延伸処理を加え高分子鎖を1軸配向させたもの[5]である．このとき分子が不斉炭素を含み光学活性であると，対称性は $D_\infty(\infty 2)$ となり，鏡映対称を欠くことによって次のような圧電マトリックスをもつ．

$$d_{ij} = \begin{pmatrix} 0 & 0 & 0 & d_{14} & 0 & 0 \\ 0 & 0 & 0 & 0 & -d_{14} & 0 \\ 0 & 0 & 0 & 0 & 0 & 0 \end{pmatrix} \quad (3.5)$$

ここで座標系は，図3.4(b)に示すように，延伸方向に z 軸，フィルム面に垂直に x 軸をとる．d_{14} は，ずり応力に対するずり面に垂直方向の分極を表す．このような圧電性を面ずり型と呼ぶ．このクラスは焦電性をもたない．

それぞれのクラスの代表的な物質と，室温における標準的な圧電・焦電特性を表3.4に示す．圧電率・焦電率とも，処理によって形成された双極子や分子鎖の配向の程度に依存し，物質定数ではない．

3.2.3 分極化極性高分子

クラス1に属する高分子は，さらに3つの

表 3.4 高分子圧電焦電材料の種類と標準的な特性*

分極 極性高分子	d_{31} (pC/N)	d_{33} (pC/N)	p_3 (μC/m^2・K)
PVDF	25	−40	24
VDF/TrFE	50	−60	50
VDCN/VAc	8		
Nylon 11	4		
PZT/PVDF	−25		
(PZT)	−100	250	370

1軸配向 光学活性高分子	d_{14} (pC/N)		
PBG	1.2		
CEC	3.3		
PPO	0.2		
PHB	1.3		
(水晶)	0.73		

* 高分子の略号について本文参照
PZT＝チタン酸鉛とジルコン酸鉛の固溶体

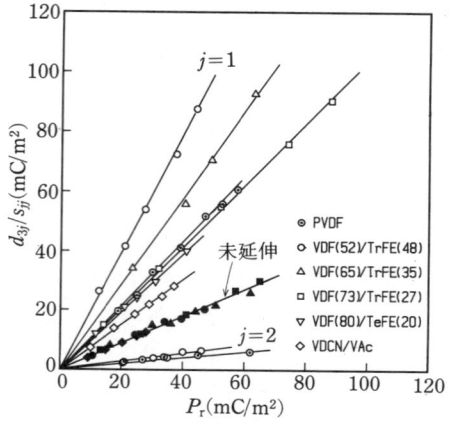

図 3.5 圧電率の P_r 依存性（黒印：未延伸）

グループに分類できる．第1は強誘電性高分子と呼ばれるもので，ポリフッ化ビニリデン(PVDF)[6]，およびフッ化ビニリデン(VDF)と三フッ化エチレン(TrFE)あるいは四フッ化エチレン(TeFE)の共重合体を指す．強誘電体とは電界によって反転可能な自発分極をもつ物質をいう．強誘電体のポーリングは，基本的には，単にある程度高い電界を印加するだけでよい．こうすると多結晶体であっても，各微結晶の自発分極の向きが1方向にそろい，圧・焦電性が現れる．高分子強誘電体の場合，分極を反転させる電界のしきい値がかなり高く，普通 50 MV/m 以上が必要であるが，たとえば 100 MV/m 程度印加すればポーリングはミリ秒以内の短時間に完了する．

ポーリングにより形成される分極を残留分極 P_r という．個々の結晶が自発分極 P_s を完全に一方向にそろえているとすると，結晶の結晶化度を ϕ として P_r は，

$$P_r = \phi P_s \quad (3.6)$$

で与えられる．VDFを50%以上含む共重合体では，$P_s = 130$ mC/m^2 程度であり，結晶化度が80～90%と高いので，P_r は 100 mC/m^2 に達する．

圧電率は P_r に比例する（図 3.5）[3]．伸びひずみに対する圧電率，d_{31}/s_{11} は正で，未延伸試料ではその P_r 依存性は物質によらずほぼ一定である．延伸すると31成分が32成分よりずっと大きくなり，物質によって P_r 依存性が異なる．1軸延伸したPVDFの場合，圧電率の異方性は，

$$d_{32} = 0.1 d_{31}, \quad d_{33} = -1.5 d_{31} \quad (3.7)$$

で与えられる．焦電率も図 3.6[3] に示すように，P_r にほぼ比例する．

温度を上げて電界を印加し，室温まで冷却してから電界を除くポーリング方法がある．これを熱ポーリングという．第2のグループとして，極性高分子に熱ポーリングを行い，双極子配向を凍結させた系がある．電界印加温度と室温の間に誘電緩和がある場合，緩和強度を $\Delta\varepsilon$，ポーリング電界を E_p とすると，一般に

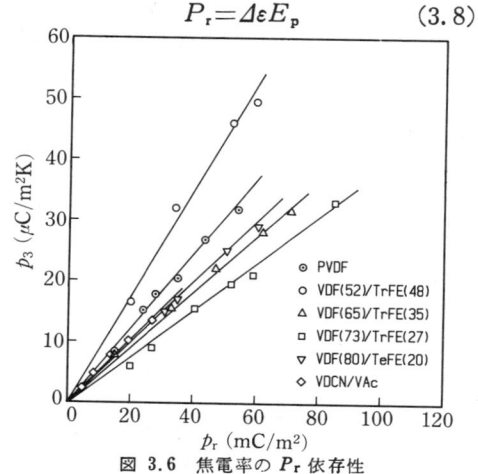

$$P_r = \Delta\varepsilon E_p \quad (3.8)$$

図 3.6 焦電率の P_r 依存性

の分極が凍結される.しかしながら普通の高分子の場合,$\Delta\varepsilon/\varepsilon_0$ は 5〜10 程度であるので,できるだけ高い電界を印加しても,P_r はあまり大きくならない.そのなかでシアン化ビニリデン(VDCN)と酢酸ビニル(VAc)の共重合体[7]は,$\Delta\varepsilon/\varepsilon_0$ が特に大きく(>100),そのため 50 MV/m 程度の電界を印加すると,PVDF に匹敵する分極を付与することができる.その圧電率および焦電率と P_r の関係は,図 3.5,3.6 中に示してある.奇数次ナイロン[8]にも,熱ポーリングによりかなりの圧電性を付与することができる.

高分子の配向双極子がもたらす圧・焦電性に,寸法効果と呼ばれる特徴的な機構がある.高分子鎖に付いた双極子は,ふつう強い共有結合によって構成されており,外力に対し剛体的に振舞うとみなせることが多い.このような場合,圧電率や焦電率は,応力や温度変化による試料の寸法変化,もっと具体的には厚みの変化のみに起因し,コンプライアンスを s,熱膨張率を α とすると,

$$d_{3j}=P_r s_{3j} \quad (3.9)$$
$$p_3=P_r \alpha_3 \quad (3.10)$$

で与えられる.(3.9)式を使うと,図 3.5 における圧電率 d_{31}/s_{11} は P_r とポアソン比の積で与えられることになり,ポアソン比が 0.5 程度の量であることを考慮すると,50〜80% が寸法効果によっていることになる.熱膨張率が $\alpha_3 \sim 10^{-4} \mathrm{K}^{-1}$ とすると,図 3.6 の焦電性における寸法効果の寄与はあまり大きくないことになる.

第3のグループとして,高分子と強誘電性セラミックスの複合体がある.普通,PZT セラミックスの粉末を,フッ化ビニリデン系あるいはポリオキシメチレンなどの極性高分子中に分散させた複合膜が使われる.熱ポーリングによりセラミックス相の自発分極の向きをそろえることができ,その結果高分子の柔軟性を備えた圧電・焦電材料となる.ポーリング条件として,100°C 程度に昇温して 10 MV/m 程度の電界を 1 時間近く印加するのが標準的である.

複合体の圧・焦電性はセラミックス相に起因し,高分子相は応力や電界を伝達する媒体として働く.セラミックスを球状と仮定し,セラミックスの弾性率と誘電率が高分子より十分大きいとすると,みかけの圧電率は[3],

$$d=\frac{15\phi}{(2+3\phi)(1-\phi)}\frac{\varepsilon_1}{\varepsilon_2}d_2 \quad (3.11)$$

となる.ここで添字 1, 2 はそれぞれ高分子相およびセラミックス相をさし,ε は誘電率,ϕ はセラミックスの体積分率である.見かけの d 定数を大きくするには,誘電率の大きい高分子を選ぶこと,およびセラミックス相の体積分率をできるだけ大きくすることが大切である.実際に ϕ が 65% に達する複合体がつくられている.球の細密充填が 74% であることを考えると限界に近い.このような分率の大きい複合体は,そのままではきわめて固いものとなり,高分子の柔軟性の特長が失われてしまう.そのため現実には小量のゴム状高分子を第 3 成分として複合し,柔らかさを失わない工夫がされている.得られる焦電率 d_{31} は負で,高分子系の圧電率と逆符号になる.

3.2.4 延伸光学活性高分子

不斉炭素を含み光学活性を示す高分子を延伸操作や磁場を使って分子鎖を 1 軸配向させると現れる面ずり型圧電性は,木材や骨といった天然物について知られていた.木材や骨ではこれを構成するセルロースやコラーゲンなどの天然高分子が規則的に配列しており,これが圧電性の原因[5]となっている.ポリ γ ベンジルグルタメート(PBG)・ポリ γ メチルグルタメートなどのポリペプチド,酢酸セルロースやシアノエチルセルロース(CEC)などのセルロース誘導体,アイソタクチックポリプロピレンオキシド(PPO),ポリ β ヒドロキシブチレート(PHB)などが代表物質として知られている.

対称性 D_∞ に起因する圧電性は,微視的には配向単位の圧電率の平均とみなすことができ,計算の結果次式を得る.

$$d_{14}=\phi\frac{\langle 3\cos^2\theta-1\rangle}{2}\frac{d_{14}^c-d_{25}^c}{2} \quad (3.12)$$

ここで添字cは配向単位（普通結晶）を指す．圧電率は右辺第2項，いわゆる配向係数 F_c に比例する．PBGについて，圧電率が F_c に比例する様子を図3.7[3]に示す．完全配向

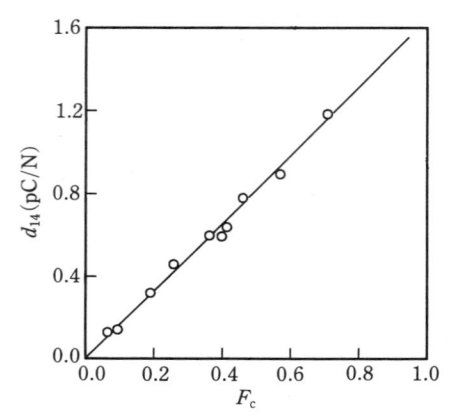

図3.7 PBGの圧電率の配向度依存性

($F_c=1$)に外挿したときの圧電率は 1.6pC/N で，PVDFの 1/10 程度しかならない．d_{14} の符号は光学異性体で逆になり，L体で正，D体で負になる．

面ずり型の圧電性は，定性的には次のように考えると理解できる．図3.4(b)に示したように，1軸配向系は，∞回軸とこれに垂直な2本の2回軸のため3方向が等価で，極性はない．いま∞回軸を含む(yz)面にずりひずみを与えると，z 軸および y 軸の∞回対称と2回対称は消え，回転対称はずり面に垂直な2回対称の x 軸1本となる．その結果分子が鏡映対称をもたない場合にはこの2回軸の正負の向きは等価でなく，x 方向に分極ができる可能性がある．

この種の圧電性は単に延伸操作を加えるだけで発現し，ポーリング型より処理が簡単

で，熱的にもずっと安定であるが，圧電率が小さいものがほとんどで，現在のところ実用的にはクラス1の高分子が使われている．

〔古川　猛夫〕

参 考 文 献

1) W.G. Cady: "Piezoelectricity", Dover, New York (1964).
2) "The Applications of Ferroelectric Polymers", ed by T.T. Wang, et al., Blackie, New York (1988).
3) T. Furukawa: *IEEE Trans. Electr. Insul.*, **24**, 375(1989).
4) 古川猛夫：静電気学会誌，**9**, 189(1985).
5) E. Fukada: *Adv. Biophys.*, **6**, 125 (1974).
6) H. Kawai: *Jpn. J. Appl. Phys.*, **8**, 975 (1969).
7) S. Tasaka, M. Miyasato, S. Miyata and M. Ko: *Ferroelectrics*, **57**, 267 (1984).
8) S.C. Mathur, J. I. Scheinbeim and B.A. Newman: *J. Appl. Phys.*, **56**, 2419 (1984).

3.3 導電性高分子

いわゆる導電性高分子はそれ単独では導電性は低いが，ルイス酸のような電子受容体あるいはアルカリ金属のような電子供与体を添加（ドーピングという）することにより，金属に匹敵する高導電性（図3.8参照）を発現するものである．このような高分子は多くの場合 π 共役の発達した平面状構造を有する．

現在100種類以上の導電性高分子が研究・開発されており，その応用にも多彩な可能性が期待されている．これらの先駆物質はドーピングされたポリアセチレンであり，1977年

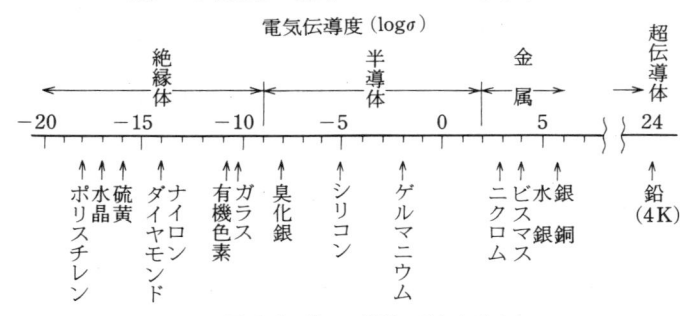

図3.8 種々の物質の電気伝導度

3. 電子機能材料

(1) 直鎖π共役系

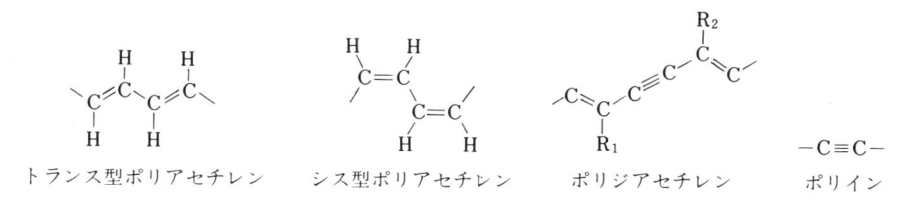

トランス型ポリアセチレン　　シス型ポリアセチレン　　ポリジアセチレン　　ポリイン

(2) 芳香環連結系

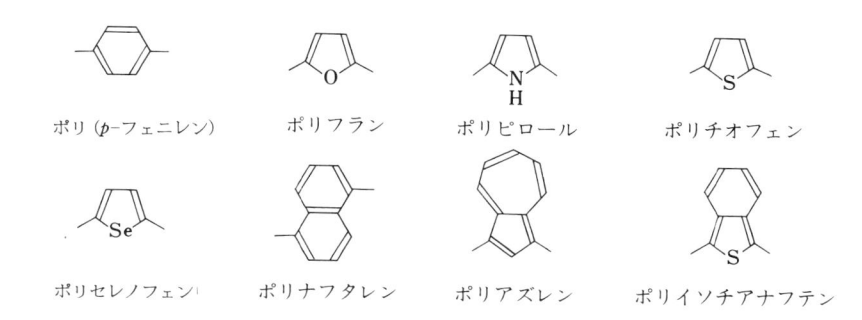

ポリ(p-フェニレン)　　ポリフラン　　ポリピロール　　ポリチオフェン

ポリセレノフェン　　ポリナフタレン　　ポリアズレン　　ポリイソチアナフテン

(3) 混合共役系

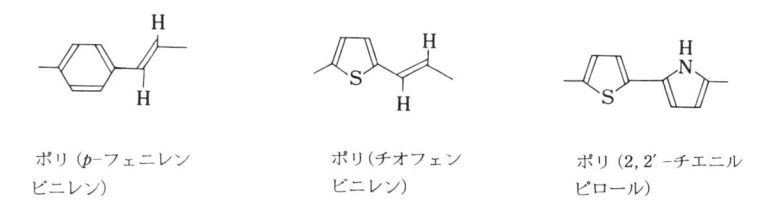

ポリ(p-フェニレンビニレン)　　ポリ(チオフェンビニレン)　　ポリ(2,2′-チエニルピロール)

(4) 含ヘテロ原子共役系

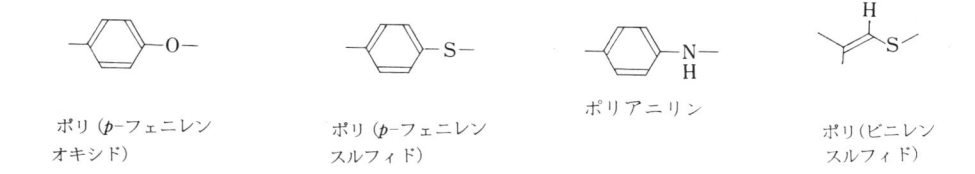

ポリ(p-フェニレンオキシド)　　ポリ(p-フェニレンスルフィド)　　ポリアニリン　　ポリ(ビニレンスルフィド)

(5) 縮合芳香環系

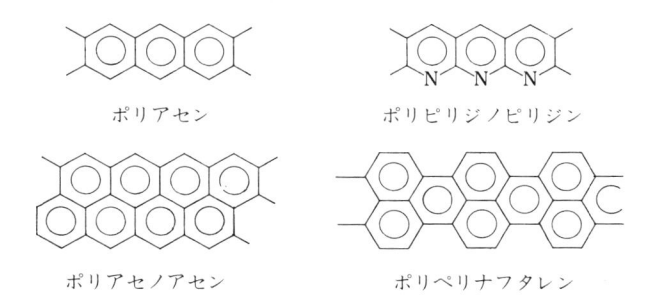

ポリアセン　　ポリピリジノピリジン

ポリアセノアセン　　ポリペリナフタレン

に発表されて以来，化学および物理学に大きなインパクトを与えた[1]．それ以前にも有機高分子の導電性，特に光導電性などの研究は行われていたが，ドーピング過程によって高導電性が発現することが明らかとなったことには大きな意義がある．

3.3.1 分類

有機導電性高分子はその構造によって，前頁の5種類に大別できる．

(1)〜(4)の高分子群は1〜数eVのバンドギャップをもっており，その電気伝導度は室温で10^{-5} S·cm^{-1}以下である．このため，高導電性発現にはドーピングが必要である．(5)の高分子群のバンドギャップは小さいかほとんどゼロで，ドーピングをしなくても高導電性を示すことが期待でき，その合成が現在進められている[2]．またこのプロトタイプとして，特定の樹脂を熱処理して得られるポリアセン系材料の開発も行われている[3]．

3.3.2 ドーピング

ドーピングは，化学的にみれば以上の共役系高分子に対して電荷移動反応を起こさせるための操作である[4]．方法としては高分子とドーパントとの直接反応（化学的ドーピング）と，高分子を電極として電解質溶液に浸し，通電して溶液中のイオンをドーピングするもの（電気化学的ドーピング）とがある．ドーパントとしては表3.5のような物質が使われる．さらにドーピングされた代表的な導電性高分子の室温における電気伝導度を表3.6に示す．

表 3.5 種々のドーパント

電子受容体	
ハロゲン	F_2, Cl_2, Br_2, I_2
ルイス酸	AsF_5, SbF_5, BF_3, SO_3, $FeCl_3$, $AlCl_3$
プロトン酸	HF, HCl, $HClO_4$, HNO_3, H_2SO_4
電子供与体	
アルカリ金属	Li, Na, K, Rb, Cs
電気化学的	$n\text{-}Bu_4N^+$, Et_4N^+

3.3.3 導電機構と物性

導電性高分子ではその構造形態から，高分子鎖内と高分子鎖間の両方の導電機構が存在し，物質全体の導電性を考えるときはこの両方とも重要である．

鎖内の導電機構については，対応する高分

表 3.6 代表的な導電性高分子（文献 5）より）

共役系高分子	ドーパント	電気伝導度 (S·cm^{-1})	合成方法と試料の形状	備考
ポリアセチレン	I_2	$3\sim5\times10^2$	白川法，トランス型フィルム	
	I_2	$4\sim8\times10^2$	白川法，シス型フィルム	
	AsF_5	2.2×10^3	上記，2.5倍延伸フィルム	延伸方向の値
	$FeCl_3$	2.8×10^4	無溶媒法，5倍延伸フィルム	延伸方向の値
	I_2	1.7×10^5	Naarmann法，延伸フィルム	
	I_2	2.2×10^4	液晶重合法，配向フィルム	配向方向の値
ポリ(p-フェニレン)	AsF_5	5.0×10^2	Kovacic法，粉末の圧縮ペレット	
	K	7.0	同上	
	AsF_5	1.0×10^2	電解重合法，フィルム	
ポリピロール	ClO_4^-	$1\sim3\times10^2$	電解重合法，フィルム	
	ClO_4^-	1.0×10^3	電解重合法，2.2倍延伸フィルム	配向方向の値
ポリチオフェン	ClO_4^-	2.0×10^2	電解重合法，フィルム	
ポリ(3-メチルチオフェン)	ClO_4^-	1.2×10^2	電解重合法，フィルム	
ポリイソチアナフテン	I_2	50	電解重合法，フィルム	
ポリ(p-フェニレンスルフィド)	AsF_5	2.0×10^2	キャストフィルム	
ポリ(p-フェニレンオキシド)	AsF_5	1.0×10^2	AsF_3溶液キャストフィルム	
ポリアニリン	HCl	5		
ポリ(p-フェニレンビニレン)	H_2SO_4	5.2×10^3	先駆体経由，15倍延伸フィルム	延伸方向の値
ポリ(チオフェンビニレン)	I_2	2.0×10^2	先駆体経由，フィルム	未延伸
	I_2	2.6×10^3	同上，4倍延伸フィルム	延伸方向の値
ポリペリナフタレン	なし	0.2	気相重合，ウィスカー	軸方向の値
ニッケルフタロシアニン	I_2	$3\sim7\times10^3$	単結晶	

3. 電子機能材料

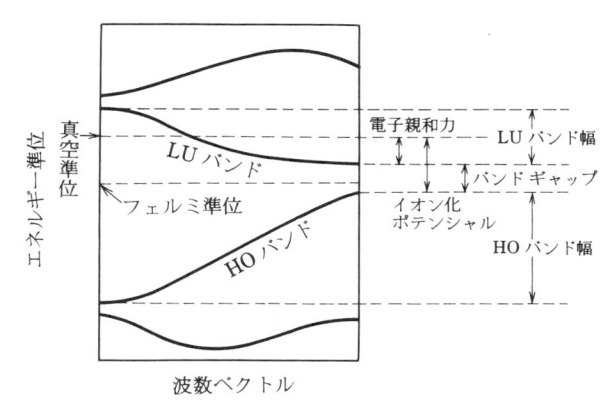

図3.9 エネルギーバンド図

子の結晶鎖(単位セルの規則的な無限の繰り返しでできる鎖)のもつエネルギーバンドを考えると都合がよい．図3.9に模式的なエネルギーバンドを示す．最高被占(HO)バンドの上端まで電子が満たされている高分子鎖ではバンドギャップが現れ，高々半導性をもつ絶縁体である．この高分子にドーピングを行うと，HOバンドからの電子の引き抜き(ホールの注入)，あるいは最低空(LU)バンドへの電子の注入が起こり，フェルミ準位のエネルギー空間における位置が変化する．この位置付近の電子あるいはホールは外部電場によって動きやすく，これが導電キャリヤーとなって電流が生じる．

HOバンドへのホールの注入は電子受容性のドーパント，またLUバンドへの電子の注入は電子供与性のドーパントによってひき起こされる．前者はp型，後者はn型の導電性高分子を形成する．HOやLUバンドに伴われる電子の軌道(結晶軌道)は，高分子鎖上に広がっているほど導電性にとって都合がよい．これがπ共役骨格をもつ高分子が導電性を発現しやすい理由である．

このような高導電性発現に伴って，金属的な導電キャリヤーに由来するパウリ(Pauli)磁化率，ダイソン(Dyson)型ESRスペクトル，固体NMRスペクトルにおけるナイト(Knight)シフト，温度に比例する熱起電力などの諸物性が観測される[1]．

一方，鎖間の導電機構は，導電キャリヤーのホッピングによるとされるが，その詳細は必ずしも明確ではない．これは各導電性高分子の構造形態などに依存する場合が多く，統一的な機構を出しにくいことにもよる[6]．トランス型ポリアセチレンやポリアセン系材料のESR測定結果や，ドーパントの種類による電気伝導度の異方性の変化などから，高分子鎖の間に侵入しているドーパント自身が導電キャリヤーの受けわたしをしているという説もある[7]．

トランス型ポリアセチレン，ポリ(p-フェニレン)，ポリピロール，ポリチオフェンなどでは特定のドーパント濃度領域において，図3.10のような荷電ソリトンやバイポーラロンが導電キャリヤーの役目を受けもつと考えられている[8]．さらに，飽和状態に近い高ドーパント濃度領域におけるトランス型ポリア

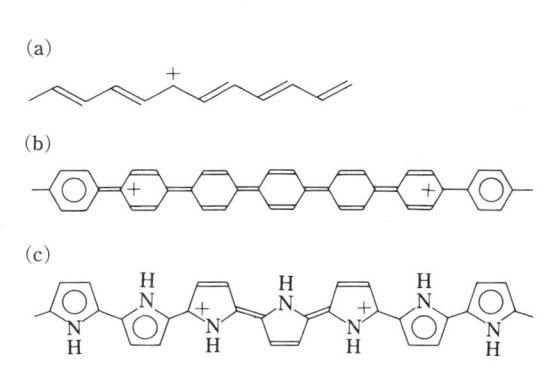

図3.10 トランス型ポリアセチレンの荷電ソリトン(a)とポリパラフェニレン，ポリピロールのバイポーラロン(b)，(c)
(+符号は −のこともある)．

セチレンやポリアニリンの導電機構として，ポラロン格子の生成と結びつける説も提案されている[9]。

3.3.4 応　用

導電性高分子はそのπ共役性のために，反応性が比較的高く，またドーパントの逸失など，材料としての安定性に欠ける面があるが，反面，軽量性や易加工性などの長所もある．さらに多くの導電性高分子は不溶不融であるが，ポリチオフェンの3位に長鎖アルキル基を導入したポリ(3-アルキルチオフェン)や重合条件を適正化したポリアニリンなどは有機溶媒に可溶でキャスティングの操作がとれ，加工性が向上している[10]．

現在実用化されているものには，ポリアニリンおよびポリアセン系材料を電極として利用する小型軽量の2次電池がある[11),12)]．さらに導電性高分子の特質を利用して，表3.7に示すような用途が提案されている．

〔山邊　時雄〕

文　献

1) 白川英樹，山邊時雄編："化学増刊87，合成金属"，化学同人(1980)．
2) 田中一義，山邊時雄："季刊化学総説 No. 5，アドバンストマテリアル"，日本化学会編，p. 10，学会出版センター(1989)．
3) 田中一義："炭素素原料の有効利用V"，CPC研究会編，p.123，CPC研究会(1987)．
4) 白川英樹："季刊化学総説 No.2，有機電子移動プロセス"，日本化学会編，p.178，学会出版センター(1988)．
5) "高分子新素材便覧"，第3章，高分子学会編，丸善(1989)．
6) 山邊時雄：化学と工業，**41**(11)，1006(1988)．
7) 田中一義，山邊時雄：高分子，**36**(6)，444(1987)．
8) 白川英樹："化学総説 No.42，伝導性低次元物質の化学"，日本化学会編，p.120，学会出版センター(1983)．
9) A.J. Heeger, S. Kivelson, J. R. Schrieffer and W. -P. Su: *Rev. Mod. Phys.*, **60**, 71(1988).
10) 吉野勝美："電子・光機能性高分子"，講談社サイエンティフィク(1989)．
11) 松永孜：化学と工業，**42**(9)，1568(1989)．
12) 矢田静邦："炭素素原料科学の進歩 I"，CPC研究会編，p.57，CPC研究会(1989)．

表 3.7　導電性高分子の応用（文献 5)より）

応用分野	利用できる物性	応　用
導電材料	ドーピングによる金属的導電性の発現 共役高分子の1次元伝導(ソリトン伝導など) バンドギャップの小さい導電性高分子	軽量導電材料，電磁シールド材料 分子スイッチ，分子ダイオードなどの分子素子と分子配線材料 透明導電体(ポリイソチアナフテン)
エレクトロニクス材料	ドーピングによるp型，n型半導性の発現 ドーピングによる誘電率の変化	ダイオード，p-n接合，ショットキー障壁，電界効果型トランジスター 小型大容量コンデンサー，電気二重層キャパシター
光学材料	ドーピングによる吸収スペクトルの変化 共役系の光励起による荷電ソリトンの発生 非線形光学素子	表示素子，光スイッチ，色スイッチ，光記憶素子 第3次高調波の発生，光双安定スイッチ，位相制御などの非線形効果
エネルギー関連材料	ドーピングによる電荷の蓄積とその可逆性 光ドーピング効果，光起電力 面状 p-n 接合薄膜	軽量かつ形態の自由な1次電池，2次電池 光電池，太陽電池 太陽電池
情報記録・記憶材料	ドーピングによる電荷の蓄積とその可逆性 金属表面での電解重合	電荷蓄積素子，オプトエレクトロクロミック表示素子 コンパクトディスクのマスター盤
センサー材料	ドーピングによる電気伝導度の変化 ドーパントとしての生体情報物質の制御 ドーパントイオンの大きさによるドーピング効果 熱劣化による電気伝導度の減少 高エネルギー粒子による共役鎖の励起 不活性ドーパントの高エネルギー粒子照射による	アクセプター，ドナーなどの定量，分子認識 人工神経などの生体機能材料 イオンふるい膜，選択透過膜，分子認識膜 積算温度の計量(冷凍食品，医薬品の輸送，管理) 放射線の検知，定量 放射線の積算定量

3.4 イオン伝導性高分子

　溶媒を含まない乾燥固体状態で，イオンを速やかに伝導できる高分子材料の総称をイオン伝導性高分子という．高分子固体電解質 (solid polymer electrolyte, polymeric solid electrolyte) とも呼ばれる．導電キャリヤーはイオンであり，電子伝導性高分子とは区別される．イオンは電子と異なり種類が多く，電流だけでなく情報も伝達できる．イオン伝導性高分子は高次機能設計に有力である．

3.4.1 高分子構造の要件

　イオン伝導性高分子として用いられる高分子は，極性構造をもつことが必要である．これは含有される塩の解離を促進し，キャリヤーイオン濃度を高めるのに重要である．しかしながら，極性が強くなりすぎると，キャリヤーイオンとの静電的な相互作用力が強すぎ，逆にイオンを固定することになる．乾燥状態の高分子電解質(たとえば，ポリスチレンスルホン酸ナトリウムやポリメタクリル酸ナトリウムなど)の固体がきわめて低いイオン伝導度しか示さないのはこのためである．次に重要な構造上の要件は，大きなセグメント運動をもつことである．イオンは高分子の極性環境によって(擬)溶媒和されながら，セグメント運動に沿って伝導される(図3.11)ため，低温でも結晶化しない，いわゆる低いガラス転移温度をもつ系が望ましい．

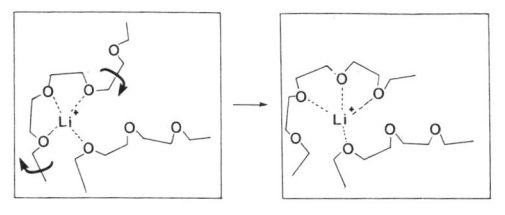

図 3.11 ポリエーテル固体中のリチウムイオン伝導(模式)

3.4.2 イオン伝導機構

　最小のイオンであるプロトン(陽子)でさえも，電子に比べて約2000倍の静止質量をもっている．実際に利用される多くのイオンの静止質量は電子の数万倍にも達するため，イオン伝導性高分子の設計は電子伝導性高分子材料の場合とは基本的に異なる．

　固体中のイオン伝導を理解するには，食塩水などの電解質溶液を参照するとよい．水は極性が著しく大きな溶媒で，解離イオンに対してはイオン−ダイポール相互作用を介して安定化させる能力をもつ．これがイオンの溶媒和(水の場合は水和と呼ぶ)である．したがって，塩のイオンへの解離平衡定数を大きくするためには，極性環境が重要となる．こうして生成したイオンが，溶媒和されたまま電位勾配に沿って移動できれば導体となる．1価のキャリヤーイオンのみが存在する系を考えた場合，イオン伝導度(σ)は，キャリヤーイオンの電荷素量(e)と，イオン数(n)，およびそのイオンの移動度(μ)の積(3.13)式によって決定される．

$$\sigma = \sum n \cdot e \cdot \mu \qquad (3.13)$$

溶液中ではイオン数(n)は解離平衡定数によって決定されるため，溶媒の極性に支配され，イオン移動度(μ)は，溶媒和されたイオン半径と系の粘性の関数となる．

　一方，固体中でイオンを移動させ，導体として機能させるときにも基本的な要件は同じである．すなわち，① 塩を解離させてキャリヤーイオンを多く生成させ，② 解離状態に保ったまま速やかに移動させる環境が必要である．そのためには，① 極性高分子を用いて塩解離を促進し，② 分子鎖のセグメント運動に沿ったイオンの速やかな移動を可能とするマトリックスの設計が重要となる．

　高分子固体中のイオン伝導機構は伝導度の温度依存性から推察できる．伝導度の対数をアレニウスプロットすると，一般に上に凸の曲線となる．これはキャリヤーイオンの移動が高分子固体中の物質移動機構に従うことを示している．さらに，Williams-Landel-Ferry式 (WLF式，(3.14)式) や，Vogel-Tammann-Fulcher式 (VTF式，(3.15)式) に結果を代入すると，良好な直線関係が得られることからも明らかである．

$$\log \frac{\sigma(T)}{\sigma(T_g)} = \frac{C_1(T-T_g)}{C_2+(T-T_g)} \quad (3.14)$$

$$\sigma = AT^{-0.5}\exp\frac{-B}{(T-T_0)} \quad (3.15)$$

ここでC_1, C_2, A, Bは定数，Tは絶対温度(K)，T_gはガラス転移温度(K)，T_0には理想的な T_g(K)を代入できる．$\sigma(T)$と$\sigma(T_g)$は，温度がTおよびT_gのときのイオン伝導度(S/cm)である．

含有される無機塩の濃度も重要な因子である．塩濃度を高めるとキャリヤーイオン数が増加するが，一方で系が硬くなりガラス転移温度の上昇をきたす．したがって，伝導度と塩含量との関係は最大値をもって変化することになる．固体中の塩解離挙動は解析がむずかしかったが，今日では固体NMRやESCAスペクトルによって解析が可能となっている．無機塩を構成するカチオンとアニオンの組合せも伝導度を支配する因子の1つである．無機塩において，イオン半径が大きくなると解離エネルギーが小さくなるため，より多くのキャリヤーイオンが発生する．しかし，実際には解離エネルギー差で説明される値以上の差異が伝導度に現れることがある．特にカチオン種を変化させたときの伝導度の相違は，周囲の高分子マトリックスと解離イオンとの相互作用の程度に基づくと考えられている．すなわち，大きいイオン半径をもつカチオンは表面電荷密度が小さくなるため，高分子マトリックスとのイオン－ダイポール相互作用(束縛力)が弱まる．その結果，イオンの拡散定数が増大し，高い伝導度が得られる．

3.4.3 イオン伝導性高分子の分類と特徴

イオン伝導性高分子材料(系)は表3.8に示すように，大きく3つに分けることができる．第1番目のグループは高極性高分子をマトリックスに用い，これに無機塩を溶解させた極性高沸点溶媒を含浸させたものである．巨視的には固体状態ではあるものの，微視的には塩溶液が連続した経路を形成している．極性高分子は溶液を支えるスポンジのような役割をしている．第2番目はポリエーテル系高分子を無機塩とともに練合した系である．この系はエーテル酸素のダイポールが塩解離促進と解離イオンの安定化に寄与するため，溶媒を全く含まない全固体系として扱うことができる．第3番目の系はゴム状高分子に無機の超イオン伝導体を分散させたものである．イオンは無機伝導体を経由して伝導し，全体の機械的な強度はゴム状高分子が司っている．ここでは，主流である2番目の系について詳細に解説する．そのほかの系については総説などを参照のこと．

ポリエチレンオキシド(PEO)/無機塩混合系におけるイオン伝導度の解析は，1975年

表3.8 高分子イオン伝導体の分類と特徴

マトリックス	組成[1]	特徴	例[2]
高極性高分子	M/S/P M/M'/S/P	高沸点溶媒含有．透明～不透明． 巨視的にはDry，微視的にはWet． 調製容易，経時変化あり． 伝導度：～10^{-6} S/cm(室温)．	PVdF/PC/LiClO$_4$
ポリエーテル誘導体	M/S M/M'/S	Dry，透明～不透明，若干結晶性． グラフト体やブロック体が良好． 安価，調製容易，安定． 伝導度：10^{-9}～10^{-4} S/cm(室温)．	PEO/LiClO$_4$ MEO/LiClO$_4$
ゴムなど	M/I	Dry，柔軟，不透明．安定． 無機超イオン伝導体を分散． 伝導度：～10^{-3} S/cm(室温)．	SEB/Cu$_4$RbCl$_3$I$_2$

[1] M, M'：マトリックス高分子，S：無機塩，P：可塑剤(溶媒)，I：無機超イオン伝導体
[2] PVdF：ポリ沸化ビニリデン，PC：プロピレンカーボネート，PEO：ポリエチレンオキシド，MEO：ポリ(オリゴ(オキシエチレン)メタクリレート)，SEB：スチレン－エチレン－ブチレンゴム

の P.V. Wright の報告に遡ることができる．PEO を無機塩と混合すると，融点が 200°C 以上の結晶を形成する．PEO は結晶中でヘリックス構造をとっていることが X 線回折測定から明らかとなり，クラウンエーテルに取り込まれた金属イオンと類似の構造が提案された．そのときの PEO 単位($-CH_2CH_2O-$)と金属塩とのモル比は，金属イオン種によって異なるが，3/1 から 5/1 である．この系で認められるイオン伝導は，ヘリックス内部に固定されたカチオンが 1 次元的に伝導するためと考えられた．初期の研究では組成モル比は 3/1 から 5/1 の場合が多いが，これは結晶系での伝導測定をめざしたものである．しかしながら，イオン伝導度の温度依存性を解析した結果，伝導に寄与するのはむしろ無定形 (amorphous) な相であり，イオンは 3 次元的に伝導することが明らかにされた．過剰な塩の導入は系を硬くしてしまう（T_g の上昇を招く）ので，高イオン伝導度発現には適当ではない．したがって，高イオン伝導材料の開発を目的とした研究では，組成モル比が 10/1 以上に設定される場合が多い．

ポリエーテルだけでは結晶性が高く，機械的強度も低いため，3 次元架橋によりゲル化(1)させたり，ポリメタクリル酸，ポリイタコン酸，シロキサンポリマー，あるいはポリフォスファゼンなどの高分子主鎖に PEO 構造をグラフトしたもの((2)〜(5))などが開発されている．ほかのポリエーテル系高分子として，ポリプロピレンオキシド，ポリエピクロルヒドリンなども検討されている．

必要なイオンのみを伝導させる高分子も開発されている．キャリヤーイオンをカチオンだけにしたい場合，次の 3 つの方法が用いられる．第 1 はポリアニオンと PEO の混合系である．ポリアニオンの対イオン（カチオン）がキャリヤーイオンとなるが，高分子アニオンは移動度が著しく小さいので，みかけ上カチオンのみの伝導体として取り扱うことができる．第 2 はアニオン性モノマーと PEO マクロマーの共重合体である．これは，PEO をグラフトした高分子主鎖の一部にアニオン性解離基を導入した構造で，カチオンのみの

高い伝導度が観測されている．第3は末端にアニオン性解離基をもつPEOマクロマー(6)を重合したもので，可撓性，伝導経路形成，キャリヤー源の3つの役割が1つの単位構造中に分担されている．ガラス転移温度が低く，荷電密度が同一であるため，キャリヤーイオン種の効果を解析する場合など，イオン伝導の物理化学的解析に効果を発揮している．

3.4.4 イオン伝導性高分子の応用

イオン伝導性高分子は，その基礎研究が短い歴史しかもっていないにもかかわらず，多くの応用展開がなされている．イオニクス用デバイスを無溶媒固体状態で作動できるため，使用温度域が拡大し，加圧減圧下でも使用できる．具体的には，深海から宇宙空間まで，幅広い環境条件下での使用が期待されている．この材料は膜厚を $100 \mu m$ 以下にできるため，デバイス設計では電極の厚みだけを考慮すればよいという長所をもっている．しかも，無機系と異なり，機械的強度にすぐれ，加工も容易であるため，複雑な形状にすることもできる．こうした特徴を生かした代表的な応用例を次に示す．

a．全固体電池 フィルムバッテリー，ペーパーバッテリーとも呼ばれ，いずれも従来の電池の形状とは異なる構造が提案され，すでに市販されている．これによって，従来の湿式電池の体積と重量をともに1/10以下にでき，たとえば電気自動車の長距離運転も現実のものとなる．電極も改良されており，電子伝導性高分子を用いたものや，電子伝導性とイオン伝導性の両方の特性を兼ね備えたものなどが提案されている．長期安定性とエネルギー密度の改善が残された問題である．

b．エレクトロクロミック表示素子 電気化学的に物質を酸化還元し，それに伴う可視部吸光度変化（スペクトル変化）を表示に利用する素子(ECD)は液晶に比較して，色変化の鮮やかさ，無電界下での着色保持（メモリー性），視野角度依存性がないなどの長所をもっている．有機色素を用いると，電位に対応した多色発色も可能で，機能的な発色素子となる．イオン伝導性高分子を電解液の代わりに用いると，強度が増すばかりでなく製作工程も簡略化できる．電極もガラスの透明電極(ITO)のほか，高分子フィルムを使うことができ，単なる表示のみならず，透過光量をコントロールするインテリアブラインド，反射率を変える防眩ミラーなどへの応用も始まっている．大面積のデバイスにおける発消色速度の改善，低温下での応答性向上などが検討されているが，これらの問題解決には，いずれもイオン伝導度の向上が不可欠である．

c．固相反応場 イオン伝導性高分子は，固体でありながら（水）溶液と類似の環境をつくることができるため，この系を固体溶媒と考える展開が始まっている．すでにいろいろな反応をイオン伝導性高分子中で試みる報告，たとえば，ピロールの電解重合，ビオローゲン類の酸化還元反応，ポルフィリン類の酸素還元触媒，電子伝達系タンパク質の電極還元などがある．電子移動に伴うイオン移動が律速であるため，固体中でのイオン伝導度の向上が最重要項目であることはいうまでもない．湿度に応じて可逆的にイオン伝導度が変化することを利用した湿度センサーも試作されている．また，マトリックス高分子と酸化還元活性分子との親和性も重要であることが認識されてきている．この研究分野は始まったばかりであるが，センサー，チップ，反応場などとしての可能性も大きいため注目されている．

電子伝導性高分子がエレクトロニクスに多大に寄与しているように，イオン伝導性高分子はイオニクスを展開する上で重要な基幹物質となってきている． 〔大野 弘幸〕

文 献

1) 土田英俊：化学，**38**，418(1983)．
2) 小野勝道：高分子，**34**，766(1985)．
3) 小林範久，大野弘幸，土田英俊：高分子加工，**35**，7(1986)．
4) 渡辺正義，緒方直哉：金属表面技術，**37**，214

5) 大野弘幸, 土田英俊：高分子, **36**, 790(1987).
6) "Polymer Electrolyte Reviews-1 and-2", J.R. MacCallum and C.A. Vincent Ed., Elsevier Applied Science, London (1987, 1989).
7) 小野勝道：日本ゴム協会誌, **61**, 646(1988).
8) M.A. Ratner and D.F. Shriver: "Ion Transport in Solvent-Free Polymers", *Chem. Rev.*, **88**, 109(1988).
9) 土田英俊, 小林範久：表面, **27**, 182(1989).
10) 大野弘幸：塗装工学, **24**, 336(1989).
11) 緒方直哉："導電性高分子", 講談社サイエンティフィク (1990).

3.5 有機金属気相成長用原料

3.5.1 有機金属気相成長法

有機金属気相成長法とは, 原料に高純度の有機金属を用い, これを精製水素などのキャリヤーガスに同伴気化させ, 気相中で熱分解反応を起こさせ, 金属単体または多元素の結晶薄膜を成長させる技術である.

この技術は一般にMOCVD(metal-organic chemical vapor deposition)法あるいはOMVPE(organometallic vapor phase epitaxy)法などと呼ばれ, おもにGaAsなどの化合物半導体の単結晶薄膜成長に用いられている.

3.5.2 有機金属気相成長法の原料

有機金属気相成長法(以下MOCVD法という)により高品質な結晶薄膜を得るためには, 原料である有機金属が次のような要件を満たす必要がある.

(1) 室温付近で適当な蒸気圧(1 Torr 以上)をもつ.

(2) 室温付近では安定で, 熱(光を併用することもある)により分解する.

(3) 高純度(金属として)である.

ここで有機金属とは, 少なくとも1つの金属-炭素結合をもつ有機化合物のことであり, 表3.9にMOCVDに用いられる代表的な化合物とその物性を示す.

これらの有機金属はさまざまな合成法により製造されるが, ここでは代表的なIII族有機金属について概要を述べる. $(C_2H_5)_3Al$などの有機アルミニウムは(3.16)式のように工業的に製造されており, これを精密蒸留することにより高純度品を得ることができる. 一方有機ガリウム, 有機インジウムの合成はGa・Inの電気陰性度がAlよりも大きいことを利用して(3.17)式のように, 金属ハロゲン化物と有機アルミニウムによるアルキル基置換反応を用いるのが一般的である. この方法の長所は, 残留する有機アルミニウムを高沸点錯体にして完全に分解除去したのちに精密蒸留ができるという点にある.

$$Al + 3C_2H_4 + \frac{3}{2}H_2 \rightarrow (C_2H_5)_3Al \quad (3.16)$$

$$InCl_3 + 3(CH_3)_3Al + 3KCl \rightarrow (CH_3)_3In + 3K[Al(CH_3)_2Cl_2]\downarrow \quad (3.17)$$

精製された有機金属の品質は, 不純物元素を分析することにより評価される. 分析方法としては酸で加水分解したのち, 誘導結合プラズマ発光(ICP)分析を行うか, またはフレームレス原子吸光分析を行う. 表3.10に$(CH_3)_3Ga$の分析例を示す.

品質に対する要求は厳しくなる方向にあ

表 3.9 MDCVDに用いられる有機金属

元素		化合物	分子量	融点 (°C)	沸点 (°C)	蒸気圧 (Torr/20°C)
II族	Zn	$(CH_3)_2Zn$	95.44	-42.2	46	280
		$(C_2H_5)_2Zn$	123.49	-30	117.6	15
	Cd	$(CH_3)_2Cd$	142.47	-4.2	105.7	24
III族	Al	$(CH_3)_3Al$	72.09	15	127	8
		$(C_2H_5)_3Al$	114.17	-52.5	194	0.05
		$(C_3H_7)_3Al$	198.32	4.3	—	0.15
	Ga	$(CH_3)_3Ga$	114.82	-15.8	55.8	178
		$(C_2H_5)_3Ga$	156.91	-82.3	143	4.4
	In	$(CH_3)_3In$	159.92	89	136	1.15
		$(C_2H_5)_3In$	202.01	-32	184	0.29
IV族	Ge	$(CH_3)_4Ge$	132.73	-85	43.4	306
		$(C_2H_5)_4Ge$	188.84	-88	163	1.9
	Sn	$(CH_3)_4Sn$	178.83	-54.9	76.8	92
		$(C_2H_5)_4Sn$	234.94	-112	175	0.5
V族	Sb	$(CH_3)_3Sb$	166.86	-62	80.6	82
		$(C_2H_5)_3Sb$	208.94	-98	160	2.8
VI族	Se	$(CH_3)_2Se$	109.03	—	58.2	173
		$(C_2H_5)_2Se$	137.08	—	108	22
	Te	$(CH_3)_2Te$	157.68	-10	93.5	46
		$(C_2H_5)_2Te$	185.73	—	137	5.4
	Mg	$(C_5H_5)_2Mg$	154.49	176	—	0.04
	Fe	$(C_5H_5)_2Fe$	186.04	171	249	0.01

表 3.10 $(CH_3)_3Ga$ の不純物元素分析例(ppm)

Fe	Cu	Al	Si	Zn	Mg	Ni
0.1>	0.1>	0.4>	0.3>	0.06>	0.01>	0.1>
Pb	Cd	Na	Ge	Cr	Mn	Sn
0.6>	0.04>	0.1>	0.4>	0.1>	0.03>	2>

り,有機金属の純度アップのため,新しい合成方法・精製方法・分析方法が検討されており,成果もあがっているが,真の意味での高純度化は有機金属のみでなく作業環境のクリーン化,容器の内面研磨・精密洗浄などを合わせて考慮する必要がある.

3.5.3 MOCVD法の原理と装置

有機金属を原料とする結晶成長の原理をⅢ-V族化合物半導体を例にして説明する.

Ⅲ族元素の有機金属は恒温にして,水素のバブリングにより気体状態で輸送され,V族元素の水素化物とともに結晶成長炉に導入される.

結晶成長炉中には加熱された基板が置かれており,この基板周辺の気相および基板表面で次のような熱分解反応が起こり基板上に化合物半導体結晶が成長する.

$Ga(CH_3)_3 + AsH_3 \rightarrow GaAs + 3CH_4 \uparrow$
$In(C_2H_5)_3 + PH_3 \rightarrow InP + 3C_2H_6 \uparrow$

ただし,上記反応式は反応系を集約して単純化したもので実際には,数多くの素反応を含んでいる.

MOCVD法ではすべての原料が気体として供給されるので,1つの温度領域内で分解と合成を行わせることができる.また原料の熱分解と半導体の生成が速く進むため,結晶層の成長速度は主として原料の供給速度で決まるというのが特徴である.

図3.12に $Ga_{(1-x)}Al_xAs$ の結晶成長を例にとって,MOCVD装置の模式図を示す.この系では(3.18)式のような熱分解反応が起こり,GaAs基板上に $Ga_{(1-x)}Al_xAs$ エピタキシャル膜(同一面方位の単結晶)を堆積する.

$(1-x)Ga(CH_3)_3 + xAl(CH_3)_3 + AsH_3$
$\rightarrow Ga_{(1-x)}Al_xAs + 3CH_4 \uparrow$ (3.18)

混晶比 x を任意に変えることにより,性質の異なる化合物半導体を得ることができる.表3.11にはこれまで実用化されたり,試みられたことのある化合物半導体の結晶系を示す.

表 3.11 化合物半導体結晶系の例

成 長 結 晶
ZnS, ZnTe, ZnSe, CdS,
CdTe, CdSe, PbS, PbTe,
PbSe, SnS, SnTe, SnSe,
$Pb_{1-x}Sn_xTe$,
GaAs, GaP, GaSb, AlAs,
$GaAs_{1-x}P_x$, $GaAs_{1-x}Sb_x$,
$Ga_{1-x}Al_xAs$, $In_{1-x}Ga_xAs$, $In_{1-x}Ga_xP$,
GaN, AlN, InN, InP, InSb,
$InAs_{1-x}Sb_x$, $In_{1-x}Ga_xAs_{1-y}P_y$, $InAs_{1-x}P_x$

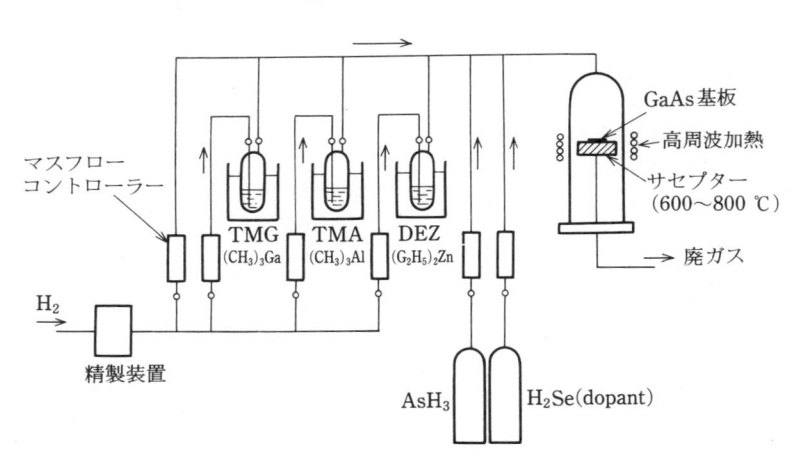

図 3.12 $Ga_{1-x}Al_xAs$ MOCVD装置模式図

3.5.4 MOCVD法の特長

MOCVD法以外のエピタキシャル成長技術としては，高品質で成長速度も大きくすでに量産化技術となっているLPE(液相成長法)とVPE(塩化物気相成長法)および精密制御がすぐれているMBE(分子線エピタキシ法)がある.

これらに比べてMOCVD法はある程度の成長速度をもち，大面積均一性がすぐれているなどから量産が期待できる実用化技術としての側面と，また一方ではあらゆる混晶系に適用可能でかつ単原子層膜のような極限の精密薄膜成長も可能な研究用技術としての側面の，両面を兼ねそなえており，最も注目されている結晶成長技術である.

すなわち，MOCVD法の特長は"量産に向いた成長技術でありながら非常に広範囲に結晶成長が可能"ということであろう.

しかし一方では，原料が自然発火性(有機金属)や猛毒(AsH_3など)のものが多く，取り扱いに注意が必要などの欠点ももっている.

3.5.5 応　　　　用

MOCVD法はおもに化合物半導体デバイスに応用される. 化合物半導体はシリコン半導体に比べ発光や高速性に特徴がある.

発光・受光特性を利用する光デバイスのほとんどに応用が可能だが，その特長を生かして研究または実用化が行われているものの例としては，光ファイバー通信用半導体レーザー，CD・光ディスク用半導体レーザー，GaAs太陽電池，青色LEDなどがある.

図3.13にMOCVD法の特長を生かしたInGaAlP系可視光レーザーの断面構造例を示す.

高速性を利用する電子デバイスへの応用としては，FET(電界効果トランジスタ)，HEMT(高移動度トランジスタ)，GaAsICなどがあげられる.

そのほか，化合物半導体以外にもLSI用Al配線，セラミックス薄膜などに用いられており，今後も新しい分野で機能性薄膜用原料

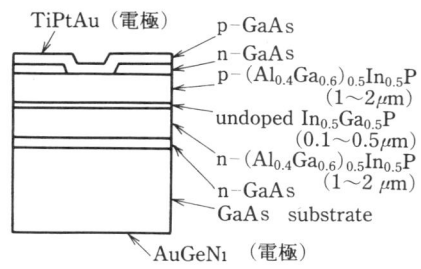

図 3.13 InGaAlP半導体レーザーの構造例

TiPtAu(電極)
p-GaAs
n-GaAs
p-$(Al_{0.4}Ga_{0.6})_{0.5}In_{0.5}P$ (1〜2μm)
undoped $In_{0.5}Ga_{0.5}P$ (0.1〜0.5μm)
n-$(Al_{0.4}Ga_{0.6})_{0.5}In_{0.5}P$ (1〜2μm)
n-GaAs
GaAs substrate
AuGeNi(電極)

として使用されていくであろう.

3.5.6 ま　と　め

MOCVD技術の成否は，原料である有機金属に負うところが大きいといえる.

その意味では，原料に対する要望も多様化しており，ある品質以上で低価格，低温分解性，低毒性，低カーボン汚染，電気特性評価を加味した超高純度化合物などが必要になってきている. しかしMOCVD技術の特徴を生かして量産性のある高品質薄膜を得るためには，原料だけでなく成長条件の適正化，反応装置の適正化などの諸条件を総合的に検討することが不可欠である.

また課題としては，結晶成長のメカニズムやインプロセスでのモニタリングに対する検討が不十分であり，これらを解決することによりさらにMOCVD技術が成熟していくものと思われる.　　　　　　　〔市川　明宏〕

参　考　文　献

1) 中西隆敏ら："薄膜の作製・評価とその応用技術ハンドブック", フジテクノシステム(1986).
2) 麻蒔立男："薄膜作成の基礎", 日刊工業新聞社(1984).
3) 和田　優ら："光エレクトロニクス材料マニュアル", 光産業技術振興協会(1986).
4) 河東田　隆ら：化合物半導体デバイス〔1〕", 工業調査会(1985).

3.6　累積膜(LB膜)

長い炭化水素鎖のような疎水基の末端に-COOH, -OH, -COOCH$_3$, -NH$_2$, -CONH$_2$などの親水基をもつ両親媒性化合物は，適当な有機溶媒に溶かして清浄な水面に滴下すると，薄く展開して溶媒の蒸発したあとに安定

な単分子膜を形成する．この単分子膜を固体表面に移しとり積層した膜を累積膜または創始者の名を冠してラングミュア-ブロジェット(Langmuir-Blodgett)膜(LB膜は略称)と呼ぶ．水面上の単分子膜を一定の2次元外圧で圧縮しながら，膜面をよぎって固体平板を垂直に上下させると，単分子膜が逐次，固体表面に移行する．板の上昇・下降時ともに膜が付着する場合をY型，下降または上昇時にのみ膜が付着する場合をそれぞれX型，Z型と呼ぶ(図3.14)．Y型では交互に逆向きの単分子膜が頭-頭，尾-尾型に積層されるから，中心対称性をもつ．一方，X型とZ型では裏向きまたは表向きの単分子膜だけが頭-尾型に累積されるので，その構造は非対称性である．いずれの型の膜になるかは主として膜物質の化学構造に支配されるが，温度や表面圧，基板表面の親水・疎水性，水相のpHや含有塩類などによって左右される場合もある．上述の垂直浸漬法では累積の際に単分子膜の流動を伴うから，適度な粘性をもつ膜にのみ適用可能である．これに対し，水平に支持した固体板を水面上の単分子膜に接触させたのち，ひき上げて転写する水平付着法(図3.15)では，膜の流動がなく，垂直法では不可能な高分子など剛性に富む単分子膜の累積に有効である．以上の手法により，2種以上の成分を含む混合単分子膜を累積しうるばかりでなく，異種の単分子膜を交互に積み重ねたり(図3.16)，両者の間に第3物質の膜を任意の厚さで挿入することもできる．それゆえ，官能基相互の距離や配向を分子の次元で制御した多様な秩序構造をもつ有機超薄膜を計画的に構築することが可能である(図3.17)．

図 3.15 水平付着法による累積膜の形成

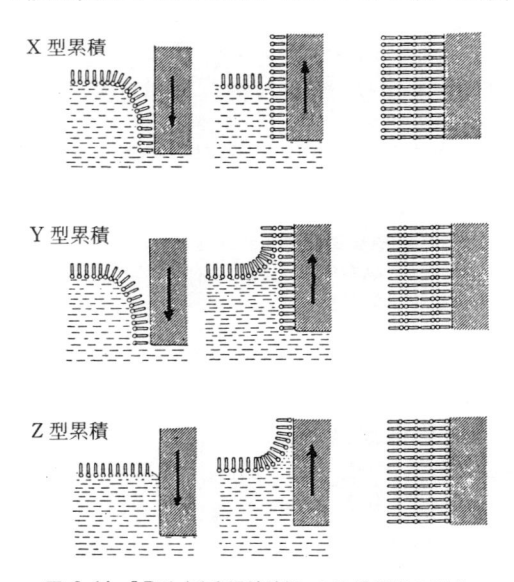

図 3.14 LB法(垂直浸漬法)による累積膜の形成

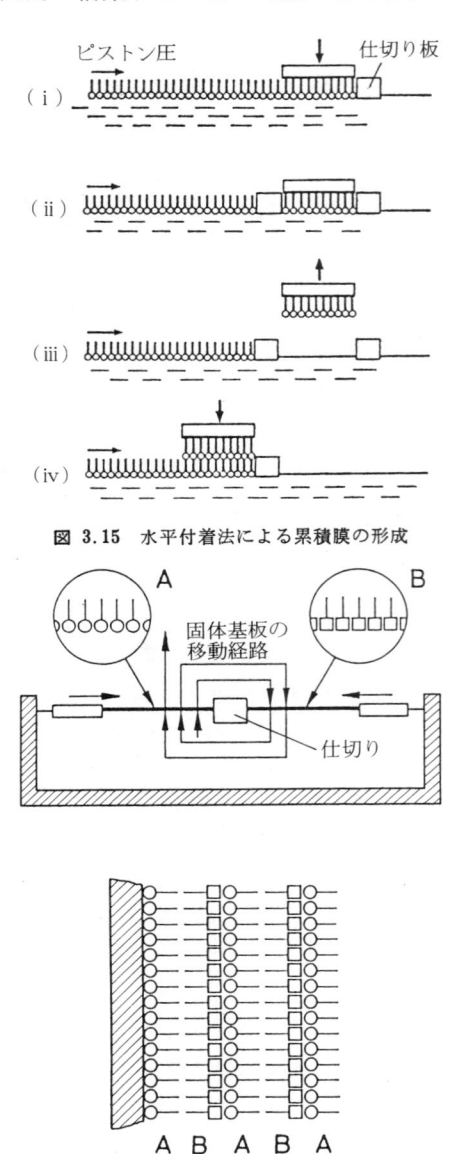

図 3.16 交互型複合累積膜の形成
単分子膜Bで被われた水面を通過して固体板を下降させ，別の単分子膜Aを広げた水面を通して板をひきあげる．

3. 電子機能材料

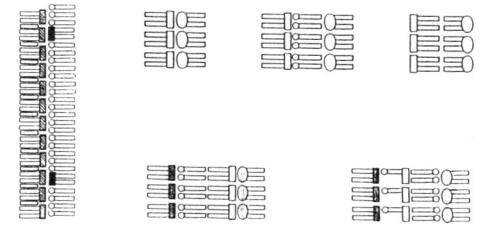

図 3.17 LB 膜の手法による層状分子組織体の構築例

累積膜の構造解析には，X 線回折をはじめ紫外・可視・赤外分光法や各種の電子分光法，走査型電顕，原子間力顕微鏡（AFM）などが用いられる．一例として，長鎖化合物の同族列について X 線回折より求めた累積膜の長面間隔（図 3.18）から，膜構造や分子鎖の傾きがわかる．長鎖脂肪酸の 2 価金属塩やメチルエステルなどが安定な Y 型構造を与えるのに対し，エチルエステルなどでは X 型構造が安定形である．一方，酢酸の長鎖エステルなど一部の化合物では，温度や表面圧により両方の膜型が得られる．なお炭素数の偶奇により分子鎖の傾きが変わる場合もある．

近年，親水基と疎水基に加えて種々の機能性原子団を組み込んだ LB 膜形成分子（図 3.19）が開発され，分子エレクトロニクス素子など多方面の応用が期待されている．たとえば，電子受容体（A），増減色素（S），電子供与体（D）を含む 3 種の両親媒性分子を積層した LB 膜系に光照射すると，S の励起電子が A に移り，D から S へ電子が供給されて光電流が観測される（図 3.20）．一方，電荷移動錯体や共役 π 電子系を膜面内または垂直方向

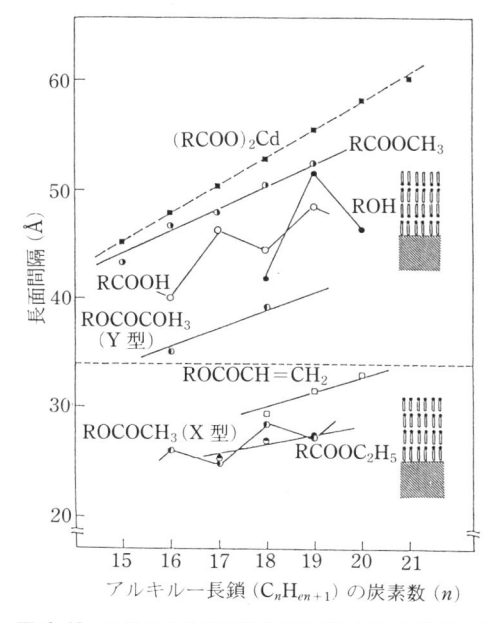

図 3.18 長鎖化合物同族列の累積膜における X 線回折による長面間隔と膜構造

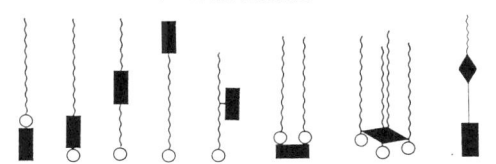

図 3.19 機能性原子団を含む両親媒性分子
〜〜〜 疎水基，○ 親水基，■ ◆ 機能性原子団

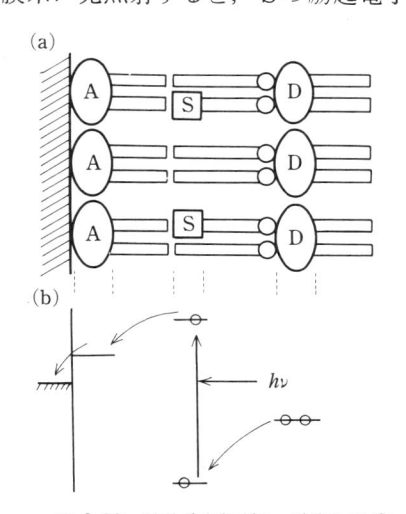

図 3.20 電子受容体（A），増感色素（S），電子供与体（D）を積層した LB 膜系による光・電変換（文献 6）藤平の総説参照）

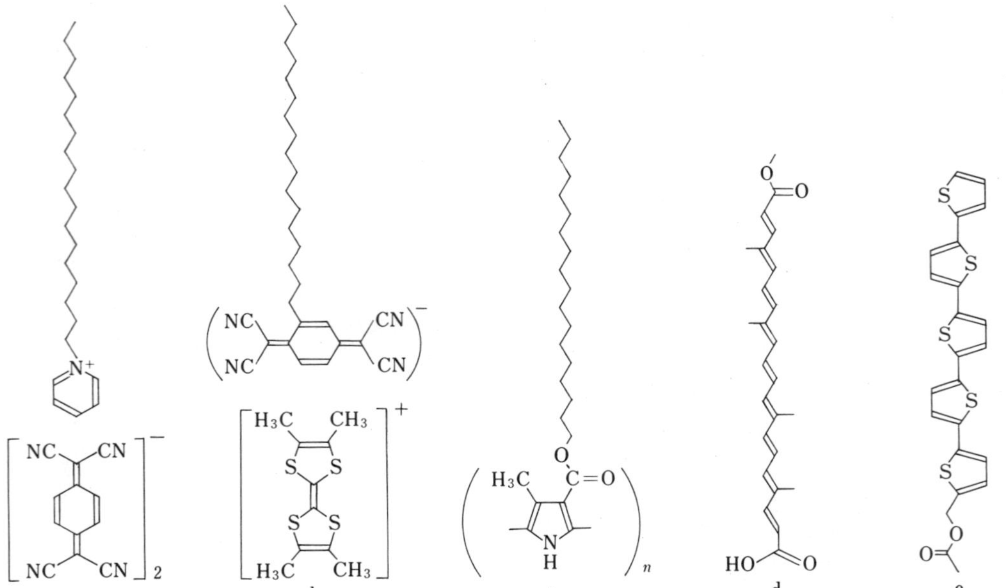

図 3.21 導電性 LB 膜
a,b：電荷移動錯体，c：ポリピロール誘導体，d：ビキシン，e：ポリチオフェン誘導体，a,b,cは2次元導電素子，d,eは分子電線の例

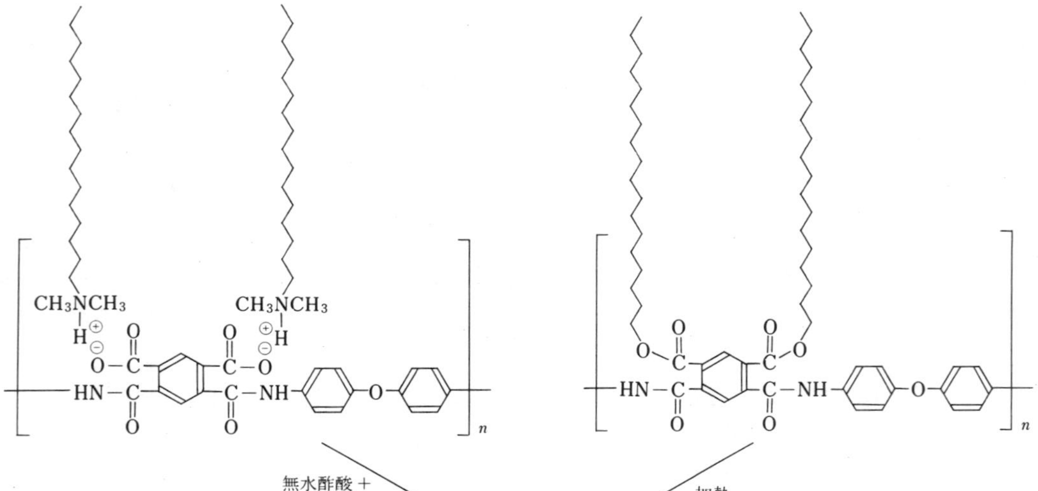

図 3.22 耐熱性ポリイミド LB 膜
前駆体であるポリアミド酸の長鎖アルキルアミン塩，または長鎖エステルの単分子膜を累積したのち，環化してポリイミド膜を得る．

に整列させた LB 膜(図 3.21)は著しい電導度異方性を示すから，分子レベルの 2 次元有機導電素子あるいは膜面に垂直な分子電線として興味深い．有機半導体として安定な金属フタロシアニン誘導体の LB 膜を用いた諸機能の研究例も多く，また，非対称構造の LB

膜では非線型光学効果や焦電効果などが観測されている．アゾベンゼンやメロシアニンなど色素の誘導体を含むLB膜では，発色団の配列・充塡や会合状態の変化に基づく光反応の制御が可能であり，光メモリーをはじめ種々の応用が考えられる．さらに，1分子中に異なる機能を担う複数の原子団を組み込んだ膜物質として，たとえば，前述のA, S, Dを同時に含む両親媒性分子や，光などの外部刺戟により構造変化を起こす部分とこれに連動して導電率が変化する機能部から成る分子などが開発され，LB膜における分子設計と配列制御は多彩を極めている．

実用化をめざすに当たっては，欠陥のない均一なLB膜を迅速に得るためのさまざまな工夫とともに，LB膜の高分子化による熱的，機械的安定性の向上も重要な課題である．種々の高分子LB膜やLB膜中での重合反応が研究されており，ポリイミド（図3.22）をはじめ400°C以上に耐えるLB膜が開発されている．なお，酵素や抗体タンパクを含むLB膜を用いてバイオセンサーなどをつくる試みもある．最近の進歩については参考文献7）を参照されたい．　　　　　　　〔福田　清成〕

参　考　文　献

1) 福田清成，石井淑夫："新実験化学講座18，界面とコロイド", p.439, 497, 丸善(1977).
2) 福田清成：科学, **52**, 670(1982).
3) 福田清成，中原弘雄："化学総説40，分子集合体" p.82, 学会出版センター(1983).
4) 福田清成，杉　道夫，雀部博之編："LB膜とエレクトロニクス"，シーエムシー(1986).
5) 中原弘雄，福田清成："季刊化学総説5，アドバンストマテリアル", p.75, 学会出版センター(1989).
6) 福田，下村，加藤，藤平，柴崎，中原，相沢，川端：油化学，Vol.39, No.3, 小特集LB膜(1990).
7) 福田清成，加藤貞二，中原弘雄，柴崎芳夫："超薄分子組織膜の科学―単分子膜からLB膜へ"，講談社(1993).

4. 分離機能材料

4.1 イオン交換樹脂
4.1.1 イオン交換樹脂の基本的構造

イオン交換樹脂は3次元網目構造の高分子の基体にイオン交換基を結合させたものであり，高分子基体に固定されている固定イオンと，これと反対符号の，溶液中に溶出できる対立イオンから成っている．現在最も多く使用されているイオン交換樹脂の高分子基体は，主モノマーのスチレンと架橋性モノマーのジビニルベンゼンとの共重合体である．ジビニルベンゼンの量比を増すと網目構造は密となる．

4.1.2 イオン交換樹脂の種類

対立イオンがH^+である陽イオン交換樹脂，OH^-である陰イオン交換樹脂はそれぞれ高分子の酸，塩基と考えることができる．高分子の酸，塩基の解離度の差によって強酸性，弱酸性の陽イオン交換樹脂，強塩基性，弱塩基性の陰イオン交換樹脂に分類される．

a. 強酸性陽イオン交換樹脂　　スチレンとジビニルベンゼンの共重合体を硫酸でスルホン化してスルホン基を高分子基体に結合させたものである．高分子基体をRとするとR$-SO_3H$と表される．これは水中で次のように解離する．

$$R-SO_3H \longrightarrow R-SO_3^- + H^+$$

この型のイオン交換樹脂は硫酸や塩酸に相当する強酸性であり，全pH領域で解離する．

b. 弱酸性陽イオン交換樹脂　　アクリル酸またはメタクリル酸とジビニルベンゼンを共重合させたもので，高分子基体にカルボキシル基を結合させたものである．

水中で次のように解離する．

$$R-COOH \longrightarrow R-COO^- + H^+$$

これは酢酸などに相当する弱酸性で，酸性領域では解離しない．

強酸性陽イオン交換樹脂はイオンとの交換性はよいが，反面再生されにくく化学当量的に多量の再生剤を必要とする．弱酸性陽イオン交換樹脂は再生が容易であるという特長をもつ．

c. 強塩基性陰イオン交換樹脂 スチレンとジビニルベンゼンの共重合体をクロロメチル化したのちトリメチルアミンやジメチルエタノールアミンと反応させて，高分子基体に4級アンモニウム基を結合させたものである．水中で次のように強く解離する．

$$R-N(CH_3)_3 \cdot OH \longrightarrow R-N^+(CH_3)_3 + OH^-$$

全 pH 領域で解離し，イオン交換能をもつ．

d. 弱塩基性陰イオン交換樹脂 スチレンとジビニルベンゼンの共重合体をクロロメチル化したのち第1, 2級アミンなどと反応させて高分子基体に1～3級アミンを結合させたものである．水中で次のように解離するが解離性は弱い．

$$R-N\genfrac{}{}{0pt}{}{R_1}{R_2} + H_2O \longrightarrow R-N^+\genfrac{}{}{0pt}{}{R_1}{R_2}-H + OH^-$$

e. ゲル型樹脂と多孔性樹脂 イオン交換樹脂の特性はイオン交換基の種類によってのみ決まるものではなく高分子基体の性状によっても大きく変わってくる．

高分子基体の原料であるモノマーと架橋性モノマーに重合開始剤を加えて，水を分散媒とし，適当な懸濁安定剤を加えて撹拌しながら重合すると球状でほぼ均質な構造をもった"ゲル型"樹脂と呼ばれる樹脂が得られる．

懸濁重合の際に，モノマーと架橋性モノマーはよく溶解するが，生成する共重合体を膨潤させない水不溶性の有機溶媒をモノマーに加え，かつ架橋性モノマー量を適量以上に用いると多孔性構造をもつ樹脂が得られる．架橋性モノマーと溶媒の量，溶媒の種類を変えることにより多孔性構造をかなり広範に変えることができる．

ゲル型樹脂から製造されたイオン交換樹脂は水中で膨潤して細孔を生じ，イオンはここを拡散して交換が行われる．しかし乾燥すると収縮して細孔は消滅する．また，非水溶媒中では膨潤しないので細孔が生じずイオン交換能も不十分である．一方，多孔性樹脂から

表 4.1 代表的な市販のイオン交換樹脂

種類		基体	官能基	ゲル型	ポーラス型
陽イオン交換樹脂	強酸性	ポリスチレン	$-SO_3Na$	Diaion SK 1B, SK102, 116 Amberlite IR 120, 122, 124 Dowex HCR-S, HGR-W2	Diaion PK 208, 228, HPK25, 55 Amberlite 200, 252 Dowex 88, Duolite C-250
	弱酸性	ポリメタクリル酸	$-COOH$		Diaion WK 10, 11, 13 Amberlite IRC50, 75
		ポリアクリル酸	$-COOH$	Duolite C-433	Diaion WK20, Amberlite IRC84 Dowex MWC 1H, Lewatit CNP180
陰イオン交換樹脂	強塩基性 I型	ポリスチレン	$-N(CH_3)_3Cl$	Diaion SA 10A, 11A, 12A Amberlite IRA400, 401, 402 Dowex SBR, Lewatit M500	Diaion PA 306, 318, HPA25 Amberlite IRA 900, 904, 938 Dowex MSA1, Duolite A 161
	強塩基性 II型	ポリスチレン	$-N\genfrac{}{}{0pt}{}{(CH_3)_2Cl}{CH_2CH_2OH}$	Diaion SA 20A, 21A Amberlite IRA 410, 411 Dowex SAR, Lewatit M 600	Diaion PA 406 418, HPA 75 Amberlite IRA 910 Dowex MSA2, Lewatit MP600
	弱塩基性	ポリアクリル酸アミド	$-CONH(CH_2)_n$ $N(CH_3)_2$	Diaion WA 10, 11 Amberlite IRA68	
		ポリスチレン	$-NH(CH_2CH_2NH)_nH$	Amberlite IR 45	Diaion WA 20, 21
		ポリスチレン	$-N(CH_3)_2$		Diaion WA 30, Lewatit MP 64 Amberlite IRA 93, Dowex 66

製造されたイオン交換樹脂は乾燥状態においても消滅しない細孔をもっている．多孔性樹脂はゲル型樹脂と比べて次の特徴がある．① イオン交換速度が速い，② 大分子イオンを対象とする交換が可能，③ 細孔が膨潤，収縮による樹脂の容積変化のクッションとして働くので容積変化に対する強度が大，④ 樹脂が膨潤しにくい非水溶液中での使用も可能，⑤ 交換容量(容積基準の)は細孔の部分だけ減少する．

4.1.3 イオン交換樹脂の機能

イオン交換樹脂のおもな機能には次のようなものがある．

a. イオン交換 イオン交換樹脂の基本的な機能である．イオン交換樹脂と電解質溶液とを接触させたときにイオン交換樹脂内の対立イオンが溶液中のイオンと入れ替わる現象がイオン交換であり，イオン交換反応には表 4.2, 4.3 に示したようなものがある．中性塩分解反応は中性塩溶液を酸性または塩基性溶液に変換する反応で，強酸性または強塩基性のイオン交換樹脂によってのみ行われる．弱酸性，弱塩基性の樹脂は中性塩分解の能力は非常に弱い．中性塩分解反応は可逆反応であるから，右辺から左辺への反応を利用して再生を行うことができる．

b. イオン排除 Aイオン形の陽イオン交換樹脂 R—SO₃A を電解質 AY の溶液中に入れると電解質 AY はドナン(Donnan)膜排除により排除されて樹脂相内に入らない．これに対して非電解質は排除されないので電解質と非電解質とをクロマト的に分離することが

表 4.2 陽イオン交換樹脂の反応性

中性塩分解反応	
R-SO₃H+NaCl ⇌ R-SO₃Na+HCl	(1)
R-COOH+NaCl → ほとんど反応しない	(2)
中和反応	
R-SO₃H+NaOH ⇌ R-SO₃Na+H₂O	(3)
R-COOH+NaOH ⇌ R-COONa+H₂O	(4)
複分解反応	
2R-SO₃Na+CaCl₂ ⇌ (R-SO₃)₂Ca+2NaCl	(5)
2R-COONa+CaCl₂ ⇌ (R-COO)₂Ca+2NaCl	(6)

矢印の長さは反応の難易を示す目安

表 4.3 陰イオン交換樹脂の反応性

中性塩分解反応
R≡N·OH+NaCl ⇌ R≡N·Cl+NaOH
R≡NH·OH+NaCl → ほとんど反応しない
中和反応
R≡N·OH + HCl ⇌ R≡N·Cl + H₂O
R≡NH·OH+HCl ⇌ R≡NH·Cl+H₂O
複分解反応
2R≡N·Cl + Na₂SO₄ ⇌ (R≡N)₂SO₄ + 2NaCl
2R≡NH·Cl+Na₂SO₄ ⇌ (R≡NH)₂SO₄+2NaCl

できる．たとえばエチレングリコールと食塩の混合溶液を Na 形の強酸性陽イオン交換樹脂を充填したカラムに流し，水で展開すると樹脂から排除される食塩が先に流出し，排除されないエチレングリコールが遅れて流出してくる．

c. 触媒 イオン交換樹脂は不溶性の酸または塩基であり，H 形の陽イオン交換樹脂，OH 形の陰イオン交換樹脂はそれぞれ酸性触媒，塩基性触媒として働く力がある．イオン交換樹脂は固体触媒であるから，連続反応が容易，反応生成物と触媒の分離が容易，反応器の腐食が少ない，などの利点がありエステル化，加水分解，アルコリシス，アルキル化などの反応の触媒として利用されている．

ベンゼン中に溶解した 1-ブロモオクタンと水に溶解したシアン化ナトリウムから 1-シアノオクタンを生成させるような，通常では進行しにくい異相間の反応をイオン交換樹脂が促進させることも知られている．これは固体の相間移動触媒である．

d. 担体 イオン交換樹脂は種々の物質をイオン結合，吸着などによって固定化することができる．

そして固定化された物質の機能が利用される際の担体として働く．担体としての応用例には，酵素をイオン交換によってイオン交換樹脂に結合させ固定化酵素として利用する方法や，金属抽出剤をイオン結合と吸着でイオン交換樹脂に固定し，固体の金属捕捉材として利用する方法などがある．また，Cu^{2+}, Ni^{2+}, Zn^{2+} などの配位結合を形成しやすい

表 4.4 イオン交換樹脂の応用例

用途		内容	具体例
溶液の精製	脱塩	不純物として存在するイオンをH^+, OH^-と交換する	水,糖液,ホルマリンの脱塩,廃水処理
	塩転換	不純物として存在するイオンを無害のイオンと交換する	水の軟化,糖液の軟化と脱色,重金属の除去
有用物質の吸着		溶液中の有用物質を吸着分離する	アミノ酸,抗生物質,希土類の分離精製
触媒		樹脂を固体の酸,アルカリとして反応触媒に使う	エステル化,加水分解,糖の転化
担体		樹脂に特定の物質を吸着させ,これを不溶性の触媒や吸着剤として使う	不溶性酵素,金属塩型樹脂の触媒
特殊		樹脂粒子の内部と外部との物質の分配係数の差を利用する	脱水,極性物質の除去,電解質と非電解質の分離

性質をもつ金属イオンを対立イオンとして固定した陽イオン交換樹脂はこれらの陽イオンに配位する性質をもった分子や陰イオン(配位子)に対する選択性のよい吸着剤となる.配位子交換の対象になる物質にはアンモニア,アミン,多価アルコール,カルボン酸,アミノ酸などがある.

4.1.4 イオン交換樹脂の応用 種々の機能を利用したイオン交換樹脂の用途を表 4.4 に示す. 〔板垣 孝治〕

参 考 文 献

1) 久山 宏:"キレート樹脂,イオン交換樹脂", 北条舒正編, p.127, 講談社 (1976).
2) E. Glueckau and R.E. Watts: *Proc. Roy. Soc* (*London*) *Ser. A*, **268**, 339 (1962).
3) S.L.Regen: *J. Am. Chem. Soc.*, **97**, 5956 (1975).
4) H. Tanaka, M. Chikuma, A. Harada, T.Ueda and S. Ube: *Talanta*, **23**, 489 (1976).

4.2 イオン交換膜

生体膜あるいはコロジオン膜(硝酸セルロース系膜)のような荷電膜によるイオンの選択透過現象を通して,イオン交換膜の基礎研究が始められたが,1930年代のイオン交換樹脂を膜状に成形する努力を経て,1950年にフェノールスルホン酸,フェノールおよびホルマリンを縮合させた均質な膜の合成が報告された[1].その後,各種の炭化水素系のイオン交換膜が工業的に利用できるようになり,その応用分野も着実に拡大してきている[2].

一方,1970年代の前半に耐熱・耐薬品性に著しくすぐれた過フッ化炭素系のイオン交換膜が開発され,食塩電解によるカセイソーダの製造に革新的な進歩をもたらした[3].

4.2.1 種類と製造方法

イオン交換膜には,イオン交換基の種類により陽イオンを選択的に透過させる陽イオン交換膜,陰イオンを選択的に透過させる陰イオン交換膜とがある.陽イオン交換基としてはスルホン酸,カルボン酸,ホスホン酸などが,また陰イオン交換基としては各級アミンや第4級アンモニウム塩が知られているが,工業的には強酸性のスルホン酸基および強塩基性の第4級アンモニウム塩が最も一般的に使用されている.

膜の構造によって均質膜と不均質膜に分類されるが,現在はもっぱらスチレン-ジビニルベンゼン共重合体からなる橋かけ型均質膜が用いられている.通常はこれらのモノマーを含浸重合させたのち,スルホン化あるいはアミノ化などのイオン交換基導入反応を施して所望のイオン交換膜とする.

フッ素系の陽イオン交換膜の素材として用いられているポリマー構造の一般式を次式に示す.

$$\{CF_2CF_2\}_x\{CF_2CF\}_y$$
$$|$$
$$(OCF_2CF)_m O\{CF_2\}_n X$$
$$|$$
$$CF_3$$

ここで $m=0$ または 1, $n=1\sim5$, $X=CO_2H$, SO_3H またはその誘導体である．式からわかるように，ポリマーはカルボン酸基またはスルホン酸基を側鎖に有するペルフルオロビニルエーテルとテトラフルオロエチレンの共重合によって製造される．これらのポリマーは炭化水素系のイオン交換膜と異なり，非橋かけ構造の線状ポリマーで，溶融押出成形により製膜される．

フッ素系陰イオン交換膜の開発も進められているが，これは陽イオン交換膜中の交換基を多段階の高分子反応によりアルキルアンモニウム基に変換して製造される．

4.2.2 基本的性能

イオン交換膜の性能を支配する因子はイオン交換容量 A_R（ミリ当量/グラム乾燥樹脂），含水率 W_R（グラム H_2O/グラム乾燥樹脂）および膜中の固定イオン濃度 A_W（ミリ当量/グラム H_2O）である．ここで $A_W=A_R/W_R$ の関係がある．イオン交換容量は膜内のイオン交換基の量で決まり，含水率は膜内のイオン交換基および対立イオンの水和による膨潤と，膜素材の収縮力のバランスで決まるが，橋かけ膜の場合には橋かけ度にも左右される．なお固定イオン濃度が高いほどドナン平衡により膜内の固定イオンと同符号のイオンは排除され，結果として異符号イオンである対立イオンの選択透過性が高くなる．

4.2.3 特徴と応用

イオン交換膜は欧米では塩水の淡水化を中心に実用化が進められたのに対し，わが国では海水濃縮による食用塩の製造に重点が置かれ，その技術開発を基にして，電気透析あるいは拡散透析による廃液からの有価物回収，脱塩精製などへの展開が図られてきた．

年産約 140 万トンの食用塩全量が膜法で製造されているが，この場合には陽イオン交換膜の表面に電気泳動法で陰イオン性電解質を付着させて表面の固定イオン濃度を下げたり，その解離度を低下させて 2 価以上の陽イオンの透過性を阻止した高性能の 1 価イオン選択透過膜を採用することによって，食塩 1 トン当たり 250 kWh 以下の消費電力で 200 g/l 以上の食塩濃度の濃縮かん水に転換されている．

医薬品・食品工業における電解質の分離除去や脱塩精製，金属メッキなどの廃酸回収などもすでにイオン交換膜の工業用途として確立してきているが，環境保全の観点からも今後ますます重要な応用分野となるであろう．

ソーダ工業においては，環境問題に端を発した水銀電解法からの製法転換に際し，フッ素系陽イオン交換膜がイオン交換膜法食塩電解技術の確立に主導的役割を果たした．当初はペルフルオロスルホン酸膜の使用が試みられたが，電解性能の観点から弱酸であるペルフルオロカルボン酸膜が提案され，これによって 30% 以上のカセイソーダを 95% 以上の電流効率で生産することが可能となり，ゼロギャップ型の電解槽の開発と相俟って経済的にも最もすぐれた電解システムとして実用化されるに至った． 〔山辺　正顕〕

文　献

1) M. Juda and W.A. McRae: *J. Am. Chem. Soc.*, 72, 1044(1950).
2) a) 山辺武郎，妹尾　学: "イオン交換樹脂膜"，技報堂(1964).
   b) 八幡屋正: "エンジニアのためのイオン交換膜"，共立出版(1982).
   c) 佐藤　章ら: CMC テクニカルレポート No.28，イオン交換樹脂・膜の最新応用技術，シーエムシー(1982).
3) a) 日本化学会編: "化学総説 No.45，機能性有機薄膜"，学会出版センター(1984).
   b) A. Eisenberg and H.L. Yeager: "Perfluorinated Ionomer Membranes", ACS Symposium Series, ACS Washington, D.C.(1982).
   c) H. Ukihashi, et al.: *Progress in Polymer Science*, 12(4), 229(1986).

4.3 分離膜
4.3.1 はじめに

分離とは，物質混合系に適当な物理的操作あるいは化学的操作を加えることにより，それぞれの構成物質に分けることをいう．この分離には，その物質が有する属性を利用して分離する方法と，分離材料を用いることにより分離する2つの方法がある．前者には，蒸留，昇華，結晶，沈殿，ゾーンメルティング（帯溶融），遠心分離などがあり，後者には，吸着，イオン交換，クロマトグラフィー，膜分離などがあげられる．後者の分離材料を利用した分離は，分離されようとする物質と分離材料を構成する構成要素との間の相互作用における特異性や選択性が分離に大いに寄与し，温和な操作条件において高効率な分離が可能となる．したがって，分離材料は化学プロセスや工業プロセスのみならず研究室レベルにおいても重要な役割を担っている．

分離材料は凝集分離材料，吸着分離材料，膜分離材料の3つに大別される．これらのうち分離における連続操作を完全に可能にする分離材料が分離膜材料である．

4.3.2 膜の分類

分離膜の各論に入る前に，膜そのものを種々の観点より概観して分類することを試みる．

a. 孔径による分類 現存する膜分離過程と膜孔径との関係を図4.1に示した．通常のろ過は直径 $10\mu m$ 以上の粒子をろ別している．膜分離あるいは膜透過現象を考える場合，しばしば膜に存在する孔の大きさが問題

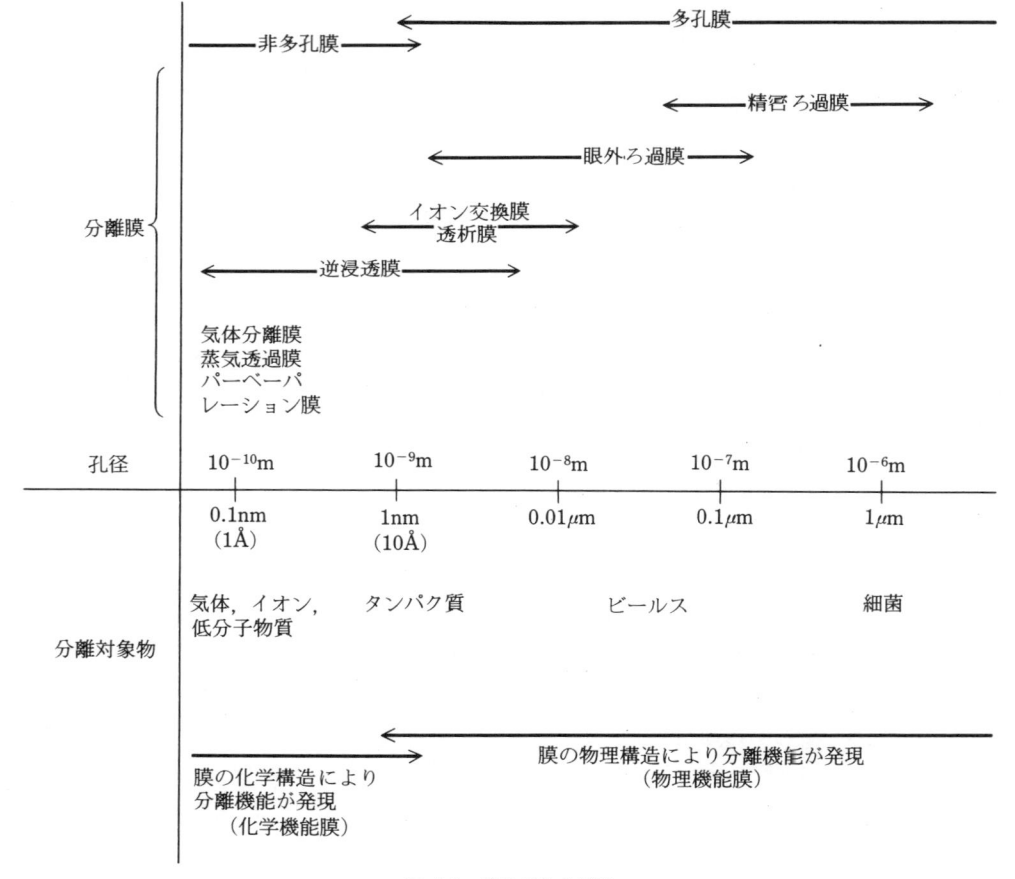

図 4.1 膜孔径と分離膜

4. 分離機能材料

となる．高分子膜における熱振動により生成する分子間隙により主として形成される自由容積 (free volume) の単位体積が約 $1\,\text{nm}^3$ ($1000\,\text{Å}^3$) であることから，約 $1\,\text{nm}$ ($10\,\text{Å}$) の直径を目安にして，それよりも大きな孔径をもつ膜を多孔膜と呼び，それよりも小さな孔径を有する膜を非多孔膜と呼んでいる．すなわち，非多孔膜においては，もはや孔というものは存在せず，高分子鎖と高分子鎖の分子間隙のみを有していることになる．これより，逆浸透，気体透過，蒸気透過，パーベーパレーションは非多孔膜により行われていることがわかる．

b. 膜形態による分類 膜の断面を観察した場合，均一に見える膜とそうでない膜とがある．前者の場合も厳密に観察したなら製膜時のガラス板や空気などの影響を受けて，膜表面層が内部と若干異なることはよく知られているが，断面の中央から両膜表面への膜構造や化学組成をマクロに見たとき同じと見なし得る場合，対称膜(symmetric membrane)と呼ぶ(図4.2)．一方，膜の両側において，その化学的構造や物理的構造が著しく異なる場合，そのような膜を非対称膜と呼んでいる．非対称膜の典型例として酢酸セルロースより逆浸透膜として調製されるロブ-スリラーヤン(Loeb-Sourirajan)膜がある．これは1960年頃，Loeb と Sourirajan によって開発された膜であり，酢酸セルロースのアセトン溶液から，厚さ約 $1\,\mu\text{m}$ の表面緻密層とその下にはスポンジ状の多孔層とから成っているものである．酢酸セルロース以外の非対称膜に対してもロブ-スリラーヤン(Loeb-Sourirajan)型膜と呼ぶこともある．さらに，対称膜は膜断面が均一であることから均一膜(homogeneous membrane または dense membrane)と呼ばれ，また一方，膜断面が一様でないことより非対称膜は，不均一膜(heterogeneous membrane または inhomogeneous membrane)とも呼ばれる．これらの呼称は膜全体のマクロな観察結果に基づいており，分子論的な考察に立脚しているわけではない．

c. 膜構成物質の組成による分類 1種類の膜素材より構築される膜を単一膜(single membrane)，また2種類以上の膜素材より成る膜を複合膜(composite membrane)と呼ぶ．複合膜として，2種類以上の膜を貼り合わせたラミネート膜，膜表面に異なる高分子溶液を塗布し乾燥させる操作を経ることによって得られる塗布膜や，有機化合物を共有結合により膜表面や膜内部に結合させたグラフト膜やプラズマ重合膜などがある．2種類以上の膜素材を混合することにより得られるブレンド膜も複合膜の一種に含まれる．しかしながら複合膜という用語は，一般に異種材料より構成される膜分離性能を発現する超薄膜層(非対称膜の表面緻密層に相当)と，それを支持する支持層(非対称膜の多孔層に相当)とより成る膜を指している．

d. 膜使用形態による分類 本分類は膜が実際に使用されるときの形態による分類で，最終的に膜はモジュール(module)と呼ばれる容器のなかに納められ，その膜機能を発現することになる．

平膜は，平らな膜を枠に張り，これを多数重ね合わせ締め付け固定したもので，一般

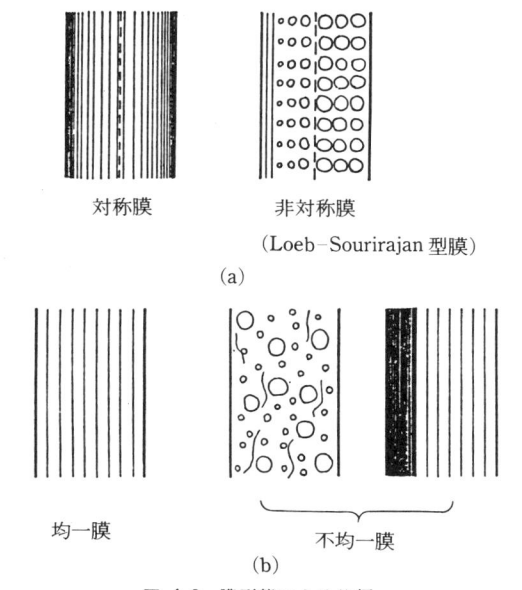

図 4.2 膜形態による分類
(a) 対称膜と非対称膜，(b) 均一膜と不均一膜．

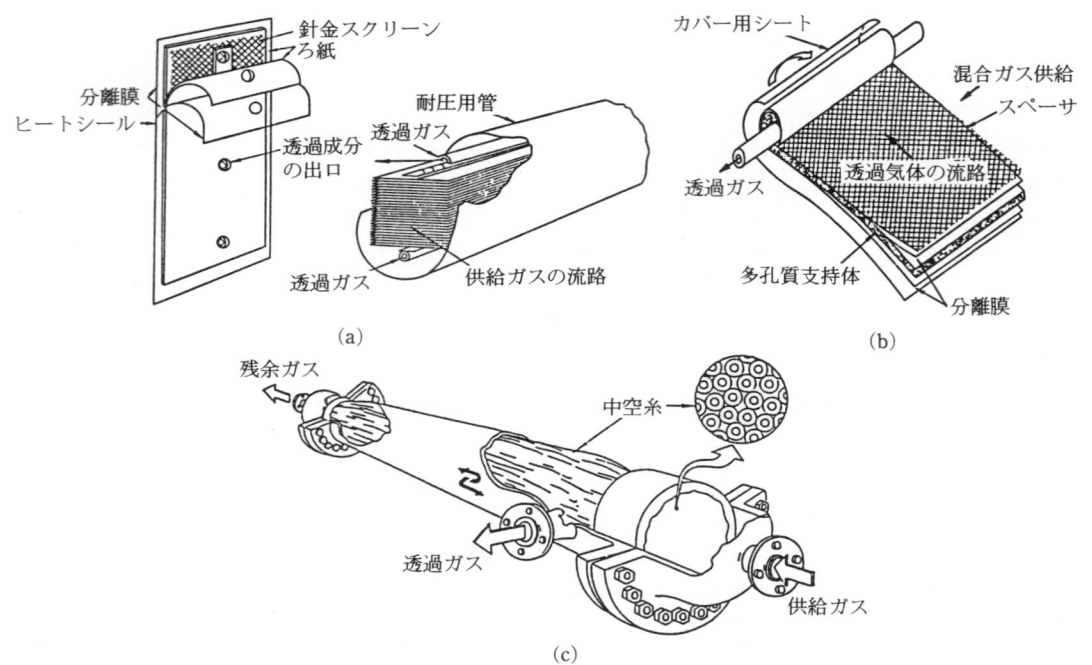

図 4.3 膜モジュール(気体分離を例にとった)
(a) 平膜, (b) スパイラル膜, (c) 中空糸膜

に, plate and frame と呼ばれる. スパイラル(spiral)膜は, 図4.3に示すように平膜の間にスペーサーを挟むことにより膜同士が密着するのを妨げ, これを海苔巻のように巻き上げたものである. 管状膜は, 直径1～10mmの管状にした膜形態をとっており Tubular 膜とも呼ばれている. 中空糸(hollow fiber)膜はさらに直径が小さく, 外径0.03～1mm, 内径0.02～0.9mmの中空状の膜形態を有するものである. マイクロカプセルも膜形態の1つとして分類される.

4.3.3 分離機能膜

現存する膜分離過程と膜孔径, 分離される物質の大きさを図4.1に, また, 各種膜分離

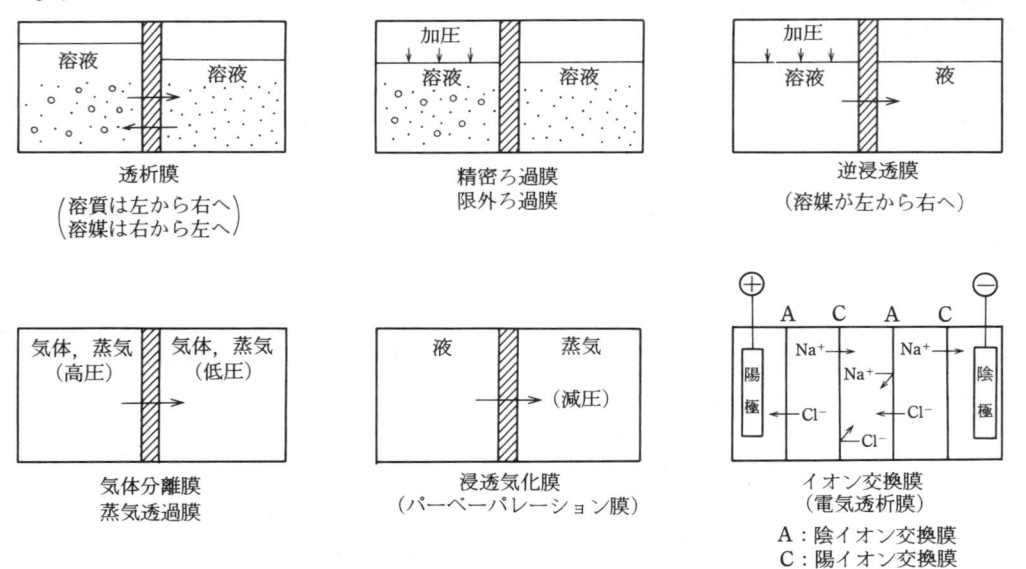

図 4.4 膜分離法の概念図

4. 分離機能材料

表 4.5 膜分離過程とその分離機構

分離過程	高分子膜の膜形態	駆動力	分離機構	適用範囲
気体透過 蒸気透過	対称膜，非対称膜，非多孔膜，場合により多孔膜	圧力差 (気体の濃度差)	溶解—拡散機構 (多孔膜ではクヌーセン流れ機構)	気体ならびに蒸気の混合物の分離
パーベーパレーション	〃	濃度勾配	溶解—拡散機構	液体混合物の分離
逆浸透	非対称膜（分離機能を担う表面薄膜層は非多孔膜）	静水圧差 (20〜100 atm)	溶解—拡散機構	塩ならびに低分量溶質を含む溶液からの溶媒の分離
透析	対称膜（孔径 1〜100 nm）	濃度勾配	溶解—拡散機構	高分子溶液からの塩ならびに低分子量溶質の分離
電気透析	陽イオン交換膜 陰イオン交換膜	電気化学ポテンシャル勾配	粒子の電荷ならびにイオンの大きさ	イオンを含む溶液からの脱塩
限外ろ過	非対称膜，多孔膜 (孔径 0.002〜0.1 μm)	静水圧差 (0.5〜5 atm)	ふるい機構	高分子溶液の分離
精密ろ過	対称膜，多孔膜 (孔径 0.05〜1 μm)	静水圧差 (1〜10 atm)	孔径と吸着によるふるい機構	無菌ろ過，清澄化

法の概念図を図 4.4 に示した．さらに，膜分離過程と膜分離機構を表 4.5 にまとめて示した．

精密ろ過膜(microfiltration membrane, micro filter: MF)は化学実験に利用されるろ紙より，もう少し小さな孔が存在している膜であり，ふるい効果によって，物質を分離する膜である．いいかえれば，サイズで物質を分ける膜であり，バクテリアを除去するろ過膜としても用いられている．

膜に存在する孔の孔径がさらに小さくなると，タンパク質のような巨大分子とイオンのような低分子量の物質との間の分離が可能となってくる．このような機能を有する膜が限外ろ過膜(ultrafiltration membrane:UF)である．限外ろ過機能をもつ膜は，$0.1\,\mu m$ から $0.01\,\mu m$ 程度の孔がある．

透析膜(dialysis membrane)は，膜の両側の濃度差による溶質分子の膜透過性の差違を利用することにより，物質分離する機能を有する膜の総称である．拡散透析法は，膜分離法としては最も古くから行われており，動物の膀胱膜やコロジオン膜，セロファンなどを透析膜として用いて，低分子量化合物やイオン類とタンパク質などの高分子物質との間の分離が行われている．

逆浸透膜(reverse osmosis membrane: RO)は半透膜による浸透平衡の原理をさらに発展させることにより，海水淡水化を可能にした膜である．いま半透膜を隔てて，一方に食塩水を，他方に純水があると，水は膜を介して食塩水の方へ流れる．これは，物理化学でおなじみの浸透現象(osmosis)と呼ばれるものである．この水の流れは，食塩水側に浸透圧に等しい圧力を加えることにより停止することができるが，さらに食塩水側に加える圧力を増すと，水が膜を介して食塩水から純水の方に逆に流れ出す．すなわち，食塩水から純水を得たことになる．このときの水の流れは浸透流の場合と逆方向であることから逆浸透法と呼び，それを目的として調製された分離膜を逆浸透膜と呼んでいる．逆浸透膜は透析膜の高分子鎖間隙がさらに小さく，緻密になった膜構造をとっていると考えられる．

気体分離膜(gas separation membrane, gas permeation membrane)，蒸気透過膜(vapor permeation membrane)，ならびに，浸透気化膜もしくはパーベーパレーション膜(pervaporation membrane)はいずれも非多孔質膜より成っている．これらの膜透過現象は溶解—拡散説によって説明されている．これは，平衡状態において透過物質が外部相と

膜との間にどのように分配されているのかを表す溶解度と，透過物質がどのような速さで膜内を移動するのかという拡散過程の両者によって決定されるものである．この場合，拡散過程は膜の両側に存在する化学ポテンシャルの勾配による熱的な活性化を受けた透過物質のジャンプによってひき起こされる．

これ以外に分離膜として，物質のもつ電荷やイオンの大きさを利用して物質分離を行うイオン交換膜があるが，これに関しては4.2節を参照していただきたい．

4.3.4 まとめ

以上，現在実際に利用されている物質分離膜に関して概観してきた．とりわけ，非多孔膜を用いる物質分離は，4.3.3項においても一部述べたように，① 膜内への物質の溶解（取り込み），② 膜内における物質の拡散，③ 膜外への物質の放出，の3つの過程により決定される．膜内における物質の拡散は透過する物質の大きさや，物質が拡散していこうとする膜素材などに主として依存し，その拡散係数を大きく変化させることは不可能である．一方，膜内への物質の取り込み，すなわち溶解性は膜内へ分離を目的としている物質に対して高い親和性を示す官能基や化合物を分子認識サイトやレセプターとして導入することにより，その分離を目的とする物質の膜内への溶解度を飛躍的に向上させることも可能となる．換言すれば，生体膜がそうであるように，膜内へキャリヤーを導入することにほかならない．この場合，分離膜を構成する膜マトリックスは膜の安定性ならびに操作性より高分子が用いられており，キャリヤーは膜内において生体膜とは異なり流動性を失っており，いわゆる固定キャリヤー膜の形態をとっている．その概念図を図4.5に示した．このような固定キャリヤーの分離膜への導入により，その分離膜の選択性は上手に分子設計することにより，理論的には0から無限大まで任意に得られることになる．

現在，利用されている分離膜は主として分子の大きさなどにより物質を分離する，物理的機能を有する膜であるが，さらに高効率，高選択性な分離膜を得るためには，上に述べたように，化学的機能を有する分離膜の登場が待たれるところである．

さらに分離膜の将来の展開としては，その対象とする物質が現在は分子やイオンに限られているが，さらにサイズレスの電子，光子，エネルギーの選択分離膜への拡張が考えられている． 〔清水剛夫・吉川正和〕

4.4 吸水保持材

水を吸収し保持する材料として，脱脂綿，パルプ，布などの天然有機物や，クレー，ゼオライト，ベントナイトなどの無機物が従来より知られてきた．しかし，天然有機物は，毛細管現象によって基材の間隙に水を吸収するだけであるので，吸水力が低く，圧力下では水を吐き出してしまう．また，無機物は，吸着水および結晶格子間隙・粒子間隙に取り込まれる水であるため吸水倍率が大きくないという問題点がある．

これら上記の吸水保持材に代わる吸水保持

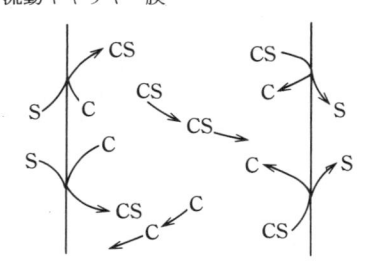

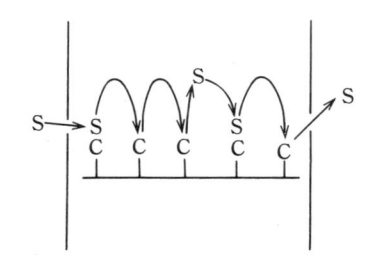

図 4.5 流動キャリヤー膜と固定キャリヤー膜
C：キャリヤー，S：透過(輸送)物質

4. 分離機能材料

表 4.6 吸水性ポリマーの種類とメーカー(世界)

アクリル酸塩系	日本触媒,花王,住友精化,荒川化学,三菱油化,三洋化成,日本合成,積水化成品,Stockhausen, Dow, Nalco, Chemdal, Norsolor, Allied-Colloid, NA-Industry, BASF
デンプン-アクリル酸塩系	三洋化成,日澱化学,Hoechst-Celanese
ビニルアルコール-アクリル酸系	住友化学
イソブチレン-マレイン酸系	クラレ
PVA 系	日本合成
CMC 系	ダイセル

その他:PEO系,AN系,アクリルアミド系

材として,高吸水性樹脂が実用化された.高吸水性樹脂は自重の数百～1000倍の水を吸収し,圧力をかけても離水しないという特徴があるので,紙おむつや生理用品などの衛生材料をはじめとして多方面に利用されている.

本節では,この高吸水性樹脂について詳細に述べる.

4.4.1 種 類

高吸水性樹脂は,基本的には,水溶性高分子,特にイオン性基をもつ水溶性高分子を,必要最小限に架橋することによって不溶化したものである.表4.6に原料面から分類した高吸水性樹脂の種類を示した.これらのなかでもアクリル酸塩系およびデンプン-アクリル酸塩系は,紙おむつに使用されており非常に需要量が大きくなっている.これは,アクリル酸が高親水性・高重合性・安価・安全性などの特徴を有し,高吸水性樹脂原料に適しているためである.その他の高吸水性樹脂は,土木用・工業用・農業用などにおもに用いられている.

4.4.2 製 法

原料に何を用いるかによって,製法は異なってくる.生産量の最も多いアクリル酸塩系の高吸水性樹脂の場合には,図4.6に示したような合成ルートが可能であるが,実際には③または②のルートが採用されいる.③の製法では,水溶液重合法と有機溶媒を用いる方法がある.水溶液重合では,重合物が含水ゲル状になる.これは,④で食品添加物である高分子量ポリアクリル酸ナトリウムを重合・粉末化する技術が応用でき,含水ゲルを取り扱う技術があれば,大量生産に向いている.また,連続的に重合することも可能である.有機溶媒を用いる方法はW/Oの逆相懸濁重合法であり,シクロヘキサンのような低沸点の疎水性有機溶媒中で重合する方法である.これは,②の有機溶媒中でアクリル酸を沈殿重合する方法から発展したものと考えられ

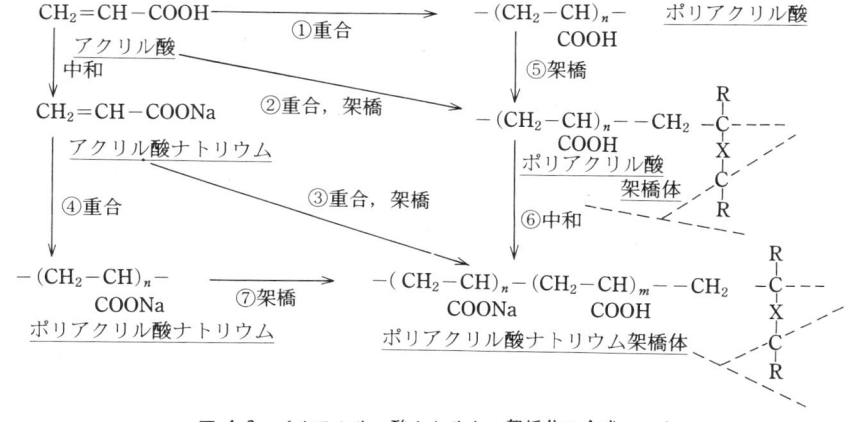

図 4.6 ポリアクリル酸ナトリウム架橋体の合成ルート

る．架橋方法は，いずれの製法でも基本的には同じであり，1分子に重合性二重結合を2つ以上有する単量体と共重合する方法・カルボキシル基と反応する多官能性化合物を用いる方法・自己架橋する方法などがある．また架橋は，重合体の内部だけでなく，重合体表面の後架橋を併用する方法もある．いずれの製法にしても，高吸水性樹脂を高品質にするためには，基本重合物の分子量および分子量分布・架橋・表面処理・粒度分布などの調節技術が必要である．

4.4.3 吸収原理

高分子電解質架橋体の吸水力は，フローリーのイオン網目理論により説明される．すなわち，吸水力を発現する要因は，イオンの浸透圧（図4.7）と，高分子電解質と水との親和力であり，逆に，吸水力を抑制する要因は，網目構造に基づくゴム弾性力である．

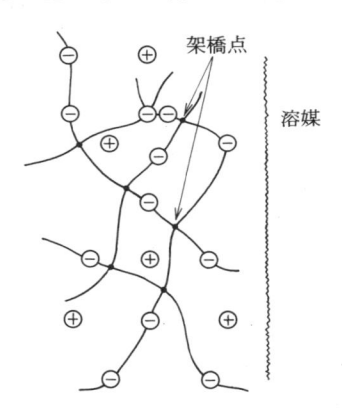

図4.7 ハイドロゲルの模式図[1]

$$吸水力 = \frac{イオンの浸透圧 + 水との親和力}{架橋密度} \quad (1)$$

4.4.4 吸水能の測定法

高吸水性樹脂の吸水能を測定する方法としては，ティーバッグ法，ろ過法，遠心脱水法，UV吸収法，DW法，ボルテックス法など多数の方法があるが，目的・用途により使い分ける必要がある．最も代表的な測定法であるティーバッグ法は，図4.8のように行う．

高吸水性樹脂が吸水する水は，ポリマー自体が実質膨潤する水（図4.7(1)式で表される）とポリマーの隙間や多孔質部分に取りこまれる水とがある．実質膨潤した水は，圧力がかかったり，他のものに接触しても簡単には出てこない．これに対して，ポリマーの隙間や多孔質部分に取りこまれた水は，圧力がかかったり，乾燥した物に接触すると容易に出てくる（図4.9）．

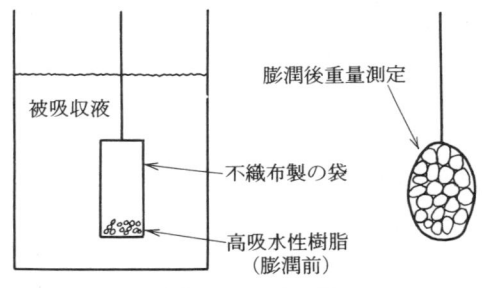

図4.8 ティーバッグ法

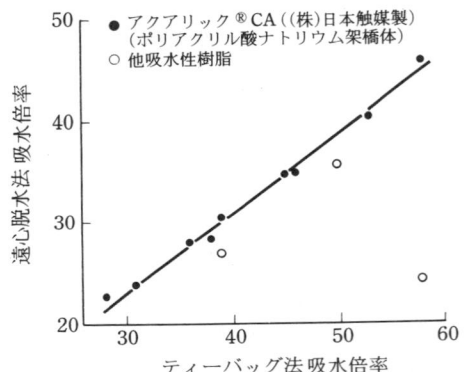

図4.9 ティーバッグ法と遠心脱水法の比較

紙おむつに使用される高吸水性樹脂の吸水能の測定方法としては，一般に用いられているティーバッグ法やろ過法だけでは実際の性能を表さない．たとえば，ろ過法で純水を1000倍吸水するとしても，このようなハイドロゲルは柔らかすぎて実用性はない．実際の性能に近い方法としては，紙おむつに近い形に高吸水性樹脂を組みこみ，人工尿などを用いて加圧下で逆もどり量などを測定する必要がある．

4.4.5 特性

a. 吸水性 一般に，吸水能は被吸収液の温度，圧力，pH，塩濃度などや吸収時間などの外的要因に影響を受ける．純水では数百倍吸収する高吸水性樹脂でも，塩濃度が高くなるにしたがって吸水倍率が低下する（図

4. 分離機能材料

4.10). これは，図 4.7(1)式の"イオンの浸透圧"の項が小さくなるためである．また，CaやMgなどの多価金属イオンを含む水中では，吸水倍率の低下が非常に大きくなるし，また経時的に吸水倍率が低下するという現象が見られる(図4.11).

これは，多価金属イオンが経時的にポリマー内に取り込まれ，ポリカルボン酸の架橋点になるためと考えられる(図4.12). 土木用，農園芸用などのように長期間使用する用途では，吸水倍率の経時的低下が問題となる場合がある．最近では，経時的低下の少ない高吸水性樹脂が開発されている(図4.11).

親水性有機溶媒-水の混合液は，そのままの組成で吸収することができる．ただし，親水性有機溶媒の含有率が高くなると，急に吸水倍率が低下する(図4.13).

pHが変化しても吸水倍率は変化する．一般的には，吸水倍率は中性付近で最も大きくなり，酸性側やアルカリ側では，低下する．

b. 吸湿性 高吸水性樹脂は，空気中の湿気も吸収することができる．高湿度下では

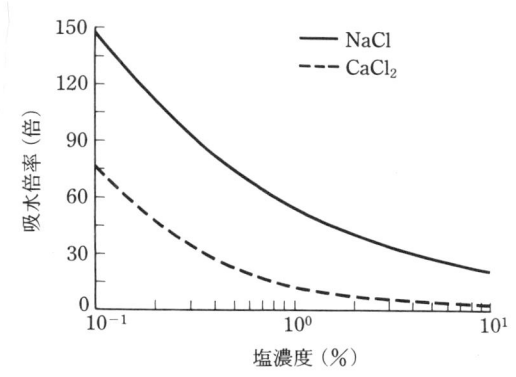

図 4.10 電解質溶液の吸水倍率
ポリアクリル酸系吸水性樹脂
TB法 浸漬30分，アクアリック®CA

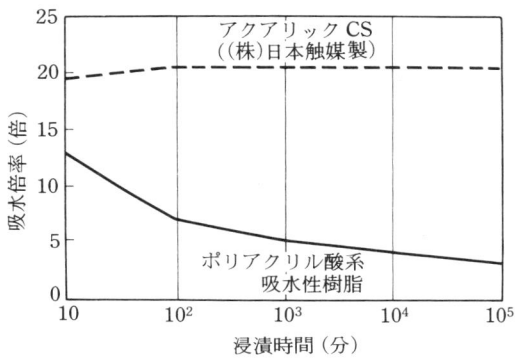

図 4.11 吸水倍率の経時変化(合成海水)

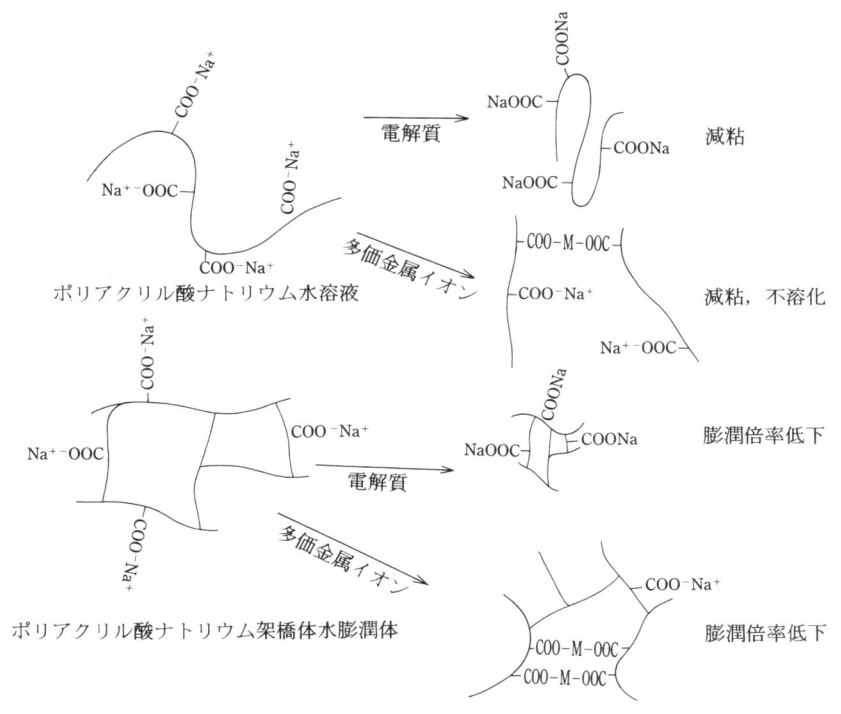

図 4.12 電解質，多価金属イオンと膨潤倍率

表 4.7 高吸水性樹脂のおもな用途

衛生材料	紙おむつ, 生理綿, 母乳パッド
食品用	ドリップシート, 鮮度保持シート, 保冷剤
家庭用品	携帯トイレ, モスボックス, ペットシート
土木用	シールド工法, 水膨潤性シール材, コンクリート改質材, 人工雪
工業用	ケーブル止水材, 脱水剤, 乾燥剤, 廃液処理剤
農園芸用	保水剤, 土壌改良剤

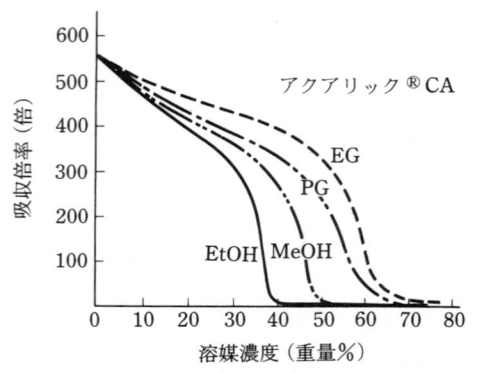

図 4.13 水溶性溶媒・水系の吸収倍率

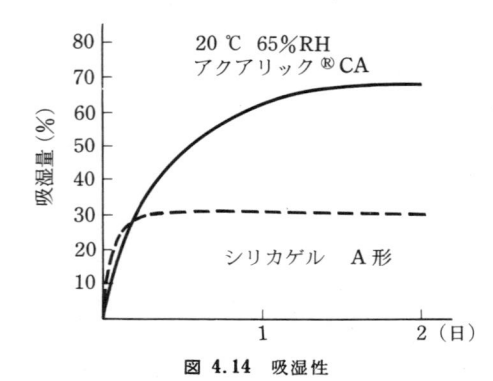

図 4.14 吸湿性

シリカゲルよりも吸湿量が多くなる(図4.14).

c. 吸アンモニア性 カルボン酸を部分中和した高吸水性樹脂は, 吸アンモニア性がある. 未中和のポリアクリル酸架橋体ではこの効果が大きく, デンプンなどの他の成分が入ると小さくなる. したがって, アクリル酸系高吸水性樹脂は, 吸水と同時に脱臭作用も合わせもつことになる.

4.4.6 用 途

高吸水性樹脂の特性としては, 上記以外に, 保水性, 止水性, 増粘性, 防音性, 防震性, 潤滑性, 調湿性, 脱水性などがあり, これらの特性を利用して種々の用途に応用されている(表4.7). また, 用途展開を計るうえでは, 高吸水性樹脂の耐熱性, 耐光性, 耐熱水性, 微生物分解性, 流動性などの諸性能が重要な因子となってくることがある.

〔小林 博也〕

文 献

1) P.J. Flory: "Principles of Polymer Chemistry", Cornell University Press (1953).

4.5 包接材料

分離機能材料としての包接材料には, 有機包接材料と無機包接材料がある. 有機包接材料は, 単分子包接材料と結晶間包接材料とに分類できる. 単分子包接材料としては, シクロデキストリン, クラウンエーテル, クリプタンド, シクロファン, カリックスアレンなどが知られている. 結晶間包接材料としては, 尿素, チオ尿素, コール酸やデオキシコール酸などが知られている. 無機包接材料には, モンモリロナイトやカルコゲナイトなど粘土鉱物などの2次元層状化合物と, ゼオライトなど3次元カゴ状化合物がある. 表 4.8 におもな包接ホスト分子を示す.

以下, 個々の包接材料について概説する.

4.5.1 シクロデキストリン[1]

シクロデキストリンは Shardinger デキストリンとも呼ばれ, グルコース単位が6個以上環状に, α-1,4 結合で結合したオリゴマーで環の内部に空洞を有する. この空洞の内部に種々の化合物を包接し, 包接化合物を形成する.

シクロデキストリンは, 種々の有機化合物や有機金属化合物, 無機化合物を包接し, 包接化合物を形成する. この機能を利用して, 種々の異性体の分離や光学分割などに利用されている. シクロデキストリンをエピクロル

4. 分離機能材料

表 4.8 おもな包接ホスト分子

ホスト	空洞の形状	空洞の径	ゲスト分子
尿素	筒状	5.2Å	直鎖状炭化水素
チオ尿素	筒状	6.1Å	分枝, 環状の炭化水素
デオキシコール酸	筒状	5〜6Å	炭化水素, カルボン酸, 芳香族化合物
ヒドロキノン	かご型		HCl, アセチレン, 希ガス
トリ-o-チモチド	かご型	4.8〜6.9Å	ベンゼン, クロロホルム
ペルヒドロトリフェニレン	かご型, 筒型		クロロホルム, ベンゼン, ポリマー
ジシアノアンミンニッケル	かご型		ベンゼン, フェノール
シクロデキストリン	かご型, 筒型	6〜10Å	炭化水素, ヨウ素, アルコールなど
クラウンエーテル			アルカリ金属, アルカリ土類金属イオン
クリプタンド			アルカリ金属, アルカリ土類金属イオン
カリックスアレン	かご型		クロロホルム, ベンゼン
ゼオライト	かご型	2〜9Å	脂肪族, 芳香族化合物
粘土鉱物	層状		極性化合物

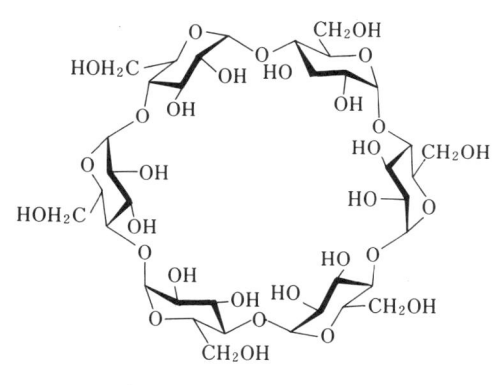

α-シクロデキストリン

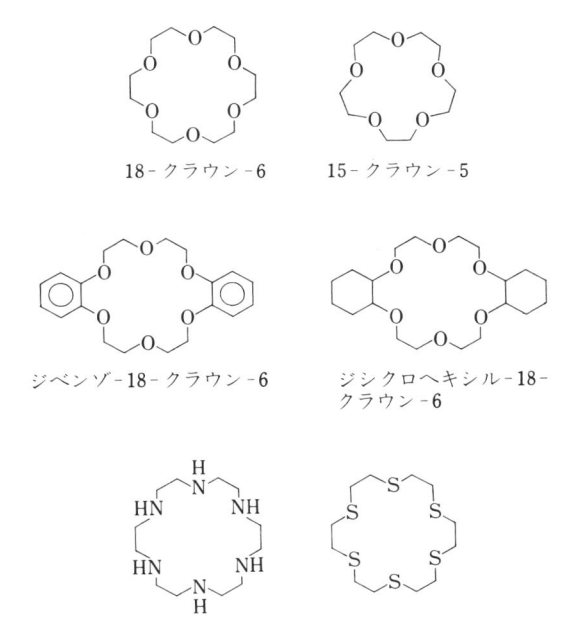

18-クラウン-6　　15-クラウン-5

ジベンゾ-18-クラウン-6　　ジシクロヘキシル-18-クラウン-6

ヒドリンで架橋したゲルによる核酸の分離や光学分割が報告されている. シクロデキストリンを移動相に用いたラセミ体の光学分割も行われている. またシクロデキストリンをシリカゲルに固定したカラムによる各種異性体の分離も試みられている.

4.5.2 クラウン化合物[2]

クラウンエーテルは, Pedersen により発見された環状ポリエーテルで, その空洞内にアルカリ金属やアルカリ土類金属, 有機陽イオンを選択的に取り込み, 包接錯体を形成することから種々の金属イオンの分離, 液膜輸送が行われている. クラウンエーテルを高分子化したり, シリカゲルやアルミナ, ポリスチレンなどに固定化した材料による分離が行われている. また, 光学活性なクラウンエーテルを用いた光学分割なども試みられている.

最近では, 酸素以外に窒素やイオウ原子を有するアザクラウン化合物(サイクラム)やチアクラウン化合物などが合成されている.

4.5.3 クリプタンド

Lehn らによりクラウンエーテル環を2つ以上有する化合物が合成され, クリプタンドと命名された. クリプタンドはアルカリ金属イオンをクラウンエーテルより強く取り込み, しかも高い選択性を示す. 固定化したク

クリプタンド [2.2.2]

リプタンドも合成されている．

4.5.4 シクロファン[3)]

シクロファンは橋架けした芳香族化合物の環状化合物であるが，大環状化合物の場合には分子内に内孔が存在するため，包接ホストとして機能する可能性がある．Cram らのスフェランド

キャビタンド

カリックス[4]アレン

フェランドやキャビタンドなども，シクロファンホストの1つと考えられる．クラウンエーテルは柔軟で空洞は変形するが，スフェランドの空洞は安定で，Li イオンなどクラウンエーテルより強く取り込む．キャビタンドは溶媒分子などを取り込み，結晶化する．最近では，フェノールとアルデヒドから得られるカリックスアレンがホスト分子として研究されている．カリックスアレンは，クロロホルムやベンゼンなどを包接する．水溶性のものやキラルなものも得られている．

シクロファンが分離機能材料として利用されている例は少ないが，今後さらに多くのシクロファンホストが合成され，それらの利用の可能性が期待されている．

4.5.5 尿素，チオ尿素

尿素，チオ尿素は古くから飽和炭化水素のホスト分子として利用され，飽和炭化水素の分離などに用いられている．たとえば，尿素の飽和メタノール溶液にオクタン，デカンなどを添加すると，ただちに六方晶系の包接結晶が得られる．空洞の直径は約 5Å で直鎖状の n-パラフィンは包接されるがメチル基などの分枝が多くなると，立体障害のため包接できなくなる．チオ尿素の場合，空洞は直径約 6Å で尿素より大きく，ゲスト分子もメチル基をもっていても包接できる．

4.5.6 アセチレンアルコール化合物[4)]

最近では，光学活性なアセチレンアルコール化合物が合成され，これらをホスト分子として種々のラセミ体の光学分割が効率よく行われている．

4.5.7 コール酸，デオキシコール酸[5)]

コール酸やデオキシコール酸も種々の低分子化合物を包接するが，最近，これらのホスト分子を利用して，種々のラクトン類などのラセミ体の光学分割が行われている．

デオキシコール酸 R = H
コール酸 R = OH

4.5.8 ゼオライト

ゼオライトは結晶性のアルミノケイ酸塩でSiO_2とAlO_2とが3次元的に結合した安定な多孔性結晶である．ゼオライトは2〜9Åの空孔を有し，この空洞によりいわゆる分子ふるいとして利用されている．

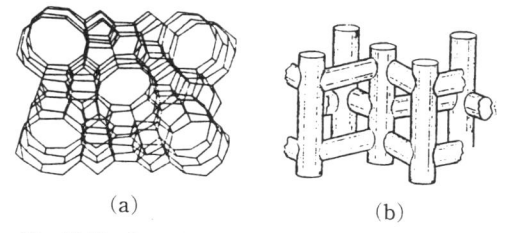

(a)　　　(b)

$Na_2Al_2Si_{94}O_{192}\cdot 13H_2O$, ZSM-5 ゼオライト

4.5.9 層間化合物

層状構造を有している粘土化合物は，その層間に種々のゲスト分子を取り込む（インターカレーション），モンモリロナイトやカルコゲナイトなどが知られている．

4.5.10 無機錯化合物

無機錯化合物のなかには芳香族化合物を取り込み，包接化合物を形成するものがある．たとえば，$Ni(SCN)_2\cdot \alpha$-アルキルベンジルアミンはキシレンの異性体を選択的に包接するため，異性体の分離に利用されいる．

4.5.11 その他

ポリマーに固定した大環状化合物 1[6] や 2

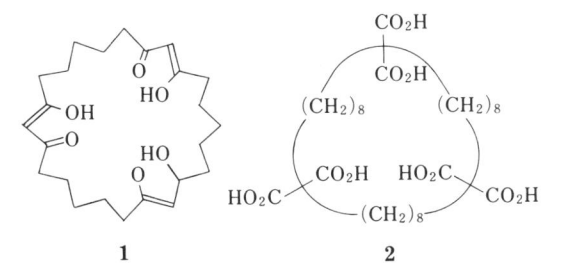

1　　　2

による海水中のウラン(UO_2^+)の抽出，分離が報告されている．　　　〔原田　明〕

文　献

1) M.L. Bender, M. Komiyama: "Cyclodextrin Chemistry", Springer-Verlag, Berlin (1978).
小宮山真，平井英文："シクロデキストリンの化学"，学会出版センター(1979)．
原田　明：化学工業, **39**, 925(1988)．
2) J.E.D. Davies, J.L. Atwood and D.D. MacNicol: "Inclusion Compounds", Academic Press, London (1984).
3) 平岡道夫，柳田博明，小原正明，古賀憲司："ホスト・ゲストケミストリー"，講談社サイエンティフィック(1984)．
4) 戸田芙三夫：有機合成化学協会誌, **47**, 1118 (1989)．
5) M. Miyata, M. Shibakami and K. Takemoto: *J. Chem. Soc., Chem. Commun.*, **1988**, 655.
6) I. Tabushi, Y. Kobuke and T. Nishiya: *Nature*, **280** (1979).

4.6　金属抽出材料

いくつかの金属イオンを含む混合溶液から特定の金属イオンを選択的に抽出（吸着）分離するにはキレート高分子（キレート性イオン交換体）が有効である．それには水に可溶なものと不溶なものがあり，特に水に不溶なキレート高分子はキレート樹脂と呼ばれ，物理的強度が大きいこと，取り扱いやすいこと，および再利用が容易であることなどから，近年分離機能材料として幅広い分野に利用されている．

4.6.1 金属イオン分離の原理

分離の基本的な理論は，次の近似的な安定度の概念で説明されている．すなわち，配位子と金属イオンが1：1のキレートを形成し，樹脂中でもモデル錯体と同じ構造をとっているという仮定のもとに樹脂中での平衡が考慮されている．いま，樹脂Rに結合した配位基をYH_2，2価金属イオンをM^{2+}とすると，(4.1)式の平衡により金属イオンは樹脂に固定される．

$$\mathrm{RYH_2 + M^{2+}} \underset{}{\overset{K}{\rightleftarrows}} \mathrm{RYM + 2H^+} \quad (4.1)$$

ここで，K はこの反応の安定度定数（生成定数）であり，(4.2)式で表される．

$$K = \frac{[\mathrm{RYM}][\mathrm{H^+}]^2}{[\mathrm{RYH_2}][\mathrm{M^{2+}}]} \quad (4.2)$$

配位基の第一および第二酸解離定数を K_{a1}，K_{a2} とすると

$$K_{a1} = \frac{[\mathrm{H^+}][\mathrm{RYH^-}]}{[\mathrm{RYH_2}]} \quad (4.3)$$

$$K_{a2} = \frac{[\mathrm{RY^{2-}}][\mathrm{H^+}]}{[\mathrm{RYH^-}]} \quad (4.4)$$

$\mathrm{RYH_2}$ の総モル数 C_A は(4.5)式で，金属イオンの全濃度 C_M は(4.6)式で表される．

$$C_A = [\mathrm{RYH_2}] + [\mathrm{RYH^-}] + [\mathrm{RY^{2-}}] + [\mathrm{RYM}] \quad (4.5)$$

$$C_M = [\mathrm{M^{2+}}] + [\mathrm{RYM}] \quad (4.6)$$

多くの場合 C_A は C_M に比較して大過剰となるので，C_A は(4.7)式になる．

$$C_A = [\mathrm{RY^{2-}}]\left(1 + \frac{[\mathrm{H^+}]}{K_{a2}} + \frac{[\mathrm{H^+}]^2}{K_{a1} \cdot K_{a2}}\right)$$
$$= [\mathrm{RY^{2-}}] \cdot X \quad (4.7)$$

ただし，

$$X = 1 + \frac{[\mathrm{H^+}]}{K_{a2}} + \frac{[\mathrm{H^+}]^2}{K_{a1} \cdot K_{a2}}$$

一方，液相での金属イオンの濃度は(4.2)，(4.6)，(4.7)式より，(4.8)式で表される．

$$[\mathrm{M^{2+}}] = \frac{K_{a1} \cdot K_{a2} \cdot X \cdot C_M}{K \cdot C_A + K_{a1} \cdot K_{a2} \cdot X} \quad (4.8)$$

したがって，吸着イオン量 $[\mathrm{RYM}] (= C_M - [\mathrm{M^{2+}}])$ は系の pH，安定度定数，酸解離定数に依存する．

いま，$\mathrm{M_1^{2+}}$ と $\mathrm{M_2^{2+}}$ の混合系について考えると，$C_{M1} = C_{M2}$ のとき，遊離金属イオンの濃度比は，

$$\frac{[\mathrm{M_2^{2+}}]}{[\mathrm{M_1^{2+}}]} = \frac{K_1 [C_A] + K_{a1} K_{a2} X}{K_2 [C_A] + K_{a1} K_{a2} X} \quad (4.9)$$

で与えられる．ただし，K_1 および K_2 はそれぞれ $\mathrm{M_1^{2+}}$ および $\mathrm{M_2^{2+}}$ とキレート樹脂との間のキレート安定度定数である．(4.9)式から，混合系からの各金属イオンの分離は，pH によって左右されることがわかる．

分離がむずかしい金属イオンの混合物では，溶出液中に適当な低分子の錯形成剤を共存させることにより分離が可能になる場合がある．

4.6.2 キレート樹脂の種類と合成法

金属とキレートを生成する化合物のドナー（供与体）原子は，おもに O, N, S でありキレート樹脂は，これらのドナー原子を含む配位基を有している．また金属イオンの種類により，O, N, S に配位する能力に差があり，各配位基を樹脂に導入することにより，特定の金属イオン群に対する選択吸着性キレート樹脂が設計できることになる．

キレート樹脂の合成法には，① 配位基を有する低分子化合物を重合する方法，② 重合体にあとから高分子反応により配位基を導入する方法がある．

表 4.9 にキレート樹脂のおもな配位基を示す．

実用化されているキレート樹脂のほとんどは合成高分子へ化学反応によって配位基を導入するタイプであるが，配位基をもつ低分子化合物の縮合重合，共重合により合成するタイプも一部市販されている．

キレート樹脂の基体となる橋かけ高分子には，スチレン-ジビニルベンゼン共重合体，アクリロニトリル-ジビニルベンゼン共重合体，フェノール樹脂，エポキシ樹脂，エチレンイミン重縮合体などが用いられる．また粒内が均質なゲル型と多孔性構造のマクロポーラス型がある．工業的に使用されるキレート樹脂に必要な条件として，① 金属イオンの選択性・吸着容量・吸着速度が大きいこと，② 充塡層として使用に適する球状（0.2〜0.6 mmϕ）であること，③ 膨潤，収縮に耐える強度と耐摩耗性を有すること，④ 化学的に安定（耐酸，耐アルカリ性を有する）で有機物に対する汚染が少ないことなどがあげられる．

4.6.3 キレート樹脂の吸着特性

a. 金属イオンに対する選択性　キレート樹脂の最も大きな特徴は金属イオンに対する選択吸着である．選択吸着性は原則的には配位基と金属イオンとのキレート形成の安定

4. 分離機能材料

表 4.9 キレート樹脂のおもな配位基

ドナー原子	配位基
窒素と酸素	−CH₂N(CH₂COOH)₂ イミノ二酢酸型 / >NCH₂−CH₂−COOH イミノプロピオン酸型 / −NHCH₂−P(=O)(OH)₂ アミノリン酸型 / フェニルアゾ-8-ヒドロキシキノリン型 / −C(=NOH)−NH₂ アミトキシム型
酸素	−CH₂−P(=O)−(OH)₂ リン酸型 / 多価フェノール型(トリヒドロキシベンゼン)
窒素	−NH(CH₂CH₂NH)ₙH ポリアミン型 / −CH₂−CH−(ピリジン) ピリジン型
イオウ	−SH チオール型
イオウと窒素	>N−C(SH)=S ジチオカルバミン型 / −CH₂SC(=NH)NH₂ イソチウロニウム型 / −NH−C(=S)−NH₂ チオ尿素型
大環状配位	環状ポリエーテル型 / 環状ポリアミン型

度によって決まる.

可溶性高分子配位子と金属とのキレート安定度定数は, pH 滴定法(変形 Bjerrum 法)などにより測定されているが, キレート樹脂の場合, 配位基分布の不均一性, キレート構造の多様性に加えて, 樹脂骨格および橋かけ構造による立体障害, 金属イオンの拡散速度など, 多くの問題があり, そのキレート安定度定数の測定は困難である. 実際には安定度定数を求める必要はなく, 系の pH と吸着容量の関係を求めれば十分である. キレート樹脂に一定量の金属塩溶液を加え, アルカリ水溶

液を所定量添加して平衡に達するまで振とうしたのち,液のpHを測定し,pH滴定曲線を描くと相対的な安定度序列を求めることができる. 表4.9に示した各種の配位基を有するキレート樹脂の各種金属イオンに対する選択吸着性が調べられている. 同じ配位基をもつキレート樹脂の選択吸着性も,高分子基体の種類により違いがみられることがある. これは配位基に近接する基などの影響であると思われる. キレート樹脂の金属イオンに対する吸着速度および吸着率は,系のpH,溶液条件の変化のみならず,樹脂骨格,橋かけ構造および樹脂の多孔構造なども大きく影響する.

b. 塩存在下での金属の吸着 各種金属イオン溶液にNaClなどの中性塩を共存させてキレート樹脂による金属イオンの吸着を行うと,選択性の大きい金属イオンほど共存塩の影響が少なく,陽イオン交換樹脂に比べて高濃度の共存塩存在下でもその吸着を十分発揮することができる.

c. 低濃度溶液からの吸着 キレート樹脂の吸着性能の評価には,一般的にはバッチ法による平衡吸着試験法が採用されている. キレート樹脂は活性炭やイオン交換樹脂などと比べて,低濃度領域においても重金属イオンをきわめて低い濃度まで処理するのに適している.

4.6.4 キレート樹脂の応用

キレート樹脂は,特定の金属イオンに対して選択吸着性を有するので,各種排水中からの重金属の除去,各製造工程中における不純物の除去,希少金属の回収,および微量金属イオンの定量など,公害防止,資源の確保および分析化学などの分野に幅広く使用されている. プロセスとしては一般に,樹脂をカラムに充填し,それに目的とする溶液を通す方法(カラム法)が使用される. まず,目的に適した樹脂を選びカラムに充填する. このカラムに処理しようとする溶液を適度の流速で通液し,目的物質を吸着する. 目的物質がある濃度以上に流出すようになれば,通液を止め,カラム内の残液を水で押し出し洗浄する. 次に,適当な溶離剤を用いて吸着された物質を溶離する. その後洗浄して必要であれば,再生およびコンディショニングを行って再使用する. キレートの安定度は酸性側で小さくなるので,通常溶離剤として無機酸を使用する. 〔野中 敬正〕

文 献

1) H.A. Flaschka and A.J. Barnard, Jr.: "Chelates in Analytical Chemistry", Marcel Dekker(1967).
2) 上野景平,坂口武一:"金属キレート〔Ⅰ〕",南江堂(1965).
3) 守屋雅文:燃料及燃焼, **55**, 721(1988).
4) 土田英俊,大河原信編:"高分子実験学7 機能性高分子",共立出版(1974).
5) 北条舒正編:"キレート樹脂・イオン交換樹脂",講談社サイエンティフィク(1976).
6) 江川博明:科学と工業, **63**, 8(1989).

5. 記録・表示材料

5.1 半導体レジスト

5.1.1 半導体レジストの種類

半導体は,写真技術の応用により製造されている. したがって,感光剤として使用されるレジストにも,原画(マスク)の反転画像の得られるネガタイプと,同一画像となるポジタイプがある. 露光には,紫外線(UV),遠紫外線(DUV),エキシマー光,電子線(EB),X線などの化学的に活性な光線が使用される. 現在,UV対応のレジスト材料がほぼ完成の域にあり,他の活性光線に対応する材料が次世代レジストとして研究開発されている.

5.1.2 レジストの化学

代表的なネガ型レジストとして,環化ゴムにビスアジド化合物を添加した系が使用されている.

ネガ型レジストの研究は,感光剤に由来するニトレン(nitrene)と不飽和基を有するポ

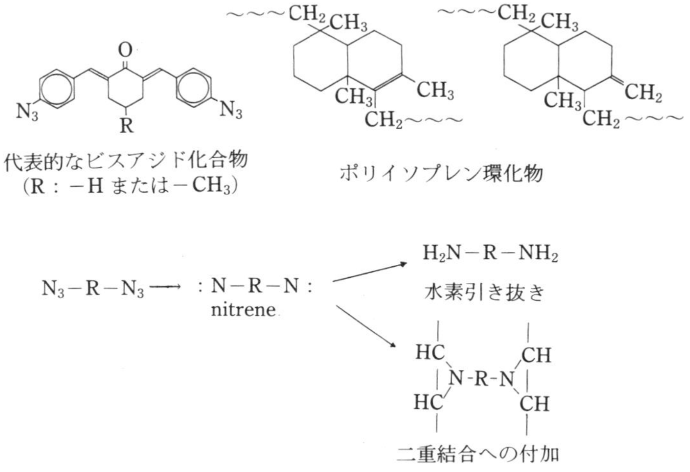

5. 記録・表示材料

図 5.1 ネガ型レジストの動作原理

リマーの反応であり，詳細な研究報告がある[1]．

アジド基はUV光により分解し，活性なニトレンとなり，環化ゴムに残存している二重結合に付加，挿入反応，あるいはアリル位の水素の引き抜き反応などを起こし，系をゲル化させる．

ネガ画像は未露光部を有機溶剤で除去，現像することにより得られる．現像時にゲル化部が膨潤するため，解像度が低くレジストの膜厚が $1\,\mu m$ のとき，$2\,\mu m$ 程度の解像度である．

一方，ポジ型レジストはアルカリ可溶性のノボラック樹脂にナフトキノンジアジド化合物（NQD）を添加したものであり，系はアルカリに不溶性となっている．NQD は UV 光で分解してカルボン酸となり，系がアルカリ可溶性となる．アルカリ水溶液で現像することにより，未露光部が膨潤せずに露光部が除去されるため，非常に解像度の高い画像が得られる．

この NQD の分解・転移反応は，ポジ型レジストの分子設計を実施していく上で近年見直しがさかんになっている．その結果，従来唱えられていた上記反応以外に各種の反応が見出され，ここ数年レジストの性能が大幅に向上してきている．

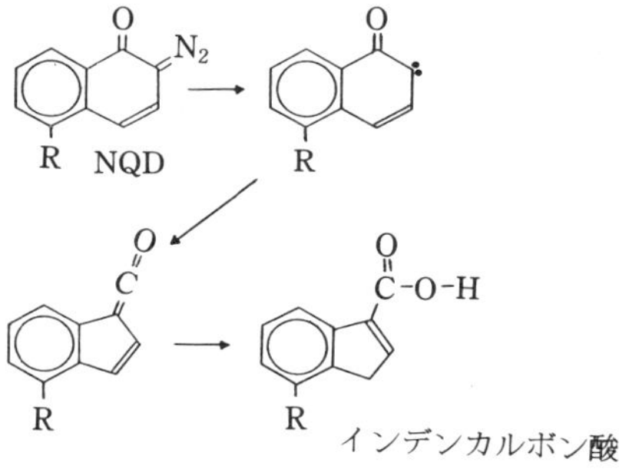

図 5.2 UV による NQD の分解・転移反応

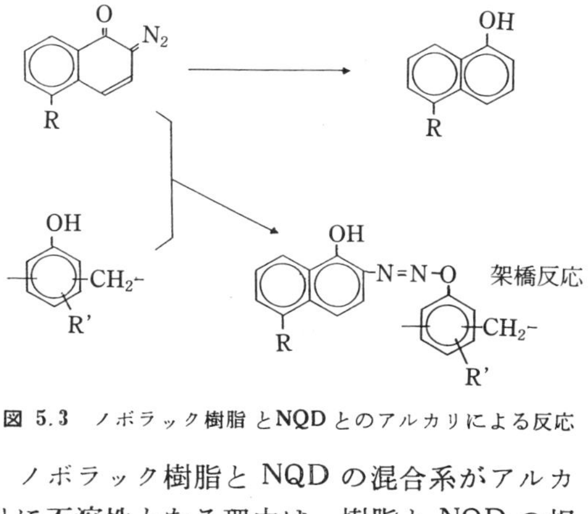

図 5.3 ノボラック樹脂と NQD とのアルカリによる反応

ノボラック樹脂と NQD の混合系がアルカリに不溶性となる理由は，樹脂と NQD の相互作用によるとされていたが，分析機器などの発達により，① ノボラック樹脂の水酸基と NQD との水素結合，② アルカリ現像液による両者の化学反応，③ 表層のノボラッ

ク樹脂が溶出しNQDが表面を覆う，により不溶化していることが明らかとされた[2]．

5.1.3 レジストの解像度

ネガレジストと異なり，ポジレジストの場合，現像中に画像が膨潤することがないため，解像度は次のレイリーの式で計算できる．

$$R = k\lambda/NA$$

ここで R は解像度，k はプロセス定数，λ は露光波長，NA は露光装置のレンズの開口係数であり，R, λ の単位は μm であり，他はすべて無名数である．この関係式より露光波長を短波長化するか NA の大きな露光装置を使用すれば，レジストの解像度を高くできることが理解される．半導体用レジストには，水銀の g 線($\lambda=436$ nm)の UV が通常使用されているが，i 線(365 nm)，KrF のエキシマー光(249 nm)などが次世代の光源として注目され，レジストの短波長光への解像度向上が検討されている．NA は 0.6 程度が限界とされており，0.5 程度の装置が市販されている．k は実験室レベルで 0.5，量産レベルで 0.8 と近似されているが，プロセスに習熟するにつれ 0.7 以下に向上する．また k の値は，レジストの物性や使用方法によっても小さくなることがわかっている．特に，レジストの表面での反応を利用する系では，実用的な k 値が小さくなる結果も報告されている[3]．

5.1.4 新しいレジストプロセス

レジストの表面反応を利用するプロセスとして，イメージリバーサル法や DESIRE (diffusion enhanced silylating resist)法が開発されている[4]．これらのプロセスでは，工程数が多いため歩留まりに問題があるとされていた従来の多層レジスト[5]での解像度を工程数を少なくして達成できるので，メリットが大きい．

これらのプロセスは，NQD の熱反応を利用したものである．前者はインデンカルボン酸のアミン化合物による脱炭酸反応により露光部を不溶化させ，その後全面を UV 露光することにより，系の溶解性を逆転させるとともに画像のコントラストを向上させるものである．後者は NQD とノボラック樹脂の架橋反応を利用していることが，解明された．

露光部の NQD は分解しているため，熱により樹脂との反応は起こらないが，未露光部では NQD によるゲル化が起こり，その後のシリル化工程では露光部にのみケイ素化合物が浸透する．このため，酸素プラズマで処理すると未露光部が除去される．ゲル化の反応機構は次のような複雑なものであることがわかった[2]．

NQD の反応が解明されることにより，新しいプロセスが生まれ，g 線対応レジストの時代が延長されていく，これらのプロセスは次世代の光源にも対応できるものであり，装置などの開発のタイミングに余裕が生じてくる．

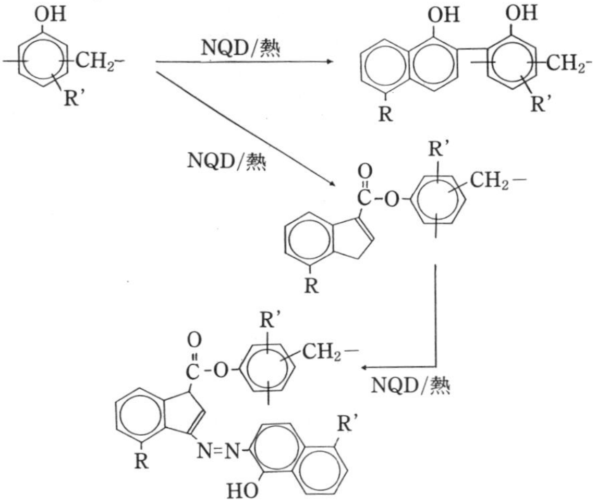

図 5.4 ノボラック樹脂と NQD との熱反応

5.1.5 次世代レジスト

高解像度化の要求の強い半導体レジストは，UV ではその限界が近づきつつあるため，前述のように，短波長光源に対応する材料が開発されている．DUV，EB などの波長のエネルギーは大きく，UV では切断されない化学結合でも解離させられるので，レジストの分子設計に種々の可能性があり，将来何が使用されるか予想がつかない．

解像度，耐熱性，高感度，耐ドライエッチ

性，使いやすさがポイントとなることだけは確かである． 〔榛田　善行〕

参考文献

1) L.S.Efros, et al.: *Zh. nauchn. prikl. fotogr.*, **14**, 428(1969).
   Yu.S.Bokov, et al.: *Vysokomol. Soyed.*, **A18**, 63(1976).
   S.Shimizu, et al.:*J.Electrochem. Soc.*, **124**, 1394(1977), idem, ibid., **126**, 273 (1979).
2) M. Koshiba, et al.: *Proc. SPIE*, **920**, 364(1988).
3) E.D.Wolf, et al.: *J.Electrochem. Soc.*, **131**, 1664(1984).
4) イメージリバーサル：
   F.Pommereau, et al.: *Microelectron.*, **9**, 591(1989).
   DESIRE:
   鴨志田洋一：電子材料, **27**, 139(1988).
   F. Coopman, et al.: *Proc. SPIE*, **631**, 34(1985).
   E.Roland, et al.: *ibid.*, **771**, 69(1987).
5) J.Havas, et al.: *USP*. 3, 873, 361(1973).
   B.Lin, et al.: *J. Vac. Sci. Technol.*, **16**, 1669(1979).

5.2　有機光導電材料

　有機化合物における光導電性は，有機材料が示すいろいろな機能のなかでもかなり古くから注目されてきた電子的機能の1つである．この有機材料における光導電機能は，すでに情報化社会を支える電子写真複写機の有機感光体として実用化され，さらにレーザープリンターなどオフィスオートメーションの進展にともなって，多様化する情報記録システムを支える重要な機能となっている．実用面での重要性の増加にともない，より高性能な有機光導電性材料の探索とそのための基礎的研究が精力的に行われている．

　光電導現象は一般に，電導に関与するキャリヤーの数が熱平衡暗時よりも光照射時に大きい場合に認められる．したがって，光導電性が大きい有機物質のほとんどは，暗導電率の小さい半導体もしくは絶縁性物質で，多くの有機化合物や高分子は本来絶縁性であるこ とから，潜在的に光導電性材料となり得る素質をもっている．実際に条件さえ適当であればほとんどの有機物質に光導電性を付与することが可能で，有機材料の特徴である分子設計の多様性に着目して多くの光導電性有機化合物が開発されている[1]．

　有機材料における光導電性の研究は，アントラセンなど縮合多環芳香族化合物の分子性結晶からスタートしたが，1959年に成形加工性に富む高分子としてはじめてポリ-N-ビニルカルバゾール(PVK)の光導電性が報告されて以来，電子写真感光体への応用をめざして有機光導電材料の開発とその増感に関する研究が精力的に行われた．PVKの色素増感系とPVK・TNF(2,4,7-トリニトロフルオレノン)電荷移動錯体系は，実用に至った増感光導電材料としてよく知られている[2]．初期の研究の大半は，大きな光導電性を示す単独材料の探索・開発であった．すなわち，光導電性の基本過程であるキャリヤー生成とキャリヤー輸送の2つの機能をともに兼ね備えた材料開発が主流であったが，近年実用化が進むにつれて，この2つの機能を分離して，それぞれにすぐれた材料を探索しようとする傾向にある．実際に現在の実用有機感光体の大半が，キャリヤー発生層(carrier generation layer: CGL)とキャリヤー輸送層(carrier transport layer: CTL)からなる機能分離型積層感光体構造(図 5.5)を有し，それぞれの

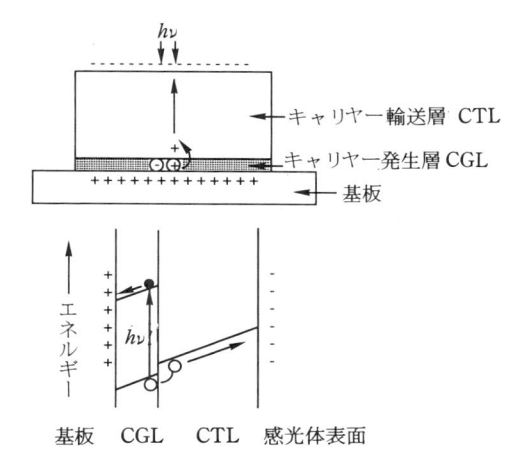

図 5.5　機能分離型積層有機感光体の構造とその動作原理

機能が最大に発揮できる材料開発が行われている.

5.2.1 有機感光体としての有機光導電材料

有機光導電材料が実用化に至っている電子写真複写プロセスは, 1938年に C.F.Carlson が発明した光導電現象を利用した乾式複写技術(ゼログラフィー法)を利用したものである[3]. その原理は基本的に, 図5.6に示すように, ① 帯電, ② 露光, ③ 現像, ④ 転写 ⑤ 定着, ⑥ クリーニングの6つのプロセスによって画像を形成するものである. これらのプロセスのうち ⑤ を除くすべてのプロセスが感光体上で行われ, 電子写真法において感光体は重要な要素となっている.

現在まで電子写真感光体として実用に至った材料としては, 有機光導電材料(organic photoconductor, 略してOPCと呼ばれる)のほかに, アモルファスセレン(a-Se)およびAs, Teなどとの合金を含むカルコゲナイド系材料をはじめとして, 酸化亜鉛(ZnO), 硫化カドミウム(CdS)などⅡ〜Ⅴ族無機化合物系材料, さらにアモルファスシリコン(a-Si)系材料がある[2]. これらの材料のなかで有機光導電材料は, その特徴である成形加工性, 材料の多様性, 軽量, 量産性, 廃棄の容易さなど多くの長所を有することから注目され, 感度, 安定性, 耐刷性など感光体材料としての基本的物性における問題点を着実に克服してきた材料で, 無機材料に代わって感光体の主要材料となっている.

有機感光体の動作原理は, 図5.5に示すように, 光照射によってCGLにエレクトロン, ホール(イオンラジカル)を発生(キャリヤー生成)させ, 生成したホールをCTLに注入して分子から分子へイオンラジカル状態を伝達しながら表面まで運び(キャリヤー輸送), コロナ帯電による表面電荷を消去して感光体表面に静電画像を得るものである.

5.2.2 キャリヤー発生材料

有機感光体に用いられるキャリヤー発生剤としては, 可視光に光応答を有する有機顔料または有機色素が広く用いられる. 一般に白色光源が使用されるPPC複写機(plain paper copier)では, 可視光域に大きな吸収を示し, 合成が容易なアゾ系顔料が一般的である(図5.7). 従来の感光体材料においては可視光域で一様な光応答を示す材料開発が1つの目標であった. しかしレーザープリンターやLEDプリンターの出現によって, 使用するレーザー, LEDなどの発振波長近傍で最高感度をもつ材料, とくに半導体レーザープリンター(LBP)のように760〜850 nmの赤外領域に高感度を有する材料が要求されるようになっている. 半導体レーザー用キャリヤー発生材料(図5.8)として, 赤外域に良好な光応答を示

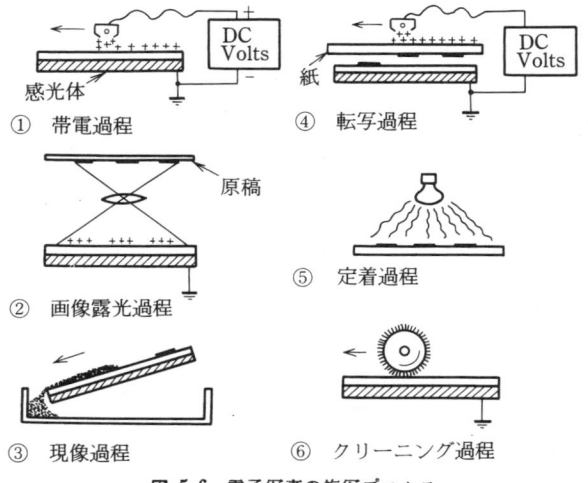

図 5.6 電子写真の複写プロセス

① 帯電過程
② 画像露光過程
③ 現像過程
④ 転写過程
⑤ 定着過程
⑥ クリーニング過程

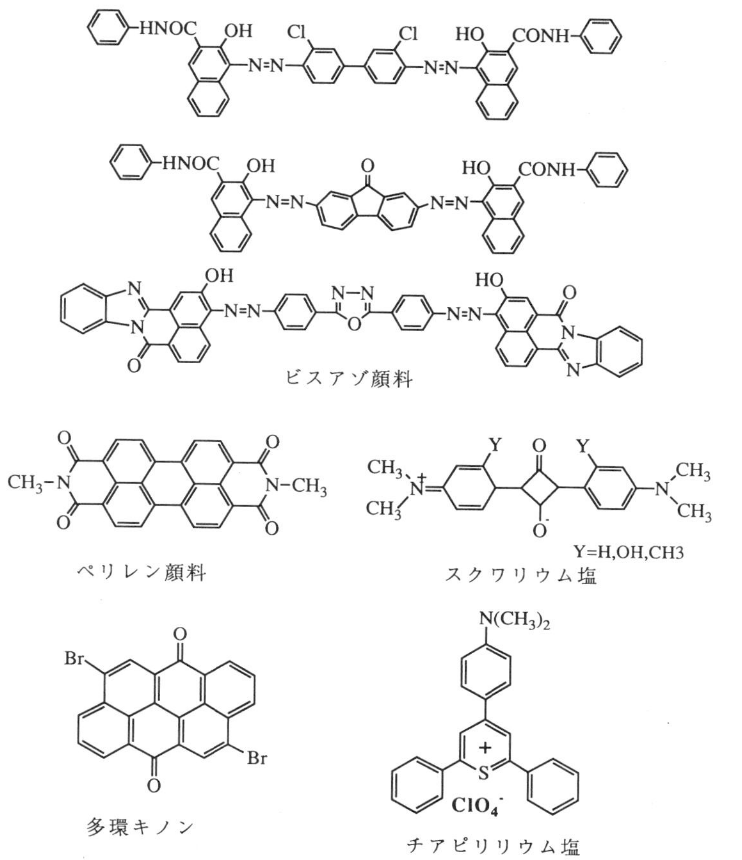

図 5.7 キャリヤー発生剤(CGM)の例
これらの顔料は汎用樹脂に分散化塗布膜の形態で用いられる.

すフタロシアニン系顔料を中心に材料開発が進んでいる. 図5.9に実用化されている長波長感光体の代表的な分光感度特性を比較して示した.

低キャリヤー移動度の有機材料におけるキャリヤーの光生成機構は，次のようなイオン対の生成と電界による解離の2段階機構で解釈される.

$$M_1 \xrightarrow{h\nu} M_1^* \xrightarrow{M_2} M_1^+ \cdots M_2^-$$
電荷移動　イオン対

$$\xrightarrow{電界, 熱} M_1^+ + M_2^-$$
ホール　エレクトロン
（フリーキャリヤー）

ここでM_1^*は分子の励起状態，M_2は，固有キャリヤー生成では同種分子を，外因的キャリヤー生成では異種の電子受容性分子を意味する. 電荷移動によってイオン対が生成し，そのイオン対が電界に助けられてフリーキャリヤーに解離する. 解離過程にオンサガー理論を適用した解析[4]がなされているが，顔料などにおけるキャリヤー発生効率向上のための分子設計指針はまだ十分に明らかになっていない.

5.2.3 キャリヤー輸送材料

感光体感度はキャリヤー発生効率に大きく依存するが，発生したキャリヤーの輸送能すなわちキャリヤー移動度μ(単位:$cm^2/V \cdot sec$)とキャリヤー寿命τにも依存する. コロナ帯電した感光体表面電荷の光照射による放電に

X. 機能性有機材料

トリスアゾ系

フタロシアニン

M=Cu, TiO, VO, AlCl, InCl

ピロロピロール

アズレニウム塩

図 5.8 レーザービームプリンター用長波長感光体に用いられるキャリヤー発生剤(CGM)の例

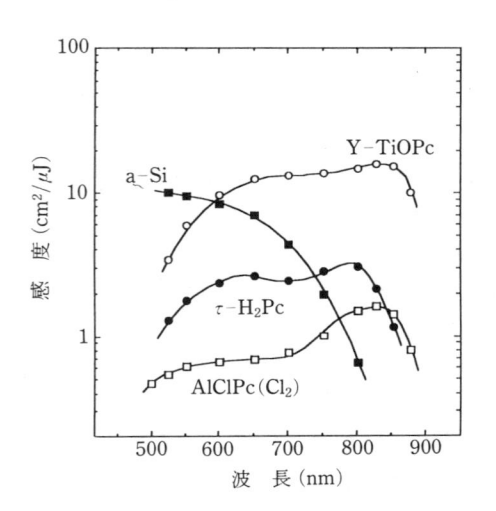

図 5.9 レーザープリンター用フタロシアニン感光体の分光感度

は，光生成したキャリヤーが感光体中を移動できることが必要である．これは電界 E の下でキャリヤーがその寿命中に移動できる距離 $\mu\tau E$(飛程)が感光体の厚み L よりも大きいことを要求する．高感度，高速化のためにはキャリヤー移動度の大きい材料とキャリヤー寿命の長い材料選択が重要である．図 5.10 にキャリヤー輸送剤の例を示した．また，表 5.1 に有機キャリヤー輸送材料の代表的なホールキャリヤー移動度を比較して示した．一般に無機材料に比べ，分子性化合物からなる有機材料ではキャリヤー移動度がきわめて小さいとされてきたが，低分子化合物樹脂分散キャリヤー輸送材料においてホールの移動度が著しく改善され，$10^{-5} \sim 10^{-4}$ cm^2/V·sec に及ぶ高移動度が達成されている．これらは，

有機感光体開発の当初から光導電性ポリマーとして広く研究されていた PVK のホール移動度，~10^{-7} cm²/V·sec を大きく上回り，カルコゲナイド系無機材料に並ぶ．高分子キャリヤー輸送材料として最近，~10^{-4} cm²/V·sec の高移動度を有する有機ポリシランが注目されている[5]．

非晶質有機材料におけるキャリヤー輸送は，電界に助けられた同種分子のイオンラジカルと中性分子間の電荷移動によるホッピング電導と見なされ，移動度向上の分子設計が検討されつつある[6]．また，有機材料の大半

(a) 低分子化合物樹脂分散系

オキサジアゾール

オキサゾール

ピラゾリン系

トリフェニルメタン

DEH　ヒドラゾン系

CzH

TPD　アリールアミン系　PDA

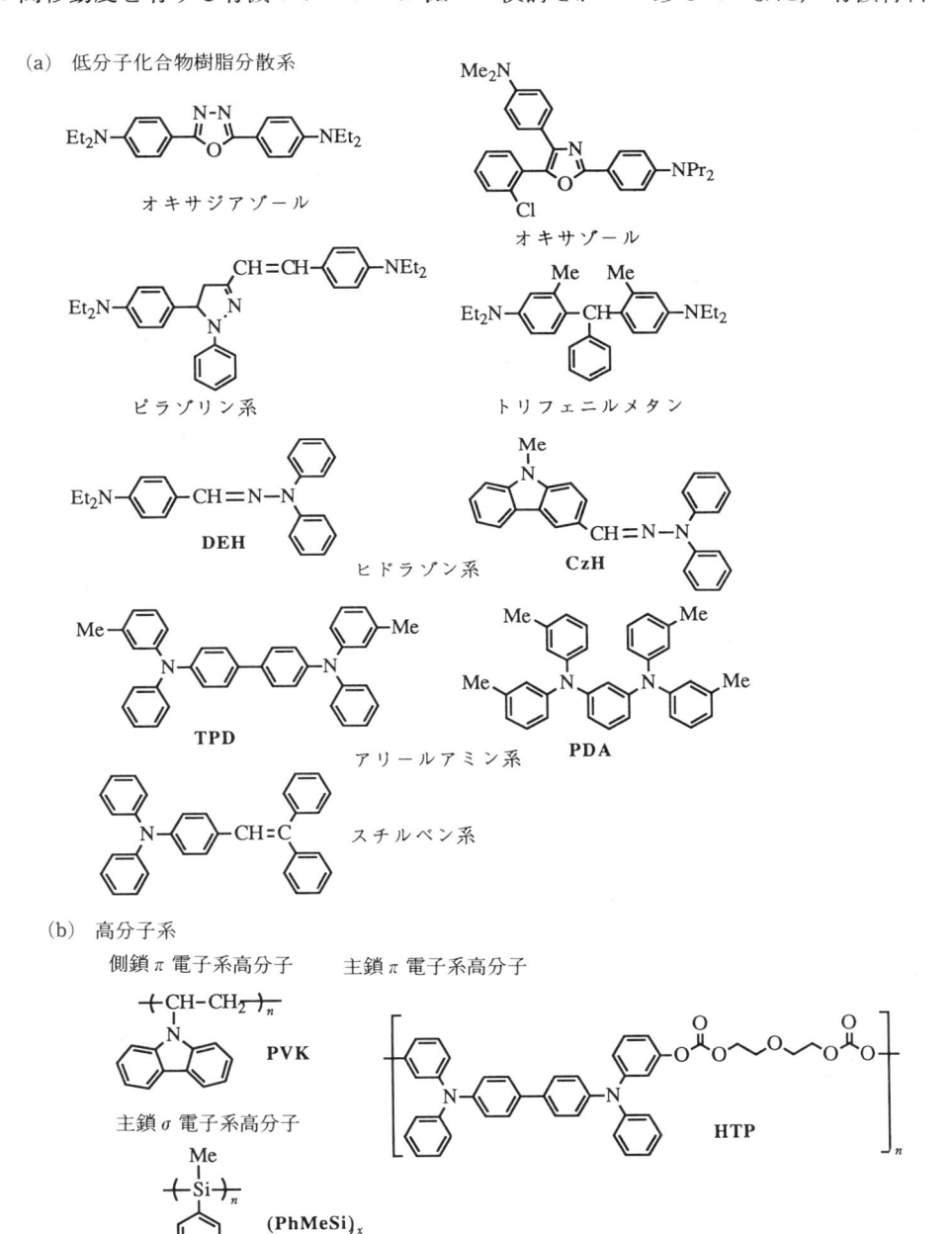

スチルベン系

(b) 高分子系

側鎖π電子系高分子　　主鎖π電子系高分子

PVK

HTP

主鎖σ電子系高分子

(PhMeSi)$_x$

図 5.10　キャリヤー輸送材料の例
(a) 樹脂分散複合材料として用いられる低分子キャリヤー輸送剤の代表例と，(b) 高分子キャリヤー輸送材料の代表例．

表 5.1 代表的な有機キャリヤー輸送材料のホールドリフト移動度

キャリヤー輸送材料	ホール移動度 μ (cm²/V·sec)
ポリマー系 PVK	$10^{-7} \sim 10^{-6}$
HTP	$\sim 10^{-5}$
(ポリメチルフェニルシラン)	$\sim 10^{-4}$
低分子化合物樹脂分散系 ヒドラゾン分散系 (1:1) DEH	$\sim 10^{-6}$
アリールアミン分散系 (1:1) TPD, PDA, スチルベン誘導体分散系 (1:1)	$10^{-4} \sim 10^{-5}$

がホール輸送のみを示すが,有機光導電材料が活用されるためにはエレクトロン輸送材料の開発も重要である[7].

感光体としての電気的,光電気的特性のほかに,さらに実用上の観点から以下のような実用的特性も感光体材料選択の重要な要素である[2].
(1) 成形・加工性
(2) 機械的強度
(3) 環境安定性(耐熱性,耐湿性,耐オゾン性など)
(4) 生産性(製造コストなど)
(5) 無公害性(廃棄性)

実際の複写プロセスにおいて感光体表面は,繰り返し記録紙との摩擦,クリーニング過程での摩耗を受ける.したがって機械的強度は,感光体寿命を決定する重要な因子である.有機感光体も,バインダー樹脂の改良などによって,10万枚に及ぶ耐刷性が可能になっている.

有機材料における光導電現象は,分子の概念で捉えることができ,材料の設計,探索に容易にフィードバックできることを特徴とする.したがって,有機材料の特徴とする材料の多様性を活用して,今後もよりすぐれた材料開発が行われよう.また有機光導電性材料の応用として,同じ光電変換に立脚する太陽電池への展開があり,変換効率,寿命などまだ解決すべき課題が多いが,電子写真感光体材料であるいくつかの顔料を用いて mA/cm^2 オーダーの光電流も得られるようになっている[8].　　　　　　　　　〔横山　正明〕

参　考　文　献

1) 三川　礼,岬林成和編:"高分子半導体",講談社サイエンティフィク(1977).
横山正明:"高分子データハンドブック 応用編",高分子学会編,p.528,培風館(1986).
2) 電子写真学会編:"電子写真技術の基礎と応用",第5章,p.382,コロナ社(1988).
3) R.M. Schaffert: "Electrophotography," Focal Press, London (1975).
4) "Photoconductivity and Related Phenomena," Ed. by J. Mort and D.M. Pai, Elsevier, New York (1976).
5) 横山正明:"有機ケイ素ポリマーの合成と応用"桜井英樹監修,p.138,シーエムシー(1989).
6) 横山正明:電子・光機能性高分子",吉野勝美編著,p.73,講談社サイエンティフィク(1989).
7) 山口康浩他:電子写真,**30**,266,274(1991).
8) C.W. Tang: *Appl. Phys. Lett.*, **48**, 183 (1986).

5.3　光メモリー材料
5.3.1　は じ め に

光メモリーは,半導体レーザー技術,サーボ技術,媒体開発の3つの技術に支えられ,① 記憶容量が大きく,② 非接触で記録・読み出しができるなどの特徴から,将来のメモリー媒体の主流となることが期待されている.

光記録媒体はその機能から大別して再生専用(ROM),追記型(write-once),書換え型(erasable)の3種がある.追記型に関してはTe などの無機系および有機色素薄膜を記録層とする媒体が,書換え型に関しては光磁気媒体が実用化されている.光メモリーは光の吸収を利用して記録する方式であり,有機色素は光→光,光→熱などのエネルギー変換機能の付与に関し多様な対応が可能であり,かつ製造の容易性とあいまって有機色素を記録膜とする媒体が注目されている.

5.3.2　有機色素の要求特性

光メモリーの原理は記録膜に集束レーザー光を照射し,記録膜の光学特性(反射率,透過率など)に変化を起こさせることにより記録し,この光学特性の変化を読み出す.通常ドライブのつくりやすさなどの点から反射率の変化により記録・読み出しを行うのが一般的である.記録膜(色素)に要求される特性としては,
(1) 半導体レーザー波長に吸収を有する
(2) 半導体レーザー波長に反射を有する
(3) 吸収によるシャープな光学変化
(4) 耐久性(湿度,熱,光など)
(5) 適切な溶剤への溶解性
(6) 低毒性

上記特性は必ずしもすべて満足する必要は

なく，たとえば反射に関しては別途金属の反射層を設けたり，溶解性に関しては蒸着などにより成膜することもできる．

5.3.3 再生専用

すでに実用化されているコンパクトディスク，CD-ROM，レーザーディスクはディスクの成形時にスタンパーの凹凸を転写し，その上にアルミなどの反射層を設けているが，有機金属錯体[1]やフォトクロミズム化合物[2]の薄膜に紫外線などを照射し光学変化を付与する方法が提案されている．

5.3.4 追記型

消去できないがユーザーで記録できる媒体で，記録層にポリメチン系色素を用いた媒体が実用化されている．フタロ・ナフタロシアニン色素，ナフトキノン色素なども提案されている．また，吸収波長の異なる色素膜を積層した多重記録方式[3]も研究されている．一方，有機色素膜の上に金属の反射層を設け高反射率を有し，コンパクトディスクプレーヤーと互換性を有する媒体[4]も実用化されている．

5.3.5 書換え型

a. ヒートモード記録

i) **形状変化による記録**： 有機色素膜を光→熱のトランスジューサーとし，色素・ポリマーからなる記録膜にピット[5]またはバンプ[6]を形成することにより記録し，消去に当たっては再度記録層を加熱することにより，ピットまたはバンプを平坦化する方法が提案されている．バンプ形成による方法においては記録層はそれぞれ光学，機械，熱特性が適切に設計された色素と樹脂からなる膨張層と保持層の2層からなり，2種類の波長の異なる光を用いて，記録の際は膨張層を加熱することによりバンプを形成し，消去は保持層を異なる波長の光により加熱することによって行われる．

ii) **相変化による記録**： 熱により薄膜の結晶形や配向状態を変化させることにより記録を行う方法で，Mg-フタロシアニン[7]，Cu-TCNQ錯体[8]，液晶ポリマー[9]などを用いた例が報告されている．

b. フォトンモード記録

i) **フォトクロミズム**： 光により可逆変化する現象をフォトクロミズムといい，この現象を利用した記録である．高速記録，多重記録[10]，の可能性があり将来に向けて，材料開発や光化学の研究が行われている．フォトクロミック化合物としては多数の化合物が知られているが[11]，化合物の吸収波長とレーザーの波長のマッチング，フォトンモードであるためしきい値がなく再生光による劣化，安定性などの点に問題がある．チオスピロピラン[12]により半導体レーザーへのマッチングや，フルギド系化合物[13]や，ジアリルエテン系化合物[14]，ヒドロキシスピロピラン系化合物[15]などにより安定性の改良が提案されている．

ii) **フォトケミカルホールバーニング (PHB)**： アモルファス媒質中にゲスト分子として色素などを分散させた場合，同じ色素分子であっても媒質との相互作用や運動速度の分布などのため，各色素分子は種々のエネルギー状態をとる．その結果，図5.11(a)に示すように幅の広い吸収を示す．これに光を照射すると，たとえ単色光であってもスペクトル強度は一様に低下するが，低温で分子運動が凍結された状態で幅の狭いレーザー光を照射すると，図5.11(b)に示すように，その波長を吸収した分子種が反応して幅の広いスペクトル中に細い穴が掘れる．この現象をPHBという．このPHBを用いた光メモリ

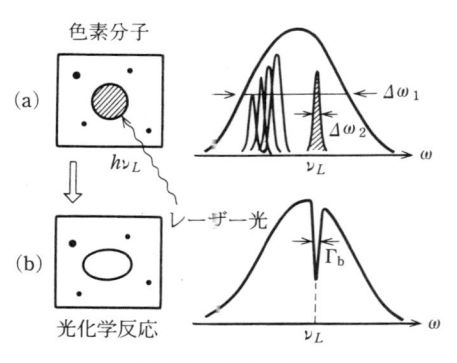

図 5.11 PHBの原理

ーの概念は1977年に米国のIBM社より提案された.

PHBを用いれば1つのスポット中に光の波長次元での多重記録を行うことができ，多重度は10^3以上が可能といわれている．PHB現象を起こすゲスト分子としては，光互変異性化によるものとしてはポルフィリン類やフタロシアニン類[16]，水素結合の再配置化によるものとしてはキニザリンなどのヒドロキシキノン類[17]，光解離化によるものとしてはs-テトラジン[18]があげられる．また，ホールの保存安定性の向上に関しては，媒質分子の低温物性との関係の研究[19]がなされている．

5.3.6 光メモリー用色素

a．シアニン色素 図5.12で表される色素で，ポリメチン鎖の両側にそれぞれ電子供与性，電子吸引性を有する複素環（たとえば，インドール，ベンズインドール，チアゾールなど）を有し共役系を形成する化合物群で，古くから赤外域に吸収をもつことが知

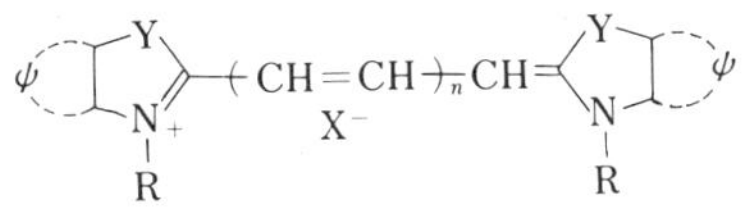

Y：O, S, Se, Cなど
X：ハロゲン, ClO_4
ψ：フェニル，ナフチル

図5.12 シアニン

られていた．構造と吸収スペクトルの関係は経験的に見積られてきたが，近年PPP MO法によって解析がなされている[20]．吸収の半導体レーザー波長へのマッチングが容易にでき，その吸光度および単層膜の反射率は有機色素のなかでは大きい（30〜40％）．また，アルコール系，ハロゲン系溶剤に容易に溶解し，塗布により成膜が可能である．しかし，ポリメチン鎖は光酸化反応を受けやすく，耐光性，再生光安定性に欠点がある．耐光性の改良に関しては，ポリメチン鎖を環状構造で固定したり[21]，一重項酸素のクエンチャーとしてニッケル錯体を併用[22]することが試みられている．

b．フタロ・ナフタロシアニン色素
色素のなかでは比較的安定性（耐光性，耐湿性）にすぐれる．フタロシアニンは通常λ_{max}が700 nmであるが，共役π電子系の拡大（ナフタロシアニン[23]），置換基の導入，配位金属種や熱，溶剤処理による会合・結晶系の変更[24]（シフト化処理）などにより半導体レーザーとのマッチングがなされている．該色素は蒸着により成膜できるが，置換基の導入により溶解性が大幅に改良され，塗布による成膜も実現している[25]．該色素の記録膜はポリメチン色素膜よりも反射率は大きくないが，30％以上の反射率も達成されている[26]．

c．キノン色素 キノン系色素は分子内電荷移動型の発色機構をとり，キノン構造の両側にそれぞれ電子供与基，電子吸引基を導入し，吸収波長の移動が計られている．この色素の吸収波長と置換基の関係はPPP MO法によって計算されている[27]．光メモリー媒体としては蒸着法により検討されている[28]．

d．ジチオール金属錯体色素 ジチエンやベンゼンジチオールの金属錯体で，金属種と置換基により吸収波長の移動が計られている[29]．単独でもメモリー材料として検討されているが，ポリメチン色素などの耐光性改良に用いられている．

e．その他 テトラデヒドロコリン[30]，ジオキサジン[31]，ジチアジン[32]，トリフェニルメタン[33]，アズレン[34]系などの色素も検討されている．

〔広瀬 純夫〕

文 献

1) 日本特許，特開昭57-195341.
2) 日本特許，特開昭62-297177.
3) A. Morinaka, et al.: *Appl. Phys. Lett.*, **43**, 524(1983).
4) E. Hamada, et al.: Optical Data Storage 1989 Technical Digest Series, **1**, 45(1989).
5) 矢辺明夫：第30回応用物理学会 連合講演会予稿集, 7a-X-8(1983).
   A. Kuroiwa, et al.: *Jap. J. Appl. Phys.*, **22**, 340(1983).
   M.C. Gupta, et al.: *J. Appl. Phys.*, **60**, 2932(1986).
6) J.S. Hartman, et al.: Reprint of Topical

7) 大道高弘：日本化学会誌, 1988, 1090.
8) H.Hoshino, et al.: *Jap. J. Apply. Phys.*, **25**, L341(1986).
9) 小出直之：液晶ポリマー, 共立出版(1988).
10) K.Morimoto, et al.: *Thin Solid Films*, **133**, 21(1986).
11) G.H. Brown: "Technique of Chemistry III Photochromism", John Wiley (1971).
12) J. Seto, et al.: *Chem. Lett.*, 1805(1985).
13) H.G.Heller: *IEE Proc.-1*, **130**, 209 (1983).
14) M.Irie, et al.: *J. Org. Chem.*, **53**, 803 (1988).
15) A. Morinaka, et al.: *Jap. J. Appl. Phys.*, **26**, *Suppl.* 26-4, 87(1987).
16) S. Voelker, et al.: *IBM J. Res. Develop.*, **25**(5), 547(1979).
17) 吉村 求：第49回応用物理学会予稿集, p.872 (1988).
18) D.M. Burland, et al.: *IBM J. Res. Develop.*, **23**(5), 534 (1979).
19) T.Tani, et al.: *Jap. J. Appl. Phys.*, **26**, *Suppl.* 26-4, 77(1987).
20) J. Fabian, et al.: "Light Absorption of Organic Colorants", Springer, Berlin (1980).
21) D.J. Gravestein, et al.: *SPIE*, **420**, 327 (1983), 日本特許, 特開昭 58-173696.
22) 日本特許, 特開昭 59-55794, 特開昭 59-55795.
23) L.Edwards, et al: *J.Mol. Spectroscopy*, **33**, 292(1970).
24) 日本特許, 特開昭59-11292, 特開昭 59-16153.
25) 広瀬純夫：第一回光メモリーシンポジウム予稿集, p.46(1985).
26) 日本特許, 特開昭 61-154888, 特開昭 61-235188.
27) T. Kitao, et al.: *J.S.D.C.*, **96**, 475, 526 (1980), *ibid.*, **99**, 257(1983).
28) M. Itoh, et al.: *SPIE*, **420**, 332(1983).
29) G.N. Schrauzer: *Acc. Chem. Res.*, **2**, 72 (1969).
30) 日本特許, 特開昭 58-197088.
31) 日本特許, 特開昭 58-132231.
32) 日本特許, 特開昭 59-78891.
33) 日本特許, 特開昭 58-112791.
34) T. Miyazaki, et al.: *Jap. J. Appl. Phys.*, **26**, *Suppl.* 26-4, 33(1987).

5.4 液　　晶
5.4.1 液晶の分類と性質

1888年にオーストリアの植物学者 F. Reinitzer はコレステロールの安息香酸エステル(**1**)の融点測定実験の際に, 143.5°C で結晶から粘性のある白濁した真珠光を発する特異な液体に変わり, 178.5°C で通常のさらさらした透明な液体になる現象を発見した.

1

その翌年, ドイツの物理学者 O. Lehmann は, 加熱装置付きの偏光顕微鏡を用いて, この白濁した状態を観察した結果, このものが液状でありながら異方性結晶に特有な複屈折性を示すことを見出し, この状態を液晶(独：Fliessende Krystalle, 英：liquid crystal)と命名した. 通常の物質は, 溶融温度で結晶状態から光学的に等方性の透明な液体に直接変化するが, 液晶状態をとる物質は, この状態からさらに昇温することで通常の等方性液体(isotropic liquid)に変化する. つづいて, フランスの物理学者 G. Friedel は 1922 年に, 液晶を偏光顕微鏡で観察したときに見られる特徴的な模様の相違によって, ネマチック (nematic)液晶, コレステリック(cholesteric)液晶, スメクチック(smectic)液晶の3種類に分類できることを示した. ここで, ネマチックはギリシャ語の糸状, スメクチックはグリース状という意味であり, コレステリックは Reinitzer が発見した液晶がコレステロール透導体であったことに基づいている. Friedel によるこの提案は, 現代においても, 液晶分類法の基本として受け継がれている.

a. サーモトロピック液晶とリオトロピック液晶　液晶には, ある温度範囲で液晶状態が見られるものと, ほかの液体との相互作用によって液晶状態が出現するものがある.

前者をサーモトロピック(thermotropic)液晶,後者をリオトロピック(lyotropic)液晶と呼ぶ.リオトロピック液晶の代表的なものにはセッケンを水に溶かした状態やリン脂質から成る生体膜などがある.次にサーモトロピック液晶のおもなものを説明する.

b. ネマチック液晶 棒状の分子がその長軸の方向に平行に配列しており,個々の分子は長軸方向に移動したり,この軸を中心に回転したりすることができる.このため,比較的流動性に富み粘度は小さい(図 5.13,表 5.2).

c. スメクチック液晶 棒状の分子がその長軸の方向に平行に並び,さらにこれらが層状に並んだものである.したがって,層の厚さは,それを構成する分子の長さ,またはその2倍程度である.分子の長軸が層に垂直なものを S_A 相,傾いているものを S_C 相と呼んでいる.カイラル(不斉)な分子が S_C 相を構成する場合,層と層の間で分子軸の方向が少しずつずれ,全体としてらせん状にねじれた配列となる.これを S_C^* で表す.S_C^* 相をもつ液晶は薄いセルに挟んだ場合に強誘電性を発現することから,強誘電性(ferroelectric)液晶と呼ばれている.

d. コレステリック液晶 棒状ないし板状の分子が,ある層においてはその層に平行な一方向に配列しているが,その次の層ではやや角度を変えた方向に並んでいる.したがって,全体としては,層がらせん状にねじれた形となっている(図 5.15).これに属するものとしては Reinitzer が最初に発見した化合物 **1** のほか,多数のコレステロール誘導体が知られている.層がらせん状にねじれるのは,コレステロール骨格がカイラル構造をもつためであり,分子内に不斉炭素をもつ **12** のような化合物もこの液晶相を示す.コレステリック相は Ch で表されるが,カイラルなネマチック相に相当することから N^* と表されることもある.

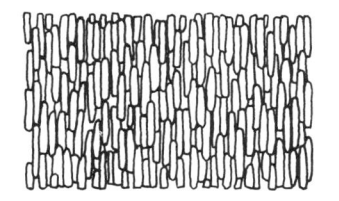

図 5.13 ネマチック液晶

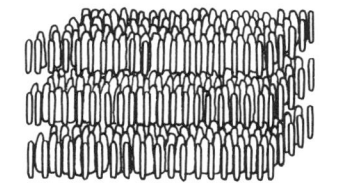

図 5.14 スメクチック液晶

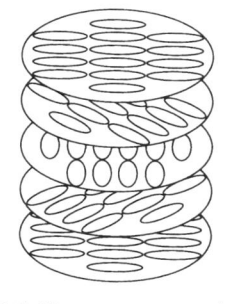

図 5.15 コレステリック液晶

12

以上のほか,ベンゼンヘキサアルカノエート(**13**)のように,円盤(ディスク)状の分子からなる液晶は円柱を束ねたような特異な配列をとることから,ディスコティック(discotic)液晶と呼ばれるものもある.フタロシアニン金属錯体にも,この液晶状態をとるものが多く知られている.

13

X. 機能性有機材料

表 5.2 ネマチック液晶の例

化合物番号	構造式	相転移温度 (°C) C ↔ N ↔ I		
2	CH_3O-⟨⟩-N=N(→O)-⟨⟩-OCH_3	117		136
3	CH_3O-⟨⟩-CH=N-⟨⟩-C_4H_9	22		47
4	C_5H_{11}-⟨⟩-⟨⟩-CN	24		35
5	C_7H_{15}-⟨⟩-⟨⟩-CN	30		55

C は結晶, N はネマチック相, I は等方性液体を示す.

表 5.3 スメクチック液晶の例

化合物番号	構造式	相転移温度 (°C) C ↔ S_A ↔ N ↔ I			
6	$C_8H_{17}O$-⟨⟩-N=CH-⟨⟩-CN	73	83	108	
7	$C_8H_{17}O$-⟨⟩-COO-⟨⟩-CN	64	91	92	

		C ↔ S_C ↔ I		
8	$C_{18}H_{37}O$-⟨⟩-COOH	106.3		135.3
9	$C_{11}H_{23}COO$-⟨⟩-⟨pyrimidine⟩-C_6H_{13}	49		51

		C ↔ S_C^* ↔ S_A ↔ C_S ↔ I			
10	C_8H_{17}-⟨pyrimidine⟩-⟨⟩-O-$(CH_2)_3$-$\overset{*}{C}H$(CH_3)C_2H_5	31	47	51	Ch相なし
11	$C_8H_{17}O$-⟨⟩-COO-⟨⟩-$OCH_2\overset{*}{C}H$(F)C_6H_{13}	66	76	83	89

5.4.2 液晶の応用

液晶状態にある物質は,温度を変えたり電圧をかけると分子の並び方がいろいろ変化し,それに伴って,通過する光の強さや反射する光の色調が変化するというおもしろい性質がある.この性質を利用して,液晶はいろいろなところに応用されている.

a. 温度センサー コレステリック液晶のらせんピッチの長さがちょうど可視光線の波長と同程度のオーダーであるとき,光は選択反射を受けて,特有の色彩を帯びて見える.しかも,このらせんピッチは温度変化に対してきわめて敏感に変化するので,それに伴って液晶の色彩も顕著に変化する.この性質を利用して,物体の温度を測定する器具や,温度によって色が変わる装飾品がつくられている.

b. 液晶表示装置 導電性の被膜加工と,液晶を一定方向に配列させるための表面処理をした透明なガラス板の間に,4 や 5 のような分極した官能基を分子の末端にもつネマチック液晶を挟み込む.ここで,上下のガラス板付近での液晶の配向がちょうど直交するようにしておくと,液晶分子はガラス板の

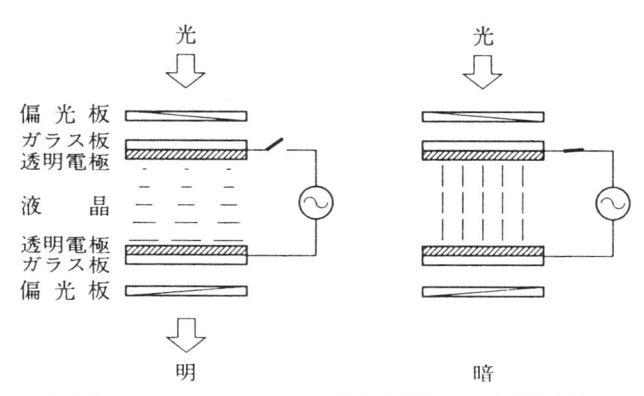

図 5.16 ツイステッドネマチック型液晶表示セルの作動模式図

間をらせん状に 90°（あるいは 270°）ねじれた状態で配列する．このセルを直交した 2 枚の偏光板で挟んで光を照射すると，上の偏光板を通過した光は，液晶を通過するときに偏光面が 90° 回転するので，下の偏光板を通過することができる．これによって明るい状態が表示できる（図 5.16 左）．次に，この液晶セルに電界を印加すると液晶分子は，その分極した方向に立並ぶので，偏光面を回転させる働きは失われる．したがって，照射光は通過できなくなり，暗い状態が表示できる（図 5.16 右）．このような液晶表示装置はツイステッドネマチック（TN）方式と呼ばれ，時計や電卓の表示板から発展して，ワープロや液晶テレビなどのような大画面の表示装置にも広く使われるようになってきた．

また，S_C^* 相をもつ強誘電性液晶を用いると，電界のスイッチングに対する応答性にすぐれた表示装置が実現できることから，現在さかんに研究が行われている．

〔野平 博之〕

参 考 書

1) 日本学術振興会第 142 委員会編："液晶デバイスハンドブック"，日刊工業新聞社 (1989).
2) 岡野光治，小林駿介編："液晶，基礎編"および"同，応用編"，培風館 (1985).
3) 佐藤 進："液晶とその応用"，産業図書 (1984).
4) 岩柳茂夫："液晶"，共立出版 (1984).
5) 松本正一："液晶エレクトロニクス"，オーム社 (1986).

5.5 エレクトロクロミック材料
5.5.1 はじめに

EC (electrochromic) 材料とは，電圧を印加するか，あるいは電流を通じることによる可逆的な色や透過度の変化であるエレクトロクロミズムを起こす材料とされれている．

現象としては，①シュタルク (Stark) 効果，② 色中心，③ pH 変化，④ 電気化学的酸化還元反応がある．

1932 年に，アルカリハライドの色中心による着色が観察されたのが最初の EC 材料の発見であるが，本格的な研究は 1969 年の S. K. Deb による WO_3[1]，その後の C. J. Schoot らによるヘプチルビオロゲン[2] といった電気化学的酸化還元反応による EC 材料が見つかり，表示素子への応用 ECD (electrochromic display) が示されてからである．

この ECD は液晶ディスプレー（LCD）と同じ非発光型のディスプレーであり，① 視野角依存性がなく，② メモリー性をもつ，③ 表示が美しい，といった長所をもっている．

しかし，繰返し回数が不足していたり，メモリー性をもつということが，反対に消色時に発色時とは逆の電圧を印加する必要があるということとなり，駆動回路が複雑化してしまうという短所としても働いている．

1981 年に腕時計に応用され販売[3] されたあと，メモリー性，フラッシュアウトしないという非発光型ディスプレーの特徴を生かした店頭の株価表示，薄膜という特徴を生かした

自動車用防眩ミラーに応用され，さらに調光ガラス，カードの表示，漏電検知器への応用が検討[4),5),6)]されている．

5.5.2 各種EC材料の分類

EC材料は大きく有機材料，無機材料に分類できる．

無機材料としては，遷移金属酸化物，遷移金属窒化物，混合原子価錯体が知られており，電極表面に蒸着や電解析出法により形成された，修飾電極として用いられる．表5.4に各種EC材料の分類，図5.17にECディスプレーの構成を示すが，このなかで実用化された

表 5.4 各種EC材料の分類

		形状	EC材料	（電解質）
無機材料	修飾電極型	乾式法　蒸着膜	遷移金属化合物[5)] WO$_3$ Ir(OH)	プロピレンカーボネート＋LiClO$_4$ or 固体電解質・アンチモン酸[5),6)] or 誘電体・Ta$_2$O$_5$[5)]
		湿式法　電解析出膜	混合原子価錯体[5)] プルシアンブルー[7)] オスミウムパープル	KCl水溶液 or プロピレンカーボネート 　＋LiClO$_4$
		コーティング膜	バナジル酸コロイド[5)]	
有機材料	溶液型	析出型	低分子ビオロゲン類[2)]	KBr水溶液
		非析出型	スチリル系色素[11)] アントラキノン[12)] ピラゾリン 2,2-ビピリジニウム錯体[14)] 指示薬[5)]	アセトニトリル＋TBAP N-2-メチルピロリジン＋TBAFB
	修飾電極型	乾式法　蒸着膜	Lu-ジフタロシアニン[15)]	KCl水溶液
		湿式法　電解重合膜	ポリピロール[5),17)] ポリアニリン ポリチオフェン	アセトニトリル＋TEAFB or ベンゾニトリル＋LiBF
		高分子コーティング膜	高分子ビオロゲン 　ポリイオンコンプレックス[20)] TTF[19)] ピラゾリン[19)] バソフェナントリン錯体[21)] フェノチアジン[22)]	アセトニトリル＋(CH$_3$N)$_4$ClO$_4$ N-2-メチルピロリジン＋TBAFB

TBAFB : tetrabuthylammonium fluroborate.
TEAFB : tetraethylammonium fluroborate

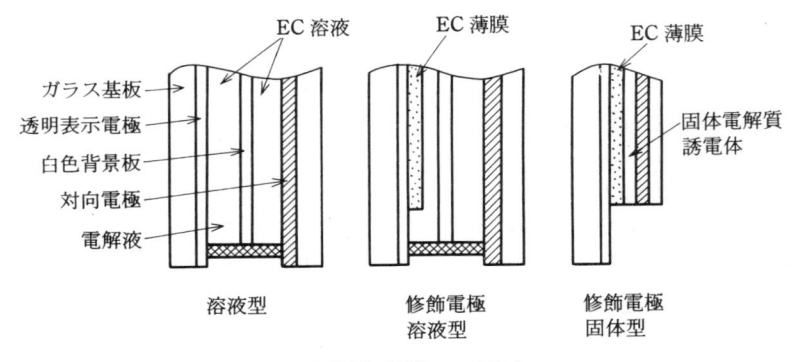

図 5.17 ECDセルの構成

のは酸化タングステン[1),4),5)]に限られている．無機材料としては，このほかに酸化イリジウム，プルシァンブルー，オスミウムパープル[7)]があるが青色系統である．

一方有機材料は，化学構造を変化させ誘導体を比較的容易に合成することができるため，種々の色相の表示が得られやすく多色化の点でもすぐれている．

また，ECDは電流駆動型の表示素子であり，発色効率が上がれば透明電極の低コスト化，スイッチの電子化，表示の大面積化で有利となるが，この点有機系にすぐれたものが多い．しかし，繰り返し耐性を見ると無機系と比較して劣り実用化されていない．

5.5.3 有機材料系

有機のEC材料は，無機材料と同じ修飾電極型と溶液型があり，発色時に表示電極上に析出するものと，そうでないものとがある．

有機系のEC材料は種々の誘導体による多色化の可能性にあるが，溶解性という制約によりその特長が十分活かされない，また非析出型は発色種が時間とともに拡散してしまいECの特長であるメモリー性がなくなってしまうという指摘があり，修飾電極型の研究もさかんである．

a. 溶液析出型 ビオロゲン誘導体の反応を次に示す[2)]．

$$R-N^+\rightleftharpoons N^+-R \quad 2X^- \xrightarrow[-e+X^-]{+e-X^-}$$

無色

$$R-N^+\rightleftharpoons N-R \quad X^-$$

発色

ビオロゲンの場合，電解液への溶解状態から析出し発色表示するが，繰り返し表示を行うと，着色して析出したビオロゲンの結晶化が進み，消色しにくくなるため，溶液中に$K_4Fe(CN)_6$・NaH_2PO_2[8)]やシクロデキストリン[9)]を混合させて安定化を図っている．

b. 溶液非析出型 スチリル誘導体の反応を次に示す[10)]．

白⇌赤，白⇌青，白⇌空色の表示が報告[11)]

されている．応答性は500 msec程度であるが，消費電流は30 $\mu A/cm^2$ とビオロゲンと比較しても少ない．

($n=1$ 赤色，$n=2$ 青色）

有機系のEC材料の特長は表示色の豊富さにあるが，さらに同一の画素での多色表示が検討されている．

アントラキノン系とピラゾリン系色素[12)]といったように還元発色型色素と酸化発色型色素とを同一溶液中に組み合わせることにより，同一パネルで赤色⇌白色⇌青色の表示を行っている．

還元発色型色素
赤色⇌無色

酸化発色型色素
青色⇌無色

アントラキノン，ピラゾリン系EC体の化学構造

表示極側では，$-2.0 V$の電圧を印加することにより還元発色型のアントラキノンの還元体が赤色表示され，0Vに戻すともとの無色となる．反対に$+2.0 V$を印加すると酸化発色型のピラゾリンの酸化体の青色が表示される．対極側では反対の反応が起きているが

また，酸化発色型としてジフェニルアミンを用いることにより赤色⇄白色⇄緑色⇄青緑色の表示も検討されている[13]．

2,2'-ビピリジルの2価の鉄錯体[14]は通常は赤色であるが，還元体は青色であり酸化体は白色であるので単体で青色⇄赤色⇄白色の表示が可能である

c. 修飾電極型 ルテチウム・ジフタロシアニン(LuPC)[15]は蒸着により修飾電極化されるが，単体でさらに多くの色表示が可能で，電圧を変化させることにより緑色⇄青色⇄紫色⇄緑色⇄赤色の色変化を起こす．構造とサイクリックボルタモグラムを次に示す[16]．

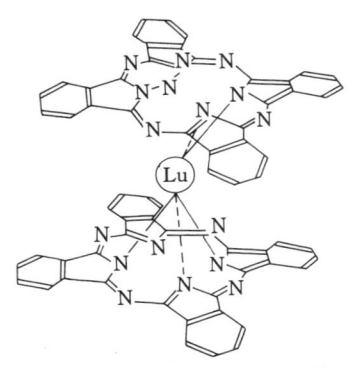

ルテチウム・ジフタロシアニン系 EC体の化学構造

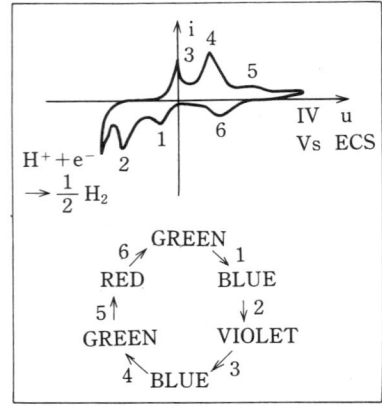

ルテチウム・ジフタロシアニンのサイクリックボルタモグラムと発色変化

白色表示ができないことから応用範囲が狭められている．

電解により合成されたポリピロール，ポリアニリンといった導電性高分子[5),17)]はカチオンやアニオンをドーピングさせると，バンドギャップの変化によって色の変わり，作製が容易で，平滑で均一な薄膜が再現よく得られ，大面積化が容易なことから注目されている．

従来白色表示ができなかったが，ポリイソチアナフテンのように白色⇄青色ができるものも発表されている[18]．

溶液型の析出し発色表示するものは，電極への析出が拡散であり律速と成ってしまうことや，非析出型は，発色種が拡散してしまいメモリー性がなくなることから，高分子コーティング膜[19]により安定性，高速応答性，メモリー性を図っている．さらに析出状態では絶縁状態なので発色が低濃度で飽和してしまうのでビオロゲンポリマーに導電性のSnO_2を混ぜ表面積を上げて飽和濃度もあげる工夫[20]も発表されている．　〔松平　長久〕

参考文献

1) S.K. Deb: *Phil. Mag.*, **27**, 801-822 (1973).
2) C.J. Scoot, et al.: *Applied Phys. Lett*, **23**, 64-65 (1973).
3) 岩佐浩二：14回 Semi Conference (電気化学協会東北支部主催資料), pp.16-21 (1983).
4) 山名昌男："クロミック材料と応用・応用編"，シーエムシー，pp.177-196 (1989).
5) 金属表面技術協会　電子材料表面処理研究分科会編："表示材料表面技術"，リアライズ社，pp.39-121 (1987).
6) 松平長久：電子技術，27.5, 51-57 (1985).
7) V.D.Neff : *J. Electrochem, Soc.*, **125**, 886-887 (1978).
8) A. Yasuda, et al.: JAPAN DISPLAY '83, p, 2, 24, pp.392-394 (1983).
9) A. Yasuda, et al.: *Jpn. J. Appl. Phys.*, **26**, 1352-1355 (1987).
10) 藤田勇三郎ら：電気化学秋季大会予稿，C 119, p.123 (1985).
11) S. Tsuchiya, et al.: JAPAN DISPLAY '83, p.2, 23, pp.388-391, (1983).
12) T. Ueno, et al.: JAPAN DISPLAY '83,

pp. 66-68 (1983).
13) T. Ueno, et al.: *Jpn. J. Appl Phys.*, **24**, L178-L180 (1985).
14) 野村健次ら：電気学会，電子材料研究会，EFM-81-18, pp. 81-90 (1981).
15) M. Nicholson: Information Display., 2/84, pp. 1-14 (1984).
16) Y. Bessonnat, et al.: EURODISPLAY '81, pp. 104-106 (1981).
17) J.M. Bureau, et al.: *Mol. Cryst. Liq. Cryst.*, **118**, 235-239 (1985).
18) 小林正雄：高分子，**36**, 222(1987).
19) F.B. Kaufman, et al.: *Appl. Phys. Lett.*, **36**, 422-425 (1980).
20) 野村健次ら：表面科学，**7**, 336-342 (1986).
21) K. Itaya, et al.: *J. Electrochem. Soc.*, **129**, 762-767 (1982).
22) 森島洋太郎ら：電気化学協会合同秋期大会，B218, p. 89 (1983).

6. 触媒機能材料

6.1 酸化還元機能

酸化還元触媒機能とは，繰返し酸化反応や還元反応を触媒できる機能であり，そのような機能をもつ分子は天然，人工を問わず多数知られている．しかし，材料として実際に利用する場合は，一般的に人工の機能団の高分子化された形態をとる必要がある．このような酸化還元機能をもつ高分子化合物は，通常酸化還元樹脂(redox polymer)，あるいは酸化還元反応が基本的には電子の授受であることから，電子伝達樹脂(electron-transfer polymer)，または電子伝達触媒(electron-transfer catalyst)と呼ばれ，おもに最も基本的な化学反応である電子の受けわたしを触媒している．電子に限らずたとえば酸素原子の直接移動を触媒するような分子も，この範疇に入る．また，IIIやVIIのような構造をもつ高分子錯体と呼ばれる一群の化合物は，配位結合で結ばれた金属イオンを含む高分子で，金属イオンの酸化還元機能を利用した触媒反応が知られており，これらもこの範疇に入る．

タンパクなど天然の高分子のなかには，このような機能をもつものは無数にあり，酸素を生体組織に供給したり，エネルギー代謝や光合成などに関与している．これらの生体高分子では，そのなかにある金属，ヒドロキノン誘導体，ニコチンアミドなどが酸化還元反応の中心的役割を果たすことになる．

酸化還元機能を有する単純な分子（または錯体）は，可逆的酸化還元系を形成できる分子と考えることができ，多数知られている．これらの系では以下に示すような可逆的な反応式が成立する．

(1) キノン系(I)

$$HO\text{-}C_6H_4\text{-}OH \rightleftharpoons O\text{=}C_6H_4\text{=}O + 2H^+ + 2e^-$$

(2) チオール系(II)

$$2R\text{-}SH \rightleftharpoons R\text{-}S\text{-}S\text{-}R + 2H^+ + 2e^-$$

(3) フェロセン系(III)

$$Fc + HA \rightleftharpoons Fc^+ A^- + H^+ + e^-$$

(4) ピリジン系(IV)

$$\text{Py-R} + HA \rightleftharpoons \text{Py}^+\text{-R} \cdot A^- + 2H^+ + 2e^-$$

(5) ビオロゲン系(V)

$$R\text{-}N^+C_5H_4\text{-}C_5H_4N^+\text{-}R \cdot 2X^- \xrightleftharpoons{e^-} R\text{-}N^+C_5H_4\text{-}C_5H_4\cdot N\text{-}R \cdot X^- \xrightleftharpoons{e^-} R\text{-}NC_5H_4\text{=}C_5H_4N\text{-}R$$

(6) 色素系(メチレンブルー，VI)

$$\text{(methylene blue oxidized form)} \rightleftharpoons \text{(reduced form)} + H^+ + e^-$$

(7) フタロシアニン(Ⅶ)

M:金属

ほかに,フラビン,アニリンブラック,ニトロキシルラジカル,ヨードベンゼンなどいろいろなレドックス機能団であるが,それらを高分子中に導入することにより,酸化還元樹脂が合成される.

これらの基本骨格を高分子中に導入する方法として次のような方法が一般的に用いられる.

(1) レドックス基を含むモノマー(たとえばⅧ〜Ⅹ)を合成し,重合する.レドックス基が反応性に富むような場合にはレドックス基を保護したモノマーの重合により得られたポリマーから保護基を外す.

(R:保護基)

Ⅷ　　　Ⅸ　　　Ⅹ

(2) 反応性基をもつポリマーとレドックス基をもつ試薬との高分子反応によりレドックス機能団をポリマー中に導入する.いずれもそれぞれ特徴をもつため,レドックス基や目的とするポリマーの性質,構造などによりどの方法によるかが決まる.しかし,分子構造を制御するという観点からは(1)のモノマー法の方が有利である.

さらに,対応するモノマーのビニル重合,重縮合,重付加,あるいは高分子反応により得られる高分子化レドックス系を,不溶性のレドックス系(架橋体)とすることにより,① 反応系からの容易な除去,② 2次的な副反応の抑制,といった利点を賦与することができる.したがって,これを用いれば純粋な目的生成物を簡便に得ることができ,材料としてより使いやすくなる.

酸化還元樹脂を触媒とする反応では,下記の還元反応の例に示すように,実際の供給源として外部から別の試薬(還元剤)を加えるのが一般的である.このような系では還元剤を同一系内に含む混合系で,真の還元活性種を取り出すことなく反応を行うことができる.また,この触媒反応のような単純な系のほかに,多段階の電子伝達の一部を構成する場合もあるがここでは単純な例のみをあげるにとどめる.

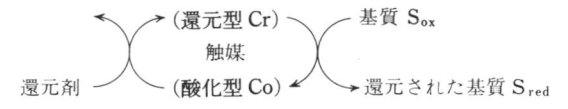

還元剤 → (還元型 Cr) → 基質 S_{ox}
　　　　　触媒
　　　　(酸化型 Co) → 還元された基質 S_{red}

この系で,触媒の還元型(Cr)と基質(S_{ox})との反応を考えると,生成系の酸化型Co,還元生成物S_{red}との間に平衡が成立し,平衡定数Kは次のように表される.

$$a\mathrm{Cr} + b\mathrm{S}_{ox} \underset{}{\overset{K}{\rightleftarrows}} x\mathrm{Co} + y\mathrm{S}_{red} + z\mathrm{H}^+$$

$$K = \frac{[\mathrm{Co}]^x[\mathrm{S}_{red}]^y[\mathrm{H}^+]^z}{[\mathrm{Cr}]^a[\mathrm{S}_{ox}]^b}$$

また,Kは溶液系およびポリマー系の標準レドックス電位(E_SおよびE_P)を用いて下のように表されるので,$E_S - E_P$が大きいほど平衡は右に傾き,目的の反応が有利になる.

$$\ln K = (nF/RT)(E_S - E_P)$$

これまで報告されている酸化還元樹脂を触媒とする反応についていくつか例をあげる.ヒドロキノンとホルムアルデヒドの重縮合により得られる樹脂(Ⅺ)をカラム充塡剤に用い三塩化チタンを還元剤として酸素の還元による過酸化水素の合成が行える.また,キノンーヒドロキノン系の酸化還元樹脂は過酸化水素の分解剤,工場排水や金属イオンの処理剤としてのほか,一般有機化合物の酸化剤,還元剤としても利用される.

ピリジン系のものではⅫのような補酵素であるNAD(P)Hの触媒活性中心に相当する

構造をもつ酸化還元樹脂が還元反応触媒として使われる．類似のポリマーとしてフラビン酵素の活性中心の構造を側鎖にもつポリマーXIIIもある．

前述のビオロゲン系（V）はビピリジンから誘導され，良好な可逆的酸化還元系を形成するが，この構造を高分子主鎖（XIV）または側鎖（XV）にもつものが知られている．これらは，不溶性高分子あるいは高分子膜として用いられ，亜二チオン酸ナトリウムを還元剤としてアゾベンゼンやカルボニル化合物の還元反応を効率よく触媒する．

生物体における代謝の重要因子であるリポ酸をモデルにした親水性高分子（XVI）が合成されている．チオール-ジスルフィド系の触媒作用を利用した酸化還元反応が行われ，高分子効果（共重合による希釈効果）を利用した高活性触媒の例もある．このような例は高分子化ニトロキシルラジカル（XVII）を用いるアルコールのアルデヒドへの酸化反応でも観測されており，触媒同士の反応などの副反応を抑制する良好な触媒となる．

金属酵素のモデルである高分子金属錯体を触媒とする酸化還元反応では，易動性の水素をもつアスコルビン酸，ヒドロキノンなどは酸素による酸化を受けやすい．この場合，基質は錯体中の金属に配位したあと金属イオンにより直接酸化を受ける．VIIのようなポリフタロシアニン銅錯体（M=Cu）による炭化水素の酸化，ポリL-リジン-銅錯体による不斉選択的酸化反応など多数の例が知られている．1原子酸素移動触媒反応の例としては，金属ポルフィリンをポリペプチド側鎖にもつ金属錯体（XVIII）を用いたオレフィンのエポキシ化反応がある．

共有結合で金属原子を高分子中に保持した触媒としてXIXのような高分子スズ化合物があり，有機ハロゲン化合物のアルカンへの還元反応を触媒する．

以上のように，さまざまな可逆的酸化還元系を巧みに高分子化することにより，材料としての使用に耐えうるいろいろな触媒を得ることができるが，触媒の安定性，耐久性など克服すべき実際の使用上の問題もある．

〔高田十志和〕

6.2 固定化触媒

均一触媒は使用後，回収，再利用することがたいへん困難である．そこで，触媒活性を失うことなく溶媒に不溶化すると，回収と再利用が容易になるばかりではなく，フローシステムを用いた連続反応を達成することができる．

固定化触媒(immobilized catalyst)の前身ともいえる固体触媒は第二次世界大戦前から使用されている，たとえば，一酸化炭素と水素から炭化水素を合成するフイッシャートロプシュ合成法(Fisher-Tropsh synthesis)の1つであるコバルト触媒を用いた Ruhrchemie A.G.法がそれである．また，生体触媒の固定化は近来めざましい発展を遂げている[1]．実用化を目的として酵素を固定化したのは 1953 年に Grubhofer と Schleith がポリアミノポリスチレンをジアゾ化して，これにカルボキシペプチダーゼ，ジアスターゼ，ペプシンなどを共有結合させたのが最初であるといわれている．固定化酵素(immobilized enzyme)の工業的連続使用を目的として，1960年代のはじめからアミノアシラーゼの固定化の研究が始められた．1969年代には，わが国で，D,L-アミノ酸の連続的光学分割の工業化に成功している[1]．

6.2.1 固定化触媒とは

固定化触媒は単なる固体化触媒(solidified catalyst)ではなく，一定の空間内に閉じ込められた状態にある触媒のことである．たとえば，高分子物質などに結合，不溶化した触媒のほか限外ろ過膜で隔てられた容器中に触媒と高分子基質を入れ，生成した低分子物質をろ過膜の外側から取り出すような触媒系も含めて固定化触媒という．酵素，微生物菌体の細胞など酵素活性を有する生体触媒を固定化したものを固定化生体触媒(immobilized biocatalyst)という．固定化触媒には溶媒に溶けているが固定化されている溶解性固定化触媒(soluble immobilizedcatalyst)と溶媒に不溶で固定化されている不溶性固定化触媒(insoluble immobilizedcatalyst)がある[1]．

6.2.2 触媒の固定化法

触媒の固定化には種々の方法があり，触媒を不溶性の固体に結合する方法(担体結合法)，触媒自体を重合して高分子化する方法(重合法)，マイクロカプセルなどに包み込んで包括(inclusion)する方法(包括法)などに大別できる．これら結合方法の違いによって，さらに細かく分類できる．

a. 担体結合法

(1) 物理的吸着法：ファンデルワールス力，疎水性相互作用，極性などの相互作用によって触媒を担体に吸着させる方法である．

(2) イオン結合法：担体のイオン性基とイオン性または極性触媒の相互作用を利用して触媒を固定化する．担体としてはイオン交換樹脂やキレート樹脂が多く用いられるが，イオン性基を有する多糖類や高分子電解質も用いられる．

(3) 化学結合法：不溶性担体と触媒を共有結合や配位結合を利用して結合する方法である．金属錯体触媒の固定化には配位結合が多く用いられる．

b. 重合法
官能基を有する触媒を重合し，高分子を合成する方法(触媒線状重合法)と触媒を架橋して固定化する方法(触媒架橋法)がある．これら重合法は触媒自体を重合して固定化するところが担体結合法と異なる．

c. 包括法
高分子化合物などを用いて触媒を包括する方法で，包括材としては高分子のコロイド溶液やゲルが用いられる．

各種触媒固定化法の例を，表 6.1 および表 6.2 にまとめた．

6.2.3 触媒活性の評価

固定化触媒を用いた実験から触媒活性の尺度となるミハエリス(Michaelis)定数 K_m や最大速度 V_m (ミハエリス-メンテン(Michaelis-Menten)の式)などが求められるが，これらの動力学定数を表記するときは実験条件を明確にしなければならない．たとえば，固定化触媒の状態，固定化触媒の単位質量当たりの反応の初速度を示し，反応の温度，撹拌

6. 触媒機能材料

表 6.1 担体結合法による触媒固定化法の例

担体	触媒	作用	文献
（物理的吸着法）			
活性炭	Rh	ベンジルアルコールのカルボニル化	2
シリカ，アルミナ	金属カルボニルクラスター	一酸化炭素，メタノールから有用有機化合物の生成	3
N-ビニル-2-ピロリドンとアクリルメタクリラートの共重合体をアクリルアミドゲルで処理	Rh粒子	オレフィンの水素化	4
架橋ポリアミノスチレン	トリスビピリジンルテニウム	水の光分解	5
絹，レーヨン，ラミー，ビニロンポリアクリルニトリル，ナイロン，ポリエチレンテレフタレートなど	Zn, Mn, Cu（微量）	メチルメタクリレートの重合	6
活性炭	α-アミラーゼ		1a
活性炭	ペプシン		1a
アルミナ	β-グルコシダーゼ		1a
キチン	α-アミラーゼ		1a
（イオン結合法）			
陽イオン交換樹脂	Rh(I)キレート	デヒドロアミノ酸の水素化	7
キレート樹脂	トリスビピリジンルテニウム(II) ＋ メチルビオローゲン	光増感過酸化水素生成	8
DEAE-セルロース	グルコアミラーゼ		1a
Amberlite IRA-410	インベルターゼ		1a
Dowex-50	リボヌクレアーゼ		1a
（化学結合法）			
ポリビニルピロリドン	$RhCl_3$	オレフィンの水素化	9
ポリスチレン	Rh-シクロオクタトリエン-シクロオクタジェン	オレフィンの水素化	10
ポリスチレン	Fe(III)-テトラカルボキシフタロシアニン	過酸化水素の分解	11
ポリ-4-ビニルピリジン-co-スチレン	Cu(II)	ジメチルフェノールからポリフェニレンオキシドの生成	12
ポリスチレン	ジメチルアミノピリジン-Cu(II)錯体	2,6-二置換フェノールの酸化カップリング	13
ポリスチレン	1,8-ビス(ジメチルアミノ)ナフタレン	アルコールのエチル化	14
炭素電極	ヒドロキシ-1,4-ナフトキノン	アルコールのエチル化	14
ビピリジンを結合したポリマー	トリスビピリジンルテニウム(II)	水の光分解	15
ナイロンカプセル	サーモリシン	ジペプチドの合成	1a
アンバーライト XAD 樹脂	パパイン	N-保護アミノ酸のエステル化	1a
グラッシーカーボン	ジアホラーゼ	NAD^+のからNADHへの還元	1a
多孔性ガラス粒子	インベルターゼ	しょ糖の転化	1a
アミノアルキルシランで修飾したシラン	ルミノール	過酸化水素の検出	1a
ポリ-4-ビニルピリジン	Kegin型ヘテロポリ酸	一級ジオールの酸化	16
架橋ポリスチレン	過塩素酸トリチル	アルドール付加物の立体選択的合成	17

速度などを併記する必要がある．

6.2.4 固定化触媒の利用

固定化触媒の使用によって生産過程で流通法を用いることができるため，工業的に広く応用されるようになってきた．固定化触媒はオレフィンの水素化，メタノール合成，炭化水素の改質，水性ガス反応などで実用化されている．また固定化触媒を用いたバイオリアクターの実用化における進歩は，近来特に著しいものがある．これらの例を表6.3にまと

表 6.2 重合法および包括法による触媒の固定化例

重合法
(線状重合法)

高分子触媒	作　　　　用	文献
エピクロロヒドリンで重合したシクロデキストリン	二酸化炭素からメタノールの合成	18
ビニルフェロセンの共重合体	メチルメタクリラートの重合	20

(架橋法)

架橋材	触　　　　媒	文献
グルタルアルデヒド	アミノアシラーゼ	1a
〃	カルボキシペプチダーゼA	1a
〃	リゾチーム	1a

(包括法)

担体	触　　　　媒	文献
ポリアクリルアミドゲル	アルコールデヒドロゲナーゼ	1a
ポリビニルピロリドン	インベルターゼ	1a
光硬化性樹脂	カタラーゼ	1a
ナイロン	アスパラギナーゼ	1a

表 6.3 固定化酵素を用いた有用物質の生産例[19]

触　　媒	生　成　物
DEAE-セファデックスに固定化したアミノアシラーゼ	L-型アラニン，イソロイシン，メチオニン，フェニルアラニン，トリプトファン，バリン
α-アミラーゼ	デンプン→デキストリン
セルラーゼ	セルロース→グルコース
グルコースイソメラーゼ	グルコース→フラクトーズ
弱塩基性イオン交換樹脂に固定化した L-アスパルターゼ	アスパルギン酸

めた.

固定化酵素は臨床試薬や医薬品の製造でも実用化例が多い．たとえば，グルコース，コレステロール，尿素，中性脂肪などの検査試薬などである[1a]．

〔栗村　芳實〕

文　　献

1) (a) 千畑一郎編："固体化生体触媒"，講談社 (1986).
   (b) 千畑一郎編："固定化酵素"，講談社 (1975).
2) M. Eisen, T. Bernstein and J. Blum: *J.Molec. Cat.*, **43**, 199(1987).
3) 市川　勝："高分子金属錯体触媒"，平井英史，戸嶋直樹編，p.123，学会出版センター(1982).
4) H.Hirai, M. Ohtaki and M.Komiyama: *Chem. Lett.*, 149(1987).
5) W. Nussbaumer, H. Gruber and G. Greber: *Makromol. Chem.*, **189**, 1027 (1988).
6) 井本　稔，大内辰郎："高分子金属錯体触媒"，平井英史，戸嶋直樹編，p.167，学会出版センター (1982).
7) R. Selke: *J. Molecular Cat.*, **37**, 227 (1986).
8) Y. Kurimura, M. Nagashima, K. Takato, E. Tsuchida, M. Kaneko and A. Yamada, *J. Phys. Chem.*, **86**, 2432(1982).
9) 平井英史，戸嶋直樹：触媒，**22**, 190(1980).
10) P. Perticc, G. Vitulli, C. Carlini and F.Ciardelli: *J.Mol. Catal.*, **11**, 353(1981).
11) H.C. Meinders, N.Park and G.Challa: *Makrol. Chem.*, **178**, 1019(1977).
12) 土田英俊，西出宏之："高分子錯体触媒"，平井英史，戸嶋直樹編，学会出版センター(1982).
13) C.E. Koning, R.Brinkhuis, R. Wevers and G. Challa: *Polymer*, **28**, 2310(1987).
14) M. Tomoe, T.Suzuki and H.Kakiuchi:

Makromol Chem. Rapid Commun., **8**, 291 (1987).
15) M. Kaneko, S. Nemoto, A. Yamada and Y. Kurimura: *Inorg., Chim. Acta.*, **44**, L289 (1980).
16) K. Nomiya, H. Murasaki and M. Miwa: *Polyhedron*, **5**, 1031 (1986).
17) T. Mukaiyama and H. Iwakura: *Chm. Lett.*, 1363 (1985).
18) K. Ogura and M. Fujita: *J. Molec. Cat.*, **41**, 303 (1987).
19) 軽部征夫：“酵素応用のはなし”，日刊工業新聞社 (1986).
20) T. Ouchi, H. Taguchi and M. Imoto: *J. Macromol. Sci. Chem.*, **A12**, 719 (1978).

7. エネルギー変換機能材料

7.1 エネルギー貯蔵分子材料

光エネルギーで駆動する吸エネルギー的反応 (endergonic reaction) により，光エネルギーを化学エネルギーに変換し貯蔵する技術は，潜熱蓄熱や顕熱蓄熱と違い，断熱の不備に伴うエネルギー損失がないため，長期間の貯蔵に耐える特徴をもっている．この技術として，吸熱的反応の熱源に光エネルギーをヒートモードで用いる方法 (ケミカルヒートポンプ方式) や水の光分解による水素製造などがあるが，これらのほかに分子材料に貯蔵する方法が考案されており基礎的研究がなされている．

この方法の原理は，ある分子Aが光子を吸収し励起状態A*を経て，Aより高エネルギーの分子Bを与える光化学反応 ((7.1)式，図7.1) を利用するもので，吸収された光子のエネルギーの一部が，化合物AB間のエネルギー差 (ΔH) として蓄えられる．Aの光励起においては，Aが直接光を吸収してもよいし，増感剤を用いて間接的にAを励起させてもよい．

$$A \xrightarrow{光(h\nu)} A^* \longrightarrow B \quad (7.1)$$

$$B \xrightarrow{熱または触媒} A + 熱 \quad (7.2)$$

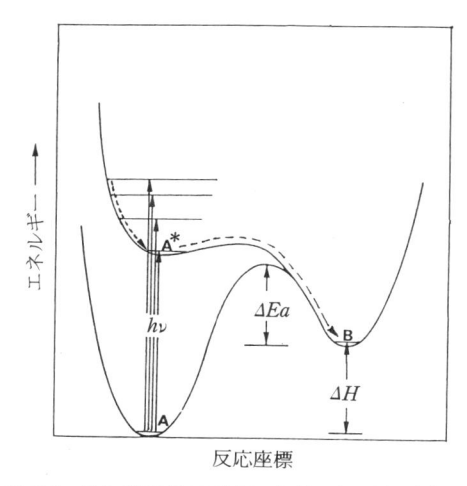

図 7.1 光化学反応による光→化学エネルギー変換のエネルギー図

反応A→Bの活性化エネルギー (ΔEa) の大きいAB対を用いると，Bが速度論的に安定になり長期間の貯蔵が可能になる．Bに貯蔵されたエネルギーは，Bを燃焼させても取り出すことができるが，一般的には，B→Aの反応を進行させ，Aを再生しつつ顕熱化する方式 ((7.2)式) が考えられている．反応B→Aは，加熱によっても進行させうるが，触媒によりその反応速度が制御できる系がより望ましいとされている．

この分子材料による光エネルギーの変換・貯蔵法の特徴は，貯蔵に際して断熱を施す必要のないことのほかに，エネルギー変換過程が低温でも進行すること (7.1), (7.2) 式の反応が副反応なく進行する場合，物質閉鎖型のシステムが構築しうることなどがあげられる．

光子数分布 $n(\nu)$ の入射光に対するこの系のエネルギー変換効率 (η) は，全波長領域でAのみが光吸収体であるとき，(7.3)式となる．特に，光源が太陽光の場合，η は太陽工学効率と呼ばれる．

$$\eta = \frac{\Delta H \int_0^\infty n(\nu) \cdot (1 - 10^{-\alpha(\nu)}) \cdot \Phi(\nu) d\nu}{N_0 \int_0^\infty h\nu \cdot n(\nu) d\nu} \quad (7.3)$$

h：プランク定数，N_0：アボガドロ数，$\Phi(\nu)$：振動数 ν の光に対する反応の量子収率，

ΔH：1モル当たりのAB間のエネルギー差，
$n(\nu)$：入射光$\nu+d\nu$間の光量子数，
$\alpha(\nu)$：物質系でAが振動数νの光に対して示す，$\alpha(\nu)=\log\{($入射光量$)/($透過光量$)\}$で定義される吸光度.

(7.3)式から，このエネルギー変換系が効率のよいエネルギー変換を行うには，ΔHが大きいこと，量子収率$\Phi(\nu)$が大きいこと（吸エネルギー的光化学反応では$\Phi(\nu)$の理論最大値は1），Aの示す吸光度$\alpha(\nu)$が光源の広がりによく合っていることなどが必要である．生成物Bや溶媒などA以外の物質が光を吸収すると，内部ろ光により効率が低下するため，生成物Bは，用いる光に対し透明であることが望ましい．また，貯蔵エネルギーを熱として取り出す場合には，放熱過程（B→A）での系の昇温値が大きいほどエクセルギー価が高い．このため，材料面からは，モル当たりの貯蔵エネルギーより，単位質量当たりの貯蔵エネルギーで評価する方が妥当である．

実際の反応系では，光化学反応の種類として，幾何異性化反応，原子価異性化反応，二量化反応などの例があり，いずれにおいても分子の光異性化に伴う共鳴エネルギーの減少，ひずみエネルギーの増大，置換基間の反発エネルギーの増加などが貯蔵エネルギーのうちわけになっている．図7.2に反応およびAB対の代表的な具体例をあげた．

図7.2に示した例のうち，ノルボルナジエン（norbornadiene）とクアドリシクラン（quadricyclane）の原子価異性体対を用いる系は，貯蔵エネルギーが96 kJ·mol^{-1}(1046 kJ·kg^{-1})で，比熱の大きい水が20～90℃の温度範囲で蓄える顕熱293 kJ·kg^{-1}と比較してもかなり大きく，有望な系として最も詳細に検討されている．光エネルギーの化学エネルギーへの変換においては，その意義から通常太陽光が光源として想定されるが，ノルボルナジエンが，太陽光のほとんどを占める300 nm以長の光を吸収しない欠点を克服するため，増感剤の開発やノルボルナジエンの化学

幾何異性化反応

光(334 nm) $\phi=0.67$ 加熱

$\Delta H=43$ kJ mol^{-1} (238 kJ kg^{-1})

光(610 nm) $\phi=0.2$ 加熱

$\Delta H=34$ kJ mol^{-1} (88 kJ kg^{-1})

ノルボルナジエン誘導体

a: R=H, X=CO$_2$H, Y=CONHAr
b: R=H, X=Ph, Y=COPh
c: R=CH$_3$, X=Y=CN

光(<500 nm) $\phi=0.013$ 加熱

$\Delta H=43$ kJ mol^{-1} (263 kJ kg^{-1})

光(<350 nm) $\phi=0.03$ 銀(I)

$\Delta H=117$ kJ mol^{-1} (395 kJ kg^{-1})

原子価異性化反応

増感剤 触媒

ノルボルナジエン　クアドリシクラン

$\Delta H=96$ kJ mol^{-1} (1046 kJ kg^{-1})

二量化反応

光(<400 nm) 加熱

$\Delta H=65$ kJ mol^{-1} (188 kJ kg^{-1})

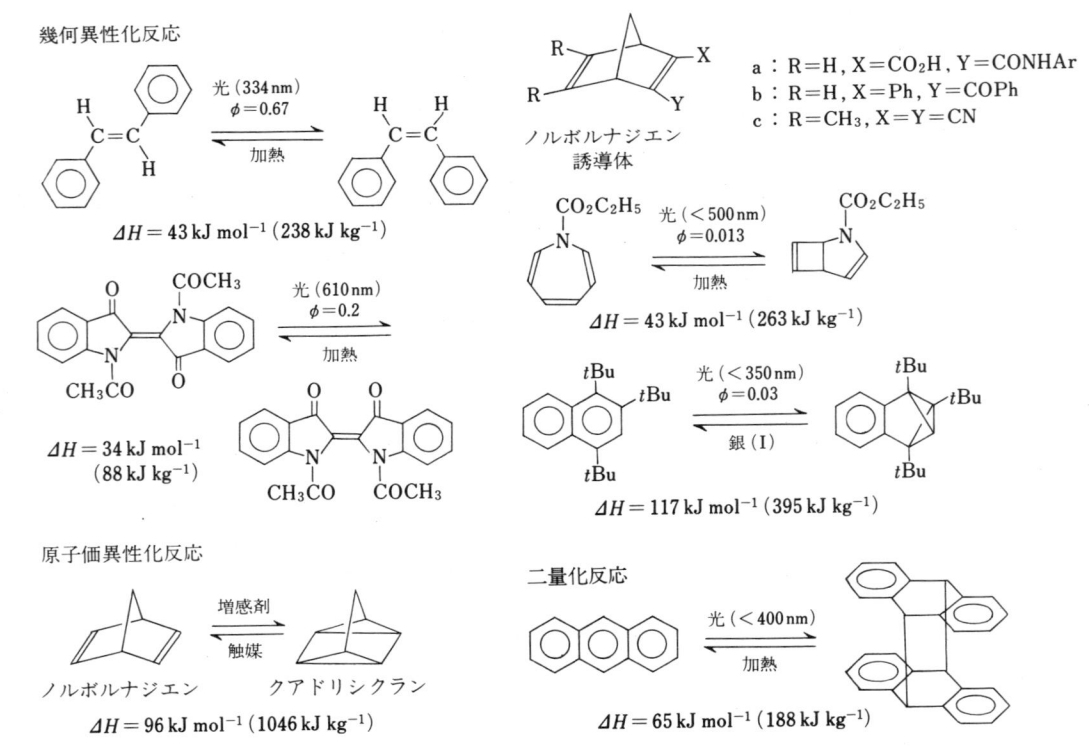

図7.2 光化学反応による光エネルギーの変換・貯蔵の例

修飾が研究されている．増感剤としては m-メトキシアセトフェノンや 4-N,N-ジメチルアミノベンゾフェノンが有効とされており，増感剤の固体担体への固定化も行われている．塩化銅（I）が増感剤として作用するという報告もある．また，図7.2中に示したような誘導体で400 nmを越える領域まで吸収帯をのばした例もある．熱放出過程に有効な触媒として，コバルト（II）のフタロシアニン，ポルフィリン誘導体，N,N'-ジサリチリデン-1,2-フェニレンジイミンなどとの錯体が知られており，これらの錯体を固体担体に担持した固定化触媒も開発されている．また，太陽エネルギーの蓄積過程，貯蔵エネルギーの放熱過程の工学的検討もいくつかなされ，原理的作動が確認されている．

光エネルギー貯蔵分子材料として提案されている例は，図7.2にあげたものも含め，基礎的研究の段階にあるのが現状であり，最も研究が進んでいるノルボルナジエンおよびその誘導体を用いる系でも実用化の段階には至っていない．(7.3)式中のΔH, $\phi(\nu)$, $\alpha(\nu)$などのパラメータで表される諸性能にすぐれた新反応系の探索のほかに，反応材料の耐久性やコスト，安全性など材料として解決すべき問題点が多い．　　　　　　〔三木　定雄〕

参考文献

1) 坪村　宏："エネルギー変換および新しい燃料の化学 化学総説12"，日本化学会編，p.33，東京大学出版会(1976).
2) T. Laid: *Chem. Ind.*, p.186(1978).
3) G. Jones. II, S-H. Chang and P.H. Xuan: *J. Photochem.*, **10**, 1 (1979).
4) R.R. Hautala, R.B. King and C. Kutal: "Solar Energy", R.R. Hautala, B. King, C. Kutal Ed., p.333, The Humana Press (1979).
5) 坪村　宏："岩波講座現代化学23巻"，長倉三郎編，p.111，岩波書店(1980).
6) 吉田善一，徳丸克己，向井利夫，田附重夫："明日のエネルギーと化学 化学増刊82"，田伏岩夫，松尾　拓編，p.5, 9, 106, 115，化学同人(1979).
7) 徳丸克己：化学，**36**, 644 (1981).
8) 向井利夫，宮仕　勉：化学と工業，**34**, 663, (1981).
9) 松浦輝男：有機合成化学協会誌，**40**, 979 (1982).
10) 坂本哲雄，松尾　拓：機能材料，11月号，p.1, (1984).
11) 丸山和博，民秋　均：科学と工業，**58**, 319 (1984).
12) 丸山正明：日経メカニカル，11月19日号，p.79 (1984).
13) "太陽エネルギーの輸送等に関する技術調査"，p.95, p.203, (財)工業開発研究所編(1986).
14) 安福克敏："光エネルギー変換（高分子錯体6）"，山田　瑛，戸嶋直樹，金子正夫編，pp.245-264，学会出版センター(1983).

7.2　バッテリー機能材料

7.2.1　バッテリー

電解液中の電極表面で酸化・還元反応を，外部回路で制御するのが電気化学である．外部からの電気的エネルギーを化学的エネルギーに変換するのが，電気分解および電池の充電，その逆が電池の放電である．電池の活物質として要求される性質は，導電性を有すること，適当なエネルギー準位に酸化・還元に寄与できる電子があることなどである．電気化学反応が可逆的であれば再度充電して利用できる2次電池(secondary battery)，不可逆であれば使いきりの1次電池(primary battery)である．

有機化合物を電極活物質とする電池の歴史は古いが，安定性，エネルギー密度の点で，金属電池を越えなかった．しかし，フッ化カーボン・リチウム電池の実用化，ポリアセチレン2次電池が発表されて以来，集中的な研究が始まった．

7.2.2　標準電極電位

イオン化傾向の異なる2つの金属を電解液に浸すと，電極間に起電力が発生する．イオン化傾向の大きい電極側が，正のイオンとなって解離する傾向がより強いため，電極に電子を残し負極となる．たとえば，銅と亜鉛を電極とするダニエル電池では，イオン化傾向の大きい亜鉛側が負極，銅電極は正極となる．

起電力の大きさは，それぞれの電極材料の酸化還元電位の差によって決まる．その電位は，電解質濃度および温度などに依存し，厳密に定まらない．したがって，一般的には25°C，1気圧，1モルの水素イオン濃度での水素電極の電位を基準に，各種材料の標準電極電位E_0が求められている(表7.1)．

標準状態にない金属電極の電位は，ネルンストの式で補正される．ダニエル電池のような金属電極では，電解液中の金属イオン濃度が補正の対象となり，充放電の度合に関係なく電池起電力はほぼ一定である．

ところが鉛電池や有機電池など実用2次電池では，電極活物質中での酸化と還元状態の割合が充放電の度合によって変わり，これに起因する起電力の変化が大きい．酸化(O)および還元(R)状態の濃度を，それぞれy，$1-y$とすれば($0<y<1$)，電極電位を次のネルンストの式で近似できる．

$$O + ne^- \rightleftarrows R$$

$$E = E_0 + \frac{RT}{nF} \ln \frac{y}{1-y}$$

R，T，Fは，それぞれガス定数，絶対温度，ファラデー定数．金属電極では，nは酸化・還元に関与する価電子数である．高分子では，nは繰り返し単位の分子が最大限に供与できる電子数になる．すなわち，全活物質の半分が反応したときの電位が標準電極電位E_0となる．

有機電極材料では，たとえば，yと電位の実験結果から，上記関係式を用いて，yに依存しないE_0とnを求めることができる(表7.1)．ポリチオフェン(C_4H_2S)やポリ3メチルチオフェン(C_4HCH_3S)では，$n=0.26\sim0.28$で，ユニット分子当たり，これだけの電子が酸化還元に寄与できる．

7.2.3 電 極 反 応

a. 1次電池 リチウムを負極とするフッ化カーボン電池が3V級の実用1次電池ではすぐれている．電解液は$LiClO_4$/炭酸プロピレン，開放電圧は$3\sim3.5V$．正極での還元反応は，

$$(CF)_x + xLi^+ + xe^- \longrightarrow C_x + xLiF$$

カーボンが正極生成物なので，導電性は保たれる．LiFは不可逆の生成物であり，この電池は2次電池とはならない．この電池においては，リチウムが$(CF)_x$にインターカレーションして$(CFLi)_x$を生成する反応も併発して起こっている．負極ではリチウムの酸化反応，

$$Li - xe^- \longrightarrow xLi^+$$

が起こる．

b. 2次電池 $LiBF_4$/炭酸プロピレンを電解液とし，正極をポリアニリン，負極をリチウムとする2次電池が実用化された[2]．非水系での正極反応は，ユニット分子当たり，

$$C_6H_4NH + yBF_4^- + ye^- \underset{\text{放電}}{\overset{\text{充電}}{\rightleftarrows}} C_6H_4NH^{+y}(BF_4^-)_y$$

負極では，

$$yLi^+ + ye^- \underset{\text{放電}}{\overset{\text{充電}}{\rightleftarrows}} yLi$$

となる．全体では，

$$C_6H_4NH + yLi^+BF_4^- \underset{\text{放電}}{\overset{\text{充電}}{\rightleftarrows}} C_6H_4NH^{+y}(BF_4^-)_y + yLi$$

である．

有機の電極材料，特にポリアセチレンに代

表7.1 各種電極材料の標準電極電位の例[1]

単極反応[a]	E_0(V)	
$Li^+ + e^- = Li$	-3.045	
$Zn^{2+} + 2e^- = Zn$	-0.763	
$2H^+ + 2e^- = H_2$	0.000	
$Cu^{2+} + 2e^- = Cu$	$+0.336$	
$CH^{+y} + ye^- = CH$	$+0.68^*$	$y=0.06$
$CH + ye^- = CH^{-y}$	-2.2^*	$y=0.1$
$C_6H_4NH^+ + e^- = C_6H_4NH$	$+1.5$	(E_{01})
$C_6H_4N^+ + e^- = C_6H_4N$	$+0.8$	(E_{02})
$C_4H_2NH^{+y} + e^- = C_4H_2NH$	$+0.25^*$	$y=0.33$
$C_4H_2S^{+y} + ye^- = C_4H_2S$	$+0.99$	$n=0.28$
$C_4H_2S + ye^- = C_4H_2S^{-y}$	-0.25^*	$y=0.33$
$C_4HCH_3S^{+y} + ye^- = C_4HCH_3S$	$+0.65$	$n=0.26$
$C_6H_4^{+y} + ye^- = C_6H_4$	$+1.4^*$	$y=0.4$
$C_6H_4 + ye^- = C_6H_4^{-y}$	-2.8^*	$y=0.4$

a) CH, C_6H_4NH, C_4H_2S, C_4HCH_3S, C_6H_4はおのおののポリ(アセチレン)，ポリ(アニリン)，ポリ(2,5-チエニレン)，ポリ(3-メチル-2,5-チエニレン)，ポリ(p-フェニレン)を表わす．

* はドープ量yのときの電位

表される導電性高分子では，骨格をなす炭素の二重結合，すなわちπ電子が酸化・還元に寄与する．ポリアニリンでは，窒素のローンペアも関与し，その分容量も大きくなる．

7.2.4 理論電気容量とエネルギー密度

理論電気容量は，単位重量の電極活物質の酸化還元に寄与する電子数によって一義的に定まる．フッ化カーボンの1次電池を例にとると，$m=CF$（分子量 3.1×10^{-2} kg/mol）に対し，$n=1$ とすれば（1 C＝1/3600 Ah）を用いて，CFは $nF/m=1\times9.65\times10^4/(3.1\times10^{-2})$ [C/kg]＝864 Ah/kg の電気容量をもつことがわかる．一方，リチウム極は3860 Ah/kgの容量をもち，電池の容量は，容量の小さい電極により決まる．

理論エネルギー密度は，電気容量と起電力(V)の積で，関与する活物質すべて(m')の単位重量当たりとする．負極の活物質量を正極の容量と等しくとり，$m'=CF+0.22\mathrm{Li}$（3.25×10^{-2} kg）より，起電力($E_0'=E_{CF}-E_{Li}=3.0$ V)のエネルギー密度は，

$$nE_0'F/m'=1\times3.0\times9.65\times10^4/(3600\times3.25\times10^{-2})=2470[\mathrm{Wh/kg}]$$

となる．

各種の電極材料の組合せによる，代表的な有機高分子2次電池の起電力，容量，エネルギー密度を表7.2に示す．2次電池は，可逆反応が条件だからおのずと酸化・還元の深度に限度がある．原理的，経験的に共役系の炭素原子では1つのπ電子当たり酸化・還元の度合は，せいぜい6%($n=0.06$)程度である．

トランス形ポリアセチレンではCHユニット当たり6%，ポリパラフェニレンはC_6H_4ユニット当たり36%，ポリピロールのC_4H_2NHユニット当たり24%の深度まで充放電を行うことが可能である．これらの値は，アニオンの大きさ，価数などによって異なるが，ユニット分子当たりの可逆ドープの目安となる．したがって，2次電池の理論電気容量は，活物質によってあまり変わらず，炭素原子あたり100%の酸化・還元を考慮する1次電池のせいぜい10分の1程度となる．

7.2.5 安定性

ポリアセチレンのような直鎖状不飽和炭化水素は，一般に安定性に乏しい．パラフェニレン，チオフェンなど芳香族は安定であるが，それだけ，酸化の電位が高い．高い酸化電位のもとでは，溶媒の酸化が起こり，電池の安定性を低下させる．これらは自己放電率，充放電サイクル寿命などを決める．極端に大きい電池起電力と安定性は相反する．

ポリアニリン，ピロールは，芳香族による安定化，窒素原子による酸化電位の低下など，電極材料としては好ましい構造をもつ．ポリアニリン・リチウム電池では，鉛やニッケル・カドミウム電池をはるかに凌ぐ低自己放電率，耐過充電，耐過放電特性を示す．

〔金藤　敬一〕

表7.2 各種導電性高分子電池の特性例[1]

電池構成	開放電圧(V)	容量(Ah/kg)	エネルギー密度(Wh/kg)
ポリアセチレン/LiClO₄/Li	3.7	80	255
ポリパラフェニレン/LiClO₄/Li	4.4	93	320
ポリアニリン/LiBF₄/Li	3.7	120	400
ポリチオフェン/LiBF₄/Li	4.2	80	280
ポリピロール/LiClO₄/Li	3.3	90	297

参考文献

1) 金藤敬一：“電子・光機能性高分子”，吉野勝美編著，p.249，講談社(1989)．
2) T. Nakajima and T. Kawagoe: "Polyaniline: Structural Analysis and Application for Battery", Synthetic Metals, vol.28, p. C 629 (1989).

XI. 有機・無機(複合)材料の合成・物性

有機材料をほかの材料に変換したり，有機材料とほかの材料を組み合わせて複合化することにより新たな特性をもつ材料が得られる．これら有機・無機変換過程ならびに複合化過程を経てつくられる材料は，先進材料分野において重要な位置を占めるだけでなく，境界領域分野として広い角度から検討されている．

1. 有機・無機変換反応による材料合成

有機・無機および有機・金属変換反応は，有機化合物や有機金属化合物を適当な高エネルギー過程によりセラミックス化，金属化するものである（図1.1）．この反応に用いられる有機の原材料（低分子，高分子両方を含む）は一般に前駆体（precursor）と呼ばれ，この

ような変換過程を含む材料合成法を前駆体法（precursor method）と総称する．現在，前駆体法の適用により，従来の方法では得られなかった性能と機能を有する無機，金属材料が多くつくられるようになっている．

1.1 有機・炭素変換

人間は，古代より木を"蒸し焼き"にして木炭を製造してきたが，この炭焼きによる炭素化に有機・無機変換過程の原形をみることができる．

炭素には超高圧下で生成する sp^3 結合型のダイヤモンドと，常圧下で生成する sp^2 結合型の黒鉛（graphite）の2種の同素体がある．炭素材料として広く用いられるのは後者の類に属するが，この黒鉛型炭素はベンゼン環が平面網目状につながった多環芳香族巨大分子を構成単位としている．この分子単位が平面状に成長し 3.354 Å の面間隔で規則的に積層したものが黒鉛である．そのほか，黒鉛型

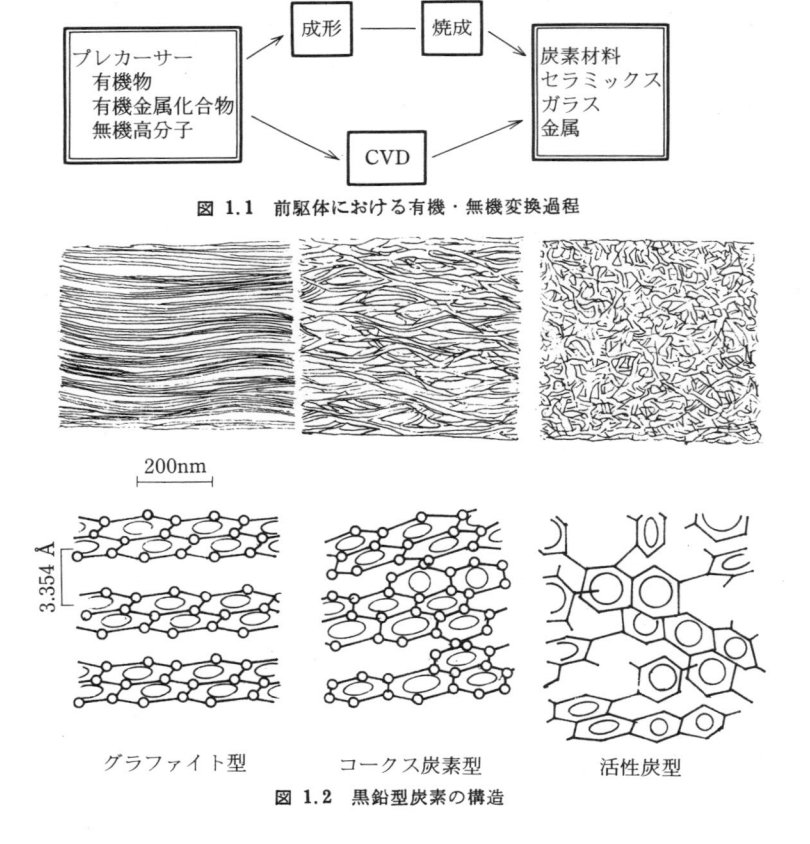

図 1.1 前駆体における有機・無機変換過程

200nm

3.354 Å

グラファイト型　　コークス炭素型　　活性炭型

図 1.2 黒鉛型炭素の構造

炭素には平面状分子単位が不規則に配列・積層したコークス型炭素，および分子単位が無定形状態をとる活性炭型炭素も存在する(図1.2)．

炭素は不溶不融であるため，その成形加工は，通常，粉末状の炭素フィラー(filler：骨材)にコールタールピッチなどのバインダー(binder：結合材)を加えて成形したのち，熱処理して固結させる方法がとられる．しかしながら，この方法では成形体の性質がフィラーの結合状態や粒界の構造によって左右され，規則的で高配向した黒鉛構造をつくり出すことが困難である．また，繊維や薄膜，その他微細で複雑な形状物の製造にも適していない．そのため，① 高分子前駆体法，② ピッチ焼結法，③ 気相法などバインダーを用いない新しい製造方法が開拓された．いずれも有機の前駆体を用いる点で共通しているが，比較的成形性のよい前駆体を用いる ①，②は炭素繊維の有効な製造法として詳細に検討されてきた．

1.1.1 高分子前駆体法

多くの有機物は不活性雰囲気中で熱分解すると脱水，脱水素，脱炭などの反応過程を経て炭素化(carbonization)する．この炭素化は200〜1000°Cでほぼ終了するが，有機物が融解して液相状態を保ちながら反応が進むと，高温加熱によって黒鉛化しやすいソフトカーボン(soft carbon：易黒鉛化炭素)を生成する．それに対して有機物が固相状態を保ったまま炭素化すると，高温加熱しても黒鉛化されにくいハードカーボン(hard carbon：難黒鉛化炭素)を生成する．つまり，炭素化過程で形成された構造はその後の黒鉛化過程(graphitization)，すなわち1500°C以上における熱処理過程を経たあともひき継がれることになる．そのため炭素材料の性質は，炭素化過程よりむしろ有機前駆体の構造によって決定づけられることになる．

高分子には一般に熱可塑性重合体と熱硬化性重合体があり，前者は融解後解重合したり液相炭素化を起こしやすいが，後者の多くは固体状態を保ったまま固相炭素化を生ずる．炭素前駆体としては炭素化後も形状を保つことのできる熱硬化性重合体が主として利用される．表1.1にその例を示す．いずれも比較的多量の酸素を含有した重合体，もしくは水素の含有量が少ない芳香族高分子である．このほかリグニン，ポリビニルアルコール(PVA)，ポリイミドなども用いられる．図1.3に代表的な前駆体の炭素化過程における反応を示す．有機物が炭素化するには分子中に炭素が含有されることが必須であり，ポリアクリロニトリル(PAN)やジビニルベンゼン重合体(PDVB)のように，酸素を含まない重合体の場合には炭素化の初期過程で酸素化することが必要となる．酸素は水素基やカルボニル基，カルボキシル基としてポリマー中に存在し脱水素を促進し炭素化収率を上昇させる．

このように，固相で炭素化が行われる高分子前駆体からは一般にハードカーボンが生成する．その構造は前駆体の種類により微妙に異なるため，それぞれについて固有の名称がつけられている．いずれも難黒鉛化炭素であり，この炭素から黒鉛を得るには高温高圧もしくは触媒の作用による特別な変成が必要となる．

一方，熱可塑性重合体であるポリ塩化ビニル(PVC)，ポリ塩化ビニリデン(PVDC)，ポリアミド，ポリオレフィンなども前駆体として用いられることもあるが，この場合には熱処理に先だって放射線架橋や空気酸化などの処理を施して不融化し，形状を保持させる必要がある．

炭素繊維の製造には高分子前駆体として再生セルロース(レーヨン)とPANが用いられる．後者では，炭素化収率が40%以上で前者の約2倍のうえ，延伸により高配向した前駆体繊維が得られる．したがって，焼成繊維にもこの高配向が反映され，コークス型炭素構造をとるが高強度繊維が得られる．それゆえ，現在ではほとんどの炭素繊維がPAN系前駆体からつくられている．図1.4にその

(a) セルロース

(b) PDVB

(c) フルフリルアルコール樹脂

(d) フェノール樹脂

(e) PAN

図1.3 各種高分子前駆体の炭素化反応

表1.1 炭素の高分子前駆体

炭素前駆体	生成炭素	名称
再生セルロース	ハードカーボン	セルロースカーボン
ジビニルベンゼン重合体	〃	ポリマーカーボン
フルフリルアルコール重合体	〃	グラッシーカーボン（ビトロカーボン）
フェノール樹脂	〃	〃
ポリアクリロニトリル	〃	PAN系カーボン（繊維）

製造プロセスの概略を示す．共重合成分が5%以下の特殊なPANを用いて溶液紡糸法によりアクリル前駆体繊維が紡糸される．これを延伸して配向結晶化させたのち，空気中で熱処理し（耐炎化もしくは前酸化工程という），不活性ガス中で800〜1500℃まで焼成（炭素化工程）される．高弾性率を得るには，さらに2000〜3000℃まで焼成して黒鉛化が促進される（黒鉛化工程）．図1.3に示したように，耐炎化工程ではPANは酸化・脱水素を伴いながら環化を生じラダー型の構造となる．その後，炭素化工程で脱窒を生じながら芳香環の網目構造が成長していく．黒鉛化工程では結晶のc軸方向の面間隔が縮まって，ラメラ領域は黒鉛構造に近づくが，大きなラメラは発達できない．したがって，PAN系炭素繊維では高強度繊維（high tenacity：HT）が得られやすい．現在，達成されている最高強度は7 GPa，最高弾性率は700 GPaであり，限界到達強度（理論強度の1/10といわれる）の50%，理論弾性率の70%に近い．

それに対して，ほかの熱硬化性高分子は分子の配向結晶化が困難であるため高性能の炭素材料の成形には適していない．それゆえ活性炭化をはかり，機能性材料として用いられる．たとえば，ヤシ殻や木粉などのセルロースからは各種の活性炭製品がつくられる．また，ノボラック型フェノール繊維（カイノール）を700〜1200℃で焼成し，水蒸気や炭酸ガスなどの酸化性ガス雰囲気下で賦活することにより活性炭型の炭素繊維がつくられる．この繊維中の細孔のほとんどは直径40 Å以下のミクロポアーであり，その比表面積は2300 m²/gに達する．

1.1.2 ピッチ焼結法

有機物を不活性雰囲気下で熱分解して得られる芳香族系の溶融性固体をピッチ（pitch）という．ピッチは通常，石油の重質成分やコールタールからつくられ，それぞれ石油ピッチ（petroleum pitch），石炭ピッチあるいは

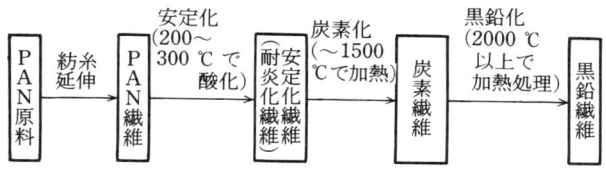

図1.4 PAN系炭素繊維の製造プロセス

XI. 有機・無機(複合)材料の合成・物性

図 1.5 ピッチの生成機構と炭素化過程

コールタールピッチ(coal tar pitch)とよばれる．ピッチは液相炭素化の中間体として生成するものであり，その構造と性質は出発物質，生成条件などの影響を受け一定しない．しかしながら，ピッチは大きく光学的に等方性のものと異方性のものに分けられ，前者を等方性ピッチ(isotropic pitch)，後者を液晶ピッチ(mesophase pitch)と称している．液晶ピッチは等方性ピッチを 400°C 付近で熱分解するとき生成するもので，多環芳香族分子が面内配向しながら互いに積層し，中間相(mesophase)を形成したものである．熱分解時間を長くすると，液晶状の小球体間に合体成長が進み，分子量の上昇とともにしだいに溶融流動性を失いついには固化する．この一連の反応による構造変化を図1.5に示す．

このように，ピッチは炭素化しやすいので多くの炭素製品の原料として用いられる．ピッチは熱溶融するので熱成形後，不融化を経て炭素化される．不融化は表面層における架橋反応を促して，成形物が焼成時に再び熱溶融しないように行われるものである．通常，① ピッチの軟化温度以下で加熱酸化するとか，② プラズマ，放射線処理する方法がとられる．これにより表面層における架橋反応が進行し，熱硬化性が獲得される．つづく炭素化は脱水素反応による重縮合と稠密化を促進するものである．等方性ピッチは分子配向をもたないため，この状態で架橋して炭素化され，非晶質のハードカーボンを生成する．それに対して液晶性ピッチの焼成においては

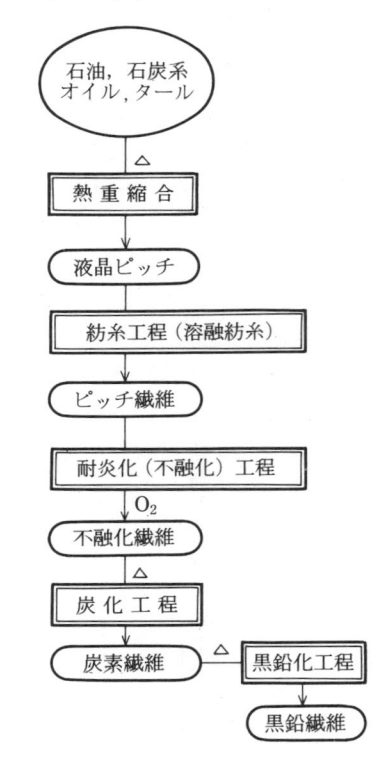

図 1.6 ピッチ系炭素繊維の製造プロセス

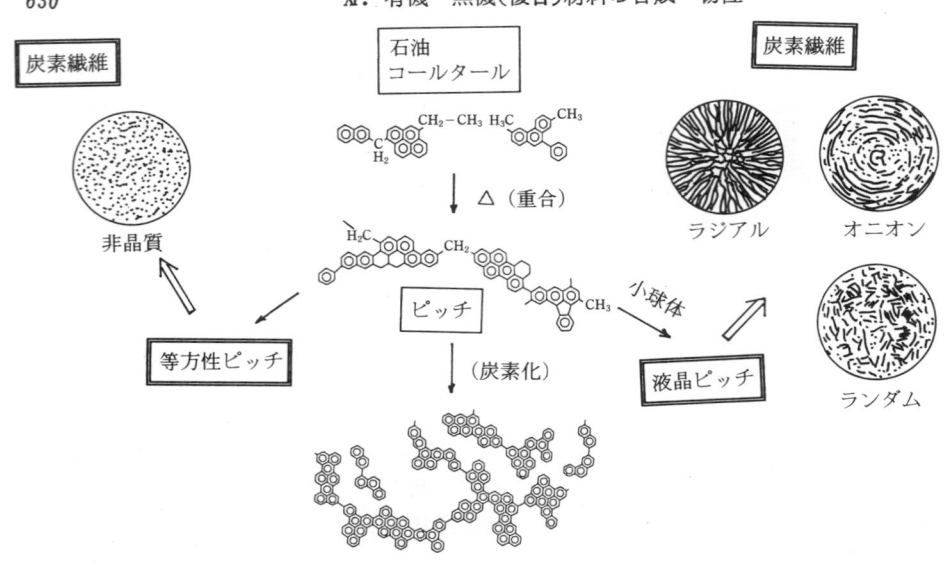

容易にソフトカーボンが生成し，さらに黒鉛構造へと変化していく．

ピッチは溶融紡糸法によって繊維化されるので，炭素繊維の製造原料として用いられる．液晶ピッチからは高性能繊維(high performance : HP)が，また等方性ピッチからは汎用炭素繊維(general purpose : GP)が得られる．図1.6にピッチからの炭素繊維製造プロセスを，図1.5に炭素繊維の構造を示す．原料ピッチとしては石炭系，石油系ともに用いられるが，石油系のほうがやや低分子量で液晶ピッチを形成しやすい．通常，ピッチの分子量は紡糸性を高めるために500～2000程度におさえられている．また，等方性と液晶性成分が混在したピッチでは紡糸性が著しく低下するので，系全体が完全等方性か液晶状態を保ったものが用いられている．ところが，小球体を形成したピッチだけを用いると転移点が400°Cを越え，加工時に分解を生じて作業性を悪くしたり，焼成後繊維軸方向にクラックを発生しやすくなる．このため系全体の液晶性を壊さない程度に等方性ピッチを混ぜて，転移点を320°C以下に下げる工夫がなされている．

液晶ピッチの溶融紡糸においては，融体が細孔から押し出される際にせん断応力を受け，分子の積層面が繊維軸方向に配向する．このピッチ繊維はPAN繊維と異なり脆くて弱いが，分子の配向緩和を起こしにくいので未緊張下で不融化される．不融化は通常，窒素中300°C付近で長時間加熱酸化することにより行われる．不融化繊維はつづいて不活性雰囲気下で約1400°Cまで焼成され，さらに2000°C以上まで昇温して黒鉛化される．こうして得られた炭素繊維は高弾性率繊維(high modulus : HM)となりやすい．これは前駆体繊維の配向構造が反映されて，黒鉛結晶のラメラが繊維軸方向に成長して巨大化しやすいためである．現在，達成されている強度は4～5 GPa，弾性率は700～1000 GPaであり後者は理論弾性率に近い．ところがラメラ間には大きな欠陥が存在することとなり，ここに応力が集中して圧縮強度の低下がみられる．微小ラメラの集合体であるPAN系炭素繊維に比較すると1/3～1/4程度になる場合すらある．

他方，等方性ピッチから得られる前駆体繊維はランダムな無配向構造をとる．この繊維を焼結するとハードカーボン構造(図1.5参照)の汎用の炭素繊維が得られる．この繊維は比較的安価なので，おもに断熱材や炭素繊維補強コンクリート(CFRC)に用いられる．また，等方性ピッチの焼成段階で気孔を多く発生させることにより活性炭素繊維が得られている．この繊維の比表面積は1000～2000 m²/gに達し高吸着能を有するためガス吸着，水処理材として有効である．

PAN系，ピッチ系炭素繊維はともに，次章で述べる複合材料の強化繊維としてその役割は重要である．

1.1.3 気 相 法

メタン，エタン，プロパン，アセチレン，ベンゼンなどの炭化水素化合物を高温熱分解して基材上に沈積(deposit)させると，特異な構造をもつ炭素材料が得られる．この方法を気相熱分解法(chemical vapor deposition : CVD)と呼び，生成した炭素を熱分解炭素(pyrographite)と称する．この熱分解過程では，炭化水素の分解重合によって生じた巨大芳香族分子が基材面上に衝突後，反応して炭素構造が成長していく．したがって，いわゆる"すす"が沈積するものではない．炭素の沈積はキャリヤーガスの種類，流速，圧力，炭化水素の濃度，分解温度などに依存する．キャリヤーガスとしては水素が最適で，水蒸気や酸素が混ざるとすすを発生しやすい．図1.7に炭素生成機構を模式的に示す．この機構から類推されるように沈積面に平行に層状構造が成長するため高度な異方性をもった材料が生成する．さらにこの炭素を3000°C以上で熱処理すると，単結晶黒鉛に近い構造になる．

気相法は大きな成形材料の製造には適していないが，箔状の形状物の合成法，あるいは

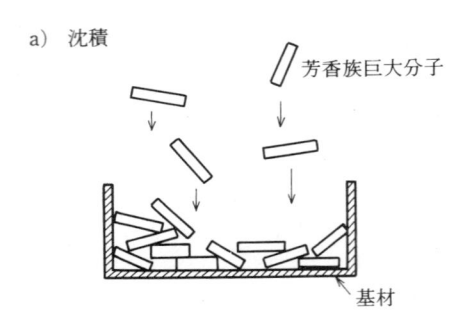

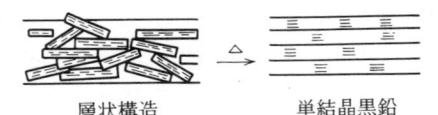

図 1.7 気相法炭素の成長と構造

繊維,フィルムの表面コーティング法としてすぐれている.また,繊維状のウィスカー(whisker)も超微粒子状の触媒金属(Fe, Niなど)を基材上に置いて成長させることができる.炭化水素ガスとともに,ケイ素,ホウ素化合物などを混合して共熱分解すると熱分解黒鉛合金(pyrographalloy)と呼ばれる複合炭素材料が得られる.この方法の適用により炭素の層間化合物(lamellar compound)の合成も可能である.

他方,炭化水素のCVDをプラズマやレーザーなどの高エネルギー線の作用下で行うとダイヤモンドが生成される(プラズマCVD,→XIII編3章).

1.2 有機・セラミックス(ガラスを含む)変換

有機化合物から炭素が合成されるように,適当な有機前駆体の化学変換によりセラミックスやガラスの合成も可能である.この製法は前駆体の種類とその変換法の違いによって,① プレセラミックス法(preceramics method),② ゾル-ゲル法(sol-gel method),③ 気相法,に分けられている.いずれもガラス,セラミックスの高次加工技術として広範に利用されるようになった.

1.2.1 プレセラミックス法

有機金属化合物や無機高分子のうちセラミックス,ガラスと同じ構成元素を含み,焼成により有機質などの不要成分が除去されてセラミックス化,ガラス化する前駆体を一般にプレセラミックス(preceramics)と呼んでいる.また,これを利用したセラミックス,ガラスの成形法をプレセラミックス法という.この方法では,① 成形性の高い前駆体を出発とするため,繊維,フィルムなど,微細な形状物の加工がしやすい,② 均質(monolithic)な焼結体が得られやすい,③ 出発物質の精製により高純度のセラミックス,ガラスが得られるなど,粉末焼結法では実現されない長所がみられる.

プレセラミックスは通常,固相焼結されるが,生成物の物性は焼成過程よりむしろ前駆体自身の構造と性質によって決定される.したがって,できるだけ成形性の高いプレセラミックスを調製することが鍵となるが,これはプレセラミックス中にあらかじめ生成セラミックスと同じ結合状態,もしくは微細構造が形成されており,それが焼成によって結合,成長し,焼結体に反映されるためと考えられる.

表1.2にこれまでに合成された酸化物系,炭化物系,窒化物系セラミックスのプレセラミックスをその成形法とともに示す.低分子のプレセラミックスはコーティングや微粉末の製造に利用されるだけであるが,高分子プレセラミックスは成形体の製造にも応用できる.後者のほとんどは無機高分子であるが,ポリ塩化アルミニウムやポリシリケートなどの例外を除くといずれも有機基の導入により可撓性が改善された有機誘導体となっている.これらの化合物は,多結合型のモノマーの縮合によって合成されるため,ラダーもしくは架橋構造をとりやすい.したがって,高分子量体を得ようとすると重合体の可撓性,成形性が失われるので,分子量は多くの場合,数千以下に抑えられている.

プレセラミックス法はセラミックス繊維の製造に最も効果的に適用される.これは紡糸性がよくて,かつ焼結性のよい無機高分子をプレセラミックスとして用い,その紡糸によ

1. 有機・無機変換反応による材料合成

表 1.2 プレセラミックスの種類と構造

セラミックス	プレセラミックス	構造および例（成形法）
アルミナ (Al_2O_3)	ポリアロキサン (polyaloxane)	$[AlO_4Al_{12}(OH)_{24}(H_2O)_{12}]^{7+}$ polyaluminum chloride（溶液） $-(Al(R)-O)_n-$ （R=Me, Et, iBu） poly(alkylaloxane) （溶液） $-(Al-O)_n-$ 側鎖 HOCOR, OCOR (R=Et, $C_{11}H_{23}$, …) poly(acyloxyaloxane) （溶液，溶融）
シリカ (SiO_2)	ポリシロキサン (polysiloxane)	$-(Si(O^-)_2-O)_n-$ poly(silicate) （溶液） シルセスキオキサン構造 (R=Ph, Me, C_6H_{11}, …) poly(silsesquioxane) （溶液）
ジルコニア (ZrO_2)	ポリジルコノキサン (polyzirconoxane)	$-(X(O^-)_2-O)_n-$
チタニア (TiO_2)	ポリチタノキサン (polytitanoxane)	X=Zr poly(zirconate) Ti poly(titanate) （溶液）
炭化ケイ素 (SiC)	ポリシラン (polysilane)	$-[(Me_2Si)_{1-x}(PhMeSi)_x]_n-$ $x=0.5\sim1.5$ poly(silastyrene) （溶融）
	ポリカルボシラン (polycarbosilane)	$-(Me_2Si)_n- \longrightarrow -(SiHMe-CH_2)_n-$ poly(dimethylsilane)
(SiC/TiO)	ポリカルボシランにチタノキサンを共重合	（構造式） （溶融）
炭化ホウ素 (BC_4)	ポリビニルボラン (poly(vinylborane))	$H_2C=CH-B_5H_9 \xrightarrow{125℃} -[CH_2-CH(B_5H_8)]_n-$ （溶液） $\xrightarrow{140℃} -[CH_2-CH(B_5H_{8-x})]_n-$
窒化ケイ素 (SiN)	ポリシラザン (polysilazane)	$\begin{bmatrix} R_2Si-N(SiR_2)-Si R_2 \\ \| \quad \quad \| \\ N-SiR_2-N(H) \end{bmatrix}_n$ (R=H, Me, …) （溶液）

窒化ホウ素 (BN)	ポリボラゼン (polyborazene) ポリビニルボラジン (poly(vinylborazine))	(R, R' = H, Me, Ph, …) (溶融) (溶液)
窒化アルミニウム (AlN)	ポリアラザン (polyalazane)	$-\!\!+\!\!Al(R)-NH\!\!+\!\!_n$ (R = H, Me, Et, …) (溶液)

って得られる前駆体繊維を焼成し, セラミックス化する方法である (前駆体繊維法とも呼ぶ). 表1.2の例のなかで, ポリシラン, ポリカルボシラン, ポリボラゼンなどは溶融紡糸法で, また, ポリシラザン, ポリシロキサン, ポリアロキサンなどは溶液の乾式紡糸法により紡糸される. 得られた前駆体繊維はピッチ繊維と同様どれも脆くて弱いので, 焼結の際には繊維を束にすることにより強度をかせぎ, 操作中の破断を防ぐ工夫がなされる. そしてある程度の強度が出た時点で, 延伸などの2次処理が施されている.

酸化物系のプレセラミックスの焼成は空気もしくは酸素零囲気下で行うことができ, 有機残基は酸化により比較的容易に除去される. それに対して, 炭化物および窒化物系のプレセラミックスの場合には不活性零囲気中で焼成される. このとき有機基は炭化を生じやすく, 炭化物中に化学量論以上の炭素が含まれたり, 窒化物の代わりに炭窒化物が形成されたりする. いまのところ, ポリカルボシランからつくられるSiC繊維ではこの過剰炭素の存在による劣化はあまり問題とはなっていないが, BNやSi₃N₄の窒化物系繊維では炭化に基づく黒変により品質が著しく損なわれる. そのため, 窒化物系の場合には無置換のプレセラミックスを用いたりアンモニア雰囲気中で焼成して炭化を防ぐ工夫が講じられている.

一方, セラミックスは一般に1200°C前後で急激な結晶相転移を生じて粗大粒子化に伴う粒界欠陥を発生し, 物性の著しい低下を生ずる. このため, セラミックスの焼結に際しては共晶しやすい酸化物などの焼結助剤を少量添加し, 急激な結晶相転移を抑制するとともに劣化温度の上昇が図られる. プレセラミックス法においても, 焼結助剤成分は不可欠であるが, これらは母材と同じくプレセラミックスの形で無機高分子中に共重合, もしくはブレンドして導入されている. セラミックス繊維も耐熱性を上げる目的で焼結助剤が添加されているが, その種類と量はまちまちで, たとえば同じアルミナ繊維であってもその組成ならびに形態にかなりの違いがみられる (図1.8参照). 焼結助剤の添加によってセラミックス繊維の劣化温度は無添加のものに比較して200°C以上上昇するが, 1300〜1400°C付近では粗大粒子成長が避けがたい. それゆえ, ほとんどの繊維の最高使用温度は1400°Cを越えない. 例外は, ボラジン環の平面網目が積層した構造をとる六方晶窒化ホウ素(BN)の場合である. BNは黒鉛と類似し

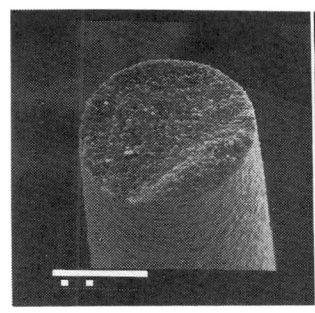

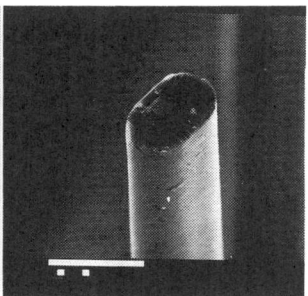

(a) Al₂O₃/MgO(99.5/0.05)　(b) Al₂O₃/SiO₂(85/15)　(c) Al₂O₃/SiO₂/B₂O₃(70/28/2)

図 1.8　各種アルミナ繊維の構造（バーは 10 μm に相当）．
(a) α-アルミナ粉末をポリ塩化アルミニウム水溶液中に分散して湿式紡糸（Du Pont 社）．
(b) ポリアロキサンにポリシロキサンをブレンドして紡糸（住友化学）．
(c) ポリ塩化アルミニウムにシリケートおよびホウ酸を混合し水溶液を湿式紡糸（3 M 社）．

た構造を有し，結晶化には大きな面単位の熱拡散による再配列が必要となる．そのため，急激な粒子成長は生じにくく，焼結助剤がなくとも 1600°C 付近から微小結晶化がゆっくりと進行し，焼結温度の上昇とともに強度が大幅に増大していく．したがって，BN 繊維は 1400°C 以上の超高温耐熱性を有するセラミックス繊維として期待される．

プレセラミックス法により得られるセラミックス繊維の強度，弾性率はそれぞれ 1～3 GPa，200～300 GPa 程度である．炭素繊維や金属繊維に比較すると常温物性はやや低いようであるが，最高使用温度がきわめて高い．また，その比重が 2～4 であるため比強度，比弾性率はそれぞれ 10^6 cm，10^8 cm 程度となり，金属繊維をはるかに凌駕し有機系スーパー繊維に匹敵する値である．したがって，セラミックス繊維の最大の長所は，500°C 以上の酸化雰囲気でも高強度が保持され最高使用温度が 1000°C 以上になることである．繊維の理論強度（σ_{th}）は弾性率（E）の 1/10 といわれているが，実際のセラミックス繊維の強度は一部の単結晶繊維を除いて σ_{th} の 1/100～1/1000 にすぎない．これは焼成中に発生する内部欠陥によるものであり，この欠陥をいかに少なくするかが糸質の向上を達成するには不可欠となり，まだ改善の余地はある．

セラミックス繊維は先進材料分野において重要な位置を占める繊維強化複合材料，特に繊維-金属複合材料（fiber-metal matrix composite：FMC）や繊維-セラミックス複合材料（fiber-ceramic matrix composite：FCC）の強化用繊維として必須の素材となっている．

1.2.2　ゾル-ゲル法

金属アルコキシドや金属ハライドを溶液中で加水分解重合してゾル状の液を得たのち，乾燥してゲル化し，熱処理を行ってガラスやセラミックスを得る方法をゾル-ゲル法という．プレセラミックス法が固体状の前駆体を固相焼結させるのに対して，ゾル-ゲル法では液相から沈積する乾燥ゲル体が焼成される点で異なっている（→XIV編 2 章）．この方法で，有機高分子と無機ガラスのハイブリッドもつくられている．

1.2.3　気　相　法

金属化合物を蒸気化し，CVD 法によりセラミックス，ガラスの合成が行われる．表 1.3 に典型的なセラミックス，ガラスに対する原料化合物と CVD による反応の種類を示す．原料には目的物と同じ元素を含む金属ハライド，金属ハイドライド，有機金属化合物が用いられる．このうち金属ハライドは精製が容易でないので高純度生成物を得るには，後者の 2 つが用いられることが多い．原料の種類により反応の様態が異なるが，還元，酸化，熱分解などの反応過程で生ずるセラミック微粒子が基材に沈積する．また，反応条件

表 1.3 セラミックスの分子前駆体

セラミックス	分子前駆体	反応の種類	形状
B	BCl_3, B_2H_6, BEt_3	CVD(熱分解)	W, Cの繊維の表面コーティング
SiO_2 [a]	$Si(OEt)_4$ (530°C)	CVD(熱分解)	薄膜
	SiH_4 (or $SiMe_4$) + O_2	CVD(酸化)	薄膜, 粉末
Al_2O_3 [a]	AlH_3 (or AlR_3) + O_2	CVD(酸化)	薄膜, 粉末, ウィスカー
K_2O/TiO_2 (10/90)	TiO_2+K_2CO_3+K_2MoO_4	フラックス法	ウィスカー
B_4C	BEt_3	CVD(熱分解)	ホウ素の繊維の表面コーティング
SiC	SiR_4	CVD(熱分解)	W, Cの繊維の表面コーティング, ウィスカー
BN[b]	B_2H_6 (or BEt_3) + NH_3	CVD(窒化)	薄膜, 粉末
	$H_6B_3N_3$(ボラジン)	CVD(熱分解)	薄膜
	$BH_3 \cdot NH_3$	固相熱分解	粉末, 形状物
	$BHBr_2 \cdot SMe_2$	固相熱分解	コーティング
Si_3N_4 [b]	SiH_4 (or SiR_4) + NH_3	CVD(窒化)	薄膜, 粉末
	$(Me_3Si)_2NH + NH_3$	〃 (窒化)	粉末
AlN[b]	AlH_3 (or AlR_3) + NH_3	CVD(窒化)	薄膜, 粉末
	$AlR_3 + H_2NNH_2$	〃 (窒化)	〃

a: 金属塩化物の CVD によっても合成される.
b: 塩化物や金属の窒化および金属イミドの熱分解によっても合成される.

によって非晶質のガラスから単結晶のセラミックスまで種々の粒子構造をもつ生成物が得られる. この方法はもともと微粉末の製造法であったが, 単結晶ウィスカーの製造法としても有効である. また, タングステンや炭素繊維を芯線にしてその表面にセラミックスを

表 1.4 金属の分子前駆体

金属	分子前駆体	反応と方法
半導体		
GaAs	$Me_3Ga + AsH_3$ (600~700°C)	OMCVD
	$Et_3Ga + t\text{-}BuAsH_2$	〃
	$[Me_2Ga(\mu\text{-}t\text{-}Bu_2As)]_2$ (450~700°C)	〃
InP	$Me_3In \cdot NEt_3 + PH_3$ (600~700°C)	OMCVD
	$Me_3In \cdot PEt_3$	〃
	$[Me_2In(\mu\text{-}t\text{-}Bu_2P)]_2$ (450~700°C)	〃
CdTe	$p\text{-}PhTeSiMe_3 + CdCl_2 \to (p\text{-}PhTe)_2Cd \to$ (120°C)	OMCVD
HgTe	$Ph_2Te + Hg \to [Hg(TePh)_2]_n \to$ (120°C)	OMCVD
CdSe	$Cd(SePh)_2$ (400°C)	固相熱分解
	$[Cd(SePh)_2]_2[Et_2PCH_2CH_2PEt_2]$ (350°C)	固相熱分解
電導体		
Al	AlH_3, $i\text{-}Bu_3Al$ (200~300°C)	OMCVD
Cu	$[Cu(OBu\text{-}t)]_4$ (400°C)	OMCVD
	$Cp(Et_3P)Cu$ (200~300°C)	レーザーCVD
	$Cu(hfa)_2 \cdot EtOH$	〃
その他		
FeTe	$[Cp(Et_3P)(CO)Fe]_2Te$ (260~290°C)	固相熱分解
$FeTe_2$	$[Cp(Et_3P)(CO)FeTe]_2$ (260~290°C)	固相熱分解
$FeCo_x$	$HFeCo_3(CO)_{12}$, $CpFeCo(CO)_6$ (300~350°C)	OMCVD
TiB_2	$Ti(BH_4)_3$(dme) (200°C)	OMCVD
(ZrB_2, HfB_2 も同様)		
TiC	$Ti[CH_2C(CH_3)_3]_4$ (150°C)	OMCVD

Cp : cyclopentadienyl
hfa : 1, 1, 1, 5, 5, 5-hexafluoro-2, 4-pentanedionato
dme : 1, 2-dimethoxyethane

化学蒸着して高弾性率のセラミックス長繊維が得られる．ホウ素繊維，高弾性率 SiC 繊維などはこの方法によりつくられている．これらの繊維は単結晶相を有し，相転移が生じにくいため複合材料の強化繊維として利用されるが，① 繊維表面に凹凸が生じる，② 繊維径が太くなるなどの欠点がみられる．

1.3 有機・金属変換

金属は加工性にすぐれるため前駆体法の適用はあまり行われなかった．ところが 1985 年頃からマイクロエレクトロニクス関係を中心に超高純度金属の合成や金属薄膜の低温形成に対する要求が急速に高まるとともに，有機金属化合物の CVD(organometallic chemical vapor deposition：OMCVD) や固相熱分解を用いた金属合成が注目を集めるようになった．表 1.4 にその例を示す．いずれも分子前駆体(molecular precursor)を用いた例であるが，ガリウム-ヒ素(GaAs)やインジウム-リン(InP)のような半導体，Cu，Al のような電導体のほか，金属炭化物，金属ホウ化物，合金(磁性などの機能性合金)などの合成例がみられる．CVD に用いる前駆体は，① 低温での蒸気圧が十分に高いこと，② できるだけ低温で目的金属に分解し安定であること，③ 分離性のよい副生物を生成することなどの条件を満たす必要がある．金属の合成には高分子前駆体の利用はほとんどみられないが，これは高重合度の有機金属ポリマーの合成が困難なためである．

分子前駆体を用いた方法では，金属元素を分子レベルにまで均一に分散できるので融体や粉体の混合法では実現されない構造と機能を有する合金が形成される．また，CVD 法では現在多用されている PVD 法より低エネルギー金属粒子の沈積ができるので，比較的低温での膜生成が可能である．したがって，半導体チップの高集積回路や多層配線，特に，次世代のガリウム-ヒ素系半導体チップの製造にはこの方法の適用が広まるものと思われる．　　　　　　　　　〔木村　良晴〕

2. 有機・無機複合材料

複数の異種材料を一体化することにより，単独の材料では実現できない特性を引き出した材料を複合材料(composite materials)と呼ぶ．複合化によって材料性能が飛躍的に向上する場合と新たな材料機能が付与される場合に分けられるが，現在では前者が主流をなしている．一般に，高分子(プラスチック)材料を用いてガラス繊維や無機繊維により強化した有機基複合材料(fiber-plastic matrix composite：FPC)が最も広く用いられているが，最近では金属やセラミックスを繊維で補強することも検討されており，それぞれ金属基複合材料(fiber-metal matrix composite：FMC)，セラミックス基複合材料(fiber-ceramic matrix composite：FCC)と呼ばれる．これまで FPC に対して fiber-reinforced plastics の略称である FRP が用いられてきたが，徐々に FPC に改められつつある．

2.1　有機基複合材料の分類と性質
2.1.1　異種材料の組合せ

異種材料を組み合わせて複合化する場合，繊維やウィスカーなどの強化材，フィラーを分散質もしくは強化材と呼び，樹脂のように接着剤の役割も同時に果たすものをマトリックス(matrix：母材)と呼ぶ．強化材(分散質)とマトリックスの組合せは，有機材料，金属材料，無機(非金属)材料のそれぞれの異なった形態の組合せにより無数にある．その組合せの例を表 2.1 に示す．最近は，単に2種類の素材を組み合わせるだけでなく，炭素繊維にアラミド繊維(ArF)を加えて強化して CFRP の靱性を向上させたり，ガラス繊維に炭素繊維を配合することにより GFRP の弾性率を高めるなどのハイブリッド化が行われている．また，表 2.1 には載せていないが3次元織物を用いる炭素繊維-炭素(C/C)複合

表 2.1 異種材料の組合せ例

強化材(分散質)		マトリックス(母材)	金属材料	非金属無機材料 セラミック(含炭素)	非金属無機材料 セメント	有機材料 プラスチック	有機材料 ゴムその他
粒子型(0次元)	無機	砂利 カーボンブラック 無機フィラー SiC粒子	ODS	メソ相黒鉛 泡ガラス	コンクリート	フィラー入り 樹脂 レジンコンクリート レジノイド砥石	タイヤ カーボンブラック充塡 ゴム WIC
粒子型(0次元)	金属	酸化鉄	折出強化 金属 一方向凝固 金属			導電性樹脂 熱放電性樹脂 感圧導電性樹脂	磁性ゴム 感圧導電性ゴム
繊維型(1次元)	無機	炭素繊維(CF) ガラス繊維(GF) ボロン繊維(BF) シリコンカーバイド繊維(SiCF)	CFRM BFRM SiCFRM	CF/ガラス C/C FRC	CFRC GFRC 石綿セメント	CFRP GFRP BFRP SiCFRP ハイブリッド 複合材料	タイヤ ベルト
繊維型(1次元)	有機	アラミド繊維(ArF) 合成繊維 　ポリエチレン 　ビニロン 天然繊維			有機繊維補強 セメント 木毛板	ArFRP ハイブリッド 複合材料 パルプ/ポリプロ	人口皮革 タイヤ ベルト WPC
繊維型(1次元)	金属	鋼線 タングステン線	鋼芯アルミニウム 超伝導線		鉄筋コンクリート	導電性フィルム 遮音シート	タイヤ ベルト
積層型(2次元)	有機	PEフィルム	カラー鉄板	合わせガラス		ハニカムパネル ラミネートフィルム	
積層型(2次元)	無機		ホーロー引金属		建材	フォーム材	
積層型(2次元)	金属	Al箔 Alハネカム	バイメタル クラッド材	網入りガラス サーメット		ハニカムパネル Al/PEラミネート 積層制振鋼板	防音遮音材

略語の説明
Al:アルミニウム, C/C:炭素繊維-炭素複合材料, ODS:酸化物分散強化合金, PE:ポリエチレン, RC:強化セメントまたは強化セラミックス, RM:強化金属, RP:強化プラスチックス, WIC:wood inorganic compound complex, WPC:wood plastic combination.

材料などもある.

　一般に,高分子材料は軽量で加工性に富むが,柔らかくて強度が低い.したがって,構造材料として使用する際には,高強度,高弾性率を有する無機もしくは金属系の材料と複合し,補強することが必要となる.複合材料は複合化形式によって粒子分散型(particle-matrix composite:PMC), 繊維強化型(fiber-matrix composite:FMC), および積層型(laminate)に分類される.繊維強化型複合材料には,強化繊維を長繊維(filament)のまま用いる場合とカットして短繊維(chopped strand)を混ぜ込む場合がある.以下に,その例ならびに特徴を示す.

2.1.2 粒子分散型複合材料

フェノール樹脂やアミノ樹脂などの熱硬化

性樹脂は，タルク，マイカ，木粉などの粒子を充填して硬化，成形される．充填粒子は増量剤としての働きのほか，材料の強化や耐熱性，弾性率の向上に効果的である．タイヤゴムに混入される活性炭やタルクも同様の働きをしている．ICの封止材（おもにエポキシ樹脂）にも微粒子状の高純度シリカが混ぜられているが，これは基板と樹脂との熱膨張率の差を調節したり熱伝導率を向上させて放熱効率を上げる目的がある．ポリイミドやアラミドにグラファイト粒子を充填した材料（例：ベスペル®(Du Pont)）はスーパーエンジニアリングプラスチックと呼ばれ，金属アルミニウムに匹敵する耐熱性と力学的物性を有している．

熱可塑性樹脂に対してもポリプロピレンやポリアミドには同様の粒子の分散によって強化される場合があるが，下記に述べるガラス短繊維による強化が圧倒的に多い．粒子分散型複合材料の強化機構については§2.2で述べる．

2.1.3 短繊維強化型複合材料

粒子充填系と同様，熱硬化性樹脂に綿くずや石綿のような繊維質を分散させることにより，材質の機械的強度が著しく増大することは古くから知られていた．1940年にガラス繊維が開発され，不飽和ポリエステル樹脂と複合させた強化プラスチックが出現するようになり，繊維強化型複合材料が大きく発展した．それ以来，熱可塑性樹脂にもガラス短繊維による強化が行われるようになり，各種の短繊維充填複合材料が開発されるようになった．表2.2にその例をあげて繊維の充填による補強効果を比較した．

不飽和ポリエステル，フェノール，アミノ樹脂など，おおかたの熱硬化性樹脂にはガラス短繊維が充填されて成形コンパウンドとして利用されている．また，エポキシ樹脂にはガラス繊維のほか，炭素繊維も充填されており，きわめて高い補強効果が得られている．

熱可塑性樹脂に短繊維を充填した強化系は特にFRTP(fiber-reinforced thermoplastics)と呼ばれる．ポリアミド，ポリプロピレン，ポリエーテルエーテルケトン，ポリアセタール，ポリエステルなどの結晶性高分子に対する短繊維の充填効果は大きく，強度や弾性率が上昇するだけでなく使用温度がマトリックス高分子の融点領域にまで上昇する．それに対して，ポリスチレン，ポリカーボネート，ABS，ASA樹脂などの非晶性高分子では，充填により耐熱性の改善は得られないが，常温における力学物性の改質に効果がみられる．短繊維状の炭素繊維を充填した複合材料も開発されているが，炭素繊維はガラス繊維より比重が低くて高性能であるため，ガラス繊維強化のものに比較すると軽量となるだけでなく弾性率も向上する．特に，熱可塑性エンジニアリングプラスチックであるポリエーテルエーテルケトン，ポリフェニレンスルフィド，ポリエーテルスルホンと炭素繊維の複合材料は高性能，高耐熱性材料として期待されている．またウィスカー（単結晶繊維）も充填材として用いられることがある．

熱可塑性樹脂をマトリックスとする単繊維強化系複合材料は，強化繊維と樹脂を混練後，射出形成または圧縮成形されることが多い．それに対して，熱硬化性樹脂の複合材料は短繊維マットに樹脂を含浸してハンドレイアップ（貼りあわせ）法により成形するか，SMC(sheet molding compound)，BMC(bulk molding compound)法により成形される．SMCは増粘した樹脂ペーストをガラス繊維マットに含浸させ金型で加圧成形する方法であり，BMCは増粘した樹脂にガラス短繊維を混練後，金型で加熱加圧成形する方法である．両者とも自動車部品をつくるのによく用いられている．また，RIM(reaction injection molding)もウレタンエラストマーの複合材料（ガラス強化RIM）の製造法として利用されている．

2.1.4 長繊維強化型複合材料

長繊維を強化材とするプラスチック複合材料は樹脂で結合された繊維集合体とみることもでき，繊維方向の引張応力に対しては繊維

表 2.2 短繊維強化プラスチックの性質

	高分子	強化繊維	繊維の体積分率(%)	引張強度(MPa)	伸度(%)	弾性率(GPa)	曲げ弾性率(GPa)	熱変形温度(°C)
熱硬化性樹脂（非晶性）	フェノール樹脂	―	0	50〜60	1.5	5〜7	7	116〜127
		ガラス	30〜60	50〜120	0.2	30	15	140〜300
	メラミン樹脂	―	0	30〜60	0.6	8〜10	10	148
		ガラス	30〜60	35〜70		17		200
	不飽和ポリエステル樹脂	―	0	6〜10	100	2〜5		60〜200
		ガラス	20〜60	28〜70	0.5〜2	11〜18		200
	ジアリルフタレート樹脂	―	0	35〜40		2		60〜88
		ガラス	30〜60	42〜80		10〜15		160〜280
	エポキシ樹脂	―	0	28〜90	3〜6	2.5		46〜200
		ガラス	20〜60	70〜170	1〜2	21		150〜260
		炭素	20〜65	350〜600	3	46〜74		
	ビスマレイミド樹脂	―	0	120	10	2	3.5	270
		ガラス	40〜65	40〜160		2	8〜21	330
		炭素	15〜25	75	7	2	10	330
熱可塑性樹脂（非晶性）	ポリスチレン	―	0	35〜85	1〜2.5	3〜4		66〜77
		ガラス	20〜30	63〜110	0.7〜1.3	6〜9	6〜7	91〜107
	ABS 樹脂	―	0	28〜50	200〜300	2〜3	0.25	90
		ガラス	20〜40	60〜130	2.5〜3	4〜7	0.8	99〜116
		炭素	20〜30	80			1〜1.5	98〜106
	AS 樹脂	―	0	65〜85	1.5〜3.7	3〜4	2.5	90
		ガラス	10〜30	7〜12	1	3〜10	7	105
	ポリカーボネート	―	0	56〜70	100〜130	2.5	2	129〜141
		ガラス	10〜40	84〜140	1〜5	7〜13	4〜10	145〜150
		炭素	10〜30	110〜170	2〜6	7〜19	72	145
	ポリエーテルスルホン	―	0	80	60	2.5	2.8	203
		ガラス	20〜30	130	2	10		205
		炭素	15〜30	150〜170	2〜4		10〜17	210
熱可塑性樹脂（結晶性）	ポリプロピレン	―	0	30〜40	200〜700	1〜1.6	1.7	57〜63
		ガラス	10〜30	42〜65	2〜4	3〜6	2.1〜5.8	110〜150
	ポリアミド樹脂（ナイロン6）	―	0	50〜85	200〜300	0.7〜3	3	66〜79
		ガラス	20〜45	90〜250	4	3〜13	6〜11	160〜260
		炭素	10〜40	110〜280	3	6	5	200〜215
	ポリフェニレンオキシド	―	0	80	50〜80	2	3	130
		ガラス	10〜30	100〜130	3〜5	6〜9	5	130〜180
	ポリアセタール	―	0	70〜85	15〜75	3〜4	3	110〜129
		ガラス	20〜25	140	3	7	5	157〜174
		炭素	20	140	3		14	165
	ポリエステル（ポリブチレンテレフタレート）	―	0	56	300		3	58
		ガラス	15〜55	140	4		6〜10	210
		炭素	20〜30	140			14	200〜220
	ポリフェニレンスルフィド	―	0	76	3		4	137
		ガラス	40〜60	150	1		13〜19	260
		炭素	15〜30	130	1.5		10〜25	260
	ポリエーテルエーテルケトン	―	0	99	80	3	4	152
		ガラス	20〜30	160	4	5	8	286
		炭素	30	240	5	12	21	300

が直角方向の応力に対して樹脂がその強度を支える(→§2.3)．繊維の配列の仕方により，一方向配列型と織物を用いた2次元配列型および3次元配列型がある(→§2.4)．またマトリックスや強化繊維が複数の素材からなっている場合もあり，これをハイブリッド型とよんでいる．こうした材料のうち，特に高性能を有するものを先進複合材料(advanced composite materials：ACM)と呼び，比強度(σ/ρ)，比弾性率(E/ρ)がそれぞれ4×10^6 cm および 4×10^8 cm を越えるものである．

複合材料の性能は強化繊維の強度，弾性率が高いほど，また繊維含有量が多くなるほど上昇するが，繊維含有量(Vf)が65%を越えると繊維間の樹脂接着に欠陥が生じるようになり物性が低下するので，通常は60%程度に抑えられている．強化用の長繊維としては，表2.3に示すようにガラス繊維(Eガラ

2. 有機・無機複合材料

表 2.3 強化用繊維の性能

繊維		直径 (μm)	比重	比強度 (10^6cm)	比弾性率 (10^8cm)	伸び (%)
ガラス	E クラス[a]	12	2.6	13	2.8	2.6
	S クラス[b]	12	2.49	20	3.5	4.1
炭素	高強度品(HT)	8	1.74	20	13	1.5
	高弾性品(HM)	8	1.81	14	22	0.6
アラミド	ケブラー®-29	12	1.44	20	4.5	3.5
	ケブラー®-49	12	1.45	19	9.2	2.8
スチール		13	7.74	3.8	2.5	

a : electric glass (電気絶縁用) ; $SiO_2(54)$, $Al_2O_3(15)$, $CaO(17)$, $MgO(5.0)$, $B_2O_3(8.0)$, $Na_2O(0.6)$
b : strong glass (高強度品) ; $SiO_2(65)$, $Al_2O_3(25)$, $MgO(10)$

スとSガラスの両方), 炭素繊維(HTとMHの両方), および有機系のアラミド繊維(主として高弾性率品であるケブラー49®)が用いられる. これらの繊維をスチールと比較するといずれも比強度は4〜5倍, 比弾性率は炭素繊維で約10倍, アラミド繊維で約4倍, ガラス繊維では同じレベルである. ACMは航空機などの輸送機械の構造材料として展開されるので重量に対する性能, すなわち比強度, 比弾性率の高いものが要求される. したがって, 炭素繊維, アラミド繊維を用いたほうが有利であることはいうまでもない. やや比重は重いがセラミック繊維を用いる試みもある.

一方, マトリックス樹脂としては不飽和ポリエステルやフェノール樹脂などの熱硬化性樹脂が用いられるが, 特に力学的, 化学的, 電気的性質などバランスのとれた特性をもち, かつ強化繊維との接着性がよいエポキシ樹脂が最もよく用いられている. エポキシ樹脂はグリシジル化合物と硬化剤の組合せからなる樹脂で, 多種多様であるが, 複合材料の母材としてはおもに130℃硬化型と180℃硬化型とに分けられる. 前者は硬化剤にジシアンジアミドを用い, ビスフェノールA/グリシジルエーテル系化合物を硬化させるもので, スポーツ用具や電気製品, 航空機の内装材として使われている. 難燃型はビスフェノールAにブロム化ビスフェノールAを添加したものである. それに対して後者はDDS (4,4′-diaminodiphenylsulfone)を硬化剤に用い, TGDDM(N-tetraglycidyldiaminodiphenylmethane)を硬化させるものであり, 航空機などの構造材として使われている((2.1)式).

一方, ACMにはエポキシ樹脂を越える高

130℃硬化型

ビスフェノールA/グリシジルエーテル

ジシアンジアミド

難燃化エポキシ

180℃硬化型

TGDDM

DDS

(2.1)

ビスマレイミド　→　ポリアミノビスマレイミド(Kerimide®)　　　(2.2)

表 2.4　一方向強化型複合材[a]の物性(積層品, $V_f=60\%$)

種類	強化繊維 比強度 (10^6cm)	強化繊維 比弾性率 (10^8cm)	繊維と平行方向 引張強度 (GPa)	繊維と平行方向 弾性率 (GPa)	繊維と直角方向 引張強度 (GPa)	繊維と直角方向 弾性率 (GPa)	曲げ強度 (GPa)	圧縮強度 (GPa)	層間剪断強度 (MPa)
E ガラス[b]	13	2.8	1.1	40	0.035	9	1.2	0.63	70
S ガラス[c]	20	3.5	1.5	44			1.4	0.84	79
HT 炭素	20	13	1.8	142	0.06	10	1.9	1.2	88
HM 炭素	14	22	1.5	235	0.05	8	1.4	1.1	78
ケブラー49	19	9.2	1.4	77	0.03	5.5	0.63	0.29	58

a：マトリックス樹脂；エポキシ樹脂(エピコート 828)
b：electric glass (電気絶縁用)；$SiO_2(54)/Al_2O_3(15)/CaO(17)/MgO(5.0)/B_2O_3(8.0)/Na_2O(0.6)$/etc.
c：strong glass (高強度品)；$SiO_2(65)/Al_2O_3(25)/MgO(10)$

性能のマトリックス樹脂の採用が検討されている．たとえば付加型ポリイミド，なかでも比較的安価で成形の容易なビスマレイミド樹脂がその候補となっている．また，長繊維との複合化法に工夫を要するが，ポリエーテルエーテルケトンやポリエーテルスルホンなどの熱可塑性エンジニアリングプラスチックの利用も検討されている．このうちポリイミド／炭素繊維系ではアルミニウムなどの金属を凌駕する力学的な物性と耐熱性が得られており，将来の ACM として大きな期待を集めている((2.2)式)．

長繊維を強化材とする複合材料の代表的な成形法としては，① 繊維をクロスに製織し，樹脂を含浸後半硬化の状態にしたプリプレグ(prepreg)を積層硬化させる積層法，② 繊維に樹脂をコーティングさせたのち，回転するマンドレル上に巻きつけて硬化させるフィラメントワインディング法，③ 繊維束に樹脂を含浸させて金型で硬化させながら成形品を引き取っていくプルトルージョン法などがある．① は材料の剛性を高めて強度の異方性を減ずるには有効であるが，強化繊維への均一な応力分散が得られにくく，力学的な材料設計が困難である．② は円柱もしくはパイプ状の材料を得るのに適している．また，③ は一方向強化複合材料をつくる方法であるが，比較的材料設計が容易であるため，大半の機械や構造部品の成形に用いられている．

表2.4に130°C硬化型のエポキシ樹脂をマトリックスとする一方向強化繊維複合材料の物性を比較する．ガラス繊維複合材料(GFPC)に比べて ACM として用いられる炭素繊維複合材料(CFPC)は高い弾性率を有し，比強度，比弾性率がずっと高くなることが示されている．有機繊維との複合材料であるアラミド繊維複合材料は，強度，弾性率ともCFPC よりも劣っているが，応力下での伸び挙動が金属に近いこと，また比重が小さくて比強度が高いことから複合材料としての需要が急速に高まってきている．特に，アラミド繊維を炭素繊維と交織した強化材を用い，両者の利点をうまくとりだすように設計されたハイブリッド型複合材料が航空機の翼部品として使用されている．

〔中西洋一郎・木村良晴〕

参 考 文 献

1) 高分子学会編:"ポリマーアロイ基礎と応用", 東京化学同人(1981).
2) 井上 隆, 市原祥次:"ポリマーアロイ", 共立出版(1988).
3) 植村益次, 河合弘迪, 牧 広, 渡辺 治編:"新しい複合材料と先端技術", 東京化学同人(1986).
4) 内田盛也:"先端複合材料 高度物性をめざして", 工業調査会(1986).
5) 内田盛也:"先端複合材料の設計と加工", 工業調査会(1988).
6) 奥田謙介:"炭素繊維と複合材料", 共立出版(1988).
7) 精機学会編:"精密機器用プラスチック複合材料", 日刊工業新聞(1984).
8) 島村昭治, 宮入裕夫:"複合化技術と材料の多機能化 複合材料", 実教出版(1986).

2.2 粒子分散系

2.2.1 剛体球懸濁液の粘性係数

粒子分散系に関する理論はEinstein[1]に始まる. Einsteinは1906年, 剛体球懸濁液の粘性係数に関する理論を発表した.

$$\eta_c = \eta(1 + 2.5V_f) \qquad (2.3)$$

ここで, η_c と η はそれぞれ懸濁液および溶媒の粘性係数であり, V_f は液質粒子の体積分率である. ただし, V_f は1と比べて十分小さく, 粒子間相互作用は無視できるとした.

GuthとSimha[2]は, 剛体球懸濁液の粘性係数を粒子体積分率の2次の項まで求めた.

$$\eta_c = \eta(1 + 2.5V_f + 14.1V_f^2) \qquad (2.4)$$

一方, Saito[3]とOkano[4]は粒子間相互作用と試料の外側境界の存在を考慮して次式を導いた.

$$\eta_c = \eta(1 + 2.5V_f + 2.5V_f^2) \qquad (2.5)$$

これらの関係は, ヤング率無限大の球を充填した複合材料のヤング率についても成り立つ. Smallwood[5]は, (2.3)式をカーボンブラックで強化したゴムのヤング率に適用している. また, Guth[6]はカーボンブラックの体積分率が10%以上になると, (2.3)式より

も(2.4)式の方が有効になると述べている. しかし理論的には(2.5)式の方が厳密と考えられる.

また, 溶媒が球形状の溶質の表面で自由にすべる(すなわち摩擦係数がゼロの)場合をEisenschitz[7]とOldroyd[8]が解析した. この場合の希薄溶液の粘性係数は次式で与えられる.

$$\eta_c = \eta(1 + V_f) \qquad (2.6)$$

2.2.2 球形粒子充填系

Goodier[9]は, 球または円柱形状の強化材を含む複合材料の弾性変形を解析した. この解析はその後のDewey[10], Kerner[11]らによる弾性率解析の基礎となっている. 従来の弾性率解析のうち, 粒子間相互作用を考慮し, 粒子の体積分率に制約をもたない理論について以下に述べる.

a. 体積弾性率 Hashin[12]は, 球形粒子とそれをとりまく同心球殻マトリックスからなる複合体球の集合体モデル(図2.1(a))を用いて次式を導いた.

$$\kappa^* = \kappa_{(-)} = \kappa_m + \frac{V_f}{\dfrac{1}{\kappa_f - \kappa_m} + \dfrac{3(1 - V_f)}{3\kappa_m + 4G_m}} \qquad (2.7)$$

ここで κ^*, $\kappa_{(-)}$ は複合材料の体積弾性率の厳密解と下限を表し, κ_m, κ_f はマトリックスと粒子の体積弾性率, G_m はマトリックスのせん断弾性率である.

HashinとShtrikman[13]は, 粒子形状が任意で, 複合材料が等方性の場合について,

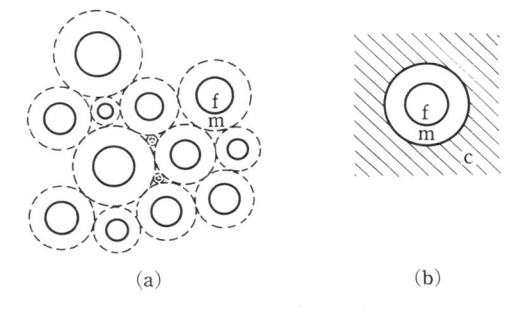

図 2.1
(a) 複合体球集合体モデル[12].
(b) 3相モデル[15, 16].
f:球, m:マトリックス, c:複合材料.

弾性率の上限と下限を導いている．(2.7)式はその下限$\kappa_{(-)}$と一致しており，上限$\kappa_{(+)}$は(2.8)式で示される．

$$\kappa_{(+)} = \kappa_f + \frac{1-V_f}{\dfrac{1}{\kappa_m-\kappa_f} + \dfrac{3V_f}{3\kappa_f+4G_f}} \quad (2.8)$$

ここで，G_fは強化粒子のせん断弾性率である．(2.7)，(2.8)式では$\kappa_m < \kappa_f$，$G_m < G_f$と仮定している．すなわち等方性複合材料の体積弾性率は，粒子形状が球の場合に最も小さくなる．一方，強化粒子が連続相を形成し，そのなかに球形のマトリックスが分散している場合，すなわち海島が逆転した場合にκの値は最大となる．

b. せん断弾性率　HashinとShtrikman[13]は粒子形状が任意の等方性複合材料について，せん断弾性率の下限$G_{(-)}$と上限$G_{(+)}$を定式化した．

$$G_{(-)} = G_m + \frac{V_f}{\dfrac{1}{G_f-G_m} + \dfrac{6(1-V_f)(\kappa_m+2G_m)}{5G_m(3\kappa_m+4G_m)}} \quad (2.9)$$

$$G_{(+)} = G_f + \frac{1-V_f}{\dfrac{1}{G_m-G_f} + \dfrac{6V_f(\kappa_f+2G_f)}{5G_f(3\kappa_f+4G_f)}} \quad (2.10)$$

(2.7)～(2.10)式は$\kappa_m < \kappa_f$，$G_m < G_f$の場合の上下限であるが，Walpole[14]はこの制約を取り除いた一般式を導いている．

ChristensenとLo[15],[16]は図2.1(b)の3相モデルを用いて，複合材料のせん断弾性率の厳密解G^*を2次方程式を解く形に定式化した．これをHoligら[17]がより簡単な形に整理した．

$$G^* = G_m\left(1 + \frac{5}{\alpha}\right) \quad (2.11)$$

ここでαは次式の解である．

$$(\alpha+g+p)(\alpha-h-\beta/V_f) + 6f^2 = 0$$

ただし $\beta = 5G_m/(G_f-G_m)$

$g = 4(1-10\nu_m/7)(1-V_f^{7/3})/(1-\nu_m)$

$p = \dfrac{4(7-10\nu_f)\beta V_f^{7/3}}{7+5\nu_f+7(1-\nu_f)\beta}$

$h = (8-10\nu_m)(1/V_f-1)/3(1-\nu_m)$

$f = (1-V_f^{2/3})/(1-\nu_m)$

ここでν_mとν_fはそれぞれマトリックスと強化粒子のポアソン比である．

c. ヤング率とポアソン比　巨視的に等方性の複合材料で，独立な弾性率は2個である．先に求めたκとGを使って，ヤング率Eとポアソン比νは次式で与えられる．

$$E = \frac{9\kappa G}{3\kappa+G} \quad (2.12)$$

$$\nu = \frac{3\kappa/2-G}{3\kappa+G} \quad (2.13)$$

d. その他の理論　Hill[18]とBudiansky[19]は，強化粒子のまわりに直接複合材料がある2相モデルを提案した．この手法は3相モデル[15]よりも高い弾性率κとせん断弾性率Gを予測する．Kerner[11]はHashin[12]より前に図2.1(b)の3相モデルを用いて(2.7)，(2.9)式と等価な式を導いている．

e. 熱膨張係数　粒子形状が球の場合，複合材料の熱膨張係数α_cを予測するためには，Kerner[11]の式が利用できる．

$$\alpha_c = \alpha_m + \frac{\kappa_f(3\kappa_m+4G_m)(\alpha_f-\alpha_m)V_f}{\kappa_f(3\kappa_m+4G_mV_f)+4G_m\kappa_m(1-V_f)} \quad (2.14)$$

ここで，α_m，α_fはそれぞれマトリックスおよび粒子の熱膨張係数である．

2.2.3 短繊維充填系

a. Coxのシアラグ理論　Cox[20]はマトリックス中に1本の短繊維が埋め込まれているモデル(図2.2)を繊維軸方向に一様に引っ張った場合を解析し，短繊維内部に生ずる引張応力に関して次式を得た．

$$\sigma = (E_f-E_m)\varepsilon\left(1 - \frac{\cosh\beta(L/2-x)}{\cosh(\beta L/2)}\right) \quad (2.15)$$

ここでεは短繊維が存在しない場合のマトリックス中の伸びひずみであり，βは次式で与えられる定数である．

$$\beta = \sqrt{\frac{4G_m}{(E_f-E_m)r_f^2\ln(1/V_f)}} \quad (2.16)$$

r_fは繊維の半径，V_fは繊維の体積分率，$\ln$は自然対数である．

このとき，繊維の有効弾性率E_{ef}は，

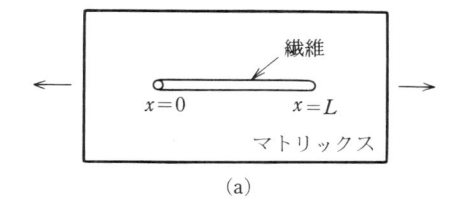

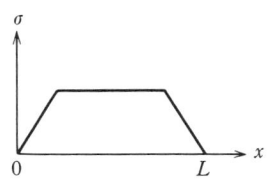

と近似できる.

このモデルでは, 繊維-マトリックス間のせん断応力は $-r_f(\partial\sigma/\partial x)/2$ で与えられる. 繊維複合材料では, 荷重は繊維が受けもち, マトリックスはせん断変形により繊維へ荷重を伝達する役目を果たす.

b. 臨界繊維長 Kelly[21] は短繊維充填系の強度に関して, 臨界繊維長を提案した. 図2.2のモデルを x 方向にひっ張り, $x=L/2$ の断面でマトリックスが破断する場合を考える. 繊維が破断するためには $\sigma_f^B \pi r_f^2$ の力が必要である. ただし, σ_f^B は繊維の強度である. 一方, $x=L/2$ で繊維をひき抜くために必要な力は $\tau_B(2\pi r_f)(L/2)$ である. ただし, τ_B は繊維とマトリックスとの接着強度である. 繊維長 L が短いとき, 接着力が弱いため, 繊維はひき抜かれる(図2.3(a)). 一方, 繊維長が十分長いとき, 界面の接着力が繊維破断に必要な力を上回り繊維が破断する(図2.3(b)). 繊維ひき抜きから繊維破断へ移り変わるときの繊維長を臨界繊維長と呼ぶ.

$$L_C = (\sigma_f^B/\tau_B) r_f \quad (2.19)$$

臨界繊維長を繊維直径 $d=2r_f$ で割った値

$$(L_C/d) = (\sigma_f^B/2\tau_B) \quad (2.20)$$

を臨界アスペクト比と呼ぶ.

繊維長が臨界繊維長以下のとき繊維はひき抜かれてしまうが, 臨界繊維長以上では繊維が破断する. すなわち, 繊維が複合材料の強度に対して有効に働くためには臨界繊維長以上の長さが必要である.

c. Eshelbyの等価介在物法 短繊維を回転楕円体とみなすことにより, 短繊維充填複合材の弾性率は Eshelby の等価介在物法を用いて解くことができる. Eshelby は無限大等方性マトリックス中に1個の楕円体が存在する場合の応力場を解析した[22]. この手法は楕円体をマトリックスと弾性率の等しい等価介在物で置き換えることから等価介在物法と呼ばれる. これに Mori と Tanaka[23] が導いたマトリックス中の平均応力場の考え方を導入すると, 多数の楕円体が一方向配列して

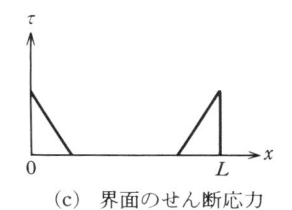

図2.2 短繊維充填モデル

$$E_{ef} = (E_f - E_m)\left[1 - \frac{\tanh(\beta L/2)}{\beta L/2}\right] + E_m \quad (2.17)$$

に低下し, 一方向繊維複合材の繊維方向ヤング率は,

$$E_c = (E_f - E_m) V_f \left[1 - \frac{\tanh(\beta L/2)}{\beta L/2}\right] + E_m \quad (2.18)$$

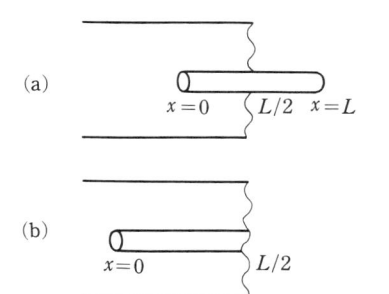

図2.3 臨界繊維長 L_C
(a) 繊維ひき抜き
$$\sigma_f^B \pi r_f^2 > \tau_B(2\pi r_f)\frac{L}{2}$$
$$\sigma_f^B \pi r_f^2 = \tau_B(2\pi r_f)\frac{L_C}{2}$$
(b) 繊維破断
$$\sigma_f^B \pi r_f^2 < \tau_B(2\pi r_f)\frac{L}{2}$$

いる場合に拡張できる．若島[24]はこの手法を用いて複合材料の弾性率を解析した．楕円体のアスペクト比が1の場合，すなわち球の場合の計算結果は，前述の下限，(2.7)，(2.9)式と一致する．

i) 等価介在物法[25),26)]： 楕円体粒子が一方向配列している場合の弾性率解析法を以下に示す．もし粒子が存在しなければ($V_f=0$)，試料中に一様な外部応力場(応力 $\sigma^A{}_{ij}$，ひずみ $\varepsilon^A{}_{mn}=S^m{}_{mnij}\sigma^A{}_{ij}$，単位体積当たりの弾性エネルギー $W_0=S^m{}_{ijkl}\sigma^A{}_{ij}\sigma^A{}_{kl}/2$)を生ずるような一定の外力を複合材料に加える．ここで，$S^m{}_{mnij}$はマトリックスの弾性コンプライアンスである．

粒子の存在により応力場は一様でなくなるが，実際の粒子を，マトリックスと弾性率の等しい等価介在物(形状，寸法は実際の粒子と同じ)で置き換えた解析が可能である．ただし，等価介在物には応力を伴わない固有(eigen)ひずみ $\varepsilon^*{}_{kl}$ を割り当てる．

等価介在物の導入によって複合材料全体を均質とみなすことができ，外部応力場(ひずみは $\varepsilon^A{}_{mn}$)と内部応力場(固有ひずみ $\varepsilon^*{}_{kl}$ に起因する拘束ひずみ：等価介在物内部では $T_{mnkl}\varepsilon^*{}_{kl}$，および粒子間相互作用によって生ずる弾性ひずみ：$-V_f(T_{mnkl}\varepsilon^*{}_{kl}-\varepsilon^*{}_{mn})$)の単純な重ね合せが可能である．したがって，等価介在物内部の全ひずみは $\{\varepsilon^A{}_{mn}+(1-V_f)T_{mnkl}\varepsilon^*{}_{kl}+V_f\varepsilon^*{}_{mn}\}$ であり，このうち $\varepsilon^*{}_{mn}$ は応力を伴わないから応力は $C^m{}_{pqmn}[\varepsilon^A{}_{mn}+(1-V_f)(T_{mnkl}\varepsilon^*{}_{kl}-\varepsilon^*{}_{mn})]$ となる．ここで $C^m{}_{pqmn}$ はマトリックスの弾性率である．また，T_{mnkl} はエシェルビー(Eshelby)のテンソルと呼ばれ，楕円体粒子のアスペクト比とマトリックスのポアソン比によって決まる定数である．

実際の粒子(弾性率 $C^f{}_{pqmn}$)がこれと全く同じ応力とひずみ(全ひずみ=弾性ひずみ)をもつならば，マトリックスとの界面における応力と変位の連続性を保ったまま，等価介在物と実際の粒子との置き換えが可能である．したがって，等価介在物に割り当てる固有ひずみ $\varepsilon^*{}_{kl}$ は次式の解として与えられる．

$$C^m{}_{pqmn}[\varepsilon^A{}_{mn}+(1-V_f)(T_{mnkl}\varepsilon^*{}_{kl}-\varepsilon^*{}_{mn})]$$
$$=C^f{}_{pqmn}[\varepsilon^A{}_{mn}+(1-V_f)T_{mnkl}\varepsilon^*{}_{kl}+V_f\varepsilon^*{}_{mn}] \quad (2.21)$$

一様な外部応力 $\sigma^A{}_{ij}$ を受ける均質物体内で，等価介在物(体積分率 V_f)の領域に固有ひずみ $\varepsilon^*{}_{ij}$ が生ずるとき，単位体積当たりの弾性エネルギーは $(W_0+V_f\sigma^A{}_{ij}\varepsilon^*{}_{ij}/2)$ となる[22)]．$\varepsilon^*{}_{ij}$ が(2.21)式を満足すれば，等価介在物と実際の粒子との置き換えが可能であるから，複合材料の巨視的弾性コンプライアンスを $S^c{}_{ijkl}$ とすると次式が成り立つ．

$$S^c{}_{ijkl}\sigma^A{}_{ij}\sigma^A{}_{kl}=2W_0+V_f\sigma^A{}_{ij}\varepsilon^*{}_{ij} \quad (2.22)$$

したがって，$\sigma^A{}_{ij}$ を適切に設定することにより $S^c{}_{ijkl}$ が計算できる

ii) エシェルビーのテンソル[26)]： 粒子を回転楕円体：

$$x_1^2/a^2+x_2^2/a^2+x_3^2/c^2\leq 1 \quad (2.23)$$

とすると，エシェルビーのテンソル T_{ijkl} は以下のように与えられる．ただし，T_{ijkl} のうち，伸びひずみとせん断ひずみの組合せ($T_{1112}, T_{1123}, T_{2311}, \cdots$)，および異なるせん断ひずみの組合せ($T_{1223}, \cdots$)はすべてゼロとなる．式中で ρ は楕円体のアスペクト比 ($\rho=c/a$)，ν はマトリックスのポアソン比である．

$$T_{1111}=T_{2222}=\{[-4(1-2\nu)\rho^2+13-8\nu]K$$
$$+(10-8\nu)\rho^4-(19-8\nu)\rho^2\}/M$$
$$T_{3333}=8\{[2(2-\nu)\rho^2-1+2\nu]K$$
$$-(5-2\nu)\rho^2+2(1-\nu)\}/M$$
$$T_{1122}=T_{2211}=\{[4(1-2\nu)\rho^2-1+8\nu]K$$
$$-(2-8\nu)\rho^4-(1+8\nu)\rho^2\}/M$$
$$T_{1133}=T_{2233}=4\{-[2(1+\nu)\rho^2+1-2\nu]K$$
$$+2\nu\rho^4+(3-2\nu)\rho^2\}/M$$
$$T_{3311}=T_{3322}=4\{-[2(1-2\nu)\rho^2+1+4\nu]K$$
$$+(3-4\nu)\rho^2+4\nu\}/M$$
$$T_{2323}=T_{2332}=T_{3223}=T_{3232}=T_{3131}=\cdots$$
$$=4\{-[(1+\nu)\rho^2+2-\nu]K$$
$$+(1-\nu)\rho^4+3\nu\rho^2+4(1-\nu)\}/M$$
$$T_{1212}=\cdots=\{-[4(1-2\nu)\rho^2-7+8\nu]K$$
$$+(6-8\nu)\rho^4-(9-8\nu)\rho^2\}/M$$
$$(2.24)$$

ここで，

$$K = \rho \ln(\rho + \sqrt{\rho^2-1})/\sqrt{\rho^2-1} \quad (\rho>1) \tag{2.25}$$

$$M = 16(1-\nu)(\rho^2-1)^2 \tag{2.26}$$

である．また，粒子が球($a=c$)の場合には，

$$T_{1111} = T_{2222} = T_{3333} = (7-5\nu)/15(1-\nu)$$
$$T_{1122} = T_{1133} = T_{2211} = T_{2233} = T_{3311} = T_{3322}$$
$$= -(1-5\nu)/15(1-\nu)$$
$$T_{2323} = T_{3131} = T_{1212} = \cdots$$
$$= (4-5\nu)/15(1-\nu) \tag{2.27}$$

で与えられる．

2.2.4 円盤形状粒子充填系

強化粒子がガラスフレーク，マイカなどの場合，これらの粒子形状を偏平楕円体とみなすことにより，複合材料の弾性率解析には，エシェルビーの等価介在物法が利用できる．この場合，エシェルビーのテンソル((2.24)式)のなかの K の値は，(2.25)式の代わりに次式を用いる．

$$K = \frac{\rho}{\sqrt{1-\rho^2}} \cos^{-1}(\rho) \quad (\rho<1) \tag{2.28}$$

なおエシェルビーの等価介在物法は，粒子分散系の熱膨張係数の解析にも応用できる[24),27),28)]．その方法を以下に示す．

熱膨張係数の解析[28)] 無限大均質等方性物体中の1つの楕円体領域(これを等価介在物と呼ぶ)に固有ひずみが発生した場合を考える．この固有ひずみは楕円体のまわり(マトリックス)の拘束がなければ一様で ε^*_{ij} であるとする．マトリックスの拘束によって，拘束ひずみ ε^c_{ij} が生ずる．ε^c_{ij} は楕円体内部では一様で次式で与えられる[22)]．

$$\varepsilon^c_{ij} = T_{ijkl}\varepsilon^*_{kl} \tag{2.29}$$

この場合，拘束ひずみのマトリックス中での平均値はゼロとみなすことができる[29)]．

次に，有限の大きさをもつマトリックス中に，固有ひずみ ε^*_{ij} をもつ等価介在物が有限の体積分率充填されている場合を考える．この場合，試料の自由表面の存在と粒子間相互作用によって付加的な弾性ひずみ ε^m_{ij} が生ずる．その結果，等価介在物中の全ひずみは $(\varepsilon^c_{ij}+\varepsilon^m_{ij})$ となる．このうち，弾性ひずみは $(\varepsilon^c_{ij}+\varepsilon^m_{ij}-\varepsilon^*_{ij})$ であり，応力は $C^m_{pqij}(\varepsilon^c_{ij}+\varepsilon^m_{ij}-\varepsilon^*_{ij})$ となっている．

マトリックスのなかに，それと熱膨張係数と弾性率の異なる実際の粒子が充填されている場合を考える．この複合材料が温度変化 ΔT を受けるとき，粒子内部のひずみはマトリックスより $(\alpha_f-\alpha_m)\Delta T\delta_{ij}$ だけ大きく，その結果内部応力場が発生する．δ_{ij} はクロネッカー(Kronecker)のデルタである．この応力状態は，実際の粒子を等価介在物で置き換えて解析することができる．ただし，等価介在物には次式を満足する固有ひずみをもたせる．

$$C^m_{pqij}(\varepsilon^c_{ij}+\varepsilon^m_{ij}-\varepsilon^*_{ij})$$
$$= C^f_{pqij}[\varepsilon^c_{ij}+\varepsilon^m_{ij}-(\alpha_f-\alpha_m)\Delta T\delta_{ij}] \tag{2.30}$$

(2.30)式の左辺は等価介在物，右辺は実際の粒子がそれぞれ全ひずみ $(\varepsilon^c_{ij}+\varepsilon^m_{ij})$ をもつときの応力を表す．

等価介在物の導入によって試料全体は均質となり，均質物体では内部応力場だけによって生ずる弾性ひずみの平均値はゼロである．等価介在物とマトリックス中の弾性ひずみはそれぞれ $(\varepsilon^c_{ij}+\varepsilon^m_{ij}-\varepsilon^*_{ij})$ および ε^m_{ij} であり，これを平均することにより ε^m_{ij} が求められる．

$$\varepsilon^m_{ij} = -V_f(\varepsilon^c_{ij}-\varepsilon^*_{ij}) \tag{2.31}$$

(2.29)と(2.31)式を(2.30)式に代入すると，(2.30)式は6個の未知数 ε^*_{ij} に関する連立方程式となり，これから ε^*_{ij} が得られる．等価介在物を含む均質物体のひずみは，温度変化 ΔT による熱ひずみ $\alpha_m\Delta T\delta_{ij}$ と，等価介在物の固有ひずみに起因するひずみ $V_f\varepsilon^*_{ij}$ の和となっている．したがって複合材料の見かけの熱膨張係数 α^c_{ij} は次式で与えられる．

$$\alpha^c_{ij} = \alpha_m\delta_{ij} + V_f\varepsilon^*_{ij}/\Delta T \tag{2.32}$$

2.2.5 数値計算例

ガラス粒子/エポキシ複合材料に関する数値計算結果を示す．計算では表2.5の定数を用いた．

表2.5 弾性率と熱膨張係数

	E(GPa)	ν	α($10^{-6}/°C$)
ガラス	74	0.22	5
エポキシ	3.7	0.39	60

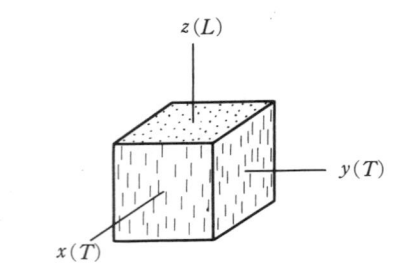

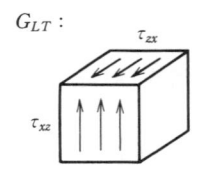

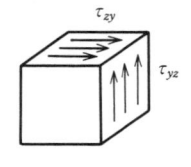

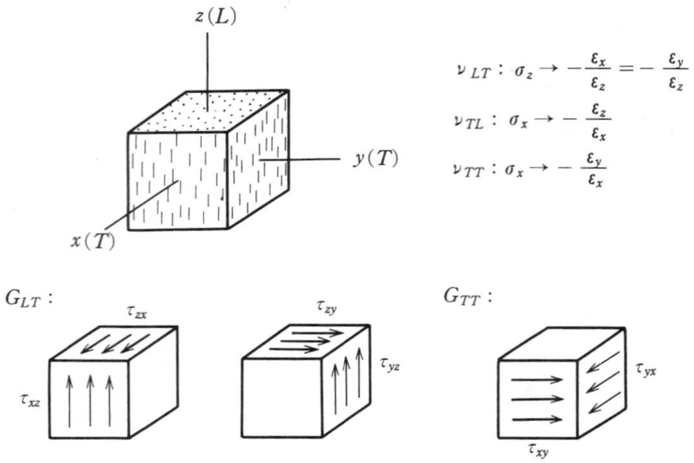

図 2.4　一軸配向

a. 弾性率[25), 30)]　短い繊維が z 方向に一方向配列している場合(図2.4), 複合材料の応力-ひずみ関係は次式で与えられる.

$$\begin{bmatrix} \varepsilon_x \\ \varepsilon_y \\ \varepsilon_z \end{bmatrix} = \begin{bmatrix} \frac{1}{E_T} & -\frac{\nu_{TT}}{E_T} & -\frac{\nu_{LT}}{E_L} \\ -\frac{\nu_{TT}}{E_T} & \frac{1}{E_T} & -\frac{\nu_{LT}}{E_L} \\ -\frac{\nu_{TL}}{E_T} & -\frac{\nu_{TL}}{E_T} & \frac{1}{E_L} \end{bmatrix} \begin{bmatrix} \sigma_x \\ \sigma_y \\ \sigma_z \end{bmatrix}$$

$$\gamma_{yz} = \frac{1}{G_{LT}}\tau_{yz}, \quad \gamma_{zx} = \frac{1}{G_{LT}}\tau_{zx},$$

$$\gamma_{xy} = \frac{1}{G_{TT}}\tau_{xy} \qquad (2.33)$$

ここで,

$$\frac{\nu_{LT}}{E_L} = \frac{\nu_{TL}}{E_T}, \quad G_{TT} = \frac{E_T}{2(1+\nu_{TT})} \qquad (2.34)$$

という関係が成り立ち, 独立な弾性率成分は5個となる.

図2.5は, ガラス繊維/エポキシのヤング率 E_L, E_T と繊維体積分率との関係である. ガラス繊維を回転楕円体とみなし, そのアスペクト比(ρ=長径/短径)を 1, 10, 100 と変化させた. $\rho=1$(球)の場合, 複合材料は等方性($E_L=E_T$)である. これをアスペクト比の関数として示したのが図2.6, 図2.7である. E_T は ρ が増してもほとんど変化しない.

ポアソン比と繊維体積分率の関係を図2.8に示す. 複合材料を繊維(ρ>10)と垂直(x)

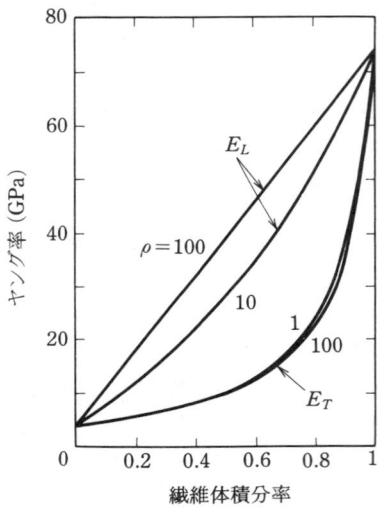

図 2.5　一方向ガラス繊維/エポキシ複合材料のヤング率　アスペクト比 $\rho=1$ の場合は球であり, $E_L=E_T$ となる.

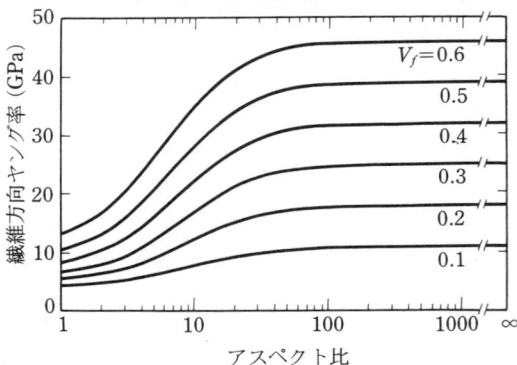

図 2.6　一方向ガラス繊維/エポキシ複合材料の繊維方向ヤング率 E_L

方向にひっ張ったとき, マトリックスの繊維(z)方向の縮みは繊維によって抑制される.

2. 有機・無機複合材料

このため ν_{TL} が著しく低い．その影響でマトリックスはy方向に大きく縮み，ν_{TT} が大きくなる．せん断弾性率を図2.9に示す．G_{LT},

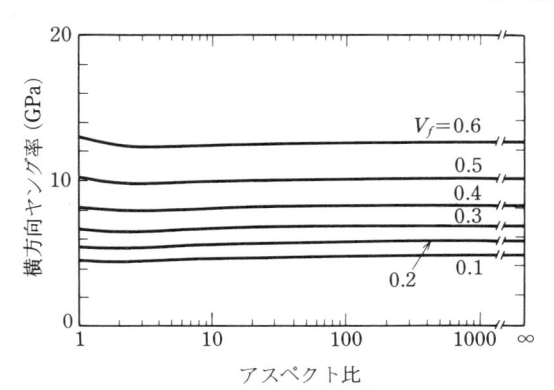

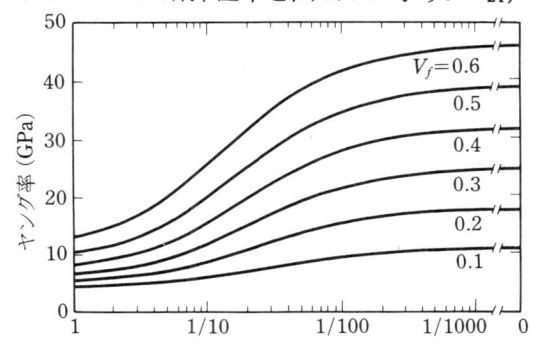

図 2.7 一方向ガラス繊維/エポキシ複合材料の横方向ヤング率 E_T

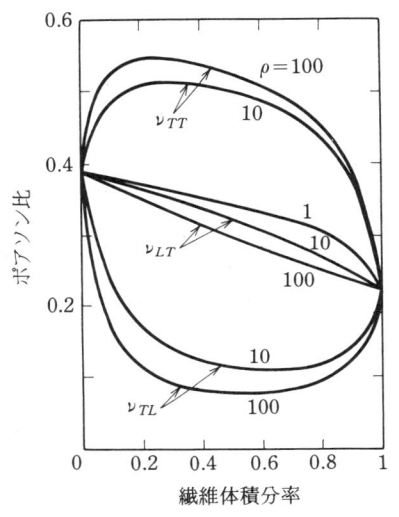

図 2.8 一方向ガラス繊維/エポキシ複合材料のポアソン比

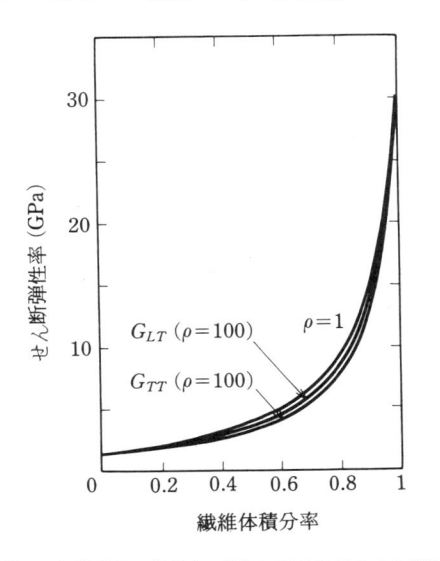

図 2.9 一方向ガラス繊維/エポキシ複合材料のせん断弾性率　アスペクト比による変化は少ない．

図 2.10 一方向ガラスフレーク/エポキシ複合材料のフレーク配向面内のヤング率 ($E_x=E_y$)

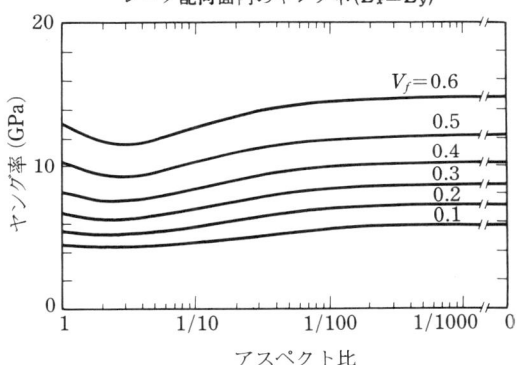

図 2.11 一方向ガラスフレーク/エポキシ複合材料のフレーク配向面と垂直方向のヤング率 (E_z)

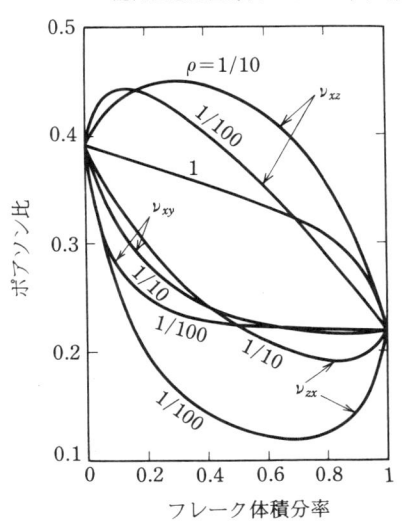

図 2.12 一方向ガラスフレーク/エポキシ複合材料のポアソン比

ガラスフレークは xy 平面内に配向しており，フレークの厚さは z 方向に向いている．

G_{TT} ともにアスペクト比による変化はほとんどなく，$\rho=1$（球）の場合よりやや低い．

ガラス粒子のアスペクト比が1以下の場合の計算結果を図2.10～2.13に示す．粒子が円盤形状の場合は，xy面内で2次元的に強化される．このため，xy面内のせん断弾性率（図2.13）が繊維の場合（図2.9）と比べて著しく大きくなっている．また図2.6と図2.10を比較すると繊維の場合（$\rho>1$）よりアスペクト比による収束が遅い．

図2.14に示すように，ガラス繊維がyz面内で平面ランダム配向している場合の計算結果を図2.15～2.17に示す．yz面内のせん断弾性率G_{LL}が，一軸配向のとき（図2.9）と比べて著しく大きい．ガラス粒子がエポキシ

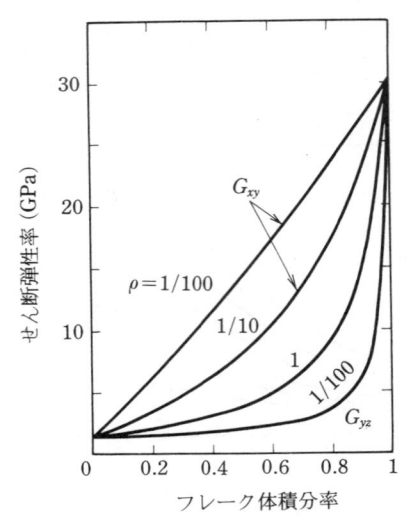

図2.13 一方向ガラスフレーク/エポキシ複合材料のせん断弾性率

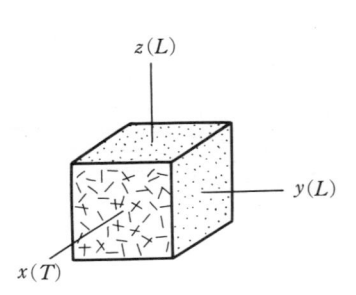

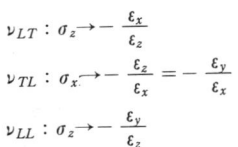

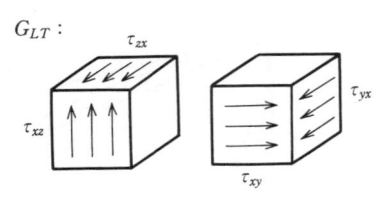

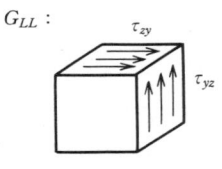

図2.14 平面ランダム配向

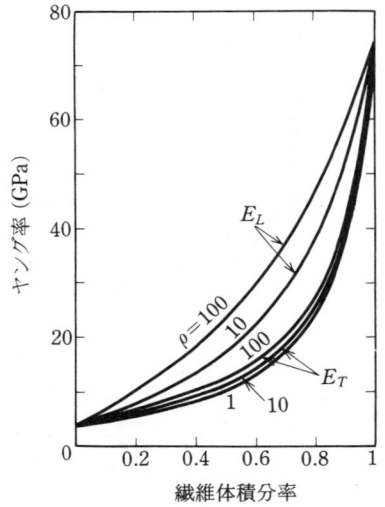

図2.15 平面ランダム配向ガラス繊維/エポキシ複合材料のヤング率

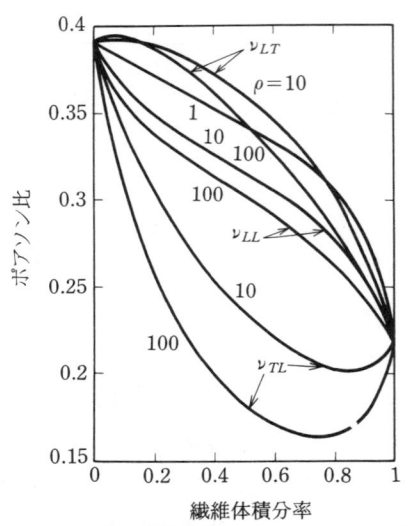

図2.16 平面ランダム配向ガラス繊維/エポキシ複合材料のポアソン比

繊維が配向している方向（yz面内）をL，それと垂直な方向（x）をTと表示した．

2. 有機・無機複合材料

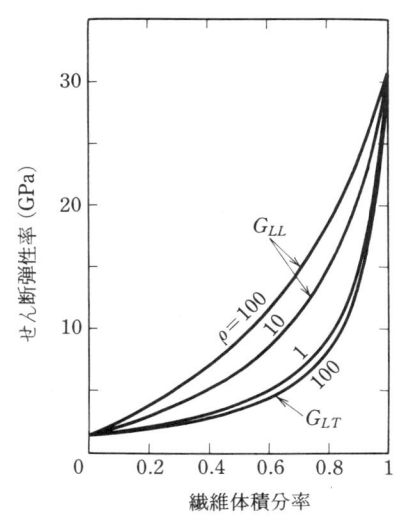

図 2.17 平面ランダム配向ガラス繊維/エポキシ複合材料のせん断弾性率
繊維が平面ランダム配向しているときの G_{LL} は，一軸配向，空間ランダム配向と比べて最も高い．

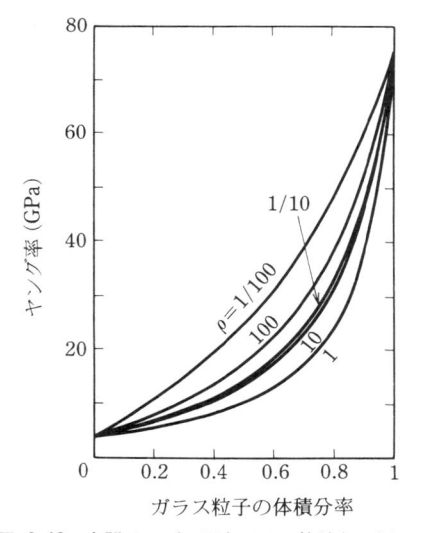

図 2.18 空間ランダム配向ガラス粒子/エポキシ複合材料のヤング率

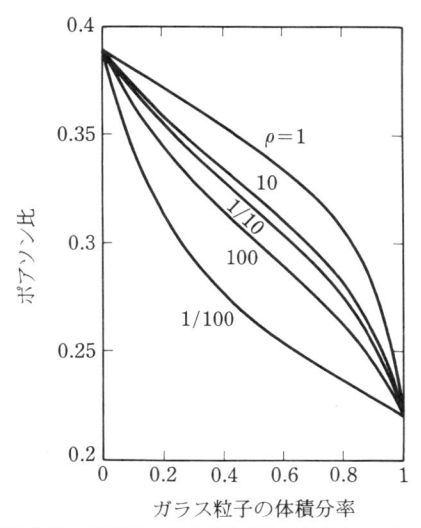

図 2.19 空間ランダム配向ガラス粒子/エポキシ複合材料のポアソン比

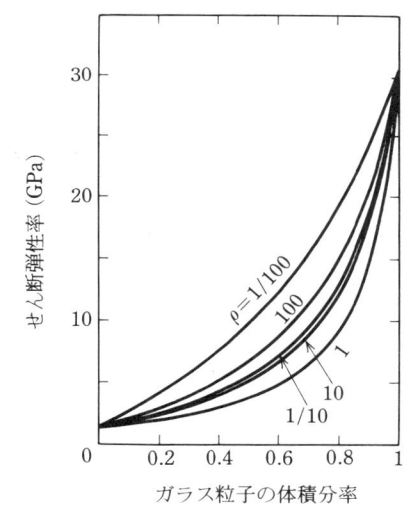

図 2.20 空間ランダム配向ガラス粒子/エポキシ複合材料のせん断弾性率

中で空間ランダム配向している場合，複合材料は等方性となる．粒子が繊維($\rho>1$)，またはフレーク($\rho<1$)形状のときの計算結果を図 2.18～2.20 に示す．

b. 熱膨張係数[23]　ガラス粒子がエポキシマトリックス中で一方向配列している場合の，複合材料の熱膨張係数の計算結果を図 2.21～2.22 に示す．

繊維($\rho>1$)の場合，繊維方向(z 方向)の膨張が抑制され，横方向(x, y 方向)は逆に膨張が大きくなる．粒子が円盤形状($\rho<1$)の場合，円盤の面(xy)方向の膨張が抑制され z 方向にのみ膨張する．このため z 方向の膨張は繊維の場合より大きい．

図 2.23 は，繊維形状のガラス粒子が平面ランダム配向している場合の結果である．繊維が yz 面内で平面ランダム配向している場合，一軸配向と比べて z 方向の膨張を抑制する効果は弱くなり，x 方向の膨張が大きくなる．

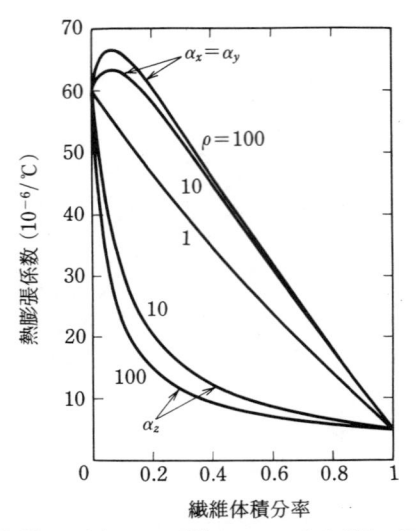

図 2.21 一方向ガラス繊維/エポキシ複合材料の熱膨張係数
ガラス繊維は z 方向に配列している.

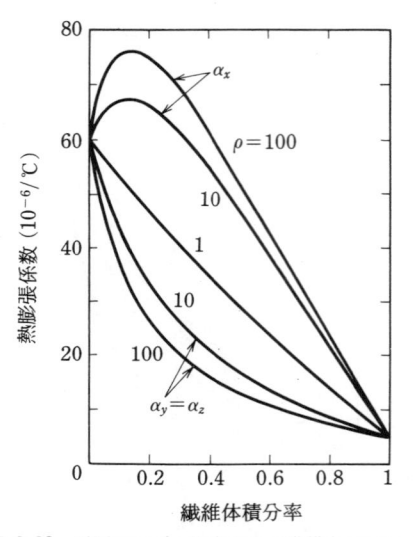

図 2.23 平面ランダム配向ガラス繊維/エポキシ複合材料の熱膨張係数
ガラス繊維は yz 面内に配向している.

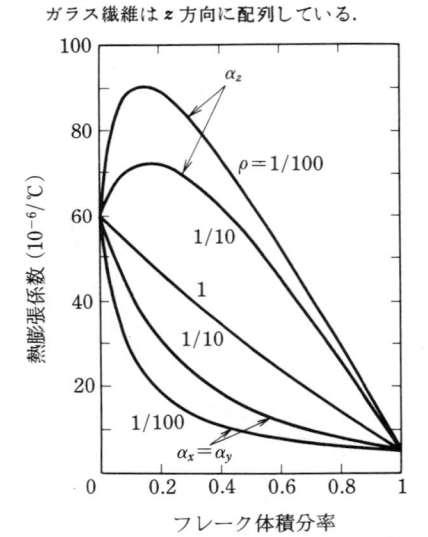

図 2.22 一方向ガラスフレーク/エポキシ複合材料の熱膨張係数
ガラスフレークは xy 面内に配向している.

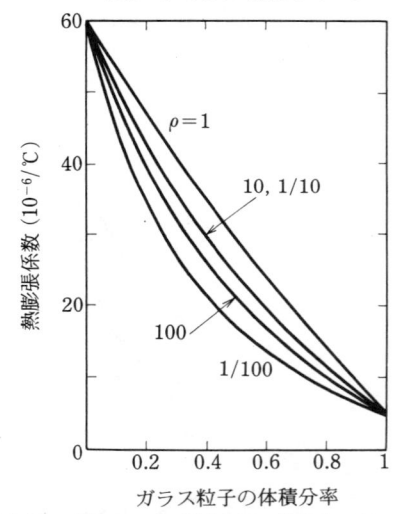

図 2.24 空間ランダム配向ガラス粒子/エポキシ複合材料の熱膨張係数

図 2.24 は, アスペクト比が 1, 10, 100 および 1/10, 1/100 のガラス粒子が空間ランダム配向している場合の計算結果である.

〔高橋 清久〕

引用文献

1) A. Einstein: *Ann. Phys.*, **19**, 289 (1906); **34**, 591 (1911).
2) E. Guth and R. Simha: *Kolloid Z.*, **74**, 266 (1936); see also footnote 4 in R. Simha: *J. Appl. Phys.*, **23**, 1020 (1952).
3) N. Saito: *J. Phys. Soc. Japan*, **5**, 4 (1950).
4) K. Okano: Reports on Progress in Polymer Physics in Japan, **5**, p.79 (1962).
5) H.M. Smallwood: *J. Appl. Phys.*, **15**, 758 (1944).
6) E. Guth: *J. Appl. Phys.*, **16**, 20 (1945).
7) R. Eisenschitz: *Phys. Z.*, **34**, 411 (1933).
8) J.G. Oldroyd: *Proc. Roy. Soc.*, **A218**, 122 (1953).
9) J.N. Goodier: *Trans. ASME, J. Appl.*

Mech., **55**, 39 (1933).
10) J.M. Dewey: *J. Appl. Phys.*, **16**, 55 (1945); **18**, 132(1947); **18**, 578(1947).
11) E.H. Kerner: *Proc. Phys. Soc.*, **69B**, 808 (1956).
12) Z. Hashin: *J. Appl. Mech.*, **29**, 143 (1962).
13) Z. Hashin and S. Shtrikman: *J. Mech. Phys. Solids*, **11**, 127(1963).
14) L. J. Walpole: *J. Mech. Phys. Solids*, **14**, 151(1966).
15) R.M. Christensen and K.H. Lo: *J. Mech. Phys. Solids*, **27**, 315(1979).
16) R.M. Christensen: "Mechanics of Composite Materials", p.56, John Wiley, New York(1979).
17) E.P. Honig, P.E. Wierenga and J.H.M. van der Linden: *J. Appl. Phys.*, **62**, 1610 (1987).
18) R. Hill: *J. Mech. Phys. Solids*, **13**, 223(1965).
19) B. Budiansky: *J. Mech. Phys. Solids*, **13**, 223(1965).
20) H.L. Cox: *Brit. J. Appl. Phys.*, **3**, 72 (1952).
21) A. Kelly, 村上陽太郎訳:"複合材料", p. 147, 丸善(1971).
22) J.D. Eshelby: *Proc. Roy. Soc.*, **241A**, 376(1957).
23) T. Mori and K. Tanaka: *Acta Metall.*, **21**, 571(1973).
24) 若島健司:日本複合材料学会誌, **2**, 161 (1976).
25) 高橋清久, 酒井哲也, 原川和久, 田中賢治:材料, **26**, 1232(1977).
26) 高橋清久:日本複合材料学会誌, **8**, 46 (1982).
27) K. Wakashima, M. Otsuka and S. Umekawa: *J. Compos. Mater.*, **8**, 391 (1974).
28) K. Takahashi, K. Harakawa and T. Sakai: *J. Compos. Mater.*, **14**(Supplement), 144(1980).
29) K. Tanaka and T. Mori: *J. Elasticity*, **2**, 199(1972).
30) 高橋清久, 落合哲紀, 澤藤馨:日本複合材料学会誌, **10**, 71(1984).

2.3 繊 維 強 化 系
2.3.1 一方向強化材料の材料定数
図2.25に模式的に示すような繊維強化一方向材料は,繊維強化系複合材料のなかで最も基本的なものである.その材料定数としては以下の4つがある.

(1) 一方向強化材料の繊維軸方向弾性率 (longitudinal elastic modulus:E_L)
(2) 一方向強化材料の繊維直角方向弾性率 (transverse elastic modulus:E_T)
(3) 一方向強化材料のせん断弾性率(shear modulus:G_{LT})
(4) 一方向強化材料のポアソン比(Poisson's ratio:ν_{LT})

以下にそれぞれの項目について述べる.

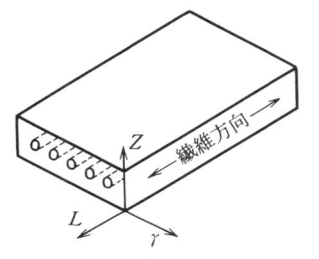

図 2.25 一方向強化複合材料の模式図

a. 繊維軸方向弾性率 E_L 一方向強化材料の繊維軸方向に荷重(P)が作用した場合,繊維とマトリックスとが荷重方向に並列に配置されているため,繊維とマトリックスの接着が完全であると両者に生じるひずみは同一となる(図2.26参照).繊維,マトリックスが受けもつ応力は,それぞれσ_f, σ_mとすると,

$$\sigma_f = E_f \varepsilon_l$$
$$\sigma_m = E_m \varepsilon_l$$

ここで,E_f, E_mは繊維,マトリックスの弾性係数である.またε_lは生じたひずみである.繊維,マトリックスの断面積をA_f, A_mとすると,荷重Pは

$$P = P_f + P_m = \sigma_f A_f + \sigma_m A_m$$

となる.複合材料全体の断面積をAとすると

$$P = E_L \varepsilon_l A = E_f \varepsilon_l A_f + E_m \varepsilon_l A_m$$

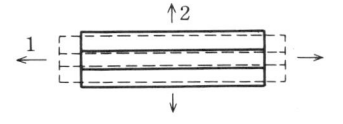

図 2.26 一方向強化複合材料の荷重に対するひずみ挙動

となり，E_L は
$$E_L = E_f A_f/A + E_m A_m/A$$
で表される．ここで，繊維体積含有率(fiber volume fraction) V_f，マトリックス体積含有率 V_m は
$$V_f = A_f/A \qquad V_m = A_m/A$$
であるから，
$$E_L = E_f V_f + E_m V_m$$
となり，
$$V_m = 1 - V_f$$
であるから，
$$E_L = E_f V_f + E_m (1 - V_f) \quad (2.35)$$
となる．これが繊維軸方向の弾性率に関する複合則である．

たとえば，$V_f = 30\%$ の一方向ガラス繊維強化複合材料において，$E_f = 74$ GPa，$E_m = 3$ GPa であるとすると，E_L は，
$$E_L = 74 \times 0.3 + 3 \times (1 - 0.3) = 24.3 \text{(GPa)}$$
となる．本則は厳密解の1%以内の誤差で成立するといわれている．

(2.35)式でも明らかなように一方向強化材料の特性値は繊維の含有量が関与する．繊維含有量を表すのに上述の体積含有率(V_f)と重量含有率(W_f)の2種類が用いられる．両式の換算式は次式で表される．
$$V_f = \frac{W_f \cdot \rho_m}{W_f (\rho_m - \rho_f) + \rho_f}$$
ここで ρ は比重，添字 f，m はそれぞれ繊維とマトリックスを意味する．

図2.27にガラス繊維強化プラスチック(GFRP)の場合で $\rho_f = 2.55$(ガラス繊維)，$\rho_m = 1.20$(不飽和ポリエステル樹脂)のときの W_f と V_f との関係を示す．

b. 繊維直角方向弾性率 E_T，ポアソン比 ν_{LT}，せん断弾性率 G_{LT} 図2.26に示した繊維，マトリックス複合材を繊維に直交方向(2の方向)に引張った場合について考える．この場合，繊維，マトリックスに荷重は等しく作用し，ひずみが異なる．すなわち，
$$\varepsilon_f = \sigma_2/E_f \qquad \varepsilon_m = \sigma_2/E_m$$
となる．ここで，σ_2 は複合材の応力である．生じたひずみ ε_2 は

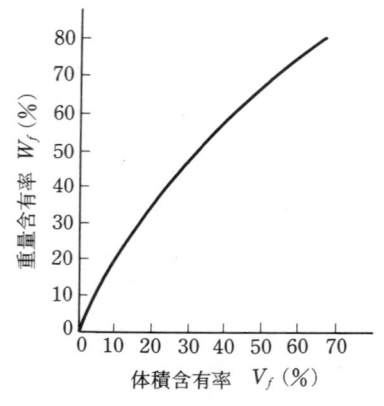

図 2.27 GFRPにおける V_f-W_f 相関

$$\varepsilon_2 = V_f \varepsilon_f + V_m \varepsilon_m$$
となり，したがって，
$$\varepsilon_2 = V_f \sigma_2/E_f + V_m \sigma_2/E_m$$
と表される．$\sigma_2 = E_2 \varepsilon_2$ で，一方向強化材料の繊維直角方向の弾性率 E_T であるので，
$$E_T = \frac{E_f E_m}{E_f (1 - V_f) + E_m V_f} \quad (2.36)$$
となる．これが繊維直角方向弾性率の複合則である．同様の議論でポアソン比 ν_{LT}，せん断弾性率 G_{LT} に関しては次式が得られる．
$$\nu_{LT} = \nu_f V_f + \nu_m (1 - V_f) \quad (2.37)$$
$$\frac{1}{G_{LT}} = \frac{V_f}{G_f} + \frac{1 - V_f}{G_m} \quad (2.38)$$

c. 繊維直角方向弾性率 E_T，ポアソン比 ν，せん断弾性率 G_{LT} 前項で求めた繊維直角方向弾性率，ポアソン比，せん断弾性率の値は，実験値とよく一致しないといわれている．ここでは，より進んだ形でこれらの値を求める方法について述べる．本方法では強化繊維が異方性材料と等方性材料の場合に分けて計算する．

i) 強化繊維が異方性材料の場合： 一方向強化材では繊維は横断面内でランダムに配列しているが，図2.28(a)，(b)のように六角配列($\xi = \sqrt{3}/2$)あるいは正方配列($\xi = 1$)していると仮定する．正方配列のときは独立な異方性弾性係数は，E_L，E_T，ν_L，ν_{TT}，G_{LT}，G_{TT} の6個であるが，六角配列のときは断面内等方性とみて，$G_{TT} = E_T/2(1 + \nu_{TT})$ の関係式があり，5個となる．繊維自体の弾性

2. 有機・無機複合材料

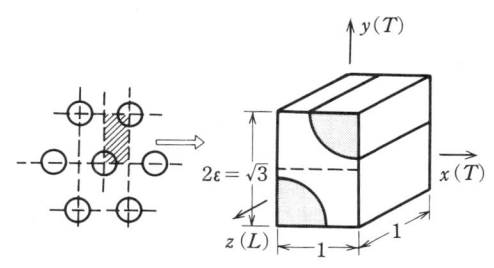

(a) hexagonal array

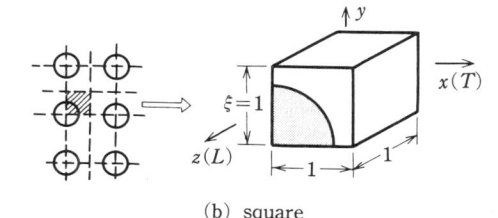

(b) square

図 2.28 一方向強化複合材料における模式的繊維配列

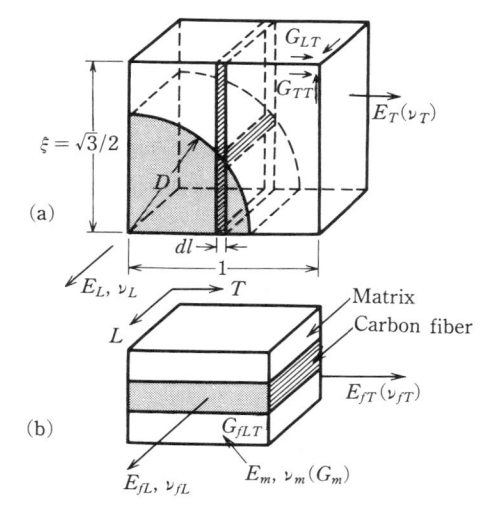

図 2.29 CFRP(繊維:六角配列)構造・力学模型

係数は断面内等方性とみなす.

さて,図2.28で平均的対称性を考慮して図2.29(a)に示す基本部を取り上げ, dt 幅の体素は同図(b)のように積層されたものと考える. 植村らの提案した平均化近似解法により等価弾性係数を定義すると, 一方向強化炭素繊維強化プラスチック(CFRP)板としての弾性係数は次式で与えられる.

繊維直角方向弾性率 E_T

$$\alpha < 1 \cdots \frac{1}{E_T}$$

$$= \frac{ⓕ}{ⓐ}\left[\frac{\pi}{2} + \frac{\gamma}{\sqrt{1-\alpha^2}}\ln\frac{1+\sqrt{1-\alpha^2}}{\alpha} + \frac{\delta}{\sqrt{1-\beta^2}}\ln\frac{1+\sqrt{1-\beta^2}}{\beta}\right] + \frac{1-D}{E_m}$$

$\alpha > 1$ のとき [ ]内第2項を

$$\frac{2\gamma}{\sqrt{\alpha^2-1}}\tan^{-1}\sqrt{\frac{\alpha-1}{\alpha+1}}$$

とする. ここで

$$D = 2\sqrt{\xi V_f/\pi},$$
$$\alpha = (ⓑ + \sqrt{ⓑ^2 - 4ⓐⓒ})/2ⓐ,$$
$$\beta = (ⓑ - \sqrt{ⓑ^2 - 4ⓐⓒ})/2ⓐ,$$
$$\gamma = (K_m\alpha D - \alpha^2 ⓕ)/(\alpha-\beta)ⓕ,$$
$$\delta = (-K_m\beta D + \beta^2 ⓕ)/(\alpha-\beta)ⓕ,$$
$$ⓐ = (D/\xi)^2[K_{fL}(K_{fT} - \nu_{fT}^2 K_{fL})$$
$$\quad + K_m^2(1-\nu_m^2) - K_m(K_{fL} + K_{fT}$$
$$\quad - 2\nu_{fT}\nu_m K_{fL})]$$
$$ⓑ = -(D/\xi)K_m[2K_m(1-\nu_m^2) - (K_{fL}$$
$$\quad + K_{fT} - 2\nu_{fT}\nu_m K_{fL})]$$
$$ⓒ = K_m^2(1-\nu_m^2),$$
$$ⓕ = (D^2/\xi)(K_{fL} - K_m),$$
$$K_m = E_m/(1-\nu_m^2),$$
$$K_{fL} = E_f/(1-\nu_f\nu_{fT}),$$
$$K_{fT} = E_{fT}/(1-\nu_f\nu_{fT})$$

繊維軸方向ポアソン比 ν_L

$\varepsilon < 1$ のとき

$$\nu_L = \frac{D(\nu_{fL}K_{fT} - \nu_m K_m)}{K_{fT} - K_m}$$
$$\quad + \frac{\pi}{2}\frac{\xi K_m K_{fT}(\nu_m - \nu_f)}{(K_{fT} - K_m)^2}$$
$$\quad - \frac{(\nu_m - \nu_f)\xi^2 K_m^2 K_{fT}}{D(K_{fT} - K_m)^3 \sqrt{1-\varepsilon^2}}\ln$$
$$\quad \frac{1+\sqrt{1-\varepsilon^2}}{\varepsilon} + \nu_m(1-D)$$

$\varepsilon > 1$ のとき第3項を

$$\frac{2(\nu_m - \nu_f)\xi^2 K_m^2 K_{fT}}{D(K_{fT} - K_m)^3 \sqrt{\varepsilon^2 - 1}}\tan^{-1}\sqrt{\frac{\varepsilon-1}{\varepsilon+1}}$$

とする. ここで

$$\varepsilon = \xi K_m/D(K_{fT} - K_m)$$

また

$$\nu_T = \nu_L(E_T/E_L)$$

せん断弾性率 G_{LT}

$$\frac{1}{G_{LT}} = \frac{\pi}{2} \frac{\xi}{(G_{LT}-G_m)} + \frac{1-D}{G_m}$$
$$- \frac{D}{G_m} \frac{\lambda^2}{\sqrt{1-\lambda^2}} \ln \frac{1+\sqrt{1-\lambda^2}}{\lambda}$$

ここで
$$\lambda = \xi G_m / D(G_{LT}-G_m)$$

ここで，素材物性の記号は次の通りである．

E_f：繊維の繊維方向弾性率，E_{fT}：繊維の繊維垂直方向弾性率，G_{LT}：繊維の繊維方向せん断弾性率，ν_f：繊維の繊維方向ポアソン比，ν_{fT}：繊維の繊維直角方向ポアソン比＝$\nu_f \cdot E_{fT}/E_f$，E_m, ν_m, G_m：マトリックスの弾性率，ポアソン比，せん断弾性率；$G_m = E_m / 2(1+\nu_m)$．

また，断面での繊維配列を六角配列として $\xi = \sqrt{3}/2$ とする．

ii) **強化繊維が等方性材料の場合**： i)の異方性材料の場合において $E_f = E_{fT}$, $G_{LT} = G_f, \nu_f = \nu_{fT}$ とおき ln 項，$\tan^{-1}$ 項などの微小項を無視すると，次式が得られる．

繊維直角方向弾性率 E_T
$$\frac{1}{E_T} = \frac{1.36(K_f-K_m)}{(K_f-K_m)^2 - (\nu_f K_f - \nu_m K_m)^2}$$
$$+ \frac{1-1.05\sqrt{V_f}}{E_m}$$

$K_f = E_f/(1-\nu_f^2)$, $K_m = E_m/(1-\nu_m^2)$

繊維軸方向ポアソン比 ν_L
$$\nu_L = \frac{1.05\sqrt{V_f}(\nu_f - \nu_m)K_f}{K_f - K_m} + \nu_m$$

また，$\nu_T = (E_T/E_L)\nu_L$

せん断弾性率 G_{LT}
$$\frac{1}{G_{LT}} = \frac{1.36}{G_f - G_m} + \frac{1-1.05\sqrt{V_f}}{G_m}$$

$G_f = E_f/[2(1+\nu_f)]$, $G_m = E_m/[2(1+\nu_m)]$

2.3.2 一方向強化材料の応力-ひずみ関係

a. 応力の表示

i) **応力の種類**： 物体に外力が作用し，つりあいの状態になると，物体の内部には外力に抵抗する力が生じる．物体内部の任意の断面における単位面積あたりの内力を応力といい，この面に垂直な応力を垂直応力，面に沿う応力をせん断応力という．薄板の場合に生じる平面応力場における応力の表示を図 2.30 に示す．本図からわかるように応力の種類は，$\sigma_x, \sigma_y, \tau_{xy}, \tau_{yx}$ の 4 種類であるが，つりあいの条件から，

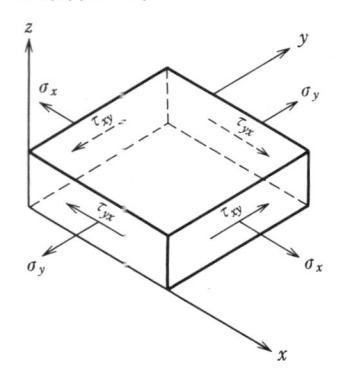

図 2.30 薄板に生ずる平面応力

$$\tau_{xy} = \tau_{yx} \quad (2.39)$$

となり，結局応力に 3 種類となる．

ii) **応力の座標変換**： いま図 2.31 の座標軸において z 軸のまわりで θ だけ回転し，x-y 座標が L-T 座標に移動すると L-T 座標系における応力成分 $\sigma_L, \sigma_T, \sigma_{LT}$ は次式で表される．

$$\begin{Bmatrix} \sigma_L \\ \sigma_T \\ \tau_{LT} \end{Bmatrix} = \begin{bmatrix} l^2 & m^2 & 2lm \\ m^2 & l^2 & -2lm \\ -lm & lm & l^2-m^2 \end{bmatrix} \begin{Bmatrix} \sigma_x \\ \sigma_y \\ \tau_{xy} \end{Bmatrix} \quad (2.40)$$

ここで，$l = \cos\theta$，$m = \sin\theta$ である．逆に解くと次式が得られる．

$$\begin{Bmatrix} \sigma_x \\ \sigma_y \\ \tau_{xy} \end{Bmatrix} = \begin{bmatrix} l^2 & m^2 & -2lm \\ m^2 & l^2 & 2lm \\ lm & -lm & l^2-m^2 \end{bmatrix} \begin{Bmatrix} \sigma_L \\ \sigma_T \\ \tau_{LT} \end{Bmatrix} \quad (2.41)$$

ここで図 2.31 において $\sigma_x = 100$ MPa，$\sigma_y = -20$ MPa，$\tau_{xy} = 50$ MPa の組合せ応力が生

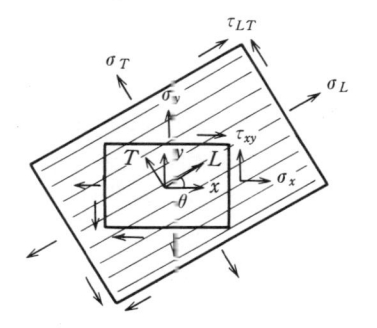

図 2.31 応力の座標系

じる場合を考える．荷重方向と繊維軸方向が一致する場合，すなわち $\theta=0°$ では(2.40)式の右辺は

$$\begin{bmatrix} 1 & 0 & 0 \\ 0 & 1 & 0 \\ 0 & 0 & 1 \end{bmatrix} \begin{Bmatrix} 100 \\ -20 \\ 50 \end{Bmatrix}$$

となり，したがって

$$\begin{Bmatrix} \sigma_L \\ \sigma_T \\ \tau_{LT} \end{Bmatrix} = \begin{Bmatrix} 100 \\ -20 \\ 50 \end{Bmatrix}$$

となる． $\theta=90°$ では

$$\begin{bmatrix} 0 & 1 & 0 \\ 1 & 0 & 0 \\ 0 & 0 & -1 \end{bmatrix} \begin{Bmatrix} 100 \\ -20 \\ 50 \end{Bmatrix} = \begin{Bmatrix} -20 \\ 100 \\ 50 \end{Bmatrix}$$

となる． θ と $\sigma_L, \sigma_T, \tau_{LT}$ の関係を図示すると図 2.32 のようになる．

b. ひずみの表示

i) ひずみの種類： 物体に外力が作用すると，物体に応力が生じるがそれと同時に変形が生じる．変形の程度をひずみ量で表現する．いま図 2.33 に示すように外力が作用することにより，P→P′，X→X′，Y→Y′ に移動した場合を考える． x 方向および y 方向の変位をそれぞれ u, v とすると，長さの変形の程度を表す垂直ひずみは次式で表される．

$$\varepsilon_x = \frac{dx'-dx}{dx} = \frac{\partial u}{\partial x},$$
$$\varepsilon_y = \frac{dy'-dy}{dy} = \frac{\partial v}{\partial y} \quad (2.42)$$

角度の変化の程度を表すせん断ひずみは次式で表せる．

$$\gamma_{xy} = \theta_x + \theta_y = \frac{\partial v}{\partial x} + \frac{\partial u}{\partial y} \quad (2.43)$$

ii) ひずみの座標変換： 応力の場合と同様に図 2.31 の座標系で θ だけ回転した場合のひずみ成分 $\varepsilon_L, \varepsilon_T, \gamma_{LT}$ は次式で表される．

$$\begin{Bmatrix} \varepsilon_L \\ \varepsilon_T \\ \gamma_{LT} \end{Bmatrix} = \begin{bmatrix} l^2 & m^2 & lm \\ m^2 & l^2 & -lm \\ -2lm & 2lm & l^2-m^2 \end{bmatrix} \begin{Bmatrix} \varepsilon_x \\ \varepsilon_y \\ \gamma_{xy} \end{Bmatrix} \quad (2.44)$$

逆に解くと次式が得られる．

$$\begin{Bmatrix} \varepsilon_x \\ \varepsilon_y \\ \gamma_{xy} \end{Bmatrix} = \begin{bmatrix} l^2 & m^2 & -lm \\ m^2 & l^2 & lm \\ 2lm & -2lm & l^2-m^2 \end{bmatrix} \begin{Bmatrix} \varepsilon_L \\ \varepsilon_T \\ \gamma_{LT} \end{Bmatrix}$$

$$(2.45)$$

c. 応力-ひずみ関係

図 2.31 に示すごとく，一方向強化板は LZ 面，TZ 面あるいは LT 面に面対称である．このとき L, T, Z 軸を異方性主軸というが，この場合主軸がたがいに直交しており，特に直交異方性という．クロス強化板も直交異方性の一種である．これまでに述べてきた応力とひずみに関する記述は材料の性質に無関係であるが，外力によって生じる応力とひずみの間の関係は，材料の性質に依存する．

i) 繊維軸 (L-T) 系における応力-ひずみ関係： 図 2.31 に示すごとく繊維軸 (on-axis) 方向に応力 $\sigma_L, \sigma_T, \sigma_{LT}$ が作用したときの応力とひずみの関係は次式で表される．

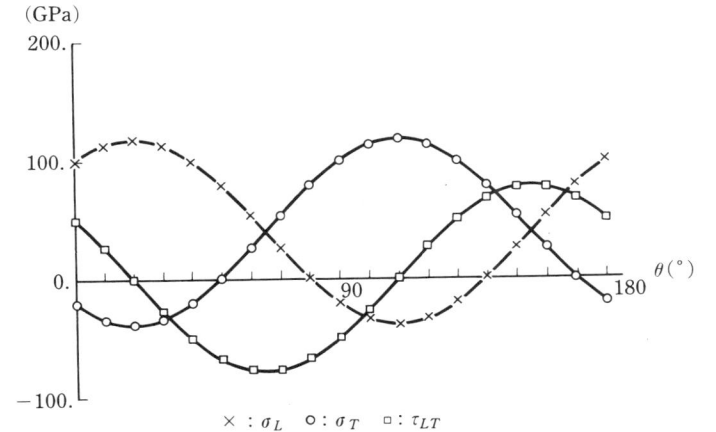

図 2.32 回転座標系における応力変化
$\sigma_x = 100\mathrm{MPa}$, $\sigma_y = -20\mathrm{MPa}$, $\tau_{xy} = 50\mathrm{MPa}$

$\times : \sigma_L$ $\bigcirc : \sigma_T$ $\square : \tau_{LT}$

図 2.33

$$\begin{Bmatrix} \varepsilon_L \\ \varepsilon_T \\ \gamma_{LT} \end{Bmatrix} = \begin{bmatrix} S_{11} & S_{12} & 0 \\ S_{12} & S_{22} & 0 \\ 0 & 0 & S_{66} \end{bmatrix} \begin{Bmatrix} \sigma_L \\ \sigma_T \\ \tau_{LT} \end{Bmatrix} \quad (2.46)$$

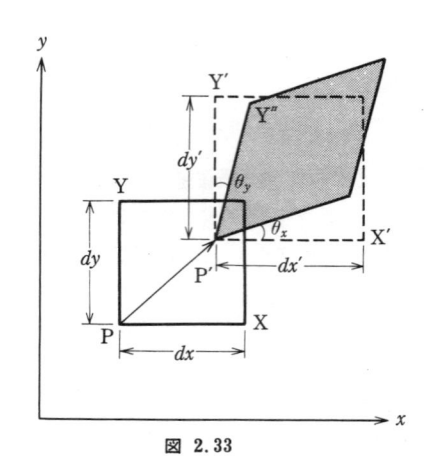

ここで S_{ij} はコンプライアンス係数と呼ばれ，それぞれの係数は次式で表される．

$$S_{11}=\frac{1}{E_L}, \quad S_{12}=-\frac{\nu_{TL}}{E_T}=-\frac{\nu_{LT}}{E_L}$$
$$S_{22}=\frac{1}{E_T}, \quad S_{66}=\frac{1}{G_{LT}} \quad (2.47)$$

本式で材料定数として $E_L, E_T, \nu_{LT}, \nu_{TL}, G_{LT}$ の5個が示されている．ここで E_L は L 方向に引張ったときのヤング率，ν_{LT} は L 方向に引張ったときの T 方向の縮みの割合を示すポアソン比，G_{LT} は剛性率と呼ばれる．さらに次の関係式より独立な材料定数は4個となる．

$$\frac{\nu_{LT}}{E_L}=\frac{\nu_{TL}}{E_T} \quad (2.48)$$

また等方性材料の場合は，次式の関係から独立な材料定数は2個となる．

$$E_L=E_T=E$$
$$\nu_{LT}=\nu_{TL}=\nu \quad (2.49)$$
$$G=\frac{E}{2(1+\nu)}$$

したがって，等方性材料のコンプライアンスマトリックスは

$$\begin{bmatrix} 1/E & -\nu/E & 0 \\ -\nu/E & 1/E & 0 \\ 0 & 0 & G \end{bmatrix}$$

となる．

(2.46)式を応力について解くと次式が得られる．

$$\begin{Bmatrix} \sigma_L \\ \sigma_T \\ \tau_{LT} \end{Bmatrix} = \begin{bmatrix} Q_{11} & Q_{12} & 0 \\ Q_{12} & Q_{22} & 0 \\ 0 & 0 & Q_{66} \end{bmatrix} \begin{Bmatrix} \varepsilon_L \\ \varepsilon_T \\ \gamma_{LT} \end{Bmatrix} \quad (2.50)$$

ここで，Q_{ij} はスティフネス係数と呼ばれ，次式で示される．

$$Q_{11}=\frac{E_L}{1-\nu_{LT}\nu_{TL}},$$
$$Q_{12}=\frac{\nu_{TL}E_L}{1-\nu_{LT}\nu_{TL}}=\frac{\nu_{LT}E_T}{1-\nu_{LT}\nu_{TL}},$$
$$Q_{22}=\frac{E_T}{1-\nu_{LT}\nu_{TL}} \quad (2.51)$$
$$Q_{66}=G_{LT}$$

ii) 斜交軸 (x-y) 系の応力-ひずみ関係:

繊維軸から θ だけ回転した斜交軸 (of-axis) に応力 $\sigma_x, \sigma_y, \tau_{xy}$ が作用したときの応力-ひずみ関係は (2.50) 式に (2.40) 式と (2.44) 式を代入することにより次式のようになる．

$$\begin{Bmatrix} \sigma_x \\ \sigma_y \\ \tau_{xy} \end{Bmatrix} = \begin{bmatrix} \bar{Q}_{11} & \bar{Q}_{12} & \bar{Q}_{16} \\ \bar{Q}_{12} & \bar{Q}_{22} & \bar{Q}_{26} \\ \bar{Q}_{16} & \bar{Q}_{26} & \bar{Q}_{66} \end{bmatrix} \begin{Bmatrix} \varepsilon_x \\ \varepsilon_y \\ \gamma_{xy} \end{Bmatrix} \quad (2.52)$$

ここで

$$\bar{Q}_{11}=Q_{11}l^4+2(Q_{12}+2Q_{66})l^2m^2+Q_{22}m^4$$
$$\bar{Q}_{12}=Q_{12}(l^4+m^4)+(Q_{11}+Q_{22}-4Q_{66})l^2m^2$$
$$\bar{Q}_{22}=Q_{11}m^4+2(Q_{12}+2Q_{66})l^2m^2+Q_{22}l^4$$
$$\bar{Q}_{16}=(Q_{11}-Q_{12}-2Q_{66})l^3m$$
$$\quad -(Q_{22}-Q_{12}-2Q_{66})lm^3$$
$$\bar{Q}_{26}=(Q_{11}-Q_{12}-2Q_{66})lm^3$$
$$\quad -(Q_{22}-Q_{12}-2Q_{66})l^3m$$
$$\bar{Q}_{66}=(Q_{11}+Q_{22}-2Q_{12}-2Q_{66})l^2m^2$$
$$\quad +Q_{66}(l^4+m^4) \quad (2.53)$$

これを逆に解くと

$$\begin{Bmatrix} \varepsilon_x \\ \varepsilon_y \\ \gamma_{xy} \end{Bmatrix} = \begin{bmatrix} \bar{S}_{11} & \bar{S}_{12} & \bar{S}_{16} \\ \bar{S}_{12} & \bar{S}_{22} & \bar{S}_{26} \\ \bar{S}_{16} & \bar{S}_{26} & \bar{S}_{66} \end{bmatrix} \begin{Bmatrix} \sigma_x \\ \sigma_y \\ \tau_{xy} \end{Bmatrix} \quad (2.54)$$

ここで

$$\bar{S}_{11}=S_{11}l^4+(2S_{12}+S_{66})l^2m^2+S_{22}m^4$$
$$\bar{S}_{12}=S_{12}(l^4+m^4)+(S_{11}+S_{22}-S_{66})l^2m^2$$
$$\bar{S}_{22}=S_{11}m^4+(2S_{12}+S_{66})l^2m^2+S_{22}l^4$$
$$\bar{S}_{14}=(2S_{11}-2S_{12}-S_{66})l^3m$$
$$\quad -(2S_{22}-2S_{12}-S_{66})lm^3$$
$$\bar{S}_{26}=(2S_{11}-2S_{12}-S_{66})lm^3$$
$$\quad -(2S_{22}-2S_{12}-S_{66})l^3m$$

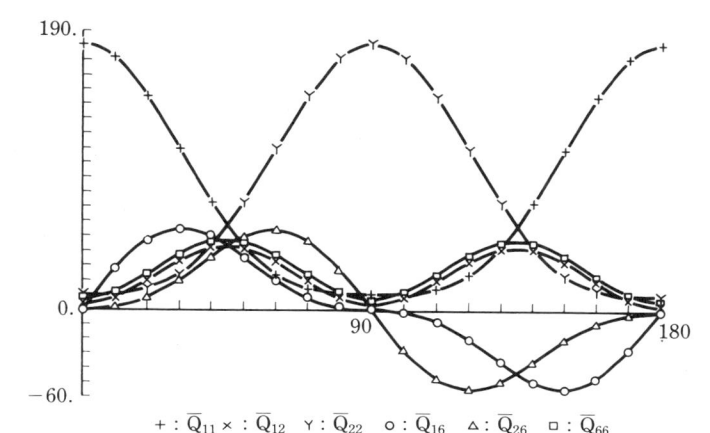

図 2.34 CFRPにおける剛性マトリックスの各要素の θ 依存性
$+:\bar{Q}_{11} \times:\bar{Q}_{12} \, Y:\bar{Q}_{22} \, \circ:\bar{Q}_{16} \, \triangle:\bar{Q}_{26} \, \square:\bar{Q}_{66}$

$$\bar{S}_{66}=2(2S_{11}+2S_{22}-4S_{12}-S_{66})l^2m^2 \\ +S_{66}(l^4+m^4) \quad (2.55)$$

CFRPを例にとり, $E_L=181.0\,\mathrm{GPa}$, $E_T=10.3\,\mathrm{GPa}$, $\nu_{LT}=0.28$, $G_{LT}=7.17\,\mathrm{GPa}$である場合の剛性マトリックスの各要素について計算をする. (2.51)式より, $Q_{11}=182\,\mathrm{GPa}$, $Q_{22}=10.3\,\mathrm{GPa}$, $Q_{12}=2.9\,\mathrm{GPa}$, $Q_{66}=7.2\,\mathrm{GPa}$となる. $\theta=0°$ では, (2.53)式より, $\bar{Q}_{11}=182$, $\bar{Q}_{22}=10.3$, $\bar{Q}_{12}=2.9$, $\bar{Q}_{66}=7.2$, $\bar{Q}_{16}=0.0$, $\bar{Q}_{26}=0.0\,(\mathrm{GPa})$ となる. $\theta=30°$ では, $\bar{Q}_{11}=109.5$, $\bar{Q}_{22}=23.7$, $\bar{Q}_{12}=32.5$, $\bar{Q}_{66}=36.8$, $\bar{Q}_{16}=54.2$, $\bar{Q}_{26}=20.1\,(\mathrm{GPa})$ となる. この場合の θ と剛性マトリックスの各要素の関係を図示すると図2.34のようになる.

斜交軸系の応力-ひずみ関係(2.54)式を用いて, 単軸応力下のひずみについて考えてみる. 垂直応力 σ_x のみが作用する場合, $\sigma_y=\tau_{xy}=0$ なので,

$$\begin{Bmatrix}\varepsilon_x\\\varepsilon_y\\\gamma_{xy}\end{Bmatrix}=\begin{bmatrix}\bar{S}_{11}&\bar{S}_{12}&\bar{S}_{16}\\\bar{S}_{12}&\bar{S}_{22}&\bar{S}_{26}\\\bar{S}_{16}&\bar{S}_{26}&\bar{S}_{66}\end{bmatrix}\begin{Bmatrix}\sigma_x\\0\\0\end{Bmatrix}$$

となる. ε_x, ε_y はもとより, γ_{xy} も値を有する. したがって, 垂直応力を負荷することにより, せん断ひずみ, すなわちゆがみを生じることになる. 同様に, σ_y のみが作用すると

$$\begin{Bmatrix}\varepsilon_x\\\varepsilon_y\\\gamma_{xy}\end{Bmatrix}=\begin{bmatrix}\bar{S}_{11}&\bar{S}_{12}&\bar{S}_{16}\\\bar{S}_{12}&\bar{S}_{22}&\bar{S}_{26}\\\bar{S}_{16}&\bar{S}_{26}&\bar{S}_{66}\end{bmatrix}\begin{Bmatrix}0\\\sigma_y\\0\end{Bmatrix}$$

となる. またせん断応力 τ_{xy} のみが作用すると,

$$\begin{Bmatrix}\varepsilon_x\\\varepsilon_y\\\gamma_{xy}\end{Bmatrix}=\begin{bmatrix}\bar{S}_{11}&\bar{S}_{12}&\bar{S}_{16}\\\bar{S}_{12}&\bar{S}_{22}&\bar{S}_{26}\\\bar{S}_{16}&\bar{S}_{26}&\bar{S}_{66}\end{bmatrix}\begin{Bmatrix}0\\0\\\tau_{xy}\end{Bmatrix}$$

となる. この場合, せん断応力によって垂直ひずみが生じることになる. これらの変形状態を図示すると図2.35のようになる. このような特性をクロスエラスティシティ効果といい, 等方性材料ではみられない現象である.

2.3.3 積層理論

繊維強化複合材料は, 基本形である一方向繊維強化板を繊維方向を変えて幾層も積層して用いるのが一般である. これを積層板(ラ

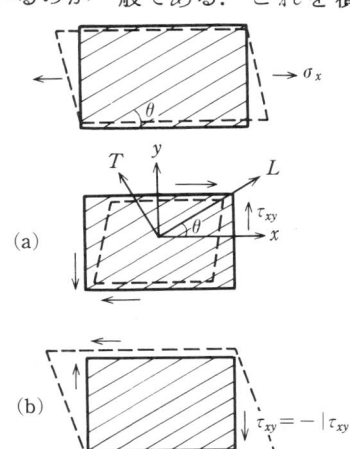

図 2.35 繊維強化材料における応力-ひずみ挙動

ミネート)といい，構成する各層をラミナという．ラミナの積層の組合せの仕方により積層板の力学的特性が著しく変化するのが特徴である．積層板と力学的特性の関係を取り扱った理論を積層理論という．

a. 積層板の種類と表示法　積層板はラミナの組合せにより無限の種類のものができるが，次のように大別できる．

i) 対称積層板(symmetric laminate)：
中央面に対してラミナを対称に積み重ねたものである．0°層，90°層，45°層を例にとると，たとえば $[0_2/+45/-45/90_2/-45/+45/0_2]$ の積み合せは対称であるため表示法は $[0_2/+45/-45/90]_s$ として示す．

ii) 逆対称積層板(anti-symmetric laminate)：　中央面に対してラミナを逆対称に積み重ねたものである．上の例でいうと，$[0_2/+45/-45/90/0_2/+45/-45/90]$ の場合に当たる．

iii) 非対称積層板(asymmetric laminate)：　対称積層でも逆対称積層でもない積層板である．たとえば，$[0_4/+45_2/-45_2/90_2]$ がそれに当たる．

b. 面内変形における応力-ひずみ関係

積層板を構成するラミナは完全に接着されており，接着層の厚さは無視できるものとする．そして積層板は薄く，中央面に対して垂直な直線は変形後も直線であるとする．すなわち $\gamma_{xz}=\gamma_{yz}=0$ である．これらはキルヒホッフの仮定といわれている．

面内変形とは前項の図2.30 にも示すような場合，xy 面内に応力($\sigma_x, \sigma_y, \tau_{xy}$)が作用するとき xy 面内に面内ひずみが生じる場合をいう．また面内変形とは z 方向の変形をいう．

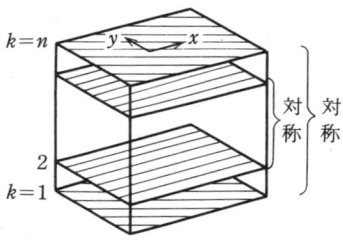

図 2.36　対称積層板

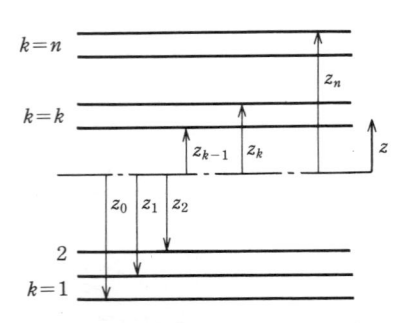

図 2.37　対称積層板における座標系

いま，図2.36に示すような対称積層板を考える．本積層板は n 層のラミナから成り，厚さ方向の座標を図2.37に示す．この場合，各層は x 軸に対して任意の角度をとるため，各ラミナの応力-ひずみ関係は前項の(2.52)式を用いて表すことができる．k 番目の層に対して次のように示される．

$$\begin{Bmatrix} \sigma_x \\ \sigma_y \\ \tau_{xy} \end{Bmatrix}_k = \begin{bmatrix} \bar{Q}_{11} & \bar{Q}_{12} & \bar{Q}_{16} \\ \bar{Q}_{12} & \bar{Q}_{22} & \bar{Q}_{26} \\ \bar{Q}_{16} & \bar{Q}_{26} & \bar{Q}_{66} \end{bmatrix}_k \begin{Bmatrix} \varepsilon_x \\ \varepsilon_y \\ \gamma_{xy} \end{Bmatrix} \quad (2.56)$$

ここで，各層のひずみは一定である．各層の負担する単位幅当たりの荷重を合応力(stress resultant)といい，次式で表される．

$$N_x = \sum_{k=1}^{n} (z_k - z_{k-1})\sigma_x^{(k)}$$
$$N_y = \sum_{k=1}^{n} (z_k - z_{k-1})\sigma_y^{(k)} \quad (2.57)$$
$$N_{xy} = \sum_{k=1}^{n} (z_k - z_{k-1})\tau_{xy}^{(k)}$$

(2.56)式を代入すると次式が得られる．

$$\begin{Bmatrix} N_x \\ N_y \\ N_{xy} \end{Bmatrix} = \sum_{k=1}^{n} (z_k - z_{k-1}) \begin{bmatrix} \bar{Q}_{11} & \bar{Q}_{12} & \bar{Q}_{16} \\ \bar{Q}_{12} & \bar{Q}_{22} & \bar{Q}_{26} \\ \bar{Q}_{16} & \bar{Q}_{26} & \bar{Q}_{66} \end{bmatrix}_k \begin{Bmatrix} \varepsilon_x \\ \varepsilon_y \\ \gamma_{xy} \end{Bmatrix}$$
$$(2.58)$$

ここで次式のように A_{ij} を示す．

$$A_{ij} = \sum_{k=1}^{n} (z_k - z_{k-1})(\bar{Q}_{ij})_k \quad (i,j=1,2,6) \quad (2.59)$$

(2.58)式は次式のように表される．

$$\begin{Bmatrix} N_x \\ N_y \\ N_{xy} \end{Bmatrix} = \begin{bmatrix} A_{11} & A_{12} & A_{16} \\ A_{12} & A_{22} & A_{26} \\ A_{16} & A_{26} & A_{66} \end{bmatrix} \begin{Bmatrix} \varepsilon_x \\ \varepsilon_y \\ \gamma_{xy} \end{Bmatrix} \quad (2.60)$$

本式は積層板の合応力とひずみの関係式を示し，A_{ij} を積層板の面内剛性係数とか面内剛

性行列の要素という.

ここで，各層の厚さを 1 とし，$E_L=181.0$ GPa, $E_T=10.3$ GPa, $\nu_{LT}=0.28$, $G_{LT}=7.17$ GPa である CFRP の $[0/90/+45/-45]_s$ 積層板の面内剛性(A_{11}, A_{12}, A_{16}, A_{22}, A_{26}, A_{66})の値を求めてみる.$\theta=0°$ は前項で求めた値を用いる.$\theta=90°$ では $\bar{Q}_{11}=10.3$, $\bar{Q}_{22}=182$, $\bar{Q}_{12}=2.9$, $\bar{Q}_{66}=7.2$, $\bar{Q}_{16}=0.0$, $\bar{Q}_{26}=0.0$ (GPa) となる.$\theta=+45°$ では $\bar{Q}_{11}=57$, $\bar{Q}_{22}=57$, $\bar{Q}_{12}=42$, $\bar{Q}_{66}=47$, $\bar{Q}_{16}=43$, $\bar{Q}_{26}=43$ (GPa), $\theta=-45°$ では $\bar{Q}_{11}=57$, $\bar{Q}_{22}=57$, $\bar{Q}_{12}=42$, $\bar{Q}_{66}=47$, $\bar{Q}_{16}=-43$, $\bar{Q}_{26}=-43$ (GPa) となる. これらの値を用いることにより面内剛性の各要素は求められる. すなわち,

$$\begin{bmatrix} 613 & 180 & 0 \\ 180 & 613 & 0 \\ 0 & 0 & 217 \end{bmatrix}$$

この剛性マトリックスは $A_{12}=A_{21}$ であり, $A_{16}=A_{26}=0$ であるため, 等方性の性質を有する. このように一方向材を積層することにより等方性の性質を有する積層板を実現することができ, これを擬似等方性と呼ぶ.

2.3.4 強度則

a. 基本強度 図 2.38 に示されるような応力-ひずみ関係を有する繊維とマトリックスについて考える.

§2.3.1 で示した複合則を応用すると，複合材のひずみが ε のとき，生じる応力(σ)は,

$$\sigma=E_L\varepsilon$$
$$=\{E_fV_f+E_m(1-V_f)\}\varepsilon$$

となる. ひずみ ε が繊維の破断ひずみ ε_f に達したとき, 複合材は破断すると考える. すると繊維方向の強度 F_L は,

$$F_L=\{E_fV_f+E_m(1-V_f)\}\varepsilon_f \quad (2.61)$$

で表されることになる. 繊維の強度を F_f, 繊維破断時のマトリックスの強度を F_m' とすると(2.61)式は

$$F_L=F_fV_f+F_m'(1-V_f) \quad (2.62)$$

と書き改められる.

繊維の含有率が低い場合には，繊維が破断したとしても，マトリックスがその破断強度まで荷重を支えることができると考えられる. この場合の複合材の強度は，マトリックスの強度を F_m とすると

$$F_L=F_m(1-V_f) \quad (2.63)$$

で表すことができる. 以上の関係を用いて F_L と繊維の含有率との関係を表したのが, 図 2.39 である. この図より, 繊維含有率によってはマトリックスの強度より弱い範囲が存在することがわかる.

繊維直交方向強度, せん断強度に関しては, いまだ理論的な解明は進んでおらず実験よりそれらの値を求めることが必要である.

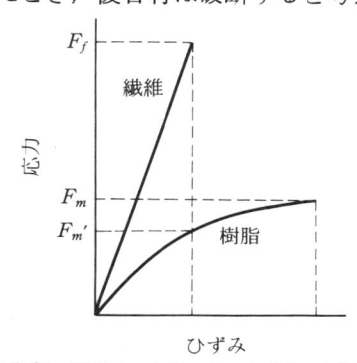

図 2.38 繊維とマトリックスの応力-ひずみ曲線

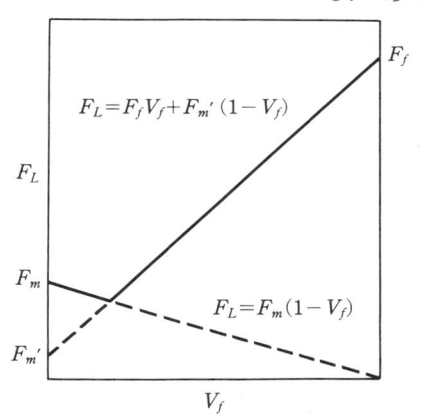

図 2.39 積層板と強度と繊維含有量の関係

b. 強度則 複合材料の破壊に関して巨視的な立場からさまざまに提案されている破壊則について述べる. 破壊則とは, 材料にさまざまな荷重が作用したときの材料強度を記述したものである.

i) 最大応力説: 最大応力説とは, 材料の主軸方向の応力が限界値に達したときに破壊が生じると仮定したものである. §2.3.2 で述べたように, $\sigma_x, \sigma_y, \tau_{xy}$ が作用すると

座標変換により，$\sigma_L, \sigma_T, \tau_{LT}$ が計算できる。ここで一方向強化材の繊維軸方向の強度を F_L，繊維と直交方向の強度を F_T，せん断強度を F_{LT} とすると，以下の条件のいずれかを満たすと破壊したとする．

$$\sigma_L > F_L, \quad \sigma_T > F_T, \quad |\tau_{LT}| > F_{LT} \quad (2.64)$$

これは繊維軸方向破壊，繊維直交方向破壊，層内せん断破壊の相互に干渉はなく，独立であると考えるものである．

σ_x のみが負荷される off-axis の引張状態 ($\sigma_y = \tau_{xy} = 0$) では，応力の座標変換式 ((2.40) 式) より，

$$\sigma_L = \sigma_x \cos^2\theta, \quad \sigma_T = \sigma_x \sin^2\theta,$$
$$\tau_{LT} = -\sigma_x \sin\theta \cdot \cos\theta \quad (2.65)$$

なので，(2.64) 式の条件は下式のように表される．

$$\sigma_x > \frac{F_L}{\cos^2\theta}, \quad \sigma_x > \frac{F_T}{\sin^2\theta},$$
$$\sigma_x > \frac{F_{LT}}{\sin\theta \cdot \cos\theta} \quad (2.66)$$

例として，炭素繊維強化エポキシ樹脂の繊維配向角と破壊応力の関係を示すと図 2.40 のようになる．

ii) 最大せん断ひずみエネルギー説： 破壊様式の相互作用を考慮にいれた破壊則として Tsai-Hill 則がある．これは，等方性の破壊則である von Mieses の降伏条件を異方性に拡張した Hill の降伏条件を，Tsai が複合材料に適用したものである．Hill の降伏条件は，

$$(G+H)\sigma_1^2 + (F+H)\sigma_2^2 + (F+G)\sigma_3^2$$
$$- 2H\sigma_1\sigma_2 - 2G\sigma_1\sigma_3 - 2F\sigma_2\sigma_3 \quad (2.67)$$
$$+ 2L\tau_{23}^2 + 2M\tau_{13}^2 + 2N\tau_{12}^2 = 1$$

で与えられる．係数 F, G, H, L, M, N は破損強度パラメータと呼ばれるものである．ここで，複合材料は薄肉なものが多いとして平面応力状態を考えると，上式は

$$\left(\frac{\sigma_L}{F_L}\right)^2 - \left(\frac{1}{F_L^2} + \frac{1}{F_T^2} - \frac{1}{F_Z^2}\right)\sigma_L\sigma_T$$
$$+ \left(\frac{\sigma_T}{F_T}\right)^2 + \left(\frac{\tau_{LT}}{F_{LT}}\right)^2 = 1 \quad (2.68)$$

と書き直される．さらに繊維直交方向と厚さ方向の特性が等しいとすると，$F_T = F_Z$ となり，

$$\left(\frac{\sigma_L}{F_L}\right)^2 - \frac{\sigma_L\sigma_T}{F_L^2} + \left(\frac{\sigma_T}{F_T}\right)^2 + \left(\frac{\tau_{LT}}{F_{LT}}\right)^2 = 1 \quad (2.69)$$

と表される．これを Tsai-Hill 則という．

本破壊則を，σ_x のみが負荷される off-axis 引張に適用すると，応力の座標変換式を用いて

$$\left(\frac{\sigma_x \cos^2\theta}{F_L}\right)^2 - \frac{\sigma_x \cos^2\theta \cdot \sigma_x \sin^2\theta}{F_L^2}$$
$$+ \left(\frac{\sigma_x \sin^2\theta}{F_T}\right)^2 + \left(\frac{-\sigma_x \sin\theta \cdot \cos\theta}{F_{LT}}\right)^2$$
$$= \sigma_x^2 \left\{\left(\frac{\cos^4\theta}{F_L^2}\right) + \left(\frac{1}{F_{LT}^2}\right.\right.$$
$$\left.\left. - \frac{1}{F_L^2}\right)\cos^2\theta \cdot \sin^2\theta + \frac{\sin^4\theta}{F_T^2}\right\}$$
$$= 1 \quad (2.70)$$

と表される．さらに，

$$\frac{1}{\sigma_x^2} = \frac{\cos^4\theta}{F_L^2} + \left(\frac{1}{F_{LT}^2}\right.$$
$$\left. - \frac{1}{F_L^2}\right)\cos^2\theta \cdot \sin^2\theta + \frac{\sin^4\theta}{F_T^2} \quad (2.71)$$

と表される．

ここで炭素繊維エポキシ樹脂 ($F_L = 1900$ MPa, $F_T = 65.0$ MPa, $F_{LT} = 113$ MPa) が，繊維方向と $\theta = 60°$ をなす角に σ_x を受ける場合について Tsai-Hill 則を考える．

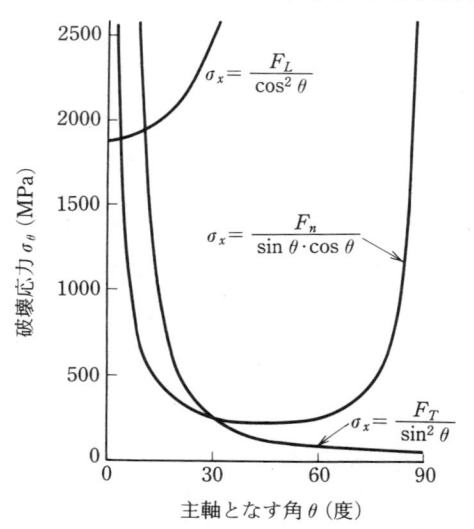

図 2.40 CF-エポキシ複合材料における繊維配向角と破壊応力の関係

$$\frac{1}{\sigma_x{}^2} = \frac{0.5^4}{1900^2} + \left(\frac{1}{113^2} - \frac{1}{1900^2}\right) \cdot$$
$$\left(\frac{1}{2}\right)^2 \cdot \left(-\frac{\sqrt{3}}{2}\right)^2 + \frac{\left(\frac{\sqrt{3}}{2}\right)^4}{65^2}$$
$$= 1.48 \times 10^{-4}$$

となり，$\sigma_x = 82.2$ MPa まで破壊しないことがわかる． 〔濱田泰以・前川善一郎〕

参 考 文 献

1) D. ハル, 宮入裕夫, 池上皓三, 金原 勲共訳：``複合材料入門'', 培風館 (1984).
2) 福田 博, 石川隆司：``複合材料のCAEとプログラム & 応用例'', 応用技術出版 (1986).
3) S.W. Tsai, H.T. Hahn, 藤井太一監訳：``複合材料の強度解析と設計入門'', 日刊工業新聞社 (1986).
4) J.R. Vinson, R.L. Sierakowski, 福田 博, 野村靖一, 武田展雄訳：``複合材料の構造力学'', 日刊工業新聞社 (1987).
5) 植村益次, 山田直樹：``炭素繊維強化プラスチック材の弾性係数'', 材料, **24** 156-163, (1975).

3. 有機・金属複合材料

3.1 はじめに

樹脂やゴムなどの有機材料と金属材料は，光学的，熱的，電磁気的，化学的性質などにおいて類似点の少ない，ほとんど両極端に位置するといえる材料である．たとえば，光を透過させることのできる金属は存在しないが，樹脂の中には透明で光を通すものが数多くみられる．また，樹脂やゴムの熱伝導率はアルミニウムや鉄の数百分の一程度で，熱膨張率は金属より相当大きい．さらに，電気伝導に関しては，ほとんどの有機物は絶縁体であるが，金属は良電導体である．このように，相異なった特性をもつ有機物と金属が複合化して，お互いにそれぞれの特性を相手に付与すれば，それぞれの材料は単独ではもち得なかった機能を有することになり，よりすぐれた材料として用途の拡大がはかれる．さらに，両材料の特性を同時に利用することにより，全く新しい機能の創出が可能となる．有機－金属複合材料においても，FRR（繊維強化ゴム）やFRP（繊維強化プラスチック）がただちにその代表例としてあげられるが，これらの材料の場合，複合化の目的は強化にある．強化複合材料については多くのすぐれた解説書が出版されているので，本書では強化以外の目的で樹脂と金属を組み合わせた複合材料を中心に述べる．現在，実用化されている有機－金属複合材料は樹脂に金属の特性を付与したもの，金属に樹脂の特性を付与したもの，それぞれの特性を複合的に利用したものに分類することができる．

樹脂と金属が複合化し，目的の性能が十分に発揮されるためには，お互いが完全に接着し，その接着状態が所定の期間保持される必要がある．したがって，樹脂と金属の接着力は複合材の品質の点からみてきわめて重要な要素である．しかし，この接着力の機構については諸説があり，明確な統一的見解が出されていない．大別すると，機械的結合（投錨効果），化学結合，分子間相互作用（極性結合など），の3つがあげられるが，これらの詳細については4章を参照されたい．

3.2 有機・金属複合材料の製造法

金属と有機材料からなる複合材料を形態学的に分類すると，① 金属表面に有機材料を被覆した場合，② 有機材料表面に金属を被覆した場合，③ 金属あるいは有機材料のいずれか一方が基材（マトリックス）を構成し，他方が基材内に分散している材料，④ 金属と有機材料が積層構造を形成している材料，などがあげられる．しかし，近年ではマトリックスと分散材から成る複合材料を別の材料の表面に被覆する，あるいは複合材を積層化するなどの例にみられるように，製造法・加工法の進展に伴って，複合化の度合もますます高度化してきている．以下に，広く適用されている有機-金属複合材料の製造法について解説する．

3.2.1 無電解めっき法

プラスチックなどの非電導体表面への湿式金属被覆といえば，無電解(化学)めっき法を指すものと考えてもさしつかえないほど広く実用されている．無電解めっきは，被めっき体を金属イオンおよび還元剤を含む溶液に単に浸せきするだけで，しかも複雑形状品に均一な厚さに被覆できるため工業的利用価値はきわめて大きい．無電解めっきが施せる樹脂は，当初は表面を粗面化しやすいABS樹脂に限定されていたが，近年エッチングによる粗面化技術の改良などにより，ポリプロピレン樹脂やポリカーボネート樹脂，ノリル樹脂のようなエンジニアリングプラスチックなどの難処理材への適用も可能となってきている．

ところで表面処理技術においては，被覆膜の特性はいうまでもないが，密着性が重要な問題の1つにあげられる．プラスチック表面への金属被覆膜の密着機構は，一般に投錨効果が主因と考えられ，これに化学的結合や双極子作用による結合が関与しているといわれている．したがって，無電解めっきにおいてはこの観点からの予備処理が重要になってくる．無電解めっきは，一般には脱脂→溶剤化処理→エッチング→触媒化処理→無電解めっきの工程を経て実施される．

溶剤化処理とは，プリエッチングとも呼ばれ有機溶剤によってプラスチック表面の低分子成分の溶出あるいは非晶質部分を膨潤させて以後の工程を効果的にする処理である．エッチング処理は被めっき体表面に化学的活性基を形成させるとともに微細孔を創出させ，基材とめっき層の密着性を強固にするうえで最も重要な工程である．エッチング法にはブラスト，ホーニングなどの機械的方法と，無水クロム酸あるいは過マンガン酸カリウムなどによる湿式化学的方法とがあるが，実用的には後者による方が効果的である．最近では，さらに酸素プラズマあるいは電子線照射法なども開発されてきている．

触媒化処理は，被めっき体表面が触媒活性でない場合，たとえば表面が不働体化した金属材料，セラミックスあるいはプラスチックなどにめっきする場合，めっきを開始させるために表面を活性化させる工程であり，通常，塩化スズ(Ⅱ)溶液への浸せき(Sn^{2+}の吸着による感応化工程)，および塩化パラジウム溶液への浸せき(Pdの析出による活性化工程)によって達成される．

以上の予備処理工程を経て，無電解めっきが施されるわけであるが，無電解めっきは触媒活性のある表面で，金属錯イオンが還元剤により金属として還元析出する反応であるため，めっきすることのできる金属は限定され，実用的にはCu, Ni, Co, Au系が多く用いられている．

3.2.2 複合めっき法

複合めっきは分散めっきとも称されているもので，金属と非金属物質を組み合わせて，基体表面に新しい機能を有する層をつくる方法である．有機高分子粒子を分散させた水溶液中で，従来の電気めっきあるいは上述した無電解めっき技術により，金属析出時に同時に有機高分子粒子を共析させるもので，複合物質によって，自己潤滑性，耐摩耗性，離型性，非粘着性，親高分子性，撥水性，撥油性，加工性などの点で，金属だけの場合に比べて，特異ですぐれた性能が得られる．ただ，粒子を均一に分散させることが重要であり，そのため水溶液中に界面活性剤などの分散助剤を適量添加する必要がある．

高い関心がもたれているフッ素樹脂(PTFE)含有Niめっきは，離型性，耐摩耗性などの向上によりプラスチック成形金型およびプラスチックフィルム成形ロールに応用されている．またPTFE含有Znめっきは耐食性，さらにビニル系重合体含有Znめっきは塗料との密着性向上の効果があるなど，今後の発展が期待されるめっき法である．

3.2.3 真空めっき法

乾式めっき法としては，真空雰囲気下で行われる物理的蒸着(physical vapor deposition: PVD)法があり(→ⅩⅢ編3章)，真空蒸着

3. 有機・金属複合材料

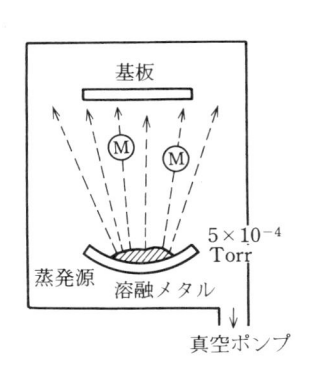

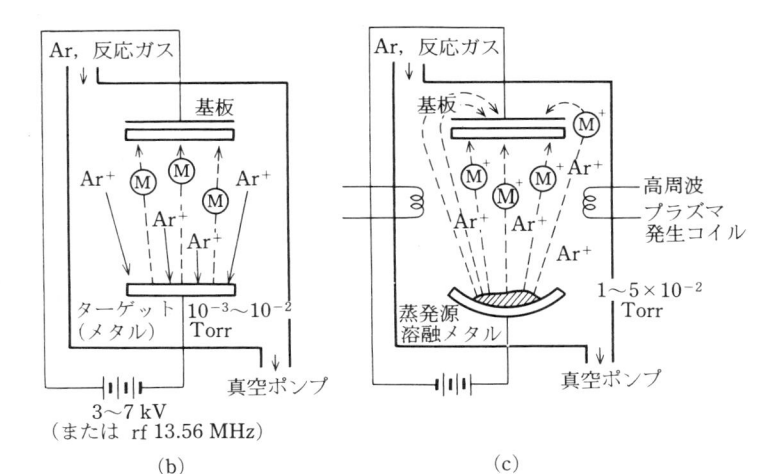

図 3.1 真空蒸着(a),スパッタリング(b)およびイオンプレーティング(c)の原理

法,スパッタリング法あるいはイオンプレーティング法に対する期待はきわめて大きい.各法の基本的原理を図 3.1 に模式的に示す.

真空蒸着法は,被膜の形成にあたって,被覆させようとする物質自体を加熱して,蒸発・蒸着させる方法である.この方法では蒸気圧が著しく異なる元素を,それぞれ別個のるつぼから,蒸発速度を制御しながら蒸発させて化学量論的組成の被膜を形成させる(分子線エピタキシー法)ことも可能である.

一方,スパッタリング法やイオンプレーティング法は,電子やイオンを積極的に利用する非熱平衡的プロセスであり,電子やイオンのもつ運動エネルギー,あるいはイオン化による物質の活性化などにより特異な機能をもつ膜の形成が可能となる技術である.スパッタリング法は高エネルギーイオンを物質(ターゲット)表面に衝突させ,たたき出されたターゲット物質を基材上に堆積させる方法であるのに対して,イオンプレーティング法は蒸発させた物質の一部をイオン化し,基板に輸送し被膜形成を行う方法である.表 3.1 は,これら各法の特徴ならびに形成される膜の性質の大略を比較したものであるが,それぞれプロセスの違いにより,膜の性質も異なる.表 3.2 は,一例として ABS 樹脂上へ各

表 3.1 真空蒸着,スパッタリング,イオンプレーティング法の比較

	真 空 蒸 着	スパッタリング	イオンプレーティング
プ ロ セ ス	真空中の加熱蒸発	真空プラズマ	真空プラズマ・加熱蒸発
種 類	直接,反応性,電解,特殊(アーク,レーザー,分子線エピタキシー)	2極,3極または4極,マグネトロン,高周波,反応性,バイアス	直流2極,多陰極,RF法,HCD法,ARE法,真空アーク蒸着法
粒子エネルギー(eV)	0.1〜1	1〜10	数十〜数千
付着速度(μm/分)	1〜75	0.01〜1	1〜50
膜 の 性 質	あまり均質でない	高密度,ピンホールは少ない	高密度,ピンホールはきわめて少ない
境 界 層	熱拡散処理をしなければシャープ	かなりシャープ	中間拡散層が存在する
密 着 性	乏しい	よい	かなりよい
つ き ま わ り	蒸発源に向いた面のみ	かなりよい	きわめてよい
蒸発源の制御	容易	きわめて容易	やや難

表 3.2 ABS樹脂および軟鋼への銅めっきの密着力の比較

めっき方法	材質	密着力(MPa)	備考
電気めっき	軟鋼	35.3	
無電解めっき + 電気めっき	ABS	16.7	化学エッチング
		4.2〜5.5	液体ホーニング
真空蒸着	ABS	0.036〜0.074	3.7×10^{-2} Pa
イオンプレーティング	ABS	3.6	2極, 1.06 Pa, Ar ; 38×10^{-9} m³/s
		6.9	多陰, 2極, 1.06 Pa, Ar ; 38×10^{-9} m³/s

種方法によりCu被覆を行った場合の密着力について比較した結果であるが,一般に乾式法である真空めっき法は湿式法である無電解めっき法に比べ,密着力は低い.

現状では,操作性,膜特性などの特徴を活かし,樹脂上へのCu蒸着によるプリント基板やIC基板,あるいは電子ビームによりFe, Co, Niを蒸着した磁気メタルテープ,さらにはスパッタリング法による高密度フロッピーディスクなど,電子工業領域において応用されているほか,自動車部品,装飾品にも多数実用化されてきている.

いずれにしても,真空めっき法による樹脂上への金属・合金の被膜形成は,まだ開発の途についた段階であり,今後ますます改善・改良がなされ発展することは間違いないであろう.

3.2.4 溶射法

溶射法とは,溶融状態の金属・合金を物体表面に直接吹き付けて金属被覆を施す方法である.溶融金属を噴霧状にしてノズルから噴射するわけであるが,連続的に行うために溶射機(ガンまたはピストル)または溶射装置が必要であり,その方法は溶射しようとする材質の種類により,線式・粉末式・溶湯式に分かれ,また溶融熱源により,ガス式・電気式に分類することができるが,一般には火炎溶射あるいはプラズマ溶射と称される方法がよく使われている.溶射できる材料は,純金属だけでなく合金,化合物と非常に多岐にわたっている.また,反対にプラスチック溶射と呼ばれるもので,金属表面に各種樹脂を溶射することもできる.溶射膜は,基材とは単に機械的に密着しているだけであり,密着性を高めるためには,表面の洗浄はもちろんであるが,表面を粗面化するための前処理が必要である.近年では,紙,織布上への適用も行われている.

3.2.5 塗料・塗装

塗装とは基材表面に塗料を塗布する処理のことであり,耐環境特性向上,美装あるいは絶縁,防虫,防火などのため広く用いられている.通常,よく使われている塗料は顔料,展色剤,溶剤,乾燥剤と流れ止め剤から構成されているが大きく分けて,顔料を含まないワニス類(合成樹脂系,油系,ラッカー,…)と顔料を含むペイント類(合成樹脂系,油系,エナメル系,…)がある.

また,金属のもつ特徴である電気伝導性を利用したものに導電塗料がある.Cu, Ni, Agなどの金属粉末を主とする導電フィラーとアクリル樹脂,エポキシ樹脂などの合成樹脂ならびに有機溶剤,添加剤とで構成されており,塗布後,硬化させ使用に供する.一般的には,乾燥および硬化条件によって以下のように分類される.アクリルなどの熱可塑性樹脂と金属フィラーからなり,室温で乾燥,硬化する常温硬化型,エポキシあるいはフェノールなどの熱硬化性樹脂をバインダーとし,100〜300°Cで反応硬化する熱硬化型,およびエポキシアクリレート樹脂と光反応剤をバインダーとするUV硬化型とがあるが,現在では熱硬化型が幅広く使われている.

3.2.6 ライニング

金属材料の表面に，無機物あるいは有機物の層を形成する場合，層の厚さが比較的薄い（約0.5 mm以下）場合をコーティングと呼ぶのに対し，厚くなった場合をライニングと称している．上述してきた製造法は，通常，被覆層が比較的薄くコーティングに属するが，化学装置やタンク類の内張りには耐食性向上のためにライニングがよく行われている．有機系ライニング材料としては樹脂系とゴム系とに大別され，前者にはビニル，ポリエチレン，フェノール，フッ素樹脂，ナイロンなどが用いられており，後者には天然ゴムとブチルゴムなどの合成ゴムが用いられている．樹脂ライニングの施行方法としては，シートライニング法，溶融塗膜法，塗装，溶射法などがあるが，シートライニング法が最も一般的な方法で，シート状の樹脂を金属表面に接着剤を用いて貼り付けることにより施行する．溶融塗膜法はフッ素樹脂のライニングに適した方法であり，揮発性の有機溶剤に分散した樹脂粉末を塗布後，通風下で乾燥を行い，焼成炉で加熱溶融させ塗膜をつくる．この操作を所定の厚さに達するまで繰り返し行うが，最後は樹脂の結晶化を防ぐため水で急冷するのが一般的である．一方，ゴム系材料によるライニングは，生ゴムを原料とし，素練り・混合練りを行ったのち，圧延シートを作成し，金属表面に接着を行い加硫によって仕上げるのが通例である．

3.2.7 含 浸 法

含浸とは，多孔質体（層）の空隙部に異種物質を浸透・充填させることであり，多孔質材の高機能化，あるいは高気密化のために応用されている．方法としては，空隙内への毛細管現象による液状物質の浸透，減圧された多孔体空隙中への液体の吸入，加圧による注入などがある．含浸においては多孔率，空隙の形状，および液状物質の粘性，金属と液状物質の濡れ性などが浸透速度，浸透量に大きな影響を及ぼす．そのため，含浸性をよくするために加熱して行うこともしばしばある．

3.2.8 型 成 形 法

有機材料および金属材料からなる複合材料のなかで，表面被覆でなく一方が基材で他方が分散材である場合も多い．それらのなかから，一般的に応用される例が多い樹脂-金属およびゴム-金属の組合せについて記す．

粉末，繊維，細線，バルクを問わず金属材料と各種樹脂との組合せからなる複合材料の製造においては，主体が金属，樹脂のいずれであるかにかかわらず，樹脂に適した成形法に依存することが多い．熱硬化性樹脂に対しては圧縮成形法，また，熱可塑性樹脂に対しては射出成形法や押出し成形法が一般的に広く用いられている方法であるが，ほかにトランスファー成形法，ブロー成形法，真空成形法，注型成形法，低圧成形法も試みられている．ただ，樹脂成形法を単にそのまま適用するわけにはいかず，含有するフィラーの種類，形状，特性などを考慮し，改良を施して，最も適した成形方法が選定されている．近年においては，各成形法の利点を組み合わせた複合成形法の開発も活発になされてきている．

配合，混練時においては，樹脂と金属フィラーの単なる混合ですむ場合もあるが，金属比率の高い場合などは，樹脂の分散度を高めるため金属に前もって樹脂被覆を施すこともある．

また，繊維状のフィラーの場合，混練あるいは成形時にフィラーの破壊が発生しやすく注意を要する．また，異種材を混合することに伴う流動性の低下，あるいは熱拡散率の増大などは，以後の成形条件に影響を及ぼす．一般的に金属の配合比が増大するに従って流動性は低下し，熱拡散率は増大する傾向を示す．このため，成形温度，成形圧力および金型温度は樹脂だけの場合に比べ高く設定するのが一般的である．そのほか，構成する基材の種類あるいは特性，形状など，それぞれの組合せによって，成形速度，ノズル形状，成形圧力など，配合・混練，金型設計，成形技術などの点からの改良が要求される．

一方，ゴムおよび金属からなる複合材料のうちで最も代表的なものはタイヤであろう．最近では，導電性ゴムの接点材料への適用などにみられるように電子工業分野にも広く応用されてきている．ゴム系複合材料も，製造法の基本はゴムの製造法に準ずる場合が多く，一般的には生ゴムの素練り，薬品混合，押出し成形，加硫などの行程を経て製造される．ただ，ゴムと金属との接着性を向上させるために，金属線あるいは粉末粒子の表面に薬品処理あるいはゴム被覆，金属被覆などの前処理が重要な役割を果たす．

3.3 複合化による機能特性

複合化の最大の位置づけは，従来得られなかった機能・特性の創出であろう．しかしながら，金属材料-有機材料の複合化においては，両者間の反応によって新しい異質な相や素材を形成することはないといってよい（イオン・原子の単位では存在する）．それゆえ，単独ではもち合わせていない特性の付与，また両者のもつすぐれた性質の協調発揮，あるいは両者によってつくられる界面の利用などが，複合化によって得られる新しい特性といえる．以下に，複合化によって得られる機能・特性の観点から分類する．

3.3.1 導 電 性

一般に，高分子材料の体積固有抵抗値は，$10^8 \Omega \cdot m$ 以上もあり，電気的には絶縁体に属する．しかしながら，高分子材料の易成形性・軽量性などの利点を生かし，なおかつ導電性を有する材料に対する要求は日ごとに増大してきている．

まず，需要の大きなものの一つに電磁シールド材料* がある．近年，エレクトロニクス分野において，電磁波による機器の誤動作や静電気による IC や電子部品の破壊が深刻な問題となってきており，法的な規制も行われるまでになってきた．この背景には，易成形性・寸法精度・デザイン・価格などの観点から筐体（ハウジング）や部品に，金属に代わってプラスチックが多用されてきていることがあげられる．

* **電磁波シールド** 一般に金属（導電体）に電磁波が当たると，一部は反射し，一部は吸収され，残りは透過する．吸収された電磁波は電流に変換され熱エネルギーとして放出される．電磁波シールド効果とは，入射電磁波エネルギーがシールド材によりその電幅をどの程度抑えられるかということで，$S(dB) = 20 \log(E_i/E_t)$ （E_i；入射電界強度，E_t；透過電界強度）で表される．シールド効果は電磁波の周波数に依存するが，平均的シールド材は 30〜60 dB の効果をもつ．

電磁波障害，ラジオ波障害および静電気放電**対策としては，発生源の抑制が最も望ましいが，技術的に困難であり，漏洩抑制すなわちシールドに頼らざるをえないのが現状である．

** **静電気放電** 物体をたがいに摩擦すると，物体から自由電子が放出されるが，物体が絶縁体の場合，電子が静電気として物体に蓄積され，その結果，物体の近傍媒質（一般には空気）中に静電界が形成される．その電界強度が媒質の絶縁破壊値以上になると蓄積された静電気が，瞬時に放散され静電気放電が発生する．電界強度が媒質の絶縁破壊値以下でも，アースされた物体が近くにあると，やはり静電気放電が発生する．静電気放電は，微細な導電部品を一瞬に破壊するほどのエネルギーがあり，電子機器のトラブル発生の原因になっている．物体の帯電を防止し，静電気放電が発生しないようにするには，絶縁体に低電気抵抗性をもたせればよく，表面抵抗率が $10^0 \Omega$ 以下であれば効果的であるといわれている．

プラスチックを導電化させるために，溶射法，導電塗料，無電解めっき法，真空蒸着法，金属箔接着法など，さまざまな複合化技術が適用されている．これらのなかで，最も実績があるのは導電塗料であるが，シールド特性がすぐれ，寸法精度が安定的に得られる無電解めっき，真空蒸着法に対する関心が急速に高まっている．

また，高周波の人体に及ぼす悪影響を防止するため，Ni 被覆したポリエステル繊維でつくった防護服や，部屋全体を障害から守るため建材としてシールド材を用いることもある．変わったところでは，Al 粉末と複合化された PET 製容器は，アーク放電することなしに，マイクロ波を吸収することができる

ため，調理品表面に褐色の"こげ"がつき賞味感覚を向上させることができる．

さらに，可とう性，加工性にすぐれた導電性エラストマーの開発は，近年のエレクトロニクス技術の発展に寄与するところが大きい．特に圧力や温度などの変化を，抵抗変化に変換する機能をもったエラストマーの接点材料としての応用には著しいものがある．

3.3.2 磁気特性

合成樹脂中に磁性粉を混合し，柔軟性にすぐれた磁性材料として脚光を浴びているものにプラスチックマグネットと呼ばれるものがある．磁性粉としては，フェライト系および希土類系(Sm_2Co_{17}, Nd-Fe-B)があり，ナイロンをバインダーとして射出成形によって製造されることが多い．複合材の磁気特性は，含まれる磁性粉末の配向性に依存する．そのため，成形時に外部磁界をかけ，配向性を揃えることが重要になってくる．

また，電磁波シールド材と同じように，外部磁界からの機器などへの悪影響を抑制・防止するための磁気シールド材としての適用もある．高透磁率の合金や，近年開発の著しい非晶質合金フレークをプラスチックフィルムで挟んだ磁気シールドシート，あるいは蒸着法による筐体のシールドなどが考案されている．今後，超電導関係の開発が進行すれば，磁気シールド材料に対する要求度がますます増大してくるのは明らかである．

3.3.3 熱的特性

熱的特性に関しては熱膨張と熱伝導があげられる．電子機器の小型化，軽薄化のためには，セラミックス素子や半導体チップなどと基板樹脂との一体化が余儀なくされてきている．この際，問題となるのは，素子と基盤樹脂材の間の熱膨張率に大きな差があることである．たとえばSiと，基板材として多用されているガラスエポキシの線熱膨張係数を比べると，それぞれ2.4×10^{-6}/degおよび$20 \sim 30 \times 10^{-6}$/degで，一桁以上の差があり，基板材の線熱膨張係数を低下させるための対策が要求されている．その解決策として低熱膨張合金であるインバー合金に期待がよせられており，現在では，銅箔-インバー合金-銅箔のクラッド材をガラスエポキシに挟み込んだ積層構造化が考案され効果をあげている．

また，樹脂の熱伝導率は，$2 \sim 20 \times 10^{-4}$ cal/cm・degでCu(0.94)やAl(0.57)と比べて，きわめて小さく，ほとんど断熱材に等しい．樹脂の熱伝導率増大だけを目的として金属を複合化した材料は少ない．しかし，先に述べたCu-インバー-Cuクラッド材のCuや，電気伝導性をもたせるための金属膜および樹脂内に分散した金属フィラーなどにより結果的に放熱効果が得られている．

3.3.4 光学的特性

平滑な表面をもつ金属の光反射特性を利用したもので，ミラー，照明カバーをはじめ，内外装品に応用されている．多くはCrを樹脂上に真空蒸着することによって作製するもので，蒸着量によって反射率を調整することができる．

近年，脚光を浴びているものに，金属の光反射特性，樹脂の精密レプリカ性および光透過性を利用したものに光ディスクがある．原盤から同一情報を大量にレプリカした再生専用のものと，記録再生が随時できるものとがあるが，現在実用化されているものは再生専用のものである．基盤樹脂面に信号としてのビット（小さなくぼみ）を精密にレプリカして，これに光反射面として，Al膜を蒸着し，その上に保護膜として透明樹脂をコーティングしたものである．レーザービームにより非接触で記録再生を行うため，記録容量は約500 bit/mm^{2}という高密度が得られる．

3.3.5 高比重化・重量感

一般に，プラスチックは軽量で，しかも着色しやすい利点をもっているが，ときとして重量，高級感に欠けるため敬遠される場合がある．そのため比重の高い金属粉と複合化し，高比重化をはかって解決している例がある．通常，複合材料の比重は10 grf/cm^{3}であるが，13 grf/cm^{3}のものまで製造されている．

3.3.6 遮気・遮水性

金属は所定の結晶構造をもち，きわめて緻密である．金属中をほかの原子が移動する現象は拡散と呼ばれるが，この現象が観察されるには十分な温度が必要であり，通常，室温付近の温度では金属体中をほかの物質あるいは元素が通過することはないと考えてよい．金属が薄い膜状であっても，ピンホールや亀裂のない緻密な連続体であれば，室温では水やガスを吸収したり透過させたりする現象は起こらない．それに対し，樹脂は一般に水やガスを吸収し，それを透過させる．たとえば，樹脂を食品包装材として使用するような場合，酸素ガスの透過によって細菌の増殖や賞味の点から好ましくない結果をもたらすこともある．この悪影響を抑制・防止するため，樹脂内面にAlなどの金属被覆を施すことが効果的である．

3.3.7 摩擦特性

フッ素樹脂は，その卓越した物性ゆえに多方面で応用されているが，多くのすぐれた特性のなかでも，低摩擦係数，非粘着性は金属材料にはない特異な特性であり，この性質を利用した複合材料も多い．現在では，用途に応じ，コーティング，ライニング，含浸法，複合めっき法などによって製造されており，成形材料，摺動材料に限らず家庭用器具に至るまでその応用範囲は広い．

また，含油軸受と呼ばれる無給油軸受は，多孔質焼結体に潤滑油を含浸させたもので，使用中は油がにじみ出し，回転が止まると軸受内部に油が戻るという，いわゆる自己潤滑性をもつ軸受であり，給油の困難な箇所あるいは潤滑油による汚れを嫌う箇所での使用に効果を発揮している．

3.3.8 制振性

振動，騒音対策の1つとして開発された材料に制振鋼板がある．発生源にこれを使用することで，外部に振動，騒音が漏れることを防ぐほか，外部からの騒音振動を遮断する効果がある．制振鋼板の構造は，厚み0.2～0.4 mmの鋼板と鋼板の間に0.05～0.15 mmの厚みの粘弾性樹脂を挟んだ単純なものである．制振効果は鋼板の変形エネルギーを粘弾性樹脂のせん断変形による熱エネルギーに変換して発生する．粘弾性樹脂は，ポリエステル，ポリイソブチレン，オレフィンなどからなる接着剤をコーティングしたものや，オレフィン系などの熱可塑性樹脂を挟んだものなどがある．制振性能を最も発揮するのは樹脂がガラス転移点付近になったときであり，ガラス転移点温度により常温用，高温用などと呼ばれている．

制振性能は損失計数*といわれる値で評価される．

＊損失係数 損失係数の測定方法としては，自由振動法や共振法がある．前者は図3.2に示す自由振動による減衰波形より $y=(1/\pi)\ln(A_n/A_{n+1})$ で表される．A_n および A_{n+1} は，それぞれ n 番目，$n+1$ 番目の振幅の大きさである．後者は図3.3に示すような共鳴周波数における最大振幅 A_0 の $1/\sqrt{2}$（エネルギーとして1/2）のときの半値幅を $\varDelta f$ とすると $y=\varDelta f/f_0$ で表される．

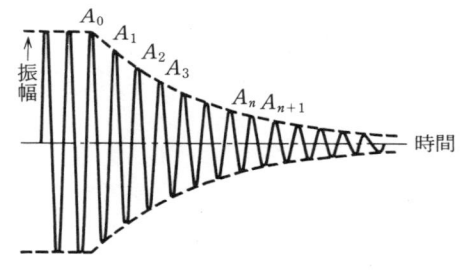

図3.2 自由振動による減衰波形

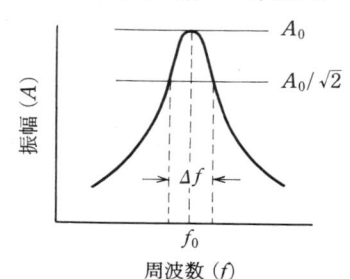

図3.3 振動の共鳴曲線

値が大きいほど制振性能がすぐれているが，現在市販されている制振鋼板の損失計数は，0.1～0.5の範囲のものが多い．利用分野としては，各種機械部品や，床材，屋根材の建築材料など，振動，騒音の発生源側に多

3. 有機・金属複合材料

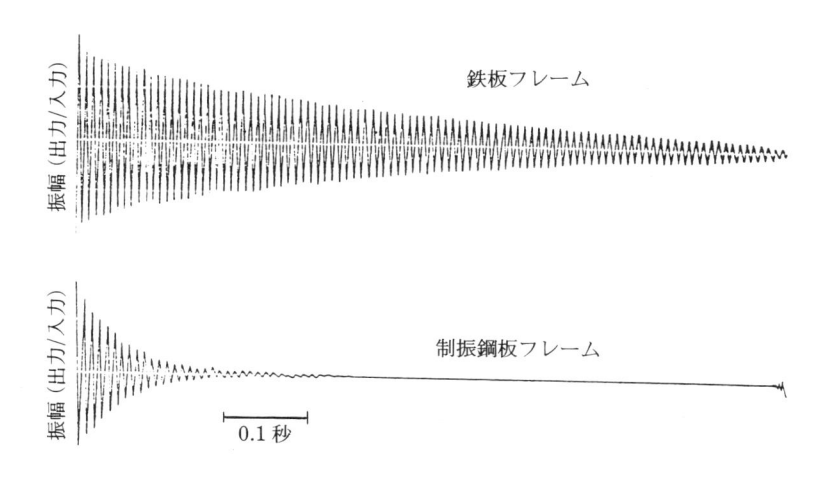

図 3.4 鉄板および制振鋼板の減衰曲線

いが，カーオーディオのスピーカーのように外部からの振動，騒音を遮断し，スピーカーの振動板のみによる純粋な音質を得るためのものもある．図 3.4 は普通鋼板と制振鋼板のスピーカーフレームによる振動減衰能の違いを示したものである．

3.3.9 耐薬品性

多くの金属材料は，薬品類に対して腐食抵抗性が小さい．したがって，ある雰囲気下において，金属材料は腐食による損傷のみならず，腐食に起因した破壊にまで到ることがしばしば観察されている．その対応策として，

表 3.3 有機-金属複合材料の用途

(1) 金属に有機物の特性を付与した材料

複合の形態	金属材料	有機材料	利用する特性	効果・機能	製造法	応用例
金属表面に有機物被覆	鉄，銅，アルミニウムなど，およびその合金	フッ素樹脂	非粘着性，低摩擦係数，離型性	異物が付着しにくい，摺動性にすぐれる	コーティング，ライニング，含浸	調理器具，プラスチック成形金型，フィルム作成用ロール，軸受など
	ステンレス，アルミニウム合金など	ポリエステル，アクリル，フッ素樹脂，シリコンポリエステルなど	樹脂の化学的安定性，着色性	耐食性向上　色彩感覚の向上	コーティング，ライニング，溶射	建築内外装品，パネル，貯槽・配管・バルブなどの内張り
	鉄，鋼板	ニトリルゴム	ゴムの耐熱性，耐薬品性	シール性，防振性	ライニングなど	ガスケット
	ステンレス，アルミニウム合金箔	粘着樹脂	樹脂の接着性，金属の耐熱性，遮気・遮水性	補修，美観	塗布	家庭用
マトリックス内に分散	ニッケルめっき層　クロムめっき層	フッ素樹脂粉末	非粘着性，低摩擦係数，離型性，自己潤滑性	耐摩耗性向上，耐用年数延長	複合めっき法	プラスチック成形金型
	亜鉛めっき層	ビニル系重合体	親高分子性	塗料との密着性向上	複合めっき法	塗装の下地処理

(2) 有機材料に金属の特性を付与した材料

複合の形態	金属材料	有機材料	利用する特性	効果・機能	製造法	応用例
有機材料表面に金属被覆	銅＋ニッケル アルミニウム，銅 亜鉛	ABS樹脂，ポリプロピレン，ポリスチレン，ノリル樹脂，ポリカーボネイドなど	銅の導電性，ニッケルの保護性 各金属の導電性	EMI（雑音電磁波）シールド特性	無電解めっき法 真空めっき法 溶射法	各種電気・電子機器および精密機器のハウジング，帯電防止材料
	クロム	ポリカーボネイド	光学的特性	クロム薄膜の鏡面性・反射率	真空めっき法	ミラー，照明カバー，自動車の内外装品
	アルミニウム	ポリオレフィン，ポリスチレン，ポリ塩化ビニルなど	アルミニウムの導電性	発熱効果，孔あけ	真空めっき法	食品密封容器の発熱ラベル
マトリックス内に分散	アルミニウム，銅，ステンレスのフレークあるいは繊維	ABS樹脂，ポリプロピレン，ポリスチレン，ノリル樹脂，ポリカーボネイドなど	各金属の導電性	EMI（雑音電磁波）シールド特性，ESDスパークの防止，高周波誘導加熱に適用	型成形法	各種電気・電子機器および精密機器のハウジング，帯電防止材料，電子部品組立ラインの部品搬送ケースならびに包装材料
	アルミニウム粉末	ポリエチレンテレフタレート	アルミニウムの導電性	アルミニウムのマイクロ波吸収による樹脂の昇温	型成形法	電子レンジ用食品容器
	アルミニウムメッシュ	ポリエステル，エポキシなど	アルミニウムの導電性	雷光対策	型成形法	航空機の翼
	銅，ニッケル，銀粉末	合成ゴム	各金属の導電性	加圧に伴う抵抗（導電性）の変化	ゴム成形法	電卓・電子オルガンなどの接点材料
	非晶質コバルト系，鉄系合金フレーク	エポキシなど	各合金の高透磁率	磁気シールド特性	型成形法	磁気カードの保護ケース
	ニオブ-チタン合金	各種樹脂	合金の完全反磁性	強磁気シールド特性	真空めっき法	超電導材周辺
	各種金属粉末	ポリアミド系樹脂	金属の高比重	樹脂材の重量感・高級感	型成形法	時計ケース，メカウオッチ用回転錘，装飾品，亜鉛ダイカスト代替品
積層あるいは張合せ構造	アルミニウム箔	ポリスチレン，ポリ塩化ビニル，ポリオレフィンなど ポリプロピレン＋塩素化ポリプロピレン＋Al箔＋塩素化ポリプロピレン	アルミニウムの酸素ガスに対する遮気性	細菌の増殖抑制，食品の賞味期間延長	接着剤による張合せ	レトルト食品用包装材，プラスチック缶
	アルミニウム箔	(結晶化)ポリエチレンテレフタレート	アルミニウムの導電性	電子レンジのマイクロ波吸収による加熱	張合せ	電子レンジ用調理器

3. 有機・金属複合材料

(3) 有機・金属材料それぞれの特性を利用した材料

複合の形態	金属材料	有機材料	利用する特性	効果・機能	製造法	応用例
マトリックス内に分散	サマリウム−コバルト，ネオジウム−鉄系粉末	12ナイロン，ゴム	ナイロン・ゴムの柔軟性 磁性粉末の永久磁石特性	樹脂材への磁気的特性の付与	型成形法	各種表示プレート，冷蔵庫のドアーシールド
	鋼繊維＋金属粉末（鉄，銅，アルミニウム，亜鉛など）	フェノール系樹脂＋ゴム	鋼繊維；補強材 金属粉末；摩擦・摩耗調整剤 樹脂；結合剤	制動特性	型成形法	鉄道車両用ブレーキ
	ニッケル，銅，銀−銅	樹脂（アクリル，エポキシ）＋溶剤	易塗布性，乾燥・硬化による被塗布材との密着性，金属の導電性	樹脂材の導電性および接着性	混合	電子部品端子の接続用導電塗料，各種電気・電子機器および精密機器のハウジング，帯電防止材料
	各種金属粉末	アスファルト	アスファルトと金属粉末の界面	制振・遮音効果	混練	建設材料
	鉄粉，青銅粉	エポキシ樹脂，油	金属の剛性，樹脂・油の潤滑性	無給油・高潤滑特性	型成形法	家庭用電気機器・精密機器用軸受，光学・音響機器用軸受
積層構造	銅	エポキシ樹脂	銅の導電性，樹脂の絶縁性・耐薬品性	絶縁樹脂基板上への配線	無電解めっき法，真空めっき法	プリント基板
	銅箔，インバー合金箔	ガラスエポキシ	銅の導電性，インバー合金の低熱膨張性，樹脂の絶縁性・耐薬品性	樹脂基板の熱膨張低減化	接着剤による張合せ	ハイブリッドIC基板
	鋼板	粘弾性樹脂，ゴム，オレフィン，ポリエステル系樹脂	鋼板の機械的性質，樹脂の粘弾性，スチール板と樹脂の界面	制振・防音性，振動ノイズの低減	接着剤による張合せ	道路・鉄道の防音壁，自動車用オイルパン，建材，洗濯機のハウジング，スピーカーフレームなどの音響機器
	アルミニウム膜	透明性樹脂＋アクリル樹脂	樹脂の光透過性・高制度レプリカ性能，アルミニウムの光反射特性	高密度・大容量の記録	アルミニウム膜；真空めっき法，アクリ樹脂；レプリカ法	再生用光ディスク

種々の観点から検討されているが金属自体を改善することには限界があるといわれている．

それに対して樹脂の多くは化学的安定性にすぐれており，その特性を応用した用途はきわめて広い．金属上へのコーティング，ライニングなどによる表面処理材は貯槽，配管，バルブ，ダクトなど多方面で実用化されている．

有機材料と金属材料を複合化させることに

よって，新しく得られる特性に関して，一般的なものを列記したが，実際に応用されている製品のなかには，上記分類に属さないものも多数みうけられる．たとえば，導電性に限っても，非導電体を導電化させるばかりでなく，導電体である金属材料に絶縁性能を付与するため樹脂を被覆することも多い．また，上述の内容は，密着性の観点からは，密着力は大きいほど好ましいわけであるが，逆に，高分子フィルム上に金属蒸着した，転写印刷用テープにみられるように，低密着力の方が利用価値の高いものもある．このように有機－金属複合材料は，その両者の本来の性質に大きな差が存在するゆえ，その組合せ，製造法などの違いによって，それぞれ用途に応じてさまざまな特性のものが得られ，その特性を生かした製品が生まれており，今後に対する期待も大きい．

3.4 用途

表3.3は，現在，広く実用されているもの，および将来さらに応用が拡大すると予想されるもののなかから代表例を選んでまとめたものである．

これからもわかるように，有機－金属系複合材料は，構成する材料の組合せ，製造法ならびに得られる機能・特性は非常に多岐の領域にわたっており，今後の発展に大きな期待がよせられている．また，複合材料の開発は，近年における周辺技術の著しい発展に負うところが多く，今後のさらなる産業技術の進展とともに新たな展開をみせるであろうし，その重要性はますます増大していくものと考えられる． 〔辻 栄治・花立有功〕

参 考 文 献

1) 林 毅編："複合材料工学"，日科技連出版社(1979)．
2) 日本金属学会編："金属便覧"，丸善(1971)．
3) 日本金属学会編："金属データブック"，丸善(1984)．
4) 日本化学会編："化学便覧基礎編Ⅱ"，丸善(1966)．
5) 金属表面技術協会編："金属表面技術便覧"，日刊工業新聞社(1988)．
6) 電気鍍金研究会編："鍍金教本"，日刊工業新聞社(1986)．
7) 日本学術振興会薄膜131委員会："薄膜ハンドブック"，オーム社(1986)．
8) 静電気学会編："静電気ハンドブック"，オーム社(1986)．
9) 本間基文，北田正弘編："機能材料入門"，アグネ(1982)．
10) 玉虫文一他編："理化学辞典"，岩波書店(1977)．

4. 異種材料界面と材料物性

4.1 複合材料の範囲

人工物でも自然物でも，通常使用しているほとんどの材料は何らかの形で異なった組成，異なった組織からできている．したがって，異種・異質な材料が組み合わさってできたものを複合材料とするなら，通常の材料はほとんど複合材料ということになる．しかし，本章で取り扱う範囲の複合材料は，巨視的に組織，組成が異なった有機と無機の素材から人間が意識して作製した材料と定義することができる．このため，複合材料には必ず界面が存在し，界面の性質によって複合材料の性質が異なってくる．

前項で述べたように有機・無機系複合材料として最も普及しているのは，ガラス繊維(GF)や炭素繊維(CF)を用いた繊維強化プラスチックである．ここでは，これらFRPにおける界面ならびに界面が影響する材料物性について説明する．

4.2 界面の組合せ

強化材が0次元，1次元，2次元あるいは3次元と変化するに伴って，界面の組合せ形態は多様になる．界面の組合せ形態の例を図4.1に示す．(d)の層構造の場合は，層が平面だけでなく曲面になることもあり，また，強化材が網構造をとる場合もある．

なお，分子あるいは原子オーダーレベルで

4. 異種材料界面と材料物性

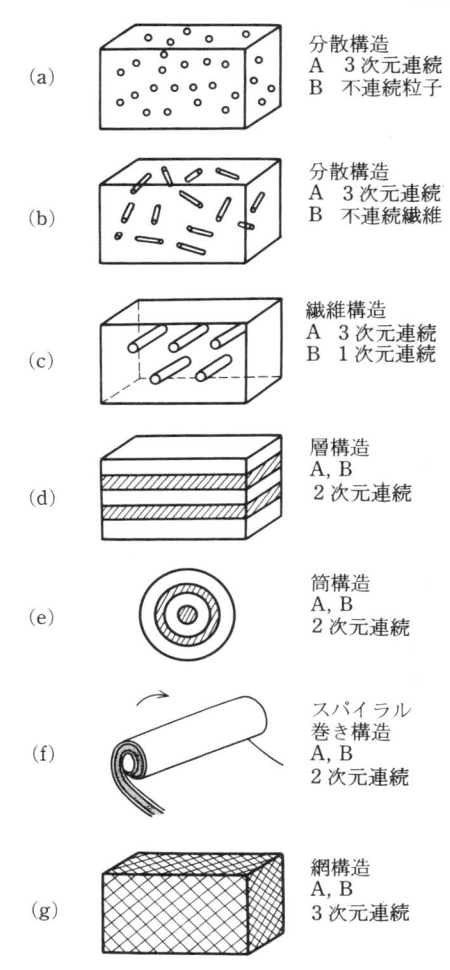

図 4.1 異種材料界面の組合せ形態
A：マトリックス，B：強化材（分散質）

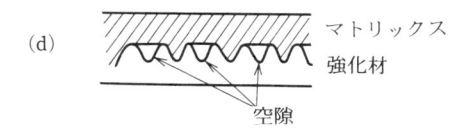

- (a) 分散構造　A 3次元連続　B 不連続粒子
- (b) 分散構造　A 3次元連続　B 不連続繊維
- (c) 繊維構造　A 3次元連続　B 1次元連続
- (d) 層構造　A, B 2次元連続
- (e) 筒構造　A, B 2次元連続
- (f) スパイラル巻き構造　A, B 2次元連続
- (g) 網構造　A, B 3次元連続

図 4.2 界面の接触状態モデル
- (a) マトリックス／強化材
- (b) マトリックス／強化材／空隙
- (c) マトリックス／強化材
- (d) マトリックス／強化材／空隙

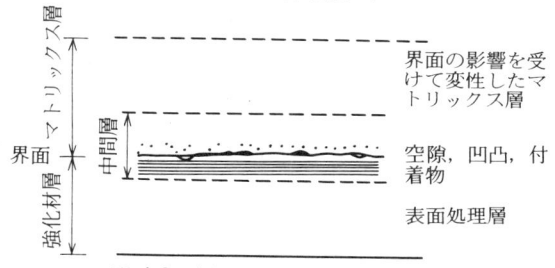

図 4.3 中間層を含む界面構造モデル[9]
- 界面の影響を受けて変性したマトリックス層
- 空隙，凹凸，付着物
- 表面処理層
- マトリックス層／中間層／強化材層／界面

の複合材料（ナノコンポジット），あるいは組織が連続的に変化する傾斜機能材料がある．これらの複合材料では界面という概念は必ずしも明確ではない．

4.3 界面の構造モデル

有機マトリックスと無機強化材の界面で両者は接触していても，主として強化材の表面性状が一様でないことにより，界面の状態はかなり複雑，多様である．界面での接触状態のモデルを図4.2に示すが，実際の接触部分は断層的に明瞭に区別できるわけではなく，図4.3に示すように，マトリックスと強化材の間に中間層が生成している場合が多く，この中間層の研究が今後の課題の1つである．

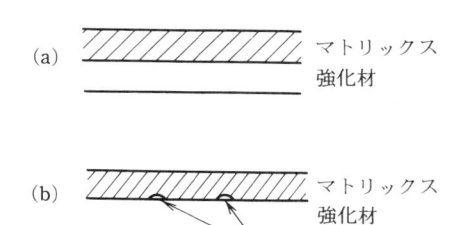

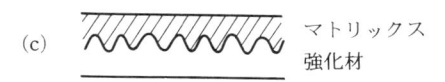

これは，複合化に先立ちカップリング剤やサイジング剤などを使用することにもよる．

たとえば，カーボンブラックで補強したゴムでは粒子表面に若干厚い準ガラス状態の層の形成が考えられている．さらに，Al/ポリエチレン(PE)界面やCF/ポリフェニレンスルフィド(PPS)の界面のように強化材表面で成形条件に応じてマトリックスが異なった結晶形態をとることもある．

4.4 界面における化学結合とその効果

界面における原子間の結合強度は，図4.4に示すように，結合の種類により異なるが，一般的には共有結合が最も強い．

ガラス繊維と不飽和ポリエステル樹脂の組合せでは，共有結合を形成させるためにカップリング剤が用いられている．ガラス繊維用

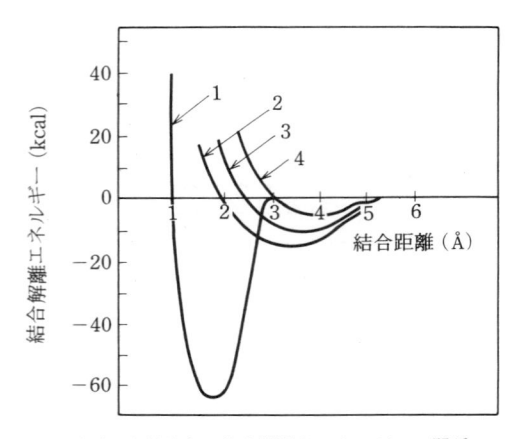

図 4.4 各種結合の結合距離とエネルギーの関係
1：共有結合，2：イオン結合，3：水素結合，
4：分子間結合

のカップリング剤にはシラン系とチタネート系，クロム系などがある．各種カップリング剤の特徴は表 4.1 に示す通りである．
シラン系カップリング剤を介してのガラス繊維と樹脂の間の結合モデルを図 4.5 に示す．共有結合だけでなく，水素結合も生成する．カップリング剤処理による効果の例を表 4.2 に示すが，カップリング剤処理により曲げ強度が増大するだけでなく，マトリックスが不飽和ポリエステル樹脂の場合には湿潤強度の増大が著しい．

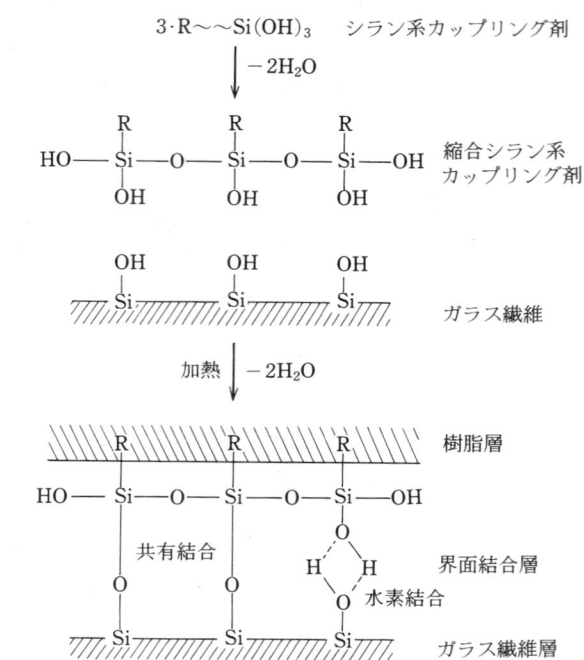

図 4.5 ガラス繊維表面，シランカップリング剤，樹脂の結合モデル

炭素繊維では，通常カップリング剤を使用せず，繊維表面と樹脂との間に共有結合を生じさせるために陽極酸化による表面処理を施している．炭素繊維の表面処理が，炭素繊維強化プラスチック(CFRP)の層間せん断強度(ILSS)に与える効果の例を図 4.6 に示す．その効果は CFRP に用いる樹脂系によって異なり，また過剰な表面処理は界面強度を逆に低下させる場合が多い．
表面酸化処理により，炭素繊維表面には OH 基や COOH 基が生成し，マトリックス樹脂との共有結合の量が増大すると考えられている．炭素繊維とエポキシ樹脂間の化学反応と共有結合のモデルを図 4.7 に示す．しか

表 4.1 カップリング剤の種類とおもな特徴

	シラン系	チタネート系，アルミニウム系
無機フィラーへの適用性	少し狭い	広い
樹脂への適用性	熱硬化性	熱硬化性および熱可塑性
物性上のおもな特徴	強度が増大 剛性が増大	可撓性が増大 衝撃強度が増大
処理方法	水処理 溶剤処理	乾式法直接処理，溶剤処理，品種により水処理も可

表 4.2 ガラス繊維の表面カップリング剤処理の効果例[6]

カップリング剤	マトリックス樹脂	ガラス繊維含量 (%)	曲げ強度(MPa) 標準	曲げ強度(MPa) 湿潤	湿潤強度保持率 (%)
無処理	不飽和ポリエステル	62	172	112	65
クロム系	〃	〃	343	279	81
ビニルシラン系	〃	〃	378	343	91
無処理	エポキシ	〃	264	249	94
クロム系	〃	〃	403	341	85
アミノシラン系	〃	〃	414	390	94

4. 異種材料界面と材料物性

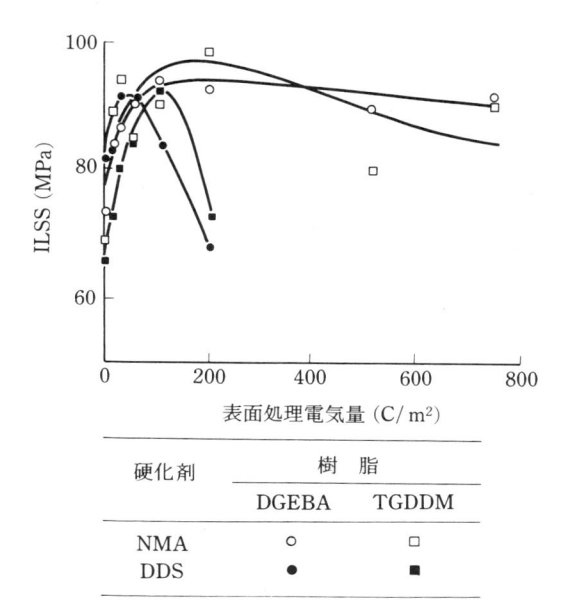

図 4.6 炭素繊維の表面処理の程度と CFRP の層間せん断強度(ILSS)の関係[15]

硬化剤	樹脂	
	DGEBA	TGDDM
NMA	○	□
DDS	●	■

し,界面の結合強度に寄与するのが OH 基だけであるのか,あるいは OH 基と COOH 基の両方なのかについては不明であり,それを明らかにすることは今後の研究課題である.

高弾性率炭素繊維を用いた CFRP では,共有結合よりも繊維表面の凹凸度が界面強度に影響を与えるといわれている.すなわち,図 4.2 の(c)のようにマトリックスが凹部に十分入り込めばアンカー効果が期待できる.しかし,逆に図 4.2 の(d)のように,界面に空孔ができると界面強度は低下する.図 4.3 にも示したように,界面に空孔や剥離ができたり,あるいは汚染物が存在すると界面強度は通常低下する.

なお,炭素繊維にはサイジング剤が使用されていることが普通であるが,それが CFRP の界面強度などに与える影響について詳細に調べることも今後の課題である.

4.5 界面の性質とその評価法

§4.4 でも述べたように,接着の良否に依存して界面接着強度が変化する.接着強度には,界面引張り強度,せん断強度と剥離強度がある.界面の接着強度として,最も一般的に測定されているのはせん断強度であり,それにはショートビーム法による ILSS や単繊維埋め込み法による界面せん断強度(τ)がある.一方向強化 FRP の横方向(90°)引張り強度も界面接着強度の測定法として使用できる[13].剥離強度は破壊靱性試験として多く測定されている.CFRP のせん断強度は,図 4.8 に示すように,繊維の弾性率の増大に伴って低下し,また,マトリックスの弾性率とともに向上する.

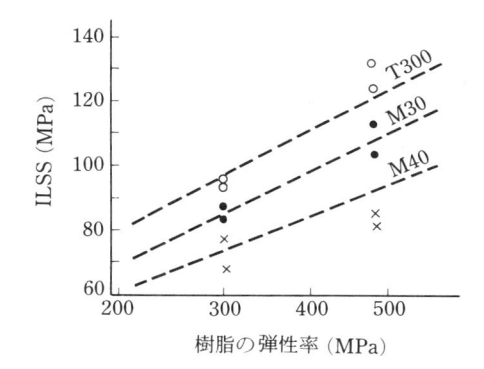

図 4.8 繊維および樹脂の弾性率と CFRP の層間せん断強度(ILSS)の関係[5]
弾性率の大きさ:M 40 > M 30 > T 300

図 4.7 炭素繊維の表面官能基とエポキシ樹脂の結合モデル

表 4.3 強化材表面および界面の性質を調べるおもな方法

方法	表面	界面*
オージェ電子分光 (AES)	◎	○
X線光電子分光 (ESCA)	◎	○
2次イオン質量分析 (SIMS)	○	○
レーザーラマン	◎	◎
赤外吸収 (ATR-IR, FT-IR)	◎	◎
核磁気共鳴 (NMR)	○	○
吸着，脱着	○	
接触角	◎	
OM, EM, SEM, SAM, STM	◎	◎

OM：光学顕微鏡，EM：電子顕微鏡，SEM：走査型電子顕微鏡，SAM：走査超音波顕微鏡，STM：走査型トンネル顕微鏡
◎印：実試料に近い試料に適用，○印：モデル系に適用
＊印：主として破断面の観察について

繊維表面および繊維とマトリックスの界面の状態は，表 4.3 に示す方法などで調べることができる．しかし，界面の接合状態については材料の内部に存在するので分光学的な方法が直接適用できず，正しい評価が困難である．今後は NMR 法などの進歩による結合状態の解明が進むものと思われる．

なお，ねじり振子法 (TBA) や熱機械分析法 (TMA) などの動的粘弾性試験や，示差走査熱量測定法 (DSC) によるガラス転移温度 (Tg) 測定などから界面グラフト率などが評価されている．

4.6 界面の材料物性への影響

界面が理想的に接合しておれば FRP の力学的機能，引張り強度や弾性率は複合則に従い，強化繊維の特性が 100% 生かされるはずである．しかし，実際の FRP では強化効率は必ずしも理想的ではない．CFRP において

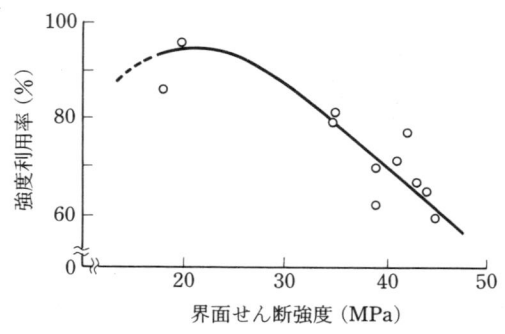

図 4.9 引張り強度に及ぼす界面せん断強度の影響[14]

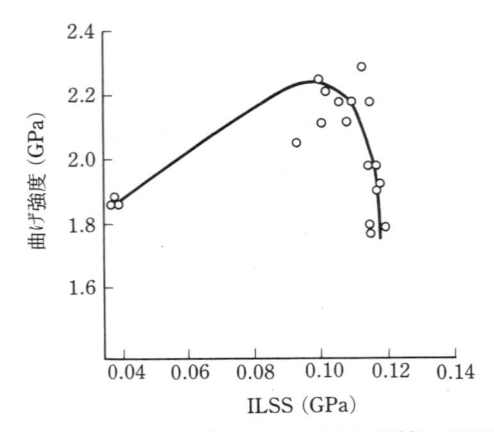

図 4.10 曲げ強度に及ぼす層間せん断強度 (ILSS) の影響[14]

繊維－樹脂界面の強度が，CFRP の引張り強度と曲げ強度に及ぼす影響の例を図 4.9, 4.10 に示す．

FRP の機能としては，導電性や電磁波吸収性などの電磁気的機能，ガス透過性，あるいは耐薬品性などの化学的機能もある．しかし，力学的特性を除くこれらの性質と界面物性との関係は，次のような例を除いてほとんど調べられていない．

CFRP の耐酸化性は，炭素繊維の表面に存在する微量元素の影響を受け，Na が存在すると低下し，Ca が存在すると比較的安定であることが知られている．ポリイミドをマトリックスとした CFRP の熱酸化の例を表 4.4 に示す．

表 4.4 炭素繊維表面に含まれる不純元素量と CFRP の 350°C 熱酸化速度の比較[12]

炭素繊維	SIMS 分析による表面相対元素量		CFRP の重量減少速度 (10^{-6} g/時)
	Na	Ca	
Cellion 6000 (u)	5.2	18.4	3.1
Cellion 6000 (PI)	1.5	1.3	3.7
Fortafil 5 (u)	1.0	─	3.9
AS 4 (u)	1.5	1.6	5.4
T 300 (u)	1.9	1.0	10.9
Panex 30 (u)	43	─	25

基準最少元素量のカウント数 (count/秒)
　Fortafil 5(u)　Na 1348
　T300 (u)　Ca 186

4.7 界面研究の今後

複合材料では界面において力や振動，電気

や熱が伝達される．また，逆に界面は破壊クラックの進展を阻止したり，あるいは光の透過を妨げるなどの作用もする．このため，界面の機能を知り，目的に合った最適界面を設計することが不可欠である．

今後の研究課題については上記本文中にもいくつか示したが，先端繊維強化複合材料の最大の研究目標の1つに界面に強靭さをもたせ，信頼性を向上させることがある．

〔中西洋一郎〕

参 考 文 献

1) 林 毅編："複合材料工学"．日科技連出版社 (1971)．
2) 日本化学会編："複合材料"，東京大学出版会 (1975)．
3) 牧 廣，島村昭治編："複合材料技術集成"，産業技術センター (1976)．
4) 島村昭治："複合材料のはなし"，産業図書 (1982)．
5) 森田健一："炭素繊維産業"，近代編集社 (1984)．
6) 材料技術研究協会編集委員会編："複合材料と界面"，総合技術出版 (1986)．
7) 植村益次，福田 博監修："ハイブリッド繊維強化複合材料"，CMC (1986)．
8) 植村益次，河合弘廸，牧 廣，渡辺 治編："新しい複合材料と先端技術"，東京化学同人 (1986)．
9) 大谷杉郎，奥田謙介，松田 滋："炭素繊維"，近代編集社 (1986)．
10) 森田幹郎，金原 勲，福田 博："複合材料"，日刊工業新聞社 (1988)．
11) 松井醇一："炭素繊維の展開と評価方法"，リアライズ社 (1989)．
12) 中西洋一郎："昭和60年度複合材料次世代技術動向調査研究"，日本機械工業連合会・次世代金属複合材料研究協会編，p.158 (1986)．
13) 中西洋一郎，澤田吉裕：日本複合材料学会誌，**15**, 2 (1989)．
14) 中谷宗嗣，中尾富士夫：繊維と工業，**44** (2), 61 (1988)．
15) G. Dorey and J. Harvey: Interfaces in Polymer, Ceramic and Metal Matrix Composites, p.693 (1988)．

XII. 医療用高分子材料

1. 医療用材料の基本的性質

1.1 生体安全性

医療用材料の基本条件は，生体安全性，生体機能性および生体適合性である（表1.1）．生体安全性は材料の非毒性と可滅菌性であり，医療用材料にとって不可欠な要素である．

医療用材料における毒性とは，発熱性，亜急性炎症，溶血性，抗原−抗体反応，アレルギー性，発癌性などの変異原性，催奇性などがある．これらの毒性発現は，おもに溶出低分子化合物や塩基性高分子による細胞障害，抗原性化合物による生体防御作用，機械的刺激の反復に対する生体反応によってひき起こされる．新規な医療用材料を開発する場合には，これらの生体安全性が最初に考慮されなければならない．おもな毒性要因を表1.2に示す．

医療用材料の臨床応用に際しては，滅菌が不可欠であり，これに耐えられない素材は無効である．現在実施されているおもな滅菌法を表1.3にまとめる．現在，病院などでは蒸気滅菌が最も普通に行われているが，乾熱法よりも有効とされる．耐熱性の低い高分子材料に対しては，ガス法か放射線法が適用される．今後は，より安全で加熱を必要としない放射線法が普及すると思われるが，なかでも電子線滅菌法が最も期待される．

表 1.1 医療用材料の基本条件

安全性		非毒性，可滅菌性
生体適合性	界面適合性	非異物性，組織接着性
	力学適合性	非刺激性，調和性，デザイン
機能性	物理的	力学的，光学的，電気的，その他
	生物・化学的	分離，吸着，計測，生体の利用

表 1.2 毒性発現性の主要原因

低分子化合物	高分子化合物	表 面
・未重合モノマー	・抗原性生体高分子（異種タンパク質，多糖，生体由来物質）	・鋭角状固体
・添加物（酸化防止剤など），金属イオン	・強塩基性高分子	・強塩基性表面
・分解生成物		

表 1.3 滅菌法の種類

手段	例
加熱	乾熱法（160～180°C，0.5～2時間）高圧蒸気法（オートクレーブ法，スチーム法，120～136°C），煮沸法（100°C）
ガス	エチレンオキシド（EOG法）（40～55°C，45～60% RH，数時間），ホルムアルデヒド（40～60°C，3時間）
放射線	Co-60ガンマ線（2.5 Mrad），電子線（EB），紫外線（253.7 nm）
ろ過	フイルター（気体用，液体用，ろ孔 0.2 μm）

表 1.4 生体適合性の分類

適合性	種類	例
バルク的	力学的整合性 デザイン調和性 組織接着性	柔軟性，剛直性，強力 埋植材 軟組織
界面的	非刺激性	硬組織 補体非活性 抗血栓性 非カプセル化性 物理的非刺激性

1.2 生体適合性

生体適合性は，表1.4に示されるように，バルク的適合性と界面的適合性に大別される．

1.2.1 バルク的適合性

バルク的適合性は，素材としての全体的な適合性に関するものであり，これはさらに力学的整合性と形態的デザインに区分される．前者は，材料の力学的性質と接合する相手の生体組織の力学的性質とが一致するという性質である．剛直な人工材料が軟組織中に埋植されると，生体組織側にストレスが常時加わり，生体組織の強度が低下していく．人工材料の接触する生体が硬組織の場合には，骨の吸収や形成が起こり，人工材料との接合がゆるんだり，材料に応力集中が起こって破損し

1. 医療用材料の基本的性質

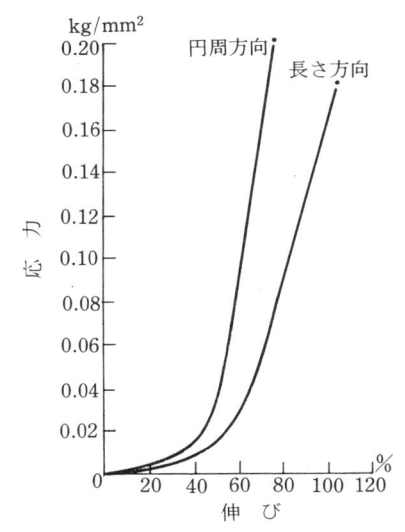

図 1.1 ヒト動脈血管(20〜29歳)の応力-ひずみ曲線

てしまう．一般に生体組織の力学的特性は高分子材料とは異なる．図1.1は，人間の動脈の応力-ひずみ曲線を示すが，単一の合成高分子素材でこれと同様の挙動を示すものはなく，人工血管などの設計には繊維素材による編み織り加工などの手段により，生体組織との力学的整合性が付与されている．

力学特性が解決されても，そのデバイスとしてのデザインが不適格ならば，やはり周囲の生体組織に過度の力学的ストレスを与えることになる．とりわけ，運動系材料の場合は，有限要素法などを駆使したデバイスを設計することが大切である．

1.2.2 界面的適合性

医療用高分子材料を生体内に埋植させる場合，生体組織に直接接触するのが材料表面であり，生体と材料の界面的性質がきわめて重要な因子となる．界面的適合性は，さらに組織接着性と非刺激性に区分される．したがって，埋植用人工材料においては，その目的に応じた材料表面の適合化が必要となる(表1.5)．

管状器官とその人工器官との強力な接合や，経皮デバイスからの感染防止などのために，ミクロな軟組織接着性が要求される．当初，材料表面を多孔質構造とし，その内部へ組織増殖によって人工材料と生体組織との接合が試みられた．この方法ではマクロな接合性は達成されたが，ミクロ的には不十分で，感染の可能性が認められた．材料-細胞の接着・増殖を迅速に達成する試みとして，材料表面性状を工夫するほか，増殖因子の添加，接着性タンパク質(フィブロネクチンやコラーゲンなど)，および細胞間物質の活用がさかんに検討されている．最近，接着性タンパク質の接合部位の合成ペプチドを化学固定した人工基底膜の設計などが試みられ，その有効性が期待されている．

表 1.5 材料表面の適合化

表面適合化		内容
非異物化	補体の非活性化	補体タンパク質との相互作用阻止
	抗血栓性化	生理活性物質固定化表面の形成
		アルブミン選択吸着性表面の形成
		タンパク質非吸着性表面の形成
非カプセル化		高含水率表面の形成 (水溶性高分子鎖グラフト)
組織接着性	軟組織接着性	コラーゲン処理，ペプチド，オリゴ糖，生理活性物質の表面固定化
	硬組織接着性	人工材料表面に硬組織と類似の化学組成 (水酸アパタイト)を形成

硬組織への人工材料接着性発現は，最も単純には，機械的アンカリング効果によって硬組織と人工材料との接合があるが，長期間使用に際しては問題が残される．硬組織接着の分野では，特に，人工材料表面に硬組織と類似の化学組成を付与させることがミクロな接着に有効とされる．硬組織の主成分は水酸アパタイトとコラーゲンであることから，埋植材料表面に水酸アパタイト層が形成されるような素材の開発が進められている．

一般に，人工材料を生体内に埋植すると，血漿タンパク質の吸着と細胞の付着を経由して，材料表面はコラーゲン繊維性結合織によってカプセル化を受ける．そのために，本来

の機能が発揮できなくなる．このようなカプセル化を完全に阻止することは不可能であるが，カプセル層の厚みを最小限にするための努力がなされている．そのためには，生体にできるだけ刺激を与えないような表面を形成することが必要であり，最も有力な方法の1つとして，材料表面に水溶性高分子鎖をグラフトさせたりして，できるだけ高含水率の表面を形成するという試みがなされている．

人工材料が血液と接触すると，種々の生体系が活性化されて，血栓形成や異物拒否反応が誘発される．また，免疫系の補体も材料表面で活性化される．補体系に関して材料表面性状との関連性をみると，① 水酸基を有する表面は強い補体活性を示す，② アニオン基や極性基もある程度補体活性をもつ，③ 疎水性表面は不活性であるなどの特性が見出されている．一方，凝固系では，アニオン性表面で最も強い活性化が示され，電子供与型表面では軽微な活性化が起こるのに対して，電子吸引型，カチオン性，および疎水性表面では活性化が全く起きないといわれている．

強力な生体防御機構を回避し，非凝固性を得る，いわゆる抗血栓性化表面を形成する方法としては，① 生理活性物質を徐放または固定した表面，② 多相系表面，③ 高含水率表面，および，④ 内皮細胞付着表面の形成，があげられる．

ヘパリン，ウロキナーゼ，プロスタグランジン，あるいは合成抗補体活性剤などの血栓形成を阻止する生理活性物質を固定化したり，これらの徐放システムによる人工材料は，血液凝固過程への直接的な薬理効果が発現されるものとしてきわめて有効性が高い．

不均質な表面ドメイン構造をもつ多相系材料は，たとえば，アルブミンの選択吸着による不活性化表面の形成に有効であることが指摘されている．血小板吸着抑制を支配する因子として，親水－疎水ドメインの発現，適正なドメインサイズ（300～500Å），結晶－非晶領域の分布などがあげられる．このような観点から，種々の新規なブロックあるいはグラフト共重合体が分子設計され，抗血栓性の評価が進められている．表面層に長鎖アルキル鎖を導入すると，大量のアルブミンが選択吸着されることが報告されている．

高含水率表面は界面自由エネルギーが小さくなり，血小板やタンパク質が粘着・吸着しにくく，脱着しやすくなる．水溶性モノマーとしては，アクリルアミドや長鎖ポリエチレンオキシドを側鎖に有するアクリル酸エステルなどがおもに用いられる．

1.3 生体機能性

医療用材料が，それぞれ，その本来の目的を達成するためには，代替臓器のもっている機能に応じた，同様の基本的機能をもつことが必要なことはいうまでもない．現在の人工材料は，物理的および化学的な基本的機能を備えているが，本来の臓器の役割を果たすためには，それに高次の生体的機能を付与することが必須であり，これには生体成分とのハイブリッド化が必要である．

表1.6は，人工材料のもつ生体代替材としての基本的機能を分類したものである．

骨や歯の修復用材料には，強度支持と構造保持が重要であり，当初は金属材料が用いられたが，その後，セラミックスが登場した．しかし，前者は腐食が起こり，後者は弾性率が高すぎてもろいという欠点があり，現在では高強力繊維で強化した高分子複合材料の検討も進められている．被覆・閉鎖用には高分子エラストマーや繊維織物が用いられる．生体用導管に要求される物質は柔軟性である．また，人工心臓や人工弁では，耐疲労性，高強度，および耐磨耗性が必要である．光屈折を目的とする眼科用素材はポリメチルメタクリレート系高分子が用いられる．

生体組織同士，あるいは生体組織と人工材料とを接合する方法には，機械的な固定による物理的方法と医療用接着剤による化学的方法とがある．血液中の病因物質や炭酸ガスを除去するには，高分子膜と吸着剤が用いられる．濃度差による溶質の拡散に基づく透析膜

表 1.6 生体機能性の分類

機能性の分類	内容	応用例
物理的機能	強度支持・構造保持	人工骨,人工歯根,人工関節
	被覆・閉鎖	損傷皮膚表面,組織欠損部閉鎖
	導管	人工血管,人工食道,人工気管,シャント,カテーテル
	ポンプ・バルブ	人工心臓,人工弁
	導電・蓄電	ペースメーカー,人工感覚器
	光学的性質	コンタクトレンズ,眼内レンズ
化学的機能	接合・充填	縫合糸,ステープル,ネジ,骨セメント,医療用接着剤
	物質分離	血液浄化,吸着材
	ガス交換・ガス透過	人工肺,コンタクトレンズ
	化学計測	バイオセンサー
高次生体機能	ハイブリッド型人工臓器	

と圧力差に基づく限外ろ過膜が,血液浄化に広く用いられる.吸着剤としては,活性炭,イオン交換樹脂などが用いられるが,吸着剤表面に精細な化学修飾を施すことが必要となる人工肺などの高性能ガス交換膜としてはシリコーン系が有効とされる.

生体は,自己修復・恒常性・フィードバック性などの,人工材料では不可能な高次機能を備えている.この情報伝達や代謝などを含む高次生物機能を人工的に付与するためには,生体組織と人工材料とを組み合わせたハイブリッド型人工臓器を開発する必要がある.現在までに比較的よく研究されているハイブリッド型人工臓器には,人工皮膚,人工血管,人工膵臓および人工肝臓がある.

1.4 安全性に関する国内の法規・基準

医療用材料には,金属,ガラスセラミックス,プラスチックスなどの人工材料から種々の天然由来の材料に至る,きわめて多種多様の素材が含まれる.厚生省では,これらの医療用材料の安全性を保証するために,薬事法のなかで規制を行っている.また,手術用メスなどの金属製小物や歯科用金属などについては,形状,寸法,品質などの統一をはかるため日本工業規格(JIS)のなかで規制されている.そのほか,関連団体による規格として,日本医科器械学会作製の生体心臓規格,体外循環用ディスポーザブル熱交換器規格,および日本医療用プラスチック協会の医療用プラスチック原料規格などがある.

薬事法のなかに,「医療用具とは,人もしくは動物の疾病の診断・治療もしくは予防に使用されること,または人もしくは動物の身体の構造もしくは機能に影響を及ぼすことが目的とされている医療器械であって,政令に定めるものをいう」と明記されており,この政令とは薬事法施行令(昭和36年政令第11号)のことを指し,そのなかの別表に医療用具を器具器械,医療用品,歯科材料,および衛生用品に区分している.

医療用材料の基準の内容は,定義,物性試験,化学的材質試験,化学的溶出物試験,生物学的溶出物試験,および生体内試験が含まれており,医療用材料の安全性を確保するための最小限の必要項目と見なされる.したがって実際の開発にあたっては,それ以上の試験項目や規格値を検討することが要求される.

現在,日本医療用プラスチック協会においー

表 1.7 安全性に関する試験項目(薬事法)

試験項目		試験内容
物性試験		強度,透明性,可撓性,耐滅菌性など
化学的試験	材質試験	有害重金属(鉛,カドミウム,銅など),強熱残分,残留モノマー,オリゴマー,分解物など
	溶出物試験	pH,有害物金属,塩素イオン,過マンガン酸カリ,還元性物質,蒸発残留物,紫外吸収スペクトルなど
生物学的試験	溶出物試験	急性毒性,亜急性毒性,皮内反応,変異原性,発癌性,発熱性物質,溶血性,催奇形性など
	生体内試験	生体内移植(長期での発癌性),抗血栓性,生体内劣化など
無菌試験		滅菌物に対する試験

て，さらに，ディスポーザブル血管内カテーテル，泌尿器用カテーテルおよび輸液用フィルターの基準案が検討されている．

医療用材料は，性能と安全性の両面から評価されるが，安全性については，素材に含まれる有害物質の試験とその溶出物および生体内での親和性に関する試験が中心である．表1.7は安全性に関する試験項目の概略を示す．

新規の医療用材料の製造あるいは輸入販売試験に適合したうえで，さらに，通常2個所以上の大学病院あるいは公的医療機関などにおいて1施設30例以上の臨床試験成績を添付することが要求される． 〔林 壽郎〕

参 考 文 献

1) 高分子学会編："高分子新素材便覧", p.285, 丸善(1989).
2) 筏 義人監修："バイオマテリアルの最先端", p.1, シーエムシー(1989).
3) 筏 義人："医用高分子材料(高分子新素材 One Point)", 共立出版(1989).
4) 筏 義人："バイオマテリアル―人工蔵器へのアプローチ", 日刊工業新聞社(1988).
5) 今西幸男："医用高分子材料(化学 One Point)" 共立出版(1988).
6) 桜井靖久, 酒井清孝監修："最新の人工臓器技術と今後の展望", アイピーシー(1987).
7) 妹尾 学, 大坪 修編："最新医用材料開発利用便覧", R & Dプラニング(1986).
8) 本宮達也："ニュー繊維の世界", 日刊工業新聞社(1988).
9) 本宮達也, 林 壽郎：繊維と工業, **43**, 340 (1987).
10) 松田武久：生体材料, **7**, 32 (1988).
11) 医療用具研究会編："医療用具の規格基準解説", 薬業時報社(1985).
12) 林 壽郎："医療用高分子の基本的機能",(「医療機能材料」高分子学会編), p.21 共立出版, (1990).

2. 汎用医療用高分子材料

2.1 病院用衛生材料

汎用医療用素材の分野において，病院用繊維材料は量的にはきわめて大きな位置を占めている．一般の医療用繊維材料は，表2.1に示されるように，病院用ベッドシーツ，衣料品類，および衛生材料に分類される．

病院用ベッドシーツとして要求される性能は，床ずれ防止，身体が移動しやすいこと，吸水性，吸汗性，耐久性にすぐれることなどがあげられる．そのため，制電，吸水性長繊維が有効とされるが，現在では綿の平織製品がおもに使用されている．

手術衣，手術帽，患者衣，患者帽などは，耐洗濯性，耐滅菌処理性のほか，無菌，無塵，防塵性が要求される．ここでは，無塵不織布が有用とされ，素材も綿のほか，ナイロン，ポリエステルが用いられる．

表 2.1 一般医療用繊維材料

用 途		特 長	素 材
病院用	ベッドシーツ	耐洗濯性, 帯電防止, 吸水性	平織綿製品
	白衣, 手術衣, 帽子, 患者衣, マスク	耐洗濯性, 耐滅菌性, 無菌・無塵・防塵性	無塵不織布 (ナイロン, ポリエステル)
衛生材料	ガーゼ, 包帯, 脱脂綿, タンポン, 添布剤, 絆創膏	局法(薬事法)適用耐滅菌性	綿糸, 再生セルロース, ナイロン, ポリエステル

ガーゼや包帯などの衛生材料は，その製造に際しては薬事法が適用され，医療品の品質を維持し，保証するため，原料の受け入れから最終製品の包装出荷までの製造工程全般にわたり「医薬品の製造及び品質管理に関する基準」が適用される．衛生材料用繊維は滅菌可能であることが必須であり，そのほか，人体への安全性，使いやすさ，吸水性，柔軟性などが重要である．素材は綿の40番手単糸のほか，再生セルロース不織布，ナイロン，ポリエステルなどが用いられている．

高齢化社会の到来に対応した試みとして，消臭繊維や抗菌防臭繊維の開発が進められている．使用消臭剤としては，天然植物系，人工酸化酵素系，鉄－アスコルビン酸系などがあり，ふとん側地，中わた，カバー類などの

寝具品分野への用途が考えられる．

2.2 ディスポーザブル製品

医療用器械，用具の病院内における細菌，ウイルスの感染が深刻な問題となり，ディスポーザブル医療用材料の重要性が高まってきた．ディスポーザブル製品に要求されるものとしては，無菌，パイロジェンフリーであること，安全性が保証されていること，操作性にすぐれていること，コストが低いことなどがあげられる．

高分子材料のなかで，最も大量に医療に使われている素材はポリ塩化ビニル（PVC）である．軟質PVCは血液バッグや体外循環用血液回路などに使われ，硬質PVCは一般医療用容器などに用いられている．その次に多いのが注射器の筒などに使われているポリプロピレンである．表2.2は，汎用樹脂の医療用途についてまとめたものである．現在，汎用医療用プラスチックの分野では，添加剤として用いられるフタル酸ジ-2-エチルヘキシルを含まない軟質PVCや耐放射線性材料の開発が大きな課題となっている．

医用エラストマーとしては，シリコーンと天然ゴムがおもに用いられてきたが，最近では種々の有用な熱可塑性エラストマーが開発されている．これらは，配合剤を含まないため安全性も高く，透明度も良好であり，チューブや医療用容器として用いられる．

ABS樹脂をはじめとするエンジニアプラスチックも医療に用いられるようになった．表2.3には，特性と医療応用例がまとめられている．おもな特性は，透明性，耐衝撃性，耐薬品性，可滅菌性にすぐれている点である．とりわけ，医療用プラスチックは放射線滅菌に耐えることが必要であるが，PVBは放射線照射によって黄変し，ポリプロピレンは劣化するため，改良研究が進められている．

現在，おもに用いられている汎用ディスポーザブル用具は表2.4に示されるようなものがある．点滴に使われる輸液セットや，輸血用のセットは目的が異なってはいるが同じような構造であり，輸液バッグあるいは血液バッグと導管チューブとがそれらの主要部である．チューブ類はいずれも軟質PVCが用いられ，輸液バッグの素材は軟質PVC，ポリエチレン，ポリプロピレンの3種類である．血液バッグは軟質PVCが主流である．

栄養補給や薬物投与に使われる栄養カテーテル，輸血，血管撮影，あるいは血液循環補助用としての血管カテーテル，および，導尿や浸出液排出用の尿道カテーテルも代表的なディスポーザブル製品である．素材としては，経口カテーテルとか単純なドレーンなどには軟質PVCが一般に用いられるが，血液に接触するような場合には，シリコーン，フッ素系高分子，ポリウレタンなどが使われている．長期間にわたって血液に接触したり，比

表2.2 汎用樹脂の医療用途

樹　脂	用途例	特　長
軟質PVC	血液バッグ，血液回路，輸液バック，手術用手袋	耐密封性，耐放射線性，溶媒接着性，精密成形
硬質PVC	ラボ用器具，輸液用成形品，病院用器具，医療用包装，トレイ，容器類，廃棄箱	強度，成形加工性
ポリプロピレン	注射筒，病院用具，輸液用具，繊維製品	耐放射線性，極低温安定性
ポリエチレン	チューブ，成形容器	成形加工性
ポリスチレン	ラボ用器具，医療用包装，試験管，器具類	耐放射線性，成形加工性
汎用ABS	点滴セット，血液フィルター，輸液用カセット	成形加工性，透明性，高化学安定性
難燃性ABS	機器類，診断映像用，電子用部品	強度，寸法安定性，溶媒接着性
ポリメチルペンテン	血液試験用キュベット	透明性，UV透過性，高メルトフロー性
スチレン-エチレン共重合体	血液バッグ，カテーテル，注射器先端部，ストッパー	ゴム弾性，透明性，強度
スチレン-ブタジエン共重合体	外科用や透析用の大型容器	高透明性

表 2.3 医療用エンジニアリングプラスチックス

高分子	特長	用途例
ポリアリルスルホン	透明性,耐減菌性,精密成形性	精密ろ過装置,診断テスト用具
ポリスルホン	高温乾熱減菌可,耐薬品性	電気メスの把手,人工呼吸器
ポリエーテルイミド	耐クラック,クレーズ性	可減菌トレー
ポリカーボネート	寸法安定性,透明性,低価格性,成形加工性,高強度	心臓外科用血液保存容器,輸液注入用掛け金コネクター
ポリブチレンテレフタレート	高潤滑性,耐薬品性,耐放射線性	透析用カートリッジチャンバー
ポリアセタール	高バネ弾性	義肢用バネ材
ナイロン-6	高透明性,低結晶化度	輸血用ドリップ計数器
ナイロン共重合体	高透明性,生体不活性	カテーテル,包装用材
改質 PPE	発泡体,審美性,耐減菌性	外科用ディスポ器具
ナイロン/ABS	軽量,耐久性,精密成形性	心臓モニター

表 2.4 汎用ディスポ用具の種類

種類	素材	特長
輸液セット	軟質PVC,ポリプロピレン,ポリエチレン	柔軟性,密閉性
輸血セット	軟質PVC,ポリプロピレン,ポリエチレン	血液適合性
カテーテル	栄養カテーテル 血管カテーテル 尿道カテーテル	PVC,シリコーン,ポリエチレン,ナイロン,ポリウレタン,テフロン,ポリエステル,天然ゴム	柔軟性,血液適合性
注射器	ポリプロピレン,ポリ-4-メチルペンテンスチレン/ブタジエン共重合体,天然ゴム	透明性,高強度

較的大きな強度が必要となるカテーテル用素材には,セグメント化ポリウレタンやポリエステルが選ばれる.

現在でも未だ再使用型ガラス製注射器が多く使用されているが,急性肝炎やエイズなどの感染防止のためにディスポーザブル型のプラスチック製注射器の使用比率が高まってきた.外筒の本体はポリプロピレン製がおもに用いられているが,透明性の高いポリメチルペンテンも使用されている.内筒は気密性を高めるため,スチレン-ブタジエン-スチレンブロック共重合体(SBS)や天然ゴムがガスケットとして用いられる. 〔林 壽郎〕

参 考 文 献

1) 林 壽郎,中島章夫:繊維と工業, **41**, 45 (1985).
2) 本宮達也,林 壽郎:繊維と工業, **43**, 340 (1987).
3) R. Leaversuch: *Modern Plastics International*, March, p.36(1988).
4) 中島章夫,筏 義人編:"ハイテク高分子材料",アグネ(1986).

3. 外科手術用高分子材料

3.1 縫 合 糸

縫合糸は,手術用として最も頻繁に用いられている医用材料の1つである.縫合糸は,生体内非吸収性と吸収性のものとに大別できる.図3.1に縫合糸の種類を示す.以下に,代表的な縫合糸について述べる.

3.1.1 非吸収性縫合糸

a. 絹 糸 最も安価なため,古くから多く使用されている縫合糸である.セリシンを含んだ生糸を撚り糸にした硬質絹糸と,セリシンを除去した編み糸の軟質絹糸がある.硬質絹糸は,結びやすく腰のある縫合糸として長い間使用されてきたが,感染や組織反応が強いため,最近ではシリコーンをコーティングした軟質絹糸が多く用いられている.これは,編み糸のため,しなやかで結節保持性(結び目のほどけにくさ)にすぐれるものの,組織通過性,組織反応性,および力学的抗張力などに劣る欠点がある.

3. 外科手術用高分子材料

```
                    ┌─天然繊維─┬─絹
                    │         ├─木綿
                    │         └─麻
                    │
                    │         ┌─ポリエチレンテレフタレート
                    │         ├─ポリアミド[b]
    非吸収性縫合糸─┼─合成繊維─┼─ポリプロピレン[a]
                    │         ├─ポリエチレン[a]
                    │         ├─ポリ4フッ化エチレン (Gore Tex®)
                    │         └─テトラメチレンテレフタレート (16%)-ブチレンテレフタレート (84%) ブロック
                    │           共重合体 (Novafil®)
                    │
                    └─金属糸──┬─ステンレス鋼[b]
                              └─白金,チタン,金,銀[b]

                    ┌─天然繊維─┬─プレーンカットガット
                    │         ├─マイルドクロミックカットガット
                    │         └─クロミックカットガット
    吸収性縫合糸───┤
                    │         ┌─ポリグリコール酸 (Medifit®, Dexon®, Opeporix®, Bondek®)
                    └─合成繊維─┼─ポリグラクチン 910 (Vicryl®)
                              ├─ポリジオキサノン[a] (PDS®)
                              └─グリコリドートリメチレンカーボネート共重合体[a] (Maxon®)
```

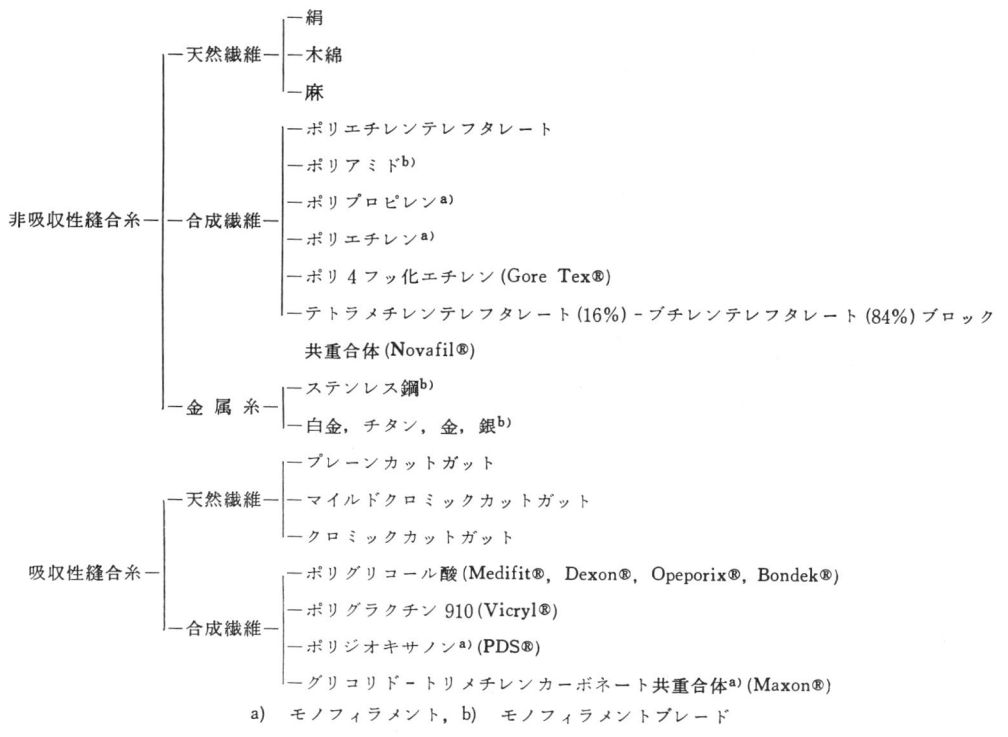

a) モノフィラメント, b) モノフィラメントブレード

図 3.1 縫合糸の種類

b. ナイロン 合成のポリアミドでナイロン6,あるいはナイロン6.6のポリマーを溶融紡糸したモノフィラメントの縫合糸である．これは,力学的性質にすぐれ,モノフィラメントであるため組織通過性もよく,そのうえ組織反応性も低い．しかし,主鎖にアミド結合をもつため分解により経時的に抗張力が低下し,それに伴って異物反応も認められている．

c. ポリプロピレン これも溶融紡糸により得られる合成繊維であり,力学的性質にすぐれ,ナイロンと比べて劣化が少なく組織反応も低い．また,吸水性がなく不活性であるため感染に強い．したがって,最近,心臓外科や形成外科領域で広く使用されている．

d. 絹,ポリエステル複合縫合糸 絹糸のもつ,すぐれた結節保持性とポリエステルのもつ高強力,低組織反応性などの両特性を付与したものであり,図3.2に示すような構成で,ポリシルク®の商品名で臨床応用されている．

さらに新しい縫合糸としては,心臓外科・血管外科用のモノフィラメントであるポリブテステル縫合糸(ノバフイル®),あるいは極細とか弾性のある伸縮性縫合糸が開発されている．

3.1.2 吸収性縫合糸

生体吸収性の縫合糸としては,羊腸から得られる天然繊維の縫合糸であるカットガットが古くから臨床でよく使われている．しかし,この縫合糸は異種タンパク質繊維であるため生体組織反応が比較的強いうえに,図3.3に示すように分解吸収速度も大きく,イ

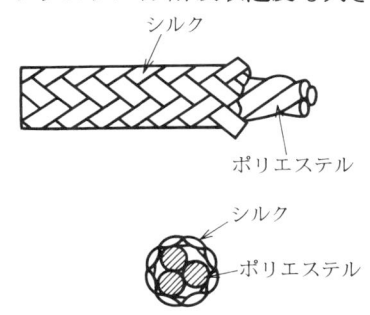

図 3.2 絹,ポリエステル複合縫合糸の構造

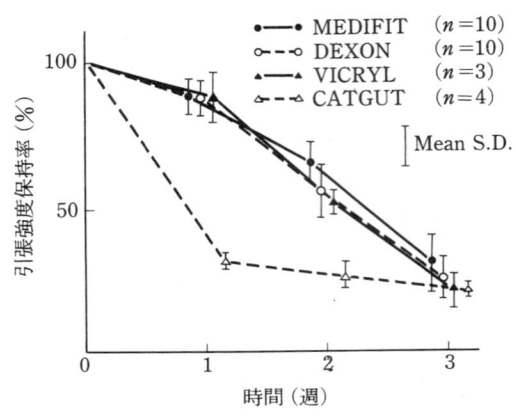

図 3.3 家兎皮下埋入における抗張力経時変化(USP3-0)

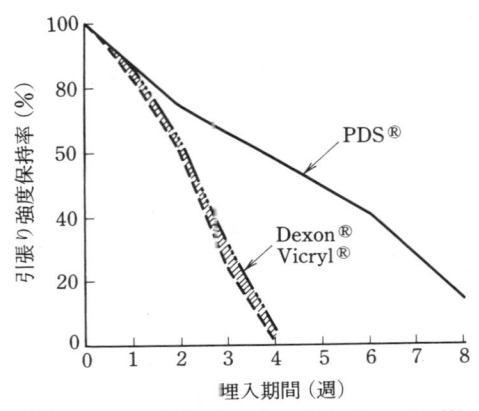

図 3.5 ラットの皮下にインプラントした Dexon®, Vicryl® および PDS® 縫合糸の抗張力経時変化

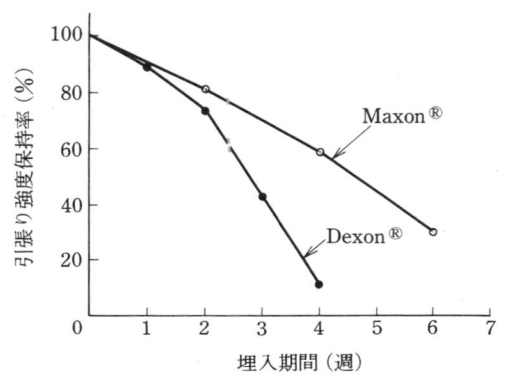

図 3.6 ラットの皮下にインプラントした Dexon® と Maxson® の抗張力経時変化

ンプラント後約1週間で初期強度が半減してしまう．最近の吸収性縫合糸の主流は合成繊維であり，代表的なものとしてはポリグリコール酸(PGA)の縫合糸である．この縫合糸は生体組織反応はカットガットに比べて軽微であり，図3.3に示すように強度保持率も約2週間後で約60%と比較的分解速度も低い．図3.4に現在市販されている合成の吸収性縫合糸の化学構造式を示す．

一般の外科手術においては，縫合部分の治癒期間である約2週間強度保持が完全であれば要求が満たされるわけであるが，使用部位によっては強度保持率の若干の改良が必要となる．そこで，PGA縫合糸よりも分解吸収速度の低い縫合糸が開発された．それはポリジオキサノン(PDS®)とMaxon®である．PDS®は6員環のパラジオキサノンの開環重合により得られる．また，Maxon®はトリメチレンカーボネート(trimethylene carbonate)とグリコリドとの共重合体である．これら吸収性縫合糸の生体内分解吸収性を図3.5と図3.6に示す．PDS®，Maxon®とも加水分解に伴う強度保持率が若干改良されているが，興味あることによく似た加水分解挙動を示している．また，Dexon®やVicryl®は素材がかたいためモノフイラメントとしては使えないので編み糸状であるのに対して，PDS®やMaxon®はモノフィラメントである．しかし，これらPDS®やMaxon®もさらに長期間(3か月～6か月)にわたって高い抗張力が要求される場合，たとえば心臓外科や血管外科では適応しない．したがって，用

図 3.4 市販合成吸収性縫合糸の化学構造式

途によっては，長期間にわたって高強度を保つ縫合糸の開発が要求されている．

前述した Dexon® や Vicryl® の合成吸収性縫合糸は，天然のカットガットに比べて品質が均一で組織反応性が低く，また抗張力も高くて吸収性の縫合糸としてすぐれている．しかし，組織通過性や縫合糸間の滑りなどに欠点があるため，最近ではコーティングによってそれらの欠点をカバーしている．Dexon® は水溶性の非イオン界面活性剤である poloxamer を，Vicryl® はポリグラクチン（グリコール酸／乳酸共重合体）370 とステアリン酸カルシウムがコーティングされている．ところが，これら表面加工によってしなやかで結びやすくなったものの，結び目の保持性が低下し結節のゆるみが生じやすくなるという問題も出てくる．したがって，これら両者の特徴，すなわち，滑りやすく，かつ結節保持性の良好な縫合糸が理想的であろう．この条件を満たされた吸収性縫合糸が最近開発された．それは，Medifit・C® の商品名で，ポリグリコール酸繊維のストレッチ加工したものに，シュガーエステルをコーティングさせた縫合糸である．これは，前者の Vicryl® や Dexon® とは異なり，縫合糸間の滑りがよいのと同時に結節保持性にもすぐれ

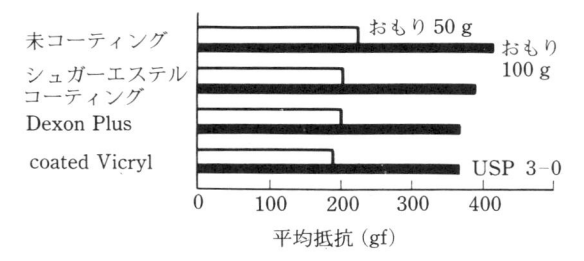

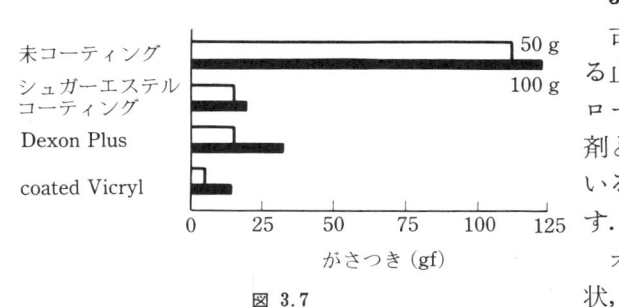

図 3.7

ている．その結果を図 3.7 と 3.8 に示す．

理想的縫合糸の諸条件として次のようなものがあげられる．

(1) 滅菌できること
(2) 十分な力学的性質(抗張力，結節抗張力)をもつこと
(3) 縫合操作が容易であること
(4) 生体組織通過性が良好なこと
(5) 生体組織反応，異物反応が少ないこと
(6) 生体組織の弾性に等しい弾性をもつこと
(7) 結紮のゆるみがないこと
(8) 適切な時期に吸収されること

しかし，これらのあらゆる条件を満足する縫合糸は現在のところ開発されていない．

3.2 止　血　材

外科手術において手術時の止血操作は非常に重要であるにもかかわらず，効果的な止血材はまだ開発されていない．現在，臨床応用されている止血材を表 3.1 に示す．

3.2.1 オキシセル

古くから，臨床で最も多量に使用されている止血材は，綿やガーゼを酸化した酸化セルロースである．これは，吸収性創腔充填止血剤としてオキシセル® の商品名で使用されている．オキシセル® の構造式を図 3.9 に示す．

オキシセル® は，白色〜淡黄色のガーゼ状，または綿状のものであり，血液をよく吸

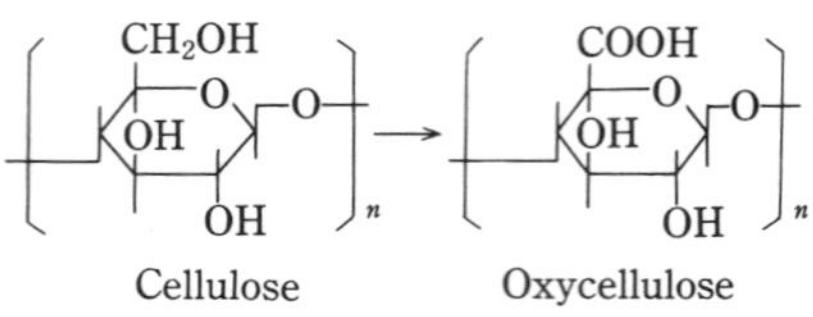

XII. 医療用高分子材料

一般名：酸化セルロース
化学名：polyanhydroglucuronic acid

図 3.9　オキシセルの化学構造式

表 3.1　止血材

商品名	素材（成分）
オキシセル	酸化セルロース
アビテン	コラーゲン
スポンゼル（ゼルフォーム）	ゼラチン
ゲラトロンビン	ゼラチントロンビン

収して暗褐色の塊となり止血作用を示す．この止血作用はオキシセルロースが血液中のヘモグロビンと塩をつくって凝血塊を形成することによるとされている．また，分解は単なる加水分解で生体内に吸収される．しかし，決して満足できる止血材ではなく，より止血効果が高くて毒性の少ない止血材が望まれている．

3.2.2　アビテン

牛の真皮から得られるコラーゲンを繊維状に加工した微線維性コラーゲン塩酸塩であり，オキシセルに比べて止血性にすぐれている．アビテンの性状は，白色〜微黄色を呈する微線維状物質であり，その止血作用はコラーゲン微線維間の隙間に血小板凝集による止血血栓を形成し止血される．また，出血面に対する付着力はゼラチンより大きく，酸化セルロースやゼラチン製剤に比べて止血時間の短縮が認められている．

3.2.3　スポンゼル（ゼラチンフォーム）

ゼラチンは動物の皮，腱，あるいは骨を構成するコラーゲンの変性物であり，分子量10〜25万からなる誘導タンパク質の一種である．スポンゼルは，このゼラチンの水溶液を凍結・乾燥したもので，白色のスポンジ状，または紛末状のものである．これはアビテンと同じく，損傷部位の表面に密着し血小板が凝集することによって止血効果を示し，1か月以内に生体内に吸収される．

3.2.4　ゲラトロンビン

これはゼラチンに，トロンビンを吸着させたスポンジ状の止血材であり，創傷面に溶解したトロンビンがフィブリノーゲンをフィブリンに転換することにより止血作用を示す．これもスポンゼルと同じく生体内吸収性であり数日以内に吸収され消失する．

3.3　接着剤

外科手術において生体組織の縫合や，血管の吻合は最も基本であり，その良否が創傷治癒に多大の影響を及ぼしている．しかし，血管の吻合や神経の縫合には熟練を要し，また手術に長時間を必要とする．さらに縫合糸を用いた縫合や吻合を施せない場合もある．そこで，生体接着剤を用いれば短時間で創傷の接合（縫合，吻合）が可能であり，また操作が容易なため熟練を要しないなどのすぐれた特徴がある．しかし，この生体接着剤も外科分野からの大きな期待に答えられていないのが現状である．

3.3.1　シアノアクリレート系接着剤

シアノアクリレートは瞬間接着剤として工業的に広く使用されている．これは図3.10に示すように側鎖のアルキル基の種類により種々のシアノアクリレートが開発されている．また，図3.11に示すように極微量のH_2Oにより重合が開始され，数秒という短時間で固化するため，古く1960年代より生体接着剤としての応用が検討されたが，現在に至っても一部でしか臨床使用されていない．

種々のシアノアクリレートモノマーとポリ

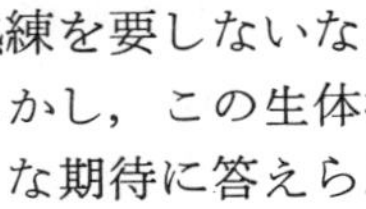

$R = -CH_3$　　　（MCA）
$R = -CH_2CH_3$　　（ECA）
$R = -CH_2CHCH_3$　（IBCA）
　　　　　$|$
　　　　CH_3
$R = -CH_2CH_2OCH_2CH_3$　（EECA）

図 3.10　シアノアクリレートの化学構造

3. 外科手術用高分子材料

$$CH_2=C\begin{smallmatrix}CN\\|\\COOR\end{smallmatrix} \longrightarrow {}^+CH_2-C\begin{smallmatrix}CN\\|\\COOR\end{smallmatrix}{}^- \xrightarrow{A^-} A-CH_2-C\begin{smallmatrix}CN\\|\\COOR\end{smallmatrix}{}^- \xrightarrow{モノマー}$$

$$A-CH_2-C\begin{smallmatrix}CN\\|\\COOR\end{smallmatrix}-CH_2-C\begin{smallmatrix}CN\\|\\COOR\end{smallmatrix}{}^-: \to \to ポリマー$$

$R=-CH_3$ (MCA)
$R=-CH_2CH_3$ (ECA)
$R=-CH_2CHCH_3$ (IBCA)
  $\quad\ |$
  $\ \ CH_3$
$R=-CH_2CH_2OCH_2CH_3$ (EECA)

図 3.11 シアノアクリレートの重合プロセス

表 3.2 種々のシアノアクリレート単量体と重合体の物理的性質

	分子量	沸点 (°C/mmHg)	粘度 (CP)	刺激臭	比重 (d_4^{20})	セットタイム (分)	白化	軟化点 (°C)	ガラス転移温度 (°C)
MCA	111	57/5	2.2	(+)	1.0887	<1	―	―	―
ECA	125	62/5	2.9	(+)	1.0452	≦1	―	―	―
IBCA	153	77/5	2.9	(+)	0.9873	5	―	―	―
EECA	169	108/5	4.5	(−)	1.0652	5〜6	―	―	―
PMCA	―	―	―	―	1.283	―	(+)	123	136
PECA	―	―	―	―	1.248	―	(+)	116	140
PIBCA	―	―	―	―	1.125	―	(+)	108	130
PEECA	―	―	―	―	1.173	―	(−)	69	84

マーの物性を表 3.2 に示す．これらの生体内分解吸収速度はエトキシエチルシアノアクリレート (EECA) ≧ メチルシアノアクリレート (MCA) > エチルシアノアクリレート (ECA) ≧ イソブチルシアノアクリレート (IBCA) の順であり，また，組織反応性はその分解性と対応して，MCA > EECA > ECA ≧ IBCA の順で接着周囲組織の細胞浸潤が認められている．シアノアクリレートは加水分解すると同時にホルムアルデヒドが発生するため，この組織反応性の程度は図 3.12 に示すように，加水分解に伴うホルムアルデヒドの溶出の程度に関係している．シアノアクリレートの最大の欠点は，このホルムアルデヒドの発生である．また，表 3.2 に示すように固化物のガラス転移点が生体軟組織に比べてはるかに高くて硬いことも欠点の 1 つである．最近，これらの欠点を改良する目的で，生体分解吸収性高分子である乳酸/カプロラクトン共重合体をシアノアクリレートにブレンドすることにより，固化物の柔軟化と細胞毒性を大きく抑制した外科用接着剤が開発された．

3.3.2 フィブリン糊

フィブリノーゲンがトロンビンの作用により徐々に重合し可溶性フィブリン塊となり，さらに Ca イオンの存在下でトロンビンにより活性化された血液凝固第 XIII 因子によって架橋構造を形成し不溶性となることを利用した生体由来の接着剤である．これは，ベリプラスト P®（ヘキストジャパン），ティシール®（日本臓器），などの商品名で臨床応用されている．フィブリン糊はシアノアクリレートに比べて凝固物が柔軟ではあるが，接着力に劣

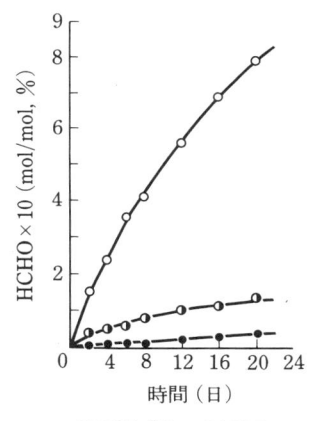

● PIBCA (Mn=30000)
◐ PECA (Mn=21700)
○ PEECA (Mn=41500)

図 3.12 ポリシアノアクリレートからの HCHO の溶出挙動

るため，生体接着剤としての利用よりも止血材としての利用の方が多い．止血材としてのフィブリン糊は止血速度が速く，付着力が強いなどの特徴を有すが，一方で，使用前の作成調整に長時間要することや，アレルギー反応が生じる場合があるなどの欠点も指摘されている．

3.3.3 生体接着剤としての条件
(1) 生体に毒性がなく，滅菌できること
(2) 水分や脂質の存在下で接着すること
(3) 生体組織間での接着力が大なこと
(4) 接着速度が任意に変えられること
(5) 接着後の固化物が柔軟性をもつこと

これらの条件を満足できる生体接着剤が理想的であるものの，現在の生体接着剤はまだまだ改良の必要がある． 〔玄　丞烋〕

4. 血液浄化用高分子材料

4.1 人 工 腎 臓

腎臓の機能は，ホルモンや酵素などの分泌，血圧の調節，造血機能の調節，ビタミンDの活性化などもあるが，最も重要なものは水分・電解質を調整し，老廃有害物を排出して生体の恒常性を維持することである．人工腎臓は，このいわゆる尿分泌機能を代行するもので，おもに腎不全や急性薬物中毒の治療に用いられる．一般に人工腎臓とは，血液透析による血液浄化装置のことを指すが，このほかに腎機能の人工物による代行という意味では，血液ろ過や血漿分離による血液浄化法がある．

4.1.1 血 液 透 析

血液透析は，膜を介した血液と透析液の間に生じる溶質の濃度差を利用して，血液中の老廃物を除去する血液浄化法である．この血液透析は，1944年に W.J. Kolff によって考案され，その後 1960 年の W. Quinton と B.H. Scribner による外シャント法の開発，また外シャント法から内シャント法への改良によって広く臨床応用されるに至った．図4.1 に血液透析回路を示す．

血液透析装置の構造は，初期のコイル型，Kill 型（積層型）から中空糸型へと改良され，現在では約 95% が中空糸型である．これは，中空糸型が膜破損時の出血量も透析後の残血量も少なく，比表面積が大きいのでプライミングボリューム（血液充填量）が少なくてすみ，小型化や高性能化が可能であるためである．

血液透析装置の中心部は高分子透析膜である．透析膜に要求される条件は次の通りであ

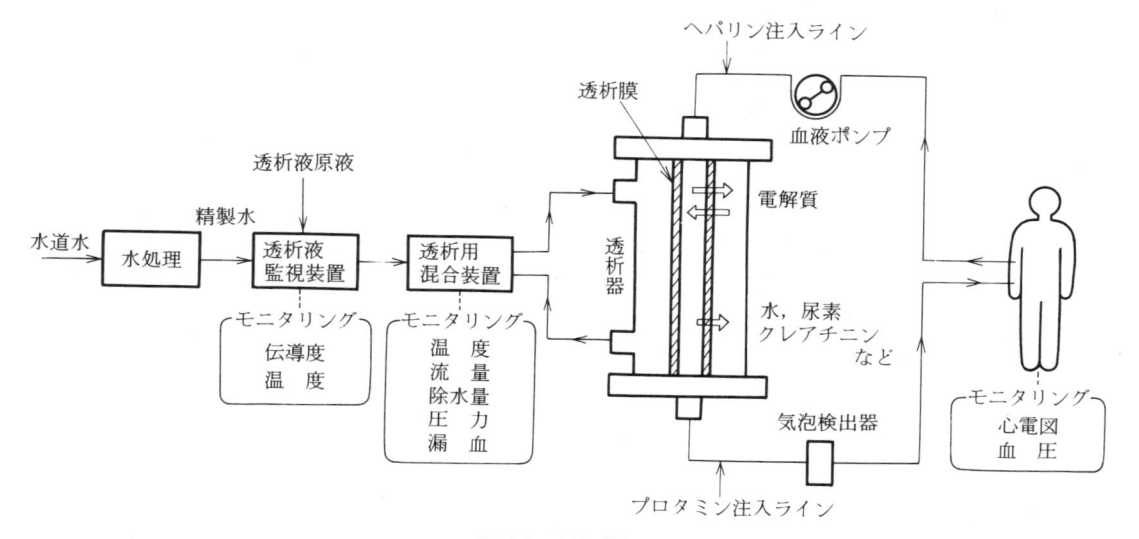

図 4.1　血液透析回路

る. ① 十分な機械的強度を有すること. これは膜厚を薄くして透析能を向上させるためにも必要である. ② 血液適合性にすぐれていること. 特に血液中の凝固系や免疫系に影響を与えないことが望まれている. 透析膜の素材としては, 銅アンモニア法再生セルロースやセルロースアセテートなどのセルロース系が大部分を占める. そのほかには, ポリメタクリル酸メチル(PMMA), ポリアクリロニトリル(PAN), エチレン-ビニルアルコール共重合体(EVAL)などが用いられている.

透析療法はすでに20年間という長期の実績をもつが, 透析による合併症も報告されている. 透析膜に直接関与するものには, 白血球減少, 補体の活性化, アミロイド沈着などがあり, 透析能の向上とあわせて, これらについての膜素材の改良が期待されている.

たとえば, アミロイド沈着に関与していると考えられる β_2-マイクログロブリンは, 分子量が11400と高いため従来タイプの透析膜を通過しにくいが, この点を改良した低分子量タンパク質漏出型透析膜が開発されている. このような膜はハイパフォーマンス膜と呼ばれる.

4.1.2 血液ろ過

ヒトの糸球体は, 濃度差を利用する透析ではなく圧力差に基づくろ過によって血液を浄化している. これと同じように, 圧力をかけて水分や老廃物をろ過し, 不足分を補充するという方法が血液ろ過法である.

利用されている膜は多孔性の高分子膜で, 透析膜よりも分離限界分子量が大きく, 分子量が数千の中分子量病因物質を除去しやすいという利点がある. 一方, 1回の治療でろ液を廃棄したのち大量の置換液を補充するため, 費用がかかる欠点がある. 素材としては, ポリスルホン(PS), ポリアミド, セルロースアセテート(CA), ポリエチレン(PE), ポリプロピレン(PP), PMMA, ポリビニルアルコール(PVA), EVALなどが用いられる.

また, 急性腎不全患者に対し, 時間をかけてゆっくりと行うCAVH(continuous arteriovenous hemofiltration:連続動静脈血液ろ過)という療法も登場した.

4.1.3 CAPD

CAPD(continuous ambulatory peritoneal dialysis:連続携行式腹膜透析)は, 生体膜である腹膜を利用して行う透析である. まだ新しい方法であるが, 装着型であるため日常生活を妨げず社会復帰率が高く, 透析型人工腎臓よりも自然の生理的条件に近い, など

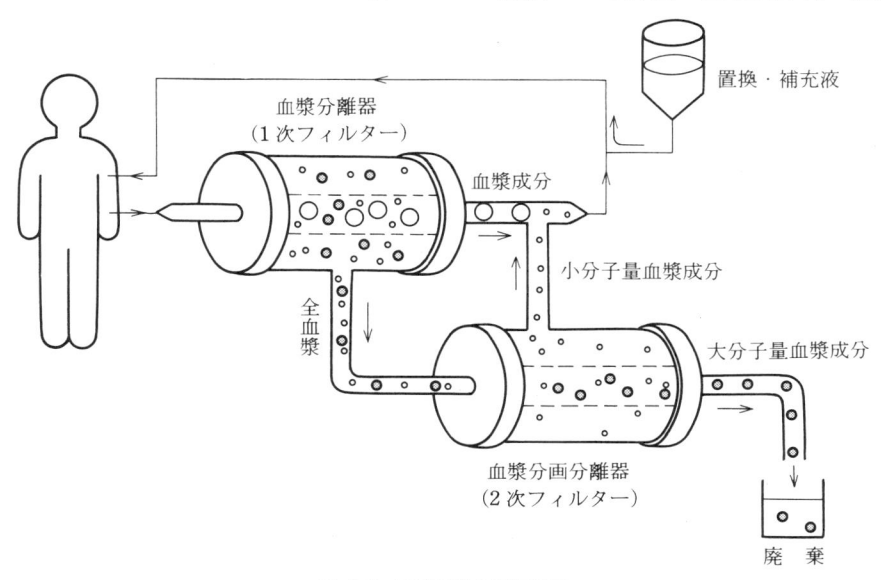

図 4.2 二重ろ過血漿分離法

の利点がある．その一方，カテーテルを介した感染が腹膜炎をひき起こしやすいことが問題である．

4.2 プラズマフェレシス

プラズマフェレシス（血漿交換療法）は，患者の血液に含まれている異常タンパク質，抗原，抗体，免疫複合体などの高分子量病因物質を遠心分離や膜を用いて分離して血漿とともに廃棄し，そのかわりに病因物質を含まない新鮮正常血漿を補給するという血液浄化法である．この療法は，抗原・抗体・免疫複合体の関与する免疫疾患，高粘稠度血漿，内因性・外因性中毒などに用いられる．廃棄される血漿のなかには，高分子量病因物質以外にアルブミンのような有益なタンパク質が多く含まれている．そのため1次フィルターを用いて血液から血漿を分離したのち，さらに2次フィルターで血漿を分画する二重ろ過血漿交換法も実施されている．その回路図を図4.2に示す．

4.2.1 1次フィルター（血漿分離膜）

血液から全血漿を分離するのであるから，これに用いられる高分子ろ過膜の孔径は，血液透析膜の孔径よりはるかに大きく，$0.2 \sim 0.6 \mu m$ である．血漿分離の適用で注意すべき点は，ろ過圧が高くなると溶血が起こるので，通常 100 mmHg 以下のろ過圧になるように制御しなければならないことである．

4.2.2 2次フィルター（血漿分画膜）

分離した血漿を補うために，血漿分離法では高価な血漿製剤を用いなければならない．そこで，血漿成分をさらにある分子量を境にして2つに分画して，病因物質を含む方だけ除去し，残りの正常成分を体内に戻す方法が考案された．設定されている境界分子量は，血清アルブミンの68000と免疫グロブリン(IgG)の146000，あるいは免疫グロブリン(IgA)の160000の間である．しかし，分離膜の孔型には分布があるのでアルブミンとIgGやIgAとは明確に分離できないことが問題である．

このような血漿分離用高分子膜の素材は，CA, PVA, EVAL, PMMA, PE, PP, PS などである．

4.2.3 吸着法

特定の病因物質を取り除くためには，血漿交換療法は効率が低く多量の血液製剤を必要とする．そこで吸着剤によって高分子量の病因物質を取り除こうという吸着療法が試みられている．たとえば，家族性高コレステロール血症の治療のために，硫酸化デキストランを表面にもつ多孔質セルロースゲル吸着剤が用いられている．ほかには，多糖類をシリカに吸着させた抗A・抗B血液型凝集素除去カラム，極細ポリエステル繊維や木綿，アセテート綿からなるリンパ球除去フィルターによる慢性関節リウマチ，リンパ系腫瘍，白血病などの免疫系疾患を治療する体外免疫療法も報告されている．

4.3 補助人工肝臓

肝臓は血中の有毒物質の除去すなわち解毒作用のみでなく，酵素やアルブミンのような必須物質の産生も行っている．このような肝臓の機能をすべて代行するような人工臓器はまだない．今日の補助人工肝臓は，肝臓の解毒作用のうちのごく一部を補助しているにすぎない．補助人工肝臓の適用はおもに劇症肝炎や薬物中毒である．劇症肝炎の昏睡原因物質や肝再生阻害物質は，アンモニア，メルカプタン，フェノール，胆汁酸，異常アミノ酸やタンパク質結合物質などといわれているが，はっきりしたことはわかっていない．そのため，プラズマフェレシスも広く適用されている．

吸着型肝臓補助装置の本体は単純な吸着カラムである．最も多く用いられている吸着剤は椰子殻や石油ピッチからつくられる活性炭である．この活性炭にそのまま血液を灌流すると微小な炭塵が血液中に混入したり，血栓が生成したりする．そこで活性炭粒子をポリ(2-ハイドロキシエチルメタクリレート(PHEMA))やニトロセルロースでコートし

たり，多孔質ポリウレタンシート中に埋入したりして使用している．また最近では，ビリルビンのようなタンパク質結合性物質を吸着させるために，スチレン-ジビニルベンゼン共重合体の多孔性樹脂なども検討されている．このように，特定の物質を吸着するような免疫吸着剤やアフィニティー吸着剤，さらには，尿素などの低分子やウイルス，白血球，リンパ球などを選択的に吸着するような吸着剤が研究されている．

4.4 人 工 肺
4.4.1 人工肺とは

人工肺は血液のガス交換を行う装置で，一般には静脈血に酸素を付与して動脈血化する装置のことをいう．人工肺は，おもに心臓手術の際に用いられる人工心肺の一部として広く用いられている．

人工肺には，気泡型，円盤(フィルム)型と高分子膜を用いた膜型の3種類があり，また膜型人工肺の形態には，積層型，コイル型，中空糸型の3つがある．このうち，気泡型と円盤型の2種は，酸素と血液が直接接触するためガス交換率は高いものの血液損傷が大きい．これに対して，間に膜をはさんでガス交換を行う膜型では血液に与える影響も少なく，気泡の混入なども少ないので，今日では膜型が広く用いられている．

4.4.2 膜型人工肺

膜型人工肺に用いられている高分子を表4.1に示す．このうちシリコーン膜は均質膜であり，シリコーンのもつ高い気体透過性によってガス交換を行う．ほかの二者は$0.01 \sim 0.07 \mu m$の孔径をもつ多孔質構造体で

表4.1 膜型人工肺用高分子膜

均質膜	シリコーン
	ポリジメチルシロキサン
	ポリフルオロシロキサン
	ポリジフェニルシロキサン
多孔質膜	ポリプロピレン
	ポリテトラフルオロエチレン
	ポリサルホン
混合膜	ポリプロピレン/シリコーン/ポリサルホン

ある．これらは，素材の撥水性のために血液は孔から外に漏れないようになっており，ガス交換はこの孔を通して血液と酸素ガスが直接接することにより行うためガスの透過性は非常に高い．しかし，使用開始時にはこの特性が保たれているが，しだいに孔の表面に血漿タンパク質などが吸着して膜が親水性になり，血漿が外部に漏れる．また，血液側の圧力より酸素側の圧力が高い場合には気泡が液体中に入っていく．しかし，開心術の行われている時間程度では，ほとんどそれは問題とならない．最近では，多孔質膜の孔をシリコーンなどの酸素透過性の高い高分子で充填するなどの試みがなされている．

中空糸型膜型人工肺は，中空糸内に血液を通す内部灌流型が従来より用いられてきたが，このタイプは圧力損失が大きく，また膜との界面に生じる境膜層の抵抗によってガス交換能が低下する欠点がある．これを解決するために，最近では血液を中空糸の外側に流す外部灌流型の適用が検討されている．この場合も，できるだけ効率よくガス交換を行うために中空糸を直交させて並べたり振動を付加するなどの工夫がされている．

4.4.3 ECMOとECCO$_2$R

呼吸不全患者の肺を代行するような比較的長期の使用のための人工肺は血液損傷の少ない膜型が用いられる．このようなシステムをECMO(extracorporeal membrane oxygenation)と呼ぶ．また，酸素加は生体肺によって行い，二酸化炭素を体外循環により除去しようという試みをECCO$_2$R (extracorporeal CO$_2$ removing)と呼ぶ．ECMOは，一時期効果が疑問視されたこともあったが，医師達の研究により，最近では成人型呼吸不全症候群(ARDS)や新生児の未熟性急性呼吸不全(IRDS)の治療に効果をあげている．

ECMOのように，高い血流量で1か月近く体外循環しつづけなければならない場合には，血液適合性と酸素透過性のよいことが必要条件となる．特に血液適合性に関しては，抗凝固剤のヘパリンの投与によってひき起

される出血傾向が，ECMO成績を左右するといっても過言ではない．このため，血液適合性のよい高分子膜素材の研究が行われている．また，循環血液量を少なくするために酸素透過性の高い高分子膜素材や境膜抵抗を少なくする装置のデザインが研究されている．

4.5 人工血液

現在では輸血の技術が向上し，また献血の普及によって，輸血用血液が広く医療現場で用いられている．しかし，緊急時の輸血や大災害時には，必要な保存血液が十分に供給できるとは限らない．また，保存血液は寿命が短く，血液型判定や交差反応試験など慎重な検定が必要であり，ウイルス感染（血清肝炎，AIDS）や宗教上の輸血拒否も問題となる．そこで血液の代替物として人工血液の研究がつづけられている．

一般に人工血液と呼ばれているものには大きく分けて，水分補給の役割を担う人工血漿と，それに酸素運搬能を備えた人工酸素運搬体の2種類がある．

人工血漿は血漿増量剤とも呼ばれており，血液と等しい浸透圧をもつ水溶性高分子の水溶液である．水溶性高分子には，高い安全性と適当な排泄速度の点から，デキストランやアミロペクチンの一部をヒドロキシエチル化したヒドロキシエチルデンプンが用いられている．

人工酸素運搬体として研究が進められているのは，パーフルオロカーボンと修飾ヘモグロビンである．パーフルオロカーボン（PFC）は酸素の溶解度が非常に高い液体で，これを$0.1\,\mu m$以下の微粒子に乳化し，20 wt%濃度の乳剤にして用いる．表4.2に示すように，現在までさまざまなPFCが検討されており，体外への排泄率と乳化安定性がすぐれているFluosol DA（FDCとFTPAの混合乳剤）が500例近い臨床経験をもっている．ところが通常20〜30%程度の濃度の乳液としてしか使用できないので，酸素の溶解量はPFC原液と比べて著しく小さくなってしまう．また，酸素分圧の差が空気中（150 mmHg）と末梢組織（40 mmHg）とでは小さすぎるため，十分な酸素の交換ができない．そのため70%以上の酸素を含む雰囲気での使用が必要となり，酸素呼吸管理が必要である．このように，PFC乳剤は，酸素輸送量，乳化安定性，排泄性などのよりすぐれたものが望まれている．

ヘモグロビンは赤血球中にあって酸素運搬の中心を担っているが，そのままでは腎臓から速やかに排泄されたり，酵素分解されて消失してしまう．また臓器表面に沈着して毒性を示したりする．そこでヘモグロビンを修飾して上記の欠点を克服しようという試みがなされている．ヘモグロビンの修飾法には，カプセル化と化学修飾の2通りがある．カプセル化には，以前はコロジオンやナイロン薄膜が用いられたが，最近ではリン脂質を用いて

表 4.2 人工血液用パーフルオロカーボン (PFC)

	FX80	FC43	FTPA	FDC	FMD
	perfluoro-buthyl-tetra-hydrofuran	perfluoro-tributyl-amine	perfluoro-triprodyl-amine	perfluoro-decalin	perfluoro-methyl-decalin
	$C_8F_{16}O$	$(C_4F_9)_3N$	$(C_3F_7)_3N$		
比重	1.76	1.83	1.87	1.93	1.91
沸点 (°C)	105	177	130	147	161
ガス溶解度 (vol%)					
O_2	48.5	40.2	42.3	45.0	42.0
CO_2	160	142	167	134	126

研究されている．化学修飾法には，架橋ピリドキサール化ヘモグロビンと，ポリエチレングリコール結合化ヘモグロビンの2つの方法が試みられている．それぞれ，分子量をあげることによって，腎排出速度を下げたり，血中タンパク質の攻撃を避けたりしようとするものである．〔岸田 晶夫〕

参考文献

1) 筏 義人："バイオマテリアル"，日刊工業新聞社(1988)．
2) 竹本喜一，砂本順三，明石 満編："高分子と医療"，三田出版会(1989)．
3) "人工臓器"，医学のあゆみ，**105**(5)，(1978)．
4) "新人工臓器"，医学のあゆみ，**134**(9)，(1985)．
5) 日本化学会編："医用材料の化学"，化学総説，No.21(1978)．
6) 太田和夫，阿岸鉄三編："人工臓器—機能代行の現状と将来—"，南江堂(1983)．
7) 桜井靖久，酒井清孝監修："最新の人工臓器技術と今後の展望"，アイピーシー(1987)．

5. 軟組織修復用高分子材料

5.1 人工皮膚・創傷被覆材

身体は，熱傷や外傷により大きな皮膚欠損ができると，体液の損失や創感染などのため，生命の危険にさらされる．このため，皮膚欠損部を補填，被覆する人工皮膚や創傷被覆材の研究開発が行われている．人工皮膚の果たすべき皮膚の機能として，現状では，創傷面からの水分，体液の漏出防止，創面の感染防止，良好な肉芽や上皮の形成と治癒促進であり，創傷被覆材というべき段階のものである[1],[2]．現在，使用または研究開発中の人工皮膚は，表5.1のように大別される[3],[4]．

(1) 合成高分子型として，シリコーン，ポリビニルアルコール，ポリアミノ酸，ポリウレタンなどの膜がある．

(2) 天然高分子型としては，コラーゲンを基材とする人工皮膚が代表であり，免疫原性をなくすため酵素処理したアテロコラーゲン

表 5.1 人工皮膚の分類

(1)	合成高分子型	シリコーン
(2)	天然高分子型	コラーゲン
(3)	複合型(Yannasら)	
(4)	細胞組込み型	表皮細胞，線維芽細胞

を紡糸し不織布状に成型したものが実用化され，組織親和性にすぐれている．また，キチンを精製し，長繊維の不織布とした創傷被覆材もある．

(3) これらを組み合わせた複合型として，Yannasらは，シリコーン膜とコラーゲンスポンジの二重膜を作製し，それぞれに表皮と真皮の機能をもたせるよう工夫した．シリコーン膜は外界からの感染を防止し，体液や水分の漏出を制御する．コラーゲンスポンジは徐々に吸収されて新生真皮組織に置き換わり，新生表皮層が全面にわたり形成されるとシリコーン膜は脱落する[5]．

(4) 細胞組込み型は，コラーゲン線維を利用して線維芽細胞の培養を行い真皮層とし，この膜またはゲルの上に表皮細胞を接着，培養して人工皮膚としたものであり，より生体皮膚に近い人工皮膚として期待される．

5.2 人 工 血 管

人口の増大や平均寿命の高齢化とともに，動脈硬化症，血管炎，悪性疾患，外傷などが増加し，血管の閉塞や拡張・膨隆，傷害のため，手足や生命さえも危うくされる患者が増えている．これらの多くは，代用血管を用いた血行再建術の対象となるため，代用血管の需要はますます大きくなってきている．代用血管は，表5.2のように分類されるが，現在，臨床的に広く用いられているのは，大・中動脈用にポリエチレンテレフタレート(ダクロン)人工血管，細小動脈用に自家静脈片や，EPTFE(expanded polytetrafluoroethylene, ゴアテックス)人工血管であり，EPTFE人工血管は，また，静脈血行再建にも応用されている[6],[7]．歴史的には，材質として，ナイロンやポリビニルアルコールなどが使用された時期もあったが，ポリエチレンテレフ

表 5.2 代用血管の分類

(1) 生体血管
  同種血管片；自家静脈片，臍帯動脈片
  異種血管片；ウシ頸動脈片
(2) 人工血管　ポリエチレンテレフタレート，ポリテトラフルオロエチレン，ポリウレタン
(3) 内皮細胞播種人工血管

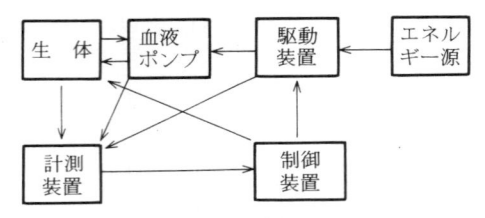

図 5.1 人工心臓のシステム

タレート，ポリテトラフルオロエチレン(テフロン)が生体組織内で最も劣化の少ない材料であることが判明している．ダクロン人工血管は，埋植部位での屈曲防止，血液の漏出防止や新生内皮の形成促進の観点から，蛇腹加工で編組構造にされている．自家静脈片は，抗血栓性の面で最もすぐれているが，適切な直径や長さのものが得がたく，また，長期の観察において内膜の肥厚や石灰化，ときに動脈瘤も指摘されている．EPTFE 人工血管は，抗血栓性にすぐれ，長期での内膜肥厚抑制のためミクロ多孔質構造となっており，屈曲防止や内腔保持のため支持リングをつけたものもある[8]．新しい人工血管の開発動向としては，吻合部位での生体血管との力学的適合性の観点から多孔性ポリウレタン人工血管，早期の安定な内膜形成のため内皮細胞播種人工血管などがあげられる[9),10)]．

5.3 人工心臓・人工弁

人工心臓には，臨床応用の面から，機能不全心を摘出して置き換える完全置換型人工心臓と，不全心の傍に埋植して一時的に機能補助を行う補助人工心臓とがある．完全置換型人工心臓における血栓症，大型装置，予後不良などの問題で，最近は，補助人工心臓が増加し，完全置換型人工心臓は心臓移植の橋渡しとして使用されることが多く，永久的完全置換はこれまでに数例のみである．人工心臓は，血液ポンプ，駆動装置，エネルギー源，計測装置，制御装置から構成される(図5.1)[11)]．血液ポンプはサックやダイアフラムなどの血液駆出部と，出入口の弁および生体の血管や心房と接続するためのカニューレや心房カフからなっており，血液適合性や耐久性が求められ，セグメント化ポリウレタン，ポリ塩化ビニルとカルディオサン(ポリウレタンとシリコーンの共重合体)などが用いられている．現在では，血栓形成に加えて，長期間使用時の石灰沈着も問題になっている．駆動装置，エネルギー源やほかの装置では，小型化，長期間の安全性，信頼性が求められ，現在はおもに空気圧駆動装置が用いられているが，遠心型ポンプを用いたり，リニアモータ，電磁方式を用いたシステムなども試作されている．また，胸壁筋の一つである広背筋を心筋として使用し，ペーシングを行う生体エネルギー人工心臓も検討されている[12),13)]．

人工弁は，人工心臓の出入口にも使われているが，機能不全に陥った心臓弁の置換用として開発されたものである．人工弁には，その可動部分に合成高分子材料を用いた機械弁と，ブタ大動脈弁やウシ心膜をグルタルアルデヒド処理してステントに組み込んだ異種生体弁がある(表 5.3)．機械弁は，ボール弁とディスク弁に分けられ，ディスク弁には，傾斜開閉する一葉弁と中心血流が得られる二葉弁がある．ボールにはシリコーンが，ディスクには pyrolyte carbon が用いられている．現在使用されている機械弁は，弁機能が良好で，血栓形成，溶血などの合併症がより少なく，耐久年月も長いと考えられるものである[14)]．生体弁は，機械弁の合併症，特に血栓症が少なく，また，弁応答性も良好という理由で広く臨床使用された時期もあったが，小児例における弁石灰化，8〜10年目の劣化が

表 5.3 人工弁の分類

(1) 機械弁　ボール弁
　　　　　　ディスク弁(一葉弁，二葉弁)
(2) 生体弁　ブタ大動脈弁，ウシ心膜弁

指摘され，反省期に入っている．右心系に機械弁を用いた場合，血栓形成などの合併症が生じる確率が高いことから，右心系の弁置換には生体弁を選択する場合が多い[15]〜[17]．

5.4 人工気管

気管は，長さ10〜13cm，太さ約2cmの細長い管で，気道の中心にある．この部位に腫瘍などの病変があると，その切除および直接吻合による気管再建術が行われる．しかし，切除が広範囲になると，人工気管が必要となるため，研究開発が行われている[18]．代用気管は，表5.4のように分類され，頸部気管

表 5.4 代用気管の分類
---
(1) 生体組織気管　　有茎性皮膚弁
(2) 合成高分子人工気管
　　　非多孔性チューブ型
　　　メッシュ型
(3) 複合化人工気管

では，有茎性皮膚弁がよく用いられている．合成高分子材料を用いる人工気管には，気道確保を主眼とした非多孔性チューブ型と気管粘膜上皮の再生を考慮に入れたメッシュ型がある．現在，シリコーンチューブの両端に縫合用ダクロンカフをつけた人工気管(Neville)が開発され，臨床応用されているが，人工気管の逸脱や生体気管との接合部における肉芽形成が見られる．人工気管として応用できるメッシュとしては，高密度ポリエチレン繊維を平織りしたものとポリプロピレン繊維をメリヤス編みしたもの(Marlex)があり，後者の方が，孔径，物性の点で人工気管により適していると考えられる．これにコラーゲンを被覆・複合化した人工気管が動物実験的に検討され，メッシュは気管壁として良好に取り込まれ，内壁に正常線毛上皮が新生した結果が得られている[19],[20]．

5.5 人工食道

人工食道には，① 食道内挿管用チューブ，② 体外装着人工食道，および，③ 体内人工食道がある．①，②は，主として臨床的に，進行食道癌患者に広く使用され，材質として，体液に不溶で分解されず，組織反応が少ない，適切な硬度で管腔を保持するなどの条件が要求され，シリコーン，ポリエチレンなどが用いられている．③は，食道病変切除後の食道再建用であり，合成高分子材料では感染，縫合不全，逸脱や食道狭窄など問題点が多く，臨床応用の段階に達していない[21]．チューブ状人工食道で食道の上下端を連結しておき，結合組織管を形成させ，チューブが脱落したのち，ブジーで管腔を保持しながら食道として利用する．この考えを発展させ，ナイロンメッシュをシリコーンで被覆したチューブをステントとし，その周囲にコラーゲンスポンジ層をもった人工食道を作製し，食道粘膜上皮の新生によって内腔を形成させて新生食道としたあと，シリコーンチューブを脱落させる試みがある．人工食道埋植時に自家粘膜上皮を組み込ませると，粘膜上皮形成はさらに良好となるという[19],[20]．

5.6 人工乳房[22],[23]

人工乳房は，その機能よりも美容的な面から開発され，乳房発育不全に対する豊乳術や乳癌のため乳房切除術後の乳房再建に用いられている．材質としてシリコーンが主として用いられ，シリコーンの袋のなかにあらかじめシリコーンゲルまたは生理的食塩水を封入したprefilled bagと，シリコーンの袋を埋植したあとに生理的食塩水，またはデキストランを裏面の弁から注入するinflatable bagとがある．inflatable bagは，柔軟で，皮膚切開が小さいという利点があるが，袋の破裂や注入液漏出が見られ，現在は，おもにprefilled bagが用いられている．材質として，ポリビニルアルコールやポリウレタンもスポンジにして使用されたが，生体組織内でしだいに固くなり，容積の縮小とともに滲出液が貯留して組織反応が強いため，現在では使用されなくなった．

5.7 顎顔面補綴材[22]

形成外科用の顎顔面補綴材として，弾性のあるゴム状の重合体エラストマーが用いられるが，主としてシリコーンゴムであり，シリコーンのうちでも純粋な dimethylpolysiloxane で，medical grade のシリコーンとされるものである．soft, medium, hard があり，用途によりそれぞれ選択され臨床使用されている．鞍鼻に対する隆鼻術や骨折による頬部陥凹への挿入，小耳症の耳介再建用支柱などに比較的安全に用いられ，効果は大きい．

5.8 人 工 靱 帯[24),25]

身体には数多くの靱帯や腱があり，筋肉とともに運動機能を司るが，これらは，外傷や炎症などにより損傷，断裂すると，重篤な機能障害を起こす．特に膝関節や足関節の靱帯，手指腱やアキレス腱の断裂が多い．靱帯や腱の損傷に対し，まず，直接縫合や修復術が行われるが，陳旧例や複雑例の場合は靱帯や腱の再建術の適応となる．自家組織の移行や移植が行われる場合もあるが，自家組織を犠牲にし，手術手技が複雑になるなど問題があり，人工靱帯，人工腱の研究開発が行われている．人工材料を腱，靱帯として使用し，再建直後から関節の支持，運動機能を期待するprosthesis型と，人工材料を中心に自家組織を誘導し，膠原線維化し最終的に生体靱帯を完成させるscaffold型とがある．材質として，prosthesis型はポリテトラフルオロエチレン(ゴアテックス)で，骨への固定と長期間にわたるストレスによる疲労が問題である．scaffold型は，炭素繊維にポリ乳酸，ポリグリコール酸，またはコラーゲンを被覆したものや，ポリエステルなどの繊維であり，手術後関節固定と運動制限を要するが，強度はしだいに増強する．自家腱移植などで強度を補強するため芯とする Augmentation型もあり，ポリプロピレン繊維が用いられる．

5.9 人 工 筋 肉[26]

人工筋肉は，筋機能の代替あるいは補助を目的とするものであり，筋肉のどの機能を代替するかにより人工筋肉に要求される性能も変わってくる．利用するエネルギー源により，エレクトロメカニカル系(電気)，メカノサーマル系(熱)，メカノケミカル系(化学)，フォトケミカル系(光)に分類され，アクチュエータとしてモータ，形状記憶合金，伸縮性合成高分子がある．生体の筋肉は，神経からのインパルスにより，化学エネルギーを機械エネルギーに変換するメカノケミカル系である．アクチンとミオシンの分子が規則的に配列して束となり，筋原線維さらに筋線維(筋細胞)をつくり，これらにより筋肉を構成する．アクチュエータは筋原線維であり，直径 $1\,\mu m$，長さ数 μm のサルコメアからなっている．メカノケミカル系は，素材そのものにエネルギー変換機能を有するものを用いるため小型高効率化が図れる，エネルギー源としてエネルギー密度の高い化学物質を使用できる，素材の柔軟性により，任意の骨構造に適合できるなど人工筋肉として有利である．例として，ポリビニルアルコールで架橋したポリアクリル酸あるいはポリメタクリル酸系などがある．

〔渡 部 智〕

文　献

1) 黄 弘毅, 塩谷信幸: "人工臓器の基礎と臨床", 太田和夫, 白須敵夫, 須磨幸蔵編, p.283, 秀潤社(1980).
2) 宮田暉夫: 医学のあゆみ, **134**, 839(1985).
3) 吉里勝利: 人工臓器, **16**, 1749(1987).
4) 清水慶彦: 人工臓器, **17**, 1664(1988).
5) I.V. Yannas and J.F. Burke: *J. Biomed. Mater. Res.*, **14**, 65(1980).
6) 杉江三郎, 田辺達三: "人工血管 その進歩と臨床の実際", 南江堂(1977).
7) 田辺達三, 安田慶秀, 佐久間まこと: 医学のあゆみ, **134**, 687(1985).
8) 松本博志: 医学のあゆみ, **134**, 675(1985).
9) 片岡一則: 人工臓器, **16**, 1735(1987).
10) 高木淳彦: 人工臓器, **17**, 1651(1988).
11) 井街 宏: 医学のあゆみ, **134**, 741(1985).
12) 岩谷文夫: 人工臓器, **17**, 1647(1988).

13) 渥美和彦：外科治療, **61**, 312(1989).
14) 新井達太：医学のあゆみ, **134**, 692(1985).
15) 小柳 仁, 今村栄三郎, 遠藤真弘, 橋本明政：医学のあゆみ, **134**, 699(1985).
16) 松永 仁：人工臓器, **17**, 1649(1988).
17) 小塚 裕：人工臓器, **20**, 1484(1991).
18) 山本光伸："人工臓器の基礎と臨床", 太田和夫, 白須敵夫, 須磨幸蔵編, p.272, 秀潤社(1980).
19) 清水慶彦："最新医用材料開発利用便覧", 妹尾 学, 大坪 修編, p.394, R & D プランニング(1986).
20) 清水慶彦："バイオマテリアルの最先端", 筏 義人編, p.485, シーエムシー(1989).
21) 阿保七三郎, 中村正明：医学のあゆみ, **105**, 470(1978).
22) 福田 修："最新の人工臓器技術と今後の展望", 桜井靖久, 酒井清孝, p.371, アイピーシー(1987).
23) 坂東正士, 小室裕造：外科治療, **61**, 440(1989).
24) 冨士川恭輔, 伊勢亀冨士朗：バイオメカニズム学会誌, **10**, 8(1986).
25) 丹羽滋郎：外科治療, **61**, 658(1989).
26) 鈴木 誠：バイオメカニズム学会誌, **10**, 2(1986).

6. 眼科用高分子材料

眼科領域においても，幅広く高分子材料が使用されている．使用例の一部を，図6.1に示した．

6.1 コンタクトレンズ（CL）

視力矯正のために，角膜前面に装着する透明なレンズで，ハードタイプとソフトタイプ

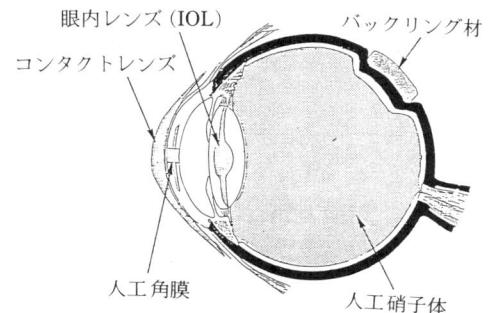

図 6.1 眼科領域のバイオマテリアル

の2種類に大別される．CLの分類を図6.2に示した．ハードタイプは，硬いために装用したときに異物感があるが，レンズが傷つきにくく寸法安定性がよいという長所がある．ソフトタイプは，柔軟なために異物感は少ないが，含水率が高いと汚染されやすく，煮沸消毒のような煩雑な操作を必要とする．また，乾燥や強いひっ張りにより変形しやすい．これらの素材には，レンズとしての光学特性，酸素透過性，耐薬品性，生体適合性などが要求される．繰り返し滅菌が可能で，できるだけタンパク質や脂質を吸着しない材質であることも要求される．

両タイプに共通して必要な光学特性は，きわめて透明性が高く，かつできるだけ高い光屈折率をもつことである．屈折率が高ければレンズを薄くでき，異物感を軽減できる．

角膜は無血管組織なので，酸素の供給は涙液を介して行われる．したがって，角膜に装着するCLには，高い酸素透過性をもつことが望まれる．角膜の酸素消費量は，一般に $4.5 \sim 4.8\ \mu l/cm^2 \cdot$時といわれている[1]．

図 6.2 コンタクトレンズの分類

ハードタイプのレンズの素材は，ポリメチルメタクリレート（PMMA）が主流であったが，PMMA はほとんど酸素を透過しないので，長期間連続装用すると角膜上皮に傷害を与えたり，角膜への血管侵入を誘発する．連続装用を可能にするため，酸素透過性 CL 研究がさかんに行われている．酸素透過性ハード CL 中の酸素透過は，高分子鎖セグメントの分子運動により形成される空孔を通して起こる．この酸素の透過機構は，ヘンリー（Henry）の法則（溶解機構）とフィック（Fick）の法則（拡散機構）により説明される．

CLを挟んだ涙液中の酸素の分圧P_1(外側の涙液中)とP_2(角膜側の涙液中)が定常状態のとき，CL表面における酸素濃度C_iと分圧P_iの関係は，ヘンリーの法則に従い，

$$K = C_i/P_i \quad (i=1, 2) \quad (6.1)$$

K：溶解度係数($ml/cm^3 \cdot mmHg$)

となる．一方，CLの厚さL，面積A，分圧P_1, P_2とし，CL中の酸素の拡散が定常状態ならば，単位時間t当たりの酸素透過量Qはフィックの法則より，

$$Q = \frac{D(C_1-C_2)A \cdot t}{L} \quad (6.2)$$

D：拡散係数($cm^2/$秒)

となる．酸素透過係数を$D_k = D \cdot K$とし，(6.1)式を(6.2)式に代入すると，

$$Q = \frac{D_k(P_1-P_2)A \cdot t}{L}$$

となり，QはD_kに比例し，Lに反比例することになる．したがって，高いD_k値をもち，より高い光屈折率をもつ材質(屈折率が高ければLを小さくできる)が望ましい．CLの酸素透過は，上記のD_kに10^{-11}を乗じた値で評価されている．

SiやF原子を含む高分子は高い酸素透過性をもつ．現在，市販されている酸素透過性のコンタクトレンズの材質は，シリコーンアクリレート，フルオロアクリレート，シリコン・アクリル・スチレン共重合体，セルロースアセテートブチレート，アルキルスチレンなどである．代表的なモノマーの構造式を図6.3に示した．

含水性ソフトCLも酸素透過能をもつ．この場合の酸素透過は，上記のメカニズムとは異なりCL中に含まれる水を媒体として起こる．純水は約100という高いD_k値をもつため，含水性CLの酸素透過量はCLの含水率に依存する．少なくとも60%以上の含水率をもたなければ，長期間の連続装用レンズの素材とはならないようである．現在，市販されている含水性ソフトCLの材質は，2-ヒドロキシエチルメタクリレート，N-ビニルピロリドン，イソブチルメタクリレートなどを共重合したものである．代表的なモノマーの構造式を図6.3に示した．

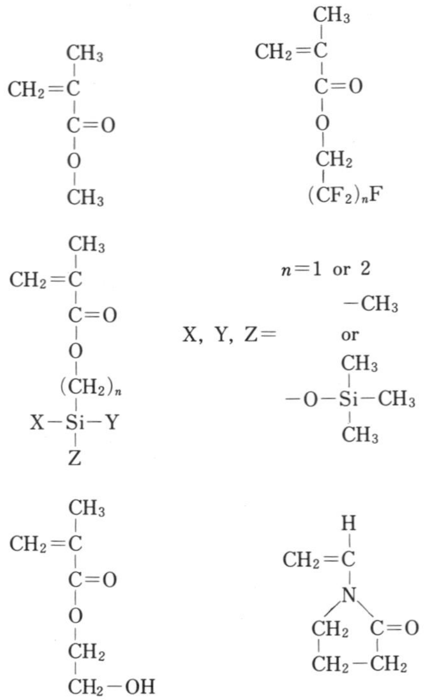

図6.3 代表的なモノマーの構造

6.2 眼内レンズ(IOL)

人間の水晶体は，直径10 mm，厚み4 mm程度の凸レンズであり，屈折力は平均，+20Dである．弾力性があるので，毛様体筋の収縮，毛様体小帯の弛緩により厚みが変わり，ピントの調節を行っている[2]．水晶体は，加齢とともに混濁をきたし，その透明性が失われる場合がある[3]．これが老人性白内障である．白内障により混濁した水晶体は外科的に摘出され，凸レンズ喪失による屈折異常は，眼鏡やコンタクトレンズの装用，あるいは眼内レンズの挿入により矯正される．眼鏡装用の場合は，視野が狭くなり周辺像のゆがみや眼鏡枠による輪状暗点が生ずるほか，網膜像の拡大(約30%)などが起こる．コンタクトレンズ装用の場合は，周辺像のゆがみ，輪状暗点などの問題はないが，10%程度の網膜像の拡大が起こるほか，老人にとって取り扱いがむずかしいなどの問題点がある．眼内

レンズ挿入の場合は，手術さえうまくいけば眼鏡やコンタクトレンズ装用のような問題点や煩わしさがない．また，手術方法の進歩により安全性も向上しており，近年，眼内レンズ挿入による屈折異常の矯正が急激に増加している．

現在使用されている眼内レンズは，材料の組合せの面から single-piece と two-piece との2種類に分けられる．光学部の位置で分類すれば，前房レンズ，瞳孔面レンズ，後房レンズの3種類に分類でき，支持部は，脚，フック，ループ，クロー，クリップなどの種類がある．また，その挿入固定位置により隅角支持型前房レンズ，虹彩支持型レンズ，囊内固定レンズ，虹彩毛様体溝固定レンズなどに分類できる．市販されている眼内レンズは，500種類を越えるといわれており，正確な数は不明である．代表的な眼内レンズを，図6.4に示した．

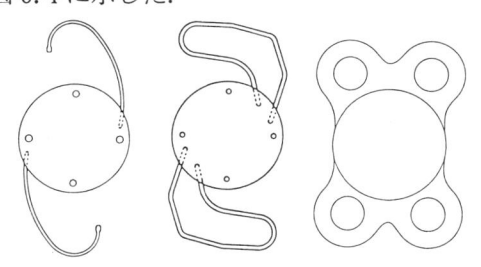

図 6.4 眼内レンズの一例

光学部の材料としては当初から PMMA が用いられ，現在でも主流となっている．PMMA は射出成形，旋盤カット，圧縮重合，注型重合などによって，レンズ状に成形される．

このほかに，シリコーン，ポリサルフォン，PHEMA なども用いられている．

支持部の材料は，当初ナイロンが使用されていたが，生体内における劣化が強く現在は使用されていない[4]．現在の主流は，ポリプロピレンである．初期のポリプロピレンは，光劣化を受けやすかったが[5]，現在は適当な光劣化防止剤の添加により，ほとんど問題はない．PMMA，ポリフッ化ビニリデンなども使用されている．

手術時の傷口をできるだけ小さくできるように折りたためる材質の眼内レンズや，多焦点レンズを用いた眼内レンズなどが開発されている．また，レンズ表面の改質もさかんに研究されている．

6.3 人 工 角 膜

角膜混濁や角膜潰瘍のような不可逆性の病変が生じた場合，角膜移植が行われている．移植用の角膜片は，献眼により提供されるため，必要なときにすぐ入手できない欠点がある．また，移植した角膜片が，拒絶反応などにより再三混濁を起こす場合がある．このようなときには，人工角膜に頼らざるを得ない．しかし，多くの研究がなされ，実際，臨床に使用した報告もあるが，組織への生着などの問題から，種々の合併症をひき起こして，満足できる人工角膜は未だに開発されていない．これまでに研究されてきた人工角膜の一例を述べる．Cardona らのグループは，図6.5に示した nut-bolt 型および through-through 型の2つのタイプの人工角膜を考案した[6]．いずれのタイプも全層置換型であ

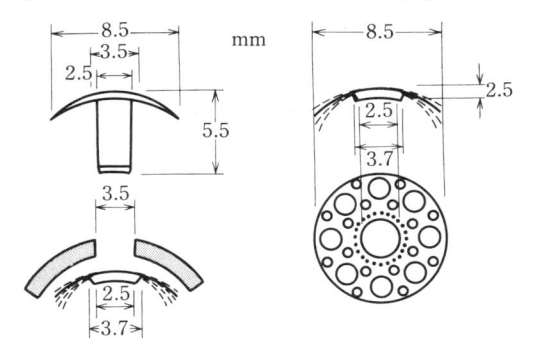

nut-bolt 型

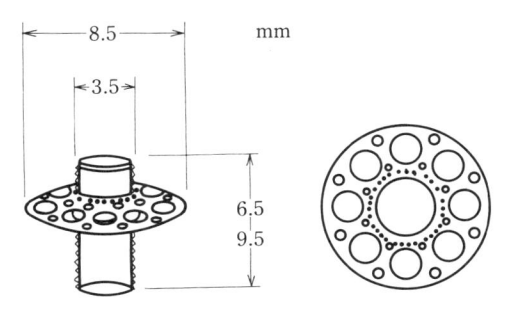

through-through 型

図 6.5 Cardona らの人工角膜

る．この人工角膜は，PMMA製の光学部と，それを角膜に固定するためのPTFE製のスカート部からできており，スカート部には，生体組織の増殖により人工角膜をホスト角膜にしっかり固定するための小孔が開けられている．この人工角膜の問題点は，長期埋入後に起こる組織からの脱落である．そのため，眼瞼縫合のあと，瞼に穴を開け光学部のみをその穴から出して固定を助けるような手術も行われた．

角膜全層を置換するのではなく，角膜実質内にポリサルホン[7]やハイドロゲル製のレンズ[8]を挿入して視力矯正を行う試みもなされているが，長期間の埋入で角膜の薄化や混濁などの問題が生じており，未だに満足できるものは開発されていない．

6.4 人工硝子体

硝子体は，眼球内腔のうしろ4/5を満たしている無色透明な反流動性のゲル状物質であり，その主成分は，ヒアルロン酸とコラーゲン繊維である．硝子体は，眼球の形状を保持するとともに屈折にも寄与している．人工硝子体は，手術により除去された硝子体の代わりに眼球の形状を保持したり，網膜剥離時のタンポナーデとして用いられる．眼球の形状保持には，pHと浸透圧を調整した電解質水溶液が用いられる．網膜剥離用タンポナーデとしては，空気やSF_6[9]のような気体，またはシリコンオイル[10]やヒアルロン酸水溶液[11]のような液体が使用されている．シリコンオイルでは，徐々に水による乳化が起こり白濁するので抜き取らねばならない．

親水性合成高分子を，人工硝子体として用いようという研究もなされている．これまでに，ポリビニルピロリドン(PVP)[12]，ポリアクリルアミド(PAAm)[13]，ポリグリセリルメタクリレート(PGMA)[14]やポリビニルアルコール(PVA)のハイドロゲル[15]などを用いた研究がなされてきた．PVPやPAAmは，混濁や炎症を起こすため用いられていない．

6.5 網膜剥離用バックリング材[16]

網膜が剥離したとき，眼球外部から圧迫固定するために用いる止め具で，網膜の張力を和らげる役目もする．材質は，シリコーンラバーである．シリコーンと一緒に用いるアクリル系共重合体のハイドロゲルもある．強膜内あるいは強膜上のどちらにも使用できる．

〔小林　尚俊〕

文　献

1) I. Fatt: "Physiology of the eye", p.125, Butter wurths (1978).
2) 谷　道之："小眼科書", p.245, 金芳堂(1982).
3) 山本覚次：日眼, **86**, 1859(1982).
4) 早野三郎：眼科, **22**, 19(1980).
5) 山中昭夫監修："フェヒナー眼内レンズ", p.48, メディカル葵出版(1987).
6) H. Cardona: *Trans. Am. Acd. Opth. & Otlo.*, **83**, 271(1977).
7) H. Climenhaga, et al.: *Arch. Opthalmol*, **106**, 818(1988).
8) W.H. Beekhuis, et al.: *ibid*, **105**, 116 (1987).
9) B. Rosengren, et al.: *Acta Ophthalmol. (suppl.) Copenh.*, **84**, 143(1966).
10) J. Federman, et al.: *Opthalmology*, **95**, 870(1988).
11) G. Tolentino, et al.: "Vitreous Injection, Vitreoretinal Disorders", W.B. Saunders Company(1976).
12) G. Scuderi: *Ann. Ottal.*, **80**, 213(1954).
13) K. Muller-Jensen, et al.: *Ber Zusammenkunft Dtsch. Ophthalmol. Ges.*, **68**, 181(1967).
14) S. Daniele, et al.: *Arch. Opthalmol.*, **80**, 120(1968).
15) 山内愛造ら：日眼, **83**, 1487(1979).
16) 小原喜隆ら："網膜剥離の手術", p.64, 医学書院(1986).

7. 整形外科用高分子材料

近年，整形外科領域において，金属，セラミック，高分子材料などの生体材料が使われることが，頻繁になってきた．従来は，骨折のときに使用する金属材料のように，骨折の

治癒までの間，一時的に骨折部を固定する目的で埋入し，骨癒合後は，生体より取り出すような使い方がほとんどであり，材料の組織に対する影響や，発ガンの問題などは，重視されなかった．しかし近年で，人工関節置換術のように一生，生体材料が埋入されたままの物や，若年者の骨腫瘍の病巣部摘出術後の広範な欠損の補塡材などでは，20年から30年以上に及ぶ耐用性が要求され，かつ安全な材料が望まれるようになってきた．使用目的が一時的なものから半永久的なものに変わってくるにつれ，材料の生体に対する影響も問題となりつつある．最近，金属のステムと高分子材料の臼蓋でできた人工関節の置換術後に，悪性腫瘍の発生が見られたとの報告も散見されるようになってきた．このように，人工関節材料は，以前にもましてその質の高さを要求されているわけであるが，現在，整形外科領域で使用されている高分子材料の概略とその問題点について述べてみたい．

整形外科領域で，現在，頻繁に使用されている高分子材料は大きく4つに分類される．

(1) 人工関節置換術の際の臼蓋部
(2) 人工関節と骨とを接着させるための骨セメント
(3) 膝関節周辺の手術に使用されている人工靱帯
(4) 手の外科領域で使用されている人工腱

7.1 人工関節の臼蓋部

高分子材料の臼蓋と，金属のステムを骨セメントで固定する現在の人工関節のモデルは，Charnleyが最初である[1]．彼の初期のモデルでは，臼蓋部の高分子材料としてテフロンを使用していたが，金属とテフロンの間の摩擦により摩耗粉が生じ，これが肉芽形成をひき起こし，人工関節のゆるみの原因となり，結局人工関節の摘出術を余儀なくされる場合が多かった．そこで臼蓋部の高分子材料をハイデンシティポリエチレン(highdensity polyethylene)に代えた結果，手術後のゆるみが少なくなり，術後成績が向上した．この手術法の開発により，中年以降，股関節の関節軟骨や骨組織の変性のため，疼痛や関節の可動域制限のため，歩行が困難となる変形性股関節症の患者が救われるようになった．

Charnleyの開発した人工関節は，世界中で行われるようになったが，当初人工関節の耐用年数は約20年ぐらいと考えられ，手術適応は，60歳以上の高齢者に限られていた．しかし40歳台，50歳台でも変形性股関節症は見られ，手術適応をより若年者にまで広げるために，その後いろいろな種類の人工関節が開発されてきた．original Charnley typeを多少変えたものから材質，デザインとも大きな変更の見られるものまで，各国で独自のtypeの人工関節が試みられているが，いままでのところ，originalのCharnley typeの人工関節に明らかに優っているものは，できていない．

スイスのWeberとHugglerは，ポリエステルの骨頭の金属の臼蓋からできた人工関節を開発した[2]．この高分子性の骨頭は金属製のステムへの着脱が容易で，摩耗で高分子材料の方に問題が生じたとしても，簡単な手術で交換できるという意図でつくられた．すなわち，人工関節の全体が長期間の使用に耐えられると思われないので，最も弱い部分のみ簡単な手術で交換できるようにして耐用年数を長くしようという試みであった．しかし，人工関節置換術後2～3年で，少量の摩耗粉が生体の異物反応を誘発し，これが肉芽形成をひき起こし，臼蓋部のゆるみ，あるいはステムのゆるみを生じ，骨頭の交換だけではすまなくなりその結果は惨憺たるものであった．Charnleyのテフロンといい，Weber-Huggler typeのポリエステルといい，高分子材料の選択を誤った例である．

また，ステムの問題として金属では，骨組織との間で機械的性質，特に弾性率が違いすぎるために，ステムの折損や，ゆるみの原因になると考えられていた．その点を解決するために，ポリアセタールのステムが開発された．しかし，組織反応の問題で最近では，使

用は中止されたとのことである．

人工関節材料の臼外部，あるいは人工膝関節の関節面に使用される高分子材料は，対側が金属であれ，セラミックであれ，現在のところ，HDPが最も安定した成績が得られている．しかしHDPでも理想的な材料ではなくて，長期に使用しているとポリエステルと同様に，摩耗粉が見られ，人工関節のゆるみの原因となっている．今後，さらにすぐれた高分子材料の開発，応用が望まれている．

7.2 骨セメント

人工関節の手術で，頻繁に使用される高分子材料としては，骨セメントがあげられる．Charnleyが最初に，人工関節の金属ステムと大腿骨の間，HDPと臼蓋部の間を，メチルメタアクリレート(methylmethaacrirate)で固定した．[3] しかし，先にも述べたように骨セメントは，骨組織と機械的に結合しているのみであり，direct bondingはしていない．このことは，時間の経過とともにセメントと骨組織の間に繊維製被膜を生じ，人工関節のゆるみの原因となっている．近年，骨組織と直接結合させることを目的として，骨セメントにバイオアクティブセラミック(bioactive ceramic)を混ぜた，コンポジット(composit)マテリアルの試みもなされたが，現在のところ，まだ実用化されていない．

Charnleyが始めた，人工股関節は，HDPの臼蓋と金属のステムを骨セメントで固定するものであったが，長期間使用するとゆるみを生じるという欠点は残るとしても，変形性股関節症で疼痛に悩む多くの患者の苦しみを取り除いた．また，この基本的な考え方は，そのほかの部位の人工関節に応用されている．今後は，ゆるみのない人工関節の開発が望まれている(図7.1)．

7.3 人 工 靱 帯

人の関節には，支持機構として靱帯がある．靱帯に外傷や変性により何らかの損傷が加わると支持性が低下して日常生活，特にスポーツをするのに支障をきたす．損傷の程度によっては，断裂部を縫い合わせる修復術でよい場合もあるが，自家組織や人工靱帯で再建する場合も少なくない．

特に，サッカーやスキーなどで損傷しやすい膝関節周辺の靱帯損傷には，高分子の人工靱帯が使用される機会が多かった．膝人工靱帯は prosthesis型と scaffold型に分類される．prosthesis型は膝の支持性を人工靱帯のみにたよるものである．素材としては，ポリ

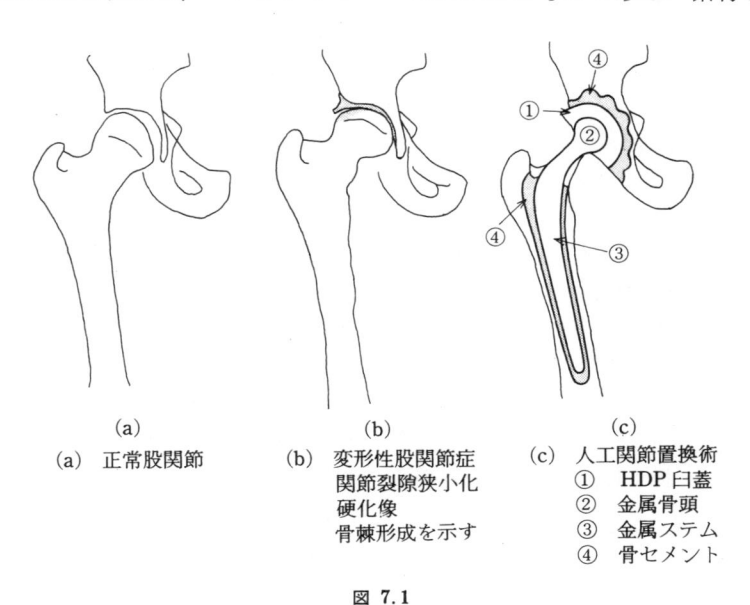

(a) 正常股関節
(b) 変形性股関節症
　　関節裂隙狭小化
　　硬化像
　　骨棘形成を示す
(c) 人工関節置換術
　　① HDP臼蓋
　　② 金属骨頭
　　③ 金属ステム
　　④ 骨セメント

図 7.1

テトラフルオロエチレン(polytetrafluoroethylene(Gore-Tex))が使われているが，骨組織への固定は金属のステープルを打ち込んで固定する．手術直後の支持性は良好で，日常生活への復帰は早いが，機械的に固定した材料であり，素材自身も半永久的な耐久性のあるものでないため時間の経過とともに断裂，ゆるみなどの問題がでてくる．

一方，scaffold型では，人工靱帯がある一定期間，prosthesis型と同様に膝関節の支持性を担っているが，経時的に靱帯周囲に結合織が誘導され，prosthesisと自家組織の両方で膝を支持するものである．素材としては，カーボンファイバー，プリプロピレン(ligament augmentation device：LAD)[4] ポリエステル(Leeds-Keio ligament)[5]が使用されている．特にLADの場合は，人工靱帯の周囲を自家腱で覆い，生体材料と自家腱の複合材料として使用するものである．このscaffold型の人工靱帯は，臨床的に広く応用されているが，誘導される組織が正常の腱や靱帯と同一のものかどうかは問題であり，またこれら生体材料の長期に及ぶ生体組織に対する影響についてもいまのところ不明である．今後，人工靱帯の臨床応用は増力していくと思われるが，正常の靱帯に生物学的にも機械的強度の点においても，より近い組織に置き換わっていく材料が望まれている(図7.2)．

7.4 手の外科領域における高分子材料の応用

手の外科領域において主として使用されている高分子材料は，指関節に使用される人工関節，手根骨に使用される高分子置換物，腱の再建の際使用する．Hunter tendonがおもなものである．

月状骨に対する silicone implant 手の関節運動をより繊細なものにするために，前腕より手の指の間には，いくつかの小さな骨が介在している．そのうちの一つである月状骨は，ときどき無腐性の壊死を起こし，疼痛や関節機能障害をきたす．壊死をきたし，つぶれた骨をとりだしその骨の替わりにシリコーンインプラント(silicone implant)を入れる試みがなされてきた[6]．初期の治療成績は良好であったが，シリコーンインプラントを単にスペーサ(spacer)として入れるだけでは，手関節の複雑な関節運動には長期にわたって対応することが困難で，手根骨の配列のみだれや，インプラントの脱臼，インプラント周囲の滑膜炎や骨の吸収像が見られることもあり，最近ではあまり使用されていない．

リウマチ患者では，しばしば手の変形をきたし，疼痛や関節の運動障害のため日常生活に支障をきたす．また，加齢変化で生じる拇指の変形性関節症も疼痛や運動障害をきたす．これらの関節変化に対し関節を切除したあとシリコーンでできた人工関節を入れる手術が行われてきた[7]．この人工関節は股関節とは異なり，一片(one piece)でできており，屈曲，伸展運動が繰り返される手指では破損の危険性が問題となる．破損の頻度に関しては，長期成績がでてくるにつれ高くなっている．また，手根骨と同様にシリコーンの組織反応も報告されている．ほかに手段のないリウマチの患者では，この人工関節により苦痛より開放された患者も多いが，材料および関

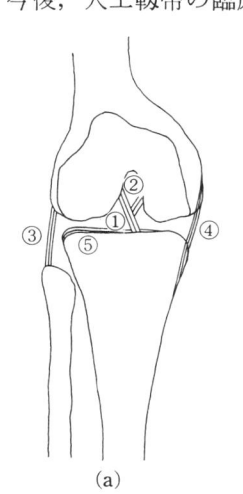

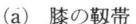

(a) 膝の靱帯
　① 前十字靱帯
　② 後十字靱帯
　③ 外側側副靱帯
　④ 内側側副靱帯
　⑤ 膝横靱帯

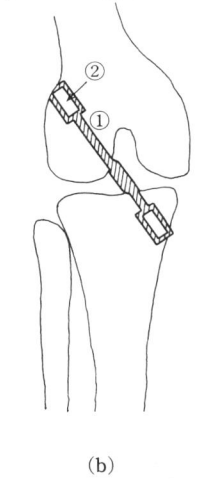

(b) Leeds-Keio靱帯による十字靱帯の再建術
　① Leeds-Keio靱帯
　② 固定用のbone plug

図7.2

節のデザインから考えて半永久的なものとは考えがたく，素材の面でも，デザインの面でも改良すべき点は多い．

指にはいくつかの腱があり，細かい運動を可能にしているが，この腱が断裂し瘢痕や拘縮が著明な場合は断裂した腱同士を単純につなぐだけではすぐに周囲組織と癒着し，腱の滑動性が得られない．このような場合，手術は2回にわけて行う．まずダクロン(Dacron)とシリコーンでできた棒(rod)をもとの腱の部位に挿入し，ここに滑動性のトンネルのできるのを待ち，4か月後くらいにほかの部位よりとりだした自家腱をこのトンネルのなかを通して移植する[8]．この方法は前2者と違い，一時的に使用するので組織反応はあまり問題とならず，一般に使用されている方法である．人工腱のみで代用できないかということでいろいろの試みもされているが，骨と人工腱との結合部，筋肉とインプラントの結合部を永久的に固定できる材料はいまのところない．

7.5 まとめ

高分子材料は，整形外科領域で日常的に頻繁に使用されている材料であり，一部のものを除いてすでにかなり長期の追跡(follow up)の結果もでている．特に人工関節置換術では，高分子材料抜きでは関節の手術はほとんどの場合不可能であるといっても過言ではない．高分子材料の臨床応用により，多くの人が苦痛から開放された．しかし，いずれの材料においても長期にわたって人の組織に代わるほどすぐれた材料はない．さらにすぐれた高分子材料の開発，改良が必要であろう．

〔琴浦 良彦〕

文　献

1) J. Charnley: Low Friction Arthroplasty of the Hip", Springer (1979).
2) B.G. Weber: "Die Rotations-Totalendoprothese des Hueftgelenkes. *Zeitschrift fuer Orthopaedie und ihre Grenzgebiete*, **107**, 304-315 (1970).
3) J. Charnley: "Acrylic Cement in orthopaedic Surgery", Churchill Livingstone (1972).
4) G.K. McPherson, et al.: Experimental mechanical and histological Evaluation of the Kennedy Ligament Augmentation Device. *Clinical orthopedics and Related Research*, **196**, 185-195 (1985).
5) 富士川恭輔ら: Leeds-Keio 人工靱帯による前十字靱帯再建手術法について．整形外科，**35**, 879-885 (1983).
6) A.B. Swanson, et al.: Lunate implant resection arthroplasty. *J Hand Surg*, **10**, 1013-1023 (1985).
7) A.B. Swanson: Flexible Implant Arthoroplasty for arthritic finger joints. Rationale, technique and results of treatment. *J Bone Joint Surg*, **54-A**, 435-455 (1972).
8) J.M. Hunter: Felxer tendon reconstruction in severely damaged hands. A two-stage procedure using a silicon-dacron reinforced gliding prosthesis prior to tendon grafting. *J Bone Joint Surg*, **53**, 829-858 (1971).

8. 歯科用高分子材料

8.1 印象材

静止状態にあると，移動した状態にあるとを問わず，口腔の組織を陰型に記録したものを印象といい，このために用いる材料を印象材という．この材料の所要条件としては，口腔内で無害なこと，不快感を与えないこと，使用が簡単で口腔内で適当な時間内に硬化し，膨張，収縮がなく，印象が正確明瞭であることなどがあげられる．硬化後の性質によって，弾性印象材と非弾性印象材に分類され，前者には，シリコーンラバー印象材，ポリサルファイドラバー印象材，ポリエーテルラバー印象材，アルギン酸塩印象材，寒天印象材などがあり，後者には，モデリングコンパウンド，酸化亜鉛-ユージノール印象材，セッコウ印象材などがある．以下に，おもな

印象材について説明する．

8.1.1 アルギン酸印象材

アルギン酸のアルカリ金属塩，またはアミン化合物，セッコウおよび第3リン酸ナトリウムを主成分とする印象材．弾性があるので分割することなくアンダーカットのある印象がとれることと，操作が容易なために広く用いられている．製品は粉末またはペースト状で，前者の主成分はアルギン酸カリウムまたはアルギン酸ナトリウム，セッコウ，第3リン酸ナトリウムおよびケイソウ土で，使用に当たって適量の水を加えてよく練和する．後者の主成分は，アルギン酸塩，第3リン酸ナトリウム，および水で，使用に当たって適量のセッコウを加えてよく練和する．この印像材は，硬化後の寸法変化が大きいので，模型用セッコウの注入は速やかに行わなければならない．

8.1.2 寒天印象材

寒天印象材は，水を分散媒とし，寒天5～15%を含むゾルで，ゲル強化剤として，ホウ砂を約0.2%，セッコウ凝結促進剤の硫酸カリウムを約2%含むほか，鉱物質粉末，綿繊維，着色剤，香料を少量含むものもある．ふつう密閉チューブに入れて市販され，100℃のゾル化浴，65℃の保存浴，トレーに盛ってから45℃のテンパー浴の順に保ち使用する．トレーには水冷管つきのものを要するが，印象能力はすぐれている．寒天5%程度のものは流し込みが可能で，模型複製用として用いられる．近年，水冷トレーを省くためアルギン酸印象材との連合印象法も開発された．

8.1.3 ポリサルファイドラバー印象材

この印象材の主成分であるポリサルファイドは，両端に反応性に富んだメルカプト基（－SH）をもつ多硫化ゴムでチオコールともいわれる．この印象材は，一般に二剤型で，1つのチューブはポリサルファイド，ほかのチューブは反応促進剤である．反応促進剤としては，過酸化鉛や有機過酸化物などの酸化剤が用いられ，基材と練和すると，縮合重合して硬化し，ゴム状弾性体となる．硬化時間が長く，硬化の終了点（撤去時）が明確に判別しにくいのが欠点であるが，弾性ひずみは大きく，永久ひずみは小さく，かつ硬化時，硬化後の寸法変化もきわめて小さいので，すぐれた印象を採得できる．

8.1.4 シリコーンラバー印象材

この印象材の基材は，SiとOを含むポリシロキサンである．これに，エチルシリケートなどのような架橋剤をカプリル酸第2スズのような触媒の存在下で反応させると硬化し，ゴム状弾性体となる．この印象材は，① 寸法精度がよい，② 面再現性がよい，③ 弾性にすぐれ残留ひずみが小さい，④ 硬化時間の調節ができる，⑤ 操作性がよいなど，精密印象材としてポリサルファイドラバー印象材に匹敵する性能をもっている．従来型は，硬化後の寸法安定性が悪く，硬化直後0.2～0.3%の線収縮を示したが，近年，ビニルシラン化合物を用い，これと有機シロキサンとの付加反応を利用して，重付加反応を行わせる新しいタイプのものが開発され，付加型シリコーンラバー印象材，またはビニールシリコーンラバー印象材と呼ばれている．

8.2 義歯用材料

義歯に用いられる高分子材料は，義歯床用レジンと呼ばれるものと人工歯とに分けられる．

8.2.1 義歯床用レジン

義歯床とは，義歯の基底として粘膜面をおおい，義歯の口腔内への維持，人工歯の保持，および咬合圧を粘膜に伝達する機能をもつ義歯の一部である．古くは木，蒸和ゴム，セルロイドなどでつくられたが，現在はおもに合成樹脂か金属で製作される．

現在，義歯床用レジンとしては，主としてポリメチルメタクリレート(PMMA)が用いられている．製品としては，MMAを懸濁重合してつくったパール状微粉(20～80 μm)にBPO 0.3～0.5%および微量の着色剤を加えた粉末部と，MMAにハイドロキノンなどの

重合防止剤 50〜60 ppm，架橋モノマー数％を加えた液部がセットになっている．使用に際しては，液部と粉末部を混合し，液状の MMA モノマーにより粉末状ポリマーを部分的に溶解させて可塑性の餅状物をつくり，これをセッコウ型に填入して，加熱し，重合させる．また，液部に芳香族第3アミンを混入させておき，粉末と液を混和した泥状物をセッコウ型に流し込み，常温で重合，硬化させる常温重合型レジンと呼ばれるものもある．これは，物性面では，加熱重合型レジンよりやや劣るが，寸法適合性にすぐれているといわれている．

PMMA 以外の合成樹脂系の義歯床用材料としては，ポリサルフォン樹脂がある．これは，熱を加えて可塑化したレジンに圧力を加え，陰型に射出成型して用いる．重合収縮がなく，寸法適合性の高い義歯床が得られるのが特徴である．

8.2.2 人　工　歯

人工歯には，長石，石英などを主成分とする陶歯と呼ばれるものと，合成樹脂からなるレジン歯とよばれるものがある．

レジン歯の主成分は PMMA であり，同一素材である PMMA レジン床との結合が良好であることが特徴であるが，硬さや耐摩耗性などの点で陶歯より劣っている．最近，この点を改良すべく，床に接する部分は PMMA で，機械的強度の必要な歯冠部分は超微粒子シリカを含有した架橋ポリマーからなっているレジン歯も開発され，市販されている．

8.3　歯冠用レジン（歯冠用硬質レジン）

金属冠の欠点である審美性を回復するための材料として，陶材およびレジンが用いられており，歯冠用レジンは，陶材に比べ色調の出しやすさや操作性などの点ですぐれており，主として，前装冠や架橋義歯のポンティックなどに用途がある．

初期の歯冠用レジンは，義歯床用レジンと同じ加熱重合型 PMMA が用いられたが，ジメタクリレートに代表される多官能性モノマーが使用されるようになって，硬質レジンと呼ばれるようになった．

組成として，粉末部には，高密度に架橋した PMMA を粉砕したものや，耐摩耗性の改善のため，これに少量のシリカフィラーを配合したもの，または，コロイダル・シリカをあらかじめ多官能メタクリレートに分散し，重合してコンポジットレジンとし，これを粉砕した粉末（複合フィラー）を用いている．液組成には，表 8.1 に示したような多官能性モノマーを単独，またはコモノマーとして使用している．

重合方式としては，従来，粉末に BPO を添加してある加熱重合方式のものが主流であったが，最近は光重合方式のものが増えつつある．

8.4　成形修復（充填）用レジン

成型修復用レジンとは，歯の欠如部位に直接作用させ，常温常圧で数分間で硬化して，失われた歯の形態や機能を回復させるための材料である．この，歯に直接使用するということによる生体適合性，接着性および操作性が，ほかの材料に比べて特に要求される．

修復用レジンとして，最初，MMA を BPO-第3アミンによって常温で重合させるシステムが用いられたが，歯質の熱膨張係数との差が大きい点や耐摩耗性が低い点などから，現在では，無機質フィラーとレジンマトリックスとから成るコンポジットレジンが主流となっている．

コンポジットレジンのマトリックスとしては，アクリルレジンとエポキシレジンの共重合体である Bis-GMA という二官能性メタクリレートモノマーを基礎としているものがほとんどである．このモノマーは粘性が高いため，より低分子の二官能性メタクリレートで希釈して粘度を下げると同時に，架橋結合によりさらに丈夫な網目構造が得られるようにしてある．無機質フィラーとしては，主として石英やバリウムガラスの微粉末が 70〜

表 8.1 歯冠用レジンに用いられる多官能性メタクリレート

名　称(略記号)	構　造　式	B.P.(M.P.)(°C)	MW
エチレングリコールジメタクリレート (EDMA), $n=1$	$CH_2=\underset{\underset{COO(CH_2CH_2O)_nCO}{\mid}}{\overset{CH_3}{\overset{\mid}{C}}}\quad\overset{CH_3}{\overset{\mid}{C}}=CH_2$	98/5 mmHg	198
トリエチレングリコールジメタクリレート (Tri EDMA), $n=3$		162/2 mmHg	286
1,4-ブタンジオールジメタクリレート (BuDMA)	$CH_2=\underset{\underset{COOCH_2CH_2CH_2OCO}{\mid}}{\overset{CH_3}{\overset{\mid}{C}}}\quad\overset{CH_3}{\overset{\mid}{C}}=CH_2$	136/9 mmHg	226
2,2-ビス(4-メタクリロキシフェニル)プロパン (BPDMA), $m, n=0$	$CH_2=\overset{CH_3}{\overset{\mid}{C}}\text{-}COO(CH_2CH_2O)_m\text{-}⌬\text{-}\overset{CH_3}{\overset{\mid}{\underset{\underset{CH_3}{\mid}}{C}}}\text{-}⌬\text{-}(OCH_2CH_2)_nOCO\text{-}\overset{CH_3}{\overset{\mid}{C}}=CH_2$	(74)	364
2,2-ビス(4-メタクリロキシエトキシフェニル)プロパン (BisMEPP), $m, n=1$		(47)	452
2,2-ビス(4-メタクリロキシポリエトキシフェニル)プロパン (BisMPEPP), $m≧1, n≧1$		(<室温)	>478
ジ(メタクリロキシエチル)トリメチルヘキサメチレンジウレタン (UDMA)	$CH_2=\overset{CH_3}{\overset{\mid}{C}}\text{-}COOCH_2CH_2OCONHCH_2\underset{\underset{(H)}{\overset{\mid}{CH_3}}}{\overset{CH_3}{\overset{\mid}{C}}}CH_2\underset{\underset{(CH_3)}{\overset{\mid}{H}}}{\overset{CH_3}{\overset{\mid}{C}}}CH_2CH_2NHCOOCH_2CH_2OCO\text{-}\overset{CH_3}{\overset{\mid}{C}}=CH_2$	(<室温)	470
トリメチロールプロパントリメタクリレート (TMPT)	$CH_3\text{-}CH_2\text{-}\underset{\underset{CH_2\text{-}OCO\text{-}\overset{\mid}{C}=CH_2}{\mid}}{\overset{\overset{CH_2\text{-}OCO\text{-}\overset{\mid}{C}=CH_2}{\mid}}{C}}\text{-}CH_2\text{-}OCO\text{-}\overset{CH_3}{\overset{\mid}{C}}=CH_2$	166/1 mmHg	338

80 wt%添加されている．このフィラーには，シランカップリング剤により表面処理が施されており，代表的なカップリング剤として，γ-methacryloxy propyl triethoxy silane が知られている．重合方式としては，BPO-第3アミン系で行われるもののほかに，最近，紫外線や可視光線による光重合方式のものも開発されているが，生体への安全性や窩洞の深さなどを考慮し，臨床では，可視光線の利用が高まっている．　　〔都賀谷紀宏〕

文　献

1) 鈴木一臣，中井宏之："歯科理工学"，木村　博編，p.166，クィンテッセンス出版(1985)．
2) 石川達也："歯科材料の知識と取り扱い"，全国歯科衛生士教育協議会編集，p.120，医歯薬出版(1988)．
3) 谷　嘉明：歯科における高分子の利用，高分子加工，**38**(6)，p.262(1989)．
4) 平澤　忠：歯科用レジン，歯界展望，**74**(6)，p.1391(1989)．
5) "新医学大辞典"，永末書店(1985)．

9. 診断・医薬用高分子材料

9.1 診断用ラテックス

病気の予防，診断，治療のために，体液中の生体成分を分析する臨床検査において，利用されている最も重要な高分子材料が診断用ラテックスである．これは，特異性の高い抗原-抗体反応を利用して，体液のなかから目的とする微量成分だけを検出，測定しようという免疫血清学的検査の一種である．その原理は次のようである．まず，検出しようとする抗原(あるいは抗体)に対応する抗体(ある

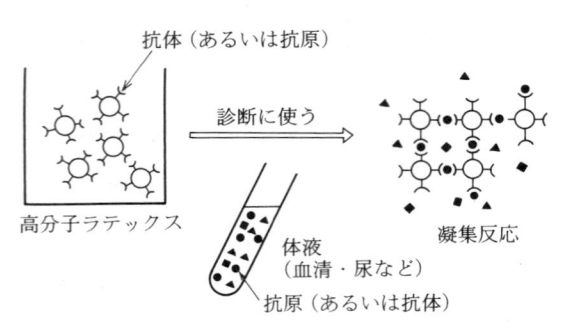

図 9.1 診断用ラテックスの原理

いは抗原)を直径が 0.5 μm 付近の高分子ラテックス表面に吸着固定させておき,それと被検者の尿あるいは血清などのような体液と混合する.もしも,その体液中に目的とする抗原(あるいは抗体)が含まれていれば,図9.1 に示したように,抗原-抗体反応によるラテックス同士の凝集が起こり,抗原(あるいは抗体)の存在を肉眼的に知ることができる.つまり,目に見えない抗原と抗体との結合反応をラテックスを利用することで肉眼で検出できるようにしようという方法である.従来は,この凝集反応をガラス板上で一定時間後に肉眼観察していたが,最近では分光光度計を備えた自動分析装置により,分析検査の高度化と高感度化が進み,20種類以上の項目が定量されるようになっている.

高分子ラテックスを診断にはじめて応用したのは Singer と Plotz であり,1956年にリウマチ患者の血清に対するラテックス診断法を報告した.診断用ラテックスとしての条件は,抗原あるいは抗体が変性することなく,しかも脱着せず高濃度で吸着固定できること,さらに,それらの成分を吸着したラテックスが分散安定性にすぐれ,自己凝集を起こさないことである.現在,多量のアニオン基を表面にもつ単分散のポリスチレン乳化重合体が診断用ラテックスとして実用化されている.

今日,診断用ラテックスはリウマチや妊娠の診断には不可欠となっており,梅毒,肝炎,がんなどの多くの病気の1次検査にも利用されている.一方,凝集するという性質を離れて,細菌あるいは組織の標識,分離,ならびに,白血球の貪食能検査などにラテックスが利用され始め,細胞機能の検査用材料としても期待される.

9.2 バイオセンサー

生物体を構成している分子,あるいは細胞などはきわめて巧みに特定の物質を認識している.この生物のもつ分子認識機能を利用し,特定の化学物質を迅速かつ簡便に直接分析する方法として考案されたのがバイオセンサーである.たとえば,酵素は触媒機能と分子識別機能をもっていて,生体内の反応を選択的に進めている.そこで,もしも酵素反応により生じた化学物質が物理化学的方法で特異的に測定できるならば,その化学物質を測定することにより,もとの物質の量を知ることができる.つまり,酵素と物理化学デバイスとを組み合わせることで,特定の化学物質を選択的に測定できるバイオセンサーを作製することができる.このような,酵素を用いた電気化学的測定法を最初に提案したのは Clark である.さらに,1967年,Updick と Hicks によって,グルコースを計測する酵素バイオセンサーが発表された.グルコースオキシダーゼ(GOD)をポリアクリルアミドゲル膜中に包含固定化し,これを酸素電極上に装着したもので,GOD によってグルコースが分解される際に消費される酸素の量を酸素電極でモニタすることにより,測定溶液中のグルコース濃度を測定する.図9.2は,一般的なバイオセンサーの原理を示している.バイオセンサーは,測定対象となる化学物質を識別するための分子認識膜と,その膜で生じた物理的あるいは化学的変化を電気的信号に変換するための物理化学デバイスから構成されている.分子識別のために,酵素,オルガネラ,微生物,あるいは動植物細胞などの生体触媒が利用されている.それ以外にも,抗原あるいは抗体,結合タンパク質などのもつ生物学的親和性を利用するものも提案されているが,一般的に,ほかの共存物質による妨害

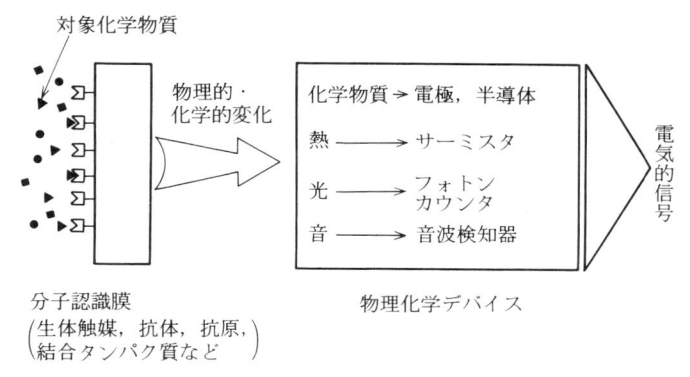

図 9.2 バイオセンサーの原理

を受けずに対象化学物質のみを計測できることが，バイオセンサーの重要な特徴である．

バイオセンサーにおいては，生体触媒の固定化が重要であり，高分子材料を用いた多くの固定化法が開発されている（→固定化生体触媒）．この固定化の開発により，生体触媒の連続使用が可能となるとともに，その安定性が向上し，バイオセンサーの分子認識膜の作製が可能となったといっても過言ではない．しかしながら，生体内に埋入可能な小型化バイオセンサーの本格的実用化には，抗血栓性の付与など多くの課題が残されている．糖尿病患者の日常の血糖値モニターのために用いられている GOD バイオセンサーでは，長期間の体内留置による血栓形成が問題となっており，生体適合性のすぐれた医療用高分子材料の開発が不可欠である．

9.3 高分子医薬

高分子医薬とは，低分子では薬効を示さないモノマーが高分子化により薬理効果を示す場合，および高分子化合物それ自身が薬理効果を示す場合を指している．そのため，高分子化合物との化学結合により薬物を高分子化した"高分子化医薬"とは区別しなくてはいけない．

高分子性薬物として対象となるのは，水溶性の高分子化合物である．通常，非イオン性の合成高分子化合物は薬効を示さない．現在，医療分野で用いられている非イオン性高分子は血漿増量剤であり，その作用は単純な浸透圧の調節である．

カチオン性の高分子化合物は，多かれ少なかれ微生物や細胞に対して殺傷作用を示す．その理由は，生体の表面が一般に負電荷をもっているため，カチオン性高分子がポリイオンコンプレックス的に結合し，生体の活動に悪影響を及ぼすためであると考えられる．ポリエチレンイミン，ポリプロピレンイミン，あるいはポリ-L-リジンが抗がん活性をもっていることが報告されているほか，種々のカチオン性高分子の抗がん作用，抗菌作用，抗ウイルス作用が検討されている．しかしながら，体内タンパク質あるいは細胞などとの相互作用も強いようであり，カチオン基の分布と密度とを制御できない限り，高分子医薬としての利用はむずかしいだろう．

アニオン性高分子は，カチオン性高分子よりはるかに高分子医薬となる可能性が高い．生理活性を示すアニオン性合成高分子としてよく知られているのは，ポリリボイノシン酸とポリリボシチジル酸との錯体（poly I：C），あるいは無水マレイン酸とジビニルエーテルとの共重合体（pyran）などである．poly I：C, pyran, およびその誘導体は，インターフェロン合成を誘起し，生体の免疫系を賦活化する作用をもっている．しかしながら，高分子化合物の分子量が薬理活性に与える影響は大きく，その実用化には高分子特有の性質である分子量の多分散性に対する考慮が必要である．

天然高分子である多糖類も種々の薬理活性

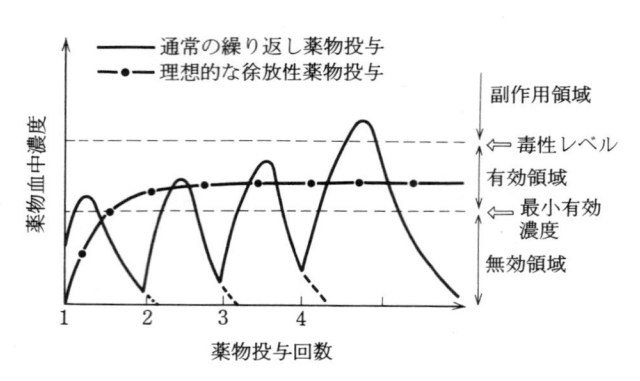

図 9.3 薬物投与による血中薬物濃度の変化

を示し,抗血液凝固作用のあるヘパリン,免疫賦活活性をもつレンチナン,シゾフィランなどが知られている.さらに,血糖降下作用あるいは抗ウイルス活性をもつ多糖についての報告もある.

9.4 薬物送達制御用材料

薬物原体をそのまま生体に用いることは実際には希であり,薬物は適用が容易で,目的とする薬効が効率よく発現されるような剤形にして投与される.図9.3に示すように,薬物は一般に,その血中濃度がある一定値以下では効力はなく,また,ある一定値以上になっても副作用が現れる.このように,薬物が有効性を示す血中濃度範囲は狭く,しかも薬物の体内寿命が短いため,1日に数回の投与をしなければ,薬物の治療効果は得られない.そこで,1回投与のみで薬物血中濃度を長期間にわたって有効範囲内に維持することが望ましい.一方,体内に投与された薬物のほとんどは薬物を必要としない部位に到達し,それが副作用の形として現れるため,薬物を効率よくその作用部位に送達させることも必要である.そこで,これらの問題を解決するために,新しい方法として生まれてきたのがドラッグデリバリーシステム(drug delivery system:DDS)とか,薬物送達制御などと呼ばれているものである.この主目的は,薬物のより吸収されやすい経路の開発,薬物の徐放化,局所投与,あるいはターゲッティングなどであり,高分子材料がこれらに大いに役立つと期待されている.ここでは,薬物の投与方法により薬物送達制御用高分子材料を分類する.

薬物のうち約65%は口から投与されている.経口投与では,口のなかでの苦味,胃壁の損傷,消化管内での薬物の加水分解,肝臓での初期通過効果による薬効の消失,あるいは消化管内での薬物の短い滞留時間などが問題となる.これらの解決法として,高分子材料による薬物のコーティングが行われている.高分子電解質の溶解性がpHにより変化することを利用して,pH 3では溶けずにpH 7では溶けるヒドロキシメチルセルロースのフタル酸エステルのような高分子で薬物をコーティングしておくと,薬物は胃では吸収されず腸で吸収される(腸溶性コーティング).大腸寄生性細菌により選択的に分解される性質をもつ芳香族アゾ基含有高分子で薬物をコーティングし,結腸でのみ薬物を吸収させたり,あるいは胃内での薬物の吸収を高めるために,胃壁に付着しやすい高分子で薬物をコーティングするという試みなどがある.さらに,比重の低い高分子スポンジに薬物を浸み込ませて,胃内での薬物の滞留時間を延長させたという報告もある.また,直腸から投与する坐剤も簡単な投与法であり,この分野にも高分子ゲルなどの使用が試みられている.

皮膚は薬物の投与部位として古くから利用されてきたが,これらはいずれも薬物の局所作用を期待したものである.しかし最近,全身性の作用を発現させるために皮膚を投与部

位とする，経皮治療システム(transdermal therapeutic system：TTS)が商品化されている．このTTS製剤には，薬物の放出を制御する素材として，多くの高分子材料が利用されている．また，粘膜からの薬物投与においても，高分子材料の利用が試みられている．

薬物を注射により投与する部位としては，皮内，皮下，筋肉，腹腔，静脈，動脈などさまざまであるが，ここでは静脈内投与(静注)を例として説明する．静注する薬物を高分子により微粒子化したり，修飾したりする理由は，薬物の生体内寿命を延長させ徐放化すること，および薬物のターゲッティングである．血管内に入ってきた薬物は，一般に，腎臓からの排泄，単核食細胞系による捕獲と分解，あるいはプロテアーゼの攻撃などにより，速やかに血中から消失する．そこで，薬物を水溶性の高分子と結合させ，その分子サイズを大きくすることで，腎臓からの排泄速度を低下させる．また，薬物が高分子から徐々に外れるように結合しておけば，薬物の徐放化が達成できるだろう．すでに，抗がん剤であるネオカルチノスタチンとスチレン-無水マレイン酸共重合体との結合体(スマンクス)などは，臨床応用でもよい成績をあげている．また，ポリエチレングリコールなどの高分子で化学修飾することにより，薬物のプロテアーゼあるいは抗体などからの攻撃を回避できるという報告もある．しかしながら，本当に理想的な薬物投与法は，薬物を目的とする標的病巣部のみ，ねらい打ちすることである．そのため，がん抗原に対するモノクローナル抗体を利用したターゲッティングが試みられているが，なかなかむずかしいようである．

生体反応から薬物を守るために，薬物を高分子材料で包含してしまうという方法がある．マクロファージの異物貪食能を利用して，高分子微粒子により免疫賦活剤をマクロファージへ送達させたり，あるいは薬物とともに酸化鉄超微粉末を包含させておき，外部から磁石により微粒子を望む組織に積極的にターゲッティングさせようという報告がある．さらに，抗がん剤含有高分子微粒子は肝臓がんなどの化学塞栓療法にも広く利用されている．薬物を高分子材料を用いて徐放することは可能であるが，特に，非常に長期にわたる薬物の徐放化を目的としたDDS製剤を高分子インプラントと呼んでいる．すでに，抗がん剤，黄体ホルモン(避妊薬)，あるいはLHRHペプチドホルモン(前立腺がん治療薬)などを乳酸-グリコール酸共重合体，あるいはシリコーンなどに包含した高分子インプラントが開発され，さらに，麻薬拮抗剤，ワクチン，あるいはサイトカインなどの長期徐放化が期待されている．一方，高分子材料からの薬物の徐放速度は，その材料の親水性，荷電状態，あるいは結晶性などに依存している．したがって，外部環境の変化に応答してこれらの性質が可逆的に変化する高分子を利用すれば，その変化によって薬物の放出は制御できる．たとえば，化学物質の濃度，光，熱，超音波，磁場，あるいは電場などの変化によって，薬物放出のon-offを行わせる投与システムが報告されている．

9.5 治療用固定化酵素

治療を目的として酵素を繰り返し生体内に投与した場合，抗体が産生されて，抗原-抗体反応によるアナフィラキシーショックを起こし，また，投与酵素の活性も低下するので，長期間治療に使用することが困難である．さらに，酵素はプロテアーゼによって分解され，長期間有効に作用できないという問題もある．そこで考えられたのが固定化酵素を用いた酵素治療である．酵素を半透膜性の高分子マイクロカプセルに包含する．図9.4のように，低分子物質はカプセル膜を自由に通過できるため，カプセル内で酵素による反応を受け，生成物はカプセル外へ出ていく，一方，酵素自身はカプセル膜を通過することができず，そのままカプセル内に残り，また，外部のプロテアーゼ，抗体，あるいは抗

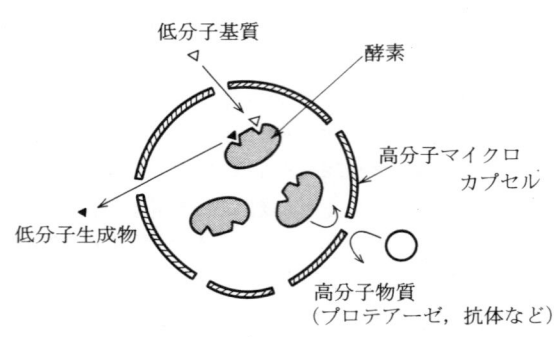

図 9.4 高分子マイクロカプセルに包含された酵素の反応様式

体産生細胞などはカプセル内に入ることはできない．したがって，このシステムを用いれば，免疫反応を避けることができ，低分子基質に対しては長期間にわたって，十分に酵素作用は発揮され，従来の酵素療法の問題点は解決されるものと期待される．すでに，カタラーゼあるいはアスパラギナーゼなどを包含したマイクロカプセルの有効性は，無カタラーゼ症あるいは白血病などの治療実験で確認されており，体内に直接固定化酵素を投与する方法以外に，体外に血液を導き，固定化酵素と接触させる体外循環法への利用も報告されている．また，酵素の代わりにホルモンなどを分泌する細胞を固定した治療用固定化細胞（→ハイブリッド型人工臓器）もこの延長線上のものである．

〔田畑 泰彦〕

10. 医療用機能性高分子材料

生体は循環，代謝，運動，自己修復といった高等な機能と活動能力を備えている．これらに何らかの欠損が生じたとき，人工的に再生することはほとんど不可能であるが，生体自身の組織や細胞を組み込んだり，生体のほかの活動を積極的に活用しながら生体との調和を乱すことなく欠損の補完，機能の補助を行うことができれば，それは医用材料として理想的なものとなろう．このような思想に基づいて開発が進められている機能性材料に，生体分解吸収性材料やハイブリッド型人工臓器がある．

10.1 生体分解吸収性材料

生体内，とりわけ人体の組織中で分解を受け（生体分解性：biodegradability），かつ分解生成物が代謝・吸収される（生体吸収性：bioabsorbability）ような高分子材料を生体分解吸収性高分子，あるいは単に生体吸収性高分子（bioabsorbable polymer）と呼んでいる．この種の高分子は体内に埋入されても，やがて消滅し残留・蓄積を生じないので生体の一時補修材や薬剤のキャリヤーとして理想的である．分解はされるが，分解物がいつまでも体内に残されるようなもの（生体分解性高分子：biodegradable polymer）は吸収性がないのでこの範疇には入らないが，消化管系のように排泄可能な部位に対しては十分な機能を果たすことができる．

生体吸収性高分子の分子設計には次のような条件が考慮されねばならない．① 素材自体が免疫原生，毒性をもたないこと，② 適度な分解速度を有すること，③ 分解で生ずるオリゴマーや低分子が毒性を示さずに代謝・排泄されること，④ 適度な力学特性を有することなどである．しかしながら，生体の温和な環境下で分解する高分子は数少なく，また遊離される分解物が生体に対して異物反応を起こしやすいことから，これらの条件を完全に満たす材料はほとんどないのが実状である．

生体が司どる分解作用には種々あるが，生体内のあらゆる部位で最も頻繁に生ずるのは加水分解であろう．したがって，生体吸収性高分子も加水分解を受けて崩壊し，その後，代謝されるものが大半を占めている．加水分解には，生体中に存在する酵素の作用下でのみ進行する特異的分解と，酵素がなくても体液との接触によって進行していく非特異的分解がある．前者を酵素分解型，後者を自然分解型として区別している．また，分解形式から見ると，① 高分子の主鎖が切断される主

鎖分解型が大半を占めているが，そのほかに，② 側鎖が分解されることによって水溶性となり崩壊していく側鎖分解型，③ 架橋が解かれて水溶性となる架橋切断型がある．後者2つの場合では，幹を形成する水溶性高分子が生分解されないことが多いので，腎臓から透析により排泄できるような低分子量体を幹高分子として用いる必要がある．

10.1.1 酵素分解型生体吸収性高分子

表10.1に酵素の作用により分解する生体吸収性高分子およびその分解酵素の例をあげる．この型には，ペプチドや多糖類などの生体高分子，もしくはその誘導体が多く含まれる．もともと生体によって合成される高分子に対しては，生体自身が分解酵素や代謝系を用意しており，生体高分子の大半は酵素分解型吸収性を示すと考えてよい．例外はケラチン，フィブロインなどの硬タンパクや高結晶性のセルロース類であり，人体はこれらに対する分解酵素をもたない．しかしながら，生体が合成した材料は一般に，① 微妙な個体差がある，② 生理活性が強く抗原性を示し，拒否反応を生じやすい，③ 基質特異性を有する酵素の存在確率が生体の各部位によって異なるため分解時間の予測が困難である，④ 水溶性もしくは親水性が強く材料強度が保持されにくいなどの欠点がある．そのため，生体材料としては特殊な分野にしか用いられない．

表の例のうち，水溶性のアルブミン，デキストラン，ヒドロキシエチルスターチなどは人工血漿の増粘剤として使用されて久しく，

表 10.1 酵素分解型生体吸収性高分子の種類

種類	構造	例	抗原性	分解酵素	分解・代謝生成物
ペプチド タンパク	$-(HN-CH-C)_n-$ $\quad\quad\;\; R \;\;\; \parallel$ $\quad\quad\quad\quad\; O$	アルブミン (R:20種のアミノ酸) フィブリノーゲン (〃) コラーゲン (カットガット) ゼラチン [(Gly-Pro-X)$_n$ Xは他のアミノ酸]	− ± ± −	ペプチダーゼ [キモトリプシン ペプシン パパインなど]	アミノ酸
ポリアミノ酸	$-(HN-CH-C)_n-$ $\quad\quad\;\; R \;\;\; \parallel$ $\quad\quad\quad\quad\; O$	ポリグルタミン酸 (R=(CH$_2$)$_2$COOH) ポリアスパラギン酸 (R=CH$_2$COOH) ポリリジン (R=(CH$_2$)$_4$NH$_2$)			〃
多糖	CH$_2$OR / OR / OR (ピラノース環)	アミロース (ヒドロキシエチルスターチ) (R=H) (R=CH$_2$CH$_2$OH) デキストラン (R=H)	− −	アミラーゼ 〃	グルコース 〃
	COOH / OH OH (ピラノース環)	アルギン酸	±		D-マンヌロン酸 L-グルロン酸
	CH$_2$OH / OH / NHR (ピラノース環)	キチン (R=COCH$_3$)	±	リゾチーム	N-アセチルグルコサミン
核酸	−OCH$_2$ B / O / O=P−O− / O−	合成 DNA (B:チミンなど)	±	ヌクレアーゼ	ヌクレオシドリン酸

十分な血液適合性と分解吸収性を有することが経験的に知られている．コラーゲンとキチンは含窒素系素材のなかでは比較的抗原性が低く，かつ材料強度が高いので繊維化され吸収性縫合糸や創傷保護材などの目的に使用されている．また，コラーゲンの変性したゼラチンは生体とのなじみがよいので，各種の材料表面に塗って組織とのなじみを上昇させる目的に用いられる．そのほかのものは，薬剤のキャリヤーとしての使用が検討されている．一方，ポリアミノ酸や合成DNAは合成高分子であるが酵素的に分解され吸収され

表 10.2　自然分解型生体吸収性高分子の種類

種類	構造	例	分解・代謝生成物
ポリエステル ポリ(α-ヒドロキシ酸)	$-(O-CH(R)-C(=O))_n-$	ポリグリコール酸 (R=H) ポリ乳酸 (R=Me) グリコール酸-乳酸共重合体(ポリグラクチン) リンゴ酸 (R=CH$_2$COOH) 共重合体 ラクチド-カプロラクトン共重合体	グリコール酸 乳酸 リンゴ酸
ポリ(ω-ヒドロキシカルボン酸)	$-(O-(CH_2)_x-C(=O))_n-$ $-(O-CHCH_2(R)-C(=O))_n-$	ポリ-ε-カプロラクトン ($x=5$) ポリ-β-ヒドロキシカルボン酸 (R=Me, Et)[a]	ε-カプリン酸 β-ヒドロキシ酪酸
ポリ(エステル-エーテル)	$-(O-CH_2CH_2-O-(CH_2)_x-C(=O))_n-$	ポリジオキサノーン ($x=1$) ポリ-1,4-ジオキセパン-7-オン ($x=2$)	2-ヒドロキシエチル カルボキシメチル エーテル
ポリ(エステル-カーボネート)	$-((OCH_2C(=O))_x-(OCH_2CH_2OC(=O))_y)-$	グリコリド-トリメチレン カーボネート共重合体	グリコール酸 トリメチレングリコール
ポリ酸無水物	$-(C(=O)-(CH_2)_x-C(=O)-O)-$ $-(C(=O)-C_6H_4-O-(CH_2)_x-C(=O)-O)-$	ポリセバシン酸無水物 ($x=6$) ポリ-ω-(カルボキシフェノキシ) アルキルカルボン酸無水物	セバシン酸
ポリオルトエステル	(構造式)		多価アルコール
ポリカーボネート	$-(O-(CH_2)_x-O-C(=O))_n-$	ポリ-1,3-ジオキサン-2-オン ($x=3$)	トリメチレングリコール
ポリ(アミド-エステル)	$-((NHCHC(=O))_x-(OCHC(=O))-)_n-$ R　R′	ポリデプシペプチド (R=R′=Me, $x=1$)[b]	アミノ酸, ヒドロキシ酸
ポリシアノアクリル酸エステル	$-(CH_2-C(CN)(COOR))-$	ポリ-α-シアノアクリル酸エチル (R=Et)	ホルマリン シアノ酢酸エチル
無機高分子	$-(P(R)=N)_n-$ R $Ca_{10}(PO_4)_6(OH)_2$	ポリホスファゼン (R=imidazoyl, p-cresyl) ヒドロキシアパタイト	リン酸, アンモニア, そのほか リン酸, カルシウム

a) 微生物の産生するポリエステルであり酵素分解型に分類される場合もある．
b) エステラーゼやペプチダーゼによって分解が加速される．

る．いずれも化学修飾により親水性，疎水性などの性質を大幅に変化させることが可能であり，主として薬剤のターゲティングを目的とするキャリヤーとして利用される．

10.1.2 自然分解型生体吸収性高分子

表10.2に，各種の自然分解型生体吸収性高分子の種類と構造を示す．代表的なものは図10.1にあげたモノマーの開環重合によって得られる脂肪族のポリエステル，ポリカーボネートであるが，一部のポリエステルは微生物が生合成するものである．いずれも水と接触すると徐々に加水分解されて，毒性の低い低分子化合物（表10.2）もしくはオリゴマーとなる．生体中においても，体液によって非特異的な加水分解を受けるため，部位による分解性の違いはほとんど見られない．生体に放出された分解物はその場，もしくは血液や体液によって適当な代謝系を備えた器官に運ばれたあと，代謝・排泄される．

表のなかで，最も歴史が古くかつ広範に用いられているのは，ポリグリコール酸（polyglycolic acid：PGA），ポリ乳酸（polylactic acid：PLA）などのポリ（α-ヒドロキシ酸）である．これらは，① 加水分解によって生成するα-オキシ酸（グリコール酸，乳酸，リンゴ酸など）が，生体内における代謝中間体であるため生体毒性がなくて代謝されやすい，② 高重合体が得られ，強度など力学的性質のよい材料となる，③ 疎水的であるが分解速度が適当である，④ 簡単な共重合による物性制御が可能であり，多目的な利用ができるなどの長所を有している．その反面，① 結晶性が高く，固すぎて軟組織適合性が低い，② 分解速度の制御がやりにくい，③ 薬剤の固定など化学的な修飾ができないなどの短所も指摘されている．

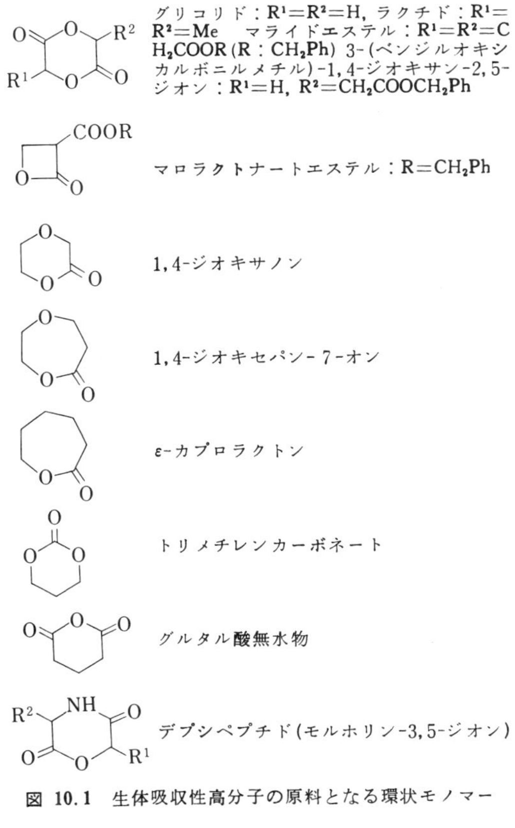

PGA，PLAはそれぞれグリコリド，ラクチド（図10.1）と呼ばれる環状ジエステルモノマーの開環重合により合成される．ラクチドにはDL-体と光学活性のL-体，D-体があり，DL-体からは非晶性のポリ-DL-乳酸（PDLLA）がL-体，D-体からは，それぞれ結晶性のポリ-L-乳酸（PLLA），ポリ-D-乳酸（PDLA）が生成する．また，DL-ラクチドとL-ラクチドの共重合からは，種々の結晶化度を有するポリマーが合成される．さらに，PLLAとPDLAを混合して得られるステレオコンプレックスはPLLAより融点が高く，高強度材料となる潜在性を秘めている．グリコリドとラクチドの共重合によって得られるグリコール酸-乳酸共重合体（ポリグラクチン）においては，おもにPGAの結晶化度の調節がなされる．環状ジエステルとトリメチレンカーボネートとの共重合により得られるポリ（エステル-カーボネート）も同様の目的で開発されたものである．

このようなポリ（α-オキシ酸）誘導体の吸収速度は，ポリマーの親水性と結晶化度に依存する．たとえば，高結晶性であるが非晶部が比較的高い親水性をもつと考えられるPGAは，生体内に埋入後約3週間で強度の減少が生じ，3か月後には吸収が終了する．それに

グリコリド：$R^1=R^2=H$，ラクチド：$R^1=R^2=Me$ マライドエステル：$R^1=R^2=CH_2COOR$（$R：CH_2Ph$）3-（ベンジルオキシカルボニルメチル）-1,4-ジオキサン-2,5-ジオン：$R^1=H, R^2=CH_2COOCH_2Ph$

マロラクトナートエステル：$R=CH_2Ph$

1,4-ジオキサノン

1,4-ジオキセパン-7-オン

ε-カプロラクトン

トリメチレンカーボネート

グルタル酸無水物

デプシペプチド（モルホリン-3,5-ジオン）

図 10.1 生体吸収性高分子の原料となる環状モノマー

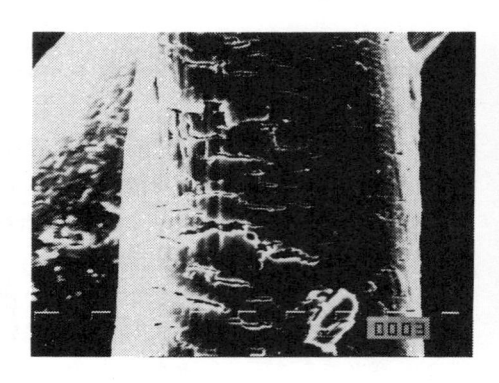

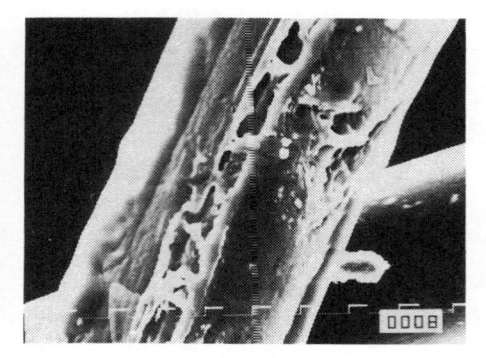

(a) PLLA(100)   ⊢―20μm   (b) PLLA-PPG(10)

図 10.2 ラットの背部皮下で生分解された繊維(3週間後)
(a) PLLA(100), (b) ラクチド-ポリプロピレングリコール共重合体(90/10)

対して PLLA は PGA と同じような結晶性をもつが，メチル基による高い疎水性を示すため，強度の保持が6か月以上つづき，吸収が完了するまでに2年以上を要する．ポリグラクチンでは，乳酸単位の疎水性による影響が共重合による結晶性の低下により相殺されるため，PGA とほぼ同様の吸収性が得られる．

これら高分子の加水分解は表面から進行し，徐々に非晶部品をつたって内部に浸透していくと考えられる．したがって，親水性が同じなら結晶性が低いほど分解されやすくなる．ポリ(α-オキシ酸)の吸収速度を飛躍的に増大させる方法としては，α-リンゴ酸単位の共重合により側鎖にカルボキシル基を導入したり，ポリエーテルとのブロック共重合を行って親水性を増大させる方法がある．図10.2 に PLLA および PLLA とポリプロピレングリコール(PPG)の共重合体を繊維化し，ラットの背部皮下に3週間埋入したあと，摘出された繊維の走査型電子顕微鏡写真を示す．共重合体繊維の方が，より大きく侵食されている様子が示されている．

上述したように，PGA，PLLA は結晶性が高く固すぎるきらいがある．これを改良するために 1,4-ジオキサン-2-オン，1,4-ジオキセパン-7-オンの開環重合により，脂肪族のポリ(エステル-エーテル)が開発されている．また，これらのモノマーとグリコリドやラクチドとの共重合体も，高強度の素材として利用されている．

そのほかのポリ酸無水物，ポリオルトエステル，ポリカーボネートなどは重合度が低く高強度が得られないので，薬剤徐放用のマトリックスとして利用されるだけである．また，ポリデプシペプチドは自然加水分解だけでなく酵素分解もされるが，アミノ酸単位に基づく免疫原性が問題となる．

一方，外科用接着剤として用いられているα-シアノアクリル酸エステルのポリマーは，主鎖が炭素-炭素結合により形成されているにもかかわらず，生体分解性が認められている．加水分解によって毒性を示すホルマリンが生成するので，体内で炎症を起こしやすいが，代謝はされるようである．また，無機高分子のポリホスファゼンは生体吸収性を示すが，側鎖置換基に由来する分解物の副作用が大きいようである．無機物としてはヒドロキシアパタイトなどのリン酸カルシウム，炭酸カルシウムが生体吸収性を示し，有機材料との複合化により硬組織に対する修復材料がつくられている．

10.1.3 生体吸収性高分子の用途

上記に例を示したように，生体吸収性高分子は生体の損傷を一時的に補修し，治癒を助ける目的に用いる場合がほとんどである．そのほか DDS における徐放用マトリックスと

10. 医療用機能性高分子材料

表 10.3 生体吸収性高分子の応用例

用　　途	形　　状[a]	例
縫合材料	手術糸, クリップ, 添え木, 接着剤	ポリ(α-ヒドロキシ酸), ポリ(1,4-ジオキサン-2-オン), グリコリド-トリメチレンカーボナート共重合体, カットガット, α-シアノアクリル酸エステル重合体
止血材料	綿, ガーゼ, 粉末, スプレー	
骨折固定材	プレート, ねじ, ロッド, ピン	ポリ乳酸, ポリグラクチン, ヒドロキシアパタイト
癒着防止材	シート, ゼリー, スプレー	ゼラチン
組織再生用足場	スポンジ, メッシュ, 不織布, 管	
人工腱, 人工靱帯	繊維	ポリ乳酸, ポリグラクチン(炭素繊維と併用)
人工血管	繊維, 多孔体	ポリ乳酸, ポリグラクチン
創傷被覆材, 人工皮膚	繊維	コラーゲン, キチン, ポリグラクチン
DDS用材料	マイクロカプセル, 針, マイクロスフェア	すべての分解性高分子

a) 筏　義人：生体材料, 7(1), 29(1989)より

して重要な位置を占めている(→9章). 表10.3にこれらの用途についてまとめた. 実にさまざまな形状にして用いられているが, 縫合糸, 創傷保護材, マイクロカプセルを除いて, まだ実用化に至っていないものが多い. 今後, ほかのものも臨床試験を経て徐々に実現するものと考えられる.

10.2 ハイブリッド人工臓器

前章で述べたように, 生体の精緻な機能と活動, すなわち生体機能性を人工的に再構成することはほとんど不可能である. 治療, 補完のために用いる人工臓器は, むしろ生体適合性の欠如により, 生体の忌避反応を誘発して重篤な逆効果を招きがちである. 一方, 臓器移植においては移植後の忌避反応を避けるためにサイクロスポリンAのような免疫抑制剤を常用せねばならず, それによる副作用が重大な問題となる. それゆえ, 生体自身の組織や細胞(生体要素)と人工材料との複合化(ハイブリッド化)により, 生体の機能を積極的に活用しながら生体との調和を維持し, 欠損の補完, 機能の補助を行う工夫が試みられるようになった. このような合成高分子と生体細胞・組織の接合により得られる移植用代替臓器材料をハイブリッド人工臓器(hybrid artificial organ), もしくはバイオ人工臓器(bioartificial organ)と呼ぶ.

ハイブリッド人工臓器が注目を集めるようになったのは, 細胞や組織培養の技術が確立し, 被移植組織の一部, もしくは細胞を増殖することにより人工的に再構成して用いれば, 生体に対する親和性を増大し, 欠損組織の治癒と復元を助けることができると考えられたからである. このようにして開発されたハイブリッド人工臓器には, 移植組織が長期間, その生理機能を発揮できるよう合成高分子が移植物の保護と生体環境とのつなぎ役を果たす保護膜型と, 人工材料が欠損部の修復形状を補強し, 生体組織がそれを安定化もしくは生体に対するなじみを与える構造補完型がある. 表10.4に開発されている各種のハイブリッド型人工臓器を示す. 保護膜型は内分泌型とバイオリアクター型に分けられているが, 後者はより多機能を有するものである. 個々の詳細な説明は5章, XV編8章にゆずる.

これらの例からわかるように, 移植組織や細胞をマイクロカプセル化するか中空糸に封入したものが中心となるが, マイクロカプセルは持続性の点で問題があり, 組織をマクロカプセル化する中空糸の方が可能性が高い. いずれにしても合成膜が要素技術となっており, 膜は高い生体適合性だけでなく, 細胞の生存と機能維持のために種々の栄養物質, 代謝物, 活性タンパクなどの選択的透過性を備えていることが必要である. そのためには非対称膜構造をとることが望ましい. また中空

表 10.4 ハイブリッド型人工臓器の種類[a]

型	例	材料
保護膜型		
内分泌型	膵臓	ランゲルハンス島を中空糸マイクロカプセルに封入
	胸腺	中空糸封入型
	脳下垂体	中空糸封入型
	甲状腺	中空糸封入型
	副甲状腺	中空糸封入型
	副腎	
	卵巣	
リアクター型	肝臓	肝細胞を中空糸の外壁に固定もしくはヒドロゲル内に包括 PVLA[b]，コラーゲン，フィブロネクチンの利用
	腎臓	中空糸の内壁への封入型
	肺臓	
構造補完型		
	皮膚	コラーゲン膜を基質に真皮細胞を増殖
	細胞播種型人工血管	フィブロネクチン，RGDS[c]の固定コラーゲン，レクチン，ゼラチン生体吸収性高分子の利用
	細胞播種型神経ガイド管	中空糸封入型
	食道	シリコーン膜を内壁にコーティングしたフェルト管に細胞を播種
	ハイブリッド人工気管	
	ハイブリッド人工尿管	
	ハイブリッド人工ファロピアン	
	ハイブリッド人工弁	
	ハイブリッド心筋パッチ	
	ハイブリッド人工心臓	

a) P.M. Galletti, P. Aebischer: 人工臓器, 17, 1461 (1989) より
b) オリゴ糖をグラフトしたポリスチレン誘導体
c) Arg-Gly-Asp-Ser(接着性タンパク質の活性部位)

糸の場合には，膜の外壁や内壁もしくは膜中の指状ボイドに細胞が増殖できるような適合性が付与されねばならない。〔木村 良晴〕

参 考 文 献

1) 筏 義人：高分子加工, **30**, 208, 255(1981).
2) 筏 義人："医用高分子材料"，高分子学会編, p.84, 共立出版(1989).
3) 筏 義人："高分子新素材便覧"，高分子学会編, p.322, 丸善(1989).
4) 赤池敏宏，岩田博夫：同上，p.302, 丸善 (1989).
5) P.M. Galletti, P. Aebischer: 人工臓器, **17**, 1461(1988).

XIII. 工業物理化学

1. 界面工業化学

1.1 界面活性

　水溶液中に溶質を加えることにより，界面ないしは表面のエネルギーが著しく低下する現象を界面（表面）活性といい，このような性質を示す一群の物質を界面（表面）活性剤と呼ぶ．界面活性剤は，一般に疎水基と親水性基を有する両親媒性物質であり，表面に配列することにより表面エネルギーの低下をもたらす．界面活性剤が存在する溶液では，表面エネルギーが低下する結果，濡れ性，溶解性などの特性に大きな変化が現れる．

1.1.1 界面活性剤とその特性

　界面活性剤は，溶解した際の解離特性から以下のように分類される[1]．

```
        ┌─イオン性界面活性剤──┬─陽イオン性活性剤
        │                        ├─陰イオン性活性剤
        │                        └─両性活性剤
        └─非イオン性界面活性剤
```

　イオン性界面活性剤は水溶液中で解離する基を有するもので，溶解した際，陽イオンとなるか陰イオンとなるかにより分類される．また陽イオン性，陰イオン性の基を合わせもつ両性イオン活性剤では溶液のpHにより，どちらの特性を示すかが決まる．水溶液中において，解離する極性基を有しないものは非イオン性界面活性剤と呼ばれる．界面活性剤の代表的なものを（表1.1）に示す[2]．水溶液中に溶解した界面活性剤は水溶液側に親水性

表 1.1　界面活性剤の分類[2]

陰イオン性
$R_n COOM_a$, $R_n = C_nH_{2n+1}$
$R_n SO_4 Na$　　　　　　　　　$\}n=11〜17$

$R_n -\!\!\!\bigcirc\!\!\!- SO_3Na$

$R_n OCOCH_2$
$R_n OCOCHSO_3Na$　　　　　　$\}n=4〜8$

陽イオン性
$R_n N(CH_3)_4 Br$
$R_n C_6H_5N\cdot Cl$

両性
$R_n CONHCH_2CH_2SO_3Na$

非イオン性
$R_n O(CH_2CH_2O)_m H$
$i\text{-}R_n C_6H_4O(CH_2CH_2O)_m H$

（注）対イオンとしては K, NH$_4$, Cl, I などがある．

基を，気相側に親油性基を向けて配列し，低エネルギー面を形成する．この結果，界面活性剤水溶液では表面張力の低下が生じる．
　界面活性剤水溶液の特性として，一定濃度以上で活性剤分子がミセルと呼ばれる会合体を形成する現象がある．活性剤分子は低濃度域においては単分子として溶液中に分散しているが，濃度が高まるにつれ疎水性部分を内部に，親水性部分を水側に向けた形の会合体を形成する（図1.1）[3]．会合体は，一般に数十から数百の活性剤分子からなり，会合体の形成が始まる濃度は臨界ミセル濃度（critical micell concentration : cmc）と呼ばれる．cmc以上の濃度では，活性剤はミセル形成に使われ，水溶液の表面エネルギーはほぼ一定値を示すようになる．

1.1.2 ミセルによる可溶化

　界面活性剤の会合体は，不溶性の物質を溶液内に可溶化する特性を有している．水溶液中に分散するミセルのコア部分は炭化水素鎖のため疎水性を示し，通常水溶液に溶解しない物質をミセル内に取り込んで可溶化することができる（図1.2）[4]．界面活性剤を有機溶媒に加えた場合も同様に，会合体の形成が起こる．この場合は，水溶液系とは逆に疎水基を外側に，親水基を内側に向けて配列した会合体が形成される．このようなミセルは，水溶液系における正常ミセルに対し逆ミセルと呼ばれる．逆ミセルでは，有機溶媒中に分散

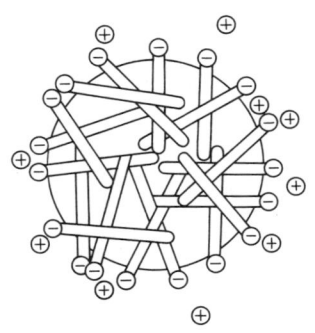

図 1.1　イオン性界面活性剤ミセルモデルの一例[3]

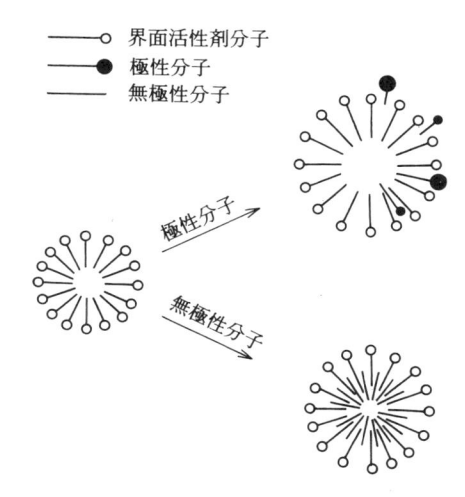

図 1.2 ミセルへの可溶化模式図[4]

したミセル内部の親水性基部分に水が取り込まれることにより可溶化が起こる。

ミセルによる可溶化特性は、反応基質をミセル内に取り込ませ、化学反応の場として利用するミセル反応に応用されており、基質の取り込みと配列、対イオンの濃縮というミセル界面の特性を生かした特徴ある反応系が構築される。

このほか、活性剤分子に基質と相互作用する官能基を導入し、より高度なミセル反応を行わせようとする機能性ミセル化の研究も行われている。

文　献

1) "界面活性剤ハンドブック"、工学図書(1974).
2) 羽藤正勝：表面、**15**、312(1977).
3) G.S.Hartley: *Kolloid-Z.*, **88**, 22(1939).
4) 荻野圭三：表面、**18**、543(1980).

1.2 マイクロカプセル

マイクロカプセルは、数 μm～数100 μm の微小芯物質を薄い壁材により被覆したもので、種々の微小粒子(固体、液体)を高分子、ないしは無機材質皮膜により包み込むことによりマイクロカプセル化が行われる。

1.2.1 マイクロカプセルの機能

マイクロカプセル化により付与される機能として、物質の形態制御、保護・隔離機能がある。液体をはじめとする揮発性の物質は、マイクロカプセル化することにより見かけ上粉体として取り扱うことが可能となる。また、芯物質を壁材物質で保護・マスキングすることにより、不安定な物質を安定化し耐久性を付与することができるほか、芯物質の放出速度の制御を行うことが可能となる。

これらの特徴を生かし、マイクロカプセル化技術は、複写、医薬品、香料、農薬、接着剤などの広い分野で応用されている。

1.2.2 カプセル化法

マイクロカプセルの作製方法としては、芯物質の微小・分散化、および器壁物質の添加・コートが基本プロセスとなる。

微粒子包み込みの方法には多くの種類があるが、一般的には、① 化学的手法、② 物理化学的手法、③ 機械的、物理的手法に分類される(表 1.2)[1],[2]。

このうち、界面重合法はw/oないしはo/w型エマルジョンを作成し、2つの層にそれぞれ加えられたモノマーが界面で反応・重合することにより器壁を形成し芯物質を包み込む方法であり、ポリアミド、ポリウレタン、ポリエステル、ポリウレアなどによりコートされたマイクロカプセルが作製されている。この方法により得られる器壁は、一般に致密であり、揮発性の高い液体などの包み込みに利用されている。

このほか、化学的な作製方法として、ポリ

表 1.2 マイクロカプセル作製方法[1],[2]

化学的 方法	界面重合法
	in situ 重合法(界面反応法)
	液中硬化被覆法
物理化学的 方法	層分離法(水溶液系)
	層分離法(有機溶液系)
	液中乾燥法(界面沈澱法)
	融解分散冷却法(凝固造粒)
	内包物交換法
	粉床法
機械的 物理的 方法	気中懸濁被覆法(流動気床法)
	スプレードライング法
	真空蒸着被覆法
	静電合体法
	無機質壁カプセル法

マーを含む微粒子を硬化剤を含む溶液中で不溶化させマイクロカプセル化を行う液中硬化被覆法, in situ 重合法などがある.

物理化学的な作成法の代表的なものに, 液中における相分離を利用するコアセルベーション法がある. コアセルベーションは, 荷電を有する水溶性高分子溶液の液／液分離現象であり, 濃厚相が低濃度相中に液滴となって分散する現象を, 液体微粒子作製法として利用する. コアセルベーションには, アルコールやアセトンなどの非水溶液や電解質を加えることにより起こる単純コアセルベーションと, 2種類以上の高分子が相互作用することにより起こる複合コアセルベーションとがある. このような相分離による方法としては, ゼラチン／アラビアゴム系の複合コアセルベーションを利用したマイクロカプセル化法が代表例として知られている.

このほかにも多くのマイクロカプセル化技法が用いられており, 器壁材料も天然, 合成高分子のほか, 金属, 金属酸化物などが用いられている.

1.2.3 マイクロカプセルの応用

マイクロカプセルの応用分野は医薬, 情報, 食品など広い範囲にわたっている.

a. 感圧複写紙 マイクロカプセルの応用例として著名なものに, マイクロカプセル化技術を利用したノーカーボン紙(感圧複写紙)がある. 感圧複写紙は, 発色前駆体(ロイコ色素など)を含むオイルをマイクロカプセル化し裏面に塗布した用紙と, 前駆物質と反応して発色する顕色剤(酸性白土, フェノール樹脂など)を表面に塗布した用紙とを組み合わせたものからなり, 筆圧によりマイクロカプセルが破壊され発色反応が起こることにより裏面への複写が行われる(図1.3)[3]. マイクロカプセルの作製には, コアセルベーションにより色素前駆体含有オイルをゼラチンで包み込み固化させる方法のほか, 重合法によりオイルをカプセル化する方法が用いられている.

b. 徐放性医薬 医薬品に持続性や遅効

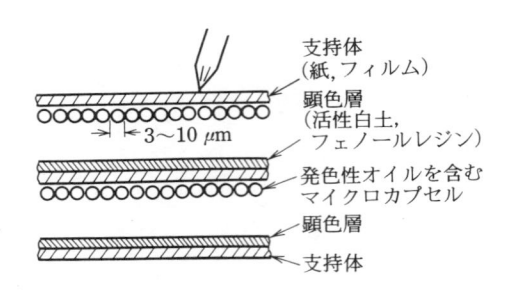

図1.3 マイクロカプセル技術を利用したノーカーボン紙[3]

性を付与することを目的に, マイクロカプセル化技術が応用されている. 医薬品のマイクロカプセル化は, 器壁材質の選択により, 溶解制御型, 拡散制御型に分類されるが, どちらも芯物質を壁材により包み込むことにより徐放性が付与されている. 医薬品以外にも徐放特性を目的とする応用として, 農薬, 香料, 船底塗料などのカプセル化が行われており, 持続特性の向上のほか急性毒性の低下などの効果が期待されている.

このほか, 反応活性の高い物質をマイクロカプセルにより安定化し, 必要なときに取り出す方法が感圧接着剤, マイクロカプセル化トナーなどで利用されているほか, 温度変化に対し鋭敏に発色する液晶や酵素を包含した高機能性マイクロカプセルも開発されている.

文　　　献

1) 近藤朝士：化学と工業, **22**, 1126(1969),
2) 小石真純：化学, **32**, 687(1977).
3) 渡辺昭男：化学, **32**, 699(1977).

1.3 接　　　着

2つの面が, 媒介する物質により結合され一体化する現象を接着といい, 媒介する物質を接着剤と呼ぶ. 接着は, 被着物間に接着剤が侵入・固化し強固な結合をつくることにより機能が発現するプロセスであり, 被着物表面同士の全面接触を可能にするための接着剤の濡れ性, 流動性, 固化特性が接着特性を決める要因となる.

1.3.1 接着力と接着強度[1]

接着された材料の接着強度は，接着場所の破壊強さから求められる．接着部の破壊は一般に次の箇所で起こる．すなわち，接着剤自身，接着剤と被着物との界面，これらの複合したもの，および被着体自身の破壊である．このうち接着強度を左右するのは接着剤自身の破壊特性と界面の接着強度であるが，特に接着剤と被着物界面の結合の強さは接着強度を決める要因となる．

1.3.2 界面特性と接着強度

強固な界面接着力を得るためには，接着剤が被着物に対し良好な濡れ特性を示し，侵入，固化が起こる必要がある．固体上に接する液滴の接触角 θ はヤング(Young)の式で与えられる．

$$r_S = r_{SL} + r_L \cos\theta$$

ここで，r_S，r_L，r_{LS} は，それぞれ固体，液体，固液間の張力である．一般に濡れを表す湿潤張力は

$$r_S - r_{SL} = r_L \cos\theta$$

で示され，接着剤の表面張力 r_L が大きいほど，また θ が小さいほど良好な濡れ特性を示し，接着強度の向上に寄与することになる[2]．

接着剤と被着物間の結合力は，機械的なものと，化学ないしは物理化学的な力によるものに大別される．このうち，機械的な力は，被接着物表面に存在する微小ボイドに接着剤が侵入し固化することにより生じる投錨効果によるものである．化学的な結合力としては，① 共有結合，② 水素結合，③ ファンデルワールス力があげられるが，一般的には③の寄与が大きいと考えられている．しかし，極性を有する接着剤と金属酸化物などの接着の場合には水素結合の寄与が考えられている．

実際の界面の接着では，表面の清浄性，表面粗さなどが接着強度を左右する要因となっており，表面の機械研磨，脱脂処理などが接着力の改善に有効であるとされている．

1.3.3 接着剤の種類と高機能化

代表的な接着剤を使用形態をもとに分類したものを表 1.3 に示した[3]．これらの接着剤のなかで，機能性の点から重要度を増しているものに以下のものがあげられる．

a. 構造用接着剤 航空機の機体の一部や構造部品の接着のため用いられる接着剤で，高い接着強度と耐久性，耐候性，耐疲労性および耐温度特性が要求される部分に使用される．構造用接着剤による固定法は，従来のリベットなどによる方法に比較し，連続面で接合することから応力の分散効果を有し，高い接合強度が得られている．構造用接着剤としては，フェノール系，エポキシ系のほか，これらの複合型が主として用いられている．

b. 高速硬化接着剤 高速固化が必要とされる分野で用いられる接着剤として，瞬間

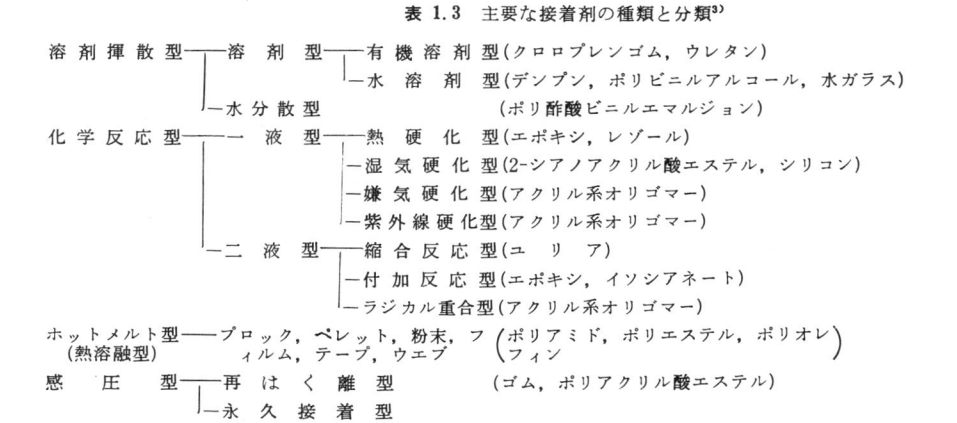

表 1.3 主要な接着剤の種類と分類[3]

```
溶剤揮散型 ── 溶 剤 型 ── 有機溶剤型 (クロロプレンゴム，ウレタン)
           │        └─ 水 溶 剤 型 (デンプン，ポリビニルアルコール，水ガラス)
           └─ 水 分 散 型          (ポリ酢酸ビニルエマルジョン)
化学反応型 ── 一 液 型 ── 熱 硬 化 型 (エポキシ，レゾール)
           │        ├─ 湿気硬化型 (2-シアノアクリル酸エステル，シリコン)
           │        ├─ 嫌気硬化型 (アクリル系オリゴマー)
           │        └─ 紫外線硬化型 (アクリル系オリゴマー)
           └─ 二 液 型 ── 縮合反応型 (ユリア)
                    ├─ 付加反応型 (エポキシ，イソシアネート)
                    └─ ラジカル重合型 (アクリル系オリゴマー)
ホットメルト型 ── ブロック，ペレット，粉末，フィルム，テープ，ウエブ (ポリアミド，ポリエステル，ポリオレフィン)
 (熱溶融型)
感 圧 型 ── 再はく離型              (ゴム，ポリアクリル酸エステル)
        └─ 永久接着型
再 湿 型 ── 有機溶剤活性型，水活性型  (デンプン，にかわ，ポリビニルアルコール)
```

接着剤，ホットメルト，紫外線硬化形接着剤などの高速硬化型接着剤がある．このなかで，シアノアクリレートモノマーの高速重合反応を利用する瞬間接着剤は，高速硬化型接着剤の代表ということができる．シアノアクリレートモノマーは，微量の水分の存在下で非常に速やかにアニオン重合を起こし，強靭なポリマーを与える．反応は，常温で数秒から数分で起こり，強力な接着強度をもたらすことから，工業用，医用，家庭用と広範囲に利用されている．

このほか，溶融状態から塗布・冷却により急速に固化する熱可塑性樹脂の特徴を生かしたホットメルトタイプ，紫外線の照射で急速に硬化を起こす紫外線硬化型接着剤の利用が増大している．

c. 耐熱性接着剤 航空機や電気製品などの分野における，高温度環境下での使用を目的とした接着剤に耐熱性接着剤がある．高分子は，一般に熱硬化性樹脂をベースとするものが耐熱性にすぐれているが，このなかでも分子内に芳香族環，複素環を有するものはすぐれた耐熱性を示す．このような性質を有する高分子として，ポリアミドイミド系，ポリベンズイミダゾール系，ポリイミド系などの樹脂が耐熱性接着剤として利用されている．

〔益田　秀樹〕

文　献

1) 中尾一宗：高分子，**19**, 472(1970).
2) 畑　敏雄：高分子，**19**, 446(1970).
3) 木村　馨：化学教育，**33**, 471(1985).

1.4　光触媒反応と超微粒子

酸化チタン TiO_2 の白色の粉末を，メタノールを含む水溶液に懸濁しておく．この乳白色の不透明な溶液に光を当てると，ガスが勢いよく発生してくる．水素ガスである．

$$CH_3OH + H_2O \longrightarrow 3H_2 + CO_2$$

このような，光照射下で化学反応をひき起こす半導体を光触媒と呼ぶ．光触媒は光吸収効率を高めるため，通常，微粉末の状態で用いられる．半導体光触媒の分野も，最近，注目を集めるようになってきた新しい学問領域である．

光触媒の作用機構は，半導体微粒子の実体が半導体電極を用いるミクロな湿式光電池であると考えると理解しやすい．図1.4にそのようすを示した．たとえば，酸化チタン電極と白金電極間のリード線を短くしていき，酸化チタンの裏面に白金 Pt がついた状態を考える．そして，その固体をどんどん小さくしていく．結局，一部金属的な部分を含む半導体の粉が溶液に懸濁している状態となる．機構的には，光電池とよく似た図1.5のようなバンドモデルで説明される．このとき，半導体表面に白金がかならずしも付着している必要はないが，白金は電子が集まりやすい場所となったり，還元反応に対する触媒として働き，光触媒反応の速度を速めている．

また，図1.6に光触媒の実験装置と，それによる代表的な反応例を示した．水が光分解されることは，チタン酸ストロンチウム $SrTiO_3$ や酸化チタンで確かめられた．また，二酸化炭素 CO_2 や窒素 N_2 などの空気中の成分が，常温，常圧という温和な条件下で還元

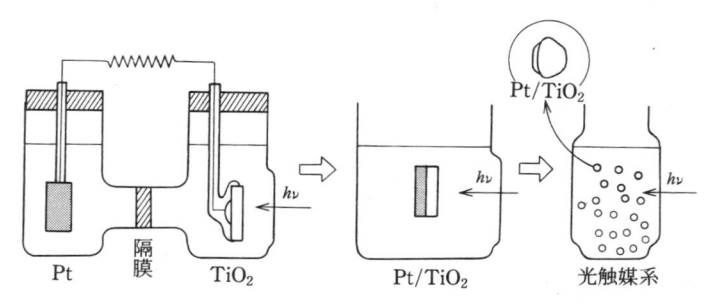

図1.4　光電池から光触媒へ

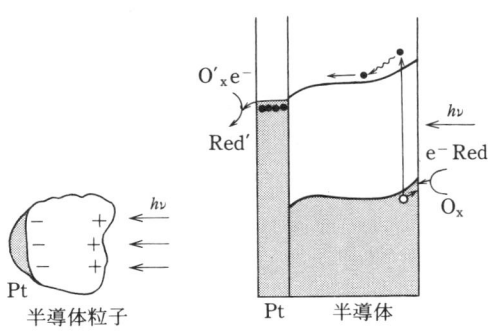

(a) 光照射下の半導体粒子　(b) 光触媒反応とバンド構造

図 1.5　光触媒のバンド構造

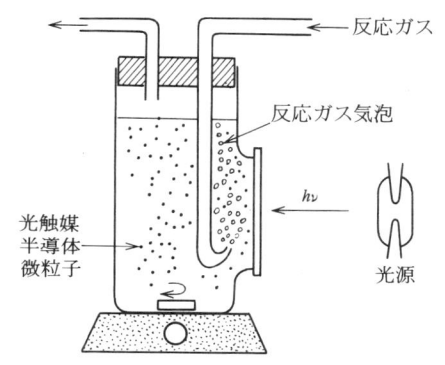

図 1.6　光触媒反応の実験装置と反応例

反応物		生成物
H_2O	$\longrightarrow$	$H_2 + \frac{1}{2}O_2$
CO_2	$\longrightarrow$	CH_3OH, CH_4
N_2	$\longrightarrow$	$2NH_3, N_2H_4$
$Cr_2O_7{}^{2-}$	$\longrightarrow$	$2Cr^{3+}$
CN^-	$\longrightarrow$	CNO^-

(反応式の詳細は省略)

されることは，その生成量が微量であるとはいえ，まことに興味深い．さらに，有害成分である CN^- や $Cr_2O_7{}^{2-}$ を含む水溶液に酸化チタン粉末を入れ，日光のもとにさらしておくと，光触媒作用によって無害化の反応が起こる．

このように，光で励起された半導体表面は非常に反応活性に富んでいる．なぜなら，正孔が集まる価電子帯の上端と電子が集まる伝導帯の下端の状態は，半導体の種類にもよるが，それぞれ強い酸化力と強い還元力をもった状態に相当するからである．また，図 1.6 に示したように実験装置が非常に簡単であることも光触媒反応の大きな特長である．

この分野の研究が活発になり始めてから，まだそれほどの期間が過ぎているわけではない．今後，さらに重要な反応をひき起こし，またいっそう効率の高い光触媒系が見出され，研究されていくであろう．その1つが超微粒子を用いる光触媒反応である．

粒径が，1～100 nm と極端に小さい粒子は超微粒子と呼ばれている．もちろん，そのサイズは原子のサイズよりは大きい．原子や分子の集まったものはクラスターと呼ばれるので，クラスターと超微粒子は区別できない場合もある．

超微粒子の大きな特徴は，粒子表面に出ている原子の割合が大きいことである．そのため，効率のよい触媒などとしての応用が期待されている．もう1つの特徴は，体積の減少に伴う電子的状態の変化である．つまり，3次元的なバルク結晶とは異なる物性が観測されるようになる．たとえば，半導体コロイドにおける光学的な吸収端や発光スペクトルの短波長シフト，あるいは，ある種の色ガラスフィルターのように，半導体微結晶（CdS_xSe_{1-x} など）を高度に分散させた材料が示す大きな3次の非線形光学特性などがそれであり，一般的には，"量子サイズ効果"と総称されている．

現在，さまざまな量子サイズにされたコロイド半導体が合成され，その光触媒反応が研究され始めている．　　　　　〔藤嶋　昭〕

1.5　超薄膜 (LB膜)

いまから約100年前，水面上の油膜がおよそ単分子の厚さであることが Rayleigh と，彼につづいて Ms. Pockels によって発表された (1890, 1892)．その後，水面上の単分子

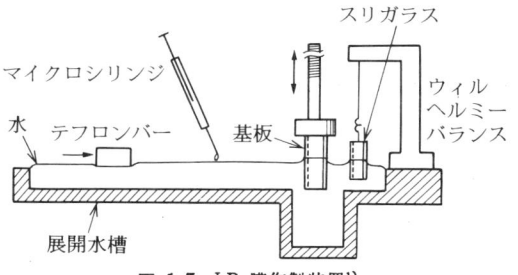

図 1.7　LB 膜作製装置[1]

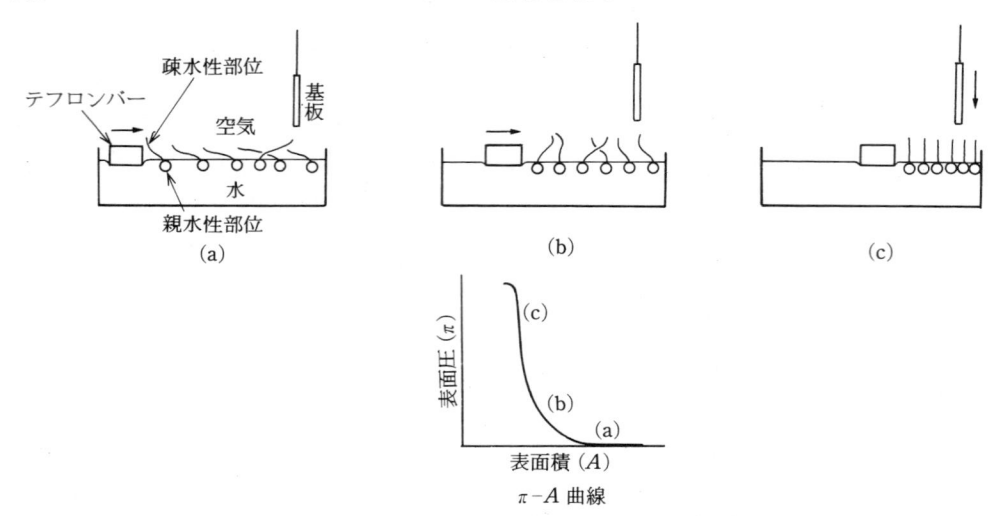

図 1.8 界面活性剤の配向状態と表面圧-表面積曲線

膜の研究は Langmuir によって大成され，その最初の論文は 1917 年に発表された．今日では空気-水の界面に展開された有機単分子膜は，彼の業績によりラングミュア膜として知られている．この水面上の単分子膜を固体表面に移し取る技術を見出したのが Langmuir の弟子 Ms. Blodgett であった（1934 年発表）．このように，固体表面に一層あるいは多層累積された膜を，ラングミュア-ブロジェット（LB）膜という．当時，Blodgett が提案した LB 膜作製法は原理的には簡単なものであったが，高度なテクニックが必要とされた．今日，用いられている LB 膜作成装置は 1965 年に Kuhn らにより開発されたものであり，それ以来 LB 膜に関する研究は多くの人々によってなされ，急速に進展した．

図 1.7 に現在一般に用いられている LB 膜作製装置を示す[1]．親水性部位と疎水性部位を有する界面活性剤をベンゼンやヘキサンなどの揮発性溶媒に溶かし，水面に滴下する．水面の表面圧はテフロンバーにより調整し，ウィルヘルミ（Wilhelmy）バランスで測定する．表面圧と表面積をモニターしていると，適切な条件下では表面圧の急激な変化に対して表面積がほとんど変化しなくなる．これは，図 1.8(c) に示すように単分子膜が規則正しく整列したためであるとされている．このときに基板を上下することによって，単分子膜を基板上に累積することができる．

図 1.9 に単分子膜をつくる代表的な化合物を示す．一般的な特徴は，飽和炭化水素鎖あるいは不飽和炭化水素鎖からなる疎水性部位（しっぽ）と，カルボキシル基，エステル結合，または S, N, O などからなる親水性部位（頭）を有することである．しかし，フタロシアニンやポルフィリンなどのように，尾がない分子でも LB 膜が作製できることが知られている．図 1.10 に基板上に移し取った LB 膜の模式図を示す．図 1.10(a) に示すように頭-頭，しっぽ-しっぽが向かい合った構造の Y 型膜が最も一般的である．そのほかにも，基板を下げるときにのみ累積する X 型膜，ひき上げるときにのみ累積する Z 型膜がある．このような膜の形態は，おもに基となる化合物の分子構造に依存するが，水相の pH，温度，表面圧，基板の上下速度，基板の表面状態によっても影響される．いままでのところ，X 型，Z 型の膜は不安定であるために，その性質などについてはあまり研究されていない．

LB 膜の特徴は，2 次元性の強い単分子結晶であるということと，さらにそれが扱いやすい固体表面に構築されているということである．2 次元平面内の分子配列は，水面に展開する単分子の混合比を変えることによって変化させることができる．また，基板に垂直方向の配列は，ある単分子の上に別の単分子を

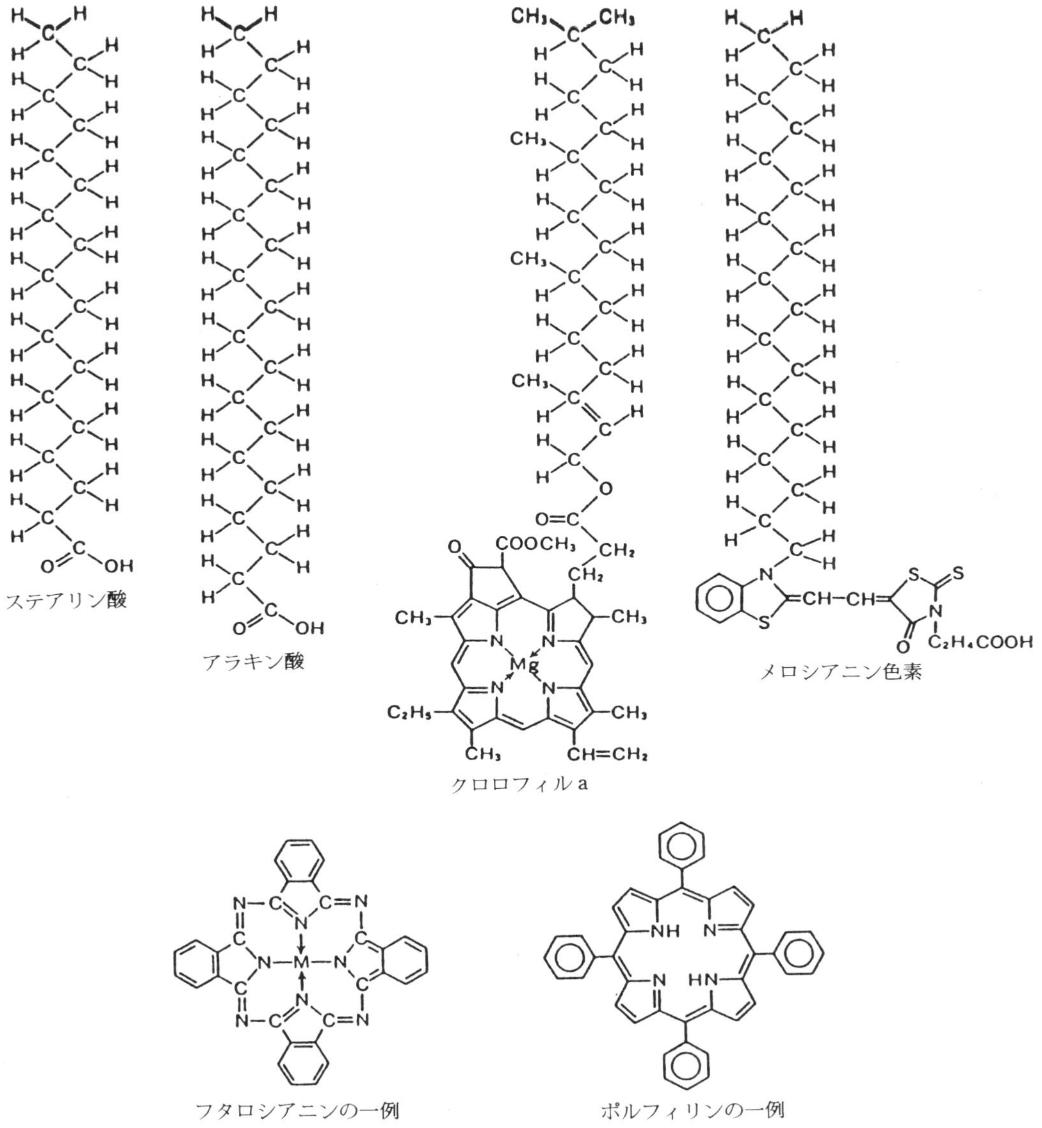

図 1.9 単分子膜をつくる代表的な化合物[4]

累積することによって制御可能である．このように有機単分子集合体を自由に設計し，かつ簡単に構築していく手法はほかには存在しない．したがってこの手法は，分子のみで組み立てられた分子デバイスの実現へ向けて大きな注目を集めてきた．

図1.11(a)に示すように，基板に垂直方向に電線の役割をするπ共役系を導入し電子伝達の効率をあげる分子ワイヤーの概念は古くからある．また，図1.11(b)のように整然と並んでいる単分子膜の一部分を高分解能の電子線を用いて取り除き，ナノメーターオーダーでの超微細加工を可能とする研究も行われている．最近では，アゾベンゼン誘導体LB膜の分子レベルでの光機能と電気化学的な機能を巧みに利用した高密度光情報記録への研究も行われている．図1.12にその原理図を示す．記録方法には光学モードと電気化学モードの2通りがある．前者では，細く絞ったレーザー光によりトランス体からシス体への

(a) Y型膜

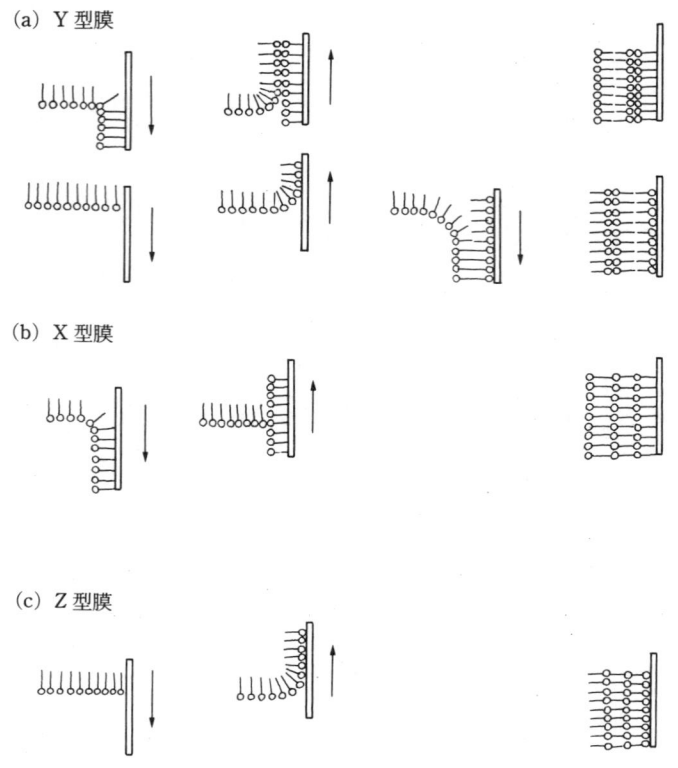

(b) X型膜

(c) Z型膜

図 1.10 基板上のLB膜の模式図

異性化反応を局所的に起こし，その部分を電気化学的に還元する．一方，電気化学モードでは単分子膜全体に光照射をしながら，微小電極を用いてシス体をヒドラゾベンゼンに局所的に還元するものである．さらに，光合成の初期過程を人工的に再現することを目的とした分子デバイスを組む試みは世界各地でなされてきた．図1.13に光合成色素であるク

(a)

(b)

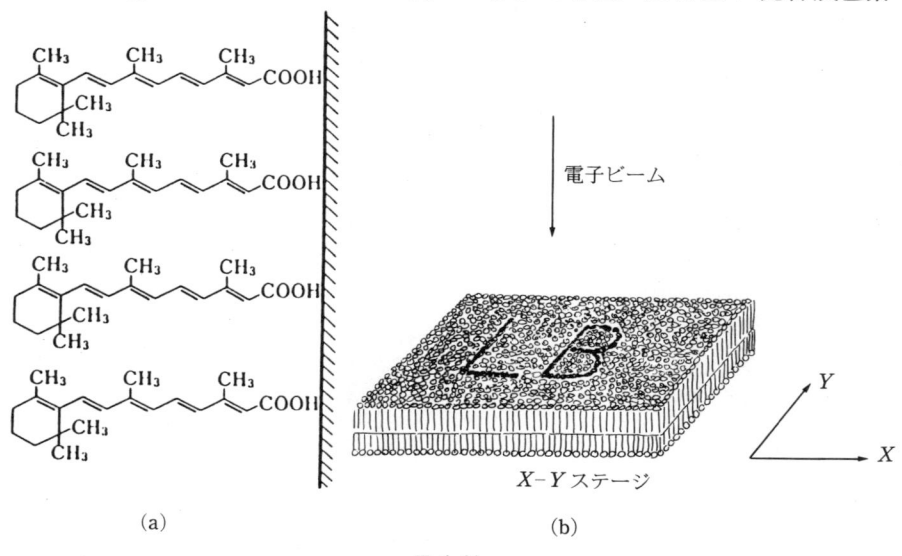

図 1.11
(a) 分子ワイヤーの概念[4]，(b) 超微細加工

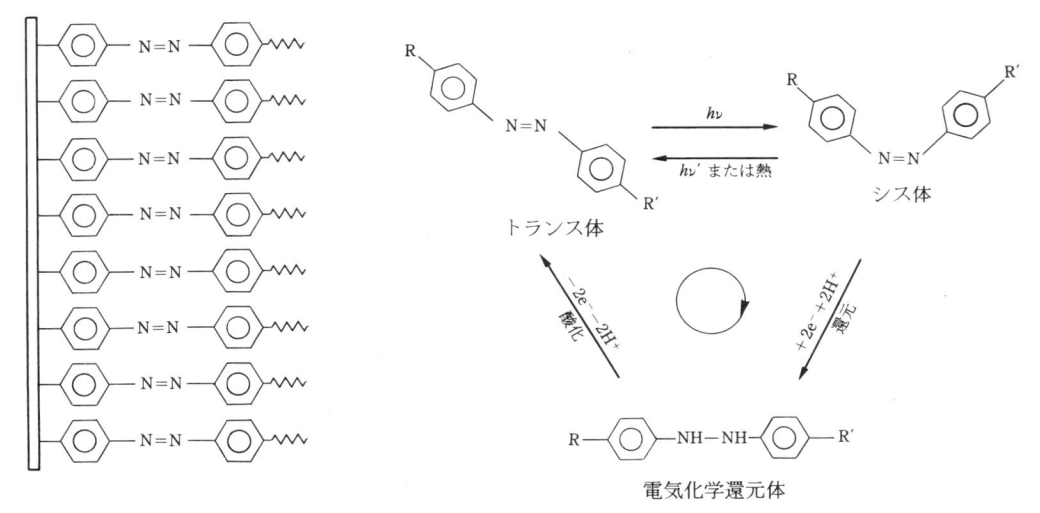

図 1.12 アゾベンゼン誘導体 LB 膜(左)を用いた
高密度情報記録の概念図(右)[2)]

ロロフィル(Chl)を用いた，光エネルギー変換過程の概念図を示す．アンテナ Chl の単分子膜が光エネルギーを捕集して励起され，その励起エネルギーを次々と伝達しながら反応中心である Chl の二量体へ受け渡す．受け渡されたエネルギーは，外部回路を通って電気エネルギーとして使われる．また，図1.14 に示すように生体膜モデルに習って LB 膜を構築し，LB 膜内に取り込ませたヘムタンパクの一種であるシトクロムの電子伝達に関する研究も行われている．

このように，LB 膜は分子レベルでの応用研究に大きく貢献してきた．今後も，LB 膜を用いた分子工学的な観点からの応用研究はますます活発になるであろう．また，複雑な生体機能の簡略化されたモデルとしても LB 膜は有用であり，バイオミメティックケミストリーのなかでも重要な位置を占めていくと

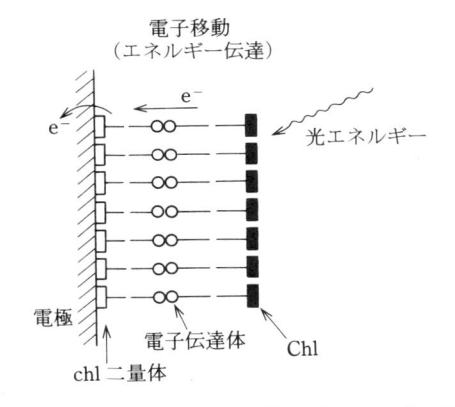

図 1.13 クロロフィル電極を用いた光エネルギー変換

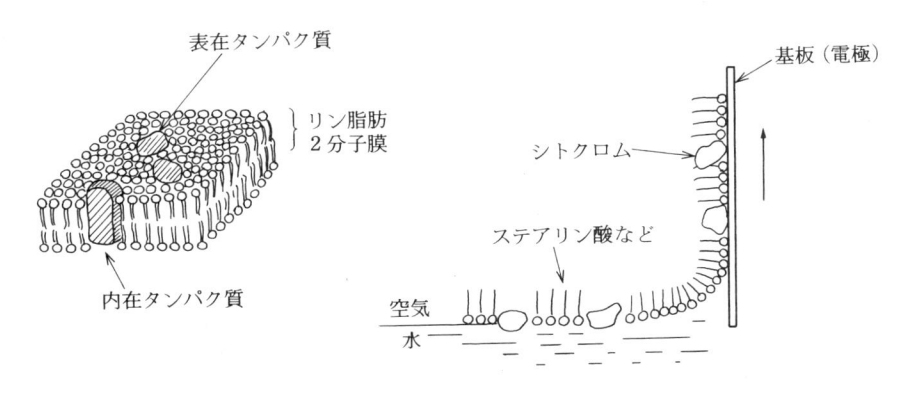

図 1.14 生体膜モデル(左)と LB 膜内に取り込まれたシトクロム(右)

思われる．さらに，基礎研究においても，電子移動やエネルギー移動過程に関する分子レベルでの現象の解明に大きく貢献するであろう．　　　　　　　　　　〔雨宮　隆〕

参　考　文　献

1) 編集委員長立花太郎："新実験化学講座 18. 界面とコロイド"，丸善(1977).
2) Z.F. Liu, K. Hashimoto and A. Fujishima: *Nature*, **347**, 658(1990).
3) 伊藤公紀，木多健一：膜，**11**(3), 147, (1986).
4) 入山啓治："LB膜のデザイン"，共立出版(1988).
5) V.K. Agarwal, 森泉豊栄訳：パリティ，Vol. 04, No. 02, 14(1989).

2.　電　気　化　学

2.1　新しい電池

化学エネルギー，電気エネルギー間の直接変換を行う電池は原理的に高いエネルギー変換効率を有し，エネルギーの貯蔵手段として，また，移動可能な携帯電源として多くの利点を有している．

2.1.1　電池の基本構成と特性

電池は，正・負極を電解質で接続した図2.1の構成を基本とし，正負極間に生じる起電力により外部に仕事を行う．

電池の基本特性である，最大起電力，エネルギー密度，負荷特性は正・負極材として選択する活物質により左右される．電池の最大起電力は，両極活物質の単極電位の差で決定され，高い起電力を得るためには正極に電気化学的に貴な電位を有する物質を，また負極には卑な電位を有する材料を選択する必要がある．また，単位重量(体積)当たりのエネルギー密度に関しては，当量当たりの質量，体積が小さいものが原理的に適している．活物質の選択に関しては，このほか電解液中での安定性や反応速度，電導性などを考慮する必要がある．このような条件を満たす材料とし

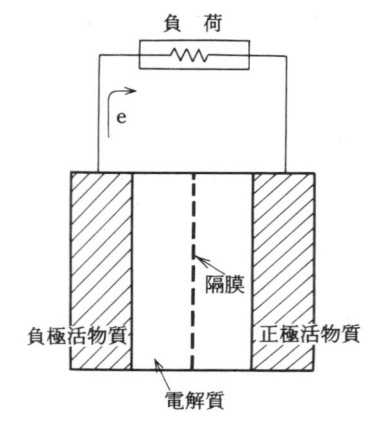

図 2.1　電池の基本構成

て，負極活物質に Zn, Cd, Li をはじめとする電気化学的に卑な金属が，また正極活物質に MnO_2 に代表される金属酸化物が実用されている．

2.1.2　電池の分類

電池は，① 1次電池，② 2次電池，③ 燃料電池に大別される．1次電池，2次電池は活物質を電池内に内蔵する形式の電池であり，他方，外部から電池内に活物質を連続的に供給して発電する形式の電池は，燃料電池と呼ばれる．活物質を内蔵する形式の電池も，1回だけの放電を行う1次電池と，充電により活物質を再生し，繰り返し使用する2次電池(蓄電池)に分類される．2次電池では充放電に対する反応の可逆性，活物質の繰り返し使用特性が重要となる．

2.1.3　新型電池とその特性

電池に要求される特性も，エネルギー密度，放電特性をはじめとし，より高度化する傾向にあり，これに伴い，以下に示すより高性能な新型1次，2次電池の開発が行われている．

a．アルカリマンガン電池　　MnO_2 を正極活物質とするマンガン電池(ルクランシェ電池)は代表的な電池として広く用いられているが，類似の活物質構成で放電容量，および負荷特性の改善をはかったものにアルカリマンガン電池がある．アルカリマンガン電池は，

$$(-)Zn|KOH(ZnO)|MnO_2(+)$$

の構成からなり，次式の電池反応が一般に考えられている[1].

$$Zn + 2MnO_2 + 2OH^- + 2H_2O \longrightarrow Zn(OH)_4^{2-} + 2MnOOH$$

アルカリマンガン電池は，高容量化，放電特性の改善のため，電解質のほか，電極配置の工夫による活物質の増加，負極を粒状Znとすることによる負極表面積の増大などの改良が加えられている．

b. Li電池 電気化学的に卑な金属であるLiを負極活物質とする電池は，高い起電力と単位重量当たりの大きな放電容量が期待できる電池系である．Liと組み合わせる正極活物質としては多くの物質が検討されているが，代表的なものとしてMnO_2，フッ化黒鉛，塩化チオニルなどがある．電解液としては，負極であるLiが水と反応してしまうため，プロピレンカーボネート，γ-ブチルラクトン，テトラヒドロフランなどの非水溶媒に$LiClO_4$，$LiBF_4$などの電解質を加えたものが使用される．フッ化黒鉛を正極とするLi電池は

$$(-)Li\,|\,\text{非水溶媒}\cdot\text{Li塩}\,|\,(CF)_n\,(+)$$

の構成から成り，正極反応として，フッ化黒鉛中へのLiの取り込み(次式)が考えられている．

$$(CF)_n + nLi \longrightarrow nLiF + nC$$

このほか，Liを用いた2次電池系も検討されている．正極材としては，Liを可逆的に取り込むことが可能な層状，あるいは空孔構造を有し，Liの拡散係数の大きな材料が適しており，TiS_2をはじめとする遷移金属カルコゲン化合物，V_2O_5などの金属酸化物が検討されている(図1.2)[2]．また，負極Liに関しても充電時に生じる樹枝状析出を，Alとの合金化により防止するなどの改善が行われている．

c. ポリマー電池 導電性高分子におけるイオンのドープ，脱ドープ現象を利用する電池はポリマー電池と呼ばれ，重量当たりの大きな放電容量や有機物特有の自由な成型性などの特徴が注目されている．ポリマー電池

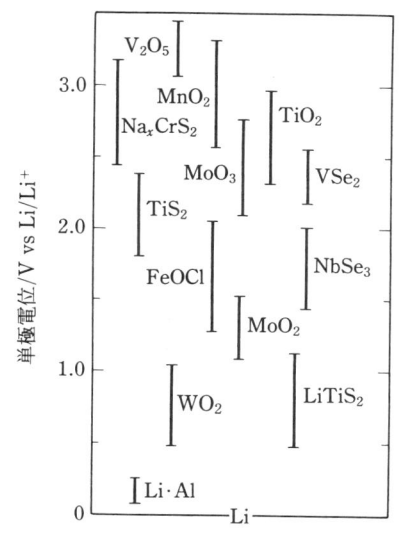

図 2.2 Li電池用正極物質とLiを取り込んだ場合の電位[2]

には，正・負極ともに導電性高分子を用いるものと，負極にはLiを用い一種のLi電池として動作させるものの2種類がある．正極として，アニオンドープ型導電性高分子であるポリアニリン(PAn)とアニオン(A^-)，負極にLiを用いた電池系では，次式により充放電が行われると考えられている．

$$(PAn^+\cdot A^-) + Li \underset{\text{充電}}{\overset{\text{放電}}{\rightleftharpoons}} PAn + A^- + Li^+$$

d. 燃料電池 燃料電池は活物質を必要に応じて電池に送り込み発電を行う電池であり，エネルギー変換効率が高く，低公害な発電システムを目的とした開発が行われている．燃料(負極活物質)としては，純H_2のほか，天然ガス，石炭などを改質して得られるH_2を主成分とするガスが，また，正極活物質としてはO_2(空気)が一般に用いられる．

代表的な燃料電池の構成を図2.3に示す．電池は電解質を多孔性の正・負極により挟み込み，電極にガスを送り込む形で動作する．アルカリ水溶液を電解液とする常温作動型燃料電池の正・負極電池反応は，水の電気分解の逆反応として次式により示される．

正極：$H_2 + 2OH^- \longrightarrow 2H_2O + 2e$

負極：$(1/2)O_2 + H_2O + 2e \longrightarrow 2OH^-$

アルカリ電解液型燃料電池では活物質中に含

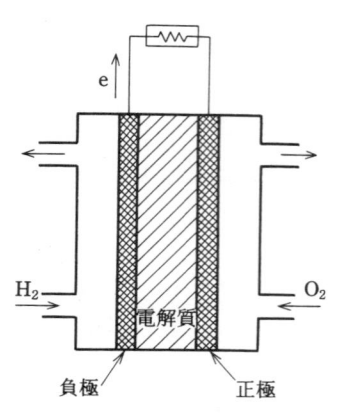

図 2.3　燃料電池の構造模式図

まれる CO_2 による電解液の劣化が問題となる．酸性溶液型（リン酸型）電池では，このような CO_2 の影響が少なく，改質ガスを燃料として用いることが可能となる．

電池は，一般に作動温度を高くすることにより電極反応速度が増大し，内部抵抗が低下することから性能を向上させることができる．燃料電池は動作させる温度により第1世代（常温）から第2世代（溶融塩型），第3世代（固体電解質型）に分類され，より効率の高い発電を目ざし開発が進められている．

文　献

1) 松田好晴：電気化学, **34**, 9(1986).
2) 竹原善一郎：表面, **21**, 2(1983).

2.2　電気分解とその応用

電気分解反応は電極を電子のドナー，およびアクセプターとする酸化・還元過程であり，次のような特徴を有している[1]．

(1) 電極電位により反応速度の制御が可能であり，また電流から反応速度をモニターすることができる．

(2) 設定電位により反応に選択性をもたせることができる．

(3) 酸化剤，還元剤を用いることなく酸化還元反応を行うことが可能であり，不純物の混入がない．

(4) 反面，反応が進行するのは電極上に限定されており，ほかの均一反応系に比較すると反応効率が悪い．

電解プロセスは，このように制御された条件下で高純度の反応物が得られる手法であり，ファインケミカルに適した反応プロセスであるといえる．

このような電解プロセスの特徴を生かし，電解反応は無機電解合成，金属精錬，有機電解合成など多くの分野で応用が行われている．電解プロセスによる主要な応用分野を以下に示す．

2.2.1　食塩電解

食塩電解は，電気分解により水酸化ナトリウムと塩素の製造を行う代表的な電気化学応用プロセスである．食塩電解法としては，隔膜法，水銀法，イオン交換膜法があるが，現在イオン交換膜法が主流となっている．

イオン交換膜法は，イオン交換膜により隔てられた電解槽により食塩水の電解を行うもので，アノード室では塩素の発生，カソード室では水素の発生がおこる図2.4．カチオン交換膜を隔膜とすることにより，Na^+ イオンのアノード室からカソード室へ移動が起こり，この結果カソード室に水酸化ナトリウムが生成される．

食塩電解法は多くの技術開発に支えられており，フッ素樹脂をベースとするスルホン酸型，カルボン酸型およびこれらの複合膜からなるイオン交換膜は，電解効率の向上と生成物の純度向上をもたらした．また，消耗性の黒鉛電極に代わり開発された Ru・Ti 複合酸

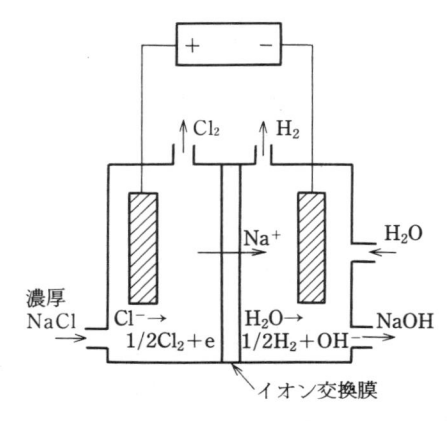

図 2.4　イオン交換膜法による食塩電解原理図

化物からなるアノード材（寸法安定性から, dimensionally stable anode or electrode: DSA, または DSE と呼ばれる）は, 耐食性と低塩素過電圧を兼ね備えた電極として電解効率の向上に寄与している.

2.2.2 無機電解合成

電解反応を用いた無機電解合成として, 過塩素酸塩, ヨード, 二酸化マンガンなどの合成が行われている. このなかで, 電池用正極活物質である二酸化マンガンの電解合成は, 電解プロセスの主要な応用分野の一つである. 電解二酸化マンガンは, 天然および, 化学合成二酸化マンガンに比較し不純物が少なく大きな比表面積を有し, 電池活物質としてすぐれた特性を示すことが知られている. 電解合成は硫酸マンガン溶液を原料とし, Ti をアノードとし電解酸化を行うことにより電解析出物として得られる. 反応は次式による.

$$MnSO_4 + 2H_2O \longrightarrow MnO_2 + H_2SO_4 + H_2$$

2.2.3 有機電解合成

電解プロセスの高い選択性や, 反応制御特性を生かした利用分野に有機電解合成がある. 電解法による有機合成は, 一般に少量・多品種の合成に適しているとされるが, そのなかで比較的大規模に行われているプロセスにアポジニトリルの電解合成がある. アポジニトリルはナイロン製造の原料となる物質であるが, アクリロニトリルを第 4 アンモニウム塩を支持塩とする水溶液中で電解還元し二量化させることにより合成される. 反応は次式に従い, 副生成などが少ない合成法として知られる.

$$2CH_2CHCN + 2H^+ + 2e \longrightarrow NC(CH_2)_4CN$$

2.2.4 新しい電解プロセス

電解反応の効率の向上を目的とし, SPE 電解法, 流動床電解などの新しい電解プロセスが検討されている. SPE 電解法は, 高分子固体電解質 (solid polymer electolyte: SPE) を電解質として電解を行うもので, フッ素系のイオン交換膜の両面をアノードおよびカソードで挟み込む形で電解が行われる（図 2.5）[1]. SPE 電解では, 固体電解質自体

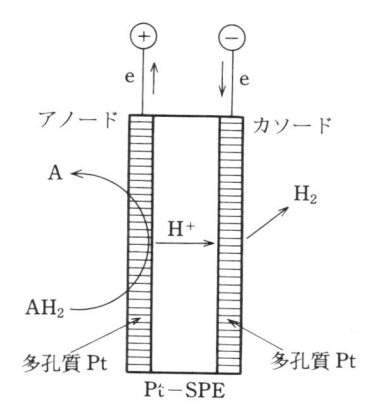

図 2.5 SPE 電解法模式図[2]

がイオンの輸送を担うため支持塩を加える必要がなく, 高純度な電解生成物を得ることが可能であり, また, 両極間の間隔を均一にできることから高い効率の電解操作が可能とされ, 水の電気分解や有機物の合成に応用されている.

このほか, 反応の場が 2 次元に限定されるという電解法の欠点を分散系を用いることにより解決しようとする目的で, 流動層電極などの種々の分散電極が利用されている.

文　　献

1) 加藤正義・馬場宣良："現代電気化学概論", オーム社 (1981).
2) 小久見善八：化学工業, p.740 (1985).

2.3 表面処理と機能発現

電気化学プロセスを用いる表面処理法は, ① 表面へのほかの物質の析出, ② 表面の改質・保護層の形成, ③ 研磨・エッチング, に分類することができる. これらは, それぞれめっき法 (電解, 無電解), 陽極酸化処理, 電解研磨法として実用されている.

2.3.1 めっき法

めっきは還元反応により素地金属上にほかの金属析出層を形成するもので, 金属材料の防食と装飾を目的とした表面処理技術として発展してきた. しかし, 近年, より高い機能をめっき技術に盛り込もうとする試み, 機能性めっき法の発展が著しい.

汎用めっき技術の応用分野は装飾用と防食

用に大別される．装飾を目的としたものでは，一般に，Au, Ag, Pt のほか Ni, Cr など美観のすぐれた金属の被覆が施される．また，めっき層の特性も均一性，光沢，密着などが重視される．一方，防食を目的とするものに鋼板への保護・耐食性付与を目的とした Zn(トタン)，Sn(ブリキ)，Cr(tin free steel 材)などの被覆処理がある．これらの金属被覆による防食機構は，被覆する金属の電位により2種類に分類される．すなわち，Pbのような Fe よりも電化学的に貴な金属の場合には，被覆金属自身のもつ耐食性により下地の Fe が保護される．一方，Fe よりも電気化学的に卑な Zn などの金属の被覆では，Zn の自己犠牲的な溶解により下地金属である Fe の溶解が抑制される．これらの汎用電気めっき法は建材，自動車，家電品，缶製品，装飾品などの分野で重要な表面処理技術となっている．

表 2.1 機能めっき法[1,2]

耐摩耗性	硬質めっき(Cr, Ni, Ni-P, Ni-Co)，複合めっき(Ni-Al$_2$O$_3$, Ni-TiO$_2$, Ni-SiC, Co-Al$_2$O$_3$, Co-SiC)
潤滑性	複合めっき(Ni-グラファイト，Ni-MoS$_2$ Ni-BN, Ni-(CF)$_n$, Cu-PTFE, Cu-グラファイト)
導電性	プラスチックめっき(Cu, Ni, Ag)，電磁シールドめっき(Cu, Ni, Cr)，接点(Au, Au-Co)
磁性	磁気記録媒体(Co-P, Co-Ni, Co-Ni-P) 軟磁性膜(Ni-Fe)
光学	光選択吸収膜(Cr, Co, NiS-ZnS, Zn)
電鋳	Ni 電鋳，Cu 箔，Ni 箔
離型	複合めっき(Ni-PTFE, Ni-(CF)$_n$, Ni-SiC)
装飾	カラーめっき，Ni-顔料

2.3.2 機能性めっき

機械，電気・磁気，光学特性など高度な機能をめっき法により表面に付与する技術は機能性めっきと呼ばれる(表2.1)[1,2]．機能性めっきの代表的なものに，以下のようなものがある．

a. 分散めっき 金属マトリクス中に微粒子を共析させ，複合構造としたものである．分散めっきは，分散させようとする微粒子をめっき浴中に懸濁させながら，析出を行うことにより作製されるが，微粒子を複合化させることにより，機械強度の改善や物理化学的な特性の制御が可能となる．高硬度の金属酸化物や炭化物を分散させた耐摩耗性皮膜(Ni/Al$_2$O$_3$, Co/SiC など)，潤滑剤を分散させた自己潤滑皮膜(Ni/MoS$_2$, Cu/フッ化黒鉛など)のほか，粘着性や装飾性の改善を目的とした分散めっきが行われている．

b. 無電解めっき 電気めっき法におけるカソードの代わりに浴中の還元剤を電子供給源とする金属析出法で，導電性を有しない基板表面にも析出させることができるという特徴を有する．無電解めっき法は，主として不導体表面上への導電性パターン形成技術として発展してきたが，このほかにも磁気記録媒体作成法とし利用されている．無電解めっき法により作成された，Co-Ni-P 系薄膜は良好な磁気記録特性を有し，磁気ディスク用記録媒体の作製法として実用されている．また，これらの系に Mn, Re などを添加した系では，析出層の基板垂直方向への配向が起こり，垂直磁気記録用媒体への適用が期待されている．

c. そのほかの機能めっき このほか，太陽熱の選択吸収を目的とした黒色めっき，表示デバイスや磁性薄膜の作成を目的とした金属酸化物めっきなどが行われている．

2.3.3 陽極酸化

金属を陽極として電解し，表面に緻密な酸化物層を形成させる処理を陽極酸化処理と呼び，表面の保護・改質に利用される．陽極酸化法は，アノード酸化により緻密な酸化皮膜が形成される金属に適用可能な方法であり，Al, Ti, Ta, Mg などの表面処理法として用いられている．

a. Alの陽極酸化処理 Al を適当な電解液中でアノード電解を行うと，次式に従って表面に酸化皮膜が生じる．

$$3Al + 3H_2O \longrightarrow Al_2O_3 + 6H^+ + 6e$$

生成する陽極酸化皮膜の特性は使用する電解液により異なり，中性浴では緻密で絶縁性の良好なバリアー型皮膜が，酸性またはアルカリ性浴では多孔性の皮膜（ポーラス型皮膜）が生じる．バリアー型皮膜は欠陥が少なく，高い絶縁性を有することから電解コンデンサー用の絶縁層として利用されている．一方，ポーラス型皮膜は特に酸性浴（硫酸，シュウ酸）中で厚い酸化皮膜を生ずることから耐食性保護膜として利用される．ポーラス型皮膜は，電解浴，電解条件を選定することにより細孔径，細孔分布の揃った皮膜を得ることができる（図 2.6）．このような規則的な細孔構造は色素，金属などを充塡することによる着色処理のほか，種々の機能性皮膜に応用されている．

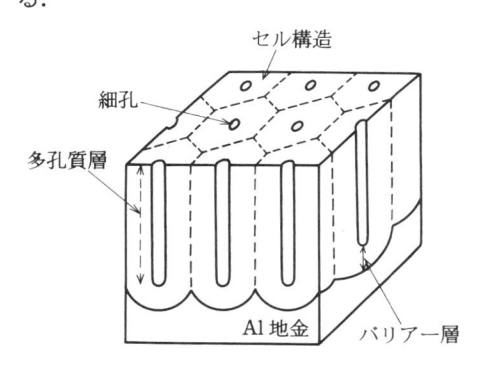

図 2.6 アルミニウム陽極酸化皮膜多孔質構造

b. Ti, Mg の陽極酸化 Ti, Mg も陽極酸化により表面に緻密な酸化皮膜が形成される．

Ti 酸化皮膜層は緻密かつ高屈折率を有し，そのため生じる干渉色は膜厚に応じてさまざまな色相を示す．この特徴を生かし，Ti の陽極酸化処理は，建築，装飾分野における美観向上を目的に用いられている．

Mg はその低比重を生かし，構造材料，部品などへ利用されているが，化学的な活性のため耐食性が低い．これを改善するため，表面に陽極酸化処理が施される．陽極処理には酸性，およびアルカリ性浴が使用され，耐食性にすぐれた酸化皮膜が得られている．

2.3.4 電解研磨

電解研磨は金属を陽極とし，適当な電解液中で高電流密度のもと電解を行うと，表面の平滑化，鏡面化が起こる現象であり，電気化学的な機械加工手段として広く用いられている．電解研磨法はほとんどの金属に適用可能であるが，ステンレス，Al, Ni, Cu などを中心に各種機械部品，食器，反射鏡などの作製に応用されている．電解研磨は，一般に，リン酸，過塩素酸などを電解液として行われる．これらの研磨浴中では，金属表面での酸化層形成，浴中への溶解が並行して進行するが，電解液の作用により表面の幾何学な凹凸に対応した溶解速度の差が生じ，表面の平滑化・光輝化が起こるものと考えられている．

文　献

1) 尾形幹夫ほか："特殊機能メッキ"，CMC(1973).
2) 林　忠夫：表面技術, **40**, 525(1989).

2.4 導電性膜

電気化学プロセスにより，種々の無機および有機導電性薄膜が作製されている．電気化学的な導電性膜作製プロセスは，膜のつきまわり，成膜速度，膜物性の制御などの点で多くの利点を有しており，広い分野で利用されている．

2.4.1 電解重合法による導電性高分子薄膜

有機物のなかで導電性を示す一連の化合物が知られているが，電解重合法によっても導電性薄膜が作製されている．現在までに報告されている代表的な導電性薄膜重合用のモノマーを（表 2.2）に示す[1]．導電性膜の成膜は，それぞれのモノマーを加えた溶媒中に支持電解質を加え，定電位，ないしは，電位走引を行いながら電解を行うことにより行われる．基板となる電極としてはカーボン，金属電極のほか酸化スズ，酸化インジウムなどの酸化物電極が用いられる．電解重合法は，ほかの有機導電体薄膜作製法に比較し，電極電位により成膜速度の制御が可能であり，電気量から膜厚をモニターすることができるほか，あ

表 2.2 導電性高分子の電解重合に用いられるモノマー[1,2]

(A) 酸化重合	
(1) 異節5員環化合物	ピロール, チオフェン, フランとそれらの誘導体
(2) 芳香族アミノ化合物	アニリンとその誘導体, ジフェニルアミン
(3) 芳香族炭化水素化合物	ベンゼン, ピレン, アズレン, フルオレン
(4) ビニール化合物	N-ビニールカルバゾール
(B) 還元重合	
(1) 芳香族ハロゲン化合物	ジブロムピリジン (ニッケル錯体と反応させておく), テトラブロモキシレン

らかじめ電解液中に加えたドーパントを電気化学的に薄膜内に注入することにより電導性を制御することができるなど,多くの特徴を有している. また,一般に電解重合法では化学的安定性にすぐれた薄膜を得ることができる点も利点としてあげられる. 電気化学的な手法で作製された導電性薄膜は導電材料のほか,イオンの電気化学的なドープ,脱ドープに伴う物性変化を利用した電池,表示素子,センサー材料などへ応用が行われている.

2.4.2 金属導電性薄膜の作成

電気メッキのほか,電気化学プロセスにより導電性薄膜を作製する手法に無電解めっき法がある. この方法は,本来導電性を有しないプラスチック,ガラス,セラミックなど絶縁体表面上に導電性を付与する目的で発展してきたものであるが,素材の形状を問わず導電性膜の形成が可能であり,浴およびめっき条件により導電性膜の物性を制御できるなどの特徴を有している. プラスチックを例にとり,代表的な無電解めっきプロセスを示す(図 2.7). プラスチック上への無電解めっきは ABS 樹脂,ポリプロピレンを中心に多くの素材に及んでいるが,基本的には密着性を確保するための表面前処理,触媒付与,触媒活性化,金属の還元によるめっき層の析出の各過程からなる. 析出反応は,表面に付与された触媒を核として開始され,それ以降は,析出膜自身の自己触媒作用により進行する. 無電解めっきによる導電性薄膜作製には, Cu, Ni, Co, Ag などの自己触媒作用を有する金属のほか,これらと合金を形成して共析する金属が対象とされる. Cu/ホルムアルデヒド系を例にとれば,無電解析出反応は以下のように示される.

$$Cu^{2+} + 2CH_2O + 4H_2O \longrightarrow Cu + 2HCOO^- + 2H_2O + H_2$$

実際の反応は,このほかいくつかの副反応が

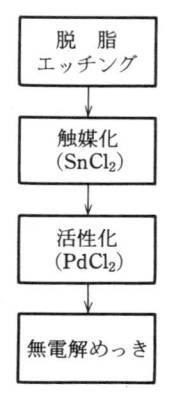

脱脂エッチング → 触媒化 ($SnCl_2$) → 活性化 ($PdCl_2$) → 無電解めっき

図 2.7 無電解めっきプロセス

並行して起こり，より複雑であると考えられている．

無電解プロセスによる導電膜作製は，不導体上への導電層形成法として多くの分野で利用されている．無電解Cuめっきは，プリント回路基板のスルーホール作成や，アディティブ法における導電性パターンを作成する手段として重要なものとなっている．

Ni無電解析出膜では，還元剤に由来するPやBが膜内に取り込まれ，純Niに比較し抵抗値が増加する．このような特性を生かし，Ni無電解めっき法による薄膜抵抗体の作製が行われている．膜内に含まれるPやBの量を制御することにより，所定の抵抗値の薄膜を調製することが可能となる．さらに，Ni-P系皮膜にWやMoを加え，熱的安定の改善もはかられている．

このほか電子機器ケースにCu, Ni, Crなどの無電解めっきを施し，電磁シールド効果を付与することも行われている．

文献

1) 木谷 晧, 佐々木和夫：表面, **25**, 71(1987).
2) 山下和男, 木谷 晧："導電性有機薄膜の機能と設計", 日本表面科学会編, p.90, 共立出版(1988).

2.5 修飾電極

酸化還元反応における電子のやり取りの場となる電極表面に，新たな機能を付与することを目的に種々の機能性物質を固定した電極は修飾電極と呼ばれる．電極表面に電気化学的に活性な官能基を導入することにより，従来の電極にはない特異な機能をもった電極を作成することが可能となる．修飾電極は電極表面への固定方法，および修飾材料から，①共有結合型修飾電極, ②高分子修飾電極, ③無機物修飾電極に分類することができる．

2.5.1 共有結合による化学修飾

電極表面に共有結合を介して電気化学的に活性な化学種を固定する方法で，グラファイト，グラッシーカーボンなどの炭素電極，Au, Pt, Cuなどの金属電極のほか，SnO_2, In_2O_3などの金属酸化物上への化学修飾が行われている．修飾分子の固定は，電極表面上にカルボキシル基，水酸基などの含酸素基やアミノ基を導入し，分子種との間にアミド，エステル，エーテルなど酸化還元反応に対し安定な共有結合を生成させることにより行われる．カーボン電極の場合について，表面への官能基導入の一例を示す(図2.8)[1]．酸化処理により，表面に形成されたカルボキシル基などの含水素基をもとに，種々の分子が導入されるほか，炭素表面にアミノ基などを直接導入することによっても官能基の固定が行われる．

一方，金属酸化物および金属電極では，表面水酸基と有機ケイ素化合物との結合を介して官能基が導入されるほか，水酸基に直接分子を結合させることにより電極表面への固定が行われる．

共有結合法による化学修飾電極の応用例として，光学活性分子を固定した電極上での不斉電解合成があげられる．Millerらはグラファイト電極上に光学活性な有機分子(フェニルアラニンメチルエステル)を固定し，アセチルピリジンなどの電解還元を行い，不斉合成が可能であることを示した(図2.9)[2]．この方法は，電極表面に光学活性種を固定することにより不斉反応場が形成される点で注目を集めた．このほか，共有結合を利用した化学修飾として，酸化物電極表面上への色素を固定し光増感を行わせる試みなどが行われている．

共有結合を利用する化学修飾法では導入可能な化学種密度は，一般に単分子層以下であり，修飾分子の高密度化が困難であるとされる．

2.5.2 高分子修飾電極

電極上に電気化学的に活性な基を含む有機高分子を被覆する方法は，高分子修飾電極と呼ばれる．金属電極(Au, Pt, Alなど)のほか，金属酸化物電極(SnO_2, TiO_2など)の上

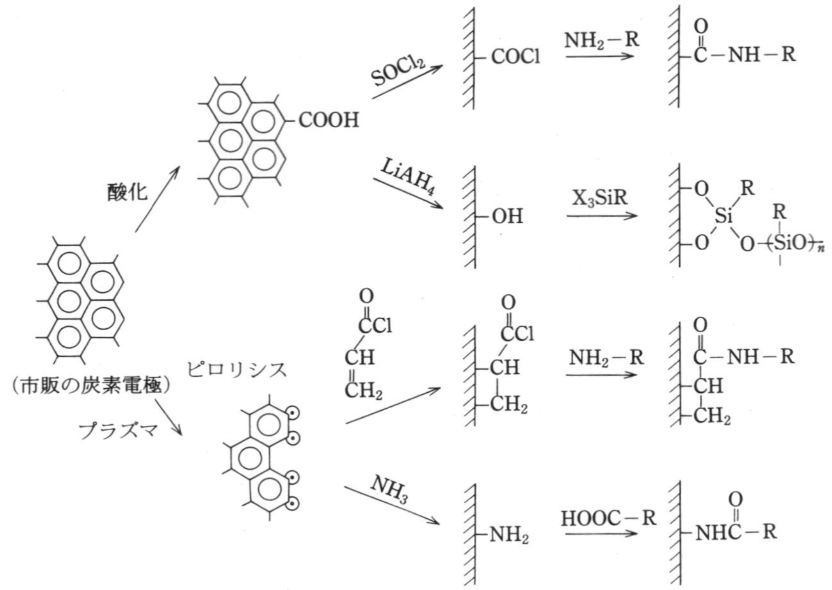

図 2.8 炭素電極表面への官能基の導入[1]

に，溶媒に溶解した高分子をコーティングする方法や，重合体やモノマーを電解により析出させるなどの手段により数十～数千Åの厚さの修飾膜を得る．高分子修飾電極では，被覆量を制御することにより活性中心となる固定分子種の量を調節することが容易であり，共有結合型に比較し高い応答性を有する修飾電極を作成することが可能である．

修飾高分子には，レドックス反応中心を有する高分子のほか，静電的な結合や配位結合により活性な酸化還元種を膜内に取り込むことのできるタイプの高分子が用いられる．このような高分子膜では，膜内での電子および物質移動過程により修飾膜特有な機能の発現が起こるとされる．高分子修飾電極では，活性中心の濃縮による電極触媒としての応用や，選択的なイオン透過機能に基づくセンサー，酸化還元に伴う着消色反応を利用した表示素子などへの応用が行われている．

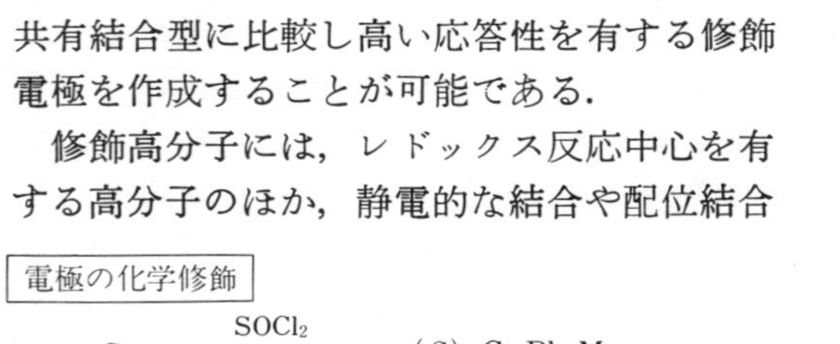

2.5.3 無機物修飾電極[3]

無機化合物を電極面に修飾した電極は，無機化合物特有な幾何学的な構造に基づく反応選択性や，有機化合物にはない化学的な安定性を有する修飾電極として利用されている．

無機修飾電極の代表例として，プルシアンブルー修飾電極があげられる．プルシアンブルーの電極表面への修飾は，$K_3Fe(CN)_6$ 溶液中からの電解還元析出により行われるが，修飾されたプルシアンブルーは分子サイズオーダーの空孔を有し，幾何学的な大きさの異なるイオン種に対し選択性を示すことが知られている．

層状鉱物である粘土を電極表面上にコートした粘土修飾電極は，$Ru(bpy)_3^{2+}$ のような

図 2.9 化学修飾電極による不斉合成[2]
C_{el}：炭素電極，(S) PheM：(S) $PhCH_2CHNH_2$,
　　　　　　　　　　　　　　　　　CO_2CH_3
(S) C_{el}PheM：化学修飾された炭素電極

酸化還元活性種を層間に取り込み，電気化学的な活性を示す．粘土修飾電極では酸化還元種の濃縮効果のほか，光学活性体を層間に取り込ませることにより電解不斉合成場として機能することが報告されている．

2.5.4 修飾電極の応用

化学修飾電極は，不斉電解合成や光学特性付与のほか，イオンの選択的な透過作用を利用したセンサー，電極触媒作用を利用した電池，電解用電極や光電極の耐腐食性向上などへの応用が報告されている．〔益田 秀樹〕

文　献

1) 小山 昇：電気化学，**53**, 665(1985).
2) B.F. Watkins, J.R. Behling, E.Kariv and L. Miller: *J.Am. Chem. Soc.*, **97**, 3549(1975).
3) 板谷謹悟，内田 勇：化学工業，p.60(1985).

2.6 半導体電極

2.6.1 半導体電極の研究の歴史

GeやSiの単結晶がつくられると，これを電極とする研究が始まり(1955)，半導体電極の理論的検討も行われた(1960)．しばらくして，ZnOやCdSなどの光照射効果の著しい半導体の光電極反応や，色素増感反応が研究された．その後，TiO_2電極による水の光分解ができる光電池が発表され(1969)，半導体電極に大きな関心が注がれるようになった．現在，効率のよい水の光分解や光電変換を目的としたいろいろの半導体電極に関する研究が世界的に行われている．

2.6.2 半導体電極の特徴

半導体電極表面には，電荷分布の偏った空間電荷層と呼ばれる層が存在する．これは電位勾配が半導体中に深く侵入した状態で，外部から加える電場の影響を受けやすい．この空間電荷層のエネルギー構造は，図2.10にn型半導体を例にして示すように，半導体電極を正に分極したとき上向きに曲がり，負に分極したとき下向きに曲がる．半導体電極に加電して，平らなエネルギー構造も実現できるが，このときの電位をフラットバンド電位

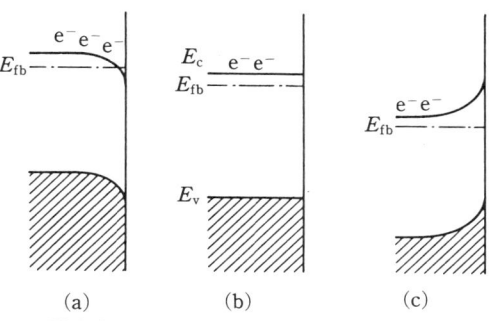

図2.10 n型半導体電極の分極下における半導体表面構造の変化
(a) カソード分極，(b) フラットバンド状態，
(c) アノード分極

E_{fb}とよぶ．

E_{fb}に比べて，n型半導体ではアノード分極下，p型半導体ではカソード分極下において，半導体表面に障壁層ができるため，電荷移行が起こりにくくなり，電流-電位曲線に整流性が現れる．しかし，この状態下で半導体表面に光を照射すると，光強度に比例した光電流が流れ，TiO_2電極における水の酸化による酸素発生反応などの電気化学反応が，より容易な電位から始まる光増感電解反応が起こる．図2.11にTiO_2の電流-電位曲線を示す．CdSなどのn型半導体も同様の挙動を示すが，電気化学反応は半導体自体の溶解反応であることが多い．この場合には還元剤などを電解液に添加してこの溶解反応を抑制させるなど，半導体を安定に作動させるための

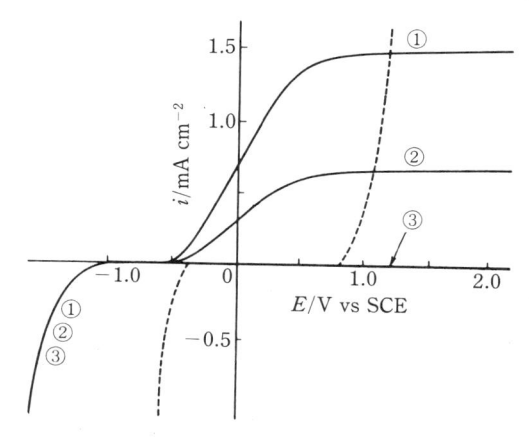

図2.11 TiO_2電極の電流-電位曲線
(pH=4.7の水溶液中)
① 光照射，② ①の48%の光強度，③ 暗所．
破線：金属電極

手段が考えられている．

2.6.3 半導体電極を用いた光電池

半導体電極上での光増感電解反応を利用して，図2.12に示したような光電池を組むことができる．

電気化学光電池，湿式光電池などと呼ばれる光電池には，アウトプットとして水素のような化学エネルギーを得るか，固体の太陽電池と同様に，電気エネルギーに変換するかによって，図2.12のように大きく2種類の光電池に分類できる．

2.6.4 半導体電極として要求される物性

電気化学光電池が効率よく働くためには，次のような半導体電極であることが望ましい．

(1) 太陽スペクトルに適した半導体：AM 1(air mass 1)の太陽光下では，半導体のバンドギャップ $E_g=1.4$ eV のとき，理論的エネルギー変換効率として $\eta_E=0.35$ が得られる．したがって，E_g がこの値に近い GaAs や CdSe などで光電池を組むと，高いエネルギー変換効率が得られる．水を光分解するための光電池としては，水の電気分解の電位に分極損失などを考慮して E_g が2.0〜2.5 eV の半導体が望ましい．

(2) 溶解しない安定な半導体：TiO_2 のように水を分解できる半導体は，一般に大きな E_g をもっている．一方，E_g が2.5 eV 以下の太陽光を吸収しやすい半導体は，光吸収によって生じた正孔によって半導体自身の溶解反応を起こしやすい．これら半導体の溶解抑制には還元剤添加以外にも，化学修飾，貴金属コーティングなどの工夫が行われている．

(3) 大きい光起電力：光起電力の大きさは，E_{fb} と大きなかかわりをもっている．n型半導体の場合，E_{fb} が負の半導体ほど起電力は大きい．

(4) 簡単で安価にできる半導体材料：希薄なエネルギー密度を有する太陽エネルギーの変換には，半導体の大面積化が不可欠である．金属の高温酸化，半導体粉末の加圧形成・焼成，CVDなど多結晶半導体のいろいろな製造法が提案されている．

2.6.5 半導体電極の応用

半導体電極のもつ特徴を生かす方法は，光電池を組んで太陽エネルギーを化学エネルギーや電気エネルギーに変換する以外に，半導体表面の強い反応性と反応選択性を利用した新しい有機合成反応，電子移行反応の研究手段，新しい画像形成法などがあげられる．

〔藤嶋　昭〕

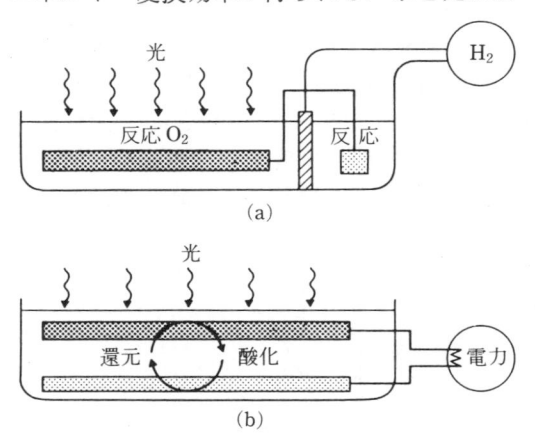

図2.12 代表的電気化学光電池
(a) 光合成型光電池（光エネルギー→化学エネルギー）
　例：n-TiO_2/NaOH：H_2SO_4 水溶液/Pt
　　　n-$TiO_2 \xrightarrow{h\nu} e^- + h^+$
　　　$2h^+ + H_2O \longrightarrow 2H^+ + 1/2\ O_2$ (n-TiO_2)
　　　$2e^- + 2H^+ \longrightarrow H_2$ (Pt)
(b) 太陽電池型光電池（光エネルギー→電気エネルギー）
　例：n-GaAs/Se^{2-}, Se_2^{2-}, NaOH/C
　　　n-GaAs $\xrightarrow{h\nu} e^- + h^+$
　　　$2h^+ + Se^{2-} \longrightarrow Se$ (n-GaAs)
　　　($Se^{2-} + Se \longrightarrow Se_2^{2-}$ 溶液中)
　　　$2e^- + Se_2^{2-} \longrightarrow 2Se^{2-}$ (炭素)

2.7 分光電気化学

分光電気化学は電気化学的な測定法に，分光学的な手法を組み合わせたもので，電気化学反応に関与する分子種や電極表面の分光学的な情報を得ようとするものである．分光電気化学では，高真空下での測定を対象とし，高エネルギー粒子を用いて測定を行う汎用の表面解析法と異なり，電解液に接する電極界面や電気化学反応により生成する分子種が測定の対象となる．このため測定手法も光を用いるものが中心となる．

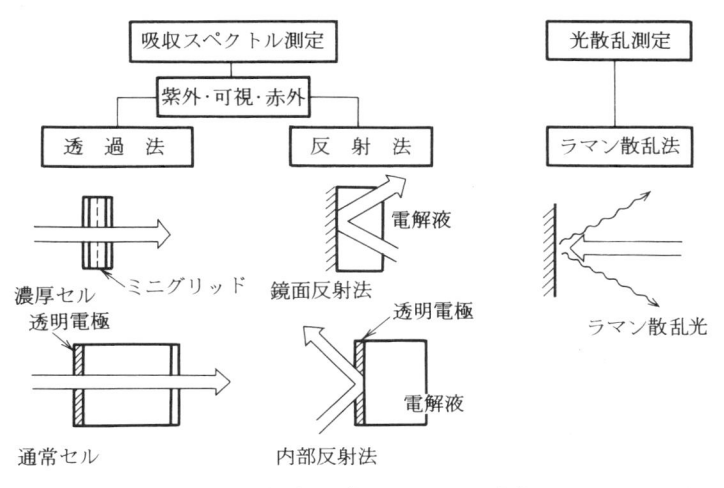

図 2.13 分光電気化学法の分類[1]

2.7.1 分光電気化学的手法の分類

電気化学測定系と組み合わされる分光学的手法は，検出方法，光路配置により透過法，反射法，散乱法に大別される（図2.13）[1]．

a. 透過法 電気化学反応により生じる分子種の変化，とりわけ溶液側の酸化・還元種の情報を得ることを目的とし，透過モードでの吸収スペクトル測定が行われている．透過測定には光透過型の電極が使用されるが，このような特性をもつ電極として，SnO_2，In_2O_3 などの金属酸化物，Pt，Au などの金属薄膜，およびこれらの細線を金網にしたものが知られている．透過分光測定用電解セルには通常の厚さのものと，液層を薄くした薄層タイプのものが使用されるが，どちらも装置的に簡便であり，また解析も比較的容易である．しかし，使用可能な電極が光透過性のものに限定される点がこの方法の問題とされる．

b. 反射法 電極表面上に生成する皮膜や吸着種の光学定数，厚さ，被覆率などが反射率変化に反映することを測定原理とする手法である．溶液側から電極表面に光を入射させ，正反射光の強度変化から反射率変化を検出・解析を行う鏡面反射法，偏光の位相情報から測定を行う偏光解析法（エリプソメトリー）のほか，光透過性電極の内側から全反射条件で界面に光を入射させ，光の波動性に基づく溶液側への光のにじみ出しを利用して，電極のごく近傍の分光化学的な情報を得る方法，内部反射法がある．電気化学測定では，一般に水溶液系が測定対象となる．このため，分光測定も水溶液による吸収が妨害とならない紫外・可視域が主として測定波長域として用いられる．しかし，内部反射法では原理的に溶液側の光吸収の妨害を受けにくく，電極材として赤外域で透明なもの（Si，Ge，CaF_2 などに金属薄膜を形成したもの）を用いれば赤外域での測定が可能となり，界面に存在する分子種の振動スペクトルを得ることができる．鏡面反射法においてもセル配置，変調法の工夫により，ごく薄い電解液層を介して電極表面吸着種の振動スペクトル測定が可能となってきている．

c. ラマン散乱 ラマン散乱法は，水の吸収による妨害を受けることなく，高いエネルギー分解能で分子種の振動スペクトルを得ることができる分光学的な手法であるが，散乱強度が小さく，検出感度が低いことから電極界面への適用，特に溶液中に分子種が共存する系への適用は困難であるとされていた．しかし，電極上に吸着した分子種のラマン散乱強度が 10^5 倍程度まで増大する現象（surface enhanced Raman scattering：SERS）や，電極に印加する電位や偏光面を変調することにより吸着種由来の分光学的な情報を選

択的に検出する手法が開発され，電極吸着種のラマン散乱による振動スペクトル測定が可能となってきた．SERS は表面を電気化学的に粗面化した電極（Ag, Au, Cu など）上に吸着した分子において観測される現象であるが，高い散乱強度と電極のごく近傍（数Å）の情報が得られることから，分子の配向状態や反応中間物の同定手段として利用されている．

d. このほか，光照射により生じる光起電力の測定から，半導体材料や金属上に生じる半導体性の皮膜の検討を行う光電分極法や，光吸収を無輻射熱として検出する光音響分光法など多くの分光学的な手法が電気化学測定法に組み合わされ，電極界面観測法として活用されている．　〔益田　秀樹〕

文　献

1) W. R. Heineman: *Anal. Chem.*, **50**, 390A (1978).

2.8　エレクトロオーガニックケミストリー

電気化学反応の特長を巧みに生かした新しいプロセスが，次々と開発されて注目されている．有機合成化学へ電気化学反応が応用された，エレクトロオーガニックケミストリーもその一つである．

医薬品，香料，農薬などはファインケミカルと呼ばれ，付加価値が高い製品である．ファインケミカルは，有機合成法や発酵法などを駆使して合成されている．しかし，電気化学プロセスがこれらファインケミカルの合成に有効であることが認められるようになってきている．電圧や電流を制御することによって，少量でも純度の高い有機物が合成できるからである．

エレクトロオーガニックケミストリーの最初の例はコルベ反応である．

$$2CH_3COO^- \longrightarrow CH_3-CH_3 + 2CO_2 + 2e^-$$

この反応は，カルボン酸塩の溶液を電解すると酸化反応極（アノード）で炭化水素と二酸化炭素が生成する．しかし，このときの生成物の効率などは，電極の種類，電解質，電解条件によっても変わる．逆に電解条件を選べば，有機電極反応をコントロールできることを意味する．

アクリロニトリルの二量化によるアジポニトリル（ナイロン66の原料）の電気化学的合成反応が，代表的エレクトロオーガニックケミストリーである．図 2.14 に基本構成を示すが，反応式としては次のようになる．

$$2CH_2=CHCN + 2e^- + 2H^+ \rightarrow NC(CH_2)_4CN$$

有機電解合成の特長をまとめると，次のようになる．

(1) 反応条件をうまく設定すると選択性がよく高収率が得られる．

(2) 電圧，電流の制御により反応の開始，停止ならびに反応量の制御が容易である．

(3) 反応は常温，常圧ないしはこれに近い温和な条件で行われるので安全性が高い．

(4) 電子が直接反応に加わるので，通常の有機合成法に比べて環境汚染が少ない．

電気化学反応によりモノマーをラジカル化し，ラジカル重合により導電性高分子膜の合成もできる．この代表例が，ピロールの電解酸化重合によるポリピロール膜の合成である．この電解重合プロセスでは，電解質溶液中のアニオンが膜中にドーピングし，導電性が付与される，室温における導電率は100～200 S・cm^{-1}に達し，金属的導電性を示す．

ピロール以外の複素環化合物についても，

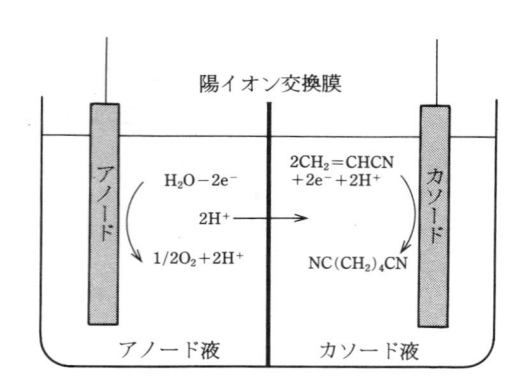

図 2.14 アジポニトリルの電解還元二量化反応の基本構成

電解重合法による薄膜合成が行われている．インドール，アズレン，チオフェンなどがその例である．　　　　　　　〔藤嶋　昭〕

2.9 固体電解質とその応用

物質中での電気伝導を考える上で，図2.15のような乾電池と豆電球と食塩水を導線でつないだ回路を思い出してみる．このとき，豆電球は確かに点灯したことを覚えているだろう．そして食塩水の代わりに砂糖水を使うと豆電球は点灯しなかったか，ついたとしてもきわめて弱々しかったはずである．ここで，電気の流れを考えてみる．導線のなかでは電子が電気を運んでいる．水溶液中ではどうか．電子は溶液中を移動することはできない．溶液中ではおもに電解質（この場合食塩）が解離して生じたイオンが電気を運んでいる．それとともに，溶液に浸かった導線上では電極反応も起こっている．電池は，内部で電気化学反応を起こして電子を送り出すポンプと考えればよい．以上より，電気伝導には少なくとも異なる2種類の様式があることがわかる．1つは一般に金属や半導体などの固体中での電子やホールによる電子的な電気伝導であり，もう1つは電解質溶液中でのイオン性の電気伝導である．しかし，固体であっ

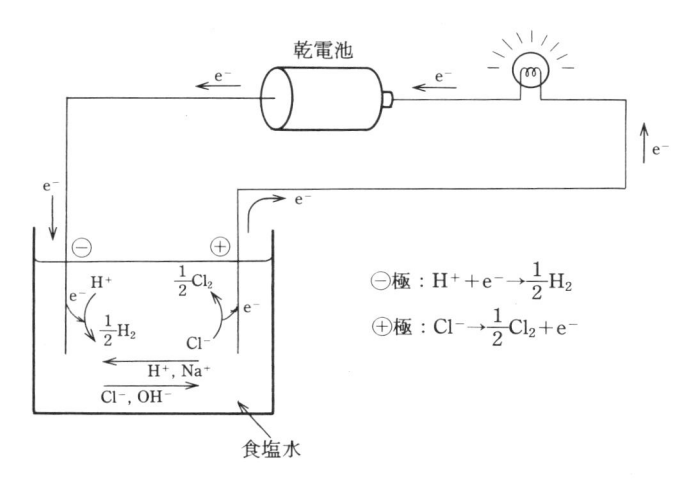

図 2.15　導線および溶液中での電気の流れ

表 2.3　おもな固体電解質の特性とその応用分野(文献1),3)より抜粋)

導電機構	固体電解	イオン伝導率($S \cdot cm^{-1}$)	(温度/°C)	応用分野
(1) 2次元伝導型	β-アルミナ ($Na_2O \cdot 11Al_2O$)	3.3×10^{-2}(単結晶) 4.0×10^{-3}(多結晶)	(25) (25)	ナトリウム-硫黄電池
(2) 格子欠陥伝導型	安定化ジルコニア (Y_2O_3 固溶体) $(ZrO_2)_{0.91}(Y_2O_3)_{0.09}$	9.0×10^{-2} 2.0×10^{-2}	(1000) (800)	燃料電池 ガスセンサー
(3) 平均構造を有する 半融状態伝導型	ヨウ化銀 α-AgI	2.0×10^2	(200)	超イオン伝導体
(4) 3次元網目構造による トンネリング伝導型	12モリブデン酸 ($H_3PMo_{12}O_{40} \cdot 29H_2O$) ナフィオン -$(CF_2)_n$-CF-$(CF_2)_m$- O-$CF_2CF_2$-$SO_3$-$H^+$	4.0×10^{-2} 1.0×10^{-2}	(25) (25)	燃料電池

ても電解質溶液のようにイオンがおもな電荷担体となっている物質がある．これを固体電解質という．固体電解質は伝導イオン種により大きく分類しても6種類はあり，さらに個々の物質では100種近くはある．ここでは，これらすべてを網羅することはできないので，表2.3に示すように固体電解質をその導電機構により4種類に分け，応用上特に重要と思われる代表例をあげ，その物性と応用について記述する．なお，分類は便宜的なものであり，その名称も一般に使われているものではないことを断わっておく．固体電解質に関する詳細については文献2)を参照されたい．

2.9.1 2次元伝導型

この導電機構を有する固体電解質には，Na^+ イオンや K^+ イオン伝導体が多い．ここでは，その典型例として基礎的な側面からも注目されてきた β-アルミナを取り上げる．図2.16に β-アルミナの結晶構造を示す．単位格子は六方晶系に属し，スピネル構造をとるブロックが NaO 層をはさむ構造となっている．スピネルブロック中の O^{2-} は最密充填となっているが，NaO 層では密度が少し小さくなっている．このため，NaO 層に位置する Na^+ イオンは NaO 層に沿って移動することができる．これが2次元的導電性を示す理由である．次に，応用上きわめて重要である

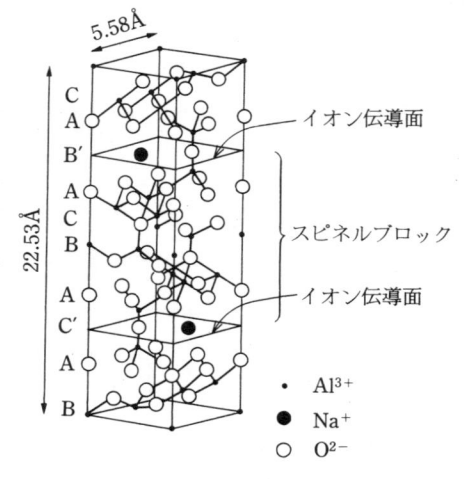

図2.16 β-アルミナの結晶構造[4]

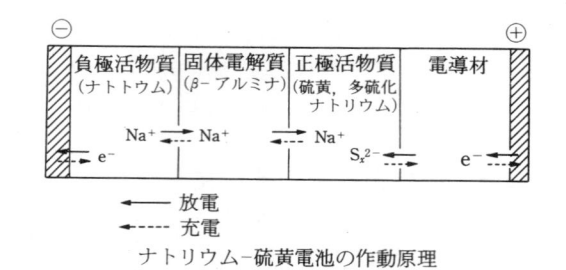

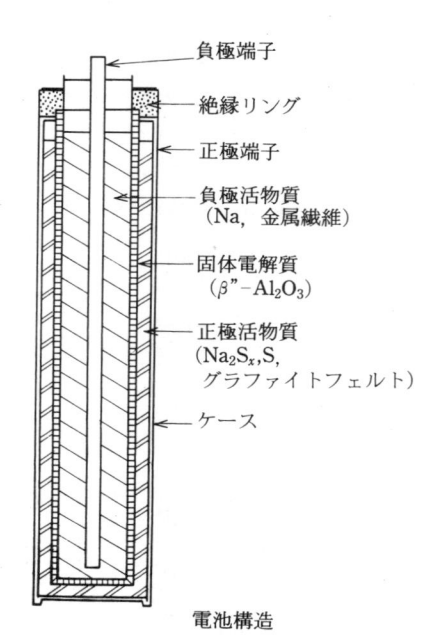

図2.17 ナトリウム-硫黄電池の作動原理(左)および電池構造(右)[5]

ナトリウム-硫黄電池の作動原理，および電池構造を図2.17に示す．電極反応は以下のようである．

負極　$Na \underset{充電}{\overset{放電}{\rightleftarrows}} Na^+ + e^-$

正極　$Na^+ + \frac{x}{2}S + e^- \underset{充電}{\overset{放電}{\rightleftarrows}} \frac{1}{2}Na_2S_x$

起電力は2.1Vである．ナトリウム-硫黄電池の特徴は，他の2次電池に比べてきわめて大きなエネルギー密度(単位重量当たりの出力エネルギー)を有することである．実際のエネルギー密度は200 Wh/kgであり，一般に用いられている2次電池である鉛蓄電池(30～50 Wh/kg)の4倍以上である．このような特徴から現在でも，固体電解質焼結体の耐久性の向上をめざして活発に研究開発が進

められている．

2.9.2 格子欠陥伝導型

この導電機構は，ハロゲンイオンや酸素イオンなどの陰イオンが伝導種である固体電解質に多くみられる．結晶構造は，ホタル石型あるいはペロブスカイト型をとるものが多い．代表例として，ホタル石型をとる安定化ジルコニアをあげる．ジルコニア(ZrO_2)は融点が約 2700°C と高いが，1150°C 付近で単斜晶系から正方晶系への相転移があり，このとき同時に起こる体積変化が実用上の難点となっている．しかし，種々の酸化物(CaO, MgO, Y_2O_3, Yb_2O_3 Y_2O_3 など)を固溶させることによって，ホタル石型の立方晶系が融点まで安定に存在するようになる．このようにして得られた固溶体を，安定化ジルコニアという．安定化ジルコニア中でのイオン伝導機構は，固溶によって生じた格子欠陥(酸素イオン空孔)による．たとえば，Y_2O_3 を固溶させると 4 価の Zr^{4+} の格子位置を 3 価の Y^{3+} が置換して，電気的中性条件を保つために Y^{3+} 2 個について 1 個の O^{2-} 空格子点を生ずる．O^{2-} イオンはこの欠陥を介して伝導することができる．現在，安定化ジルコニアはおもに燃料電池の固体電解質として，また，酸素センサーとして応用されている．図 2.18 に燃料電池および酸素センサーの概念図を示す．

燃料電池の原理は，水素，一酸化炭素，メタノールなどの燃料と酸素との燃焼反応を固体電解質を介して，個々の電気化学反応として行わせるものである．このとき，固体電解質はイオン化した燃料あるいは O^{2-} の供給経路となっている．一方，酸素センサーはジルコニア固体電解質で仕切られた二室間の酸素分圧比を，平衡起電力に変換して読み取るものである．一方の酸素分圧を既知にしておけば，他方のそれは平衡起電力から知ることができる．ここで，固体電解質は各室のガスと

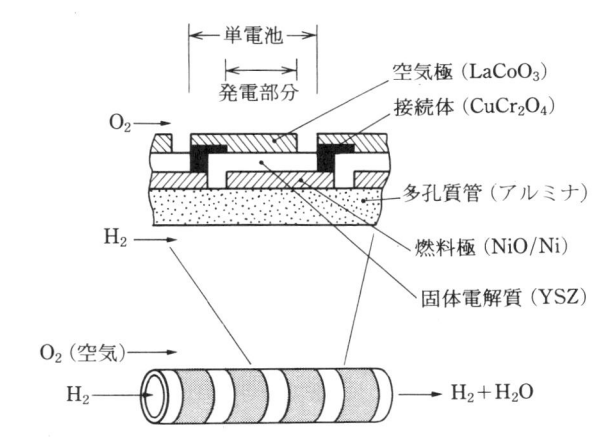

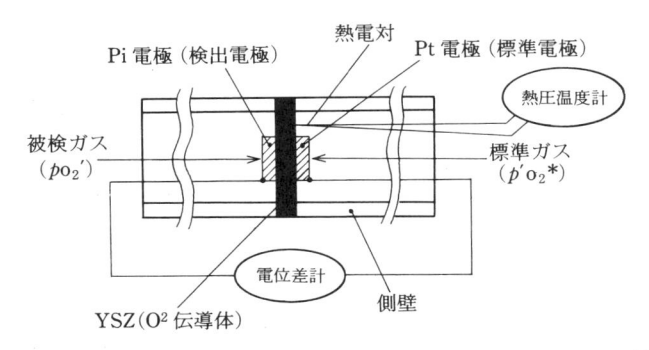

図 2.18 Y_2O_3 固溶安定化ジルコニア(YSZ)を固体電解質とした燃料電池(左)，および酸素センサー(右)の概念図[1]

平衡状態であり，ガス選択性隔壁の役割を果たしている．

2.9.3 平均構造を有する半融状態伝導型

ここでいう平均構造とは，エネルギー的に等価なあるイオンの格子点の数が，実際に移動するそのイオンの数に比べて多いような結晶構造をいう．そのイオンは，多くのエネルギー的に等価な位置にばらまかれていることになり，このような状態はそのイオンの格子が融解した半融状態とみることもできる．このような導電機構はAg^+イオン伝導体に多くみられる．AgIは，約147°Cでβ相からα相へ転移するときに，導電率が$10^{-5}(S \cdot cm^{-1})$から$10^0(S \cdot cm^{-1})$へ急変する．α-AgIは特異なイオン導電性のため，多くの研究がなされてきた．α-AgIは，単位格子が2個のAgIからなり，その2個のAg^+イオンはエネルギー的に等価な42個の位置に自由に移動しうることがわかった．これが大きなイオン導電性の原因であり，このような固体電解質は超イオン伝導体と呼ばれている．

2.9.4 3次元網目構造によるトンネリング伝導型

この導電機構は，プロトン伝導体にみられる．プロトンは通常，液体中でも固体中でも電気陰性度の大きな原子あるいはイオンと水素結合によって結ばれている．固体電解質中におけるプロトン伝導に関しても，水素結合を介しての機構が考えられている．たとえば，12モリブデン酸($H_3PMo_{12}O_{40} \cdot 29H_2O$)はポリアニオンとポリカチオンが複合ダイヤモンド骨格をつくっていて，それぞれのポリイオン間には水素結合が存在する．この水素結合を介して，プロトンは2つのH_2O間を振動することができ，近隣のH_2Oへのこの振動によるトンネリングで移動することができると考えられている．あるいは，H_2O分子の回転によって，プロトンの分子間交換が起こるとされている．固体高分子電解質であるナフィオンもプロトン伝導体であり，水素-酸素型燃料電池の電解質として応用されている．

〔雨宮　隆〕

参考文献

1) 工藤徹一，笛木和雄："固体アイオニクス"，講談社サイエンティフィク，講談社(1986).
2) "特集 多彩の応用分野を持つ固体電解質"，電気化学，**55**(1987).
3) 友成忠雄："機能性材料"，非売品(1989).
4) R. Collongues, et al.: "Solid Electrolytes", P. Hagenmuller, et al. ed., p.259, Academic Press (1978).
5) 喜多　明，野村栄一：電気化学，**55**, 194(1987).

3. プラズマ・放電化学

3.1 プラズマと放電

3.1.1 プラズマの特徴

すべての物質は，温度を上げていくと気体になるが，さらに温度を上げると原子や分子の電離が起こり，プラズマとなる．プラズマは，巨視的には中性であるが，内部は電子，イオン，およびラジカルからなり，化学的活性がきわめて高い状態にある．プラズマ状態をつくるのに，光や種々の放電を用いることもできる．放電では，電子が電場中で高速に加速されて気体の原子や分子に衝突するので，気体の電離が起き，プラズマができる．また，原子や分子が光を吸収して多量にイオン化すれば，やはりプラズマができる．

ガスの燃焼炎や，太陽のような高温で生じるプラズマ(熱プラズマ)の内部では各粒子が同じ温度をもつが，放電によって生じるプラズマは電離度が低いために熱平衡になく(低温プラズマ)，加速されやすい電子の温度のみが特に高い．たとえば，ネオンの放電管では，電子温度25000 K，イオン温度1500 K，また，電離していない気体の温度は400 Kである．

3.1.2 放電の分類

放電の種類によって，それぞれ特徴あるプラズマ利用の手法が開発されているので，放電の種類をあげておく．

a. 周波数による分類　　直流放電(0 Hz)，

交流放電(50, 60 Hz), 低周波放電(1 kHz
〜100 kHz), RF(radio frequency)放電(10
MHz〜100 MHz), マイクロ波放電(1 GHz
以上). RF 放電とマイクロ波放電では, 電極
と直接接しない場所にプラズマが生じる.

プラズマに電界 $E=E_0\cos(\omega t)$ が働くとき, 加速されてエネルギーを受け取るのは, 主として軽い電子である. 密度 n の電子が受け取るエネルギー P は, 衝突周波数 ν_m (電子が原子, 分子やイオンと単位時間に衝突する回数)を使って次式で表される.

$$P=\frac{ne^2E_0^2}{2\nu_m m}\frac{\nu_m^2}{\nu_m^2+\omega^2}$$

e と m は, 電子の電荷および質量である. $\nu_m=\omega$ のときに P は最大になる. したがって, 気体の圧力が大きいために ν_m が大きい場合には, ω の大きいマイクロ波を使う方がプラズマをつくりやすい.

b. 形態による分類

(1) 火花放電:大気圧に近い状態で電極間に高電圧がかかり, 放電が瞬間的に起こる場合.

(2) アーク放電:火花放電と同様な状態で放電が持続する場合で, アーク形の熱プラズマが得られる. 図3.1に示したように, ノズル状の陽極からプラズマを吹き出すプラズマジェットにすることが多い. 溶解炉や反応炉の高熱源として広く用いられる.

(3) グロー放電:気体の圧力が低く, 電子の平均自由行程が長い場合で, プラズマ領域が広く, 化学的応用, 特にプラズマ CVD などに広く用いられる(図3.4).

(4) 大気圧高周波誘導放電:高周波による気体の絶縁破壊によって起こる. 生ずる誘導プラズマは, 図3.2のようにプラズマジェットとして, プラズマ発光分析などに用いられる.

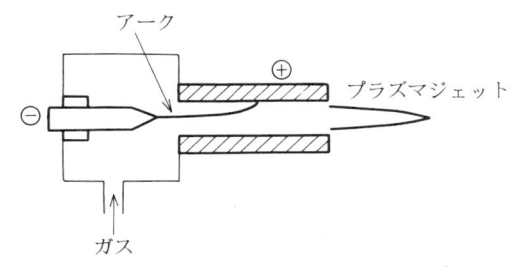

図 3.1 アーク放電によるプラズマジェット

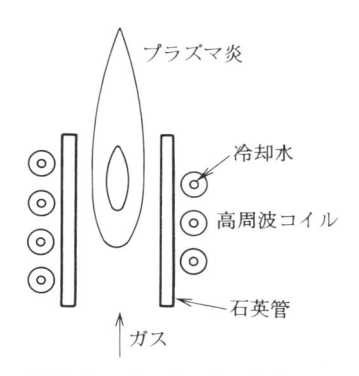

図 3.2 大気圧高周波誘導プラズマ

(5) コロナ放電:火花放電, アーク放電およびグロー放電では, 電極間の道筋がすべて電離する(全路破壊)が, コロナ放電では, 一部が電離する部分破壊が起こる. 電子写真の帯電行程に用いられる.

(6) 無声放電:絶縁体を介した放電で, 絶縁物上広い面積の多数の点で起こる. オゾン合成に使われる.

3.2 放電化学とオゾン

3.2.1 プラズマ合成

プラズマ中には多数のイオンやラジカルが生成する. これらの化学種は高い反応性をもつので, これを利用して種々の分子の合成反応を起こすことができる. しかし, 一般的に反応選択性が低く, またエネルギー効率も悪いことから, あまり実用化されていない. しかしオゾン合成のように, ほかによい方法がないために工業化されている場合もある.

3.2.2 オゾン

オゾンは酸化作用が強く, また12時間程度で分解する(気相中)ので, 特に飲料水の殺菌などに使われる. 図3.3のような構成の電極を用い, 数 kV の交流高電圧を印加するとガラス表面で無声放電が起こる. このとき, 多数のパルス状電流が流れ, それに伴ってオゾンが生成する. 反応機構は, 次のように推定されている.

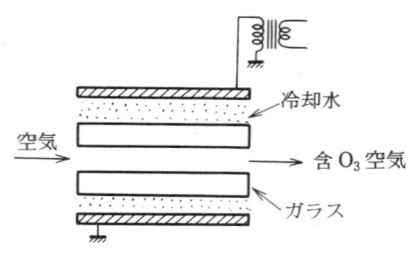

図 3.3 オゾナイザー用電極の原理

$$O+O_2+O_2 \longrightarrow O_3+O_2 \quad (3.1)$$
$$O_2^*+O_2 \longrightarrow O_3+O \quad (3.2)$$

電子と酸素分子が衝突してできる酸素原子((3.1)式)や,酸素分子の励起状態((3.2)式)が働く.また空気を原料として用いると,励起窒素分子が酸素分子と反応して活性な酸素種をつくり,(3.1),(3.2)式でオゾンができるといわれている.

ただし最近では,電解法や光照射法によってオゾンを効率よく生成する技術が開発されてきている.

3.3 プラズマCVD
3.3.1 プラズマCVDの原理

プラズマ中の反応は複雑であり,制御がむずかしい.特にプラズマを化学合成反応に応用するとき,プラズマ中に生成した目的の化合物が,プラズマ中の活性種にさらに攻撃される可能性が高いことが問題である.しかし,反応の結果,固体が生成するような反応では,生成物が反応系外に出て行くことになるので後続反応などの影響を受けにくく,固体の合成方法として成立している.特に,基板上に薄膜を成長させるプラズマCVDは,熱CVDと比較して低温で良質の薄膜ができるため,LSI製造プロセスに適している.また,反応ガス流量,投入電力,基板温度などのパラメータを制御することにより,再現性のよいプラズマができる.図3.4に典型的なプラズマCVDの装置を示す.

膜の成長を含む反応のメカニズムは複雑であるが,たとえば,モノシラン(SiH_4)からのアモルファスシリコン生成反応では,次のように考えられている.まず,SiH_4に電子

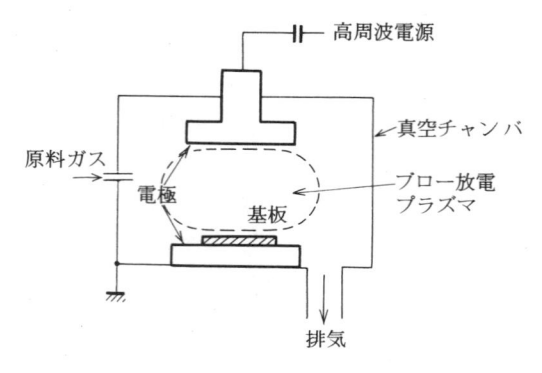

図 3.4 プラズマCVD装置の概略

が衝突してラジカルができる.

$$SiH_4 \longrightarrow Si+2H_2$$
$$\longrightarrow SiH+H_2+H$$
$$\longrightarrow SiH_2+H_2$$
$$\longrightarrow SiH_3+H$$

また,電子衝突によってこれらのラジカルのイオン化が起き,さらにイオンと分子の衝突でもラジカルが生成する.製膜に直接関与するラジカル種がどれであるかは確定してはいないが,たとえばSiH_2ラジカルが膜中に取り込まれていく様子を図3.5に示した.

3.3.2 プラズマCVDの応用

プラズマCVDでは現在,種々の無機薄膜材料がつくられている.金属薄膜(Al, Mo, W)ではカバレージ性がよいものができる.半導体薄膜(Si [アモルファス,マイクロクリスタル,エピタキシ],など)では,ほかの方法では作成できないような特徴ある材料ができる.特に,アモルファスSiは,太陽電池材料として重要である.絶縁体薄膜(SiO, SiN, ダイヤモンドなど)も,半導体デバイ

図 3.5 SiH_2ラジカルがアモルファスシリコンの膜中に取り込まれる様子

ス製造行程に組み入れることができる点が評価されている．

3.3.3 CVD用プラズマ

プラズマCVD用のプラズマ発生方法としてはグロー放電が主であったが，ECR（電子サイクロトロン共鳴，磁場中で回転する電子にマイクロ波のエネルギーを吸収させる）などの新しい手法も開発されている．

3.4 そのほかの応用

3.4.1 プラズマ重合

有機モノマーを原料ガスに用いてプラズマ中でラジカルを生成させると重合反応が起こる．これはプラズマCVDと同様に薄膜の合成に適しており，ほとんどすべての有機化合物と有機金属化合物に適用可能である．プラズマ重合でできる高分子は架橋網目構造体であり，密度大，機械的強度大，基板との密着性良，化学的に安定などの特徴をもっている．このためレンズのような光学面の保護膜や逆浸透用の半透膜などに用いられている．

3.4.2 プラズマエッチング，プラズマアッシング

プラズマCVDやプラズマ重合とは逆に，固体反応物がプラズマ中の活性種と反応して揮発性の生成物ができる場合がある．

$$A + B \longrightarrow C(揮発性) + D$$

有機物分析の前処理としての灰化や半導体集積回路製造に用いられるフォトレジストの酸化除去には，酸素プラズマを用いるプラズマアッシングが使われている．また，集積回路用のリソグラフィーで固体シリコンをエッチングするような場合はプラズマエッチングと呼ばれており，ドライプロセスであるために半導体プロセシングに向いている．例としてSiをフッ素でエッチングする場合を示す．

$$CF_4 + e \longrightarrow CF_3^+ + F^* + e^-$$
$$F^-$$
$$F + 2e^-$$
$$Si + 4F^* \longrightarrow SiF_4(揮発性)$$

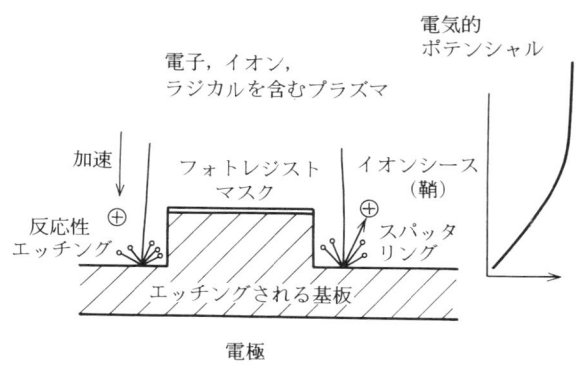

図 3.6 プラズマのイオンシースを利用した異方性エッチングと反応性イオンエッチング

金属，半導体に使えるが，材料に適した反応ガスを選ぶことが必要である．

3.4.3 異方性エッチングと反応性イオンエッチング

通常のプラズマエッチングでは，活性種はプラズマ中を等方的に飛びまわっているので，エッチングも等方的に起こる．このためマスクの下の部分がエッチングされるアンダーカットが起き，細かいパターン（2 μm以下）ができない．イオンが基板表面の電場で加速され，基板に垂直に当たることにより，物理的スパッタリングが起きると異方性の高いエッチングができる．また，イオンと基板との選択的反応が起こる反応性イオンエッチングと組み合わせて，高精度のパターンができる．この様子を図3.6に示した．

プラズマエッチングとプラズマ重合が同時に起きることもあり，重合膜が基板パターンの壁のエッチングを妨げて異方性を高める場合もある．

3.4.4 プラズマ表面処理

固体の表面だけがプラズマと反応して改質される．たとえばポリエチレンなどの表面の親水化，テフロン表面だけの架橋化などが可能であり，接着性向上，生体適合性向上が見られる．

〔伊藤　公紀〕

4. 応用光化学

4.1 励起状態

物質の定常状態のエネルギーは量子力学によれば連続ではなく，不連続の飛び飛びの状態しか許されない．このことをエネルギーの量子化という．物質が最も安定なエネルギー状態（基底状態）に比べて，高いエネルギーを有している状態を励起状態という．

励起状態にはそのエネルギーの種類によって，① 電子励起状態，② 振動励起状態，③ 回転励起状態，④ 電子スピン励起状態，⑤ 核スピン励起状態などがある．その相対的なエネルギー関係を表4.1に示す．

代表例として，電子励起状態について以下に詳述する．原子や原子の集合である分子中では，負電荷を有する電子は正電荷を有する原子核に静電的にひきつけられて，数Å程度以内の狭い空間に閉じ込められ，そのエネルギー状態は量子化されている．電子は2個まで対になって，同じエネルギー状態をとることが許される．いま，簡単のために全体の電子の数が4個の場合を考えてみよう．何通りもの電子の並べ方がありうる．電子の並べ方を電子配置という．各電子の総和エネルギーの低いものから順に縦に書いてみると，図4.1(a), (b), (c)のようになることがわかる．

表 4.1 励起状態とエネルギー

励起状態	励起状態と基底状態のエネルギー差の目安 (kcal/mol)	エネルギー差に対応する電磁波 (nm)	
電子励起状態	143.0	200	紫外光
		350	
		400	可視光
	40.8	700	
	28.6	1000	赤外光
振動励起状態			
回転励起状態	2.86	10000	
	3×10^{-2}	10^7	
電子スピン励起状態			マイクロ波
	3×10^{-4}	10^9	
核スピン励起状態	3×10^{-6}	10^{11}	ラジオ波

つまり，それぞれの電子のエネルギーが量子化されているのに応じて原子，分子がとり得るエネルギー状態も，限られた飛び飛びの値をもつことになる．最もエネルギーの低い状態（図4.1(a)）を，これ以上安定なものはないという意味で基底状態（ground state）と呼び，2番目以上の状態を，基底状態に比べてエネルギーが高いので励起状態（excited state）と呼ぶ．特に，2番目の状態（図4.1(b)）を励起状態のなかでは最もエネルギーが低いことから，最低励起状態と呼ぶ．数階建のビルにたとえれば，基底状態は1階，各励起状態は2階以上に相当する．電子はα-スピンと，β-スピンの2通りのスピン状態をとりうる．基底状態の電子配置では，同じ軌道内に2個の電子のスピンが対（α, β）になっているのに対し，励起状態では異なる軌道に2個の

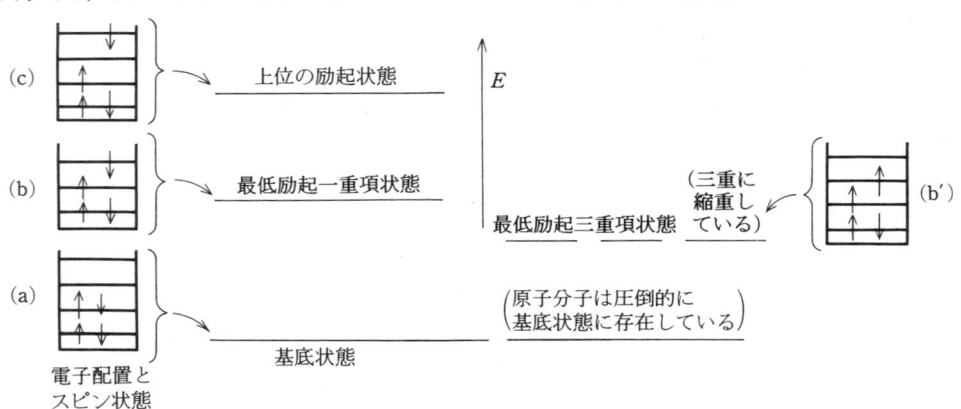

図 4.1 電子励起状態と基底状態

電子が独立にそれぞれ α-スピン，β-スピン状態をとりうるので，同じ電子配置でもスピンを考慮すれば4種類の状態がありうる．4種類の状態の波動関数を，軌道部分とスピン部分の積で表し，電子の交換に対し関数全体が反対称となるように（パウリ（Pauli）の原理）軌道部分とスピン部分の組合せを選べば次のように書くことができる．

$$^1\varPhi = N_1[\phi_a(1)\phi_b(2)+\phi_a(2)\phi_b(1)]$$
$$\times \frac{\alpha(1)\beta(2)-\beta(1)\alpha(2)}{\sqrt{2}}$$
$$^3\varPhi_1 = N_2[\phi_a(1)\phi_b(2)-\phi_a(2)\phi_b(1)]$$
$$\times \alpha(1)\alpha(2)$$
$$^3\varPhi_0 = N_2[\phi_a(1)\phi_b(2)-\phi_a(2)\phi_b(1)]$$
$$\times \frac{\alpha(1)\beta(2)+\alpha(2)\beta(1)}{\sqrt{2}}$$
$$^3\varPhi_{-1} = N_2[\phi_a(1)\phi_b(2)-\phi_a(2)\phi_b(1)]$$
$$\times \beta(1)\beta(2)$$

ここで N_1, N_2 は規格化定数，$\phi_a(1)\cdot\phi_b(2)$ は軌道 ϕ_a に電子1，軌道 ϕ_b に電子2 が入っていることを示す．

エネルギーは軌道部分のみで決まるので，この4種類の状態は，エネルギー的にはスピンを互いに逆平行にした1種類（$^1\varPhi$）と，おもにスピンを平行にした3種類（$^3\varPhi_1$, $^3\varPhi_0$, $^3\varPhi_{-1}$）の状態に分けることができる．前者を励起一重項状態，後者をエネルギーが三重に宿重しているので励起三重項状態と呼ぶ．同じ電子配置であれば，三重項の方が必ず一重項よりもエネルギーが低くなることが示される．最低励起一重項状態が2階ならば，最低励起三重項状態は中2階のようなものにたとえてもよいであろう（図4.1(b′)）．通常，電子励起状態は数十 kcal/mol 以上のエネルギーを有するが，いま仮に最低励起状態が 50 kcal/mol（光の波長にすれば 572 nm）のエネルギーをもつとすると，分子の存在状態の確率をボルツマン（Boltzmann）分布で考察すれば，室温（300 K）では最低励起状態には基底状態に比べて，

$$1 : e^{-50\text{kcal}/RT} = 1 : 6.4\times 10^{-37}$$

の確率でしか存在しないことになる．つまり，原子，分子は圧倒的に基底状態に存在しているのである．励起状態は，本来，熱力学的には存在しにくい状態であるといってもよい．外部から何らかの刺激によってエネルギーを与えられると，1階の基底状態に存在する原子，分子は与えられたエネルギーに相当するエネルギーを有する2階以上の励起状態にいわば放りあげられる．このことを励起（excitation）という．励起法のなかで最も一般的なものは，物質による可視，紫外光の吸収である．ほかに放射線，X線，電子線，電場，熱刺激，超音波，摩擦，化学反応などによる励起法も知られている．上述のように励起状態は熱力学的に本来存在しにくい状態なので，励起された原子，分子は一刻も早く基底状態に降りようとする．このことを失活（deactivation）という．失活には，① 励起状態と基底状態のエネルギー差分を一気に放出する発光過程（輻射遷移），② 振動，回転などの熱エネルギーとして周囲に放出する無発光過程（無輻射遷移-振動回転緩和），③ 化学反応による失活過程（光化学反応）などが知られている．2階の最低励起一重項から基底状態（一重項）に失活するのは同じスピン状態なので容易に起こり，最低励起一重項状態の寿命は，通常は 10^{-7} 秒程度以内である．この過程の発光をけい光（fluorescence）と呼ぶ．一方，中2階の最低励起三重項からの失活はスピン的に禁制となるので少し時間がかかり，その寿命は比較的長い．場合によっては秒単位のものもある．励起三重項からの発光をりん光（phosphorescence）と呼び，けい光と区別する．〔井上　晴夫〕

4.2 写真化学

記録材料としての銀塩写真系の感度と記録密度はすばらしい．非常に微弱な光に対しても応答できることは，よく知られたことである．この高感度の理由は，化学過程に基づく反応速度の増幅に由来する．すなわち，光吸収によって生じた目には見えない小さな還元銀（潜像といわれる）が触媒となって，現像薬

によるハロゲン化銀の還元が促進される．その結果，微弱光が当たったところに大きな還元銀が現れ画像として目に見える形となる．この化学増幅率は 10^9 のオーダーにまで及ぶ．いくらエレクトロニクスが進んだ現在でも，この超高感度な記録系に及ぶものは少ない．しかも，コンパクトな系で，だれにも操作ができるという特徴をもっているのが写真である．ここではこの写真現象の化学過程を簡単に見てみよう．

白黒写真フィルムの片面には，臭化銀 AgBr などのハロゲン化銀を主成分とする，小さな粒子($0.1 \sim 1 \mu$m 径程度)を含むゼラチンが塗ってある．これが感光剤である．カメラのような光学系を通って，写真フィルムに光学像が結ばれる．このとき，原子の数にして数個～数百個の微小な銀核が生成する．肉眼的には何の変化も見られないので，これを潜像と呼ぶ．つまり，感光したハロゲン化銀粒子と，感光しない粒子との間に差ができる．次に潜像を目に見えるようにする．このプロセスが現像である．現像では，感光したハロゲン化銀粒子を還元して金属銀とする．現像液はそのための還元剤である．金属銀となった粒子は黒色化する．

nAgBr＋現像主薬(たとえばハイドロキノン)──→Ag$_n$＋nBr$^-$＋現像主薬の酸化体(たとえばパラベンゾキノン)

以上の反応によって，感光した粒子の密度に応じて白黒の濃淡ができる．

感光しなかったハロゲン化銀をそのままにしておけば，明るいところへ出したときに感光する．そこで，この部分のハロゲン化銀粒子を取り除いておく必要がある．これが定着処理であり，次の反応によりハロゲン化銀を可溶化する．

$$Ag^+ + S_2O_3^{2-} \longrightarrow AgS_2O_3^-$$

チオ硫酸ナトリウム(ハイポ) $Na_2S_2O_3$，チオ硫酸アンモニウム $(NH_4)_2S_2O_3$ などが定着剤に使われる．チオ硫酸イオンは Ag^+ と錯塩を形成して，ハロゲン化銀を可溶化する．

以上が銀塩写真のプロセスと原理である．全体のプロセスを図4.2に示す．ハロゲン化銀の感光機構については数多くの学説が出されているが，まだはっきりとしていない点が多い．現像プロセスでの Ag^+ と還元剤との酸化還元電位 (E_{Ag} と E_{redox})は現像の進行に密接に関係している．$E_{Ag} > E_{redox}$ であれば，現像反応は熱力学的に可能である．しかし，反応を十分速く進行させるためには，E_{Ag} と E_{redox} との差が $50 \sim 90$ mV は必要とされている．

カラー写真も白黒写真と原理的には同じであるが，光を3原色(青，緑，赤)に分けるフィルターと，それぞれの色に応答する感光層を必要とする．図4.3に，カラーフィルムの断面図を示すが，薄いフィルムのなかに整然といろいろな機能をもった層が20層近くも重なっている．カラー写真となるポイントは現像液にも含まれている．カラー現像液にはハロゲン化銀の還元剤とカプラーと呼ばれる発色剤が含まれていて，次のような反応が起こる．

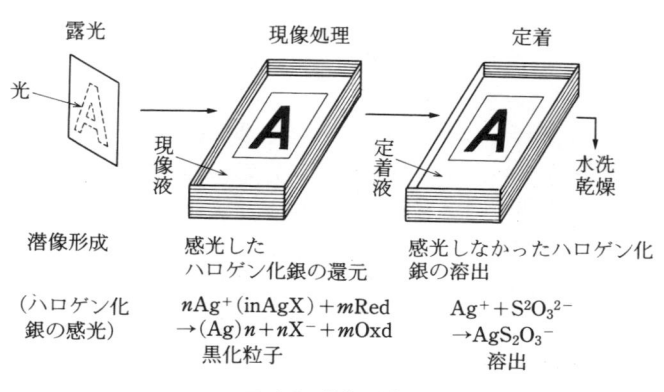

露光	現像処理	定着
潜像形成	感光したハロゲン化銀の還元	感光しなかったハロゲン化銀の溶出
(ハロゲン化銀の感光)	nAg$^+$(inAgX)＋mRed →(Ag)$_n$＋nX$^-$＋mOxd 黒化粒子	$Ag^+ + S_2O_3^{2-}$ →$AgS_2O_3^-$ 溶出

図 4.2 写真の原理

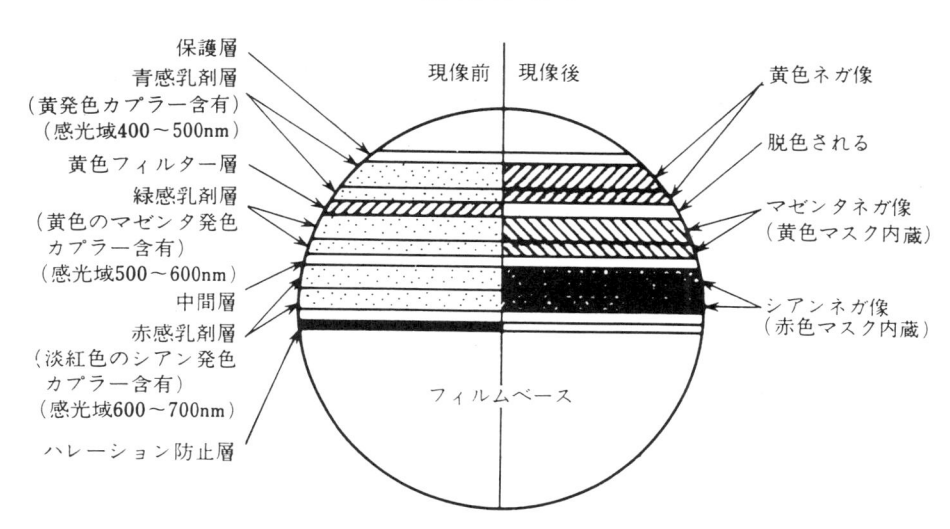

図 4.3 カラーフィルムの基本構造と感光および発色[1]

$nAg^+ + 還元剤 + カプラー \rightarrow (Ag)_n + 色素$

カプラーとして，3原色であるイエロー，マゼンタ，シアンに発色するものを用いるとカラー写真となる． 〔藤嶋　昭〕

文　献

1) 日本化学会編："化学便覧応用編(改訂版)", p. 1048, 丸善(1980).

4.3　電子写真(ゼロックス)

4.3.1　はじめに

電子写真の原理が，1935年にC.F.Carlsonによって考案されてからおよそ半世紀がたつ．そして，電子写真複写機は1950年に感光体に無機系材料である非晶質セレンを使ってはじめて実用化された．それ以来，電子写真の要である感光体に関する初期の研究開発および実用化には，セレン，硫化カドミウム，酸化亜鉛などの無機系材料が用いられた．しかし，1970年にIBMとEastman・Kodakが最初に有機光電体を複写機用に実用化して以来，有機光電体を使った感光体の研究開発が急速に進み実用化されるようになった．現在では感光体材料として，無機系では非晶質シリコンがそのすぐれた光電導特性と表面性のために注目されているが，加工性や生産性および分子設計による自由度の広さから多種多様な有機化合物が有力となってきている．

4.3.2　電子写真プロセス

電子写真のプロセスには，図4.4に示したカールソンプロセスが通常用いられる．各行程は以下のようである．

(1) 導電性基板上に感光体層をつくり，コロナ放電により帯電させる．

(2) 画像露光により露光部の表面電荷を消失させる．なお，電荷が消失した部分は画像パターンに対応し静電潜像という．

(3) 帯電させた電荷と反対の電荷をもった着色粒子(トナー)をかけて潜像を可視像化する．

(4) 感光体上のトナー画像を紙に転写し，熱ロールによってトナーを溶かし定着させる．

(5) 感光体上の残存トナーと電荷をクリーニングして除去する．

以下，同様のサイクルによって感光体は何回でも使用することができる．

上記プロセスからわかるように感光体には，暗所での十分なコロナ電荷保持能力，光照射により効率よくキャリヤーを生成し，かつ表面電荷を効率よく基板に導く能力(光導電性)が要求される．

4.3.3　感　光　体

現在，有機系感光体にはすべて機能分離型

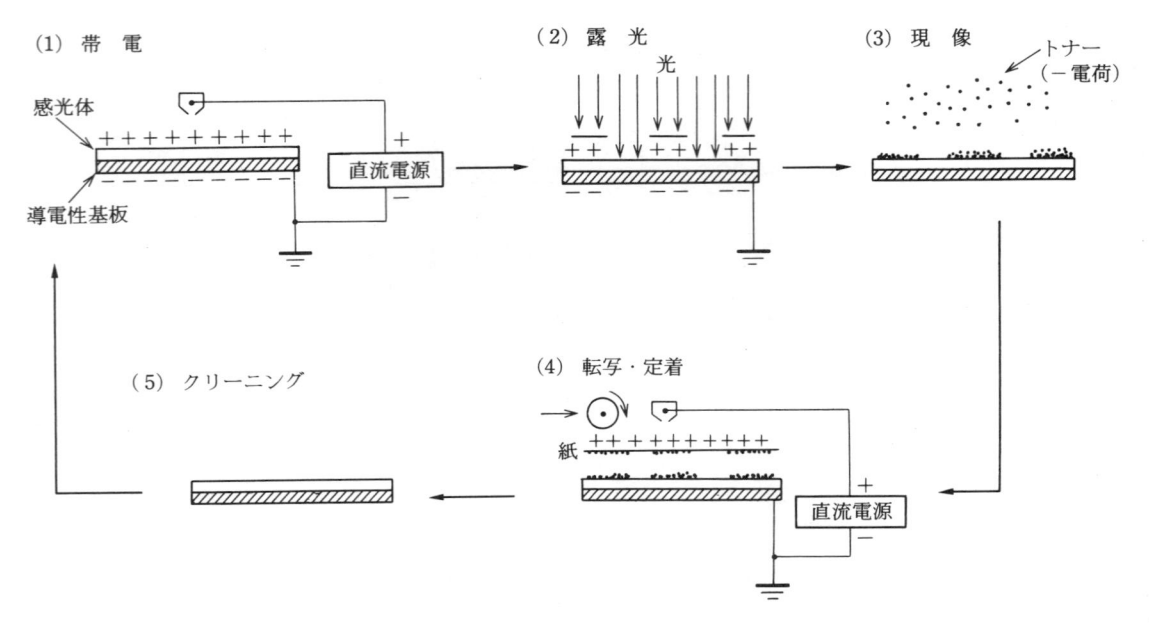

図 4.4 電子写真プロセス概念図(文献[1]より作成)

感光体が用いられている．機能分離型感光体とは，光照射による電荷キャリヤーの生成と移動の機能を別々の物質に分離させたものである．こうすることにより，キャリヤーの生成効率と移動効率の高い物質の組合せが可能となり高性能化が図れる．機能分離型感光体には，キャリヤー生成材料(charge carrier generation material：CG)が顔料粒子の形でキャリヤー輸送材料(charge carrier transport material：CT)を含む感光層中に分散されている単層型と，CG層とCT層が別々に積層された2層構成型が知られている．後者は前者に比べ性能面ですぐれているために，有機感光体の構成としては主流となっている．図4.5に感光体の構成を示す．さてCGは，効率よく光を吸収して電子-正孔対(エキシトン)を生じる物質でなければならない．

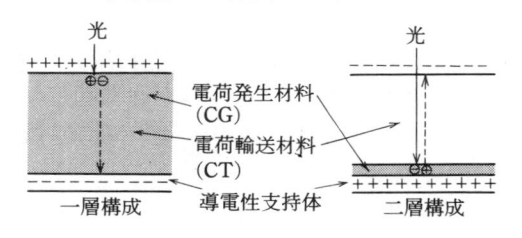

図 4.5 感光体構成図[1]

かつ，このエキシトンは高電界下再結合を逃れて解離し，自由電子と自由ホールとなりキャリヤーとして働かなければならない．このような性質が期待できるCGとして，無機系ではセレンやアモルファスシリコンなどを用いることができるが，現在では有機系CGが主流である．代表例を図4.6(a)に示す．これらCGの構造上の特徴は，高度に発達したπ共役系を有していることである．このため，分子間の電子雲の重なりも大きくなり分子間相互作用も強くなっている．次に，CTの代表例を図4.6(b)に示す．キャリヤー輸送材料に要求される特性は，CGとの化学的相性がよいこと，キャリヤーの注入効率，移動効率ともすぐれていることなどである．ここで，図4.7にCGからCLへの正孔注入による光導電機構を模式的に示す．この場合，CGの価電子帯(あるいは最高被占軌道，HOMO)はCTのそれよりもエネルギー的に低くなければ正孔は注入されない．さらに，注入された電荷がホッピングによって移動していくためには分子軌道の重なりが大きいことが必要である．

電子写真では，感光体の光電子物性が仕上

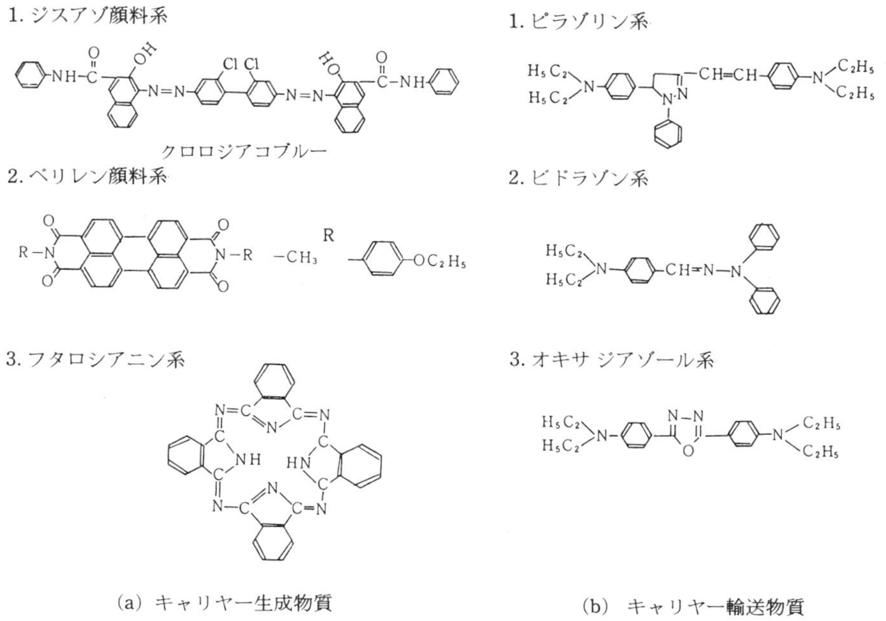

1. ジスアゾ顔料系

クロロジアコブルー

2. ペリレン顔料系

R -CH₃ R -OC₂H₅

3. フタロシアニン系

1. ピラゾリン系

2. ヒドラゾン系

3. オキサジアゾール系

(a) キャリヤー生成物質　　(b) キャリヤー輸送物質

図 4.6 代表的なキャリヤー生成物質(a)とキャリヤー輸送物質(b)[3]

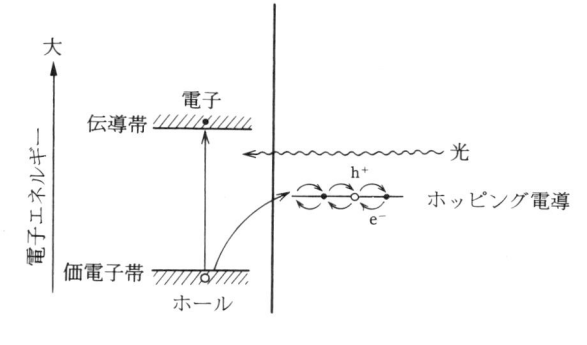

図 4.7 正孔注入型の光導電機構

がりの善し悪しを左右するキーポイントである．電子写真のこれからの進展は，いかに性能のよい感光体を設計し，構築していくかという材料開発にかかっているといっても過言ではない．　　　　　　　　　〔雨宮　隆〕

参 考 文 献

1) 大森豊明編著："90年代の光機能材料"，工業調査会(1986).
2) 村山徹郎：日写誌，**50**，3(1987).
3) 友成忠雄：機能性材料，非売品(1989).

4.4 けい光現象とその応用

物質が外部刺激（光，放射線，X線，電子線，電場，摩擦，熱，超音波，化学反応など）により励起状態に励起され，もとの基底状態に戻るときに発光が観測される．励起一重項状態からの発光をけい光(fluorescence)という．通常，その寿命は 10^{-7} 秒程度以内．一方，励起三重項状態からの発光は寿命が長く（通常，10^{-6}～10^{-3} 秒，場合によっては数秒程度）りん光(phosphorescence)と呼び，けい光と区別する．発光現象の応用を次の4つの視点から概説する．

4.4.1 励起源をさぐる

発光を観測してその励起源をさぐる．放射線の照射によって物質が発光することを利用して，発光の有無，強度から励起源の放射線量を簡便に測定することができる（シンチレーションカウンター）．通常，簡単には観測できない刺激情報を目に見える発光という測定の容易な情報に変換して測定することになり，この場合，発光物質は情報変換素子として機能する．同様に，紫外線検出，電子線検出にも利用される．最近注目されている摩擦

発光(トリボルミネッセンス)なども情報変換素子と考えれば興味深い.

4.4.2 発光を見る

励起物質の，発光そのものを利用する．古くから，さまざまな利用法がある．光刺激（フォトルミネッセンス）に関するものとしては，黄ばんだシャツや再生紙を白く見せるけい光増白剤，文房具，装身具，玩具類など日用雑貨類に多く利用されている．紫外線を当てたときだけ見える暗号用隠し文字，交通標識などの表示板，電子線励起による発光を利用したものにテレビのブラウン管，ネオンサインなど，けい光灯のガラス内壁に塗布してあるけい光剤は，放電により励起された水銀原子からの紫外光を受けて可視域の発光に変換している．電場発光に関したものでは発光ダイオードなどの照明，表示素子や半導体レーザーと用途は広い．化学発光も非常用照明，装飾用などに利用されている．

4.4.3 発光種をさぐる

物質の発光を観測して発光種が何であるか，発光種を生成している物質が何であるか，どのくらいの量存在するのかなど，光励起によるけい光分析（定性と定量）が有機物，無機物を問わず広く利用されている．発光の観測からは，強度，スペクトル，寿命，励起光と発光の偏光面のズレなど，ほかの分析法に比べると，より多面的な情報が得られるのが特徴といえる．発光強度は発光種が吸収した光量に比例するが，吸収光量は吸光度が十分に小さければ（<0.01程度），発光種の濃度との間に比例関係が得られるので定量測定が可能となる．ここで大事なことは，発光強度は励起光強度にも比例することで，極微量成分でも励起光強度を十分に大きくすることにより検出できる利点がある．けい光分析は大きく次の3方法に分類できる．

(1) 対象とする物質の固有けい光を観測する方法

(2) 無けい光性の物質を化学的にけい光物質に変化させて測定する方法

(3) 対象とする物質をけい光性物質で染色したり化学結合により標識して測定する方法

具体例の一部をあげる．(1)には通常のけい光分析のほか，注目する物質が励起された別のけい光物質と反応することによって，けい光を消光する度合を測定する消光分析も含まれる．食器中の残留農薬，殺虫剤の検出定量，葉緑体中のクロロフィルの発光を利用した果物，野菜類の品質，鮮度の分析，ナッツ類のカビ毒アフラトキシンの検出，芳香族アミノ酸であるトリプトファン，チロシンの固有けい光を利用した牛乳中のタンパク質の定量，花粉中のフラボノイドのけい光性を用いた大気中の花粉の検出定量，大気汚染に関連して発癌因子となる芳香族化合物の分析，尿中の薬物検査，フェニルケトン尿症など，それぞれの病気に特徴的な物質，代謝物に注目したけい光分析による臨床検査，結晶中では励起エネルギーの移動効率がきわめてよいために，微量の不純物の存在でけい光挙動が変化することを利用した純度の検定などがある．

(2) では，各種アミノ酸，糖類，脂質などに固有のけい光発色反応を利用したけい光分析，Mg^{2+}，Zn^{2+}などの金属イオンをキレート剤で強発光性の錯体を形成させるもの，加水分解や酸化などの酵素触媒により強発光性となる色素類を用いた酵素活性の測定などがある．

(3) では，アクリジンオレンジなどの塩基性染料がDNA, RNAを染色することを利用した癌細胞などの悪性腫瘍の診断，水中では無けい光の1-アニリノナフタレン-8-スルホン酸がタンパク質に染まると強発光性になることを利用したタンパク分析，1-ジメチルアミノナフタレン-5-スルホニルクロリドと，アミノ基との縮合反応を用いたアミノ基のけい光標識（アミノ酸類の検出定量やタンパク質の末端アミノ基をけい光標識後加水分解することによるタンパク質の1次構造の決定への応用，抗体をけい光標識することにより，抗原-抗体反応のスクリーニングなど免疫化学への応用）がある．

4.4.4 発光物質の周囲をさぐる

けい光物質をトレーサーとして利用し，マクロな環境をさぐることができる．水源からの水漏れ，工場排水のゆくえ，池と海がどこでつながっているかなどの水理上の問題や，人間，動物の排泄物の拡散をけい光で検出することによって，寄生虫などの伝達径路の解明などの公衆衛生への応用など幅広く利用されている．プロペラや軸受けなどに生じた，目に見えない微小な傷にけい光物質をしみ込ませて検出する探傷検査などは，新幹線の車体検査にも使用されている．粉体が均一に混合されたかどうかを見るのにもけい光法は有力な方法である．

ミクロな環境をさぐるという意味では，バイオサイエンスなど生体関連分野での応用がめざましい．細胞や生体組織をさまざまにけい光染色，けい光標識し，けい光顕微鏡によって観察することができる．細胞内での物質輸送や細胞膜透過の検討も，注目物質をけい光標識することで可能になっている．けい光物質のごく近傍の微小環境をさぐることもできる．けい光強度，波長，寿命などは溶媒極性の影響を受けることから，微小環境の極性を知ることができる．偏光でけい光物質を励起した際，発光の偏光面がどのくらいずれるかを見ることで，けい光物質が励起状態の寿命の間にどのぐらい回転したかを知り，周囲の微小粘度を測定することもできる．

4.5 光機能材料

光が関与する科学技術分野は膨大で，その内容は多岐にわたっている．おもに光が関与する情報関連技術と，エネルギー関連技術，および材料に求められる機能について表4.2にまとめる．光物理作用に注目した材料としては，光学材料，非線型光学材料をはじめ，多種類の無機化合物，半導体類，液晶材料などが実用化されているのに対し，光化学反応を利用した機能材料については，古い歴史を有する写真材料を除けば，光記録におけるフォトンモード材料，フォトクロミズム材料，

表 4.2 光が関与するおもな技術と関連する機能

技 術	必要とされる機能
情報関連	
記録 再生	発光，受光検出，光伝導，光可逆変化／光不可逆変化，相転移，など
伝送	光導波，光増幅，光分岐，光混合，など
表示	発色，発光，光バルブ，など
制御	変調，スイッチ，トリガー，など
集積化	超微細加工，超薄膜形成
エネルギー関連	
変換	光エネルギー→熱エネルギー
蓄積	→電気エネルギー
放出	→化学エネルギー
移動	→力学エネルギー

集積化技術におけるフォトレジスト，光CVD用材料など実用化されているものはまだ限られている．実用化をめざして現在精力的に基礎研究が行われており，これからの応用展開が最も期待されている分野の一つである．以下に，光機能材料に関して注目される最近の基礎研究の一部を紹介する．

次世代の光記録として，フォトケミカルホールバーニング法(photochemical hole burning：PHB)が提唱されている．現在，光ディスクに代表される光による書き込みには，光を熱源として利用するヒートモード記録と光化学反応を利用するフォトンモード記録がある．光ディスクは図4.8のような構成になっており，記録時にレーザー光を微小部分に照射して，ピット(穴)やバブル形成，色変化，屈折率変化，相変化などをひき起こす．読み取りは，記録時と同方向から強度の小さいレーザー光を当て，ピットなどが形成されている部分とそうでない部分の反射光の強度変化を0と1の信号に変えて行う．実用化されているものはほとんどヒートモード記録で

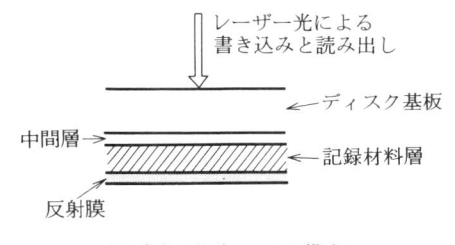

図 4.8 光ディスクの構成

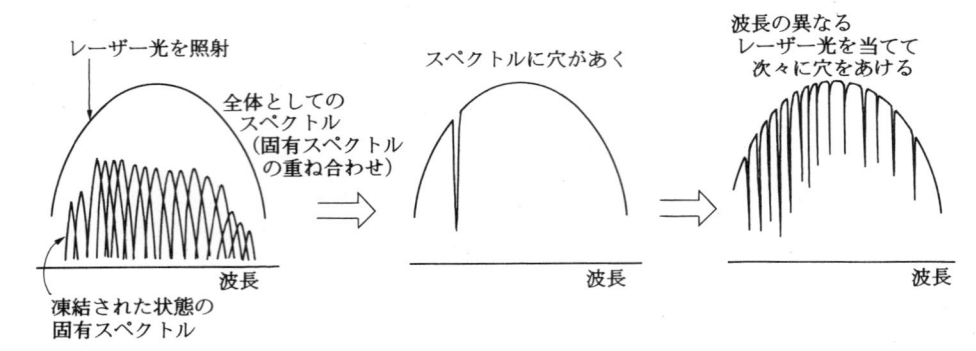

図 4.9 フォトケミカルホールバーニングによる光記録

あり，フォトンモード記録については，フォトクロミズム，光重合，解重合などの利用があるが，感度，保存安定性，熱安定性などの点からまだ試作段階といえる．光記録では，照射光の波長程度（〜1μm）までビームを絞ることができるので，1cm²当たり10^8個程度のピットをつくることができる．メモリー容量としては，10^8ビット/cm²となり，磁気記録よりも1桁〜2桁大きい．さらに高密度の光記録として，フォトケミカルホールバーニング（PHB）が提唱されている．たとえば，色素溶液を液体He温度のような極低温に冷却すると，それぞれの色素分子の吸収スペクトルは非常に線幅の小さい鋭いピークとなり，かつ非晶中で各分子が微妙に異なる環境に置かれるのでそれぞれが固有のピーク位置をもち，全体としてはその重ね合わせで見かけ上ブロードな吸収帯をもつようにすることができる場合がある（図 4.9）．各分子の置かれた環境を，凍結した状態でそれぞれの固有のピークに光を照射する．たとえば光分解反応をひき起こすと，その分子の吸収スペクトルは消失するので，全体のスペクトルに孔(hole)を開けたことになる．波長の異なる光を次々に当て，スペクトルに孔を開けたのち，色素レーザーで各波長での反射光強度変化による読み出しをすれば，スペクトルの孔の数だけのビット数をもったメモリーが得られることになる．10^2〜10^3個の孔は開けられるのでPHBによる光記録のメモリー容量は，(10^3ビット/スポット)×(10^8スポット/cm²)＝10^{11}ビット/cm²という飛躍的な大きさとなる．ポルフィリン類やアントラキノン誘導体などでPHBの報告があり，高分子媒体を用いることによりPHBの起きる温度を上昇させる試みなど，室温でのPHB材料をめざして精力的な研究が展開されている．

将来の光コンピューターの実現には，光素子の集積化技術も重要である．光化学反応を用いた光導波路をつくる試みがある．フォト

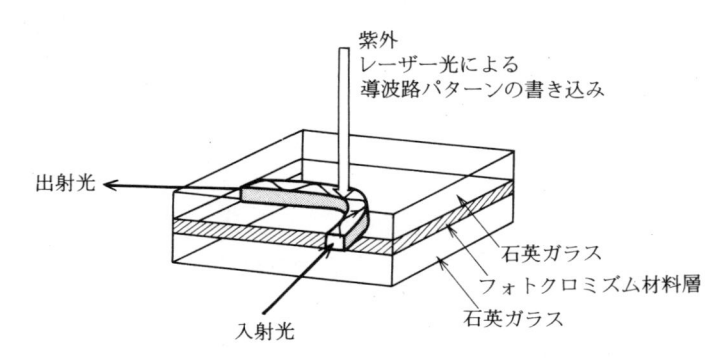

図 4.10 フォトクロミズム材料を用いた光による光導波路の作成

4. 応用光化学

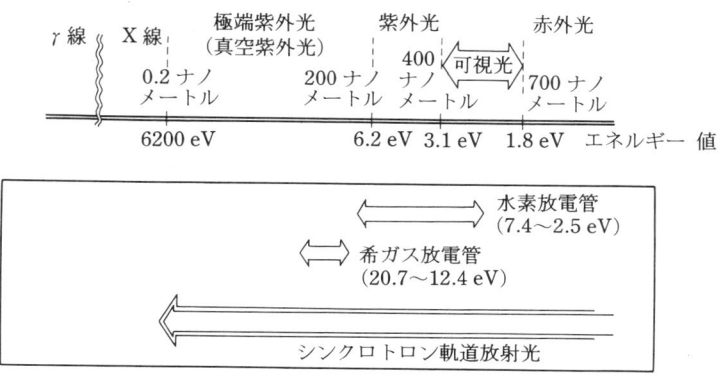

```
γ線   X線    極端紫外光      紫外光        赤外光
             (真空紫外光)           400
      0.2ナノ        200ナノ    ナノ      700ナノ
      メートル       メートル   メートル   メートル
                                  可視光
      6200 eV        6.2 eV  3.1 eV  1.8 eV   エネルギー値

                                        水素放電管
                                        (7.4〜2.5 eV)
                          希ガス放電管
                          (20.7〜12.4 eV)
                      シンクロトロン軌道放射光
```

図 4.11 光の種類とシンクロトロン軌道放射光

クロミズム反応では，吸収スペクトル以外に屈折率も変化する場合がある．たとえば，熱安定性フォトクロミズムを示すフルギドは光照射により高い屈折率に変化するので，図4.10のようにガラス基板上にフルギドを分散させた高分子層を塗布し，光導波のパターンにビームを絞りこんだ紫外光レーザーで書き込む．紫外光の当たった部分は周囲よりも屈折率が高くなっているので，全反射による光導波路となる．

光化学反応を用いて，光エネルギーを直接化学エネルギーに変換する試みもある．フォトクロミズムを示すトリフェニルメタンロイコシアニドを含むアクリルアミドゲルに光照射すると，ゲルが100〜200%膨潤する．光によりイオン解離が起こり浸透圧が変化することを巧みに利用している．光駆動による水透過の制御バルブも作成できる．イオン透過など物質移動を光で制御する試みもあり，今後の展開が期待される．

4.6 フォトンファクトリー

フォトンファクトリーとは，新世代の光源として注目されている，シンクロトロン軌道放射 (synchrotoron orbital radiation : SOR) によって光をつくることをいう．図4.11に，光の種類とそのエネルギー値を示す．人工的に比較的強力な光をつくるおもな方法としては，① 白熱電球や赤外線ランプなど高温での黒体輻射を利用するもの，② 水銀灯，けい光灯，X線ランプ，など放電による発光を利用するもの，③ 物質の燃焼を利用するものなどが知られているが，いずれもエネルギー的には狭い部分の光に限られる．特に，200ナノメートル以下の極端紫外光の範囲では希ガス放電管を使ってもごく一部の範囲に限られる．これに対してシンクロトロン軌道放射では，X線から赤外線までの，エネルギー的に非常に範囲の広い連続光が得られる．シンクロトロンは円形加速器の一種で，電子や陽子などのイオン粒子を高電場中で光速に近い速度まで加速することができる．荷電粒子が円軌道上を光速に近い速度で運動すると，エネルギーの一部を放射損失として周囲に光を放出する．この光をシンクロトロン放射光という．加速器の効率化という面からは，放射光強度を低く押さえることが課題であったが，1950年代に入ってこの放射光が理論予測通り，X線から赤外線までの強力な連続光であることが確かめられ，新世代の光源としてにわかに注目されるに至った．

図4.12にシンクロトロン軌道放射施設の概要を示す．シンクロトロン軌道放射光を積極的につくるために，専用の電子貯蔵リング（ストレージリング）が使われる．電子貯蔵リングは，直径数メートルから数十メートル程度のドーナツ型をした中空のパイプから成り，10^{-5} torr以下の超高真空に保たれている．まず，フィラメントから出た熱電子を線形加速器やシンクロトロンで数百万電子ボルトから数億電子ボルトに予備的に加速し，電子貯蔵リングに打ちこむ．打ちこまれた電子は，

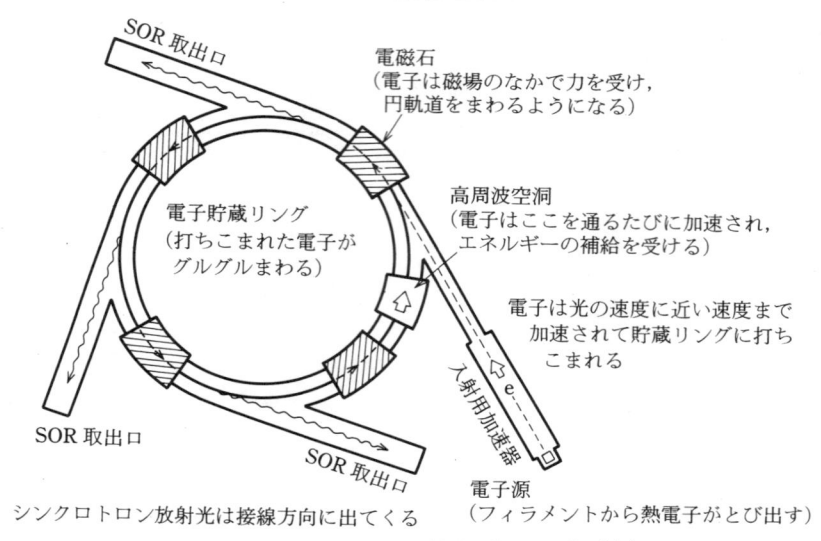

図 4.12 シンクロトロン軌道放射による光の製造

リングの上下の各所に置かれた強力な磁石の磁場により貯蔵リングの円軌道に乗せられる．電子は高周波空洞を通るたびに空洞内の電場で加速され，エネルギーの補給を受けて周囲にシンクロトロン放射光を出しながらリングのなかを数時間回りつづける．シンクロトロン放射光の特徴を以下にあげる．

(1) 円軌道の接線方向に出てくる指向性の強い平行光線である．
(2) X線領域から赤外線に及ぶ連続光で，その強度も非常に強い．
(3) 光の電気ベクトルが電子の円軌道に揃った偏光である．
(4) 電子がリングを一周するたびに光が出るので，時間の短い（1～10ナノ秒）パルス光が100ナノ秒～1マイクロ秒ごとに出てくる．
(5) 出てくる光の強度を電子のエネルギーと軌道半径から理論的に計算でき，標準光源として使える．

これまで，簡単にはつくることのできなかった，いわば未知の領域の光を用いて，物質の構造や電子状態をはじめ，さまざまな基礎研究が始まっておりその成果が期待されている．

4.7 化 学 発 光

物質が電子励起状態に励起されると，もとの基底状態に戻る際に発光する．通常，物質の励起状態を生成するには，物理的な刺激（最も一般的には光吸収，ほかに放射線，X線，電子線，電場，摩擦，超音波などがある）によるが，化学反応によって物質が励起され発光する現象を化学発光という．ホタルの光（生物発光）も，ホタルの生体内での化学反応による一種の化学発光と考えることができる．くわしく研究されている例として，1,2-ジオキセタンの化学発光がある（図4.13）．

エネルギー含量が大きく，不安定なジオキセタンは熱分解するとアセトン2分子を与えるが，アセトンの内部エネルギーは小さいのでエネルギーが十分に余ることになる．この

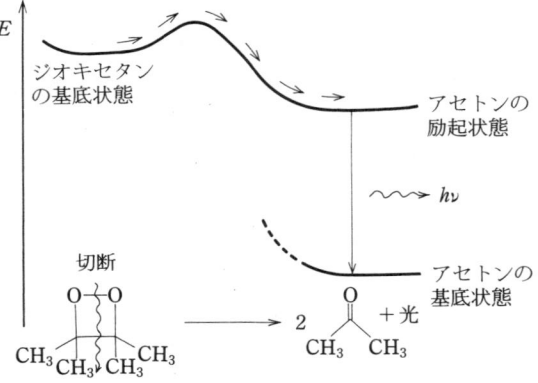

図 4.13 化学反応による発光（ケミルミネッセンス）

化学反応の余剰エネルギーが，生成物のアセトン1分子の励起に使われる．ポテンシャルエネルギー面上の反応経路からいえば，分解の活性化状態を通過したあと，断熱的に直接生成物の，いわば2階に相当する励起状態に滑り込むと考えることができる（図4.13）．

化学反応によって，上記のような不安定な1,2-ジオキセタン類似の構造を有する，活性中間体を経由すると考えられている例が数多く報告されている．代表的なものを次に示す．

・ルミノールの化学発光

・過シュウ酸エステルの化学発光

・ルシゲニンの化学発光

ルミノールの化学発光は，遷移金属酸化物やヘモグロビンなどで触媒されることから，血痕の判定などにも使用されている．

過シュウ酸エステル(**1**)の化学発光は，非常用照明，装飾，玩具などに"ケミカルライト"として実用化されている．使用の際，プラスチック管内に二重に封管されたガラス管を破砕して，過シュウ酸エステル溶液と過酸化水素溶液の2液を混合するようになっている．ビス（フェニルエチニル）アントラセン(**3**)は，活性中間体(**2**)分解の際の余剰エネルギーを効率よく移動させて発光させるけい光剤として使用されており，ほかにジフェニルアントラセンやルブレンなどの芳香族炭化水素をけい光剤として発光色を変化させている．

化学発光の有力な機構の一つとして，カチオンラジカルとアニオンラジカルの電子移動による励起も提唱されている（(4.1)式）．

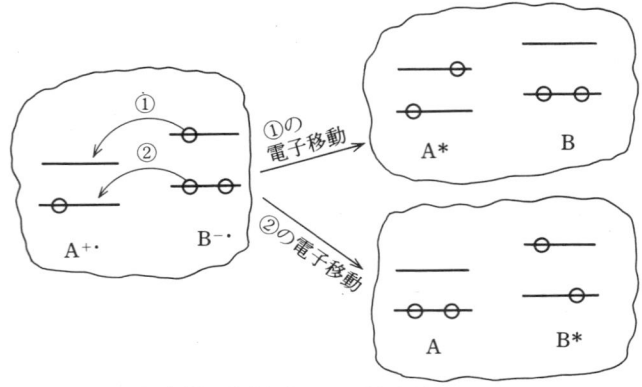

図 4.14　電子移動による励起状態の生成

$$A^{+\cdot}+B^{-\cdot} \longrightarrow \begin{cases} A^*+B \\ \text{または} \\ A+B^* \end{cases} \quad (4.1)$$

この場合，図4.14のような電子移動により励起状態が生成するとして理解することができる．過シュウ酸エステルの化学発光においても活性中間体(**2**)とけい光剤との間に電子移動相互作用のあと，逆電子移動によりけい光剤が励起されると推定されている．

化学発光の効率 ($\varPhi_{cl}$) は，化学反応による活性中間体の生成効率($\varPhi_{chem}$)，活性中間体からけい光剤へのエネルギー移動効率($\varPhi_{et}$)，けい光剤のけい光量子収率($\varPhi_f$)の積で表すことができる．

$$\varPhi_{cl}=\varPhi_{chem}\cdot\varPhi_{et}\cdot\varPhi_f$$

現在，極微弱光を精度よく測定できる観測技術が急速に進歩しており，さまざまな新しい化学発光が観測されつつある．無機化合物の酸化反応においても，多数の報告例がある．血液中の白血球が食作用時に発光することも知られている．化学発光を利用した臨床分析や化学発光バイオセンサーも開発されており，今後いっそうの展開が予測される．

〔井上　晴夫〕

5.　情報変換化学

5.1　液晶とその応用

a.　分類と特徴　液晶とは，液体の特徴である流動性と，結晶の特徴である分子配向性や光学的異方性とを合わせもった状態であり，種々の有機物単体，および混合物で観測される．また，生体中の膜組織などにも見られる．図5.1に示したように，液晶中の分子の配向の様子により液晶状態の性質が異なることから，ネマチック(粘度が低い)，スメクチック(分子の配向が層状，粘度が高い)，コレステリック(分子層の配向がらせん状，粘度が高い)，と分類されている．また，液晶状態に転移させる方法により，サーモトロピック(温度変化で発現)とライオトロピック(濃度変化で発現)とに分類される．適当な条件下で液晶になる物質であるメソゲン化合物から，液晶形成に関係ない部分を取り除いた残りを，メソゲン基という．たとえば，ビフェニル基は硬いため，これを含む分子はネマチック液晶になりやすい．高分子の側鎖にメソゲン基を導入すると，高分子液晶になる．

b.　応用の基礎　液晶分子の配向性は，

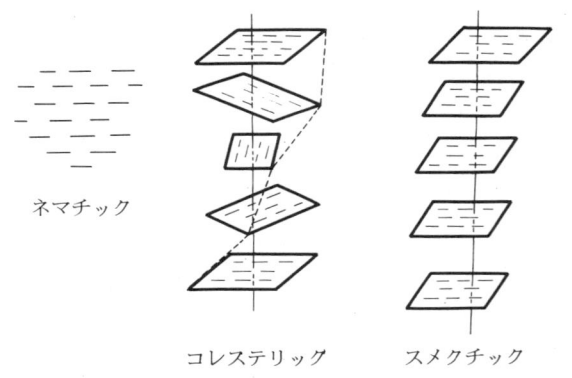

図 5.1　分子の配向による液晶の分離

5. 情報変換化学

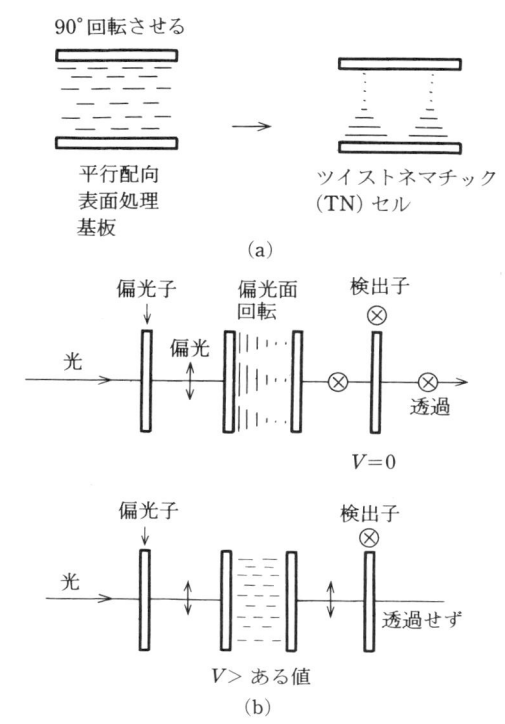

図 5.2 TN セルの原理とディスプレイ

容器の壁の表面処理に大きく依存する．たとえば，表面を強くこすった（平行配向表面処理）ガラス板で液晶を挟むと，ガラス表面での液晶分子は，こすった方向に並ぶ．

液晶状態では，分子の配向を電場や磁場で制御でき，これに伴って光学的性質が変化する．たとえば，液晶中を電流が流れると分子の配向の揺らぎが生じて白濁する．これは動的散乱効果と呼ばれている．また，電場をかけると分子の配向が変わって相転移が起こる相転移効果，電場で複屈折が変化する電界制御複屈折効果，液晶中に入れた棒状の色素の配向を電場で変えるゲスト・ホスト効果，などが知られている．

c. ディスプレイデバイスへの応用 上述の種々の効果を使ってディスプレイデバイスが組まれている．動的散乱を利用したものが最も古いが，電流が流れるために寿命が短い．現在の主流は，電場を加えて相転移を起こさせるTN (twisted nematic) セルである．原理を図 5.2 に示した．スメクチック液晶の強誘電性液晶を用いたディスプレイが最も応答が速く，現在，開発が進んでいる．

d. サーモグラフィー コレステリック液晶中のらせんのピッチが温度で変化すると，選択的に反射する光の波長も変わり，干渉色が変化する．マイクロカプセルに封入した液晶を人体の表面に塗って皮膚の温度を計り，腫瘍の検査を行ったりする．

5.2 レーザー

a. 原理と特徴 励起状態にある原子や分子が適当な光の電場に刺激されると，まわりの光と同じエネルギー，同じ方向，同じ位相の光が放出される．これが誘導放出であり，この現象を利用して光を増幅することをレーザー (light amplification by stimulated emission of radiation) 作用という．この原理を図 5.3 に示す．レーザー装置のことをレーザーということが多い．波長と位相

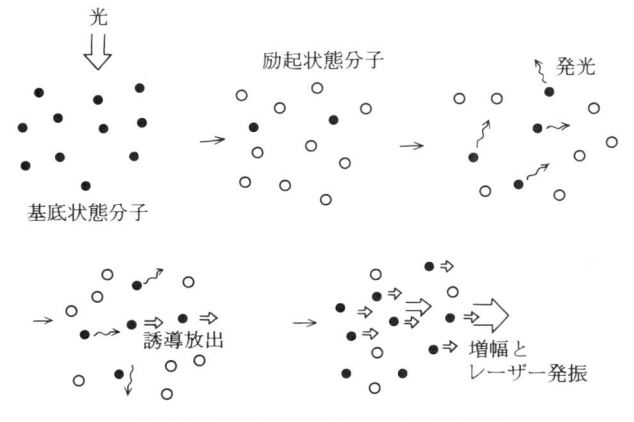

図 5.3 光の誘導放出とレーザーの原理図

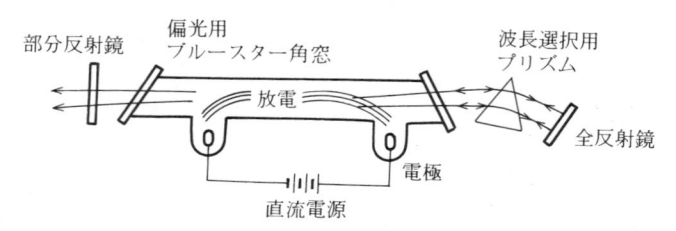

図 5.4 ガスレーザー装置の例

が揃ったきわめて指向性の高い光が，高出力で得られるので，光通信をはじめとした各種デバイスや測定に用いられる．

b. 分類 動作モードでは，パルスレーザーと連続発振(CW)レーザーに分けられる．レーザー作用を示す物質はきわめて多様で，おもなものでも，自由電子，気体原子分子(CO_2, N_2, He, Ne, Ar, Xe-Cl エキサイマーなど，Cu, Au の金属蒸気)，固体中の金属イオン(Cr イオンや Nd イオンなど，誘電体結晶やガラス中の色中心)，けい光性分子(液体中，プラスチック中の色素)，半導体，などの例がある．励起方法には，フラッシュランプやレーザーを用いた光励起(ガラスレーザー，色素レーザー)，放電励起(ガスレーザー)，電流励起(半導体レーザー)，気相化学反応などがある．

c. 実際例 図5.4に気体レーザーの装置例を示す．放電によって気体の電離が起こり，粒子が互いに衝突を繰り返して，特定のエネルギー準位だけが高密度に励起される．以下に，化学的な情報変換によく用いられるレーザーと特徴をあげる．

(1) He-Ne レーザー(波長 $0.6328\,\mu m$) と Ar イオンレーザー($0.5145\,\mu m$, $0.4880\,\mu m$ など)：可視光の連続発振が得られる．コヒーレンス度(位相の揃い方)が高いので，ホログラフィー用に便利．

(2) YAG レーザー($1.06\,\mu m$)：熱電導のよい YAG(イットリウム・アルミニウム・ガーネット)結晶のロッドに Nd イオンをドープしたものを，周囲からキセノンフラッシュランプで励起する．近赤外の高い出力が得られ，非線形光学素子を用いた波長変換によって紫外のレーザー光も得られる．

(3) 色素レーザー：色素は広い波長に発光帯をもち，また種類も多いので，レーザー発振の波長が連続かつ広範囲に変えられる．このため，PHB(光化学的ホールバーニング)では書き込みと読み出しに必須である．

(4) 半導体レーザー(例：GaInAsP/InP $1.3\,\mu m$)：数V, 1A 以下で発振する，きわめて小型のレーザーができる．出力光の変調も容易である．光通信用に開発がさかんであるが，測定用など，ほかのレーザーに置き換わる分野も多いと考えられている．

5.3 オプティカルファイバー(光ファイバー)とオプティカルウェーブガイド(光導波路)

a. 原理と特徴 通常のガラスでは，数mで光が減衰してしまうが，きわめて高純度の SiO_2 でできたオプティカルファイバーは，光を数kmも伝えることができる．このように，光を情報やエネルギーとして運ぶには，オプティカルファイバーは必須であ

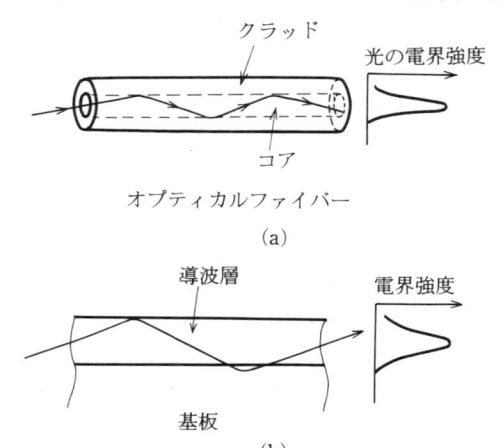

図 5.5 オプティカルファイバー(a)と光導波路(b)の構造例

る，ファイバーで伝えられた光を加工したり制御するのには光導波路が用いられる．図5.5にオプティカルファイバーと光導波路の典型的な構造を示す．光は，高い屈折率をもつ領域（コア）に閉じ込められる．周囲（クラッド）の層には低い屈折率をもたせるが，屈折率変化を連続的にする場合もある．光が導波される部分の幅は光の波長程度なので，決まった角度で入射した光のみが伝播できる．

b. 作成法 オプティカルファイバーは，CVD（chemical vapor deposition，化学蒸着法）やゾル-ゲル法で作成した母材を細くひいてつくる．短距離の搬送用なら，プラスチックファイバーも用いられる．光導波路は，基板の表面に高屈折率層を形成してつくる．ドーパント熱拡散，ドーパント電場拡散，スパッタリング，CVD，ゾル-ゲル法などが用いられる．

c. 応用 オプティカルファイバーと光導波路は，ともに光通信用に用いられるが，センサーへの応用も多い．現在のところ物理量のセンサーが主であり，航空機に搭載されるジャイロスコープ，電圧や磁界のセンサー，温度計，医療用の吸収スペクトル装置，などが実用化されている．オプティカル化学センサー，オプティカルバイオセンサーの開発もさかんになってきており，近い将来に実用化されると考えられている．図5.6にセンサー原理の例を示す．化学的刺激によって感応性物質に生ずる光学的変化を，反射光の強度や位相の変化，あるいはけい光の強度変化として測定する． 〔伊藤 公紀〕

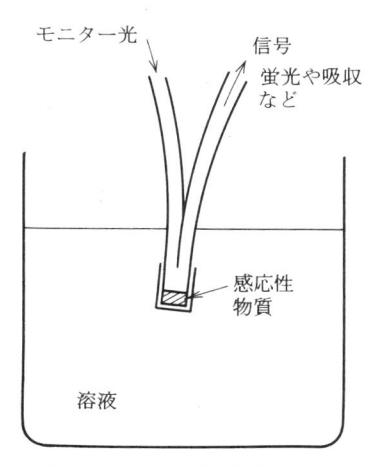

図 5.6 オプティカルファイバー化学センサーの原理例

5.4 光リソグラフィー（フォトレジスト）

リソグラフィーとは，もともとは石版印刷のことをいい，適当な基板表面に光を用いて文字，図形などの溝を掘って版をつくる方法を光リソグラフィーという．実際には，感光性物質を基板に塗布し文字，図形などの模様の光を当てる．光が当たったところでは光化学反応により，おもに溶解性が変化することを利用して適当な溶剤で洗いだし（エッチング），模様を基板表面に残して，版とする．この場合エッチングされない（抵抗，resistance）性質を有するという意味で表面に塗布した物質のことをレジストといい，感光性の場合フォトレジストと呼ぶ．このような光印刷の技術は，プリント配線をはじめとするエレクトロニクスの回路づくりになくてはならないものになっている．

LSI（大規模集積回路，large scale integrated circuit）の作成例を図 5.7 に示す．

あらかじめ配線図を精密に描いておいて，ネガフィルムをつくる．現在使われている半導体は，ほとんどがシリコン（Si）から成っているので，基板にはシリコンの直径 10 cm 以上もある大きな棒状の単結晶を薄く切り出したものを使うことが多い．これをシリコンウエハーという．基板をまず 1000°C くらいに熱して，表面を薄い酸化膜層（SiO_2）に変化させ，その上に感光性物質を塗りつけて膜とする．配線図のネガフィルムをかぶせて光を当て，感光性物質の溶解性を変化させたあと溶剤で洗う．光の当たったところだけ溝を掘る（凹型：ポジ型），あるいは光の当たったところだけを基板に残す（凸型：ネガ型）．凹型の場合，露出した溝の部分に化学処理で適当な不純物を埋め込んで，その部分だけを半導体にしたり，さらに表面を酸化して酸化膜をつくったあと，またフォトレジストを塗りつけ

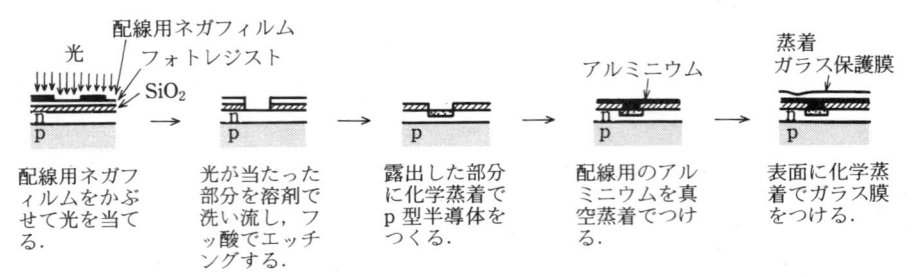

図 5.7 光印刷による LSI の作成の一例

て，ネガフィルムをかぶせて光を当て，溶剤で洗い出して溝を掘り，…などという操作を必要に応じて繰り返して行く．最後には，できあがったそれぞれの素子をつなぐ配線用のアルミニウムを蒸着させたのち，ネガフィルムを通して光を当て，不用なアルミニウム部分を洗いだし，さらに保護用のガラス膜を化学蒸着させてできあがる．

現在，LSI の製造に用いられている最も代表的なフォトレジストを次に示す．

オルトナフトキノンアジド (**1**) は光照射により窒素を放出，分解後，水と反応してカルボン酸 (**2**) を生じる．光照射後アルカリ水溶液で洗う (エッチング) と **1** に比べて **2** は極端に溶けやすくなるので，光の当たった部分だけが溶出して溝を掘ることができる．ポジ型レジストである．**1** を用いたレジストでは現在 $0.4 \sim 0.5\ \mu m$ の高解像度が得られている．メモリ LSI の集積密度の進歩には驚くべきものがある．1972 年に 4 kb (4 キロビット：4×10^3 素子/cm^2) であったものが，1986 年には 4 Mb (4 メガビット：4×10^6 素子/cm^2) と，14 年の間に実に 3 桁も密度が向上している．16 Mb では $0.5 \sim 0.6\ \mu m$，64 Mb では $0.2 \sim 0.3\ \mu m$ が最小パターン寸法として要求される．ポリメタクリル酸メチル (PMMA) に 250 nm 以下の紫外線を照射 (deep UV リソグラフィーと呼んでいる) することにより，ポリマー主鎖の切断を起こし $0.2\ \mu m$ の解像度が得られているが，感度が低いことやエッチングにも問題が多く残されている．

光リソグラフィーでは，照射する光の波長以下の形を鮮明に写すことはできないので，超 LSI に備えてさらに精巧度を上げるために，光の代わりに X 線や電子ビームを使うリソグラフィーも開発されている．エッチングも溶剤などでの洗浄に加えて，活性なラジカル種を含む反応性ガスを吹きつけて化学反応で溝を掘るドライエッチング，プラズマエッチングなどが工夫されている．

5.5　エレクトロクロミズムと表示

電気化学反応により物質の色が可逆的に変化する現象を，エレクトロクロミズム (electrochromism：EC) という．電気化学反応には電極 (作用極，対極)，電解質が不可欠であるが，図 5.8 に示すように作用極に酸化スズ被覆ガラス (ネサガラス)，あるいは酸化インジウム被覆ガラス (ITO ガラス) のような透明電極を用いれば，電気化学反応による電極表面近傍の色調変化が目視できるようになるの

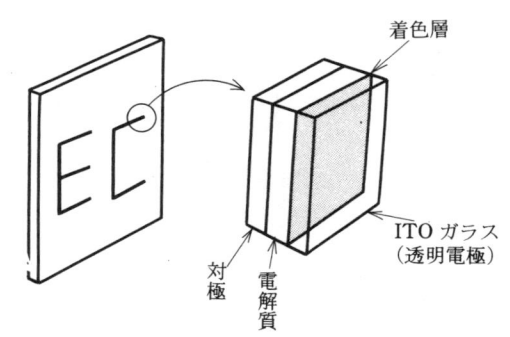

図 5.8　エレクトロミズム素子

で表示素子として利用することができる．エレクトロクロミズムを用いた表示素子を，ECD(electrochromic display)という．

作用極上で

$$A^{m+} + ne \longrightarrow A^{(m-n)+}$$

の変化で着色が起きる場合，還元発色型といい

$$B^{m+} \longrightarrow B^{(m+n)+} + ne$$

の酸化反応で着色が起きる場合を酸化発色型ECという．それぞれの逆反応により消色する．ECを示す物質は数多く知られている．最もよく研究され，実用化もされている例として酸化タングステンがあげられる．ITOガラス上の無色の酸化タングステン(6価)薄膜を部分的に還元することで，濃青色のタングステンブロンズが得られる．電気化学反応式は

$$WO_3 + xe + xM^+ \longrightarrow M_xW_x^{5+}W_{1-x}^{6+}O_3$$

ここで，M^+はH^+, Na^+, Li^+などの電解質中のカチオンで，還元反応による電荷を中和するためにWO_3層に拡散移動する．実用化されているものはLi^+が使用されているものが多く，その繰返し着消色書き込み回数は，10^7を越えている．着色種の吸収スペクトルは，近赤外部950 nm付近に吸収極大をもち，700 nm以下の可視部にまでその裾が及んでいる．5価と6価のタングステン原子価間遷移吸収(IT遷移)とされている．類似の構造を有するモリブデン酸化物も同様に還元発色型ECを示すが，IT遷移の吸収極大は850 nm，その裾もタングステンに比べて短波長側にシフトしており，黒みを帯びた青色の着色となる．WO_3とMoO_3を混合した薄膜はさらに黒みを帯びたECを示し，その着色効率は高い．ほかにECを示すことが報告されている例としては，Ti, V, Cr, Mn, Fe, Co, Ni, Cu, Zr, Nb, Ru, Rh, Re, Os, Irなどの遷移元素や，In, Snなどの典型元素，Pr, Sm, Dy, Ho, Er, Luなどのランタノイドなどがある．有機化合物としては，メチルビオロゲン(MV^{2+})などのアルキルビオロゲン類による還元発色型ECがあり，繰返し回数も10^7を越える報告がある．

メチルビオロゲン(MV^{2+})

$$MV^{2+} + e \longrightarrow MV^{+\cdot}$$

メチルビオロゲンカチオンラジカル($MV^{+\cdot}$)は，605 nmに吸収極大をもち鮮やかな青色を呈する．また，カチオンラジカル二量体は赤紫色を呈する．不安定ラジカルなので，酸素などにより容易に酸化され無色のビオロゲンに戻る欠点を有するが，着色種の還元体は溶解度が低下するので，アルキル基の長さを調節することで，EC発色の際，電解液中から電極上へ沈着させ，より鮮明な表示とすることもできる．シクロデキストリンを共存させビオロゲン包接化合物として，カチオンラジカルの二量化を抑制し色調の変化をつけるなどの試みも報告されている．

現在，電気信号による情報を変換する表示素子としては，テレビのブラウン管などのCRT(陰極線管，cathod ray tube)やLCD(液晶ディスプレー，liquid crystal display)が主流であるが，いずれも大面積化が困難で，さらにLCDの場合は見る角度によって色調が異なるという視角依存性などが欠点となっている．これに対しECDは，① 大面積化が容易，② 曲面の製作も容易，③ 表示にちらつきがない，④ 視角依存性がない，⑤ 電気信号が消えても着色は残るので表示にメモリー性があるなどの利点があるが，一方では，電気化学反応を利用するECDは本質的に物質移動，拡散を伴うために応答時間が遅い点や繰返し書き込み回数などの点で，さらに改良の必要がある．

5.6 フォトクロミズム

物質が光の作用により，着色，消色などの可逆的な色調変化を示す現象をフォトクロミズム(photochromism)という．従来は(5.1)式のように光照射によって着色し，暗下熱反応により比較的速やかにもとの無色の状態に戻る現象を意味していたが，熱ではもとに戻

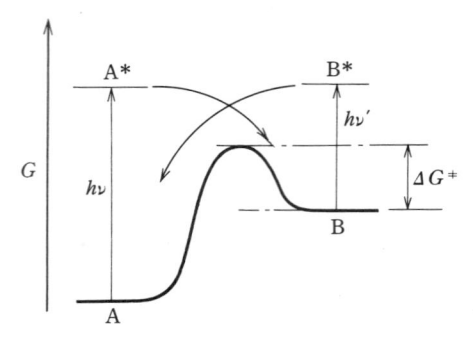

図 5.9

らず着色時とは異なる波長の光によってのみ無色に戻る例も最近見出されており，熱安定性フォトクロミズムと呼ばれている．

$$A \underset{\Delta, h\nu'}{\overset{h\nu}{\rightleftarrows}} B \qquad (5.1)$$

図5.9に示すポテンシャルエネルギー図でいえば，着色種からもとに戻る過程の活性化自由エネルギーが比較的大きい場合が熱安定性フォトクロミズムの場合に対応する．

実用化されているフォトクロミズムの例としては，ハロゲン化銀を用いた調光ガラス，サングラスをあげることができる．粒径が100～200 Å 程度の AgX 微結晶と，Cu^+ を含んだ酸化物ガラスに光を照射すると Cu^+ から Ag^+ への光電子注入が開始反応となり，銀塩写真と同様の原理で銀粒子が生成し着色する．暗下ではその逆反応によって消色する．

有機化合物では幾何異性化，構造異性化など，種々の反応によるフォトクロミズムが知られている．代表的な例を表5.1に示す．

フォトクロミズム現象を示す光化学反応例は数多いが，完全に可逆的な反応系は知られていない．光分解などの副反応が避けられないことから，繰返し使用という意味での耐久性には問題が残されている．また，従来は着色種の寿命が比較的短い例が多く，調光材など以外への反応展開に乏しい面があったが，最近，フルギド類をはじめとして熱安定性フォトクロミズムが報告され，さまざまな応用への新展開が注目されている．

たとえば1,2はいずれも熱的に安定であり，光によってのみ相互変換する．着色体の2は300°C でも退色しないとされている．このような熱安定性フォトクロミズムは光による書き込みと，異なる波長の光による消去を用いた光記録材料になりうる．フォトクロミズム反応では，物性変化として吸収スペクトル以外に，分子サイズ(分子構造，コンフォメーション)，極性(双極子モーメント)，内部エネルギー，屈折率などが比較的大きく変化するので，それぞれの物性変化を利用した，PHB (photochemical hole burning) 法による光記録，光エネルギー蓄積，光コンピューターをめざした非線型光学材料，微小光導波路などや，光エネルギーの力学エネルギーへの変換などのさまざまな光応答性機能材料への応用の提案がなされている．飛躍的な発展が期待されている分野といえる．

5.7 化学センサー

気相や液相中の特定の化学物質を検知する素子を化学センサーという．狭義には，化学物質を認識して電気信号に変換して検知する素子を意味するが，より広く定義すれば，図5.10の概念図のように表すことができる．センサー素子による化学物質認識→信号情報の発現→その増幅，検出，という流れの構成となる．物質認識には，センサー素子への電子授受（酸化，還元，燃焼など），吸着，溶解，化学反応（物質変換，錯形成など）などの相互作用が含まれる．信号情報としては，電子授受相互作用による電気抵抗，電位，電流の変化，吸着，溶解相互作用による重量変化，圧力変化，化学反応による光吸収物質（発色），発光物質の生成などがある．

代表的な化学センサーとしては固体材料を用いたガスセンサーがある．図 5.11 に酸化物半導体を用いた薄膜型センサー素子を示

5. 情報変換化学

表 5.1 代表的なフォトクロミズム例

無 色	着 色

解離など

分子内水素移動など

分子内回転異性, 互変異性

環解裂

シス-トランス異性など

ラジカル生成など

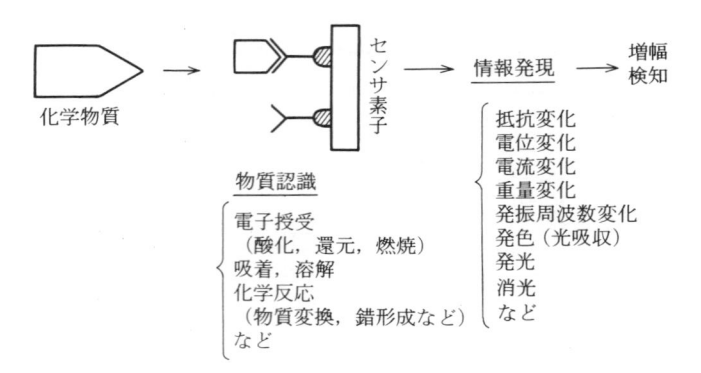

図 5.10 化学センサーの概念

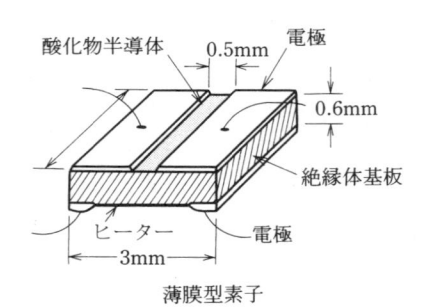

図 5.11 半導体ガスセンサー素子

す[1]．酸化物半導体薄膜を一対の電極ではさみ，薄膜を加熱するヒーターを備えた構造になっている．おもに可燃性ガスを検知する．動作機構の詳細は不明な点もあるが，基本的には半導体表面での被検物質の燃焼反応を利用している．たとえば，空気中 ZnO などの n 型半導体表面には酸素が負に帯電して化学吸着しているが，半導体の電子が吸着酸素に移動した結果，表面近傍に空間電荷層としての電子欠損層が形成され表面導電率は低くなっている．高温（数百度）で可燃性物質が接触すると，吸着酸素と反応して燃焼する．吸着酸素が消費されるとともに電子は半導体表面に残り，表面導電率が高くなり，被検物質を抵抗変化という信号情報に変換して検知できる．実用化されている素子では，通常，可燃性ガスの接触により抵抗が1桁～2桁以上低くなるものが多い．

代表的なセンサー材料としては，SnO_2，ZnO，WO_3（対象物質：可燃性ガス，NO_x），TiO_2，CoO，Nb_2O_5（可燃性ガス，酸素）など

(a) 味細胞と (b) 嗅細胞とその受容膜の模式図

におい物質センサー

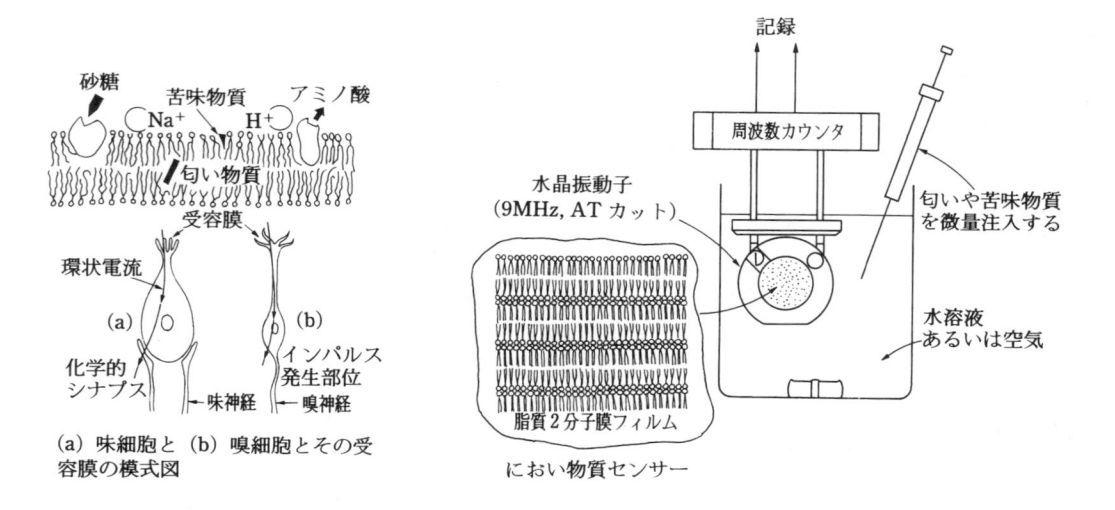

図 5.12 嗅覚モデルとにおい物質センサー

の酸化物半導体や，銅フタロシアニン累積膜（NO₂）などの有機半導体，ZrO_2-Y_2O_3，ZrO_2-CaO（酸素）などの固体電解質がある．酸化物半導体の場合には，触媒効果を有するPt，Pd，Agなどの貴金属を添加し高感度化が行われている．表面の修飾によって，物質選択性をもたせようとする試みもなされている．

最近，注目されているセンサーとして，嗅覚モデルを用いた，匂い物質センサーがある．図5.12にその概略を示す．水晶振動子の共振周波数が，水晶板上に堆積する物質の重量変化に対して鋭敏に応答することを巧みに利用している．水晶板上に固定化された脂質2分子膜が匂い物質認識部位となる．気相または液相で，匂い物質が膜に吸着すると膜の重量が増加し，水晶振動子の共振周波数が変化するのを信号情報として検知する．同様に，表面弾性波発振器を用いたガスセンサーも開発されている．

物質認識に錯形成，発色反応などの化学反応を利用したものとしては，イオン試験紙をはじめとしてさまざまな試験紙が工夫されている．広い意味での化学センサーということができる．被検物質固有の化学反応を用いることが可能なので，物質選択性にすぐれたセンサーの開発という意味では大きな可能性を秘めている．〔井上　晴夫〕

文　　献

1) 山添　昇，玉置　純：表面，**27**，499(1989).

6. 応用化学熱力学

6.1 結 晶 成 長

a. 過飽和状態，過冷却状態と晶析　冷却や加熱，あるいは反応によって溶質の濃度が飽和値以上になることを過飽和といい，また，純物質の液体を凝固点以下に冷却する場合を過冷却という．過飽和状態の液相や気相，過冷却状態の液相からは，晶析（結晶の析

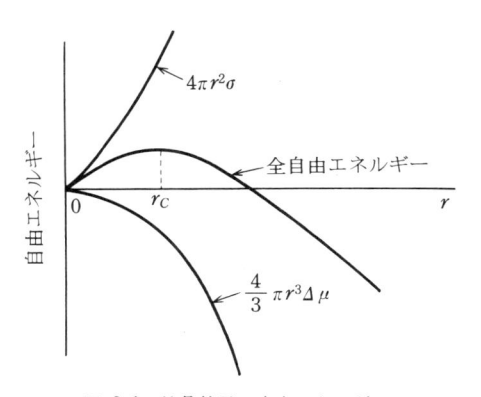

図 6.1　結晶粒子の自由エネルギー

出）が起こる．過飽和状態が生成する理由は図から理解できる．結晶の粒径をr，結晶の界面エネルギーを単位面積当たりσとすると，界面エネルギーは$4\pi r^2\sigma$となり，粒径に従って増す．結晶状態の自由エネルギーは溶質よりも単位体積当たり$\Delta\mu$だけ小さいので，結晶の全自由エネルギーは図6.1のように臨界粒径r_cで最大になる．したがって，過飽和状態の溶液中で，粒径がr_cより小さい粒子ができても，より安定な溶液に戻ってしまう．逆に，r_cより大きな粒子（核）ができたときに結晶が成長でき，晶析が起こる．過飽和や過冷却の状態では，熱的な揺らぎによって，このような核が発生する（1次核）が，くわしい理論は確立していない，また，きわめて小さい異物や，入射宇宙線によって生ずるイオンなども核として働く．結晶がいったん生成すれば，結晶の表面がはがれたりしてできる微結晶が核として働く（2次核）．

b. 結晶成長　晶析における結晶成長に関する研究は多いが，基本的には，渦巻状のステップに溶質分子が組み込まれていくために，結晶面に垂直な方向に成長が起こるという考えが受け入れられている．結晶の形は，過飽和度や温度，溶媒の種類などの析出条件によって大きく変わる．不純物の効果は大きく，特定の不純物（媒晶剤）を加えて結晶の形状を制御することもできる．これらの不純物は，結晶の成長点（キンクやステップ）などに吸着し，溶質の組み込みを妨げるとされている．

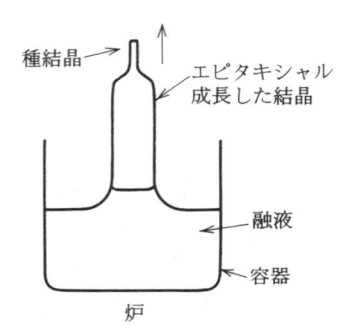

図 6.2 液相エピタキシャル法による単結晶シリコンの成長の概念図

c. 結晶成長の実際例 シリコン，GaAs などの半導体や種々の光学結晶では，ひずみや欠陥の少ない単結晶が求められる．通常，単結晶を種結晶としたエピタキシャル成長を行う．図6.2に液相エピタキシャル成長行程の概念図を示す．種結晶を融液面に接しさせたのち，徐々にひき上げる．非線形光学結晶のKDPでは，飽和水溶液中に種結晶を吊り下げて成長させる．

6.2 分 離 と 精 製

a. 分離要素，モジュール，カスケード

分離や精製は，混合物から純粋な物質を得る過程であり，自由エネルギーの低い状態から高い状態を実現するために，系に仕事を加える必要がある．このために種々の手段が使われているが，基本となる操作を分離要素あるいは分離ユニットという．可逆性が高い分離ユニットほど要するエネルギーは少なくなる．蒸留や吸着は可逆性が大きいのでエネルギー効率は高く，膜を使った手法は圧力差が必要なために可逆性が小さくエネルギー効率は低い．しかし，全体のプロセスを評価するには，速度や操作性が重要なので，必要性に応じてどのような分離ユニットを選ぶかが決まる．

分離ユニットを組み立ててできる分離機能をもつ単位装置をモジュールといっている．1つのモジュールでは分離機能が不十分なときにはモジュールを組み合わせ，分離効率が最大になるようにカスケードを組む．分離ユニットを直接カスケードに組む場合もある．

表 6.1 分離ユニットの内容

分離メカニズム	分離機能体	分離ユニット
吸 着 力	活 性 炭	吸着ユニット
	活 性 白 土	
	シリカゲル	
	高分子ゲル	
イオン交換	イオン交換体	
錯 形 成	キレート樹脂	
液 液 分 配	油の中の水滴	分配ユニット
	水の中の油滴	
	液体の中の超臨界ガス	
気 液 分 配	液相担体とガス	
固 液 分 配	ゾーンメルティング	
気 液 平 衡	蒸留の棚段	相平衡ユニット
固 液 平 衡	晶 析	
複 合 反 応	液 体 膜	促進輸送ユニット
	生 体 膜	
表面活性層の機能	限 外 ろ 過	複合膜ユニット
	逆 浸 透	
	疎 水 性 膜	
	複合イオン交換膜	
サ イ ズ	限 外 ろ 過	サイズユニット
半透膜の透過性	逆 浸 透 膜	
分子サイズ	ゼオライト	
通 過 速 度	ポーラス隔膜	速度ユニット
	疎 水 性 膜	
	酸素富化膜	
	ゲルクロマト担体	
化 学 反 応 性	包接化合物	反応ユニット
	錯形成による沈殿	
	別の物質に転換	
	レーザー励起	
機 械 的	遠 心 力	機械ユニット
	ノズル噴射	

(武田邦彦："分離のしくみ"，p.73，共立出版，1988)．

b. 分離ユニットの種類

分離ユニットは，その分離のメカニズムなどによって次のように分類されている(表6.1)．

表で，分離機能体は機能を担う材料であるが，機能自身である場合もある．以下に精製分離の比較的新しい手法である，ゾーンメルティング，逆浸透，電気浸透についてくわしく述べる．

6.3 ゾーンメルティング

a. 原 理
図6.3のように，不純物を

6. 応用化学熱力学

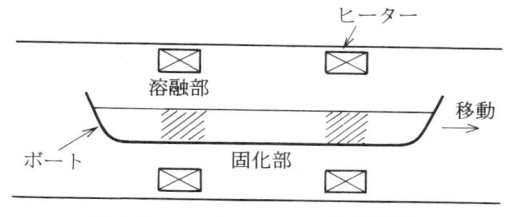

図 6.3 ゾーンメルティングの原理図

含む固体材料を帯状に溶解させ，溶解部分をゆっくり移動させる．溶解部分が固化するとき，材料に含まれる不純物の濃度は液層中の濃度と同じにはならない（偏析という）．不純物濃度を液相中で C_L，固相中で C_S として，$C_S/C_L=\alpha$ を偏析係数と呼ぶ．α は，たとえば，シリコン中のホウ素で 0.8，酸素で 1.25 である．$\alpha<1$ であれば，この操作を繰り返すことによって不純物を"掃き出す"ことができる（ゾーンリファイニング）．

b. 応用 この手法が特に威力を発揮したのは半導体精製で，10 ナイン（99.99999999%）や 11 ナインのシリコンやゲルマニウムがつくられた．ゾーンメルティング用の炉を垂直にし，加熱に高周波を用いたフローティングゾーン法では，溶けた材料が高周波からの反発力で自立するために，材料を乗せるボートが不要であり，シリコンなどボートと反応しやすい材料に適している．

6.4 逆浸透

a. 原理 密な高分子膜は，マクロな孔のない非多孔性膜であるが，高分子中の自由体積を通って小さい分子が透過できる．特に，溶媒分子を通すが溶質は通さないような膜は半透膜と呼ばれる．半透膜をはさんで濃度の異なる溶液が接していると，濃度が等しくなるように溶媒が移動する．この移動とつり合う圧力が浸透圧であり，濃度 C_1 と C_2 の溶液では，ガス定数 R，絶対温度 T，溶媒 1 モルの体積 V を用いて，$\pi=(C_1-C_2)RT/V$ となる．たとえば，食塩水 1 モルでは，数十気圧になる．この圧力に打ち勝つ圧力を加えれば，溶媒は逆に濃度の高い方の溶液に移動し，濃縮が起こる．これが逆浸透であり，特

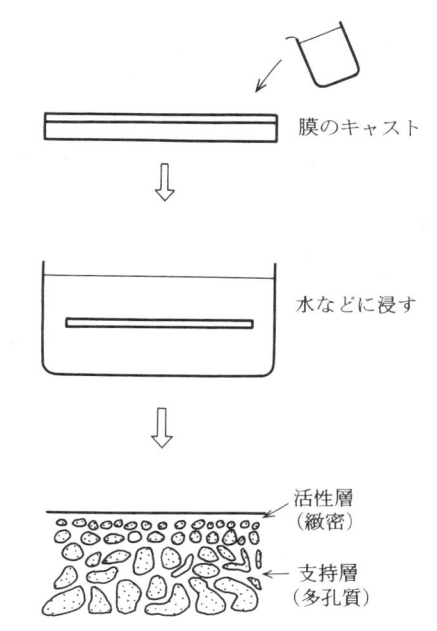

図 6.4 相転換法による逆ろ過用膜の構造

に海水から純水をつくるのに用いられる．

b. 逆浸透膜 逆浸透の機能の中心となる膜は，厚さ $0.01〜2\,\mu m$ とたいへん薄く，機械的に弱いので，支持体となる多孔質の厚膜上につくられる．たとえば，相転換膜と呼ばれる膜では，酢酸セルロースなどの高分子を溶媒に溶かし，まず厚さ数百 μm 以下の膜にキャストする．できた膜を水などに浸漬すると溶媒が水中に溶け出し，表面が密で内部が多孔質の膜ができる（図 6.4）．このほか，プラズマ重合を用いて支持膜の上に密着性のよい密な膜をつくる方法，モノマーを支持膜に塗ったのち重合架橋させる方法などがある．

c. 逆浸透モジュール 分離ユニットである逆浸透膜を実際に使えるモジュールにする方法として，積層平板型，スパイラル型，中空糸型などがある．このうち，中空糸型を図 6.5 に示す．活性膜層は中空糸の外側にあり，水のみが内部に入る．モジュールをつくるには，束ねた中空糸の両端をエポキシ樹脂で封じ，片方のみを切断すればよい．

6.5 イオン交換と電気透析

a. イオン交換樹脂 側鎖にイオン解離

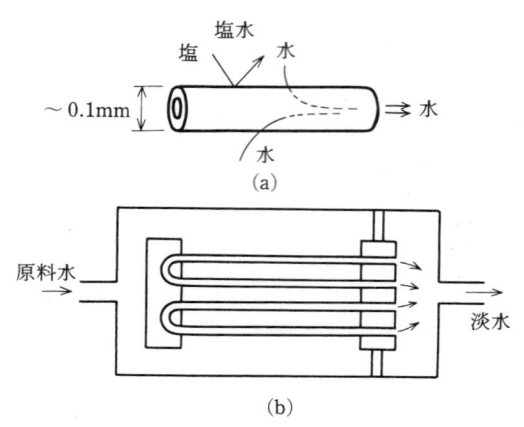

図 6.5 中空型逆ろ過膜とこれを用いたモジュールの原理

する基を固定した高分子をイオン交換樹脂という．スルホン酸基，カルボキシル基，フェノール性水酸基などの負の解離基が固定されているものが陽イオン交換樹脂，アンモニウム塩基など正の解離基が固定されているものが陰イオン交換樹脂である．イオン交換樹脂を使って，溶液中のイオンの置換ができる．たとえば，陽イオン交換樹脂をカラムに詰めて HCl 溶液で洗浄すると，側鎖の陰イオン基に結びついた陽イオンは水素イオンのみになる．ここに Ca イオンや Na イオンなどを含む溶液を流せば，これらのイオンは樹脂にとらえられ，代わりに水素イオンが放出される．

b．イオン交換膜 イオン交換樹脂でできた膜をイオン交換膜という．通常，厚さ 0.1〜0.2 mm，厚さ方向の電気抵抗は数 Ω である．陽イオン交換膜には陰イオンが固定されているから，陰イオンは膜中に入りにくく，陰イオン交換膜には陽イオンが入りにくい．この性質を使って，イオンの通り方を制御することができる．

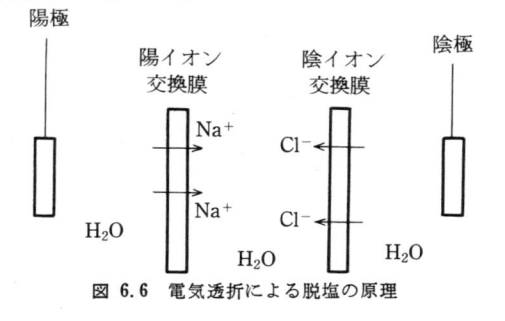

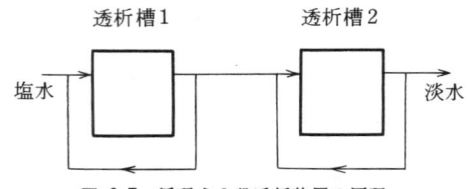

図 6.6 電気透析による脱塩の原理

図 6.7 循環式 2 段透析装置の原理

c．電気透析の原理 図 6.6 のように 2 つの電極間に陰イオン交換膜と陽イオン交換膜とを並べ，たとえば NaCl 水溶液に電流を流す．このとき Na^+ は，陽イオン交換膜は通れるが，陰イオン交換膜を通れないので，中間の濃縮室に蓄積される．同様に，Cl^- は陰イオン交換膜を通り，陽イオン交換膜に遮られて濃縮室にたまる．この結果，濃縮室では NaCl の濃度が上がり，希釈室では下がる．このようなプロセスを電気透析といい，塩水の脱塩淡水化などに用いられる．

d．電気透析の実際 実際の電気透析槽では，数百対の陰イオン交換膜と陽イオン交換膜とを間隔 1 mm 程度で積み重ね，両端に電極を置く．かける電圧は数 V，流す電流は 10 mA/cm² 程度である．あまり電流を大きくすると，膜の表面での塩イオン濃度がゼロになり，膜上で水の電解が起こってしまう．水の電解が起こらない，ぎりぎりの電流値を限界電流と呼んでいる．電気透析槽を 1 回通ると，20〜40% の塩が脱塩される．流量や脱塩率を最適化するためには通常，図 6.7 のように部分循環式多段装置を用いる．

〔伊藤　公紀〕

7. 触 媒 化 学

7.1 触 媒 と は

それ自身は全く変化しないが，少量で化学反応の速度を大きくする能力をもつものを触媒という．反応の平衡点では，触媒は正逆両反応を同等に変化させるので平衡の位置を変化させることはできない．

触媒にはその作用状態により，反応物質と

同じ相に存在する均一系触媒と相を異にする不均一系触媒がある．均一系触媒には，気相反応でのI_2または溶液反応でのOH^-など簡単な分子もあるが，金属イオン，金属錯体の触媒作用についての研究が近年発展した．不均一系触媒は，多くは固体であって固体触媒とも称され，固体の表面で気体または液体が反応する．固体触媒では触媒表面上に多種類の構造を異にする部分が存在するのに対し，錯体触媒では構造の明確な金属錯体を合成し触媒として使用することができるため，触媒作用と構造との関連づけがより容易な点が長所であるが生成物の触媒からの分離に難がある．この点を克服するために，金属錯体を固体表面に植え付けた固定化錯体触媒が研究されている．非常に複雑な構造をしたものとしては，タンパク質を主成分とする酵素も触媒である．

固体触媒では，触媒と反応物質との界面，すなわち触媒表面でその作用が現れる．ゆえに，触媒はなるべく広い表面積をもつことが望ましい．反応物質が固体表面に束縛された状態になることを吸着と呼び，束縛する力がファンデルワールス力のような物理的力である場合を物理吸着，化学的親和力による場合を化学吸着として区別する．化学吸着は錯体触媒における配位に対応する．

触媒を用いると反応速度が上昇するのは，吸着，配位で始まる触媒表面との相互作用（反応）により分子の化学結合がゆるんだり，切れたりして反応しやすい形になるからである．それでは，触媒の活性はどのようにして決まるのであろうか．清浄金属表面では，O_2，N_2，H_2あるいはメタンなどもしばしば吸着，解離して反応しやすい形になる．図7.1は，プロピレン酸化活性と金属酸化物生成熱の関係を示したものである．この反応では，金属MとO_2との反応により表面の金属酸化物MO_xが生成し（ステップi），これと被酸化物のプロピレンが反応してCO_2，H_2Oを与える（ステップii）ものと考えられる．酸化物生成熱の大きすぎる金属では，ステップi

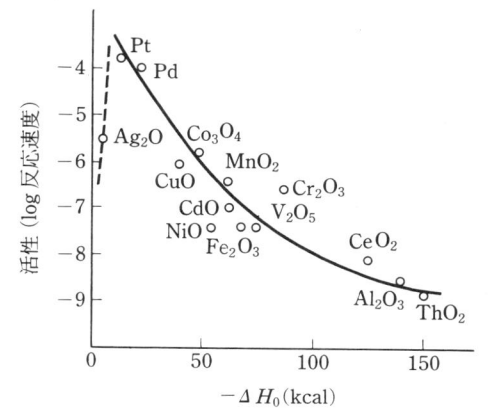

図7.1 各種金属酸化物のプロピレン酸化活性と酸化物生成熱の関係

は速いがiiは遅く，酸化物生成熱の小さいAgではステップiが遅すぎるため，両方とも触媒としての能力は小さい．結局，酸化物生成熱が中程度の，つまりO_2との親和力が適度のものが触媒としてすぐれていることになるため，図のような山型のプロットとなる．触媒反応において活性とならんで重要なのは選択性であり，熱力学的に可能な反応経路のうちから特定の反応のみを進行させることが望ましい．

触媒を使用した工業生産がはじめてなされたのは鉄触媒による窒素固定である．触媒は，1種類の物質を単独で用いるよりも，ほかの物質と混合して用いる方が反応が促進される場合がしばしばある．アンモニア合成鉄触媒はKの添加により活性は上昇するが，K自身にはほとんど活性はない．このような場合，Kを助触媒と称する．逆に，活性を低下させるイオウなどは触媒毒という．金属錯体触媒では，しばしば配位子により触媒機能が大きく変化を受ける．配位子も助触媒，あるいは触媒毒としての作用を果たしていると考えることができる．助触媒とは別に，単独では触媒としての能力が非常に低い2種類の物質を混合した場合に相乗的に作用して顕著な触媒能を示すことがあり，これを複合効果と呼ぶ．

固体触媒は，表面を使用するものであるから固体内部に細孔を形成し，多孔質とするこ

とにより表面積を大きくする必要がある．酸化物の水素還元，含水酸化物の脱水，細孔調節剤を添加し分解，燃焼により除去する方法などにより多孔質が生成する．これらの多孔質はそれ自体を触媒として用いる場合もあるが，これを担体として用い活性成分をその上に分散させることが多い．特に，貴金属などの触媒作用を利用する際には，比表面積の大きい多孔質担体に微粒子として分散担持し，金属の有効表面積を大きくしてやる必要がある．担体は金属の表面積増加のほか，金属との電子的相互作用により触媒能を変化させる，機械強度の向上などの役割を果たす．

触媒の能力は次第に低下することが多く，この原因としては原料中の不純物としての触媒毒物質の蓄積や炭素質による汚損，結晶成長による表面積の低下や触媒自身の実質的変化がある．触媒が寿命に達した場合でも，簡単に再生できる場合もある．触媒の寿命を長くする努力の結果，たとえば自動車の排気ガス浄化触媒では車の耐用年数とほぼ同じレベルに達している．

7.2 触媒物性

固体触媒は表面の反応が重要であるので，表面積を大きくすることが必要である．表面積を大きくするためには，機械的粉砕程度では$1 m^2/g$が限度であるので，多孔質にしたり多孔質の担体に担持したりする．比表面積は通常，液体窒素温度におけるN_2の吸着量からBET式に基づいて飽和吸着量を求め，これと分子1個あたりの占有面積から算出する．多孔質物質の比表面積は一般に大きく，$1000 m^2/g$に達する場合もあるが，その大部分は細孔内壁の面積により占められている．このため，活性点の分布する密度が同じであれば，反応はおもに細孔内で起こっていると考えられる．反応物質および生成物は，拡散により細孔を出入りしなければならない．ところが，触媒表面の反応速度は温度に対し指数関数的に増大するのに比べ，拡散の速度は温度の1/2乗に比例するのみなので，高温では細孔入口近くで反応が大部分進み細孔内部は生かされない．このような場合，細孔径を大きくした方がよいことになる．また，部分酸化反応のようにCO_2まで酸化せずに途中の生成物を得たい場合にも同様に，細孔径が大きく表面積の小さい触媒を用いた方がよい場合がある．

金属触媒では，比表面積の大きな担体に分散担持することにより，最高1nm程度まで小さな微粒子とすることができる．これらの微粒子の粒径の測定には，透過型電子顕微鏡による直接測定のほかに，金属の化学吸着特性を利用し吸着量と表面原子-吸着種の化学量論から金属の表面積，ひいては粒径を算出する方法がある．金属酸化物や硫化物についても同様である．こうして，表面積が明らかになるとその表面積や原子当たりの反応速度，すなわち比活性が計算できる．表面原子1個当たりの速度を特にターンオーバー頻度（TOF）と称す．比活性は，同じ金属種でも粒径によって大きく異なる場合がある．これは，固体表面が均質でなく，一部のみが「活性中心」として働くためと考えられる．

図7.2に金属単結晶面の分類を示した．ステップやキンクの原子はテラスの原子に比べて，隣接して結合する金属原子の数が少なく結合の不飽和度が大きい．このようなサイトの割合は，粒径が小さくなると著しく増大する．シクロヘキサンの水素化開環によるヘキサン生成と脱水素によるベンゼン生成を白金単結晶表面で観察した結果，水素化開環の速度はステップやキンクの数に依存して大きくなるが，脱水素はそれらに依存しないことが見出されている．前者のケースでは粒径が小さいほどTOFは大きくなることになり，構造敏感反応と称し，後者は構造鈍感反応に分

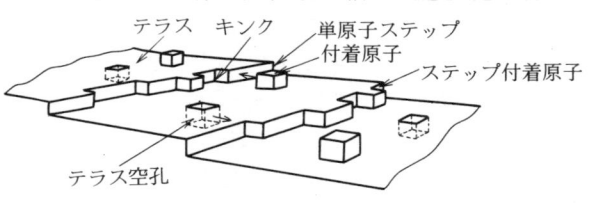

図7.2 固体触媒表面サイトのモデル

構造敏感反応には，粒径があまり小さくなるとかえってTOFが小さくなる場合もある．COの水素化による炭化水素合成反応はこのケースに当てはまる．原因の1つとしては，金属が陽イオン性を帯びることが考えられている．また，触媒上の複数のサイトが関与してはじめて起こる種類の反応であるため，粒径が極端に小さくなると反応が進まなくなることも考えられる．金属錯体ではCOから炭化水素を与える触媒がほとんどないのも，このことと関連していると考えられる．

固体触媒作用の本質を明らかにするためには，触媒の表面構造，反応物質の吸着状態などを直接的に調べることが望ましい．近年，各種の分光学的手法の進歩が著しく，触媒表面の状態についての新しい知見が得られているが，多くのものは高真空下での清浄表面についての情報であり，実際の触媒の使用状態とは相違が大きいこともありうることに注意が必要である．LEED(low energy electron diffraction)では触媒表面の原子配列が，AES(Auger electron spectroscopy)では気相から吸着された物質の種類と吸着状態が明らかにされる．XPS(X-ray photoelectron spectroscopy)は，触媒の電子状態の情報を得るのに広く用いられている．EXAFS(extended X-ray absorption fine structure)は，ある原子の近接原子の数と結合距離についての詳細な情報を提供する．赤外吸収スペクトルは直接表面を観察することもあるほか，吸着種の結合状態を観察するとともに，これをプローブにして触媒の電子状態を知ることができる．高分解能NMRは最近固体にも適用が可能になり，ゼオライトの構造の解明で成功を収めている．

7.3 石油化学プロセス用触媒

原油からは多種類の石油製品が生産される．この工程を石油精製といい，製品は沸点の低いものから，LPG，ナフサ，ガソリン，灯油，軽油，重油に大別される．燃料として使われるものが大部分を占める．わが国では石油化学用原料として，もっぱら$C_5 \sim C_8$の炭化水素からなるナフサを用いるが，石油化学工業用原料に向けられるのは原油をベースにして13%に過ぎない．ナフサを高温で熱分解するとオレフィンや芳香族が得られ，接触改質(リフォーミング)により芳香族が得られる．これらを原料に，さまざまな石油化学中間製品が誘導される．

石油は硫黄化合物を多く含むため，常圧蒸留により沸点に従って分離したのち，それぞれ水素化脱硫触媒上で水素化精製される．しかし，硫黄化合物は常圧残油(常圧蒸留の残油)に集中しており，しかもこのような重質油の水素化精製は触媒寿命の点で問題が多い．このため，常圧残油については間接脱硫と称し，常圧残油を減圧蒸留により減圧残油と減圧軽油に分け，減圧軽油のみを水素化脱硫したのち，再び減圧残油と混合して低イオウ重油として用いる方法が主としてとられている．もちろん，常圧残油を直接脱硫する方がイオウ分をより低下させられるため好ましい．細孔分布の改善，酸性度の調節などの触媒の改良と，より高い水素圧など，反応条件の工夫により直接脱硫も成功を収めその重要性は増している．

ところで，石油からの各留分の収率は油種にもよるが，かならずしも需要の傾向とは一致しない．減圧軽油を酸触媒により接触分解することによる高オクタン価ガソリンの製造は，アメリカにおいて特にさかんである．触媒としてはゼオライトを用い，流動接触分解(FCC)方式で行われている．ゼオライトは従来のシリカ・アルミナ触媒に比べガソリンの選択率が大きく，ガソリン中の芳香族に富む点がすぐれている．また，最近では燃料油の需要構造が軽質化傾向にあり，残油が余剰になってきているため，常圧残油を接触分解しガソリンを得ることも行われてきている．

ガソリン留分そのものを原料として高オクタン価ガソリンを製造するものに，接触改質プロセスがある．塩素により固体酸性を与え

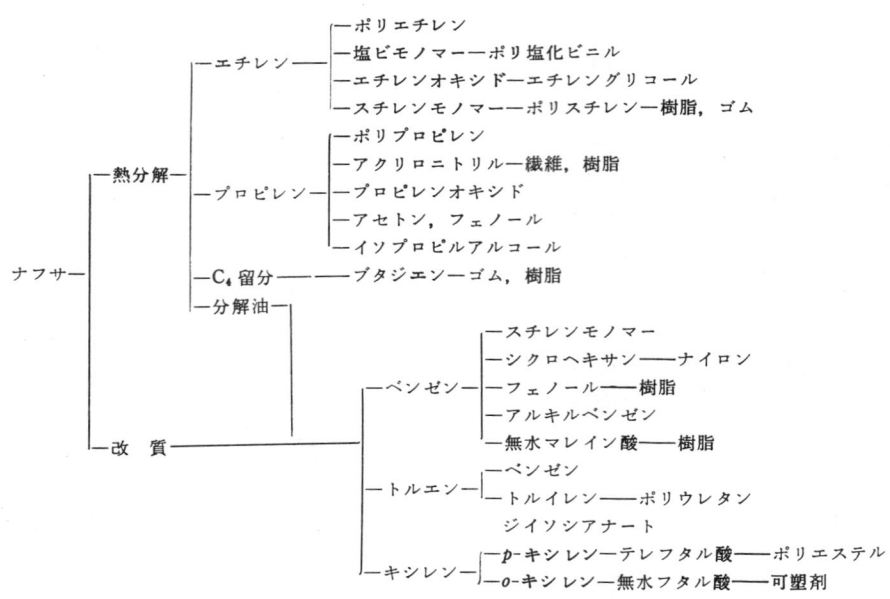

```
                    ┌─エチレン────┬─ポリエチレン
                    │            ├─塩ビモノマー─ポリ塩化ビニル
                    │            ├─エチレンオキシド─エチレングリコール
          ┌─熱分解─┤            └─スチレンモノマー─ポリスチレン─樹脂, ゴム
          │         │            ┌─ポリプロピレン
          │         │            ├─アクリロニトリル─繊維, 樹脂
          │         ├─プロピレン─┼─プロピレンオキシド
          │         │            ├─アセトン, フェノール
          │         │            └─イソプロピルアルコール
ナフサ─┤         ├─C₄留分─────ブタジエン─ゴム, 樹脂
          │         └─分解油
          │                       ┌─スチレンモノマー
          │                       ├─シクロヘキサン───ナイロン
          │         ┌─ベンゼン──┼─フェノール───樹脂
          │         │            ├─アルキルベンゼン
          └─改 質─┤            └─無水マレイン酸───樹脂
                    │            ┌─ベンゼン
                    ├─トルエン──┤トルエンージイソシアナート─ポリウレタン
                    │            
                    └─キシレン──┬─p-キシレン─テレフタル酸───ポリエステル
                                  └─o-キシレン─無水フタル酸───可塑剤
```

図 7.3 石油化学プロセスによる化学製品

たアルミナに白金の微粒子を分散担持させた触媒を用い，含まれるパラフィンやシクロパラフィンを環化，脱水素して芳香族とする(platforming)．この改質法として，白金にレニウムを少量加えた二元金属触媒を用いるrheniforming法が開発され，反応圧力の低下，触媒寿命や芳香族選択率の改善がなされた．接触改質法は高オクタン価ガソリンだけでなく石油化学用の芳香族の製造にも用いられている．

ナフサの高温熱分解や接触改質により得られるオレフィンや，芳香族から石油化学プロセスにより誘導される化学製品を図7.3に示す．これらについて簡単に述べる．エチレンを$FeCl_3$触媒を用い塩素化，ならびに$CuCl_2$触媒を用いオキシクロリネーション（塩化水素と酸素を用いた塩素化）することにより1,2-ジクロロエタンとし，これを熱分解して塩化ビニルモノマーとする．また，エチレンを銀触媒を用い空気または酸素を酸化剤として，エチレンオキシドを合成できる．エチレンオキシドは加水分解によりエチレングリコールとする．エチレンをベンゼンと酸触媒上で反応させるとエチルベンゼンが得られ，これを脱水素することによりスチレンモノマーとする．

同様に，プロピレンをベンゼンと反応させるとキュメン（イソプロピルベンゼン）が得られ，これを空気により液相で自動酸化することによりフェノールとアセトンが同時に合成できる．アセトンを単独で生産するには，プロピレンを$PdCl_2$-$CuCl_2$を触媒として，空気または酸素により酸化するワッカー法が用いられる．アクリロニトリルはプロピレンのアンモ酸化，すなわち，アンモニア，酸素を用いてビスマス-モリブデン系触媒により一段で合成される(SOHIO法)．均一系錯体触媒を用いたプロセスとして，プロピレンをCoあるいはRh系触媒により合成ガスと反応させるヒドロホルミル化がある．得られたブタナールは，アルドール縮合によりC_8アルコールに転化する．また，エチレン，プロピレンはそのままTi系のチーグラー・ナッタ触媒により重合し，低圧法ポリエチレン，ポリプロピレンとする．

ベンゼンは，金属触媒による水素化によりシクロヘキサンとし，6-ナイロンの原料とする．キシレン類は自動酸化によりテレフタル酸，無水フタル酸とする．p-キシレン，o-キシレンの不足を補うためにトルエンの不均

化, キシレンの異性化が実施されている.

7.4 環境浄化触媒
7.4.1 脱硫, 脱硝
原油中には硫黄が0.1〜4%含まれている. これが燃料油のなかに含まれたままでは, 燃焼により硫黄酸化物が発生し大気を汚染する. 石油中の硫黄は, チオフェンなどの形で有機イオウ化合物として存在しているが, これについては高圧下水素で処理することにより硫化水素として除く脱硫プロセスが確立している. この反応の触媒にはMoとCo(またはNi)をアルミナに担持させたものを用いる. このプロセスは有機窒素化合物(原油中に最高0.3%程度含まれる)の一部も同時に除去されるが, 一般に硫黄化合物にくらべ除去率は低い.

NO, NO_2などの窒素酸化物をまとめてNO_x(ノックス)と称し, 燃焼により発生するが, このうち燃料自身に含まれる窒素化合物による部分をフュエルNO_x, 燃焼による高温で空気中の窒素が酸化され生成するものをサーマルNO_xと称する. 火力発電所など大量に燃料を消費する所では, 排ガス中にわずかに含まれるNO_xも総量としては大きく, 大気汚染につながるため, 次式のようにアンモニアによる触媒還元を行って無害化する.

$$2NO + 2NH_3 + (1/2)O_2 \longrightarrow 2N_2 + 3H_2O$$

バナジウムをチタニアに担持した触媒が主として用いられている. また, 硫黄化合物の燃焼により発生するSO_2の除去は触媒的にではなく, おもに湿式吸収法で行われている.

NO_xの無害化処理としては窒素と酸素に分解させるのが理想的で, 還元剤のアンモニアを用意するのが困難な移動発生源では特に望ましい. 銅ゼオライト触媒などが研究されているが, 実用レベルにはまだ達していない.

7.4.2 自動車
自動車排ガス中には, 炭化水素(HC), CO, NO_xが有害な成分として含まれる. 空気とガソリンの理論燃焼空燃比は約14.7であり, これより小さい空燃比ではHC, COが増え, 大きいと燃焼が困難となる. 一方, 理論空燃比近くで最大となる. 理論空燃比の排ガス組成は酸化成分(O_2, NO_x)と還元成分(HC, CO, H_2)のバランスがとれており, いわゆる三元触媒により, HC, COの酸化, NO_xのCO, HCによる還元をおもな反応として, これらの有害な3成分を同時に除去できる. 空燃比が小さくなると, HC, COの除去率が低下し, 大きくなるとNO_xの除去率が低下するので理論空燃比近くで3成分が揃って高い除去率を示す範囲に制御する必要がある. この空燃比の範囲をウインドウと称する. このために, 酸素センサーを使用して排ガス中の酸素濃度を測定し, この数値をもとに供給燃料を制御することで, 排ガス組成を理論空燃比近くにコントロールすることが可能となった. 三元触媒は, Rh, Pt, Pdをおもな活性成分とするが, Ni, Fe, CO, Mnなども用いられる, これらを約1ミリ角の貫通孔が, 蜂の巣(ハニカム)状に並んだセラミック成型体(モノリス=一枚岩)に担持したものが自動車の排ガス浄化装置のなかに搭載されている.

ディーゼルエンジンでは, 空燃比が大きく排ガス中の酸素濃度が高いので, ガソリンエンジンと同様な触媒によるNO_x除去は困難であり, エンジン改良で対応している. ここでも, NO_x分解触媒が期待される. 最近, 酸素の存在下でも炭化水素によりNO_xを還元できる触媒系が見出されている. 炭化水素の酸素との反応(燃焼)よりもNO_xとの反応が優先して起こるわけで, 非常に興味深い系であり, 実用化を目指して研究が続けられている.

7.4.3 触媒燃焼
希薄な燃料濃度で炎をあげた燃焼が起こりえない場合でも, 適当な酸化触媒があると低温で無炎燃焼が起こる. これを, 触媒燃焼または接触燃焼と称する. 古くから知られている白金カイロや, 自動車排ガスのCO, HCの除去もこれを応用したものである. 触媒燃焼ではNO_x, COがほとんど発生しないために暖房器など民生用にも取り入れられつつある

が，最も期待されているのは火力発電所のNO$_x$の低減対策用である．上に述べたようにサーマルNO$_x$は高温で燃焼するほど発生しやすいが，発電効率を改善するためにガスタービンは高温化の方向で開発が進められており，より効率的な低NO$_x$化技術が必要となる．ガスタービンでは，1500℃程度と自動車排ガス処理触媒よりもさらに過酷な条件となるため，より耐熱性にすぐれた触媒の開発が行われている．

最近では，ディーゼルエンジン排ガス中の黒煙（すす，パティキュレート）が多環芳香族であるため，発ガン性などの面から対策の必要性が認められている．低NO$_x$化を図ると生成が増加する傾向にある．固体の除去であるためより困難であるが，触媒フィルター方式などが検討されている．これは，すすをフィルターにいったんトラップし，白金などの触媒で徐々に燃焼させるものである．

7.4.4 そのほか

各種排ガスの触媒による酸化的脱臭は広く行われている．オゾン層の破壊の原因として，近年大きな問題となっているフロンガスも触媒により分解無害化が可能であることが最近見出されている．

7.5 C$_1$ 化 学

一酸化炭素，二酸化炭素，メタン，メタノールなど炭素1原子を含む化合物を原料にして，石油製品や石油化学製品を代替する燃料ならびに化学製品を生産する化学工業の体系をいう．これらの原料は石炭や天然ガスから容易に得られるため，石油危機をきっかけとして石油に依存しない化学技術体系を構築する必要性が広く認識され，1980年から7年間大型プロジェクト研究が行われた．C$_1$化学の体系と触媒を図7.4に示す．

7.5.1 合成ガスの化学

石炭，重質油の部分酸化，天然ガスの水蒸気改質により得られる一酸化炭素と水素の混合ガスは合成ガスとよばれる．合成ガスの反応では，触媒や反応条件により多種類の生成物が得られる．

a. メタネーション（メタン化）　合成ガスと水から水性ガスシフト反応により水素を製造することができるが，残存する少量のCO, CO$_2$を除去するために，これらをニッケル系触媒により水素化し，メタンに転化する反応が用いられている．合成ガスからの高カロリーガス（SNG）の製造を目的としても行われる．

b. フィッシャートロプシュ合成　鉄，コバルト，ルテニウムなどをベースにした触媒を用いると，炭化水素の混合物が得られる．

$$nCO + 2nH_2 \longrightarrow -(CH_2)_n- + nH_2O$$

生成物の炭素数分布は触媒および反応条件に依存するが，一般に，かなり幅広い分布を示す．現在，工業プロセスとして操業が行われているのは南アフリカ共和国のSasol社のみである．メタンからワックスに至る生成物を分離し，SNG（C$_1$〜C$_4$），ガソリン（C$_5$〜C$_{11}$），ディーゼル油（C$_9$〜C$_{25}$）として用いる．目的とする範囲の炭素数をもつ炭化水素を，選択的に生産するプロセスがより望ましいことはいうまでもなく，このために活性金属の粒径制御，合金化，担体の電子的効果や形状選択性の利用，酸性点による2次的な分解，改質などの方法が検討されている．

燃料だけではなく，従来石油ナフサのクラッキングによって製造されてきた化学原料である，C$_2$〜C$_4$のオレフィンを選択的に合成することができれば望ましく，新しい触媒の

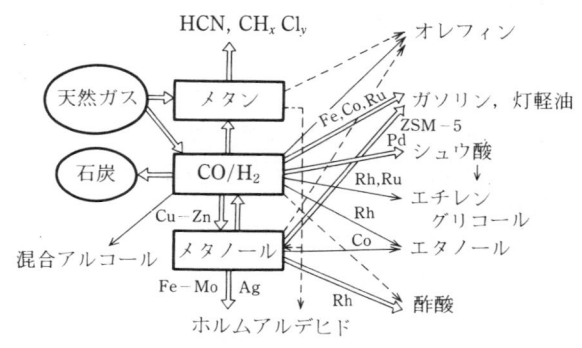

⇒は工業的に実施されているものを示す

図7.4　C$_1$化学の体系

探索が進んでいる.

c. メタノール合成 メタノール合成は，ICIにより最初に開発された銅-亜鉛系の低圧合成触媒を用いて世界中で大規模に工業化されている．これは，それまでの亜鉛-クロム系の高圧合成触媒が200気圧程度を要したのに比べ，100気圧程度で反応が行える点がたいへん有利である．

d. そのほかの含酸素化合物の合成 ロジウム系触媒によりエタノールが合成できるが，メタンの副生の問題が解決を要する．同様な触媒により，アセトアルデヒド，酢酸を直接合成することも可能である．$C_1 \sim C_4$アルコールの混合物（混合アルコール）は，オクタン価向上剤としての使用が検討されており，銅-コバルト系やモリブデン系触媒が有望視されている．ロジウムやルテニウムの錯体触媒により，エチレングリコールが合成できる．

7.5.2 メタノールの利用

メタノールは，従来より，銀系や鉄-モリブデン系触媒により酸化脱水素し，ホルムアルデヒドを製造する原料に用いられてきた．メタノールとCOからロジウム系触媒により酢酸を合成するプロセスはモンサント法として知られる．1980年，わが国でも工業化され，従来のエチレンからのワッカー法によるアセトアルデヒド経由プロセスにとって替わった．類似の反応として，メタノールをエタノールとするホモロゲーションがあり，コバルト触媒による液相法の検討がなされている．

メタノールをZSM-5と呼ばれる新型ゼオライトを用いてガソリンに転換するMTG (methanol to gasoline)プロセスは，モービルの技術によりニュージーランドではじめて工業化された．メタノールからの低級オレフィン合成についても，ゼオライト触媒について研究が進められているが，寿命の点が問題とされる．

7.5.3 メタンの直接利用

メタンをいったん合成ガスとしたのち，§7.5.1に述べたように変換するよりも直接変換を行った方が有利との観点から，酸化的二量化によるエタン，エチレンの合成，N_2Oを酸化剤としてのメタノール，ホルムアルデヒド合成が試みられている．両者ともCO, CO_2にまで酸化されてしまうことを抑制することが課題である．

7.6 ゼオライト

ゼオライトは天然に比較的多く産出する鉱物で，多くは地表付近でケイ酸塩鉱物やガラス質物質がアルカリ性溶液と反応したり溶液から沈殿することにより生成する．物理化学的条件のわずかな違いにより，結晶構造ならびに化学組成の異なるゼオライト種が生成するため多くの種が天然に存在する．

ゼオライトは，主としてNa, K, Caを含む含水アルミノケイ酸塩で，構造は(SiまたはAl)-O_4(TO_4)四面体の3次元網目骨格を基本としたテクトケイ酸塩に属し，一般化学式は(R^{1+}_x, R^{2+}_y)$Al_{x+2y}Si_zO_{2(x+2y+z)} \cdot xH_2O$（ただし$R^{1+}$はアルカリ金属，$R^{2+}$はアルカリ土類金属）で示される．ゼオライトのSi/Al比は一般に1以上である．これはTO_4四面体の縮合の際，Si-O-SiまたはSi-O-Alの連結は可能であってもAl-O-Alの連結は許されないとするローエンシュタイン(Lowenstein)則に従っていることによる．

天然ゼオライトは不純物を含むことが多く，均質性に欠ける．このため，ゼオライトの合成手法が開発され，現在では天然には見出されていない種類のゼオライトも合成されている．一般に，A型，Y型などのSiO_2/Al_2O_3比の小さなゼオライトは100°C以下の低温で，ZSM-5などの高SiO_2/Al_2O_3比のゼオライトは100°C以上でされる．このため，後者の合成にはオートクレーブが必要である．ゼオライトの合成には，アルカリ，Al源，Si源，水の4成分が必須である．Al源にはアルミン酸ナトリウムや硫酸アルミニウム，Si源にはケイ酸ナトリウム（水ガラス）やコロイダルシリカを用いる．さらに，有機塩基

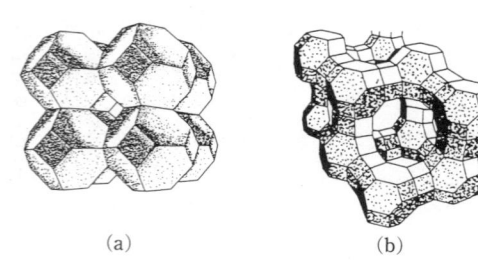

図 7.5 ソーダライト(a), フォージャサイト(b) の構造

の添加により通常合成が困難なゼオライトが合成できる. ZSM-5 はテトラプロピルアンモニウムイオンを添加することによって得られた.

ゼオライトは一般に空隙の多い構造であり, 構造内にはさまざまな大きさおよび形状を有する空洞(キャビティー)や, それらを結ぶ孔路(チャンネル)が存在する. 空洞内部にはカチオンや水分子が存在して結晶格子を安定化させる. 孔路入口の口径は分子オーダーの均一径をもつため, これを通過しうる小さい分子のみを脱水ケージ内に吸着し, いわゆる分子ふるい(モレキュラーシービング)作用を示す. 図 7.5 にソーダライト, フォージャサイトの構造を示す. 各頂点には Si または Al が, 線分の中点近傍には O が存在する. 環は酸素原子 4, 5, 6, 8, 10, または 12 個よりなり, このうち分子ふるいに関与する細孔の入口は, 酸素 8 員環(0.4〜0.5 nm, シャバサイト, エリオナイト), 10 員環(0.6〜0.7 nm)または 12 員環(0.8〜1 nm X, Y, モルデナイト, L)であり, ZSM-5 は最大酸素 10 員環を有するゼオライトとしてはじめて合成された.

ゼオライトは水を吸着しやすいので, 乾燥剤として用いられるほか, 分子径の相違を利用して n-パラフィンのみを吸着するゼオライトでそれを分離したり, 窒素ガスを酸素より強く吸着する性質を用いて空気分離プロセスに使われる.

ゼオライト内に存在するカチオンはイオン交換によりほかのイオンに置換可能であり, これにより吸着特性を変化させることができる. また, イオン交換により Ca^{2+} などのカチオンを捕捉する性質を利用し, A 型ゼオライトが洗剤用ビルダーとして大量に消費され無リン化に寄与している.

アンモニウムイオンまたは La^{3+} など, 希土類や Ca^{2+} などの多価カチオンでイオン交換した Y 型ゼオライトを加熱処理すると, 酸性 OH 基が生じる. モルデナイトや ZSM-5 では直接プロトン型にイオン交換することもできる. ゼオライトを用いた工業的に重要な触媒反応は, ほとんどすべてこのようなゼオライトの酸性を利用したものである. Y 型ゼオライトは石油の接触分解によるガソリン製造用として広く用いられている. ZSM-5 を用いたメタノールの脱水縮合により, ガソリンを製造する MTG 反応のほか, トルエンの不均化, キシレンの異性化による p-キシレン合成などが工業化されている.

また, 金属カチオンをイオン交換によりゼオライトに担持しこれを還元することにより, 金属担持触媒としパラフィンの異性化や水素化分解に用いる. この場合, 金属の水素化, 脱水素機能とゼオライトの酸としての機能がうまく組み合わさった, 二元機能触媒として作用しているものと考えられる.

ゼオライトの有する細孔の大きさと形状が均一であり, しかも反応にかかわる分子のサイズと同レベルであれば, この分子の相対的な大きさに関連した選択性が現れることが期待される. これを形状選択性(shape selectivity)といい, 次の 3 種類に分類される. すなわち, ① 反応物規制, ② 生成物規制, ③ 反応中間体規制の 3 つである. 形状選択性はゼオライト触媒の最も特徴的な分野であり, ゼオライト A 系の二元機能触媒で n-パラフィンだけが水素化分解を受けたり(反応物規制), MTG プロセスで炭素数 11 以上の生成物が生成しない(生成物規制)のは形状選択性によるものである.

合成ゼオライトの発展はめざましく, Al をほかの原子に同型置換したメタロシリケートや, リン酸アルミニウム系のゼオライトも数多く合成されており, 最近では酸素 18 員環をもつゼオライトも見出された.

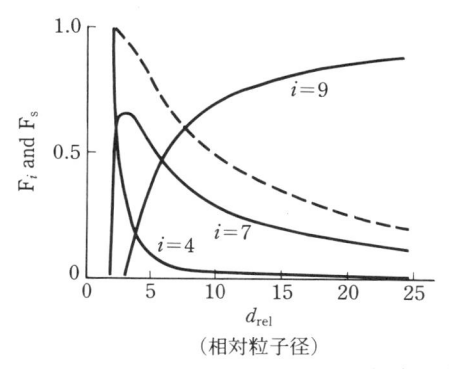

図 7.6 f.c.c. 正八面体結晶の表面原子の割合(- -)と最近接原子数 i を有する原子の表面原子に占める割合(—)

7.7 超微粒子触媒

固体触媒では，反応は表面で起こることがほとんどであるから，活性な表面の面積が大きいほど有利である．触媒の比表面積を大きくするためには，触媒の粒径を小さくすればよい．5 nm 以下の超微粒子になると電子的な状態が変化し，通常の金属とは異なった物性をもつものと考えられている．また，粒径が小さいほど，活性点として働くことが期待される微結晶表面の不飽和なサイトが増える．一例を図 7.6 に示す．

超微粒子を触媒として用いることは，金属についてよく行われている．もともと，多孔質の表面積の大きい担体の表面に金属粒子を分散させた担持金属触媒は工業的に広く使用され，またその基礎化学もさまざまな角度から検討されている．一方，金属超微粒子そのものを製造し，液相懸濁系でもしくは担持して触媒として使用することが近年さかんに行われるようになった．担持金属触媒では比表面積の大きい担体の細孔内に金属粒子が存在するのに対し，金属超微粒子は細孔構造が発達していないことが多い．1 次生成物が細孔内を拡散している間に 2 次的な反応が進む可能性のある逐次反応では，選択性を高めるためには金属超微粒子は有利である．

金属超微粒子の調製は，乾式法と湿式法に大別される．近年，磁性材料，粉末冶金などの目的で金属超微粒子が注目され新しい製造法が種々開発された．乾式法には，不活性ガス中での金属の加熱蒸発と凝縮を利用するガス中蒸発法，金属化合物蒸気を分解，反応させる気相化学反応法がある．湿式法には，金属塩溶液の還元などによる沈澱法，溶液を噴霧し，瞬間的に溶媒の蒸発と塩の分解を起こさせる溶媒蒸発法がある．ポリマーを保護剤として共存させ，貴金属塩を還元して得た金属コロイド触媒では，1 nm 程度の粒子でも安定化できるとされる．これらの方法では原料，反応雰囲気などによっては金属以外の酸化物や炭化物の超微粒子も得られる．

超微粒子触媒は生成のために高周波，電子ビーム，プラズマ，レーザーなどを用いるため価格，生産性などの点が問題になる．このため，超微粒子なるがゆえに発現される触媒特性が十分生かされていなければならない．超微粒子は準安定状態であり，かつ，担持金属触媒とは異なり担体に守られた状態ではないことから焼結などを起こしやすい．そこで超微粒子触媒の特徴を生かした使用法として，液相で懸濁分散状態として用いることが多い．超微粒子触媒は高活性のみならず，ジエンの部分水素化によるオレフィンの合成などでしばしば高い選択性を示す．

担持金属触媒とすると，1 nm 以下の粒径をもつ粒子が安定化することも可能である．通常の含浸法に比較して，イオン交換法により錯体のカチオンを表面のプロトンなどと交換してやれば，より微小な粒子として担持させることができる．近年，カルボニルクラスターを有機溶媒から吸着させたり，その蒸気圧を利用して直接担持する手法が発展した．この方法はカチオン錯体の得られにくい金属や，還元が困難な金属の担持触媒を得るのに好都合である．とくにゼオライトに金属カルボニルクラスターを担持し，空洞内でクラスターの成長を起こさせると，Y 型のように空洞と空洞を結ぶ孔路が空洞より小さいゼオライトでは，空洞から出ることが困難なため空洞内で安定化されることがある．これは ship-in-a-bottle 合成と称される．金属のアルコキシドと担体元素のアルコキシドを混合し，

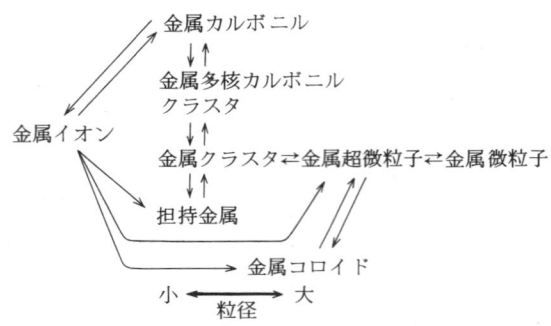

図 7.7 金属触媒の粒径による分類

ゲル化, 焼成, 還元して得られるアルコキシド法(ゾル-ゲル法)も担持金属微粒子を得るのによい方法である.

このようにして, 超微粒子が担持された担持金属触媒では活性, 選択性の両面で特徴ある触媒能が発現する例が見出されている. $Fe_3(CO)_{12}$ を用いて調製した Fe/Al_2O_3 や, Cd 蒸気により還元した Co/CdA ゼオライトは, CO 水素化反応において特異的にプロピレン選択率が高いことが報告されている.

金属触媒を粒径により分類, 整理すると図 7.7 のようになる. 超微粒子と多核カルボニルクラスターの間の境界は明確ではないが, これらは均一系触媒と不均一系触媒の間の溝を埋めるものとして注目される.

〔辰 巳   敬〕

8. エネルギー化学

8.1 エネルギー資源

エネルギー資源は化石燃料資源, 核燃料資源, 自然エネルギー資源に大別される.

8.1.1 化石燃料資源

a. 石 油　地殻中にあると推定される量を原始埋蔵量, そのうち回収可能な埋蔵量を究極埋蔵量といい, 石油の究極埋蔵量は 2 兆バレルと見込まれている. このうち, 現在の技術を用いて経済的に回収できる量を確認(可採)埋蔵量 (R) といい, 1987 年の推定では約 7900 億バレルとされる. R を年生産量 (P) で除した年数 R/P を可採年数といい, 世界全体では 34 年となる. 確認埋蔵量の 6 割近くを中東地域で占める.

b. 天然ガス　R は原油換算で約 5300 億バレル, R/P は 40 年であり, ソ連, 中東に偏在しているが, 石油代替エネルギーとして重要である. 地球深層には, 原始地球において閉じ込められたメタンが存在しているという説があり, 将来これを利用することも考えられている.

c. 石 炭　石炭は化石燃料資源のうちで最も豊富なもので, 究極埋蔵量は 11 兆トン(うち高品位炭 7.8 兆トン)と推定されている. このうち, 可採分の割合は少ないが, R は高品位炭だけで 4900 億トンで, 原油換算では原油の約 4 倍に当たり, R/P は 200 年に近い. アメリカ, ソ連, 中国に多く賦存している. 石炭は硫黄, 窒素, 灰分などを多く含むので, クリーンかつ有効な利用技術を新しく開発する必要がある. 石油代替の液体燃料を得るための石炭液化, ガス体燃料を生産するための高カロリーガス化, 火力発電の高効率化を目的とした石炭低カロリーガス化などの技術の開発がわが国でも進められている.

d. オイルサンド, オイルシェール　オイルサンドはタールサンドともいい, 通常の原油に比べて非常に重質かつ粘性の大きい油であり, 粘土質の微粒子を含む. 確認埋蔵量は原油換算 2700 億バレルで, そのほとんどはカナダ, ベネズエラに存在する. 通常の石油精製装置で処理するのはむずかしいが, カナダでは小規模ながら合成原油の製造に利用している. オイルシェールは緻密な層状の堆積岩で, ケロジェンと呼ばれる高分子の有機物を含み, 乾留することによりシェールオイルを与える. 金属や窒素化合物を大量に含む. 確認埋蔵量は 6000 億バレルとされ, おもにアメリカ, ソ連, モロッコ, 中国, オーストラリアに賦存する.

8.1.2 核燃料資源

a. ウラン　ウランの確認埋蔵量は原価範囲 80 ドル/kgU 以下が 175 万トン, 130 ド

ル/kgU 以下とすると 229 万トンとされる．おもにアメリカ，南アフリカ，オーストラリア，カナダ，ニジェールに賦存する．天然ウラン中の ^{235}U は 0.71% であり，1gの ^{235}U が核分裂で出すエネルギーは石油 13.3 バレルに相当するので，130 ドル/kgU 以下のウランは原油換算で 2200 億バレルにすぎず，可採年数も 50 年程度である．海水中には総量 40 億トンのウランがあるが，濃度は 3ppb 程度であり，経済的な回収技術へのめどはついていない．

^{238}U はそのままでは核反応を起こさないが，中性子を吸収し核分裂する性質がある ^{239}Pb（燃料親物質）を生ずる．使用済み核燃料の再処理により得られた Pu は将来，高速増殖炉で利用されるはずのものであるが，当面は在来型炉や新型転換炉で利用することが考えられている．天然ウラン中の ^{238}U は ^{235}U の 140 倍あるので ^{238}U が利用できれば天然ウランの価値は大きく増える．

b. トリウム ^{232}Th も中性子との反応で燃料親物質である ^{233}U を与える．埋蔵量はウランより少ない．

c. 核融合用燃料 核融合反応のうち最も注目されているのは D-T 反応である． ^2D は水中から容易に得られ， ^3T は ^6Li から得られる． ^6Li の同位体存在比は 7.5% である．Li の陸上埋蔵量はアメリカに偏在しているため，海水からの採取も考えられている．

8.1.3 自然エネルギー資源

地球が太陽から受ける放射エネルギーは，人類の消費するエネルギーの 2 万倍に達する．このほかに太陽エネルギーに根源を有するものとしてバイオマスエネルギー，水力エネルギー，風力エネルギー，波力エネルギー，海洋温度差エネルギーがある．これらは，いわば無限の循環エネルギーで，枯渇する恐れがないが，水力を除いては未利用といってよい．バイオマスエネルギーとしては稲わらの発酵による燃料用アルコール，ユーカリ油などが注目されている．潮汐エネルギーの利用も潮差（干満の差）の大きい地域では有望である．また，わが国は火山地帯であるので地熱エネルギーに比較的恵まれ，賦存量は 3000 万 kW と推定されるが，現在地熱発電所として稼働しているのは 21 万 kW である．地球の深部の高温岩体を利用した発電も検討されている．

8.1.4 わが国のエネルギー供給

石油，石炭などの加工されないで使われるエネルギーを 1 次エネルギー，これを加工して得られる電力，都市ガスなどを 2 次エネルギーと称する．1985 年度の，わが国の 1 次エネルギー供給量は石油換算 4.2 億 kl で，石油（55%），石炭（19%），原子力（10%），天然ガス（10%），水力（5%）の順となっているが，これらは水力を除いて輸入に頼らざるを得ない．天然ガスは LNG として輸入され，わが国は世界最大の輸入国となっている．

8.2 エネルギーの変換

化学物質はエネルギーの媒体であり，化学プロセスを利用したエネルギーの変換プロセスは次のように大別できる．

8.2.1 熱エネルギー→化学エネルギー

吸熱反応を利用して熱のエネルギーを化学物質に貯蔵するプロセス．たとえば熱化学プロセスによる水からの水素製造，メタンの水蒸気改質による合成ガスの製造がある．熱エネルギーの輸送はむずかしいので，たとえば高温端で合成ガスの形で化学エネルギーとして蓄え，これをパイプラインで輸送し，低温端で逆反応のメタン化の際の発熱により再び熱として取り出すことができる．このような熱輸送方式をケミカルヒートパイプと称する．輸送，貯蔵の面ですぐれているメタノールを合成ガスから製造し，自動車や発電所用の燃料として広範に利用することも有望視されている．

8.2.2 化学エネルギー→熱エネルギー

燃焼，水素化に代表される種々の発熱反応によって，化学エネルギーが熱エネルギーに変換される．この変換効率は高いが，工場用，家庭用の熱源として熱そのものを用いる

場合以外に，蒸気タービン，エンジンなどの熱機関により熱エネルギーを機械エネルギーに変換して用いることが多く，この際の変換効率は総じて低い．熱機関の変換効率の上限はカルノー（Carnot）サイクルの効率で与えられるので，高熱源の温度を高くするほど有利となる．このためには高温材料の開発がカギである．

火力発電では，蒸気タービンの機械エネルギーを発電機により電気エネルギーにさらに変換する．最近，実用化されはじめたコンバインドサイクル発電は前段のガスタービンで発電を行い，ガスタービンから出る高温排気を利用して蒸気タービンを動かして第2段の発電を行う方式で，総合熱効率は46%（従来の発電方式では最高41%）に改善されている．

大型発電設備は電気への変換効率だけを考えれば効率的であるが，送電ロスの問題もある．最近，小規模分散型発電設備により発電の際の熱エネルギーをローカルに冷暖房用の熱源として利用するコジェネレーションシステムが実用化されている．

8.2.3 電気エネルギー→化学エネルギー

水の電気分解による水素と酸素の製造，電池の充電がこれに当たる．電力の昼夜および季節変動は大きくなる傾向にあるため，出力が負荷を上回る時間帯に電力を貯蔵しておくことが重要になってくる．超電導リングが実用化されるまでは電気エネルギーをそのまま貯蔵するのは困難なので，現在電力貯蔵用2次電池の開発が進んでいる．

8.2.4 化学エネルギー→電気エネルギー

電池の放電がこれに当たる．化学エネルギー→熱エネルギー→機械エネルギー→電気エネルギーなる変換過程を経て発電する代わりに，燃料を電気化学反応を経て酸化し，その過程の自由エネルギー変化を直接電気エネルギーに変化する発電装置が燃料電池である．H_2/O_2反応を基本とし，反応原料を外部から連続的に供給する．単位電池の出力は0.7〜0.8V程度であるため，電池を積層し電池スタックとしてモジュール化して用いる必要がある．小規模分散型発電システムとしてたいへん有望であり，電気エネルギーへの変換効率が高いので§8.2.2で述べたガスタービンを用いるシステムに比べて低熱電比のコジェネレーションシステムとなりうる．

燃料電池は電解質の種類により分類されるが，現在実用化に向けて最短距離にあるのは200°C付近で作動するリン酸型電池で，天然ガス，ナフサなどの改質により得られる少量のCOを含んだガスが使える．1988年現在，1MWの試験プラントが運転中である．化学エネルギー→電気エネルギーの変換効率は36%程度であるが，熱利用も含めると総合効率は80%に達する．

現在，開発が進められている溶融炭酸塩型（第2世代）では，作動温度650°C，固体電解質型（第3世代）では同1000°Cであり，発電効率の向上は48%程度まで見込まれる．また，COも燃料として使えるため，石炭ガス化により得られるガスなど，使用燃料の範囲が広がる．さらに，電池内部に改質触媒を組み込み，高温排熱を燃料の改質に使用すれば発電効率は58%以上も可能と考えられている．

8.2.5 光エネルギー→化学エネルギー

光合成，光化学反応，光電気化学反応がこれに当たるが，詳細は次項を参照されたい．

8.2.6 化学エネルギー→光エネルギー

化学反応に伴う発光は化学発光ともいい，黄リンの発光，ルミノール（3-アミノフタル酸ヒドラジド）をアルカリ性で過酸化水素で酸化する際の発光（血液の鑑識に使われる）が代表的な例である．ホタルなどの生物発光もこれに相当し，ルシフェリン（発光素）がルシフェラーゼ（発光酵素）の作用により酸化されて発光する型が多い．　〔辰巳　敬〕

8.3　太陽エネルギーの変換

8.3.1　究極のエネルギー源

地球がだんだんと暖まってきているという．地球温暖化現象である．これは，世界中の人間が石油や石炭を多量に消費することに起因する．すなわち，空気中に炭酸ガスが多

量に排出され，これが光合成反応や海水への溶け込みなどでも，完全には吸収されずに徐々に残ってしまうことに原因するらしい．地球上の平均気温が上昇すれば北極・南極の氷が溶け，海抜が上昇するばかりでなく，世界の気候が大幅に変わってしまうと心配されている．このような地球環境問題だけでなく，エネルギー問題それ自体でも，石油，石炭に代わる新しい1次エネルギー源が必要である．将来のエネルギー源のエースは，やはり太陽エネルギーということになろう．

8.3.2 太陽エネルギーのもと

いまから50億年くらい前，半径50億kmくらいのなかに，粒子や薄いガスが，ところどころ濃くなって宇宙雲をつくっていたようで，これらがだんだんと固まりとなり，まず中心に水素ガスが集まった太陽が誕生した．そのあと，太陽のまわりを回転している雲のなかから地球や木星などの惑星が生まれた．

太陽も最初は光を出さなかった．しかし，水素ガスがそれ自身の引力でひきつけられて収縮し，収縮がどんどん進むにつれて，圧力が大きくなる．中心の温度は1000万度以上になり，太陽を形成している水素ガスの原子核が4つ結合して，ヘリウムの原子になる核融合反応が始まる(図8.1)．この核反応によって光が誕生したという．

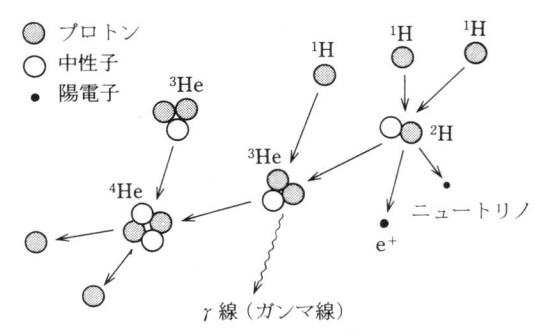

図 8.1 太陽の中心における核融合反応

8.3.3 人間はどのくらいの太陽エネルギーを利用しているか

太陽がなかったら，私たち人間も，そしてすべての動植物も地球上に存在できない．地球は冷えた暗黒の球体となってしまう．では，どのくらいのエネルギーが太陽から地球上に来ているのであろうか．

まず，太陽のなかで消費されている水素の量は，1秒間に6億トンといわれている．これだけの水素が核融合反応を行い，ヘリウムに変化しながらエネルギーを生みだしている．太陽の放射している全エネルギーは3.8×10^{26} J/sであるが，地球にはこのうちのた

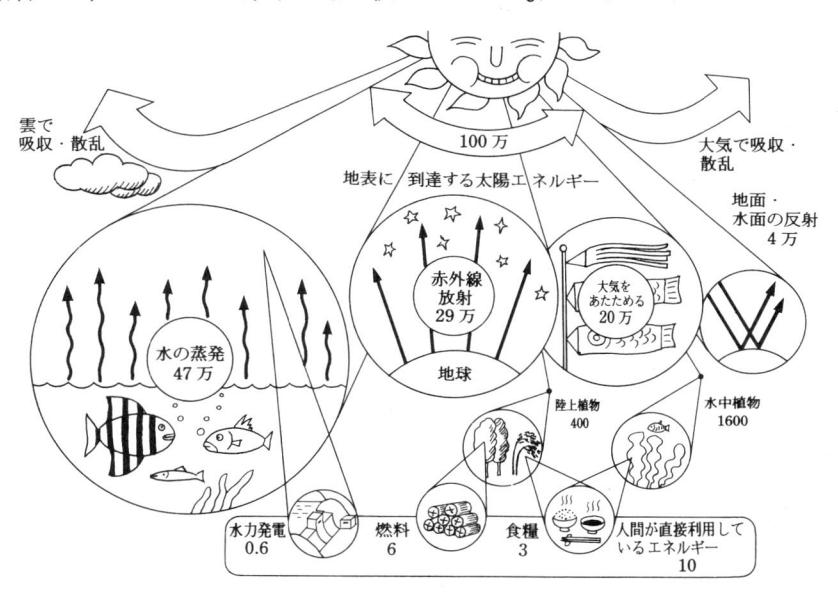

図 8.2 地球に到達する太陽エネルギーのゆくえ
全エネルギー量を100万として数値を示した．

った22億分の1しか来ていない．しかしそれでも，1年間に$5.5×10^{26}$ Jの太陽エネルギーが地球上に来ていることになる．これは，現在の全人類が1年間に消費している全エネルギー量の約1万倍ものエネルギー量なのである．しかし，総量は大きくてもエネルギーの密度が希薄で，天候や季節による変動も大きい．

地表に到達した太陽エネルギーのうち，どのくらいを人間は利用できているのだろうか（図8.2）．

47%近くが水の蒸発のエネルギーに使われ，およそ29%が地表で熱エネルギーとして吸収され，ふたたび地表から赤外線になって宇宙空間へ放射される，また約20%が大気を暖め，4%が地面や水面で反射される．陸と海の植物の生育に使われるのは，わずか0.2%であり，そのうちの0.5%を人類が食糧や燃料として利用している．つまり，全体のうち0.001%を利用しているだけである．

8.3.4　熱エネルギーの利用

太陽エネルギーは，光エネルギー源や熱エネルギー源として直接利用されるほか，図8.3に示すようにいろいろな方法によって熱エネルギー，電気エネルギー，化学エネルギーなどに変換される．ここでは代表的な変換の方法について説明しよう．

家庭や事務所などの屋根の上に，太陽熱温水器が見うけられる．太陽エネルギーの有効利用の1つとして，実用になっている代表例である．わが国の一般的家屋の屋根は100m²くらいであろうか．この屋根にふりそそがれている太陽エネルギーは，1日の日照時間を8時間として，ほぼ50 l のガソリンの発熱量に等しいエネルギーである．

温水器をもう少し大がかりにしたものが，ソーラーハウスである．ここでは集熱器で太陽エネルギーをとらえ，この熱エネルギーで，吸収板の背面に流れる水を熱して，暖房や冷房の動力に使う．

8.3.5　光エネルギーとしての利用

まず，光合成である．図8.4に示すように光合成反応によって，植物はその内部に太陽エネルギーを蓄積する．光合成をする植物は

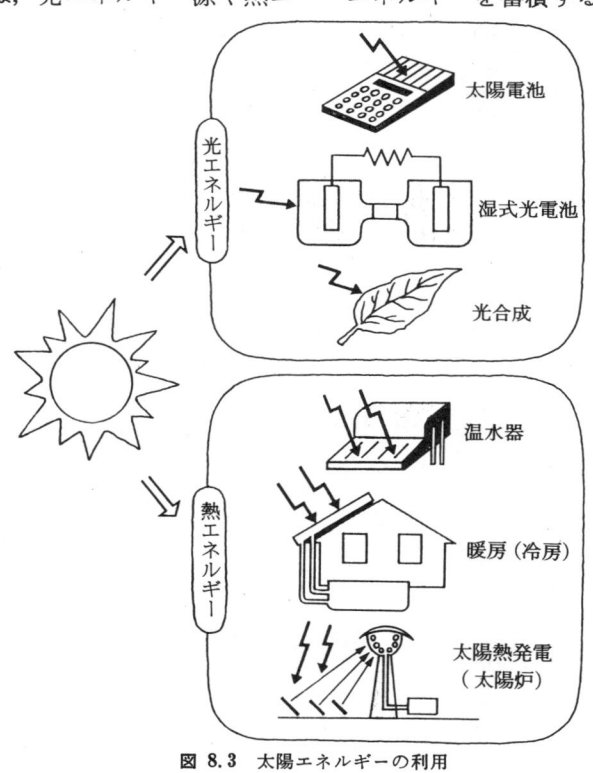

図8.3　太陽エネルギーの利用

8. エネルギー化学

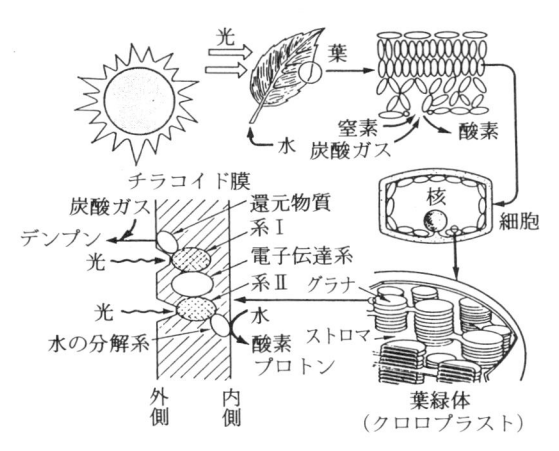

図 8.4 光合成組織の概略

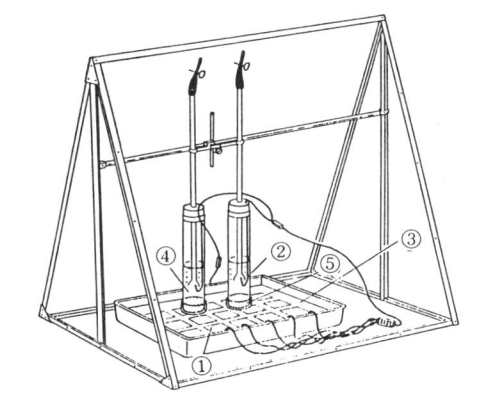

図 8.6 湿式光電池による太陽光下での水の光分解
① 酸化チタンの板，② 白金電極，③ 0.1 M NaOH 水溶液，④ 0.1M H_2SO_4 水溶液，⑤ 塩橋

太陽エネルギーの缶詰である．石油や石炭も，過去数億年間の太陽エネルギーの缶詰である．これら太陽エネルギーの缶詰が，地球上のほとんどの生産活動をささえ，われわれ人類の文明はそれを利用してつくられている．

太陽電池は，電卓やおもちゃの電源として使われるようになったのをはじめ，離島の灯台や，人里離れた無人無線中継所などでは，主要な電源として使われている．太陽電池を動力源とする自動車レースも行われている．またソーラーボート，ソーラー飛行機も話題になっている．

ふつうの太陽電池は，シリコンからできた半導体を使ってできている．n型半導体とp型半導体とが接するところで光が吸収されると，起電力が生じて電池となる(図8.5)．技術の進歩で太陽エネルギーを電気に変える変換効率が年とともに向上している．単結晶シリコン系では20%を越え，多結晶，アモルファス系でもそれぞれ15%，12%を越えるまでになっている．

太陽電池の生産量は日本でも，世界的にもオイルショック以降急激に増加している．このうち，日本がトップを占め，なかでもアモルファス太陽電池の伸びが著しい．たくさん製造されると，価格も減少してくる．現在の電気料金と十分に競争できるためには1ドル/1Wといわれているが，徐々にその値に向かって減少してきている．

また，太陽エネルギーを使って，水から水素をつくりだす研究が，現在活発に行われている．それは，酸化チタンの半導体電極と，白金電極とを使った湿式光電池で実現できる(図8.6)．水素ガスを燃焼させたときできるのは水だけであるため，クリーンエネルギーの一つであり，水素を中心としたエネルギーシステムが考えられている．水素ジェット飛行機，水素自動車，それに水の電気分解の逆反応を使う水素・酸素燃料電池などである．

〔藤嶋　昭〕

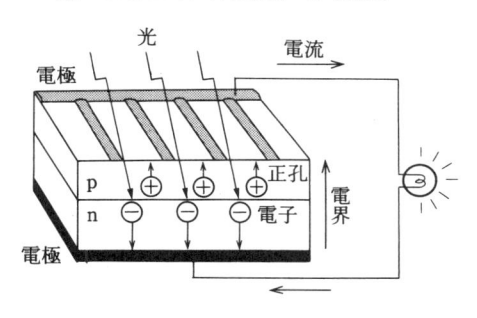

図 8.5 太陽電池

8.4 地球環境と炭酸ガスの固定

CO_2をはじめとする温室効果ガスによる地球温暖化，フロンによる成層圏オゾンの破壊，酸性雨による森林，湖沼の被害，という地球規模の環境破壊が国際的に大きな問題となり，対策の必要性が叫ばれている．

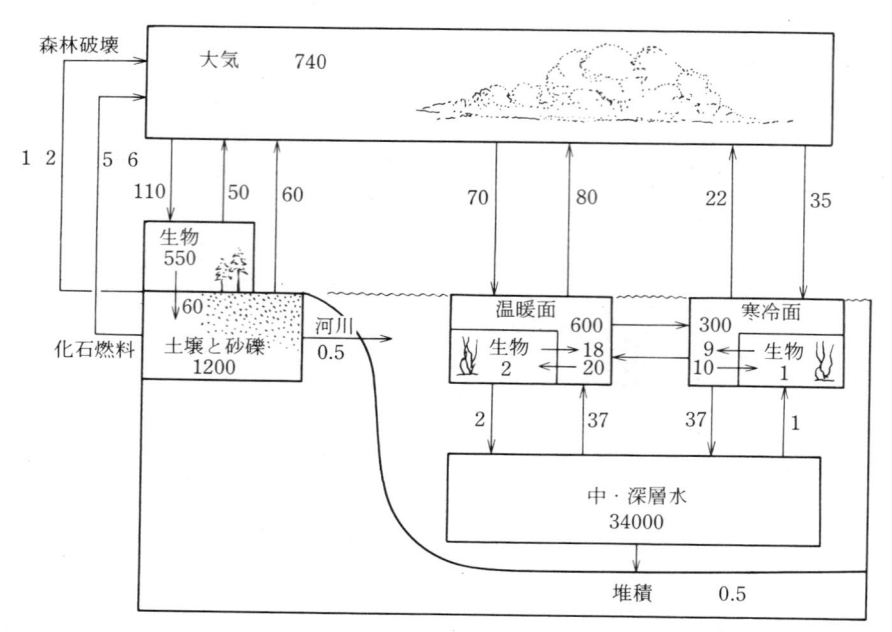

図 8.7 炭素の循環，主要な貯留(10^{15} g 単位)とフラックス(10^{15} g/年)

このうち，フロンについては，代替物の使用，分解無害化などの対策が進んでいる．酸性雨についていえば，脱硫，脱硝は技術的には十分可能であり，特にわが国の技術レベルは高いところから，石炭燃焼によるNO_x，SO_x排出抑制の技術を諸外国での発生源対策に役立てることができよう．

これらに比べてCO_2に代表される温室効果ガス対策は，より困難な問題をはらんでいる．化石資源の消費には必ずCO_2の発生が伴う．人類は化石燃料の大量消費をもとに，今日の大衆消費文明を築いたといっても過言ではない．大気中のCO_2濃度は産業革命以前には 280 ppm 程度で安定していたとされるが，1958 年以来の観測でも当時の 315 ppm から現在では 350 ppm を越えるまで増加している．図 8.7 に地球における炭素循環を示す．化石燃料の燃焼によって大気中に放出されるCO_2量約 50 億トン（炭素重量）/年は，自然界での大気と海洋とのやりとり約 1000 億トン/年に比べてずっと少ないが，このようなCO_2濃度の着実な上昇からは，燃焼によって放出された炭素の約半分が海水，植物に吸収され，残りの半分が大気中に残るものと推定される．

現在，地球気温が上昇傾向にあることは間違いなく，過去百年間で 0.5〜0.7°C といわれているが，特に 1980 年代においてその傾向が著しい．また，大気中にCO_2などの赤外線吸収物質が増加すれば，地球が温暖化する傾向が促進されることも確かである．現在のいわゆる地球温暖化傾向が温室効果ガスによると断定するには十分な根拠があるわけではないが，この種の問題は国際的な政策的協力と技術的課題の解決を必要とし短期間で解決できる類のものではないので，貴重な化石資源を有効に利用する観点からも，取り組みを始めるべき時期であると思われる．また，現在の大気組成において微量気体の温室効果への寄与は，約半分がCO_2，1/4 がフロン，残りがメタン，N_2O，オゾンによると推定されており，CO_2以外のガスについての対策も重要である．

CO_2の削減対策としては，① 原子力，自然エネルギーへの転換，② 化石燃料使用の際の省エネルギー，利用効率の向上，③ 発熱量あたりCO_2排出量の少ない天然ガスなどの低炭素燃焼への転換，④ CO_2の固定，除

去があろう．各種CO_2を全く排出しないエネルギーのうち，すでに実用化しており，現在，化石燃料に替わりうる供給力をもつものは原子力だけである．しかし，原子力は廃棄物の問題や投資コストの問題をかかえ，また，各国の政策にも大きなずれがある．このような事情から，たとえば中国における石炭のように，自国で調達できる化石資源に頼らざるを得ないといった国別の事情も考慮すると，少なくとも近未来的には化石資源の役割は大きく，省エネルギー技術面での国際協力が必要である．

CO_2の化学的固定は，大気中からの除去よりも火力発電所やセメント工場など高濃度発生源での対策から始めるべきである．CO_2の化学的固定法のうち，CO_2の削減策として現時点で意味をもつものは見当たらないが，挑戦すべき課題であろう．CO_2は酸化反応の最終生成物であり化学ポテンシャルは低いので，CO_2の変換のためには生物が光のエネルギーを用いて炭水化物とする光合成を行っているように，エネルギーを与える必要がある．CO_2の電極還元や光還元でメタノール，ギ酸，シュウ酸が得られるが効率はまだ低い．CO_2を原料とする有機合成反応は，自由エネルギーの高い物質との反応である場合が多い．たとえば，Alなどの錯体触媒の存在下，エチレンオキサイドやオキセタンとの反応により環状のカルボナートを与える．また触媒によっては，CO_2はこれらの環状エーテルと共重合しポリカーボネートを与える．アセチレンとの共オリゴメリゼーション，オレフィンとの共重合も知られている．

CO_2を水素で還元してメタンやメタノールとしたり，また，各種カルボニル化においてCOの代わりにCO_2を用いることは可能であり，COから出発するより反応速度が大きい場合すらある．しかし，これらの場合当然COを用いる場合より多量に水素を要するわけで，現行の水素製造法ではそのコストやCO_2の副生を伴う場合が多いことを考慮すると重要性は少なく，水素が著しく安価に製造できるという前提が必要となろう．また，高温で$\Delta G<0$となる領域で反応を行えば，$CH_4+CO_2\rightarrow 2CO+2H_2$なる反応なども可能である．炭素，金属などによる還元，プラズマによる分解も起こるが，いずれの場合にも，エネルギーを投与して反応が起きるわけで，エネルギーを何に求めるかが有効性のカギになる．

これらの化学的固定法とは別に，植林および森林破壊の防止はもちろん，サンゴによる海中への固定化，クロレラなども検討すべき課題であろう．CO_2を深海に投棄することさえ考えられている． 〔辰巳　敬〕

XIV. 材料化学

1. 無機材料設計

1.1 無機材料設計における基本概念
1.1.1 無機材料の設計

無機材料の示す機能は多様である．物質の種類が多く，機能発現の根源である構造も，電子レベルのものから，原子あるいはイオンの充填形式，結晶構造，粒径とその分布，粒子の配向性，材料の形態，2種類以上の物質の相互作用に至るまで，多次元にわたる．同一物質でも材料形態が異なると機能が異なる．

所望の機能をもつ材料を得るためには，機能の根源となる構造を明確に定義する必要がある．構造が明確になれば，合成手段も選択できるであろう．機能(物性)-構造-合成手段を有効に結びつける指導原理を材料設計と呼ぶ．設計という概念は，現存する材料について機能-構造-合成手法の関連を整理し捨象して得た法則を適用して，新しい機能を持つ材料をも合成する試みを可能にするという積極的な意味をもつ．合金，高分子においても設計思想は必要であり有効であるが，特に無機材料，なかでもセラミックス(人為的な熱処理で製造される非金属無機質固体)は，機能-構造-合成手法の組合せが数多く複雑であるため必要度は高い．

1.1.2 材料設計における基本概念

材料の機能(物性)は構造に由来する．この構造には電子的なものから，粒子の集合状態という高次のものまでがあり，それぞれの次元での構造が機能にどのように結びついているかを論ずる必要があるが，抽象的な共通する概念として，不均質性(heterogeneity)の導入と，均質性(homogeneity)の向上という2つがある．一般に，不均質性の導入は新しい機能発現のために非常に有効な概念であり，均質性の向上は性能の向上，信頼性の確保のための基本概念である．どの次元での不均質性であっても，不均質性というものの導入によって新しい機能が現れる可能性が大きい．得られた新しい機能を信頼性あるものにするために，次の段階として，その不均質性を維持しながらその上の次元で均質性を徹底的に追求することが有効となる．

1.1.3 不均質性の導入による新機能の発現

不均質性には，異なる相が分散することによって新しい機能が生ずるものと，1つの材料中に種々の相があり，その相互作用によって新しい機能が起こるものとの2種類がある．分散による不均質性で得られる効果には，繊維強化，析出硬化(強化)などがある．相互作用による効果の代表的な例を以下に示す．

a. 半導性チタン酸バリウムにおけるPTC効果 チタン酸バリウムはもともと誘電体材料でコンデンサーに使われている物質であるが，これにごく微量の酸化ランタンなどの希土類酸化物を添加すると半導体化する．この温度-抵抗特性は特異なものである．たとえば，ほとんど純粋なチタン酸バリウムに0.1 atm%程度のランタンの酸化物を添加すると，120°C以下では半導体となり，それ以上の温度では急激に抵抗が増加する(図 1.1[1])．この抵抗の温度変化はPTC(positive temperature coefficient 正の抵抗温度特性)特性といわれている．通常，半導体では温度が上がると抵抗が減るが，PTC特性をもつ半導体では，温度が上がると抵抗が増える．

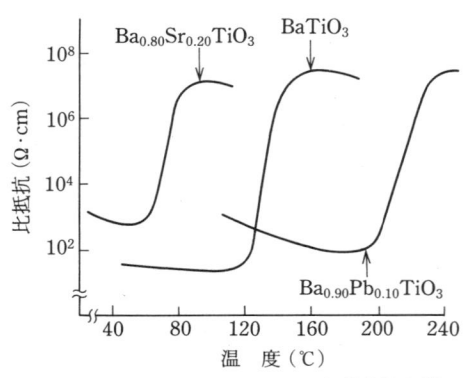

図 1.1 PTCサーミスタの温度-抵抗特性の例

この特異な性質は多相系相互作用によるものといえる．セラミックスの特徴は粒子と粒子の間に粒界という境があることである．その粒界と粒子の性質は異なる．「粒子-粒界-粒子」というように境界をもつ2次元構造が，この性質の原因となっている．

b. 酸化亜鉛バリスタにおける非線形電圧-電流特性 酸化亜鉛にごくわずかの酸化ビスマスを加えて焼結体にしたものは，印加電圧が低いときはほとんど電流が流れないが，ある電圧から急激に電流が流れるようになる（図 1.2[2]）．この場合，「粒子-粒界-粒子」という構造で，粒子が半導体，粒界付近が絶縁体（あるいは絶縁障壁）となっている．

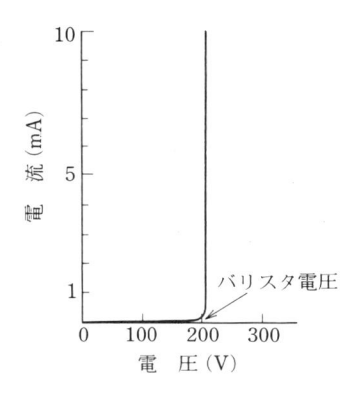

図 1.2 ZnO バリスタの電圧-電流特性の例

1.1.4 新機能の信頼性向上

不均質性の導入によって新しい機能が得られたら，次は材料の信頼性の向上のために均質性の向上を図ることが有効である．

たとえば，高温強度材料として期待されている窒化ケイ素セラミックスでは，実際に使うためには，粒子の大きさや粒界の入り方，ポア(pore)の入り方が非常に均質でなければならない．粒径が同じで，ポロシティーがほとんどなく，あっても小さいポアがきれいに分散しているというような均質性が必要である．

酸化亜鉛バリスタでもこの次元での均質性が高くなると，電流-電圧特性が非常にきれいに立ち上がる．反対に一部粒径の大きい部分があるなど均質性が達成されない場合，局所的な破壊の可能性が生じ，信頼性は低くなる．

1.2 結晶化学的構造からの材料設計
1.2.1 理論的推定

無機物質において物性の基本的な理解は結晶化学的構造の次元にあるといってよい．それも要約すれば結晶構造における陽イオンと陰イオンの充填の妥当性に帰する．物質の形成を決定する要因として，往々にして原子価的考察よりもイオン半径的な充填の妥当性の方が支配的である．

セラミックスの場合，固溶の可否あるいはどのように固溶するかはイオン半径からおおよその予想ができる．固溶体の形成によって物性を変化・制御しようとする際に重要な判断基準となる．さらに，結晶構造に関する研究の蓄積により材料の物性を推定することが可能になっている．原子あるいはイオンがどのように充填しているかということにもっとも影響を受ける物性に熱伝導がある．熱伝導性がよいのは，陽イオンと陰イオンの数の比が1対1に近く，陽イオンの質量がなるべく小さい物質である．

このように，理論的推定による無機材料設計は，多くの場合結晶化学的構造からの類推による．とりわけイオン半径に基づく考察が重要な意味をもつことが多い．

1.2.2 イオン半径による考察

基本概念として，「各種元素のイオン半径と特定配位数での理想的イオン半径からの隔たり」を考える．各種元素のイオン半径はいろいろな値が提案されているが，ここではポーリングのものとゴールドシュミットのものとのほぼ中間の値を現実の結晶，配位数の変化に対する配慮を加えて柳田らが採用したものを用いる．表 1.1[3]に各種イオンの各配位数での半径を示すが，ここでは酸素イオンに対する配位構造をとりあげることにする．酸素イオンの半径を $1.40\,\text{Å}$ としたとき，理想的な4配位陽イオン半径は $0.33\,\text{Å}$，6配位では $0.58\,\text{Å}$，8配位では $1.03\,\text{Å}$，12配位では

表 1.1 各種イオンの各配位数での半径値　(a) 4配位イオン半径値

(a) 4配位イオン半径値　　O^{2-}に対する理想的陽イオン半径値＝0.33Å

イオン種	半径値	理想的半径値からの隔たり	備考
B^{3+}	0.22	−0.11	BO_3　3配位平面配位の方が普通
S^{6+}	0.29	−0.04	
P^{5+}	0.29	±0.00	
Be^{2+}	0.33	±0.00	他のアルカリ土類酸化物は4配位
Si^{4+}	0.40	+0.07	SiO_4 4面体は安定超高圧では6配位
Al^{3+}	0.49	+0.16	4, 6両方の配位が存在
Cr^{6+}	0.49	+0.16	d^0, sp^3混成なら4配位
Ge^{4+}	0.50	+0.17	4, 6両方の配位が存在
(Cu^{3+})	(0.51)	+0.18	(d^8), Cu^{2+}は6配位
Fe^{4+}	0.55	+0.22	d^4, Fe^{4+}は6配位が存在
V^{5+}	0.56	+0.23	d^0, SP^3混成なら4配位
Mn^{4+}	0.57	+0.24	d^3, 配位子場的に6配位の方が有利
Ni^{3+}	0.57	+0.24	d^7, 配位子場的に4配位の方が有利
Ga^{3+}	0.59	+0.26	
Co^{3+}	0.60	+0.27	d^6, 配位子場的に6配位の方が有利
Fe^{3+}	0.61	+0.28	d^5, スピネル構造中に存在, 4, 6両方の配位が可能
Mg^{2+}	0.62	+0.29	スピネル構造中に存在
Ni^{2+}	0.66	+0.33	d^8, 配位子場的に6配位の方が有利, スピネル構造中でも6配位
Cr^{3+}	0.66	+0.33	d^3, 配位子場的に6配位安定の典型
Co^{2+}	0.68	+0.35	d^7, 配位子場的に4配位有利
Cu^{2+}	0.68	+0.35	d^9, 正方的6配位の方が有利
Fe^{2+}	0.70	+0.37	d^6, 配位子場的にも6配位有利, スピネル構造中でも6配位
Zn^{2+}	0.70	+0.37	d^{10}, sp^3混成で一般に4配位
Cd^{2+}	0.93	+0.60	4配位も可能

表 1.1 (b) 6配位イオン半径値

(b) 6配位イオン半径値　　O^{2-}に対する理想的陽イオン半径値＝0.58Å

イオン種	半径値	理想的半径値からの隔たり	備考
Si^{4+}	0.43	−0.15	高圧でのみ6配位存在
Al^{3+}	0.52	−0.06	4, 6両配位が存在
Ge^{4+}	0.53	−0.05	〃
(Cu^{3+})	0.54	−0.04	Cu^{2+}の6配位の方が無難
Fe^{4+}	0.58	±0.00	ペロブスカイト型で存在
V^{5+}	0.59	+0.01	
Mn^{4+}	0.60	+0.02	配位子場的にも6配位有利
Ni^{3+}	0.60	+0.02	配位子場的には4配位有利
W^{6+}	0.62	+0.04	
Ga^{3+}	0.62	+0.04	
Mo^{6+}	0.62	+0.04	
Sb^{5+}	0.62	+0.04	Sb^{3+}は0.76
Cr^{4+}	0.63	+0.05	d^2
Co^{3+}	0.63	+0.05	d^6, 配位子場的にも6配位有利
Fe^{3+}	0.64	+0.06	d^5, スピネル構造中で4, 6両配位存在
Pt^{4+}	0.65	+0.07	
Mg^{2+}	0.66	+0.08	
V^{4+}	0.66	+0.08	d^1
Ta^{5+}	0.68	+0.10	

イオン種	半径値	理想的半径値からの隔たり	備考
Ti^{4+}	0.68	+0.10	d^0
Li^+	0.68	+0.10	Mg^{2+}と似た振る舞い
Nb^{5+}	0.69	+0.11	
Ni^{2+}	0.69	+0.11	d^8, 配位子場的にも6配位有利
Cr^{3+}	0.69	+0.11	d^3, 配位子場的にも6配位有利
Mn^{3+}	0.70	+0.12	d^4
Sn^{4+}	0.71	+0.13	
Co^{2+}	0.72	+0.14	d^7, 配位子場的には4配位有利
Cu^{2+}	0.72	+0.14	d^9, 正方的6配位有利
Bi^{5+}	0.74	+0.16	
V^{3+}	0.74	+0.16	d^2
Fe^{2+}	0.74	+0.16	d^6, 配位子場的にも6配位有利, スピネル構造中でも6配位
Zn^{2+}	0.74	+0.16	sp^3混成で4配位となるのが一般
Sb^{3+}	0.76	+0.18	
Ti^{3+}	0.76	+0.18	d^1
Zr^{4+}	0.79	+0.21	ペロブスカイト構造中で見られる(PZTなど)
Mn^{2+}	0.80	+0.22	d^5, イオン半径的に4配位より6配位有利(比較 Fe^{3+})
Y^{3+}	0.92	+0.34	イオン半径的考察により結晶化学的還元作用
Cd^{2+}	0.97	+0.39	4, 6配位可能
Ca^{2+}	0.99	+0.41	イオン半径より過酸化物生成, 結晶化学的還元作用
Sr^{2+}	1.16	+0.58	
Ba^{2+}	1.38	+0.80	BaO, BaO_2で可能, 一般的には12配位

表 1.1 (c) 8配位イオン半径値

(c) 8配位イオン半径値　　O^{2-}に対する理想的陽イオン半径値=1.03Å

イオン種	半径値	理想的半径値からの隔たり	備考
Zr^{4+}	0.82	−0.21	8配位安定化のためには安定化剤(Y^{3+}, Ca^{2+}など)が必要
Sc^{3+}	0.84	−0.19	Zr^{4+}とイオン半径が近い. ZrO_2立方晶の安定化効果は小さいが格子ひずみも小さいのでイオン導電率大
Yb^{3+}	0.88	−0.15	比較 Sc^{3+}, Y^{3+}, Ca^{2+}
Y^{3+}	0.94	−0.09	比較 Sc^{3+}, Yb^{3+}, Ca^{2+}
Ce^{4+}	0.96	−0.07	
Bi^{3+}	0.99	−0.04	比較 Zr^{4+}
Na^+	1.02	−0.01	
Ca^{2+}	1.03	±0.00	比較 Sc^{3+}, Yb^{3+}, Y^{3+}. 立方晶ZrO_2の安定化効果は大きいが格子ひずみが大なのでイオン導電率小
Th^{4+}	1.06	+0.03	ThO_2は酸化物中最高融点
La^{3+}	1.18	+0.15	12配位も可能
Sr^{2+}	1.19	+0.16	〃
Ba^{2+}	1.42	+0.39	12配位の方が一般的

表 1.1 (d) 12配位イオン半径値

(d) 12配位イオン半径値　　O^{2-}に対する理想的陽イオン半径値=1.40Å

イオン種	半径値	理想的半径値からの隔たり	備考
Ca^{2+}	1.08	−0.32	ペロブスカイト構造で可能
Eu^{2+}	1.16	−0.24	La^{3+}とイオン半径が近い. La^{3+}と置換可能
La^{3+}	1.22	−0.18	ペロブスカイト構造で可能
Sr^{2+}	1.25	−0.15	ペロブスカイト構造で可能
Pb^{2+}	1.29	−0.11	ペロブスカイト構造で可能
K^+	1.44	+0.04	
Ba^{2+}	1.47	+0.07	ペロブスカイト構造で良くフィット, BaO_2も見方によれば12配位

1.40Åとなる．各配位での配位構造の安定性は，理想的なイオン半径値からの隔たりが小さいほど，大きくなる．

配位数と物性との関係を具体的な例で比べてみると，まず，陽イオンと陰イオンの数の比が同じであるとき，配位数の大きいほど，高融点，すなわち耐熱性がよいといえる．配位数，陽イオンと陰イオンの数の比ともに同じ場合は，幾何学的に無理が小さい，つまり理想的なイオン半径値からの隔たりが小さいものほど高融点となる．

以下，無機材料についてこのような観点からみた例を示す．

a. アルカリ土類酸化物　NaCl型アルカリ土類酸化物では，Be^{2+} はイオン半径が小さすぎて6配位にはなれない．Mg^{2+} はほとんど完璧に6配位にフィットする．酸化マグネシウム(MgO)はアルカリ土類酸化物中最高融点(2852°C)を示す安定な物質である．Ca^{2+} は6配位にしては大きすぎ，より多くの酸素イオンを配位する傾向にある．この際，自分自身の原子価は変化しない．自身の原子価を変えずに余分の酸素を引きつけようとする作用のことを柳田らは「結晶化学的還元作用」と呼んでいる．イオン半径がさらに大きくなる Sr^{2+}, Ba^{2+} になるとNaCl型は不安定になる．過酸化物である BaO_2 は変形NaCl型である．過酸化物イオン O_2^{2-} に対しては6配位であるが，O原子でみると12配位になっている．Ba^{2+} の大きさでは O^{2-} に対し12配位するのが妥当である．

b. 安定化ジルコニア　純粋な ZrO_2 はほぼ1100°Cで低温型単斜相から中温型正方相へ変位型の転移をする．この際，体積の減少を伴うため成形体に亀裂が入り破壊に結びつく．この欠点はCaOや Y_2O_3 を固溶させ高温型立方相ホタル石型として相転移を起こさせないようにすること（これを安定化と呼ぶ）で解決された．

高温型立方相では Zr^{4+} は O^{2-} を8配位しているが，イオン半径表1.1(c)からみるとおり Zr^{4+} は8配位の理想的イオン半径値より0.21Åも小さい．これを8配位に安定化するためには，より8配位が安定なイオンを固溶させることが必要である．Ca^{2+} はCaOなどでは6配位を示すが，元来はイオン半径的には8配位であるべきものである．また，原子価が2価であり，Ca^{2+} を ZrO_2 の格子に導入することにより，陽イオン，陰イオン比を1：2より陰イオン不足にすることができる．すなわち，Zr^{4+} の O^{2-} 配位を8より小さくする方向に働くことになる．

このCaOで安定化された立方相 ZrO_2(CSZ：calcia stabilized zirconia と称する)には，酸素イオン導電性が認められる．ほかの安定化剤 Y^{3+}, Sc^{3+} と比べると，安定化ジルコニアでの酸素イオン導電率は，Zr^{4+} とのイオン半径値の差が小さいものほど大きい．O^{2-} に対する配位構造がより均質であるためと考えられる．したがって，Y^{3+}, Sc^{3+} で安定化したジルコニアの方が高い酸素イオン導電率が得られる．しかし，イオン半径と配位構造の安定性を考えると，8配位安定性の高い Ca^{2+} の方が他の2種のイオン種より安定化効果は大きい．酸素イオン導電性を高めることと，安定性を高めることとは矛盾した要求となっている．

c. 酸化亜鉛　Zn^{2+} のイオン半径値は6配位に適したものであるが，実際の結晶は4配位のウルツ鉱型である．このため，Zn^{2+} より小さい Al^{3+}, Li^+ などは4配位構造を安定化するのに有利であるため固溶しやすい．Zn^{2+} より大きい Bi^{3+}, K^+ などは Al^{3+}, Li^+ それぞれと同原子価であるにもかかわらず固溶しない．原子価よりもイオン半径の影響の方が大である．

1.3 界面設計
1.3.1 相互作用の利用

新材料の開発がすべて理論的な材料設計に基づいて行われるというのは材料設計の理想である．しかし逆に，それではまったく新しい次元の考え方というものが生まれてこないということにもなる．

2種以上の物質を混合したとき，加成性の成立しない方が定量的な設計は不可能に近くとも新しい特異な特性を示すものが得られる可能性が高い．加成性が成立しないとは，2種以上の物質間の相乗作用が大きいということである．効果的な組合せと，相互作用の生起しやすい状況を準備することが，新材料の開発における有効な一手段である．

無機材料で新しく見出される興味ある現象のほとんどは界面(同種物質間あるいは異種物質間)，表面など2次元構造に由来するものと解明されつつある．特に界面を介しての異種物質間非線形相互作用によるものが多い．これは，酸性/塩基性，親水性/疎水性，p型半導性/n型半導性，親酸素性(還元性)/疎酸素性(酸化性)，ホスト/ゲストなど対立する概念をもつ物質同士の組合せによるものが効果的である．

1.3.2　2次元構造の分類

相互作用の生起しやすい場として，積極的に2次元構造を設計，形成し新現象を探索するためには，まず2次元構造を分類，定義する必要がある．

その基準は，①界面であるか表面であるか，②閉構造であるか開構造であるか，③界面の場合，同種物質間であるか異種物質間であるか，④現象の生起する機構が2次元構造に垂直方向であるか沿ってであるか，である．この手法による2次元構造の種類を表1.2[4]に，代表的な構造を図1.3[4]に示す．

1.3.3　開界面による新規現象

電子材料などでは「閉じた界面で現象が垂直に起こる」場合について多く議論されているが，開いた界面においても興味ある現象が種々得られている．特に，雰囲気に感応する化学センサー材料などの設計において，積極

表 1.2　2次元構造の種類と記号

		現象の生起する方向		開構造または閉構造の区別
		面に直角 (across)	面に沿って (along)	
界面 (interface)	同種物質間 (grain boundary)	GB⊥	GB∥	閉構造 (closed structure)
	異種物質間 (heterojunction)	HJ⊥	HJ∥	
	同種物質間 (neck)	NK⊥	NK∥	開構造 (open structure)
	異種物質間 (heterocontact)	HC⊥	HC∥	
表面 (surface)		SF⊥	SF∥	

(イ) 同種物質間閉界面で現象が面に直角の方向に起こるもの (GB⊥)

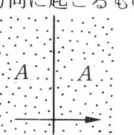

(ロ) 同種物質間閉界面で現象が面に沿って起こるもの (GB∥)

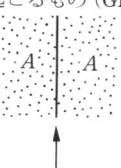

(ハ) 異種物質間閉界面で現象が面に直角の方向に起こるもの (HJ⊥)

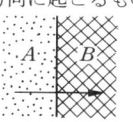

(ニ) 異種物質間閉界面で現象が面に沿って起こるもの (HJ∥)

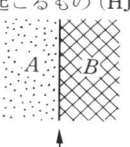

(ホ) 同種物質間開界面で現象が面に垂直に起こるもの (NK⊥)

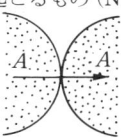

(ヘ) 異種物質間開界面で現象が面に垂直に起こるもの (HC⊥)

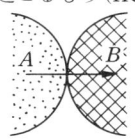

(ト) 異種物質間開界面で現象が面に沿って起こるもの (HC∥)
上から見る

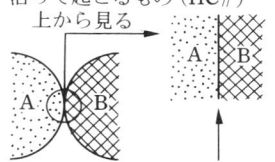

図 1.3　代表的な2次元構造の概念図

的に開界面をつくりだすことは有効な手段である．

以下，開いた界面で得られた新規現象の例をいくつか示す．

a. 同種物質間開界面で現象が面に垂直に起こるもの（図1.3（ホ）NK⊥に対応する）
半導性の多孔質酸化亜鉛を用いる可燃性ガスセンサーでは，粒子と粒子の接触部（ネックと称する）の抵抗が雰囲気によって変化することによってセンサー特性を示すと考えられている．粒子はn型半導性であり，空気中など酸素ガスの豊富な環境では，ネック部は酸素吸着により高抵抗となっている．一種のn-p-nあるいはn-i-n接合が形成されており高抵抗であるが，可燃性ガスがネック部の酸素を脱着させるとpあるいはiが消滅して低抵抗となる．

同じ半導性酸化亜鉛を用いた湿度センサーでは，ネック部に水分が吸着し，その水分を介してのイオン導電率が湿度によって変化する．

b. 異種物質間開界面で現象が面に垂直に起こるもの（図1.3（ヘ）HC⊥に対応する）
p型半導体である酸化銅とn型半導体，酸化亜鉛を機械的に圧着して得られる開界面ヘテロ接触では湿度によって，電圧-電流特性が，大幅に変化する．この機構は，次のように解明されている．高湿度下で接触点付近に水分が付着，p型半導体から正孔が吸着水分子に供給されプロトンを発生，プロトンはn型半導体表面まで移動し，電子と結合することで電荷を失う．すなわち，水素ガスを発生する．逆にp型半導体表面からは酸素ガスが発生する．吸着水分子は常に電気分解を受けていることになる．

c. 異種物質間開界面で現象が面に沿って起こるもの（図1.3（ト）HC//に対応する）
無機材料を用いた湿度センサーのうち，酸性耐火物としてのZrO_2と塩基性耐火物としてのMgOとを混合したものが，耐久性，感度とも優れていることが報告されている．この湿度センサーでは，吸着された水分子の解離が，ZrO_2/MgO界面で促進され，この面に沿って導電率が大きくなると考えられている．

〔柳田 博明〕

引用文献

1) P.W. Haayman et al.: British Patent 714965 (1954), German Patent 929350 (1954).
2) 増山 勇ほか：*National Report*, **15**(2), 216-228(1969).
3) 柳田博明：金属，1988年9月号，41-45(1988).
4) 柳田博明：化学と工業，**39**(11), 831-833(1986).

参考文献

柳田博明：``工学における設計''，猪瀬 博編，東京大学出版会，p.1-31(1987).

2. 無機材料合成

セラミックスをその合成プロセスのうえから定義すれば，``粉体原料を目的の製品形状に成形したのち，焼成して得られる材料''のことを意味している[1]．セラミックスでは，材料を構成する主要な化合物の融点は，2000°Cを越えるものが多く，高温技術が発達している今日でも，材料の融液を直接の前駆体として材料合成を行うことは困難な場合が多い．このような高融点物質を，その融解温度よりずっと低い温度で処理することによって材料合成を行うことができるのが，粉末焼結の技術である．定義の``焼成して得られる材料''という部分が，この技術を利用するための操作を示している．焼結の始まる温度は物質の融点をT_mとするとおよそ$0.5T_m$であることが経験的に知られているが，実用に耐える強度を得るためには，$0.7 \sim 0.9 T_m$の温度が必要である．

セラミックス合成工程は，原料粉末の調製，成形，焼成の3つの単位操作がその基本となっている．加工は本質的には化学反応を含まないので，セラミックス合成の単位操作ではない．しかし，エンジン部品，機械部品

などの精密セラミックス部品では加工は不可欠であり，セラミックス製造の一般的操作となっているが，本書の趣旨が主として化学プロセスにあるので，本稿ではセラミックス合成を粉末合成，成形，焼成の3基本操作に分けて概説する．

成形操作はこれら操作のなかで最もよく研究されているものの一つである．鋳込み成形法，押出し成形法，乾式および湿式加圧成形法，熱間加圧成形法，冷間および熱間静水圧成形法，テープ成形法など非常に多数の成形法が研究され，実用に供されている．

焼成操作は成形とともによく研究されてきた操作である．焼成は成形された粉体原料を加熱することによって粉体系に化学反応を起こさせ，目的とする材料特性を得ようとするものである．したがって，反応の対象となる粉体系がどのような状態で準備されているかによって化学反応の過程が異なってくる．

セラミックスの原料技術は，最近のセラミックス利用技術からみるときわめてマクロ的であるといえる．セラミックス材料は非平衡状態の物質系を利用している．程度の差はあるが，セラミックス化される前の粉体系の状態の影響を受ける．このことは，また粉体系の調製法を工夫することによって同じ公称組成をもつセラミックスでも非常に異なる材料特性を作ることができることを意味している．この点では，セラミックス的手法による材料製造は材料設計に対する非常に高い可能性を有しているのであるが，原料粒子レベルでの設計手法をもたないためにセラミックスの材料特性を十分に活用しているとはいえない．現在のところ，原料粉体中の成分元素の分布は機械的または化学的，あるいは両者の併用による混合を利用して巨視的かつ確率過程的に行われている．われわれは粒子の焼結によるセラミック的手法によってセラミックスの製造を行うかぎり，まず第一に望まれることは原料粒子1個1個を設計できることであり，次いで重要なことはこのような粒子の2次凝集の形態を制御できることである[2]．

2.1 粉体合成

セラミックス合成の主要な原料は歴史的には粘土である．粘土はいうまでもなく人工的に合成された物質ではなく，天然由来のものである．ファインセラミックスと呼ばれる多くのセラミックス製品は合成原料を使って作られている．それにもかかわらず粘土は，いまでも重要なセラミックス原料の一つである．それは粘土が人工的に合成された新しいセラミックス原料にはない数々のすぐれた特徴をもっているためである．ここではセラミックス合成を行う上で粘土について知っておくべき化学的事項を簡単に記述する．

2.1.1 天然原料

粘土 粘土は一般に花崗岩のような火成岩の風化作用による分解によって作られたものである[3]．花崗岩は，雲母 ($K_2O \cdot 3Al_2O_3 \cdot 6SiO_2 \cdot 2H_2O$)，石英 ($SiO_2$)，長石 ($K_2O \cdot Al_2O_3 \cdot 6SiO_2$) をほぼ等量含んでおり，風化作用を受けたとき長石が最終的に安定な化合物である．長石は長期間にわたる空気と水の作用によって分解し，成分中のカリ分のすべてと石英の一部を失ったのち，水と反応して最も一般的な粘土鉱物であるカオリナイトを生成する．この反応は次のように表すことができる．

$$K_2O \cdot Al_2O_3 \cdot 6SiO_2 (長石) \xrightarrow[-K_2O, -4SiO_2]{+H_2O} Al_2O_3 \cdot 2SiO_2 \cdot 2H_2O (カオリナイト)$$

普通の粘土は純粋なカオリナイトから構成されているのではなく，カオリナイトと類似の粘土鉱物や未分解の母岩，雲母，炭酸カルシウム，炭酸マグネシウムなどの多数の微細な鉱物の小片を含んでいる．母岩から形成された粘土は，その近くに堆積する場合とその場所から水によって運ばれ，ある距離へだたった場所に堆積する場合とがある．前者を1次粘土あるいは残留粘土，後者を2次粘土あるいは沈積粘土と呼んでいる．2次粘土は水で運ばれる途中に大きな粒子を失い，堆積位置では微粒子のみを含むようになるので，1次粘土よりも微粒子を多く含んでいる．そし

て，2次粘土は運ばれる途中で不純物の混入を受け，1次粘土に比較して粘土鉱物以外の多くの鉱物を含んでいる．これらの不純物は微細で粘土との分離が一般に困難である．伝統的なセラミックスの原料としてよく知られている蛙目粘土，木節粘土はそれぞれ1次粘土および2次粘土の代表的な例である．

ファインセラミックスの製造においては粘土がその主要な構成物であることはほとんどないが，経済的に良好な酸化物セラミックスを製造する目的でしばしば焼結助剤として利用される．特にアルミナ酸化物の製造においては有効な助剤である．これはその化学組成が適当であることにもよるが，粘土がきわめて微細な粒子となり，成分酸化物の添加によっては得られない良好な焼結助剤の添加が行えるからである．

2.1.2 合成原料

a. 化学的液相法[4〜9]

i) 共沈法： 成分原子を溶液状態で混合し，溶液へ適当な沈殿剤を加えることによってセラミックス前駆体沈殿を作り，これを仮焼することによってセラミックス微粒子とするのが沈殿法の一般的方法である．溶液中の沈殿は普通，ろ過操作によって溶液から分離される．したがって，沈殿はろ過しやすいことが望ましい．水溶液中に存在するイオン A^+ と B^- は，イオン積 $[A^+][B^-]$ がその溶解度積を超えると互いに結合しはじめ，しだいに結晶格子を形成する．そして，大きく成長すると重力の作用によって沈降し，沈殿となる．

粒子がコロイド的な大きさであると溶液分子のブラウン運動によって沈降せず，沈殿を生じるためには粒子が $1\mu m$ 以上になる必要がある．沈殿を生じるような粒子成長は，一つの核上で生じる場合もあるが，一般的には小さな1次粒子の2次的な凝集による場合が多い．1次粒子の粒径を大きくすることはろ過を容易にする．沈殿の粒径は，核発生と核成長の相対的な速度に依存する．すなわち，核発生の速度が核成長の速度に比べて小さければ生成する粒子数は少なく，一つの粒子の粒径は大きくなる．しかし，沈殿の生成過程は複雑であり，核発生と核成長の速度をコントロールできるよい方法はみつかっていない．

一般には，沈殿の溶解度が小さいほど沈殿の粒径も小さく，溶液の過飽和度が小さいと比較的大きな粒径となることが経験的に知られている．沈殿の生成反応をコントロールすることは難しいので，実際には生成した沈殿を大きくすることで粒径をコントロールすることが行われている．それは沈殿を含む溶液を，加温し，沈殿の熟成を行う方法である．小さな粒子は大きな粒子よりも大きな溶解度をもっているので，溶液は大きな粒子については過飽和になっており，温度を高くして溶解度を高めると合理的な処理時間で小さな粒子を消失させ，大きな粒子をさらに成長させることができる[10]．

沈殿法においては，一般に沈殿の粒径や形が重視されてきたが，最近ではその組成的な均一性がクローズアップされるようになってきた．すなわち，材料利用寸法の微小化，低温での製造，材料の微細構造の精密な制御のために粒子単位での組成コントロールが必要となってきた．沈殿法による微粒子製造法として広く利用されているのが共沈法である[7,8]．共沈あるいは共沈殿というのは，分析化学において溶液中のある特定のイオンだけを分別的に沈殿させる際に，目的イオンだけでなく溶液中に共存するほかのイオンが目的イオンの沈殿とともに一緒に沈殿してくる現象をいう．もちろんこの現象は分析の目的にとっては不都合なことである．

微粒子製造では，溶液状態にバッチされたすべてのイオンを完全に沈殿させる方法を共沈法と呼んでいる．共沈法における沈殿生成は溶解度積を使って化学平衡論によって定量的に議論できる．沈殿は水酸化物，炭酸塩，硫酸塩，シュウ酸塩などが多く使用されている．セラミックス原料製造の前駆体として広く用いられている水酸化物，炭酸塩の溶解度を pH の関数として図2.1と図2.2に示す．

2. 無機材料合成

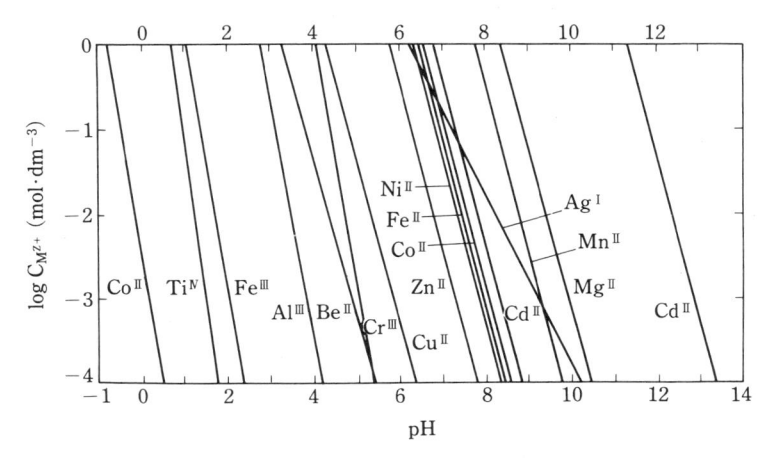

図 2.1 金属水酸化物の沈殿図 (25°C)

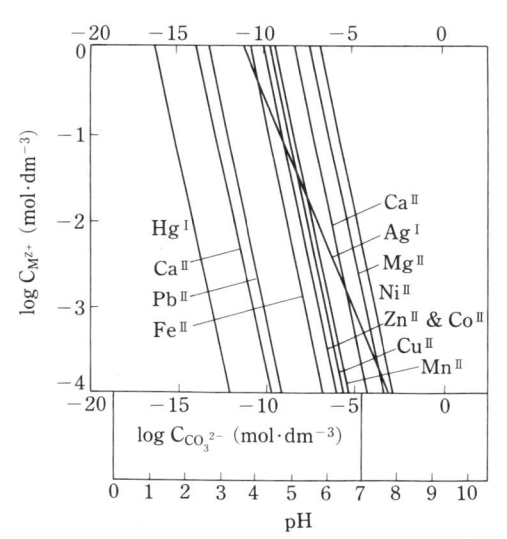

図 2.2 金属炭酸塩の沈殿図 (25°C)

水酸化物では明らかに pH が重要な因子であるが，シュウ酸のように水酸基が直接沈殿に入ってこない場合でもその解離が pH に強く影響されるので，pH はやはり重要な因子である．

溶液中における沈殿生成の条件は金属イオンごとに異なっており，これが分析化学におけるイオン分離操作の根拠となっている．しかし，微粒子の合成においては，これが共沈法の欠点ともなっている．すなわち，同一条件で沈殿する金属イオンはないといってよく，一般的に材料を構成する多数のイオンを同時に沈殿させることは実際上不可能である．溶液中の金属イオンは，pH の上昇にしたがって沈殿条件が満足される順に次々と沈殿していき，単一のあるいはいくつかの金属イオンからなる混合沈殿物となっている．

一例として，イットリア，マグネシア，ライムなどで安定化されたジルコニア原料を共沈法で合成する場合を考えてみよう．図 2.3 はジルコニウムイオンと安定化剤イオンの水溶液中でのイオン濃度と pH の関係を示したものである．ジルコニウム，イットリウム，マグネシウム，カルシウムの各金属元素の塩化物は容易に水に溶解して水溶液を作ることができる．安定化剤元素としてイットリウムを含むジルコニア微粒子を合成する場合には，ジルコニウムとイットリウムのイオンを含む水溶液に水酸化ナトリウムやアンモニア水のような塩基を加えることによって溶液中のイオンを沈殿させる．しかしこれらのイオンを同時に沈殿させ，微粒子単位で組成的に均一な粒子を得ることはかなり難しいことである．図 2.3 から明らかなようにジルコニウムイオンと安定化剤各イオンの沈殿 pH は大幅に異なっているので，沈殿は分別的に起こり，沈殿は水和ジルコニア微粒子と安定化剤水酸化物微粒子の混合沈殿となっている．このような混合沈殿の仮焼による化合物微粒子の合成は，ジルコニウム原子と安定化剤原子の混合が各成分酸化物の粉末を機械的に混合

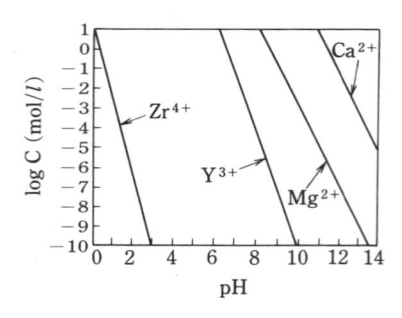

図 2.3 水溶液中でのジルコニウムおよび安定化剤金属イオン濃度とpHの関係

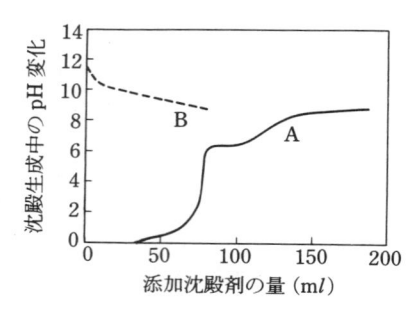

図 2.4 高低両pHからのpH 9への接近法
A: direct strike, B: reverse strike.

する場合に比べてよりいっそう完全に実現されているとはいえ，本質的には固相反応であり，合成された粉体粒子1個1個を粒子レベルで安定化するのは困難である．

共沈法における本質的な分別傾向を避けるために，水酸化ナトリウムやアンモニア水のような沈殿剤となる溶液の濃度を十分に高くして，金属塩溶液に導入し，溶液中のすべての金属イオンの沈殿条件を同時に満足させるようにしたり，導入部分での沈殿生成による局所的な環境変化を防ぐために溶液と激しく攪拌しながら沈殿生成を行ったりする．これらの操作は，ある程度沈殿の分別を防ぐことができるが，沈殿が目的化合物へと加熱反応させられるとき，その組成的均一性を保証するものではない．

共沈法では，沈殿における組成分布の均一性は目的とする微粒子の構成金属原子数の比がほぼ等しいときには沈殿粒子の粒径程度になっていると考えられる．しかし，微量成分の添加を共沈法で行おうとするときには，得られる沈殿の粒径が一般には主成分も微量成分とほとんど同じであるので，この場合には組成的な均一性はミクロ的にはまったく実現されていないといえる．すなわち，共沈法は本質的に分別的であり，沈殿は混合物であると考えることができる．

沈殿の粒子レベルでの化学的な均一性という観点からの研究はまだないようであるが，沈殿形成を高pH側から行うのがよいのか，あるいは低pH側から行うのがよいのかについては最近 M.D. Rasmussen らが得られた粉末の焼結性という観点から報告している[11]．彼らは図2.4に示すような2通りのpH履歴でイットリア前駆体粉末の合成を行った．曲線Aは沈殿剤を含む溶液，この実験ではアンモニア水を，金属イオン，この場合 Y^{3+} を含む溶液へ加える場合であり，曲線Bはこの逆で Y^{3+} 溶液をアンモニア水へ加える場合のpH履歴曲線である．両者は溶液中における核発生と成関の機構を異にするので，異なる形態と特性の粉末が生成する．実験には Y_2O_3 を4N硝酸に溶解させて作った pH 1 硝酸イットリウム溶液と pH 11.85 のアンモニア水が使用された．沈殿は110℃の炉（炉乾燥），アセトン―トルエン―アセトンの順に洗浄したのち150℃の攪拌乾燥（アセトン乾燥），90℃，90％湿度雰囲気（加湿乾燥）の3通りの脱水方法で乾燥された．このようにして得られた3種の粉末を1000℃，空気中で2時間仮焼したのち粉砕し，60メッシュのふるいを通したのち，50 MPaの圧力で成形する．これをさらに270 MPaで静水圧成形したのち，1860℃，1時間真空中で焼成し，さらに1100℃で2時間大気中で焼成した．そして，その嵩密度を測定して焼結性の目安とした．焼結体の密度は溶液の最終pHと脱水方法によって図2.5のように変化する．図より沈殿剤溶液へ金属イオン溶液を加える高pH側から最終pHへのアプローチは沈殿の後処理が粉末の焼結性に非常に大きな影響を与えることを示している．

2. 無機材料合成

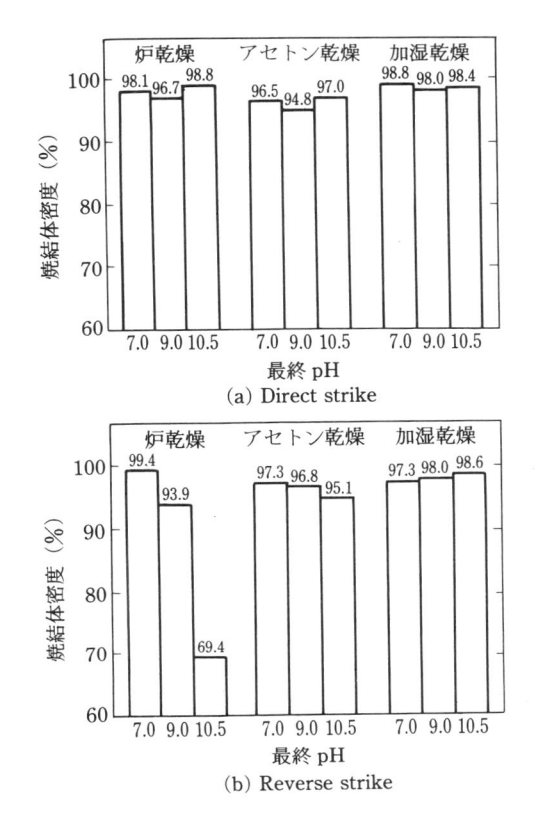

図 2.5 pH 接近法と脱水方法の最終焼結体密度に対する影響

(a) Direct strike
(b) Reverse strike

ii) 均一沈殿法：共沈法による原料粉末の合成では，前項で述べたように溶液中に金属陽イオンの形で存在する金属元素を溶液のpHを変化させたり，溶液に沈殿剤を加えるといった化学的方法で沈殿生成を行う．この場合，溶液中へのpH調整溶液や沈殿剤溶液の添加によって溶液の接触部分で局所的に沈殿生成が起きるのを防ぐために，可能な場合には均一沈殿法を利用するのがよい．均一沈殿法とは，化学反応によって沈殿が生成するような状態を溶液内に均一に生成させる方法である．このような状態を溶液内に作る試薬として最も古くから，そして広く知られているのが尿素である．尿素は水によく溶ける．水によって次のように加水分解される．

$$(NH_2)_2CO + H_2O \rightarrow 2NH_3 + CO_2$$

しかし，この反応は室温ではほとんど進行せず，水溶液を70°C以上に熱するとかなりの速さで進行するようになる．尿素の加水分解によって得ることのできる最大のpHは約9.3である．加熱によってpHは上昇し，加熱を止めたり，冷却すればpHの上昇は停止する．このように尿素は加水分解によってNH_3を生成し，したがってNH_3と水との反応によってOH^-イオンを溶液中に放出する．一方，このとき溶液中にシュウ酸を共存させておくと加熱によりシュウ酸イオンを放出させることができ，シュウ酸塩沈殿を生成させることができる．尿素のほかにもセラミックス粉末の合成に有用ないくつかの試薬がある．

シュウ酸ジエチル$(COOC_2H_5)_2$，硫酸ジメチル$(CH_3)_2SO_4$などのエステルの加水分解反応，トリクロロ酢酸CCl_3COOHの加水分解反応を使うことによって，それぞれシュウ酸塩，硫酸塩，炭酸塩を沈殿させることができる．均一沈殿法はもともと溶液の最終pHをかなり正確に調整することができるので，沈殿pHが近い共存金属イオンを精度よく分離する方法として開発されたものである．したがって，複数の金属イオンを定量性よく同時に沈殿させる目的には向いていない．主にアルミナ，ジルコニア，トリアなどの高純度酸化物セラミックス用原料粉末の調製法として利用されている．溶液から目的の金属イオンを沈殿させるために，一般には種々の沈殿剤を利用することが可能である．

M.N. Sastriらは均一沈殿法を用いてアルミナ粉末の合成を行い，沈殿剤が粉末特性に与える影響を調べている[12]．この実験は触媒やクロマト用分離剤としての特性を評価するために行われたものであるが，セラミックス粉末としても重要な結晶子サイズ，比表面積，気孔体積などの比較を含んでいる．沈殿生成はアルミン酸ナトリウムあるいは硝酸アルミニウム溶液と沈殿剤溶液を激しく攪拌しながら，溶液の最終pHが6.5になるまで反応させることで行われた．ただし，試料Hの最終pHだけは4.5であった．沈殿はろ別し，電解質がなくなるまで蒸留水で洗浄されたのち，大気中100°Cで乾燥された．沈殿はこの

あとさらに窒素気流中，500°Cで2時間仮焼されたのち測定試料とされた．

表2.1は沈殿条件と仮焼粉体の特性値を示したものである．沈殿剤の種類によって粉体の結晶子サイズ，比表面積，気孔体積に大きな違いが認められ，これらの適切な選択が目的にあった粉体特性を得る上で重要な因子であることを示している．

iii) 化合物沈殿法： 化合物沈殿法では，溶液中の金属イオンはバッチ組成に等しい化学量論をもった化合物として沈殿する．したがって，沈殿粒子の金属元素比が目的化合物の金属元素比になっているときには，沈殿は原子スケールで組成的な均一性をもっている．しかし，2種類以上の金属元素から構成される化合物では，金属元素の比は倍数比例の法則として知られているように簡単な整数比をなしているのが普通で，微量成分の添加を定量的に行うことは困難なことが多い．化合物沈殿法で微量成分の分散を原子スケールで均一に行うには，固溶体形成を利用すると好結果が得られる．しかし，固溶体を形成する系は限られているのと，固溶体沈殿の組成は一般にバッチ組成とは異なったものとなるので，その利用はかなり制限されたものとなる．そして，目的組成の微粒子を得るには溶液の注意深い組成コントロールと沈殿の組成管理が必要である．

図2.6は，シュウ酸塩を利用する化合物沈殿法の合成装置の一例である．化合物沈殿法による合成例としては，シュウ酸塩化合物が多く試みられており，$BaTiO(C_2O_4)_2\cdot 4H_2O$，$BaSn(C_2O_4)_2\cdot 0.5H_2O$，$CaZrO(C_2O_4)_2\cdot 2H_2O$ からそれぞれ $BaTiO_3$，$BaSnO_3$，$CaZrO_3$ などが合成されている．このほかに，$LaFeO_3$ のための $LaFe(CN)_6\cdot 5H_2O$ のようなシアン化物も報告されている．化合物沈殿法は組成的均一性に優れた微粒子沈殿を得ることのできる方法であるが，これらの微粒子は加熱処理により目的の化合物微粒子とされるが，熱処理後も微粒子沈殿がこの組成的な均一性を保持するかどうかについては議論がある．

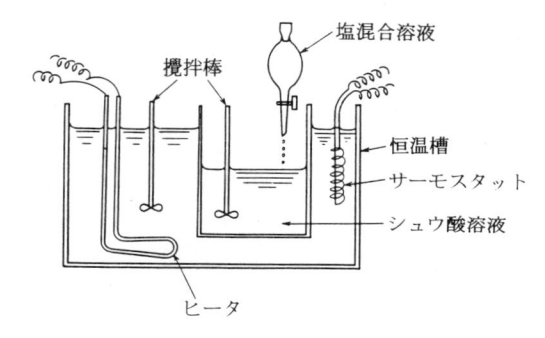

図2.6 シュウ酸塩を利用する化合物沈殿法の合成装置

すなわち，$BaTiO(C_2O_4)_2\cdot 4H_2O$ からの $BaTiO_3$ 微粒子の合成を例にとるなら，$BaTiO(C_2O_4)_2\cdot 4H_2O$ 沈殿は仮焼により次のように

表 2.1 沈殿条件による仮焼粉体特性値の変化

試料	金属源	金属濃度	沈殿剤	反応時間	反応温度	添加陰イオン	結晶子径 (nm)	表面積 (m^2/g)	気孔体積 (ml/g)	気孔分類(%) ミクロ	メソ	マクロ	ナトリウム量 (meq/g)	1%水溶液のpH
A	アルミン酸ナトリウム	0.2	酢酸エチル	12	25	ナシ	235	203	0.5314	28	47	25	0.03980	7.8
B	アルミン酸ナトリウム	0.2	硫酸ジメチル	10	25	ナシ	128	191	0.3368	42	58	0	0.04372	7.8
C	アルミン酸ナトリウム	0.2	二酸化炭素	—	25	ナシ	230	121	0.5891	22	78	0	0.21210	10.1
D	アルミン酸ナトリウム	0.2	過酸化水素 (6%wt/vol)	—	0	ナシ	179	279	1.2221	35	30	27	0.15230	9.8
E	アルミン酸ナトリウム	0.2	臭素水	—	25	ナシ	223	48	0.8845	5	27	68	0.06177	8.0
F	硫酸アルミニウム	0.1	尿素	6	90	硫酸塩	116	5	0.4991	16	22	62	0.00868	7.1
G	硫酸アルミニウム	0.3	尿素	6	90	コハク酸塩	153	170	0.2263	20	69	11	0.00031	6.8
H	硫酸アルミニウム	0.1	尿素	6	90	安息香酸塩	241	38	1.0940	9	60	31	0.00032	6.8

2. 無機材料合成

熱分解される[13〜15]．

$$BaTiO(C_2O_4)_2 \cdot 4H_2O \longrightarrow$$
$$BaTiO(C_2O_4)_2 + 4H_2O$$
$$BaTiO(C_2O_4)_2 + (1/2)O \longrightarrow$$
$$BaCO_3(無定形) + TiO_2(無定形)$$
$$+ CO + 2CO_2$$
$$BaCO_3(無定形) + TiO_2(無定形) \longrightarrow$$
$$BaCO_3(結晶性) + TiO_2(結晶性)$$

$BaTiO_3$ は沈殿である $BaTiO(C_2O_4)_2 \cdot 4H_2O$ 微粒子の熱分解によって直接合成されるのではなく，炭酸バリウムと二酸化チタンに分解した後，これらの固相反応によって合成される．この合成反応は熱分解で生成する炭酸バリウムと二酸化チタンが微粒で高活性なため450°C という低温から始まるが，完全に単相のチタン酸バリウムとするためには 750°C までの加熱が必要である．この間の温度では多数の中間生成物がチタン酸バリウムの生成に関与し，しかもこれらの中間生成物の反応に対する活性が異なるために，$BaTiO(C_2O_4)_2 \cdot 4H_2O$ 沈殿のもっていた優れた化学量論性が失われることになる．

ほとんどすべての化合物沈殿を利用する微粒子の合成は，このような中間生成物の生成を経て行われるので，中間生成物間の熱安定性に大きな差があるほど，合成された微粒子の組成的不均一性が増大する．最近は組成変動の小さい，易焼結性の粉末を合成する方法が開発されている．シュウ酸塩法は一般に水溶液を使用するが，沈殿が水溶性である場合にはエタノールなどの非水溶媒が使用される．PZT 粉末の合成では Pb, Zr, Ti のシュウ酸塩がエタノールに難溶であることを利用して結晶性，粒子分散性にすぐれた PZT 粉末が合成されている[16]．

図 2.7 は合成のフローシートである．氷浴上で $TiCl_4$ を水に滴下して，$TiCl_4$ 水溶液を作る．これにアンモニア水を加えて水酸化チタンを沈殿させる．この沈殿をよく水洗して Cl イオンを除去した後，濃硝酸に溶解してオキシ硝酸チタン $TiO(NO_3)_2$ 水溶液を調製する．オキシ硝酸ジルコニウム $ZrO(NO_3)_2 \cdot 2H_2O$ 水溶液および硝酸鉛 $Pb(NO_3)_2$ 水溶液はそれぞれ市販の試薬を水に溶解して調製する．これらの水溶液を所定の量比で混合して Pb^{2+}, Zr^{4+}, Ti^{4+} 混合水溶液とする．この混合水溶液をシュウ酸エタノール溶液に滴下すると Pb-Zr-Ti 混合シュウ酸塩沈殿が生成する．この沈殿を洗浄，乾燥，仮焼することにより PZT 粉末が合成される．

図 2.8 は図 2.7 の合成フローシートに基づいて合成された PZT 粉末の SEM 像より求められた粒度分布を示したものである．溶液の混合方法，最終 pH が粉末物性に及ぼす影響が検討され，成分イオンの混合水溶液をシュウ酸エタノール溶液に滴下する法が，この逆の場合よりも結晶性と粒子分散性にすぐれた PZT 粉末を得ることができること，また Pb-Zr-Ti 混合シュウ酸塩を沈殿させた後，さらにアンモニア水を滴下して溶液の pH を 8 以

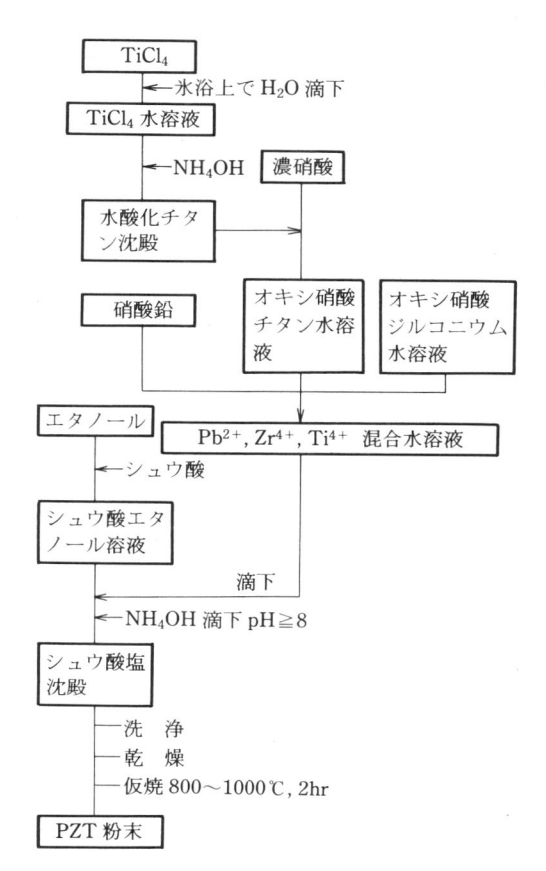

図 2.7 シュウ酸塩による PZT 粉末合成のフローシート

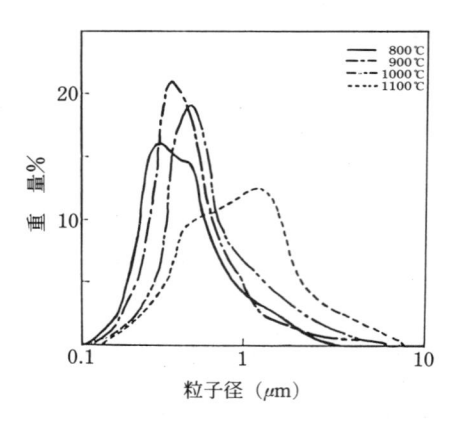

図 2.8 シュウ酸塩によって合成された PZT 粉末の粒度分布

上にすることにより,エタノールに残存溶解している Ti^{4+} イオンの沈殿を完全にすることができ,粉末の組成変動をより小さくできることを明らかにしている.

iv) 無機塩加水分解法: 加水分解によって沈殿を生成する多くの化合物が知られている.それらのあるものは超微粒子の合成法として利用されている.反応生成物は一般に,水酸化物あるいは水和物である.原料は加水分解反応の対象となる金属塩と水であるので,金属塩が高度に精製されていれば,高純度微粒子粉末を容易に得ることができる.このような化合物として古くから知られているのは,塩化物,硫酸塩,硝酸塩,アンモニウム塩などの無機塩で,コロイド化学におけるコロイドの調製法として古くから研究されてきた.ジルコニアセラミックス用の高純度微粒子原料が無機塩加水分解法によって工業的に合成されている[17].

また,加水分解条件をコントロールすることによって単分散の球形,立方体などの微粒子を合成し,材料研究や新材料の合成に利用することが行われている.触媒,充填剤,表面コート剤,光導伝性材料など多方面の応用が考えられているが,その粒形の違いによって広範囲な色調の変化を示す.TiO_2 の微粒子はこのような例の代表的なものである.TiO_2 は顔料,触媒,充填剤,コート剤,光導電性材料などとして広く研究されている.TiO_2 微粒子は,原理的にはチタニウム塩の溶液を加水分解することによって容易に沈殿させられる.ここでは球状の単分散 TiO_2 微粒子を合成する方法について紹介する[18].

合成方法は,まず試薬級の四塩化チタンを 59°C,1 mmHg で蒸留精製したのち,四塩化チタンに対して約 1 M の溶液になるように 12 M 塩酸を加える.この際,四塩化チタンはあらかじめ 0.22 μm のミリポアフィルターを通過させて,加水分解などによって生じた四塩化チタン中の不純物粒子を除いておく.塩酸を添加した四塩化チタン溶液は加水分解に対して非常に安定で長期間の保存に耐える.この溶液のチタン濃度を過酸化水素の添加によって生成するペルオキソチタニウムの 400〜420 nm の吸光度測定によって決定した後,実験に使用する.

単分散粒子からなる TiO_2 ゾルが,上記の四塩化チタン溶液を高温下,硫酸イオンを含む状態で数日から数週間の長期間にわたって加水分解することで合成される.たとえば,四塩化チタン濃度 0.106 M,HCl 濃度 5.76 M,$[SO_4^{2-}]/[Ti^{4+}]=1.9$ の溶液を,温度 98°C で 37日間の加水分解と熟成を行うと最小粒径 2.1 μm,最大粒径 3.1 μm,中心径 2.6 μm の単分散 TiO_2 微粒子が合成される.なお,このとき SO_4^{2-} イオンは Na_2SO_4 の形で加えられている.また,合成される球の粒径,および粒度分布は熟成時間に依存しており,図

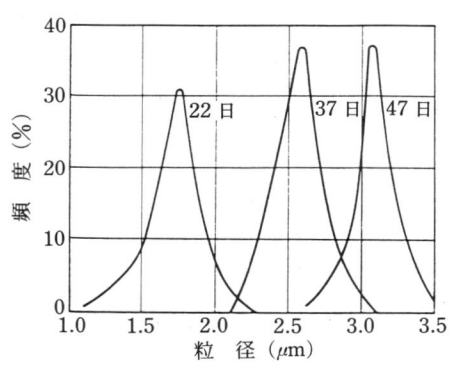

図 2.9 熟成時間による TiO_2 粒子の粒径,および粒度分布の変化
($TiCl_4$:0.106 M, HCl:5.76 M, $[SO_4^{2-}]/[Ti^{4+}]=1.9$, 熟成温度98°C)

2.9のように変化する.

粒径は熟成時間を長くすると大きくなるが,粒成長過程は一定の誘導期間をもっており,この期間以前には溶液中に粒子は検出されない,前述の条件では,この期間は約15時間である.TiO_2粒子の生成にこのような誘導期間が観察されるのは,粒子生成が核生成過程,すなわち溶液の過飽和に関係しているためであると考えられる.無機塩の加水分解によるコロイド的超微粒子の合成では,このような球形の粒子ばかりでなく立方体形状をもつような粒子の合成も可能である.このような例としてヘマタイトのサイコロ状超微粒子の合成例について紹介する[19].

ヘマタイト α-Fe_2O_3 の微粒子は第二鉄の塩溶液を加水分解することによって容易に合成される.しかし,得られる粒子は粒形や粒径が不揃いで単分散的な粒子ではない.立方体形状の粒子は次のようにして得られる.室温で塩化第二鉄を再蒸留水に溶解させ,濃度 2.1〜3.6 mol/dm³ の高濃度溶液を調整する.この溶液を 0.2 μm のミリポアフィルターを通した後,加水分解のための原料溶液とする.原料溶液をあらかじめ塩酸で所定濃度に希釈した後,体積比で 1:1 の水-エタノール溶液と混合して試料溶液とする.試料溶液を密栓つきの容器に入れ,高温で熟成させると微粒子が得られる.生成する微粒子には2種類のものが含まれ,含水酸化鉄 β-FeOOH とヘマタイト α-Fe_2O_3 との混合粒子になっている.両者の粒径は非常に異なるので 3000 rpm, 30分の遠心分離あるいは 1〜5日の自然沈降によって容易に分離される.β-FeOOH は常に棒状であるが,α-Fe_2O_3 は反応系の濃度によって粒子形状が変化する.

図 2.10 に試料溶液の $FeCl_3$ 濃度,HCl 濃度と粒子形状の関係を示す.単分散立方体形状の α-Fe_2O_3 の合成される領域は図の点線で囲まれた部分である.試料溶液の pH は 1.7 であるが,熟成の後には 1.0〜1.4 に低下する.合成される立方体形状 α-Fe_2O_3 の稜長は熟成温度と熟成時間の関数である.図 2.11 はこの

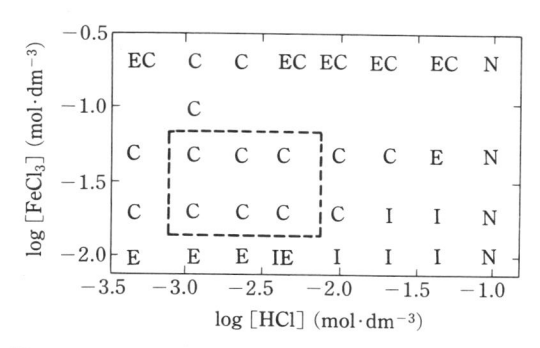

図 2.10 溶液の $FeCl_3$ 濃度,HCl 濃度と粒子形状の関係
C:立方体,E:楕円体,I:不規則形状,N:沈殿生成なし.

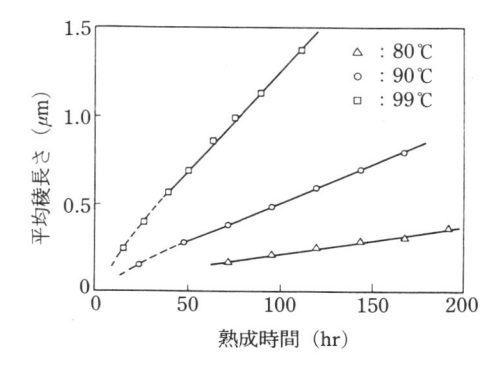

図 2.11 立方形状 α-Fe_2O_3 の稜長と熟成温度および熟成時間の関係
($FeCl_3$濃度 1.9×10^{-2} mol/dm³,HCl濃度 1.2×10^{-3} mol/dm³ の 50 vol% エタノール水溶液を使用)

関係を示したものである.使用アルコールをプロパンジオール,t-ブチルアルコールに変えたときにはアルコール濃度が 30 vol% 以上であれば立方体の α-Fe_2O_3 を合成できるが,エタノールではいかなる条件でも立方体形状の α-Fe_2O_3 粒子を得ることはできない.

v) 金属アルコキシド加水分解法: 無機塩加水分解法は粉末合成法として古くから研究され,また工業的にも応用されているが,金属アルコキシド加水分解法は比較的新しい粉末合成法である.1960年代の中頃から70年代初めにかけて超微粒子のチタン酸バリウムやジルコン酸ストロンチウム粉末の合成,あるいは,高純度ジルコニア粉末の合成などが報告されている.また,これより以前にも高純度マグネシウム・アルミニウムスピネル粉末の合成や完全なアルコキシド法ではない

がバリウム塩水溶液とチタンアルコキシドの反応によるチタン酸バリウムの合成などがある．しかし，深く，また量的にも多くの研究が行われるようになったのは1980年代に入ってからである[20〜24]．

a) 金属アルコキシドの性質： 金属アルコキシドは$M(OR)_n$の一般式で表すことができ，アルコールROHの水酸基のHが金属Mで置換されたアルコールの誘導体，あるいは金属水酸化物$M(OH)_n$の水酸基のHがアルキル基Rで置換された金属水酸化物の誘導体であると考えられる．したがって，金属アルコキシドは多かれ少なかれアルコールや水酸化物の物理的，化学的性質をとどめている[25,26]．表2.2は一例としてアルコールの沸点とそれに対応するチタンアルコキシドの沸点を示したものである[27]．

表 2.2 アルコールと対応する金属アルコキシドの沸点の比較

アルコール	アルコールの沸点(°C)	Tiアルコキシドの沸点(°C)
CH_3OH	65	209〜210（融点）
C_2H_5OH	78	153 (12 mmHg)
$n\text{-}C_3H_7OH$	98	171 (14 mmHg)
$n\text{-}C_4H_9OH$	117	189 (11 mmHg)
$n\text{-}C_5H_{11}OH$	138	211 (11 mmHg)
$n\text{-}C_6H_{13}OH$	158	247 (14 mmHg)

アルコキシドは金属元素の電気陰性度に応じて塩基あるいは酸として振舞うので，歴史的には金属のヒドロキシ誘導体であるという考えが一般的にとれてらきた．すなわち，慣用的にはオルソケイ酸塩，オルソホウ酸塩，オルソチタン酸塩などのアルキルオルソエステルあるいはアリールオルソエステルとして呼ばれることが多い．たとえば，シリコンエトキシド$Si(OC_2H_5)_4$は普通オルソケイ酸エチルと呼ばれる．

金属アルコキシドはM-O-C結合をもち，酸素原子の強い電気陰性によってM-O結合は強く分極し，$M^{\delta+}O^{\delta-}$となっている．アルコキシド分子のこの分極の程度は金属元素Mの電気陰性度と関係している．したがって，アルコキシドの性質は金属元素の電気陰性度とともに変化する．すなわち，イオウ，リン，ゲルマニウムのような陰性の強い元素のアルコキシドは共有性が強く，揮発性でほとんどモノマーとして存在する．一方，アルカリ，アルカリ土類，ランタニド元素のような陽性の強い元素のアルコキシドはイオン性で会合しやすく，ポリメリックな性質を示す．また，金属元素が同じでアルキル基の異なる誘導体では，アルキル基の電子吸引性が大きいほどM-O結合の共有性が増加する．

アルコキシドが金属のヒドロキシ誘導体と考えられてきたことはすでに述べたが，一般的な元素のヒドロキシ誘導体には陽性元素のNaOH，$Ba(OH)_2$，$Ln(OH)_3$のような塩基性の強いものから，HOCl，$(OH)_3PO$のような酸まで存在する．したがって，表2.3に示すように対応する水酸化物の酸，塩基度に応じてアルコキシドの酸，塩基度も広範囲に変化する．このようなヒドロキシ誘導体のH原子のアルキル基置換によって得られる誘導体の塩基性や酸性は，置換によって低下する傾向がある．しかし，アルカリ金属のような電気陽性の強い元素のアルコキシドは置換後もそれらの母アルコール中できわめて強い塩基として働く．

表 2.3 エトキシドと対応するヒドロキシ誘導体の酸，塩基度

エトキシド	水酸化物	水酸化物の性質
$NaOC_2H_5$	NaOH	非常に強い塩基
$Mg(OC_2H_5)_2$	$Mg(OH)_2$	かなり強い塩基
$Al(OC_2H_5)_3$	$Al(OH)_3$	両性
$Si(OC_2H_5)_4$	$SiO(OH)_2$	弱酸
$PO(OC_2H_5)_3$	$PO(OH)_3$	かなり強い酸

（上から下へ：塩基 → 酸）

b) 金属アルコキシド合成法： ほとんどの金属元素についてアルコキシドが合成されている．図2.12はそれらを周期表上で示したものであり，表2.4は金属アルコキシドの物性を示したものである．金属とアルコールの反応性は金属の電気陰性度に関係している．アルカリ金属，アルカリ土類金属のような原子価が3までの陽性の強い元素はアルコ

2. 無機材料合成

ールと直接反応して金属アルコキシドを生成する．金属が電気陰性になるにしたがって直接反応ではアルコキシドを得ることができず，金属塩化物のような金属のハロゲン化物や金属の酢酸塩などが利用される．また，反応系におけるアルコキシアニオンの濃度を高めるために反応系への塩基の導入が行われる．ここでは代表的な反応を概説する[28〜30]．

いくつかの金属は H_2 ガスを発生しながら，アルコールと直接反応して金属アルコキシドを生成する．

$$M + nROH \rightarrow M(OR)_n + (n/2)H$$

金属とアルコールの反応性は金属の陽性に依存しており，アルカリ金属はアルカリ土類金属よりも容易に反応し，同じアルカリ金属でもカリウムと t-ブチルアルコールの反応はナトリウムとの反応よりもずっと速く進行する．

また，マグネシウム，ベリリウム，アルミニウムなどの陽性の弱い金属では反応を進行させるには塩化第二水銀などの触媒が必要である．このような反応における触媒の役割はまだよくわかっていないが，それは単に金属表面をきれいにすることや，アルコールとの反応を容易にする塩化物などの中間誘導体の生成であると考えられている．このように金属とアルコールの反応の容易さは金属の陽性とともに増加するが，それはアルコールの性質にも影響され，同じ金属との反応はアルコールの枝分れとともに遅くなる．t-ブチルアルコールとナトリウムの反応はメチルアルコールなどとナトリウムの反応よりずっとゆっくり進行する．この効果はアルキル基の $+I$ 誘導効果によって側鎖アルコールの酸性度が減少するためである．

金属とアルコールとの直接反応によって得ることのできないアルコキシドの合成には，金属の代わりに金属ハロゲン化物，とくに金属塩化物が利用される．

$$MCl_n + nROH \rightarrow M(OR)_n + nHCl$$

塩化物とアルコールとの反応は，求核的な2分子置換反応(S_N2)であるといわれている．S_N2反応による塩素イオンとアルコキシドアニオンの置換の容易さは求核攻撃を受ける塩化物の金属元素の電気陰性度に強く影響される．たとえば，ケイ素，チタン，ジルコニウム，トリウムの順にこれらの電気陰性度は減少するが，これに伴いこれらの塩化物とアルコールの反応性も減少し，塩素イオンとアルコキシド基の完全な置換が起こらなくなる．すなわち，四塩化ケイ素とエタノールは次のように容易に反応してシリコンテトラエトキ

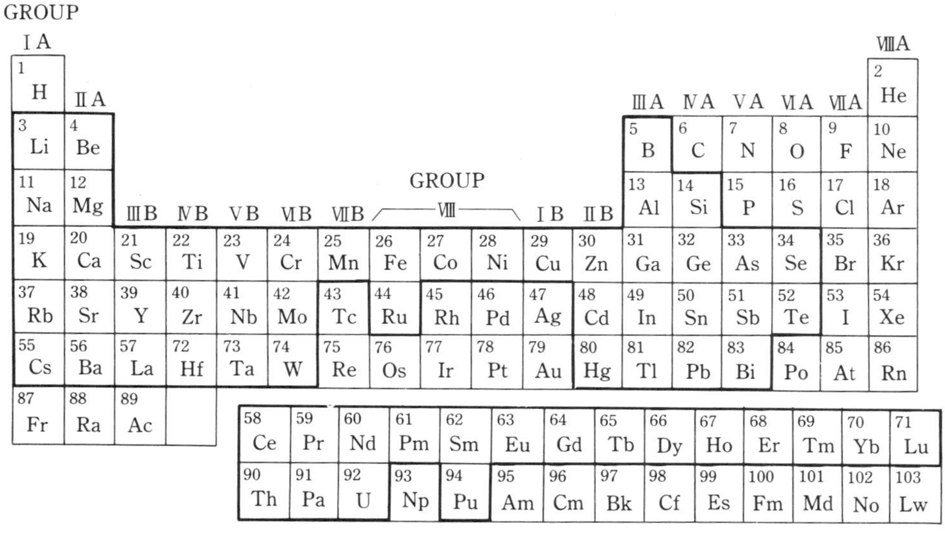

図 2.12 合成が報告されている金属アルコキシド

XIV. 材料化学

表 2.4 代表的な金属アルコキシドの物性値

No.	名称	構造	融点	沸点	外観
1	Diethylaluminum ethoxide	$Al(C_2H_5)_2OC_2H_5$	2.5-4.5	108-109/10 mm	solution in toluene
2	Aluminum ethoxide	$Al(OC_2H_5)_3$	157-160		solid
3	Alminium t-butoxide	$Al(t-OC_4H_9)_3$	241.5-246.5		solid
4	Aluminum butoxide	$Al(OC_4H_9)_3$	102	281/8.8 mm	solid
5	Aluminum methoxide	$Al(OCH_3)_3$		240/10-5	solid
6	Aluminum i-propoxide	$Al(i-OC_3H_7)_3$	118.5	135/10 mm	solid
7	Aluminum sec-butoxide	$Al(s-OC_4H_9)_3$	27	200-206/30 mm	liquid
8	Arsenic butoxide	$As(OC_4H_9)_3$		97-103/5 mm	liquid
9	Diisopropoxyphenylborane	$B(C_6H_5)[OCH(CH_3)_2]_2$	31	94/2 mm	liquid
10	Tris(2-methoxyethyl)borate	$B(OC_2H_4OCH_3)_3B$	113	133/9 mm	liquid
11	Boron ethoxide	$B(OC_2H_5)_3$	-84.8	117.4	liquid
12	Tripropylborate	$B(OC_3H_7)_3$		175	liquid
13	Boron butoxide	$B(OC_4H_9)_3$	-70	230-235	liquid
14	Boron methoxide	$B(OCH_3)_3$	-29	68.7	liquid
15	Boron isopropoxide	$B(i-OC_3H_7)_3$		140	
16	Diisopropoxymethylborane	$B[(CH_3)_2CHO]_2CH_3$	7	105-107/751 mm	liquid
17	Barium ethoxide	$Ba(OC_2H_5)_2$	270(分解)		solid
18	calcium ethoxide	$Ca(OC_2H_5)_2$	270(分解)		solid
19	Gallium ethoxide	$Ga(OC_2H_5)_3$	144.5	180-190/0.5 mm	solid
20	Gallium propoxide	$Ga(OC_3H_7)_3$		198/0.05 mm	solid
21	Gallium butoxide	$Ga(OC_4H_9)_3$		184/0.05 mm	solid
22	Gallium methoxide	$Ga(OCH_3)_3$		275-280/0.4 mm	solid
23	Germanium ethoxide	$Ge(OC_2H_5)_4$	-81	185.5	liquid
24	Germanium propoxide	$Ge(OC_3H_7)_4$		108-109.5/9 mm	solid
25	Germanium butoxide	$Ge(OC_4H_9)_4$		115-120/3-5 mm	solid
26	Germanium methoxide	$Ge(OCH_3)_4$	-18	66-67/36 mm	liquid
27	Germanium n-butoxide	$Ge(n-OC_4H_9)_4$		143	liquid
28	Hafnium i-propoxide	$Hf(i-OC_3H_7)_4$		180-220/0.2 mm	solid
29	Potassium t-butoxide	$K(t-OC_4H_9)$	256-258		solid
30	Lithium methoxide	$Li(OCH_3)$	500		solid
31	Lithium t-butoxide	$Li(t-OC_4H_9)$		110/0.1 mm(sub)	solid
32	Magnesium ethoxide	$Mg(OC_2H_5)_2$	>300		solid
33	Sodium ethoxide	$NaOC_2H_5$	>300		solid
34	Sodium methoxide	$NaOCH_3$	>300		solid
35	Niobium ethoxide	$Nb(OC_2H_5)_5$	6	142/0.1 mm	liquid
36	Niobium butoxide	$Nb(OC_4H_9)_5$		197/0.15 mm	liquid
37	Niobium methoxide	$Nb(OCH_3)_5$		153/0.1 mm	solid
38	Niobium n-propoxide	$Nb(n-C_3H_7)_5$		166/0.05 mm	solid
39	Niobium n-butoxide	$Nb(n-OC_4H_9)_5$		197/0.15 mm	solid
40	Tetrakis(triethylphosphite)nickel	$Ni[P(OC_2H_5)_3]_4$	106-109		solid
41	Dimethyl phosphite	$POH(OCH_3)_2$	60	170-171	liquid
42	Diphenyl methylphosphate	$PO(OCH_3)(OC_6H_5)_2$	>110	125/0.03 mm	
43	Diphenyl phosphate	$PO(OH)(OC_6H_5)_2$	63-64		
44	Trii-decyl phosphite	$P(OC_{10}H_{21})_3$	216		liquid
45	Ethyl diphenylphosphinite	$P(OC_2H_5)(C_6H_5)_2$		155-157/17 mm	liquid
46	Phosphorus ethoxide	$P(OC_2H_5)_3$		159	liquid
47	Phosphorus propoxide	$P(OC_3H_7)_3$		206: 63-64 mm	liquid
48	Phosphorus butoxide	$P(OC_4H_9)_3$		127/18 mm	liquid
49	Tributyl phosphite	$P(OC_4H_9)_3$	121	118-125/7 mm	liquid
50	Triphenyl phosphite	$P(OC_6H_5)_3$	22-24	360	

2. 無機材料合成

No.	Name	Formula	mp	bp	State
51	Trii-octyl phosphite	$P(OC_8H_{17})_3$		161-164/0.3 mm	liquid
52	Methyldiphenylphosphinite	$P(OCH_3)(C_6H_5)_2$		151-152/10 mm	liquid
53	Dimethyl phenylphosphonite	$P(OCH_3)_2C_6H_5$	>110		
54	Trimethylphosphite	$P(OCH_3)_3$	26.7	111-112	liquid
55	Tris(2-tryl) phosphite	$P(OCH_3C_6H_4)_3$		200-202/2.4-2.6 mm	liquid
56	Methyl phosphorodichloridate	$PO(OCH_3)Cl_2$		57-60/18 mm	liquid
57	Dimethyl methylphosphonate	$PO(OCH_3)_2(CH_3)$	43	181	
58	Tris(2-butoxyethyl) phosphate	$PO(C_4H_9OCH_2CH_2O)_3$	224	222/4 mm	liquid
59	Diphenyl phosphate	$PO(C_6H_5)_2OH$	63-64		solid
60	Ethyl diethylphosphinate	$PO(OC_2H_5)(C_2H_5)_2$		91-92/14 mm	liquid
61	Diethyl methylphosphonate	$PO(OC_2H_5)_2(CH_3)$		194	
62	Methyl diethylphosphonoacetate	$PO(OC_2H_5)_2(CH_2CO_2CH_3)$		127-131/9 mm	liquid
63	Methyl 2-diethylphosphonopropanoate	$PO(OC_2H_5)_2CH(CH_3)CO_2CH_3$		95/1.0 mm	liquid
64	Diethyl phosphonoacetaldehyde diethyl acetal	$PO(OC_2H_5)_2CH_2CH_2(OC_2H_5)_2$	110	146-149/14 mm	
65	Methyl diethyl-γ-phosphonocrotonate	$PO(OC_2H_5)_2CH_2CH=CHCO_2CH_3$		118	
66	Trimethylsilyl-P, P-diethyl phosphonoacetate	$PO(OC_2H_5)_2CH_2CO_2Si(CH_3)_3$		93-95/0.5 mm	liquid
67	Diethyl phosphite	$PO(OC_2H_5)_2H$	90	50-51/2 mm	
68	Triethyl phosphate	$PO(OC_2H_5)_3$		215	liquid
69	Isopropyl phenylvinyphosphinate	$PO(OC_3H_7)(C_6H_5)(CH=CH_2)$		97-98/0.1 mm	liquid
70	Phosphoric propoxide	$PO(OC_3H_7)_3$		140/23 mm	liquid
71	Phosphoric butoxide	$PO(OC_4H_9)_3$	-80	289	liquid
72	Triphenyl phosphate	$PO(OC_6H_5)_3$	49-51	244/10 mm	solid
73	Dimethyl methylthiomethylphosphonate	$PO(OCH_3)_2(CH_2SCH_3)$		138-140/30 mm	liquid
74	Ethyl dimethylphosphonoacetate	$PO(OCH_3)_2CH_2CO_2CH_2CH_3$		97-98/3 mm	
75	Trimethylsilyl-P, P-dimethyl-phosphonoacetate	$PO(OCH_3)_2CH_2CO_2Si(CH_3)_3$		90-92/0.05 mm	liquid
76	Dimethyl methylsulfonymethyl-phosphonate	$PO(OCH_3)_2[H_2CS(O_2)CH_3]$	92-93		solid
77	Phosphoric methoxide	$PO(OCH_3)_3$		197	liquid
78	Ethyl diphenylphosphinite	$POC_2H_5(C_6H_5)_2$	>110		
79	Methyl diphenylphosphinite	$POCH_3(C_6H_5)_2$	>110	149/6 mm	
80	Trioctyl phosphate	$PO[O(CH_2)_7CH_3]_3$	216	216/4 mm	liquid
81	Dii-propyl fluorophosphate	$PO[OCH(CH_3)_2]_2F$		62/9	
82	Trioctadecylphosphite	$P[CH_3(CH_2)_{16}CH_2O]_3$	246		solid
83	Tris(2-ethylhexyl) phosphite	$P[OCH_2(C_2H_5)CH(CH_2)_3CH_3]_3$	175	163-164/0.3 mm	liquid
84	Tridodecyl phosphite	$P[OCH_2(CH_2)_{10}CH_3]_3$	232		liquid
85	Ethylbis(trimethylsilyl) phosphite	$P[OSi(CH_3)_3]_2(OC_2H_5)$		79-82/20 mm	liquid
86	Antimony n-butoxide	$Sb(n-OC_4H_9)_3$		133-135/4 mm	
87	Tetramethyl propylene-diphosphonate	$[(C_2H_5O)_2P(O)CH_2]_2CH_2$		198-199/8 mm	liquid
88	Tetrai-propyl methylene-diphosphonate	$[(C_3H_7O)_2P(O)]_2CH_2$		87-90/0.003 mm	liquid
89	Antimony(Ⅲ) ethoxide Antimony(Ⅴ) ethoxide	$Sb(OC_2H_5)_3$ $Sb(OC_2H_5)_5$	46	37-38/0.03 mm 135-145/0.15 mm	liquid
90	Antimony propoxide	$Sb(OC_3H_7)_3$		108-109/38 mm	liquid
91	Antimony butoxide	$Sb(OC_4H_9)_3$		133-135/4 mm	liquid
92	Antimony methoxide	$Sb(OCH_3)_3$	122-124		solid
93	Antimony n-butoxide	$Sb(n-OC_4H_9)_3$		116-117/2 mm	liquid
94	Selenium i-propoxide	$Se(i-OC_3H_7)_4$		110/7.0 mm	liquid
95	Selenium n-butoxide	$Se(O-n-C_4H_9)_4$		88/4.5 mm	liquid
96	Selenium ethoxide	$Se(OC_2H_5)_4$		76/10 mm	liquid
97	Dimethylethoxyvinylsilane	$Si(OC_2H_5)(CH_3)_2C_2H_3$	-3	99	liquid
98	Ethoxytrimethylsilane	$Si(OC_2H_5)(CH_3)_3$	-28	141-143	liquid

99	Diethoxymethylvinylsilane	$Si(OC_2H_5)_2(CH_3)(CHCH_2)$	17	133-134	liquid
100	Diethoxydimethylsilane	$Si(OC_2H_5)_2(CH_3)_2$	11	114	liquid
101	Diethoxydimethylsilane	$Si(OC_2H_5)_2(CH_3)_2$		113.5	liquid
102	Triethoxyvinylsilane	$Si(OC_2H_5)_3(C_2H_3)$		161	liquid
103	Mercaptoethyltriethoxysilane	$Si(OC_2H_5)_3(C_2H_5SH)$	104	210	liquid
104	Methyltriethoxysilane	$Si(OC_2H_5)_3(CH_3)$	-5	141-143	liquid
105	Phenyltriethoxysilane	$Si(OC_2H_5)_3C_6H_5$	42	112-113/10 mm	
106	Triethoxyphenylsilane	$Si(OC_2H_5)_3C_6H_5$		123/15 mm	liquid
107	Triethoxymethylsilane	$Si(OC_2H_5)_3CH_3$		143	liquid
108	Triethoxychlorosilane	$Si(OC_2H_5)_3Cl$		157-158	liquid
109	Triethoxysilane	$Si(OC_2H_5)_3H$		131.5	liquid
110	Silicon ethoxide	$Si(OC_2H_5)_4$	-77	165.8	liquid
111	Silicon propoxide	$Si(OC_3H_7)_4$	54	94/5 mm	liquid
112	Silicon butoxide	$Si(OC_4H_9)_4$	116	115/3 mm	liquid
113	Allyloxytrimethylsilane	$Si(OCH_2CHCH_2)(CH_3)_3$		100	liquid
114	Methoxytrimethylsilane	$Si(OCH_3)(CH_3)_3$	-30	57-58	liquid
115	Dimethoxymethylphenylsilane	$Si(OCH_3)_2(CH_3)(C_6H_5)$	80	199/750 mm	
116	Trimethoxysilane	$Si(OCH_3)_3H$	-115	81	liquid
117	Silicon methoxide	$Si(OCH_3)_4$	-4	121-122	liquid
118	Silicon methoxide	$Si(OCH_3)_4$		121-122	liquid
119	Silicon i-propoxide	$Si(i-OC_3H_7)_4$		225-227	liquid
120	Silicon t-butoxide	$Si(t-OC_4H_9)_4$	56.5-57	105-105.5/15 mm	liquid
121	Tin(II) ethoxide	$Sn(OC_2H_5)_2$	>200		solid
122	Tin(IV) ethoxide	$Sn(OC_2H_5)_4$		175/0.05 mm	solid
123	Tin(II) methoxide	$Sn(OCH_3)_2$	242-243		solid
124	Di-n-butyltin dimethoxide	$Sn(OCH_3)_2(C_4H_9)_2$		136-139/1.2 mm	liquid
125	Dibutyltin dimethoxide	$Sn(OCH_3)_2[CH_3(CH_2)_3]_2$	43		liquid
126	Tin methoxide	$Sn(OCH_3)_4$		180/0.1 mm	solid
127	Tin i-propoxide	$Sn(i-OC_3H_7)_4$		131/1.6 mm	
128	Tin t-butoxide	$Sn(t-OC_4H_9)_4$	40	99/4 mm	solid
129	Tantalum ethoxide	$Ta(OC_2H_5)_5$	22	145/0.1 mm; 147/0.05 mm	liquid
130	Tantalum propoxide	$Ta(OC_3H_7)_5$		184/0.15 mm	liquid
131	Tantalum methoxide	$Ta(OCH_3)_5$	50	130/0.2 mm; 189/10 mm	
132	Tellurium ethoxide	$Te(OC_2H_5)_4$		107/5.0 mm	liquid
133	Tellurium methoxide	$Te(OCH_3)_4$		115/9 mm	liquid
134	Tellurium i-propoxide	$Te(i-OC_3H_7)_4$		76/0.5 mm	liquid
135	Tellurium n-butoxide	$Te(n-OC_4H_9)_4$		150/0.8 mm	liquid
136	Titanium ethoxide	$Ti(OC_2H_5)_4$		122/1 mm; 150-152/10 mm	liquid
137	Titanium propoxide	$Ti(OC_3H_7)_4$	20	58/1 mm; 170/3 mm	liquid
138	Titanium butoxybis (2,4-pentanedionate)	$Ti(OC_4H_9)_2(C_5H_7O_2)_2$			solid
139	Titanium butoxide	$Ti(OC_4H_9)_4$		142/0.1 mm; 135/1 mm	liquid
140	Titanium 2-ethylhexoxide	$Ti(OC_8H_{17})_4$	<-25	194/0.25 mm	liquid
141	Titanium methoxide	$Ti(OCH_3)_4$	210	243/53 mm	solid
142	Titanium i-propoxide	$Ti(i-OC_3H_7)_4$	20	58/1 mm; 97/7.5 mm; 116/10 mm	liquid
143	Titanium i-butoxide	$Ti(i-OC_4H_9)_4$		141/1 mm	liquid
144	Titanium n-butoxide	$Ti(n-OC_4H_9)_4$		166/6.5 mm	liquid
145	Thallium ethoxide	$Tl(OC_2H_5)$	-3	130	liquid
146	Uranium(V) ethoxide	$U(OC_2H_5)_5$	180(分解)	160/0.05 mm	liquid
147	Vanadium ethoxide	$V(OC_2H_5)_3$		91/11 mm	liquid
148	Vanadium oxyethoxide	$VO(OC_2H_5)_3$		82.5/1 mm	liquid
149	Vanadium oxypropoxide	$VO(OC_3H_7)_3$		102/9 mm	liquid
150	Vanadium oxymethoxide	$VO(OCH_3)_3$	48	128-130/20 mm	solid

151	Vanadium n-butoxide	$V(n-OC_4H_9)_3$		154-156/10 mm	liquid
152	Vanadium oxy-t-butoxide	$VO(t-OC_4H_9)_3$		140/0.3 mm	liquid
153	Tungsten(V) ethoxide	$W(OC_2H_5)_5$		120/0.05 mm	liquid
154	Zinc methoxide	$Zn(OCH_3)_2$		45/2 mm	solid
155	Zirconium ethoxide	$Zr(OC_2H_5)_4$	171-173	234.8/5 mm	solid
156	Zirconium propoxide	$Zr(OC_3H_7)_4$		203.8/50 mm	solid
157	Zirconium butoxide	$Zr(OC_4H_9)_4$		243/0.1 mm	solid
158	Zirconium methoxide	$Zr(OCH_3)_4$		280/0.10 mm (sub)	solid
159	Zirconium i-propoxide	$Zr(i-OC_3H_7)_4$	105-120	160/0.1 mm	solid
160	Zirconium n-butoxide	$Zr(n-OC_4H_9)_4$		243/0.1 mm	liquid
161	Tetraethylethylenediphosphonate	$[(C_2H_5O)_2P(O)CH_2]_2$		154/0.9 mm	liquid

シドを生ずる．

$$SiCl_4 + 4C_2H_5OH \rightarrow Si(OC_2H_5)_4 + 4HCl\uparrow$$

しかし，四塩化チタンは同様な反応では次式のように反応して，ジクロロジエトキシチタンのエタノール付加物を生成し，塩素とエトキシ基の完全な置換は生じない．

$$TiCl_4 + 3C_2H_5OH \rightarrow$$
$$TiCl_2(OC_2H_5)_2 \cdot C_2H_5OH + 2HCl\uparrow$$

この付加物は非常に安定である．さらに，原子番号の大きな四塩化ジルコニウムとエタノールの反応では次式のようにジクロロ体とトリクロロ体の混合物が得られる．

$$2ZrCl_4 + 5C_2H_5OH \rightarrow$$
$$ZrCl_2(OC_2H_5)_2 \cdot C_2H_5OH +$$
$$ZrCl_3(OC_2H_5) \cdot C_2H_5OH + 3HCl\uparrow$$

そして，四塩化トリウムとエタノールの反応では塩素原子の置換は起こらず付加化合物の生成に終わる．

$$ThCl_4 + 4C_2H_5OH \rightarrow ThCl_4 \cdot 4C_2H_5OH$$

メタノール，エタノールのような一般にバルキーでないアルコールでは塩素原子とアルコキシ基の置換は容易に進行するが，t-ブトキシ基のような嵩高い大きな基では置換反応の速度がきわめて遅くなる．このためアルコキシドが得られず一見 S_N2 以外の機構で反応が進行しているように見える．すなわち，四塩化ケイ素と第3アルコールとの反応はほぼ定量的に次式で示されるように反応してオルトケイ酸と第3塩化アルキルを生じることが知られている．

$$SiCl_4 + 4C_4H_9{}^tOH \rightarrow Si(OH)_4 + 4C_4H_9{}^tCl$$

この反応は第3アルキル基の強い，＋I 誘導効果のために塩素が脱離せず，第3塩化アルキルが脱離するような別の反応機構をとることも考えられるが，反応の進行はやはり S_N2 機構によって行われることがわかっている．すなわち，

$$SiCl_4 + C_4H_9{}^tOH \rightarrow SiCl_3(OC_4H_9{}^t) + HCl$$

の反応が最初生じるのである．しかし，先の金属との直接反応でも触れたように，t-ブトキシド基の弱い反応性はケイ素原子からつぎの塩素原子を引き抜くには不十分で上記の反応によって生じた塩酸が t-ブタノールと反応して水と第3塩化アルキルを生ずる．

$$C_4H_9{}^tOH + HCl \rightarrow C_4H_9{}^tCl + H_2O$$

ここに生成した水が四塩化ケイ素やすでに生成したアルコシドを加水分解するために最終反応生成物がオルトケイ酸になる．この反応機構が正しいことは，反応の最初の段階で生じる塩素と強く結び付くピリジンを反応系に加えることで，つぎの反応が進行することによって確かめられている．

$$SiCl_4 + 3C_4H_9{}^tOH + 3C_5H_5N \rightarrow$$
$$SiCl(OC_4H_9{}^t)_3 + 3C_5H_5N \cdot HCl$$

そして，ピリジンの付加によっても塩素原子の置換が完全に行われず，塩素原子が1つ残ってしまうのは大きな t-ブトキシド基の立体障害によるものである．このことの正しさはこの最後の塩素原子が次のようにエトキシド基によって置換されることから理解できる．

$$SiCl(OC_4H_9{}^t)_3 + C_2H_5OH \rightarrow$$
$$Si(OC_4H_9{}^t)_3(OC_2H_5) + HCl$$

金属塩化物とアルコールの単純な反応によるアルコキシドの合成では，アルコキシ基による塩素原子の置換は部分的にとどまるのが一般的であるといえる．この置換を完全に行うためには，アンモニア，ピリジン，トリアルキルアミンのような塩基が有効である．これはこれらの塩基（B）が次のような反応によって反応系のアルコキシドアニオン OR^- の濃度を高めるためであると考えられている．

$$B + ROH \rightarrow BH^+ + OR^-$$
$$OR^- + MCl \rightarrow MOR + Cl^-$$
$$BH^+ + Cl^- \rightarrow BH^+Cl^-$$

たとえば，四塩化チタンとエタノールの反応はすでに述べたように塩素原子の完全な置換を生じない．しかし，この系の反応をアンモニアガスを吹き込みながら行うと反応を完結させることができる．

$$TiCl_4 + 4C_2H_5OH + 4NH_3 \rightarrow$$
$$Ti(OC_2H_5)_4 + 4NH_4Cl$$

この反応は工業的にチタンのアルコキシドを製造するのに使われている．とくに，この反応をホルムアミドのようなアミドあるいはニトリルの存在下で行うとチタニウムアルコキシドが上部の液相に形成され，塩化アンモニウムが下層の液相に溶け込むので塩化アンモニウムのろ別を必要としない．しかしながら，四塩化トリウムとアルコールの反応はアンモニアの存在下でも進行しない．これはトリウムアルコキシドがアンモニアよりも強い塩基であるためである．また，アンモニアの存在下で4-エトキシドを得ることができるチタンやジルコニウムもt-ブトキシドのようなより塩基性の基では置換は完全ではなくなる．完全な置換はピリジンの使用やジピリジニウムヘキサクロロジルコネート $(C_5H_6N)_2ZrCl_6$ を原料とすることで達成される．

複数のアルコキシ基を配位することのできる金属元素に対しては複数の異なるアルコキシ基を同時にもつ金属アルコキシドを合成することができる．配位させることができるアルコキシ基は金属元素の大きさ，アルコキシ基の立体的な大きさと形に依存している．すなわち，すでに述べたようにケイ素の四塩化物とt-ブタノールの反応ではブトキシ基の立体障害のため4つの塩素原子のうち3つまでブトキシ基で置換されるが最後の1つはより小さいエトキシ基でないと置換できなかった．この場合にはアルコキシ基の幾何学的な大きさにより金属元素につくアルコキシ基が限定された．アルコキシ基の配位に対するこのような幾何学的な制限がない場合には，反応物の量的関係を制御することによって積極的に混合形アルコキシドを合成することができる．

たとえば，四塩化チタンとまずアルコール ROH を反応させて $Ti(OR)_2Cl_2$ を合成し，これにピリジン存在下で第2のアルコール R_IOH を反応させて $Ti(OR)_2(OR_I)Cl$ を合成し，最後にこれにベンゼン中で第3のアルコール $R_{II}OH$ のナトリウムアルコキシド $R_{II}ONa$ とを反応させて $Ti(OR)_2(OR_I)(OR_{II})$ を合成することができる．表2.5はこのようにして合成された混合形チタンアルコキシドの例である[31]．

表 2.5 混合形チタンアルコキシドの例

| $Ti(OR)_2(OR_I)(OR_{II})$ | | | 沸点(mmHg) |
R	R_I	R_{II}	
n-C_4H_9	i-C_3H_7	CH_3	160°C (2.5)
n-C_4H_9	n-C_4H_9	n-C_3H_7	156°C (0.4)
n-C_3H_7	n-C_3H_7	n-C_4H_9	131°C (0.3)
n-C_3H_7	n-C_3H_7	i-C_3H_7	132°C (0.4)

金属アルコキシドは，また水酸化ナトリウムのようなアルカリと水酸化亜鉛のような両性水酸化物が反応して $NaZn(OH)_4$ のようなヒドロキソ塩を生成するように，強塩基のアルカリアルコキシドと亜鉛やアルミニウムのような元素のアルコキシドを反応させ，水酸化物のヒドロキソ塩に相当するアルコキソ塩 $Na_2[Zn(OC_2H_5)_3]$，$Mg[Al(OC_2H_5)_4]_2$ などを合成することができる．このような酸性アルコキシドと塩基性アルコキシドの中和反応は金属元素の電気的性質に基づくものである．アルカリ土類金属，希土類金属とアルミニウム，ジルコニウム，ニオブ，タンタルなどの

金属アルコキシドとの反応を次に示す[32~36].

$$M(I)OR + M(III)(OR)_3 \rightarrow M(I)[M(III)(OR)_4]$$

$$LnCl_3 + 3KM(III)(OR)_4 \rightarrow Ln[M(OR)_4]_3 + 3KCl$$

$$M(II)(OR)_2 + 2M(III)(OR)_3 \rightarrow M(II)[M(III)(OR)_4]_2$$

$$M(II)(OR)_2 + 4M(IV)(OR)_4 \rightarrow M(II)[M(IV)_2(OR)_9]_2$$

$$M(II)(OR)_2 + 3M(IV)(OR)_4 \rightarrow M(II)[M(IV)_3(OR)_{14}]$$

$$M(II)(OR) + 2M(V)(OR)_5 \rightarrow M(II)[M(V)(OR)_6]_2$$

ここで,
$M(I) = $ Li, Na, K, Rb, Cs
$M(II) = $ Mg, Ca, Sr, Ba
$M(III) = $ Al, Ga
$M(IV) = $ Zr, Hf
$M(V) = $ Nb, Ta
$Ln = $ La, Pr, Nd, Sm, Gd, Ho, Er, Yb, Lu, Ce, Sc, Y

このような複合金属アルコキシドは次項で示すように原子価補償型のペロブスカイト化合物, フェライトなどの粉末合成で重要な役割を果たす.

c) 金属アルコキシドの加水分解反応:
金属アルコキシドの加水分解反応は一般にきわめて速い速度で進行する. このような金属アルコキシドの化学量論量をはるかに越えるような水を使用しての加水分解による粉末合成は水あるいはアルコールやベンゼンなどの有機溶媒中でのイオン反応と考えることができる. この場合, 加水分解反応の第1段階は金属陽イオンへの水分子の配位である. 加水分解によってまず水和陽イオン $M^{n+}(aq)$ が形成される. この水和陽イオンは段階的にプロトンを放出し, 最終的には金属の水酸化物や酸化物を生成する. 水和陽イオンのプロトン放出によって生成する各種のイオン種は相互に反応し, いろいろな大きさの重合物を与えるので反応中の化学種を特定することは困難である.

陽イオンのまわりに配位する水分子の数は陽イオンの大きさに依存している. イオン半径の小さい Li, Na, K のような1価アルカリ金属イオン, Be のような2価金属イオンは4配位の水和陽イオンを生じ, イオンの大きさがもっと大きな Mg, Al, Fe, Ni などの金属イオンでは6配位となる. 4配位の水和イオンは四面体を形成し, 中心に金属陽イオンが, 四面体の頂点に水分子が位置する. また, 6配位の水和イオンは八面体を形成し, やはり中心を金属イオンが, 頂点を水分子が占めている.

一般に, 水和陽イオンはプロトン解離反応と縮合反応を通じて M-OH-M あるいは M-O-M 結合を形成する. これは, 水和陽イオンに配位した水分子中の酸素原子の電子が陽イオンの分極作用によって陽イオンのほうに引き付けられるために OH 結合が弱められ, プロトンを放出しやすくなっているためである. したがって, 次のような反応が進行するものと考えられる.

$$M \leftarrow O \begin{matrix} H \\ H \end{matrix} + H_2O \rightarrow M-O \begin{matrix} \\ H \end{matrix} + H_3O^+$$

$$M \leftarrow O \begin{matrix} H \\ H \end{matrix} + \begin{matrix} \\ H \end{matrix} O-M \rightarrow M-O-M + H_3O^+$$

金属の陽性が強いほど, また金属の形式電荷が大きいほどプロトンの脱離は容易になり, アクア錯体→ヒドロキソ錯体→オキソ錯体への変化が容易に進行する. 実際に溶液中の金属陽イオンに束縛される溶媒などの陰イオンや溶媒分子の数は上で述べた配位分子数よりもかなり多く, 数十であると考えられている. すなわち, 金属イオン1モルに対して数十モルの水分子が束縛されると考えてよい. 結晶性沈殿を得るためには最低でも束縛分子数程度の水が必要であり, このことは化合物生成が一般には水相を通じての反応であることを示している. したがって, 水溶液中での水和イオンの挙動が金属アルコキシド加水分解反応の素過程を形成している.

このような素過程はどのような状況下で進

行するのであろうか．ここではチタン酸バリウム合成を例に考えてみよう．金属アルコシドからのチタン酸バリウム合成は水溶液ではなく，一般にはアルコールやベンゼンのような有機溶媒中で行われる．このような有機溶媒中での金属アルコキシドの加水分解反応はアルコールの金属塩の加水分解反応と考えることができる．アルコキシドアニオンはアルコールの共役塩基であり，非常に強い塩基である．このような強塩基の加水分解反応は完全に進行する．すなわち，一般的に金属アルコキシドからの沈殿生成反応は強アルカリ下で進行しているといえる．BaアルコキシドとTiアルコキシドの混合溶液に加えられた水は直ちに溶液中の金属イオンに配位して水和陽イオンを形成するが，形成されるイオン種は系のpHに依存している．また，水和陽イオンは周囲の溶媒分子と分子交換を行うが，その交換速度は図2.13に示すようにバリウムイオンはチタンイオンに比べてきわめて速い速度で分子交換を行うと考えてよい[37]．

pHとイオン種の関係はどうであろうか．アルカリ，アルカリ土類金属は水溶液中では，ベリリウムを除いて単純な水和溶イオン$M^{n+}(aq)$を作る．そして，これらの金属イオンに直接配位している水分子の数は正確にはわかっていないが，リチウム，ナトリウム，カリウムでは4配位，マグネシウム，カルシウムでは6配位であると考えられている．しかし，これら陽イオンの影響は直接に配位している水分子を越えてその外側にまで及んでおり，実際にはその数倍から10倍程度の水分子が直接的な影響を受けていると考えられている．

アルカリ，アルカリ土類金属イオンの有効半径は同じ属では小さいイオンほどイオンの有効半径が大きく，アルカリとアルカリ土類金属を比べると中心電荷の大きいアルカリ土類イオンの方が大きな有効半径をもっている．両属のイオン半径がそれほど違わないことを考えると，イオンが小さく電荷が大きいほど溶媒分子を強く溶媒和するといえる．水和エンタルピーはアルカリ，アルカリ土類金属イオンとも負の大きな値をもっており，イオンの水和がかなりの発熱過程であることを示している．また，水和エントロピーも大きな負の値を示しているので，イオンは水和によりエントロピーを失い，溶媒の構造化が生じていることを示している．

3d金属イオンの水溶液中における状態はアルカリやアルカリ土類金属イオンのように単純ではない．一般に3d金属元素は水溶液中では+2〜+7の広い範囲の酸化数をとる．そして，溶液中で生成する金属元素の酸化数は金属の種類と溶液のpHに強く依存している．Ti原子は水溶液中で+2, +3, +4の酸化数を取るが，Ti(II), Ti(III)は常温で水により簡単に酸化されてTi(IV)になる．3d金属イオンのうち水溶液中で4価陽イオンとして存在するのは，TiとVのみである．Tiと

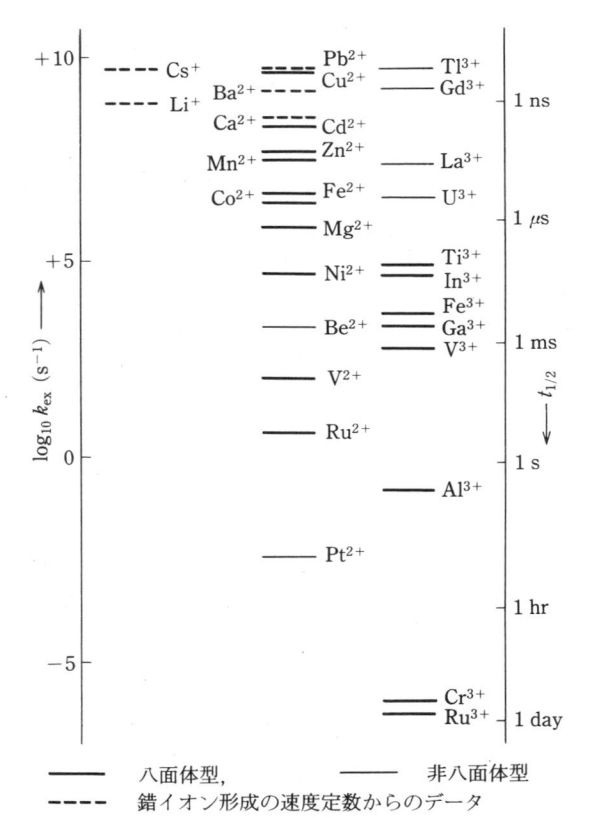

図 2.13 水分子交換の速度定数と第1水和殻における水分子の平均滞在時間

―― 八面体型，　―― 非八面体型
---- 錯イオン形成の速度定数からのデータ

Vでは，その電子配置は Ti が [Ar]3d24s2，V が [Ar]3d34s2 と d 軌道中の d 電子の数を1個だけ異にするだけであるが，水溶液中での挙動はだいぶ異なる．すなわち，酸性溶液中では Ti(Ⅳ) は $Ti(OH)_2^{2+}(aq)$ の形で存在すると考えられているが，V(Ⅳ) は $VO^{2+}(aq)$ として存在していると考えられている．Ti(Ⅳ) は pH の上昇につれてプロトンを放出して水和 TiO_2 となって沈殿し，さらに pH を上げアルカリ性にするとチタン酸イオン $TiO_3^{2-}(aq)$ となって再溶解する．この TiO_3^{2-} イオンはアルカリ溶液中で非常に安定に存在する．一方，V(Ⅳ) はアルカリ性溶液中で $VO(OH)_2$ となって沈殿し，この沈殿は濃アルカリ溶液でも溶解しない．

一般に 3d 金属元素の水溶液中での化学種は，溶液の pH によってアクア錯体→ヒドロキソ錯体→オキソ錯体へと変化する．金属元素の電荷が大きくなると配位する水分子の酸素の分極が大きくなるので，この変化は金属イオンの形式電荷の増大にしたがって起こりやすくなる．Ti と V を比べると V(Ⅳ) の方が Ti(Ⅳ) よりオキソ錯体を形成しやすいが，これは同じ形式電荷をもつ場合でも，V 原子の方が Ti 原子よりも有効なイオン半径が小さいためであると考えられる．このようにヒドロキソ基からオキソ基への移行は本質的には金属イオンの分極作用の強さに依存している．そして，金属イオンの分極作用が強いイオンでは $V_2O_7^{4-}$ や MnO_4^{3-} のような陰イオン性のオキソ錯体も生成する．

このような水溶液中におけるアルカリ土類金属イオンとチタンイオンの挙動から金属アルコキシドの加水分解によるチタン酸バリウムの生成には $Ba^{2+}(aq)$ とオキソチタンイオン TiO_3^{2-} が関与していると考えられる．バリウムアルコキシドの加水分解は系を非常に塩基性にするが，分子交換速度の違いから，溶液全体のマクロな塩基性よりもミクロレベルでの局所的な塩基性雰囲気が重要な役割を果たしている．したがって，反応をセラミックス合成に都合よいように制御するためにはミクロレベルでの水和機構の理解が重要である．

d) 金属アルコキシドからの粉末合成：

金属アルコキシドは水と反応して酸化物，水酸化物，あるいは水和物を生じる．酸化物，水酸化物，水和物のいずれが生成するかは金属の種類や反応条件に依存している．沈殿が酸化物の場合はそのまま乾燥することによって，また水酸化物，水和物の場合には仮焼することによってセラミックス粉末となる．金属アルコキシドを利用するセラミックス原料の製造には次のような特徴がある．

(1) 反応に汎用性がある．
(2) 温和な，省エネルギー型の反応である．
(3) クリーンで省資源型の反応である．
(4) 官能基による反応設計が可能である．
(5) 粒子単位で均一組成をもつ超微粒子の製造が可能である．

金属アルコキシドの加水分解速度はケイ素やリンなどの一部のアルコキシドを除けばきわめて速く，均一アルコキシド溶液の加水分解は必然的に粒子レベルで組成的に均一な粉末を与える．金属アルコキシドからのセラミックス粉末合成の具体例のいくつかを示せば次のようである．

$BaTiO_3$ 粉末は Ba アルコキシドと Ti アルコキシドの混合溶液を水で加水分解すると結晶性の沈殿として得られる[38,39]．Ba アルコキシドは，

$$Ba(金属) + 2Pr^iOH \rightarrow Ba(OPr^i)_2 + (1/2)H_2$$

の反応によって還流下，無触媒で合成される．Ti アルコキシドは，

$$TiCl_4 + 4Pr^iOH + 4NH_3 \rightarrow$$
$$Ti(OPr^i)_4 + 4NH_4Cl\downarrow$$

の反応によって NH_3 の存在下で合成される．これらの金属アルコキシドを，Ba アルコキシドと Ti アルコキシドを 1:1 のモル比で混合，還流させたのち，還流下で加水分解を行うと $BaTiO_3$ の結晶性沈殿が生成する．

$$Ba(OPr^i)_2 + Ti(OPr^i)_4 \rightarrow$$
$$BaTiO_3(結晶性)\downarrow + 6PriOH$$

金属アルコキシド合成から酸化物合成に至

るまですべての反応はたかだか 100°C 前後の低温で進行する．また，アルコキシドの加水分解反応は沈殿とアルコールを生成するが，このアルコールは再びアルコキシド合成に利用できる．$SrTiO_3$ も同様の方法によって結晶性の沈殿が得られる．溶液から直接 $BaTiO_3$，$SrTiO_3$ などの酸化物粒子が得られることが，この合成法の著しい特徴である．沈殿の粒径は 100Å 前後で，粒子1個1個がすぐれた化学量論性をもっている．アルコキシドを利用すると $SrTiO_3$ と $SrZrO_3$ の固溶体である $Sr(Ti, Zr)O_3$ のような化合物も，ある組成範囲にわたって粒子単位でバッチ組成をもつ原料粉を合成することができる．

金属アルコキシドから得られる結晶相は一般的には常温安定相であるが，高温相が得られることもある．ZrO_2 や $Pb(Zr, Ti)O_3$ はこのような例である．Zr のアルコキシドは Ti アルコキシドと同様に合成される．すなわち，

$$ZrCl_4 + 4Pr^iOH + 4NH_3 \rightarrow Zr(OPr^i)_4 + 4NH_4Cl$$

Zr アルコキシドの加水分解生成物は X 線的に無定形であるが，この粉末を 600°C で仮焼すると正方晶型 ZrO_2 が得られる．ZrO_2 のこの温度での安定相は単斜晶型である[40]．

$Pb(Zr, Ti)O_3$ 粉末の合成でも同様の現象がみられる．$Pb(Zr, Ti)O_3$ は Pb, Zr, Ti の各アルコキシドを目的組成に混合し，加水分解することによって得られる．Pb アルコキシドは次の反応によって合成される[41]．

$$Pb(CH_3COO)_2 + 2Pr^iOH \rightarrow Pb(OPr^i)_2 + 2CH_3COONa \downarrow$$

3つの成分アルコキシドの混合アルコキシド溶液の加水分解生成物は ZrO_2 と同様に無定形である．この粉末は 800°C 以下の仮焼により立方晶型 $Pb(Zr, Ti)O_3$ となる．この相は高温安定相で通常の合成方法では室温で安定に得ることはできない．この粉末を 1000°C で仮焼すると $Pb(Zr, Ti)O_3$ の組成に応じて正方晶型あるいは菱面体晶型の室温安定相が生成する．

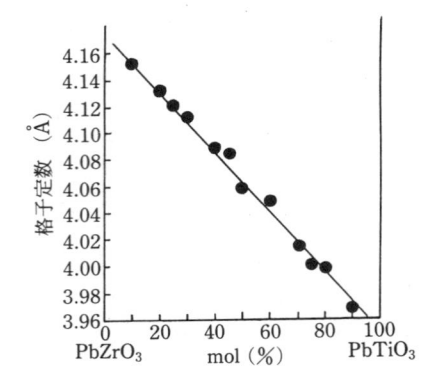

図 2.14 準安定立方晶型 $Pb(Zr, Ti)O_3$ の格子定数変化（熱処理温度 600°C）

図 2.14 は 600°C 仮焼によって作られた準安定立方晶型 $Pb(Zr, Ti)O_3$ の格子定数変化を示している．格子定数は組成とともに直線的に変化し，固溶が完全であることを示している．分析電子顕微鏡による粒子の組成分析の結果からこのような固溶が粒子単位で行われていることが推定されている．$BaTiO_3$，$SrTiO_3$，$Pb(Zr, Ti)O_3$ などのペロブスカイト化合物とともに重要な電子セラミックスであるフェライト粉末も金属アルコキシドから合成されている．Fe(II)，Fe(III) いずれのアルコキシドからも合成可能であるが，ここでは Fe(II) からの合成例を示す[41,42]．Fe(II) および Mn(II) アルコキシドは次の反応によって合成される．

$$M(II)Cl_2 + 2NaOR \rightarrow M(OR)_2 + 2NaCl$$
$$(M = Fe, Mn \quad R = Me, Et, Bu)$$

Fe(II)，Mn(II) イオンは酸素によって容易に酸化されるので，合成には雰囲気の制御を必要とする．Mn フェライトは，Mn(II) アルコキシドと Fe(II) アルコキシドの混合アルコキシドの加水分解によって生じる沈殿を酸化することによって合成される．図 2.15 は酸化時間に伴う $MnFe_2O_4$ 沈殿の格子定数変化である．5時間以上の酸化でほぼ一定値に達するが，この格子定数は文献値よりも若干小さい．これは沈殿における Fe(II)→Fe(III) の酸化が選択的に起こらず，Mn^{2+}→Mn^{3+} の酸化も進行し，Mn^{3+} が一部フェライトの3価位置を占めるとともに Fe^{2+} が完全

2. 無機材料合成

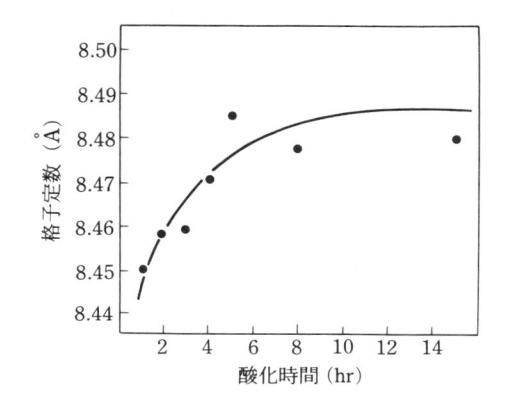

図 2.15 MnFe$_2$O$_4$ 格子定数の酸化時間による変化

に酸化されず一部2価位置に入っているためである.

e) **不溶性アルコキシドの溶液化**: 多くのアルコキシドはアルコールやベンゼン,トルエンなどの一般的な有機溶媒に可溶であるが,いくつかのアルコキシドはこれらの有機溶媒に不溶であるか,溶けてもほとんど実質的な溶解度をもたない.このような金属アルコキシドのうちセラミックスの合成と関係して重要な金属は Mg, Cu, Zn, Mn, そして Fe, Co, Ni などのⅧ族元素である.これらの金属元素を含むセラミックスを合成するときにはこれらアルコキシドを溶液化することが必要である.溶液化は複合アルコキシドの形成あるいは固体アルコキシドの液体アルコキシドへの溶解によって行われる.

複合アルコキシドとは2種類以上の金属元素をその分子内に含むものであるが,現在のところその化合物の存在がはっきりと確認されているものはそれほど多くはない.ここでは難溶性アルコキシドである Mg アルコキシドを成分アルコキシドとする Mg 含有原子価補償型ペロブスカイト化合物 Ba(Mg$_{1/3}$Nb$_{2/3}$)O$_3$ の例を示す[43].

Ba(Mg$_{1/3}$Nb$_{2/3}$)O$_3$ の成分アルコキシドは Ba, Mg そして Nb アルコキシドである.このうち Ba および Nb アルコキシドはアルコール,ベンゼン,トルエン,キシレンなどの有機溶媒に溶解するが,Mg アルコキシドはメトキシドを除いて他のアルコキシドは難溶性で,ほとんどの有機溶媒に実質上不溶である.しかし,図 2.16 のフローシートにしたがって Nb アルコキシドのトルエン溶液と金属マグネシウムをアルコール存在下で反応させることによって無色透明の Mg-Nb アルコキシドのトルエン溶液を得ることができる.Mg のエトキシド, n-プロポキシド, n-ブトキシドはトルエンに難溶であるので Nb アルコキシドの共存が難溶性 Mg アルコキシドを可溶化したものと考えることができる.Mg-Nb アルコキシドを単離して調べた例はないようであるが,アルコキシド合成法ですでに述べたように可溶性のアルコキシド Mg[Nb(OR)$_6$]$_2$ (R=Et, n-Pr, n-Bu) が合成されていると考えることができる.一般に A^{2+}(B$_{\text{I}_2}^{+1/3}$B$_{\text{II}_5}^{+2/3}$)O$_3$ の組成式で表される原子価補償型ペロブスカイトの B$_{\text{I}_2}$ 価元素は B$_{\text{II}_5}$ 価元素と可溶性アルコキシド B$_{\text{I}}$[B$_{\text{II}}$(OR)$_6$]$_2$ を形成する.このアルコキシドの B$_{\text{I}}$/B$_{\text{II}}$ 元素比はちょうどペロブスカイト中の B$_{\text{I}}$/B$_{\text{II}}$ 元素比と一致している.

vi) **水熱法**: 100°C 以上の温度,数気圧以上の水あるいは水溶液の存在下の反応を水熱反応という.高圧の熱水は高温に置かれているにもかかわらず,圧力のために高密度であり,高い溶解性をもっている.高温高圧水を反応の一成分として,圧力媒体として,鉱化剤として,また溶媒として作用させることにより,大気圧下で容易に進行しない反応を有効に活用することができる.水熱酸化法,水熱結晶化法などによるセラミックス微粒子の合成が試みられている[44].

水熱酸化法は金属粉末を水熱条件下で処理して酸化物粉末を得るものである.水熱条件下で起こる酸化反応としては,基本的には次の3つのルートが存在する.

水酸化物経由型　M+H$_2$O→M(OH)X→MO
水素化物経由型　M+H$_2$O→MHX→MO
直接型　　　　　M+H$_2$O→MO

しかし,実際にはこれらの反応が単独で進行して最終酸化物が得られるのではなく,これらが同時に,あるいは逐次的に進行すること

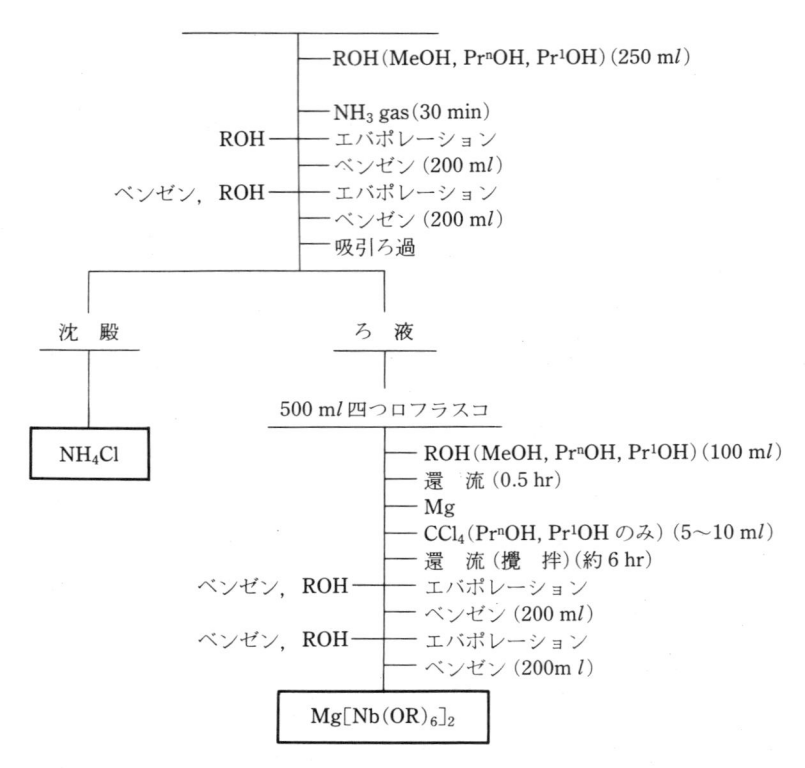

図 2.16 Mg-Nb アルコキシドトルエン溶液調製のフローシート

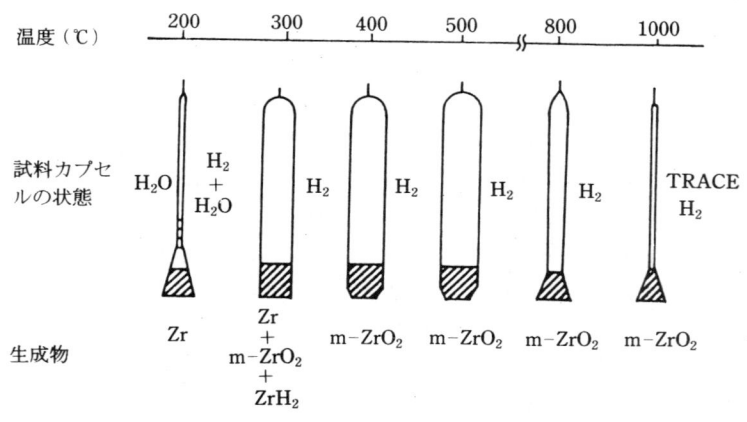

図 2.17 金属 Zr と高温高圧水との反応（圧力 98 MPa，反応時間 3 時間）

が多い．

たとえば，Zr 金属を出発原料とする ZrO_2 の生成では次の 2 つのルートが存在する．

$$Zr + H_2O \rightarrow ZrO_2 + H_2 \quad (1)$$
$$Zr + H_2O \rightarrow ZrHX + O_2 \quad (2)$$
$$ZrHX + O_2 \rightarrow ZrO_2 + H_2 \quad (3)$$

金属 Zr 片や粉末を 98 MPa の水熱条件下で 300°C 以上に加熱加圧して Zr 金属を酸化さ せると，反応 (1) によって表面に酸化物層が，また一部分は反応 (2) によって水素化物が生成した後，さらに酸化物となる．安定化ジルコニア粉末を得るためには $Y(NO_3)_3$, $Ca(NO_3)_2$, $Ca(OH)_2$, NH_4NO_3 などを添加する．金属 Zr と高温高圧水との反応は，98 MPa, 3 時間では図 2.17 に示したように 200°C では Zr，水酸化物，300°C では単斜晶型 ZrO_2，水

酸化物，少量のZr，400°C以上では単斜型ZrOのみが存在することを示している．また，Al/Zr，Al/Hfなどの金属粉末を水熱酸化することによってα-Al_2O_3とZrO_2とが均一に混合したAl_2O_3/ZrO_2，Al_2O/HfO_2などの2相混合粒子の合成も可能である．

図2.18はZr_5Al_3組成金属粉末の水熱処理結果を示したものである．400°Cでは反応がほとんど起こらず，500°C以上になると反応する．$ZrAl_3$組成では，この温度は600°Cに上昇する．水熱結晶化法は非晶質ゲルを水熱下で処理して結晶性粉末を得るものである．ZrO_2，CeO_2，(La, Ca)CrO_3などの非晶質ゲルの水熱結晶化による微粒子合成が試みられている．

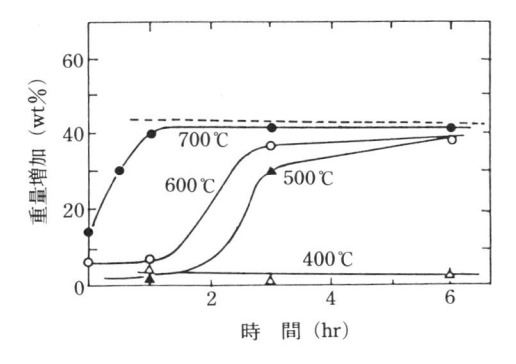

図2.18 Zr_5Al_3組成金属粉末の水熱酸化による重量変化（圧力100 MPa）

一例を示すと，$ZrCl_4$を2NのHClで溶解したのち，3NのNH_4OHを加えてゲル状沈殿とする．ろ過，洗浄を繰り返したのち，120°Cで乾燥し，含水ジルコニアを得る．これを出発物質としてKF溶液を用いて100 MPa，200〜600°Cで水熱処理を行うと単斜晶型ジルコニアが得られる．500°C以下では，20 nmぐらい，200°Cで16 nmぐらい，500°Cで22 nmぐらい，550°Cで70 nmぐらい，600°Cで120 nmぐらいの粒子が得られる．KF溶液では単斜型ジルコニアのみが生成するが，純水やLiCl溶液下では単斜晶型と同時に正方晶型ジルコニアも生成する．

vii) アミド・イミド法： 金属アミドやイミドの熱分解により窒化物合成が可能である．このことは，歴史的にかなり古くから知られている事実である．しかし，セラミックス粉末の合成法として研究されたことはほとんど皆無といってよく，金属アルコキシドの酸化物セラミックス合成への利用と同じく最近になって積極的に見直されつつある．

アルカリ金属，アルカリ土類金属は一般にアンモニアに溶解して，これら金属のアミドを形成する．たとえば，

$$Na(s) + NH_3(l) \rightarrow NaNH_2 + (1/2)H_2$$

しかし，アミド形成の容易さは金属の陽性と関係しており，BeやMgではアンモニアとの直接反応は進行せず，溶解させるにはカリウムアミドKNH_2のような強塩基を共存させるか，電気分解が必要である．

金属の陽性がさらに低下すると，金属との直接反応の代わりに金属の塩が利用される．たとえば，$SiCl_4$とNH_3を室温付近で反応させるとシリコンジイミド$Si(NH)_2$が生成する．

$$SiCl_4 + 6NH_3 \rightarrow Si(NH)_2 + 4NH_4Cl$$

この反応は容易に進行し，Si_3N_4微粉末の製造において工業的に利用されている．Al金属も液体NH_3とは直接反応しない．金属のアミドあるいはイミドの合成に利用される一般的合成法がAlに適用され，AlN合成の観点から評価されている[45]．

金属からの合成では次の反応が試みられている．

$$Al + 4KNH_2 \rightarrow 3K + KAl(NH_2)_4$$
$$KAl(NH_2)_4 + NH_4Br \rightarrow Al(NH_2)_3 + KBr$$

しかしながら，この方法によるAlアミド$Al(NH_2)_3$の合成は副次反応による反応効率の低下のため実用的でない．

金属塩からの合成では$AlBr_3$とKNH_2の反応とAlH_3のアンモニア分解が調べられている．いずれの反応においても目的化合物は$Al(NH_2)_3$である．

$$AlBr_3 + 3KNH_2 \rightarrow Al(NH_2)_3 + 3KBr$$

この反応では，KNH_2のアンモニア溶液に$AlBr_3$粉末を少量ずつ添加していくと，アンモニアに可溶な$KAl(NH_2)_4$に相当する$AlBr_3$

量までは溶液は透明であるが，この量を越えると沈殿生成が始まる．

沈殿は元素分析の結果，$[Al(NH_2)NH]_n$ の化学式で表すことができ，n は 2 よりもかなり大きい．すなわち，$Al(NH_2)_3$ は室温で不安定で，オリゴマー形成により安定化している．沈殿は常に KBr を不純物として含んでおり，これはアンモニアによる洗浄でもかなり残存する．

AlH_3 のアンモニア分解による Al アミド合成の直接の原料は $AlCl_3$ と $LiAlH_4$ である．$AlCl_3$ と $LiAlH_4$ をエーテル中で反応させ，$AlH_3 \cdot EtO$ のエーテル溶液を用意する．

$$AlCl_3 + 3LiAlH_4 \rightarrow 3LiCl + 4AlH_3 \cdot EtO$$

反応生成物の LiCl は沈殿として除去され，得られた AlH_3 エーテル溶液をアンモニア分解すると $Al(NH_2)_3$ が沈殿として生成する．反応終了後，系からエーテルとアンモニアを留去して得られた沈殿の組成分析は $[Al(NH_2)_{0.86}NH_{1.07}]_n$ で，先の $AlBr_3$ と KNH_2 の反応生成物に比べるとさらに架橋が進んでいる．しかし，このプロセスでは反応に使用したアルカリ金属 Li の最終沈殿への残留が先のプロセスにおける K の残留に比べて大幅に少なく，高純度 AlN の原料ソースとして適している．得られた Al アミド・イミドは加熱により 600°C で X 線的に AlN へと結晶化する．

加熱による沈殿の IR スペクトルの変化は図 2.19 のようであり，高温になるにしたがい NH_2 結合からのスペクトル強度が急速に減少し，NH_2 結合と NH 結合が同時に解離して Al-N 結合へと変化することを示唆している．また，加熱による重量変化は図 2.20 に示すように連続的に進行し，1200°C で Al アミド・イミドは完全に AlN へと変化する．熱分解によって生成する粉末の粒子径は $AlBr_3$ を出発原料とした場合約 1 μm であるのに対して，AlH_3 の場合には約 10～20 μm と大きく成長する．

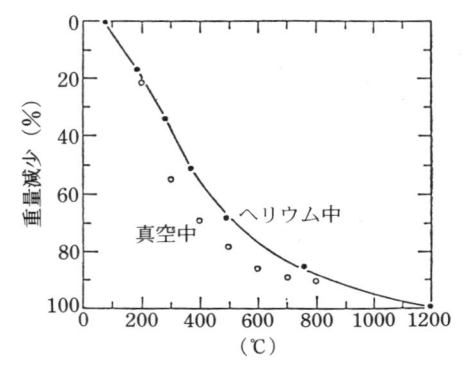

図 2.20 Al アミド・イミド→AlN への加熱変化に伴う重量変化

b. 物理的液相法 物理的な微粒子合成では溶液系の物理的変化のみによって沈殿析出を行う．すなわち，溶液の冷却，溶液からの溶媒除去などの利用である．溶液は一般に高温であるほどたくさんの溶質を溶解している．したがって，高温で十分多量の溶質を溶かしこんだ溶液を冷却することによって溶質を析出させることができる．また，溶液から溶媒を除去すると溶液中に溶解していた溶質が析出してくる．微粒子製造では前者よりも後者の利用が一般的である．それは，後者の方法によるほうが系全体を析出条件に置くことが容易であるためである．多数のイオンを含む溶液から溶媒がゆっくり除去されると，溶液中のイオンは分別的に析出し，粒子全体をみればその組成は溶液のバッチ組成になっているが，粒子内では組成の偏析が生じることになる．そのため，溶液からの溶媒の除去

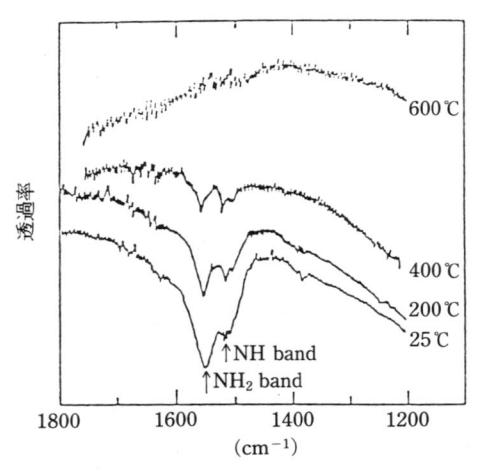

図 2.19 Al アミド・イミド→AlN への加熱変化に伴う IR スペクトルの変化

を迅速に行うために，溶液は噴霧化される．噴霧化された液滴の系は脱溶媒される過程で系中の原子の分離が生じたとしても，この分離による不均一は液滴内に限定され，巨視的な大きさから脱溶媒するのに比較するときわめて小さな領域に不均一性を限定することができる．

大気中，真空中に噴霧されるときには普通析出固体には何らの変化もないので噴霧乾燥と呼び，高温中に噴霧されたときには析出固体の熱分解や反応が起きるので，前者を噴霧熱分解，後者を噴霧ばい焼と呼んでいる．水溶液の噴霧を空間で行わず十分に冷却された液体に対して行い，液滴を氷滴としたのち，減圧下で氷を昇華させる凍結乾燥法も知られている．また，硝酸塩融液に対してこれを適応した硝酸塩分解法も汎用性のある微粒子合成法である．

i) 噴霧乾燥法： 噴霧乾燥法は，一般にスラリー状にしたセラミックス粉末を2次的に凝集，造粒する方法として利用されているが，塩水溶液を噴霧乾燥したのち，熱分解することによって塩水溶液と同じ組成をもつ酸化物微粉末が製造できる[46]．図2.21は装置の模式図である．ニッケル，亜鉛，鉄の各硝酸塩を出発原料として，それらの塩の混合水溶液を噴霧すると10～20 μm の硝酸塩混合球が得られ，これを800～1000°Cで仮焼すると，ニッケル亜鉛フェライトが得られる．これは，粒径約 0.2 μm の 1 次粒子の凝集体であるが，タービンミキサーで処理することによって容易にサブミクロンの微粉末になる．

高圧力での特殊なマイクロ波の励起に対して高い臨界磁場が必要で，このためには焼結体の粒径が小さいことが必要である．ところが，臨界磁場を高くすると常に誘電特性の劣化を招くが，これは主に材料の不均一性によるものであることが知られている．噴霧乾燥によって得られた微粉末を使ったマグネシウム・マンガンフェライトが高臨界磁場と低誘電損を示したことは，この方法によって得られる粉末の微小粒径と組成的均一性を示している．噴霧乾燥と熱分解を同時に行う噴霧熱分解法も試みられている．

ii) 凍結乾燥法： 凍結乾燥法は，普通目的金属イオンを含む水溶液を調製し，この水溶液を小さな液滴としたのち急速に凍らせ，この凍った液滴から減圧下で氷を昇華させて塩の形にする．この塩を熱分解してセラミックス粉末を得る．噴霧乾燥が液滴を熱によって乾燥するのに対して，凍結乾燥は液滴を凍結することで組成分離を防ぎ，乾燥は固相からの氷の昇華によって行われるので，両方法を比較したとき，前者は乾燥中に組成分離の可能性があり，後者は凍結速度が組成分離の程度を決める[47~50]．

塩水溶液を凍らせる冷媒としてはヘキサンなどの有機溶媒をドライアイス-アセトンを寒剤として冷却して使ったり，液体窒素をそのまま使用したりするが，液体窒素中に直接噴霧するときは，液滴のまわりに窒素ガスの層が生成し，これが液滴の冷却速度を減少させ，粉末の組成的均一性を悪くすることがあるので注意を要する．

iii) 溶液燃焼法： 溶液燃焼法は，可燃性溶媒に溶解した無機金属塩，有機金属塩，有機金属化合物を燃焼することによって均一組成の微粒子を合成するものである．硝酸塩をアルコールに溶解し，バーナーから噴霧させ

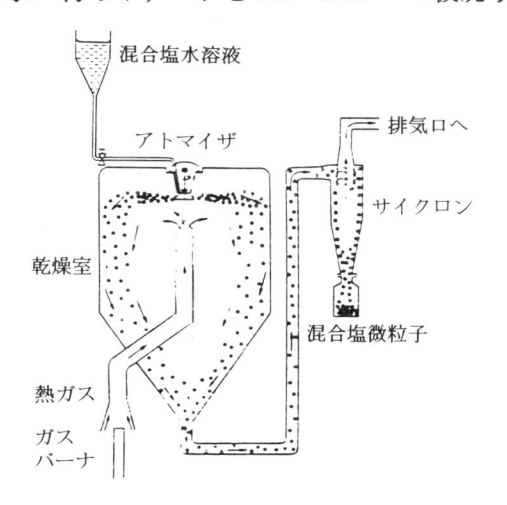

図 2.21 噴霧乾燥装置の模式図

るとともに燃焼させ，フェライトや$MgAl_2O_4$の合成が行われている[51,52]．

フェライトの場合，酸素中に噴霧を行って燃焼させ，生成した微粉末をサイクロンあるいは水シャワーで補集する．生成するフェライト粉末の結晶相は酸素圧力に依存し，高酸素圧下ではフェライト単相となるが，低酸素圧下では不純物が混入する．同様な方法による$MgAl_2O_4$の合成では，水-メタノール混合溶媒を使用して，800°Cの高温雰囲気中に噴霧することによって数μm程度の球状粉末の合成に成功している．得られる粒子径は溶液濃度を下げると小さくできる．これは一定の噴霧条件では霧滴の大きさは一定であるが，低濃度では霧滴中に含まれる金属の絶対量が少なくなるためである．

有機金属化合物を利用したものとしては，バリウムとチタンの混合アルコキシドを空気中で燃焼させ，チタン酸バリウムの合成が行われている．アルキル金属の空気中での燃焼も金属酸化物を生じる．また，ジルコニウムアルコキシドのようないくつかの有機金属化合物は，高温不活性ガスと接触させると，燃焼されることなく熱分解されて酸化物微粒子を生じる．

iv) 硝酸塩水和物熱分解法： 物理的微粒子製造法はあらかじめ微小な単位に分割された液相を利用するため，系に導入される不均一性の上限を知ることができること，また分割単位を化学工学的に制御できるので粒子径の制御が容易である．しかし，噴霧による方法は乾燥のためにある程度長い乾燥距離を必要とし，噴霧された粉末の補集が困難であるなどの欠点をもっている．また，以上に述べた物理的手法はいずれも溶液の溶質濃度はそれほど大きくなく，乾燥工程は通常溶媒に使用している水の除去のために多くのエネルギーを消費する．しかし，硝酸塩や酢酸塩などのいくつかの水和物は低温で直接溶融し，融液の形で原子の良好な混合を実現できる．この融液を成分原子の分離を生じさせないように急冷したのち，脱水し，熱分解することで均一組成の微粒子原料を調製することができる．一般に硝酸塩水和物が多く利用されるので，ここでは硝酸塩水和物熱分解法と呼ぶことにする[53]．

硝酸塩水和物熱分解法の一般的手順は図2.22に示すようなものである．すべての硝酸塩は100°C程度の低温で溶融し，さらに加熱すると500～600°Cで酸化物となる．図2.22における真空乾燥の工程は，急冷された水和硝酸塩からの脱水操作で一般には加熱を必要とする．$Y_3Al_5O_{12}$(YAG)のようにこの操作をしなくても良好な粉末を得ることのできる場合と，$MgAl_2O_4$のように真空乾燥操作による塩の完全な脱水が行われないと，熱分解操作中の成分分離を生じ，不純物相の混入を避けることのできない場合がある．

$MgAl_2O_4$を例に具体的な粉末合成法を説明する．$MgAl_2O_4$の調製は$Al(NO_3)_3\cdot 9H_2O$と$Mg(NO_3)_2\cdot 6H_2O$を目的組成に秤量したのち，230°Cで透明な融液になるまで加熱される．この融液を室温あるいは液体窒素中で固化する．この固化は報告されている例では薄板の状態で行ったのち，粉砕しているが，前述の噴霧のような融液細分化を利用する方が

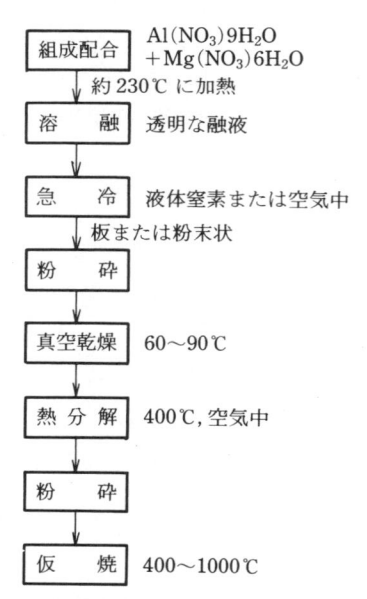

```
組成配合   Al(NO₃)9H₂O
           +Mg(NO₃)6H₂O
   ↓ 約230℃に加熱
 溶 融    透明な融液
   ↓
 急 冷    液体窒素または空気中
   ↓ 板または粉末状
 粉 砕
   ↓
 真空乾燥   60～90℃
   ↓
 熱分解    400℃，空気中
   ↓
 粉 砕
   ↓
 仮 焼    400～1000℃
```

図2.22 硝酸塩水和物熱分解法による粉末合成のフローシート

よいと思われる.急冷された融液を60～90°Cで真空乾燥したのち,400°C,空気中で熱分解する.真空乾燥によって水が完全に脱水されると熱分解は固体-気体の系で行われるが,わずかの水分が残留していても固体-液体-気体の系となり,液相を通じての成分元素の分離により不純物相 MgO, Al_2O_3 の混入を生じる.報告された結果では5～40gのバッチを乾燥するのに100時間を要した.そして粉末仮焼温度を400～1100°Cまで変えるとその表面積は,190 cm^2/g～6 cm^2/g まで変化し,広範囲な反応活性制御ができる.

物理的方法による粉末の構造は,溶媒の除去過程で生じる相分離が成分元素の分離を引き起こし,元素の均一な混合を妨害する.相分離の程度は,分割された液滴や融滴の乾燥や急冷速度に関係している.急冷技術の発達によりかなり早い冷却が可能であるが,融液の場合には溶液に比べていっそう早い冷却を必要とする.融液ではすでに述べた原子のポジショニング技術として融液の相分離を積極的に利用することも考えられる.融液のほうが水溶液に比較すると不均一核生成による粒子の構造制御は技術的容易さが高く利用しやすい.

2.2 バルク成形

成形工程は,従来微構造制御よりも,形状制御を主目的として考えられてきたが,粉末調製技術や溶融プロセス,気相プロセスの発達とともに,最近では微細構造制御技術としても重要になってきた.セラミックスの成形工程は,粉末を対象としているが,粉末は取り扱いが困難で,その物性も複雑である.このような欠点は,粉末の取り扱い方法,すなわちマニピュレーション技術の工夫によって補われてきた.このため,セラミックスの各種成形法は,粉末のマニピュレーション技術と深く関係している.ここでは,まず粉末のマニピュレーション技術と成形法の関係および成形法と結合剤の関係について述べたのち,バルク成形法について説明する.

2.2.1 粉末のマニピュレーション技術と成形法

粉末を原料としてセラミックス製造を行うときに出会う第1の問題は,本来保形性をもたない粉末にどのようにして保形性を与え,成形を可能とするかということである.セラミックスの原料粉末には粘土のように水で湿らせるだけで十分な成形性を獲得する可塑性原料と,石英やアルミナのように水で湿らせても成形できるほどの可塑性や成形性をもたない非可塑性原料がある.可塑性原料では水分添加量を調整することによって程度の差はあっても成形性を与えることが可能である.しかし,非可塑性原料では粉末粒子間に保形可能な接着強度を与える結合剤の添加が必要である.

また,粘土のような可塑性原料でも水分含有量が非常に少ない原料の成形では,成形を容易にするため一般に有機結合剤の添加が行われる.可塑性原料で水分添加量を非常に多くした場合,粉末と水の系は液体の流動性をもつようになる.非可塑性原料でこのような状態の系を利用して成形を行う場合には,有機結合剤に加えて結合剤を溶解する溶媒が水の代わりに利用される.このような原料系では,粘土-水系では系からの水の除去により,また非可塑性原料-有機結合剤-溶媒の系では系からの溶媒の除去により成形が行われる.可塑性原料-水系では水の添加量,非可塑性原料-有機結合剤-溶媒の系では溶媒の添加量によって系の状態が変化し,それぞれの状態に適した各種成形法が開発されている.すなわち,セラミックス製造において利用されている種々の成形法は,自己保形性のないセラミックス粉末を水あるいは有機溶媒を利用して,いかにマニピュレートするかということに依存している.そして,それら粉末のマニピュレート法に応じてそれに適した成形法が工夫されている.ここでは粘土-水系を例に粉末のマニピュレーション技術と成形法の関係について述べる.

粘土粉末と水が理想的に混合分散された場

合，水の添加にしたがって系の粒子（固相），水（液相）および空気（気相）の充填状態が変化し，表2.6に示す5つの状態が区別される[54]．これらはそれぞれ，水の量の少ない方からペンデュラー（pendular）域，ファニキュラー（fanicular）域，キャピラリー（capillary）域，スラリー（slurry）域と呼ばれ，ファニキュラー域はさらに，ファニキュラーI，ファニキュラーIIに分けられ，全部で5つとなる．

ペンデュラー域では系中の水は粒子の接点を環状に取り巻いており，これらの水は互いに不連続に存在する．この領域での水の量は大体0〜10%である．ファニキュラーI域に入ると水の増加に伴いペンデュラー域で不連続に存在していた水が互いに連続するようになり，このためこの領域では固相，気相，液相の3相が連続相として存在するようになる．ファニキュラーII域になると，ファニキュラーI域では連続相として存在していた気相の空気は，水の増加によって水の中に閉じ込められ，分断されて不連続となる．水の量はファニキュラーI域で10〜14%，ファニキュラーII域で14〜18%ほどである．ペンデュラー域，ファニキュラーIおよびII域では，水と粒子の混合系はパサパサした手触りの粉末を与え，この状態の粉末は混合物あるいはミックスと呼ばれる．これらの領域における粉体の変形は主に弾性的な挙動を示し，粉体の成形法としては圧縮成形体が利用される．

そして水の量の少ない順に，乾式加圧成形，半乾式加圧成形，半湿式加圧成形と呼ばれる．なお，外国では水をほとんど含まず，結合剤や潤滑剤を添加した特殊磁器の粉末の加圧成形を乾式加圧成形（dry pressing）と呼び，タイル類のような伝統的なセラミックスの乾式加圧成形をダストプレス（dust pressing）と呼んで区別することが多い[55]．キャピラリー域になるとファニキュラーII域で水に包み込まれていた独立した空気泡はしだいに小さくなっていく．そして，ファニキュラーII域ではまだ連続していた固相の粒子は，粒子と粒子の間に入り込んだ水によって不連続となる．この領域での水は粒子表面に膜状に吸着されており，粒子の表面と化学的に結合している．したがって，粒子表面が不活性で水膜を形成しない粒子では，キャピラリー域は存在せずファニキュラーII域から直接スラリー域へと移行する．この領域の水の量は18〜22%くらいで，水と粒子の系は坏土あるいは可塑物と呼ばれる．坏土中では粒子は水膜によって包まれているが，系の流動性は液体のようではなく固体に近い特性も合わせもつ塑弾性体として挙動する．成形法としてはキャピラリー域の塑弾性体としての特徴を生かして，押出成形，ろくろ成形，湿式加圧成形などが利用される．スラリー域では粒子と粒子を隔てる水の厚さが厚くなり，粒子表面の影響が水の相全体へ及ばなくなる．したがって，この領域では粒子表面に吸着したほん

表 2.6 粘土-水系における水分量と系の状態および成形法の関係

系の模式図					
水分量(%)	0〜10	10〜14	14〜18	18〜22	22〜30
固相の状態	連続	連続	連続	不連続	不連続
液相の状態	不連続	連続	連続	連続	連続
気相の状態	連続	連続	不連続	ナシ	ナシ
充填状態	ペンデュラー域	ファニキュラーI域	ファニキュラーII域	キャピラリー域	スラリー域
系の呼称	混合物	混合物	混合物	坏土（可塑物）	泥漿（スリップ）
レオロジー的性質	弾性体	弾性体	弾性体	弾塑性体	粘弾性体
成形法	乾式成形法	湿式成形法	湿式成形法	湿式成形法	鋳込成形法

のわずかな水を除いて，ほとんど大部分の水は普通の水として振舞う．すなわち，この系では水膜をもった粒子が水中に懸濁した状態となっている．この領域にある粒子-水の系を泥漿（slip）と呼び，成形法としては排泥鋳込成形（drain casting）と固型鋳込成形（solid casting）が利用される．この領域の水の量はおおよそ22～30％くらいである．

粘土-水の系における水の増加に伴う系の状態の変化と，その系の粉末に適した成形法について述べてきたが，このような状態変化は粒子と水の混合が完全に理想的に行われた場合のものである．しかし系の水分量が少ないときには，添加された水は一部の粉末に強く吸着されてしまい系は非常に不均一になってしまう．すなわち，平衡状態よりもずっと多くの水を含む凝集塊（aggregate）と全然水の行き渡らない粉末の部分とに二分され，いわゆる"ままこ"になりやすい．このため，ペンデュラー域からファニキュラー域の粉末を対象とする成形操作では水の分布の均一性を実現するための特別な操作を必要とする．

また非可塑性粉末では粒子の表面は水によって可塑性粉末のような凝集を示さないので，一般には有機系の結合剤や潤滑剤を数パーセント添加して加圧成形用の粉体とする．この場合にも水と同様，添加物の均一性を実現するための特別な操作が必要とされる．水分量の多い領域では系中における水の分布の均一性はより容易に実現されるが，キャピラリー域では系からの気相の除去，スラリー域では粒子の分散が問題となる．水の量が多い領域に対応する非水系液体と粒子の系もセラミックス成形に利用されている．これらの系の挙動も水系と同じように理解される．

2.2.2 成形法と結合剤

有機質の結合剤は，工業的なセラミックスの製造においては不可欠なものである．それは成形体の強度を増し，非可塑性粉体に可塑性を付与する．結合剤には水に可溶な水系結合剤と有機溶媒に溶かして使用する非水系結合剤とがある．粘土のような可塑性粉体では，普通，水によって系の状態を変化させるので，水系の結合剤が利用される．一方，非可塑性粉体では，溶媒に応じて水系および非水系の結合剤が使われる．

セラミックス粉体への結合剤の添加は，一般に溶媒に溶かして行われる．すなわち，溶媒に結合剤を溶かし込んだ溶液を調製し，この溶液と粉体の混合物が成形に使われる．溶液の粘性は結合剤の種類と濃度に強く依存している．したがって，成形のための原料となる液体と粉体の混合物の粘性も結合剤に強く影響される．それぞれの成形法には経験的に知られた適当な粘性範囲があり，使用可能な結合剤が限られてくる．そこで，成形法にあった結合剤の選択が必要となる．ここでは成形法と結合剤の粘性にどのような関係があるかを，水系の結合剤について考察する[56]．

結合剤を溶媒に溶かしたとき，溶液の濃度と粘性の間に成り立つ関係によって，一般に結合剤は5つの等級に分けられる．図2.23はこの分類を示したもので，超高粘性度と呼ばれる結合剤濃度の増加とともにきわめて急速に粘性の増大するものから，超低粘性度と呼ばれる濃度増加による粘性増加の小さいものまで5段階に分類される．溶液の粘性 η（センチポアズ cP）と結合剤の濃度 c（wt%）の間には

$$\log \eta = kc \qquad (2.1)$$

の関係が近似的に成り立つことが知られている．したがって，k は図2.23の直線の傾きに

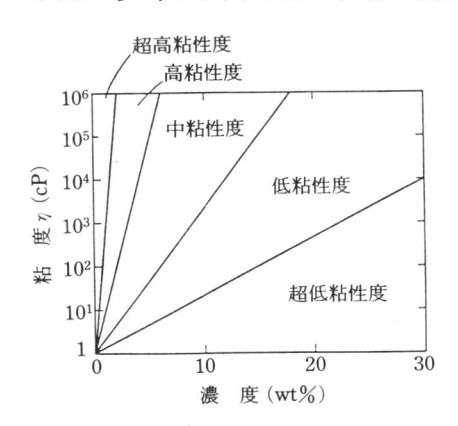

図 2.23 水系結合剤の溶液濃度-粘性の関係

表 2.7　k 値と粘性度の関係

粘 性 度	k 値の範囲
超低粘性度	$0 \sim 0.133$
低 粘 性 度	$0.133 \sim 0.333$
中 粘 性 度	$0.333 \sim 1.00$
高 粘 性 度	$1.0 \sim 3.0$
超高粘性度	$3.0 \sim \infty$

なっており，粘性度の指標となっている．すなわち，k 値で粘性度を定義するなら，表 2.7 のようになる．(2.1) 式中の c は，粉体の理論充塡率，結合剤の密度 ρ_B，溶媒の密度 ρ_L，粒子の体積 V_S，結合剤の体積 V_B，溶媒の体積 V_L，空隙の体積 V_v を使って表すことができる．これを (2.1) 式に代入すると，

$$k = \frac{100-p}{p} \frac{\rho_L}{\rho_B} \frac{V_S}{V_B} \frac{V_L}{V_v} \frac{\log \eta}{100} \quad (2.2)$$

となる．

一般のセラミックス粉体の充塡率は 55% 程度であり，溶媒に水を使うならその密度は 1 であり，結合剤の密度は多くの場合 1.25 程度である．すなわち，大雑把な言い方をすれば，$P=55$，$\rho_L=1.0$，$\rho_B=1.25$ である．(V_L/V_v) と η は成形法に依存し，粉体と溶媒との化学的な相互作用のない非可塑性原料では，きわめて粗い近似ではあるが，泥漿鋳込成形では $(V_L/V_v)=2$，$\eta=10$ cP，押出成形では $(V_L/V_v)=1$，$\eta=10^7$ cP，プレス成形では，$(V_L/V_v)=0.3$，$\eta=10^3$ cP とすることができる．(2.2) 式に数値を代入すると，種々の成形法に対応して k 値と (V_S/V_B) の関係がどのような傾向をもつか知ることができる．このようにして計算した k 値をもとに，表 2.7 の粘性度の指標と (V_S/V_B) の関係を求めたのが図 2.24 である．

セラミックスプロセスにおいて，良好な製品特性を与える結合剤の量は 8～15% 程度である．したがって，図 2.24 より泥漿鋳込成形には低粘性度，押出成形には中粘性度，プレス成形には超高粘性度の結合剤の利用が適しているという傾向を知ることができる．実際の水系結合剤を溶解してセラミックスの成形に使うことができる粘性度の範囲を調べる

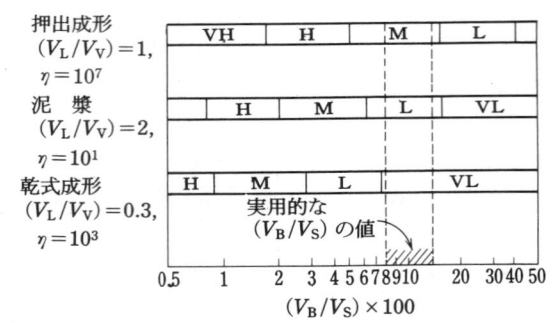

押出成形 $(V_L/V_V)=1$，$\eta=10^7$
泥漿 $(V_L/V_V)=2$，$\eta=10^1$
乾式成形 $(V_L/V_V)=0.3$，$\eta=10^3$

実用的な (V_B/V_S) の値

$(V_B/V_S) \times 100$

VH：超高粘性度　H：高粘性度　M：中粘性度
L：低粘性度　VL：超低粘性度

図 2.24　粘性度の指標と (V_S/V_B) の関係

と図 2.25 のようである．図 2.24 と図 2.25 の結果から，泥漿成形にはアラビアゴム，ポリビニルアルコールが，押出成形にはデンプン，メチルセルロースが，プレス成形にはデキストリン，ポリビニルアルコールなどが適していることがわかる．

粘性度 k を使って上記の議論によって，一般的な結合剤と成形法の関係を知ることができるが，結合剤を溶解した溶媒のレオロジー的性質は，粘性の測定法や溶液の流速によって変化するので，成形法に適した結合剤の選定に対しては成形法の実際に即した注意が必要である．このような注意のなかで大切なものの 1 つは溶液のチクソトロピックな性質である．溶液に固体粒子を懸濁した系では，固体粒子の径が数 μm になると水のような一般的に低粘性の溶液中では沈殿を生じる．泥漿鋳込成形の泥漿ではこのような沈降は，泥漿を不均一にするので好ましくない．沈降を防ぐ 1 つの方法は，溶液の粘性を大きくして沈降を起こりにくくすることである．しかし，泥漿そのものを高粘性にすることは，泥漿の鋳込みや排泥，あるいは吹き付けによる成形操作を困難にする．したがって，溶液を成形の際のように強いせん断力の働く状態下に置いたときには容易に流動し，応力のない状態にしたときには剛体のような挙動を示すようにすることができると都合がよい．このような性質をもつ固体粒子と液体の系をチクソトロピー性をもつ系という．

2. 無機材料合成

結合剤	粘性度				
	VL	L	M	H	VH
ワックスエマルジョン	●				
アラビアゴム	●				
リグニン	●				
デキストリン	●—●				
ポリビニルアルコール		●———●			
ポリエチレンオキサイド		●————————●			
デンプン		●————●			
メチルセルロース			●————————●		
Naカルボキシメチルセルロース			●————————————●		
ヒドロキシエチルセルロース			●————————————●		
アルギン酸ナトリウム				●——●	
アルギン酸アンモニウム			●———●		
トラガントゴム					●

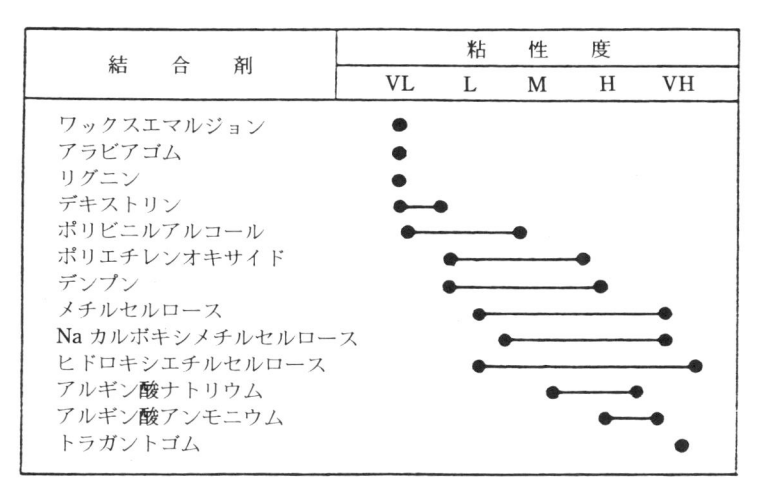

図 2.25 セラミックス成形に適した粘性度の範囲

泥漿鋳込成形，押出成形において使用される粉体と液体の系が作るチクソトロピー性は，成形に重要な役割を持っていることが知られている．また，最近では多くの電子セラミックスの工程において印刷によるパターン形成が行われているが，印刷時には低粘性を示し，印刷後には変形しない良好なチクソトロピック性をもつセラミックスインキの開発が，印刷パターンの微細化に伴ってますます重要になっている．大部分の結合剤は多かれ少なかれある程度チクソトロピックな性質をもっているが，図2.25にあげた結合剤の中ではヒドロキシエチルセルロース，カルボキシエチルセルロースナトリウム塩，ポリエチレンオキサイド，ポリビニルアルコール，アルギン酸などが特に顕著な効果をもっている．

2.2.3 泥漿鋳込成形法

粒子-水の系で22〜30％程度の最も含水量の多い系は泥漿と呼ばれ，粒子が液体媒体に懸濁した懸濁系となっている．この系を利用する成形は金属の鋳造のように型に泥漿を鋳込むことによって成形を行うので鋳込成形法と呼ばれる[57〜59]．鋳込成形には一定時間後に排泥を行う排泥鋳込成形と型に流し込んだ泥漿をそのまま固化させる固型鋳込成形がある．

粒子懸濁系の化学的性質

i) 鋳込成形の原理： 鋳込成形法は泥漿を鋳型に流し込むことによって成形を行う方法である．鋳型を使用しているために複雑な型を容易に作ることができる．このため，鋳込成形法は回転対象をもたないやや複雑な成形品に対して一般的に用いられている．鋳込泥漿はおよそ25％の水を含んでいる．鋳型の表面に接している泥漿中の水は毛細管現象によって泥漿から鋳型へ移動する．したがって，鋳型表面に接した泥漿は水を失って硬くなった粘土粒子層を形成する．この層は鋳込層と呼ばれる．時間の経過につれて，鋳型表面の鋳込層の肉厚は増加し，そして鋳型は水でより飽和するようになる．したがって，鋳込み速度，つまり鋳込層の肉厚の増加速度は時間の増加とともに小さくなる．それは，鋳込層が厚くなると水の拡散抵抗が増大するためであり，また鋳型の気孔が水で満たされるために鋳型の毛細管吸引力が低下するためである．鋳込速度は主に鋳型層を通じての水の拡散によって律速される．微粒子原料の鋳込速度は粗い原料粒子の鋳込速度よりもより遅い．鋳込層の厚みは時間の平方根に比例して変化する．鋳込泥漿はできるだけ少ない含水量で十分な流動性をもつことが望ましい．このためには一般に解膠剤の添加を必要とする．

鋳込成形法には排泥鋳込みと固型鋳込みの2つの方法がある．排泥鋳込みは鋳型に流し込んだ泥漿を一定時間後に流し出す，すなわち排泥するためにこの名がある．排泥鋳込みは均一な薄肉の中空製品に対して用いられる．固型鋳込みは鋳型に流し込んだ泥漿を流し出すことなくそのまま固化させ，中実の製品を得るのでこの名がある．固型鋳込みは厚肉の不規則な形の製品に対して用いられている．粘土を主原料とする排泥鋳込み泥漿は1.65から1.80の比重をもち，固型鋳込み泥漿は1.75から1.95の値をとる．泥漿の粘度が高すぎると，鋳型に注いだり，排泥することが困難になる．欠陥のない製品を得るには粘度管理を行う必要がある．

一般に排泥鋳込泥漿の粘度は4から5P，固型鋳込泥漿は5から50Pである．粘度とともに重要なものが泥漿のチキソトロピー性である．目的に応じてこの性質を調節することが望ましい．排泥鋳込みの場合は泥漿が鋳型内で固まるのを防ぐためにチキソトロピー性は低いことが望ましい．一方，固体鋳込みでは鋳型中で固まるのを促進するためにチキソトロピー性は高いことが望ましい．チキソトロピー性はカップ型回転粘度計でせん断速度に伴う粘度の変化を測定することによって評価される．製造を効率的に行うためには，鋳型からの製品の取り出し(脱型)を速くするために，着肉速度の速いことが望ましい．しかし，排泥鋳込みにおける非常に早い着肉速度は成形体の肉厚の調節を困難にする．一般的な鋳込速度を表2.8に示す．

排泥による製品の変形や欠陥発生を防ぐためには，泥漿と鋳込層の軟度(consistency)の差ができるだけ大きいことが望ましい．また，固型鋳込みの場合にはできるだけ体積収縮量の小さい泥漿が望ましく，これはできるだけ大きな比重を持つ泥漿を使うことによって達成される．いずれの場合にも製品の型からの取りはずしを容易にするために鋳込まれた品物は十分な収縮を持たねばならないが，過度の収縮は望ましくない．鋳型からの製品のとりはずしを容易にするために，しばしば鋳型表面にタルク，ステアリン酸亜鉛などの粉を塗布することが行われる．解膠しすぎた泥漿は鋳型にしっかりとはりつき，burnと呼ばれる欠陥が表面にできる．

鋳込成形では，ほとんどの場合鋳型から成形品を取り出す直前に縁切りをしなければならない．もしこの段階で鋳造品が非常にもろいときには，きれいに切るというよりも，むしろ引きちぎられたり，欠けたりする．泥漿鋳込成形は工程のサイクルタイムが長く，乾式の工程に比較すると原料泥漿の調整や保存にも難しさがあるが，複雑な形状を作る能力には比べるものがない．今後もこの成形法の重要さは失われることはない．その意味で先端的な技術を取り入れて鋳込成形法を検討改善していくことは十分に価値のあることである．

ii) 鋳込操作： 鋳込成形操作は図2.26に示すような手順で行われる[60]．最初の操作

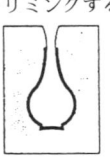

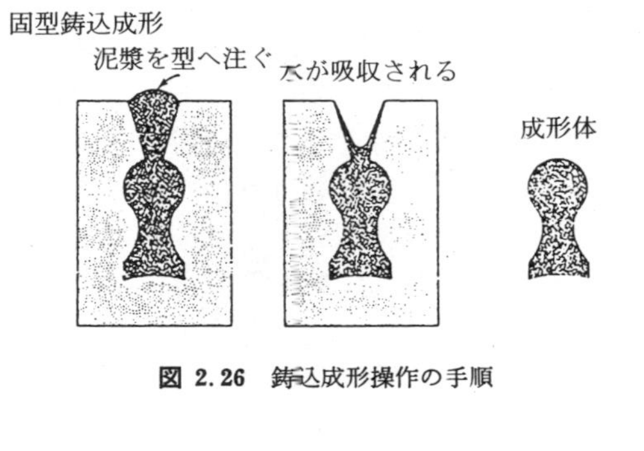

表2.8 代表的なセラミックスの鋳込速度

製品	鋳込タイプ	肉厚(mm)	鋳込時間
半融磁器	排泥	～3	15分
高アルミナ磁器	排泥	～3	3分
衛生陶器	固型および排泥	～10	2時間
フリット磁器	排泥	～1.5	5分
碍子	固型		8時間

図2.26 鋳込成形操作の手順

は鋳型を泥漿で満たすことである．この工程は思っているほど簡単ではなく，多くの問題が現れてくる．たとえば，鋳型を満たすために鋳型の側壁を伝わって流れ落ちる泥漿は粒子配向を生じ，しばしば表面に模様を生じる．また，注ぐ速度が速すぎる気泡を巻き込み，焼成後にピンホール欠陥を生じる．気泡は一般に素地から出て，釉中のピンホールとなる．この欠陥は泥漿の注入を低速にすることで回避される．泥漿の注入時にはまたwreathingと呼ばれる欠陥が発生する．これは泥漿が段階的に鋳型表面を上昇し，そのたびごとに線を残す欠陥である．注ぐ速度が速ければ速いほどステップの間隔は狭くなる．この欠陥は泥漿が空気と接触したとき表面にできる薄い皮が破れたり，張ったりすることによって発生するものである．

泥漿で満たされた鋳型は一定時間ののち排泥される．鋳型の排泥は型を逆さにすることによって行われる．排泥した後は，格子上に置いて排泥を完全にする．排泥前の時間は製品の肉厚，鋳型の水分含有率すなわち乾燥の程度，鋳型の使用年数による．背の高いつぼのような大きな排泥鋳込みの場合には，簡単な泥漿の注ぎ出しはできない．鋳型から泥漿を汲み出すのに十分大きい能力をもった真空吸引装置などが使われる．また，非常に大きな品物では自重のために鋳込まれた製品の形がくずれてしまうことがある．このような場合には泥漿を底から鋳型に満たし，排泥を空気圧によって行うとともに，内圧をかけて製品を保持することが行われる．

鋳込操作の最終段階は縁切りである．縁切りとは鋳込の際にできた鋳造品の余分な部分を切り放すことである．製品の形は縁切りが容易なように設計されなければならない．縁切りは一般に鋳型の中で行い，適切な乾燥速度を選ばなければならない．早すぎると鋳造品が柔らかすぎて変形し，また遅すぎると鋳造品が固くもろくなりひびが入りやすくなる．固型鋳込みでは鋳型中の泥漿すべてが固化される．鋳込みが進行するにつれて泥漿の水分は鋳型中へ拡散し，体積が減少する．したがって，もし泥漿を継ぎ足さなければ鋳造品の肉厚部分の真中に空洞ができてしまう．このため，鋳込み中泥漿の供給が行われる．大型の鋳造品はあらかじめ作成した鋳造品上に鋳込みを継ぎ足す．この目的のためには厳重な泥漿コントロールが必要である．鋳造品の乾燥は重い品物の場合以外はとくに問題はなく，湿度を制御した高温乾燥が行われる．一般には鋳型の乾燥の方が問題である．均一な鋳造品を得るためには均一に乾燥された鋳型が必要であるが，経済的な乾燥速度でこれを行うことは難しい．

iii) 加圧鋳込み：　絶縁得子などのいくつかの製品は鋳込み速度を高めるために加圧下で鋳込みを行う加圧鋳込成形が行われている．使用する圧力が高くなれば，鋳込むというよりはろ過操作に近くなる．図2.27は着肉速度が圧力によってどのように影響されるかの一例である．図に示されるように着肉速度は一般に圧力に比例して増大する．この結果は0.5インチ肉厚の鋳込品を成形するのに必要な時間は圧力を10倍にすると1/7に減少する．粘土粒子は板状をしており，厚さに対してその直径は100から300倍もある．したがって，鋳込み中に粘土粒子は鋳型面に対して特定の配向を示す傾向がある．したがって，鋳造品は鋳型面に対して平行な方向と垂直な方向では異なる乾燥収縮を示す．普通，排泥鋳込みでは鋳型面に対して垂直な収縮は

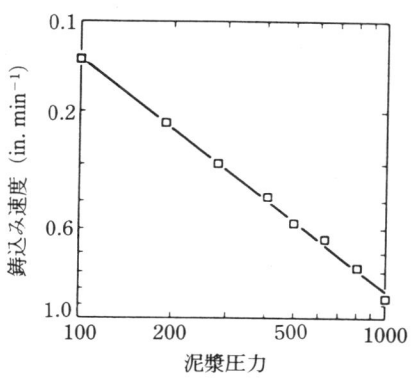

図 2.27　加圧鋳込成形における鋳込圧力と着肉速度の関係

面に平行な方向よりも大きい．しかし，加圧鋳込みではこの傾向は逆になる．たとえば，排泥鋳込成形でそれぞれ3.2および2.9であった垂直および平行方向の収縮は，200 psiの加圧鋳込みではそれぞれ0.5および1.0になる．また，鋳造品の含水量も加圧鋳込みでは小さくなり，非加圧で19.4%の鋳造品は，1000 psiの加圧鋳込みでは17.2%になる．

　加圧鋳込みにおける最も大きな問題は鋳型の問題である．一般的な鋳型材料であるセッコウは強度に問題がある．プラスチック型が試みられているが複雑な鋳型を作るのが難しい．高い強度をもつ複雑な型を簡単に作ることのできる鋳型材料が見出されれば，分のオーダーで大型品の鋳造が可能になる．

　iv) 鋳型材料： 鋳込成形のための型として最もすぐれた材料はセッコウである．型材料としてのセッコウが存在しないなら鋳込成形が成立しないといえるほど重要な材料である．セッコウが型材としてすぐれている理由は次のようなものである．

1. 型の細部まで忠実に転写でき，そのうえ脱型特性にすぐれている．
2. 化学的，物理的に安定である．
3. 吸水特性を広い範囲で変えられる．
4. きわめて平滑で，耐久性のある型面が簡単に形成できる．
5. 安定した物理的，化学的性質を維持することができる．
6. 型の気孔は容易に目ずまりを起こさない．
7. コストパフォーマンスがよい．

　近年，セラミックス製の大型定盤やエアスライダーなどの産業用超精密部材の製造が鋳込成形を用いて行われている．

　セッコウ型は普通次の手順によって作られる．まず，セッコウ，粘土，木，ワックスあるいは金属を使って製品の原型を作る．次いで，原型を適当に分割し，その逆型をセッコウで作る．これは block mold と呼ばれる．この block mold を使用して原型と同じであるがセッコウ製の分割された原型を作る．これは case mold と呼ばれる．実際の鋳込み作業には case mold を使って作られた原型逆型を使用する．これは working mold と呼ばれる．デザイン上の小さな変更がしばしば行われる場合には，型の修正は block mold をいくつも作って置き，block mold それ自身，あるいは block mold から得られた case mold のどちらかに対して行われる．セッコウ型の表面は鋳造品の脱型を容易にするため表面処理が施される．ステアリン酸をケロシンへ，ビーズワックスをベンゾールへ溶かした溶液が使われる．この処理によって型の表面には水に対する抵抗性をもつオレイン酸あるいはステアリン酸カルシウムが形成される．使用したセッコウ型は吸水しているので，再使用のためには乾燥しなければならない．高温での乾燥は型を弱くし，劣化させる．型に5%以上の水分が残留しているなら100°C程度まで加熱しても著しい劣化を生じることはない．しかし，乾燥された型を58°C以上の温度にさらすと強度低下が著しい．また，型の乾燥に用いる空気の湿度を10%以下にすることは好ましくない．そして，型の急冷は熱ひずみを発生させ，亀裂の原因となるので避けなければならない．

　型は機械的摩耗ならびに鋳込泥漿と型との化学的な相互作用によって劣化する．型の化学的作用による劣化は主に泥漿の解膠剤と型の化学反応によるものである．アルミナのような純酸化物セラミックスを鋳込むのに使われている塩酸などの酸で解膠された泥漿は型を激しく侵食する．これは型を構成する$CaSO_4$が塩基性の化合物であり，酸と酸-塩基反応を行うためである．このため，型は10回程度の使用で使えなくなる．一般的に使用されているソーダ灰-ケイ酸ナトリウム解膠剤は塩基性解膠剤であり，型を化学的に劣化させる度合はずっと少ない．型の寿命は鋳込泥漿との化学的相互作用ばかりでなく，原料粒度，乾燥条件，原料セッコウの品質など多くの要因によって変化してくるので具体的な数値を与えるのは難しいが，50〜200回程度

の使用が可能である．

2.2.4 可塑成形法

可塑成形は粘土-水系で18〜22％程度の水分含有量で得られる坏土あるいは練り土と呼ばれる可塑状態の原料を使用して行われる成形法である．可塑成形の最も基本的な形はろくろ成形であるが，これを自動化した自動ろくろ成形，自動ろくろ成形のナイフの代わりに回転ドラムを使用したローラーマシン成形が広く行われている．

ろくろ成形は回転円盤上に坏土をおいて成形を行うセラミックスに特有な成形方法である．回転円盤の上で行うので回転軸に対して回転対称な形状物が作られる．ろくろとは垂直な軸の先端に円盤をもつ成形用の器具のことで，円盤は人によってあるいはモーターによって回転される．工芸的なセラミックスでは広く使われているが，工業的にも高電圧用大型絶縁碍子の製造に使われている．工芸的なセラミックス製造では形は手あるいはナイフを使って与えられるが，工業的には，手によるろくろ作業を完全に自動化した自動ろくろが使われている．

自動ろくろではあらかじめ計量されたバットと呼ばれる円筒形の坏土の塊を回転するセッコウ型の上に置き，バットに加熱された成形用道具を押し付けておおよその形に押し広げたのち，これに成形用のナイフを押し当てて成形する．セッコウ型表面は製品の下表面を，ナイフが上表面を成形する．現在はこれらの操作を完全に自動化した自動ろくろが多数ある．自動ろくろ成形では，バットの均質性，バットを正しく型の中心へ置くこと，バットの下へ空気を巻き込まないようにすることが大切である．ろくろ成形された製品は上表面に平行な粘土粒子の配向を生じやすい．これは平滑な面を得るために水を噴霧しながら成形用ナイフで坏土を削り取るためである．この粒子配向は素地の組織を異方的にし，乾燥と焼成において製品の縁に盛り上がりを作る．自動ろくろによる製品は円形あるいは長円形の製品に限られる．波型模様のような緩やかな凹みは型に凹みをつけることによって作られる．自動ろくろによって作られた成形品は外周上にはみ出しによるひれをもっており，湿ったスポンジなどによって除去，修正する必要がある．自動ろくろの型も泥漿鋳込型と同様には乾燥する必要がある．成形用ナイフにはタングステンカーバイドやアルミナのナイフが一般に用いられている．

成形品は型と一緒に乾燥される．このため，セッコウよりも高温での乾燥操作が可能な素焼きの型も使われている．素焼き型は高速乾燥が可能で，寿命もセッコウ型より長い．自動ろくろの生産速度は1000個/時間程度である．自動ろくろのナイフの代わりに回転するドラムを使用し，回転ドラムがバットの上をころがるローラーマシンと呼ばれる機械も広く使用されている．この機械もセッコウ型を使用しているが，ドラムが坏土の上を転がると成形が行われるようにドラムの形状がデザインされている．食卓用セラミックスのほとんどは現在ローラーマシンで成形されている．

2.2.5 湿式加圧成形法

熱間と冷間の両方がある[61]．熱間加圧はセッコウの下型と加熱された鉄の上型の間で坏土を圧縮する．ほとんどの場合，上型は，成形品の表面を平滑にするために回転させられる．上型は200〜300℃に熱せられているので，加圧を受けている間坏土中の水を気化し，水蒸気のクッションをその表面に形成して型と成形品が付着するのを防止する．冷間プレスは上下2個の湿らせたセッコウ型の間で坏土を圧縮する．型には多孔質チューブが埋め込まれ，チューブを通じて吸引により加圧中の水に移動を助けるとともに，成形後は上型のチューブを減圧して成形品を吸引保持し，成形品の搬送，排出を行うようになっている．一定サイクルの後，型は水に浸され，さらに多孔質のチューブを通して空気を吹きだし，洗浄される．自動ろくろやローラーマシンで成形できないやや複雑な大皿のような製品において広く使われている．生産速度

は，1分間に10から25個である．

2.2.6 押出し成形

押出し成形方法は均一な断面をもつ棒状の製品を作るのに適しており，長尺の管や棒を作るために広く使用されている．この成形法は粘土のような可塑原料に対しても，またアルミナのような非可塑原料に対しても広く使用されている[62]．アルミナのような非可塑性原料は一般にメチルセルロースやポリビニルアルコールのような有機バインダーを加えることによって疑似的に坏土と同じような流動特性をもつようにして押し出される．可塑性，非可塑性いずれの原料に対しても押出し圧力は350気圧以下である．可塑原料では可塑成形で使われる坏土が使用される．坏土は乾燥した粘土粉末に水を加え，さらにカオリンや長石などの非可塑性原料を加えて混練し，調製される．非可塑原料では原料粉末に有機バインダー溶液を加えて混練することによって調製される．混練は普通パッグミルを使って行われる．

図2.28はこの構造を示したものである．多数の刃Aが取り付けられた回転する軸Bが容器に収められている．粉体と水はE部で投入され，軸の回転につれて出口Dに送られる．粉体に加えられた水は投入部では粉体の一部に捉えられ，水の多い団粒と粉の混合状態になる．この混合物は出口に送られるにつれて団粒のみに，そして最終的には1つの塊となって移動する．パッグミルから排出される原料は形や大きさの不揃いな塊である．そこで，取り扱いの便を計るため円筒形状の均質な坏土を用意するためにオーガーと呼ばれ

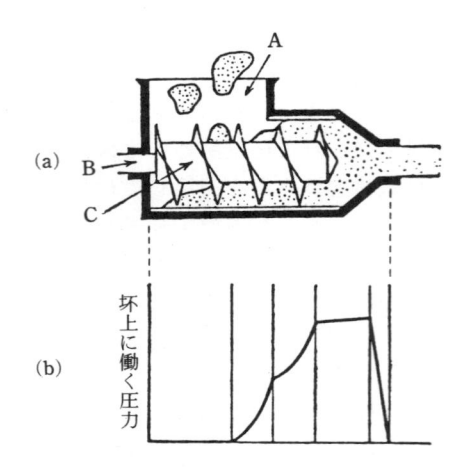

図2.29 (a) オーガー押出し機の構造と，(b) オーガー押出し機を通過する坏土に働く圧力
A：練土投入口，B：回転軸，C：ラセン状羽根．

る押出し機が作られている．図2.29はこの構造を示したものである．

オーガー押出し機の構造は粘土と水の混練を目的としたパッグミルと同じであるが，羽付き軸が出口前で切断されていること，そしてその少し前方で坏土の搬送路がしぼられている点が異なっている．オーガー押出し機のこのような構造は投入された坏土塊を一体化し，均質な坏土として排出する．オーガー押出し機を通過する坏土にはその位置に応じて図2.29(b)のような圧力が働いている．

オーガー押出し機には普通パッグミルで作られた坏土塊が使用される．可塑性素地の押出し成形にはパッグミルとオーガー押出し機を一体化し，さらに脱気室を備えた図2.30のような押出し機が使われる．押出し機の口金を変えることによって種々の断面形状をもった製品が押し出される．中空のパイプは図

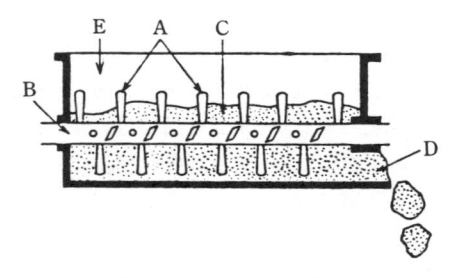

図2.28 パッグミルの構造
A：練り刃，B：回転軸，C：土，D：出口，E：投入口．

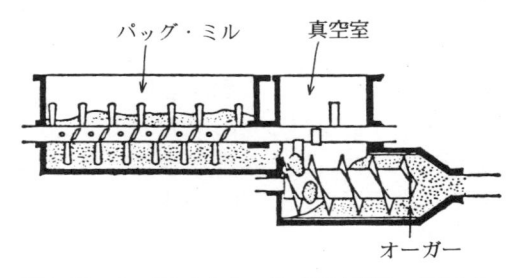

図2.30 パッグミルとオーガー押出し機を一体化した成形用押出し機

2.31のような中央に突起をもった穴あき状の口金が使われる．押し出される坏土は押出し方向に垂直な断面をみた場合均一な速度をもっていない．ダイのような固定した壁面に接する坏土はダイとの摩擦により動きが制限される．このため成形品の表面よりも中心の方がより早く動くことになる．この速度勾配は粘土粒子の配向を生じる．

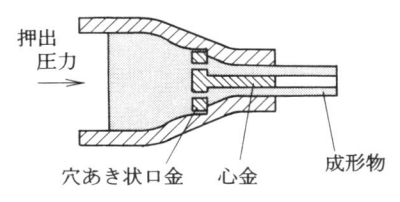

図 2.31 中空パイプ用口金の構造

一般に，棒のような成形体の表面は粘土粒子は押し出し軸に対して平行に配列するが，中心部はもとの坏土の無配向の状態を保持している．また，押出し操作中に生じる成形体中の圧力勾配を反映して成形体の中心部の含水量は外側の層よりも少ない．非可塑性原料の場合も押し出された成形品は坏土の場合と同様に中心から外側への密度勾配をもっている．このため，押し出し成形品は焼成時にひずみを生じる．しかしながら，押し出される製品の断面が円形のように対称性の高い場合には成形体の密度勾配も対称性が高く，小さい簡単な断面製品では実用上問題とならない．

2.2.7 乾式加圧成形法

セラミックスの成形では伝統的にはすでに述べた泥漿や坏土を利用してきたが，粘土以外の非可塑性原料の利用や生産性，工程管理などの点からほとんど水を含まない乾粉を利用するプロセスが広く用いられるようになってきた．このような乾燥状態の原料粉体を対象にする成形が乾式加圧成形法である．乾式成形法では成形後に乾燥工程を必要としないため，原料さえ準備されていれば成形後直ちに焼成にまわすことができ，製造日数をきわめて短くすることができる．加圧成形法には一方向のみから加圧する一軸プレス成形法，流体圧を使用してあらゆる方向から加圧する静水圧成形法などがある．また，原料の乾粉は泥漿や坏土に比べる流動性に乏しいので，それを改善するためにほとんどの場合において球形に造粒された噴霧乾燥粉が使用される[63]．ここでは代表的な加圧成形法のいくつかについて述べる．

a．一軸加圧成形法 一軸加圧成形法の最も基本的な方法は，ダイとパンチの組み合わせによるものである．この方法で成形体内の密度分布に重大な影響をもっているのは，型および粉末の摩擦の問題である[64]．これには次の4つがある．

（1）粉体が中心部分に向けて圧縮されるときの型壁と粉体の摩擦

（2）圧縮の初期断階で，気孔を減らすための再充塡過程における粉体粒子相互の内部摩擦

（3）粉体粒子が圧縮の後期段階で変形され，さらに圧縮を受ける際の塑性流動による内部摩擦

（4）上記の3つによって引き起こされる粉体粒子の側方への動きによるパンチ面と粉体の摩擦

これら4つの相互作用によって，単純な円筒の圧縮では図2.32のような密度変化を経

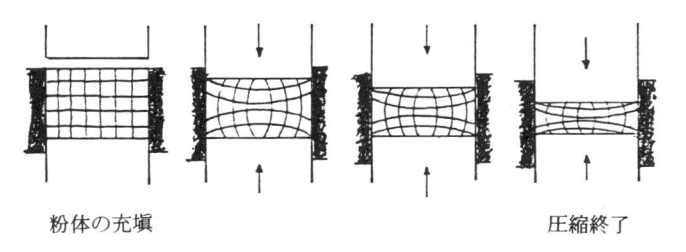

図 2.32 圧縮の進行による粉体の等密度線の移動

製品形状

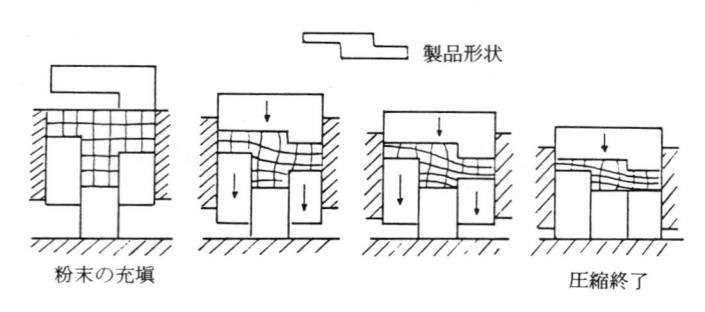

図 2.33 異なる断面高さをもつ成形体の圧縮に伴う密度分布変化

粉末の充填 ／ 圧縮終了

ながら圧縮が進行する．すなわち，型との摩擦は粉体を成形体の上下端に固着させるように働き，成形体は中心部で最も均一に緻密化する．水平面断面では，粉体は中心軸から放射状に外側の低密度部分に移動する．このような粉体の動きの大部分は，圧縮の初期段階で生じ，これが最終的な成形体の密度分布を決定する．そして，成形体の焼成による変形の原因となる．

成形体断面がいくつかの異なる断面高さをもつ部分から構成されている場合には，水平部分と垂直部分の比率に依存した複雑な粉体の流れが生じ，成形体の密度分布はいっそう悪くなりやすい．図2.33は，このような断面をもつ成形体を実際に圧縮した場合の密度変化の実例である[65]．このような粉体の側方への流れも，やはり緻密化の初期段階で生じ，最終的な成形体の密度分布を決定する．

複雑な成形体で，できるだけ密度変化を少なくするには，型壁との摩擦を減少させることと共に，各部分，特に加圧軸方向の面に働く摩擦力と圧縮圧力を可能なかぎり等しくすることが要求される．型壁との摩擦は，粉体の流れをよくすること，型の表面仕上げをよくすること，型の材質を工夫すること，型の圧縮による弾性変形を少なくするよう型全体を設計することによって解決される．摩擦力と圧縮応力を等しくすることは，成形装置の設計を工夫することによってのみ解決することができる問題ではあるが，基本的には断面高さに応じて，独立して動く型が必要である[66]．

粉体の流れをよくすることは型への粉体の均一な充填のために必要であり，これは成形体の密度分布，寸法精度，工程管理，焼成時のきれ，ねじれ，ラミネーションなどの品質管理と関係して重要である．これは噴霧乾燥によって作られた球状粉の利用によって解決される．

均一な密度分布の実現と共に重要なのは，高い成形体密度を実現することである．高い成形体密度は，焼成収縮を少なくすることによって焼成体の寸法精度を高め，気孔率を減少させる．そのため，できるだけ高い成形圧力が使われる．しかし，成形圧力があまり高すぎると閉じ込められた空気が成形密度の小さい部分に集まり，減圧時にこの膨張によって成形体の破壊が生じる．一般にラミネーションと呼ばれるこの種のひび割れは，圧力の保持時間を長くし，減圧をゆっくりすることにより，あるいは最高圧力で周期的に加圧す

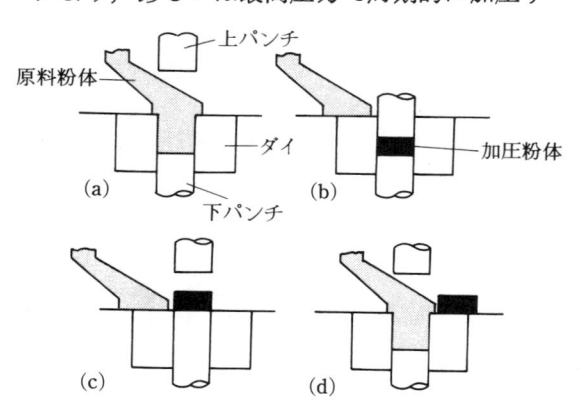

図 2.34 乾式加圧成形における粉体の自動供給法
(a) 原料粉体の充填，(b) 加圧，
(c) 成形体の排出，(d) 搬送．

ることで減少させることができる．成形は完全に自動化された装置で行われている．粉体は普通，図2.34に示されるような方法で供給される．

粉体貯蔵容器の下の空の箱が粉体で満たされると，箱は前方に押され，成形型の上まで移動した後，再び初めの位置まで後退して1サイクルを終了する．型に充填される粉体の量は下パンチの位置によって制御される．型材には，スチールかタングステンカーバイトが使われている．図2.35はダブル・アクション・プレスを使用した自動プレス機の加圧サイクルを示したものである．使用圧力は製品の形と素地組成に依存しているが，3.5～7MPaである．生産速度は500～2000個/時である．プレスには2種類のタイプが一般に使用されている．1つは液圧を圧力源とするものであり，もう一つは機械的加圧方式である．液圧機は，周期的加圧，一定圧力の保持，脈動のようないろいろな種類の加圧を行うことができる．機械的加圧には，トグルタイプとスクリュータイプがある．

b. アイソスタチック成形法

i) 原理と特徴： アイソスタチック成形 (isostatic pressing technique) は等方的プレス技術を使用して粉体材料の成形を行うもので，そのために適当な弾性体の型のあらゆる面に均一な流体圧力を作用させるのでこの名がある[67~70]．この技術自身は非常に古いものであるが，基本的な工程は H. Maddem の名で Westinghouse Lamp Co. が1913年に申請した特許に述べられている．この特許がアイソスタティックプレスに関する最初の発表で，その題名は"耐火材料ビレットの製造工程 (Press of Preparing Billets of Refractory Materials)" というものである．しかし，実際の生産工程にアイソスタチック成形が採用されたのは近年になってからである．その第一の理由はアイソスタチック成形では100MPaある場合には300MPaといったこれまで生産に使用されてきた液体圧に比べて非常に高い圧力が必要とされ，経済性の点からこの要求に合う圧力発生装置，圧力容器の設計が可能となるためには金属材料と高圧技術の進歩を待たなければならなかったからである．

近年，ファインセラミックスの分野では製品の量産化とともに製品のきれ，ねじれ，ラミネーションなどに対する厳しい品質管理が問題とされてきた．この分野における製造技術の進歩は当然他のセラミックス製品，とくに小型のセラミックス部品に比べて大型のセラミックス製品の分野にも従来とは異なったレベルでの品質管理の可能性を与えつつある．このような要求に対して平行平面を有する薄肉の製品に対しては乾式のプレス成形は有効であるが，平行平面形状をもたないもの，またたとえ平行平面を有しても加圧断面積に比べて加圧方向厚さの大きいものでは成形体密度の不均一が生じやすく，燃焼後の製品ひずみが非常に問題となる．これは粉体プレス成形では壁と粉体との間の摩擦効果によって，型壁を通じての力の伝達がしばしば焼成中に製品ひずみとして現れるというよく知られた事実である．

アイソスタチック成形はゴムのような弾性

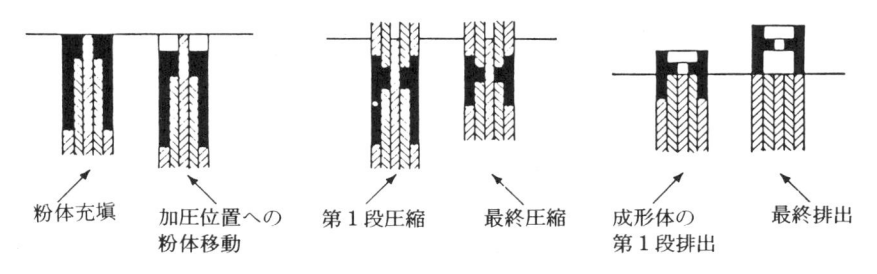

図 2.35 ダブル・アクション・自動プレス機の加圧サイクル

（粉体充填／加圧位置への粉体移動／第1段圧縮／最終圧縮／成形体の第1段排出／最終排出）

体を通じて成形すべき粉体に静水圧力を与えることによって流動する粉体とそれを阻止しようとする壁の摩擦抵抗の存在という型壁から生じる粉体成形の技術的困難を粉体と相似に収縮あるいは膨張変形することのできる型を使用する成形という観点から解決したものである．アイソスタテックに粉体を加圧するということは弾性壁を通じて粉体に作用する応力があらゆる壁面に常に直角になっているということで，加圧過程では粉体を壁面に固着させる摩擦力は存在しない．したがって，加圧され減圧過程に入るまでは成形された粉体に作用する応力は一般に粉体内において等方的であり，その結果成形体のきれ，ラミネーションの問題は生じないのが普通である．また，成形体密度も高く，このため熟成温度を下げることができるとともに，焼成収縮が少ないので寸法制御が容易である．一方，欠点は型であるゴムと接している面の形状を他の成形法に比して正確に作ることができないことである．このため旋盤あるいはグラインダーによる外形仕上げが行われるのが普通である．

一般に，削りくずは回収され，再び泥漿を経て原料粉体とされる．アイソスタチック成形体は切削特性にすぐれているが，対象とされるセラミック原料は高価なものが多く，切削による原料ロスを最小にするためにも，また加工時間を短くして，製品に占める労賃の割合を下げる意味からもできるだけ加工しろを少なくすることが望まれる．

ii) アイソスタチック成形機: アイソスタチック成形機には湿式（wet-bag process）と乾式（dry-bag process）の2方法がある．湿式アイソスタチック成形法は最も基本的なアイソスタチック成形法で，Maddenの特許に記載されているものである．この方法は実験装置として現在でも工業化への第一歩として必要な種々の資料を得る場合や大学，研究所の実験試料作製のために広く使用されている．純粋な酸化物，炭化物あるいは窒化物などの難焼結性材料あるいは少ロットの高付加価値製品を作るのに適している．

成形はゴム袋に粉体あるいは予備プレスされた圧粉体を入れた後，液密になるように縛り，液を満たした高圧容器中に沈めて加圧を行った後，ゴム袋をとりだし成形体を得るものである．この場合の加圧は一般に高圧ポンプを使用するより，ピストンとシリンダーの組み合わせを作り，シリンダー中へピストンを侵入させることにより高圧を得るものが多い．これは市販の高圧ポンプの最高発生圧力は200 MPa程度のものが普通であるが，実験の基礎データをとる際には一般にさらに高い圧力領域を望む場合が多いことによる．この際の高圧液のシールには図2.36に示すBridgmannのunsuported原理が使用される．

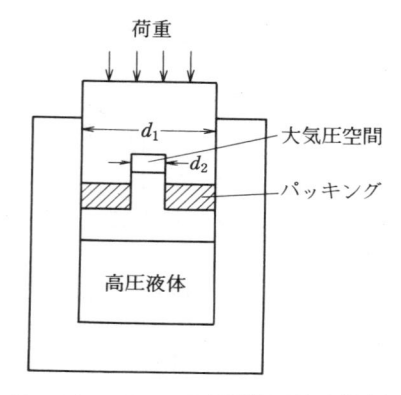

図 2.36 アイソスタチック成形機における高圧液のシール法（Bridgmannのunsuported原理）

湿式法が工業生産に適用された場合には半自動化された形式のものが普通である．自動化は普通，高圧容器の開閉，圧力サイクルに対して行われるが，粉体の充填，成形体の脱型，高圧容器への型の出入りは人手を使って行うためその生産性は一般に高くない．とくに湿式法で問題となるのは加圧後の型の清掃である．乾式アイソスタチック法による成形は完全に自動化された方法で行うことができる．したがって，工業的にはこの方法が多く使われている．乾式アイソスタチック成形では型の圧縮は一般に3次元的な静水圧圧縮ではなく2次元的な半径方向の圧縮になってい

2. 無機材料合成

る．図2.37は実際にアルミナ点火栓碍子の製造で使われている加圧装置を示したものである．装置の上下は金属によって封止されており，液圧は側方からのみ加えられている．湿式法では成形中に圧力媒体である液体に接触して作業を行わなくてはならないが，乾式法では工程中に直接液体を取り扱うことがないのが特徴である．このため高圧液の中に粉体が混入したりして高圧ポンプを傷めるといったことがない．アルミナ点火栓碍子，アルミナボール，機械部品などの小型セラミックス部品は完全自動の乾式アイソスタチック成形機を使用して製造されている．モールドの設計，ラインのレイアウトなどは個々の装置によって異なっているが，成形サイクルは，粉体の計量→モールド位置の設定→モールドへの粉体の充填→モールドと高圧容器の密閉→蓋のロック→加圧→減圧→ロックの解除→モールドと高圧容器の開放→成形品の脱型の順を追って行われるので，これらの機能をもっていることが基本となる．図2.38は自動化アイソスタチック法を模式的に示したものである．自動機の成形圧力は普通3.5から7 MPaで，その圧力で5から7秒保持される．ゴム型の寿命は約300,000個で，そしてゴムさやは1,000,000個である．成形品はグラインダーによって外形が仕上げられる．

一方，耐火レンガ，複雑な大型電子部品，レドーム，製紙用大型セラミックス部材，粉砕用ポットなどの大型のものは半自動化された湿式法を用いて行われる．半自動湿式法では脱型と型の清掃が律速となる．乾式であっても，湿式であっても通常その加圧は高圧ポンプを使用して行われるが，高圧ポンプシステムを使用しない新しい型のアイソスタチ

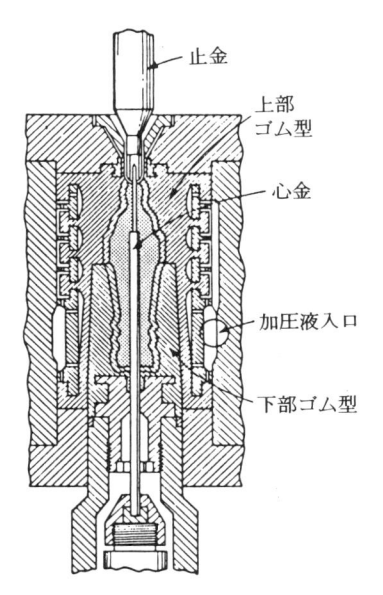

図 2.37 アルミナ点火栓碍子用乾式アイソスタチック成形機の模式図

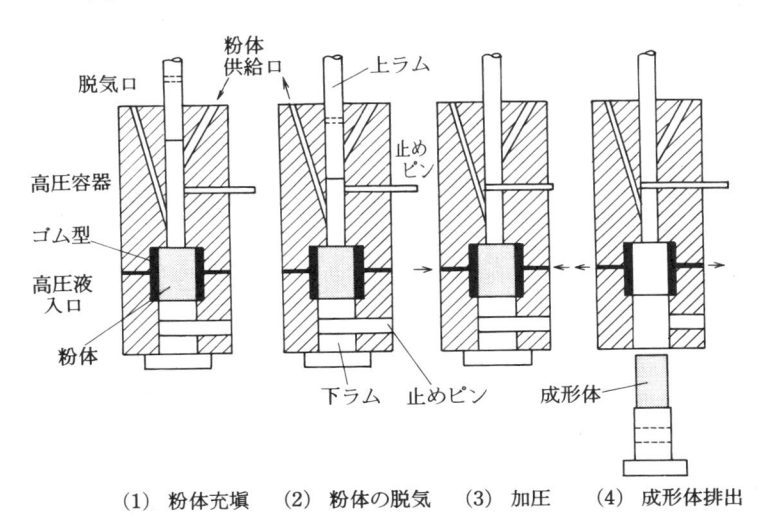

図 2.38 自動化アイソスタチック法の成形サイクル

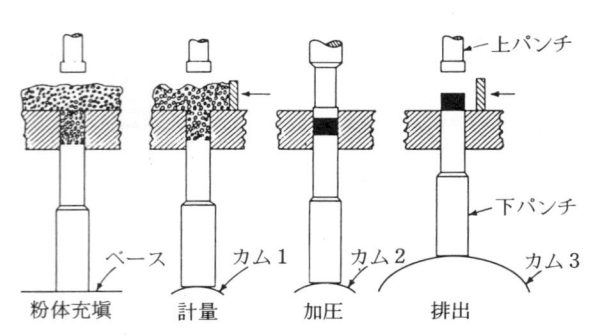

図 2.39 高圧ポンプシステムを使用しないアイソスタチック成形機-ロータープレス

ック成形機も工夫されている．図2.39にこれを示す．ここでは回転によって作り出されたピストンの上下運動によって加圧減圧を行い，半回転ごとに粉体の充塡と脱型が行われるようになっている．

c. 射出成形法 射出成形法は可塑化した原料を押し出すことによって成形を行うものである．押出し操作によって成形を行う成形法にはすでに述べた押出成形法がある．押出し成形法と射出成形法の大きな違いはセラミックス原料の可塑化法にある．押出し成形法では常温常圧で可塑化されている原料を押し出すのに対して，射出成形法では射出に際して原料を加熱可塑化して押し出す[71,72]．射出成形法はもともと熱可塑性樹脂に対して広く使われている成形法であり，セラミックスの射出成形はポリスチレンやポリエチレンのような熱可塑性樹脂をバインダーにして非可塑性セラミックス原料を可塑化し，プラスチックのように射出成形することを意図したものである．したがって，セラミックス粉末の添加によっても熱可塑性樹脂の流動性を確保するためにはかなり多量の樹脂を使用しなければならない．射出成形ではセラミックス原料に容積で15〜30％程度の樹脂を添加して可塑化する．

一般に，セラミックスを射出成形する目的は寸法精度のよい，複雑な形状の製品を得ることにある．寸法精度を上げるには樹脂量はできるだけ少ないことが望ましいが，型のすみずみまで原料を充塡するには樹脂を多くする必要がある．したがって，この相反する要求をバランスよく満足させることが大切である．セラミックス原料は樹脂の射出と同様に粒状のコンパウンドとして供給される．粉体粒子は，一粒一粒が樹脂によって完全に覆われていることが必要である．つまり，こうすることによって，セラミックスの射出成形を樹脂の射出成形として取り扱うことができるからである．セラミックス粉末には樹脂とともに流動特性を改善するための可塑剤や潤滑剤が添加される．表2.9にセラミックス射出成形で一般的に使用される樹脂，可塑剤，潤滑剤を示す．

表 2.9 射出成形用樹脂，可塑剤，潤滑剤

樹　　脂	可 塑 剤	潤 滑 剤
ポリスチレン	ジエチルフタレート	ステアリン酸
APP	ジエチルフタレート	ステアリン酸
スチレン/ブタジエン共重合体	ジエチルフタレート	ステアリン酸
ポリエチレン	エチレングリコール	

射出成形機にはプランジャ式とスクリュインライン式がある．図2.40にプランジャ式の射出成形機の模式図とその成形サイクルを示す．金型がセットされると，加熱シリンダー中で溶融された樹脂で擬可塑化されたセラミックス原料粉体が，型に射出される．射出が完了するとスクリュが後退し，ホッパーから新しい原料が供給される．その間に型は冷却され，成形体が脱型され，新しいサイクルに入る．射出成形機で最も大切なのは，加熱シリンダー部の設計である．加熱効率をよくし，可塑化能力を向上させ，均一な可塑化を行うために，種々の加熱シリンダーが考案されている．

また，加熱シリンダー内での圧力損失をできるだけ少なくするとともに，掃除が容易に行えるような設計が要求される．セラミックスの射出成形では，可塑性を与えているのは焼成によって除去されるべき樹脂であり，大部分を占めるセラミックス粉体自身は，ほとんど流動に寄与しない．したがって，良好な射出成形を行うには，樹脂の可塑剤，潤滑剤

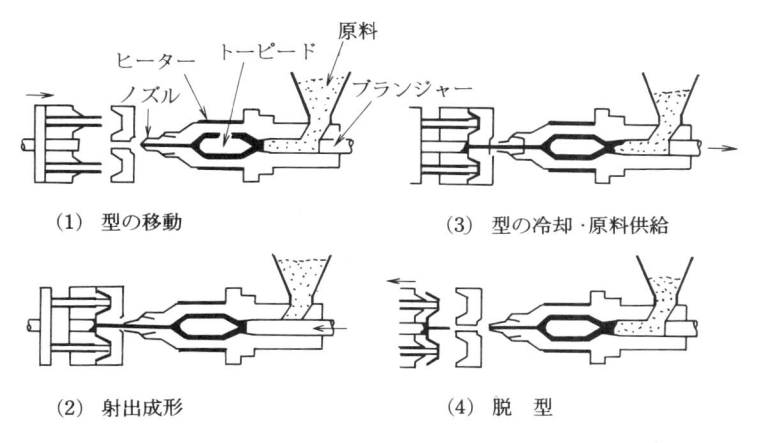

図 2.40 プランジャ式射出成形機の模式図とその成形サイクル

(1) 型の移動
(3) 型の冷却・原料供給
(2) 射出成形
(4) 脱型

なども重要な因子である.

2.3 繊維形状の成形法

高温耐熱材料の繊維化の研究・開発は宇宙・航空機,原子力などの先端産業に支えられて進んできたが,省エネルギー技術開発を中心とする民生用需要が増大しており,一般産業でもセラミックス繊維が広く利用されるようになってきた[73〜75]. 最も早く開発された繊維はガラス繊維で,それは溶融紡糸によって作られた. その後,同様な方法を使ってさらに耐熱性,強度に優れたアルミナ-シリカ系繊維が作られるようになった. 現在,炭素繊維を除く,ほとんどのセラミックス繊維が溶融紡糸によって製造されている. しかし,最近,溶融された繊維素材を直接紡糸する方法に代わって,前駆体素材繊維を焼成する,より洗練された焼結技術を使うセラミックス的手法が開発され,アルミナ,ジルコニアなどの超耐熱繊維の製造が可能となっている.

また分散強化型複合材料の強化材としてアルミナ,炭化ケイ素,炭化ホウ素などの単結晶繊維が注目されている. 溶融法によって製造される無定形あるいは多結晶質繊維と異なり,これら単結晶繊維はきわめて細い線径と高にアスペクト比をもち,特にウイスカーと呼ばれる. 一般的な分散強化材であるガラス繊維やホウ素連続繊維と比較すると,ウイスカーは欠陥がないので高い弾性と永久ひずみを生じることなく 3〜4% も引っ張ることができる. ウイスカーは気相反応によって製造される. (ここでは焼結法と気相法による) 繊維製造法の例を示す.

2.3.1 焼結法による繊維の製造

a. 炭化ケイ素繊維 炭化ケイ素繊維は炭素繊維以外の非酸化物連続繊維として初めて商業生産に成功したもので,日本カーボン(株)によりニカロンの商品名で販売されている. この炭化ケイ素繊維はポリカルボシランを直接の前駆物質としている[76]. ポリカルボシランはパーメチルシランから合成されるが,この物質は今から35年ほど前にBurkhardによってジメチルジクロロシランと Na 金属から次のような方法によって合成された.

$$(CH_3)_2SiCl_2 + 2Na \rightarrow 2NaCl + (CH_3)_2Si$$

この物質は結晶性で有機溶媒には不溶であり,加熱によって分解する. したがって,この物質は成形が不可能で,このままではセラミックスの前駆物質としては不適当である. また,ジメチルジクロロシランは THF 溶媒中で $Ph_3SiSi(CH_3)_3$ を触媒として Na, Na-K, Li などの金属と反応させると $[(CH_3)_2Si]_5$, $[(CH_3)_2Si]_6$, $[(CH_3)_2Si]_7$ などの環状のパーメチルポリシラン化合物を生じる. これらのパーメチルシラン化合物は 400〜450°C で熱分解縮合させることによって Si-Si 骨格中に CH_2 の挿入が起こり,炭化ケイ素繊維の前駆

物質となるポリカルボシランが生成する．

$[(CH_3)_2Si]_n$

$$\rightarrow -(\underset{\underset{CH_3}{|}}{\overset{\overset{H}{|}}{Si}}-CH_2-)_n \rightarrow \beta\text{-SiC}$$

$[(CH_3)_2Si]_6$

permethypolysilane　polycarbosilane

熱分解縮合生成物のヘキサン可溶分のうち分子量8000程度のものが分画され，溶融紡糸される．この糸を空気中350℃で加熱し，糸の表面を酸化する．この酸化処理によって繊維は不融化され，高温での炭化ケイ素化処理が可能となる．不融化繊維は800℃付近で無定形炭化ケイ素となり，1300℃で結晶性のβ-炭化ケイ素になる．このような方法で合成されるポリカルボシランは繊維以外のバルク形状物や複合材料の製造も可能である．

ポリカルボシラン以外にも多くの炭化ケイ素前駆物質が研究されている．現在のところ商業生産に至っていないが，繊維やフィルムの試作が行われているいくつかの前駆物質がある．一例をあげれば，$(CH_3)_2Si/Ph(CH_3)Si$の比が3〜20の間にあるフェニルメチルシリレンとジメチルシリレンのcopolymerが炭化ケイ素の前駆物質として研究されている．この物質は高温で高粘性の液体になる．そして，その構造がポリスチレンに似ていることから，R. Westらはこの物質をポリシラスチレンと命名している[77]．ポリシラスチレンは容易にフィルムや繊維に加工することができ，紫外線照射によって架橋し，不溶化される．この架橋ポリシラスチレンの繊維は加熱によって直接β-SiCに変化する．

$$\{[(CH_3)_2Si]_n[Ph(CH_3)Si]\}_x \rightarrow$$
$$SiC + CH_4 + C_6H_6 + H_2$$

ポリシラスチレンは炭化水素を溶媒としてNa金属とジメチルジクロロシラン，フェニルジメチルジクロロシランの混合物を反応させることで合成される．

$$(CH_3)_2SiCl_2 + Ph(CH_3)SiCl_2 \rightarrow$$
$$\{[(CH_3)_2Si]_x[Ph(CH_3)Si]_y\}_n$$

反応生成物は約50％の可溶性ポリラスチレン，約10％の不溶性ポリマー，そして主に環状のシランからなる30％程度のオリゴマーを含んでいる．遠心分離によって不溶性部分を除去したのち，残りのTHF溶液にメタノールを加えてポリマーを沈殿させる．この沈殿は無色の樹脂状物質でヘキサン，アルコール以外のほとんどの有機溶媒に可溶である．そして200℃程度に加熱すると軟化して紡糸，型への鋳込み，熱間プレスによるフィルム化が可能である．このポリシラスチレンはN_2雰囲気中，800℃までの加熱で70％の重量減を示し，最終生成物である炭化ケイ素骨格となる．炭素ケイ素への理論重量減は約55％であるので，このポリマーは炭化ケイ素化に寄与しない15％程度の揮発性ケイ素化合物を含んでいることになる．

炭化ケイ素前駆物質としてのポリシラスチレンとパーメチルポリシランの大きな違いは加熱による熱分解挙動にあり，パーメチルポリシランは不融化処理をしないと700℃ではポリマーは完全に揮発してしまう．この両者の熱分解挙動の比較を図2.41に示した．このようにポリシラスチレンからの炭化ケイ素セラミックスの製造ではパーメチルポリシランからの製造のように不融化処理を必要としないが，紫外線照射を必要とする．すなわち，紡糸されたポリシラスチレンはN_2中350 nm

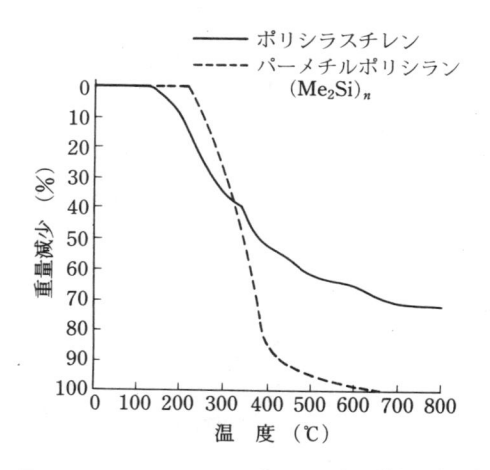

図 2.41 ポリシラスチレンとパーメチルポリシランの熱分解挙動

の紫外線で架橋されたのち，真空中で1100°Cまでゆっくり加熱し，この温度で30分保持して室温まで冷却すると黒色無定型の炭化ケイ素繊維が得られる．繊維方向の収縮は約40%である．X線的には無定型であるが，IRスペクトルは[(CH$_3$)$_2$Si]$_n$から合成された物と同一である．

また，[PhSi(CH$_3$)]$_n$，[p-Tol-Si(CH$_3$)]$_n$，[PhCH$_2$CH$_2$Si(CH$_3$)]$_n$などの有機ケイ素homopolymerや{[n-Hexyl-CH$_3$Si]$_m$[(CH$_3$)$_2$Si]$_n$}$_x$，{[Cycrohexyl-CH$_3$Si]$_m$[(CH$_3$)$_2$Si]$_n$}$_x$などのcopolymerからの炭化ケイ素合成も試みられているが，よい結果は得られていない．

b．窒化ケイ素繊維 窒化ケイ素連続繊維の前駆物質としては各種のポリシラザンが広く研究されている．ポリシラザンはその骨格中に窒素原子を含んでおり，高温焼成によって窒化物を生成する．骨格中への窒素の固定を有効に行うためには一般に窒素気流中での焼成が行われる．ダウ・コーニング社，ヘキスト社，ローヌ・プーラン社，東燃(株)などによって製造が行われている[78]．

ダウ・コーニング社は10%[(CH$_3$)$_2$ClSi]$_2$，55%(CH$_3$Cl$_2$Si)$_2$，35%CH$_3$Cl$_2$SiSiCl(CH$_3$)$_2$のジシラン混合物に過剰の[(CH$_3$)$_3$Si]$_2$NH$_2$を添加して250°Cに加熱し，副成する(CH$_3$)$_3$SiClや未反応[(CH$_3$)$_3$Si]$_2$NH$_2$を除去してメチルポリシラザンを合成し，これを溶融紡糸した後，湿潤空気中で不融化，1200°Cで焼成して窒化ケイ素繊維を製造している．東燃(株)では非極性溶媒中でジクロロシラン・ピリジン錯体にアンモニアを反応させ，副成する塩化アンモニウムとペルヒドロポリシラザンをろ過により分離した後，ペルヒドロポリシラザンを含むろ液にアンモニアを加えて90°Cで4時間，脱水素縮合，さらに減圧蒸留，濃縮を行い，曳糸性の高粘性ペルヒドロポリシラザンを合成した．これを120°Cの不活性雰囲気中で紡糸し，延伸をかけながら3°C/分以上の昇温速度を与えながらアンモニア気流中で800°Cまで，次いで窒素気流中で1500°Cまで連続的に焼成して窒化繊維を製造している．

2.3.2 気相法による繊維の製造

結晶の最小長さと最大直径の比が少なくとも10：1以上あるような針状の晶癖をもつ単結晶をウイスカーと呼ぶ．ウイスカーの直径はミクロン程度である．材料はその大きさが大きくなるとともに，材料の強度を低下させるような欠陥の数が材料中に，確率的に増大する．このため，材料の強度はこのような欠陥によって支配され，実際の材料強度は原子の結合強度から計算される理論強度の1/10～1/100程度である．ところがウイスカーではその寸法形状から，欠陥を含まないほとんど完全な単結晶繊維を得ることが可能で，その強度も理論強度に近く，超高強度複合材料の補強材料として有望視されている[79]．一方，気相析出によって合成されるウイスカーは合成条件によって針状ばかりでなくスパイラルやコイル形状のものも合成できることが見出され，効率的な合成法やその利用法の研究が行われている[80,81]．

コイル状繊維 ファイバーといえば普通は直線状であるが，合成条件を選ぶことによってコイル状の窒化ケイ素，カーボン繊維が合成されている．コイル状窒化ケイ素繊維は，Si$_2$Cl$_6$＋NH$_3$＋H$_2$混合ガスを鉄不純物を塗布したグラファイト基板上に送入し，1200°Cで反応させることによって得られる．30分の反応で長さ2～3mm，径～10μm，ピッチ2～5μmの窒化ケイ素コイルが生成する．この窒化ケイ素コイル状繊維は図2.42に示すように伸びが2倍以内であれば完全弾性的に回復する．繊維は非晶質で，剛性率130～160GPa，コイルの切断荷重より求めた最大せん断応力は3.3～4.0GPaである．コイル状カーボン繊維はNiを触媒としてアセチレンを600～800°Cで熱分解することによって合成される．コイル長さは反応時間とともに増大し，30分では100～150μm，1時間では200～350μmのものが得られている．コイル径，コイルピッチそして繊維径は反応

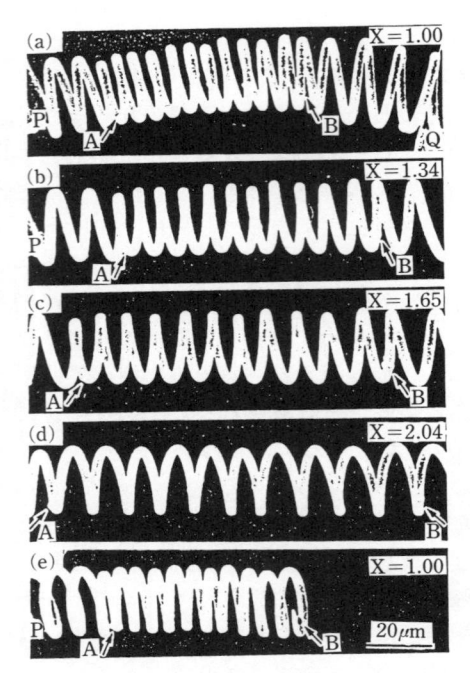

図 2.42 窒化ケイ素コイル状繊維の伸長性
〔(a): 伸ばす前の状態, (b)〜(d): 1.34〜2.04倍伸ばした状態, (e): (d)以上に伸ばした際, B点で切れてもとの長さにもどった状態. Xは伸び率(倍率)を示す.〕

温度, 反応時間, アセチレン流量によらず, それぞれ $2\sim5\ \mu m$, $0.1\sim0.5\ \mu m$, $0.1\sim0.5\ \mu m$ である. 収率と反応温度の関係は図2.43のようで, 700°Cで最大収率〜30%である.

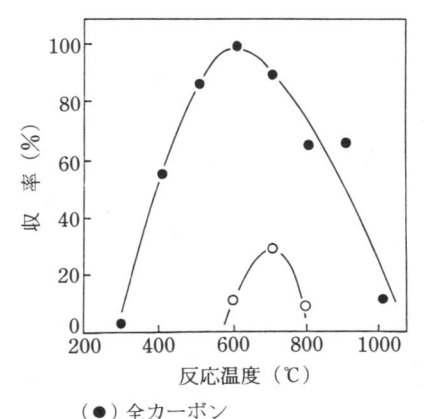

(●) 全カーボン
(○) コイル状カーボンファイバー

図 2.43 窒化ケイ素コイル状繊維の収率と反応温度の関係

コイル状カーボン繊維は非晶質で, アルゴン雰囲気, 2000〜2800°Cで熱処理するとグラファイト化する. また, コイル状カーボン繊維を $TiCl_4 + H_2 + Ar$ 混合気流中, 1000〜1300°Cでチタナイジング, $SiCl_4 + H_2 + Ar$ または $Si_2Cl_6 + H_2 + Ar$ 混合気流中でシルコナイジングすることによって, それぞれもとのコイル状カーボン繊維のディメンションを保持した炭化ケイ素, 炭化チタンなどのコイル状繊維が合成される.

2.4 膜形状の成形法

セラミックス質被膜を製造する多数の技術があるが, 釉と呼ばれるガラス質のセラミックスでセラミックスを被覆する施釉や金属を釉で被覆するほうろう(琺瑯)が古くから使用されてきた. 釉の利用は最も基本的なセラミックス被膜形成法であり, 適用範囲も広い. したがって, ここでは釉について簡単に説明したのち, 代表的な製膜法について述べる.

セラミックス膜は, その存在形態から2つに分けられる. 1つは物質上に被覆されて利用される表面被覆膜, 別の言い方をすれば, これは物質上に支持されて使われる支持膜である. もう1つは, それ自身で自立した膜として利用される自立膜である. 支持膜は, さらに保護膜と機能膜の2つに分類される. 保護膜は, ロケットノズルの耐熱コーティング被膜や各種金属のほうろう処理のように膜の利用が第一義的でなく, 他材料の耐酸化性, 化学的耐食性, 電気絶縁性, 耐環境性, 耐摩耗性などを向上させる目的で膜を利用するものである. 一方, 機能膜は, 磁性薄膜, 強誘電体薄膜のように膜そのものの機能性を利用するものである. この場合, 膜を乗せている膜の支持体そのものには一般に特別の働きはない. 自立させて利用するには膜が薄すぎるために基板で支持しているにすぎない. 支持膜の厚さは, 機能膜のように薄膜で利用されるものは $1\mu m$ 以下の場合が多いが, 保護膜は薄いもので $10\ \mu m$ 程度, 厚いものでは $2\sim3\ mm$ のものもある. また, 支持膜をその製

造法から分類すると被覆焼成法，熱間被覆法，溶射被覆法の3方法に分けられる．

被覆焼成法はセラミックスで最も一般的な被膜形成法である．被膜を形成する物質は粉末にされた後，溶媒，バインダーを加えてスラリー，ペーストなどの形態で基材表面に適用される．また，塩化物や特殊な有機金属の溶液も利用される．この場合，溶媒の揮発によって基材表面に析出した膜は大気中の湿分によって加水分解し，酸化物，水酸化物などの膜に変化する．いずれの場合も基材上の膜は固体粒子がファン・デル・ワールス的な力によって弱く結合しているだけであり，基材との強固な結合を作るためには熱処理が必要である．

熱間被覆法は加熱された基材に対して成膜が行われるので基材と膜の接合強度は十分な強度に達しており，すでに述べた被覆焼成法のような成膜後の特別な熱処理は必要ない．膜物質は気体あるいは液体の形で供給されるが，液体の場合も最終的に基材と反応する時点では気相の状態で反応させるので良好な膜が得られる．

溶射被覆法は溶融あるいは半溶融した材料を基材上に吹き付けることによって被膜形成を行う方法である．高速で吹き付けられる溶融材料が基材上に固着すると膜形成が完了するので実質的な成膜はきわめて短時間である．一般には大気圧開放雰囲気で小さな面積への溶射を積み重ねることで膜形成を行うので大型で複雑な基材表面の処理を容易に行うことができる．溶射材料の供給方法，溶射方法などによって種々の方法が開発されている．

自立膜は単に膜と呼ばれる．しかし，セラミックスでは材質そのものが脆性であり，高分子フィルムや金属箔のような可塑性や柔軟性をもっていない．膜厚は $10\,\mu m$ 〜数 mm の範囲にあるが，同じ材料でも厚さに対する2次元的な広がりの大小と材料のもつ柔軟性の程度によって膜と呼ばれたり，薄板と呼ばれたりする．自立膜はすべて成形ののちセラミックス的方法によって製造される．表2.10 は膜の製造法をまとめたものである．

表 2.10 膜の製造法

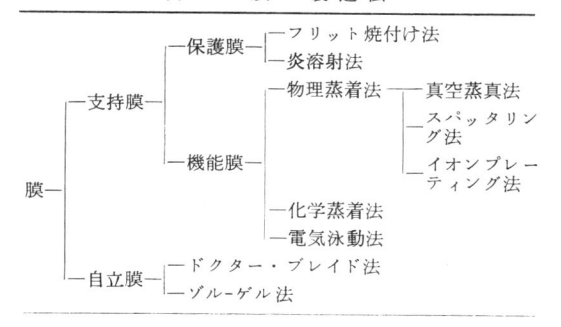

```
          ┌─保護膜──┬─フリット焼付け法
          │          └─炎溶射法
    ┌─支持膜              ┌─真空蒸着法
    │     │          ┌─物理蒸着法─┼─スパッタリング法
膜──┤     └─機能膜──┤              └─イオンプレーティング法
    │                │
    │                ├─化学蒸着法
    │                └─電気泳動法
    └─自立膜──┬─ドクター・ブレイド法
              └─ゾル-ゲル法
```

2.4.1 釉

釉とはセラミックスや金属の表面を被覆するために使われるガラス質セラミックスのことである．セラミックス表面の装飾，液不浸透化，耐食性あるいは圧縮応力の導入による引っ張り強度の向上などを目的として施釉が古くから使用されている．金属の表面に焼き付けた釉あるいは金属と釉の全体はほうろうと呼んでいる．施釉は一般にフリットを使って行われる．フリットは釉の特定の成分あるいは全成分の混合物を高温で溶融し，これを水中に急冷してガラス化したのち，粉砕，粉末化したものである．このフリットを材料に塗布したのち，それを高温に再び加熱するとガラス質被膜を材料上に作ることができる．塗布はスプレー，浸し掛け，印刷，電着などの湿式法や静電塗装のような乾式法も可能である．湿式法が安価で，容易である．湿式法ではフリットはボールミル粉砕され，スリップにされる．

セラミックス用の釉は酸化物であり，一般に酸化物セラミックスとは化学的親和性があり，よく濡れて不溶性の被膜を形成する．釉の成分は普通，K_2O，Na_2O などのアルカリ酸化物，シリカ，アルミナ，酸化鉛，酸化ホウ素などである．釉の熱膨張係数はこれらの成分を調整することで行われる．図2.44 はP点組成の釉について釉の軟化温度，熱膨張係数に対する各成分添加の効果を示したものである．すなわち，シリカの添加によって釉

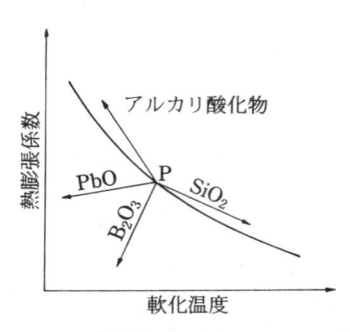

図 2.44 アルカリ酸化物, シリカ, アルミナ, 酸化鉛, 酸化ホウ素の釉の軟化温度, 熱膨張係数に対する添加効果

の熱膨張係数は小さくなり, 軟化温度は上昇する. 酸化鉛の添加は釉の熱膨張係数をあまり変化させずに軟化温度を大きく低下させる. 酸化ホウ素の添加は釉の熱膨張係数と軟化温度の両方を低下させる. 陶磁器用の釉の組成は, ほぼ重量%で SiO_2 が 58～73%, Al_2O_3 が 18～36%, R_2O が 1～8%, RO が 0～4% の範囲にある. R_2O としては Na_2O, K_2O が, RO としては CaO, MgO, ZnO, SrO, BaO, PbO がよく用いられる.

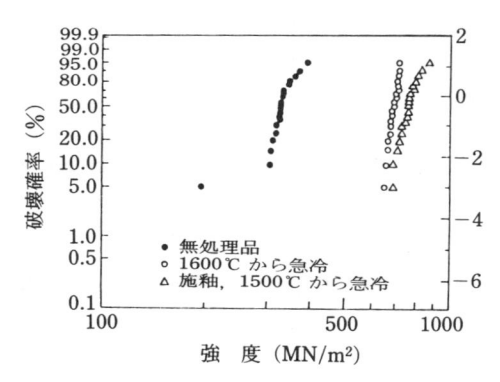

図 2.45 施釉による 96% アルミナセラミックスの強度向上

施釉による高強度セラミックスの強度向上は一般の陶磁器製品に比べると容易である. それは低温の焼成温度に合った軟化温度の釉を作るのは難しいが, 高強度セラミックスのような高温焼成に適した釉は一般にシリカ量を増すことで得られるからである. Kirchnerらは図 2.45 に示すように 96% アルミナセラミックスに対する施釉実験を行い, 素地の 2.3 倍, 767 MN/m^2 の平均強度を達成している[82]. 素地のセラミックスと良好に付着させるためには熱膨張係数を合わせる必要がある. セラミックス表面に効果的な圧縮応力を作るためには釉の熱膨張係数を素地よりいくらか小さくすることが必要である. 図 2.46 は同じ素地を熱膨張係数の異なる釉で被覆したときの材料の曲げ強度を示したものである[83]. 釉の熱膨張係数を素地の熱膨張係数より小さくしていくと材料の曲げ強度は上昇す

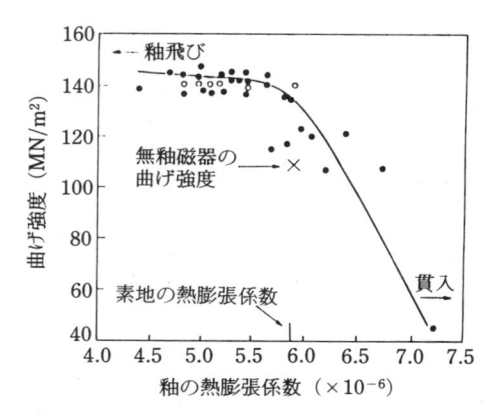

図 2.46 素地と釉の熱膨張係数の差と材料の曲げ強度の関係

るが, 強度上昇は一定値で飽和し, それ以上圧縮応力を大きくすると釉飛びの現象が起きる. 釉飛びは圧縮応力状態にある表面釉層の応力が図 2.47(a) に示すような釉の鱗片状剥離を生じる現象である. 一方, 釉の熱膨張係数が素地の熱膨張係数よりも大きいときには材料には引っ張り応力が働き, 材料の曲げ強度は施釉していないときよりも小さくなる. また, 釉と素地の熱膨張係数差が大きくなりすぎると図 (b) に示すように素地表面に直角な亀裂が釉に発生するようになる.

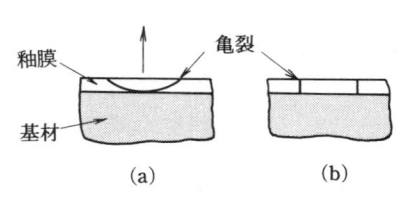

図 2.47 素地と釉の熱膨張係数の差によって生じる欠陥 (a) 釉飛び, (b) 貫入.

金属用のほうろう釉も酸化物であるが, セラミックス用の釉に比べるとその組成は複雑である. 標準的な釉の原料配合例を表 2.11～2.13 に示す. フリットにされた釉は水とミル添加剤とともにボールミル粉砕され, スリップにされる. ミル添加剤としては水への分散性を向上させる解膠剤としてのカオリン, ベントナイトなどの粘土, またスリップをチクソトロピー性にして金属への付着性を向上させるための塩化バリウム, 炭酸アンモニウ

表 2.11 鋼板用下釉

原料配合 (wt%)		化学組成 (wt%)	
ケイ砂(SiO_2)	30～35	SiO_2	35～50
長石	15～25	Al_2O_3	3～5
($K_2O \cdot Na_2O \cdot xAl_2O_3 \cdot ySiO_2$)			
ホタル石(CaF_2)	5～10	B_2O_3	15～12
ホウ砂($Na_2B_4O_7 \cdot 10H_2O$)	25～30	Na_2O	12～18
ソーダ灰(Na_2CO_3)	10～15	K_2O	2～4
酸化コバルト(Co_3O_4)	0.3～0.5	CaO	4～7
酸化ニッケル(NiO)	0.5～1.0	F_2	2～5
		CoO	0.3～0.4
		NiO	0.4～0.8

表 2.12 鋼板用上釉 (チタン乳白ほうろう)

原料	配合 (wt%)
無水ホウ砂	34.8
二酸化チタン	14.0
ホウ酸	16.3
長石	8.7
硝酸ナトリウム	5.6
硝酸カリウム	6.3
ケイフッ化ソーダ	4.1
炭酸リチウム	2.2
リン酸モノアンモニウム	1.8

表 2.13 アルミ用釉

原料	配合 (wt%)
石英	21.2
無水ホウ砂	1.4
硝酸ナトリウム	16.6
ソーダ灰	9.0
炭酸バリウム	2.8
硝酸カリウム	19.5
カルシウム長石	1.3
炭酸リチウム	10.8
二酸化チタン	13.7
酸化スズ	2.0
リン酸モノアンモニウム	1.8

表 2.14 ほうろう用添加剤の添加量と効果

添加剤	添加量	効果
粘土	3～8	分散・膜強度・気泡分散
ベントナイト	0～0.5	分散・チクソトロピー性
ホウ砂		止め剤・スラリー安定剤
硝酸ナトリウム		電解質・止め剤
アルミン酸ナトリウム		止め剤
炭酸カリウム		着色仕上げ用止め剤
塩化カリウム		止め剤
石英		耐熱・耐酸
仮焼アルミナ		耐熱・耐酸
長石		耐熱
コロイダルシリカ		耐熱・分散・耐酸
ジルコン		乳白剤
二酸化チタン		乳白剤
水溶性セルロース		膜硬度
尿素		しわ防止
ピロリン酸ナトリウム		止め戻し剤
トラカントゴム		膜硬度

ム, ホウ砂, 硫酸マグネシウムなどの電解質などがある. 表 2.14 に代表的な添加剤とその効果を示した.

ほうろうはフリットの組成を変えることによって, 焼付け温度 320～1050℃, 体積膨張率 $(120～350) \times 10^{-7}$/℃ の間で選ぶことができる[84]. 被覆できる膜厚は 25 μm～0.2 mm 程度が普通である. 軟鋼類では 0.05～0.08 mm, 耐熱鋼では 0.03～0.06 mm 程度が目安とされている. あまり厚くすると被膜と基材との熱膨張の差によって, 使用中に剥離を生じる.

2.4.2 支持膜の製造法

a. 被覆焼成法

i) 印刷法: インクあるいは厚膜ペーストを使ったスクリーン印刷による成膜法がタイルや食器などの伝統的なセラミックスの装飾, あるいは導体, 抵抗, 誘導体などの電子セラミックスの製造において広く利用されている[85]. 施釉操作でのフリットが水を溶媒とするのに対して, インクやペーストでは一般に有機溶媒を使用する. スクリーン印刷では, 膜厚 2～25 μm, 大きさ 15×15 cm, 最小線幅 0.25 mm 程度の膜を作ることができる.

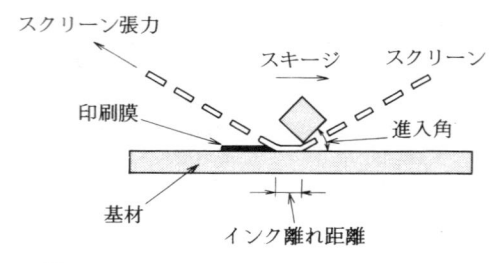

図 2.48 スクリーン印刷における主な装置変数

スクリーン印刷における主な装置変数を図2.48に示す[86]．ペーストは主成分の膜材にホウケイ酸ガラス粉末のような焼結助剤と低揮発性の有機溶媒と高分子バインダーを加えて作られている．粉末の粒径は普通 10 μm 以下である．スクリーンの目開きと線径は目開きを通して基材上に写し取られるペーストの幅，高さ，間隔を決定する．写し取られたペーストは流動し，合体して連続膜へと変化するが，膜の厚さは普通，線径の 1/4～1/3 になる．線径と目開きは印刷すべき図形，ペーストのレオロジー，基材表面の粗さ，印刷厚さによって決定される．目開きはペースト中の粒子の径の数倍は必要であるが，印刷だれを防ぐためにはできるだけ小さくすべきである．印刷ペーストの重要な性質はその粘性，降伏応力，乾燥速度である．普通の印刷条件ではスクリーンを通過するときのせん断速度は $100 \sim 1000 \, s^{-1}$ の範囲になる．このせん断速度を得るためにはペーストの粘性は 70～150 P 程度に調整されねばならない．そして，理想的には作業温度の 20～30°C で温度に対して独立であることが望ましい．また，スキージ圧の加わっているときは容易に流動し，目開きを通して写し取られた網目状の図形が連続膜へと合体するように擬弾性的でチクソトロピックでなければならない．この特性は連続膜が形成された後の図形のだれを防ぐため，ペーストの粘性が上昇するために必要とされる．

バインダー/溶媒系としてはテレピネオールあるいは 1-ペンタノールにエチルセロースあるいはアクリル樹脂を分散させた系が使われる．印刷被膜には種々の欠陥が現れるが，大きな空隙やピンホールはペースト中に補足された空気やスクリーンの目詰まり，ペースト切れが悪いときに発生する．ペースト切れ不良はスクリーン張力とスナップ・オフ距離が不適切なときに発生する．

ii) 浸漬法： 浸漬法とは文字通り基材を溶液に浸してその表面を濡らすことにより膜形成を行う方法である．溶液としては泥漿やコロイドのような粒子分散溶液と真の溶液がある．前者の場合は次に述べる噴霧法やウォーター・カーテン法が広く使われている．ここでは真の溶液を使う浸漬法について述べる[87,88]．この技術は大型の平板とくにガラスの表面処理法として工業的に広く使われている．浸漬によって基材表面に付着した溶液は溶媒の気化によって基材上に固体として析出し，この固体は普通熱処理によって酸化物被膜へと変化させられる．熱処理により基材上の析出固体が均一な良質の膜に変化するためには，溶液は一般的に，(1) 十分な金属濃度をもつこと，(2) 溶媒の気化によって析出する固体が非晶質性の高いものになること，(3) 基材とよく濡れること，(4) 表面の凹凸は 10 μm 以下であること，(5) 安定性がよいことが要求される．したがって，非晶質固体を析出させるためにはコロイド溶液や会合性溶液が好んで使われ，濡れや安定性を高めるために界面活性剤や安定剤が利用される．

浸漬法には，引き上げ法と引き下げ法がある．前者では溶液から基材が引き上げられ，後者では基材は動かず，液面が引き下げられる．引き上げ法が経済性と操作性からすぐれており，広く使用されている．

引き上げは振動を与えないようにゆっくりと行う必要がある．引き上げ速度は図2.49に示すように基材表面へ付着した液膜が適切な流動域を形成するように調整されねばならない．液膜の一部は基材表面上を流れ落ち，溶媒が気化した後に固相を析出する．基材表面に直角な方向での厚み分布は溶媒の気化だけに依存しているので，一定の速度で引き上げを行うと一定の厚さの膜が形成される．液

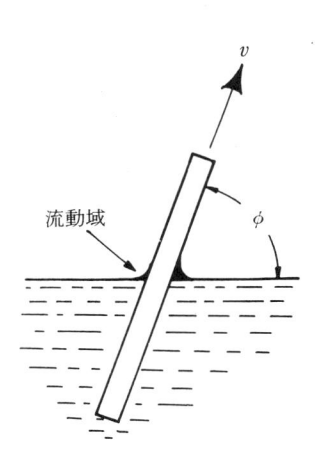

図 2.49 適切な引き上げ速度で形成される基材表面の液膜

面に直角に引き上げると両面に同じ厚さの膜が形成されるが，角度を付けて引き上げると図 2.50 に示すように両面の膜厚を変えることも可能である[85]．膜厚 d に関する引き上げ速度 v，液面と基材面のなす角 ϕ，溶液の濃度 C の影響についてはたくさんの実験がある．たとえば，垂直引き上げに対しては，実験定数を k とすると $d=kv^{2/3}$ が成り立つ．一般にこのような簡単な解析的関係を使って合理的な膜厚制御が可能である．膜は普通 250～650°C 程度の温度で処理すると，透明な酸化膜になる．1 回の浸漬で作ることのできる膜厚は普通 $0.5\,\mu m$ 以下である．

iii) **冷間噴霧法**： 冷間噴霧法は大型の衛生陶器などの施釉に広く使用されている．施釉は普通予備的な熱処理を施した吸水性の素焼き素地に対して行われる．噴霧面積はノズル形状，空気圧，スラリーのレオロジー，作業距離によって制御される．塗膜厚さの再現性は印刷法より悪い．塗膜作業の管理を容易にするためにはできるだけ噴霧液滴の粒径分布を狭くする必要があり，このためにはできるだけ小さなノズル径を使用するのがよい．スラリーは重力や空気流，機械振動などによる塗膜のだれを防ぐための図 2.51 に示すような擬弾性的なレオロジー特性をもつことが要求される[89]．噴霧法によって得られる釉塗膜の厚さは 0.1～0.2 mm 程度である．噴霧法の欠点は液滴がミストとなって広範囲に飛散し，作業環境が劣悪となることである．したがって，近年はロボットの導入による無人化が積極的に行われている．

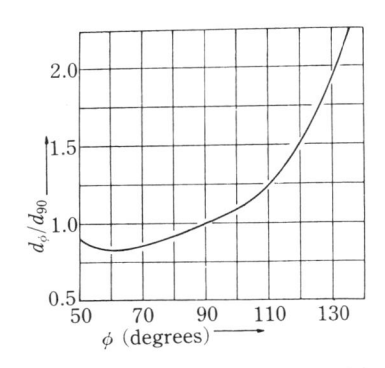

図 2.50 引き上げ角度と膜厚の関係

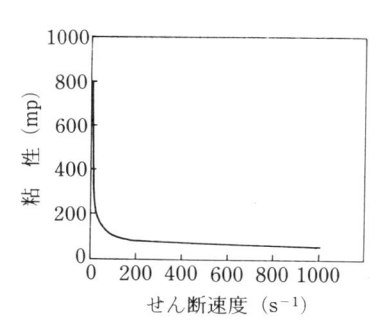

図 2.51 噴霧スラリーのレオロジー特性

iv) **ウォーター・カーテン法**： ウォーター・カーテン法はタイルのようなあまり大きくない平板の釉掛けに広く使用されている．図 2.52 はウォーター・カーテン法による釉掛けの模式図である．一定高さの液面をもつタンクの下部スリットより流れ落ちる釉のカーテン中をタイルが通過することにより釉掛けが行われる．品物はタンク下部に張られた 2 本のステンレス線上を移動する．品物表面に固定されなかった釉はステンレス線下部の樋に受けられ，回収される．この方法は噴霧法に比較して釉の飛散が少なく，釉の回収ロスもほとんどない．また，塗膜厚さの均一性と平滑性にすぐれている．

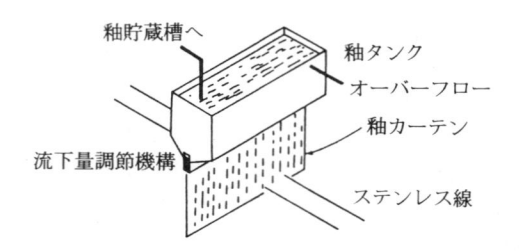

図 2.52 ウォーター・カーテン法による釉掛けの模式図

b. 熱間被覆法

i) 物理蒸着法： 物理蒸着法は，被膜物質そのものを高真空下で熱すること，あるいは高エネルギー粒子を衝突させることによって気化させ，その気体種を適当な基材上に析出させるものである[90,91]．基材は加熱される場合も，加熱されない場合もあるが，一般に利用のためには形成した膜の熱処理を必要としないので熱間被覆法に含めた．物理蒸着法には，合金膜の蒸着のように，1つ以上の蒸発源を利用して行う蒸着，あるいは反応性気体の雰囲気中で行われるスパッタリングの場合のように，被膜形成と同時に，あるいはそれ以前に揮発種の化学反応が起こっていることがある．このような場合でも，化学反応が純粋な元素あるいは被膜を構成している元素だけを含む化合物の揮発種の間だけで起こるなら，本質的には物理的な蒸着であると考えることができる．しかし，雰囲気ガスが酸素や窒素のような単一元素でなく，アンモニアのような2種以上の元素で構成され，構成元素の一部だけが被覆膜として析出する場合には，物理蒸着法と次に述べる化学蒸着法の違いははっきりしなくなる．物理蒸着法には，真空蒸着法，スパッタリング法，イオンプレーティング法がある．

真空蒸着法では，真空槽中に蒸発源と基材が置かれる．蒸発源は蒸気を作るために加熱できることが必要であるが，目的に合った良質の膜を得るためには一般に基材も加熱される．蒸発源の加熱方法には，抵抗加熱，電子衝撃加熱，電子線加熱，高周波誘導加熱などがある．図2.53は最も一般的な抵抗加熱による真空蒸着装置の一例である[92]．油回転ポン

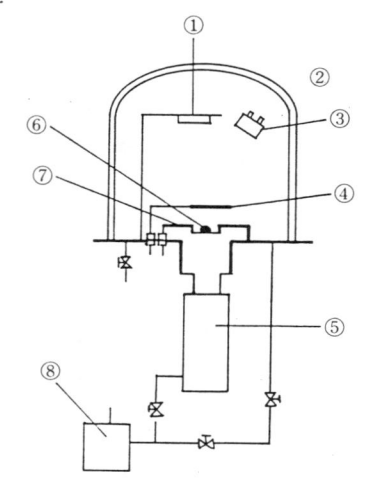

① 基材　　　　⑤ 油拡散ポンプ
② ベルジャー　⑥ 膜材料
③ 膜厚計　　　⑦ 蒸発源（ヒーター）
④ シャッター　⑧ 油回転ポンプ

図 2.53 抵抗加熱による真空蒸着装置

プと油拡散ポンプの組み合わせで，10^{-7}torrの真空を得ることができる．セラミックスのように，化合物であるものは蒸発によって組成が変化するのを防ぐために，真空槽に，酸化物では酸素や空気，窒化物では窒素やアンモニア，炭化物ではアセチレンなどを導入して被膜形成が行われる．表2.15はセラミックス膜を得るための蒸着条件の一例である[92〜95]．

表 2.15 セラミック膜を得るための蒸着条件の一例

化合物	蒸発材料	雰囲気ガス	ガス圧力(Torr)	基材温度(℃)
Al_2O_3	Al	O_2	$10^{-4}〜10^{-5}$	400〜500
SiO_2	Si	O_2	$〜10^{-4}$	100〜300
In_2O_3	In	O_2	$4〜7\times10^{-3}$	60〜180
SnO_2	Sn	O_2	$0.2〜2\times10^{-4}$	60〜300
TiC	Ti	C_2H_4	—	〜300
SiC	Si	C_2H_2	3×10^{-6}	〜900
AlN	Al	NH_3	$〜10^{-4}$	〜300

スパッタリング法は，真空槽中に置かれた電極間に直流高電圧をかけることによって得られるグロー放電を利用するものである．被膜物質が導電性のセラミックスである場合には，これを陰極にして，陽極上に基材を置いて被膜形成を行うことができる．しかし，一般的に絶縁性のセラミックスでは，セラミックスが正に帯電してしまうので，安定な放電

2. 無機材料合成

表 2.16 セラミック膜を得るためのスパッタ条件の例

化合物	スパッタリング法	ターゲット(陰極)	放電ガス	ガス圧 (Torr)	基板温度 (°C)
ZnO	マグネトロン	Zn, ZnO	$Ar+O_2(1:1)$	$3\times10^{-3}\sim3\times10^{-2}$	300<
SnO_2	マグネトロン	SnO_2	$Ar+10\%O_2$	3×10^{-4}	200〜290
PLZT	rf	PLZT	$Ar+O_2(1:1)$	7×10^{-2}	550〜700
AlN	rf	Al	$Ar+N_2(2:1)$	6×10^{-3}	〜250

を得ることができない. このため, セラミックスでは, 直流のかわりに 10 MHz 程度の高周波を利用してスパッタリングを行う[96,97].
図 2.54 は, 高周波スパッタリング装置の一例である. 高周波スパッタリングでは, 真空槽内のガスが電離され, これによって生じたイオンによってターゲット物質がスパッタされる. したがって, ターゲットに被膜物質を置く. 表 2.16 は, セラミック膜を得るためのスパッタ条件の一例である[98〜100].

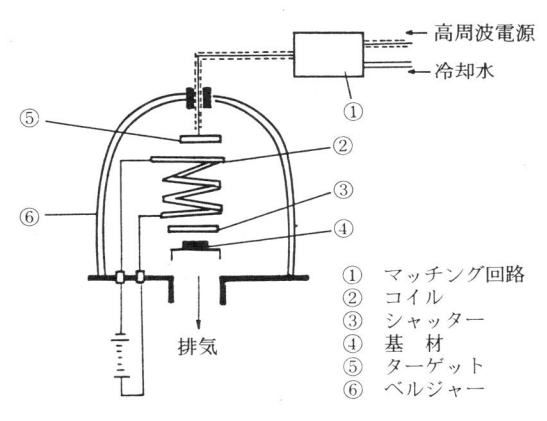

イオンプレーティング法[101,102]は, スパッタリング法の遅い被膜形成速度を改善し, 真空蒸着法での基材影部分への蒸発分子の回り込みを大きくし, 複雑な形状の基材表面での被膜形成を可能にする. 図 2.55 は, イオンプレーティング装置の一例である[103,104]. イオンプレーティングは, 真空蒸着法とスパッタリング法を組み合わせた形をしている. 基材を陰極とし, これに対抗して蒸発源が置かれる.

ii) CVD (気相化学蒸着法)[88,105,106]: CVD は加熱された基材と気相との化学反応によって基材表面に被膜を形成する技術である. 作られる膜の厚さは普通数 μm 程度を上限としている. 成膜温度は使用する原料に依存するが, 150〜2200°C の温度域にあり, 一般には基材との良好な結合を得るためと装置的な制約から 500〜1100°C 程度の温度域が広く使われる. 膜は原料の熱分解あるいは気相反応によって基材上に作られる. 原料となるのは金

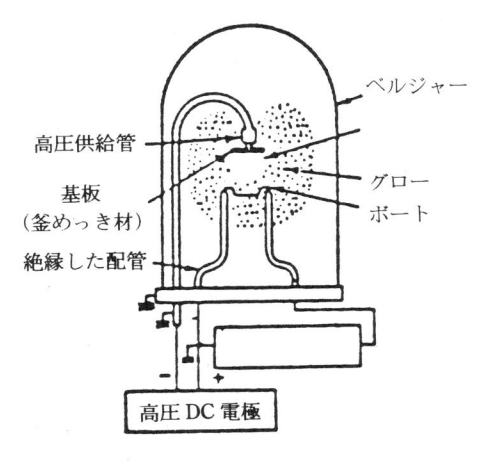

① マッチング回路
② コイル
③ シャッター
④ 基材
⑤ ターゲット
⑥ ベルジャー

図 2.54 高周波スパッタリング装置

(a) 直流法

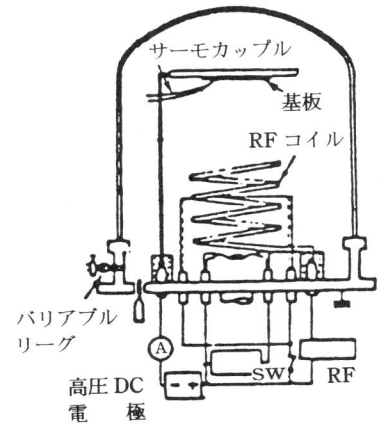

(b) 交流法

図 2.55 イオンプレーティング装置

属の塩化物，カルボニル，水素化物，有機金属化合物などの揮発性物質である．窒化物，酸化物，ホウ化物，炭化物などのセラミックス質被膜を得るのに使われる反応と反応温度を表2.17に示した[105]．これらの反応のうち，$TiCl_4+CH_4+H_2 \to TiC+4HCl+H_2$ や $2AlCl_3+3H_2O \to Al_2O_3+6HCl$ の反応は切削工具の保護被膜を作るために工業的に利用されている．CVDによって良好な成膜を行うためには反応の温度，圧力，気体反応物の組成，キャリアガスの濃度などのプロセス変数を厳密に制御する必要がある．析出物の形態とそれに対する主なプロセス変数を表2.18に示した．また特に重要なプロセス変数である温度と反応物の過飽和度は析出物の形態に関して図2.56に示すようにちょうど逆の効果を示す．

化学蒸着法では，被膜形成物質あるいはそ

| 過飽和度の増大 ↓ | エピタキシャル成長 ウィスカー 樹脂状膜 多結晶膜 微粒多結晶膜 非晶質膜 | ↑ 温度上昇 |

図2.56 CVD膜の形態に関する温度と過飽和度の影響

の成分が移動作用剤や化学溶媒の化学的な助けによって揮発され，気相として化学的に結合した種の形で移動される．この気相は，他の気相と混合されるかあるいは温度を変化させることによって，可逆的にあるいは新しい反応によって基材上に被膜を形成する．化学蒸着法は，一般的な多結晶被膜ばかりでなく，最近では単結晶基板上でのエピタキシャル単結晶薄膜の成長法として，電子工業で重要な技術となっている．また，すでに述べたようにウイスカーや粉末の製造法としても，今後の発展が期待されている．そして，原料の種類，合成圧力・温度，混合ガスのモル比，ガス導入方法などを変化させることによって，他の方法では容易に合成できない準安定相化合物の合成が可能であることも化学蒸着法の特徴である[107~111]．

化学蒸着法は，蒸発源，蒸発気体の移送経路における加熱の有無，蒸発気体の導入方法によって図2.57に示す4つの方法に分けることができる．

(1) は室温またはそれ以下の温度では気体で，基材上で固相形成が行われる付近の温度まで反応性をもたない気体を原料とする場合に利用される．気体原料を室温付近で混合し，高温に加熱された基材上を急速に通過させて，被膜形成を行う．一般に，反応が十分に析出側に移動するように，大きな温度差が得られる高周波誘導加熱が基材の加熱に使われる．この方法が利用できる反応の一例を次にあげる．

$$3SiH_4(v)+4NH_3(v)=Si_3N_4(s)+12H_2(v)$$
$$SiCl_4(v)+CO_2(v)+H_2(v)=SiO_2(s)+CO(v)+HCl(v)$$

表2.17 セラミックス被覆に使われるCVD反応

金属	CVD反応	反応温度（℃）
BN	BCl_3+NH_3	1000~2000
Si_3N_4	SiH_4+NH_3	950~1050
	$SiCl_4+NH_3$	1000~1500
TaN	$TaCl_5+N_2+H_2$	2100~2300
TiN	$TiCl_4+N_2+H_2$	650~1700
ZrN	$ZrCl_4+N_2+H_2$	2000~2500
Al_2O_3	$AlCl_3+CO_2+H_2$	800~1300
SiO_2	SiH_4+O_2	300~450
TiB_2	$TiCl_4+BBr_3$	1000~1300
ZrB_2	$ZrCl_4+BBr_3$	1700~2500
B_4C	BCl_3+CO+H_2	1200~1800
	$B(CH_3)_3$の熱分解	~550
SiC	$SiCl_4+C_6H_5CH_3$	1500~1800
	$CH_3SiCl_3H_2$	~1000
TiC	$TiCl_4+H_2+CH_4$	980~1400

表2.18 CVD析出物の形態とプロセス変数の関係

析出物形態	影響するプロセス変数
非晶質膜	成膜が低温で行われた場合
多結晶膜	微量の添加元素が膜の配向性と柱状化に大きく影響
エピタキシャル膜	基材の結晶方位を反映した膜のことで，単結晶膜で，一般的にみられる
粉末/ウィスカー	成膜場所での反応物濃度が高すぎたり，ガス温度が高すぎる場合

2. 無機材料合成

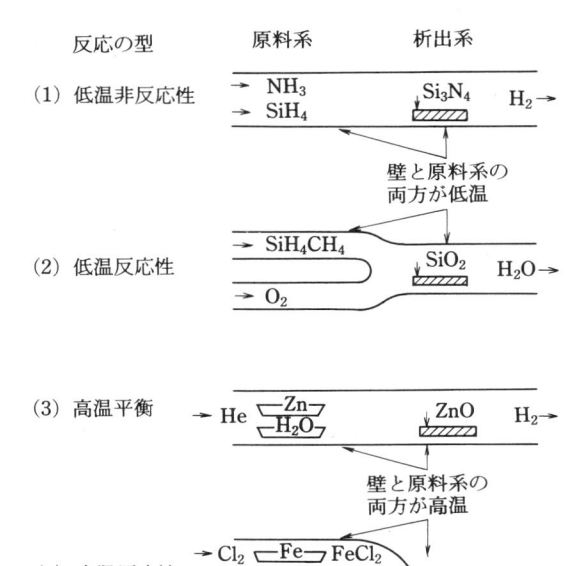

反応の型	原料系	析出系
(1) 低温非反応性	NH₃, SiH₄	Si₃N₄, H₂
(2) 低温反応性	SiH₄CH₄, O₂	SiO₂, H₂O
(3) 高温平衡	He, Zn, H₂O	ZnO, H₂
(4) 高温反応性	Cl₂-Fe→FeCl₂, He-YCl₃→YCl₃, O₂Cl₂	Y₃Fe₅O₁₂

(壁と原料系の両方が低温／両方が高温)

図 2.57 化学蒸着法の4つのタイプ

$$BCl_3(v) + 3N_2(v) + H_2 = BN(s) + HCl(v)$$

(2)は基材上で被膜を形成するのに必要な温度よりもかなり低温で原料気体を混合するとき, かなりの程度反応の進行が認められる場合に利用される. したがって, 原料気体は基材に到達する直前で混合され, 基材上をすばやく通過させられる. 次にあげた反応がこのような例であるが, 装置設計では気体の流速, ノズル形状, 基材設置部分の部品配置が重要な因子である.

$$2Al(C_2H_5)_3(v) + 21O_2(v)$$
$$= Al_2O_3 + 12CO_2(v) + 15H_2O(v)$$
$$SiH_4(v) + O_2(v) = SiO_2(s) + H_2O(v)$$

(3)は蒸気にするために原料の加熱が必要な系である. 蒸気になった原料は, 蒸発温度とは異なる温度で基材上に析出する. 析出に必要な温度は反応に依存して, 原料の蒸発温度よりも高い場合も, 低い場合もある. 次に反応の一例をあげる.

$$Zn(v) + H_2O(v) = ZnO(s) + H_2(v)$$

この反応を行うために, 亜鉛と水を加熱して蒸気にする次の反応が利用される.

$$Zn(s) = Zn(v)$$
$$H_2O(l) = H_2O(s)$$

この方法は, 容易に可逆な反応だけに使用することができる.

(4)は揮発に加熱を必要とする原料と室温付近で気体である原料を組み合わせて反応を行うときに利用される. この方法は, 基本的に不可逆な反応に使われる. すなわち, 気体の混合部分の温度で平衡定数は析出側へ大きく移動する. したがって, 反応気体の低温での析出や突発的な析出を避けるために, 基材部分に送られるまで混合しない. 次に反応の一例をあげる.

$$3Y_2O_3 + 5FeCl_3(v) + 6O_2(v)$$
$$= Y_2Fe_5O_{12}(s) + 12Cl_2(v)$$

この反応のために, 次の高温反応が利用されている.

$$YCl_3(v) + Cl_2(v) = FeCl_3(v)$$
$$Fe(s) + Cl_2(v) = FeCl_3(v)$$

iii) **熱間噴霧法**: 冷間噴霧法では噴霧によって作られる膜は, 噴霧工程とは分離した別の熱処理工程において実際の膜として固定されることが必要であった. 一方, ここで述べる噴霧法は噴霧工程と熱処理工程が一体となっており, 成膜は一工程で完了するのが特徴である. すなわち, 液滴の噴霧は加熱した基材表面に行われる. したがって, 基材表面での液滴の形態は基材温度に応じて図2.58に示すように液滴から原子クラスターにまで変化する.

Aでは液滴が基材上に到達し, そこで液滴から溶媒が気化し, 析出物が基材と反応して膜を形成する. Bでは溶媒は液滴が基材に到

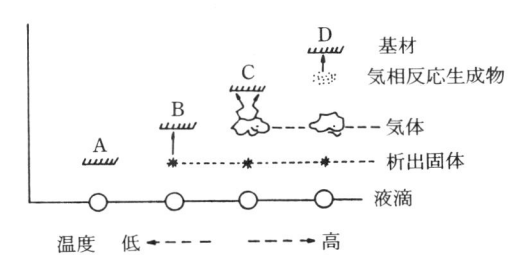

図 2.58 基材温度による液滴の形態変化

達する前に気化し，析出物が基材に衝突，反応して膜となる．Cでは液滴からの析出物は基材に到達する前に溶融し，さらに気化あるいは昇華し，一団の気相となって基材表面へ拡散し，基材上で不均一反応により膜を形成する．Dは最も高温の場合で，析出物は基材に到達する前に気化するが，この蒸気が気相中で不均一反応し，きわめて微細な固相となった後，これが基材上に膜として固定される．一般的な意味でのCVD過程に相当するのはDの過程を経るものであるが，実際的な工業的プロセスでこの過程を再現性よく実現することは大変に難しい．

工業的に利用されている噴霧プロセスの模式図を図 2.59 に，そしてプロセス変数を表 2.19 に示す[85]．従来，噴霧プロセスの最も大きな問題は噴霧液滴の大きさを小さくできない上に大きな分布幅をもっていることであった．したがって，できるだけCVDプロセスに近い条件下で良好な成膜を行うには基材温度を高くする必要があり，これはまた大量の溶液の供給を必要とし，膜厚と膜質を低下させる原因であった．現在では従来の空圧による噴霧発生に代わって超音波が利用されるようになり，液滴の微粒化と単分散化が実現するとともにキャリアーガス流量と溶液流量を独立に制御することが可能となった．このため噴霧法で一般に利用される湿気に対して敏感な材料に対しても大気中で膜形成が可能となり，低温で良質の膜が得られるようになってきた．表 2.20 に噴霧法による代表的な金属膜，酸化物膜の成膜条件を示した．反応温度はいずれもかなり低く，一般的なセラミックスを基材とする場合に特別な問題を生じることはない．

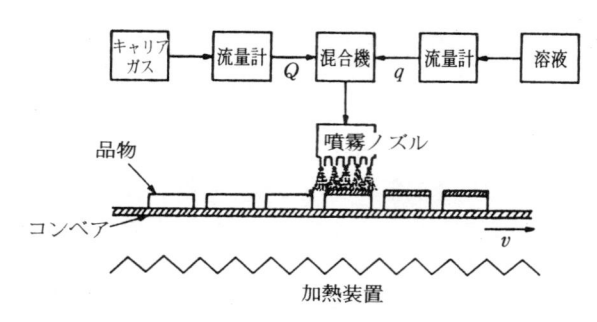

図 2.59 工業的噴霧プロセスの模式図

表 2.19 噴霧法のプロセス変数の一例（超音波噴霧器使用）

キャリアガス流量	3〜6 l/min
溶液濃度	0.1〜0.4 mol/l
溶液流量	30〜60 cm³/h
液滴径	1〜4 μm
ノズル/品物距離	3〜15 mm
雰囲気温度	400〜550 °C
品物移動速度	10〜40 mm

表 2.20 溶液噴霧法の成膜条件

膜	原料	溶媒	キャリアガス	反応温度 (°C)
Pt	(AcAc)$_2$Pt	BuOH	N$_2$+H	340〜380
Pd	(AcAc)$_2$Pd	BuOH	N$_2$+H	300〜350
Ru	(AcAc)$_2$Ru	BuOH	N$_2$+H	380〜400
Cr$_2$O$_3$	(AcAc)$_3$Cr	……	空気	520〜560
Al$_2$O$_3$	(AcAc)$_3$Al	BuOH	空気	480
	Al(OPr^i)$_3$	BuOH	空気	420〜650
In$_2$O$_3$	(AcAc)$_3$In	AcAc	空気	480
Y$_2$O$_3$	(AcAc)$_3$Y	BuOH	空気	600
V$_2$O$_3$	(AcAc)$_3$V	……	空気	300〜360
VO$_2$	(AcAc)$_3$OV	BuOH	空気	360
SnO$_2$	SnCl$_4$	MeOH	N$_2$+空気	300〜500
TiO$_2$	Ti(OBu)$_4$	BuOH	N$_2$+空気	400
ZrO$_2$	Zr(OBu)$_4$	BuOH	空気	450

c. 溶射被覆法[112]

i) 炎溶射法（flame spraying）： 炎溶射法は酸素-アセチレン炎，酸水素炎によってセラミックスを溶融させるとともに，ガス流の圧力を利用して材料表面に吹き付け，被膜形成を行うものである．溶融，吹き付けを行う工具を溶射ガンと呼んでいる．溶射ガンに被膜用のセラミックスを供給する方法には焼結棒法と粉末法がある．図 2.60 に焼結棒法の，図 2.61 に粉末法の炎溶射装置の原理図を示した．焼結棒法では炎中へ棒材が定速で供給され，棒材の先端が溶融される．溶融された棒材はノズルの外周から供給される圧縮空気によって加速され，基材表面に運ばれる．燃料ガスとしては普通アセチレンかプロパンが使われる．プロセス変数は燃焼ガスおよび空気の流量と圧力，棒材の径と供給速度である．焼結棒法では当然膜材料はあらかじ

2. 無機材料合成

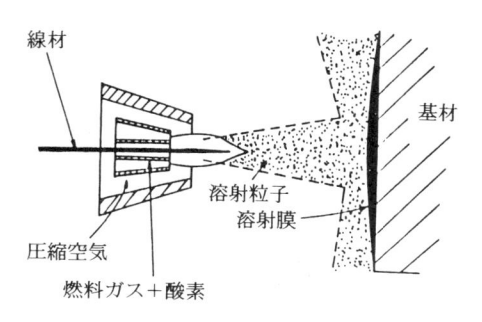

図 2.60 焼結棒法の炎溶射装置

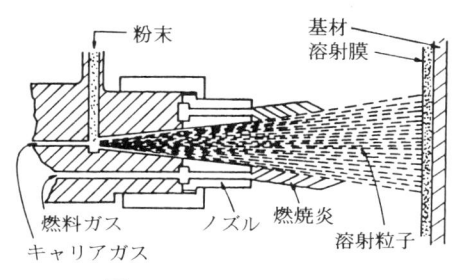

図 2.61 粉末式の炎溶射装置

めセラミックス粉末を焼結して棒材としなければならない．一方，粉末式にはこのような制限がない．しかし，粉末法は粉末を炎とともに噴出させるため，粉末が十分溶融できない状態で加工面に到着し，被膜の付着力を阻害する傾向があるが，焼結棒法ではセラミックス焼結棒を溶融，噴射するので，このようなことが起こりにくく，良質の被膜を作りやすいといわれている．

燃焼ガスにはアセチレンおよび水素が使われる．粉末はキャリアガスによって燃焼炎中へ運ばれる．キャリアガスには普通酸素，燃焼ガス，空気が使われる．燃焼炎は目的に応じて空気や不活性ガス流で集束させたり，広げたりされる．炎溶射法では $50\mu m$ から数 mm に及ぶ膜厚の被覆が可能であるが，普通 $0.5\sim0.8\,mm$ 程度の膜厚が利用されている．炎溶射被覆は，普通大きさ $1\mu m$ 程度の気孔を $2\sim10\%$ 程度含んでいる．耐腐食性，耐摩耗性，耐アブレーション性，耐エロージョン性が要求される分野では，被膜の厚さが成膜法選択の重要な要件になっており，炎溶射法が広く利用されている．また，酸素-アセチレン炎を使った金属表面のセラミックス被覆は熱遮蔽膜として広く使用されている．ガスタービンエンジンの燃焼室，ダクト，アフターバーナー・ライナーなどの金属表面にかかる温度を低下させるために，炎溶射によるセラミックス被覆が広く行われている．

ii) プラズマ溶射法：プラズマ溶射はアーク中を気体を通過させることによって作られた高温プラズマを使って溶射被覆を行うものである．プラズマ溶射装置の模式図を図 2.62 に示す．アーク発生には普通直流が使用される．アーク中を通過した気体は解離，イオン化して高温プラズマ炎を形成する．プラズマ炎の温度は最高 $16000°C$ にも達するが，実用装置では $6000\sim11000°C$ 程度の温度が使われる．膜材料は粉末の形で，普通水素ガスを添加したアルゴンや窒素ガスに乗せて供給される．とくに粒子速度を高めたい場合には，アルゴン/ヘリウム混合ガスが利用される．高融点金属，酸化物，炭化物などの溶射を行うために開発された技術であるが，プラスチックのような極端な低融点物質も溶射することができる．

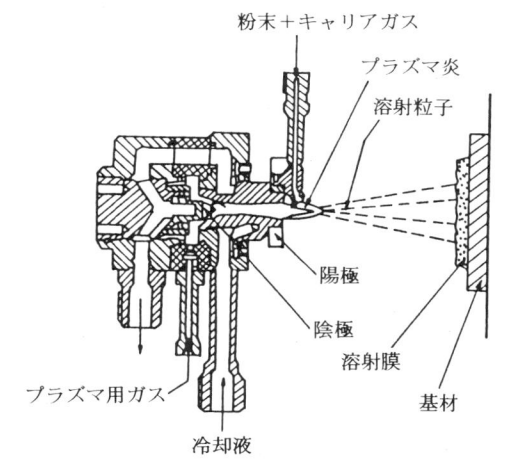

図 2.62 プラズマ溶射装置の模式図

iii) 爆射法 (detonaition gum)：爆射法は酸素/アセチレンガスの爆発によって発生する高速の気体流を利用して膜形成粒子を基材表面に衝突させ，成膜を行う方法である．

装置の模式図を図2.63に示す．爆射は次のように行われる．精密に計量された酸素とアセチレンが管に導入される．それに続いて加熱，加圧された供給機から窒素ガス流に乗せて粉末が管内に供給される．これと同時に，管内のガス供給バルブを保護するためにバルブ周辺に窒素ガスが供給され，そして混合気体が点火され，爆発する．爆発によって発生する衝撃波の速度は 3000 m/s にも達し，この衝撃波によって粉末粒子は管の開放端で 750 m/s の高速に達したのち，基材表面に衝突する．したがって，きわめて高密度の被膜が形成される．衝突粒子の運動エネルギーは溶射法の25倍に達する．実際の粒子速度は，混合ガスの組成，管の長さ，粉末の粒子径，爆発時の管内での粒子位置などが主要なプロセス因子である．熱ガスに乗せて供給される粉末は普通溶融に近い状態になっている．溶射が終わると管は窒素ガスで清掃されたあと，次のサイクルに入る．爆射回数は普通1秒間に 4.3〜8.6 回である．爆射法によって作られる被膜厚さは通常 0.05〜0.4 mm である．爆射によって得られる被膜は衝突粒子が大きな運動エネルギーをもっているので，たいへん緻密で気孔径は 10μm 以下，気孔率も 0.25〜1% と小さい．

2.4.3 自立膜の製造法

a．ドクターブレイド法　ドクターブレイド法は，テープ法，ナイフコーティング法，テープキャスト法，シートキャスト法など，種々の呼び方が行われている．このプロセスは，多結晶セラミックスの比較的大きな連続シート状の膜を作ることができる[113〜116]．基本的な装置は，図2.64のようにドクターブレイド，スリップ貯蔵器，キャリアフィルム駆動機構から構成されている．セラミックスシートは，ドクターブレイドから流出するスリップを，移動するキャリアフィルム上に受け，乾燥することで作られる．ドクターブレイドは図2.65のようにマイクロメータつきのねじによりキャリアフィルムとの間隔を精密に調整できるようになっている．セラミックスシートの厚さは，この間隔とスリップの物性，キャリアフィルムの送り速度によって決定される．キャリアフィルム上のスリップは，移動しながら，ガラス覆いの部分で乾燥される．この部分では，出口側より乾燥空気を送り込み，スリップができるだけ溶媒で飽和した空気と接するようになっている．キャ

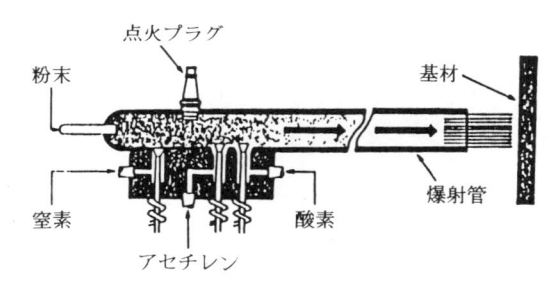

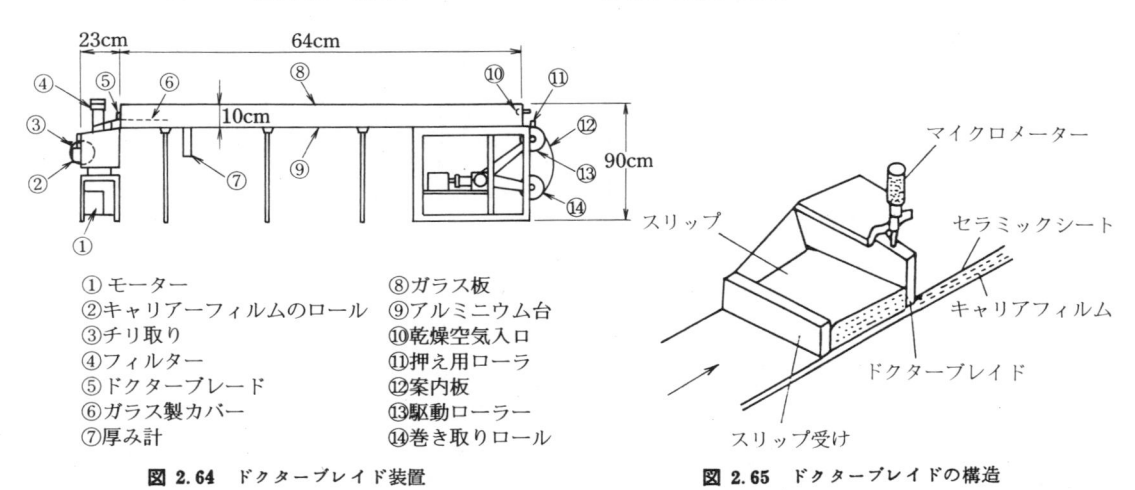

図 2.63 爆射装置の模式図

① モーター
② キャリアーフィルムのロール
③ チリ取り
④ フィルター
⑤ ドクターブレード
⑥ ガラス製カバー
⑦ 厚み計
⑧ ガラス板
⑨ アルミニウム台
⑩ 乾燥空気入口
⑪ 押え用ローラ
⑫ 案内板
⑬ 駆動ローラー
⑭ 巻き取りロール

図 2.64 ドクターブレイド装置

図 2.65 ドクターブレイドの構造

リアフィルムは，スリップに不溶性で，平滑かつ不浸透性であればよい．一般には，テフロン，マイラーなどが使用される．

この方法で得られるシートは，幅10～90 cm，厚さ25～100μm程度で，寸法精度は幅に対して±10%程度である．また，平面性は，2～4μm/mm程度である．ドクターブレイド法で良質なシートを作るには，ドクターブレイド部分における部品の形状や構成とともに，スリップの性状が非常に重要である．ドクターブレイド法に使われるスリップは，セラミックス粉末，溶剤，可塑剤，バインダー，解膠剤，濡れ改良剤からなっている．これらのうち，セラミックス粉末以外は，乾燥と焼成の過程ですべて除去される．

原料粉末に要求される性質は，材料によって異なるが，薄い膜厚と高い平滑さがその材料に対する機能的物性とともに要求されるときは，1μm以下の粉末粒径が必要である．粉末粒径が小さくなると高いグリーン密度を得ることが難しくなるが，これは溶媒，バインダーなどの粉末以外の他のスリップ構成成分を変えることで解決できるのが普通で，材料特性向上のためには，できるだけ微粉末を使用することが望ましい．表2.21は，スリップ調製に有効な化合物の一覧である[117]．

スリップ調製の一般的な指針といったものは存在せず，主に経験的な知識にもとづいて調製が行われているが，いくつかの選定基準をあげるなら，次のようなものである．

(1) 溶媒は，低沸点，低粘性であること．
(2) 溶媒は，バインダー，可塑剤，濡れ改良剤を溶解すること．
(3) 混合溶媒を使うと，粘性を下げることができる．
(4) 溶媒の選択的な揮発を避けるため，共沸組成物を利用するとよい．
(5) バインダーは，焼成中に完全燃焼するか，揮発することが必要である．
(6) 可塑剤は，乾燥シートの作業特性や柔軟性を改善するために添加することが必要である．
(7) 解膠剤は，乾燥中のシートの収縮やひび割れを減少させ，高濃度スリップの

表 2.21 スリップ調製に有効な化合物

	溶　媒	結　合　剤	可塑剤	解膠剤	ヌレ改良剤
非水系	アセトン	ポリメチルメタクリレート	フタル酸ブチルベンジル	脂　肪　酸	アルキルアリルポリエーテルアルコール
	エタノール	ニトロセルロース	ステアリン酸ブチル	魚　油	
	ベンゼン	ポリエチレン	フタル酸ジブチル	ベンゼンスルホン酸	ポリエチレングリコールエチルエーテル
	ブロムクロルメタン	石油樹脂	フタル酸ジメチル		
	ブタノール	ポリビニルアルコール	アビエチン酸メチル		エチルフェニルグリコール
	イソプロパノール	ポリビニルブチラール樹脂	混合フタル酸エステル		ポリオキシエチレンアセテート
	メチルイソブチルケトン	ポリ塩化ビニル	ポリエチレングリコール		ポリオキシエチレンエステル
	トルエン		リン酸トリクレジル		
	トリクレン				
	キシレン				
水系	水	アクリル酸ポリマー	フタル酸ブチルベンジル	リン酸ガラススルホン酸アリル	オキシフェノキシエタノール
		エチレンオキシドポリマー	フタル酸ジブチル		
		ヒドロキシエチルセルロース	トルエンスルホン酸エチル		
		メチルセルロース	グリセリン		
		ポリビニルアルコール	ポリアルキレングリコール		
		イソシアナート	トリエチレングリコール		
		ワックス	リン酸トリブチル		

表 2.22 アルミナ基板のためのスリップ配合の一例

スリップ調製の手順	物質	機能	重量(g)
右の配合物を準備する	蒸留水	溶媒	465.0
	MgO	粒成長抑止剤	3.8
	ポリエチレングリコール	可塑剤	120.0
	フタル酸ブチルベンジル	可塑剤	88.0
	オクチルフェノキシエタノール	スレ改良剤	5.0
	スルホン酸アリル	解膠剤	70.0
上記配合物と24時間ボールミル混合	アルミナ粉末	セラミックス原料	1,900.0
さらに，右化合物を添加，30分ボールミル混合	アクリルポリマー・エマルジョン	結合剤	200.0
さらに，右化合物を添加，3分間ボールミル混合	ワックスエマルジョン	解膠剤	2.0

展開を助ける.
(8) 濡れ改良剤は，溶媒に可溶で，揮発性であることが必要である.

アルミナ基板のためのスリップ調整に利用される配合の一例を表2.22に示す.

b. ゾル-ゲル法 ゾル溶液のゲル化を利用して製膜を行う.したがって，ゾル-ゲル法とは製膜の呼び名ではなく，原料ならびに成形時における原料の変化過程に対する呼び名であり，近年は製膜ばかりでなく，次項で詳説するように分子レベルでの**構造制御**が可能なプロセスとして注目されている.製膜は，実験室的には額縁法，ギーサー法，工業的にはドクターブレイド法，ロール**塗布**法などが使われる.ゾル-ゲル法では，厚さ10〜100μm程度の多孔性膜および不浸透膜が得られる.ゾルと呼ばれる分散状態は，一般にドクターブレイド法で利用されるスリップよりもさらに固体濃度の低いものである.ゾル-ゲル法の酸化物，水酸化物ゾルの固体濃度は，普通5〜10%程度である.ゾル中の固体物質は，10〜5000Åの粒子で，コロイド粒子と呼ばれる[118].製膜のできるような不純物の少ない良質のゾル溶液は，化学反応を利用するものである.特にアンモニウム塩，硫酸塩などの無機塩，金属アルコキシドなどの有機金属化合物の加水分解反応が使われる[119].アルミニウムアルコキシドを利用する極薄アルミナ基板のゾル-ゲル法による製膜のフローシートを，図2.66に示す[120〜123].

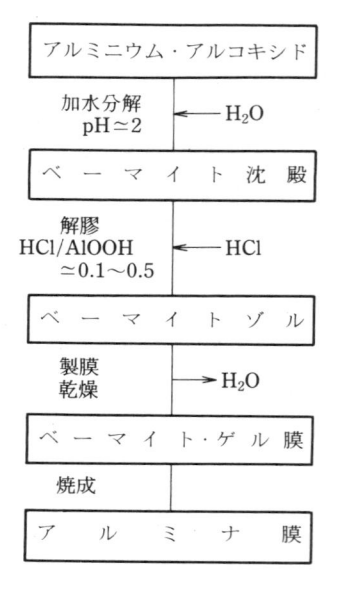

図 2.66 ゾル-ゲル法による極薄アルミナ基板製造のフローシート

アルミニウム・アルコキシド
↓ 加水分解 pH≃2 ← H_2O
ベーマイト沈殿
↓ 解膠 HCl/AlOOH ≃0.1〜0.5 ← HCl
ベーマイトゾル
↓ 製膜 乾燥 → H_2O
ベーマイト・ゲル膜
↓ 焼成
アルミナ膜

このプロセスのための原料ゾルの調製法についてはゾル-ゲル法の項に記述した.

アルミニウムアルコキシドから得られるゾル溶液は非常に安定で，固体粒子の大きさは50〜200Å程度である.ゾル溶液の粘性は，固体粒子と水の量比を調整することによって変えることができる.アルミニウム1モルに対して水の量を100モル程度にすると，生成するゾル溶液は普通の水と同じような**流動性**をもったものになる.高濃度，したがって高粘性のゾル溶液が必要なときは，高濃度溶液を熟成するよりも低濃度溶液を濃縮する方が

良質のゾルが得られる．

2.5 ゾル-ゲル法

ゾルとはコロイドとよばれる10～5000Å程度の粒子が分散している流動性のある系のことで，コロイド溶液とも呼ばれる．分散媒が水であるか有機液体であるかによって，ヒドロゾルとオルガノゾルに分けられる．ゾルの中のあるものは，溶液の濃度や温度を変化させることによって固体状のゲルに変化する．ゾルがゲルに変化する現象をゲル化と呼んでいる．身近なゲルの例としては，豆腐やこんにゃく，乾燥剤として広く使われているシリカゲルなどがある．ゾル-ゲル法とは，最終的にセラミックスを与えるようなセラミックス前駆体ゾルをゲル化させることによって成形を行い，この成形体を焼成することによってセラミックスを得るセラミックス製造法である．ガラス，とくに光通信システムの伝送路媒体である石英ファイバ，あるいはスペース・シャトルの船体を被う耐熱材料の製造法として知られている．

ゾルやゲルについての研究そのものは大変古くから行われており，コロイドと関係した吸着，透析，凝結などの現象は多くの工業分野で重要な役割を果たしている．セラミックス工業におけるゾルあるいはゲルの利用も非常に古くから行われてきた．ゾル状態で利用されるものとしては，シリカゾルとアルミナゾルが最もよく知られている．これらは，ポリマー，塗料，グリースなどの添加剤，精密鋳造，耐火物，研磨剤，保温剤などのバインダーなどとして広く使われている．シリカとアルミナは，ゲル状態においてもまた最もよく利用されている物質である．これらのゲルは多孔性で比表面積が大きいので吸着剤，触媒担体，フィルターなどに利用されている．このように，これまでのゾルあるいはゲルの商業的利用は，これらの系がもつ特異な物質形態をそのまま利用することを最大の目的としてきた．しかしながら，以下で述べるゾル-ゲル法は，あくまでもセラミックス製造が主目的であり，ゾル状態にあるセラミックス原料をゲル化することによって，すなわちゾルのゲル化によって形状を付与した後，要求される特性をもつセラミックスを焼成によって製造することを目的としている．

ゾル-ゲル法によるセラミックス製造の最初の研究は，原子炉用核燃料の製造に関するものである．核燃料として利用された物質は，その初期においてウラン235やプルトニウムなどの金属燃料であった．ところが1950年代の中頃になると金属以外の酸化物，炭化物，ケイ化物，窒化物などが注目されるようになった．とくに，酸化トリウム，酸化プルトニウムなどのセラミックス燃料は，放射線損傷が小さく，融点が高く，高温安定性にすぐれているので盛んに研究されるようになった．これらセラミックス燃料の望ましい形態は球形である．このため，核燃料製造法として燃料の組成，形状，寸法などの制御が容易で，製造途中における放射線ダストの飛散などの問題がないゾル-ゲル法が多くの国で研究されるようになった．セラミックス製造におけるゾル-ゲル法の利用はこのように当初きわめて限られた特殊な分野に限定されていたが，最近は分子，原子レベルの粒子ハンドリング技術の一つとして注目されている．ゾルあるいはゲルの原料としては硝酸塩などの無機金属塩が利用されてきたが，近年は有機金属化合物の一種である金属アルコキシドが広く利用されている．

2.5.1 ゾル-ゲル法の特徴

ゾル-ゲル法によるセラミックス製造の最大の利点の一つは，非常に均質性の高い流体化された状態の原料を利用できることである．これまでにも流体化された粒子系を利用する他の製造法が知られていないわけではない．成形法の項で述べた泥漿鋳込法はこのような方法の一つである．両方とも液体中に分散された粉体の系を利用する．しかし，液中に分散された粒子の安定性には大きな違いがある．ゾル-ゲル法で利用されるゾル中の粒子は非常に微細で，その粒径も揃っているた

め経時変化も少なく，高度に安定なものでは数年間もゾル状態を保つ．これに対して，従来セラミックス製造で広く利用されている泥漿は，分散粒子が大きく，形状も不揃いで長くても数時間程度の安定性しかない．この違いは主に分散粒子の大きさに依存している．ゾルでは数10～100 nmであるのに対して，泥漿では0.1～数μmである．したがって，ゾル-ゲル法ではセラミックス製造に使用される直接的な原料である粒子の基本的単位がきわめて微視的であり，従来の原料に比較して1～2桁小さいレベルでの材料の微細構造制御が可能である．このため最近の材料の小型化，薄膜化に対応する原料技術として注目されている[124～127]．

ゾル-ゲル法の利点としては次のようなものがあげられる．

1. 低温焼結が可能である．
2. 原料粒子を非常に小さくできる．
3. 均質性の高い成形体が得られる．
4. 原料が流体化されているので，膜状，球状，繊維状など従来法で製造困難な形状を容易に作ることができる．
5. 製造工程からの不純物混入が少ない．
6. 粉体を直接扱わないのでプロセス環境がクリーンである．

2.5.2 金属アルコキシドの加水分解反応とゾル-ゲル法

ゾル-ゲル法のゾルおよびゲルは溶液中に存在するイオンや分子を微粒子の形で析出・分散させる方法で作られる．ゾルおよびゲルは一般に無機や有機の金属塩を原料として作ることができるが，ゾル-ゲル法では金属アルコキシドを原料とすることが多い．金属アルコキシドを原料とするゾルおよびゲルの製造は汎用性が高く，多くのセラミックスに適用可能な方法である．

多くの金属アルコキシドは水に対してきわめて敏感であり，わずかの湿気によっても加水分解し，金属の酸化物，水酸化物，水和物を生成する．一例をあげれば次のようである．

$$2Bi(OR)_3 + 3H_2O \rightarrow Bi_2O_3 + 6ROH$$
$$Mg(OR)_2 + 2H_2O \rightarrow Mg(OH)_2 + 2ROH$$

これらの加水分解速度はきわめて早く，そして完全な加水分解に必要とされるH_2O量の数倍程度のH_2O量で反応は完了する．このような酸化物や水酸化物の生成機構は明確にされていないが，反応は溶液中に存在する化学種，すなわち金属アルコキシドが溶液中でどのような化学種として存在するかに依存している．溶液中での金属アルコキシドの形は金属の電気陰性度とアルコキシド基の塩基度に強く依存している．すなわち，アルカリ金属，アルカリ土類金属のような電気陽性な金属ではほとんど完全な解離が期待されるが，Siのような電気陰性な金属ではイオン解離の程度は低くなる．これはアルコールのような溶液中でNaORが完全にNa^+とOR^-に解離した状態で存在するのに対して，$Si(OR)_4$はかなりの程度$Si(OR)_4$の分子の形で存在していることを意味している．すなわちNaORはアルコールやベンゼン中ではほぼ完全に金属イオンとアルコキシアニオンRO^-に解離している．イオン解離しているアルコキシアニオンは強力な塩基であるので，加水分解を受けると水と反応して直ちに弱酸であるアルコール ROH とアルコキシアニオンより弱い水酸イオン OH^- を生成する．すなわち，

$$RO^- + H_2O \rightarrow ROH + OH^-$$
強塩基　強酸　弱酸　弱塩基

加水分解によって生じたアルコールは弱酸であるのでほとんど解離せず，アルコール溶媒となり，系はアルコール溶液にNa^+とOH^-が解離して存在することになる．このため，加水分解速度が速い金属アルコキシドを多量の水で加水分解した場合には，金属アルコキシドの加水分解反応は見かけ上塩基性水溶液中での金属イオンと水酸化物イオンの反応となる．そして，反応生成物の水そしてアルコールへの溶解度が小さい場合にはコロイド粒子となって析出する．この場合，析出粒子は一般にはゾル分散系とはならず，凝集し，沈殿する．したがって，ゾルやゲルを得るため

には酸などによる再分散操作が必要となる．しかし，水の量の減少とともに加水分解は不完全となり沈殿は多くの -OR 基を含むようになる．そして，さらに水の量を減らすと，沈殿の生成がなくなるとともに，水和金属イオンが水素結合によって橋かけした3次元網目からなるゲルを形成するようになる．このように作られたゲルはコロイド粒子からなるゲルに比べて固体濃度が低く乾燥収縮が大きい．

加水分解速度が遅い金属アルコキシドでは加水分解反応は単純なイオン反応とはならない．たとえば，シリコンアルコキシド $Si(OR)_4$ は水と不混和であり，また水と強制的に混合しても認められるほどの加水分解を示さず2相に分離する．また，$Si(OR)_4$ はアルコール中でもほとんど解離しておらず，H_2O 分子が $Si(OR)_4$ 分子を攻撃することで反応が進行する．このように溶液中でアルコキシドが分子状態で存在し，またその加水分解速度が極端に遅い系ではアルコキシド分子の完全な加水分解と部分加水分解した加水分解生成物の縮合が競合することになる．すなわち，加水分解の系では次の2つの反応が同時に起こっている．

$$-M-OR + HOH \rightarrow -M-OH + ROH$$
加水分解反応
$$-M-OH + RO-M- \rightarrow -M-O-M- + ROH$$
重縮合反応

重縮合反応によって形成される -M-O-M- 骨格の構造は加水分解反応によって生成する化学種に強く影響される．たとえば，$Si(OR)_4$ の加水分解によって生成する基本的な化学種としては $Si(OR)_3(OH)$，$Si(OR)_2(OH)_2$，$Si(OR)(OH)_3$，$Si(OH)_4$ の4種類が考えられる．これらの化学種が反応することによって種々のタイプの大きさの異なる -Si-O-Si- 骨格が形成され，これらはさらに重縮合反応を複雑化しながら反応を継続させる．加水分解反応の初期に生成する基本的な化学種およびその後の骨格構造のタイプと大きさは反応系中に存在する反応種の反応確率に影響される．したがって，反応系の (1) 水/アルコキシド比，(2) 溶液中の水およびアルコキシドの濃度，(3) 溶液の pH は反応の動力学を決定する基本的因子である．

$Si(OC_2H_5)_4$ の加水分解では低 pH 領域ではアルコキシド酸素への求電子反応が，また中間から高い pH 領域では求核反応が支配的である．その結果，低い pH で得られるゾルあるいはゲルは直鎖状で枝分れの少ない，ほぼ独立に存在する鎖状構造物からなり，高い pH では複雑に枝分れし，その枝が相互に絡みあった構造物からなっている．また，$Si(OR)_4$ を攻撃する H_2O 分子は酸性雰囲気では H_3O^+，塩基性雰囲気では OH^- として有効に作用するので，酸性雰囲気と塩基性雰囲気では加水分解反応自身が異なる機構で進行する．このように，加水分解速度の遅い金属アルコキシドはその加水分解条件を制御することによってゾルやゲルの構造を，したがって最終的にはセラミックスの構造を制御することができる．

2.5.3 Si アルコキシドの加水分解条件と生成物の構造[128~130]

a. 水溶液中での Si(OR) の加水分解反応

水溶液中での $Si(OR)_4$ の加水分解反応は Si アルコキシドに比べて水が圧倒的に多いので重合反応が支配的になる前に $Si(OR)_4$ 分子のほとんどすべてが何らかの加水分解を受けていると考えられる．したがって，このような条件下では $Si(OR)_4$ と系中の他の種というよりも加水分解生成物相互の重合反応が支配的であると考えられる．とくに，酸性や塩基性の水溶液では速い速度で $Si(OH)_4$ が生成する．

$Si(OH)_4$ の重合とゾル化，ゲル化に関してはたくさんの実験が行われている．図2.67 はこの結果を示したものである[131]．一般に水溶液中，酸性雰囲気で $Si(OH)_4$ を重合させると，密度の高いコロイド状のシリカ粒子が得られる．そして，水溶液中での縮合反応は図2.68 に示すように脱プロトン化したシラノールとプロトン化したシラノールが反応し

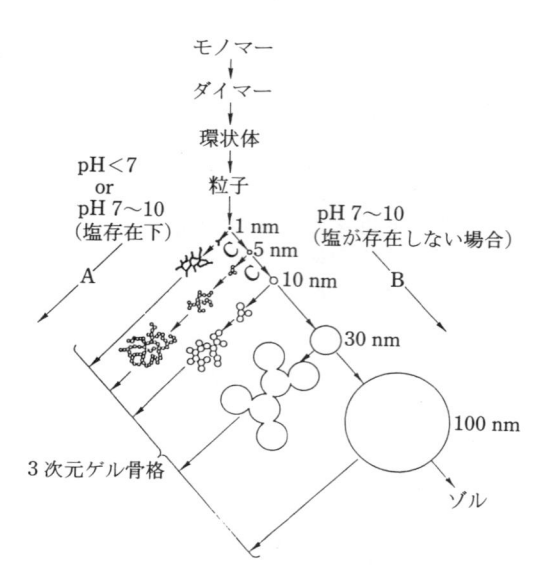

図 2.67 水溶液中での $Si(OH)_4$ の重合とゾル化およびゲル化[131]

て，OH^- が脱離することで反応が進行する親核的置換反応であると考えられている．したがって，最も酸性のシラノールと最も塩基性のシラノールが優先的に反応することになる．シラノール -SiOH のプロトンの酸性度は Si に結合する置換基によって変化する．水酸化物イオンのような非常に塩基性の強い基がより塩基性の低い $(RO)_3SiO-$ のような基で置換されると，ケイ素原子上の電子密度は低下し，残りのシラノール上のプロトンの酸性度が増加する．最も酸性の強いシラノールは最も高度に重合したシリケート単位であり，最も酸性の弱い水素原子はケイ酸の水素原子である．したがって，縮合反応は最も縮合度の低い種を消費して高度に縮合した種を形成しながら進行する．

pH 2 以下の実験は少ないが，pH の減少とともに反応速度が大きくなることが知られており，これはプロトン化した種がこの反応中に存在していることを示している．そして，反応は親核的よりも親電子的に進行すると考えられている．最も弱い酸 $Si(OH)_4$ は最も強い塩基であり，最もプロトン化した親電子的な種を形成しやすい．そして4本の Si-OH 結合のうちのすでに3本を縮合に費しているオルソケイ酸の SiOH 基が最も攻撃を受けやすく，したがって高度に縮合した種を形成する傾向をもっている．

b. アルコール中での $Si(OR)_4$ の加水分解反応 アルコール溶液中でテトラエトキシシリコン $Si(OEt)_4$ を加水分解するとさまざまな形状をもった，密度の低いシリケートポリマーが生成する．反応の第一段階は OH^- あるいは H_3O^+ と $Si(OR)_4$ の反応である．しかし，$Si(OEt)_4$ の加水分解反応が非常に遅いうえに，H_2O 濃度が低いので，アルコキシドが完全に加水分解される前に部分加水分解したアルコキシド間で縮合反応が起きる．したがって，ある条件下では生成ポリマーの形を制御することができる．中性溶液中では，$Si(OEt)_4$ の加水分解分解速度はきわめてゆっくりしている．しかし，酸あるいはアルカリを触媒とすることで促進される．触媒として酸あるいはアルカリを使用したときの反応機構の違いは生成するゲルの構造に違いを生じる．

i) 塩基性溶液中での加水分解反応： 塩基触媒を使用するアルコール溶液中での加水分解反応は親核置換反応であると考えられている．反応は図 2.69 に示すように負の水酸化物イオンが図に示す四面体アルコキシド分

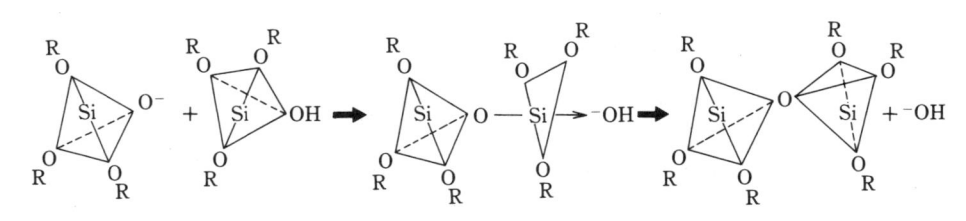

図 2.68 酸性水溶液中での親核的縮合反応

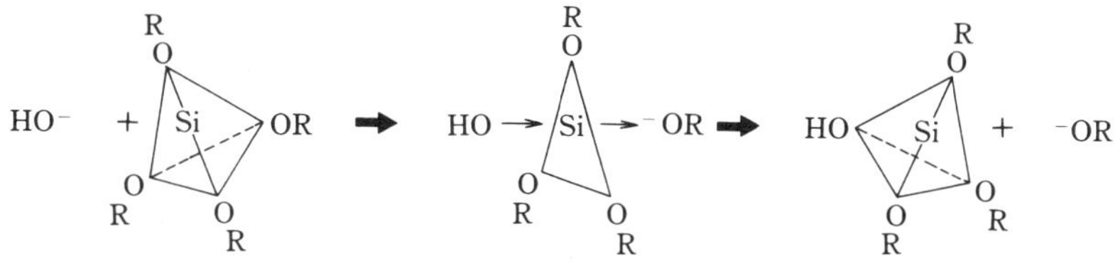

図 2.69 塩基性アルコール溶液中での親核置換反応の機構

子の1つの面に垂直な方向より接近し，四面体に OH^- が配位した5配位の中間体の形成を経て，正に荷電したケイ素原子を攻撃すると考えられている．この機構では電荷の分離が最大になるように，攻撃する OH^- と脱離する OR^- はケイ素原子を中心にして反対に位置する．OH^- はアルコキシドアニオン RO^- と H_2O の反応によって再生成される．この求核反応はケイ素原子のまわりの電子密度とアルコキシ基の大きさによる立体効果に敏感である．ケイ素原子に結合しているバルキーな，そして塩基性の基の数が少なければ少ないほど中心ケイ素原子は OH^- の攻撃を受けやすくなる．それゆえ，加水分解を受けていない $Si(OR)_4$ は最も加水分解速度が遅く，加水分解を受けたモノマーの方がより速い速度でまたより加水分解されやすく，したがってケイ酸が生成しやすい．それゆえ，このような系では水溶液の場合と同様，高度に絡み合った枝分かれしたポリマーが生じると考えられる．このことは，塩基触媒が系の状態を密な粒子を生成する方向に向けることを意味している．ル・シャトリエの法則から予想されるように，水は加水分解を促進し，縮合を阻止する．したがって，水の濃度が減少すると，シリケートモノマーはそれがより密でないポリマーを形成しながら十分に加水分解される前に縮合しはじめる．

また，X線小角散乱の実験から水の濃度の増加は散乱種の架橋密度を増し，高触媒濃度は加水分解を促進し，縮合を阻害することが明らかにされている．したがって，触媒濃度を高めることは水の濃度を高めることと同じ結果を与え，系を高密な粒子を形成する方向に向ける．反応機構とX線小角散乱そして電子顕微鏡観察によって推論されるゾル粒子の構造もこのことを支持している．また，水の濃度を一定にして系の状態の時間変化を調べたX線小角散乱の実験は系の状態が時間に無関係であることを示している．これはアルコールに対するシリカの平衡溶解度がきわめて小さいので溶解/再析出がほとんど起こらず熟成が起きないことを示している．塩基触媒を使った加水分解の特徴は酸性のシラノールが反応を中和する傾向をもっていることである．したがって，シリカの濃度が，存在する塩基に比較して大きいと反応は時間とともに遅くなる．これは OH^- イオンが酸性のシラノールによって中和されるためである．このため，加水分解速度は水酸化物について一次でなくなる．縮合が完全に加水分解されていないモノマーの間で起こるなら，残っているアルコキルド基の加水分解はさらに遅くなる．この結果，十分に密になっていない重合種の加水分解は不完全になる．

ii) 酸性溶液中での加水分解反応： 酸性溶液中での加水分解は親電子的に進行すると考えられている．反応は図2.70に示すようにプロトン化した H_2O 分子が塩基性のアルコキシド基中のO原子を攻撃すると考えられている．アルコキシド分子に接近した H_3O^+ イオンは図に示すように H_3O^+ の3つのプロトンとアルコキシドの3つのO原子，H_3O^+ のO原子とアルコキシドのSi原子の間に弱い結合を形成する．すると，アルコキシド分子内のSi-O結合の1つが弱められ，OR基を H_3O^+ のH原子とともにアルコール ROH として放出する．一方，同時に H_3O^+ のO原子と

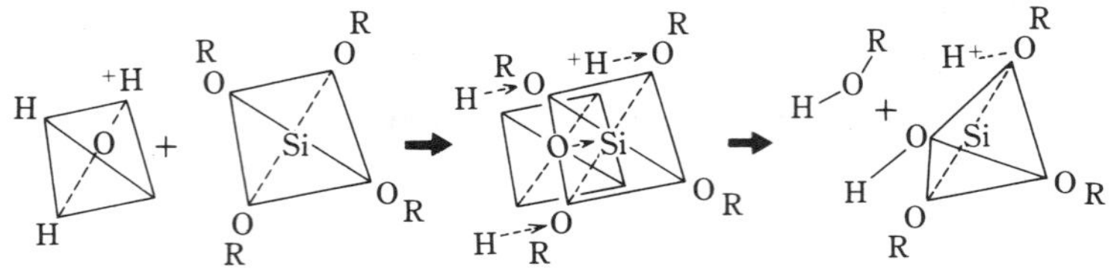

図 2.70 酸性アルコール溶液中の親電子的置換反応の機構

アルコキシド分子の Si との結合が強まってアルコキシド内にシラノール基が完成する. このようなアルコールの放出, シラノール基の完成に伴い, アルコキシドに弱く結合していた H_3O^+ からのH原子もアルコキシド分子を離れ, 再び系中の H_2O 分子と結合して H_3O^+ となり, 再びアルコキシド分子を攻撃するサイクルを繰り返す. もし攻撃している種の電荷が正であるなら, 四面体の反応性はSiのまわりの電子密度の増加につれて増大すべきである. したがって, エステル化されたシリケート種が最も攻撃されやすい. これはアルカリ溶液中では最も攻撃されにくい種であった. またもし, 攻撃している種が Si の周囲に存在する高電子密度によって反発されないなら, エステル化された種はより簡単に加水分解される. なぜなら, それは攻撃の対象となるより多くのアルコキシ基をもっているからである. これはテトラアルコキシドモノマーは鎖状分子の末端にあるアルコキシ基よりもより速く加水分解されること, したがって中間位置にあるアルコキシ基よりもより速く加水分解されることを示している. その結果, 酸触媒を使用する加水分解はオルソケイ酸モノマーを生じにくく, 縮合は不完全に加水分解された種の間で始まる. したがって, 加水分解生成物はアルカリ溶液で生成するものに比べてより架橋の少ない縮合物を与える. すなわち, 酸溶液に対して考えられている反応機構は弱く架橋したポリマーを生成する傾向をもっている. その傾向は他の因子によって減少させられる. たとえば, 加水分解速度はpHが7から減少するに従って, 単調に減少する. しかし, 縮合反応速度は pH 2 で極小になる. ここでは縮合が起こる前に, 加水分解が終了している. そして, 重合は普通のパターンをもっている. 上で議論されたように, H_2O 濃度をあげることもまた加水分解を促進し, 縮合を妨害する傾向をもっている. その結果, 生成物はより高度に架橋している. 酸触媒はいくつかの点でアルカリ触媒と対照的である. 脱離する基は水分子の攻撃を受けて四面体の同じ側から離れる. すなわち, 分子の反転は起こらない. たとえすべてのアルコキシド基が除去される前に縮合が始まるとしても, この前方からの攻撃は後方からの攻撃に比べて重合度の影響をずっと受けにくい. もし溶液の pH が等電点を越えるなら, シラノールはプロトン化され, それゆえヒドロニウムイオンによる付加的な攻撃に反発しない. 酸性溶液で反応を完全にするのに有効な因子は, また, その逆反応も容易にするものである. 溶液の酸性があまりにも強いと, シラノールは中性であり, プロトン化したアルコールに反発し, すべてのシラノールは縮合の程度に無関係に再エステル化を受けやすくなる.

iii) シリコーン生成反応との比較: $Si(OR)_4$ の加水分解反応によるシロキサン結合 Si-O の生成について述べてきたが, シロキサン結合をもつポリマーとして工業的に生産されているシリコーンがある. シリコーンの生成反応はアルコキシド加水分解生成物の重縮合反応と共通するところがある. シリコーンは酸性条件下でジメチルジクロロシラン $(CH_3)_2SiCl_2$ とトリメチルクロロシラン $(CH_3)_3SiCl$ の混合物を加水分解することによって得られる. 反応はジメチルシラノール

を経てポリジメチルシロキサンとなる．トリメチルクロロシランは縮合物の末端にあるシラノール基と反応させ，重合度の調節を行うために添加される．シリコーンの場合にはケイ素に結合しているメチル基と水酸基の安定性，すなわち反応性には大きな違いがあり，シラノールの分子間脱水によって鎖状の重合物が生成する．ジメチルジクロロシランの代わりにメチルトリクロロシラン CH_3SiCl_2 を加水分解するなら，3次元的なシロキサン結合をもつ重合体が合成される．

図2.71はジクロロ体とトリクロロ体の加水分解によって生成する重合体の構造を示したものである．このようにシリコーン合成においてはトリメチルクロロシランの添加によって末端シラノール基はブロックされ，重合を停止させることができ，したがって分子量の調節が可能である．一方，シリコンアルコキシドの縮合では末端シラノール基をブロックする機能が働かないため，分子量調節ができず，また生成する重合体も広い範囲の分子量のものができやすい．すなわち，Si原子に結合したOH基の反応性が高いことが，$Si(OR)_4$ の加水分解によって生成する粒子構造を多様化している．たとえば，同じOH基でもアルコールのOH基にはこのような高い反応性はない．これは炭素とケイ素のトリメチルモノクロロ体を比較するとよく理解できる．

加水分解によってアルコールとシラノールが生成するが，前者を縮合させるためには酸触媒と100°C程度の加熱を必要とするが，後

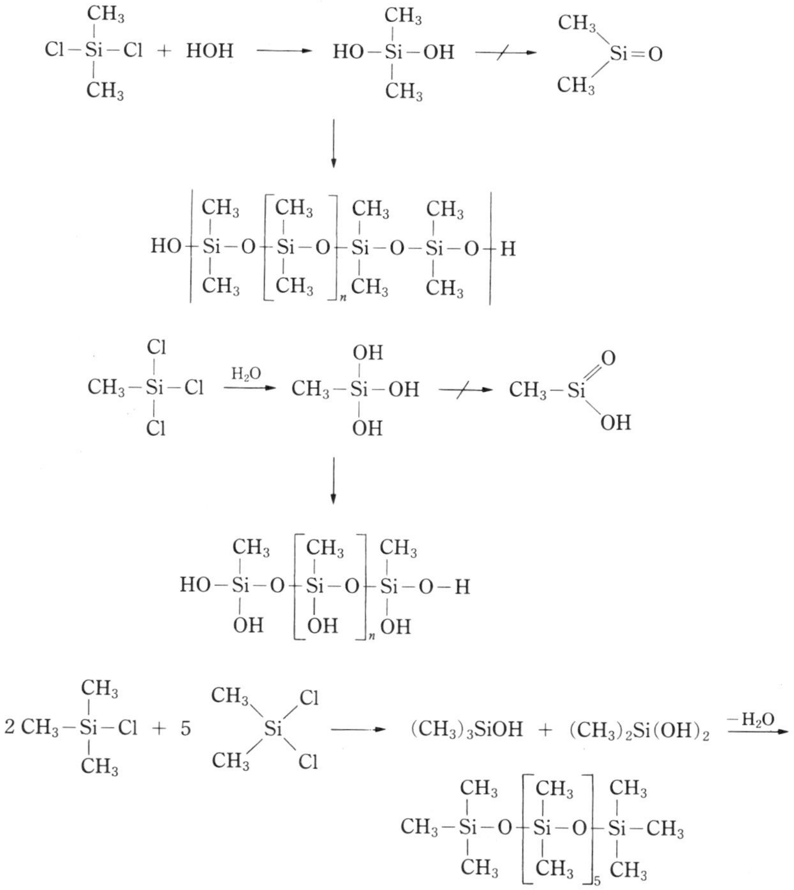

図 2.71 ジクロロ体とトリクロロ体の加水分解によって生成する重合体の構造

者は室温で水を失ってヘキサメチルジシロキサンへと変化する．後者の加水分解反応を中性雰囲気で行うとシラノールが単離されるので，アルコールとシラノールの違いは単に反応速度の問題であるといえるが，この違いがセラミックス前駆体としての粒子およびゲルの構造に多大の影響を与えている．ケイ素原子は酸素原子と結び付くとき，炭素原子とは異なり，ケイ素-酸素の単結合，シロキサン結合を形成する強い傾向をもっている．この Si-O 結合は純粋な共有結合とイオン結合の中間にあり，かなり自由度の高いゆるやかな結合になっている．共有結合，イオン結合ともに長距離の規則性をもっており，したがって構造中に異なる化学種の異種の結合を混在させるような柔軟性に欠けている．これに対して，シリケートポリマー構造中の Si-O 結合は周囲の Si-O 結合に対してかなり自由な位置をとることができ，またその構造中に溶媒のような異種の分子を配位，結合させることが可能である．

2.5.4 ゾルおよびゲルの合成法

金属アルコキシドから誘導されるゲルには2種類ある．1つは微粒子分散系から得られるゲルであり，もう1つは加水分解を受けた系全体が1つの巨大な3次元ゲル体を形成しているものである．3次元ゲル体は臨界濃度以上のアルコキシド溶液を低い水濃度で加水分解したときに得られるものである．ゾル-ゲル法によるセラミックス製造の最も大きな問題点はゲルの乾燥に伴う大きな体積収縮である．この体積収縮によって生じる不均一な応力はゲルに亀裂を生じる．ゾル-ゲル法によるセラミックス製造ではこの亀裂発生を防ぐためにいくつかの技術が開発されている．乾燥制御剤の利用と超臨界乾燥法である．

金属アルコキシドからのゲル形成では，多くの場合に微粒子分散系よりも3次元ゲル体を作る方が容易である．ここでは微粒子分散系の例としてアルミナのためのベーマイトゾルとゲル，3次元ゲル体の例としてチタン酸バリウム前駆体ゾルとゲルの合成を述べる．

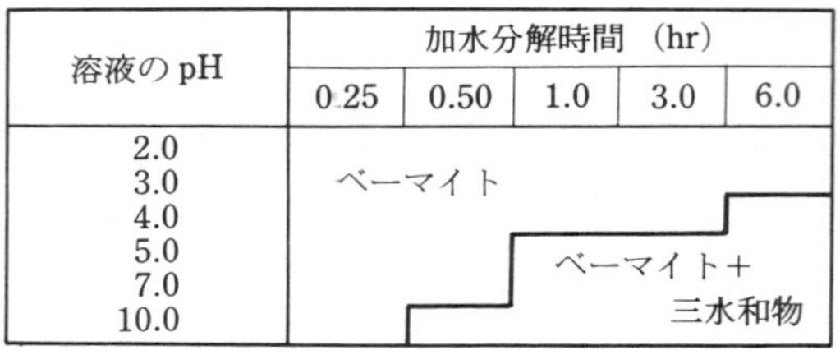

溶液のpH	加水分解時間（hr）				
	0.25	0.50	1.0	3.0	6.0
2.0					
3.0	ベーマイト				
4.0					
5.0				ベーマイト＋	
7.0				三水和物	
10.0					

$$AlOOH + H_2O + (OH)^- \longrightarrow Al(OH)_4^-$$
$$\longrightarrow Al(OH)_3 + (OH)^-$$

図 2.72 加水分解 pH および加水分解時間と生成物の関係

a．ベーマイトゾルとゲルの合成 アルミニウムアルコキシド，たとえばエトキシド，イソプロポキシドなどの加水分解は，低温で加水分解したときにはギプサイト，バイヤライトなどの3水和物 $Al(OH)_3$ 沈殿を生じ，高温で加水分解したときには1水和物であるベーマイト AlOOH 沈殿を生じることが知られている．ベーマイト沈殿は酸によって容易に再分散し，ゾル化する．3水和物は解膠によって均質性の高い安定なゾルとなりにくい．したがって，ゾル-ゲル法によるセラミックス製造ではベーマイトゾルが一般に利用されている．アルコキシドの加水分解は加水分解温度だけでなく，加水分解のときの溶液のpHや加水分解時間にも影響される．

図2.72は室温でベーマイト沈殿を得るための条件を示したものである．アルミニウムイソプロポキシド1モルに対し，pH調整したイオン交換水100モルを加え，室温で加水分解を行った結果を示したもので，pH 3.0以下では6時間までの加水分解ではベーマイトだけが生成する．しかし，pH 4.0では6時間，pH 5.0～7.0では1時間，pH 10.0では30分の加水分解でベーマイトのほかに，ギプサイト，バイヤライトなどの3水和物が生成する．この結果はアルミニウムイソプロポキシドの加水分解によって生成する相は，低温でも高温でも，まず最初にベーマイトが生成し，その後ベーマイトが3水和物に変化することを示している．そして，その反応速度は溶液のpHに強く依存していることがわかる．

アルミニウムイソプロポキシドからベーマ

イトが生成する過程は明確ではないが，ベーマイトからアルミナ3水和物への変化がpHの増大によって加速されるのは，

$$AlOOH + H_2O + OH^- \rightarrow Al(OH)_4^- \rightarrow Al(OH)_3 + OH^-$$

の反応の進行によるものである．$Al(OH)_3$の水に対する溶解度は10^{-8} mol/lと非常にわずかであるので，塩基性溶液における溶解-再析出過程によって$Al(OH)_3$が沈殿する．

加水分解で生成したベーマイト沈殿は種々の方法で解膠させることができる．ベーマイト1モルに対して塩酸が0.1〜0.5になるように1N HClを添加して熟成させるとベーマイトゾルが生成する．ゾル化時間は熟成温度を高くしたり，超音波やホモジナイザーなどの機械的な力を併用することで短縮することができる．ゾル溶液は，溶液の粒子濃度を調整することによって目的に合った流動特性をもたせることができる．ゾル溶液を濃縮するとベーマイト濃度がAl_2O_3換算で10%程度になると溶液はゲル化して流動性を失う．このゲルはチクソトロピー性が強く，この性質を利用したチクソトロピー成形も可能である．乾燥ゲルに含まれる水分量は解膠時のHCl/AlOOH比に依存しており，この比が高いほど乾燥ゲル中の水分量は多くなる．図2.73はこの様子を示したものである．

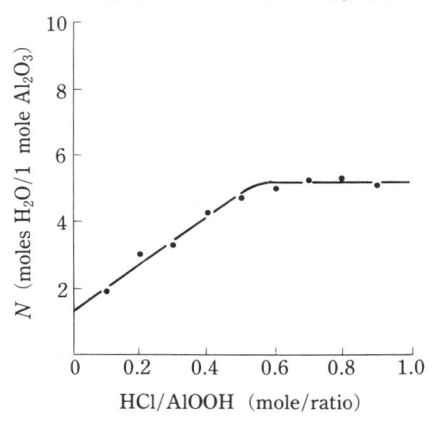

図 2.73 解膠時の HCl/AlOOH 比と乾燥ゲルの含水量の関係

b. チタン酸バリウム前駆体ゾルとゲルの合成
一般的にアルコキシド溶液を加水分解する場合，溶媒として使用するアルコール，水の量，水の希尺度，加水分解前後の温度条件を変化させることによって生じる系の状態が変化する．たとえば，室温でチタン酸バリウム合成のための前駆体溶液であるバリウムアルコキシドのその母アルコール溶液とチタンイソプロポキシドの混合アルコキシド溶液の加水分解を行うと，アルコールの炭素数が4以上のアルコキシドは，加水分解の水量，温度に関係なく結晶性のチタン酸バリウムが沈殿する．一方，炭素数が3あるいはそれ以下のアルコールであるメタノール，エタノール，プロパノール溶液からの加水分解では多量の水で行った場合には温度に関係なく沈殿が生成し，少量の水で行った場合には高温では沈殿が，低温ではゾルあるいはゲルが生じる．また，アルコキシド溶液からのゾル形成は添加する水の絶対量とその添加方法に強く影響される．

図2.74は，アルコールにエタノールを使用してゾル形成を行った結果である．アルコキシド溶液に直接蒸留水の添加を行うと水の添加が行われた部分の水の濃度はきわめて高濃度になるため生成した粒子は急速に成長，凝集し，均質なゾル形成は困難である．反応系におけるこのような不均一加水分解を避けるため，母アルコールであるエタノールで希釈した水を加水分解に利用する必要がある．ここではエタノールを200 ml一定として，水の量を変化させている．表より加水分解に使用する水の量が次式の化学式で必要な理論水量の5倍程度までは均質なゾルあるいはゲル

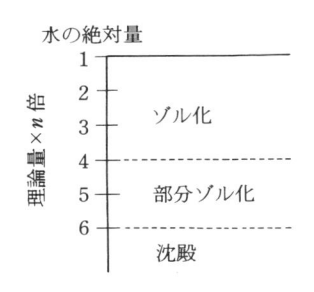

図 2.74 水の絶対量と系の状態の関係

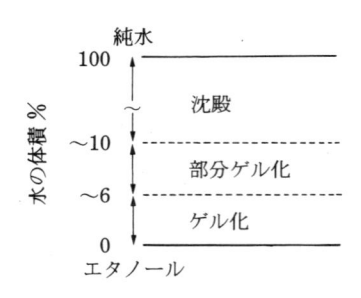

図 2.75 加水分解に用いる水のアルコール希釈度と系の状態の関係

が得られるが，それ以上の添加は沈殿を生成することがわかる．

$$Ba(OR)_2 + Ti(OR)_4 + 3H_2O \rightarrow BaTiO_3 \downarrow + 6ROH$$

水の直接的な添加は水とアルコキシド溶液の接触点で沈殿を生成するので，均質なゾルあるいはゲルの生成には不向きであり，アルコール希釈が必要なことは上に述べた通りである．このことは，当然適切な H_2O 濃度があることを示している．すなわち，H_2O 濃度が高ければ，それは直接水を添加することと変わりがないからである．図2.75 はこのような希釈度の効果を調べたものである．アルコール中の H_2O の量を同一にしてエタノール量を変化させることによってアルコール中の H_2O 濃度を調整した．これより，この H_2O 量では，アルコール中の H_2O 濃度が約 6 vol% 以下でないと良好なゲルが得られないことがわかる．

ゲル中の金属イオン濃度を高めることはセラミックスの製造の上からは重要である．バリウムアルコキシドとチタンアルコキシドの混合溶液は十分な量の水によって加水分解を完全に進行させると，バルク状のチタン酸バリウムと同じ結晶構造をもつ密な格子からなる微粒子を生成する．したがって，このような微粒子を原料とした場合は微粒子を使用することによる一般的な成形体密度の低下はあるもののかなり高密度の成形体を利用できることになる．しかし，水の量を理論量の5倍程度以下にして系全体の加水分解が均一に起こるようにして合成したゲルでは，水和したバリウムやチタンの金属陽イオンが水素結合によって3次元的な構造を形成しているものと思われる．

低アルコキシド濃度では金属陽イオンに束縛されない自由水の割合が増えるので系はゾルを形成するが，高アルコキシド濃度では溶液の粘性は加水分解によって急速に増大し，チタン酸バリウム粒子生成に必要とされるBa あるいは Ti イオンの拡散が難しくなり，系はゲル化する．ゾルあるいはゲルのいずれの状態も，それから得られるグリーン密度は完全に加水分解されたチタン酸バリウムを利用する場合に比べてかなり低いものである．

チタン酸バリウムセラミックス合成に利用できると思われるこのタイプの前駆体アルコゲルの最高濃度は，100 cc のアルコールにチタン酸バリウム換算で 8～15 g，すなわち重量%にすると約 10 wt% それ以下である．このゲルを利用してセラミックス製造を行うときには，原料ゲル体積の 90% 以上が失われることになる．このような低濃度ゲルの特徴は大きなシネレシス現象を示すことである．シネレシス現象自体はゲルの緻密化過程であるので，この現象を利用して緻密化を行うことも可能である．この技術の開発は乾燥制御剤による無亀裂ゲル製造の延長線上にある．

2.5.5 ゲル構造とセラミックス化過程

ゾルあるいはゲルをセラミックス化するためには，焼成前に系に多量に含まれる液相を除去しなければならない．系中に含まれる固体の量はたかだか 10～20 wt% にすぎない．したがって，ゾル-ゲル法をセラミックス製造に適用するためには，系からの多量の液相の除去，すなわち大きな乾燥収縮の問題を克服して，亀裂やひびのないゲル乾燥体を作る必要がある．欠陥のない乾燥体を得るには，ゾル粒子の形状と大きさ，ゾルあるいはゲルの構造，目的とする乾燥体の形状などを制御する必要がある．ゾルあるいは含液ゲルは乾燥ゲルとなる過程で系の粘度が急激に増大し，固体化する点を通過する．多くのゲルはこの点でひび割れる．

乾燥ゲルを得る最も簡単な方法は大気雰囲気下での自然乾燥であるが，この方法でひびや亀裂のない完全な乾燥ゲルを作るには固体化の始まる直前でのきわめてゆっくりした乾燥が要求される．乾燥中のゲルには表面での溶媒の流速とゲルの厚みに比例し，表面での溶媒の拡散係数に反比例する表面応力が発生する．セラミックス前駆体ゲルの引張り強度は固体化直前でほとんど0に近いので，溶媒の蒸発速度をきわめて小さくする必要がある．これまでの多くの実験から，少なくとも0.2 wt%/hr以下の乾燥速度で固体化点を通過させるのがよいようである．このような遅い乾燥速度は実際的でないので実用的な乾燥速度を得る種々の工夫が行われている．このために広く使われているのが臨界点乾燥法である．これは液相除去を気液平衡線を横切らずに，臨界点を迂回して行うものである．これにより液相はゲル中から気体として連続的に除去される．

乾燥ゲルを焼成することによってセラミックス化が行われる．セラミックス化は，ゲルの骨格構造，ゲル組成，気孔径，加熱速度に影響される．シロキサン結合 Si-O の非指向的な性質が先に述べたようなシリケートポリマーの嵩高い構造を生じる原因となっている．溶液中に存在するこれらシリケートポリマーはある臨界 H_2O 濃度でゲル化し，流動性を失う．いわゆるゾル-ゲルプロセスによるセラミックスバルクの合成法である．

ケイ素アルコキシドの加水分解によって調製されたゲルの構造はゾル中に存在するシリケートポリマーの構造を強く反映する．すなわち，シリケートポリマーの構造を反映して酸性溶液から作られたゲルは塩基性溶液から作られたゲルに比べてかなり嵩高いものとなる．このようなゲル構造は当然加熱によるゲルのセラミックス化に影響する．図2.76はコロイダルゲル，塩基性および酸性条件で作られた3次元ゲルの加熱変化を示したものである．

一般に SiO_2 ゲルの焼結過程は粘性流動過

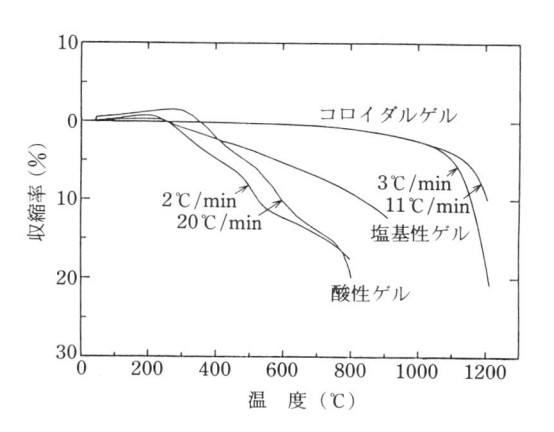

図 2.76 コロイダルゲル，塩基性および酸性条件で作られた3次元ゲルの加熱収縮

程によると考えられている．コロイダル SiO ゲルではこの機構が支配的であり，SiO バルクの 1000°C 以上の軟化に対応してかなりの収縮が観測されるようになる．ところが，シリケートポリマーゲルの収縮は 300°C というきわめて低い温度で始まることが知られている．これはこの収縮がバルク SiO とは異なる機構，すなわち粘性流動機構とは異なる機構で進行することを示している．両シリケートポリマーゲルが隙間の多い嵩高い構造をもっていることから，ポリマー骨格そのものの高密度化が起こっていると考えられる．

酸性ポリマーと塩基性ポリマーを比べると，先に述べたように前者は長鎖ポリマーが点で架橋して大きな網目をもつ網目状構造を作っているのに対して，後者は多数の枝別れをもつコンパクトなポリマーブロックが基本構造を作っている．ゲルの密度はコロイダルゲル，塩基性ゲル，酸性ゲルの順に大きく，したがって加熱による重量減，収縮率はこの順に小さくなる．一般に高い成形体密度は高い最終密度を低温で与えるのであるが，この結果は反対の傾向を与えている．

塩基性ゲル中のコンパクトな枝分かれシリケートポリマーブロックは加熱により容易に溶融シリカに近い密度まで高密度化する．しかしながら，高密度化したシリケートポリマーブロック間の高密度化はコロイダルシリカに近い挙動を示す．一方，長鎖シリケートポ

リマーからなる酸性ゲルではこのようなマクロ的な粒状物の生成がなく，高温で直接的に分子状長鎖ポリマーの網目構造が緩み，再配列して高密度バルクを形成すると考えられている．また，急激な加熱がゆっくりした加熱に比べて同じ温度での小さな収縮を与えるが，系の見かけの粘性を低下させ，原子の移動を容易にするため，分子分散が高温まで保証される酸性シリケートポリマーゲルが高い最終密度を与えることは注目すべきことである．すなわち，高温まで分子レベルでの分散状態が保たれる微粒子充塡系は急速な加熱により真密度を与えるような瞬時の高密度化が可能であることを示している．

2.6 焼 成

焼成とは成形された粉体の系を加熱処理によってセラミックス化する操作であり，最もセラミックスに特徴的な操作である．焼成によって粉体系に生じる変化を焼結といい，焼成操作のために必要とされる高温を発生するための設備が炉である．焼結によって粉体系はその表面積を失うとともに強度の増大を生じる．

2.6.1 焼 結

粉末圧縮体は加熱によって一般に粒の成長と気孔の消滅を伴いながら次のように変化する．加熱の初期には，まず粒子の接触点で接触面積の増大がみられる．この接触点の形状変化は 2 球間での頸部（neck）形成になることからネック成長と呼ばれている．ネック成長の段階は焼結の初期過程と呼ばれる．ネック成長を経て系の気孔率が 15% 程度になると，粒界エネルギーが系全体のエネルギーに影響をもつようになり，粒界面積を最小にするように粒界の再配列が起こる．この段階では気孔は主に 3 個の粒子で囲まれた最終的には多面体粒の稜になる部分に円筒形の形で存在するようになる．そして，粒界の面積を最小にしようとする傾向のために粒成長も起こる．この段階の粒子の充塡状態は石鹸泡の充塡状態に似ており，平均的には粒子は 13.4 の面，22.8 の頂点，34.2 の稜をもつ多面体となっていると考えられている．3 つの稜に沿って存在している気孔は初め連続しているが，焼結が進むにしたがって周囲の粒の接近によって切り放され，4 つの粒子が会合して作る頂点で単離した気孔となる．この段階の気孔率は 5% 程度で，ここまでの段階を焼結の中間過程という．これ以後の段階は焼結の後期過程と呼ばれるが，後期過程における緻密化は単離して残された気孔を消滅することによってのみ達成される．

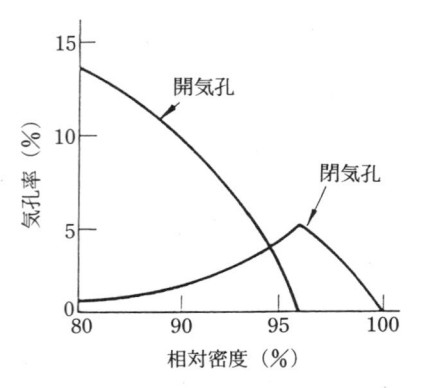

図 2.77 焼結の進行に伴う焼結体中の開気孔率と閉気孔率の変化

このような焼結の進行に伴う焼結体中の開気孔率と閉気孔率の変化は一般的に図 2.77 のように表される．ここに説明したような粒子系の幾何学の変化は粉体系を等大球の充塡系と考えるモデルによってしばしば説明される．セラミックスで普通にみられる粉末成形体の相対密度は多くの場合，普通 0.6 程度である．この密度は等大球の充塡系で考えるなら，6 配位の面心立方構造あるいは 8 配位の体心立方構造の充塡率である 0.52 あるいは 0.68 に対応する．したがって，成形体中の各粒子はそれぞれ 6〜8 個の隣接粒子によって囲まれていると考えられる．

セラミックス焼結過程の幾何学的モデルとしては一般に図 2.78(a) に示す体心立方充塡が用いられている．体心立方充塡では各粒子は 8 個の粒子と接している．加熱によって粒子の充塡系はまず接触点の面積を増大させ

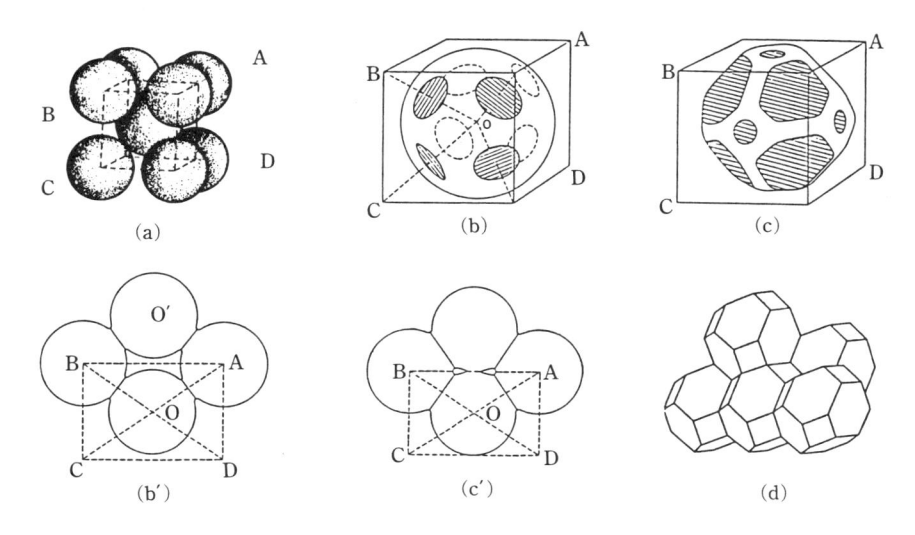

図 2.78 粒子充填系の一般的モデルである体心立方充填とその焼結による幾何学の変化
(a)(b) セラミックスの基本的微構造（稜は3粒子共有：頂点は4粒子共有）.

る(b). すなわち，点で接している粒子は面で接するようになる．最初のうちは粒子間距離の減少はほとんどなく接触点近傍の物質移動によって接触点面積の増大が起き，ネック成長する(b′). ネック成長が進行すると粒子間距離の減少が始まり，焼結の進行とともに粒子の系は緻密化していく(c). 粒子間距離の減少による粒子の一体化は最初のうち最近接粒子間のみで進行するが，焼結の進行とともに第2近接粒子との間でも進行するようになる(c′). そして，粒子形状は球形から多面体へと変化していく．焼結の初期には粒子間の空間はつながっているが，焼結の進行につれて小さくなり，最後には多面体の頂点で孤立するようになる．一般に多面体集合が安定な配置を取っているとき各稜は3つの多面体によって，また各頂点は4つの多面体によって共有されている．セラミックスにおいてもその焼結体微構造を観察すると，各粒子の稜は3つの粒子で，各頂点は4つの粒子で共有されている様子が観察される．すなわち，図2.78(d)に示すように3粒子共有稜と4粒子共有頂点はセラミックス微構造の基本単位である．粉末圧縮体の幾何学のこのような変化は系の中で起きる物質移動の結果である．

表2.23は焼結に関係する物質移動の過程と機構を示したものである．これらの物質移動の機構のなかで粒子の再配列，粒子の塑性変形，粒子の粘性流動は粒子および粒の集合

表 2.23 焼結に関係する物質移動の過程と機構

移動物質	移動経路	移動機構
空　孔	粒　内	体積拡散
	粒　界	粒界拡散
	表　面	表面拡散
転　位	粒　内	体積拡散
粒　子		粒子滑り
原　子	液　相	液相拡散
	気　相	気相拡散

体を収縮させ，気孔率を減少させることができる．一方，蒸発-凝縮，表面拡散による物質移動は粒子と粒子の接触面積を増加させ，粒子および粒の集合体の結合を強固にし，セラミックスの強度を増大させる．そして，これらの機構は気孔率を変えずに気孔の形だけを変化させる．初期焼結過程では粒子の大きさは変化せず粒子の再配列と粒子接点に置けるネック形成が，中期および後期過程では粒成長と気孔の消滅が主に生じる．以下では，これら物質移動の機構について簡単に説明する．

a. 初期焼結過程

i) **粒子の再配列**: 粒子の接点に形成されるネックには表面張力による応力が生じる．この応力は焼結初期過程における粒子再配列の駆動力である．この応力の大きさは標準的なセラミックス原料粒子の大きさ，$2\mu m$，表面張力の大きさ，数 J/m^2 を考慮し，ネックの半径を $0.2\mu m$ とすると，ネックに働く応力は ~ 10 MPa となる．次項で述べるように焼結モデルとして使われる2粒子の系では，このネックの張力は2つの粒子の接している部分の中心に働く圧縮応力によって平衡に保たれている．しかしながら実際の粉末の系では，ネックの大きさや形の相違，あるいは理想的に統計的な粒子充塡が実現されていないので，この圧縮応力は場所場所で変化する．このため粒子と粒子の間に局部的なずれ応力を生じ，粒子および粒界に沿って互いにすれ違う粒子のずれすべりが起こる．このような局所的なずれ応力と圧縮応力によって，焼結の初期段階における粒子の再配列が可能となり，焼結初期における充塡密度の増加がみられる．互いにすれ違う粒子のすべりによる粗な充塡から密な充塡への粒子の再配列に基づく気孔の減少は粒子の形の変化を伴わない．

ii) **ネック成長**: 焼結初期過程で系に起きる主な変化はネック成長である．ネック成長の研究は球状粉体や球と平面のような簡単な系を使ってモデルと実験との比較が定量的に行われている．初期焼結過程の定式化でモデルとして最も多く使われているのが，図2.79に示すような平面上に置かれた半径 r の球形の2粒子系である．(a)図は2粒子の中心間距離が変化せず，すなわち粉体系としての収縮なしに焼結が起こっている場合で，(b)図は中心間距離が減少し，粉体系としての収縮がある場合である．

ネック部には表面張力による圧力が生じ，その大きさは次式で表される．

$$P=\gamma\{(1/x)-(1/\rho)\}\sim -(\gamma/\rho) \quad (x\gg \rho)$$

ここで，γ は物質の表面エネルギー，x はネ

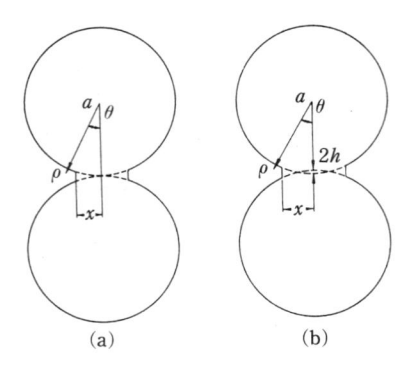

図2.79 初期焼結過程を定式化するための球形2粒子モデル
(a) 2粒子の中心間距離が一定（収縮なし），
(b) 中心間距離が減少（収縮あり）．

ックの半径，ρ はネックの曲率である．ネック部に働く圧力は圧縮方向を正にとってある．また，球の半径を a とすると，ρ, x, a の間にはそれぞれ(a), (b)の場合において，次式が成り立っている．

(a)の場合：$\rho = x^2/2a$

(b)の場合：$\rho = x^2/4a$

2粒子系におけるネック部の増大は，その増大機構が何であるかを仮定することによって理論的に予測することができる．それらの機構としては，(1) 粘性あるいは塑性流動，(2) 蒸発-凝縮，(3) 体積拡散，(4) 表面拡散が考えられている．すべての場合において，ネック半径 x は次の式に従って増大する．

$$\left(\frac{x}{r}\right)^n = \frac{kt}{r^m} \quad (2.4)$$

ここで t は時間，k は定数であり，n と m は焼成中に起こっている物質移動の機構によって変化し，それぞれ表2.24のようになる．セラミックスでは普通ネックの成長は体積拡散が支配的であると考えられているが，粘性流動の寄与もあるという意見もある．ガラス

表2.24 ネック成長における物質移動の機構と理論式の定数 n と m

移動機構	n	m
体積拡散	5	3
表面拡散	7	4
蒸発凝縮	3	2
粘性あるいは塑性流動	2	1

では粘性流動が支配的である．ネック成長は主に焼結の初期過程に関係した現象である．

b．焼結の中期および後期過程　焼結の初期過程では粒子の大きさは変化しないとして，ネック径の変化が種々の物質移動機構に対して定式化されている．しかし，中期および後期過程では粒子の大きさの変化，すなわち粒成長を無視することができないし，また粒成長は焼結体中に存在する気孔によってその成長が妨害される．したがって，中期および後期過程を定式化するためには粒径と気孔率を変数に含まなければならない．気孔が粒界にあるとき収縮し，粒の内部に取り込まれて単離されると収縮が止まると考えて，焼結の中期，後期過程における気孔率を変数とする速度式が導かれている．すなわち，気孔は原子空孔の集合したものであり，粒界は原子空孔のシンクとして振舞い，そして空孔は体積拡散によって移動する．この仮定のもとでは次式が導かれる．

$$dp/dt = -CD\gamma v/l^3 kt \quad (2.5)$$

ここで p は気孔率，t は時間，D は空孔の拡散係数，v は空孔の体積，γ は表面エネルギー，l は粒径，C に定数である．この式は実験とかなりよく一致する．　〔尾崎　義治〕

参　考　文　献

1) 日本科学会編：化学総説 No.37, "機能性セラミックスの設計", 学会出版センター (1982).
2) 尾崎義治："新材料の計測と制御", p.293-306, 材料連合フォーラム (1986).
3) W. Ryan: Properties of Ceramic Raw Materials", p.42-43, Pergamon Press (1978).
4) 斎藤進六監修："超微粒子ハンドブック", フジ・テクノシステム (1990).
5) 一の瀬昇，尾崎義治，賀集誠一郎："超微粒子技術入門", オーム社 (1988).
6) 尾崎義治：セラミックス，**21** (2), 102 (1986).
7) 尾崎義治："ニューセラミック粉体ハンドブック", p.79, サイエンスフォーラム (1983).
8) 尾崎義治：セラミックス，**16**, 570 (1981).
9) 尾崎義治：セラミックス，**16**, 675 (1981).
10) 日本化学会編："新実験化学講座：基本操作 [1]", 丸善 (1978).
11) M.D. Rasmusse, J.W. Jordan, M. Akinc, O. Hunter, Jr., M.F. Berard: *Ceramics International*, **9**, 59 (1983).
12) B.S.M. Prasad, R.M. Krishna, M.N. Sastri: *Indian Journal of Technology*, **21**, 240 (1983).
13) P.K. Gallagher, J. Thomson, Jr.: *J. Am. Ceram. Soc.*, **48**, 644 (1965).
14) D. Henings, W. Mayer: *J. Solid State Chem.*, **26**, 329 (1978).
15) 久高克也：エレクトロニク・セラミックス，**13**, 夏号，57 (1982).
16) 山村博，倉本成史，羽田肇，渡辺明男，白崎信一：窯業協会誌，**94**, 470 (1986).
17) 月館隆明，津久間孝次：セラミックス，**17**, 816 (1982).
18) E. Matijevic, M. Budnik, L. Meites: *J. Colloid Interface Sci.*, **61**, 302 (1977).
19) S. Hamada, E. Matijevic: *J. Chem. Soc.*, **78**, 2147 (1982).
20) Y. Ozaki: *Ferroelectrics*, **49**, 285 (1983).
21) 日本粉体工業技術協会編："超微粒子応用技術", p.72, 日刊工業新聞社 (1986).
22) Y. Ozaki: "Preparation and Application of Fine Powder from the Metal Alkoxide", in Fine Ceramics, p.165, Ohmsha (1987).
23) 通商産業省アルコール専売事業特別会計研究開発調査委託報告書，アルコールの高付加価値利用に関する調査研究―金属アルコキシド特許データ集，(社)アルコール協会，(社)日本ファインセラミックス協会 (1991).
24) 尾崎義治：表面科学，**8**, 301 (1987).
25) D.C. Bradley: "Metal Alkoxides", *Progr. Inorg. Chem.*, **3**, 303 (1962).
26) D.C. Bradly: "Metal Alkoxides", in Metal-Organic Compound (Advanced in Chemistry Series), p.10, Ame. Chem. Soc. (1959).
27) R. Feld, P.L. Cowe: "The Organic Chemistry of Titanium", Butterworths (1965).
28) 通商産業省アルコール専売事業特別会計研究開発調査委託報告書，アルコールの高付加価値利用に関する調査研究―金属アルコキシド合成法データ集，(社)アルコール協会，(社)日本ファインセラミックス協会 (1990).
29) D.C. Bradley, R.C. Mehrotra, D.P. Gaur: "Metal Alkoxids", Academic Press (1978).
30) D. Bretzinger and W. Josten: "Alkoxides, Metal", in Kirk-Othmer, Encyclopedia of Chemical Technolory, 3rd ed., Vol. 2, p.1-17, Interscience Publishers, a division of John Wiley & Sons, Inc., New York (1991).
31) 実験化学講座，丸善．
32) 尾崎義治：工業材料，**29** (5), 85 (1981).

33) 尾崎義治：工業材料, **29** (6), 101 (1981).
34) S. Govil and R.C. Mehtora: *Aust. J. Chem.*, **28** (10), 2125-8 (1975).
35) S. Govil, P.N. Kapor and R.C. Mehrotra: *Inorg. Chem. Acta*, **15** (1), 43-6 (1975).
36) A. Mehrotra and R.C. Mehrotra: *Indian J. Chem.*, **10** (5), 532-5 (1972).
37) J. Burgess: "kinetics and mechanisms: solvent exchange", in Ion in Solotion, Ellis Horwood Limited (1988).
38) 笠井紀宏, 尾崎義治, 山本章造：窯業協会誌, **95**, 1000 (1987).
39) K.S. Maddiyasni, R.T. Dolloff and J.S. Smith II : *J. Am. Ceram. Soc.*, **523**, 52 (1969).
40) 尾崎義治, 宗宮重行編：ジルコニアセラミックス 1, p.31-44, 内田老鶴圃 (1983).
41) 尾崎義治：日本の科学と技術, **25** (227), 43 (1984).
42) 笠井紀宏, 成田直人, 尾崎義治：日本セラミックス協会誌, **96**, 24 (1988).
43) Y. Ozaki: Proceedings of the MRS International Meeting on Advanced Materials, p.77-84 (1988 in Tokyo).
44) 宗宮重行：色材, **57**, 403-408 (1984).
45) L. Maya: Synthetic Approaches to Aluminum Nitride via Pyrolysis of a Precursor, Advanced Ceramic Materials, 1, 150 (1986).
46) J.G.M de LAU: *Ceram. Bull.*, **49**, 572 (1970).
47) D.W. Johnson, F.J. Schnettler: *J. Am. Ceram. Soc.*, **53**, 440 (1970).
48) 服部豪夫, 毛利純一：窯業協会誌, **89**, 287 (1981).
49) D.W. Johnson, F.J. Gallagher, D.J. Nitti, F. Schrey: *Bull. Am. Ceram. Soc.*, **53**, 163 (1974).
50) 尾崎義治：化学工業, **46**(10), 13 (1982).
51) J.T. Wenckus, W.Z. Leavitt: Conf. Mag. Materials, Boston, T 91 (1956).
52) 神崎修三他：窯業協会誌, **91**, 81 (1983).
53) D.R. Messier, G.E. Gazza: *Am. Ceram. Soc. Bull.*, **51** (9), 692 (1972).
54) 久保輝一郎, 水渡英二, 中川有三, 早川宗八郎共編："粉体", p.501, 丸善 (1962).
55) F.H. Norton: "Fine Ceramics", p.148, McGraw-Hill (1970).
56) G.Y. Onoda, Jr., L.L. Hench, eds.: "Ceramics Processing before Firing", p.235, John Wiley & Sons (1978).
57) 素木洋一："杯土の調整方法と特性", p.92, 窯業協会 (1969).
58) W. Ryan: "Properties of Ceramic Raw Materials"
59) 素木洋一："工業用陶磁器", p.112, 技報堂 (1969).
60) F.H. Norton: "Element of Ceramics", Addision-Wesley (1973).
61) A.R. Blackburn: *Am. Ceram. Soc. Bull.*, **29**, 230 (1950).
62) F.H. Norton: "Refractories", p.123, Graw-Hill (1949).
63) 河嶋千尋, 村田順弘：窯業協会誌, **61**, 690 (1953).
64) D. Train, J.A. Hersey: *Powder Metallugy*, No. 6, p.87 (1960).
65) H. Silbereisen: *Planseeberichte fur Pulvermetallugie*, **7**, 67 (1956).
66) H.C. Messman, T.E. Tiebbetts, eds.: "Elements of Briquetting and Aggromeration", p.83, Insutitute for Briquetting and Aggromeration (1971).
67) V.S. Patent 1983602 (1934), H.W. Daubenmeyer.
68) E.L.J. Papen: *Ber. Dtsch. Keram. Ges.*, **44**, 82 (1967).
69) 河嶋千尋, 斎藤進六：金属, **29** (11), 1 (1959).
70) 尾崎義治：セラミックス, **13**, 644 (1978).
71) 茂木朝雄：窯業協会誌, **67**, 387 (1959).
72) H.D. Taylor: *Am. Ceram. Soc. Bull.*, **45**, 768 (1966).
73) C.Z. Carroll-Porczynski: "Advanced Materials", Astex (1962).
74) L.R. McCreight, H.W. Rauch, Sr., W.H. Sutton: "Ceramic and Graphite Fibers and Wiskers", Academic Press (1965).
75) H.W. Rauch, Sr., W.H. Sutton, L.R. McCreight: "Ceramic Fibers and Composite Materials", Academic Press (1968).
76) S. Yajima, Hayashi, M. Omori: *Chem. Lett.*, 931 (1975).
77) R. West: "Polysilane Precursors to Silicon Carbide", in L.L. Hench, D.R. Ulrich eds., Ultrastructure Processing of Ceramics, Glasses and Composites, p.235, Wiley-Interscience (1984).
78) 舟山　徹, 茅　博司, 西井勇人, 鈴木　直, 礒田武志："セラミックデータブック '90", 工業製品技術協会 (1990).
79) G.C. Wei, P.F. Becher: *Am. Ceram. Soc. Bull.*, **64** (2), 298-304 (1985).
80) 岩永　浩, 岩崎　武, 元島栖二：表面技術, **41**, 578 (1990).
81) 元島栖二, 川口雅之, 岩永　浩："セラミックデータブック '91", 工業製品技術協会 (1991).

82) H.P. Kirchner, R.M. Gruver and R.E. Walker: *Am. Ceram. Soc. Bull.*, **47**, 798 (1968).
83) 素木洋一:"工業用陶磁器",第12章,技報堂,(1974).
84) 金属表面技術協会編:"金属表面技術便覧",p.1127,日刊工業新聞社 (1963).
85) H.K. Pulker: "Coatings on Glass", Chap. 6, Elsrvier (1984).
86) J. Reed: "Principles of Ceramic Processing", p.426, Jhon Wiley & Sons (1988).
87) H. Dislich: "Transformation of Organometallics into Common and Exotic Materials—Design and Activation", (R.M. Laine ed.), p.236, Martinus Nijhoff Publishers (1988).
88) D.R. Uhlmann and N.J. Kreidl ed.: "Glass Science and Technology—Vol. 2", Chap. 8, Academic Press, Ins. (1984).
89) J. Reed: "Principles of Ceramic Processing", p.426, John Wiley & Sons (1988).
90) K.D. Leaver, B.N. Champan: "Thin Films", Wykeham Science Series (1971).
91) G. Hass, M.H. Francombe, R.W. Hoffman, eds.: "Physics of Thin Films", p.30, Academic Press (1977).
92) 金原粲:"薄膜の基本技術",東京大学出版会 (1976).
93) 早川茂,和佐清孝:"薄膜化技術",共立出版 (1982).
94) 八谷繁樹:応用物理,**42**,1067 (1973).
95) W. Spence: *J. Appl. Phys.*, **38**, 3767 (1967).
96) 金属表面技術協会編:"金属表面技術便覧",p.613,日刊工業新聞社 (1963).
97) J.J. Cuomo, R.J. Gambino: *J. Vac. Sci. Technol.*, **12**, 79 (1975).
98) 塩崎忠:エレクトロ・セラミックス,**11** (59), 37 (1980).
99) 奥山雅則,浜川圭弘:エレクトロ・セラミックス,**11** (59) 21 (1980).
100) 伊藤昭夫,三沢俊司:真空,**15**, 214 (1972).
101) 小宮宗治:日本金属学会報,**15** (12), 735 (1976).
102) 村山洋一:エレクトロ・セラミックス,**11** (59), 57 (1980).
103) D.M. Mattox: *Electrochem. Technol.*, **2**, 259 (1964).
104) Y. Murayama: *J. VAC. Sci. Technol.*, **12**, 818 (1975).
105) E. Lang ed.: "Coatings for High Temperature Applications", p.33, Applied Science Publications (1983).
106) M.A. Allen ed.: "Phase Diagrams", Chap. 1, Academic Press Inc. (1976).
107) C.F. Powell, J.H. Oxrey, J, M. Blocher: "Vapor Deposition", Willey, New York (1966).
108) L.I. Maissell, R. Grang, eds.: "Handbook of Thin Film Technology", Chapter 5, McGraw-Hill, New York (1970).
109) G. Hass, R.E. Thum, eds.: "Physics of Thin Films", p.237, Academic Press (1969).
110) 平井敏雄,新原皓一,林真輔:セラミックス,**13**, 861 (1978).
111) 瀬高信雄:セラミックス,**11**, 630 (1976).
112) 尾崎義治:材料,**40**, 1253-1263 (1991).
113) G.J. Asher: *Ceramic Age*, September, p.28 (1971).
114) J.J. Thompson: *Am. Ceram. Soc. Bull.*, **42**, **56**, 480 (1963).
115) J.C. Williams: *Am. Ceram. Soc. Bull.*, **56**, 580 (1977).
116) 尾崎義治:高分子,**27**, 410 (1978).
117) Franklin, F.Y. Wang: "Treatise on Materials Science and Technology, Vol. 9", p.179, Academic Press (1976).
118) 玉虫文一:"コロイド化学",培風館 (1976).
119) 日本化学会編:"新実験化学講座―界面とコロイド", p.313, 丸善 (1977).
120) J.M. Fletchere, C.J. Hardy: *Chemistry & Industry*, **2**, 48 (1968).
121) 尾崎義治,秀島正明:材料,**26**, 853 (1968).
122) 尾崎義治:化学工業,**30** (9), 68 (1979).
123) R.B. Matthews, M.L. Swanson: *Am. Ceram. Soc. Bull.*, **58**, 223 (1979).
124) 尾崎義治:工業材料,**29** (6), 101 (1981).
125) 尾崎義治:工業材料,**29** (5), 85 (1981).
126) D.L. Segal: "Chemical synthesis of advanced cermic materials", Cambridge University Press (1989).
127) 尾崎義治:粉体と工業,**19** (12), 32 (1987).
128) L.L. Hench and D.R. Ulrich ed.: "Science of Ceramic Chemical Processing", p.131, John Wiley & Sons, New York (1986).
129) Better Ceramics Through Chemistry, North-Holland (1984).
130) R.M. Laine ed.: "Transformation of Organometalics into Common and Exotic Materials: Design and Activation", p.207, Martinus Nijhoff Publishers (1988).
131) R.A. Iler: "Polymerization of Silica", in The Chemistry of Silica, p.172, John Wiley & Sons, New York (1979).

3. 無機材料構造

3.1 結晶学の基礎

結晶の特徴は，構成する分子あるいは原子がある周期性をもって，規則正しい3次元的な配列を取ることである．したがって，結晶全体の分子や原子の配列は，その"最小の繰り返し単位"のなかの配列・相対位置を知るだけで，完全に記述することができる．"単位"の配列には平行六面体を考え，各稜の延長線上に単位の稜長の整数倍の点を求めていくと，3次元の周期配列が得られる．

$$r = ka + lb + mc \quad (3.1)$$

ここで，$k, l, m = 0, \pm 1, \pm 2, \cdots$，$a, b, c$は単位の平行六面体の稜を与えるベクトルである．したがって，rは原点からいくつかの積み重ねられた平行六面体の，ある頂点(隅)までの位置ベクトルを表す．rによって与えられる点を格子点(lattice point)，3次元の周期配列を空間格子(space lattice)，最小繰返し単位の平行六面体を単位格子(unit lattice, unit cell)と呼ぶ．上述のように，結晶構造を記述するには単位格子中の分子や原子の位置を指定するだけでよいが，その際，分子や原子の相対位置を表すのに点群(point group)の概念を導入すると便利である．ここでは，まず対称の要素と点群について述べ，次いで空間格子と空間群について説明する．

3.1.1 対称の要素

天然鉱物や数多くの人工結晶の結晶面の測角から，結晶の対称は8種類の基本操作による対称のどれか一つ，あるいはそれらの組合せによって説明されることがわかった．8種類の対称操作は対称の要素(element of symmetry)と呼ばれ，5種類の対称軸(回転操作)，対称面(反射操作)，対称中心(反転操作)および4回の回映軸(回映操作)，または4回の回反心(回反操作)を含んでいる．

これらの対称の要素の組合せによって，いくつかの新しい対称操作が導けるが，その組合せにおいては，それぞれの要素の対称操作が組合せ後も保存されねばならない．この制限を満たす組合せの数は，群論から32通りであることが求まり，また，32種の対称操作が数学上の群の表現に対応させ得ることから，これらを点群(point group)と呼んでいる．この32の対称操作の数は，結晶の形態の分類から求めた晶族(crystal class)の数に等しく，また両者の間には1対1の対応がある．さらに，32の晶族は対称軸の種類に基づいて7種の晶系に分類される．表3.1に晶系と対称操作および晶族との対応を示す．

3.1.2 空間格子

空間格子はBravaisによって14種類に分類されたので，ブラヴェ格子とも呼ばれる．図3.1は14種のブラヴェ格子で，それぞれ格子を特定するのに必要なパラメータを示してある．ところで，空間格子は並進操作から導かれるので必然的に対称の中心を含むが，点群

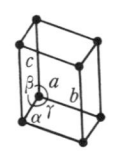

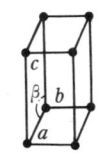

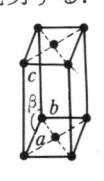

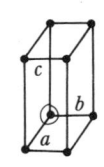

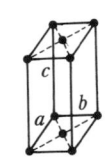

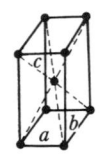

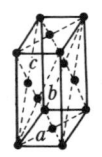

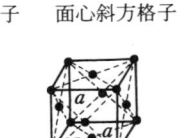

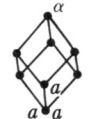

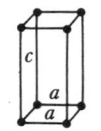

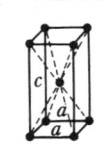

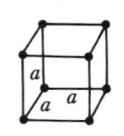

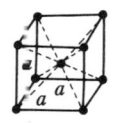

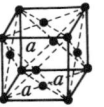

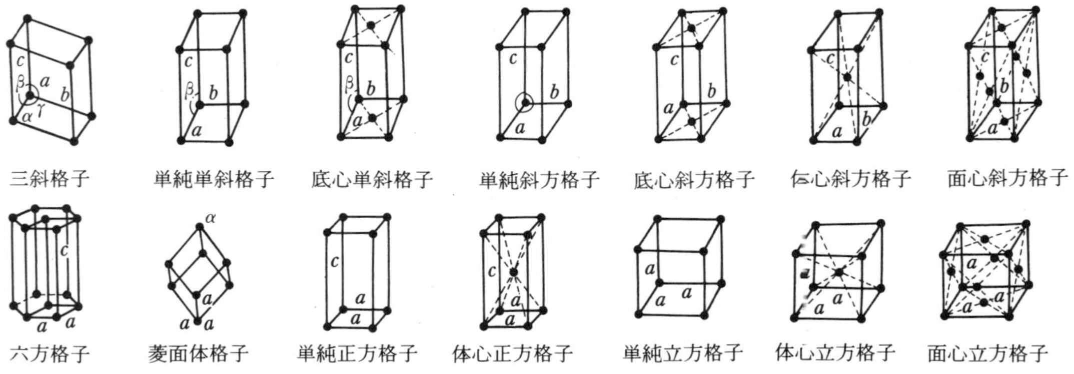

三斜格子　単純単斜格子　底心単斜格子　単純斜方格子　底心斜方格子　体心斜方格子　面心斜方格子

六方格子　菱面体格子　単純正方格子　体心正方格子　単純立方格子　体心立方格子　面心立方格子

図 3.1 ブラヴェ格子

3. 無機材料構造

表 3.1 晶族および対称操作と晶系の関係ならびに対称と関係する物性

S.記号	H.M.記号	対称の中心	ラウエ対称	旋光能	圧電気	ピロ電気	晶系
C_1	1	−	C_i	+	+	+	三
C_i	$\bar{1}$	+	〃	−	−	−	斜
C_2	2	−	C_{2h}	+	+	+	単
C_s	m	−	〃	+	+	+	
C_{2h}	$2/m$	+	〃	−	−	−	斜
C_{2v}	mm	−	D_{2v}	+	+	+	斜
$D_2(V)$	222	−	〃	+	+	−	方
$D_{2h}(V_h)$	mmm	+	〃	−	−	−	
C_4	4	−	C_{4h}	+	+	+	
S_4	$\bar{4}$	−	〃	+	+	−	正
C_{4h}	$4/m$	+	〃	−	−	−	
C_{4v}	$4mm$	−	D_{4h}	−	+	+	
$D_{2d}(V_d)$	$\bar{4}2m$	−	〃	+	+	−	方
D_4	42	−	〃	+	+	−	
D_{4h}	$4/mmm$	+	〃	−	−	−	
C_3	3	−	C_{3i}	+	+	+	
$C_{3i}(S_6)$	$\bar{3}$	+	〃	−	−	−	三
C_{3v}	$3m$	−	D_{3d}	−	+	+	方
D_3	32	−	〃	+	+	−	
D_{3d}	$\bar{3}m$	+	〃	−	−	−	
C_6	6	−	C_{6h}	+	+	+	
$C_{3h}(S_3)$	$\bar{6}$	−	〃	−	+	−	
C_{6h}	$6/m$	+	〃	−	−	−	六
C_{6v}	$6mm$	−	D_{6h}	−	+	+	
D_{3h}	$\bar{6}2m$	−	〃	−	+	−	
D_6	62	−	〃	+	+	−	方
D_{6h}	$6/mmm$	+	〃	−	−	−	
T	23	−	T_h	+	+	−	
T_h	$m3$	+	〃	−	−	−	等
T_d	$\bar{4}3m$	−	O_h	−	+	−	
O	43	−	〃	+	+	−	軸
O_h	$m3m$	+	〃	−	−	−	

S.記号：Schoenfliesの記号
H.M.記号：Hermann-Mauguinの記号
＋；有，−；無

には対称の中心を欠くものがある．この差は並進操作の有無に関係するもので，両者の対称関係を対応させるためには点群に対して並進操作を加える必要がある．

対称軸と並進の組合せは"らせん軸（screw axis）"と呼ばれ，N回の対称軸の場合には，$360°/N$回るごとに軸方向に格子長さの$1/N$だけ並進し，N回目にもとの位置から1周期分移動した位置で同位する．らせん軸の導入によって，左右像の関係（たとえば右水晶と左水晶）を説明することができる．

対称面と並進操作の組合せで映進面（glide plane）が導ける．映進面には，映進の仕方によって軸映進面（$a/2$など），対角映進面（$(a+b)/2$など），およびダイヤモンド映進面（$(a+b)/4$など）の3種の映進面に分類される．

3.1.3 空間群

8個の対称の要素にらせん軸と映進面を加えた対称操作の組合せの数が，230種に限られることは群論から導かれている．このような群を空間群（space group）と呼んでいる．各空間群が対称の要素をどのような配置で含んでいるか，また，さらに対称操作で導かれる同価点の様子（特殊位置（special position）：対称の要素上に位置し，位置の座標x, y, zが0,0,0や1/2, 1/2, 1/2などのように定数である．一般位置（general position）：x, y, zが任意の値をとる）は文献[1]にくわしく記載されている．これらの情報はX線結晶構造解析に当たって不可欠であるので，必要に応じて参照されたい．

3.1.4 結晶面と面指数

たがいに平行で等間隔に並ぶ一群の結晶面は，ミラー指数，h, k, lの3つの整数で特定される．すなわち，(hkl)で示される結晶面は，a軸を$1/h$，b軸を$1/k$，c軸を$1/l$で切る平面である．図3.2に，（100）や（110）などの代表的な結晶面を示す．他方，結晶中の方向を与える指数は，その方向のベクトルと結晶軸上の成分とが同じ比率をもつ最小

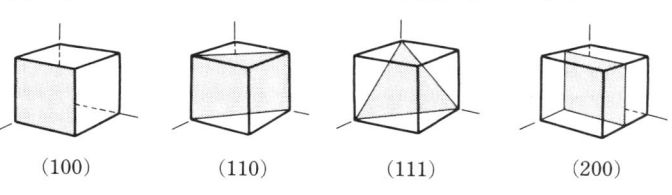

(100)　(110)　(111)　(200)

図 3.2 結晶面とミラー指数

の整数 $[h, k, l]$ で表す．立方晶系で，a 軸は $[1 0 0]$ 方向，b 軸は $[0 1 0]$ のように記述される．

3.2 結晶構造を支配する因子

化学組成や原子間に働く結合の性質と，原子の配列状態の関係を研究する学問分野を結晶化学と呼んでいる．この分野の研究を系統化する試みは，V.M.Goldshmidt による，① 化学組成比，② 原子（またはイオン）半径比，および，③ 分極効果という 3 つの因子の導入に端を発し，その後，L. Pauling, W. Hume-Rothery, W.B. Peason らによってめざましい発展を遂げてきた．さらに，無機物の構造を系統的かつ詳細に記述した成書が，A.F.Wells[2] や桐山良一ら[3] によってまとめられている．無機物の結晶構造の系統化に当たって，2 つの基本的な考え方がある．その 1 つは原子（またはイオン）の密充塡を基本とするものであり，他の 1 つは陽イオンのまわりの陰イオン配位多面体（四面体：AX_4，八面体：AX_6 など）の連なりから骨格構造を導くものである．前者は，イオン性結晶の構造を系統化するのに都合のよい考え方であり，また後者は縮合酸塩の構造を取り扱う上で重要な概念である．ここでは，金属酸化物を中心とする機能性物質の結晶構造を対象としたいが，それらには，多かれ少なかれイオン結合性をもつものが多いので，イオンの密充塡構造を基本に結晶構造と化学組成の関係を眺めてみたい．

3.2.1 等大剛体球の密充塡

等大剛体球を最も密に充塡する仕方には，立方最密充塡 (cubic closest packing : ccp) と六方最密充塡 (hexagonal closest packing : hcp) の 2 通りがある．これを理解するのに，最密充塡層の積み重ねを考えるのが便利である．各最密充塡層では，図3.3(a)のように各球のまわりにはそれぞれ 6 個の球が取り囲む．この最密層を積み重ねるとき，図 3.3 (c)のように，3 層目の球が 1 層目の球の真上に位置するような重ね方，すなわち，ABAB の積み重ね方を hcp，図3.3(b)のように，4 層目が 1 層目の真上に位置する ABCABC の積み重ね方を ccp と呼ぶ．どちらの場合も，各球は同一層の 6 個と上の層および下の層それぞれの 3 個，合計 12 個の球で囲まれるが，上下層からの 6 個の球で形成される多面体は，立方最密充塡では八面体，六方最密充塡では三方プリズムと，それぞれ異なっている．また，ccp の配列様式はブラヴェ格子の面心立方格子のそれに対応することから，一般に面心立方 (face-centered cubic : fcc) 構造と呼ばれる（面心立方格子で最密充塡層 {1 1 1} 面が [1 1 1] 軸方向に ABCABC の積み重ね方をとる）．図 3.4 に示すように，金属の約 2/3 は室温で hcp か fcc どちらかの構造をとるが，残りの大部分は，体心立方 (body-centered cubic : bcc) をとる．bcc の空間充塡率は 0.68 で hcp や fcc の 0.74 より少し低いが，比較的密な原子配列の仕方であり，低温でのアルカリ金属や Fe, Cr などの還移金属がこの構造をとる．

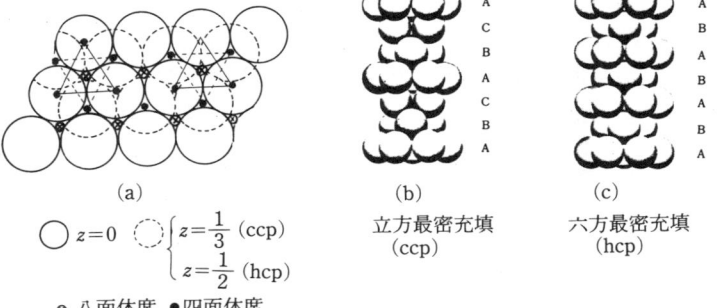

(a)

○ $z=0$　◌ $\begin{cases} z=\frac{1}{3} \text{ (ccp)} \\ z=\frac{1}{2} \text{ (hcp)} \end{cases}$

⊗ 八面体席，● 四面体席

(b) 立方最密充塡 (ccp)

(c) 六方最密充塡 (hcp)

図 3.3 等大球の最密充塡と四面体席および八面体席

3. 無機材料構造

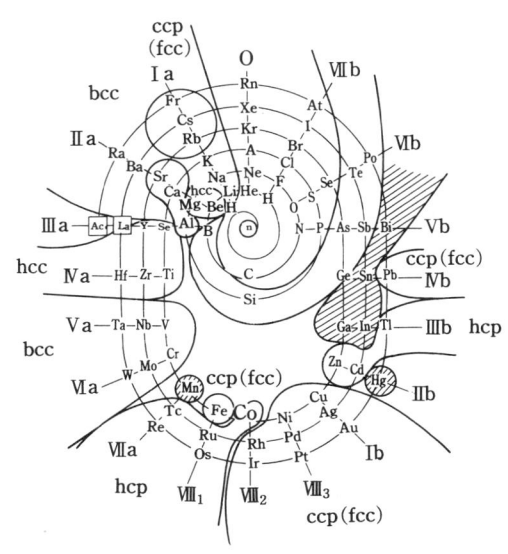

図 3.4 金属元素単体の結晶構造タイプと周期律表

3.2.2 イオン結晶におけるイオンの充塡

イオン結晶では，第1近似として球状イオンが非指向性の結合をしていると見ることができる．したがって，前項のように剛体球のパッキングの概念に基づいて基本的な構造モデルを導き出すことが可能である．通常，陽イオンは陰イオンよりかなり小さいが，CsやK，あるいはBaなどのように陰イオンに匹敵する大きさの陽イオンもあるので，イオンのパッキングは陽イオン半径(r_A, r_B)と陰イオン半径(r_X)との大小関係に対応して，次の3通りの基本様式で分類するのが便利である．

(1) $r_B < r_X$の場合：陰イオンがfccあるいはhcpのパッキングをとり，その隙間に陽イオンが規則的に配置する．隙間にはそれぞれ6個または4個の陰イオンで囲まれる八面体位置(octahedral site)と四面体位置(tetrahedral stie)の2種類があり，N個の陰イオンの最密充塡で前者はN個，後者は$2N$個存在する．

(2) $r_A \approx r_X > r_B$の場合：陽イオンAと陰イオンが最密パッキングをとり，陽イオンBは陰イオンに囲まれる6あるいは4配位などの位置に配置する．たとえば$SrTiO_3$ではSrと3個のOがfccのパッキングをとり，Tiは

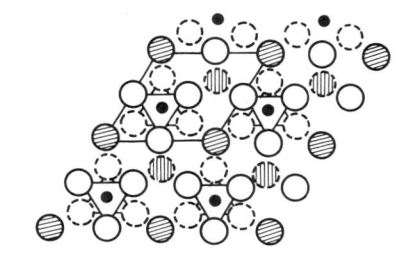

図 3.5 ABX_3（$r_A = r_X > r_B$）におけるAX_3の最密充塡とBが占有できる八面体席

八面体位置に入る（図3.5）．また，$BaFe_{12}O_{19}$においては，単位の化学組成当たり，BaO_3層と4個のO_4層の積み重ねを基本としてFeは八面体位置，四面体位置および三角両錐の中心（酸素5配位）を占有する（図3.16）．

(3) $r_A \approx r_X$：bccのパッキングが基本として考えられ，Xが格子の隅に，Aは体心（あるいは逆の位置組合せ）位置にと規則配列をとる．CsClはこの例で，CsおよびClイオンそれぞれの配位数は8である．

3.2.3 陽イオンの配位数

上述のように，陽イオンに対して，陰イオンの種々の配位状態が許されるが，ここでどのような陽イオンがどのような配位数を優先的にとるのかは，主として以下に述べる3つの因子に依存する．

a. イオン半径比 イオン結晶では，クーロンエネルギーと反発エネルギーが結晶の安定性に支配的役割を果たす．

$$U = -AN\frac{qq'}{r} + N\frac{B}{r^n} \qquad (3.2)$$

ここで，Nはイオンの総数，qとq'は電荷，Aはマーデルング定数，Bはイオンの種類によって定まる定数である．平衡位置r_0における1次微分$(dU/dr)_{r=r_0}$が0となることから，(3.2)式を次のように変形できる．

$$U = -AN\frac{qq'}{r}\left(1 - \frac{1}{n}\right) \qquad (3.2)$$

マーデルング定数は，結晶構造とイオンの

荷電数に強く依存する．表 3.2 は代表的な結晶構造のタイプとマーデルング定数を示す．

クーロンエネルギーと反発エネルギーを考慮して，イオンの配列を導くのに次のような条件が要求される．

(1) 陽イオンがまわりの陰イオンすべてと接する．

(2) 第1近接イオンの数をできるだけ大きくする．

(3) 陰イオン同志の反発を最小にする．

(1)，(3) の条件は，幾何学的なモデルから陽イオンの半径 (r_A) と陰イオンの半径 (r_X) の比で定量的に表すことができ，さらに (2) の条件を加えると，表 3.3 に示す r_A/r_X と配位数の関係が求まる．

b. 共有結合性の寄与 BN や SiC などに見られるように，共有結合性が強くなると結合に方向性をもつようになり，イオン半径比から予測される配位数とは異なった配位数をとる．ZnO におけるイオン半径比 $r_{Zn}/r_O=0.51$，あるいは，CuCl におけるイオン半径

表 3.2 構造タイプとマーデルング定数

構造タイプ	A
CsCl	1.76267
NaCl (岩塩型)	1.74756
ZnS (ウルツ鉱型)	1.64132
ZnS (セン亜鉛鉱型)	1.63805
PdO	1.60494
TiO_2 (ルチル型，$M^{2+}X^{2-}$)	4.816
TiO_2 (アナターゼ型，$M^{2+}X^{2-}$)	4.800
SiO_2 (β-石英型，$M^{4+}X^{2-}$)	4.4394
Al_2O_3 (コランダム型)	25.0312
CaF_2	5.03879
$CaCl_2$	4.730
$CdCl_2$	4.489
CdI_2	4.383
Cu_2O	4.44249

表 3.3 イオン半径比と配位数

イオン半径比	配位数
0～0.155	2
0.155～0.225	3
0.225～0.414	4
0.414～0.732	6
0.732～1.000	8
1.000	12

表 3.4 イオン有効半径 (Shannon と Prewitt)

周期	族 I		II		III		IV		V		VI		VII		VIII	
2	Li^+(4)	0.59	Be^{2+}(4)	0.27	B^{3+}(4)	0.12	C^{4+}	0.15	N^{3-}	1.71	O^{2-}	1.40	F^-	1.33		
	Li^+	0.74														
3	Na^+(4)	0.99	Mg^{2+}(4)	0.49	Al^{3+}(4)	0.39	Si^{4+}(4)	0.26	P^{3-}	2.12	S^{2-}	1.84	Cl^-	1.81		
	Na^+	1.02	Mg^{2+}	0.72	Al^{3+}	0.53	Si^{4+}	0.40								
4	K^+	1.38	Ca^{2+}	1.00	Sc^{3+}	0.73	Ti^{2+}	0.86	V^{2+}	0.79	Cr^{2+}	0.73	Mn^{2+}	0.67	Fe^{2+}	0.61
	K^+(8)	1.51	Ca^{2+}(8)	1.12			Ti^{3+}	0.67	V^{3+}	0.64	Cr^{3+}	0.62	Mn^{3+}	0.58	Co^{2+}	0.65
															Ni^{2+}	0.70
							Ti^{4+}	0.61	V^{5+}	0.54	Cr^{6+}(4)	0.30	Mn^{6+}(2)	0.46	Fe^{3+}	0.55
	Cu^+(2)	0.46	Zn^{2+}(4)	0.60	Ga^{3+}(4)	0.47	Ge^{4+}(4)	0.40	As^{5+}(4)	0.34	Se^{2-}	1.98	Br^-	1.96	Co^{3+}	0.53
	Cu^{2+}	0.73	Zn^{2+}	0.75	Ga^{3+}	0.62	Ge^{4+}	0.54	As^{5+}	0.50					Ni^{3+}	0.56
5	Rb^+	1.49	Sr^{2+}	1.16	Y^{3+}	0.89	Zr^{4+}	0.72	Nb^{4+}	0.69	Mo^{3+}	0.67	Tc^{4+}	0.64	Ru^{3+}	0.68
	Rb^+(8)	1.60							Nb^{5+}	0.64	Mo^{5+}	0.60			Rh^{3+}	0.67
															Pd^{2+}	0.86
	Ag^+(4)	1.02	Cd^{2+}	0.95	In	0.79	Sn^{2+}(8)	1.22	Sb^{3+}	0.80	Te^{4+}	0.52	I^-	2.16	Ru^{4+}	0.62
	Ag^+	1.15					Sn^{4+}	0.69	Sb^{5+}	0.61	Te^{2-}	2.21			Rh^{4+}	0.62
															Pb^{4+}	0.62
6	Cs^+	1.70	Ba^{2+}	1.36	ランタニド		Hf^{4+}	0.71	Ta^{4+}	0.66	W^{4+}	0.65	Re^{4+}	0.63	Os^{4+}	0.63
	Cs^+(12)	1.88	Ba^{2+}(8)	1.42					Ta^{5+}	0.64	W^{6+}	0.58	Re^{7+}	0.57	Ir^{3+}	0.73
															Pt^{4+}	0.63
	Au^{3+}	0.70	Hg^{2+}	1.02	Ti^+	1.50	Pb^{2+}	1.18	Bi^{3+}	0.99	Po^{4+}	1.10			Ir^{4+}	0.63
					Tl^{3+}	0.88	Pb^{4+}	0.78								

	La^{3+}	Cs^{3+}	Ce^{4+}	Pr^{3+}	Nd^{3+}	Pm^{3+}	Sm^{3+}	Eu^{3+}	Gd^{3+}	Tb^{3+}	Dy^{3+}	Ho^{3+}	Er^{3+}	Tm^{3+}	Yb^{3+}	Lu^{3+}
(6)	1.06	1.03	0.80	1.01	1.00	0.98	0.96	0.95	0.94	0.92	0.91	0.89	0.95	0.87	0.86	0.85
(8)	1.18	1.14	0.97	1.14	1.12		1.09	1.07	1.06	1.04	1.03	1.02	1.00	0.99	0.98	0.97

(注) ( ) 内は配位数，表示のないものは6配位

3. 無機材料構造

表 3.5 混成軌道と配位多面体の形

混成軌道	配位数	構造	例
sp	2	直線	$HgCl_2$
sp^2	3	平面三角形	BCl_3
sp^3	4	正四面体	BeO
dsp^2	4	平面四角形	CuO
dsp^3	5	複三角錐	PCl_5
d^2sp^2 (または dsp^3)	5	正四角錐	$NiBr_3[P(C_2H_5)_3]_2$
d^2sp^3	6	正八面体	NiOのNiO$_6$
d^4sp (または P^3d^3)	6	三方柱	MoS_2のMoS$_6$

表 3.6 平均のバンドギャップから導かれた電気陰性度 (Phillips)

Li	Be	B	C	N	O	F
1.00	1.50	2.0	2.50	3.00	3.50	4.00
Na	Mg	Al	Si	P	S	Cl
0.72	0.95	1.18	1.41	1.64	1.87	2.10
Cu	Zn	Ga	Ge	As	Se	Br
0.79	0.91	1.13	1.35	1.57	1.79	2.01
Ag	Cd	In	Sn	Sb	Te	I
0.57	0.83	0.99	1.15	1.31	1.47	1.63
Au	Hg	Tl	Pb	Bi		
0.64	0.79	0.94	1.09	1.24		

比 $r_{Cu}/r_{Cl}=0.55$ の値からは，それぞれの陽イオンの配位数は6と予想されるが，大気圧下での安定相で，いずれも四面体的4配位をとるのは，共有結合性が原子配列の様式を支配する一例である．結合の方向は，結合に関与する原子軌道の広がりの方向と一致し，Ⅲ-Ⅴ化合物(AlN, GaP, GaAsなど)やⅡ-Ⅳ化合物(ZnS, CdSなど)では，それぞれsp^3混成軌道を利用するので，いずれの化合物も四面体的4配位の配列をもつセン亜鉛鉱型構造，あるいはウルツ鉱型構造をとる．混成軌道にはs, p軌道に加えてd軌道が関与する場合もあり，表3.5に示すように種々の混成軌道が存在し，それぞれ特定の方向性をもった化学結合を形成する．

共有結合性の寄与の度合は，構成元素の電気陰性度を因子として定量的に表せる．一般には，Paulingによって導かれたイオン性 f_i を表す(3.3)式がよく用いられるが，還移金属を除いた A^nX^{8-n} 組成(n：A原子の最外殻電子数)の化合物に関しては，J.C.Phillipsによって提案された(3.5)式もよく用いられる．

$$f_i = 1 - \exp\left(-\frac{(x_A - x_X)^2}{4}\right) \quad (3.3)$$

ここで，x_A, x_X は，AおよびXのPaulingの電気陰性度を表す．

$$E_g^2 = E_h^2 + E_i^2 \quad (3.4)$$

E_g と E_h はその化合物と，100%共有結合性化合物(CやSiなど)それぞれの平均バンドギャップ，E_i はイオン性の寄与による平均バンドギャップの増加量を表し，$E_i \sim 5.75$ Δx_{AX}(eV) である．

$$f_i = \frac{E_i^2}{(E_h^2 + E_i^2)} = \frac{E_i^2}{E_g^2} \quad (3.5)$$

共有結合性の寄与の大きさは，後述するように，$CdCl_2$型とCaF_2型構造の間に見られる層状構造と網目構造の差や，セン亜鉛鉱型とウルツ鉱型構造におけるAX_4四面体の連なり方の違いなど，結晶の基本構造と密接に関係する．

c. 結晶場安定化エネルギーと配位多面体

還移金属イオンのd軌道は，結晶場のなかでは縮退が解けて，いくつかのエネルギー準位に分裂する．図3.6は種々の対称の結晶場中におけるd軌道の分裂を模式的に示したもので，それぞれの軌道の分裂の大きさと結晶場の強さとは正の相関をもつ．いま1つの例として，6個のd電子をもつFe^{2+}イオンの

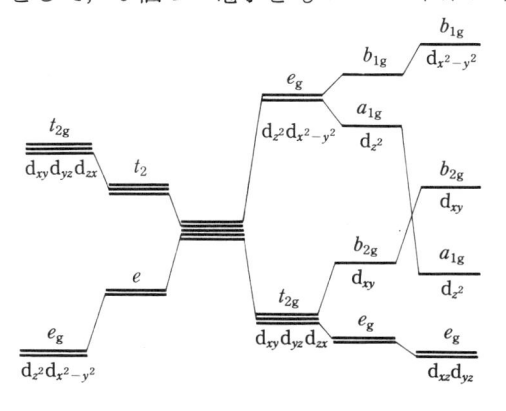

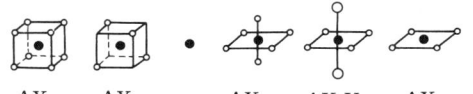

図 3.6 結晶場の対称とd電子軌道のエネルギー分裂

AX$_8$ 立方体　AX$_4$ 正四面体　AX$_6$ 正八面体　AX$_4$Y$_2$ 正方対称の八面体　AX$_4$ 平面四角形

(a) 八面体席
（弱い結晶場）

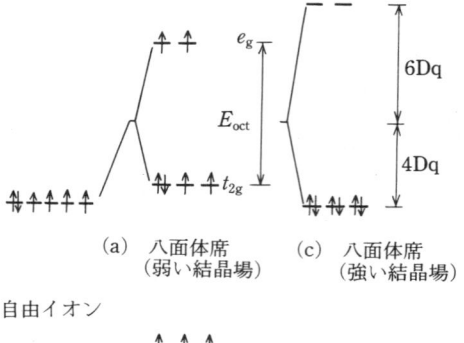

(b) 四面体席

(c) 八面体席
（強い結晶場）

自由イオン

図 3.7 八面体席および四面体席における Fe^{2+} イオンの電子スピン状態

表 3.7 八面体席および四面体席における d 軌道の結晶場安定化エネルギー（単位：Dq）

イオン種	d 電子の数	四面体席	八面体席 HS	八面体席 LS	$E_{HS}-E_{tet}$
Ti^{3+}	1	6	4	4	1.3
Ti^{2+}, V^{3+}	2	12	8	8	2.7
V^{2+}, Cr^{3+}	3	8	12	12	8.4
Cr^{2+}, Mn^{3+}	4	4	6	16	4.2
Mn^{2+}, Fe^{3+}	5	0	0	20	0
Fe^{2+}, Co^{3+}	6	6	4	24	1.3
Co^{2+}	7	12	8	18	2.7
Ni^{2+}	8	8	12	12	8.4
Cu^{2+}	9	4	6	6	4.2
Zn^{2+}	10	0	0	0	0

HS：高スピン状態，LS：低スピン状態

結晶場の安定化エネルギーを考えてみる．図 3.7(a), (b) は，それぞれ正八面体および正四面体位置における軌道の分裂と電子の配置を示したもので，前者では $4\times0.4E_{oct}-2\times0.6E_{oct}=0.4E_{oct}$，後者では $3\times0.6E_{tet}-3\times0.4E_{tet}=0.6E_{tet}$ と，それぞれ安定化エネルギーの獲得が考えられる．ここで，一般的に成り立つ $2E_{oct}\approx9E_{tet}$ の関係を考慮すると，Fe^{2+} は正八面体位置を占有した方が，正四面体位置を占めるよりも $0.8E_{oct}/3$ だけ安定化する．したがって，Fe^{2+} は八面体位置指向性をもつことが期待でき，それは実験事実とよく一致している．他方，結晶場が強くなるとエネルギー分裂が大きくなり (c) のように八面体位置の Fe^{2+} の電子は t_{2g} 軌道のみを占める．結晶場が比較的弱い (a) の場合の磁気モーメント $4\mu_B$ に対して，(c) では 0 となるので，前者を高スピン状態，後者を低スピン状態と呼んでいる．表 3.7 は，高スピン状態における 3d 遷移金属イオンの八面体および四面体位置それぞれにおける結晶場の安定化エネルギーと両者の差を示す．これからわかるように，Cr^{3+} および Ni^{2+} イオンは高い八面体位置指向性をもち，他方，Fe^{3+} や Mn^{2+} は結晶場安定化エネルギーの寄与は少なく，八面体および四面体位置いずれをもとることができるが，一般的にはイオン半径の条件から八面体位置を占めることが多い．

3.3 化学組成と代表的な結晶構造

前述のように，N 個の陰イオンを細密充填した場合，N 個の八面体位置と $2N$ 個の四面体位置が生じる．このような隙間を，陽イオンの陰イオンに対する組成比やとりやすい配位数などを考慮しながら陽イオンで充填すると，酸化物，硫化物あるいはハロゲン化物などに見られる代表的な結晶構造を導き出すことができる．ここでは，アルカリ金属やアルカリ土類金属などのように，大きな陽イオンが密充填に関与する例も含めて結晶構造を系統的に眺めてみたい．

3.3.1 AX

(1) 岩塩(NaCl)型構造：X が fcc の配列をとり，すべての八面体席を占める．A，X ともに 6 配位で，AX_6 八面体はたがいに稜を共有して連結されている．

(2) ヒ化ニッケル(NiAs)型構造：X が

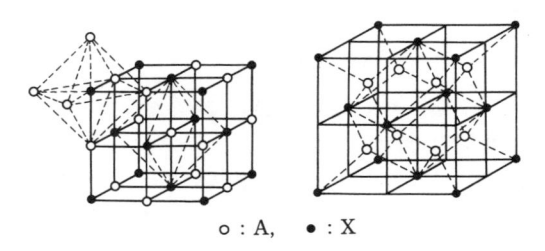

○：A，●：X

(a) 岩塩型構造　　(b) 逆ホタル石型構造

図 3.8 岩塩型および逆ホタル石型構造
X の面心立方格子で表示．

hcpの配列をとり，Aはすべての八面体席を占める．AとXはいずれも6配位であり，NaCl型とは違って，AX_6八面体はたがいに面を共有してc軸方向に1次元的に連なる．

(3) セン亜鉛鉱(ZnS)型構造：fcc配列のXによってつくられる四面体席の1/2にAが規則的に入る．AとXの配位数は4：4である．

(4) ウルツ鉱(ZnS)型構造：hcpのXがつくる四面体席の半分をAが規則的に占有する．AとXの配位数は4：4でセン亜鉛鉱と同じであるが，四面体のつらなり方にシス型（ウルツ鉱型）とトランス型（セン亜鉛鉱型）との違いがある．図3.9からわかるように，ウルツ鉱型では第3近接イオン（異種イオン）間距離がセン亜鉛鉱型より短いので，結合へのイオン性の寄与が増すと相対的にウルツ鉱型構造をとりやすくなる．

(5) CsCl型構造：bcc格子の隅にX（またはA），体心位にA（またはX）が規則配置した構造で，A，Xの配位数は8：8である．

3.3.2 A_2X

(1) 逆ホタル石型構造：fcc配列のXによってつくられる四面体席すべてをAが占め，AとXの配位数は4：8である．このイオン配列において，Xを比較的大きな陽イオン，Aを陰イオンでそれぞれ置き換える．すなわち，AとXの組合せを逆にする（$A_2X \rightarrow X_2A$）とホタル石型構造が導ける．

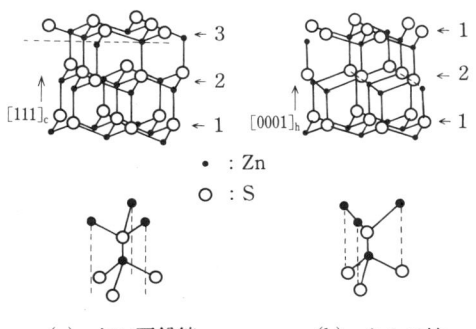

図3.9 セン亜鉛鉱とウルツ鉱の結晶構造および両者の第3近接イオンの配置の違い

3.3.3 A_2X_3

(1) コランダム(α-Al_2O_3)型構造：AがXより1/3少ないので，NiAs型構造の陽イオン席の1/3を規則的に空位にした構造をとる．Aは6配位で，八面体席の2/3を規則的に占有する．

(2) 三二酸化マンガン(Mn_2O_3)型構造：ホタル石構造と密接に関係する構造で，Aのfcc配列で生じる四面体席の3/4をXが規則的に占める．AとXの配位数は6：4で，Aのまわりの6配位の仕方には2通りある．希土類酸化物のC型構造とも呼ばれる．

3.3.4 AX_2

(1) ルチル(TiO_2)型構造：Xはひずんだhcp配列をとり，Aがひずんだ八面体席の1/2を規則的に占める．AX_6八面体は相対する2稜をほかの2個のAX_6八面体とそれぞれ共有し，AX_6八面体が直鎖（C軸に平行）状に連結する．このAX_6直鎖は，さらに頂点共有のXを介してたがいに結合し，小さいけれどもトンネルをもつ構造が形成される．AおよびXの配位数は6：3である．

(2) ヨウ化カドミウム(CdI_2)型構造：Xがhcp配列で，Aが八面体席の1/2に規則配置する．ルチル型構造と異なる点は，Aの配置の規則性で，全八面体席がAで占められる層間と全八面体席が空位である層間が交互に繰り返す構造である．八面体席のA（A(O)と表す）を加えてXのhcp（X(A)，X(B)）配列を表すと，X(A) A(O) X(B) X(A) A(O) X(B)…となり，ここで，X(A) A(O) X(A)が強く結合されているのに対して，X(B)X(A)間は弱いファンデルワールス力で結ばれるので，2次元的な性質が顕著になる．

同じようなAの規則配置で，Xの積み重ねをABABからAABBに変えると八面体席は三角プリズム(TP)席に変換され，X(A) A(TP) X(A)X(B)A(TP)X(B)…で表される層状構造が形成される．この構造はMoS_2などの共有結合性の強い化合物に見られるが，これはd^4sp混成軌道によって強い方向性をもつ結合がつくられるからである．

(3) 塩化カドミウム(CdCl$_2$)型構造：X が fcc, A は一層おきに全八面体席を占める．CdI$_2$ 型とは，X の積み重ね方が異なるが，A の欠けた層間の結合がファンデルワールス力である点で密接な関連がある．

(4) ホタル石(CaF$_2$)型構造：大きな陽イオンの化合物に見られる構造で，A の fcc 配列で形成される四面体席のすべてを X が占有する．すでに述べた Li$_2$O 型構造で，陽イオンと陰イオンとの数および席を逆にしたのが CaF$_2$ 型構造である．

3.3.5 AX$_3$

(1) ヨウ化ビスマス(BiI$_3$)型構造：CdI$_2$ 型構造における 1 層おきの八面体席の 2/3 を規則的に A が占有(1/3 が空孔)した構造で，希土類の塩化物などによく見られる構造である．

3.3.6 2 種類の陽イオンを含む化合物：AB$_2$X$_4$ と ABX$_3$

(1) スピネル(MgAl$_2$O$_4$)型構造：単位格子当たり 32 個の X が fcc 配列をとり，64 個の四面体席中の 8 個，および 32 個の八面体席中の 16 個に A と B が規則配列する．A が四面体席，B が八面体席をそれぞれ占有する場合を正スピネル，8 個の B が四面体席，8 個の A と 8 個の B が八面体席に分布する場合を逆スピネルと呼んでいる．

(2) イルメナイト(FeTiO$_3$)型構造：コランダム型構造中の陽イオン席を，A と B の 2 種類の陽イオンが一層おきに規則配列し，A のみの層と B のみの層が存在する．そのため，面共有する八面体の一方に A, 他方に B が入る．

(3) ペロブスカイト(CaTiO$_3$)型構造：A のイオン半径が X と比較できるほどに大きくなると，A と X とのパッキングを基本とした構造が現れる．ペロブスカイト型構造はその代表的なもので，AX$_3$ の fcc 配列を基本としている．すなわち，最密充填層の 1/4 を A, 3/4 を X で規則的に占有した層を A の位置を順次ずらしながら積み重ね(図 3.5 および図 3.10), X だけで囲まれた八面体席に B を入れるとペロブスカイト型構造が導ける．A およ

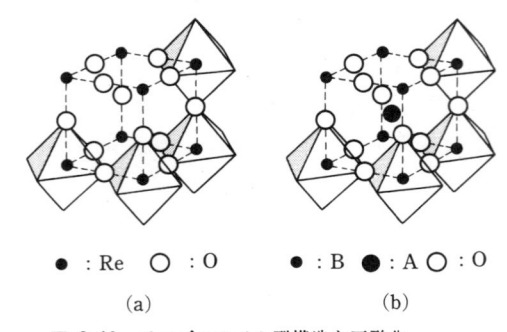

●: Re ○: O ●: B ●: A ○: O
(a) (b)

図 3.10 ペロブスカイト型構造と三酸化レニウム(ReO$_3$)型構造の関係

び B のイオン半径に関しては，$r_A/r_X \approx 1$, $0.414 < r_B/r_X < 0.732$ の条件を満足すると同時に，図 3.10(b) からわかるように，理想的には $r_A + r_X/2(r_B + r_X) = 1$ の関係が成り立つ必要がある(実際には 0.77 から 1 の間の値を取るものが多い)．ペロブスカイト型構造では，BX$_6$ 八面体はたがいに頂点共有でつらなって 3 次元網目構造が形成され，その隙間(体心位置)を A が占めている構造と考えることもできる．3 次元網目構造を保持したまま A を抜き取ると ReO$_3$ 型構造が導ける(図 3.10(a))．

3.3.7 代表的な結晶構造の相互関係

すでに述べてきたように，無機化合物の代表的な結晶構造タイプを系統化するのに，構成イオンの幾何学的なパッキング様式に基づいて分類するのが便利である．図 3.11 はその一例で，陽イオンが八面体席を占有する化合物の化学組成に対応させて，fcc および hcp の配列それぞれについて八面体席の占有率の大きい順に構造タイプを示している．陽イオンが四面体席を占める化合物についても同じように，四面体席の占有率と構造タイプの関係を示す．

他方，ウルツ鉱型とセン亜鉛鉱型構造の関係に見られるように，共有結合性の寄与の大小も構造タイプと密接に関係する．図 3.12 (a), (b) は，A と X の電気陰性度の差とイオン半径と関係する平均の主量子数を因子として構造タイプを分類したもので，図 3.2(a) に例をとると，イオン性の増加とともに，セン亜鉛鉱型→ウルツ鉱型→岩塩型へと構造タイプが変化することがわかる．

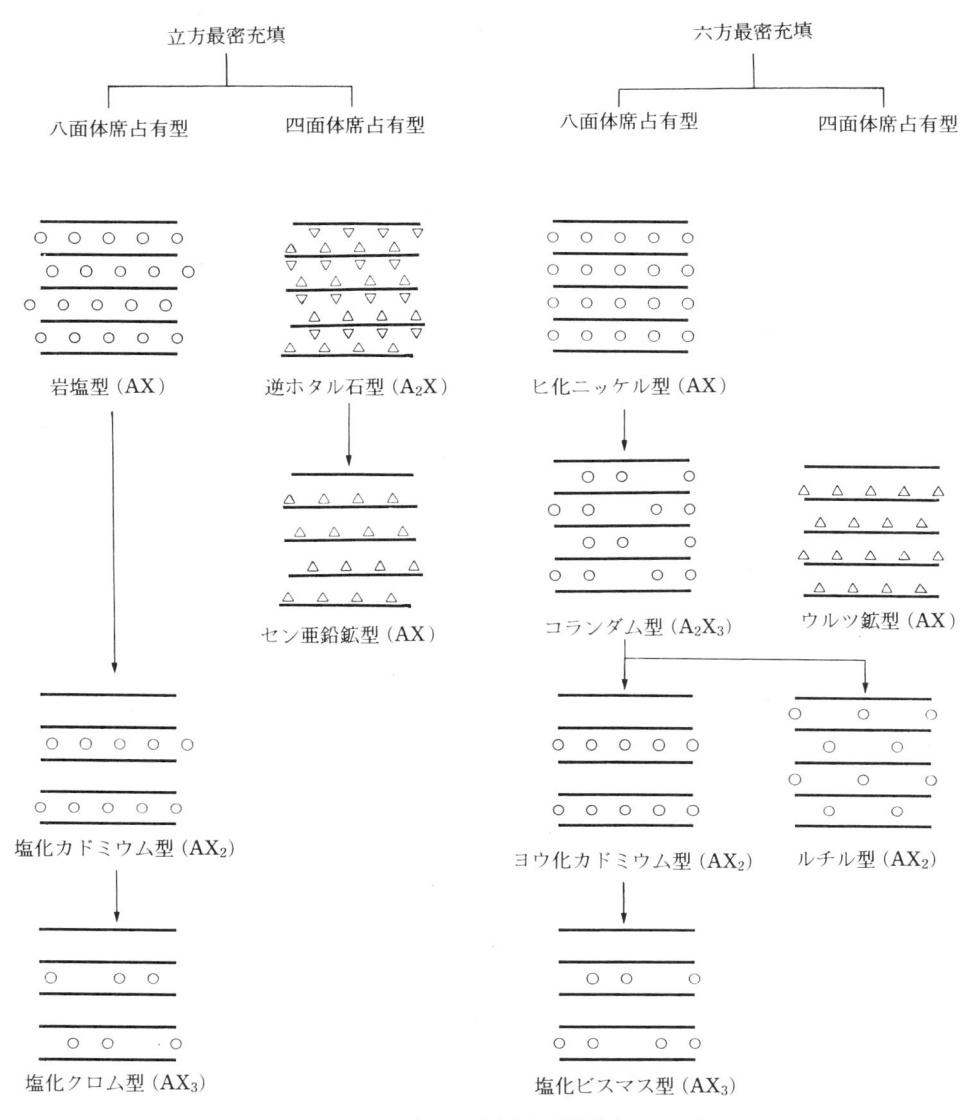

図 3.11 化学組成と代表的な結晶構造のタイプ

3.4 無機化合物の構造化学

前項において，無機化合物に見られる代表的な構造が，イオンのパッキングという概念で相互に密接な関係をもつことを述べたが，さらに，それぞれの構造タイプをもつ無機化合物あるいはその関連化合物について，不定比組成の問題も含めてその特徴を述べる．

3.4.1 NaCl 関連化合物

ハロゲン化アルカリ，アルカリ土類金属の酸化物（AO）および硫化物（AS），2価の遷移金属酸化物（MO），遷移金属の窒化物（MN）や炭化物（MC）など，多くの化合物がNaCl型構造をとる．これらのなかで，遷移金属の化合物は一般に大きな不定比性をもつ．たとえば，FeOやMnOでは陽イオン欠乏（$M_{1-x}O$）を，TiOやVOでは陽イオンと陰イオンいずれの側にも大きな不定比性（$M_{1\pm x}O$）を示す．不定比性に応じて生じる陽イオン空孔あるいは陰イオン空孔は，低温では規則配列し，$Ti_{1\pm x}O$ のように超格子構造を形成したり，$Fe_{1-x}O$ のように局所的にマグネタイト（Fe_3

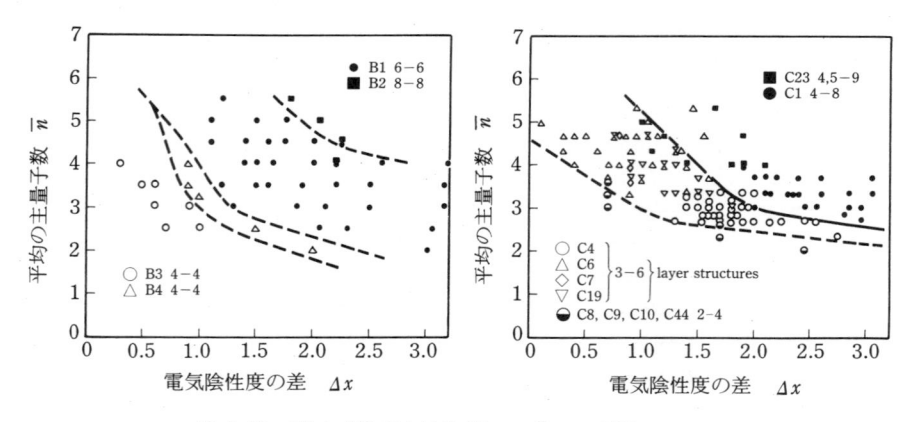

図 3.12 AX と AX₂ における Mooser-Peason 図形
平均のイオン半径および結合性と結晶構造[4]

表 3.8 NaCl 型構造をもつ化合物

酸 化 物	BaO, SrO, CaO, CdO, CoO, FeO, MgO, MnO, NbO, NiO, TiO, UO, VO
炭 化 物	HfC, NbC, TaC, ThC, TiC, UC, VC, ZrC
窒 化 物	CeN, GdN, LaN, LuN, ScN, SmN, TbN, ThN, UN, TiN, VN, CrN, YN, ZrN, NbN
ハロゲン化物	AgF, AgCl, AgBr, KF, KCl, KBr, KI, LiF, LiCl, LiBr, LiI, NaF, NaCl, NaBr, NaI
カルコゲン化物	BaS, BaSe, BaTe, CaS, CaSe, CaTe, MgS, MgSe, MnS, MnSe, PbS, PbSe, PbTe, SrS, SrSe
そのほかの化合物	FeS₂, CaC₂, KCN, NaNO₃, CaCO₃, LiNiO₂*, LiInO₂*, NaCrO₂*, NaCoO₂*, Li₂TiO₃*

＊ 複酸化物

O_4)型のクラスターを形成する.

NaCl型構造を基本として,陰イオンを置換することにより種々の化合物の構造を導くことができる.FeS_2(オウ鉄鉱)(斜方晶系),CaC_2(正方晶系),および$CaCO_3$(ホウカイ石)(三方晶系)の構造はその例であるが,陰イオンの対称を反映して,結晶の対称が立方晶より低くなっている.

ABO_2組成酸化物のとる構造のうちには,NaCl型の陽イオンを2種類の金属イオンで規則的あるいは無秩序に置換することによって導ける構造がある.α-$NaFeO_2$および$LiInO_2$は規則的に陽イオンをNaの位置に分布させた構造で,前者ではNaからなる層とFeからなる層が酸素層の積み重ねの方向に交互に並んでおり,後者では陽イオンの層内でLiとInが規則配列している.

3.4.2 NiAs関連化合物

第1遷移金属のリン化物,ヒ化物およびカルコゲン化物にはNiAs型構造をとるものが

表 3.9 NiAs 型化合物の軸比,c/a

	S	Se	Te	As	Sb
Cr	1.65	1.62	1.52		1.33
Mn	NaCl型	NaCl型	1.62	1.54	1.40
Fe	1.69	1.63	1.49		1.26
Co	1.53	1.47	1.38		1.34
Ni	1.55	1.46	1.36	1.39	1.30
Pd			1.37		1.37

多い.MX_6八面体は,それぞれ面共有でc軸方向に連なり,M-M結合の1次元鎖が形成される.そのため,hcpの理想値$c/a=1.63$よりも小さい値をとり,そのずれはXの電気陰性度が小さいほど大きい.また,M-M結合の形成と対応して,NiAs型化合物は金属的な電気伝導性を示すものが多い.

Fe_7S_8は,NiAs型構造を基本としてFe空孔が一層おきの層内で規則配列した構造をとり,そのためにフェリ磁性を示す.このような金属空孔が規則配列した金属欠損型化合物

3. 無機材料構造

表 3.10 セン亜鉛鉱型およびウルツ鉱型構造をもつ化合物

	セン亜鉛鉱型	ウルツ鉱型
II族-VI族系	BeS, BeSe, CdS, CdTe, HgS, HgSe, HgTe, β-ZnS, ZnSe	CdS, CdSe, MgTe, MnTe, α-ZnS, ZnSe, ZnTe, BeO, ZnO
III族-V族系	AlP, AlAs, GaP, GaAs, InAs, InP, InSb	AlN, GaN, InN
そのほか	γ-AgI, α-SiC, CuCl, CuH	CuCl, BP, BAs, cubic BN (高圧型) β-SiC, β-AgI

として、$Cr_{n-1}S_n$ ($n=3, 4, 6, 8$) などが知られている.

3.4.3 セン亜鉛鉱関連化合物

ダイヤモンド型構造をとるIV族元素(C, Si, Ge, Sn) を 2 種の元素, A と X で規則的に置換するとセン亜鉛鉱型構造が導ける. A と X の組合せには, IIb-VIb, IIIb-Vb などがあり, さらに A を 2 種の金属元素で置換した化合物も知られている. これらの化合物は半導体あるいは絶縁体で, そのバンドギャップの値はA と X の電気陰性度の差が増加すると大きくなる.

3.4.4 ウルツ鉱関連化合物

ウルツ型構造は図 3.9 に見られるように, A と X の電気陰性度の差がセン亜鉛鉱型化合物に比較して少し大きい元素の組合せに見られる構造で, 原子番号の比較的小さな II 族元素の酸化物やカルコゲン化物, IIIb族元素の窒化物などがこの構造をとる. BeO や AlN など, 特に原子量の小さい元素の組合せでは, フォノンを介した高い熱伝導性が発現する.

3.4.5 コランダム関連化合物

Al および Ga の酸化物, 3 価の第 1 遷移金属 (Ti^{3+}, V^{3+}, Cr^{3+}, Fe^{3+}) の酸化物がコランダム構造をとる. このなかで, Al_2O_3 と Fe_2O_3 にはそれぞれ α と γ の多形があり, α 型がコランダム型, γ 型がスピネル型構造である.

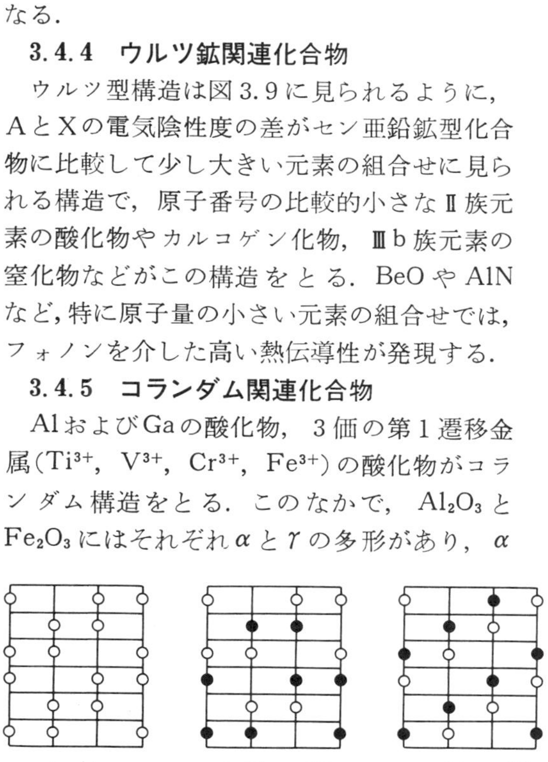

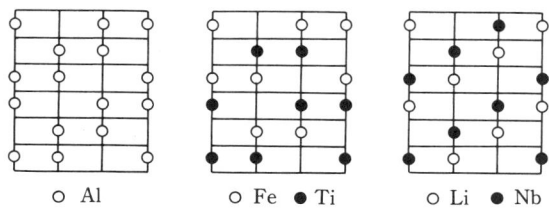

コランダム型における陽イオンを 2 種類の金属イオンで置き換えると, イルメナイト型 ($FeTiO_3$) および $LiNbO_3$ 型構造ができる (図 3.13). $FeTiO_3$ においては, Fe からなる層と Ti の層が c 軸に沿って交互に配列しており, $LiNbO_3$ においては同一層内で Li と Nb が規則配列する.

3.4.6 ルチル関連化合物

4 価の遷移金属酸化物, および 2 価の金属フッ化物はルチル型構造をとるものが多い. ルチル (TiO_2) は正方晶系に属し, TiO_6 の八面体が c 軸方向に稜を共有してつらなった鎖を形成し, この鎖がたがいに頂点を共有して結ばれている構造 (図 3.14(b)) で, c 軸方向に沿った Ti-Ti 距離はすべて等しく, 2.96Å の値である. これに対して, ほかの 4 価の遷移金属酸化物ではひずんだルチル型をとるものが多く, c 軸方向の金属間距離は交互に長短 2 つの異なった値をとる.

VO_2 : 2.65 と 3.12 Å (単斜晶系)
NbO_2 : 2.80 と 3.20 Å
MoO_2 : 2.50 と 3.10 Å

VO_2 は, 上述のようにひずんだ (単斜晶系) ルチル型構造で, V-V の金属間直接相互作用をもち, d 電子は短い V-V 間に局在化するので絶縁体であるが, 68°C 以上では正方晶系に転移し, 等しい金属間距離をもつ V-V 1 次元鎖が形成され, 3d 電子が非局在化するので金属的な導電性を示す.

α-PbO_2 型はルチル型と同じく稜共有で八面体がつらなっているが, 共有の仕方がルチル型と違っているためジグザグの鎖が構造中に存在する. Pb の位置に Ni と W が規則的に

図 3.13 コランダムと類似の構造をもつ酸化物の陽イオン配置
(a) コランダム型 (b) イルメナイト型 (c) $LiNbO_3$ 型
○ Al ○ Fe ● Ti ○ Li ● Nb

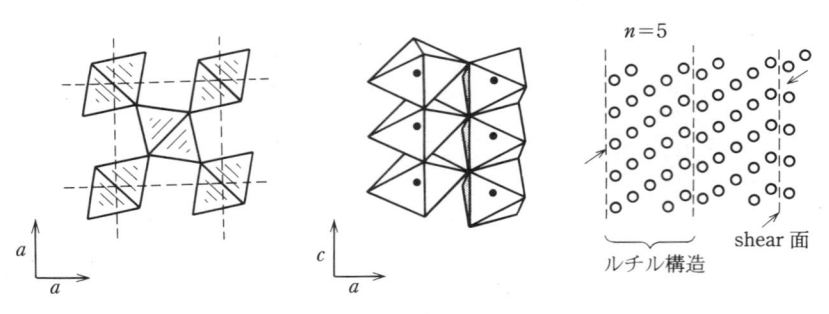

図 3.14 ルチル型構造と A_nO_{2n-1} に見られるせん断構造

表 3.11 ホタル石型およびルチル型構造をもつ化合物

	ホタル石型構造	逆ホタル石型構造	ルチル型構造
酸化物	CeO_2, ThO_2, UO_2, ZrO_2(高温型)	Li_2O, Na_2O, K_2O, Rb_2O,	TiO_2, VO_2, SnO_2, MO_2, NbO_2, TeO_2, ReO_2, WO_2
ハロゲン化物	CaF_2, BaF_2, SrF_2, CdF_2, $SrCl_2$, β-PbF_2		MnF_2, ZnF_2, CoF_2, NiF_2, $CaCl_2$, $CaBr_2$

配列し，α-PbO_2 の斜方晶系から単斜晶系へとひずんだ構造が $NiWO_4$ 型構造である．また，$AlSbO_4$ は Al と Sb が不規則に八面体位置を占めたルチル型である．$ZnSb_2O_6$ などは規則配列したルチル型で三重ルチル型と呼ばれる（ルチル型の3倍の格子からなっている）．

Ti や V にはマグネリ(Magneli)相と呼ばれる Ti_nO_{2n-1}，および V_nO_{2n-1} が知られている．Ti_nO_{2n-1} の場合，$n=10\sim4$ までの値をとることが報告されており，その構造はルチル型構造をもつ層状のブロックからなる．この層状ブロックの厚さは n 個の TiO_6 八面体の長さに等しく，ブロック間の境界面では TiO_6 八面体の面共有の連結が出現するので，n が減少するに伴って面共有が増加する．この構造は，ルチル型構造から規則的に酸素を抜き去り，さらに酸素の抜けた格子点と残る格子点を重ねるようにずらすことによって導かれ，あたかも，ある結晶面ですべらせたように見えることから，せん断構造と呼ばれている．

3.4.7 ホタル石関連化合物

陽イオンの配位数は8で，単純な化合物のなかでは大きな値であることから当然考えられるように，大きなイオン半径をもつ4価のランタニドやアクチニドの酸化物，あるいは，Caより大きいIIa元素，Cd，Hg や Pb のフッ化物などがホタル石型構造をとる．ZrO_2 も高温相はホタル石型構造をとるが，Zr のイオン半径がやや小さいために，約900°C 以下では Zr の配位数が7となり単斜晶系になる．ZrO_2 に CaO や Y_2O_3 を添加した固溶体 $Zr_{1-x}Ca_xO_{2-x}$ や，$Zr_{1-x}Y_xO_{2-x/2}$ ではホタル石型構造が安定になり，また，酸素空孔が生じるために，800°C 以上では酸素イオンの拡散係数が大きく，酸素センサーとして使用されている．

ホタル石型をとる複酸化物には $PbUO_4$，$LaPaO_4$，$CePaO_4$ および CaU_2O_6 などがある．陽イオンはいずれも不規則になっており，4価，-4価の組合せからなる酸化物は固溶体と考えられる．

先に述べたように，C 型の希土類酸化物の構造はホタル石型を基本としたものであり，さらに複酸化物 $A_2B_2O_7$（A：Y, La～Lu, Cd, Pb など；B：Ti, Sn, Zr, Ru, Nb, Ta, Sb など）のとるパイクロア型もホタル石型を基本としていると考えられる．この構造では，A は 8 配位，B は 6 配位であり，ホタル石型から 8 配位している素酸のうちの1個を規則的に抜き去り，残りを少しひずませることにより導

3. 無機材料構造

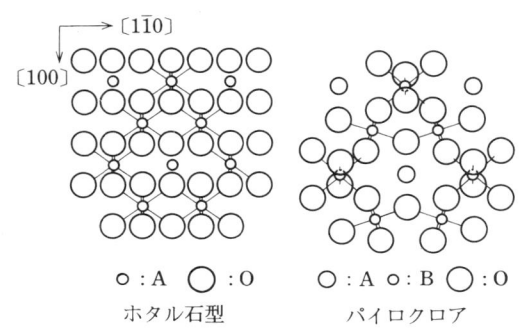

図 3.15 ホタル石型構造とパイクロア型構造

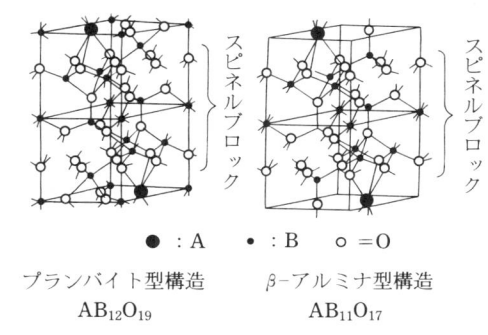

図 3.16 プランバイト型およびβ-アルミナ型構造

かれる(図 3.15)．この構造をとる化合物のなかには，$Cd_2Nb_2O_7$ や $Sr_2Ta_2O_7$ のように強誘電体も存在する．

3.4.8 スピネル関連化合物

一般式 AB_2O_4 と表されるスピネル型酸化物において，AとBの組合せに，① A^{2+} と B^{3+}（例：Mg, Zn と第1遷移金属），② A^{4+} と B^{2+}（例：Ti, Sn と Zn, Co），③ A^{6+} と B^+（例：Mo, W と Na, Li）などがあり，多くの化合物がこの構造をとる．Aが4配位席，Bが6配位席をそれぞれ占めるものを正スピネル，これと逆にBの半分が4配位席，Aと残りのBが6配位席を占めるものを逆スピネルと呼ばれる．4配位席を( )，6配位席を[ ]で示すと各スピネルは次のように表現できる．

正スピネル　　$(A)[B_2]X_4$
逆スピネル　　$(B)[AB]X_4$

実際には，$(A_{1-x}B_x)[A_xB_{2-x}]X_4$ で示される中間状態(乱れスピネル)もある．

陽イオンが4配位席と6配位席のいずれを占有するかは，① AおよびBイオンの大きさ，② 静電エネルギー，③ 遷移金属を含む場合にはd電子の結晶場による安定化，④ 共有結合性の影響(Zn^{2+}, Ga^{3+} および In^{3+} などの4配位指向性のあるイオンを含む場合)などに支配されるが，2価，3価のスピネルでは正および逆スピネルを，4価，2価の場合には逆スピネルを，6価，1価の場合は正スピネルになることが一般に多い．

マグネタイト(Fe_3O_4, 逆スピネル)の八面体席にある Fe^{2+} を，Fe^{3+} と空孔で置き換える(単位格子当たり，8個の Fe^{2+} を 16/3 の Fe^{3+} と 8/3 の空孔で置換)と γ-Fe_2O_3 の構造となる．γ-Al_2O_3 も同様に空孔が八面体席に分布している．そのほか，陽イオン席に欠陥のあるスピネル型化合物には $ZnTiO_3$ のように上記の例と同様のものや，$CdSnO_3$ のように欠陥が八面体，四面体の両方にある化合物もある．

スピネル型構造と関連する構造に，プランバイト($PbFe_{12}O_{19}$)型構造と，β-アルミナ($Na_2Al_{22}O_{34}$)があげられる．両者ともスピネル型のブロックで，BaO_3 あるいはNaO層がサンドイッチされた構造をもつ．プランバイ

表 3.12 スピネル型構造をもつ化合物

酸化物	
正スピネル	$ZnAl_2O_4$, $ZnFe_2O_4$, $CdCr_2O_4$, $CdFe_2O_4$, $CdMn_2O_4$, $CoAl_2O_4$
中間スピネル	$MnAl_2O_4$, $MnFe_2O_4$, $CoMn_2O_4$, $CuAl_2O_4$, $CuCo_2O_4$, $MgFe_2O_4$
逆スピネル	$MgAl_2O_4$, $MgCr_2O_4$, $NiAl_2O_4$, $NiCo_2O_4$, $NiFe_2O_4$, $CuFe_2O_4$, Fe_3O_4, $FeAl_2O_4$, $FeCr_2O_4$, Co_3O_4, $CoCr_2O_4$
カルコゲン化物	
正スピネル	$CdCr_2S_4$, $CdIn_2S_4$, Co_3S_4, $CuCr_2S_4$, $FeCr_2S_4$, $MnCr_2S_4$, Ni_3S_4, $NiCo_2S_4$, $ZnAl_2S_4$(低温型), $CdCr_2Se_4$, $CuCr_2Se_4$, $ZnCr_2Se_4$, $CuCr_2Se_4$

表 3.13　イルメナイト型およびペロブスカイト型構造をもつ化合物

イルメナイト型	$NiTiO_3$, $MgVO_3$, $MgMnO_3$, $FeTiO_3$, $COVO_3$, $NiMnO_3$, $MnTiO_3$, $CoMnO_3$
ペロブスカイト型	
A^+-B^{5+}	$AgNbO_3$, $CsIO_3$, $KNbO_3$, $KTaO_3$, $NaNbO_3$, $NaTaO_3$
$A^{2+}-B^{4+}$	$CaCeO_3$, $CaTiO_3$, $CaZrO_3$, $SrCeO_3$, $SrCoO_3$, $SrFeO_3$, $SrHfO_3$, $SrSnO_3$, $SrTiO_3$, $SrZrO_3$, $BaCeO_3$, $BaFeO_3$, $BaPbO_3$, $BaSnO_3$, $BaTiO_3$, $BaZrO_3$, $PbHfO_3$, $PbTiO_3$, $PbZrO_3$
$A^{3+}-B^{3+}$	$BiAlO_3$, $BiCrO_3$, $BiMnO_3$, $CeAlO_3$, $CeFeO_3$, $CrBiO_3$, $GdAlO_3$, $LaAlO_3$, $LaCoO_3$, $LaCrO_3$, $LaNiO_3$, $LaTiO_3$, $NdCrO_3$, $PrAlO_3$, $PrCrO_3$
フッ化物	$KCaF_3$, $KCuF_3$, $KNiF_3$, $NaZnF_3$, $RbZnF_3$
逆ペロブスカイト	$LiBaH_3$, $LiSrH_3$, Fe_3NiN, Fe_3PtN, Fe_4N, Ti_3AlN, Fe_3AlC, Mn_3ZnC

ト型構造をもつ $AFe_{12}O_{19}$ ($A=Ba$, Sr) では，AO_3 層中に酸素 5 配位の Fe^{3+} イオンが存在し，それが高い保磁力と関係する．また β-アルミナ型構造では，NaO 層がプランバイトの PbO_3 層に比較して隙間が多いことから，層内での Na イオンの移動が容易で高いイオン伝導が観測される（固体電解質としては Na 過剰化合物が用いられる）．Na を K あるいは Li で置換した β-アルミナも存在するが，いずれも Na・β-アルミナよりイオン伝導度が低い．

3.4.9　ペロブスカイト関連化合物

理想的なペロブスカイト型は立方晶系であるが，許容因子と関連して正方晶系，三方晶系，斜方晶系，単斜晶系および三斜晶系のものがある．強誘電体の $BaTiO_3$ は正方晶系，斜方晶系あるいは三方晶系で，120°C 以上では立方晶系の常誘電相になる．反強誘電体の $PbZrO_3$ や泡磁区で知られる $LnFeO_3$ （Ln はランタニド）の多くは斜方晶系に属する．また，B の位置が 2 種類のイオンで規則的に占められ，理想的な格子の 2 倍の格子をとる化合物もある（Ba_2CaWO_6）．

この構造をとる酸化物の組成 ABX_3 は，① A^+ と B^{5+}（例：Na, K, Rb と Nb, Ta），② A^{2+} と B^{4+}（例：Ca, Sr, Ba, Pb と Sn, Ti, Zr, 第 1 遷移金属）などの組合せに加えて，$Pb(Mg_{1/3}Nb_{2/3})O_3$ などのように複雑な組合せも可能で多種多様である．また，遷移金属元素を含むペロブスカイト型酸化物の多くは $SrFeO_{3-x}$ のように酸素イオンの欠陥を含む．x の値は $SrTiO_{3-x}$ のように x が 0 から 0.5 すなわち $Sr_2Ti_2O_5$ の組成まで欠陥の量が変化できる化合物もある．また $SrFeO_3$ の例に見られるように，Fe, Co および Ni などはほかの構造の酸化物ではあまり見られない高原子価状態をペロブスカイト型構造でとっている．

最密充塡をとる AX_3 層のパッキングの仕方には ccp 以外に hcp もあり，また両者を種々の割合で組合せた積層も可能である．ccp, hcp はそれぞれ 3 層（3L）および 2 層（2L）構造と呼ばれ，2/3 の hcp と 1/3 の ccp とからなる 9 層（9L），hcp と ccp が半分ずつの 4 層（4L）構造，1/3 の hcp と 2/3 の ccp から成る 6 層（6L）構造の化合物も知られている．図 3.17 に示す AX_3 層の積層と BX_6 八面体のつらなり方の関係からわかるように，hcp の割合が増加すると BX_6 八面体の面共有の割合

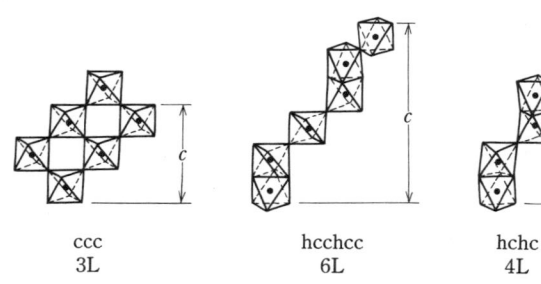

ccc	hcchcc	hchc	hhchhc	hh
3L	6L	4L	9L	2L

図 3.17　ABX_3 の多形，AX_3 層の積み重ね方と BX_6 八面体の連結様式
c, c：立方, 立方‥, c, h：立方, 六方‥, h, h：六方, 六方

3. 無機材料構造

(La$_{1-x}$Sr$_x$)$_2$CuO$_4$ YBa$_2$Cu$_3$O$_{7-y}$ Tl$_2$Ba$_2$Ca$_2$Cu$_3$O$_y$

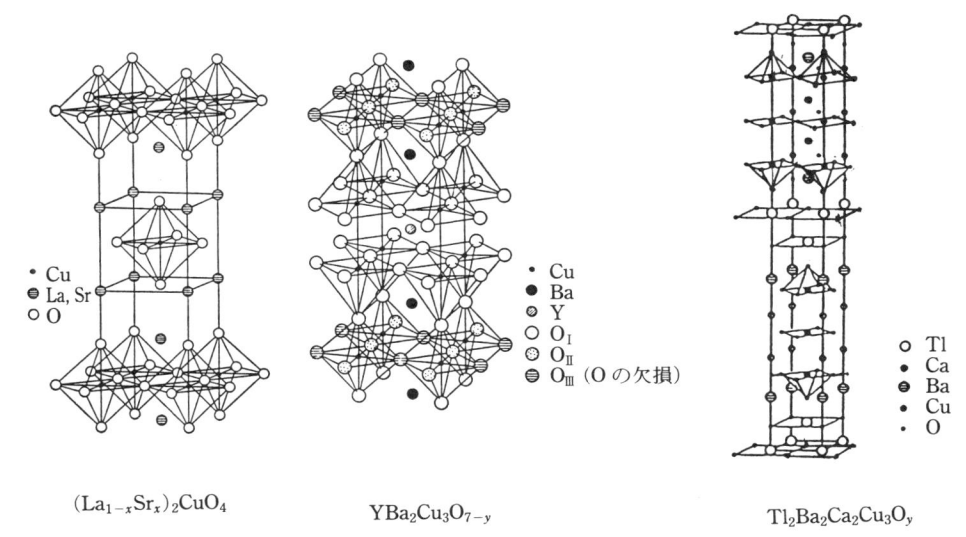

図 3.18 K$_2$NiF$_4$ 型および関連化合物の結晶構造

が多くなる．XがFの場合は3L型，Clおよびsの場合は2L型の化合物が多い．

ペロブスカイト型構造と関連の深いK$_2$NiF$_4$型構造は，ペロブスカイト型とNaCl型とを交互に積み重ねた構造と考えることができる（図3.18）．Sr$_2$TiO$_4$，Sr$_3$Ti$_2$O$_7$およびSr$_4$Ti$_3$O$_{10}$の例からわかるように，ペロブスカイト型とNaCl型層の積み重ねの数が1：1，2：1および3：1のように変化する一連の化合物，SrO・nSrTiO$_3$(n=1, 2, 3)が存在する．

高い臨界温度（T_c）をもつ酸化物超伝導体も，ペロブスカイト関連化合物と見ることができる．(La$_{1-x}$A$_x$)$_2$CuO$_{4-y}$(A：Ca, Sr, Ba)はK$_2$NiF$_4$型構造をもち，T_cが30K付近の超伝導体である．また，T_cが90K近傍のYBa$_2$Cu$_3$O$_{7-y}$は酸素欠損型三重ペロブスカイト型構造で，YとBaはC軸方向に1：2の割合で規則配列している．Yの層（Z=1/2）では酸素がすべて欠けており（Yは酸素8配位），層状構造をとっていることがわかる．さらにCuO$_2$層でも酸素欠損が生じ，それが図3.18のように規則配列するため，頂点を共有してつらなる酸素5配位のCu層が4配位のCu層をサンドイッチした積層構造が導ける．T_cが100Kを超えるBi$_2$Sr$_2$Ca$_2$Cu$_3$O$_y$(T_c≈115K)や，Tl$_2$Sr$_2$Ca$_2$Cu$_3$O$_y$(T_c≈125K)は，酸素欠損型の三重ペロブスカイト型ブロックを(Bi$_2$O$_2$)$^{2+}$や(Tl$_2$O$_2$)$^{2+}$の層が連結した構造と見なすことができる．Bi系ではBi$_2$Sr$_2$Ca$_{n-1}$Cu$_n$O$_y$(n=1, 2, 3, 4, 5)で表される一連の化合物があり，そこではペロブスカイト型ブロック中のCu層の数とnの値が一致する．Tl系についても同じように，n=1, 2, 3の化合物がある．

3.4.10 ケイ酸塩およびリン酸塩

原子価が高く，イオン半径の小さい陽イオン(Si^{4+}, P^{5+}, Mo^{6+}など)の酸化物では，酸素の密充塡の概念よりも，AO$_4$やAO$_6$多面体を基本単位と考え，これらのつらなり方で構造モデルが導出される．リン酸塩やケイ酸塩に例をとると，表3.14に示されるように，四面体の4頂点がほかの四面体とすべて共有される網目構造と，頂点を1つも共有しない独立構造を両端として，頂点共有の数がそれぞれ3, 2, 1であるような構造が存在する．一

表 3.14 縮合酸の四面体の連結の仕方

共有頂点の数	名 称		構造単位
0	独立	ネソ	SiO$_4^{4-}$, PO$_4^{3-}$
1	鼓形	ソロ	Si$_2$O$_7^{6-}$, P$_2$O$_7^{4-}$
2	環状	シクロ	Si$_3$O$_9^{6-}$, P$_3$O$_9^{3-}$
	鎖状	イノ	SiO$_3^{2-}$, (PO$_3^-$)$_n$
3	層状	パイロ	Si$_2$O$_5^{2-}$, (P$_2$O$_5$)$_n$
4	網状	ディクト	SiO$_2$, (PO$_4^{3-}$)$_n$, P$_2$O$_5$

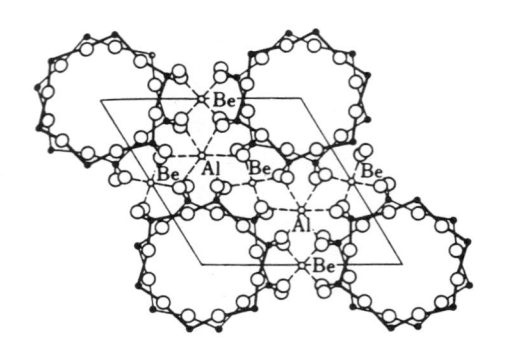

図 3.19 $(Si_6O_{18})^{12-}$ の 6 員環を骨格構造とするベリル $(Be_3Al_2(Si_6O_{18}))$ の結晶構造

一般に，天然のケイ酸塩鉱物は，このような SiO_4 四面体の連結様式によって分類される．

3.5 構造の不完全性

化学組成と結晶構造で記述される結晶は理想結晶であって，現実の結晶は何らかの不完全性を内蔵した不完全結晶である．不完全性，すなわち構造の乱れは，大別すると格子欠陥，線欠陥および面欠陥に分類される．組成の不定比性や異種元素の添加は格子欠陥と密接に関係する．

3.5.1 格子欠陥

格子欠(point defect)陥には定比化合物に見られる真性格子欠陥と，不定比性や原子価の異なるイオンの添加によって導入される外因性格子欠陥に分けられる．

a. 真性格子欠陥 フレンケル(Frenkel)不整は，図3.20(a)に示すように，原子(イオン性結晶では陽イオン(M)または陰イオン(X))が正規の格子位置から格子間位置(M_i, X_i)に移動した型の欠陥で，格子位置の空孔(V_M, V_X)の数と格子間原子の数は等しい．そのほかに V_M と V_X が同数形成されるショットキー(Schottky)不整(図3.20(b))やMとXの置換型不整がある．格子欠陥の数は，いずれの不整でも絶対温度に関して指数関数的に変化する．

b. 外因性格子欠陥 Mの過剰(Xの不足)に伴って形成される M_i (図3.20(c))または V_X (図3.20(d))，Mの不足(Xの過剰)に伴う V_M または X_i などがこの範疇に入る．格子欠陥は物質中の原子やイオンの拡散を容易にする．また，欠陥がイオン化することによって，半導体では電子(ホール)伝導に強く影響する．

$$V_M \to V_M^{m-} + mh^+ \quad \text{p 型半導体}$$
$$\left. \begin{array}{l} V_X \to V_X^{m+} + me^- \\ M_i \to M_i^{m+} + me^- \end{array} \right\} \text{n 型半導体}$$

3.5.2 転位

結晶の一部にせん断的な力を加えて変形させたとき，すべり面内で，格子単位のすべりが生じている部分と起きていない部分が存在することがある(図3.21(a))．矢印で囲まれた領域では格子が乱れており，その中心部を転位心，転位心を結ぶ線を転位(dislocation)と呼ぶ．転位線のまわりに等価な格子点を結んで回路をつくると，特定のベクトルだけ異なった点に到達する．回路の終点から始点へのベクトルをバーガースベクトルと呼び，**b** で表す．このバーガースベクトルと転位線が垂直な場合は刃状転位，平行な場合にらせん転位と呼ばれる．刃状転位では，原子面が余分に入っている側では圧縮され，反対側では張力を受ける．そのため，2個の転位が同じすべり面に存在するとたがいに反発するが，

(a) Frenkel 型不整　(b) Schottky 型不整　(c) 格子間原子　(d) 空孔

図 3.20　格子欠陥の種類
(a), (b)：定比化合物 MX；(c), (d)：不定比化合物 $M_{1+x}X$

3. 無機材料構造

(a) 刃状転位 (E) とらせん転位 (S)

刃状転位 (E)

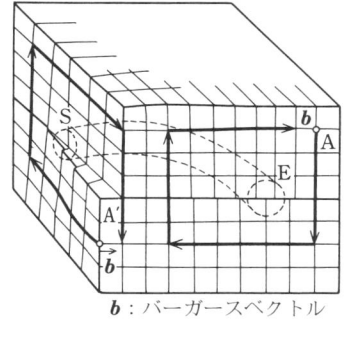

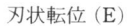

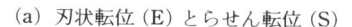

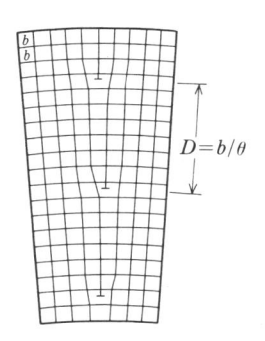

b : バーガースベクトル

(b) $D = b/\theta$

図 3.21 転位の模式図と刃状転位の規則性の高い配列から生じる小傾角粒界

すべり面に垂直方向ではたがいにひき合って直線状に並び，小傾角粒界を形成する（図3.21(b))．また，母相の原子とは異なった大きさの不純物元素は，転位による応力を小さくするように転位の周囲に偏析しやすい．らせん転位は引張りひずみも圧縮ひずみも起こさない．刃状転位の動きやすさは物質の変形のしやすさと関係し，格子欠陥，不純物，析出相および分散相などの存在や転位同士の相互作用によって，転位を動きにくくすると物質は硬くなる．また，らせん転位は，結晶成長において重要な役割（らせん成長機構）を果たす．

3.5.3 面 欠 陥

上述の小角度粒界以外に，正方晶ジルコニアの転位で見られる結晶粒内の双晶境界，原子面の積み重なりに乱れをもつ積層欠陥などがあり，広角度粒角も一種の面欠陥と見なすことができる．いずれの場合も機械的な性質と密接に関係するとともに，異種元素の偏析やポテンシャルの周期性の乱れなどとも関連して電気的性質などにも影響を及ぼす．

図 3.22 SiC における積層の乱れ
6 H 相の端が 10H 相に接して消えている．
(L. U. Ogbuji, T. E. Mitchell, A. H. Heuer, S. Shinozaki : *J. Am. Ceram. Soc.*, **64**, 100, 1981 より)

3.6 セラミックスの微細構造

セラミックスは多結晶体として利用される場合が多い．それを微視的に見ると，結晶学的方位がたがいに異なる結晶粒子と，それらが接触する結晶粒界，さらには焼結条件に依存する気孔からなっている．不純物が存在する場合には，結晶粒界に偏析しやすく，偏析相や粒間析出相（非晶質相の場合もある）の形成をひき起こす．

セラミックスの性質は，構成物質そのものの性質とともに，結晶粒子や気孔，そして粒界がつくる微構造に影響されるところが大である．したがって，セラミックスのプロセッシングにおいては，粒界を含む微構造の制御がきわめて重要となる．その際，粒界のもつ特徴を積極的に利用し，単結晶材料では現れないような機能を発現させるやり方と，結晶方位をとりそろえたり，粒界や気孔の効果を少なくして，セラミックスでありながら，特定な物性に関しては単結晶的な性質を付与するという利用法がある．前者では粒界制御型バリスタやPTC半導体など，後者では透光性セラミックスや異方性セラミックス（例：異方性磁石）など，多くのセラミックス材料が微構造を制御することによって活用されている．セラミックスの微構造の制御を有効に行ううえで，望む性質と微構造の関係や，製造・処理条件と微構造の関連を明らかにしなければならないが，さらに，その両面に指針を与えるための微構造の特性づけが必要となる．

3.6.1 組　　　織

セラミックス中に存在する各結晶相の幾何学的配置を組織と呼ぶ．組織を特性づけるには，① 相（気孔も含む）の同定（化学組成，結晶構造など）を行い，② 各相の相対量の決定，ならびに，③ 各相の結晶粒子の大きさ，形，配向性，分布状態の解析を行う必要がある．

単相多結晶体においては，各粒子間の界面のなす角度が120°の場合が界面エネルギーの点で最も安定であるが，120°の関係だけでは結晶粒子は多結晶点の全空間を満たすことができず，実際には，四～六角形の面で構成される九～十八面体の結晶粒子の集合体となる．また，しばしば観測される組織に二重構造（duplex構造）と呼ばれるものがある．これは，微細な結晶粒子からなるマトリックス中に大きな結晶粒子が散在する組織で，焼結時に不純物などの影響によって生じやすい異常粒成長の結果である．

気孔には，表面に通じた開気孔と孤立した閉気孔がある．焼結初期ではすべて開気孔であるが，焼結が進み，気孔率が5%以下になると，ほとんど閉気孔となる，3粒子接合点に閉気孔が存在する場合もあるが，粒子内に孤立して存在する球状閉気孔もしばしば観測される．

3.6.2 粒　　　界

焼結体には必ず粒界が存在し，焼結体としてのバルクの性質に大きな影響を及ぼす．従来，セラミックスの粒界は金属のそれに比較して幅が広く，場合によっては数十nmのオーダーといわれていたが，現在では金属と同程度であることが認識されてきている．粒界を特性づける因子として，① 粒界が同質界面か異質界面かの区別，② 粒界を挟んだ隣

表 3.15　セラミックスの構造化学的な評価項目

```
単結晶  ──┬── 結晶構造（対称性，原子座標など）
(結晶粒)  ├── 格子欠陥（点欠陥，線欠陥，積層欠陥）
          ├── 不定比組成（点欠陥，クラスタなど）
          ├── 異種元素添加・固溶（異種元素のまわりの局所構造，混合原子価，点欠陥など）
          └── 化学結合・電子構造（結晶場やバンド構造など）
多結晶体 ─┬── 粒子形態（形，大きさ，相互の結合方位）
          ├── 粒　界（厚さ，化学組成，原子配列）
          └── 空　孔（量，大きさ）
```

3. 無機材料構造

表 3.16 結晶構造および微細組織のおもな評価法

研究対象	評　価　法		略記号
構造解析	X-ray diffraction (glancing incidence)	X線回折法	XRD
	reflection high energy electron diffraction	高速反射電子回折法	RHEED
	field emission microscope	電界放射型顕微鏡	FEM
	field ion microscope	電界イオン顕微鏡	FIM
	extended X-ray absorption fine structure		EXAFS
化学組成	analytical electron microscope	分析電子顕微鏡	AEM
	Auger electron spectroscopy	オージェ電子分光法	AES
	Rutherford backscattering spectrometry	ラザフォード後方散乱分光法	RBS
	electron probe microanalysis	X線マイクロアナリシス (電子プローブマイクロアナリシス)	EPMA, XMA,
	secondary ion mass spectrometry	2次イオン質量分析法	SIMS
	ion microprobe mass analysis	イオンマイクロプローブ質量分析法	IMA
微細構造	scanning Auger microscopy	走査型オージェ電子顕微鏡	SAM
	scanning electron microscopy	走査型電子顕微鏡	SEM
	transmission microscopy	透過電子顕微鏡	TEM
	scanning tunnel electron microscopy	走査型トンネル顕微鏡	STM
状態分析	ultra-violet photoelectron spectroscopy	紫外光電子分光法	UPS
	X-ray photoelectron spectroscopy	X線光電子分光法	XPS
	Auger electron spectroscopy	オージェ電子分光法	AES

接結晶粒子の結晶方位の関係（粒界角）とその統計分布，③粒界面の面指数，④粒界の幅，⑤粒界近傍における不純物の偏析の有無，有る場合の濃度分布，⑥粒子間における相分離による析出相の有無，有る場合の析出相の状態（化学組成，結晶構造）などがあげられる．

3.6.3 構造解析法

以上のような物質のキャラクタリゼーションを遂行するには，数多くの手法のなかから対象とする事象に適したものを選択しなければならない．そのためには，バルクの分析を基本に，形態や組織観察ならびに局所的な知見を得ることが必要である．表 3.16 には，化学組成分析も含めたおもなキャラクタリゼーションの名称と略記号を研究対象別に分類して示す．

3.7　結晶構造解析

物質の結晶学的な研究にX線回折が果たしてきた役割は非常に大きい．物質の同定，未知物質の結晶構造（構成原子（またはイオン）の相対位置，結合距離や結合角など）の決定，さらには原子の熱振動などの動的な解析な

ど，物質のキャラクタリゼーションの基本事項がX線回折によって求められる．特に近年，コンピュータの助けで膨大な回折データでも，その処理が容易になったこと，強力X線やSOR光などの強いX線強度のビームが使用されることなどから，精度の高い構造解析が可能となり，無機化合物に限らず，有機金属錯体・有機化合物，タンパク質など幅広い分野でX線回折が活用されている．

3.7.1　粉末X線回折法

粉末試料に特性X線（波長，λ）を照射すると，面間距離（d_{hkl}）と回折角（θ）がブラッグ (Bragg) の条件を満足する方位で回折線が観測される．

$$2d\sin\theta = n\lambda \qquad (3.6)$$

X線回折装置（X-ray diffractometer）は，X線集中法の一種で，回折角ならびに強度の精度の高い測定が行える．JCPDS（旧ASTM）カードには，現在までに約4万個に近い化合物について，それぞれ，d_{hkl}とX線強度の相対比（I_{hkl}/I_0，I_0：最強回折線の強度，I_{hkl}：各hkl回折線の強度）が記載されたデータベースが構築されている．対象とする試料の実測値（d_{hkl}とI_{hkl}/I_0）をこのデータベースに対照

表 3.17 JCPDS カードの一例 ($Sr_3TaO_{5.5}$)
d の行の左から 3 個は 3 強線の d 値と相対強度，4 番目は最大格子面間隔をもつ回折線の d 値．

11-575　MINOR CORRECTION

d	2.95	1.70	2.08	4.82	$Sr_3TaO_{5.5}$
I/I_1	100	90	80	60	Strontium Tantalum Oxide

Rad. CuKa λ 1.5418 Filter Ni Dia.
Cut off I/I_1 Visual
Ref. Brixner, J. Am. Chem. Soc. 80 3214 (1958)
Sys. Cubic   S.G. Fm3m (225)
a_0 8.34 b_0 c_0 A   C
α   β   γ   Z 4   Dx 6.088
Ref. Ibid.

εα   nωβ   εγ   Sign
2V   D 5.935   mp   Color White
Ref. Ibid.

Analysis, Found (%): 34.97 Ta, 48.49 Sr, Sr:Ta = 1:2.97
           Calc. (%): 34.01 Ta, 49.44 Sr, Sr:Ta = 1:3.00

d Å	I/I_1	hkl
4.82	60	111
4.17	50	200
2.948	100	220
2.516	55	311
2.403	30	222
2.082	80	400
1.913	50	331
1.864	55	420
1.702	90	422
1.604	55	333
1.474	60	440
1.411	50	531
1.391	30	442,600
1.320	60	620
1.272	20	533
1.258	20	622
1.204	30	444
1.168	30	711,551
1.157	20	640
1.116	60	642

させることによって，試料の同定が行える．試料が複数の結晶相を含むとき，あるいは試料中の結晶粒子の優先配向（たとえば結晶粒が平板状の場合には，粒子がたがいに面を平行になるように配列するので，その面の面指数およびその整数倍の回折線の強度が特出して強くなる）が顕著な場合には，注意しながら同定の作業を進める必要がある．

多成分相の場合には，各結晶相について，特定の回折線を選び，それら回折線の強度比から各結晶相の存在量を定量的に求めることができる．また，回折線の半価幅 ($β$) に関する式 (3.7) から結晶中に含まれる有効ひずみ ($η$)，あるいは粒子径の大きさ (D) を半定量的に求めることができる．

$$β = 2η \tan θ + \frac{λ}{D \cos θ} \quad (3.7)$$

実測される回折線の幅 (B) は，試料の真の幅 ($β$) と装置の幾何学的条件による広がり (b) との重なりから生じる．三者の関係は便宜的に回折線の関数型を仮定し，次のように表される．

ガウス分布：$B^2 = β^2 + b^2$ (3.8)
コーシ分布：$B = β + b$ (3.9)

3.7.2 単結晶X線回折法

単結晶試料を用いたX線回折法のなかで，ラウェ法などのカメラ法は，結晶の対称要素や消滅則など，空間群を決定するためのデータを得るのに必要な実験で，次に述べる自動四軸回折装置で測定する場合にも，それに先だって，カメラ法による測定を十分に行うことが望ましい．

従来，X線の強度測定は，カメラ法によって得られる写真の黒化度から求められ，特に構造解析にはワイセンベルグカメラ法が広く用いられてきた．しかし，強度測定にはシンチレーション計数管，比例計数管，半導体検出器などのX線検出器を用いる方が，写真法より段違いに精度の高いデータが得られるので，精密構造解析には，X線検出器を装備した単結晶用回折装置（それぞそ独立に作動できる 4 個の回転軸，$φ, χ, ω$，および $2θ$ 軸をもつので 4 軸型自動回折計と呼ばれる）が用いられる．解析に用いられる結晶の大きさは，線吸収係数 $μ$ と半径 r の積が 100 程度に選ぶと都合がよく，また，結晶を球状に整形すると吸収の補正を容易に精度よく行うことができる．

3. 無機材料構造

X線回折の運動学的理論によると，積分反射強さ $I(\mathrm{hkl})$ と構造因子 $F(\mathrm{hkl})$ との間には次式で表される関係がある．

$$I(\mathrm{hkl})=I_0\left(\frac{e^2}{mc^2}\right)^2\lambda^3\left(\frac{V}{v^2}\right)$$
$$\times|F(\mathrm{hkl})|^2 LPAY \quad (3.10)$$

I_0 は入射X線の強さ，m, e はそれぞれ電子の質量と電荷，c は光速，v, V はそれぞれ単位胞と試料（結晶）の体積，L はローレンツ因子，P は偏光因子，A は吸収因子，Y は消衰効果を表す因子である．

$$I(\mathrm{hkl})=K|F(\mathrm{hkl})|^2 LPAY \quad (3.11)$$

相対的な強さの測定では，k の値を実質的に決定し，L, P, A, Y の補正を施したあとで，強さの平方根をとれば $|F(\mathrm{hkl})|$ の値が求まる．Y は一般には1と考え，L と P については それぞれ $1/\sin\theta$，および $(1+\cos^2 2\theta)/2$ と表される．

構造因子は，原子散乱因子 (f) を用いて次のように表せる．

$$F(\mathrm{hkl})=\sum_{j=1}^{N}f_j T_j \exp 2\pi i(\mathrm{h}x_j+\mathrm{k}y_j+\mathrm{l}z_j) \quad (3.12)$$

x_j, y_j, z_j は格子定数 a, b, c を単位として表した j 番目の原子座標で，求和は単位胞中の全原子について行う．T_j は j 番目の原子の熱振動の効果に関する因子で，等方的な調和振動をしている場合は，

$$T_j=\exp(-B_j\sin^2\theta/\lambda^2) \quad (3.13)$$

異方的で調和振動をしているときは，

$$T_j(\mathrm{hkl})=\exp\{-(\beta_{11j}\mathrm{h}^2+\beta_{22j}\mathrm{k}^2+\beta_{33j}\mathrm{l}^2 +2\beta_{12j}\mathrm{hk}+2\beta_{23j}\mathrm{kl}+2\beta_{13j}\mathrm{hl})\} \quad (3.14)$$

と表され，B_j は等方性温度因子，β_{11j} などは異方性温度因子と呼ばれる．

単位胞内の電子密度 ($\rho(xyz)$) は，構造因子を係数とする3次元フーリエ級数で表すことができる．

$$\rho(xyz)=\frac{1}{V}\sum_{h}\sum_{k}\sum_{l}{}_{-\infty}^{\infty}F(\mathrm{hkl})$$
$$\times\exp\{-2\pi i(\mathrm{h}x+\mathrm{k}y+\mathrm{l}z)\} \quad (3.15)$$

前述のように，積分反射の強さから求められる構造因子は絶対値であるので，フーリエ合成に際しては正または負の符号を決定しなければならない．パターソン法，重原子法などは古くから符号決定のために一般に用いられてきた方法であるが，近年では直接法もよく用いられる．

信頼度因子（R因子）は構造因子の実測値 ($F_0(\mathrm{hkl})$) と計算値 ($F_c(\mathrm{hkl})$) を用いて次のように定義され，その R 因子が最小値になるように最小自乗法で各原子の原子座標，格子席の占有率および温度因子を精密化する．

$$R=\frac{\sum_{\mathrm{hkl}}||F_0(\mathrm{hkl})|-|F_c(\mathrm{hkl})||}{\sum_{\mathrm{hkl}}|F_0(\mathrm{hkl})|} \quad (3.16)$$

差フーリエ合成は，(F_c-F_0) を式の F_0 の代わりに用いたフーリエ合成で，F_c の計算に用いた理想的な構造モデルから，現実の構造がどのようにずれているかを見るのに有効である．図 3.23 は，Li^+ イオン導電体として知られている $\mathrm{Li}_3\mathrm{N}$ の差フーリエ図であるが，Li の正規位置の中間（格子間席）にピークが観測され，Li^+ イオンが正規位置の間をこの格子間位置を経て拡散するという導電モデルが導ける．

3.7.3 EXAFS 法

X線回折法は結晶構造解析において最も強力な方法であるが，得られる結果は結晶全体

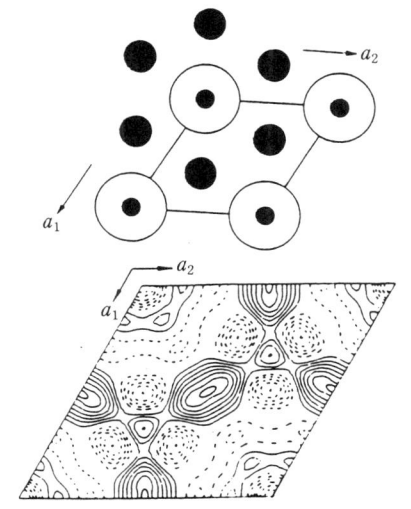

図 3.23 $\mathrm{Li}_3\mathrm{N}$ の構造モデルと888Kにおける合成図
(U. H. Zucker, H. Shulz : *Acta Cryst.*, **A38**, 568, 1982 より)

の平均構造である．それに対して，EXAFS (extended X-ray absorption fine structure) 法は，X線の吸収端の高エネルギー側で観測される振動構造の解析から，着目する原子のまわりの局所的な構造を解析する方法である．吸収スペクトルにおける振動構造は，それが生じる原因の違いから，吸収端から50 eVの範囲をXANS (X-ray absorption near edge structure) と呼び，それより高エネルギー側の約1000 eVの範囲をEXAFSと呼ぶ．EXAFSの範囲の正弦関数的な振動構造 $\chi(k)$ は次のように規格化される．

$$\chi(k) = \frac{\mu(k) - \mu_0(k)}{\mu_0(k)} \quad (3.17)$$

$\mu(k)$ は実測の吸収係数，$\mu_0(k)$ はバックグラウンドである．X線を吸収することによって原子から放出された光電子が，吸収原子の周囲（約 0.5 nm の距離内）によって1回散乱されると仮定すると，EXAFSは次式で表される．

$$\chi(k) = \sum_j A_{ij}(k) \sin(2kr_j + \phi_{ij}(k)) \quad (3.18)$$

$$A_{ij} = \frac{N_i f_i(k)}{kr_j^2} \exp(-2\sigma_j^2 k^2)$$

$$\times \exp\left(\frac{-2r_j}{\lambda_j(k)}\right) \quad (3.19)$$

N_j は r_j の距離にある j 番目の散乱原子の数（配位数），f_j は散乱原子の後方散乱振幅，ϕ_{ij} は吸収原子の平均自由行程（約 0.5 nm），$\exp(-2\sigma^2 k^2)$ は熱振動と位置のゆらぎ σ_j をデバイワーラ因子の形で表現したもの，$\exp(-2r_j/\lambda_j)$ は電子の非弾性散乱による減衰項である．

EXAFSをフーリエ変換すると，着目する原子の位置を基準にとった1次元動径分布関数が得られ，第1近接，第2近接，第3近接などの原子に対する結合距離にピークが現れる．図3.24はGaAsとInAsとの固溶体における金属-As間距離を示すが，X線回折から求めた距離 (Ga, In)-As がベガード (Vegard) 則に従って連続的に変化するのに対して，GaおよびInそれぞれのEXAFS解析の結果は，Ga-As距離は平均値より短く，逆に

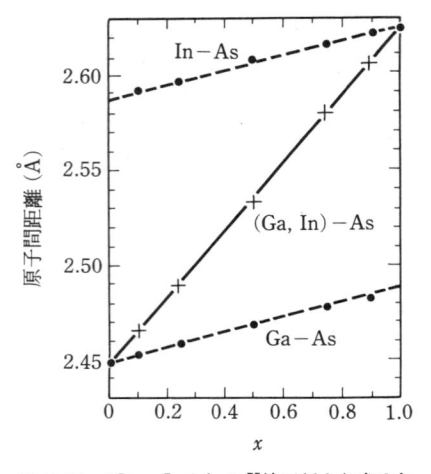

図 3.24　$(Ga_{1-x}In_x)As$ のX線回折より求めた平均の (Ga, In)-As 距離と EXAFS から求めた Ga-As および In-As距離
(J. C. Mikkelsen Jr., J. B. Boyce：Phys. Rev., B28, 7130, 1983 より)

In-As距離は伸びていることを示し，X線回折の結果が両者の平均値であることがよくわかる．このように，固溶体などでは異種添加原子が，母相とは違った結合状態をとり，配位数や原子間距離の違い，あるいは添加原子の偏析に伴うクラスター形成など局所的に違った構造をとることが多く，それが固溶体の物性とも強く関係するので，X線回折法にEXAFS法を併用することが望まれる．

3.8　微構造解析

セラミックスを材料として使用する際，最も一般的な形態が粉体を焼結させた多結晶体である．多結晶体を微視的に見ると，結晶学的方位がたがいに異なる結晶粒子と，それらが接触する結晶粒界から構成されている．さらに，偏析相や粒間析出相を含むことが多く，それらが主結晶相と異相境界を形成する．また，焼結条件に依存して，気孔（空孔）や微小亀裂が生じる．したがって，セラミックスは，1つの化学式と単一の結晶構造で記述できるような均一体ではなく，作製方法や処理条件によって大きく左右される不均質構造を有するのが特徴ともいえる．

このような不均質構造のキャラクタリゼーションには，対象物の平均的な組成や結晶構

造だけでなく，局所領域について以下の解析を行うことが必要である．

(1) 構成する各結晶相の同定と気孔・界面を含めた粒子の形態や集合状態などの組織解析．

(2) 界面や表面およびその近傍における組成，構造，化学結合などの状態分析．

近年における高真空技術のめざましい発達につれて，電子顕微鏡やEPMA，IMMA，AESなど，上記の要望に応える微小領域の状態分析の装置とその利用技術が飛躍的に進歩しつつある．

3.8.1 光学顕微鏡観察

光学顕微鏡は単に物質の拡大像を観察するという機能のほかに，屈折率の測定あるいは偏光の利用によって，物質のもっている種々の光学的性質を求めることができるので，構成物質個々の形状，結晶系，結晶方位の決定ならびにそれら結晶の集合状態を観測することができる．

光学顕微鏡には透過型の偏光顕微鏡のほかに，試料の表面反射光を用いて結像させる反射顕微鏡がある．この顕微鏡は，もっぱら金属などの不透明試料の同定と微細組織の観察に用いられていたが，最近セラミックの分野では，ほかの装置や処理法と組み合わせて，圧痕観察によるマイクロハードネスや破壊じん性の測定，研磨や薬品処理による表面の硬度および耐腐食性などの検査によく用いられている．

そのほか，試料各部分の光学的距離（nd, n：屈折率，d：行路）の違い（これが位相差を生み出す）を検出し，試料表面のミクロな凹凸を明暗コントラストとして観察する位相差顕微鏡や，焦点深度が大きく立体像が得られるので試料のプレパレーションや微細作業によく用いられる双眼実体顕微鏡などがあり，それぞれ温度制御装置やゴニオステージなどを装備して多様な目的に使用されている．

3.8.2 電子顕微鏡観察と電子線回折

電子顕微鏡の観察法は，大別して走査電子顕微鏡法（SEM）と透過電子顕微鏡法（TEM）に分類できる．SEMは，細く絞った電子線（プローブ）を掃引しながら試料表面に照射し，プローブの各通過点から放出された2次電子を検出する反射型の電子顕微鏡である．拡大像は，試料面の微小範囲を走査するプローブに掃引が同期したCRT上に，2次電子の強度コントラストとして映し出される．TEMは電子線による試料の透過像を，多段レンズ系で拡大してけい光板あるいはフィルム上に結像させる透過投影型の電子顕微鏡である．また最近，薄片試料に対しプローブ掃引を行う走査透過電子顕微鏡（STEM）が開発され，セラミックの分野でもだんだん用いられるようになってきた．STEMは電子線走査を利用しているのでSEMと同じ原理で結像する．しかし，SEMでは試料表面の反射2次電子像を観察するのに対して，STEMでは試料を透過したプローブ（1次電子線）の強度を直接検出するのでTEM像と等価な像が得られる．

a. 走査電子顕微鏡 SEMではバルク試料が使えるので試料のプレパレーションが容易であり，操作も比較的簡単である．またプローブを用いているために焦点深度がきわめて大きく，凹凸試料の立体観察が可能である．

2次電子のエネルギーはたかだか20～30 eVであるので，試料表面から5nm程度の領域で発生した2次電子のみが観測にかかる

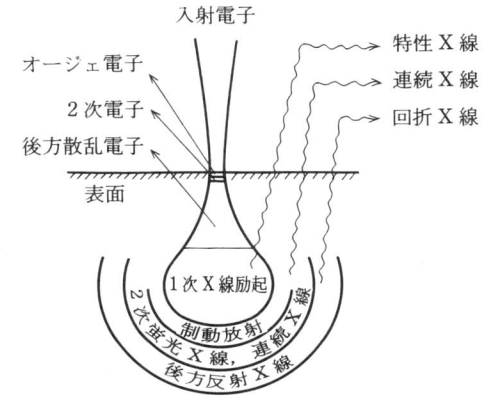

図3.25 電子と物質の相互作用

（図3.25）．したがって，入射電子線束を絞ることにより2次電子の発生領域（試料表面でのプローブ径の約2倍）は狭くなり，高い分解能が得られる．通常の200 nm程度の分解能から電界放出電子を用いた装置の0.5 nm解像力まで，それぞれの性能を利用して広い分野で試料の微細な組織および構造が観察されている．

SEMでは，通常，試料表面で発生した2次電子による明暗像を観察するが，試料中で発生した後方散乱電子を用いて組織像を形成することもできる．この場合，電子は高いエネルギーをもっているので検出器にとらえるための加速は不要であり，発生領域から直進した散乱電子の強度を直接検出できる．散乱電子の反射能は原子量に比例するため，組成の差から生じるコントラストの観察に適しており，合金などの微細組織観察に有利である．

b. 透過電子顕微鏡　透過電子顕微鏡では，制限視野回折法を用いて1 μm以下の領域の構造的な情報を同時に得ることができる．また特定方位の回折電子線を用いて結像させる暗視野像の手法によって，その回折を起こしている試料の部位を知ることもできるので，TEMは微小析出物あるいは粒界構造の研究には必須の手段として広く用いられている．従来，電子顕微鏡は金属の研究に広く利用されてきたが，最近，セラミックスの分野でもその応用がますますさかんになってきている．なかでも特に関心をひくのは超高圧電子顕微鏡による厚膜試料の直接観察と，高分解能電子顕微鏡による格子像観察である．

電子線の波長 λ (nm) と電子のエネルギー E_0 (eV) の間には $\lambda = \sqrt{1.5/E_0}$ の関係があり，また電子線の透過能はほぼ $(1/\lambda)^2$ に比例する．電子線の原子に対する散乱能はX線に比較して1万倍程度で非常に高い．そのため，気体分子の構造決定にも利用できるが，他方，透過能は低く，試料の厚さを通常1 μm以下の薄さにする必要がある．そのため，試料表面の影響が無視できなくなり，バルクと

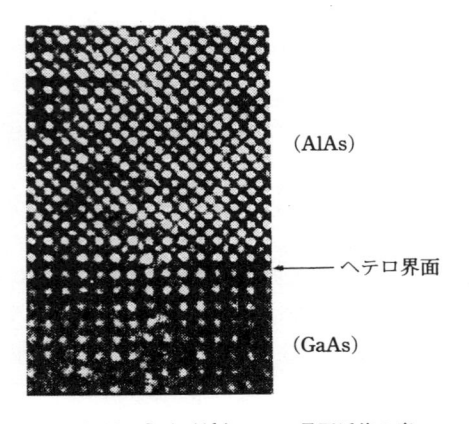

図 3.26　GaAs/AlAsヘテロ界面近傍の高分解能電子顕微鏡写真

は異なった情報を得る心配がある．超高圧電顕（1～3 MeV）では波長が短くて格段に透過力が増大し，厚膜の観測が可能になる．厚膜試料を用いる利点は，試料表面の影響を受けやすい転位の挙動や粒成長などに関して，バルク中での真の状態を観察することができることで，材料評価のうえで重要な情報が得られる．

格子像観察では，構成原子の配列と1：1に対応させることができる像が得られるので，粒界における構造の乱れや人工格子における積層の状態，さらに長周期の変調構造（格子の非整数倍の周期）などを直接観察することができる．

c. 反射電子線回折法　反射電子線回折は，入射電子が試料表面で弾性散乱して回折を起こした電子を測定し，表面構造を解析する方法である．入射電子の加速電圧が約10 keV以上の電子線を利用する場合を反射高速電子線回折（RHEED），500 eV以下の場合を低速電子線回折（LEED）と呼んでいる．低速電子線は透過力が極度に低く，したがって，LEEDは試料表面近傍の構造に関する情報を与える．RHEEDの場合は波長が短いので回折条件を満たすブラッグ角が小さく，入射線と試料表面とのなす角を小さくしなければ回折を観測できない．このような条件では，透過力が大きくてもLEEDと同じように試料表面からの情報が得られるので，表面構造決定

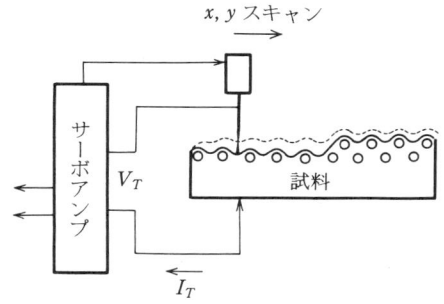

図 3.27 走査型トンネル顕微鏡の原理図

にきわめて有効に利用される.

3.8.3 走査型トンネル顕微鏡

先端のとがったWやPtなどの探針を試料表面に1 nm程度まで近づけ，両者の間に数十mVから数Vの電圧をかけるとトンネル現象によって電流(10^{-10}〜10^{-7} mA)が流れる．トンネル電流の強さIと探針先端と試料表面の距離dとに次の関係がある．

$$I \approx \left(\frac{Le}{2}\right)^2 \frac{k_0}{\pi d} V \exp(-2k_0 d) \quad (3.20)$$

$$2k_0 = 1.025\sqrt{\phi} \quad (3.21)$$

ここでLは有効トンネル半径，ϕは平均仕事関数(eV)，Vは印加電圧(V)である．$\phi=5$ eVでは，dが0.1 nm変化するとIは1桁変化する．測定法には，① トンネル電流が一定になるように垂直アクチュエータ(dを制御)にフィードバックをかけ，その制御電圧を画像信号として取り出す．② 垂直アクチュエータには一定電圧をかけ(dを一定)，トンネル電流の変化を直接画像信号とする，の2通りがある．

dの検出感度は約0.001 nmで，表面の原子の配列に対応した凹凸像を鮮明に得ることができるが，これに加えてSTMの大きな特徴は，超高真空を必要とせず，大気中でも液体中でも測定が可能でその応用範囲がきわめて広いことである．

3.8.4 X線マイクロアナリシス

XMA(またはEPMA)は，SEMにX線の分光器と検出器を組み込んだ分析装置である．電子プローブの照射によって各元素から放出される特性X線を分光し，X線の波長(またはエネルギー)と強度から元素の種類と存在量を決定する．

特性X線の発生領域の深さd(μm)は加速電圧V(kV)と特性X線発生の臨界電圧V_0(kV)の関数として表される．

$$d = \frac{0.33A}{\rho z}(V^{1.7} - V_0^{1.7}) \quad (3.22)$$

Aは試料の平均原子量，ρは試料の密度，zは着目原子の原子番号である．横方向の広がりD(μm)はdと入射線の径r(μm)の和で表され，通常数μmの大きさである．

$$D = d + r \quad (3.23)$$

X線分光用検出器には，分光結晶を用いた波長分散型と半導体検出器によるエネルギー分散型がある．前者が分解能と精度にすぐれるのに対して，後者は装置の操作が簡単で短時間に測定ができ，検出効率が高いなどの利点があり，近年このタイプが多くなっている．しかし，通常フッ素以下の軽元素の測定はできない．

3.8.5 分析電子顕微鏡

TEM(STEM)の鏡体中に，特性X線を分光するための半導体検出器を組み込んだ装置が分析電子顕微鏡(ATM)である．元素分析の原理はEPMAと同じであるが，試料はTEM(STEM)観察用の薄片(〜100 nm)であるので電子線の試料内拡散が少なく，プローブを絞ることによって分析の空間分解能を10 nm程度までに上げることができる．特に電界放出型電子ビームを用いた装置では3 nmオーダーの位置分解能が得られている．

TEM(STEM)に特性X線の分光に加えて，試料を通過した非弾性散乱電子のエネルギー損失分光(EELS)の機能を備えると，ホウ素，炭素などの軽元素の分析を行うことができる．

ATMは，試料面内での空間分解能がほかのマイクロビーム分析法に比べて最もすぐれているうえに，微小部分の組織像，化学組成および回折図形が試料の同一点から同時に得られるので，粒界・界面のキャラクタリゼーションに威力を発揮する．

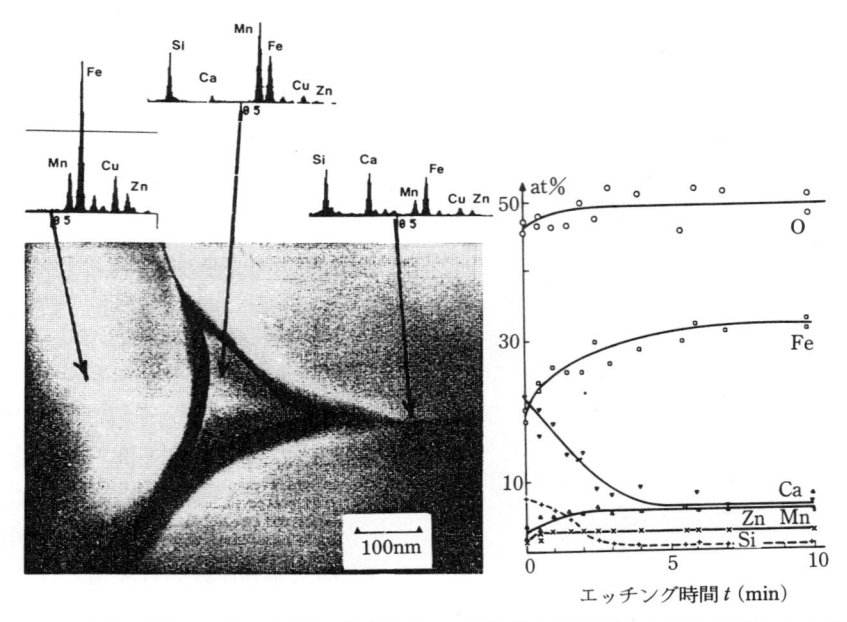

図 3.28 CaO と SiO₂ を添加した (Mn, Zn) Fe₂O₄ の TEM 像と分析電顕による組成分析，およびオージェ電子分光から求めた深さ方向の組成分布
(P. E. C. Franken, W. T. Stacy : J. Am. Ceram. Soc., 63, 315, 1980 より)

3.8.6 2次イオン質量分析

試料表面に数 keV～20 keV のエネルギーをもつイオンビームを照射したとき，試料から放出される2次イオンを質量分析系で定量的に元素分析するのがSIMSである．この方法の特徴は，① 水素から重元素まで全元素の分析を高感度 (100 ppm～0.1 ppb の検出も可) で行える，② 面分析に加えて深さ方向の分析も行え，3次元分析が可能である，③ 直径が 0.1 μm～数百 μm の微小領域の分析が行える，④ 同位体分析が可能であること，などである．質量スペクトルから元素を同定する際，ほかの元素やクラスターの干渉などを検討する必要があり，通常，スペクトルを当該元素の天然同位体比と比較しながら同定が進められる．定量法には，標準試料を用いる検量線法と熱力学的分析法の2通りがある．後者では分析試料中に濃度がわかっている内部標準元素を2種以上含むことが必要である．

3.8.7 オージェ電子分光 (AES) 法

X線や電子線によってたたき出された空のエネルギー準位に，上のエネルギー準位の電子が落ちこむ際に開放されるエネルギーを，光子輻射で消費せずに，特定準位のほかの電子の放出で解消すればオージェ電子が発生する．この電子のエネルギーは，元素固有の値をもち，したがって元素分析が可能となる．また，オージェ電子のエネルギー変化は原子の化学結合の違いを反映するので，エネルギー分光により化学状態の解析が可能である．1次線源として，発生とプローブ形成の容易な電子線が用いられることが多い．そのために，AESはX線光電子分光 (XPS) と違って，電子線のプローブ掃引によってオージェ電子線像を得ることができ，そのようなAES装置を走査オージェ電子顕微鏡 (SAM) と呼んでいる．最近は，電界放射型電子銃によって 10 nm の分解能も得られている．

XPS も AES もともにエネルギーの低い電子 (数十数千 eV) を対象にしているため，試料深部で発生した電子は試料表面から脱出できず，検出にかからない．したがって XPS や AES では表面層のごく薄い部分 (1～5 nm) の情報しか得られない．しかし，この点は試料を傾斜させてイオン照射し，連続的に表層を剝離するなど，ほかの方法と併用すれば，

深さ方向の組成や状態変化が数 nm の分解能で追跡でき，層状組織をもつ半導体や薄膜の解析には不可欠の手段となっている．

〔金丸　文一〕

文　献

1) "International Tables for X-ray Crystallography, Vol. 1", The Kynoch Press (1952).
2) A.W. Welles: "Structural Inorganic Chemistry", Ckarendon Press, Oxford (1984).
3) 桐山良一，桐山秀子：" 構造無機化学 Ⅰ, Ⅱ ", 共立出版 (1964).
4) D.M. Adams: "Inorganic Solids", John Wiley & Sons (1974).

4. 無機材料物性

4.1　材料物性基礎

無機材料として微結晶が焼結したセラミックスのようなものを考える場合，その材料のもつ物性は粒内および粒界の2つの部分から生じる物性が合成されたものとして与えられる．セラミックスの物性には，粒内の結晶相のもつ物性が材料全体の物性を決定しているものと，粒界の存在に起因する特異な粒界物性を示すものとがある．粒内物性が材料全体の物性を決定している場合でも少なからず粒界の影響を受けるが，ここで扱う材料物性については，できるだけその発現部位を明確にするという観点から，それらが粒内物性であるのか粒界物性であるのかについても言及する．

4.2　結晶の対称性と物性

物質のもつ物性は，ある物理的な刺激に対して現れる応答との間の関係を与える変換係数として定義され，次式

$$Y_{ij\cdot} = \phi_{ij\cdot mn\cdot} X_{mn\cdot} \quad (i, j, \cdot, m, n, \cdot, = 1 \sim 3) \quad (4.1)$$

における $\phi_{ij\cdot mn\cdot}$ によって与えられる．ここで，$X_{mn\cdot}$ は温度変化や電界，応力などの刺激を表す状態量で，$Y_{ij\cdot}$ は熱量や電束密度，ひずみなどの応答を表す状態量である．これらの物理的状態量や物性量は通常，テンソル量として表示され，添字 $ij\cdot, mn\cdot$ などの数はそれらのテンソル量の次数（以下，単に次数）を与える．これらのことに関するくわしい説明については，他の書籍[1]を参照していただきたい．(4.1)式の座標変換における変換則から，結晶の対称性と可能な物性についての関係が求まるが，その結果より，偶数の次数で表される物性はあらゆる対称性をもつ結晶において可能であるが，奇数の次数で表される物性については，対称中心を有する結晶には存在しないことが結論される．

種々の物理的な状態量の組合せにより定義される物性のなかで，特に重要な電子物性および光学的物性のいくつかを，他の基本的な物理量とともに表4.1に示す．表中の空欄は物性が存在しないという意味ではなく，一般によく知られた物性ではないので省略してある．表中の物性には，それぞれの物性量を表す記号を添字を付して記しており，それらの添字の数からその物性量の次数を知ることができる．表中の各物理量における添字の数の関係から，(4.1)式中の各テンソル量の次数の間には，

Y の次数 ＝ ϕ の次数 － X の次数

の関係があることがわかる．表4.2に，表4.1に示した各物性記号の名称を，その次数ごとに整理して示した．ここで，奇数次数の物性量に対してはその最後の欄に，それらの物性を保有し得る結晶の対称性を点群の記号を用いて示している．点群の記号の意味とその内容については他書[2]を参照していただきたい．表4.2に示した各種物性のうち，以下この節では無機材料物性として，誘電性，圧電性，焦電性，磁性および導電性を取り上げて説明を行う．

4.3　誘電的特性

物質の誘電性は，表4.1および表4.2に示されているように，電束密度 D_i と電界 E_j の間の変換係数である誘電率 ε_{ij} によって定義

表 4.1 各種物理量の間の係数としての物性量の記号表示

次数 X \ Y		0	1			2	
		エントロピー (ΔS)	電流密度 (J_i)	電束密度 (D_i)	磁束密度 (B_i)	ひずみ (x_{ij})	屈折率* (ΔB_{ij})
0	温度変化 (ΔT)	C/T		p_i		α_{ij}	
1	電界 (E_k)	p_k	σ_{ik}	ε_{ik}	q_{ik}	d_{kij}	r_{ijk}
	磁界 (H_k)			q_{ik}	μ_{ik}		
2	応力 (X_{kl})	α_{kl}		d_{ikl}		s_{ijkl}	π_{ijkl}
	高次電界 $(E_k E_l)$					γ_{klij}	q_{ijkl}

* $B_{ij}=1/\varepsilon_{ij}=1/n^2{}_{ij}$ (n：屈折率)

表 4.2 各種物性量の名称とその物性を保有する結晶の点群

次数	記号	名称	物性を有する結晶の点群
0	C	熱容量	すべての点群
1	p_i	焦電係数	$C_1, C_2, C_s, C_{2v}, C_4, C_{4v}$
	p_k	電気熱量係数	C_3, C_{3v}, C_6, C_{6v}
2	σ_{ik}	導電率	すべての点群
	ε_{ik}	誘電率	
	μ_{ik}	透磁率	
	q_{ik}	磁気誘電係数	
	α_{ij}	熱膨張係数	
	α_{kl}	ピエゾ熱量係数	
3	d_{kij} d_{ikl}	圧電係数	$C_1, C_2, C_s, C_{2v}, D_2, C_4, S_4,$ $C_{4v}, D_{2d}, D_4, C_3, C_{3v}, D_3, C_6,$ $C_{3h}, C_{6v}, D_{3h}, D_6, T, T_d$
	r_{ijk}	第1次電気光学(ポッケルス)係数	
4	s_{ijkl}	弾性コンプライアンス	すべての点群
	γ_{klij}	電歪係数	
	π_{ijkl}	ピエゾ光学係数	
	q_{ijkl}	第2次電気光学(カー)係数	

される.ε_{ij}は結晶の対称性により，それぞれ図4.1に示されるように，いくつかの数値によって与えられる．これより異方性をもつ物質の場合，誘電率は2つ以上の数値により与えられ，それらの値と異方性との関係を理解する必要があるが，物質が立方晶あるいは等方性を示すセラミックスのような場合，誘電率はただ1つの数値によって与えられることがわかる．ここでは簡単のため，断らない限り等方性物質の誘電率，すなわち，スカラー量としての誘電率を考える．

4.3.1 分極種と誘電性

物質に電界Eが印加されたとき，その応答として電極面上に現れる（物質は顕著な導電性を示さないことを前提としている）電束密度D（単位面積当たりの電荷）の大きさは物質が示す分極Pにより決定され，D, P, Eの間の関係は次式のように表される．

$$D = \varepsilon_0 E + P = \varepsilon \varepsilon_0 E \quad (4.2)$$

ここで，ε_0：真空誘電率，ε：相対誘電率（以下，単に誘電率）である．誘電率εは上述のごとく，本来2次のテンソル量であり，結晶

$$\begin{pmatrix} \varepsilon_{11} & \varepsilon_{12} & \varepsilon_{13} \\ \varepsilon_{12} & \varepsilon_{22} & \varepsilon_{23} \\ \varepsilon_{13} & \varepsilon_{23} & \varepsilon_{33} \end{pmatrix} \quad \begin{pmatrix} \varepsilon_{11} & 0 & \varepsilon_{13} \\ 0 & \varepsilon_{22} & 0 \\ \varepsilon_{13} & 0 & \varepsilon_{33} \end{pmatrix} \quad \begin{pmatrix} \varepsilon_{11} & 0 & 0 \\ 0 & \varepsilon_{22} & 0 \\ 0 & 0 & \varepsilon_{33} \end{pmatrix}$$

三斜晶系　　　　単斜晶系　　　　斜方晶系
　　　　　　　(b軸が2回軸)

$$\begin{pmatrix} \varepsilon_{11} & 0 & 0 \\ 0 & \varepsilon_{11} & 0 \\ 0 & 0 & \varepsilon_{33} \end{pmatrix} \quad \begin{pmatrix} \varepsilon_{11} & 0 & 0 \\ 0 & \varepsilon_{11} & 0 \\ 0 & 0 & \varepsilon_{11} \end{pmatrix}$$

正方晶系　　　　　立方晶系
六方晶系　　　　　等方性物質
菱面体晶系
(三方晶)

図4.1 結晶の対称性と誘電率の行列表示

の対称性に対して図4.1のように表されるものであるが，(4.2)式では単なるスカラー量として扱っている．(4.2)式より，分極Pの大きさが誘電率の値を直接決定していることがわかるが，Pは内部局所電界E_lにより誘起される種々の分極種からの効果の総和として与えられ，次式のように表される．

$$P = \sum N_t \alpha_t E_l{}^t \qquad (4.3)$$

ここで，N_t：分極種tの単位体積当たりの数，α_t：その分極率，$E_l{}^t$：その分極種に対する内部局所電界，である．$E_l{}^t$は外部電界Eとは異なるものであるが，その内容については他書[3]を参照されたい．Pをまた，

$$P = \chi_e \varepsilon_0 E \qquad (4.4)$$

と表すと，誘電率εは$\varepsilon = 1 + \chi_e$のように表される．ここで，χ_eは帯電率（または電気感受率）と呼ばれ，物質内の分極の内容を直接反映する量である．物質の誘電性は本来χ_eで与えられるものであるが，一般には，$\varepsilon \fallingdotseq \chi_e$として誘電率を用いて議論されることが多い．

無機材料における誘電性を特徴づける分極種として重要なものは，界面あるいは空間電荷分極（発現機構は異なるが，その周波数および温度依存性はたがいに酷似しており，ここでは区別せず界面分極で統一しα_sと記す），配向分極α_o（永久双極子モーメントの電界への配向に起因する），イオン分極α_iおよび電子分極α_eである．それらの分極の周波数および温度依存性が材料の誘電特性を特徴づける．これらの分極種のうち，α_iとα_eの周波数依存性が重要となるのは赤外領域以上の周波数であり，一方，実用誘電体材料に用いられ

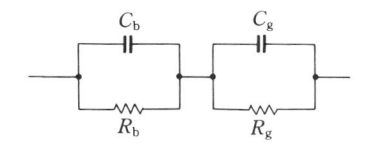

図4.2 セラミックスに対する一般的な等価回路

る周波数は，高周波用材料の10数GHzを上限としてそれ以下であることから，ここでは無機材料の誘電特性としてα_sとα_oに起因するもののみを取り上げることにする．α_iとα_eに起因する誘電特性の詳細については他の書籍[4]を参照していただきたい．

4.3.2 無機材料の電気的等価回路

無機誘電体材料としてセラミックスを考えるとき，それが単一成分から成るものであっても，少なくとも粒内と粒界の2つの相から成る多相系として考える必要がある．セラミックスの誘電特性を理解するには，電気的等価回路（以下，等価回路）を用いた考察を行うのが好都合である．図4.2に，セラミックスに対する一般的な等価回路を示す．ここで，RとCはそれぞれ抵抗と容量を表し，添字のbは粒内の，そしてgは粒界の物性であることを意味する．粒内および粒界の導電性を全く無視することができるような，理想的な誘電体材料の場合はR_bとR_gをともに∞として，C_bとC_gのみの直列回路として表すことができる．しかしながら実際の系では，R_bとR_gをともに∞として近似することはできず，また，すべての粒子および粒界が全く同一の性質をもつことは考えられないことから，その等価回路としては，それぞれある特有の分布した値をもつR_b，C_bおよびR_g，C_gの並列回路が多数直列結合したものを考えなければならない．この意味で無機材料の誘電性は，粒内および粒界物性の両方によって特徴づけられる物性であるといえる．

粒子が単結晶的である場合，C_bは基本的にα_oによって与えられるが，多量の欠陥を含むような粒子では，C_bはα_oとα_sの両方によって与えられることになる．一方，C_gは粒界に存在する表面電荷そのものによって与えられる

ほか，結合している2つの粒子の誘電率と導電率(σ)の間に．

$$\varepsilon_2\sigma_1-\varepsilon_1\sigma_2\neq 0 \quad (4.5)$$

の関係が成立する場合（添字1,2は2つの粒子を表す），その粒子界面に正，負の電荷が現れることに起因するα_sからの寄与も含む[5]．セラミックスの粒界においては，(4.5)式は常に成立していると考えてよく，この種のα_sのC_gへの寄与は大きいと考えられる．

α_oやα_sのそれぞれの分極種には，その分極が外部交流電界に追随できなくなる周波数に対応する特性時間（τ：緩和時間）が存在し，分極種のτがただ1つの値をとる場合を単一緩和系と呼び，多数の緩和時間をもつものを多緩和系と呼ぶ．上述のことより，セラミックスにおける誘電特性は，本質的に多緩和系として表されることが理解される．

4.3.3 周波数依存性

物質の誘電率は通常，交流電界

$$E=E_0\exp(j\omega t) \quad (4.6)$$

（ω：角周波数，$j=\sqrt{-1}$）を用いた測定により求められる．このとき，Dが

$$D=D_0\exp[j(\omega t-\delta)] \quad (4.7)$$

と表されるとすると（δはEからの位相の遅れ），εは複素数ε^*（複素誘電率と呼ばれる）で表され，$\varepsilon^*=D/\varepsilon_0 E=(D_0/\varepsilon_0 E_0)\exp(-j\delta)$で与えられる．$\exp(-j\delta)=\cos\delta-j\sin\delta$であることから，

$$\varepsilon^*=\varepsilon'-j\varepsilon'' \quad (4.8)$$

とおけば，その実数部(ε')と虚数部(ε'')の間には

$$\tan\delta=\frac{\varepsilon''}{\varepsilon'} \quad (4.9)$$

の関係がある．$\tan\delta$（損失係数）は誘電体内でのエネルギー損失の大きさを表すパラメータで，誘電体材料の評価には欠かせない定数である．

(4.8)式における実数部と虚数部の誘電率ε'およびε''は，上述((4.3)式)のように，すべての分極種からの効果の総和として与えられるが，個々の分極種はそれぞれ固有の緩和周波数($\omega\equiv 1/\tau$)をもち，それ以下の周波数において誘電性に寄与する．α_oとα_sの誘電性への寄与に特に注目したε'およびε''の周波数依存性の模式図を，図4.3に示す．図中，ε_sとε_oはそれぞれα_sとα_oに起因する誘電率を示し，ε_∞はα_iとα_eの両方からの合計された誘電率を示している．また，τ_sとτ_oはそれぞれ界面分極と配向分極の緩和時間である．図4.3に示した周波数範囲は，通常の無機材料の誘電特性が関係する数Hzから10数GHz程度までを表している．

図4.3の実線で表した特性は，単一緩和系の場合であり，そのときε^*は

$$\varepsilon^*=\varepsilon_\infty+\frac{\varepsilon_s}{1+j\omega\tau_s}+\frac{\varepsilon_o}{1+j\omega\tau_o} \quad (4.10)$$

の式で与えられ，この式の実数部および虚数部として得られる

$$\varepsilon'=\varepsilon_\infty+\frac{\varepsilon_s}{1+(\omega\tau_s)^2}+\frac{\varepsilon_o}{1+(\omega\tau_o)^2} \quad (4.11)$$

$$\varepsilon''=\frac{\varepsilon_s\omega\tau_s}{1+(\omega\tau_s)^2}+\frac{\varepsilon_o\omega\tau_o}{1+(\omega\tau_o)^2} \quad (4.12)$$

を$\log\omega$に対してプロットしたものである．一方，破線の特性は多緩和系についての模式図であり，それぞれの分極種の緩和時間に分布が存在する場合を示している．セラミックスのような無機材料は一般的にこのような場合に相当し，その特性は破線で示されたような特性に近く，広い周波数範囲で周波数とともになだらかな減少傾向（すなわち，不明瞭な分散）を示すのが特徴であるといえる．

このような個々の分極種からの寄与による

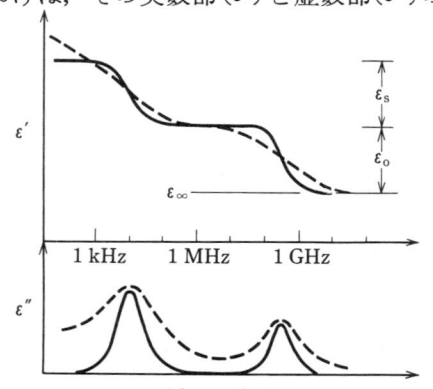

図4.3 ε'およびε''の周波数依存性の模式図
実線：単一緩和系，破線：多緩和系

4. 無機材料物性

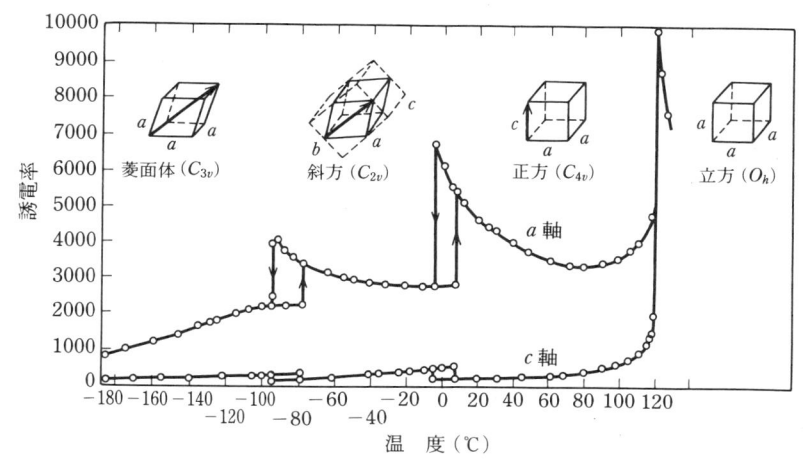

図 4.4 BaTiO₃ 単結晶の誘電率の温度依存性[7]
測定周波数：1 kHz

誘電率の周波数依存性が，図4.2の等価回路で表された実際の材料の誘電特性とどのように関係しているのかについては，§4.3.5の誘電特性の測定の項で述べる．

4.3.4 温度依存性

誘電特性の温度依存性は(4.3)式より，本質的に N_t と α_t の温度依存性に帰着できる．上述の分極種のなかで顕著な温度依存性を示すのは，界面分極と配向分極であり，界面分極については N_t が，また，配向分極については α_o が主として温度依存性を与える．N_t の温度依存性の形態は複雑であるが，永久双極子モーメントの配向に起因する α_o は，その数 N_t を一定として $1/T$ の温度依存性（T：絶対温度）を示すことがわかっている[6]．これより，材料の誘電特性が界面分極によって特徴づけられている場合，その温度依存性は複雑な形態を示すことが考えられるが，配向分極によって決定されている場合は，誘電率は温度の上昇に対して低下する傾向を示すことが期待される．

物質の誘電特性の温度依存性としていま一つ重要なものに，相転移点付近における温度依存性がある．通常の物質の液体⇔固体の相転移をはじめ，ガラス様物質のガラス転移領域においても誘電率は大きな変化を示すが，ここでは強誘電体の相転移に関するものを取り上げる．まず，最も代表的な強誘電体のなかの1つである BaTiO₃ 単結晶の誘電率（ε'）の温度依存性を図4.4に示す[7]．図には，結

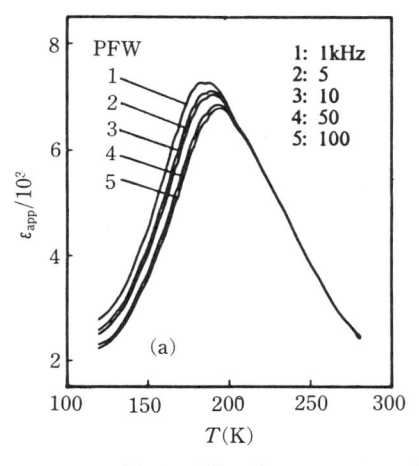

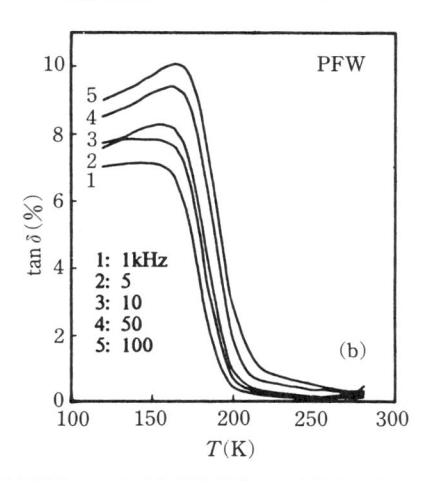

図 4.5 Pb(Fe₂/₃W₁/₃)O₃ セラミックスの(a)誘電率，および(b)損失係数の温度依存性[8]

晶のaおよびc軸方向の誘電率が示してあり，正方晶の領域では，図4.1の誘電率成分を用いて$\varepsilon_a=\varepsilon_{11}$，$\varepsilon_c=\varepsilon_{33}$と表すことができる．$BaTiO_3$は120℃，0℃，$-80$℃で相変態を起こし，高温側からそれぞれ立方，正方，斜方，菱面体晶と結晶構造が変化する．このなかで，立方晶のみが常誘電体相で，ほかはすべて強誘電体相である．常誘電体／強誘電体相転移温度を特にキュリー点（この場合120℃）と呼ぶが，図4.4より，すべての相転移点で誘電率は特徴的なピークを示すことがわかる．同図には，各相における構造の概略図と対応する点群も同時に示してある．

一方，図4.5には190K付近にキュリー点をもつ$Pb(Fe_{2/3}W_{1/3})O_3$強誘電体(PFW)の，いくつかの周波数におけるε'と$\tan\delta$の温度依存性を示す[8]．図4.5の特性は，**複合組成強誘電体**にみられるキュリー点付近での特徴的なε'のブロードなピークと$\tan\delta$における急激な変化を示している．このようなブロードなε'のピークを示す複合組成強誘電体は，特にリラクサとも呼ばれ，リラクサ強誘電体の代表例としては$Pb(Mg_{1/3}Nb_{2/3})O_3$：(PMN)を挙げることができる．PMNは0℃付近に誘電率のブロードなピークを示し，そのピーク温度以下で誘電率は図4.5に示したのと同じように顕著な周波数依存性を示す．このようなリラクサ強誘電体や多緩和系の誘電特性を示す材料の場合，その誘電性は測定周波数にも大きく依存することが考えられ，誘電特性の温度依存性を論じる際には，測定周波数を明示することが必要であることが理解される．

4.3.5 誘電特性の測定

図4.2のような等価回路で表される材料の誘電率の周波数依存性は，実際の測定においてどのような形態をとるかについて考えてみる．いま，粒内と粒界の容量であるC_bとC_gはそれぞれ単一の緩和時間をもつ配向分極と界面分極に起因し，またR_bとR_gはそれぞれ粒内と粒界の直流抵抗を表すものとする．材料の誘電性を評価するには，その材料の複素アドミッタンスを求めて行うのが好都合である．このような測定は，通常のベクトルインピーダンスメータを用いて容易に行うことができる．

図4.2の等価回路に対する複素アドミッタンス(Y)は

$$\frac{1}{Y}=\frac{R_b}{1+j\omega\tau_b}+\frac{R_g}{1+j\omega\tau_g} \quad (4.13)$$

より

$$Y=\frac{(1+j\omega\tau_b)(1+j\omega\tau_g)}{(R_b+R_g)+j\omega(R_b\tau_g+R_g\tau_b)} \quad (4.14)$$

のように表される．ただし，$\tau_b=R_bC_b$，$\tau_g=R_gC_g$である．Yはまた，系のコンダクタンス(G)と容量(C)を用いて，

$$Y=G(\omega)+j\omega C(\omega) \quad (4.15)$$

と表され，材料の誘電性は，測定されたアドミッタンスの虚数部より求められることがわかる．(4.14)と(4.15)式より，$C(\omega)$は

$$C(\omega)=C(\infty)+\frac{C(0)-C(\infty)}{1+(\omega\tau)^2} \quad (4.16)$$

と表せる．ここで，$C(0)=(\tau_b+\tau_g-\tau)/(R_b+R_g)$，$C(\infty)=\tau_b\tau_g/\tau(R_b+R_g)$，$\tau=(R_b\tau_g+R_g\tau_b)/(R_b+R_g)$とおいている．(4.16)式の$C(\omega)$は，(4.11)式の第3項を除いたものに形式的に同じであり，その周波数依存性も図4.3に示したものと同様のものとなる．図4.6に，$C(\omega)$の周波数依存性の概略図を示す．いま，$C_g\gg C_b$，$R_g\gg R_b$の関係が成立しているとすると，$C(0)\to C_g$，$C(\infty)\to C_b$と近似することができ，図4.3との対比におい

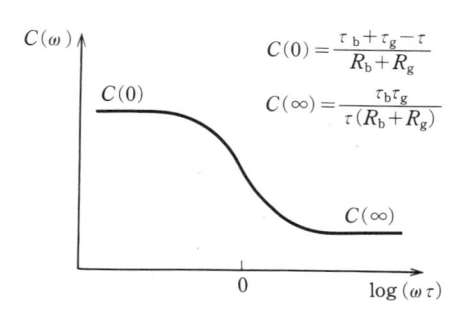

図4.6 図4.2の等価回路に対する容量の周波数依存性 $\tau_b=R_bC_b$，$\tau_g=R_gC_g$，$\tau=(R_b\tau_g+R_g\tau_b)/(R_b+R_g)$で$\tau_g>\tau_b$の場合が示してある．$C_g\gg C_b$，$R_g\gg R_b$の場合，$C(0)\to C_g$，$C(\infty)\to C_b$と近似できる．

て，測定された材料の誘電率の周波数依存性から，材料の誘電性を特徴づけている分極種についての検討を行うことができる．

材料の誘電性を与える分極機構が単一緩和的であるか，多緩和的であるかについての検討は，図4.3に示したように誘電率の周波数依存性の形態を知ることによっても行えるが，複素インピーダンス($Z \equiv 1/Y$)の実数部と虚数部を用いた，コール・コールプロット[9]をすることにより容易に行える．すなわち，(4.13)式より，$Z = Z' - jZ''$としたときのZ'とZ''は

$$Z' = \frac{R_b}{1+(\omega\tau_b)^2} + \frac{R_g}{1+(\omega\tau_g)^2} \quad (4.17)$$

$$Z'' = \frac{\omega R_b \tau_b}{1+(\omega\tau_b)^2} + \frac{\omega R_g \tau_g}{1+(\omega\tau_g)^2} \quad (4.18)$$

で与えられ，$C_g \gg C_b$，$R_g \gg R_b$の関係が成立しているとき，Z''をZ'に対してプロットすると図4.7のような2つの半円が連結したような図が描ける．これをインピーダンスのコール・コールプロットと呼び，系が多緩和的である場合，それぞれの半円は同図の破線で示したような，円の中心が実軸下にくる円弧になることがわかっている．このような系の誘電性についてのくわしい解析は，実際上非常にむずかしい．

4.4 圧電・焦電特性

表4.2からわかるように，圧電性と焦電性はそれぞれ3次と1次のテンソル量で表される物性で，誘電性，導電性あるいは弾性係数のように偶数次のテンソル量とは異なり，すべての物質に存在するという物性ではない．

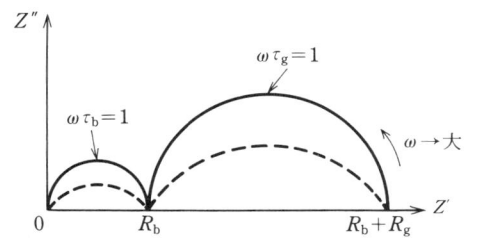

図4.7 図4.2の等価回路に対する複素インピーダンスのコール・プロット

圧電性と焦電性を有する結晶の点群は表4.2に示されているが，圧電性を有する結晶は対称中心をもたない20種であり，そのなかで極性を示す点群10種は自発分極をもつことができ，焦電性を有することになる．結晶の対称性が物性の存在の有無に関係することから，無機材料における圧電および焦電性は基本的に粒内物性によって与えられるものである．

4.4.1 圧電係数

表4.1からもわかるように，圧電性は電気的量(E, D)と機械的量(X, x)の間の関係を与える変換係数として定義される．これらの物理量の間の関係式は，全部で8種あるが[10]，そのなかで表4.2中の圧電係数dが関係する式(圧電方程式)は，

$$\left. \begin{array}{l} x_{ij} = s^E_{ijkl} X_{kl} + d_{kij} E_k \\ D_i = d_{ikl} X_{kl} + \varepsilon^X_{ik} E_k \end{array} \right\} \quad (4.19)$$

の組である．s^Eは弾性コンプライアンスで，肩字のEはsが$E = 0$のときの値であることを示している．$d_{ijk}(i, j, k = 1 \sim 3)$は本来，添字の数から27個の数値からなるテンソル量であるが，Xやxが対称テンソル($x_{ij} = x_{ji}$)であることから数が減り，通常$d_{mn}(m = 1 \sim 3, n = 1 \sim 6)$として$3 \times 6$の行列形式で表される．この18の要素も三斜晶系の場合を除き，すべて存在するというわけではなく，図4.1に示した誘電率の場合と同じく，結晶の対称性が高くなるほど0でない要素の数は減る．図4.8に，圧電材料として重要な$BaTiO_3$，ZnOおよびSiO_2(水晶)の結晶がとる点群に対する圧電係数の行列表示を示す．これからわかるように，圧電d定数として存在する要素は$BaTiO_3$とZnOについては3つ(d_{15}, d_{31}, d_{33})，SiO_2(水晶)についてはわずかに2つ(d_{11}, d_{14})であり，また，C_{4v}とC_{6v}のように点群は異なっていても，その行列表示は全く同じであるというものもある．

圧電係数dは，単位電界(または応力)を加えたとき発生するひずみ(または分極)を表すが，応用上重要な圧電係数にg(電圧出力係数)とk(電気機械結合係数)がある．これらの圧電係数はたがいにsやε，密度，ポアソ

ン比などを通して関係しており，たとえば，結合係数kを求めることができれば，dやgを決定することが可能となる[11].

4.4.2 圧電係数の測定

セラミックスを圧電材料として考える場合，それを構成する微結晶がたとえ圧電性を示すものであっても，結晶軸の方位が完全に無配向である場合，セラミックスは圧電性を示さない．セラミックス圧電体を作製するには，結晶軸の方位が揃った配向性セラミックスを調製するか，強誘電体セラミックスを調製したのち，高電界を印加（ポーリング処理）して分極ドメインの向きを揃えるかのいずれかの方法をとる必要がある．ポーリング処理をした強誘電体はC_{6v}の点群で表され（実際には$C_{\infty v}$と表すべきところであるが，結晶点群としてはC_{6v}と同じになる），そのd係数の行列表示は図4.8に示してある．圧電係数の測定は，交流電界下での共振反共振現象に伴うインピーダンスの変化を観測する動的測定によって行われるのが一般的である．材料の共振モードにはいくつかのものがあるが，ここではd_{33}とd_{31}を求める方法についてのみ述べる．これらの圧電係数は，それぞれ棒の振動の縦効果と横効果の測定から，まず結合係数k_{33}とk_{31}を求め，それらの値とsおよびεの値を用いて決定することができる．これらの振動モードとkとdの間の関係式を，それぞれ図4.9と表4.3に示す．

表4.3中，kを求める式にf_R（共振周波数）とf_A（反共振周波数）が含まれているが，これ

BaTiO$_3$ (C_{4v})
$$\begin{bmatrix} 0 & 0 & 0 & 0 & d_{15} & 0 \\ 0 & 0 & 0 & d_{15} & 0 & 0 \\ d_{31} & d_{31} & d_{33} & 0 & 0 & 0 \end{bmatrix}$$

ZnO (C_{6v})
$$\begin{bmatrix} 0 & 0 & 0 & 0 & d_{15} & 0 \\ 0 & 0 & 0 & d_{15} & 0 & 0 \\ d_{31} & d_{31} & d_{33} & 0 & 0 & 0 \end{bmatrix}$$

SiO$_2$（水晶，D_3）
$$\begin{bmatrix} d_{11} & -d_{11} & 0 & d_{14} & 0 & 0 \\ 0 & 0 & 0 & 0 & -d_{14} & -2d_{11} \\ 0 & 0 & 0 & 0 & 0 & 0 \end{bmatrix}$$

図4.8 代表的な圧電材料であるBaTiO$_3$, ZnO, およびSiO$_2$（水晶）結晶に対する圧電係数の行列表示

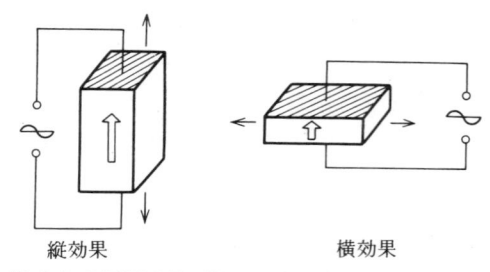

図4.9 圧電振動子の縦効果と横効果の振動モードにおける分極の向き（⇧）と振動の方向（↑）の関係

らの周波数は複素アドミッタンスの測定より求めたGと$B(=\omega C)$を，横軸と縦軸にとってプロットしたアドミッタンス円の解析から求められる．圧電体の共振点付近での等価回路と，その等価回路に対するアドミッタンス円およびインピーダンスの周波数依存性の様子を図4.10に示す．図4.10(a)の等価回路に対するアドミッタンスYは

$$Y = j\omega C_0 + \frac{1}{R + j\omega L + (1/j\omega C)} \quad (4.20)$$

で与えられ，$Y = G + jB$におけるGとBは

$$\left(G - \frac{1}{2R}\right)^2 + (B - \omega C_0)^2 = \left(\frac{1}{2R}\right)^2 \quad (4.21)$$

という円の方程式を与える関係にある．図より，f_Rとf_Aは$B=0$を与える低い方と高い方の周波数であることがわかるが，厳密なKの値を求める計算式においてはf_Rとf_Aではなく，系の直列および並列共振周波数であるf_sとf_pを用いなければならない．しかしながら，$\omega C_0 \ll 1/R$が成立するような系では$f_s \fallingdotseq f_R \fallingdotseq f_m$, $f_p \fallingdotseq f_A \fallingdotseq f_n$となり，より簡便な方法として，$f_p$, f_sをインピーダンスの最小，最大値を与える周波数（f_m, f_n）で近似することも行われる．

表4.3 各振動モードにおける圧電係数dの計算式

縦効果	$k_{33}^2 = \dfrac{\pi}{2} \dfrac{f_R}{f_A} \tan\left(\dfrac{\pi}{2} \cdot \dfrac{f_A - f_R}{f_A}\right)$
	$d_{33}^2 = k_{33}^2 \varepsilon_{33}^X s_{33}^E$
横効果	$\dfrac{k_{31}^2}{1 - k_{31}^2} = \dfrac{\pi}{2} \dfrac{f_A}{f_R} \tan\left(\dfrac{\pi}{2} \cdot \dfrac{f_A - f_R}{f_R}\right)$
	$d_{31}^2 = k_{31}^2 \varepsilon_{33}^X s_{11}^E$

f_R：共振周波数，f_A：反共振周波数

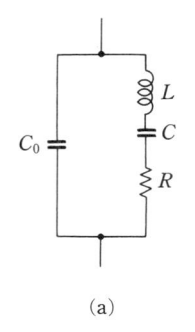

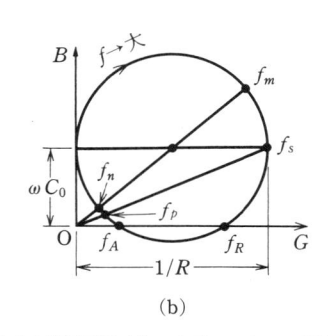

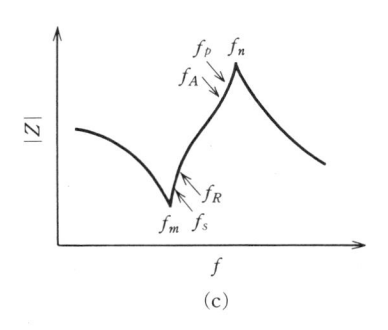

図 4.10 圧電体の共振点付近での等価回路 (a), アドミッタンス円 (b), インピーダンスの周波数依存性 (c) の模式図
f_m, f_n: インピーダンスの最小, 最大値を与える周波数.
f_p, f_s: 直列および並列共振周波数.
f_R, f_A: $B=0$ を与える低い方の周波数と高い方の周波数, $\omega=2\pi f$.

4.4.3 圧電体材料と応用

上で述べたように, 圧電体材料としては水晶のような圧電性物質を単結晶の形態で用いるか, 強誘電性を示さない ZnO のような物質の場合は, スパッタリングなどの方法により配向性薄膜を形成して圧電体材料とされるが, 最も多用されているのは, 強誘電体セラミックスをポーリング処理したあと, 圧電体材料として用いるというものである. 圧電体材料として強誘電体セラミックスを用いることのメリットは, 構成元素をほかの固溶系元素で置換することにより, 組成を変成させた多種類の強誘電体セラミックスを容易に作製することができ, さまざまな圧電特性をもつ材料を得ることが可能な点にある. なかでも, 最も多種多様な組成をもつ強誘電体セラミックスの製造が容易に行えるのは, ペロブスカイト型構造をもつ物質を基本としたものであり, ここでは圧電体材料の例としてペロブスカイト型化合物のみを取り上げる.

ペロブスカイト型化合物の一般式は ABO_3

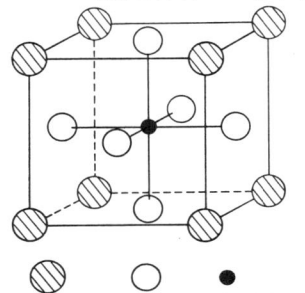

Aイオン 酸素イオン Bイオン
図 4.11 ペロブスカイト構造

で与えられ, その立方晶の単位格子を図 4.11 に示す. (A, B) 陽イオンの価数の組合せとしては (1, 5), (2, 4), (3, 3) が可能であるが, 最も代表的な強誘電体物質としては, (2, 4) 化合物の $BaTiO_3$ と $PbTiO_3$ があげられる. $BaTiO_3$ を例にとると, その結晶構造は図 4.4 に示したように 120℃, 0℃, -80℃ の3つの温度で変化し, 立方晶を除く他の3つの結晶相は強誘電性かつ圧電性 (表 4.2 の点群参照) を示す. ペロブスカイト化合物としては, A, B イオンがそれぞれ単一の元素である $BaTiO_3$ や $PbTiO_3$ のような単純ペロブスカイト化合物のほかに, A および B サイトのイオンをそれぞれ価数の異なる複数の元素の組合せで置き換えた (A, B サイトの平均価数を変えないで) 複合ペロブスカイト化合物の合成も可能である. 実際, 非常に数多くの化合物が合成されており, そのなかの多くのものが強誘電体や反強誘電体であることがわかっている[12]. 図 4.5 にその誘電特性を示した PFW も, 複合ペロブスカイト化合物の一例である.

これらの単純あるいは複合ペロブスカイト化合物は, 固有の組成比と相転移点をもつが, これらの化合物の A あるいは B サイトイオンを固溶系イオンで部分的に置換すると, その転移点や特性を連続的に変化させることが可能となる. そのようなペロブスカイト固溶体のうち, 実用的に最も重要な物質の例として, 2成分系では $PbTiO_3$—$PbZrO_3$(PZT), 3成分系では $PbTiO_3$—$PbZrO_3$—$Pb(Mg_{1/3}$

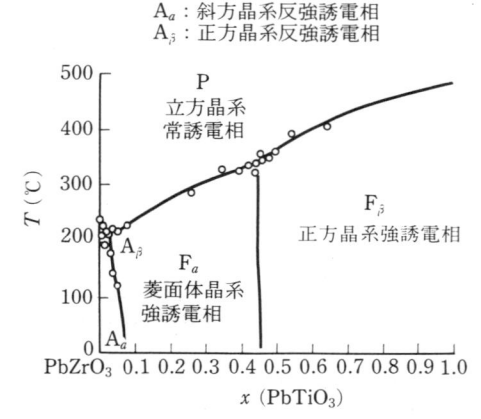

A_a：斜方晶系反強誘電相
$A_β$：正方晶系反強誘電相

図 4.12　Pb($Zr_{1-x}Ti_x$)O_3 系の相図[13]

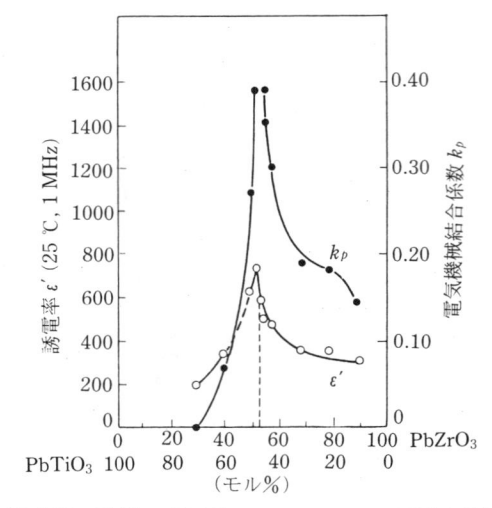

図 4.13　Pb($Zr_{1-x}Ti_x$)O_3 セラミックスの誘電率と電気機械結合係数
　k_p は円板の径方向振動モードに対する結合係数[14]

Nb$_{2/3}$)O$_3$ が存在する．PZT 2 成分系の相図と，その誘電率の結合係数の組成依存性をそれぞれ図 4.12 と図 4.13 に示す．これより，Zr/Ti＝52/48 付近に温度に依存しない（相境界線が温度軸にほぼ平行である），組成の変化による相転移(morphotropic phase transition) が存在することがわかる．相境界領域組成での PZT は温度に依存しない大きな圧電係数をもつことから，これまで実用圧電材料として最も多用されてきた．

圧電体の応用としては，電気的エネルギー⇔機械的エネルギー間の変換に関するあらゆるデバイスへの応用が可能であるが，そのなかの代表的な応用例を表 4.4 に示す．

4.4.4　焦電係数，材料，応用

焦電係数は表 4.1 より，温度変化 $\varDelta T$ に対する自発分極の変化 $\varDelta P$ を与える次式

$$\varDelta P_i = p_i \varDelta T \qquad (4.22)$$

における p_i で与えられる（表 4.1 では，P は D で置き換えてある）．これより，焦電係数はベクトルと同じ 1 次のテンソル量であり，3 つの成分で表現されることがわかる．表 4.2 に示した，自発分極の存在が可能な 10 種の点群に対する p_i の表現を図 4.14 に示す．C_1，C_s を除き，ほかのものは自発分極の向きが対称軸（座標軸の 1 つ）と一致するため，p_i の成分は 1 つしか存在しない．

自発分極を有する結晶は大なり小なりその自発分極が温度依存性を示すため，本質的に焦電性を示すが，その焦電係数の大きさは，結晶の温度を変化させたときに現れる電流（焦電電流）を観測することによって求めることができる．すなわち，

$$i = \frac{dP}{dt} = \frac{dP}{dT} \cdot \frac{dT}{dt} = p\frac{dT}{dt}$$
$$(4.23)$$

により，結晶温度の変化速度(dT/dt)と焦電電流 i を正確に観測することにより，p を求めることができる．

表 4.4　圧電体材料の代表的な応用例

エネルギー変換形態	応　用　例
電気→機械	超音波発振子，圧電振動子，圧電ブザー，超音波洗浄機用素子，加湿器用超音波振動子，医用超音波発振子，魚探用超音波発振子，電圧リレー，インクジェットプリンタ素子
機械→電気	バイモルフ圧電素子(音響用，血圧測定用ピックアップ)，圧電着火素子，加速度センサー素子，超音波マイクロホン，AE センサー素子，圧電音叉
電気→(機械)→電気	各種フィルター(圧電音叉，AM，FM ラジオ用，TV 用など)，SAW フィルター，超音波遅延線，圧電トランス

$(p_1, p_2, p_3): C_1$
$(0, p, 0): C_2$
$(p_1, 0, p_3): C_s$
$(0, 0, p): C_{2v}$
$(0, 0, p): C_4, C_{4v}, C_3,$
$\qquad\qquad C_{3v}, C_6, C_{6v}$

図 4.14 焦電性を有する結晶の対称性と焦電係数の成分表示

焦電体材料の最も重要な応用としては，赤外線検出センサーがある．これは焦電体結晶への赤外線の照射による温度上昇を，それに伴う焦電電流あるいは電圧として検出するものである．これにより，あらゆる物体から放出される赤外線を検出し，物体の温度を非接触的に測定することが可能となる．焦電体材料としては単結晶のほか，有機高分子，セラミックスが存在するが，セラミックスを考える場合，圧電体材料の場合と同じ理由で，配向性セラミックスか強誘電体セラミックスを調製したのち，ポーリング処理したものを用いる必要がある．いくつかの焦電体材料の特性例と代表的な応用例を，それぞれ表4.5および表4.6に示す．

4.5 磁気的特性

物質の磁気的性質に関する現象論およびその表現は，誘電的性質と似通った部分が多い．表4.1からも，磁気に関するさまざまな物性が可能であると考えられるが，ここでは純粋に磁気的な物性である B-H 特性における透磁率に関するもののみを取り上げる．無機材料における磁性は，強磁性体の場合を除き，誘電性と異なり粒界の存在による影響はあまり大きくなく，基本的に粒内物性であるといえる．

4.5.1 磁化率と透磁率

物質の磁性は，主として物質を構成する原子内の電子のスピンおよび軌道運動に関する磁気モーメントに起因しており，電荷の変位に起因する誘電性とはその起源を全く異にするものである．これらの磁気モーメントの総和が原子の磁気モーメントを与える．物質の磁気的性質は，外部磁場（または磁界）H に対する応答，磁束密度 B（本来は磁化 M）の大きさによって特徴づけられる．すなわち，

$$B = \mu_0(H+M) = \mu_0(1+\chi)H = \mu\mu_0 H \quad (4.24)$$

の式における χ（磁化率）$= M/H$ あるいは μ（相対透磁率，以下単に，透磁率）$= B/\mu_0 H$ が物質の磁気的性質を特徴づける．ここで，μ_0 は真空透磁率である．

μ は誘電率と同じく2次のテンソル量であり，本来 μ_{ij} で表され，結晶の対称性との関係は図4.1の ε_{ij} と全く同じ形式によって表現される．磁性はすべての物質において存在するが，誘電性とは全く異なり，物質の誘電率に負の値が存在しないのに対し，磁化率には正，負の値が存在する．χ が小さな正の値を示すものを常磁性，小さな負の値を示すものを反磁性物質と呼ぶ．また，結晶内の磁気モーメントが一方向あるいは反平行に整列した部分をもつものもあり，その形態により，強磁性体，反強磁性体およびフェリ磁性体（不完全反強磁性体と考えることができ，本質的に前二者と別の磁性をもつものではない）と呼ばれるものも存在する．これらの物質における磁化率 χ はすべて正で，特徴的な

表 4.5 代表的な焦電体材料の特性例[15]

焦電材料	キュリー点 T [°C]	比誘電率 ε	焦電係数 λ [10^{-8} C·cm^{-2}·K^{-1}]	比熱 C' [J·cm^{-3}·K^{-1}]	性能指数 $\lambda/(\varepsilon \cdot C')$ [10^{-10} C·cm·J^{-1}]
TGS	49	35	4.0	2.5	4.6
$Sr_{0.48}Ba_{0.52}Nb_2O_6$	115	380	6.5	2.1	0.8
PVF_2	120	11	0.24	2.5	0.9
$Pb(Sn_{1/2}Sb_{1/2})TiZrO_3$	220	380	18	2.4	2.0
$PbTiO_3$	460	190	6.0	3.2	1.0
$LiTaO_3$	618	43	1.8	3.2	1.3
$LiNbO_3$	1200	30	0.4	2.8	0.5

PVF_2：高分子

表 4.6 焦電体材料の代表的な応用例[16]

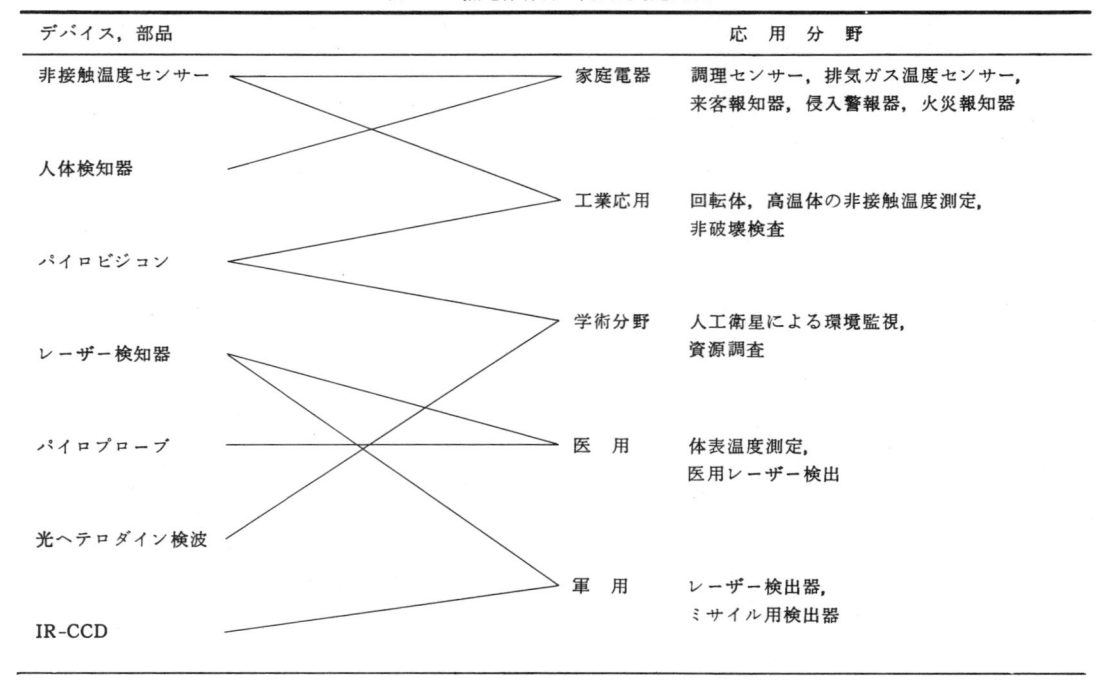

デバイス，部品	応用分野	
非接触温度センサー	家庭電器	調理センサー，排気ガス温度センサー，来客報知器，侵入警報器，火災報知器
人体検知器	工業応用	回転体，高温体の非接触温度測定，非破壊検査
パイロビジコン	学術分野	人工衛星による環境監視，資源調査
レーザー検知器	医 用	体表温度測定，医用レーザー検出
パイロプローブ		
光ヘテロダイン検波	軍 用	レーザー検出器，ミサイル用検出器
IR-CCD		

温度依存性を示す．図4.15に，これら各種磁性体における χ の温度依存性の模式図を示す．図中に，それぞれの χ の温度依存性を表す式も示してあるが，それらの式の導出についてはほかの書籍[17]を参照していただきたい．常磁性体における $\chi = C/T$ の式（T：絶対温度）はキュリーの法則，強磁性体における $\chi = C/(T-T_c)$ の式は（C：キュリー定数，T_c：キュリー温度）キュリー・ワイスの式と呼ばれるが，これらの式はそれぞれ形式的に，常誘電体および強誘電体における帯電率の温度依存性と全く同じであることに注意されたい．

4.5.2 フェライトの磁性

実用的な磁性材料として重要なものは，強磁性体とフェリ磁性体である．強磁性体としては，主として鉄，ニッケル，コバルト金属およびそれらの元素を含む合金が実用的に重要なものであるが，無機磁性材料として重要なものはフェライトである．フェライトにはスピネル型，プランバイト型およびガーネット型構造をもつものがあるが，ここでは最も

常磁性 強磁性 反強磁性

$\chi = \dfrac{C}{T}$ $\chi = \dfrac{C}{T-T_C}$ $\chi = \dfrac{C}{T+\theta}$

キュリーの法則   キュリー-ワイスの法則 $(T > T_N)$
                    $(T > T_C)$

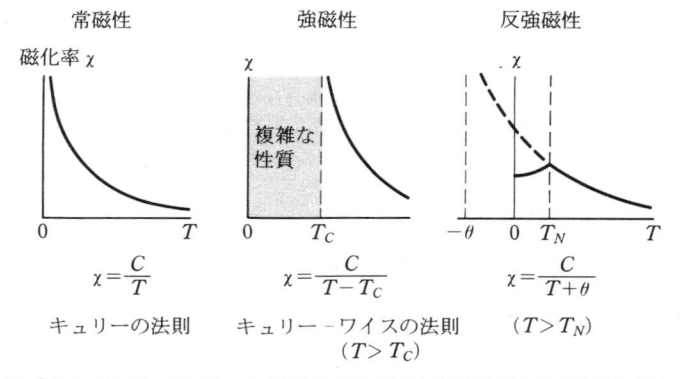

図 4.15 常磁性，強磁性，ならびに反強磁性体における磁化率の温度依存性
ネール温度（T_N）以下では反強磁性体のスピンは反平行の配置をとり，磁化率は T_N で極大となる[17]．

4. 無機材料物性

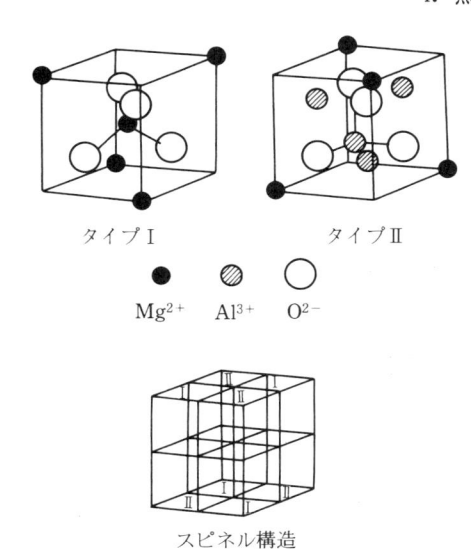

図 4.16 タイプIとタイプIIの1/8単位格子が下図のように配置されてスピネル構造が構成される Mg^{2+} は酸素4配位(タイプI), Al^{3+} は酸素6配位(タイプII)位置を占めていることがわかる．

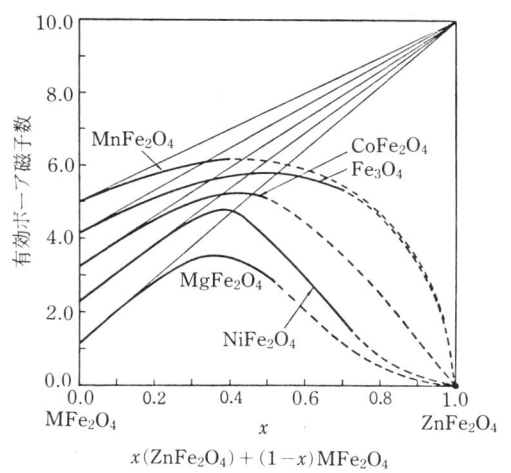

図 4.17 フェライトにおける固容体の形成と有効ボーア磁子数[18]

多用されているスピネル型のもののみを取り上げる．スピネルは $MgAl_2O_4$ の鉱物名であり，図4.16にその結晶構造を示す．この型の結晶構造をもつフェライトは $MO \cdot Fe_2O_3$ (M=Mn, Fe, Co, Ni, Cu, Zn, Cd, Mgなど) の一般式で示される．図4.16に示されているように，スピネル構造には陽イオンが占める位置として4配位と6配位の2種類があり，それらは単位格子中にそれぞれ8個および16個ある．それらの配位位置をそれぞれ( )と[ ]で表すと， $MgAl_2O_4$ の場合は $(Mg)[Al_2]O_4$ のように記すことができる．このように，6配位位置のすべてが3価イオンで占められたもの， $(M^{2+})[M_2^{3+}]O_4$ を正スピネルと呼び，また4配位位置のすべてが3価イオンで占められたもの， $(M^{3+})[M^{2+}, M^{3+}]O_4$ を逆スピネルと呼ぶ．正スピネル型のフェライトの代表例は $ZnFe_2O_4$ と $CdFe_2O_4$ であり，逆スピネル型に近いフェライトの例には Fe_3O_4, $CoFe_2O_4$, $NiFe_2O_4$, $CuFe_2O_4$, $MgFe_2O_4$ などがある．

これら逆スピネル型フェライトにおける磁性は，6配位と4配位を占めるイオンのもつ磁気モーメントの大きさと，それらイオン間における磁気的超交換相互作用により決定づけられる．この種のスピネル型フェライトに小さな磁性しか示さない $ZnFe_2O_4$ (反強磁性体)を固溶させると，両配位位置を占めるイオンの合成磁気モーメントの大きさが変化し，図4.17に示すように，それらのフェライトの磁性の大きさ(有効ボーア磁子数として表示)は，その固溶量に対して特徴的な変化を示す[18]．このように，フェライトの成分を固溶反応によって変化させ，その材料のもつ磁気的特性を改善する試みが精力的に行われてきており，それぞれの用途に適した磁性材料が開発されている．

4.5.3 フェライトの磁気的特性と応用

磁性材料の応用に最も深く関連した磁気的特性は，図4.18に示す B-H 磁化履歴曲線である．磁化履歴曲線に現れる材料の重要な磁気的定数は，飽和磁束密度 B_s，残留磁束密度 B_r および抗磁界 H_c と初透磁率 μ_i である．このなかで， H_c が大きな値を示すものを硬磁性体(ハードフェライト)と呼び，小さな H_c をもつものを軟磁性体(ソフトフェライト)と呼ぶ．ハードフェライトの最も重要な応用は永久磁石材料であり， B_r と H_c がともに大きな値をとることが要求される．ソフトフェライトの代表的な応用は，磁芯材料，磁気記録材料およびマイクロ波用である[16]．

磁芯材料は，通信機回路でのリアクタンス性を利用したフィルタ用コイルあるいは各

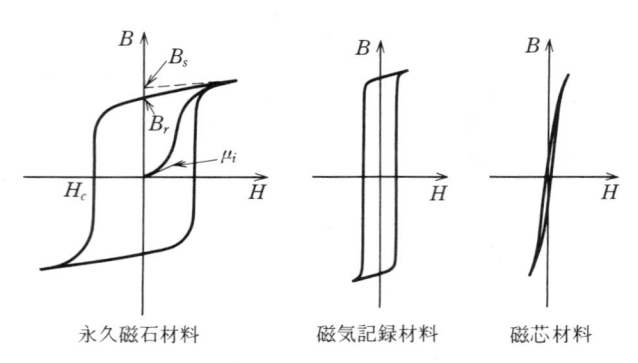

図 4.18 各種磁性材料に要求される B-H 磁化履歴曲線

種トランス用に用いられ，これは交流磁界での B-H 曲線における履歴ができるだけ小さく，かつ μ_i が大きいことが要求される．フェライトにおける μ_i は，ある周波数以上で急激に低下するという（スノーク（Snoek）の限界線[19]）特質があり，その用途に関しては μ_i の周波数依存性が問題となる．また，磁気記録材料では，B_r が大きく適当な大きさの H_c をもつことが要求される．図 4.18 には永久磁石，磁芯および磁気記録用磁性材料に要求される 3 種類の B-H 曲線の模式図が図示されている．また，ソフトフェライトの材質と応用例を，用いられる周波数の観点から図示したものを図 4.19 に示す[20]．

4.6 半 導 性

電界と電流密度との関係を与えるのが電気伝導度（または導電率）σ であり，これは誘電率や透磁率と同じく 2 次のテンソル量で本来 σ_{ij} で表され（表 4.1 参照），結晶の対称性により図 4.1 のような行列で表示されるべきものであるが，ここでは材料は等方的であるとして，σ をスカラーとして扱う．導電性が主として電子の移動によって与えられるものを電子伝導体，イオンの移動によって与えられるものをイオン半導体と呼ぶが，ここでは電子伝導体の導電性についてのみ取り扱う．物質の導電性は，導電キャリヤーの移動現象（transport phenomenon）に関するものであることから，当然，粒内および粒界の両方の物性によって特徴づけられるものであるが，ほかの物性には見られないほど粒界物性によって強く影響を受けるものであり，粒界の存在なしでは考えられない特異な粒界物性も見られる．後述するバリスタおよびPTCR特性はその典型的な粒界物性である．

電子伝導体の導電率 σ は
$$\sigma = |e|(n_e \mu_e + n_h \mu_h) \quad (4.25)$$
で与えられる．ここで，$|e|$：電子の電荷[C]，n_e：電子の濃度[cm^{-3}]，μ_e：電子の移動度[$cm^2 \cdot V^{-1} \cdot s^{-1}$]，$n_h$：正孔（ホール）の濃度[$cm^{-3}$]，$\mu_h$：正孔の移動度[$cm^2 \cdot V^{-1} \cdot s^{-1}$]である．物質の導電性は σ の大きさによっておおよそ，$\sigma > 10^3 \Omega^{-1} \cdot cm^{-1}$，$10^3 \Omega^{-1} \cdot cm^{-1} > \sigma > 10^{-8} \Omega^{-1} \cdot cm^{-1}$，$\sigma < 10^{-8} \Omega^{-1} \cdot cm^{-1}$ の 3 つに分けられ，おのおのの範囲に導電率をもつ物質をそれぞれ金属導電体，半導体および絶縁体と呼んでいる．また，半導体においてはその主キャリヤーが電子（$n_e \gg n_h$）であるものを n 型半導体，正孔（$n_h \gg n_e$）であるものを p 型半

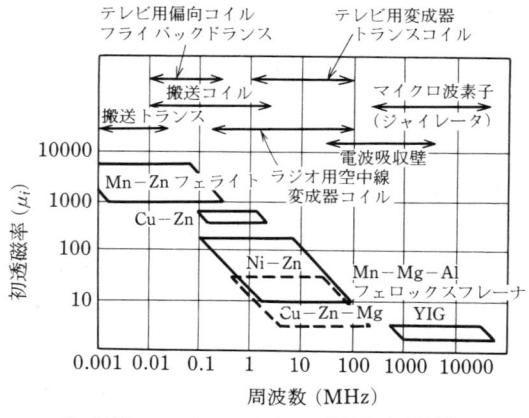

図 4.19 ソフトフェライトの特性と応用例[20]

導体と呼んでいる．ここでは半導性を示す無機材料の代表例として半導体セラミックスを取り上げ，その典型的なエネルギーバンド構造について説明したあと，半導体セラミックスに見られるいくつかの特徴的な導電率の電界依存性（電流-電圧特性），温度依存性（抵抗率-温度特性）および雰囲気依存性（ガス感応性）について述べる．

4.6.1 セラミックスの組織とエネルギーバンド構造

図4.20に，三重点粒界に第2相をもつセラミックスの組織の模式図と，図中の直線ABに沿った模式的なエネルギーバンド構造を示す．ここで，組織の模式図におけるγ_{ss}とγ_{sp}は，それぞれ焼結条件下におけるセラミックス粒子間，および粒子-第2相間の界面エネルギーであり，2ψはその二面角を表す．γ_{ss}とγ_{sp}の間には

$$2\gamma_{sp}\cos\psi=\gamma_{ss} \qquad (4.26)$$

の関係が成立しており，一般に$2\psi<60°$であれば三重点粒界部の第2相はたがいに連結し，$2\psi>120°$の場合この第2相は孤立する傾向にある[21]．三重点粒界相が空隙である場合，その空隙が材料を貫通している開気孔(open pore)か，孤立している閉気孔(closed pore)かによって，その粒界電子物性が大きく変化することが予想される．

また，エネルギーバンドモデルにおいては，粒子はn型の半導体で，その粒界に表面アクセプタ準位（密度$N_s[\text{cm}^{-2}]$）の存在を仮定し，熱平衡状態（外部電界=0）におけるものと，左側を負極として外部電界（電位差V）が印加された状態の両方を示している．図中，E_C, E_V, E_D, E_fはそれぞれ，伝導帯の下端，価電子帯の上端，ドナー準位およびフェルミ準位で，$e\phi_0$とl_0は熱平衡状態でのポテンシャル障壁の高さと電子空乏層の幅を表す．また，$e(\phi_0-V_L)$と$e(\phi_0+V_R)$は電界印加時の粒界の左および右側から見たポテンシャル障壁の高さで，l_Lとl_Rはそれぞれの側の電子空乏層の幅を表す．l_0, l_Lおよびl_Rは

$$l_0=\left\{\frac{2\varepsilon_d\varepsilon_0\phi_0}{eN_d}\right\}^{1/2} \qquad (4.27)$$

$$l_L=\left\{\frac{2\varepsilon_d\varepsilon_0(\phi_0-V_L)}{eN_d}\right\}^{1/2} \qquad (4.28)$$

$$l_R=\left\{\frac{2\varepsilon_d\varepsilon_0(\phi_0+V_R)}{eN_d}\right\}^{1/2} \qquad (4.29)$$

で表される．ここで，ε_d：電子空乏層の誘電率，N_d：イオン化したドナー準位の濃度，V_RおよびV_L：粒界部の右および左側に分配された電位差（$V=V_R+V_L$）である．このようなポテンシャル障壁層を二重ショットキー障壁層と呼び，この障壁層にかかわるJ-E特性は電界の向きに関係なく，

$$J\propto\exp\left\{\frac{-eE(l_L+l_R)}{kT}\right\} \qquad (4.30)$$

で表されるようなものとなる[22]．この特性は基本的に，半導体におけるp-n接合での順方向電流（拡散電流）の形式と同じであることが

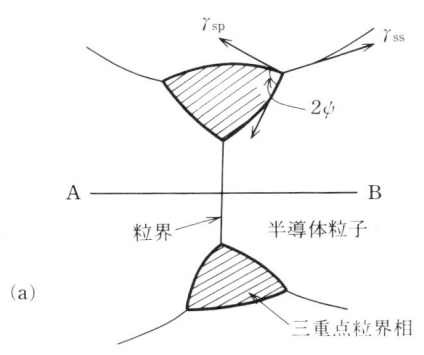

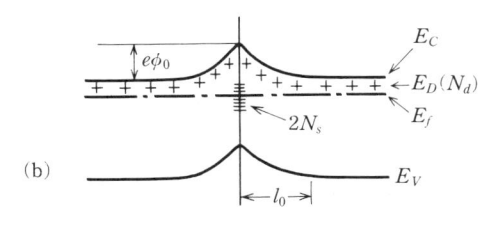

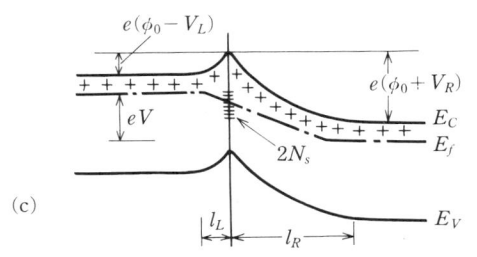

図4.20 三重点粒界に第2相をもつセラミックスの組織の模式図(a)，熱平衡状態でのエネルギーバンドモデル(b)，左側を負極として電位差Vを印加したときのエネルギーバンドモデルの概念図

わかる[23]．また，この障壁層の存在に伴う容量Cは，

$$\frac{1}{C}=\frac{l_L+l_R}{\varepsilon_d\varepsilon_0} \quad (4.31)$$

で表され，いま，ある印加電圧の範囲で$V\fallingdotseq V_R(V_L\fallingdotseq 0)$となる場合を仮定すると，$C$は(4.27)，(4.28)，(4.29)式より，

$$\left(\frac{1}{C}-\frac{1}{2C_0}\right)^2=\frac{2(\phi_0+V)}{e\varepsilon_d\varepsilon_0 N_d} \quad (4.32)$$

で表されるような電圧依存性を示すことが理解される[24]．ここで，C_0は熱平衡状態($V=0$)における容量で，$1/C_0=2l_0/\varepsilon_d\varepsilon_0$で与えられる．

4.6.2 電流-電圧特性

電流密度Jが電界Eに比例する，すなわち，σがEに依存しない場合をオーミック特性と呼び，半導体粒子内の電流-電圧特性は通常，オーミック特性に近いと考えられるが，粒界に図4.20に示すようなポテンシャル障壁が存在する場合，そのセラミックスの電流-電圧特性は非線形的となり，(4.30)式で示されるようなものとなることが期待される．しかしながら，粒界にBi_2O_3を主成分とした絶縁相を介在させた酸化亜鉛(ZnO)セラミックスにおいては，(4.30)式の指数関数で表されるものよりはるかに大きな非線形性をもつ$J-E$特性が見られる[25]．このような大きな非線形$J-E$特性をバリスタ特性と呼び，ZnO-Bi_2O_3系バリスタに見られる$J-E$特性は，通常$J=KE^\alpha$で表される．ここで，$\alpha(=d\ln J/d\ln E)$は非線形指数である．ZnO-Bi_2O_3系バリスタに見られる典型的な$J-E$特性とαのJ依存性を図4.21に示す[26]．この図より，バリスタ特性は，低電界でのオーミック領域，それにつづく前降伏(prebreakdown)領域から降伏(breakdown)領域，さらに高電界，高電流領域でのバルク(upturn)領域の部分から成っていることを示している．このようなZnO系セラミックスにおけるバリスタ特性には，基本的に次のような特徴的なことがらが見られる．

(1) 降伏領域におけるαには50～80に達

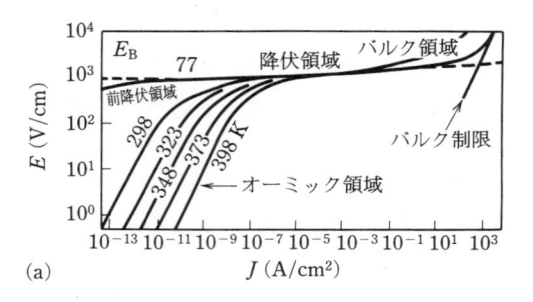

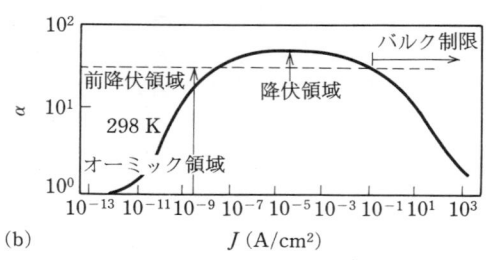

図 4.21 ZnO系セラミックスにおける典型的な$J-E$特性(a)と，非線形指数αのJ依存性[26]

する大きな値をとるものがある．

(2) 降伏領域での$J-E$特性は温度依存性を示さず，したがって降伏電界(E_B)は温度に依存しない．

(3) オーミック領域での電流は，温度の上昇，機械的圧力の印加により上昇する．

(4) MnOやCoOの添加はオーミック領域での電流を減少させ，α値を大きくする．

(5) E_Bよりかなり小さな電界の印加においても，電流が経時的に増大するというバリスタ特性の劣化(電流クリープ[27])現象が見られる．

ZnO系セラミックスのバリスタ特性を説明するのにその粒界障壁層モデルとして，図4.20に示したような単純な二重ショットキー障壁モデルでは，上記の諸現象は十分に説明できないことがわかっている．ZnO系バリスタの導電機構を説明するのに最も妥当と考えられている粒界障壁モデルは，図4.20の二重ショットキー障壁の間にきわめて薄い絶縁層が存在するというショットキー-粒界絶縁層-ショットキーモデルであり，このモデルにより，αの値，$J-E$特性，$C-V$特性，劣化特性に関する多くの実験事実を説明できるといわれている．

4.6.3 抵抗率-温度特性

導電率σの逆数が抵抗率ρであり，抵抗率の温度依存性は(4.25)式より本質的に，キャリヤー濃度nと移動度μの温度依存性に帰着できる．ここで，nは一般に$\exp(-\Delta E/kT)$の型(ΔE：活性化エネルギー)の温度依存性を，μはT^m(m：定数)の型の温度依存性を示すことから，半導体および絶縁体におけるρの温度依存性は，通常，$\rho \propto \exp(\Delta E/kT)$で表され，抵抗率は温度の上昇に伴い減少することが期待される．このような負の抵抗率-温度特性をNTCR (negative temperature coefficient of resistivity)特性と呼ぶ．一方，粒界障壁層の高さが温度とともに変化する場合，ρは特徴的な温度特性を示すことが期待されるが，なかでも，半導性チタン酸バリウムセラミックス($BaTiO_3$)のキュリー点以上の温度で見られる正の抵抗率-温度特性，すなわち，PTCR (positive temperature coefficient of resistivity)特性はその典型的な例である．

図4.22に，$BaTiO_3$半導体セラミックスに見られる典型的な3つの型のPTCR特性を示す[28]．1の特性は通常の製法により調製された，緻密化した大粒子径組織をもつ材料のPTCR特性で，2はPTCR効果の増大のために，表面アクセプタ準位を形成する物質として微量のMnOが添加された市販材料の特性であり，3は図4.20の組織図において，三重点粒界部がopen poreとなっている，多孔質小粒子径組織をもつ材料のPTCR特性である．これらのPTCR特性を示す材料の組織はそれぞれ異なった形態をとっているが，特に1と3の特性を示す材料の組織には際立った相違が見られる．それらの典型的な組織のSEM(走査型電子顕微鏡)像を図4.23に示す．図中，(a)は1の特性を示す高密度大粒子径組織をもつ材料の表面，破断面および破断面のエッチング面であり，(b)は多孔質小粒子径組織をもつ材料の破断面の像である．これより，1の特性のような小さなPTCR効果しか示さない材料の組織は，その表面は明確な粒界をもつ粒子形態をとっているが，材料内部はその破断面，エッチング面より，明確な粒界が存在せず，かつ，多数の閉気孔が存在する複雑なものとなっている．一方，3の特性を示す材料の組織は，明確な粒子形態をとっており，気孔はすべて開気孔から成っていることがわかる．この気孔が閉気孔となっているか開気孔となっているかが，粒界での十分な量の表面アクセプタ準位の形成を可能とするかどうかを決定しており，粒子形態の相違が得られる粒界物性に重大な影響を与えることを，この材料は明確に示している．

$BaTiO_3$におけるPTCR特性の発現機構については一般に，Heywang[29]による粒界障壁層モデルによりよく説明されるとされている．これは図4.20のバンドモデルにおける粒界障壁層の高さ$e\phi_0$が

$$e\phi_0 = e^2 N_s^2 / 2\varepsilon_r \varepsilon_0 N_d \quad (4.33)$$

で与えられ，キュリー点以上の温度でのε_rの急激な減少($\propto C/(T-T_c)$)に伴う，$e\phi_0$の上昇によりPTCR特性が現れるというものである．このようなきわめて単純なモデルではあるが，このモデルによりPTCR特性に関する基本的な実験事実を説明することができ

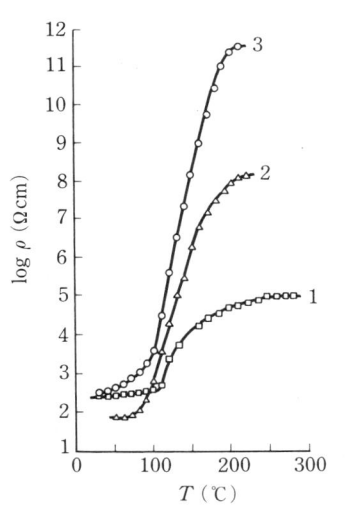

図4.22 $BaTiO_3$半導体セラミックスに見られる典型的な3つの型のPTCR特性[28]
1：高密度大粒子径組織をもつ材料
2：MnOを添加した市販材料
3：多孔質小粒子径組織をもつ材料

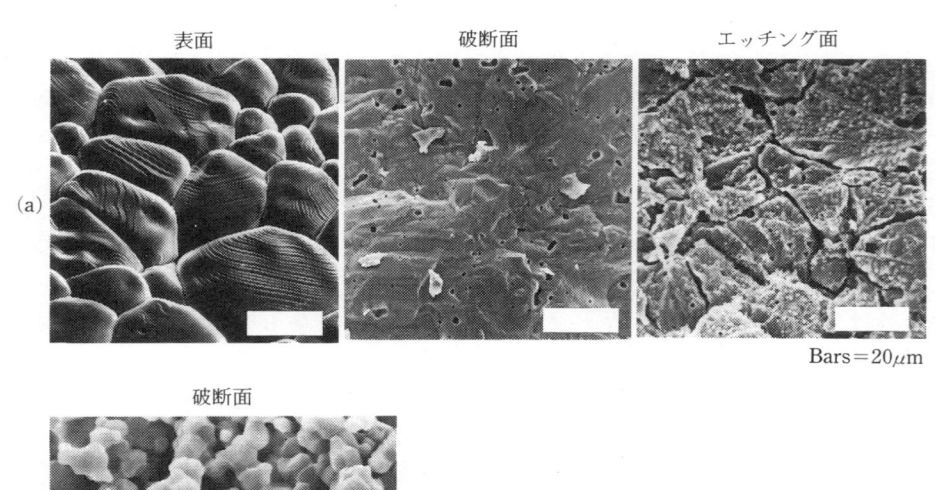

図 4.23 図 4.22 の 1 と 3 の PTCR 特性を示す材料の典型型的な組織の SEM 像
(a)：高密度大粒子径組織をもつ材料の表面，破断面，および破断面のエッチング像
(b)：多孔質小粒子径組織をもつ材料の破断面

るというのが定説となっている．しかしながら，実際にはいくつか疑問点も残っており，自発分極の温度依存性の観点から説明しようとする試みもある[30]．

4.6.4 抵抗率のガス感応性

金属化合物系半導体セラミックスのような物質においては，その抵抗率は電界や温度に対して依存性を示すだけでなく，可燃性あるいは非可燃性ガスの吸脱着に対しても顕著な変化，すなわち，ガス感応性を示すものが多い．抵抗率の変化によるガス感応性は，ガスが半導体表面に吸脱着する際，化学的な作用をし，半導体物質との間で電子の授受をすることに起因している．吸着ガスによるこの化学的な作用がセラミックスの粒子表面のみに限られるか，粒内にまで及ぶかにより，ガス感応の様式を 2 つに分類することができ，通常，前者を表面制御型，後者をバルク制御型と呼んでいる．これらの 2 つの型のガス感応性を示す材料の代表例を，表 4.7 に示す[31]．

表面制御型には，粒界制御型（ガスの吸脱着により粒界ポテンシャル障壁の高さが変化するもの）も同時に含まれているといえるが，多孔質 $BaTiO_3$ 半導体セラミックスの場合は，PTCR 効果と関連しており特に粒界制御型と呼ぶこともできる．

n 型半導体による表面制御型のガス感応機構の説明は，図 4.20 に示した熱平衡状態におけるバンドモデル図を用いて説明することができる．この場合，粒子表面のエネルギーバンド構造は，図の粒界を挟む一方の粒子の部分を除いたもので表される．吸着ガスにより形成されるエネルギー準位が半導体のフェルミ準位より下にくる場合，そのガスは表面アクセプタ準位を形成したことになり，結果として半導体より電子を取り込み半導体の抵抗率を上昇させることになる．この場合，ガスは半導体に対し負電荷吸着したことを意味する．逆に，吸着ガスが半導体のフェルミ準位より高い位置にエネルギー準位を形成する

4. 無機材料物性

表 4.7 代表的な半導体ガスセンサー材料と制御形式[31]

形	注目する物性	センサー例	作動温度	代表的被検ガス
表面制御形 (表面での吸着と反応)	電気伝導度	SnO_2, ZnO, 半導体 $BaTiO_3$	室温～450°C	可燃性ガス
	表面電位	Ag_2O	室温	メルカプタン
	整流特性 (ダイオード)	Pd/CdS, Pd/TiO_2	室温～200°C	H_2, CO, エタノール
	しきい値電圧 (トランジスタ)	Pdゲート MOSFET	150°C	H_2, H_2S
バルク制御形 (格子欠陥)	電気伝導度	$La_{1-x}Sr_xCoO_3$, $\gamma\text{-}Fe_2O_3$	300～450°C	エタノール, 可燃性ガス
		TiO_2, $CoO\text{-}MgO$, SnO_2	700°C以上	O_2

場合,表面ドナー準位が形成されたことになり,吸着ガスは半導体に電子を与え半導体の抵抗率を下げることになる.これはガスが半導体に対し正電荷吸着したことを意味している.これらのガス吸着が粒界部でも起こり,粒界でのポテンシャル障壁の高さが変化し,粒界部の抵抗変化の方が粒子表面での抵抗率の変化より大きく,結果として粒界抵抗の変化が材料全体の変化を決定している場合,この型のガス感応性を粒界制御型ということができる.

表面制御型のガス感応性を利用したガスセンサー材料の開発においては,そのガス選択性が小さいという問題があるが,増感剤としてPtやPdを添加し,素子の温度を変化させることによりガス選択性を改善することが可能である.典型的な表面制御型のセンサー材料であるSnO_2セラミックス(低温用)におけるガス感応性の温度依存性を図4.24に示す[32].

バルク制御型のガス感応性は粒内の格子欠陥の生成と関係しており,一般に高温で起こるものが多い.その典型的なガス感応機構は金属酸化物セラミックスの表面に可燃性ガスが接触し,そのとき酸化物の格子酸素が奪われ,結晶中の酸素欠陥濃度が変化することにより抵抗率が変化するというものである.これらのガス感応性を示すセラミックス材料の例は表4.7に示してあるが,たとえばn型半導体におけるアルコールに対する感応性はKröger-Vinkの記法[33]を用いて,次のように表現することができる.

応答 $C_2H_5OH + 6O_o^x$
    $= 2CO_2 + 3H_2O + 6V_o^{\cdot\cdot} + 12e'$

復元 $V_o^{\cdot\cdot} + (1/2)O_2 + 2e' = O_o^x$

上記の式により,アルコールの作用により発生する電子の濃度の増加により,n型半導体の場合は抵抗率が減少し,p型半導体の場合

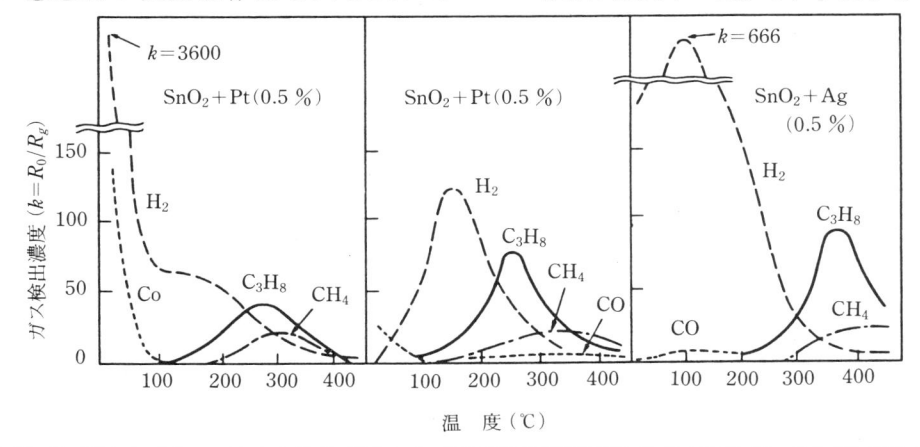

図 4.24 Pt, PdおよびAgを添加したSnO_2素子のガス検出感度の温度依存性 R_0およびR_gは,それぞれ空気中および被検ガス中での素子の電気抵抗[32]
被検ガス濃度:CO 0.02%, H_2 0.8%, C_3H_8 0.2%, CH_4 0.5%(空気希釈)

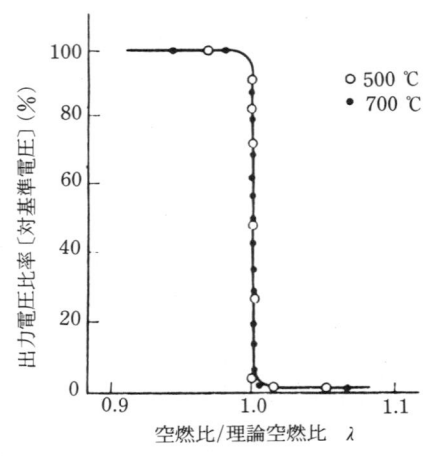

図 4.25 燃焼制御用 TiO_2 酸素センサーの出力電圧－空燃比特性[34]

は抵抗率が増大することになる．このようなバルク制御型のガス感応性を示す材料の場合，その半導体の結晶構造は多量の酸素欠陥を含む状態でも安定なものであることが要求される．欠陥生成による電気伝導度の変化を顕著にするため，この種のセンサー材料は通常高温で用いられるが，その重要な応用として自動車エンジンなどの空燃比制御を目的とした燃焼制御用センサーがある．そのようなセンサー材料の特性例を図 4.25 に示す[34]．

4.7 超伝導性

超伝導性は抵抗率がゼロであると同時に磁気的に完全反磁性である状態をいうが，従来超伝導体といえば Hg や Nb_3Sn，Nb_3Ge などの金属や合金系の物質を指すのがほとんどであった．実際，無機材料系の超伝導物質として興味がもたれていたのは，$Ba(Pb, Bi)O_3$，$LiTi_2O_4$，$PbMo_6S_8$ くらいであり，無機材料の物性として超伝導性が考えられることはあまりなかった．ところが最近では，銅酸化物 (La-Ba-Cu-O) 系セラミックスが，従来の金属系超伝導体よりも高い超伝導臨界温度 (T_C) をもつ超伝導性を示すことが判明して以来[35]，超伝導セラミックスの理論と応用に関する研究が世界各地でフィーバー的に行われ，従来のものより高い T_C をもつ種々の酸化物超伝導体(以下，高温超伝導体と呼ぶ)が見出され，無機材料物性におけるきわめて重要かつ新しい分野が拓かれた．この高温超伝導セラミックスの出現以来，超伝導理論に関する解説書[36]〜[38]が数多く出版されており，その原理的なことがらについてはそれらの書物を参照していただくことにして，ここでは超伝導性を示す物質の化学組成と結晶構造および T_C と臨界電流密度 (J_C) に関することがらについてのみ述べる．

4.7.1 セラミックス超伝導体の組成と結晶構造

これまでにさまざまな組成をもつ高温超伝導物質が見出されているが，なかでも発見の経過，結晶構造，T_C の観点から，基本的に重要なものとして，$(La_{1-x}M_x)_2CuO_4$：M＝Ba (T_C〜30 K)，Sr (T_C〜40 K)，$YBa_2Cu_3O_7$ (T_C〜90 K)，$Bi_2Sr_2Ca_2Cu_3O_{10}$ (T_C〜115 K) の基本組成をもつ3つの物質があげられる．これらの3種の物質の基本的な結晶構造を図 4.26 に示す．これらのうち，$(La_{1-x}Ba_x)_2CuO_4$ は高温超伝導体発見の端緒[35]となったもので，その基本物質の La_2CuO_4 の結晶構造は K_2NiF_4 型と呼ばれ，図 4.11 に示したペロブスカイト構造と密接に関連したものである．この結晶構造には Cu-O 八面体が存在し，それに関連した CuO_2 面が存在するのが特徴であり，かつその存在が超伝導性の発現に直接関与していると考えられている．La_2CuO_4 はそれ自体は超伝導性を示さないが，La^{3+} の位置に M^{2+} を置換することにより，Cu の価数が 2+ 以上となり(正孔が導入され)，超伝導性を示すようになるといわれている．2番目の $YBa_2Cu_3O_7$ は，その T_C が初めて液体窒素温度(77 K)を超えたものであり，超伝導材料の開発史において記念すべき物質である．この物質の結晶構造もペロブスカイト構造を基本としており，3層に積層したペロブスカイト構造から2個分の酸素を抜いた構造をとっている．この構造には，ピラミッド型 CuO_2 面が単位格子中3枚存在するのが特徴で，この場合もその存在が超伝導性に直接関与していると考えられている．3番目の Bi_2Sr_2

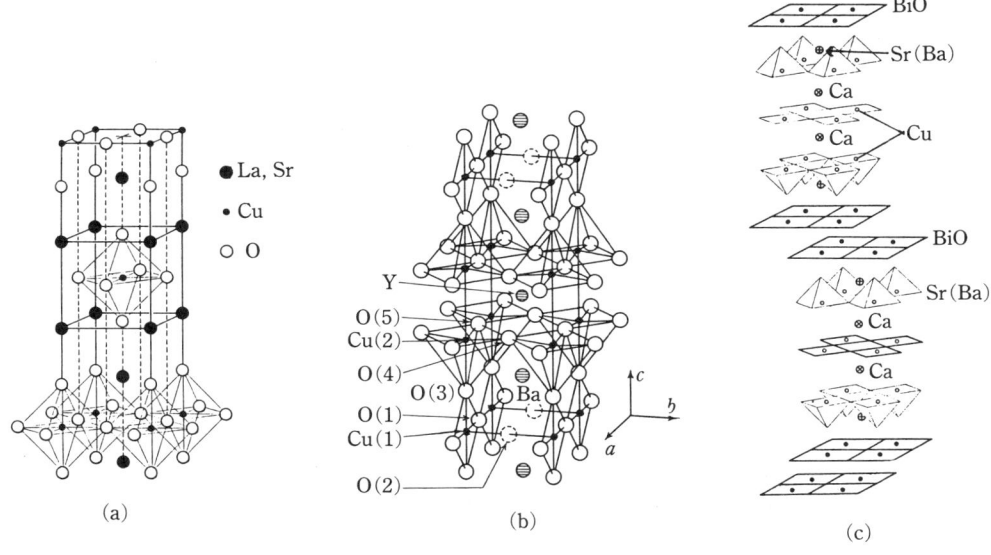

図 4.26 高温超伝導物質の結晶構造[39]
(a) $(La_{1-x}Sr_x)_2CuO_4$, (b) $YBa_2Cu_3O_y$, (c) $Bi_2Sr_2Ca_2Cu_3O_{10}$

$Ca_2Cu_3O_{10}$ は，これまでの高温超伝導体のなかで最高の T_c をもつグループに属し，かつ，希土類元素を含まない高温超伝導体として特に注目を浴びているものである．この構造の特徴は，前二者の構造が CuO_2 面のみを有するのに対し，ピラミッド型 CuO_2 面2枚と単純1枚の計3枚のほかに2枚の Bi_2O_2 層を含む点にある．Bi 系超伝導体にはこのほかに，CuO_2 面を1枚あるいは2枚含むものがあるが，CuO_2 面の数の増加に従い T_c も上昇することが判明している[39]．

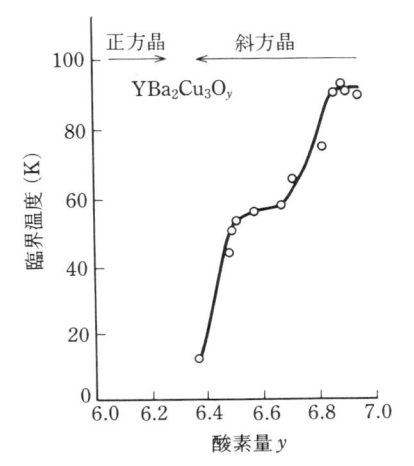

図 4.27 $YBa_2Cu_3O_y$ における y と臨界温度 T_c の関係[41]

これまでの高温超伝導体はすべて銅酸化物を基本としている．超伝導性の発現は銅酸化物が非化学量論組成をもつことと密接に関係しており，結果として銅イオンの価数は $2+$ からずれた値をとることになる．$YBa_2Cu_3O_y$ は，その超伝導性が酸素欠陥濃度に関連した非化学量論性に対して大きな依存性を示す典型的な物質であり，酸素イオンの量とその T_c の関係を図 4.27 に示す[40]．図より，酸素イオンの量が 6.3 以下であれば正方晶，それ以上であれば斜方晶の構造をとることがわかり，また，斜方晶の $YBa_2Cu_3O_y$ のみが超伝導体となることがわかる．この物質はまた，温度によっても酸素量が変化し，500〜700°C 付近に正方-斜方相転移温度をもち，その温度以上で正方晶その温度以下で斜方晶となることから，転移温度付近で十分に酸素を吸収させることが良好な超伝導体を得るのに不可欠であるとされている．

4.7.2 結晶の異方性と超伝導特性

銅酸化物系高温超伝導体の結晶構造は，CuO_2 面を含む層状構造を基本としており，いずれの結晶においてもその超伝導特性には大きな異方性が存在する．$YBa_2Cu_3O_7$ を例に

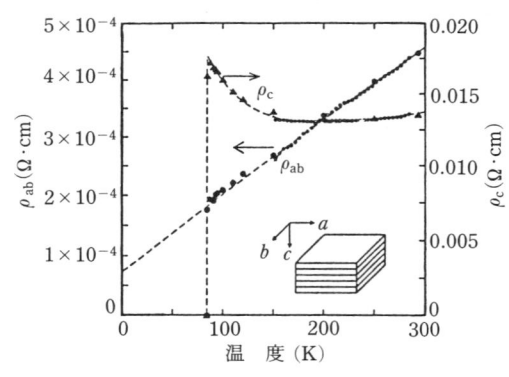

図 4.28 YBa$_2$Cu$_3$O$_7$単結晶の導電性における異方性[42]

とると, 図4.28に示すように, YBa$_2$Cu$_3$O$_7$単結晶のc軸方向とab面内での抵抗率は大きく異なり, 約100倍に近い差があることがわかる[41]. これより, J_Cの高い超伝導体材料を開発するには, 超伝導特性の異方性を考慮した配向性セラミックスの製造法の確立が重要な技術的課題といえる. 実際, いくつかの手法により結晶軸を配向させた単結晶的なバルク試料が作成されており, それらが非常に高いJ_C値を示すことが報告されている[42],[43].

また, 高温超伝導体セラミックスのJ_Cは組織の影響を受けることが予想されるが[44], 実際, YBa$_2$Cu$_3$O$_7$セラミックスにおいてJ_Cの顕著な粒径依存性が見出され, 粒径約1μm程度のところでJ_Cが最大値を示すという結果も報告されている[45]. 〔桑 原 誠〕

文　献

1) J.F. Nye: "Physical Properties of Crystals", p.3, Oxford Univ. Press (1957).
2) 中島昌雄:"分子の対称と群論", p.1, 東京化学同人 (1973).
3) C.Kittel, 宇野良晴ら訳:"固体物理学入門 下", p.379, 丸善 (1979).
4) 一ノ瀬昇, 塩崎忠:"エレクトロセラミックス", p.83, 技報堂 (1984).
5) 岡 小天, 中田 修:"固体誘電体論", p.80, 岩波書店 (1968).
6) J.H.van Vleck, 小谷正雄ら訳:"物質の電気分極と磁性", p.29, 吉岡書店 (1974).
7) W.J. Merz: *Phys. Rev.*, **76**, 1221(1949).
8) M. Kuwabara: Processing Science of Advanced Ceramics. *Mater. Res. Soc.*, **155**, 205 (1989).
9) F.A.Grant: *J. Appl. Phys.*, **29**, 76(1958).
10) 池田拓郎:"圧電材料学の基礎", p.13, オーム社 (1984).
11) 圧電セラミックス振動子の試験方法(EMAS-6007), p.25, 電子材料工業会 (1977).
12) F.S. Galasso:"Structure, Properties and Preparation of Perovskite-Type Compounds", p.11, Pergamon (1969).
13) E. Sawaguchi: *J. Phys. Soc. Jpn.*, **8**, 615(1953).
14) B. Jaffe, W.R. Cook Jr. and H. Jaffe: Piezoelectric Ceramics, p.142, Academic Press (1971).
15) 石垣武夫, 上田一郎:エレクトロニク・セラミクス, **12**, 31 (1981).
16) 福田承生, 福田勝義:エレクトロニク・セラミクス, **12**, 14 (1981).
17) 文献 3), p.454.
18) 柳田博明, 高田雅介:電子材料セラミックス, p.32, 技報堂 (1983).
19) 小西良弘, 小林成彬, 辻 俊郎:"フェライトエレクトロニクス", p.13, 日刊工業 (1975).
20) 岡本祥一:セラミックス材料技術集成, p.368, 産業技術センター (1978).
21) W.D. Kingery, H.K. Bowen and D.R. Uhlmann, 小松ら訳:"セラミックス材料科学入門 基礎編", p.206, 内田老鶴 (1981).
22) G.T. Mallick, Jr. and P.R. Emtage: *J. Appl. Phys.*, **39**, 3088(1968).
23) S.M. Sze: "Physics Semiconductor Devices", p.74, John Wiley (1981).
24) K. Mukae, K. Tsuda and I. Nagasawa: *J. Appl. Phys.*, **50**, 4475(1979).
25) M. Matsuoka: *Japan. J. Appl. Phys.*, **10**, 736(1971).
26) L.M. Levinson and H.R. Philipp: *J. Appl. Phys.*, **46**, 1332(1975).
27) A. Iga, M. Matsuoka and T. Masuyama: *Japan. J. Appl. Phys.*, **15**, 1847 (1976).
28) 桑原 誠:材料科学, **25**, 215(1989).
29) W. Heywang: *J. Am. Ceram. Soc.*, **47**, 484(1964).
30) 桑原 誠:エレクトロニク・セラミクス, **19**, 15(1988).
31) 文献 4) p.198.
32) 山添 昇:電子技術, **25**, [5] 44(1983).
33) F.A. Kröger and H.J. Vink: "Solid State Physics vol. 3", p.307, Academic Press (1965).
34) 坂野久夫:"ニューセラミックス", p.52, バ

ワー社 (1986).
35) J.B. Bednorz and K.A. Müller: *Z. Phys.*, **B64**, 189(1986).
36) 長谷川安利, 岡村富士夫, 小野 晃："超伝導セラミックス", 工業調査会 (1987).
37) 高温超伝導(パリティ別冊 No. 4), 丸善 (1988).
38) 高温超伝導(パリティ別冊 No. 6), 丸善 (1989).
39) 北沢宏一, 文献 37), p. 8.
40) 長谷川哲也, 岸尾光二, 北沢宏一：応用物理, **59**, 83(1990).
41) S.W. Tozer, A.W. Kleinsasser, T.Penny, D.Kaizer and F.Holtzberg: *Phys. Rev. Lett.*, **59**, 1768(1987).
42) S. Jin, T.H. Tiefel, R.C. Scherwood, M.E. Davis, R.B. van Dover, G.W. Kammlott, R.A. Fastnacht and H. D. Keith:*Appl. Phys. Lett.*,**52**, 2074(1988).
43) K. Salama, V. Selvamanickam, L.Gao and K. Sun: *Appl. Phys. Lett.*, **54**, 2352(1989).
44) D.R. Clarke, T.M. Shaw and D.Dimos: *J. Am. Ceram. Soc.*, **72**, 1103(1989).
45) M. Kuwabara and H.Shimooka: *Appl. Phys. Lett.*, **55**, 2781(1989).

4.8 機械的特性
4.8.1 完全結晶の強度(理想強度)

無機材料の多くは室温では脆性的であるので, その材料が完全に脆性的であると仮定してその強度(破断応力)を近似的に求めることができる. さらに材料中に欠陥が全くないと仮定して, その理想強度(ideal strength)が求められる.

理想強度に関する代表的な理論の1つは, E. Orowan[1]によるものであろう. この理論では, ある1つの原子網面(面間隔$=a_0$)に沿って破壊が瞬時に生ずる, この原子網面同士に働く力はひずみ(ε)の正弦関数で表される, 力の最大値が理想強度σ_{th}を与えると仮定する. この仮定でσ_{th}は,

$$\sigma_{th}=\sqrt{\frac{\gamma E}{a_0}} \quad (4.34)$$

で与えられる. γは比表面エネルギー, Eはこの面に垂直な方向での弾性率である.

無機材料のγの値は正確には知られていないが, 大雑把な値からσ_{th}を求めるとSiC[1 1 1]で22 GPa, MgO[1 1 1]で25 GPaとなる. (4.34)式によるσ_{th}の値は材料によってはウィスカーの強度の2～3倍の値を与え, 大雑把には正しいが近似の精度は高いとはいいがたい.

最近, 材料を構成する原子, イオン間に働く力が二体力であることに着目して, 材料の変態点での熱ひずみが, 3次元等軸的引張応力下での破断ひずみにほぼ等しいか, やや小さいことを使い, さらに3次元等軸的引張応力下での破断体積ひずみが1次元的引張応力下での破断体積ひずみにほぼ等しいとの仮定を用いて, 理想強度を熱的特性値から求める方法が考案されている[2),3)]. この方法では温度Tでの理想強度$\sigma_{th}(T)$は下式で与えられる.

$$\sigma_{th}(T) \geqq 3\int_T^{T_X}\frac{\alpha E}{1-2\mu}dT \quad (4.35)$$

ここにα, μ, T_Xはそれぞれ, 熱膨張率, ポアソン比, 変態点(固相-固有変態点, 融点, 昇華・分解点, 脆性・塑性変態点)のなかで最も低い温度である.

また, この方法によれば理想破断ひずみ$\varepsilon_{th}(T)$は下式で与えられる.

$$\varepsilon_{th}(T) \geqq 3\int_T^{T_X}\frac{\alpha}{1-2\mu}dT \quad (4.36)$$

(4.35)式によって得られた高温理想強度の例を図4.29にSiC, Si_3N_4などに対して示した. 図4.29に見られるように, $\sigma_{th}(T)$は, 一般に温度とともにほぼ直線的に低下することが導かれる.

(4.35)式の計算結果が各種材料について表4.8に示されている. 室温でのウィスカー強度と比べ, 一致はかなりよい. また, (4.36)式で与えられる$\varepsilon_{th}(RT)$は多くの材料で3～4%である.

また, 融点, 分解点などの高い無機材料が室温強度も高いとの経験則も(4.35)式から説明される[3)].

4.8.2 欠陥をもつ材料の強度(現実の材料強度)
a. グリフィスの理論　材料の理想強度

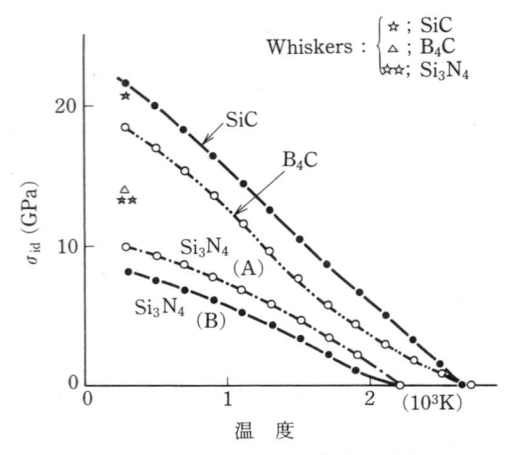

図 4.29 代表的材料の高温理想強度(計算値)
△, ☆☆はウィスカーの強度

はきわめて大きいが，現実の材料の強度は理想強度の1/10〜1/100程度である．この理由は現実の材料は内部，表面に各種の欠陥（亀裂，孔，介在物など）を有するためである．このような材料に応力を加えると，亀裂，孔などの欠陥は応力を分担せず，また，介在物ではひずみに不連続を生ずるので欠陥近傍に応力集中が生じ，平均応力よりかなり高い応力が欠陥先端に働き，亀裂が伝播(propagation)し，あるいは亀裂が発生(initiation)し，結

表 4.8 各種材料の理想強度(計算値)[3], T_X, ウィスカー強度

特性 材料	理想強度(GPa) RT	1400°C	T_X(K) (弾性率急落点)	ウィスカー強度 RT (GPa)
SiC	22	9	—	21
Si₃N₄	10	3.5	—	14
AlN	25 9.5	10 —	— 1300	7
B₄C	19	6	—	14
TiC	29 26	16 —	— 1600	
HfC	29 20	19 7	— 2300	
α-Al₂O₃	19	—	1100	19
BeO	27	—	1200	13
C-ZrO₂	6.5	—	800	4
MgO	24.5	—	1200	24

果としては理想強度よりはるかに低い応力で材料が破断する．

欠陥をもつ材料の強度に関する代表的理論の1つは，A.G. Griffith[4]によるものであろう．この理論においても無機材料は完全に脆性的であり，ひずみと応力は比例関係にあり，かつ材料と雰囲気の間で相互作用は全くないと仮定する．また欠陥はペニー型(penny-shaped)すなわち，端面が鋭い円形の亀裂と仮定する．

さて，応力下にある材料のもつ自由エネルギー G はひずみエネルギー E_K と亀裂のもつ表面エネルギー $E_c = 2\gamma S$ (γ：比表面エネルギー，S：亀裂表面面積)および亀裂以外の部分の表面エネルギー E_s である．さて，応力下で亀裂が伸びて S が増加すると，E_c の増加と，亀裂近くでの E_K の減少をひき起こす．E_K は応力 σ の関数 $E_K(\sigma)$ である．σ の増加は E_K の増加を伴うが，破壊応力 σ_f 以上では S の増加と E_K の減少を伴う．それゆえ，破壊を熱力学的変化と見れば，σ_f は，下式において等号を採用して解くことにより定まる．

$$\Delta G = \Delta(E_K(\sigma) + E_c + E_s)$$
$$= \Delta E_K(\sigma) + 2\gamma \Delta S \leq 0 \quad (4.37)$$

先のGriffithの仮定から ΔE_K の関数形が定まり，σ_f は下記のようになる．

$$\sigma_f = \sqrt{\frac{2\gamma E}{\pi a}} \quad (4.38)$$

a は亀裂の長さである．

無機材料では，一般に $a \simeq 20 \sim 200\ \mu m$ である．(4.34)式と(4.38)式とを比較すると，現実の材料が σ_{th} に比べきわめて小さいことがよく説明されている．また，(4.38)式は亀裂長さの平方根に強度が逆比例していること，および σ_f 以下の応力では破壊は生じないことを示している．これも短時間で生ずる破壊に関して広い範囲で現実の結果と一致している．

代表的材料の強度を表4.9に示した．

b. スロークラックグロース 古くからの理論では，材料と雰囲気とは反応しないと仮定している．しかし，これは破壊が瞬時に

4. 無機材料物性

表 4.9 各種材料の強度(σ_f),破壊靱性(K_{1C}), n

材料	特性	$\sigma^{f3)}$(GPA) RT	(4-P)* 1400°C	K_{1C} (MPam$^{1/2}$)	$n^{5)}$
SiC	(HP)** (焼結)	1.15 0.85	1.1 0.9	2.5〜5	80(RT), 21(1400°C)
Si$_3$N$_4$	(HP) (焼結)	1.5 0.8	1.1 0.6	5〜7.5	50〜120 (RT〜1200°C)
AlN	(HP) (焼結)	0.9 0.7	0.85 0.65	3〜3.5	
SiAlON	(HP) (焼結)	1.5 0.8	1.05 0.75	3〜6	50〜100 (RT〜1200°C)
ムライト	(HP) (焼結)	0.4 0.3	0.4 0.3	3〜4$^{7)}$	60(RT)$^{9)}$ 25(1200°C)$^{8)}$
Al$_2$O$_3$	(焼結)	0.5	0.15(1000°C)	2〜4	29(RT), 17(1000°C)
PSZ	(焼結)	3.0	0.9(500°C)	8〜15$^{6)}$	50〜55(RT)
PZT	(焼結)	0.3	—	0.7〜1	55〜65(RT)
磁器	(焼結)	0.12		1〜1.5	25〜35(RT)
ガラス(ソーダ石灰シリカ)		0.05	—	0.7	16〜18(RT)
セメント(ポルトランド)		—		〜0.3	18〜34(RT)

* 四点曲げ強度,** ホットプレス

生じ(即時破壊),反応の生ずる時間が無視できるとき,および雰囲気が Ar,真空などで不活性のときにのみ正しい.

実際は,無機材料は大気中の H$_2$O などと反応し,亀裂先端部で応力腐食が生じ,σ_f 以下の応力下でも亀裂がゆっくりと伝播することが,S.M.Wiederhorn[10] らによって実証されている.この亀裂伝播はスロークラックグロース(slow crack growth: SCG)と呼ばれている.

SCG の様子はガラスを例として[11] 図4.30 に示すごとく,応力拡大係数 $K_1 \equiv Y\sigma a^{1/2}$($Y$:形状因子,通常1〜2,$a$:亀裂長さ)の関数として一義的に表現される.図4.30に示すように,亀裂伝播速度 v は $K_1 \leq K_{10}$(領域 0)ではきわめて小さく,$K_{10} < K_1 \leq K_{1S}$(領域 I)で大きくなり,$K_{1S} < K_1 < K_{1C}$(領域 II)ではほぼ一定となり,$K_1 = K_{1C}$ で急に立ち上がる.

K_{1C} は臨界応力拡大係数(critical stress intensity factor)または破壊靱性(fracture toughness)と呼ばれ,グリフィス(Griffith)破壊,または即時破壊はここで生ずる.領域 II は v が亀裂面を拡散する水の速度で律速される領域といわれ,不活性な SiC,Si$_3$N$_4$ などでは現れない.また水分のみの雰囲気でも現れない[12].K_{1C} の値の例が表4.9に示されている.

K_{1C} は即時破壊強度 σ_f,亀裂長さ a_i と次の式で関係づけられている.

$$K_{1C} = Y\sigma_f a_i^{1/2} \quad (4.39)$$

SCG の存在は,無機材料に疲労破壊が存

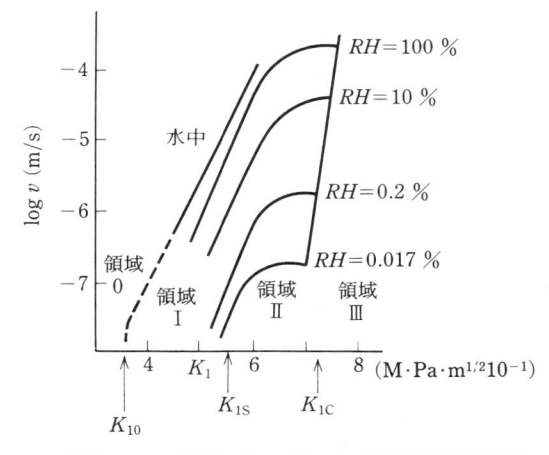

図 4.30 ソーダ石灰シリカガラスにおける亀裂伝播速度 v と応力拡大係数 K_1(K_{1C}:臨界応力拡大係数)

在することを示すもので，図4.30は無機材料の寿命予測に重要な役割を果たす．

図4.30を領域Ⅰ，Ⅱ，Ⅲに分けて考えれば，各領域で$\log v-\log K_1$プロットが直線となるので，亀裂伝播の運動方程式は下記の形になる[13]．

$$v=da/dt=AK_1^n=AY^n\sigma^n a^{n/2} \quad (4.40)$$

(4.40)式は多くの場合，変数分離型微分方程式として解いてよく，次の形に積分される．

$$a_i^{\frac{2-n}{2}}-a^{\frac{2-n}{2}}=\left(\frac{n-2}{2}\right)AY^n\int_0^t\sigma^n dt \quad (4.41)$$

ここにa_iは亀裂の初期長さである．(4.41)式はセラミックスの破壊力学(fracture mechanics)の基礎で，寿命予測，部品設計の基礎(→§4.10)となる．

(4.40)式のnの値は水と反応しがたい材料で大きな値となる傾向がある．nは大雑把に20～80で，代表的な値が表4.9に示されている．

(4.41)式から全く同じ部品(形状，a_iとも)では次式の成り立つことがただちにわかる．

$$\int_0^{t_1}\sigma_1^n dt=\int_0^{t_2}\sigma_2^n dt \quad (4.42)$$

ここにt_1，t_2は応力σ_1，σ_2の下での寿命である．σ_1，σ_2が一定，または同じ周期の同形の関数なら(4.42)式から次式が得られる．

$$\frac{t_1}{t_2}=\left(\frac{\sigma_2}{\sigma_1}\right)^n \quad (4.43)$$

これは無機材料部品の平均寿命に関し，広く成り立つ式である．

c. 破壊靱性 線型力学の結論として，セラミックスのように完全脆性体として近似できる材料では，力学的挙動が応力拡大係数K_1で一義的に記述できることが知られている．即時破壊がその例で，材料に特徴的な破壊靱性または臨界応力拡大係数K_{1c}で即時破壊が生ずると結論される(→SCG(§4.8.2b)．しかし，実際にはK_{1c}は定数ではなく，気孔率，組織，プロセスなどに依存し，測定法にも依存する．各種の測定法が考案されているが，貞広[14]によって考案された，いわゆるIB法が信頼性の高い方法とされている．破壊靱性は破面形成エネルギー(吸収エネルギー)に深く関与し，実用的には$\sqrt{2\gamma'E}$で与えられる．γ'は単位面積の破面形成エネルギーで，破面が完全平面であれば比表面エネルギーγに一致する．凹凸が生ずればγ'が大きくなるので，組織，組成の工夫などで破壊靱性を大きくすることが試みられている．現実の値ではγ'はγの10～30倍である．

K_{1c}はセラミックスでは2～8 MPa・m$^{1/2}$(表4.9)に入るものが多く，5 MPam$^{1/2}$以上であればかなり苛酷な使用に耐える．

d. 強靱化 無機材料の多くは圧縮応力には強いが引張応力に弱い．Si_3N_4，SiCなど強さだけでは鉄鋼を凌ぐ材料が出現しているが，靱性には劣る．これらの欠点を改良しようとするのが強靱化手法である．

i) 変態強靱化(transformation toughening): ZrO_2には単斜，正方，立方の3結晶型が知られている．室温で単斜，高温で立方晶である．ZrO_2に3～5$^{m}/_o Y_2O_3$を添加すると単斜晶と正方晶，正方晶と立方晶などの共存域が現れる(図4.31)．この材料は部分安定化ZrO_2(PSZ)と呼ばれている．PSZを高温(≥1200°C)から急冷すると，本来変態してしまうはずの立方晶，正方晶などが未変態のまま室温にもち越される．この状態で

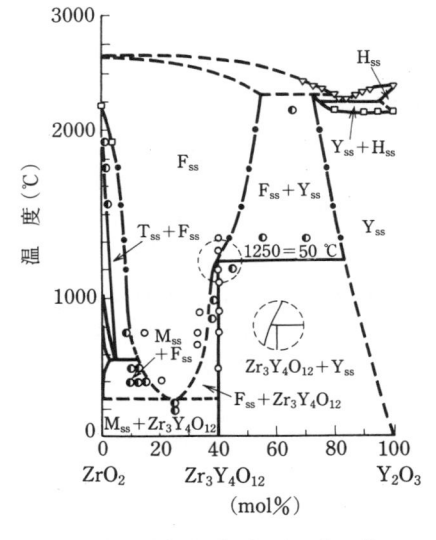

図 4.31 ZrO_2-Y_2O_3系平衡状態図[15]

引張応力が加えられると，未変態の部分（微粒子）が安定相に変態（マルテンサイト変態）する．この変態に際して体積が約3%増加する．この体積増加のため，変態した微粒子の周辺に圧縮応力が生ずる．圧縮応力は加えられた引張応力を相殺し，また，引張応力により仕事を吸収する．このため，PSZは高強度，かつ高靱性となる．生ずる圧縮応力は約1 GPaと推定される．この変態を利用した強化が変態強靱化と呼ばれている．

PSZの破壊応力は約3 GPa，K_{1c}は7〜10 MPa・m$^{1/2}$に達し，室温近傍では最強の無機材料である．しかし，500°C以上ではこの強靱化は有効でなくなる．

PSZをAl_2O_3などに分散させることにより，ZrO_2以外にもAl_2O_3などの強靱化も可能で，実用化されている[16]．

ZrO_2系にはPSZ以外にも強靱な材料がつくりだされている[17] (tetragonal-ZrO_2-polycrystal : TZP)．また，この手法は，ZrO_2と同構造のCeO_2にも適用可能である．ZrO_2に対する添加材はY_2O_3以外にMgO，CaOなども有効である．

ii) 表面圧縮層による強化： 材料表面に圧縮応力$σ_c$を導入すれば，おおよそ$σ_c$だけは引張破壊応力が向上する．$σ_c$の導入には風冷強化，化学強化，イオン注入，変態相導入などが用いられる．

風冷強化では板ガラスなどを軟化点温度まで加熱したのち，表面に冷風を吹きつけて行う．このときの$σ_c$は次式で与えられる[18]．

$$σ_c ≈ \frac{αElQ}{24k(1-μ)} \quad (4.44)$$

ここに，$α, E, l, Q, k, μ$はそれぞれ熱膨張率，弾性率，板厚，冷却能，熱伝導率，ポアソン比である．$σ_c = 100〜150$ MPaで風冷強化により未処理ガラスの2〜3倍に強度が向上する．自動車，鉄道車輌の窓ガラスに利用されるが，これらは安全上の規則により，最近合わせ強化ガラスに置換される傾向にある．

上式で明らかなように，板厚lが小さいと強化は実効を失う．このような場合には化学強化法が用いられる．この方法ではガラス中のLi^+をNa^+で，Na^+をK^+で置換しイオン半径の差によって圧縮応力を生ずる[19]．置換は，ガラスと溶融塩をひずみ点以下の温度（≦500°C）で接触（浸漬が一般的）させて行う．この方法で300〜400 MPaの圧縮応力をガラス表面に与えうる．風冷強化よりは強化の度合いは大きいが工業的には制約が多い．

上の2方法はガラスには適用できるが，一般の無機材料には適用困難である．結晶性の材料にはイオン注入が有効である．この方法では100 keV以上に加速した陽イオンを無機材料に注入する．$10^{15}〜10^{17}$イオン/cm^{2}以上の注入で，無機材料表面層（100〜300 nm）に圧縮層が形成され，未処理材の1.5倍程度に強化される[20]．Al_2O_3，SiC，ZrO_2などに適用されるが実用に未だ供されていない．

きわめて特殊な方法として，表面寄生相を利用する方法がZrO_2系材料に適用される．この方法では，ZrO_2表面に研削，摩耗などでせん断応力を加えると，ZrO_2表面層でのみ安定な菱面体晶が生成され，この変態に際して約3%の体積増加のあることを利用する．イオン注入によってもこの相が形成される．圧縮層の深さは1〜10 μmで，この相の形成により約30%程度の強度上昇が得られる[21]．また靱性も未処理状態に比べ約100%向上する．菱面体晶は約400°Cまで安定で，この温度以下ではこの強化法が有効である．現実の多くのZrO_2系部品では無意識に，この手法が実施されていると考えられる．

iii) 繊維による強化： ウィスカーなどの繊維による強靱化も行われている．SiCウィスカー，SiC繊維，Al_2O_3ウィスカーなどが利用の対象となっている．

e. 衝撃破壊 静的応力に対する強度，破壊についてはエネルギーバランス法，SCG法など（→§4.8.2 a.〜c.）で扱うことができる．急激に加わる応力に対しては，過渡的現象が現れ，上に述べた方法での取扱いは有効でないと懸念されるが，実際は無機材料中での音速（ひずみ伝達速度）がきわめて大きい

(3000～5000 m/s)ため過渡的現象はあまり大きな影響を生ぜず，上記の諸方法での扱いが本質的に有効である．

i) 打撃による衝撃： 通常行われるシャルピー衝撃試験での衝突速度3m/s程度では亀裂伝播速度は50 m/s以下で，SCGの領域Ⅲ(→§4.8.2b.)よりずっと低速である．すなわち，本質的には通常の打撃はSCGの問題として扱うことができる．高速弾丸による衝撃でも亀裂伝播速度は200 m/s程度で，静的現象に関する理論で扱うことが可能である[22]．ただし，応力が時間の関数であるとして問題を解くことの必要のあることは勿論である．

弾丸による衝撃の特殊な問題は，円錐状亀裂と放射状亀裂が発生することである．円錐状亀裂の発生につき下の経験則が成り立つ[23]．

$$\left.\begin{array}{l}(vR^{5/6})_{crit.} =一定\\(\sigma_a R^{1/3})_{crit.} =一定\end{array}\right\} \quad (4.45)$$

ここに，v, R, σ_a は弾丸速度，弾丸半径，衝突部の径方向引張応力である．

ガラスの衝撃破壊に関しても，応力時間(寿命)と衝撃応力との間に(4.43)式に近い関係の成り立つことが知られ，ガラスの衝撃も静的な扱いが可能である[24]．

ii) 微粒子衝突による衝撃： 微粒子衝突による衝撃も衝突速度は多くの場合200 m/s以下で，応力による亀裂伝播の問題としては静的に近い扱いが可能と考えられるが，現象的には微粒子の突き刺さり，摩耗などが生じ，単純な理論での扱いは困難である．

実験的には微粒子衝突による損傷は，衝突速度あるいは微粒子運動エネルギー(K)がある臨界値を越すと，はじめて生ずることが知られている．Al_2O_3の強度を例にとれば，$K \geq 0.1$ mJ ではじめて低下が始まる[25]．

また，摩耗率 w は衝突角 θ の余弦の 2.5 乗に比例することなどが知られている．w は衝突微粒子の粒径 D，密度 ρ，破壊靱性 K_{1c}，硬度 H などの関数である．衝突角 0 の場合，次の経験則が知られている．

$$w = Av^{2.4}D^{2/3} \quad (4.46)$$

$$w = v^{19/6}D^{2/3}\rho^{0.2}K_{1c}^{-4/3}H^{-1/4} \quad (4.47)$$

ここに A は定数である．

摩耗は衝突によって粒界に亀裂を生じ，粒子が脱落して生ずると理解されている．

微粒子衝突の問題はガスタービン動翼などでは重要な問題で，多くの実験が行われている．

iii) 熱衝撃 急熱，急冷を無機材料に与えるとき，局部的熱膨張によって衝撃的応力(熱衝撃)が生ずる．熱衝撃にも静的扱いが適用できる(→§4.8.2b.)．熱衝撃に関して重要な量は材料の引張強度 σ_f，熱伝導率 λ，熱膨張率 α，弾性率 E，ポアソン比 μ，比熱 C，密度 ρ などである．材料の熱衝撃に対する抵抗性を表す係数として下記の式が知られ，これらの値の大なるほど熱衝撃に材料が耐える[26]．

$$R = \frac{\sigma_f(1-\mu)}{E\alpha} \quad (急冷時など) \quad (4.48)$$

$$R' = R\cdot\lambda \quad (緩い加熱など) \quad (4.49)$$

$$R'' = \frac{R'}{\rho C} \quad (一定速度温度変化) \quad (4.50)$$

実験的には Hasselman[27] による熱衝撃温度差が熱衝撃抵抗性のよい指標となる．この方法では材料をある温度差 ΔT で急冷し，急冷後の強度 σ_f を測定する．多くの場合 σ_f は図 4.32 に示すように，ある温度差 ΔT_c から急に抵下する．この ΔT_c によって熱衝撃抵抗性を評価する．

ΔT_c は試料寸法によるが，直径5φの試

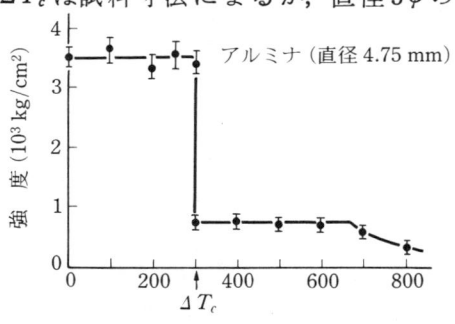

図 4.32 熱衝撃抵抗性 ΔT_c の測定例[27]
・：Al_2O_3

料で，Al_2O_3 で 200～350°C，Si_3N_4 で 600～1000°C，SiC で 600～800°C である．

$\varDelta T_c$ による評価は K_{1C} と材料中の最大亀裂の大きさを加味したものと考えることができるが，完全な解析は容易ではない．

f. 疲労強度 無機材料は室温では塑性をほとんど示さないことから，疲労はほとんどないと考えられてきたが，最近無機材料におけるSCG (→§4.8.2 b.) の発見があり，亀裂先端における応力腐食を通して疲労の存在することが明らかとなっている．無機材料においても，転位の存在，移動が認められているので，原理的には，応力腐食によらなくても疲労が存在する．しかし，純粋な転位の移動による疲労は，通常，応力腐食によるものに比して影響は小さい．

疲労を表現する方法として，S-N 曲線 (stress-cycle curve) が用いられる．鉄鋼ではS-N曲線に明瞭な平坦部が現れ[28]，ある応力以下では疲労がほとんど生じないことが示されるが，無機材料では，10^8～10^9 サイクルまでは平坦部の現れないことが多い[29]．

疲労寿命はSCGを基に予測される[30]．

4.8.3 摩擦・摩耗

無機材料の示す摩擦係数 μ は広い範囲に分布する．MoS_2，グラファイトなどの層状構造をとる材料は多くの場合，乾式で $\mu=0.2$～0.4 である．μ が比較的小さいため，固体潤滑剤として利用されるが雰囲気にも依存する．たとえば，真空中ではグラファイトの μ は約0.3であるが，200 Torr では 0.15 程度になる[31]．Si_3N_4，SiC，Al_2O_3 などの構造用無機材料は多くの場合 $\mu≒0.4$～1[32]でかなり大きい．しかし μ は材料の組合せでかなり変わり，ダイヤモンド/Si の組合せでは乾式で $\mu=0.05$～0.1 を示し，きわめて小さい[33]．

摩耗 (wear) も当然ながら摩擦条件に依存するが，組合せにも強く依存し，Si_3N_4/鉄鋼では Si_3N_4，鉄鋼ともほかの組合せよりいずれの材料も摩耗が激減し，摺動部によい．ダイヤモンド/Si の組合せも摩耗が小さい．一例をあげれば，ダイヤモンドピン/ディスクの試験 (荷重1kg，大気中，40時間) で摩耗痕深さは約 0.1 μm である[33]．

4.8.4 硬度

無機材料の硬度 (hardness) は，一般にほかの材料より高い．硬度の表現に種々の方法がある．モース硬度 (Moh's hardness scale)，ビッカース硬度 (Vicker's hardness: Hv)，ロックウエル硬度 (Rockwell's hardness)，ヌープ硬度 (knoop hardness: HK) など[34]である．通常使われるのはモース硬度，ビッカース硬度である．

モース硬度では材料同士のひっ掻きで，どちらに傷がつくかで判定し，ダイヤモンドを10とし，滑石を1とし，10段階で表示する．最近，石英の硬さ付近から5段階加え15段階で表示することも行われる．ビッカース硬度では，対面角136°のダイヤモンド正四角錐圧子を荷重Fの下で材料に圧し込み，生じた圧痕の最大投影面積SでFを除してと Hv する．微小ビッカース硬度 (micro Vicker's hardness) では F は 50～1 kgf とする．$F=50$～1 kgf での値は単にビッカース硬度と呼ばれる．

ヌープ硬度では対稜角172°30′と130°の菱形断面のダイヤモンド四角錐を試料に押し込み，表面圧痕面積 (mm²) で荷重 (kg 単位) を割って硬度とする．微小ヌープ硬度では荷重

表 4.10 各種材料の硬度[34]

材料	モース硬度	修正モース硬度	ビッカース硬度	ヌープ硬度 (0.1)
滑石	1*	1*	2.4	(20)
石膏	2*	2*	36	40
方解石	3*	3*	109	131
螢石	4*	4*	189	184
燐灰石	5*	5*	536	431
正長石	6*	6*	795	668
熔融石英	6.5	7*	1070	
石英	7*	8*	1120	1000
黄玉 (トパーズ)	8*	9*	1427	1460
ザクロ石	8.3	10*		1400
ジルコニア	8.7	11*		1250
鋼玉 (アルミナ)	9*	12*	2060	2060
窒化ケイ素	—	—	2000[36]	1500[37]
炭化ケイ素	9	13*	2600～2700	3270,2320 (0.5)
炭化ホウ素	9.6	14*	2700～2800	(3500)
ダイヤモンド	10	15*	10060	(8000～8500)

＊ 標準物質

は50〜1000g，通常は1〜50kgが用いられる．

硬度の物理的意味は複雑であるが，実用的には重要である．Hvと体積弾性率の間に直線関係のあることが認められ，また，Hvと融点との間に強い相関が認められている[35]．またHvの温度依存性から高温強度の振舞いが推定できる．硬度の例を表4.10に示した．

4.9 熱的性質
4.9.1 熱伝導性

a. 熱伝導率 固体内の熱は電子，格子振動によって運ばれる．金属のように電気伝導性の高い材料では熱伝導率λは電気伝導率σに比例し，下記の形に書かれる(Wiedeman-Franzの式)[38]．

$$\lambda = \frac{\pi^2 k^2 T \sigma}{3e^2} \quad (4.51)$$

ここにkはボルツマン定数，Tは温度，eは単位電荷である．

電気伝導性の低い材料では，熱はおもに格子振動で運ばれ，熱伝導率は下式で表される[39]．

$$\lambda = \frac{cvl}{3} \quad (4.52)$$

ここにcは比熱，vは格子の平均振動速度，lは音響子(phonon)の平均自由行程である．(4.52)式は材料の融点T_mを使って次の形に書ける．

$$\lambda \simeq \frac{20 c \cdot v \cdot T_m \cdot a}{3\gamma^2 \cdot T} \quad (4.53)[40]$$

ここにaは材料の格子定数程度の値であり，γはグリュナイゼン(Grüneisen)定数(→§4.9.2)である．

多くの無機材料の熱伝導率は音響子の振舞いに左右され，λは(4.52)，(4.53)式によって考察される．(4.53)式によれば，同一の材料ではλは温度におおよそ逆比例して低下する．これは，実験的にも確かめられている．またavが同程度であれば，高融点材料の方がλが大きい．異なる材料についてもaから議論できそうに見えるが，材料が異なると複雑な要因が介在し，(4.53)式のみからは必ずしも決定的な結論は引き出せない．結晶構造が同じであれば，構成要素の原子量が小さいほど，同じTでも振動速度vが大きいのでλは大きい．これも実験的にほぼ認められている[41]．

結晶構造とλの関係は(4.52)式によって論ぜられる．(4.52)式において，音響子の平均自由行程は，音響子が散乱を激しく受けるほど小さくなるので，複雑な構造をとるほどその材料のλは小さくなることが知られる．スピネル($MgAl_2O_4$)はMgOとAl_2O_3の化合物であるため，MgとAlが入り混じった格子をつくるので，これらは構造が似ているにもかかわらず，スピネルのλはMgO，Al_2O_3に比し小さい($\leq 1/2$)[42]．また，材料に不純物，格子欠陥が生じても音響子は散乱を受け，lが減少してλが小さくなる．固溶体においても同様の理由からλは，それぞれの親成分のλより小さくなる．粒界の存在，気孔の存在もλを小さくする．

それゆえ，λの高い材料を得るには，純度が高く，結晶構造が単純で，低原子量の原子から構成される物質を十分に緻密に成形して得なければならない．

λの高い材料はダイヤモンド($\lambda \simeq 2000$ w/m・K)，BeO($\lambda = 250$ w/m・K)，AlN($\lambda = 100$〜260 w/m・K，理論値$\simeq 320$ w/m・K)，SiC(270 w/m・K)[43]などである．熱伝導率の低い材料はガラス，PSZ(→§3.5.2)などである．λの値が代表的材料につき表4.11に示されている．

b. 高熱伝導材 低原子量の原子で構成され，単純な結晶構造をもち，不純物が少なく，高融点の無機材料は熱伝導性がよい(→本項a.)このような材料として，ダイヤモンド，SiC，BN，AlN，BeOなどがあり，高熱伝導，電気的絶縁材料として注目されている．熱伝導率は表4.11に示すように，300 w/m・K程度で高熱伝導性の金属(Cu，Al)に匹敵する．

これらの材料は全く純粋ではなく，適当な焼結助剤(SiCにBeO，AlNにY_2O_3など)を加えて緻密化されている．これらの添加物は

4. 無機材料物性

表 4.11 各種材料の熱伝導率, 熱膨張率[43]~[46]

材料	特性	熱伝導率(RT) (w/mK)	熱膨張率(RT) ($\times 10^{-6}$/°C)
ダイヤモンド（Ⅰa型）		600~1000	
（Ⅱ型）		2000~2100	3.1(RT~800°C)
SiC	（単結晶）		
	（多結晶体）	270	3.7
AlN	（単結晶）	320*	
	（多結晶体）	100~260	4.5~5.7
C-BN	（単結晶）	1300*	
	（多結晶体）	200	4.7(RT~900°C)
Si_3N_4	（〃）	35	3.2
BeO	（〃）	250	7~9
Al_2O_3	（〃）	26	7~8.5
MgO	（〃）	39	13.5
ムライト	（〃）	4.7	5.5
スピネル($MgAl_2O_4$)	（〃）	15.6	9.0
PSZ(ZrO_2/Y_2O_3)	（〃）	~2.6	~10
溶融シリカ		2.1	0.5
ガラス		1.7	9.0

* 理論値

粒界に一様に存在するのでなく，特殊な場所に粒状に析出し，全体として音響子の散乱を最小限にするような形となっている．

用途は高密度LSI用基盤などで，電気的絶縁，低電力損失を保ちながら，放熱効率を高めるのに用いられている．

c. 断熱材 無機材料の多くは熱伝導率が小さく，断熱性にすぐれている．その熱伝導率λは複雑な結晶構造，固溶体形成，不純物導入，粒界導入，気孔導入などにより低下させられ，また原子番号の大きい原子から成る材料でλが小さくなる（→本項a.）．

無機材料固体としてはPSZがλが小さく耐熱，高応力下で熱遮蔽を要する場所に用いられる．PSZの熱伝導率は，およそ2.6~2.8 w/m・Kである．熱機関への利用が試みられている．

無機繊維を成形した材料，多孔材料も断熱性に富む．素材としては本来断熱性に富むシリカ系ガラス，ムライト，ジルコニアなどが用いられる．Al_2TiO_5は熱膨張に異方性が大きく，微小亀裂を多数内包し，λが小さい．自動車排気管に実用されている．断熱材は多相構造をとることが多く（→本項a.），合成系としての熱伝導率はその組織に強く依存する．

4.9.2 熱膨張性

a. 熱膨張率 固体の熱膨張は，原子間の相互作用ポテンシャルの非対称性の大きさに依存している．原子間のポテンシャルを$V(x)$（x：平衡点からの原子のずれ）と書き，これを次式で表すと，

$$V(x)=cx^2-gx^3-fx^4 \quad (4.54)$$

熱膨張率αは，

$$\alpha=\frac{3kg}{4c^2} \quad (4.55)^{47)}$$

で与えられる．kはボルツマン定数である．

g, cは隣り合う原子の種類，結晶構造によって異なるため，熱膨張率は組成そのほかで大きく異なる．材料によってはα~0となる温度範囲があり，$\alpha<1\times10^{-7}$/°Cの値も実現される．

熱膨張率αと固体比熱C_Vとの間には比例関係のあることが導かれる（グリュナイゼンの関係）．すなわち．

$$\alpha=\frac{K\cdot\gamma\cdot C_V}{3V} \quad (4.56)^{48)}$$

ここに，Kは圧縮率，γはグリュナイゼン定数，Vはモル体積である．(4.56)式の関係は，多くの固体で実験的に認められている．

γの値は1.2~2.0の範囲に入る材料が多い．αに関して，材料の融点T_mとの間に次の経験則(Ruffaの式)[49]の成り立つことが知られている．すなわち，

$$\alpha T_m \fallingdotseq \text{Const}(1\sim2\times10^{-2}) \quad (4.57)$$

上式から知られるように，高融点材料ほど熱膨張率が低い傾向を有している．

珪酸塩では異方的熱膨張係数を示す材料が知られ，結晶軸方向によっては負の熱膨張係数を示す(LAS, MAS, ASなど，→表4.12)このような材料では多結晶体の各微結晶の方位を調整して，実質的にα~0とすることができる．また，このような異方的熱膨張性を示す材料は内部に微小亀裂を有し断熱性に富み（→§4.9.1），また力学特性にも異常を示すものが多い．

b. 低膨張材料 高融点無機材料は，一

表 4.12 各種材料の各結晶軸方向の熱膨張率 (25〜600°C) [51]

材料名	化学式	熱膨張率 (10^{-6}/°C) α_a	α_b	α_c	備考
ムライト	$Al_6Si_2O_{13}$	3.0	5.7	5.0	
ジルコン	$ZrSiO_4$	3.1	3.1	4.7	
ベリル	$Be_3Al_2Si_6O_{18}$	2.8	2.8	−0.9	
ゴージェライト	$Mg_2Al_3Si_5AlO_{18}$	2.5	2.5	−1.8[52]	$RT\sim 800°C$
β-石英	SiO_2	−0.1	−0.1	−1.0	600°C〜800°C
β-ユークリプタイト	$LiAlSiO_4$	6.1	6.1	−13.8	
β-スポジュメン	$LiAlSi_2O_6$	−2.4	−2.4	7.0	
アルミナキータイト	$Al_2O_3\cdot nSiO_2$		1.1[53]		多結晶体($RT\sim 900°C$)
チタン酸アルミ	Al_2TiO_5	11.8	19.4	−2.6[54]	
炭酸カルシウム	$CaCO_3$	−6.0	−6.0	25	

般に熱膨張係数 α が小さく (前項参照), 3〜5×10^{-6}/°C 程度の値をとる. 特殊な結晶構造の材料では, 結晶軸の特定の方向で負の熱膨張を示し, 多結晶体では実質的に熱膨張を 1×10^{-7}/°C 程度にすることができる. 低膨張性材料というときは $\alpha<2.0\times10^{-6}$/°C のものを指し, 上記特殊な材料がその分類に入る.

具体的には MAS (MgO-Al_2O_3-SiO_2 : $Mg_2Al_4Si_5O_{18}$), LAS (Li_2O-Al_2O_3-SiO_2 : $Li_2Al_2Si_8O_{20}$, $Li_2Al_2Si_2O_8$, $Li_2Al_2Si_4O_{12}$), AS (Al_2O_3-SiO_2 : $Al_2Si_nO_{3-2n}$ $n=3.5\sim10$), AT (Al_2TiO_5), 溶融石英 (SiO_2) などである[50]. これらの熱膨張特性を表 4.12 に示した.

これらの材料の利用に際しては, 結晶性材料を素材として成形体を得る場合と, ガラスをいったんつくり鋳造した後結晶化させて多結晶体を得る場合と, 適当な粘土鉱物とほかの原料とを混合し, 成形後熱処理して反応を生ぜしめ目的の結晶を得る場合とがある. 最後の方法は MAS に適用され, 粘土鉱物としてはカオリナイトが利用され, 成形時のカオリナイトの配向性により, 最終的な成形体中で MAS 微結晶の a 軸方向が揃い, 特別な方向で $\alpha<1\times10^{-6}$/°C が実現されている[50]. 自動車の排気浄化用触媒担体に利用されている.

低膨張材料は, 上記のように触媒担体に大量に利用されているほか, AT が自動車排気管の断熱用に利用されている. また LAS が熱交換器, 大口径反射望遠鏡の反射鏡, 宇宙衛星搭載用反射望遠鏡の反射鏡, 電子レンジ用食器類などに利用されている.

c. 高熱膨張材 8.0×10^{-6}/°C 以上の熱膨張率を有する無機材料を一般に高熱膨張材に分類する.

Ruffa の経験則 (→§4.9.2a.) によれば, 融点の低い材料が熱膨張率が大きいが, 融点の低い材料は実用性に乏しい.

比較的融点も高く, 熱膨張率の大きな材料は MgO, α-Al_2O_3, 立方晶 ZrO_2, PSZ (→§4.9.1) などである (→表 4.11). 特に, 立方晶 ZrO_2 の熱膨張率は約 10.5×10^{-6}/°C と大きく, 融点も 2000°C と高いのでこの面でも有用な材料と目されている. 高熱膨張材が注目されるのは, 無機材料と金属との接合部においてである. 鉄鋼系材料の熱膨張率は, 多くの場合 15×10^{-6}/°C であるので接合にはできるだけ大きな熱膨張を示す無機材料を利用しなければならない. 通常の無機材料 (熱膨張率〜5×10^{-6}/°C) では, 熱膨張差により接合部に破損を生じやすい.

4.10 機械部品設計

4.10.1 設計における基礎的概念

a. 寿命予測 無機材料における破壊がグリフィス理論 (→§4.8.2) による破壊と同じであったとすれば, 寿命予測 (life prediction) はきわめて容易である. すなわち, 与えられた使用応力 σ_u の下での寿命は 0 か ∞ で, σ_u が (4.38) 式で与えられる破断応力 σ_f より大きければ寿命は ∞ で, そうでなければ 0

である.それゆえ,寿命の予測はσ_fを決定する最大亀裂長さaの分布(部品全数のなかでの)の予測にほかならない.$\sigma_\mathrm{f}=\sigma_\mathrm{u}$となる亀裂長さを$a_\mathrm{u}$と書くと,$a \geq a_\mathrm{u}$であるような亀裂をもつ部品の存在確率が正にその部品全体の破壊確率で,その残余は寿命∞の部品の存在確率である.それゆえ,グリフィス破壊における寿命予測は個々の部品についてというよりは,部品全体についての確率的予測となる.ところで,上に述べた予測は部品を使い始める前に立てた予測であって,部品をごく短時間でも使い始めたあとで行う予測は,その内容,確度とも事前のものとは全く異なってくる.すなわち,グリフィス破壊では寿命は0か∞であるので,短時間の使用後残存している部品はすべて∞の寿命をもつ.それゆえ,使用開始後の破壊に関するデータをもとにすれば100%の確度をもって寿命を予測できる.

現実の無機材部品では破壊はSCG(→4.8.2),あるいはクリープを介して生ずることが多く,寿命予測は上に述べたように簡単には行えない.無機材料部品の使用温度が特に高温でなければ,長期間の使用中の破壊は主としてSCGで生ずる.この時は亀裂伝播の運動方程式(4.41)によって予測が行われる.特に,多くの場合,使用時の応力は一定($\sigma=\sigma_0$)か周期的($\sigma_0 f(t)$:周期ω)である.このような場合には,亀裂長さa_iが部品よりはるかに小さいことを考慮して次式が導かれる[30].

$$a_\mathrm{i}^{\frac{2-n}{2}} \fallingdotseq \left(\frac{n-2}{2}\right) A Y^n \sigma_0{}^n N \int_0^\omega f^n dt \quad (4.58)$$

Nはωを単位として測った寿命である.

(4.41)式から,寿命Nはa_iの関数として与えられるので,SCGによる破壊でもグリフィス破壊と同様a_iの分布が寿命分布を決定するといえる.すなわち,a_iの確率分布が寿命の確率的予測を与える.a_iの分布は即時破壊強度σ_fの分布と関係づけられる(→(4.39)式).σ_fの分布はワイブル(Weibull)型とされているので,これを利用すると,ピーク応力σ_0の下,Np以上の寿命をもつ部品の存在確率Pは次式で与えられる.

$$\ln(-\ln P) = \frac{m}{n}\ln Np + m \ln \sigma_0 + C \quad (4.59)$$

ここに,mはワイブル係数(Weibull modulus),Cはωなどで決まる定数である.Cは計算によっても実験的にも比較的容易に求められる.熱衝撃に対しては,熱衝撃温度差$\varDelta Tp$を(4.59)式のσ_0の代わりに用いれば,そのまま(4.59)式が成り立つ.

(4.59)式により多くの場合,無機材料部品の寿命を確率的に予測することができる.しかし,mは部品の製造プロセスに依存するので,プロセスごとに決定しなければならない.通常,ファインセラミックスでは機械的応力に対し,$m=10\sim15$である.熱応力に対しては,$m=10\sim25$である.熱応力は部品全体に一様に加わることが多く,部品全体中での最大のa_iが破壊に効くので,熱応力に対してはmは一般に大きくなる.

高温での使用においては,クリープ破壊によって寿命が定まる.クリープにおいては亀裂の伝播のほかに亀裂の発生も生ずるので,寿命予測の定量的扱いは容易ではない.経験的にはクリープに対し,ラーソン(Larson)-ミラー(Miller)の式((4.60)式)が無機材料にもある程度まで成り立つので[55],これによって寿命が予測される.

$$T(C+\log t) = f(\sigma) \quad (4.60)$$

ここに,Tは温度,tは時間,Cは定数,$f(\sigma)$は応力σの関数である.

C,$f(\sigma)$は,実験的に定める.この表式においては確率が導入されていないので,平均的寿命の推定が行われる.

予測に基づいて部品交換が行われる.

b. SPT線図 ピーク応力σ_0の下で寿命Npをもっている無機材料部品の存在確率Pは,(4.58)式を満足するa_iを改めてa_pと書くとき,この式からわかるように,a_pより小さな亀裂のみをもつ部品の存在確率$P(a_\mathrm{i}<a_\mathrm{p})$に等しい.部品の母集団が一定で

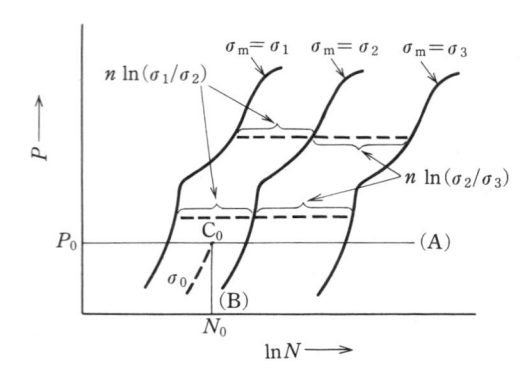

図 4.33　SPT 線図
P：残存確率，N：寿命，σ_m：最大応力
σ_mの変化に対し，曲線は $n \ln(\sigma_i/\sigma_j)$ だけ平行移動する．

ある限り，$P(a_i < a_p)$ は定数である．したがって，初期亀裂長さ a_i の確率分布の形いかんにかかわらず，(4.58)式の右辺の $\sigma_0^n N_P$ が一定，すなわち，

$$\sigma_0^n N_P = \text{Const} \quad (4.61)$$
$$n \ln \sigma_0 + \ln N_P = \text{Const} \quad (4.62)$$

を満足するようなピーク応力 σ_0 と N_P の組合せに対しては，時間 N_P での部品の存在（生存）確率は常に一定（$P(a_i<a_p)$）である．(4.61)式は(4.43)式の一般形である．

それゆえ，図 4.33 に示すように，縦軸に存在確率 P，横軸に寿命 N（または応力 σ_m）の対数をとり，パラメータを応力 σ_m（または寿命 N）の対数に選んで，部品の応力 (strength)，存在（生存）確率 (probability)，寿命 (time) の関係を図示すると，異なるパラメータ（応力条件，または寿命）に対して得られる曲線はすべて，横軸に平行に移動させることによってたがいに全く重なり合うことがわかる．このような曲線は SPT 線図（SPT diagram）と呼ばれ，部品の設計に利用される．特に，先に述べたように，即時破壊応力の確率分布がワイブル曲線に従うときは，図 4.33 の曲線は直線となることが導かれる．

SPT 線図を用いる設計は，次のようにして行う．まず図 4.33 において，部品に必要な寿命 N_0 を定める．また，寿命 N_0 で生存する部品の存在確率 P_0 を定める．これらは部品設計の時点で定められる．図 4.33 の縦軸上に P_0 をとり，横軸に平行線 A をひく．つい

で，横軸上に N_0 をとり，縦軸に平行に直線 B をひく．直線 A と B との交点 C_0 を通る曲線上のパラメータ σ_0 が，上記の寿命，生存確率を実現するために必要な部品に加わる最大ピーク応力である．部品の使用条件は σ_0 以下の応力となるように定めなければならない．また，部品に加わるピーク応力，寿命 N_0 が与えられているならば，N_0 を通る直線 B と，パラメータ σ_0 をもつ曲線 C との交点 C_0 を通る直線 A から，時間 N_0 経過後の部品の生存確率が与えられる．寿命への要求が N_0 より大きいならば，σ_0 を減少させるような部品の設計変更が必要である．

異なるパラメータ σ_1，σ_2 をもつ曲線間の横軸に沿う位置の差（距離 $\Delta N_{1,2}$）は(4.58)式から次式で与えられる．

$$\Delta N_{1,2} = \ln \frac{N_1}{N_2} = n \ln \frac{\sigma_2}{\sigma_1} \quad (4.63)$$

(4.63)式に従えば，実用条件より厳しい応力下で SPT 線図を 1 本定めれば，応力の変更に対してはこの曲線を次々と平行移動させて，必要な曲線を得ることができる．厳しい応力下では試験が短時間で済むが，諸種の制約から応力は 20〜40% 増で行うのがよい．

c. 設計チャート　部品設計の基礎段階は SPT 線図（→本項 b.）で行う．あるいは，多くの材料について，SCG（→§4.8.2）の K_{1c} が K_{1c} の 1/3 程度であることから，部品の実用時の応力 σ_u が，即時破壊応力 σ_f（→§4.8.2）の 1/3 以下となるように設計を行う．

設計に際しては(4.58)式に見るように，応力 σ_0 が寿命に強く効くので，σ_0 をできるだけ下げるようにすることが必要である．σ_0 の設計には電算機が利用されるが，寿命設計を精度 50% で行うためには，応力計算の誤差を 0.8%（$n=50$ として）以下にしなければならない．しかし，このような高精度の計算は現状では困難であるので，設計段階で期待通りの性能を部品が発揮する確証はない．それゆえ，SPT 線図などを用いて，おおよその設計後は，実際の部品についての試験が必要である．試験に際して，SPT 線図が有効で，実

4. 無機材料物性

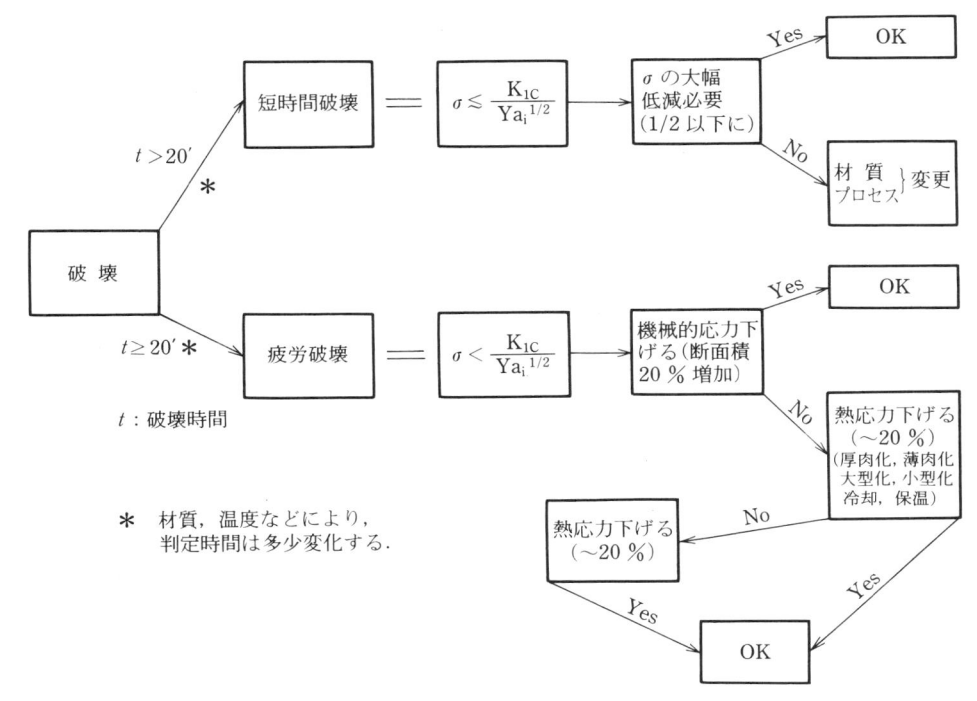

図 4.34 無機材料部品の設計手順[5]

（フローチャート：破壊 → $t>20'$ の場合は短時間破壊 $\sigma \leq \dfrac{K_{1C}}{Ya_i^{1/2}}$ → σ の大幅低減必要（1/2 以下に）→ Yes: OK / No: 材質・プロセス変更；$t \geq 20'$* の場合は疲労破壊 $\sigma < \dfrac{K_{1C}}{Ya_i^{1/2}}$ → 機械的応力下げる（断面積 20％増加）→ Yes: OK / No: 熱応力下げる（～20％）（厚肉化, 薄肉化, 大型化, 小型化, 冷却, 保温）→ Yes: OK / No: 熱応力下げる（～20％）→ Yes: OK

t：破壊時間

＊ 材質，温度などにより，判定時間は多少変化する．

用時の応力より高い応力を加えて，短時間で，予想通りの性能（寿命）を有するかどうかが知られる．高い試験応力から部品の性能が設計値以上と判断されたときは，試験応力を下げて再び試験を行う必要がある．

試験によって部品の性能が設計値に達しないことが明らかなときは，応力をやや下げるような設計をし直すことが必要である，特に熱応力は使用条件でほとんど決まってしまい，部品形状の変更による大幅な減少は困難である．性能不足の原因が機械応力によるものか，熱応力によるものなのかの判定は確実に行われねばならない．

熱応力が関与する場合の設計変更の手続きを図 4.34 に示した．

4.10.2　信頼性試験

a．保証試験　無機部品の寿命予測はかなり正確に行えるが（前項参照），特別な場合を除いて，予測がいかに正しくてもある確率で不測の事故は生ずる．この点を改めて事故発生の確率を 0 に近づけようとするのが保証試験（proof test）である．

保証試験の骨子は使用中に破壊する部品はすべて使用前の段階で破壊させてしまい，予定された使用時間（設計寿命）内では破壊しない部品のみを選別して使用するにある．

グリフィス破壊（→§4.8.2）に対しては，保証試験はきわめて容易である．前節で述べたように，使用時の応力を部品に短時間加えれば寿命不足の部品は直ちに破壊し，必要な寿命をもった部品のみが残るからである．

現実の無機材料では，長期にわたる使用に対しては SCG（→§4.8.2）によって破壊が生ずるので，SCG の特性を利用して保証試験を行わねばならない．グリフィス破壊では保証試験が容易なことは上に述べた通りであるが，SCG でもこの点を利用する．すなわち SCG では $K_1 = K_{1C}$ の点で亀裂伝播速度が急上昇し，破壊はグリフィス破壊に近づくのでこれを利用する．SCG では，寿命 N は初期亀裂長さ a_i と使用時の応力 σ_u で決まる（$N \propto a_i^{(2-n)/2} \sigma_u^{-n}$，→§4.8.2）．$\sigma_u$ はあらかじめ定まっているので，寿命 N は a_i の値によって定まるといえる．それゆえ，使用時に必要な寿命

N_u より長い寿命をもつ部品は，部品に内在する初期亀裂長さが，$N_u=C \cdot a_P^{(1-n)/2}\sigma_u^{-n}$（$C$：定数）を満足する亀裂長さ a_P より小さいようなものである．これを選ぶには $K_1=Y\sigma a_i^{1/2}$ であるので，$K_{1C}=Y\sigma_P a_P^{1/2}$ を満足するような応力 σ_P を短時間（≧1ms）部品に加える．この応力印加によって，$a_i \geq a_u$ であるような部品に対しては $K_1 \geq K_{1C}$ となるので，問題の亀裂は急速に伸びて瞬間的に部品は破壊する．一方，$a_i < a_u$ であるような部品に対しては $K_1 < K_{1C}$ であるので，亀裂伝播速度 v は $10^{-4} \sim 10^{-6}$ m/s にとどまり，応力印加中に亀裂は実質的にほとんど伝播しない（$\Delta a_i \leq 1$ μm）．それゆえ，この応力印加によって，寿命不足の部品は破壊し，寿命が必要な値より長い部品は実質的に無傷で残る．この試験が保証試験と呼ばれる方法である．

上の説明では，試験時間を短時間としたが，実際は長くても構わない．試験終了間際の最後の瞬間のみが保証試験で，それ以前の時間は部品を使用していたものと考えればよい．ただし，長時間の試験では部品全体の平均強度を低下させるので無駄が生じ，また製品の歩留りが低下し望ましくない．

保証応力 σ_P は，実際は $K_{1C}=Y\sigma a_P^{1/2}$ を満足する値より 20〜40% 高くとるのがよい．また，保証試験においては σ_P を除くときの応力除去速度が重要で，素速く σ_P を除かねばならない．これらの注意を守れば，保証精度をきわめて高く（使用時破壊確率 ≦ 10^{-6}）することが可能である．

b.　欠陥検出　無機材料部品の寿命は，その部品に内在する亀裂の初期長さ a_i で定まる．a_i をある値以下に制限することが，部品の信頼性を高める必須条件である．このため，部品内の亀裂を検出し，その大きさを推定することが必要となる．

欠陥の検出はまず目視で，ついで浸透法または浸透けい光法などで行われる．浸透法では部品表面の亀裂に色素を透滲させ，その後，白色塗料を塗り，塗料の浸透した色素をひき出して亀裂を検出する．浸透けい光法では浸透材にけい光色素を用い，紫外線などを使って亀裂を検出する．20 μm 以上の亀裂の検出が可能である[56]．

顕微鏡も欠陥検出に利用されるが，光学式のものは広範囲の検査には不適である．広範囲での欠陥検出には，超音波顕微鏡あるいは，超音波反射法の方が便利である．欠陥幅としては，約 30 μm 以上のものが検出できる[57]．

超音波を用いた欠陥検出としては，レーザーで部品表面を照射し，欠陥から生ずる超音波を検出する SLAS(scanning laser acoustic spectroscopy)，超音波で結像させる SLAM (scanning laser acoustic microscope) などがあり，30 μm 以上の欠陥が検出される．

X線を利用することにより，広範囲の欠陥（約 30 μm 以上）が検出される[58]．

現状では，検出された欠陥と破壊発生との対応づけが完全でなく，この点での研究が行われつつある．

4.10.3　無機材料部品応用例

無機材料を機械部品として利用する例は，最近徐々に増えている[59]．

無機材料の特徴は，高弾性，高強度，耐熱性，高硬度，軽量などにあるので，精密部品，高温構造部品，高速回転部品などに使用例が多い．

実用に供されている材料は Al_2O_3，Si_3N_4，PSZ，SiC（→表 4.9）などである．

超精密旋盤主軸，軸受，台座が Si_3N_4，Al_2O_3 などでつくられ商品となっている[60]．ベヤリングでは，ボールベヤリング，ローラベヤリングなどが Si_3N_4 でつくられ，真空機器，耐酸部品として実用化されている．また，軽量であるため遠心力の小さいことに注目し，航空機用ジェットエンジン回転主軸への適用も検討されている

自動車用部品としては，予燃焼室，ロッカーアーム，ターボ過給器，グロープラグなどが Si_3N_4 でつくられ実用に供されている[61]〜[63]．耐熱性，耐摩耗性，軽量などの特性が利用されている．また，Al_2O_3 製プラグ

はきわめて大量に利用され，長い歴史をもっている．

耐酸，耐アルカリポンプなどは現在ではほとんどPSZ製であり，長寿命，高性能が実証されいる．

メカニカルシールもSiCが主力となり，長寿命が実現されている．耐食性，耐摩耗性が利用されている．

抄紙器部品にも，Al_2O_3 が利用されている．耐食性，耐摩耗性が利用された例である．工具類，治具，刃具類への利用も多い[64]．

〔上垣外修己〕

文　献

1) E. Orowan: *Rept. Prog. Phys.*, **12**, 185 (1949).
2) O. Kamigaito: *J. Mat. Sci. Lett.*, **7**, 529 (1988).
3) 上垣外修己:"セラミックデータブック'89", p.324, 工業製品技術協会 (1989).
4) A.G. Griffith: *Phil. Trans. R. Soc. London*, **A221**, 163 (1920).
5) 上垣外修己:"セラミックスの強度と破壊", p.446, 経営開発センタ (1984).
6) 樋端保夫:"構造材料セラミックス", 奥田博, 平井敏雄, 上垣外修己編, p.123, オーム社 (1987).
7) 森利之, 小林直樹, 窪田吉孝: 日本セラミックス協会年会予稿集, p.8 (1989).
神崎修三, 大橋優喜, 長岡孝明, 林浩一郎: 同上, p.9.
8) 芦塚正博, 奥野勉, 本田武男, 福田恵美子, 窪田吉孝: 文献 7), p.15.
9) 神谷信雄, 上垣外修己: 窯業協会誌, **93**, 275 (1985).
10) S.M. Wiederhorn: *J. Am. Caram. Soc.*, **50**, 407, (1967).
11) S.M. Wiederhorn: "Fracture Mechanics of Ceramics, II", p.613, Plenum Press (1974).
12) N. Soga, T. Okamoto, T. Hanada and M. Kunugi: *J. Am. Ceram. Soc.*, **62**, 309 (1979).
13) A.G. Evans and H.J. Johnson: *J. Matter. Sci.*, **10**, 214 (1975).
14) 貞広孟史: 粉体および粉末冶金, **28**, 220 (1981).
15) V.S. Stubican: Advances in Ceramics, 3, "Sci. & Tech. Zirconia", p.25, Am. Ceram. Soc. (1981).
16) 文献 6), p.126.
17) 同上, p.137.
18) K. Akeyoshi, E. Kanai, K. Yamamoto and S. Shima: *Rept. Res. Lab.*, Asahi Glass Co. Ltd., **17**, p.23 (1967).
19) 太田博記: セラミックス, **12**, 297 (1977).
20) T. Hioki, A. Itoh, M. Ohkubo, S. Noda, H. Doi, J. Kawamoto and O. Kamigaito: *J. Mater. Sci.*, **21**, 1321 (1986).
21) 長谷川英雄: 金属学会誌, **50**, 1109 (1986).
22) 上垣外修己: "衝撃工学", 林卓夫, 田中吉之助編, p.302, 日刊工業新聞社 (1988).
23) F. Aulrbach: *Ann. Phys. Chem.*, **43**, 61 (1981).
24) R.N. Haward: *J. Am. Ceram. Soc.*, **13**, 624 (1930).
25) J.E. Ritter, I. Rosenfeld and K. Jakees: "Wear of Mat.", p.1, ASME N.Y. (1985).
26) 中山淳:"セラミックスの機械的性質", 窯・協・編集委員会編, p.71, 窯業協会 (1979).
27) D.P.H. Hasselman: *J. Am. Ceram. Soc.*, **53**, 490 (1970).
28) 横堀武夫:"材料強度学", p.149, 技報堂 (1955).
29) H.N. Koh: *J. Mater. Sci.*, **6**, 175 (1987).
30) 上垣外修己: セラミックス, **23**, 613, (1988).
31) 津谷裕子: 文献 26), p.78.
32) G.S. Yust and F.J. Garignan: *ASME Transactions*, **28**, 245 (1984).
33) 神崎昌郎, 野田正治, 土井晴夫, 上垣外修己: 粉体および粉末冶金, **35**, 708 (1988).
34) 栗田学:"ファインセラミックスの基礎", 小泉光恵, 柳田博明編, p.111, オーム社 (1987).
35) 小野寺昭史:"無機材料科学", 足立吟也, 島田昌彦編, p.169, 化学同人 (1982).
36) 町田光秀, 粂正市, 余山公三, 青木茂樹: 材料試験技術, **28**, 304 (1983).
37) 文献 34), p.135.
38) J.M. Ziman著, 山下次郎, 長谷川彰訳:"固体物性論の基礎", p.184, 丸善 (1967).
39) 同上, p.190.
40) 同上, p.191.
41) W.D. Kingery: "Introduction to Ceramics", p.489, John Wiley (1967).
42) 同上, p.491.
43) 戸田堯三:"電子材料セラミックス", 中重治, 早川茂編, p.201, オーム社 (1986).

44) 飛岡正明:文献 6), p.76.
45) 文献 41), p.490.
46) 川合 実:文献 26), p.168.
47) C. Kittel: "Introduction to Solid State Physics", p.154, John Wiley (1956).
48) 同上, p.152.
49) A.R. Ruffa: *Phys. Rev.*, **B24**, 6915 (1981).
50) 樋口 昇:文献 6), p.167.
51) 同上, p.184.
52) M.E. Milberg and H.D. Blair: *J. Am. Ceram. Soc.*, **60**, 372(1977).
53) 文献 50), p.192.
54) 同上, p.195.
55) 橋本八郎:文献 26), p.69.
56) 鈴木弘茂:"ファインセラミックスの非破壊検査システムに関する調査研究報告書", p.126, 機械システム振興協会 (1987).
57) 同上, p.135.
58) 北館憲一郎, 谷本慶哲, 田中俊一郎:セラミックス, **20**, 908(1985).
59) 奥田 博:文献 6), p.7.
60) 上垣外修己:同上, p.67.
61) 同上, p.59.
62) O. Kamigaito: *Industrial Ceramics*, **7**, 211(1987).
63) 上垣外修己:"セラミックスエンジン", 丸善 (1987).
64) 小林啓佑:文献 6), p.124.

XV. 応用生物化学

1. 総論

　今世紀後半バイオサイエンス，バイオテクノロジーに革新的変動が起こり，その躍進はいまだにとどまるところを知らない．これらはすべて，DNA を基本とする分子生物学の成果が端緒となっている．生物現象の諸々が DNA に関連して説明されるようになり，DNA を組換え，操作する技術がまたたく間に広がった．DNA を中心とした技術革新はバイオサイエンス，バイオテクノロジーを根本的に塗りかえたといえる．

　新たなステージに達したバイオサイエンスとバイオテクノロジーは，相互の距離を著しく短くした．すなわち，基礎と応用がきわめて近い関係にある．バイオサイエンスの新しい知見は，即バイオテクノロジーの新しい道を開き，逆にバイオテクノロジーの求めに呼応するようにバイオサイエンスの地平が拓かれていく．サイエンスとテクノロジーの密接な関連性を示す珍しいケースであろう．

　バイオテクノロジーは非常に広い視野をもっているが，バイオテクノロジーの化学的側面を応用生物化学と位置づけることができよう．しかし，バイオテクノロジーと応用生物化学の厳密な定義を論ずることは本旨ではない．

　バイオテクノロジー，応用生物化学の基本的分野は，対象によって，①遺伝子工学，②生体分子工学，③細胞工学，④バイオミメティックケミストリーなどに分類される．細胞工学は，対象とする細胞によって，微生物工学，動物細胞工学，植物細胞工学，植物工学などに細分されることもある．さらに，生体分子工学は，①酵素工学，②タンパク質工学，③糖質工学などを含む．

　バイオテクノロジー，応用生物化学と周辺領域との融合が急速に進展している．①生物化学工学，②バイオエレクトロニクスなどはその代表的な例である（図1.1）．

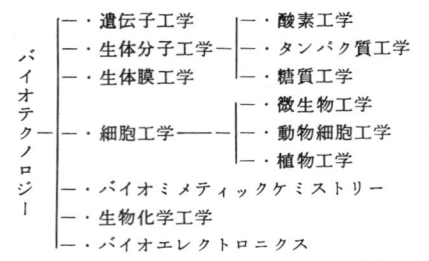

　バイオテクノロジー，応用生物化学の関連領域はさらに拡大している．バイオテクノロジーがきわめて応用性の広い基盤技術であることを如実に示している．　　〔相澤　益男〕

```
              ┌─ 遺伝子工学 ──┬─ 酵素工学
              ├─ 生体分子工学 ─┼─ タンパク質工学
バイオ        ├─ 生体膜工学    └─ 糖質工学
テクノ        │                ┌─ 微生物工学
ロジー        ├─ 細胞工学 ────┼─ 動物細胞工学
              │                └─ 植物工学
              ├─ バイオミメティックケミストリー
              ├─ 生物化学工学
              └─ バイオエレクトロニクス
```

図1.1　バイオテクノロジー，応用生物化学の諸分野

2. 酵素工学

2.1 酵素生産

　現在，工業規模で生産されている酵素はきわめて多岐にわたっている．また，その生産量もデンプンの糖化に使用される α-アミラーゼのように，年間数 10 t 単位のものから，臨床分析用の酵素の数 g 単位のものまである．一般に酵素の供給源としては，植物，動物，微生物があるが，現在その大部分のものは微生物起源である．その理由は，微生物が多様な酵素を生産すること，安価な培養法によって多量に，しかも安定した酵素生産性が得られるためである．現在，工業規模で生産されている酵素とその起源を表 2.1 に示したが，おもに微生物が酵素生産の資源として利用されていることが容易に理解されよう．以下では，微生物による酵素生産を中心に，その生産方法を記述する．

2.1.1 菌株

　微生物は，現在その菌種が同定されているものでも約 20 万種も存在するといわれており，未同定のものも入れれば，自然界に存在する微生物の種類はおびただしい数に上る．また，土壌細菌の一種である *Pseudomonas* 属細菌は，60〜80 種の有機化合物を唯一の

表 2.1 工業用酵素とその起源

酵 素 名	起 源
加水分解酵素	
α-アミラーゼ	Bacillus, Aspergillus
β-アミラーゼ	Aspergillus, 大豆, 大麦
グルコアミラーゼ	Aspergillus, Rhizopus, Bacillus
イソアミラーゼ	Bacillus, Klebsiella
セルラーゼ	Aspergillus, Humicola, Trichoderma, Bacillus
ヘミセルラーゼ	Aspergillus, Trichoderma
ペクチナーゼ	Aspergillus
デキストラナーゼ	Penicillium
ラクターゼ	Aspergillus, Bacillus, Kluyveromyces
インベルターゼ	Saccharomyces
ナリンジナーゼ	Aspergillus
ヘスペリジナーゼ	Aspergillus
リゾチーム	卵白
プロテアーゼ	
植 物―パパイン	パパイア
ブロメライン	パイナップル
動 物―ペプシン	胃
トリプシン	膵臓
レンネット	子ウシ胃
ウロキナーゼ	人尿
微生物―酸性プロテアーゼ	Aspergillus, Rhizopus
中性プロテアーゼ	Aspergillus, Bacillus
アルカリ性プロテアーゼ	Bacillus
レンネット	Mucor
ペプチダーゼ	Aspergillus, Streptomyces, Serratia
リパーゼ	Aspergillus, Penicillium, Mucor, Candida, Geotrichum, Chromobacterium, Pseudomonas
アシラーゼ	Aspergillus
ウレアーゼ	ナタ豆
ヌクレアーゼ	Penicillium
デアミナーゼ	Aspergillus
転移酵素	
シクロデキストリングリコシル トランスフェラーゼ	Bacillus
異性化酵素	
グルコースイソメラーゼ	Bacillus, Streptomyces
酸化還元酵素	
グルコースオキシダーゼ	Aspergillus
カタラーゼ	Aspergillus, Micrococcus, 肝臓
ペルオキシダーゼ	西洋ワサビ, 大根
チトクロームc	ウマ心筋

炭素源およびエネルギー源として利用する能力を有しており，これらの反応を触媒する酵素の数も多い．こうした点を考慮すれば，微生物酵素の多様性は実に膨大なものになる．したがって，以前には知られていない酵素が必要な場合でも，微生物をスクリーニングすることにより，こうした酵素を求めることが可能である．

このように酵素の生産には，まず優良な菌株をスクリーニングし，次いでその生産性を向上させるのが普通である．菌株改良の手段には，おもに変異株を取得する方法と遺伝子

工学的手法によるものがある．後者は，近年その発展が著しく今後は遺伝子工学により改良された菌株が広く使用されるものと思われる．しかし，実際の工業生産の場においては，突然変異株の取得により改良されたものが大部分を占めている．突然変異を誘発するために紫外線，ニトロソグアニジン (NTG) など各種の変異剤が用いられる．通常，微生物の酵素合成は，分解系酵素の場合はその基質または類似化合物によって誘導され，生合成系酵素の場合は代謝系の最終産物によって抑制されることにより調節されている．したがって，高単位に酵素を合成する変異株では，これらの調節系の異常によって，誘導基質なしでも酵素が合成される構成的変異や，酵素合成の制御が機能しなくなった変異が起こっているものが多い．また，菌体外に分泌生産される酵素の場合は，分泌系，特に膜系の異常により，その生産性が著しく向上する場合がある．酵素生産における変異株の利用は，こうした生産性向上にとどまらず，目的酵素の精製または利用上障害となる，ほかの酵素や色素を生産しない変異株など，さまざまな面からの改良に用いられる．

2.1.2 培 養

微生物を培養する際の培地組成，pH，通気量，温度，培養時間などの培養条件は，酵素の生産性に著しい影響を与える．培養条件の検討は，微生物による酵素生産のための最も重要なステップの1つである．実際，適切な培養条件を見出すことにより，酵素生産性を数十倍にも引き上げることが可能である．

酵素生産を左右する要因として，酵素合成に関与する誘導および抑制物質が重要である．特に分解系に関与する酵素の場合は，培地中に誘導物質を添加することにより酵素量の増大が認められるのが普通である．*Pseudomonas* 属細菌の菌体外リパーゼ生産のために，培地にオリーブ油などを添加するのは，この典型的な例である．また基質と類似の化合物も有用であり，大腸菌のβ-ガラクトシダーゼに対するイソプロピル-β-チオガラクシドのように，酵素によっては分解されない基質アナログに強い誘導性を示すものもある．他方，大腸菌のアルカリ性ホスファターゼのように培地中にリン酸が高濃度に存在すると，その合成が阻害されるものもある．こうした場合は，リン酸のような特定成分濃度をできるだけ低く抑えて培養を行う必要がある．

酵素を生産するための微生物の培養法には，固体培養法と液体培養法がある．固体培養法は，カビ類の培養には非常に有効な方法である．固体培養の培地としては，小麦ふすまがよく用いられる．培養基は，アルミ製の蓋付バットに盛り込み，温度制御を行って培養する．現在，固体培養法により，種々の消化剤用酵素などが生産されている．固体培養法の問題点としては，省力化がむずかしいこと，菌体内酵素には適用できないことがあげられる．

液体培養法による酵素生産は，通気攪拌による深部培養（タンク培養）が行われる．液体培養は固体培養と比較し，培地組成，pH，通気攪拌条件を培養中に任意に変化させることが可能であり，一般に広く用いられている．最近では，液体培養における諸条件をコンピュータ制御することにより，従来よりはるかに高密度に微生物を培養することも可能である．少量の培養実験には，振盪フラスコ，数 l 容量のジャーが使用される．

2.1.3 精 製

菌体外酵素の精製は，遠心分離，ケイソウ土ろ過などにより培養液から菌体を除去した上清がそのまま粗酵素液として利用できるため，非常に簡便となる．実用酵素は，用途に適合していればほかの酵素活性が含まれていてもあまり問題とならず，価格の面からも高度の精製は行われていない．したがって，得られた粗酵素液をアルコールなどで沈殿させ，これを乾燥して粉末にしたものを酵素製品としているものが多い．

他方，菌体内酵素や植物・動物組織に含まれる酵素は，細胞を破砕し酵素を抽出する必

要がある．植物組織の破砕には，高速回転の刃をそなえたWarningブレンダーなどが使用される．動物組織の場合は，少量ではPotter-Ervehjem型ホモジナイザーが，大量では挽き肉器などが使用される．微生物菌体の破砕法としては，海砂などを用いて乳鉢内で破砕する方法，菌の懸濁液を超音波で処理する方法，菌の懸濁液をガラスビーズと高速で混合する方法（Dyno-Mill装置）などがある．またこれら以外にも，菌体の凍結融解を繰り返す，$-20°C$のアセトンで脱水し乾燥後アセトン粉末として抽出する，リゾチームなどの酵素を作用させ溶菌させる，菌の懸濁液にトルエンなどを加え自己消化を起こすなどの方法がある．こうした破砕の際に，目的酵素の安定化，抽出の効率化のために，界面活性剤，メルカプトエタノールなどの-SH基保護剤，プロテアーゼ阻害剤などを加えることがある．次に破砕混合液から菌破砕片を，遠心分離などにより除去する．こうして粗酵素溶液が得られるが，必要に応じて，加熱処理による夾雑タンパクの変性除去，プロタミンなどの処理による核酸の除去が行われる．粗酵素溶液の濃縮法としては，硫安やエタノール，アセトンなどの有機溶媒で沈殿・濃縮する方法が簡便である．硫安による分画は小スケールでは多用されるが，大規模には廃硫安の処理などの問題がありそれほど使用されない．大量処理の場合は，減圧加熱下で濃縮する方法，限外ろ過膜を使用する方法がよく行われる．

一般に，高純度の酵素製品を得るためには，このあと，いくつかのクロマトグラフィーにより精製を行うことが多い，最も汎用されるのは，イオン交換クロマトグラフィーである．イオン交換体としては，セルロースや架橋デキストランに各種のイオン交換基を導入したものが使用される．これらの担体に目的の酵素を吸着させ，洗浄後，溶離液の塩濃度やpHを変化させることにより，酵素を溶出させ精製する．

同様に，イオン交換基の代わりにフェニル基などの疎水性基をもった担体を利用する疎水性クロマトグラフィーもある．通常は，高塩濃度で酵素を吸着させ，塩濃度を低下させたり溶離液にアルコールなどの有機溶媒を添加して目的酵素を精製する．

また，酵素と特異的に結合する基質，補酵素，阻害剤，抗体などのリガンドを担体に結合させた吸着体に目的の酵素のみを特異的に吸着・溶離するアフィニティクロマトグラフィーや，架橋デキストランなどのゲルによる分子ふるい効果を利用し各種のタンパク質を分子量の差に基づいて分画する，ゲルろ過クロマトグラフィーも使用されている．

通常，高純度の酵素の生産では，これらのクロマトグラフィーを組み合わせることにより精製が行われる．最近では，中速および高速液体クロマトグラフィーも使用されている．

2.1.4 酵素標品の形態

上述のように製造された酵素は，目的に応じて製品化される．最終製品の形態としては粉末，液体，硫安懸濁品がある．

粉末品は，酵素液をアセトン，アルコールなどで沈殿・乾燥したもの，あるいは酵素液をスプレードライで温風乾燥したものである．ただし，不安定な酵素は，凍結乾燥によって粉末化する．この際，酵素の力価調製，安定化のために，ラクトースなどの賦形剤が添加されることがある．液体品の場合も酵素の安定化の目的で，グリセロールなどが加えられる．また，必要なときには防腐剤なども添加されている．試薬用酵素などの場合は，硫安懸濁状態がよく使用されている．通常，こうした酵素標品は，$-20°C \sim +4°C$の暗所に保存する．

2.2 固定化酵素

酵素を一般の固体触媒のように繰り返して使用できるようにするため，これを何らかの方法で不溶化・固体化させることが考えられた．その発想の根源は随分と以前に遡るが工業的な先駆例はわが国ではじめて手掛けら

表 2.2 固定化酵素の製法とその特色

名称	原理	小分類	特色 調製	特色 活性	特色 再生
担体結合法	不溶性の担体に酵素を繋ぎ止める	物理的吸着	やさしい	低い	可能
		イオン結合	やさしい	高い	可能
		化学結合	むずかしい	高い	困難
包括法	透過性を有する格子状のもののなかに酵素を閉じ込め	ゲル化法	むずかしい	高い	困難
		マイクロカプセル法	むずかしい	高い	困難
		リポゾーム法	中度	高い	可能
		メンブレンリアクター	やさしい	高い	可能
架橋法	酵素同士を繋ぎ合わせ全体として不溶性にする		むずかしい	中度	困難

れた．現在は固定化酵素と呼ばれることが多い．

2.2.1 固定化酵素の製法

不溶化・固体化の方法としては種々のものが考えられ，大別して3～4の原理に分類される（表2.2）．担体結合法は語感として「固定化」酵素のイメージに最も近く，不溶性の担体に化学的あるいは物理的に酵素を繋ぎ止めるものであり，包括法は基質などの低分子に対しては透過性を有する格子状や網状のもののなかに酵素を閉じ込めようというものである．これに対して，架橋法は多価性の試薬で酵素同士，あるいは場合によってはほかの非酵素タンパク質とを繋ぎ合わせ，全体として不溶性のものにする．実際にはこれらの原理は，担体に結合させてから架橋をするとか，架橋して大きくしたものを包括するなどのように，組み合わせて用いられることも多い．

ある酵素を固定化して使用するには，（酵素）反応の場を提供する担体と，固定化の反応および触媒である酵素の特性と3つの要素を問題にしなくてはならない．それぞれの原理のおおよその特色は表2.2に記したようなものであるが，特定の問題にどのような方法が最善であるかは一概にはいえない．今日までに，きわめて多様で多彩な固定化酵素の研究が報告されているが，ここではその化学的な側面を中心に説明する．

a．担体結合法 この方法に共通な特色は，固定化が担体の表面に近いところで行われているため，基質などに接触しやすく，また概して硬い担体を利用できるので（反応器などでの）取扱いが容易ということにある．

物理的吸着法には，活性炭，酸性白土，カオリナイト，ベントナイト，多孔性ガラス，シリカゲル，アルミナ，そのほかの金属酸化物などの無機物のほか，有機物としてはコンカナバリンA，グルテンなどのタンパク質，タンニン，あるいはキチン，セルロースや，アガロースなどの多糖類誘導体，疎水性あるいは両性の合成樹脂などが使われている．一般にその結合の力はあまり強くない．強すぎるものでは酵素の変性などが生じて失活してしまい，一方，弱すぎるものは使用中に酵素が脱落することになる．

イオン結合法は，酵素タンパク質が両性電解質であり，ある使用条件では多価イオンになっていることを利用している．カチオン，アニオン化したセルロース，デキストラン誘導体のほか，一般にイオン交換樹脂として使われているスチレン系などの各種合成樹脂が利用できる．この方法も比較的簡単に酵素を固定化することができ，またpHやイオン強度の調整によって，疲弊した酵素を脱着することもできるので広く使われている．ただし，このことは，使用中の緩衝液の組成を誤ると脱落が起こってしまうことをも意味しており注意が必要である．

化学結合法には，多糖類，タンパク質，合成高分子，表面処理したガラス，酸化鉄，スチレン樹脂，ポリアクリルアミド，ポリビニールアルコール，エチレンマレイン酸誘導体

などきわめて多様な物質が利用されている．担体上の官能基と酵素上の官能基との間に化学結合を形成することが基本であるから，その担体の由来にかかわらず，使われる反応の種類で分類することができる．酵素上で利用できる（主として側鎖の）官能基としては，アミノ基，カルボキシル基，フェノール性水酸基，チオール基などが考えられ，一方，担体上には，各種の官能基・反応基を導入することができる．

担体上に芳香族アミノ基を導入できた場合には，希塩酸と亜硝酸ナトリウムによってジアゾニウム化合物とし，酵素のアミノ基などとジアゾカップリングさせることができる．

$$担体\sim\phi-NH_2 \longrightarrow \sim\phi-\overset{+}{N}\equiv N$$
$$\xrightarrow{酵素-NH_2} \sim\phi-N=N-酵素$$

カルボキシル基を有する担体をアジド誘導体として，酵素の遊離アミノ基と反応させることや，カルボジイミド試薬のような縮合試薬を用いて，担体，酵素のいずれかのカルボキシル基を活性化し，他方のアミノ基と反応させることにより，ペプチド結合を形成させることができる．

$$担体\sim OCH_2CON_3 \xrightarrow{酵素-NH_2} \sim OCH_2CONH-酵素$$

$$担体\sim COOH \xrightarrow{カルボジイミド,酵素-NH_2} \sim CONH-酵素$$

一方，酵素上のアミノ基，フェノール性水酸基，チオール基をハロゲンのような反応性に富んだ置換基を有する担体と反応させることによって，アルキル（C－C）結合を形成させることもできる．代表的なものは，ハロゲン化アセチルやトリアジニル誘導体を使ったものであり，ハロゲン化された合成高分子にも利用できる．

$$担体\sim OCOCH_2Br \xrightarrow{酵素} \sim OCOCH_2-酵素$$

担体～O-C(N=C-Cl)(N=C-Cl)N → O-C(N=C-酵素)(N=C-Cl)N

2個の隣接する水酸基を有する多糖類の場合は，臭化シアンで活性化することによって多様な酵素が固定化できる．この反応は，イミドカルボン酸誘導体を経て，主としてイソウレア型の結合をもたらす．

$$担体\genfrac{}{}{0pt}{}{OH}{OH} \xrightarrow{CNBr} \genfrac{}{}{0pt}{}{\sim O}{\sim O}C=NH$$
$$\xrightarrow{酵素-NH_2} \genfrac{}{}{0pt}{}{\sim O-C=NH}{\sim OH}\genfrac{}{}{0pt}{}{NH-酵素}{}$$

また，よく利用されている方法として，アミノ基を含む担体を多価性の試薬によって処理し，酵素上のアミノ基との間に結合を生じさせるものがある．一例としては，グルタールアルデヒドを使ったものがあり，この場合は形成されたシッフ塩基を還元してアルキル結合とすることもある．

$$担体\sim CH_2NH_2 \xrightarrow{OHC(CH_2)_3CHO,酵素-NH_2}$$
$$\sim CH_2N=CH(CH_2)_3CH=N-酵素$$
$$\xrightarrow{NaBH_4} \sim CH_2NHCH_2(CH_2)_3CH_2NH-酵素$$

酵素上のチオール基と担体上のジスルフィド結合との間でチオール交換反応を行わせることも考えられる．

$$担体\sim S-S-R \xrightarrow{酵素-SH} 担体\sim S-S-酵素 + RSH$$

そのほか，トレシル化した多糖類とアミノ基，あるいはチオール基との反応や，多糖類を過ヨウ素酸酸化して導入したアルデヒド基とアミノ基との反応，最近では，適当なビニルモノマーを（担体上のアミノ基などから）グラフト化（接ぎ木化）した分枝の上への酵素の結合などが使われている．

化学結合法の長所は，結合が強固で脱離しないことにあるが，このことは同時に，調製時において複雑な手順と微妙な反応条件が必要とされ，場合によっては固定化反応の間に酵素が失活してしまうこと，および使用後の酵素および担体の再生が容易でないという短

所にもつながっている．

b. 包括法　ゲルによる包括法には，ポリアクリルアミドとメチレンビスアクリルアミドからなるヒドロゲルや，ポリビニルアルコールゲルなどの合成高分子，ポリエチレングリコールジメタクリレート，光硬化性樹脂，ウレタンポリマーなどのプレポリマーやケイ素樹脂などが使われ，セルロースアセテート，デンプン，ゼラチン，アガロース，キトサン，κ-カラギーナン，アルギン酸カルシウム，ペクチン，フィブリンなどの天然高分子も多用されている．原理的には，アクリルアミドのようなモノマーと酵素とを混ぜ，その後，化学的あるいは放射線化学的な方法によって重合・架橋を行わせるものと，ポリビニルアルコールや各種天然高分子のようにすでに高分子化したものと酵素とを混ぜ，その後，何らかの方法によってゲル化させるというものがある．これらの中間的なものが，プレポリマー法であり，数千程度の大きさの重合物で末端に反応性基を有したものを酵素と混ぜ，光などでさらに反応させてゲル化を行わせるものである．モノマー法が溶媒やモノマー，開始剤の作用によって酵素の失活をひき起こす可能性があり，一方でポリマー法がゲルの網目の緩さから酵素が洩れだすという両者の欠点を補い得る方法といえる．

マイクロカプセルをつくる方法には，疎水性モノマーを溶かした有機溶媒中に酵素と親水性モノマーを含む水溶液を分散させ，その界面で重合させるもの（界面重合法）と，高分子の貧溶媒と酵素分散水溶液との間に高分子を相分離させてカプセル化させるもの（相分離法）などがある．前者ではモノマーから出発するので，酵素の種類によっては調製中に失活する可能性があるが，カプセルの大きさをかなりの範囲で変えられる利点がある．ポリアミンと多塩基酸ハライドからのナイロン（ポリアミド）カプセルをはじめとして，ポリエステル（グリコールと多塩基酸ハライド），ポリウレア（ポリアミンとポリイソシアネート）などが用いられている．後者はポリマーから出発するので上記のような欠点はないが，球殻状に相分離させる技術が必要である．これには，コロジオン，ニトロセルロースなどが用いられるほか，ポリスチレンやポリビニルアセテートなどの合成高分子も使われる．

最近は，ドラッグデリバリーシステムなどとの関連で，両親媒性化合物によって囲まれた分散体（リポソーム）のなかに酵素を閉じ込めることも行われている．上記の場合とは異なり，同じ球殻状の界面でもこの場合は低分子化合物の集合体であり，膜自体はかなり流動的である．このような系の特性は，使用する脂質の性質を変えることによってコントロールすることができ，酵素療法に利用しようという期待が大きい．

以上の三者は，多かれ少なかれ，微少な空間に酵素を閉じ込めようとするものであった．近年，孔径をコントロールされた種々の合成膜が開発されるに及んで，かなりの大きさの空間を，たとえば低分子は通すがタンパク質は通さないような膜で仕切り，そのなかで酵素反応を行わせ基質および生成物は膜外から出し入れしようという，いわゆるメンブレンリアクターの試みが行われている．これも，一種の「包括」法と見なすことができよう．その原理の単純さと設計の容易さから，すでにかなりの規模にのぼる実用化が報告されている．

c. 架橋法　架橋法では，酵素・タンパク質上のどの残基を利用するかで，使用する架橋試薬が異なってくる．担体結合法でも使われた，グルタルアルデヒドや，ヘキサメチレンジイソシアネート，ヘキサメチレンジイソチオシアネート，エチレングリコールビススクシニイミディルスクシネートなどは主としてアミノ基を結び付けるものであり，N,N'-ポリメチレンヨードアセトアミドはチオール，イミダゾール，アミノのいずれの基とも反応する．また N,N'-エチレンビスマレイミドはチオール基同士を結び付ける．

特別な担体を用いなくても，固定化酵素を簡単に調製できる点が架橋法の最大の長所で

あるが，タンパク質の量としてはかなりのものが必要であることや，酵素上の多数の官能基を反応に使うためしばしば活性の低下が起こること，固定化酵素の力学的物性があまりよくはならないことなどが欠点とされている．

2.2.2 固定化酵素の性質

固定化することにより酵素の性質がもとの遊離のものとどう変わるかは種々調べられているが，いずれも現象的な結論である．

酵素による触媒反応は最も簡単な表現では次式のように書け，

$$E+S \underset{K_m}{=} E \cdot S \xrightarrow{k_{cat}} E+P$$

(E：酵素，S：基質，E·S：酵素基質複合体，P：生成物)

反応速度(v)は

$$v=\frac{k_{cat}[E][S]}{K_m+[S]}$$

となるので，存在する酵素の量と反応速度定数とに比例し，基質の濃度については双曲線関数になる．この曲線の形を決めるのが，K_m（ミカエリス定数）であり，最大速度（$k_{cat} \times [E]$）の1/2の速度を与える[S]の値に等しい．したがって，固定化酵素での最初の関心は，k_{cat}とK_mの2つのパラメータが固定化によってどう変わるかという点にある．もっとも，k_{cat}は固定化酵素の量（[E]）をどう評価するかに大きく関係する．一般には，最大反応速度は遊離の系よりも小さくなることが多いが，これは酵素量を不変とすればk_{cat}が小さくなったことを，逆にk_{cat}を不変とすれば酵素量が小さくなったことを意味する．一度固定化した酵素を再び遊離の形態に戻して，その特性を評価した研究はほとんどないが，その場合でも，最大速度の減少をいずれの現象に帰着させるかは問題である．

これに対して，K_mは酵素の量に関係なく決められるので，固定化酵素でも評価しやすい．ただし，このような系でのK_mはあくまで見かけのK_mであり，担体の内部，酵素の近傍での基質の濃度を対象としたものではなく，全体の平均としての基質濃度で記述される．したがって，たとえば基質が高分子で（特に包括法などでは）酵素の近くに寄れないような場合，そのK_mはきわめて大きくなってしまう．また，基質がイオン性であり，担体にもイオン基がある場合には，同じ符号のときは排除を，異なる符号では濃縮をするので，それぞれK_mは大きくなったり，小さくなったりする．基質と担体が疎水性であるような場合も後者と同様である．k_{cat}やK_mが基質の種類によってどう変化するかは，基質特異性といわれるが，特にこのようなK_mに対する効果から，固定化酵素の（見かけ上の）特異性が変化することはしばしば観測される．さらに，酵素上の官能基の反応を固定化酵素の調製で利用する場合には，一種の化学修飾が生じたことになり，基質特異性が変化してしまうこともある．

一方，酵素の活性はpHによって大きく変化するので，その依存性は酵素を利用するときにはきわめて重要である．この場合も，測定されるpH値は平均のものであり，担体内（上）の酵素が実際に晒されている（微視的環境）プロトン濃度ではないので，このような見かけ上の変化はしばしば観測される．たとえば，担体がアニオン性である場合には，高分子電解質効果により酵素近傍のpHは平均より低くなり，最適なpHが高pH側へシフトして観測され，カチオン性の場合にはその逆となる．そのほかに，酵素上の官能基を利用した場合には，元来のpH依存性を決めていた解離基の様子が変化してしまうことも考えられる．

固定化酵素の利用における別の重要な因子は，酵素の安定性である．酵素を固定化することにより，その安定性が高まった例がいくつもある．安定性には，タンパク質構造の熱や変性剤に対する安定性と，使用安定性とが考えられるが，前者では，固定化によるタンパク質の担体への多点での結合が部分的変性を起こりにくくしているという考えがある．

使用時の安定性は，固体化した触媒として連続使用できることによってはじめて現れる

問題であるが，同じ酵素でも調製法によって安定性はかなり異なることが報告されている．固定化酵素の実用における成否の大きな部分は安定性によって決定されているといえる．

2.3 酵素を利用した合成プロセス

酵素反応を化学合成プロセスに利用しようとする試みは，最近さかんに行われるようになった．その大部分は，酵素の有する特異性，特に位置特異性（regiospecificity）と立体特異性（stereospecificity）を利用して，目的化合物だけを合成するために酵素を使用するものである．もちろん，こうした酵素の利用は，通常の有機合成法や光学分割法に取って代わるものではなく，むしろ競合する1つの手段と考えるのがよいだろう．また，酵素合成プロセスの利用は，ファインケミカルの分野に限られるものではなく，ニトリルヒドラターゼを用いるアクリロニトリルからアクリルアミドの工業生産のように，副生成物を生じないなどの利点から，大規模な工業製品に応用されているものもある．

しかし，酵素が熱に不安定なタンパク質であること，一般の有機合成反応のように任意の有機溶媒が使用できないことなどは，酵素を化学合成プロセスに応用する上で常に問題となる点である．こうした不利な点を克服するために，現在，種々の耐熱性酵素のスクリーニング，タンパク工学の手法を用いた酵素の安定化，有機溶媒中での酵素の反応性，酵素の修飾・固定化の研究が行われている．

また，新しい合成プロセスに適した微生物酵素のスクリーニングもさかんに行われており，この分野の進展は実にめざましいものがある．他方，既存の酵素のなかにも従来には全く知られていない新しい反応を触媒することが見出されたものも多数あり，酵素の新機能を合成プロセスに利用し，成功した例も多い．

以下，酵素を利用した合成プロセスを酵素分類別に記述する．

2.3.1 加水分解酵素の利用

加水分解酵素は，利用できる酵素が多くしかも入手が比較的容易であること，また高価な補酵素類を必要としないことから，最も広く利用されている．

(1) アシラーゼを用いるDL-アミノ酸の光学分割：　N-アシル-DL-アミノ酸のL-体のみを加水分解し，L-アミノ酸をつくる．残存するN-アシル-D-アミノ酸は，化学的にラセミ化され再び酵素的分割に供される．L-メチオニン，L-フェニルアラニン，L-トリプトファンの合成に利用されている．

(2) カプロラクタム加水分解酵素およびラセマーゼを用いるL-リジンの合成：　カプロラクタムのような，非天然化合物に作用する微生物酵素が利用されたことで注目された反応である．

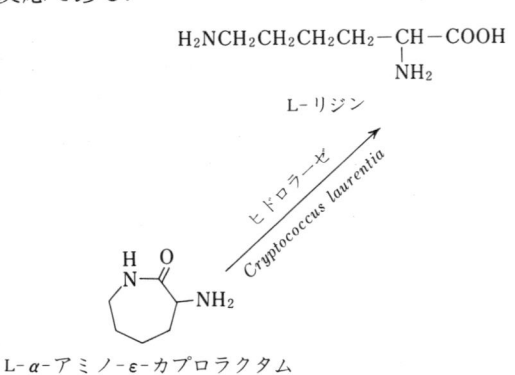

(3) ヒダントイナーゼを用いるアミノ酸の合成：　ヒダントインはBucherer法によるアミノ酸の合成中間体である．本反応の酵素系は解明されていないが，菌体を使用す

る一段階反応でL-トリプトファンが合成できる.

D-5-インドリルメチルヒダントイン

⇅ ラセマーゼ

L-5-インドリルメチルヒダントイン

→ ヒダントイナーゼ / *Flavobacterium aminogenes*

[構造式: インドール-CH₂CHCOOH-NHCONH₂]

HCl / HNO₂ →

L-トリプトファン

他方,非天然のアリールヒダントインに作用する酵素もある.この場合,生成物はすべてD体となる.本法で,D-*p*-ヒドロキシフェニルグリシンが生産されている.

DL-5-(*p*-ハイドロキシフェニル)ヒダントイン

→ ヒダントイナーゼ / *Pseudomonas striata*

D-体

HCl / HNO₂ →

D-*p*-ハイドロキシフェニルグリシン

上記以外にも,N-アシル-D-アミノ酸アシラーゼ,DおよびL-アミノ酸アミドを特異的に加水分解する酵素も報告されている.

(4) ニトリルヒドラターゼを用いるアクリルアミドの合成: アクリル酸の副生は全く無視できる量である.アクリルアミド以外にもメタアクリルアミド,プロピオンアミド,クロトンアミドの生産に利用できる.

$CH_2=CH-CN$
アクリロニトリル

→ ニトリルヒドラターゼ / *Pseudomonas chlororaphis*

$CH_2=CH-CONH_2$
アクリルアミド

(5) エポキシヒドロラーゼを用いるD-(−)-酒石酸の合成: L-(+)-酒石酸は天然から単離できるが,D-(−)-酒石酸はこれまで光学分割が必要であった.この方法では,菌株を変えることにより両異性体を合成することが可能である.

[エポキシコハク酸構造] →

エポキシヒドロラーゼ / *Achromobacter tarotarogenes* など → L-(+)-酒石酸

Alcaligenes levotartaricus など → D-(−)-酒石酸

(6) R-(−)-エピクロロヒドリンの合成: この反応は微生物によりラセミ体の一方を分解するものである.

[ClCH₂-CHCl-CH₂OH] → *Pseudomonas* 属細菌による(R)-体の分解 →

(S)-(−)-2,3-ジクロロ-1-プロパノール

→ アルカリ → (R)-(−)-エピクロロヒドリン

(7) ペニシリンアシラーゼを用いる6-アミノペニシラン酸の合成: 化学的な脱アシル化法では,毒性の強い化学薬品を使用するため,現在では酵素法が工業的に使用されている.

ペニシリンG

→ ペニシリンアシラーゼ / *Bacillus megaterium* →

6-アミノペニシラン酸

(8) リパーゼを用いる種々の光学活性体の合成: 日本では，種々の起源の工業用リパーゼが容易に入手できる．また，リパーゼを用いた研究報告も多い．ここでは，その一部を示す．

オキサゾリジノンの不斉水解

生成物の(S)体は2段階の化学反応で，容易に(S)-β-ブロッカーに変換される．

(R,S)-オキサゾリジノン誘導体 → リパーゼ (Pseudomonas fluorescens) → (S)-体 + (R)-体

(S)-体 →NaOH→ (S)-5-ハイドロキシメチル-3-ter-ブチル-オキサゾリジン-2-オン

(R)-体 →化学的反転反応→

α-置換プロピオン酸エステルの不斉水解

(S)-ナプロキセンは著名な抗炎症剤である．

(R,S)-2-(6-メトキシ-2-ナフチル)プロピオン酸メチル →リパーゼ (Candida cylindracea)→ (S)-ナプロキセン + (R)-体のエステル

リパーゼは，上記以外にも種々のエステル交換反応，分子内エステル化によるラクトン合成反応を触媒する．

2.3.2 リアーゼ(脱離酵素)の利用

リアーゼは種々の脱離反応を触媒する酵素であるが，その逆の合成反応を利用する例が多い．

(1) フマラーゼを用いるL-リンゴ酸の合成: 溶解度の低いCa塩を懸濁状態で使用し，フマラーゼで溶解度の低いリンゴ酸のCa塩に100%近い収率で変換する．

フマル酸カルシウム + H_2O →フマラーゼ (Lactobacillus brevis など)→ リンゴ酸カルシウム

(2) アスパルターゼを用いるL-アスパラギン酸の合成: 現在，L-アスパラギン酸はすべてこの方法で合成されている．

フマル酸 + NH_3 →アスパルターゼ (種々の細菌)→ L-アスパラギン酸

(3) アスパラギン酸β-デカルボキシラーゼを用いるL-アラニンの合成: L-アラニンの製造法として工業化されている．

L-アスパラギン酸 →L-アスパラギン酸β-デカルボキシラーゼ (Pseudomonas 属細菌)→ L-アラニン

(4) トリプトファンシンターゼを用いるL-トリプトファンの合成: D-セリンはセリンラセマーゼを使用してラセミ化する．

インドール + DL-セリン →トリプトファナーゼ (Escherichia coli)→ L-トリプトファン

同様に，チロシンフェノールリアーゼ(β-チロシナーゼ)がL-チロシンの合成に利用されている．

(5) アルドラーゼを用いるデオキシノジリマイシンの合成： 新しく報告された手法であり，今後種々の炭水化物の酵素合成に応用されるものと考えられる．

2.3.3 トランスフェラーゼ(転移酵素)の利用

トランスフェラーゼの酵素合成への利用はあまり多くない．

(1) フェニルアラニンアミノトランスフェラーゼを用いる含フッ素アミノ酸の合成：種々のフルオロフェニルピルビン酸が基質として使用できる．

(2) ホスホリラーゼを用いるアデニンアラビノシドの合成： アデニンアラビノシドは抗ウイルス剤として使用される．こうしたヌクレオシドホスホリラーゼは，抗エイズ剤として注目されているジデオキシイノシンの合成にも使用されている．

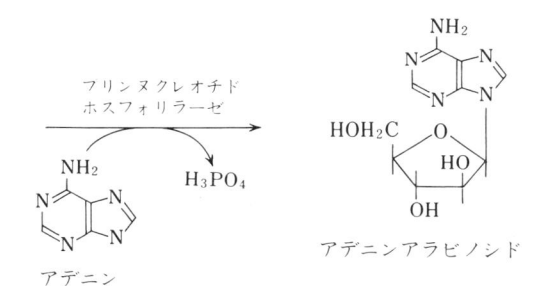

2.3.4 酸化還元酵素の利用

酸化還元酵素も酵素合成反応にはよく用いられている．しかし，脱水素酵素類ではNAD(P)$^+$などの補酵素類を要求することから，大規模に実用化されている例は少ない．最近，種々のオキシゲナーゼ(酸素添加酵素)を使用する反応がいくつか報告されているが，こうした酵素は一般に不安定なものが多く，菌体そのものが使用されている．

(1) パン酵母によるβ-ケトエステルの還元反応： 酵素は確定されていないが，多数の研究例がある．

(S)-β-ヒドロキシ酪酸エチルエステル
83～92％e.e.

この反応を Geotrichum（不完全菌の一種）で行うと，90％e.e.で(R)-体が得られる．

(2) 微生物のβ-酸化系を用いる(R)-β-ヒドロキシイソ酪酸の合成： 生成物の(R)-体は，血圧降下剤カプトプリルの原料として使用される．

イソ酪酸 → Candida rugosa の変異株 → (R)-β-ヒドロキシイソ酪酸 97％e.e.

(3) 耐熱性ロイシン脱水素酵素を用いる L-ロイシンの合成： 安定な耐熱性のロイシン脱水素酵素，NAD^+ の再還元のためのギ酸脱水素酵素およびポリエチレングリコール(PEG)で，高分子化した NAD^+ を使用するのが特徴である．現在バイオリアクターシステムで，約 600 g/l/日の連続生産が可能とされている．

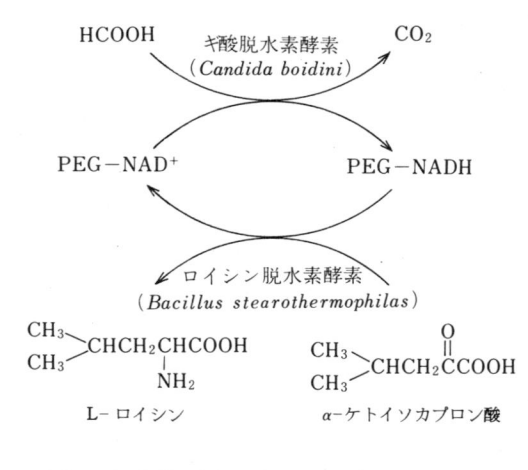

HCOOH → ギ酸脱水素酵素 (Candida boidini) → CO_2
PEG－NAD^+ ⇌ PEG－NADH
ロイシン脱水素酵素 (Bacillus stearothermophilas)
L-ロイシン　　α-ケトイソカプロン酸

(4) 水酸化反応を用いるプレドニゾロンの合成： ステロイドホルモンの合成には種々の微生物反応が使用されている．しかし，その酵素系は必ずしも明確ではない．この反応はこうした例の1つである．

Curvularia lunata
プレドニゾロン

(5) エポキシ化反応による光学活性エポキシアルカンの合成： 一般のアルケン以外にも，アリルクロライドから(S)-体のエピクロロヒドリン(81％e.e.)が，スチレンから(R)-スチレンオキサイド(69％e.e.)の合成が可能である．酵素系は不明であるが，オキシゲナーゼ反応と推定される．

C_3～C_{18} のα-アルケン → Nocardia corallina → R－CH－CH_2 \\O/ (R)-体 81～94％e.e.

2.4 酵素利用技術

上述のような工業的生産の目的に利用されるほか，従来からあるいは最近になって酵素が利用されてきた分野としては表2.3のようなものがあげられる．伝統的に食品加工には多量の酵素が使われてきたことはいうまでもないが，近年の動向としては，医療関係をはじめとする精密・微量分析に多様な酵素が使われている．また洗剤などの生活分野にも量としては多くの酵素が使われている．この表には直接あげていないが，研究用にも分析をはじめとして多くの酵素が使われており，特に，いわゆる遺伝子工学の実践においては，制限酵素，DNAリガーゼ，逆転写酵素のほか，各種のホスファターゼ，ヌクレアーゼ，ポリメラーゼ類が駆使されている（→3章）．

今後の利用技術の展開は，おもに新種酵素の生産とかかわっている．元来，酵素の利用はその温和な条件における触媒作用に大きな

2. 酵素工学

表 2.3 そのほかの酵素の利用技術

用	途		酵 素 例
医療関連	治療用	血栓溶解酵素	ストレプトキナーゼ, ウロキナーゼ
		循環系ホルモン剤	カリジノゲナーゼ, エラスターゼ
		消炎鎮痛剤	リゾチーム, 各種プロテアーゼ, スーパーオキシドディスムターゼ
	診断用	臨床検査用	グルコースオキシダーゼ, ウレアーゼ, コレステロールオキシダーゼ, クレアチンデイミナーゼ, ウリカーゼ
		酵素免疫標識	βガラクトシダーゼ, ペルオキシダーゼ, アルカリホスファターゼ, アルコールデヒドゲナーゼ
食品加工		糖質分解	アミラーゼ類, デキストラナーゼ, セルラーゼ
		タンパク質分解	ズブチリシン他の微生物プロテアーゼ, パパイン, フィシン, ペプシン
		乳製品	レンニン, 微生物レンネット, リパーゼ
		水産	カタラーゼ
		酒・果汁	ペクチナーゼ, βグルカナーゼ, ナリンギナーゼ
その他の工業用		繊維工業	αアミラーゼ, カタラーゼ, プロテアーゼ
		調味料製造	リボヌクレアーゼ, デアミナーゼ
		漆工業	ラッカーゼ
生活関連	洗剤用	分解	プロテアーゼ, アミラーゼ, リパーゼ, セルラーゼ
		酸化還元	オキシダーゼ, リポキシダーゼ, カタラーゼ
	歯磨用		デキストラナーゼ
	化粧品用		プロテアーゼ, リパーゼ, ヒトリゾチーム

特色があったが，前述のような利用範囲の拡大により，高温下や非水環境中などといった「苛酷」な条件が要求されている．その解決には新規生物からの抽出，従来法による誘導，開発に加えて，遺伝子工学の手法を使って天然には得られないような特性をもった酵素を創出することが必要である．洗剤用酵素の安定化・高活性化はすでに世界的に多くの試みが行われている好例である．加えて，化学修飾的手法の併用による合成材料とのハイブリッド化も合成物の特性を生かせるものとして種々試みられており，いくつかの有用な例が報告されている．

また，物質生産・変換の目的だけでなく，電子情報分野への利用が考えられているが，これについては第6章を参照されたい．

〔功刀　滋・伊藤伸哉〕

参 考 文 献

1) 辻阪好夫, 山田秀明, 鶴 大典, 別府輝彦編："応用酵素学", 講談社サイエンティフィク, 講談社(1979).
2) 丸尾文治, 田宮信雄監修："酵素ハンドブック", 朝倉書店(1982).
3) 福井三郎, 千畑一郎, 鈴木周一 編："酵素工学", 東京化学同人(1981).
4) 大野雅二 編："酵素機能と精密有機合成", シーエムシー(1984).
5) 千畑一郎 編："固定化生体触媒", 講談社サイエンティフィク, 講談社(1986).
6) 大石 武, 秋田弘幸 編著："バイオテクノロジーのファインケミカルズへの応用", アイピーシー(1989).

3. 遺伝子工学・タンパク質工学

3.1 遺伝子操作技術

　人類は太古の昔から，野生の動植物を利用して生活してきた．そして，メンデルによってはじめて主張された遺伝子の概念を知るはるか以前から，野生動物を家畜化して利用したり，野生植物を栽培品種として確立してきた．家畜動物の品種改良，食糧として栽培植物の改良，多彩な美しさを競う園芸植物の開発などは，遺伝学に関する知識が明らかになったあとも，長年の経験をもとにした交配などの技術を要した．親から偶然，あるいは人工的に生じた，生産性の向上した個体を品種として固定するためには，高等動植物の世代時間の長さを反映して，きわめて長期間が必要であった．また，微生物の存在を知る以前から，人類は微生物を意識せずに利用し，さまざまな発酵食品をつくってきた．今日では，進歩した微生物学の知識に基づいて，さまざまな食品・医薬品・酵素などが生産されている．微生物は世代時間が短いために，突然変異などの方法によって品種改良を行うことは高等動植物に比べると容易である．たとえば，現在でも代表的な抗生物質であるペニシリンは，Flemingによって発見された当時には，その生産菌であるペニシリウムの培養液 $1 l$ 当たりに数 mg しか生産されなかった．その後，数十回に及ぶ変異処理と菌株の選択や培養技術の進歩によって，培養液 $1 l$ 当たり 20 g 以上の生産が可能となっている．

　微生物の交配あるいは染色体 DNA の交雑を可能にする方法には，いくつかの方法が知られている．大腸菌などのグラム陰性細菌の一部，ブドウ状球菌などのグラム陽性細菌の一部，酵母菌などの真核微生物の一部においては，メカニズムが全く異なる特有の接合現象が知られている．これらの能力を有する微生物細胞が接合する際に，染色体 DNA の一方向的な移動あるいは核融合が起こる．この結果，DNA の交雑が可能となる．細菌に感染して細菌細胞内で増殖することのできるバクテリオファージを利用して，微生物染色体の一部を他細胞へ移行させる形質導入という方法もある．一部の微生物は，細胞外に存在する DNA を取り込む能力を有する．場合によっては，化学的に処理することにより，DNA 取り込み能を付与することができる．この能力を利用して，化学的に調製した DNA を微生物細胞に取り込ませることを形質転換法という．動物細胞と異なって，ほとんどの微生物細胞は植物細胞のように，細胞壁という固い殻につつまれている．この細胞壁を化学的に除去したものをプロトプラストという．プロトプラスト細胞は細胞膜が露出しているために，凝集融合を起こしやすい．いわば裸の細胞である．プロトプラスト融合が起こる際に，もとの細胞に存在していた染色体 DNA が融合細胞内に閉じ込められる．この結果，DNA 交雑あるいは染色体の交換が可能となる．

　このような方法は，有用物質の生産性が向上している有用微生物の菌株の間での，育種あるいは交雑を可能としている．しかし，有用物質の生産に関与している遺伝子の改変を行うことはできない．遺伝子の改良を行うためには，まず微生物細胞に対して突然変異を誘起しなければならない．変異誘発処理によって，10^{-6} 程度の低頻度で生じた変異株のなかから，目的に一致した株を選択するというきわめて根気のいる作業が必要である．

　有用物質を生物に効率よく生産させるためには，このようにいわば偶然性に支配されているような地道な努力が必要な過程が存在した．著しく発展した分子生物学の知識は，この段階をずっと合理的かつ論理的予測の可能な過程へと変えることに成功した．それは，目的とする有用物質の生産に関与している遺伝子を取得することに始まる，遺伝子操作技術である．また，遺伝子操作技術は微生物に対してだけではなく，高等動植物に対しても有

効な技術である．この遺伝子操作技術は単独に成立し得たものではなく，分子生物学，遺伝学，生化学，基礎微生物学，応用微生物学における長期間にわたる知識が一体化して可能となったものである．とりわけ，この技術を行うために必須の技術および知識について述べる．

3.1.1 遺伝子の検出法

遺伝子操作技術の根本となるのは，目的とする有用物質の生産に関与する酵素の遺伝子をクローニングすることである．クローンとは，もともとは"遺伝的な性質が全く同一である細胞の集団"を意味していた用語である．遺伝子操作技術においては，"化学構造すなわち塩基配列が全く同一である遺伝子またはDNAの分子集団"を意味する．そして，遺伝子のクローニングとは，特定のDNA配列を生物から取り出して，増幅する操作をいう．このためには，目的とする遺伝子がクローニングされているか否かを検出する方法が必須である．これには，以下のようなさまざまな方法が考えられる．

(1) 遺伝子の産物の生理活性が測定可能である．産物が酵素，生理活性物質のような場合に鋭敏な直接的な方法を設定できる場合に有効である．

(2) 遺伝子の産物が細胞の表現型に変化を起こす．栄養要求性や資化性の変化をもたらす場合には，きわめて有効である．クローニング処理後に生育した集落を寒天平板上で判定できる場合には，一平板当たり100〜1000個の集落の観察が，酵素活性などのアッセイをすることなくただちに可能である．

(3) 遺伝子の産物に対する抗体があらかじめ調製されている．産物の活性の検出に手間がかかる場合に，簡便に抗原-抗体反応が利用できる．

(4) 遺伝子の産物のアミノ酸配列が部分的にでもわかっている．対応するDNA塩基配列を化学的に合成し，ハイブリッドを形成するDNAを拾い上げることが可能となる．

(5) 類似遺伝子がクローニングされている．当該遺伝子を (4) と同様にして用いることができる．そのほかにも，同定方法は考えられるかもしれない．逆に，クローニングされたことが検出できない遺伝子をクローニングすることは不可能である．

3.1.2 遺伝子のクローニングに必要な酵素

細菌には，自らのDNAとは異なるDNAが細胞内に侵入した場合（たとえばバクテリオファージの感染）に，侵入DNAを分解する能力がある．これを制限現象と呼ぶ．また，自己のDNAに目印をつけて分解を防ぐ現象がある．これを修飾現象と呼ぶ．制限酵素はこの制限修飾現象に関与する酵素である．外来の異種DNAを分解するが，自らのDNAあるいは自株型に修飾されているDNAは分解しない性質のエンド型DNA分解酵素である．制限酵素は，DNAの特異的な塩基配列を認識して分解するため，遺伝子操作においてきわめて有効な酵素である．このため，多数の微生物に由来する酵素が商品化されている．それらの微生物には制限修飾現象が知られていないものも多数ある．したがって，学問的に正しくいうならば，制限酵素というよりも部位特異エンド型DNA分解酵素と呼ぶほうが正しいものも多い．制限酵素の命名は，生産菌の属名1文字と種名2文字をイタリックで記し，株名あるいはプラスミド由来を付記し，同一菌株から2種以上の制限酵素が分離された場合には発見順にローマ数字を記す．たとえば，大腸菌 *Escherichia coli* K-12株の生産する酵素は，*Eco* K．RY 13というプラスミドに特異的な酵素を大腸菌が生産する場合には，*Eco* RI，*Eco* RII などとされる．

いままでに分離された制限酵素は，その性質から3種類に大別される（表3.1）．I型の酵素はエンドヌクレアーゼ，修飾メチラーゼ，ATP水解酵素の活性をもつ多機能酵素である．DNA鎖の特定配列を認識し結合するが，認識配列から400〜7000塩基対離れた不特定の部位においてDNA鎖を切断する．II型の酵素は，特定の4〜8塩基対の配列を認識す

表 3.1 制限酵素の性質

型	補助因子	認識配列	切断部位
I	ATP Mg^{2+} S-アデノシルメチオニン	13〜15塩基対	非特異的 認識配列の外
II	Mg^{2+}	4〜8塩基対 2回回転対称性	特異的 認識配列の内 あるいは近く
III	ATP Mg^{2+} (S-アデノシルメチオニン)	5〜6塩基対	特異的 認識配列の外

る. 認識配列内の特定塩基間, あるいは認識配列から一定距離で DNA 鎖を切断する. III 型の酵素は, エンドヌクレアーゼとメチラーゼの活性をもつ. 認識配列から 25〜27 塩基離れた部位を切断する.

II 型の酵素は特定の DNA 断片を生成するため, 遺伝子操作において有用な酵素である. II 型の酵素によって, DNA 鎖は図 3.1 のように切断される. ほとんどの場合, 生成する末端は 3′-ヒドロキシルと 5′-ホスホリルとなる. 代表的な II 型制限酵素の認識切断部位を図 3.1 に示した. *Bst* N I と *Eco* R II のように, 同じ塩基配列を認識するが切断部位の異なる酵素もある. II 型制限酵素には修飾メチラーゼ活性はなく, ほかの酵素が認識配列内の塩基をメチル化する. このメチル化によって, 制限酵素による切断が調節される. また, 制限酵素による DNA の塩基配列の認識は, 実験を行う際に用いる緩衝液の塩濃度やグリセリン濃度によって影響を受ける.

DNA リガーゼは, DNA 鎖の 3′-ヒドロキシル末端と 5′-ホスホリル末端をリン酸ジエステル結合で連結する. よく用いられるのは大腸菌のリガーゼとバクテリオファージ T4 のリガーゼである. 大腸菌の DNA リガーゼは, NAD を補助因子として, 5′突出あるいは 3′突出の付着末端型 DNA 鎖を連結する. ただし, 高濃度のポリエチレングリコールを添加すれば平滑末端の連結も可能となる. その反応は, 図 3.1 に示した反応の逆方向に進行する. T4 DNA リガーゼは, ATP を補助因子とし要求する. 付着末端型のほかに, 平滑末端型 DNA 鎖を連結することができる. 大腸菌リガーゼは DNA 鎖だけを連結するが, T4 リガーゼは DNA 鎖間および DNA-RNA 鎖, RNA 鎖間の連結も可能である.

大腸菌の DNA ポリメラーゼ I は分子量約 11 万で, 5′→3′ 方向のポリメラーゼ活性と 5′→3′, 3′→5′ 両方向のエキソヌクレアーゼ活性を示す. 5′→3′ ポリメラーゼ活性には鋳型となる DNA 鎖が必要である. 5′→3′ エキソヌクレアーゼ活性は二本鎖 DNA に対して特異的であり, 3′→5′ エキソヌクレアーゼ活性は一本鎖 DNA に対して特異的である. DNA ポリメラーゼ I をズブチリシンで処理すると, 分子量 7.5 万と 3.5 万の 2 つのペプチドが得られる. 大きいペプチドは Klenow 酵素と呼ばれるが, 5′→3′ ポリメラーゼ活性と 3′→5′ エキソヌクレアーゼ活性をもつ. 5′突出末端 DNA 鎖を Klenow 酵素で処理すると, 5′→3′ ポリメラーゼ活性によって平滑末端

付着末端型
　5′-突出
```
        ↓
5′○○○○△△△△○○○3′       5′○○○○   OH 3′        5′p△△△△○○○3′
3′○○○△△△△○○○○5′  →   3′○○○△△△△p 5′        3′HO△○○○5′
        ↑
```

　3′-突出
```
        ↓
5′○○○○△△△△○○○3′       5′○○○△△△△△OH3′       5′p△○○○3′
3′○○○△△△△○○○○5′  →   3′○○○△p 5′              3′HO△△△△○○○○5′
        ↑
```

平滑末端型
```
        ↓
5′○○○○△△△△○○○3′       5′○○○○△△△OH 3′        5′p△△△△○○○3′
3′○○○△△△△○○○○5′  →   3′○○○△△△△p 5′         3′HO△△○○○5′
        ↑
```

図 3.1 II 型制限酵素の切断様式

3. 遺伝子工学・タンパク質工学

```
5'-GOH              5'-GAATTOH
3'-CTTAAP    →     3'-CTTAAP

5'-CTGCAOH          5'-COH
3'-GP         →     3'-GP
```
図 3.2 DNA 末端の平滑化

DNA 鎖となる（図 3.2）．3'末端突出 DNA 鎖は，3'→5'エキソヌクレアーゼ活性によって加水分解され，やはり平滑末端となる．T4 DNA ポリメラーゼも Klenow 酵素と同一の両活性をもち，同様の目的に使用することができる．

レトロウイルスの逆転写酵素は，RNA あるいは DNA 依存 DNA ポリメラーゼ活性をもち，一本鎖の RNA や DNA を鋳型として相補的な DNA 鎖を合成することができる．

大腸菌のエキソヌクレアーゼⅢは，二本鎖の DNA または DNA-RNA ハイブリッドに高い特異性をもつ 3'→5'エキソヌクレアーゼである．クローニングされた DNA を短縮する際に用いられる．

こうじかびの S1 ヌクレアーゼやマング豆のヌクレアーゼは，一本鎖の核酸あるいは二本鎖核酸の一本鎖領域に対して選択的に作用する．

子牛胸腺の末端デオキシヌクレオチド転移酵素は，一本鎖または二本鎖 DNA の 3'-ヒドロキシル末端にデオキシヌクレオチドを重合していく酵素である．この反応には鋳型を必要としない．したがって，DNA 鎖に任意のホモオリゴマー鎖を付加することができる．

3.1.3 遺伝子の起源

原核細胞では，構造遺伝子の DNA は mRNA へと転写される．そして，mRNA は

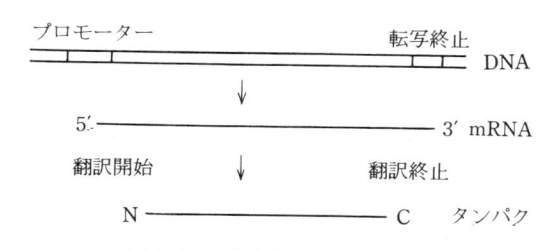

図 3.3 原核生物遺伝子の発現

タンパク質へと翻訳される（図 3.3）．したがって，目的とする遺伝子が原核細胞微生物に由来する場合には，染色体 DNA をクローニングの対象とすればよい．

真核細胞では，構造遺伝子の DNA の多くがより複雑な構造をしていて，エクソンとイントロンとからなっている（図 3.4）．構造遺伝子の DNA は，真核細胞においても mRNA へと転写される．転写直後の前駆体 mRNA は，そのままでは翻訳されず，イントロンに対応する領域がスプライシングされて除去される．スプライシングを経て生じた成熟 mRNA が，タンパク質へと翻訳される．このスプライシングの過程は，原核微生物には存在しない．したがって，目的とする遺伝子が真核細胞生物に由来する場合には，染色体 DNA をクローニングしても，原核微生物の細胞内では正しいタンパク質が生産されない．この場合には，染色体 DNA ではなく，成熟 mRNA を対象としてクローニングを行う．

グアニジウムイソチアシネート-CsCl 法などにより，細胞から RNA 画分を調製する．真核細胞の成熟 mRNA の 3'末端には，多くの場合，約 100 塩基からなるオリゴ A 鎖が存在する．このため，オリゴ dT セルロースに対

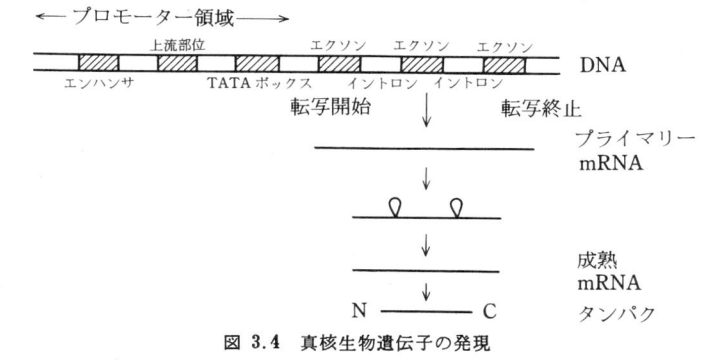

図 3.4 真核生物遺伝子の発現

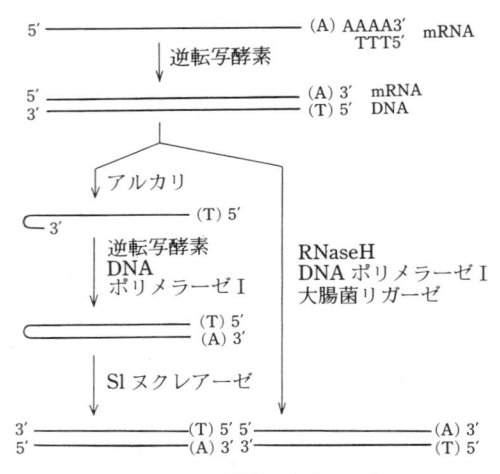

```
5'────────────(A) AAAA 3'   mRNA
              TTT 5'
      ↓ 逆転写酵素
5'────────────(A) 3'   mRNA
3'────────────(T) 5'   DNA

      ↓ アルカリ
          ⌐────(T) 5'
      3'─┘

   逆転写酵素       RNaseH
   DNA           DNA ポリメラーゼⅠ
   ポリメラーゼⅠ    大腸菌リガーゼ
      ↓
   ──────────(T) 5'
   ──────────(A) 3'

      ↓ S1 ヌクレアーゼ

3'──────(T) 5' 5'──────(A) 3'
5'──────(A) 3' 3'──────(T) 5'
```

図 3.5 cDNA の調製法

して高い親和性を有する．これを利用して，RNA 画分から成熟 mRNA 画分を精製することができる．mRNA に相補的な塩基配列をもつ cDNA を合成する方法はいくつかあるが，その一部を図 3.5 に示す．10～20 塩基からなるオリゴ dT を化学合成し，成熟 mRNA のオリゴ鎖に結合させる．逆転写酵素により，mRNA を鋳型とし，オリゴ dT をプライマーとした 5'→3' DNA 鎖の伸長反応を行う．RNA は DNA に比べてアルカリに弱いので，mRNA-cDNA のハイブリッドをアルカリで処理すると，一本鎖の cDNA が調製される．得られた DNA 鎖の 3' 末端は，部分的にスナップ-バック構造をとっている．このため，スナップ-バックしている部分をプライマーとし，そのほかの cDNA の部分を鋳型とすることができる．逆転写酵素あるいは大腸菌 DNA ポリメラーゼⅠ，T4 DNA ポリメラーゼなどを用いて一本鎖 cDNA を複製すると，ヘアピン状の DNA 鎖が得られる．新たに合成された DNA 鎖は，鋳型として用いた DNA 鎖と相補性があるために，二本鎖構造をとっている．ヘアピンの付け根の部分は必ずしも相補性がないために，一本鎖構造をとっている．そこで，このヘアピン状 DNA 鎖をヌクレアーゼで処理すると，ヘアピンのつけ根の部分が除去された完全な二本鎖 DNA となる．ここで得られた DNA 鎖は，反応に用いた成熟 mRNA 鎖の 5' 末端領域を部分的に欠除している．しかし，全体としては，成熟 mRNA に相補的な DNA であって，染色体 DNA に存在する構造遺伝子からイントロン部分を除去した構造をしている．このほかにも，mRNA-cDNA ハイブリッドを RNase H・DNA ポリメラーゼ・リガーゼで同時に処理する方法もある．この方法はきわめて巧みな方法であり，生成される DNA 鎖は，用いた成熟 mRNA と同一の大きさのものが得られる．

構造遺伝子は，コードしているタンパク質のアミノ酸配列を指定している．したがって，目的とするタンパク質のアミノ酸配列が知られている場合には，そのタンパクに対応する人工的な遺伝子を化学合成することが可能である．こうした人工遺伝子をクローニングの対象とすることもできる．

3.1.4 ベクター

目的とする遺伝子には，一般的に DNA の複製に必要な機構が存在しない．したがって，§3.1.3 で述べた DNA を細胞に取り込ませても，目的とする遺伝子を含む DNA は，やがて希釈あるいは分解されてしまう．宿主細胞のなかで複製されるために必要な装置をもっている DNA 分子内に，目的の遺伝子を連結することが必要である．このために用いられる DNA 分子をベクター（遺伝子の乗り物の意味）と呼ぶ．細胞内で行われる DNA 複製に関与する酵素群は生物種に固有であるため，複製される DNA 分子に必要な装置も生物種によって異なる．したがって，宿主として用いる細胞の生物種（大腸菌・枯草菌・放線菌・サッカロマイセス酵母・哺乳動物など）に応じて，宿主細胞内で増殖が可能なさまざまなベクターが開発されている．

大腸菌を宿主細胞として用いる場合には，コリシン E1 というプラスミドを改変してつくられた pBR 322 系統と pUC 系統のプラスミドベクターが有名である．数千塩基対の DNA を挿入するのに便利である．つまり，最大限千個のアミノ酸からなる分子量 10 万程度のタンパク質をコードしている遺伝子のクロ

ニングに使用できる．大腸菌に感染するバクテリオファージである λ ファージの DNA を改変した Charon 系統などのファージベクターには，2万塩基対程度の DNA までを挿入することができる．コリシン E1 プラスミド DNA の複製開始点と λ ファージ DNA の付着末端領域をもつコスミドベクターには，4万塩基対程度の DNA までを挿入することができる．したがって，目的とする遺伝子の大きさによって，用いるベクターを選ばなければならない．また，目的とする遺伝子を抽出するために用いる細胞の染色体 DNA の大きさも考慮しなければならない．

大きさ a の染色体に存在する目的の遺伝子をクローニングするために，大きさ b の断片を調製する．目的の遺伝子がクローニングされている確率が p となることを期待するために，操作すべき組換え体の個数 N は以下のように示される．

$$f = \frac{b}{a}, \quad N = \frac{\ln(1-p)}{\ln(1-f)}$$

ヒトのゲノム（約 3×10^9 塩基対）を4千塩基対に断片化して，プラスミドベクターに挿入するとする．99%の確率でクローニングが成功するためには，

$$N = \frac{\ln(1-0.99)}{\ln[1-(4\times10^3)/(3\times10^9)]} = 3.5\times10^6$$

もの独立した組み換え体を操作しなければならない．同じ目的で，4万塩基対に断片化してコスミドベクターに挿入する場合には，

$$N = \frac{\ln(1-0.99)}{\ln[1-(4\times10^4)/(3\times10^9)]} = 3.5\times10^5$$

の独立した組み換え体を操作すればよいことになる．

3.1.5 DNAからの遺伝子の切り出し

化学合成した DNA あるいは cDNA を対象とする場合には，DNA 鎖は扱いやすい大きさになっている．染色体 DNA から遺伝子をクローニングする場合には，染色体 DNA を低分子化して扱いやすい大きさにする必要がある．弱い超音波処理や，非特異的な DNase I による切断が行われることもある．この際に生成する DNA 鎖の末端は不規則な構造となる．このままではクローニングに不適切なため，図 3.2 に示した末端平滑化を行う．ベクターへの組み込みを考えると，適当な制限酵素を用いて完全分解あるいは部分分解を行って低分子化することが合理的である．たとえば，Eco RI によって認識切断される配例 GAATTC は，確率論的には $4^6 = 4100$ 塩基対に1個所だけ存在する．あくまでも確率論的な話であるが，6塩基認識の制限酵素によって染色体 DNA は約4千塩基対の断片となることが期待される．実際には，ある制限酵素で切断される配列が，目的とする遺伝子内に多数存在することもある．

3.1.6 ベクターへの組み込み

使用するベクターの種類およびクローニングしようとする DNA 断片の前処理によって組み込む方法は異なる．制限酵素を用いて断片化した染色体 DNA を，プラスミドベクターに組み込む方法を図 3.6 に示す．制限酵素処理によって生じた DNA 鎖の末端は，図 3.1 に見られるように，多くの場合，相補的な付着末端を有している．同一の付着末端を有する DNA 断片は，自動的に再結合することが可能である．これは，DNA リガーゼによって連結される．したがって，DNA の断片

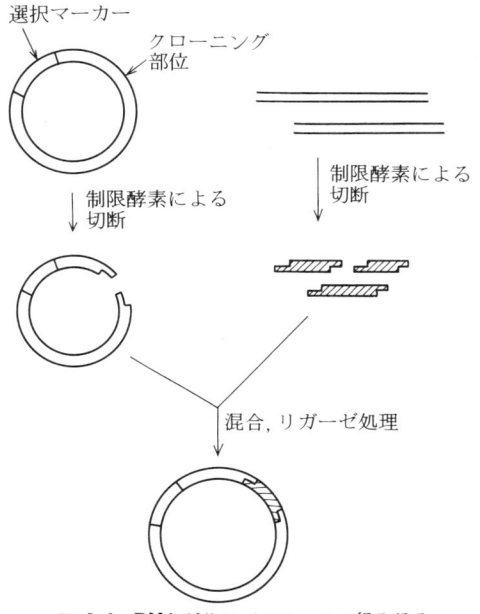

図 3.6 DNA 断片のベクターへの組み込み

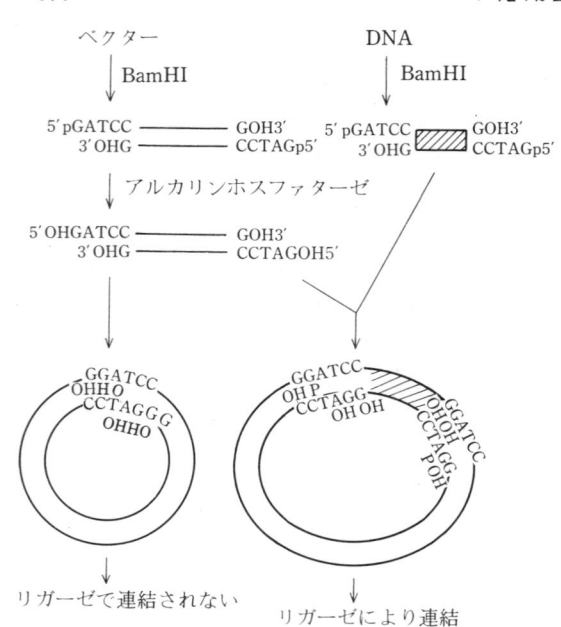

図 3.7 ホスホリル基の除去によるベクター再連結の防止

化に用いた制限酵素によってベクター DNA を切断し，両者を混合してから DNA リガーゼ処理を行うことにより，ベクター DNA へ断片を挿入することができる．これは，最も簡単な方法である．DNA 断片の濃度とベクターの濃度との相互比，あるいは塩濃度，反応温度などによって，DNA 断片の挿入効率は影響を受ける．最も問題となるのは，DNA 断片が挿入されずにベクター DNA が再連結されることである．この頻度を低下させるためには，制限酵素で切断したベクター DNA の 5′-ホスホリル基をホスファターゼによっ

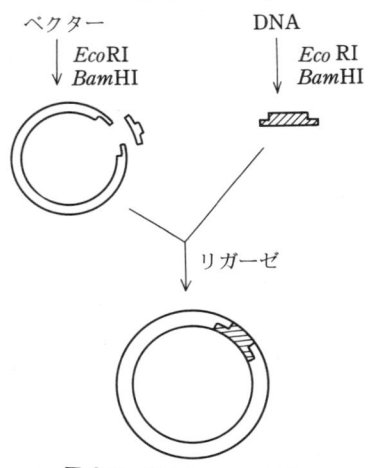

図 3.8 強制クローニング

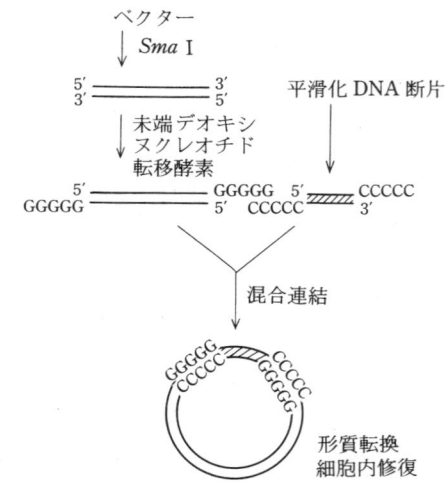

図 3.9 ホモポリマー連結による組み込み

て除いたり，2 種類の制限酵素で切断することが行われている（図 3.7, 3.8）．

平滑化した DNA 断片をベクターに挿入するためには，平滑末端を生じる制限酵素を用いてベクターを切断すればよい．平滑末端の DNA 鎖を連結するのは，付着末端を有する DNA 鎖の連結に比べると効率は悪いが可能である．効率を高めるためには，末端デオキシヌクレオチド転移酵素を用いて，平滑末端へ付着末端を合成することが行われる（図 3.9）．あるいは，特定の制限酵素による認識切断部位をもつ DNA の小断片（リンカー）を平滑末端 DNA 鎖に結合したのち，その制限酵素で処理して付着末端を生じさせたり，特定の制限酵素による付着末端と平滑末端を有する DNA の小断片（アダプター）を平滑 DNA 鎖に結合することもできる．

3.1.7 形質転換とクローニングされた遺伝子の検出

目的とする遺伝子を組み込んだベクターを選択するためには，適当な宿主細胞内へ導入して形質転換しなければならない．多くの微生物には本来，外部から投与された DNA 分子をそのままの形で細胞内に取り込む能力はほとんどない．用いる宿主細胞によって処理方法は異なるが，化学的あるいは酵素的に処理をすることにより，一部の微生物は細胞外の DNA 分子を細胞内に取り込むことができるようになる．このようにして，外部から強

制的にDNA分子を導入することを，形質転換という．

外来DNA分子を取り込めるように処理した宿主細胞の懸濁液にDNA分子を投与すると，さまざまな状態の細胞が生じる．ほとんどの細胞はもとのままで，外来DNA分子を細胞内にもち込んでいないものである．外来DNA分子をもっているのは，ごく一部である．また，これらのなかには，使用したベクターDNAだけをもつものと，外来DNA断片が挿入されたベクターDNAをもつものとがある．さらに，外来DNA断片のうちには，目的とする遺伝子が幸いにも存在しているものもあるが，その多くには目的の遺伝子は存在していない．したがって，形質転換処理を行ったあと，目的の遺伝子が挿入されたベクターをもつ宿主細胞を適当な方法で選択しなければならない．この際に一般的に用いられるのは，抗生物質を用いる方法である．図3.6に示した選択マーカーとして，たとえば，ペニシリンを加水分解する酵素の遺伝子を用いる．そして，ペニシリン感受性の微生物を宿主細胞として用いる．形質転換後，ペニシリンを含有する培地上で生育させると，生育してくる集落は何らかの形でベクターを受け取った細胞だけである．この集落のなかから，§3.1.1に述べたようにして，目的の遺伝子をもっている細胞を選ぶことができる．

3.1.8 塩基配列の解読

目的とする遺伝子がクローニングされたならば，遺伝子の塩基配列を解読することが可能となる．遺伝子の塩基配列を決定するためには，ベクターに挿入されたDNA断片をさらに小断片化して，新たにベクターに組み込まなければならない．この過程は，前述した遺伝子のクローニングと同様に行われる．ただ，目的とするDNA分子がクローニングによって増幅されているので，ずっと容易である．このサブクローニングによって得られたDNAの小断片の塩基配列を決定するためには，原理的に異なるマクサム-ギルバート法とサンガー法とが用いられる．前者は，解読しようとするDNA分子を1塩基ごとに化学的に切断する．後者は，解読しようとするDNAの一本鎖を鋳型として，1塩基ずつ長さの異なる相補的DNA鎖を酵素的に合成する．いずれの方法によっても，1塩基ごとに長さの異なるDNA分子が得られるので，これを電気泳動で分画する．

3.2 遺伝子工学による物質の生産

図3.3，図3.4に示したように，遺伝子はmRNAに転写され，さらにタンパク質に翻訳される．そして，そのタンパク質が細胞内で機能する酵素であるならば，酵素による触媒反応が行われる．したがって，クローニングされた遺伝子を用いて有用物質を生産するためには，考慮しなければならない点がいくつかある．宿主細胞内の遺伝子量を調節する因子として，細胞内でのベクターのコピー数がある．用いるベクターによって，細胞内のコピー数が異なる．生産物が宿主細胞にとって有毒でない場合には，コピー数の多いベクターの方が遺伝子量が多くなるために有利である．DNAからmRNAに転写される際のプロモーター活性の強弱は，1遺伝子から転写されるmRNA分子の量に影響する．クローニングした遺伝子を解読した結果，プロモーター活性が弱い場合には，強力なプロモーターと交替したり，強力なプロモーターを付加することが行われる．この場合には，転写を止めるターミネーターの補強も行われる．mRNAがリボゾーム結合して翻訳される際の効率に影響するSD配列などの改変も対象となる．mRNA上のコドンに対応して，アミノ酸の重合が起こる．同一のアミノ酸を指定するが，塩基配列の異なるコドンが存在する．この重複したコドンに対応するtRNA分子の細胞内量比は異なる．したがって，宿主細胞内でまれなtRNA分子に対応するコドンは，存在量の多いtRNA分子に対応するコドンに変えることによって，翻訳の能率が異なることが期待される．宿主細胞内に導入された外来遺伝子によって生産されるタンパク

質は，宿主にとって異物である．過剰に生産される場合には，宿主にとって有害な場合が多い．このため，宿主細胞内で不溶化されたり，プロテアーゼによる分解を受けることもある．場合によっては，宿主細胞が死滅することもある．これを避けるためには，細胞質内で生産されたタンパク質を細胞質内に蓄積させないようにして，ペリプラズムあるいは菌体外へ輸送させるような仕組みが工夫されることもある．さらに，微生物には，特定物質の生産に有利な培養条件がある．有用物質を生産させるためには，上述のような工夫以外にも培養条件を検討する必要がある．

3.3 タンパク質工学

§3.2 で述べたのは，主としてクローニングされた遺伝子にコードされているタンパク質の生産性の増強である．これに対して，タンパク質を構成しているアミノ酸の組成あるいは配列を変化させることも可能である．これによって，熱安定性，至適温度，至適pH，基質特異性，補酵素要求性，耐圧性などの特性を変化させることが期待される．こうして，工業的に利用しやすい酵素を人為的に生み出そうとするのがタンパク質工学である．

このためには，クローニングされて塩基配列の解読されている遺伝子がきわめて有効な材料となる．生理的作用としての触媒活性は同一であるが，起源の異なる相同酵素がある．また，同一の酵素活性を示すが，性質がわずかに異なるアイソザイムが同一生物に存在する．これらの複数の酵素群のアミノ酸配列あるいは遺伝子の塩基配列に関する情報は，酵素活性の機能に必要なアミノ酸配列に関する情報を与える．また，これらの遺伝子の間で組み換え体を作製することにより，キメラタンパクを宿主細胞に生産させることが可能となる．このキメラ酵素は，組み換えられたアミノ酸列を反映して，耐熱性や至適 pH が改変されることがある．

また，遺伝子の塩基配列内の一部を人工的に変異させることも可能である．この場合にはさらに詳細に，アミノ酸配列に関する分子レベルでのタンパク質の設計あるいは人工的な改変が可能となる． 〔青野　力三〕

参　考　文　献

1) 中嶋暉躬ら著："新基礎生化学実験法7，遺伝子工学"，丸善(1988)．
2) 高木康敬編著："遺伝子操作実験法"，講談社(1980)．
3) 高木康敬編著："遺伝子操作マニュアル"，講談社(1982)．
4) 高浪　満・大井龍夫編："DNAシーケンス解析マニュアル"，講談社(1983)．
5) 有馬　啓，松宮弘幸編："工業微生物学の流れ"，講談社(1983)．
6) 池原森男・三木敬三郎編："タンパク質工学実験マニュアル"，講談社(1988)．

4.　細　胞　工　学

4.1　細胞工学の背景

すべての生物を構成する最小単位は細胞である．単細胞生物である細菌，藍草類などの原核生物と，原生動物，鞭毛藻類，珪藻の大部分などは，単一の細胞で生育，増殖に必要なすべての機能を保持するのに対し，高等動・植物に代表される目に触れる多くの生物は，いわゆる多細胞生物であり，機能分化した細胞・組織からなっている．多細胞生物，特に高等動物では，組織を構成する分化した細胞からもとの個体を再生することが一般には困難である．しかし，植物の場合には個々の細胞が全能性を保持しており，適当な条件を設定することにより，植物体を再生することが可能である．

細胞工学とは，細胞の特定の性質を人為的に改変することにより，新たな機能あるいは性質をもつ細胞，さらには生物体を構成する技術であり，一般に真核生物を対象としたものと考えられている．しかし，この技術の基礎は本来，応用微生物分野で開発の進んだものも多く，動物，植物の組織から，細胞を単

独増殖の可能な状態で分離する技術が確立されたことにより，これらの細胞を微生物と同様に取り扱うことが可能となったのである．すなわち，単離された細胞を用いて，目的とする遺伝子を改変したり，新たな遺伝情報を導入することにより，遺伝子ならびに遺伝子産物の機能を解析し，さらには，それを特定の有用物質の効率的な生産に応用することができるようになった，この過程で用いられる技術として，細胞培養技術，古典的な突然変異誘起技術，遺伝子組換えと遺伝子導入技術，細胞融合技術などがあげられる．遺伝子組換えと，組換えた遺伝子の細胞への導入による細胞機能の改変は1970年代後半から活発に行われだし，細胞工学の面でも重要な技術の1つである．これらに関しては遺伝子工学の章に述べられているので本章ではくわしくは触れない．

4.2 細 胞 操 作

対象とする生物種の如何を問わず，特定の性質を備えるようになった細胞を純粋に得るためには，まず，扱う細胞が個々に独立したものでなくてはならない．このことは，独立した単細胞である微生物を用いる場合はあまり問題とはならないが，微生物が連鎖状のものあるいは凝集体をつくっている場合ならびに多細胞生物を材料とする場合は注意が必要である．微生物の場合は，細胞壁を酵素により溶解し独立したプロトプラストを調製したり，胞子を材料とする．動物のものでは生殖細胞あるいは血液中の細胞のように独立あるいは浮遊状態であるものはそのまま，また，組織由来のものではトリプシン処理などによりばらばらにしてから用いる．植物の場合にも原理的には同様で，花粉（母）細胞などを除いては，切りだした組織を培養して得たカルスを液体培養し，浮遊液中に含まれる単細胞を材料とする．このような単細胞を用いることにより，動・植物材料を微生物と同様に取り扱うことが可能となり，生物活性，機能を定量的に解析できるようになった．

これら単細胞を調製する過程をはじめ，細胞工学的な処理を行う上で，雑菌の混入は極力防がねばならない．至適条件下の細菌の生育に要する世代時間は20分にまで短くなるのに対し，動・植物細胞では20時間あるいはそれ以上を要するのが普通であるので，培養開始時における微生物細胞1個の混入が原因で結果が得られないことになる．したがって，細胞を得るための個体は殺菌剤により消毒（動物の場合は70％エタノール，植物材料は次亜塩素酸溶液などを用いる），器具は滅菌（ガラス，金属製品などは乾熱滅菌，培地などはメンブランフィルターろ過除菌あるいはオートクレーブによる高圧蒸気滅菌，プラスチックなどはγ線や紫外線の照射，エチレンジオキサイドガス滅菌など）済みのものを使用する．最近は，ディスポーザブルな滅菌済みのプラスチック器具を用いることが多い．以後の操作は紫外線ランプ照射による無菌化と，フィルターで除菌した空気の循環する独立したクリーンルームで行うのが理想である[1~3]．

細胞の培養に用いる培地は対象となる細胞の種によって異なるが，大きく，天然の材料を用いた栄養培地と，化学組成の明確な成分からなる合成培地，さらにその中間的な半合成培地に分けられる．微生物細胞の場合は比較的単純で，細菌ではたとえば肉汁，酵母エキス，ペプトン，食塩からなる栄養培地，グルコース，アンモニウム塩，リン酸塩，無機塩類からなる合成培地，それにアミノ酸，ビタ

表 4.1　細菌培養用の天然培地(a)と合成培地(b)

(a)　肉汁培地 ($1l$ 中)	
肉エキス	10 g
ペプトン	10 g
NaCl	5 g
(b)　M 9 培地 ($1l$ 中)	
$Na_2HPO_4/2H_2O$	6 g
KH_2PO_4	3 g
NH_4Cl	1 g
NaCl	0.5 g
$MgSO_4$	1 mM
$CaCl_2$	0.1 mM
グルコース	4 g

表 4.2 代表的な動物細胞用培地の基本成分組成[4]
この組成に，ウマ，ウシ，ウシ新生児，ウシ胎児血清を5〜10%添加したものを用いる．

Constituent	BME	MEM	Fisher	F12	RPMI1610	DM-160	DME
Amino acids							
l-Alanine	—	—	—	8.9	—	400	—
l-Arginine	17.4	105	15 (HCl)	211 (HCl)	200	100	84 (HCl)
l-Asparagine	—	—	10	13.2	50	25	—
l-Aspartic acid	—	—	—	13.3	20	25	—
l-Cysteine	—	—	—	31.5 (HCl)	—	80 (HCl)	—
l-Cystine	12.0	24	20	—	50	—	48
l-Glutamic acid	—	—	—	14.7	20	150	—
l-Glutamine	292	292	200	146	300	300	584
Glutathione, reduced	—	—	—	—	1	—	—
Glycine	—	—	—	7.5	10	15	30
l-Histidine	7.8	31	60	19 (HCl)	15	30	42 (HCl·H$_2$O)
l-Hydroxyproline	—	—	—	—	20	—	—
l-Isoleucine	26.2	52	75	3.9	50	150	104.8
l-Leucine	26.2	52	30	13.1	50	400	104.8
l-Lysine	29.2	58	50 (HCl)	36.5 (HCl)	40 (HCl)	100	146.2 (HCl)
l-Methionine	7.5	15	100	4.5	15	80	30
l-Phenylalanine	16.5	32	60	5	15	80	66
l-Proline	—	—	—	34.5	20	12	—
l-Serine	—	—	15	10.5	30	80	42
l-Threonine	23.8	48	40	11.9	20	100	95.2
l-Tryptophan	4.1	10	10	2.0	5	40	16
l-Tyrosine	18.1	36	60	5.4	20	50	72
l-Valine	23.4	46	70	11.7	20	85	93.6
Vitamins							
para-Aminobenzoic acid	—	—	—	—	1	—	—
Ascorbic acid (C)	—	—	—	—	—	1.0	—
Biotin (H)	0.24	—	0.01	0.0073	0.2	0.1	—
Choline	0.12	1	1.5 (Cl)	14 (Cl)	3 (Cl)	5.0 (Cl)	4.0 (Cl)
Cyanocobalamin (B$_{12}$)	—	—	—	1.36	0.005	0.005	—
Folic acid (M)	0.44	1	10	1.32	1	1.0	4.0
Inositol	—	2	1.5	18.0	35	5.0	7.0
Nicotinamide	0.12	1	0.5	0.037	1	1.0	4.0
Pantothenic acid	0.22	1	0.5 (Ca)	0.477 (Ca)	0.25 (Ca)	1.0	4.0 (Ca)
Pyridoxal (B$_6$)	0.17	1	0.5 (HCl)	—	—	—	4.0 (HCl)
Pyridoxine (B$_6$)	—	—	—	0.062 (HCl)	1 (HCl)	1.0	—
Riboflavin (B$_2$, G)	0.04	0.1	0.5	0.038	0.2	1.0	0.4
Thiamine (B$_1$)	0.30	1	1.0 (HCl)	0.337 (HCl)	1 (HCl)	1.0	4.0 (HCl)
Salts							
CaCl$_2$	111	200 (0)	91 (2H$_2$O)	44 (2H$_2$O)	—	200	200
Ca(NO$_3$)$_2$·4H$_2$O	—	—	—	—	100	—	—
CuSO$_4$·5H$_2$O	—	—	—	0.0025	—	—	—
FeSO$_4$·7H$_2$O	—	—	—	0.834	—	—	—
Fe(NO$_3$)$_3$·9H$_2$O	—	—	—	—	—	—	0.1
KCl	373	400	400	224	400	400	400
MgCl$_2$	47.6	200 (6H$_2$O)	100 (6H$_2$O)	122 (6H$_2$O)	—	—	—
MgSO$_4$·7H$_2$O	—	—	—	—	100	200	200
NaCl	5844	6800	8000	7597	6000	6800	6400
NaHCO$_3$	1680	2000	1125	1176	2000	1000	3700
Na$_2$HPO$_4$	—	—	60	268 (7H$_2$O)	1512 (7H$_2$O)	—	—
NaH$_2$PO$_4$	138 (H$_2$O)	150 (2H$_2$O)	69 (H$_2$O)	—	—	125 (H$_2$O)	125

ZnSO$_4$·7H$_2$O	—	—	—	0.863(7H$_2$O)	—	—	—
Miscellaneous							
Glucose (Dextrose)	900	1000	1000	1800	2000	1000	1000
Hypoxanthine	—	—	—	4.08	—	—	—
Linoleic acid	—	—	—	0.084	—	—	—
Lipoic acid	—	—	—	0.206	—	—	—
Phenolsulfonphthalein	5	—	5	1.17	5	6	15
Putrecine dihydrochloride	—	—	—	0.161	—	—	—
Sodium pyruvate	—	—	—	110	—	—	110
Thymidine	—	—	—	0.726	—	—	—

ミンなどを添加した半合成培地が知られている(表 4.1)[2]. 動物細胞用にはグルコース,無機塩類,アミノ酸,ビタミンなどからなる基本培地(表 4.2)にウマ,ウシ,ウシ胎児などに由来する血清を添加したものが一般に用いられるが,近年血清の代わりに各種ホルモン,成長因子などを添加した無血清培地が開発され,特に細胞により産生されるモノクローナル抗体や生理活性因子の生産用にその使用が試みられている.植物細胞培養において

表 4.3 代表的な植物培養用培地の基本成分組成[6]

この組成に,カゼイン加水分解物(~1%),酵母エキス(~1%),ココナツミルク(1~20%)などを添加することもある.成長調整物質として,オーキシン(1~10 μM),サイトカイニン(0.1~10 μM)を用いる.

		塩 類	White		MS(LS†)		B5	
			mg/l	mM	mg/l	mM	mg/l	mM
無機成分	多量要素	KNO$_3$	80	0.79	1900	18.8	2500	24.7
		NH$_4$NO$_3$			1650	20.6		
		(NH$_4$)$_2$SO$_4$					134	1.0
		KH$_2$PO$_4$			170	1.25		
		NaH$_2$PO$_4$·H$_2$O	16.5	0.12			150	1.1
		Ca(NO$_3$)$_2$·4H$_2$O	300	1.3				
		KCl	65	0.87				
		CaCl$_2$·2H$_2$O			440	3.0	150	1.0
		MgSO$_4$·7H$_2$O	720	2.9	370	1.5	250	1.0
		NaSO$_4$	200	1.4				
	微量要素	Fe$_2$(SO$_4$)$_3$	2.5	0.006				
		FeSO$_4$·7H$_2$O			27.8	0.1	27.8	0.1
		Na$_2$·EDTA			37.3	0.1	37.3	0.1
		MnSO$_4$·4H$_2$O	7	0.029	22.3	0.092		
		MnSO$_4$·H$_2$O					10	0.059
		ZnSO$_4$·7H$_2$O	3	0.01	8.6	0.03	2.0	0.007
		H$_3$BO$_3$	1.5	0.024	6.2	0.1	3.0	0.049
		CuSO$_4$·5H$_2$O	0.001	0.000004	0.025	0.0001	0.025	0.0001
		Ma$_2$MoO$_2$·2H$_2$O			0.25	0.001	0.25	0.001
		MoO$_3$	0.0001	0.0000006				
		KI	0.75	0.0045	0.83	0.005	0.75	0.0045
		CoCl$_2$·6H$_2$O			0.025	0.0001	0.025	0.0001
有機成分	ビタミン類	ミオイノシトール			100(100)	0.55(0.55)	100	0.55
		チアミン塩酸塩	0.1	0.003	0.1(0.4)	0.003(0.0012)	10	0.03
		ピリドキシン塩酸塩	0.1	0.0005	0.5(0)	0.002(0)	1	0.005
		ニコチン酸	0.5	0.003	0.5(0)	0.003(0)	1	0.006
		グリシン	3.0	0.04	2.0(0)	0.027(0)		
	C源	ショ糖	20000	58.4	30000	87.6	20000	58.4

† LS 培地は MS 培地と組成の異なるビタミン類についてのみ括弧内に示した.

も，無機塩類のほか炭素源としてショ糖を加え，アミノ酸，ビタミン，オーキシン，サイトカイニンなどの植物成長調整物質（植物ホルモン）を添加する．細胞の種類によっては酵母エキス，ココナツミルク，トマトやジャガイモの抽出液を加えることもある（表4.3）[5,6]．

操作の終わった細胞のおのおのに由来する細胞集団を調製するのには，集落形成によることが多い．微生物の場合は，適度に希釈した細胞を寒天平板上に撒いて，独立した集落より目的に沿ったものを選択する．動物細胞では，付着細胞の場合は液体培地の入ったプラスチックプレート底に形成された集落を，リンパ球のような浮遊細胞の場合は軟寒天培地中での独立集落をとりあげる．植物細胞の場合も寒天平板上に集落を形成させればよい．培養条件は個々の生物種により異なるが，微生物では通常 26.5〜37°C のインキュベーターを，動物細胞は 37°C，5% CO_2，湿度 100% の炭酸ガスインキュベーターを，また植物細胞では 25°C 前後の培養室などを用いる．植物の場合は光の影響も考慮する必要がある．さらに，得られた細胞の生産する物質を調製するための大量培養においては，微生物，植物細胞ではジャーファーメンター，タンクを使った通気攪拌法が一般に用いられ，動物細胞の場合は，浮遊細胞と付着細胞とで異なるが，混合攪拌培養，灌流培養法，ホローファイバー法，平面膜法などが行われている．

参考文献

1) 東京大学農学部農芸化学教室編："実験農芸化学 下"，朝倉書店 (1978)．
2) 永井和夫，山崎真狩："微生物の基本実験法"，現代化学，p.50 (1989)．
3) 東京大学医科学研究所学友会編："微生物学実習提要"，丸善 (1988)．
4) 日本組織培養学会編："組織培養の技術 第2版"，朝倉書店 (1988)．
5) 竹内正幸，中島哲夫，古谷 力編："植物組織培養の技術"，朝倉書店 (1983)．
6) 関谷次郎："高等植物細胞培養の基本技術"，山田康之，岡田吉美編，植物バイオテクノロジー．現代化学増刊5, p.6, 東京化学同人 (1986)．

4.3 細胞工学の実際

4.3.1 微生物細胞工学

人類と微生物との付き合いは古く，パン，ビール，ワイン，清酒，味噌，醤油，チーズなどはすべて微生物の関与する発酵食品である．このように長い間の微生物機能利用の歴史のもとに，これら発酵食品の製造に用いられる微生物は淘汰と選択を受け，自然状態でそれ以上は望めないほどに，人類にとって好ましい性質をもつものになってきた．この伝統はさらに20世紀になって醸造食品に限らず，より特定の化学品，有機酸，アルコール類の発酵生産に，次いで第2次世界大戦以降，抗生物質，アミノ酸，核酸をはじめとする呈味成分，各種生理活性物質の生産にまで活用されるようになった．

微生物に限らず，このような有用物質生産の能力を有する細胞は，まず自然界から分離することが肝要である．一度，目的とする菌株あるいは細胞が分離されると，その改良が行われる．古くは，これが自然突然変異により出現する優良株の選択の繰り返しによっていたわけであるが，紫外線，γ線などの放射線照射処理，核酸類似物，アルキル化剤をはじめとする化学薬品の利用などにより，人工的に突然変異を誘起することが可能となって，（好ましい）変異を有する株の出現頻度を飛躍的に高めることができるようになった．

また，特に原核生物である細菌においては，1950年代以降の分子生物学，分子遺伝学の発展により，遺伝情報発現の過程とその制御機構，遺伝子産物である酵素の活性発現の調節機構が徐々に明らかにされてきた．さらに，有用物質の高生産に至る変異株の調製と，得られた菌株の解析から明らかとなった情報とが相呼応して，基礎的な知見とその応用が進んだのである．

1957年の木下祝郎らによるグルタミン酸生産菌の発見に始まる，微生物によるアミノ酸生成の歴史はこの典型である．目的とするアミノ酸の分解系の遮断，遺伝子発現を抑制するリプレッサーあるいはアテニュエーターの

4. 細 胞 工 学

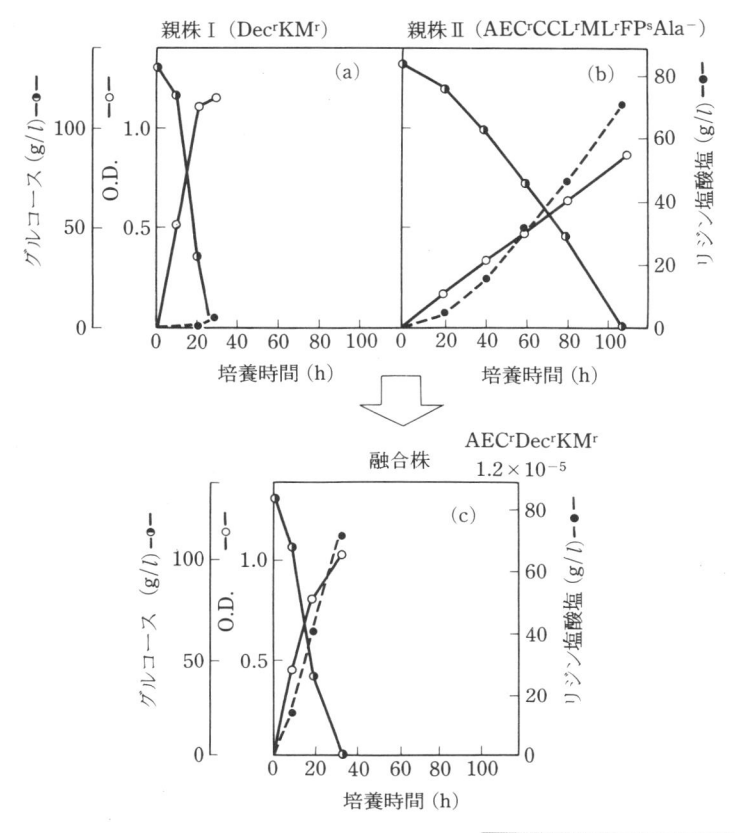

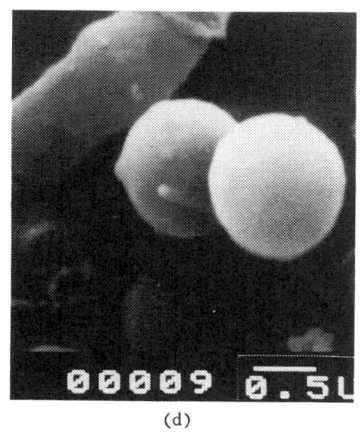

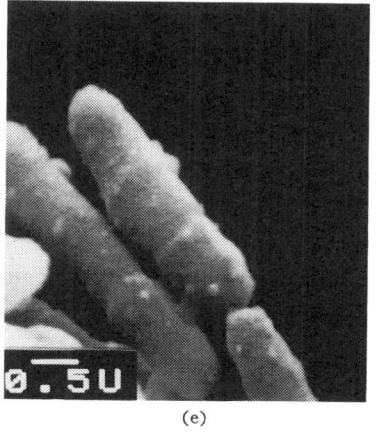

図 4.1 細菌プロトプラストの融合による高生産性株の育種
Brevibacterium の生育は速いがリジンを生産しない株(a)と，変異の積み重ねにより生育は遅いがリジンを高濃度に蓄積する株(b)からそれぞれプロトプラスト(d)を調製し，ポリエチレングリコールの存在下で融合させた．プロトプラストから再生した融合株(e)は，生育が速く，高濃度のリジンを蓄積する(c)．資料提供：味の素株式会社．

変異に基づく生合成酵素合成抑制の解除，酵素の構造改変によるフィードバック阻害の解除，さらには細胞表層の改変による産物の細胞外分泌の促進などを，変異の積み重ね，あるいはファージを用いた形質導入により1個の菌体中に集めることが行われた[1]．ここまでが，いわば古典的な微生物細胞工学と呼んでよい段階である．

1970年代になって，実験的に可能となった遺伝子組換えを用いた遺伝子の導入ならびに

改変の技術は，ただちにこれら有用物質生産にかかわる微生物分野に応用され，アミノ酸合成系遺伝子群の導入，プラスミドによる同一遺伝子の多コピー化（遺伝子増幅に相当する），さらには，プラスミドが宿主細胞内で安定に保持される機構を利用した導入遺伝子の安定化などが試みられた．その多くが実際の工業生産規模で機能している．

これら遺伝子組換え技術が，文字通り特定の遺伝子レベルでの操作を対象とするのに対し，現在もう1つの育種手段として応用されているのが細胞融合法である．細胞融合法の詳細は動物細胞の項を参照していただくが，たとえばこれもアミノ酸の一種リジンの生産菌において，生育が遅いが高生産性のものと，生育は早いが低生産性の株とを融合して，生育が早く高生産性である株を得た例がある（図4.1）．

放線菌には抗生物質をはじめとする各種生理活性物質生産菌として有用なものが多いが，これらにおいても，遺伝子組換え，細胞融合を応用することにより生産性を上げたり，元来合成し得なかった新規活性物質の生産に至った例が報告されており，新たな育種法として注目されている[2]．

真核微生物でその有用物質生産性あるいは有用機能が利用されている酵母，カビにおいても同様のことが試みられている．パン酵母あるいは清酒，ワイン，ビール酵母として知られる *Saccharomyces cerevisiae* では，2 μm プラスミド，自己複製配列（ARS）を含むプラスミド，ARS に加えてセントロメア配列（CEN）を含むことにより宿主内で安定に保持されるプラスミドなどが開発されており，細菌の場合に準ずる遺伝子導入による育種が行われている[3]（→3章）．

真核細胞では，核中の染色体に由来する遺伝情報に加えて，細胞質中に存在するミトコンドリア内遺伝子およびプラスミドに由来する遺伝情報がある．*S. cerevisiae* には，接合型 a と α があり，両者は有性的接合により1:1の細胞融合を行い，核の融合を経て倍

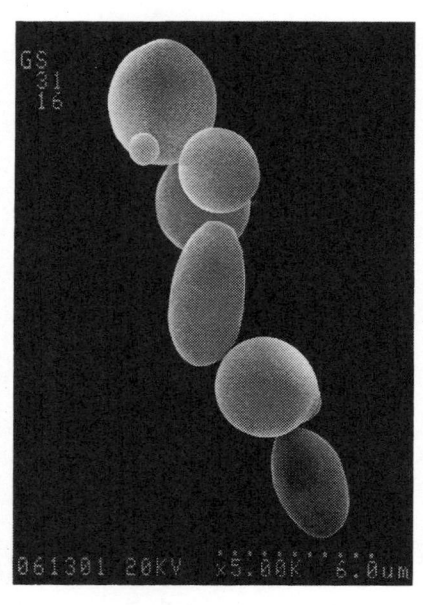

図4.2 細胞融合と細胞質融合により育種されたワイン酵母
ワイン酵母ガイゼンハイム74と清酒酵母協会9号株との細胞融合株に，ワイン酵母 KY-5700 のミトコンドリアを細胞質融合させて造成した優良ワイン酵母 GS-31-16株．
資料提供：サントネージュワイン株式会社．

数体となる．この現象は接合型の異なる細胞間でのみ認められるが，細胞を細胞壁溶解酵素（カタツムリの消化酵素，細菌の生産するザイモリアーゼなど）処理して形成させたプロトプラストを，ポリエチレングリコール存在下で混合すると，接合型ならびに倍数性に関係なく細胞間の融合が起こる（図4.2）．普通には核融合と細胞質融合とが同時に生じるので，用いた2株の性質を兼ね備えた細胞が出現する．この際，一方の核を紫外線照射により不活性化しておいたり，核融合の起こらない変異株を用いると，相手細胞のもつ核内染色体に由来する好ましくない遺伝情報を受け入れることなく，細胞質内の遺伝情報のみを受け取った融合株が得られる．ミトコンドリアに由来する酸化的リン酸化に関する情報や，感受性細胞に対して致死作用を示すキラー因子をコードする情報は細胞質中に存在するので，これらの性質を導入することが可能であり，これを細胞質因子導入（cytoduction）と呼ぶこともある[3]．

カビでの遺伝子導入はベクターの開発が困難だったこともあって，最近になってやっと成功例が報告されるようになった．細胞融合法は原理的に酵母と同じであるが，細胞壁中にキチンが含まれることからキチナーゼ処理によるプロトプラスト形成を経て行われる．異なる株に由来するプロトプラストを融合することにより，糖質，タンパク質分解酵素活性の強い融合株が得られている．キノコもカビの仲間であるので，同じように培養菌糸などに細胞壁溶解酵素を作用させて得たプロトプラストをたがいに融合させる．この方法により，両親のもつ形態および細胞特性を兼ね備えた融合株が得られている[4]．

参 考 文 献

1) 相田　浩，滝波弘一，千畑一郎，中山　清，山田秀明編："アミノ酸発酵"，学会出版センター(1989)．
木住雅彦，堀内忠郎編："応用分子遺伝学"，講談社(1986)．
2) 堀田国元："バイオテクノロジーの異端児"，微生物，**3**(5)，462(1987)．
3) 永井　進編："酵母の細胞工学と育種"，学会出版センター(1986)．
4) 大政正武："キノコの品種改良の新しい流れ—細胞融合とプロトプラストの利用"，微生物，**2**(6)，611(1986)．

4.3.2 動物細胞工学

動物細胞間の融合現象がHVJ(hemagglutinating virus of Japan，センダイウイルス)の介在により生ずることは，1957年，岡田善雄らにより報告された．この細胞融合反応は，ウイルス表面タンパクと細胞表面レセプターとの結合により開始し，隣接する細胞間での細胞膜が融合し多核細胞を生成する[1]．この現象を用いて，1975年にG. KohlerとC. Milsteinは，マウス・ミエローマ(骨髄腫)細胞とヒツジ赤血球で免疫したマウスの脾臓細胞とを融合させ，ヒツジ赤血球に対する抗体を分泌する抗体産生能とミエローマ細胞のもつ無限増殖能を兼ね備えた融合細胞を調製することに成功した．このように，異なる細胞間に生じた融合細胞をハイブリドーマと呼び，上のような細胞により産生される抗体をモノクローナル抗体という[2]．

機能分化した正常細胞は試験管内での増殖能をもたないことが多いので，ウイルス(バーキットリンパ腫由来のウイルスであるEpstein-Barr virusなど)でトランスフォーム(腫瘍化)したり，上のように腫瘍細胞との融合細胞を調製するのが普通である．細胞融合にはその後，ポリエチレングリコール，電気パルスを用いる方法などが開発され，現在ではこれらが多用されている．

ハイブリドーマの選択にはHAT培地(hypoxanthine-aminopterin-thymidineを含む)がよく用いられる．融合の相手であるミエローマ細胞は，通常培地での無限増殖能をもつが，HAT培地ではアミノプテリンにより核酸の *de novo* 合成系を阻害されるとHPRT(ヒポキサンチンフォスフォリボシルトランスフェラーゼ)を欠いているために核酸の合成ができず生育し得ない．一方，正常細胞はHPRTをもつが本来無限増殖能がない．両者が融合した細胞は，正常細胞由来のHPRTによりsalvage系が機能するのでヒポキサンチンを利用して生育することが可能となる(図4.3)．

このような方法を用いて各種のモノクローナル抗体が調製され，診断に応用されている．最近ではマウス細胞とヒト細胞との融合，ヒト細胞同士の融合によりヒト細胞由来のモノクローナル抗体の産生も可能となって，治療への適用が試みられつつある[3]．さらに，異なるモノクローナル抗体を産生する2種のハイブリドーマ細胞間での融合を行わせることにより，双方の特異性をもった2機能性の抗体を産生させることもできるようになった[4]．

異なる種に由来する細胞間での融合細胞，たとえばマウス-ヒトのような場合では，形成された融合細胞を長期間培養する間に，ヒト由来の染色体が選択的に脱落することが多く，最終的には少数のヒト染色体のみをもち

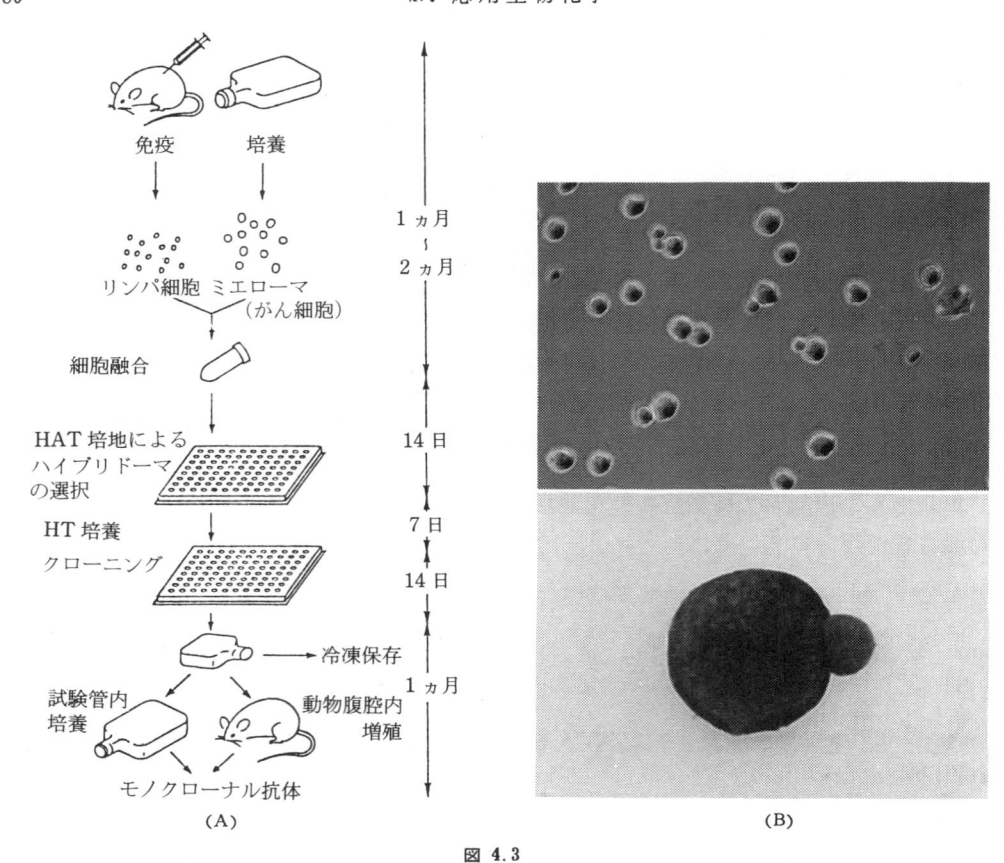

図 4.3
(A) モノクローナル抗体を産生するハイブリドーマの調製法(文献2), (B) 細胞融合. B-aでは, 融合前, 融合時および融合後(ハイブリドーマの形成)の各細胞の状態が認められる. B-bは, 骨髄腫細胞(大きい方)と脾臓細胞(小さい方)との融合開始の状態を示す. 資料提供:武田薬品工業株式会社.

大部分がマウス染色体からなる細胞になる. このような細胞の示すヒト由来の形質を解析することにより, その形質をコードする遺伝子を特定の染色体上に帰することができる.

細胞融合法はさらに, 再構成細胞あるいは細胞質融合細胞の調製にも応用されている. 再構成細胞は, サイトカラシン処理により脱核して細胞質のみになったA細胞(cytoplast)と, ほかの細胞Bから調製した核体(karyoplast)とを融合したものでカリオブリッド(karyobrid)とも呼ぶ. この場合は, 細胞質と核とが別々の細胞に由来することから, 両者間の相互作用を解析し得る. 細胞質融合細胞(cybridとも呼ぶ)は, 脱核した細胞Aとほかの細胞Bとを融合させたもので, 核はBのみ, 細胞質はA, B両者の混合物となる. A, Bをそれぞれ分化した細胞と, 未分化幹細胞とすることにより, 核に由来する情報と細胞質内に存在する情報の機能発現, 分化誘導などにおける相互作用や, 制御因子の解析が進められており[5], さらには, 核を除去した卵子に2～16細胞期胚の単一割球から得た核体とを融合させ, クローン動物を生産することも試みられている[6].

動物細胞に対する遺伝子レベルでの変換には, DNA組換え技術により作製されたクローン化DNAが用いられ, カルシウム-リン酸法, ウイルス粒子を用いる方法, リポソームを用いる方法, 微量注入法(マイクロインジェクション法), 電気穿孔法(エレクトロポレーション法)などにより細胞中に導入される. 物質生産を目的とする培養細胞の場合は, その後, 遺伝子増幅, 培養ならびに取扱いの容易なもの(たとえば, 生育速度の早い

株，無血清培地での生育ならびに物質生産性の高い株，付着細胞の場合は浮遊化，せん断力に対する抵抗性株など）の選択，改良などを経て工業的規模への適用化が行われる[7]．

動物個体を目標とする場合は，細胞として受精卵あるいは全分化能をもつ胚性幹細胞（embryonic stem cell: ES細胞）が用いられる．遺伝子を導入したES細胞は正常の胞胚中に注入され，養母の胎内でキメラ個体となる．このような方法で作製した動物をトランスジェニック動物と呼び，異種生物遺伝子の導入による遺伝子発現の制御機構および生理機能の解析，本来の遺伝子を変異遺伝子と置換することによる病態モデル動物の作製[8],[9]，さらには組織特異的な遺伝子発現系を利用した物質生産系への応用（乳汁中への導入遺伝子産物の分泌など）も試みられている[10]．

参 考 文 献

1) 岡田善雄："細胞融合と細胞工学"，講談社 (1976)．
2) 福井三郎監修，杉野幸雄編："モノクローナル抗体"，講談社 (1986)．
3) 杉野幸夫："ヘテロハイブリドーマによるヒト型抗体の産生"，細胞工学，**4**(12), 1053 (1985)．
4) 岩佐 進："二重特異性抗体-ミサイル療法への応用"，化学，**44**(12), 806 (1989)．
5) 関口豊三："再構成細胞およびサイブリッドを用いた細胞生物学"，細胞工学，**6**(10), 796 (1987)．
6) 角田幸生："細胞融合を利用したクローンマウスの生産"，細胞工学，**4**(10), 818 (1987)．
7) 日本農芸化学会編："物質生産の素材としての動物細胞"，細胞工学 別冊4，秀潤社 (1988)．
8) 小林一三："生物の遺伝子を交換する方法"，バイオサイエンスとインダストリー，**48**(1), 31 (1990)．
9) 山村研一，村松 喬，岩淵雅樹編："トランスジェニック・バイオロジー"，p.127，講談社 (1989)．
10) 山村研一："トランスジェニック動物の現状と将来"，バイオサイエンスとインダストリー，**47**(4), 372 (1989)．

4.3.3 植物細胞工学

培養植物細胞による有用物質生産が実際に工業的規模で行われたのは，ムラサキによるシコニン（ムラサキの根（紫根）に含まれる赤紫色の色素で殺菌作用，創傷治癒作用を示すことから，古くから染料，医薬として珍重された．最近では化粧品原料としても用いられる）生産が最初である[1]．ムラサキの実生から分離した組織からカルスを誘導し，液体培養によりシコニンを生産することに成功した．この際，シコニンの生産を増大させる工夫として，成長調整物質の選択，窒素源の選択をはじめとする培地組成の検討，細胞増殖に最適な培地とシコニン生産に最適な培地とを組み合わせた2段培養法の開発，生産能力の高い細胞の選択などが行われた．その結果，天然の植物体が生産する紫根エキス中に含まれるものとほぼ等しいシコニン系化合物を高効率で得ることができた．以上の過程は，培養植物細胞での物質生産を意図する場合には一般的に考慮されるべきものである．

通常，カルスの液体培養により細胞は単細胞にまでばらばらになることは少なく，細胞が相互に結合した細胞塊を形成する．したがって，これら植物細胞から均質な単細胞試料を調製するには，細胞塊に細胞壁溶解酵素（細胞壁の大部分を構成するセルロースを分解するセルラーゼ，細胞間の接着に関与するペクチン質を分解するペクチナーゼ，ヘミセルロースを分解するヘミセルラーゼなど）を作用させてプロトプラストを形成させる．個々のプロトプラストから再生した単細胞を培養すると均一な細胞塊が得られるので，そのなかから目的の物質を効率よく安定に生産するものを選択するわけである．このような単一細胞由来の細胞塊はカルスのみでなく，植物体組織から直接調製した細胞からも，同様にプロトプラスト形成を経て調製することができる[2]．

植物細胞の場合は前述のように，組織を構成する個々の細胞が全能性を保つことにより，分離した細胞について適当な培養条件が見出されると，完全な植物体を形成させることができる．カルスまたはプロトプラストか

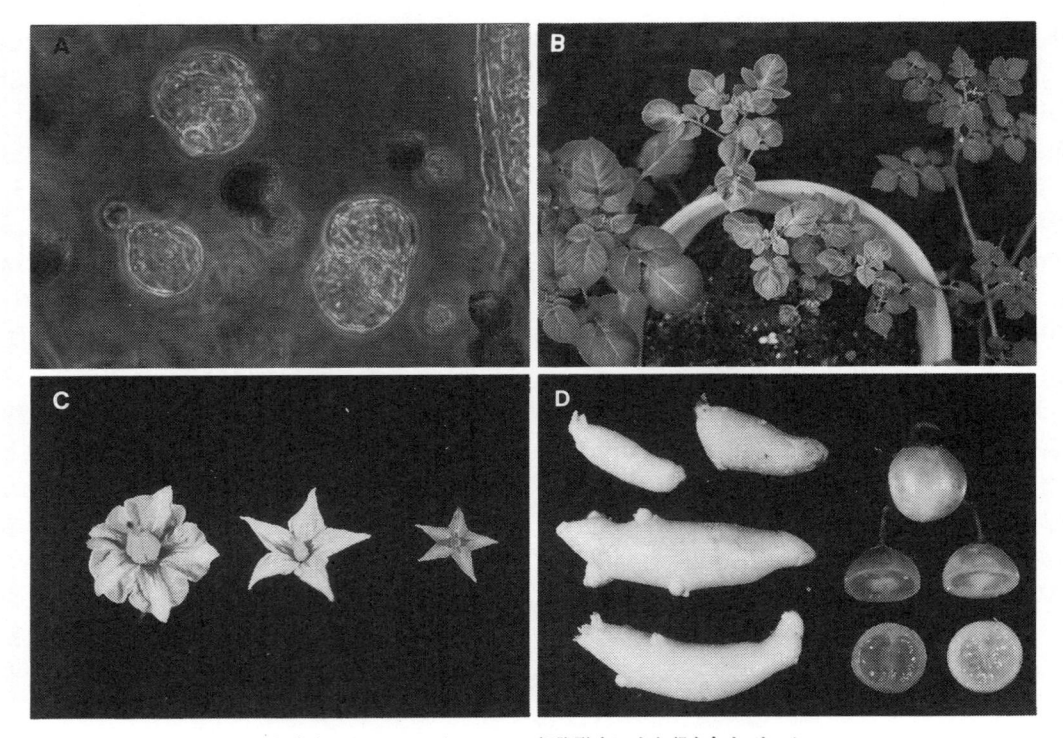

図 4.4 ジャガイモとトマトの細胞融合により得られたポマト
(A) 両細胞の融合．(B) 形成された植物体．左から，ジャガイモ，ポマト，トマト．(C) 各植物体のつけた花．左から，ジャガイモ，ポマト，トマト．(D) ポマトの地上部に得られたトマトと地下部に得られたジャガイモ．資料提供：キリンビール株式会社．

らの植物体再生の過程で，変異処理をしなくても種々の変異が生じることが知られており，形態的な変化，生育速度の変化などだけでなく，病害虫，病原菌に対する抵抗性をもった株なども得られている．

動物細胞工学の項で，マウス-ヒト細胞間のハイブリドーマの例をあげたが，植物においてもプロトプラストの調製が可能となって，交配不能な異種植物間での体細胞雑種植物をつくることができるようになった．プロトプラスト間の融合は動物細胞の場合と同様に，ポリエチレングリコール法，電気パルス法などが使用されている[2]．

一例が，ジャガイモとトマトの体細胞雑種ポマトおよびトパトである．再生植物は，両親植物の中間的な性質を示し，核遺伝子由来の形質は両者の雑種であったが，細胞質遺伝子由来の形質はジャガイモ型(ポマト)またはトマト型(トパト)であった．この植物体から稔性のある種子は得られていないが，地上部にはトマトが，地下部にはジャガイモがつくられている(図 4.4)．

食用植物として重要なイネ，ムギなどの含まれる単子葉植物においては，プロトプラストの形成，再生系の開発が遅れていたが，最近になってそれが成功したことによりイネとヒエの間での融合株が得られ，幼苗までの再生植物体が得られている(図 4.5)．

このような技術はたがいに交配不能であっても近縁な植物間での方が成功率が高く，遠縁のものの間では，マウスとヒトの例と同じように一方の染色体が選択的に脱落しやすいことが知られているが，遺伝子工学的な手法に比してはるかに多くの情報を導入することができるので，いくつもの遺伝子が関与すると思われる耐寒性，耐乾燥性，耐塩性などの好ましい性質をもった作物の創出を目的とした融合株の調製が試みられている．

体細胞雑種は，交配可能な組合せでも有用である．通常の交配では核内遺伝子は，父

4. 細胞工学

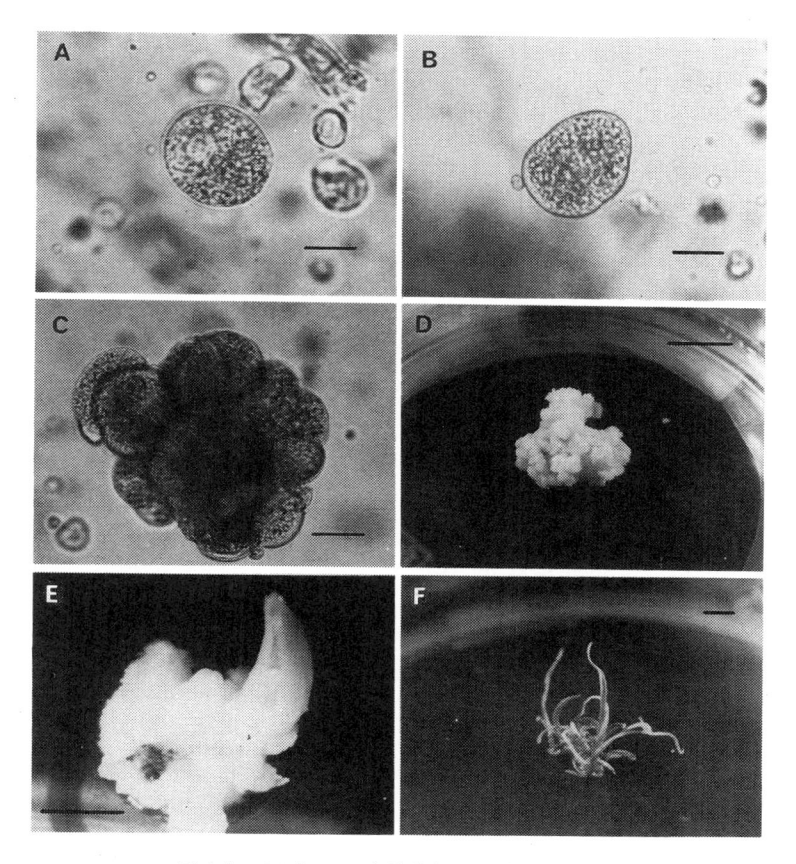

図 4.5 イネとヒエの細胞融合により得られたヒネ
(A) 細胞融合．(B) 融合細胞の分裂像(5日目)．(C) 融合株の細胞塊(20日目)．(D) 融合株の胚カルス(45日目)．(E) 融合株カルスからの発芽．(F) 再生体細胞融合株．バーは，A, B, Cでは 10 μm, D, E, Fでは 0.5 cmを示す．資料提供：三菱化成株式会社．

方，母方の両方を，細胞質遺伝子（ミトコンドリア，葉緑体などに存在する）は母方のみを受けた胚が生じるが，体細胞雑種では細胞質の融合による細胞質雑種(cybrid)を得ることができる(酵母の例参照)．一代雑種に見られる雄性不稔をもたらす遺伝子がミトコンドリア内にあることも知られており，その育種における利用とともに分子生物学的な解析が進められている[3]．

植物の育種におけるもう 1 つの注目される方法として，遺伝子組換えを利用したものがある．主として双子葉植物に感染して腫瘍（クラウンゴール）をつくる病原菌 *Agrobacterium tumefaciens* のもつ Ti プラスミドと，毛状根をつくらせる *Agrobacterium rhizogenes* のもつ Ri プラスミドが感染植物染色体 DNA に組み込まれる機能を利用して，ほかの生物体由来の遺伝情報を植物体に導入したり，目的遺伝子を変異遺伝子と交換したりすることができる(→3章)．

植物体から切り出した組織片に *A. tumefaciens* または *A. rhizogenes* を感染させて，クローン化 DNA を組み込んだ Ti あるいは Ri プラスミドを導入し，得られた形質転換細胞から植物体を再生させることにより，除草剤耐性植物，農薬耐性植物，昆虫抵抗性植物（プロテアーゼインヒビター遺伝子導入），ウイルス抵抗性植物（ウイルスコートタンパク遺伝子導入，弱毒ウイルス遺伝子導入）などが得られている[2]．

イネ，コムギ，オオムギ，トウモロコシを含むイネ科植物においては Ti プラスミドに

よる遺伝子導入が利用できないことから，電気穿孔法によるプロトプラストへの直接遺伝子導入が試みられ，イネでの成功例が報告されている[4]．

これらの方法により外来遺伝子を導入したり，遺伝子を変換したりした細胞に由来する植物体をトランスジェニック植物と呼び，育種を目的とするほか，植物体内での遺伝子発現，制御機構，制御因子などの解析に利用されている[5]．

以上のような細胞工学的手法により望ましい植物体が創出されると，それと同じ遺伝形質を保持する植物体すなわちクローン植物を得る必要がある．そのためには，植物体細胞のもつ全能性が有用であり，母植物の頂芽あるいは脇芽にある茎頂分裂組織（生長点，茎頂組織）部分を取り出して培養したり，組織切片を培養して得られるカルスの形成する不定芽や，体細胞が直接胚発生することにより形成される不定胚を分化増殖させることにより，それが可能となった．さらに，得られた不定胚を，アルギン酸カルシウムのゲル内に包埋した人工種子も創られている[6],[7]．

〔永井　和夫〕

参　考　文　献

1) 藤田泰宏，森本悌次郎："ムラサキ培養細胞によるシコニン系化合物の生産"，細胞工学，**4** (5), 405 (1985)．
2) 長田敏行："プロトプラストの遺伝工学"，講談社 (1986)．
3) 三上哲夫，木下俊郎："植物のミトコンドリア遺伝子と細胞質雄性不稔性"，細胞工学，**5** (6), 490 (1986)．
4) 島本　功："トランスジェニック・イネおよびその近縁植物における外来遺伝子導入の試み"，村松　喬，岩淵雅樹編，トランスジェニック・バイオロジー，p.42，講談社 (1989)．
5) 岡田吉美，岩淵雅樹，内藤　哲，島本　功："トランスジェニック・プラント"，村松　喬，岩淵雅樹編，トランスジェニック・バイオロジー，p.1，講談社 (1989)．
6) 原田　宏："植物バイオテクノロジー"，日本放送出版協会 (1990)．
7) 高山真策："クローン増殖と人工種子"，オーム社 (1989)．

5.　バイオミメティクス

5.1　生体膜モデル

生体膜は細胞内において細胞成分の区画化の役割を果たしているだけではなく，情報伝達，光・ホルモンなどの刺激に対する応答，エネルギー変換などに深くかかわっている．生体膜の主要構成成分は脂質とタンパク質である．脂質としてはリン脂質，糖脂質，コレステロールがある．これらはいずれも両親媒性であり，分子内に疎水性基と親水性基をともに有している．疎水性基は，炭化水素鎖，コレステロール骨格，親水性基はアルコール，リン酸エステル，糖残基，コレステロール C-3 位水酸基である．

生体膜の基本的な構造は，S. J. Singer と G. Nicolson とにより提出された流動性モザイクモデルが広く受け入れられている．図 5.1 にこのモデルの概念図を示す．このモデルによれば，脂質分子はその疎水性基を内側に，親水性基を外側に向けた 2 分子膜を形成し，そのなかにタンパク質が一部，あるいは全部埋め込まれた構造をとっている．膜には表裏が存在し，膜の両面は等価ではなく非対称な状態にある．膜中の脂質，タンパク質は固定されているわけではなく，2 次元方向には流動性に富み，自由に動き回ることができる．

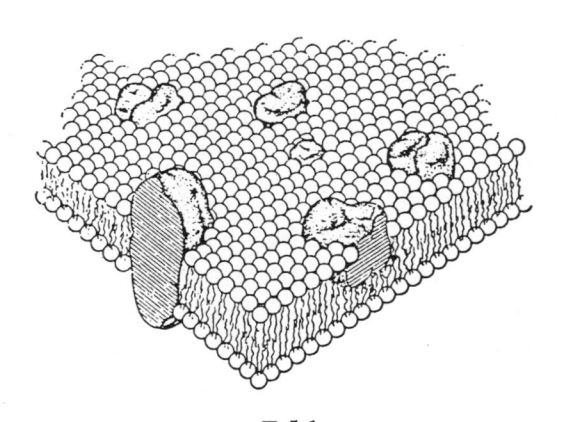

図 5.1

生理的条件下では，生体膜中の脂質は液晶状態をとっている．脂質2分子膜の表層と裏層の間で脂質分子が入れ替わる速度は非常に遅いことが知られている．生体膜共通の性質として，以下の4点をあげることができる．
(1) 水中で2分子膜構造をとる
(2) 流動性をもつ
(3) 脂質とタンパク質よりなる
(4) 膜の表と裏が非対称である

上記性質に注目した生体膜モデルの研究がさかんに行われているが，特に(1)の性質に注目した人工2分子膜に関する研究が数多く報告されている．その1つに黒膜と呼ばれる平面膜がある．これは，脂質を適当な有機溶媒に溶かし，平板上にあけた小さな穴に塗布することにより調製する．このようにして調製した平面膜は，構造的には生体膜と同様，疎水性基が内側に，親水性基が外側に向いた2分子膜構造をとっており，生体膜の構造モデルと考えることができる．平面膜においては，膜を介した物質透過などの実験により，膜の透過性を調べることが可能である．しかし，膜自体の運動性，分光学的測定などには不適当である．

Banghamは卵黄より抽出した脂質レシチンを水中に分散することにより，脂質2分子膜よりなる小胞体(リポソーム)が生成することを報告した．生成したリポソームは水中で安定に存在するため，各種分光学的な測定が可能になった．このリポソームは図5.2(a)に模式的に示したように，多重ベシクル構造をとっている．これを超音波処理することにより，図5.2(b)に示すような一重ベシクル

アンホテリシンB

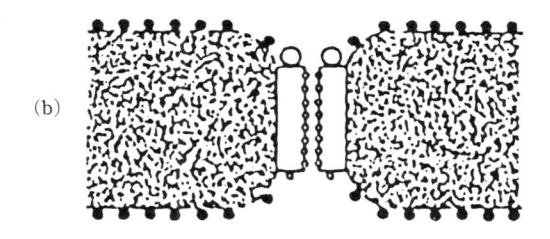

図5.3

構造をもつリポソームを調製することができる．リポソームの大きな特徴として，2分子膜で囲まれた内水相をもつことがあげられる．リポソーム調製時に，外水相と組成の異なった内水相をもつリポソームを調製することが可能である．このことを利用し，内水相から外水相への膜を介した物質透過，電子伝達などを調べることができる．

細胞膜のもつ重要な機能の1つである選択的物質透過のモデル反応を，リポソームを用いて行うことができる．図5.3(a)に構造を示すアンホテリシンBは双性イオン型親水基をもち，片側が親水性で片側が疎水性という特殊な構造をもつ．この物質をレシチンリポソームに可溶化させると2分子膜に取り込ま

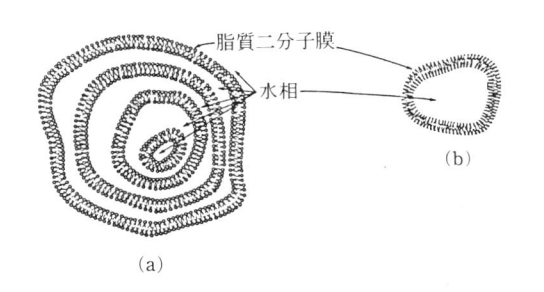

図5.2

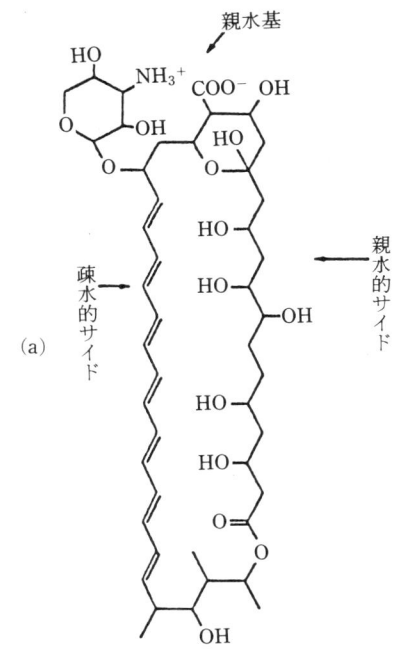

れ，内部が親水的なチャンネルが2分子膜中に形成される．その模式的な構造を図5.3(b)に示す．このようにして形成された親水性チャンネルを通って，イオンや水溶性化合物の促進輸送が行われる．

上記リポソームは生体脂質を材料として調製したものであるが，2分子膜構造を形成しうる人工脂質も数多く開発されている．それらのうち代表的なものを図5.4に示す．最も簡単な人工脂質として，2本の長鎖アルキル基を有するジアルキルジメチルアンモニウム塩がある．これを，水中に分散させるとベシクルあるいはラメラ構造をもつ2分子膜会合体が得られる．これらの人工脂質は，生体脂質と同様，結晶-液晶相転移が観測される．このことから，2分子膜構造をとるという形態的な点のみではなく，物性的な点からみても，これら人工脂質が生体膜モデル化合物として有効であることがわかる．

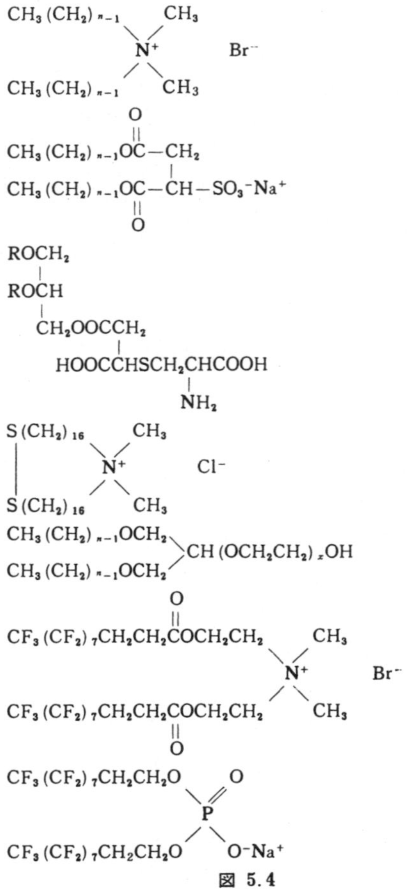

人工脂質の利点は構造を系統的に変化させることが可能であること，分子中に各種分光学的測定プローブを含む人工脂質が合成可能であることなどがあげられる．人工脂質の構造を変化させることにより，脂質の構造と膜の性質(形態，相転移温度など)との関係をくわしく調べることができる．分光学的プローブを含む人工脂質としては，円偏光二色性(CD)活性なもの(図5.5(a), (b))，会合状態の変化により吸収極大の位置の変わるもの(図5.5(c))などが合成されており，これらを用いて2分子膜の動的挙動を分光学的に追跡，解析することができる．

構造的に，より安定なリポソームの調製を目的とし，高分子リポソーム調製の試みも数多く報告されている．たとえば，人工脂質中にジアセチレン基などの重合性官能基を導入し，2分子膜形成後重合反応により高分子型リポソームを調製することができる．高分子型リポソームは，通常のリポソームに比べ，高い物理的安定性を示す．これは，通常のリポソームでは分子間相互作用，疎水相互作用などの非共有結合性相互作用のみで2分子膜を形成しているのに対し，高分子型リポソームでは，脂質中の長鎖アルキル基が重合反応により架橋されていることによるものである．高分子型リポソームでは，安定性は増大するものの，アルキル鎖が架橋されているため脂質分子の運動性は低下する．このため，高分子型リポソームでは結晶-液晶相転移が観測されないことが多い．

この欠点を改良するため，両親媒性を示す構造部分と重合性官能基の間に疎水性のスペーサをもつ脂質が開発された．この脂質の模式的な構造を図5.6(a)に示す．これを用いれば，重合後も長鎖アルキル基の運動性は低下せず，同時に2分子膜構造の安定化も計れる(図5.6(b))．また，図5.7に示すように，脂質分子中の親水基と重合性官能基をもつ化合物をイオンペアとして2分子膜を形成さ

図 5.4

(a) C$_8$H$_{17}$O–⟨⟩–N=N–⟨⟩–CO$_2$CH$_2$
C$_8$H$_{17}$O–⟨⟩–N=N–⟨⟩–CO$_2$CH
　　　　　　　　　　　　　　　CH$_2$OPOCH$_2$CH$_2$N$^+$(CH$_3$)$_3$
　　　　　　　　　　　　　　　　　　|
　　　　　　　　　　　　　　　　　　O$^-$

(b) CH$_3$(CH$_2$)$_{11}$OCCNHC–⟨⟩–O(CH$_2$)$_4$N$^+$(CH$_3$)$_3$
　　CH$_3$(CH$_2$)$_{11}$OC(CH$_2$)$_2$
　　　　　　　　　∥
　　　　　　　　　O

(c) C$_{12}$H$_{25}$O–⟨⟩–N=N–⟨⟩–OC$_{10}$H$_{20}$N$^+$(CH$_3$)$_3$

図 5.5

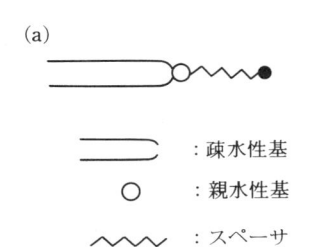

(a) 　　：疎水性基
　　　○：親水性基
　　　〜：スペーサ
　　　●：重合性官能基

(b)

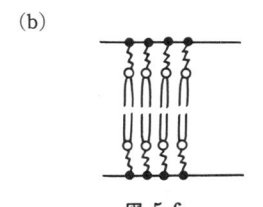

図 5.6
(a) 脂質分子の模式的構造
(b) 2分子膜模式図

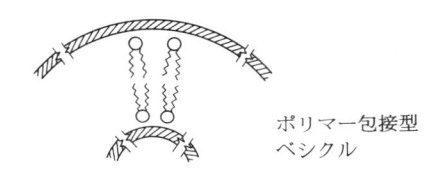

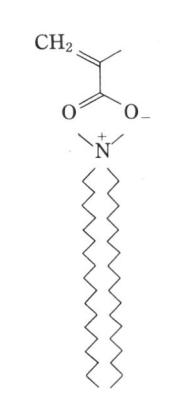

ポリマー包接型ベシクル

図 5.7

せ，その後，紫外光照射により重合反応を進行させることによりポリマーに包接された2分子膜を得ることができる．得られた2分子膜は，結晶-液晶相転移を示すことから，脂質分子の流動性が保持されていることがわかる．

このように，生体由来の脂質あるいは，人工脂質を用いることで構造的な点だけではなく，機能の面においても生体膜と同様な性質を有するモデル膜を得ることができる．しかしながら，実際の生体膜は複雑な機能を有しており，現在のところ，これらをすべて再現でき得るモデルは得られておらず，今後，より実際の生体膜に近い機能を有するモデルの発展が期待される．

5.2 酵素モデル

酵素のもつ大きな特徴の1つは，常温・常圧という温かな条件下において高い選択性（基質特異性）をもって反応を触媒することにある．高選択性をもたらす理由として，酵素のもつ分子認識力をあげることができる．酵

素は，その基質と，いわゆる「鍵と鍵穴」の関係で説明される酵素-基質複合体を形成する．酵素-基質複合体形成においては，クーロン相互作用，疎水相互作用，水素結合などの非共有結合相互作用が重要な役割を果たす．これらの相互作用により，基質分子は酵素の活性点に対して一定の配向をもって取り込まれる．この際，酵素と基質の相互作用がただ一点のみでおこっていることは少なく，複数のサイトが関与している場合が多い．複数サイトによる基質の認識が，高い選択性を生み出す一因となっている．酵素反応においては，このようにして生成した酵素-基質複合体から，分子内反応において触媒反応が進行する．酵素反応の反応スキームを模式的に示したのが (5.1) 式であり，この反応はミハエリス-メンテン (Michaelis-Menten) 型と呼ばれる．

$$E+S \rightleftharpoons ES \longrightarrow E+P \qquad (5.1)$$

$$\begin{pmatrix} E：酵素，S：基質， \\ ES：酵素-基質複合体，P：生成物 \end{pmatrix}$$

酵素モデルを考える上で，まず第一に必要な条件は，実際の酵素で見られるように基質を選択的に認識し得るということがある．この代表的なものとして種々のホスト化合物をあげることができる．ホスト化合物の代表的なものにシクロデキストリンがある．シクロデキストリンは，D-グルコピラノースがα-1,4-グリコシド結合によって6,7あるいは8個（それぞれα, β, γ-シクロデキストリンと呼ばれる）環状に結合したもので，漏斗状の形をした中空円筒型（図5.8）をしており，円筒内部に疎水性空孔を有する．円筒の狭い方の口には1級水酸基が，広い方の口には2級水酸基が存在する．ベンゼン環あるいは適当な疎水性基を有する化合物は，シクロデキストリンの疎水性空孔中に取り込まれ，1：1の包接化合物を形成する．このとき，空孔内に取り込まれるゲスト分子とシクロデキストリンとの間の疎水性相互作用がゲスト分子取り込みのドライビングフォースとなっている．

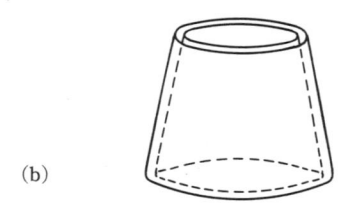

シクロデキストリンに種々の置換基を導入し，ゲスト分子の取り込みを制御する試みも報告されている．β-シクロデキストリンの7個の1級水酸基をN-メチルホルミルアミノメチルエーテル化し，狭い方の口をふさいだ形にしたキャップシクロデキストリンはアダマンタンカルボン酸（AC）をゲスト分子とした場合，通常のβ-シクロデキストリン（取り込みの平衡定数：$K=6.3 \times 10^2$ M^{-1}）に比べ，約25倍（$K=1.5 \times 10^4$ M^{-1}）のゲスト分子取り込み能をもつ．図5.9に示すような，β-シクロデキストリンの1級水酸基を修飾し，疎水性化合物で架橋したシクロデキストリンも合成されている．このシクロデキストリンをホスト，1-アニリノ，8-ナフタレンスルホナート (1,8-ANS)，ACをゲスト分子とした

図 5.8
(a) β-シクロデキストリンの構造
(b) 模式的構造

図 5.9

表 5.1

	K/M^{-1}	
	1,8-ANS	AC
β-シクロデキストリン	$5.6×10^1$	$6.3×10^2$
1	$1.28×10^3$	$5×10^4$
2	$6.4×10^2$	—

場合のゲスト分子取り込みの平衡定数を表 5.1 に示す．β-シクロデキストリンと **1,2** を比べると，1,8-ANS 取り込みの平衡定数は **1,2** を用いた場合，それぞれ β-シクロデキストリンの 23 倍，11 倍，AC については，**1** は β-シクロデキストリンの 80 倍の値を示す．**1,2** が β-シクロデキストリンに比べゲスト分子取り込み能が増大したのは，置換基導入により疎水性部位が増大したためであると考えられている．

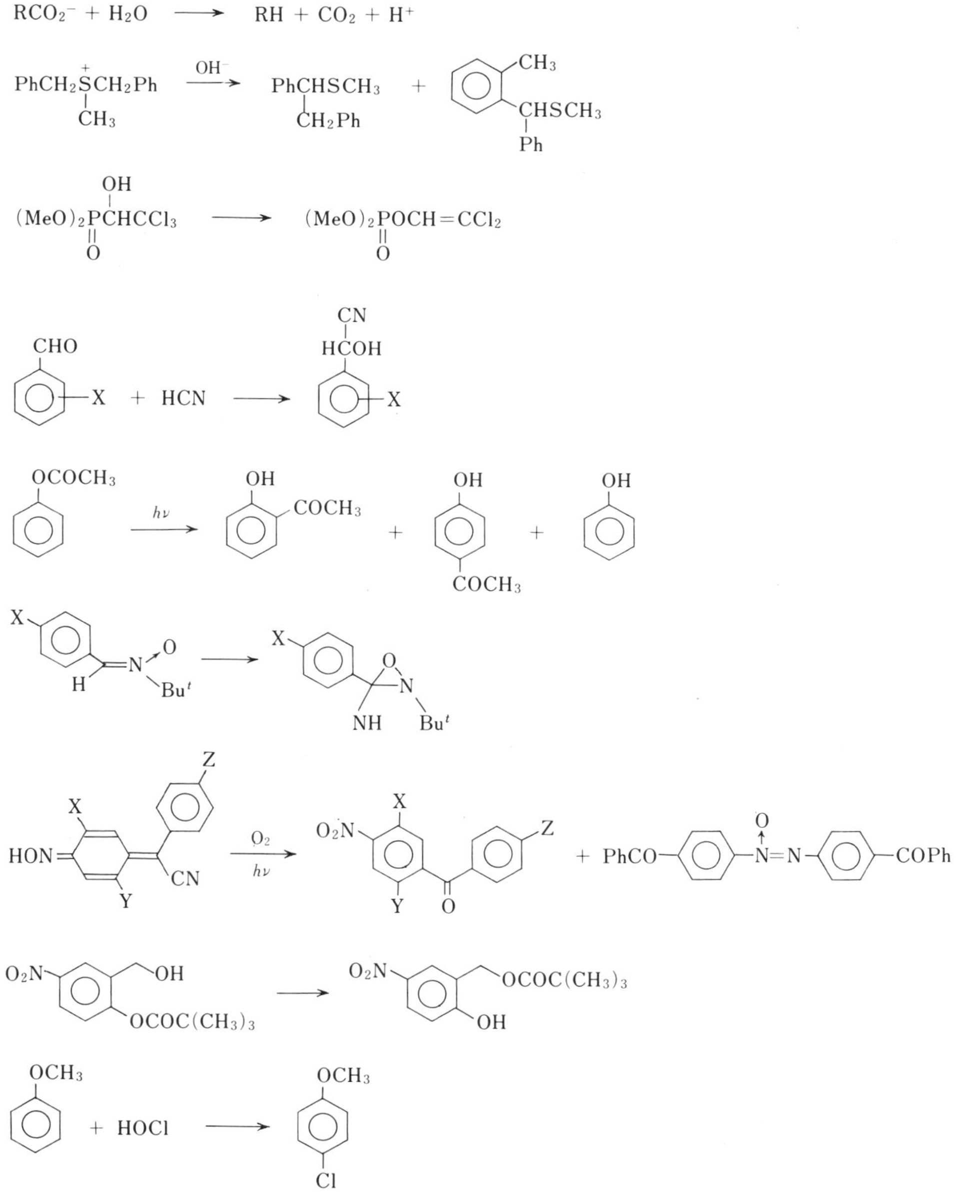

図 5.10

シクロデキストリンはゲスト分子の取り込みだけではなく，種々の反応の触媒としても作用する．すなわち，シクロデキストリン存在下で反応を行うと，顕著な反応速度加速効果が観測される．代表的な反応としては，エステルの加水分解反応がある．カルボン酸 p-ニトロフェニルエステル加水分解反応をシクロデキストリン存在下で行うと，エステルのフェニル基がシクロデキストリンに取り込まれたのち，加水分解が進行する．このことは，反応がミハエリス・メンテン型の挙動を示すことからも裏付けられる．加水分解反応以外にもシクロデキストリンが触媒活性を示す反応も多く知られている．代表的なものを図5.10に示す．これまでの例は，触媒としてシクロデキストリンをそのまま用いたものであるが，シクロデキストリンに触媒活性基となるような機能性官能基を導入する試みもなされている．これはシクロデキストリンの疎水性空孔を基質認識部位，導入した官能基を触媒活性基とする酵素モデルとして考えることができる．この例として，イミダゾール基を導入したシクロデキストリンの模式図を図5.11に示す．3,4は，リボヌクレアーゼモデルとして(5.2)，(5.3)式に示すようなリン酸

図 5.11

$$3 \ + \ \text{(catechol cyclic phosphate)} \ \longrightarrow \ \text{(phenol with OH and OPO}_3^-\text{)} \quad (5.2)$$

$$4 \ + \ \text{(catechol cyclic phosphate)} \ \longrightarrow \ \text{(phenol with OPO}_3^- \text{ and OH)} \quad (5.3)$$

代表的なクラウンエーテル

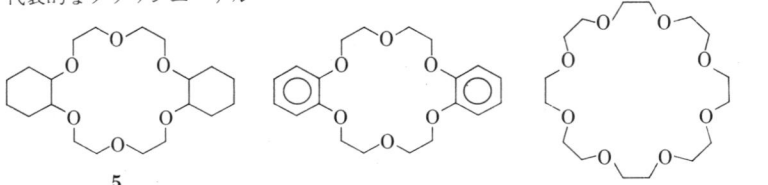

5

代表的なシクロファン

代表的なサイクラム

図 5.12

エステル加水分解反応を触媒する．基質認識部位であるシクロデキストリンとイミダゾール基との間の距離を変化させることにより(5.2)，(5.3)式に示すように反応の選択性を変えることができる．この選択性の差はイミダゾール基とシクロデキストリンに取り込まれた基質との相対位置が変化するためであると考えられている．

シクロデキストリン以外の分子認識力をもつホスト分子としてクラウンエーテル，シクロファン，サイクラムなどが知られている．それらのうち，代表的なものの構造を図5.12に示す．クラウンエーテルはその内孔の大きさに応じて特異的に金属イオンを取り込む．5をホスト分子として1価の陽イオンの取り込みを比べると，K^+が最も取り込まれやすく，錯体形成の平衡定数はLi^+の場合の約40倍の値となる．クラウンエーテルによる金属イオンの取り込みは，静電的相互作用および配位相互作用によるものである．クラウン化合物は金属イオンだけではなく，4級アンモニウム塩も取り込むことが知られている．4級アンモニウム塩の取り込みは，クラウン環の酸素原子とアンモニウム塩との間の水素結合によるものである．

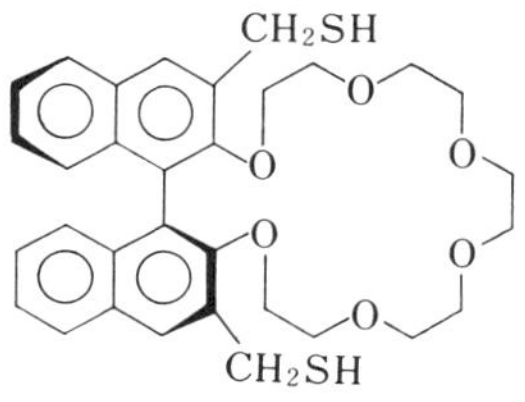

機能性官能基を含むクラウン化合物も合成されている．たとえば，光学活性なビナフチル基を有するクラウンエーテルがある．その構造を図5.13に示す．ビナフチル基に–SH基を導入した化合物，6を触媒としてフェニルアラニンp-ニトロフェニルエステル7のアシル転移反応を行った場合，表5.2に示すような光学選択性が観測される．すなわち，(S)-6を触媒とし，DおよびL-7を基質としたときの反応速度はL-体の方がD-体に比べ約8倍の値となる．これはゲスト分子がクラウン環に取り込まれる際に，α-水素がビナフチル基に向いた配向をとる構造（図5.13，8）の方がα-R基がビナフチル基に向いた構造（図5.13，9）に比べ安定であるためであると考えられる．このように光学活性な官能基を導入することにより，実際の酵素がもつ重要な特徴の1つ，不斉認識の機能をモデル化合物において再現することも可能である．

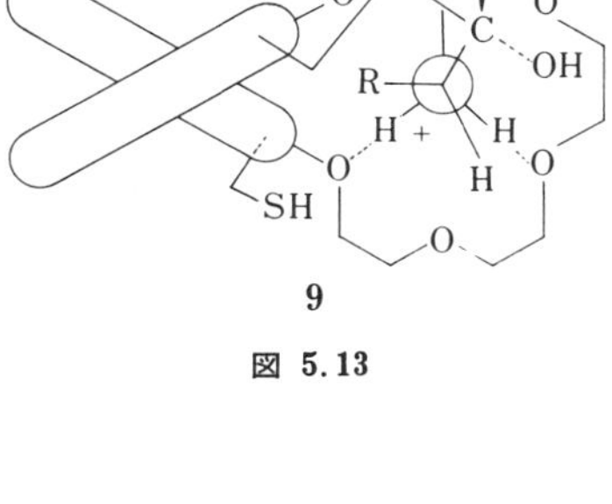

表 5.2

基　質	$10^3 k/s^{-1}$
L-7	200
D-7	25

[(S)-6]=5×10^{-3}M

これまでに述べてきた各種ホスト化合物は，おもに酵素のもつ分子認識力（基質特異性）に注目した酵素モデルであった．これに対し，酵素の触媒活性点の構造に注目したモデル系も数多く報告されている．このようなアプローチは，金属酵素モデルを考えるとき，特に有効である．生体中には金属イオンを含む酵素も数多く存在し，多くの場合，その金属イオンが触媒反応の活性点として働いている．金属イオンはアミノ酸残基を配位子とし直接タンパク質に結合するか，あるいは

図 5.13

$C_6H_5CH_2\overset{*}{C}H(NH_3^+)CO_2Ar$: 7

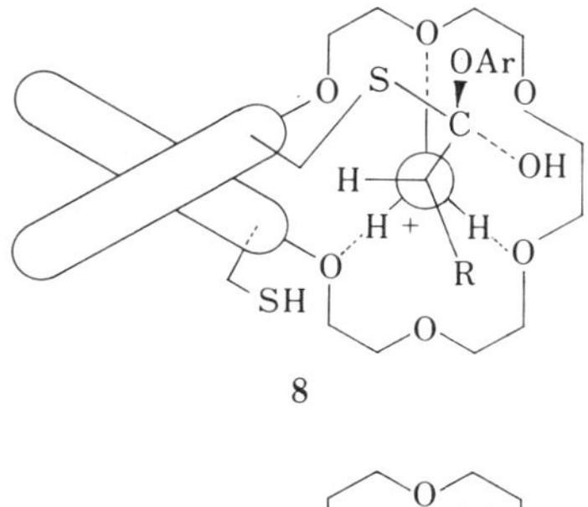

補欠分子族の一部として含まれており，特異な酸化状態，構造をとることが多い．モデル化合物を用いた研究では，実際の酵素の分光学的性質，機能を再現しうるモデル化合物の合成が1つの目標となる．反応機構の解明においても，モデル化合物が果たす役割は大きい．活性点の構造が完全に判明している金属酵素は少ない上に，実際の酵素では安定性，量的な問題などにより直接反応中間体を観測するのは困難な場合が多い．これに対し，構造のはっきりわかったモデル化合物を用いることにより，反応活性種の構造，反応機構などについて有用な情報を得ることができる．

代表的な例としてチトクロームP-450モデル，および鉄-硫黄タンパク質モデルについて述べる．チトクロームP-450はモノオキシゲナーゼの一種であり，補欠分子族としてプロトヘム（図5.14）を含むヘムタンパク質である．生体中においては脂質性化合物の代謝，ステロイドの生合成に関与している．反応は，(5.4)式に従って進行し，酸素分子のうち1原子が基質に導入される．

$$RH + O_2 + 2e^- + 2H^+ \longrightarrow ROH + H_2O \tag{5.4}$$

基質の酸素化はヘム上での酸素分子の還元的活性化，活性酸素種の生成を径て進行すると考えられているが，活性酸素種の構造は明らかではない．Grovesらは，Fe(III)TPP・Cl（TPP：テトラフェニルポルフィリン）とヨードシルベンゼンあるいは過酸を組み合わせた反応系において，実際のチトクロームP-450が触媒すると同様な，アルカンの水酸化あるいはオレフィンのエポキシ化反応が進行することを見出した．これら合成ポルフィリン錯体を用いた種々の分光学的測定の結果，酸化反応の活性種は鉄4価オキソポルフィリンπ-カチオンラジカルであると結論された．モデル系での実験結果を総合し推定されている反応機構を図5.15に示す．

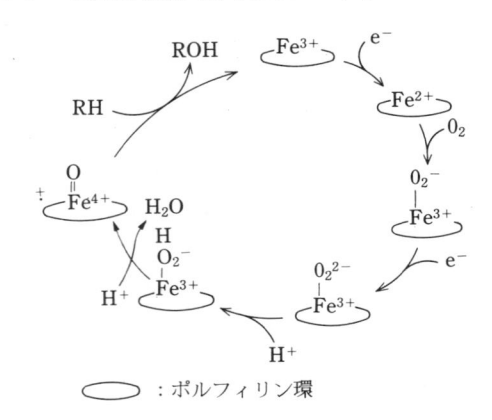

図5.15 モデル系より推定されたチトクロームp-450の反応機構

上記のモデル系では，酸素源としてヨードシルベンゼンあるいは過酸を用いているが，実際のチトクロームP-450と同様，分子状の酸素を用いても反応が進行するモデル系も報告されている．田伏らはMn(III)TPPをチトクロームP-450モデルとして用い，$NaBH_4$あるいは水素-白金コロイド系を還元剤とし，分子状酸素によるオレフィンのエポキシ化反応が進行することを見出した．この反応系では白金コロイド上で水素分子の解離により生成した電子，あるいは$NaBH_4$がポルフィリンに配位した酸素を還元的に活性化し，反応が進行すると考えられている．

ヘム鉄を補欠分子族として含む酵素に対し，非ヘム鉄を含む酵素も数多く存在する．非ヘム鉄として代表的なものに鉄-硫黄クラスターがある．鉄-硫黄クラスターには2核，3核，4核のものが知られている．それらの構造を図5.16に示す．2核，4核鉄-硫黄クラスターについては天然のクラスターと同一の構造をもつモデル化合物が合成され，分光学的性質などがくわしく調べられている．合

図5.14

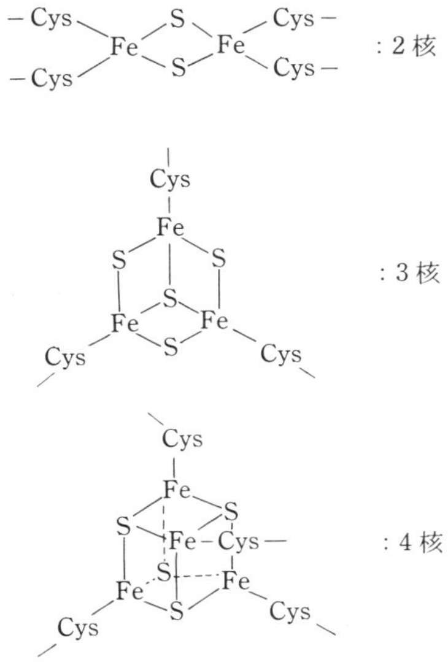

5. バイオミメティクス

図 5.16 鉄-硫黄クラスターの構造

成されたモデル化合物は，システイン残基の代わりに種々のチオールが配位子として用いられており，基本的な骨格構造は天然の鉄-硫黄クラスターと同一である．特に，2核鉄-硫黄クラスターについては，モデル化合物の構造決定がなされたあと，実際のタンパクに含まれる2核鉄-硫黄クラスターの構造がモデル化合物の構造と同一であることが確認され，モデル研究の有用性を示す好例となった．

鉄-硫黄クラスターを含む酵素は多種知られているが，鉄-硫黄クラスター自身が触媒活性点となっている例は少ない．大部分の場合，鉄-硫黄クラスターは電子プールあるいは，分子中のほかの補欠分子族（フラビンなど）への電子伝達体として働いている．鉄-硫黄クラスターが触媒活性点として働いていると考えられる酵素にヒドロゲナーゼがある（ただし，ヒドロゲナーゼは鉄-硫黄クラスターのみを含むものと，鉄-硫黄クラスターおよびニッケルを含むものの2種に大別される．ニッケルを含むヒドロゲナーゼについては，ニッケルサイトが触媒活性点であると考えられている）．ヒドロゲナーゼは(5.5)式に示すように，水素分子の酸化あるいはプロトンの還元反応を触媒する酵素である．

$$H_2 \rightleftarrows 2H^+ + 2e^- \tag{5.5}$$

鉄-硫黄クラスターのみを含むヒドロゲナーゼには，従来より知られている鉄-硫黄クラスターとは異なった分光学的性質を示す鉄-硫黄クラスターが存在する．おそらく，このクラスターが水素活性化の活性点となっていると思われるが，その構造は現在のところ不明であり新規な構造をした鉄-硫黄クラスターが触媒活性点となっている可能性がある．これまでに合成された鉄-硫黄クラスターモデル化合物は，(5.5)式の反応の触媒とはならない．ヒドロゲナーゼ活性を有するモデル化合物として，ウシ血清アルブミン(BSA)を配位子として用いた合成鉄-硫黄クラスターがある．このモデル化合物は，実際のヒドロゲナーゼの活性測定と同様な条件下でヒドロゲナーゼ活性を示すことが報告されている．

以上述べてきたように，モデル化合物を用いた研究は，酵素の分子認識力，活性点の構造，反応機構などを考える上で非常に有力な手段である．　　　　　　〔大倉　一郎〕

参 考 文 献

1) "バイオミメティックケミストリー"，化学総説 No.35，学会出版センター(1982).
2) "珍しい原子化状態―異状原子価から超電導まで"，第7章，"異常原子価中間体を含む金属酵素の触媒作用"，季刊化学総説，No.3，学会出版センター(1988).
3) "生体機能の化学―Biomimeticアプローチ"，化学増刊，89，化学同人(1981).
4) "人工細胞へのアプローチ―細胞膜機能とそのシミュレーション"，化学増刊，98，化学同人(1983).
5) "錯体触媒化学の進歩―新しい触媒機能をもとめて"，第6章，"Biomimetic触媒"，化学増刊，109，化学同人(1986).
6) "浅原照三，岡村誠三，妹尾　学，井上祥平，今西幸男編："生体モデル高分子"，学会出版センター(1978).
7) 稲田祐二，前田　浩編："続タンパク質ハイブリッド―これからの化学修飾―"，共立出版(1988).

6. バイオエレクトロニクス

6.1 バイオ素子

約10年前に，バイオ素子，バイオチップの構想が提唱された．この構想を実現するための基盤技術が進展するにつれて，当初の構想も質的転換の時期を迎えているといえよう．

バイオエレクトロニクスにおいては，生体分子を構成要素として欠くことはできないものの，有機分子を用いた分子エレクトロニクスと密接に関係している．そもそも，分子エレクトロニクス，バイオエレクトロニクスの発想は分子機能材料を用いて新しいエレクトロニクス技術を産み出そうとするところにあった．

分子を構成要素とするデバイスと，現在の半導体デバイスの最も本質的な違いは電子の存在状態である[1]．半導体では電子は材料全体に分布しているのに対して，分子では電子は分子内に局在している．局在化している電子を利用したデバイスは単独の分子では実現しがたい．実際，生体内では分子集合体として機能発現しているものがほとんどである．分子デバイスを指向したバイオエレクトロニクスの研究基盤は，分子集合体の構築技術が不可欠であるといってよい．

生体系では分子素子として働いているものが数多く存在する．これらの生体素子のうち本章では，① バイオセンサーに用いられている分子認識素子や化学増幅素子，② 生物エネルギー変換に用いられるエネルギー変換素子，③ 生体機能を有効に引き出すための制御技術について述べる．

生体内での分子集合体の特徴は，分子が一定方向に配向している点にある．現状では，分子を意のままに並べることはできない．分子配向技術の確立はバイオエレクトロニクスの進展に不可欠ではあるものの，今後も依然として重要な研究課題として残るであろう．現在のところラングミュア・ブロジェット法（以下LB法と略す）は分子膜の作製法として数多くのグループが活用している．LB法の原理を図6.1に模式的に示す．親水基と疎水基を有する分子を気水界面に展開すると，単分子層が形成される．このとき分子は親水基を液相に，疎水基を気相に配列した状態となる．この単分子層を固体表面に移し取ると，基板上に2次元の分子配列をつくることができる．この操作を繰り返すときわめて薄い累積膜をつくることができるために，LB法はバイオ素子，分子素子を作製するのに有効と考えられている．現在，種々の分子膜の作製を意図し，いろいろな原理の作製法，膜の評価法がさかんに研究されている[2]．

たとえば，次式に示すアゾベンゼン（A）をスイッチ変換部位，ピリジニウム（P）を作用部位とし，両者をアルキル基で連結した化合物をLB製膜化する．このLB膜を光照射すると，アゾベンゼン部の異性化がおこ

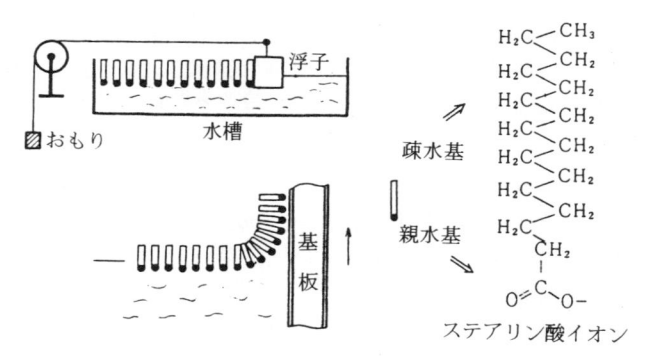

図 6.1 LB法と使用される親水基，疎水基を有する典型的分子の一例

6. バイオエレクトロニクス

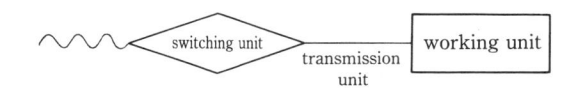

```
〜〜〜 <switching unit> ——transmission unit—— [working unit]
```

$$CH_3(CH_2)_7-\langle\bigcirc\rangle-N=N-\langle\bigcirc\rangle-O(CH_2)_{12}-{}^+N\langle\bigcirc\rangle(TCNQ)_2^-$$

$$APT(8-n)(n=12)$$

図 6.2 APT の光異性化に伴う電導度の変化

る．このとき，伝達部のアルキル基が $n=12$ のときの LB 膜はトランス体の異性化率（A_t/A_0）が変化する．図 6.2 に示すように，シス体の生成に伴って電導度が変化する．この結果は一次元電動体と光異性化物を連結した分子膜が新しい分子素子（光化学スイッチ）が可能になることを示唆するものである[3]．

LB 法のほかにも，化学吸着法や電気化学吸着法も提唱されているが，いずれの方法にも一長一短がある．バイオ素子の開発に連結する分子膜の作製法は今後の課題といってよい．

バイオ素子は分子素子の一種ではあるが，直接あるいは間接に生体にかかわることに特徴がある．上記 LB 法で作製されるのに使用される生体物質は，抗体，リン脂質，そしてタンパク質分子などのうち集合体を形成しやすいもののみである．現在，生体分子の機能を素子化した代表例はバイオセンサーであり，次節で述べるように数多くのバイオセンサーが報告されている．

6.2 バイオセンサー

6.2.1 バイオセンサーにおけるバイオ素子と信号変換素子との関係

生体分子が最も活用されているのは，酵素や抗体を計測に応用するバイオセンサーであろう[4),5)]．現在のバイオセンサー研究の主目的は高性能化である．バイオセンサーの高性能化を生体成分の分析用途と生体計測用途に分けて，バイオセンサーに要求される条件を考えてみたい．

分析用，特に臨床化学分析やプロセス計測用のバイオセンサーでは多成分の同時計測，迅速計測が必要となる．図 6.3 に日本のメー

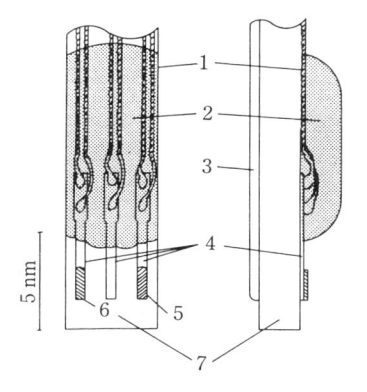

図 6.3 ISFET 方式マルチバイオセンサー[6]
1：リード線，2：エポキシ樹脂，3：白金線，4：pH-FET，5：固定化GOD，6：固定化ウレアーゼ，7：エポキシラミネート基板

カーによって開発された FET 素子方式マルチバイオセンサの一例を示す[6]．このセンサーは，プロトン感受性 FET（pHFET）をエポキシ基板上に形成し，その上にグルコース酸化酵素とウレアーゼを固定化することによって，グルコースと尿素を同時に計測しようとするものである．この方式のバイオセンサーは集積化プロセスを利用しているために，大量生産に向いていると考えられる．バイオセンサーのミクロ化はミクロ酸素電極やミクロ過酸化水素電極を作製する方法でも試みられている[7]．

最近，電気化学ファブリケーションを用いた酵素センサも開発された[8]．この方法は生体素子と人工材料との一体化をめざす方法として注目される．直径 10 μm 程度のミクロ白金電極を用いて導電性高分子の電解重合を行う際に，酵素を共存させておくと導電性酵素膜が作製できる．この状態で電極は酵素センサとして機能することが示されている．この作製法は電子授受を伴う多くの酵素に適用できることは注目に値しよう．たとえば，デヒドロゲナーゼ類は酵素活性の発現に補酵素（NAD(H)あるいは NADP(H)）を必要とする．NAD(H)（あるいは NADP(H)）は電極と非可逆的に反応する．これがデヒドロゲナーゼなどの脱水素酵素をセンサーに取り込むことがむずかしい理由であった．ところが，適当な電子メディエーターが共存すると，こ

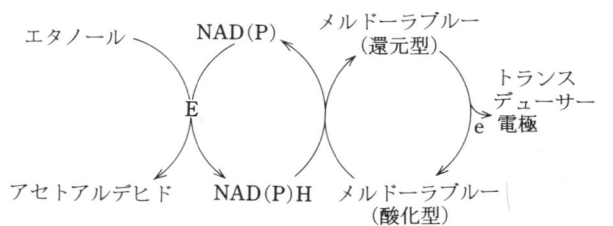

図 6.4 導電性インターフェイス内に構築したデヒドロゲナーゼセンサー用の電子伝達系[8]
E：アルコールデヒドロゲナーゼ

れらの補酵素は電極と可逆的に電子授受を行うことが知られている．ここで図6.4のような電子伝達系を導電性ポリマー膜内に形成させると，デヒドロゲナーゼをセンサの構成素子とすることができる．導電性膜内で基質の電子が酵素を介して補酵素に移動して，ついでメディエーターを介して電極に到達する．このような電子伝達系はNAD酵素のみならず，FAD酵素やPQQ酵素などの酸化還元酵素にも適用できる．たとえば，グルコースオキシダーゼなどのFAD酵素にはフェロセンやTTF-TCNQ錯体，フルクトースオキシダーゼなどのPQQ酵素にはフェロシアン錯体がメディエーターとして有効であり，これらメディエーターと酵素を導電性膜内に取り込むと効果的な電子伝達系を構築することができる．このときの電子の流れが導電性インターフェイスで円滑に進行しているものと考えられる．

電気化学ファブリケーションは，バイオ素子と信号変換素子の一体化にも活用できる[9],[10]．図6.5に示すように，白金線（直径10μm程度）の表面に金属微粒子と酵素分子を同時に電着させることによって，酵素分子を取り込んだミクロ素子が作製できる．この方法は電極を作製したあとに，微粒子析出，そして酵素分子の取り込みを順次行う方法としても展開できる．特に，この場合には白金を電解研磨できるので，センサー素子を1μm程度以下の大きさにすることができる．

生体計測，特に埋め込み型バイオセンサーの開発は，今後本格的に取り組むべき難解な課題である．現在までに，臨床的に使われたことのある埋め込み型センサーの例を図6.6

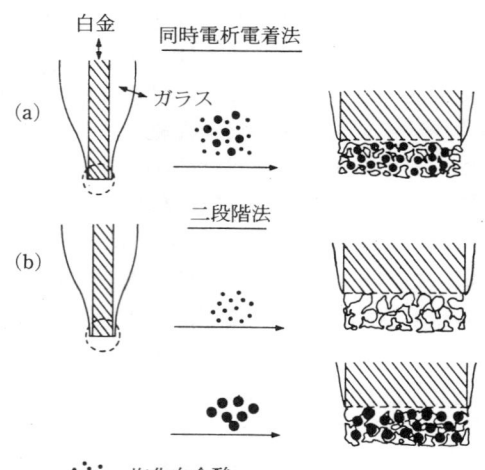

図 6.5 マイクロ酵素電極とその電気化学的作製法[9],[10]

に示す．センサー部全体を生体適合性材料で被覆した微小針状グルコースセンサである．この状態でも最高4日間しか体内に留置できない[12]．

生体適合性にすぐれた材料を開発するのは，体内埋め込み用のバイオセンサーの開発のためのみでなく，医用材料開発全体にかかわる課題である．バイオ素子の展開として検討に値するのが，カプセル方式のセンサーである．

消化管のpHセンサーとして開発されたカプセル型のセンサーは，古くから研究され一時期そのユニークな着想が注目を集めたことがあった[12]．しかし残念ながら，その当時は現在の高度な集積技術がなかったために，信頼性に足りうるものではなかった．そのために医用電子機器の1つのトピックスとして長い間忘れられていた．図6.7に，嚥下方式のカプセルpHセンサーの例を示す．約2MHz

6. バイオエレクトロニクス

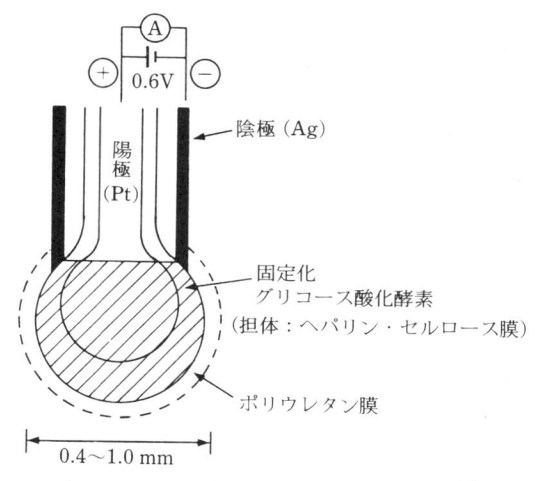

図 6.6 埋め込み型微小針状グルコースセンサー[11]

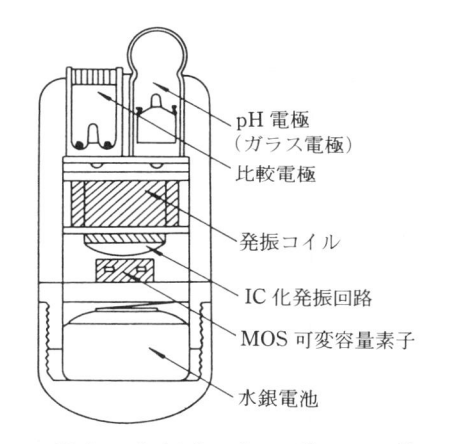

図 6.7 嚥下方式カプセル pH センサー[11]

のブロッキング回路の発振周期が，pH電極の起電力によって変化することを作動原理としている．アンテナコイルによって消化管からの発振を検出し，発振間隔を復調して pH の情報が得られる．pH 以外にも，圧力や温度などが圧力センサーやサーミスタなどで測定できることが示されている．消化酵素や出血部位の検出，消化管内容物の採取，薬剤の放出なども試みられたことがあった．

カプセル方式センサーを駆動する電源としては，当初水銀電池が採用されたが，その後 pH 電極の起電力を利用する方式が提案された．しかしながら，測定精度や再現性に乏しかったために実用化されなかった．この早すぎた技術について，集積化技術やバイオ技術が発達した今日，再検討すべき時期にきて

いる．バイオ素子やバイオ燃料電池が本格的に研究されてくるにつれて，現実味を帯びてこよう．

最近，光学現象，固体の物理現象と生化学反応がみごとに融合した免疫センサーが登場した．一般に光はある条件でガラスと外面との界面で全反射することが知られている．このとき表面にエバネッセンス波といわれる波がわずかにしみ出す．このときガラス表面に金や銀の薄膜がコートしてあると，金属表面には電子の疎密波（表面プラズモン）が存在するので，この2つの表面波の波数が一致すると共振（表面プラズモン共鳴，SPR）がおこり，光のエネルギーの一部が sp を励起する結果，反射光の強度が減る（図6.8）．

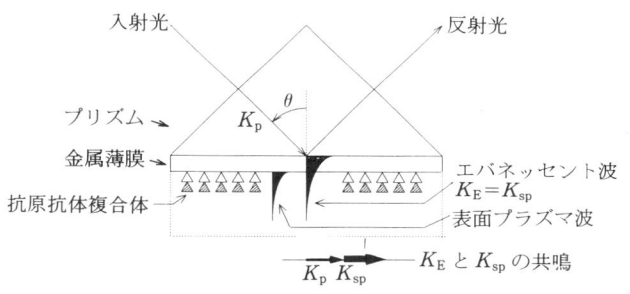

図 6.8 SPR の原理

プリズム／金属膜／試料から成る層状構造において，金属薄膜と試料との境界を伝搬する表面プラズモン（sp）の波数は Maxwell の方程式を解くと次式で表される．

$$k_{sp} = \frac{\omega}{c}\sqrt{\frac{\varepsilon n^2}{\varepsilon + n^2}}$$

ここで ω は角振動数，c は光速度，ε は金属の誘電率，n は金属に接する媒質の屈折率である．さらに，金属膜上に形成される膜の誘電率 $f(\varepsilon)$ と厚さ (d) との間に次の関係がある．

$$\Delta\theta \propto \Delta k_{sp} = f(\varepsilon)\cdot d$$

ここで $\Delta\theta$ は共振角度である．表面プラズモンの共鳴（surface plasmon resonance）は表面現象なので金属薄膜表面のごく近傍に存在する媒質からのみ影響を受ける．すなわち，金属薄膜のごく近くで濃度変化があれ

ば，それが屈折率（誘電率）に反映し，反射光強度を減少させることになる．

デバイス的には，センサーへはくさび型の光を入射させることによって（図6.9），各方向への反射光強度を一挙に測定することによって，ゴニオメーターのような可動部分を必要としない光学系でリアルタイム測定ができ，ある入射角に対を持った反射光強度曲線が得られる．免疫反応後でこの谷がずれたら，センサー表面に抗原抗体コンプレックスができたことを意味している（図6.10）．SPRを用いたセンサーは新しいバイオ素子であり，かつ計測素子でもあり，今後免疫センサー以外の分野でも活用されよう．

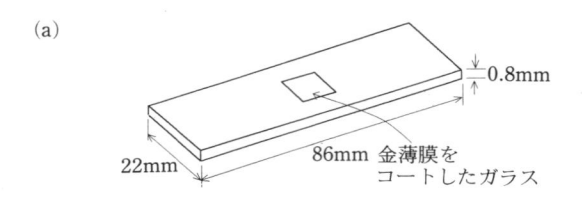

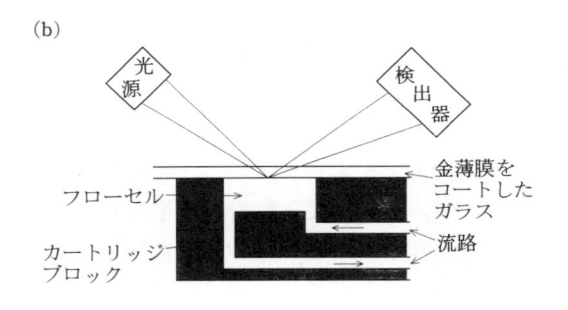

(a)

(b)

図 6.9
(a) センサーチップの外形
(b) センサーフローセルと光路系の関係

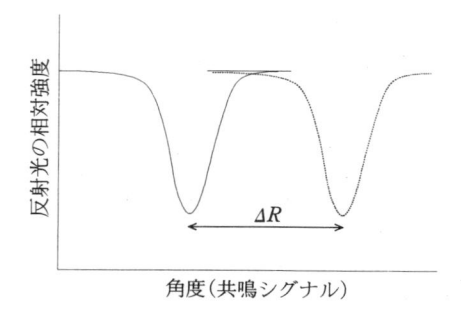

図 6.10 反射光の角度と相対強度の関係

6.2.2 計測素子から認識素子へ展開するバイオセンサー

酵素分子や抗体分子などが各種の信号変換素子と接合されたバイオセンサーの概要はほぼ明らかにされた．最近，味，匂い，視覚にまでバイオセンシングを拡大しようという研究がなされている．これまでのバイオセンサーは，生体分子の高度な選択性およびすぐれた化学増幅機能を利用して，特定物質のみを感度よく計測することのみが目的とされてきた．

しかし，味などの感覚機能にまでバイオセンサーの機能を延長しようとする気運が高まっている．この気運は嗅覚細胞，味らい細胞のセンシング機構が明らかにされてきたのと無関係ではない．現在では人工系（脂質膜）を用いたセンシングデバイス化が試みられている．図6.11は味のセンシングを行う受容体

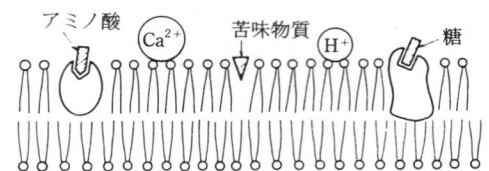

図 6.11 生体膜における味覚物質のセンシング
各種の味覚物質に対応する受容体がリン脂質から構成される生体膜に埋め込まれている．

の模式図である．最近，人為的に作製した脂質膜を用いて，匂い物質や味物質のパターン化ができるまでに至っている．このアプローチでは，脂質のLB膜作製技術が有効である．

けい光波長の異なるけい光物質を含むLB膜を累積すると，図6.12に示すように味や匂いの原因となる複数の分子のパターニングができる[13]．図6.12のLB膜のけい光スペクトルには，各層のけい光物質に由来するけい光ピークが現れる．このLB膜に味や匂い（複数分子）が接触すると，けい光物質の特性が変化し，けい光が増強したり消光したりする．これらの特性変化は物質固有のものであり，これらの特性をパターン化することによってうまみや味のセンシングが可能になる．

このように，バイオセンサーは計測デバイ

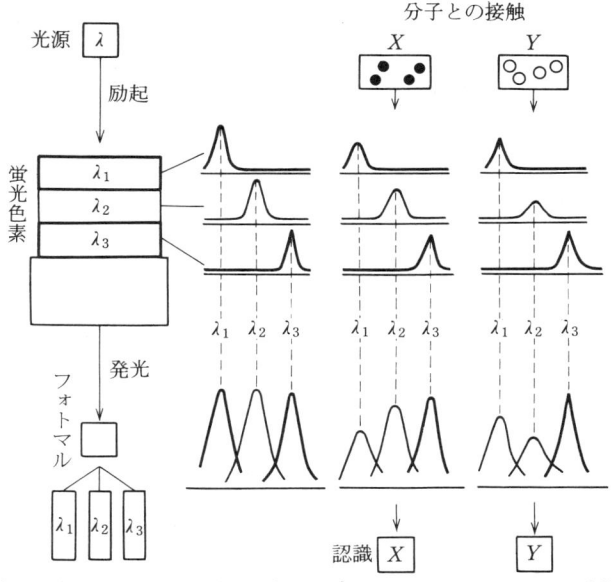

図 6.12 多重分子情報を同時処理するオプティカル化学センサーの基本構想[13]

スから認識素子へ展開しつつあるといえよう．この段階で分子エレクトロニクス，バイオエレクトロニクスの構想がより具体化されよう．その1つの方途として，センサー知能化の可能性を秘めていることを指摘しておきたい．

6.3 生物エネルギー変換
6.3.1 生物のエネルギー獲得機構

生体のエネルギー変換はきわめて巧妙にできている．元来，地球上の生物のエネルギー源は，植物の光合成によるものである．したがって，光合成は太陽エネルギーの有効利用のために，モデルにすべきすぐれたエネルギー変換プロセスである．光合成の巧妙さは，太陽光によって励起された電子が葉緑体の高秩序構造によって効率よく電荷分離に至るところにある．光合成初期過程の反応中心（光化学系II）では，水が分解されて電子はプラストキノン・プラストシアニン・光化学系I，フェレドキシンから成るチラコイド膜内の電子伝達鎖を経てNADPを還元して，高エネルギー状態のNADPHを生成する．すなわち，図6.13に示すように，電子は膜の内側から外側に移動し，膜内部は正に，外側は負に荷電する．

一方，フォトダイオードでは光が n 層および p 層に入射すると，電子が励起され n 層へ，正孔は p 層へ移動する．すなわち電荷分離が起こり，起電力が発生する（図6.13）．葉緑体は導線系のような電子の流れる系路をもっていないものの，高度な生体膜構造が励起電子を無駄のないように使いきる仕組みを有していることがわかる．

ところで最近，分子ダイオードと呼ばれる新しいデバイスが研究されている[14]．これは電子受容体（A），光増感色素（S），電子供与

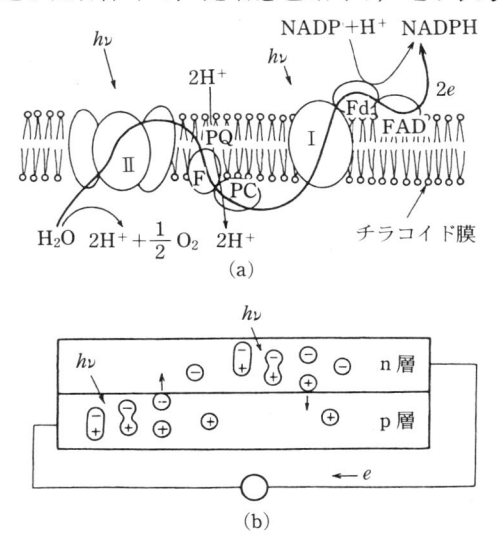

図 6.13 光合成およびフォトダイオードにおける電荷分離

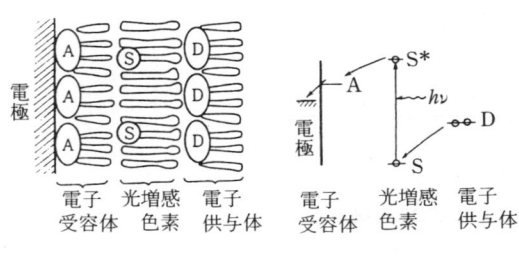

図 6.14 分子ダイオードの模式図およびエネルギー図

体(D)をLB膜内に規則的に配置したものである．光増感色素が励起されると，図6.14に示す原理で光電流を発生する．すなわち，分子フォトダイオードとして機能する．これは生物界に学びつつ，非生体系のケミカルエレメントで新しいデバイスをつくる試みの1つである．

もう1つの代表的な生体内のエネルギー生産プロセスは，体内燃料電池ともいうべきミトコンドリアにおけるエネルギー変換である．NADHなどの高エネルギー化合物の電子が呼吸鎖を伝達していく過程でATP(アデノシン三リン酸)を産生して，最終的に酸素を還元し水に変換する．現在のところ図6.15をモデルにしたデバイスは研究されていないが，エネルギーの流れのコントロールを脂質分子と生体分子の高秩序配向によって達成する研究がバイオエレクトロニクスの好題材と

して取りあげられてよい時期にきている．

6.3.2 生体内での化学エネルギーの運動エネルギーへの転換

酸化的リン酸化プロセスによって生成されたエネルギーは，生体運動や細胞内輸送などのメカノケミカル反応によって消費される．これらの生体プロセスは多数のタンパク質分子が自己集合した分子集合体(超分子と呼ばれる)によって遂行されている．

分子機械，特に分子アクチュエーターの開発のために参考にすべきものは，べん毛や筋肉に見られるエネルギー変換である．ここでは，きわめて効率よく化学エネルギーが運動エネルギーに変換されている．

図6.16に示すのは，アクチン・ミオシン系の運動エネルギーを直接測定する実験システムであるが，ATPのエネルギーによって運動エネルギーを発生できる実験系として興味深い[15]．ガラス表面にミオシン分子を吸着し，アクチン繊維の一端を極細のガラス針の先に吸着させておく．ガラス針の他端をマニピュレーターに設置し，ATP添加による応力変化を測定できるようにしたものである．

アクチン繊維がミオシンによって移動できることを利用すると，ATPの分子エネルギーを微弱な張力発生へと導くことができる．以上は，ATPの生体エネルギーを運動エネ

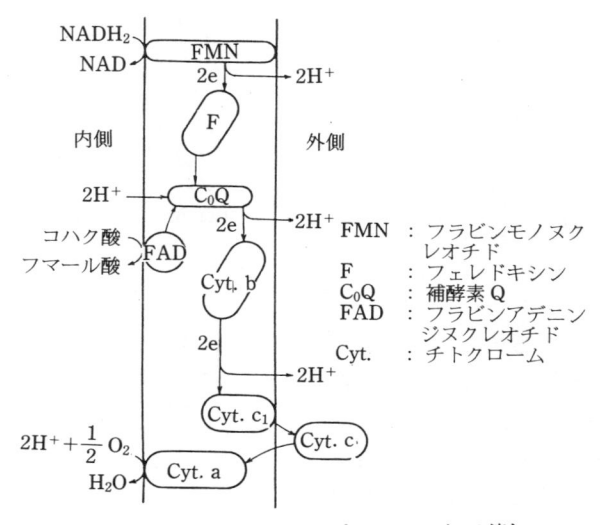

FMN：フラビンモノヌクレオチド
F：フェレドキシン
C_0Q：補酵素 Q
FAD：フラビンアデニンジヌクレオチド
Cyt.：チトクローム

図 6.15 ミトコンドリアにおけるエネルギーの流れ

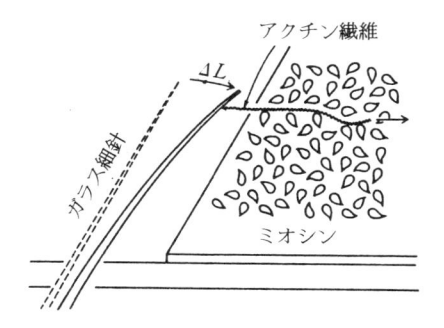

図 6.16 アクチン・ミオシン系の運動と張力測定法[15]

ルギーに変換する例である．

一方，H^+濃度勾配を利用した例として参考にすべきものは，細菌のべん毛運動である．図 6.17 にべん毛基部のプロトン濃度差

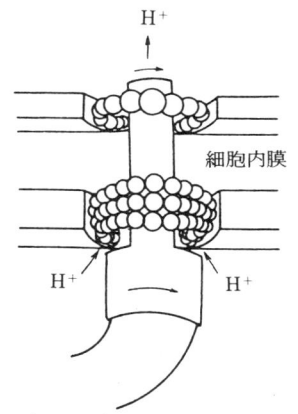

図 6.17 プロトン濃度差を利用したべん毛運動

を利用する回転運動の例を示す．べん毛基部はプロトンの流入によって回転，すなわちモーターとして機能している．

ミクロ固体アクチュエーターとしては，ピエゾ素子がよく知られている．シリコンテクノロジーに基づくミクロギア，ミクロバルブなどに関する研究は始まったばかりであるが[16]，アクチンやミオシンなどの生体素子とこれらのミクロ素子のハイブリッド化によるバイオアクチュエーターが，研究され始められる時期にきている．

6.4 生体機能の電気制御
6.4.1 生体素子と電気化学素子のコミュニケーション

§6.2 で述べたように，きわめて多種類の生体素子，なかでも酵素分子が信号変換素子と一体化されてバイオセンサーが作製されている．これらのバイオセンサーは，酵素反応に伴う物理化学的変化を電気信号に変換するものであり，酵素分子と信号変換素子が，直接，電子でコミュニケーションするものではない．酵素分子が信号変換デバイス，たとえば電極と直接電子授受できれば，酵素分子の変化を直接電極で知ることができる．

直接電極と電子授受できる酵素は，例外といえるほど数少ない．そのなかでもチトクロームC$_3$は異質な存在である．そのほかの酵素分子については，電子メディエーターやプロモーターなどの分子を用いると酵素と電極間の電子移動が起こることがある．メディエーターは酵素分子から電子を受け取り，その電子を電極へ伝達する機能を有している．もちろん，この逆の場合もありうる．一方，プロモーターは酵素と共存することによって，酵素と電極との直接電子授受が可能になる物質を総称する．一般に，電子プロモーターは電極活物質ではない．

電子メディエーターのなかでもフェロセンは，電極反応が可逆なのでよく使われる．たとえば，図 6.18 に示すように，グルコース酸化酵素とフェロセンが共存すると，H_2O_2の発生を伴うことなく電極との直接コミュニケーションが可能になる．溶液中に酸素がな

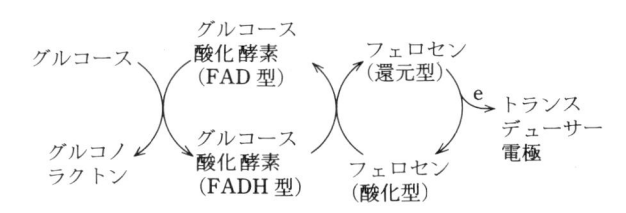

図 6.18 フェロセン共存下のグルコース酸化酵素と電極との直接コミュニケーション

いときは，グルコースの酸化に伴い酵素は還元型になる．このとき，フェロセンが電子受容体となって酵素は酸化型にもどる．還元型となったフェロセンは，電極反応によって酸化型にもどる．このときの酸化電流はグルコース濃度に依存する．メディエーターと酵素の組合せ例としては，これまでに数多くの例が報告されている．

電子プロモーターも4,4′-ビピリジル，ピリジンなど，数多く知られるようになった．導電性有機電極や高分子修飾電極も酵素との直接コミュニケーションを目的として設計されている[17]．

最近，酵素と電極との直接コミュニケーションを可能にする第3のアプローチが提唱されている[18]．たとえば，グルコース酸化酵素を共存させたピロールを電解重合すると，導電性酵素膜が得られる．このときポリピロールは，酵素分子と電極とのコミュニケーションを促進するインターフェイスとして機能する．デヒドロゲナーゼ系では，すでに図6.4で示したように，デヒドロゲナーゼ・補酵素・メディエータから成る電子伝達系をインターフェイスに設計すると，電極と酵素の電子授受が可能になる．

6.4.2 酵素活性の電気制御

酵素機能，なかでも酵素活性を電気的に制御するためには，電極・酵素間の電子授受の場の設計が肝要である．たとえば，グルコース酸化酵素ではグルコースの酸化に伴い活性中心のFADが還元状態になる．しかし，FADは酵素分子の内部に存在するために電極との直接電子授受は困難であり，その結果電気的影響を受けにくい．このときフェロセン（メディエーター）が存在すると電子授受が可能である[19]．

特に，フェロセンと酸化酵素を導電性高分子膜中に固定化すると，電子の流れはきわめてスムーズに起こる[20]．すなわち，導電性高分子のπ電子系を介して，グルコース酸化酵素→フェロセン→電極への電子移動が円滑に進行する．このときに重要なことは，酵素が

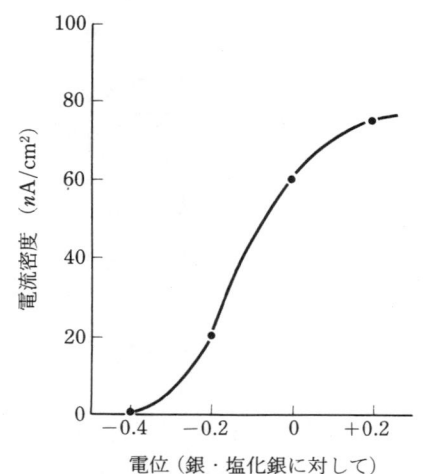

図 6.19 ポリピロール膜に固定したグルコース酸化酵素の電位依存性

導電性高分子中に存在するために，電気効果が酵素分子に直接及ぶことである．

図6.19に示すのは，ポリピロール膜に固定化したグルコース酸化酵素の電位依存性である．酵素活性の指標である出力電流が観測されるのは，活性中心にあるFADの標準酸化還元電位以上の印加電圧を加えたときであり，この電位以上では酵素活性は印加電圧に依存して変化する．

このように，π電子共役系インターフェイスを設計すると，多くのフラビン酵素，PQQ酵素，そして金属酵素の活性を電気制御できる．

一方，デヒドロゲナーゼ類は分子内に酸化還元物質を有していない．デヒドロゲナーゼの活性中心においては，基質が酸化され，補酵素NADは還元される．このNADは溶液中に存在するので，NADの酸化還元を電気化学的に行えば，見かけ上酵素活性を電気制御できることになる．しかしながら，NAD（あるいはNADH）の電気化学的還元（あるいは酸化）には大きな過電圧を必要とするのみならず，電極反応は不可逆である．そこで，このような酵素の場合には，過電圧が低くしかも可逆的な電子移動をする物質をメディエーターとして共存させると，酵素活性は印加電圧に依存して変化する．

以上のアプローチを駆使すれば，酵素活性

を電気制御できる[21]．酵素活性の電気制御技術は，バイオリアクターの制御法や出力可変型バイオセンサーに応用できよう．

6.4.3 微生物機能，生物機能の電気制御

酵素より高次の生体機能を電気制御する際にも，導電性インターフェイスの考え方は有効である．たとえば，酵母細胞を利用したアルコール生産の電気制御の例を示そう．アルコール酵母を含有するピロール溶液の電解重合によって，導電性酵母膜を作製すると，電気効果は酵母自身に直接及ぶようになる．この導電性酵母膜の膜透過性は電位に依存して変化することが示され，アルコール産生の電気制御ができる．

同じ原理で導電性微生物膜を用いたアミノ酸産生の電気制御が可能である．一例として，グルタミン酸を生産する *Corynebacterium glutamicum* をポリピロールに固定した例を示す．この菌はビオチン(ビタミンH)が十分に存在する培地で培養すると緻密な細胞膜，細胞壁がつくられるが，ビオチン欠乏下では脆い構造となり菌体内容物が漏出しやすい．

しかしながら，導電性高分子膜に固定化された状態では，ビオチンが十分に存在しても電気効果を受けてグルタミン酸を生成することが示された．たとえば，グルタミン酸の生産は0.25V(銀・塩化銀電極に対して)以上の電位で顕著に促進されることがわかった．このことは導電性高分子膜に固定化されている微生物の膜透過性および細胞壁透過性が，電気効果を受けて著しく変化していることを示している．

電気効果は動物細胞においても認められる[22]．たとえば，腫瘍細胞(Hela cell)では，電気効果が細胞の致死作用をもたらし，さらに別の腫瘍細胞では細胞増殖と電位との間にしきい値が存在することが見出された．このしきい値以下では電位印加を停止すると，増殖特性はもとの状態に完全に復帰することが知られている．このとき，電気効果を利用すると物質生産が促進されることも見出されており，電気効果が細胞膜の透過性のみならず，転写，翻訳レベルにも及んでいる可能性が示唆されている．

以上の電気効果は個々の細胞によって異なるものの，0.35Vから0.45V(銀・塩化銀電極に対して)の電位領域で観察される．この電位は電気的細胞融合に使用される電圧に比べれば，はるかに低いものである．一見，きわめて低い電位で電気効果が起こるように見受けられるが，この電気効果を生み出す3電極系では作用電極表面の100Å程度の厚さに著しい電位勾配が存在することを指摘しておきたい．この部分に細胞の一部分が存在するために，大きな電気効果を受けるものと考えられる．この100Åくらいの厚みの部分(電気二重層)に，$10^{4\sim 5}$ V/cmの電位が印加されていることを考えると，細胞は小さくない電場にさらされることになる．まして，四方を導電性ポリマーで包括されている場合には，きわめて大きな電気効果がもたらされることになる．

本章では，生体分子や細胞とエレクトロニクスの接点，融合点を目的として行われている研究を中心に述べた．画期的な操作技術，制御技術の登場が，バイオエレクトロニクス研究を著しく加速するものと考えられる．

〔碇山 義人〕

引 用 文 献

1) 相澤益男：テレビジョン学会誌，**42**，1327 (1988)．
2) 杉 道夫：バイオエレクトロニクス，193，CMC (1984)．
3) H. Tachibana, R. Azumi, T. Nakamura, M. Matsumoto and Y. Kawabata: *Chem. Lett.*, 173(1992)．
4) 鈴木周一編："バイオセンサー"，講談社(1984)．
5) 軽部征夫編著："バイオセンシング"，啓学出版 (1988)．
6) Y. Hanazato, M. Nakano and S. Shiono: *IEEE Trans-Electror. Devices*, ED33, 47(1986)．
7) 軽部征夫：遺伝，**43**，35(1989)．
8) H. Shinohara, T. Chiba and M. Aizawa: *Sensors & Actuators*, **13**, 79(1988)．

9) Y. Ikariyama, S. Yamauchi, T. Yukiasi and H. Ushioda: *J. Electrochem Soc.*, **139**, 702 (1989).
10) Y. Ikariyama, S. Yamauchi, T. Yukiashi and H. Ushioda: *Bull. Chem. Soc. Jpn.*, **61**, 3525 (1988).
11) 七里元亮, 山崎義光: 代謝, **23**, 99 (1986).
12) 綿貫 喆, 内山明彦, 池田研二編: "生体用テレメーター・電気刺激装置, ME選書11", コロナ社 (1980).
13) M. Aizawa, M. Matsuzawa and H. Shinohara: *Thin Solid Films*, **160**, 477 (1988).
14) M. Fujihira, K. Nishiyama and H. Yamada: *Thin Solid Films*, **132**, 77 (1985).
15) A. Kishino and T. Yanagida: *Nature*, **334**, 74 (1988).
16) K. J. Gabriel, W. S. N. Trimmer and M. Mehregany: *Transducers*, '87, 853 (1987).
17) W. J. Alkery and P. N. Barlett: *J. Chem. Soc., Chem. Commun.*, **1984**, 234.
18) H. Shinohara, T. Chiba and M. Aizawa: *Sensors & Actuators*, **13**, 79 (1988).
19) Y. Degani and H. Heller: *J. Phys. Chem.*, **91**, 1285 (1987).
20) S. Yabuki, H. Shinohara, Y. Ikariyama and M. Aizawa: *J. Membr. Sci.* (in press).
21) S. Yabuki, H. Shinohara, Y. Ikariyama and M. Aizawa: *Bioelectrochem. Bioeng*, (in press).
22) M. Yaoita, H. Shinohara, Y. Ikariyama and M. Aizawa: *Exp. Cell Biol.*, **57**, 43 (1989).

7. 生物化学工学

生物化学工学は, 酵素, 微生物, 動植物細胞あるいは組織やオルガネラ (これらを総称して生体触媒と呼ぶ) にわたる広範な生物, あるいは生物要素の機能を利用して, 生化学的な物質生産, 物質変換あるいはエネルギー変換をより効率的にかつ経済的に行わせるための工学的基礎を支える学問分野である.

7.1 バイオプロセス

生体触媒を利用して物質生産をめざすバイオプロセスの流れは, 図 7.1 に示すように, ① アップストリームプロセス, ② プロダクションプロセス, ③ ダウンストリームプロセス, より成り立っている.

アップストリームプロセスは遺伝子組み換え, 細胞融合などのいわゆるバイオテクノロジーによる細胞機能の調製, 生体触媒の固定化など, さらには当該変換反応に必要な培地, 基質, 前駆物質などの調製を行い, 以下につづくプロダクションプロセスでの触媒の機能発現に必要な条件を整える過程である. アップストリームプロセスの技術は, 以下のプロダクションプロセスならびにダウンストリームプロセスと密接に関連していることが多い. たとえば, 細胞機能を調製することによって物質生産性の著しい向上がはかられたとしても, それに伴って目的物質の分離精製操作が著しく困難になればプロセスの経済性は成り立たなくなる.

バイオプロセスは, 生物のもつ酵素反応系を中心とする基質特異性の際立った生化学反応を利用する過程であるが, 化学反応を利用する点からは, いわゆる反応工学の視点と特に異なるものではない. 一般に, これらの反応過程の最適条件は常温, 常圧, かつ栄養分に富む反応環境下で実現されることが多い. このため, バイオプロセス全体として, いわゆる雑菌汚染防止の工夫がきわめて重要にな

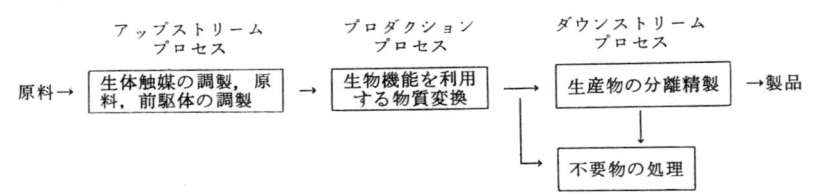

図 7.1 バイオプロセスのフロー

っている．常温，常圧下での操作は一見，省エネルギー的なプロセス構成を期待できそうであるが，無菌操作を常温，常圧下で実現することには困難が伴うことが多い．この点を改善する目的で，高温下，高圧下，高/低pH下などの，いわゆる異常環境下で生育するバクテリアの酵素構造を利用して当該物質生産能をもち，かつ上記異常環境下で機能発現する生体触媒の調製も行われ，実用化もされつつある．

上記とは別に生体触媒の機能を模擬して，たとえば人工酵素を合成してこれを生体触媒代替品として利用することも検討されていることを付記しておく．

多くのバイオプロセスで用いられる生体触媒の反応は，その特異性のゆえに選択性はきわめて高い．しかし，一方で，その反応速度すなわち生産速度の点から見ると，細胞の形でその機能を利用する場合，動植物細胞のように生産速度がきわめて小さい生体触媒も少なくない．この場合は生産性向上をめざして，大量の生体触媒の調製を行わなければならない．細胞の高密度培養，あるいは大量培養の工学が次節で述べるバイオリアクターの重要課題の1つとなっている．このように，バイオプロセスの応用展開にはプロセスの効率化と生産性の向上に対して，一般の反応プロセスとは異なったアプローチが要求される．

特に，細胞をベースとする生体触媒利用の場合，細胞調製の段階と調製した細胞による物質生産の段階は同じ条件で行われることは少ない．所期の物質生産能を発現させるために，十分に大量に得られた触媒に物理的，化学的あるいは生物学的に誘導操作を行うことが行われる．さらに生細胞を触媒とする場合，所期の反応に不必要な反応も並行的に進行し，触媒性能を劣化させるいわゆる阻害因子の生産が行われることが多い．これらの阻害因子を除去したり，あるいは十分な低濃度に保つ工夫をすることがきわめて重要になってくる．これらの一連の操作は，バイオリアクターの最適操作設計にかかわる重要な課題である．

関連因子を十分に把握した上で，プロセスの操作設計を検討しなければならないが，操作変数の適切な把握とそれらの制御が不可欠である．バイオプロセスが関係する操作変数，特にプロダクションプロセスでの計測変数は，生体触媒濃度，温度，圧力，pH，溶存酸素濃度，炭素源濃度，その他関連物質濃度などきわめて多い．しかしながら，バイオリアクターでオンライン的に直接測定可能なセンサーはきわめて限られている．測定可能な変数に関しては，種々のモードのコンピュータ制御が可能になっており，操作性の向上が著しい．

選択特異性が大きい生体触媒が得られ，適切なバイオリアクターシステムが構成できれば，バイオプロセスは高い生産性が期待できる．この視点から，従来のプロセスを見直し，従来製品をより効率的な新たなバイオプロセスで生産する試みが行われている．この過程で，次第に明らかになってきたことの1つは，たとえば醤油のように複雑な製品組成をもち，従来十分な熟成期間を経て生産されていたものを，バイオ技術を駆使して促成的に生産するときわめて類似な産物はできるものの，従来品と全く同じものをつくることはことのほかむずかしいことである．これは，従来品のイミテーションではなく，むしろ新規なバイオ製品として新たなバイオプロセスの応用の結果と考えられるようになっている．

生産された当該物質の分離精製操作は，最終製品の生産性を大きく左右する．バイオプロセスにおける分離精製の特徴は，多くの場合反応液の組成が複雑であることと，多くがタンパク関連物質であるため，温和な条件下で実施しなければならないことである．

バイオプロセスに限定したことではないが，化学プロセスで物質生産を行う場合，不要な副生物質すなわち廃棄物が生成することが少なくない．プロセス廃棄物の適切な処理を行い環境システムとの適切なインターフェ

イスを確立することは，当該プロセスが工業的に成り立つための必須条件である．ここで述べているバイオプロセスからの廃棄物は有機質系物質が主体を成しており，それらは生物化学反応を利用して処理可能である．いわゆる有機質廃水は生物化学的処理の対象となり，その技術はバイオプロセスの重要な応用の1つにもなっている．

7.2 バイオリアクター

図7.1に示したバイオプロセスフローのなかで，プロダクションプロセスの中心をなすものが当該生体触媒を用いて反応を行わせるバイオリアクターである．"バイオリアクター"という技術用語は，純粋に酵素反応のみを利用する系に限定する場合，単一種の微生物あるいは動植物細胞を利用する系，さらには微生物集団の動きを利用する系にまで拡張して用いる場合がある．また，具体的な物質生産をめざす場合だけでなく，いわゆるバイオセンサーにおける生体触媒の反応利用部もバイオリアクターという場合もあって，きわめて広範囲な使われ方をする．ここでは物質生産をめざして広く生体触媒を利用するバイオリアクーに限定する．

バイオリアクターの性能評価の主要な要因は，① 生体触媒の物質変換動力学，② 反応関連物質が媒体本体から生体触媒の反応部位へ，あるいは反応部位から移動する過程である．

7.2.1 動　力　学

阻害反応を伴わない単純酵素反応の動力学は，ミカエリス-メンテン(Michaelis-Menten)の式((7.1)式)で評価される．微生物細胞に関連する動力学は，細胞の代謝機能と密接に関連している．細胞の増殖速度は多くの場合モノー(Monod)の式((7.2)式)が用いられる．モノーの式は形式的にはミカエリス-メンテン式と同じであるが，あくまでも経験式であって，論理的な背景が確かでない場合が多い．動植物細胞あるいはオルガネラの動力学はまだほとんど確立されていないため，今後の研究課題となっている．

$$V = V_{max} \frac{S}{K_M + S} \qquad (7.1)$$

$$r_X = \mu_{X,max} \frac{X \cdot S}{K_S + S} \qquad (7.2)$$

ここに，$V, V_{max}, S, K_M, r_X, \mu_{X,max}, X, K_S$は，それぞれ酵素反応速度，最大酵素反応速度，基質濃度，飽和定数，増殖速度，最大比増殖速度，細胞濃度，飽和定数である．

生細胞を用いる場合の物質生産速度r_Pは，細胞の代謝能と関連してモデル化される場合が多い．原料から製品への転換率は，バイオリアクターの性能評価の重要な因子である．生細胞が関与すると，原料そのものが生細胞の代謝のために消費されることがある．原料の生産物への転換を収率因子$Y_{P/S}$で評価する．添え字Pは生産物を，Sは原料を表す．たとえば，細胞Xそのものを目的物質とする

表 7.1 固定化法の概略

生体触媒の種類	酵素	微生物細胞	動物細胞	植物細胞	オルガネラ
担体結合法					
共有結合	△				
物理吸着		△	△		
イオン結合		△			
架橋法	○				
包括法					
格子型		○	○	○	△
マイクロカプセル		○	○		△
リポソーム	○				△
分離膜法		○	○	○	

○：比較的有効な方法，△：検討されてはいるが評価が不十分な方法．
上記のほかに，上記の各方法を組み合わせる複合的な方法が実際的な場合が多い．

場合の消費基質量に対する収率因子 $Y_{x/s}$ は，次式で計算される．

$$Y_{x/s} = \frac{\Delta X}{(-\Delta S)} \quad (7.3)$$

細胞の増殖に比例して物質を生産する増殖連動型と細胞増殖期と物質生産期が独立である増殖非連動型とがあるが，多くの微生物利用ではこれらの中間型に属するものがものが多い．この折衷型のモデルとしてリューデッキン-ピレー(Leudeking-Piret)の式がある．

・増殖連動型の生産速度式

$$r_p = \alpha r_x \quad (7.4)$$

・Leudeking-Piret の生産速度式

$$r_p = \alpha r_x + \beta X \quad (7.5)$$

ここに，r_x は細胞増殖速度，X は細胞濃度，α および β は定数である．

7.2.2 生体触媒の固定化

バイオリアクターは生体触媒の機能を発揮させるために種々の工夫がなされているが，歴史的に2つの流れがある．1つは通常の化学触媒を用いる化学反応器の考え方を酵素触媒の使用に延長したもので，酵素の効率的利用をめざす固定化技術が伴う．もう1つは，微生物細胞や動植物細胞などの細胞機能を触媒として利用する場合で，古典的な発酵技術を発展させた流れである．後者の場合でも，生体触媒の効率的利用と高性能化を目的に細胞を固定化する技術が付随することが多い．

当該生体触媒の固定化の成否が，バイオリアクター構成の成否につながるといっても過言ではない．固定化法には，共有結合，物理吸着，イオン結合を利用する坦体結合法，架橋法，マイクロカプセルや高分子のネットワークを利用する包括法などがある．それらの概略を表7.1に示した．それぞれの方法には，調製の難易，活性の持続性，再生の可否，経済性などの点でそれぞれに得失があるため，これらを十分に検討した上で利用しなければならない．

7.2.3 物質移動の過程

バイオリアクターの性能を考える場合，当該反応物質は図7.2に示すように，反応物質

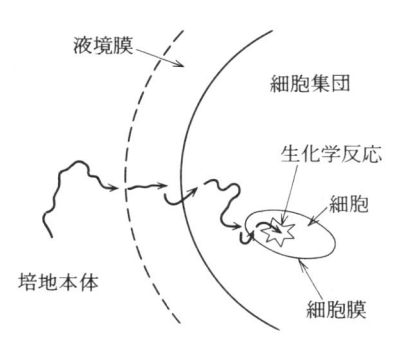

図 7.2 生体触媒反応部位と培地本体間の物質移動の概念

の触媒活性点への輸送とそこでの反応そのもの，および生成物質の触媒活性点からの輸送の各速度の大きさを定量的に把握する必要がある．生体触媒と反応物質の接触を促進させるために，何らかの形で攪拌操作用が用いられる．しかしながら，攪拌操作はリアクター内部に大きなせん断応力の分布を発生させるため，動物細胞のようにせん断力に敏感な生体触媒を対象とする場合は十分な注意が求められる．生体触媒の強度あるいはせん断力による触媒活性の変化などの把握は，おおむね不十分であり，今後の研究に待たなければならない．

物質移動過程の影響が問題になる場合，坦体に固定化した生体触媒の有効な反応速度は，反応工学で用いられる触媒有効係数 η で評価される．

$$\eta = \frac{\text{実際の総括反応速度}}{\substack{\text{坦体全体の反応物質濃度が}\\ \text{坦体表面濃度と同じ場合の}\\ \text{反応速度}}} \quad (7.6)$$

触媒有効係数 η の反応物質の拡散係数 (D) との関係の例として，反応の動力学がモノーの式に従い，触媒の形状が球（直径 $=2R$）と，板状（厚さ $=2R$）の場合を図7.3に示した．なお，生体触媒は固定化することによって動力学が変化するのが通例であるので，注意を要する．

7.2.4 バイオリアクターの形式および操作方式

生細胞を利用する反応系では酸素を要求することが多い．一般に，酸素の培養液への溶解がきわめて小さいため，この系ではその供

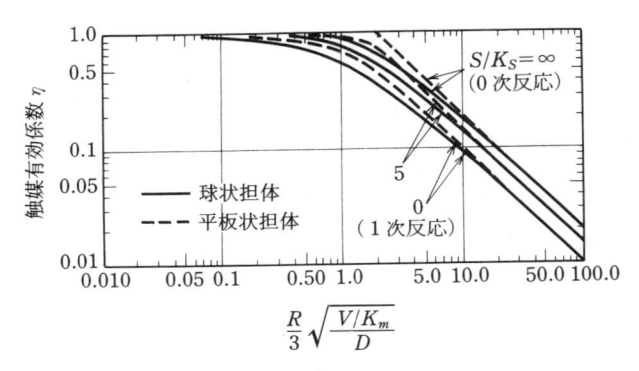

図 7.3 触媒有効係数

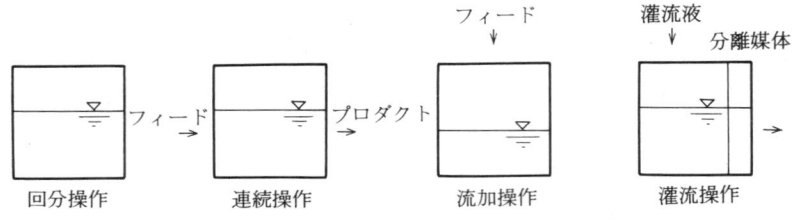

図 7.4 バイオリアクターの操作形式

給方法を確立しなけばならない．この目的のために，多数のリアクターシステムが考案されている．

すでに述べたように，単純な酵素反応の利用以外では反応生産物に阻害物質が含まれることが多い．そのため，生産性を向上させるために，阻害物質の低下あるいは除去を考慮したリアクターの検討が行われている．

動植物細胞あるいは生産性の低い微生物を触媒とする場合，触媒濃度を高めることが不可欠である．そのためには上記の阻害物質の除去も含めて，高密度培養方式が検討されている．たとえば，アンモニアや乳酸などの低分子量の阻害物質の場合は，適当な分子量分画能をもつ膜を介して阻害物質のみをリアクター外に除去しながら生産するリアクター，基質阻害効果のある場合には，常に適性基質濃度を維持するべく流加培養方式を取るなどがその例である．これらのバイオリアクターの操作形式の概略を図7.4に示した．なお，バイオリアクターそのものは生体触媒の特性に応じてきわめて多くの構造が提案され，実用されている．

バイオリアクターの操作は次節で触れる制御とも関連するが，図7.4に示す回分，連続，流加（半回分），灌流のいずれかで行うのが基本である．単純な反応工学的な視点だけから，生産性向上のための最適操作方式を選定すると，大量生産，装置効率，製品の均一性の面から連続方式が好ましいことになる．しかし，すでに述べたように，バイオプロセスの特徴の1つである，雑菌汚染を極力嫌う純粋培養系の多いことを考慮するとわかることであるが，バイオリアクターの操作方式は従来の発酵技術にならって回分操作が主流となっている．これは，回分操作の方が滅菌操作および管理が容易であることのほかに，もし汚染した場合の経済損失を1バッチに限定できることが大きな要因である．すでに述べたように，効率のよいリアクターで連続生産を行えれば生産性の著しい向上が期待できるが，これは操作の確実性に向けてさらに検討しなければならない今後の重要課題の1つである．

7.3 ダウンストリームプロセス

バイオプロセスにおける，プロダクションプロセス以降の不用物の処理も含めたプロセスを総称してダウンストリームプロセスと呼

7. 生物化学工学

表 7.2 回収プロセスの概略

目的物質およびその存在形態	プロセス
細胞（菌体）	固液分離→洗浄→（乾燥／保存）
反応液（培養液）中に溶解している物質	（固液分離）→粗分画→精密分画
細胞（菌体）内に捕捉されている物質	
顆粒状になっている物質	細胞分離→細胞壁の破壊／溶解→顆粒回収→洗浄分離→精製
細胞質に溶解している物質	細胞分離→細胞壁の破壊／溶解→細胞破片の分離→粗分画→精密分画
細胞器官（細胞壁など）に捕捉されている物質	細胞分離→細胞壁の破壊／溶解→固液分離→溶出→粗分画→精密分画

ぶべきであろうが，通常はバイオリアクターで生産された目的物質を回収して分離精製し，所定仕様の製品に仕上げる工程をダウンストリームプロセスと呼んでいる．

酵母やSCP（微生物細胞タンパク）などの細胞体自体を目的とする場合を除けば，バイオプロセスの目的物質の多くはタンパク質関連物質を中心とする複雑な化学物質である．タンパク質関連物質は高温，強アルカリあるいは強酸，高せん断力などの苛酷な環境の下ではその生理活性を失うことが多いため，通常の化学物質の分離精製に比べて特段の留意を払うことが必要である．また，きわめて低濃度の物質を効率的に濃縮・分離・精製することを求められることが多い．これらの特殊要件はバイオプロセスの特徴でもある．

バイオプロダクトは高度な分離・精製を求められることが多く，いくつかの単位操作をシリーズに用いることが不可欠である．各単位操作における分離精製効率をη_J（$J=1, 2, \cdots, N$）とすると，N個の単位操作よりなる全工程の分離精製効率η_Tは次式で表せる．

$$\eta_T = \eta_1 \cdot \eta_2 \cdot \cdots \cdot \eta_J \cdot \cdots \cdot \eta_{N-1} \cdot \eta_N \quad (7.7)$$

この式は各単位操作の効率が100％でない限り，工程数が大きくなると全工程の効率が著しく低下することを示している．たとえば，各単位操作の効率がすべて90％であってもステップ数が5であれば全効率は59％になってしまう．したがって，各単位操作の分離効率を大きくすると同時に工程数を低減するプロセス工学的な検討がきわめて重要になる．

ダウンストリームプロセスのフローは，おおむね図7.5に示す回収プロセスと，分離・精製プロセスの2つの工程から構成される．

バイオリアクターからの混合物 → 回収プロセス → 分離・精製プロセス → 製品

図 7.5 ダウンストリームプロセスのフロー

7.3.1 回収プロセス

回収プロセスは以下につづく分離・精製プロセスの前処理工程に当たり，以下のプロセスが適切に操作できる原料を調製する段階である．バイオリアクターからの目的物質は反応液（培養液）中に溶解しているか，生体触媒としての細胞中に捕捉されているかのいずれかである．さらに，細胞内補足物質の形態が細胞質内に溶存しているか，インクルージョンボディーとして顆粒状で存在しているか，細胞壁，あるいは他の細胞内器官に捕捉されているかを考慮し，それに応じた回収操作が行われる．表7.2に回収プロセスの概略を示す．

7.3.2 濃縮・分離・精製プロセス

すでに述べたように，濃縮・分離・精製操作は適切な単位操作の組み合わせによって行われる．表7.3はバイオプロダクトの分離精製に用いられる単位操作の種類と，その特徴の概略をまとめたものである．これらの特徴に従って，分離プロセスを構成することになる．

7.4 バイオプロセスの計測・制御

バイオプロセスの生産性を向上しかつ安定性を保つために，プロセスのフローに従ってそれぞれの工程の制御が行われる．プロセス全体にわたる工程管理のための制御は通常の化学プロセスと大差はないが，バイオリアクターまわりの制御にはバイオプロセス特有の要素が多い．

バイオリアクターの制御は，その主役であ

表 7·3 バイオプロダクトの分離精製に用いられる単位操作

単位操作(原理 / 特徴)	大量処理*への適合性	応用例
沈降分離(沈降速度差 / 操作が単純)	○	酵母,活性汚泥
遠心分離(沈降速度差 / 広範囲の仕様)		
標準型	○	酵母,SCP,活性汚泥,果汁,細胞破砕物
超遠心分離	△	タンパク質
密度勾配法	△	血球分画,ペプチド分画
ろ過,圧搾(遮り効果 / 広範囲の仕様)		
加圧ろ過,真空ろ過	○	酵母,放線菌
プレコートろ過	○	細胞破砕物
スクリュープレス	○	酒カス
膜分離(遮り効果 / 広範囲の仕様,操作方式の柔軟性,モジュール化が容易)		
精密ろ過膜	○	バクテリア,ウイルス
限外ろ過膜	○	タンパク質,酵素,ポリペプチド,牛乳,チーズホエー,果汁,酒
逆浸透膜	○	アミノ酸,糖類,アルコール
浸透気化	○	アルコール
透析法(移動速度の差と遮り / 低分子物質の除去向き)		
通常の透析法	○	脱塩,血液浄化
電気透析法	○	脱塩
晶析(溶解度差 / 粗分画・精密分離の使い分けが容易)		
塩析	○	タンパク質
等電点沈殿	○	タンパク質,アミノ酸
有機溶媒沈殿	○	タンパク質,アミノ酸
抽出分離(分配の差 / 粗分画・精密分離の使い分けが容易,物質の変性に要注意)		
超臨界流体抽出	○	香料,生化学物質
水性二相分配法	○	タンパク質,ウイルス
クロマト分離(分配の差 / 回分処理が主体,きわめて多様な分離が可能)		
ゲルろ過クロマトグラフィー	△	生化学物質,タンパク質,
イオン交換クロマトグラフィー	△	ペプチド類,アミノ酸
アフィニティークロマトグラフィー　免疫,特異的,群特異的	△	
疎水性クロマトグラフィー	△	
電気泳動分離(移動速度の差 / 精密分離向き,ジュール熱の処理が課題)		
等速電気泳動法	△	生化学物質,タンパク質,
ゾーン電気泳動	△	ペプチド類,アミノ酸
連続電気泳動	○	

○:大量処理が可能な方法,△:必ずしも大量処理向きではない方法
* 相対的な概念での目安であり,当該物質によっては判断は普遍的ではない.

る生体触媒の作用環境を最適に維持することが基本である.バイオリアクターの状態を表す変数(これを状態変数と呼ぶ)はきわめて多い.表7.4に状態変数の例を示す.これらの状態変数の値を検知して最適状態からのずれを把握し,ずれを解消する動作を行うことが制御である.

7.4.1 センサー

制御を行うためには,まず状態変数を検知し計測する手段をもたなければならない.そのためにはバイオリアクター内に設置可能で,最も直接的に状態変数を検知できるセンサーが不可欠である.しかしながら,バイオプロセス特有の加熱滅菌操作に耐え得るこ

表 7·4 バイオリアクターの状態変数

温度,圧力,粘度,混合状態,培地組成(基質成分,前駆体,誘導物質,代謝産物),菌体濃度,酵素活性,細胞内成分濃度,ガス分圧(酸素,炭酸ガス),溶存酸素濃度,酸化還元電位,溶存炭酸ガス濃度,pH,イオン濃度,酸素消費速度,呼吸商,消泡剤濃度,液容積

と，無数の夾雑物質のなかで必要な物質のみの濃度を検知できることなど，厳しい条件を満足するセンサーはpH，溶存酸素濃度，溶存炭酸ガス濃度，菌体濃度などきわめて限られている．疎水性多孔チューブを介して反応液中の物質を気相として外部へサンプリングし，濃度計測を行うチュービング法が開発されている．この方法は，従来型の分析手段で揮発性物質のオンサイト計測を可能にしている．バイオリアクター内に設置不可能なセンサーは，バイオリアクターの内容物を無菌的にサンプリングしてリアクター外部で利用せざるを得ない．このような間接的利用可能なセンサーには各種無機イオンセンサー，グルコース，乳酸，尿素，BOD（生物化学的酸素要求量）などがあり，実用化されているいわゆるバイオセンサーがある．バイオセンサーは酵素，微生物，免疫反応などの選択的特異的識別反応を利用するもので，感度はきわめて高いが，使用に当たって適切な校正が欠かせないこと，長期安定性に難点があることなど，プロセスセンサーとしての改善が今後の課題である．

7.4.2 動特性と制御性

何らかの外的要因によって，状態変数の値が最適状態から偏寄する過程，あるいは偏寄した状態から最適状態に戻る過程を系の動特性と呼ぶ．状態変数が少ない数に限られている場合には，プロセスの動的モデルを構築して動特性を把握することも可能である．しかし，一般に生細胞を生体触媒とするバイオプロセスでは，適切な動的モデルを構築することは容易ではない．制御動作の良し悪しは最適状態からの偏寄を基礎とする，いわゆる評価関数を通して最適状態への戻り速度とその戻り方で評価されるが，バイオプロセス系の特徴は戻り速度が遅い，すなわち時定数が大きいことである．大きな時定数をもつ場合でも動的モデルが確立していれば，さほど困難ではない．結果を予測しながら適切に制御動作をとらせるフィードフォワード制御方式を採用することも可能である．

適切な動的モデルが確立していない場合，検知した最適状態からの変数のずれに基づいて制御変数を操作するフィードバック制御方式がとられる．この場合には，適切な制御変数の選定がきわめて重要となる．また，時定数の大きいことが操作性を作用することに留意すべきであろう．

回分操作を主体とするバイオプロセスでは，最適状態は一定の過程に従って変化する．したがって，その最適変化過程を実現すべく制御される．その一方式がシーケンス制御，あるいはプログラム制御である．

これらの制御に当たっては，制御方式の記憶と設定，検知状態変数の変換などはその作業量の大きさと記憶容量の大きさから計算機を用いることは当然のことである．すでに述べたところであるが，バイオプロセスには特定しきれない因子が関与していることが多い．それらを考慮にいれた制御方式の検討も成されつつある．メンバーシップ関数を導入するファジィ（あいまい）制御はその例である．また，バイオプロセスシステム全体にわたるシステム管理として検討され始めているエキスパートシステムもその例である．

〔海野　肇〕

参 考 文 献

1) 合葉修一，A. Humphrey，N. Millis 著，永谷正治訳："生物化学工学，第2版"，東京大学出版会(1976)．
2) M.Winkler: "Biological Treatment of Waste-water", Ellis Horwood(1981)．
3) 福井三郎監修："バイオリアクター"，講談社サイエンティフィック(1985)．
4) 蜂谷昌彦，緒田原蓉二，小林　猛ら："バイオプロセスエンジニアリング"，CMC (1985)．
5) J.E. Bailey and D.F.Ollis: "Biochemical Engineering Fundamentals", 2nd ed. McGraw-Hill(1986)．
6) 海野　肇，中西一弘，白神直弘："生物化学工学"，講談社サイエンティフィック(1992)．
7) 古崎新太郎："バイオセパレーション"，コロナ社(1993)．

索引

ア

アイゲン機構 255
アイソクロン 197
アイソクロン法 228
アイソザイム 972
アイソスタチック成形 845
アイソタクチック 404
アーヴィング-ウィリアムズ系列 253
アキシアル結合 112
アクリル繊維 514
アクリロニトリルの二量化 748
アクリロニトリル-ブタジエンゴム 519
アセチレン 452
アセトリシス 130
アセノスフェア 200
アゾベンゼン誘導体 735
アゾール剤 494
アタクチック 405
アップストリームプロセス 1004
アテニュエーター 976
アナフィラトキシン 330
アニオン開環重合 397
アニオン界面活性剤 472
アニオン重合 392, 402
アビテン 692
アフィニティクロマトグラフィー 284
アミド 104
アミド・イミド法 829
アミノアシルtRNA合成酵素 370
アミノアルキド樹脂塗料 525
アミノ酸 264, 327
——の^{13}C-NMR化学シフト 265
——のけい光 265
——の構造 264
——の紫外吸収 265
——の赤外吸収 266
ω-アミノ酸 384
アミノ酸配列 327
アミノ樹脂 501
アミン 104
アモルファスSi 754
アラミド 385, 534
アラミド繊維 637
アリルカチオン 129
アリル金属 128
アリルトリメチルシラン 132
アルカリマンガン電池 736
アルカロイド 150
アルカン 94
アルキド樹脂塗料 525
アルキルベンゼンスルホン酸塩 473
アルキン 96
アルギン酸印象材 711
アルケン 96
アルコキソ塩の合成 822
アルコール 100
アルデヒド 101
アルドール反応 134
アルミナ 866
アレニウスの式 30, 124
アレニウスプロット 424
アレーン 97
アンカー効果 677
アンサンブル効果 63
アンジュレーター 21
アンチコドン 370, 372
アンチノック剤 454
アンモ酸化 460
亜粒子 328
圧電応力定数 431
圧電係数 917
圧電材料 557
圧電性 430, 556, 917
圧電ひずみ定数 431
厚さ計 230
安定化ジルコニア 804
安定度定数 253, 592

イ

1次構造 270, 327, 512
1次代謝産物 149
1次電池 736
1次賦形 540
イオニクス 568
イオン 52
——のパッキング 887
イオン会合性試薬 163
イオン化干渉 168
イオン間の反応 34
イオン結合 105
イオン結晶 236
イオン検出 182
イオン交換 577, 779
イオン交換クロマトグラフィー 283
イオン交換樹脂 442, 575, 779
イオン交換膜 578, 738, 780
イオン重合 392
イオン重合法 402
イオン性 889
イオン-ダイポール相互作用 565
イオン注入 937
イオン対 165
イオン伝導 431, 749
イオン伝導性高分子 565
イオン排除 577
イオン半径 234
イオンプレーティング法 859
イオン分子反応 52
イオン捕捉剤 55
イオン有効半径 888

イソプレン 518
イミダゾリノン剤 497
イミド 104
イミド剤 494
イミン 104
イムノアッセイ 165
イモータル重合 397
イルコビッチ式 179
イルメナイト型構造 892
イーレィ-リディール機構 61
インヴィヴォ法 231
インヴィトロ法 231
インコンパチブル元素 201
インデューサー 364
イントロン 365, 967
位相整合 545
位置特異性 958
医薬品 479
医用エラストマー 687
医療用医薬品 478
移相子 66
異常分散 423
異性体シフト 220
異方性材料 654
遺伝暗号 368
遺伝子組換え 977
遺伝子工学 950, 964
遺伝情報の翻訳 368
鋳型 840, 967
鋳込成形 837
鋳込操作 838
一軸加圧成形法 843
一方向強化材料 653
一方向強化繊維複合材料 642
一方向配列 648, 651
一般用医薬品 478
印刷法 855
印象 710
印象材 710
陰イオン界面活性剤 472
陰イオン交換樹脂 575
陰イオン交換膜 578

ウ

ウィグラー 21
ウィスカー 636
ウィスカー強度 933
ウェーラー曲線 427
ウォーター・カーテン法 857
ウッドケミカルス 459
ウッド表示 12
ウッドワード-ホフマン則 141
ウルツ鉱型構造 236, 891
ウルツ鉱関連化合物 895
ウレア剤 495
宇宙線照射年代 228
釉 853
釉飛び 854

エ

エキシマーレーザー 58
エキソヌクレアーゼ 966
エクアトリアル結合 112
エクソン 366, 967
エシェルビーのテンソル 646
エステル 103
エチレン 452, 454, 459
エチレンセンター 454
エチレン-プロピレンゴム 519
エッチング 772
エーテル 101
エナメル 524
エネルギー移動 52
エネルギー貯蔵分子材料 619
エネルギーバンド構造 925
エネルギー密度 623
エピアー化 114
エピタキシャル成長 778
エピタキシャル膜 570
エポキシ樹脂 501, 545, 553
エポキシ樹脂塗料 526
エマルジョン塗料 527
エリアシュバーグ理論 75
エリスロマイシン 376
エレクトロオーガニックケミストリー 748
エレクトロクロミズム 772
エレクトロクロミック材料 609
エレクトロルミネッセンス 551
エーロゾル 205
エンジニアリングプラスチック 499, 532, 537, 687
エンタルピー 27
エンドサイトーシス 346
エンドヌクレアーゼ 965
エントロピー 28
エンハンサー 363
永久双極子 234
永続平衡 211
栄養培地 973
栄養要求性 965

液晶 606, 768
液晶性ポリマー 508
液晶ディスプレー 773
液晶ピッチ 630
液晶表示装置 608
液晶ポリエステル 515
液状ゴム 521
液相反応 34
液体クロマトグラフィー 176
液体シンチレーター 215
液体培養法 952
円二色性 279
円二色性スペクトル 119
円盤形状粒子充填系 647
延性破損 427
延長因子 371
延長因子 Tu 373
塩化カドミウム型構造 892
塩基性酸化物 241
塩基性染料 465
遠赤外線吸収 2

オ

オイルサンド 457, 790
オイルシェール 457, 790
オーガー 842
ω-オキシ酸 384
オキシセル 691
オキソ合成法 459
オキソ酸 241
オージェ電子分光 910
オゾン 753
オパシチ関数 40
オーバーレイヤーモデル 435
オーファンドラッグ 483
オプティカルウェーブガイド 770
オプティカル化学センサー 771
オプティカルファイバー 770
オペレーター 364
オリゴA鎖 967
オリゴ糖 275
オルトバラ配向性 136
凹凸度 677
応力
　――の座標変換 656
　――の種類 656
応力拡大係数 935
応力緩和 421
応力-ひずみ関係 657
応用生物化学 950

索 引

岡崎フラグメント 357
押出し成形 842
温度依存性 915
温度因子 905
温度-時間換算則 424
温度滴定 184

カ

カークウッド-アルダー転移 87
カーシャ則 50
カチオン開環重合 398
カチオン界面活性剤 473
カチオン重合 393, 402
カップリング剤 675
カバーメート剤 491, 495
カプセル化 684
カーボン繊維 852
カラー写真 758
カラムクロマトグラフィー 283
カラム充填剤 614
カリックスアレン 590
カルコゲン化物 245
カルベノイド 121
カルベン 121, 132
カルボアニオン 120
カルボカチオン 120
カルボニル基 134
カルボン酸 102
カルボン酸無水物 103
ガスクロマトグラフィー 175
ガスセンサー 774, 777
ガソリン改質装置 460
ガラクトサミン 344
ガラス繊維 516, 637, 674
ガンマ線摂動角相関 231
下限臨界共溶温度 415
火星 191
火成岩の化学組成 200, 201
火成作用 200
化学イオン化 182
化学エネルギー 794
化学干渉 167
化学強化法 937
化学修飾 284, 743
化学蒸着法 859
化学進化 198
化学センサー 774
化学線量計 216
化学的液相法 808
化学的全合成 151

化学発光 766〜768
化学反応動力学 44
化学量論化合物 237
化合物沈殿法 812
化合物半導体 569
可逆的酸化還元 613
可視・紫外線吸収 2
可塑剤 865
可塑成形法 841
可塑性原料 833
可滅菌性 682
可溶化 758
加圧鋳込み 839
加水分解酵素 958
加速器 19, 218
加溶媒分解 130
加硫 403, 518, 521
価電子帯 72
架橋 586
架橋構造 328
架橋作用 85
架橋反応 521
架橋法 954
荷電ソリトン 563
荷電粒子励起 X 線分析法 226
過酸化物 241
過渡吸収スペクトル 59
過渡平衡 211
過飽和 777
過冷却 777
回収プロセス 1009
回転異性体 111
回転障壁 111
回転スペクトル 2
回転半径 329
回分操作 1008
回文配列 362
会合 475
会合機構 255
会合的交替機構 255
海水温度 199
海洋 204
界面 414
　　――の組合せ 674
　　――の構造 675
界面活性 726
界面活性剤 471, 726, 732
界面グラフト率 678
界面自由エネルギー 434
界面重合法 727
界面重縮合 383
界面接着強度 677
界面せん断強度 677

界面的適合性 683
開界面 805
開環異性化重合 396
開環共重合 399
開環重合 396
開環重合性モノマー 396
開環重合能 396
開環重付加 387
開環重付加反応 388
開環脱離重合 396
開始因子 371
開始コドン 370
開始 tRNA 370
開始反応 389
解膠剤 865
解重合 403
解離機構 255
解離的交替機構 255
壊変の方式 210
壊変の法則 210
外圏型錯体 255
外圏反応機構 256
外部電場 429
拡散係数 328
拡散電流 178
拡散律速 255
核異性体 211
核オーバーハウザー効果 116
核酸 266, 339
　　――の ^{1}H-NMR 化学シフト 267
　　――の 2 次構造 273
核酸構成成分の化学的，物理的性質 266
核磁気共鳴 279
核磁気共鳴スペクトル 116
核生成と成長 415
核タンパク質 338
核反応 217
核分裂 217
核融合 217, 964, 978
核融合反応 793
顎顔面補綴材 702
重なり度合 417, 418
型成形法 667
活性 62
活性化エネルギー 30, 124
活性化エネルギー値 424
活性化エンタルピー 33, 124
活性化エントロピー 33, 124
活性化自由エネルギー 33
活性化重縮合反応 385
活性化体積 256

活性錯合体　33
活性炭型炭素　627
活性炭繊維　631
活量係数　34
紙　528
寒天印象材　711
乾式加圧成形法　843
幹高分子　402
感圧複写紙　728
感光性樹脂　440
感光体　759
管模型　419
還元　136
還元型大気　198
還元浸透圧　418
還元発色型色素　611
環境汚染　453
環⇄鎖平衡　397
環式炭化水素　95
環状ジエステル　721
緩和時間　421
緩和時間分布　430
緩和スペクトル　421
灌流操作　1008
含浸法　667
含フッ素高分子　536
岩塩型構造　890
眼科用高分子材料　703
眼内レンズ　704

キ

キチン　343, 720
キャップ構造　366
キャリヤー　584
キャリヤー移動度　599
キャリヤー発生材料　598
キャリヤー輸送材料　599
キュプラ　514
キュリー温度　77
キュリー則　76
キュリー-ワイス則　77
キラリティー　546
キレート試薬　161
キレート樹脂　591
キレート滴定　160
キロミクロン　338
キンク構造　63
ギンツブルグ-ランダウ理論　73
気圏　193, 204
気相化学蒸着法　859
気相法による繊維の構造　851

気相熱分解法　631
気体透過　583
気体レーザー　18
希少金属の回収　594
希少疾患治療薬　479
希薄　419, 420
希薄溶液　416, 418
基底状態　756
記憶素子　441
記録材料　757
基官能命名法　92
基質特異性　957
幾何異性　247, 620
機器中性子放射化分析　224
機能性めっき　740
機能性有機物　452
機能団　613
義歯床用レジン　711
逆格子　12
逆シード法　42
逆浸透　583, 779
逆浸透膜　443
逆スピネル　897
逆相クロマトグラフィー　283
逆相懸濁重合法　585
逆対称積層板　660
逆抽出　162
逆転写　359
逆転写酵素　359, 967
逆ホタル石型構造　236, 891
吸光　162
吸光係数　163
吸光光度法　162
吸光度　163
吸収性縫合糸　689
吸収線　168
吸収断面積　48
吸水倍率　587
吸水力　586
吸着　475, 781
求核試薬　127
求核置換反応　128, 129, 383
求電子試薬　127
求電子置換反応　383
急性毒性　489
球形粒子充填系　643
球晶　428
球状ウイルス　332, 334
球状タンパク質　273
巨大格子構造　414
共重合組成式　390
共重合における制御　394
共沈法　808

共通イオン効果　157
共鳴　105
共鳴エネルギー　106
共鳴効果　122
共鳴線　167
共役二重結合　96, 109
共役付加　131
共有結合　105
協同効果　161
強化効率　678
強化材　637
強電解質溶液での反応　34
強度則　661
強誘電性　431
強誘電性液晶　607
強誘電性高分子　558
局所緩和　425
極性分子間反応　34
均一沈殿法　157, 811
均一膜　581
均質集積モデル　197
均質性　800
金属アルコキシド　816
　——からの粉末合成　835
　——の加水分解反応　823, 868
金属アルコキシド加水分解法　815
金属アルコキシド合成法　816
金属基複合材料　637
金属クラスター錯体　257
金属結晶　236
金属鉱床　202
金属酵素　260
金属酵素モデル　991
金属酸化物　241
金属繊維　517
金星　191
菌体外酵素　952
菌体内酵素　952
禁止帯　72

ク

クアドリシクラン　620
クラウンエーテル　101, 438, 589
クラジウス-クラペイロン式　29
クラッキング　456
クラフト点　476
クラム則　135
クリープ　421

クリプタンド 589
クリヤー 524
クリーンエネルギー 795
クロスエラスティシティ効果 659
クローニング 965
クロマトグラフィー 174, 282, 953
　——の分類 174
クロラムフェニコール 376
クロロプレンゴム 519
クローン 965
グラフト共重合体 395
グラフト重合体 402
グラフト反応 402
グラム陰性細菌 964
グラム陽性細菌 964
グリコフォリン 337
グリニャール試薬 143
グリフィスの理論 933
グリュナイゼン定数 426, 940, 941
グルコサミン 344
空間群 885
空間電荷層 745
空間ランダム配向 651, 652
屈折 63

ケ

ケイ酸塩 899
ケテン 104
ケトン 101
ケブラー 515
ケミカルヒートパイプ 791
ゲラトロンビン 692
ゲル 79
ゲル-液晶転移点 476
ゲル型樹脂 576
ゲル紡糸繊維 516
ゲル膜 443
ゲルろ過 283
ゲルろ過法 329
けい光 5, 162, 278, 549, 757
けい光X線分析 171
けい光X線分析装置 172
けい光分析 165, 762
外科手術用高分子材料 688
形質転換 964
形質導入 964, 977
形状記憶ポリマー 540
形状選択性 788
系間交差 162

経皮治療システム 717
軽鎖 329
欠陥検出 946
血液透析 694
血液ろ過 695
血漿分画膜 696
血漿分離膜 696
結合エンタルピー 28
結合強度 675
結合剤 835
結晶
　——の異方性 931
　——の対称性 911
結晶-液晶相転移 986
結晶延伸 426
結晶化学的還元作用 804
結晶緩和 425
結晶構造 930
結晶構造支配則 195
結晶成長 570, 777
結晶度 408
結晶場安定化エネルギー 250, 889
結晶場理論 248
検出子 66
元素
　——の宇宙存在度 188
　——の起源 188
限外ろ過 583
原子価異性 620
原子核 210
原子セル 167
原子半径 234
原子分極 429
原子炉 218
現像 758

コ

コア 192
コアセルベーション 728
コイル状繊維 851
コークス型炭素 627
コジェネレーションシステム 792
コスミドベクター 969
コットン効果 119
コートタンパク質 334
コドン 369, 971
コピー数 971
コヒーレンス長 73
コラーゲン 720
コランダム型構造 891

コランダム関連化合物 895
コリシンE1 968
コールケミカルス 458
コルベ電解 143
コルベ反応 748
コレステリック液晶 607
コロイド 866
コロイド分散系 79
コンタクトレンズ 703
コンパティビライザー 511
コンプトン効果 54
コンプトン散乱 213
コンプライアンス係数 658
ゴム 518
古紙パルプ 530
固型鋳込み 838
固相重縮合 383
固相熱分解 637
固相反応場 568
固体化触媒 616
固体電解質 749
固体培養法 952
固体溶媒 568
固体レーザー 18
固定イオン 575
固定化酵素 616
固定化触媒 616
　——の利用 617
固定化生体触媒 616
固定キャリアー膜 584
固有粘度 328, 329, 418
枯渇効果 86
互変異性 445
光化学 48
光化学素過程 49
光学異性 248
光学活性 113
光学活性高分子 559
光学顕微鏡 907
光学繊維 516
光学的特性 669
光学分割 113, 248, 442
光学分極 429
光合成 794
光散乱 281
光弾性効果 68
光電効果 54, 213
光電子機能 446
光電子の平均自由行程 436
光導電機構 760
光導電性 432
交互共重合 390
交互共重合体 395

交雑　964
交替機構　255
交配　964
抗菌防臭繊維　686
抗血栓性　684
抗原結合ドメイン　330
抗原-抗体反応　714, 965
抗生物質　150
香料　468
　──の種類　469
恒等周期　405
高エネルギー分子線　42
高吸水性樹脂　585
高強度エンジニアリングプラスチック　537
高強度, 高弾性率　426
高強度繊維　629
高次構造　512
高次生物機能　685
高スピン　250
高性能繊維　631
高速液体クロマトグラフィー　284
高弾性率繊維　631
高弾性率 SiC 繊維　637
高熱膨張材　942
高比重化　669
高分子圧電焦電材料　558
高分子医薬　715
高分子化　613
高分子金属錯体　615
高分子錯体　613
高分子セラミックスの複合体　559
高分子・低分子系分子間化合物　411
高分子の反応　400
高分子複合系　412
高分子マイクロカプセル　717
高分子リポソーム　986
高密度培養　1008
格子欠陥　900
硬塩基　123
硬酸　123
硬度　939
項間交差　5
鉱床　202
構造-活性相関　485
構造形成機構　414
構造制御　394
構造転移温度　339
構造敏感反応　782
構造補完型ハイブリッド人工臓器　723
酵素　438
　──の安定性　957
酵素分解型生体吸収性高分子　719
酵素モデル　987, 988
合応力　660
合成原料　808
合成香料　469
合成ゴム　518
合成培地　973
合成有機物　452
剛性溶媒法　56
黒鉛　626
黒鉛型炭素　626
黒膜　985
骨セメント　708
昆虫生育制御剤　493
混合型糖タンパク質　338
混合原子価錯体　257
混合伝導体　71
混成軌道　889

サ

3 刺激値　464
3 次構造　272, 327
3 分子反応　38
サイクロトロン　219
サイジング剤　675
サブユニット　327, 328
サーモグラフィー　769
サーモトロピック液晶　606
サンガー法　971
差フーリエ法　905
再構成　13
再構成細胞　980
再生セルロース　627
細胞工学　950, 972
細胞質因子導入　978
細胞質雑種　983
細胞質融合　978
細胞質融合細胞　980
細胞膜　442
細胞融合法　978
最高被占(HO)バンド　563
最大応力説　661
最大せん断ひずみエネルギー説　662
最大速度　957
最低空(LU)バンド　563
材料の強度　933
錯形成反応　252
錯合体機構　46
殺菌剤　489, 493
殺線虫剤　489
殺鼠剤　489
殺ダニ剤　489, 493
殺虫剤　488, 490
三重結合　109
三重ルチル　896
三二酸化マンガン型構造　891
参照電極　180
産業規模　453
散乱法　329
酸アミド剤　495
酸塩基滴定　158
酸化　136
酸解離定数　592
酸解離平衡定数　122
酸化カチオン重合　386
酸化カップリング重合　386
酸化還元酵素　961
酸化還元作用　438
酸化還元樹脂　613
酸化還元滴定　159
酸化還元滴定指示薬　160
酸化還元反応　613
酸化チタン　730
酸化発色型色素　611
酸化防止剤　466
酸触媒　388
酸性酸化物　241
酸性染料　465
酸素センサー　751
酸素透過性　704
残余エントロピー　30
残留分極　558

シ

シアニン色素　605
α-シアノアクリル酸エステル　722
シアノアクリレート系接着剤　692
シアラグ理論　644
シキミ酸経路　149
シグマトロピー転位　130
シグマトロピー反応　141
シクロデキストリン　588, 988
シクロファン　590
シクロヘキセノン剤　496
シコニン　981
シス体　733
シス脱離　133

索　引

シス-ポリイソプレンゴム　519	自己分解型生体吸収性高分子　721	焦電係数　920
シトクロムC　327	自動イオン化　52	焦電性　430, 556, 917
シード法　42	自発分極　430	焦電材料　557
シートモールディングコンパウンド法　501	自由電子レーザー　22	硝酸塩水和物熱分解法　832
シフトファクター　425	時間分解振動分光法　6, 8	焼結　806, 878
ショットキー不整　900	時間分解ラマン分光　8	焼結助剤　634, 808
ショル反応　386	時間分解ラマン分光法　7	焼成　878
シリコーン　697, 872	磁化率　77, 921	衝撃破壊　937
シリコーンインプラント　709	磁気光学効果　68	衝突活性化分解　10
シリコーン樹脂　502	磁気特性　669	衝突阻止能　212
シリコーンラバー印象材　711	磁性　76	衝突断面積　32
シリル化剤　386	磁束侵入長　73	衝突パラメータ　40
シュテルン層　81	湿式加圧成形法　841	衝突頻度　32
シュルツ-ハーディ則　83	質量スペクトル　182	衝突理論　32
シュポルスキー効果　165	質量分析　181, 281	上限臨界共溶温度　416
シャイン-ダルガルノ配列　370	質量分析スペクトル　118	状態選択法　46
シンクロトロン　219	写真化学　757	条件生成定数　254
シンクロトロン軌道放射　765	射出成形法　848	常磁性　76, 258
シンクロトロン放射　18	斜交軸系　658	蒸気透過　583
シンクロトロン放射光　54, 766	遮気・遮水性　670	蒸着法　858
シンジオタクチック　405	主鎖型高分子液晶　440	食塩電解　738
シンチレーション検出器　215	主分散　425	食品香料　470
1,3-ジアキシアル相互作用　112	寿命　549	植物生長調節剤　489, 497
ジアステレオ異性　248	寿命予測　942	触媒　453
ジアステレオマー　114, 248	収率因子　1007	触媒活性の評価　616
ジアニオン　10	周期共重合　390	触媒毒　781
ジアリルフタレート樹脂　502	周期共重合体　395	触媒燃焼　785
1,4-ジオキサン-2-オン　722	周波数依存性　914	触媒反応　614
1,4-ジオキセパン-7-オン　722	修飾現象　965	触媒有効係数　1007
ジカチオン　10	修飾電極　743	信頼性試験　945
ジスルフィド架橋　328	修飾ヌクレオシド　365	真空紫外光　53
ジチオカーバメート剤　493	修飾メチラーゼ　965	真空めっき法　664
ジニトロアニリン剤　496	終止コドン　377	浸漬法　856
ジフェニルエーテル剤　496	重イオン加速器　54	浸透圧　417
ジョセフソン効果　73	重金属の除法　594	振動・回転スペクトル　2
ジルコニア　751	重合性両性物質　436	振動緩和　5
止血材　691	重合度調節剤　382	振動子強度　49
示差走査熱量分析　184	重鎖　329	診断用ラテックス　713
示差熱分析　184	重縮合反応　383	親水基　472
指示電極　180	重付加反応　387	親水性表面　438
脂質　268, 344, 984	重量感　669	親水コロイド　79
──の性質　270	重量分析　156	親油基　472
脂質膜　346	瞬間接着剤　729	人工角膜　705
脂肪族炭化水素　94	準希薄溶液　416〜420	人工関節　707
脂肪酸　268	助色団　464	人工気管　701
歯冠用レジン　712	助触媒　781	人工筋肉　702
資化性　965	徐放化　717	人工血液　698
資源　453	除草剤　489, 495	人工血管　699
紫外可視吸収スペクトル　278	消光　165	人工脂質　986
紫外線吸収剤　466	消臭繊維　686	人工種子　984
自己吸収　168	晶族　885	人工硝子体　706
	晶析　777	人工食道　701
		人工心臓　700

人工腎臓　694
人工靱帯　702, 708
人工乳房　701
人工肺　697
人工皮膚　699
人工弁　700
人工放射性核種　209

ス

スウォーム実験　54
スキャフォールド　334
スクリーン印刷　855
スチリル誘導体　611
スチルベン　6
スチレン-ブタジエンゴム　519
ステップ　63
ステロイドの性質　270
ストークスの法則　329
ストップトフロー法　57, 282
ストリッピング　162
ストリークカメラ　60
スパッタリング法　858
スピネル型構造　892
スピネル関連化合物　897
スピネル構造　750
スピノーダル　415
スピノーダル分解　415
スプライシング　365, 967
スペクトリン　330, 333
スポンゼル　692
スメクチック液晶　607
スモークドシート　519
スルフォニルウレア剤　497
スロークラックグロース　934
水圏　192
水酸化物の溶解度　808
水星　191
水素　795
水素移動型重付加　387
水素化脱硫触媒　783
水素化物　237
水素引抜反応　7
水熱法　827
水溶性樹脂　527
垂直的・断熱的イオン化エネルギー　9
垂直的電子親和エネルギー　9
数平均重合度　381
寸法効果　559

セ

セグメント運動　565
セグメントブロックコポリマー　515
セッケン　472
セラミック超伝導体　930
セラミックス基複合材料　637
セラミックス繊維　849
セラミックス被膜　852
セルフスプライシング　366
セルロース　529
セルロース繊維　513
セン亜鉛鉱型構造　236, 891
セン亜鉛鉱関連化合物　895
センサー　1010
センサー材料　776
センダイウイルス　979
ゼオライト　591
ゼータ電位　82
ゼラチン　720
せん断　545
せん断弾性率　644, 654
正確な質量の決定　183
正孔　432
正スピネル　897
生合成　149
生成定数　253
生成物のエネルギー状態分布　37
生体安全性　682
生体機能の電子制御　1001
生体機能性　684
生体吸収性高分子　718
生体触媒　1004
　　——の固定化　1007
生体適合性　682
生体分解性高分子　718
生体分子工学　950
生体膜　276
生体膜モデル　984, 985
生長反応　389
生物エネルギー変換　999
生物化学工学　950, 1004
生物圏　194
生物工学　453
成形　833
成形修復用レジン　712
成形体の密度　843
成形法　835
成熟 mRNA　967
成層圏オゾン層　205

制限現象　965
制限酵素　965
制限修飾現象　965
制振性　670
制動放射　212
製剤　486
静水圧成形法　845
精密ろ過　583
整形外科用高分子材料　706
脆性破損　427
石炭　458
石炭ピッチ　629
石油　454
石油化学工業基礎製品　454
石油ピッチ　629
赤外吸収　278
赤外線吸収　2
赤外線吸収スペクトル　119
赤外分極　429
析出硬化　800
積層欠陥　15
積層板　659
積層理論　659
接合　964
接触改質　783
接触角　433, 542
接触分解　783
接触分析法　165
接着　542, 728
接着強度　729
接着剤　692
摂動角相関　220
絶縁材料　552
絶縁体　431
絶縁破壊　432
絶対反応速度論　33
先進複合材料　640
染色体　339
染料　463
閃光(光)分解法　57
旋光性　64
旋光分散　119, 279
潜像　758
選択性　62
選択マーカー　971
遷移金属酸化物　241
遷移金属触媒　386
遷移金属触媒開環重合　398
遷移金属触媒重合　393
遷移状態理論　33, 41
線形加速器　54
線形の刺激-応答性　428
線状ポリイミド　535

索引

繊維強化 800
繊維強化樹脂 501
繊維軸系 657
繊維軸方向弾性率 653
繊維周期 405
繊維状タンパク質 273
繊維直角方向弾性率 654
全生成定数 253
全芳香族アミド繊維 515
全芳香族ポリアミド 534
前駆体 626
前駆体 mRNA 967
前駆体法 626
前酸化工程 629
前指数因子 30

ソ

ソフトカーボン 627
ソレノイド 340
ゾル 79, 867
ゾル-ゲル法 632, 866, 867
ゾーンメルティング 778
阻害物質 1008
素過程 35
素反応 125
素反応過程 36
疎水基 472
疎水コロイド 79
疎水性クロマトグラフィー 283
疎水性表面 438
組織接着性 683
双極子モーメント 108
走査型トンネル顕微鏡 13, 909
走査電子顕微鏡 907
相間移動触媒 383, 438, 577
相転移温度 346
相転換膜 779
相分離現象 87
相溶化剤 511
相隣二重結合 96
創傷被覆材 699
創傷保護材 723
層間化合物 591
層間せん断強度 676
即時破壊 935
即発 γ 線 223
速度論的生成物 126
側鎖型高分子液晶 440

タ

ターゲッティング 717
タバコモザイクウイルス 331, 333, 334
ターミネーター 362, 971
ターン構造 327
ターンオーバー頻度 782
タンパク質 327
　　——の高次構造 270
タンパク質工学 964
タンポナーデ 706
ダイマーアニオン 10
ダイマーカチオン 10
ダウンストリームプロセス 1004
ダウンストリームプロセッシング 1008
田辺-菅野図表 252
多核錯体 257
多形現象 408
多孔性樹脂 576
多孔膜 581
多座配位子 246
多重結合 387
多相系高分子 431
多糖 275
打撃 938
大気中の CO_2 濃度の上昇 205
太陽エネルギーの変換 792
太陽工学効率 619
太陽スペクトル 746
太陽電池 794
太陽熱温水器 794
対称積層板 660
対称膜 581
対立イオン 575
体細胞雑種植物 982
体心立方格子 237
体積弾性率 643
耐熱性酵素 958
耐熱性高分子 532
耐熱性と価格の関係 536
耐薬品性 671
堆積作用 203
第 1 種超伝導体 74
第 1 中性塩効果 34
第 2 種超伝導体 74
第 2 中性塩効果 34
脱塩淡水化 780
脱硝 785
脱硫 785

脱硫法 456
担体結合法 954
炭化ケイ素繊維 849
炭化物 246
炭酸塩の溶解度 808
炭素化 626
炭素繊維 517, 637, 674
　　——の表面処理 676
炭素繊維表面 676
単一膜 581
単結晶 X 線回折法 904
単結晶薄膜 569
単座配位子 246
単純脂質 268
単純タンパク質 327
単体香料 469
単糖 267
単糖類の化学的，物理的性質 267
単分散 TiO_2 微粒子の合成 814
単分子反応 36
単分子膜 731
短繊維強化型複合材料 639
短繊維充填系 644
断熱的電子親和エネルギー 9
弾性印象材 710

チ

チェレンコフ 545
チェレンコフ放射 548
チオエステル 328
チオエステル結合 330
チクソトロピー 836
チーグラー-ナッタ重合 393
チタン酸バリウム前駆体ゾル 875
チトクローム P-450 モデル 992
地殻 192
地球の年齢 190
地球温暖化現象 792, 795
地質温度計 195
治療用固定化酵素 717
遅延時間 421
遅延スペクトル 421
置換活性 253
置換反応 127
置換不活性 253
置換命名法 92
逐次重合反応 381
逐次生成定数 253

窒化ケイ素繊維　851, 852
窒化物　246
中間子化学　221
中間相　630
中間層　675
中間物　453
中心対称構造　547
中性酸化物　241
中性子回折法　2
中性脂質　268
中性子放射化分析　224
抽出蒸留　460
抽出百分率　160
長鎖脂肪酸の性質　270
長繊維強化型複合材料　640
超イオン伝導体　752
超ウラン元素　209
超遠心　280
超音速ジェット　167
超音速自由ジェット　6
超音速自由噴射　43
超音速ノズル分子線　42
超音速分子線　42
超交換相互作用　258
超高感度の分析　551
超酸化物　241
超重元素　219
超伝導ウィグラー　21
超伝導性　930
超伝導理論　73
超微細加工　734
超微粒子　730
超励起　52
腸溶性コーティング　716
調合香料　470
直接重縮合　383
沈降係数　328
沈降電位　82
沈降平衡法　329
沈殿重量法　156
沈殿滴定　159
沈殿の組成コントロール　808

ツ

月　190

テ

ティーバッグ法　586
テール層　85
テルペノイド　268
テロメア　360

ディスコティック液晶　607
ディスポーザブル製品　687
デオキシコール酸　590
デカップリング　116
デクスター機構　51
デスモシン　328
デバイ-ヒュッケルの極限式　34
デバイ分散　423
デヒドロリシノノルロイシン　328
デンプン-アクリル酸塩系　585
低エネルギー分子線　42
低温溶液重縮合　383
低スピン　250
低速電子回折　13
低膨張材料　941
低密度リポタンパク質受容体　335～337
抵抗率　71
　　──のガス感応性　928
抵抗率-温度特性　927
定圧熱容量　27
定常状態コンプライアンス　420
定常状態の近似　31
定常状態法　31
定量的構造活性相関　485
停止反応　389
泥漿鋳込成形法　837
滴定曲線　158
鉄-硫黄クラスター　992
鉄-硫黄タンパク質モデル　992
鉄線量計　216
天然ガス　454
天然原料　807
天然香料　469
天然ゴム　518
天然物　452
天然放射性核種　208
天然有機化合物　148
典型元素の酸化物　241
転位　900
転位反応　139
転移 RNA　342, 360
転写　361, 967
転写後修飾　365
転写制御　364
伝導帯　72
伝令 RNA　343
電位差滴定　180
電解イオン化法　44
電解研磨　741
電解研磨法　739

電解分析　179
電気陰性度　122, 234, 889
電気泳動　82
電気泳動法　284
電気化学光電池　746
電気光学効果　67
電気浸透　82
電気穿孔法　980
電気双極子能率　429
電気双極子モーメント　2, 3
電気的等価回路　913
電気伝導　431
電気伝導度　71
電気透析　583, 779
電気二重層の厚さ　80
電気分極　429
電気変位　429
電気力学的破壊　432
電極反応　622
電子　52, 432
電子・イオン再結合　52
電子移動型重付加　387
電子移動反応　256
電子エネルギー損失過程　53
電子回折法　2
電子機能材料　552
電子顕微鏡　276, 907
電子写真　759
電子写真複写機　597
電子写真複写プロセス　598
電子写真プロセス　760
電子衝撃　182
電子ストレージリング　19
電子スピン共鳴　279
電子相関　25
電子対生成　54, 213
電子伝達系タンパク質　568
電子伝達樹脂　613
電子伝達触媒　613
電子伝導　431
電子破壊　432
電子付着　52
電子分極　428
電子捕獲型ガスクロマトグラフ　230
電子捕捉剤　55
電子励起状態　756
電着レジスト　527
電導度滴定　180
電離箱　214
電流-電圧特性　926

ト

トランス体 733
トランス脱離 133
トランスフェラーゼ 961
トランスフェリン受容体 335
トランスロケーション 376
トリアジン剤 496
トレイン層 85
ドクターブレイド法 864
ドナー原子 592
ドーパント 562
ドーピング 560
ドラッグデザイン 484
ドラッグデリバリーシステム 486, 716
ドリコール 336, 337
ドリコールピロリン酸結合 337
塗装 666
塗料 523, 666
凍結乾燥法 831
凍結結晶化 460
透過係数 33
透過電子顕微鏡 908
透過法 747
透過率 163
透磁率 921
透析 583
等価介在物法 645
等吸収点 163
等高線図 45
等電位点 81
等年代線 197
等方性材料 656
等方性ピッチ 630
糖脂質 270
糖質 343
糖タンパク質 336
同位体温度計 197, 199
同位体効果 34, 74
同位体交換法 226
同位体希釈分析 225
同位体希釈分析法 185
同位体比の変動 195
同位体ピーク 183
動径分布関数 408
動的共鳴 46
動的接触角 433
動的損失正接 423
動的損失弾性率 423
動的貯蔵弾性率 423

動特性 1011
銅アンモニウムレーヨン 514
導電機構 563
導電キャリヤー 563
導電性 428, 668
導電性高分子 446, 449, 560, 612, 623
導電性高分子薄膜 741
導電性ポリマーブレンド 448
導電率 431
突然変異 964, 976

ナ

ナイロン 504
ナイロン 1 387
ナイロン 46 505
ナトリウム-硫黄電池 750
ナノコンポジット 509
ナノ秒 5
ナノ秒分光法 58
ナフテン系炭化水素 454
ナフトキノンジアジド 595
内圏型錯体 255
内圏反応機構 256
内在性調節領域 364
内部エネルギー 27
内部回転角 405
内部転換 5, 162
軟塩基 123
軟酸 123

ニ

2次イオン質量分析 910
2次元 NMR 118
2次構造 270, 327
2次代謝産物 149
2次電池 736
2次賦形 540
2準位モデル 546
2段階励起過度吸収 59
2段階励起けい光 59
2分子反応 37
2分子膜 476, 984
ニトリル 104
ニトレン 132
ニューマン投影式 110
二重結合 109
二重らせん構造 357
日本語命名法 93
日本薬局方 478, 487
匂い

――の概念 467
――の感覚 468
――の強度といき値 468
匂い物質センサー 777
尿素樹脂 388, 501

ヌ

ヌクレオソーム 339, 341
ヌクレオチド 266
ヌープ硬度 939
ぬれ 542
濡れ改良剤 865

ネ

ネガ型レジスト 594
ネック成長 878, 880
ネール温度 77
ネマチック液晶 607
ネルンストの式 179, 622
熱エネルギー 794
熱可塑性ゴム 521
熱可塑性樹脂 388, 499
熱間被覆法 858
熱間噴霧法 861
熱・機械機能性材料 532
熱硬化性アクリル樹脂塗料 526
熱硬化性樹脂 388, 499
熱重量測定 184
熱衝撃 938
熱衝撃温度差 938
熱測定 281
熱中性子 213, 223
熱的特性 669
熱伝導率 940
熱天秤 184
熱破損 427
熱ビーム 42
熱分析 183
熱膨張係数 644, 647, 651
熱膨張率 941
熱ポーリング 558
熱力学的生成物 126
熱レンズ法 165
年代測定 196, 227
粘性係数 643
粘土 807, 833
粘土鉱物 203
粘度 419, 420
燃料親物質 791
燃料電池 736, 737, 751, 792

ノ

ノズル分子線　43
ノボラック　500
ノルボルナジエン　620
伸び切り鎖結晶　428
能動素子　68
農薬　488
農薬工業　498
濃厚溶液　416, 418, 419
濃縮膜　443

ハ

ハイブリッド　965
ハイブリッド化　723, 963
ハイブリッド(型)人工臓器
　　685, 718, 723
ハイブリドーマ　979
ハイ(高)マンノース型糖タンパク質　337
ハイドロクラッキング　456
ハードカーボン　627
ハートリー-フォック法　24
ハマカー定数　83
ハロカーボン類　205
ハロゲン　242
ハロゲン化銀　758
ハロゲン化合物　494
ハロゲン化物　242, 244
ハロゲン間化合物　244
バイオエレクトロニクス　994
バイオ人工臓器　723
バイオセンサー　714, 995
バイオ素子　994
バイオテクノロジー　950
バイオプロセス　1004
バイオプロダクト　1009
バイオマス　459
バイオミメティックケミストリー　950
バイオミメティクス　984
バイオリアクター　1006
　　――の制御　1010
バイノーダル　415
バイポラロン　563
バインダー　848, 865
バクテリオファージ　964
バクテリオファージP22　335
バックグラウンド　168
バッテリー　621
バリアー型皮膜　741

バルク成形　833
バルク的適合性　682
バンデグラーフ型加速器　54
バンドギャップ　72, 562
パイクロア型構造　896
パウリの常磁性　76
パスカルの加成則　78
パーフルオロカーボン　698
パーベーパレーション　583
パラフィン　94
パラフィン系炭化水素　454
パリンドローム　362
パルス分子線　43
パルスラジオリシス法　54, 56
パルプ　528
パンプ・プローブ分光法　60
はぎ取り機構　46
はしご型高分子　401
波長変換材料　551
波動関数　23
波動方程式　23
破壊靱性　936
跳ね返り機構　46
胚性幹細胞　981
配位原子　246
配位構造　247
配位子　246
配位子場理論　248, 252
配位数　247, 804, 887
配向係数　560
配向分極　428
配置間相互作用　25
排除体積効果　416～419
排泥鋳込み　838
培地　973
剝離　545
爆射法　863
橋かけ結合点　403
橋かけ(架橋)反応　403
発光　162, 762
　　――の量子収率　550
発色団　464
薄膜　571
薄層クロマトグラフィー　177
反強磁性　76, 258
反磁性　76, 258
反射電子線回折法　908
反射法　747
反応エンタルピー　28
反応座標　33
反応次数　31
反応速度　62, 253
反応速度論　30

反応断面積　40
半抽出pH　161
半導性　924
半導体　431, 731
半導体検出器　215
半導体電極　745, 795
半導体レーザー　571
半導体レーザープリンター　598
半導体レジスト　594
半波電位　179
汎用医療用高分子材料　686
汎用炭素繊維　631

ヒ

ヒ化ニッケル型構造　890
ヒストン　338
ヒートモード記録　763
ヒドリド錯体　237
p-ヒドロキシ安息香酸　385
ヒドロゲナーゼ　993
ヒドロホルミル化反応　459
ビオロゲン誘導体　611
ビスコースレーヨン　514
ビタミン　270
　　――の紫外吸収　269
ビッカース硬度　939
ビピリジウム系薬剤　496
ピコ秒　5
ピューロマイシン　376
ピレスロイド剤　492
ピロメリット酸無水物　388
ひずみ
　　――の座標変換　657
　　――の種類　657
ひずみエネルギー　620
比強度　635
比弾性率　635
比電離　212
比表面積　782
比放射能　185
比例計数管　214
非イオン界面活性剤　474
非化学量論化合物　237
非可塑性原料　833
非吸収性縫合糸　688
非共有電子対　107
非局在化エネルギー　109
非経験的量子化学計算　3
非刺激性　683
非線形光学効果　69
非対称積層板　660

索引

非対称単位 406
非対称膜 581
非対称膜構造 723
非多孔膜 581
非弾性印象材 710
非毒性 682
飛跡検出器 216
疲労強度 939
疲労破壊機構 427
疲労破壊の規準式 428
被覆焼成法 855
微構造 902
微構造解析 906
微構造解析法 903
微細構造 408
微細組織 902
微小ビッカース硬度 939
微粒子衝突 938
微量注入法 980
光エネルギー変換 735
光音響法 165
光解離反応 38
光触媒 730
光ディスク 763
光導波路 764, 765, 770
光ビーム偏向素子 69
光ファイバー 770
光変調素子 68
光メモリー 603
光リソグラフィー 771
表面圧縮層 937
表面イオン化法 44
表面凝集構造設計 434
表面元素分析 433
表面酸化処理 676
表面自由エネルギー 434
表面張力 543
表面反応 61
表面偏析 416
標準酸化還元電位 160
標準生成エンタルピー 28
標準生成ギブズエネルギー 29
病院用衛生材料 686
病態モデル動物 981

フ

ファージベクター 969
ファンデルワールス引力 83
ファンデルワールス半径 234
ファンデルワールス力 234
フィッシャー投影法 112
フィッシャー-トロプシュ合成 786
フィブリン糊 693
フィラメントワインディング法 642
フェノキシ酢酸・芳香族カルボン酸剤 495
フェノニウムイオン 131
フェノール 100
フェノール樹脂 500, 545, 628
フェベトロン 54
フェムト秒 5
フェライト 922
フェライト粉末の合成 826, 832
フェリ磁性 76
フェルキン-アンモデル 135
フェルミ準位 72
フェロ磁性 76
フェロモン 151
フォークトモデル 421
フォトクロミズム 604, 773
フォトケミカルホールバーニング 604, 764
フォトケミカルホールバーニング法 763
フォトルミネッセンス 559
フォトレジスト 771
フォトンファクトリー 765
フォトンモード記録 764
フォルスター機構 51
フタロシアニン 612
フタロシアニン系顔料 599
フタロ・ナフタロシアニン色素 605
フッ化物 244, 245
フッ素系脂質 435
フリット 853
フリーデル-クラフツ反応 136
フリーラジカル 52, 121
フルフリアルコール樹脂 628
フレンケル不整 900
フローリー-ハギンスの式 419
ブチルゴム 519
ブラヴェ格子 11, 884
ブラッグ曲線 212
ブロック共重合体 395
ブロック・グラフト共重合体 414
ブロモニウムイオン 132
プライマー 357
プラズマ 752
プラズマアッシング 755
プラズマエッチング 755
プラズマジェット 753
プラズマ重合 755
プラズマCVD 754
プラズマフェレシス 696
プラズマ溶射法 863
プラスミド 968
プラスミドベクター 968
プラットホーマー 460
プランバイト型構造 897
プリブノウ配列 361
プリプレグ 642
プルトルージョン法 642
プレセラミックス 632
プレセラミックス法 632
プレートテクトニクス 200
プレポリマー法 956
プロスタグランジン 268
——の性質 270
プロセッシング 364
プロダクションプロセス 1004
プロタミン 338
プロテオグリカン 338
プロトプラスト 964
プロドラッグ 485
プロトン伝導 752
プロトン捕捉剤 55
プロピレン 459
プロモーター 361, 971
不均一系触媒反応 61
不均一膜 581
不均質性 800
不均質地球集積モデル 197
不斉炭素 112, 546
不斉認識 442, 991
不足当量希釈法 225
不足等量法 186
不飽和ポリエステル樹脂 501
不飽和ポリエステル樹脂塗料 526
不溶性アルコキシドの溶液化 827
不連続向流分配抽出 162
付加硬化型ポリイミド 535
付加重合 388
付加縮合反応 387
付着末端 966
部位特異エンド型DNA分解酵素 965
部分平衡 32
風化作用 203
複合アルコキシド 827
複合型液晶フィルム 441
複合型糖タンパク質 337

複合化による機能特性　668
複合金属アルコキシド　823
複合材料　637
複合脂質　268
複合則　654, 678
複合タンパク質　327, 336
複合膜　445, 581
複合めっき法　664
複像子　66
複素環系分子　534
複素環式化合物　97
複素動的弾性率　423
物理干渉　169
物理蒸着法　858
物理的液相法　830
粉体合成　807
粉末 X 線回折法　903
粉末ゴム　521
粉末のマニピュレーション技術　833
噴霧乾燥法　831
噴霧法　857, 861
分解反応　403
分割面　40
分極　428
分極反転　431
分極率　2
分光化学系列　249
分光学　116
分光学的エントロピー　30
分光干渉　168
分光電気化学　746
分散コロイド　79
分散染料　465
分散地図　424
分子間エネルギー移動　35
分子間反応　400
分子軌道　106
分子軌道法　25
分子コロイド　79
分子線　41
　──の流束　44
分子線交差法　46
分子前駆体　637
分子内環化　402
分子内振動エネルギー移動　38
分子内反応　401, 402
分子配列制御　546
分子ビーム　41
分子不斉　115
分子ふるい法　463
分析電子顕微鏡　909
分配関数　29

分配係数　194
分配比　160
分別結晶作用　201
分離管　182
分離精製効率　1009
分離・精製プロセス　1009
分離膜　580
分離モードの選択　177
分離要素（分離ユニット）　778

ヘ

ヘテロ凝集　84
ヘテロリシス　120, 127
ヘマタイトの合成　815
ヘミセルロース　529
ヘリックス　272
ヘルマン-ファインマンの定理　26
ベクター　968
ベークライト　500
ベシクル　476
ベーマイトゾル　874
ベンザイン　136
ベンズイミダゾール剤　494
ベンゾフェノン　7
ペトロケミカルス　454
ペーパークロマトグラフィー　177
ペーパーバッテリー　568
ペプチジルトランスフェラーゼ　376
ペプチド鎖の転移　376
ペプチド鎖解離因子　377
ペリプラズム　972
ペールクレープ　519
ペロブスカイト化合物粉末の合成　827
ペロブスカイト型構造　892
ペロブスカイト関連化合物　898
平滑末端　966
平均吸着試験　594
平均滞留時間　204
平面ランダム配向　650, 651
変成作用　202
変性ポリフェニレンオキサイド　506
変態強靱化　936
変分的遷移状態理論　41
変分法　24
偏光子　65

ホ

ホウ素繊維　637
ホスト化合物　988
ホスト-ゲスト系　548
ホスト-ゲスト法　547
ホタル石型構造　236, 892
ホタル石関連化合物　896
ホットアトム化学　222
ホッピング　563
ホフマン分解　133
ホモリシス　121, 127
ホルミル化　371
ホルモン　150
ボルツマンの線形重ね合せ原理　422
ボルン-ハーバーサイクル　28
ボロメーター　44
ポアソン比　644, 654
ポジ型レジスト　595
ポジトロニウム　221
ポテンシャルエネルギー曲面　3, 26, 39
ポテンシャルエネルギー計算　282
ポテンシャル関数　3
ポーラス型皮膜　741
ポーラログラフィー　178
ポリアクリル酸ナトリウム架橋体　585
ポリアクリロニトリル　627
ポリアセタール　505
ポリアセチレン　621
ポリアミド　504
ポリアミド酸　388
ポリアミド繊維　514
ポリアロキサン　634
ポリイオンコンプレックス型　446
ポリイミド　388
ポリイミド樹脂　502, 554
ポリウレタン　387
ポリウレタン樹脂塗料　526
ポリウレタンフォーム　387
ポリ A 構造　366
ポリ（エステル-エーテル）　722
ポリ（エステル-カーボネート）　721
ポリエステル繊維　514
ポリエチレン　502
ポリエチレンオキシド　566
ポリエチレングリコール　438

索　引

ポリエチレンテレフタレート　506
ポリ塩化ビニル　503
ポリカーボネート　506
ポリカルボシラン　634, 849
ポリグリコール酸　721
ポリケチド　150
ポリサルファイドラバー印象材　711
ポリシクロヘキシレンジメチレンテレフタレート　507
ポリシラザン　634
ポリシラスチレン　850
ポリシラン　634
ポリシロキサン　634
ポリスチレン　503
ポリ乳酸　721
ポリ尿素　387
ポリ-N-ビニルカルバゾール　597
ポリフェニレンスルフィド　532
ポリブチレンテレフタレート　384, 506
ポリ(1-ブテン)　504
ポリプロピレン　503
ポリボラゼン　634
ポリマーアロイ　412, 509
ポリマーコンプレックス　414
ポリマー電池　737
ポリマーブレンド　414
ポリメタクリル酸メチル　504
ポリ(4-メチル-1-ペンテン)　504
ポーリング　431, 557
保証試験　945
保護膜型ハイブリッド人工臓器　723
捕獲 γ 線　223
補酵素　270
　　──の紫外吸収　269
補色　464
補体 C 3, C 4 因子　330
包括法　954
包接化合物　412
芳香族安定化　110
芳香族化合物　97
芳香族性　110
芳香族ポリエーテルケトン　384
芳香族ポリエーテルスルホン　384
芳香族ポリエーテル類　387

芳香・複素環高分子　532
放射化学的中性子放射化分析　224
放射化分析　184, 223
放射光　18, 53
放射線　212
放射線重合法　403
放射線同位元素　227
放射滴定法　186
放射能　208
放射分析　186, 224
放射分析法　186
放射平衡　211
放電　752
放電化学　752
縫合糸　688, 723
膨張係数　417
炎溶射法　862
翻訳　967

マ

マイクロカプセル　723, 727, 956
マイクロジェル　527
マイクロ波吸収　2, 3
マイクロ秒　5
マイスナー効果　73
マクサム-ギルバート法　971
マクスウェル-ボルツマンの速度分布関数　32
マクスウェルモデル　421
マグネリ相　896
α_2-マクログロブリン　330
マスキング剤　161
マーデルング定数　887, 888
マトリックス　637
マルコヴニコフ則　132
マルチチャンネルアナライザー　59
マントル　192
摩擦　939
摩擦係数　329
摩擦特性　670
摩擦比　329
摩耗　939
摩耗率　938
膜　580
膜タンパク質　335
末端デオキシヌクレオチド転移酵素　967
慢性毒性　489

ミ

ミカエリス定数　957
ミカエリス-メンテンの式　1006
ミクロ相分離　414
ミクロブラウン運動　425, 434
ミセル　167, 472, 476, 726
ミセルコロイド　79
ミュオニウム　222
ミラー指数　885
水の電気分解　746
水交換反応　252
密度　339

ム

ムチン　338
ムラミン酸　344
無機塩加水分解法　814
無機系顔料　463
無機材料合成　806
無機材料物性　911
無定形　567
無電解めっき　740, 742
無電解めっき法　664
無反跳分率　220

メ

メスバウアー分光法　219
メソゲン化合物　768
メソゲン基　768
メソ体　114
メタセシス重合　393
メタネーション　786
メタ配向性置換基　136
メタロシリケート　788
メタン　460
メタンジアミン誘導体　547
メッセンジャー RNA　343, 360
メバロン酸経路　150
メラミン樹脂　388, 501
メンブレンリアクター　956
めっき法　739
滅菌　973
免疫グロブリン　329
免疫グロブリン分子　330
面欠陥　901
面ずり型圧電性　559
面内剛性行列の要素　661

面内剛性係数　660

モ

モジュール　778
モース硬度　939
モノクローナル抗体　979
モノーの式　1006
モノマー反応性比　390
モレキュラーコンポジット　509
もれ出し分子線　42
網膜剥離用バックリング材　706
木材パルプ　529

ヤ

ヤング率　644
ヤーン-テラーひずみ　10
薬事法　478, 487, 685
薬物送達制御用材料　716

ユ

油性塗料　525
有害性　453
有機塩　547
有機塩素剤　490
有機化合物の定義　90
有機感光体　597, 598
有機基複合材料　637
有機金属　569
有機金属化合物　144
有機・金属複合材料の製造法　663
有機系顔料　463
有機工業化学　452
有機鉱床　203
有機光導電材料　597
有機電解合成　748
有機電極材料　622
有機ハロゲン化合物　99
有機ヘテロ原子化合物　144
有機ポリシラン　601
有機リン剤　494, 496
有機リン酸　491
遊離基　121
雄性不稔　983
誘起効果　122
誘起双極子　234
誘電緩和強度　429, 430
誘電性　428, 912

誘電率　428
融点降下　416

ヨ

4次構造　327
ヨウ化カドミウム型構造　891
ヨウ化ビスマス型構造　892
余色　464
洋紙　528
容量分析　158
溶液重縮合　383
溶液燃焼法　831
溶液紡糸　512
溶解性パラメータ　543
溶解度積　157
溶剤　865
溶射被覆法　862
溶射法　666
溶媒抽出　160
溶媒和　52, 125
溶融重縮合　382
溶融成形耐熱性樹脂　384
溶融紡糸　512
溶離剤　594
陽イオン界面活性剤　473
陽イオン交換樹脂　575
陽イオン交換膜　578
陽極酸化　740
陽極酸化処理　739
横方向引張り強度　677

ラ

ライス-ラムスパーガー-カッセル-マーカス理論　37
ライニング　667
ラギング　357
ラジオノムノアッセイ　231
ラジオグラフィー　229
ラジカル　121
ラジカルアニオン　9
ラジカルイオン　9
ラジカルイオン塩　11
ラジカルイオン機構　386
ラジカル開環重合　399
ラジカルカチオン　9
ラジカル求核置換反応　386
ラジカル共重合　390
ラジカル重合　389
　　──の1/2乗則　390
ラジカル捕捉剤　55
ラセミ化　113

ラーソンミラーの式　943
ラマン散乱　2, 278, 747
ラムダ(Λ)型分子　546, 547
ラングミュア吸着等温式　61
ラングミュア-ヒンシェルウッド機構　61
ラングミュア-ブロジェット型薄膜　436
ランダム共重合体　394
ランベルト-ベールの法則　163
落下年代　228

リ

リアクティブプロセッシング　505, 511
リアーゼ　960
リオトロピック液晶　606
リガンド効果　63
リグニン　529
リソスフェア　200
リーディング鎖　357
リビング重合　395, 397
リフォーミング　456
リプレッサー　364, 976
リボソーム　342, 368
リボソーム亜粒子の再構成図　342
リボソーム RNA　360
リポソーム　476, 956, 985
リポタンパク質　338
α-リンゴ酸　722
リン酸塩　899
リン脂質　268
リンデマン機構　37
りん光　5, 162, 549, 757, 761
りん光分析　167
理想強度　933
理想破断ひずみ　933
理論段数と理論段高　175
理論電気容量　623
力学的整合性　683
力学分散　423
立体安定化　85
立体規則性の制御　394
立方最密充填　236
立体特異性　958
立体配座　110, 405
立体配置　110, 404
律速段階　32, 125
流加操作　1008
流動キャリアー膜　584
流動床電解　739

索　引

流動性　346
流動電位　82
粒界　902
粒子間相互作用　643
粒子の再配列　880
粒子分散型複合材料　639
両性　127
両性界面活性剤　474
両性酸化物　241
良導体　431
良溶媒系　418, 419
量子サイズ効果　731
量子収率　50
臨界応力拡大係数　935
臨界凝集濃度　83
臨界繊維長　645
臨界ミセル濃度　472, 726

ル

ルイスの構造式　105
ルイス酸触媒　386
ルチル型構造　891
ルチル関連化合物　895
ループ層　85
ルミネッセンス　549
累積二重結合　387
累積膜　571

レ

レーキ化　467
レーザー　15, 165, 769
レーザー閃光分解法　58
レーザープラズマX線　23
レジストの解像度　596
レジン歯　712
レゾール　500
冷間噴霧法　857
励起一重項状態　549, 757
励起原子・分子　52
励起三重項状態　7, 757
励起状態　756, 767
零点エネルギー　35
連結異性　248
連鎖移動反応　389
連鎖移動法　402
連鎖重合反応　381
連鎖反応　218
連続操作　1008
連続脱ガスモデル　198
連続抽出　162
連続分子線　43

ロ

ローエンシュタイン則　787
ロックウェル硬度　939
ロドプシン　335
ローリング・サークル型複製　358
ろう　268
六方最密充填　236
六方晶窒化ホウ素　634

ワ

ワルデン反転　128
和紙　528
惑星大気　193

欧　文

α ヘリックス　327
β-アルミナ　750
β-アルミナ型構造　898
β シート　327
Θ 状態　416, 418
μ 中間子　222
π 軌道　106
π 錯体　132
π 電子共役系　550
π-A 曲線　732
σ 軌道　106

A サイト　372
A 型 DNA　274, 339
ABS 樹脂　503
ACM (advanced composite materials)　640
AES (Auger electron spectroscopy)　910
$Agrobacterium\ rhizogenes$　983
$Agrobacterium\ tumefaciens$　983
Al の陽極酸化処理　740
AlN 粉末の合成　829
ARS (aminoacyl-tRNA synthetase)　370
ATM　909

B 型 DNA　273, 339
back-biting　397
$BaTiO_3$ 粉末の合成　825
B-B 留分　460

BCS (Bardeen, Cooper, Schrieffer) 理論　74
BF_3　131
B_2FH 理論　188
BMC (bulk molding compound)　639
BMC 法　501
Brφnsted の定義　122

^{14}C 年代　229
C_1　452
C_1 化合物　452
C_4 留分　460
CAPD (continuous ambulatory peritoneal dialysis)　695
CD (circular dichroism)　279
CFRP (carbon fiber reinforced plastic) の熱酸化　678
cis-$trans$ 異性　96
cis-$trans$ 異性体　115
CL (contact lens)　703
cmc (critical micelle concentratio)　472, 476
^{13}C-NMR　117
CO_2 の化学的固定　797
CsCl 型構造　891
CVD (chemical vapor deposition) 法　635, 859

DDS (drug delivery system)　486, 716
DEPT 法　117
distonic ion　10
DLVO (Derjaguin-Landaw, Verwey-Overbeek) 理論　82
DNA　339
　──の複製　356
　──の融解温度　341
　──のらせん構造　273
DNA 修復　359
DNA ポリメラーゼ　357, 966
DNA リガーゼ　966

E, Z 表示法　115
EC (electrochromism)　772
EC (electrochromic) 材料　609
$ECCO_2R$ (extracorporeal CO_2 removing)　697
ECD (electrochromic display)　568, 609, 773
ECMO (extracorporeal mem-

brane oxygenation) 697
EDTA(ethylenediamine-tetraacetic acid) 247
EF(elongation factor) 371
EF-Tu 373
EP(engineering plastic) 537
ES 細胞 981
ESR(electron-spin resonance) 279
EXAFS(extended X-ray absorption fine structure)法 905

Fab 330
Fc 330
FCC(fiber-ceramic matrix composite) 635
Fischer-Tropsch 反応 458
FMC(fiber-metal matrix composite) 635
ERP(fiber-reinforced plastics) 501
FRTP(fiber-reinforced thermoplastics) 639

G 値 53
(G+C)含量 339, 341
GC(gas chromatography) 175
GC/MS 183
GCP(good clinical practice) 487
GLP(good laboratory practice) 487
GM 計数管 214
GMP(good manufacturing practice) 487
GR-N 519
GR-S 519

^{1}H-NMR 化学シフト 265
HAT 培地 979
HDL(high density lipoprotein) 338
Hevea Brasiliensis 518
Hoechst-Wacker 法 459
HPLC(high precision liquid chromatography) 284
HSAB(hard and soft acids and bases) 254
Hückel 則 110
HVJ(hemagglutinating virus of Japan) 979

IF(initiation factor) 371
IgA 329
IgD 329
IgE 329
IgG 329
IgM 329
——の分子構造 332
ILSS 676, 677
immunoglobulin fiod 330, 331
in situ 重合法 728
INEPT 法 117
IOL(intraocular lens) 704
IPN(interpenetrating polymer network) 414
IUPAC 命名法 90

JCPDS カード 904

K-Ar 法 196
Klenow 酵素 966
K$_2$NiF$_4$ 型化合物 899
KTP 546

LAS(linear alkylbenzene sulfonate) 473
LB(Langmuir-Blodgett)膜 571, 731
LB 膜法 546
LB 累積膜 437
LC(liquid chromatography) 176
LC/MS 183
LCD(liquid crystal display) 773
LDL(low density lipoprotein) 338
LET(linear energy transfer) 53
Lewis の定義 122
Li 電池 737
LiNbO$_3$ 545
LiNbO$_3$ 型構造 895
LSI(large scale integrated circuit) 771, 772

Me$_3$SiCl 131
MgAl$_2$O$_4$ 粉末の合成 832
MOCVD 569
MOPAC, AM1 法 547
mRNA 360, 967
MTG(methanol to gasoline)プロセス 787

NaCl 関連化合物 893
NBR(acrylonitrile-butadiene rubber) 519
NiAs 関連化合物 894
NiWO$_4$ 型構造 896
NMR(nuclear magnetic resonance) 116, 279
NOE(nuclear Overhauser effect) 116

OMCVD(organometallic chemical vapor deposition) 637
ORD(optical rotatory dispersion) 279
OTC(over-the-counter)drug 478

p 過程 189
P サイト 371
α-PbO$_2$ 型構造 895
PBT(poly(butylene terephthalate)) 384
Pb(Zr, Ti)O$_3$ 粉末の合成 826
PC(paper chromatography) 177
PC-IR 図 195
Pd/ホスフィン触媒 136
pH 滴定法 593
PHB(photochemical hole burning) 763, 764
PI(polyimide) 535
PIXE(particle-induced X-ray emission analysis)法 226
PPS(poly(phenylene sulfide)) 532
Pseudomonas 属細菌 950
PZT 粉末の合成 813

Q, e スキーム 391
QSAR 485

r 過程 189
Rb-Sr 法 196
RF(releasing factor) 377
Ri プラスミド 983
RIM(reaction injection molding) 639
RNA 399
——の編集 368
RNA ポリメラーゼ 361
RNaseH 968

rRNA 360
RSS(ribbed smoked sheet) 519
Ruffaの式 941

s過程 189
S1ヌクレアーゼ 967
SBR(styrene-butadiene rubber) 519
Scaffolding protein 335
SCF(self-consistent field)法 24
SCG(slow crack growth) 934
SD配列 370, 971
SEM(scanning electron microscope) 907
Si(1 1 1)7×7構造 14
Siアルコキシドの加水分解 869
silicon implant 709
SIMS(secondary ion mass spectrometer) 910
SMC(sheet molding compound) 639
SMC法 501
S-N曲線 427, 939

S_N1反応 255
S_N2反応 255
Sohioプロセス 460
SOR(synchrotoron orbital radiation) 765
sp混成軌道 107
sp^2混成軌道 107
sp^3混成軌道 107
SPE(solid polymer electolyte)電解法 739
SPT線図 943
Sr-Nd同位体組成 202
$^{87}Sr/^{86}Sr$比 199
$Sr(Ti, Zr)O_3$の合成 826
S-S結合の生成 331
STM(scanning tunneling microscope) 909
structure insensitive 62
structure sensitive 62
Svedberg 328
Syn立体選択性 129

TATA box 363
TEM(transmission electron microscope) 908
Tiプラスミド 983
$TiCl_4$ 132

TiO_2電極 745
TLC(thin layer chromatography) 177
tRNA 273, 360, 971
Tsai-Hill則 662
TTS(transdermal therapeutic system) 717

VLDL(very low density lipoprotein) 338
VTF(Vogel-Tammann-Fulcher)式 565

WLF(Williams-Landel-Ferry)式 565

X線回折法 2, 170
X線結晶構造解析 119, 277
X線構造解析 903
X線小角散乱 277
X線マイクロアナリシス 909
X線レーザー 23
XMA 909

Z型DNA 274, 339
Ziegler触媒 463
ZrO_2粉末の合成 828

化学ハンドブック（新装版）　　　　　定価は外函に表示

1993年12月25日　初　版第1刷
2005年 4 月10日　新装版第1刷
2008年 1 月20日　　　　第2刷

編集代表　鈴　木　周　一
　　　　　　すず　き　しゅう　いち
　　　　　　向　山　光　昭
　　　　　　むかい　やま　てる　あき

発行者　朝　倉　邦　造

発行所　株式会社　朝倉書店
　　　　東京都新宿区新小川町 6-29
　　　　郵便番号　162-8707
　　　　電　話　03(3260)0141
　　　　F A X　03(3260)0180
　　　　http://www.asakura.co.jp

〈検印省略〉

ⓒ 1993〈無断複写・転載を禁ず〉　　　中央印刷・渡辺製本

ISBN 978-4-254-14071-2　C 3043　　　Printed in Japan

玉井康勝監修　堀内和夫・桂木悠美子著

例 解 化 学 事 典

14040-8 C3543　　A 5 判 320頁 本体8200円

化学の初歩的なことから高度なことまで，例題を解きながら自然に身につくように構成されたユニークなハンドブック。例題約150のほか図・表をふんだんにとり入れてあるので初学者の入門書として最適。〔内容〕化学の古典法則／物質量（モル）／化学式と化学反応式／原子の構造／化学結合／周期表／気体／溶液と溶解／固体／コロイド／酸，塩基／酸化還元／反応熱と熱化学方程式／反応速度／化学平衡／遷移元素と錯体／無機化合物／有機化合物／天然高分子化合物／合成高分子

D.M.コンシディーヌ編
今井淑夫・中井　武・小川浩平・
小尾欣一・柿沼勝己・脇原将孝監訳

化 学 大 百 科

14045-3 C3543　　B 5 判 1072頁 本体58000円

化学およびその関連分野から基本的かつ重要な化学用語約1300を選び，アメリカ，イギリス，カナダなどの著名化学者により。化学物質の構造，物性，合成法や，歴史，用途など，解りやすく，詳細に解説した五十音配列の事典。Encyclopedia of Chemistry（第 4 版，Van Nostrand社）の翻訳。〔収録分野〕有機化学／無機化学／物理化学／分析化学／電気化学／触媒化学／材料化学／高分子化学／化学工学／医薬品化学／環境化学／鉱物学／バイオテクノロジー／他

日本分析化学会編

機 器 分 析 の 事 典

14069-9 C3543　　A 5 判 360頁 本体12000円

今日の科学の発展に伴い測定機器や計測技術は高度化し，測定の対象も拡大　微細化している。こうした状況の中で，実験の目的や環境，試料に適した機器を選び利用するために測定機器に関する知識をもつことの重要性は非常に大きい。本書は理工学・医学・薬学・農学等の分野において実際の測定に用いる機器の構成　作動原理，得られる定性・定量情報，用途，応用例などを解説する。〔項目〕ICP-MS／イオンセンサー／走査電子顕微鏡／等速電気泳動装置／超臨界流体抽出装置／他

東大 梅澤喜夫編

化 学 測 定 の 事 典
―確度・精度・感度―

14070-5 C3043　　A 5 判 352頁 本体9500円

化学測定の 3 要素といわれる"確度""精度""感度"の重要性を説明し，具体的な研究実験例にてその詳細を提示する。〔実験例内容〕細胞機能（石井由晴・柳田敏雄）／プローブ分子（小澤岳昌）／DNAシーケンサー（神原秀記・釜堀政男）／蛍光プローブ（松本和子）／タンパク質（若林健之）／イオン化と質量分析（山下雅道）／隕石（海老原充）／星間分子（山本智）／火山ガス化学組成（野津憲治）／オゾンホール（廣田道夫）／ヒ素試料（中井泉）／ラマン分光（浜口宏夫）／STM（梅澤喜夫・西野智昭）

東大 渡辺　正監訳

元 素 大 百 科 事 典

14078-1 C3543　　B 5 判 712頁 本体26000円

すべての元素について，元素ごとにその性質，発見史，現代の採取・生産法，抽出・製造法，用途と主な化合物・合金，生化学と環境問題等の面から平易に解説。読みやすさと教育に強く配慮するとともに，各元素の冒頭には化学的・物理的・熱力学的・磁気的性質の定量的データを掲載し，専門家の需要に耐えるデータブック的役割も担う。"科学教師のみならず社会学・歴史学の教師にとって金鉱に等しい本"と絶賛されたP. Enghag著の翻訳。日本が直面する資源問題の理解にも役立つ。

G.G.ハウレイ　前東工大 越後谷悦郎前東工大

実 用 化 学 辞 典（新装版）

14080-4 C3543　　B 5 変判 1016頁 本体28000円

基本的事項から高度な知見までを，実際面に重点をおいて解説した現場技術者・研究者むきの実用的な化学辞典。解説項目・物質名項目10000語，米国商品名2800語を収録。好評を博しているThe Condensed Chemical Dictionary（第10版）の邦訳。〔収録分野〕有機化学／無機化学／生化学／物理化学／分析化学／電気化学／化学工学／分光学／触媒化学／合成樹脂／繊維／染料／塗料／医薬／他／付録（化学用語の起源，略語・関連機関の一覧，化学工業で使用される商標つき製品の紹介）

上記価格（税別）は 2007 年 12 月現在